生態学
個体から生態系へ

[原著第四版]

M. Begon
J. L. Harper
C. R. Townsend
著

堀 道雄
監訳

神崎 護
幸田正典
曽田貞滋
校閲責任

ECOLOGY, Fourth Edition
by Michael Begon, John L. Harper, and Colin R. Townsend
Copyright © 1986, 1990, 1996, 2006 by Blackwell Publishing Ltd.
This edition is published by arrangement with Blackwell Publishing Ltd, Oxford.
Translated by Kyoto University Press from the original English language edition.
Responsibility of the accuracy of the translation rests solely with Kyoto
University Press and is not the responsibility of Blackwell Publishing Ltd.
Japanese translation rights arranged with Blackwell Publishing Ltd, Oxford,
through Japan UNI Agency, Inc.

目次

本書のねらい　iii
はじめに　vii

第1部　生　物

第1章　環境の中の生物 —— その進化的背景　3
第2章　環境条件　37
第3章　資　源　71
第4章　生活，死，生活史　111
第5章　種内競争　169
第6章　分散・休眠とメタ個体群　209
第7章　個体および単一種の個体群レベルでの生態学の応用　239
　　　 —— 復元，生物安全保障，保全

第2部　相互作用

第8章　種間競争　291
第9章　捕　食　345
第10章　捕食と個体群動態　389
第11章　分解者とデトリタス食者　425
第12章　寄生と病気　453
第13章　共生と相利　499
第14章　個体数 —— 生物の存在量　539
第15章　個体群間相互作用に生態学を応用する　577
　　　 —— 有害生物防除と収穫管理

第3部　群集と生態系

第16章　群集の本質 —— 空間と時間　617
第17章　群集内のエネルギーの流れ　655

第18章　生物群集における物質の流れ　687

第19章　群集構造への種間相互作用の影響　717

第20章　食 物 網　753

第21章　種の豊富さのパターン　785

第22章　群集と生態系についての生態学の応用　823
　　　　—— 遷移，食物網，生態系機能，生物
　　　　　　多様性の理論に基づく管理

引用文献　855

訳者あとがき　915

生物名（学名）索引　921

生物名（和名）索引　931

事項索引　946

著者・訳者紹介　985

Preface
本書のねらい

みんなの科学，しかし安易な科学ではない

　本書が扱う問題は，地球上のさまざまなタイプの生物の分布と密度，そしてそれを決める物理的，化学的，とりわけ生物学的な要因とその相互作用である．

　科学の他の分野とは違って，生態学が対象とするのは，誰もが目にすることのできる事柄，誰もが見たことがあり，それについてじっくり考えたことがある事柄である．そういう意味では，たいがいの人は生態学と取り組んでいると言える．とはいえ，生態学が安易な科学というわけではない．生態学は3つの生物学的な階層を区別して扱わねばならない．その階層とは，生物個体，個体の集まりである個体群，そして個体群の集まりである群集である．そして，本書を読めば分かるように，個体の生物学，また当然関係してくる歴史的，進化的，そして地質学的な影響にはあえて詳しくは立ち入らない．生態学は，その境界領域では，生化学，行動学，気候学，プレートテクトニクスなど，他の科学分野の最新の知識を取り入れる．逆に，生態学の発展は，生物学の多くの分野にフィードバックされる．もし，T. H. Dobzhanskyが述べたように，「進化の概念で見通さない限り，生物学では何ものも意味を持たない」ならば，同様に進化も，それゆえに生物学全体も，生態学的な観点で見ない限り，ほとんど意味をもたない．

　生態学の際だった特徴は，その対象が異常に高い特異性を備えているという点である．何百万の種，遺伝的に異なった数えきれないほどの個体，そしてこれらが多様で絶えまなく変化する環境の中で生活し，相互に作用し合っている．生態学が挑戦するのは，誰もが気づくきわめて基本的な問題について，生物のユニークさや複雑さという観点から理解を深めることにある．しかし，同時にその中に何らかの規則性を見つけ，何かを予測することを目指している．L. C. Birchが指摘したように，物理学者Whiteheadの「科学の奥義」が最も良く当てはまるのは生態学においてである．曰く，「単純さを求めよ．ただし，それを信じるな」．

19年の歳月が過ぎ，応用生態学の時代が来た

　この第4版の出版は，第3版から数えて丸9年，初版からでは19年が過ぎた．その間，多くの変化があった．生態学にも，我々を取り巻く世界情勢にも，そしてあえて述べるのもおこがましいが，著者3人にも．初版の「本書のねらい」は次の言葉で始めた．「表紙に示した洞窟の壁画が意味しているように，生態学は，たとえ最古の職業ではなかったにしても，おそらく最古の科学である」．その根拠として，最初の人類は，必須の知識として，彼らが暮らしている環境の動態を理解しなくてはならなかったことを挙げた．19年が過ぎ，どれだけのこと

図　原著の表紙
"We did not inherit the earth from our ancesters, we borrowed it from children" と書かれている.

が変わり，また変わらなかったのかを，表紙のデザインに込められたらと考えた．そこで，洞窟の壁画を，現代の相当物に代えた．それは都会の街角に殴り書きされたグラフィティである（図参照）．未だに私たち人間は，ひとつの種として，自分たちが感じたことを絵画的な表現で広く他の人に伝えたいという思いに駆られている（図参照）．しかし，単純で具象的な描写に代わって，不満と攻撃性に満ちた直截な言葉が並んでいる．人間の意識は，もはや単なる参加者ではなく，加害者か被害者のどちらかである．

　もちろん，洞窟壁画の制作者からグラフィティ画家までは19年よりもはるかに長い年月が経っている．しかし，19年前には，生態学者は，わりと気楽に，客観的な立場で，と言っても超然としていたわけではないが，我々の周囲の動物と植物は科学的に理解すべき対象に過ぎないと捉えていた．現在，我々を脅かす環境問題は喫緊のもので，生態学者はこれまでの観察者の立場から踏み出して，この問題に全力で取り組んで責任を果たす立場にあると認識する必要がある．生態学の原理を応用することは実際の問題にそれが必要というだけでなく，そもそもそうした原理を見出すのと同じように，それを現実の問題へと応用すること自体が科学的な挑戦である．そこで，この版では「応用」に関する章を新たに3つ加え，第1～3部のそれぞれに配した．すなわち，個体と単一種の個体群のレベル，種間相互作用のレベル，そして群集全体と生態系のレベルでの応用に関する章である．しかし，著者らが信念としてやまないのは，環境問題へ健全な取り組みができるかどうかは，それが基にしている生態学的原理の健全さに依存するということである．従って，その外の章は応用よりは原理そのものを扱っている．この本全体の目的が，新たな千年紀の環境問題を扱う準備を進めることにあると信じているからである．

本書の生態的ニッチ

　もし生態学の原理が我々を取り巻く世界のすべての側面と人間の試みのすべての局面に適用

できると信じないなら，生態学者としては失格であろう．それ故，本書『生態学』の初版では，既存の教科書の間の食い違いを乗り越えることを意図した万能選手的な教科書を作った．ごく最近になって，この大著を踏み台として，もっと小さくて簡便な教科書『生態学の基礎』(Essentials of Ecology)を出版せざるを得なかった（しかも同じBlackwell社から！）．その対象としては，特に，生態学専攻で最初の授業を受ける学生か，今後とも生態学を専攻しそうにない学生が想定された．

その代わり，その本を出版したことで，ある程度「ニッチ分化」が可能になった．『生態学の基礎』が最初の学年で学ぶべき内容をカバーしているので，この『生態学』第四版では，最新の情報を取り入れた，現在の（少なくとも執筆時点での）生態学の紹介を試みることができるようになった．この目標を達成するために，新たに800以上の研究の成果を組み込んだ．その大部分は第三版以降に発表された研究である．それにもかかわらず，本文は約15％短くした．それは，多くの読者にとって，それまでの版は大著になりすぎて手が出しにくくなってきたことに配慮してのことである．言い古された言い方だが，「簡潔こそ雄弁」(less is often more)ということもある．また，たくさんの新しい研究を含めた一方で，意識的に，あまりにも有名になってしまった事例は省くように心がけた．もちろん，これから評価の高まりそうな有望な事例で，残念ではあるが，省いたものもある．

そうは言っても，この第四版が，生態学と関連した分野を専攻する学生と応用生態学に関連する人たちのすべてにも役立つことを願っている．扱っている問題によっては，特に数学を使って展開する部分は，難しいと感じる読者もいるだろう．そして，個々の読者の得意分野が，例えば野外か実験室か，あるいは理論か応用か，というようにさまざまであったとしても，本書の構成が目指したのは生態学の最新の観点がバランス良く持てるようになることである．

各章に含まれるいろいろなアプローチ，つまり，記載的な自然史，生理学，行動学，実験室および野外での厳密な実験，野外での注意深い継続的な観察と個体数推定，そして数理モデルの構築（これこそ，求めてやまない，それでいて信じてはならない単純さの見本），の比重は章ごとにさまざまである．どのアプローチも他のアプローチに影響する．その理由は，生態学の各分野の到達度が違うためである．また，各アプローチの立脚点・観点が異なることも一因である．しかし，生態学が今後どう展開されようと，確実に言えることは，生態学では自然愛好家，実験生態学者，野外調査に従事する人，そして数理モデルで研究をする人たちが，知恵を出し合うことで進んで行かざるを得ないということである．これからの生態学の研究では，誰もがこれらのアプローチの全てを多少とも身に付けておかねばならないはずである．

構成上そして教育上の特長

第4版でも受け継いだ構成上の特長は，本文の全体にわたってページの脇に道標とよぶ注意事項を配置した点にある．この道標は，いろいろな役にたつと期待している．まず，この道標を小見出しの連なりとして見ることで，本文の論理展開を把握するのに役立つ．しかも，道標は大部分のパラグラフに付けられており，重要な論点だけを明示してあるので，各節の小見出しとともにこの道標に目を通すことで，各章の概略もつかめるだろう．また，学生諸君が部分ごとの復習をするのにも役立つだろう．実際この道標は学生が教科書に書き込むメモに似ている．さらに，この道標は各パラグラフ，あるいはひとつながりのパラグラフの内容をまとめているので，ひとりで勉強する時には，どれくらい理解したかの自己判断にも使える．もし，学生諸君が，読み終えた部分の道標を見て何を勉

強してきたかを読み取ることができたなら，その部分の内容はもはや充分に理解できたと言える．さらにこの第四版では，各章の終わりに，簡単なまとめも加えた．これによって，読者は，その章を終えて次の章へと向かう前に方向づけと心構えができるだろうし，どこにいたのかを確認することもできるだろう．

　第4版の特長をまとめると，少し繰り返しにもなるが，次の諸点である．
・本文全体にわたって道標をつけた．
・すべての章に「まとめ」を入れた．
・新たに約800の研究の成果を取り入れた．
・応用生態学についての3つの章を追加した．
・全体の分量を約15％削減した．
・『生態学の基礎』と共通に使える専用のウェブサイト（www.blackwellpublishing.com/begon）を設けた．このサイトには，双方向で使える数理モデルと広範囲の用語解説を掲載しており，また本文に載せた図版を再録し，さらに他の生態学に関するサイトとリンクも示してある．
・全ての図表を新たに差し替えるか描き直した．これらは，教師が授業の参考資料として使えるように，CD-ROMとして入手できる．

謝　辞

　最後に，この第四版の作製に当たっての大きな変更は，書き直しを著者3人ではなく2人で行ったことである．John Harperは，3人の著作という役割から引退して孫の世話という魅力ある仕事を選んだ．これはもっともなことであるが，残された2人が得た利点はたったひとつ，長年に渡ってジョンと一緒に仕事ができた喜びと，どんなに多くのことを彼から学んだかを公表できることである．彼の見解を余さず吸収できたとか，また率直に言えば，全てを受け入れたとは言えないが，彼がこれまで導いてきてくれた道を，この第四版が大きくは踏み外していないことを切望している．そしてもし，読者諸君がこの第四版を熟読して，単なる情報の伝達ではなく，知的な刺激がもたらす興奮を伝えようとしていることを読み取ってもらえるなら，また受容ではなく疑問を持たせることを，読者におもねるのではなく敬意を払っていることを，昔の有名な研究者の仕事に敬意を払いつつも，その名声に疑いを差し挟まないままに評価はしないよう努力していることを読み取ってもらえるなら，ジョンの知的な遺産は第四版にもきっちりと受け継がれているのである．

　第三版までにも，さまざまな段階の原稿に対して意見を述べてくれた非常にたくさんの友人達と同僚達に感謝したい．彼らの貢献がこの版でも依然として効力を発揮していることは明らかである．この第四版ではさらに幾人もの方に原稿を読んで頂いた．匿名であったために名前を記すことのできない何人かの査読者，Jonathan Anderson, Mike Bonsall, Angela Douglas, Chris Elphick, Valerie Eviner, Andy Foggo, Jerry Franklin, Kevin Gaston, Charles Godfray, Sue Hartley, Marcel Holyoak, Jim Hone, Peter Hudson, Johannes Knops, Xavier Lambin, Svata Louda, Peter Morin, Steve Ormerod, Richard Sibly, Andrew Watkinson, Jacob Weiner, David Wharton. これらの方々に深く感謝する．ブラックウェル社では，特に出版段階で次の方々のお世話になった．Jane Andrew, Elizabeth Frank, Posie Hayden, Delia Sandford, Nancy Whilton.

　本書を私たち2人の家族に，すなわち，マイクからはリンダ，ジェシカ，ロバートに，コリンからはローレル，ドミニク，ジェニー，ブレナン，そしてとりわけ母のジーン・エブリン・タウンゼンドに捧げる．

マイク・ベゴン
コリン・タウンゼンド

Introduction
はじめに

生態学とその領域

生態学の定義と対象の範囲

Ecology（生態学）という名称は，1869年にErnest Haeckelが初めて使った〔Ecologyに対して生態学の訳語をあてたのは明治中期の三好学〕．Haeckelの表現に従えば，生態学とは生物と環境との相互作用を解明する科学である．ecologyのeco-はギリシャ語で家を意味するoikosからとられたので，生物の「すみ場所における生活」を調べる科学と言ってもよいだろう．これに対して，Krebs（1972）は，さらに明確な生態学の定義として，「生物の分布と存在量（個体数：abundance）を規定している相互作用を解明する科学」を提案した．このKrebsの定義には**環境**（environment）という語は使われていない．その理由は，環境という語が何を指すのかを考えれば理解できる．ある生物にとっての環境とは，物理的・化学的な（非生物的）作用であれ，他の生物からの（生物的）作用であれ，その生物に外から影響を与える要因と事象をすべて含めたものである．Krebsの定義の中の**相互作用**（interaction）とは当然これらすべての要素の相互作用を指している．従って，Haeckelが定義の中心に置いた環境の概念は依然として保持されているのである．Krebsの定義の優れた点は，生態学が究極的に対象とする事柄を明確にしていることである．それは生物の分布と存在量（個体数）である．すなわち，その生物がどこに出現し，どれくらい多く出現するか，そして何故そうなのか，ということである．この考えが妥当ならば，生態学を次のように定義するのがよいだろう．

「生物の分布と存在量，そしてその分布と存在量を規定する相互作用についての科学的探究」

生態学が扱う対象は「生物の分布と存在量」だという定義は小気味よいほど簡潔である．しかし，本書ではさらに言葉を少し足して定義しておきたいのである．生物の世界は，細胞内顆粒から，細胞，組織，器官と積み重なっている生物学的階層（レベル）と見ることができる．生態学が扱うのはそれに続く3つのレベルである．すなわち，個々の生物個体，個体群（同種の個体の集まり），そして群集（複数の種個体群の集まり）である．生態学が個体のレベルで扱う問題は，各個体がその環境からどのような作用を受けているか，そしてどのような作用を環境に及ぼしているかである．個体群のレベルで扱う問題は，特定の種がどこに分布するか，その個体数は多いのか少ないのか，それは増加中なのか減少中なのか，あるいは不規則に変動しているのか，である．そして群集のレベルでは生態学的群集の構成と構成要素間の組織化の様子を扱う．また，生態学はエネルギーと物質の流れる経路にも注目する．エネルギーと物質は，さらにもうひとつ上のレベル，つまり群集とその物理的環境からなる**生態系**（Ecosystem）の中で，生物的および非生物的な要素の間を移動しているのである．この点を考慮して，Likens

(1992) は，先の生態学の定義の中に「生物間の相互作用，およびエネルギーと物質の変転と流れ」を含めるべきだと主張している．しかし，本書では，エネルギーと物質の変転は，先の定義の「相互作用」に含まれているとの立場をとる．

　生態学の各レベルでの探究には，大きく2つの手法（アプローチ）がある．そのひとつは，すぐ下のレベルがもつ特性を組み合わて考える手法で，多くのことがこの手法で理解できる．例えば，個体の生態を知るにはその生理学的特性，個々の種の個体群動態を調べる場合には構成個体が1回に産む子供の数と生存確率，捕食者と被食者の個体群間の相互作用を扱う場合には餌の消費速度，群集を研究する場合には共存種がどこまで類似しうるかについての限界，などである．もうひとつのアプローチは，問題とするレベルの特性を直接扱う手法である．例えば，個体のレベルではニッチの幅，個体群のレベルでは密度依存過程の相対的な重要性，群集のレベルでは種の多様性，生態系のレベルでは生物体量の生産速度などで，これらを環境の非生物的または生物的要素と関連づけて考えるのである．この2つのアプローチはそれぞれ有用であり，本書の3つの部，すなわち個体，種間相互作用，群集と生態系，のいずれにおいても両方が使われている．

説明，記述，予測，管理

　生態学では上述の全てのレベルで，さまざまな探究がなされる．第一に，説明し，理解しようとする．このやり方は，基礎科学で知識を求める場合の伝統的なやり方である．しかし，それをするには，まず記述しなくてはならない．これ自体，生物の世界についての知識をもたらす．もちろん，何かを理解するためには，その理解したいものについてはどんなことであれ，まず記述しなくてはならないだろう．しかし，実際には，本当に役立つ記述の多くは，特定の問題に集中した記述，つまり目的意識的になされた記述である．言うまでもなく，全ての記述は何かを限定してゆくことである．しかし，記述すること自体を重視するあまり目的の定まらない記述は，結局それほど役には立たない場合が多い．

　生態学では，特定の状況下で個体，個体群，または群集にどんなことが生じるかを予測することも多い．そして，予測に基づいて，事態に対処しようとする．例えば，トビバッタの大発生による被害を抑えるために，群飛がいつ起こるのかを予測し，適切な手を打とうとする．また，農作物を守るために，農作物にとってはいつが好適な時期か，それを食害するものにとってはいつが不適かを予測する．希少種を絶滅から守るために，どの保護策が有効かを予測する．なぜそうなるのかを説明または理解できずに予測したり管理できる場合も，あるにはある．しかし，確実な予測，正確な予測，異常事態で何が起こるかの予測は，何がどうなっているのかを説明できて初めて可能である．数理モデルは，生態学の発展，特に予測能力の向上に重要な貢献をしてきたし，これからもそうだろう．しかし，我々は現実世界に関心があり，モデルの価値は，いつも自然のシステムの働きを見通すことに役立つかどうかで評価しなくてはならない．

　きわめて重要なこととして，生物学で何かを説明する場合，その説明の仕方には2通りある．それは**至近的説明**（proximal explanation）と**究極的説明**（ultimate explanation）と呼ばれている．例えば，ある鳥の現在の分布と密度は，その鳥の物理的環境条件への耐性，餌，寄生者・天敵などを知ることで説明できるだろう．これが至近的な説明である．一方，ではなぜその鳥はそうした性質を持つに至ったのかを問うこともできる．この問いには，進化的な説明が与えられるべきである．鳥の現在の分布と密度についての究極的な説明は，祖先の生態的経歴に根拠を

求めるのである．生態学には，進化的観点から究極的な説明をしなければならない問題も多い．例えば，生物の体の大きさ，成長速度，繁殖量などの組み合わせになぜ規則性があるのか（第4章），捕食者が特定の摂食行動を示すのはどのような理由からか（第9章）．さらに，共存する種は似ている場合が多いが，まったく同じということもないのはなぜか（第19章）．これらの問題も現代の生態学が扱う問題であり，害虫の大発生を防いだり，農作物の生産性を維持したり，希少種を守るなどの実用的な問題と同じように重要である．生態系を制御したり利用したりする能力は，説明し，理解する能力によっていっそう改善される．そして自然を深く理解するには，至近的説明と究極的説明の両方が必要なのである．

基礎生態学と応用生態学

生態学は，自然界の群集，個体群，個体を対象とするが，人工的な環境や人手の加わった環境（植林地，小麦畑，穀物倉庫，自然保護区など）や自然への人間活動の影響（例えば，汚染，地球規模での気候変動など）も扱う．実際には，我々人間の影響は広範囲に及んでいるので，もはや人間活動からまったく影響を受けていない環境を見いだすことは極めて難しいだろう．環境問題は今や大きな政治課題であり，生態学者は明らかに中心的な役割を担う立場にある．持続可能な未来は，なによりも生態学的な理解と，さまざまなシナリオのもとでの結果を予測し，実現させる我々生態学者の能力に委ねられている．

1986年に本書の初版が出版された頃，大方の生態学者は自分たちを基礎生態学の研究者と位置づけ，生態学という学問本来の目的のために研究する権利を守ろうとしていたし，狭い応用的な仕事に偏ることは避けたいと考えていた．ここ20年の間に状況は劇的に変わった．その理由のひとつは，各国の政府が研究費を応用生態学の分野に重点的に配分し始めたことであるが，もっと根本的な理由は，生態学者自身がその研究方向を，かつてないほど火急となった多くの環境問題に向ける必要性を感じ始めたことである．こうした動向を反映させるべく，今回の第4版の構成では応用生態学を体系的に盛りこむこととし，3部構成のそれぞれの部を応用に関する章で締めくくった．強く主張しておきたい点は，生態学的な理論の応用は基礎科学の十分な理解に基づいてなされるべきだということである．この信念に従って，生態学の応用についての章は，各部のそれまでの章で展開された生態学の知識に基づいて構成されている．

第1部 生物

はじめに

　本書の構成は，最初のいくつかの章で個々の生物を扱い，次に，それらの相互作用のあり方を考え，最後に，その相互作用によって形づくられる群集の特性を考える，という順序になっている．この構成は「積み上げ方式」と呼べるだろう．だが，この順序とは全く逆の構成でも，合理的な説明の筋道は立てられたはずである．つまり，まず自然および人工的な生息場所での複雑な群集から始めて，だんだんと細かい部分の説明に進み，最後に個々の生物の特性の章で終える構成である．こちらは「分析的な方式」である．どちらかの方式の方が正しいということはない．本書の方式では，群集の構成要素である個体群について論じる前に群集の様式を先に説明するといったことを避けることができる．しかし，個々の生物から始める本書の方式では，環境からのさまざまな作用はすでに存在しているということを前提としなくてはならない．特に，共存している他種について詳しく論じるのはずっと後の章になる．

　この第1部では，個々の生物および単一種の個体群を扱う．まず最初に，生物とその生息環境とに，どのような対応関係が見いだせるかを検討する．生物が自分の生息環境に完全に適合している，という前提で話を始めるのは安易すぎるだろう．そうではなく，第1章で強調するように，生物が，そこに生息し，ある様式で生活しているのは，進化の過程で組み込まれた制約によるところが大きい．そして，どんな種も，それが生活できる場所はきわめて限られており，環境条件は空間的にも時間的にも変化する．

　第2章では，そうした状況が各々の種の分布範囲をどのように制限するかを考えよう．それに続く第3章では，生物が利用するさまざまなタイプの資源に注目し，それら生物と資源との相互作用を考えよう．

　生物の種によっては，その存在によって，またその個体数の多寡によって，それが属する群集の特性までも決めてしまう種もいる．いずれにせよ生物の密度や分布（つまりは場所ごとの密度の差）は，その出生，死亡，移入，移出の間のバランスによって決まる．第4章では，出生と死亡のさまざまなスケジュールを考える．つまり，出生と死亡の生じ方はどのように定量化できるかとか，その結果としての**生活史** (life history)，すなわち一生の間の成長，発育，栄養の蓄積，繁殖の様式について考えよう．第5章では，同一種の個体群内で多分最もありふれた相互作用，すなわち供給量の限られた共通の資源を巡っての種内競争について検討しよう．第6章では，生物の移動，つまり移入と移出に目を向けよう．植物でも動物でも，それぞれの生物はその種独自の分散能力を持っている．その能力によって，各個体が生活しにくくなった環境から脱出する速さや，生活に都合の良さそうな場所を見つけて侵入し定着する速さが決まる．特定の種の個体数が多いか少ないかは，分散（または移動）して新しいパッチ，島，または大陸に到達できるかどうかで決まるだろう．この第1部の最後の第7章では，それまでの章で議論した原理，例えば，ニッチ理論，生活史理論，移動のパターン，小さな個体群の動態などの応用について考えよう．特に取り上げたい問題は，損なわれた環境の修復，生物的安全保障（外来生物の侵入に対する防衛），そして種の保全についてである．

第 1 章
環境の中の生物 ― その進化的背景

1.1 はじめに ― 自然淘汰と適応

　本書の「はじめに」で述べた生態学の定義から明らかなように、そして一般的にも理解されているように、生態学が目指すところは生物とその環境との関係である。この最初の章では、この関係が本質的に進化的な関係であることを説明しよう。ロシア生まれのアメリカの偉大な生物学者、Theodosius Dobzhansky による有名な言葉がある。「進化の概念で見通さない限り、生物学では何ものも意味を持たない」。これは、生物学の他の分野と同様に、生態学にも当てはまる。そこで、まず、さまざまな生物種が特定の環境下で生活でき、また他の環境下では生活できなくなる過程について説明してみよう。この問題の進化学的背景を厳密に検討しながら、後の章で詳しく取り上げることになるさまざまな問題についても簡単に紹介しておこう。

　生物と環境の対応についての講義で、一番頻繁に使われる表現は、「生物 X は何々に適応している」という言い方で、この「何々」にはその生物が見いだされる環境条件が述べられる。つまり、「魚類は水中での生活に適応している」とか「サボテン類は乾燥条件下での生育に適応している」という表現をよく耳にする。毎回のように使われるこの表現は、実は何も言っていないことに等しい。それは単に「魚類は水中で生活できるような（そして多分それ以外の場所では生活できないような）特性を持っている」、「サボテン類は水の少ない場所で生育することができる特性を持っている」などと言っているにすぎない。「適応している」という表現は、その特性をどのように身につけたかについては何も語っていないのである。

　しかし、生態学者や進化生物学者にとって、「X は Y での生活に適応している」という表現は、「環境 Y が X の祖先種に**自然淘汰**（natural selection）の力を及ぼすことで特殊化を促し、X の進化を導いた」ということを意味している。「適応」とは遺伝的変化が起きたことを意味するのである。

＊適応の意味

　ただし、少しまずいことに、**適応**（adaptation）という語には、現在の環境に合わせるという意味合いがあり、「計画性」、さらには「予測」という意味さえ含まれている。しかし、生物は現在の環境に合うように計画的に形作られたりはしない。過去の環境から（自然淘汰の力によって）形作られるだけである。その形質は祖先たちの成功と失敗の反映である。生物が現在の環境に適合しているように見えるとしても、それは単にその環境が過去の環境と似ているからである。

　自然淘汰による進化論は生態学的理論である。この理論を最初に練りあげたのは Charles Darwin（1859）であるが、その主要部分の形成には、彼と同時代に活躍して手紙もやり取りしていた Alfred Russell Wallace の寄与

＊自然淘汰による進化

図 1.1 (a) チャールズ・ダーウィン, 1849 年 (Thomas H. Maguire による石版画. 王立研究所 (ロンドン, イギリス) 所蔵. Bridgeman Art Library). (b) アルフレッド・ラッセル・ウォーレス, 1862 年 (自然史博物館 (ロンドン) 所蔵).

も大きい. その理論は次のような一連の前提に依拠している.

1　ひとつの種の個体群を構成する個体は等質ではない. 各個体は, 体の大きさ・発育速度・温度への反応などにおいて, 互いに異なっている. もっとも, 普通その差は小さい.

2　これらの変異のうち少なくとも一部は遺伝する. 言い換えれば, 個体の形質は遺伝的構成によってある程度決まっている. 個体はその遺伝子を祖先から受け継いでおり, 従って形質を共有することが多い.

3　どの個体群も潜在的にきわめて高い増殖率を持っており, もし, どの個体も生き残って産めるだけの子供を産むならば, その種は地球上に満ちあふれるほどの個体数になるだろう. しかし, 現実にはそうなってはいない. 多くの個体が繁殖年齢に達する前に死んでしまう. そして, 全ての個体とは言わないまでも, ほとんどの個体が最大の繁殖率よりも低い率でしか繁殖しない.

4　それぞれの祖先が残す子孫の数は異なっている. それは, それぞれの個体が産み出す子供の数は異なるということだけを意味するのではない. その中には, 各個体が繁殖年齢まで生き延び, またその子供も繁殖できるまで生き延び, さらにその子供の子供も繁殖できるまで生き延びる, ……ということも含まれているのである.

5　最後に, ある個体が残す子孫の数は, すべてではないにしろ大部分が, その個体の形質と環境との相互作用によって決まる.

ある環境において，ある個体は他の個体よりも生き残り易く，うまく繁殖し，多くの子孫を残すだろう．そのために，ある個体群の遺伝的形質は世代を経るごとに変化する．このことを自然淘汰が働いたと言う．それは，大まかな意味で自然が選抜（淘汰）していると見なせることを意味する．しかし，自然は，動植物の育種家が行うような選抜をしているわけではない．育種家は明確な目的（大きな種子をつける作物とか，足の速い競走馬とか）を持っている．しかし，自然はそのような積極的なやり方で選抜するわけではなく，単に生存と繁殖の差が演じる，進化的な劇が展開される状況を用意するだけである．

適応度，それは全く相対的なもの
個体群中で最も適応した個体とは，子孫を最も多く残した個体である．実際には，適応という用語が単一の個体に対して用いられることは稀で，典型的な個体とか，あるタイプに対して用いられることが多い．例えば，砂丘地帯では黄色い殻のカタツムリの方が茶色のものより適応しているというように表現する．従って，適応度とは相対値であって実際の数値ではない．ある個体群で最も適応した個体とは，その個体群中の他の個体と比較して最も多くの子を残す個体である．

完璧なものが進化するか？否
さまざまな複雑な特殊化に目を奪われると，我々はついそれを完璧な進化の実例と見なす傾向がある．しかし，それは間違いだろう．進化の過程が作用するのは，個体群中に存在する遺伝的変異に対してだけである．従って，自然淘汰が最大限に適応した個体を完成させることなどあり得ない．生物は「存在するものの中では一番適応している」，または「いままでで一番適応している」個体によって環境に適合するのであり，彼らは「考えられる最上の」個体ではない．そうした完璧な個体がいない理由のひとつは，ある生物の現在の特性は，生活している今の環境とあらゆる点で似た環境のもとで形作られたわけではないという点にある．その進化的歴史（系統発生）の過程において，その種のはるか昔の祖先が進化させた性質のセット，いわば進化上の「荷物」は，その後の進化を拘束することになる．脊椎動物の進化は，何百万年の間，脊柱を身につけたかつての動物が達成したものによって逆に制約を受けてきた．さらに，現在の環境と精密に適合しているように見える生物も同様に拘束を受けているはずである．コアラはユーカリの梢での生活に成功してるが，逆に言えば，コアラはユーカリの梢なしには生活できなくなっているのである．

1.2 種内での特殊化

自然界は，ある生物が徐々に別の生物に変化するような連続体で構成されているわけではなく，各生物はそれぞれはっきりと区別できる．それでも，我々が同一種（種の定義はすぐ後で述べる）と認める集団の中には，通常かなりの変異が存在し，その変異は遺伝的である．そうした種内変異が存在するからこそ，動植物の育種家（そして自然淘汰）が働けるのである．

それぞれの種の分布域の中でも，環境は場所ごとに（たとえわずかであっても）異なっているので，自然淘汰がどの変異体を選抜するのかも場所ごとに異なっているはずである．**生態型** (ecotype) という用語は，同一種内の個体群間に存在する遺伝的に固定された違いを記載するために植物個体群に対して使われ始めたもので (Turesson, 1922a, 1922b)，その違いは生物と環境の地域ごとの対応を反映している．しかし，個体群の特性が互いに異なるように進化するのは次の場合だけである．1) 淘汰が作用するのに十分な遺伝的変異が存在すること，そして，2) その地域差を温存しようとする力は，他の場所から入ってくる個体と混じり合って交雑することに対抗できるほど強いこと．もし，2つの個体群の構成員（植物の場合は花粉でもよい）が絶

え間なく行き来して遺伝子を混ぜ合わせるなら，その2つの個体群がまったく異なったものに変化することはない．

　地域的に顕著な特殊化が生じるのは，**一生の大部分を固着して生活する生物の個体群**である．移動能力の高い生物は，自分が生活する環境を調整する強力な手段を持っている．そうした生物は，生活できない，または生活しにくい環境を避け，別の場所を能動的に探すことができる．固着性の生物はそうした自由な動きができないので，一旦定着してしまえばその環境で生きていくか，それができない時は死ぬしかない．従って，移動能力のない生物の個体群は，とりわけ強い自然淘汰に曝される．

　動ける生物と動けない生物の違いを最も鮮明に対比できるのは，海岸，特に環境が陸上と水中の間を絶え間なく行き来している潮間帯である．固着性の海藻，カイメン，イガイ，フジツボ類はこの環境条件の両極端の振れに耐えて生活できる．対照的に，動くことのできるエビ，カニ，魚類などは，水中という生息場所の動きを追って移動するし，逆に波打ち際で採餌する鳥類は陸上環境の前進と後退の後を追う．動き回れるという能力により，環境の方をその生物自身の要求に合致させることができるのである．動けない生物は自分自身を環境に適合させなければならない．

1.2.1　種内の地理的変異 ── 生態型

　サファイアハタザオ (*Arabis fecunda*) は，アメリカ合衆国モンタナ州西部の石灰質土壌の露頭に限って生育している希少な多年生草本である．実際，19の個体群しか存在しないし，それらは100 kmほど離れた2つのグループ（「高標高群」と「低標高群」）に分けられている．局所的適応が生じているかどうかは実際の保全にとって重要である．それというのも，低標高群の4つの個体群は都市部に散らばっているので絶滅の危機にあり，存続させるには他の地域からの再導入が必要となる．しかし，もし局所的適応が著しいなら，再導入しても失敗するだろう．それぞれの生育場所での観察から個体群間の違いを較べても，進化的な意味での局所的適応が生じているかどうかは，分からないかもしれない．観察される違いは，異なった環境に植物が直接的に反応した結果であって，植物の基本的な性質は全く同じかもしれないからである．そこで，高標高群と低標高群のものを**同一圃場** (common garden) で育てることで，異なった環境の直接的な影響を排除した (McKay *et al*., 2001)．なお，低標高群の生育する地域は渇水状態になりやすい，つまり大気と土壌が温暖で乾燥している状態であった．同一圃場では，低標高群からのものは実際に渇水に対して有意な耐性を示したのである (図1.2)．

　一方で，局所的な淘汰は決して交雑の効果を抑えることはできない．例えば，北米東部の攪乱された場所に生育するマメ科の一年草，カワラケツメイ (*Chamaecrista fasciculata*) の研究では，同一圃場に，もともとそこに生育しているものと，0.1，1，10，100，1000，2000 km離れた場所からのものを育てた．この実験は，カンザス州，メリーランド州，イリノイ州北部の3カ所でそれぞれ実施された．測定した特性は，発芽率，生存率，非繁殖器官重量 (vegetative biomass)，果実生産量，栽培種子1個当りの結実果実数である．しかし，どの場所のどの特性値についても，最も遠い距離からのものを除いて，局所的適応を示す証拠は得られなかった (図1.3)．地域ごとの適応は存在しているのであるが，とても局所的適応と呼べないことは明らかである．

　生物が局所的環境での生活へ特殊化するよう進化しているかどうかの検証は，**相互移植実験** (reciprocal transplant experiments) でも可能である．つまり，もともとそれが生育してた場所 (home) とよその場所 (away) での生育を比較する実験である．そのような実験のひとつ（シロ

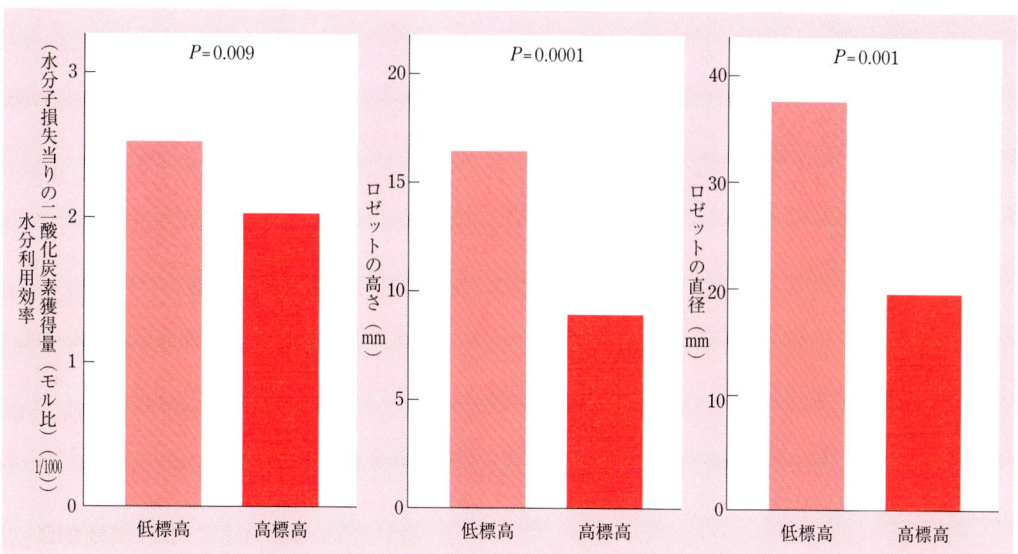

図 1.2 稀少植物のサファイアハタザオの低標高（乾燥傾向のある場所）からの個体と高標高からの個体を同一圃場で育てたところ，局所的適応が認められた．低標高からのものは，有意に高い水分利用効率を示し，また高くて広いロゼットを形成した．（McKay *et al.*, 2001 より．）

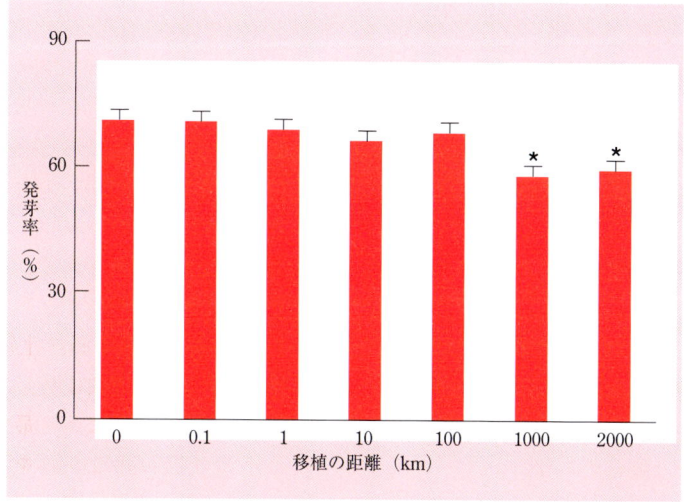

図 1.3 局所的適応を調べるためのカワラケツメイ（*Chamaecrista fasciculata*）の移植実験での発芽率（％）．カンサス州の調査区で，もともとそこに生育している個体群と移植した個体群についての比較．1995 年と 1996 年のデータの間に有意差がなかったので，一緒にして示した．もともと生育していた個体群と $P < 0.05$ の水準で有意差を示した個体群には星印をつけた．局所的適応は大きな空間スケールでのみ現れた．（Galloway & Fenster, 2000 より．）

ツメクサの実験）は次節で取り上げる．

1.2.2 遺伝的多型

過渡的多型　生態型よりも細かい規模の種内変異として，個体群内に存在する変異も認めることができる．そうした種内変異は**多型**（polymorphism）と呼ばれる．特に**遺伝的多型**（genetic polymorphism）と呼ばれるものは，「同じ場所に生活している同種個体の中に不連続な型（form）が複数存在し，その内の最も稀な型の割合が，突然変異または移入だけで維持されるには高すぎる場合」（Ford, 1940）である．そのような変異の全てが環境とうまく適合しているとは限らない．実際，適合していない型もあるだろう．例えば，その生息場所の条件が変化したために，ある型が別の型に置き代わりつつある場合などである．この場合**過渡的多型**（transient polymorphism）と呼ばれる．生物群集は絶えず変化しているので，我々が自然界で目にする多型の多くは，この過渡的多型かもしれない．それは，生物個体群の遺伝的反応は必ず環境の変化よりも遅れるだろうし，環境の変化を予測して反応できるわけでもないからである．この点をよく示している事例としては，すぐ後で紹介するオオシモフリエダシャクがある．

多型の維持　しかし，個体群内の多型が自然淘汰によって積極的に維持されている場合も少なくない．その維持のされ方には次のような場合がある．

1　ヘテロ接合体の適応度が抜きん出て高い場合．但し，この場合，メンデル遺伝のメカニズムによって適応度の劣るホモ接合体が個体群中に絶えず生じ続ける．この**雑種強勢**（heterosis）の例としては，マラリア流行地におけるヒトの鎌形赤血球貧血症が有名である．マラリア病原虫は赤血球を攻撃する．鎌形赤血球の変異体は生理学的に不完全でいびつな形の赤血球を生産する．しかし，鎌形赤血球についてヘテロ接合体の人は一番適応度が高い．その理由は，ヘテロ接合体の人は軽い貧血症を患うものの，マラリアにはまず罹らないからである．ところが，そうしたヘテロの人は絶えずホモ接合体の子供，つまり重度の貧血症の子供（鎌形赤血球の遺伝子を2つ持つ）またはマラリアに罹りやすい子供（鎌形赤血球の遺伝子を持たない）を作り続ける．それにもかかわらず，ヘテロ接合体の適応度が高いために，両タイプの遺伝子が個体群中に保持される（つまり多型が維持される）のである．

2　自然淘汰が働く強さに傾斜がある場合で，ひとつの端ではある型（モルフ）が有利となるが，他方の端では別の型が有利となる．この場合には傾斜の中間に存在する個体群で多型が維持される．これについての事例も，後で紹介するオオシモフリエダシャクの研究で示されている．

3　淘汰が頻度依存的に働く場合．すなわち，どの型も個体群中での割合が少ないほど適応度が高まる場合である（Clarke & Partridge, 1988）．その例として考えられるのは，被食者の色彩にいくつかの型がある場合で，稀な型は捕食者に認識されずに見過ごされてしまうため，適応度が高まる．

4　個体群の生息場所内のパッチごとに，淘汰圧が異なった方向に働く場合．これについての際だった事例は，英国ウェールズ州北部の草地で行われたシロツメクサ（*Trifolium repens*）の相互移植の研究である．Turkington & Harper（1979）は，シロツメクサの各個体の特性が環境の局所的な特質とどの程度合致しているのかを検証するために，調査地から個体を掘り出して，その場所に印をつけた後，温室内の同じ環境条件下で育て，そのクローンを増やした．そしてそのクローンの一部を，かつて掘り出した草地の同じ場所に植えた（対照区）．また，他の個体を掘り出した

第1章 環境の中の生物

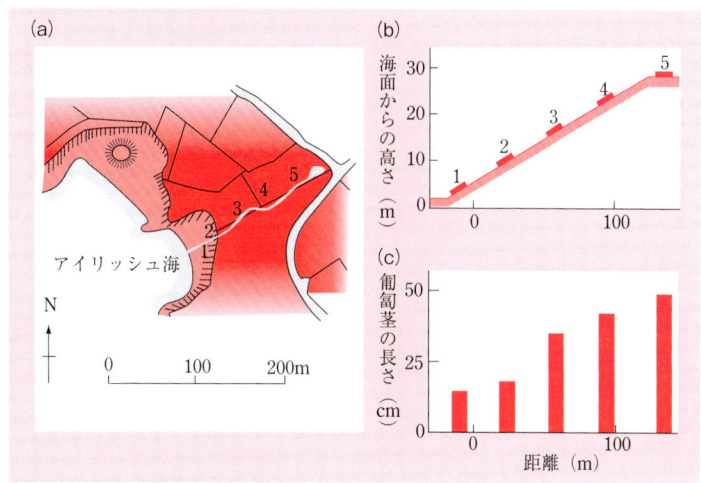

図 1.4 （a）短い距離で大きな高度差のある調査地（Abraham's Bosom）の地図．色の濃い部分は牧草地．薄い部分は海に落ち込む崖．番号はコヌカグサ属の一種（*Agrostis stolonifera*）を採集したトランゼクト上の地点．（b）調査値の断面図．崖から牧草地への傾斜を示す．（c）トランゼクトから採集して実験圃場で育てた各コヌカグサの匍匐茎の平均長．（Aston & Bradshaw, 1966 より．）

場所のいずれにも植えた（移植実験区）．そこで1年間生育させた後，それらの個体を掘り出して，乾燥させて，重量を測定した．元の場所に植えられたシロツメクサの平均重量は0.89 g であったが，別の場所に植えられたものでは0.52 g しかなく，その差は統計的にきわめて有意であった．この実験は，草地のクローバーはその局所的な環境に対して特殊化し，そこで最も良く生育できるように進化していたということを，強い直接的証拠によって示している．しかし，この実験は単一個体群からの個体を使っており，個体群にはそうした多型が維持されていることを示している．

局所的生態型と多型とは明確に区別できない　実際には，局所的な生態型と多型の個体群とがいつも明確に区別できるとは限らない．この点は，ウェールズ州北部で行われた別の研究でも示されている．そこでは，海岸の崖と牧草地に沿って移り変わる一連の生育場所があり，そのほとんどの生育場所にイネ科の普通種であるコヌカグサ属の一種（*Agrostis stolonifera*）が生えている．図 1.4 は，その場所の地図とコヌカグサの採集に使ったトランゼクト（帯状の調査区）の1本を示し，またそこで採集したコヌカグサを共通圃場で育てた結果も示す．コヌカグサは地表に沿って，ストロンと呼ばれるシュートを延ばすので，その成長はストロンの長さを測ることで比較できる．調査地では，海岸の崖のコヌカグサのストロンは短く，牧草地のコヌカグサのものは長かった．共通圃場で育ててもその差は維持された．30 mほどしか離れていなかった個体の間でさえそうであった．それが花粉の分散距離より短いことは確実である．実際，トランゼクトに沿って徐々に変化する環境とコヌカグサのストロンの長さの変化は対応していた．それは共通圃場で維持されていたことから，おそらく遺伝的基盤があるのだろう．従って，空間的にそれほど小さい規模でも淘汰の力は交雑の力に勝るようである．しかし，これを小さな空間規模での一連の生態型と呼ぶべきか，淘汰の勾配に沿って維持されている個体群内多型と呼ぶべきかは，意見の分かれるところである．

1.2.3 人工的な淘汰圧のもとでの種内の変異

　種内での局所的な特殊化（実際には自然淘汰の作用）についてのきわめて劇的な事例のいくつかが，特に環境汚染のような人工的な生態的圧力のもとで生じていたとしても驚くに値しないだろう．こうした強力な淘汰圧の影響のもとでは，生物に急速な変化が生じうる．例えば**工業暗化**(industrial melanism)という現象では，工業地帯において生物の個体群中に黒化型または暗色型が優勢となる．黒化型個体は，典型的な場合，黒いメラニン色素を過剰に生産する優性遺伝子を持っている．工業暗化は工業化の進んだ国の多くで知られており，100種以上のガが黒色または暗色の型を進化させている．

オオシモフリエダシャクの工業暗化　こうした型を進化させた種として最初に記録されたのは，オオシモフリエダシャク(*Biston betularia*)である．最初の黒化型の標本が普通の明色の個体群から採集されたのはイギリスのマンチェスターで，1848年のことである．1895年には，マンチェスターのオオシモフリエダシャク個体群では約98％の個体が黒化型であった．さらに長年月の汚染の後，1952年から1970年の間に，イギリスの広い範囲で黒化型と明色型についての調査が行われ，2万匹以上のオオシモフリエダシャクが調べられた（図1.5）．イギリスでは西寄りの風が卓越しており，工業汚染物質（特に煤煙と二酸化硫黄）は東に拡散する．黒化型は東部に集中しており，汚染されていないイングランド西部，ウエールズ，北スコットランド，アイルランドには殆どいなかった．しかし，図から分かるように，多くの個体群は多型的で，黒化型と非黒化型が共存していた．従って，この多型は環境の変化（しだいに強くなる汚染．これに応じて多型は過渡的となる）と，汚染の少ない西部から汚染のひどい東部への淘汰圧の傾斜の2つによって生じたと考えられる．

　その主な淘汰圧は，鳥類による捕食だと考えられる．野外実験として，黒化型と明色型（通常型）のガが大量に飼育され，同じ数の個体が野外に放たれた．イギリス南部のそれほど汚染されていない田園地帯では，鳥に捕食された個体の大部分は黒化型であった．バーミンガム市近くの工業地帯では，通常型が多く捕食されていた(Kettlewell, 1955)．しかし，黒化型は煤煙で黒ずんだ背景に溶けこむために汚染地帯で有利になった（そして，通常型は明るい背景に溶けこむので非汚染地帯で有利になった）と考えるのは現象の一面しか捉えていないだろう．このガは日中には樹木の幹で休むので，黒化型ではないガは樹皮上の苔や地衣類を背景とすることでまったく目立たなくなる．工業汚染は単にガの休む場所の背景を黒くしてきただけではなく，特に二酸化硫黄が樹木の幹の苔や地衣類も死滅させてきた．従って，煤煙とともに二酸化硫黄による汚染も黒化型のガを選抜してきた重要な要因である．

　1960年代には，西ヨーロッパとアメリカ合衆国の工業地帯の環境はさらに変化し始めた．石炭に変わって石油と電気が使われ始め，煤煙規制地域が指定され，二酸化硫黄の工業的な排出量を低減させる法律が制定された．その後，黒化型の頻度は驚くべき早さで，工業化以前の水準近くにまで低下した（図1.6）．つまり，個体群は再び過渡的な多型状態を経験したが，今度は逆方向の推移であった．

1.3　種分化

　これまでの話から，自然淘汰が動植物の個体群の性質を変化させること，つまり進化させる力を持つことは明らかである．しかし，これまで検討した事例では，新たな種は進化していない．では，2つの個体群が別種であると言えるには，何が必要なのであろうか．そして，もともと1つの種から2つ以上の新しい種が形成さ

第 1 章　環境の中の生物

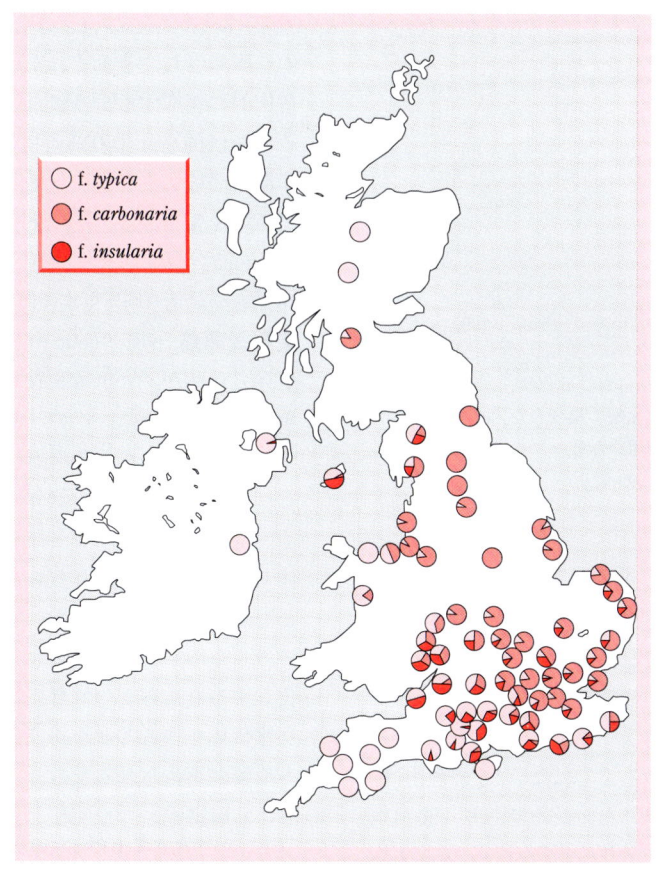

図 1.5　イギリス各地でのオオシモフリエダシャクの通常型（forma *typica*）と黒化型の頻度．Kettlewell とその共同研究者によって記録された．調べた個体の数は延べ 20,000 を超える．本来の黒化型（forma *carbonaria*）は，工業地帯と，卓越する西寄りの風で大気汚染が運ばれる東側に多かった．暗色のもの（暗化型（forma *insularia*））もいて，通常型と黒化型の中間的な色彩をもつが，その色彩は黒化型とは別の数個の遺伝子によって支配されていて，黒化型の遺伝子が存在する場所では少数派であった．（Ford, 1975 より．）

れる過程，つまり種分化とはどんな過程なのであろうか．

1.3.1 「種」とは何を指すのか

生物種 —— マイアー・ドブジャンスキーの基準

「種とは，分類学者が種と見なすための要件を備えたものである」という皮肉にも，多少の真実は含まれている．一方，すでに 1930 年代のアメリカの二人の生物学者，Mayr と Dobzhansky は，2 つの個体群が同種に属するのか別種なのかを決めることに使える，ある経験的な基準を提案している．それによれば，もしその 2 つの個体群の構成員が野外で互いに交配して妊性（稔性）のある子孫を残すことが少なくとも潜在的に可能なら，それらは同種だと認定する．そして，この基準を満たして定義される種を **生物学的種**（biological species）または生物種（biospecies）と名付けた．この章でこれまでに出てきた事例で言えば，黒化型と通常型のオオシモフリエダシャクは互いに交配し，その子孫は完全な妊性を示すことが分かってい

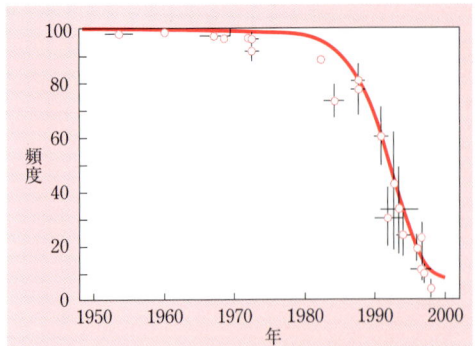

図 1.6 マンチェスターにおける 1950 年以降のオオシモフリエダシャク黒化型の頻度の変化．縦線は標準誤差．横線は集計に用いたサンプルの採集年の幅を示す．(Cook *et al.*, 1999 より．)

る．植物では，コヌカグサの異なった型の間でも同じことが言える．それらはどれも種内の変異であり，別種ではない．

しかしながら，生物学者達が実際にそれぞれの種を認定する場合，マイアー・ドブジャンスキーの基準を適用することはない．その理由は，単に時間や資金が足りないためであり，また生物界の大きな部分を占める生物，例えば微生物のほとんどは有性生殖をしないので，相互の交配という基準自体を当てはめることができないからである．しかし，重要な点は，この基準が進化過程で不可欠の要素を明確にしていることである．その要素は，1つの種が特殊化する場合にも重要なものとしてすでに検討した要素である．もし2つの個体群の構成員が交雑でき，その遺伝子が混ぜ合わされて子孫に再配分されるなら，自然淘汰は決してそれらを2種類の異なったものにはできない．自然淘汰は1つの個体群を2つ以上の異なった型に分けるように働くかもしれないが，有性生殖と交雑がそれを混ぜ合わせてしまうのである．

標準的な生態的種分化

生態的種分化（ecological speciation）とは，複数の小個体群が自然淘汰によって互いに異なってゆく種分化である (Schulter, 2001)．その最も標準的な道筋は，いくつかの段階から

なる（図 1.7）．まず，2つのサブ個体群が地理的に隔離され，それぞれがその局所的な環境に遺伝的に適応するように自然淘汰が働く．次に，その遺伝的な分化の副産物として，2つの小個体群の間にある程度の生殖隔離が生じる．その生殖隔離には，**接合前隔離**（pre-zygotic isolation），つまりそもそも交配が妨げられる傾向をもつ場合（例えば求愛儀式が異なるなど）と，**接合後隔離**（post-zygotic isolation），つまり子の生存力自体が，大抵は生存不可能なまでに低下する場合とがある．次の「二次的接触」の段階で，その2つの小個体群が再び出会うが，それぞれの小個体群からの個体が交雑して生まれる子の適応度は低い．なぜなら，そうした雑種個体（hybrid）は文字通りどちらの小個体群の個体とも違うからである．従って，自然淘汰によってどちらの小個体群においても生殖隔離を「強化」するなんらかの性質，特に，適応度の低い交雑個体を作ることを妨げる接合前隔離に係わる形質が選抜されるだろう．このような繁殖における障壁が，今や別種となってしまった両者の違いを強固にする．

異所的および同所的種分化

しかし，すべての種分化の事例がこの標準的な道筋に完全に当てはまると考えるのは間違いだろう (Schulter, 2001)．なぜなら，まず，二次的接触が生じないままということもありうる．これは純粋な**異所的種分化**（allopatric speciation）にあてはまる（つまり，小個体群間の多様化の全てが，別々の場所で生じた場合である）．次に，異所的にしろ二次的接触の段階にしろ，接合前隔離と接合後隔離の機構の相対的重要度には明らかに相当の変異幅がありうる．

本質的に重要な点は，異所的な段階は必須の条件ではないという主張を支持する証拠が増えつつあることだろう．すなわち，**同所的種分化**（sympatric speciation）が可能で，小個体群が地理的に離れていなくても多様化しうるということである．同所的種分化が生じやすい状況について最もよく研究されているのは（Drès &

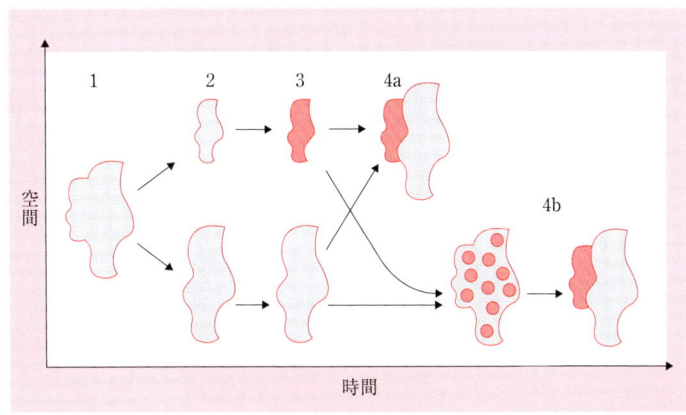

図1.7 生態的種分化の標準的な模式図．広い地域に分布する均質な種 (1) が，2つの小個体群に分かれ (2) 地理的な障壁による分離や別々の島への分散などによって，それらが遺伝的に互いに隔離される (3)．隔離中に進化した後，この2つが出会った場合，すでに交配できず，真の生物種になっている (4a) か，あるいは交雑はするが適応度の低い子供が残る状態になっている (4b)．後者の場合，分化しつつある2つの種 (emerging species) の間で異系交配を避ける形質が進化して，真の生物種へと分化してゆくであろう．

Mallet, 2002 を参照)．複数の食草を利用する昆虫で，各植物の防御を突破するためにそれぞれ特殊化しなければならない場合であろう（消費者に対する資源の防御とそれに対する特殊化については，第3章と第9章でさらに詳しく検討する）．これについて特に説得力があるのは，Drès & Mallet が明らかにした一連の連続体の存在である．つまり，昆虫の小個体群が複数の食草を利用している場合から，食草ごとに昆虫が**寄主系統群**（ホストレース）(host race；Drès & Mallet の定義に従えば，同所的なサブ個体群で，世代当りの遺伝子の交換率が約1％以上のもの) に分化している場合を経て，さらに近縁種が共存している場合にいたる連続体である．こうした連続体が存在するおかげで分かることは，種の起源とは，それが異所的であれ同所的であれ，ひとつの過程であり，単一の出来事ではないということである．新たな種の形成というものは，ゆで玉子を作る時と同じように，いつ完了したとは断定できないのである．

種の進化，そして自然淘汰と交雑の間の均衡を物語るものとして，2種のカモメについての驚くような事例がある．コセグロカモメ（*Larus fuscus*) はシベリアに起源し，次第に西に分布を広げたが，シベリアからブリテン島とアイスランドの間で，少しずつ異なる形態をもった集団が，連鎖またはクライン (cline；連続変異) と呼べるものを形成している（図1.8）．クライン中の隣り合った集団同士は明瞭に区別できるが，野外で容易に交雑する．従って，隣り合ったこれらの集団は同一種と見なせるし，分類学者はそれらを亜種として取り扱っている（例えば，*L. fuscus graellsii*, *L. fuscus fuscus* など）．しかし，このカモメにはシベリアから東に分布を広げた個体群もあり，それらもまた簡単に交雑してしまう集団からなるクラインを形成している．そして，東と西に広がった個体群を合わせた分布は北半球を一周してしまう．その2つの個体群は北ヨーロッパで出会い，そこで分布は重なっている．しかし，そこでは西からのクラインのものと東からのクラインのものは，すぐに別物と分かるほどで異なった集団に変化しており，その2つは別種として，それぞれコセグロカモメ（*Larus fuscus*）とオオセグロカモメ（*L. argentatus*）と名付けられている．しかも，その2種は交雑することなく，本物の生物学的種に

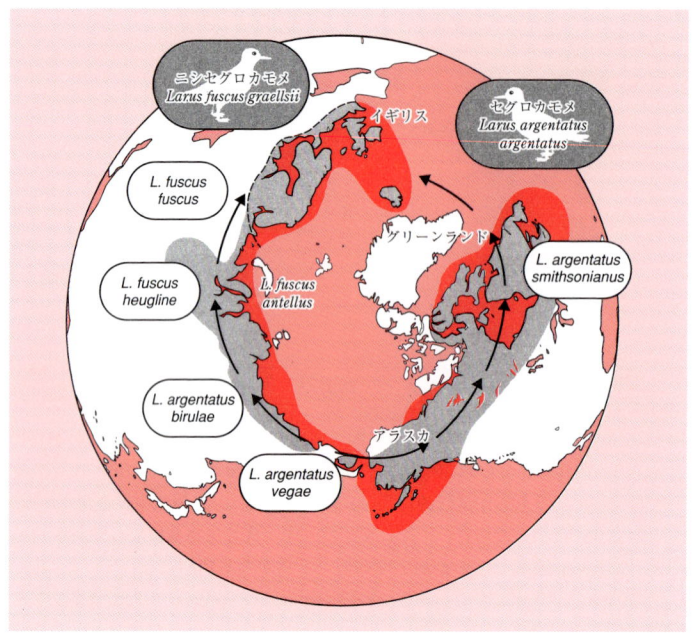

図 1.8　2 種のカモメ，コセグロカモメとオオセグロカモメは，共通の祖先から出発しながらも，北半球を別方向に回りながら移住し続けるうちに別種に分かれた．ヨーロッパでは一緒に見られるが，交配はできず，別個の 2 種と認められている．しかしながら，この 2 種は，自由に交配する一連の品種または亜種によって結びつけられている．（Brookes, 1998 より．）

なっている．すなわち，この驚くべき事例では，異なった 2 つの種が祖先集団から進化する各段階がクラインとして保存されているのである．

1.3.2　島と種分化

　本書でこれから何度も（特に第 21 章で）出てくるように，島での隔離は（それは大洋中の島嶼に限らないが），そこに生活する個体群と群集の生態に甚大な影響を及ぼす．島での隔離が，個体群を独自の種にまで変化させることにうってつけの状況を作り出すことは間違いない．島での進化と種分化の好例として取り上げられてきたのは，ガラパゴス諸島のダーウィンフィンチの事例である．ガラパゴス諸島は太平洋上の火山島で，南米エクアドルの西約 1000 km にあり，また中央アメリカから 500 km の位置にあるココス島からさらに 750 km 離れている．海抜 500 m 以上には開けた草原が広がるが，それより低い場所は湿った森林地帯で，海岸近くではトゲサボテン属（*Opuntia*）のいくつかの固有種が生える砂漠的な植生に置き換わる．この諸島には 14 種のフィンチが生息している．それらの進化上の類縁関係が分子的手法（マイクロサテライト DNA の変異解析）によって明らかにされている（図 1.9）（Petren *et al.*, 1999）．この最新技術を使った精密な検討によって，ガラパゴスのフィンチは単一の祖先種から放散した，つまり中央アメリカからこの諸島に進入した単一の祖先種に由来するという従来の説が裏付けられた．さらにその分子データから，初期の種群から最初に分かれたのはムシクイフィンチ（*Certhidea olivacea*）で，おそらく始めに定着した祖先種に一番近いという強い証拠が得られた．これらの種の進化

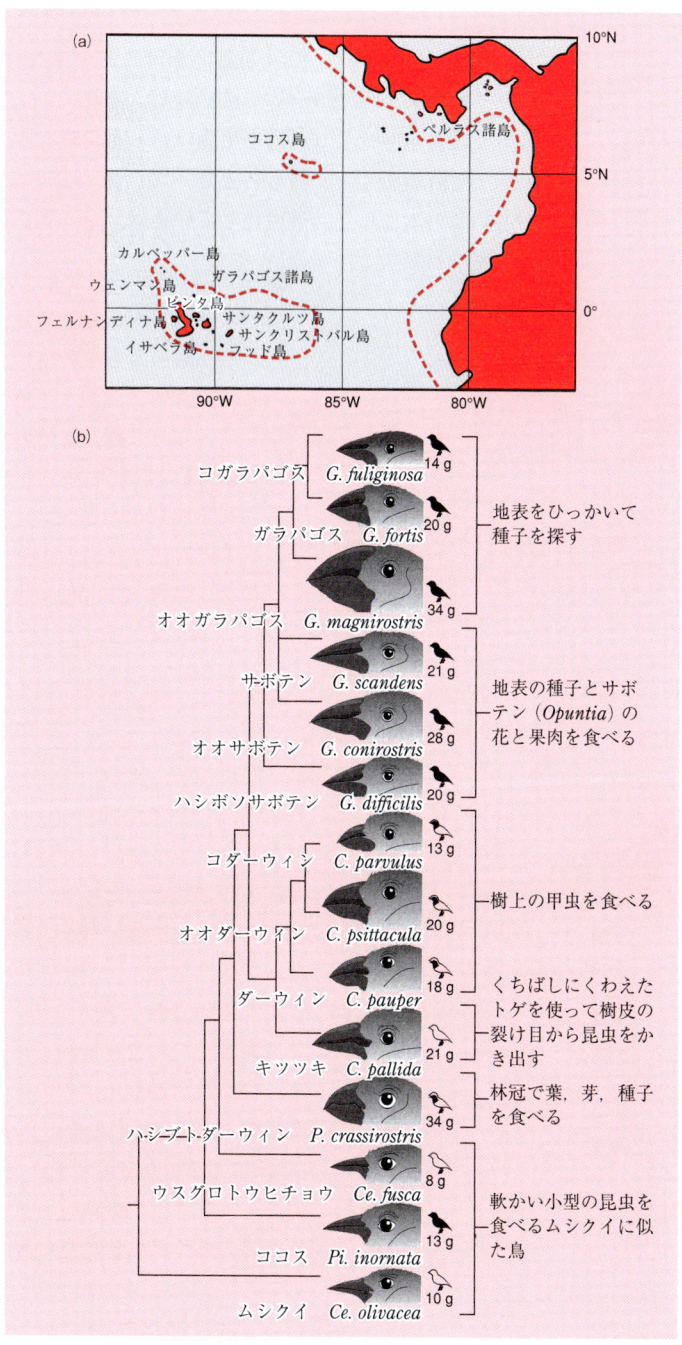

図1.9 （a）ガラパゴス諸島の地図．中央アメリカとの相対的位置を示す．赤道上の5度は約560 kmに相当する．（b）マイクロサテライトDNAの長さの変異に基づいて再構成されたガラパゴスフィンチの進化の歴史．それぞれの種の摂食習性も示す．各鳥の頭の図は実際の体の大きさと比例するように描かれている．雄の体の黒い部分の最大範囲と平均体重も示してある．種間の遺伝的距離（遺伝的な差の尺度のひとつ）は水平の線分で示されている．ムシクイフィンチ（*Certhidea olivacea*）が最初に，かつ大きく他の種から離れていることに注意しよう．それは，この諸島に最初に移住した創始者たちに極めて近いことを示唆する．属名は次の省略形で示す．*C.*, ダーウィンフィンチ属 *Camarhynchus*；*Ce.*, ムシクイフィンチ属 *Certhidea*；*G.*, ガラパゴスフィンチ属 *Geospiza*；*P.*, ハシブトダーウィンフィンチ属 *Platyspiza*；*Pi.*, ココスフィンチ属 *Pinaroloxia*．（Petren *et al.*, 1999より．）

的多様化の全過程が過去300万年以内に起こっていたことも分かった.

遠隔の島に隔離されることで，ガラパゴスのフィンチは，互いに近縁ながらも異なった生態をもつ一群の種へと放散し（図1.9），他の場所なら類縁のきわめて遠い種たちが占めているはずの生態的地位を埋めていった．コガラパゴスフィンチ Geospiza fuliginosa とガラパゴスフィンチ G. fortis からなるグループは頑丈なくちばしを持ち，地表をぴょんぴょん跳ね歩き，地面を掻き分けて種子を探す．サボテンフィンチ G. scandens は細くてやや長めのくちばしを持ち，種子とともにトゲサボテンの花と葉肉を食べる．3番目のグループはオウム型のくちばしを持ち，葉，芽，花，果実を食べる．4番目のグループ（オオダーウィンフィンチ Camarhynchus psittacula）は同じくオウム型のくちばしであるが昆虫食で，林冠で甲虫や他の昆虫を食べる．いわゆるキツツキフィンチと呼ばれている Camarhynchus (Cactospiza) pallida は，くちばしにトゲか小枝をくわえて樹皮の割れ目から昆虫をつつき出す．さらに別の，ムシクイフィンチを含むグループは，林冠や空中を活発に飛び回り小昆虫を捕らえる．隔離は，諸島自体の隔離と，諸島の中での個々の島の隔離が相まって，初期の進化系列においてそれぞれの環境に適合して多様化した一連の種を出現させるのである．

1.4 歴史的要因

現在の生物の分布は，誰かが環境ごとにそれぞれの生物がそこにぴったりと当てはまるかどうかを確かめながら配置したものではない．現実の生物の分布は，多少とも歴史上の偶然の出来事によって形成されている場合が多い．島についての検討を続けながら，こうした歴史的側面を考えてみよう．

1.4.1 島におけるパターン

島の生物は，一番近い大陸の比較可能な地域のものと比べて，大なり小なり異なっている．単純化していえば，その理由は2つある．

1　島の動植物は，ともかく島に到達できるほどの分散力がある祖先を持つものだけに限られる．もっともその限定の程度は，その島の隔離の程度と問題とする動植物がもともと持っている分散能力に依存する．
2　前の節で検討したように，隔離された島での進化的変化の速度は，その島の個体群と他所の近縁な個体群との間の遺伝物質の交換の効果を凌駕するほど早い場合が多いだろう．

従って，島は独自の種（**固有種**（endemic species），つまりそこでしか見られない種）を擁することが多い．また，本土のものとは区別できる**品種**（race）や**亜種**（subspecies）に分化している場合も多い．生息可能な島に偶然たどり着いた少数の個体が核となって，新しい種が生じる．新しい種の特徴は，最初に移住した個体たちが持っていた遺伝子によって色づけされているはずで，移住者たちが後にした本土の個体群の遺伝子構成をそのまま反映したものではないだろう．自然淘汰が作用するのは，こうした**創始者個体群**（founder population）の限られた遺伝子構成（および偶然に生じる稀な突然変異）に対してである．実際，島に隔離された個体群に見られる変異の多くは，**創始者効果**（founder effect）によると思われる．すなわち，偶然による偏りのために創始者の遺伝子プールに含まれる変異は限られており，自然淘汰が作用しうる余地も広くはないのである．

島での種形成のもっと劇的な例として，ハワイ諸島のショウジョウバエ属（Drosophila）が挙げられる．ハワイ諸島の一列に並んだ島々（図1.10）は火山起源で，過去4000万年の間に太平

洋プレートが地殻の「ホットスポット」上をゆっくりと北西に移動する間に，次々と形成されたものである（ニイハウ島が一番古く，ハワイ島が最も新しい）．ハワイ諸島のショウジョウバエは驚くほど種数が多い．ショウジョウバエは世界中でおそらく1500種ほど知られているが，そのうち少なくとも500種はハワイ諸島に固有である．

ハワイのショウジョウバエ

ハワイ産ショウジョウバエの中で特に興味深いのは，100種内外のいわゆるアヤバネショウジョウバエ（picture-winged *Drosophila*）と呼ばれる仲間である．この系統の進化の道筋は，幼虫の巨大な唾腺染色体に見られる縞模様を分析して辿ることができる．この分析によって得られた系統樹を図1.10に示す．この図では，各種はそれぞれが生息する島の上に並べてある（2つ以上の島に生息する種は2種だけ）．どの種がどこに生息しているかについて，歴史的な要因が重要であることは一目瞭然である．系統的に古い種は地史的に古い島に生息している．そして新しい島が形成されるたびに，稀な分散によって古い島から新しい島に到達するものが現れ，それはやがて新しい種に進化したのである．これらのうち少なくとも何種かは，別々の島の同じ環境に適合しているように見える．特に，近縁な種に注目してみると，例えば8番目の種 *D. adiastola* はマウイ島だけに，11番目の種 *D. setosimentum* はハワイ島だけに生息するが，この2種の生息する環境には何も違いは見つからない（Heed, 1968）．新しい種の形成に関して，一番注目しなければならない点は，もちろん隔離の程度とその効果（および自然淘汰）である．従って，島の生物相は，2つの重要な，互いに関連する論点を提示してくれる．つまり，i) 生物と環境との対応においては歴史的要素が介在するということと，ii) 各タイプの環境にただ1種の完璧な生物が存在するわけではない，ということである．

1.4.2　陸塊の移動

近縁の生物が別々の大陸に分かれて分布することがあるが，その分布は長距離移動では到底説明できないほど飛び離れている．長年，生物学者たちはこの分布を何とか説明しようとしていたが，ついに Wegener (1915) が，移動したのは大陸の方なのだと考えついた．地質学者たちはこの説をさんざん批判したが，地磁気が測定されるようになると，この一見途方もない説の方が各地域での地磁気のずれをうまく説明した．そして，地球上の地殻のプレートと呼ばれる構造物が大陸を乗せたまま実際に移動していることが確認され，地質学者は生物学者と和解した（図1.11b-e）．動植物界の主要な進化的発展が起きていたとき，個体群は分割され，離れ離れになり，各大陸は異なる気候帯の間を移動していたのである．

図1.12aには，主要な生物群のひとつ，大型の飛べない鳥類が示されている．

大型の飛べない鳥たち

この鳥たちの分布は，大陸移動と照らし合わせてのみ理解できる．エミューとヒクイドリがオーストラリアに生息し，一方，レアとシギダチョウが現在の南アメリカに生息しているのは，それぞれがその環境に最も適しているからだと主張することは無理だろう．そうではなく，この鳥たちの互いに遠く離れた分布は，本質的に大昔の大陸の移動によるものであり，その後，行き来できないほど地理的に隔離されて進化したためである．実際，分子を扱う技術によって，このさまざまな飛べない鳥たちがいつ頃，進化的に多様化し始めたのかを解析できるようになった（図1.12b）．それによると，最初にシギダチョウが分岐し，残りの系統である**走鳥類**（ratites）とは異なった進化を始めた．次に，オーストラリアシアが南半球の他の大陸から切り離された．さらにアフリカと南アメリカの間に大西洋が開くと，ダチョウとレアの祖先の系統が分離させ

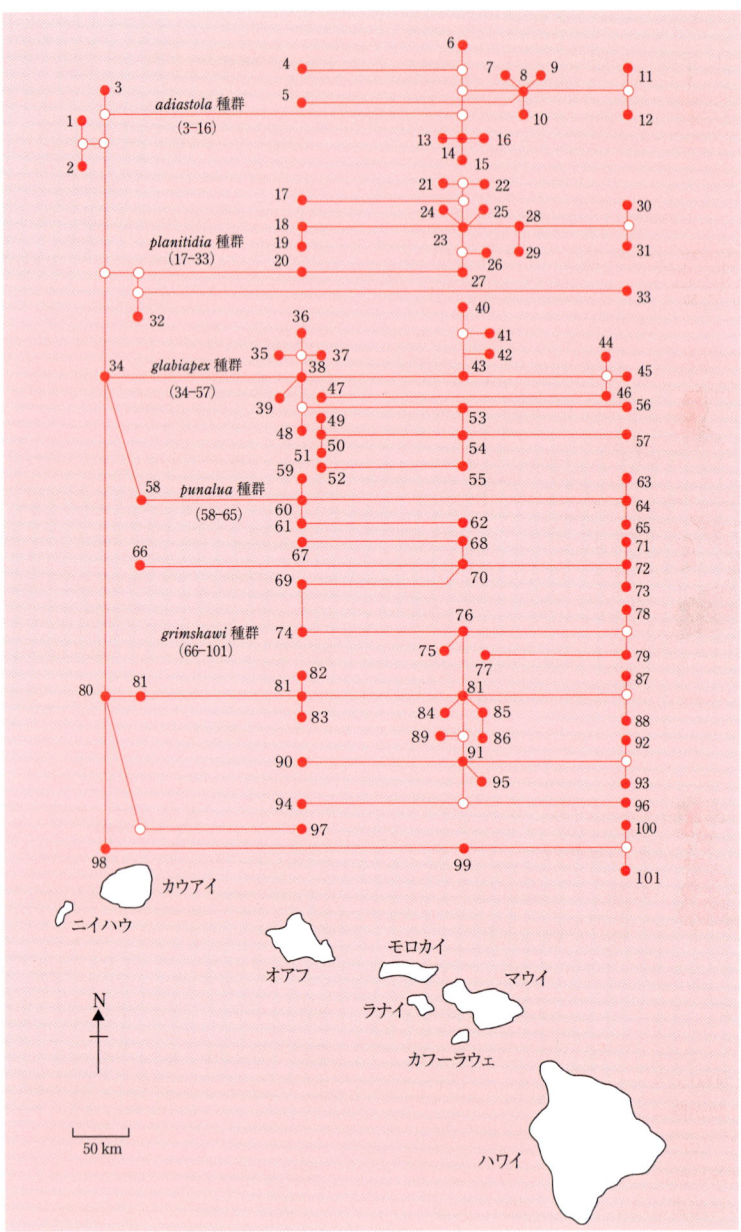

図 1.10 唾腺染色体の横縞像の分析によって辿ったハワイ諸島のアヤバネショウジョウバエ (picture-winged *Drosophila*) の進化の道筋．最も古い種は *D. primaeva*（種 1）と *D. attigua*（種 2）で，カウワイ島だけに見られる．それ以外の現生種は●で示し，現生種同士を結びつけるのに必要な仮想的な種は○で示してある．それぞれの種は生息する島の上に並べてある（ただし，モロカイ島，ラナイ島，マウイ島産の種は一緒にしてある）．ニイハウ島とカフーラウェ島にはショウジョウバエは生息しない．(Carson & Kaneshiro, 1976; Williamson, 1981 より．)

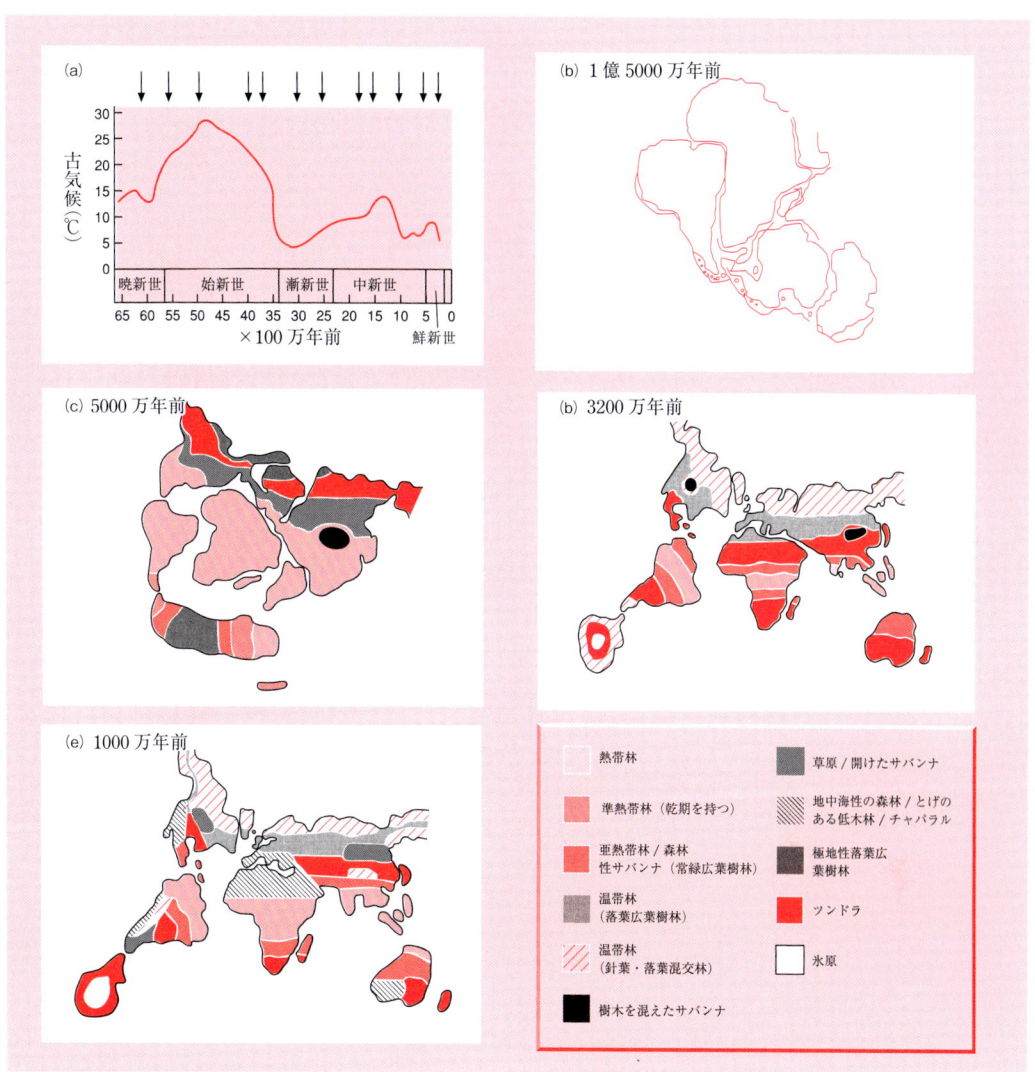

図 1.11 (a) 過去 6000 万年にわたる北海の水温の変化. この間, 極端な海水面の変化があり (矢印), その時期には動植物の大規模な分散が陸塊の間で生じた. (b–e) 大陸移動を示す. (b) 約 1 億 5000 万年前に始まった古代の超大陸, ゴンドワナの分裂. (c) 約 5000 万年前 (始新世中期の初め) には植生が明瞭な帯状に分化していたことが分かる. (d) 約 3200 万年前 (漸新世前期) までにこの植生の帯はますます明瞭になっていた. (e) 約 1000 万年前 (中新世前期) までには, 大陸の地理的関係は現在のものにかなり近づいていたが, 気候と植生は現在とは大きく異なっていた. 南極の氷冠の位置は不確かである. (Norton & Sclater, 1979; Janis, 1993, および他の出典より.)

られた. 約 8000 万年前にオーストラレシアの裏手にタスマン海が開いた. キウイの祖先系統は約 4000 万年前に島伝いにニュージーランドに到達し, 独自の進化を始めたと考えられている. 現在の 4 種に放散したのは比較的最近のことであった. ほぼ同じ時期に哺乳類で起った進化の傾向については, Janis (1993) が解説している.

1.4.3 気候の変化

気候の変化は大陸の移動よりも速い (Boden *et al.*, 1990; IGBP, 1990). 現在の生物の分布は過去の気候変動からの回復過程を示している場合

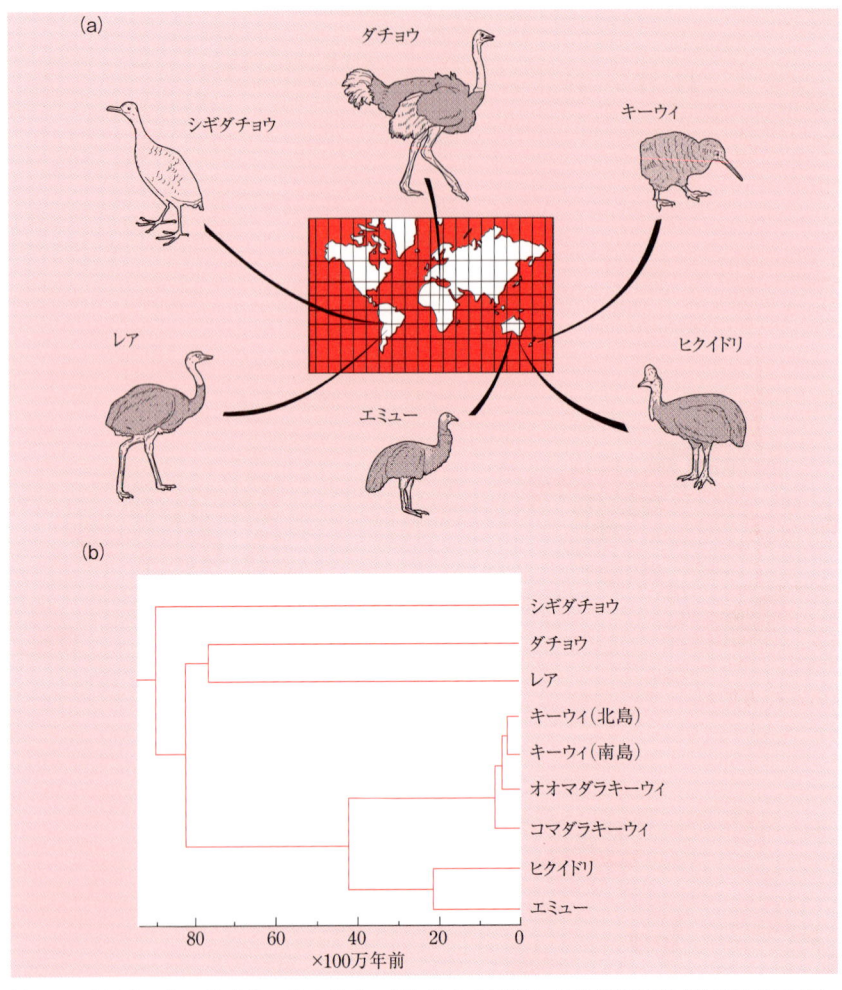

図 1.12　(a) 飛べない地表性の鳥の分布．(b) その系統樹と推定分岐年代（単位は百万年）．（Diamond, 1983 より．データは Sibley & Ahlquist による．）

が多い．特に更新世の氷河期の間の気候変動は，現在見られる動植物のさまざまな分布パターンに大きな影響を及ぼしている．こうした気候および生物相の変化の規模は，それを刻印した生物資料の探索，分析および年代査定の技術（特に埋蔵された花粉の分析）が洗練されるにつれ，ようやく明らかになり始めている．こうした技術のおかげで，現存生物の分布がどれほど現在の環境と正確に対応しているか，そしてどれほど過去の影響を受けているかについて，次第に判断できるようになってきた．

海洋底の掘削コアサンプルに含まれる酸素同位体の測定技術によって，更新世には 16 回も氷期が繰り返され，それぞれは約 12.5 万年続いたことが示された（図 1.13a）．各氷期は 5 万年から 10 万年継続し，各氷期の間には 1〜2 万年の短い間氷期があり，その時期の気温は現在私達が体験している気温に近かった．この点，現在の動物相や植物相はむしろ特殊なものだと言っていいだろう．なぜなら，何度か生じた異常で破局的な気温上昇の最終段階のころに形成されたのが，現在の動植物相だからである．

更新世に繰り返された氷期

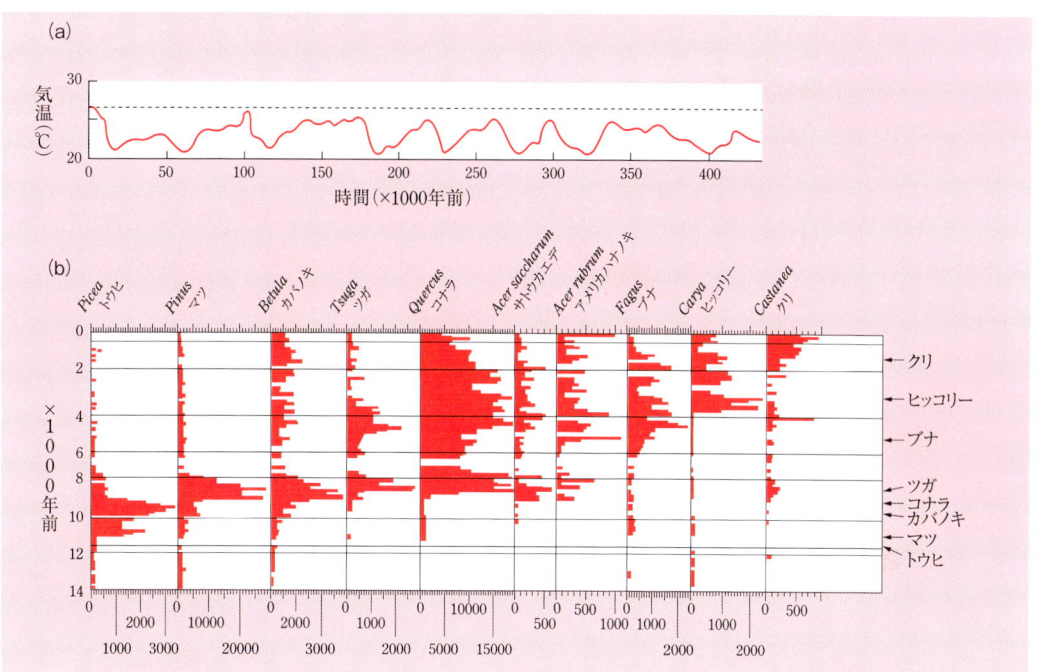

図 1.13 (a) 過去 40 万年間の氷河期における温度の推定値の変化. 温度の推定はカリブ海の海底堆積物コアサンプルから得られた化石の中の酸素の同位体比に基づく. 破線は現在に繋がる温暖な時代が始まった約 1 万年前の温度の水準を示す. 現在と同じぐらい温暖な時期はほとんどなく, この期間の大部分は氷河の発達する気候であった. (Emiliani, 1966; Davis, 1976 より.) (b) コネティカット州ロジャー湖の堆積物に基づく最終氷期の終りから現在までの花粉の堆積の様相. 図の右側の矢印は, 各植物種がコネティカット州に到達したと推定される時期を示す. 横軸の目盛りは花粉の流入量を示し, 単位は 1000 粒 /cm² / 年. (Davis *et al.*, 1973 より.)

　最後の氷期の最盛期から現在までの 2 万年の間に, 地球の気温は約 8℃ 上昇した. そして, この期間のほぼ全体にわたる植生の変化速度が, 花粉分析によって追跡されている. コネティカット州のロジャー湖での花粉相では, 優占する樹木の種類が移り変わった (図 1.13b). トウヒが最も古く, クリが最も新しい. 新たに出現した種は順次植生に加わり, ここ 1 万 4000 年間, 種数は増加し続けてきた. 同様の現象がヨーロッパでも起ったことが分かっている.

　花粉記録の数が増えるにつれ, それぞれの地点の植生の変化だけでなく, 各樹種が大陸間をどのように移動していったのかも追跡できるようになった (Bennet, 1996 を参照). 北米東部では, 氷河が後退した跡に, 樹木は次のような順序で進出した. まず最初にトウヒが進入し, 続いてバンクスマツかアカマツが, 数千年の間, 年間 350〜500m の速度で北へ向かって進んだ. 約 1000 年遅れてストローブマツとナラが進出し始めた. さらに約 1000 年後, アメリカツガも速い速度 (200〜300m / 年) で北進し, ストローブマツに続いて多くの場所に定着した. クリは比較的ゆっくりと (100m / 年) 北進したが, 一旦定着した場所では優占種となった. 森林の構成樹種は, 現在でもなお氷床の消失した地域へ進出し続けている. こうした現象から明らかなように, 氷床の跡地で植生が平衡状態に到達するには, 平均的な間氷期では短すぎるようである (Davis, 1976). このような歴史的要素は, 第 21 章で種の豊富さと生物多様性のさまざまな様式を検討するときに想起しなければならないだろう.

　空間的・時間的にもっと小規模な「歴史」の

<small>それ以来, 樹木の種類はまだ回復しつつある</small>

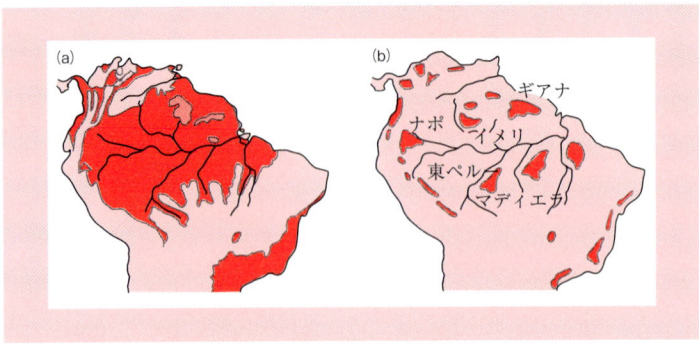

図 1.14 (a) 南アメリカにおける熱帯林の現在の分布．(b) 最終氷期最盛期に遺存したであろう熱帯林の分布．現在の森林における種多様性のホットスポットから判断した．(Ridley, 1993 より．)

<small>小規模の「歴史」</small>
影響もありうる．嵐や雪解け水などによる大きな出水が，浸食（基質の消失）を受ける場所，堆積（基質の付加）を受ける場所，無変化の場所といった小規模なパッチのモザイクを作り出す場合，流水の底生生物（水底で生活する生物）群集への攪乱を引き起こす（Matthaei *et al.*, 1999）．無脊椎動物群集はそうしたパッチの歴史を何ヶ月も反映し続けるし，その特徴が失われる前に次の出水が起こる可能性もある．氷期の繰り返しと対応した樹木の分布と同様に，出水による攪乱が繰り返されるなかで，流水中の動物相が平衡状態に達することはまずないであろう（Matthaei & Townsend, 2000）．

<small>熱帯での変化</small>
熱帯の過去の気候変化の資料は温帯とは比較にならないほど貧弱である．そのため，温帯が氷床の進出と気候の激変を被っている間，熱帯は現在とそれほど変わらない状態を維持してきたと考えがちである．この見方はおそらく間違っている．さまざまな証拠から，アジアとアフリカでは氷河期の後，気候が急激に変動したことが示唆されている．大陸のモンスーン地帯（例えば，チベット，エチオピア，西サハラ，亜赤道帯のアフリカなど）では，後氷期の初めに，湿潤な時期が長く続き，その後，極端な乾燥期に何度か見舞われた（Zahn, 1994）．南アメリカでは，温帯で生じた植生変化とよく似た変化があったことが明らかになってきた．つまり，熱帯林は気候が温暖で湿潤な期間には拡大し，冷温で乾燥した期間には小さなパッチに縮小し，サバンナの海に囲まれていた．現在，南アメリカに見られる生物の分布には，この点を立証するものがある（図 1.14）．そこでは，特に種の多様性の**ホットスポット**（hot spot）がはっきりしている．そうした場所は氷期の間は森林の避難所だったと考えられており，それ故，種分化の速度が高い場所だとも考えられている（Prance, 1987; Ridley, 1993）．この解釈が正しければ，現在の生物の分布はまたしても，各生物とそれぞれの環境との正確な対応によって決定されているのではなく，どこに避難場所が存在したかという歴史の偶然性に大きく依存していると言えるだろう．

最後の氷床の後退に続く植生の変化についての証拠は，<small>地球温暖化をどう捉えるか</small>
地球温暖化がもたらす変化
（今後 100 年間に気温は 3°C 上昇すると予測されている）を考えるヒントになる．地球温暖化は大気中の二酸化炭素の濃度が上昇し続けていることに起因すると予想されている（詳しくは，第 2 章 9.1 節と第 18 章 4.6 節で論じる）．しかし，最後の氷期と最近の変化の時間スケールは大きく異なっている．後氷期の 2 万年間に温度は約 8°C 上昇し，植生の変化はその温暖化にさえ歩調を合わせることができなかった．ところが，現在の気温の上昇率を 21 世紀全体に当てはめ

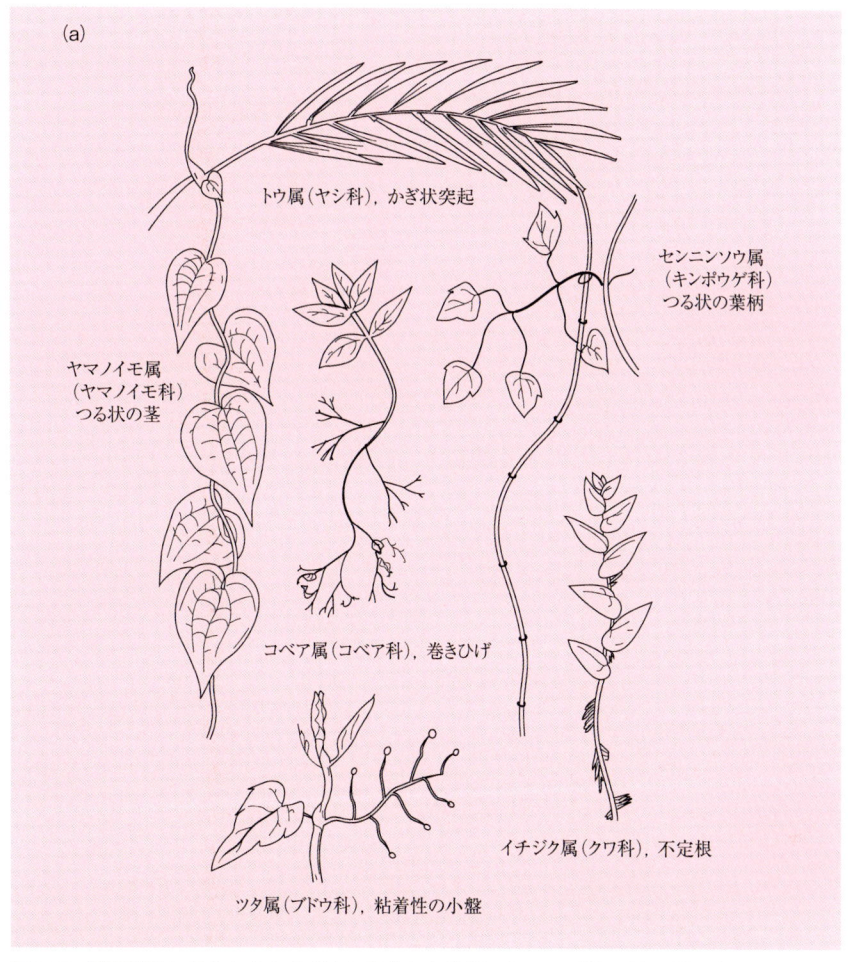

図1.15 顕花植物に見られるさまざまに特化した登攀のための形態．(a) 形態的特殊化が相似，すなわちきわめて異なった器官（葉，葉柄，茎，根，巻きひげ）の変形による場合．

て予想すると，植生の変化には1世紀の間に300～500 km もの移動速度が必要となる．それに対して，後氷期の植生変化の標準的な速度は，1世紀の間に20～40 km であった（例外的には100～150 km の場合もあった）．第四紀を通じて唯一絶滅の時期が確認された樹木の種は，後氷期の温暖化の速度が最高潮に達した約1.5万年前に絶滅したトウヒ属の1種（*Picea critchfeldii*）だけである（Jacson & Weng, 1999）．それよりもさらに急速な今後の気温の上昇に際しては，もっとたくさんの種が絶滅するに違いない（Davis & Show, 2001）．

1.4.4 収斂と平行進化

生物の性質とその環境の対応を端的に表しているのは， 相似と相同
よく似た環境中に生息する異なった系統，つまり系統樹で別の枝に属する生物が，よく似た形態と行動を示す場合である．そうした類似に出会うと，各環境に最も適合した生物は1種類だけであるという考えがますます怪しくなる．特にこの考えを否定したくなるのは，それらの生物の系統が大きく離れていて，進化史的にまったく別の構造がよく似た機能を担っている場

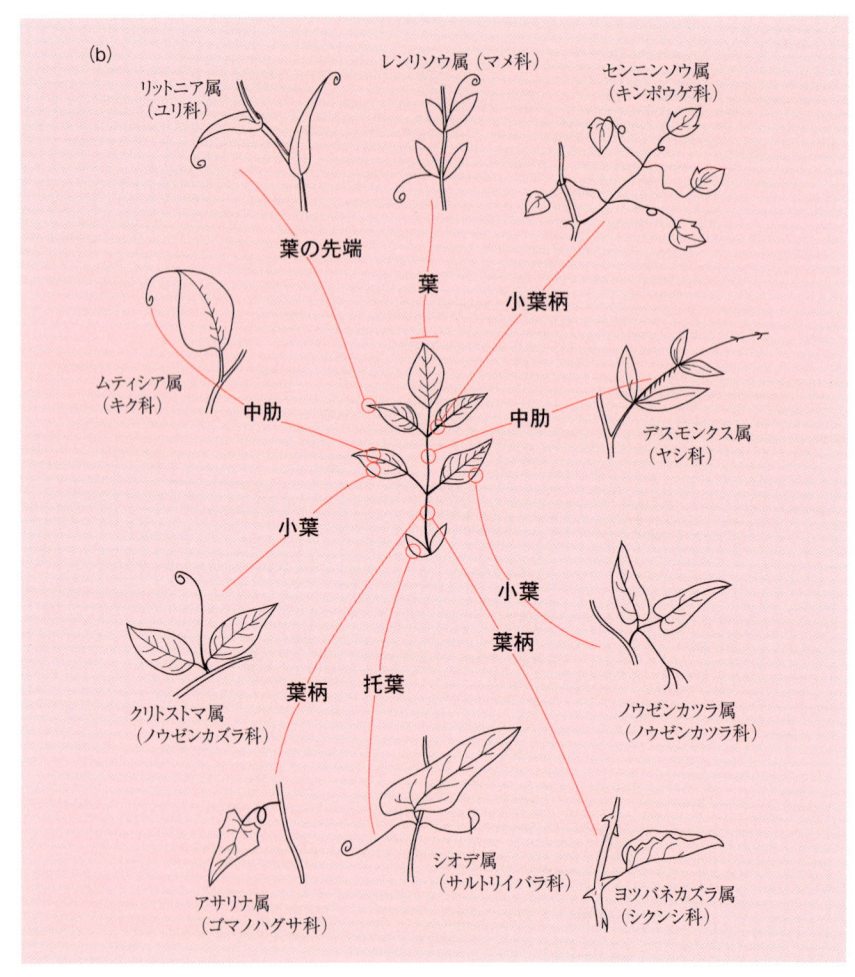

図 1.15（続き）(b) 形態的特化が相同，すなわち同じ器官（葉）の変形による場合．それぞれ葉のどの部分が変形したかを，図の中央に描いた模式的な葉と対応させて示してある．（Alan Bryant による作図．）

合，つまりその構造が**相似**（analogous：見かけ上の形態，または機能の類似）で，**相同**（homologous：共通祖先に由来する対応関係のある構造）ではない場合である．こうした形態的な類似が生じている場合，その進化を**収斂進化**（convergent evolution）と呼ぶ．例えば，顕花植物には，他の植物を支持物として使い，林冠へ向かってはい登るように生育するものが多い（シダ植物にも少しある）．そうすることで，自分の支持組織だけでは到達できない高さまで到達し，受け取る太陽光を増やしているのである．この登攀能力はさまざまな科で生じており，

まったく異なった器官がそれぞれ登攀に役立つ形態に変わっている（図 1.15a）．これらの器官は相同ではなく相似である．一方，他の植物では同じ器官がたいへん異なった形態に変化し，異なった機能を果たしている．つまりこの場合は，相似ではなく相同である（図 1.15b）．

ほかによく引き合いにだされる進化の現象に**平行進化**（parallel evolution）がある．これは，ある生物群が隔離によって別個の系統群に分かれ，その後にそれぞれが放散するという進化的経路を経た場合の現象である．平行進化の古典的な例は，哺乳類の有胎盤類と有袋類にみられ

図 1.16　哺乳類の有袋類と有胎盤類に見られる平行進化．組にして並べた2種は外見，習性がよく似ていて，すべてではないが多くの場合生活様式もよく似ている．

る放散である．有袋類がオーストラリア大陸に進入したのは白亜紀（約9,000万年前）で，その時そこにいた哺乳類は，風変わりな卵生の単孔類だけだった（この類の現生のものは，ハリモグラ *Tachyglossus aculeatus* とカモノハシ *Ornithorhynchus anatinus* だけである）．進入後，有袋類はさまざまな方向に適応放散したが，それは正に他の大陸で有胎盤類に生じた進化と平行したものであった（図1.16）．この2つの動物群に生じた体形と生活様式は細かい点まで驚くほど似ているので，有胎盤類と有袋類の環境がよく似た条件にあり，この2つの動物群が進化の過程でよく似たやり方で対応したと考えざるを得ない．

1.5 群集と環境との対応

1.5.1 地球上の陸上バイオーム

　生物群集間の相違と類似を検討する前に，群集よりもずっと大きな区分である**バイオーム** (biome) について考えよう．バイオームとは生物地理学上，世界中の動物相と植物相の顕著な違いによって認められた区分である．バイオームをいくつ認めるかは好みの問題である．あるバイオームから次のバイオームへは徐々に移行しているので，図示の便宜上，各バイオームがきっちりと区分されて表示されるとしても，それは現実の自然を反映したものではない．ここでは8つの陸上バイオームを紹介することにし，その世界的な分布を図 1.17 に示す．そして，さらに図 1.18 に示すように，その分布は年平均気温と降雨量とに関連している（さらに詳しい説明は Woodward (1987) を参照）．まずは，これらバイオームを記述して区別するための用語を理解する必要がある．それは本書の後の方で出てくる本質的な問いについて考えるとき重要となる（特に第 20 章と第 21 章）．それは，次のような問いである．何故ある群集は他のものより種数が多いのか？　ある群集は他のものよりも構成が安定しているだろうか？　もしそうなら，それは何故か？　生産性の高い環境には多様性の高い群集が成立しているだろうか？　あるいは，多様性の高い群集は，利用できる資源を生産性を高めるために使っているだろうか？

　ツンドラ (tundra：図版 1.1) は高木限界を越えた場所に生じ，北極圏のまわりに存在する．南半球では，小規模ではあるが亜南極圏の島嶼に見られる．これとよく似た環境条件は，低緯度地域でも標高が高ければ存在し，高山ツンドラ (alpine tundra) と呼ばれる．ツンドラの環境を特徴づけるのは永久凍土で，凍ったままの水分が年間を通して土中に存在し，液体の水が見られるのは夏の短い期間だけである．ここに生育する典型的な植物は，地衣類，蘚苔類，スゲ類，および矮性の灌木である．昆虫は限られた季節にだけ活動し，鳥類と哺乳類にもここに固有の種はいるが，温暖な低緯度地帯から夏に移動してくるものが多い．ツンドラの中でもさらに寒い地域では，草本とスゲ類が姿を消し，永久凍土に根を張る植物は生育しない．さらに北では地衣類と蘚苔類も姿を消し，極地の砂漠となってしまう．高等植物（蘚苔類と地衣類は含まれない）の種数は，低緯度北極圏（北アメリカで約 600 種）から高緯度北極圏（北緯 83 度以北，例えば，グリーンランドとエルズミア島では約 100 種）に向かって減少する．対照的に，南極大陸の植物相は，たった2種の維管束植物および何種かの地衣類と蘚苔類だけからなり，またそれらに支えられる小型の無脊椎動物もわずか数種である．南極大陸の生物生産と生物多様性は沿岸に集中しており，それらは海から収穫される資源にほぼすべて依存している．

　タイガ (taiga) または**北方針葉樹林** (northern coniferous forest)（図版 1.2）は，北アメリカとユーラシアを横断して幅広く帯状に分布する．冬の間は液体の水がほとんど存在せず，植物と多くの動物は代謝速度を大幅に低下させ，明瞭な休眠を行う．一般的に，樹木相はきわめて単純である．冬期がそれほど厳しくない地域では，森林はマツ類（何種かの *Pinus*，全て常緑），そしてカラマツ属 (*Larix*)，カバノキ属 (*Betula*)，ヤマナラシ属 (*Populus*) などの落葉樹が優占し，しばしば混交林を形成する．それよりも北では，これらに代わってトウヒ (*Picea*) の純林が広大な面積を占める．このトウヒの森林の北への広がりを制約するのは永久凍土の存在で，そこでは太陽が表面を暖めるとき以外は渇水状態となる．トウヒの根系は土壌の表層に発達し，短い夏の成長期の間，そこから水分を吸収する．

　温帯林 (temperate forest：図版 1.3) には，北ア

第1章　環境の中の生物

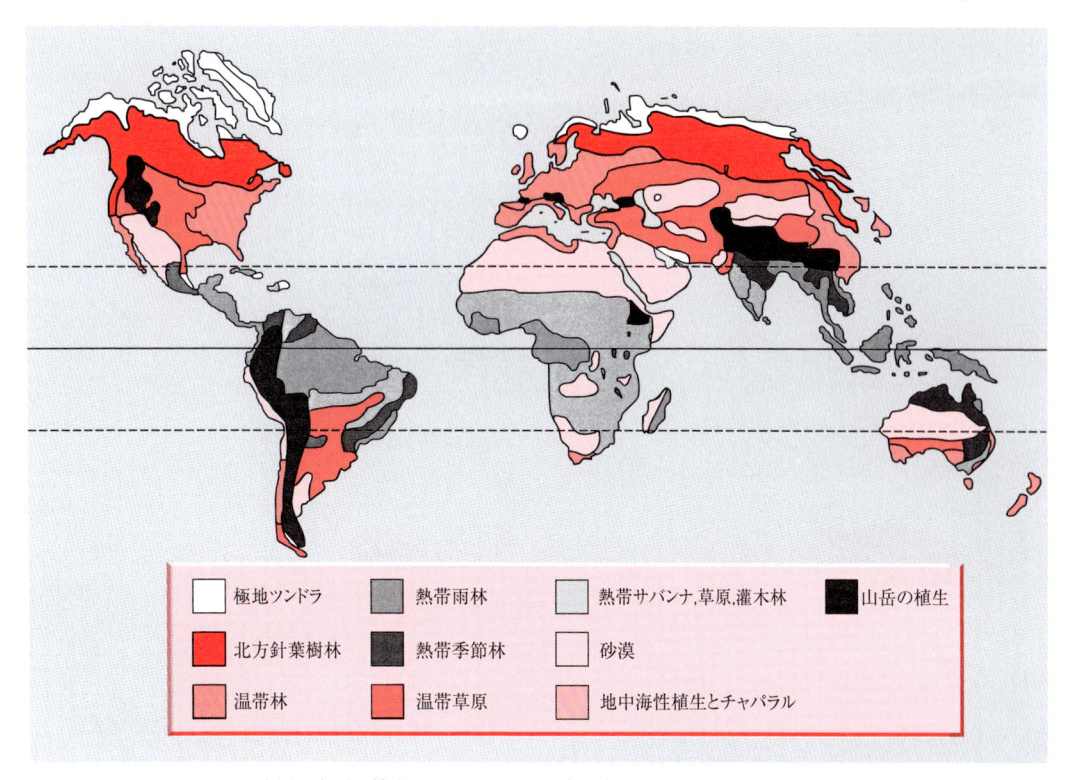

図1.17　世界の主要な植生のバイオームの分布．(Audesirk & Audesirk, 1996 より.)

温帯林　メリカの大部分と中央ヨーロッパの北部に広がる針葉樹と広葉樹の混交林（降霜期が6ヶ月ある場所も含まれる）から，このバイオームの低緯度側の端にあたるフロリダ州とニュージーランドなどに見られる常緑広葉樹の湿潤林までさまざまなタイプがある．しかし，温帯林の大部分では，蒸発散量が降水量と土中からの水分供給量の総計を上回る時期があり，その季節には液体の水が不足気味となる．温帯林の大部分で優占する落葉樹は，秋には葉を落として休止期に入る．林床では，多くの場合，多様な多年生草本，特に樹木の新葉がまだ展開していない春に，素早く成長する草本が見られる．また，温帯林は，動物にさまざまな資源を供給するが，通常それは季節性が著しい．温帯林の鳥類は渡りをするものが多く，春には戻ってくるが，寒い時期はもっと暖かいバイオームで過ごす．

草原 (grassland) は，温帯と熱帯のいくぶん乾燥した地域に出現する．温帯の草原には地域ごとの呼び名があり，アジアではステップ (steppe)，北アメリカではプレーリー (prairie)，南アメリカではパンパス (pampas)，南アフリカではベルド (veldt) と呼ばれる．熱帯草原またはサバンナ (savanna)（図版1.4）は，純然たる草原から多少の樹木を交えた草原までを含む熱帯の植生を指す．温帯と熱帯のいずれでも，ほぼ全ての草原には季節的に乾燥する時期が存在する．しかし，この植生の出現を決めているのは気候条件よりもむしろ植食動物の摂食圧で，草原を構成する植物は頻繁な摂食からすぐに回復できる種だけである．サバンナでは，乾期の野火もごく普通の危険要素で，動物の摂食圧と同様に，植生を林から草原へ向かわせる力となる．こうした環境ではあっても，一般的に，餌資源が大量に得られる飽食の季節が訪れるが，それはすぐに餌不足の時期に移行してしまう．その結果，

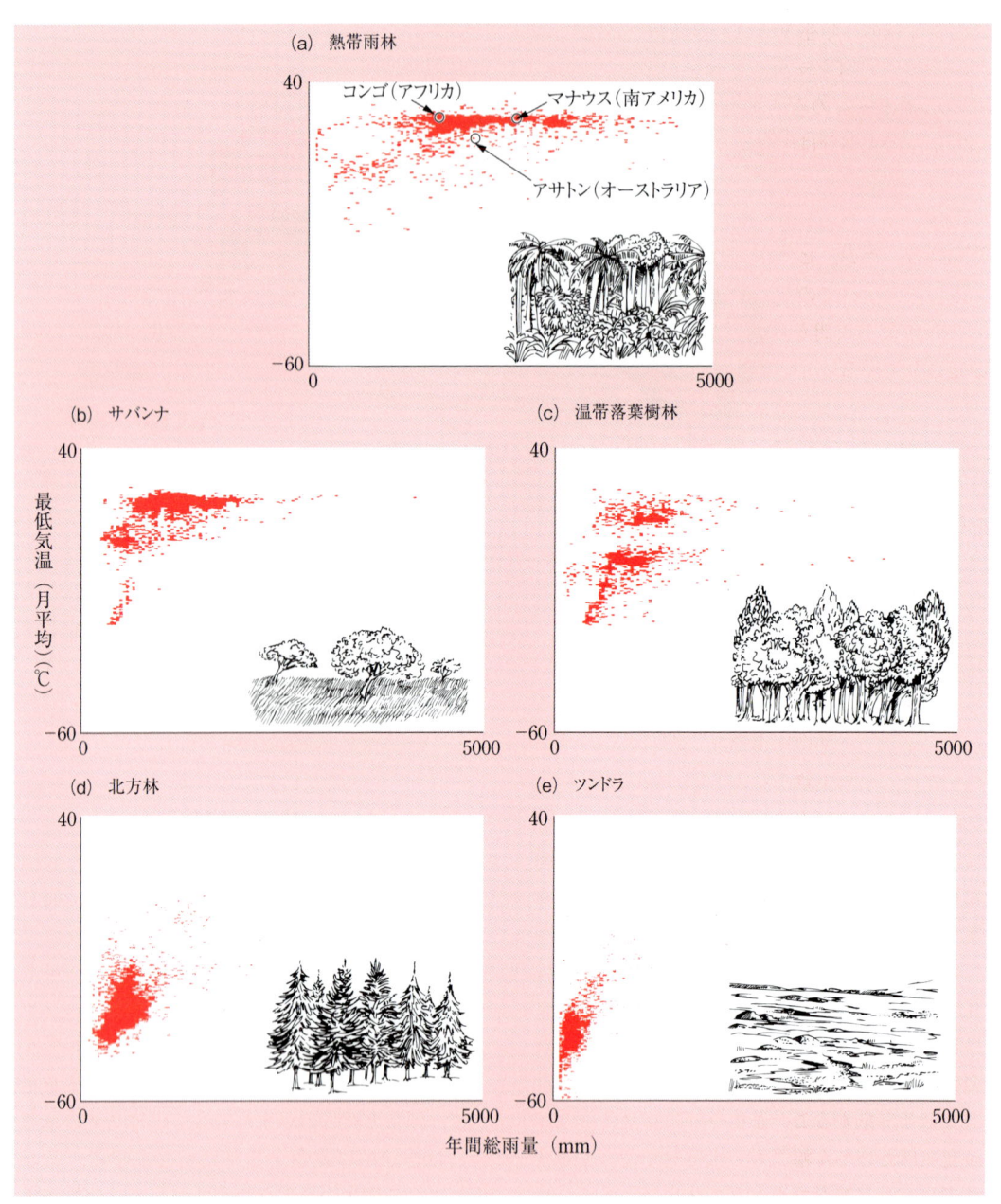

図1.18 陸上環境で経験するさまざまな環境条件は，各場所での年間総雨量と月平均最低気温の値で記述できる．(a)から(b)は各場所での環境条件の観測値の範囲を示す．(a) 熱帯降雨林，(b) サバンナ，(c) 温帯落葉樹林，(d) 北方針葉樹林（タイガ），(e) ツンドラ．(Heal *et al.*, 1993, ©UNESCO より．)

乾燥が厳しい年には大型の草食動物はひどい飢餓状態に陥り，高い死亡率にさらされる．季節的に豊富な種子と昆虫は，渡り鳥の大きな個体群を維持できるが，一年中信頼できる餌を確保できて，そこに留まれる鳥はわずか数種しかない．

こうした自然の草原の多くは人間によって開拓されて，コムギ，カラスムギ，オオムギ，ライムギ，トウモロコシといった一年生作物の耕作地という草地に置き換えられてきた．そうし

た温帯地域の一年生草本は，温帯のイネとともに，世界の人口を支える主食を供給している．このバイオームのうちでも乾燥気味の地域では，草原の大部分は肉とミルクの生産を目的として「管理」されていて，場所によっては遊牧生活が行なわれている．そして，草原本来の草食動物は，ウシ，ヒツジ，ヤギに取って代われている．すべてのバイオームの中でこのバイオームが最も人間から必要とされ，利用され，改変されている．

チャパラル（chaparral），またはマキー（maquis）が出現するのは地中海性気候（温暖で湿潤な冬と，乾燥した夏で特徴づけられる）の地域で，ヨーロッパ，カリフォルニア州，メキシコ北西部に存在し，そして小規模なものは南半球のオーストラリア，チリー，南アフリカにも見られる．チャパラルは温帯草原よりも降水量が少ない地域に発達し，乾燥に強い硬葉の灌木か背の低い樹木類が優占する．チャパラルでは，雨量の多い冬から初春に，一年生草本も多く見られる．チャパラルは周期的に野火に見舞われる．野火の後にだけ発芽する種子をつける植物が多く，また野火に耐性のある根に養分を蓄えていて，野火の後に急速に芽吹くことのできる植物もいる．

砂漠（desert）（図版1.5）は水分が著しく不足する地域に出現する．年間雨量は通常約25cm以下で，蒸発散量をはるかに下回り，それもきわめて不規則な降り方をすることが多い．砂漠が成立する温度域はたいへん幅広く，サハラ砂漠のような高温地域からモンゴルのゴビ砂漠のようなきわめて低温の地域まで，広範囲にわたる．最も極端な場所である熱砂漠は，植生がまったく存在しない荒地である．その点は，対極にある南極大陸の冷砂漠でも同じである．植物が生長できるだけの雨量がある乾燥砂漠でも，その時期はいつも不確定である．これに対して，砂漠の植物は，互いにはっきりと異なる二通りの振る舞いをする．多くの種は，日和見的な生活様式をとり，気まぐれに降る雨によって発芽する．こうした植物は，素早く生長して，発芽から結実までの生活史を2〜3週間で完結する．砂漠では時々これらの植物による一斉開花が起きる．これとは異なった振る舞いは，ゆっくりとした生理的過程で長生きするやり方である．サボテンと他の多肉植物，そして小さなトゲ，時には毛状の葉をもつ小型の灌木種は，気孔（ガス交換をする小孔）を閉じて生理学的に不活性な状態を長く維持できる．これらの植物は生産性が低く，またそうした植物体は消化できない部分が多いので，乾燥砂漠では動物相も相対的に貧弱である．

熱帯降雨林(tropical rainforest)（図版1.6）は，地球上で最も生産性の高いバイオームである．それは，年間を通して降り注ぐ強い太陽光と，規則的な相当量の降雨の賜である．その高い生産性の大部分は，密に詰まった林冠の常緑の葉群で達成される．地表は，木が倒れてギャップが生じない限り，暗い．実生や稚樹の多くは，通常，何年も成長を抑制された状態に置かれるが，もし真上の林冠にギャップが生じるとすぐさま伸長しはじめる．樹木以外でも，できるだけ林冠に到達しようとする植物は多い．これには，他の樹木を伝って林冠に這い登るもの（多くのイチジク類を含むツル植物やブドウ類）と，高い所にある他の植物の湿った枝に根を張る着生植物がある．熱帯雨林では，動植物のほとんどの種は一年中活動する．ただし，植物は交代で開花して結実するようである．種の豊富さが飛び抜けて高いことは熱帯雨林の特徴であり，1種または僅かな種が優占する群集はまずない．熱帯雨林の樹木の多様性は，植食者へもそれだけ多様な資源を供給するし，食物連鎖のさらに上方にも同様のことが言える．Erwin（1982）の推定によれば，パナマの熱帯降雨林には1ヘクタール当り1万8000種の甲虫がいる（アメリカ合衆国とカナダ全体を合わせてもそれはわずか2万4000種である！）．

水界のバイオームは？

以上のバイオームは全て陸上のものである．伝統的な区分は陸上だけを扱ってきたが，水界を研究する生態学者ならさらにいくつかを追加できるだろう．区別しようと思えば，泉，川，池，湖，河口域，沿岸域，珊瑚礁，深海なども区別できる．しかし，ここでの目的からして，2つの水界バイオームだけを区別しよう．すなわち**海洋** (marine) と**淡水** (freshwater) である．海洋は地球表面の71%を覆い，その深さは10000 mを越える所もある．海洋は，蒸発散量が降水量を越える地域からその逆の条件の地域にまで広がっているが，水塊の大きな動きがあるため，地域間の塩分濃度にはそれほど大きな差はない（海洋の塩分濃度の平均値は約3%である）．海洋では2つの大きな要因が生物の活動に影響する．光合成に有効な太陽放射は水中では急速に吸収されて減衰するので，光合成が可能な領域は表層近くに限られる．無機栄養塩，特に窒素と燐の濃度は通常低く，これも生物量の増加を制限する要因となっている．浅い水界（例えば，沿岸域や河口域）では生物活性が高い傾向があるが，それは陸からの流入によって無機栄養塩の濃度が高いことと，入射する太陽放射がそれほど減衰しないためである．これ以外に海洋で生物活性が高い場所は，深海から栄養塩濃度の高い水塊が表層に湧昇してくる場所で，世界的に見て漁業が北極圏や南極圏に集中するのはそのためである．

淡水バイオームは，主として陸上の水が海へと流れ出るルート上に成立する．水の化学成分は，それが溶出してくる供給源，流水量，さらには水中や水辺の植生からの有機物の流入量によって大きな違いを見せる．蒸発散量が高い集水域では，陸上からの塩分が蓄積するので，その濃度が海洋よりもはるかに高くなって，塩水湖やほとんど生物の住めない塩性窪地 (salt pan) が形成される場合がある．なお，淡水環境といえども，極地のように液体の水がまったく利用できない場所もある．

バイオームの違いからは，その内部の生物群集や生物の差異や類似性について大雑把なことしか分からない．各バイオームの中には，群集構造および生息する生物たちに，小規模なものから大規模なものまで，さまざまなレベルの変異が存在する．さらに，次で見るように，バイオームを特徴づけるものは，必ずしもそこに生活する特定の種ではない．

1.5.2　群集における「生活形」スペクトル

前に述べたように，個体群が淘汰を受けて多様化するには，地理的な隔離が決定的に重要である．動植物の種，属，科，およびそれ以上の分類群の地理的分布は，この地理的な分化を反映している場合が多い．例えば，キツネザルの全ての種はマダガスカル島だけに生息し，他の場所では見られない．同様に，ユーカリ属 (*Eucalyptus*) の230種〔訳注：通常700種以上と言われている〕は自然分布としてはオーストラリアだけに生育する（ただし，2～3種がインドネシアとマレーシアに分布する）．キツネザル類とユーカリ類がそこだけにいるのは，それらがそこで進化したからであり，そこでだけ生き残って繁栄できたからではない．事実，カリフォルニアやケニアに持ち込まれたユーカリの種の多くは，そこで大いに繁茂し急速に広がっている．キツネザルの自然分布はこの仲間の進化史について多くのことを語ってくれる．しかし，バイオームとの関係に関して言えることは，キツネザル類がたまたまマダガスカルの熱帯雨林バイオームの構成員の一員ということだけである．

同様に，オーストラリア特有のバイオームは一群の有袋類を含んでいるが，世界の他の地域の「同じ」バイオームはそれと相似関係にある哺乳類の住み家である．従って，バイオームの地図は，ほとんどの場合，種の分布図ではない．にもかかわらず，それぞれの場所に見られる生物のタイプの違いを拠り所にすれば，別のバイオームからのものとか別の水界群集からのもの

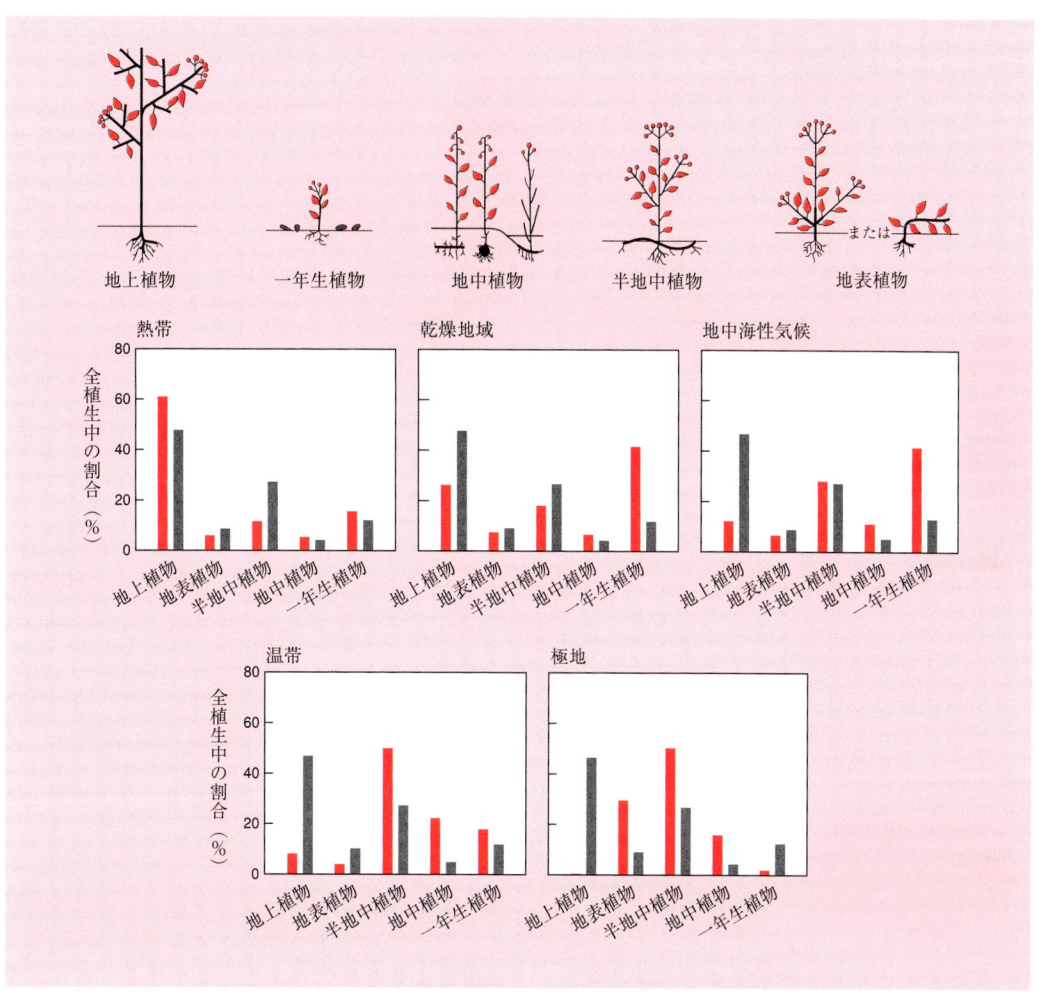

図 1.19 上の略画はラウンケルが認めた植物の生活形を表す．どこに芽（赤丸）を付けるかで区別される．下のグラフは5つのバイオームでの生活形スペクトル．赤い棒線が各バイオームを構成する全植物相についての百分率を表し，灰色の棒線は比較のための全世界の植物相の生活形の百分率を示す．（Crawley, 1986 より．）

とかの認識はできる．では，どのように記述すればその生物のタイプを分類し，比較し，地図上に表すことができるだろうか．この問題に取り組んだのは，デンマークの生物地理学者，Raunkiaerで，彼は植物の形の生態的意味についての深い洞察に基づいて，1934 年に**生活形**（life form）という概念を提案した（図 1.19）．そして，それぞれ異なった植生中に出現する各生活形の相対頻度（スペクトル）を使って，その植生の生態的特性を記述した．

植物の成長は，古いシュートの先端（頂端（apex））と葉腋にある芽から新しいシュートを伸長させる形をとる．シュートの中では，芽の中の分裂組織の細胞が最も傷つきやすい

ラウンケルの分類

部分，いわば植物のアキレス腱である．Raunkiaer によれば，各植物でこの芽がどのように保護されているかが，それぞれの環境での危険因子の強力な指標となり，またそれぞれの植物の形を定義することに使えるはずである（図 1.19）．すなわち，樹木は芽を空中高くに付け，風，寒さ，乾燥に完全に曝している．Raunkiaer はこうした植物を地上植物（phanerophyte）と名付けた（phaneroはギリシャ

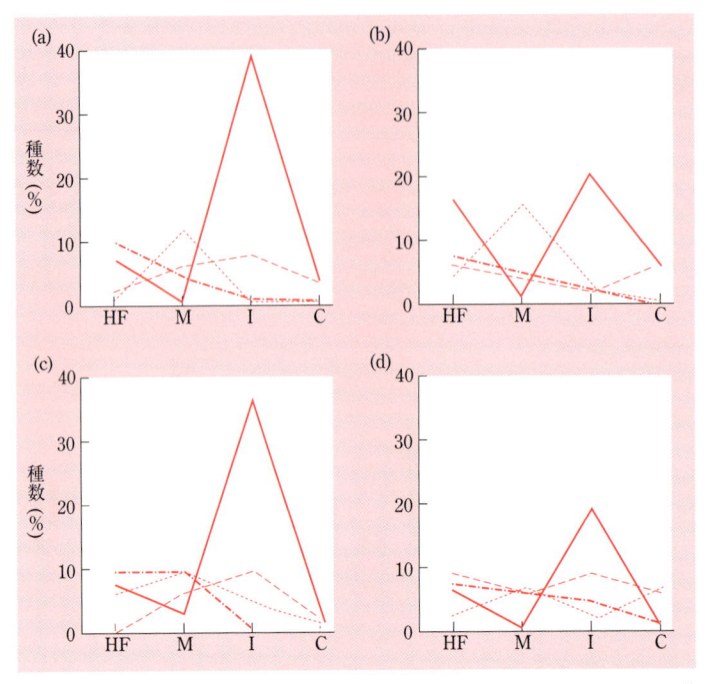

図1.20 森林の哺乳類群集におけるさまざまな移動方法と食性で区分される種の割合.(a)マレー半島の全森林地帯の161種;(b)パナマの乾燥林の70種;(c)オーストラリアのケープ・ヨーク半島の森林の50種;(d)ザイール(現コンゴ民主共和国)のイランギの森の96種.横軸の略号は次の食性を表す.C,肉食者;HF,植食者と果実食者;I,昆虫食者;M,雑食者.線分は次の移動方法を表す.(——)空中移動性,(……)樹上性,(- - -)木登り性,(-・-)小型地上性.(Andrew et al., 1979 より.)

語で可視を,phyteは植物を意味する).対照的に,多年生草本の多くは密生した古い葉や茎で形成されるクッションあるいはタソック(tussock)を形成し,芽はその中に生じて地表より上に存在するが,クッションやタソックの構造によって乾燥や寒さから保護されている(地表植物(chamaephyt;地表の植物の意)).芽がさらに保護されている植物では,芽が地表あるいは地表直下にある(半地中植物(hemicryptophytes;半分隠された植物の意)),または地中に埋もれた休眠貯蔵器官(鱗茎,球茎,根茎)の上にある(地中植物(cryptophytes;隠れた植物,またはgeophytes;地中の植物の意)).これらの植物は,素早く生長し開花した後,先端から枯れて休止状態に戻ることができる.主な生活形の最後のものは一年生草本からなり,個体群全体が休止状態の種子によって乾燥と寒い季節を乗り切る(一年生植物(therophytes;夏の植物の意)).この生活形をとるものは,砂漠(アメリカ合衆国のデスバレーの植物相のうち50%近くを占める),砂丘,頻繁な攪乱を受ける生育場所に多い.また耕作地,庭,都市部の空き地に生える一年生の雑草にもこの生活形が多い.

しかし,もちろん,ひとつの生育型だけで構成されている植生はない.どの植生もラウンケルの生活形については複数のものの混合,つまりスペクトル(連続体)なのである.そして,ある特定の植生についてのスペクトルの構成が分かったとしても,それはその植生の一端を把握しただけであり,その植生の特徴を知るためにはもう一工夫が必要である.Raunkiaerは,キュー植物目録(Index Kewensis;当時までに記

載されていた全植物種の目録．当時も今も，熱帯産のものについての知見はまだ乏しい）からサンプルを抽出することで生活形の「全世界のスペクトル図」を作り，これとそれぞれの地域のスペクトルを比較した．これによって，生活形スペクトルがよく似ていることで，例えば，チリ，オーストラリア，カリフォルニア，クレタ島にチャパラルと呼べる植生を認めることができる．もし，それぞれの植生の分類学的リストを比較したとしても，植生間の違いがはっきりするだけで，こうした類似性は決して抽出できないだろう．

動物相は，多くの植食者がその餌を選り好みしているということだけでも，植物相と密接に結びついているはずである．陸上の肉食者は餌となる植食者よりは広く分布するが，それでも植食者の分布を介して植生からのさまざまな影響を受けている．植物学者は，動物学者が動物相を区分するよりも，植物相を区分するのに熱心であった．しかし，マレー半島，パナマ，オーストラリア，ザイール〔現在のコンゴ民主共和国〕の森林の哺乳類を比較して動物相の区分を試みた興味深い研究もある (Andrews *et al.*, 1979)．Andrews らは，森林に生息する哺乳類を肉食，植食，昆虫食，雑食に分け，さらにそれらを空中移動性（コウモリ類とオオコウモリ類），樹上性，木登り性，地上性小型哺乳類に細分した（図1.20）．この比較から，大きな相違と類似が明らかとなった．例えば，オーストラリアとマレーシアの生態的多様性のスペクトルは，この2つの場所の動物相の分類学的相違（オーストラリアの哺乳類は有袋類でありマレー半島のそれは有胎盤類）にもかかわらず，とてもよく似ていたのである．

1.6 群集内での対応関係の多様性

ある特定のタイプの生物が，特定の生態的条件下だけに見られる場合が多いとしても，それは多様な種から構成される群集自体のごく一部を見ているに過ぎない．生物とその環境の対応を充分に理解するには，同じ環境に生活する生物の類似点を確認するだけではなく，同じ環境に生活する種がきわめて異なっている場合が多い理由も説明する必要がある．ある意味では，そうした多様性についての説明は，つまらない課題かもしれない．太陽光を利用する植物，植物に取りつく菌類，植物を食べる植食者，植食者の体内で生活する寄生虫，これら全てが同じ群集の中で共存しているのは不思議ではない．一方，ほとんど同じ体の造りを持ち，ほぼ同じ生活様式を持つ（少なくとも表面的にはそう見える）一群の種が同じ群集内で生活している場合も多い．このような多様性についての説明には，いくつかの項目が必要である．

1.6.1 環境の異質性

まったく一様な環境というものは自然界には存在しない．実験室で微生物を攪拌しながら培養する場合ですら，その環境は一様ではあり得ない．なぜなら境界面，つまり培養器の壁面が存在するからである．そして，培養している微生物にも2つのタイプ，すなわち容器の壁面に付着するタイプと培養液中を浮遊するタイプが現れることが多い．

環境がどれだけ異質であるかは，その中で生活する生物の側の尺度に依存している．ひと握りの土でもカラシナの種子にとっては山であり，1枚の葉っぱでも，ある毛虫にとっては一生の食料であり得る．1枚の葉がつくる日陰のために，ある種子は発芽できず，一方その日陰から外れた種子はすくすく育つということもあり得る．我々にとって一様に見える環境でも，ある生物にとっては生存に好適な場所と不適な場所とのモザイクかもしれないのである．

環境には空間的な傾斜（例えば標高）もあれば時間的な変化もあるだろう．時間的な変化には，周期的な変化（例えば日変化や季節変化）も

あれば，一方向への変化（例えば湖での汚染物質の蓄積），あるいは突発的な変化（例えば野火，雹（ひょう）を伴った嵐，台風など）もある．

異質性は，後の章で何度も登場する．異質性は，生物がパッチからパッチへ移動する時に立ちはだかる問題となる（第6章）．また，異質性は，異なる種にさまざまな機会を提供する（第8章と第19章）．異質性が存在することで群集は平衡状態に到達するのを妨げられ，変化する（第10章と第19章）．

1.6.2 対になる種

すでに見たように，ある場所にある生物が存在することは，他の生物にとってはその分，その場所が多様化することを意味する．ある生物は，その生涯の間に，糞，尿，落葉，さらには死んだ体そのものを提供することで環境の多様性を高めるだろう．生きている間，その体は他の生物の住み場所ともなるだろう．実際，生物がその環境と非常に強い結び付きを発達させる場合のひとつは，ある種が他の種への依存を強めた場合である．消費者と餌生物の間の関係の多くはこれに当たる．形態，行動，そして代謝様式の全体がその動物を狭い食物ニッチに拘束し，代わりの食物として適しているようにみえるものから遠ざけさせている．同じように密接な対応関係は，寄生者とその寄主の間の関係でも見られる．ある種が他の生物によって消費される場合のさまざまな相互作用については，第9章〜12章で取り上げる．

2種が互いに依存するように進化した場合，その適合はさらに強化されるだろう．そうした**相利関係**（mutualism）については第13章で詳しく検討する．その好例としては，窒素固定細菌とマメ科植物の根の結びつき，およびきわめて厳密な形をとることの多い花粉媒介昆虫と花の関係の2つがある．

個体群が環境の物理的要因の変化，例えば霜とか干魃からの危険に曝されたり，成長期間が限定されると，究極的にはそれに対する耐性がその個体群で進化する．物理的要因それ自体は，生物が進化したからといって変化することはない．対照的に，2種の生物が相互作用する場合は，どちらに起こった変化も他方の生活に何らかの変更を迫ることになり，それぞれが相手の進化を方向づける淘汰圧を生み出すことになるだろう．そのような共進化の過程では，2種間の相互作用は次第にエスカレートする．こうして，互いに特殊化し続けるように影響し合い，互いの対応を絶え間なく強め合う種の組み合わせが，自然界に見られるだろう．

1.6.3 類似した種の共存

同一の群集内に相当違った役割を担う種が共存していても驚くにはあたらないが，相当よく似た役割を果たすように見える一群の種が共存していることも一般的な現象である．南極のアザラシ類がその一例である．アザラシ類の祖先は，北半球で進化したと考えられており，北半球の中新世の地層から化石も産出している．中新世の終わりか鮮新世の始めに（約500万年前），その中のあるグループが南方の暖かい海域に移動し，それから南極へも到達したらしい．アザラシ類が南極に到達した頃の南氷洋は，現在と同様，食物が豊富で天敵と呼べるものがいなかった．この環境のもとで，そのアザラシのグループは放散進化を遂げたのである（図1.21）．例えば，ウェッデルアザラシは主に魚を食べるが，その歯は特殊化していない．カニクイアザラシはオキアミをほぼ専食するが，歯は海水ごと口に入れたオキアミを漉し取るのに適している．ロスアザラシは小さな鋭い歯を持ち，主に沖帯のイカ類を食べている．そしてヒョウアザラシは，獲物を捕捉するのに適した先の尖った大きな歯を持ち，他のアザラシ類や季節によってはペンギンも含む多様な餌を採る．

これらの種は互いに競争しているだろうか．競争している種同士が共存するには，異なって

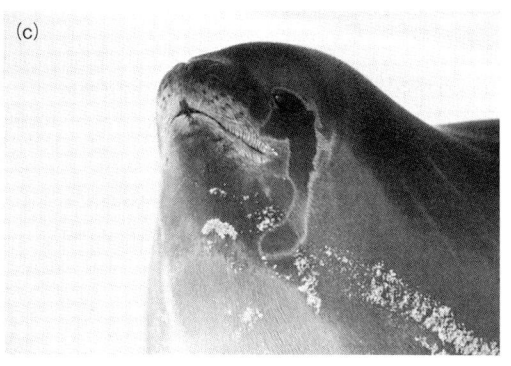

図 1.21 南極地方のアザラシ類．よく似た種が共存している．(a) ウェッデルアザラシ，*Leptonychotes weddellii* (©Imageshop-zefa visual media uk ltd/Alamy)．(b) カニクイアザラシ，*Lobodon carcinophagus* (©Bruam & Cherry Alexander Photography/Alamy)．(c) ロスアザラシ，*Omatophoca rossii* (©Chris Sattlberger/Science Photo Library)．(d) ヒョウアザラシ，*Hydrurga leptonyx* (©Kevin Schafer/Alamy)．

いる必要があるだろうか．もしそうなら，どの程度異なる必要があるのだろうか．類似の程度に何らかの限界があるのだろうか．アザラシ類のような種同士は現在も相互作用しているだろうか．あるいは，進化は過去に完了していて，現在の群集内ではそのような相互作用は存在しないのだろうか．これらの問いに対しては，類似種の共存を扱う第 8 章で考えよう．

しかし今の段階でも，共存している種は，たとえきわめて良く似ていたとしても，いつも微妙に異なっていると言ってもかまわないだろう．その違いは，単に形態と生理だけでなく，その場所の環境に対する反応の仕方，そしてまた，それらが属している群集の中で担っている役割にも見られる．すなわち，それらの種の**生態的地位**（ecological niche）は互いに分化していると言うことができる．生態的地位の概念そのものは，次の 2 つの章で説明する．

まとめ

「生物学では，進化の概念で見通さない限り，何ものも意味を持たない」．本章では，異なった種の生物が特定の環境の中で生きていくことを可能にする特性について説明した．

進化的適応とは何か，またチャールズ・ダーウィンが 1859 年に初めて定式化した生態学的理論である，自然淘汰による進化論とは何かを説明した．生物は自然淘汰を通してその環境に適合してゆく．それは「使えるものでは最良のもの」または「今のところ最良のもの」であり，「考え得る最良のもの」ではない．

種内での適応的な変異は，さまざまなレベル

で生じる．そして全ての変異は局所的な適応と交雑のバランスによって決まる．生態型は，生物と環境との局所的な対応を反映した，遺伝的基盤をもつ種内の個体群間の変異である．遺伝的多型は，同じ生息場所に2つ以上のはっきりした型が一緒にいる状態である．局所的な特殊化の劇的な事例が，人間の手による生態的圧力，特に環境汚染という生態的圧力によって引き起こされている．

1つの種から2つ以上の新たな種が形成される種分化の過程を述べ，「種」，特に生物種とは何かを説明した．島は，まず間違いなく，個体群が明瞭な種に分化するにはうってつけの環境である．

種がある場所に生息するのは，歴史的な偶然による場合が多い．これについて，島における分布様式，地史的時間スケールでの陸塊の移動，気候の変化，特に更新世の氷河期の間の変化（そして現在の地球温暖化から引き起こされるだろう変化との比較），そして収斂と平行進化の概念を検討しながら説明した．

陸上のさまざまなバイオームを比較検討し，また水界のバイオームについても触れた．ラウンケルの生活形スペクトルの概念を取り上げ，生態学的群集は，たとえ分類学的に大きく異なっていても，基本的によく似ている場合があることを強調した．

全ての群集は多様な種から構成されている．その多様性は局所的環境と対応している．環境の異質性，捕食者と被食者の相互作用，寄生者と寄主，相利関係にある種，よく似た種の共存，これらは全て群集の多様性に寄与している．

第2章

環境条件

2.1 はじめに

ある生物種の分布と個体数を理解するためには，多くのことを知る必要がある．例えば，その歴史（第1章），必要とする資源（第3章），個体当りの出生率，死亡率，移動率（第4章と第6章），種内および種間の相互作用（第5章と第8章から第13章），環境条件の影響，などである．本章では，環境条件が生物に与えている制約について検討しよう．

条件（condition）とは，生物の機能に影響を及ぼす非生物的な環境要因であり，これには，気温，相対湿度，pH，塩分濃度，汚染物質の濃度などが含まれる．他の生物の存在によって条件が改変されることもあるだろう．例えば，林冠の存在によって温度，湿度，土壌pHは変化するだろう．しかし資源とは異なり，条件は生物によって消費されたり使い尽くされたりはしない．

> 環境条件は改変されるかもしれないが、消費されることはない

条件の中には，ある生物が「最高のふるまい」(best performance）を示す最適濃度や最適レベルが存在するものもある．その場合，条件がその最適レベルよりも低くても高くても，その生物の活動は低下する（図2.1a）．しかし，「最高のふるまい」が何を意味するのかを定義しておかねばならない．進化学的視点から見た「最適」条件とは，その種の個体が最も子孫を残せる条件，すなわち最も適応している条件であるに違いない．しかし，具体的に最適な条件を確認することは不可能である場合が多い．なぜなら，適応度の測定には，数世代にわたる観察を必要とするからである．その代わりに，ある酵素の活性，ある組織の呼吸速度，個体の成長率，繁殖率など，何らかの基本的な特性について，環境条件の影響を測定することが多い．しかし，条件の変化に対するこれらさまざまな特性の反応は，普通，特性ごとに異なるだろう．例えば，多くの生物にとって，成長や繁殖が可能な条件の幅よりも，生き残ることができる条件の幅の方が広い（図2.1a）．

ある種が示す反応曲線の正確な形は環境条件ごとに異なるだろう．温度やpHのような条件には，図2.1aに示した一般化された形が当てはまる．この場合，環境条件はひとつの連続体と見なすことができる．その連続体の一方の端には，凍結や強酸性のような有害あるいは致死的なレベルがあり，反対側の端にも，高温や強アルカリ性のような，有害あるいは致死的なレベルがある．一方で図2.1bのような反応曲線がよくあてはまるような環境条件もたくさんある．例えば，ほとんどの毒素，放射線照射，化学汚染物質は，低レベルの強度や濃度では目立った効果を持たないが，レベルが高まると損傷をもたらし始め，さらに高くなると致死的になる．これとは違った形の反応曲線もある（図2.1c）．高レベルでは毒素として働くが，低レベルでは成長に必須なものである．これにあてはまるものとしては，動物にとっての必須資源

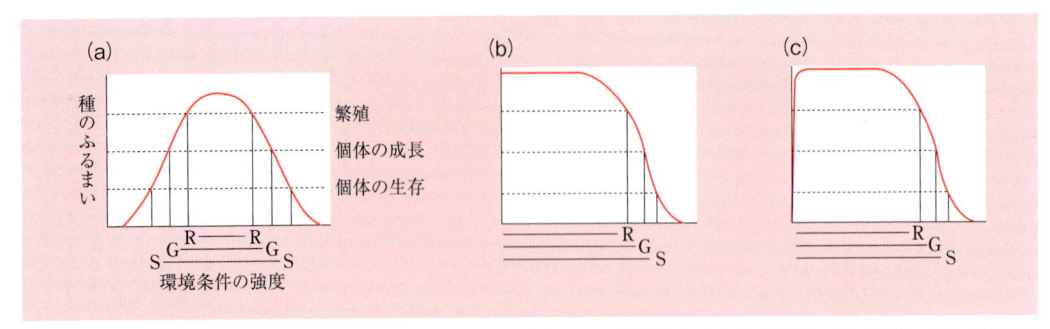

図2.1 環境条件が個体の生存 (S), 成長 (G) および繁殖 (R) に及ぼす影響を示す反応曲線. (a) 極端な条件は致死的であり, それほど極端でない条件では成長が阻害される. 繁殖は最適条件でのみ可能である. (b) 条件の強度が強い場合のみ致死的である. 一連の繁殖-成長-生存の包含関係はそのまま保たれている. (c) (b) と同様だが, 条件の濃度や強度が低い時には, 資源として必須である場合.

だが高濃度では致死的となる塩化ナトリウムが, また, 動植物の成長にとって必須な微量元素だが, 高濃度（産業による汚染で起きやすい）では致死的になり得る銅, 亜鉛, マンガンなどの多くの元素がある.

本章では, 温度に対する反応についてとりわけ詳しく検討しよう. なぜなら, 温度は生物の生活に影響する一番重要な条件であり, 温度から一般化できる結論の多くは, 他の条件にも広げることができると考えられるからである. 次に他の環境条件, 特に汚染物質の影響へと話を移し, 最後に地球温暖化における温度の問題へと戻ることにしよう. まずは, これらの条件のそれぞれを理解する時に必要な枠組みとして, 生態的ニッチから話を始めることにする.

2.2 生態的ニッチ

生態的ニッチ (ecological niche) という用語は, しばしば誤解され誤用される. 例えば,「森林はキツツキのニッチである」というように, ある生物が生息するある種類の場所をあいまいに説明するときによく使われる. しかし, 正確にはその生物はその生息場所 (habitat) に住んでいるのである. ニッチは場所ではなくひとつの考え方, つまり生物の耐性と要求性を集約したものである. 腸内微生物の生息場所は動物の消化管で, アリマキの生息場所は庭だろう. そしてある魚の生息場所は湖全体かもしれない. しかし, それぞれの生息場所は, 多くの異なるニッチをも提供する. すなわち, 腸内にも庭にも湖にも, 他の多くの生物が全く異なる生活様式で住んでいる. ニッチという用語が現在の科学的な意味を獲得し始めたのは, Elton が 1933 年に, ある生物のニッチとは「人間社会において商売や仕事や職業のことを述べるのと同じ意味において」その生物の生活様式のことであると書いてからである. ある生物のニッチと言った場合には, その生物がどこに住んでいるかということよりも, むしろどのようにして生活しているかを記述するために用いられ始めたのである.

ニッチの現代的概念は, Hutchinson によって 1957 年に提案された. それは, ある生活様式を実現するために個体または種によって必要とされる環境（第2章）と資源（第3章）を限定するための, 耐性と要求性が相互に作用する場という概念である. 例えば, 温度はすべての生物の成長と繁殖を制限する. しかし異なる生物は異なる温度範囲で耐性を示す. この耐性を示す範囲がある生物の生態的ニッチのひとつの「次元」である. 図2.2a は, 植物種がニッチのうちの温度という次元で相互にどれくらい異なるのか, すなわち植物種の生存可能な温度範囲がどれくら

ニッチの次元

第2章　環境条件

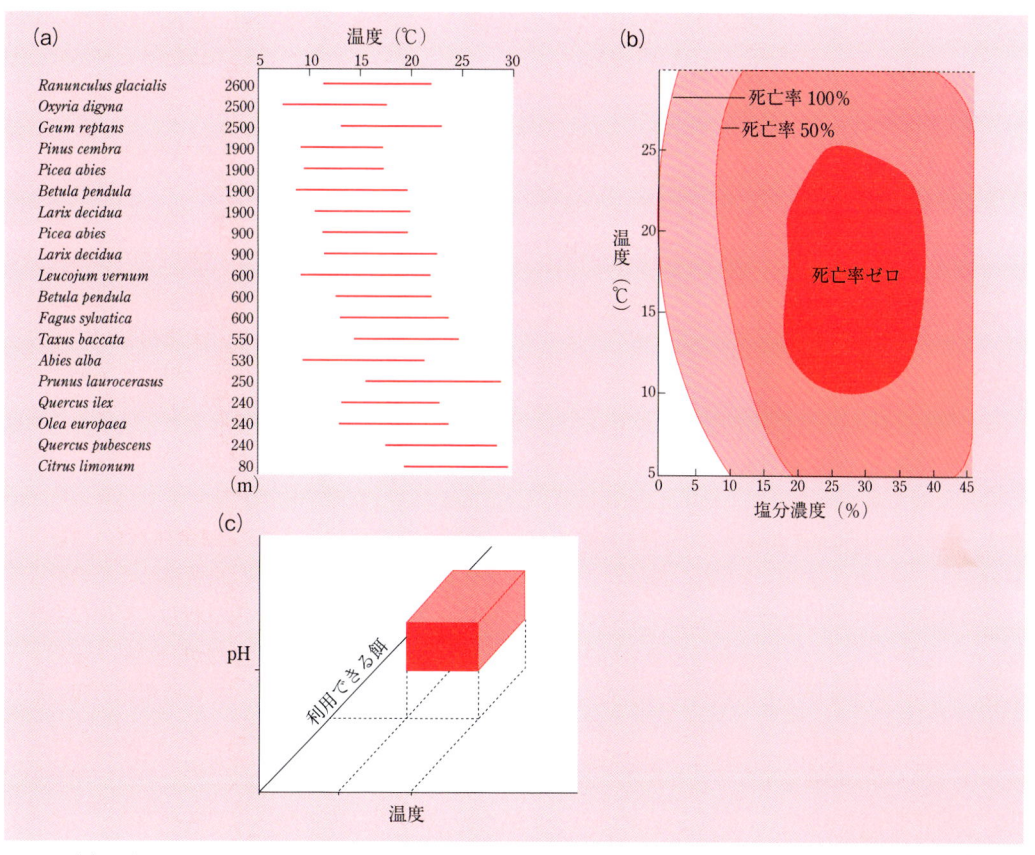

図2.2　(a) 一次元上のニッチ．ヨーロッパのアルプスのさまざまな標高に生育する植物種について70 W/m^{2}の弱光下で純光合成が可能な気温の幅．(Pisek et al., 1973より．) (b) エビジャコの一種 Crangon septemspinosa の二次元上のニッチ．さまざまな温度と塩分濃度における，通気した水中で抱卵中の雌の死亡率を示す．(Haefner, 1970より．) (c) 温度，pHおよび餌の量で定義され，ひとつの直方体の体積として示されるある水生生物の3次元ニッチの概念図．

いばらついているのかを示している．しかし，相対湿度，pH，風速，流水量などといったさまざまな他の環境条件への耐性と，様々な資源への要求性があるように，種のニッチの次元はたくさん存在する．明らかに種の真のニッチは「多」次元であるに違いない．

n次元超立体　このような多次元ニッチの構造を視覚化することは，最初は簡単である．図2.2bでは，温度と塩分濃度によって定義されるエビジャコのニッチの一部が2次元領域として明確に示されている．温度とpHと，ある食物の入手可能性のような3つの次元は，3次元ニッチ空間として図示できる（図2.2c）．実際，我々はニッチを「n次元の

超立体」とみなし，この場合の「n」はそのニッチを作り上げる次元の数を示す．しかしこのようなn次元の写実的な図を想像することは難しいし，図示することは不可能である．それでもなお，簡略化された3次元の説明によって，種の生態的ニッチの考え方を理解することができる．ニッチとは，ある場所を指すのではなく，明らかに生存，成長，繁殖できる限界を示す境界線で定義される概念である．この概念は，生態学的な考え方の基礎となっている．

ある場所が，問題とする生物種の許容できる範囲の環境条件と必要な資源をすべて備えているならば，その種がそこに存在し個体群を維持することは可能である．しかし，それが実現す

るか否かは，さらに2つの要因に依存する．まず，その場所にその種が到達しなければならないが，これはその種の移動定着能力と，その場所までの距離に依存している．次に，その種の存続は，競争関係にある他種や捕食者によって左右される．

> 基本ニッチと実現ニッチ

競争種や捕食者がいなければ，普通，種はそのぶん大きな生態的ニッチを持つ．言い換えると，その種の個体群の維持が可能となる一定の環境条件と資源の組合せが存在するが，それはその種が敵からの負の影響を受けていない場合に限られる．そこで，Hutchinson は**基本ニッチ**(fundamental niche)と**実現ニッチ**(realized niche)の2つを区別した．基本ニッチは，その種の潜在能力の全てを示しているのに対して，実現ニッチは，競争種や捕食者の存在下で，その種が存続できる環境条件と資源の範囲を示している．基本ニッチと実現ニッチについては，第8章で種間競争を考える際にさらに詳しく検討する．

本章の残りの部分では，種のニッチの次元において最も重要な条件のうちのいくつかを考察するが，まず温度から始めよう．そして続く第3章では，別のニッチの次元である資源そのものについて考える．

2.3 個体の温度に対する反応

2.3.1 「極端」とはどういう意味なのか

ある環境条件を「極端な」，「過酷な」，「良好な」，「ストレスの多い」などと普通に表現する．砂漠の日中の暑さ，南極の冬の寒さ，グレートソルトレーク（ユタ州にある浅い塩水湖）の塩分濃度のような条件であれば，それは明らかに「極端」であると言ってよいだろう．しかし，それは単に私たち人間にとっての基準，つまり私たちに与えられた固有の生理学的特性や耐性からみて，それらの環境が極端であることを意味するにすぎない．サボテンにとっては，彼らが進化してきた砂漠の環境は極端なものではまったくない．ペンギンにとっての南極の氷も同じである (Wharton, 2002)．他のすべての生物が我々と同じように環境を感じていると仮定することは，生態学者にとってあまりにも稚拙でかつ危険である．むしろ，生態学者はイモムシの目や植物の目でみた環境の印象を手に入れる努力をすべきである．他の生物が環境を見るように世界を見る努力をするべきである．過酷，良好のような感情に訴える言葉や，暑いや寒いといった相対的な言葉も生態学で用いるときには，細心の注意を払うべきである．

2.3.2 代謝，成長，発育と大きさ

個体は本来，図 2.1a に示した形で温度に対して反応する．つまり，上下両極端では

> 代謝反応における温度の指数関数的効果

機能が損なわれ，ついには死んでしまう（本章第 3.4 節と 3.6 節で考察する）．この両極端の間には活動できる範囲があり，さらにその中には最適な点が存在する．これは，ある程度単純に，代謝活動の変化によって説明できる．例えば，温度が 10℃ 上昇するごとに生物学的酵素反応の速度はおよそ2倍になる場合が多い．そして，温度に対して反応速度をプロットすると，指数曲線のようにみえる（図 2.3）．この増加は高温が分子の運動速度を高め，化学反応を加速することで引き起こされる．温度が 10℃ ずつ上昇したときの反応速度の倍化率は Q_{10} と呼ばれる．つまりおよそ2倍になる場合，$Q_{10} \approx 2$ と表現する．

しかし，生態学者にとって重要なのは，個々の化学反応ではなく，成長速度（重量の増加率），発育速度（生活環の段階を経ていく速さ），そして最終的な体の大きさである．なぜ

> 成長と発育の速度に対する実質上直線的な効果

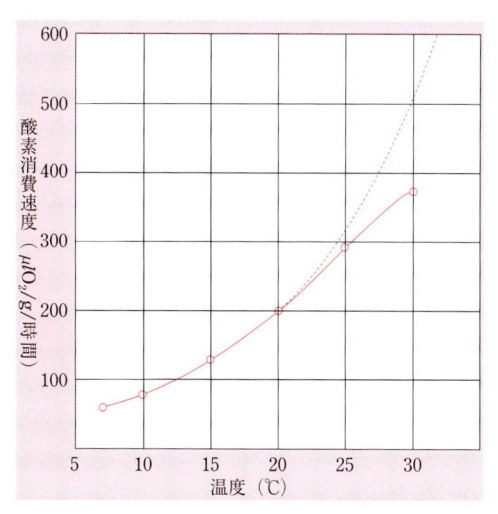

図2.3 コロラドハムシ *Leptinotarsa decemlineata* の酸素消費速度．温度20℃までの範囲では10℃上昇すると速度は2倍に増加するが，それより高い温度のもとでは速度の増加率は低下する．(Marzusch, 1952より．)

なら，第4章において充分に議論するように，これらは生存，繁殖，移動という中心的な生態的活動の駆動力となるものだからである．そして，温度に対する個体全体の成長速度や発育速度の関係を図にすると，広い温度範囲でほぼ直線で表せる場合が多い（図2.4）．

日度の概念 　成長なり発育の温度に対する反応が事実上直線的であるなら，生物の体験する温度は単一の便利な数値，すなわち「日度」(day-degree)〔訳注：日本では℃・日と表現することも多い〕という値に要約できる．例えば，図2.4cでは，肉食のミヤコカブリダニ *Amblyserius californicus* が発育するためには，15℃（発育の限界値（閾値）である9.9℃よりも5.2℃上）で24.22日間かかる．言い換えれば，発育の全過程に対する1日に進んだ発育の割合は0.041（＝1/24.22）であった．しかし，25℃（同じく限界値よりも15.1℃上）では8.18日しかかからなかった．どちらの温度においても，この発育過程には，24.22×5.1＝123.5あるいは8.18×15.1＝123.5のように，123.5日度（正確には，「閾値以上」の123.5日度）が必要である．

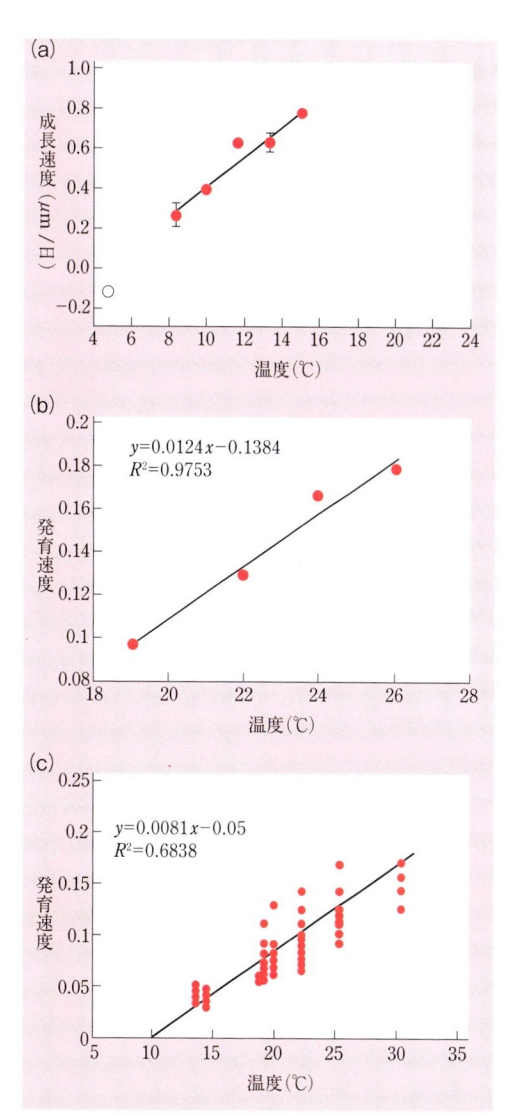

図2.4 成長速度および発育速度と温度の間のほぼ直線的な関係．(a)原生動物の繊毛虫の一種 *Strombidinopsis multiauris* の成長速度．(Montagnes *et al.*, 2003より．) (b) ハムシ科甲虫 *Oulema duftschmidi* の卵の発育速度．(Severini *et al.*, 2003より．) (c) ミヤコカブリダニ *Amblyseius californicus* の卵から成虫までの発育速度．(Hart *et al.*, 2002より．) (b)と(c)の縦軸は，各温度における発育の全過程に対する1日に進んだ発育の割合で表す．

これは，致死的でない範囲の温度ならば，他の温度においても必要な条件となる．こうした生物にとって発育のために必要な時間の長さは一定ではない．その生物に必要なのは，時間と温

度の組合せであり，この組合せは「生理学的時間」と呼ばれている．

温度と大きさの規則
　成長と発育の速度は，ともに生物の最終的な大きさを決定する．例えば，成長速度が一定ならば，発育速度が速いほど最終的な大きさは小さくなるだろう．このように，成長速度と発育速度の温度に対する反応が異なるならば，温度は最終的な生物の大きさに影響を及ぼすことになる．実際，発育速度は成長速度よりも温度上昇に対して素早く増大することが普通である．このため，さまざまな生物で，温度を高くして飼育すると最終的な大きさは減少する傾向がある．これは「温度と大きさの規則」と呼ばれる（Atkinson *et al.*, 2003 を参照）．海水域，汽水域，淡水域から得た単細胞の原生生物の65 のデータを図 2.5 に示した．この結果によると，温度が1℃上昇するごとに最終的な細胞の体積はおおよそ 2.5％減少した．

　このような成長，発育，体の大きさに対する温度の影響は，単に科学的に重要なことというより現実的な問題といえる．生態学者は，もっと予測することを求められている．例えば，地球温暖化により気温が 2℃上昇した場合，どのようなことが起きるのかの予測が求められている（本章第 9.2 節を参照）．また海洋生態系の変異を調べた Blackford *et al.*, 2004 のように，生産性の季節変化，年変動，地理的変異に対して温度の果たす役割を理解したい場合もあるだろう．温度と成長や発育の速度の関係が本当に直線的であるならば，温度との関係を指数関数的と仮定するわけにはいかないし，生物の大きさの変化が生態学的群集の中で示す効果も無視するわけにもいかない．

普遍的な温度依存？
　既知の事実から未知のことを推定する必要性に迫られて，そしてまた単に私たちを取り巻く世界を支配する基本的な構造化の原理を知りたいという欲求から，代謝や発育速度の温度依存性に関する普遍的規則性が探索されてきた．この普遍的規則性とは，すべての生物のそのような温度依存性を，体の大きさを尺度として結びつけようとする試みである（Gillooly *et al.*, 2001, 2002）．それに対して，そうした一般化は単純化しすぎであるという指摘もなされてきた．例えば，成長速度や発育速度のような生物全体の特性は，個々の化学反応の温度依存性だけで決まるものではなく，資源の利用可能性の温度依存性や，環境から代謝組織への資源の拡散速度などさまざまな要因によって決まるものであると主張されてきた（Rombough, 2003; Clarke, 2004）．おそらく，壮大なスケールでの広範囲にわたる一般化と，この一般化が包含する個々の種のレベルのもろもろの複雑な関係とは，共存する余地があると思われる．

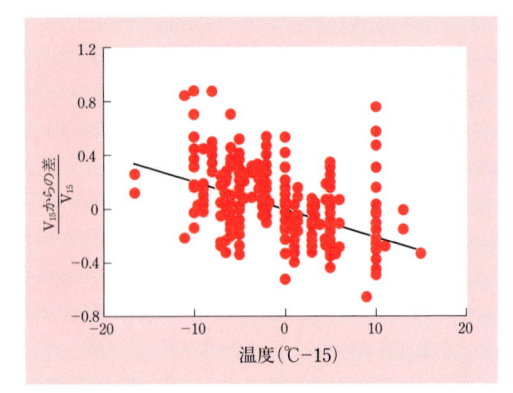

図 2.5　原生生物における温度と大きさの法則（最終的な大きさは温度の上昇とともに減少する）．65 のデータセットを合わせて描いた．横軸は温度を 15℃からの偏差で表している．縦軸は，観察した細胞の体積と15℃における細胞の体積の差を 15℃における細胞の体積で割ることにより標準化した大きさを表している．原点を通過する平均値の回帰直線の傾きは，-0.025（SE $= 0.004$）であった．つまり，温度が 1℃上昇するごとに細胞の体積は 2.5％ずつ減少した．（Atkinson *et al.*, 2003 より．）

2.3.3　外温動物と内温動物

　多くの生物の体温は，周囲の環境の温度とまったく同じ，あるいはほとんど変わらない．哺乳類の消化管内にいる寄生虫や土壌中の菌類

第 2 章　環境条件

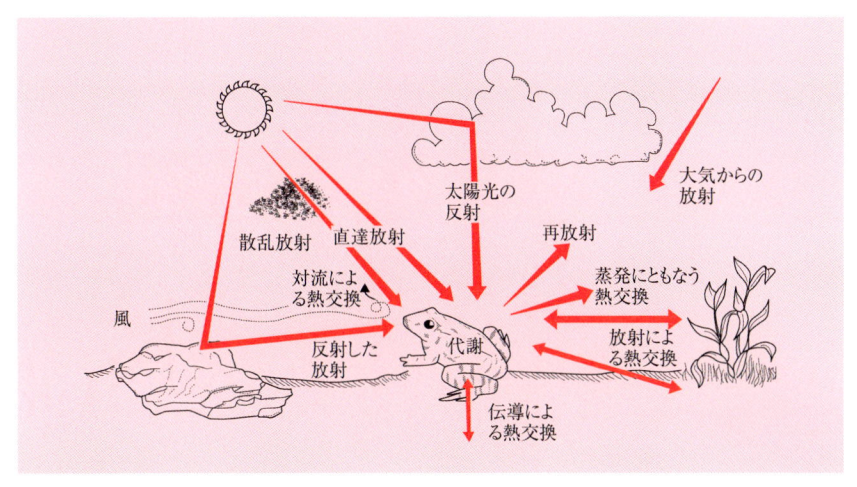

図 2.6　外温生物と環境中の物理的要素との間の熱交換の経路を示す概念図.（Tracy, 1976 による. Hainsworth, 1981 から転載.）

の菌糸,海中の海綿動物の体温は,生活の場となっている媒体中の温度と等しい.一方,これらとは異なり,太陽と空気にさらされている陸上の生物は,太陽放射を吸収することで直接熱を得たり,水が蒸発する際の潜熱によって冷やされたりする（典型的な熱交換の経路を図 2.6 に示す）.このような生物がもっているさまざまな固定的な性質は,体温を外部の気温よりも高く維持したり,ある場合には低く維持するのに役立っているだろう.例えば,砂漠植物の多くが持っている反射性の葉,光沢のある葉,または銀色をした葉は,葉の温度を上昇させる日射を反射するのに役立っているだろう.移動力のある生物は,暖かい環境や冷たい環境を探して移動することによって体温を調節している.例えば,トカゲが日当りのよい石の上で日光浴をしたり,日陰を探して暑さから逃れようとする.

昆虫の中には,筋肉の動きを調節することによって体温を上げるものもいる.例えば,マルハナバチは,飛翔筋を震わせることで体温を上昇させる.ハナバチやシロアリのような社会性の昆虫は協力して,コロニーの温度を驚くほど正確に調節している.植物でさえ,ヒトデカズラ属 *Philodendron* のように,代謝熱を用いて花の中の温度を相対的に一定に保っているものがいる.そして,もちろん鳥類や哺乳類は,常に代謝熱を用いて体温をほぼ完璧に一定に維持している.

従って,重要な区分は,自分自身の体の内部で熱を発生させて体温を調節する**内温動物**（endotherms）と,外部の熱源に依存する**外温動物**（ectotherms）の区分である.しかし,この区分も完全ではない.注意すべきは鳥類と哺乳類以外の分類群の中にも限られた時間内に,体内で熱を発生させて体温を調節するものがいることや,鳥類と哺乳類の中には,外気温が極端な場合に内温動物的な能力を弛めたり,停止したりするものもいることである.特に内温動物の多くは,内温性の維持に必要なコストを軽減するために,最も寒冷な時期に**冬眠**（hibernation）を行う.冬眠中の内温動物は外温動物とほとんど変わらない.

鳥類と哺乳類は,体温を通常 35〜40℃ の間のある一定の温度に保っている.このため,こうした内温動物はほとんどの環境下で熱を体外に失うことになる.しかし,熱の損失は,毛皮や羽毛や脂肪などの断熱材の効果や,体表近くでの血流を制限するこ

内温動物は体温を調節できる.しかしコストがかかる

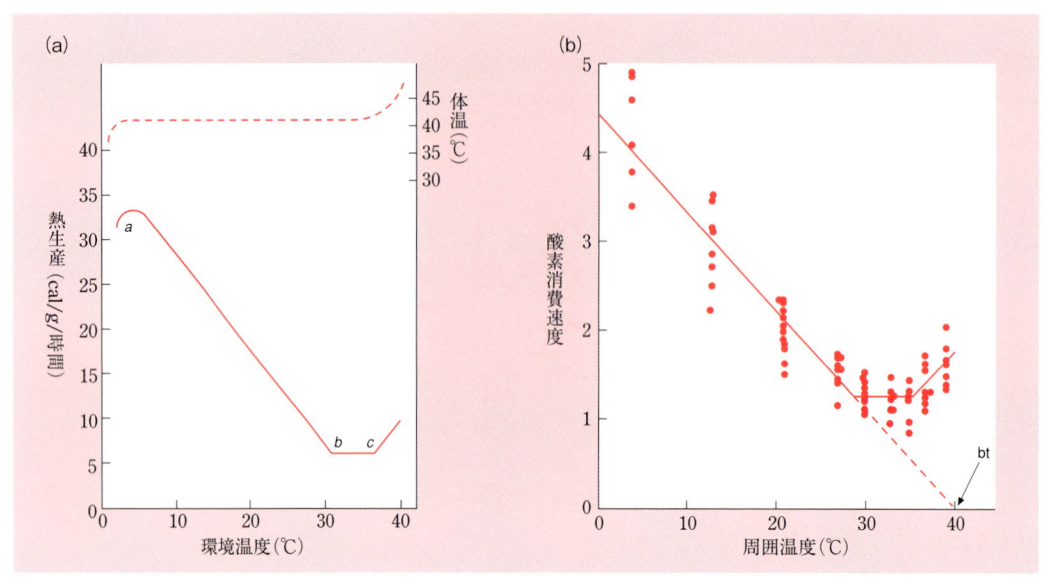

図2.7 (a) 内温生物の温度調節機能による熱の発生は，熱的中性域（下限温度 b と上限温度 c の間）では一定値をとる．外界温度が b よりも下がるにつれ，熱の発生速度は低温域での最大値に達するまで上昇するが，その間，体温は一定に保たれる．a 点以下の外界の温度では，熱生産速度と体温の両方が下がる．c 点以上の外界の温度では，代謝速度，熱生産速度，体温のすべてが上昇する．従って，環境温度が a と c の間にある時，体温は一定に保たれる．(Hainsworth, 1981 より．) (b) トウブシマリス *Tamias striatus* の代謝速度（酸素消費速度）に及ぼす環境温度の影響．bt は体温．外界の温度が0〜30℃の範囲では，温度の上昇とともに酸素消費は直線的に低下する．30℃を越えると，酸素消費はしばらく変化しないが，体温近くになると再び上昇する．(Neumann, 1967; Nedergaard & Cannon, 1990 より．)

とで軽減されている．逆に熱の放出を増やさなければならない場合には，体表近くの血流を増やしたり，外温動物と同様に，荒く息をしたり，適当な場所に移動したりする．内温動物はこのような機構と習性によって，（完全とは言えないが）体温をかなり強力に調整できるようになっている．その結果，内温動物は外界の温度の変化にかかわらずほぼ最適なふるまいを継続することができる．しかし，この能力を獲得するために，内温動物は多くのエネルギーを消費し（図2.7），そのエネルギーを供給するために大量の食物を必要としている．内温動物は，ある一定の範囲の温度帯（**熱的中性域** thermoneutral zone）では，一定の基底速度でエネルギーを消費している．しかし，環境の温度がこの温度帯より高く，あるいは低くなればなるほど，体温を一定に保つためにその分，多くのエネルギーを消費する．さらに，熱的中性域においても，同じ大きさの外温生物に比べると，内温生物は何倍もの速度でエネルギーを消費しているのが特徴である．

一方で，温度変化に対する外温動物と内温動物の反応には，普通考えられていたほどの違いはない．外温動物も内温動物も，たとえ短時間であっても極端な低温に，あるいは極端でなくても長期間低温に曝されれば死亡する危険性がある．どちらの動物にも最適な外界温度があり，上限と下限の致死温度がある．さらに，どちらの動物でも，最適温度以外の温度で生活する場合には，コストがかかる．外温動物にとってのコストとは，成長速度と繁殖速度の低下，移動速度の低下，捕食者からの逃避の失敗，食物の探索速度の低下などであろう．一方，内温動物の場合には，餌の捕獲，子の生産と養育，捕食者からの逃避に使っていたエネルギーを，体温の維持に回す必要がでてくる．また断熱材（例えば，クジラの皮下脂肪や哺乳類の毛皮のような）の形成や，季節ごとに断熱材を交換すること

（毛がわり）にもコストがかかる．そして，外温動物と同様，内温動物でも，外界温度が代謝の最適温度よりわずか数度高いだけで，致命的となり得る（本章3.6節を参照）．

外温動物を原始的なもの，内温動物を環境に対処できる調節能力を獲得した進歩したものと考えがちであるが，それは間違いである．地球上のたいていの環境には，内温動物と外温動物が混り合った群集が存在する．砂漠で共存する齧歯類とトカゲのように地球上の最も暑い環境，また南極の氷床の辺縁に共存するペンギン，クジラ，魚，オキアミのように地球上の最も寒い環境もその例にもれない．この両者は大雑把に言えば，内温動物の高いコストで高い利益を得る戦略と，外温動物の低いコストで利益も少ない戦略として対比したほうが良い．しかし，両者が共存することは，内温動物と外温動物のそれぞれでその戦略が有効に機能していることを示している．

外温動物と内温動物は共存．どちらの戦略も有効

2.3.4 低温下での生活

この惑星のかなりの部分は5℃以下の寒冷な気候下にあり，「地球上の生命にとって，寒さは最も苛酷で，最も広範囲に広がっている敵である」（Franks et al., 1990）．地球の70％以上は海水に覆われている．そしてそのほとんどは，水温が約2℃に安定して保たれている深海である．極地の氷冠を含めると，地球上の生物圏の80％以上が恒常的に寒冷な状態にある．

低温障害
最適温度以下の温度は，その定義からして，すべて有害ということになるが，物理的損傷を引き起こすことなく，また，その影響から完全に回復可能な温度の幅は，普通かなり広い．しかし，それとははっきりと区別できるタイプの，低温による障害が2つある．すなわち，生物の組織または生物個体全体に致命的な影響を与える**低温**（chilling）と**凍結**（freezing）である．

生物の多くが，氷点下の低温に曝されると障害を受ける．この障害は**低温障害**（chilling injury）と呼ばれる．低温に曝されたバナナの果実が黒変し腐ることから分かるように，熱帯雨林の多くの種は低温に対して感受性が高い．このような障害の本質ははっきりしないが，膜透過性が崩壊し，カルシウムのような特定のイオンが漏出することと関係しているようである（Minorsky, 1985）．凍結までには至らない低温条件下で生き残れる生物を，**耐冷性**（chilling tolerant）があると言う．低温障害と耐冷性（過冷却に対する反応のような）は，次に述べる氷の形成，すなわち凍結による障害とそれに対する耐性とはまったく異なるものである．

たとえ氷が形成されなくても，氷点下の温度が致死的な物理・化学的結果を引き起こすことがある．水は，少なくとも−40℃ぐらいまで，不安定な液体の形態を維持したまま過冷却されることがある．その場合，水の物理的性質は，生物学的に重要な変化を示す．すなわち，粘性が増加し，拡散速度が低下し，水のイオン化度が低下する．実際，氷点下数℃までは，生物体内で氷が形成されることはめったにない．水が凍結の核になる粒子のまわりで突然凝固し始めるまで，体液は**過冷却**（supercooled）の状態で存続する．そして氷が形成されると，液相中の溶質濃度は上昇する．細胞内凍結はめったに起こらないが，もしそれが起これば，必ず致命的となる．しかし細胞外の水の凍結は，細胞内で氷ができるのを妨げる要因のひとつとなっている（Wharton, 2002）．水分は細胞から吸い上げられ，細胞質と液胞内の溶液は濃縮される．このため，凍結の影響は，主として浸透圧調節についての問題である．つまり細胞の水分バランスは壊され，細胞膜は不安定になる．この影響は，乾燥や塩分濃度の影響と基本的によく似ている．

冬季の低温を生き抜くために，生物には少なくとも2つの代謝戦略がある．**凍結回避**

凍結回避と凍結耐性

(freeze avoiding) 戦略では，凝固点と過冷却点の両方を下げることで細胞内凍結を防ぐために，低分子量の多水酸化アルコール（グリセロールのようなポリオール）を用い，また，氷核の形成を防ぐために，特殊な**温度履歴性**（thermal hysteresis）を持つタンパクを用いる（図2.8a, b）．これに対し，**耐凍性**（freeze-tolerant）戦略では，やはりポリオールが用いられるが，細胞外凍結が促進され，水が細胞から奪われる際に，細胞膜が傷つけられることを防いでいる（Storey, 1990）．この耐性は固定されたものではなく，近い過去に経験した気温によって，予め調整されうる．この調節の過程は，実験室内で生じた時には**順化**（acclimation）と呼ばれ，自然条件下で生じた時には**気候順化**（acclimatization）と呼ばれる．気温が下がり始める秋に，気候順化が始まり，蓄積されている全グリコーゲンのほとんどが貯蔵グリコーゲンのポリオールに転換される（図2.8c）．冬期の凍結障害に対するこのような防御には，大きなエネルギーコストがかかり，貯蔵された炭水化物の約16%がポリオールへの転換のために消費される．

順化と気候順化　ある個体を数日間，相対的に低い温度にさらすと，全ての温度に対する反応を低温側に移行させることができる．同様に，高温にさらすと温度反応を上方へ移行させることができる．小型の節足動物であるナンキョクトビムシを例に取ると，5℃前後の気温（南極の「夏」にあたる）の時に野外で採取し，冬の前兆となる+2℃から-2℃の範囲の気温に曝露したこのトビムシは，過冷却点を著しく低下させる（図2.9）．しかし，順化反応の促進に必要な生理学的プロセスにとって低すぎる-5℃や-7℃の低温に曝した場合は，このような過冷却点の低下は示さない．

気候順化を以外にも，温度に対する反応は一般的に個体の発育段階によっても変化する．おそらく最も極端な例は，生活環の中に休眠段階を持つ生物の場合だろう．普通，休眠段階では脱水状態となり，代謝速度は遅くなり，極端な温度に対する耐性を持つようになる．

2.3.5　低温耐性の遺伝的変異と進化

同種内でも，異なる産地の個体群間には，しばしば温度反応に違いがある．そうした差異は順化の結果だけではなく，むしろ，遺伝的差異によることが多い．種内の地理的集団間で低温耐性に変異があることの有力な証拠として，ウチワサボテンの一種 *Opuntia fragilis* の研究があげられる．サボテンは一般に暑くて乾燥した生育場所に生える植物であるが，*O. fragilis* は北緯56°にまで到達しており，ある分布地では-49.4℃の最低気温が記録されている．合衆国北部とカナダのいろいろな場所から選ばれた20個体群で，耐凍性と低温への順化能力が調べられた．マニトバ州の最も耐凍性の高い個体群からの個体は，室内実験で-49℃にも耐え，順化によって耐凍性が19.9℃強化された．ところがマニトバ州よりも気候が穏やかなブリティッシュコロンビア州のホーンビイ島の個体群からのサボテンは，-19℃にしか耐えられず，順化の程度も12.1℃に過ぎなかった（Loik & Nobel, 1993）．

穀物種の地理的な分布域が，植物育種家によって元の分布域よりも寒い地方に拡大されてきたという顕著な事例もある．周到な育種計画によって，トウモロコシ（*Zea mays*）は，アメリカ合衆国内で広く収穫ができるようになった．1920年代から1940年代の間に，アイオワ州とイリノイ州におけるトウモロコシの生産は，24%増加した．ところがもっと寒いウィスコンシン州では，同じ期間に生産量が54%増加した．

計画的な育種によって栽培植物の耐性と分布を変えることができるのならば，自然界では自然淘汰が同じ働きをしていたと予想すべきであろう．この観点から，グレートブリテン島の，海岸性気候の穏やかな場所に生育しているベンケイソウ科の多肉植物ギョクハイ *Umbilicus*

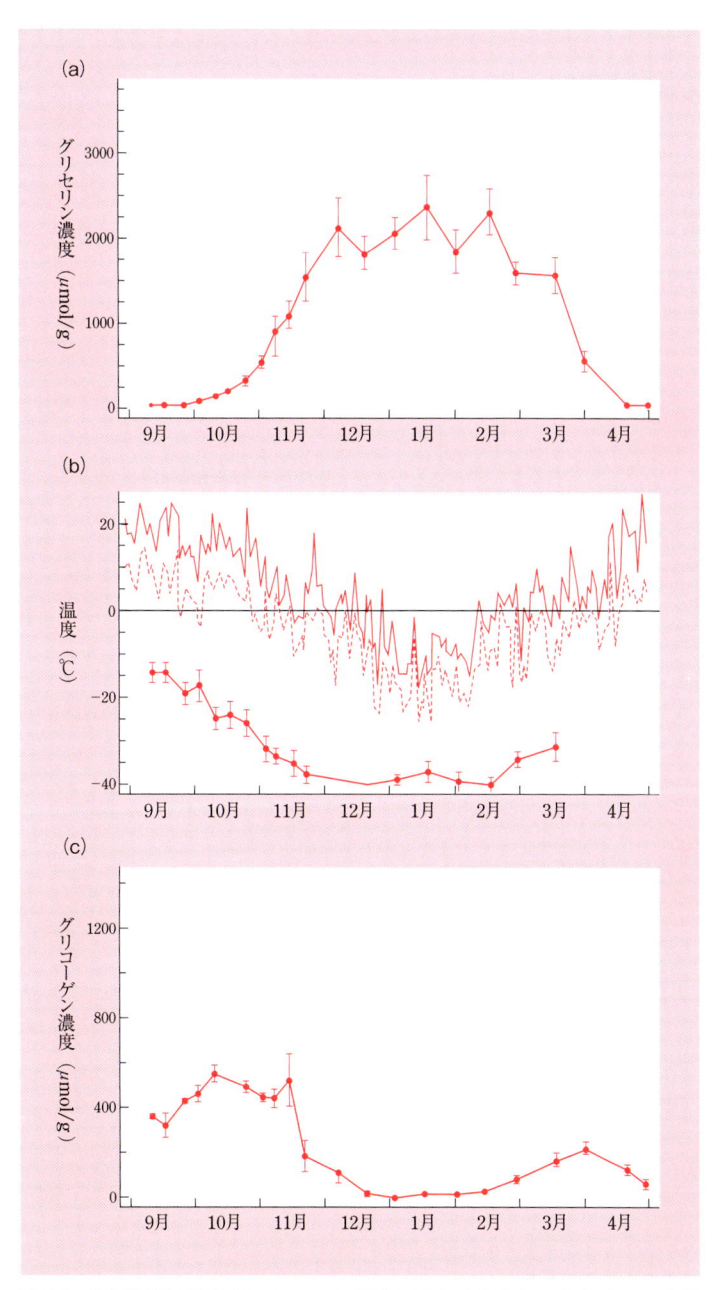

図 2.8 (a) 凍結回避型のヒメハマキガ科のアキノキリンソウヒメハマキガ *Epiblema scudderiana* の幼虫における湿重 1 g 当りのグリセロール濃度の変化. (b) 同じ期間の日最高気温および日最低気温 (上) と幼虫個体全体の過冷却点 (下). (c) 同じ期間のグリコーゲン濃度の変化. (Rickards *et al.*, 1987 より.)

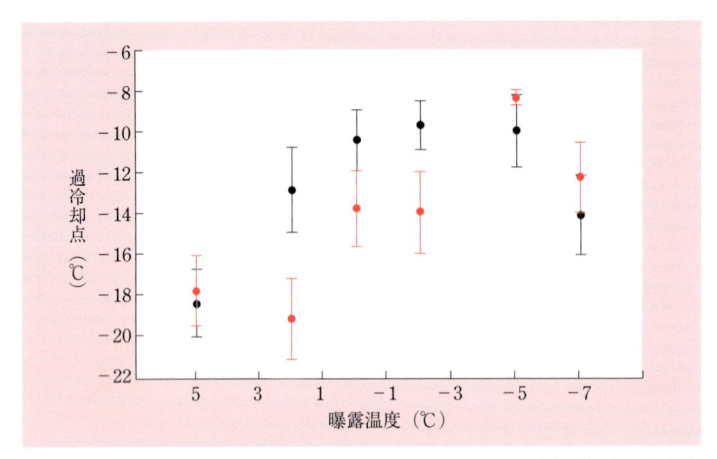

図2.9 低温への順化.ナンキョクトビムシ *Cryptopygus antarcticus* のサンプルは夏季（約5℃の気温）に何日間かにわたって採集された.ナンキョクトビムシが凍結する過冷却点は，順化の際の各曝露温度における，順化前（●）と順化終了後（●）で測定した.日々の温度変化のために対照群の過冷却点も変化したが，冬の兆候である+2℃から-2℃の範囲に曝した場合に過冷却点はその順化処理によって低下した.一方，それよりも高い温度（夏を表す）や低い温度（順化の生理学的プロセスには低すぎる）に曝した場合は，そのような過冷却点の低下は認められなかった.誤差線は標準誤差を表す.（Worland & Convey, 2001 より.）

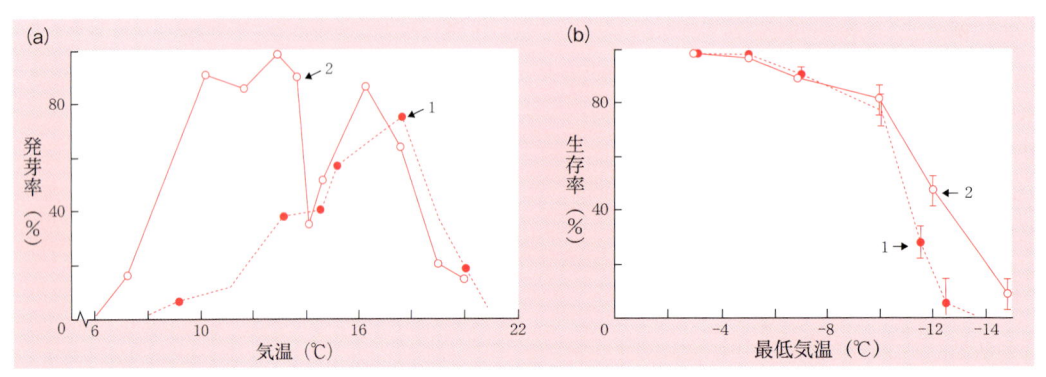

図2.10 冬が暖かいサウスウェールズ地方（イギリス，カーディフ）からサセックス地方の冷涼な環境に移植されて8年間栽培されたベンケイソウ科の多肉植物ギョクハイ *Umbilicus rupestris* の個体群の挙動の変化.（a）種子発芽の気温に対する反応.（1）は元の個体群（カーディフ）から1978年に採取した種子の反応，（2）はサセックス地方で栽培された個体群から1987年に採取した種子の反応.（b）カーディフの元の個体群から1978年に採取した種子（1）とサセックス地方で栽培された個体群から1987年に採取した種子（2）の低温下での生存.（Woodward, 1990 より.）

rupestris を意図的に自然分布の範囲外に移植して調べた研究がある（Woodward, 1990）.すなわち，イングランド西部の冬の穏やかなカーディフの個体群から植物体と種子が採取され，イングランド南部のサセックス地方の標高157 mの，もっと冷涼な環境に移植された.8年後（1987年），元の個体群からの種子と移植された個体群からの種子の温度反応を比較したところ，はっきりとした違いが認められた（図2.10a）.カーディフの種子がほとんど死亡する-12℃の低温でも，サセックスの個体群の50％までもが耐えることができた（図2.10b）.これは過去の気候変動，例えば氷河期の到来によって，生物種が移動を強いられたばかりでなく，温度耐性も変化したことを示唆している.

2.3.6 高温下での生活

　高温がもたらす危険性の最も重要な点は，個々の生物の最適代謝温度よりほんの数度高いだけで，危険な温度になってしまうことが多いという点である．これはほとんどの酵素が持つ物理化学的性質から見て，避けることのできない問題である（Wharton, 2002）．高温は，酵素の失活や変性をもたらす点で危険であると同時に，高温が乾燥を招くことによって間接的に生物に損傷を与えることもあるだろう．すべての陸生生物は水分を保持する必要があり，高温時には蒸発による水分消失速度が致命的なほど高くなる．しかし陸生生物にとって，蒸発は，体温を下げるための重要な手段でもあるため，陸上生物はこの2つの危険の間で板挟みになっている．例えば，植物が気孔を閉じたり，昆虫が気門を閉じたりすることによって，体表からの水の蒸発を防ぐことができても，体温が高くなりすぎることによって死んでしまうかもしれない．逆に，体表が蒸発から守られていなければ，乾燥のために死んでしまうだろう．

高温と水分損失

　カリフォルニア州のデスバレーの夏は，地球上の高等植物が活発な成長をする場所の中ではおそらく最も暑い場所だろう．日中の気温は50℃近くになるが，地表温度はもっと高くなるだろう．ヒユ科の多年生植物 *Tidestromia oblongifolia* は，葉が周囲の空気と同じ温度になると枯れてしまうにもかかわらず，このような環境でもよく育つ．この植物は蒸散速度がとても速いので，葉の温度を40〜45℃に維持することができ，この温度範囲内では極端に速く光合成を行う能力をもっている（Berry & Björkman, 1980）．

　非常に高温の環境下で生活している植物種のほとんどは，厳しい水不足の状態にあるので，葉の温度を低く維持するために水分蒸発の潜熱を使うことができない．特にこれが顕著なのは，表面積-体積比と気孔密度を低くして，水分損失を最小に抑えている砂漠の多肉植物の場合である．このような植物では過熱の危険を，サボテンの表面に陰をつくるトゲや，入射光を高い割合で反射する毛やワックスによって減らしているのだろう．それにもかかわらず，気温が40℃を越えると体内の器官の温度は60℃以上になるが，このような多肉植物はそれに耐えることができる（Smith *et al.*, 1984）．

　火災は地球上で生物が直面する最も高い温度をもたら 火災 す．人間が火を使う前は，主に落雷が火災の原因であった．世界各地の火災の頻発する危険が高い所では，乾燥または半乾燥林に特有の種からなる群集が形成されている．焼けることによって損傷を受けない植物はないが，シュートや種子の中に保護された分裂組織が持つきわだった再生能力によって，損傷から復活することができるような種群が，特異な火災植生を形成している（例えば，Hodgkinson, 1992を参照）．

　厩肥や堆肥の山や，湿った干し草などの中の分解過程の有機物は，きわめて高温に達することがある．湿った干し草の山は，フミガツスコウジカビ *Aspergillus fumigatus* のような菌類の代謝によって50〜60℃に熱せられ，ケカビ属の一種 *Mucor pusillus* のような **好熱性菌類**（thermophilic fungi）の代謝によって約65℃にまでなり，細菌と放線菌によってさらに熱せられる．生物の活性は100℃に短時間さらされるだけで完全に止まってしまうが，自然発火性の物質が形成されてさらに加熱され，水分は完全に除去されて，火災が引き起こされることもある．別の高温環境としては，天然温泉がある．温泉に棲む細菌の一種 *Thermus aquaticus* は67℃の温度でも成長し，79℃までの高温にも耐えられる．この細菌は家庭の給湯設備の中からも単離されている．極端に好熱性の種のほとんど（おそらくすべて）は，たいへん変わった代謝を行う原核生物である．きわめて高温の環境に成立する群集には，わずかな種しか含まれていない．一般的に，真核生物は熱に対して最も感受性が

高く，次が菌類，あとは順にバクテリア，放線菌，古細菌と続く．この順番は，低温，塩分，金属毒性，乾燥といった他の多くの極端な環境条件への反応についても基本的に同じである．

熱水噴出口と他の高温環境　生態学的にきわめて注目すべき高温環境は，20世紀末近くになってようやく記載された．1977年〔訳注：原文は1979年となっているが，誤り〕，東太平洋の深海底において，その名も**チムニー**（chimney）と名づけられた鉱物でできた薄い壁の煙突が海底からそそり立ち，そこから高温の流体（スモーカーと呼ばれる）が噴出しているのが発見された．その後，たくさんの噴出口が大西洋と太平洋の中央海嶺から発見されてきた．これらは海面下2000～4000 mの深さ，200～400気圧（20～40 MPa）の高圧下に存在する．水の沸点は200気圧では370℃に，400気圧では404℃である．350℃程度の過熱された流体が煙突から噴出し，海水温と同じ約2℃にまで冷やされる間に，一連の中間的な温度環境が形成される．

このような極端な高圧・高温の環境で研究することはきわめて困難であるし，またあらゆる点から見て，実験室内でこうした条件を維持することも困難である．それでも，噴出口から採集された好熱性細菌には100℃，通常の気圧よりもわずかに高い圧力で培養されているものがある（Jannasch & Mottl, 1985）．しかし多くの状況証拠によれば，さらに高い温度のもとでも微生物は活動していて，噴出口の外側の温水の群集が利用するエネルギー源となっている．例えば，スモーカーのサンプルからはDNA粒子が見つかっているが，そのDNAの濃度は，これまで考えられていた生命にとっての限界をはるかに越える高温で生存する細菌がいることを示唆している（Baross & Deming, 1995）．

噴出口の近傍には，深海とは思えないような豊かな真核生物の群集が成立している．写真とビデオによって調査された北東太平洋の中央海溝のある噴出口付近では，少なくとも55の分類群が存在し，そのうち15の分類群が新種であるか，または新種の可能性があった（Juniper et al., 1992）．これほど複雑で特殊化した群集が，これほど局所的で特殊な条件に依存して成立できるような環境はめったに存在しない．似たような条件を持つ最も近い噴出口までの距離は2500 kmもある．こうした群集は，地球上の種の豊富さの記録にさらなる生物のリストを加えることになる．こうした生物相は，それを観察し，記録し，研究するために必要な技術上の難題を抱えてはいるが，進化についての興味深い問題も提起している．

2.3.7　刺激としての温度

これまで見てきたように，環境条件としての温度は，生物の発育速度に影響を与えるが，温度はさらに生物が発育を始めるか否かを決定する刺激としても働く．例えば，温帯，北極地方，高山帯の草本植物には，発芽の開始に低温期間か凍結期間（または高温と低温との交替）を必要とする種が多い．植物がその成長や発育のサイクルを開始する前に，寒さの体験（冬が過ぎ去ったという物理的証拠）が必要とされるのである．温度は，光周期のような他の刺激と相互作用しながら，休眠の打破や，成長開始を適切な時期に調整する役目を果たしている．ヨーロッパカンバ *Betula pubescens* の種子は，発芽する前に光の刺激（すなわち特定の日長の経験）を必要とするが，冷却されれば光刺激なしでも成長を始める．

2.4　動植物の分布と温度との相関

2.4.1　温度の空間的時間的変異

地球表面の温度の変異は，さまざまな原因で生じる．すなわち，緯度，標高，大陸性，季節

性，日周期，微気候の影響，土中や水中では深度の影響などである．

緯度の変化と季節性の変化とは，実際には分離できない．地軸の太陽に対する角度は，季節とともに変化する．そしてこの変化が，地表近くの主要な温度差を作りだしている．このような大規模な地理的傾向に，さらに標高の上昇と**大陸性**（continentality）の影響が加わる．高度が 100 m 上昇するごとに，乾燥した空気中では 1℃，湿った空気中では 0.6℃の気温低下が起こる．これは高度の上昇に伴って大気圧が下がり，大気の断熱膨張が起きる結果である．大陸性の効果は，陸地と海とで，暖まりやすさと冷めやすさが異なるために生じる．地表は水面よりも熱の反射が少ないので，水面よりも速く暖まるが熱を失うのも速い．従って海洋は沿岸地域，特に島嶼部の気温を和らげる**海洋性**（maritime）の効果を持つ．つまり沿岸部における気温の日周的および季節的変化は，同緯度のもっと内陸寄りの，すなわち大陸性の場所よりもはるかに小さい．さらに内陸部でも同じような違いが生じる．例えば，砂漠のような乾燥した裸地の環境では，森林のような湿気のある場所よりも，日周的および季節的な温度の較差が大きいことが知られている．このように，温度帯の世界地図の中には，たくさんの局所的変異が隠されているのである．

もっと小さなスケールにおいても，微気候上の大きな変異があり得ることは，それほど知られていない．例えば，夜間に比重の重い冷たい空気が谷底に沈み込むと，谷底の気温はわずか 100 m 上の谷の斜面より 30℃以上も低下するし，冬の寒い日でも，樹木の南に面した部分（および動物のすみかとなる樹皮の裂け目や割れ目）は，太陽光によって 30℃ほどまで暖められることがある．また，植生パッチ内の気温は，地表から葉層のてっぺんまでの高さ 2.6 m の区間で，10℃以上も変化することがある（Geiger, 1955）．このように，生物の分布や個体数に対する温度の影響

を見いだすには，地球規模や地理的なパターンだけに注目すればよいのではない．

氷河期に見られるような長期にわたる温度の時間的変動については，前の章で述べた．しかし，これらの長期的な温度の時間的変異と，我々が経験している日ごと，季節ごとの明瞭な変動の間に多くの中期的パターンの存在することが，ますます明らかになりつつある．中期的パターンの中でよく知られているものは，**エルニーニョ・南方振動**（ENSO）と**北大西洋振動**（NAO）である（図 2.11）（Stenseth *et al.*, 2003 を参照）．ENSO は，南米の沖の熱帯域太平洋の海水が，暖かい状態（エルニーニョ）と冷たい状態（ラニーニャ）との間で入れ替わる現象である（図 2.11a）．また ENSO は，南米沖の熱帯域太平洋に源を発するのだが，太平洋海盆全体の，あるいは太平洋海盆をこえて，陸上と海中の環境の温度と，気候全般にも作用する（図 2.11b，カラー画像は 102 ページと 103 ページの間の図版 2.1）．NAO は亜熱帯大西洋と北極の間での，気団の南北方向の入れ替わりと関連している（図 2.11c）．NAO は，やはり温度だけというよりは気候全般に作用する（図 2.11d，カラー画像は 102 ページと 103 ページの間の図版 2.2）．図 2.11c の縦軸の指数の正の値は，北米とヨーロッパの相対的に暖かい環境と，北アフリカと中東の相対的に涼しい環境と結びついている．NAO の影響の例として，バレンツ海におけるタイセイヨウダラ（*Gadus morhua*）の存在量の変動を図 2.12 に示す．

2.4.2　典型的な温度と分布

大きな系統分類学的レベルにおいても，温度環境のある特性と動植物の分布がおどろくほど関連している例はとても多い（図 2.13）．種の分布が，何らかの温度環境をもっと小さな尺度で表した地図とぴったりと符合する例も多い．例えば，野生のセイヨウアカネ *Rubia peregrina* の分布の北

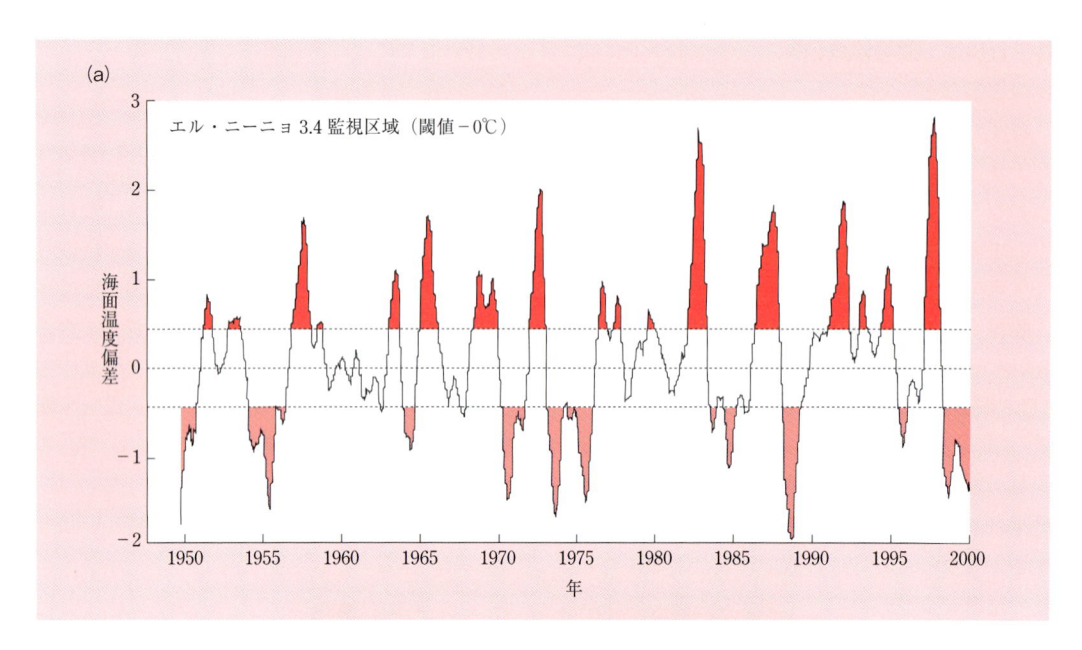

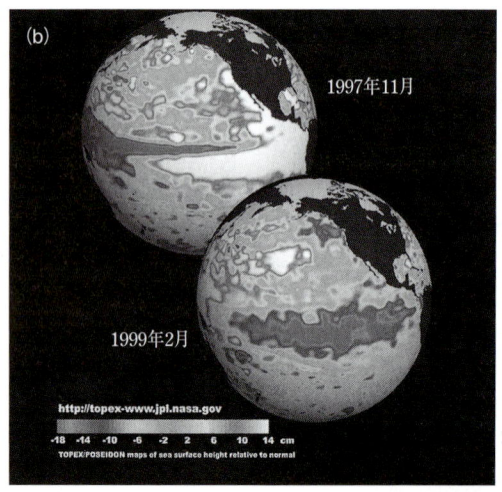

図 2.11 (a) 赤道域の中央太平洋における海面温度異常（平均との差）で表した 1950 年から 2000 年までのエルニーニョ・南方振動（ENSO）．エルニーニョ現象（平均より 0.4℃以上高くなる）は濃い色で示し，ラニーニャ現象（平均より 0.4℃以上低くなる）は薄い色で示す．（画像の出典 http://www.cgd.ucar.edu/cas/catalog/climind/Nino_3_3.4_indices.html.）(b) 平均海面からの高さで表したエルニーニョ現象（1997 年 11 月）とラニーニャ現象（1999 年 2 月）を示す地図．暖かくなった海面はわずかながら高くなる．例えば，平均よりも 15 から 20 cm 低下した海面は，約 2 から 3℃の気温の異常に相当する．（画像の出典 http://topex-www.jpl.nasa.gov/science/images/el-nino-la-nina.jpg).（カラー画像は，102 ページと 103 ページの間の図版 2.1 を参照．）

限は，1 月の 4.5℃の等温線（isotherm）の位置と密接に関係している（図 2.14a，等温線とは，同じ温度，この場合は 1 月の平均気温が 4.5℃である地点を結んだ線である）．しかし，種の分布と温度地図との関係を解釈する際には，用心する必要がある．このような解釈は，特定の種の在・不在を予測する上で，きわめて有用なものになり得るし，温度に関連する何らかの特性が，生物の生活にとって重要であることを示唆している．しかし，そうした境界線が分布と対応して

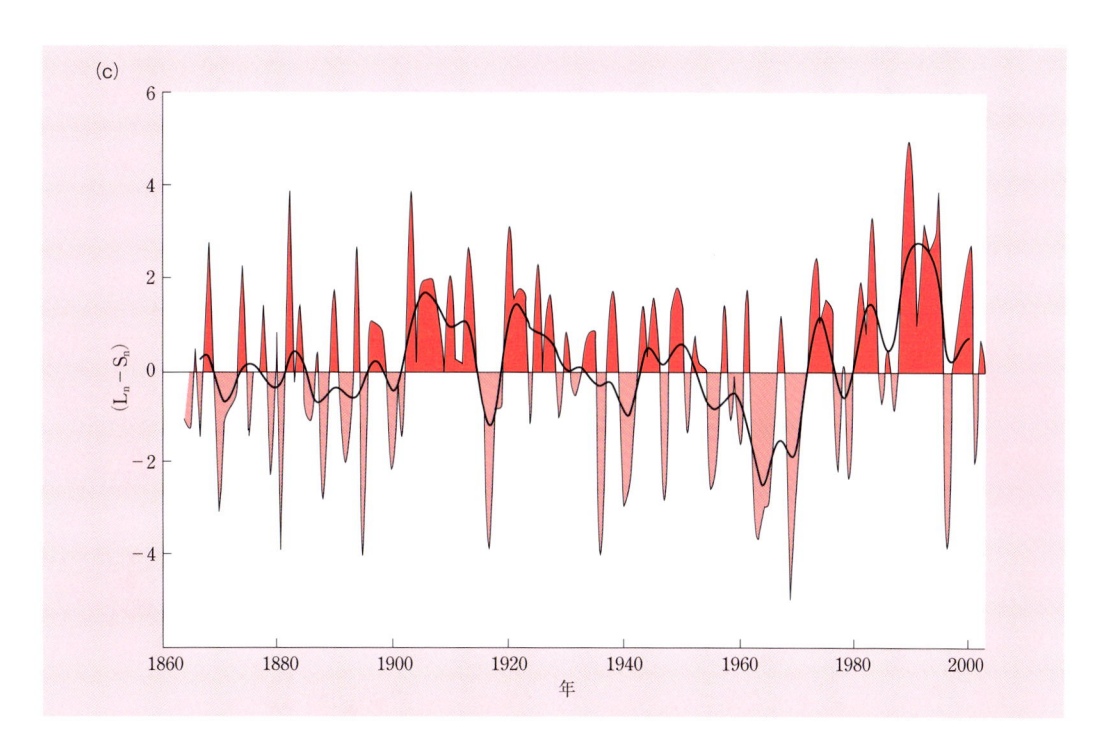

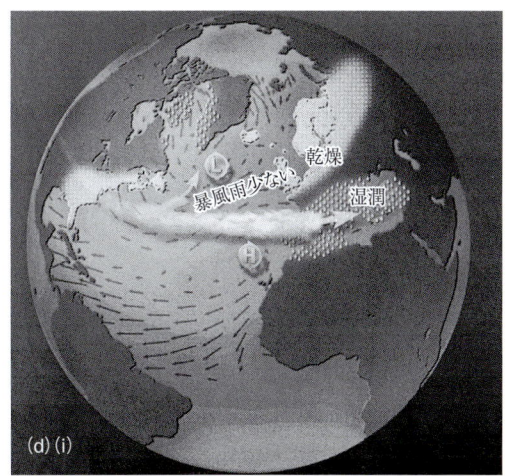

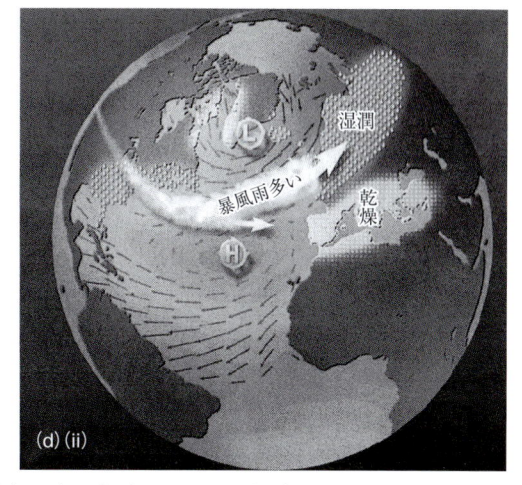

図 2.11（続き） (c) 1864 年から 2003 年までの北大西洋振動（NAO）．ポルトガルのリスボンとアイスランドのレイキャビク間の，標準化した海面気圧の差（$L_n - S_n$）で表した．（画像の出典 http://www.cgd.ucar.edu/~jhurrell/nao.statwinter.html#winter．）(d) NAO 指数が正または負のときの典型的な冬の条件．通常より暖かい，寒い，乾燥している，湿っているといった条件を示す．（画像の出典 http://www.ldeo.columbia.edu/NAO/．）（カラー画像は 102 ページと 103 ページの間の図版 2.2 を参照．）

いるからといって，温度がその種の分布を規定していることを証明しているわけではない．Hengeveld（1990）は，このような点を踏まえ，温度と生物の分布パターンとの関係を扱った多くの文献をまとめている．さらにこの本には，詳しい図式化の手順が述べられている．ある生物種の分布域の内外の多くの地点について，最寒月の最低気温と，最暖月の最高気温が推定されている．それぞれの土地の最低気温に対して最高気温をプロットし，その種の在・不在を最

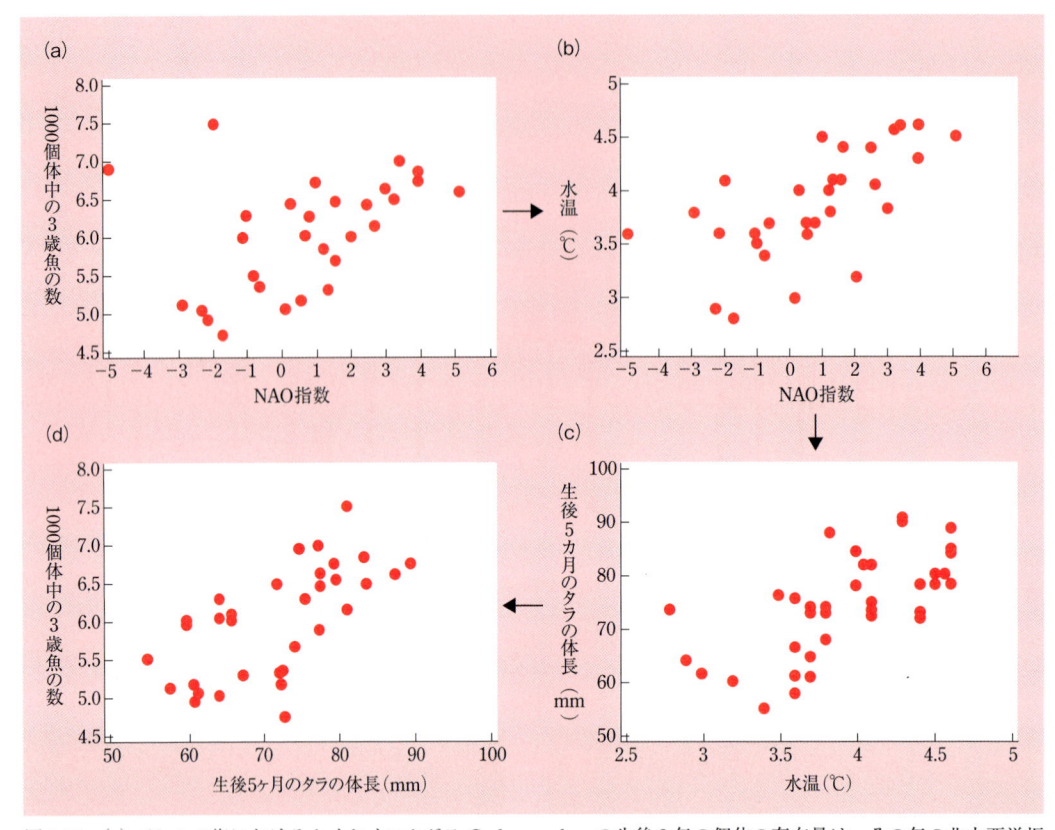

図 2.12 (a) バレンツ海におけるタイセイヨウダラ *Gadus morhua* の生後 3 年の個体の存在量は，その年の北大西洋振動 (NAO) 指数と正の相関を持つ．そのメカニズムは，矢印の順に並べられた (b) から (d) の図で示唆される．(b) 年平均水温は NAO 指数とともに増加する．(c) 生後 5 カ月のタラの体長は年平均水温が高いほど大きい．(d) 生後 3 年のタラの存在量は生後 5 カ月の時点の体長とともに増加する．(Ottersen *et al.*, 2001 より．)

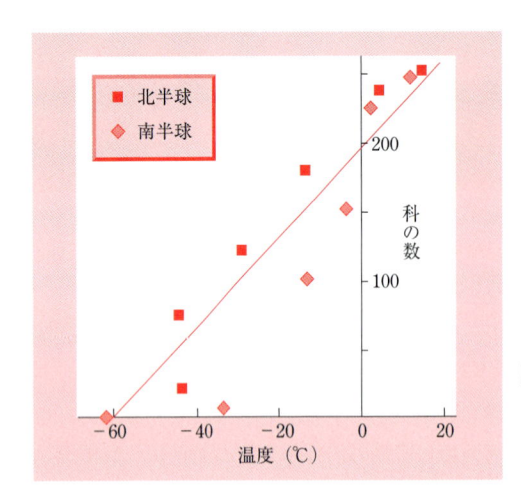

図 2.13 南北両半球における最低気温と顕花植物の科の数との関係．(Woodward, 1987 より．この文献ではこうした解析の限界と，大陸間の隔離の歴史がいかに南北両半球のこの奇妙な違いをもたらしたかについても議論されている．)

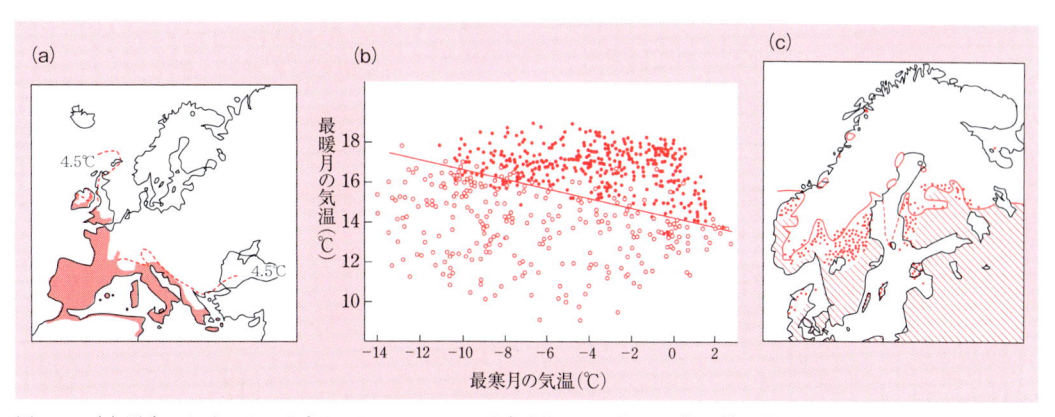

図 2.14 (a) 野生のセイヨウアカネ *Rubia peregrina* の分布北限は，1 月の 4.5℃ の等温線の位置と密接に関連している．(Cox et al., 1976 より．) (b) 最寒月の最低気温と最暖月の最高気温によって定義された空間上でのフユボダイジュ *Tilia cordata* の分布圏内 (●) と分布圏外 (○) の地点のプロット．(c) フユボダイジュの北ヨーロッパにおける地理的分布域と (b) 図の直線で定義された境界線．(b) と (c) は Hintikka, 1963 による．Hengeveld, 1990 から転載．)

も的確に判別する 1 本の線を引いた（図 2.14b）．そしてこの線で表される温度の関係を，その種の分布の地理的な境界線を定義するのに利用した（図 2.14c）．この手順は，おそらく予測のための強力な武器となるだろうが，分布パターンを形成する根本的な力については，何も示してはくれない．

種の分布と温度地図との対応関係を解釈する際に，十分に注意しなければならない理由のひとつは，等温線による地図を作るために測定された温度は，生物が経験する温度とは異なるという点である．自然界では，生物は敢えて日向に横たわったり日陰に隠れたりするかもしれない．また一日の間にさえ，真昼の焼けつくような太陽や，凍える夜を経験したりするだろう．さらに温度は，地理学者が普通扱うスケールよりももっと小さいスケールで，場所ごとに変化する．しかもこのような**微気候**（microclimate）に含まれる条件が，特定の種の生息可能性を決める必須の要件になる場合もある．例えば，匍匐性の灌木，チョウノスケソウ *Dryas octopetala* の分布は，南限に近いイギリスのノースウェールズ州では，標高 650 m 以上に限られる．しかしこれより北の，全般的にもっと寒いスコットランドのサザランド地方では，海抜 0 m でも見られる．

2.4.3 分布と極端な条件

多くの種の分布は，通常体験する温度範囲よりも，時折体験する極端な温度，特にその種の存続を許さないほどの致死的温度によって，うまく説明されるようである．例えば，霜による害は，植物の分布を限定する単一の要因としては，最も重要だろう．一例を挙げると，ハシラサボテン類のベンケイチュウ *Carnegiea gigantea* は，氷点下の気温が 36 時間続くと死亡しやすい．しかし日中に解凍されれば，夜間に気温が氷点下になっても問題はない．アリゾナ州では，このサボテンの分布の北端と東端が，日中の解凍が起らない日のある場所を結んだ線と一致する．つまりベンケイチュウは，致死的な条件が稀にでも発生する場所には分布できないのである．個体は一度殺されれば，それで全てが終りとなるのだから．

同様に莫大な数の植物種が，自然分布の範囲外で園芸用あるいは農業用に栽培されている．その場合，栽培に失敗する原因はたいてい極端な出来事，特に霜や乾燥である．コーヒー（アラビカ種 *Coffea arabica* とロブスタ種 *C. robusta*）の生産が可能な地理的範囲を規定する

（一度しか死なない）

気候的限界は，最寒月が13℃の等温線で表わせる．世界のコーヒー豆の多くは，ブラジルのサンパウロとパラナ地域の高地性の微気候の中で生産されている．この地域の平均最低気温は20℃であるが，時折冷たい風が吹いたり，ほんの数時間でも氷点近い気温になっただけでコーヒーの木は枯れたり損傷を受けてしまい，世界のコーヒー価格に大きな影響を及ぼすことになる．

2.4.4 分布，および他の要因との相互作用下にある温度

生物種は自らの環境の各条件に対して反応するが，環境条件の影響は，群集の他のメンバーの反応によって大きく変わる．温度は一種類の生物にだけ働くわけではなく，その生物の競争者，餌種，寄生者などにも働く．第2.2節で見たように，このことが，その生物種が生活できる基本ニッチと実際に生活する実現ニッチの違いを生む．例えば，その種の餌種が環境条件に耐えられないならば，その種自体も損害をこうむる．イングランドのツツミノガの一種 *Coleophora alticolella* はその好例である．このガはヒースイグサ *Juncus squarrosus* の花に産卵し，その幼虫は成熟中のヒースイグサの種子を食べて成長する．標高600 m以上の場所では，このガの成虫も幼虫も低温の影響をほとんど受けないが，イグサのほうは，成長はするものの種子を成熟させることができない．その結果，そのような気温の低い標高では幼虫は十分な餌を得ることができずに飢えて死ぬので，ガの分布も制限されてしまう（Randall, 1982）．

環境条件の病気に対する効果も重要だろう．さまざまな環境条件は，感染を拡大（風による菌類の胞子の運搬など）したり，寄生者の成長を促進したり，宿主の防御を弱めたりする．例えば，コネティカット州のトウモロコシ畑の斑点病菌（*Helminthosporium maydis*）が流行した時，樹木にもっとも近く，もっとも長い時間日陰になるトウモロコシの被害がもっとも大きかった（図2.15）．

種間競争も環境条件，特に温度によって大きな影響を受ける．サケ科の2種の魚，オショロコマ *Salvelinus malma* とイワナ *S. leucomaenis* は，北海道の中間的な標高，つまり中間的な温度域では共存している．しかし，海抜の高い低温域では前者が，海抜の低い高温域では後者だけが分布している（第8章2.1節も参照）．この場合，水温の変化に伴う対照的な種間競争の結果が，決定的な役割

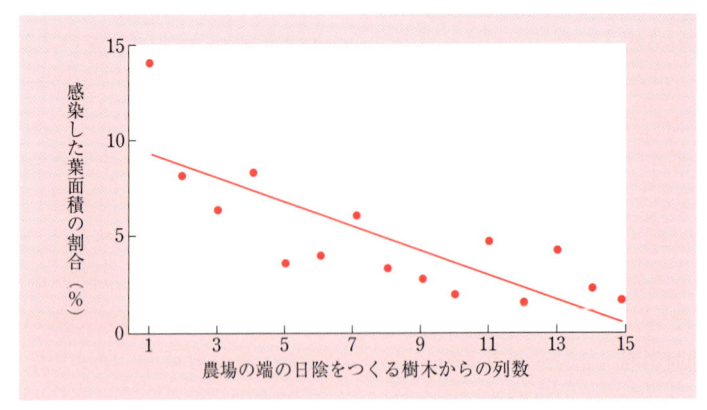

図2.15 日陰をつくる樹木からの距離が異なる植栽列におけるトウモロコシの斑点病菌（*Helminthosporium maydis*）の感染率．この斑点病の主な原因は，風で運ばれる菌類の感染であった（Harper, 1955）．（Lukens & Mullany, 1972より．）

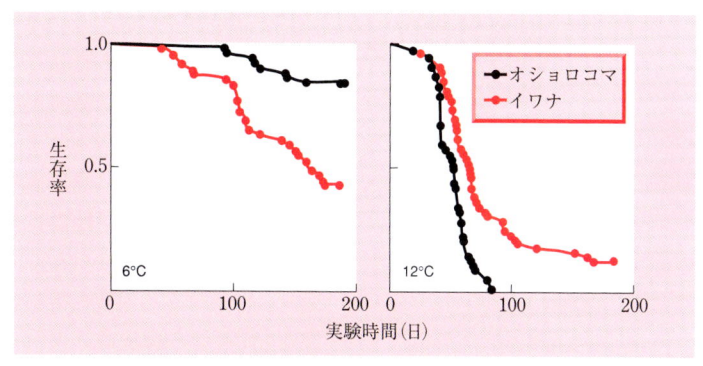

図2.16 温度の変化が競争の結末を逆にする．低温（6℃，左図）では，サケ科のオショロコマの生残率は共存するイワナよりも高かったが，12℃（右図）では，イワナがオショロコマを絶滅に追いやった．両種とも，単独の場合はどちらの温度でも生息可能である．（Taniguchi & Nakano, 2000 より．）

を果たしているようである．例えば，2種を6℃で191日間飼育した実験用の川では，オショロコマの生残率はイワナよりもはるかに高かった．一方，12℃（非常に低い標高の水温）では，どちらの種の生残率も良くはなかったが，結果はまったく逆となり，約90日でオショロコマの全個体が死亡した（図2.16）．どちらの種も単独ではいずれの温度でも問題なく生存できる．

温度と湿度　温度と他の物理的条件との相互作用はきわめて強く，この2つを別々に考えることはできないものが多い．例えば，大気中の相対湿度は，陸上生物が生活する上で重要な条件である．なぜなら陸上生物が水を失う速度は，主に相対湿度に依存するからである．実際問題として，相対湿度の影響と温度の影響とを明確に区別することは困難である．その理由は単純で，温度上昇が蒸発速度を高めるからである．従って，ある生物にとって，低温では耐えられる相対湿度でも，高温では耐えられないかもしれない．相対湿度の微気候的な変動は，温度の場合よりもさらに著しい場合がある．例えば，密生した植生の地表近くや土壌中では，相対湿度がほぼ100％（すなわちほぼ飽和状態）になることは珍しくない．一方，そのすぐ上の，例えば40cmほど離れた空気中では，わずか50％の相対湿度ということもある．分布に関して湿度の影響を最も受けている陸生生物は，実質的に「水生」動物と同様の方法で水分バランスを調節している動物たちである．両生類，陸生等脚類，線虫類，ミミズ類，軟体動物類はすべて，少なくとも活動的な発育段階では，相対湿度が100％あるいは100％にきわめて近い微環境に分布が限られている．このような制約から逃れた主要な動物群は，陸生節足動物，なかでも昆虫である．しかし，昆虫においても，蒸発による水分の損失のために，活動は相対湿度が比較的高い場所（例えば森林）や時間帯（例えば夕暮れ時）に制限されることが多い．

2.5　土壌と水のpH

陸上環境における土壌中のpHと水域環境における水のpHは，生物の分布と存在量に強い影響を及ぼす環境条件である．多くの維管束植物の根の細胞の原形質は，pH3以下の環境では高濃度のH^+イオンの毒性の直接的効果で損傷を受けるし，pH9以上ではOH^-イオンの毒性の直接的効果で損傷を受ける．さらにpHは，栄養塩の利用可能な量や毒物の濃度を変化させることによって，間接的に生物に影響を与える（図2.17）．

酸性度の上昇（低いpH）は，次の3つの形で

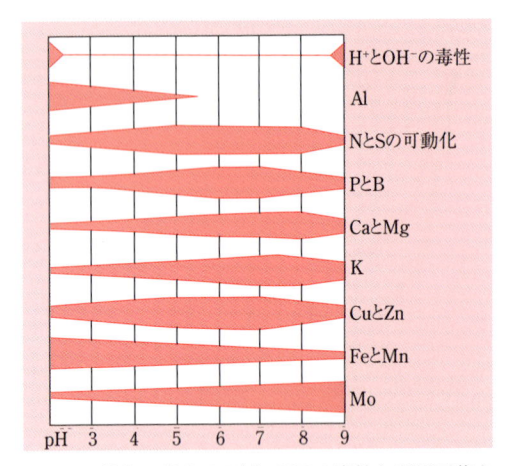

図 2.17 植物に対する H^+ と OH^- の毒性と利用可能な無機栄養塩類の量は，土壌 pH に影響される．帯の幅が毒性の強さ，および利用可能な栄養塩の量を示している．(Larcher, 1980 より．)

生物に影響を与えると考えられる．(i) 直接的に，浸透圧調節，酵素反応，または呼吸器表面を通じてのガス交換の機能を狂わせる．(ii) 有毒な重金属の濃度，特にアルミニウム (Al^{3+}) や高い pH では植物の必須元素でもあるマンガン (Mn^{2+})，鉄 (Fe^{3+}) といった物質の濃度を上昇させることで間接的に影響する．(iii) 動物の食物資源の質と多様性を減少させることで，間接的に影響する．例えば，低い pH では，菌類の成長は抑えられ (Hildrew et al., 1984)，水生植物が消失し，その多様性が減少することが多い．pH に対する耐性の限界値は植物の種によって異なるが，pH4.5 以下でも成長し繁殖することができる植物はごくわずかである．

アルカリ性土壌では，鉄 (Fe^{3+})，リン酸 (PO_4^{3+})，マンガン (Mn^{2+}) のような特定の微量元素は，比較的溶けにくい化合物の中に固定されてしまう．このため，植物はそれらの元素の欠乏の影響を受けるだろう．例えば，酸性土壌に特徴的な嫌石灰植物 (calcifuge plant) は，アルカリ性の土壌に移植されると Fe^{3+} の欠乏症状を示す．しかし一般的に，pH が酸性の環境と比べれば，pH が 7 以上の土壌や水は，多くの種にとって居心地の良い環境であることが多い．チョークや石灰岩上の草原は，酸性土壌の草原に比べて植物相が豊富で，付随する動物相も豊富である．河川，池，湖沼に生息する動物についても同じことが言える．

原核生物のうち特に古細菌の中には，真核生物にとっての pH の耐性限界をはるかに越えた pH に耐えられるだけでなく，極端な pH 域で最大の増殖率を示すものもいる．このような極端な pH を伴う環境は，火山湖や温泉のような場所に存在する．そこでは，イオウ酸化細菌のように，最適 pH が 2 から 4 の間にあり，中性では成長できない生物が優占している (Stolp, 1988)．そのうちの *Thiobacillus ferroxidans* は工業的な金属濾過の過程でできる廃液中に住み，pH1 にも耐える．*T. thiooxidans* は pH0 に耐えるだけでなく，成長すらできる．一方，苛性ソーダの湖で記録されるような pH9 から 11 に達するアルカリ性の環境では，*Anabaenopsis arnoldii* と *Spirulina platensis* のような**シアノバクテリア**（藍色細菌）(cyanobacteria) が生息している．*Plectonema nostocorum* は pH13 でも成長できる．

2.6 塩分濃度

土壌中の塩分濃度の上昇は，陸上植物が水を吸収する時の浸透圧抵抗が上昇する原因となる．最も極端な塩分環境は土壌中の水が主に表層に向かって移動し，結晶塩が表層に集積してしまうような乾燥地帯に存在する．このような状態は，乾燥地で灌漑農業が行われる場合によく生じ，塩分の集積層が発達して，その土地は農業に利用できなくなってしまう．塩分の主な影響は，乾燥や凍結と同様に浸透圧調節上の問題を引き起こすことであるが，植物の方も，乾燥や凍結の場合とほとんど同じ方法で，この問題を解決している．例えば，塩分濃度の高い環境下に生活する多くの高等植物（塩生植物 (halophytes) と呼ばれる）は，液胞内に多量の電

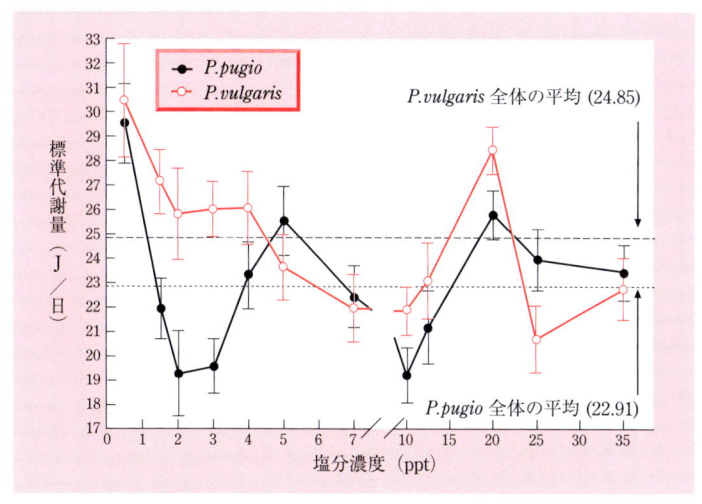

図 2.18 異なる塩分濃度における 2 種のテナガエビ *Palaemonetes pugio* と *P. vulgaris* の標準代謝量（最低酸素消費量から推定）．実験期間を通じて 0.5 ppt（千分率）の濃度では両種とも死亡率が高く，特に *P. vulgaris* では 75％が死亡した（*P. pugio* では 25％）．（Rowe, 2002 より．）

解質を蓄積するが，細胞質と細胞小器官中の電解質濃度は低く抑えている（Robinson *et al.*, 1983）．このような植物は高い浸透圧を維持して膨圧を維持する一方で，蓄積した電解質の有害作用をポリオールや膜中の防御物質によって防いでいる．

淡水環境では，水が環境中から生物の体内に浸透しようとする．生物はこの特殊な環境条件に対抗しなければならない．海洋では，生物の大多数は体外の浸透圧と等張の関係にあり，そこでは水の正味の移動はない．しかし，外界の方が高張である生物も多く，その場合，水は生物体内から環境中へと移動するので，生物は陸上の生物とよく似た立場におかれる．このように多くの水生生物にとって，体内の液体の濃度調節は命に関わる問題であり，その調節のために多量のエネルギーを費やす場合もある．水環境の塩分濃度は，生物の分布と存在量に重大な影響を与えうるが，その影響が特に大きいのは，海洋の生息場所から淡水の生息場所に明確に環境が推移する河口域である．

例えば，淡水性のテナガエビ *Palaemonetes pugio* と *P. vulgaris* は，アメリカ東海岸の河口で，幅広い塩分濃度のもとで共存する．しかし，*P. pugio* は *P. vulgaris* よりも低い塩分濃度に対する耐性が高いようで，*P. vulgaris* が生息できない場所を占有する．これを説明すると考えられるメカニズムを図 2.18 に示す（Rowe, 2002）．塩分濃度の低い場所（ただし致命的な濃度ではない）では，代謝によるエネルギー消費量は *P. pugio* のほうが有意に低かった．*P. vulgaris* は自分の体を維持するためだけにきわめて多くのエネルギーを消費しており，これではたとえそのようなエネルギー消費を支える能力があったとしても，*P. pugio* との競争においてきわめて不利となる．

2.6.1 海と陸の境界部の環境

塩分は潮間帯の生物の分布に重要な影響を与えるが，それは他の環境要因，特に空気への曝露（干出）と基質の性状との相互作用を介して影響をする．

すべての藻類は，常に海水中に没している生育場所を好むが，高等植物の中で恒常的に海水中に沈んでいられるものは，ほとんどいない．

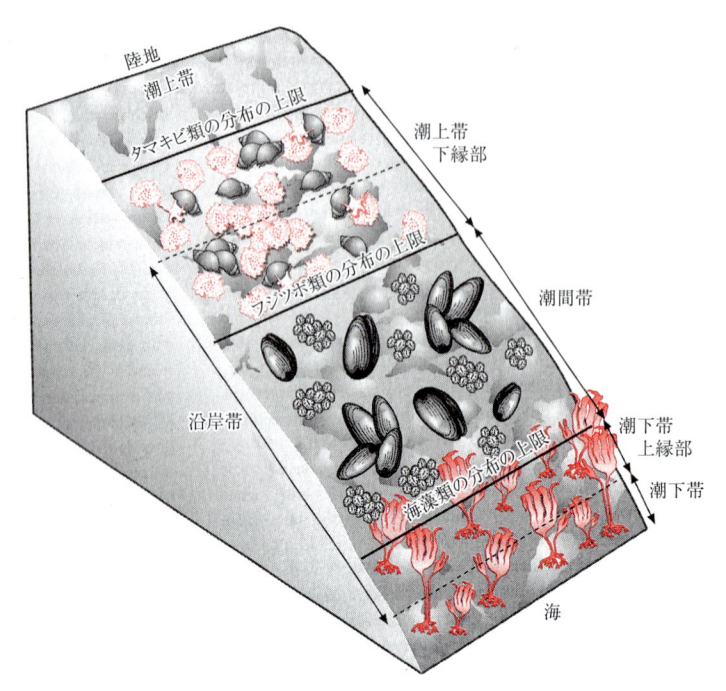

図 2.19 空気と波の作用に曝される時間の相対的な長さによって決まる海岸の一般的な帯状分布の概要．(Raffaelli & Hawkins, 1996 より．)

これは淡水域の沈水性の生育場所を，さまざまな顕花植物が占有しているのと好対照をなしている．その主な原因は，高等植物は根を固定するべき基質を必要とするためと思われる．大型の海藻類は極端な引き潮の時を除いて常に沈水しており，海洋群集の中で大きな地位を占めている．これらの藻類は根を持っていないが，特殊化した**付着根**（holdfast）で岩に固着している．これら大型の藻類は，基質が軟弱で付着根がしっかりと基質に固着できない場所には分布しない．そのような場所では真の海産の顕花植物であるアマモ属 *Zostera* やポシドニア属 *Posidonia* のような海草が沈水群集を形成し，複雑な動物群集を支えている．

藻類と高等植物　海水中に根を張る高等植物の多くは，潮汐周期の大部分の間，葉と枝を大気中に曝している．例えば，マングローブ植物，イネ科の *Spartina*，極端な塩生植物の代表であるアッケシソウ属 *Salicornia* のような植物の枝葉は大気中にあるが，根は塩分濃度の高い海水中に浸かっている．植物が根を張れるような安定した基質がある場合，海草類が分布するような常時海水に浸っている場所からまったく塩性でない環境まで，潮間帯の全体を顕花植物群集が占める場合もある．特に塩性湿地は，海水と同じ条件から，まったく塩分を含まない条件までの幅広い塩分濃度を含んでいる．

岩礁潮間帯では，高等植物は岩の割れ目に溜まった砂などの柔らかい基質上にしか分布していない．そうした岩礁には藻類が優占するが，藻類も乾燥にさらされる高潮線とそれより上の部分では，地衣類に置き換わってしまう．岩礁帯に生活する動植物は，空気中への曝露に対する耐性と，波と嵐の力に対する耐性の程度に応じて，環境条件の影響をきわめて明瞭に示す場合が多い．それによって，それぞれの種は，海岸の異なった高さに分布し，きわめて明瞭な**帯状分布**（zonation）が形成されやすい（図 2.19）．

潮間帯の範囲は潮の高さと海岸の傾斜によっ

帯状分布　　　　　て決まる．海岸から離れると，潮の満ち引きの差が1 mを超えることは稀であるが，海岸に近いところでは，陸塊の形状によっては引き潮と上げ潮が流れ込み，例えば，カナダのノバスコシアとニューブランズウィックの間にあるファンディ湾では，潮の流れは約20 mもの並外れた干満差を生み出す．対照的に，地中海の沿岸では，干満差はほとんど見られない．急傾斜の海岸や岩壁では潮間帯は非常に短く，生物の帯状分布は圧縮されている．

しかし，「帯状分布は，空気中への露出の度合いによって形成される」と言うのは単純化し過ぎである（Raffaelli & Hawkins, 1996）．まず「空気中への曝露」は，さまざまな要因や多くの異なった要因の組合わせを意味している．この空気中への曝露という言葉には乾燥，極端な温度，塩分濃度の変化，過剰な太陽放射，強烈な波と嵐の持つ物理的な力（これについては，第7節で再び議論する）などが含まれている．さらに，空気中への曝露の度合いは，基本的に海産の種の分布の上限を説明するだけであり，帯状分布の成立を説明するには，分布の下限にも目を向ける必要がある．帯状分布の下部では，空気中への曝露の度合いが不充分なために，分布を制限される種もいる可能性がある．例えば，緑藻は深い海水中に長期間沈んでいると，青色光と特に赤色光の不足による障害を被る．しかし，他の多くの種の分布の下限は，競争と捕食によって決まってくる（例えば，Paine, 1994の議論を参照）．例えば，イギリスの海岸に分布する褐藻 *Fucus spiralis* は，競合する潮間帯中央部の海藻であるヒバマタ類が通常よりも少なくなると，すぐに下方へ分布を広げる．

2.7　風と波と海流の物理的な力

自然界には，風と水に代表されるような，物理的な力として生物に影響を与えうる環境要因が多数存在する．

河川では，植物も動物も水に押し流されてしまう危険に絶えず曝されている．平均流速は，一般的には下流ほど速くなるが，底生生物群集にとって押し流される危険が最も大きいのは上流域である．そこでは，流れが激しく水深が浅いからである．流れの速い所に出現する植物は，付着性の糸状藻類，鮮類，苔類のような背たけの低い目立たない種だけである．流れが少し弱い場所では，ウマノアシガタの一種（*Ranunculus fluitans*）のような流線型で流れに対する抵抗が少なく，固定物に不定根を密にからみつかせて付着する植物が見られる．ウキクサ属（*Lemna*）のように浮遊性の植物は，流れがほとんどない場所だけに見られる．

波の打ち寄せる海岸では，寄せる波の強い力と引く波の吸引力に耐えられる生活形と習性を持った種だけが存続できる．海藻は，付着根によって基質に強固に付着し，さらに柔軟な葉状体のおかげで，繰り返し寄せては返す波に耐えて生き延びている．この環境に生活する動物は，水とともに揺れ動くか，あるいは藻類と同様に巧みな方法で基質に固着している．例えば，フジツボは有機質の接着剤を使って，またカサガイは筋肉質の足によって基質に固着している．淡水の流水中の無脊椎動物においても，激流に耐えるためのさまざまに特殊化した形態が認められる．

2.7.1　障害，災害，カタストロフィー —— 極端な事象の生態学

風と潮汐は，多くの生物にとって日常的な障害（hazard）である．これらの生物の体の構造と行動は，そのような障害の頻度と強度を進化的に反映したものである．すなわち，樹木は倒れたり，枝を落とすこともなく，ほとんどの嵐に耐えることができる．カサガイ，フジツボ，コンブは日常的な波浪と潮汐の中でも，岩にしっかりと固着していられる．しかし，大きな

損害を与えるもっと激しい力も存在する．そのうちのあるものは，それほど頻繁には起こらないが，自然淘汰として機能するには十分な頻度で繰り返し発生しているだろう．それは**災害**（disaster）と呼んでいい．そうした災害が繰り返し起こるとしても，祖先に働いた自然淘汰の遺伝的記憶が個体群の中に保持されて，それから受ける被害は過去の個体群が被った被害よりも小さくなるだろう．乾燥地域の疎林や低木林における火事はこのような性質を持ち，火事に対する耐性は明らかに進化的な反応である（本章3.6節を参照）．

災害に見舞われた自然群集のうち，事前に十分に調べられていたものはほとんどない．唯一の例外は，1989年に「ヒューゴ」と名付けられたハリケーンに襲われた，カリブ海のグアドループ島である．ヒューゴがこの島を襲うほんの数年前に，この島の密生した湿潤林の詳しい調査結果が発表されていた（Ducrey & Labbé, 1985, 1986）．このハリケーンは，平均最大風速が時速270 km，瞬間最大風速が時速320 kmに達する強風で森林を破壊した．また，40時間に300 mm近くの雨を降らせた．このハリケーンによる攪乱後の初期の再生過程は，そこに昔から成立していた陸と海の群集が大規模な破壊に対してどのように反応するのかを典型的に示している（Labbé, 1994）．ハリケーンによる攪乱がなくても，森林の樹木個体や沿岸部のケルプ個体の死亡によってギャップが絶え間なく生じ，その個体が占めていた場所には新たな個体が定着する（第16章7節を参照）．ハリケーンなどの大規模な災害による荒廃の後の再定着は，このような攪乱のない群集で繰り返されていることとほとんど同じである．通常は植生内部に自然に生じたギャップだけに出現する種が，攪乱後の植生で優占するのである．

障害や災害と呼んだものとは対照的に，とてつもなく破壊的ではあるが，ごく稀にしか生じないために，種の進化に対する淘汰圧として持続的効果を持たない自然界の事象がある．このような出来事は**カタストロフィー**（catastrophe）と呼んで良いだろう．例えば，セントヘレンス山やクラカタウ島の火山の噴火がこれに相当する．クラカタウが次に噴火しても，火山噴火に耐えるように淘汰されてきた遺伝子などは存在しそうにない．

2.8 環境汚染

残念なことにさまざまな環境で，人間活動に由来する有害な副産物の蓄積が問題化しつつある．火力発電所から排出されるイオウ酸化物や鉱山周辺に捨てられる銅，亜鉛，鉛は特に植物の分布を制限する汚染物質の一部である．このような汚染物質は自然界にもともと存在するがその濃度は低く，一部は植物の必須栄養素でもある．しかし，汚染地域ではその濃度は致死的なレベルにまで上昇することがある．種の消失は汚染の最初の指標であり，河川，湖，陸上の種多様性の変化は汚染程度の生物検定（bioassey）として利用されている（例えば，Lovett Doust *et al*., 1994を参照）．

しかし，もっとも荒れ果てて汚染された場所であっても生物種がまったく存在しない ＜少数の耐性者＞ という場所を見つけるのは困難である．多くの場合，そのような環境に耐性を持っている数種の生物の数個体は見つけることができる．非汚染地域の自然個体群にもその汚染に耐性を持つ個体が，自然個体群が持つ遺伝的な変異の一部としてごく低頻度ではあるが存在する．そのよう個体だけが汚染の程度が上昇しても生き残ったり，汚染地帯に進出していくことができるだろう．そして，それらの個体が「耐性」遺伝子を引き継いでいく個体群の創始者となる．そしてその個体群は少数の創始者に由来するので，個体群の遺伝的多様性は著しく小さいものになる（図2.20）．さらに，種によっても汚染に対する耐性が異なる．一部の植物は重金属超集積種

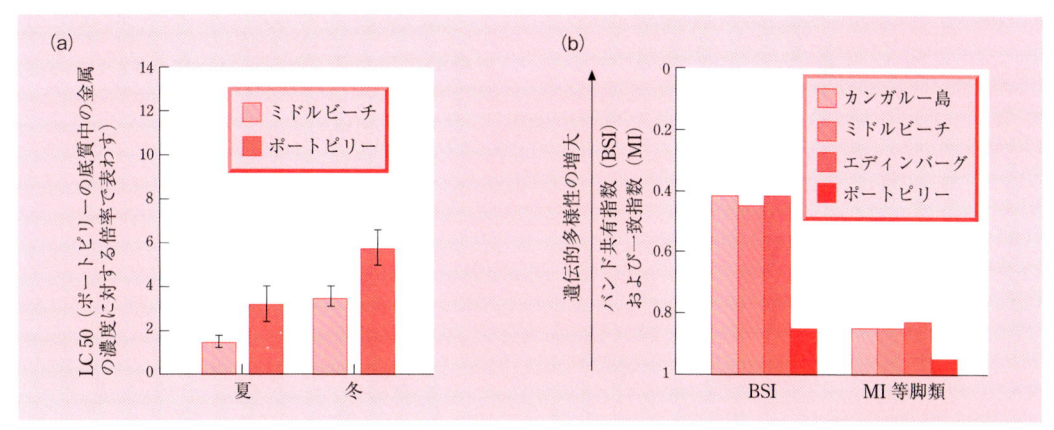

図2.20 オーストラリア南部のポートピリーにある世界最大の鉛の製錬場周辺における汚染に対する海産等脚類のコツブムシの一種 *Platynympha longicaudata* の反応．(a) 個体群の50%の個体が死亡する，食物中の金属（鉛，銅，カドミウム，亜鉛，マンガン）イオンの濃度（LC50）で測定した耐性は，冬，夏いずれの季節でも，対照区（汚染されていない場所）の個体よりも有意に高かった（P<0.05）．(b) RAPDs（ランダム増幅多型DNA法）にもとづく2つの多様性指標で測定したポートピリーでの遺伝的多様性は，汚染されていない3つの調査地よりも有意に低かった．（Ross *et al*., 2002 より．）

（hyperaccumulator）と呼ばれ，鉛，カドミウムなどに耐性をもつだけでなく通常よりもこれらの金属を高濃度で体内に蓄積できる（Brooks, 1998）．その結果，これらの植物は生物的環境浄化（bioremediation）において重要な機能を果たし（Salt *et al*., 1998），汚染物質を土壌から除去してほかの耐性の低い植物もそこで生活できるようにする（第7章2.1節でも議論する）．

このように，汚染には簡単に言うと二重の影響がある．新たに汚染が生じた場合やその濃度が極端に高い場合には，どんな種でもほとんどの個体は（もともと耐性を持った変異体やその直接の子孫を除いて）存在できなくなる．しかしその結果，汚染地帯では高密度の個体群が維持されやすくなる．しかし，それらは汚染が無い場合に比べればきわめて狭い範囲の種から選ばれたものとなる．現在このような新たに進化した種からなる貧弱な群集が，人間環境の中の一部を占めている．

汚染はもちろん発生源から遠く離れても影響を及ぼす（図2.21）．鉱山や工場から毒性をもつ廃水は水系に入りこんですべての下流部の植物相と動物相に影響を与えうる．巨大な工業団地からの廃水は，その地域のたくさんの川や湖を汚染し，動植物相を変化させて，国際的な争議を引き起こすことがある．

端的な例は，酸性雨の発生過程である．例えば，アイルランドとスカンジナビア半島に降る酸性雨は他の国々の工業活動に由来する．産業革命以降，化石燃料の燃焼とそれに伴う大気中への汚染物質の放出，特に二酸化硫黄の放出は，乾性の酸性粒子や実質上希釈した硫酸といえる酸性雨を作り出す．珪藻類のpH耐性についての情報をもとにすれば，湖のおよそのpHの変遷を知ることができる．堆積物中に蓄積した珪藻種の遷移過程に，湖の酸性化の歴史が記録されているのである（Flower *et al*., 1994）．図2.22は大きな工業地帯からは遠く離れているアイルランドのロウフマームでの珪藻の種構成の変化を示している．深さによる珪藻の種構成の変化は，過去のさまざまな時代の種構成の変遷を示す（ここでは4種について図示してある）．堆積物の年代は ^{210}Pb 同位体とほかの元素の放射性同位体で決めることができ，現在の珪藻の分布からはそれぞれの種のpH耐性が分かっているので，そ

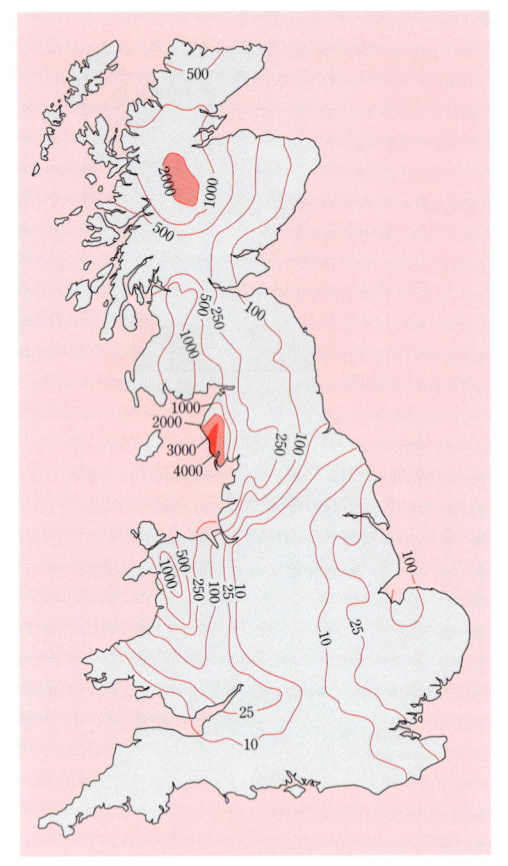

図2.21 遠距離汚染の例. 1986年にソビエト連邦のチェルノブイリで起きた原子力発電所事故に由来する, 放射性セシウム降下物のイギリスにおける分布（ベクレル/m^2）. この地図は, 土壌, 植物, 動物の間の再循環が活発な高地の酸性土壌において, 汚染物質が存在し続けていることを示している. 高地のヒツジの体内のセシウム137（^{137}Cs）の濃度は, 1986年よりも物質循環が進行した1987年と1988年の方が高かった. セシウム137の半減期は30年である. 典型的な低地の土壌では, すぐに有機化（immobilization）されて食物連鎖の中には長くは存続しない. （NERC, 1990より.）

れらをもとに過去のpHを復元することができる. この図から酸性化は1900年頃から進行したことがわかる. 1900年以降, *Fragilaria virescens* と *Brachysira vitrea* の2種の珪藻ははっきりと減少し, 耐酸性をもつ *Cymbella perpusilla* と *Frustulia rhomboides* は増加した.

2.9 地球規模の変動

第1章では, 地球環境が大陸移動を含むような長い時間スケールと, 氷河期の繰り返しというそれよりも短い時間スケールの中で変化してきたことに触れた. このような時間スケールの中で, ある生物は変化に対応できずに絶滅してしまい, ある生物は元と同じ環境を求めて他の場所に移動し, またあるものはおそらく自らの特性を変化させて（すなわち進化して）, 変化に耐えてきた. ここでは, われわれの世代が経験している地球規模の変化について考えてみよう. この変化は我々人間の活動の結果であり, 今後のシナリオとしてしばしば語られるように, この惑星上の生態に重大な変化をもたらすことが予測されている.

2.9.1 産業が排出する気体と温室効果

産業革命の大きな要因は, 動力源を持続可能な燃料から石炭, さらに石油へと転換したことであった. 19世紀中頃から20世紀中頃にかけて, 化石燃料の燃焼と大規模な森林破壊によって, $9×10^{10}$トンの二酸化炭素（CO_2）が大気中に放出され, それ以降もさらに放出されつつある. 氷床コアから採取された気体の測定によると, 産業革命以前のCO_2濃度は, 典型的な間氷期のピーク時の濃度と同じ約280 ppmであったが（図2.23）, それが2000年までに370 ppmに増加し, さらに上昇を続けている（図18.22を参照）.

地球の大気に到達した太陽放射の一部は反射され, 一部は吸収され, また一部は地球表面に達して吸収され地球表面を暖める. 吸収されたエネルギーの一部は大気に向けて放射され, その70％は大気中の気体, 主に水蒸気とCO_2に吸収される. このようにして捕捉された再放射エネルギーが大気を暖めることになる. この現象が**温室効果**（greenhouse effect）である. もち

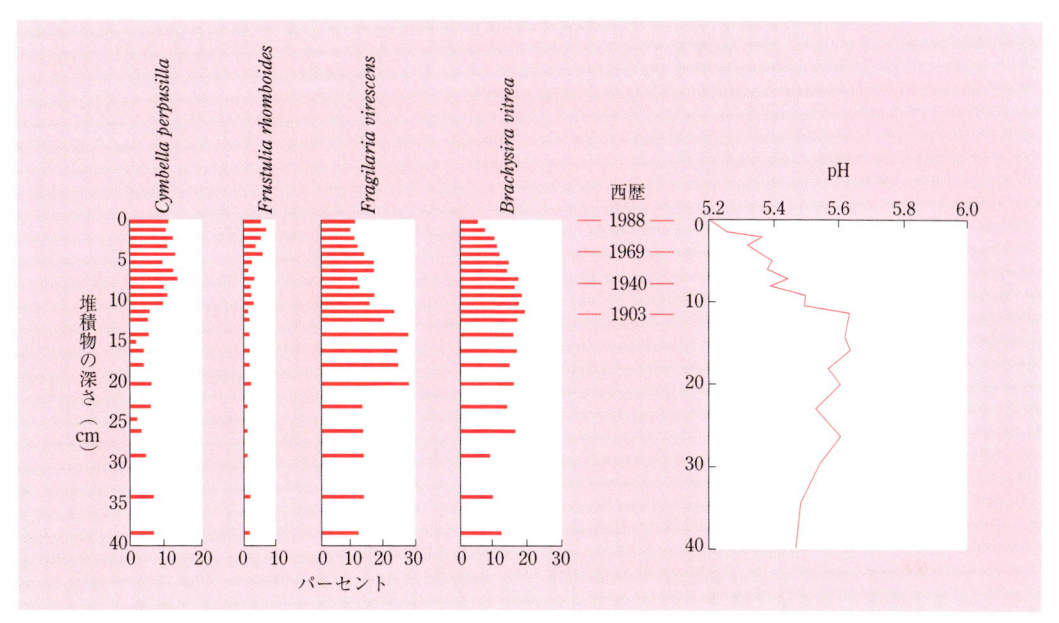

図 2.22 アイルランドの湖（ドニゴール県，ロウファーム）の珪藻類の歴史的変遷は，湖底の堆積物からコアを採取することで追跡ができる．各深度におけるさまざまな珪藻種の出現頻度は，過去のそれぞれの時点に生存していた珪藻の種構成を反映している（4種について図示してある）．堆積物の層の年代は，鉛210（および他の元素）の放射性同位体壊変法で決定した．現在の珪藻の分布から珪藻種のpH耐性が分かるので，これにより過去の湖のpHを再構築できる．1900年頃から湖の水がどれほど酸性化してきたかに注意．珪藻の *Fragilaria virescens* と *Brachysira vitrea* は，この期間に著しく減少した．一方，酸性に耐性のある *Cymbella perpusilla* と *Frustulia rhomboides* は増加している．(Flower *et al.*, 1994 より.)

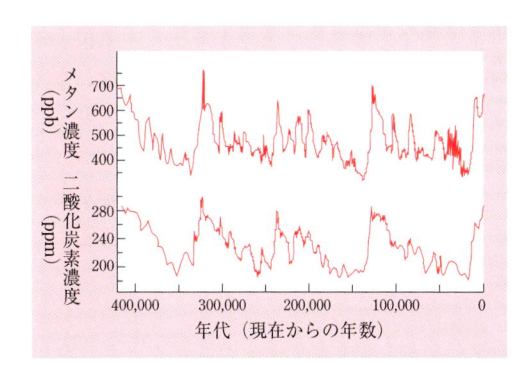

図 2.23 南極のボストーク基地で採取した過去42万年間の氷床コアに閉じ込められた気体中の二酸化炭素とメタンの濃度．推定気温はこの濃度の変動ときわめて強い相関を示す．すなわち，氷期と温暖期の切り替わりは，33万5000年前，24万5000年前，13万5000年前，1万8000年前に生じている．略号の ppb は十億分率，ppm は百万分率を表す．(Petit *et al.*, 1999; Stauffer, 2000 より.)

ろん温室効果は産業革命以前にも存在し，産業活動が環境の温暖化を加速する以前にも環境のひとつの要素として，地球環境を暖かく保つ要因のひとつであった．その当時は，大気中の水蒸気が温室効果の大部分を担っていた．

　二酸化炭素の増加による温室効果の促進に加えて，大気中の他の微量気体も顕著に増加してきた．特にメタン（CH_4）（図 2.24a，そして図 2.23 の地史的な記録と比較のこと），亜酸化窒素（N_2O），クロロフルオロ炭素（いわゆるフロンガス（CFCs），例えば，三塩化炭素（CCl_3）やジクロロジフルオロメタン（CCl_2F_2））である．これらのガスと他の微量気体を合わせると，CO_2 の上昇分と同じ程度の温室効果をもたらしている（図 2.24b）．CH_4 の上昇は完全には説明できていないが，おそらく還元的土壌における集約的な農業（稲生産の増加）と反芻動物の消化過程に

（CO_2 だけではない）

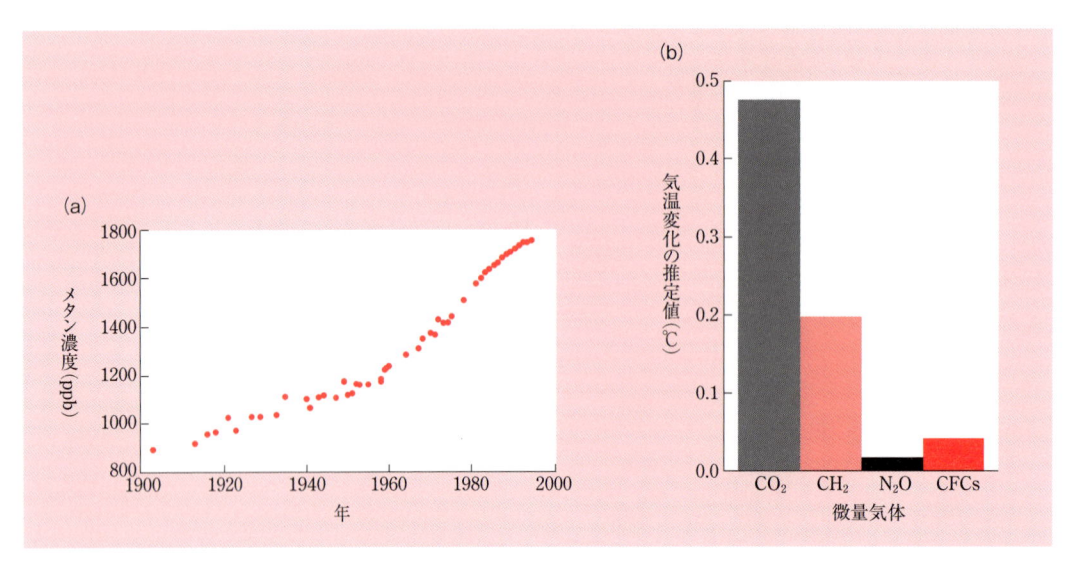

図 2.24　(a) 20 世紀の大気中のメタン濃度の変化．(b) 1850 年から 1990 年の間の二酸化炭素および他の主な温室効果ガスによる地球温暖化の推定値．(Khalil, 1999 より．)

おける微生物活動（一頭の牝牛は 1 日で 40 l の CH_4 を発生する）に由来し，その 70％程度が人間活動に起因している (Khalil, 1999)．冷媒，エアロゾル噴霧器などに由来するフロンガスの潜在的な効果は大きいが，国際的な合意によってこれ以上の濃度上昇は停止したように見える (Khalil, 1999)．

人間活動で生産された CO_2 が大気中濃度の上昇にどのように結びついているのかという収支表をつくることは可能である．人間活動で毎年 5.1 から 7.5×10^{12} トンの炭素が大気中に放出されている．しかし，大気中の CO_2 の年間増加量は 2.9×10^{12} トンで放出量の 60％でしかない．注目すべきことにこの量は過去 40 年間ずっと一定である (Hansen et al., 1999)．大気中の CO_2 は海洋に吸収されるが，その量は人間活動で発生した炭素のうちの 1.8 から 2.5×10^{12} トンになるだろうと推定されている．さらに最近の分析では，陸上の植生が CO_2 の上昇によってあたかも「施肥」された形の効果を被り，相当量の炭素が植生の生物体量の中に封入されたことが示されている (Kicklighter et al., 1999)．海洋と陸域でのこのような緩和作用にもかかわらず，大気中の CO_2 濃度は上昇し続け，そして

温室効果も高まっている．この地球規模の炭素収支の問題は第 18 章 4.6 節で再び取り上げる．

2.9.2　地球温暖化

本章では，まず温度を扱い，他のいくつかの環境要因と汚染物質に話題を移してきたが，これら汚染物質が地球温暖化へ与える影響を考えるために，最後に話題を温度に戻そう．現在の地表面の気温は，産業化以前の気温よりも 0.6 ± 0.2℃ 高くなっていると考えられ（図 2.25），また 2100 年までにさらに 1.4 から 5.8℃ 上昇し続けると予想されている (IPCC, 2001)．このような変化は，極冠の氷を溶かし，海面の上昇を招き，地球環境と種の分布の様相を大きく変化させるだろう．この地球温暖化の予測は，加速される温室効果に関する 2 つの情報に基づいている．すなわち，(i) 地球の気候をシミュレーションする洗練されたコンピュータモデル「大気循環モデル」による予測と，(ii) 年輪幅や海水面，あるいは実測された氷河の後退速度などの測定データから検出された気温の上昇傾向である．

地球全体の循環モデルが異なれば，予測され

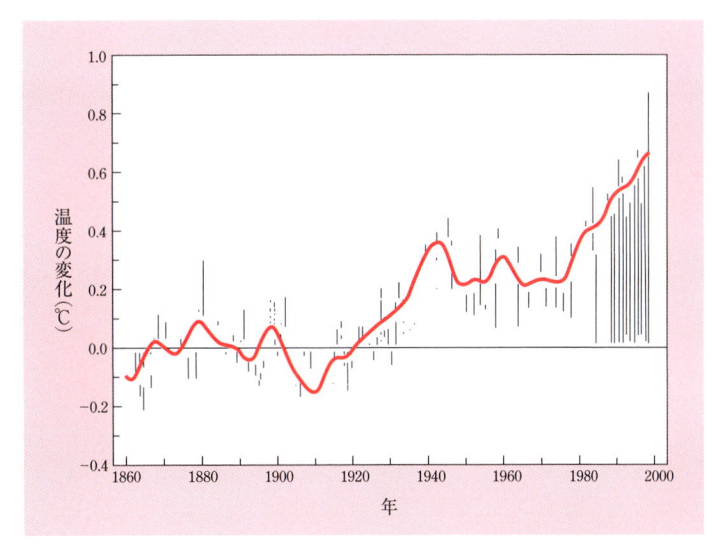

図 2.25　1860 年から 1998 年までの地球表面温度の年次変動．縦の線分は，19 世紀末における平均値からの偏差を表し，曲線は 21 年区間の移動平均を示す．現在の地球の平均気温は，1400 年以降のどの時点の気温よりも高くなっている．（Saunders, 1999 より．）

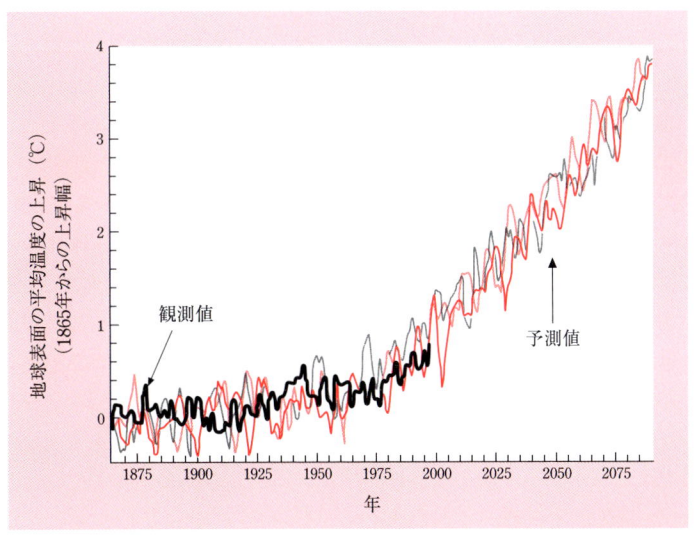

図 2.26　アメリカ合衆国プリンストンの地球物理流体力学研究所が行った，気候変動の全球結合モデル（海洋と大気を合わせたモデル）による地球表面の平均気温の上昇の予測．温室効果を示す気体（温室効果ガス）の増加量の観測値としては 1865 年から 1990 年までの値が使われた（そしてそれによる予測値は観測値にとてもよく合っている）．その後，温室効果ガスの量は毎年 1% 増加していると仮定された．このモデルは海洋と大気の全球的なふるまいのシミュレーションであるため，詳細なふるまいはこの系の初期状態に依存する．そこで 3 通りの初期状態でシミュレーションが行われた（3 通りの色の線で示す）．（Delworth *et al.*, 2002 より．）

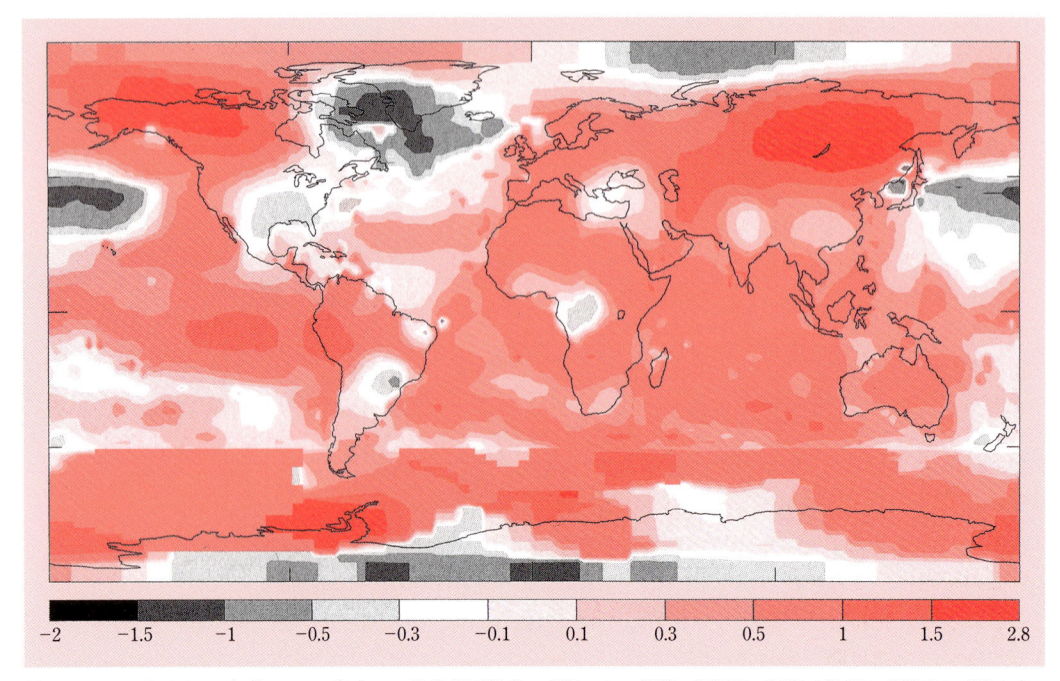

図 2.27 1951年から46年後の1997年までの地球表面温度の変化．この期間，各場所の温度は単純に直線的に変化した．下部の帯の色は温度の変化の度合い（℃）を表す．（Hansen *et al.*, 1999 より．）

次の100年で3から4℃の上昇

る CO_2 濃度の上昇のもとで生じる地球の気温の上昇の予測値も当然違ってくるだろう．しかし，多くのモデルの予測は，2.3から5.2℃の範囲の中にある（このばらつきは雲の効果をモデル化する際の違いに由来している）．そして今後100年間では3から4℃上昇するとの予測値は，将来の生態学的な予測をする場合に使える合理的な値と思われる（図 2.26）．

しかし，もちろん温度は生物の生息場所を構成する環境条件の一部にすぎない．残念ながら，降水量や蒸発量のコンピューター予測の信頼性はまだまだ低い状況にある．それは，雲の動きを大気循環モデルの中に組み込むことがたいへん難しいからである．もしも温度だけが変化するとすれば，イギリスのロンドンでの3℃の温度上昇は，ポルトガルのリスボンに相当する気候をもたらすると予測できる（それはオリーブ，ブドウ，ブーゲンビリアや半乾燥地の低木に適した環境になるだろう）．しかし，降雨が多ければほとんど亜熱帯といっていい気候となり，降雨が少なければ乾燥した荒野といっていい状態になるだろう．

地球温暖化は地球の表面で均質に生じるわけではない．

気候変動の地球規模での分布

図 2.27は，1951年から1997年の46年間にわたる地球の表面温度の変化の傾向を示している．北アメリカの北部（主にアラスカ）とアジアではこの期間に1.5〜2℃の温度上昇を経験したが，これらの地域では，今世紀の前半も引き続き温暖化がいちばん早く進むと予測されている．ある地域（例えばニューヨーク）では温度はそれほど変化しておらず，これから50年間も大して変化しないだろう．さらに，グリーンランドや北太平洋などで明白なように，地表の気温が低下してきた地域もある．

さらに，これまで注意してきたように，多くの生物の分布は，平均値ではなく稀に生じる極端な値によって制約される．コンピュータモデルは，地球気候変動は温度の変動幅をさらに大きくすると予測している．例えば，Timmerman *et al.* (1999) は，エルニーニョ南方振動に対す

る温室効果による温暖化の影響をモデル化している（本章第2.4.1節を参照）．彼らは熱帯太平洋地域の現在の平均的な気候が，エルニーニョの際に出現するようなもっと温暖な状態へと変化することを見いだした．しかし，同時に年間変動は大きくなり，異常な低温現象の方向に裾野を広げたような変動パターンを示すことも示した．

> 生物相は変化のスピードについて行けるか？

すでに見たように地球の気温は自然状態においても変化してきた．現在われわれは2万年前に始まり，約8℃の気温上昇をもたらした，ひとつの温暖な年代の終末に近づきつつある．温室効果は，過去40万年の中でも最も高い気温の状態に，さらに地球温暖化をつけ加えたことになる．花粉分析の結果によると北アメリカでは最終氷期以降，森林の北限が1年間に100〜500 mの速度で北に向かって移動し続けてきた．しかし，この前進速度は，後氷期の温暖化の速度に追いついてはいない．温室効果による温暖化の速度は，後氷期の温暖化の50から100倍も速い．従って人間によるさまざまな環境汚染の中で，地球温暖化ほど重大な影響を与えるものはないだろう．種の分布の緯度と標高方向での移動，そして地球規模の温度変化の速度に植物相と動物相がついていけないために生じる大規模な絶滅を覚悟しなければならない（Hughes, 2000）．さらに，植生が前進や後退する舞台となる広大な陸地はすでに文明化の過程で分断化され，植生が移動する経路に大きな障壁を作ってしまった．この生物の移動の過程で，多くの種が絶滅しても不思議ではない．

まとめ

環境条件は生物の機能に影響を与える非生物的な環境要因である．ほとんどの場合，生物が最も良く活動できる最適なレベルを認めることができる．究極的には，最良の活動は進化的な視点から定義しなければならないが，実用上は，環境条件の効果を，酵素の働きや繁殖速度といった鍵となる特性で測定する．

生態的ニッチとは，場所を示すのではなく，生物の環境条件に対する耐性や資源に対する要求を集約したものである．ハッチンソンのn次元超立体ニッチの概念においても，基本ニッチと実現ニッチを区別する．

温度を最も典型的で，おそらくもっとも重要な環境条件として詳しく検討した．各個体は機能できるある温度範囲の中で活動し，低温と高温側の過酷な温度では機能障害を起こし，ついには死亡してしまう．またその範囲の中に最適な温度があり，それは進化的な適応の結果でもあるし，またもっと直接的な順化の結果でもある．

生物の酵素の反応速度は，多くの場合温度の上昇に対して指数関数的に増大する（Q_{10}はほぼ2となることが多い）．しかし，成長速度と発育速度はほぼ直線的となり，それが日・度概念，および積算温度の根拠となる．発育速度は成長速度よりも温度の上昇に対して速く反応するので，最終的な体の大きさは，飼育温度が高くなると小さくなる．温度依存性の普遍的な規則性を明らかにしようという試みは，いまだ論争が尽きない状態にある．

内温動物と外温動物の違いについて説明したが，究極的には，ある温度幅の中で両者が示す反応の究極的な類似についても説明した．

地球表面の温度の変動および地域ごとの温度の違いについても，そのような変動をもたらすさまざまな原因とともに検討した．緯度や標高の効果，大陸の効果，季節や日周の効果，そして微気候の効果，さらには土壌中と水中における深さの効果などを検討した．中期的な変動パターンの重要性が明らかになりつつある．とりわけ顕著なものは，エルニーニョ・南方振動（ENSO）と北大西洋振動（NAO）である．

環境中の温度と，何らかの明確な相関を示す植物や動物の分布の例はたくさんある．しかし，

それは温度が種の分布を直接制限していることを実証しているわけではない．測定された温度が，生物が経験している温度と同じということは滅多にない．また，多くの種の分布は平均温度ではなく，稀におきる極端な値によって説明される．さらに，温度の効果は群集の他の構成員の反応によって大きな影響を受けたり，他の環境要因との相互作用によって決まったりもする．

いくつかの他の環境要因についても考察した．土壌と水界のpH，塩分濃度，海と陸の境界域での環境要因，風と波と流水の物理的な力などである．障害と災害とカタストロフィーの違いも論じた．

人間活動の有害な副産物の蓄積により，いくつかの環境条件が関連しながら重大な問題となっている．最も端的な例は酸性雨の発生である．また，産業ガスによる温室効果とそれによって引き起こされる地球温暖化も重大な問題である．今後100年間に気温が3～4℃上昇するとの予測は，生態的な影響を予測するのにも妥当な値だと思われる．しかし，温暖化は地球の表面で均質に進行するわけではない．この温度の上昇速度は後氷期の温暖化の50～100倍の速度に相当する．種の分布の緯度と標高方向の移動と，植物相，動物相の大規模な絶滅を覚悟しなければならない．

第3章

資源

3.1 はじめに

資源とは？ Tilman（1982）によれば，ある生物にとっての**資源**（resources）とは，「その生物によって消費されるもの全て」を指す．しかし，消費されるということは，ただ単に食べられるということではない．ミツバチやリスは木にあいた穴を食べるわけではない．しかし，ある個体に占拠された巣穴は，もはや他のミツバチやリスには利用できない．それはちょうど窒素の原子，ひと舐めの蜜，ひと口分のドングリが，一旦利用されてしまえば他の消費者には利用できないのと同じである．同様に，交尾したメスは，他の異性個体には利用できないかもしれない．これら全ては，貯蔵量もしくは供給量が減少したという意味で，消費されたのである．このように，資源とはある生物にとって必要であり，その量がその生物の活動によって減少してしまうようなものを指している．

生物は資源のために争う 緑色植物は，光合成によって無機物からエネルギーと成長と繁殖のための物質を作り出している．彼らにとっての資源は，太陽放射，二酸化炭素，水と栄養塩類である．多くの古細菌類のような化学合成生物は，メタン，アンモニウムイオン，硫化水素，あるいは二価鉄を酸化することによってエネルギーを得ている．彼らは温泉や深海の熱水噴出孔に住み，初期の地球上にはもっと大量に存在していたそうした資源を使っている．残りのすべての生物は，他の生物の体を食物資源としている．これらすべての餌となるものは，消費されてしまえば，もはや他の消費者にとっては利用できないものになってしまう．ワシに食べられたウサギは，もはや他のワシが食べることはできない．1枚の葉に吸収されて光合成に使われた光量子は，もはや他の葉にとって使える資源ではない．このような資源の特性は，ある重要な出来事を引き起こす．すなわち，生物は限られた資源の分け前を手にするために，お互いに競争することになるだろう．この問題については第5章で扱うことにしよう．

生態学研究のかなりの部分は，緑色植物による無機物資源の集積と，食物網における消費者−資源相互作用系の各段階での資源の再集積の過程を扱っている．この章では，植物にとっての資源から始めることにしよう．特に光合成にとって最も重要な資源，太陽放射と二酸化炭素に焦点を絞る．植物にとっての資源は，植物個体の成長の燃料となると同時に，それが集まって陸上あるいは水体中の一次生産力（植物がバイオマスを生産する単位面積当りの速度）を決定する．この章では動物にとっての資源である餌についてはあまり触れない．動物の餌については，後に続く第9章から12章で，捕食者，植食者，寄生者，**腐生者**（saprotrophs：死んだ生物を消費し分解する生物）を扱う．そして，第2章の最初の部分で説明した生態的ニッチでこの章

を締めくくるが，そこではすでに述べた環境条件の軸に，さらに資源の軸を付け加える．

3.2 放射

太陽放射（radiation）は，緑色植物の代謝活動に利用される唯一のエネルギーである．放射は太陽からの放射線として直接（直達放射），あるいは大気によってさまざまな程度に拡散されたり，他の物体で反射したり透過してから植物に到達する．直達放射の割合は低緯度地帯で最も高い（図3.1）．また，温帯気候のもとでは1年のかなりの期間，乾燥気候のもとでは1年のほとんどの期間，**キャノピー**（canopy）〔訳注：林冠とも呼ばれるが，ここでは草本群落の葉層も含めて使用されるので，この用語で統一する〕は地表面を覆ってはいない．その間，ほとんどの入射光は，葉のない枝か地面に到達する．

放射のたどる道 ある植物体が放射エネルギーを遮ると，放射エネルギーの一部は元の波長のまま反射され，一部は特定の波長帯が吸収されてから透過し，一部は葉に吸収される．植物体に吸収された放射エネルギーの一部は，葉の温度を上昇させたあと，より長い波長で再放射される．また，一部は水の蒸発のための潜熱として働いて蒸散流の原動力となる．そして，ごくわずかの放射エネルギーが葉緑素に到達して，光合成を駆動する（図3.2）．

放射エネルギーは，光合成によってエネルギーに富んだ炭素の化合物へと転換され，それは引き続いて起こる呼吸 補足されない放射エネルギーは永遠に失われる
（植物自体による呼吸，もしくは植物を消費する生物による呼吸）によって分解される．しかし，放射は葉に照射したその瞬間に捕捉され化学的に固定されない限り，光合成のために利用されることなく失われてしまう．また，光合成によって固定された放射エネルギーも，ただ一度だけこの世界を通り抜けていく．窒素や炭素の原子，あるいは水の分子が，無限に続く生物の世代を通じて繰り返し再循環されるのとは，きわめて対照的である．

太陽放射はスペクトル，つまり異なる波長の連続体であ 光合成有効放射
るが，光合成の装置が利用できるのは，このスペクトルの限られた波長帯のエネルギーだけで

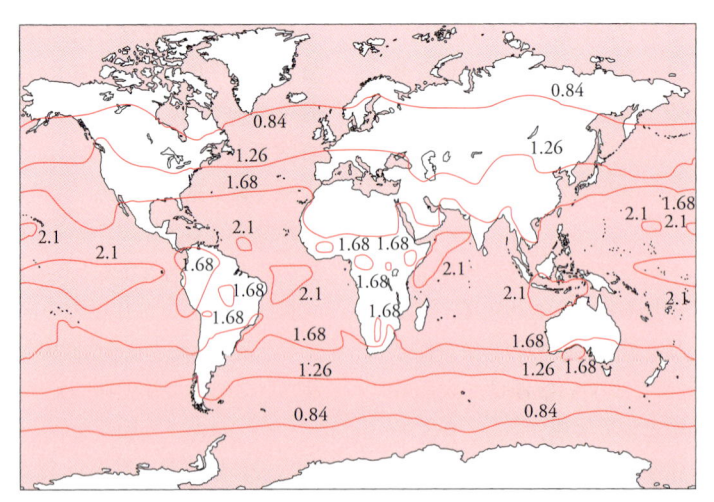

図3.1 地球と大気圏に1年間に吸収される太陽放射量の分布．気象衛星ニンバス3の放射計が捉えたデータに基づく．単位は$J/cm^2/$分．（Raushke *et al.*, 1973より．）

図3.2 さまざまな植物群集に照射された太陽放射の反射（R）と減衰．矢印は，植生のさまざまな高さに到達した入射量の百分率を示す．(a) カバノキとトウヒの混交した亜寒帯林，(b) マツ林，(c) ヒマワリ畑，(d) トウモロコシ畑．数字は特定の群落で得られた測定値．測定する森林や作物群落のキャノピーの成長段階，一日の時間帯，季節によって，これらの値は大きく変化すると予想される．(Larcher, 1980, および他の文献より．)

ある．全ての緑色植物は，光合成による炭素の固定をクロロフィル色素に依存していて，それらの色素は400 nmから700 nmの間の波長帯の放射を固定する．この波長帯が**光合成有効放射**（photosynthetically active radiation: PAR）である．これは私たちが「光」と呼んでいるもの，すなわち人間の目で見ることのできるスペクトルの範囲と大まかに一致する．地球の表面に到達する放射のおよそ56％はPARの領域の外にあり，緑色植物はこれを資源として利用できない．他の生物の中には，細菌類のバクテリオクロロフィルのように，緑色植物にとってのPAR領域以外の波長を使って光合成を行う色素も存在する．

3.2.1 放射の強度と質の変化

強光による光阻害　植物が，光合成の能力を最大限に発揮することはめったにない．その大きな原因は，放射が常に変化しているからである（図3.3）．ある時点の放射に最適な植物の形態と葉の生理的特性は，他の時点では適切でない場合が多いのである．陸上では，植物の葉の大部分は，刻々と，そして日々変化していく放射の中で生活しているし，各葉が受ける光の量と質も，他の葉によって変化してしまう．ほかのすべての資源と同じように，この資源の供給量は，規則的な日周変化，年周変化を示すし，不規則な変化も示す．放射の強さの変化は，光合成が最大となるような放射の強さよりも，単に強すぎたり，弱すぎたりするというだけでは終わらない．放射が強すぎると光合成の光阻害がおき，放射強度の増大とともに炭素の固定速度は減少するかもしれない（Long et al., 1994）．強い光はまた，植物にとって危険な過熱を引き起こすかもしれない．放射は植物の必須の資源だが，少なすぎるのと同様に，多すぎて困ることもある．

供給量の規則的な変化　太陽放射の年周リズムと日周リズムは，規則的な変化である（図3.3a, b）．南北の極付近を除いた地域では，緑色植物は24時間ごとに放射資源が欠乏した時間帯と豊富な時間帯を経験しているし，赤道付近を除いた地域では，1年の間に欠乏した季節と豊富な季節を経験している．水の中では，さらに放射の強さは水深によって変化し，この変化も規則的で予測できる（図3.3c）．しかし，その変化は随分とばらついている．例えば，水の透明度の違いによって，生産力の低い外洋では，水深90 mの硬い底質の上にまで海草が生育しているのに，淡水域の大型水生植物は10 m以下の水深にはめったに生育せず（Sorrell et al., 2001），しばしばごく浅い場所にのみ生育する．透明度の違いは，後で述べるように，主に懸濁物と植物プランクトンの濃度の違いによる．

規則的に，予測可能な形で変化する資源の供給量に対する生物や器官の反応様式には，現在の生理的特性と過去にたどってきた進化の両方が反映されている．温帯の落葉樹が行う季節的な落葉は，1年周期の放射強度のリズムを反映している．つまり，放射が少なく葉が役に立たない時期に葉が落とされる．その結果，森林の下層に生育する常緑性の種の葉も，放射に関して規則的な変化を経験することになる．なぜなら，上層の植物の葉の生産が季節的に変化するため，下層へ透過する光の量も変化するからである．多くの植物種にみられる葉の日周運動も，入射の強さとその方向の変化によって引き起こされている．

1枚の葉が経験するあまり規則的でない放射環境の変化 影：資源枯渇帯 は，隣の葉や上を覆っている葉の特性や位置によって引き起こされる．キャノピーや植物個体や葉は，光を遮ることで**資源枯渇帯**（resource-depletion zone: RDZ）をつくり出す．この場合の資源枯渇帯とは，自分や他の植物の上に落ちる影のことで，この影は刻々と移動する．キャノピーの下部では，拡散や反射によって，放射の持っていた本来の方向性が失われてしまい，影ははっきりと識別できなくなる．

水中の沈水植生では，被陰の効果はもっと規則的でなく 水中での深さによる減衰と，プランクトン密度 なる．それは水が流れることで植生自体が動くためである．しかし，特に池や湖の水面の植生は，必然的にその下の水中の放射の状態にはっきりとした不変の効果を与えている．表層の植物プランクトンの細胞は，その下の水中の細胞を被陰し，植物プランクトンの生息密度が高いほど，深さによる放射の低下の程度は大きくなる．例えば，図3.4は単細胞藻類のクロレラの一種 *Chlorella vulgaris* を12日間にわたって飼育したときの，光の透過量が低下していく様子を示している（Huisman,

第3章 資 源

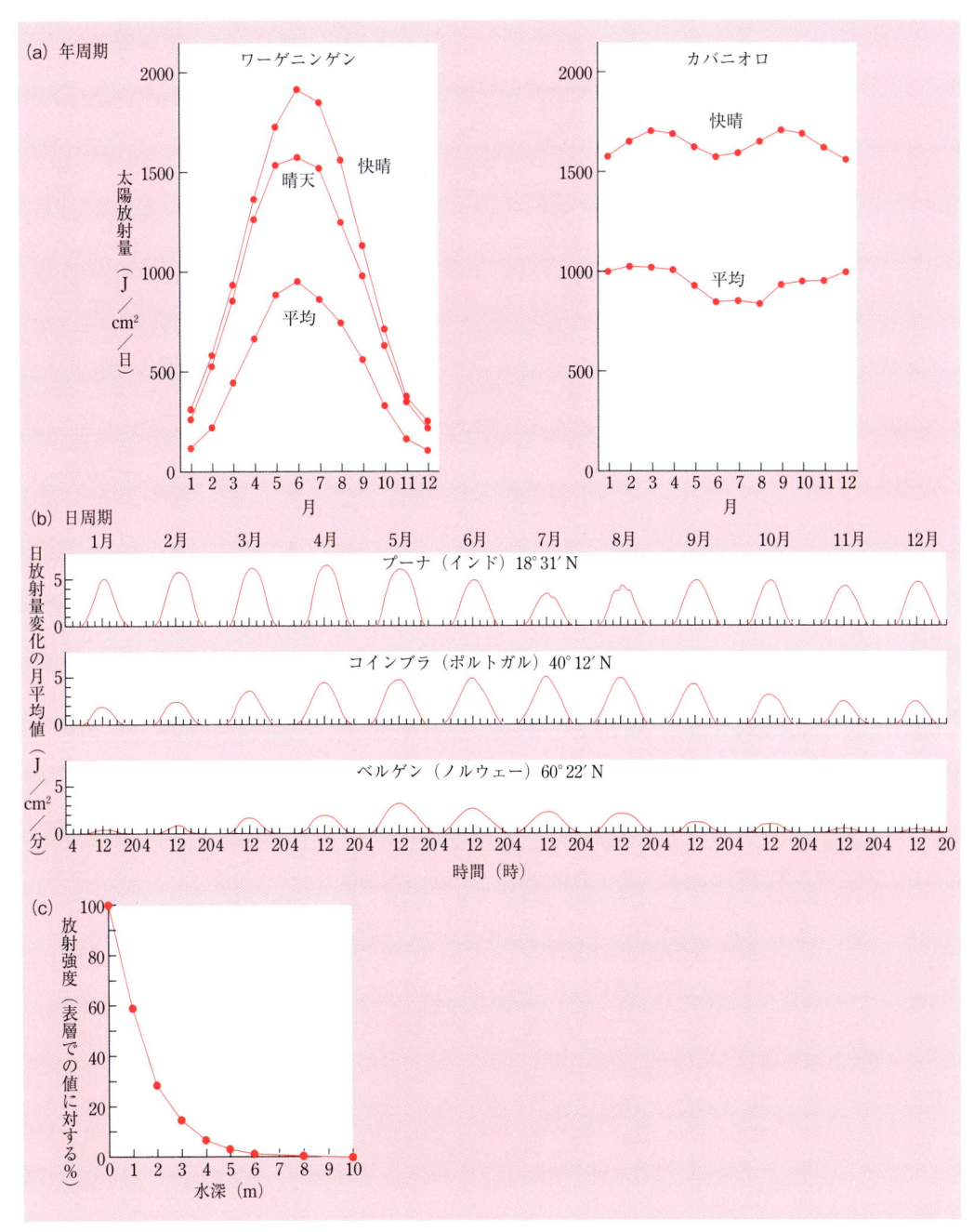

図3.3 (a) ワーゲニンゲン (オランダ) とカバニオロ (赤道アフリカ) における, 1日当り太陽放射量の1年間の変化. (b) プーナ (インド), コインブラ (ポルトガル), ベルゲン (ノルウェー) で記録された1日の放射量の変化を月ごとに平均したもの ((a) と (b) は de Wit, 1965 他より). 淡水生息場所 (オーストラリアのバリンワックダム) における指数関数的な放射強度の減少. (Kirk, 1994 より.)

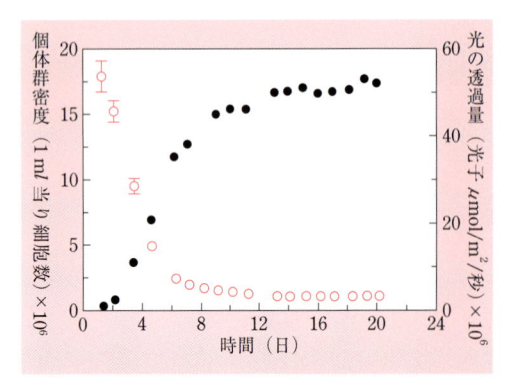

図3.4 実験室内で培養した単細胞緑藻のクロレラの1種 *Chlorella vulgaris* の個体群密度（●）が増加するにしたがって，光の透過量（○，一定の水深での光強度）は減少する．バーは標準偏差を示す（標準偏差が記号の丸より小さい場合には省略）．(Huisman, 1999 より．)

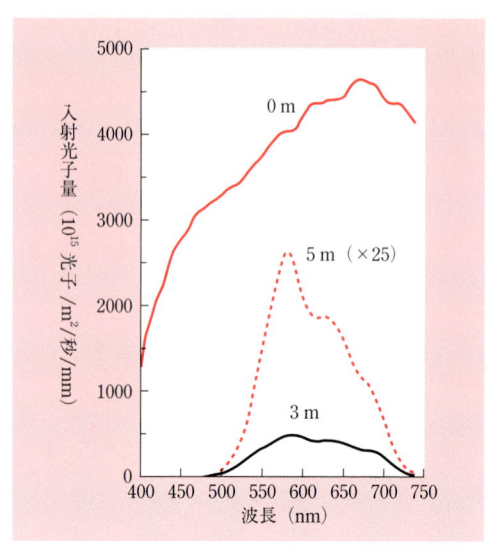

図3.5 オーストラリアのバーリーグリフィン湖における，水深に伴う放射スペクトルの変化．光合成有効放射は 400-700 nm の幅広い範囲にあることに注意．水深5mの値は25倍してある．(Kirk, 1994 より．)

1999).

量の変動と質の変動　キャノピー内部の葉や水中を通過してきた放射は，その中身も変化している．光合成有効放射の波長成分が減少して，光合成にとってそれほど有効な放射ではなくなっているだろう．しかし，そのような放射の減衰は，同時に光阻害や過熱を防ぐことにもなる．図3.5は，淡水中での放射の波長構成の違いを示している．

陽生植物と陰生植物　放射強度の規則的な変化に対する陸上植物の反応に見られる主な種間差は，**陽生植物**（sun species）と**陰生植物**（shade species）の間に進化的に生じている違いである．一般に，日陰の生育場所に特有な植物は，弱い放射を陽生植物よりも効率的に利用できる．逆に，陽生植物は強い放射を効率的に利用できる（図3.6）．この違いは，葉の生理的特性に起因するが，植物の形態も光を捕捉する効率に影響を及ぼす．陽生植物の葉は，おおむね日中の太陽に対して鋭角をなして展開している（例えば，Poulson & DeLucia, 1993 を参照）．それによって，多くの葉面に入射光線が当るし，入射強度を効果的に低くすることもできる．葉面に対して垂直に入射した場合には光合成にとって強すぎる放射も，鋭角に傾いた葉にとっては好適な放射となる．陽生植物の葉は，多層構造のキャノピーの中に重なりあって展開している．明るい太陽光のもとでは，光をさえぎられた下層の葉でも，純光合成速度を正の値に維持できるだろう．これに対して陰生植物は，水平的な1層のキャノピーに葉を展開する．

このような「戦略的」な差異とは対照的に，植物が生育する過程で，葉は生育場所の放射環境に「戦術的」に反応しながら，異なる発達過程をたどる．この反応によって同じキャノピーの中に**陽葉**（sun leaf）と**陰葉**（shade leaf）が作られる．典型的な陽葉は小さく，厚く，単位面積当りの細胞が多く，葉脈は密に走り，葉緑体を高密度で含んでいて，単位葉面積当りの乾重が大きい．このような戦術の展開は，1個体の植物全体に起こるのではなく，個々の葉，あるいは葉の中の一部分に起こる傾向がある．しかし，このような反応にも時間がかかる．戦術的な反応として陽葉や陰葉を作るためには，葉芽や発達途中の

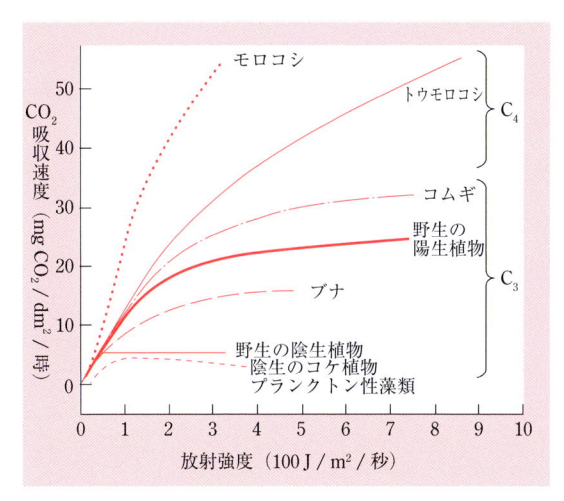

図3.6 最適温度と自然条件のCO₂供給量のもとで測定した，光強度に対する各種植物の光合成反応．トウモロコシとモロコシ（ソルガム）はC₄植物で，他はC₃植物であることに注意（これらの用語は，第3章の3.1節と3.2節で解説する）．(Larcher, 1980. その他の資料より．)

葉が，環境を感知して，その場に最も適した構造をとる必要がある．例えば，曇った日と晴れた日の放射強度の変化に対応して，植物がすばやく形を変化させることは不可能である．しかし植物は上層の葉を通過してくる直達光の光斑（sun fleck）に反応して，光合成速度をすばやく変化させることはできる．一枚の葉の光合成速度は，同一植物体の中で盛んに成長している部分からの需要の大小によっても左右される．もし光合成産物に対する需要がなければ，いかに条件が理想的であろうと，光合成活性は低下するだろう．

水生植物の色素の変異　水中の生育場所では，種間の違いのほとんどは，利用できる光の波長を厳密に決めている光合成色素の違いで説明できる（Kirk, 1994）．クロロフィル，カロチノイド，ビリタンパク質（フィコビリン）という3つの色素のうち，すべての光合成植物は，最初の2つを持っている．多くの藻類はさらにフィコビリンを持っている．クロロフィルの中では，すべての高等植物はクロロフィル a と b を持つが，多くの藻類はクロロフィル a だけを持ち，一部は a と c を持つ．図3.7には，数種類の色素の吸収スペクトル，それに関連したいくつかの水生植物群の，対照的な吸収スペクトルと水深にともなう波長の変化が示されている．Kirk (1994)は，こうした色素の種類，波長吸収，鉛直分布の間の直接的な連関の証拠を詳細に検討している．

3.2.2　純光合成

光合成速度とは，植物が放射エネルギーを捕捉し，それを炭素化合物に固定する総量を示す尺度である．しかし，普通は純益，すなわち**純光合成**（net photosynthesis）の方が重要であり，測定も容易である．純光合成は，総光合成から呼吸による損失を差し引いたもので，乾燥重量の増加もしくは減少で表す（図3.8）〔訳注：原著では植物体の一部が死亡することによる損失を差し引くとあるが，これは不適切〕．

純光合成は，暗くて呼吸が光合成を上回る時には負の値 **補償点** をとり，光合成有効放射の増加とともに増加する．**補償点**（compensation point）とは，総光合

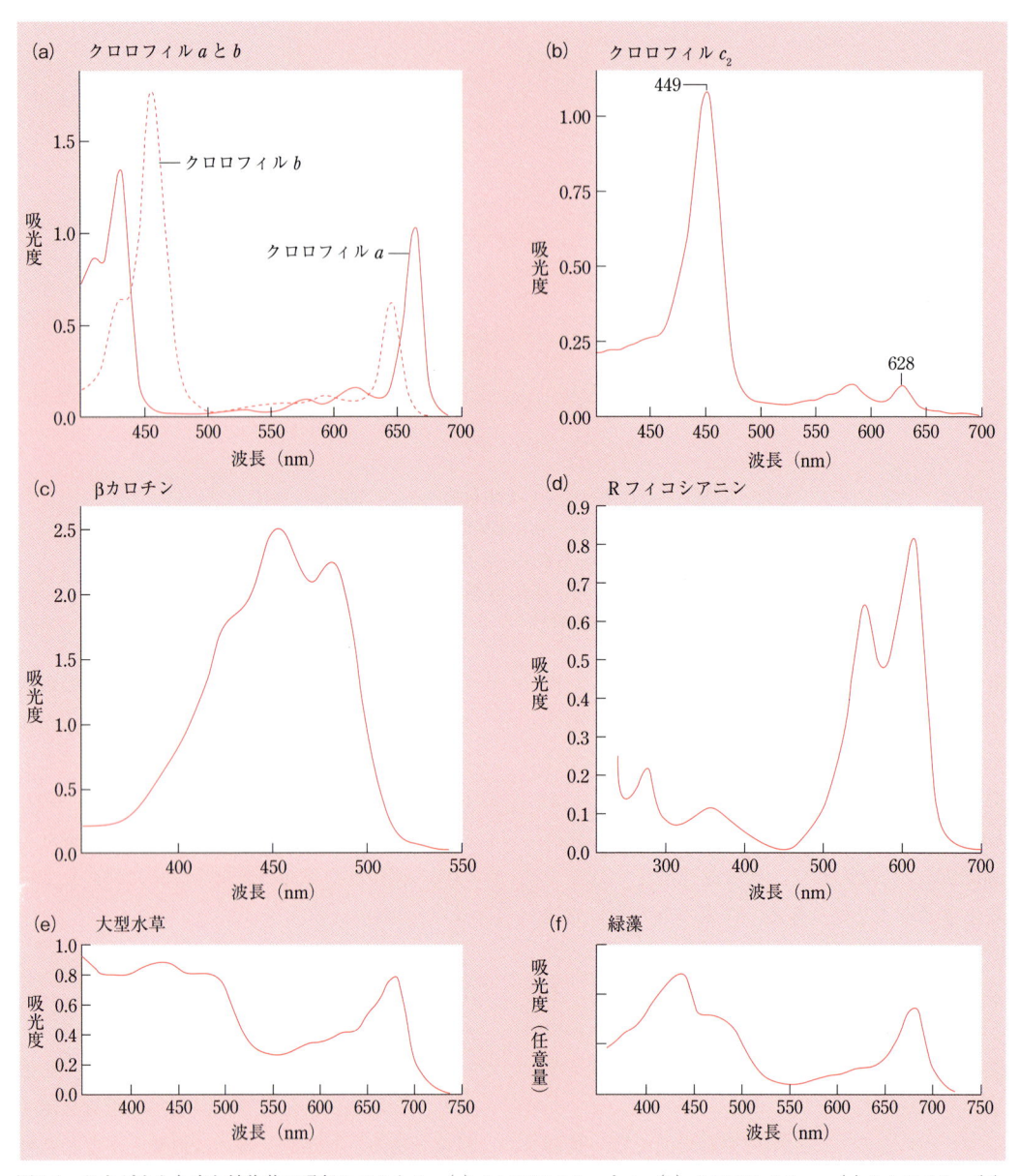

図3.7 さまざまな色素と植物体の吸収スペクトル．(a) クロロフィル a と b．(b) クロロフィル c_2．(c) βカロチン．(d) ビリタンパク質Rフィコシアニン．(e) オーストラリアのギニンデラ湖の淡水水生植物セキショウモ属の一種 *Vallineria spiralis* の葉の断片．(f) 浮遊性藻類，クロレラの一種 *Chlorella pyrenoidos* (緑藻)．

成による収益と，呼吸による損失とがちょうど釣り合う時の光合成有効放射のことである．陰生植物の葉は陽生植物の葉よりも呼吸速度が小さい．このため，両者が日陰で生育した場合には，陰生植物の純光合成の方が陽生植物のそれよりも大きくなる．

葉の**最大光合成能力** (photosynthetic capacity) には100倍近くの変異がある (Mooney & Gulmon, 1979)．最大光合成能力とは，入射する放射量が飽和していて，温度が最適で相対湿度が高く，CO_2 と O_2 濃度が正常な時の光合成速度と定義

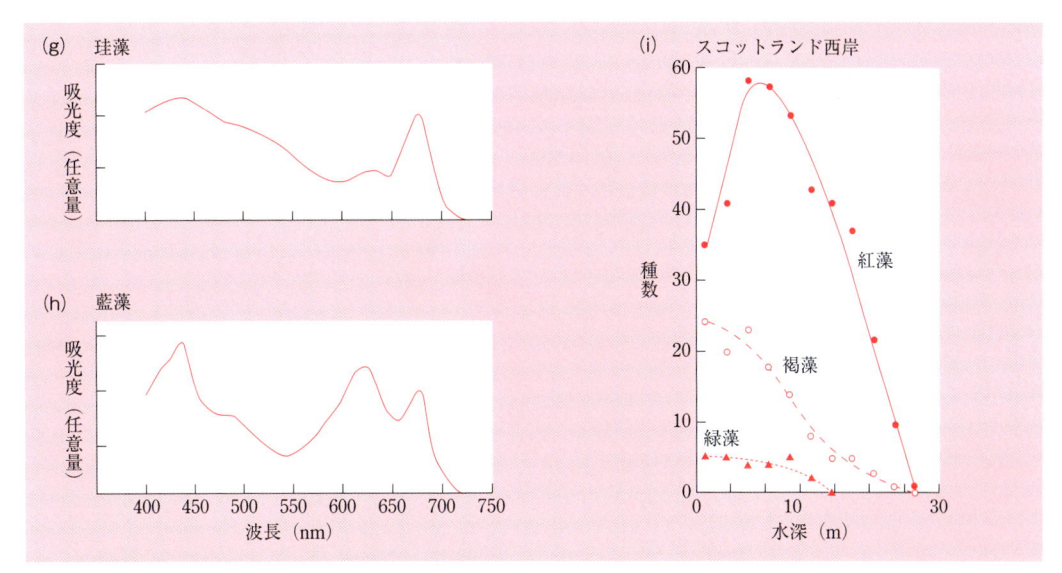

図 3.7（続き）(g-h) 浮遊性藻類 *Navicula minima*（珪藻類）と *Synechocystis* sp.（藍藻類）．(i) スコットランド西岸沖（北緯 56-57 度）のさまざまな深さ（さまざまな光環境）における底生性の紅藻類，緑藻類，褐藻類の種数．(Kirk, 1994 より．データはさまざまな資料から．)

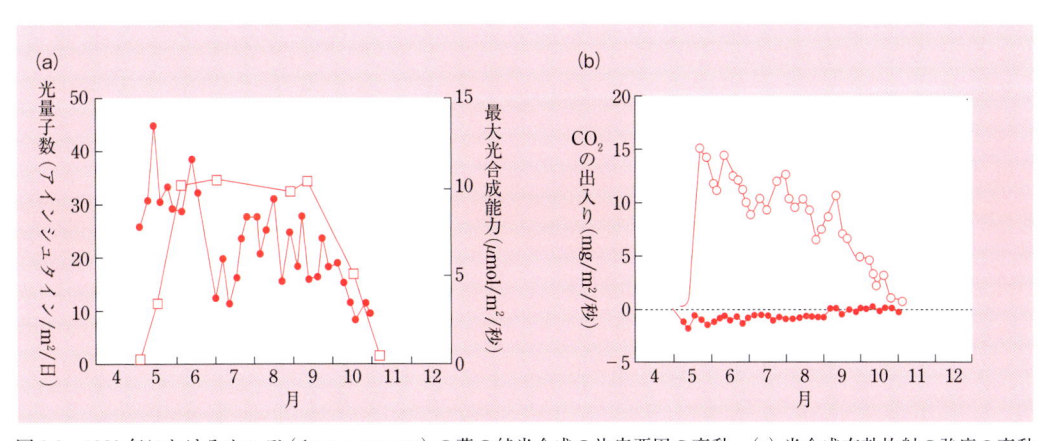

図 3.8　1980 年におけるカエデ（*Acer campestre*）の葉の純光合成の決定要因の変動．(a) 光合成有効放射の強度の変動（●）と，葉の最大光合成能力の変化（□）．葉は春に展開し，最大光合成能力は上昇後，ほぼ横這いとなり，9 月下旬から 10 月にかけて低下する．(b) 1 日当りの CO_2 固定量（○）と夜間の呼吸による損失（●）．1 年間の総光合成量は 1342 g CO_2/m^2 で，夜間の呼吸量は 150 g CO_2/m^2，差し引き 1192 g CO_2/m^2 の純光合成量が得られる．(Pearcy *et al*., 1987 より．)

されている．さまざまな植物種の葉を，このような理想的な条件下で比較した場合，最も高い光合成速度を示すのは，生育期間中に栄養塩類，水分，放射が制限されることのない環境で育った植物の葉である．これには農作物や農地の雑草が含まれる．資源の貧弱な環境に育つ種（例えば，陰生植物，砂漠の多年生植物，ヒース荒原の植物）は，資源が大量に供給されても最大光合成能力は低い．このようなパターンは，最大光合成能力が，他のすべての能力と同じように，投資によって形成されたものであることに注意すれば，理解できる．能力が発揮できる機会が十分存在する場合にのみ，投資は報われるのである．

言うまでもないが，植物が最大光合成能力を発揮できるような理想的な条件は，生理学者が使う環境制御室でもなければめったに存在しない．実際には，光合成の速度は温度のような環境条件と，放射エネルギー以外の利用可能な資源の量によって制限される．葉の光合成速度も，光合成産物が，展開中の芽や塊茎に回収されるような場合に，最も速くなるようである．さらに，葉の最大光合成能力は葉の窒素含量と強く相関しており，このことは同種の植物の葉の間でも，異種の植物の葉の間でも認められる(Woodward, 1994)．葉中の窒素の75％は葉緑体中に存在している．このことは，資源としての窒素の利用可能な量が，植物がCO_2とエネルギーを獲得する能力を厳しく制限することを示唆している．光合成速度は，光合成有効放射量の増加とともに速くなるが，多くの種(あとで述べるC_3植物)では最大の太陽放射量に比べるとかなり低い放射量で，一定の上限値に達してしまう．

緑色植物による放射の最大利用効率は，微小藻類を低い光合成有効放射のもとで培養したときに得られる3％から4.5％である．熱帯林ではその値は1％から3％の間に，温帯林では0.6％から1.2％の間に低下してしまう．温帯の作物のおおよその効率は，わずか0.6％ほどにすぎない．すべての群集は，この程度のエネルギー効率に依存しているのである．

3.2.3 常緑低木の陽生植物体と陰生植物体

いままで述べてきた一般的な特性の多くが，バラ科の常緑低木 *Heteromeles arbutifolia* を使った研究で示されている．この植物は，合衆国カリフォルニア州のチャパラルと疎林の双方に生育している．チャパラルでは，特に乾期にキャノピーの上部の葉が強い太陽光と高温に曝されるが，疎林では，この植物は開けた場所だけでなく日陰となっている林内の下層にも生育している (Valladares & Pearcy, 1998)．林内の下層に成育する日陰の植物体(陰生植物体)と，その7倍もの放射(光量子密度：Photon Flux Density (PFD))を受けている日向の植物体(陽生植物体)を比べてみると，日向の植物体の葉は日陰の植物と比べて小さくて厚く，節間の短い茎から，水平よりも急な角度でついている(図3.9と表3.1a)．陽葉は多くのクロロフィルと窒素を含み，単位葉面積当りの光合成能力も高いが，単位生物体量当りの能力は高くはない．

図3.9 コンピュータで再現した常緑性低木 *Heteromeles arbutifolia* の典型的な陽生植物体(a, c)と陰生植物体(b, d)の枝．(a, b)は早朝，(c, d)は昼間の太陽光線の入射状況にあわせて作成．暗い部分は同一植物の他の葉によって光を遮られた部分を示している．線分は4 cm (Valladares & Pearcy, 1998 より)．

このような構造，つまり構築様式(architecture)の違いによって，陰生植物体は夏には大きな投影効率を持つが，冬の投影効率はかなり低い．ここでいう投影効率は，入射に対して葉が直角についている場合に比べて，有効な葉面積がどの程度減少するのかを表している．陽生植物体がつける傾斜した葉は，水平に展開している陰生植物体の葉よりも，夏の真上から差し込む光を広い葉面積で吸収するが，側方から差し込む

表3.1 (a) バラ科の常緑低木 *Heteromeles arbutifolia* で観察された陽生植物体と陰生植物体の茎と葉の違い．括弧内は標準偏差を示し，有意性は分散分析の結果に基づく．(b) 結果として生じる陽生植物体と陰生植物体の個体全体の特性の違い．(Valladares & Pearcy, 1998 より．)

(a)

	陽生	陰生	P
節間長（cm）	1.08　(0.06)	1.65　(0.02)	<0.05
着葉角度（度）	71.3　(16.3)	5.3　(4.3)	<0.01
葉表面積（cm^2）	10.1　(0.3)	21.4　(0.8)	<0.01
葉身の厚さ（μm）	462.5　(10.9)	292.4　(9.5)	<0.01
面積当り最大光合成速度（μmol CO$_2$/m^2/s）	14.1　(2.0)	9.0　(1.7)	<0.01
重量当り最大光合成速度（μmol CO$_2$/kg/s）	60.8　(10.1)	58.1　(11.2)	NS
面積当りクロロフィル濃度（mg/m^2）	280.5　(15.3)	226.7　(14.0)	<0.01
重量さ当りクロロフィル濃度（mg/kg）	1.23　(0.04)	1.49　(0.03)	<0.05
面積当り葉中窒素濃度（g/m^2）	1.97　(0.25)	1.71　(0.21)	<0.05
重量当り葉中窒素濃度（乾重の%）	0.91　(0.31)	0.96　(0.30)	NS

(b)

	陽生植物体		陰生植物体	
	夏	冬	夏	冬
タンパク利用効率（E_P）	0.55[a]	0.80[b]	0.88[b]	0.54[a]
配置効率（E_D）	0.33[a]	0.38[a,b]	0.41[b]	0.43[b]
自己被陰の割合	0.22[a]	0.42[b]	0.47[b]	0.11[a]
吸収効率（$E_{A, direct PFD}$）	0.28[a]	0.44[b]	0.55[c]	0.53[c]
有効葉面積比率（LAR$_e$, cm^2/g）	7.1[a]	11.7[b]	20.5[c]	19.7[c]

NS, 有意差なし．a, b, c は分散分析において互いに有意に異なるグループを示す（$P<0.05$）．

冬の太陽の光は，陽生植物体の葉に直角に近い角度で当たることになる．さらに，このような投影効率は，自己被陰される葉の割合によっても変化し，「展開効率」の差を引き起こす．日陰植物では自己被陰が相対的に少ないので，投影効率が高い夏の間の展開効率は日陰植物のほうが日向植物よりも高いが，冬はそうでもない．

植物体全体の生理的な特性（表3.1b）は，このような植物のアーキテクチャーと個葉の形態と生理によって決定される．光の吸収の効率は，展開効率にみられるように葉の角度と自己被陰によって決まる．そのため，日向植物の吸収効率は，夏よりも冬のほうが有意に高くなるのだが，日陰植物のほうが日向植物よりも年間を通して吸収効率は高い．さらに有効な葉の比率（単位バイオマス当りの光吸収効率）は日陰植物の葉が薄いために，日向植物よりもはるかに高くなる．しかし，この場合も，日向植物では冬にその値がいくらか上昇する．

結局，日陰植物は日向植物の1/7のPFDしか受けていないにもかかわらず，吸収する光の差を1/4にまで縮め，さらに一日の炭素固定量の差を2分の1にまで縮めている．日陰植物は，光を捕捉する能力を植物体全体のレベルで上昇させることによって，葉の低い光合成能力を埋め合わせている．日向植物は，個葉レベルでの光阻害と過熱を避けながら，植物体全体のレベルでの光合成を最大化するという，顕著な妥協策をとっているとみなせるだろう．

3.2.4 光合成か,水の節約か? 戦略的,戦術的な解決策

気孔の開閉 特に陸上では,資源としての放射を水と切り離して考えることは意味がない.吸収された放射は,二酸化炭素(CO_2)が無い限り,光合成には結びつかない.CO_2は主に開いている気孔を通じて流入する.しかし,気孔が開いていれば,そこから水が蒸発してしまう.もしも水の損失量が吸収量を越えれば,葉,さらに植物体は,遅かれ早かれしおれてしまい,死に至る.しかし,ほとんどの陸上群集において,一時的にではあっても水の供給量は不足している.植物は,生育途中に光合成を犠牲にして水を節約すべきなのか,あるいは水の枯渇の危険をおかして光合成を最大化すべきなのか.ここでも,厳密な戦略が最適解なのか,それとも戦術的な応答を使い分ける能力が最適解なのかが問題となる.この解決策と折衷案については,よい例がある.

休眠生活の間の短い活動期 おそらく,植物がとる最も明快な戦略は,生育期を短くして,十分に水がある時には大きな光合成速度を保ち,他の季節には種子として休眠状態に入り,光合成も蒸散も行わないというものだろう.例えば,多くの砂漠の一年生植物,一年生雑草,ほとんどの一年生作物はこの戦略をとっている.

葉の形態と構造 次に,アカシア属 *Acacia* の多くの種のような寿命の長い植物では,水が豊富な期間には葉を生産し,乾期には落葉する.イスラエルの砂漠のニガクサ属の一種 *Teucrium polium* のような低木類では,土壌水分が十分な季節にはクチクラ層が薄く,細かく切れ目の入った葉をつける.乾燥する季節には,クチクラ層が厚く,切れ目のない小さな葉に置き換わり,やがてその葉も落葉し,緑色の針と刺を残すだけになる(Orshan, 1963).これは季節を通した一連の多型であり,植物は,光合成能力は低いが水を失いにくい構造へと葉の形態を徐々に変化させるのである.

別の戦略では,長寿命で蒸散量が小さく水分欠乏に耐えられるが,水が十分に供給されても光合成速度を速くはできないような葉が造られる(例えば砂漠の常緑低木).毛や,葉面のくぼみにある気孔や,葉の下部の特別な一角だけに配置された気孔などの構造的な特性は,水の損失速度を低くする.しかしこのような形態的特性は,同時に葉の内部へのCO_2の取り込み速度も低下させてしまう.ワックスや毛で覆われた葉面は,光合成有効放射の領域外の放射成分を反射することで,葉の温度の上昇を抑え,水の損失を防いでいるのだろう.

生理的な戦略 最後に,植物の一部のグループは,特別な生理機能を進化させた.C_4 とベンケイソウ型有機酸代謝(CAM)である.この問題は本章の第3.1節から第3.3節で詳しく扱う.ここでは,普通の光合成(C_3)は,C_4 やCAMといった改変型の生理機能を持つ植物と比べると水を浪費していることだけを指摘しておく.C_4 植物の水利用効率(単位蒸散水分量当りの固定された炭素の量)は,C_3 植物の2倍になる.

オーストラリアのサバンナで共存する代替戦略 このように,水に関する普遍的な問題に対して,いくつかの代替戦略があるのだが,それらの有効性は,季節的に乾燥する熱帯林と疎林の樹木の例をとりあげると分かりやすい(Eamus, 1999).これらの群集はアフリカ,アメリカ,オーストラリア,インドに見られるが,アジアの他の場所でも人間の干渉が強い場所で見られることがある.アフリカとインドのサバンナでは落葉性の樹種が,南アメリカのリャノ(Llano)と呼ばれる草原では常緑種が優占しているが,一方で,オーストラリアのサバンナでは常緑種(1年中葉をつけている),落葉種(毎年少なくとも1ヶ月間,通常2〜4ヶ月間,全ての葉を落とす),半落葉種(毎年50%以上の葉を落とす)と,短期落葉種(20%程度の葉だけを落とす)

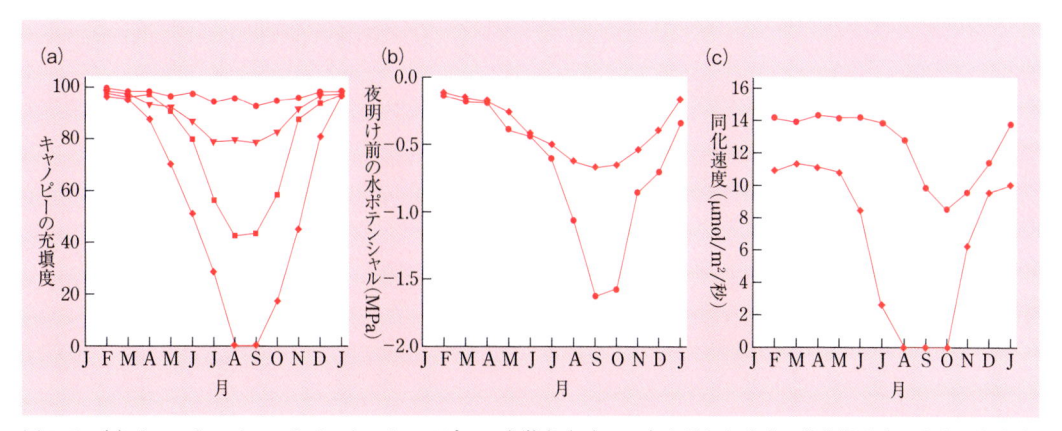

図 3.10 (a) オーストラリアのサバンナのキャノピーの充填度（%）の1年を通した変動．落葉樹（◆），半落葉樹（■），短期落葉樹（▼），常緑樹（●）．南半球では，4月から11月が乾季であることに注意．(b) 夜明け前の水ポテンシャルで表わした落葉樹（◆）と常緑樹（●）の乾燥に対する感受性．値が小さいほど乾燥への感受性が高い．(c) 炭素同化速度で表わした落葉樹（◆）と常緑樹（●）の純光合成速度．(Eamus, 1999 より．)

の4つのグループが，ほぼ同程度に生育している（図3.10a）．この一連の樹種のうち，落葉種は大幅に蒸散速度を低下させることで乾期（オーストラリアでは4月から11月）の乾燥を回避している（図3.10b）が，常緑種は年間を通じて正の炭素収支を維持し続けている（図3.10c）．一方，落葉種では3ヶ月程度，純光合成が完全に0となる．

光合成と水の損失速度の戦術的な制御は，主に**気孔伝導度**（stomatal conductance：気孔コンダクタンスともいう）を変化させることで行われる．その変化は1日の間に素早く行われ，突然の水不足に対しても素早い反応が可能である．光合成が活発に行われている期間を除けば，植物の地上部分の水分不透性は，気孔の開閉のリズムによって多少なりとも確保されているだろう．そうした気孔のリズムは日周性を持っているか，植物内部の水分状態に素早く反応するものだろう．気孔の動きが葉の表面の状態によって直接引き起こされる場合さえあるだろう．その場合，気孔の反応は，乾燥状態が最初に感知された場所で，即座に生じる．

3.3 二酸化炭素

光合成で使われる CO_2 はほとんどすべて大気中から得られる．大気中の CO_2 濃度は，1750年の 280 $\mu l/l$ から 1995年の 350 $\mu l/l$ に上昇し，今も年間 0.4 から 0.5% の割合で上昇し続けている（図18.22を参照）．陸上群集では，夜間の CO_2 の流れは上向きで，土壌から植生をへて大気へと移動する．晴れた日に，光合成をしているキャノピーでは流れは下向きになる．

＊地球規模の上昇

植生のキャノピーの上では，空気は急速に混合される．しかし，キャノピーの内部やそれよりも下側では状況がまったく異なる．空気中の CO_2 濃度が，ニューイングランド地方の混交落葉樹林の中で，一年を通じて測定された（図3.11a）(Bazzaz & Williams, 1991)．最大濃度は，地表面近くでの約 1800 $\mu l/l$ にまで達するが，地表1 m の高さでは 400 $\mu l/l$ 程度にまで低下する．このような地表付近での高い CO_2 濃度は，落葉落枝や土壌有機物の分解が高温のために加速される夏に記録された．森林内部のこれ以上の高さでは，CO_2 濃度がハワイのマウナロワ実

＊葉層の下での変動

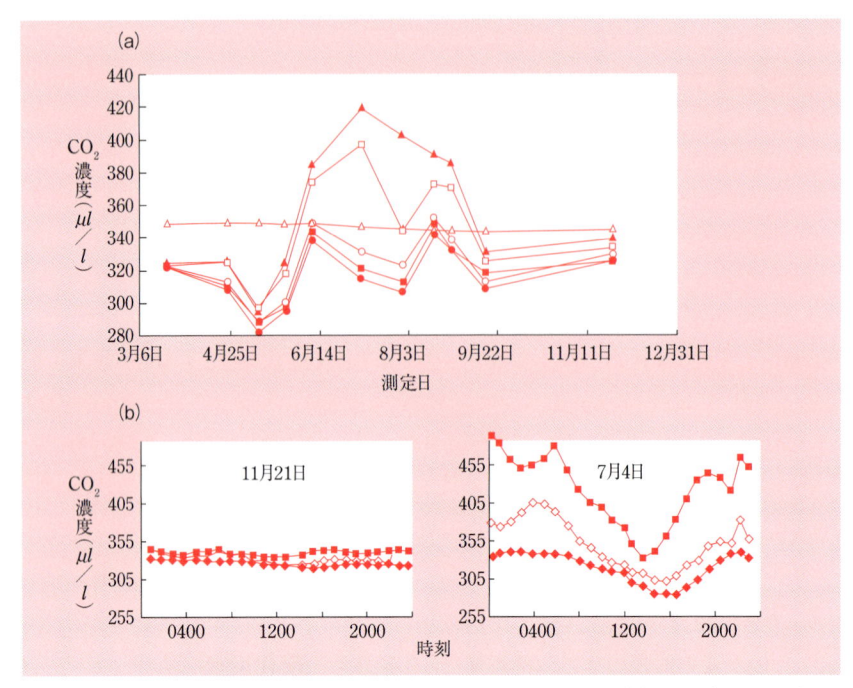

図3.11 (a) 混交落葉樹林（合衆国マサチューセッツ州，ハーバードの森）で，1年のさまざまな時期に5つの地上高で測定したCO_2濃度．測定した地上高は，▲ 0.05 m，□ 0.20 m；■ 3.00 m，○ 6.00 m，● 12.00 m．比較のために，ハワイ島マウナロワ山のCO_2観測所のデータ（△）も同じ軸上にプロットしてある．(b) 11月21日と7月4日の毎時刻のCO_2濃度．実際には前後の3日から7日間の平均値をプロットしてある．測定した地上高はそれぞれ，■ 0.05 m，◇ 1.0 m，◆ 12.0 m．(Bazzaz & Williams, 1991 より．)

験所で測定された大気中濃度 370 $\mu l/l$（図18.22を参照）に達することは，冬季といえどもほとんどない．冬季には全ての高さにおいてCO_2濃度はほぼ昼夜に関わりなくほぼ一定値を示した．しかし，夏季には分解によるCO_2の生産と光合成による消費の関係を反映して，明瞭な日周変動が生じた（図3.11b）．

このようにCO_2濃度が植生の内部で大きく変化することは，森林内で生育している植物が，場所によってまったく異なるCO_2環境に曝されていることを意味している．実際，森林内の低木の下部の葉は，同じ低木の上部の葉よりも高いCO_2濃度に曝されているし，実生は成熟した樹木よりもCO_2の豊富な環境で生活している．

水中環境では，CO_2濃度の変異はきわめて顕著である．夏の湖で，暖かい水が表層に，冷たい水が下層に配置するような「成層」が生じて水の混合が制限されている場合には，特に顕著となる（図3.12）．

水生生息場所での変異は…

さらに水中では，溶存CO_2が水と反応して炭酸を形成し，イオン化する．その傾向はpHとともに増大し，水中の無機炭素の50%以上が炭酸イオンの形で存在することもある．多くの水生植物は炭酸イオン中の炭素を利用できるが，光合成に利用するためにはCO_2に再変換しなければならないので，炭酸イオンは無機炭素資源としてはそれほど有用ではない．実際，多くの植物は，利用できるCO_2の量によって光合成が規定されているようである．図3.13は，デンマークの湖の2つの異なる深さで採取されたユガミミズゴケ（*Shagnum subsecundum*）

…光合成速度を制限する

第3章 資源

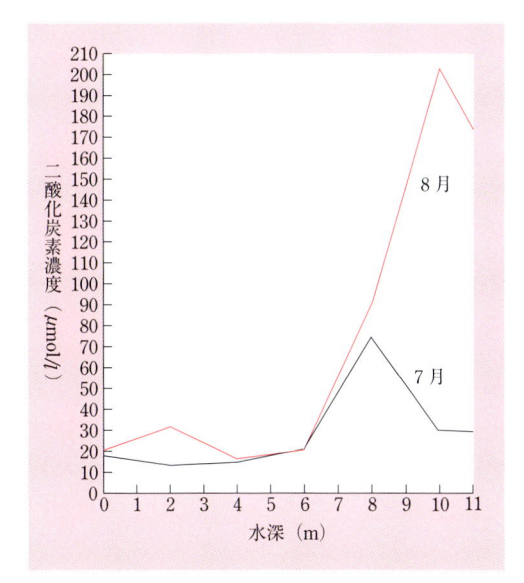

図3.12 デンマークのグレンランソ Grane Langsø 湖における，水深に伴う CO_2 濃度の変化．7月初旬の測定値と，成層化が生じて表層の暖かい水と下層の冷たい水がほとんど混ざらない状態になった8月下旬の測定値を示す．(Riis & Sand-Jensen, 1997 より．)

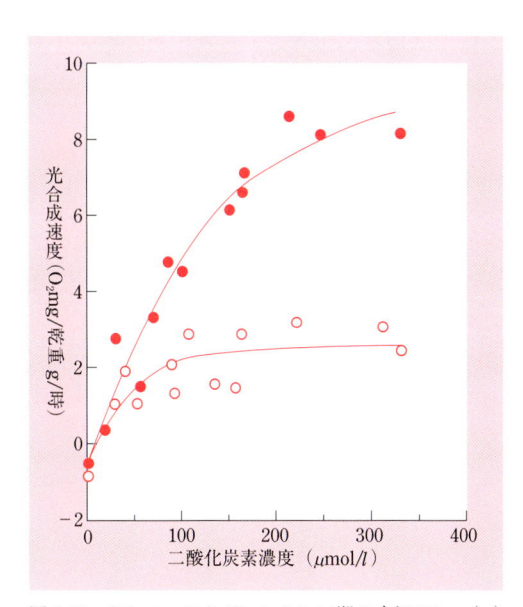

図3.13 デンマークのグレンランソ湖の水深 9.5 m (●) と 0.7 m (○) から7月初旬に採取したユガミミズゴケ Sphagnum subsecundum における，CO_2 濃度を操作した場合の光合成速度の上昇と飽和．自然状態よりもかなり高い値にまで濃度が設定してあり，このため光合成速度も大きい．(Riis & Sand-Jensen, 1997 より．)

の CO_2 濃度に対する反応を示している．採取された時（1995年7月）の自然の水中の濃度（図3.12）は，光合成の最大速度を与える濃度の5分の1からから10分の1だった．夏の成層化した時期に深い部分でみられる高い CO_2 濃度でも，光合成速度は最大に達しなかった．

光合成における炭素固定のような地球上の生物にとっての基本的なプロセスは，ただひとつの生物化学的な反応経路によって支えられていると考える人もいるかもしれない．実際には，そのような経路が3つもあり，さらにその中に変異型もある．最も普通なのは C_3 経路で，その他に C_4 経路と CAM（ベンケイソウ型有機酸代謝）がある．CO_2 を吸収し固定するこの3つの経路は，特に光合成活動と水分損失の抑制との間の調整に関与するため，生態的に見ても重大な違いを引き起こす（本章第2.2節を参照）．通常，水の保持に問題がなく，多くの種が C_3 経路をもっている水生植物においてさえ，CO_2 を濃縮して CO_2 の利用効率をあげるための，さまざまな機構がある．

3.3.1 C_3 経路

C_3 経路（C_3 pathway），すなわち**カルビン－ベンソン回路**（Calvin-Benson cycle）では，CO_2 はルビスコ（Rubisco）酵素によって3つの炭素を持つ酸（フォスフォグリセリン酸）の内部に固定される．この酵素は葉の中に大量に含まれていて，葉中の窒素の25～30％は，このルビスコ酵素に含まれている．同じ酵素は，現在の大気環境のもとでは酸化酵素としても作用し，この酸化反応（光呼吸：photorespiration）によって CO_2 の無駄な放出が起こり，固定される CO_2 の1/3程度に相当する量が失われている．光呼吸は温度が上昇すると増えるため，温度が上昇するほど炭素固定の全体としての効率は悪くなる．

C_3 植物の光合成速度は放射強度の増大とともに速くなるが，やがて頭打ちとなる．多くの

種，特に陰生植物では，最大太陽放射よりもかなり低い放射強度で頭打ちとなってしまう（図3.6）．C_3 代謝経路を持つ植物は，C_4 や CAM 植物（以下の項を参照）に比べると水利用効率が低い．これは，C_3 植物では，CO_2 の葉の内部への拡散に時間がかかり，結果的に葉の内部から大量の水蒸気が葉の外へと拡散することになってしまうからである．

3.3.2 C_4 経路

C_4 経路 (C_4 pathway)，すなわち**ハッチースラック回路** (Hatch-Slack cycle) の内部には，C_3 経路も存在するが，C_3 経路は葉の内部の奥深くの細胞に限られている．気孔を通過して葉の内部へと拡散する CO_2 は，その途中でエノールピルビン酸リン酸 (PEP) カルボキシラーゼを含む葉肉細胞と出会う．この酵素は，CO_2 を PEP と結合させ 4 つの炭素を持つ酸を生産する．形成された酸は拡散し，内部の細胞に CO_2 を引き渡し，炭素は従前の C_3 経路に取り込まれる．この PEP カルボキシラーゼはルビスコ酵素よりも CO_2 との親和性が高い．このため C_4 植物は次のようなきわだった特徴を持っている．

C_4 植物は，C_3 植物よりも大気中の CO_2 を効率的に吸収することができる．その結果，C_4 植物では一定の量の炭素を固定するために失う水の量は少なくて済む．さらに，光呼吸による無駄な CO_2 の放出はほとんど生じない．そのため，炭素固定の効率は温度によって変化しない．さらに葉中のルビスコ酵素の量は，C_3 植物の 1/3 から 1/6 で，それに伴い窒素の含有量は低い．このため C_4 植物は，多くの植食動物にとってあまり魅力的な食物ではなく，また，単位窒素吸収量当りの光合成量が大きい．

このように水利用効率の良い C_4 植物が，なぜ世界中の植生を征服してしまわなかったのか不思議に思われるかもしれない．しかし，C_4 植物の有利さには，それなりの代償が払われている．C_4 系での光補償点は高く，光強度が低い場合には光合成の効率が悪い．このため，C_4 植物は陰生植物となるには不向きである．さらに C_4 植物は，C_3 植物に比べると成長の最適温度が高い．実際，C_4 植物の多くは熱帯あるいは乾燥地域で見られる．北アメリカでは，双子葉植物の C_4 植物は，水の供給が限られた場所によく出現するが（図3.14）(Stowe & Teeri, 1978)，それに対し単子葉植物の C_4 植物の優占度は，生育期間中の日最高気温と強い相関を示す (Teeri & Stowe, 1976)．しかし，この関係は普遍的ではない．もっと一般的には，C_3 植物と C_4 植物が混生している場所では，C_4 植物の割合は山岳域の標高に伴い低下する傾向があり，また季節変化のある気候のもとでは，高温で乾燥する季節には C_4 が優占し，冷涼で湿潤な季節には C_3 植物が優占する傾向がある．温帯域に進出したわずかな C_4 植物，例えばイネ科のスパルティナ属 (*Spartina*) の植物は，海洋や塩性環境下のような，浸透圧の状態が劣悪で，水利用効率の良い種が有利になるような環境に分布している．

おそらく，C_4 植物の最も注目すべき特徴は，水利用効率の良さが，地上部の成長を早めるためには利用されておらず，かわりに植物体のかなりの部分が発達した根系で占められている点であろう．このことは，C_4 植物の成長にとっての主な制限要因が，炭素同化速度ではなく，水もしくは栄養塩類，あるいはこれら両方であることを示唆している．

3.3.3 CAM 経路

ベンケイソウ型有機酸代謝 (crassulacean acid metabolism (CAM)) の光合成経路を持つ植物も，CO_2 を濃縮する PEP カルボキシラーゼの力を利用している．この CAM 植物は，C_3 と C_4 植物と異なり，夜間に気孔を開け，CO_2 をリンゴ酸として固定する．日中，気孔は閉じられており，リンゴ酸から CO_2 が遊離し，ルビ

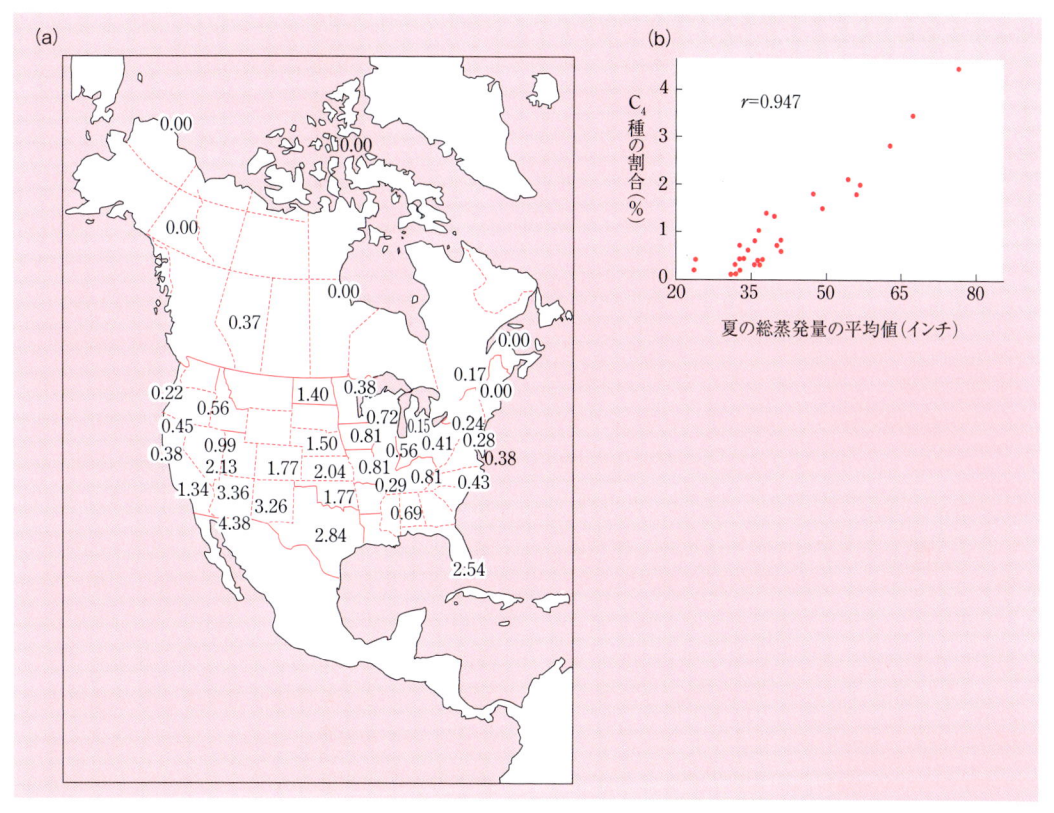

図3.14 (a) 北アメリカの各地域における在来の C_4 双子葉植物の割合．(b) 北アメリカの31の地理区における在来の C_4 種の割合と，夏季（5月～10月）の総蒸発量の平均値（植物と水のバランスを示す気候的な指標）との関係．適切な気候データが利用できなかった地域と，特有の地形と気候のために特異な植物相を持つと考えられるフロリダ州南部は除外した．（Stowe & Teeri, 1978 より．）

スコ酵素によって固定される．しかし，葉の内部の CO_2 濃度は高く，C_4 回路を持つ植物の場合と同様に，光呼吸は抑制される．CAM 植物は，蒸発が盛んな日中に，気孔を閉じているので，水の供給が不足している場合にたいへん有利になる．この光合成系は現在ではベンケイソウ科だけでなく多くの科の植物で知られている．この方法は，水の節約にたいへん有効な方法であるように見えるが，CAM 植物が地球全体にはびこるには至っていない．CAM 植物にとっての代償は，夜間に生成されるリンゴ酸を貯蔵しなければならないという問題である．多くの CAM 植物は，この問題を多量の水貯蔵組織を持つ多肉植物の形態をとることで解決している．

一般に CAM 植物が生育する場所は，日中は気孔を完全に閉じて水を制御することが生存のために不可欠な乾燥した環境（砂漠多肉植物）である．また，日中，CO_2 の供給が不足するような場所に生育する沈水植物や，ランの気根のように，気孔を持たない光合成器官でも CAM 経路が見つかっている．ウチワサボテン属の一種 *Opuntia basilaris* のような CAM 植物では，乾燥していると日中も夜間も気孔を閉じたままで，その結果 CAM 経路の反応過程はアイドリング状態となる．すなわち，呼吸によって内部で生じた CO_2 だけを光合成で同化する状態となる（Szarek et al., 1973）．

系統分類学的な C_3, C_4, CAM 植物の探査が，Ehleringer & Monson（1993）によって行われて

いる．彼らは，C_3 経路が進化的にみれば原始的であり，驚くべきことに，C_4 と CAM 経路を持つ植物が，進化の過程で繰り返し独立に生じてきたに違いないことの，確実な証拠を示している．

3.3.4 大気中 CO_2 濃度の変化に対する植物の反応

植物が必要とするさまざまな資源の中で，CO_2 は地球規模で増加している唯一の資源である．この濃度上昇は，化石燃料の消費速度の増加と森林の伐採に強く関連している．Loladze (2002) が指摘したように，植物は現在，産業革命前よりも 30% 高い濃度の CO_2 に曝されているが，その変化は地史的な時間スケールで言えばほんの一瞬の間に起きている．現在生きている樹木は，その一生の間に CO_2 濃度の倍増を経験するかもしれないが，それも，進化的な時間スケールでは一瞬の間の変化である．そして大気の混合速度は速いので，こうした変化は全ての植物に影響を及ぼすだろう．

（地質時代を通じての変化）もっと長い時間スケールを通して，大気中の CO_2 が大きく変動してきた証拠もある．炭素収支モデルによると，三畳紀，ジュラ紀，白亜紀には，大気中 CO_2 濃度は現在の 4 倍から 8 倍あった．白亜紀以降，CO_2 濃度は 1400〜2800 $\mu l/l$ から低下し，始新世，中新世，鮮新世には 1000 $\mu l/l$ 以下となった．その後，氷期と間氷期の繰り返しの中で 180 から 280 $\mu l/l$ の間を上下してきた (Ehleringer & Monson, 1993)．

白亜紀以降の CO_2 濃度の低下は，C_4 光合成経路を伴う植物の進化をもたらす主要な力になったかもしれない (Ehleringer et al., 1991)．なぜなら，CO_2 濃度が低いと，C_3 植物の光呼吸が不利になるからである．産業革命以降の CO_2 濃度の絶え間ない上昇は，大気を更新世以前の状態に戻しつつあるので，C_4 植物は，その有利さを失い始めているのかもしれない．

他の資源が十分存在する場合，CO_2 を付加することで C_3 植物の光合成速度は上昇するが，C_4 植物の光合成速度の上昇はごくわずかである．（現在の上昇の結末は？）実際，温室内で人工的に CO_2 濃度を増大させて，C_3 植物の作物収量を増やすことが商業的に行われている．大気中の CO_2 濃度が上昇し続ければ，個々の植物や作物，そして森林や自然群集の生産性が，劇的に増加すると予測されるのも当然である．1990 年代だけに限っても，開放系大気 CO_2 付加 (FACE) 実験の結果が 2700 以上も発表されており，CO_2 濃度の倍増は一般的に光合成を加速し，農作物の収量を平均で 41% 増加させることが示されている (Loladze, 2002)．しかしこれらの反応が，単純ではないという証拠も多い (Bazzaz, 1990)．例えば，6 種の温帯林性樹木を CO_2 濃度を増した温室内で育てたところ，対照実験よりも概して大きく育った．しかし，比較的短い実験期間中にも CO_2 の成長促進効果は減少していった (Bazzaz et al., 1993)．

さらに CO_2 付加実験では，植物体の組成が変化するという一般的な傾向があるが，特に地上部の植物組織中の窒素濃度が CO_2 付加条件では平均 14% 程度減少する (Cotrufo et al., 1998)．このことは植物と動物の相互関係に間接的な影響を与えるだろう．植食性の昆虫は窒素摂取量を維持するために 20 から 80% 余計に葉を食べるようになるが，速い成長は維持できなくなるだろう（図 3.15）．

CO_2 濃度の増加は，植物体中のほかの必須栄養素と微量栄養素の濃度も低下させ，「微量栄養素不足」をもたらすかもしれない（図 3.16）（本章第 3.5 節も参照）．これによって世界人口の半分以上の人の健康と経済が損なわれてしまう可能性がある (Loladze, 2002)．（CO_2，窒素，微量栄養素の組成）

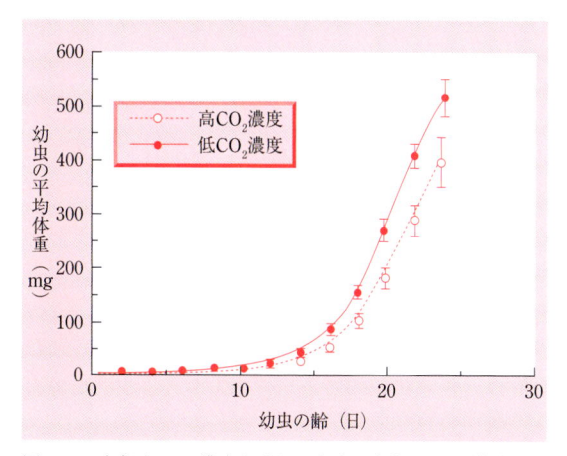

図3.15 大気中 CO_2 濃度とそれより高い大気中 CO_2 濃度で育てたヘラオオバコ（*Plantago lanceolata*）を摂食したアメリカタテハモドキ（*Junonia coenia*）の幼虫の成長．(Fajer, 1989 より．)

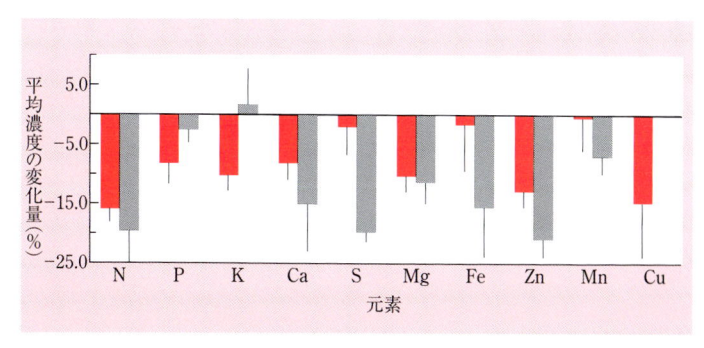

図3.16 大気中 CO_2 濃度の2倍の CO_2 濃度で育てた植物体中の栄養塩濃度の変化量．色のついたバーはさまざまな植物の葉についての25の研究．灰色のバーは小麦の種子についての5つの研究．縦線は標準誤差を示す．(Loladze, 2002 より．)

3.4 水

成長の過程で高等植物の体内に取り込まれる水の量は，蒸散流として植物体の中を通過していく水の量に比べれば無視できるほど小さい．それにもかかわらず，水は生物にとってきわめて重要な資源である．**水和**(hydration)は代謝反応が進行するために不可欠な条件であるが，生物は完全に水を漏らさぬ構造を持つわけではないので，体内の水分を常に補充する必要がある．陸上動物のほとんどは，周りにある水を飲み，食物や生物体の構成物の代謝によっても水を生成する．極端な場合には，乾燥地の動物のように，すべての水を食物から得ている例もある．

3.4.1 水を採取する根

ほとんどの陸上植物にとって，主要な水の供給源は土壌である．植物は根系を通じて水を吸収する．この節と次の植物の栄養塩資源の節では，単純に「根」を持つ植物を前提にして話を進める．実のところ，ほとんどの植物が持って

いるのは「根」ではなく，「菌根」である．菌根とは，根の組織と菌類との連合体で，双方が全体としての資源の獲得に重要な役割を担っている．菌根，そして植物と菌類それぞれの役割については第13章で検討する．

原始的な器官がどのように変形して根が進化してきたのかを理解するのは，容易ではない (Harper *et al*., 1991)．しかし，根の進化は，膨大な陸上植物相と動物相の形成を可能にしたという意味で，最も波及効果の大きい出来事であっただろう．いったん根が進化すると，樹木のような大型の植物体を支持する確実な構造が提供されるとともに，植物が土の中の栄養塩類と水に直に接触することも可能になった．

圃場容水量と永久しおれ点　水は雨や雪解け水として土の中に入り，土壌粒子のすき間（孔隙）の内部に貯蔵される．その後の水の挙動は，孔隙の大きさによって決まる．孔隙は重力に対抗して毛細管力によって水を保持している．砂質土壌のように孔隙が大きいと，大部分の水は不透水層に達するまで浸透して，地下に貯水され地下水位を上昇させるか，河川へ流れ込むことになる．重力に対抗して土壌内の孔隙に保持されている水の量は，その土壌の**圃場容水量**（field capacity）と呼ばれる．これは排水良好な土が重力に対抗して保持できる水の量の上限値である．これに対して，あまり明確な定義ではないが，植物が成長に利用できる下限の水の量も定義されている（図3.17）．この下限値は，小さな土壌孔隙から水を引き出す植物の能力にも依存していて，永久しおれ点（permanent wilting point；植物が枯れて回復不可能となる土壌水分量）として知られている．永久しおれ点の土壌水分量は，適度に水が存在するような湿った環境に生育する植物の間では種による違いがそれほど大きくないし，作物の種類によっても変化しない．しかし，乾燥地に自生する多くの種では，土壌からもっと多くの水を抽出できるものが多い．

根は接している土壌の孔隙から水を吸い取るので，根のまわりには水の枯渇帯が形成される．このため根が接触している土壌孔隙の間に

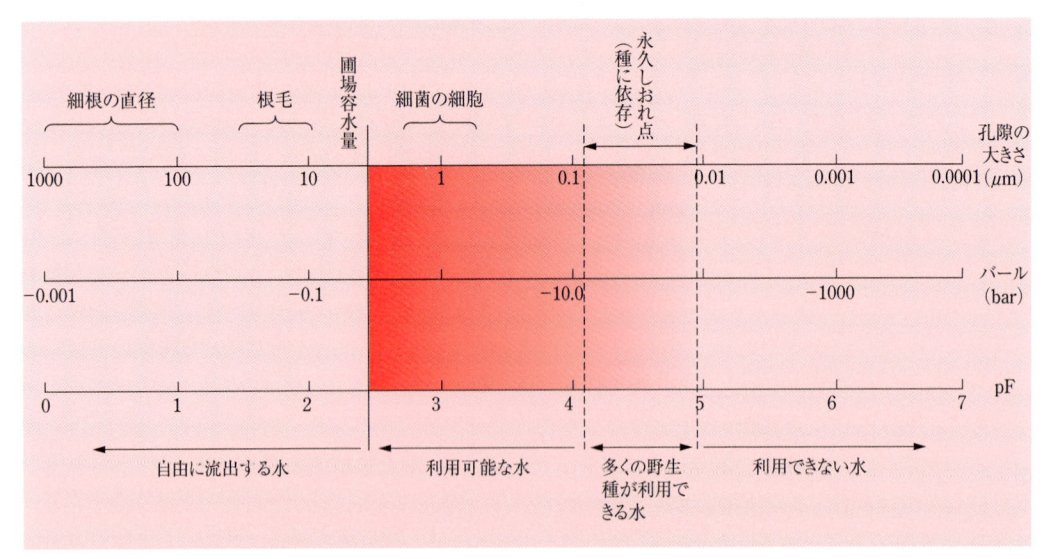

図3.17　土壌内部での水の状態を示す3種類の測定値の関係．(i) pF，土壌が水を保持する圧力を水柱の高さ（cm）の対数で示した値．(ii) 気圧またはバールで表される水の状態．(iii) 水で満たされている土壌孔隙の直径．水の満たされている孔隙のサイズは，細根，根毛および微生物細胞のサイズと比較できる．ほとんどの作物の永久しおれ点は約 -15 bar（-1.5×10^6 Pa）であるが，他の多くの植物では，その植物がつくり出す浸透圧のために，-80 bar（-8×10^6 Pa）にも達する点に注意．

は，水ポテンシャルの傾斜ができあがる．毛細管力に促されて，水ポテンシャルの傾斜に沿って水は枯渇帯に向かって移動し根に供給される．根の周囲の水が欠乏すればするほど，水の流れに対する抵抗が増加するため，この簡単な過程はもっと複雑なものへ変化していく．根が水を土壌から吸収し始める時には，大きな孔隙の中に，弱い毛細管力で保持されている水がまず吸収される．こうして，水は狭く曲がりくねった経路にだけ残され，結果として水の流れの抵抗は増加してしまう．このように，根が土壌から急速に水を吸い取ると，明確な資源枯渇帯（RDZ；本章第2.1節を参照）が定義できるようになり，水はゆっくりとしかそこを通り抜けることができなくなる．このため，蒸散速度の大きな植物は，水の豊富な土壌でもしおれてしまうことがある．植物が土壌中で利用できる水の量は，根系のきめ細かさと土壌中での根の分枝の程度によって決まる．

根と水枯渇帯の動態

雨または融雪水として土壌表面に到達した水は，均一に分布するわけではない．表層土壌に充分な水が供給され，圃場容水量に達した後，余分の水は土壌のさらに深い部分へと浸透していく．これによって同じ植物の根であっても，根の分布する深さによって，まったく異なる力で土壌に保持されている水と出会うことになり，また実際に，根は異なる土壌層の間で水を移動させることもできる（Caldwell & Richards, 1986）．降水が稀で，短時間のにわか雨しか降らないような乾燥地では，土壌表層は圃場容水量に達しても，残りの土壌の水分量はしおれ点またはそれ以下に留まっている場合が多い．雨の後の湿った表層土上で発芽した実生にとって，これは潜在的に生存に関わる危険である．なぜなら，湿った表層土より下にある土は，それ以後の成長を支えるだけの水資源を供給できないからである．このような乾燥地に適応した種は，不充分な量の雨に直ちに反応して発芽するのを避けるために，さまざまな特殊化した休眠打破の機構を持つことが知られている．

発育の初期に形成された根系によって，その植物のそれ以降の出来事に対する反応が決まってしまう．乾燥した土壌で，時々降るにわか雨からしか水を得られないような環境では，成長初期のエネルギーを地中深くに達する直根に投資してしまうような発育様式をもつ実生だと，その後のにわか雨からは十分な水を得ることができないだろう．反対に，春に強い雨が土壌深くにまで水をもたらし，その後は一転して長期間の乾季が続くような環境下では，初期に直根を発達させるような成長のプログラムによって，いつも水を吸収できる状態が保障される．

3.4.2 植物から大気への水の消失についてのスケールの違う2つの見方

植物から大気への水の移動についての解析方法と解釈は，研究者のグループによってまったく異なっている．植物生理学者は，Brown & Escombe（1900）の初期の研究以来，気孔の動きが葉からの水の消失速度を決めているという考え方を強調してきた．現在では，葉から外気への水の拡散速度を制御しているのは，比較的防水性の高い葉面に存在する気孔の密度と口径であることが明らかとなっているようである．しかし，微気象学者は，ひとつの気孔や一枚の葉や植物個体よりも，植生全体に注目したまったく異なる見解を持っている．彼らは，蒸発のために必要な潜熱が供給された時にだけ，水は失われていくことを強調している．この潜熱は，蒸散を行っている葉が吸収する太陽放射，あるいは水平方向に移動する空気とともに供給されるエネルギーによってもたらされる．微気象学者は，水の損失速度に関する方程式を，気象要因（例えば，風速，放射，飽差，温度）だけを基にして作ってきた．彼らは，植物の種類も生理も完全に無視しているが，乾燥からの害を受けていない限り，植生から蒸発する水の量の

予測にとって，これらの気象要因が強力な予測因子であることが証明されている．どちらのアプローチも正しい，あるいは間違っているとは言えない．どちらを使うかは，問われている問題に依存するからである．例えば広域スケールの気候依存のモデルは，蒸発散，光合成，純一次生産量に対する地球温暖化と降雨量変動の影響を予測するには，最適なモデルと思われる (Aber & Federer, 1992)．

3.5 栄養塩類

多量栄養素と微量元素　光と炭酸ガスと水だけから植物体を作ることはできず，無機栄養塩資源もまた必要である．植物が土壌から（水生植物の場合には周囲の水から）吸収しなければならない無機栄養塩資源には，比較的多くの量が必要とされる**多量栄養素**（macronutrient），すなわち，窒素（N），リン（P），イオウ（S），カリウム（K），カルシウム（Ca），マグネシウム（Mg），鉄（Fe）と，一連の**微量元素**（trace elements），例えば，マンガン（Mn），亜鉛（Zn），銅（Cu），ホウ素（B），モリブデン（Mo）などがある（図3.18）．これらの元素の多くは動物にとっても必須である．ただし，動物は，これらの元素を無機物ではなく有機物として食物から摂取するのが普通である．植物のグループによっては，特殊な栄養塩を必須としている．例えば，シダ植物の一部はアルミニウムを，珪藻類はケイ素を，特殊なプランクトン藻類はセレンを必要とする．

緑色植物は，無機栄養塩をひと包みの資源として受け取るのではない．各元素はイオンや分子の形で別個に植物に吸収されるのだが，それぞれの元素の土壌内での吸収と拡散の特性は，

図3.18　さまざまな生物の生活に必須な元素を示した周期律表．

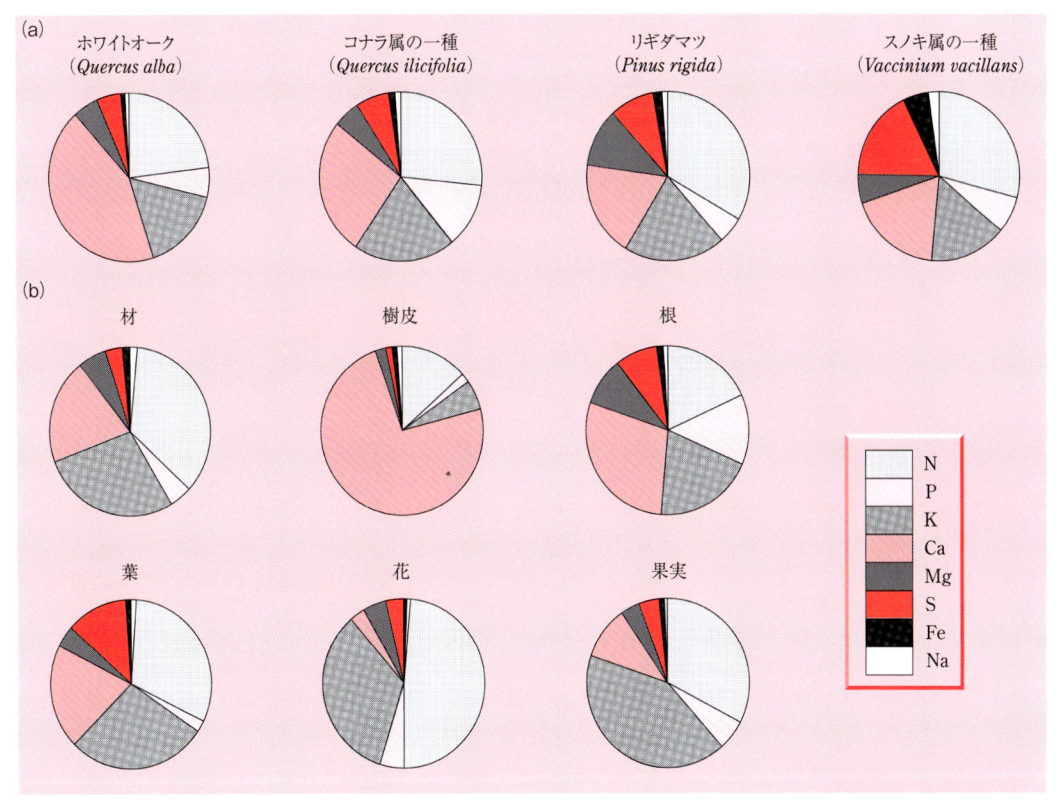

図 3.19 (a) ニューヨーク州，ブルックヘブンの森の4種の植物体全体の中に含まれるさまざまな無機栄養塩の濃度割合．(b) ブルックヘブンの森のホワイトオーク (*Quercus alba*) の異なる組織内でのさまざまな無機栄養塩の濃度割合．種間の違いの方が，同一種内の部分間の違いよりも小さいことに注目．（Woodwell *et al*., 1975 より．）

元素によって異なる．このため，根の表皮で何らかの選択的な吸収の機構が働く前の段階から，植物にとっての各元素の利用のしやすさは違ってくる．しかし，全ての緑色植物にとって，図 3.18 に挙げた元素は必須である．また，必要とする元素の比率および組織中に存在する無機栄養塩の成分組成は，種間はもちろん，同一植物体の異なる組織間でも大きく異なっている（図 3.19）．

摂食者としての根　資源としての水の特性と，水資源を取り出す装置としての根の特性は，栄養塩類に対しても同様にあてはまる．根の成長のプログラムには，植物の種間で戦略的な違いがある（図 3.20a）．しかし，一方で根は厳格なプログラムを無視して，日和見主義的に成長することもあり，それによって根は土壌を効率的に収奪できるようになる．ほとんどの根は側方に枝根を出すよりもまず長く伸長して，収奪よりも探査を優先する．枝根は普通親根の周囲から発生し，この一次根からは二次根が，二次根からは三次根が分岐する．この成長の規則によって，ひとつの根から生じる2つの枝根が，同じ土壌粒子から資源を吸収したり，お互いの栄養塩枯渇帯に入る確率を減らしている．

根は，障害物があり不均質性を持った媒体の中を進んでいく．ここでの不均質性とは，根自体の直径と同じくらいのスケールで変化する栄養塩のパッチ状分布を意味している．根が1 cm 成長する間に，さまざまな大きさの石や砂粒や，死んだ根や生きている根，分解途中のミミズの屍骸などに遭遇するだろう．根がこのよ

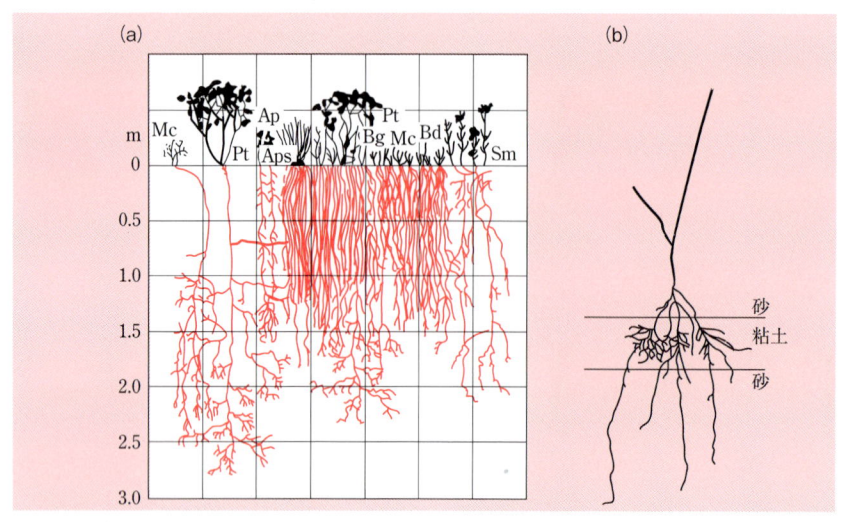

図 3.20 (a) 平均的な降雨のもとで数年間経過した典型的な短茎イネ科草本型のプレーリーに生育する植物の根系（カンサス州ヘイズ）. Ap, *Aristida purpurea*（イネ科）；Aps, *Ambrosia psilostachya*（ブタクサモドキ）；Bd, *Buchloe dactyloides*（バッファローグラス）；Bg, *Bouteloua gracilis*（イネ科）；Mc, *Malvastrum coccineum*（エノキアオイ属）；Pt, *Psoralea tenuiflora*（マメ科オランダヒユ属）；Sm, *Solidago mollis*（アキノキリンソウ属）(Albertson 1937; Weaver & Albertson, 1943 より). (b) 粘土層をはさんだ砂質土壌で生育した小麦の根系. 根は発達過程で遭遇した局所的な環境に反応することに注意. (J. V. Lake 氏の厚意による.)

うな不均質な土壌中を伸長していく時には，資源が供給される場所では自由に枝分かれし，報酬の少ない場所ではわずかしか枝分かれしないというように反応する（図 3.20b）. このような反応ができるのは，根の一本一本が，極端に局所的なスケールで遭遇した状況に対応する能力をもっているからである.

水と栄養素の獲得の間の相互関係　植物の成長のための資源である水と栄養塩の間には，強い相互作用が働いている. 根は利用可能な水が不足している土壌内部には，自由に伸びてはいかない. 従って，その部分の栄養塩は利用されることがない. 必須栄養塩の吸収を阻まれた植物はもはや生育できず，利用できる水を含んだ土壌に到達できずに終わるだろう. 同じような相互作用が無機栄養塩の間にも見られる. 窒素の欠乏している植物は，根の成長が貧弱なため，利用可能なリンや窒素自体を豊富に含んだ土壌に到達して資源を獲得することができないかもしれない.

植物の栄養塩類の中で，硝酸塩は最も自由に土壌溶液中を移動し，根の表面から遠く離れたところから水とともに運ばれてくる. このため，硝酸塩は圃場溶水量に近い水を土壌が持つ場合や，大きな孔隙をもつ土壌で最も動きやすくなるだろう. このため，硝酸塩の資源枯渇帯（RDZ）は広く，隣接する根の RDZ は相互に重なりやすくなるだろう. そのため，同じ個体の根の間でさえも，競争が生じうる.

資源枯渇帯の概念は，ある生物が他の生物の利用可能な資源に影響を与えることを可視化するのに重要なだけではなく，資源を獲得する際に，根系の構造がいかに影響を与えるかを理解する上でも重要である. 水が根の表面へ自由に移動してくるような環境に生育する植物にとって，土壌溶液中に存在する栄養塩は，水とともに移動してくる. これらの栄養塩は，広い範囲に疎らに分岐した根系によって，最も効率良く捕捉されるだろう. 水がそれほど自由に土壌中を移動できない時には，枯渇帯が狭くなるの

で，広範囲の土壌を探索するよりも，集中的に探索する方が見返りは多くなる．

栄養塩の動きやすさの違い　土壌孔隙から根の表面へと流れる土壌溶液中の実際の組成は，潜在的に利用可能な無機栄養塩の組成に比べると偏っている．これは，無機イオンの種類によって土壌に保持される力が異なるからである．肥沃な農耕地の土壌では，硝酸，カルシウム，ナトリウムなどのイオンは，植物体に蓄積される速度よりも速い速度で根の表面へ運ばれてくるだろう．一方，リン酸塩やカリウムの土壌溶液中の量は，植物の要求する量よりもかなり不足していることが多い．リン酸塩はカルシウム，アルミニウム，鉄イオンなどと結びついた土壌コロイドの表面に結合している．このため，根が土壌溶液からリン酸イオンを吸収する速度は，コロイドからイオンが遊離し拡散して土壌溶液に補充される速度によって決まる．薄い溶液中では，硝酸塩のような吸着されないイオンの拡散係数は$10^{-5} cm^2/s$程度で，カルシウム，マグネシウム，アンモニウム，カリウムのようなカチオンのそれは，$10^{-7} cm^2/s$程度となる．強く吸着されるリン酸のようなアニオンでは，拡散係数は小さく，$10^{-9} cm^2/s$程度になる．拡散速度はRDZの幅を決める主要因である．

リン酸塩のような，拡散係数の小さい資源の枯渇帯は狭い（図3.21）．根や根毛は，お互いにたいへん接近している時に限って，その地点の資源の貯留を奪い合う（すなわち競争する）ことになる．根毛が4日の間に吸収するリン酸塩の90％以上は，根毛の表面から0.1 mmの範囲の土壌に由来するものだと推定されている．このため，2本の根が0.2 mmよりも近い距離にある時に限って，その2本の根は同時に，同じリン酸塩資源を利用することになる．広く間合いをとり広範囲に分布する根系は，硝酸塩への到達を最大化する傾向を持つのに対し，間合いを

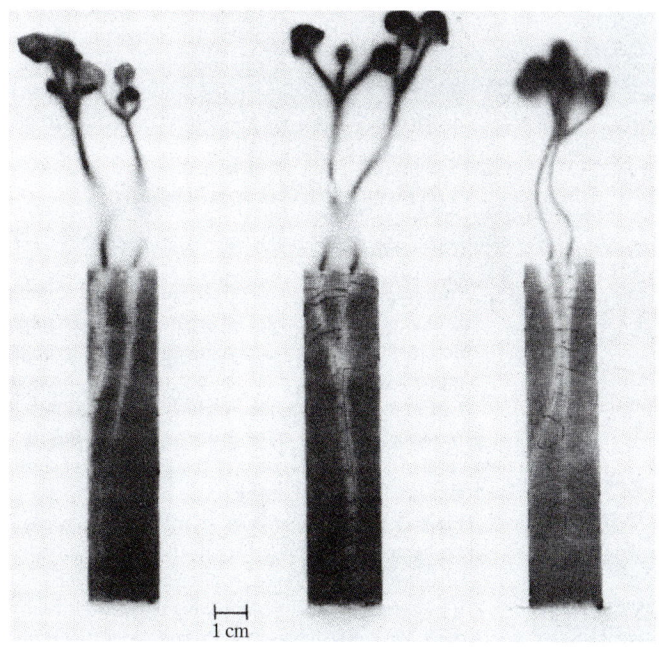

図3.21　カラシナの実生が育った土壌のラジオオートグラフ．土壌には放射性リンでラベルしたリン酸塩（$^{32}PO_4^-$）が含まれており，根の活動でリン酸塩が欠乏した部分が明瞭に白く浮きあがっている．（Nye & Tinker, 1977より．）

詰めて緊密に分岐した根系は，リン酸塩への到達を最大化する傾向を持つ（Nye & Tinker 1977）．そのため，異なった根系構造を持つ植物は，土壌の無機栄養塩資源に対する耐性が異なっている．また，種によって無機栄養塩資源を枯渇させてしまう程度も異なるだろう．このことは，同じ地域で多様な植物種が同時に生活する上で，たいへん重要になると思われる（競争者同士の共存については第8章と19章で検討する）．

3.6　酸素

酸素は動物と植物の両方にとって資源であり，酸素なしで生きられるのは少数の原核生物だけである．酸素の水中での拡散性と水溶性はたいへん低い．そのため，水中や冠水した環境では，酸素の供給が急速に制限されてしまう．また，酸素の水溶性は温度の上昇とともに低下する．水中環境で有機物が分解する時，微生物は呼吸のための酸素を必要とする．必要とされる酸素の量は**生化学的酸素要求量**（Biochemical oxygen demand（BOD））〔訳注：原文はBiological oxygen demandが使われているが，同義で，前者の方が一般的〕と呼ばれ，そこに住める高等動物のタイプを決める．落葉や生化学的汚染物質が堆積している止水では，生物的酸素要求量が高く，特に温度が高い時期には酸素不足が深刻となる．

酸素は水中で非常にゆっくりと拡散するため，水生動物は，例えば魚の鰓のような呼吸器官の表面を流れる水流を常に維持するか，多くの水生甲殻類が羽毛状の付属肢を持つように，体の容積に比べてきわめて大きな体表面積を持つか，富栄養な止水中に住むユスリカ類の幼虫のように，特殊な呼吸用の色素を利用したり，呼吸速度を遅くしなければならない．あるいはクジラ，イルカ，カメ，イモリのように，息継ぎのために繰り返し水面に戻らなければならない．

多くの高等植物の根は，水浸しの土壌に侵入していくことはできないし，深く根を張ったあとに水位が上昇してくると根は死んでしまう．これらの反応は，おそらく酸素の欠乏の直接の結果か，あるいは嫌気条件下で分解に係わる微生物によって作られる硫化水素，メタン，エチレンなどのガスが蓄積するためだろう．たとえ根が酸素飢餓状態でも死なずにいるとしても，栄養塩の吸収は止まり，植物は無機栄養塩の不足の影響を被ることになる．

3.7　食物資源としての生物

独立栄養生物（autoroph：緑色植物と一部のバクテリア）は，無機物資源を同化して一連の有機分子（タンパク質，炭水化物など）を作り出す．これらの有機分子は，従属栄養生物（heterotroph：分解者，寄生者，捕食者，植食動物など）にとっての資源となる．そしてその資源は，消費者が次の段階の消費者にとっての餌資源となるような，一連の食物連鎖の中に組み込まれることになる．この食物連鎖の各連結部分において，腐食栄養生物と広義の捕食者の間には明確な違いがある．

独立栄養生物と従属栄養生物

腐食栄養生物（saprotroph）は，細菌類，菌類，デトリタス食動物（第11章を参照）などの他の生物やその一部の死骸を食物として消費するか，あるいは他の生物の排泄物あるいは分泌物を消費する．

腐食栄養生物，捕食者，グレイザー，寄生者

捕食者（predator）は，他の生物（あるいはその体の一部）を殺して餌として食べる．真の捕食者（true predator）は必ず餌を殺す．その中にはウサギを食べるピューマなどとともに，我々が通常は捕食者と呼ばないような生物も含まれている．例えば，植物プランクトン細胞を食べるミジンコや，どんぐりを食べるリス，蚊を溺死

させるウツボカズラなどである．グレイジング（grazing）〔訳注：いわゆる植食．狭義には刈り取るタイプの摂食を指す〕も一種の捕食と見なせるが，食物である生物（被食者）は殺されずに，植物体の一部だけが持ち去られて，再生能力のある体の部分は残される．植食者（grazer）は，他の捕食者と同様に，生涯に数多くの被食者を食べる．真の捕食と植食については，第9章で詳しく論じる．**寄生**（parasitism）も一種の捕食と言えるが，寄生者（prasite）はその餌植物を普通殺すことはない．しかし，植食者とは異なり，この消費者は一生の間に1個体あるいはごくわずかの寄主（host）を餌にするにすぎない（第12章を参照）．

スペシャリストとゼネラリスト　消費者である動物の間では，餌に対して特殊化しているか，あるいは一般化しているかが重要な区分になる．**ゼネラリスト**（generalist：多食性種（polyphagous species））は，通常明瞭な嗜好性をもち，食べられるものが複数ある時には何を食べたいかの順番が決まってはいるものの，さまざまな餌種を利用する．**スペシャリスト**（specialist）は，複数の餌種を食べる場合でも，餌の特定の部位だけを食べるだろう．これは草食動物には一般的に見られることで，あとで述べるように植物体の部位によってその組成が大きく異なっているためである．例えば，多くの鳥類は種子を食べるのに特殊化しているが，特定の種だけに限定して食べることはほとんどない．しかし，スペシャリストの中には，ごく近縁種の一群，極端な場合にはただ1種類だけを食べるものもいる（その場合は単食性（monophagous）と呼ばれる）．キク科のキオン属（*Senecio*）の葉や花やごく若い茎を食べるヒトリガ（cinnaber moth）の幼虫や寄主特異的な寄生者がそれに相当する．

動物の間にみられるさまざまな資源利用の様式は，消費者と，それが食べているものの寿命を反映している．長命な種の個体は，ゼネラリストになりやすい．彼らは一生の間にただ一度だけ利用できるようなものには依存できない．短命な動物はスペシャリストになりやすい．そして，進化的な力によって消費者の餌の要求のタイミングが餌の出現する時期と合致するようになる．同時に，特殊化は特定の資源を高い効率で取り扱うことができるような身体構造の進化をもたらす．これは，特に口器の進化にあてはまる．アブラムシの口吻（図3.22）は，価値の高い特殊な資源の利用を可能にした進化の絶妙な産物と見ることもできるし，何を食べるのかを制約してしまう専門化の足かせとみることもできる．特定の食物資源に専門化すればするほど，その資源のパッチの中に住まざるを得なくなり，また，さまざまな餌の中からそれを探し出すために時間とエネルギーを使わなければならなくなる．これは専門化のコストのひとつである．

3.7.1　植物と動物の餌としての栄養組成

資源の包みとして見た場合，緑色植物の体は動物の体 動物と植物のC：N比 とはまったく異なっている．この点が，植物の食物資源としての潜在的な価値に，きわめて大きな影響を及ぼしている（図3.23）．最も重要な相違点は，植物細胞がセルロースやリグニン，あるいは他の構造物質から成る細胞壁によって囲まれている点にある．植物体で繊維質の比率が高いのは，この細胞壁のせいである．細胞壁の存在によって，植物の組織の中に固定されている炭素の比率は大きくなり，炭素と他の重要な元素との比率も大きくなる．例えば，植物組織の炭素：窒素（C：N）比は，通常40：1を越えている．対照的に，細菌と菌類，動物での比は，およそ10：1である．動物組織は植物とは異なり，構造的な炭水化物や繊維質を含んでおらず，脂質と特にタンパク質に富んでいる．

植物体の組成は部位によって大きく異なっている（図 植物の各部分はさまざまな資源となる… 3.23）ので，さまざまな資源

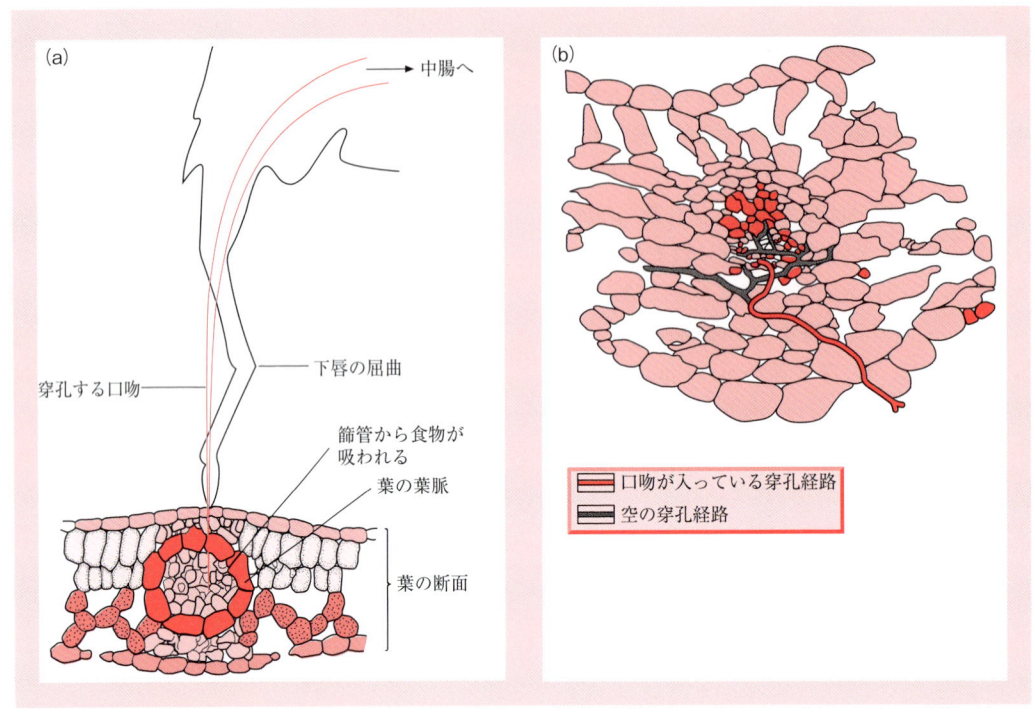

図3.22 宿主の組織の中に突き刺され，糖類に富む葉脈の篩管細胞に到達したアブラムシの口吻．(a) アブラムシの口器と葉の断面図．(b) 葉の中で曲がりくねった進路をとる口吻．(Tjallingii & Hogen Esch, 1993 より．)

を提供している．例えば，樹皮はコルク化して木化した壁を含む死んだ細胞で構成されていて，多くの草食動物にとっては餌として利用できない．いわゆるキクイムシ (bark beetle) と呼ばれる甲虫でも，食べているのは樹皮そのものではなく，むしろ樹皮の直下にある栄養豊富な形成層である．植物タンパク質濃度（つまり窒素濃度）が最も高いのは，枝の先端や葉の腋についている芽の中の分裂組織である．それらは芽鱗によって厳重に保護され，草食動物からは棘や刺毛によって護られている．種子は通常，乾燥したひと包みの貯蔵庫で，デンプンと油，さらに特殊な貯蔵タンパク質に富む．そして糖分が豊富で果肉が多い果実は，植物が種子を散布する動物に対する報酬として用意したものである．植物が報酬として窒素を使うことはほとんどない．

組織や器官によって餌としての価値が大きく異なるので，多くの小型植食者がスペシャリストとなっているのも当然である．特定の種や植物群に専門化するだけではなく，特定の部位，例えば分裂組織，葉，根，幹などに専門化している．植食者が小さいほど，植物の細かい異質性に専門化する．極端な例は，ナラ類に虫こぶをつくるタマバチ類にみられる．種類によって，若い葉や，古い葉，あるいは葉芽や，雄花に専門化し，根の組織に専門化しているものもいる．

植物が潜在的な消費者に対して提供している資源の中身は，植物の種類や部位によって大きく異なっているが，植物を食べる動物の体の組成はきわめて似通っている．1g当りのタンパク質，炭水化物，脂肪，水，無機栄養塩の含有量は，ガの幼虫，タラ，シカの肉の間でごくわずかな違いしかない．これらは違う形で包装されていて，味も違うだろうが，食物資源としての中身に本質的な違いはないのである．

…しかし植食者の組成は驚くほど似ている

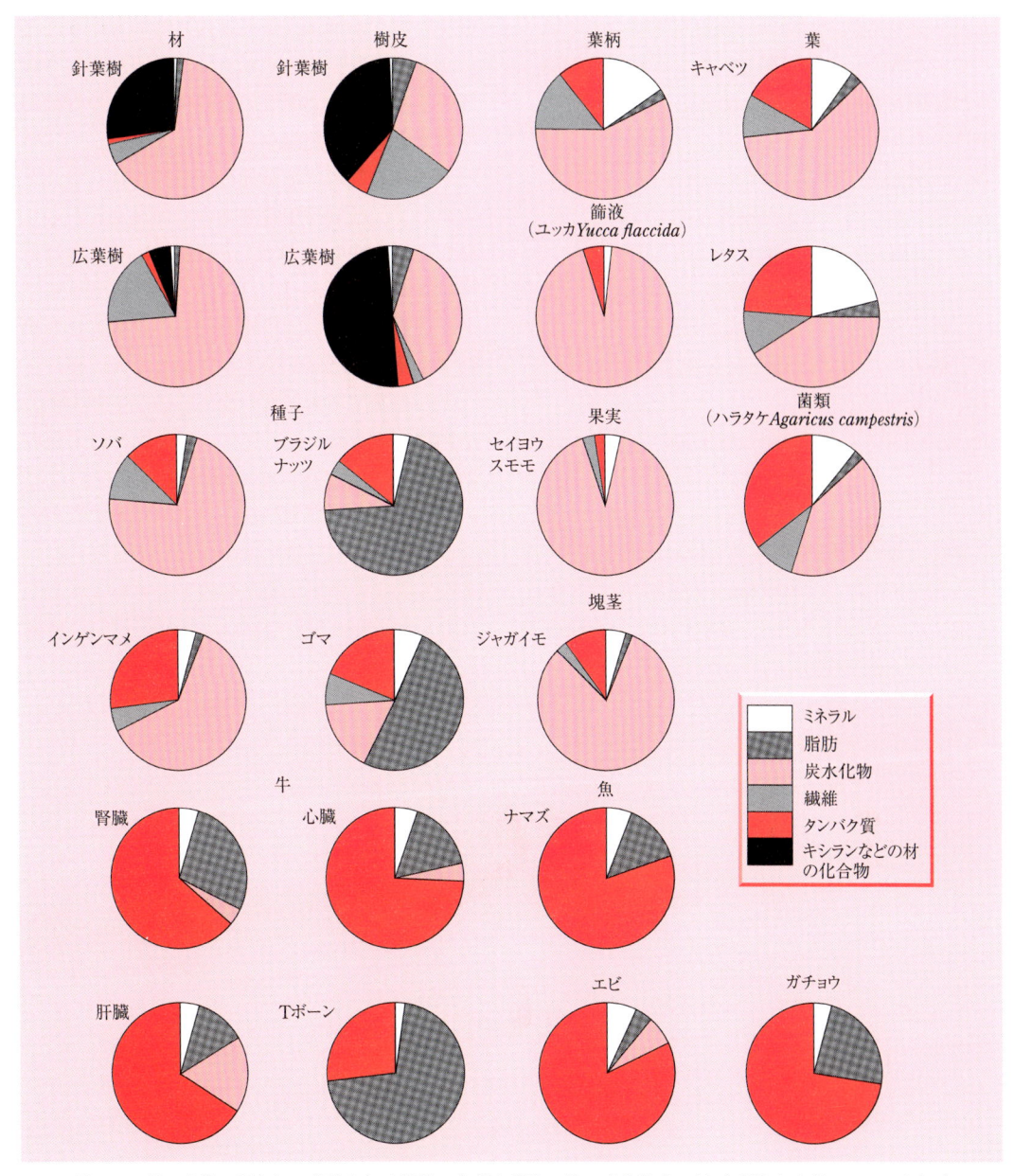

図 3.23　他の生物に餌として供給される植物の各部と動物の体の成分組成．（さまざまな文献のデータより．）

従って，肉食動物は消化に関しての問題に直面しないし，消化器官の違いもほとんどない．肉食動物にとって問題になるのは，むしろ獲物の発見・捕捉と処理である（第9章を参照）．

細かい違いはともかく，生きた植物を消費する植食者も，死んだ植物遺体を食べる腐生生物も，炭素が豊富でタンパク質の少ない餌資源を利用している．このため，植物から消費者へと餌が移動する際には，C：N比を下げるために，炭素を大量に燃やす過程が含まれている．これは**生態学的化学量論**（ecological stoichiometry）と呼ばれる分野の問題である（Elser & Urabe 1999）．この分野は，複数の化学元素の量的バランス，特に炭素と窒素の比と炭

素とリンの比が，生態学的な相互関係の中で課している制約とその影響を解析する（第11章2.4節と第18章2.5節を参照）．植物を消費する生物が排出するのは主に炭素に富んだ物質，すなわちCO_2と繊維で，例えばアブラムシが排出するのは，とりついた木から降ってくるように見える「甘露」(honeydew)と呼ばれる炭素の多い蜜である．一方，肉食動物のエネルギー要求は，餌のタンパク質と脂肪から摂取されるので，結果的に彼らの排泄物も窒素に富んでいる．

C：N比とCO_2による促進効果　植物と微生物の分解者の間のC：N比に違いがあることは，すでに述べたCO_2による成長促進の長期的な効果（本章3.4節を参照）も，予想されるほど単純なものではないことを意味している（図3.24）．つまり，必ずしも植物の生物体量が増加するとは限らないということである．もし微生物それ自身が炭素で制限されているなら，CO_2濃度の上昇は植物への直接的な効果とは別に，微生物の活動を促進して，それが植物の利用できる他の栄養素，特に窒素を放出して，植物の生育をさらに促進するかもしれない．しかし一方で，分解者は窒素の制限を受けているかもしれない．それが最初からであっても，あるいは植物の成長が加速されて植物体と落葉落枝層に窒素が蓄積した後に起こったとしても，窒素濃度の低下によって微生物の活動は抑えられ，それによって植物への栄養塩類の放出が低下し，その結果CO_2濃度の上昇にもかかわらず植物の成長促進を阻害するかもしれない．これらは長期的な効果であり，このような現象を検出するためのデータもこれまでほとんど採られていない．さらに一般的な地域

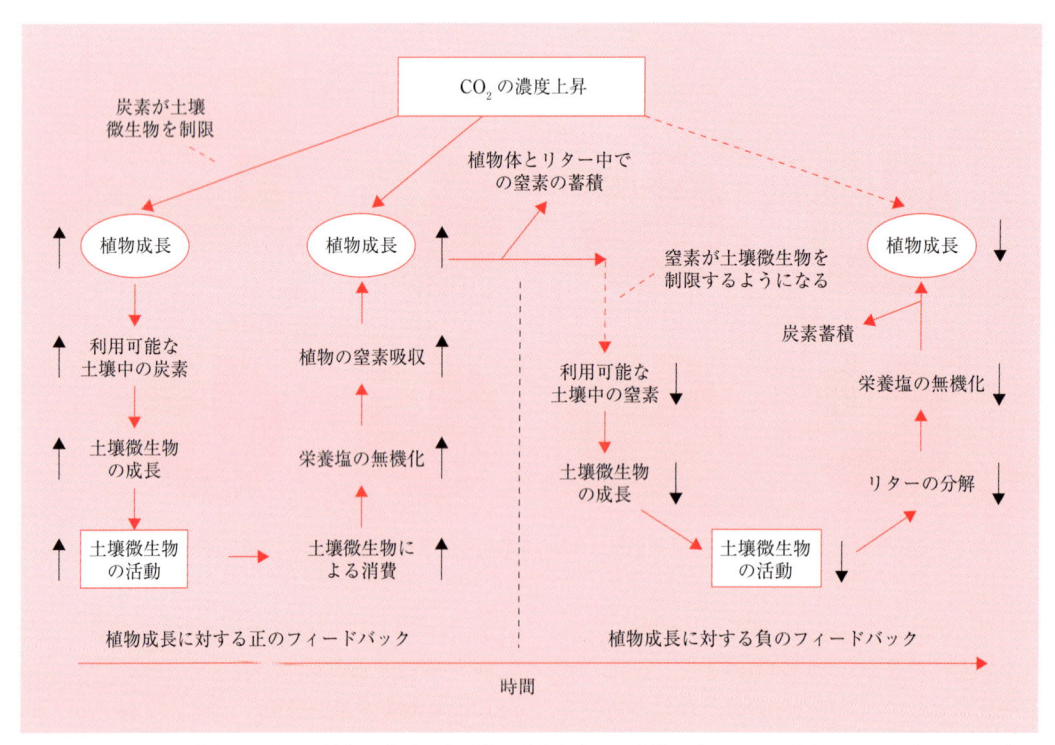

図3.24　二酸化炭素濃度の上昇が，植物の成長，微生物の活動を介して植物の成長に再び影響する，潜在的な正と負のフィードバック．記述項目間の矢印は因果関係を示し，項目の横の黒の矢印は活動の増加もしくは減少を示す．二酸化炭素濃度上昇から植物成長にのびる破線は，栄養塩の制限のために影響がない可能性があることを示す．(Hu *et al.*, 1999 より.)

的,地球的な規模の「炭素収支」の問題は第18章4.6節で再び取り上げる.

3.7.2 植物体の消化と同化

> ほとんどの動物はセルラーゼを持たない

植物体の内部に炭素が大量に固定されているということは,植物が潜在的に豊富なエネルギー源であることを意味している.餌として不足していそうなのは他の要素,例えば窒素である.しかし,そのエネルギーの大部分は,セルロースとリグニンを分解できる酵素を持つ消費者でなければ利用できる状態にはない.しかし,動物界,植物界を問わず,大多数の生物はこのような酵素を持ってはいない.生物に課せられているさまざまな制約の中でも,なぜセルロース分解酵素(セルラーゼ)がもっと多くの生物で進化しなかったかは,大きな謎である.それはおそらく,セルロース分解能力を持つ原核生物が,植食動物の消化器官内の微生物相としてきわめて緊密な共生関係を結んだ(第13章を参照)ことにより,植食動物自身にはセルラーゼを進化させるような淘汰圧がほとんど働かなかったためだろう(Martin, 1991). 現在では,何種かの昆虫が自らセルラーゼを生産していることは知られているが,それでも大多数の昆虫は共生者に依存している.

ほとんどの動物はセルラーゼを持っていないので,植物の細胞壁を分解して消化酵素を細胞内に入れることができない.草食の哺乳類が何度も餌を噛む行動や,人間の調理活動,そして鳥が砂嚢ですりつぶす行動などは,消化酵素が植物細胞の内容物に到達できるようにするための行動である.これとは対照的に,肉食動物は食物を丸飲みしても何ら問題がない.

炭素含有量の高い植物体が分解されると,相対的に炭素含有量の低い微生物の体に変換される.従って,微生物体の成長や増殖を制限するのは,炭素以外の資源である.微生物が腐朽しつつある植物体上で増殖する際には,窒素と他の無機物資源を周囲から吸収し,自らの体を形成する.こうして,消化・同化しやすい組織を持つ微生物が豊富にとりついた植物遺体は,デトリタス食の動物にとって格好の餌資源となる.

植食性の脊椎動物では,餌資源からのエネルギー摂取効率は,消化管の構造によって

> 植植性脊椎動物の消化管構造

決まる.特に,よく蠕動運動をし,微生物発酵が行われる前室(AF),消化だけが行われ発酵の行われない連結管(D),そして結腸と盲腸のような発酵を伴う後室(PF),の3つのバランスで決まる.Alexander (1991)は,このような3つの部分から成る消化系のモデルを検討し,次の点を示唆している.大きなAFおよび小さなDとPFから成る消化器系(例えば反芻動物の消化管)は,品質の悪い食物から最適に近い効率でエネルギーを得ることができる.大きなPFを持つウマなどの消化器系は,細胞壁が少なく細胞内容物の比率の高い食物に適している.細胞壁がほとんどなく細胞質の比率がきわめて高い食物に対しては,長いDを持ち,AFあるいはPFを持たない消化管が最適である.

ゾウ,ウサギ,一部の齧歯類は,自分自身の排泄物を食べることによって,餌が通過する消化器系の距離を二倍に増やしている.これによってさらに発酵と消化が可能になるとともに,例えばビタミン類などの不足を,微生物による合成で補うのに必要な時間を稼いでいる.これらの問題は,第13章5節で再び取り上げる.

3.7.3 物理的防御

すべての生物体は,潜在的に他の生物にとっての食物資

> 共進化

源である.したがって,多くの生物が,消費者と遭遇する頻度を下げるため,また消費者と遭遇した時に生きのびるために,物理的,化学的,形態的,あるいは行動的な防御を進化させてい

るのも驚くべきことではない．しかし，防御を獲得すれば終わりというわけではない．防御にすぐれた餌資源は，それ自体が消費者に対する淘汰圧として働き，消費者の中でその防御を打ち破るものが選抜される．他の餌種よりも特定の種の防御を克服するようになると，消費者はその資源に対して相対的に専門化するだろう．消費者の専門化は，その消費者に利用される餌種の防御に対する淘汰圧となり，その関係は続いていく．こうして，消費者と食べられる生物の双方の進化が，相手の進化に決定的に依存するような，継続的な相互作用を想定することができる．これは**共進化**(coevolution) のなかでも特に**軍拡競走**(arms race) と呼ばれる (Ehrlich & Raven, 1964)．軍拡競走では，もっとも極端な場合，共適応した2種が永続的に競い合うことになる．

もちろん，緑色植物（一般的には独立栄養生物）にとっての資源は生きていないので，防衛を進化させることはない．分解者と死んだ食物資源との間においても，共進化は成立しない．しかし，細菌，菌類，デトリタス食動物は，その食物の中に残っている物理的防御と，特に化学的防御には対抗しなければならないことも多い．

単純な刺でも効果的な抑止物になりうる．セイヨウヒイラギの刺だらけの葉が，カレハガの一種 (*Lasiocampa quercus*) の幼虫に食べられることはないが，刺を取り除かれた葉は簡単に食べられてしまう．もし，キツネを捕食者，針を抜いたハリネズミを餌として同様の実験を行えば，よく似た結果が得られるに違いない．湖に住む小型プランクトンの無脊椎動物の多くは，捕食されにくくする刺，突起などの付属物を発達させるが，その形成は捕食者の存在によって誘導される．例えば，カメノコウワムシ (*Keratella cochlearis*) の雌を捕食者であるフクロワムシ (*Asplanchna priodonta*) と一緒に培養すると，子に刺の発達が促進される (Stemberger & Gilbert, 1984; Snell, 1998)．もっと小さなスケールでは，

刺

多くの植物の表面は，表皮細胞の変化した毛（突起様構造 (trichomes)）に覆われている．一部の種では，これが厚い二次的な壁を発達させて，鉤針や針状の突起を形成し，昆虫を捕捉したり突き刺したりする．

餌となる生物の生活様式の特性が，捕食者がその餌生物を発見し処理するために使うエネルギーを増大させ，結果として食べられる量が減ってしまうのなら，その特性は捕食者に対する防御と見なせる．緑色植物は，捕食者から逃げることにはエネルギー資源を使わないので，防御構造を作るのに多くのエネルギーを投資できる．さらに，多くの緑色植物は，エネルギー資源を過剰に蓄えているので，主としてセルロースやリグニンからなる種子を包む殻や茎上の刺を安上がりに作り，胚や形成層に含まれている窒素やリン，カリウムなどの，本当の財産を護っているのかもしれない．

殻

種子が捕食者から一番ねらわれやすい時期は，球果や子房の中で熟したばかりで，まだ親植物に付着している時である．カプセルが開いて種子がばらまかれるやいなや，その価値は消えてしまう．この点をよく示しているのはケシである．野生のケシの種子は，親植物が風で揺れるとカプセルの先端に並んでいる孔からばらまかれる．野生の2種，ヒナゲシ (*Papaver rhoeas*) とナガミヒナゲシ (*P. dubium*) では，種子が成熟するとすぐにその孔が開いて，次の日にはカプセルが空っぽになっていることが多い．他の2種，*P. argemone* とトゲミゲシ (*P. hybridum*) では，カプセルの孔の大きさに対して種子がやや大きく，種子は秋から冬の間に散布される．この2種のカプセルは刺で防御されている．それとは対照的に，栽培されるケシ (*P. somniferum*) は，種子を散布しないように人為淘汰を受けてきたため，カプセルの孔は開かない．鳥は，油脂とタンパク質に富んだ種子を得るためにカプセルをこじ開けてしまうので，ケ

種子 ── 消失か保護か

図版 1.1　グリーンランドの極地ツンドラ（J. A. Vickey 氏の厚意による）.

図版 1.2　針葉樹林．(a) カナダ，アルバータ州の針葉樹林を空から見る（Planet Earth Pictures の Martin King 氏の厚意による）．(b) スウェーデンの秋の松林（Planet Earth Pictures の Jan Tove Johansson 氏の厚意による）．

図版 1.3　温帯林．(a) 合衆国ノースカロライナ州の秋の混交林（The Image Bank の Arthur Mayerson 氏の厚意による）．(b) スコットランド，ハーバーンの晩夏のブナ林（Ecoscene Wilkinson の厚意による）．

図版 1.4　サバンナ．タンザニア，セレンゲティ平原のナービ・ヒルから見たオグロヌーとサバンナシマウマの大群．(Images of Africa の David Keith Jones 氏の厚意による)．

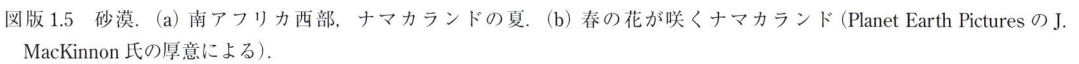

(a)

(b)

図版 1.5　砂漠．(a) 南アフリカ西部，ナマカランドの夏．(b) 春の花が咲くナマカランド (Planet Earth Pictures の J. MacKinnon 氏の厚意による)．

図版 1.6　熱帯雨林．人を寄せつけないウガンダ南西部の森林．(a, b ともに Images of Africa の David Keith Jones 氏の厚意による)．

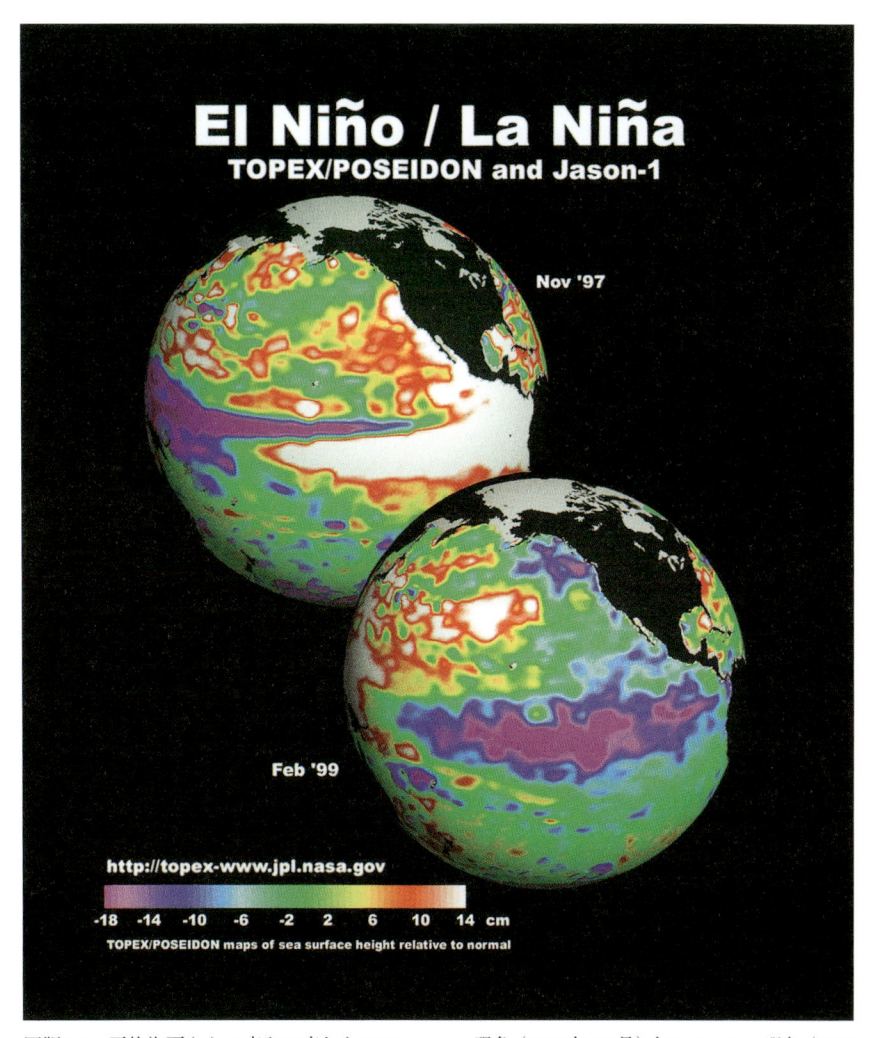

図版 2.1　平均海面からの高さで表したエルニーニョ現象（1997年11月）とラニーニャ現象（1999年2月）を示す地図．暖かくなった海面はわずかながら高くなる．例えば，平均よりも15から20 cm低下した海面は，平均水温より約2から3℃低いことを意味する．（画像の出典　http://topex-www.jpl.nasa.gov/science/images/el-nino-la-mona.jpg.）（図2.11を参照．NASA JPL-Caltechの厚意による．）

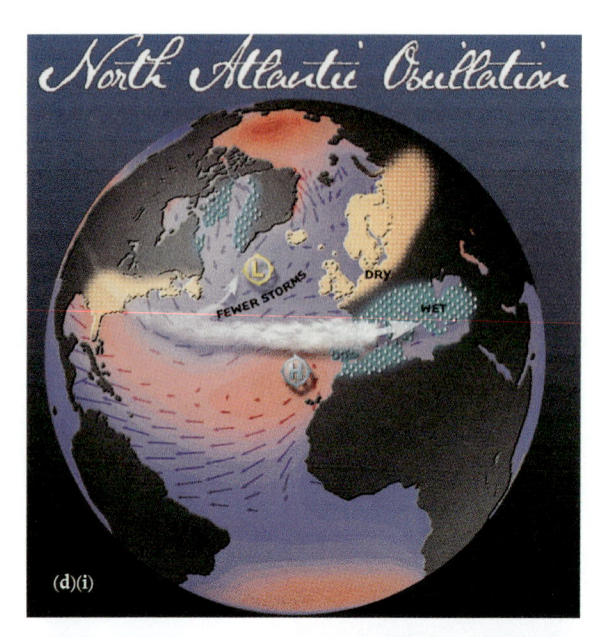

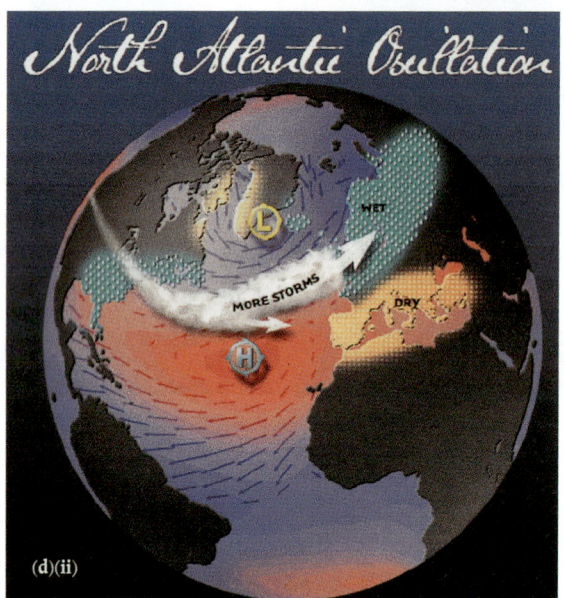

図版 2.2 NAO 指数が正または負のときの典型的な冬の条件．通常より暖かい，寒い，乾燥している，湿っているといった条件を示す．（画像の出典 http://www.ldeo.columbia.edu/NAO/）．（図 2.11 を参照．）

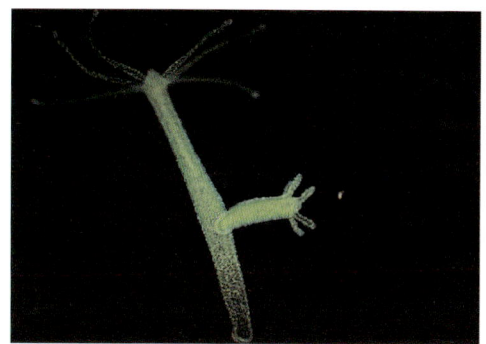

(a)

(b)

(c)

図版 4.1 モジュール型生物の植物と動物の例．身体の構成原理が良く似ていると思われる植物（左側）と動物（右側）を対比させてある．（前ページ）(a) 成長すると個別の個体に分かれるモジュール型生物．オアウキクサ属の一種（*Lemna sp.*），およびヒドラ属の一種（*Hydra sp.*）．(b) モジュールが「茎」から自由に枝分かれする個体の集合とみなせる生物．高等植物のスイカズラ（*Lonicera japonica*）の栄養成長である葉のシュートと花のシュート，および栄養成長と生殖のモジュールの両方をもつヒドロ虫（オベリアクラゲ（*Obelia*））．(c) 匍匐枝をもつ生物．コロニーは匍匐枝（stolon）または根茎（rhizome）によって繋がりを保ちながら拡張する．匍匐枝によって拡張しつつある単一の株からなるイチゴ属植物（Fragaria），およびヒドロ虫の一種（*Tubularia crocea*）．（上図）(d) モジュールが密に詰まったコロニーの形をとる生物．シコタンソウ（*Saxifraga bronchialis*）のタソック，および造礁サンゴ（*Turbinaria reniformis*）．(e) モジュールが，すでに死んでいるが長期間維持される支持器官の上に積み重ねられてゆく生物．支持器官が初期のモジュールの死んだ木質部からなるヨーロッパナラ（*Quercus robur*），および支持器官が主に石灰化した初期個体からなるヤギ目の軟質サンゴ．

各写真の著作権は次のとおり．(a) 左，© Visuals Unlimited/John D. Cunningham．右，© Visuals Unlimited/Larry Stepanowicz．(b) 左，© Visuals Unlimited．右，© Visuals Unlimited/Larry Stepanowicz．(c) 左，© Visuals Unlimited/Science VU．右，© Visuals Unlimited/John D. Cunningham．(d) 左，© Visuals Unlimited/Gerald and Buff Corsi．右，© Visuals Unlimited/Dave B. Fleetham．(e) 左，© Visuals Unlimited/Silwood Park．右，© Visuals Unlimited/Daniel W. Gotshall．

シの栽培にとっては深刻な有害動物である．実際，人間はほとんどの作物で，種子を散布させずに親植物に残るような人為淘汰を繰り返してきた．その結果，ほとんどの作物は，種子食の鳥にとって動かない標的になっているのである．

3.7.4 化学的防衛

> 二次的化学物質は防御物質か？

植物界には，通常の生化学的な反応経路の中で何の役目も果たしていないような化学物質がたくさん存在する．これら二次代謝産物には，分子構造の単純なシュウ酸やシアン化物から，複雑なグルコシノレート，アルカロイド，テルペノイド，サポニン，フラボノイド，タンニンまで，さまざまな化合物が含まれる（Futuyma, 1983）．これらの二次代謝産物は，さまざまな潜在的な消費者に対して有毒であることが示されている．例えば，シロツメクサ (*Trifolium repens*) には，体組織が攻撃を受けるとシアン化水素を放出する能力についての多型が存在する．シアン化水素産生能力を持たないものは，ナメクジとカタツムリに食べられてしまう．シアン化水素を生産する個体は，少し齧られはするが，すぐに忌避される．消費者に対する防衛が，このような化学物質の生産を促す淘汰圧になると考える研究者は多い．しかし，そのような化学物質の生産は，必須栄養素に換算するとコストがかかりすぎるかもしれず，植食者への淘汰圧がその生産に見合うほど強力なものかを疑う研究者も多い．彼らは，例えば紫外線に対する防衛 (Shirley 1996) のような，化学物質がもつ他の特性も指摘している．それにもかかわらず，これまでに行われた少数の選抜実験では，消費者の存在下で育てた植物は，消費者がいない条件で育てた対照植物に比べて，敵に対する防衛を強化する方向に進化している (Rausher, 2001)．第9章では捕食者と餌生物（被食者）の相互作用をもっと詳しく検討するが，そこでは，被食者（主に植物）の防衛における，被食者自身とその消費者の双方に対するコストと利益に注目する．ここでは，防衛の性質についてさらに検討しよう．

> 見つかりやすさ理論

もし植食性動物の集中が植物の防御化学物質を選抜するならば，同様にそれらの化学物質によって，植食性動物がその物質を克服していくような適応が選抜されていくだろう．これは古典的な共進化による軍拡競走である．しかし，そうだとすれば植物はもっと有毒になり，草食動物はさらに専門化していくことになるが，そこで生じる疑問は，なぜ多くの植物を食べることのできるゼネラリストの植食性動物が多数いるのかということである (Cornell & Hawkins, 2003)．ひとつの答えは，**見つかりやすさ理論** (apparency theory) によって示唆されている (Feeny, 1976; Rhoades & Cates, 1976)．これは植物の有害な化合物が大きく2つのタイプに分けられることに基づいている．その2つとは，(i) 微量でも有効な，毒性（または質的）化合物と，(ii) 濃度に比例して作用する，消化抑制（または量的）化合物である．タンニンは後者の例で，タンパク質と結合することで，成熟したナラの葉のような組織を消化しにくくしてしまう．この説はまず次のことを仮定する．毒性化合物はその特異性のために，植食性動物から単純で特殊な反応を引き出すことで軍拡競争のきっかけとなるだろう．一方，多くの植物を一様に消化しにくくしている化合物を，植食性動物が克服するのはもっと難しいだろう．

見つかりやすさ理論はこれらの仮定から次のように推測する．相対的に短命で，束の間しか現れず，「目立たない」植物は，出現場所や時間が予測しにくいことによって，消費者の攻撃から護られている．このため，「目立たない」植物種は，森林の樹木のように，予測しやすく長生きで「目立つ」植物種と較べて，防衛への投資は少なくて済む．さらに，目立つ種は，まさに多くの植食性動物に対して長く，予測でき

る期間にわたって目立つ存在であるために，コストがかかっても，消化抑制化合物に投資し，広範囲の消費者への防御を手にしなければならなかった．一方，目立たない植物は，少数のスペシャリストに対抗して共進化するために，毒を生産しなければならなかった．

共進化の考え方を組み入れたこの見つかりやすさ理論は，いくつかの予測を導き出している(Cornell & Hawkins, 2003)．最も明解な予測は，目立たない植物は複雑な消化抑制化合物よりも単純な有毒化合物によって防御されるだろう，というものである．これは，いくつかの植物における季節の進行にともなう化学防衛のバランスの変化においても見られる．例えば，ワラビ(*Pteridium aquilinum*)では，春に土から生えてくる若い葉は，晩夏に繁茂する葉よりも植食性動物に見つかりにくい．予測通りに，若い葉はシアンを含むグルコシノレートを多く含むが，葉が成熟するにつれタンニン濃度が上昇し，成熟した葉で最高に達する(Rhoades & Cates, 1976)．

さらにこの理論から導かれる精緻な予測のひとつは，特定の系列の化学物質を克服するような進化を続けてきたスペシャリストの植食動物は，(通常出会うことのない化学物質と比較して)同じ系列の化学物質と出会った場合に最もうまく対処することができるだろうという予測である．一方，広範囲の化学物質に対処するように投資してきたゼネラリストは，スペシャリストとの共進化によってもたらされた化学物質に出会うとほとんど対処できないだろう．この予測は，植食性昆虫に化学物質を添加した餌を与えた広範な実験(892の昆虫と化学物質の組み合わせ)の解析から支持されている(図3.25)．

最適防御理論
—— 常備防御
と誘導防御 さらに植物の化学防御は，種間で異なっているだけではなく，植物個体の内部でも異なっていることが予測される．「最適防御理論」は，生物の適応度にとって重要な器官や組織ほど，うまく護られていると予測する．そして最

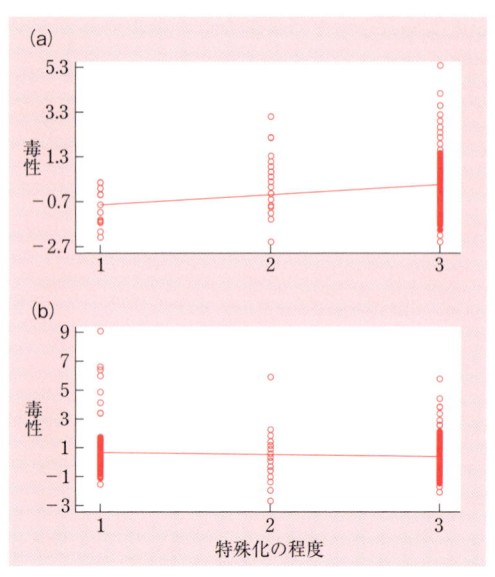

図 3.25　広範な出版物から集めたデータをもとに，植食性動物を3グループに分類した．グループ1は1つか2つの科の植物だけを食べるスペシャリスト，グループ2は3から9科を食べる狭食性，グループ3は10科以上の植物を食べるゼネラリスト．また，化学物質を2グループに分類した．グループaはスペシャリストと狭食性の植食性動物の通常の寄主植物に存在しているもの，グループbはそれに存在していないもの．専門化の進行とともに，スペシャリスト植食者は，彼らの共進化的な反応を引き起こした化学物質(a)による死亡率は低いが，そのような反応を引き起こしたことのない化学物質(b)からは高い死亡率を被る．回帰式：(a) $y = 0.33x - 1.12$; $r^2 = 0.032$; $t = 3.25$; $P = 0.0013$; (b) $y = 0.93 - 0.36x$; $r^2 = 0.049$; $t = -4.35$; $P < 0.00001$. (Cornell & Hawkins, 2003 より．)

適防御理論からのここでの文脈での予測としては，植物の重要な部分は，常に生産されている常備的な化学物質で防衛され，一方，重要度の低い部分は，被害を受けたときにのみ生成され，植物にとって固定的なコストを抑えるような誘導性の化学物質で防御されているだろう(Mckey, 1979; Strauss *et al.*, 2004)．この予想は，例えば野生のハツカダイコン(*Raphanus sativus*)について，モンシロチョウ(*Pieris rapae*)の幼虫の摂食を受けさせたものと，操作を加えない対照とを比較した実験で実証されている(Strauss *et al.*, 2004)．この植物の，花弁を含む花の部分は，この虫媒花植物にとってきわめて重要であ

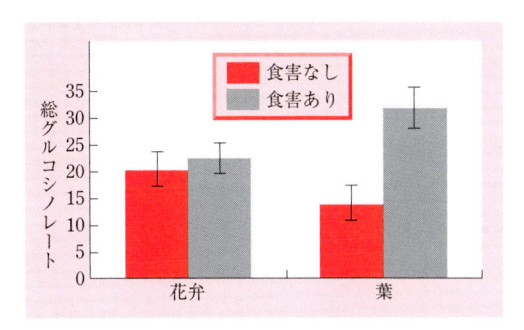

図3.26 野生のダイコン（*Raphanus sativus*）の花弁と葉中のグルコシノレートの濃度（乾重 μg/mg）．モンシロチョウ（*Pieris rapae*）の幼虫の食害を受けなかったものと受けたものについて示す．バーは標準誤差．(Strauss *et al.*, 2004 より．)

る．防御性のグルコシノレートの花弁での濃度は，食害を受けていない葉の2倍の濃度に達するが，その濃度は，幼虫の食害の有無にかかわらず，常に一定に保たれている（図3.26）．一方，葉は適応度に対してそれほど影響を与えず，植物は葉に甚大な被害をうけても，繁殖量には測定できるような影響はほとんどでない．葉のグルコシノレートの常備的な濃度は，上述のように低い．しかし，もし葉が被害を受けるとグルコシノレートの生成が誘導され，花弁よりも高い濃度にさえ達する．

同じような結果は，褐藻類のホンダワラ属の一種，*Sargassum filipendula* でも見つかっている．藻類では基部の付着器（holdfast）がもっとも価値のある組織で，この部分がないと植物体は水の中を漂うことになってしまう（Taylor *et al.*, 2002）．この部分はコストのかかる常備的かつ量的な有毒物質で護られている．これに対して，あまり価値のない植物体の先端の若い茎（stipe）の部分は食害によって誘導される毒物質だけで護られている．

動物の防御 動物は，自分自身の防御については，植物よりも選択肢が多いが，それでも一部の動物は化学物質を用いている．例えば，タカラガイ類を含めた海産の腹足類のグループはpHが1から2の硫酸を防御用の分泌物として用いている．餌植物に含まれる化学防御物質に耐性を持つ動物の中には，その防御物質を体に蓄積して自分自身の防衛に利用するものもいる．その古典的な例は，トウワタ類（*Asclepias* spp.）を食べるオオカバマダラ（*Danaus plexippus*）の幼虫である．トウワタには二次代謝産物として，脊椎動物の心拍に影響を与え，哺乳類と鳥類に毒性を示す強心配糖体が含まれている．オオカバマダラの幼虫は，この毒を蓄えることができるが，毒は成虫になっても体内に残存している．このため，捕食者の鳥は，このチョウをまったく食べない．オオカバマダラを食べたことのないアオカケス（*Cyanocitta cristata*）が，このチョウを食べると激しく吐き戻して，回復した後もこのチョウを一目見ただけで拒絶するようになる．これとは対照的に，キャベツで飼育されたオオカバマダラは，鳥にとって食べることのできる餌となる（Brower & Corvinó, 1967）．

化学的防御は，全ての消費者に対して同じように効果を持つわけではない．実際，多 **他人にとっての毒は自分のご馳走**
くの動物には食べることができないものであっても，ある動物にとっては餌となるものがあり，しかも唯一の餌となることもある．植物の防御に対する耐性を進化させてきた必然的な結果として，消費者は，他の多くの，あるいはすべての動物にとって利用できない資源を利用できるようになるのであろう．例えば，熱帯のマメ科のジオクレア属の一種（*Dioclea megacarpa*）は，昆虫がタンパク質中のアルギニンの入るべきところに取り込んでしまう非タンパク性アミノ酸，L-カルバニンを持っているために，ほとんどすべての昆虫種にとって有毒である．しかし，マメゾウムシの一種 *Caryedes brasiliensis*，は，L-カルバニンとアルギニンを識別できる変形したtRNA合成酵素をもっており，その幼虫は *D. megacarpa* だけを食べる（Rosenthal *et al.*, 1976）．

3.7.5 隠蔽色，警戒色，擬態

隠蔽色　動物は，背景に紛れたり輪郭を曖昧にしたり，環境中の食べられない物に似た模様を持つことで，捕食者に見つかりにくくなる．緑色をしたバッタやチョウ・ガの幼虫，海や湖の表層に住んでいる透明な動物プランクトンは，このような**隠蔽色**（crypsis）の端的な例である．もっと巧妙な例としては，ホンダワラ属の海藻の中に住むハナオコゼ（*Histrio histrio*）の体の輪郭が海藻にそっくりであったり，小型の無脊椎動物の多くが小枝，葉，花にたいへんよく似ていたり，タテハチョウ科のカバイロイチモンジ（*Limentis archippus*）の幼虫が鳥の糞に似ていることなどがあげられる．隠蔽色を持つ動物は，おそらくたいへん味は良いのだが，その形態や色（そして適切な背景を選ぶ行動）が餌として利用される可能性を低くしている．

警告色　隠蔽は，食物としての価値が高い生物が用いる防衛戦術である．一方，有毒であったり危険な動物は，そのことを明るく目立つ色と模様で宣伝しているように見える場合が多い．この現象は**警告色**（aposematism）と呼ばれる．先に述べた化学的防御によって鳥に忌避されるオオカバマダラは，警告色で彩られていて，実際にその幼虫は防御物質としての強心配糖体を食草から採っている．警告色の進化に関する一般的な解釈は，こうである．目立つ色彩を持つ有毒な餌動物は，それを食べた捕食者によって認識され記憶される．その結果，餌動物は捕食を逃れられるので，目立つ色彩は有利になる．一方，捕食者に「学習させる」ためのコストは，目立つ餌動物の個体群全体で負担されてきたのであろう．しかしこの説は，目立つ有毒餌動物がどのように増えることができたのかという点に答えていない．目立つ有毒餌動物が希な間は，学習していない捕食者によって繰り返し個体群から除去されてしまうだろう（Speed & Ruxton, 2002）．この点についてのひとつの答えは，捕食者と餌動物が世代ごとに共進化してきたという考え方である．目立つ個体と目立たない個体，有毒な個体と食べられる個体が混ざった状態から，目立つ食べられる個体が除去されていくと，目立つ個体のうちの有毒な個体の比率は高くなり，捕食者においては目立つ個体に対する警戒が高まるような進化が起きる（Sherratt, 2002）．

ベーツ型擬態とミュラー型擬態　味のまずい被食者が，捕食者の記憶に残るような身体の模様を持つようになると，それはすぐに他の種にも策略の道を開く．もし，食べられる被食者が，擬態種（mimic）として，まずい種（モデル（model））と似たように見えれば，明らかに進化的に有利となる．これは**ベーツ型擬態**（Batesian mimicry）と呼ばれる．ベーツ型擬態の例として，味の良いカバイロイチモンジは，オオカバマダラに擬態しているが，オオカバマダラを避けることを学習したアオカケスは，カバイロイチモンジチョウも忌避するようになる．一方，お互いにまずい餌同士が似たような警告色を持つことも有利になるだろう．これが**ミュラー型擬態**（Müllerian mimicry）である．しかし，ベーツ型擬態とミュラー型擬態の境目に関しては，多くの未解決の問題が残っている．その原因のひとつは，理論的見解の多さに比べ，この2つを見分けるのに役立つような完璧なデータが追いついていないことである（Speed, 1999）．

ヤスデやモグラのような動物は，穴の中に住むことで捕食者の感覚器を刺激しないようにしているし，オポッサム（*Didelphis virginiana*）やアフリカジリスは，死んだ真似をすること（擬死）によって，捕食者の捕殺の衝動を引き起こさないようにしている．アナウサギやプレーリードッグにとっての穴，カタツムリの殻のように，用意した隠れ家の中に逃げ込む動物や，アルマジロ，アメリカヤマアラシ，タマヤスデなど，傷つきやすい部分を丸めて頑丈な外部構

造で保護してしまう動物は，そうすることで捕食される確率を小さくしているが，攻撃者が防御を突破できないだろうということに命を託している．動物によっては，威嚇的なディスプレーでうまくごまかして，窮地を脱しているように見えるものもある．例えば，チョウとガは，翅についている眼状紋を突然あらわにして驚かす．捕食されそうになった動物が，最も普通にとる行動は，当然ながら逃げることである．

3.8 資源の分類と生態的ニッチ

すでに見たように，植物がその生活環を完了するには，多くの異なる資源が必要である．そして，資源間の比率は微妙に違うとはいえ，ほとんどの植物は決まった組み合わせの資源を必要とする．それぞれの資源は，別個に獲得する必要があるが，摂取の機構も異なることが多い．資源によっては，イオン（例えば，カリウム），分子（CO_2），溶液，あるいはガスとして吸収される．炭素は窒素の代用にはならないし，リンの代わりにカリウムを使うこともできない．ほとんどの高等植物は，窒素を，硝酸塩としてもアンモニウムイオンとしても摂取できるが，窒素自体の代替品はない．これとまったく対照的に，肉食動物にとっては大きさがほぼ同じ餌動物であれば，ほとんどどれも餌として十分代替可能である．生物にとって個別に「必須」であるような資源と，相互に「代替可能」な資源を対比することによって，同時に摂取される一対の資源を分類することができる（図3.27）．

この分類では，あるひとつの資源の濃度や量が x 軸に，もうひとつの資源の濃度や量が y 軸にプロットされている．2つの資源の組合せによって，問題となっている生物の成長速度（個体の成長でも個体群の成長でもよい）が変化する．同じ成長

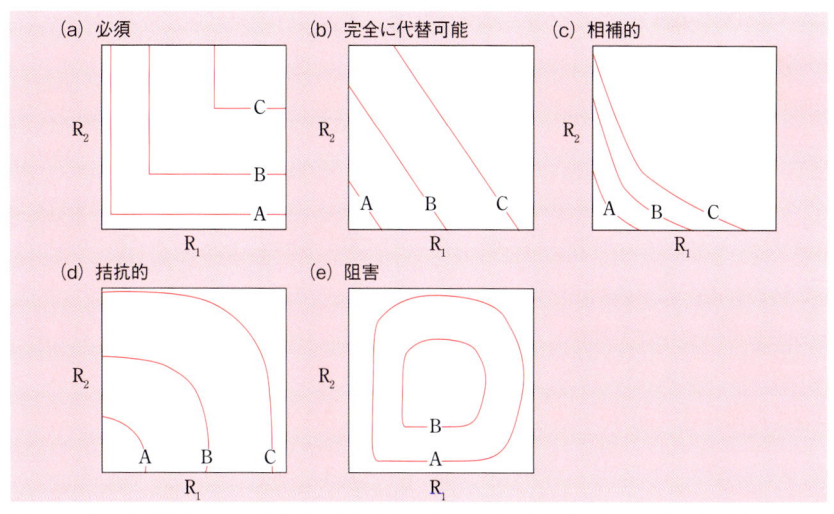

ゼロ成長等値線

図3.27 資源依存的な成長の等値線．それぞれの等値線は，個体群がある一定の成長速度を維持するのに必要な，2つの資源（R_1 と R_2）の量を示している．個体群成長速度は利用できる資源の量の増加とともに上昇していくので，等値線が原点から離れるほど，個体群の成長速度が大きいことを表す．等値線 A は負の成長速度，等値線 B はゼロ成長速度，等値線 C は正の成長速度の場合を示す．2つの資源の関係については，(a) は必須な資源，(b) は完全に代替可能な資源，(c) は相補的な資源，(d) は拮抗的な資源，(e) は阻害効果をもつ資源の場合を示す．(Tilman, 1982 より．)

速度の点（すなわち2つの資源の割合の組合せ）をつなぐと，成長速度に関する**等値線**（アイソクライン）を描くことができる．例えば，図3.27の線Bは，成長速度ゼロの等値線である．この線上のそれぞれの資源の組合せでは，生物は増えもせず減りもせず，現状を維持するだけである．Aの等値線は，Bの等値線よりも少ない資源量で，同じ負の成長を示す資源の組合せの点をつないだものである．一方，Cの等値線はBよりも多い資源量の組み合わせで同じ正の成長をもたらす資源の組合せをつないでいる．これからみていくように，等値線の形は2つの資源の特性によって変化する．

3.8.1 必須資源

2つの資源があり，一方の資源を他方に置き換えることができない時，その2つの資源は必須であると言う．この場合，一定量の資源1によって支えられている成長は，資源2の利用可能な量に完全に依存していて，その逆もまた同様である．この関係は，図3.27aの2つの軸に平行に走る等値線によって表現される．もう片方の資源の量にかかわらず，一方の資源によって実現可能な最大の成長量が決まるので，このような関係が成り立つ．この最大の成長量は，もう片方の資源の利用可能量が減少して成長速度の低下が起こらない限り実現される．この関係は，緑色植物の資源としての窒素とカリウムの組合せや，生活環の中で寄主変換しなければならない寄生者や病原菌にとっての2種の必須の寄主の組合せに当てはまる（第12章を参照）．

3.8.2 その他の種類の資源

2つの資源が互いにそっくり他方の資源で置き換えることができる場合，「完全に代替可能」であるという．この関係は，ニワトリの餌となる小麦と大麦の間や，ライオンの餌となるシマウマとガゼルの間などに当てはまる．しかし，2つの資源が完全に代替可能であるということは，2つが同程度に良質であることを意味しない．完全に代替可能であるが，同じように良質であるとは限らないという特性は，図3.27bの傾斜する等値線のx軸とy軸との切片が，原点から等距離にないことで表現されている．つまり，図3.27bが示しているのは，資源2が存在しない場合には，その生物が必要とする資源1の量は相対的に少なくて済むが，資源1が存在しない場合に必要な資源2の量は，それよりも多くなる．

2つの代替可能な資源について，等値線が原点に向かって内側にたわんでいる場合，その2つの資源は**相補的**であると定義される（図3.27c）．この図は，2つの資源を一緒に消費できる場合には，一方だけを消費する場合よりも少ない量でこと足りることを示している．よい例は，菜食主義者がマメ類と米を組み合わせて食べる場合である．マメ類には，米にほとんど含まれていない必須アミノ酸リジンが豊富に含まれており，逆に米にはマメ類にごく少量しか含まれていないイオウを含んだアミノ酸が豊富に含まれている．

代替可能な一対の資源に関する等値線が，原点から離れる方向にふくらむ場合，その2つの資源は**拮抗的**であると定義される（図3.27d）．この曲線の形は，一定の成長速度を維持しようとすると，両方の資源を一緒に消費する場合の方が，単独で消費する場合よりも，多く消費する必要があることを示している．このような例は，2つの資源が異なる毒素を含んでいて，それらが単に相加的ではなく，相乗的に作用するような場合に生じる．具体的な例として，D, L-ピペコリン酸とジエンコル酸は，それぞれ単独で消費される時には，種子を食べるマメゾウムシの幼虫の成長に有意な影響を与えないが，2つが同時に摂取されると顕著な効果が現れる（Janzen *et al*., 1977）．

最後に，図 3.27e は，一対の必須資源の量が多すぎると阻害が起きるような状況を示している．つまり，必須ではあるが過剰に存在すると有害であるような資源である．CO_2 や水と，鉄などの無機栄養塩は，すべて光合成にとって必要な物質であるが，いずれも過剰にありすぎると致死的な効果を持つ．同様に，光はある一定の範囲では，植物の成長を促進するが，非常に強くなると成長を阻害する．このような場合，資源の量が大きく増加すると成長は低下するので，等値線は閉じた曲線を描く．

3.8.3 生態的ニッチにおける資源軸

第 2 章で，n 次元空間ニッチの概念を展開した．この概念は，環境条件（第 2 章を参照）と資源（本章）の 2 つを含め，たくさん（n 個）の環境要因の軸について，生物が生存し繁殖できる限界を定義するものである．図 3.27 の成長ゼロの等値線は，2 次元のニッチでの境界を定義していることに注意しよう．生物は，線 B の片側の資源の組合せでは繁栄するのに対し，反対側の資源の組合せでは衰退する．

ひとつの種のニッチにおける資源の次元は，環境条件に適用したのと同様に，種が繁栄することのできる範囲の上限と下限とによって表現できる．例えば，ある捕食者は，一定の下限と上限の間の大きさの餌だけを見つけ出して処理することしかできないかもしれない．他の資源，例えば植物にとっての無機栄養塩類では，それ以下の量では個体が成長・繁殖ができなくなる下限の量があるだろうが，上限は存在しないかもしれない（図 3.27a-d）．連続変数として表すことのできない，不連続な実体としてしかとらえられない資源も多いに違いない．ドクチョウ属（*Heliconius*）のチョウの幼虫は餌としてトケイソウ属（*Passiflora*）の葉を必要とするし，オオカバマダラはトウワタ科の植物に専門化している．また動物の多くの種は，それぞれ特別な場所に巣をつくる．このような資源，例えば「餌植物種」に関する要求を，連続したグラフの軸上に配列することはできない．ニッチを構成する餌植物や巣場所といった次元は，利用できる資源の一覧表としてしか定義できないのである．

つまるところ，ある生物種にとってのニッチは環境条件と資源によって定義される．次の章では，環境条件と資源に対する最も基本的な生物の反応，生物の成長，生残，そして繁殖に話を移すことにしよう．

まとめ

資源とは生物にとって必要なもので，その量は生物の活動によって減少してしまう．このため，生物は限られた資源の分け前にありつくために，互いに競争することになるだろう．

自立栄養生物（緑色植物と一部の細菌）は，無機資源を同化してさまざまな有機分子（タンパク質や炭水化物など）を作る．それらは，従属栄養生物にとっての資源となり，この消費者が次にはほかの消費者にとっての資源となっていくような連鎖に組み込まれていく．

太陽放射は緑色植物の代謝活動における唯一のエネルギー源である．放射エネルギーは光合成によってエネルギーに富んだ炭素の化合物となり，それは呼吸によって分解されていく．しかし，光合成器官は，光合成有効放射の波長帯だけからエネルギーを得ることができる．この章では，放射の量と質の変異と，その変異に対する植物の反応について見てきた．また，植物が光合成と水の保持の間の矛盾を解決するための戦略的，戦術的な方法についても見てきた．

二酸化炭素も光合成にとって必須のものである．この章では，二酸化炭素濃度の変異とそれがもたらす影響を，地球レベルの濃度の上昇から，微小スケールでの空間的変異まで含めて見てきた．光合成には C_3，C_4，CAM の 3 つの経

路がある．ここでは3つの経路の違いと，それがもたらす生態的帰結について説明した．

　水はすべての生物にとってきわめて重要な資源である．植物の根がどのように水を捕捉するのか，そして根の周りにできる水と無機栄養塩類の資源枯渇帯の動きについて説明してきた．多量栄養素と微量元素に大別される無機栄養塩類は，イオンや分子の形でそれぞれ別個に植物体中に入ってくる．無機栄養塩類は土壌への吸収や土壌中の拡散においてそれぞれ独自の特徴を有していて，植物にとっての吸収しやすさはこのような特性によって決まる．

　酸素は動物と植物の双方にとっての資源である．水の中や水浸しの環境では，生物にとって酸素はすぐに制限された資源になる．水中の環境で有機物が分解されるとき，微生物の呼吸によって酸素濃度は低下し，そこで生活できる高等な動物の種類を制約することになる．

　従属栄養生物は，腐生生物，捕食者，植食者，寄生者に分けられ，それぞれがさらに，スペシャリストとゼネラリストに分けられることを説明した．

　植物組織の炭素：窒素の比は，細菌，菌類や動物と較べてきわめて高い．植物を消費する生物が主に排泄するのは，炭素に富んだ化合物であるのに対し，肉食者が排泄するものは主に窒素に富んだものである．植物の成分組成は部位によってかなり異なっている．このため，小さな植食者のほとんどはスペシャリストである．これに対して植食者の体の成分組成は驚くほど似ている．

　植食者が潜在的に使用できるエネルギー源は，セルロースとリグニンでできているが，ほとんどの動物はセルラーゼを持っていない．これは進化史における謎のひとつである．植食性の脊椎動物が異なる餌資源を食べたときのエネルギーの獲得速度は，消化管の構造によって決まってくることを説明した．

　生きている資源は，物理的防御，化学的防御，隠蔽色，警戒色，擬態などによって概ね防御されている．このため，消費者と消費されるものの間には，共進化的な軍拡競走が起きる．

　見つかりやすさ理論と最適防御理論は，違うタイプの防衛化学物質，特に構造的なものと誘導的なものが，異なる植物種や同じ植物の異なる部位に分布していることを合理的に説明しようと試みている．

　2つの資源の組み合わせについて，消費者の成長がゼロとなるような等値線を描くことで，2つの資源の関係を必須的，完全代替可能，相補的，拮抗的，阻害に分類することができる．ゼロ等値線自体は，ひとつの種の生態的ニッチの境界線を定義している．

第4章

生活，死，生活史

4.1 はじめに — 生命の生態学的事実

本章では，これまでとは違う視点から生物を捉えてみよう．すなわち，個体とその環境との相互作用よりも，個体数とその変動をもたらす過程に注目しよう．

この視点から見ると，生命にとって基本的な，次のような生態学的事実が存在する．

$$N_{\text{now}} = N_{\text{then}} + B - D + I - E \quad (4.1)$$

すなわち，ある場所に存在する特定の種の現在の個体数（N_{now}）は，過去のある時点にその場所にいた個体数（N_{then}）に，その時点から現在までの出生数（B）を足して，死亡数（D）を引き，移入した個体数（I）を足して，移出した個体数（E）を引いたものに等しい．

この事実から，生態学における主要な研究目的が明らかになる．それは，生物の分布とその数量を記載し，説明し，それを理解することである．生態学者の関心は，個体数，個体の分布，それらに影響する個体群統計学的な過程（出生，死亡，移動），そしてその過程が環境要因によってどのような影響を受けるかにある．

4.2 個体とは何か？

4.2.1 単体型生物とモジュール型生物

上に述べた「生命の生態学的事実」は，どの個体もすべて同じであるという仮定を含んでいるが，この仮定はいくつかの点で明らかに間違っている．第一に，ほとんどすべての種は，その生活環のなかで多くの発育段階を通過する．例えば，昆虫は卵から幼虫へ変態し，グループによっては蛹を経て，成虫へと変態する．植物は，種子から実生を経て，光合成をする成体へと変わっていく．そのようなすべての場合に，発育段階の異なる個体は，それぞれ異なる要因に影響される．移出入率，死亡率，そしてもちろん繁殖率も発育段階によって異なる．

第二に，ひとつの発育段階の中でも，各個体の「質」や「状態」が異なることもある． 個体ごとに生活環の段階と状態は異なる
それが最も明らかなのは体の大きさである．また，各個体が保持する物質の量が異なる場合もよく見られる．

さらに，すべての個体は同じであるという仮定が特に不 単体型生物
適切な場合がある．それは，その生物が単体型ではなくモジュール型の場合である．**単体型生物**（unitary organisms）においては，形態はきわ

めて限定されている．個体に異常がなければ，イヌはすべて4本の足をもち，イカはすべて2つの目をもつというように．ヒトは単体型生物の典型的な例である．個体の生命は，精子と卵が受精し接合子を形成することによって始まる．接合子は子宮壁に着床し，胚発生の複雑な過程が始まる．6週目までに，胎児には鼻，目，耳，そして指を備えた手足が認められるようになり，これら各部分は事故がなければ死ぬまで保持される．胎児は生まれるまで成長を続け，さらに生まれた幼児は18歳頃まで成長していく．唯一の形態的変化（大きさの変化と対比して）は，性成熟に関する比較的小さな変化である．生殖期は，女性では30年ほど続き，男性はそれよりもさらに長い．その後は老衰期に入る．死亡はいつでも起こり得るが，生存中の個体の発育段階の移り変わりは，形態と同様，完全に予測できる．

一方，**モジュール型生物**（modular organisms）（図4.1）においては，変化の時期と形態のどちらも予測不可能である．接合子は成長して体の構成の基本単位（すなわちモジュール．例えば，一枚の葉とそれに付随する一定の長さの茎）となり，それはさらに同様のモジュールを生産する．個体はそのようなモジュールで構成されるが，モジュールの数は個体ごとに大きくばらつく．モジュール型生物の発達の仕方は，個体と環境の相互作用に強く依存している．モジュールから生産されるものは，ほとんどの場合分岐によるものであり，きわめて若い時期以外は，その場所から動くことはまずない．ほと

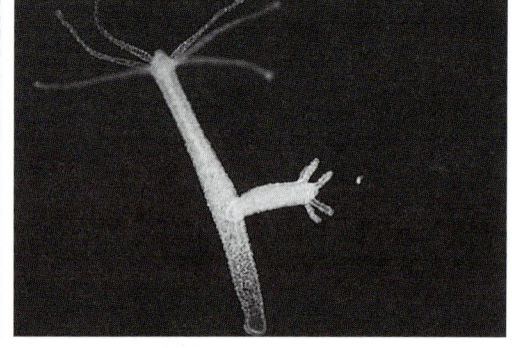

図4.1 モジュール型植物（左側）とモジュール型動物（右側）のさまざまな基本構造．(a) 成長するにつれて分離していくモジュール型生物：ウキクサ類（*Lemna* sp.）とヒドラ類（*Hydra* sp.）．(b) 自在に分枝し，「茎」に個々のモジュールを展開する生物：モジュールに養分を提供する葉をもつ高等植物スイカズラ（*Lonicera japonica*）の栄養成長シュートと開花シュート，および養分を作るモジュールと繁殖を行うモジュールの両方を生み出すヒドロ虫（*Obelia*）のコロニー．(c)「匍匐枝」あるいは根茎によってつながり，コロニーを横方向へ広げる生物：匍匐枝で広がるイチゴ（*Fragaria*），およびヒドロ虫（*Tubularia crocea*）のコロニー．（上図）(d) 密に束ねられたモジュール群：点在して生えるユキノシタ（*Saxifraga bronchialis*），および造礁サンゴ（*Turbinaria reniformis*）の一部．(e) 永続性のある，大部分が死んだ支持組織のうえに蓄積されたモジュール：主に古いモジュール由来の死んだ木材組織が体を支えるナラ（*Quercus robur*）の木，および主に古いモジュールが著しく石灰化することで体を支える刺胞動物門のサンゴ．（カラー写真は，102ページと103ページの間の図版4.1を参照．）

((a) 左図，ⒸVisuals Unlimited/John D. Cunningham；右図，ⒸVisuals Unlimited/Larry Stepanowicz；(b) 左図，C Visuals Unlimited；右図，ⒸVisuals Unlimited/Larry Stepanowicz；(c) 左図，ⒸVisuals Unlimited/Science VU；右図，ⒸVisuals Unlimited/John D. Cunningham；(d) 左図，ⒸVisuals Unlimited/Gerald and Buff Corsi；右図，ⒸVisuals Unlimited/Dave B. Fleetham；(e) 左図，ⒸVisuals Unlimited/Silwood Park；右図，ⒸVisuals Unlimited/Daniel W. Cotshall)

んどの植物はモジュール構造をもち，最も明瞭なモジュール型生物の一群を構成している．しかし動物にも重要なモジュール型生物のグループがあり（海綿動物，ヒドロポリプ，サンゴ，コケムシ，群体性のホヤなどの19の門），またモジュール的な原生生物や菌類も多い．多様なモジュール型生物の成長，形態，生態および進化についての総説が，Harper et al. (1986a), Hughes (1989), Room et al. (1994), Collado-Vides (2001) によってまとめられている．

また，個体間の違いは，単体型生物よりもモジュール型生物の方がはるかに大きくなり得る．例えば，一年生植物のシロザ Chenopodium album （アカザ科）の個体は，貧栄養または高密度の状況で育つと，わずか50 mmの大きさで花や種子をつける．しかし，もっと好適な条件のもとでは，高さ1 mまで育ち，発育不良の個体の5万倍もの種子を生産することがある．この可塑性をもたらすものは，モジュール性と，植物体の部分ごとに異なる出生率，死亡率である．

高等植物の成長の過程で，地上部の基本的モジュールとなっているのは，葉とそれに付随した腋芽と節間の茎を合わせた単位である．腋芽は，発達して成長するにつれ，次々と葉を生産するが，それぞれの葉腋には芽がついている．植物はこのモジュールを積み重ねることによって成長する．生育過程のある段階では，繁殖に関与する新しい種類のモジュール（例えば，高等植物における花）が現れて，最終的には新しい接合子が生み出される．繁殖のために特殊化したモジュールは，通常，新しいモジュールを造らない．植物の根もまたモジュールから成り立っているが，それは地上部とはまったく異なっている (Harper et al., 1991)．モジュール型生物の発達のプログラムは，異なる役割（例えば，繁殖あるいは成長を続ける役割）を担うモジュールの比率によって決まる場合が多い．

4.2.2 モジュール型生物の成長様式

植物と動物のモジュール成長により生みだされる多様な成長様式と構造を図4.1に示す（図版4.1のカラー写真を参照）．モジュール型生物には大きく分けて，基質上または基質中で，もっぱら縦方向に成長するものと，モジュールを横へ広げるものとがある．多くの植物は横へ伸長する茎に合わせて新しい根系を作りだす．それは根茎や匍匐枝を持つ植物である．こうした植物の部分間の接続部は死んで腐敗してなくなり，最初の接合子の産物が，生理的に独立した複数の部分に分割されてしまうこともある（このように，分離して存在し得る能力を持つモジュールは**ラミート**（ramet）と呼ばれている）．成長するにつれて部分ごとに「分離」する植物の最も極端な例は，アオウキクサ（*Lemna*）やホテイアオイ（*Eichhornia*）などの浮草である．池，湖沼，あるいは川全体が，たったひとつの接合子から生まれて分離し独立した，たくさんの植物体によって埋め尽くされることもある．

もっぱら垂直方向に成長する植物の代表的な例は樹木である．樹木と灌木を草本と区別する特徴は，モジュール同士を繋ぐ連結部分と，地上部のモジュール群と根系を繋ぐ連結部分にある．多年生という性質は，この連結系が朽ちることなく木部を肥大させていくことでもたらされている．そのような樹木の構造の大部分は死んでいて，生きている組織は樹皮の直下に薄い層として存在するに過ぎない．しかし，生きている層は継続的に新しい組織を再生産し，死んだ組織の層をさらに幹に加えていく．この死んだ組織から成る頑丈な幹は，地下から水と栄養塩類を獲得しながらも，地上50 mの樹冠頂上で光を獲得するという難問を解決するのに役立っているのである．

モジュールの形成においては，2つもしくはそれ以上の階層を認めることができる． モジュールの中のモジュール

そのよい例はイチゴで，ひとつの芽から，ロゼット状に配置される葉を繰り返し展開させる．イチゴの体は，(i) 新しい葉をロゼットに加えることによって，また，(ii) それらロゼットの葉腋から成長した匍匐枝に，新しくロゼットを形成することによって，成長する．樹木もまた，いくつかの階層から成るモジュール構造をもっている．すなわち，葉と腋芽がひとつの単位となり，葉の配列によって形成されるシュート全体がその上の単位となる．さらに特定のパターンでシュートが繰り返される枝全体が次の単位となって，モジュール構造を形成している．

成長と繁殖が精密に秩序だっているという点で違いがあるにしても，植物と同様にモジュール型である動物も多い．さらに，例えば，サンゴでは，多くの植物と同様に生理的に統合された個体としても存在するし，一群のコロニーに分かれたり，1個体のすべての部分が生理的には独立して存在する場合もある (Hughes *et al*., 1992)．

4.2.3 モジュール型生物の個体群の大きさとは何か？

モジュール型生物の場合には，生き残っている接合子は個体群の一部に過ぎず，それを数えても個体数について誤った印象を与えてしまうだろう．Kays & Harper (1974) は，ひとつの接合子から生じた**遺伝的に同一な個体** (genetic individual) を表すために**ジェネット** (genet) という用語を造った．モジュール型生物では，ジェネット（個体）の分布とその数量が重要である．しかし，モジュール（ラミート，シュート，分げつ枝，個虫，ポリプなど）の分布と数量を研究することが有用な場合も多い．例えば，畜牛の餌となる草の量は，草のジェネットの数によってではなく，葉の数，すなわちモジュールの数によって決まる．

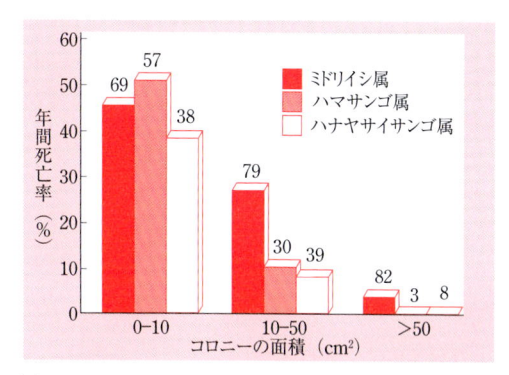

図4.2 グレートバリアリーフのヘロン島における3属のサンゴでは，死亡率はコロニーの大きさ（ほぼ齢に対応）が大きくなるにつれ一貫して低下する．図中の数字は標本数．(Hughes & Connell, 1987; Hughes *et al*., 1992 より．)

4.2.4 モジュール型生物の老化—あるいはその欠如

モジュール型生物には，個体全体のプログラムされた老化は見られないことが多く，永続的に若さを保っているかのようにみえる．死んだ幹組織を蓄積する樹木や，古い石灰化した枝を蓄積するサンゴでさえも，予定された老化によって死亡するのではなく，あまりに大きくなりすぎたり，あるいは病気に冒された結果，死亡する．図4.2には，オーストラリアのグレートバリアリーフでの3種類のサンゴの例を示した．年間死亡率はコロニーの大きさ（ほぼ齢に等しい）が増大するにつれ急激に低下し，最も大きく最も高齢のコロニーでは事実上ゼロとなる．極端に高齢のコロニーで死亡率が増大するという証拠は得られていない (Hughes & Connell, 1987)．

モジュールを単位として見ると，事情はまったく異なる．落葉樹でみられる毎年の葉の死亡は，最も劇的なモジュールの老化の例であるが，根や芽や花，それにモジュール型動物のモジュールも，すべて若齢相，中齢相，老齢相（老化），そして死亡という相（フェイズ）を通過する．個々のジェネットの成長は，これらの過

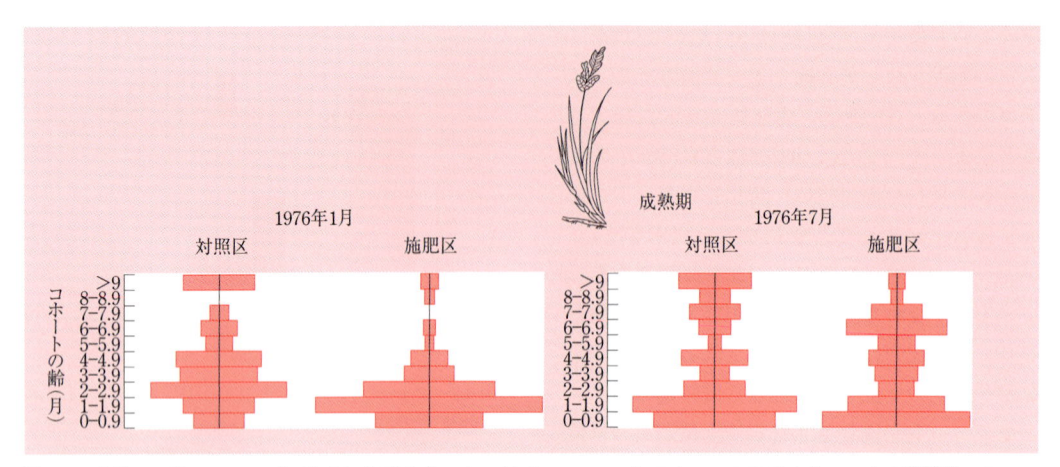

図 4.3 イギリス北ウェールズの砂丘に生育するスナスゲ Carex arenaria のクローン内でのシュートの齢構造．クローンはさまざまな齢のシュートからなるが，その齢構造は施肥の影響で変化する．すなわち，若いシュートが優占するようになり，老齢のシュートは死ぬ．(Noble et al., 1979 より．)

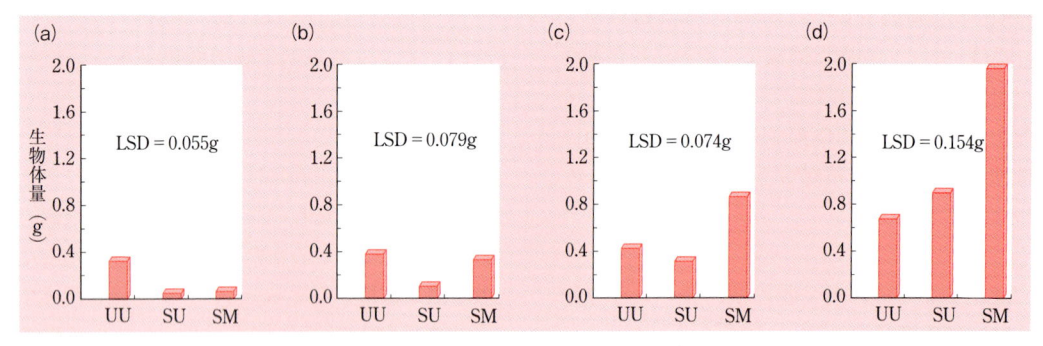

図 4.4 シラゲガヤ Holcus lanatus の娘ラミートの成長．実験開始時の齢は (a) 1 週間，(b) 2 週間，(c) 4 週間，(d) 8 週間であり，それぞれその後 8 週間成長させて計量した．LSD (最小有意差) とは，2 つの平均値が互いに有意に異なるために上回らなければならない値．詳しい議論は本文を参照．(Bullock et al., 1994a より．)

程が合わさった結果である．図 4.3 は，スナスゲ Carex arenaria のシュートの齢構造が，窒素，リン，カリを含む肥料の使用によって，たとえ存在するシュート総数がほとんど変わらない場合でも，劇的に変化することを示している．肥料を与えた調査区では，若いシュートが優占するようになり，対照区で普通にみられた老齢のシュートは早々と死んでいった．

4.2.5 モジュールの統合

地下茎や匍匐枝をもつ種の多くでは，この齢構造の変化は，個々のラミート間の連結がそのまま残るかどうかと対応している．若いラミートは，そこから成長しまた連結している老齢のラミートからの栄養素の流入という利益を受けるだろう．しかし，モジュール間の連結の利害は，娘モジュールの定着が確かなものになり，親ラミートが繁殖後の老齢相へ移行するにつれ，著しく変化するだろう (このことは単体型生物の親による子の保護にも当てはまる) (Caraco & Kelly, 1991)．

モジュールの統合にかかるコストと得られる利益が変化することは，牧草のシラゲガヤ (Holcus lanatus) を使った実験で研究されている (図 4.4)．この実験では，次のような 3 つの処理をしたラミート間で成長を比較した．(i) 親植物と生理的に連結したままで，同じポット内

で育てられたラミート（非切断，非除去：UU）．このとき親ラミートと娘ラミートの間には競争が起こる可能性がある．(ii) 親ラミートとの連結を切断した上で，同じポットで育てられたラミート（切断，非除去：SU）（競争が起こり得る）．(iii) 親ラミートとの連結を切断し，親ラミートを除去した後の同じポットに植え直されたラミート（切断，除去：SM）．このとき競争は起こり得ない（図4.4）．これらの処理をさまざまな齢の娘ラミートに施し，処理後8週間の成長量が調べられた．最も若い娘ラミートでは（図4.4a），親ラミートへ連結している場合には成長は有意に高かった（UU>SU）が，親ラミートとの競争は明瞭な効果を示さなかった（SU≒SM）．これに対して，少し齢の進んだ娘ラミートでは（図4.4b），成長は親ラミートによって抑制された（SU<SM）が，この効果は生理的連結によって相殺された（UU>SU：UU≒SM）．もっと成長した娘ラミートでは，その釣り合いはさらに変化した．親ラミートへの連結は，親ラミートの存在の負の効果を完全に打ち消すのに充分なものではないか（図4.4c；SM>UU>SU），または逆に娘ラミートの資源が親ラミートへ流出しさえするように見えた（図4.4d；SM>SU>UU）．

4.3 個体数の計数

出生，死亡，モジュール成長を厳密に調べようとするなら，それらを定量的に計測する必要がある．それは，個体数や，場合によってはモジュール数を数えることを意味する．実際には，出生と死亡そのものを扱った研究は少なく，多くの研究は出生と死亡の結果，すなわち，現存する個体数と，個体数が時間とともに変化する様子を問題にしている．それでも，そうした研究は有益なことが多い．単体型生物に関しても，野外の個体群に起きていることを測定する生態学者は技術的な難しさに直面する．きわめて多くの生態学的問題が未解明のまま残されているのは，この難しさゆえである．

研究の対象となる1つの種の個体の集まりを記述するには，**個体群**（population）という用語を用いるのが普通である．しかし，実際に何が個体群を構成するかは，種ごとに，また研究ごとに異なる．個体群の境界が明快な場合もある．例えば，小さな湖の中に棲むトゲウオは，「その湖のトゲウオ個体群」である．場合によっては，個体群の境界は，研究者の都合や目的に合うように決められる．例えば，1枚の葉に生息するライムアブラムシの個体群を研究することも可能だが，1本の樹木，1つの林，1つの森林地帯全域に生息するライムアブラムシ個体群を研究することも可能である．さらに，個体が広大な面積に連続的に分布している場合も多く，研究者は個体群の境界を任意に決めざるを得ない．そのような場合には特に，個体群の**密度**（density）を考えると便利である．密度は普通「単位面積当りの数」として定義されるが，場合によっては「葉当りの数」や「寄主当りの数」など，他の尺度を用いる方が適切なこともあるだろう．

個体群の大きさを決めるには，単にそこにいる個体数を数えればよいと思われるかもしれない．特に，比較的小さくて島のように孤立した場所で，シカのように比較的大きな個体が対象ならば，それは可能かもしれない．しかしながら，ほとんどの種に関して，そのような**完全に数えあげる**方法は実際的ではないか，不可能である．存在するすべての個体を数えあげるための観測精度は，常に100％より小さい．そのため，生態学者はたいてい個体群の個体数を数えるのではなく，**推定する**方法をとる．例えば，作物につくアブラムシの数を以下のように推定する．まず，個体群全体を代表するように葉からサンプルを選び，サンプル上のアブラムシの個体数を数える．そして，地面1平方

個体群とは何か？

個体群の大きさを知る

メートル当りの葉の数を推定し，これをもとに1平方メートル当りのアブラムシの個体数を推定する．植物や地表で生活する動物を調べる場合，普通サンプルの単位は，**コドラート**（quadrat）と呼ばれる小面積の空間である（実際の調査で使う道具で，一定の面積の地表を区切るために用いる，正方形や長方形の金属や木製の枠のこともコドラートと呼ぶ）．土壌中で生活する生物を調べる場合，サンプルをとる単位は，通常，ある一定の体積の土壌であり，湖で生活する生物なら，ある一定の体積の水である．植食性昆虫に対するサンプリングの単位は，代表的な植物体1本か葉1枚である場合が多い．サンプリング方法や，個体数調査法全般についてのもっと詳しい解説は，生態学の方法論についての多くのテキストに載っている（例えば，Brower *et al*., 1998; Krebs, 1999; Southwood & Henderson, 2000）．

特に動物に関しては，個体群の大きさを推定する方法がさらに2つある．そのひとつは，**捕獲-再捕獲法**（capture-recaputure method），または標識再捕法（mark and recapture method）と呼ばれる方法である．この方法を簡単に説明すると，まず個体群からランダムに個体を捕獲して，後で識別できるように個体に標識を付ける．そして標識個体を，個体群の残りの個体と混ざるように放逐する．そして再びランダムに捕獲する．個体群の大きさは，この二度目の捕獲における標識個体の比率から推定できる．大雑把に言えば，二度目の捕獲での標識個体の比率は，個体群の大きさが比較的小さいときには高く，大きいときには低くなる．捕獲-再捕獲法による連続したサンプリングのすべての結果があると，データセットはもっと複雑になり，解析方法もさらに複雑かつ強力になる（捕獲-再捕獲法のレビューについては，Schwarz & Seber, 1999を参照）．

もうひとつの方法は，**個体数の多さの指標**（index of abundance）を用いる方法である．この方法は個体群の相対的な大きさについての情報

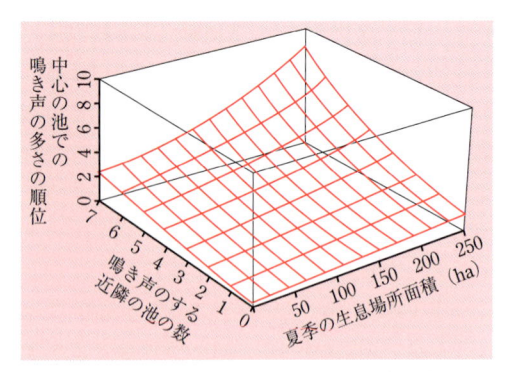

図4.5　池に棲むヒョウガエルの個体数の多さ（鳴き声の多さの順位）は，ヒョウガエルが占有する近隣の池の数と池から1 km以内にある夏季の生息場所面積の両方が増加すると有意に増加する．鳴き声の多さの順位は，4つの状況を表した指数の合計値である．すなわち，カエルがいない場合を0，カエルが少なくて鳴き声が重複しない場合を1，重複するが鳴き声から識別できる個体数が15個体未満の場合を2，そして15個体以上の鳴き声がする場合を3として計算されたものである．（Pope *et al*., 2000より．）

を与えるが，普通これだけでは個体群の絶対的な大きさに関する情報は得られない．例えば，図4.5は，カナダのオタワ近郊において，ヒョウガエル（*Rana pipiens*）が占有する池の数と夏季の生活場所（池のまわりの地上）の面積が，ヒョウガエルの個体数の多さに及ぼす影響を示している．ただし，個体数の多さは，ヒョウガエルの「鳴き声の多さの順位」を(1)カエルがいない，(2)わずかにいる，(3)たくさんいる，(4)非常にたくさんいる，の4つのカテゴリーで表し，それをもとに推定したものである．このように，短所はあるものの，個体数の多さの指標も価値ある情報を与えてくれる．

出生数の計測は，個体数の測定よりもさらに難しいだろう．接合子の形成は，個体の出発点とみなされることが多い．しかし，その段階の個体は母体内に潜んでいて，調査は極めて難しい．多くの動物や植物に関してどれほどたくさんの胚が出生前に死んでいるか，私たちは単に知らないだけである．しかし，アナウサギでは少なくとも50％の胚が子宮内で死ぬと考えられている．ま

た，多くの高等植物では，種子が完全に成熟するまでに約50％の胚が中絶される．従って，接合子の形成を出生の時期として扱うことは，実際にはほぼ不可能である．鳥類の研究では，孵化の瞬間を出生の時期とみなせるだろう．哺乳類では，胎児が母体内から出て乳児となる時期を出生の時期とする．また，植物では，本当は発達した胚が休眠期を経て成長を再開した瞬間こそが出生であるはずなのだが，種子の発芽をもって実生の誕生とする．従って，研究の際に忘れてならないのは，個体群の半数あるいはそれ以上の個体が，出生を記録される前に死んでいるということである．

死亡数の計測 一方，死亡数の計測には，多くの問題がある．自然界では，死体は長くは残らない．死後も長く残るのは，大型哺乳類の骨格くらいのものである．植物の実生の場合，その数を計測し分布図を作成したとしても，翌日には跡形もなく消失していることもある．ハツカネズミやハタネズミ，それにチョウの幼虫やミミズのような軟らかい体をもつ動物は，捕食者によって消化されたり，腐肉食者や分解者によってすばやく消し去られてしまうだろう．こうした動物は，数えられるような死体や死亡の原因を示すものを残さない．捕獲–再捕獲法は，個体群から消失した標識個体の割合を知ることで，死亡数の推定に大いに役立つ（おそらくは生残率をもとに個体数の多さを測定する場合の方が多い）．しかし，その場合でさえも，標識個体の消失が個体の死亡によるものか，あるいはその個体群からの移出によるものかを知ることは不可能である．

4.4 生活環

個体数の多さを決定する要因を理解するには，個体群の構成要素である個体の一生において，それらの要因が最も強く働く発育段階を知る必要がある．そのためには，その生物の生活環で起きている一連の現象（生活史）を理解しなければならない．きわめて単純に一般化して生活史を眺めると，出生のあとに前繁殖期が続き，繁殖期を経て，場合によっては後繁殖期となり，老衰の結果死亡に至る（しかし，もちろん死亡は別の形をとっていつでも起こり得る）．図4.6に，さまざまな生活環を概略的にまとめたが，この単純な分類にあてはまらない生活環も多い．いくつかの世代あるいは多くの世代が一年のなかに存在する生物もいる．また，ある生物は，各年に一世代のみをもつ（一年生生物）が，他の生物は，複数年あるいは多くの年にわたる生活環をもつ．しかしながら，どのような生物でも成長の期間は繁殖の前にあり，繁殖が始まると成長はふつう抑制され，場合によっては完全に停止する．

生活環の長さがどうあれ，それぞれの種は，**一回繁殖型**一回繁殖と多回繁殖の生活環（semelparous）か**多回繁殖型**（iteroparous）かのどちらかに分けられる（植物学者はそれぞれを一稔性（monocarpic），多稔性（polycarpic）と呼ぶこともある）．一回繁殖型の種では，各個体は成長のほとんどを終える前に，生涯の中で唯一の明瞭な繁殖期をもち，その時には将来の繁殖にそなえての生き残るための投資はほとんど（あるいはまったく）しない．従って，繁殖を終えるとその個体は死んでしまう．一方，多回繁殖型の種においては，各個体はふつう数回，あるいは何回もの繁殖期を経験する．実際には，それを長期にわたる一回の繁殖活動期間と見なすこともできるだろう．それぞれの繁殖活動期間にも，個体は将来への生存やおそらく成長のためにも投資を続ける．そのため，多回繁殖型の種には，それぞれの繁殖活動期間の後も，生存し繁殖する機会が十分にある．

例えば，一年生植物の多くは一回繁殖型であり（図4.6b），繁殖の時期になると急速に開花結実をおこない，そして死ぬ．これは耕作地の雑草に共通して認められる．他の一年生植物は多回繁殖型である（図4.6c）．例えば，ノボロギク

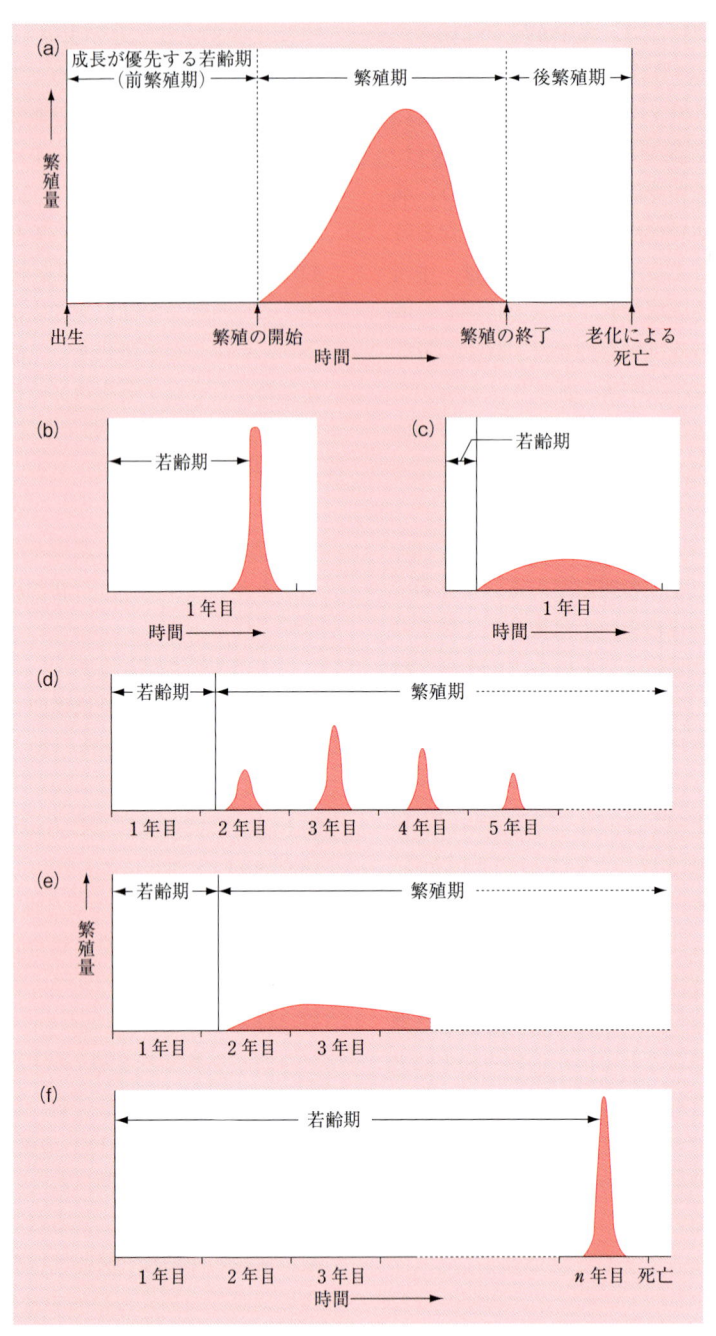

図4.6 (a) 単体型生物の生活史の概略．時間は横軸に沿って経過し，いくつかの時期に分けられる．繁殖量は縦軸で示される．下の図 (b) から (f) にそのさまざまなパターンを示す．(b) 一回繁殖型の一年生生物．(c) 多回繁殖型の一年生生物．(d) 長い寿命をもち，季節的な繁殖を行う多回繁殖型生物（実際には図から示唆されるよりもずっと長く生きるだろう）．(e) 長い寿命をもち，連続的に繁殖を行う生物（(d) と同様に，実際には図から示唆されるよりもずっと長く生きる）．(f) 一年より少し長く生きる（二年目に繁殖を行う二年生生物）か，あるいはそれより長く，多くの場合非常に長く生きる一回繁殖型生物．

(*Senecio vulgaris*) は，冬季の降霜で死亡するまで，成長および花や種子の生産を続ける．そして，花芽をつけた状態で死ぬのである．

長い寿命を持つ多回繁殖型の多くの植物や動物の生活にも，著しい季節的なリズムが存在する．これは特に繁殖活動において見られ，それらの生物は，一年に一度繁殖の期間をもつ（図4.6d）．一般に，繁殖（あるいは植物の開花）は光周期の長さが引き金となって起こり（第2章3.7節を参照），季節的な資源が豊富となる時期に合わせて子どもが生まれたり，卵が孵ったり，あるいは種子が成熟するようになっている．ただし，一年生の生物とは異なり，それらの世代は重複し，さまざまな齢の個体が同時に繁殖をおこなう．それらの個体群は，成長した個体の生残と，新しい個体の出生の両方によって維持されている．

一方，気温と降水量の季節的な変化がほとんどなく，光周期の変動もまったくと言っていいほどない湿潤な赤道地域では，一年を通して花や果実をつける植物や，そうした植物を資源として利用することでいつでも繁殖を行う動物を目にすることができる（図4.6e）．例えば，イチジク (*Ficus*) の中には，常に果実を生産し，一年を通して鳥類や霊長類への安定した食料供給源となるものもある．もっと季節的な変動のある気候帯では，ヒトが例外的に一年を通して常に繁殖を行う種である．しかし，例えば，ゴキブリなどのように，ヒトが生みだした安定した環境下で年中繁殖する種もわずかに存在する．

さまざまな生活環　一年よりも長い寿命をもつ多年生の一回繁殖型植物（図4.6f）の中には，明らかな二年生のものがある．二年生植物の各個体は，成長するために冬をはさんで二度の夏を必要とする．そして，二度目の夏に一回だけ繁殖する．一例としてコゴメハギ *Melilotus alba* について見よう．ニューヨーク州で調べられた例では，コゴメハギは，一度目の成長期（実生が成長して定着個体となる）の間には比較的高い死亡率を被り，その後，二度目の夏が終わるまでの間の死亡率はもっと低くなる．そして，開花の時期を迎えると，生残率は急速に低下する．三度目の夏まで生残する個体はいない．すなわち，最大で2つの世代が時期的に重複する（Klemow & Raynal, 1981）．世代の重複する一回繁殖型植物のさらに典型的な例としては，キク科の *Grindelia lanceolata* があり，これは出生後3年目，4年目，あるいは5年目に開花する．しかし，一度開花すると，その後まもなくその個体は死亡する．

世代の重複する一回繁殖型動物（図4.6f）のよく知られた例は，ベニザケ *Oncorhynchus nerka* である．サケは川で産卵する．稚魚は最初の生育段階を淡水で過ごし，その後海へ移動し，ときには何千マイルも移動する．成熟すると，サケは自分の孵化した川に戻ってくる．中には，海に出た後たった2年で成熟し，繁殖のために戻ってくる個体もいるが，そうでない個体は，もっとゆっくり成熟し，3年，4年，あるいは5年後に戻ってくる．つまり，繁殖時のサケ個体群は，世代の重複する個体で構成されることとなる．しかし，すべての個体は一回繁殖型であるので，産卵を終えると死ぬ．サケの繁殖期間は一生の最終段階なのである．

長い寿命をもつがただ一度だけ繁殖を行う種には，もっと劇的な例もある．タケ類の多くの種は，密集したクローンのシュートを形成し，多くの年月を栄養成長のまま過ごす．中には100年も栄養成長のみ行う種もいる．その後，同一クローン（ときには異なるクローン）からなるシュート個体群全体が，集団で同時に開花し，死ぬ．シュートどうしが物理的に離れていたとしても，離れたシュートが同時に開花するのである．

次の節では，これらのいくつかの生活環における出生と死亡のパターンを詳しく見てみよう．そして，これらのパターンをどのようにして定量するのかを見よう．齢や発育段階に伴って変化する死亡率のパターンを追跡し検討する

ためには，**生命表** (life table) が用いられることが多い．そして，この生命表を基にして**生存曲線** (survivorship curve) が描かれる場合も多い．生存曲線とは，一群の新生個体，あるいは新生モジュールについて，その数が時間とともに減少していく様子を跡づけたものである．また生存曲線は典型的な新生個体がさまざまな齢まで生存する確率を表したものと考えることもできる．生命表が作られる際には，齢ごとの出産パターンも同時に追跡されることが多い．このパターンは**繁殖スケジュール** (fecundity schedule) として示される．

4.5 一年生の種

一年生の生物の生活環の長さは，ほぼ12ヶ月かそれ以下である（図4.6b, c）．通常，個体群中のどの個体も1年のうちのある特定の季節に繁殖するが，次の年の同じ季節までには死んでしまう．そのため，世代は不連続（離散的）である．つまり，ある世代は他のどの世代とも区別できる．唯一世代が重複するのは，繁殖期の間やその直後における繁殖個体（成体）と，その子との間の重複である．世代が不連続であるからといって，その種が一年生であるとは限らない．なぜなら，世代の長さが1年以下の場合も考えられるからである．しかし実際には，季節的な気候の規則的な年周期は，生物をそれに同調させるような強い淘汰圧となっているので，世代が不連続な種のほとんどは一年生である．

4.5.1 単純な一年生生物 —— コホート生命表

表4.1に，アメリカ合衆国のテキサス州ニクソンでの一年生植物，キキョウナデシコ *Phlox drummondii* についての生命表と繁殖スケジュール (Leverich & Levin, 1979) を示す．この生命表は，**コホート生命表** (cohort life table) と呼ばれる．コホートとは，短期間のうちに生まれた個体のグループのことで，コホート生命表は，単一のコホートに属する個体を，出生から最後の個体が死亡するまで追跡したものである．キキョウナデシコのような一年生生物の場合，生命表をつくる方法はこれ以外にない．キキョウナデシコの生活環は，いくつかの齢の階級（クラス）に分けられる．そうでない場合は，発育段階（例えば，昆虫の卵，幼虫，蛹など）もしくは体サイズクラスで分ける方がよい．Leverich & Levin (1979) は，キキョウナデシコ個体群の個体数を，発芽前（つまり，種子の段階に）何度も記録した．その後，すべての個体が開花し死亡するまで，一定の時間間隔で個体群の大きさの記録を取り続けた．齢クラスを用いる利点は，ひとつの発育段階内（例えば，実生の段階内）の出生と死亡のパターンを詳しく検討できる点である．欠点としては，個体の齢は個体の生物学的な状態の尺度としては必ずしも最適ではないし，また十分なものでもない点である．例えば，長命の植物の多くは，同じ齢の個体であっても，ある個体は活発に繁殖しているかもしれないし，別の個体は栄養成長はしていても繁殖はしていないかもしれない．さらに別の個体は繁殖も栄養成長のどちらもしていないかもしれない．そのような場合には，発育段階に基づいた区分の方が，齢よりも明らかに適切である．Leverich & Levin が発育段階ではなく齢クラスを用いた理由は，キキョウナデシコの発育段階の数が少なく，それぞれの発育段階内での個体群統計学的変異が大きく，個体群全体が同調的に発育するからである．

表 4.1 の最初の列には，さまざまなクラス（ここでは齢クラス）が並べてある．二番目の列 a_x には，生データのうち最も重要なものが並べてある．すなわち，各クラスの開始時期まで生残した個体の総数が並べてある（a_0 は最初のクラスの個体数，次の a_{63} は 63 日目から始まるクラスの個体数というように）．このデータ

> 生命表の各欄の項目

第4章 生活，死，生活史

表4.1 キキョウナデシコ *Phlox drummondii* のコホート生命表．各欄の項目については本文で説明した．（Leverich & Levin, 1979 より．）

齢区間（日）$x-x'$	x日目までの生残数 a_x	最初のコホートに対するx日目まで生残した個体の比率 l_x	最初のコホートに対する齢区間内の死亡数の比率 d_x	日当りの死亡率 q_x	$\log_{10} l_x$	日当りの死亡係数 k_x	F_x	m_x	$l_x m_x$
0–63	996	1.000	0.329	0.006	0.00	0.003	—	—	—
63–124	668	0.671	0.375	0.013	−0.17	0.006	—	—	—
124–184	295	0.296	0.105	0.007	−0.53	0.003	—	—	—
184–215	190	0.191	0.014	0.003	−0.72	0.001	—	—	—
215–264	176	0.177	0.004	0.002	−0.75	0.001	—	—	—
264–278	172	0.173	0.005	0.002	−0.76	0.001	—	—	—
278–292	167	0.168	0.008	0.004	−0.78	0.002	—	—	—
292–306	159	0.160	0.005	0.002	−0.80	0.001	53.0	0.33	0.05
306–320	154	0.155	0.007	0.003	−0.81	0.001	485.0	3.13	0.49
320–334	147	0.148	0.043	0.025	−0.83	0.011	802.7	5.42	0.80
334–348	105	0.105	0.083	0.106	−0.98	0.049	972.7	9.26	0.97
348–362	22	0.022	0.022	1.000	−1.66	—	94.8	4.31	0.10
362–	0	0.000	—	—	—	—	—	—	—
							2408.2		2.41

$R_0 = \Sigma l_x m_x = \dfrac{\Sigma F_x}{a_0} = 2.41$

についての問題は，その情報がある年のある個体群に特有のもので，このままでは他の個体群，他の年との比較が非常に難しいという点である．そこで，次に，データを l_x 値の欄で標準化している．l_x 値は，l_0 の値を 1.000 として，$l_{124} = 1.000 \times 295/996 = 0.296$ というように変換されたものである．このように，996 という a_0 の値は，このデータセットに特有のものであったが，$l_0 = 1.000$ として標準化することで，すべての研究が比較できるようになる．l_x 値は，元のコホートのうち各発育段階あるいは各齢クラスの開始まで生き残った個体の比率を表す最もよい指標となる．

死亡率を明確に取り扱うために，コホートの最初の個体数に対するそれぞれの発育段階の間に死ぬ個体数の比率（d_x）を，l_x の隣の列で，単純に，続き番号の l_x の間の差として計算する．例えば，$d_{124} = 0.296 - 0.191 = 0.105$ である．発育段階別の死亡率 q_x は，l_x に対する d_x の比率として計算する．さらに，齢クラスの長さがさまざまなので，q_x 値を「日ごと」の率に変換することで，理解しやすくなる．例えば，124日目から184日目の間に死亡する個体の割合は，0.105/0.296 = 0.355 であるが，これをその期間の日ごとの率あるいは割合に変換することで，0.007 という q_{124} の値を得ることができる．q_x 値はまた，ある個体がある期間に死亡する平均的な「機会」，あるいは確率と見なせる．そのため，p を生残率とすれば，q_x は $(1-p_x)$ に等しい．

d_x 値のもつ利点は，それらを合計できるという点である．例えば，コホートの最初の292日間（つまり，繁殖前の発育段階）の死亡率は，$d_0 + d_{63} + d_{124} ... + d_{278}$（= 0.840）と表せる．欠点は，$d_x$ の個々の値は，ある特定の発育段階における死亡率の強さあるいは重要性について，何ら正しい情報を与えてくれない点である．これは，個体数が多ければ多いほど，死亡する可能性のある個体数も多くなり，d_x 値は大きな値をとるからである．一方，q_x 値は，死亡率の強さ

を示す優れた尺度である．例えば，今の例では，二番目の期間に死亡率が著しく上昇したことが q_x 欄からはっきりと分かる．これは d_x 欄からは読み取れない．しかし q_x 値は欠点ももっている．例えば，最初の292日の q_x 値を合計しても，その期間の死亡率を表すことにはならない．

k 値　しかし，k_x 値を記入した生命表では，d_x 値と q_x 値の利点が統合される (Haldane, 1949; Varley & Gradwell, 1970)．k_x は単純に，連続した $\log_{10} a_x$ 値の差あるいは連続した $\log_{10} l_x$ 値の差（これらは等しくなる）として定義され，死亡係数 (killing power) とも呼ばれる．q_x 値と同様に，k_x 値は死亡の強さ，あるいは死亡率を反映する（表4.1を参照）．しかし，q_x 値とは異なり，k_x 値は合計できる．つまり，最後の28日間の死亡係数 k_x 値は，$(0.011 \times 14) + (0.049 \times 14) = 0.84$ となり，これはまた -0.83 と -1.66 の差でもある（丸め誤差を許せば）．l_x 値と同様に，k_x 値は標準化されているので，まったくかけ離れた研究の比較にも適していることに注意して欲しい．このため，k_x 値は本章と後の章で繰り返し使われることになる．

4.5.2 繁殖スケジュールと純増殖率

表4.1の繁殖スケジュールを示す最後の3つの欄は，生のデータ F_x の欄を基にしている．F_x は，各発育段階の間に生産された種子の総数である．次の欄の m_x は，個体当りの種子生産数または出生率で，生存個体当りの平均種子生産数を示す．キキョウナデシコ個体群の繁殖期は56日間続くが，それぞれの個体は一回繁殖型である．各個体は単一の繁殖期を持ち，すべての種子は同調して（またはほぼ同調的に）発達する．それでも個体群の繁殖期間が長くなるのは，繁殖に入る時期が個体によって異なっているためである．

おそらく，生命表と繁殖スケジュールから引き出せる最も重要なまとめの項は，R_0 で表される**純増殖率** (basic reproductive rate) である．これは，最初の個体が，コホート全体を通じて生産した子の数の平均値である．子の数は生活環の最初の発育段階で数え，ここでは種子の数である．従って，一年生の種の個体群においては，R_0 は，一世代の間に個体数が増加あるいは減少する度合いを表す（下に述べるように，世代が重複したり継続的に繁殖を行う種の場合，状況はもっと複雑になる）．

R_0 を計算するには2つの方法がある．そのひとつは次式で表される． 純増殖率

$$R_0 = \Sigma F_x / a_0 \qquad (4.2)$$

これは，一世代の間に生産された種子の総数を，最初の種子数で割ったものである（ΣF_x は，F_x の欄の合計を表す）．しかし，R_0 は通常もうひとつの式で計算される．

$$R_0 = \Sigma l_x m_x \qquad (4.3)$$

すなわち，各発育段階の間に生産された種子数を最初の個体当りに換算した値（繁殖スケジュールの最後の欄）の合計である．表4.1に示すように，どちらの式を使っても純増殖率は同じ値となる．

齢別の繁殖量 m_x（生存個体当りの繁殖量）は，前繁殖期の間は0で，繁殖期に入ると徐々に上昇してピークを迎え，それから急激に減少した．個体群全体の齢別の出生数である F_x の変化のパターンは，ほとんどこの m_x のパターンと一致している．しかし F_x は，齢別の出生数が変化することを示すとともに，その間に個体群の大きさが徐々に減少していたという事実も反映している．このように，繁殖と生存の双方を反映していることは，F_x 値の重要な特性であるが，同じ特性を純増殖率 (R_0) も共有している．これによって強調される点は，実際の繁殖が，繁殖能力 m_x と，生存率 l_x の両方に依存しているという点である．

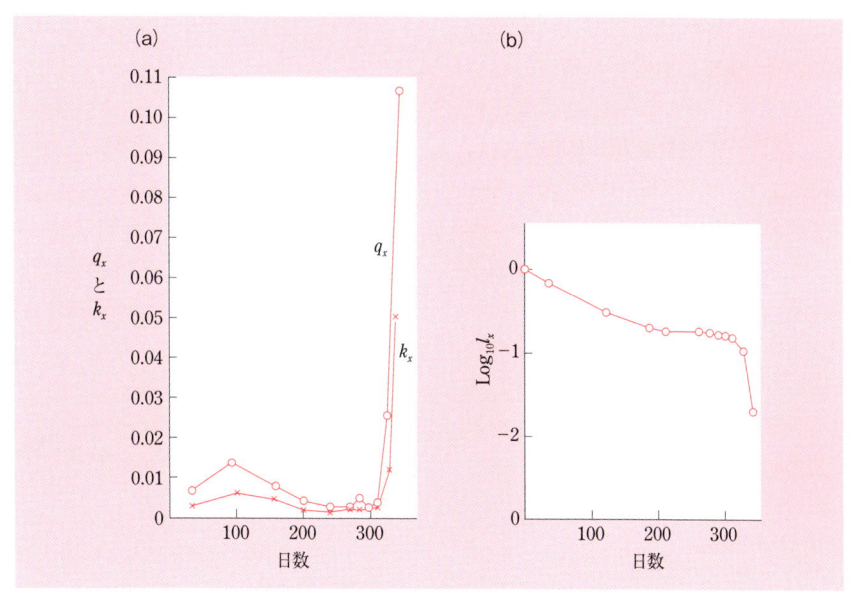

図 4.7 キキョウナデシコ *Phlox drummondii* の生活環に沿った死亡率と生存率．(a) 齢別の日当りの死亡率 (q_x) と日当りの死亡係数 (k_x)．(b) 生存曲線．齢に対して $\log_{10} l_x$ をプロットした．(Leverich & Levin, 1979 より．)

キキョウナデシコ個体群の場合，R_0 は 2.41 だった．これは，1 世代の間に，個体群の大きさが 2.41 倍に増大したことを意味する．もしこのような値が毎世代続けば，キキョウナデシコの個体群はますます大きくなって，やがて地球を覆い尽くすだろう．従って，キキョウナデシコ，あるいはその他のどんな種であっても，数年，あるいはさらに何年にもわたるデータがあってはじめて，生存と死亡の釣合いがとれている現実の姿が描けるのである．

4.5.3 生存曲線

図 4.7a に，キキョウナデシコ個体群の死亡のパターンを，q_x 値，k_x 値の両方を用いて示す．死亡率は種子段階の初期にはかなり高いが，終わり頃には非常に低くなった．その後の成体では，死亡率は中間的な値で上下に変動する期間を経たあとに，この世代の最後の何週間かには，きわめて高いレベルへと急激に高まった．このパターンを異なった形で示したのが図 4.7b である．これは生存曲線であり，齢が進むととも

に $\log_{10} l_x$ の値が減少する様子を追跡したものである．死亡率がほぼ一定の場合，生存曲線は多少とも直線的となる．死亡率が高まってゆくと，曲線は凸型になり，死亡率が低下してゆくと凹型になる．従って，この例では，生存曲線は種子段階の終わりに向かって凹型になり，世代の終わりに向かって凸型になっている．生存曲線は，死亡のパターンを描写するのに一番広く使われている．

図 4.7b の y 軸は対数軸である．生存曲線において対数軸を使うことの意味は，同じ 生存曲線での対数軸
個体群に対しての 2 通りの調査を考えてみれば分かるだろう．まずひとつの調査方法として，個体群全体の個体数を調査したとする．そして，ある調査間隔の間に，1000 個体から 500 個体へと個体数の減少があったとする．これとは別に，サンプルをとって調査したとする．そして，同じ調査間隔の間に，その個体群の密度の指数が 100 から 50 へと減少していたとする．この 2 つの事態は生物学的にはまったく同等である．すなわち，ある時間間隔での，個体当りの

死亡率あるいは死亡確率は同じである．この2つの調査結果を対数軸上で表した場合の傾きは，それを反映してどちらも−0.301になるだろう．しかし，通常の実数軸で表した場合には，その2つの調査結果の傾きは違ってくる．そのため，対数生存曲線は，q_x, k_x, m_x などの「率」がそうであったように，さまざまな研究を標準化して比較できるという利点がある．対数軸で数値をプロットすると，個体当りの増加率がいつ同じになるのかも示される．そのため，数値的変化を見る場合には，実際の数値よりも対数値が好んで使われるのである．

4.5.4 生存曲線の分類

生命表は，ある特定の生物に関する大量のデータを与えてくれる．しかし，生態学者は，一般法則，すなわち多くの種の生活のなかに繰り返し見出すことのできる生と死のパターンを求めるものである．古くはPearl (1928) によって，有用な生存曲線の分類がなされた．彼は，さまざまな生物の生活史の中で死亡のリスクがどのように分布しているのかに基づき，生存曲線を3つの型に分類した（図4.8）．I型は，死亡が生活環の最後の段階に集中する状況を示す．おそらく先進国のヒトや大事に飼育されている動物やペットで典型的にみられるだろう．II型は直線的な型の生存曲線で，死亡率が出生から最高齢まで一定に維持されることを示す．これは，例えば，植物の埋土種子の生残によくあてはまる．III型では，初期の死亡率がきわめて高いが，その後は高い生残率を示す．これは多数の子を生産する種で典型的にみられる．初期に生残するのはごく少数であるが，ある大きさの体になるまで生残すると，死亡率は低くなりほぼ一定となる．これは，自然界の動物や植物にもっともよくみられる生残パターンである．

これらの生存曲線の分類は有用な一般化であるが，実際の生残のパターンはもっと複雑である．例えば，砂丘に生育する極端に短命な一年

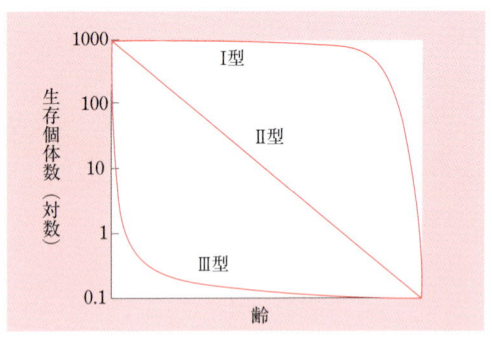

図4.8 生存曲線の分類．I型（凸型）は，死亡が生活環の最後の段階に集中する状況を示す．おそらく経済的に豊かな国のヒト，動物園で飼育されている動物，植物の葉で典型的に見られるだろう．II型（直線型）では，死亡確率が齢によらず一定に維持されることを示す．これは多くの植物個体群における種子バンクにあてはまるだろう．III型（凹型）では，初期の死亡率がきわめて高く，その後は高い生残率を示す．これは，例えば，多くの海産魚に当てはまる．海産魚は何百万個もの卵を産むが，成体まで生き残るのはごくわずかである．(Pearl, 1928; Deevey, 1947より．)

生植物であるヒメナズナ *Erophila verna* の個体群では，低い個体密度における生残はI型となり，中程度の密度では，生活環の最後の段階まではII型を示す．また，高い個体密度のもとでは，初期の生育段階の生存曲線はIII型となる（図4.9）．

4.5.5 種子バンク，短命な生物および不完全な一年生生物

一年生植物の例としてキキョウナデシコを用いたのは，ある意味で誤解を招くかもしれない．なぜなら，真のコホートとは，同じ年に発育する実生のグループで，しかもそれらが前年の親個体の種子生産に由来する場合を意味するからである．この場合，1年で発芽しない種子は次の年まで生き残れない．しかしキキョウナデシコを含め多くの「一年生」植物では，そうではない．1年で発芽しない種子は土壌中に蓄積し，埋土**種子バンク**（seed bank）を形成する．従って，種子バンク内には，さまざまな齢の種

第4章　生活，死，生活史

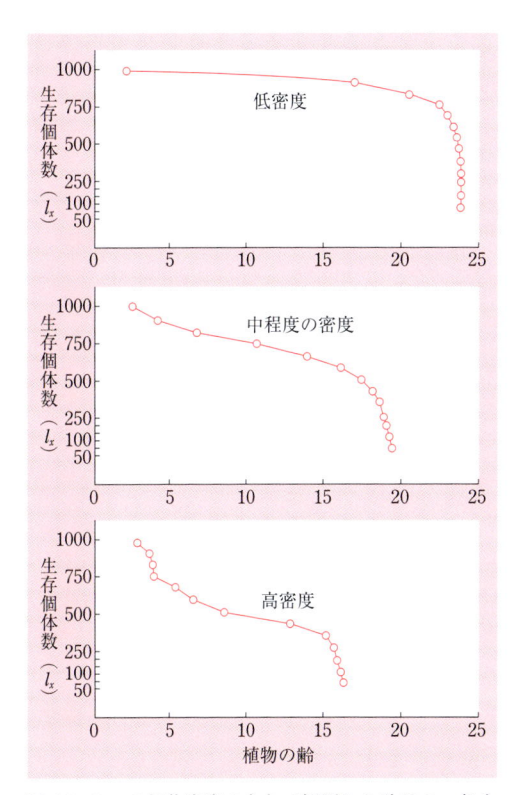

図4.9　3つの個体密度のもとで観測した砂丘の一年生植物ヒメナズナ *Erophila verna* の生存曲線（l_x，ただし $l_0 = 1000$）．高密度（観測開始時に，0.01 m^2 の区画当り55個体あるいはそれ以上の数の実生），中程度の密度（区画当り15〜30個体の実生），低密度（区画あたり1〜2個体の実生）からなる．横軸（植物個体の齢）は，それぞれの生存曲線が存続時間（平均約70日）の異なるいくつかのコホートの平均であるという点を考慮に入れて標準化してある．（Symonides, 1983 より．）

子が存在することが多く，それらが発芽すると，実生もまたさまざまな齢（その種子が生産されてからの時間の長さとしての齢）をもつことになる．種子バンクに相当するものは，動物では稀である．しかし，線虫，蚊，ホウネンエビの卵や，海綿動物の芽球（gemmule），コケムシの休芽などはその例である．

注意して欲しい点は，一般に一年生（annual）と言われている種でも，種子バンクを形成するもの（あるいは動物でそれに相当するもの）は，たとえ発芽から繁殖までが1年以内に進行するとしても，厳密には一年生とは言えないことで

ある．なぜなら，毎年発芽してくる種子の一部は，すでに12ヶ月以上の齢をもっているからである．とは言え，ここでは，それは実際の生物をきっちりとした区分に整理しようとする試みを妨げる，さまざまな例外のひとつとして心に留めておくだけにしよう．

一般的な規則性として，種子バンクの主要な構成員となる休眠種子は，寿命の長い種子よりも，一年生の種や他の寿命の短い植物のものが多い．注目すべきは，地上の植物のほとんどが寿命の長い種で占められている場合でさえ，寿命の短い種の種子が埋土種子バンクで優占する傾向を示すことである．もちろん，種子バンクの種組成と地上の成熟した植生の種組成はかなり異なるものとなるだろう（図4.10）．

種子バンクの種構成

種子バンクを形成する一年生植物は，一年生という用語が厳密には当てはまらない唯一の例ではない．例えば，砂漠に生育する一年生植物の多くは，その出現が季節的とはとても言えない．これらの植物はかなりの量の埋土種子バンクをもち，ごく稀に十分な降雨があると発芽する．発芽後はふつう急速に発育するため，発芽から種子生産までの期間は短い．そのような植物は，一回繁殖型の**短命植物**（ephemerals）またはエフェメラルと呼ぶのが適切だろう．

単純な一年生とは呼べない他の例は，各世代の大多数の個体は一年生だが，少数の個体が2度目の夏まで繁殖を遅らせるという種である．例えば，イングランドの北東部に生息する陸生等脚類（ワラジムシ）の一種 *Philoscia muscorum* がこれにあたる（Sunderland *et al.*, 1976）．ほぼ90%の雌は，生まれた年の夏にだけ繁殖するが，残りの10%の雌は2度目の夏にだけ繁殖する．また別の生物種には，最初の夏に繁殖する個体と2度目の夏に繁殖する個体の数の違いがわずかであるため，**一・二年生**（annual-biennial）と呼ぶのがふさわしい種もいる．

すなわち，一年生の生活環ともっと複雑な生活環との間には，明確な境界はないといえる．

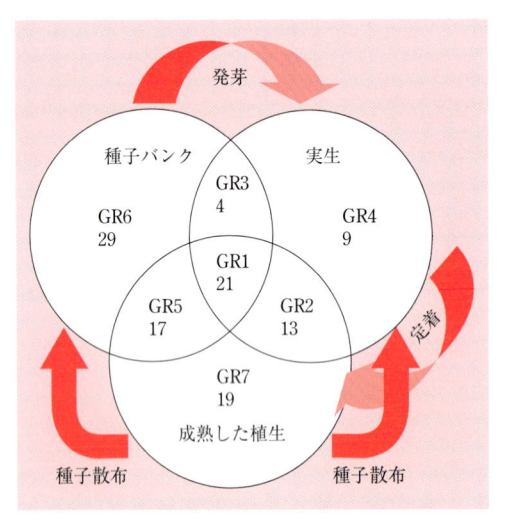

図 4.10 フィンランド西海岸の草地において，種子バンク，実生，および成熟した植物の3つの生育段階から回復する種の組み合わせ．それらの種が，ただ1つ，2つ，もしくは3つすべての発育段階で認められるかどうかに基づき，7個の種のグループ（GR1〜GR7）に分類される．グループ名の下の数字は種数．GR3（種子バンクと実生のみ）は種の同定が不十分のため不確かな種のグループである．GR5には，実生として同定するのが難しい種が多く，それらはGR1に属する可能性がある．それにもかかわらず，種組成における著しい違い，特に種子バンクと成熟した植物間での違いがはっきりと現われる．(Jutila, 2003より.)

4.6 繁殖期を繰り返す個体

多くの種では，長く生き続けた個体は，繰り返し繁殖するが，それでも繁殖期（季節）は限定されている．従って，その世代は重複することになる（図4.6dを参照）．その典型的な例は，1年以上生きる温帯地域の鳥，サンゴの一部，ほとんどの樹木や他の多回繁殖型の多年生植物である．これらの生物では，ある年齢に達している個体が同時に繁殖する．しかし，このような範疇に入る生物でも，例えば草本の一部や多くの鳥などは，相対的に短い期間しか生きない．

4.6.1 コホート生命表

繁殖期を繰り返す種についてのコホート生命表の作成は，一年生の種の場合よりもかなり難しい．その理由は，若いコホートから老齢のコホートまで入り混じっている中で，特定のコホートを識別し，長年にわたって追跡しなくてはならないからである．それでも，スコットランドの小島のラム島でのアカシカ（*Cervus elaphus*）についての大規模な研究ではそれが可能であった（Lowe, 1969）．アカシカの寿命は16年で，雌は4歳の夏からは毎年繁殖が可能である．1957年に，Loweとその共同研究者たちは，その島のアカシカの総数を，子鹿（1歳未満）も含めて非常に注意深く数えた．彼らが追跡したのは，1957年に子鹿であったコホートである．そして，1957年から1966年までの毎年，自然死して見つかった個体，あるいはこの保護区での自然保全委員会の厳密な管理のもとで射殺されたすべての個体について，歯の生え替わり，萌出，磨耗の程度を調べることによって年齢が正確に査定された．従って，死んだアカシカのうち，1957年に子鹿だった個体を特定することができ，1966年までにこのコホートの92％の死亡が確認され，死亡時の年齢も確定できた．この雌鹿のコホート（厳密にはその92％の標本）の生命表を，表4.2に示す．またその生存曲線を図4.11に示す．これらから，このコホートの死亡のリスクは，年齢とともにかなり一定の割合で増大していることが分かる（生存曲線は凸型になっている）．

4.6.2 定常生命表

世代が重複する生物のコホート生命表の作成は，固着性生物の場合には比較的容易である．この場合，新しくその場所に到着または新しく出現した個体の分布図を作成するか，写真を撮るか，あるいは何らかの方法で個体ごとに標識

第 4 章　生活，死，生活史

表 4.2　スコットランドのラム島で，1957 年に子鹿であった雌のアカシカのコホート生命表．(Lowe, 1969 より．)

齢（年） x	最初のコホートに対する齢階級 x の初めまで生残した個体の比率 l_x	最初のコホートに対する齢階級 x の間に死亡した個体の比率 d_x	死亡率 q_x
1	1.000	0	0
2	1.000	0.061	0.061
3	0.939	0.185	0.197
4	0.754	0.249	0.330
5	0.505	0.200	0.396
6	0.305	0.119	0.390
7	0.186	0.054	0.290
8	0.132	0.107	0.810
9	0.025	0.025	1.000

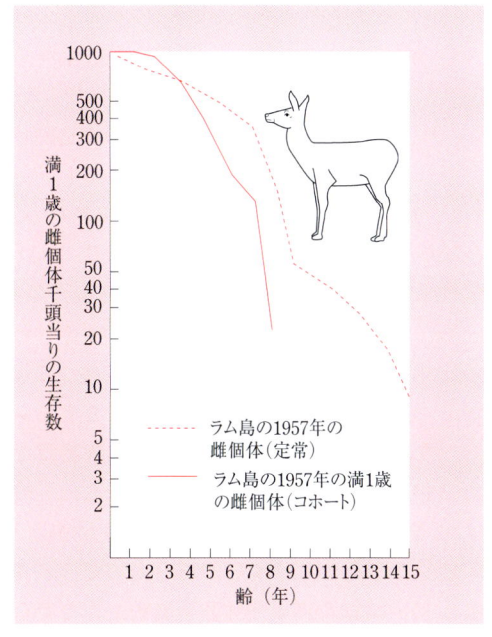

図 4.11　ラム島での雌のアカシカの2つの生残曲線．本文で説明したように，ひとつは 1957 年の子鹿のコホート生命表を基にしており，そのため 1957 年以降の期間に適用できる．もうひとつは 1957 年の個体群の定常生命表を基にしており，1957 年以前の期間に適用できる．(Lowe, 1969 より．)

ある．そして，もうひとつ別な形の生命表も使われる．それは，**定常生命表**（static life table），または**時間別生命表**（time-specific life table）と呼ばれるものである．以下に述べるように，この方法には重大な欠点があるが，何の資料もないよりはましな場合も多い．

定常生命表の興味深い例が，Lowe によるラム島でのアカシカの研究からもたらされている．すでに述べたように，この研究では 1957 年から 1966 年までに死んだアカシカの大部分について信頼のおける年齢査定が行われた．これによって，例えば死後間もない死体が 1961 年に発見されて，それが 6 歳であることが分かったとすると，1957 年にはそのアカシカは生きていて，2 歳であったことが分かる．このようにして，Lowe は最終的に 1957 年のアカシカ個体群の齢構造を再構成することができた．齢構造は定常生命表の基礎である．もちろん，1957 年の個体群の齢構造は，1957 年に多数のアカシカを射殺して調査すれば確かめられるが，この研究の目的がアカシカの保護を啓発することにあったので，この方法は不適当であった（Lowe の得た結果では，1957 年に生きていた個体の総数は示されていないことに注意しよう．なぜなら，腐敗したり食べられてしまって，結局発見されない死体もあるからである）．Lowe のアカシカの雌に関する生データは，表 4.3 の第 2 列に示されている．

を付けることさえできる．これによって，その後その調査地を訪れた時にそれらの個体（あるいは個体のいる場所）を識別できる．しかし，たとえ固着性生物でも，世代の重複する寿命の長い多回繁殖型生物についてコホート生命表を作るのは実際には難しく，それは敬遠されがちで

表 4.3　1957 年の個体群の齢構造を再編して作成した，ラム島の雌のアカシカの定常生命表．(Lowe, 1969 より．)

齢 (年)	齢 x の観察 個体数				平滑化した値		
x	a_x	l_x	d_x	q_x	l_x	d_x	q_x
1	129	1.000	0.116	0.116	1.000	0.137	0.137
2	114	0.884	0.008	0.009	0.863	0.085	0.097
3	113	0.876	0.251	0.287	0.778	0.084	0.108
4	81	0.625	0.020	0.032	0.694	0.084	0.121
5	78	0.605	0.148	0.245	0.610	0.084	0.137
6	59	0.457	0.047	—	0.526	0.084	0.159
7	65	0.504	0.078	0.155	0.442	0.085	0.190
8	55	0.426	0.232	0.545	0.357	0.176	0.502
9	25	0.194	0.124	0.639	0.181	0.122	0.672
10	9	0.070	0.008	0.114	0.059	0.008	0.141
11	8	0.062	0.008	0.129	0.051	0.009	0.165
12	7	0.054	0.038	0.704	0.042	0.008	0.198
13	2	0.016	0.008	0.500	0.034	0.009	0.247
14	1	0.080	−0.023	—	0.025	0.008	0.329
15	4	0.031	0.015	0.484	0.017	0.008	0.492
16	2	0.016	—	—	0.009	0.009	1.000

　注意すべき点は，表 4.3 のデータが，1957 年における齢を示していることである．このデータを，生命表の基礎として使うことができるのは，1957 年以前の年には出生総数と齢別生存率のどちらにもまったく年次変動がなかったと仮定できる場合だけである．言い換えると，1957 年の 6 歳のシカ 59 個体は，1956 年の 5 歳のシカ 78 個体の生き残りであると仮定しなければならない．さらにそれら 1956 年のシカは，1955 年の 4 歳のシカ 81 個体の生き残りであり，以下も同様でなければならない．つまり，表 4.3 のデータは，単一のコホートをずっと追跡した時に得られるデータと同じものであると仮定するのである．

定常生命表 ── 難点はあるが，場合によっては有用

　こうした仮定をおくことによって，l_x, d_x, q_x の欄が計算されている．しかし，この仮定が誤りであることは明らかである．実際には 6 年目よりも 7 年目の個体数の方が多かったり，14 年目より 15 年目の方が多かったりしている．そのため「負の」死亡や無意味な死亡率が存在することになる．このデータには，定常生命表を作成する場合の (そして，齢構造と生存曲線を同等視することの) 落とし穴が明瞭に示されている．

　それでも，このデータは役に立ち得る．Lowe の目的は，個体群の間引きが始まった 1957 年よりも前の個体群の齢別生存率について「一般的な」傾向を明らかにすることであった．彼は，この定常生命表を，先に議論した 1957 年以降のコホート生命表と比較した．彼は，ある年から次の年までの特定の変化よりも，一般的な傾向の方に関心があったので，2〜8 歳と 10〜16 歳の間の個体数の変動を，どちらの期間においても安定して減少するように「平滑化」した．この処理の結果は，表 4.3 の最後の 3 つの欄に示されている．またその生存曲線を図 4.11 に示す．この解析からある一般的な傾向が示された．すなわち，島における間引きの導入は，それによる自然死亡率の補償的な低下にも勝って，全体の生存率を有意に低下させたようである．

　上記の場合は定常生命表をうまく利用できたと言えるだろうが，一般に定常生命表およびそれが依拠する齢構造の解釈には困難が伴う．通常，齢構造は個体群動態を理解するための簡便

第 4 章 生活，死，生活史

表 4.4 イギリスのオクスフォード近郊のワイタムの森におけるシジュウカラの齢と平均一腹卵数（産卵数）．(Perrins, 1965 より.)

齢（年）	1961		1962		1963	
	個体数	平均一腹卵数	個体数	平均一腹卵数	個体数	平均一腹卵数
満 1 歳	128	7.7	54	8.5	54	9.4
2	18	8.5	43	9.0	33	10.0
3	14	8.3	12	8.8	29	9.7
4			5	8.2	9	9.7
5			1	8.0	2	9.5
6					1	9.0

法にはなり得ない．

4.6.3 繁殖スケジュール

定常繁殖スケジュール（static fecundity schedule）とは，ある特定の繁殖期の齢ごとの繁殖力の変異を示すものだが，もしそれが何回かの連続する繁殖期から得られていれば，有益な情報を提供してくれる．そのような例を，オクスフォード近郊のワイタムの森におけるシジュウカラ（*Parus major*）の個体群で見てみよう（表 4.4）．この研究では，各個体は孵化後すぐに足輪によって個体識別されていたので，齢が特定できている．表に示すように，平均産卵数は 2 歳の時のピークまで上昇し，その後徐々に減少する．実際，たいていの多回繁殖型の種は，齢あるいは発育段階に伴って繁殖力が変化する．例えば図 4.12 は，スウェーデンのヘラジカ（*Alces alces*）について個体の大きさによる繁殖力の変化を示している．

4.6.4 モジュール性の重要性

地衣類で覆われたノルウェーのヒース草原に生育するスゲ属の一種 *Carex bigelowii* については，どんな種類の生命表を作るのも困難である．その理由は，このスゲが世代の重複した多回繁殖型で，かつモジュール型生物だからである（図 4.13）．このスゲは広範囲に広がる地下茎システムをもっていて，成長に従って地下

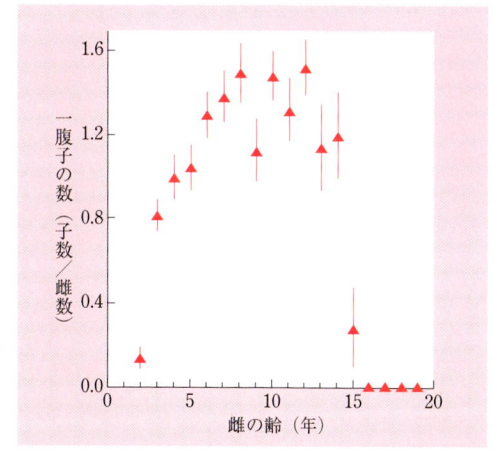

図 4.12 スウェーデンでのヘラジカ（*Alces alces*）の個体群における齢に依存した繁殖（平均の一腹子の数）．平均値と標準誤差を示す．(Ericsson *et al.*, 2001 より.)

茎沿いにとびとびに分げつ（蘖）枝（tiller）を生産するが，「親の」分げつ枝に属する葉腋に，側生の（横向きの）分裂組織を作る．この側生芽は初期には完全に親の分げつ枝に依存している．しかし，栄養成長を行う能力のある親分げつ枝へと発達していく能力と，さらに開花する能力も潜在的にもっている．開花は，側生芽が全部で 16 枚かそれ以上の葉を生産すると開始される．しかし，開花後はその分げつ枝は必ず死ぬ．すなわち，ジェネットは多回繁殖型であるが，その分げつ枝は一回繁殖型なのである．

Callaghan（1976）は，いくつかの互いに十分離れた若い分げつ枝を選んで，そこから前の世代の親分げつ枝を順次たどりながら地下茎シス

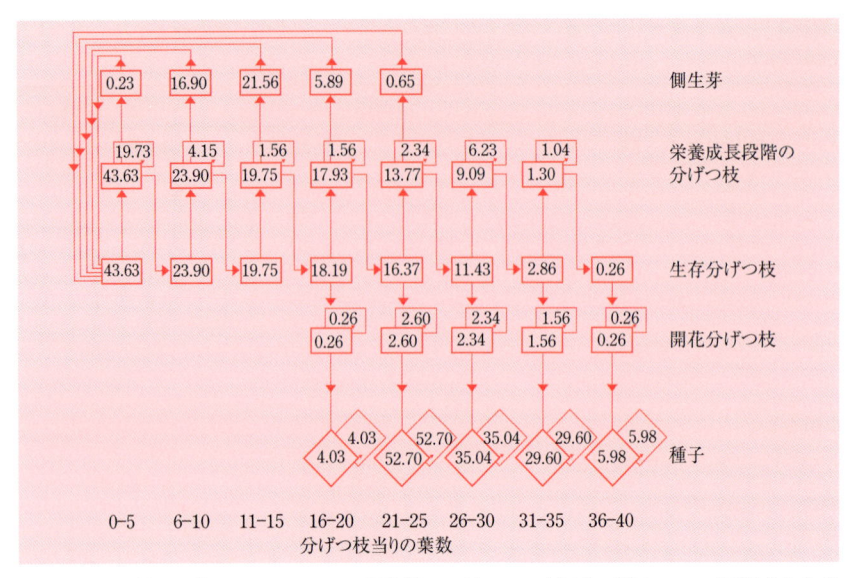

図 4.13 スゲ属の一種 *Carex bigelowii* の個体群のモジュール（分げつ枝）について再編成した定常生命表．1 m² 当りの分げつ枝の密度を方形の枠の中に，種子の密度を菱形の枠の中に示す．横列は分げつ枝のタイプを，縦列は分げつ枝の大きさの階級を表す．細線で囲んだ枠は死亡した分げつ枝（あるいは種子）の分画を表す．矢印は，大きさの階級間の死亡あるいは繁殖の経路を表す．（Callaghan, 1976 より．）

テムを発掘した．このスゲでは死んだ分げつ枝が残存するので，こうした作業が可能であった．彼は全体で360の分げつ枝を含む，23の地下茎システムを発掘し，成長段階に基づいて分げつ枝の定常生命表（および繁殖スケジュール）を作成することができた（図4.13）．例えば，31～35枚の葉を持つ段階には1.04 (/m²) の死んだ栄養成長段階の分げつ枝があった．次の（36～40葉）段階には0.26の分げつ枝があったから，総数で1.30（すなわち，1.04 + 0.26）の生きている栄養成長段階の分げつ枝が31～35葉段階に入ったと考えることができる．この31～35葉の段階には，1.30の栄養成長段階の分げつ枝と1.56の開花分げつ枝があったので，2.86の分げつ枝が26～30葉段階から生き残ったに違いない．このようにして，個々のジェネットにではなく，分げつ枝（すなわちモジュール）についての生命表が作成されたのである．

この個体群においては，種子から新しく定着する個体はまったくないように見える．すなわち，新しいジェネットはまったくなく，分げつ枝数はモジュール成長によってのみ維持されていた．しかし，繁殖スケジュールに類似した「モジュールの側方成長のスケジュール」が作成されたのである．

最後に，ここでは齢階級でなく，発育段階が用いられたことに注意しよう．モジュール型の多回繁殖型生物を扱うときには，これが常に必要なのである．なぜなら，モジュール成長から生じる変異性は年々蓄積するので，年齢という物差しは，個体の死，繁殖，あるいは将来のモジュール成長の確率を測る上で，不適切なのである．

4.7 増殖率，世代の長さ，増加率

4.7.1 変数間の関係

前節で，世代が重複する種に関して描かれた生命表と繁殖スケジュールが，少なくとも表面

的には，世代が不連続な種で描かれたものと似ていることを示した．世代が不連続な種では，生存と繁殖のパターンの総合的な結果を表すまとめの項として，純増殖率（R_0）を計算することができた．では，世代が重複した種でも，これに相当するまとめの項が計算できるだろうか．

まず，以前の節では，世代の不連続な種に関して，R_0 は 2 つの異なる個体群のパラメータを意味していたことに注意して欲しい．それは，一個体が生涯のうちに生産した子孫の数の平均値であると同時に，元の個体群の大きさを一世代後の新しい個体群の大きさへと変換する際の乗数でもあった．世代の重複する種に関しても，コホート生命表が使える場合には，純増殖率は同じ式で計算できる．

$$R_0 = \Sigma l_x m_x \quad (4.4)$$

そして，この値はやはり一個体が生産する平均の子の数を表す．しかし，個体群の大きさが増大または減少する速度，あるいはさらに言うなら世代の長さについて論じるには，さらなるデータの処理が必要である．定常生命表（すなわち齢構造）しか使えないときには，以下で述べるように，もっと難しくなる．

まず，個体群の大きさと，個体群の増加率ならびに時間との間の一般的な関係を導き出すことから始めよう．しかし，この関係は時間が世代によって計られたものに限定されるわけではない．10 個体からスタートする個体群を考えてみよう．個体数は時間の経過とともに，20，40，80，160 個体というように増加していくとする．初期の個体群の大きさ，すなわちまったく時間が経過していない時の個体群の大きさを N_0 とする．一定の時間が経過した後の個体群の大きさを N_1 とし，同じ時間間隔が 2 回経過した後の個体群の大きさを N_2，そして，t 回の経過後の個体群の大きさを N_t とする．今の例では，$N_0 = 10$，$N_1 = 20$，そして，

$$N_1 = N_0 R \quad (4.5)$$

基礎純増殖率，R

と表すことができる．ここで R は**基礎純増殖率**（fundamental net reproductive rate），あるいは個体当りの**基礎純増加率**（fundamental net per capita rate of increase）で，今の例ではその値は 2 となる．明らかに，個体群は $R > 1$ の時に増加し，$R < 1$ の時に減少する．（残念なことに，生態学の論文では，同じパラメータに対して R を用いるものと λ を用いるものに分かれる．ここでは専ら R を用いるが，後の章では時折 λ を用いる．それは，その時々の話題において標準的な用法に合わせるためである．）

R は新しい個体の出生と，存在する個体の生存とを合わせたものである．つまり，$R = 2$ の時，各個体は 2 個体の子を生んで自分自身は死ぬか，または 1 個体の子を生んで自分自身は生き残るということである．どちらの場合も R（出生＋生存）は 2 になる．この場合，R は時間が経過しても同じであるということにも注意して欲しい．すなわち，$N_2 = 40 = N_1 R$，$N_3 = 80 = N_2 R$，つまり，

$$N_3 = N_1 R \times R = N_0 R \times R \times R = N_0 R^3 \quad (4.6)$$

これを一般的に表すと，

$$N_{t+1} = N_t R \quad (4.7)$$

そして，

$$N_t = N_0 R^t \quad (4.8)$$

となる．

式 4.7 と式 4.8 は，ともに個体群の大きさ，増加率，時

R と R_0 と T

間の関係を示している．そして次にこれらを純増殖率 R_0 と，世代の長さとに関連づけることができる．ここで世代の長さは，T 回分の時間間隔に等しいと定義する．本章第 5.2 節で見たように，R_0 は，ある個体群の個体数を 1 世代後の，すなわち T 時間間隔後の個体数に変換

する際の掛け算（増殖）の乗数である．つまり，

$$N_T = N_0 R_0 \quad (4.9)$$

しかし，式4.8から，

$$N_T = N_0 R^T \quad (4.10)$$

であるので，

$$R_0 = R^T \quad (4.11)$$

あるいは，両辺で自然対数をとると，

$$\ln R_0 = T \ln R \quad (4.12)$$

となる．

$\ln R$ は普通 r で表し，**内的自然増加率**（the intrinsic rate of natural increase）と呼ばれる．これは，個体群の大きさが増加する速度，すなわち単位時間当り個体当りの個体群の大きさの変化率のことである．明らかに，個体群の大きさは $r>0$ の時に増加し，$r<0$ の時に減少する．さらに次の式が導かれる．

r, 内的自然増加率

$$r = \frac{\ln R_0}{T} \quad (4.13)$$

ここまでをまとめると，個体がその生涯に生産する平均の子の数 R_0 と単位時間当りの個体群の大きさの増加率 $r (= \ln R)$，および世代時間 T の間の関係が得られたことになる．前に述べた通り，不連続な世代を持つ種では，時間の単位は世代である（本章第5.2節を参照）．そのため R_0 と R は同じなのである．

4.7.2 生命表と繁殖スケジュールからの変数の推定

世代が重複する（または継続して繁殖する）個体群では，r はその個体群が「潜在的に」実現可能な内的自然増加率である．しかし r は個体群の生存と繁殖スケジュールが長期間安定して保持された場合にのみ実現される増加率である．もし，そのような状況が実現すれば，個体群の増加率は徐々に r に近づき，その後そのまま維持されるとともに，個体群は次第に安定した齢構造に到達する．すなわち，各齢階級の個体数の比率はいつまでも一定に保たれる（下記を参照）．一方で，多くの例でみられるように，繁殖と生存のスケジュールが時間とともに変化するならば，増加率は連続的に変化し，ひとつの数値で表現することは不可能になるだろう．とはいえ，特に比較をする場合，その個体群の潜在的な値で個体群を特徴づけることが役に立つ．例えば，異なる環境におかれた同じ種の個体群を比較して，どんな環境がその種にとって最も好適であるのかを調べる場合などである．

r を計算する最も正確な方法は，次の式で表される．

$$\Sigma e^{-rx} l_x m_x = 1 \quad (4.14)$$

ここで，l_x, m_x はコホート生命表から得られた値であり，e は自然対数の底である．しかし，これは r についての陰関数で，直接解くことができない（r の値は普通コンピュータ上での反復計算によってのみ得られる）．また，この式の生物学的意味は不明である．そのため，r の計算には式4.13の近似式として次の式がよく用いられる．

$$r \approx \frac{\ln R_0}{T_c} \quad (4.15)$$

ここで，T_c は**コホート世代時間**（cohort generation time）である（下記を参照）．この式の利点は，式4.13とともに，r が，個体の出生数 (R_0) と世代時間 (T) に依存することを明示していることである．この式は，R_0 が1に近い場合（すなわち個体群の大きさがほぼ一定に保たれている場合），あるいは世代時間の変動がほとんどない場合，あるいはこれら2つの条件が組み合わさった場合には，近似式として優れている（May, 1976）．

もし，コホート世代時間，すなわちある個体

表4.5 ワシントン州サンファン諸島のパイル岬における，フジツボの一種 *Balanus glandula* のコホート生命表と繁殖スケジュール（Connell, 1970 より）．R_0, T_c および r の近似値の算出については本文で説明した．星印のついた数字は，生残曲線から読み取って挿入したものである．

齢（年）x	a_x	l_x	m_x	$l_x m_x$	$x l_x m_x$
0	1,000,000	1.000	0	0	
1	62	0.0000620	4,600	0.285	0.285
2	34	0.0000340	8,700	0.296	0.592
3	20	0.0000200	11,600	0.232	0.696
4	15.5*	0.0000155	12,700	0.197	0.788
5	11	0.000110	12,700	0.140	0.700
6	6.5*	0.0000065	12,700	0.082	0.492
7	2	0.0000020	12,700	0.025	0.175
8	2	0.0000020	12,700	0.025	0.200
				1.282	3.928

$R_0 = 1.282$; $T_c = 3.928/1.282 = 3.1$; $r \approx \dfrac{\ln R_0}{T_c} = 0.08014$

が出生してからその個体自身の子が出生するまでの時間の平均値が求められるならば，式4.15から r を推定することができる．コホート世代時間の平均値は，親の出生から子の出生までのすべての時間の合計を，子の総数で割って求められる．すなわち，

$$T_c = \frac{\sum x l_x m_x}{\sum l_x m_x}$$

あるいは

$$T_c = \frac{\sum x l_x m_x}{R_0} \quad (4.16)$$

しかしこれは，真の世代時間 T の近似にすぎない．なぜなら，親の繁殖期間が終わらないうちに，子自身が成長して子を産むこともある，という事実を無視しているからである．

このように，式4.15と式4.16を使えば，世代の重複する種，あるいは連続的に繁殖する種のどちらの個体群のコホート生命表からも，T_c を計算でき，近似的に r も，すなわち，個体群の概要を示す数値が求められるのである．表4.5に，フジツボの一種 *Balanus glandula* のデータを用いた研究の例を示す．式4.14から計算される r の正確な値は0.085であるが，近似値は0.080となる．また，式4.13から計算される T は2.9年，T_c は3.1年である．簡潔で生物学的に分かりやすいこの近似式は，この場合明らかに申し分のないものである．r がわずかながら0よりも大きいので，もしそのスケジュールが安定して維持されていたならば，かなりゆっくりであってもこの個体群の大きさは増大してきたことを示している．あるいは，このコホート生命表から判断すれば，このフジツボ個体群は継続して存続できるチャンスをもっていたと言えるだろう．

4.7.3 個体群射影行列

世代が重複する個体群の繁殖スケジュールと生残スケジュールを解析し理解するための，もっと一般的で強力な，そしてそれゆえもっと便利な方法は，個体群射影行列（population projection matrix）の利用である（詳しくはCaswell, 2001を参照）．この名称の中にある「射影」という用語は重要である．先に述べた簡単な方法と同様に，この個体群射影行列の考え方は，個体群の現在の状況から将来起こるであろうことを予想するのではなく，現在の繁殖と生残のスケジュールが同じ状態で維持されるならば将来何が起こるかを射影することにある．この説明に Caswell は車のスピードメーターのア

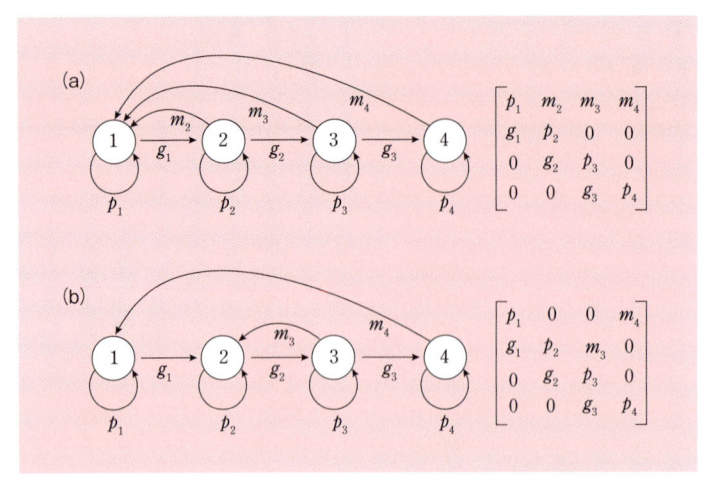

図4.14 2つの異なる生活環についての生活環グラフと個体群射影行列. グラフと行列の関係は本文で説明してある. (a) 4つの連続した階級からなる生活環. 1回の時間間隔のステップを経ると, 個体は, 同じ階級内で生残(確率 p_i)するか, 生残して次の階級へ移行(確率 g_i)するか, あるいは死亡する. また, 階級2, 3, 4の個体は繁殖により階級1の個体を生む(個体当り繁殖量 m_i). (b) 4つの階級をもつもうひとつの生活環. この場合, 繁殖を行う階級4の個体のみが階級1の子を生むことができる. しかし, 栄養成長をすることで階級3の個体は, さらに階級2の個体を「生む」ことができる.

ナロジーを用いる. すなわち, 車のスピードメーターは私たちに現在の車の状態についての貴重な情報を与えてくれるが, 時速80 kmというメーターの表示は単なる射影であり, 実際に1時間に80 km進むという厳密な予測ではないのである.

生活環グラフ 個体群射影行列は, 多くの生活環が単に異なる齢で構成されるのではなく, 生活環ステージやサイズクラスといった, 繁殖率と生残率の異なる一連の明瞭な階級から構成されることを認める. 個体群射影行列から得られるパターンは, **生活環グラフ** (life cycle graph) にまとめられる. これは普通の意味のグラフとは少し違って, 各時間間隔の階級から階級への推移を描いた流れ図である. 2つの例を図4.14に示す (Caswell, 2001 も参照). 最初の図(図4.14a)は, 階級の簡単な推移を示している. ただし, 時間間隔のステップごとに, 階級 i の個体は次の3つのいずれかとなる. (i) 生残し, その階級に留まる(この確率を p_i とする), (ii) 生残し, 成長もしくは発達して次の階級へと推移する(この確率を g_i とする), (iii) 新規個体を m_i 個体生み, この新規個体は最も若い(小さい)階級に入る. さらに, 図4.14bに示すように, 生活環グラフはもっと複雑な生活環を描くこともできる. 例えば, 有性生殖(ここでは繁殖の階級4から種子の階級1への推移)や新しいモジュールの栄養成長(ここでは「成熟モジュール」の階級3から「新しいモジュール」の階級2への推移)を伴う生活環である. ただし, ここでの表記は, 上述の表4.1のような生命表の表記と少し異なることに注意して欲しい. 表4.1では, 齢階級に焦点が当てられていた. また, 時間の経過は必然的に個体がある齢階級から次の齢階級に移行することを意味していた. 従って, p の値はある齢階級から次の齢階級への生残率に相当していた. これとは対照的に, 個体群射影行列においては, 個体は各時間間隔ごとに, ある階級から次の階級に必ずしも移行するとは限らない. そのため, ある階級の中の生残率(ここでは p 値)と次の階級への移行および生残率(ここでは g 値)を区別する

第 4 章　生活，死，生活史

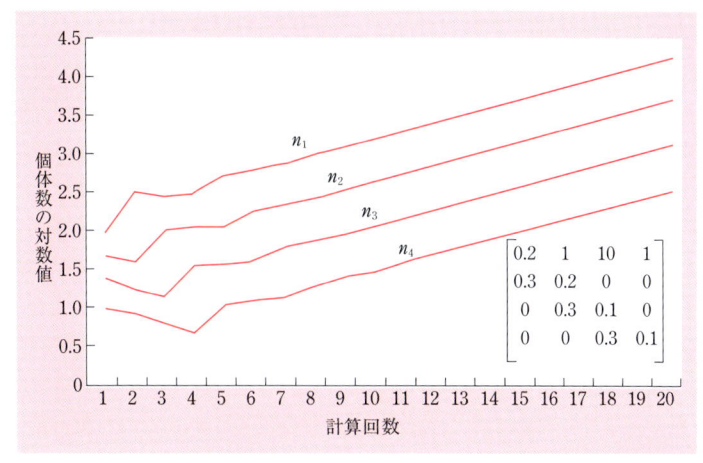

図 4.15　図 4.14 に示す生活環グラフに従って成長する個体群．係数の値はこの図中に書き込んだものを使用した．最初の状態は，階級 1 に 100 個体（$n_1 = 100$），階級 2 に 50 個体，階級 3 に 25 個体，階級 4 に 10 個体である．対数目盛りでは，指数関数的成長は直線として現われる．つまり，約 10 回の時間間隔の試行後の平行線は，すべての階級が同じ増殖率（$R = 1.25$）で成長していることを示しており，安定した階級構造に到達している．

必要が生じる．

行列の要素　生活環グラフの情報は，個体群射影行列の中にまとめられる．図 4.14 のグラフの横に示したものがそれである．行列の要素を四角い括弧内に記すのが慣例である．実際，射影行列はそれ自体必ず「正方形」なのである．つまり，この行列は同じ数の行と列をもつ．行は推移の終了時点の階級番号を表し，列は推移の開始時点の階級番号を表す．すなわち，例えばこの行列の第 3 行，第 2 列の要素は，2 番目の階級から 3 番目の階級への個体の流れを表している．もっと具体的に，図 4.14a の生活環を例にとれば，行列の左上から右下にかけての主対角線上の要素は，同じ階級内での生残とその階級に留まる確率（p s）を表し，最初の行の残りの要素は，後に続くそれぞれの階級から最も若い階級への移行，すなわち繁殖量（m s）を表す．一方，次の階級への生残と移行の確率 g s は，主対角線の下の副対角線上に表される（階級番号 1 から 2，2 から 3 というように）．

このようなやり方で情報をまとめることは有益である．なぜなら，行列操作の標準的な規則を用いることで，「列ベクトル」（単純にただひとつの列からなる行列）として表される，ある時点（t_1）におけるさまざまな階級内の数（n_1, n_2 など）を把握することができるからである．この列ベクトルを射影行列の前から掛けることで，1 ステップ後の時点（t_2）におけるさまざまな階級のもつ数が求まる．この手順，すなわち新しい列ベクトルの各要素を求める手順は次の通りである．

$$\begin{bmatrix} p_1 & m_2 & m_3 & m_4 \\ g_1 & p_2 & 0 & 0 \\ 0 & g_2 & p_3 & 0 \\ 0 & 0 & g_3 & p_4 \end{bmatrix} \times \begin{bmatrix} n_{1,t1} \\ n_{2,t1} \\ n_{3,t1} \\ n_{4,t1} \end{bmatrix} = \begin{bmatrix} n_{1,t2} \\ n_{2,t2} \\ n_{3,t2} \\ n_{4,t2} \end{bmatrix}$$

$$= \begin{bmatrix} (n_{1,t1} \times p_1) + (n_{2,t1} \times m_2) + (n_{3,t1} \times m_3) + (n_{4,t1} \times m_4) \\ (n_{1,t1} \times g_1) + (n_{2,t1} \times p_2) + (n_{3,t1} \times 0) + (n_{4,t1} \times 0) \\ (n_{1,t1} \times 0) + (n_{2,t1} \times g_2) + (n_{3,t1} \times p_3) + (n_{4,t1} \times 0) \\ (n_{1,t1} \times 0) + (n_{2,t1} \times 0) + (n_{3,t1} \times g_3) + (n_{4,t1} \times p_4) \end{bmatrix}$$

すなわち，最初の階級の数 n_1 は，1 ステップ前の時点からの生残者に，他の階級から　**行列から R の値を決定する**

移行してきたものを加えたものとなり，以下同様に続く．図 4.15 は，図中に示す昆虫の個体

群射影行列を仮想した値をもとに，このプロセスを20回（つまり20ステップ）繰り返した結果を表したものである．図をみると，最初の頃に，ある階級は増加し，またある階級は減少するというように，さまざまな階級のもつ数の比率が変化する一時的な期間があることが明らかである．そして，9回のステップを経た後には，すべての階級は同じ指数関数的速度で（対数軸のグラフ上で直線的に）成長し，そのため個体群全体も成長していることが分かる．このときの R の値は，1.25である．また，階級のもつ数の比率は一定となっている．すなわち，この個体群は，51.5：14.7：3.8：1 という比率で安定した階級構造に到達したのである．

このように，個体群射影行列を用いることで，生残，成長，繁殖プロセスといった潜在的に複雑な配列を総合することができ，行列によって示唆される個体当りの増加率 R を決定することで，その個体群を簡潔に特徴づけることができる．しかしながら重要なことに，ここでの論点を越えた問題ではあるが，この「漸近の」 R は，行列代数学の手法を用いることで，シミュレーションの必要なく，直接的に求められる（Caswell, 2001を参照）．さらに，そのような代数学の方法は，単純で安定した階級構造が現実に達成され得るかどうか，また，その階級構造がどのようになるのかを示し得るのである．また，全体の結果の R を算出することによって，行列の中の各要素の重要度をも決めることができる．この論点は第14章3.2節で再び取り上げる．

4.8 生活史の進化

生物の生活史とは，一生を通じての成長，分化，栄養蓄積，繁殖の時間的な配列様式である．また前節で，生活史が示すさまざまなパターンとその結果について個体群の増殖率の観点から見てきた．しかし，さまざまな種の生活史がどのように進化してきたのかを私たちは理解できるだろうか．実際には，生活史の進化に関する問いには，少なくとも3つの違ったタイプのものがある．

まず最初の問いは，個々の生活史特性に関するものである．例えば，アマツバメは他の鳥と同じようにたくさんの卵を産むのは生理的に可能なはずなのに，なぜ一度に生んで育てる卵の数（一巣卵数あるいはクラッチサイズ（clutch size））は3個なのだろうか．この一巣卵数が究極的に最も生産的で，進化的な意味で最も適しているということを実証できるだろうか．そしてこの特定の一巣卵数に，有利に働くような要因とは，一体何だろうか．

3つの問い

二番目の問いは，生活史特性間の関係に関するものである．例えば，成熟齢と平均寿命との比は，同じ生物のグループ内ではほぼ一定である（例えば，哺乳類では1.3，魚類では0.45）ことが多いのに，グループ間ではその比が著しく異なるのはなぜだろうか．近縁の生物群内でこれら2つの特性を結びつけている基盤は何なのか．グループ間の違いをもたらす基盤は何なのか．

そして三番目の問いは，生活史と生育（息）場所との間の関連性についてのものである．例えば，どういうわけで，南米のモラ（マメ科モラ属 *Mora*）の木が大きな種子を少しだけつけるのに対して，ランは小さな種子を多量につけるのだろうか．この違いは，それぞれが占有している生育場所の違いと関係があるのだろうか，それともこの2つの植物の間の何か他の違いと関連しているのだろうか．

簡潔に言えば，生活史の進化の研究とは，パターンを見つけだして，それを説明することである．しかしながら，どの生活史，そしてどの生育場所も，必ず他のものとは違っているということを忘れてはいけない．それによってはじめて，生活史特性間の関連性，およびある生活史特性とその生活史が展開される生育場所の特性との間の関連性を探ることができる．また，

ある生活史特性を保有するということは，他にも取りうる特性の幅を制限してしまうことを認識しておく必要がある．ある生物がもつ形態や生理も，その生物の取りうる生活史特性の幅を制限してしまう．自然淘汰が形作ってきたものは，しばしば対立する要求を突きつける特定の環境のもとで，過去に最も（完璧にではなくとも）子孫を残すことに成功した生活史だけのはずである．

生活史の進化を理解するための最適化の概念に基づくアプローチと他のアプローチ

それでもなお，生活史の進化を理解しようとする研究でうまく進んだものの多くは，最適化の概念に基づいた研究である．これは，観察される生活史特性の組み合わせは最も高い適応度をもつ組み合わせであるとする概念である（Stearns, 2000）．しかしまた，他にも3つのアプローチがあることも知っておく必要がある．ひとつは古くからあるアプローチであり，他の2つは比較的最近のものである．それらの説明力は最適化のアプローチに比べると現在では劣っているとしても，理論的にはおそらく推奨されるだけのものをもっている（Stearns, 2000）．最初のアプローチは，「両賭け」(bet-hedging)であり，これは，適応度が変動する場合，最も重要なことは，ひとつの最適値へと進化するよりもむしろ適応度の低い期間の損失を最小化することであるとする概念である（Gillespie, 1977）．二番目のアプローチは，どの生活史の適応度も単独ではみられないと考えるものである．適応度は，その個体群中の他個体の生活史に依存し，従って，ある生活史の適応度は「頻度依存的」であり，その個体群におけるその生活史および他の生活史の比率に依存すると考えるものである（例えば，Sinervo *et al.*, 2000）．そして三番目は，個体群の安定を前提とするのではなく，個体群が変化するという明確な考えを含むものである（例えば，Ranta *et al.*, 2000）．しかし，この節では，最適化の概念によるアプローチに焦点を当てることにしよう．

4.8.1 生活史の構成要素

どの生物の生活史にとっても最も重要な構成要素は何だろうか．個体の大きさ（個体サイズ）は，おそらく最も明確な要素だろう．すでに見てきたように，個体の大きさはモジュール構造をもつ生物ではとりわけ変異が大きい．個体が大きいと，競争能力が向上し，捕食者として成功し，また捕食者に攻撃されにくくなるだろう．栄養の獲得が乏しい時期や不規則な時期を経験する生物にとって，大きな体にエネルギーや資源を貯蔵することは利点となるだろう．これはおそらくほとんどの生物に当てはまるだろう．従って，同種内では大きい個体ほど，多くの子を残すのが普通である．しかし，個体の大きさが増すにつれ，ある種の危険が増す場合もある．大きな木は強風に倒されやすいし，捕食者の多くは大きな獲物を好む．そして大きな個体ほど多くの資源を必要とし，そのため資源の不足の影響を被りやすい．従って，最大ではなく中間の大きさが最適であるということを最近の研究が次々と立証しはじめていることはよく理解できる（図4.16）．

発育とは，体を構成する各部分が次々と分化していくことであり，それによって生物は，生活史の中の異なる段階で異なることを行うことができる．従って，急速な発育によって適応度を高めることができるのは，早い時期から繁殖を開始することができるからである．すでに見てきたように，生物の繁殖は，一生に一回きりのこともあるし（**一回繁殖**），何回か繰り返して行われることもある（**多回繁殖**）．多回繁殖の生物の間でも，繁殖回数（クラッチ数）と一回の繁殖で生まれる子の数（クラッチサイズ）はさまざまである．

生まれた子の間にも大きさの変異が生じ得る．大きな新生児，あるいは大きな実生ほど，多くの場合，競争に強く，多くの栄養を摂取し，極端な環境でも生き残りやすい．このた

め、そうした子が繁殖まで生き残る可能性は高くなる．

これらの細かい事項をすべて総合して、生活史を**繁殖への配分**（reproductive allocation）（**繁殖努力**（reproductive effort）とも呼ばれる）という繁殖活動を総合的に測る尺度によって記述することが多い．繁殖への配分の最も適切な定義は、ある期間中に繁殖に配分された資源の比率である．こう定義するのは容易だが、実際にそれを測定するのはきわめて難しい．図4.17は、この場合の重要な資源である窒素の配分の例を示している．実際には、優れた研究とされるものでも、生物の生活環のいくつかの段階で、さまざまな構造へのエネルギーの配分、または乾重量の配分を測定しているにすぎないのが普通である．

4.8.2 繁殖価

自然淘汰は、自分が属している個体群の将来に最も貢献する個体に有利に働く．生活史のすべての要素は、究極的に、出生数と生存率への効果を通して、この個体群に対する貢献に効果を及ぼす．しかし、異なる生活史を評価し、比較するためには、これらの効果を単一の通貨で統合する必要がある．今までたくさんの適応度の尺度が用いられてきた．その中で使えそうな尺度はすべて、出生と生存のスケジュールの両

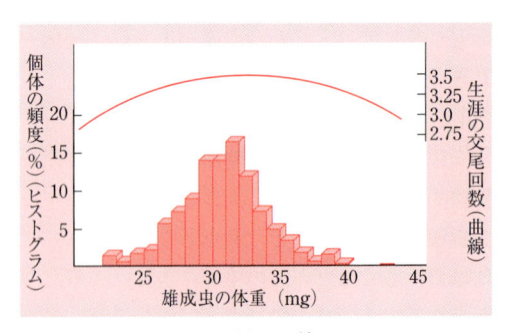

図4.16　エゾイトトンボ属の一種 *Coenagrion puella* では、雄成虫の予測される最適サイズ（重量）は、中間的なサイズである（上の曲線）．そしてその最適サイズは、個体群のサイズ分布の最頻値（下のヒストグラム）とよく対応している．最適サイズがこのような曲線になる理由は、交尾率は体重の増加とともに低下するが、寿命は体重とともに長くなるからである（交尾率 = 1.15 − 0.018 × 体重, $P < 0.05$；寿命 = 0.21 − 0.44 × 体重, $P < 0.05$；$n = 186$）．（Thompson, 1989より．）

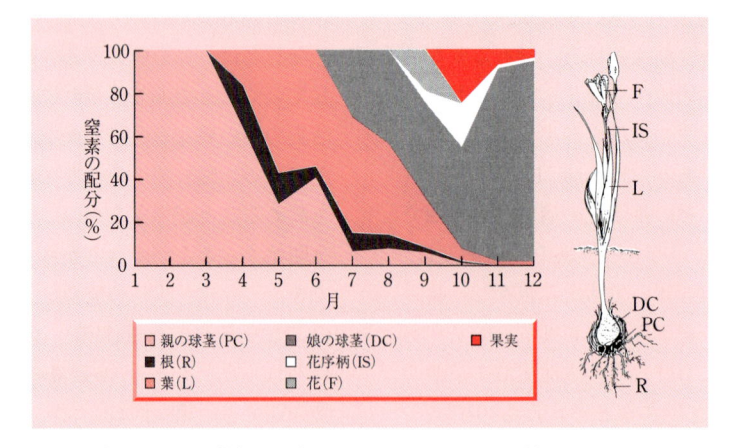

図4.17　南アフリカの多年生植物のスイセンアヤメ属の一種 *Sparaxis grandiflora*（アヤメ科）の一年のサイクルを通して各構造へ配分される必須資源の窒素の割合（％）．この植物は南半球における春（9月-12月）に果実を成熟させる．この植物は毎年、球茎から成長し、球茎の窒素は成長期を通して他の器官に取り戻される．しかし、成長期が終わりに向かい、根および葉の窒素が消費される頃に繁殖器官が発達することに注意して欲しい．初春におけるこの植物体の各部分を図の右側に示す．（Ruiters & McKenzie, 1994より．）

方を用いたものであったが，その方法はまちまちであり，どれが最も適当かについて統一した見解は得られずにいた．**内的自然増加率 r と純繁殖率 R_0**（上記を参照）を支持する研究者もいれば，**繁殖価**（reproductive value）(Fisher, 1930; Williams, 1966)，とりわけ**生涯繁殖価**(lifetime reproductive value) (Kozlowski, 1993; de Jong, 1994) を支持する研究者もいる．しかし，生活史の基本的なパターンを探る上では，それらの尺度の間の小さな相違よりも，類似性の方がはるかに大切である．ここでは繁殖価を中心に検討してみよう．

BOX 4.1 繁殖価

齢 x (RV_x) の個体の繁殖値は，自然淘汰の過程で，ある生活史が評価されるときの通貨となる．それは，前に議論した生命表の統計値によって定義される．

$$RV_x = \sum_{y=x}^{y=y_{max}} \left(\frac{l_y}{l_x} \cdot m_y \cdot R^{x-y} \right)$$

ここで m_x は齢クラス x での出生率，l_x はその個体が齢 x まで生き延びる確率，R は単位時間当りの個体群全体の純繁殖率（ここでの時間単位は齢間隔），そして Σ は「総和」の意である．

この等式は RV_x を2つの要素に分解すると理解しやすい．

$$RV_x = m_x + \sum_{y=x+1}^{y=y_{max}} \left(\frac{l_y}{l_x} \cdot m_y \cdot R^{x-y} \right)$$

ここで，m_x，すなわちその齢での出生率は現在の繁殖価 (reproductive value output) と考えてよい．残りは，それ以降の繁殖価（残存繁殖価）(Williams, 1966) であるが，すべての連続する齢での「繁殖の期待値」の和のそれぞれの項は，下に述べる理由のために，R^{x-y} によって補正される．齢クラス y における「繁殖の期待値」は，$(l_y/l_x \cdot (m_y))$ である．すなわち，齢 (y) に達した個体の出生率 (m_y) に，齢 x の個体が齢 y まで生き残る確率 (l_y/l_x) を掛け合わせたものが繁殖の期待値となる．

繁殖価は，個体群の大きさがほぼ一定に保たれるとき，最も単純な形をとる．その場合，$R=1$ であり，R の項は無視できる．このとき，ある個体の繁殖価は，単純にその個体の現在の齢からその後の一生を通じての各齢での繁殖数の期待値の総和をとればよい．

しかし，その個体群が一定の速度で増加または減少する場合には，それを考慮に入れなくてはならない．もし個体群が増加する場合は，$R>1$ であり $x<y$ なので，$R^{x-y}<1$ となる．そのため，y の値が大きくなればなるほど，上の等式の各項は減少し，将来の（すなわち，残りの）繁殖が RV_x を増加させる程度は相対的に小さくなっていくことを意味している．なぜそうなるかというと，その個体の将来のある時点の繁殖が果たす個体群の増加への貢献は，その個体が現在あるいは過去に産出した子自体がすでに個体群の増加に対して早い時期から貢献しているために，相対的に小さくなってしまうからである．逆に，個体群が減少している場合には，$R<1$ であり，$R^{x-y}>1$ となる．このとき，上の等の中の各項は相対的に増加していき，将来の繁殖の RV_x への貢献がその分大きくなっていくことを意味している．

どの生活史においても，異なった齢の個体の繁殖価は，互いに密接に関連している．なぜなら，自然淘汰がある齢における繁殖価を最大にするように働くと，それ以降の例における生命表パラメータの値が制約され，さらには繁殖価自体も制約されるからである．そのため，厳密にいうと，自然淘汰は究極的に誕生時の繁殖価 RV_0 を最大にする方向に働くといえる (Kozlowski, 1993)．（こ

のこととと，誕生時の繁殖価がきわめて低いという事実（図 4.18）とは，互いに矛盾しないことに注意．自然淘汰は，その段階でとり得る選択肢の中でだけ選抜をするからである．)

文章による繁殖価の説明

繁殖価については，BOX 4.1 で詳しく解説してある．しかし次の点に留意すれば，細かい点は無視しても実用上は差しつかえない．(i) ある齢あるいは発育段階での繁殖価は，その時の繁殖量と残り（つまり将来）の繁殖価（**残存繁殖価 RRV**（residual reproductive value））との和である．(ii) 残存繁殖価は，将来に期待される生存率と，将来に期待される出生数とを統合したものである．(iii) この統合には，他個体との相対的な比較のもとで，ある個体が将来の世代に対してどれだけ貢献するのかが考慮される．そして，(iv) その個体群にとって可能な生活史の中で，自然淘汰が有利に働くのは，その時の繁殖量と残存繁殖価との和が最大になる生活史のはずである．

齢の進行に伴って繁殖価が変化していく様子を，2 つの対照的な個体群について図 4.18 に示す．繁殖齢に達するまでの生存確率が低い若い個体では繁殖価は低いが，そこを生き延びた個体では，繁殖齢が近づき成熟に達する確率が高まるにつれ，繁殖価は着実に増加していく．しかし，個体が老齢化してくると，繁殖量は減少するようになり，残された繁殖の機会も減るため，繁殖価は再び低くなる．もちろん，扱う種によって，齢あるいは発育段階ごとの出生や死亡のスケジュールが違うので，繁殖価の増減の様子も変わってくる．

4.8.3 トレードオフ

どのような生物の生活史も，利用できる資源の配分に関しては，必ず何らかの折衷案となるはずである．あるものへ配分した資源は，他のものには利用できない．このような折衷案の結果として現れる，一方を増加させるともう一方

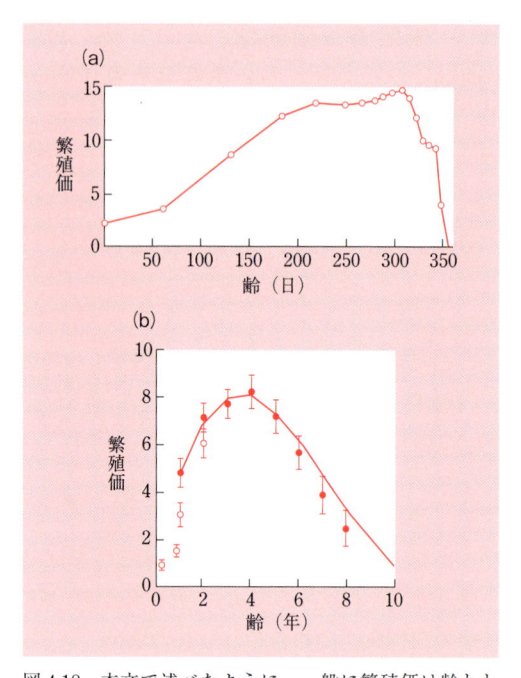

図 4.18 本文で述べたように，一般に繁殖価は齢とともに上昇し，やがて下降する．(a) この章の前半に登場した一年生植物のキキョウナデシコ *Phlox drummondii*.（Leverich & Levin, 1979 より．）(b) スコットランド南部のハイタカ *Accipiter nisus*. 濃い丸の記号（●）（± 1 SE（標準誤差））は，繁殖個体のみの値を示し，白丸の記号（○）は非繁殖個体をも含む値である（Newton & Rothery, 1997 より）．どちらの場合も，個体群全体の増加率（R）は分かっておらず，縦軸の繁殖価の目盛りは仮の R 値を用いた暫定的なものである．

が減少するような 2 つの生活史特性間の関係を**トレードオフ**（trade-off）という．例えば，アメリカトガサワラ（*Pseudotsuga menziesii*）は，成長することによって将来の繁殖を増加できるので，繁殖することと成長することの両方から利益を得るが，球果をたくさん生産するほど成長速度は低下してしまう（図 4.19a）．また，雄のショウジョウバエは，長期にわたる繁殖活動と，高頻度で交配することの両方から利益を得るが，成虫期初期の繁殖活動のレベルが高いほ

第4章 生活，死，生活史

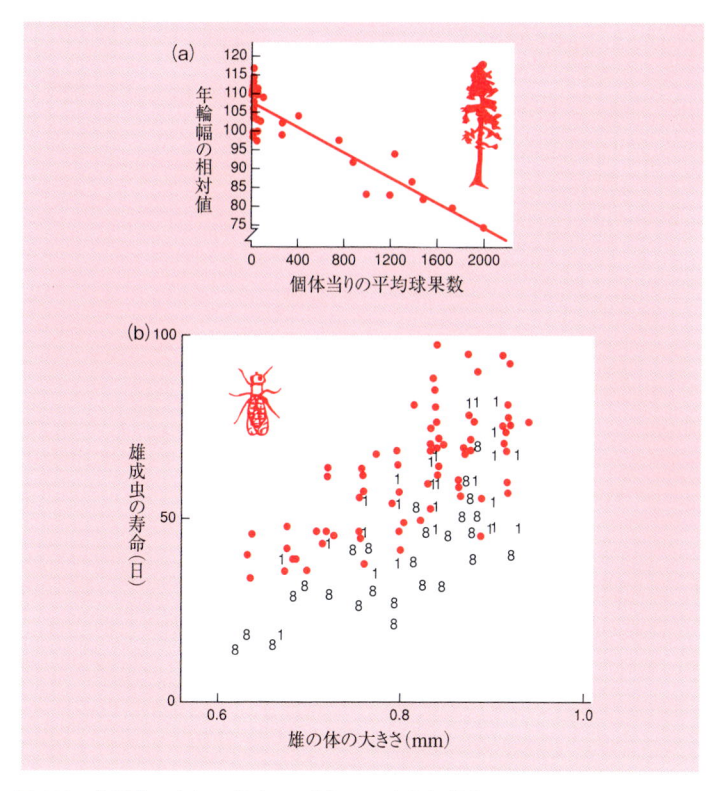

図4.19 生活史のトレードオフ．(a) アメリカトガサワラ *Pseudotsuga menziesii* の個体群の球果生産量と年間成長量との負の相関 (Eis *et al.*, 1965 より)．(b) 雄のキイロショウジョウバエ *Drosophila melanogaster* の寿命は，全般的に体の大きさ（胸部長）が大きくなると長くなる．しかし，1日に1匹の未交尾雌と既交尾雌7匹を与えられた雄 (1) では，8匹の既交尾雌を与えられた雄 (●) よりも，求愛活動の増加によって寿命は短くなった．さらに，1日に8匹の未交尾雌を与えられた雄 (8) の寿命はさらに短くなった．(Partridge & Farquhar, 1981 より．)

ど，寿命は短くなる（図4.19b）．

トレードオフの観察は簡単ではない　しかし，そのような負の相関が自然界に溢れていて，観察だけでこの関係が見いだせると考えるのは大きな間違いだろう．自然界の個体群にみられるこの相関関係を単に観察するだけでは，普通トレードオフは見いだせない（Lessells, 1991）．なぜなら，成長と繁殖量を結びつける最適な方法がひとつだけなら，すべての個体はその最適な状態に近づくことになり，その個体群の中にはトレードオフを認めることができるほどの変異は存在しないだろう．さらに，もし，各個体が自由に使える資源の量について個体間で差があるとしたら，その二者択一と見える2つの特性間には，負の相関ではなくて正の相関，すなわち，ある個体がすべてにおいて優れていて，他の個体はすべての点で劣っている関係が認められるはずである．例えば，図4.20に示すように，最良の条件でのアスプクサリヘビ（*Vipera aspis*）では，健康状態のよい雌ほど多くの仔を生むとともに，繁殖からの回復も早く，すぐに次の繁殖ができるようになる．

この問題を解決するために2つの手法が考案され，ト **遺伝学的な比較** レードオフ曲線についての研究が可能になっ

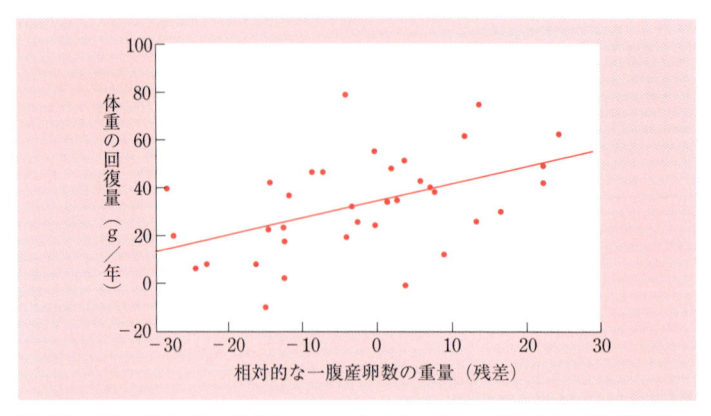

図4.20 アスプクサリヘビ (*Vipera aspis*) の雌では，一度に多くの子（雌個体の全重量を考慮に入れるため，子の重量の相対値である）を生む個体ほど繁殖からの回復も速い（重量の回復は体の大きさによる影響を受けないため相対値ではない）（$r=0.43$；$P=0.01$）．(Bonnet *et al*., 2002 より．)

た．そのひとつは，二者択一的な関係にある2つの特性に対して，資源の配分方法に違いのありそうな遺伝子型の個体を比較することである．異なる遺伝子型はさらに2つの方法で比較することができる．それは，(i) 遺伝的に対照的な個体のグループをいくつか育て，グループ間で比較する方法（飼育実験）と，(ii) ひとつの個体群に淘汰圧を加えて一方の特性を変化させ，それに伴う他方の特性の変化を検出する方法（淘汰実験）である．例えば，ノシメマダラメイガ (*Plodia interpunctella*) を何世代にもわたってウイルスに感染させ，ウイルスに対する抵抗性を高めた淘汰実験では，それに伴って発育速度が低下し，抵抗性と発育速度とは負の相関を示した (Boots & Begon, 1993)．しかし，遺伝的相関の研究では，全体的に見ると，負の相関よりも無相関と正の相関が現れる場合が多い (Lessells, 1991)．このように，この手法によるトレードオフの検出は今のところ限られた範囲でしか成功していないが，生活史特性間の淘汰圧による差を生む基盤に直接迫ることができるという長所を持つため，根強い支持を受けている (Reznick, 1985; Rose *et al*., 1987).

実験的な操作 もうひとつの手法は，表現型の負の相関からトレードオフを直接に明らかにするために，実験的な操作を加えることである．図4.19b に示したショウジョウバエに関する研究は，その一例である．単純な観察よりも実験操作が優れている点は，例えば，各個体が自由に使える資源の量に応じた違いを観察するのではなく，複数の実験群に個体をランダムに割り当てて観察する点である．この違いを図 4.21 に示す．この図に示したヨツモンマメゾウムシ *Callosobruchus maculatus* の2つのデータセットでは，いずれの場合も産卵数と寿命は相関している．操作していない個体群を単純に観察した場合には正の相関が現れ，「優良な」個体ほど長生きし，多くの卵を産む．しかし，利用できる資源量の違いによってではなく，交尾機会と産卵場所の数を操作して産卵数を変化させた場合には，トレードオフ（負の相関）の存在が明らかになる．

しかし，実験操作が「良く」て，単なる観察が「悪い」という対比は，いつも成り立つわけではない (Bell & Koufopanou, 1986; Lessells, 1991)．ある種の操作は，単なる観察の場合と同じ問題を抱えている．例えば，餌を余分に供給することによってクラッチサイズを操作する場合，他の特性も同じように改善してしまうと考えられる．実験での操作において重要なことは，目的の特性だけを変化させ，他のどんな特性も変化させないという点である．一方で，単

第4章 生活，死，生活史

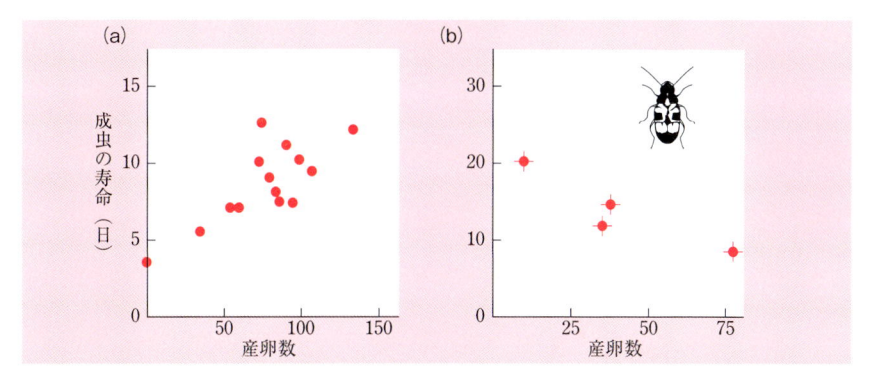

図4.21 (a) 操作を加えていない雌のヨツモンマメゾウムシ Callosobruchus maculatus 集団における，成虫の寿命と産卵数の間の正の相関．(b) 交尾相手か産卵場所，あるいはその両方の数を操作した場合の，成虫の寿命と産卵数の間の負の相関．4つの処理区についてそれぞれの平均を標準誤差とともに示す．(Lessells, 1991 より；K. Wilson の未発表データから．)

なる観察であってもそれが「自然によって行われた」実験の結果に基づいている場合には，受け入れられるかもしれない．例えば，図4.19a のアメリカトガサワラ個体群の場合，利用できる資源の量によってではなくて，「結実の豊凶」（第9章4節を参照）という特性に従って球果生産量が変化したと思われるので，球果生産量と成長量の負の相関は，根底にあるトレードオフ関係を忠実に反映していると考えられる．

最近では，トレードオフは広く存在し，重要であるという観点は広く受け入れられているが，その関係を見出し，定量化する方法についてはまだ問題が残っている．

4.8.4 繁殖コスト

トレードオフの中でも特に注目されてきたのは，はっきりとした**繁殖コスト** (cost of reproduction) の存在を示すような関係である．ここでいう「コスト」は，特定の意味，つまりある個体が，現時点での繁殖への配分を増加させると，生存率あるいは成長率が低下し，そのために将来の潜在的な繁殖力が低下してしまうという意味で使われている．その例は，図4.19 のアメリカトガサワラとショウジョウバエや図4.21 のヨツモンマメゾウムシで示されている．

繁殖コストは，植物では簡単に示すことができる．例えば，優れた園芸家たちは，花をつける多年生草本の寿命を延ばすには，熟しかけている種子をそっくり除去しなければならないことを知っている．こうした現象の原因は，植物にとって生存率を上昇させたり，翌年のもっと素晴らしい開花に使われるかもしれない資源を，種子が競争的に横取りしてしまうからである．ある一定の大きさのヤコブボロギク（*Senecio jacobaea*）を生育期の終わりに比較すると，生き残っている個体は繁殖に回した資源が一番少ないものに限られている（図4.22）．

このように，繁殖を遅らせたり，繁殖量を最大よりも低く抑えた個体は，それだけ速く，大きく育ち，あるいは多くの資源を体の維持や蓄積に回し，最終的にはその資源を将来の繁殖に使うことができるだろう．その時点で繁殖のために費やされるどんなコストも，残存繁殖価（RRV）を減少させてしまう．しかし，すでに説明したように，自然淘汰が有利に働くのは，実現可能な「合計」の繁殖価が最も高い生活史である．その中の一方の量（すなわち，現在の繁殖量）が増加すると，もう一方の量（残存繁殖価）は減少するという傾向を持つ．明らかに，繁殖コストを含んだトレードオフは，すべての生活史の進化の核心部分である．

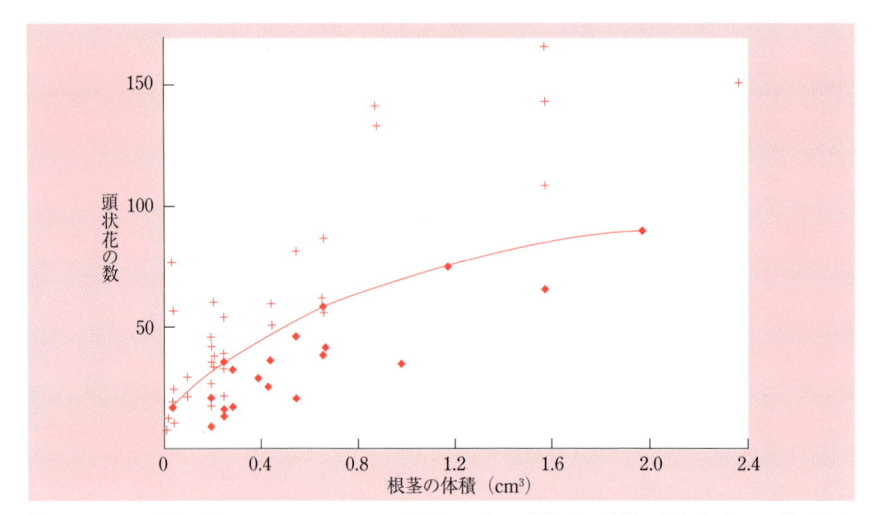

図 4.22　ヤコブボロギク *Senecio jacobaea* の繁殖コスト．曲線は，季節の終わりまでに枯死した個体（＋）と生き残った個体（◆）を区分した線．曲線の左上には生き残った個体はない．大きい個体は繁殖への配分を増やしても生き残ることができるが，ある特定の根茎の体積について見ると，繁殖への配分（頭状花序の数）が少なかった個体だけが生き残っている．（Gilman & Crawley, 1990 より．）

4.8.5　子の数とその適応度

　もうひとつの重要なトレードオフは，子の数と子個体の適応度との間のトレードオフである．最も簡単な例は，繁殖への配分量が一定の時の，子の大きさと数との間のトレードオフである．すなわち，繁殖への配分は，少数の大きい子に配分することも，多数の小さい子に配分することもできる．しかし，1個の卵や種子の大きさは適応度の指標のひとつにすぎない．子の数と，各個体の生存率あるいは成長速度との間のトレードオフを探究する方が，もっと適切であろう．

　卵の大きさと数との間の遺伝的な相関について，これまで行われた数少ない研究（家禽についての研究が多い）のほとんどは，予想されるような負の相関を示した（Lessells, 1991）．負の相関は，単純な種間や個体群間の比較でも見られる（例えば，図 4.23a, b）．しかし，これらの事例では，異なる種や個体群の個体が，厳密に同じだけの繁殖への総配分量を持っているとは思えない．さらに，このタイプのトレードオフは，実験的操作によって観察することが特に難しい．その理由は，次のような問いを想定すれば分かるだろう．ある植物が 10 mg の種子を 100 個生産し，そのうちの 5% が成熟して繁殖するとしよう．同じ植物が同じだけの資源を使って 80 個の種子を生産したとすると，種子の大きさと成熟するまで生き残る確率はどうなるだろうか．資源の供給量を少なくして種子数を操作するのは明らかに意味がないだろうし，たとえ種子を生産する際に 20 個の種子を除去したとしても，残りの種子が大きさを変える能力には限界があるだろう．従って，それらの種子の成熟まで生存率を測っても，もとの問いに対する適切な答えにはならないだろう．

　しかし，Sinervo（1990）は，カキネハリトカゲ（*Sceloporus occidentalis*）の卵の大きさを，産卵された卵から卵黄の一部を取り出すことによって変化させ，健全だが無処理のものに比べて体の小さな幼体をつくりだした．この小さな幼体は，走る速度が遅い（図 4.23c）．従って，捕食者から逃れる能力が低く，そのために適応

第4章 生活, 死, 生活史

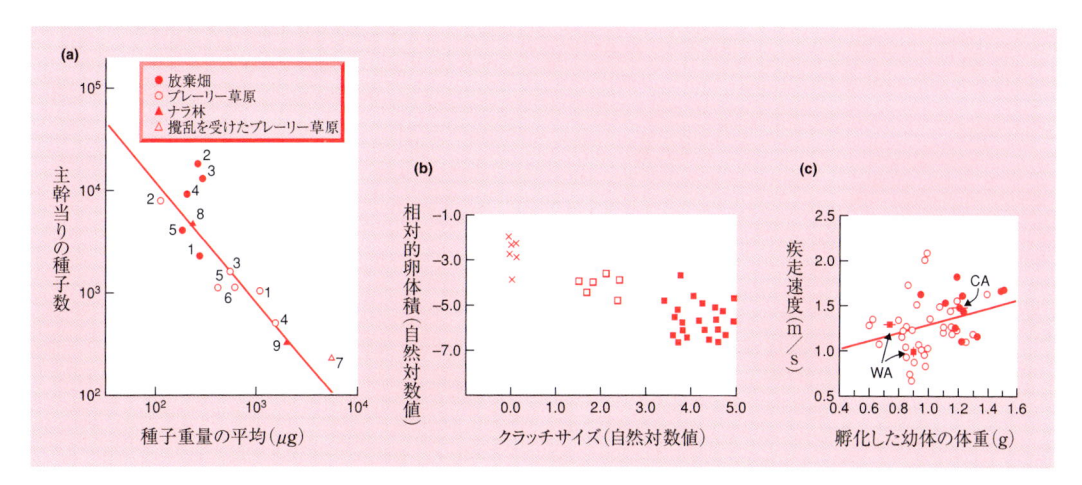

図4.23 親が1回に産む子の数と, 子の適応度の間のトレードオフ関係の証拠. (a) アキノキリンソウ属 *Solidago* における, 茎当りの種子数と1個の種子重量の間の負の相関. さまざまな生育場所から集めた複数の種(次の番号で示す)をプロットしてある. 1, *S. nemoralis*; 2, *S. graminifolia*; 3, *S. canadensis*; 4, *S. speciosa*; 5, *S. missouriensis*; 6, *S. gigantea*; 7, *S. rigida*; 8, *S. caesia*; 9, *S. rugosa*. (Werner & Platt, 1976 より.) (b) ハワイのショウジョウバエ属 *Drosophila* の各種における, 一腹卵数と卵の体積の間の負の相関. それぞれの種の幼虫の餌資源を次のいずれかで区別してある. 比較的貧栄養で限られた資源である花粉(×), 腐朽途中の葉の細菌(□), 予測は難しいが生産力の高い腐った果実・樹皮・幹中の酵母(■). (Montague *et al.*, 1981; Stearns, 1992 より.) (c) カリフォルニア州産のカキネハリトカゲ *Sceloporus occidentalis* において, 卵黄を一部除去された卵から生まれた幼体(○)は, 無処理(対照区)の卵から生まれた幼体(●)よりも体重が軽く, 疾走速度が遅い. またこの図には, 大卵少産型であるカリフォルニア州産の対照区のすべての個体群の平均値(CA)と, 小卵多産型のワシントン州産の2つの個体群の平均値(WA)も示されている. (Sinervo, 1990 より.)

度も低いと考えられる. このトカゲの自然の個体群の中では, カリフォルニア州産のものは, ワシントン州産のものに比べて卵が大きく, 一腹卵数が小さい(カリフォルニア州産では一腹卵数は7から8, 平均卵重は0.65gであるのに対して, ワシントン産ではそれぞれ12個と0.4gである. 図4.23c). 従って, この実験操作の結果から見ると, 2つの個体群の違いはまさに, 子の数と個体の適応度との間のトレードオフを反映していると思われる.

4.9 オプションセット, 適応度等値線, 生息場所の分類

はじめに提示した生活史に関するもうひとつの問い, つまり「ある特定の生活史と, 特定のタイプの生物とを結びつけるパターン, あるいは特定の型の生息場所とを結びつけるパターンは存在するのだろうか」という問題に話を移そう. この問いに答えるために, さらに2つの概念を導入しよう. ここではその概念を繁殖コストを使って説明する. その理由は, 繁殖コストに関係するトレードオフが最も基本的であり, しかも同じ原理がすべてのトレードオフに適用できるからである.

4.9.1 オプションセットと適応度等値線

オプションセット(options set)とは, ひとつの生物が取り得る2つの生活史特性の組合せの幅全体を表現する概念である. 従って, オプションセットはその生物がもつ生理学的特性を反映している. ここでは説明のために, 2つの特性, 現在の繁殖量 m_x と成長量(残存繁殖価の潜在的に重要な指標として)を用いることにする(図

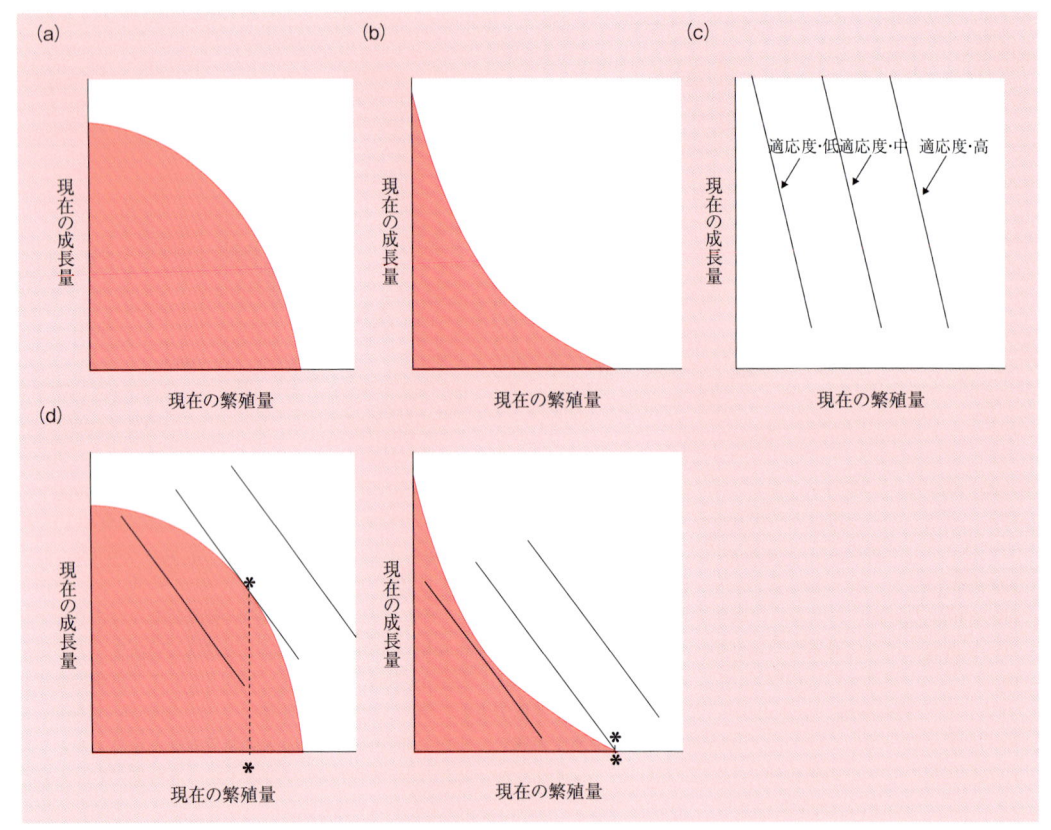

図 4.24 (a) (b) は，オプションセット，すなわちある生物がとり得る特性値の組合せである．ここに示した例は，ある時点の繁殖量と成長量との組合せである．本文で説明した通り，オプションセットの外側の境界線は，トレードオフ曲線である．(a) は外側に凸で，(b) は内側に凹である．(c) ある生息場所で，同じ適応度を示す繁殖と成長との組合せを結んだ適応度等値線．原点から遠い適応度等値線ほど，高い適応度をもつ．(d) 適応度を最大化するオプションセットは，最高の適応度等値線に達する一点にある．その点と，対応する最適な現時点の繁殖量を星印で示してある．(Silby & Calow, 1983 より．)

4.24)．オプションセットは，ある任意の繁殖レベルのもとで，その生物が達成し得る成長量の幅を示し，またある任意の成長速度のもとで，その生物が達成できる繁殖レベルの幅を示す．オプションセットの外側の境界線は，トレードオフ曲線を示している．その境界線上では，生物は成長の低下という代償を払うことでしか m_x を増やすことができず，逆もまた同様である．

あるオプションセットは，外側に向かって膨らんだ凸型のものになるかもしれない（図 4.24a）．この場合，繁殖レベルが最高値からほんの少し下がるだけで，かなりの量の成長が可能になる．反対に，内側にへこんだ凹型のオプションセットもあるだろう（図 4.24b）．この場合，繁殖レベルが最高値よりも相当下がらなければ，十分な成長ができない．

次に，**適応度等値線**（fitness contours）とは，適応度（繁殖価）が一定になるような m_x と成長量の値の組合せを結んだ線である（図 4.24c）．原点から遠い等値線ほど，大きい適応度をもたらす成長量と繁殖量の組合せを表す．後述するように，適応度等値線の形は，生物に固有の特性ではなく，その生物が棲んでいる生息場所を反映している．

実現し得るものの中で，最高の適応度を示す

特性の組合せが，自然淘汰の方向を決定する．従って，自然淘汰は，オプションセットの中の点（すなわちトレードオフ曲線上の点）が最高の適応度等値線に達するように働く（図4.24dの中の星印で示した点がそれに相当する）．異なるオプションセットは異なるタイプの生物を意味し，異なる形の適応度等値線は異なるタイプの生息場所を意味する．これら2つは，どこでどのような時に異なったタイプの生活史が見られるのかの指針として使うことができる．

4.9.2 生息場所 ── 分類

それぞれの生物は独自の生息場所をもつが，生息（育）場所と生活史とを結びつけるパターンを解明するのであれば，生息場所の分類はどんな生息場所にも適用できる概念を使ってなされるべきである．さらに，生息場所の記述と分類は，私たちがどう感じるか，すなわちその生息場所が集中しているのか均一に広がっているのか，あるいは厳しいのか好適なのかといったものではなく，生物の側の視点からなされるべきである．さきほど述べたように，適応度等値線の形がある生物の生息場所を表しているという場合には，その生息場所が特定の生物に与える影響や生息場所に対する生物の反応を，等値線の形が反映しているということを意味している．

今までに，数多くの生息場所タイプの分類法が提案されてきたが（例えば，Schaffer, 1974; Grime *et al*., 1988; Silvertown *et al*., 1993），これらを論評することは，ここでの私たちの目的ではない．そうではなくて，適応度等値線に焦点を当てて生息場所を分類する．そのため，現在の繁殖と成長が関与して，どのように異なるタイプの生息場所での適応度が決まるのかに注目する．以下，Levins (1968) と Sibly & Calow (1983) に従って解説しよう．

新しく芽生えた個体や生まれたばかりの子ではなく，すでに成長した個体にとっては，対照的な2つのタイプの生息場所を認めることができる．

1 繁殖コスト（CR）が高い生息場所．そこでは，現在の繁殖のために成長がわずかでも低下すると，残存繁殖価に重大な負の影響が及び，従って，適応度も下がる．このため，高い繁殖と低い成長，あるいは低い繁殖と高い成長の組合せは，いずれも同程度の適応度をもたらし，適応度等値線は対角線に近い負の傾きを持つ（図4.25a）．

2 繁殖コストが低い生息場所．そこでは，その時の成長のレベルが残存繁殖価に与える影響はわずかである．そのため，適応度は本質的にその時の繁殖だけによって決まり，その時の成長がどんなレベルにあろうと適応度はほぼ同じ値をとるだろう．適応度等値線は，ほぼ垂直，すなわち「成長」の軸に対してほぼ平行になるだろう（図4.25a）．

この分類の要点は，相対的な比較に基づくという点である．実際には，ある生息場所は，他の生息場所に対して相対的に「高い繁殖コスト」なり「低い繁殖コスト」と記述できるにすぎない．この分類の目的は，生息場所同士を対比させることにある．

さらに，生息場所はさまざまな理由で，どちらかのタイプの生息場所になり得る．生息場所は少なくとも次の2つの理由で，相対的に高い繁殖コストを持つ生息場所になり得る．

1 成長した個体間に激しい競争があって（第5章を参照），最も競争に強い個体だけが生き残って繁殖するような場合には，現在の繁殖は成長を抑制するため高いコストとなり，将来の競争能力を低下させ，その結果残存繁殖価を低下させる．最も強い個体だけが雌のハーレムを確保できる雄の成獣のアカシカは，その良い例である．

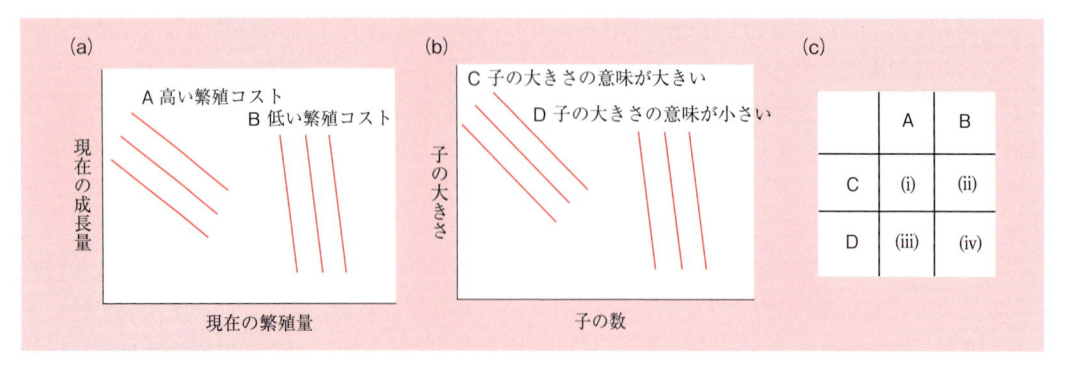

図 4.25 生息場所の個体群統計学的な分類．(a) 成長した個体にとっての生息場所は，次の2つのいずれかになる．(A) 相対的に繁殖コストの高い生息場所．適応度等値線は，現在の繁殖を低下させて成長を上昇させると，それ以後の繁殖価が急激に上昇することを示している．(B) 相対的に繁殖コストの低い生息場所．適応度等値線は，現在の繁殖のレベルに大きく依存している．(b) 生まれたばかりの子にとっての生息場所は，(C) 子の大きさの意味が大きな生息場所と，(D) 子の大きさの意味が小さな場所のいずれかになる．ある一定の繁殖への配分量のもとでは，子の大きさを大きくすれば子の数は少なくなると仮定される．そうすると，例えば (D) では，適応度は子の大きさではなく数を強く反映する．(c) この2対の対照的な生息場所を組み合わせると，ある生物の生涯を通した生息場所は，他の生物との相対的な比較のもとで，(i)〜(iv) と表示した4つの基本的なタイプのいずれかとなる．

2 小柄な成熟個体が，何らかの重要な死亡要因，例えば，捕食者や他の非生物的要因に対して特に弱い場合にも，現在の繁殖は，無防備なサイズに留まることとなるため高いコストを伴う．例えば，海岸の固着性二枚貝のイガイは，繁殖を抑えることによって，カニとケワタガモによる捕食から回避できる程度の大きさにまですばやく成長する．

一方，生息場所の繁殖コストは，少なくとも次の3つの理由で低くなり得る．

1 死亡要因の多くは無差別的で避け難いので，繁殖を制限して体の大きさを増加させても将来的な価値はないことが多い．例えば，一時的に出現する池が涸れる時には，体の大きさやその状態にかかわらず，その池の水生動物のほとんどの個体が死亡してしまう．

2 少なくとも成長した個体にとって生息場所が非常に安全で，かつ競争もない場合には，その時点の繁殖を制限しなくても，すべての個体は高い生存率をもち，また将来の高い繁殖の可能性を維持している．この状況は，新しく出現した生息場所に最初に定着した移住者については，少なくとも一時的に成立する．

3 最も大きい個体が被害に遭いやすいような重要な死亡要因がある生息場所では，低い繁殖コストとなる．この場合，現在の繁殖を制限すれば，体の大きさが増大し，将来の生存率を低下させることになるかもしれない．例えば，アマゾンのある肉食性の鳥類は，ある特定の魚種の最も大きい個体を好んで捕食する．

新しく生まれた子にとっての生息場所も，同じように分類することができる．ある一定の繁殖への配分のもとで，子の数を少なくすることによってのみ大きな体の子を生産できると仮定すれば，この場合にも，2つの対照的な生息場所のタイプが存在する（図4.25b）．

新しく生まれた子にとっての生息場所の分類

1 「子の大きさの意味が大きな」生息場所．そこでは，それぞれの子の繁殖価が，体が大きくなるに従って明らかに高くなる．その原因としては，すでに述べたように，子どうしの競争，あるいは小さい子が特に死にやすいよ

うな重要な死亡要因が働く場合である．従って，体の大きさが増加すると適応度等値線は大きく上昇するのである．
2 「子の大きさの意味が小さな」生息場所．そこでは，それぞれの子の繁殖価が，体の大きさにほとんど影響されない．その原因としては，すでに述べたような無差別にかかる死亡や，あまりにも豊富な資源，あるいは大きい個体が強い死亡要因にさらされる場合などである．従って，体の大きさが増加しても適応度等値線はほとんど上昇しないのである．

以上の2つの対照的な生息場所の対を組み合わせると，4つの生息場所タイプを考えることができる（図4.25c）．

4.10 繁殖への配分とそのタイミング

4.10.1 繁殖への配分

まず最初に，もしすべてのオプションセットが外向きに凸だと仮定すると，相対的に繁殖コストの低い生息場所では，繁殖への配分が大きいほど有利になる．それに対して，相対的に繁殖コストの高い生息場所では，繁殖への配分が小さいほど有利になる（図4.26a）．この様子は，セイヨウタンポポ（*Taraxacum officinale*）の3つの個体群で見ることができる．これらの個体群は，4つのバイオタイプ（A—D）のいずれかに属する多数のクローンで構成されている．3つの個体群は，それぞれ歩道（成熟個体の死亡が最も無差別に起きる，「繁殖コストの最も低い」生息場所）と，古く安定した牧草地（成熟個体どうしの競争が最も激しい，「繁殖コストの最も高い」生息場所）と，両者の中間的な生息場所に分布している．予想通り，歩道で優勢だったバイオタイプ（A）が，どの生息場所由来のものでも繁殖への配分が大きかったのに対して，古い牧草地で優勢だったバイオタイプ（D）は，繁殖への配分が最も少なかった（図4.26b, c）．バイオタイプBとCは，各生息場所における優占度でも繁殖への配分率でもAとDの中間に位置づけられた．

4.10.2 成熟齢

繁殖コストが相対的に高い生息場所では，繁殖への配分が少ないほうが有利なので，成熟（有性生殖）の開始は遅くなるが，繁殖開始時の体の大きさは大きくなるに違いない（成熟を遅らせている間，繁殖にはまったく配分していないので）．この考え方を支持する研究結果は，トリニダードにおける小型魚類のグッピー（*Poecilia reticulata*）の研究から得られている．この研究では，先に議論した繁殖への配分のパターンと同時に，第11節で議論する子の大きさの変異のパターンを支持する結果も得られている．そのグッピーは，対照的な2つのタイプの小川に生息している．一方のタイプの小川では，主要な捕食者はカワスズメ科の*Crenicichla alta*で，この魚は主に大きくて性的に成熟したグッピーを捕食する．もう一方のタイプの小川では，主な捕食者はメダカ目のカダヤシの仲間*Rivulus hartii*で，この魚は稚魚を好む．このため，*Crenicichla*が捕食者である川は繁殖コストが低く，予想通りそこのグッピーは早期に，小さいうちに成熟する．またそのグッピーは，繁殖への配分が大きい（表4.6の左側の欄）(Renznic, 1982)．さらに，200匹のグッピーを*Crenicichla*が捕食者である場所から*R. hartii*が捕食者である場所に導入して，11年間（30～60世代）を経過させた．すると，その表現型が繁殖コストの高い生息場所（カダヤシが捕食者）のものに似てきた．さらにこの導入したグッピーと，元の生息場所のグッピーを実験室で飼育しても，識別は可能であったので，それらの相違が進化によって遺伝的に定着したものであることも明らかであった（表4.6の右側の欄）

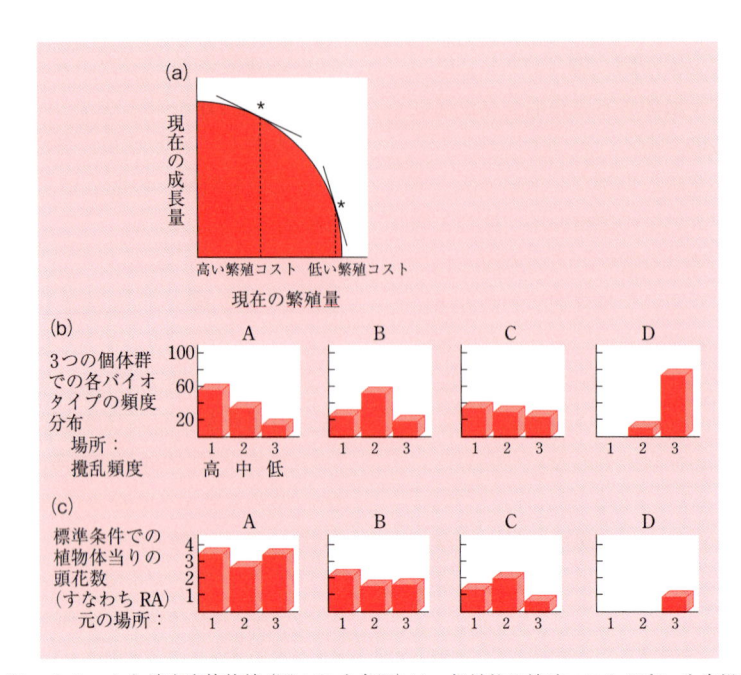

図 4.26　(a) オプションセットと適応度等値線 (図 4.25 を参照) は，相対的に繁殖コストが高い生息場所では，繁殖への配分が相対的に小さい生活史が有利になることを示している．(b) セイヨウタンポポ Taraxacum officinale の 3 つの個体群における 4 つのバイオタイプの頻度分布．個体群は，それぞれ低頻度，中程度，高頻度の撹乱を受けていて，繁殖コストが相対的に高いものから低いものまで変異がある．(c) 異なる場所の異なるバイオタイプの繁殖への配分量 (RA) から，繁殖コストが相対的に低い生息地で優勢なバイオタイプ A は，RA が相対的に大きいことなどが分かる．(b と c は Solbrig & Simpson, 1974 より．)

表 4.6　グッピー Poecilia reticulata について，繁殖コストが相対的に低く子の大きさの意味が小さい場所 (カワスズメ類の Crenicichla が捕食者で，成熟した大型個体に捕食が集中する) と，繁殖コストが相対的に高く，子の大きさの意味が大きい場所 (カダヤシの仲間 Rivulus が捕食者で，捕食が稚魚に集中する) の個体の生活史特性の比較．前者 (繁殖コストが低い場所) では，グッピーの雌雄は早く，小さい体で成熟し，繁殖への配分が大きく (出産間隔が短く，繁殖努力の割合が高い)，小さな子をたくさん産む．この現象は，この対照的な 2 つの自然個体群を比較した場合 (左) と，無処理の対照群とカダヤシがいる場所に導入された個体群を比較した場合 (右) の両方で確認できる．(Reznick et al., 1982, 1990 より．)

	Reznick (1982)			Reznick et al. (1990)		
	カワスズメのいる場所		カダヤシのいる場所	対照群 (カワスズメのいる場所)		導入群 (カダヤシのいる場所)
雄の成熟齢 (日)	51.8	$P<0.01$	58.8	48.5	$P<0.01$	58.2
成熟時の雄の大きさ (mg 湿重)	87.7	$P<0.01$	99.7	67.5	$P<0.01$	76.1
雌の初出産齢 (日)	71.5	$P<0.01$	81.9	85.7	$P<0.05$	92.3
初回出産時の雌の大きさ (mg 湿重)	218.0	$P<0.01$	270.0	161.5	$P<0.01$	185.6
1 番目の同腹の子の個体数	5.2	$P<0.01$	3.2	4.5	$P<0.05$	3.3
2 番目の同腹の子の個体数	10.9	NS	10.2	8.1	NS	7.5
3 番目の同腹の子の個体数	16.1	NS	16.0	11.4	NS	11.5
1 番目の同腹の子の体重 (mg 乾重)	0.84	$P<0.01$	0.99	0.87	$P<0.10$	0.95
2 番目の同腹の子の体重 (mg 乾重)	0.95	$P<0.05$	1.05	0.90	$P<0.05$	1.02
3 番目の同腹の子の体重 (mg 乾重)	1.03	$P<0.01$	1.17	1.10	NS	1.17
出産間隔 (日)	22.8	NS	25.0	24.5	NS	25.2
繁殖努力 (%)	25.1	$P<0.05$	19.2	22.0	NS	18.5

NS, 有意差なし

(Renzik *et al*., 1990).

生息場所の分類の枠組みを発展させる　しかし，成熟齢を理解するには，これまでの単純な生息場所の分類の枠組みをさらに発展させる必要がある．例えば，成熟に適した齢と体の大きさは，幼体（成熟前）の生存と，成熟時の繁殖価との間のトレードオフによって支配されていると考えることもできる（Stearns, 1992 の総説を参照）．体が大きくなるまで成熟を引き延ばすことによって，成熟時の繁殖価は増大するが，幼体の生存率の低下という代償を払わなければならない．成熟が遅れると，幼体の期間は当然長くなるからである．このトレードオフを考慮するなら，例えば次のような疑問が湧いてくる．成熟時の齢と体の大きさは，食物が豊富にある「生産的な」環境と，個体の栄養が不足するような「非生産的な」環境とでは，どのように違ってくるのだろうか．もし，利用できる食物量の増大に伴って，成長率（すなわちある齢での体の大きさ）と子の生存率（すなわちある齢に達する可能性）の両方が高くなるのであれば，トレードオフ曲線の形の違いにかかわらず，生産的な環境でのオプションセットは，非生産的な環境のオプションセットを包含してしまうだろう（図4.27）．そして生産的な環境にいる個体は，その分早く，そして大きな体で成熟するに違いない．この現象は，キイロショウジョウバエ *Drosophila melanogaster* で見られる．27℃で豊富な食物を与え，低密度で育てられたショウジョウバエは 11 日目に体重 1.0 mg で繁殖を開始したが，高密度で乏しい食物で育てられたショウジョウバエは 15 日かそれ以上経って体重が 0.5 mg になってから繁殖を開始した（Stearns, 1992）．ただし，ここでは，異なった環境に対する個体の直接的な反応を比較しているのであって，2 つの独立した個体群や種を比較しているのではないということに注意する必要がある．これについては，本章第 13 節で再び取り上げる．

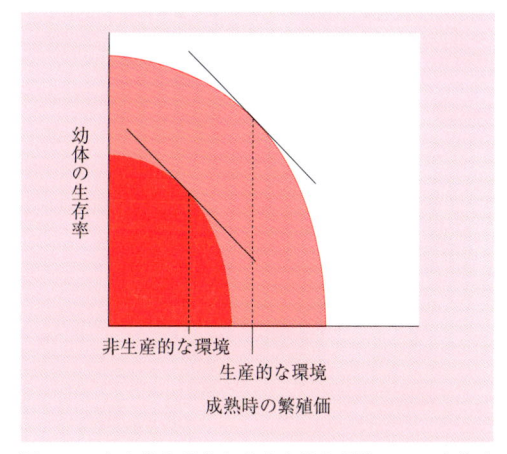

図4.27　生産的な環境と非生産的な環境での，成熟時の齢と体の大きさの比較．成熟時の繁殖価と幼体の生存率がトレードオフ関係にある場合，生産的な環境でのオプションセットの端のトレードオフ曲線は，生産的でない環境のそれを覆っており，早く大きい体で成熟することが予測される．

4.10.3　一回繁殖

繁殖コストが高い生息場所と低い生息場所の比較に話をもどすと，一回繁殖は後者で進化しやすいことは明らかである（図4.28a）．ケニア山に生育するミゾカクシ属 *Lobelia* の 2 種についての研究（図4.28b）によって，この点が詳しく裏づけられている．どちらの種も草本性で寿命が長く，成熟するのに 40 年から 60 年かかる．一回繁殖の *L. telekii* は繁殖後枯死するのに対して，多回繁殖の *L. keniensis* は 7 年から 14 年ごとに繁殖を行なう．Young（1990）と Young & Augspurger（1991）は，乾燥した場所では成熟個体の生存率が低く，繁殖の間隔が長くなる，つまり乾燥した場所の繁殖コストが低いことを示した．しかし，一回繁殖がそのような場所でほんとうに有利になるのは，多くの資源を繁殖に回し，将来の生存のための配分を少なくすることによって，繁殖による利益を十分に得ることができる場合に限られるだろう．実際，一回繁殖種と多回繁殖種との間の地理的境界線は，有利な繁殖戦略が一回繁殖から多回繁殖へと変

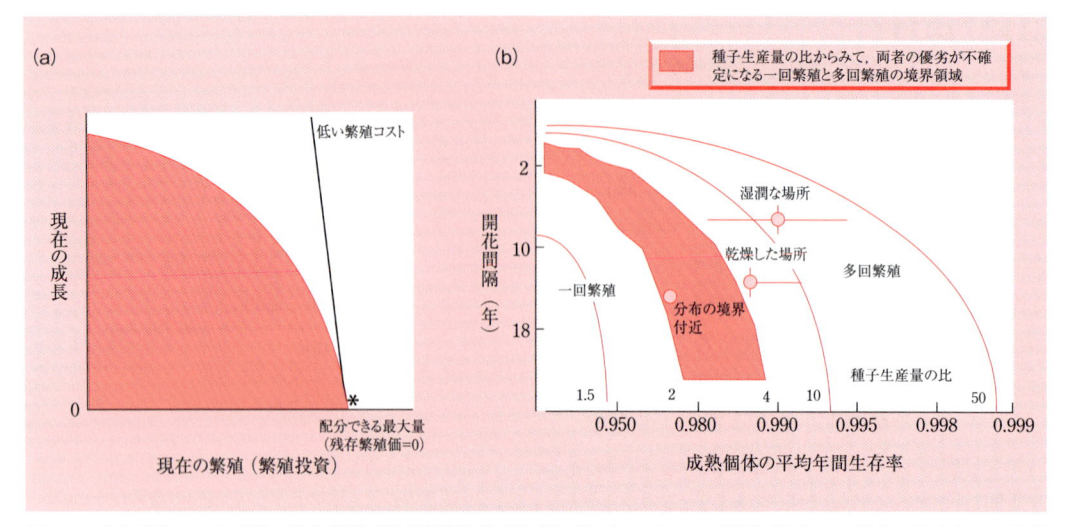

図 4.28 (a) 繁殖コストが低い生息場所（適応度等値線が垂直に近い）では，一回繁殖（繁殖への配分を最大化し，蓄積しない）が進化しやすい．(b) ケニア山のミゾカクシ属 *Lobelia* （キキョウ科）の種にとっては，開花の間隔が長く（縦軸の下方），成熟個体の年平均生存率が低いほど，生育場所の繁殖コストは低くなる．一回繁殖の *L. telekii* は，多回繁殖の *L. keniensis* の約 4 倍の量の種子をつけるとすると，生育場所は一回繁殖が有利になる部分（図の左下），多回繁殖が有利になる部分（図の右上），およびどちらが有利になるか不確定な部分に分けられる．調べられた *L. keniensis* の 3 つの個体群（○）は，予想されるように，多回繁殖に有利な生育場所の特徴か，あるいは分布の境界付近でみられるような不確定領域の生育場所の特徴をもっていた．(Young, 1990; Stearns, 1992 より．)

わる境界線と密接に対応しているようである（図 4.28b）.

ここで，すべてのオプションセットは外側に凸であるという最初の仮定をはずして考えると，内側にへこんだ凹のオプションセットをもつ生物では，一回繁殖が特に進化しやすいことは明らかである．すなわち，凹のオプションセットでは，低いレベルの繁殖であっても，将来の生存率はかなり低下してしまうのだが，繁殖を低い状態から中程度のレベルに高めたとしても，生存率にはほんの少ししか影響しない（図 4.24 を参照）．これは，なぜサケ類の多くの種が，自殺的な一回繁殖を行うかについての説明になる．サケ類が繁殖するためには，海から川を遡上して産卵場所に移動する必要があり，危険と労力を伴う．しかし，その危険と余分なコストは，繁殖という「行為」と結びついたもので，繁殖への配分量の大小とはほとんど関係がない．

4.11　子の大きさと数

本章第 9 節の生息場所の分類で述べたように，適応度が子の大きさに比較的強く依存する生息場所では，繁殖への配分は少数の大きな子に配分されると予想される．これは，すでに述べたグッピーについての観察と実験（表 4.6 を参照）でも支持されている．すなわち，捕食が幼魚の中でも小さい個体に集中するような場所ほど，大きい子が生き残れる．同様に，図 4.23 にも示したように競争が最も厳しそうな生息場所では子の大きさが大きくなる．すなわち，プレーリー草原のアキノキリンソウは，一時的な耕作放棄地のものに比べると種子が大きく，また花粉を利用するショウジョウバエは，供給は不確実だが栄養の豊富な酵母を利用するものに比べ，大きな卵を産む．

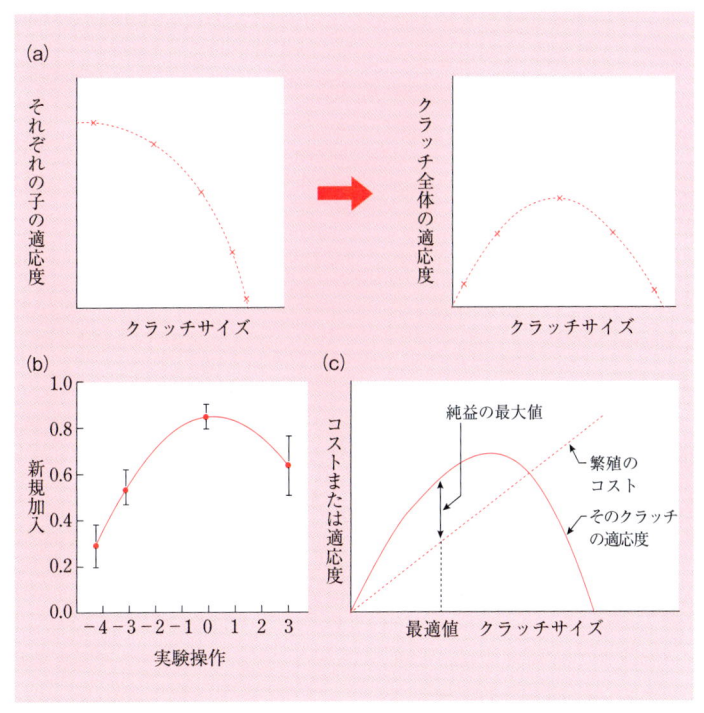

図4.29 (a)「Lackのクラッチサイズ」．もし，クラッチサイズが増加するにつれ，それぞれの子の適応度が減少するならば，ひとつのクラッチ全体の適応度（個体の適応度と個体数の積）はある中間的なクラッチサイズ（Lackのクラッチサイズ）で最大になるはずである．(b) シジュウカラにおける実験操作（クラッチへの卵の追加あるいはクラッチからの卵の除去）に対する観察された巣当りの若鳥の新規加入の平均±標準誤差．図中の曲線は次の多項式である．新規加入～実験操作＋(実験操作)^2．(Pettifor et al., 2001 より．) (c) しかし，繁殖にコストがかかる場合，「最適な」クラッチサイズは，正味の適応度が最大になるクラッチサイズである．ここでは，コストを示す直線とクラッチ全体の「利益」曲線の間の距離が最大になるクラッチサイズが最適である．(Charnov & Krebs, 1974 より．)

4.11.1 子の数 —— クラッチサイズ

しかし，子の数と適応度との間のトレードオフについて，それだけを単独で議論することは適切ではないだろう．もしそれを繁殖コストとのトレードオフに結びつけるならば，生活史に関するもうひとつの疑問を検討することができる．それは，「ある特定のクラッチサイズ（一腹卵数），あるいはある特定の種子生産量は，どのようにして淘汰されてきたのか」という疑問である．

Lack (1947b) は，子の数と適応度の間のトレードオフに注目し，自然淘汰は最大のクラッチサイズを選ぶのではなく，産仔数とその後の生存過程とのバランスの中で，成熟する子の数が最大になるような折衷案的なクラッチサイズが選ばれていると主張した．この考え方は**Lackのクラッチサイズ**として知られている（図4.29a）．この仮説の有効性を検証するために数々の試みが，特に鳥類とそれよりは少ないが昆虫について行われた．これらの研究は，自然の巣や卵塊に卵を追加したり取り除いたりし

て，どのクラッチサイズが究極的に最も生産的なのかを検証し，それを通常のクラッチサイズと比較している．ほとんどの研究で，Lack の仮説は正しくないことが示唆された．すなわち，「自然状態で」最も一般的に見られるクラッチサイズが最も生産的なわけではなく，クラッチサイズを実験的に増やすと，生産性がはっきりと増加する場合が多かったのである (Godfray, 1987; Lessels, 1991; Stearns, 1992)．しかし，よくあることだが，Lack の仮説は細部には誤りがあるかもしれないが，クラッチサイズの研究に生態学者の目を向けさせたという点で，きわめて重要なものであった．現在では，実際のクラッチサイズと最適クラッチサイズが対応しない理由がいくつか明らかにされており，その中では次の２つが特に重要である．

Lack のクラッチサイズを乗り越える　まず多くの研究では，それぞれの子の適応度の評価が不適切だったようである．卵数4の正常な鳥のクラッチに2つの卵を追加して，6個体の外見上健康な雛が孵化し巣立つのを記録するだけでは十分ではない．巣立った若鳥がその年の冬をいかにうまく乗り切れるか，将来何羽の雛をもつのか，を問う必要がある．例えば，イギリスのオクスフォード近郊におけるシジュウカラ (*Parus major*) の長期にわたる研究では，卵を「追加した」巣 (10.96) は，対照群の巣 (8.68) よりも生産的であり，卵を取り除いた巣 (5.68) よりも生産的であったが，新規加入 (すなわち，子が生き残って繁殖を行う成体になること) は，操作を加えなかったクラッチで最高であった (図 4.29b)．

次に，Lack の仮説に欠けている最も重要な点は，おそらく繁殖コストについての考慮である．自然淘汰は，全体として最も高い適応度をもたらすような生涯の繁殖スケジュールに有利に働くはずである．一見生産的な大きなクラッチも，残存繁殖価に関してはコストがかかりすぎるかもしれない．このため，選抜されるクラッチサイズは，短期的に最も生産的なクラッチサイズよりも小さなものになるだろう (図 4.29c)．最適クラッチサイズの見積りに繁殖コストを考慮に入れて十分に詳しく行われた研究はわずかしかない．そのうちのひとつでは，ヨーロッパヤチネズミ (*Clethrionomys glareolus*) の雌を性腺刺激ホルモンで処理することで繁殖への配分を増加させ，通常より多くの一腹子 (litter) を生ませた (Oksanen *et al.*, 2002)．ホルモン処理された雌は，一腹子の誕生の時点では著しく生産性が高く，次の冬まで生き残った子の数も，その差はわずかであったが有意に増加していた．しかし，ホルモン処理された雌は，増加させた繁殖努力のために甚大なコストをも払っていた．すなわち，子育て期間中の死亡率は高まり，体重の増加量は小さくなり，次の一腹子を生産する確率も低下したのである．もうひとつの，チョウゲンボウに関する研究は後に議論する (本章第 13 節を参照)．

4.12　r 淘汰と K 淘汰

ここまでの節で予測したことのいくつかは，生活史パターンの探求に大きな影響を与えてきたある概念に統合することができる．それは r 淘汰と K 淘汰の概念である．この概念は，MacArthur と Wilson (MacArthur & Wilson, 1967; MacArthur, 1962) が提唱し，Pianka (1970) が集大成した (しかし Boyce, 1984 も参照)．r という用語は，内的自然増加率 (先述) を指し，r 淘汰された個体は急速に繁殖する能力 (すなわち高い r 値) をもつために有利であったことを意味する．また，K という用語は，次の章で種間競争を完全に議論してからでないと正確には紹介できないが，ここでは，競争で制限された，混み合った個体群の大きさ (環境収容力) を指すとだけ認識すればよいだろう．つまり，K 淘汰された個体とは，環境収容力 (K) の近くに留まる個体群中で大きく貢献する能力をもち有利となるような個体を示す．すなわち，この概念は，

2つの対照的なタイプの生息場所，r淘汰的な生息場所とK淘汰的な生息場所が存在するということを前提にしている．この概念は，もともとは，急速に生物の移住が進んでいる最中の比較的「空っぽの」島に適した種（r種）と，すでに多くの移住者が生息する島で個体群を維持するのに適した種（K種）の対比から生まれたものである（MacArthur & Wilson, 1967）．その後，この概念はもっと一般的に適用されるようになった．この二分法は他のすべての一般化と同様に単純すぎるといえるが，きわめて生産的な概念であった．

K淘汰 K淘汰された個体群は，ランダムな変動をほとんど経験したことのない生息場所に住んでいる．その結果，ほぼ一定の個体数の混み合った個体群が形成される．そこには成体間の厳しい競争が存在し，その競争の結果が成体の生存率と繁殖力を大きく支配する．若い個体も，この混み合った環境を生き延びるための競争を強いられ，成体まで育って繁殖できる可能性は低い．つまり，K淘汰された個体群は，激しい競争のために，繁殖コストが高く，なおかつ子の生存率がその体の大きさに強く依存する生息場所に生活するといえる．

K淘汰された個体に予測される特徴は，体が大きく，繁殖の開始が遅く，多回繁殖で（つまり，長期間にわたって繁殖し），繁殖への配分が小さく，大きくて少数の子を産むなどの点である．これらの個体は，一般に繁殖ではなく生存率を高める属性に資源を配分する．しかし実際には，（厳しい競争のために）大多数の個体の寿命はとても短い．

r淘汰 対照的に，r淘汰された個体群は，将来の予測が難しいか，あるいは短期間しか存続しない生息場所に住んでいる．個体群は急速に成長でき，競争のない穏やかな期間を断続的に経験する（穏やかな期間は，環境が変動して好適な期間に移った時や，あるいは，新しい場所に個体群が侵入した時である）．しかし，その穏やかな期間は，死亡が避けられないような劣悪な期間によって中断される（劣悪な期間は，予測できない不適な環境が発生する時，あるいは，短命な場所が完全に利用し尽くされたり，消滅した時である）．そのため，成体と若い個体の両方とも，死亡率が激しく変動し，予測不能であり，それは個体群密度，および個体の大きさと状態とは無関係なことが多い．つまり，その生息場所では繁殖コストが低く，なおかつ子の生存率はその体の大きさにそれほど依存しない．

従って，r淘汰された個体に予測される特徴は，体が小さく，早熟で，多くの場合一回繁殖で，繁殖への資源の配分が大きく，多数の体の小さな子を産むことなどである．個体は生存のためにはほとんど投資しないが，実際の生存率は，それぞれの個体が直面する予測不可能な環境条件の変化に伴って，大きく変化するだろう．

以上のように，この体系は図 4.25c に示した一般的な生息場所分類の，ひとつの特殊な事例である．従って，次の2点は注意しておくべきである．すなわち，第一に，r/Kの体系で考える場合には，成体と子の生息場所は結びつける必要がないこと，そして，第二に，r/Kの体系と関連した生活史の諸特性は，r/Kの体系が想定しないようなことが原因となって起こることもあり得る（例えば，成体間の厳しい競争と同じ結果は，小さい成体が捕食されやすいということでももたらされる）．

4.12.1 r/K概念の証拠

r/Kの概念は，確かに分類群の間に見られるいくつかの一般的な相違を説明するには役に立つ．例えば，植物では，きわめて広範な分類群の間で，一般的な関係をいくつか描き出すことができる（図4.30）．相対的に安定で予測可能な，K淘汰的な森林という生育場所の樹木は，寿命が長く，成熟が遅く，種子サイズが大きく，繁殖への配分が小さく，個体が大きくなり，多回

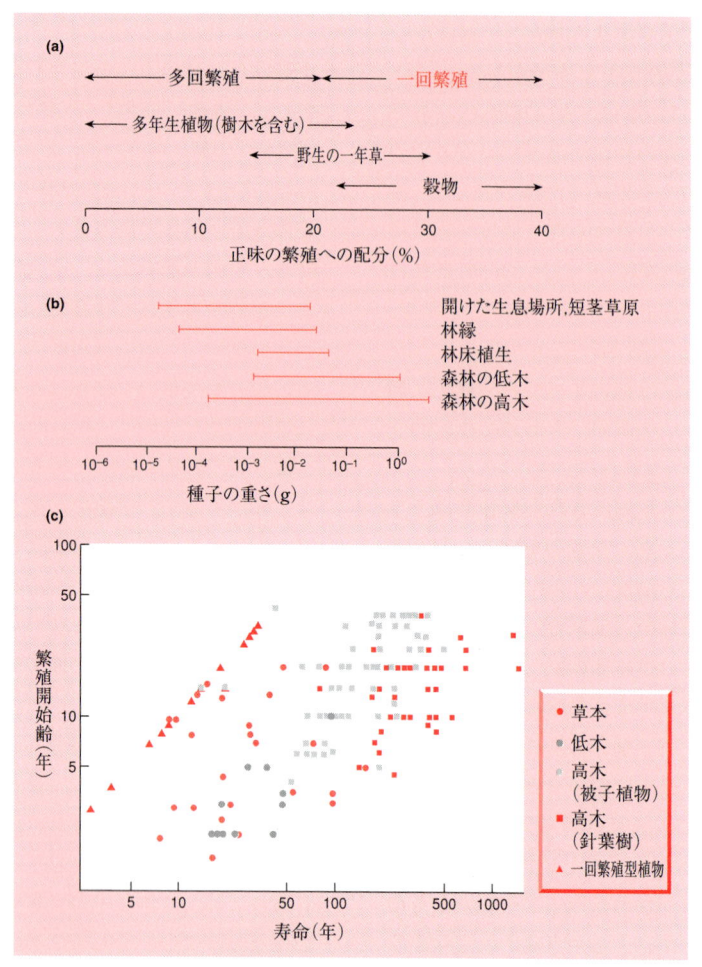

図 4.30 全体的には，植物はある程度 r/K の体系に適合している．例えば，相対的に K 淘汰的な森林に生育する樹木は，(a) 多回繁殖になる可能性が相対的に高く，繁殖への配分が相対的に小さい．また，(b) 相対的に種子が大きく，(c) 寿命が長く，繁殖開始が遅い．(Harper, 1977 より；Salisbury, 1942, Ogden, 1968, Harper & White, 1974 に基づく．)

繁殖がほとんどである．対照的に，攪乱を受けやすい開けた r 淘汰的な生育場所の植物は，r 的特性ともいうべき一連の特徴を示す傾向がある．

同一種内の個体群間，あるいは近縁種間で比較を行った結果，r/K の体系とよく対応した例も多い．例えば，湿生植物のガマ (*Typha*) の種間比較の研究が挙げられる (表 4.7)．南方種，*T. domingensis* の個体をテキサス州から，北方種，*T. angustifolia* の個体をノースダコタ州から採集し，同じ条件下で並べて栽培した．さらに，これらの種がもともと分布していた生育期間の長さに違いのある 2 つの生育場所の様子を正確に測定した．表 4.7 から明らかなように，テキサス州の生育場所は相対的に K 淘汰的で，ノースダコタ州は r 淘汰的であった．その 2 ヶ所に生育する種が r/K の体系に一致することもまた同様に明白で，自然状態では生育期間の短い場所に生育する *T. angustifolia* は，生育期間の長い場所に生育する *T. domingensis* よりも，早く成熟し (特性 1)，植物体が小さく (特性 2, 3)，繁殖への配分量が大きく (特性 3, 6)，多数の

表 4.7 2種類のガマ Typha の生活史特性とその生育場所の特性.$s^2/\bar{x}$ は分散と平均の比で,変異の程度を示す尺度である.ガマの2種は r/K の体系に一致している.(McNaughton, 1975 より.)

生育場所の性質	測定方法	生育期間 短い	生育期間 長い
気候の変異性	年間の無霜日数の $s^2/\bar{x}$	3.05	1.56
競争	地上部生物体量 (g/m^2)	404	1336
年間の再侵入	冬期の根茎死亡率(%)	74	5
年間の密度変化	1 m^2 当りの茎数の $s^2/\bar{x}$	2.75	1.51
植物の特性		*T. angustifolia*	*T. domingensis*
開花までの日数		44	70
平均葉高 (cm)		162	186
平均ジェネット重 (g)		12.64	14.34
ジェネット当りの平均果実数		41	8
ジェネット当りの平均果実重 (g)		11.8	21.4
平均総果実重 (g)		483	171

小さい果実を生産する(特性 4, 5).

> *r/K* の体系は多くの現象を説明する.しかし説明できない現象も多い

このように,*r/K* の体系に一致する例は,確かに存在する.しかし,Stearns (1977) は,その当時利用可能であった広範囲なデータを再検討し,35 の詳細な研究のうち,18 の研究は *r/K* の体系と一致するが,17 は一致しないことを見いだした.これは,*r/K* 概念に対する厳しい反証と見なすべきかもしれない.なぜなら,この体系の説明力には限界があることを間違いなく示しているからである.一方,これまでにも紹介したように(そして以下でも見るように),生活史のパターンについては,深く理解するにつれ明らかになってくる付加的要素が多いということを考えるならば,50%という一致は落胆すべき数字ではないだろう.むしろ,比較的単純な概念が,生活史の多様性のかなりの部分を理解する手助けになったという点で,十分に満足のいく結果と考えることもできる.しかしそれでも,*r/K* の体系がすべてを説明していると見なすことはできない.

4.13 表現型の可塑性

生活史は,生物のもつ固定された性質ではなく,環境条件とともに変化する.観察されたあるひとつの生活史は,長い間の進化の結果であると同時に,その生物個体が生活する現在の環境と今まで生活してきた環境に対する,もっと直接的な反応の結果でもある.この,同じ遺伝子型の生物が,環境の違いに応じて異なる表現型を発現する能力を,**表現型の可塑性** (phenotypic plasticity) と呼んでいる.

表現型可塑性に関する最も重要な問題のひとつは,ある生物の示す反応が,それぞれの環境で適応度を最大化するために,どの程度資源配分を変化させた結果なのかということである.もしそうした反応でないのなら,それは,生物が避けることができないか制御できないような損傷や,環境による発育阻害の程度を現わしているにすぎないだろう (Lessells, 1991).特に注意しておきたい点は,遺伝的に異なる個体の生活史と生息場所の関係の場合と同様,同一の個体が環境の違いによってどのように反応を違えるかについての探究が意味をもつのは,表現型の可塑性が自然淘汰に支配されている場合だけである.

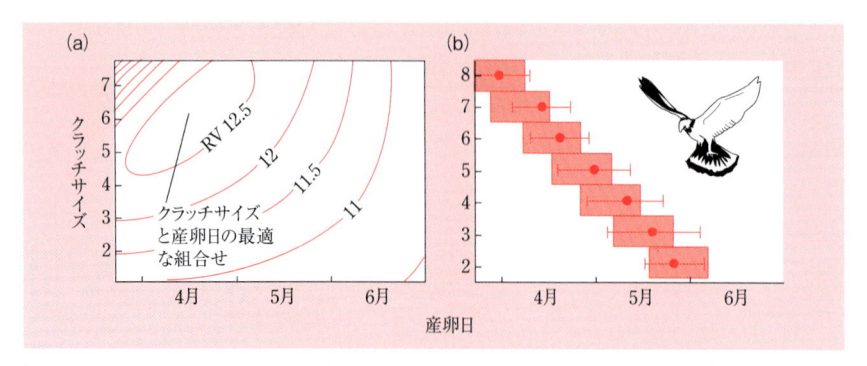

図 4.31 オランダでのチョウゲンボウ *Falco tinnunculus* が示す，クラッチサイズと産卵日との組合せの可塑性．(a) 特定のなわばり（この場合は質の高いなわばりのひとつ）の中で期待される最適な組合せは，最も高い総繁殖価（RV；計算は本文を参照）をもたらすものである．(b) 左側上方の質の高いなわばりから右側下方の質の悪いなわばりまで，さまざまな質のなわばりについて求めたクラッチサイズと産卵日の組合せの予測値（長方形）と観察値（標準偏差とともに示した点）．(Daan *et al.*, 1990 と Lessells, 1991 より．)

少なくともいくつかの事例では，可塑的な応答が適切なものであることは明らかなようである．例えば，オランダのチョウゲンボウ（肉食性の鳥）では，なわばりの質，クラッチサイズ，産卵時期がさまざまである（Daan *et al.*, 1990）．こうした変異が遺伝的に決定されているとは思えないので，これは表現型可塑性の例であろう．では，それぞれのクラッチサイズと産卵日の組合せは，それぞれのなわばりで最適なものだろうか．

クラッチサイズと産卵日の最適な組合せは，当然，最も高い総繁殖価を持つもの，すなわちその時の一巣卵（クラッチ）の持っている価値と親の残存繁殖価（RRV）の和を最大にするものである．その時のクラッチの価値は，クラッチサイズの増加とともに明らかに増加するが，それぞれの卵の繁殖価は，産卵日によっても変化する．しかし，残存繁殖価とは何であろうか．残存繁殖価は，「親の努力」，すなわちひとつのクラッチの雛たちを育てるために費やした一日当りの採餌飛行時間が増加するに従って減少していく．その一方で，親の努力は，なわばりの「質」，すなわち単位採餌時間当りの獲物の数が，増加するに従って減少する．このように，残存繁殖価は，(i) クラッチサイズが大きいほど小さく，(ii) 一年のうち特に生産性の低い季節に小さく，また，(iii) なわばりの質が悪いほど小さい．これらに基づいて，なわばりごとに，クラッチサイズと産卵日の組合せごとの総繁殖価が計算でき，最適な組合せが予測できる（図4.31a）．そして予測される組合せと実際の組合せとを，質の違うなわばり間で比較することができる（図4.31b）．両者はみごとに一致している．それぞれの個体は，生息している環境（なわばり）に迅速に対応して，クラッチサイズと産卵日の組合せを最適なものに近づけているようである．

4.14 系統的制約と相対成長による制約

自然淘汰が有利に作用した（そして私たちが観察できる）生活史は，無限の選択肢の中から選ばれたわけではなく，系統発生的な制約，あるいはそれが属する分類学的位置による制約を受けたものである．例えば，ミズナギドリ目（アホウドリ類，ミズナギドリ類，フルマカモメ類）は，すべての種でクラッチサイズ（一巣卵数）が1である．どの種もこのクラッチサイズに形態的に対応していて，ひとつの抱卵斑しか持っ

第4章 生活，死，生活史

ておらず，それを使ってその1個の卵を暖める（Ashmole, 1971）．この仲間の鳥でたとえもっと多くの卵を産む個体がいたとしても，同時に抱卵斑の発達の過程全体にクラッチサイズの増加に見合った変化が起きない限り，そのクラッチは無駄になる．すべての生物がそうであるように，アホウドリも進化的な過去に囚われているのである．生物の生活史の進化は，ほんの数種類の選択肢に限定されており，従って，それぞれの生物は限られた生息場所の中に閉じ込められている．

生物は過去の進化に拘束される

生活史を比較する時に注意しなければならないのは，このような**系統的制約**（phylogenetic constraints）に関する問題である．典型的なアホウドリの生活史と，典型的なアホウドリの生息場所との間の結びつきを理解する試みのひとつとして，アホウドリ類をグループ全体として他のタイプの鳥と比較するのはかまわない．アホウドリ類の2種の生活史と生息場所を比較することも，理にかなっている．しかし，もしあるアホウドリの1種と，それとは類縁の遠い種とを比較する場合には，生息場所に依存した変異（もしあればの話だが）と系統的制約に依存した変異とを注意深く区別しなければならない．

4.14.1 体の大きさと相対成長の効果

系統的制約の要素のひとつは，体の大きさの制約である．図4.32aは，ウィルスから鯨までのさまざまな動物が成熟するまでに必要とする時間と体重との関係を示したものである．まず最初に，ある特定のグループの生物は，特定の体重の幅の中に限定されているという点に注目して欲しい．例えば，単細胞生物は，細胞表面から内側の細胞内小器官への酸素の輸送を単純な拡散に頼っているので，一定の大きさを越えることができない．昆虫も，体の内外のガス交換を強制換気のしくみのない気管に頼っているので，一定の大きさを越えることができない．内温性である哺乳類は，ある一定の大きさを越えなければならない．なぜなら，小さい体では相対的に体表面積が大きく，熱を失う速度が熱の生産速度より速くなってしまうなどの理由があるからである．

次に注目すべき点は，成熟にかかる時間と体の大きさとは強く相関しているということである．実際，図4.32a-cが示すように，体の大きさは他の多くの生活史の要素と結びついている．生物の大きさは系統的位置により制約されているので，生活史を構成する他の要素もまた制限されるだろう．

相対成長関係（allometric relationship：Gould, 1966を参照）相対成長とはとは，ある身体的または生理的特徴が，その生物の大きさに伴って変化することである．例えば，図4.33aは，サンショウウオ類の種間で体の大きさ（体積）が増加すると，卵のための体積の「割合」が減少することを示す．同様に，図4.32bは，鳥類の種間で，体重が増加すると抱卵に費やす時間が短くなることを示す．このような相対成長関係は，個体発生（その生物が発育する時に起こる変化）でも起こり得るし，系統発生（体の大きさの異なる近縁な分類群どうしを比較した時に明らかになる変化）でも起こり得る．そして生活史の研究において特に重要なのは，後者，すなわち系統的な相対成長関係である（図4.32と4.33）．

こうした相対成長関係はなぜ存在するのであろうか．簡単に言えば，もし大きさの違う生物どうしが幾何学的な相似形を保っているとすると（すなわち相対成長関係に沿ってではなく，等尺的（isometric）であるとすれば），総体表面積は体の長さの二乗に比例して増加するのに対して，総体積と体重は長さの三乗に比例して増加する．体が大きくなると，長さと面積の比，および長さと体積の比が小さくなり，そして最も重要なこととして，面積と体積の比も小さくなる．ほとんどの体の機能の効率は，今述べた比

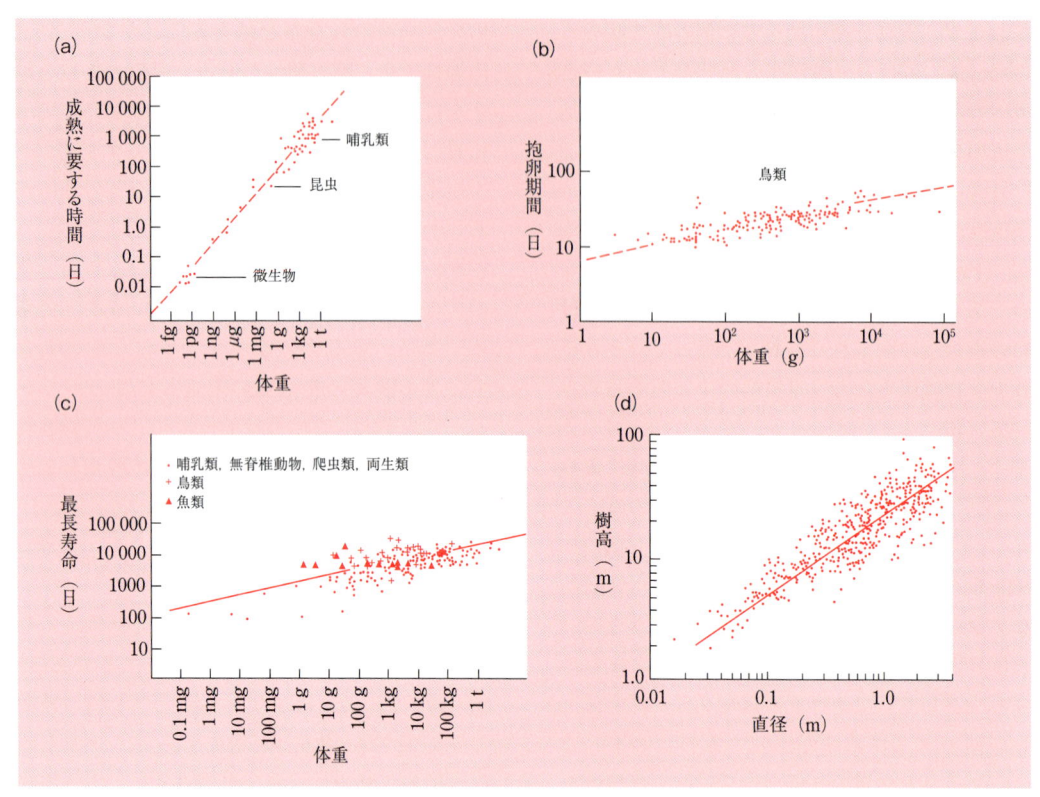

図 4.32 相対成長関係．すべて対数軸で示してある．(a) さまざまな動物についての，体重に対する成熟に要する時間の関係．(b) 鳥類についての，母鳥の体重に対する抱卵期間の関係．(c) さまざまな動物についての，成体の体重に対する最長寿命の関係．(Blueweiss *et al*., 1978.)(d) 合衆国産のほとんどの樹木種を含む，記録的な巨木 576 個体の地上 1.525 m の幹直径と樹高の間の相対成長関係．(McMahon, 1973 より.)

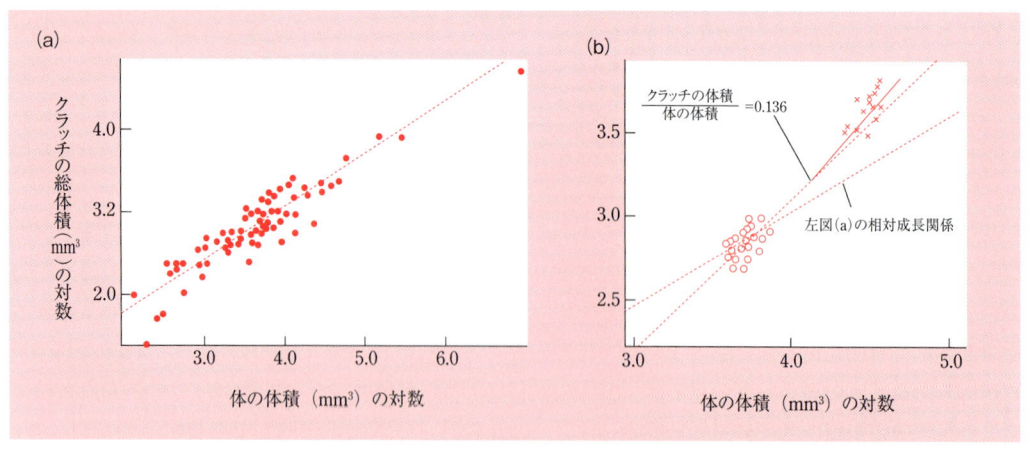

図 4.33 サンショウウオ類の雌における，クラッチの総体積と体の体積の間の相対成長関係．(a) 74 種のサンショウウオ全体の関係．1 種につきひとつの平均値を用いている ($P<0.01$)．(b) トラフサンショウウオ *Ambystoma tigrinum* (×) の個体群内での関係 ($P<0.01$) と，シロマダラサンショウウオ *A. opacum* (○) の個体群内での関係 ($P<0.05$)．図 (a) の相対成長関係を点線で示す．シロマダラサンショウウオは，全体の相対成長関係によく一致しているが，トラフサンショウウオは一致していない．しかしながら，2 種はクラッチの総体積が体の体積の 13.6％に相当する等尺関係の直線上 (……) に位置している．(Kaplan & Salthe, 1979 より.)

のうちのひとつ，あるいはそれに関連する比に依存している．従って，もし生物の大きさが等尺的に変化するとすれば，それは効率の変化をもたらすことになる．

[なぜ相対成長関係が存在するのか？] 例えば，生物個体内であろうと，個体と環境の間であろうと，熱，水，あるいは栄養塩の交換は，ある面積を持った表面を通して行われる．しかし，生産される熱の量，あるいは必要とされる水の量は，それに関わる器官あるいは生物の体積に依存している．このため，大きさの変化に起因する面積と体積の比の変化は，単位体積当りの交換効率の変化をもたらす．もし，効率が維持されなければならないとすれば，相対成長関係に沿った変更を伴わなければならない．正確な相対成長関係を示す直線の傾きは，系ごと，分類群ごとに変化する（さらに詳しい議論は Gould, 1966; Schmidt-Nielsen, 1984 を，もっと生態学的な側面については Peters, 1983 を参照）．しかしながら，生活史の研究において，相対成長はどれほど重要なのだろうか．

生活史に関する生態学的研究の通常のアプローチは，2つ以上の個体群もしくは種や種群の生活史を比較し，それを取り巻く環境に関連づけながら，その違いを理解するというものであった．しかし，すでに明らかなように，分類群間の差異は，同じ相対成長関係の異なった点に位置するためにも生じ得るし，一般的に異なった系統的制約を受けていることによっても生じ得る．そのため，「生態学的な」差異と相対成長的あるいは系統的な差異とを明確に区別することが重要となる（Harvey & Pagel, 1991; Harvey, 1996 そして Stearns, 1992 の総説を参照）．それは，前者が「適応的」で後者がそうではないということではない．すでに見てきたように，相対成長関係の根底にあるのは，異なった大きさの生物における，それぞれの生息環境へのまさに適合である．すなわち，生態学的な問題とは，ある種が進化過程で何らかの制約を身につけ，それによって限定される生息場所に対して，その種が示す進化的応答についての問題なのである．

こうした考え方は，図4.33a のサンショウウオ類全般の体の体積と一腹卵の体積（クラッチ体積）の間の相対成長関係に示されている．図4.33b [サンショウウオ類での比較——相対成長関係を無視すると大きな間違いを犯す] には図aと同じ関係を点線で示し，その上に2種のサンショウウオ，トラフサンショウウオ *Ambystoma tigrinum* とシロマダラサンショウウオ *A. opacum* の各個体群内で認められた相対成長関係を重ね合わせてある（Kaplan & Salthe, 1979）．もし，この2種についての平均値を，サンショウウオ全般の相対成長を参考にすることなく単純に比較したら，両者は同じクラッチ体積と体の体積の比（0.136）をもっていて，種の生活史には「違いがなく」，「説明することは何もない」ということを意味しているように見えるだろう．しかし，このような示唆は間違っている．シロマダラサンショウウオの体積比はサンショウウオ全般に認められる関係ととてもよく一致しているのに，トラフサンショウウオの体積比は，予測されるクラッチ体積のほとんど2倍に近い値をもっている．サンショウウオであるという相対成長の制約の中で，トラフサンショウウオはシロマダラサンショウウオよりもきわめて大きな繁殖への配分を行っている．従って，生態学者が2種の生息場所を検討し，なぜこのような違いがあるのかを探求するのは当然のことと言えるだろう．

言い換えると，「生態学的」視点で分類群間の比較を行うのが合理的だと言えるのは，それよりも高次の分類レベルで，分類群間を結びつける相対成長関係がすでに分かっている場合である（Clutton-Brock & Harvey, 1979）．そして，分類群を比較する基礎となるのは，その相対成長関係からそれぞれの種が逸脱している程度である．しかし，相対成長関係が知られていないか，あるいは無視されている場合には問題が生じる．図 4.33a のサンショウウオ全体の相対成

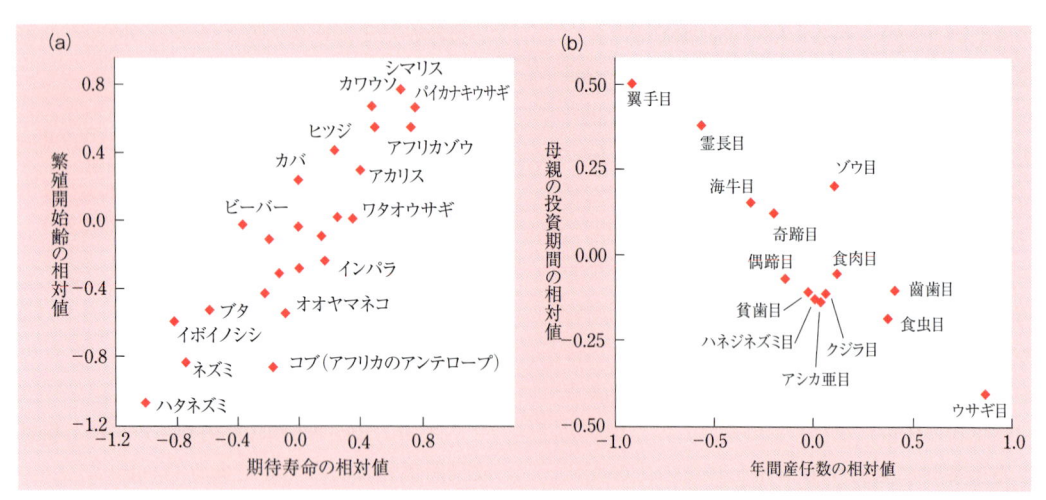

図 4.34 (a) サイズの効果を除去すると，24 種の哺乳類の繁殖開始齢は，出生時点での平均期待余命が長い種ほど遅くなる．図の軸に用いている「相対値」とは，問題となる特性の，体の大きさに対する相対成長関係式からの偏差の値であることを示す．(Harvey & Zammuto, 1985 より．) (b) 真獣類の目において，身体の大きさの効果を除去した場合，母親としての投資期間は年間産仔数の増加につれて短くなる．(Read & Harvey, 1989 より．)

長関係が分かっていなければ，2 種が実際には違っているのに，同じであるかのように見えてしまうだろう．反対に，実際には単に同じ相対成長関係の上にあるだけなのに，違っているかのように見えることもあるだろう．このように，相対成長を無視した比較は明らかに危険である．しかし残念なことに，生態学者はしばしば相対成長を無視してしまう．通常，生活史を比較し，生息場所の違いから生活史の違いを説明しようとする試みが行われてきた．前節までに示したように，その試みが成功した場合も多い．しかし同時に，失敗も多かったのである．認識されていない相対成長関係が，そうした結果の説明に役立つことは間違いない．

4.14.2 系統の影響

体の大きさにまつわる効果を除くサンショウウオについて用いられた方法，すなわち相対成長関係からの偏りによって種や種群を比較する方法は，もっと大きなグループにも適用され，成功を収めてきた．この方法は，体の大きさの効果を除去することで，大きさに付随した関係の背後にある系統関係を探究するものである．例えば，図 4.34 は，多数の哺乳類の種について，「相対的」期待寿命が長くなるほど，「相対的」繁殖開始齢が高くなることを示している．ここでの相対的な値は，背景にある相対成長関係から予想される値に対する相対値のことである．この図では，大きさのもつ複雑な影響が一度取り除かれているので，図に示された 2 つの生活史特性間の相関関係は強力なものといえる．また，この図は，大きさのきわめて異なる種間，例えばゾウとカワウソ，ネズミとイボイノシシなどの間の隠れた類似性をも明らかにしている．

さらに，こうした系統の影響の強さは，表 4.8 に示したような分析によっても読み取れるだろう (Read & Harvey, 1989)．哺乳類の多くの種について，7 つの生活史特性の変異に関して入れ子型の分散分析 (nested ANOVA) を行うことによって，分散全体のうち，(i) 同一属内の種間の違いや，(ii) 同一科内の属間の変異などに起因する分散の，総分散に対する割合を百分率で示すことができる．同一属内の種間の変異はきわめて小さく，同一科内の属間の変異も小さい．

表4.8　多数の哺乳類のいくつかの生活史特性について，入れ子型の分散分析（nested ANOVA）を行うと，分散の割合（％）は最も高次の分類群レベル（綱内の目間）で最も大きく，最も低次の分類群レベル（属内の種間）で最も小さい．(Read & Harvey, 1989 より．)

特性	属内の種間	科内の属間	目内の科間	綱内の目間
妊娠期間	2.4	5.8	21.1	70.7
離乳齢	8.4	11.5	18.9	61.6
成熟齢	10.7	7.2	26.7	55.4
出産間隔	6.6	13.5	16.1	63.8
最長寿命	9.7	10.1	12.4	67.8
新生児の体重	2.9	5.5	26.6	64.9
成体の体重	2.9	7.5	21.0	68.5

すべての特性について，分散のほとんどの部分は，哺乳類綱全体の中の目の違いに起因するのである．これが強調していることは，違う目に属する2つの種の比較は，本質的には，単に種どうしを比較するというより，おそらく何千万年も前に分岐したその目どうしを比較することになるということである．しかし，同一属内の種間の比較は単に「表面をなぞっているだけ」のものというわけではない．仮に2つの種の生活史と生息場所が非常に似ているとしても，一方の繁殖への配分が大きく，繁殖コストの低い生息場所に棲んでいることが分かれば，そのことによって2種の関係について何らかのパターンを把握できるようになるだろう．

生息場所はさらなる効果を及ぼすのか？...　さらに，高次の分類学的レベルにそうした強い関係が存在しているからといって，それは，生活史を現在の生活様式と生息場所に関連づける試みまでも放棄しなければならない，ということを意味しているわけではない．なぜなら，生活様式と生息場所も生物の大きさと系統的位置による制約を受けているからである．高次のレベルにおいてもやはり，自然淘汰に根ざした生息場所と生活史を結びつけるパターンが存在している可能性がある．例えば，昆虫は体が小さく，多産で，繁殖への配分が大きく，多くは一回繁殖なので，体が大きく，少産で，相対的にK淘汰的な哺乳類と比較すれば，r淘汰的であるとされてきた（Pianka, 1970）．そのような違いは，過去の進化的な分岐の産物以上の何ものでもないとして片づけることも可能である（Stearns, 1992）．しかし，本章ですでに強調してきたように，ある生物の生息場所は，その生物の環境に対する応答を反映しているのである．同じ場所に生活している哺乳類と昆虫が，実はきわめて異なった生息場所を体験していることは確かである．体が大きく恒温性で，行動様式が高度で，長命な哺乳類は，比較的一定の個体数を維持し，しばしば競争にさらされているが，環境の激変や予測不能な変動に対しては比較的抵抗力があるだろう．対照的に，体が小さく変温性で，行動様式がそれほど高度でなく，短命な昆虫は，相対的に日和見的な一生を送り，環境の変動には為すすべもなく死亡する確率が高い．昆虫と哺乳類はそれぞれの進化的な過去に囚われており，彼らの生活史が一定の範囲の中に拘束されているのと同時に，一定の範囲の生息場所に押し込められている．r/Kの体系は，確かに完璧ではないが，その2つを結びつけるパターンを合理的に要約する役割は果たしている．

同じ論点は，「系統関係の割り引き法」（Harvey & Pagel, 1991）を，哺乳類の10の生活史特性の共分散のパターンに適用した例（Stearns, 1983）で，さらに定量的に説明できる．無処理のデータでは，r/K淘汰の影響下にあると期待されるパターンが卓越しており，それは共分散の68％を説明した．しかしこのr/Kの影響は，体重の効果を取り除くと42％にまで低下した．さらに，生活史特性の値を，その種

が属する科や目の平均値からの偏差に置き換えるとさらに低下し，科の平均値からの偏差では33％に，目の平均値からの偏差では32％にまで低下した．このことは，まず何よりも，体の大きさと系統の両方が重要であることを再確認させてくれる．種間の変異の多くが，この2つの要因で説明できるからである．一方，他の要因の効果を除去しても，r/Kパターンが明らかに残っているという点も重要である．しかし，無処理のデータでのパターンの強さを，系統的なものを無視したために生じた，人為的なものとして単純に捨て去ることはできない．生息場所にみられる重要な違いもまた，ある生物の大きさ，あるいはその生物の属する目あるいは科と関係していると思われる．

生活史に関する生態学を，系統的制約と相対成長関係からの制約を無視しては進められないことは確かである．しかし，生活史を理解しようとする時，生息場所で説明する代わりに系統で説明しようとするのは意味がないだろう．系統は，ある生物の生活史とその生息場所に一定の制約を科している．しかし，生活史をその生息場所に関連づけようとする探究は生態学の基本であり，いまだに最も根本的な目標なのである．

…その問いへの答えはイエス

まとめ

生態学者は，個体数，個体の分布，それらに影響する個体群統計学的な過程（出生，死亡，移動），そしてその過程が環境要因によって影響を受ける様子に関心をもつ．

すべての個体は同じではない．特に，その個体が単体型ではなくモジュール型生物の場合にはそうである．本章では，モジュール型生物の成長様式，その特性，老化の生態学的な重要性，そしてモジュールの生理学的な統合について述べた．生態学では，個体数もしくはモジュール数の計測が必要な場面がある．個体群とは，ある種の個体の集団をさすが，個体群を構成するものは，研究によってさまざまである．個体群の大きさではなく，密度を考慮する方が最も有効なことが多い．個体群の大きさや密度の推定方法について，簡潔に説明した．

さまざまな生活環のタイプについて，一回繁殖型生物と多回繁殖型生物の区別も含めて説明した．生活環を定量的に扱う基本的な方法には，生命表，生存曲線，繁殖スケジュールがあげられる．一年生の種に関しては，コホート生命表を作ることができ，コホート生命表の要素について説明した．生命表と繁殖スケジュールをまとめた用語に，純増殖率（R_0）がある．生命表から描かれる生存曲線は大きく3つのタイプに分けることができる．しかし，種子バンクを含むさまざまな生物の特性は，完全な一年生ではない種が数多く存在することを意味している．

繁殖期を繰り返す個体に関しても，コホート生命表を作ることが可能だろう．また，不完全ながらこれに代わるものとして定常生命表があるが，この生命表の解釈には注意が必要である．

世代が重複する場合に，純増殖率（R_0），世代の長さ，そして個体群の増加率がどのように相互に関わるのかについて述べた．その中で，基礎純増殖率（R），内的自然増加率（$r(=\ln R)$）の定義を示した．また，これらがどのようにして生命表と繁殖スケジュールから推定されるのかを説明し，世代が重複する場合の繁殖スケジュールや生存スケジュールを解析，解釈する上でもっと強力な方法である個体群射影行列について説明した．

生活史の進化についてよく問われる3つの異なるタイプの疑問について述べた．これらの疑問に対する解答の大半は，最適化の概念に基づくものである．また，生活史の構成要素（体の大きさ，発育速度，一回繁殖もしくは多回繁殖，クラッチサイズ，子の大きさ，および繁殖への配分や繁殖価などの複合的な要素）とそれらの生態学的重要性について記した．

トレードオフは，生活史の進化を理解する上で核心となるものである．しかし，実際にトレードオフを観測するのは難しい．トレードオフとして重要なものは，現在の繁殖により残存繁殖価が低下するという，はっきりとした「繁殖コスト」を示すものである．もうひとつの重要なトレードオフに，子の数と適応度の間の関係がある．

特定のタイプの生活史と特定のタイプの生息場所を結びつけるパターンが存在するのかどうかを問うために，オプションセットと適応度等値線の概念を紹介した．これらの概念により，一般的で相互比較可能な生息場所の分類ができる．これを駆使して，繁殖への配分とそのタイミングや，最適な子の大きさと数のパターンに光をあてた．また，r淘汰とK淘汰の概念とその限界，およびその根拠について説明した．また，生活史の表現型の可塑性に見られるパターンが，等しく自然淘汰によって支配されていることについても説明した．

最後に，生活史の進化に対する系統の影響と相対成長による制約について議論した（特に体の大きさについて）．しかし，生活史を生息場所に関連づけるという本質的に生態学的な作業が，最も根本的な試みとして残っていると結論づけた．

第5章

種内競争

5.1 はじめに

　生物は成長し，繁殖し，死に至る（第4章）．そして，生活している場所の状態から影響を受け（第2章），また利用する資源からも影響を受ける（第3章）．だが，それだけではない．どんな生物も単独で生きているわけではない．それぞれの生物は，少なくとも生涯のある時期，自種の個体から構成される個体群の一員なのである．

　競争の定義　同種の個体は，生存，成長，繁殖について互いによく似た要求を持っている．特定の資源への要求が重なれば，それはその時点の資源の供給量を上回るかもしれない．そうなれば，個体間に資源をめぐる競争が生じ，当然ながら，少なくとも何個体かはその悪影響を被るだろう．この章が扱うテーマは，そのような種内競争の性質と，それが競争している個体および個体群にどのように影響するかである．まず，競争を次のように実用的に定義しておこう．「競争は，個体間の相互作用のひとつであり，資源への共通の要求によって引き起こされ，少なくとも一部の競争個体の生存，成長，繁殖のどれか，または全部を低下させる．」こう定義することで競争をさらに詳しく見て行けるはずである．

　では，まず，ある仮想上の単純な群集を考えよう．それは単一種の草から成る草原と，それを食べて暮らしている単一種のバッタの個体群である．成長と繁殖に利用するエネルギーと材料を得るために，バッタは草を食べる．だが，草を見つけて摂取するためには，エネルギーを消費する．どのバッタも，別のバッタが食べて草がなくなった地点に行き当たるかもしれない．そうなると，そのバッタは食物をとる前に，さらに移動することでエネルギーを消費しなくてはならない．バッタが多いほど，こうしたことが頻発するだろう．エネルギー支出の増加や食物の摂取速度の低下は，どちらもバッタの生存の可能性を減らし，また発育と繁殖のために使える残りのエネルギーを少なくする．生存と繁殖は，バッタの次世代への貢献度を決める．従って，食物をめぐる種内の競争者が多いほど，各バッタの貢献度は低下するだろう．

　草の方にも目を向けて見よう．土の肥えた場所に単独で芽生えた実生は，成熟して繁殖するまで生き残る確率がきわめて高いだろう．その実生は，きっとたくさんのモジュールを展開しながら成長し，従って最終的には多くの種子を生産するだろう．一方，他個体に取り囲まれて芽生えた実生は，他個体の葉が陰をつくり，他個体の根が土壌中の水分や栄養塩を枯渇させるので生き残りにくく，たとえ生き残っても，モジュールの数はきわめて少なく，種子もほとんど付けないに違いない．

　このように考えるとすぐに分かるように，競争が各個体に与える最終的な効果は，競争者のいない場合と比べて，次世代への貢献度が低下することである．種内競争の結果生じる典型的

な事態は，個体当りの資源摂取速度の低下と，それによる個体の成長速度または発育速度の低下，あるいは貯蔵養分の減少や，捕食の危険性の増大である．さらに，これらは生存率の低下または産卵数の低下，あるいはその両方を引き起こすだろう．生存率や産卵数は，いずれも各個体がどれだけ繁殖できるかを決めるのである．

5.1.1 消費と干渉

消費　多くの場合，競争している個体は，直接に相互作用をするわけではなく，各個体は他個体の存在や活動が低下させた資源のレベルに反応する．先ほどのバッタの話はその一例である．同様に，競争している草は隣接個体の存在から負の影響を受ける．なぜなら，その個体が資源（光，水，栄養塩）を利用する区域がこれらの隣接個体の「資源利用区域」と重なり，それがその資源の利用を難しくさせるからである．こうした場合の競争は**消費型**（**取り合い型**）（exploitation）と呼ばれ，各個体は他個体の利用によって減少した資源量から影響を受ける．従って，消費型競争は問題とする資源の供給が限られている場合にしか生じない．

干渉　競争は**干渉型**（interference）と呼ばれる別の形をとる場合も多い．このタイプの競争では，ある個体が同じ生息場所での他個体の資源利用を実際に妨げるという形で，個体は直接に相互作用をする．このタイプの競争は，例えば，なわばりを防衛する動物（本章第11節を参照）や，岩礁で生活する固着性動物と植物にみられる．岩のある部位にフジツボが1個体いれば，たとえその部位で得られる食物の量がフジツボ何個体分かの要求を満たすとしても，別のフジツボ個体はその部位を利用できない．この場合，空間が供給に限りのある資源と見なされる．干渉型競争のもうひとつのタイプは，例えば，アカシカの雄2頭が雌シカのハーレムに入ろうと争う時に起こる．どちらかの雄シカだけであれば雌シカのすべてと容易に交尾できるであろうが，交尾はハーレムの「所有者」に限られるので，2頭のどちらもがそうすることはできないからである．

このように，干渉型競争には2つのタイプがある．ひとつは，現実の価値を持つ資源（例えば，フジツボにとっての岩礁上の空間）をめぐって生じる場合で，その場合，干渉は資源利用の程度に応じて生じる．もうひとつは，資源利用の権利（なわばりやハーレムの所有権）をめぐって生じる場合で，この場合，それを手に入れることが現実の価値を持つ資源（食物や雌）の獲得に繋がるために，競争が生じる．消費型の場合には，競争の強さは資源の存在量や要求量と密接に関連するのに対し，干渉型の場合には，現実の資源が不足していなくても，競争は強くなり得る．

実際には，競争の事例の多くは消費と干渉の両方の要素を含んでいるだろう．例えば，ケンタッキー州グレートオニックス洞窟に生息する洞窟性甲虫のゴミムシの一種 *Neaphaenops tellkampfi* の成虫は，競争種はいないものの，ただ一種類の食物をめぐって種内で競争している．その食物とは，洞窟の床の砂に穴を掘って得られるあるコオロギの卵である．一方で，そのゴミムシは間接的な消費型競争をしている．つまり各個体はその餌資源（コオロギの卵）を減少させ，餌資源が少なくなると繁殖率が著しく低下する（図5.1a）．しかし同時に，ゴミムシは直接的な干渉型競争もしている．ゴミムシの密度が高ければ高いほど争いが多くなり，餌の探索時間は少なくなる．掘る穴も少なくて浅くなり，食べた卵の数はゴミムシの密度だけから考えたものよりずっと少なくなるのである（図5.1b）．

第5章　種内競争

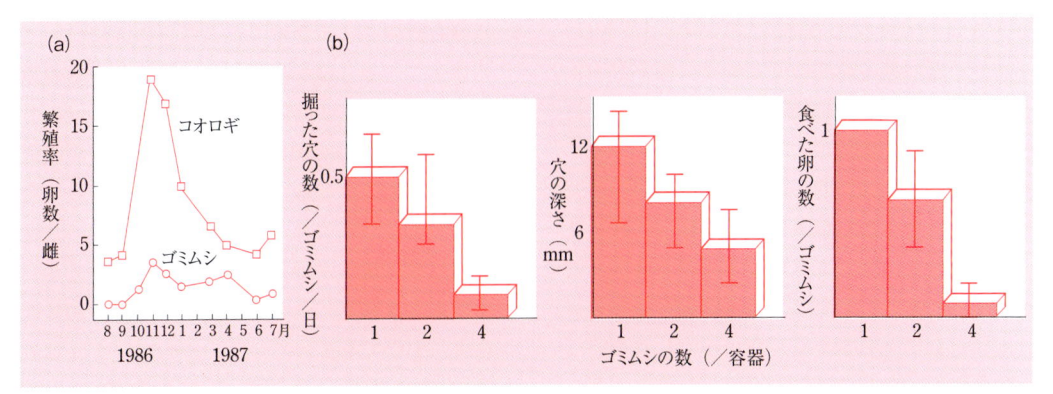

図5.1　洞窟性ゴミムシ *Neaphaenops tellkampfi* の種内競争．(a) 取り合い．ゴミムシの繁殖率はコオロギの繁殖率（ゴミムシの餌であるコオロギ卵の利用可能性についてのよい尺度である）と有意に相関した（$r=0.86$）．ゴミムシ自体はコオロギの密度を低下させる．(b) 干渉．コオロギの卵10個を入れた実験容器で，ゴミムシの密度を1，2，4と増すと，個々のゴミムシが食物の探索のために掘る穴は少なく，かつ浅くなり，コオロギの卵10個はゴミムシ4匹に対しても十分な量であるにもかかわらず，最終的に食べた数はずっと少なかった（それぞれ $P<0.001$）．それぞれの場合の平均値と標準偏差を示す．（Griffith & Poulson, 1993 より．）

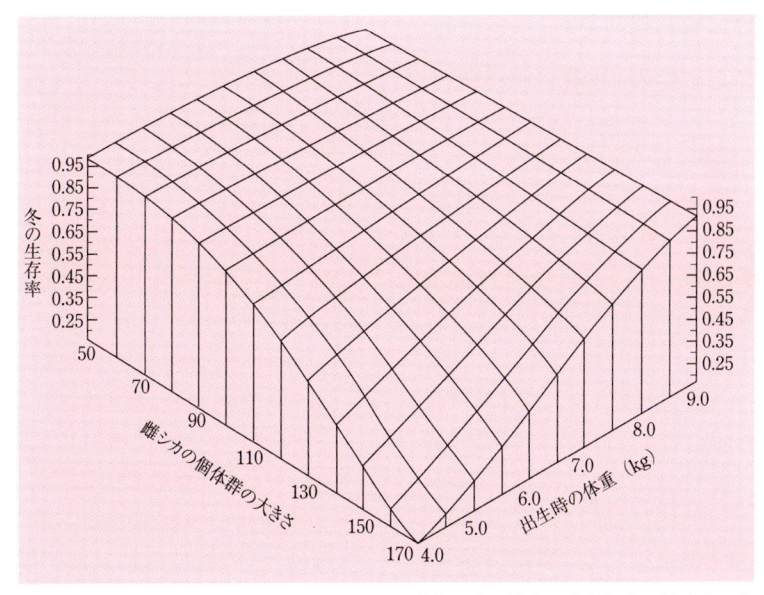

図5.2　出生時に最も小さかったアカシカは，密度が高い場合，生存個体が減少する冬期に最も生き残りにくい．（Clutton-Brock *et al.*, 1987 より．）

5.1.2　一方に偏った競争

　消費型，または干渉型のどちらのタイプで競争していても，同種の個体は多くの基本的な形質を共有し，同じような資源を利用し，状況には同じように反応する．にもかかわらず，種内競争は極端に偏って生じることがある．早く生育を始めた実生は丈夫に育って日陰をつくり，発育の後れた実生の生育を阻害するだろう．また，海岸のコケムシでは，年をとった大きな個体は，若く小さい個体に覆いかぶさって成長するだろう．そうした例のひとつを図5.2に示す．スコットランドのラム島で，資源からの制限を

受けているアカシカ個体群（第4章6節を参照）では，子鹿の越冬期間の生存率は，個体群が混み合うにつれて急激に低下するが，産まれたときに小さかった個体ほど特に死にやすい．このように，競争の最終的な影響は個体間でひどく偏ったものとなる．競争に弱い個体は，次世代にほんの少ししか，あるいはまったく貢献しないかもしれない．そして，競争に強い個体の貢献度はそれほど影響を受けないかもしれない．

最後に，注意して欲しい点は，競争者が多いほど，種内競争から予測される効果は，どの個体にとっても大きいということである．つまり，種内競争の効果は密度依存的といえる．次節では，死亡，出生，成長に対する，種内競争の密度依存的な効果を詳しく見てみよう．

5.2 種内競争と密度依存的死亡率・繁殖率

図5.3は，小麦粉につく甲虫，コクヌストモドキ *Tribolium confusum* のコホート（同齢出生集団）をいろいろな密度で飼育したとき，その死亡率がどう変わるかを示している．この飼育実験では，小麦粉と酵母の混合物 0.5 g を入れたガラス瓶の中に，この虫の卵を数えて入れ，それぞれのガラス瓶で何個体が成虫まで生き残ったかを記録した．得られた結果を3つの表し方で図示し，それぞれの表し方で得られる曲線を3つの領域に分けた（図5.3）．図5.3aは，卵の密度と「個体当りの」死亡率（すなわち，個体が死ぬ確率，または卵から成虫になる間に死ぬ割合）の関係を表している．図5.3bは，密度の上昇とともに，成虫になる前に死ぬ数がどう変わるかを表し，図5.3cは，密度と生存数との関係を表している．

領域1（低密度）の範囲では，密度が上昇しても死亡率は一定のままだった（図5.3a）．また，死亡数と生存数はどちらも増加した（図5.3bとc）（これは当然のことで，死亡する個体と生き残る個体の数自体が増加するからである）．だが，死ぬ割合は同じままなので，これらの図において領域1での線分は直線となる．つまり，この領域の死亡率は**密度非依存的**（density independent）といえる．死んだ個体がいても，1個体が成虫になるまで生き残る割合は初期密度によって変わらなかった．これから判断すると，この密度では，種内競争は生じていなかったといえる．このような密度非依存的な死亡は，どの個体群密度においても生じている．そして，これは最低の値であり，どんな**密度依存的**（density dependent）な死亡もこの基準値を越えることになる．

領域2では，死亡率は密度とともに上昇した（図5.3a）． 過小補償的な密度依存性
すなわち，密度依存的な死亡が生じたのである．死亡数は密度とともに増加し続けたが，領域1とは異なり，その増加の度合いは密度の増加よりも急激であった（図5.3b）．生存数も増加し続けたが，この場合は，その増加の度合いは密度の増加よりも緩やかであった（図5.3c）．そのため，この領域では，卵密度の増加は生き残る成虫の総数を増加させ続けていた．すなわち，死亡率は上昇したが，それは密度の上昇に対して**過小補償的**（undercompensated）に働いたのである．

領域3では，種内競争はさらに強くなった．死亡率の上昇は，密度の上昇に対して**過** 過大補償的な密度依存性
大補償的（overcompensated）に働いたのである．つまり，この範囲では，最初の卵が多いほど生き残る成虫数が少なくなった．卵数が増えると，その増加率以上の割合で，死亡率が上昇したのである．もし，密度の範囲をもっと広く設定していたら，おそらく生き残るものがまったくいないガラス瓶も出てきたに違いない．つまり，発育中の幼虫が利用できる食物を全て利用し尽して，一匹も成虫になれなかったに違いない．

この飼育実験とはわずかに異なる状況が図5.4に示されている．これは，若いマスで 厳密な補償の密度依存性

第5章　種内競争

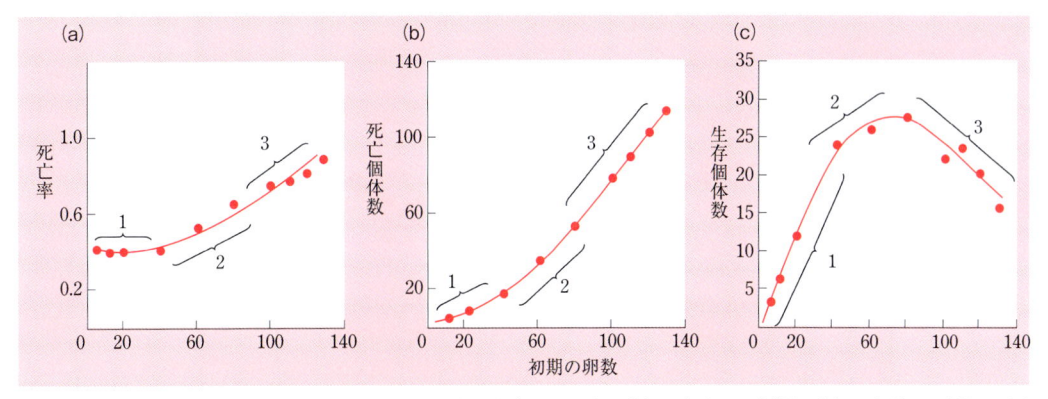

図 5.3　コクヌストモドキ *Tribolium confusum* での密度依存的な死亡．(a) 死亡率への影響．(b) 死亡数への影響．(c) 生存数への影響．死亡率は，領域 1 では密度非依存的である．領域 2 では過小補償的な密度依存性の死亡が見られる．領域 3 では過大補償的な密度依存性の死亡が見られる．(Bellows, 1981 より．)

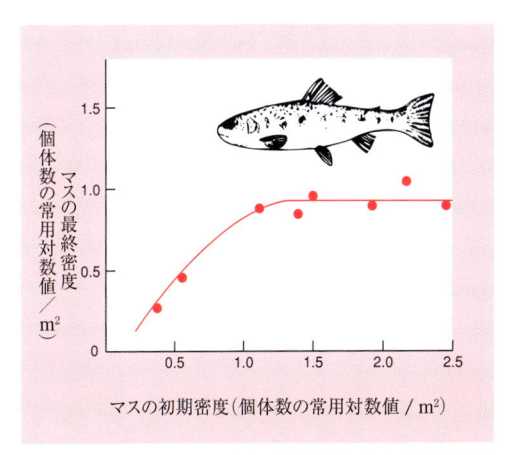

図 5.4　死亡率に及ぼす厳密に補償的な密度依存性効果の一例．マス幼魚の生存数は，密度が高い場合，初期密度に依存しない．(Le Cren, 1973 より．)

の密度と死亡率の関係である．低い密度では過小補償的な密度依存性があったが，高い密度では死亡率は少しも過大補償的ではなく，密度がどれほど上昇しても**厳密な**(strict)**補償**が生じていた．つまり，幼魚数がどれほど増加しても，それと厳密に対応して死亡率も上昇した．従って，生存数は最初の密度とは無関係に一定のレベルに維持されたのである．

種内競争と繁殖率　種内競争に起因する密度依存的な繁殖のパターンは，ある意味で，密度依存的な死亡と鏡像関係にある (図 5.5)．ただし，密度依存的な繁殖では，1 個体当りの出生率は種内競争が強くなるにつれて低下する．十分低い密度では，出生率は密度非依存的になるだろう (図 5.5a の低密度域)．しかし，密度が上昇し，種内競争の効果がはっきりしてくると，出生率はまず始めに過小補償的な密度依存性を示し (図 5.5a の高密度域)，その後，厳密に補償的な密度依存性 (図 5.5b の全域と，図 5.5c の低密度域)，または過大補償的な密度依存性 (図 5.5c の高密度域) を示すだろう．

これらをまとめると，過大補償と過小補償の違いにかかわらず，本質的な点は単純である．つまり，適度な密度で種内競争によって密度依存的な死亡や生存が生じることで，密度の増加とともに死亡率の上昇や出生率の低下が起きるのである．このように，種内競争があれば，その効果は，生存または繁殖，あるいはそのどちらに対しても密度依存的に働く．だが，次章以降で見るように，密度依存的な効果を示す過程は種内競争以外にも存在する．

5.3　密度か混み合いか？

もちろん，個体が経験する実際の種内競争の強さは，全体としての個体群の密度によって確実に決まるわけではない．ある個体への効果は，むしろ，そのすぐ近くにいる個体との混み

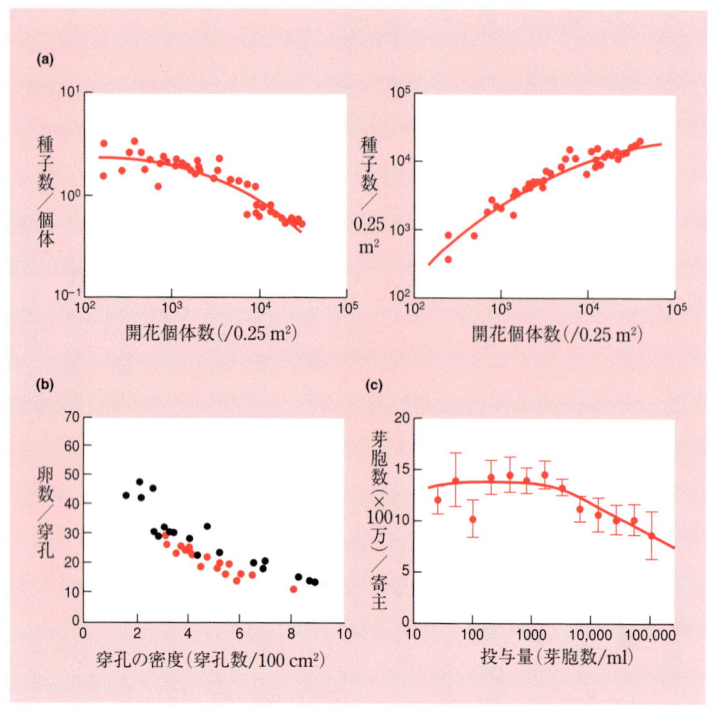

図 5.5 (a) 砂丘性の一年生植物，ナギナタガヤ属の一種 *Vulpia fasciculata* の繁殖率（個体当りの種子数）は，低い密度では一定である（密度非依存的，左図）．だが，高い密度では，繁殖率は低下するが過小補償的で，そのため総種子数は増加し続ける（右図）．(Watkinson & Harper, 1978 より．) (b) テキサス州西部におけるキクイムシ科の甲虫ミナミマツノキクイムシ *Dendroctonus frontalis* の繁殖率（穿孔当りの卵数）は，穿孔の密度が上昇するにつれて，密度の上昇をほぼ厳密に補償するように低下した．総産卵数は，観察した範囲では穿孔の密度にかかわらず，およそ 100 個/100 cm^2 であった（●，1992 年；●，1993 年）．(Reeve et al., 1998 より．) (c) オオミジンコ *Daphnia magna* に出芽細菌の一種 *Pasteuria ramosa* の芽胞をさまざまな密度で感染させると，次世代に生産された寄主当りの芽胞数は，低密度では密度にかかわらず一定であった（厳密な補償）．だが，高密度では，密度の上昇につれて低下した．誤差線は標準誤差を示す．(Ebert et al., 2000 より．)

合いの程度，または抑圧を受ける程度によって決まる．

このことを明確にする一番良い方法は，少なくとも 3 つの異なる意味での「密度」が実際にあると示すことだろう（Lewontin & Levins, 1989 を参照．計算方法や用語が詳しく示されている）．餌の植物の個体群全体に展開している，ある植食性昆虫の個体群を考えてみよう．ごく一般的な現象の典型的な例として，個体群（この場合昆虫）は資源（植物）の別々のパッチに分布している．通常，密度は昆虫の数（1000 匹としよう）を植物の数（100 本とする）で割ったもの，すなわち，植物当り 10 匹として計算されるだろう．普通はこれを単に「密度」と呼ぶが，実際には**資源量で重みづけした密度**（resource-weighted density）である．しかしながら，この値が昆虫の被る競争の強さ（混み合いの程度）の正確な尺度となるのは，どの植物上にも正確に 10 匹の昆虫がいて，かつどの植物も同じ大きさの場合だけである．

第 5 章　種内競争　　　　　　　　　　　　　　　　　　　　　　　　　　　　　　　　　　　　　　175

表 5.1　アメリカ合衆国の 5 つの州の資源量（郡面積）で重みづけした人口密度と生物量（人口）で重みづけした人口密度の比較．1960 年国勢調査に基づく．ここでの「資源パッチ」はそれぞれの州の郡である．（Lewontin & Levins, 1989 より．）

州	資源量で重みづけした密度 (/km^2)	生物量で重みづけした密度 (/km^2)
コロラド	44	6,252
ミズーリ	159	6,525
ニューヨーク	896	48,714
ユタ	28	684
バージニア	207	13,824

密度の 3 つの意味合い

別の状況として，10 本の植物にそれぞれ 91 匹の昆虫がいて，残りの 90 本にはたった 1 匹ずつの昆虫しかないと仮定してみよう．資源量で重みづけした密度は，依然として植物当り 10 匹である．だが，昆虫が経験する平均密度は植物当り 82.9 匹になる．つまり，それぞれの昆虫が経験する密度を加えていき（91＋91＋91…＋1＋1＝91×910＋1×90＝82,900），昆虫の総数で割った値である．これは**生物量で重みづけした密度**（organism-weighted density）で，昆虫が被りそうな競争の強さを，納得できる尺度で明確に示している．

しかしながら，植物が経験する昆虫の平均密度についてはまだ疑問が残る．これは**利用圧**（exploitation pressure）と呼ばれ，植物当り昆虫 1.1 匹となり，大部分の植物に昆虫は 1 匹しかいないという事実を反映している．

では，この昆虫の密度とはいったい何なのであろうか．明らかに，それは昆虫または植物のどちらの観点で答えるかによる．だが，どちらの観点で考えようとも，通常の資源量で重みづけした密度を計算し，それを「密度」と呼ぶことには，大きな問題があるように思われる．表 5.1 に，資源量で重みづけした密度と生物量で重みづけした密度の違いを，アメリカ合衆国のいくつかの州の人口を用いて示す（ここで「資源」は単に土地面積である）．通常の資源量で重みづけした密度は，生物量で重みづけした密度よりずっと低く，それほど役に立たない．なぜ

なら，大部分の人々は都会に住み，混み合いはそこで生じるからである（Lewontin & Levins, 1989）．

密度に頼って種内競争の潜在的な強さを見ようとしても，それは特に固着性のモジュール型生物ではとても難しい．なぜなら，こうした生物は固着しているので，すぐ隣り合うものとしか競争せず，モジュール型なので，ほとんどの競争が隣接者と最も近いモジュールに集中するからである．従って，例えば，ヨーロッパシラカンバ（*Betula pendula*）が小さな集団をつくって育つ場合，個々の木の隣り合う木に面した側では，芽の「出生」率は一般に低く，死亡率は高い（第 4 章 2 節を参照）．一方，同じ木の干渉のない側では，枝の出生率は高く，死亡率は低く，枝は長くなり，孤立して生えている樹形に近づく（図 5.6）．個々のモジュールは異なった強さの競争を経験するので，その個体が成長している場所全体での密度をそのまま用いてもまったく無意味であろう．

このように，移動力があるか固着性であるかによって，各個体が出会ったり有害な影 密度は混み合いの便利な表し方 響を被ったりする競争者の数は異なる．密度，特に資源量で重みづけした密度は，全体としての個体群に通用するひとつの要約であり，その中のどの個体にも通用するとは限らない．しかし，そうであっても，多くの場合，密度は個体の混み合いの程度を表す一番便利な方法だろう．そして，通常はこの方法で表されてきたこ

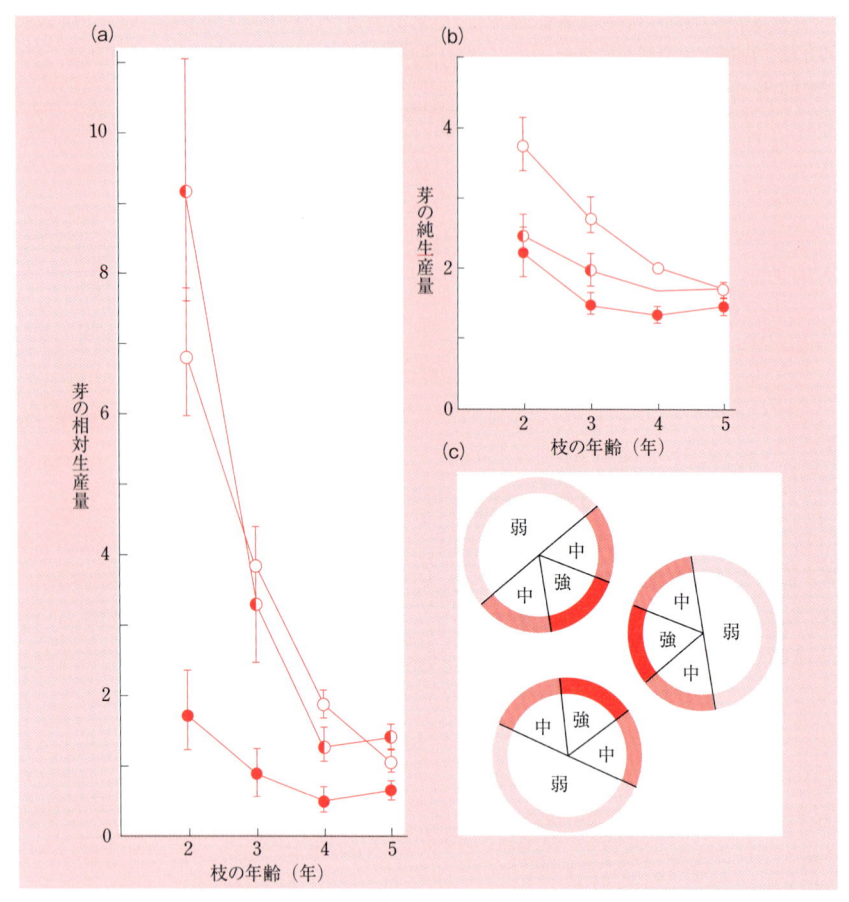

図 5.6 シラカンバ *Betula pendula* での，芽の生産量の相対値についての平均．それぞれ異なる干渉領域での (a) 芽の総生産量，(b) 芽の純生産量（出生から死亡を引いた値），(c) ある木の配置例での干渉領域の区分を示す．これらの領域での干渉の程度を記号で示し，それぞれ，● は強い，◐ は中間，○ は弱いことを表す．誤差線は標準誤差を示す．(Jones & Harper, 1987 より．)

とも確かである．

5.4 種内競争と個体群の大きさの調節

また，種内競争が出生と死亡に及ぼす効果には典型的なパターンがある（図 5.3 から 5.5 を参照）．そうした一般的なパターンの概要を図 5.7 と図 5.8 に示す．

5.4.1 環境収容力

図 5.7 の a から c ではいずれも，密度が増加すると 1 個体当りの出生率が低下するか，死亡率が上昇することが示されている．従って，これらの線の交点となる密度が存在するはずである．その交点より低い密度では，出生率が死亡率を上回り，個体群の大きさは増す．交点より高い密度では，死亡率が出生率を上回り，個体群は小さくなる．交点の密度では出生率と死亡率は等しく，個体群の大きさに見かけ上の変化

第 5 章 種内競争

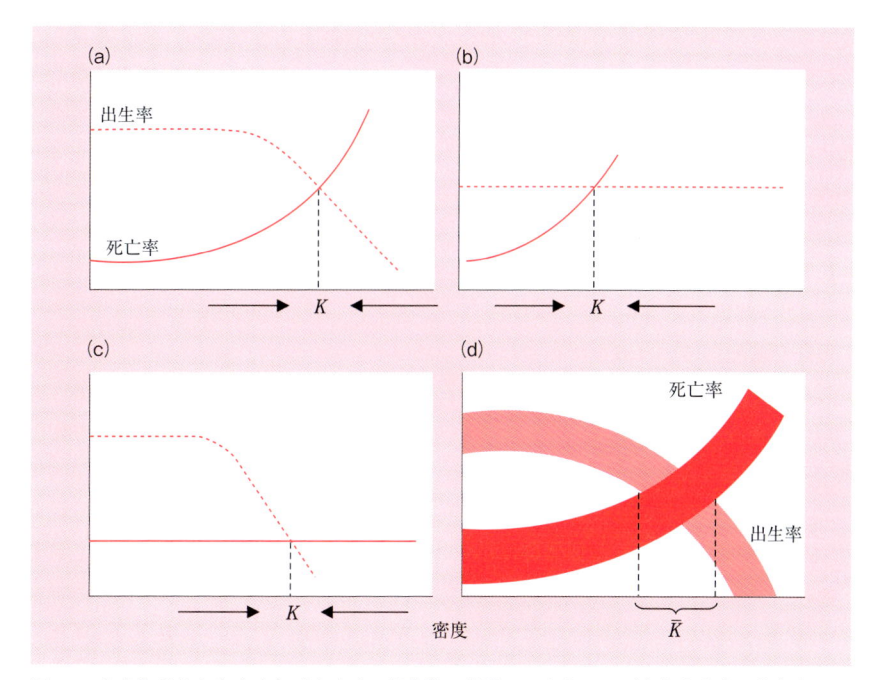

図 5.7 密度依存的な出生率と死亡率は，個体数の調節につながる．両方とも密度に依存するとき (a)，またはどちらか一方が密度に依存するとき (b, c)，2 つの線は交差する．このときの密度を環境収容力 (K) という．これより低い密度では個体数は増加し，高い密度では個体数は減少する．K は安定な平衡点である．だが，これらはきわめて大まかな図式にすぎない．実際は (d) に示した状態に近く，密度とともに死亡率が大きな幅の中で上昇し，出生率も大きな幅の中で低下する．したがって，出生率と死亡率がある点の密度で釣り合うのではなく，密度は幅広い範囲の密度 $\bar{K}$ に向かって変化するのである．

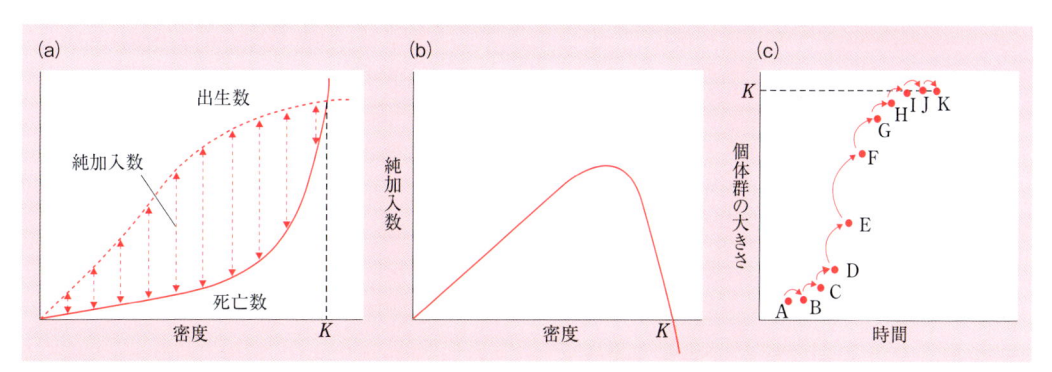

図 5.8 種内競争の概括．(a) 密度依存性が個体群の死亡数と出生数に及ぼす効果．純加入数は「出生数 − 死亡数」である．従って (b) に示すように，純加入数に対する種内競争の密度依存的効果は，ドーム型または「n」字型曲線となる．(c) 個体群の大きさは (a) と (b) との関係のもとで増加する．矢印は，各時間間隔での個体数の変化を示す．変化（すなわち純加入数）は密度が低いとき（すなわち小さい個体群）に小さく（A から B，B から C），環境収容力に近いときにも小さい（I から J，J から K）が，中間の密度では大きい（E から F）．その結果，個体群は S 字型またはシグモイド状に増加し，環境収容力に近づく．

はない．従って，この交点の密度では安定した平衡状態となり，他の密度では交点に近づこうとするだろう．言い換えると，種内競争は出生率と死亡率に作用し，出生率と死亡率が釣り合う安定した密度に個体群を調節することになる．この密度は個体群の**環境収容力** (carrying capacity) として知られており，普通，K で表される（図5.7）．こう呼ばれる理由は，その密度において個体群が増加あるいは減少のいずれの傾向も示すことなく，環境中の資源が支え得る（すなわち，収容できる）個体群の大きさを表すからである．

現実の個体群の環境収容力は単純ではない

　図5.7のaからcのような特性で表わされる個体群は単一の環境収容力を持つが，これは自然の個体群の真の姿ではない．なぜなら，まず，予測不可能な環境変動がある．また，個体はさまざまな要因から影響を受けるのであって，種内競争はその要因のひとつでしかない．さらに，資源は密度に影響を及ぼすと同時に，密度からの影響も受ける．従って，実際の状況は図5.7dに描いたようなものになるはずである．種内競争は，自然の個体群を予測可能で変化しない水準（環境収容力）に維持するのではなく，さまざまなレベルの初期密度に対して働いて，最終的にはもっと狭い範囲の密度へと導く．つまり，密度をある限られた範囲内に維持するように働くだろう．この意味では，種内競争は，一般的には個体群の大きさを調節できるといえる．例えば図5.9は，ブラウントラウト *Salmo trutta* とヒナバッタ *Chorthippus brunneus* について個体数の季節変動と年次変動を示している．これらの事例では単純な環境収容力というものは認められない．しかし，密度の大きな季節変化や，それぞれの個体群が示す増加能力にもかかわらず，それぞれの年の「最終」密度（前者では「晩夏の個体数」，後者では「成虫」）は比較的一定になるという，はっきりとした傾向がある．

　実際に，一定の環境収容力の中で安定している個体群という概念は，モデル化した個体群の中でさえ，密度依存性が過大補償しすぎない場合だけにあてはまる．もし過大補償が起きるなら，個体数は振動，または，カオス的な変動さえ示すことになるだろう．この点についてはまた後で触れることにしよう（本章第8節を参照）．

5.4.2　純加入数曲線

　種内競争の全体像を別の形で図5.8aに示す．ここでは，変化率ではなく個体数を扱っている．ここで，2つの曲線の差（「出生数-死亡数」または「純加入数」）は，適当な発育期間，または一定の時間内に個体群に期待される純加入数である．出生数と死亡数の曲線の形から，純加入数は密度が低ければ小さく，密度の上昇とともに増加し，環境収容力に近づくと再び減少することが分かる．その後，加入前の密度が K を越えると，純加入数は負の値（死亡数が出生数を越える）となる（図5.8b）．このように，個体群への加入の総数は，繁殖できる個体が少ない場合に少なく，種内競争が激しい場合にも少なく，ある中間の密度で一番大きくなる．つまり，その密度で個体群の大きさは最も急速に増大するのである．

　個体群の純加入率と密度と加入数は中間的な密度で最大になるの正確な関係は，問題とする種の生物学的特性によって変化する（例えば，図5.10のaからdのマス，クローバー，ニシン，クジラ）．さらに，加入数はさまざまな要因の相乗効果全体に影響されるため，データの点はひとつの曲線上に乗ることはめったにない．にもかかわらず，図5.10のそれぞれで山型の曲線を認めることができる．これは，種内競争がある場合の，密度依存的な出生と死亡の一般的特性を反映している．また，これらのひとつ（図5.10b）はモジュール型生物のものであることにも注目して欲しい．つまり，山型の曲線で，植物個体群の葉面積指数 (leaf area index: LAI；地面の単位面積当りの，植物が付けて

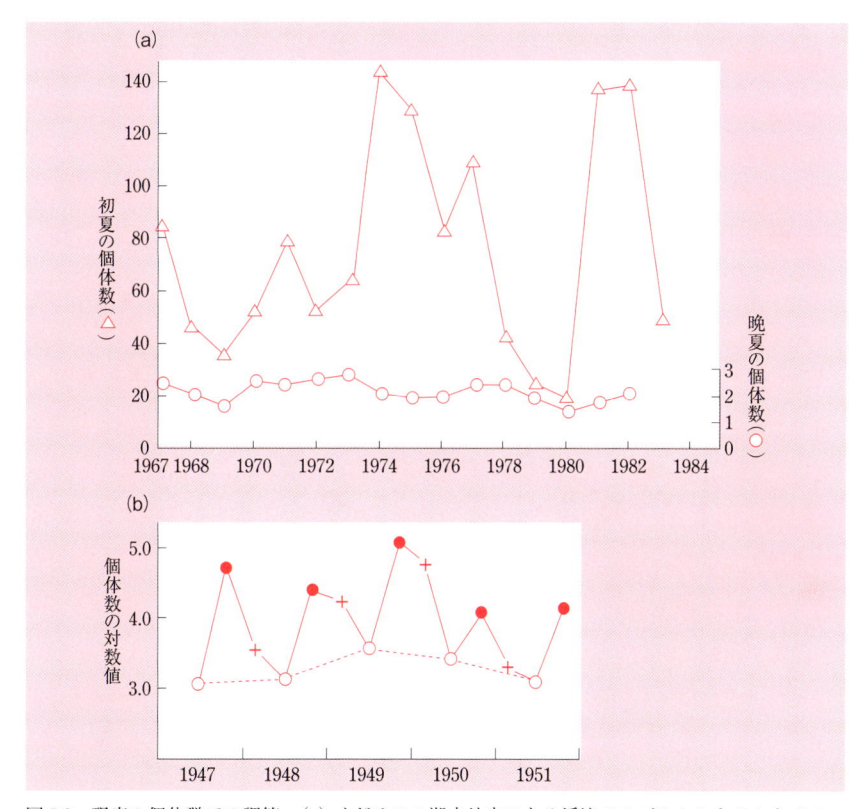

図 5.9 現実の個体群での調節．(a) イギリスの湖水地方のある渓流でのブラウントラウト *Salmo trutta*．△，初夏の個体数．新たに卵から孵化した当歳魚を含む．○ は晩夏の個体数．縦の目盛りの違いに注意．(Elliott, 1984 より．) (b) イギリス南部でのヒナバッタ *Chorthippus brunneus*．● は卵，+ は幼虫，○ は成虫．対数目盛りに注意．(Richards & Waloff, 1954 より．) 厳密な環境収容力は見られないが，大きな年変動があるにもかかわらず，各年の「最終」密度（「晩夏」と「成虫」）はおおむね一定である．

いる葉の総面積）とその個体群の成長率（モジュールの出生数-モジュールの死亡数）との関係も表せることである．すなわち，成長率は葉が少ないとき低く，LAI が中間のとき最大となる．そして，LAI が高いとき，つまり葉が重なって互いに陰をつくり，競争が激しく，大部分の葉において光合成による生産を呼吸による消費が上回るときに，再び低くなるのである．

5.4.3 シグモイド成長曲線

さらに，図 5.8 の a と b で示した曲線は，個体群がきわめて小さい状態から増え始める場合（例えば，ある種が，新たな地域に定着し増加するとき）のパターンを表現することにも使えるだろう．これを図 5.8c に示す．まず，環境収容力よりずっと小さな個体群を想像してみよう（点 A）．個体群が小さいので，最初の 1 単位時間内にはほんのわずかしか増加せず，点 B に達するだけである．しかし，個体群が大きくなると，次の単位時間までに急速に増加し始め（点 C へ），その次にはさらに増加する（点 D へ）．この増加は，個体群が純加入数の曲線の頂点（図 5.8b）を通過するまで続く．その後，個体群の大きさが環境収容力 (K) に達するまでは，個体数の増加は単位時間ごとに徐々に小さくなり，ついにはまったく増加しなくなる．従って，個体群は，低密度の状態から環境収容

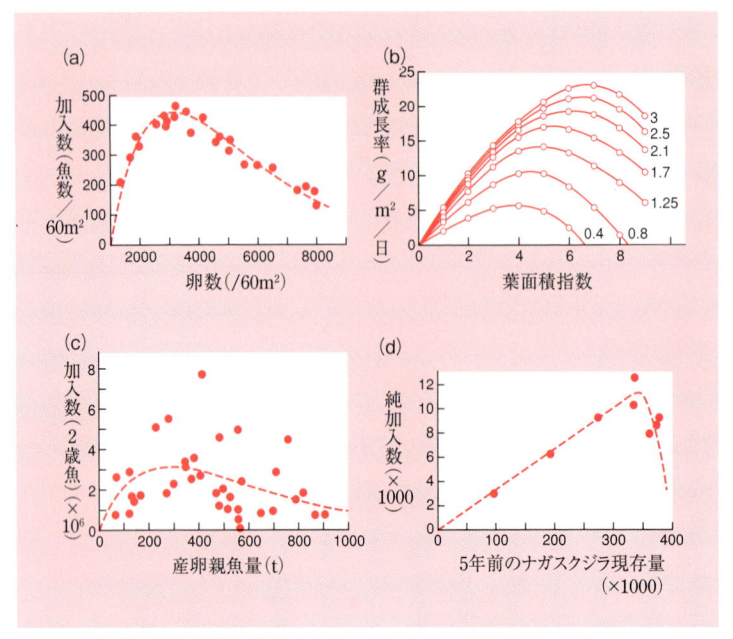

図 5.10 山型の純加入数曲線を示す例.（a）イギリスのブラックブローズ川での，1967年から1989年までのブラウントラウト *Salmo trutta* の6ヶ月齢魚数.（Myers, 2001 より；Elliott, 1994 より再引用.）（b）さまざまな日射強度（$kJ/cm^2/$日）での，ジモグリツメクサ *Trifolium subterraneum* の群成長率と葉面積指数.（Black, 1963 より.）（c）テムズ川河口域での，1962年から1997年までのタイセイヨウニシン *Clupea harengus*.（Fox, 2001 より.）（d）南極のナガスクジラの現存量の推定.（Allen, 1972 より.）

力に達するまでに，S字型曲線，または「シグモイド」と呼ばれる曲線に従って増加すると考えられる．これは，加入率曲線が山型をとることの結果であり，加入率曲線が山型となるのは，種内競争の結果なのである．

もちろん，図5.8のaとb同様，図5.8cも思い切り単純化した個体群の変化のパターンである．個体数は種内競争の影響だけを被ると想定しており，他の要因のことは考えていない．にもかかわらず，自然および実験的な状況下で，多少ともシグモイド型の増加と見なせる個体群は多い（図5.11）．

種内競争は，ある状況（例えば，岩礁の固着生物の間での，覆い被さる形の成長による競争）では明瞭であるが，これまで調べられた個体群の全てにおいて認められるわけではない．各個体は，捕食者，寄生者，餌生物，他種の競争者，さまざまな物理化学的環境からの影響も被る．これらの要因のいずれもが，種内競争よりも大きな影響を与えたり，種内競争の効果を不明瞭にしたりすることがある．あるいは，こういった要因がある成長段階に働いて，以後の全ての成長段階の密度を，環境収容力よりずっと低いレベルにまで低下させることもある．そうだとしても，ほとんどの個体群において，少なくとも生活環のある成長段階で，時には種内競争が重要な要因となることは確かである．

5.5　種内競争と密度依存的な成長

このように種内競争は，それぞれの個体群の個体数に大きな影響を与え得るが，それを構成する各個体自身にも同じく大きな影響を与える

第5章　種内競争

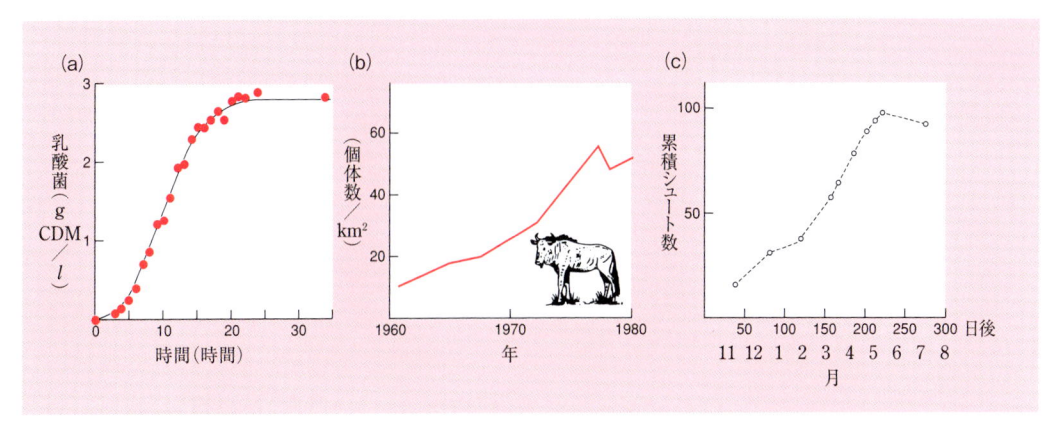

図5.11　S字型の個体群増加の実例．(a) 液体培地で成長させた乳酸菌の一種 *Lactobacillus sakei*（1ℓ当りの「細胞乾重量（CDM）」で測定）．(Leroy & de Vuyst, 2001 より．) (b) タンザニアとケニアのセレンゲティ平原でのオグロヌー *Connochaetes taurinus* の個体群は，牛疫〔訳注：牛・羊などの伝染病〕後の低密度状態から増加し，その後安定したようである．(Sinclair & Norton-Griffiths, 1982; Deshmukh, 1986 より．) (c) フランス・西海岸の塩性湿地に自生する一年生のイグサ属の一種 *Juncus gerardi* のシュート個体数．(Bouzille *et al.*, 1997 より．)

ことがある．単体型生物の個体群において，成長速度と発育速度は，ともに種内競争から影響を受けるのが普通である．このことは必然的に，個体群の構成に密度依存的な影響をもたらす．例えば，図5.12のaとbに示したものは，高い密度で個体の体の大きさが小さくなった典型的な例である．これらの例が意味することは，個体群における個体数は，種内競争によって大まかに調節されるだけであるのに対し，総生物体量はもっと厳密に調節され得るということである．この点も，図5.12b ツタノハガイ属の一種で示されている．

5.5.1　最終収量一定の法則

このような効果は，モジュール型生物で特に際立っている．例えば，ニンジン（*Daucus carrota*）の種子をさまざまな密度でまくと，最初の収穫（29日後）での鉢当りの収量は，播いた種子の密度とともに増加した（図5.13）．しかし，62日後，収量はもはや散布種子の数を反映せず，76日後，90日後にはそれがいっそう顕著になった．どの初期密度でも収量はほぼ同じで，とりわけ密度が高く競争が最も強かっ

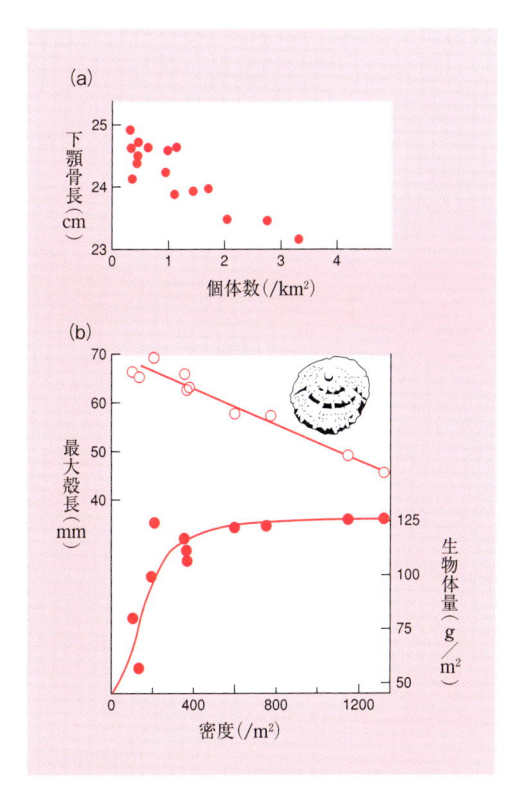

図5.12　(a) トナカイの下顎骨長は，密度が低いほど大きく成長することを示している．(Skogland, 1983 より．) (b) ツタノハガイ属の一種 *Patella cochlear* の個体群では，個体の大きさは密度の上昇とともに減少し，それによって個体群の総生物体量は厳密に調節される．(Branch, 1975 より．)

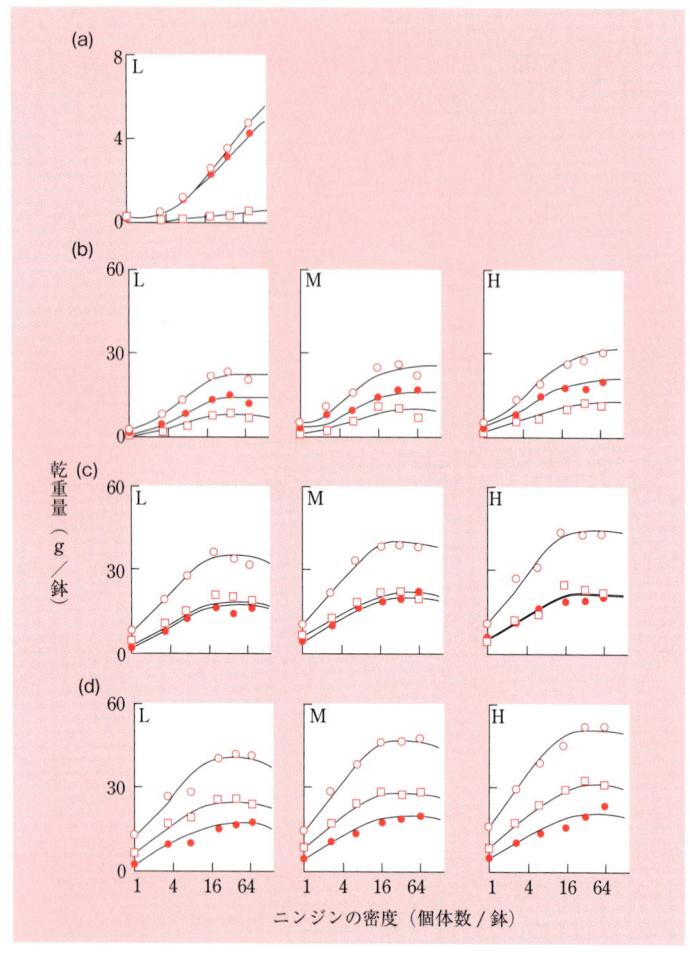

図 5.13 ニンジン *Dacaus carotta* の鉢当りの収量と播種密度の関係．4 回の収穫〔(a) 播種から 29 日後，(b) 62 日後，(c) 76 日後，(d) 90 日後〕を行い，3 通りの栄養レベル〔低 (L)，中 (M)，高 (H)〕を設け，各鉢に最初の収穫後から毎週施肥した．各点は反復 3 回分の平均値であるが，最低播種密度と初回収穫分だけは 9 回分である．□は根の重量，●はシュートの重量，○は総重量．曲線は収量と密度の理論的な関係から導かれたものであるが，その詳細はここでは重要でない．(Li *et al*., 1996 より．)

たときに一定となった．こういった生産のあり方は，植物生態学者が頻繁に見いだしており，**最終収量一定の法則** (law of constant final yield) と呼ばれている (Kira *et al*., 1953)．各個体の成長速度は密度依存的に低下し，そのため各個体の大きさが小さくなり，それが密度の増加を厳密に補償する (ゆえに一定の最終収量になる) のである．もちろん，これはとりわけ密度が高いとき，植物体の成長に利用できる資源が制限されることを示唆しており，図 5.13 で，高い (一定の) 収量は高い栄養レベルのときに得られていることからも裏付けられる．

収量は，密度 (d) と植物体当りの平均重量 ($\overline{w}$) の積である．そこで，収量が一定 (c) のとき，

$$d\overline{w} = c \tag{5.1}$$

である．従って，

第5章　種内競争

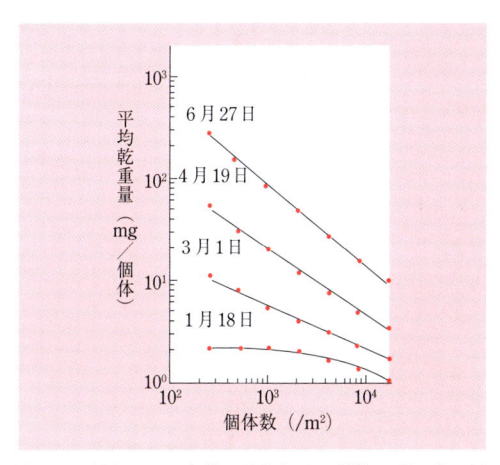

図5.14　傾き−1の直線で示される，植物の「一定の収量」．これは，砂丘に生える一年生植物，ナギナタガヤ属の一種 *Vulpia fasciculata* の平均重量の対数を密度の対数に対してプロットしたものである．1月18日には，とりわけ低い密度で，成長，すなわち平均乾重量はほぼ密度非依存的であった．だが，6月27日には，密度依存的な成長の低下が密度の違いを厳密に補償し，一定の収量という結果をもたらした．(Watkinson, 1984より．)

$$\log d + \log \overline{w} = \log c \quad (5.2)$$

である．これより，

$$\log \overline{w} = \log c - 1 \cdot \log d \quad (5.3)$$

である．このように，密度の対数に対する平均重量の対数の関係は，傾き−1の直線となるはずである．

ナギナタガヤ属の一種 *Vulpia fasciculata* の成長に与える密度効果の実験結果を，図5.14に示す．実験終了までの曲線の傾きは，確かに−1にほぼ等しい．そして，ニンジンの場合と同様に，最初の収穫時の植物の個体重は，ここでもきわめて高い密度のときだけ減少した．しかし，植物が大きくなると，次第に低い密度でも干渉し合うようになった．

収量の一定性とモジュール性　最終収量が一定となる理由の大部分は，植物のモジュール性にある．この点は，多年生のホソムギ (*Lolium perenne*) の種子を最高

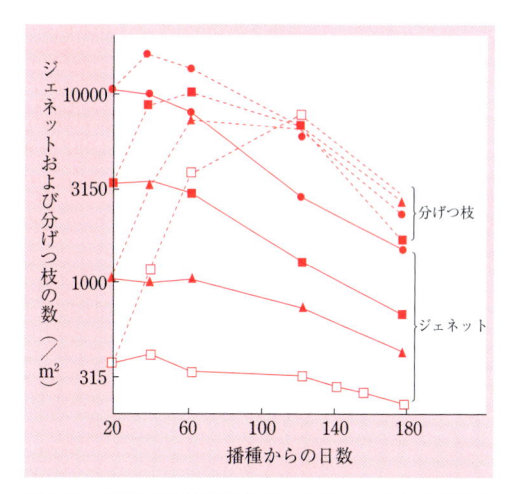

図5.15　植物での種内競争は，モジュール数を調節することが多い．ホソムギ *Lolium perenne* の種子をさまざまな密度で播いて育てると，分げつ枝 (すなわちモジュール) の最終密度の変異幅は，ジェネットの最終密度の変異幅よりもずっと狭かった．(Kays & Harper, 1974より．)

30倍の密度幅で播いて育てた実験で明らかであった (図5.15)．180日後，ジェネットが何本か枯死した．だが，最終的な分げつ枝 (モジュール) の密度はジェネット (個体) の密度よりもずっと狭い範囲に収まった．種内競争の調節力は，ジェネットの数自体よりも，むしろ多くの場合ジェネット当りのモジュール数に作用するのである．

5.6　種内競争の定量化

各個体群はそれぞれ独自な存在である．にもかかわらず，種内競争の作用のし方には一般性があることはすでに見てきた．本節では，そういった一般化をさらにもう一歩先へ進めよう．k 値 (第4章を参照) を用いて，死亡率，繁殖率，成長に与える種内競争の効果を要約する方法を紹介しよう．まず，死亡率を扱うことにしよう．そのあとで，この方法を繁殖率と成長にも広げてゆくことにする．

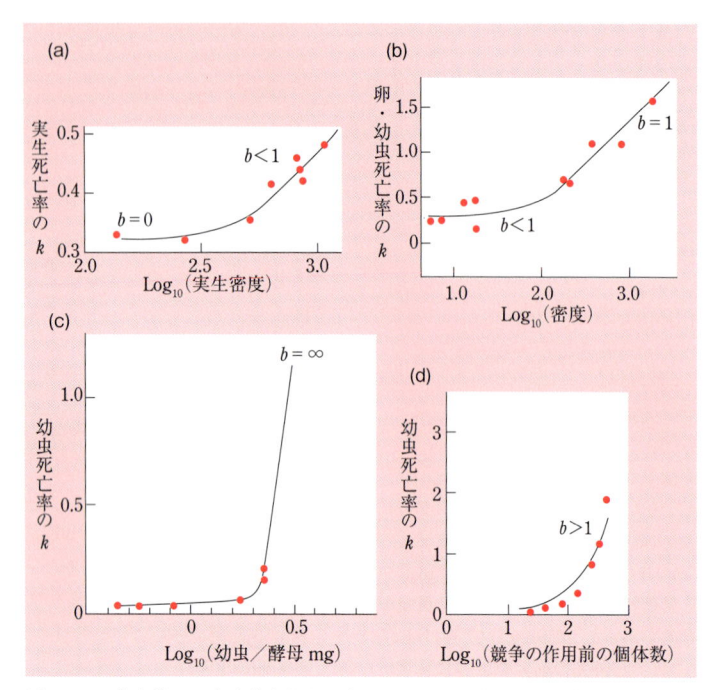

図5.16 k値を使って密度依存的な死亡のパターンを表現する．(a) ポーランドの砂丘性の一年生植物，トチナイソウ属の一種 *Androsace septentrionalis* での実生死亡率．(Symonides, 1979 より．) (b) スジマダラメイガ *Ephestia cautella* での卵死亡率と幼虫の競争．(Benson, 1973a より．) (c) キイロショウジョウバエ *Drosophila melanogaster* での幼虫の競争．(Bakker, 1961 より．) (d) ノシメマダラメイガ *Plodia interpunctella* での幼虫死亡率．(Snyman, 1949 より．)

k値の利用

k値は次式で定義される．

$$k = \log(初期密度) - \log(最終密度) \quad (5.4)$$

または，これを整理して，

$$k = \log(初期密度／最終密度) \quad (5.5)$$

となる．簡便のために，「種内競争が作用する前（before）の個体数」である「初期密度」を B で表し，「種内競争が作用した後（after）の個体数」である「最終密度」を A で表すとすれば，次の式になる．

$$k = \log(B/A) \quad (5.6)$$

死亡率の増加とともに k 値が大きくなることに注意して欲しい．

死亡率に及ぼす種内競争の効果のいくつかの例を図5.16に示す．ここでは $\log B$ に対する k 値を示している．ある場合には，密度が

密度の対数に対する k 値

最低のとき k 値は一定になる．それは密度非依存的な過程であることを意味している．つまり，生き残る者の割合は初期密度と必ずしも相関していない．しかし，密度が高いとき k 値は初期密度とともに増大する．つまり，密度依存性を示す．だが最も重要なのは，密度の対数に対する k 値の変化のし方が，まさに密度依存性の特性を示していることである．例えば，図5.16のaとbは，それぞれ密度が高いときに過小補償および厳密な補償が働いている状況を表している．図5.16bの厳密な補償は，曲線の傾き（b で表す）が1で一定であることで示されている（数学に興味のある読者なら，これが厳密な補償のとき A は一定であることから導けることが分かる

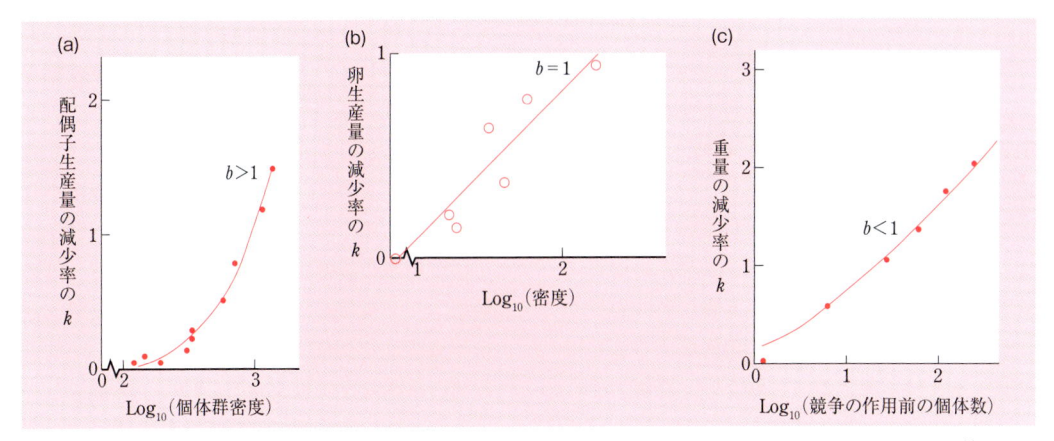

図5.17 k 値を使って繁殖率と成長の密度依存的な低下を表現する．(a) 南アフリカでのツタノハガイ属の一種 *Patella cochlear* の繁殖率．(Branch, 1975 より．) (b) タマナバエ *Eriosichia brassicae* の繁殖率．(Benson, 1973b より．) (c) ナズナ *Capsella bursa-pastoris* の成長．(Palmblad, 1968 より．)

だろう）．過小補償は，厳密な補償に先立って密度が低いときに生じるが，また図 5.16a のように密度が高いときでも生じ得ることが，b が1 より小さいことによって示されている．

勝ち抜き型と共倒れ型

厳密な補償（$b=1$）は，**純粋な勝ち抜き型競争**（pure contest competition）とも呼ばれる．なぜなら，競争の過程で一定数の勝者（生存者）が存在するからである．この用語を最初に提案したのは Nicholson (1954) で，**純粋な共倒れ型競争**（pure scramble competition）と呼んだものと対比させた．純粋な共倒れ型では，全ての競争個体が不利な影響を被るため，どの個体も生存できない．すなわち，$A=0$ となるような，密度依存的過大補償の最も極端な形である．これは図 5.16 において b を無限大にする（鉛直の線）ことで示され，図 5.16c はまさにそうした事例である．しかしながら，もっと普通に見られるのは，競争が共倒れ型に近い状態，すなわち，相当な過大補償はあるが，最も極端というわけではない場合（$b \gg 1$）である．これは，例えば図 5.16d に示されている．

このように，$\log B$ に対し k 値をとる方法は，種内競争が死亡率へ及ぼす効果を図示するには有効な方法である．曲線の傾き（b）の変化は，密度依存性が密度とともに変化する様子を明瞭に示すからである．この方法は，繁殖率と成長に対しても拡張できる．

繁殖率に拡張する場合，B を「種内競争がない場合に生まれると期待される子の総数」，すなわち，それぞれの繁殖個体が，競争のない環境で生みだすことのできる最大限の子の数と考える必要がある．A は実際に生まれた子の総数となる（実際には，通常，B は最低限の競争下にある，つまり，必ずしも競争がまったくない訳ではない個体群から推定するのが普通である）．成長に対して拡張するには，B を，すべての個体が競争のない状態で成長するとした場合に得られる総生物体量，または総モジュール数と考えなければならない．A は，実際に生産された総生物体量または総モジュール数である．

図 5.17 は，繁殖力と成長に及ぼす種内競争の効果を示すために k 値を使った事例を示している．それらのパターンは図 5.16 のものと本質的に同じである．それぞれ，密度非依存的な場合と純粋な共倒れの間の連続体のどこかに当てはまり，その位置もすぐに分かる．k 値を使うことで，種内競争の全ての事例を同じ用語で定量化することができる．しかしながら，繁殖率と成長においては，「共倒れ」と，特に「勝ち抜き」という用語はあまり適切ではない．単純に，厳密な補償，過大補償，過小補償という

用語を使う方がよい．

5.7 数理モデル —— はじめに

　生態学の一般法則を定式化したいという欲求は，数理モデルあるいはグラフモデルの構築に結びつきやすい．自然界の生き物に興味を持つ者が，それを人工的な数式で再構成することに没頭するとは，驚きかもしれない．だが，それには相応の理由がある．まず，モデルによって豊富な個別の事例に共通する重要な特性を明確にできるか，少なくとも少数のパラメータにまとめることができる．すなわち，複雑な系から本質的なものを抽出しようとすることで，生態学者が取り組んでいる問題や過程を扱いやすくすることができる．それによって，モデルはさまざまな個別の事例を表現するための「共通言語」を提供してくれる．また，それらがひとつの共通言語で表現できれば，互いの特性を相対的に示したり，何らかの理想的な状態とのずれを明確にできるかもしれない．

　こうした考え方は，きっと他の分野では馴染みのものだろう．ニュートンは摩擦力のまったくない物体に触れたことはなく，ボイルも理想気体を見たことはない．それらは，彼らの想像の産物に他ならない．だが，ニュートンの運動の法則やボイルの法則は，何世紀もの間，計り知れない価値を持ち続けてきた．

　けれども，おそらくもっと重要な点は，モデルが実際に，それらが模倣した現実の世界を明らかにしてくれるということだろう．以下の具体的な事例を見れば，そのことがはっきりするだろう．まず，モデルはこれから見てゆくように，モデル化された系について，それまで知られていなかった特性を提示することがある．もっと一般的には，モデルは，例えばある個体群の動態が，その個体群を構成する個体の特性にどのように依拠しているのかを明確にしてくれる．つまり，モデルは，我々が選んだ仮定のもとで，起こりそうな結末を教えてくれる．例えば「幼若個体のみが移動する場合，それはその個体群動態にどう作用するだろうか？」といったことがモデルから分かるのである．それが可能となるのは，モデルでは一連の仮定を与えれば，当然の帰結が導かれるように，数学的手法が精密に設計されているからである．その結果，モデルはしばしば，最も有益な実験方法や観察方法を提案してくれる．例えば，「幼若個体の移動速度が重要らしいので，今調査しているすべての個体群についてそれを測定すべきである」といった具合である．

　モデルを構築するこうした理由は，そのモデルが評価される基準でもある．実際に，モデルは，こうした機能のひとつまたはいくつかを具現する場合に限って有用である（すなわち，構築する価値がある）．もちろん，それらを具現するには，モデルは現実の状況や現実のデータセットを適切に記述できていなければならない．この「記述能力」または「模倣能力」は，それ自体，モデルを評価するもうひとつ別の基準である．けれども，キーワードは「十分さ」である．唯一，完全に現実の世界を記述しているのは，現実の世界そのものだけである．結局のところ，モデルが十分な機能を果たしてくれさえすれば，それは適切な記述をしている，すなわちそのモデルは適切といえる．

　ここでは，いくつかの単純なモデルで種内競争を記述する．それをきわめて初歩的な出発点から組み立てることで，その特質（すなわち，上記の基準を満たす能力）を検討する．まず初めに，不連続な繁殖期を持つ個体群のためのモデルを構築してみよう．

5.8 不連続な繁殖期を持つモデル

5.8.1 基本となる式

第4章7節で，不連続な繁殖期を持つ種の単純なモデルを紹介した．すなわち，時間 t での個体群の大きさ N_t は基礎純増殖率 R の影響を受けて変化する．このモデルは2つの式にまとめることができる．

$$N_{t+1} = N_t R \qquad (5.7)$$

および，

$$N_t = N_0 R^t \qquad (5.8)$$

である．

競争がないとき，指数関数的な成長

しかしながら，このモデルが記述しているのは競争のない個体群である．R が一定で，かつ $R>1$ のとき，個体群はどこまでも増加し続ける（指数的成長（exponential growth）．図5.18 に示されている）．従って，最初に行うことは，純増殖率が種内競争にさらされているように式を変形することである．これを図5.19 に示すが，この図は3つの構成要素からなる．

点Aのとき，個体群は非常に小さい（N_t は事実上ゼロである）．従って競争は無視でき，実際の純増殖率は R をそのまま用いることができる．そこで，式5.7 はそのまま適用できる．あるいは，この式を変形すると，

$$N_t/N_{t+1} = 1/R \qquad (5.9)$$

となる．

これとは対照的に，点Bのとき個体群（N_t）は非常に大きく，かなり強い種内競争がある．純増殖率は競争によって大きく変えられ，個体群は毎世代，せいぜい集団として存在する個体が置き換わるだけとなる．なぜなら，「出生率」が「死亡率」に等しいからである．言い換える

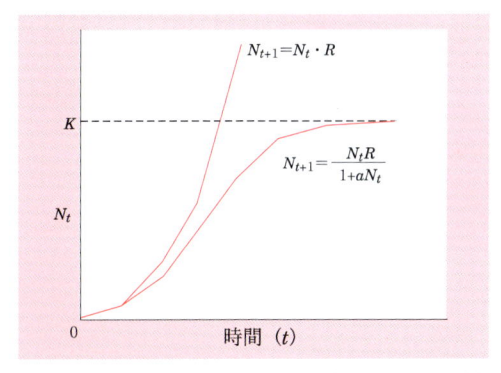

図5.18 時間に沿った個体群増殖の数理モデル．不連続な世代を持つ個体群でのもの．指数関数的な増殖（左）とS字型の増殖（右）．

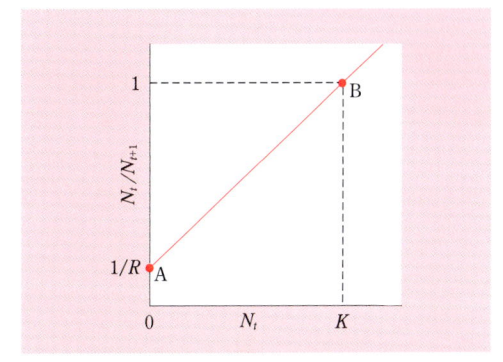

図5.19 最も単純な世代間増殖率の直線モデル．世代間の増殖率の逆数（N_t/N_{t+1}）は，密度（N_t）とともに増大する．詳しい説明は本文を参照．

と，N_{t+1} は N_t と同じで，N_t/N_{t+1} は1に等しい．こうしたことが起きている個体群の大きさは，定義により，環境収容力 K（図5.7を参照）に等しい．

図5.19 の3つめの構成要素は，点Aと点Bを結ぶ直線とその延長である．これは，個体群が増加するにつれ，実際の純増殖率が連続的に変化することを示している．だが，その変化を直線で表したのは，単に，全ての直線は単純な形，すなわち $y=$（傾き）$x+$（切片）をとるという便宜上の理由からにすぎない．図5.19 で，y 軸は N_t/N_{t+1}，x 軸は N_t，切片は $1/R$ である．傾きは，点Aと点Bを結ぶ線分から，$(1-1/R)/K$ である．従って，

競争の組み込み

$$\frac{N_t}{N_{t+1}} = \frac{1 - \frac{1}{R}}{K} \cdot N_t + \frac{1}{R} \quad (5.10)$$

となる．また，これを変形すると，

$$N_{t+1} = \frac{N_t R}{1 + \frac{(R-1)N_t}{K}} \quad (5.11)$$

となる．

種内競争の単純なモデル
さらに単純にするため，$(R-1)/K$ を a で表すと，

$$N_{t+1} = \frac{N_t R}{(1 + aN_t)} \quad (5.12)$$

となる．これは，種内競争によって制限される個体群増殖のモデルである．その核心は，式5.7の非現実的な一定の R を，現実的な純増殖率 $R/(1+aN_t)$ に置き換え，個体群の大きさ (N_t) の増加とともに純増殖率が低下するようにした点にある．

a と K のどちらが重要なのか？
式5.12 を導くにあたっては，通常の考え方に従って，個体群の動向は R と K，つまり個体当りの増加率と個体群の環境収容力の両方の値によって決まると考えた．つまり，a は単にこの2つの値の特定の組み合わせにすぎない．だが，別の観点によれば，a はそれ自体に意味があり，それは混み合いに対する個体当りの感受性の指標になる．すなわち，a の値が大きいほど，個体群の実際の増加率に対する密度の効果も大きくなる (Kuno, 1991)．そこで，個体群の振舞いは，それを構成する個体の2つの特性により決まるとみなされる．すなわち，それらの個体当りの内的増加率 R と，混み合いに対する感受性 a に依存するのである．個体群の環境収容力 ($K = (R-1)/a$) は，単にこれらの特性の結果にすぎない．この観点の優れた点は，個体と個体群を現実的な生物学的見方で捉えていることにある．まず個体ありき，である．そして個体の出生率，死亡率，そして混み

合いに対する感受性には自然淘汰が作用し，それに堪える能力が進化する．個体群の振舞いは，その能力に左右される．すなわち，個体群の環境収容力も，個体の特性が持っている値を反映する，多くの特徴のひとつにすぎないのである．

式5.12で表されるモデルの特性は，図5.19（モデルを導いた仮定）と図5.18（そのモデルに従う個体数の増加を示した）から分かるだろう．単純なモデルの特性 図5.18の右側の個体群は，時間に沿ったS字型曲線を示している．すでに見てきたように，これは種内競争のモデルに求められる性質である．だが，そのような曲線を生じさせるモデルは他にもたくさんあることに注意して欲しい．式5.12の利点は，その単純さにある．

環境収容力付近でのモデルの挙動は，図5.19を検討すればよく分かる．K より小さな個体数では，個体群は増加する．K より大きな個体数では，個体群は減少する．そして K のとき，個体群は増加も減少もしない．このように，環境収容力は個体群の安定した平衡点であり，このモデルが示しているのは，種内競争に典型的な自己調節的な特性である．

5.8.2　競争のどの「型」か？

けれども，このモデルがどの型の競争，または競争のどんな範囲を記述できるのか，まだ正確には示されていない．この点は，本章第6節と同様，k 値と $\log N$ との関係を追うことで明らかにできる．それぞれの世代で，潜在的には生産され得る個体数（すなわち，競争がないときに生産される個体数）は $N_t R$ である．実際に生産された個体数（すなわち，競争の結果生き残った個体数）は $N_t R/(1+aN_t)$ である．

本章第6節で示したように，

$k = \log$（生産された個体数）$- \log$（生存個体数）
(5.13)

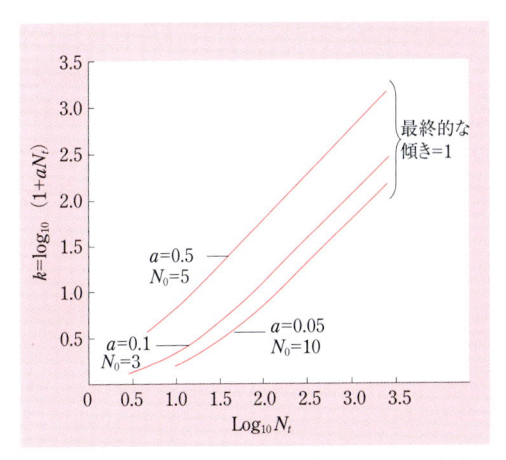

図5.20 式5.15が記述する種内競争．$\log_{10} N_t$ に対する k の最終的な傾きは1（厳密な補償）で，初期密度 N_0，および定数 a（$=(R-1)/K$）とは無関係である．

である．従って，今回の場合，

$$k = \log N_t R - \log N_t R/(1+aN_t) \quad (5.14)$$

である．これを簡単な形に書き直せば，

$$k = \log(1+aN_t) \quad (5.15)$$

となる．

図5.20は，$\log_{10} N_t$ に対する k 値が示す曲線を，モデル中の a の値を3通りに変えて示している．それぞれの場合で，曲線の傾きは徐々に大きくなり最後には1になる．言い換えると，密度依存性はいつも過小補償で始まり，高い値の N_t で完全な補償になる．従って，このモデルが記述できる競争の型は限られている．いま言えるのは，「この型」の競争が，個体群をきわめて厳密に調節するということである．

5.8.3 時間差

ここで，このモデルに簡単な変更を加えることで，その仮定を緩めてみよう．その仮定とは，個体群がその時点の密度に瞬時に反応する，つまり現在の密度が，個体群の利用できる資源の量を決め，同時にこれが個体群の純増殖率を決定するという仮定である．その仮定に代えて，利用できる資源の量は，ひとつ前の時間間隔における密度で決まると考えてみよう．具体的な例を挙げると，春の牧草地における草の量（牛が利用できる資源）は，前年の放牧の程度（つまり牛の密度）で決まると考える．この場合，増殖率自体は，ひとつ前の時間間隔の密度に依存するだろう．従って，式5.7と式5.12より，

$$N_{t+1} = N_t \times 増殖率 \quad (5.16)$$

であるから，式5.12は次のように変形できる．

$$N_{t+1} = \frac{N_t R}{1+aN_{t-1}} \quad (5.17)$$

個体群が自身の密度へ反応するには時間差がある．なぜなら，その資源量に反応することに時間がかかるからである．変更したモデルの挙動は以下のようになる．

> 時間差が個体群の変動を引き起こす

$R<1.33$ のとき，安定な平衡点に直接近づく．
$R>1.33$ のとき，そうした平衡に向かって減衰振動する．

元の式5.12と比べてみると，時間差のない元の式では，全ての R の値で直接平衡に近づいている．時間差がモデルでの変動を引き起こしているのであるが，現実の個体群でも時間差が同様の不安定化の作用を果たすことが考えられる．

5.8.4 さまざまな競争のあり方を組み込むには

式5.12に簡単な変更を施すことで，さらに汎用的な意味を与えられることを Maynard Smith & Slatkin (1973) が最初に提案し，続いて Bellows (1981) が詳しく論じた．その変更とは，式を次の形にすることである．

$$N_{t+1} = \frac{N_t R}{1+(aN_t)^b} \quad (5.18)$$

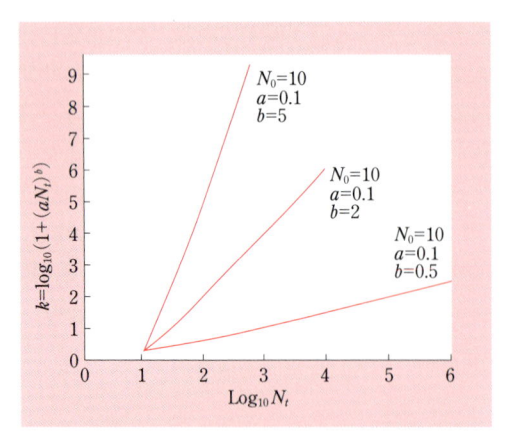

図 5.21 式 5.18 が記述する種内競争．最終的な傾きは，式中の b の値に等しい．

この変更が妥当であることを示すには，修正されたモデルの特性をいくつか吟味すればよい．例えば，図 5.21 は図 5.20 と同じ形式で $\log N_t$ に対する k 値を示している．ただし，ここでの k 値は $\log_{10}[1+(aN_t)^b]$ である．変更前のモデルでは曲線の傾きが 1 に近づいていたのに対し，ここでは式 5.18 の b がとる値に近づいている．このように，適当な値を選ぶことで，このモデルは過小補償（$b<1$），完全補償（$b=1$），共倒れ型の過大補償（$b>1$），さらには密度非依存性（$b=0$）さえ記述することができる．このモデルは，密度依存性の型を決める b の値を組み込むことで，式 5.12 にはなかった一般性を備えている．

動的なパターンは R と b に依存する

式 5.18 のもうひとつの長所は，他の優れたモデルと同様，現実の世界を新たな観点で捉える力である．この式から導かれる個体群の動態を注意深く分析すれば，自然の個体群の動態について，確固とした結論を描き出すことができる．この式や類似した式を検討する数学的な手法については，May（1975a）が整理し議論している．その解析について詳しく紹介しなくとも，その解析の結論（図 5.22）は理解できる．図 5.22b は，式 5.18 から導き出せる個体群成長と動態のさまざまなパターンを示したもので，図 5.22a は，これらの各パターンが生じる状況を整理している．まず，個体群動態のパターンは 2 つの数値に依存することに注意して欲しい．ひとつは b で，競争または密度依存性のタイプを規定する．もうひとつは R で，これは実際の純増殖率（密度非依存的な死亡率を考えている）である．これら 2 つとは対照的に，a が決めているのはどのパターンを生じさせるかではなく，そこに生じる変動のレベルだけである．

図 5.22a が示すように，b または R の値，あるいはその両方が小さいとき，個体群はまったく変動することなく，平衡点に向って増加してゆく（「単調な収束」）．このことは，すでに図 5.18 で示唆されている．その場合，式 5.12 に従って増加する個体群は，R の値にかかわりなく，そのまま平衡点に近づく．式 5.12 は，式 5.18 で $b=1$（完全補償）となる特殊な場合である．図 5.22a で認められるように，$b=1$ のとき，実際の純増殖率にかかわりなく，増加速度は必ず単調に弱まってゆく．

b または R の値，あるいはその両方が大きくなると，個体群の挙動は，まず減衰振動しながら，徐々に平衡点に近づいてゆく形をとる．さらに値が大きくなると，**安定リミットサイクル**（安定周期軌道（stable limit cycle））となり，個体群が平衡となるレベルの周辺で変動し，同じ 2 つ，4 つ，あるいはもっと多くの点を何度も通過する．b と R の値がさらに大きくなると，ついに個体群は明らかに不規則で無秩序（カオス的）な変動をするようになる．

5.8.5 カオス（chaos）

このように，密度依存的で，おそらく調節的に働くと考えられる過程（種内競争）を基に作成したモデルでも，実にさまざまな個体群の動態が導ける．あるモデルの個体群が，中程度の基礎純増殖率（競争のない環境で，100 個体（$R=100$）の子孫を次世代に残せるような）を持ち，また，中程度の過大補償となる密度依存的な反応

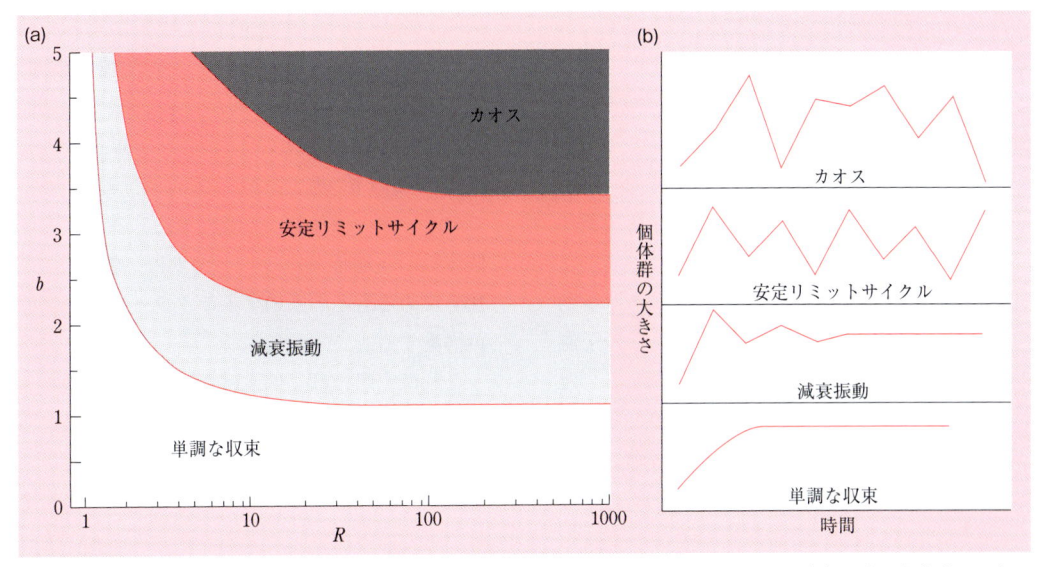

図5.22 (a) 式5.18のbとRの値のさまざまな組み合わせによる個体群の変動様式の区分．(b) は時間的変動そのものを示す．(May, 1975a; Bellows, 1981より．)

をするとしよう．この場合，外部からの作用がなくとも，その個体数は，安定からはかけ離れ，大きく変動するだろう．このことの生物学的意義は，完全に不変で予想可能な環境下においても，個体群とそれを構成する個体の内的な性質それ自体によって，個体群の動態には，大きく，カオス的な変動が生じることを強く示唆する点にある．種内競争の結果が，「厳密に制御された個体群調節」を伴うとは限らないことは明らかである．

以上のことから，重要な結論を2つ導くことができる．そのひとつは，時間的遅れ，高い増殖率，過大補償の密度依存性が（単独，またはそれらが組み合わさって），外からの作用なしに個体群密度にあらゆるタイプの変動を引き起こし得る．もうひとつ，同様に重要なことは，それが数理モデルの解析から明らかにされてきたという点である．

カオス的な動態の基本的な特徴　実際，単純な生態学的な系でさえカオスの原因を内包し得るという認識が広がるにつれ，カオスそのものが生態学者の関心の的となった（Schaffer & Kot, 1986; Hastings *et al.*, 1993; Perry *et al.*, 2000）．ここではカオスの本質について詳しくは解説できないが，いくつかの重要な点は理解しておこう．

1　「カオス」という用語自体は，誤解を生みやすいだろう．それが，まったく何の傾向も認め難い変動を意味するかのように受け取られるかもしれないからである．しかしながら，カオス的な動態は，決して一連の乱数で構成されるわけではない．それどころか，ランダムあるいは他のタイプの変動からカオスを区別するために考案された検定法さえある（いつも簡単に適用できるとは限らないが）．

2　カオス的な生態系の変動も，ある限定された範囲の高密度から低密度の範囲の中で生じる．従って，これまで議論してきた種内競争のモデルにおける「個体群調節」という考え方が，カオス領域においても完全に意味を失うわけではない．

3　しかし，厳密に調節された系の挙動とは異なり，カオス系では，よく似た2つの個体群動態でも，その軌跡が「単純な」アトラクター（吸引集合）と呼ばれる同じ平衡密度ま

たは同じ周期軌道に収束する（引き寄せられる）ことはないだろう．むしろ，カオス系の動向は「ストレンジ・アトラクター（奇妙な吸引集合）」に支配される．初期にはとてもよく似ている軌跡も，時間とともに互いに指数関数的に発散する．カオス系は「初期条件に極度に敏感」なのである．

4 従って，カオス系では長期的な将来の挙動の正確な予測は実質的に不可能で，その予測は遠い未来ほど，ますます不正確になる．たとえ，その系が特定の状態にあったことをよく知っていて，また，直前に起こったことを正確に知っていたとしても，ごくわずかな（おそらく測定不能な）初期値の差が次第に拡大して，過去の経験はますます価値を失ってゆくのである．

生態学は予測可能な科学になることを目指さなければならない．生態学研究者は，カオス系において，これまでで最も難しい予測をすることを強いられている．従って，次のような問いに関心が集まっている理由もよく分かる．「生態学的な系が，カオスになり得るとすれば，それはどのくらいの頻度で起こるのか？」．これまで，この問いに答える試みが続けられており，ある程度のことは解明されたものの，まだ決定的な答は得られていない．

ターケンスの定理—アトラクターの再構築　生態学的な系でカオスを検出しようとする最近の試みの多くは，**ターケンスの定理**（ターケンスの埋め込み定理）(Takens' theorem) として知られる数学上の進歩に基づいている．この定理によれば，生態学に関連することとして，ある系が相互作用し合う複数の要素で構成されていても，その系の特性（カオス的かどうかなど）はたったひとつの構成要素（例えば1種の生物）の数量の時系列から導き出せる．これを**アトラクターの再構築** (reconstructing the attractor) という．もう少し具体的に見てみよう．例えば，ある系の挙動が，4つの構成要素（単純に4種としよう）の間の相互作用によって決まるとする．まず，4種のうちの1種の時間 t での個体数を N_t と表す．N_t は，連続する時系列上の前の「4つの」点 N_{t-1}, N_{t-2}, N_{t-3}, N_{t-4}（もとの系の構成要素と同じ数の「遅延時間」）での，一連の個体数の関数である．次に，この個体数の遅延時系列のアトラクターを，その特性を決めるもとの系のアトラクターから精密に再構築する．

これは実際には，例えばある1種の一連の個体数をとり，遅延時間ごとの個体数の関数として N_t を予測できるような，統計的に言えば「最善の」モデルを見つけ出すことを意味する．そして，この再構築したアトラクターを調べることが，基本的な系の動態特性を調べる方法なのである．あいにく，生態学的な時系列は（例えば物理学の場合と比べれば）とりわけ短くノイズも大きい．このように，「最善の」モデルを決定してターケンスの定理を適用する方法や，生態学全般においてカオスを見分ける方法は，「絶え間ない議論と改良を余儀なくされるもの」(Bjørnstad & Grenfell, 2001) である．そのため，本書のような教科書で適切な方法として紹介しても，実際にそれが読まれる頃には，ほぼ間違いなく時代遅れのものとなっている．

だが，こうした技術的な難しさにもかかわらず，さらには人工的な実験室の条件下では明らかなカオスが実証されることがある (Constantino et al., 1997) にもかかわらず，自然条件下にある生態学的な系の動態では，カオスは主要なパターンではないという共通認識ができつつある．そのため，カオスは生態学的モデルからは容易に発生するのに，なぜ自然界では起こらないのかを探求しようとする動きもある．例えば，Fussmann & Heber (2002) が，食物網に埋め込まれたモデル個体群について検討したところ，食物網が自然界でみられるような特性（第20章を参照）を含めば含むほど，カオスの可能性が低くなった．

このように，生態学的な系でのカオスの潜在

> カオスはどの程度頻繁に起こり，どの程度重要なのか？

的な重要性は明らかである．生態学の基本的な視点として，比較的単純な系でも複雑で無秩序な動態が生じうること，また，複雑な動態が観察されたとしても，その根底の意味づけは単純でありうる，ということを認識する必要がある．実用面での重要性という点では，生態学が予測的かつ操作的科学になるためには，長期の予測がカオスの顕著な特徴（すなわち，初期条件への極度の敏感さ）によってどれだけ難しくなるのかを知る必要がある．しかしながら，本質的に重要な問い，すなわち「カオスはどの程度頻繁に起こるのか」という問いには，まだほとんど答えられていない．

5.9 連続的な繁殖：ロジスティック式

本章第8節で導き，検討したモデルは，不連続な繁殖期を持ち，不連続な時系列，すなわち「差分方程式」の形で増殖する個体群には当てはめやすいが，出生と死亡が連続的に生じる個体群に対しては不適当である．そうした個体群は，連続的増殖モデル，または「微分方程式」の方がうまく記述できる．ここでは，このモデルに基づいて考えてみよう．

> 内的自然増加率 r

そうした個体群の純増加率は，dN/dt で表される（「ディーN，ディーt」と読む）．これは，個体数 N が，時間 t とともに増加する「速度」を表す．個体群全体の増加は，個体群中のさまざまな個体の増加に対する貢献の合計である．そこで，個体当りの増加率 (per capita rate of increase) の平均は，$dN/dt\,(1/N)$ で与えられる．しかし，すでに第4章7節で見たように，競争がない場合，それは**内的自然増加率** (intrinsic rate of increase) r で定義される．つまり，

$$\frac{dN}{dt}\left(\frac{1}{N}\right) = r \quad (5.19)$$

である．従って，次式が得られる．

$$\frac{dN}{dt} = rN \quad (5.20)$$

$r>0$ で，式 5.20 に従って増加する個体群を図 5.23 に示す．この場合，当然ながら，個体数は指数関数的に限りなく増加する．実際，式 5.20 は指数関数的な差分方程式の式 5.8 を連続的な形式にしたものである．そして，第4章7節で議論したように，r は $\log_e R$ に等しい（数学の得意な読者なら，式 5.20 は式 5.8 を微分して得られることが分かるだろう）．R と r は，明らかに同じ量を測定しているのである．すなわち，「出生して生き残った数」または「出生数 − 死亡数」である．R と r の違いは，単に通貨を変えただけである．

式 5.20 をもっと現実的にするには，種内競争を加えなくてはならないことは明らか

> ロジスティック式

である．式 5.19 で使ったものとまったく同じ方法で，最も単純に次式を導くことができる．

$$\frac{dN}{dt} = rN\left(\frac{K-N}{K}\right) \quad (5.21)$$

これは**ロジスティック式** (logistic equation) という名で知られている (Verhulst, 1838 により命名された)．この式に従って増加する個体群は図 5.23 に示されている．

ロジスティック式は式 5.12 を連続的な形にしたものなので，式 5.12 の基本的な特徴と欠点をすべて合わせ持っている．この式は安定した環境収容力に漸近するシグモイド型の増加曲線を示すが，これはそれを記述できる多くの妥当な式のひとつにすぎない．この式の特に優れた点は，その単純さにある．しかし，式 5.12 にはさまざまな強さの競争を組み込めるのに対し，ロジスティック式ではそれは必ずしも容易ではない．つまり，ロジスティック式は完全補

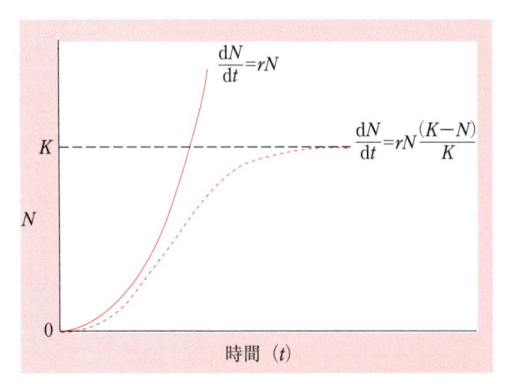

図 5.23 連続的増殖モデルでの，時間に対する密度 (N) の指数関数的な増加（—）とシグモイド型増加（…）．シグモイド型の増加を生じさせている方程式がロジスティック式である．

$$\frac{dN}{dt} = rN$$

$$\frac{dN}{dt} = rN\frac{(K-N)}{K}$$

償の密度依存性を示すモデルにならざるを得ない．こうした制約はあるにせよ，この式は，第8章と第10章で扱うモデルに不可欠な要素で，生態学の発展において中心的な役割を果たしてきた．

5.10 個体差：非対称な競争

5.10.1 大きさの不均等性

ここまでは，個体群全体，またはその中の平均的な個体に生じる現象に注目してきた．しかしながら，種内競争に対する各個体の反応は個体間で相当違ったものになり得る．図 5.24 に示す実験結果は，栽培植物であるアマ *Linum usitatissimum* を3通りの密度で育て，それを3通りの成長段階で収穫し，それぞれの植物個体の重量を計測したものである．この実験では，競争の強さの変化が，播種密度の変化に対する反応としてだけではなく，植物の成長（最初と最後の収穫量の差）に対する反応としても計測されている．種内競争が最も弱いとき（播種密度が一番低く，わずか2週間の成長後），植物個体の重量は，平均値の周りに対称的に分布した．

しかし，種内競争が一番強いとき，分布は左に大きく歪んだ．つまり，きわめて小さな個体が多数を占めて，大きな個体はわずかしか存在しなかった．競争の強さが増すにつれ，歪みの度合も大きくなった．個体が小さくなり，その分布の歪みの度合いが増すことは，ノルウェー沖に生息するタイセイヨウダラ *Gadus morhua* の例からも分かるように，密度上昇とおそらく競争の程度の上昇に関連している（図 5.25）．

さらに一般化して言えば，競争が強まると，個体の大きさについての不均等の度合が

平均値の不十分性

増す．すなわち，総生物体量が個体間に不均等に配分されるようになる（Weiner, 1990）．これとかなり近い結果が，他の多くの動物個体群（Uchmanski, 1985）と植物個体群（Uchmanski, 1985; Weiner & Thomas, 1986）から得られている．典型的な場合には，非常に強い競争下にある個体群では，個体の大きさの不均等性がとても大きく，多数の小型個体ときわめて少数の大型個体から成る頻度分布を示す．種内競争の効果が個体群全体として検出できる場合が多いことは確かであるが，任意の「平均的な」個体で個体群を代表させることは，間違った結論を導く可能性がきわめて高く，また種内競争は個体に作用するという事実から注意をそらしてしまうだろう．

5.10.2 資源の先取り

競争によってある個体群の抱えている不均等性がどのように拡大されうるかについては，合衆国ペンシルバニア州南東部に高密度で生育している森林性一年生植物，ツリフネソウ属の一種 *Impatiens pallida* の野生個体群の観察結果から見てとれる．8週間の観察期間にわたって，大きな個体は小さな個体よりも成長が非常に早かったが，小さな個体はまったく成長しなかったのである（図 5.26a）．このことが，個体群内の大きさの不均等性を有意に増加させた（図

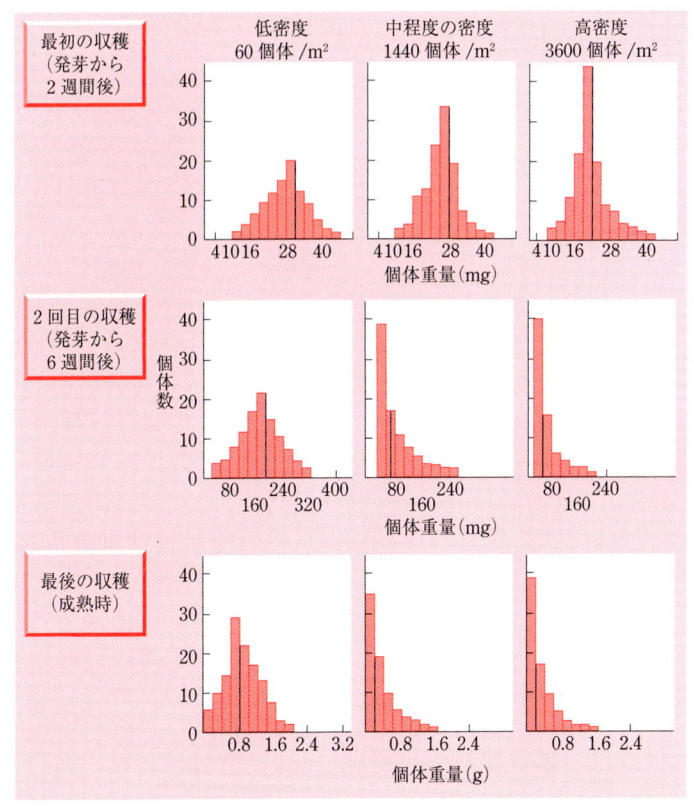

図5.24 競争と植物体重量の歪んだ分布．アマ Linum usitatissimum 個体群において，3通りの密度で栽培し，3通りの齢で収穫したときの個体の重量の頻度分布を示す．黒線は平均重量．（Obeid et al., 1967 より．）

5.26b）．初期に小さかった個体ほど，近隣個体からの影響を強く被っていた．空間を早く先取りし占有した個体は，種内競争からの影響が少なかった．後から発芽した個体ほど，利用可能な空間がすでにほとんど占有されている状況の中に参入したので種内競争の影響を強く受けた．競争は非対称であり，序列を生んでいたのである．ある個体は他の個体よりずっと大きな影響を受け，最初のわずかな差が競争によって8週間後にはずっと大きな差に拡大されていた．

　もし優位な競争者が資源を先取りすることによって競争が非対称化するのなら，先取りしやすい資源をめぐる競争ほど非対称になりやすいだろう．特に，光をめぐる植物間の競争では，優位な競争者が高い位置で葉を広げ，劣位の個体を日陰で覆ってしまうので，土壌中の栄養塩や水分をめぐる競争よりも，はるかに資源を先取りしやすいと考えられる．土壌中では，きわめて劣位の競争者でさえ，その根は利用できる資源の少なくとも一部に，優位な個体の根よりも早く接触できるはずである．この予測は，アメリカソライロアサガオ Ipomoea tricolor を用いた実験によって裏づけられている．この実験では，次の4つの処理群を比較している．アサガオが各植木鉢で単独で成長した（競争がない）場合，数個体が別々の鉢で根を張りながら，その茎は1本の支柱にからまって成長した（シュートが競争している）場合，数個体が1個の鉢に根を張るとともに，その茎はそれぞれ別の支柱で成長した（根が競争している）場合，数個体が1個の鉢に根を張るとともに，その茎も

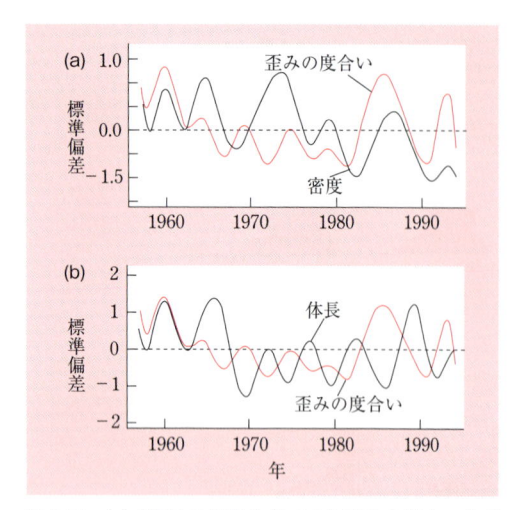

図5.25 (a)(体長の頻度分布での)歪みの度合いと密度.(b)歪みの度合いと体長の平均値.どちらも,ノルウェー沖スカゲラク海峡でのタイセイヨウダラ *Gadus morhua* について,1957年から1994年までの各年の平均値からの標準偏差で示している.これらの値は年ごとに著しく変動し,その多くは気候変動の結果である.にもかかわらず,歪みの度合いは,密度が高く($r=0.58$, $P<0.01$),体長が最も小さかったとき($r=-0.45$, $P<0.05$),つまり,競争が最も激しかったときに明らかに大きかった.(Lekve *et al*., 2002.)

1本の支柱にからまって成長した(シュートと根が競争している)場合である(図5.27).個体の平均重量が大きく減少したという意味では,根の競争の方がシュートの競争よりも強かったが,個体の大きさの不均等がきわめて高くなったのは,光をめぐるシュートの競争の方であった.

歪みとその他の序列性

歪んだ頻度分布は,序列的で非対称な競争の存在を明示する方法のひとつではあるが,他にもたくさんの示し方がある.例えばZiemba & Collins (1999)は,トラフサンショウウオ属の一種 *Ambystoma tigrinum nebulosum* の幼生を,単独か競争者と一緒のどちらかにして競争を調べた.生き残ったもののうち,最も大きい幼生の大きさは,競争からの影響を受けなかった($P=0.42$).だが,最も小さい幼生はずっと小さかった($P<0.0001$).この研究結果が明瞭に示しているように,種内競争は個体差を拡大しうるだけではなく,競争自体が個体差

に大きく依存する.

もっと長い期間での非対称な競争が,スウェーデンにおける多年生草本,スハマソウ属の一種 *Anemone hepatica* の個体群で観察されている(図5.28)(Tamm, 1956).この個体群では,1943年から1952年までの間に多くの実生が加入したが,1956年まで生き残るかどうかを決めた一番重要な要素は,明らかに1943年までに十分生育していたかどうかである.1943年までに大型または中型にまで育っていた30個体のうち,28個体が1956年まで生き残り,分枝した個体もいる.対照的に,1943年に小型であったか,それ以降に実生として出現した112個体のうち,1956年まで生き残ったのはわずか26個体だけであり,どの個体も十分には生育せず,開花には至らなかった.同様なパターンは樹木の個体群でも観察されている.生存率,出生率そして適応度は,少数の成木で高く,多数の実生や稚樹で低いのである.

こうした研究結果の検討から,ある重要で一般的な結論が導ける.非対称性によって種内競争が個体数を調節する力は強力になりやすいという点である.図5.28で見た植物では,生育できた個体は何年にもわたって競争の「勝者」であり続け,その間,小型個体や実生は生育に失敗し続けた.これにより,1943年から1956年の間,ほぼ一定数の生育個体が保持されたのである.毎年,ほぼ一定数の勝者と年ごとに数の変わる敗者がいる.敗者は,生育できないばかりでなく,いずれ死んでしまうのが普通である.

5.11 なわばり制

なわばり制(territoriality)は,とりわけ重要な,そしてごく普通に見られる現象で,非対称な種内競争を引き起こす.なわばり制は,個体間に活発な干渉があり,多少とも排他的な場所,すなわち**なわばり**(territory)を,侵入者から一

第 5 章　種内競争

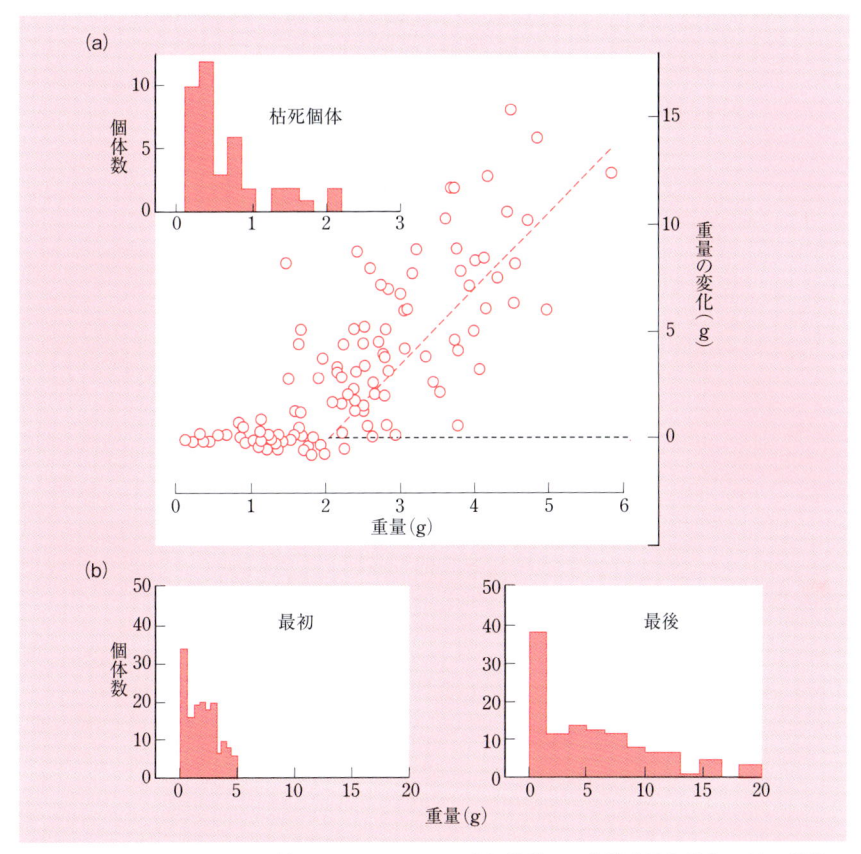

図 5.26　ツリフネソウ属の一種 *Impatiens pallida* 野生個体群での非対称的な競争．(a) 8 週間の調査期間中のさまざまな大きさの生存個体の重量の増加と，同期間中に死亡した個体の初期の大きさの分布．横軸はどちらも同じである．(b) この期間中の最初（ジニ係数（不均質性の尺度）= 0.39）と最後（ジニ係数 = 0.48）での個体重量の分布．(Thomas & Weiner, 1989.)

定の行動様式で防衛する場合に生じる．

なわばり制は勝ち抜き型競争である　なわばり制を示す種において，なわばりを持てない個体は，通常，将来の世代にまったく貢献しない．なわばり制は，その意味で「勝ち抜き型」の競争である．そこには勝者（なわばりを持てる個体）と敗者（持てない個体）が生じ，いつも一定数の勝者しか存在し得ない．毎年どれだけのなわばり（勝者）が存在するかは，必ずしも確定できないことが普通で，環境条件によって年々変化することは間違いない．にもかかわらず，なわばり制の勝ち抜き型としての特性によって（非対称な競争では一般的にそうであるように），生存し繁殖する個体の数はおおむね一定となる．従って，なわばり制の重要な帰結のひとつは，個体数の調節，厳密にはなわばりを持つ個体の数の調節である．例えば，なわばりの持ち主が死ぬと，または実験的に除去されると，その場所は通常別の個体に占有されるのが普通である．具体例をあげれば，シジュウカラ *Parus major* の個体群では，森林中のなわばりに空きができると，繁殖成功度がきわめて低い生け垣のやぶにいた個体がすぐにそこを占有する (Krebs, 1971)．

なわばり制が個体数を調節するのは，なわばり行動自体が個体数を調節するために進化したからだと考えた生態学者がいる．つまり，その割り当て効果によって個体群が全体として利益

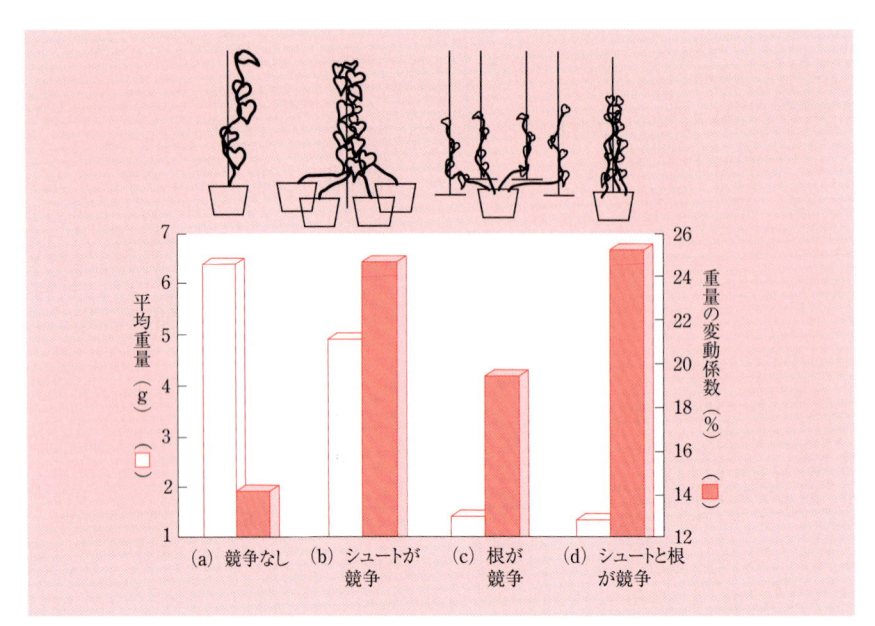

図 5.27　アメリカソライロアサガオ *Ipomoea tricolor* の競争では，根の競争が植物体重量の平均値の減少に最も影響する（(c) と (d) の組み合わせを除くすべての比較で，各処置は有意に異なる，$P<0.01$）．しかし，重量の変動係数で測定した結果，大きさの不均等性の増加には，シュートの競争が最も影響した（有意差は処置 (a) と (b) 間で $P<0.05$，(a) と (d) 間で $P<0.01$）．(Weiner, 1986 より．)

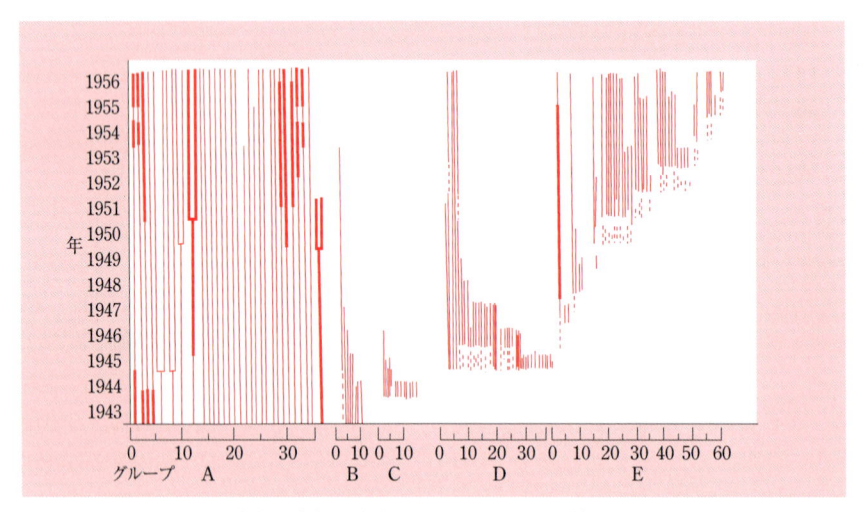

図 5.28　スウェーデンの森林性多年生植物，スハマソウ属の一種 *Anemone hepatica* での空間の先取り．それぞれの線は 1 個体を表し，直線は枝を出さなかった個体，分岐線は枝を出した個体，太線は開花した個体，破線はその年には見られなかった個体を表す．グループ A は 1943 年には生存して大型で，グループ B は 1943 年に生存したが小型，グループ C は 1944 年，グループ D は 1945 年に最初に現れ，グループ E はその後，おそらく実生から成長した個体である．(Tamm, 1956 より．)

を受けるために，なわばり制が生じたという．なぜなら，なわばり制では，個体群が資源を限度以上に利用しないよう保証されるからである（例えば Wynne-Edwards, 1962）．しかし，この**群淘汰**（group selection）による説明は，進化論が保持すべき合理性を踏み越えてしまっている．なわばり制の究極の原因は，自然淘汰の枠内で探すべきであり，そこには個体にとって何らかの利益があるからに違いないのである．

なわばり制の利益とコスト　もちろん，個体がなわばり制から得る利益は，なわばりを防衛するコストとの対比で考えねばならない．競争者との激しい格闘でなわばりを防衛する動物もいれば，競争者同士が相手を排斥する信号（例えば，鳴き声や臭い）を出すなど，それほど目立たない相互の認知で防衛する動物もいる．しかし，肉体的な損傷を受ける可能性が最も小さい動物でも，なわばりを持つ個体は，なわばりを巡回して周囲の個体に知らしめるために，必ずエネルギーを費やしている．なわばり制が自然淘汰によって形成されるものであるなら，これらのエネルギーのコストを上回る何らかの利益があるに違いない（Davies & Houston, 1984; Adams, 2001）．

例えば，Praw & Grant（1999）は，さまざまな大きさの食物パッチを防衛するコンビクトシクリッド *Archocentrus nigrofasciatus* について，そのコストと利益を調べた．パッチの大きさが増すほど，そのパッチを防衛する魚が食べた食物の量が増えた（利益：図5.29a）．だが，侵入者を追いかける頻度も増えた（コスト：図5.29b）．進化的には，コストと利益の兼ね合いが最適になる中間的な大きさのパッチ（なわばり）が有利になるはずで，実際に，なわばりの持ち主の成長率は中間的な大きさのパッチで最大となった（図5.29c）．

しかしながら，なわばり制を，なわばり個体への純利益の視点だけから説明するのは，まさに歴史がいつも勝者の立場から書かれるようなものである．別の，おそらく見逃されやすい疑

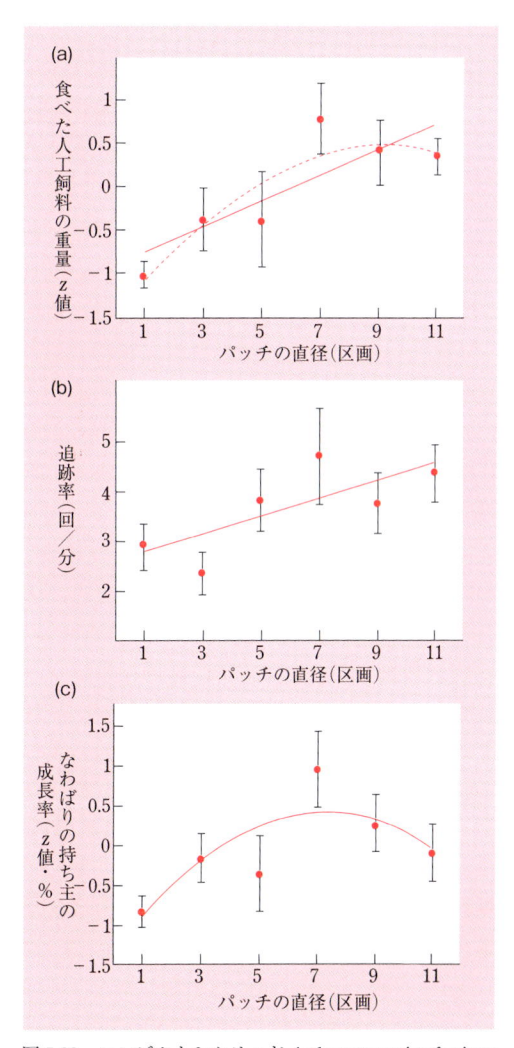

図5.29　コンビクトシクリッド *Archocentrus nigrofasciatus* における，最適ななわばりの大きさ．(a) パッチ（なわばり）の大きさが増すと，なわばりの持ち主が食べた食物の量（標準化した z 値）が増えた．だが，大きなパッチでは横ばいになった（実線，直線回帰：$r^2 = 0.27$, $P = 0.002$；破線，二次回帰：$r^2 = 0.33$, $P = 0.003$）．(b) パッチ（なわばり）の大きさが増すと，なわばりの持ち主の追跡率が増えた（直線回帰：$r^2 = 0.68$, $P < 0.0001$）．(c) パッチ（なわばり）の大きさが増すと，なわばりの持ち主の成長率（標準化した z 値）は中間的な大きさのなわばりで最も高かった（二次回帰：$r^2 = 0.22$, $P = 0.028$）．(Praw & Grant, 1999 より．)

問が残っており，その答はまだ出ていないと思われる．それは，なわばりを持っていない個体は，なわばり個体にもっと頻繁かつ果敢に挑戦して，状況を改善しようとはしないのだろうかという問いである．

単純に勝者と敗者がいるわけではない　もちろん，なわばり制を「勝者」と「敗者」の視点だけから記述することは単純化しすぎている．普通，1位，2位，そしてある程度の残念賞がある．つまり，全てのなわばりの価値が等しいわけではない．なわばりの不均等性をきわめて印象的に示した研究がある．その研究は，オランダの海岸に生息するミヤコドリ *Haematopus ostralegus* についてのもので，そのつがいは，塩性湿地の繁殖なわばりと，干潟の採餌なわばりの両方を防衛する (Ens *et al.*, 1992)．何組かのつがいでは，採餌なわばりは繁殖なわばりを単に延長したものであり（在留型 (resident)），空間としてはひとつにまとまっている．一方，それ以外のつがいでは，繁殖なわばりは遠くの島にあり（飛び越え型 (leapfrog)），従って採餌なわばりから空間的に離れている（図5.30a）．在留型の鳥たちは飛び越え型の鳥たちより多くのヒナを育てる（図5.30b）．それは，在留型の鳥が飛び越え型の鳥たちよりもはるかに多くの餌をヒナに運ぶからである（図5.30c）．在留型の鳥のヒナも，早い時期から親鳥について干潟に行き，自力で取れる餌が見つかればそれを取って食べる．一方，飛び越え型の鳥のヒナは，羽毛が生えそろい飛べるようになるまで繁殖なわばりに閉じこめられる．すなわち，餌は親が運んでくるものに限られる．在留型のなわばりを持つことは，飛び越え型のなわばりよりもはるかに有利となるのである．

5.12　自己間引き

この章を通じて，種内競争は個体群中の死亡個体数，出生個体数，成長量に影響することを見てきた．ほとんどの場合，それは競争の最終結果を見る形で描いてきた．だが実際には，その効果は，多くの場合漸進的な過程である．コホートの齢が進むに連れ，各個体の大きさが増し，要求量も増加する．従って，個体間の競争の強さも増す．これによって，各個体の死亡する可能性も高くなる．だが，一部の個体が死ねば，密度および競争の強さは弱まる．そして次にはそれが成長に影響し，競争に影響し，生存に影響し，密度に影響する，といったことが繰り返される．

5.12.1　動的間引き線

最初に特別な関心を集めたのは，混み合って成長する植物のコホートが示す変化であった．例えば，多年生のホソムギ *Lolium perenne* をさまざまな密度で播種し，それぞれの密度区で14, 35, 76, 104, 146日後にサンプルを収穫した（図5.31a）．図5.31aは，図5.14と同じ形式，つまり横軸に密度を，縦軸に平均個体重を，それぞれ対数でとっている．しかし，重要なのは，この2つの図の違いを理解することである．図5.14の各線は，コホートの生産量と密度との関係を異なる調査日ごとに示した．各線で結んだ点は，一連の異なる初期播種密度を表す．図5.31では，各線がそれぞれ異なる播種密度を表し，線で結んだ点は，この初期播種密度の集団（個体群）ごとの異なる日齢を表している．従って，それらの各線は，各コホートの時間軸に沿った成長の軌跡である．その軌跡を矢印で示し，小型で若い個体が混み合って生育している状態（右下）から，大型で齢が進んだ個体が少数生育している状態（左上）までを表している．

各日齢での平均個体重は，最も低密度の個体群でいつも一番大きかった（図5.31a）．さらに，最も高密度の個体群は，高い死亡率を最も早く被ることも明らかである．しかし，なによりも注目すべきことは，結局すべてのコホートで，

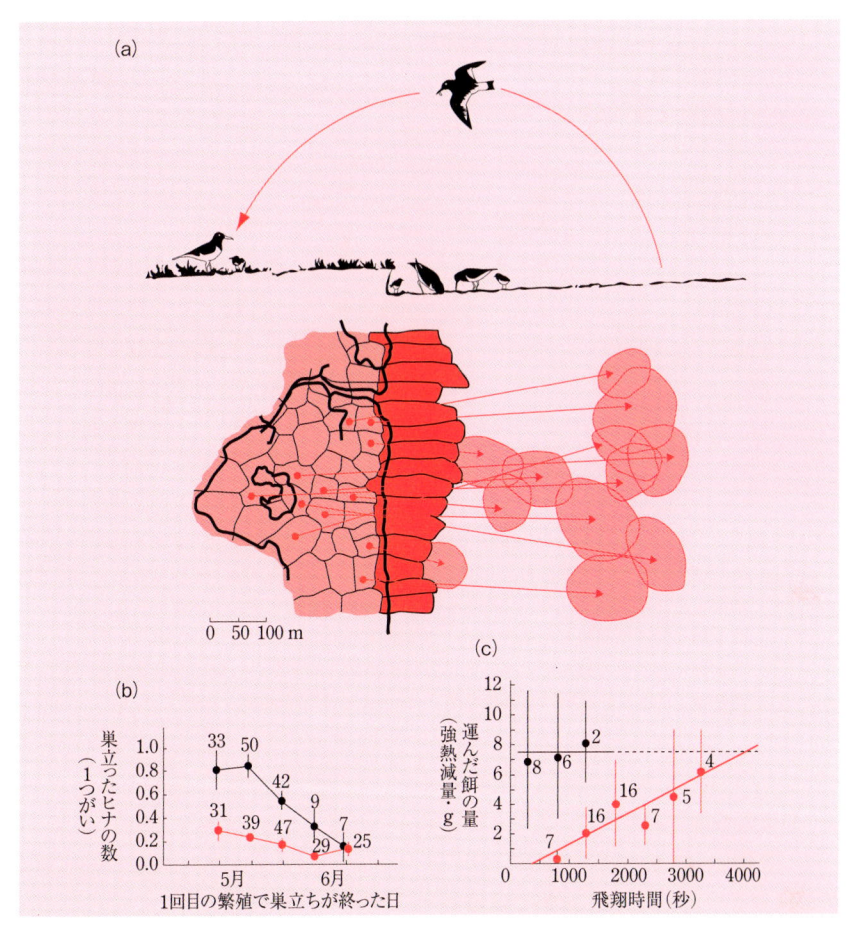

図5.30 (a) オランダの海岸でのミヤコドリ *Haematopus ostralegus* の繁殖なわばりと採餌なわばりは，「在留型」のつがい（濃影）では隣接し，ヒナは早い時期から行き来できる．しかし「飛び越え型」のつがいでは，繁殖なわばりと採餌なわばり（淡影）が離れており，ヒナに羽毛が生えそろうまで餌を運ばなければならない．(b) 在留型のつがい（●）は飛び越え型のつがい（●）より多くのヒナを育てる．(c) 在留型のつがい（●）は飛び越え型のつがい（●）より，1回の潮の干満当り，餌〔強熱減量（AFDM）(g) ±標準偏差〕を多く運ぶ．飛び越え型のつがいがどんなに努力（飛翔）して多くの餌を運んでも，在留型のつがいの餌量には追いつけない．(Ens et al., 1992.)

密度の低下とともに平均個体重が同調して増加したことである．すなわち，どの個体群もおおむね同じ直線に沿って進んだ．これらの個体群が示す変化は，**自己間引き**（self-thinning）と呼ばれており，これは成長している個体から成る個体群における密度の漸進的な低下を表わしている．個体数が漸近し，それに沿って変化する直線は，**動的間引き線**（dynamic thinning line）として知られている（Weller, 1990）．

播種密度が低いほど，自己間引きが始まる時期は遅くなった．とはいえ，どの密度でも，個体群は最初にほぼ垂直な軌跡を示した．つまり，死亡率は低かった．その後，間引き線に近づくにつれ死亡率は高くなった．自己間引き線の傾きは，どの播種密度の個体群でも次第に動的間引き線に近づき，最後には動的間引き線に沿って変化した．ここで注意して欲しい点は，図5.31が x 軸を密度の対数，y 軸を平均個体重

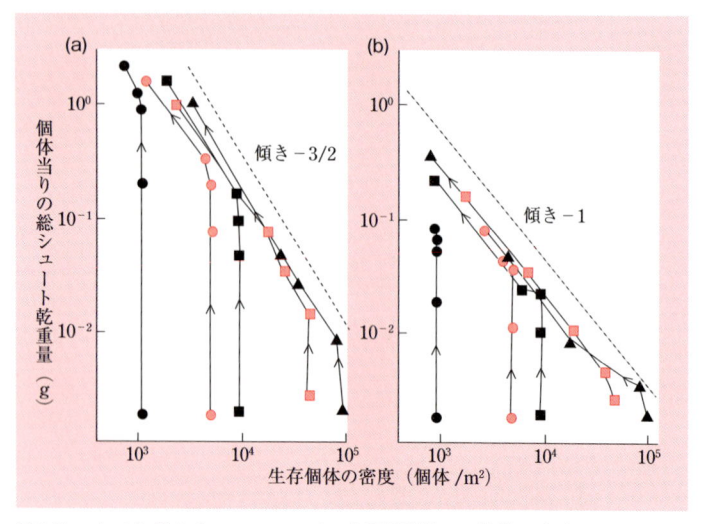

図5.31 ホソムギ *Lolium perenne* での自己間引き．5段階の密度，すなわち1 m² 当り 1000 (●)，5000 (●)，10,000 (■)，50,000 (■)，100,000 (▲) 個の密度で播種した．(a) 遮光率 0%，(b) 遮光率 83%．5つの播種密度の個体群をそれぞれ5回に分けて収穫した場合のデータを直線で結び，それぞれの個体群がその期間にたどった軌跡を示す．矢印は軌跡の向き，すなわち自己間引きの方向を示す．詳しい説明は本文を参照．(Lonsdale & Watkinson, 1983 より．)

の対数という慣例的な軸で示されていることである．しかし，それは，密度が独立変数で，平均個体重が従属変数であるという意味ではない．逆に，平均重量は植物が成長する間に当然増加するが，それが密度の低下を決めていると言えるかもしれない．最も満足のいく見解は，密度と平均個体重は完全に相互依存の状態にあるという見方である．

−3/2 乗則　植物の個体群は，十分高い密度で播種した場合，動的間引き線に近づき，その後それに従って変化することが繰り返し観察されている．長年にわたって，どの動的間引き線の傾きもおおむね−3/2 であることが広く認められており，この関係は「**−3/2 乗則**」(Yoda *et al.*, 1963；Hutchings, 1983) と呼ばれてきた．というのも，密度 (N) と平均重量 ($\overline{w}$) の間に次式の関係が認められるからである．

$$\log \overline{w} = \log c - 3/2 \log N \quad (5.22)$$

または，これを変形すると，

$$\overline{w} = cN^{-3/2} \quad (5.23)$$

となる．c は定数である．

だが，注意して欲しいのは，式 5.22 と式 5.23 を用いてその関係の傾きを推定するには統計的な問題が存在することである (Weller, 1987)．特に，単位面積当りの総生物体量を B とすると，$\overline{w}$ は普通 B/N として推定されるので，$\overline{w}$ と N の間には当然相関関係がある．つまり，これらの変数間のどんな関係もかなり擬似的なのである．従って，これと同等で自己相関のない，次式の関係を用いることが望ましい．

$$\log B = \log c - 1/2 \log N \quad (5.24)$$

または，これを変形すると，

$$B = cN^{-1/2} \quad (5.25)$$

となる．

5.12.2 種と個体群の限界線

実は，生物体量と密度との関係が示された多くの事例は，時間軸に沿って変化した単一のコホートを追跡したものではなく，密度の異なる（そしておそらく齢も異なる）一連の混み合った個体群の比較から得られている．そうした事例では，それぞれの**種の限界線**（species boundary line），すなわちその線を越えてはその種の密度と平均個体重の組み合わせがあり得ないような線（Weller, 1990）を想定したほうが正確である．実際には，ある種に起り得ることは，その種が生息する環境によっても変化するので，種の限界線とは，特定の環境に生育する特定の個体群を制約する**個体群の限界線**（population boundary line）を多数包含したものと見なすのが適切だろう（Sackville Hamilton *et al.*, 1995）．

動的間引き線と限界線が同じとは限らない

このように，自己間引きする個体群は，その個体群の限界線に近づいた後，その線をたどってゆくはずである．その線の軌跡は，その個体群の動的間引き線と言えるだろう．だが，それがその種の限界線であるとは限らない．例えば，光の条件，土壌の肥沃度，実生の空間配置，そしておそらく他の要因のいずれもが，ある特定の個体群の限界線を（従って，その動的間引き線も）変え得る（Weller, 1990; Sackville Hamilton *et al.*, 1995）．例えば，いくつかの研究では，土壌の肥沃度によって，間引き線の傾きと切片のどちらか，あるいはその両方が変化することもあれば，どちらも変わらないこともあった（Morris, 2002）．

傾き−1の間引き線

光の影響についても，もっと詳しく考える必要がある．なぜなら，そうすることで間引き線と限界線の重要な特性が際立ってくるからである．傾きがおおむね−3/2ということは，平均個体重が密度の低下より早く増加し，そのため総生物体量が増加することを意味する（総生物体量と密度のグラフでの傾き−1/2）．しかし，総生物体量は無限には増加できないので，最終的にはその増加は止まるはずである．その代わり，間引き線の傾きが−1へと変化する．つまり，死亡率による損失が生存者の成長と厳密に釣り合い，総生物体量が一定のままになると予想できる（総生物体量と密度のグラフでの水平な線）．これは，ホソムギ *Lolium perenne* の個体群（図5.31b）を低照度で成長させた場合に見られた．特に，密度がかなり低いときに，限界線（と間引き線）の傾きは明らかに−1であった．このように，確かに光条件は個体群の限界線を変化させる．だが，このことは一方で，−1より「急な」負の傾きを持つ限界線（それが−3/2であろうとなかろうと）は，ある単位面積の土地で最大生物体量に到達する前に生じ得る，植物の密度と平均重量の組み合わせに制約があることを意味する．では，それについて考えられる理由を検討してみよう．

5.12.3 どの種でも同じ限界線をもつのか？

面白いことに，さまざまな植物の間引き線と限界線を，同じ図の上に描くと，それらは全てほぼ同じ傾きを持ち，さらに切片（すなわち，式5.24のcの値）も狭い範囲に収まる（図5.32）．図の右下部分は，小型の植物（一年生草本や短命のシュートを持つ多年生草本）の高密度な個体群が占めている．一方，左上の部分は，知られている中で最も背の高い，海浜性のセコイア *Sequoia sempervirens* など，きわめて大型の植物の散在した個体群が占めている．科学における流行も，他の全ての流行と同様，移り変わる．かつて，図5.32を見た生態学者たちは，その一様性，すなわち，全ての植物が−3/2倍で行進していることに目を見張った（例えばWhite, 1980）．そして，その標準からの変異は，単なる「ノイズ」か，取るに足らないものと見なされた．その後，本当にそれぞれの傾きが−3/2になるのかどうか，さらに傾き−3/2の理想的

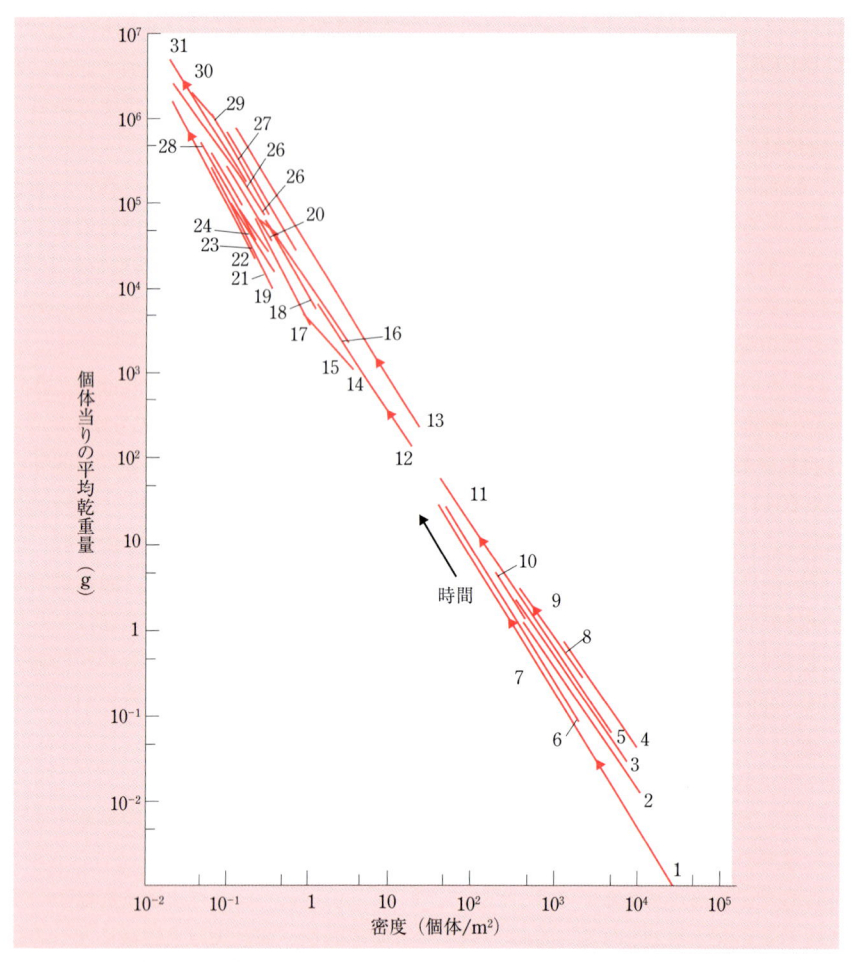

図 5.32 さまざまな草本植物や木本植物の自己間引き．各直線は異なる種を示し，線分の長さは観察された範囲を示す．代表的な直線についてだけ，その期間の自己間引きの方向を矢印で示す．White (1980) の図 2.9 に基づいて描いているが，その論文には 31 種のデータについて，原典と種名が記されている．

な 1 本の間引き線という考え自体についても，疑問視する傾向が強くなった (Weller, 1987, 1990; Zeide, 1987; Lonsdale, 1990)．しかし，この現象そのものに大きな矛盾があるわけではない．一方で，図 5.32 中の直線の集団は，偶然だけで起こると考えられるものより，はるかに集中して分布している．植物のさまざまなタイプ全体にわたる何らかの基本的な現象が「存在する」ことは明らかである．それは，不変の「規則性」ではなく，基調をなす傾向である．しかし，もう一方で，直線間の変異も実際に存在する重要なものであり，一般的な傾向として，納得のいく説明が必要である．

5.12.4 自己間引きの幾何学的根拠

そこで，以下では，まず，こうした一般的な傾向の根拠として考えられることを検討しよう．次に，この共通の根拠のもとで，さまざまな種や個体群が変異を示す理由も検討しよう．この傾向についての説明として，大きく分けて 2 つが提案されている．ひとつは幾何学的な説明で，長年にわたりこのひとつしかなかった．もうひとつは，大きさの異なる植物の資源配分

に基づく説明である．

　幾何学的な説明は次のようになる．成長しつつある植物のコホートでは，葉面積指数（L，単位面積当りの葉面積）は個体群全体としては増加し続けることはなく，ある時点以降では，密度（N）に関係なく一定となる．実は，その時点以降では，個体群は動的間引き線に厳密に従うのである．これを数式で記述すると，

$$L = \lambda N = 一定 \tag{5.26}$$

となる．λは生存個体当りの平均葉面積である．しかし，植物個体の葉面積は成長とともに増加し，従ってそれらの平均λも増大する．λは植物の長さについての測定値と関連すると考えられ，例えば茎の直径Dを考えれば，次式で表せるはずである．

$$\lambda = aD^2 \tag{5.27}$$

aは定数である．同様に，平均個体重$\overline{w}$もDで表せるはずである．すなわち，

$$\overline{w} = bD^3 \tag{5.28}$$

bも定数である．式5.26に式5.27と式5.28を代入すると，次式が得られる．

$$\overline{w} = b\,(L/a)^{3/2} \cdot N^{-3/2} \tag{5.29}$$

これは，式5.23の$-3/2$乗則と同じ構造のものである．つまり，切片の定数cが$b\,(L/a)^{3/2}$で示されているだけである．

　これによって，なぜ間引き線の傾きが一般に約$-3/2$になると予想されるのかは明らかである．さらに，式5.27や式5.28で記述される関係が全ての植物種でほぼ同じで，全ての植物の単位地表面積当りの葉面積（L）が同じであるなら，定数cは全ての種でおよそ同じになるはずである．次に，Lは種によっては厳密には一定でない（式5.26を参照），または式5.27や式5.28の乗数が厳密には2か3ではない，またはこれらの式の定数（aとb）のどちらかが種間で異なる，あるいは実際にはまったく一定ではないと仮定してみよう．こうした場合，間引き線の傾きは$-3/2$からははずれ，また傾きと切片は種ごとに異なるはずである．この幾何学的な説明によれば，種類の違う植物の間に同一の傾向がある理由だけでなく，詳しく見た場合には，種間で変異があり，1本の「理想的な」間引き線といったものは存在しない理由も明らかである．

　さらに，単純な幾何学的説明とは異なり，成長するコホートでの生産量と密度との関係が，死亡個体数と生存個体の成長様式だけに依存するとは限らない．すでに本章第10節で，競争は非対称となる場合が多いことを見た．コホート内で死ぬ個体がきわめて小型の個体だけであるなら，コホートが成長しても密度（単位面積当りの個体数）は急激に低下しやすく，自己間引きの早い段階で傾きが小さくなるだろう．この考え方は，シロイヌナズナ *Arabidopsis thaliana* の正常株での自己間引きと，フィトクロムAを過剰発現する変異株での自己間引きとの比較によって裏づけられている．変異株では，遮光に対する耐性が大きく低下しており，競争はさらに非対称的になった（図5.33a）．

　式5.26から式5.29までに組み込まれた仮定からはずれても，「一般的な」$-3/2$乗則からの変異の少なくとも一部を説明できるようである．Osawa & Allen（1993）は，ナンキョクブナ属の一種 *Nothofagus solandri* とアカマツ *Pinus densiflora* の個体の成長データから，これらの式の変数を推定した．それによると，例えば，ナンキョクブナでは式5.27と式5.28のべき指数は2と3ではなく，それぞれ2.08と2.19で，アカマツでは1.63と2.41であった．これらの値を使って間引き線の傾きを推定すると，ナンキョクブナでは-1.05，アカマツでは-1.48となり，それぞれの観察値-1.06と-1.48にきわめてよく対応していた（図5.33b）．切片の値の推定値と観察値もきわめてよく似ていた．従って，これらの結果は，傾き$-3/2$以外の間引き

幾何学的説明の問題点

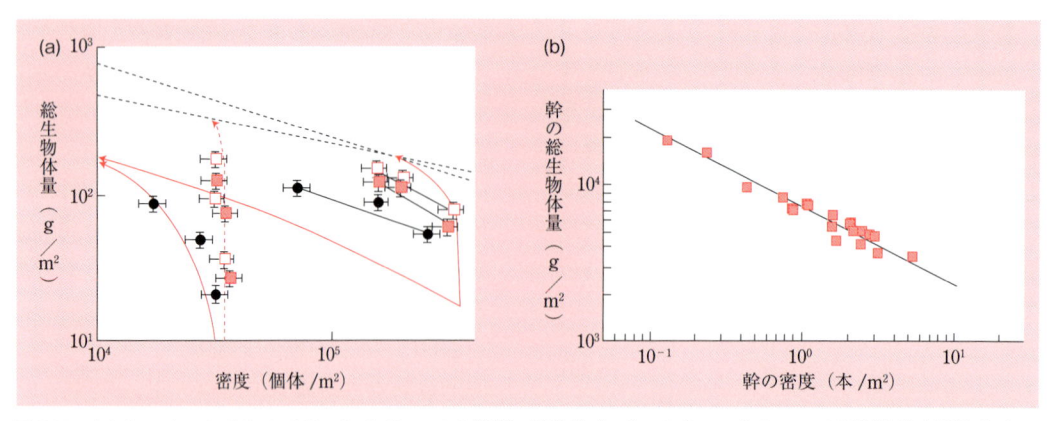

図 5.33 (a) シロイヌナズナ *Arabidopsis thaliana* の 2 種類の野生株（□と■）とフィトクロム A 過剰発現変異株（●）での，総生物体量と密度との関係．播種から 15 日後，22 日後，33 日後（下から上へ）のデータについて，平均値（±1 標準偏差，$n=3$）を示している．各株について 2 通りの初期密度で播種し，密度の高いほうについて，回帰直線を黒い実線で示す．傾きが大きいほうの黒い破線は傾き $-1/2$（$-3/2$ 乗則の自己間引きを示す）で，傾きが小さい方の破線は傾き $-1/3$（$-4/3$ 乗則の自己間引きを示す）である．非対称的な競争（赤線）と対称的な競争（赤破線）のモデル軌線も示している．変異株では間引き線の傾きが小さくなり，競争の非対称性が増したことを示す．(Stoll *et al.*, 2002.) (b) 日本北部での，アカマツ *Pinus densiflora* 個体群の種の限界線（傾き $=-1.48$）．(Osawa & Allen, 1993 より．)

線もありうること，そしてそれは当該種の生物学的特性を詳しく調べれば説明できることを示している．また傾きが実際に $-3/2$ になっても，それらはアカマツの場合のように，「間違った」説明が与えられていたかもしれないのである（本当は $-3/2$ ではなく $-2.41/1.63$ であった）．

5.12.5 間引き限界線に対する資源配分からの根拠

傾きの推定が統計学的に難しいということもあるが，幾何学的説明に基づく場合でも，さまざまな傾きの値が予想されるとの認識が増えつつある．このため，基調となる傾向自体にも，他の説明が可能だという意見も多い．Enquist *et al.* (1998) は，West *et al.* (1997) が考案したもっと一般的なモデルを利用し，さまざまな生物（植物に限らない）の獲得資源の分配において最も効率的な構造的デザインを考えた．その結果，個体当りの資源利用率 u は，植物の平均重量 $\overline{w}$ と次式のような関係になることが示唆

された．

$$u = a\overline{w}^{3/4} \tag{5.30}$$

a は定数である．実際に，Enquist *et al.* (1998) は，この関係に関する実証的証拠を得ている．

次に，彼らは，植物は利用できる資源を最大限に利用するように進化していると考えた．従って，単位面積当りの資源供給率を S，植物の最高許容密度を N_{max} とすると，次式のようになる．

$$S = N_{max} u \tag{5.31}$$

または，式 5.30 を代入して，

$$S = a N_{max} \overline{w}^{3/4} \tag{5.32}$$

となる．だが，植物がある資源供給率 S のもとで平衡状態に達すると，S はそれ自体定数になる．従って，

$$\overline{w} = b N_{max}^{-4/3} \tag{5.33}$$

となる．b は別の定数である．要するに，この

（$-4/3$ か $-3/2$ か？）

説明によれば，個体群の限界線の傾きは−3/2 ではなく−4/3になると考えられる．

Enquist とその共同研究者たち自身は，利用できるデータは伝統的な傾き−3/2よりも彼らの予測した−4/3を支持すると考えた．だが，それまでのデータ調査やその後の実験結果の解析からは，このような結論は得られていない（例えば図 5.33a；Stroll *et al.*, 2002）．この違いの一部は次の理由から生じたのかもしれない．幾何学的説明では光の獲得に注目しており，その検証のために集めたデータも同様に植物の地上部分（光合成組織や支持組織）に注目している．これに対し，Enquist らの説明はもっと一般的な資源獲得についてのものであり，少なくとも彼らのデータの一部は植物全体の重量（葉，シュート，根）に基づいている．これに関連することとして，Enquist らのデータは数多くの種の最高密度に注目しているのに対し，他の解析では自己間引きの「過程」に注目している．自己間引きの大部分は，全体の資源量で決まる限界点に達する前に生じるのである．従って，ここでもこれら2つの説明に矛盾はないのかもしれない．

5.12.6 動物個体群での自己間引き

動物においても，固着性であれ自由生活をするものであれ，各個体がコホート内で成長し，他個体と競争してゆく限り，「自己間引き」を生じているはずで，それは個体群の密度を低下させているはずである．全ての植物を結びつけている，光をめぐる共通の要求のようなものは動物にはないので，動物では，一般的な自己間引きの「規則性」が存在する可能性ははるかに低いだろう．そうはいっても，混み合った固着性の動物では，植物のように，ほぼ一定の面積の上に「ある量の容積」を詰め込む必要があると考えられる．例えば，イガイのコロニーが傾き−1.4の間引き線に沿って，またフジツボは傾き−1.6の線に沿って自己間引きすることが

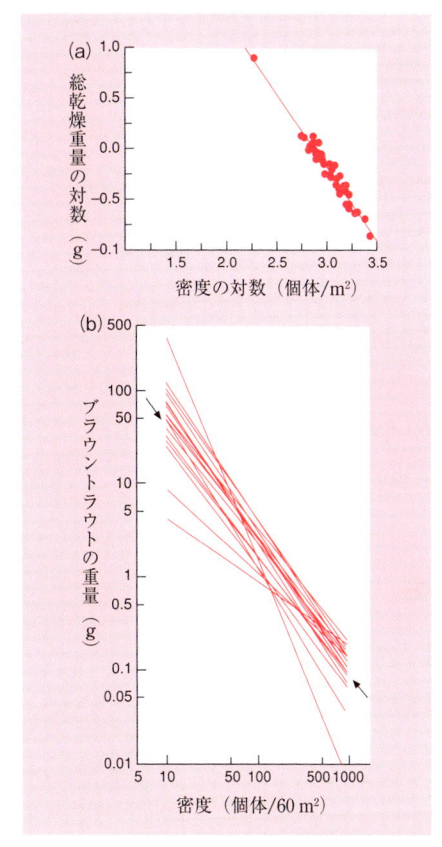

図 5.34 (a) 集合性のカラスボヤ属の一種 *Pyura praeputialis* の自己間引き．密度は，コロニー内の何層かに渡る「有効面積」を組み込んで計算されている．推定された直線の傾きは−1.49であった（95%信頼限界は−1.59〜−1.39, $P<0.001$）．(Guiñez & Castilla, 2001 より．) (b) イギリスの湖水地方の渓流におけるブラウントラウト *Salmo trutta* の23年間の動的間引き線．矢印は平均回帰直線（傾き = −1.35）の位置を示す．(Elliott, 1993 より．)

見いだされている（Hughes & Griffiths, 1988）．また，チリ沿岸での集合性のカラスボヤ属の一種 *Pyura praeputialis* は，傾きがわずか−1.2の自己間引き線に沿うことが見いだされた．だが，解析方法を改変して，岩礁帯の無脊椎動物は植物よりも「3次元的」であることを組み入れ，（植物の葉面積指数が定数であるのとは対照的に）ひとつ以上の層が充分に占有されるとすれば，傾きは−1.5と推定された（図 5.34a）．

自由生活をする動物では，代謝率と体の大きさの関係から，傾き−4/3の間引き線が生じる

ことが示唆されている (Begon et al., 1986). だが，その一般性は，植物の「規則性」よりずっと疑わしい．なぜなら，資源供給が変動したり，基調となる関係での係数が変動したり，自己間引きが，例えば単純な食物の利用可能性ではなくなわばり行動に依存する可能性があるからである (Steingrimsson & Grant, 1999). にもかかわらず，動物での自己間引きの証拠は，たとえその根拠が明確でないとしても，特に魚類で多く報告されるようになった（例えば，図5.34b）．

植物では，その自己間引きのあり方は以前考えられていたほど一定ではなかった．動物の自己間引が「一般的な」規則性に従う度合いは植物と比べてそれほど小さいわけではないだろう．

まとめ

種内競争を定義し，説明した．消費型（取り合い型）と干渉型を区別し，競争の効果が一方に偏るという一般的な特性を強調した．

種内競争が死亡率と繁殖率に与える効果について述べ，密度依存性について過小補償，過大補償，厳密な補償を区別した．だが，通常，密度自体は個体の混み合いや資源の不足を便宜的に表現したものに過ぎないことを説明した．

個体レベルに働くこれらの効果は，ひいては個体群レベルでのパターンや調節的な傾向につながる．環境収容力を定義し，その制限を純加入曲線の山型の特性や個体群成長曲線のシグモイド型の特性とともに説明した．

成長率に及ぼす種内競争の効果について述べ，特にモジュール型生物での「最終収量一定の法則」について説明した．

種内競争の定量化のためにk値を利用することを紹介し，共倒れ型競争と勝ち抜き型競争を区別した．

生態学における数理モデルの利用を一般的に紹介した後，繁殖期が不連続で種内競争を被っている個体群のモデルを展開した．このモデルでは，時間差が個体群変動を引き起こす傾向や，競争の型が異なれば個体群動態の型も異なることを示した．個体群動態の型には決定論的なカオスのパターンも含まれ，それらの特性と重要性もそれぞれ説明した．連続して繁殖する場合のモデルも展開し，ロジスティック式を導いた．

競争の非対称性を生じさせる個体差の重要性と，個体差を生じさせる競争の重要性についても同様に説明した．非対称性は調節効果を高める傾向がある．中でもなわばり制は特に重要な例である．

成長と死亡に及ぼす競争の漸進的な効果は，植物個体群で大きな関心を集めている自己間引きの過程とよく結びつけられる．動的な間引き線の特性について説明し，ひとつのコホートが従う$-3/2$乗則と，さまざまな密度の一連の混み合った個体群が示す，種や個体群の限界線についても説明した．すべての種にあてはまるひとつの限界線があるのかどうかについても考察した．

さまざまな種が示す一貫した傾向を説明するための，2つの大局的な説明がどのように提案されたかについて紹介した．その2つとはさまざまな大きさの植物における幾何学に基づくものと資源配分に基づくものである．

最後に，動物の自己間引きについて検討し，植物の自己間引きのパターンも従来考えられていたほど一貫しておらず，動物が「一般的な」自己間引きの規則に従う度合いは植物と比べてそれほど小さいわけではないと結論した．

第6章

分散・休眠とメタ個体群

6.1 はじめに

　自然界の生き物は全て，移動の結果そこに存在している．これはカキやセコイヤのような固着性の生物にもあてはまる．生き物の移動には，植物の種子の受動的な移動から，移動力をもった動物の目的をともなった能動的な行動まで，さまざまなものが含まれる．分散（dispersal）と移住（migration）という用語は，生物の移動を記述するために用いられる．実際に移動するのは個体だが，これらの用語は生物の集団に対して定義される．

　分散（dispersal）〔訳注：植物では散布とも呼ばれる〕は個体が他の個体から離れて広がっていく意味で用いられることが多く，次のようないくつかの異なる種類の移動を記述するために用いられる．（i）植物の種子やヒトデの幼生が，親個体から離れ互いに離散していく場合．（ii）草原におけるハタネズミの移動．その場に残る個体もおり，また他の場所からそこに移動してくる個体もいて，結局は出入りが釣り合っていることが多い．（iii）陸鳥が諸島の中の島々の間を移動したり，あるいはアブラムシが植物の間を移動して，好適な生息場所を探すような場合．

　移住（migration）は，ある生物種の多数の個体が，ある場所から他の場所へと方向性を持って集団で移動する，という意味で用いられる．

従って，移住はイナゴの群の移動や鳥の大陸間の移動のような古典的な意味での渡り［訳注：英語ではこれも migration］にあてはまる用語である．しかし，この用語は，海岸の動物が潮の満ち引きに合わせて移動するような目立たない場合にも使われることがある．この章で，個々の分散の事例を扱う上で，分散の過程を出発（stating），移動（moving），停止（stopping）の3つのフェーズに区分すると便利だろう（South et al., 2002）．あるいは，移出（emigration），移動（transfer），移入（immigration）の3つにも区分できる（Ims & Yoccoz 1997）．これら3つのフェーズは，行動的な見地からも，また個体群統計学的な見地からも異なる．行動学的には，何が分散のきっかけをつくり，何が動きを止めるきっかけとなるのかといったことが問題となり，個体群統計学的には，個体数の減少と増加の差などが問題となる．このような区分によって，分散とは去っていく個体が，親や隣人たちの居る現在の環境から逃避する過程だということも強調されている．しかし，同時に分散には発見，さらには探検という意味合いも含まれていることが多い．また，出生地からの分散（natal dispersal）と繁殖分散（breeding dispersal）を区別するのも有用である（Clobert et al., 2001）．前者は出生した場所から最初の繁殖の場所への移動を指す．植物にとっては，これが唯一の移動のパターンになる．繁殖分散は，2回の連続する繁殖活動の間の移動を指す．

6.2 能動的分散と受動的分散

多くの生物学的な区分と同様，能動的に分散するものと受動的に分散をするものの区分は，あいまいである．例えば，気流で分散する受動的分散は植物だけに限らない．クモの幼体は，高い所に登って細い糸を放出して，風まかせで受動的に運ばれる．このとき，「出発」は能動的だが，「移動」自体は事実上受動的である．昆虫の翅でさえも事実上受動的な移動の単なる補助に過ぎないことも多い（図6.1）．

6.2.1 受動的分散 —— 種子散布

ほとんどの種子は親の近くに落ち，落下種子密度は親からの距離とともに小さくなる．これは風散布種子や，親の器官によって能動的に射出されるような種子（多くのマメ科植物）に見られる傾向である．分散された子供たちの行き先は，出発地である親の位置と，親からの距離と種子の散布密度との間の関係によって決定される．しかし，行きつく先の微生息場所の良し悪しは，運まかせである．このような分散は探索的ではなく，適した微生息場所の発見は偶然の産物である．動物の中でも，このような分散をするものがいる．例えば，ほとんどの自由飛翔の段階を持たない池に生息する動物は，体を保護し風に吹かれて飛ぶことのできる構造（例えば海綿動物の芽球やブラインシュリンプの嚢子）に依存して分散する．

種子密度は親の直下では低く，親の近傍で最も高くなり，そこから離れるにつれて急激に低下することが多い（図6.2a）．しかし，種子散布を研究する上で，実際に種子を追跡することは難しく，大変厄介な問題となっている．この問題は種子散布源から離れれば離れるほど解決が難しくなる．Green & Calogeropoulos（2001）は「多くの種子は短い距離しか移動しない」とする主張は，「無くした鍵やコンタクトレンズは街灯の近くに落ちている」と主張するのに等しいと述べている．確かに，長距離散布に関して行われた数少ない研究では，種子散布源から離れると種子密度の低下はたいへんゆるやかとなるが（図6.2b），一方で，少数の長距離散布者が侵入や再侵入において決定的な役割を果たしている可能性も示唆されている．

6.2.2 相利的な媒介者による受動的な分散

能動的な媒介者が関与していれば，分散先の不確定性は減少するだろう．林床の草本の種子には，動物の体表に付着して運搬される機会を増やすための鉤針や刺を持っているものが多い．そのような種子は，巣や巣穴の中で動物が毛づくろいする際に落下して，そこに貯まる．多くの低木や下層の林冠木の果実は多肉質で，鳥にとって魅力的であるが，種子の外皮は頑丈で鳥の腸内での消化に耐えることができる．種子がどこに分散されるかは，鳥の排泄行動に依存し，いささか不確定的である．このような関係は，双方にとって利益をもたらす「相利的」関係（第13章を参照）とみなされる．種子は，ある程度予測可能な形で散布され，散布消費者は果肉あるいは一部の種子を見返りとして消費する．

動物が能動的な媒介者によって分散されていることを示す重要な事例もある．例えば，ダニ類の多くは，食糞性コガネムシやシデムシにとりついて直接糞塊から糞塊へ，腐肉から腐肉へと，効率よく運ばれている．普通，ダニは新たに羽化したこれら甲虫の成虫にとりついて，新しい糞や腐肉のパッチにたどり着き，そこで成虫から離れる．このダニと甲虫の相互作用も相利的である．ダニは分散手段を得る代わりに，その甲虫と競争関係にあるハエの卵を攻撃し食べてしまうのである．

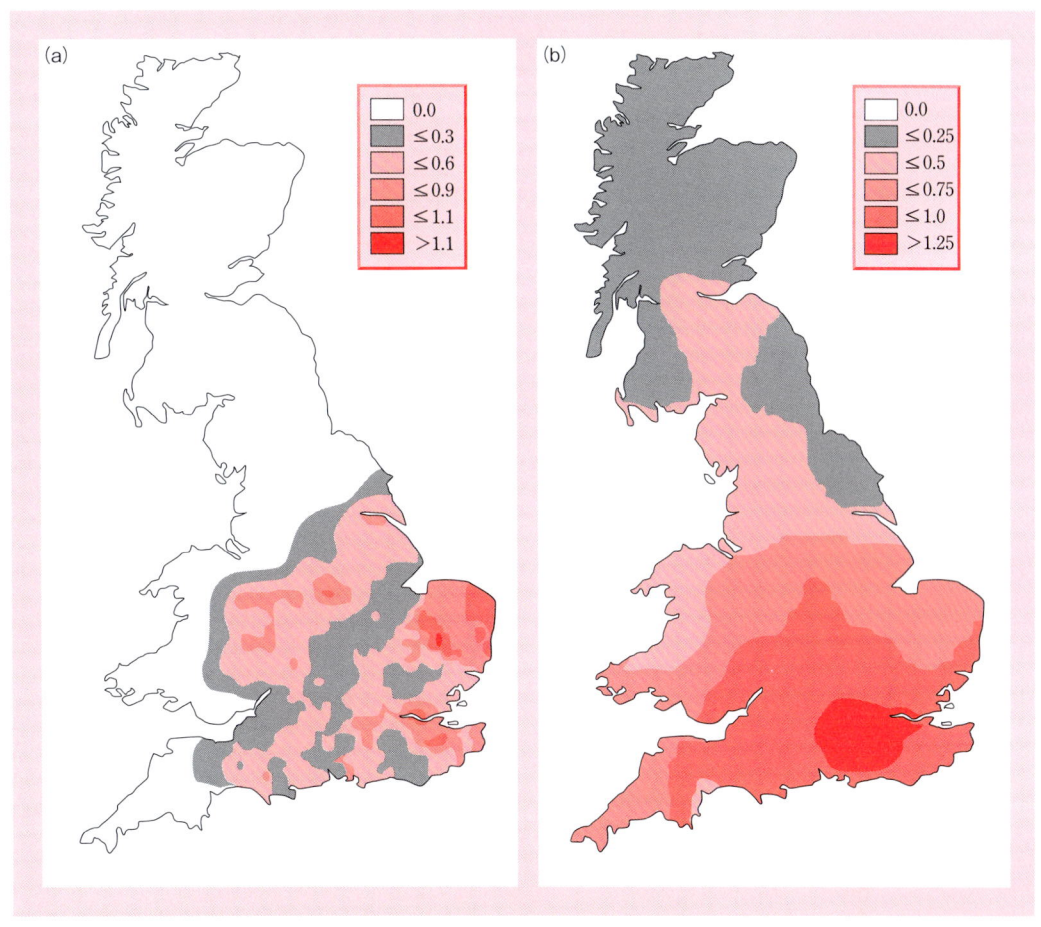

図6.1 マメクロアブラムシ *Aphis fabae* の春の有翅個体の密度分布は，風による運搬を強く反映している．(a) マメクロアブラムシの卵はセイヨウマユミの上に見つかる．イギリスにおける冬期の卵の分布は，セイヨウマユミの分布を反映している（密度はセイヨウマユミの芽100個当りの卵数の，幾何平均の常用対数値）．(b) セイヨウマユミの分布地でアブラムシは高い密度を示すが，春には風によって国中に広がっている（密度は空間密度の幾何平均の常用対数値）．(Compton, 2001より；原典はCammell *et al*., 1989.)

6.2.3 能動的発見と探索

他の動物の多くは，探索しているとはとても言えないが，彼らの定住先を確かに選んでおり，許容できる場所を見つけたときにその移動を止める（本章第1.1節の停止を参照）．例えば，多くのアブラムシは，有翅型であっても風に逆らって飛び回るには飛翔力が弱すぎる．しかし，彼らは，自ら飛び立ちを制御し，いつ風の流れから離脱するかを制御する．また，もしも最初の着陸場所に満足しなければ，さらに短距離の飛翔を行う．まったく同じように，河川の無脊椎動物は，孵化した場所から適当な微生息場所まで川の水の流れを使って移動する（無脊椎動物の流下（drifts））（Brittain & Eikeland, 1988）．このように，風で移動するアブラムシや，河川を流下する無脊椎動物は，ある程度分散を制御でき，その分散には，探索的な要素が含まれている．

他の動物は，気に入った適当な場所へとたどりつく前に，多くの場所を訪れて探索活動をする．例えば，水生昆虫の成虫は，流下する幼虫とは対照的に，上流側への分散や川から川への

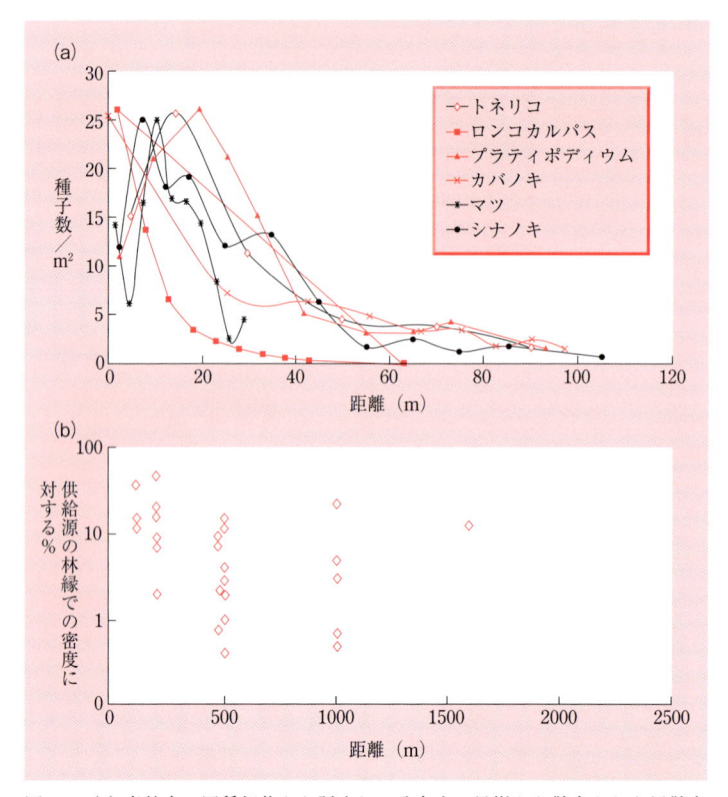

図 6.2 (a) 森林内で同種個体から孤立して分布する母樹から散布された風散布種子の密度.サンプリング地点数が十分多く,近接する同種個体がなく,伐開地や林縁に分布しない種子供給源を用いた研究について示した.(b) 供給源である植林地林縁から散布された風散布種子の長距離分散の例.最長 1.6 km に達している.(Greene & Calogeropoulos, 2001 より.元データはこの文献を参照.)

分散を飛翔に頼っている.これらの成虫は探索し,うまくいけば適切な場所を見いだし,そこで産卵する.すなわち,出発,移動,停止を能動的に制御しているのである.

6.2.4 クローンの分散

ほとんど全てのクローン生物(第4章2.1節を参照)において,個々のジェネットは成長するにつれて枝分かれし,自分のまわりに枝を次々に広げていく.生長している樹木やサンゴは,ある意味で,周囲の環境中にモジュールを分散させることによって,周囲を探索しているとも言える.このようなクローンの相互の連結部分は朽ちてしまうことも多く,やがて多数の断片が散在した状態になってしまう.その結果,ひとつの接合子が,長い年月をかけて,とてつもなく広大な地域に広がることもある.例えば,根茎を持つワラビ *Pteridium aquilinum* のいくつかのクローンは 1400 年以上の年齢を持ち,そのうちの 1 つは約 14 ha 近くまで広がっていたという(Oinonen, 1967).

クローン分散には,両極端な 2 つの戦略がある(Lovett Doust & Lovett Doust 1982; Sackville Hamilton *et al.*, 1987).一方の端では,モジュール間の連結部分は長く,モジュール同士は距離をおいて配置される.この連結様式によって,植物やヒドロ虫のポリプやサンゴのクローン分散はゲリラ部隊のような特徴を持ち,

ゲリラ型と密集方陣型

ゲリラ型 (guerrilla' forms) と呼ばれている．ゲリラ型は放浪的あるいは日和見主義的に，ある区域から消えたかと思えば，他の区域に突然現れたりして常に移動している．連続体のもう一方の端は，ローマ軍の密集方陣 (phalanx) にちなんで密集方陣型 (phalany' forms) と呼ばれるもので，モジュール間の連結部は短く，モジュールは緊密にまとまっている．そうした生物は，クローンをゆっくりと拡げながら，長期間にわたって同じ場所を占有し続ける．そしてまわりの植物の中にすぐには侵入していかないし，他の植物の侵入も許さない．

　樹木についても，生育形がゲリラ型か密集方陣型かは，芽の配置方法によって簡単に区分できる．イトスギ属 *Cupressus* のような樹種では，枝葉モジュールが密に詰め込まれていて，あまり広がらずに鬱蒼とした密集方陣型の樹冠が形成されている．一方，粗い構造を持つ多くの広葉樹（アカシア属 *Acacia* やカバノキ属 *Betula*）はゲリラ型樹冠と見なすことができ，広範囲に芽をつけ，枝は隣の植物の芽や枝とからみあっている．森の中で巻きついたりよじ登ったりするつる植物は，卓越したゲリラ型の生育形をもっていて，その葉群や芽を，垂直方向にも水平方向にもかなり遠くにまで分散させている．

　モジュール型生物が，モジュールを分散させたり展開させたりする方法は，隣接個体との相互作用のあり方に影響する．ゲリラ型の生育をするものは，絶えず他の種や，同種の他のジェネット個体と出会い，競争することになる．一方，密集方陣型の構造をもつ植物では，出会いのほとんどは同じジェネットのモジュール間で起きるだろう．叢生型のイネ科植物やイトスギでの競争は，大部分，個体の各部分の間で起こっている．

　水中環境では，クローン成長が分散方法として最も有効である．多くの水中植物は簡単に断片となり，水中では水を得るための根が必要ないので，ひとつのクローンの各部分が個別に分散する．雑草として世界中で大きな問題となるのは，クローンで増殖し，成長するにつれて断片化し，ばらばらになってしまう植物で，例えばアオウキクサ属の仲間（*Lemna* spp.），ホテイアオイ（*Eichhornia crassipes*），コカナダモ（*Elodea canadensis*），水生シダのサンショウモ属（*Salvinia*）などである．

6.3　分布の様式

　移動によって生物の空間分布様式 (dispersion) は変化するが，それはおおまかに次の3つに分けることができる．ただし，この3つの様式は連続的に変化していくものであり，はっきりと分かれているわけではない（図6.3）．

　ランダム分布 (random dispersion) は，ある生物が，空間のどの位置でも，他個体の位置とは無関係に，同じ確率で存在するときに生じる．各個体の配置は偶然に左右されるために不均一である．

　規則分布 (regular dispersion；一様分布 (uniform dispersion)，均一分布 (even dispersion)，過大分散 (overdispersion) とも呼ばれる) は，各個体が他の個体を避けて分布したり，あるいは他の個体に接近しすぎた個体が死亡するようなときに生じる．その結果，各個体は偶然から予測されるよりも均等に間隔をあけて分布するようになる．

　集中分布 (aggregated dispersion; contagious dispersion, clumped dispersion, 過小分散 (underdispersion) とも呼ばれる) は，環境中にその生物を特に引きつける場所や，生存に有利な場所があるとき，あるいは個体の存在が他の個体を誘引したり，近隣個体の存在を促進するようなときに生じる．その結果，各個体は偶然から予測されるよりも互いに接近して分布する．

　しかし観察者にとって分布がどのような様式に見えるか，あるいはどのように他の生物の生

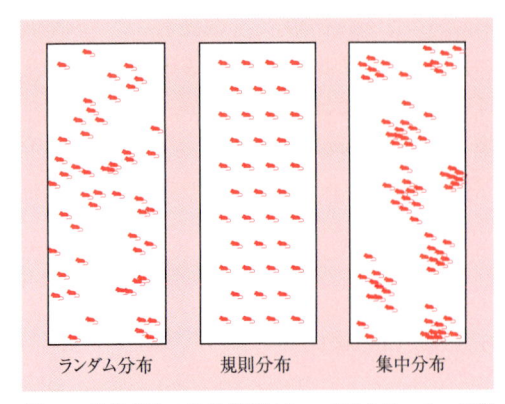

図6.3 生物がその生息場所において示す3つの一般的な空間分布パターン．

活に関係しているかは，観察する空間の大きさによって異なる．ひとつの樹種だけを寄主として林内で生活するアブラムシを例に取ると，大きい面積をみれば，特定の部分，すなわち林だけに集中していて，他の生息場所にはまったく分布しないだろう．もう少し面積を小さくして林の中だけをみた場合でも，アブラムシはやはり集中分布しているだろう．ただし，この場合のアブラムシは，どの樹種にもいるわけではなく，寄主となる樹種だけに存在する．しかし葉1枚の面積と同じ程度の小さな面積（$25\,cm^2$ 程度）を1本の木の樹冠から抽出した場合には，アブラムシはランダムに分布しているだろう．さらに調査区を小さくして $1\,cm^2$ 程度を抽出すると，葉の上にいるアブラムシは互いに避けあうので，一様分布を示すだろう．

6.3.1 パッチ性

きめ細かい環境と粗い環境　実際，どの生物種の個体群も空間スケールの大きさを変えていくと，どこかでパッチ状に分布しているのだが，生物の生活様式に見合った空間スケールで生物の分散を記述することが重要である．その点を明示するために，MacArthur & Levins（1964）は，**環境のきめ細かさ**（environmental grain）という概念を導入し

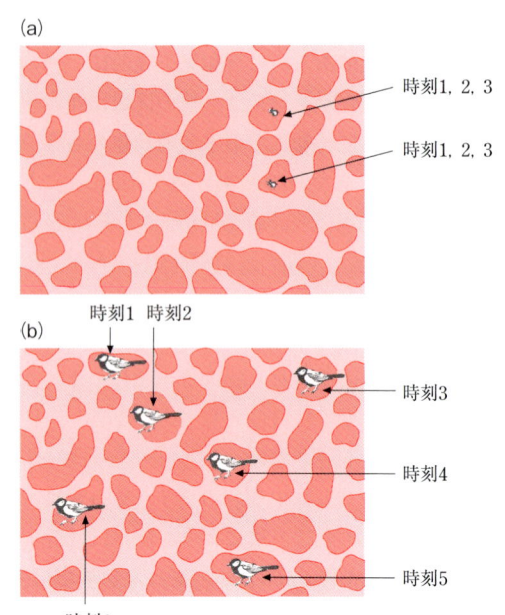

図6.4　環境のきめ細かさは，対象とする生物の視点から見なければならない．(a) 小さくてほとんど動かない生物にとっては，環境はきめの粗いものとなる．その生物は長期にわたって，場合によってはその一生を通じて，環境中の1つの生息場所のタイプしか経験しない．(b) 大きくて移動する生物にとっては，同じ環境がきめの細かい環境とみなされるだろう．その生物は頻繁に生息場所のタイプ間を移動し，環境全体中の割合に応じて各生息場所のタイプに遭遇する．

た．例えば，ナラとヒッコリーの樹冠がパッチ状に混じった林の林冠は，両者を区別せずに餌として利用するアカフウキンチョウ *Piranga olivacea* から見ると，きめの細かい（fine grained）生息場所として見えるだろう．鳥たちは，好きなパッチの間を移動しながら，常に生息場所全体を1つのパッチとして認識している．しかし，ナラかヒッコリーのどちらかだけを好んで食べる葉食性昆虫にとっては，生息場所はきめの粗い（coarse grained）ものとなる（図6.4）．

パッチ性は，水に囲まれた島や荒れ地の中に点在する露出した岩にみられるように，物理的環境の特徴でもある．また，生物自身の活動，例えば草食動物の採食や排糞，踏みつけなどに

よっても，何らかのパッチが形成される．生物の活動によって作り出される環境のパッチ状構造は，生活史をもっている．倒木によって森林内にできたギャップには，実生や稚樹が侵入し，やがてそれらは成木となる．その一方で，他の木がどこかで倒れ，新しいギャップが生まれる．草原の中の枯葉も，菌類や細菌が次々に移入定着するパッチである．やがて枯葉は資源として使い尽くされてしまうが，どこかでまた枯葉が生じ，菌類や細菌が移住する．

パッチ性，分散，そして空間スケールはお互いに密接に結びついている．局所スケールと景観スケールを識別し，入れ替わり的な分散 (turnover dispersal) と侵略的な分散 (invasive dispersal) を識別するのは考え方の枠組みとして有効である (Bullock et al., 2002)．しかし，イモムシにとっての局所と，それを食べる鳥にとっての局所とはまったく異なるという点にも注意する必要がある．局所的なスケールでの入れ替わり的な分散とは，ギャップ周辺の生息場所からのギャップへの移動を指す．一方，周辺のどこか別の群集から来た個体が侵入定着することもあるだろう．同じように，景観的なスケールにおいても，分散は不適な生息場所の中に散在する占有可能なパッチ（例えば，川の中の島）での絶滅と再侵入の繰り返しの過程の一部かもしれない（本章第9節のメタ個体群を参照）．また，分散は分布域を広げつつある新しい種の侵入をもたらすかもしれない．

6.3.2 空間的時間的な集中を促す力

個体群がパッチ状に分布することに関する，最も簡単な進化的説明は，繁殖と生存に有利な資源と条件が整った時間と場所に生物が集中するためだという説明である．普通，好適な資源や条件は空間的にも時間的にもパッチ状に存在する．そうしたパッチが時間的空間的に出現したときに，そこに分散することには，直接的にも進化的にも利益がある．しかし，生物が空間的時間的に同種個体の近くにいることで，明らかに利益が得られるような状況もある．

Hamilton (1971) の論文「利己的な群れの幾何学」（集合と利己的な群れ）(Geometry for the selfish herd) では，個体の集合がもたらす淘汰上の有利さに関する洗練された理論が提唱されている．彼は，ある個体が捕食者に食べられる危険は，自分と捕食者との間に，食べられる可能性のある別個体を置くことによって軽減できると考えた．多くの個体がこの行動をとれば，必然的に集合が生じる．群れの中では周辺部が「危険領域」である．だから社会的地位が高くて群れの中心にいることができれば，その個体は利益を得られるだろうし，群れの周辺部の危険な区域には，劣位の個体が追いやられるだろう．それらしい例は，トナカイ *Rangifer tarandus* やモリバト *Columba palumbus* に見られる．こうした動物では，新参者は最初，群れの周辺部の危険な場所にしか居られないが，群れの中での社会的な相互作用を経たあとに，中心に近いもっと安全な所に居られるようになる (Murton et al., 1966)．もしも集団の中で生活することが，餌を見つけたり捕食者を警戒するのに役だったり，また，個体同士が力をあわせて捕食者を撃退することができるのならば，集団を形成する個体はさらに利益を得られるだろう (Pulliam & Curaco, 1984)．

この利己的な群れの原理は，生物の空間的な集中を説明できるのと同様に，生物が時間的に同調して出現する現象についてもよく当てはまる．大多数の個体と一緒に「市場の人ごみ」に参加することで自分自身のリスクを薄める個体に比べると，普通よりも早く現れたり遅く現れたりする個体は，捕食されるリスクが高くなるだろう．時間的同調の顕著な例は周期ゼミである．周期ゼミの成虫は，13年もしくは17年間幼虫として地下で過ごした後，同時に羽化する．Williams et al. (1993) は1985年にアーカンソー州北西部に出現した13年ゼミ個体群の死

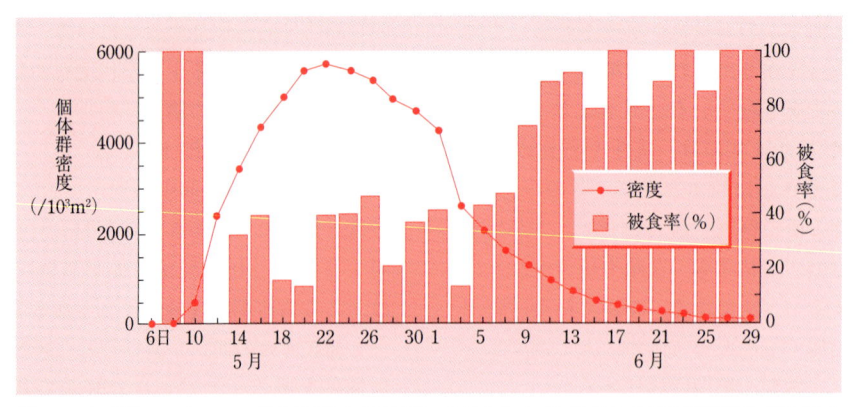

図 6.5 合衆国アーカンソー州北西部で 1985 年に記録された 13 年ゼミの個体群密度と鳥に捕食された割合の変化.（Williams *et al.*, 1993 より.）

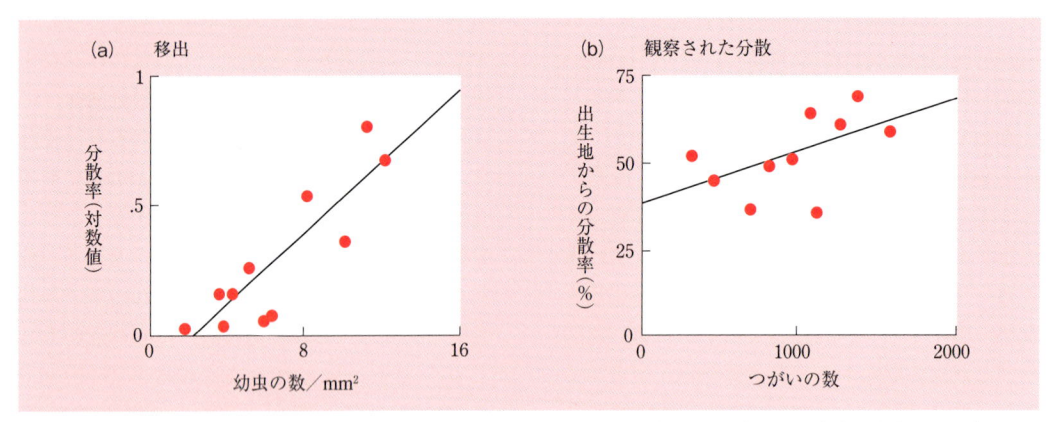

図 6.6 密度依存の分散.（a）孵化直後のブユの一種 *Simulium vittatum* の幼虫の分散速度は密度に依存して増加する.（データは Fonseca & Hart, 1996）（b）バルト海の島の繁殖コロニーで生まれたカオジロガン *Branta leucopsis* の雄の若鳥のうち，出生地以外の繁殖地へ分散した個体の割合は密度とともに上昇する（データは van der Juegd, 1999）.（Sutherland *et al.*, 2002 より.）

亡率について研究した．個体群密度が低い間は，ほとんどのセミが鳥によって食べられてしまったが，密度がピークに達したときには 15～40% の個体しか捕食されなかった．その後セミの密度が下がるに連れて捕食率は再び 100% 近くにまで上昇した（図 6.5）．同じような議論が，同調的な「種子の豊作年」を持つ温帯地域の樹木についてなされている（本章第 4 節を参照）．

6.3.3 集中を弱める力 —— 密度依存の分散

空間的時間的な集中とは反対方向に働く強い選択圧も存在する．例えば，個体がグループでいると，捕食者の注意を引きつけてしまうという，利己的な群れとは逆の効果がある場合もある．しかし，最も強力な要因は，混み合った個体間で生じるさらに強い競争関係（第 5 章を参照）と，資源の不足がなくても生じる個体間の直接的な干渉であろう．このような力は，最も混み合ったパッチからの移住速度が最も高くなるという現象，すなわち密度依存的な移出分散（図 6.6）を引き起こす（Sutherland *et al.*, 2002）．ただし，次で述べるように，密度依存的分散は決して一般的な現象ではない．

大枠としては，自然界に存在する数多くの利

用可能なパッチに，生物がどのように分布するかは，個体をお互いに引きつけるように働く力と，お互いに離れるように働く力との間のバランスで決まっているはずである．後の章で触れるのだが，このような妥協点は，これまで，「理想自由分布」やその他の理論的な分布様式によって具体的に解析されてきた（本章第6.3節を参照）．

6.4 移住様式

6.4.1 潮汐，日周および季節移動

多くの種の個体は，一生の間にある生息場所から他の生息場所へと一団となって移動し，またもとの生息場所に戻るということを繰り返している．その時間スケールは，数時間，数日，あるいは月や年が単位となるなど，さまざまである．場合によっては，そうした移動によって，生物は同じタイプの環境に留まるのかもしれない．海岸の波打ちぎわでのカニの移動はまさにこの例で，カニは潮の満ち引きにつれて移動する．また日周移動には，2つの環境間の移動も含まれるだろう．そうした種の基本ニッチは，毎日2つの異なる生息場所を行き来しなければ満たされない．例えば，海洋でも湖でも，一部の藻類プランクトンは，夜は深い所に降下し，日中は表層に移動する．夜に深い場所でリンや他の栄養塩を蓄えてから，日光の射す間，水面近くへ光合成を行うために戻ってくるのである（Salonen *et al*., 1984）．他の生物種では，休息時間には密に集合して，餌をとるときには互いに離れる例もある．例えば，ほとんどの陸貝は，昼間は湿った微生息場所に閉じこもって休息するが，夜間は食物を探し求めて広い範囲に散らばる．

移動能力を持つ生物の多くは，好適な環境を追いかけて，あるいは相補的な異なる生息場所からの恩恵を受けるために，生息場所間を季節的に移動する．山岳地帯における草食動物の垂直的な移動はその好例で，例えば，アカシカ（*Cervus elaphus*）やミュールジカ（*Odocoileus hemionus*）は夏には山の上部に移動し，冬には谷間へ降りる．動物たちは，季節的に移動することによって，同じ場所に留まっていたら遭遇するであろう餌不足や厳しい気候から逃れることができるのである．こうした移動は，両生類（カエル，ヒキガエル，イモリ）の移動と対比できる．彼らは，春には水辺の繁殖場所に移動し，それ以外の季節には陸上環境で生活する．幼生はオタマジャクシとして水中で生活し，後に陸に上がってから食べる物とは違う食物資源に依存しながら発育する．彼らは，交配のために以前と同じ水辺の生息場所に戻り，一時的に密な集団を形成するが，繁殖期が終わると分かれて陸に上がり，単独生活に戻る．

6.4.2 長距離移動

最も注目すべき生息場所間の移動は，非常に長い距離の旅行を伴う「渡り」である．北半球のほとんどの陸上の鳥は，春になり暖かくなって食物が豊富に供給される時には北へ向かって移動し，秋になると雨期の後にだけ食物が豊富になるサバンナへ向かって南下する．それぞれの地域では，供給過剰と飢餓の季節が交互にやってくる．こうして，渡りをする鳥は，地域の動物相の多様性に大きく寄与することになる．Moreau（1952）によると，旧北区（ヨーロッパとアジアの温帯）で繁殖する鳥類589種（海鳥を除く）のうち，40％もの種がどこか他の地域で冬を過ごしている．そのうち，98％はアフリカにまで南下する〔訳注：アジアのものは含まれていないと思われる〕．キョクアジサシ *Sterna paradisaea* は毎年，北極圏の繁殖地と南極圏の流氷の間を往復し，片道約1万マイル（16,100 km）におよぶ旅をする（ただし他の多く

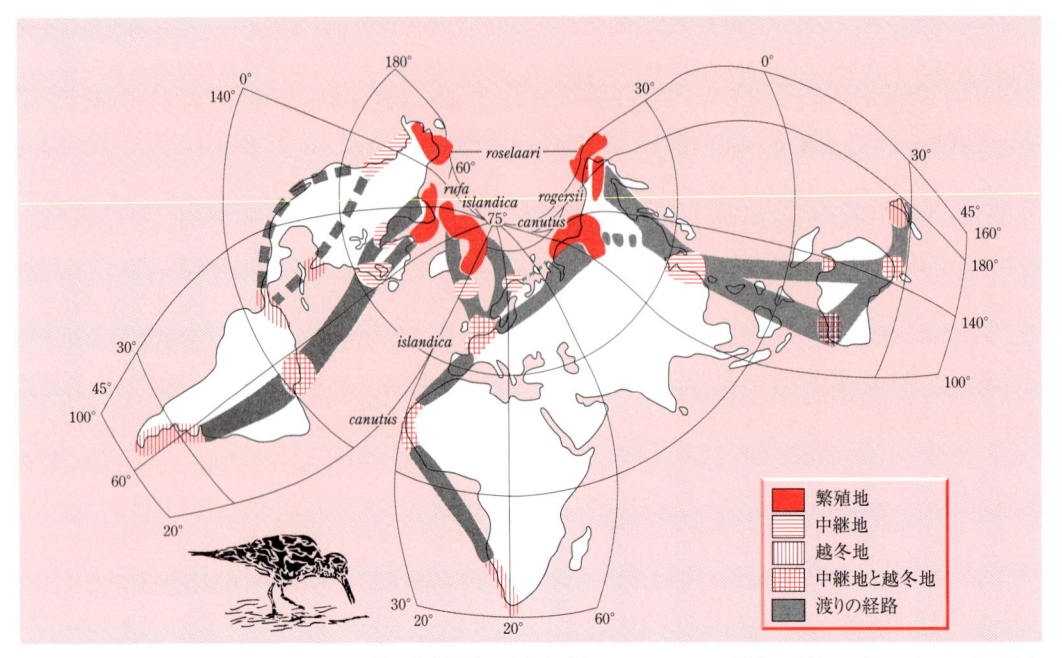

図 6.7 コオバシギ *Calidris cautus* の 5 亜種の地球規模の分布と渡りのパターン．亜種名は図中に示してある．赤で塗りつぶした部分は繁殖地，横線部は南北移動の時だけ利用する中継地，格子部は中継地および越冬地として利用する地域，縦線部は越冬にだけ使用する地域である．灰色の帯は確認されている渡りの経路で，灰色の破線で示した帯は文献から推定される渡りの経路を示す．（Piersma & Davidson, 1992b より．）

の渡り鳥と違って，キョクアジサシは旅の途中で餌をとることができる）．

同じ種でも，場所が違うと振る舞いが異なることもある．ヨーロッパコマドリ *Erithacus rubecula* は，フィンランドとスウェーデンでは冬に全ての個体がいなくなるが，カナリア諸島では一年中住み着いている．この 2 つの地域の間にある国のほとんどでは，個体群の一部が渡りをし，残りは留まる．このような渡りに関する変異が，明確な進化的分化をともなっている場合もある．小型の渉禽類（シギ・チドリ類）であるコオバシギ *Calidris canutus* の場合，ほとんどの個体は，北極圏のツンドラの奥地で繁殖し，夏の南半球で「冬越し」をする．ミトコンドリア DNA の塩基配列から得られた遺伝学的証拠によると，この鳥は後期更新世に，少なくとも 5 亜種に分化したらしい．現在，これらの亜種間には，分布と渡りのパターンに著しい違いが認められる（図 6.7）．

長距離移動は他の多くの動物群にも見られる．南半球のヒゲクジラ類は，食物の豊富な南極海周辺で餌をとるために，夏には南へ移動する．冬には繁殖のために熱帯や亜熱帯の海へ北上し，この期間ほとんど餌はとらない．トナカイ *Rangifer tarandus* は，北方林とツンドラとの間を往復するため，1 年に数百マイルの旅をする．ここにあげたいずれの例でも，各個体が一生の間に数回の往復旅行をする可能性がある．

しかしながら，長距離移動を行う動物の中には，一生の間に一度だけ往復旅行をするものも多い．そうした動物はある生息場所で生まれ，別の生息場所で成長を遂げた後に，繁殖を行うために出生地に戻り，そこで一生を終える．ウナギと回遊性のサケはその典型的な例である．ヨーロッパの川，池，湖沼にいるヨーロッパウナギ *Anguilla anguilla* は，大西洋を横切ってサル

ガッソー海へと旅をし，そこで繁殖して死ぬと考えられている（しかし，実際には繁殖する成体と卵は，まだそこで採取されたことがない）．アメリカウナギ Anguilla rostrata は，南はギアナから北は南西グリーンランドまでの範囲で，同じような旅する．サケもこれに匹敵する移動を行う．しかしサケの場合は，卵と幼魚の時代を淡水で過ごし，海で成熟した後，産卵のために淡水に戻る．ベニザケ Oncorhynchus nerka は産卵を終えると海に戻ることなく，全ての個体が死んでしまう．タイセイヨウサケ Salmo salar も，その多くが産卵後に死ぬ．しかし一部の個体は生き残って海へ戻り，二度目の産卵のために再び上流域へ溯上する．

6.4.3 「片道だけ」の移住

移住する動物の中には，1個体が厳密に片道だけの旅をする種もある．ヨーロッパでは，ダイダイモンキチョウ Colias croceus，ヨーロッパアカタテハ Vanessa atalanta，ヒメアカタテハ V. cardui が，移動域の両端で繁殖を行う．夏，グレートブリテン島に到達した個体はそこで繁殖し，その子孫は秋に南へと飛んで地中海地方で繁殖する．またその子孫は，翌年の夏には北に戻っていく．

ほとんどの移住は，個体の生活あるいは個体群の生活の中で，特定の季節に行われる．それは普通，いくつかの外的な季節現象，例えば日長の変化などによって引き起こされるようであるが，なかには内的な生理時計によって引き起こされるものもある．渡りの前には，体脂肪の蓄積のようなきわめて顕著な生理的変化が生じていることが多い．このような性質は，降雨や温度の周期的変化のような季節的事象が，毎年確実に繰り返される環境で進化してきた戦略である．しかし，過度の混み合いによって引き起こされるような，周期性も規則性もない戦術的な移動もある．このような移動は，降雨が季節的に安定していない環境でよく見られる．それ

らの中でも最も顕著な例は，乾燥地帯や半乾燥地帯で経済的に大きな被害をもたらすトビバッタの大移動である．

6.5 休眠 — 時間的な移動

子を分散させた方が，分散させないよりも多くの子孫を残せるならば，生物は自分の子を分散させて適応度を上昇させる．同じように，生物がその場に遅れて出現することによって子孫を残す可能性が増すのであれば，その遅れは適応度を上昇させる．これは現在の条件よりも，将来の条件の方が良くなりそうな場合にあてはまる状況だろう．このように，個体群への個体の加入を遅らせることは，「時間的な移住」と考えることができる．

普通，生物はこのような遅れの期間を**休眠** (dormancy) 状態で過ごす．この休眠という相対的に非活動的な状態は，エネルギーを節約できるという利点を持つ．節約されたエネルギーは休眠期間の後に使うことができる．さらに，休眠期間中の生物は，その期間に卓越している不適な環境，例えば，乾燥，極端な温度，光の欠乏などに対する耐性を持つことが多い．休眠は予測して行われる休眠 (predictive dormancy) と，結果として起きる休眠 (consequential dormancy) のどちらかに区分できる (Müller, 1970)．予測休眠は，不利な条件が出現する前に始まり，予測可能な季節的変化のある環境で最も頻繁に見られる．普通，予測休眠は，動物では（狭義の）休眠 (diapause) と呼ばれ，植物では生得休眠 (innate dormancy) あるいは一次休眠 (primary dormancy) と呼ばれる (Harper, 1977)．一方，結果として起こる休眠（二次休眠 secondary dormancy ともいう）は，不適な条件そのものに対する反応として開始される．

6.5.1 動物の休眠

狭義の休眠（diapause）は，昆虫で最も詳しく研究されてきた．昆虫の休眠は，すべての発育段階で知られている．ヒナバッタ *Chorthippus brunneus* の休眠はきわめて典型的な例である．年1回発生（一化性）のこの種の場合，卵ははじめ絶対的休眠（obligatory diapause）の状態にあるが，発生が停止した状態の卵は，幼虫や成虫ならばたちまち死んでしまうような冬の寒さに対して耐性を持っている．実際，卵が発生を再開するには，長期の低温期間が必要で，それは0℃の場合で約5週間，それより少し高い気温ではさらに長い（Richards & Waloff, 1954）．このため，卵が冬の合間にたまに訪れる短期間の暖かさで休眠から覚め，その後の寒さのぶり返しによって死んでしまうようなことはない．また，この仕組によって，個体群全体のその後の発育の同調性も高まることになる．このように，このバッタは夏の終わりから翌年の春へと「時を越えて移住」するのである．

光周期の重要性 休眠は1年に1世代以上が経過する（多化性の）種でも一般的に見られる．例えばウスグロショウジョウバエ *Drosophila obscura* は，イングランドでは1年に4世代を繰り返す．しかしそのうちの1世代だけが休眠に入る（Begon, 1976）．絶対的休眠との共通点として，この条件的休眠（facultative diapause）は，予測可能な冬期の不適な環境下での生残率を高めるものであり，生殖腺の発育を抑制し，腹部に脂肪を蓄積した耐性のある休眠成虫が行うものである．条件的休眠の場合，生活史の同調性は，休眠の間だけでなく，それ以前にも達成されている．すなわち，秋に羽化する成虫は短い日長に反応して脂肪を蓄積し休眠状態に入る．そして春の長い日長に反応して発育を再開する．つまり，このショウジョウバエは，多くの種と同じように，正確に予測できる光周期（photoperiod）を季節的な発育の手がかりとして，不適な条件を回避できない世代だけに限った予測休眠に入るのである．

結果として起きる休眠は，相対的に予測できないような環境で進化すると予想できるだろう．そのような状況では，不適な状況がおきた後にだけ反応することは不利になる恐れもある．しかし，それよりも，(i) 好適な状況が再び現れれば，直ちに反応できることや，(ii) 不適な環境がもしも現われたら，そのときにだけ休眠に入ることの利点のほうが勝っているのだろう．このようにして，多くの哺乳動物が冬眠にはいる時には，不利な状況に対する直接的な反応として，必要な予備段階を経てから冬眠に入る．彼らは体温を低下させてエネルギーを節約することで耐性を獲得し，定期的に目覚めては環境をうかがい，不適な状況が終わればすぐに休眠を終える．

6.5.2 植物の休眠

種子休眠は顕花植物にきわめて広く見られる現象である．若い胚は，まだ母樹についている間に発生を止め，多くの場合，水分の大半を失い乾燥した状態で休眠に入る．高等植物でも，一部のマングローブ植物のように休眠期間を持たない種もあるが，これはきわめて例外的である．ほとんど全ての植物の種子は，親から落ちる時には休眠状態にあり，活動を再開する（発芽する）ためには特別な刺激を必要とする．

植物の休眠は，種子だけに限らない．例えばスナスゲ *Carex arenaria* は，成長するに伴い，休眠芽を直線的な地下茎にそって集積させていく．これらの芽は，休眠芽を生産した茎が死亡した後も，長い間休眠状態で生存するが，その数は1平方メートル当り400〜500に達することもある（Noble *et al.*, 1979）．これらの休眠芽は，他の植物種によって作られる休眠種子バンクと同じ役目を果たす．

ごく普通にみられる落葉性も，多くの多年生の樹木や低木が見せる休眠のひとつの型であ

る．それらの植物の生育した個体は，温度や光量が低下する時期を，代謝活性の低い，葉のない状態でやり過ごす．

種子休眠には次の3つのタイプがある．

> 生得，強制，誘導休眠

1 生得休眠（innate dormancy）は，成長と発育の過程を再開するために，何らかの特別な外的刺激が絶対に必要な休眠である．その刺激は，水の存在であったり，低温，光や光周期，あるいは近赤外光と遠赤外光の適切な比率などであったりする．このタイプの休眠を行う種類では，発芽がほとんど同時に起こり，実生が一斉に出現する傾向がある．落葉性も生得休眠の一例である．

2 強制休眠（enforced dormancy）は，外界条件によって強制的にもたらされる休眠である．すなわち，結果として起きる休眠である．例えば，ミズーリアキノキリンソウ *Solidago missouriensis* はハムシの一種 *Trirhabda canadensis* に攻撃されると休眠状態になる．ある研究では，遺伝的マーカーで識別した8つのクローンを，激しい食害の前，食害の最中，そして食害後に調査した．これらのクローンは，60〜350平方メートルに広がり，700〜20000の地下茎を持っていたが，食害の翌年には地上部を成長させることはできず，見かけ上は枯死してしまった（すなわち休眠状態にあった）．しかし消滅から1年から10年後には，再び出現した．8つのうち6つのクローンは1シーズンの間に急速に回復した（図6.8）．一般的に，強制休眠の性質をもつ植物1個体の子孫は，1年以上，10年，あるいは数世紀もの時間にわたって分散する可能性がある．考古学的な発掘で採取されたアカザ *Chenopodium album* の種子は，1700年経過した後でも発芽能力を保持していた（Ødum, 1965）．

3 誘導休眠（induced dormancy）は，強制休眠中の種子に新たに導入される休眠で，その休眠種子が発芽するには，何らかの新たな条件が必要となる．農地や園芸圃場の雑草の種子の多

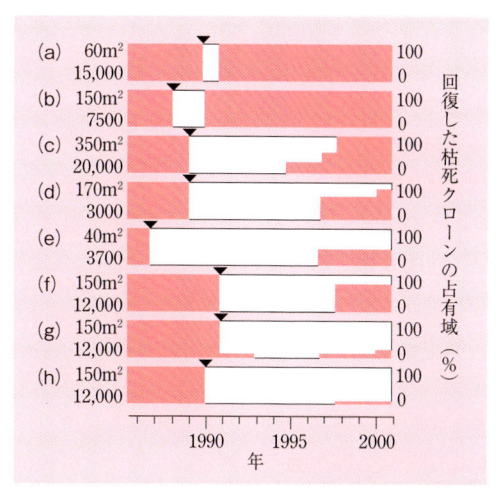

図6.8 ミズーリアキノキリンソウ *Solidago missouriensis* の8つのクローン（aからh）の変遷．右側の数字は各クローンの枯死前の面積（m^2）と推定されたラメットの数．各パネルはそれぞれのクローンの占有域内での，15年間の在（塗りつぶした部分）・不在の記録を示している．矢印は，ハムシの1種 *Trirhabda canadensis* の爆発的な増加と食害による休眠開始時期を示す．かつてのクローンの占有域全体，あるいはその一部を，休眠後のラメットが再度占有していく様子が，もとの占有域に対する割合で示されている．（Morrow & Olfelt, 2003 より．）

くは，親から離れた直後には光刺激なしで発芽する．しかし強制休眠に入った後に発芽するためには，光にさらされることが必要となる．野外から実験室へ持ち込んだ土壌サンプルからは，たちまち莫大な数の実生が出現するのに，同じ種子が野外では発芽しないという現象は，長い間，謎であった．単純だが非凡なひらめきから，Wesson & Wareing（1969）は，夜間に野外から土壌サンプルを集め，まっ暗にした実験室に運びこむという実験を行った．土壌サンプルから多量の実生が生えるのは，それが光にさらされた場合だけであった．土壌の中に多数の種子が蓄積しているのは，こうした誘導休眠のせいである．野外でこのような種子が発芽するのは，ミミズや穴を掘る動物によって種子が地表に運ばれたり，あるいは倒木に伴って土壌が露出されたりした場合である．

種子の誘導休眠は，近赤外光（約660 nm）よ

りも遠赤外光 (730 nm) を相対的に高い比率で含む光の照射によって引き起こされることもある．こうしたスペクトル構成は，葉の茂った林冠を通過した光に特徴的なものである．野外ではこの誘導休眠によって，林冠の下の地表に落下した感受性の種子は休眠状態で保持されており，上を覆っている植物が枯死した時に，ようやく種子は発芽へと導かれるに違いない．

地中で長く生き残る種子を持つ植物は，たいてい一年生か二年生の種で，多くは雑草であり，開けた場所ができるのを日和見的に待っている．こうした植物の大部分は，種子を広範囲に散布する性質を持たない．これに対して樹木の種子は，地中では平均寿命がとても短く，1年以上人工的に貯蔵しておくことはきわめて難しい．熱帯樹木の種子は，特に寿命の短いものが多く，数週間とか数日のうちに死んでしまうものさえある．木本の中で，際立って長寿の種子を持つものは，樹上の球果や豆果の中に種子を保持しておき，森林火災のあとに種子を散布する樹種である（例えば，ユーカリ属 *Eucalyptus* とマツ属 *Pinus* の多くの種）．これは「セロティニー」(serotiny) と呼ばれるが，この性質のおかげで，火災によって実生がすばやく定着できる環境が作られるまで，種子は地上における危険から守られることになる．

6.6 分散と密度

密度依存的な移出は，本章第3.3節で述べたように，過密に対してよく見られる反応である．ここでは，分散の密度依存性と，はっきりとした密度依存性を導くかもしれない進化的な力に関して，さらに一般的な問題を検討する．この検討では，ある地点から他の地点への「有効」な分散は，移出と移動と移入から成り立っているということ（本章第1.1節を参照）を銘記しておくことが大切である．この3つの過程における密度依存性は必ずしも同じものであるとは限らない．

6.6.1 同系交配と異系交配

この章のほとんどは，分散がもたらす個体群動態的あるいは生態的な結果を扱っているが，遺伝的，進化的な結果も重要である．進化的な帰結は，潜在的に重要な選択圧となり，特定の分散様式を持つことや，単に分散の傾向を持つこと自体に有利に働く．特に，近縁の個体間の交配による繁殖では，劣性の有害対立遺伝子が発現して，子孫に「近交弱勢」による適応度低下が起こりやすい (Charlesworth & Charlesworth, 1987)．分散が制限されていると，同系交配（近親交配）が起こりやすいので，同系交配の回避は分散を促進する選択圧として働く．一方，多くの種は，現在の生息環境に対して，局所的に適応している（第1章2節を参照）．長距離分散の結果，異なる局所環境に適応した遺伝型がもたらされると，交配の結果，どちらの環境への適応度も低い子孫が生じるだろう．これは「異系交配（外交配）弱勢」(outbreeding depression) と呼ばれ，共適応した遺伝子の組み合わせが崩れることで引き起こされる．これは分散を抑える力となる．しかし，状況は複雑である．というのは，同系交配自体は有害な劣性遺伝子を個体群の中から除去する働きをもつので，近交弱勢は通常は異系交配を行っているような個体群の中で最も生じやすい．少なくとも，自然選択は近交弱勢と異系交配弱勢の両方を防ぐことで適応度を最大化するような，ある意味で中間的な分散の様式に有利に働くだろう．しかし，分散に対して働く選択圧はこれだけではない．

植物においては，花粉の親が近接個体か，遠くの個体かによって生じる近交弱勢と異系交配弱勢の例がともにいくつか報告されている．しかも，いくつかの研究では，ひとつの実験で両方の弱勢の効果が示されている．例えば，オオヒエンソウ属の一種 *Delphinium nelsonii* の花粉を取って，1 m, 3 m, 10 m, 30 m 離れた花に，

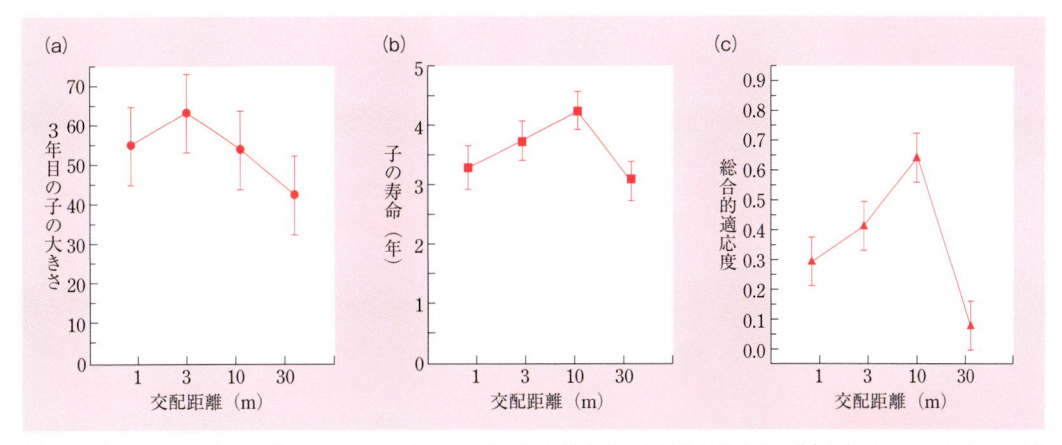

図6.9 オオヒエンソウの一種 *Delphinium nelsonii* の内交配と外交配による遺伝的弱勢．(a) 3年目の子の大きさ，(b) 子の寿命，(c) 子の同齢個体群の総合的な適応度．いずれも，実験個体の1m以内の近接個体，あるいは30m以上離れた個体から採取した花粉を受粉した場合に低下する．縦線は標準誤差を示す．(Waser & Price, 1994 より．)

それぞれ人工授粉して次世代を作ると（図6.9），近交弱勢と異系交配弱勢の両方が観察された．

6.6.2 血縁個体間の競争回避

確かに，同系交配の回避だけが，血縁個体からできるだけ遠ざかろうとする，出生地からの分散を促進する要因ではない．このような分散は，血縁個体との競争の影響を減らす可能性をもつ点でも有利である．この点は，Hamilton & May (1977) による古典的なモデルで説明されている（Gandon & Michalakis, 2001 も参照）．彼らは，安定した生息場所においても，すべての生物は，子孫のうちの一部を分散させるような選択圧にさらされていることを示した．もとの場所に留まる非移動性の遺伝子型 O が大多数を占める個体群を考えてみよう．この中に稀に生じる突然変異型 X は，子孫の一部をもとの場所に留めるが，残りの子孫を分散させる．分散型 X は新たに定着したパッチでは，O 型との競争の影響は受けないが，元のパッチでは O 型の個体と競争関係にある．したがって，分散型 X の競争の効果のほとんどは非血縁の O 型に向けられるのに対し，O 型にとっては血縁者（すなわち O 型）との競争がほとんどすべてである．このため，個体群の中での X の頻度は増加する．一方，個体群の大部分が X で占められ，O が稀な突然変異型の場合でも，O は X よりも不利である．なぜなら，O は X だけが占めているパッチから X を立ち退かせることはできないうえに，自分がいるパッチの中では，多かれ少なかれ分散者 X と競争しなければならないからである．このような理由で，分散は進化的に安定な戦略（Evolutionarily stable strategy; ESS）であるといえる（Maynard Smith, 1972; Parker, 1984）．すなわち，非分散型の個体群が，分散的な傾向をもつ方向に進化するのは普遍的なことだといえる．しかし，分散型の個体群においては，分散の傾向を失わせるような選択圧は存在しない．そのため，同系交配と血縁個体間の競争は，こうした選択圧が最も強くなる高密度下での移出率を高くする方向に働くと考えられる．

実際に，血縁個体間の競争が，生まれた子を出生地から分散させる働きをもつという証拠が得られている（Lambin *et al*., 2001）．しかし，その多くは間接的な証拠である．例えば，カリフォルニアシロアシマウス（*Peromyscus californicus*）のオスは一腹仔数が多いほど分散距離が長くなり，メスでは一腹仔の中の姉妹の数が多いほど分散距離が長くなる（Ribble, 1992）．つまり，ある若い個体の周りの血縁個体が多いほど，その

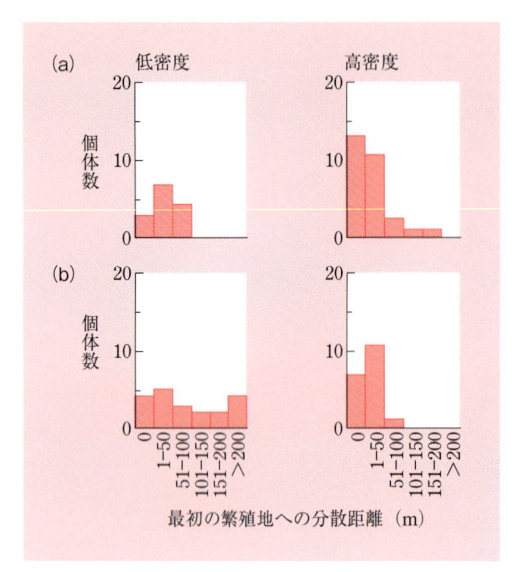

図6.10 ハタオカンガルーネズミ *Dipodomys spectabilis* の有効分散率の密度逆依存性．(a) 雄，(b) 雌．雌の出生後の分散距離は，高密度の場合の方が短い．(Jones, 1988 より．)

個体はより遠くへ分散するのである．

しかし，Lambin *et al.* (2001) は総説の中で，密度依存的な移出の証拠は多い（本章第3.3節を参照）が，移出と移動と移入を含めた有効な分散が密度依存的であるという証拠はほとんどないと結論した．その理由のひとつは，高密度下では移入と，そしておそらくは移動も阻害されてしまうためだろうと述べている．例えば，ハタオカンガルーネズミ（*Dipodomys spectabilis*）では，数年間の密度変動の間に，子供が親から独立した時点での分散と，彼らが繁殖に入るまで生き延びた時点での分散が調査された．カンガルーネズミは，食物貯蔵庫を備えた複雑な地下の巣穴に住むが，巣穴の数はほとんど一定である．そのため，高密度は，環境の飽和と激しい競争を意味する（Jones *et al.*, 1988）．子供が独立した時には，密度は分散（移出）に影響を与えなかった．しかし，最初の繁殖時の分散（すなわち有効な分散率）は高密度下で小さく，密度逆依存的であった（図6.10）．この主な理由は，オスの場合には，親離れから最初の繁殖までの間の移動が本来少ないためであった．メスの場合は，移動したパッチでの生存率が，高密度下で低くなるために，有効な分散率が低くなっていたからであった（Jones, 1988）．

6.6.3 出生地への定住・回帰 — フィロパトリー

有効な分散が単純に密度依存的に起こるわけではない理由のひとつは，分散しないで，フィロパトリー（phylopatry）あるいは「出生地への愛着」とでも呼ぶべき行動をとることに対して有利に働く選択圧があるからである（Lambin *et al.*, 2001）．このような現象は，慣れた環境で生活することや，出生地で遺伝子の多くを共有する血縁個体と協働すること，あるいは少なくとも血縁個体に対する心構えができているといった点が有利なために生じたのだろう．一方，分散する個体は，移動先の非血縁個体からなる集団の攻撃あるいは不寛容さといった「社会の壁」に直面するかもしれない（Hestbeck, 1982）．このような選択圧も，環境が個体で飽和するほど強くなっていくだろう．Lambin & Krebs (1993) は，カナダのタウンゼンドハタネズミ（*Microtus townsendii*）では，一親等 (the first degree of relationship) メス間（母と娘，あるいは同腹の姉妹間）の巣間距離や活動の中心地間の距離は，二親等 (the second degree to relationship) メス間（同腹でない姉妹間や叔母—姪間）の距離よりも短く，さらに血縁が遠くなるほど，距離は広がることを見つけた．血縁関係にないもの同士ではさらに距離が広がった．ベルディングジリス（*Spermophilus beldingi*）についての研究では，メスが分散したとしても，姉妹の近くに住み着く傾向をもつことがわかっている（Nunes *et al.*, 1997）．さらに，近くに近親者がいたほうが，適応度が上がる例も見つかっている．例えば，Lambin & Yoccoz (1998) は，タウンゼンドハタネズミの繁殖メスのグループの血縁度を操作して，フィロパトリー的な加入とその後の高い生存率によって生じた血縁度の高い個体群

と，フィロパトリー的な加入が少ないか，あるいは加入者の死亡率が高いかによってできた血縁度の低い個体群を想定したグループを作成した．子の生残率，特に初期の生残率は，血縁度の低い集団に比べて高い集団で有意に高かった．

　これらのことから分かるように，分散と密度の関係は，ほかの適応の過程と同じように，相反する選択圧の間の進化的な妥協によって決まる．さらに，移出や有効な分散といったどの段階に焦点を合わせるかによっても，分散と密度の関係は変化する．次に検討するように，オスとメス，老齢個体と若い個体など，グループが違うと，利点のバランスが違ってくるのは驚くにはあたらない．また，このような分散に関する変異性は，分散が資源の制約が厳しくなる前の，飽和密度より低い密度で「典型的」に起こるのか，あるいは飽和密度に達してから起こるのか，といった点についての議論の一般化を難しくしている (Lidicker, 1975)．

6.7 個体群内の分散多型

6.7.1 分散多型

　同一個体群内での分散に関する変異をもたらすひとつの原因は，同じ親から生まれた子の間の形態的多型である．分散の多型性は，変動しやすく予測しにくい生息場所と結びついていることが多い．昔から知られている例は，北アフリカの砂漠に生育するキク科の一年生植物 *Gymnarrhena micrantha* である．この種は，わずか1〜3個の大きな種子（瘦果）を地中の閉鎖花につける．閉鎖花由来の種子は，親個体が生育していた所で発芽する．実生の根系は，枯れた親個体の根系の跡をたどって伸びることもあるようである．しかし，この植物は同時に，羽毛状の冠毛を持つ小さな種子を地上で作る．その種子は風に乗って分散する．この植物は，乾燥の激しい年には地中の非分散型の種子だけをつけるが，雨の多い年には活発に成長し，地上にたくさんの種子を作る．その種子は分散という冒険に旅立つのである (Koller & Roth, 1964)．

　顕花植物にはこのような種子の二型を示す種がたくさんある．分散型と非分散型のどちらの種子由来の植物体であっても，自分が繁殖し種子を生産するときには両方の分散型の種子を作る．さらに，非分散型種子は地中で自家受粉する花か，閉鎖花で作られることが多いが，分散型種子は他家受粉によって作られることが多い．このため，分散型は新しい，（実験的な）組み替え型の遺伝子型を持つ傾向があるのに対して，非分散型の子供は自家受粉によって作られる傾向がある．

　分散型と非分散型の二型は，アブラムシ類でも普通に見られる．すなわち，有翅型と無翅型である．この分化は単為生殖によって個体群が成長する時期に見られるもので，有翅型と無翅型は遺伝的には同じである．有翅型は新たな生息地に分散する能力が高いが，成熟するまでに時間がかかり，産卵数が少なく，寿命も短いので，内的自然増加率も低い (Dixon, 1998)．従って，アブラムシが有翅型と無翅型の比率を，住み着いた環境に応じて変化させたとしても，驚くべきことではないだろう．例えば，エンドウヒゲナガアブラムシ (*Acyrthosiphon pisum*) の場合，捕食者が多いと有翅型を多く生産する (図6.11) が，これはおそらく不利な環境から逃れるためであろう．

6.7.2 性による違い

　雄と雌とでは，分散しやすさの程度が異なる場合が多い．性差は，特に一部の昆虫では明瞭であるが，雄が活動的な分散者であることが多い．例えばナミスジフユナミシャク (*Operophtera brumata*) の雌は羽を持たないが，雄には

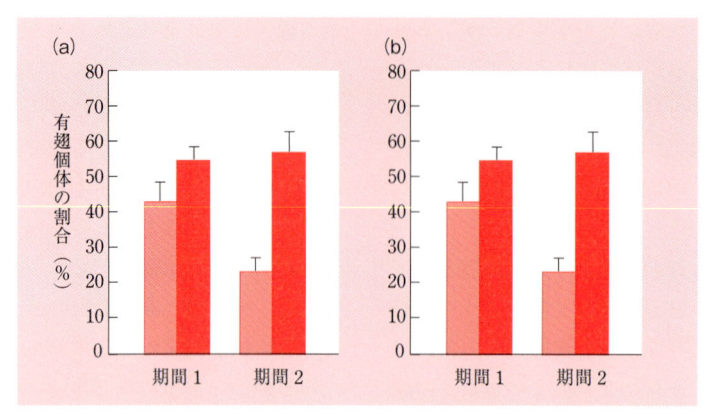

図6.11 エンドウヒゲナガアブラムシ Acyrthosiphon pisum を2種類の捕食者に異なる期間曝した後に生産された有翅型の割合の平均値（±標準誤差）．捕食者：(a) ハナアブ幼虫；(b) クサカゲロウ幼虫．赤は捕食者に曝した場合，ピンクは対照区．（Kunert & Weisser, 2003 より．）

飛翔能力がある．Greenwood（1980）は，鳥類と哺乳類の分散の性差を比較した独創的な論文を著し，鳥類では主に雌が分散し，哺乳類では雄が分散することを示した．進化的な説明においては，近親交配を防ぐための方法として鳥類と哺乳類それぞれで分散に関して性差があることの利点が強調されている．その一方で鳥類と哺乳類のつがい形成の特徴によって，分散することと親の近くに留まることのコストと利益が，雄と雌の間で非対称になるためだということも注目されている（Lambin et al., 2001）．すなわち，鳥類（多くは一夫一妻性）ではなわばりをめぐる競争は一般に雄同士の間で最も強い．このため，雄はフィロパトリーにより，慣れ親しんだ出生地にいることで最も利益を得るが，分散する雌は，そうした雄の中から交配相手を選ぶことで利益を得る．哺乳類（一般に一夫多妻性）の雄では，テリトリーよりも交配相手をめぐって争う．そして，できるだけ多くの雌を守ることのできる地域へ移動することによって最も利益を得るのである．

6.7.3 年齢による差

多くの分散は，出生地からの分散，すなわち若い個体が最初の繁殖活動の前に行う分散である．これは多くの分類群が，本来備えているものである．植物の種子分散も，植物が固着的であるため，出生地からの分散である．同じように，多くの海洋の無脊椎動物は，固着性の成体（繁殖段階）を持ち，分散は幼生（繁殖前）に依存している．その一方で，多くの昆虫は固着性の幼生段階を持ち，分散は繁殖する成虫に依存している．多回繁殖型の種では，分散は成体期を通じて起こるものが一般的で，もちろん最初の繁殖の前にも後にも起きるが，一回繁殖型の種では，分散はほとんど必然的に出生地からの分散に限られてしまう．

鳥類と哺乳類とでは，巣立ちするか離乳していったん母親から独立すれば，その残りの生活を通じて，いつでも分散する可能性を持っている．それにもかかわらず，実際の分散のほとんどは，出生地からの分散である（Wolff, 1997）．哺乳類で観察される分散様式には，分散における年齢差や性差，近親交配回避，競争回避，そしてフィロパトリーのすべてが相互に密接に絡み合っている．例えば，ハイオハタネズミ（Microtus canicaudus）の場合，低密度下では若い雄の87％と，若い雌の34％が最初の捕獲から4週間の間に分散する．しかし，高密度下で

は，各々16％と12％しか分散しない（Wolff et al., 1997）．すなわち，若い個体，特に雄で大量の移動が見られたのだが，その密度逆依存性と，特に低密度における高い分散率は，このような分散パターンをもたらす主要因が，近親交配回避であることを示唆している．

6.8　個体群動態における分散の重要性

第4章1節で示した生物の生態的特性は，分散が個体群の動態に対して大きな影響を与え得ることを強く示唆している．しかし実際には，分散にほとんど注意を払っていない研究が多い．分散を軽視する場合，移入と移出がほぼ等しくて相殺されていると理由づけされる場合が多い．しかし，本当の理由は，分散の定量がきわめて難しいためだと思われる．

メタ個体群と局所個体群 個体群動態において分散の果たす役割がどんなものであるかは，個体群をどのように考えるかに依存する．最も単純な個体群の捉え方は，一続きの多少なりとも好適な生息場所に，連続的に分布している個体の集まり，という捉え方である．この場合個体群は，分割できない単一のまとまりとみなされている．分散は，移入による個体数の増加あるいは移出による個体群の減少をもたらす過程である．しかし，実際には，多くの個体群はメタ個体群（metapopulation）であり，それは複数の局所個体群（subpopulation）の集合体である．

本章第3.1節では，生態学的にパッチ性が普遍的に存在することと，パッチ間を結びつける分散の重要性について触れた．ひとつの局所個体群は，景観の中のひとつの生息場所パッチを占めており，個別には，上述した単純な個体群に対応している．しかし，メタ個体群全体の動態は，個々の局所個体群の絶滅速度と，空いている生息可能なパッチへの分散による定着の速度によってほぼ決定される．しかし，ひとつの

種が1つ以上の生息できる場所を占めていて，それぞれの場所に個体群が存在しているからといって，それらの個体群がメタ個体群を構成しているとはいえない．以下で検討するように，絶滅と再定着が全体の動態に重要な役割を果たしている場合だけが，「古典的」な意味でのメタ個体群にあてはまる．

6.8.1　分散のモデル ── パッチの分布

分散が個体群の動態に関わる過程には，3つの異なる道筋が考えられ，実際に3つの方法で数学的にモデル化できる（Kareiva, 1990, およびKeeling, 1999 を参照）．ひとつめは，島モデル的あるいは空間暗示的なアプローチである（Hanski & Simberloff, 1997, Hanski, 1999）．その特徴は，個体の一部が出生地パッチを離れ，分散者となり，それらが複数のパッチに（通常）ランダムに配置される，という点である．このように，このモデルでは，パッチは空間的に特定の場所を占めてはいない．すべてのパッチで，分散を通じた個体の移出入があるが，すべてのパッチは他のパッチに対して同じ距離におかれているとも言える．後で紹介する初期のLevinのモデルを含めて，多くのメタ個体群モデルは，このカテゴリーに入る．現実のパッチは空間的に特定の場所を占めているにもかかわらず，この単純なモデルは解析が容易なために，重要な洞察をもたらしてくれた．

それに対して，2つめの空間明示モデルは，パッチ間の距離はさまざまで，分散を通した個体の交換の機会も異なることを考慮している．その最も初期のモデルは，集団遺伝学で開発された，直線的な「飛び石モデル」で（Kimura & Weiss, 1964），一直線に並んだパッチの中で隣接するパッチ間だけで分散が起きるというものである．さらに近年の空間明示型のアプローチでは，格子モデルが使われていることが多い．格子モデルでは，パッチは通常，正方形のグリッド上に配置され，隣接パッチ間で個体の分

散が起こる．この場合，あるパッチに隣接するパッチとは，あるパッチと辺を共有する4つの格子，あるいは，斜めに位置する4つも含む8つのパッチをさす（Keeling, 1999）．もちろん，空間明示とは言っても，現実のパッチの配置をきわめて単純化したものにすぎない．しかし，空間を明示的に扱うことによって現れる新しい動態のパターンに光を当てた点で，このモデルは有効であった．すなわち，空間的なパターン（例えば，第10章5.6節を参照）だけではなく，例えば，空間明示モデルでのメタ個体群全体の絶滅の確率が生息場所の破壊とともに増加する，というような時間的動態をも変化させることが見いだされている（図6.12）．さらに，空間明示モデルは，断片化された景観の実際の幾何学的情報を含んでいるという点でも，空間的に「現実味」がある（Hanski, 1999を参照）．本章第9.4節では，このようなモデルのひとつ，出現関数モデル（incidence function model）（Hanski, 1994b）を使用する．

最後に3つめのアプローチでは，空間をパッチとして扱わず，連続的で均一なものとして扱う．そして，通常，分散を反応拡散系としてモデル化する．この系では，空間上のあらゆる地点での動態は反応として表されて，分散はこれとは別の拡散項として付け加えられる．この方法は，発生生物学など，生態学以外の生物学分野で有効とされてきた数学的手法である．そして，このような系の数学的な性質はよく分かっており，特に，本来均一な系の中に，パッチ構造のような空間的変異がいかに生じるかを示すことができる点で優れている（Kareiva, 1990; Keeling, 1999）．

6.8.2 分散と単一個体群の動態

分散を注意深く観察した研究からは，分散の重要性を裏づけるような証拠が得られる場合が多い．イギリスのオックスフォードシャー州のワイタムの森で，シジュウカラ（*Parus major*）の個体群を長期間，詳細に研究した事例では，繁殖に参加した個体の57％は，その個体群で生まれたものではなく，移入してきた個体であった（Greenwood et al., 1978）．カナダのコロラドハムシの個体群では，羽化新成虫の平均移出率は97％であった（Harcourt, 1971）．このような高い移動率から，20世紀中頃にヨーロッパでこの甲虫が急速に分布を拡げたことも納得できる（図6.13）

カナダ南東部，ノバスコシア半島のマルティ

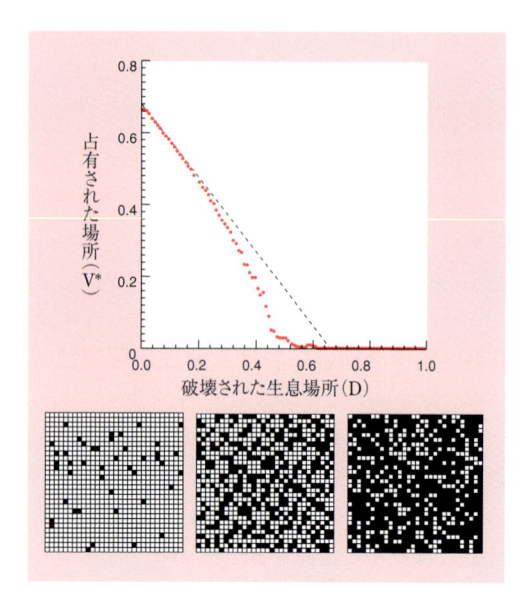

図6.12　いずれのモデルでも，破壊された生息場所の割合が増すと（x軸の左から右へ），生息可能なサイトで占有された生息場所の割合（y軸）が減少し，個体群全体が完全に絶滅する（占有された場所がない状態になる）．図中の斜めの破線は，すべてのサイトが等しく連結していることを仮定した，空間暗示的なモデルにおける関係を示す．一方，図中の点は，空間明示的な格子モデルにおける5回の繰り返しの平均値を示している．モデルは確率的で，それぞれの試行の結果は少しずつ異なっている．下のパネルは，3つの格子の例を示し，破壊されたパッチ（黒塗り）の割合は，それぞれ，0.05，0.40，0.70である．生息場所の破壊が少ない場合（左）には，残ったパッチが他のパッチと十分に連結されているので，空間明示的な構造はほとんど影響しない．しかし，生息場所の破壊の割合が大きいと，各パッチは孤立化していて，再移住しにくくなり，空間暗示的なモデルの場合よりも，占有されない部分が大きくなる．（Bascompte & Sole, 1996より．）

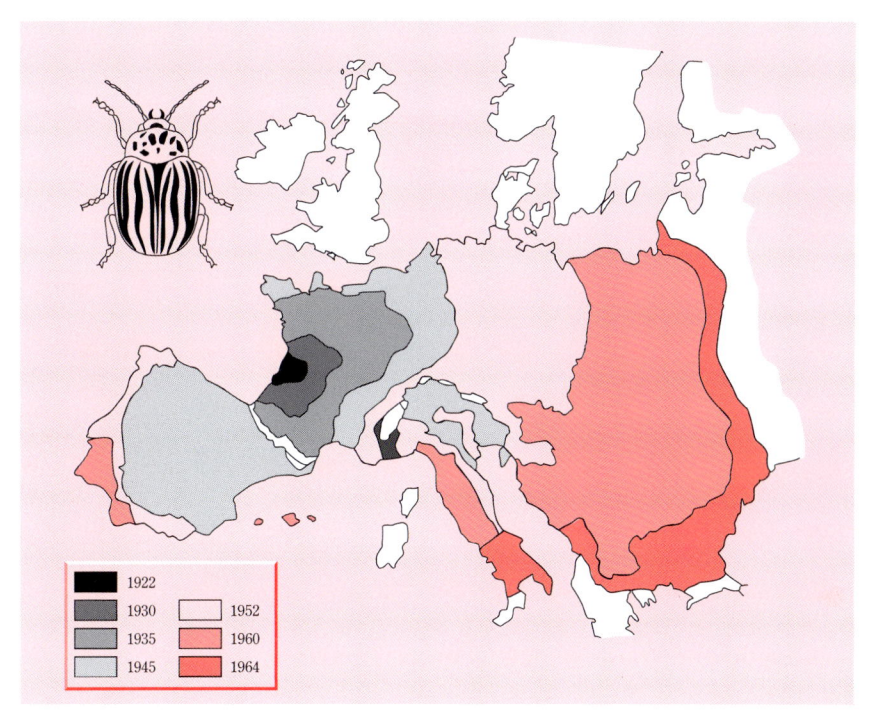

図 6.13 ヨーロッパにおけるコロラドハムシ *Leptinotarsa decemlineata* の分布域の拡大の過程．（Johnson, 1967 より．）

ニク湾の砂丘に生える，アブラナ科の夏型一年草オニハマダイコン（*Cakile edentula*）の個体群動態には，分散の顕著な効果が見て取れる．個体群は砂丘の中央部に集中していて，海側と陸側に向かって減少していく．海側の地域でのみ，毎年個体群を維持するのに十分な程度に種子生産が行われかつ死亡率が低い．中央部と陸側では，死亡率は種子生産を上回る．このため，この部分では個体群は絶滅すると予想する人もいるかもしれない（図6.14）．しかし，オニハマダイコンの分布は時間がたっても変化しない．海側からの大量の種子が中央部と陸側に分散するからである．実際，この2つの地域では生産される種子よりもっと多くの種子が外部から分散してきて発芽する．オニハマダイコンの分布と個体数は，風と波による種子の分散によって直接決定されているのである．

しかし，分散がひとつの個体群の動態に及ぼす最も重要な結果は，おそらく，密度依存的移出がもつ調節効果だろう（本章3.3節を参照）．

局所的には，第5章で密度依存的死亡について述べたことが，同じように密度依存的移出についても当てはまるだろう．もちろん全体的に見ると，2つの密度依存性の効果はまったく異なるかもしれない．死亡個体は永久にどこからも消えてしまうが，移出に関しては，ひとつの個体群からの消失は他の個体群での増加になるからである．

6.8.3　侵入の動態

生命現象のすべての面において，「普通」あるいは「正常」なものは実際に普遍的であり，逆に「普通でない」あるいは「常軌を逸した」ものは，問題なく除外あるいは無視できると考えることは危険である．すべての統計的な分布には端があり，その端に位置する個体も，数で勝る通常のものと同様，実在のものである．分散についても同じことが言える．典型

ずばぬけた分散者の重要性

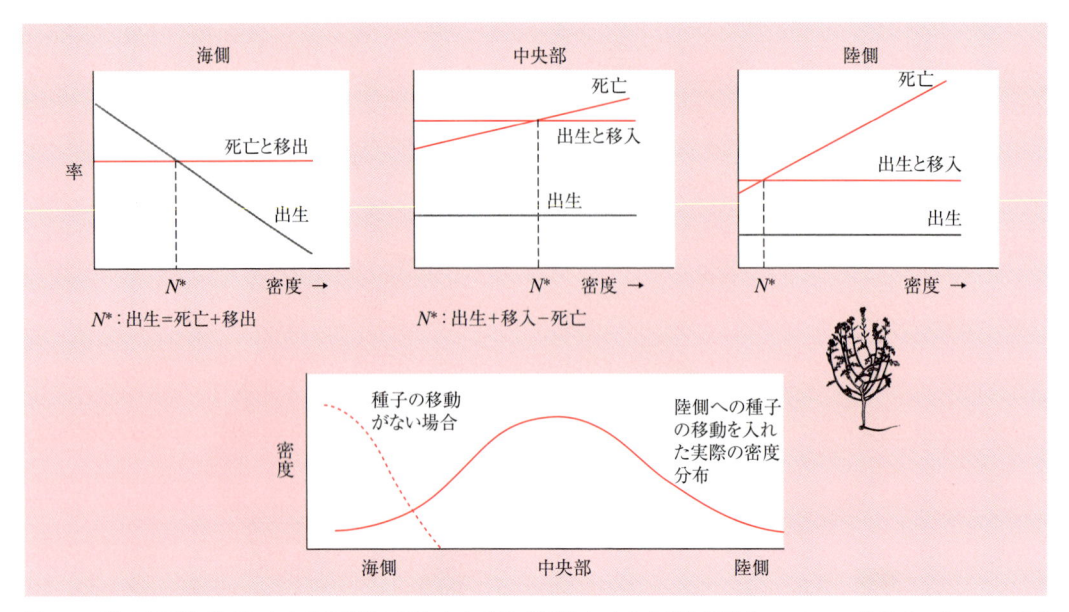

図 6.14 開けた砂浜（海側）から密な植生に覆われた砂丘（陸側）に向かう環境傾斜上の，3つの地点でのオニハマダイコン Cakile edentula（アブラナ科）の死亡率と種子生産量の変化を示す概念図．海側の場所では，他の場所に比べて多量の種子が生産された．しかし，そこでの出生率は密度の増加にともない減少し，出生率と死亡率がつりあった部分で，個体群の平衡密度 N^* が実現された．中央部と陸側では，死亡が常にその場所での種子生産による出生を上回っているが，個体群は存続していた．それは，海側の砂浜の植物によって生産された種子が，大量に陸側へ分散するためである．中央部と陸側では，そこでの出生種子数と移入種子数の合計が死亡数とつりあい，密度の平衡状態がもたらされている．（Keddy, 1982 と Watkinson, 1984 より．）

的なものを用いて，分散速度と距離を把握することは，多くの場合，合理的である．しかし，新たな生息地への種の分布拡大に焦点を当てるような場合には，最も遠くまで分散した繁殖体が一番重要になるだろう．Neubert & Caswell (2000) はクズウコン科カラテア属の Calathea ovandensis とマツムシソウ科ナベナ属の一種 Dipsacus sylvestris という2種類の植物の拡散速度を解析した．いずれの種でも，最大分散距離が拡散速度を強く規定しており，近距離の分散パターンの変異はほとんど無関係であった．

新しい生息場所への侵入がごく少数の長距離分散者に依存しているということは，ある生物種がその生息場所に侵入する確率は，一旦築いた橋頭堡におけるその種の成長や繁殖力よりも，供給個体群の近さ（すなわち侵入の機会）と大きく関連するということを意味している．例えば，南イングランドにおいて，116のヒース植生パッチへの低木と樹木の侵入についての調査が，1978年から1987年と，1987年から1996年に行われた（図 6.15, Nolan et al., 1998；Bullock et al., 2002）．ヒースには，乾燥，湿潤，冠水，沼沢という4つのタイプがあり，2つの期間それぞれについて，合計8つのデータセットが解析された．そのうち，6つのデータセットについては，侵入種によってヒースが消失する確率をかなりの部分説明することができた．最も重要な説明変数は，ヒースパッチに接している低木と樹木種の存在量であった．侵入とその後のパッチの動態は，侵入種の最初の散布行動の成否によって決まっていたのである．

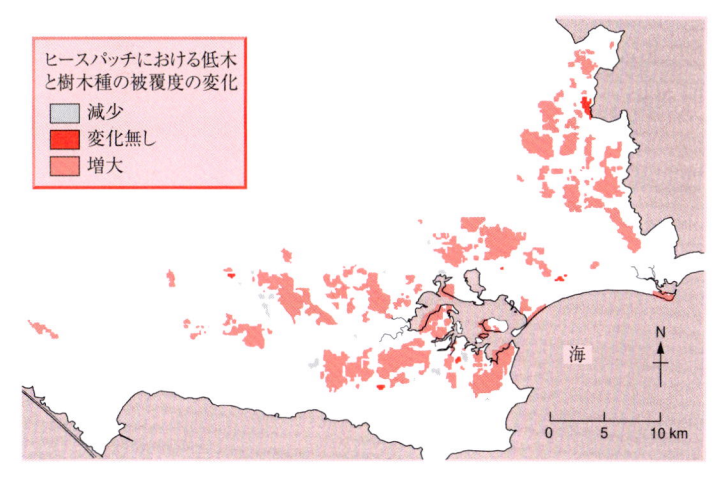

図 6.15　イギリスのドーセット州の低地ヒースでは，1978 年から 1987 年の間に，116 のパッチのほとんどすべてで，低木や樹木種の侵入（存在量の増加）が起こった．南側は沿岸地帯に，東側は州境に接する．（Bullock *et al.*, 2002 より．）

6.9　分散とメタ個体群の動態

6.9.1　メタ個体群理論の発展：利用されない生息可能なパッチ

　多くの個体群が実際はメタ個体群であることは，1970 年頃にはすでに認識されていた．しかし，この認識が実践に反映され，メタ個体群動態に関する研究が増えて生態学の舞台で目立つようになるまでには 20 年ほどかかった．今やメタ個体群が無視される危険性は大きくないが，逆に，この世界がパッチ状の構造をとるからといってすべての個体群がメタ個体群だと考えることは危険である．

　生息可能な場所でも，まだそこに到達した個体がいないために，利用されないままになっているだろうという Andrewartha & Birch (1954) の主張は，メタ個体群の概念の核心である．もし，このことを立証しようとするなら，その種がまだ分布してはいないが生息可能である場所を，特定しなければならない．このような試みはほとんどなされていない．ひとつの方法は，その種が生息しているパッチの特徴を識別し，生息が期待できる同じようなパッチの分布と数を明らかにすることである．ミズハタネズミ（*Arvicola terrestris*）は河川の堤防に住んでいる．イギリスのノースヨークシャー州のある堤防を 39 の区域に分けて調査した結果，10 区域にはハタネズミの繁殖集団が存在したが（コアサイト），15 区域ではハタネズミは時々訪れるものの繁殖しておらず（周辺サイト），14 区域は全く利用されていないか訪問されていなかった．主成分分析によってコアサイトの特徴を明らかにし，その特徴を基に検討したところ，未利用または周辺のサイトのうち 12 区域が，繁殖に好適な場所（すなわち生息可能な場所）であると判定された．すなわち 30% の区域は生息可能であるにもかかわらず，ハタネズミが生息していなかったが，それらは移住するには離れ過ぎているか，ミンクによる捕食圧が高い区域であった（Lawton & Woodroffe, 1991）．

　幼虫がパッチ状に分布し，1 種類か数種類の植物を餌にしているような，チョウの稀少種の多くについても，生息可能なパッチを特定することができる．ヒメシジミ（*Plebejus argus*）を研究した Thomas *et al.* (1992) は，生息が認められないパッチは，分散の供給源となるパッチから離れた小さなパッチであることを見いだし

た．ヒメシジミは，確立している個体群から1km以内にあるほとんどの生息可能な場所には移住することができた．隔離されていて生息が認められない場所の一部が，実際には生息可能であることは，人為的導入によって定着が成功したことから確認されている（Thomas & Harrison, 1992）．こうした導入実験は，ある場所が本当に生息可能であるかどうかを見極めるための決定的な検証方法だろう．

6.9.2 メタ個体群理論の発展 ── 島とメタ個体群

MacArthur & Wilson（1967）の著書，『島の生物地理学の理論』は，生態学理論全般に革新的変化をもたらすことに大きく貢献した古典である．彼らは，実際の海洋島での動植物種の動態を例にして，その動態を絶滅と再侵入という相対する力の間の平衡を反映したものとして解釈する理論を展開した．彼らは，生物種あるいは局所個体群の中には，ほとんどの期間を過去の個体群崩壊からの回復か，新たな分布地（島）への移入過程に費やしているものもあれば，環境収容力付近で維持されているものもある，と主張した．この連続的な変異の両極端にある種は，第4章12節で述べた r 種と K 種に対応する．一方の端（r 種）では個体は優れた移入者であり，空白の生息場所の中で急速に個体数を増やすのに適した形質を有している．もう一方の端（K 種）では，個体はそのような優れた移入者ではないが，混み合った環境で長い時間存在し続けるのに適した形質を有している．このため，K 種は r 種に比べて，侵入速度も絶滅速度も相対的に低い．このような考え方については，第21章の島の生物地理学でさらに考察することにする．

MacArthur & Wilson の本の刊行とほとんど同時に，Levins（1969, 1970）によって「メタ個体群」動態の簡単なモデルが提案された．MacArthur & Wilson と同じように，彼も生態学的思考のなかに，現実世界が本質的に備えているパッチ性を組み込もうとした．MacArthur & Wilson が複数の種で構成される群集全体により強い関心を向け，島へ移入する生物の源となる「本土」を想定したのに対し，Levins はひとつの種の個体群に焦点を当てて，どのパッチにも本土のようなものは想定しなかった．Levins は，全てのパッチが常に占有されているわけではないということを意識して，時間 t において，その種に占有されている生息場所パッチの割合 $p(t)$ という変数を導入した．

Levins のモデルでは，占有された生息場所パッチの割合 p の変化率は，次の式で表されている．

レビンのモデル

$$\frac{dp}{dt} = mp(1-p) - \mu p \tag{6.1}$$

ここで μ は局所的なパッチの絶滅率，m は空いたパッチへの再定着率を表している．この式で再定着率は，再定着の対象となる空パッチの割合 $(1-p)$ と，移住者を供給する占有されたパッチの割合 p が大きいほど高い．一方，絶滅は，単純に絶滅が起こりうるパッチの割合 p の増加とともに大きくなる．Hanski（1994a）は，次のようにこの式を書き換えて，それがロジスティック式（第5章9節を参照）と構造的に同じであることを示した．

$$\frac{dp}{dt} = (m-\mu)p\left(1 - \frac{p}{1-\frac{\mu}{m}}\right) \tag{6.2}$$

この式から分かるように，内的再定着率が内的絶滅率を上回っている（$m-\mu > 0$）限り，メタ個体群全体は安定平衡に到達するが，そこでは $1-(\mu/m)$ の割合のパッチが占有される．

メタ個体群の視点を取り入れた場合に，最も単純なモデルからでも分かる基本的な事項は，個々の局所個体群が安定でない場合でも，メタ個体群としては，ラン

局所個体群における絶滅と再定着：安定したメタ個体群

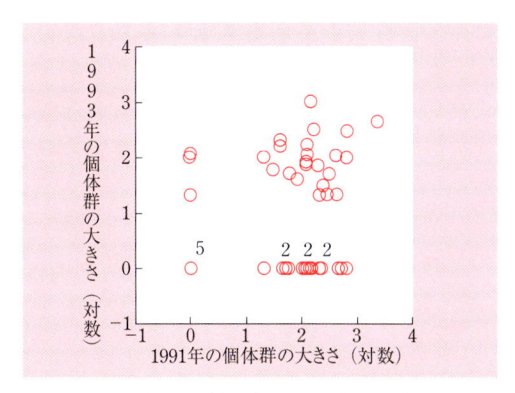

図6.16 1991年6月（成虫）と1993年8月（幼虫）のグランヴィルヒョウモンモドキ *Melitaea cinxia* の局所個体群の大きさの比較．フィンランドのオーランド島での調査．図中でデータ点が重なっている場合はその数を数字で示した．大きな個体数を維持していた個体群を含め，1991年の局所個体群の多くが1993年までに絶滅してしまった．（Hanski *et al.*, 1995 より．）

ダムに起こる絶滅と再定着のバランスの結果，安定して存在し続ける，ということである．図6.16にフィンランドのグランヴィルヒョウモンモドキ（*Melitaea cinxia*）の例を示した．この例では，最も大きな局所個体群でさえも2年以内に絶滅してしまう確率は高い．別の角度からみれば，もしも個体群の長期的存続あるいは個体群動態そのものを理解したければ，局所的な出生率と死亡率，それらを決定する要因，さらには局所的な移出と移入速度だけでなく，それ以上のものに目を向ける必要があるということになる．もしその個体群が全体としてメタ個体群として機能しているならば，局所個体群の絶滅率と定着率は，すくなくとも先に述べた局所的な出生率・死亡率などと同等の重要性をもっているだろう．

6.9.3 どんなときに個体群はメタ個体群となるのか？

ここで明らかにしたように，メタ個体群に必須の2つの特性としては，個々の局所個体群が実際に絶滅する可能性と，再定着する可能性を持っているということである．この2つに，これまでの議論で暗示されていたもうひとつの特性を付け加えることができる．それは，個々の局所個体群の動態はほぼ独立しており，同調してはいないという特性である．ひとつの局所個体群が絶滅に向かっているときに，もしもすべての個体群が同じ傾向を示すなら，安定性は期待できない．非同調的であれば，ある局所個体群が絶滅（減少）に向かっているとき，他の局所個体群は成長し，分散する個体を産み出して，「救難効果」（rescue effect）（Brown & Kodric-Brown, 1977）を果たす可能性がある．

すべての局所個体群が，実質的にほぼ等しい絶滅確率を持つという「古典的」な概念に一致するメタ個体群も存在するかもしれないが，個々のパッチの大きさや質には有意な変異があるだろう．この観点から，パッチは供給パッチ（source patch, donor patch）と，吸収パッチ（sink patch, receiver patch）に分けることができるだろう（Pulliam, 1988）．平衡状態にある時，供給パッチでは出生数が死亡数を上回っているが，吸収パッチではその逆である．このため，メタ個体群の中では，供給源となる個体群がひとつまたはそれ以上の吸収源となる個体群を支えることになる．こうして，メタ個体群の存続は，簡単なモデルから得られた絶滅と再移住の間のバランスだけではなく，供給と吸収との間のバランスにも依存することになる．

もちろん，実際には，絶滅の確率がほぼ同じ局所個体群で構成されるメタ個体群から，局所個体群間の違いが大きくて，一部の局所個体群が単独でもきわめて安定しているようなメタ個体群まで，連続的な変異が見られるだろう．図6.17に示したウェールズ州北部のヒメシジミ（*Plebejus argus*）の2つのメタ個体群には，そのような違いが見られる．

しかし，単に個体群がパッチ状に分布しているからといって，メタ個体群を構成しているわけではない（Harrison & Taylor, 1997; Bullock *et al.*, 2002）．第一の可能性として，個体群はパッ

供給源と吸収源

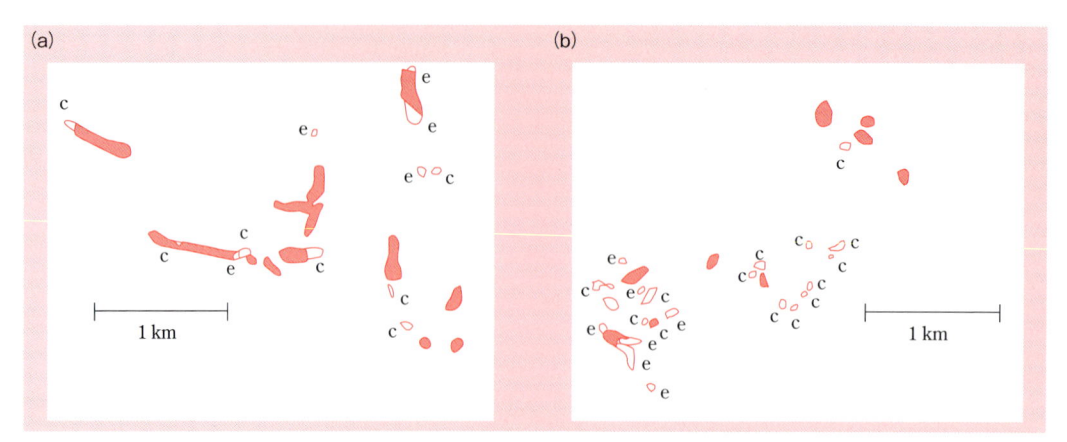

図6.17 イギリスのウェールズ州北部のヒメシジミ *Plebejus argus* の2つのメタ個体群．(a) ダラスバレーの石灰岩地帯の生息場所では，持続的で比較的大きな局所個体群の間に非常に短命で小さな局所個体群がいくつか分布している．(b) サウススタッククリフのヒース地帯の生息場所では，小さくて短命な個体群の方が多い．色を付けた部分は，1983年と1990年の両方の調査時に存在していた局所個体群．白抜きの部分は，どちらかの調査時だけに存在した局所個体群．e は1983年だけに存在し，それ以後絶滅したと考えられる局所個体群，c は1990年だけに存在し，おそらく新たに移住してきた局所個体群を示す．(Thomas & Harrison, 1992 より．)

チ状に分布してはいるが，パッチ間の個体の分散が非常に頻繁で，個々のパッチの動態が独立しているとは言えない場合が考えられる．この場合，ひとつの個体群が不均質な生息場所を占有しているとみなされる．また別の可能性として，それぞれのパッチが隔離されていて，パッチ間の分散が無視できるほど小さく，それぞれが隔離された個体群とみなされる場合も考えられる．

最後に，最もありそうな状況として，すべてのパッチの絶滅確率が，観察可能な時間スケールのなかでは無視できるほどに小さい場合が考えられる．これは，その個体群の動態が出生，死亡，移出入に左右されてはいるが，絶滅や再定着には重大な影響を受けないような状況である．この最後の区分が真のメタ個体群の状態に最も近く，多くのパッチ状に分布する個体群がこの状態に当てはまるとされてきたことは，確かである．もちろん，最初の定義にこだわりすぎるのは危険である．メタ個体群の概念への関心が大きくなり，この用語自体がもっと広範囲の生態的なシナリオに拡張されても，おそらく不都合はないだろう．そして最初の定義の範囲を超えて，この用語がさまざまな状態の個体群に適用されることは，もはや止められないだろう．しかし，一般に用語は，他のあらゆる記号と同じように，受け手が送り手の意図を理解しているときにのみ有効となる．この用語を使用する者にとっては，少なくとも，パッチにおける絶滅と再侵入が起こっているかどうかを確認する配慮が必要である．

メタ個体群を識別する際の問題は，植物の場合には特にはっきりしている（Husband & Barrett, 1996; Bullock *et al.*, 2002）．多くの植物がパッチ状の環境に生育していることは明らかであり，局地的な個体群の絶滅も頻繁に起きているだろう．その例として，図6.18 に，ブラジル北東部の乾燥地域で，一時的に形成される池や用水路に生活する一年生水生植物ホテイアオイ属の一種（*Eichhornia paniculata*）の研究結果を示す．しかし，埋土種子をもつ植物に対して，本当に絶滅したあとの再定着という考え方を適用するのはおかしい．例えばこの水生植物の場合，重い種子は親植物の近くに沈み，他のパッチに分散することはない．絶滅は，通常，壊滅的な生息場所の消失の結果である（図6.18において，絶滅率が前の個体群サイズに無関係で

植物のメタ個体群？――種子バンク

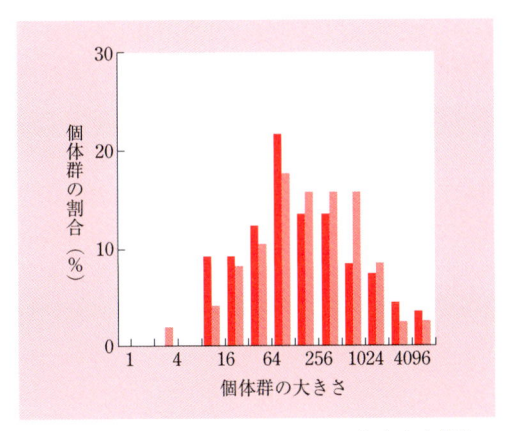

図6.18 ブラジル北東部において，一年生水生植物のホテイアオイの一種 *Eichhornia paniculata* の123の個体群を1年以上にわたって観察し続けたところ，その39%は絶滅した．しかし，絶滅した個体群（赤）と生き残った個体群（ピンク）の大きさに有意差はなかった（Mann-Whitney $U = 1925$, $P > 0.3$）．（Husband & Barrett, 1996より．）

あることに注意）．また，再定着は，ほとんど常に，生息場所の回復後の種子発芽によるものである．メタ個体群の必須条件である，分散による再移入はきわめて稀である．

さらに，Bullock *et al.* (2002) が指摘したように，パッチの絶滅と再定着を扱った植物の研究は，ほとんどの場合，最近新たにできたパッチ，すなわち遷移の初期段階のパッチ（第16章を参照）で行われている．絶滅は，ほとんどの場合，当該植物種にとってそのパッチが適さなくなった状態で起こるが，そうしたパッチは，その種の再定着にも適していない．これは，「生息場所追跡」（Habitat tracking）(Harrison & Taylor, 1997) というべき視点であり，メタ個体群概念の中核である同一の生息場所で繰り返される絶滅や再侵入ではない．

6.9.4 メタ個体群の動態

Levinsの単純なモデルでは，パッチのサイズの違い，空間的な配置，個々のパッチ内部での動態などは考慮されていなかった．こうした関連性の高い変数をすべて取り入れたモデルは，当然のことながら，数学的に非常に複雑になる（Hanski, 1999）．しかし，これらの要因の特性や効果について，数学的な細部に立ち入らずに理解することもできる．

例えば，メタ個体群に利用される生息場所パッチの大きさに変異があり，大きなパッチほど大きな局所個体群を維持できると考えてみよう．この場合，大きなパッチの絶滅率が低くなるため，パッチの大きさの変異がない場合に比べて，低い再定着率でも，メタ個体群は存続しやすくなる（Hanski & Gyllenberg, 1993）．他の条件が同じならば，パッチの大きさの変異が大きいほど，メタ個体群は存続しやすくなるのである．パッチの大きさではなく，質によって局所個体群の大きさが決まっている場合もあるだろう．この場合も，パッチの大きさの場合とほぼ同じことが言えるだろう．

一般的に，局所個体群が大きいほど，その絶滅確率は低下する（Hanski, 1991）．さらに，メタ個体群に占有されたパッチの割合 p が高いほど，平均的には移住個体が多く，パッチへの移入が多く，局所個体群も大きいという状態になっている（このことは，Hanski *et al.*, 1995 によってグランヴィルヒョウモンモドキ *Melitaea cinxia* で確かめられている）．このように，絶滅率 μ は，簡単なモデルで仮定したような定数ではなく，p が大きくなるにつれ低下するはずである．この効果を組み込んだモデル（Hanski, 1991; Hanski & Gyllenberg, 1993）では，p の挙動がある閾値を境にして変化する．p がその閾値よりも大きい場合には，局所個体群の大きさは十分に大きく，絶滅確率も十分に低く，メタ個体群は多くのパッチを占有しながら存続する．これは，単純なモデルの場合と同じである．しかし，p がその閾値よりも小さい場合，局所個体群の平均サイズは小さすぎ，絶滅の確率はきわめて高くなる．メタ個体群は $p = 0$（メタ個体群全体の絶滅）か，最も好適なパッチだけが占有されている低い p のいずれかの平衡値へ向かって減少していく．

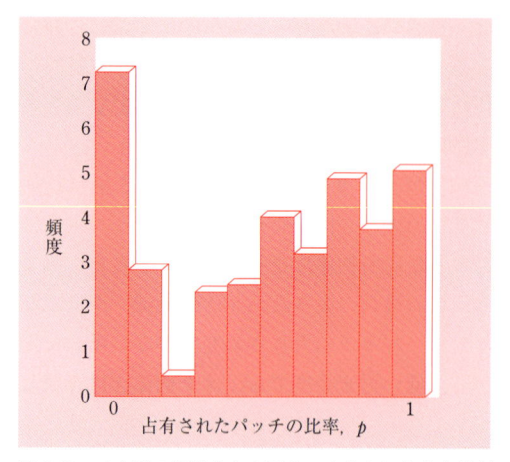

図 6.19 二山型の頻度分布を示す，占有された生息場所パッチの比率（p）．フィンランドのオーランド島のグランヴィルヒョウモンモドキ *Melitaea cinxia* の多数のメタ個体群からのデータをもとに作成（Hanski *et al.*, 1995 より）．

従って，同じ種の異なるメタ個体群は，生息可能なパッチの大部分を占有するか，ごく一部を占有するかの，2つの安定平衡状態のいずれかをとり，閾値付近の中間的な占有率を示すことはないと予想される．フィンランドのグランヴィルヒョウモンモドキでは，実際にそのような二山型の分布が現れた（図 6.19）．このような二者択一的な平衡点は，保全に関しても重要な意味を持っている（第 15 章を参照）．特に低いほうの平衡点が $p=0$ である場合，メタ個体群が絶滅する危険性は，生息可能なパッチの占有率が閾値から下がるか上がるかしたとたんに，急激に増大あるいは低下するだろう．

これまでに述べた多くの側面をまとめて検討した研究として，アメリカ合衆国カリフォルニア州の，メタ個体群と考えられるアメリカナキウサギ（*Ochotona princeps*）を対象とした個体群の動態に関する研究がある（Moilanen *et al.*, 1998）．ここで「考えられる」という限定が必要な理由は，生息パッチ間の分散は，実際に観察されたのではなく，仮定（推測）されたものだからである（Clinchy *et al.*, 2002 を参照）．メタ個体群全体は，北部，中部，南部の3つのネットワークに区分できたが，それぞれでのパッチ占有率が，1972 年から 1991 年の間に，4 回調査された（図 6.20a）．得られた空間的なデータとともに，ナキウサギに関する生物学的情報を用いて，Hanski（1994b）の出現関数モデルに必要なパラメータが決定された（本章第 8.1 節を参照）．そして，現実に生じそうな確率的変動を加え，1972 年に観察された状態を初期値として，ネットワークの動態のシミュレーションを行った．図 6.20b は，3つのネットワークを含むメタ個体群全体をまとめて扱った場合，図 6.20c はそれぞれのネットワークを別々に計算した場合の結果を示している．

観察データ（図 6.20a）では，調査期間中を通じて北部のネットワークが高い占有率を維持しており，中部のネットワークは変動性が高く，低い占有率を示し続けた．しかし，南部ネットワークでは占有率が減少し続けた．出現関数モデルの結果は，空間データだけに基づいているにもかかわらず，実際の動態を正確に反映しており，希望のもてるものであった（図 6.20b）．特に，南部のネットワークは，周期的に崩壊して絶滅するが，低い占有率しかない中部のネットワークが，活力のある北部ネットワークからの分散の飛び石として機能して，南部ネットワークの回復に貢献することが予測できた．この解釈の妥当性は，3つのネットワークが完全に隔離されている場合のシミュレーションで裏付けられた（6.20c）．北部のネットワークは安定して高い占有率を維持するが，中部のネットワークは，北からの移住者が無くなって急速に崩壊する．南部のネットワークは，極端に不安定ではないが，同じような運命を辿る．これらのことから，メタ個体群全体の中で，北部ネットワークは供給源で，中部と南部は吸収源であることが分かる．このように，南部ネットワークでの減少を説明するのに，環境の変化を想定する必要はない．環境が一定のままであっても，減少は予測できるのである．

さらにもっと重要なこととして，これらの結

第6章　分散・休眠とメタ個体群

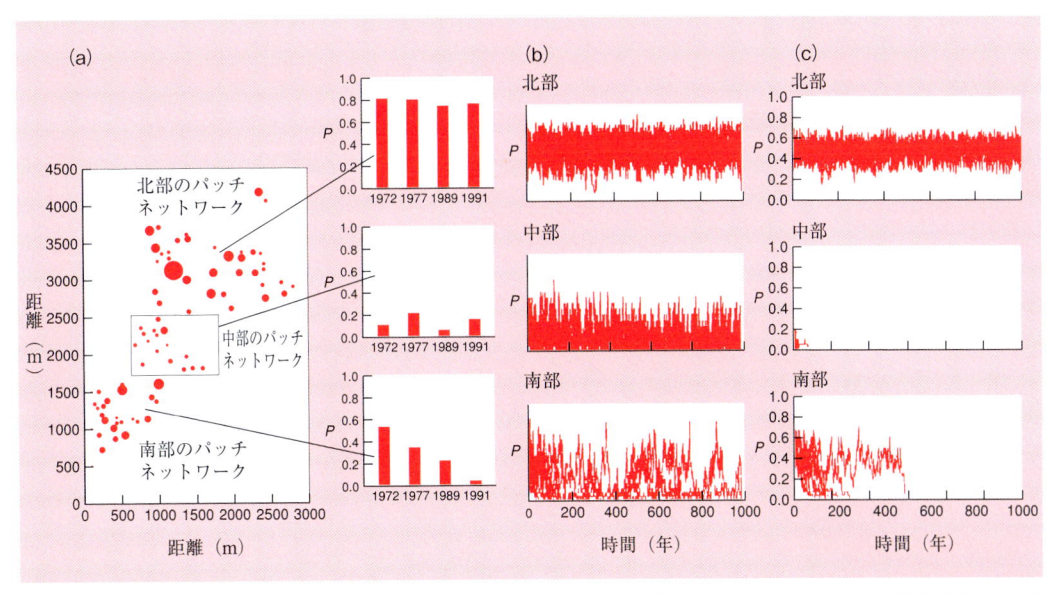

図6.20　合衆国カリフォルニア州のボーディにおけるアメリカナキウサギ *Ochotona princeps* のメタ個体群動態．(a) 生息可能なパッチの相対的位置とおよその大きさ，および北部，中部，南部のネットワークを形成するパッチにおける1972年，1977年，1989年，1991年の占有率を示す．(b) 3つのネットワークの時間的変動を，Hanski (1994b) の出現関数モデルを使ってメタ個体群全体をひとつの実体として扱ってシミュレートした場合．1972年の実際のデータを初期値とする10回の反復シミュレーション結果を示してある．(c) 各ネットワークを隔離されたものとして扱った場合の，同じ手法によるシミュレーション結果．(Moilanen *et al*., 1998 より．)

果は，個々の局所個体群が不安定であっても，メタ個体群全体は安定に存続しうるということを示している．さらに，安定してはいるが占有率の異なる北部と中部のネットワークを比較すると，占有率の違いは，分散可能な個体数の違いに依存することが分かるが，この違いはさらに局所個体群の大きさと数にも依存しているのだろう．

平衡点には滅多に達しない

これらのシミュレーションの結果は，この本の中で繰り返し現れれる主題へと私たちを導いてくれる．単純なモデルとそのモデルの最初の発想は，長い時間で達成される平衡状態に焦点を当てている．しかし，実際には，そのような平衡状態は滅多に達成されないかもしれない．今回の例では，安定な平衡点は単純なメタ個体群モデルでは簡単に作り出せるものの，実際に観察される動態は，平衡状態とはほど遠い，メタ個体群の「移行的状態」に近いものになるだろう．他の例としては，大ブリテン島のウラギンモンオオセセリ（*Hesperia comma*）があげられる．このチョウは，1900年当時には，石灰岩の丘陵のほとんどに広く分布していたが，1960年代には，10の地域の46ヶ所以下の逃避場所（局所個体群）に分布が限られるほどに減少した（Thomas & Jones, 1993）．考えられる理由としては，例えば，耕作されていない草地での耕起の減少や，放牧家畜数の減少などによる土地利用の変化や，粘液腫ウィルスによるアナウサギの消滅がもたらした顕著な植生の変化が挙げられる．この非平衡状態の期間を通じて，局所的な絶滅率は，おおむね再定着率を上回っていた．しかし，1970年代と1980年代には，家畜の再導入とアナウサギの回復によって植食圧が増加し，好適な生息場所が再び増加した．そして，再移住が局所的絶滅を上回り始めた．しかし，このチョウの分布拡大は遅く，1960年代の避難場所から離れた場所への拡大

はとくに遅かった．避難場所の密度が最も高かったイングランド南東部であっても，このチョウの個体数はゆっくりとしか増加せず，少なくとも100年間は平衡状態からかけ離れた状態のままにあると予測されている．

まとめ

　この章では，分散と移住とを区別した．さらに，分散の過程を移出と移動と移入とに区分した．

　さまざまな能動的，受動的な分散の種類について述べた．その中には，種子散布に見られる受動的分散や，クローン分散におけるゲリラ戦略と密集方陣戦略が含まれている．

　ランダム分布，規則分布，集中分布を説明し，これらの分布を認識する上で，とくに，環境の「きめ細かさ」という観点から，スケールとパッチ性が重要であることを強調した．集中を強める力と，集中を薄める力について詳しく述べた．この中には利己的な群れの理論と，密度依存的な分散が含まれている．

　潮汐，日周，あるいは季節変化にともなう移動や，大陸間の移動といったさまざまなスケールで起こる移動の主な様式を紹介した．その中には，繰り返される移動もあれば，ただ1回だけ行われる移動も含まれている．

　時間的な移動としての休眠についても，動物の場合（特に狭義の休眠）と植物の例を検証した．休眠のタイミングを決める上での光周性の重要さを強調した．

　分散と密度の関係も詳しく検討した．同系交配と異系交配が移動の密度依存性をそれぞれどのように高めるかを説明したが，特に，近親者間の競争回避とフィロパトリー（出生地に留まること）という相反する側面の重要性について説明した．

　多型，そして性および年齢にともなう違いなど，個体群内部にみられる分散に関するさまざまな変異を紹介した．

　さらに，分散の個体群動態上の重要性についても触れ，多数の局所個体群から構成されるメタ個体群の概念を導入した．分散は，3つの異なる方法で個体群動態の中に組み込み，モデル化することができる．それらは，(1) 島あるいは空間暗示型のアプローチ，(2) パッチ間の距離が異なるということを認めた，空間明示型のアプローチ，そして，(3) 空間を連続的で均質なものとして扱うアプローチである．

　おそらく，分散が単一個体群の動態に及ぼす最も基本的な効果は，密度依存的な移出による調節効果であろう．しかし，侵入の過程においては，稀な長距離分散も重要である．

　メタ個体群の理論は，生息可能だが定着が起こっていないパッチの存在に着目した初期の概念から発展した．メタ個体群の概念はLevinsのモデルに由来するが，そのモデルが示した最も基本的な事項は，個々のどの局所個体群も安定でないとしても，それらのランダムな絶滅と再定着の間のバランスの結果として，メタ個体群は安定に存続しうるということである．

　パッチ状に分布する個体群がすべてメタ個体群というわけではない．そこで，どんなときに個体群はメタ個体群といえるのかを検討した．これは，植物の個体群において特に問題となるだろう．

　最後に，想定される二者択一的な平衡点の重要性を強調しながら，メタ個体群の動態を検討した．

第7章

個体および単一種の個体群レベルでの生態学の応用 —— 復元,生物安全保障,保全

7.1 はじめに

人類の人口増加が引き起こした環境問題には…

増加し続ける世界人口(図7.1)によって,多種多様な環境問題が引き起こされてきた.我々人類は他の生物と同様,環境から資源を奪い取り,また環境を汚染しているが,人類だけが火,化石燃料,核分裂を用いて活動のためのエネルギーを産み出している.このエネルギー生産は陸域と水圏の生態系,および大気の状態に広範な影響を及ぼし,地球規模の劇的な気候変動を引き起こしている(第2章を参照).さらに人類は,産み出したエネルギーを用いて都市を造り,また農業,林業,漁業,そして鉱業などの産業を興して,陸域および水域の景観を改変してきた.我々人類は大地と水を汚染し,あらゆる種類の自然の生息環境を大規模に破壊し,生物資源を過剰に利用し,生物を世界中に運搬して在来の生態系に悪影響を及ぼしてきた.その結果,多くの種が絶滅へと追いつめられている.

…生態学の知識の応用が必要である…

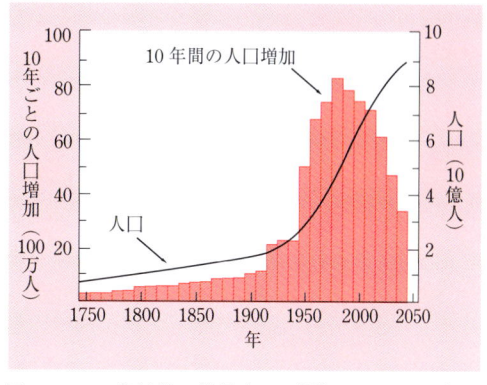

我々が直面している問題の全容を把握し,またこれらの問題に立ち向かい解決する手段を得るには,なによりも生態学的な原理を正しく理解することが必要である.本書の第1部で扱ってきたのは,生物個体の生態学であり,また単一種の個体群の生態学であった(個体群間の相互作用は第2部で扱う).この章では,個

図7.1 1750年以降の世界人口の増加および2050年までの予測(実線).ヒストグラムは10年ごとの人口増加量を示す.(United Nations, 1999 より.)

体や個体群の生態学がもたらす知識が,生物資源の管理にどう活用されるのかという点に焦点を当てる.本章と同じように,本書の第2部と第3部の最後の章では,それぞれ個体群の相互作用のレベルでの生態学的知見の応用(第15章)と,群集と生態系のレベルでの生態学的知見の応用(第22章)について論じる.

生物個体は生理的に,ある特定範囲の物理化学的な諸条件に耐えられるように適応

…ニッチ理論も必要…

しており,また特定の資源への要求を持っている(第2章と3章を参照).したがって,ある種がある場に存在するかどうかは,基本的にはその種の生理生態的な特性に依存する.動物の場合には,その行動様式にも依存する.こうした生態学的な生活に関する実態は,**ニッチ**(niche)(生態的地位)という概念にまとめられている

(第2章を参照).すでに見たように,ある生物に必要な条件や資源が揃っている場所ならどこでもその種が生息するとは限らない.しかしながら管理のための戦略は,どこでその種は生存できるのかを予測する能力,劣化した生息場所を復元すべきかどうかを予測する能力,侵入種の今後の分布域(そして生物安全保障策によって侵入を阻止できるか)を予測する能力,また保護区域の新設によって絶滅危惧種を保全する能力に依存することが多い.それゆえに,ニッチ理論は管理の現場において必要不可欠である場合が多い.ニッチ理論については次の第2節で扱う.

...生活史理論も必要...

各々の種の生活史(第4章を参照)もまた,管理を進める上で,基礎的で重要な拠り所である.例えば,ある生物が一年生か多年生か,休眠ステージを持つか否か,大きいのか小さいのか,またはゼネラリストなのかスペシャリストなのか,といった事柄は,その生物の生息場所の復元計画が成功をおさめうるか,その生物が有害な侵入種となりうるか,また絶滅の可能性があり,優先的な保全に値するかどうかに影響するだろう.生活史については第3節で扱う.

動物,植物を問わず,生物のふるまいの中で特に影響が大きいのは移動と分散の様式である(第6章を参照).動物の移動についての知識は,劣化した生息場所の復元を試みる場合,侵入種を予測して防御の優先順位を決める場合,保全区域の策定をする場合にとりわけ重要であろう.移動と分散については,第4節で扱う.

...そして小個体群の動態論も必要である

絶滅危惧種を保全するには,小個体群の動態を詳細に理解しておく必要がある.第5節では,個体群生存可能性分析(population viability analysis(PVA))と呼ばれる手法を扱う.この分析では,生命表(第4章,特に第6節を参照),個体群の増加率(第4章7節を参照),種内競争(第5章を参照),密度依存性効果(第5章2節を参照),環境収容力(第5章3節を参照),場合によってはメタ個体群の構造(その絶滅危惧種が互いに連絡のあるサブ個体群から構成される場合)の情報に基づいて,絶滅確率を査定する(第6章9節を参照).個体数の決定,そして個体群の絶滅可能性には,その種に固有の特性(出生率や死亡率など)だけでなく,群集内の他種(競争者,捕食者,寄生者,相利者など)も関係する.この点については第2部,特に第14章で総合的に扱う.しかし,PVAは通常はより単純化した方法を用いており,こうした複雑な相互作用を直接含めてはいない.したがって,PVAについては本章で扱うことにする.

地球規模の気候変動が突きつける課題

今後,地球上の生物,生態学者,そして資源管理に携わる者が立ち向かわねばならない最大の課題は,地球規模の気候変動である(第2章9節を参照).予想される気候変動を緩和する試みには生態学的観点が含まれる(例えば,化石燃料の燃焼で発生した二酸化炭素を吸収し固定するためにもっと多くの木を植える).しかしながら,そのような**緩和**の試みには,必ず経済的・社会的・政治的問題が関わってくる.こうした問題は生態系の機能についても同様であるので,第22章で論じる.本章では,個々の生物についての生態学的知識を,地球規模の気候変動によって引き起こされる病気や雑草の拡散(第6.1節を参照)や,保護区域の設定(第6.2節を参照)についての予測と管理に役立てる方法について論じる.

環境問題が焦眉の急として突きつけられている状況にあっては,生態学者の多くが応用的な研究(つまり直接,環境問題を対象とした研究)に取り組み,その成果を専門的な学術誌に発表することも当然といえよう.では,そのような研究成果はどの程度,資源管理に携わる者に受け入れられ,かつ利用されているのであろうか.2つの応用学術雑誌,**Conservation Biology**と**Journal of Applied Ecology**が実施したアンケート調査(それぞれFlashpohler *et al.*, 2000と

Ormerod, 2003）によると，回答を寄せた論文の著者のうちそれぞれ82％と99％が論文の中で管理についての提案を行っていた．そして心強いことに，回答者の半数以上が，自分たちの研究成果が資源管理者に取り上げられたと答えている．例えば，1999年から2001年の間に **Journal of Applied Ecology** 誌に発表された論文に関して，資源管理者が最も頻繁に利用した研究成果は，保全上重要な種と生息場所，有害生物，農業生態系，河川管理と保護地域設計に関する計画を含んだ成果であった（Ormerod, 2003）．

7.2 ニッチ理論と管理

7.2.1 人間活動によって変化した生息場所の復元

...種のニッチに関する知識を用いて... **復元の生態学**という用語は，用をなさないほどに応用生態学のあらゆる側面を包括するように使われている（例えば，乱獲された漁場の回復，侵入種の除去から，絶滅危惧種のために生息場所の回廊地帯（コリドー）に植生を回復させること，など）（Ormerod, 2003）．ここでは，人間活動の影響を受けた陸域と水圏の景観の復元に限って検討することにし，特に地下資源の採掘，集約的農業，河川からの取水を扱う．

...汚染された土地の再生のために... 地下資源の採掘によって被害を受けた土地は，通常，不安定で土壌浸食や植生の欠失を伴いやすい．復元の生態学の父と称されるTony Bradshawは，土地回復の簡単な方法は植生の回復であると指摘した．なぜなら，植生は地表を安定させ，見た目にも安定感を与え，自立的で，さらに複雑な構造の群集へ向かう自然の遷移，または人為的に誘導された遷移の基礎をもたらすからである（Bradshaw, 2002）．再生に用いる植物の候補は，重金属の毒性に耐性を持つ植物である．そうした種はもともと金属含有量の高い土壌に特徴的な植物であり（例えば，イタリアの蛇紋岩地帯に固有のアブラナ科植物 *Alyssum bertolonii*），その基本ニッチは極端な条件に偏っている．さらに重要なのは，鉱山地域で鉱毒への耐性を進化させた生態型（ecotype）（異なった基本ニッチを持つ種内の遺伝子型（genotype）．第1章2.1節を参照）である．Antonovics & Bradshaw（1977）が初めて指摘したように，耐性を持たない遺伝子型に対する淘汰圧は汚染地域の縁辺部において急激に変化し，また汚染地域の個体群（例えば，ハルガヤ *Anthoxanthum odoratum*）において，重金属耐性はわずか1.5 mの距離の違いで著しく変化した．その後，英国では重金属耐性を持つイネ科の品種が商業的生産のために選抜された（Baker, 2002）．それは，鉛や亜鉛に汚染された中性・アルカリ性土壌に耐性のあるオオウシノケグサ（*Festuca rubra*）の栽培品種 Merlin，酸性の鉛や亜鉛鉱廃棄物に耐性のあるイトコヌカグサ（*Agrostis capillaries*）の栽培品種 Goginan，そして酸性の銅鉱廃棄物に耐性のあるイトコヌカグサ（*A. capillaes*）の栽培品種 Parys などである．

植物には移動能力がないので，金属汚染された土壌によく出現する種では，栄養塩摂 ...汚染された土壌の改善のために... 取や解毒，そして局所的な土壌の化学的条件の制御のための生化学的な機能が進化している（その結果，これらの植物はその基本ニッチに見合った条件を作り出すことができる）．**植物を利用した環境浄化法**（Phytoremediation）とは，そのような性質を有した植物を汚染された土壌に植えて，重金属や他の有毒化合物の濃度を低下させることを目的とした方法である．これにはさまざまなやり方がある（Susarla *et al.*, 2002）．**植物体への蓄積**（Phytoaccumulation）は，汚染物質が植物によって吸収されても容易には分解しない場合，または完全には分解されない場合

表7.1 ノウサギの存在量（目撃回数をもとに推定）を潜在的に決める生息場所の変数．耕作地と牧草地に分けて解析した．農家からの回答率が10%を下回った変数については解析を行わなかった（表中の一）．農家によるノウサギの目撃と有意に相関しているかどうかを示し（*，$P<0.05$；**，$P<0.01$；***，$P<0.001$），目撃の多さに関連する変数状態は太字で記した．（Vaughan et al., 2003 より．）

変数	変数の説明	耕作地	牧草地
コムギ	コムギ Triticum aestivum（なし，**あり**）	***	—
オオムギ	オオムギ（なし，**あり**）	**	—
穀物	その他の穀物（なし，あり）	NS	—
春	春に穀物を栽培するか？（いいえ，**はい**）	*	—
トウモロコシ	トウモロコシ（なし，あり）	NS	—
アブラナ	アブラナ Brassica napus の侵入（なし，**あり**）	**	—
マメ科	エンドウ，インゲン，シャジクソウ属 Trifolium の植物（なし，**あり**）	**	—
アマ	アマ Linum usitatissimum（なし，あり）	NS	—
園芸	園芸作物（なし，あり）	NS	—
テンサイ	テンサイ Beta vulgaris（なし，**あり**）	***	—
耕地	耕地作物の有無（なし，**あり**）	—	**
草原	草原（牧草地や一時的なものも含む）（なし，あり）	NS	—
草原タイプ	牧草地，**改良草地**，半改良草地，改良無し	NS	***
休閑地	放棄地または休閑地（なし，**あり**）	***	—
林地	林地または果樹園（なし，**あり**）	NS	*

NS，有意な相関なし．

に生じる．グンバイナズナの属の一種 Thlaspi caerulescens のように亜鉛を高濃度に蓄積する草本植物は，汚染物質を取り除くために栽培されてから除去される．一方，**植物による固定**（Phytostabilization）では，根からの浸出液が重金属を沈殿させる性質を利用し，それらが生物に吸収される可能性を低下させる．さらに**植物による変性**（Phytotransformation）では，植物が持つ酵素の働きによって汚染物質を消滅させる．例えば，ヤマナラシ属の雑種 Poplus deltoids × nigra は爆薬の成分である TNT（2,4,6-トリニトロトルエン）を分解する能力がきわめて高く，爆弾を投下された地域の修復に役立つ．微生物も同様に，汚染地域の修復に用いられる．

...個体数が減少している哺乳類のための景観の復元...

土地管理者は，特定の種のための景観の修復を目的とする場合がある．その例として，ヨーロッパノウサギ（Lepus europaeus）の場合をとりあげよう．このノウサギの基本ニッチには，何世紀にもわたって人間活動が作り出してきた景観が含まれている．このノウサギは農地に最も多いが，農業が集約的になりすぎた結果，個体数は減少し，現在では保護の対象となっている．Vaughan et al.(2003) は農家に対して郵便によるアンケート調査を行い，ノウサギの生息数と現在の土地管理の関連を調査した（1050軒の農家から回答があった）．この調査の目的は，ノウサギのニッチの2つの主要な次元，つまり資源の利用可能性（ノウサギの餌となる作物）と生息場所の利用可能性に関して鍵を握る特性を把握し，ノウサギにとって好適な景観を維持，回復するための管理方針を提案することであった．ノウサギは耕作地に多く出現し，特にオオムギやサトウダイコンが栽培され，加えて休閑地（耕作がされていない土地）があるところに多かった．一方で牧草地への出現は比較的少なかったが，「改良された」草地（耕起され，施肥され，混合種子を播種された草地）がある場合，何らかの穀物が栽培されている場合，または林がある場合には生息数が増加していた（表7.1）．Vaughan et al.(2003) が推奨するノウサギの分布域と生息数を増やす手段には，全ての農地で餌植物と1年を通じての（キツネ Vulpes vulpes からの）隠れ場所を用意す

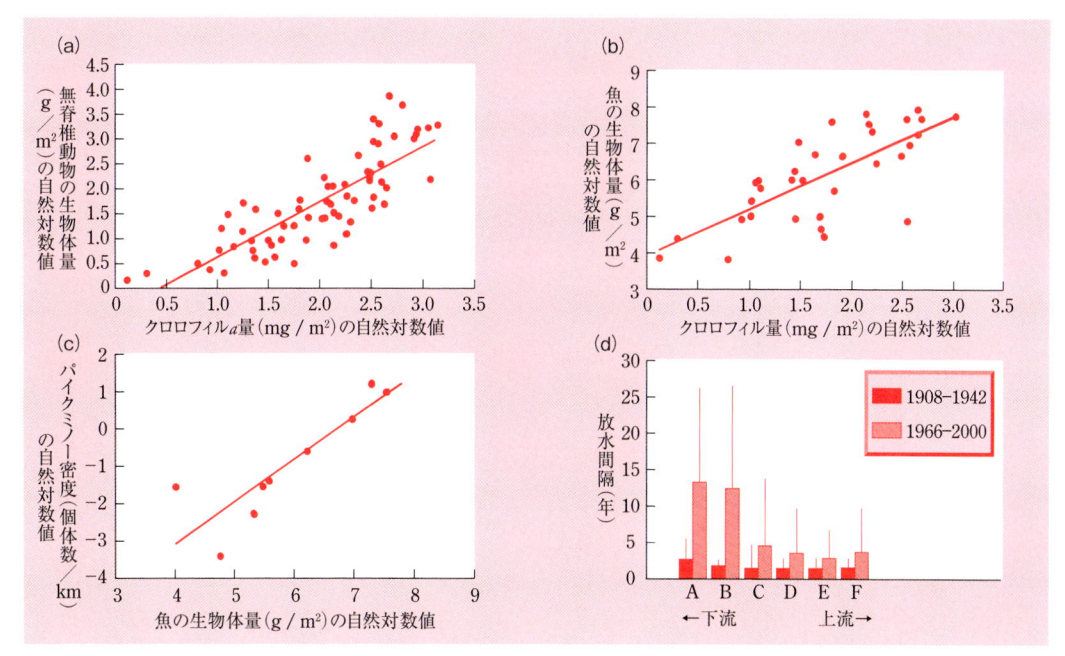

図 7.2 コロラドパイクミノーの分布域衰退の要因を探るためにコロラド川流域で計測された生物学的パラメータ間の相関．(a) 無脊椎動物の生物体量と藻類の生物体量（クロロフィル a），(b) 餌となる魚類の生物体量と藻類の生物体量，(c) パイクミノーの密度と餌となる魚類の生物体量（電気ショック漁法による1分間当りの捕獲率），(d) 過去のデータが利用できるコロラド川の6つの流域において，広範囲な河床の流動化とシルトと，堆積する砂の除去に必要な平均再放水間隔．近年（1966～2000）と調節が始まる前の時代（1908～1942）について示す．ヒストグラムの上の棒線は最大再放水間隔を示す．(Osmundson *et al.*, 2002 より．)

ること，牧草地には林地と改良草地と穀物畑を併置すること，穀物畑にはオオムギやサトウダイコンを栽培し，休閑地を併置することが含まれている．

…在来魚類のための川の流れの修復にむけて…

人間活動が河川生態系に及ぼすもっとも大きな影響のひとつは放水量の調節であり，河川の復元には，河川の流れを本来の状態に戻すことが関わる場合が多い．農業用水，工業用水，生活用水の取水は，流量（単位時間当りの体積）の減少や，流れの日周パターン，季節的パターンの変化を通して，河川の流量様式を変化させてしまう．希少種のコロラドパイクミノー（*Ptycocheilus lucius*）は魚食性であるが，現在の分布域はコロラド川の上流域に限られている．現在の分布は，餌となる魚類の生物体量と正の相関があるが，餌の魚類の生物体量は，依存している無脊椎動物の生物体量と相関し，さ

らに食物網の底辺にある藻類の生物体量とも正の相関を示す（図7.2a–c）．Osmundson *et al.* (2002) によれば，このパイクミノーの数の減少はコロラド川下流域での微細な堆積物の増加（藻類の生産性を低下させる）によって説明できる．微細な堆積物はパイクミノーの基本ニッチには含まれない．歴史的に，春の雪解け水は河床を動かし，堆積するシルトと砂の大部分を流し去るほどの力をもった流水をもたらしてきた．しかし，河川の調節の結果として，そのような流水が起こる間隔が平均1.3～2.7年に1回から2.7～13.5年に1回にまで引き伸ばされ（図7.2d），シルトが堆積する期間が長くなった．

大きな流量は，例えば，側方流路や他の生息場所の不均質性に関わる要素を維持し，また基質を産卵に適した状態へと変えることによっても魚類に影響を及ぼす（特定の種の基本ニッチに関わる全ての要素に影響しうる）．管理者は，河

川復元に際して，河川の自然状態での流量様式のなかでも生態学的に影響の大きい側面を考慮せねばならない．しかしこれは，言うは易く行うは難しである．Jowett (1997) は，最小放水量の決定に通常用いられる 3 つのアプローチ，つまり過去の流量，水力学的な幾何学，生息場所の評価，について述べている．1 番目の過去の流量については，「健全な」河川生態系の維持には平均流水量の何割かが必要である，と考える．おおよその目安として 30% という値が用いられる場合が多い．2 番目の水力学的な方法は，流水量を流路の水力幾何学（河川断面に関するさまざまな測定結果に基づく）に関連づけるものである．流水量が平均流水量のある一定量（いくつかの河川では 10%）よりも下回った場合，河川の幅と深さが急速に減少するが，このような変曲点が最低流水量を設定する際の根拠として用いられる場合がある．3 番目の生息場所の評価は，特定の生態学的評価基準，例えば特定の魚種について十分な餌量が生産される生息場所といった基準を満たす流水量に基づく．管理者は，このようなさまざまなアプローチに内在する単純な仮定に注意する必要がある．なぜならば，パイクミノーの例でみたように，健全な河川生態系には，最小放水量の設定以外にも，低頻度だが大規模な流水なども必要とされるからである．

7.2.2 侵入への対処

種のニッチを表現する技法は…　3 次元を越える多次元の場合，種のニッチを視覚化することは容易ではない（第 2 章を参照）．しかしながら，序列化 (ordination, 第 16 章 3.2 節でさらに詳しく論じる) という数学的手法を用いれば，種と複数の環境変数を同一のグラフ上に図示しながら解析することができる．このグラフの 2 つの軸は，ニッチ次元のうちの最も重要なものを複合したものである．このグラフ上ではよく似たニッチをもつ種同士

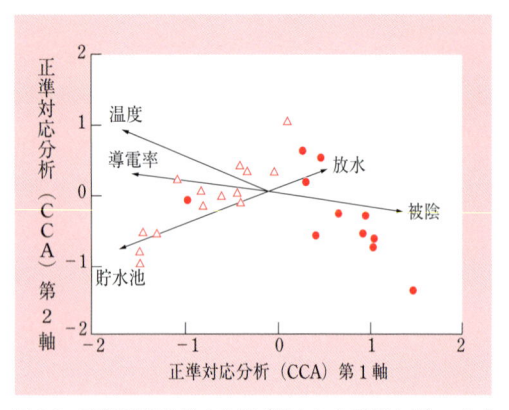

図 7.3　正準対応分析の結果（第 1 および第 2 軸）．在来魚種（●），導入された外来種（△）．そして影響を及ぼす 5 つの環境変数が示されている（矢印は正準対応分析の軸と物理的変数との相関を示す）．(Marchetti & Moyle, 2001 より．)

は，近くに現れる．影響の大きい環境要因は，二次元グラフの中でのそれらの増加方向を示す矢印として現れる．Marchetti & Moyle (2001) は，カリフォルニアの管理された河川の複数の場所に生息する一群の魚類（在来種 11 種と，外来種 14 種）が環境要因とどのように関連しているかを，正準対応分析 (canonical correspondence analysis; CCA) という序列化の一手法を用いて調べた（図 7.3）．その結果，在来種と外来種がそれぞれ異なったニッチ空間を占めていることが判明した．在来種の多くは，平均流水量 (m^3/秒) が大きい場所，樹冠の閉鎖率（日陰の割合）が高い場所，植物由来の栄養塩の濃度（電気伝導度，μS）が低い場所，水温（℃）が低い場所，そして淀みの少ない場所（すなわち，流速が速い浅くて波立つ生息場所の割合が高い）に出現した．この変数の組み合わせは，河川の自然状態を反映している．

導入された種は，おおむね反対のパターンを示した．外来種にとっては，現在の諸条件の組み合わせが好適であっ…なぜ在来種が外来種に取って代わられるのかを示す…た．すなわち，治水によって流水量が減少して流速が小さい生息場所（淀み）が増加し，岸辺の植生が除去され水温が上昇し，農業排水と生

表7.2 合衆国への侵入種に関わる年間コストの推定値（単位は10億米ドル）．分類群ごとのコストの総計が高い順に並べられている．（Pimentel *et al.*, 2000 より．）

分類群	侵入種の数	主な問題種	損失・被害額	防除費用	総計コスト
微生物（病原体）	>20,000	作物の病原菌	32.1	9.1	41.2
哺乳類	20	ドブネズミとネコ	37.2	NA	37.2
植物	5,000	耕地の雑草	24.4	9.7	34.1
節足動物	4,500	作物の害虫	17.6	2.4	20.0
鳥類	97	ハト	1.9	NA	1.9
軟体動物	88	マルスダレガイとカワホトトギスガイ	1.2	0.1	1.3
魚類	138	ソウギョなど	1.0	NA	1.0
爬虫類，両生類	53	ミナミオオガシラヘビ	0.001	0.005	0.006

NA，資料なし．

活排水によって栄養塩濃度が上昇した状態である．Marchetti & Moyle (2001) は，合衆国西部のこの地域において外来種の進出を抑制し，在来魚類が減少し続けることを食い止めるには，河川流をもっと自然に近い状態に戻す必要があると結論している．しかしながら，侵入種は「自然な」河川流ではいつもうまく生活できないと考えるべきではない．ニュージーランドにおける外来種であるブラウントラウト（*Salmo trutta*）は，放水量の大きい条件下で，在来種であるガラクシアス科の数種よりうまく振る舞えるようである (Townsend, 2003)．

侵入種の多様性とその経済的コスト　経済的損失をもたらしている侵入種（外来種）のうち，魚類は比較的取るに足らない分類群である．表7.2には，合衆国における数万種に及ぶ外来の侵入種をさまざまな分類群に分けて示している．その中でも，雑草イガヤグルマギク（*Centaurea solstitalis*）は，今やカリフォルニア州の4百万ヘクタール以上の耕作地にはびこっており，かつては生産的だった草地が損なわれてしまった．ドブネズミは，合衆国全体で年間推定190億ドル分の貯蔵穀物に被害を及ぼすとともに，電線をかじることで火災を引き起こし，食料を汚染し，病気を撒き散らし，在来種を捕食している．ヒアリ（*Solenopsis invicta*）は，家禽，トカゲ，ヘビ，そして地上に営巣する鳥類を殺すが，テキサス州だけでも，家畜，野生生物，公衆衛生に対して年間およそ3億ドルに及ぶ損害をもたらしていると推定され，さらに2億ドルがその駆除に費やされている．カワホトトギスガイ（*Dreissena polymorpha*）の大集団は，利用可能な食物と酸素を減らすだけでなく，覆いかぶさって窒息させることによって，在来のイガイ類やその他の動物相を脅かしている．さらにこのカワホトトギスガイは，浄水場や水力発電所の取水パイプに侵入して詰まらせるが，その除去には数百万ドルが必要である．全体的には，農作物に害を及ぼす雑草や昆虫や病原菌が，最も大きな経済的コストをもたらしている．しかしながら，持ち込まれた人間の病原生物，特にHIVやインフルエンザウィルスへの対応には年間75億ドルが費やされており，毎年4万人が死に至っている（詳細および参考文献は Pimentel *et al.*, 2000 を参照）．

種のニッチと侵入の成否に関する予測　イギリス諸島における外来植物の例をみれば，侵入種とそのニッチに関する多くの点を理解できる (Godofray & Crawley, 1998)．人間の生活圏と重複するようなニッチをもつ種は，新しい地域へと運ばれる可能性が高く，かつその種が元来生活していた場所と似通った生息場所へ運ばれる傾向がある．従って，侵入種はその運搬の中心地近くの撹乱された生息場所の周囲で見つかることが多く，遠く離れた山地帯から見つかることは少ない（図7.4a）．さらに，多くの侵入種がヨーロッパのような近隣地域から，あるいは英国と気候（つまり侵入種のニッチ）

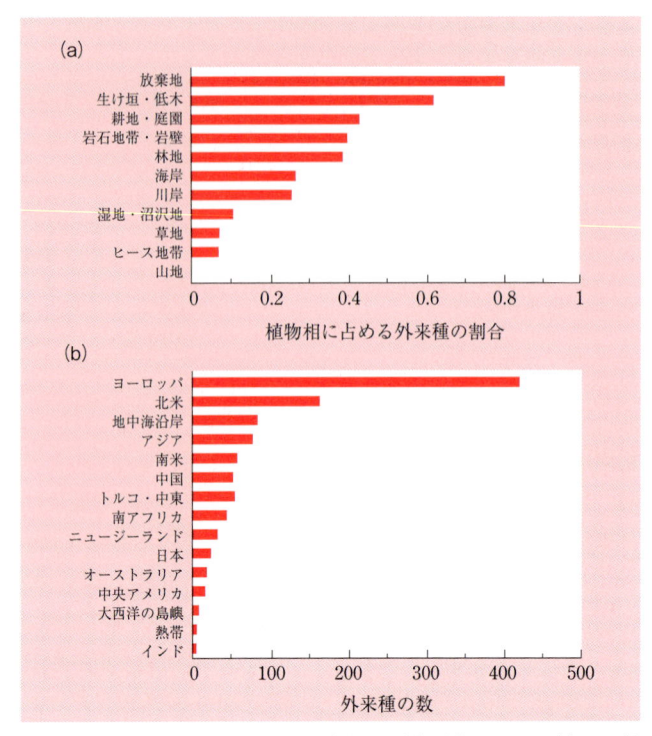

図7.4 イギリス諸島における外来植物相．(a) 群集タイプ別（多くの外来種が人間の居住地近くの開けた攪乱地に生育していることに注意）．(b) 原産地別（距離の近さ，貿易の有無，気候の類似性を反映している）．(Godofray & Crawley, 1998 より．)

が似た遠隔地からやってくる場合が多い（図7.4b）．通常は英国で越冬するのに必要な耐霜性を持たないような，熱帯地域の植物も少数侵入していることは注目に値する．Shea & Chesson（2002）は，**ニッチ機会**（niche opportunity）という言い回しで，資源が利用できる可能性，物理化学的条件の適切さ，および天敵の不在もしくは少なさを基準に，侵入種がある地域に定着できる可能性を評価した．彼らによれば，人間活動が侵入種にニッチ機会を供給するような方向に条件を悪化させる場合がある．河川管理はその一例である．すべての侵入種が顕著な生態学的脅威や経済的損失をもたらすわけではない．実際，目立った影響をもたらさないような外来種と，「真に侵略的な種」（新しい環境下で爆発的に増加し，在来種に対して重大な影響を与える種）とを区別する生態学者もいる．管理者は，新たな侵入種の潜在的可能性について，新たな地域に到達した場合そこに定着する可能性があるか（その種のニッチの要求に大きく依存する），在来の群集に劇的な影響を及ぼす可能性があるか（これは第22章で扱う）の両方の観点から見極めなければならない．侵入有害生物を取り除くための管理戦略には，相互作用をもつ複数の個体群の動態についての理解が要求される．この問題は第17章で扱う．

7.2.3 絶滅危惧種の保全

絶滅の危機に瀕している種の保全のために保護地域を設置することが多いが，時には何個体かを新しい場所へ移動させることもある．どちらの取り組みも，当該種がどんなニッチを必要としているか検討した上で行う必要がある．

カナダ南部や合衆国東部で繁殖するオオカバマダラ（*Danaus plexippus*）にとって，メキシコ

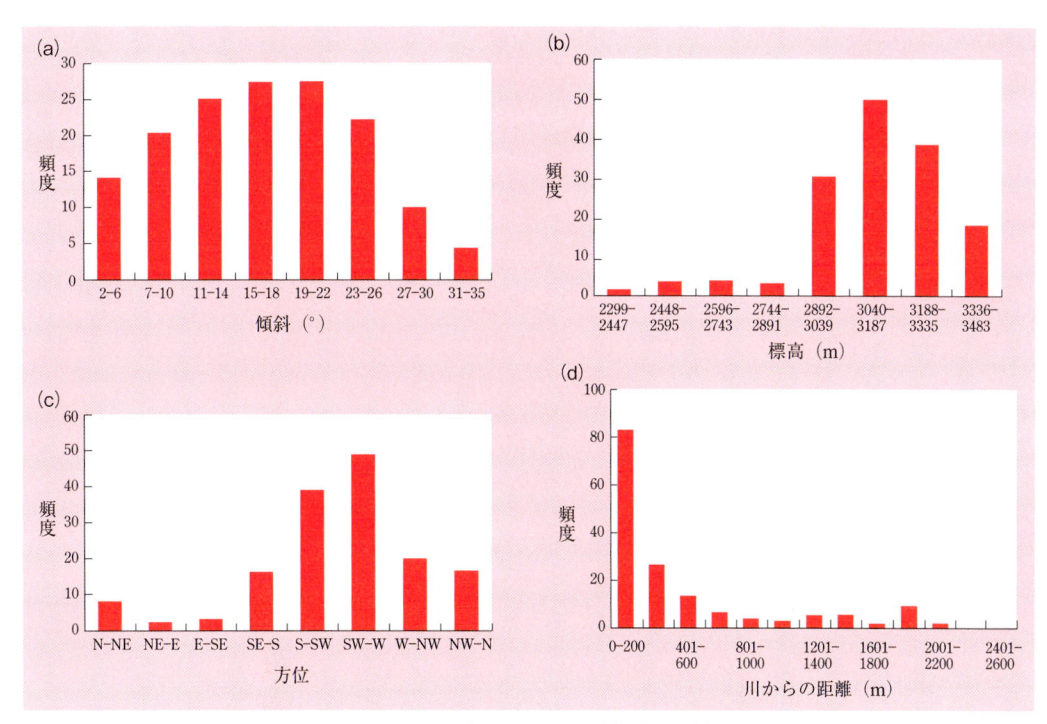

図 7.5 メキシコ中部のオオカバマダラの 149 の越冬コロニーの，(a) 斜度，(b) 標高，(c) 方位，(d) 川からの距離に関する頻度分布．(Bojorquez-Tapia *et al.*, 2003 より．)

ニッチの生態学と保護地の選定

の越冬地は必要欠くべからざるものである．このチョウは，メキシコ中央部の互いに離れた 11 の山でレジオーサモミ (*Abies religiosa*) の林に密集したコロニーを形成する．保護する越冬場所をできるだけ広く取りながらその中に含まれる伐採の価値のある土地をできるだけ小さくする，という課題のために専門家たちが招集され，目的を明確化し，現存データを評価分析し，そして実現可能ないくつかの解決法を立案した (Bojorquez-Tapia *et al.*, 2003)．こうした課題では，応用生態学の多くの分野がそうであるように，生態学的基準と経済学的基準の双方に基づいて判断する必要があった．オオカバマダラの越冬ニッチ次元としては，比較的温暖で湿潤な条件（生存と北への回帰のためのエネルギー保持を可能にする）と，晴れた暑い日に吸水するための流水（資源）の存在が重要である．これまでに知られているコロニー形成場所のほとんどは，高地（2890 m 以上）の南もしくは南西に面したやや急な斜面にある森林にあり，渓流から 400 m 以内にある（図 7.5）．メキシコ中央部の各地について，最適な生息場所の条件を満たしている程度と，重要な伐採地域を可能な限り含まないことを考慮しながら，地理情報システム (GIS) を用いて，3 つの保全計画が立案された．政府がオオカバマダラの保全のために確保する地域の広さは計画ごとに異なる（4500 ha，16000 ha，無制限）（図 7.6）．専門家たちは，21727 ha が保護地となる，無制限の計画が最善と考え（図 7.6c），その提案は一番費用がかかるものであったにもかかわらず，政府当局に受け入れられた．

極端に数が減っている種の基本ニッチを解明することは簡単な仕事ではない．大型のクイナであるタカヘ (*Porphyrio hochstetteri*) は，人間が定着する以前のニュージーランドの山野に優勢であった飛翔しない大型植食性鳥類のギルドの中で，現在まで生き

現在の分布が最適なニッチ条件を反映しているとは限らない

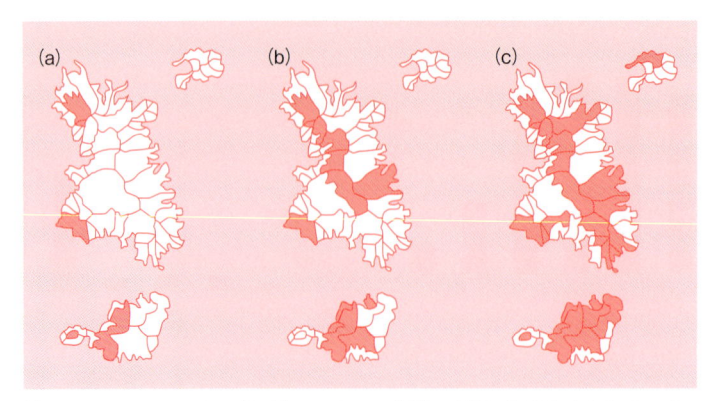

図 7.6 3 つのシナリオに基づく，メキシコ中部の山地におけるオオカバマダラの越冬地保護区の最適な分布（色付きの地域）．(a) 4500 ha に制限した場合，(b) 16000 ha に制限した場合，(c) 制限なしの場合（総計 21,717 ha）．オレンジ色の線は集水域の境界である．メキシコの「オオカバマダラ生物圏保護区」の設置責任者によって，シナリオ c が採用された．（Bojorquez-Tapia *et al*., 2003 より．）

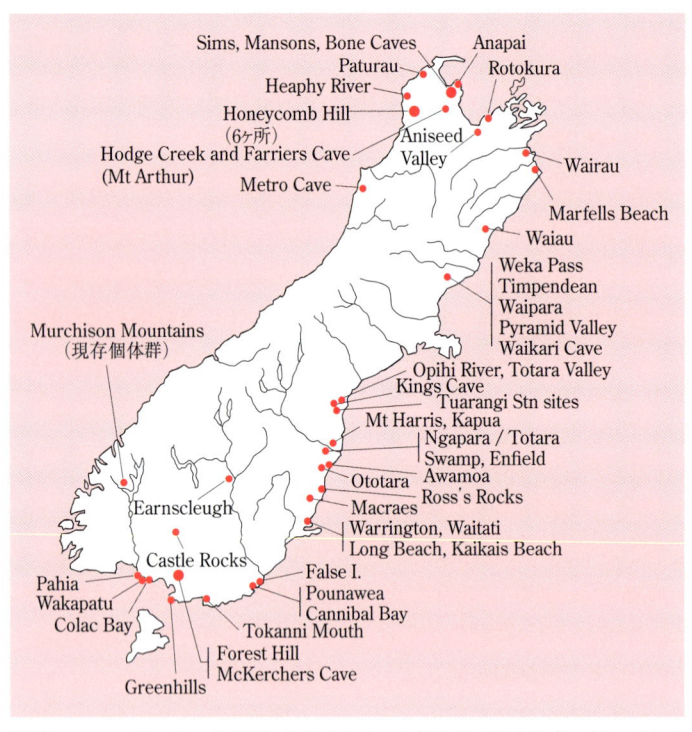

図 7.7 ニュージーランド南島におけるタカへの骨化石の出土地点．（Trewick & Worthy, 2001 より．）

残ったわずか 2 種のうちの一種である（図 7.7）．実のところ，1948 年に南島南東部の奥地の，気候が厳しいマーチソン山地で小さな個体群が発見されるまでは，絶滅したと考えられていた（図 7.7）．それ以降，集中的な保全活動が展開され，生息場所管理，飼育下での繁殖，マーチソン山地および周辺地域への野生復帰，さらに，人為的に導入されて本島に広く分布している哺乳類がいない離島への移住，といった措置がとられてきた（Lee & Jamieson, 2001）．タカヘは草原のスペシャリストであり（イネ科 *Chionochloa* 属の背の高い草本が主な食物である），高山帯に適応しているので，そのニッチの外ではうまく生活できないだろうと考える生態学者もいた（Mills *et al.*, 1984）．一方で，化石証拠から，この種はかつて標高 300 m 以下（しばしば海岸部．図 7.7）を中心に広く分布しており，森林，潅木林，草原がモザイク状に存在する場所で生活していたことを根拠として，タカヘは外来の哺乳類がいない離島の環境にうまく適合するであろうと考える生態学者もいた．島に移したタカヘの個体群は持続しないだろうとの懐疑的意見は間違っていたが（4 つの島に無事に導入された），タカヘにとって島は最適な生息場所ではないだろうとの考えは正しかったようで，島の個体は山地の個体に比べて，孵化率と巣立ちの成功率が低かった（Jamieson & Ryan, 2001）．タカヘの基本ニッチは南島の景観の大部分を包含していると考えられるが，彼らを狩る人間や，食物をめぐって競合するアカシカ（*Cervus elaphus*）や捕食者オコジョ（*Mustella erminea*）などの外来の哺乳類によって，実現ニッチは大きく狭められている．このタカヘのように絶滅に瀕している種の現在の分布は，種のニッチ要求に関して誤った情報をもたらすだろう．マーチソン山地と，草原ではなく牧草地を有する離島のどちらも，タカヘの基本ニッチの条件や資源の最適な組み合わせに一致しているとは考えられない．管理者が保護のための最適地を選定する際には，危機に瀕している種の分布範囲を，歴史的

な観点から再構築することが有効だろう．

7.3 生活史理論と管理

第 4 章では，生態学的な特性の組み合わせによって，生活史における繁殖や生存の様式が決まり，その様式によって種の時空間的な分布や存在量が決まってくることを学んだ．この節では，復元，生物安全保障，そして稀少種の絶滅リスクの管理において，特定の生態的特性が役立つのかどうかを検討する．

7.3.1 復元効果の予測に使える種の特性

Pywell *et al.* (2003) は，牧草地または耕作地として「改良」された土地を，種の豊富な草原へと復元する実験を扱った 25 の論文について，結果をまとめた．彼らは植物の繁栄度を生活史と関連づけることを試みた．復元の初期の 4 年間の結果に基づいて，よく用いられるイネ科草本（13 種）と広葉草本（45 種．広葉草本とは，イネ科などの単子葉と異なる双子葉の草本植物）の繁栄度指数を算出した．その指数は，対象とする種が播種された土地の中で出現するコドラート（0.4 m 四方かそれ以上の大きさ）の割合に基づくもので，4 年間の 1 年ごとに算出された．生活史の解析は，植物の 38 の特性について行われたが，その中には種子バンクでの種子の寿命，稔性種子の割合，実生の成長率，生活型と生活史戦略（例えば，競争力，ストレス耐性，定着能力（荒れ地性）を優先する戦略（Grime *et al.*, 1988）），生活環の各イベント（発芽，開花，種子散布）のタイミングが含まれていた．繁栄度が最も高かったイネ科草本は，オオウシノケグサ（*Festuca rubra*）とカニツリグサ属の一種（*Trisetum flavescens*）であった（4 年間の平均繁栄度指数は 0.77）．また，広葉草本ではフランスギク（*Leucanthemum vulgare*,

> 種の特性に関する知識を用いて… …草原を復元する…

表7.3 広葉草本の生態学的特性のうち，草原の復元実験において播種後1〜4年の間に植物の成長繁殖に有意な効果を示した形質．＋(－)は正(負)の効果を示す．(Pywell et al., 2003より．)

形 質	n	1年目	2年目	3年目	4年目
撹乱耐性（定着能力）	39	＋*	NS	NS	NS
秋発芽	42	＋*	NS	NS	NS
発芽率（％）	43	＋**	＋*	＋*	NS
実生の成長率	21	NS	＋*	＋**	＋*
競争力	39	＋*	＋**	＋***	＋***
栄養成長	36	＋**	＋*	＋*	＋*
埋土種子の寿命	44	＋*	＋*	＋*	＋*
ストレス耐性	39	－**	－**	－***	－***
ゼネラリストの生息場所	45	＋**	＋**	＋**	＋**

*, $P<0.05$；**, $P<0.01$；***, $P<0.001$；n, 解析に含めた種数；NS, 有意な効果なし．

0.50)，セイヨウノコギリソウ(Achillea mellefolium, 0.40)が特に高い値を示した．イネ科草本では，種の特性と繁栄度との間にほとんど相関は見られず，荒れ地性との間にのみ正の相関が見られたが，一貫して広葉草本よりも繁栄度が高かった．広葉草本では，定着の成否と相関があったのは，定着能力，種子の発芽率，秋発芽，栄養生長，種子バンクの寿命，生息場所選択の広さといった特性だったが，時間の経過とともに，競争力や実生の成長率が定着成功率に強く影響するようになった（表7.3）．ストレス耐性種，生息場所のスペシャリスト，貧栄養な生息場所を好む植物は，繁栄度が低かった（復元草原では残存している高濃度の栄養塩を利用できる場合が多いことをいくぶん反映していると思われる）．Pywell et al. (2003)は，そうした生態的特性を持つ種だけを播種することによって，復元の効率を高めることができると論じている．しかし，この方法は復元草原の一様性を高めることにもつながる．そこで，草原の復元に必要だが繁栄度が低い植物は，復元開始後数年を経過し，定着に適した環境条件が整ってから導入することを提唱している．

7.3.2 生物安全保障の優先順位を設定する指標としての種の特性

クマツヅラ科の低木ランタナ（別名シチヘンゲ）(Lantana camata)（図7.8），ホシムクドリ(Sturnus vulgaris)，ドブネズミ(Rattus rattus)など，多くの種が世界中の互いに遠く離れた地域に侵入している．この事実は，それらの種に侵入の成功率を上げるような共通の特性があるのではないか，という疑問を生じさせる(Mack et al., 2000)．侵入の成否に関わる特性を列挙できれば，管理者は定着のリスクを合理的に評価できるようになり，従って侵入の可能性のある種に優先順位をつけることや，適切な生物安全保障の手順を立案することが可能になるだろう(Whitternberg & Cock, 2001)．いくつかの分類群の侵入成功例は，予測可能性につながる要素を示している．例えば，合衆国に導入された約100種のマツ類のうち，定着に成功して在来種の生息場所にまで侵入した少数の種は，種子が小さく，多量の種子を生産する間隔が短く，稚樹の期間が短い，という特徴を持っていた(Rejmanek & Richardson, 1996)．ニュージーランドでも同様に，鳥類の導入の成否に関して正確な記録が残されている．Sol & Lefebvre (2000)は，侵入の成功は導入の労力（ヨーロッパ人の植民以後の導入の試行回数と導入個体数）と相関

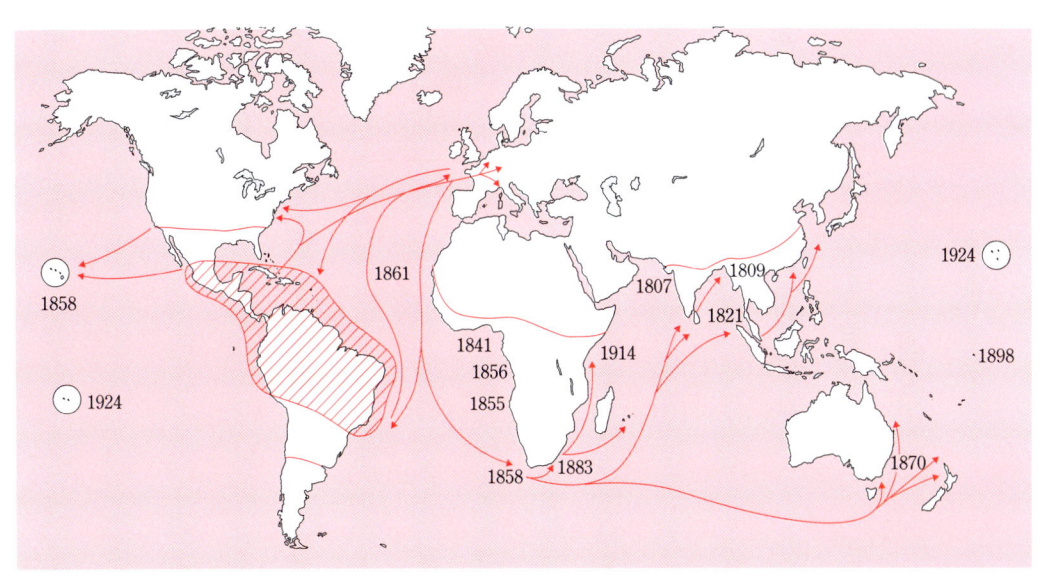

図7.8 低木のランタナ（*Lantana camara*）は分布の拡大にきわめて成功した侵入種の好例で，原産地（斜線部）から亜熱帯，熱帯の各地に意図的に運ばれ，分布を拡げて有害植物として蔓延している．（Cronk & Fuller, 1995 より．）

することを見いだしたが，それも驚くにはあたらない．侵入が成功しやすい鳥類は，若鳥が親から給餌を受けない離巣性の鳥（例えば猟鳥）や，渡りをしない鳥，また特に脳が相対的に大きな鳥であった．脳の大きさとの関係は，離巣性の鳥が大きな脳を持っていることと関連してはいるが，同時に行動の柔軟性も反映しているだろう．国際的な学術雑誌に報告された例で比較すると，新しい食物や採餌の技術の利用は，侵入に成功した種についての報告数（28種について平均1.96回，分散3.21）が，失敗した種についての報告数（48種について平均0.58回，分散1.01）より多かった．

このように一部の分類群に関しては，多産（例えばマツの種子生産量）やニッチの幅広さ（例えば鳥の行動の柔軟性）に関連した，侵入の成否の予測可能性に関する示唆があるのだが，その「規則」には例外も多く，また何の関係性も見いだせない場合も多い．Williamson（1999）は，「侵入の可能性の予測は，地震の予測と同じ程度なのではないか」とまで述べている．侵入の成功について一番確かな予測を提供するのは，その種が以前に他の場所へ侵入したことがあるかどうかである．このような情報でさえも，侵入の管理者にとってはその管轄地域への潜在的な侵入種の優先順位を判断するのに役立つ指針を与えるものとなる．

7.3.3 保全と収穫管理の優先順位を決める指標としての種の特性

もしも，種の特性に基づいて絶滅のリスクが最も高い種を予測できるならば，管理者 …絶滅危惧種の保全の優先順位を決める…
は保全のために人の手を加える対象種の優先順位をつけることができる．こうした考えのもとに，Angermeiner（1995）は合衆国ヴァージニア州の在来淡水魚197種について，種の特徴を解析した．特に，すでに州内で絶滅した17種と生息域が大幅に縮小して絶滅の危機に瀕していると考えられる9種の特徴に注目した．とりわけ注目に値するのは，生態的スペシャリストの脆弱性が示されたことである．すなわち，局所絶滅の確率が高かったのは，そのニッチがヴァージニア州内のいくつかの地理型のうちの

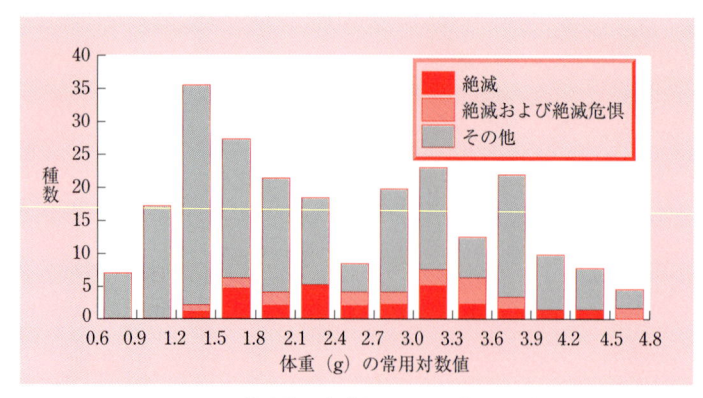

図7.9 オーストラリアの陸上性の有袋類における体サイズの頻度分布．過去200年間に絶滅した25種（濃い赤色）を含む．現在絶滅の危機にあると考えられる16種は薄い赤色で示す．（Cardillo & Bromham, 2001 より．）

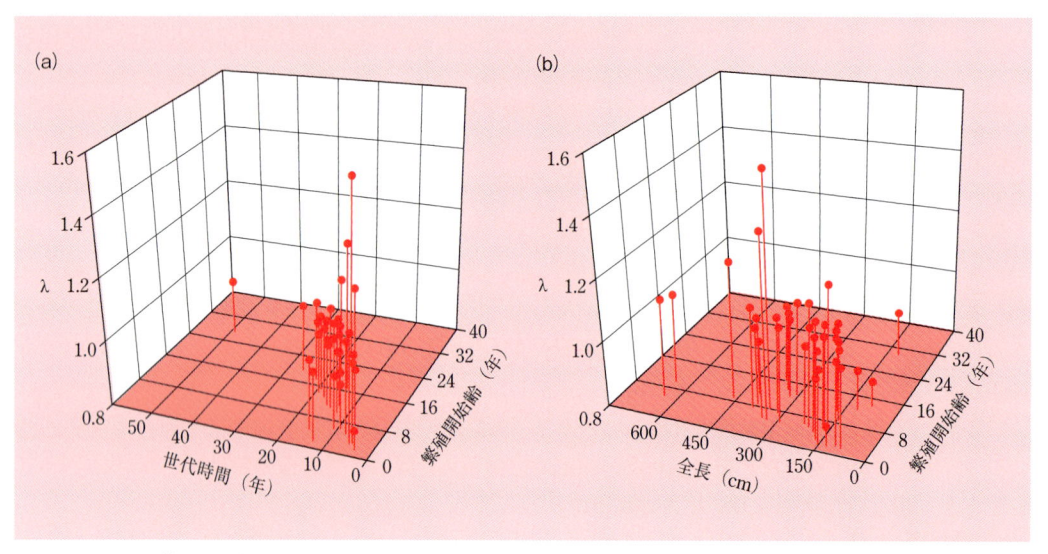

図7.10 サメ38種，41個体群についての平均個体群増加率 λ に対する，(a) 繁殖開始齢と世代時間，(b) 繁殖開始齢と全長との関係．（Cortes, 2002 より．）

ひとつしか含まない種，流水・止水両方に生息する種よりも流水だけに生息する種，食性にひとつのカテゴリーしか含まない種（複数の餌カテゴリーをもつ雑食性の種に対して，完全な魚食性，昆虫食性，植食性，デトリタス食性）であった．最上位の捕食者はおそらく，食料供給の安定性が高い低次の栄養段階にある種に比べて，絶滅の危険性が高いと考えられる．Davies et al. (2000) が実験的に断片化させた森林の生息場所と連続的な森林の生息場所で比較研究した甲虫の例では，肉食性の種の個体群密度の減少

率（10種．平均で70％の減少）は，枯木やその他のデトリタスを食する種の減少率（5種．平均で25％の減少）に比べて著しかった．

絶滅リスクは体サイズが大きい種ほど大きいという傾向が，さまざまな例で見られる．

大きな体サイズと絶滅リスクは相関する場合が多い

図7.9 は，この200年の間に，オーストラリアで絶滅したか現在絶滅に瀕しているとされる有袋類を示している．地理的地域（例えば，乾燥地域に対する中湿地域）や分類群（例えばネズミカンガルー，フサオネズミカンガ

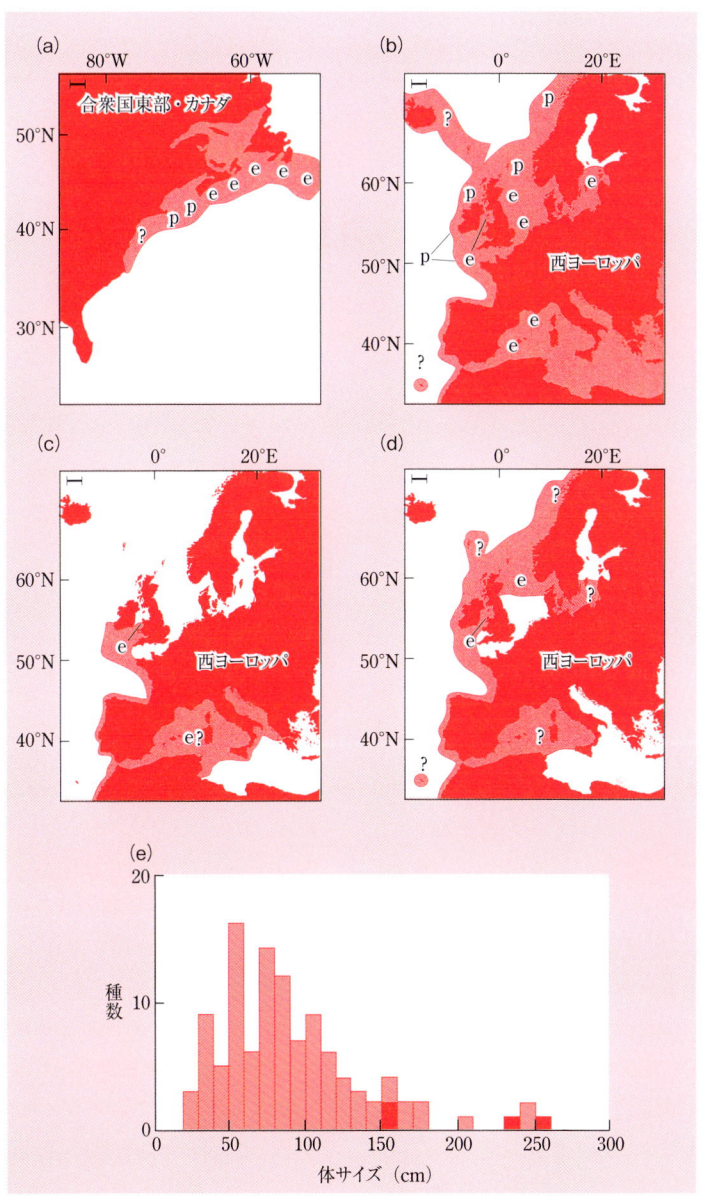

図7.11 北西大西洋および北東大西洋において地域的に絶滅したガンギエイ類4個体群のかつての分布域．(a) ガンギエイの一種（*Dipturus laevis*），(b) ガンギエイ *D. batis*，(c) シロガンギエイ *Rostroraja alba*，(d) ハナナガガンギエイ *D. oxyrhinchus*．図中の e は地域絶滅した地域，e? は地域絶滅の可能性がある地域，p は漁獲調査から現在も生息が確認されている地域，? は現状不明の地域．スケールは 150 km を示す．(e) ガンギエイ類の体サイズの頻度分布（4つの地域絶滅個体群は濃い赤色）．（Dulvy & Reynolds, 2002 より．）

ルー，バンディクート，ミミナガバンディクート）によっては，他よりも絶滅した率もしくは絶滅の危機に瀕している率が高いが，それでも体サイズと絶滅リスクとの相関が最も強い (Cardillo & Bromham, 2001)．体サイズは，大きな体サイズ，晩熟，低い繁殖への分配を関連づけた生活史シンドローム（すなわち r/K）の一部である，ということを思い出そう（第4章12節を参照）．

Cortes (2002) は，世界各地で調査された38種のサメの41の個体群に関して齢構造による生命表（第4章参照）を作成し，体サイズ，成熟齢，世代時間，個体群増加率 λ（第4章7節では R として紹介）の間の関係を調べた．世代時間と成熟齢に対して λ をプロットした3次元グラフでは，Cortes (2002) が「速-遅連続体」と呼ぶ傾向が示されたが，早熟で世代時間が短く，一般的に高い λ よって特徴づけられる種は，その中で最も速い領域に位置する（図7.10aの右下側）．この図の遅い領域（図7.10aの左側）にいる種は反対の傾向を示し，大きい体サイズを持つ傾向がある（図7.10b）．Cortes (2002) はさらに，生存率の変化（例えば，人間による汚染や捕獲などの攪乱に起因する）に，それぞれの種が対応する能力を分析した．「速い」領域のサメ，例えばウチワシュモクザメ (*Sphyrna tiburo*) は，成魚もしくは幼魚の生存率が10%減少しても，出生率の上昇で補償することができた．一方で，オオメジロザメ (*Carcharhinus leucas*) のように体サイズが大きく，成長が遅く寿命が長い種については，特段の配慮が必要とされる．成魚，また特に幼魚の生存率がわずかに減少しただけでも，それを補うには，そうした種にとっては不可能なレベルの産卵数または出生直後の生存率の増大が必要とされる．Cortesの警告の実例として，ガンギエイ科のエイ類が挙げられる．世界で知られる230種のうち，地域絶滅と顕著な生息域の縮小が見られるのは4種だけとされる（図7.11a-d）．その4種はそのグループでは体サイズが最も大きな種である（図7.11e）．Dulvy & Reynolds (2002) は，地域絶滅を経験したこの4種と体サイズが同等かそれ以上の別の7種についても，優先的に注意深いモニタリングを行うべきだと提案している．

7.4 移動，分散，管理

7.4.1 復元と移動する種

生活史の時期によって異なる生息場所（または地域）で過ごすような種（第6章4節を参照）は，生息場所間の移動を妨げる人間活動によって，悪影響を被る可能性がある．合衆国北東部で個体数が減少しているニシン科の魚ニシンダマシ類 (*Alosa pseudoharengus* と *A. aestibalis*) は，まさにその例である．この2種は遡河性で，成熟個体は湖で産卵するために3月から7月にかけて沿岸域から河川を遡上し，生まれた子どもは3-7ヶ月間淡水域で過ごした後に海に下る．Yako *et al.* (2002) はサンテュート湖下流のサンテュート川において6月から12月の間に週に3回，ニシンダマシ類のサンプリングを行った．この湖はその集水域では唯一の産卵に適した生息場所が存在する湖である．彼らは，移動の期間を「ピーク」（週1000個体以上）かまたは「移動全期」（週30個体以上．ピーク期間を含む）に分類した．サンプリングと同時に一連の物理化学的・生物的変数も測定することで，稚魚の移動時期の予測を可能にする要因を見つけようとした（図7.12）．その結果，移動のピークは新月期と2種の重要なエサである動物性プランクトン（ゾウミジンコ属 *Bosmina* の何種かのミジンコ）の密度が低い時期に起きる傾向があることが分かった．移動期の全体（30から1000個体以上が移動する時期）は，水の透明度が低い時と降水量が少ない時期に起きる傾向があった．月齢が，生活環における変化の引き金として動物の行動

> 動物の移動に関する知識を使って... 乱獲された魚類を復元する...

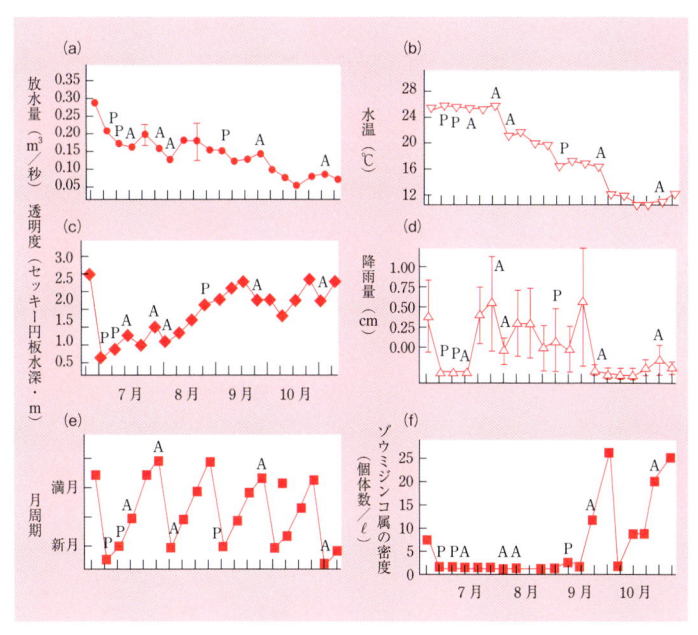

図7.12 合衆国サンテュート川におけるニシンダマシの移動期の物理的および生物的変数の変動.(a) 放水量,(b) 水温,(c) セッキー円板の深さ(低い値は濁りのために光の透過量が小さいことを示す),(d) 降雨量,(e) 月齢,(f) ゾウミジンコ属 *Bosimina* の密度.P は移動の「ピーク」期(週当り 1000 個体以上)を示し,P と A(週当り 30 個体以上)とで移動期の「全体」を示す.(Yako *et al*., 2002 より.)

に影響を及ぼす現象は珍しいことではない.ニシンダマシ類の場合,月明かりのない新月の時期に移動することは,魚食性の魚や鳥に捕食される危険を減らす効果があるだろう.また,ニシンダマシ類が好む餌資源の量が低下することも移動を促す要因と考えられるが,視覚によって食物を探す魚にとって,水の濁りは餌の探索を一層難しくさせるだろう.このニシンダマシ類の例のような予測モデルは,管理者が動物の移動に合わせて水の放出を維持する期間を決めるのに役立つだろう.

... 衰退に向かっている齧歯類の個体群を回復する ...

フィンランドのモモンガ(*Pteromys volans*)個体群は,1950 年代から急速に衰退に向かっている.その主な原因は生息場所の喪失,生息場所の断片化,そして過度の林業活動に伴う生息場所間の連結の減少である.自然林地域は,現在では伐採地か再生中の土地によって分断されている.モモンガの繁殖場所の中核域は,わずか数ヘクタールであるが,個体,特にオス個体はもっと広い「分散」域($1\text{-}3\ km^2$)を持ち,中核域に一時的に滞在するために移動する.また若齢個体は永続的にこの分散域の中を移動する(第6章7節の,分散の個体群内変異の項で扱っている).Reunanen *et al*.(2000)はモモンガにとって好適な森林のパターンを見いだすために,モモンガの行動圏(home range)として知られている地域(63ヶ所)と無作為に抽出した地域(96ヶ所)の景観構造を比較した.彼らはまず,景観のパッチを,繁殖好適地(トウヒと落葉樹の混交林),分散場所(マツ林と若齢林),そして生息に不適な場所(若い苗木の林,開けた場所,水域)へと区分した.図7.13 には例として,典型的なモモンガの行動圏と無作為に抽出した森林とについて,繁殖場所と分散場所の面積と空間分布が示されてい

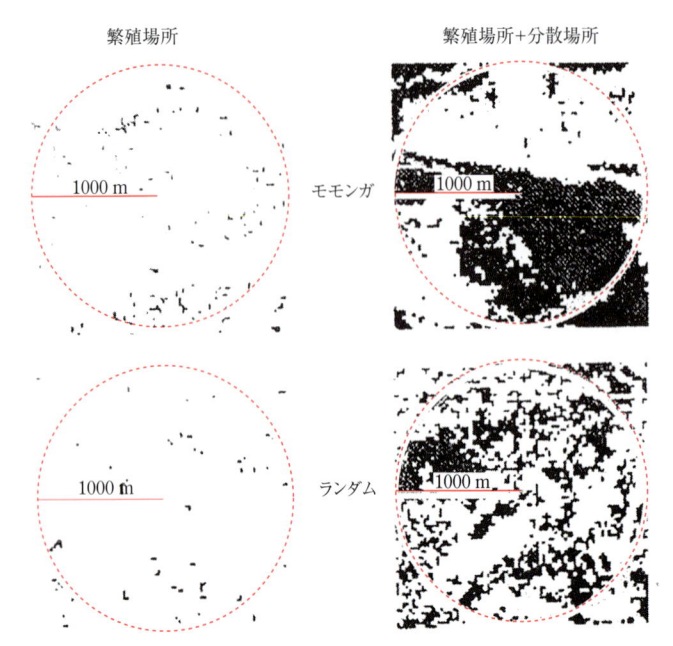

図7.13 モモンガ (*Pteromys*) が生息する典型的な景観（上2枚の図）とランダムに配置された森林景観（下2枚の図）における，モモンガの繁殖場所パッチ（黒色）の空間分布（左側）と繁殖兼分散場所の空間分布（右側）．このモモンガの景観には4%の繁殖場所と52.4%の繁殖兼分散場所が含まれ，他方のランダム景観には1.5%の繁殖場所と41.5%の繁殖兼分散場所が含まれる．モモンガの景観における分散場所はランダム景観のそれに比較して場所間の結びつきが高い（単位面積当りの分断数が少ない）．（Reunanen *et al.*, 2000 より．）

る．全体をまとめると，半径1kmの範囲で比較した場合，モモンガが好む景観には無作為抽出した景観よりも3倍多くの繁殖好適地が含まれていた．また，モモンガが好む景観には無作為抽出した景観と較べて分散地域が23%多く含まれていたが，さらに重要な点として，モモンガが好む景観においては分散場所同士が互いに密に連結していた（単位面積当りの断片化した場所が少なかった）．Reunanen *et al.* (2000) は，森林管理者が為すべきこととして，最適な繁殖場所を確保するために，特にトウヒが優占している森林で落葉樹が混交した状態を復元し維持することを提唱した．しかし，分散行動の観点からとりわけ重要なのは，繁殖好適地と分散場所との間に良好な物理的繋がりを確保する必要があるという点である．

7.4.2 侵入者の拡散の予測

潜在的な侵入種の到来を防ぐための大きな視野での取り組みとしては，郵便，貨物，あるいは飛行機，船への便乗といった主たる「移動」経路の解明と，それに関連した危機管理が挙げられる (Wittenberg & Cook, 2001)．北米の五大湖には，145種以上の外来生物が侵入しているが，その多くは船舶のバラスト水に便乗してやって来た．例えば，最近の侵入種の一揃い（魚類，イガイ類，ヨコエビ類，ミジンコ類，巻貝類を含む）は，主要な交易ルートの出発点である黒海とカスピ海からやって来たものである (Ricciardi & MacIsaac, 2000)．バラスト水を積んで大洋を渡ってきた貨物船は，五大湖で貨物

…そして侵入者の分布拡大を予測する

を積み込む前に3百万リットルのバラスト水を捨てる．その水にはバラスト水を積み込んだ場所を原産地とするさまざまな生活史段階の動植物（そしてコレラの病原菌である*Vibrio cholerae*までも）が多数含まれている．この問題の解決策のひとつは，外洋でのバラスト水投棄を，自主性に任せるのではなく，義務化することである（五大湖では現在義務化されている）．それ以外の対策としては，バラスト水を積み込む際に濾過処理する方法や，航行中に紫外線またはエンジンからの廃熱を使って処理をする方法などがある．

地球上の新たな場所へ到達しただけでは，その種がそのまま深刻な被害を引き起こす侵入者になるわけではない．管理者にとっては，到達後の分布拡大の仕方や速度も重大な関心事である．カワホトトギスガイ（*Dreissena polymorpha*）は，カスピ海と五大湖の間の交易ルートを通じて北アメリカに到達して以来，甚大な被害をもたらしてきた（第7章2.2節を参照）．商業的な航路が開けている水域へはすみやかに広がったが，内陸の湖への拡散は，主にレジャーボートへの付着による陸路を介したものだったため，もっと緩やかであった（Kraft & Johnson, 2000）．地理学では，人間の移動分散様式を予測するために，目的地までの距離とその誘引力に基づいたいわゆる「引力モデル」が開発されているが，Bossenbroek *et al.*（2001）はこのモデルを使って，インディアナ州，イリノイ州，ミシガン州，ウィスコンシン州の総計364の郡にある内陸湖へのカワホトトギスガイの分布拡大を予測した．このモデルは次の3つの段階からなる．つまり，1）ボートがカワホトトギスガイの発生地へ行く確率，2）同じボートが，続いてカワホトトギスガイがまだ入っていない湖へ行く確率，3）カワホトトギスガイがその湖に新たに定着する確率，である．各段階を詳しく説明すると，

1　イガイが付着していないボートが，すでにイガイが定着している湖または船溜まり場に運ばれ，この貝を偶然付着させる．i郡からjという湖または船溜まり場へと移動するボートの数Tは次式のように推定される．

$$T_{ij} = A_i O_i W_j c_{ij}^{-\alpha}$$

ここでA_iはi郡から出たボートがいずれかの湖へ到達するという前提を満たすための補正係数，O_iはi郡に存在するボートの数，W_jは地点jの誘引係数，c_{ij}は郡iから地点jまでの距離，αは距離の係数．

2　イガイを付けたボートが，イガイの定着していない湖に到達して，イガイをばらまく．イガイを付けたボートの数P_iは，i郡からイガイが定着している湖へ行った数を，各郡ごとに，イガイが定着している湖の総数に関して総計したもの．T_{iu}は，i郡からイガイが定着していない湖uに移動するイガイを付けたボートの数である．

$$T_{iu} = A_i P_i W_u c_{iu}^{-\alpha}$$

任意の未定着の湖に到達するイガイを付けたボートの総数は，全ての郡にわたって合計される（Q_u）．

3　未定着の湖に運ばれたイガイがそこに定着する確率は，湖の物理化学的特性（イガイの基本ニッチの重要な要素）と，確率論的な要素に依存する．このモデルでは，Q_uが定着の閾値fを上回った場合に新規定着個体群が成立する．

カワホトトギスガイが定着する湖の確率分布を得るために，コンピュータで2000回の試行計算を行い，各郡で7年間に定着が起こる湖の数を，各郡の各湖の定着確率を合計することによって推定した．その結果は図7.14に示されているが，1997年までの実際の定着様式ときわめて類似しており，このモデルの予測が信頼できることが示された．しかし，モデルでは定着が予想されているウィスコンシン州の中部と

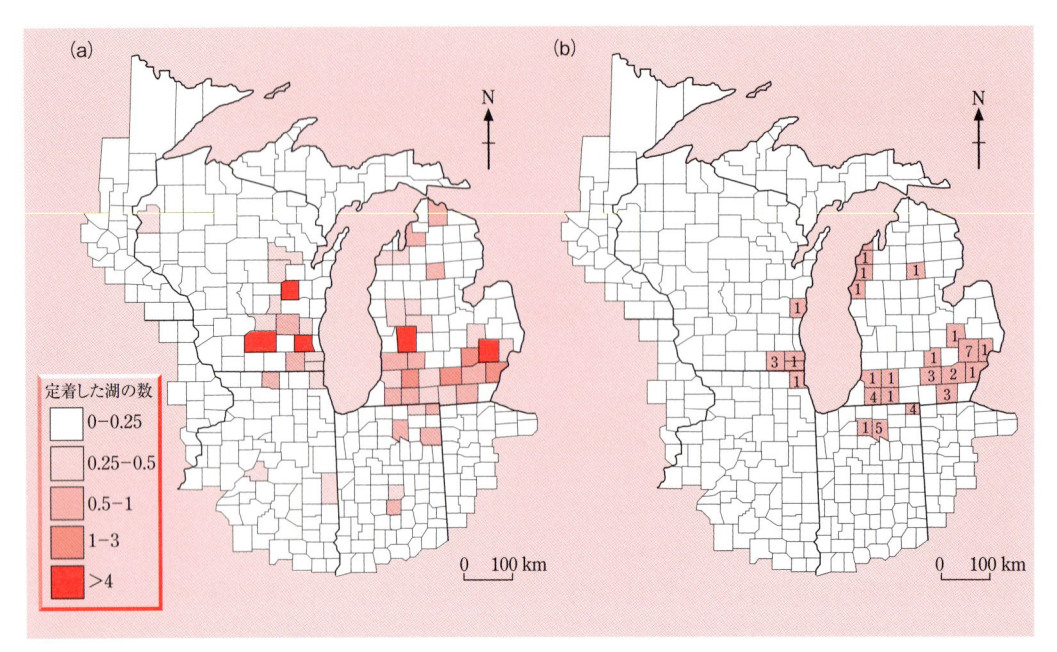

図7.14 (a) 合衆国の364の郡についてカワホトトギスガイが定着する内陸湖の予想分布図（分散についての確率論的「引力」モデルの2000回の反復計算にもとづく）．中央は北米五大湖のひとつミシガン湖．(b) 1997年における実際のカワホトトギスガイの分布．(Bossenbroek *et al*., 2001 より．)

ミシガン州の西部では，実際の定着は今のところ報告されていない．Bossenbroek *et al.* (2001) は，これらの地域への定着はいつ起こっても不思議ではないので，生物安全保障の努力と啓蒙活動を集中的に行うべきであると指摘している．

もちろん，全ての侵入種が人間によって運ばれているわけではなく，自力で分散するものも多い．すでに述べたヒアリ（*Solenopsis invicta*）は，合衆国南部の広い範囲に急速に広まり，深刻な経済被害をもたらしている（第7章2.2節を参照）．このアリはアルゼンチン原産だが2種類の異なる社会形態を持っている．ひとつは単女王型（monogyne）で，もうひとつは複女王型（polygyne）であるが，それぞれ繁殖と分散の様式が異なる．単女王型のコロニーから出てくる新女王は結婚飛行を終えると単独でコロニーを作るが，複女王型のコロニーから出てくる新女王は，交尾後に既存のコロニーに入り込む．その結果，単女王型の個体群は，複女王型に比べて1000倍の速度で分散する（Holway & Suarez, 1999）．侵入種の行動様式を十分に把握できれば，管理者が問題化しそうな侵入種に高い優先順位をつけ，その分散に対抗する戦略を立案する能力も向上するだろう．

7.4.3 移動習性をもつ種の保全

管理者が危機に瀕している種の保全戦略を立てるには，その種の行動様式を理解することが必要である．Sutherland (1998) は，移動・分散行動の理解が不可欠であった興味深い例を報告している．カリガネ（*Anser erythropus*）というガンが越冬地である南東ヨーロッパで狩猟の対象にされていたため，オランダで越冬するように渡りのルートを変えることが計画された．飼育されていたカオジロガン（*Branta leucopsis*）の1集団が，ストックホルム動物園で繁殖し，オランダで越冬していた．そのカオジロガンの一部がラップランドに移送されて，カリガネの卵を孵化させることに使わ

（行動生態学の知識を用いて…絶滅危惧種を保全する…）

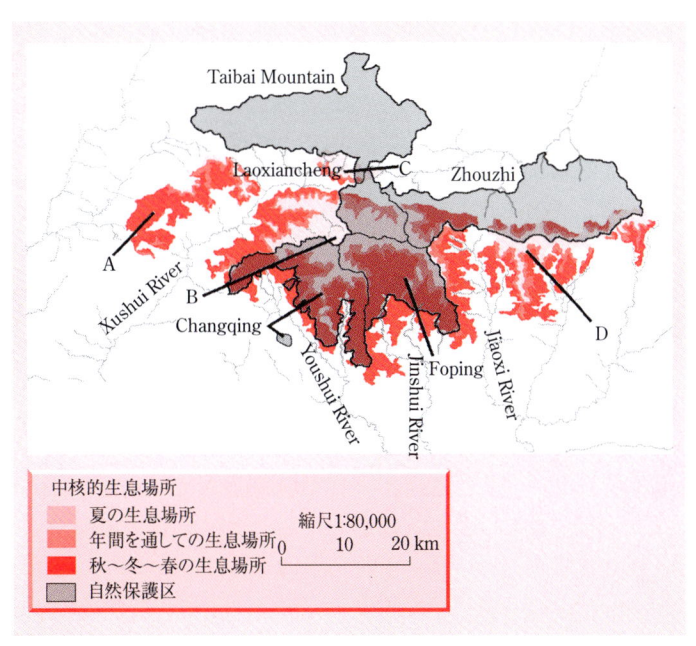

第7章　個体および単一種の個体群レベルでの生態学の応用

図7.15　パンダの生息場所の中核地域（A–D）を示す．それぞれが中国秦嶺地方におけるジャイアントパンダの1年を通じた標高間の移動の条件を満たしている．現在の自然保護区（網掛け部分）とその名称が挿入されている．（Loucks *et al.*, 2003 より．）

れた．孵化したカリガネの若い個体は，カオジロガンの里親に連れられて越冬のためにオランダに渡ったが，翌春にはラップランドに戻ってカリガネ同士で繁殖し，その後さらに越冬のためにオランダに戻ってきた．別の事例として，飼育下で繁殖させたクロオファスコガーレ（*Phascogale tapoatafa*）という肉食性有袋類の再導入が挙げられる．Soderquist (1994) は，雄と雌を同時に放逐すると，雄が分散してしまい雌が配偶相手を見つけられないということを発見した．そこで放逐に「レディーファースト」のルールを適用したところ，雌が行動圏を確立した後で雄がそこに入り込むようになって，再導入が成功した．

　　　　　　　　　移動習性を持つ種を対象に
…自然保護区を　する場合，自然保護区域の設
設定する　　　　 定にあたっては，その季節的
な移動を考慮する必要がある．中華人民共和国陝西省の秦嶺山地には，およそ220頭のジャイ

アントパンダ（*Ailuropoda melanoleuca*）が生息しているが，この数はこの地球上で最も危機的状況にあるこの哺乳類の野生個体群の約20%に当たる．特に重要な点は，この地域のパンダは生活する標高を季節的に変えることで，低地および高地の生息場所がともに維持されねばならないのだが，現在の保護区はこの条件を満たしていない．パンダは，主に数種のタケに依存する，極端な食物スペシャリストである．秦嶺山地のパンダは，6月から9月の間は1900 mから3000 mの高地に生育する *Fargesia spathacea* というタケを食べる．気温が低下すると低地へと移動し，10月から翌5月までの間は1000 mから2100 mの間に生育するタケの一種 *Bashania fargesii* を主な食物とする．Loucks *et al.* (2003) は，このパンダの長期的な生息を可能にする景観を特定するために，衛星画像と野外調査とGIS解析を合わせて利用した．生息可能な場所を特定する作業では，まずジャイア

ントパンダが生息していない地域，30 平方キロに満たずジャイアントパンダの 1 ペアの短期的な生活にも不適な小さい森，そして道路や集落のある森や植林地を除外した．次に 3 種類の生息場所，つまり夏の生息場所（標高 1900 m-3000 m，*F. spathacea* が生育），秋から冬，春までの生息場所（標高 1400〜2100 m，*B. fargesii* が生育），そして小面積の年間を通じての生息場所（標高 1900〜2100 m，2 種のタケがともに生育）の地図が作られ，その結果，パンダの移動生活に必要な領域が含まれている 4 つの中核地域（A-D）が特定された（図 7.15）．図 7.15 には現行の自然保護区域も重ね合わされているが，これは生息場所の中核地域の 45％をカバーしているに過ぎない．そこで Loucks *et al.* (2003) は，特定した 4 つの中核地域をひとつの保護区域ネットワークにまとめるべきだと提案している．さらに，それぞれの個体群が孤立すれば，各地域の（結局は全ての地域の）絶滅可能性が高まるため，それぞれのゾーン間の連結を強める必要があるという点に注意を促した（メタ個体群の挙動を扱った第 6 章 9 節を参照）．そして保護のための連結ゾーンとして，中核地域 A と B の間の地形が急峻で道路がほとんどない地域と，中核地域 B と D の間にある高地林がつながっている地域の 2 ヶ所を提案した．

7.5 小規模個体群の動態と絶滅危惧種の保全

生物の絶滅は自然の摂理であるが，人類時代の到来とともに全く新しい原因による絶滅が見られるようになった．狩猟での乱獲がその最初の例であろうが，近年では，生息場所の破壊，外来の有害生物の導入や汚染などを含め，実にさまざまな要因が絶滅を引き起こしている．このため，現存している種を保全することが世界的に重要な課題であると考えられ始めている．ここでは，種の個体群の保全について考える．

群集や生態系の管理に関しては第 22 章で取り扱う．

7.5.1 問題の規模

保全にたずさわる者が直面している問題の規模を推しはかるには，地球上の種の総数を知る必要がある．また種が絶滅する速度を知り，それを人類出現以前の絶滅速度と比較しなくてはならない．しかし残念ながら，どちらについてもきわめて不確実な推定しかできていない．

現在までにおよそ 180 万種が命名されているが（Alonso *et al.*, 2001），実際の種数はこれよりもはるかに多い．種数の推定はさまざまな手法で行われている（May, 1990 を参照）．そうした手法のひとつは，次のような一般的な観察に基づいている．哺乳類と鳥類（今ではほとんどの種が記載されていると思われる分類群）では，温帯および亜寒帯の種数の 2 倍の種が熱帯にいる．昆虫類（多くの未記載が含まれる分類群）にも同様のことが成り立つと仮定すれば，種数の総合計は 300〜500 万種と推定される．2 つめの手法は，分類群ごとの新種の発見速度を利用したもので，これによれば 600〜700 万種と推定される．3 つめの方法は，生物の体サイズと種数の関係に基づくもので，体長が数 m から 1 cm 程度の陸上動物での関係を基準として用いる．この範囲の動物では，体長が 10 分の 1 になると，種数は 100 倍に増えるというおおまかな経験則が知られている．体長が 0.2 mm までの動物にもこの経験則が拡張できると仮定すると，地球上の陸上動物の推定種数は 1000 万種にのぼる．4 つめの手法は，熱帯の樹木（約 5 万種）の林冠から見つかる甲虫（1 種の樹木から 1000 種以上が記載されている）の種数の推定に基づくもので，さらに甲虫以外の節足動物も甲虫と同じ比率で樹冠と樹冠以外の場所に生息すると仮定すると，熱帯には 3000 万種の節足動物が生息していると推定される．このように地

> 地球上には何種いるのか？

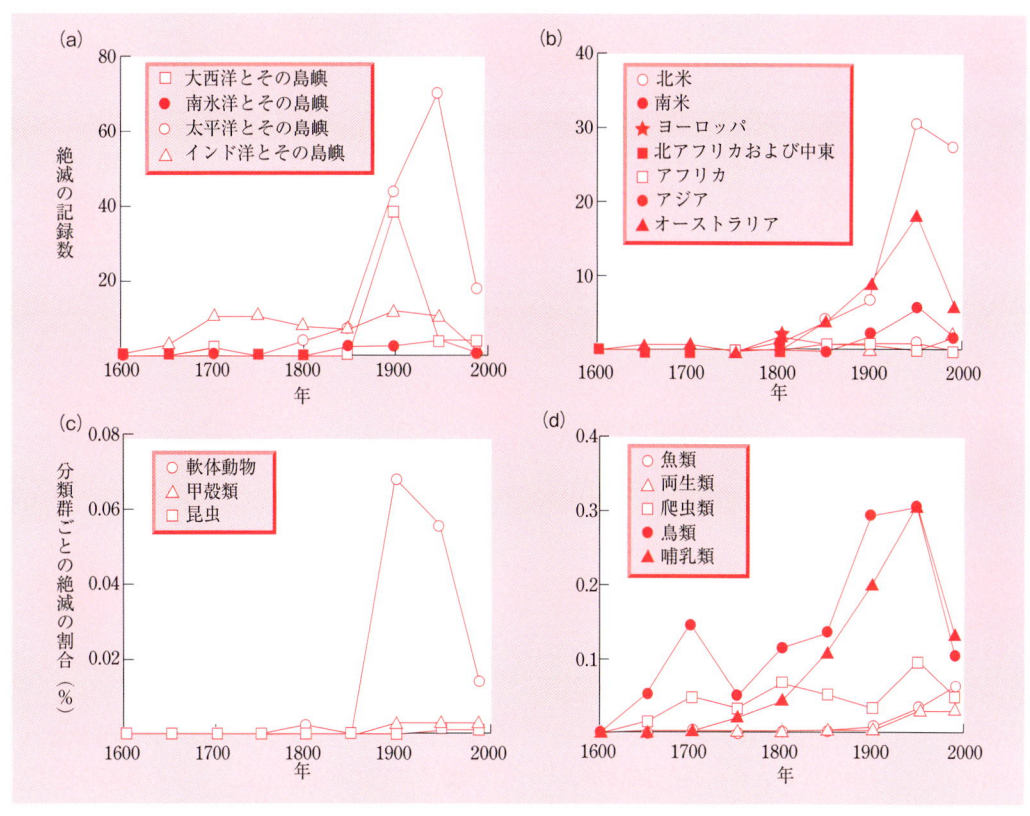

第7章 個体および単一種の個体群レベルでの生態学の応用

図7.16 1600年以降に記録された動物種の絶滅記録数の変化．絶滅年が分かっているものだけを示す．(a) 主な海洋とその島々，(b) 主な大陸地域，(c) 無脊椎動物，(d) 脊椎動物．（Smith *et al*., 1993 より．）

球上の種数については，きわめて曖昧な推定値しか得られていないが，現時点での最善の見積りとしては300万から3000万種，あるいはそれ以上であろう．

現代と歴史上の絶滅速度の比較 人類の歴史で近世以降に絶滅が記録された生物を調べてみると，その大多数が島で起きており，特に鳥類と哺乳類が深刻な被害を被っている（図7.16）．絶滅した種の割合は，一見したところとても小さく，しかも20世紀の後半には絶滅の速度が低下しているように見える．しかし，これらのデータはどの程度信頼できるのだろうか？

ここでも，推定値は相当に不確かなものである．まず，特定の分類群と特定の地域についてのデータは正確であるが，その他の分類群と地域については不正確である．従って，図7.16に示された傾向は懐疑的にみる必要がある．例えば，比較的よく調査されている鳥類や哺乳類でも，絶滅は過小評価されている可能性がある．なぜなら，熱帯の種はそれほど注意深く調べられていないので，確実に絶滅したと認定できないものが多いからである．次に，非常に多くの種が未記載のままであり，そのうち何種が既に絶滅してしまったかは，もはや知る手立てがない．さらに，20世紀後半になって絶滅記録が減少している傾向は，保護活動の効果によるかもしれないが，ある種が50年間記録されない場合に限りその種の絶滅を認定するという慣例のために生じている可能性もある．あるいはこの減少は，絶滅危惧種の多くははすでに絶滅してしまったことを意味しているのかもしれない．Balmford *et al*.（2003）は，絶滅速度にだけ注目するのではなく，まだ絶滅していない種や

表7.4 動植物の主要な分類群において，命名された種のうち絶滅の危機にあると判断される種の割合．植物，鳥類および哺乳類での割合が高いのは，これらの分類群に関する情報量が多いためかもしれない．(Smith *et al*., 1993 より．)

分類群	絶滅危惧種数	総種数の概算値	絶滅危惧種の割合（%）
動物			
軟体動物	354	10^5	0.4
甲殻類	126	4.0×10^3	3
昆虫類	873	1.2×10^6	0.07
魚類	452	2.4×10^4	2
両生類	59	3.0×10^3	2
爬虫類	167	6.0×10^3	3
鳥類	1,029	9.5×10^3	11
哺乳類	505	4.5×10^3	11
合計	3,565	1.35×10^6	0.3
植物			
裸子植物	242	758	32
単子葉植物	4,421	5.2×10^4	9
単子葉植物：ヤシ類	925	2,820	33
双子葉植物	17,474	1.9×10^5	9
合計	22,137	2.4×10^5	9

その生息場所の存在量の変化（顕著に減少する場合が多い）を長期的に評価することで，絶滅危惧種の問題の規模についてもっと意味のある見解が得られると指摘している．

人類による大量絶滅？　化石記録から分かるように，現生種の大多数，そしておそらく全てが，いずれは絶滅する運命にあるということである．これまでに存在した種の99%以上がすでに絶滅している（Simpson, 1952）．しかし，現在考えられているように個々の種が平均して100–1000万年存続する（Raup, 1978）ならば，地球上の生物種数を1000万と仮定した場合，予測される1世紀当りの平均絶滅種数はたかだか100–1000種（0.001–0.01%）に過ぎない．この「自然に生じる」絶滅速度に対して，現在観測されている鳥類と哺乳類の1世紀当り絶滅速度は約1%で，100–1000倍の数値である．さらに，人間の影響のうちで最も強力な生息場所の破壊の規模は増大し続けており，多くの分類群で驚くほどたくさんの絶滅危惧種がリストアップされている（表7.4）．我々は悠長に構えていることはできない．今ある証拠は推定の難しさのために決定的ではないが，地質学的記録に明確に残っている5回の「自然の」大量絶滅（第2章を参照）に匹敵する種の絶滅が，我々の子や孫の時代に起こることが示唆されている．

7.5.2　どこに保全の努力を集中するべきか

種の絶滅への危険度は，次のように類別されている（Mace & Lande, 1991）． 種に迫る脅威を類別する まず，今後100年以内に絶滅する確率が10%程度と考えられる種は**危急種**（vulnerable）とされる．20年以内または10世代以内の絶滅確率が20%の種は**絶滅危惧種**（endangered），さらに5年以内または2世代以内の絶滅確率が50%以上の種は**絶滅寸前種**（critical）とされている（図7.17）．この基準に基づいて，これまでに脊椎動物の種の43%が絶滅の危険がある（すなわち，上述の基準のいずれかにあてはまる）とされてきた（Mace, 1994）．

これらの定義に従って，政府や非政府組織が危機に瀕している種のリストを作成した（表7.4に分析の基準が示されている）．こうしたリスト

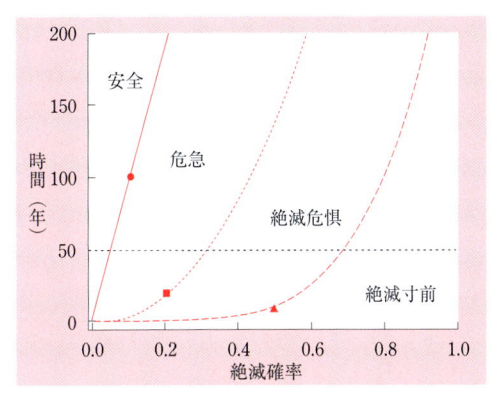

図7.17 絶滅確率と時間の関数で表した絶滅の恐れの程度（Akçakaya, 1992 より.）

は，個々の種の管理計画を策定する際に，優先順位をつける基礎となる．しかしながら，保全のために使える資源には限りがあるのだから，絶滅の危険性が高い種の保全において，甚大な労力が必要だが保全が成功する可能性がわずかであるならば，たとえ絶滅確率が最高レベルだったとしても，そうした種にほとんどの資金を投じることは経済的に見合わないだろう（Possingham *et al*., 2002）．応用生態学の全ての分野においてそうであるように，保全の優先度にも生態学的尺度と経済学的尺度が存在する．見込みがない状況では，苦渋の選択もなされねばならない．第一次世界大戦において，野戦病院に運ばれてきた負傷兵に対して，トリアージ（triage）と呼ばれた3段階の評価がなされた．優先順位1は応急処置によって助かる見込のある者，優先順位2は応急処置無しでも助かる見込がある者，優先順位3は応急処置の有無に関わらず助かる見込のない者であった．保全管理者は，しばしば同様の選択を強いられる．つまり，手の施しようのない対象を諦め，何らかの対処をし得る種に高い優先順位をつける勇気が必要とされるのである．

絶滅の危険性が高い種というものは，つねに稀な存在である．それにもかかわらず，稀少な種は単に稀少であるからといって，必ずしも絶滅の危機に瀕しているとは限らない．多くの，おそらくは大部分の種は，本来，稀少なのである．そのような種の個体群動態には共通の特徴があるだろう．例えば，カリフォルニア州のユリ科の *Calochortus* 属4種のうちの1種は普通に見られるが，残りの3種は稀少である（Fielder, 1987）．これら稀少な種は，普通種と比較して，大きな球根を持ち，植物1個体当りの果実数が少なく，普通種に比べて繁殖開始齢までの生存率が低い．これら稀少な種はどれも，特異な土壌に生息し，遷移の極相段階で現れる種である．一方，普通種のほうは，撹乱された生息場所への先駆種である．稀少な種は一般に，無性生殖を行い，全般に繁殖への投資が少なく，また分散力が弱いという傾向を示す（Kunin & Gaston, 1993）．人間による影響が無い場合には，こうした種の絶滅の危険性が大幅に高いと考える根拠はないのである．

一部の種は本来稀少であるが，その他の種の稀少性は外的要因による．人間活動は間違いなく，多くの種（本来稀少な種も含む）の個体数を減らし，また，その生息域を狭めてきた．記録のある脊椎動物の絶滅を招いた原因を通覧すると，生息場所の喪失，乱獲，そして外来種の侵入，のいずれもが重要な要因として挙げられている．ただし生息場所の喪失は爬虫類については突出した原因ではなく，乱獲は魚類については重要度が低い（表7.5）．絶滅危惧種に関しては，やはり乱獲の危険性は特に哺乳類や爬虫類において高いのだが，生息場所の喪失が最も普遍的な主要因となっている．小規模な個体群の絶滅の可能性は，遺伝学的な問題（本章5.3節）と個体群動態（本章5.4節）に関連した2つの異なる要因によって増大する．続いてはそれらの問題を順に扱う．

7.5.3 種の保全上重要な小規模個体群に関する遺伝学

集団遺伝学の理論によれば，生物を保全する

表 7.5 記録に残る脊椎動物の絶滅要因と，国際自然保護連合（IUCN）の基準で絶滅危惧種，危急種，稀少種と判定された種に関する危機の要因．（Reid & Miller, 1989 より．）

分類群	各要因の割合（%）					
	生息場所の破壊	乱獲†	他種の導入	捕食者	その他	不　明
絶滅種						
哺乳類	19	23	20	1	1	36
鳥類	20	11	22	0	2	37
爬虫類	5	32	42	0	0	21
魚類	35	4	30	0	4	48
絶滅危惧種						
哺乳類	68	54	6	8	12	—
鳥類	58	30	28	1	1	—
爬虫類	53	63	17	3	6	—
両生類	77	29	14	—	3	—
魚類	78	12	28	—	2	—

＊表中の数値はそれぞれの要因に影響を受けた種の割合を示す．種によっては複数の要因に影響を受けており，従って 100% を超える行もある．
†乱獲には商業，スポーツ，生業としての狩猟と，何らかの目的による生きた動物の捕獲を含む．

小規模個体群に起こりうる遺伝学的問題

場合には，小さな個体群で生じる遺伝的変異の喪失によってもたらされる遺伝学的問題に注意を向ける必要がある．遺伝的変異は，主に自然淘汰と遺伝的浮動（進化的な有利さでなく偶然によって個体群の遺伝子頻度が決まる現象）の 2 つの作用が合わさって決まる．遺伝的浮動の重要性は，小規模の，隔離した個体群で相対的に高く，その結果，そうした個体群の遺伝的変異は失われやすい．遺伝的変異が消失する速度は集団の有効な大きさ（effective population size: N_e）に左右される．集団の有効な大きさは「遺伝学的に理想的な」個体群の大きさであり，実際の個体群の大きさ（N）を遺伝学的な観点から評価し直した値である．さしあたり，N_e は繁殖個体の数と同じかそれより少ないと考えてよい．通常，N_e は N よりも小さく，非常に小さい場合も多い．それは，次のような理由による（詳細な数式は Lande & Barrowclough, 1987 を参照）．

1 性比が 1：1 でない場合．例えば，繁殖可能な雄が 100 個体に対して雌が 400 個体だった場合，$N = 500$ だが，$N_e = 320$ である．

2 個体ごとに残す子の数の頻度分布がランダムでない場合．例えば，500 個体がそれぞれ子を 1 個体ずつ残す場合，$N = 500$ であるが，子の数の分散が 5 の場合（ランダムに変化する場合には分散は 1）には $N_e = 100$ である．

3 個体群サイズが世代間で変化する場合．N_e は小さいときの個体群サイズに強く影響を受ける．例えば個体数が 500，100，200，900，800 と推移した場合，平均は $N = 500$ であるが，$N_e = 258$ である．

遺伝的多様性を保全することは，長期的な進化の潜在能力を保持するという意味で重要である．進化の可能性の喪失稀な遺伝子の型（対立遺伝子）やその組み合わせは，当面は有利ではないかもしれないが，将来，環境条件が変化した場合に，うまく適合しているかもしれない．遺伝的浮動によって稀な対立遺伝子を失った小さな個体群は，潜在的な適応の可能性が小さい．

もっと危急の潜在的問題は，近交弱勢（inbreeding depression）である．個体群が近交弱勢の危険性

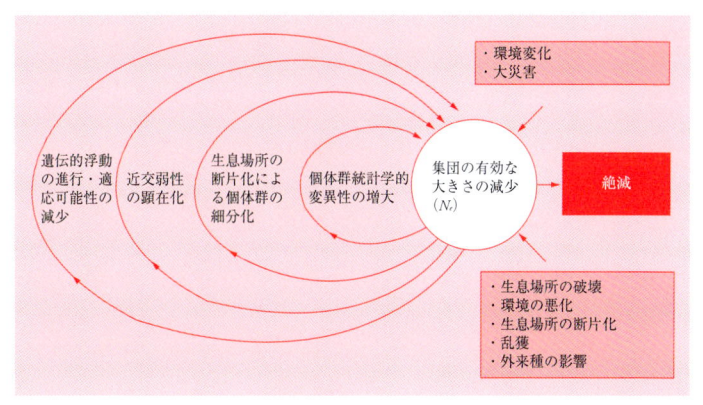

図7.18 絶滅への渦はしだいに個体群サイズを小さくし，容赦なく絶滅へと導く．（Primack, 1993より．）

小さい場合，血縁関係にある個体同士が交配する傾向が強まる．近親交配は子孫のヘテロ接合度を個体群全体のヘテロ接合度よりもずっと低くする．しかしもっと重大なのは，すべての個体群には，ホモ接合体になった時に，有害もしくは致死的となる劣性対立遺伝子が存在することである．近親交配の場合，両親が同じ有害な対立遺伝子を保持していて，有害効果が発現する可能性が高い．近交弱勢に関しては多くの事例がある．昔から育種家たちは，近親交配によって，繁殖力，生存率，成長率，病気への抵抗力が低下することに気づいていた．一方で，近親交配の割合が高いのが普通であっても有害な状態を示さない種も，いくつかの動物 (Wallis, 1994) や多数の植物で知られている．

遺伝の魔法数字？

遺伝的変異を保つためには，何個体が必要なのだろうか．Franklin (1980) によれば，有効な集団の大きさで約50個体あれば近交弱勢を免れることができるが，長期的に進化的な潜在力を保持するには500～1000個体程度が必要である (Franklin & Franklin 1998)．このような大雑把な見積りの適用は慎重に行うべきである．そして，NとN_eの関係を考慮すれば，Nの最小個体数は，N_eのそれよりも何桁も大きく（例えば5000～12500個体）設定すべきであろう (Franklin & Franklin, 1998)．

興味深いことに，表の7.5には遺伝学的な問題によって絶滅した事例は見つからない．おそらく，近交弱勢は起こっているのだが，滅びゆく個体群の「臨終の喉声」にまぎれて検出されないのだろう (Caughley, 1994)．つまり，個体群は上記のひとつかそれ以上の要因で小さくなり，その結果，血縁者間の交配の機会が増えて子孫に有害な劣性遺伝子が発現し，生存率と産子数が減少し，個体群がさらに縮小するという，いわゆる絶滅の渦が引き起こされる（図7.18）．

遺伝的効果と稀少植物の存続

ジュラ山脈（スイス-ドイツ国境）の草地に生息する稀少植物，チシマリンドウ属の一種 *Gentianella germanica* の23の地域個体群についての研究によって，個体群の持続性に対する遺伝的効果の役割が示されている．Fischer & Matthies (1998) は，繁殖成功と個体群の大きさの間に正の相関があることを見いだした（図7.19a-c）．さらに，1993年から1995年の間に多くの個体群で個体数の減少が見られたが，小さい個体群ほど急激に個体数が減少していた（図7-19d）．この結果は，小さな個体群では遺伝的効果によって適応度が減少する，という仮説と合致する．しかし，同じ結果は，局所的な生息場所の条件の相違（小個体群は生息場所の質が悪いために繁殖力が低く，そのために個体数が少ない），あるいは植物と送粉者との相互作用

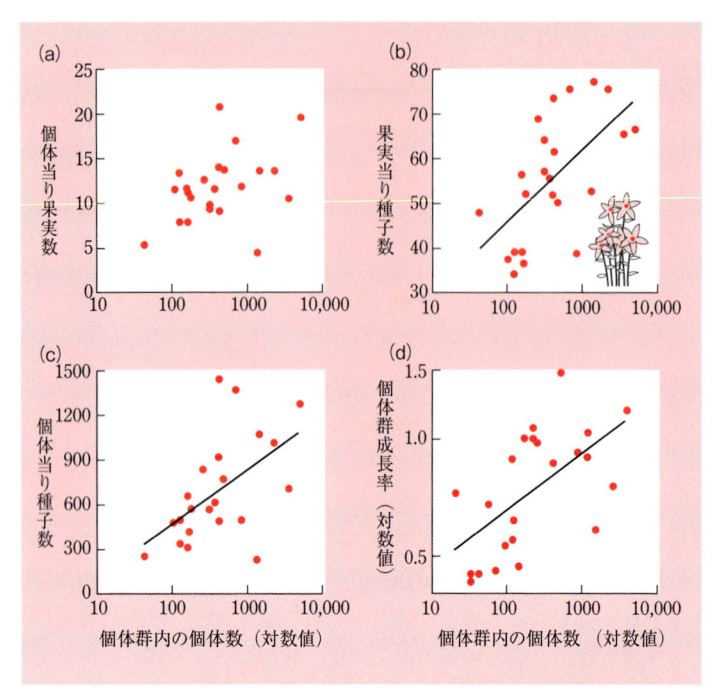

図 7.19 チシマリンドウ属の一種（*Gentianella germanica*）の 23 の個体群の個体群サイズに対する，(a) 個体当りの平均果実数，(b) 果実当りの平均種子数，(c) 個体当りの平均種子数の関係．(d) 1993 年から 1995 年の個体群成長率（個体群サイズの比）と 1994 年の個体群サイズの関係．（Fischer & Matthies, 1998 より．）

の崩壊（送粉者の訪花頻度が低いことが小個体群の繁殖力を低下させる）によっても生じうる．そこで，遺伝的相違が本当に関係しているのかどうかを明らかにするために，それぞれの個体群から採取した種子を，同じ圃場の標準的条件で生育させる実験が行われた．17ヶ月後，大個体群からの種子の方が小個体群からの種子に比べて，播種された種子当りの開花個体数と開花量が有意に多かった．従って，この稀少植物では遺伝的効果が個体群の維持には重要で，保全管理戦略の策定にあたっては遺伝的効果を考慮しなければならない，という結論が得られたのである．

7.5.4 不確定性と絶滅のリスク—小規模個体群の個体群動態

保全生物学のかなりの部分は，危機管理に関係する．管理者は否応なしに多くの問題に対処せねばならないが，資金はあまりにも乏しい．種を絶滅の危険にさらす諸々の力に注意を向け，その力を少しでも減らすように政府に働きかけるべきであろうか．それとも，種の多様性が高く，保護区を設けて保護できるような地域を選定することに活動を集中すべきであろうか（第 22 章 4 節を参照）．あるいは，絶滅の危険性が最も高い種を特定し，その存続に全力を傾けるべきであろうか．理想を言えば，これらを全て実行すべきである．しかし，もっとも大きな社会的要請は，多くの場合，種の保存の分野に関係している．例えば，中国に残る野生のジャイアントパンダやニュージーランドのキンメペンギン（*Megadyptes antipodes*）の個体群はすでに非常に小さくなっており，もしこのまま何も対処されなければ，数年または数十年のうちに絶滅してしまうであろう．この危機に対応するに

は，少ない資金を特別な解決策を見つけるために注ぎ込まねばならない．もっと全般的な取組みは，後回しにせざるを得ないだろう．

<small>小個体群が直面する3つの不確定性…</small>

大きな個体群の動態は，平均の法則に従うものとして記述できるが，小さな個体群の動態は，不確定性に強く支配されている (Caughley 1994)．3つの不確定性，もしくは変異性が，小さな個体群の運命にとって特に重要である．

1. 個体群統計学的な不確定性：出生個体に占める雄と雌の比率，ある年に死亡したり繁殖したりする個体の数，あるいは生存力や繁殖力に関係する個体の質（遺伝子型または表現型）におけるランダムな変異が，小個体群の運命に多大な影響を与える．例えば，ある繁殖ペアが産んだ子が全て雌だったとしよう．そのような出来事は大きな個体群では何ら問題ではないが，もしその繁殖ペアがその種の最後の繁殖ペアであれば，そこで種は滅びてしまう．
2. 環境の不確定性：予測できない環境の変化，例えば災害（きわめて稀にしか発生しないような大きな洪水，嵐，干ばつ．第2章を参照）や，もっと軽微な変化（平均気温や降水量の年次変動）でも，小さい個体群には決定的な影響を及ぼしうる．ある地域の降水量が数世紀にもわたって正確に記録されていて，平均降水量が正確に分かっていたとしても，次の年の雨量が平年並となるのか極端な値を記録するのか，それとも何年も続く厳しい乾燥の幕開けになるのかは分からない．小個体群では大個体群と比べて，不適な環境によって個体数がゼロ（絶滅）になるか，回復できないほど少数（準絶滅 (quasi-extinction)）になる可能性が高い．
3. 空間的な不確定性：多くの種は多少とも不連続な生息場所のパッチ（生息場所の断片）に分布するサブ個体群の集合体として存在する．サブ個体群間には個体群統計学的な不確定性に関して変異があり，生息場所のパッチ間にも環境の不確定性に関して変異がある．そのため，絶滅と再定着に関するパッチの動態は，メタ個体群の絶滅可能性に多大な影響を及ぼすと考えられる（第6章9節を参照）．

このような不確定性の重要性を示す例として，北アメリカのニューイングランドソウゲンライチョウ (*Tympanychus cupido cupido*) の絶滅 (Simberloff, 1998) を取り上げよう．この鳥は，かつてはメーン州からヴァージニア州にかけてきわめて普通に見られた．その肉はとても美味で，猟銃で簡単に射止められ，さらに移入されたネコによる捕食や生息場所の草地が農地に変わったことも影響して，1830年までにはアメリカ本土からは姿を消し，マーサズ・ヴァインヤード島だけに生き残っていた．1908年に，最後の50個体のために保護区域が設定され，その結果1915年までに個体数は数千にまで増えた．しかし，1916年に不幸が襲った．まず，野火（災害）によって繁殖場所のかなりの部分が焼失した．その上，その年の冬は特に厳しく，しかもオオタカ (*Accipiter gentilils*) がこの島に移住してきた（環境の不確定性）．そして最後には，家禽の伝染病がこの島で流行した（別の災害）．ここに至って，最後まで生き残っていた個体群は個体群統計学的な不確定性に直面したらしい．1928年に生き残っていた13羽のうち，雌はわずか2個体であった．1930年には個体数は1まで減り，1932年，ついにこの種（亜種）は絶滅した．

<small>ソウゲンライチョウの例…</small>

ソウゲンライチョウの例は，比較的最近の**地球規模**の絶滅である．違うスケールの例として，島状のパッチに生息する小個体群の**局地的な絶滅**は，さまざまな分類群において普遍的な現象で，その絶滅率は1年当り10〜20%の範囲にある（図7.20）．そうした絶滅は実際の島でも観

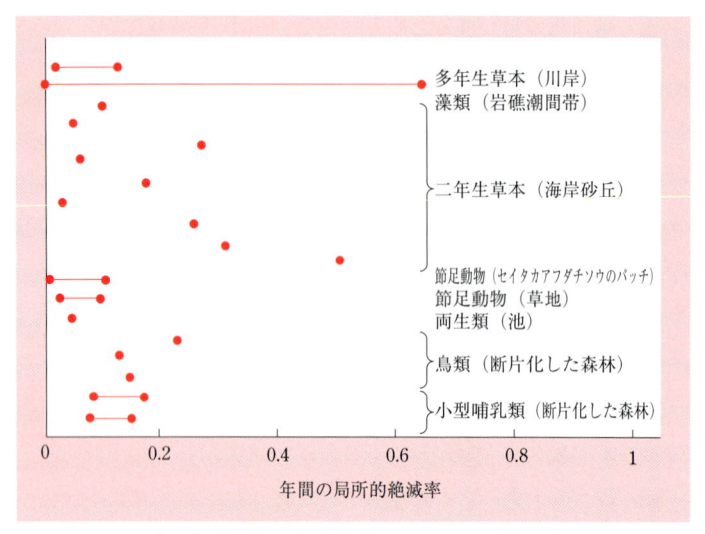

図 7.20 パッチ状の生息場所の局地個体群における一年当りの絶滅率.（Fahrig & Merriam, 1994 より.）

察されている．ブリテン島の西にある 1.8 km² の小さな島バーセイ島において，1954〜1969 年に繁殖した鳥についての詳しい記録が残っている．それによれば，16 種が毎年繁殖しているが，最初にいた種のうち 2 種が姿を消し，15 種が出現と消滅を繰り返し，当初はいなかった 4 種がやがて毎年繁殖するようになった（Diamond, 1984）．すなわち局地的な絶滅は頻繁に生じているが，本土または他の島からの再移住によって回復する場合もある．こうした事例から，小個体群が一般的に直面する多くの問題についての有益な情報を引きだすことができる．そして，そこから得られる知見は，地球上から絶滅しようとしている種にもそのまま適用できるだろう．なぜなら，地球規模での絶滅は，つまるところ一番最後の局地的絶滅に他ならないからである．局地的絶滅をもたらす危険性が高い要因のうち，生息場所または島の面積がおそらくは最も普遍的なものだろう（図 7.21）．小面積で生活する個体群の脆弱性は，とりもなおさず，その個体群そのものが小さいということによる．離島に生息する固有種の局地的絶滅は，再移住があり得ないので，地球上からの絶滅そのものである．これが，地球規模での絶滅率が島嶼で高いことの主な理由である（図 7.16 を参照）．

7.5.5　個体群存続可能性分析：管理への理論の適用

　個体群存続可能性分析（PVA: population viability analysis）は，生態学者が発展させてきた多くの個体群のモデル（第 5 章，10 章，14 章参照）とは異なり，平均個体群サイズのような一般的な傾向を知ることではなく，絶滅のような極端な現象を予測することを目的としている．ある特定の稀少種に関して，環境条件と種の特性が分かっているとき，ある期間内にその種が絶滅する可能性はどのくらいあるだろうか．また，その種の絶滅可能性を許容レベルまで低くするためには，個体数がどれくらい多ければよいのだろう．保全管理では，この 2 つの疑問が緊急の論点であることが多い．理想的かつ伝統的な実験手法，すなわち異なる大きさの個体群を何年間も追跡する手法は，絶滅の危機にある種に対しては役に立たない．そうした種

（最小存続可能個体数を求める）

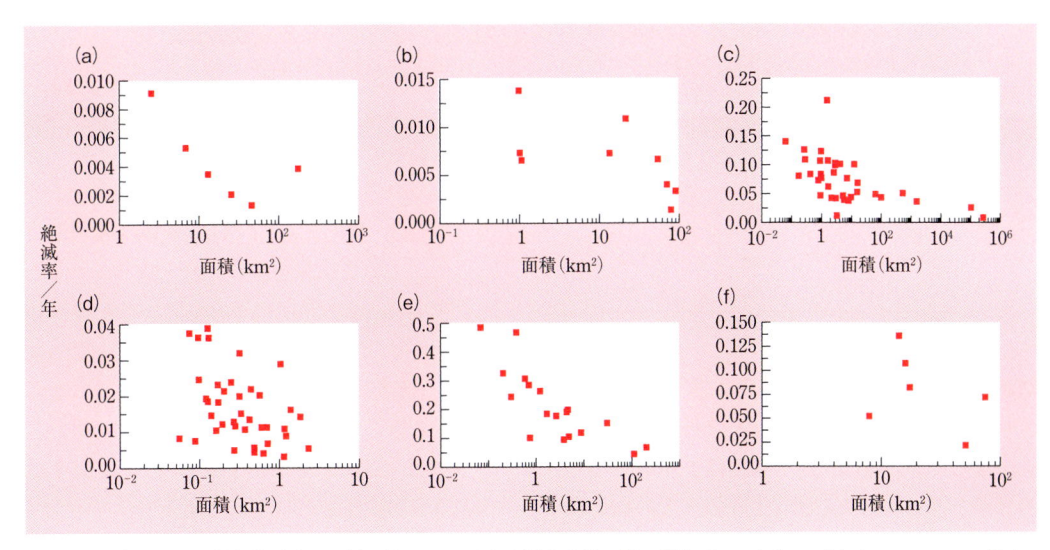

第7章　個体および単一種の個体群レベルでの生態学の応用

図7.21　生息場所の面積と絶滅率の関係．(a) アメリカ合衆国北東部の湖の動物プランクトン，(b) カルフォルニア州チャネル諸島の鳥類，(c) ヨーロッパ北部の島嶼の鳥類，(d) スウェーデン南部の維管束植物，(e) フィンランドの島嶼の鳥類，(f) パナマ，ガツン湖の島の鳥類．（Pimm, 1991 が集積したデータより．）

では事態は急を要しており，必然的に個体数もきわめて少ないのが普通だからである．このような場合，どうしたら**最小存続可能個体数**（MVP: minimum viable population）を求めることができるだろうか．そこで3つのアプローチについて考える．1) 長期調査によって蓄積されている資料からパターンを探しだす（次節を参照），2) 専門的知識に基づいて行う主観的査定（第5.5.2節を参照），3) 一般的な個体群モデル（第5.5.3節参照）または特定の種に焦点を当てた個体群モデル（第5.5.4節を参照）の構築．具体的な事例を見ていけば，これらのアプローチにはそれぞれに限界があることが分る．しかし，最初に述べておくべきことは，PVA という分野は，単なる絶滅確率と絶滅時期の予測からはかなり離れてしまっており，代替的な管理戦略で期待される結果（絶滅確率）を比較することに焦点が移っている，ということである．

7.5.5.1　生物地理学的パターンについての長期研究から得られた手がかり

図7.22 に示したデータセットは，北米の砂漠地帯に生息するオオツノヒツジに関するもの

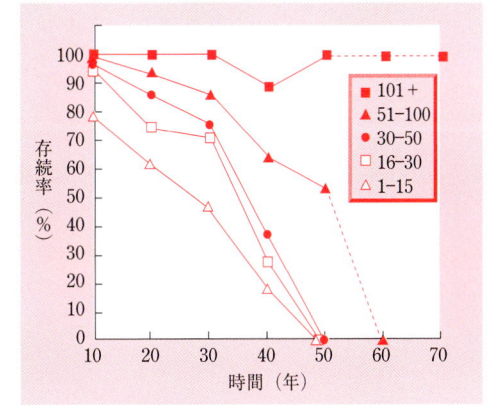

図7.22　70年間にわたる北アメリカのオオツノヒツジの個体群の存続率は，初期個体群サイズ（凡例）の小さい個体群ほど小さかった．（Berger, 1990 より．）

…生物地理学的データから…

で，長期にわたり多数の個体群を追跡したという点で珍しいものである．仮に，求めようとする最小存続可能個体数（MVP）を，100年間の存続確率が95%以上であるような個体数と設定した場合，オオツノヒツジの個体群がたどった運命を示すデータを検討することで，MVPに関するおおよその答えを出すことができる．50頭以下の個体群の全てが50年以内に

表 7.6 カリフォルニア州チャネル諸島の鳥類における，初期個体群の大きさと個体群の存続確率との関係．(Thomas, 1990 より．)

個体群サイズ (つがい数)	期　間 (年)	存続確率 (％)
1–10	80	61
10–100	80	90
100–1000	80	99
1000 以上	80	100

絶滅し，また 51～100 頭の個体群では，50 年間存続したものはわずか 50％であった．従って，求めている MVP は 100 頭以上であることが分かる．この研究では，100 頭以上の個体群は，70 年の調査期間において，100％近い存続率を示している．

同様の長期調査の例として，カリフォルニア州チャネル諸島における鳥類調査の例があるが（表 7.6），MVP は 100～1000 つがいであることが示唆された（80 年間の研究で 90～99％の存続率が示された個体数）．

この手法の持つ危険性 …

このような研究は非常に珍しく貴重である．こうした長期間のデータは，人びとが狩猟（オオツノヒツジの場合）や鳥類学（カリフォルニア州の鳥類の場合）に強い関心を持ってきたからこそ存在する．しかし，保全にとってそのデータの価値は限定的なものである．なぜなら，こうした調査は，通常，絶滅の危険性のない種を対象として行われるからである．そのデータを絶滅危惧種の管理計画の策定に利用することは危険である．データがあれば，「もしその鳥が 100 つがい以上生息しているならば，種の最小存続可能個体数の水準を越えています」と，保全管理者に助言したくなるだろう．実際，そのような助言にも多少の意味はあるかもしれないが，それが無難な提言でありうるのは，保全の対象種と長期データの得られた種の生活史特性が十分類似していて，環境条件も類似している場合だけである．そうした条件が満たされることはまずないだろう．

7.5.5.2　専門家による主観的査定

保全上の危険性に関する情報は，科学論文の中だけでなく，専門家たちの頭の中にも詰まっている．専門家たちを集め，保全のための作業部会（ワークショップ）を組織することによって，十分情報を基に方針を決めて行くことができる（この手法については第 7 章 2.3 節のオオカバマダラの越冬地保全の例ですでに扱っている）．絶滅可能性を考える際の専門家による主観的判断の強みと弱みを理解するために，スマトラサイ (*Dicerorhinus sumatrensis*) に関する作業部会の成果を例にあげてみよう．

専門家による判断 ── 意志決定分析

この種は，生息場所の断片化が進むサバ州（東マレーシア），インドネシア，西マレーシア，そしておそらくはタイとミャンマーに，少数の隔離したサブ個体群として存続しているのみである．保護されていない生息場所は，森林の伐採，人の移住，水力発電のための開発によって危機に瀕している．指定された保護区は数ヶ所しかなく，その指定された保護区ですら開発の危機にさらされている．そして，その作業部会が組織された時点では，わずか 2 頭が飼育されているのみであった．

スマトラサイの事例

スマトラサイの**脆弱性** (vulnerability) はどの程度か，選択する保護管理計画によってその脆弱性はどう変化するか，さまざまな基準で策定される保護管理計画の中で最も適切なものはどれか，という問題に判断を下すために，**意志決定分析** (decision analysis) と呼ばれる手法が用いられた．この手法で使われた意思決定図を図 7.23 に示すが，この図は，スマトラサイが 30 年以内（およそ 2 世代の期間）に絶滅する確率の推定値に基づいて，以下の方法で作成されている．2 つの四角は意思を決定する時点を示す．最初の意思決定では，人間がサイの保全に介入するか，介入しない（現状のまま放置する）かどうかを決める．次の意志決定では，さまざまな保護管理計画案について判断する．それぞれの

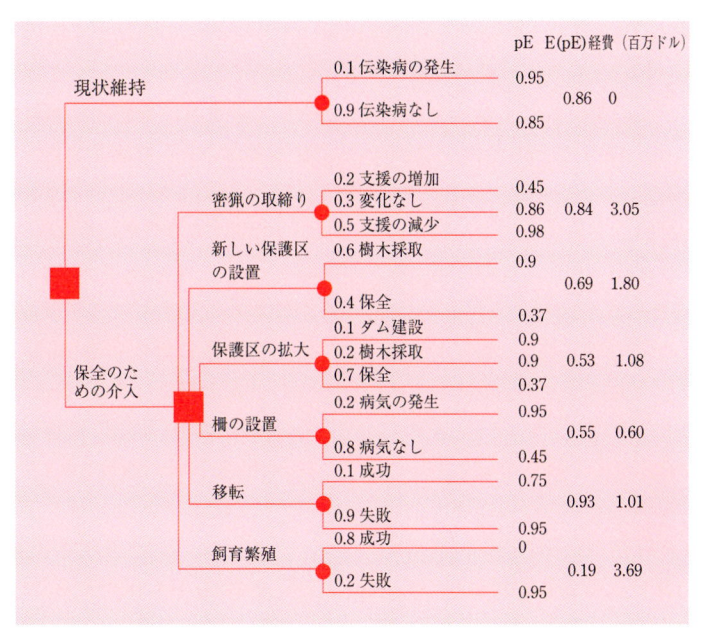

第7章　個体および単一種の個体群レベルでの生態学の応用

図7.23　スマトラサイの保護管理のための意志決定樹．■は意志決定点，●はある確率でランダムに生じる事象．ランダムな事象の確率は30年間の値として推定されている．pEは30年間の種の絶滅確率．E(pE)は各事象が起こった場合のpEの予測値を示す．経費は年4%の削減率を考慮した30年間の経費（現在ドル評価額）である．mは100万ドル．(Maguire *et al.*, 1987より．)

保護管理計画案では，小さい丸印の所で実線が分岐している．この分枝は，起こり得る筋書きを示している．また，それぞれの分枝上の数値は，その筋書きが起こる確率の推定値である．例えば現状のまま放置した場合には，今後30年の間に伝染病が流行する確率は0.1であり，流行しない確率は0.9である．

伝染病が流行した場合，サイの絶滅確率（pE）は0.95と予測される（すなわち30年間の絶滅確率が95%）．一方，もし伝染病が流行しなければ，pEは0.85である．それぞれの保護管理計画の絶滅の推定値E(pE)は，以下のように計算される．

E(pE) = 第1の筋書きの確率×第1の筋書きのpE + 第2の筋書きの確率×第2の筋書きのpE．

例えば，現状のまま放置した場合のE(pE)は以下のように計算される．

$$E(pE) = (0.1 \times 0.95) + (0.9 \times 0.85) = 0.86$$

介入策をとった場合のpEおよびE(pE)も同様にして計算される．図7.23の最終欄の数値は，それぞれの管理計画に必要な費用の推定値である．

次に，人間が介入した場合の保護管理計画案のうちの2つについて，もう少し詳細に見てみよう．第一の計画は，既存もしくは新しい保護区域を柵で囲い，高密度となったサイに，補足的な給餌と，獣医学的な管理を施すというものである．この場合，病気が最も危険な絶滅要因である．現状のまま放置した場合よりもサイの個体密度が高いので，伝染病の流行する確率の推定値が高まる（0.1に対して0.2）．そして，孤立したサブ個体群から柵つきの保護区へと移されることにより，伝染病が発生した場合のpEも高まる（0.95）．一方で，柵で囲む計画が

保護管理計画案の評価

成功した場合，pEは0.45まで下がると期待され，全体のE（pE）は0.55である．柵の設置には約6万米ドル，年間の維持費に1万8千ドルが必要と予測される．従って，30年間では60万ドルが必要となる．

次に，飼育繁殖計画を実施するには，野生のサイを捕獲しなければならない．この計画が失敗した場合，pEは0.95まで上昇する．しかし，この計画が成功した場合のpEは，飼育下の個体群が存続するという意味で，0まで低下することは明らかである．ただし，マレーシアやインドネシアに施設を建設し，技術を確立するのにおよそ206万ドルが必要であるのに加え，合衆国や英国における既存の施設や技術の拡充にも163万ドルが必要で，多大な費用がかかる．この計画が成功する確率は0.8と推定され，全体のE（pE）は0.19である．

では，このさまざまな確率の推定値は，どのようにして導き出されたのだろうか？ それはデータを組み合わせ，熟練した目でデータを読み取り，専門的な思考と近縁種についての経験とから導かれたのである．では，どれが最上の保護管理計画案だろうか？ それは，「最上」の基準による．経費を考えずに，単に絶滅確率を小さくすることだけを考えたとしよう．その場合，最上の保護管理計画案は飼育下での繁殖である．しかし現実には，必要経費の多寡は決して無視できない．その場合，E（pE）が容認できるほど低い水準にあり，経費も容認できる程度に小さい保護管理案を選ぶ必要があるだろう．

専門家による主観的判断の強み…

この，専門家による主観的判断という手法は，多くの点で推奨できる．さらなる調査を行う時間的猶予がない状態で意志決定をしなければならない場合，既存のデータ，知識，経験を役立てることができる．また，多くの保護管理計画案を系統だてて検討することができ，使える資金には限りがあるという，残念ながら避け難い真実を忘れることもない．

しかし，この手法にも危険性はある．適切なデータが存在しなければ，最善と思われた保護管理計画案も間違いである可能性がある．今となっては結果論ではあるが（その作業部会に参加していなかったサイの専門家たちならば予測できたかもしれないが），スマトラサイの捕獲に250万ドルが使われたものの，3頭は捕獲時に死亡し，6頭が捕獲後に死亡，現在飼育下にある21頭のうち子供を産んだのはたった1頭で，しかもそれは捕獲時にすでに妊娠していた個体だった（Caughley, 1994に報告されているLeader-Williamsのデータによる）．Leader-Williamsは，その250万ドルがあれば，サイの主要な生息場所700 km^{2}を約20年も保全することができたはずだと指摘している．理論上，この面積で70頭のスマトラサイの個体群を維持することが可能で，適切に保護されている他種のサイの場合のように年間増加率を0.06％とすれば，その20年という期間内に90頭の子供が産まれたはずなのである．

…そして弱み

7.5.5.3 個体群の存続時間に関する一般数理モデル

最も単純な数理モデルでは，個体群存続時間（persistence time of population）の期待値（T）は，個体群の大きさ（個体群サイズ）（N），内的自然増加率（r），環境条件の時間的変動に由来するrの分散（V）に影響される．個体群統計学的な不確定性は，非常に小さな個体群だけに影響すると予測される．すなわち，個体群存続時間の期待値は，個体群サイズが小さいうちから増加し始め，比較的小さい個体群で無限大に近づく（図7.24の点線）．

一般的なモデル解析…

絶滅までの平均時間Tの推定値を環境収容力Kの関数として明確に求めるために，多くの研究者が内的自然増加率の不確定性を含めた個体群成長の式を工夫してきた（Caughley, 1994による簡潔な総説がある）．Lande（1993）は多く

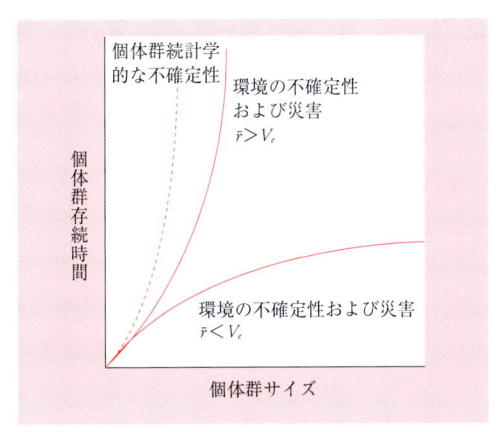

第7章　個体および単一種の個体群レベルでの生態学の応用

図7.24　人口統計学的な不確定性や環境の不確定性（災害）が影響した場合の、個体群サイズと個体群存続時間の関係．軸は任意のスケールで描かれている．（Lande, 1993 より．）

の近似をしながら（例えば，個体群統計学的な不確定性の影響は無いものとし，個体群が環境収容力に達して $r=0$ である場合を除いて r の増加率を一定と見なし），次のような理解しやすい式を導いた．

$$T = \frac{2}{Vc}\left(\frac{K^c-1}{c} - \ln K\right)$$

ただし $c = 2r/V - 1$

ここで r は内的自然増加率，V は環境条件の時間的変動によって生じる r の分散である．

この方程式によって図7.24の実線で示す曲線が描かれる．この曲線は，最大個体群サイズ（K）が大きいほど，内的自然増加率（r）が大きいほど，また，環境変動が r に及ぼす影響が小さいほど，絶滅までの平均時間が長くなる事を示している．小さな環境変動よりもランダムに発生する災害のほうが大きな脅威であるというこれまでの説に反し，本当に重要なのは r の平均と分散との関係であるということが分かる（Lande, 1993; Caughley, 1994）．内的自然増加率の平均が分散よりも大きい場合，個体群存続時間の期待値は個体群サイズに対して急激に上昇する（すなわち，小または中程度の個体群サイズにのみ影響がある）．ところが，内的自然増加率

の分散が平均よりも大きい場合には，その関係は上に凸のゆるやかな曲線となる．すなわち，大きな個体群であっても，個体群存続時間の期待値は，環境の不確定性の影響を受ける．これらの予測は直感的に理解できるものだが，実際の問題で役に立つだろうか．

Kinnaird & O'brien（1991）は，ケニアのタナ川流域のサル，アジルマンガベイ（*Cercocebus galeritus galeritus*）の研究で，95％の確率で100年間存続するために必要な個体群の大きさ（K）を同様の方程式を用いて推定した．この絶滅が心配されるサルは，1つの河川の氾濫原の林にしか生息していない．しかも，保護区域を設定したにもかかわらず，1973年から1988年の間に個体数が1200から700に減少した．本来パッチ状だった河畔林という生息場所は，農業の拡大によってさらに断片化してしまった．いくつかの実際の個体群のデータを用いて推定したところ，$r=0.11$，$V=0.20$ という値が得られた．V の値は，わずか数年分のデータに基づいており，かなり不確かな値であった．これらをモデルに当てはめると，MVPは8000個体と導かれた．また，遺伝学的な問題を避けるために必要な有効個体群サイズは500であるという先に述べた経験則に従うと，実際の個体数としては約5000が必要であると示唆された．しかし，利用可能な生息場所から考えて，アジルマンガベイの個体数が5000〜8000に達することはあり得ない．その上，Kinnaird & O'brienは，アジルマンガベイのようなもともと稀少で分布も限られた種が，そのような個体数に達したことはなかったと考えている．こうした結果が出たのは，データ自体に欠陥があったか（例えば，生息場所の変化に対応して食性を変化させることが可能ならば，r の環境変異は推定値より小さい），このモデルが一般的すぎて，特定の事例にはそれほど有効ではないからかもしれない．どうやら後者が正しいようだ．それでも，保全管理者が直面している問題の根本にある過

程を一般化する，生態学者の絶え間ない挑戦の価値は，ゆらぐものではない．

7.5.5.4 シミュレーションモデルによる個体群存続可能性分析（PVA）

種特異的な方法
——シミュレーションモデル

シミュレーションモデルを使えば，もっと個々の場合に対応した形で存続可能性を評価することができる．通常，この手法では，齢構造を持った個体群での生存率と繁殖率の推移を扱う．これらの変数や K にランダムな変異を与えることによって，想定する頻度と強度で起きる災害を含めた環境変動の影響を表現する．密度依存性，個体の採取，個体の追加といった過程も，必要に応じて導入できる．さらに複雑なモデルでは，各個体を確率論的に独立に扱い，個体ごとに期間内の生存確率やある数の子を残す確率が与えられる．プログラムの計算は何度も繰り返し行われるが，ランダムな変動要素が含まれているため，計算ごとに異なった個体群動態が描かれる．モデルの変数の組み合わせごとに，毎年の個体群サイズや想定した期間内の絶滅確率（シミュレーションで絶滅した個体群の割合）などが得られる．

コアラの場合
——特に危機的な個体群の特定

コアラ（*Phascolarctos cinereus*）はオーストラリア全体で危機に瀕しつつあると考えられているが，安全なのか，脆弱なのか，または危機的なのかといった状況は，個体群ごとに異なっている．オーストラリア政府の管理戦略の第一の目標は，自然生息地の全域で，個体群を存続させることである（ANZECC, 1998）．Penn *et al.* (2000) は，VORTEX (Lacey, 1993) という広く使われている個体群動態の予測プログラムを用い，クイーンズランド州の2つの個体群についてモデルを構築した．そのひとつは衰退しつつあり（Oakey 地区個体群），もうひとつの個体群（Springsure 地区個体群）は心配ないと考えられていた．コアラは雌では2歳，雄では3歳から繁殖を始める．この2つのPVAで用いられた個体群統計学のその他の変数は，これらの個体群についての幅広い知見に基づくもので，表7.7 に示してある．注目すべき点は，Oakey 地区の個体群の方が雌の死亡率がやや高く，毎年の出産数が少ないことである．Oakey 地区の個体群モデルは1971年から，Spring-sure 地区の個体群モデルは1976年からの密度の推定が可能であったが，モデルが示した個体数の変動傾向はそれぞれ，減少と安定であった．モデル化された期間内の絶滅確率は，Oakey 地区で0.380（すなわち，1000回の反復のうち380回絶滅），Springsure 地区の個体群で0.063であった（図7.25）．通常，絶滅の危機にある種を扱う管理者には，個体群をモニタリングしその予測の確度を検証する，などという猶予は与えられていない．しかし，コアラの個体群は1970年代から継続して調査されていたので，Penn *et al.* (2000) は，PVAで得た結果と実際の個体群の動態を比較することができた（図7.25）．モデルの予測結果は実際の個体群の動向に近く，特に Oakey 地区の個体群では非常によく一致していた．この結果は，モデルを用いた手法への信頼を高めた．

シミュレーションモデルを作るVORTEXやその他のプログラムの予測精度が高いことは，Brook *et al.* (2000) による21セットの動物の長期観測データをもとにした検証でも確認されている．では，このようなモデルは管理にどのように利用されるのだろうか．ニューサウスウェールズ州内の各地方自治体は，1 ha 以上に影響する建設事業に関しては，コアラの総合管理計画を策定し，コアラの潜在的な生息場所の調査を開発者に実施させることを義務づけている．Penn *et al.* (2000) は，それぞれの生息場所の保護計画が個体群の存続に有効かどうかを，PVAモデルを用いて決めることができると主張している．

アフリカゾウ（*Loxodonta africana*）の総数は減少傾向にあり，厳重に管理された保護 アフリカゾウの場合 —— 保護区域の必要面積は？

表 7.7 オーストラリアにおける Oakey 地区（衰退中個体群）と Springsure 地区（安定個体群）のコアラの個体群のシミュレーションに用いられた変数．括弧内は環境変異にもとづく標準偏差．計算においては，変数値は標準偏差の範囲内からランダムに選ばれる．モデルでは一定の確率で壊滅的事態が生じ，その年には，繁殖率と生存率が表中に示された乗数で低下すると仮定されている．（Penn *et al.*, 2000 より．）

変　数	Oakey 地区	Springsure 地区
最高齢	12	12
性比（オスの割合）	0.575	0.533
出産頭数 0 の割合（％）	57.00（±17.85）	31.00（±15.61）
出産頭数 1 の割合（％）	43.00（±17.85）	69.00（±15.61）
メスの 0 才での死亡率（％）	32.50（±3.25）	30.00（±3.00）
メスの 1 才での死亡率（％）	17.27（±1.73）	15.94（±1.59）
おとなメスの死亡率	9.17（±0.92）	8.47（±0.85）
オスの 0 才での死亡率（％）	20.00（±2.00）	20.00（±2.00）
オスの 1 才での死亡率（％）	22.96（±2.30）	22.96（±2.30）
オスの 2 才での死亡率（％）	22.96（±2.30）	22.96（±2.30）
おとなオスの死亡率	26.36（±2.64）	26.36（±2.64）
壊滅的事態が生じる確率	0.05	0.05
繁殖率への乗数	0.55	0.55
生存率への乗数	0.63	0.63
繁殖集団中のオスの割合（％）	50	50
初期個体数	46	20
環境収容力, K	70　（±7）	60　（±6）

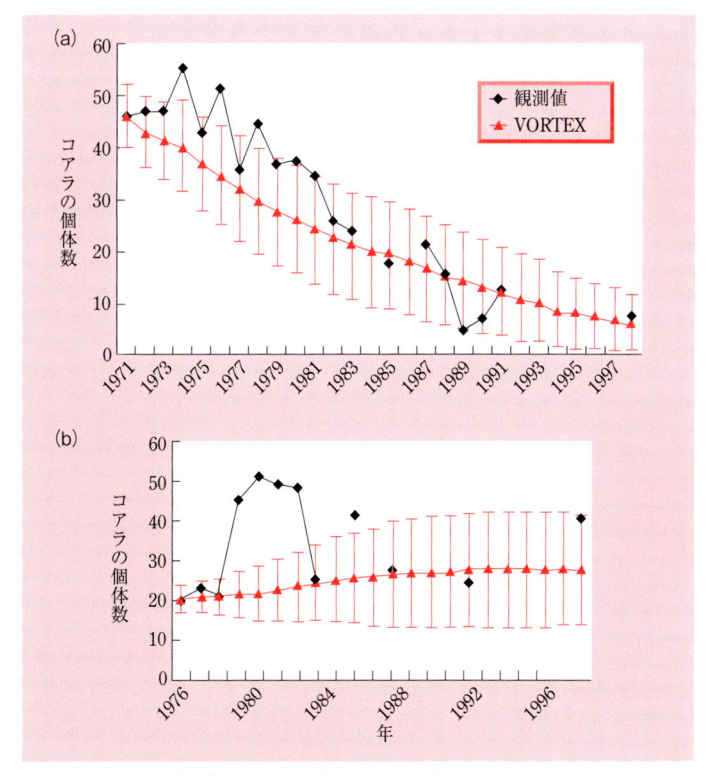

図 7.25　コアラ個体群の実際の変動の傾向（◆）と，VORTEX による 1000 回の反復計算による結果（▲±1 標準偏差）．(a) Oakey，(b) Springsure．（Penn *et al.*, 2000 より．）

表 7.8 通常年および干ばつ年における雌ゾウの生存率．12 の年齢群について，通常年（5年間に47%の確率で発生），10年に一度の干ばつ（5年間に41%の確率で発生），50年に一度の干ばつと250年に一度の干ばつ（5年間にそれぞれ，10%および2%の確率で発生）での生存率を示す．（Armbruster & Lande, 1992 より．）

年齢群（年）	雌の生存率			
	通常年	10年に1回の干ばつ	50年に1回の干ばつ	250年に1回の干ばつ
0-5	0.500	0.477	0.250	0.01
5-10	0.887	0.877	0.639	0.15
10-15	0.884	0.884	0.789	0.20
15-20	0.898	0.898	0.819	0.20
20-25	0.905	0.905	0.728	0.20
25-30	0.883	0.883	0.464	0.10
30-35	0.881	0.881	0.475	0.10
35-40	0.875	0.875	0.138	0.05
40-45	0.857	0.857	0.405	0.10
45-50	0.625	0.625	0.086	0.01
50-55	0.400	0.400	0.016	0.01
55-60	0.000	0.000	0.000	0.00

区以外では，あと20〜30年もすればほとんどいなくなると予測される．その主な原因は，生息場所の消滅と象牙のための密猟である．Armbruster & Lande（1992）は，ゾウのシミュレーションモデルを作成するにあたって，個体群を5年間隔で12の年齢群に区分した．年齢群ごとの生存率と密度依存的な繁殖率には，ケニヤのツアボ国立公園の詳細なデータを利用したが，その理由は，その半乾燥の環境が，現在の保護区および将来の保護区化が計画されている地域に共通の特徴を備えていることによる．確率論的な環境変動については，災害として扱うのが妥当と考えられた．そこで，年齢群別，性別の生存率に影響を及ぼす干ばつとしてモデルに組み込まれた．ここでもツアボ国立公園の実際の観測データが用いられた．それによれば，弱い干ばつは約10年周期，厳しい干ばつは50年周期，さらに厳しい旱魃は250年周期で発生する．表7.8には「通常の」条件下と3段階の干ばつ条件下での雌の生存率が示されている．生息場所の面積と絶滅確率の関係について，間引きをする場合と間引きをしない場合について，1000年間分のシミュレーションを行った．それぞれのモデルについて最低1000回の繰り返し計算を行ったが，広い生息場所での小さな絶滅確率に関して統計的に信頼できる値を得るために，さらに計算回数を増やした（最大30000回）．絶滅は，ゾウが1頭もいなくなるか，片方の性の個体だけになった場合に起こるものとした．

シミュレーションの結果，99%の確率で1000年間存続するためには，1300 km^2（500平方マイル）が必要であるとされた（図7.26）．このような広めの値が選ばれた理由は，一度絶滅が起こった隔離された場所に存続可能性のある個体群が再び確立されることは難しく，またアフリカゾウの世代時間が長い（約31年）ためである．実際には，Armbruster & Lande はさらに広い 2600 km^2（1000平方マイル）を，保護区域の最小面積として推奨した．これは，最も若い年齢階級の生存率と長周期の干ばつに関するデータの信頼性が低いことと，**感受性分析**（sensitivity analysis）からこれらのパラメータの僅かな変化に絶滅確率がきわめて敏感に反応することが分かったからである．実際のところ，中央アフリカと南アフリカの国立公園や禁猟区のうち，2600 km^{2}以上の面積を持つのはわずかに35%である．

植物の生活史には，種子休眠，周期的繁殖，クローン成長など多くの特殊な側面が存在する

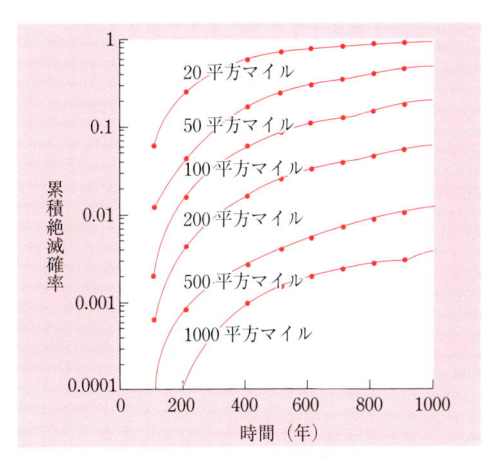

第7章 個体および単一種の個体群レベルでの生態学の応用　　277

図7.26　6つの生息地域における間引きをしないゾウ個体群の1000年間の累積絶滅確率.（Armbruster & Lande, 1992 より.）

ムシトリナデシコ類の事例──絶滅危惧植物の管理

ので, シミュレーションモデルの構築にも特別な工夫が必要である（Menges, 2000）. それでも絶滅危惧動物の場合と同様に, PVA を使って異なった管理のシナリオをシミュレーションで検討することができる. ムシトリナデシコの一種サイリニ・レギア（*Silene regia*）は, 多回繁殖する寿命の長い多年草だが, その生息域は急激に縮小している. Menges & Dolan（1998）は, 合衆国中西部の, 異なった管理体制下にある16の個体群（成熟個体数45～1302）について, 7年間, 個体群統計学的データを収集した. この種は生存率が高く, 成長は遅く, 頻繁に開花し, 種子に休眠性が無いが, 非常に不規則な加入パターンを示す（多くの個体群において, ほとんどの年で実生が出現しなかった）. 表7.9 に示すような行列が, 各個体群について年ごとに作成された. それぞれの行列について複数回のシミュレーションを行い, 期間増加率（λ, 第14章3節を参照）と1000年間での絶滅確率を計算した. 図7.27には, 16の個体群の期間増加率の中央値が, 実生の加入があった年となかった年を区別して管理方法ごと示されている. 実生の加入があった年にλが1.35を上回ったのは, 火入れによる管理, または火入れに加えて草刈りによる管理が施された地区であった. これらの個体群では1000年間の絶滅確率は0であった. それに対して, 管理が行われていないか, または火入れ以外の管理が行われている個体群ではλが小さく, 2つの個体群を除いて1000年間の絶滅確率は10～100％であった. 実生の新規加入を促すために, 所定の火入れを行うことが推奨される管理であることは明らかである. 野外での実生の定着率が低いのは, ネズミやアリによる食害や, すでに生育している植物との光をめぐる競争によると考えられている（Menges & Dolan, 1998）. 火入れされた場所では, そのいずれか, または両方の負の影響が取り除かれるのだろう. この例では, 管理方法によって個体群の存続可能性をうまく予測できたが, 遺伝的多様性の高い個体群も, λの中央値が大きかったことは注目に値する.

表7.9　個体の新規加入を仮定した, ムシトリナデシコ個体群の1990年から1991年の推移行列の一例. 数値は列での段階から行での段階へ移行した割合を示す（太字は同じ段階に留まったことを示す）.「状態不明」は草刈りや食害などの影響で花をつけたかどうかまたは開花規模のデータが不足していることを示す. 行の一番目には開花個体から産まれた実生の数が示されている. この個体群の期間増加率λは1.67である. この場所では所定の火入れが行われている.（Menges & Dolan, 1998 より.）

	実生	栄養成長	小規模開花	中規模開花	大規模開花	状態不明
実生	—	—	5.32	12.74	30.88	—
栄養成長	0.308	**0.111**	0	0	0	0
小規模開花	0	0.566	**0.506**	0.137	0.167	0.367
中規模開花	0	0.111	0.210	**0.608**	0.167	0.300
大規模開花	0	0	0.012	0.039	**0.667**	0.167
状態不明	0	0.222	0.198	0.196	0	**0.133**

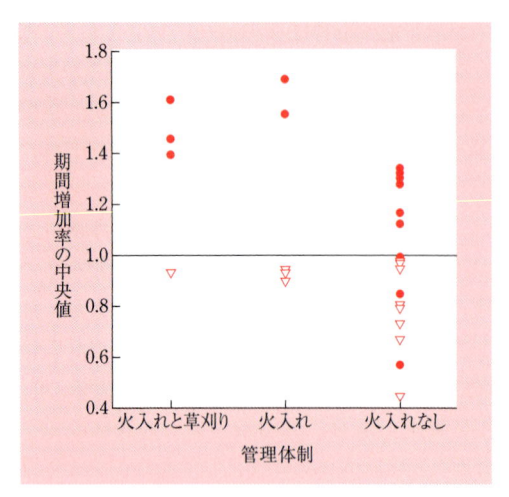

図7.27 管理体制別のムシトリナデシコ（*Silene regia*）個体群の期間増加率の中央値．実生の加入があった年（●）となかった年（▽）を区別してある．火入れのない管理体制には，草刈りのみ，除草剤使用，管理なし，の全てが含まれている．

個体群存続可能性分析の価値と限界

　理論的には，個体群存続可能性分析は，個々の絶滅危惧種について，一定の期間に一定の確率水準で存続させるのに必要な個体群サイズや保護区域の面積に関する信頼できる提言を導くことができる．しかし，それが達成されることは稀である．なぜなら，必要な生物学的データが十分に揃っていることは滅多にないからである．モデルの作成者はこの点をよく理解しているが，保全管理者もこのことをよく理解している必要がある．知見の不足，そしてデータ取得の時間と機会が不足しているという制約のもとでは，モデル構築の試みは，問題を体系化し，アイデアを数量化する作業に他ならない．こうしたモデルから何らかの定量的な予測が得られたとしても，常識的に考えて，せいぜい定性的な予測として受け取るべきだろう．それでもなお，上述の例から分かるように，第4章から6章で論じた生態学的理論に基づいて構築されたモデルは，利用可能なデータを最大限に活用し，可能性のある様々な方策の中で最善のものを選び出すことや，個体群を絶滅の危険にさらすさまざまな要因の相対的重要性を見極

めることにおいて，信頼できる拠り所を与える（Reed *et al*., 2003）．推奨される介入型の管理としては，対象とする個体群の個体数を増加させるための個体の転地，保護区の拡大，人為的な給餌による環境収容力の増加，囲い込みによる分散の制限，若齢個体の養育（または近縁種を利用した養育），捕食者や密猟者の制御もしくはワクチン接種による死亡率の減免，そして当然のことながら，生息場所の保護，が挙げられる．

7.5.6　メタ個体群の保全

　本章第5.4節で述べたように，局所的な絶滅はごく普通の現象である．したがって，断片化した個体群が存続するには，断片化した生息場所への再定着がきわめて重要であることを，保全生物学者は十分に認識すべきである．すなわち，注目する種の分散特性と関連させながら，分散時の回廊も含めた景観の要素間の関係に特に注意を払わねばならない（Fahrig & Merrian, 1994）．

メタ個体群の構造を加味する

　Westphal *et al*. (2003) は，絶滅寸前の鳥，エミュームシクイ（*Stipiturus malachurus intermedius*）について，今後の最適な管理方策を見出すために，現実的な絶滅率と再定着率の行列をもちいて，パッチの占有に関する確率モデルを構築し，確率論的動態モデリングという手法を用いた．サウスオーストラリア州のロフティ山地のメタ個体群は，残存する6つの密な湿地のパッチに生息している（図7.28）．エミュームシクイは飛翔力が弱く，メタ個体群の存続には，パッチ間をつなぐ，適切な植生の回廊が存在することが重要であると思われる．Westphal *et al*. (2003) が比較したのは，現存するパッチを拡大する，パッチ間を回廊地帯で連結する，新たにパッチを作り出す，という3つの保全策である（図7.28）．それぞれの保全策に要する「コスト」は，0.9ヘクター

エミュームシクイの事例——保全策ごとのコストの比較

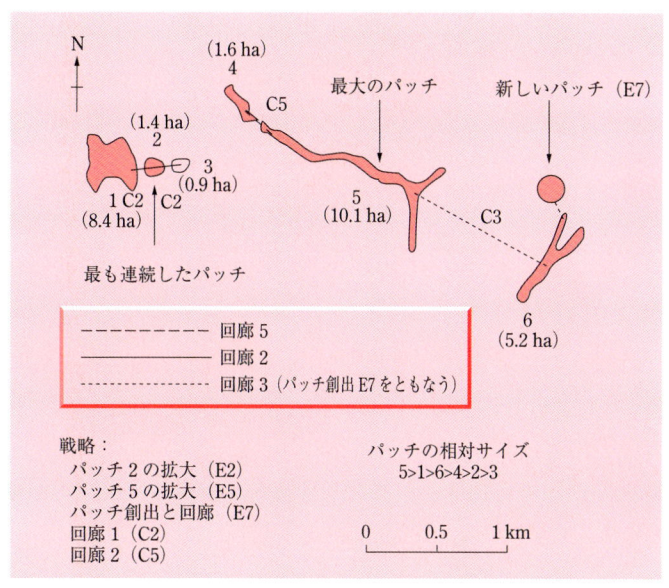

図7.28 エミュームシクイのメタ個体群におけるパッチの大きさと位置，および回廊．詳細は本文を参照．（Westphal *et al.*, 2003 より．）

ルの植生回復地域のコストで標準化した．最適化モデルによって，個々の保全策を評価するとともに，一連の管理のシナリオ（例えば，まず最大のパッチから隣接するパッチへの回廊を作り，次に最大パッチを拡大し，さらに新たなパッチを作り出す，など）を比較し，30年間の絶滅確率を可能な限り低く抑える保全策を見つけ出そうとした．

メタ個体群の管理に関する最適な決断は，個体群の現状に左右される．例えば，最小の2つのパッチだけに個体群が存在している場合には，そのうちの1つのパッチを拡大することが最適な単一管理策である（パッチ2，保全策E2）．しかし，絶滅しにくい1つの大きなパッチだけに個体群が限定されている場合には，それを回廊で近隣のパッチと連結することが最適である（保全策C5）．これらの固定的な保全策が最も効力を発揮した場合，30年間の絶滅確率を最大で30％低減できる．一方，期間ごとに一連の異なった措置を実施するのが状況依存型の最適保全策だが，管理を行わない場合のモデルに比べて，絶滅確率を50～80％低く抑えることができる．最適なシナリオはメタ個体群の初期状態によって異なり，それが図7.29に示されている．

これらの結果から，保全管理に関していくつかの教訓が得られる．まず，最適な方針決定は状況に強く依存するもので，パッチの占有状況や，絶滅率と再定着率についての情報をどれだけ持っているかが重要である．次に，一連の保全措置をとることがきわめて重要だが，最適な措置の順序を見極めるには，確率論的動態モデルのような手法を用いるしかない（Clark & Mangel, 2000）．メタ個体群の管理に関しては，単純な標準的方法が見つかることはないだろう．最後に最も重要な点は，保全のための財源はいつも限られているから，その乏しい資金の最適な活用を実現する上で，モデルという道具が役立つに違いない，ということである．

7.6 地球規模の気候変動と管理

二酸化炭素やその他の温室効果ガスの増加が予測されるように起これば，気温は1990年から2100年の間に1.4から5.8℃上昇すると予想

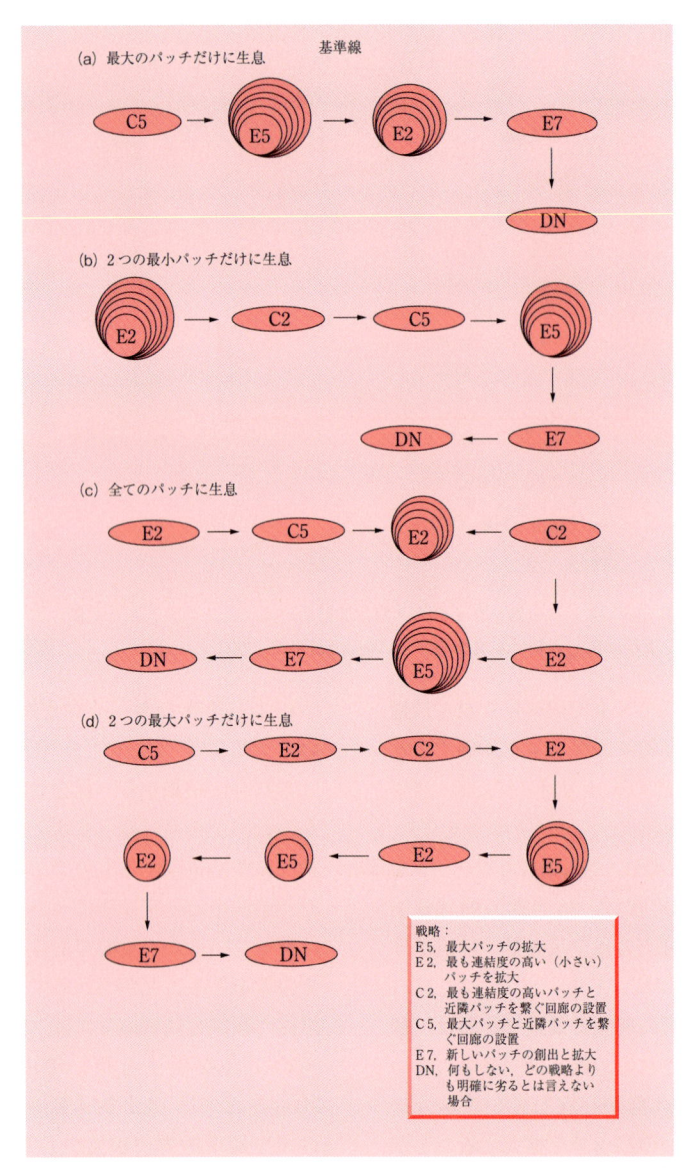

図7.29 エミュームシクイのメタ個体群の異なった初期構成ごとの最適な管理シナリオ．図中の囲みは1つの施策を表す．多重の囲みは次の戦略に移行する前にその戦略を繰り返し実行することを意味する．いずれの経路でも，最終段階では「何もしない」という施策，つまり管理施策をしなくてもメタ個体群の絶滅の可能性が他のいかなる戦略と比較しても有意に高くはならない状態で終了する．（Westphal *et al.*, 2003 より）

気候変動モデルが予測する非生物的要因の地理的枠組みの変化は…

される（IPCC, 2001）．温度上昇によってもたらされる氷河と高山の氷冠の融解，それによる海面上昇，そして包括的な大規模気候変動を通して，きわめて深刻な事態が生じうる．気温やその他の気候条件の変化によって，将来的には，種のニッチが依拠する物理化学的枠組みが変わってしまう．言い換えれば，重要な種のために現在設定されている自然保護区が不適な場所とな

り，現在の回復計画に適合している種も存続できなくなる可能性がある．さらに世界のあらゆる地域が，新たな侵入種，有害生物，病気の脅威にさらされるだろう．

気候変動の影響を緩和しようという政治的な取り組みは，国際的な排出量削減と生態系の吸収許容量の増加（例えば世界の森林面積を増加させる，など）に集約されている．政治的取り組みについては第22章で扱う．本節の以下では，気候変動が病気と侵入種の分布拡大に及ぼす影響（第6.1節）と，変動する世界の何処に自然保護区を設定すれば良いのか（第6.2節），という課題を扱う．

7.6.1 変動する世界での病気や侵入種の拡散を予測する

…新しい侵入生物の危険性を産み出す

我々は予測される地球規模の気候変動の初期段階を見ているに過ぎないが，それでも動植物相には変化が表れつつある．例えば，様々な植物でシュートの伸長や開花が早まり，鳥やチョウや両生類の繁殖が早まり，また種の生息域が高緯度地方および高標高地域へと移動している（Walther et al., 2002, Parmesan & Yohe, 2003）．次の世紀には，在来種と侵入種の両方で生息可能な分布域に劇的な変化が生じているだろう．

カとデング熱の場合

デング熱は致死性でもあり得るウィルス病だが，現在は，媒介カが分布している熱帯と亜熱帯に限られている．ニュージーランドには今のところ，デング熱を媒介するカは分布していない．世界的には，媒介者として重要なのは，ネッタイシマカ（*Aedes aegypti*）とヒトスジシマカ（*A. albopictus*）の2種である．この2種はともにニュージーランドへの侵入を阻止されたことがあるが，ヒトスジシマカは多少なりとも耐寒性があり，最近イタリアと北米に侵入した．もしこの媒介カの個体群が定着してしまうと，ウィルスを保持した旅行者が1人いただけでも大流行が起こりうる．de Wet et al.（2001）はこの2種のカの原産地での基本ニッチに関する知見（温度と降水量）と，気候変動のシナリオとを組み合わせて，媒介者の侵入と伝染病が定着する危険性が高い地域を予測した．現在の気候条件下では，ネッタイシマカはニュージーランドのどこにも定着できないが，ヒトスジシマカはニュージーランド北部に侵入しうる（図7.30a）．気候変動予測で最も極端なシナリオのもとでは，ヒトスジシマカは北島の大部分と南島の一部に侵入しうる．同じシナリオのもとで，デング熱ウィルスの強力な媒介者であるネッタイシマカが，北島の人口の大部分が集中しているオークランド地域に侵入しうることが示唆されている（図7.30b）．特にオークランドなどの北部の入国の玄関口での注意深い監視が不可欠である（オークランドには空路での入国者の75％，船舶貨物の74％，カの幼虫の主要な移動経路である輸入タイヤの50％が到着する）(Hearnden et al., 1990).

トゲアカシア（*Acacia nilotic* subsp. *indica*）はマメ科の木本で，本来の生育域はアフリ

アカシアの侵入種の場合

カ大陸から東はインドに及ぶ．この種は世界中のさまざまな場所に侵入しているが，オーストラリアではもともと日よけ，飼料，鑑賞などの目的で持ち込まれた．この種は広域に拡散し，牧草の生産量を低下させ，家畜の成長を悪化させ，家畜の飲み水を奪うことから，有害植物と見なされている．Kriticos et al.（2003）は，原産地の環境条件をもとに，まずこの種の基本ニッチを，温度と湿度耐性の上限と下限と最適値，そして低温ストレス，高温ストレス，乾燥ストレス，湿潤ストレス（冠水条件）のそれぞれに対する閾値に関して決めた．そして2つの気候変動のシナリオのもとでのトゲアカシアの侵入の可能性をモデル化した．いずれのシナリオも気温の上昇は2℃と想定したが，地球気候変動がオーストラリアの降水量に及ぼす影響はかな

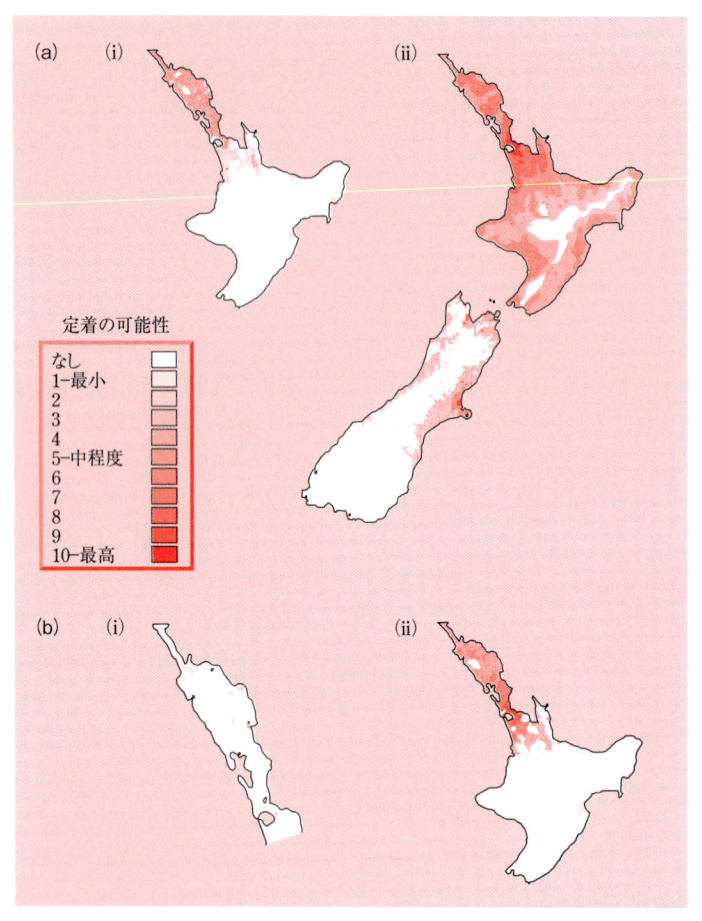

図 7.30 デング熱の危険度の地図．(a) ヒトスジシマカの (i) 現在の気候条件，(ii) 高温化シナリオでの 2100 年の分布．(b) ネッタイシマカの (i) 高温化シナリオでの 2050 年と (ii) 2100 年の分布．(de Wet et al., 2001 より．)

り不確かなので，降水量が 10％増加するシナリオと 10％減少するシナリオを用いた（図 7.31）．現在のトゲアカシアの生育地は，モデルが予測した分布域内の各地に拡がっているが，それでも予測された分布域の全てに生育しているわけではない．気候変動を考慮に入れると，このアカシアの最終的な分布域はさらに拡大すると考えられる．これは主に，大気中の二酸化炭素濃度の上昇による施肥効果がトゲアカシアの水利用効率を一層高めると考えられるからである．従って，二酸化炭素濃度の上昇は，トゲアカシアの生育と分布に対して，気候変動を介した間接的な効果と，直接的な効果の両方をもたらす（Volk et al., 2000）．このアカシアを伐採することや，家畜を無制限に移動させない限り糞に含まれる種子の分散を防止することは可能なので，さらなる分布拡大は抑制できると考えられる．侵入を抑制するために決定的に重要なことは，問題となる有害植物とそれを防除する方法についての一般人の関心を高めることであろう（Kriticos et al., 2003）．

7.6.2 絶滅危惧種の管理

温度と湿度もチョウの生活環に強い影響を与える．Beaumont & Hughes (2002) は，上述の

トゲアカシアで用いられた手法で気候変動がオーストラリアのチョウ24種の分布に及ぼす影響を分析した．将来の条件を，2050年までに気温が0.8〜1.4℃上昇する，というように控えめに設定したとしても，13種のチョウで分布が20%以上縮小すると予測された．最も絶滅の危険が高いのは，ニシキシジミ属の1種 *Hypochrysops halyetus* のように，特定の食草を利用するうえに相利関係にあるアリの存在に依存している種である．このチョウの分布は西オーストラリア州の海沿いのヒース地帯に限られているが，モデルによれば，その58〜99%が不適な気候帯に変わってしまう．また，予測される将来の分布域のうち現在の分布域と重なるのは27%以下である．この結果は，保全に携わる者に対して，一般性のある問題を明示している．すなわち，変動環境においては，現在地域保全の努力がなされ自然保護区域が設定されている場所も，不適切な場所であったことが判明する可能性があるということである．

地球規模の気候変動――自然保護区は適切な場所に在りつづけられるか？

Télléz-Valdes & Dávila-Aranda（2003）は，メキシコの Tehuacán-Cuicatlán 生物圏保護区の優占植物であるサボテン類について，この問題を検証した．現在の種の分布に関する生物物理学的基盤についての知見にもとづいて，将来の気候予測シナリオの3つを1つずつ当てはめ，現在の保護区の位置との関係に注目しながら将来の分布域を予測した．表7.10には，異なるシナリオのもとでサボテン各種の分布可能域が縮小するのか拡大するのかが示されている．平均気温が2.0℃上昇し降雨量が15%減少するという最も極端なシナリオに注目すると，現時点で保護区にのみ生息する種（第1のカテゴリー）はその半数以上が絶滅すると予測されている．保護区の外側と内側に同じように分布する第2のカテゴリーの種では，分布域が縮小し，分布はほとんど完全に保護区内に限られてしまうと予想される．最後のカテゴリーである広域分布種

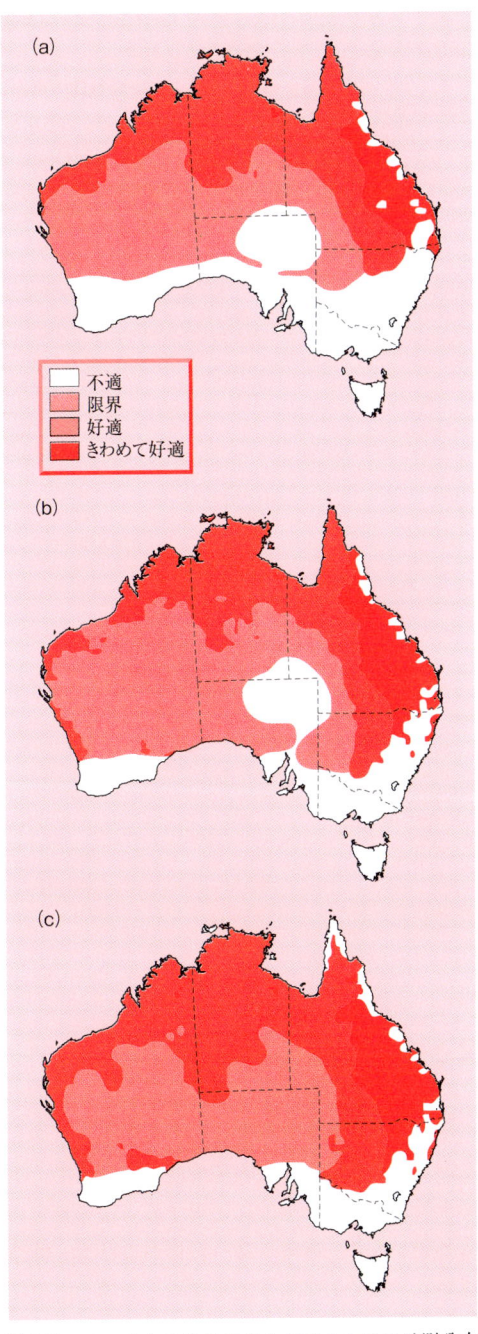

図7.31 オーストラリアでのトゲアカシアの予測分布図．(a) 現在の気象条件下．(b) 平均気温が2℃上昇し降水量が10%増加した場合．(c) 平均気温が2℃上昇し降水量が10%減少した場合．(b) および (c) での分布予測では，大気中の二酸化炭素濃度上昇による施肥効果によってトゲアカシアの水利用効率が高まることが仮定されている．（Kriticos *et al*., 2003 より．）

表7.10 現在の気候条件下および3つの気候変動シナリオのもとでの，メキシコにおけるサボテンの潜在的コア分布域（km²）．第1カテゴリーの種は，現在の分布が面積 10,000 km² の Tehuacán-Cuicatlán 生物圏保護区に限定されている．第2カテゴリーの種は，現在，保護区の内側にも外側にも同程度に分布している．第3のカテゴリーの種は，現在，保護区の境界を越えて広く分布している．（Téllez-Valdés と Dávila-Aranda, 2003 より）

種のカテゴリー	現在の気候条件	気温が1.0℃上昇し降雨量が10%減少	気温が2.0℃上昇し降雨量が10%減少	気温が2.0℃上昇し降雨量が15%減少
保護区内のみに分布				
Cephalocereus columna-trajani	138	27	0	0
Ferocactus flavovirens	317	532	100	55
Mammillaria huitzilopochtli	68	21	0	0
Mammillaria pectinifera	5,130	1,124	486	69
Pachycereus hollianus	175	87	0	0
Polaskia chende	157	83	76	41
Polaskia chichipe	387	106	10	0
中間的な分布				
Coryphantha pycnantha	1,367	2,881	1,088	807
Echinocactus platyacactus f. *grandis*	1,285	1,046	230	1,148
Ferocactus flavovirens	340	1,979	1,220	170
Pachycereus weberi	2,709	3,492	1,468	1,012
広域に分布				
Coryphantha pallida	10,237	5,887	3,459	2,920
Ferocactus recurvus	3,220	3,638	1,651	151
Mammillaria dixanthocentron	9,934	7,126	5,177	3,162
Mammillaria polyedra	10,118	5,512	3,473	2,611
Mammillaria sphacelata	3,956	5,440	2,803	2,580
Neobuxbaumia macrocephala	2,846	4,943	3,378	1,964
Neobuxbaumia tetetzo	2,964	1,357	519	395
Pachycereus chrysacanthus	1,395	1,929	872	382
Pachycereus fulviceps	3,306	5,405	2,818	1,071

の場合は，やはり分布域の縮小が予想されるが，それでも保護区の内側にも外側にも分布し続けると予測される．従って，これらのサボテンの場合には，保護区は将来的な分布域の変化にもうまく対応できる位置に設置されていると言えよう．

ニシキシジミ属の1種 *Hypochrysops halyetus* の個体群存続は，それ自身の生理的特性や行動的特性だけではなく，アリとの相利関係にも依存する．さらに，サボテンの分布は，基本的には適切な物理化学的条件に依存するが他の植物との資源をめぐる競争や植食者との相互作用からも影響を受けていることは確かである．本書の第2部では，個体群間の相互作用の生態学に視点を移そう．

まとめ

生態学者と保全管理者は，われわれが直面している広範な領域に及ぶ環境問題に対して，生態学的な知識を効果的に適用する方法を見定める必要がある．本章では，個体および単一個体群のレベルでの生態学的な理論と知識の応用について議論している．本章は応用をテーマにした3つの章の第1番目で，残りの2章はそれぞれ本章と同様に，個体群の相互作用のレベルでの基礎生態学の応用（第15章），そして群集と生態系のレベルでの基礎生態学の応用（第22章）を扱う．

保全計画は多くの場合，種にとって好適な環

境を予測できるか，汚染された土地に植生を回復できるか，不適となった動物の生息場所を復元できるか，（生物安全保障策を講じて侵入を阻止しながら）侵入種の将来的な分布を予測できるか，また，絶滅危惧種を新たな保護区で保全できるか，に依存している．ニッチ理論の理解は，これら多くの保全措置にとってきわめて重要な基礎である．

種の生活史は，保全方法の手掛かりとなりうるもうひとつの基礎的な特性である．特定の生態学的特性の組み合わせによって，出生率や生存率が決まり，ひいてはその種の時空間的な分布や現存量が決まる．ある生物種について，その種が生息場所の復元で存続できるか，問題を起こす侵入種になりうるのか，または絶滅の可能性が高く優先して保全すべき種であるか，といった問題に関して，有用な特性（例えば種子サイズ，成長率，寿命，行動の可塑性）はどのようなものであるかを検討した．体サイズは絶滅リスクの指標として特に重要な指標であることが分かった．

動物であれ植物であれ，生物の行動特性のうち特に影響が大きいのは，移動と分散の様式である．パッチ状の生息環境での移住・分散行動に関する知見は，環境が破壊され劣化した生息場所を復元する試みや，保全地域の設計にとっての基盤となる．さらには，人為的な種の移送についての詳しい理解は，侵入種の拡散予測や対策において有用である．

絶滅危惧種を保全する際には，小個体群の動態を深く理解しておく必要がある．保全生物学者は，理論から示唆されている小個体群の遺伝学的問題に注意を払い，保全管理計画の策定にあたってはその問題を考慮に入れなければならない．小個体群は，絶滅の可能性を高める個体群統計学的な危険性も抱えている．ここでは，個体群生存可能性分析（PVA）という手法に注目した．これは絶滅確率を査定する手法で，生命表，個体群の増加率，種内競争，密度効果，環境収容力，そして適切な場合はメタ個体群の構造についての知見を活用する．絶滅の危機に瀕している種について，この手法で詳しく分析することによって，個体群の存続の可能性を最大化する保全策が提示できる．

地球上の生物，生態学者，そして資源管理に携わる者が立ち向かわねばならない最大の課題は，地球規模の気候変動である．地球の全表面におよぶ物理化学的条件の変化のもとで，個々の生物種についての生態学的知識をどのように用いれば，病気を運ぶ生物や侵入種の分布拡大を予測し管理することができるか，また，保護区を適切な位置に設定できるか，について検討した．

第 2 部　相互作用

はじめに

　どんな生物の活動も，周囲の環境を変える．ある場合には，環境条件を変えるという形を取るかもしれない．例えば，樹木の蒸散によって気温は下がる．またある場合には，生物の活動は，他の生物が利用する資源を増やしたり減らしたりする．例えば，樹木の成長はその下に生育する植物が利用する日光を遮る．しかし，もっと重要なことは，生物は他の生物の生活に直接関わる形で，相互に作用し合うことである．この第 2 部（第 8～15 章）では，異種の生物個体の間のさまざまな相互作用について考えてみよう．ここでは 5 つの主な相互作用を区別して扱う．すなわち，競争，捕食，寄生，相利，腐食である．ただし，生物学のカテゴリー分けにおいては珍しいことではないが，生物の相互作用がいつもこのどれかにきっちりと区分できるとは限らない．

　競争 (competition) は，広義には生物がある資源を消費することで生じる相互作用である．ただし，その資源は別の生物も利用でき，実際その生物が利用しなければ別の生物が利用したであろう資源である．ある生物がその資源を別の生物から奪うことによって，別の生物の成長が遅れたり，子孫の数が減少したり，死亡率が上昇したりする．資源の奪い合いは同種の個体間でも，異種の個体間でも生じる．種内競争についてはすでに第 5 章で検討した．この第 2 部では，まず第 8 章で種間競争に目を向けよう．

　第 9，10 章は，**捕食** (predation) についてさまざまな観点から考える．なお，捕食という用語は広い意味で使うことにする．すなわち，肉食（動物が動物を食べること）だけでなく，植食（動物が植物を食べること）も捕食として扱う．また，ある生物が別の生物を殺して食べてしまう場合（フクロウがネズミを捕食するとか）だけでなく，餌生物の体の一部だけを食べ餌生物の命を奪わない場合も捕食と呼ぶことにする（草食獣が草を食べる場合のように，後で成長した部分をまた食べることができる）．まず，第 9 章では捕食の本質的な特徴を検討しよう．すなわち，捕食することで，捕食者と被食者にそれぞれどんなことが起こるのだろうか．特に，植食では，食害に対する植物の微妙な反応に注目する．また，捕食者の行動についても論じよう．次の第 10 章では，捕食という消費が引き起こすこととして，捕食者と被食者個体群の動態について論じよう．このテーマこそ，人間による資源の管理の問題と最も関係の深い生態学のテーマである．例えば，魚やクジラをどれだけ捕獲してよいか，また草原の草をどれだけ刈り取ってよいか，あるいは害虫や雑草を駆除するために生物的手法と化学的手法をどのように使い分けるのかといった問題と関係してくる．これらのテーマ自体はもっと後の第 15 章で取り上げる．

　第 2 部で扱う生態学的プロセスの大部分は，異種の生物の間の実際の相互作用である．しかし，死んだ有機物（または生物体の死んだ部分）が消費される過程，つまり**分解** (decomposition) と**デトリタス食** (detritivory) では，事態はもっと一方的な様相を呈する．とは言え，これらの過程自体に，競争，寄生，捕食，相利が組み込まれていることを第 11 章で論じる．そこは，光合成以外の主な生態的過程がすべて含まれる微小生態系なのである．

第12章では，**寄生** (parasitism) と**病気** (disease) を扱う．このテーマはこれまで生態学者から軽視されることも多く，生態学の教科書でも疎かにされてきた．しかし，地球上の生物種の半分以上は寄生者であり，そうした軽視の状況は近年改まってきている．寄生というカテゴリー自体は他の相互作用からきっちり区別できるとは限らない．特に，捕食との区別は難しい場合が多い．それでも，捕食者は一般的に餌生物を，全部にしろ一部にしろ，何個体も食べるのに対し，寄生者は普通1個体，多くても2〜3個体の寄主から餌資源を得るという違いがある．また，寄生者が寄主の命を奪うことがあるとしても，そのプロセスはゆっくりしている（この点は植食者が草を食べる場合の捕食でも同様であるが）．

　主に種間の利害の衝突を扱ったそれまでの章に対し，第13章では異種の生物間に見られる相利的な相互作用を扱う．**相利** (mutualism) は，どちらの生物も相手から何らかの正味の利益を得る関係である．それでも，相利的な相互作用の本質部分には，やはり種間の利害の衝突があることが分かるだろう．つまり，相利に関わるいずれの生物も他方を利用しており，総体として利益が損失を上回るという点からのみ，正味の利益が得られるのである．寄生の場合と同様に，これまで相利関係の生態学は軽視されることが多かったが，これも妥当とはいえないだろう．地球上の生物のかなりの部分が，実は相利関係にある生物たちなのである．

　生物間の相互作用を類別化する場合によく使われるのは，その相互作用を単純な記号で表すやり方である．つまり，一組の生物が，その相互作用からどんな効果を受けるかによって，それぞれ「＋」か「－」か「0」で表すのである．この表現を使えば，捕食者―被食者の関係（植食者―植物の関係も含む）は「＋－」で表せる．なぜなら，捕食することで捕食者は利益を得て，被食者は被害を受けるからである．同じ理由で，寄生者―寄主の相互作用も明らかに「＋－」になる．他の相互作用のうち，一番分かりやすいのは相利で，その総体は，もちろん「＋＋」と表せる．一方，もし，一組の生物間にどんな相互作用もなければ「0 0」と表すことになる（この状況は**中立関係** (neutralism) と呼ばれることがある）．デトリタス食は「＋0」と表せるだろう．デトリタス食者は餌を食べることでもちろん利益を得ているが，その餌の方はすでに死んでいるので，何か効果を受けるとは考えられないからである．この「＋0」で表せる関係は，一般には片利と言えるはずである．しかし，腐食を片利と呼ぶことはまずない．普通，片利という呼び方は，ある生物（寄主）が相手の生物に資源か住み家を提供する場合に使われる．この関係は寄生と似ているが，寄主の側に悪影響が認められない関係である．競争は「－－」の関係であるとされることが多い．しかし，双方の生物について悪影響を検出することは難しい場合が多い．そのような非対称な相互作用は，ひとまず「－0」と表し，**片害** (amensalism) と呼ばれる関係にまとめておくのがよいだろう．紛れもない片害が生じるのは，ある生物が，相手が居ようが居まいが有害な作用（たとえば毒素とか）を周囲に及ぼす場合であろう．

　第2部のこれらの章では，さまざまな相互作用をどちらかといえば個別に扱っているが，現実の個体群の構成員は，そうしたさまざまな相互作用の大部分から同時に影響を受けている．従って，ある個体群の存在量も，同時に影響する一連の相互作用によって決まってくる（実際には，環境条件と利用可能な資源の量にも規定されるが）．そこで，存在量の変化を理解するには，そうした広い範囲の視点が必要となる．第14章ではそうした視点を検討しよう．

　第2部の最後の章として，第15章ではそれまでの章で明らかにした原理の応用について論じよう．焦点となるのは，有害生物の防除と自然の資源の管理である．有害生物の防除では，有害生物の種は我々人間にとって好ましい種（例えば穀物）の競争者か捕食者であり，人間はその有害生物の捕食者と

して振る舞うか，我々自身の利益になるようにその有害生物の捕食者を操作する（生物防除）．資源の管理においても，我々人間は，生きている自然の資源（伐採する森の樹木，海洋の魚など）に対しては捕食者として振る舞うが，我々にとっての課題は，被食者との間に安定で持続可能な関係を築き，将来の世代がさらに収穫し続けうることを保障することである．

第8章

種間競争

8.1 はじめに

種間競争の本質は，他種個体との資源の取り合いや干渉の結果，一方の種の個体の繁殖力，生存率，成長率のいずれかが低下することである．種間競争は，競争している種の個体群動態に影響を及ぼすだろうし，その動態はさらに種の分布や進化に影響を及ぼすだろう．もちろん，進化は逆に種の分布や動態に影響を及ぼすだろう．ここでは，競争が他種の個体群に与える効果に注目する．なお，第19章では競争が（捕食と寄生とともに）生物群集の構造を形作る役割を検討する．本章で紹介するテーマのいくつかは第19章でも取り上げ，さらに深く議論する．種間競争の全体をカバーするために，この2つの章は両方を合わせて読んで欲しい．

8.2 種間競争のいくつかの事例

種間競争のさまざまなあり方...

種間競争は，あらゆる分類群で精力的に研究されてきた．ここではまず6つの事例を選び，重要な考え方のいくつかを示すことにする．

8.2.1 サケ科魚類の種間競争

オショロコマ (*Salvelinus malma*) とイワナ (*S. leucomaenis*) はサケ科の近縁種で，形態的にも良く似ている．この2種は日本の北海道

...サケ科魚類では...

では多くの河川にいっしょに生息しているが，オショロコマの方がイワナよりも上流側（標高の高い方）に分布し，中間の標高で分布の重なりが見られる．たまたまどちらかの種がいない河川では，他方の種がその分布を広げているので，この2種の河川内の分布は種間競争によって維持されていると考えられる（つまり，それぞれの種は他方の種がいることで何らかの悪影響を被り，ある地域からは排除されている）．魚類の生態にきわめて大きな影響を及ぼす非生物的要因である水温（これについてはすでに第2章4.4節で述べた）は，下流ほど高くなる．

Taniguchi & Nakano (2000) は，人工的な水路を使った実験によって，どちらの種も，水温が高い場合には攻撃性が高まることを示した．しかし，オショロコマではイワナがそばにいると，この水温の効果は逆になって攻撃性は弱くなった（図8.1a）．このことを反映して，オショロコマはイワナがそばにいると，餌が得やすい場所から追い払われ，そのため成長率が低くなり（図8.1b, c），生存率も低くなった．

従って，この実験はオショロコマとイワナが競争している，つまり，少なくともそのうちの1種は他種の存在から直接に悪影響を被っている，という仮説を支持している．その2種は同じ河川で共存しているが，もっと細かく見ればその分布の重複はきわめてわずかである．特に，

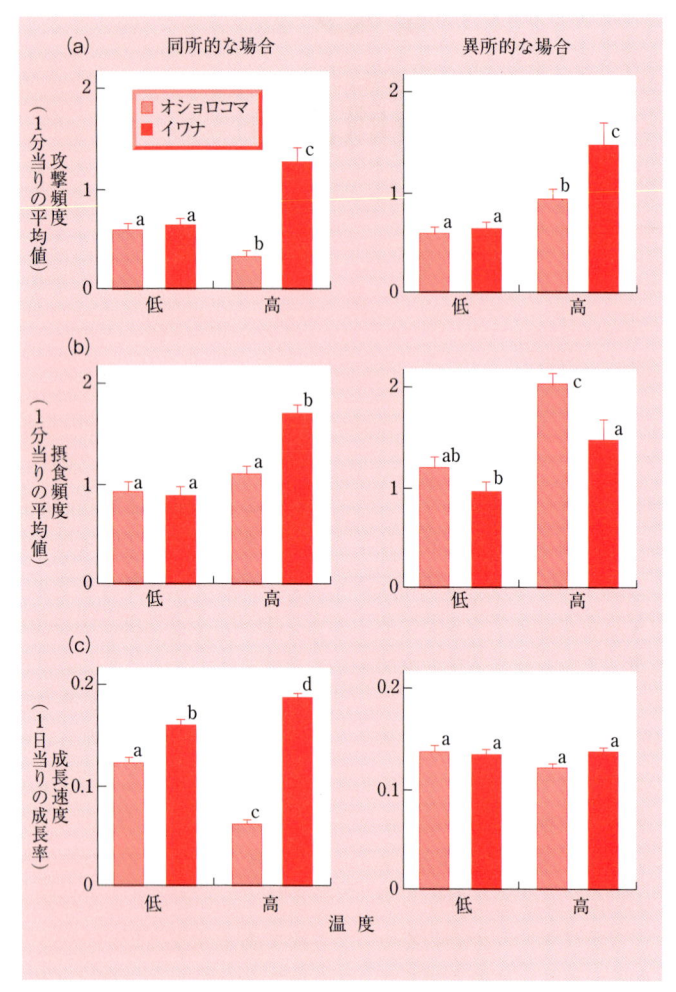

図8.1 （a）人工の実験水路におけるオショロコマ（*Salvelinus malma*）とイワナ（*S. leucomaenis*）の72日間の攻撃行動の頻度．それぞれ50匹のオショロコマまたは50匹のイワナだけの場合（異所的な場合）と，オショロコマとイワナを25匹ずつ一緒にした場合（同所的な場合）での，それぞれの種の個体がしかけた攻撃頻度（2回の反復実験の平均値）を示す．（b）摂食頻度．（c）体長でみた成長速度（1日当りの成長率）．図中のa，b，cの記号が異なる場合，それら平均値に有意差があることを意味する．（Taniguchi & Nakano, 2000 より．）

オショロコマの分布範囲の下部に当たる下流域では，イワナはオショロコマを打ち負かして排除している．しかしながら，イワナは温度が低い場合にもオショロコマの存在から悪影響を被ってはいないので，イワナの分布範囲の上限がどのように決まっているかは不明である．

8.2.2　フジツボの種間競争

2番目の研究は，スコットランドの海岸に生息する2種のフジツボ，すなわちイワフジツボ属の一種 *Chthamalus stellatus* とフジツボ属の一種 *Balanus balanoides* に関するもので

…フジツボでは…

第 8 章　種間競争

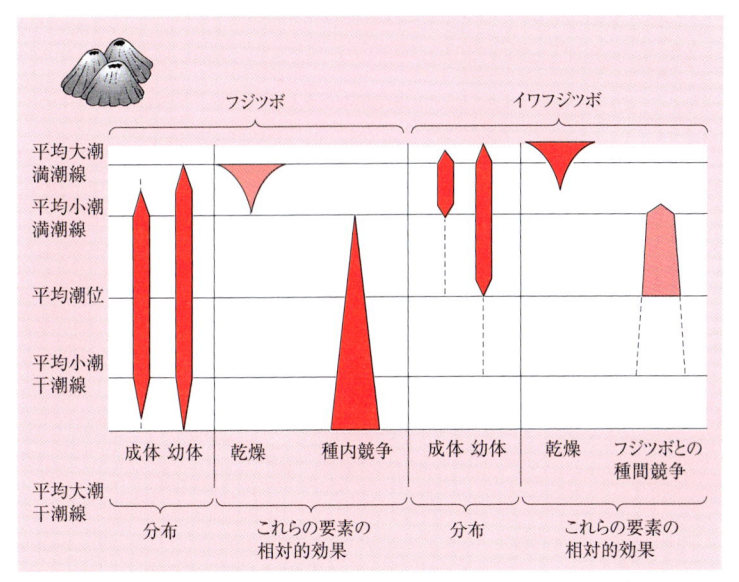

図 8.2　フジツボ属の一種 *Balanus balanoides* とイワフジツボ属の一種 *Chthamalus stellatus* での，成体と新規に定着した幼体の潮間帯での分布，および乾燥と競争の相対的効果の図示．それぞれの地帯は，平均大潮満潮線から，平均大潮干潮線までを左端に示している．（Connell, 1961 より．）

ある（図 8.2）（Connell, 1961）．この 2 種は，北西ヨーロッパの大西洋岸では，同じ岩礁でごく普通に一緒に見られ，一般に潮間帯の上方と下方に分かれて分布する．下方に定着するイワフジツボの幼体の数自体は相当多いにもかかわらず，成体はこのような上下に分かれた帯状分布を示すのである．Connell は，この帯状分布を理解するために，フジツボ帯でのイワフジツボ幼生の生存率を追跡した．各個体の位置を記録し，1 年間，生き残った個体の数を継続調査したのである．この研究のポイントは，フジツボ帯に定着したイワフジツボ幼体の一部を，フジツボと接触しないようにしておいた点である．それらの個体は，通常とは異なり，潮間帯の高さにかかわらずよく生き残った．つまり，イワフジツボ幼体の通常の死亡原因は低い地帯の長い冠水時間ではなく，そうした地帯でのフジツボとの競争だったのである．直接観察により，フジツボがイワフジツボに覆い被さったり，押しはがしたり押しつぶしたりすることが確かめられた．またイワフジツボが一番多く死ぬ時期は，フジツボが最も成長する季節であることも確かめられた．さらに，1 年間フジツボに囲まれながらも生き残ったわずかなイワフジツボ個体は，囲まれなかった個体よりもずっと小さかった．このことは，小さなイワフジツボは子供を少ししか残せないので，種間競争が繁殖力も低下させることを意味している．

このように，フジツボとイワフジツボは競争している．2 種は同じ岩礁で共存しているが，細かく見れば，その分布はほんの少ししか重ならない．フジツボは競争力に勝り，イワフジツボを低い地帯から排除する．しかし，フジツボは比較的乾燥に弱く潮間帯の高い位置では生存できないので，イワフジツボはそこで生き残ることができるのである．

8.2.3　ヤエムグラ属の種間競争

A. G. Tansley は植物生態学の偉大な創始者のひとりであるが，ヤエムグラ属（*Galium*

...ヤエムグラ属植物では...

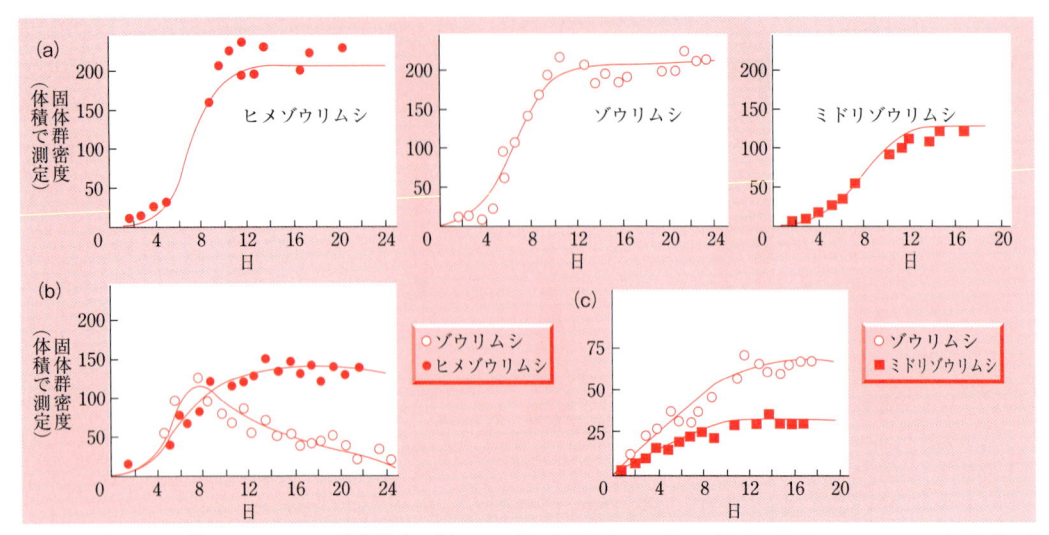

図 8.3 ゾウリムシ属 *Paramecium* の種間競争．(a) ヒメゾウリムシ *P. aurelia*，ゾウリムシ *P. caudatum*，ミドリゾウリムシ *P. bursaria* は，いずれも単独では培養液中で個体群を維持できる．(b) この2種を一緒に培養すると，ヒメゾウリムシはゾウリムシを絶滅に追いやる．(c) ゾウリムシとミドリゾウリムシを一緒に培養すると，単独で培養した時よりも低密度ではあるが，共存する．(Clapham, 1973 より．データは Gause, 1934 による．)

spp.) 2種の間の競争を研究した (Tansley, 1917)．そのうちの一種 *Galium hercynicum* はイギリスの酸性土壌に自生し，もう一種 *G. pumilum* は石灰質土壌にのみ分布している．Tansley は移植実験を行い，それぞれを単独で育てる限り，*G. hercynicum* 自生地からの酸性土壌と *G. pumilum* 自生地からの石灰質土壌の両方で両種とも元気に育つことを見い出した．ところが，2種を一緒に育てると，酸性土壌では *G. hercynicum* だけが，そして石灰質土壌では *G. pumilum* だけが成長できた．従って，2種が一緒に成長する場合には競争が生じ，1種が勝って他方の種は負け，この競争によってその場所から排除されると考えられる．どちらが勝つかは，競争が生じる生育場所の条件に依存する．

8.2.4 ゾウリムシ属 (*Paramecium* spp.) の種間競争

...ゾウリムシ属では...

4番目の例は，ロシアの偉大な生態学者，G. F. Gause の古典的研究である．彼の研究は，原生動物のゾウリムシ属 *Paramecium* の3種を使った室内での競争実験である (Gause, 1934, 1935)．3種とも，単独では試験管中の培養液で問題なく増殖し，一定の環境収容力いっぱいの密度に達する．このゾウリムシ類は試験管中で細菌や酵母菌を食べ，細菌や酵母菌は定期的に補給されるオートミールを食べて生きている (図 8.3a)．

ヒメゾウリムシ *P. aurelia* とゾウリムシ *P. caudatum* を一緒に培養すると，いつもゾウリムシがほぼ絶滅といえるまで減少し，ヒメゾウリムシが勝ち残った (図 8.3b)．普通，ゾウリムシがそこまで急激に飢え死にすることはないのだが，Gause の実験には，毎日 10% の培養液を生物ごと除去する手順が含まれていた．すなわち，ヒメゾウリムシは，個体群サイズの安定点付近でも，10% / 日の速度で増殖できるので (つまり，強制的な死亡率をうち消すことができるので)，競争に勝った．それに対し，ゾウリムシの増殖率は 1.5% / 日でしかなかったのである (Williamson, 1972)．

これとは対照的に，ゾウリムシとミドリゾウリムシ *P. bursaria* をいっしょに培養すると，両種とも絶滅するほど減少することはなかった．

つまり，2種は共存した．しかし，その安定点での密度は，単独で培養した場合よりもずっと低かった（図8.3c）．これは，この2種が互いに相手から悪影響を被った，つまり競争していたことを示している．けれども，詳しく調べてみると，同じ試験管中ではあったが，Taniguchi & Nakano のサケ科魚類および Connell のフジツボ類の場合と同様に，空間的に分かれて生活していたことが明らかになった．ゾウリムシは培養液中に懸濁する細菌を食べる傾向があり，一方，ミドリゾウリムシは，もっぱら試験管の底で酵母菌を食べていたのである．

8.2.5 鳥類の共存

...鳥類では...　　鳥類の研究者は，近縁な鳥類が同一の生息場所に共存する場合が多いことを知っている．例えば，イギリスの広葉樹林にはシジュウカラ属の鳥5種が一緒に暮らしている．それらは，アオガラ *Parus caeruleus*，シジュウカラ *P. major*，ハシブトガラ *P. palustris*，コガラ *P. montanus*，ヒガラ *P. ater* である．どの種も，くちばしは短く，主に葉の茂みや小枝で餌を採るが，時々地上でも餌を採る．また，どの種も一年を通じて昆虫を食べるが，冬には種子も食べる．さらに，どの種も普通は樹木の洞に巣をつくる．ところが，これらの種を詳しく調査すればするほど，生態的な違いも見つかってきた．例えば，餌を採る樹木上の細かい位置，餌昆虫の大きさ，食べる種子の固さに違いが見られた．これらの共存種は，よく似ているにもかかわらず，わずかに異なる資源を少しずつ違う方法で利用することで，競争しながらも共存していると考えたくなる．しかし，実際に競争が起きているかどうかを科学的に厳密に調べるには，少なくともどちらかの種を実験的に取り除き，残った方の種を追跡調査する必要がある．Martin & Martin (2001) が2種のよく似た鳥の研究において，まさにこの手法を使った．その2種とは，サメズ

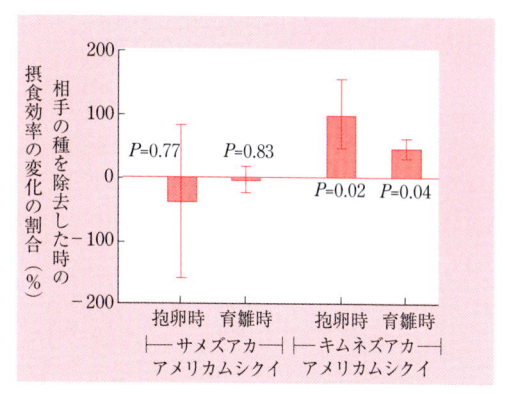

図8.4 サメズアカアメリカムシクイとキムネズアカアメリカムシクイについて，相手の種を実験的に除去した場合の摂食効率（平均値±標準誤差）の変化の割合（％）．摂食効率（1時間当り巣に餌を運んだ回数）は抱卵時（雌に対する雄の給餌）と育雛時（雛に対する雄雌の給餌の合計）に分けて測定．P値は，仮説「他種を除去した場所では餌を多く採れる」についてのt検定による．この仮説はキムネズアカアメリカムシクイでは支持されたが，サメズアカアメリカムシクイでは支持されなかった．（Martin & Martin, 2001 より．）

アカアメリカムシクイ（*Vermivora celata*）とキムネズアカアメリカムシクイ（*V. virginiae*）で，合衆国アリゾナ州中央部では同じ地域に繁殖なわばりを構える．どちらか一方の種を取り除いた区域では，残された方の種のヒナの巣立率はサメズアカアメリカムシクイで78％，そしてキムネズアカアメリカムシクイで129％も増大した．この巣立率の改善は，（競争種の除去によって）好みの営巣場所が比較的得やすくなり，それによって巣の中のヒナが捕食者に襲われにくくなったことによる．これに加えて，キムネズアカアメリカムシクイでは（サメズアカアメリカムシクイではそうではないが），競争種が除去された区域で摂食効率も高くなった（図8.4）．

8.2.6 珪藻の種間関係

最後の事例は，淡水産の珪藻2種，ホシガタケイソウ　...珪藻類では　*Asterionella formosa* とマルクビハリケイソウ

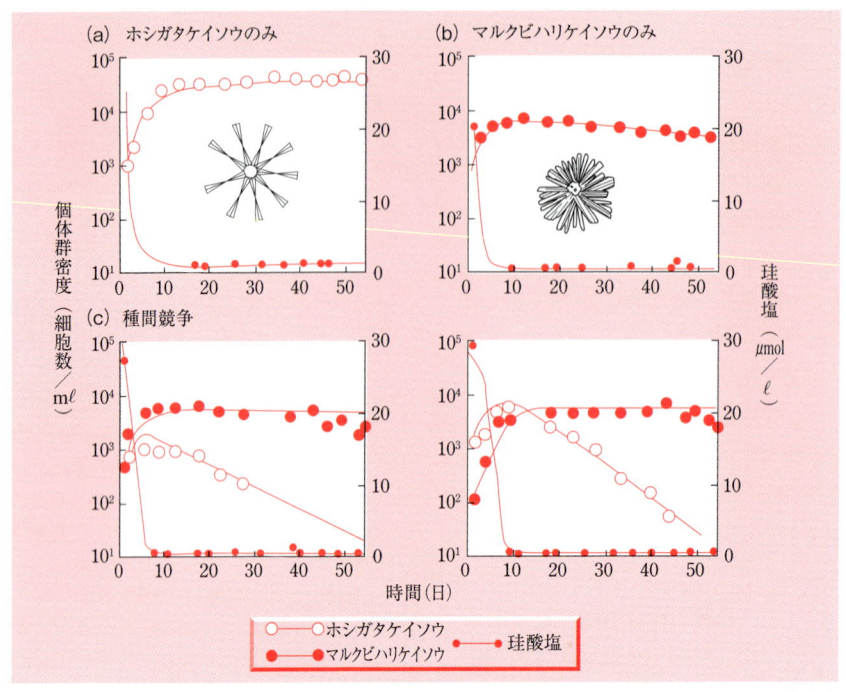

図 8.5 珪藻類の種間競争．(a) ホシガタケイソウ *Asterionella formosa* を培養フラスコで単独培養すると，安定個体群に達し，資源である珪酸塩を低い水準で一定に維持した．(b) マルクビハリケイソウ *Synedra ulna* を単独培養する場合も同様であるが，珪酸塩をさらに低い水準で維持した．(c) 2種を一緒に培養すると，2回の反復のいずれにおいても，マルクビハリケイソウはホシガタケイソウを絶滅に追いやった．(Tilman *et al.*, 1981 より．)

Synedra ulna についての実験室での研究である(Tilman *et al.*, 1981)．この珪藻はどちらも，細胞壁を作るために珪素を必要とする．この研究のユニークな点は，個体群の大きさの追跡と同時に，それを制限する資源（珪酸塩）へのそれぞれの種の影響力を記録したことである．どちらの種も，培養液に常に資源を加えつつ単独で培養された場合，個体群密度は環境収容力いっぱいにまで高まり安定した．その場合，珪酸塩は常に低い水準になった（図 8.5a, b）．しかし，マルクビハリケイソウの方がホシガタケイソウよりも珪酸塩濃度を低水準にした．このため，2種をいっしょに培養した場合，マルクビハリケイソウは，珪酸塩濃度をホシガタケイソウの生存と繁殖にとって低すぎる水準にした．これによって，マルクビハリケイソウは培養液からホシガタケイソウを排除したのである（図 8.5c）．

8.3 これらの事例から分かること
—— 種間競争の一般的な特徴

8.3.1 競争の生態的および進化的側面の解明

これらの事例は，異種の個体間でも競争が生じ得ることを示している．これは少しも驚くべきことではない．フジツボやアメリカムシクイの例は，自然条件下で，異なる種同士が実際に競争することを示した（すなわち，どちらかの種の個体数，繁殖力，生存率の少なくともひとつのパラメータで低減が測定できた）．さらに，競争している種間には，特定の生息場所から互いに排除し合い，従って，共存しない場合（ヤエムグラ類，珪藻類，およびゾウリムシ類の最初の2種の例）と，おそらく生息場所をわずかに異な

る方法で利用することで共存する場合（フジツボやゾウリムシ類の2番目の2種の例）があると考えられる．

しかし，カラ類の共存の事例はどうだろうか．明らかに5種は共存していて，それぞれわずかに違う方法で生息場所を利用していた．そこには競争関係があるのだろうか．あると考えられる．つまり，5種のカラ類は種間競争に対して進化的な反応の結果として共存していると考えられる．この点は少し説明が必要だろう．2種が競争する場合，これまで見てきたように，片方ないしは両方の種の個体が，繁殖力か生存率，またはその両方の低下を被る．この場合，それぞれの種で最も適応的な個体は，次のような個体である．すなわち，生息場所の利用の仕方について，他種の個体との差が一番大きく，従って（相対的に）競争を回避できる個体である．自然淘汰はそのような個体に有利に作用するであろうし，やがて個体群全体がそのような個体で占められるようになるだろう．2種は互いに異なる方向に進化し，2種間の競争は次第に減少し，2種は共存しやすくなると考えられる．

　競争種の共存か，過去の競争の亡霊か…

この考えでカラ類の共存を説明する際の問題点は，証拠がないことである．Connellが名づけた「過去の競争の亡霊」という理屈を安易には持ち出すべきではない．過去の競争が現在よりも激しかったかどうかを，その時代に戻って確かめることはできない．そして別の解釈も可能である．つまり，それらの種は，進化の過程で異なる方向へ，まったく独自に自然淘汰に応答したとも考えられるのである．それらは異なった種として明確に区別できる特徴を持っている．現在それらは競争しておらず，競争したこともない．それらは単にたまたま異なってしまったのである．これが全て本当なら，カラ類の共存は競争とは関係がないと言えるだろう．さらに別の説明としては，過去の競争によって何種かが消滅し，現在残っているの

は生息場所の利用方法が互いに異なる種だけという可能性もある．言い換えれば，過去の競争の亡霊の所業をまだ見ることができるとしても，それはむしろ，（種を変化させる）進化的な力ではなく，（種を排除する）生態的な力として作用しているはずなのである．

従って，カラ類の研究とその解釈の難しさは，一般論として重要な次の2つの論点を示している．まず最初の論点は，種間競争の生態的，および進化的効果の両方に，十分な，そして別々の注意を払わねばならないということである．これまで見てきたように，生態的な効果は，一般的に言って，他種個体との競争によってある種が生息場所から排除されるか，あるいは競争している種同士が共存しているならば，そのうちの少なくとも片方の種の個体は，生存率か繁殖率，またはその両方の低下を被ることになる．進化的な効果は，競争がない場合よりも，一方の種が他方の種と異なるように変化し，従って競争が低減することになると考えられる（だが，本章第8.9節を参照のこと）．

2つめの論点は，観察されたパターンの説明として競争を引き合いに出すことは，最

…あるいは単に別個の進化の結果か

初の論点にもかかわらず，とても難しいということである．特に，進化的な説明として競争を引き合いに出す場合に，それが言える．すでにアメリカムシクイで見たように，ある実験操作（例えば，1種または複数種の除去）によって，他方の種の繁殖率，生存率，個体数のいずれかが上昇したならば，現在競争が起きていると言えるだろう．だが，そうした結果が得られなかった場合，その解釈としては，過去の競争による種の排除や，過去の進化的過程を通した競争の回避，そしてそれぞれの種の競争を伴わない独自の進化のいずれでも説明できるのである．実際問題としても，多くの研究データについて，これらの説明を区別する簡単な，または誰もが納得する方法はない（第19章を参照）．従って，本章の残りと第19章では，競争の生態的，そ

して特に進化的な効果を検討する場合，いつもよりさらに注意が必要である．

8.3.2 消費型競争，干渉型競争，他感作用

[干渉型競争と消費型競争] それはさておき，これまでに見た種間競争の実例から，他にも何か一般的な特徴を導き出すことができるだろうか．まず，種内競争と同様に，干渉型と消費型（取り合い型）の競争を基本的には区別することができる（両方の要素がひとつの相互作用の中で同時に見られるかもしれないが）（第5章1.1節を参照）．消費型では，競争相手の活動によって押し下げられた資源の水準に反応することで，各個体は互いに間接的に影響し合う．珪藻の研究は，これをはっきり示した例である．一方，Connellのフジツボの研究は，干渉型競争のこれまたはっきりした例である．特に，フジツボ*Balanus*は，イワフジツボ*Chthamalus*に対して，岩礁の限りある空間を占拠することで，直接的かつ物理的に干渉している．

[他感作用] 一方で，干渉は，このように直接的とは限らない．植物では，干渉は，他種にとっては毒性があるが，それを生産する種にとっては毒性のない化学物質の生産と周囲の環境への放出を介して生じると主張されることが多い（**他感作用**（アレロパシー（allelopathy））として知られている）．そのような特性を持つ化学物質が植物から抽出できることは間違いないが，そういった物質の自然界での役割，そして他種への効果ゆえに進化してきたかどうかは実証されていない．例えば，ごく普通の雑草で，その抽出物が農業上の作物に対して他感作用を持ちうると報告されたものは100種類以上ある（Foy & Inderjit, 2001）．しかしそうした研究のほとんどは実際の野外研究ではなく，自然条件等とは言えない実験室での生物検定試験である．同様の実験室での検査結果から，Vandermeest *et al*. (2002) は，アメリカグリ (*Castanea dentata*) の葉からの抽出物は灌木性のシャクナゲの一種 (*Rhododendron maximum*) の発芽を抑制することを示した．アメリカグリは，クリ胴枯れ病 (*Cryphonectria parasitica*) によって一掃されるまでは，合衆国東部の落葉樹林で最も普通の高木であった．Vandermeest *et al*. の主張によれば，20世紀になってこのシャクナゲの灌木林がいたる所に広がった原因は，胴枯れ病とともに，よく知られているように，それに続いて起こった大規模な伐採と山火事によって，クリからの他感作用が低下したためである．しかし，この仮説はもはや検証のしようがない．競争している別種のオタマジャクシの間でも，水中に何らかの抑制物質が放出され，干渉の手段のひとつになっていると主張された（おそらく最も注目を集めた現象は，アカガエル属の一種 *Rana temporaria* の排泄物中に発生する藻類の一種が，ナタージャックヒキガエル *Bufo calamita* の成長を抑制する現象である (Beebee, 1991; Griffiths *et al*., 1993))．だが，こうした現象も，野外でどれだけ重要かは分からないままである (Petranka, 1989)．もちろん，特に土壌中に見られる真菌や細菌が生産する化学物質は，潜在的な競争相手の微生物の成長を抑制する物質として，広く認められているし，そうした物質から抗生物質として利用できるものが選ばれ，製品化されている．

8.3.3 対称的競争と非対称的競争

種間競争は（種内競争と同様に），多くの場合，きわめて非対称である．すなわち，[種間競争は極めて非対称となる場合が多い] その結果は，双方の種にとって同等でない場合が多い．Connellのフジツボ類の場合を例にとると，フジツボ*Balanus*は潜在的に重なり合う地帯からイワフジツボ*Chthamalus*を排除したが，イワフジツボがフジツボに及ぼす効果は，まったく認められなかった．フジツボの垂直分布は乾燥への感受性によって制限されていたの

である．よく似た状況が，ミシガン州の池沼に生育するガマ属の植物2種でも見られる．そのうちの一種，ガマ *Typha latifolia* は，たいていは浅い水域で見られる．一方，別の種，ヒメガマ *T. angustifolia* は，深い水域に生えている．人工的な池に一緒に植えてみると（同所的条件），それぞれの好みを反映した分布をする．つまり，ガマは水深0～60 cmの岸辺に生育し，ヒメガマは水深60～90 cmの水底を占有する（Grace & Wetzel, 1998）．ところがそれぞれの種だけを植えてみると（異所的条件），ヒメガマはもっと浅い水底までめざましく分布を広げたが，ガマは，種間競争が働いていないにもかかわらず，深い方へはわずかしか分布を広げなかった．

さまざまな生物群での検討によると，（1種がほとんど影響を受けないような）極端に非対称的な種間競争は，対称的な競争よりも多いようである（例えば，Keddy & Shipley, 1989を参照）．しかし，それよりも重要な点は，競争のあり方は完全に対称的な競争と，極端に非対称な競争を両極端とする連続体と見なせるという点である．

非対称な競争は，それぞれの種の競争力の強さが異なっているために生じる．例えば，植物では，その違いは背丈の差に由来することが多く，背の高い植物は他の種の上にそびえることで太陽光を受けるうえで優位に立つ（Freckleton & Watkinson, 2001）．同様に，Dezfuli *et al*. (2002) の主張によれば，動物の消化管に寄生する寄生虫たちは，その占有する消化管の位置によって非対称的な競争を被る．つまり，胃を占有する寄生虫は資源を先取りすることで消化管の下流側にいる寄生虫に悪影響を及ぼすが，その逆は起こりえない．また特に，競争している種の大きさが違えば違うほど，競争は非対称になりがちである．スペインの低木林で行われた有蹄類（家畜のヒツジとスペインアイベックス *Capra pyrenaica*）と植食性のハムシの一種 *Timarcha lugens* の除去実験の結果によると，有蹄類は消費型競争を介して（また，偶蹄類が草を食べるときに付随的にハムシが捕食されることも多少は関係して）ハムシの個体数を減少させる．しかし，ハムシを除去しても偶蹄類には何の影響も認められなかった（Gomez & Gonzalez-Megias, 2002）．

8.3.4 ある資源を巡る競争は他の競争に影響しうる

最後に注意しておきたい点は，ある生物にとってひとつの資源をめぐる競争は，別の資源を利用する能力に影響する場合が多いことである．例えば，Buss (1979) の研究によると，コケムシ類（群体を形成するモジュール型の動物）では，空間をめぐる競争と食物をめぐる競争とは相互に関連している．ある種の群体が別種の群体と接触した場合，コケムシ類の採餌方法である（触手冠による）水流発生を阻害する（空間をめぐる競争が採餌に影響する）．一方，食物が不足している群体は，逆に空間をめぐっての競争能力（相手の群体に覆い被さる）が大きく低下する．

同様な事例が，根を持つ植物で見られる．ある種が他種のキャノピー（canopy）に侵入して光を奪うと，光を遮られた種は，その種が得る光エネルギーの減少という直接の害を被る．そして，これが根の成長速度も低下させ，従って，土壌中の水分や栄養塩類を利用しにくくする．それが今度は，シュートや葉の成長速度を低下させる．このように，植物が競争する場合，原因と結果が根と茎の間を循環する（Wilson, 1988a）．多くの研究者が，キャノピーまたはシュートと根の競争の効果を分離するために，次のような実験計画のもとで，2種の成長を見る研究をしている．すなわち，(1) 単独，(2) 混生，(3) 共通の土壌で根を混生させ，キャノピーは分離，(4) キャノピーを混生させ，根は分離，の4通りの処理である．その一例が，トウモロコシ（*Zea mays*）とエンドウ（*Pisum*

※ 根とシュートによる競争

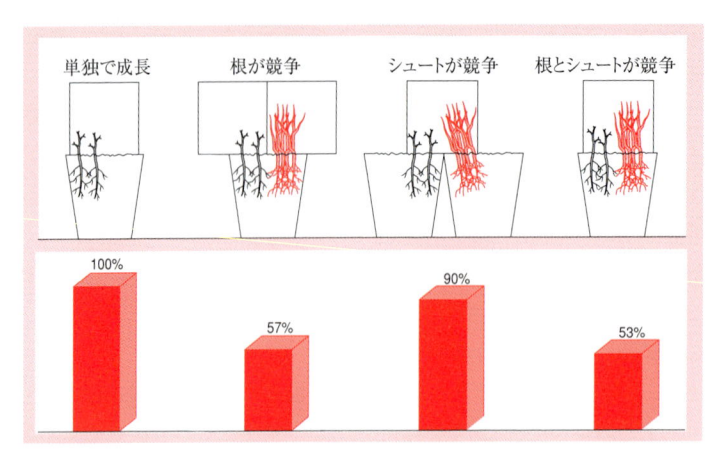

図 8.6　トウモロコシとエンドウの根とシュートの種間競争．上の図は実験の手法を表し，下の図は，各処理でのエンドウの生産量の乾重量を，単独成長時に対する百分率で表している．(Semere & Froun-Williams, 2001 のデータより．)

$sativum$) についての研究である (Semere & Froud-Williams, 2001). 上記 (2) に当たる，シュートと根のどちらも混生させて競争させた場合，トウモロコシとエンドウのどちらの生物体量の生産も，単独で育てた対照のそれぞれ 59 と 53％であった (播種から 46 日後の植物体の乾重量をもとに計算). これに対して，根だけを混生させた場合でも，エンドウの生物体量の生産は対照の 57％であった. しかしシュートだけを混生させた場合，エンドウの生物体量の生産は対照の 90％で，減少はわずかであった (図 8.6). 従って，これらの結果は，土壌からの資源は光よりも制限されているという，これまでもよく知られた現象 (Snaydon, 1996) を示している. 同時に，これらの結果は，根とシュートでの競争は一緒になって全体の効果を生むという考えを支持している. それというのも，根とシュートのどちらも混生させた場合の生物体量の減少率 (53％) は，根だけを混生させた場合 (57％) とシュートだけを混生させた場合 (90％) の積 (51.3％) に極めて近い値だからである．

8.4　競争排除か，共存か？

ここで取り上げたような実験結果は，種間競争の生態的効果の研究にとって，きわめて重要な問いに焦点を当てている．すなわち，一般的にどのような条件のもとで，競争者は共存するのか．また，どのような状況が競争排除を引き起こすのか．こうした問いに対しては，数理モデルが重要な洞察を与えてきた．

8.4.1　種間競争のロジスティック・モデル

種間競争のロトカ－ヴォルテラ・モデル (Volterra, 1926; Lotka, 1932) は，第 5 章 6 節で示したロジスティック方程式を拡張したものである．従って，このモデルもロジスティック式が持っていた欠点を全て含んでいるが，競争的相互作用の結果を明確にするのに役立つモデルとして作られている．

ロジスティック式，

$$\frac{dN}{dt} = rN\frac{(K-N)}{K} \tag{8.1}$$

は，括弧の部分に，種内競争の要素に関する項を含んでいる．ロトカ－ヴォルテラ・モデルの要点は，この項を，種内と種間競争の両要素に関する項で置き換えた点である．種 1 の個体群の大きさ (個体数) を N_1，種 2 のそれを N_2 で表す．この 2 種の環境収容力を，それぞれ K_1，

K_2, 内的自然増加率を，それぞれ r_1, r_2 とする．ここで，種間競争による抑制効果として，種2の10個体が，種1に，種1の1個体分に相当する効果を与えるとしよう．種1が受ける競争効果（種内競争と種間競争）の合計は，種1の $(N_1 + N_2/10)$ 個体の効果に等しい．その種間競争の効果の定数（この場合は 1/10）を競争係数と呼び，α_{12} で表す（アルファー1,2と呼ぶ）．この定数は，種2の，種1に与える個体当りの競争効果の強さを表す．従って，種2の N_2 と α_{12} の積は，「N_1 に相当する」値となる（$\alpha_{12} < 1$ の時，種1の個体が自種の他個体に与える抑制効果よりも，種2の個体が種1の個体に与える効果の方が小さいことに注意して欲しい．逆に，$\alpha_{12} > 1$ の時，種1の個体間での抑制効果よりも，種2の個体が種1に大きな効果を与える）．

competition係数 α

このモデルの要点は，ロジスティック式の括弧内の N_1 を，「N_1 と N_1 に相当する種2の数の和」に置き換えている点である．すなわち，

ロトカ-ヴォルテラ・モデルは2種についてのロジスティック・モデル

$$\frac{dN_1}{dt} = r_1 N_1 \frac{(K_1 - (N_1 + \alpha_{12}N_2))}{K_1} \quad (8.2)$$

あるいは，これを整理して，

$$\frac{dN_1}{dt} = r_1 N_1 \frac{(K_1 - N_1 - \alpha_{12}N_2)}{K_1} \quad (8.3)$$

また，2番目の種の場合，

$$\frac{dN_2}{dt} = r_2 N_2 \frac{(K_2 - N_2 - \alpha_{21}N_1)}{K_2} \quad (8.4)$$

ロトカ-ヴォルテラ・モデルはこの2つの式で構成されているのである．

このモデルの特性を理解するために，次の質問をしてみよう．いつ（どんな状況下で），各々の種の個体数は増加または減少するのか．これに答え

ロトカ-ヴォルテラ・モデルの振舞いは，ゼロ成長線を図示するとよく分かる

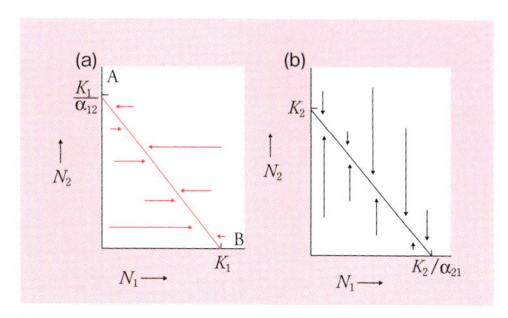

図8.7 ロトカ-ヴォルテラ競争方程式から得られるゼロ成長線．(a) N_1 のゼロ成長線．種1は直線の左下部分で増加し，右上部分で減少する．(b) 同じく N_2 のゼロ成長線．

るために，種1と種2の個体数の可能な組み合わせ全て（すなわち，N_1 と N_2 の可能な組み合わせ全て）を示すような図を作ってみよう．これらの図は，左下に向かうほど両種とも低い値に，右上に向かうほど両種とも高い値になるように，N_1 を横軸に，N_2 を縦軸にとったもの（図8.7と8.9）になる．ある N_1 と N_2 の組み合わせは，種1または種2，あるいはその両方を増加させるが，別の組み合わせは，種1または種2，あるいはその両方を減少させる．従って，それぞれの種にとって，**ゼロ成長線**（ゼロ等値線（zero isocline），その直線上では個体数は増加も減少もしない），すなわち，増加に向かう組み合わせと，減少に向かう組み合わせを分ける直線が存在することも明らかである．そこで，まずゼロ成長線を描くと，その片側では増加に向かう組み合わせになり，反対側では減少に向かう組み合わせになる．

種1のゼロ成長線を描くには，ゼロ成長線上では（定義により）$dN_1/dt = 0$ であることを利用する．すなわち（式8.3より），

$$r_1 N_1 (K_1 - N_1 - \alpha_{12}N_2) = 0 \quad (8.5)$$

この式は，内的自然増加率（r_1）が0の時，また，個体群の大きさ（N_1）が0の時にも成り立つ．しかし，ここでもっと重要な点は，この式が次の時にも成立することである．

$$K_1 - N_1 - \alpha_{12}N_2 = 0 \qquad (8.6)$$

これは，次のように整理できる．

$$N_1 = K_1 - \alpha_{12}N_2 \qquad (8.7)$$

言い換えると，この式が表す直線上では，どこでも $dN_1/dt = 0$ である．従って，この直線は種1のゼロ成長線である．また，これは直線なので，直線上の2点を求めてそれを結べば描くことができる．そこで，式8.7において，

$$N_1 = 0 \text{ の時，} N_2 = \frac{K_1}{\alpha_{12}} \text{（図 8.7a の点 A）} \qquad (8.8)$$

$$N_2 = 0 \text{ の時，} N_1 = K_1 \text{（図 8.7a の点 B）} \qquad (8.9)$$

となるので，それらの点を結ぶと，種1のゼロ成長線が得られる．この線の左下部分では，両種の個体数は比較的少なく，競争がそれほど厳しくないので，種1の個体数は増加する（横軸は N_1 を表すので，図中の左から右への矢印は，この増加を表す）．直線の右上部分では，個体数が多く，競争は厳しいので，種1の個体数は減少する（右から左への矢印）．同様の考え方で，図8.7b は，種2が増加や減少に向かう組み合わせを表す．それは種2のゼロ成長線で分離され，N_2 軸に沿って，垂直の矢印で表される．

最後に，このモデルでの競争の結果を見るためには，図8.7aと図8.7bを合体させねばならない．それによって，一緒にいる個体群の動向を予測できる．注意すべき点は，図8.7の2つの図を合体させると，それぞれの矢印は，実際には，方向とともに強さを表すベクトルになることと，N_1 と N_2 の個体群の動向を見るには，通常のベクトルの加法則が適用できることである（図8.8）．

2つのゼロ成長線の配置で決まる4つの状態

図8.9で示すように，2つのゼロ成長線の相対的な位置関係によって，4つの異なる組み合わせが実際に生じ，各々の場合で競争の結果が異なる．それぞれの組み合わせは，ゼロ成長線の切片の位置関係で区別できる．例えば，

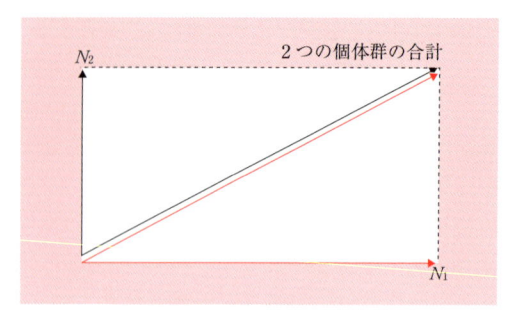

図8.8 ベクトルの加法則．種1と種2が，N_1 と N_2 の矢印（ベクトル）のように増加する時，2つの個体群の合計の増加は，N_1 と N_2 のベクトルで示される四角形の対角線に沿ったベクトルで表される．

図8.9a では，

$$\frac{K_1}{\alpha_{12}} > K_2 \quad \text{かつ} \quad K_1 > \frac{K_2}{\alpha_{21}} \qquad (8.10)$$

すなわち，

$$K_1 > K_2\alpha_{12} \quad \text{かつ} \quad K_1\alpha_{21} > K_2 \qquad (8.11)$$

である．

この最初の不等式 ($K_1 > K_2\alpha_{12}$) は，種1が自ら被る種内の有害な効果が，種2が種1に与える種間の効果よりも大きい 種間競争に強い種が種間競争に弱い種を駆逐する

ことを示している．一方，2つめの不等式 ($K_1\alpha_{21} > K_2$) は，種2が自ら被るよりも大きな効果を，種1が種2に及ぼすことを示している．従って，種1は種間競争に強いが，種2は種間競争に弱い．そして，図8.9a 中のベクトルが示すように，種1は種2を絶滅に追いやり，自らの環境収容力いっぱいに増加する．図8.9b では，その状況が逆になる．従って，図8.9のaとbは，一方の種が常に他方を圧倒するような場合を表している．

図8.9c では，

$$K_2 > \frac{K_1}{\alpha_{12}} \quad \text{かつ} \quad K_1 > \frac{K_2}{\alpha_{21}} \qquad (8.12)$$

すなわち，

$$K_2\alpha_{12} > K_1 \quad \text{かつ} \quad K_1\alpha_{12} > K_2 \qquad (8.13)$$

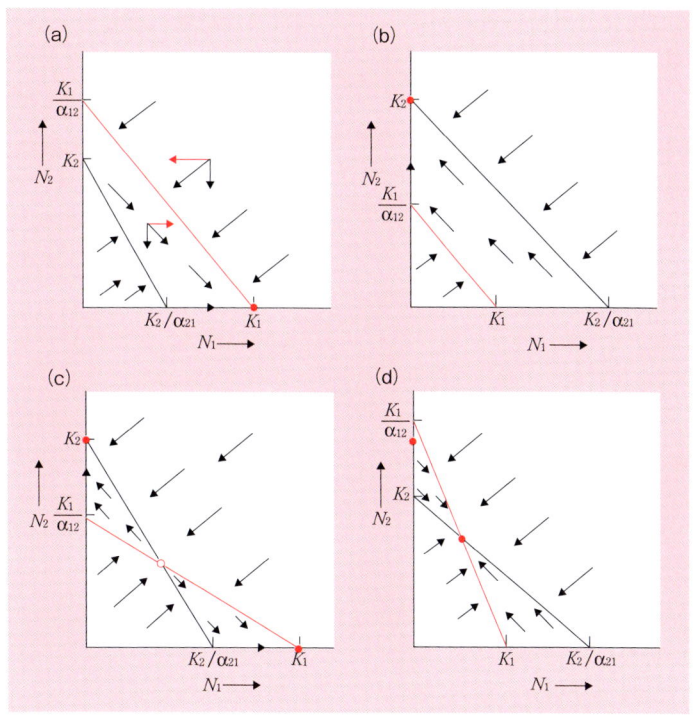

図8.9 ロトカーヴォルテラ競争方程式から得られる競争の結果は，N_1 と N_2 のゼロ成長線の位置によって4通りある．ここでベクトルは2つの個体群の増減の合計を表し，(a) で示したように導かれる．赤丸は安定平衡点を示し，(c) の白丸は不安定平衡点である．詳しくは本文を参照．

である．

この場合，両種の個体とも，自種個体間での場合よりも，他種個体と強く競争する．こうした状況は，例えば，それぞれの種が，他種に対しては毒性を持つが，自種に対しては無害な物質を生産する場合や，それぞれの種が，自種個体に対してよりも他種個体に対して攻撃的で，捕食さえするような場合に生じる．その結果は，図が示しているように，N_1 と N_2 が不安定な平衡状態にある，ひとつの組み合わせ（ゼロ成長線が交差する位置）と，2つの安定点である．その安定点のひとつでは，種1は環境収容力に達し，種2は絶滅する．もう一方の安定点では，種2が環境収容力に達し，種1は絶滅する．これら2つの結果のどちらに実際に到達するのかは，初期密度によって決まる．すなわち，初期に優勢な方の種が，他方を絶滅に追いやるのである．

> 種間競争が種内競争よりも強い場合にどうなるかは，初期密度に依存する

最後に，図8.9dでは，

$$\frac{K_1}{\alpha_{12}} > K_2 \quad \text{かつ} \quad \frac{K_2}{\alpha_{21}} > K_1 \quad (8.14)$$

すなわち，

$$K_1 > K_2\alpha_{12} \quad \text{かつ} \quad K_2 > K_1\alpha_{21} \quad (8.15)$$

である．

この場合，両種とも，他種に対する競争効果の方が自種に対する競争効果よりも弱い．その結果，図8.9dで示すように，どちらの個体数もそこに収束するような，2種の安定な平衡状態の組み合わせになる．

> 種間競争が種内競争よりも弱い場合は，2種は共存する

以上をまとめると，種間競争についてのロトカーヴォルテラ・モデルは，2種間の競争で起

こり得る結果の全てを生じさせることができる．すなわち，一方の種が，他方の種を必ず排除する場合，初期密度に依存して排除する場合，安定した共存を生じさせる場合である．では，これらが生じる可能性を，実験室内および野外研究の結果を示しながら，順に検討してみよう．それによって，モデルから得られた3つの結果は，それぞれ生物学的にありそうな状態と対応していることが分かるだろう．従って，このモデルは，単純すぎて現実の複雑な競争の動態を扱えないことが多いという欠点を持つにしても，役に立つ論点を提供しているのである．

しかしながら，次節に進む前に，ロトカ－ヴォルテラ・モデルが持つ，ある特別な難点に触れておこう．このモデルでは，競争の結果は K と α に依存するが，内的自然増加率 r には依存しない．r は，その結果に達する速さを決めるが，結果自体には影響しない．けれども，これは2種間の競争に特有の結果と考えられる．なぜなら，3種，またはそれ以上の種間での競争モデルでは，K，α，r の全てによって結果が決まる (Strobeck, 1973) からである．

8.4.2 競争排除則

図8.9のaとbは，種間競争に強い種が，弱い種を常に打ち負かす場合を記述している．この状況をニッチ理論 (第2章2.2節，第3章8節を参照) の観点から考えることは有意義である．ある生物種の，他種との競争がない場合のニッチは，**基本ニッチ** (fundamental niche)（その種にとって，存続可能な個体群を維持できる，状況や資源の組み合わせで規定される）であることを思い出して欲しい．だが，競争者の存在下では，種は**実現ニッチ** (realized niche) に制限される．その正確な性状は，どんな競争種がいるかで決まる．この2つを区別することの重要性は，種間競争が繁殖率や生存率を低下させるので，その結果，基本ニッチの中に，うまく生存し繁殖できない部分が生じることにある．基本ニッチのその部分が欠落して実現ニッチが生じる．そこで，図8.9のaとbに戻ると，種間競争に弱い種は，競争に強い種と競争する場合，実現ニッチを失うと言える．では，前に検討した種間競争の実例を，ニッチの観点から再検討してみよう．

2種の珪藻，マルクビハリケイソウ Synedra とホシガタケイソウ Asterionella の場合，両種の基本ニッチは実験室の管理下で示された（単独培養すると，両種とも増殖した）．だが，この2種が競争している場合，マルクビハリケイソウには実現ニッチがあったが，ホシガタケイソウにはなかった．すなわち，ホシガタケイソウが競争排除されたのである．Gauseがヒメゾウリムシ P. aurelia とゾウリムシ P. caudatum を競争させた場合にも，同様な結果が得られた．つまり，ゾウリムシには実現ニッチがなく，ヒメゾウリムシに競争排除された．一方，ゾウリムシとミドリゾウリムシ P. bursaria が競争した場合，両種とも実現ニッチがあり，その2つのニッチははっきりと異なっていた．つまり，ゾウリムシは培養液中の細菌を食べて生きていたのに対し，ミドリゾウリムシはもっぱら試験管の底で酵母菌を食べていた．従って，共存は，実現ニッチの分化，あるいは資源の「分割」と対応していた．

ヤエムグラ類2種の実験では，両種の基本ニッチは，酸性と石灰質土壌の両方を含んでいた．しかし，2種が競争した場合，そのうちの一種 G. hercynicum の実現ニッチは酸性土壌に制限され，もう一方の種 G. pumilum は石灰質土壌に制限された．すなわち，相互に競争排除があった．どちらの生息場所でもニッチ分化が許されず，また共存も許されなかったのである．

Taniguchi & Nakano が調べたサケ科魚類では，それぞれの種の基本ニッチは低い標高から

高い標高まで広がっていた（従って水温の範囲も大きく重なっていた）が，実現ニッチは狭い範囲に限定されていた（オショロコマは標高の高い場所に，イワナは低い場所に）．

同様に，Connell のフジツボ類では，イワフジツボ *Chthamalus* の基本ニッチは，フジツボ *Balanus* がいる地帯まで広がっていた．だが，フジツボとの競争によって，イワフジツボの実現ニッチは岩礁の高い位置に制限された．言い換えれば，フジツボは，イワフジツボを低い地帯から競争排除した．だが，フジツボの方は，その基本ニッチ自体が，イワフジツボのいる地帯に達していなかった．すなわち，フジツボが乾燥に弱いため，イワフジツボがいなくても，高い場所では生存できなかったのである．従って，全体として，この 2 種の共存には，実現ニッチの分化も関与していた．

競争排除則
これらの実例で見られたパターンは，他の多くの研究でも明らかにされており，**競争排除則**（competitive exclusion principle），あるいは**ガウゼの原理**（Gause's principle）と呼ばれている．この原理は，次のように述べることができる．もし，競争する 2 種が安定した環境で共存しているならば，ニッチ分化，すなわち実現ニッチの分化の結果として共存している．だが，もし，そのような分化がない場合，あるいは生息場所の性質がニッチ分化を許さない場合，競争種のうち 1 種が他種を消滅させる，または排除するだろう．従って，排除が生じるのは，競争力の優れた種の実現ニッチが，その生息場所での，競争力の劣る種の基本ニッチの領域を完全に被う場合と言える．

競争排除則の実証，そして特に反証の難しさ
競争者が「共存」している場合，フジツボ類のように，現在の競争（「生態的」効果）から，実現ニッチの分化が生じていると考えられることも確かにある．しかし，ニッチ分化は，過去の，実現ニッチを持てなかった種の消滅の結果（ニッチ分化を示す種のみが後に残るような，もうひとつの生態的効果），あるいは競争の「進化的」効果として生じたと考えられる場合も多い．このいずれであっても，現在の競争は無視できるか，少なくとも検出できない程度の弱さだろう．もう一度，共存しているカラ類の場合を考えてみよう．そのカラ類 5 種は共存し，実現ニッチの分化を示していた．だが，それらの種が現在競争しているのか，過去に競争していた結果なのか，あるいはすでに共存できない種が何種か排除された結果なのかは不明である．競争排除則が関係しているかどうかを確実に判断することは不可能なのである．もし，何種かが現在競争していることが分かっている場合，あるいは，何種かが現在競争排除されかかっていたり，すでに排除されたことが分かっている場合には，競争排除則は確かに関係していると言える．もし，過去においてのみ競争し，その競争がニッチ分化を生じさせた場合も，競争排除則と関係しているとは言える．だが，それはこの原理の適用範囲を「競争者」の共存から，「競争者，および競争者であった種」の共存にまで広げ得る場合だけである．もちろん，各種が一度も競争しなかった場合，競争排除則は無関係である．明らかに，種間競争は，現在の種間の相違を述べるだけでは解明できないのである．

一方，Martin & Martin のアメリカムシクイ類の場合，2 種は競争しながらも共存していた．競争排除則によれば，これはニッチ分化の結果を示 ニッチ分化と種間競争――パターンと過程がいつも対応しているとは限らない
唆している．だが，それがいくら合理的に思えても，それを証明する手段はない．なぜなら，そのような分化が観察されたことも，有効に機能したことが証明されたこともないからである．このように，2 種の競争者が共存する場合，ニッチ分化の存在を立証することは難しい場合が多い．さらに悪いことに，それが存在しないことを証明することも不可能である．ニッチ分化を発見できない場合，それは単に，不適切な

表 8.1 コクヌストモドキ類 2 種, ヒラタコクヌストモドキ *Tribolium confusum* とコクヌストモドキ *T. castaneum* の相互の捕食 (敵対作用の一形態). 成虫と幼虫はどちらも, 卵と蛹を捕食する. それぞれの場合と, 全体として見た場合の, 自種あるいは他種に対する, 両種の選択性を示す. 種間の捕食は種内の捕食より目立っている. (Park *et al*., 1965 より.)

	「捕食者」	「好んだ餌」
成虫による卵の捕食	ヒラタコクヌストモドキ コクヌストモドキ	ヒラタコクヌストモドキ ヒラタコクヌストモドキ
成虫による蛹の捕食	ヒラタコクヌストモドキ コクヌストモドキ	コクヌストモドキ ヒラタコクヌストモドキ
幼虫による卵の捕食	ヒラタコクヌストモドキ コクヌストモドキ	コクヌストモドキ コクヌストモドキ
幼虫による蛹の捕食	ヒラタコクヌストモドキ コクヌストモドキ	コクヌストモドキ ヒラタコクヌストモドキ
全体	ヒラタコクヌストモドキ コクヌストモドキ	コクヌストモドキ ヒラタコクヌストモドキ

場所や方法で探していたことを意味するかもしれないのである. 明らかに, 競争排除則が成立していることの立証には, どんな場合でも, きわめて現実的な方法論上の問題がからむのである.

競争排除則は, 次のような理由から広く支持されている. (1) それを支持するような証拠が多いため, (2) 直感的で分かりやすいため, そして (3) そう信じさせる理論的な裏づけ (ロトカ−ヴォルテラ・モデル) があるため. だが, それを積極的には支持できない場合も少なからず存在する. 本章第 5 節で述べるように, 競争排除則を単純には適用できない場合も多いのである. ここまでの議論をまとめると, 種間競争は, 生態的および進化的に, 特定のパターン (ニッチ分化) が伴いやすい過程である. だが, 種間競争とニッチ分化 (その過程とパターン) は, 分離できないほど連動したものでもない. ニッチ分化は他の過程からも生じ, 種間競争がニッチ分化に繋がるとも限らないのである.

8.4.3 敵対作用

ロトカ−ヴォルテラ・モデルから導かれた図 8.9c は, 2 種にとって, 種間競争が種内競争よりも強く作用する状況を表している. これは, **敵対作用** (mutual antagonism) として知られている.

そのような状況の極端な例が, 小麦粉につく甲虫のコクヌストモドキ類 2 種, ヒラタコクヌストモドキ *Tribolium confusum* とコクヌストモドキ *T. castaneum* の研究で示されている (Park, 1962). 1940 年代から 1960 年代にかけて行われた Park の実験は, 種間競争の概念の形成にとりわけ大きな影響を与えた. 彼は, 小麦粉を入れた単純な容器でこの甲虫 2 種を飼育した. この環境が, 両種の卵, 幼虫, 蛹, 成虫それぞれの基本ニッチ, そして多くの場合, 実現ニッチも提供する. 2 種に共通する資源の取り合いが存在することは確かであった. だが, それに加えて, 2 種は互いに相手の種を捕食した. 幼虫と成虫が卵と蛹を食べるのであるが, その際, 同種の共食いと相手種の捕食のどちらも起きるのである. その場合の, 幼虫と成虫の振舞いの傾向を, 表 8.1 にまとめている. 重要な点は, 全体としては, 両種とも, 自種よりも他種の個体を多く食べたことである. 従って, この競争している 2 種の相互作用で決定的なメカニズムは相互の捕食 (すなわち敵対作用) であり, 両種とも, 種内捕食より種間捕食から強い効果を受けていることがすぐに理解できる.

表8.2 さまざまな気候条件での，ヒラタコクヌストモドキ *Tribolium confusum* とコクヌストモドキ *T. castaneum* の競争．一方の種がいつも排除されるが，いずれが排除されるかは気候条件によって変わった．しかも，中間の気候条件では，結果は決定的というより確率的であった．(Park, 1954 より．)

気候条件	勝った割合（%）	
	ヒラタコクヌストモドキ	コクヌストモドキ
高温―湿潤	0	100
温暖―湿潤	14	86
寒冷―湿潤	71	29
高温―乾燥	90	10
温暖―乾燥	87	13
寒冷―乾燥	100	0

> 結果は確定的ではなく可能性

ロトカ-ヴォルテラ・モデルは，図8.9cに示されているように，実際のメカニズムがどうであれ，敵対作用の結果は本質的に同じであることを示唆している．なぜなら，それぞれの種は種内競争よりも種間競争から強い効果を受けており，その結果は競争種の相対的な個体数の多さに強く依存するからである．数の少ない種が示す種間の攻撃性は，数の多い競争者と比べて，相対的に小さな効果しか与えないだろう．一方，数の多い種が示す攻撃性は，数の少ない種をその場から簡単に排除するに違いない．そして，もし相対的な個体数がちょうど釣り合っている場合でも，それが少しでも変化すると，すぐに一方の種が他方に対して優位になるだろう．従って，この競争の結果は予測できない．つまり，初期の，あるいはある到達点の厳密な密度に依存して，どちらの種も他種を排除する可能性を持つのである．表8.2は，Parkのコクヌストモドキ類がまさにこの場合であることを示している．勝ち残るのはいつも1種で，どちらの種が有利になるかは温度と湿度の環境条件で変化した．さらに，中間の環境条件ではいつも，「結果は確定的ではなく，確率的なものであった」．本来，劣っている方の競争者でさえ，時折，他種を打ち負かせる密度に達する場合があったのである．

8.5 異質性，移住，先取り型競争

> 注意 ―― 不均質で，変わりやすく，予測しにくい環境から，競争は影響を受けやすい

さて，ここで大切な注意点を挙げておかねばならない．これまで，この章で想定してきた環境は安定した環境であり，競争の結果は競争している種の競争力だけで決まっていた．だがそれは実際の自然界の状況からは大きくかけ離れている．環境は，普通，好適あるいは不適な生息場所のパッチで構成されている．それぞれのパッチは，多くの場合，一時的にしか利用できない．また，パッチはしばしば予測できない時期や場所に出現する．そのため，種間競争が生じても，その決着が着くとは限らない．全ての系が必ずしも平衡に達するわけではないし，競争に優れた種が劣った種を排除するまでの時間がいつも十分あるとも限らない．従って，種間競争自体を理解したとしても，いつもそれで十分とは限らないのである．種間競争が，変わりやすく予測しにくい環境からどのような影響を受け，またそうした環境とどう相互作用するのか，ということを考えねばならない場合も多い．言い換えれば，Kやα自体は到達し得る平衡がどのようなものかを決めるかもしれないが，自然条件下では，その平衡には到達し得ない場合がきわめて多い．従って，平衡に近づく速度が重要となる．すなわち，すでに本章第4.1節におい

て別の文脈で述べたように，K や α だけでなく，r もある作用を及ぼしているのである．

8.5.1 予測できないギャップ —— 競争に弱い種は移住に優れている

　占有されていない空間，つまり**ギャップ** (gap) は，多くの環境で予測できない形で生じる．火災，地滑り，落雷などによって森林にギャップが作りだされ，嵐で海が荒れると海岸にギャップが生じるだろう．また，貪欲な捕食者は，ほぼどこにでもギャップを作り出すだろう．こうしたギャップには，必ず移住者たちがやってくる．だが，最初に移住してくる種が，他種をいずれ排除するという点で最強の種であるとは限らない．従って，ギャップが適度の頻度で生じるならば，**逃亡種** (fugitive species) と高い競争力を持つ種が共存できる．逃亡種は，最初にギャップに移住してくる傾向がある．すなわち，そこに自力で個体群を確立し，繁殖する．他の種は，ギャップにゆっくり進入する傾向がある．だが，いったん進入を始めると，個々のギャップで逃亡種を打ち負かし，ついには排除するのである．

　こうした一般論は，一年生植物を「逃亡種」，多年生植物を「競争に優れた種」と仮定したシミュレーションモデルによる，定量的な検討からもたらされた (Crawley & May, 1987)．このモデルは，最近増えてきたタイプのモデルのひとつで，二次元格子上の個々のセル（枡目）の間で生じる相互作用だけでなく，セルの間の移動も考慮することで，時間的，空間的な動態を結びつけている (Inghe, 1989, Dytham, 1994, Bolker et al. 2003 も参照)．このモデルでは，各々のセルは，空いているか，一年生植物の1個体または多年生植物の1ラミートのどちらかに占有されている．多年生植物は，それぞれの「世代」で，すでに占有したセルの周囲のセルに，（多年生植物が競争

逃亡種である一年生植物と競争力に優れた多年生植物のモデル

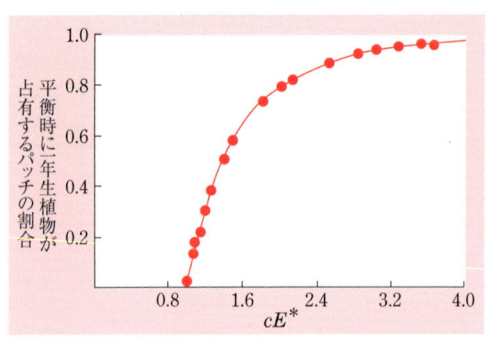

図8.10　格子空間では，モデル上の逃亡種である一年生植物は，競争に強い種である多年生植物と，$cE^* > 1$（c は一年生植物の繁殖率で，E^* は平衡状態での格子中の空いたセルの割合）の時，共存できる．cE^* が 1 より大きい値では，一年生植物に占有されるセルの割合は，cE^* とともに増加する．(Crawley & May, 1987 より．)

に優れていることを反映して）そこに一年生植物がいるかどうかに関わりなく進入することができるが，多年生植物の個々のラミートも1世代で枯死する．一方，一年生植物は，ランダムに分散した「種子」が定着することで，空いているどのセルにも移住することができる．その種子の量は一年生植物の個体数を反映する．詳しいことはさておき，一年生植物は，もしその繁殖力 (c) と平衡時の空いているセルの割合 (E^*) の積 (cE^*) が十分に大きいならば，つまり一年生植物の移住能力が高く，その能力が発揮される機会が多いならば，一年生植物は競争に優れた多年生植物と共存できる（図8.10）．実際に，cE^* が大きいほど，平衡時の二者のバランスは一年生植物の方に移ってゆくのである．

　その一例が，アメリカ合衆国ワシントン州の海岸に生育する褐藻類のウミヤシ <div style="color:red">競争に強いイガイと逃亡種のウミヤシの共存</div> *Postelsia palmaeformis* と固着性二枚貝のカリフォルニアイガイ *Mytilus californianus* の共存で示されている (Paine, 1979)．ウミヤシは一年生植物で，ある場所で存続するには毎年定着を繰り返す必要がある．定着するのは露出した岩礁で，そのような場所は通常，イガイ床が波で剥がされて生じるギャップである．しかし，イ

ガイ自身はそれらのギャップをゆっくりと周囲から埋めてゆき，やがてそこを覆い尽くしてウミヤシの移住を妨げる．Paine が明らかにしたところによれば，この2種は，平均ギャップ形成率が相対的に高い（表面積の約7%／年）地域だけで共存する．そして共存している地域のギャップ形成率は毎年ほぼ同じ値であった．ギャップ形成率が低い地域や，年ごとに相当変動する地域では，（恒常的に，またはある期間）定着のための露出した岩礁がないのである．このことは，ウミヤシがその地域から排除されることにつながる．一方，共存している地域では，ウミヤシは，それぞれのギャップからはいずれ排除されるが，その地域全体としては，共存に十分な頻度で定期的にギャップが形成されているのである．

8.5.2 予測できないギャップ —— 空間の先取り

> 最初に到達した種が，最も恩恵を受ける

2種が同じ条件で競争する場合，その結果はたいてい予想できる．だが，まだ占拠されていない空間への移住では，競争がどちらの種にも同じ条件で進行することはめったにない．どちらかの種が他方の種に先んじて到着するか，または土壌中の種子バンクから発芽してくるだろう．このこと自体，そこを先に占有した種の方に大きな競争上の有利さがもたらされるだろう．ギャップごとに先取りする種が異なるならば，そのことが共存を可能にするだろう．同じ条件下で，一方の種が他方を常に排除する競争種の組み合わせであっても，この共存は可能である．

その実例として，図 8.11 に，カリフォルニア州の放牧地に一緒に生育している，一年生草本のイヌムギ属の一種 *Bromus madritensis* とヒゲナガスズメノチャヒキ *B. rigidus* の競争実験の結果を示す（Harper, 1961）．それらの種子の等量を混合して播くと，成長した混合個体群の生物体量に占める割合は，ヒゲナガスズメノ

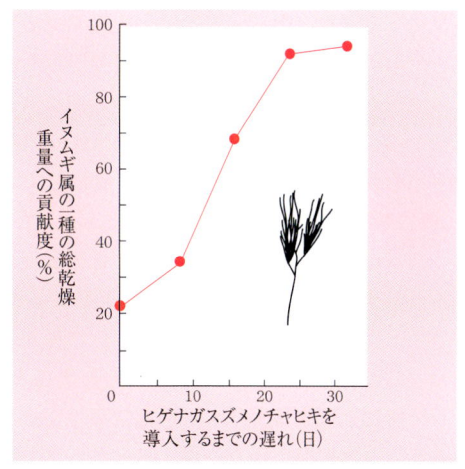

図 8.11 競争におけるタイミングの効果．ヒゲナガスズメノチャヒキ *Bromus rigidus* とイヌムギ属の一種 *B. madritensis* の種子を同時に播いた場合，126日間の成長期間の後では，鉢当りの総乾燥重量への貢献度はヒゲナガスズメノチャヒキの方が圧倒的に高かった．だが，ヒゲナガスズメノチャヒキの導入を遅らせると，その貢献度は低下した．鉢当りの総生産量は，ヒゲナガスズメノチャヒキの導入を遅らせても影響を受けなかった．(Harper, 1961 より．)

チャヒキが圧倒的に高かった．だが，ヒゲナガスズメノチャヒキの種子を播く時期を遅らせると，2種の釣り合いはイヌムギの方に大きく傾いた．従って，競争の結果がいつも競争種の本来の競争力で決まると考えると，大きな誤りを犯すことになる．競争に「劣った」種でさえ，出だしが十分であれば，競争に優れた種を排除できるのである．このことは，変化する，または予測できない環境で，移住が繰り返し起こる場合には，共存が助長されることを意味する．

8.5.3 変動する環境

実際，競争している種間の優劣は，繰り返し変わりうる．そして，単にそうした環境変化の結果として，共存が助長される．これは，Hutchinson (1961) が**プランクトンの逆説** (the paradox of the plankton) を説明するために用

> プランクトンの逆説

いた理屈である．その逆説とは，一見ニッチ分化の余地がほとんどない単純な環境で，きわめて多種類のプランクトン藻類がごく普通に共存していることを指している．Hutchinson は，そうした環境は単純だが，絶えず変化しており，特に季節的な変化が著しいと主張した．従って，ある時点での環境は特定の種の排除を促進するだろうが，その状況は変化してゆくはずで，おそらく排除が完了するより先に，その種が有利になることさえあるだろう．言い換えると，もし平衡に到達するよりずっと前に環境が変化するという典型的な場合なら，平衡条件下の競争的な相互作用の結果が，それほど大きな意味を持つことはないだろう．

8.5.4 束の間のパッチと予測できない持続期間

> 競争に優れた者と素早い者との共存...

多くの環境は，単に変化するだけでなく，本来，束の間のもの (ephemeral) である．その典型的な例は，腐敗しつつある死体（腐肉），糞，腐りつつある果実やキノコ（真菌類の子実体），一時的な水溜りなどである．もっとも，葉や一年生植物も，特にある限られた期間のみ消費者が食べられるような場合，束の間のパッチと見なせることに注意して欲しい．これらの束の間のパッチは，その寿命が予測できない場合が多い．例えば，ある果実の表面に取りついている昆虫たちのことを想像してみよう．その昆虫たちはいつ鳥に食べられるか分からない．このような場合，2種の共存，すなわち，競争に優れた種と，競争には劣るが素早く繁殖できる種との共存は，容易に予想できる．

その一例が，アメリカ合衆国インディアナ州の北西部の池に生息する，有肺類の貝類2種，サカマキガイの一種 *Physa gyrina* とモノアラガイ属の一種 *Lymnaea elodes* で見られる．野外でどちらか一方の種の密度を人工的に変えると，サカマキガイの繁殖率は，モノアラガイとの種間競争によって有意に低下したが，その逆は生じなかった．モノアラガイは，夏の間の競争では明らかに優れていた．だが，モノアラガイと比較して，サカマキガイの方が早い時期から，そして小さなサイズのうちから繁殖でき，また，多くの池は7月初めまでに干上がるが，サカマキガイは，通常，その時期までに耐久卵を産むことのできる唯一の種であった．従って，サカマキガイは競争では明らかに劣るにもかかわらず，その水域全体ではこれら2種は共存していたのである (Brown, 1982).

しかし，これはカエルとヒキガエル類には当てはまらない．競争で優位なトウブスキアシガエル *Scaphiopus holbrooki* は，オタマジャクシの期間が短いので，池が干上がる状況でもうまくやっていける．しかし，その競争相手のコープハイイロアマガエル *Hyla chryoscelis* などは，競争に弱く，しかもオタマジャクシの期間も長いのである (Wilbur, 1987).

> ...しかし，いつもそうだとは限らない

8.5.5 集中分布

もっと微妙ではあるが，束の間のパッチ状の資源で，競争上優位な種と劣位の種が共存できる，広く認められる様式がある．それは，利用可能なパッチ全体にわたって，2種が相互に独立な集中分布（すなわち，塊状分布）をしている場合である．その場合，競争上優位な種の競争力は，（高密度のパッチでは）もっぱら自種のメンバーに向けられるが，この競争上優位な種は，集中分布をするために少数のパッチだけに存在し，それ以外のパッチでは，競争上劣位な種は，優位な種との競争を避けることができるだろう．従って，不変で一様な環境では急速に排除される劣位の種も，このようなパッチ環境では競争上優位な種と共存できるだろう．確かに，この状況

> 競争上優位な種が集中分布をしている場合，種内で悪影響を及ぼし合い，競争上劣位な種が利用できるギャップが生じる

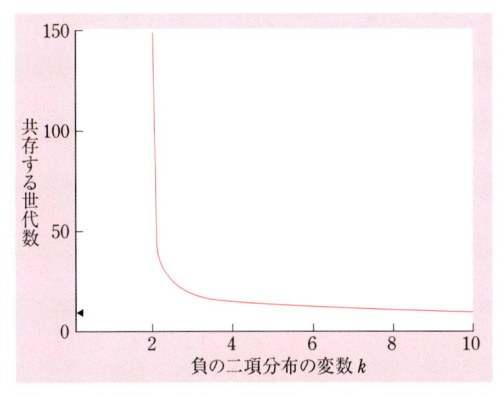

図8.12 連続的に分布する資源をめぐって2種が競争する場合，約10世代（矢印で示している）で一方の種が他方の種を排除する．しかし，同じ種がパッチ状で束の間の資源をめぐって競争する場合，共存する世代数は，負の二項分布の変数 k で測定した競争種の集中の程度とともに増大する．5より大きな値では事実上ランダム分布である．また，5より小さな値では，小さいほど集中分布である．（Atkinson & Shorrocks, 1981 より．）

はいくつかの数理モデルで示されている（例えば，Atkinson & Shorrocks, 1981; de Jong, 1982; Ives & May, 1985; Kreitman et al., 1992, Dieckmann et al., 2000）．一例をあげると，あるシミュレーション・モデル（図8.12）では，競争種のそのような共存は，ニッチ分化とは無関係に，集中の程度（**負の二項分布**のパラメータ k で測定する場合）とともに持続する．そして集中のレベルが高くなると，共存は明らかに永続する．もともと集中分布をしている種は多いので，この結果は広く適用できるだろう．

注意して欲しい点は，この競争種の共存はニッチ分化とは無関係とはいえ，ある共通のテーマではそれと結びついていることである．すなわち，そのような種は，種間でよりも種内で頻繁かつ激しく競争しているが（競争上劣位な種でさえ，そうである），このことが生じる原因のひとつはニッチ分化のためである．そして，一時的な集中分布の場合にも，同じ現象は生じ得るのである．

しかし，こうしたモデルを現実の世界へうまく適用できるかどうかを検討してゆくと，とりわけ次のような疑問が生じる．似通った2種は実際に，利用可能な資源パッチの全体にわたって，独立に分布する傾向があるだろうか．この疑問に対しては，双翅目の昆虫，特にショウジョウバエ類から得られるデータ，つまり束の間のパッチ（果実，キノコ，花など）のどこで産卵し，幼虫が発育するのかについての多数のデータセットを用いて検討されてきた．しかし，共存している種が互いに無関係に集中しているとする明確な証拠は見つかっていない（Shorrocks et al., 1990; Worthen & McGuire, 1988 も参照）．しかしながら，コンピューター・シミュレーションによって，種間の正の集中（すなわち，同じパッチに集中する傾向）は共存を難しくさせるものの，実際に観察される程度の種間の分布の一致度と分布の集中度なら，概して共存が導かれること，そして一方では，一様な環境では排除が起きることが示唆されている（Shorrocks & Rosewell, 1987）．

共存への集中分布の重要性は，二次元格子のセル（本章第5.1節を参照）に基づいた，空間の状態をさらに明確にした別のモデルによっても支持されている．そのモデルでは，各セルは，次の5種の草本のうち1種によって占有される．すなわち，コヌカグサ属の一種 *Agrostis stolonifera*，クシガヤ *Cynosurus cristatus*，シラゲガヤ *Holcus lanatus*，ホソムギ *Lolium perenne*，オオスズメノカタビラ *Poa trivialis* のどれかである（Silvertown et al., 1992）．このモデルは**セルオートマトン**と呼ばれ，各セルは限られた数の別々の状態（この例では，どの種に占有されているか）で存在し，各単位時間での各セルの状態はある規則によって決定される．この例の場合，その規則は，現在のセルの状態，隣接するセルの状態，隣接するセルにいる種が現在セルを占有している種と入れ代わる確率に基づいている．それぞれの種の他種への置換率自体は，野外観察から得られた値が使われた（Thórhallsdóttir, 1990）．

セルオートマトン・モデルでの，数種の草本の振舞い

シミュレーション開始時の格子上の各種の配置がランダムな（集中がない）場合，競争に弱い3種はすぐに絶滅に追いやられ，残った2種のうち，コヌカグサ（セル占有率80％以上）は，シラゲガヤより早く優占種になった．しかし，開始時の配置が，5種とも格子面を幅広く帯状に占めている状態の場合，その結果は大きく異なった．すなわち，(i) 一番競争に弱い種（クシガヤ）でさえ，競争排除は著しく遅れ，(ii) シラゲガヤは，開始時の配置がランダムだった場合にはほとんど絶滅しているような時点（600単位時間）でも，60％以上のセルを占有することがあった．また，(iii) 結果はそれ自体，互いにどの種がどの種の隣に動くか，従って，まずどの種と互いに競争するかに大きく依存したのである．

もちろん，自然の草本の群集で，それぞれの種が幅広い帯状に存在していることを示すデータはない．だが，それぞれの種がランダムに混合され，どのような空間的なまとまりも考えることのできないような群集が見つかることもないだろう．このモデルは集中分布を無視することの危険性を強調している（なぜなら，それらは種間競争よりも種内競争の方に釣り合いを傾かせ，従って共存を促進する）が，そうした集中が隣接する場合を無視することの危険性も強調している．なぜなら，それも，競争に弱い種を，競争に強い種から遠ざけるように働くからである．

野外実験での植物の振舞い　このように理論的研究とモデルはたくさんあるにもかかわらず，空間的パターンが個体群動態に及ぼす影響を実験的に調べた研究はほとんどない．Stoll & Prati（2001）は，実際の植物を使って，Silvertown et al.（1992）のセルオートマンによる理論的検討とほとんど同じ枠組みで野外実験を行った．Stoll & Prati は，同種の植物の集中分布は種間の共存を促進し，従って実験圃場での種多様性を増すとの仮説を立て，それを4種の一年生草本，つまりナズナ *Capsella bursa-pastoris*，ミチタネツケバナ *Cardamine hirsute*，スズメノカタビラ *Poa annua*，ハコベ *Stellaria media* を使って検証した．この4種のなかではハコベが一番種間競争に強いことが分かっている．この4種，またはそのうちの3種の種子を一緒に高密度で各反復区画に播いたが，その際，種子を完全にランダムに播く場合と，区画内にさらに小区画を設け，この3または4種が各区画内でそれぞれ集中分布するように播いた場合とを作った．その結果，競争で優位なハコベは，ランダム分布の場合と比べて集中分布の場合の成長は悪かった．一方，種間競争に弱い他の3種は，ひとつの組を除いて，集中分布の場合の方がよく成長した（図8.13）．

もっと一般的なことをいえば，植物の競争については，Pacala（1997）が隣接アプローチ（neighborhood approach）と呼んだ研究法，つまり個体群全体を平均した密度からではなく，個々の個体が局所的なパッチでこうむる競争に焦点を当てた方法が成功を収め始め，そうした研究によって空間的異質性の重要性がますます認められるようになった．例えば，Coomes et al.（2002）の研究は，イギリス北西部の砂丘に生育する2種の植物，ヌカススキ属の一種 *Aira praecox*（イネ科）とオランダフウロ *Erodium cicutarium*（フウロソウ科）の競争を扱っている．この2種のうち小さい方のヌカススキは，一番狭い基準（半径10 mm）でも集中分布する傾向を見せた．一方，オランダフウロは半径30 mmと50 mmではやや集中分布の傾向を見せるものの，半径10 mmでははっきりと一様分布を示した（図8.14a）．さらに，その2種間の分布を見ると，一番狭い基準では互いに相手とは一緒にはいない傾向を示した（図8.14b）．これらは，ヌカススキが狭い範囲では同種だけの集合を形成することを意味する．従って，ヌカススキは，互いにランダムに分布すると仮定した場合と比較して，オランダフウロとの競争を避けることができていると言える．これは Coomes et al. が行った，この2種

第 8 章　種間競争

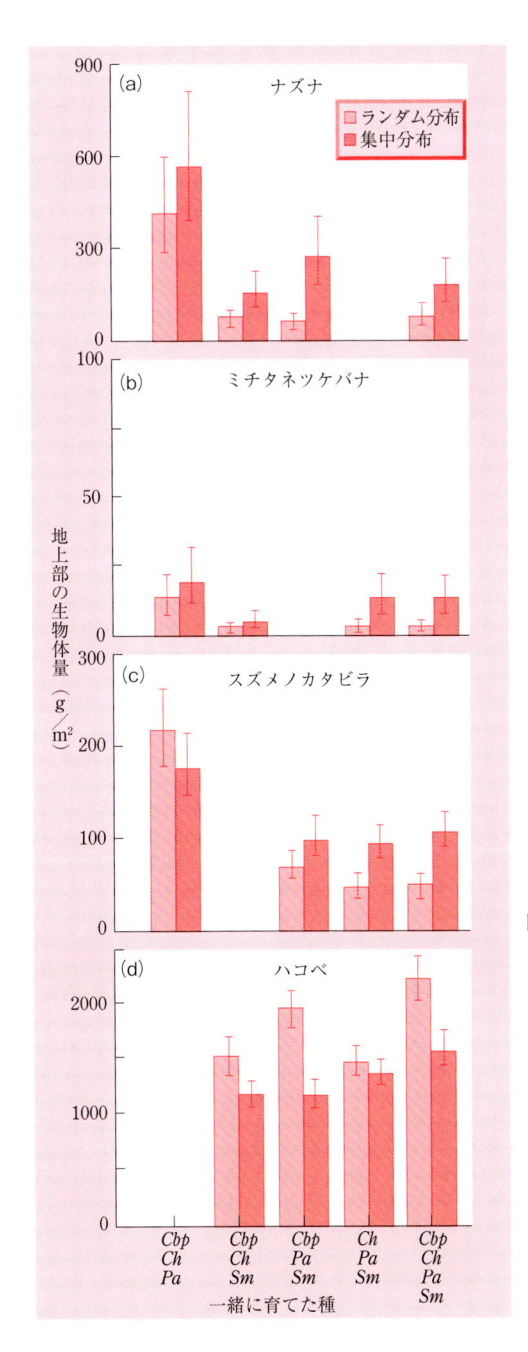

図 8.13　4 種の草本を用いた野外実験での，種内の集中分布の影響．その影響は 3 種，またはそのうちの 4 種を 6 週間，2 通りの分布状態にして一緒に育てた場合（反復は各 4 回）の地上部の生物体量（平均値±標準誤差）で示す．通常は競争に強いハコベ Stellaria media (Sm) は，集中分布になるように種子を播いた場合の方が，ランダムになるように種子を播いた場合と比べて一貫して成長量が少なかった．対照的に，競争に弱い 3 種，つまりナズナ Capsella bursa-pastoris (Cbp)，ミチタネツケバナ Cardamine hirsute (Ch)，スズメノカタビラ Poa annua (Pa) は，集中分布になるように種子を播いた場合の方がほとんどいつも成長は良かった．成長量の軸は種ごとに異なることに注意．(Stoll & Prati, 2001 より．)

の野外での細かな空間分布をちゃんと組み込んだ競争のシュミレーションの結果でもはっきりと示された．

　さて，本節で繰り返し述べたように，環境の異質性によって，著しいニッチ分化が

異質性は安定化をもたらす場合が多い

なくても，共存は助長されると考えられる．従って，現実の種間競争を考える上で必要なことは，それが他から切り離された状態で進行するものではなく，パッチ状で，変化し続け，予測できない環境からの影響を受け，またその枠組の中で進行する場合が多いことを十分に認識

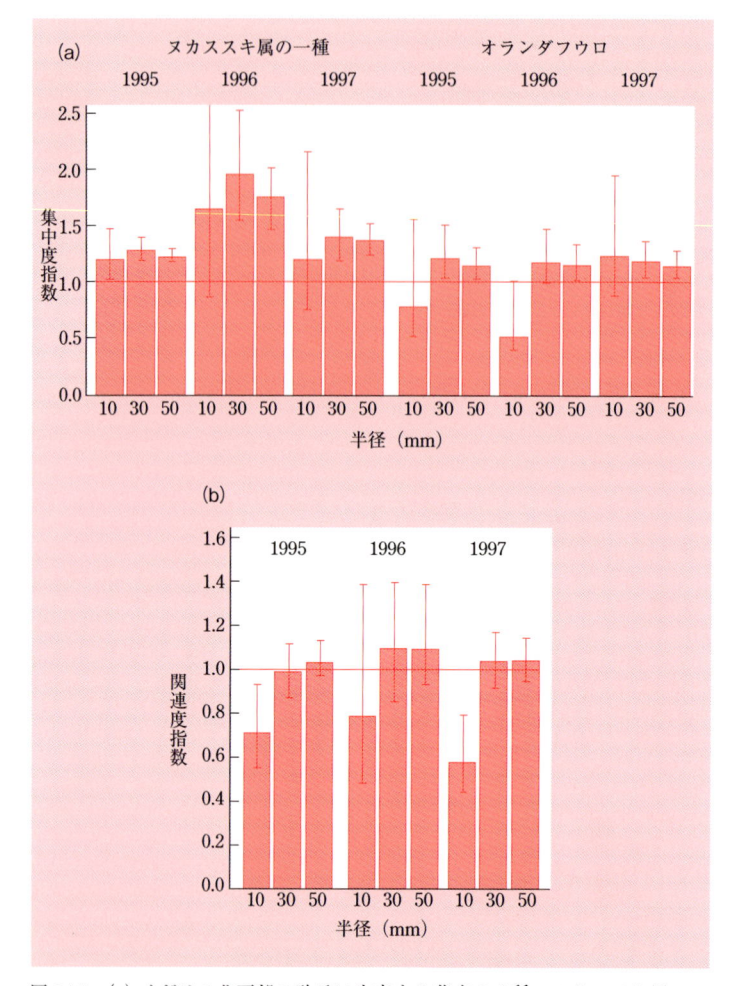

図 8.14 (a) イギリス北西部の砂丘に生育する草本の 2 種，ヌカススキ属の一種 *Aira praecox* とオランダフウロ *Erodium cicutarium*，の空間分布．集中度指数は，各半径で指定される大きさのパッチの中で，ランダム分布のときには 1，集中分布（または塊状分布）のときには 1 よりも大きな値となり，一様分布のときには 1 よりも小さな値となる．縦線は 95％信頼限界を示す．(b) 3 年間の，ヌカススキ属の一種とオランダフウロの分布の種間での関連度．関連度の指数は，各半径で指定される大きさのパッチの中で，偶然から期待される場合よりも多く一緒に出現するときには 1 より大きな値となり，逆に一緒に出現することが少ないときには 1 よりも小さな値となる．縦線は 95％信頼限界を示す．(Coomes *et al.*, 2002 より．)

することである．さらに，異質性は，これまで検討してきたような時間的または空間的な次元だけとは限らない．例えば，競争力についての種内の個体差もひとつの異質性である．種内に競争力の個体変異がない場合には競争に強い種が弱い種を排除する状況でも，そうした変異があると共存は助長される可能性がある（Begon & Wall, 1987）．これは，本書で繰り返し強調される視点のひとつである．すなわち，（空間的，時間的，または個体の）異質性は，生態的な相互作用を安定させる作用を及ぼし得るのである．

8.6 見かけの競争 —— 敵のいない空間

競争について検討する場合，注意しなければならない現象がもうひとつ存在する．それは，Holt (1977, 1984) が**見かけの競争** (apparent competition) と呼び，また他の研究者たちが**敵のいない空間をめぐる競争** (competition for enemy-free space) (Jeffries & Lawton, 1984, 1985) と呼んだ現象である．

被食者（または寄主）2種を攻撃する捕食者1種を想像してみよう．どちらの被食者も捕食者から被害を受け，捕食者はどちらの被食者からも利益を得る．従って，被食者1を消費することで捕食者の個体数が増せば，それは被食者2が受ける被害を増加させる．従って，間接的に，被食者1は被食者2に有害な影響を及ぼし，その逆も同様である．その相互作用は図8.15にまとめられている．この図の相互作用の符号は，被食者2種の観点から表されているので，その相互作用はもうひとつの間接的な相互作用，つまりひとつの資源をめぐって競争する2種間の相互作用（消費型競争）と区別できない．しかし，今問題としている状況では，資源についての制限はなさそうである．従って，「見かけの競争」なのである．

Bonsall & Hassell (1997) は，捕食寄生者1種（ヒメバチ科のコクガヤドリチビアメバチ *Venturia canescens*）と2種のガの幼虫（ノシメマダラメイガ *Plodia interpunctella* とスジコナマダラメイガ *Ephestia kuehniella*）を使った実験を行った．その際，捕食寄生者はどちらの寄主も攻撃できるが，寄主は互いに近づけないようにして，その資源をめぐる競争の可能性を除いた．飼育容器の中に寄主1種と捕食寄生者だけを入れておいた場合には，寄主と捕食寄生者のどちらも残りつづけ，その個体数は安定な平衡に向かっての減衰振動を示した（図8.16）．しかし，2種の寄主（互いに近づけない）と捕食寄生者（どちらの寄主も攻撃できる）を入れて飼育すると，内的自然増加率が小さい方の種，スジコナマダラメイガの方が捕食寄生者からの影響を強く受けた．この寄主では個体数の振動が大きくなり，

> 捕食者1種に攻撃される被食者2種は，本質的には，1種類の資源をめぐって競争する消費者2種と区別できない．

> 見かけの競争の実例…1種の捕食寄生者に襲われる2種のガの幼虫の例…

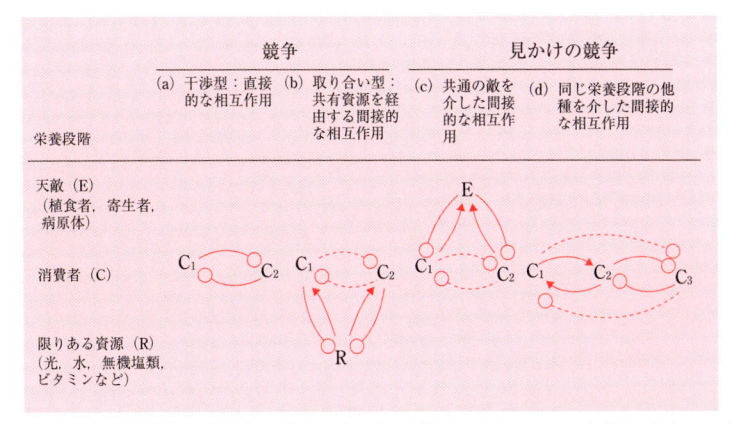

図8.15 種間の相互作用を符号で表すと，次のような相互作用はどれも互いに区別できない．(a) 2種が直接干渉している場合（干渉型競争）．(b) 2種が共通の資源を消費している場合（取り合い型競争）．(c) 2種が共通の捕食者から攻撃されている場合（「天敵のいない空間」をめぐる「見かけの競争」）．(d) 1種にとっては競争者で，別の1種にとっては相利共生者であるような第三の種によって，2種が結びついている場合．実線は直接的な相互作用を，破線は間接的な相互作用を，矢印は正の影響を，丸印は負の影響を示す．(Holt, 1984; Connell, 1990 より．)

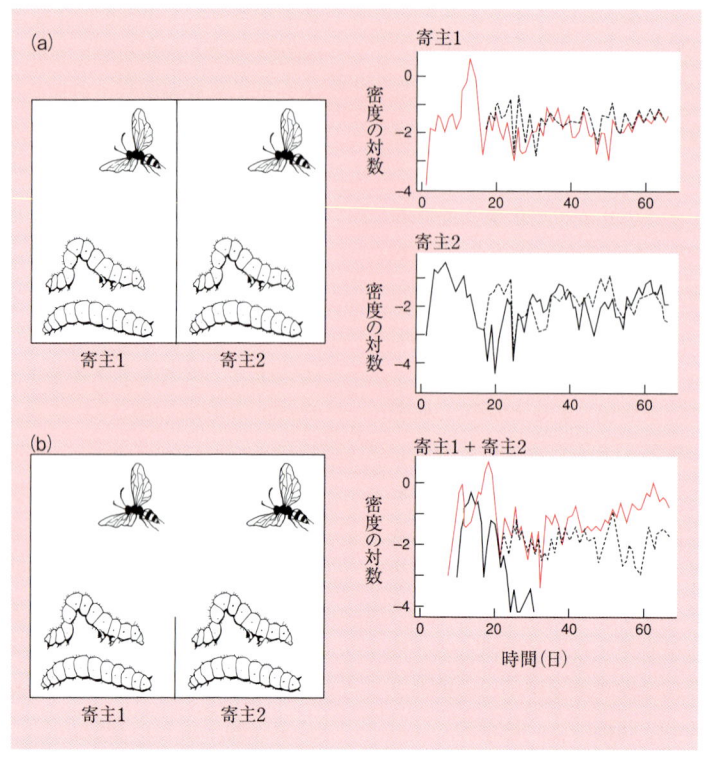

図8.16 寄生者介在型の見かけの競争．捕食寄生者のコクガヤドリチビアメバチ *Venturia canescens* は2種のガの幼虫（ノシメマダラメイガ *Plodia interpunctella*（寄主1）とスジコナマダラメイガ *Ephestia kuehniella*（寄主2））に産卵する．実験の設定を左の図に，個体群の動態を右の図に示す（捕食寄生者は黒の点線，寄主1は赤の実線，寄主2は黒の実線）．(a) 寄主が1種だけの場合は，捕食寄生者と寄主は変動を続けながらも共存する．(b) 捕食寄生者がどちらの寄主も攻撃できる場合は，寄主2の個体数は大きな振動を繰り返し，絶滅する．(Bonsall & Hassell, 1997による．Hudson & Greenman, 1998から再録．)

いつも絶滅した．このみごとな実験計画によって，Bonsall & Hassell はガの幼虫の資源競争を取り除いた条件下での見かけの競争の効果を実証したのである．

「見かけの競争」という用語は適切でまったく問題はないが，「敵のいない空間」という概念も，被食者（または寄主）同士がそれをめぐって競争する資源と見なすと考えやすい場合もある．それは次のような場合である．被食者1は，被食者2も攻撃する捕食者からの攻撃を避けることで，存続の可能性を高めることができる．しかし，それを達成するには被食者1が，被食者2とは十分に違ったやり方で，ある生息場所を占有したり，ある形態または行動様式をとらねばならないことは明らかである．つまり，「差異を持つこと」（すなわちニッチ分化）は，ここで共存を可能にするように働くだろう．だが，そうなるのは，ニッチ分化が見かけの競争，または敵のいない空間をめぐる競争を低減させるからなのである．

敵のいない空間をめぐる見かけの競争についての，数少ない実験による実証が，カリフォルニア州サンタ・カタリナ島の岩礁に生息する，2つの被食者グループについてなされている．ひとつのグループは，動くことのできる巻貝3種，エンスイクボガイ属の *Tegula aureotincta* と *T. eiseni*，そして別の巻貝，ナミジワターバンガイ *Astraea undosa* である．もうひとつのグループは，固着性の二枚貝数種で，

...腹足類と二枚貝，そしてその捕食者の例...

そのうちキクザルガイ属の一種 *Chama arcana* が優占種である．どちらのグループも，ロブスターの一種（*Panulirus interruptus*），タコの一種（*Octopus bimaculatus*），肉食性巻貝の一種（*Kelletia kelletii*）に食べられるが，これらの捕食者は明らかに二枚貝の方を好んだ．大きな巨礫や岩の割れ目が多い（凹凸が多い）区域では，二枚貝と捕食者は高い密度で生息していたが，巻貝の密度は中程度だった．それに対し，割れ目がほとんどなく，凹凸も少ない区域（礫底）では，二枚貝はほとんど見あたらず，捕食者もわずかであったが，巻貝は高密度で生息していた．

2つの被食者グループの密度は逆相関していたが，それらが共通の食物資源をめぐって競争していることを示唆するような採餌生態は，ほとんど認められなかった．一方，二枚貝を実験的に礫底区域に導入すると，そこに集まる捕食者の数は増加し，巻貝の死亡率は上昇し（多くの場合，ロブスターまたはタコからの捕食によることが，観察によって確認されている），巻貝の密度は低下した（図8.17a, b）．（移動性の）巻貝の実験操作は不可能であったが，巻貝の密度が高い礫底は低い礫底よりも捕食者の密度が高く（図8.17c），実験的に加えた二枚貝の死亡率も高いことが立証された．二枚貝のキクザルガイがいない，凹凸の多い場所も少数ながら存在するが，そうした場所では，通常の場合よりも捕食者の密度は低く，巻貝の密度は高かった（図8.17d）．つまり，それぞれの被食者グループは，捕食者の増加を介して互いに悪影響を及ぼし合い，従って，捕食者による死亡率の増加がみられたことは明らかであろう．

…熱帯林の潜葉性のハエの例

これとよく似た現象の解明を目指した野外実験が，中央アメリカのベリーズの熱帯林で，キク科植物のショウジョウハグマ属の一種 *Lepidaploa tortuosa* とそれに潜葉する寄生者のハモグリバエの一種（*Calycomyza* sp.）を用いて行われている．その熱帯林の複数の調査地で，このハモグリバエを除去した．このハエには天敵（捕食寄生性のハチ）がいて，そのハチは別の植物を寄主とする別種のハモグリバエも攻撃する．さて，このハモグリバエ（*Calycomyza* sp.）の除去の結果，別種のハモグリバエでは，除去を行わなかった対照区の森林と比べて，そのハチからの寄生率が低下し，1年後の個体数が増加した（Morris et al., 2004）．この結果は，「見かけの競争」からの予測と合致する．つまり，寄主植物が違うために種間競争が生じない条件のもとで，同じ天敵に攻撃されるハモグリバエの間の関係なのだから，こう言えるのである．

先の図18.5dには示してあるが，「見かけの競争」に当てはまる2種間の間接的な相互作用が，少なくとももうひとつある．それは，種2と種3が互いに負の影響を及ぼし合い，種1と種2が正の（相利的な）影響を及ぼし合うような場合である（第13章も参照）．この場合，種1と種3は，ある共通の資源をめぐってではなく，あるいは，ここで問題としている共通の捕食者から狙われることなく，間接的に負の影響を及ぼし合うことになる．この相互作用は，敵のいない空間をめぐってのものではないが，見かけの競争として現れるのである（Connell, 1990）．

ここまで紹介した見かけの競争の事例はどれも動物に関するものであった．Connell 植物の競争についての再検討
(1990) は植物の「競争」についての野外実験として発表されている54件の研究について特別の注意を払って再評価している．その54件の研究のうち50件が，従来の意味での種間競争を示し得たと主張していた．だが，詳しく検討してみると，これらの研究の多くが，従来の意味での競争と見かけの競争のどちらのタイプであるか区別するには不十分な情報しか集めていなかった．また，他の何件かの研究では，それについての情報は集められていたが，どちらとも取れるあいまいなものだった．例えば，アリゾナ州で行われた研究では，ある広い区画でヨモギ属 *Artemisia* の群落を除去すると，何もせずに放置した区画，およびヨモギ属を幅3mの

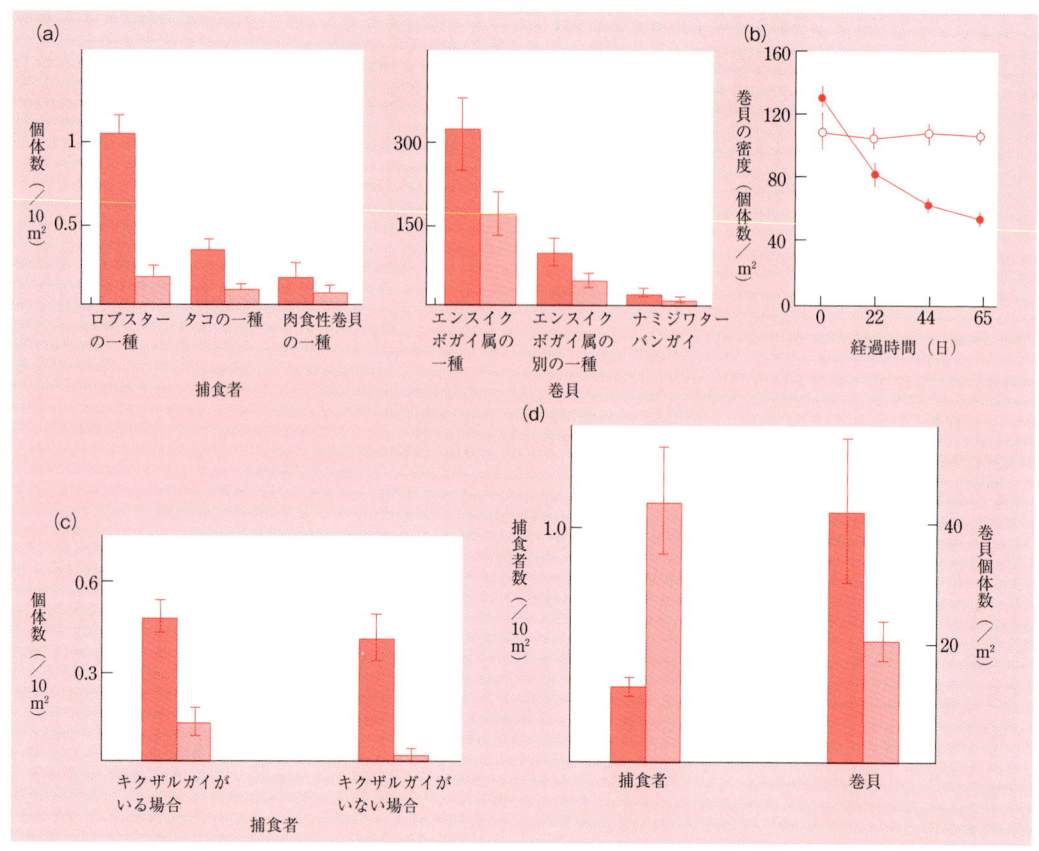

図 8.17 アメリカ合衆国サンタ・カタリナ島での，敵のいない空間をめぐる見かけの競争の証拠．(a) 巻貝が優占する礫底（濃い柱）に二枚貝を加えると，捕食者の密度（個体/10 m^2±標準誤差）と巻貝の死亡率（地点当りの新規の死亡数と標準誤差）は，対照区（薄い柱）と比較して上昇した．(b) これにより，巻貝の密度（±標準誤差）は低下した．(c) 捕食者の密度（個体/10 m^2±標準誤差）は，キクザルガイがいるいないにかかわらず，巻貝の密度が低い礫底（薄い柱）より，高い礫底（濃い柱）で高かった．(d) 凹凸の多い場所のうち，キクザルガイがいる場所（薄い柱）より，キクザルガイがいない（濃い柱）で捕食者の密度（個体/10 m^2±標準誤差）は低く，巻貝の密度（個体/1 m^2±標準誤差）は高かった．(Schmitt, 1987 より．)

狭い帯状に除去した区画と比較して，他の草本22種の成長が良かった．その論文の著者はこの結果を，広い区画からの除去では，水をめぐる消費型競争が大幅に弱まったために生じたと解釈している (Robertson, 1947)．しかし，広い区画に生えていた草本にとって，シカ，齧歯類，昆虫からの摂食圧も大幅に低下していた．なぜなら，ヨモギ群落はそうした植食者の食物としてだけでなく，隠れ家としての役割も持っていたからである．従って，その結果は，見かけの競争が低下したために生じたとも考えられるのである．

ここで強調したい点は，これまでないがしろにしてきた見かけの競争を再認識する必要があるということである．もうひとつ強調しておきたい点は，種間競争には，一方でパターンとして捉える見方があり，他方でプロセスまたはメカニズムから捉えるやり方もあり，この2つを区別することが重要であるということである．かつて，ニッチ分化のパターンや，ある種がいない場合に別の種の個体数が増加するパターンは，競争の証拠であると安易に解釈されてきた．今では，こういったパターンは，さま

> パターンとプロセスを区別すること

ざまなプロセスを通して生じることが分かっている．そして，それを正しく理解するためには，そうしたプロセスを区別すること，すなわち，従来の意味での競争と見かけの競争を区別するだけでなく，種間競争のメカニズムも特定する必要があるのである．メカニズムの特定については本章第10節で取り上げる．

8.7 種間競争の生態的効果 —— 実験的アプローチ

野外実験と室内実験　競争と環境の異質性との相互作用が重要であること，および見かけの競争という複雑な要因の存在にもかかわらず，研究者の多くが注目してきたのは，従来の意味での競争そのものであった．すでに注意したように，観察による証拠だけでは解釈が難しい (Freckleton & Watkinson, 2001)．そのため，種間競争についての研究の多くが，生態的な効果を見るための実験という手法をとってきた．例えば，本章でこれまでに見てきた事例では，フジツボ類（第2.2節を参照），鳥類（第2.5節を参照），ガマ類（第3.3節を参照），巻貝類（第5.4節を参照）などの操作的な野外実験のように，一方または両方の種の密度を変える（普通は低下させる）．そして相手種の，繁殖率，生存率，密度あるいは資源利用を追跡調査する．そしてその結果を，操作の前の状態か，または，この方が望ましいことであるが，操作を加えていない対照区と比較するのである．こういった実験は多くの有益な情報を確実に提供するが，実験を行いやすい生物（たとえば固着性生物）と，そうでない生物がいる．

もうひとつ別の実験的な手法として，人工的な，制御された（実験室の場合が多い）状態のもとで行われる研究もある．ここでも決定的な要素は，通常，問題とする種の単独状態におかれた場合の反応と，他の種と一緒にされた場合の反応との比較である．こういった実験は，実施や制御が比較的容易であるという利点があるが，大きな欠点も2つある．ひとつは，それぞれの種は，自然条件とは異なる環境で実験されていることである．もうひとつは，その実験環境の単純さである．つまり，その実験が考慮していない重要なニッチ次元が失われ，ニッチ分化の可能性が排除されてしまうのである．それでも，こうした実験は，自然界で起こり得る競争の効果の有益な手がかりを提供することができる．

8.7.1 長期の実験

実験室内，または他の制御された状態での，2種間の競争の結果を見る最も直接的な方法は，2種を一緒にしておくことである．しかし，最も一方的な競争でさえ，決着がつくまでには数世代（またはモジュール型生物の場合は相当長い成長期間が）かかる可能性がある．そこで，この方法が適用しやすく，実際によく使われてきた生物もあれば，そうでない生物もある．特によく使われてきた生物は，昆虫（本章第4.3節のコクヌストモドキ類など）と微生物（本章第2.4節のゾウリムシ類など）である．高等植物，脊椎動物，大型無脊椎動物では，いずれもこの方法の適用が難しいことに注意しよう（ただし，本章第10.1節では植物の事例を取り上げる）．こうした点が我々の種間競争の性質についての見解を偏らせている可能性がある．これは心に止めておこう．

8.7.2 1世代での実験

こうした問題点を考慮して，実験室で使える別の手法が，特に植物の研究用に開発されている（時には動物でも使われる）．その手法を一般的にいえば，1世代だけの個体群で「最初の状態」と「終りの状態」とを比較するのである．これまでいくつかの実験デザインが開発されている．

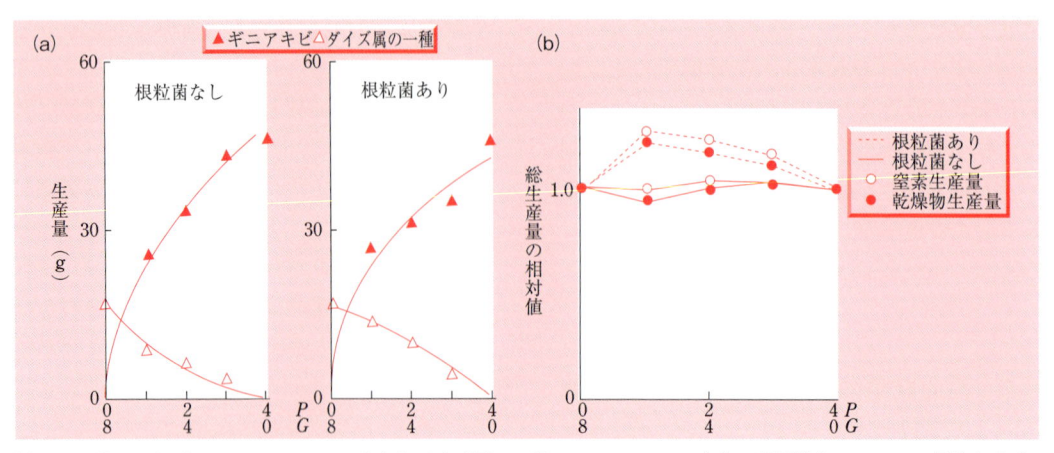

図 8.18 ギニアキビ *Panicum maximum* (*P*) とダイズ属の一種 *Glycine javanica* (*G*) の種間競争についての置換え実験．根粒菌の一種がいる時といない時について示す．(a) 置換え図．(b) 総生産量の相対値．(de Wit *et al.*, 1966 より．)

置換え実験(substitutive experiments)と呼ばれるデザインでは，2種合計の総密度を一定にしたまま2種の個体数の割合を変えて，その効果を調べる (de Wit, 1960)．例えば，植物2種の合計の総密度を200個体として，2種の割合を連続的に変えた混植のセットを用意する．つまり，種Aが100個体と種Bが100個体のセット，種Aが150個体と種Bが50個体のセット，種Aが0個体と種Bが200個体のセット，といった具合である．実験期間の最後に，各混植のセットで，それぞれの種の種子または生物体量を測定する．こういった置換え群を，さまざまな総密度になるように作り，実験する．しかし，現実には，ほとんどの研究者がただひとつの総密度でしか実験しておらず，そのためこの実験デザインは強く批判されることになった．なぜなら，それは，総密度が当然変化するような数世代にわたる競争の効果については，何の予測もできないことを意味するからである (Firbank & Watkinson, 1990 を参照)．

それでも，こうした置換え実験からは，種間競争の性質とその競争の強さに影響を及ぼす要因について，有益な洞察が得られてきた (Firbank & Watkinson, 1990)．初期の，大きな影響を及ぼした研究のひとつは，de Wit *et al.* (1966) による，オーストラリアの放牧地で混生していることの多いギニアキビ *Panicum maximum* とマメ科のダイズ属の一種 *Glycine javanica* の競争についての研究である．ギニアキビは窒素分を土壌からしか得ることができないが，ダイズは，窒素分の一部を根粒菌 *Rhizobium* が共生している根粒を通じて，空気中からの窒素固定によって得ている（第13章10.1節を参照）．これらの植物を，根粒菌を接種した組としない組に分け，混植して成長させた．その結果は，置換え図と呼ばれる図と「相対総生産量」と呼ばれる図にまとめられている（図8.18）．ある種の混植での相対生産量とは，置換えセットの中の単独での生産量に対する，その混植での生産量の割合である．これにより，種間の絶対的な生産量の差を除去し，2種を同じ尺度で扱うことができる．そして，特定の混植での相対総生産量とは，2種の相対生産量の合計である．置き換え実験の結果が明瞭に示しているように（図8.18a），2種とも，とりわけダイズで，根粒菌を接種しなかった場合より，接種した場合の方がよく成長した（それは種間競争にはほとんど影響されなかった）．と同時に，図8.18b から明らかなように，相対総生産量は根粒菌を接種しなかった場合には，有意に1から外れることはなかったが，接種した場合には

常に1より大きかった．その意味するところは，根粒菌なしではニッチ分化はあり得ない（2番目の種がそこで生活できるのは，1番目の種の生産量がその分減少する場合だけである）が，根粒菌が存在する場合にはニッチ分化が生じる（2種とも，単独の場合よりも混生している場合の方が生産量は多い）ということである．

付加実験　かつてよく使われたもうひとつの手法は，**付加実験**（additive experiment）と呼ばれるデザインである．この実験デザインでは，ある種（普通は作物）を，一定の密度で栽培し，別の種（普通は雑草）をさまざまな密度で混植する．この手法が妥当であるとする論拠は，雑草に圧迫される作物という自然な状況を模倣することによって，雑草からのさまざまなレベルの圧迫が作物に与え得る効果についての情報を提供できることとされる（Firbank & Watkinson, 1990）．しかし，この付加実験の問題点は，全体の密度と種の割合が同時に変化することである．従って，作物と雑草を合わせた総密度が単に高まったことの効果と，雑草自体が作物の生産量に与える効果とを分けるのは難しいことが分かっている．この手法を使った研究の一例を，図8.19に示す．これはアメリカ合衆国アラバマ州での，カワラケツメイ属の一種 *Cassia obtusifolia* とアオゲイトウ *Amaranthus retroflexus* という雑草2種が，ワタの成長に与える効果を調べたものである（Buchanan *et al.*, 1980）．雑草の密度が上昇するとワタの生産量は減少した．そして，種間競争の効果は，アオゲイトウよりカワラケツメイの方がいつも大きかった．

反応面分析　置換え実験のデザインでは，競争者間の割合は変化させるが，総密度は一定にする．一方，付加実験のデザインでは，割合は変化させるが，一方の競争者の密度は一定にする．従って，当然予想されるように，そしておそらく歓迎されることだと思うが，2種を，さまざまな密度や割合で，単独またはいっしょにして成長させる**反応面分**

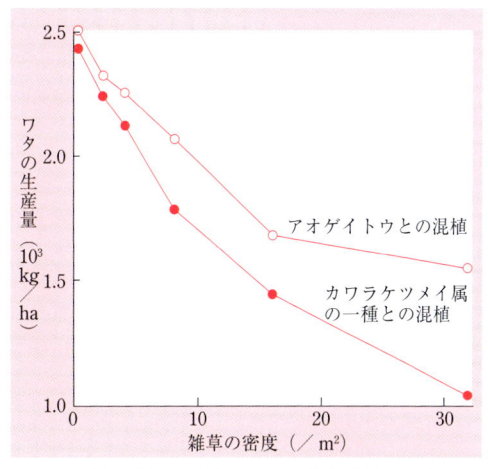

図8.19　付加実験デザインによる競争実験の一例．さまざまな密度の雑草（カワラケツメイ属の一種またはアオゲイトウのいずれか）を混植させた場合の，一定の密度で植えたワタの生産量．（Buchanan *et al.*, 1980 より．）

析（reaction surface analysis）が提案され，適用されてきた（図8.20）（Firbank & Watkinson, 1985; Law & Watkinson, 1987; Bullock *et al.*, 1994b（ただし，最後の研究は同種のクローン間の競争を扱っている））．その結果，これらの研究から，ある1種（種A）が別の1種（種B）に与える競争的な効果をうまく記述する式が導かれている．それは，死亡率については次式になる．

$$N_A = N_{i,A}[1 + m(N_{i,A} + \beta N_{i,B})]^{-1} \quad (8.16)$$

また，繁殖力については次式になる．

$$Y_A = N_A R_A [1 + a(N_A + \alpha N_B)]^{-b} \quad (8.17)$$

このどちらとも，式5.17（第5章8.1節の「種内競争の基本的モデル」を参照）と式5.12（本章第4.1節の「種間競争の組込み」を参照）と関連していることが分かる．$N_{i,A}$ と $N_{i,B}$ は，それぞれ種Aと種Bの最初の個体数であり，N_A と N_B は，それぞれ死亡要因が働いた後の種Aと種Bの個体数である．Y_A は種Aの生産量（種子または生物体量）であり，m と a は，混合いへの感受性を表す．β と α は競争係数であり，R_A は種Aの基礎繁殖率である（従って，$N_A R_A$ は競争が

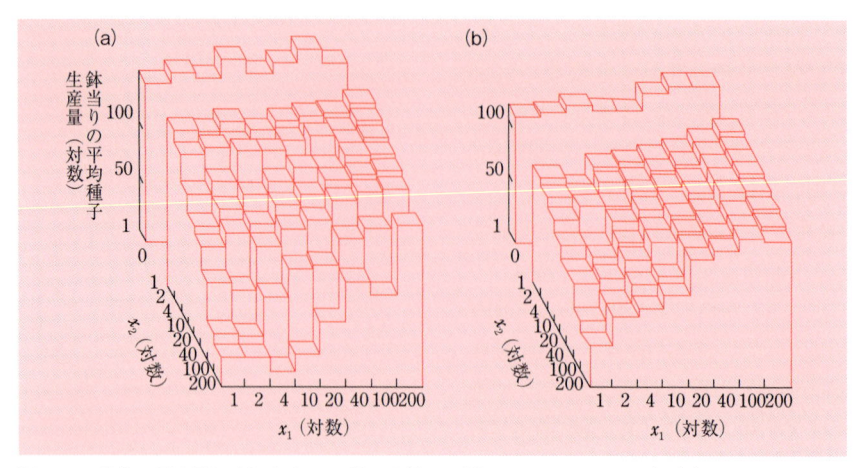

図 8.20 競争の反応面.(a) オオアワガエリ属の一種 *Phleum arenarium* と (b) ナギナタガヤ属の一種 *Vulpia fasciculata* の鉢当りの種子生産量を示す.それぞれ,さまざまな密度や頻度で,単独またはいっしょに栽培している.x_1 と x_2 はそれぞれ最初に播いたオオアワガエリとナギナタガヤの種子の密度を示す.(Law & Watkinson, 1987 より.)

ない場合の生産量である).b は密度依存性のタイプを決める係数である(死亡率に対して完全に補償的に働く場合を 1 とする).そして,図 8.20 に示されているような 1 世代から得られたデータは,式 8.16 や式 8.17 のパラメータに(コンピューター・プログラムで)値を入れるために用いられる.逆に,これらの式は,複数の世代にわたる種間競争の結果を予測するために用いられる.そうした予測は,置換え実験のデザインでも付加実験のデザインでも不可能である.

一方,Law & Watkinson (1987) の指摘によると,こうした式の競争係数を固定せず,それを頻度と密度に応じて変化させると,特に片方の種で,反応面とよく合う結果が得られる.だがその意味は,「植物の振舞い」という要素で示されるだけで,まだ不明である.すなわち,反応面分析が示していることは,競争している種の間の相互作用に存在する本質的な複雑さであり,また,その動態の結果の把握なり予測は,話全体の一部分に過ぎないということである.現象の背後にあるメカニズムを理解することも必要であろう(本章第 10 節を参照).

8.8 種間競争の進化上の影響

8.8.1 自然の実験

これまで見てきたように,種間競争は一般に,競争種が単独でいる状態と一緒にいる状態とを実験条件下で比較する形で研究されてきた.自然もこの類の情報を提供してくれる場合がある.すなわち,潜在的な競争種の分布としては,一緒に出現する場合(**同所性**(sympatry))もあれば,単独で出現する場合(**異所性**(allopatry))もあり得るということである.こういった「自然の実験」も,種間競争,特にその進化上の影響について有用な情報を提供してくれる.なぜなら,同所的個体群と異所的個体群との差異は,多くの場合,長期にわたって持続するからである.自然の実験の魅力は,まず,自然の生息場所に住んでいる生物を扱うのだから「自然である」ことである.次に,難しい実験操作,特に人の手ではとても実行できないような実験操作を必要とせず単に観察によっ

て「遂行できる」ことである．だが，欠点もある．それは，その対象が本当の「実験」および「対照」個体群ではないことである．理想的には，個体群の間の差異はひとつだけ，すなわち，競争種の存否だけであることが望ましい．しかし，実際には，そうした個体群は他の面でも異なっていることが普通である．その理由は，単にそれらが異なる場所にいるからである．従って，自然の実験の解釈にあたっては，いつも注意しなければならない．

競争からの解放と形質置換　自然の実験から得られる競争の証拠は，通常，競争者がいないことによるニッチの拡大（**競争からの解放**（competitive release）として知られている），または，単に同所的個体群と異所的個体群の間で，種の実現ニッチが異なる現象である．こういった差異が形態の変化を伴う場合，その効果を**形質置換**（character displacement）と呼ぶ．一方，生理的，行動的，形態的特性のいずれもが競争的な相互作用に関与するだろうし，また，その種の実現ニッチを反映すると考えられる．もしこれらの特性の間に違いがあるとするなら，それは形態的な差のほとんどが進化的な変化の結果として目に見えるという点かもしれない．だが，これから見てゆくように，生理的，行動的な「形質」もまた，「競争的な置換」の対象となるのである．

イスラエルのアレチネズミ類 — 競争からの解放　自然条件下での競争からの解放の一例として，イスラエルの海岸地帯の砂丘に住む，齧歯類のアレチネズミ類2種の研究結果がある（Abramsky & Sellah, 1982）．イスラエル北部では，カルメル山脈の海に突き出た部分が，狭い帯状の砂丘地帯を南北に孤立した2つの区域に分けている．シナイスナネズミ *Meriones tristrami* は，イスラエルの北側から侵入したアレチネズミである．現在では，カルメル山の南側と北側のどちらの砂丘地帯にも広く見られる．別のアレチネズミ，アレンビアレチネズミ *Gerbillus allenbyi* も砂丘に住み，シナイスナネズミが好むものと同じ種子を食べる．だが，この種はイスラエルの南から侵入したもので，まだカルメル山地を越えて北側には入っていない．カルメル山地の北側ではシナイスナネズミが単独で生息しており，そこでは砂地だけでなく他のタイプの土壌でも生活している．しかし，カルメル山の南側では，この種はいくつかのタイプの土壌を占有するものの，海岸砂丘では見られない．その海岸砂丘にはアレンビアレチネズミのみが生息する．

この現象は，競争排除と競争からの解放の事例と考えられる．すなわち，アレンビアレチネズミが，カルメル山以南の海岸砂丘からシナイスナネズミを排除し，北部ではシナイスナネズミは競争から解放されているのである．しかし，これは現在の競争排除なのか，それとも進化上の影響なのだろうか．Abramsky & Sellahは，カルメル山南部の数地点でアレンビアレチネズミを除去し，これらの地点でのシナイスナネズミの密度と，対照区とした類似の数地点での密度とを比較した．彼らはそれぞれの地点を1年間調査した．だが，シナイスナネズミの密度は，基本的には変化しなかった．カルメル山南部では，シナイスナネズミはアレンビアレチネズミとの競争を回避できる生息場所を選択するように進化し，アレンビアレチネズミがいない状態でも，この遺伝的に固定した好みを保持していると思われる．しかし，例によって，この解釈には注意して欲しい．なぜなら，ここでは過去の競争の亡霊を引き合いに出しており，それは本当らしく聞こえ説得力もあるが，立証された事実ではないからである．

形態的な形質置換 ... インドのマングース類 ...　形態的な形質置換の明らかな例がインドでのマングース類の研究から得られている．小型のジャワマングース *Herpestes javanicus* は分布域の西部では，同属でわずかに大型のマングース1種または2種（インドマングース *H. edwardsii* とアカマングース *H. smithii*）と共存しているが，分布域の東部では単独で生息してい

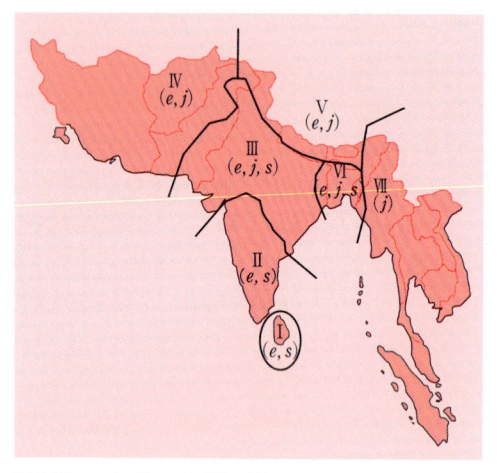

図 8.21 マングース 3 種，ジャワマングース *Herpestes javanicus* (j)，インドマングース *H. edwardsii* (e)，アカマングース *H. smithii* (s)，について 7 地域（Ⅰ〜Ⅶ）に区分される本来の地理的分布域．(Simberloff *et al.*, 2000 より．)

る（図 8.21）．Simberloff *et al.* (2000) は，このジャワマングースの，餌を捕殺するための主要な器官である上顎犬歯の太さの変異を調べた（マングースの雌は雄よりも小さいことに注意）．単独域である東部（図 8.21 の地域Ⅶ）では，大型種との共存域である西部（図 8.21 の地域Ⅲ, Ⅴ, Ⅵ）と比較して，雌雄とも太い犬歯を持っていた（図 8.22）．この結果は，近縁の大型種がいる地域ではジャワマングースの獲物の捕獲器官は小型化するように選抜されてきたとする考えと合致する．それは同属の他種との競争を低減させるだろう．なぜなら，小型の捕食者は大型の捕食者と比べて小型の獲物を取る傾向を示すからである．逆に，単独で生息する地域では，その犬歯はとても太くなるだろ．

特に興味深い点は，この小型のマングースは百年も前から，その本来の分布域を超えて多くに島に持ち込まれたことである（その多くは，外来種のネズミ類の駆除という素朴な試みの一環として）．そうした場所には競争種となるマングースはいない．100〜200 世代以内にそれらマングースは大型化し，現在，これらの島の個体の大きさは，もともとの（他種と共存している）

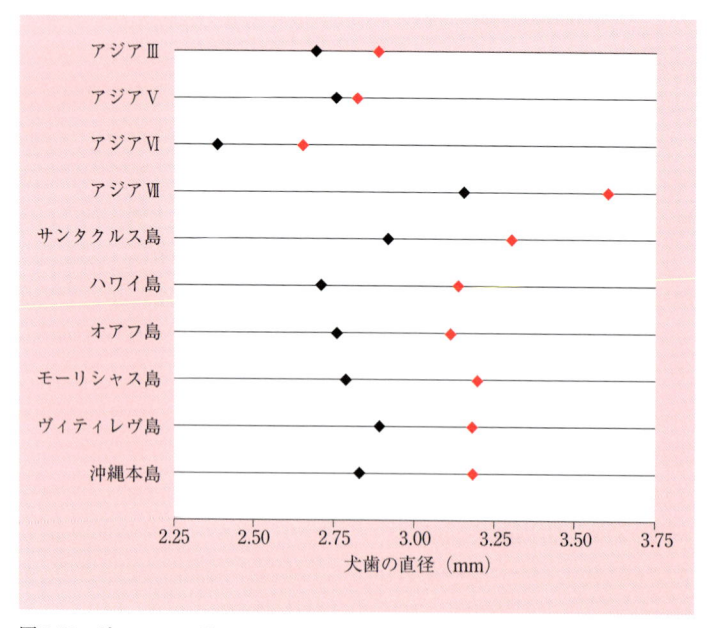

図 8.22 ジャワマングース *Herpestes javanicus* の上顎犬歯の最大直径 (mm)．本来の分布域（図 8.21 の地域Ⅲ, Ⅴ, Ⅵ, Ⅶだけのものを示す）と人為的な移入地との比較．黒い四角は雌の平均値を，赤い四角は雄の平均値を示す．(Simberloff *et al.*, 2000 より．)

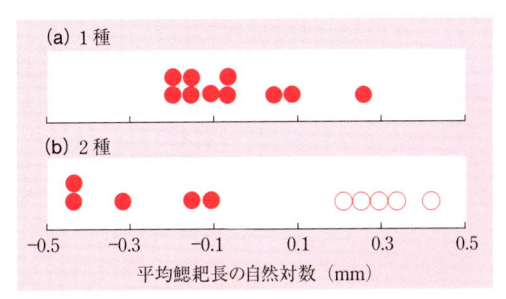

図8.23 イトヨ *Gasterosteus aculeatus* での形質置換. カナダのブリティッシュ・コロンビア州の海岸地方の小さな湖には2種のイトヨ（図のb）が住んでおり，底生性の種（●）の鰓耙は，中層性の種（○）よりも有意に短い．一方，同様の湖を単独で占有しているイトヨ（図のa）の鰓耙は，中間の長さである．鰓耙の長さは，体の大きさの種間の差を考慮して調整している．（Schluter & McPhail, 1993 より.）

分布域のものと単独で生息する東部のものとの中間である．つまり，そうした島での形質の変異は，大型種との競争からの開放という考えと合致する．

…カナダのトゲウオでの例

もうひとつの例は，カナダのブリティッシュ・コロンビア州の淡水湖に住む，海産起源のトゲウオ類の一種，イトヨ *Gasterosteus aculeatus* の個体群に関するものである．このイトヨは，約12,500年前に，氷河が溶けた後の陸地の隆起によって，さらに，約11,000年前に，海水面の上昇と下降によって陸封されたと考えられている（Schluter & McPhail, 1992, 1993）．この「2度の進入」の結果，現在，いくつかの湖には2種のイトヨ *G. aculeatus*（まだそれらには別個の学名が与えられていない）が住むが，別のいくつかの湖には1種しかいない．2種がいる湖では，1種はいつも**中層性**（limnetic）で，もう1種は**底生性**（benthic）である．中層性の種は，専ら開けた水塊中でプランクトンを集中的に食べており，それと対応して吸い込んだ水の流れからプランクトンを濾し取る長く隙間が狭い鰓耙〔さいは：鰓骨の上端に生えている熊手状の突起の列〕を持っている．底生性の種は短い鰓耙を持ち，主に水草の中や底から，もっぱら大きな餌を食べている（図8.23b）．しかし，1種しかいない湖では，その種は両方の食物資源を利用し，鰓耙の形態は中間的である（図8.23a）．おそらく，2度目の侵入の後，生態的な形質置換が進化し，2種の共存が促進されたか，あるいは，それが2度目の侵入が成功するための必要条件だったのである．こうした適応放散は個々の湖で繰り返されたことが，ミトコンドリアDNAの分析によって遺伝学的に証拠だてられている（Rundle et al., 2000）．

もし，形質置換が究極的に競争によって引き起こされるなら，その置換の程度に応じて競争の影響は低下するはずである．カナダの湖に見られるカワトゲウオ（*Culaea inconstans*）は，イバラトミヨ（*Pungitius pungitius*）と同所的に生息する場合には，異所的な場合と比べて有意に短い鰓耙，長い顎骨，高い体高を示す．Gray & Robinson（2000）は異所的なカワトゲウオを置換前の表現型，同所的なカワトゲウオを置換後の表現型と見なしている．その根拠は，これら2つのタイプのカワトゲウオをそれぞれイバラトミヨと一緒に野外の生け簀で飼育すると，異所的なタイプ（置換前）のカワトゲウオは同所的なタイプ（置換後）のものよりも有意に成長率が悪かったからである（図8.24）．この結果は，競争種の間で形質差が広がると競争が低減するという予想と合致する．

最後に2つほど，形質置換の例とされる研究結果を挙げておこう．フィンランドのミズツボ科の巻貝（*Hydrobia ulvae* と *H. ventrosa*）と東南アジアの大型のカブトムシ（コーカサスオオカブト *Chalcosoma caucasus* とアトラスオオカブト *C. atlas*）についての研究である．ミズツボ科の巻貝では，2種が離れて住んでいる場合，2種の体の大きさはとてもよく似ている．だが，2種が共存している場合，デンマークとフィンランドの両方で，2種の大きさはいつも異なっている（図8.25a）（Saloniemi, 1993）．そして，取

ミズツボ科の巻貝 ── 形質置換の古典的例か

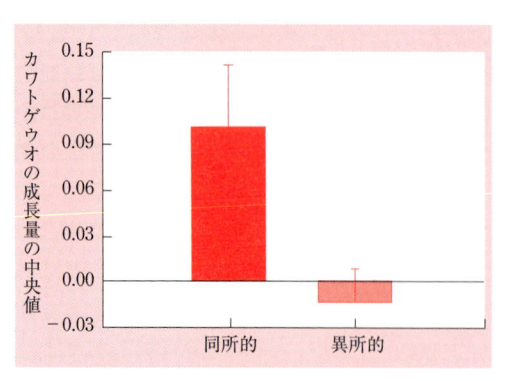

図8.24 置換後の表現型を意味する同所的なカワトゲウオ（濃い柱）と、置換前の表現型を意味する異所的なカワトゲウオ（薄い柱）の、各生け簀の集団についての成長量の中央値の平均値と標準誤差（各生け簀の集団についての、〔（実験終了時の魚体の生物体量）÷（実験開始時の魚体の生物体量）〕の自然対数の値）。どちらの集団もイバラトミヨと一緒に飼育された。イバラトミヨとの競争という条件下で、置換後の表現型の成長量は置換前の表現型のそれよりも有意に大きかった（$P = 0.012$）。(Gray & Robinson, 2002 より。)

り込む食物粒子の大きさが異なる傾向を示す（Fenchel, 1975）。形態についての同様なパターンはカブトムシについても見られる（図8.25b）（Kawano, 2002）。従って、これらのデータは、形質置換が資源の分割と共存を可能にしていることを強く示唆しているのである。しかしながら、ミズツボ科の巻貝のような明らかな形質置換の好例とされる事例に対しても、深い疑義が表明されている（Saloniemi, 1993）。それによると、フィンランドでは、同所的な生息場所と異所的な生息場所はまったく同じというわけではない。すなわち、H. ulvae と H. ventrosa が共存するのは潮汐にほとんど影響されない水域で、H. ulvae が単独で見られるのはある程度波の打ち寄せる干潟や塩性湿地であり、H. ventrosa が単独で見られるのは潮汐の変化のない潟湖〔せきこ〕やせき止め湖である。さらに、少なくともフィンランドでは、H. ulvae は潮汐の変化の小さい生息場所でよく成長するが、そこでは H. ventrosa はそれほど成長しない。この現象は、それだけでこれら2種の同所性と異所性での体の大きさの差異を説明するかもしれ

ない。この点は、形質置換を示していると考えられるような自然の実験の、大きな問題点を浮き彫りにしている。すなわち、同所的および異所的な個体群は、別々の、そして観察者が全く制御できない環境条件下にあるという点である。形質置換を導くのは、競争ではなく、これらの環境的な差異という場合も多いかもしれないのである。

8.8.2 自然の実験を用いた実験

すでにアレチネズミ類で見たように、自然の実験は、時にはその枠組みのなかで、人の手による、そしてもっと有益な情報をもたらす実験操作をする機会を提供してくれる。そのような実例のひとつに、シロツメクサ *Trifolium repens* のニッチの分化を、ホソムギ *Lolium perenne* との競争の結果の観点から検討した研究がある（Turkington & Mehrhoff, 1990）。その研究ではシロツメクサを2地点で調査した。そのうちの1地点では、シロツメクサの地表被度は48％であったが、ホソムギの被度は96％に達していた（「2種」地点）（2種の葉は重なっているので、被度の合計は100％を超える）。もう1地点では、シロツメクサの被度は40％に達していたが、ホソムギの被度は4％しかなかった（事実上、「シロツメクサ単独」地点）。総計3回の（他方の地点への）移植操作と、3回の（そのまま元の地点に植え直す）植え戻し操作を行った（図8.26aに操作の手順を描き、番号を付けている）。すなわち、双方の地点からのシロツメクサを、次のような区画に移植したのである。(1) 2種地点でシロツメクサのみ除去した区画、(2) 2種地点でシロツメクサとホソムギの両方とも除去した区画、(3) シロツメクサ単独地点でシロツメクサを除去した区画、などである。そして、競争からの抑圧または解放の程度を、それぞれ移植されたシロツメクサの示した成長量で評価した。それによって、「シロツメクサ

（欄外：シロツメクサの競争におけるニッチ分化）

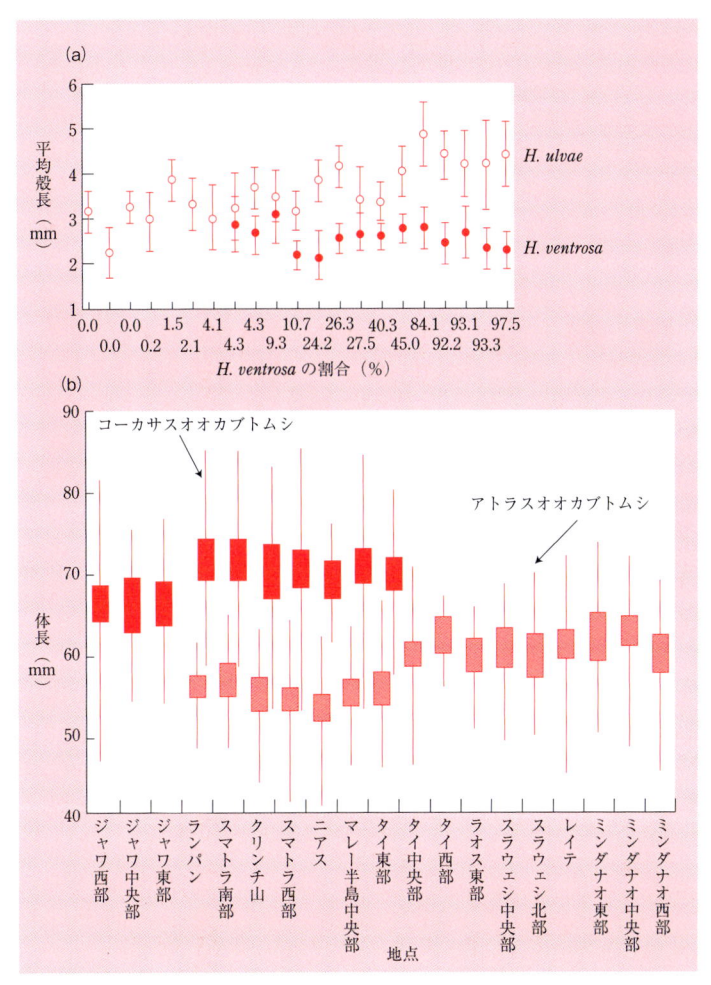

図8.25 体長についての形質置換．(a) フィンランドでのミズツボ科の巻貝（*Hydrobia ulvae* と *H. ventrosa* の大きさの平均値．調査地点（横軸）は *H. ventrosa* の割合が増加する順に配置している）．(Saloniemi, 1993 より．) (b) 東南アジアでの大型のカブトムシ（コーカサスオオカブト *Chalcosoma caucasus* とアトラスオオカブト *C. atlas* の平均体長）．(Kawano, 2002 より．) 非共存地の2種の体長は大きく重なるが，共存地での2種の体長には有意な差がある．

単独」地点と「2種」地点のシロツメクサの間のニッチ分化の（進化の）程度を，シロツメクサとホソムギとの間で起きたであろう程度として，推論したのである．

2種地点からのシロツメクサ個体群は，共存しているホソムギ個体群とは明らかに分化しており（そうでなければ激しく競争したであろう），シロツメクサ単独地点の個体群からも分化していた（図8.26b）．2種地点でシロツメクサのみを除去した場合，植え戻したシロツメクサは，シロツメクサ単独地点から移植したシロツメクサよりもよく成長した（図7.21bの処置1と4；$P = 0.086$で有意ではないがそれに近い）．これは，シロツメクサ単独地点のシロツメクサが，元からいるホソムギと強く競争したことを示唆している．さらに，ホソムギも除去した場合，2種地点のシロツメクサの成長には実質的な違いがなかった（処置4と5；$P > 0.9$）が，シロツメク

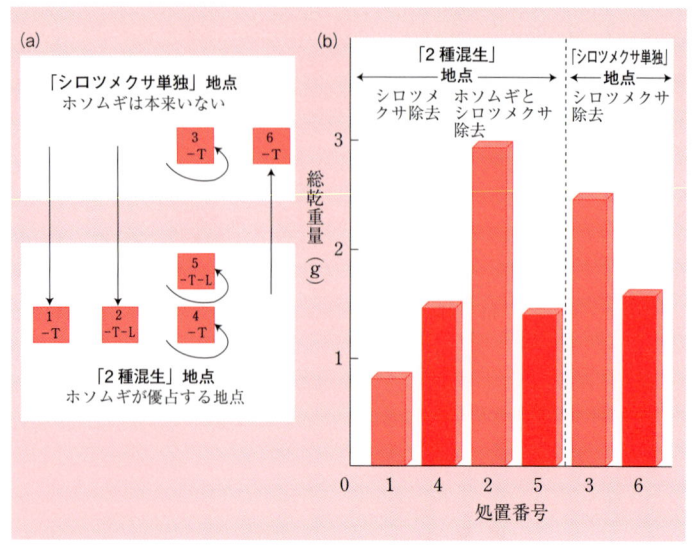

図 8.26 (a) ホソムギ Lolium perenne (L) との競争下での，シロツメクサ Trifolium repens (T) の進化を調べるための実験デザイン．2 つの地点（シロツメクサ単独地点と 2 種混生地点）の各区画から，もとから生育しているシロツメクサ個体群を除去し，また区画によってはホソムギ個体群も除去した（それぞれ-T と-T-L の区画）．シロツメクサを矢印の起点の方の地点で掘り出し，矢印の終点の方の地点の区画に移植，あるいは植え戻した．処置番号は Connell (1980) の用法と一致している．(b) この実験の結果は，さまざまな処置でのシロツメクサが達成した総乾重量で示す．処置間の比較の有意水準は，本文中に記している．(Turkington & Mehrhoff, 1990 より．)

サ単独地点からのシロツメクサの成長は大幅に増加した（処置 1 と 2；$P < 0.005$）．また，ホソムギを除去した場合，シロツメクサ単独地点からのシロツメクサは 2 種地点のものよりも良く成長した（処置 2 と 5；$P < 0.05$）．これら全ては，シロツメクサ単独地点のシロツメクサだけが，ホソムギがいないことによって競争から解放されていたことを示唆している．最後に，シロツメクサ単独地点では，2 種地点からのシロツメクサは元の地点より良く成長したわけではなかった（処置 4 と 6；$P > 0.7$）．それに対し，シロツメクサ単独地点のシロツメクサは，2 種地点でホソムギと一緒の場合よりもずっと良く成長した（処置 1 と 3；$P < 0.05$）．従って，2 種地点の個体群のシロツメクサは，共存するホソムギとはほとんど競争しないのに，シロツメクサ単独地点の個体群は競争すると考えられるのである．

8.8.3 淘汰実験

競争している 2 種での競争の進化上の影響を示す最も直接的な方法は，実験者がこれらの効果を引き起こすことである．すなわち，実験的に淘汰圧（競争）をかけ，結果を観察するのである．意外なことに，こういったタイプの実験で明瞭な結果を出した研究はきわめて少ない．そのうちのいくつかの事例では，ある種が，競争者となる種からの淘汰圧に反応し，2 種を合わせた個体群の中での頻度を増加させるという意味で，その「競争力」は明らかに高くなった．こうした現象をショウジョウバエ属の 2 種について明らかにした例のひとつを，図 8.27 に示す．しかしながら，こういった結果は，そのような明白な競争力の増

> 競争の進化的な影響を直接示せる場合は稀である

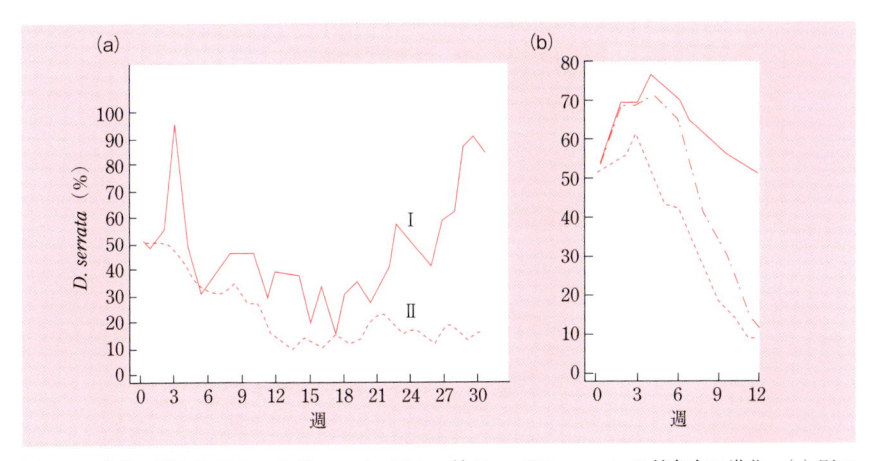

図 8.27 実験で示されるショウジョウバエ属の一種 *Drosophila serrata* の競争力の進化．(a) 別のショウジョウバエ属の一種 *D. nebulosa* と共存（と競争）している2つの実験個体群のうちのひとつ（個体群 I）は，約 20 週後から頻度が顕著に増加した．(b) この個体群の個体は，*D. nebulosa* との次の競争実験（実線，5個体群の平均）において，個体群 II の個体（破線，5個体群の平均），または以前に種間競争を経験していない個体群の個体（鎖線，5個体群の平均）よりも強い競争力を示した．(Ayala, 1969 より．)

大がどのように達成されたか（例えば，ニッチ分化の結果なのかどうか）については何も語ってはくれない．

淘汰実験のデザインを使って共存が達成されるほどニッチの差が広がることを実証した研究例を見つけようとすると，厳密な意味での種間競争には当てはまらないが，同一種の細菌（蛍光菌 *Pseudomonas fluorescens*）の3つのタイプの間の競争にその例を見いだすことができる．この3つのタイプはそれぞれ無性的に増殖するので，別種として振舞うと考えることもできる (Rainey & Trevisano, 1998)．その3つのタイプは，培養用の固体基質上での形態からそれぞれ，SM 型（滑らか型），WS 型（しわ状拡張型），FS 型（けば状拡張型）と呼ばれている．液体基質の中では，培養容器中のどこにコロニーを形成するかが大きく異なる（図 8.28a）．培養容器を揺すり続けると，取りつく場所についてのニッチの差が確立できないので，実験初期の滑らか型の集団がそのまま増え続ける（図 8.28b）．しかし，培養器を揺すらないでおくと，変異型である WS 型と FS 型が侵入して増殖する（図 8.28c）．さらにこの系では，それぞれのタイプについての競争力を，他のタイプの低密度の純粋培養に侵入する能力として測定できる（図 8.28d）．可能性のある6通りのうち，5通りが実際に起こりやすいことが分かった．起こりにくいとされた1通りは，FS 型が WS 型にまったく侵入できない場合であるが，この場合でも，FS 型は SM 型に侵入できて，SM 型は WS 型に侵入できるので，FS 型が消滅することはない．こうした実験はあるものの，全体としては，競争種の間のニッチ分化の増大を示したとされる淘汰実験は，もどかしいほど曖昧か，あるいは残念ながら見向きもされていない．

8.9 共存している競争者のニッチ分化と類似性

科学の進歩は，さまざまな疑問へ次々と答えることで達成されると思われるかもしれない．しかし，実際には，進歩とはある疑問をもっと適切で解きがいのある別の疑問に置き換えることで達成されることが多い．本節では，正にこれが当てはまる事例を取り上げる．すなわち，

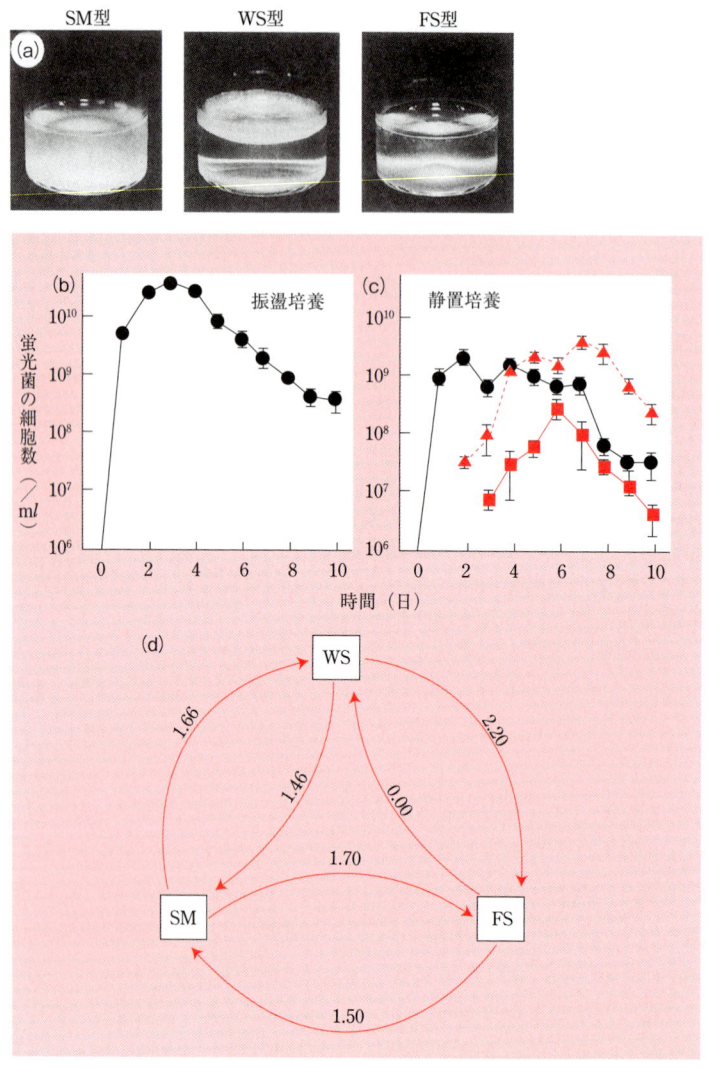

図 8.28 (a) 液体培地で純粋培養した蛍光菌 *Pseudomonas fluorescens* の 3 タイプ (SM 型 (滑らか型), WS 型 (しわ状拡張型), FS 型 (けば状拡張型)) は培養器の異なった場所で主に成長する. (b) 振盪培養器では, SM 型が維持される. 誤差線は標準誤差を示す. (c) 振盪を止めると (静置培養), SM 型 (●) の純粋培養から始めても, 変異体の WS 型 (▲) と FS 型 (■) が生じ, SM 型のコロニーに侵入し, 自身のコロニーを確立する. 誤差線は標準誤差を示す. (d) 競争力は, 各タイプ (矢印の根本のタイプ) についての, 別のタイプ (矢印が向けられたタイプ) の低密度の純粋培養へ侵入する能力 (相対的増殖率) として測定できる. つまり, その値が 1 より大きい場合には侵入できる (低密度で競争上優位である) ことを, また 1 よりも小さい場合には侵入できないことを意味する. (Rainey & Trevisano, 1998 より. *Nature* の許可を得て再録.)

第8章　種間競争

共存している競争者は「どのくらい」異なっているのか，また，競争によって片方の種が排除されないためには，共存種はどのくらい異なる必要があるのか，という疑問についてである．

ロトカ－ヴォルテラ・モデルからの予測では，競争関係にある2種の双方にとって，種間競争が種内競争よりも弱い状況では，2種は安定して共存する．明らかに，ニッチが分化していれば，競争による効果は種間でよりも種内で強くなるだろう．従って，ロトカ－ヴォルテラ・モデルと競争排除則の意味するところは，「どんな」程度のニッチ分化も競争者の安定した共存を許すということである．そこで，それが「真実」かどうかを解明しようとした試みにおいて，1940年代の生態学者の心を強く惹きつけた設問は「安定して共存するために，競争種は異なる必要があるのか？」であった（Kingsland, 1985）．

しかしながら，現時点で考えれば，こういった設問の仕方はまずいことがすぐに分かる．なぜなら，「異なる」という語を正確に定義していないからである．前節までに，競争者の共存が，ある程度ニッチ分化に関連している明瞭な例を見てきた．だが，詳しく見れば，どんな共存種でも，何らかの違いは見つかるだろう．それが競争とは何の関係がなくとも，別種であれば違いはあるだろう．従って，さらに適切な設問は，「安定して共存するためには，それ以上異ならなければならないような，ニッチ分化の最小の限度が存在するのか？」ということになるだろう．すなわち，共存種の類似性に限界はあるのかどうか．

この問いに答えようとした試みの中で，その後の動向に大きな影響を与えたものは，MacArthur & Levins (1967) が提案し，May (1973) が発展させたモデルで，消費型競争についてのロトカ－ヴォルテラ・モデルを改変したものである．後から考えてみると，彼らのアプローチに難点があったことは確かである（Abrams, 1983）．しかしながら，まず彼らのアプローチを検討し，次にその難点を考えることで，「類似限界の問題」のほとんどを学ぶことができる．その意味で，よくあることではあるが，このモデルは「正しい」かどうかはともかく，有益である．

1次元で連続的に分布する資源をめぐって競争している3種について考えよう．そのような資源の軸の例としては食物の大きさが分かりやすい．それぞれの種は，この1次元上に実現ニッチを持っており，それは資源利用曲線で視覚化できる（図8.29）．それぞれの種の資源利用率はニッチの中心で最も高くなり，両端で下がってゼロになる．また，隣り合った種の利用曲線との重なりが大きいほど，種間の競争が

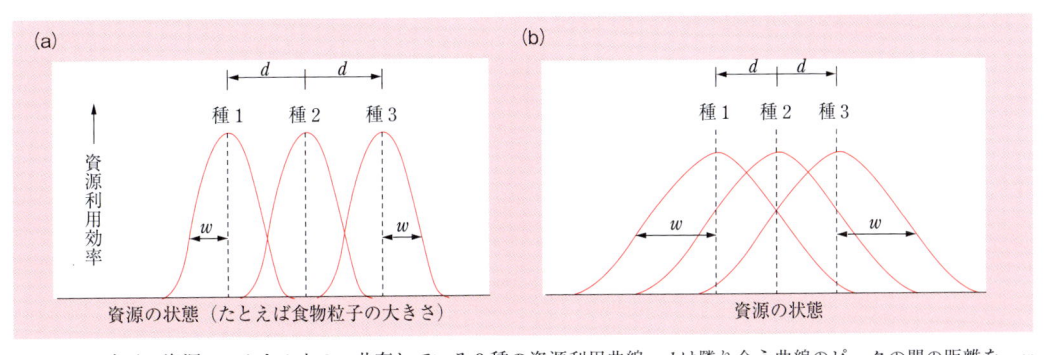

> 共存するにはどれくらい異なる必要があるか

> 単純なモデルが導く解は単純...

図8.29　1次元の資源スペクトル上の，共存している3種の資源利用曲線．dは隣り合う曲線のピークの間の距離を，wは曲線の標準偏差を表す．(a) 重なりが小さく狭いニッチ（$d>w$），すなわち，種間競争が相対的に弱い．(b) 重なりが大きく広いニッチ（$d<w$），すなわち，種間競争が相対的に強い．

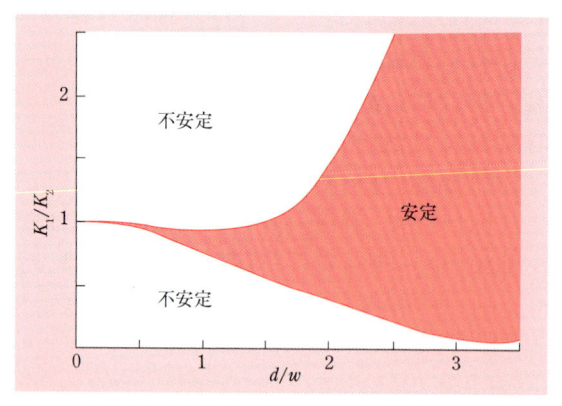

図 8.30　3 種から成る群集において，さまざまなニッチ重複度 (d/w) での，3 種間の平衡が達成される場合の生息場所の好適性（環境収容力 K_1 と K_2 で示す．ここでは，$K_1 = K_3$ である）．(May, 1973 より．)

厳しくなる．実際に，その曲線が統計学で用いられる正規分布であり，それぞれの種はよく似た形の曲線を持つと仮定すると，競争係数（隣り合った両方の種に適用できる）は次式で現される．

$$\alpha = e^{-d^2/4w^2} \qquad (8.18)$$

ここで，w は曲線の標準偏差（おおまかに言えば「相対的な幅」）で，d は隣接するピークの間の距離である．従って，α は隣接した曲線が相当に離れている場合にきわめて小さくなり（$d/w \gg 1$；図 8.29a），それぞれの曲線が互いに接近するほど，1 に近づく（$d/w < 1$；図 8.29b）．

では，隣接する利用曲線の重なりは，安定した共存とどのように対応するのであろうか．ある種（種 2）の両端を占める 2 種（種 1 と種 3）が同じ環境収容力（K_1，種 1 と種 3 の利用可能な資源への適合性を表す）を持つと仮定し，資源軸上での，種 2（環境収容力 K_2）と，種 1・種 3 との共存を考えてみよう．d/w が小さい場合（α が大きく，それぞれの種は似ている），共存可能な状況は，$K_1 : K_2$ の比で見れば，きわめて狭い範囲にある．だが，d/w が 1 に近づき 1 を越えるにつれて，共存可能な状況は急激に広がる（図 8.30）．言い換えると，d/w が小さい場合でも共存は可能であるが，それはそれぞれの種の環境への適合性が，きわめてうまく釣り合っている場合だけである．さらに，環境が変化すると仮定すると，その変動は $K_1 : K_2$ の比の変化に繋がり，共存が可能になるのは，幅広い $K_1 : K_2$ の比が安定に繋がる場合，すなわち，おおまかには $d/w > 1$ の場合だけだろう．

つまり，このモデルは，共存している競争種の類似性にはある限界が存在し，その限界は $d/w > 1$ という条件で表せることを示唆している．これらは正しい答えなのだろうか．実際には，類似性に特定の普遍的な限界が存在する可能性はまずないように思われる．たとえ，$d/w > 1$ という単純な方法で表され，広く適用できそうな形でも，そうである．何人かの研究者，特に Abrams (1976, 1983) が明確にしたように，いくつかの次元で競争し，各次元で特定の利用曲線を持つようなモデルでは，それぞれの次元で類似性の限界が現れ，多くの場合，d/w のずっと小さい値で，強固で安定な共存が達成される．言い換えると，「$d/w > 1$」はあるタイプのモデルの分析から得られたひとつの特性であり，他のモデルからは導けない．従って，それが本質的な特性でないことはほぼ確実である．さらに，すでに見てきたように，環境の異質性や見かけの競争などによっても共存は生じ

…との思いこみはまず正しくないだろう

うるのであり，消費型競争とそれに伴うニッチ分化は，競争者の共存のためにいつも必要というわけではない．この点は，普遍的な限界の考えに対して，ずっと主張されてきたことである．

一方，こうした初期のモデルから得られた一般的な主張は，今なお妥当であると思われる．すなわち，(1) 現実の世界では，あらゆるものに変異が付きまとうが，それでもなお，共存している消費型競争者の類似性にはある限界が存在すると考えられる．また，(2) これらの限界には，種間の差だけでなく，それぞれの種自体の変異性，資源の特性，利用曲線の特性なども反映する．

だが，この類似限界の問題でさえ，最も適切な問いかけなのだろうか．我々は，共存している種の間のニッチ分化の程度を理解したいのである．もし，種がいつもできる限り密に詰め込まれているものならば，種間の差異の度合は最小（限界いっぱい）であるに違いない．だが，なぜそうなるのだろうか．もう一度，種間競争の結果について，生態的なものと進化的なものとの区別に立ち戻ってみよう（Abrams, 1990）．競争の生態的効果は，「不適当な」ニッチを持つ種が排除されること（または，侵入しようとしても，侵入できずにはねつけられる）であり，類似限度の問題自体，実はこの点に関連する．すなわち，どのくらいの種が「詰め込まれうる」かが問題なのである．だが，共存している競争者も進化するだろう．一般に，生態的効果，あるいは生態的かつ進化的な複合効果を観察できるのだろうか．その2つは異なっているのだろうか．この2番目の疑問に答えなければ，最初の疑問への答えには取りかかれない．そして，その答えは，おそらく必然的に「条件しだい」となると思われる．モデルが想定する競争過程の基本的メカニズムが異なれば，それぞれのモデルが出す進化についての予想も，大きく離れたニッチの場合もあれば，接近して密集したニッチの場合もあり，あるいは生態的過程だけから予想されるのと同じ傾向のニッチの状態という場合もあるだろう（Abrams, 1990）．

従って，この議論から2つの点が明らかになる．ひとつは，全ては理論上の問題だったということである．これは，もうひとつの点の反映である．つまり，我々は確かに進展を見てきたのであるが，その進展は，ある問いに実際に答えるというよりは，前の問いに取って代わる新しい問いの歴史であった．答えを出すのはデータである．しかし，これまで見てきたことは，問いの洗練だったのである．従って，「ニッチの類似性」への疑問に答える試みは後回しにして，先に資源の分布，利用曲線，そしてもっと一般的には，消費型競争の基本的メカニズムを検討した方がよいと思われる．次節では，これらの問題を見てゆこう．

8.10 ニッチ分化と資源の取り合いのメカニズム

種間競争とニッチ分化を直接結びつけることは難しいが，多くの場合，ニッチ分化が複数種の共存の基礎であることは間違いない．

ニッチの分化の仕方はいくつかある．そのひとつは，資源分割，またもっと一般的には，種ごとに特異的な資源利用である．これは，複数の種が厳密に同じ生息場所に住んでいるにもかかわらず，異なった資源を利用する場合に観察されるだろう．動物にとって大部分の資源は，他種（膨大な種類がある）の個体，または個体の一部なので，競争関係にある動物たちがどのように資源を分割し得るかは，原理的には簡単に想像できる．一方，植物では，潜在的に限りのある特定の資源に対し，全ての種がきわめてよく似た要求を持っており（第3章を参照），資源分割の余地がほとんどない（だが，以下を参照）．

生態的に類似した種の利用する資源が空間的に離れている場合も多い．その場合，種ごとに

特異的な資源利用は種間の微生息場所の分化（例えば，それぞれの魚種が異なった水深で採餌する場合），そして時には，地理的分布域の違いとなって現れる．あるいは，それぞれの資源が異なる時間に利用できる場合もあるだろう．例えば，それぞれの種が同じ資源を1日の中の異なった時間帯，または，別々の季節に利用するという場合もあるだろう．この場合，資源利用の分化は，種間の時間的な分離として現れるのである．

> …それは資源と条件のあり方に由来する

これ以外のニッチ分化としては，条件依存型のニッチ分化がある（Wilson, 1999）．2種が厳密に同じ資源を利用しているとしよう．だが，2種のその資源を利用する能力が環境条件によって（強く結びついて）変化する場合，そして，その条件に対する2種の反応が異なる場合，それぞれの種が競争上優位に立てる条件が異なるかもしれない．この場合も，微生息場所の分化，または，地理的分布や時間的分離といった形で現れるだろう．それは，それぞれの種にとっての適切な状況が，空間的に小さな規模で変化するのか，大きな規模で変化するのか，または時間的に変化するのかに依存する．もちろん，条件と資源の区別が難しい場合も多い（特に植物では）（第3章を参照）．その場合，その資源でもあり条件でもある要因（水など）に基づいてニッチは分化するだろう．

> 空間的，時間的な分離

動物と植物の両方を含め，競争している種が，空間的に，または時間的に分離している例は多い．例えば，アメリカ合衆国ニュージャージー州の2種のカエルの幼生（オタマジャクシ）（トリゴエアマガエル *Hyla crucifer* とウッドハウスヒキガエル *Bufo woodhousii*）では，それぞれの採餌期間は互いに毎年約4〜6週間ずれている．これは，確実とは言えないが，おそらく資源の季節変化ではなく，環境条件への種特異的な反応によるものである（Lawler & Morin, 1993）．イスラエルの岩石の多い砂漠で共存している2種のトゲネズミは，一日の活動時間を違えている．つまり，カイロトゲネズミ *Acomys cahirinus* は夜行性で，キンイロトゲネズミ *A. russatus* は昼行性である．しかし，カイロトゲネズミを除去した場所では，キンイロトゲネズミも夜行性を示すようになった（Jones et al., 2001）．ノルウェーで，オウシュウトウヒの篩部を食べる2種のキクイムシ，*Ips duplicatus* と *I. typographus* は，幹の直径という小さな空間的スケールで，摂食場所が離れている．しかしながら，この理由はまだ解明されていない（Schlyter & Anderbrandt, 1993）．だが，植物や他の固着性生物では，同じ位置と時間帯での種特異的な資源利用の可能性は限られているので，空間的，時間的な分離が特に重要であると考えられる（Harper, 1977を参照）．しかしながら，複数種の分布が空間的，または時間的に異なっていることを示すことと，それが競争と関係しているかどうかの証明は全く別の問題である．本章第3.3節で紹介したガマ類は，空間的に分離された，競争している植物の例である．他の例として，図8.31に示したように，アメリカ合衆国の南東部で，花崗岩の露頭部に成立する植生で優占する一年生草本のキリンソウ属の一種 *Sedum smallii* とタカネツメクサ属の一種 *Minuartia uniflora* がある．成熟した個体は，土壌の厚さと関連して（厚さ自体は土壌の湿度と強く関連する），きわめて明瞭な空間的な帯状分布を示す．そして，その後の実験で得られた結果から，この帯状分布を生じさせたのは，単なる耐性の差ではなく，種間競争である可能性の方が高い．

しかしながら，競争の結果を「ある種が別の種と共存する，あるいは排除する」と記述し，それを資源そのものの違い，または条件や単に空間や時間の違いに基づいてニッチ分化に関連させてみても，実際の過程を理解するにはそれほど役に立たない．そのためには，本章で繰り返し見てきたように，もっと資源の取り合いのメカニズムに焦点を合わせる必要がある．厳密にはどのようにある種が別の種との取り合いに

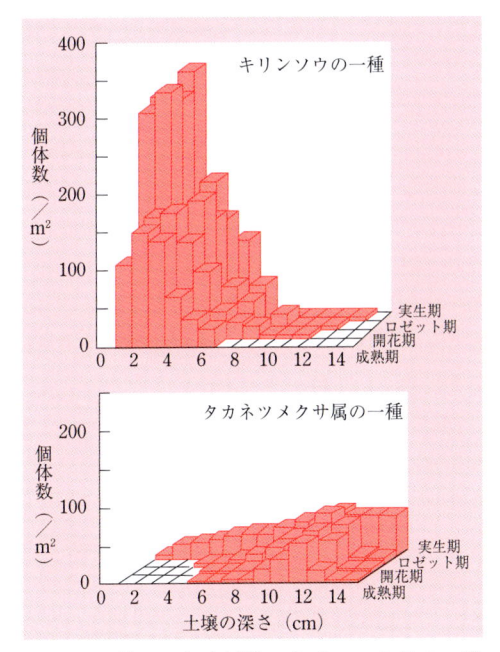

図8.31 2種の一年生植物．キリンソウ属の一種 *Sedum smallii* とタカネツメクサ属の一種 *Minuartia uniflora* の，4つの発育段階の個体が示す土壌の深さに応じた帯状分布．(Sharitz & McCormick, 1973 より．)

勝ち，相手を打ち負かすのだろうか．2つの限りある資源があって，両方とも2種の消費者にとって不可欠な場合，2種の消費者はどのようにそれら2つの資源を利用しながら共存できるのだろうか．

さらに，Tilman (1990) が指摘したように，競争している2種の個体群動態を調べれば，それはその2種が将来または別の場所で競争する場合の予測にはある程度役に立つものの，その2種が第三の種に対してどのようにやってゆくのかを予測するのには，ほとんど役に立たないだろう．それに対し，全ての種の相互作用の動態を，それらが分け合っている限られた資源とともに理解できたなら，それ以後はそのうちのどんな2種間の消費型競争についても，その結果を予測できるだろう．従って，以下では，限られた資源をめぐって競争している種の共存を，そうした観点から説明する試みの

[資源の動態の検討が必要]

いくつかを見てゆくことにしよう．それは，競争している種の動態だけでなく，資源そのものの動態も明確に考慮したモデルである．ただし，細かな点には立ち入らず，モデルの要点と重要な結論だけを検討することにしよう．

8.10.1 単一の資源をめぐる取り合い

すでに本章第2.6節で Tilman の種間競争についての実験的研究を紹介したが，Tilman (1990) は，いくつかのモデルを使いながら次のことを明らかにした．ある限られた資源をめぐって2種が消費型の競争をしている場合，その勝敗を決めるのは，取り合いにおいてどちらの種が資源を低い平衡濃度 R^* まで減少させることができるかである．（当然ながら，見かけの競争では逆になる．つまり，捕食者なり寄生者を一番多く支えうる被食者または寄主が勝者となる（例えば，Begon & Bowers, 1995を参照）．これは図8.17の結果からも予想されることではあるが．）

[単一の資源についてのモデル…]

取り合いのメカニズムを細かい点で変更すれば，R^* の式も違ってくるが，一番単純なモデルでもその意味は明らかである．それは次式で表される．

$$R_i^* = m_i C_i / (g_i - m_i) \tag{8.19}$$

ここで，m_i は，消費者である種 i の死亡率，または減少率である．C_i は，種 i が単位生物体量当りの相対的増加率 (relative rate of increase, RRI) の最大値の半分の率で成長し繁殖する時の資源濃度である（従って，C_i が一番大きい種は，速く成長するために資源を一番多く必要とする消費者である）．また，g_i は，種 i が到達しうる相対的増加率の最大値である．そこでこの式は，消費型競争に優れた種（R^* が低い）とは，資源利用効率が高く（C_i が低い），減少率が低く（m_i が低い），増加率が高い（g_i が高い）という特性を合わせ持つ種であることを示唆している．し

かしながら，ある生物が，例えば低い C_i と高い g_i といった特性を合わせ持つことは不可能と思われる．植物では，物質とエネルギーを葉と光合成に回すなら，成長は最も早くなるかもしれない．だが，栄養塩の利用効率を高めるには，それらを根に回さなければならないだろう．雌のライオンは，俊足で機敏であるほど，餌の密度が低い場合に最も生き残りやすいだろう．だが，そのような特性は雌ライオンが子供をたくさん身ごもることが多いほど，難しくなるだろう．従って，消費型競争を正確に理解するには，各生物が，低い R^* の値をもたらす特性と適応度の他の側面を高める特性との間に，結局どのような折り合いをつけているのかを理解する必要がある．

...草本での検証 このモデルで示された考えに対する検証はほとんどない．しかし，Tilman 自身が窒素分をめぐって競争している陸上植物を使って検討している（Tilman & Wedin, 1991a, b）．さまざまな窒素濃度を交替で与えるという実験条件下で，5種の草本植物を単独で成長させた．そのうちの2種，イネ科の一種 *Schizachyrium scoparium* とウシクサ属の一種 *Andropogon gerardi* は，土壌中の窒素濃度とアンモニア濃度を，いつも（窒素濃度が一番高い土壌を除く全ての土壌で）他の3種よりも低い値まで低下させた．また，その他の3種のうちの1種，エゾヌカボ *Agrostis scabra* が低下させた濃度の値は，他の2種，シバムギ *Agropyron repens* とナガハグサ *Poa pratensis* より高かった．次に，エゾヌカボを，シバムギ，イネ科の一種，ウシクサ属の一種といっしょに成長させた．その結果は，特に窒素が制限になる可能性が最も高い（窒素濃度が低い）場合に，消費型競争の理論からの予想とよく一致した（図8.32）．すなわち，窒素を最も低い濃度まで減少させることのできる種がいつも勝ち，エゾヌカボがいつも競争的に排除されたのである．同じような研究結果が，夜行性で昆虫食のホオグロヤモリ *Hemidactylus frenatus* について知られている．このヤモリは太平洋の島々の都市的環境に広く侵入し，土着のオガサワラヤモリ *Lepidodactylus lugubris* の個体群を減少させている．Petren & Case（1996）は，これら2種にとって餌となる昆虫が限りある資源であることを確かめた．そして野外の実験柵の内での調査によると，侵入したホオグロヤモリの方が土着のオガサワラヤモリよりも餌昆虫の密度を低下させることができ，その結果，オガサワラヤモリの栄養状態，産卵数，生存率が低下した．

Tilman の5種の草本の研究に戻ると，これら5種は，ミネソタ州の典型的な耕作放棄地での遷移系列内のさまざまな地点から選ばれている（図8.33a）．そして，窒素をめぐる優れた競争者は，系列の後期に見られることが明らかである．これらの種，特にイネ科の一種とウシクサは，根への資源配分が高く，地上部の植物体の成長と繁殖への配分は低い（例えば図8.33b）．言い換えると，これらの植物が達成した R^* の低い値は，根の高い資源利用効率（低い C_i；式8.19）によってもたらされたのである．その代償として，成長と繁殖率が低下している（低い g_i）にもかかわらずである．実際に，これらの種全体で，最終的な土壌窒素濃度の変化量の実に73％が，根の生物体量の変異で説明できるのである（Tilman & Wedin, 1991a）．従って，この遷移系列（第16章4節の詳しい議論を参照）は，成長と繁殖の速い種が，効率的に資源を利用する強力な競争者に置き換えられる，という遷移系列のようである．

8.10.2　2種類の資源をめぐる取り合い

さらにTilman（1982, 1986；第3章8節も参照）は，2種の競争者が2種類の資源をめぐって競争する場合，何が起こるのかについても検討している． 2種類の資源についてのモデル ── 純増殖速度ゼロ線 ── ニッチの境界 まず，種「内」のことだけを考えよう．ある種が2種類の不可欠な資源を利用している

第8章　種間競争   337

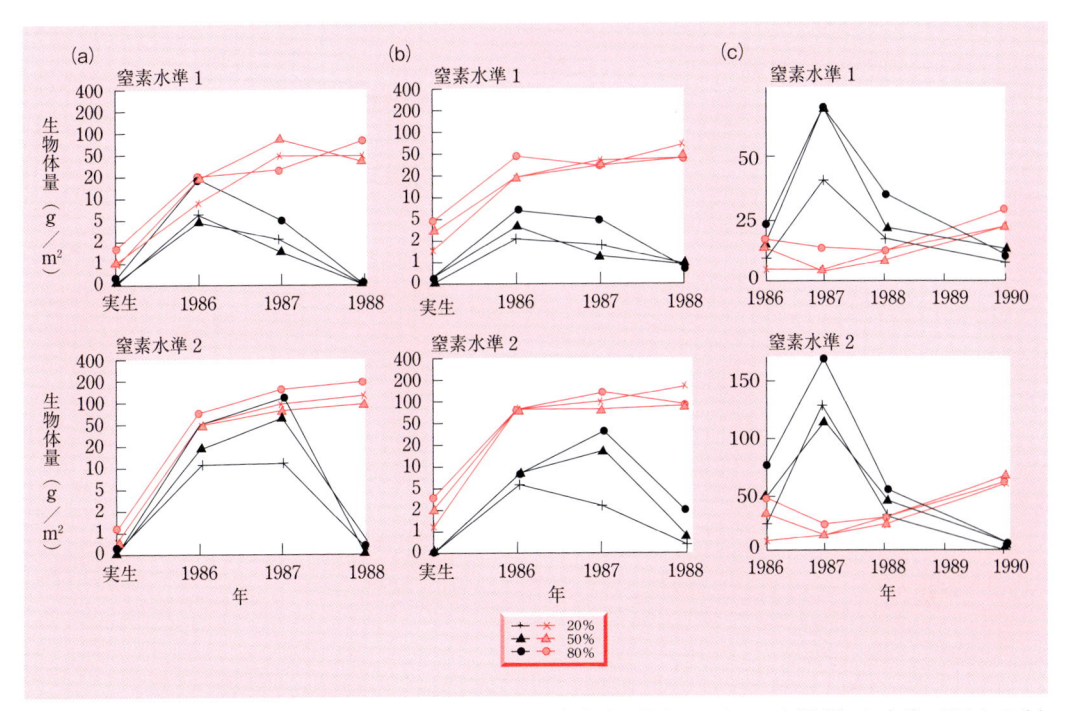

図8.32　エゾヌカボ *Agrostis scabra* と3種の草本についての競争実験の結果．エゾヌカボ（黒線）は，赤線で示される（a）イネ科の一種 *Schizachyrium scoparium*，（b）ウシクサ属の一種 *Andropogon gerardi*，（c）シバムギ *Agropyron repens* によって，2通りの窒素水準（どちらも低い）のそれぞれで競争的に排除された．各組み合わせにおける3本の線は，最初に播いた種子のうちエゾヌカボの種子の割合をそれぞれ20%，50%，80%とした場合の結果を示す．それぞれの場合で，エゾヌカボは硝酸塩とアンモニウム塩の R^* の値が低かった（本文を参照）．排除が一番穏やかだったのは，差が一番小さい（c）においてであった．（Tilman & Wedin, 1991bより．）

場合について，**純増殖速度ゼロ線**（zero net growth isocline）を定義することができる（第3章8節を参照）．この純増殖速度ゼロ線は，その種が生き残り繁殖できる資源の組み合わせと，それを許さない資源の組み合わせの境界線であり（図8.34），従って，その2つの次元でのその種のニッチの境界線を表す．当面の目的上，過大補償，カオスなどの複雑な問題は無視し，個体群は種内競争によって安定した平衡に達すると想定しよう．しかし，ここでいう平衡には2つの要素があることに注意しよう．すなわち，個体群の大きさと資源水準は，どちらも一定のままでなければならない．個体群の大きさは純増殖速度ゼロ線上の全ての点で（定義により）一定であるが，Tilmanが立証したところによれば，純増殖速度ゼロ線上で，資源水準も一定になる点がひとつだけある（図8.34の点 S^*）．この点は，単一の資源で考えた R^* と同じ意味を持つ2種類の資源での値で，消費者による資源の消費（資源濃度を図の左下に向かわせる）と，資源の自然な更新（濃度を右上に向かわせる）の釣り合いを表す．ということは，消費者がいない場合，資源の再生によって，資源濃度は図に示した「供給点」まで上昇することになる．

種内競争から種間競争に視点を移すには，2種の純増殖速度ゼロ線をひとつの図に重ね合わせる必要がある（図8.35a, b）．この2種は，おそらく異なった消費速度を持つが，供給点は依然としてひとつしかない．2種の競争の結果は，この供給点の位置に依存する．

図8.35aで，種Aの純増殖速度ゼロ線は，種Bのものより両方の軸に近い．資源の供給点の位置は3通り考えられる．領域1にあ

競争に強い種と弱い種

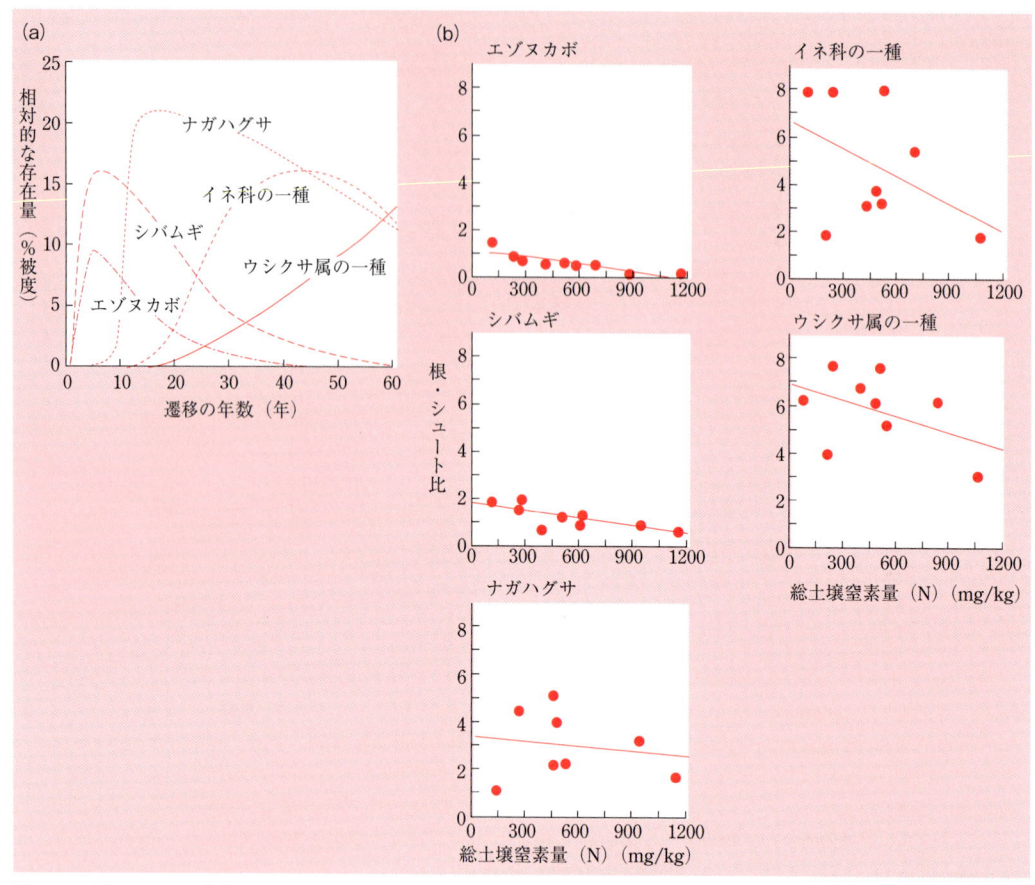

図8.33 (a) アメリカ合衆国ミネソタ州のシーダークリーク自然史試験地内の耕作放棄地での遷移で見られた，草本植物5種の相対的な存在量．(b) 根／シュートの比は，一般に遷移の後の方の種で高く，土壌の窒素分の増加とともに低下する．(Tilman & Wedin, 1991a より.)

る場合，両方の種のゼロ線の下にあるので，どちらの種にとっても資源は十分でなく，どちらも生き残ることができない．領域2にある場合，種Bのゼロ線の下であるが種Aのゼロ線の上にあるので，種Bは生き残ることができず，系は種Aのゼロ線上で平衡に達する．資源の供給点が領域3にある場合，この系も種Aのゼロ線上で平衡に達する．ひとつの資源をめぐる競争の場合と同様に，種Aは種Bを競争的に排除する．なぜなら，種Aは，種Bが生き残ることができない水準まで，両方の資源を下げることができるからである．もちろん，2種のゼロ線の位置が逆の場合には，その結果も逆になる．

図8.35bで，2種のゼロ線は交差しており，資源の供給点の位置は6通り考えられる．領域1に供給点がある場合，それは両方のゼロ線の下に位置するので，どちらの種も生き残ることができない．領域2にある場合，種Bのゼロ線の下になり，種Aのみ生き残ることができる．領域6にある場合，種Aのゼロ線の下になり，種Bのみ生き残ることができる．領域3，4，5にある場合，両方の種の基本ニッチを満たすことになる．しかし，競争の結果がどうなるかは，供給点がこれらの領域のどこに位置するのかに依存する．

図8.35bで最も重要な領域は，領域4である．ここに供

共存 ─ 供給点での資源水準の割合に依存する

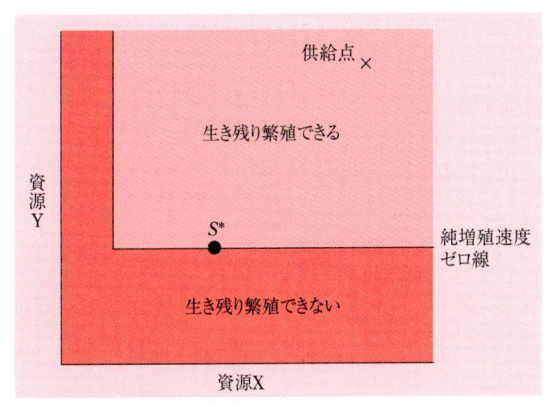

図 8.34 2つの資源（XとY）から潜在的に増殖が制限されている種の純増殖速度ゼロ線．このゼロ線で，その種が生き残り繁殖できる資源の組み合わせと，それができない組み合わせが分かれる．この場合，XとYは不可欠な資源なので，ゼロ線は直角になる（第3章8.1節を参照）．点 S^* は，資源濃度にも差し引きの変化がない（資源の消費と再生が等しく，変化が相殺されている）ゼロ線上でただひとつの点である．消費者がいない場合には，資源の再生によって，資源濃度は図に示している「供給点」に達する．

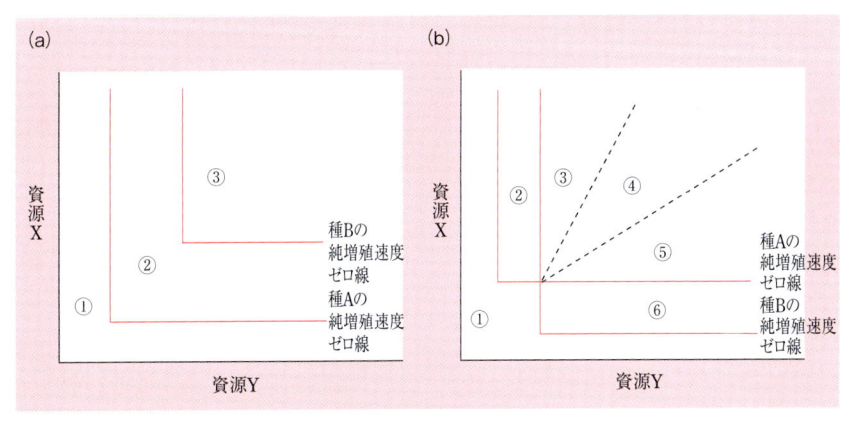

図 8.35 (a) 競争排除．種Aの純増加速度ゼロ線（$ZNGI_A$）は，種Bのもの（$ZNGI_B$）より資源軸に近接している．資源供給点が領域1にある場合，どちらの種も生き残ることができない．だが，資源供給点が領域2または3にある場合，種Aは資源濃度をそれ自身のゼロ線上の点（そこでは種Bは生き残って繁殖することができない）まで低下させる．すなわち，種Aが種Bを排除する．(b) 2つの不可欠な資源に制限されている，2種の競争者の共存の可能性．種AとBの純増殖速度ゼロ線は交差しており，6つの領域が問題となる．供給点が領域1にある場合，どちらの種も生き残ることができない．領域2または3にある場合，種Aは種Bを排除する．点が領域5または6にある場合，種Bは種Aを排除する．領域4は，2つの破線で区切られた範囲に供給点がある場合で，2種は共存する．詳しくは本文を参照．

給点がある場合，種Aは資源Yより資源Xに制限されるような資源水準にいる．一方，種Bは資源Xより資源Yに制限される．しかしながら，もし種Aは資源Yより資源Xを多く消費し，種Bは資源Xより資源Yを多く消費するとすれば，それぞれの種は，それら自身の成長を制限する資源を多く消費することになる．この場合，その系は2つのゼロ線の交点で平衡に達し，この平衡点は安定である．すなわち，この2種は共存するのである．

わずかな程度のニッチ分化 ― それぞれの種は，自種を制限する方の資源を多く消費する

これはニッチ分化のひとつと言えるが，分化の程度はきわめて小さなものである．むしろ，2種が2種類の資源を取り合い，種Aは資源Xを存在比率以上に消費することで自種の増殖を抑え，一方，種Bは資源Yを存在比率以上に消費することで自種の増殖を抑える．その結果，これらの競争者は共存するのである．対照的に，領域3に供給点がある場合，両種とも資源Xより資源Yに制限される．だが，種Aのゼロ線は，種Bのものより下に位置し，資源Yをそのゼロ線上のある点まで低下させることができるので，種Bは生き残ることができない．逆に，領域5に供給点がある場合，両種とも資源Yより資源Xに制限される．だが，種Bは，種Aのゼロ線より下のある点まで，資源Xを引き下げる．このように，領域3と5では，資源の供給はどちらか一方の種に有利となるので，競争排除が起きるのである．

つまり，2つの資源をめぐって競争する2種も，次の2つの条件が成立すれば共存できると考えられる．

1　生息場所（すなわち供給点）で，一方の種が片方の資源に大きく制限され，もう一方の種がもう片方の資源に大きく制限される場合．
2　それぞれの種が，自種を制限する方の資源を多く消費する場合．このように，競争している植物の共存を種特異的な資源利用に基づ

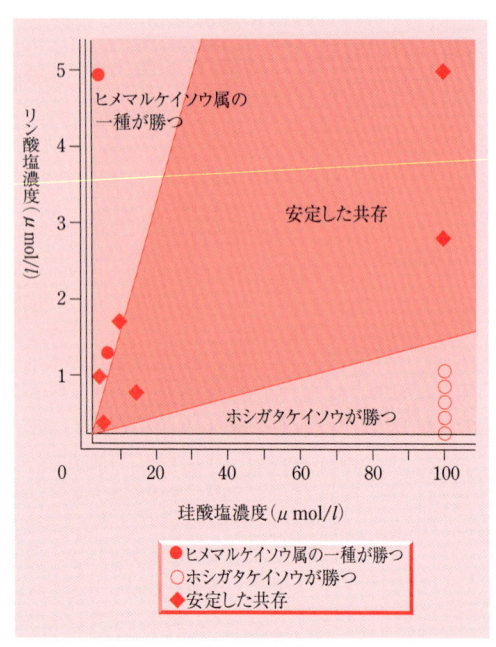

図8.36　2種の珪藻，ホシガタケイソウ *Asterionella formosa* とヒメマルケイソウ属の一種 *Cyclotella meneghiniana* で観察された純増殖速度ゼロ線と消費ベクトルを用いて，この2種の珪酸塩とリン酸塩をめぐる競争の結果を予測した．次に，その予測を一連の実験で検証した．その結果も図中に示してある（記号の違いは凡例で説明してある）．領域の境界線に接近している2つの例外を除き，大部分の実験は予測と一致した．(Tilman, 1977, 1982 より．)

いて理解することは，原理的に可能である．その鍵は，競争している種の動態と同様に，資源の動態を明確に考慮することであろう．本質的なことは，ニッチ分化による共存の他の場合と同様に，種内競争が，両方の種にとって，種間競争より大きな作用を及ぼすということである．

このモデルの価値を見事に実証した研究は，Tilman 自身が行った，珪藻類のホシガタケイソウ *Asterionella formosa* とヒメマルケイソウ属の一種 *Cyclotella meneghiniana* の競争についての室内実験である (Tilman, 1977)．Tilman は，両種についてリン酸塩と珪酸塩との消費速度と純増殖速度ゼロ線を直接観察した．次に，これらの結果を用いて，さまざまな資源供給点のも

第 8 章　種間競争　　　　　　　　　　　　　　　　　　　　　　　　　　　　　　　　　　341

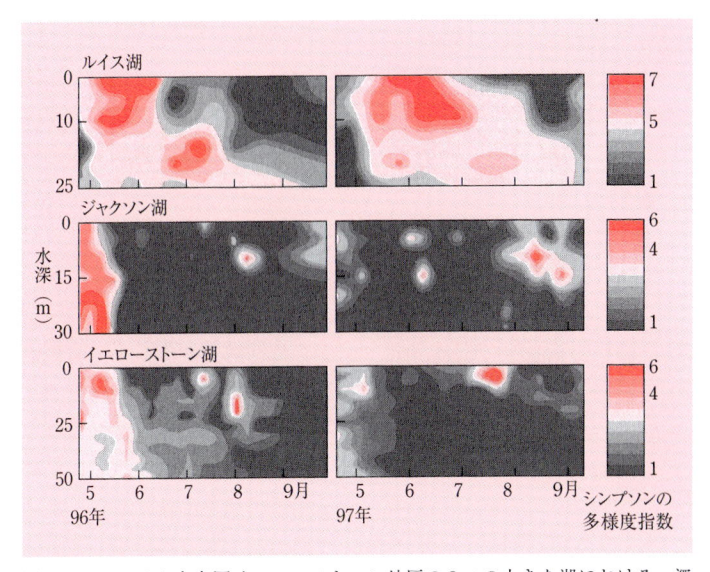

図 8.37　アメリカ合衆国イエローストーン地区の 3 つの大きな湖における，深度ごとの植物プランクトンの種多様度（シンプソンの指標）の 2 年間の変化．網掛けの色の違いは，深度別・時期別の 714 サンプルの種多様度を類別化したもので，種多様度は濃い赤が一番高く，濃い灰色が一番低い．（Interlandi & Kilham, 2001 より．）

とでの競争の結果を予測した（図 8.36）．最後に，さまざまな供給点のもとで競争実験を行った．この結果も図 8.36 に示す．ほとんどの場合，その結果は予測と一致した．一致しなかった 2 つの場合は，供給点が領域の境界線にきわめて接近していた．従って，これらの結果はこのモデルの有効性を示していると言える．しかしながら，室内では供給点を操作できるが，自然の個体群ではそれができないので，この手法を野外で用いることはきわめて難しい．さらに，供給点を推定することさえ，実際には不可能であることも分かっている（Sommer, 1990）．従って，他のタイプの植物や動物での研究を整理して，その成果を応用する必要があるだろう．

8.10.3　2 種類以上の資源をめぐる取り合い

> 限りある資源の種類が多くなれば，共存しやすくなる

実験室の条件下で 2 種類の限りある資源を利用する珪藻 2 種がいかに共存するかについては，すでに見た．事実，Tilman の資源競争理論からの予想では，共存する種数の多さは，その系内での生理的な限界となる資源の総数に比例する．つまり，限りある資源が多ければ多いほど，競争しながらも共存できる種の数は多くなる．Interlandi & Kilham (2001) はこの予想を，ワイオミング州のイエローストーン地区にある 3 つの湖で，それぞれに出現する植物プランクトン（珪藻類および他の藻類）について，種多様性の指数（シンプソンの指数）を使って直接に検証した．この指数は，ある 1 種だけがいる場合には 1，何種かいても 1 種だけが圧倒的に優勢な場合には 1 に近い値，2 種だけが同じ量いる場合は 2 という値になる．従って，資源競争理論によれば，プランクトンの成長を制限する資源の種類が多くなれば，それに比例してこの指数も大きな値となると予想される．図 8.37 に，この 3 つの湖における植物プランクトンの 1996 年と 1997 年の種多様性の空間および時間的なパターンを示す．植物プランクトンの成長にとって制限要因となる主要な資源は，窒素，燐，珪素，光で

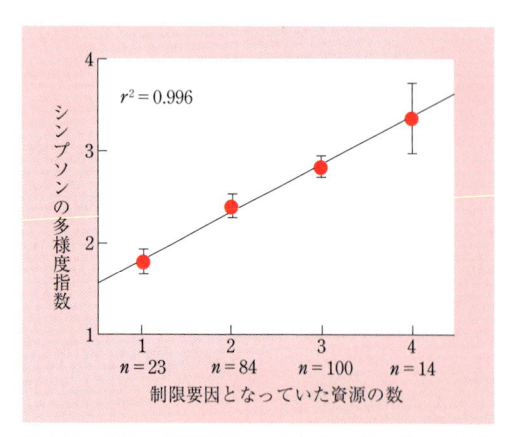

図8.38 成長の制限要因となる資源の数の違いに応じた植物プランクトンの種多様度（シンプソンの指数：平均値±標準誤差）．この分析は，図8.37に示された全サンプルのうち221サンプルを使った．nは制限要因の数ごとのサンプル数を示す．（Interlandi & Kilham, 2001より．）

ある．これらの要素を，植物プランクトンを採集する水深ごとに同時に測定して，各要素が植物プランクトンの成長を制限する閾値以下になる場所と時期を実際に観測した．その結果，資源競争理論の予測と合致して，成長の生理的限界値を超える資源の数が増えるほど，種多様性も高くなった（図8.38）．

この結果が示唆するのは，平衡条件とはほど遠い変化の大きな環境である湖においてさえ，資源競争は植物プランクトンの群集構造を形づくる作用を絶えず及ぼしているということである．そして，実験室という人工的な環境で得られた実験結果が，ここで見られたようなもっと複雑な自然条件下でも再現されたことに勇気づけられる．

種間競争の検討を締めくくるにあたって認識しておくべき重要な点は，消費者たちとその資源の間の相互作用を支えているメカニズムについて，もっと良く理解しなければならないということである．その資源が生きているものであれば，その相互作用は単に捕食と呼ばれ，それがかつては生きていたが今は死んでいるものであれば，デトリタス食と呼ばれる．従って，常識的に見える競争と捕食との区別は，よく考えてみると実は人為的なものである（Tilman, 1990）．とは言え，ここまでは競争について考えてきたので，次章以降のいくつかの章では，捕食とデトリタス食について検討しよう．

まとめ

種間競争が生じている種の個体は，別の種の個体との資源の取り合いまたは干渉によって，繁殖力，成長率，生存率などの低下を被る．競争関係にある種は，互いに特定の生息場所から相手の種を排除するか，あるいは生息場所の利用の仕方を互いに少し違えることで共存するかもしれない．種間競争はしばしば極めて非対称となる．

現在は競争していない種であっても，その祖先たちは過去に競争していたかもしれない．生物種は他種との競争の低減，または競争しなくなることに役立つ形質を進化させるかもしれない．さらに，生物種は，現在も過去にも実際に出会うことなくニッチを異なった方向に進化させる場合があるかもしれない．実験的な操作（例えば，1種または2種を除去する）によって，残された種の繁殖力，生存率，存在量なりが増大するなら，現在競争が生じていることを示すことができる．しかし，そうした変化が観察できなかった場合には，過去の競争ですでに競争種が消滅させられたのか，あるいは過去の競争によって競争自体を低減させるような変化が進化的に生じてしまったのか，さらには互いに競争しないような種が独自に進化してきたのかは，区別できない．

数学モデル，とりわけロトカ‐ボルテラ・モデルは，種が共存できる条件，および競争排除が生じる条件について，重要な洞察を与えてくれる．しかしながら，このモデルの仮定は，自然条件下での実際の状況に適用するには単純すぎる．他のモデルと実験の結果から，種間競争の結果は，異質性に富み，変化しやすく，予測

の難しい環境からの影響を強く受けることが分かっている．もしパッチ状の生息場所で短命な資源をめぐって競争する2種でも，互いに他種とは無関係に特定のパッチに集中分布をするなら，競争に弱い種も強い種と共存できる．

本章では，種間競争の生態的および進化的な影響を研究するためのさまざまな手法を紹介した．特に，室内および野外での実験（例えば，除去実験，付加実験，反応面分析），そして自然の実験（例えば，同所的な場合と異所的な場合での種間でのニッチの比較）に注目した．重要な問題は，複数種が安定的に共存するにはニッチはどれだけ異なる必要があるかという問いであり，この問い自体は洗練されてきたが，明確な答えはまだ得られていない．

最後に，種間競争と複数種の共存の問題を深く理解するには，競争する種たちの個体群動態とともに，競争の対象である資源の動態も検討しなければならないことに注意して欲しい．

第9章 捕食

9.1 はじめに —— 捕食者のタイプ

消費者の振る舞いは消費される生物の分布や存在量に影響するし，またその逆も起こる．こうした影響は生態学的にきわめて重要である．とはいえ，その影響がどんなものか，どの程度の多様性があり，なぜそれだけ多様なのかを理解することは決して簡単ではない．本章と以降の数章ではこうしたテーマを扱っていく．まず本章では「捕食とは何か」，「捕食が捕食者自身および餌生物にどのような影響を及ぼすのか」，「捕食者がどこで何を食べるかはどのように決まるのか」を検討する．次の第10章では，捕食が捕食者と餌生物の個体群動態に及ぼす影響を扱う．

捕食の定義 一言でいえば，**捕食** (predation) とは，ある生物 (餌生物) が生きている状態で他の生物 (捕食者) に攻撃され，餌として消費されることである．この定義では，**デトリタス食** (detritivory)，つまり死んだ生物に由来する有機物の消費は，捕食には含まれない．デトリタス食については第11章で本格的に論じる．これを除外しても，この定義にはまださまざまな種類の相互作用と**捕食者** (predator) が含まれている．

捕食者の分類学的および機能的区分 捕食者の区分には，主に2つの方法がある．どちらも完璧とは言えないが，実用性は高い．この2つのうち，分かりやすいのは「分類学的」な区分である．**肉食者** (carnivore) は動物を消費し，**植食者** (herbivore) は植物を消費し，**雑食者** (omnivore) は両方を消費する (もっと正確にいえば，2つ以上の栄養段階からの餌を利用する，つまり植物と植食者，あるいは植食者と肉食者の両方を消費する)．もうひとつの方法は，すでに第3章で触れたが，「機能的」な区分である．その区分では，捕食者は大きく次の4つのタイプに分けられる．すなわち，**真の捕食者** (true predator)，**グレイザー** (喫食者, 刈り取り者) (grazer)，**捕食寄生者** (parasitoid)，**寄生者** (parasite) である (寄生者はさらに小型寄生者と大型寄生者に区分できる．第12章を参照)．

真の捕食者 真の捕食者は餌生物を攻撃し，その直後か少しあとに殺す．生涯を通じていくつかの，あるいは多くの餌生物個体を殺す．真の捕食者には餌生物をまるごと消費するものが多い．トラ，タカ，テントウムシのような明らかな肉食者，および肉食性の植物のほとんどは真の捕食者であるが，種子食性の齧歯類やアリ，プランクトン食のヒゲクジラ類などもこれに含まれる．

グレイザー グレイザーも生涯を通じて多くの餌生物を攻撃するが，餌生物をまるごとではなくその一部分だけを食べる．その摂食は餌生物にとり明らかに有害ではあるが，短期間に死に至らしめることは稀であるし，摂食が必ず死を引き起こすわけではない (それを起こす場合は真の捕食者である)．典型的な例としては，ヒツジやウシなどの大型の植

食性脊椎動物があげられるが，この定義からすれば，脊椎動物から血を吸うハエやヒルは紛れもなくグレイザーである．

寄生者　寄生者は，グレイザーと同様に，餌生物（寄主）の全てではなく一部分を消費し，寄主に明らかに害を与えるが，短期間で死に至らしめることはまずない．しかし，グレイザーとは異なり，寄生者の攻撃はその生涯を通じて1個体ないしは2～3個体の寄主に限られる．従って，寄生者と寄主の間の結びつきはとても強く，そのような関係は真の捕食者やグレイザーには見られない．寄生者の代表例としては条虫・肝吸虫・麻疹ウイルス・結核菌・植物に潜葉したり虫瘤を作るハエやハチなどがあげられる．またタバコモザイクウイルスを含め，サビ病菌・黒穂病菌・ヤドリギなど，植物に寄生する植物・菌類・微生物も多い（「植物の病原体」と呼ばれる）．さらに，寄生者と見なしてもよい植食者も多い．例えば，1個体ないしは2～3個体の植物と強い結びつきを持ちながら，その樹液を吸うアブラムシがそれである．鱗翅目幼虫でも発育過程において1個体の植物に依存する場合が多い．植物の病原体と動物に寄生する動物については第12章でまとめて扱う．アブラムシや鱗翅目幼虫のような「寄生的」植食者は本章と次章で扱う．これらの章では，寄生的植食者も，真の捕食者，グレイザー，寄生者とともに，広義の「捕食者」という用語でまとめて扱うことにする．

捕食寄生者　捕食寄生者の多くは膜翅目の昆虫に含まれるが，双翅目にも多い．成虫は自由生活をするが，他の昆虫（ごく稀にクモやワラジムシ）の体内，体表，あるいはすぐ近くに卵を産みつける．捕食寄生者の幼虫は寄主の体内や体表で発育する．最初は寄主に目立った害は与えないが，最終的には寄主を食べ尽くし殺してしまう．発育中に見えた寄主から，捕食寄生者の成虫が羽化してくるのである．寄主1個体から捕食寄生者の成虫1個体が出てくる場合が多いが，1寄主から複数個体が羽化することもある．このように，捕食寄生者は寄主1個体と強く結びつき（寄生者と同様），寄主をすぐには殺さず（寄生者やグレイザーと同様），しかし徐々に確実に寄主を死に至らしめる（真の捕食者と同様）．植物を摂食する多くの植食性昆虫の幼虫の場合と同様，捕食寄生者の「捕食速度」は雌が産卵する速度に大きく左右される．実際に摂食するのは幼虫であるが，産卵が餌生物あるいは寄主に対する1回の「攻撃」に相当することになる．

捕食寄生者は，一般的な重要性はそれほど高くない特殊なグループのように思えるかもしれない．しかし，その数は地球上の生物種の10％あるいはそれ以上を占めると推定されている（Godfray, 1994）．この割合は驚くには当たらない．昆虫自体の種数が多く，そしてその大部分の種が少なくとも捕食寄生者1種から攻撃されているし，捕食寄生者自身も別の捕食寄生者の寄主となり得るからである．捕食寄生者の多くの種が生態学者によって詳しく研究されており，捕食に関する豊富な情報も幅広く提供されている．

以下，本章では捕食の本質について考えてゆく．まず順に，餌生物個体への捕食の影響（次節），餌生物の個体群全体への影響（第3節），捕食者個体自身への影響（第4節）に注目する．真の捕食者と捕食寄生者による攻撃では，餌生物個体への影響はとても単純な結果となる．餌生物が殺されるのである．そこで第2節では，グレイザーと寄生者から攻撃を受ける餌生物に焦点をあてて話を進める．実際には，植食に的を絞るが，その理由は植食自体の重要性は別にしても，植食が捕食者の餌生物に対する影響の複雑さと多様さを論議する上で役立つ材料となるからである．

本章の後半では捕食者の行動に注目し，餌の種類や範囲を決める要因（第5節）や，採餌場所や採餌時間（第6節）について議論する．これらの主題は，2つの広い意味においてとりわけ興味深い．ひとつは，動物行動の一側面であ

る採餌行動が，「行動生態学」という広い分野での進化生物学者の綿密な研究の対象となっている点である．その目的を一言でいえば，ある状況下で特定の行動が，自然淘汰によりどのように進化したか（生物が行動的にどのようにその環境に適応しているか）を理解することにある．いまひとつは，捕食行動の様々な側面が，餌生物と捕食者自身の両方の個体群動態に影響する構成要素と見なすことができる点である．捕食の個体群生態学については次章でさらに深く論じる．

9.2 植食者と植物 —— 耐性と防御

　植食による植物への影響は，どんな植食者が関わるか，どの部分が捕食されるか，および植物の生育過程のどの時機に捕食されるかに大きく依存する．ある昆虫と植物の関係では，1 g の昆虫の組織を作るのに植物 140 g が必要な例もあれば，3 g に満たないようなこともある（Gavloski & Lamb, 2000a）．このことは，植食者が与える影響に大きな違いがあることをはっきりと示している．また，葉への摂食，吸汁，潜葉，花や果実への損傷，そして根の捕食といったものはそれぞれが植物体に異なった影響を与えるだろう．さらに，発芽中の実生が葉を失う場合と，種子を準備している植物が葉を失う場合の結果は同じではないだろう．植物は捕食されている間も生き続けているため，植食の影響は植物の反応に大きく依存すると言える．植物は植食による損害への耐性や攻撃への抵抗力を示すだろう．

9.2.1 耐性と植物の補償

植物は植食者の影響を補償しうる　植物の補償 (plant compensation) とは植物が示す耐性の程度を表す用語である．もし，被害を受けた植物が受けていないものよりも高い適応度を示すとするなら，その植物は植食に対して**過剰補償** (overcompensation) をしたということになり，その適応度が低い場合は，**過少補償** (undercompensation) ということになる (Strauss & Agrawal, 1999)．植物はさまざまな方法で植食の被害を補償しうる．まずなによりも，陽の当たらない葉（呼吸は通常の速度であるが光合成速度は低い．第3章を参照）が除去されると，その植物個体全体の光合成と呼吸の収支が改善される場合がある．次に，多くの植物が，植食者から被害を受けると，その直後にさまざまな組織と器官に貯蔵した蓄えを用いたり，植物体での光合成部位をすみやかに変えることにより，被害を補償することが知られている．また，植食者の食害は，生き残った葉の面積当りの光合成速度を高める場合もある．そして，食害が休眠していた芽の発育を促し，葉を失った植物が補償的に再成長を始めることもよくある．さらに，生き残った部分のその後の死亡率が低下することも普通に見られる．このように植物がさまざまな方法で植食の影響を補償することは明らかである（後の第2.3節から2.5節でさらに論議する）．しかし，完璧な補償はめったに起こらない．有害な影響に対する何らかの補償の反応が見られるとはいえ，普通，植物は植食者から損害を被ることとなる．

9.2.2 植物の防御反応

　植食者による進化的な淘汰圧によって，植物の方はそうした攻撃に対抗する多様な物 植物は防御反応を見せるが… 理的・化学的な防御を身につけてきた（第3章7.3節と7.4節を参照）．そうした防御としては，いつも存在して効果を発揮するものもあれば（構造性防御），攻撃を受けると産生を増やすような物質が関与する場合（誘導性防御）もある (Karban *et al*., 1999)．野生のコムギ *Triticum uniaristatum* で，アブラムシの一種 *Rhopalosiphum padi* に攻撃されると防御用の水

酸化蓚酸ジアミドの産生が誘引されるのはその一例である (Gianoli & Niemeyer, 1997). また, ウシに食べられているキイチゴの棘は, その付近で食害を受けずにいるキイチゴの棘よりも, 長くて尖っているというのは前者に相当する一例である (Abrahamson, 1975). 特に注目されているのは, 迅速な誘導性防御で, 主として植食者のプロテアーゼ (タンパク質分解酵素) を失活させる化学物質の生産である. このような反応は葉1枚から, 枝1本, さらには木全体でも起こり, 数時間以内の反応もあれば, 数日, 数週間, 数年間続く反応もある. このような防衛反応は, これまでに100を超える植物−植食者の系で報告されている (Karban & Baldwin, 1997).

…本当に植物は反応しているのか？

しかし, 植物の防御反応の解釈には問題が多い (Schultz, 1988). まず, 植物は本当に「反応」しているのだろうか. あるいは, 植食者に除去された組織とは別の特性の組織が再成長し, 単にそれに付随して起こった偶発的な変化ではないのか. 実は, この問題は語義の表現上の問題に過ぎないと言える. もし, 組織が取り除かれることによる植物の代謝反応が結果として防衛的であれば, その形質は自然淘汰によって有利となり, その使用が強化されるだろう. ここで問題とすべきことは, もっと実質的な面についてである. つまり, 生態学的に意味のある防御の効果が, その反応を実際に誘導した植食者にもたらされるのかどうかである. そしてさらに重要な問題は, その反応を起こした植物個体が, 本当に測定可能な正の効果を得ているかどうかである. これらの問題は, とりわけ植物がその反応を維持するのに必要なコストを考慮に入れて検討する必要がある.

植食者は本当に有害な効果を被っているのか？…

Fowler & Lawton (1985) は, 植物の防衛反応は植食者に害を与えているのか, という二番目の問題に焦点を当てている. 彼らは植物における迅速な誘導防御の作用について総説をまとめたが, 植食性昆虫に対する広く信じられてきた効果については明確な証拠はほとんど見いだせなかった. 例えば, 実験室での研究において, 植食者の幼虫の発育期間や蛹の体重などの特性に対する有害な効果が示されているのは, ほんのわずか (11%未満) で, また多くの研究で統計学的な欠陥があるにもかかわらず, 大きな効果が主張されていた. Fowler & Lawton によれば, そうした効果は野外個体群においては無視できる程度のものでしかない. しかしながら, Fowler & Lawton の総説の発表後, 植物の反応が, 植食者に本当に害を与えているように見える事例も多く報告されている. カラマツがマツヒメハマキガ *Zeiraphera diniana* からひどい食害を受けると, その後4〜5年間はそのハマキガの生存率と産卵数が減少する. この減少は, 葉の生産の遅れ, 葉の硬化, 繊維と樹脂の含有量の増加, 窒素含有量の低下の複合効果による (Baltensweiler et al., 1977). 葉の損傷に対してよく見られる別の反応として, 潜葉された葉の早期脱離 (落葉) がある. ヤナギの一種 *Salix lasiolepis* に潜葉するキンモンホソガ属 *Phyllonorycter* spp. の例では, 潜葉された葉の早期脱離がそのホソガ自身の主な死亡要因である (Preszler & Price, 1993). これは, 防御反応が植食者に害を与えている好例である. 最後の例として, 褐藻の一種 *Ascophyllum nodosum* は巻貝 *Littorina obtusata* から2〜3週間摂食されると, フロロタンニン濃度が実質的に増加し (図9.1a), その後, 巻貝からの摂食が低下する (図9.1b). この褐藻を単に刈り込むだけでは, この巻貝と同じ結果は得られなかった. 実際, 別の植食者である十脚類 *Idotea granulosa* に採食させても, その化学防御の誘引は起きなかった. 巻貝は同じ植物の上に長い間とどまって摂食するため (十脚類の場合は, もっと活発に動き回る), 発現までに時間を要する防御反応が巻貝に対しては摂食を低下させる効果を持ちうるのだろう.

最後の問題, つまり植物は「防御」反応から本当に利益を得ているのか, については答える

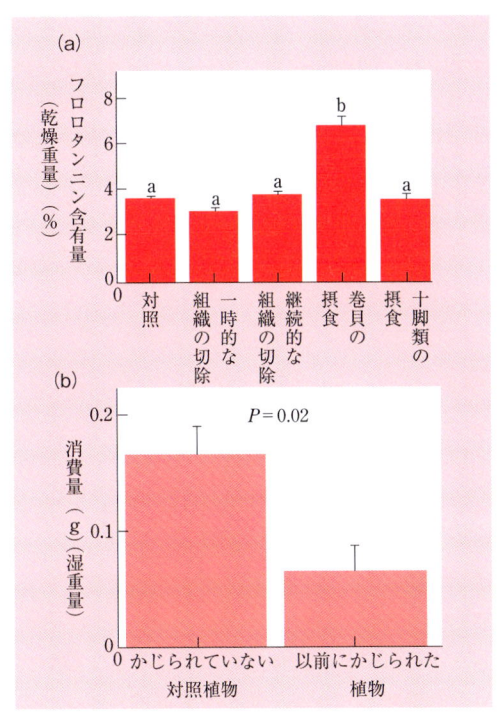

図9.1 (a) 模擬的な植食（穴あけ器による組織の切除），あるいは実際の植食者2種のグレイジングを受けた褐藻の一種 Ascophyllum nodosum のフロロタンニン含有量．平均値と標準誤差を示す．巻貝 Littorina obtusata による摂食でだけ，化学防御物質濃度が増加した．異なったアルファベット間にのみ有意差（$P<0.05$）がある．(b) 次の実験では，(a)で巻貝がかじった海藻と，対照として無傷の海藻を巻貝に提示した．巻貝がフロロタンニン濃度の高い海藻を食べた量は有意に低かった．(Pavia & Toth, 2000 より．)

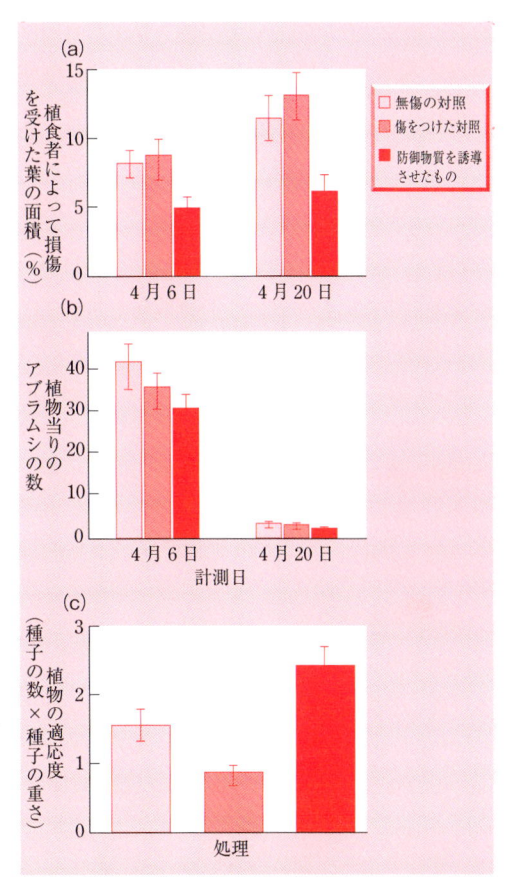

図9.2 (a) 咀嚼性の植食者に消費された葉面積の割合と，(b) 植物当りのアブラムシの数．傷をつけない対照，傷をつけた対照（組織をハサミで切除），防御物質を誘引した植物（モンシロチョウの幼虫にグレイジングさせたもの）の3つの処理区で2回（4月6日と4月20日）測定．(c) 3つの処理区の植物の適応度．適応度は生産された種子の数に種子の平均の重さ（mg）を掛けた値．(Agrawal, 1998 より．)

…そして植物は本当に利益を得ているのか？

ことが一番難しいし，うまくデザインされた研究も少ない（Karban et al., 1999）．Agrawal (1998) は，野生のハツカダイコン Raphanus sativus を用い，食害を受けたもの（モンシロチョウ Pieris rapae の幼虫の食害にさらす），葉を損傷させた対照区（ハサミを使って同じ量の植物組織を切り取る），そして損傷なしの対照区の3つの処理区を設け，それぞれの生涯適応度（生産された種子数に種子の重さを乗じた値）を推定した．摂食による損傷により誘導された化学的および形態的な反応として，防御性グルコシノレイトの濃度とトリコーム（葉の表面の細毛）の密度がともに増大した．ハサミムシ Forficula spp. と他の咀嚼性の植食者による食害の割合は，モンシロチョウの幼虫に摂食させた処理区と比べ，人為的に損傷を与えた対照区の方が倍以上高く，またモモアカアブラムシ Myzus persicae による被害も損傷なしの対照区と人為的に損傷を与えた対照区の方が30%高かった（図9.2a, b）．モンシロチョウの幼虫の摂食による抵抗物質の誘導は，生涯適応度の指数を対照区と比べて有意に60%も高く増加させたので

ある.一方,葉にハサミで損傷を与えた対照区では,損傷なしの対照区と比べて適応度が38％も低かったが,これは抵抗物質の誘導を伴わない組織の消失が,植物に負の影響を与えたことを示している（図9.2c）.

このように野生のハツカダイコンの適応度上の利益は,植食者が存在する環境でのみ生じた.植食者がいないときには,誘導された防御反応は不適切となり,植物の適応度は減少した（Karban *et al.*, 1999）.同様の適応度上の利益は,野生のタバコ *Nicotiana attenuata* についての野外実験でも示されている（Baldwin, 1998）.野生のタバコの専食者であるタバコスズメガ *Manduca sexta* の幼虫が,野生のタバコを摂食すると,タバコにプロテアーゼ抑制物質と二次代謝産物が蓄積されるだけでなく,タバコは揮発性の有機化合物を放出する.この物質は,緩慢に動く幼虫を狩る広食性の捕食者であるカメムシ *Geocoris pallens* を誘引する（Kessler & Baldwin, 2004）.Zavala *et al.* (2004) は,分子生物学的手法を用いて,植食者のいない状況では,プロテアーゼ抑制物質をほとんど産生しない遺伝子型が抑制物質の産生能力のある遺伝子型よりも早く高く成長し,多くの種子鞘を生産することを示した.さらに別の室内実験では,アリゾナ州に自生しているプロテアーゼ抑制物質の生産能力が欠如している遺伝子型はユタ州産の抑制物質の生産能力のある遺伝子型よりも,タバコスズメガの幼虫による食害が大きく,またその幼虫の成長速度も大きかった（Glawe *et al.*, 2003）.

ハツカダイコンとタバコの例からも明らかなように,誘導性の（可塑的な）反応の進化は,植物にとってかなり大きなコストを伴う.従って,誘導性の反応が自然淘汰で有利となる状況は,ある時点の食害によって将来の食害の危険性を確実に予測できる場合で,しかもその危険性が一定ではない場合であると予想できる（食害の危険性が一定の場合には,その状況で最善の固定的な防衛形質が進化するだろう）（Karban *et al.*, 1999）.もちろん,適応度上の利益に相対するコストは,誘引防御のコストだけではない.棘やトリコーム（細毛）などの構造性防御や防御化学物質（特にナス科やアブラナ科で顕著）も,防衛を欠く表現型や遺伝子型と比べた場合の成長量や,花,果実,種子の生産量の減少によって測定されるコストを伴う（Strauss *et al.*, 2002の総説を参照のこと）.

9.2.3 植食,葉の消失と植物の成長

防御構造や防御化学物質が豊富に存在しているにもかかわらず,依然として植食者は植物を食べている.植食は植物の成長を止めることもあれば,ほとんど影響を与えないこともある.そしてこの両極端の間のさまざまなレベルの影響がありうる.植物の補償は,植食一般に対する反応という形をとるか,あるいは,特定の植食者に対し特別の反応という形をとるのであろうか.Gavloski & Lamb (2000b) は,この二者択一の設問について,2種のアブラナ科の植物,セイヨウアブラナ *Brassica napus* とシロガラシ *Sinapis alba* を材料に,次のような検証を試みた.すなわち,3種の囓りとるタイプの植食種（キスジノミハムシ *Phyllotreta cruciferae* の成虫,コナガ *Plutella xylostella* とベルタアワヨトウ *Mamestra configurata* の幼虫）を使って,その2種の植物の苗の葉を0％,25％,75％消失させ,その後の生物体量を計測した.その結果,驚くほどのことではないが,両植物とも,75％の葉の消失よりも25％の葉の消失の方で補償の度合いは高かった.しかしながら,同じ程度の葉の消失であれば,両植物とも,葉の消失への補償は,アワヨトウ *M. configurata* による植食で最も大きく,ノミハムシ *P. cruciferae* の植食で最も小さかった（図9.3）.植食者に特異的な補償は,植食者ごとにわずかに異なる葉の消失のパターン,または成長を抑制する唾液中の化学成分の違いに対する植物の反応を反映して

（植食のタイミングが重要）

第9章 捕　食

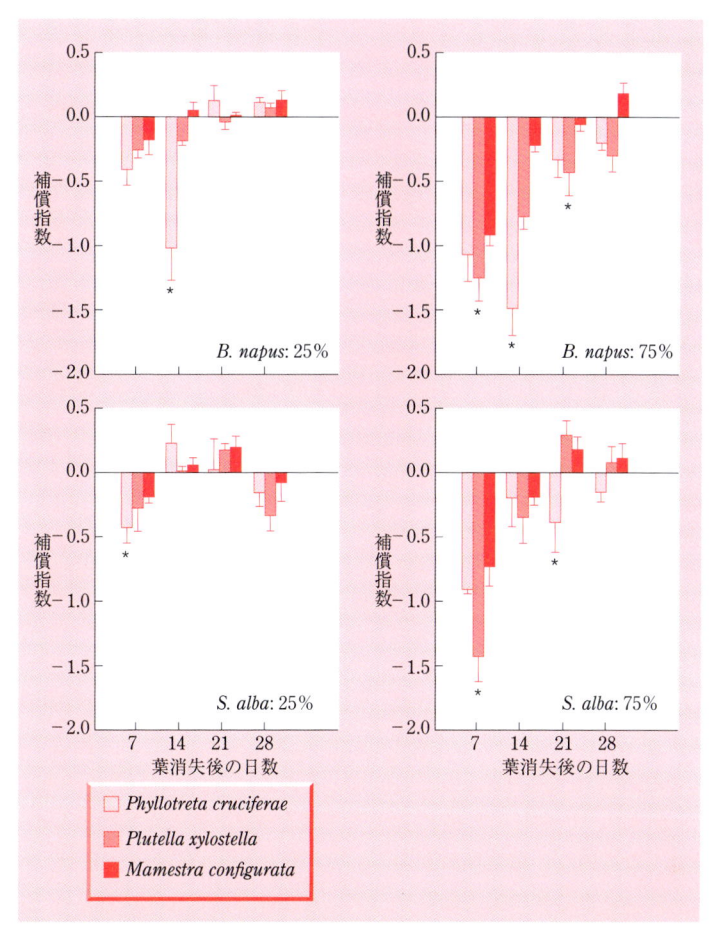

図9.3　管理された環境下で3種の昆虫を用いて，2種のアブラナ科植物セイヨウアブラナ *Brassica napus* とシロガラシ *Sinapis alba* の苗の葉を25％と75％消失させた場合の葉の生物体量の補償（平均値±標準偏差）（補償指数は，$\log_e$ 値（被食植物の生物体量）$-\log_e$ 値（対照植物の生物体量）で示す）．縦軸のゼロは完全な補償，負の値は過少補償，正の値は過剰補償を意味する．星印は，被食植物の平均生物体量が対照植物と有意に異なる場合を意味する．（Gavloski & Lamb, 2000b より．）

いるのだろう（Gavloski & Lamb, 2000b）．

　この事例で，補償は葉の消失後おおむね21日で達成されるが，根の生物体量の変化，それも茎と根の間で生物体量の比率が一定となるような変化を伴っていた．多くの植物は，このように植物体の部位ごとの光合成産物の配分を変えることによって，植食を補償する．例えば，Kosola et al.（2002）によると，マイマイガ *Lymantria dispar* の幼虫によって葉を失ったポプラ *Populus canadensis* の若い（白い）健康な根では，葉を失っていないポプラのそれと比較して，可溶性糖類の濃度が低かった．ただし，古い根（1ヶ月以上前に形成された）では，葉の消失による影響は見られなかった．

　多くの場合，実際の葉の消失量と再展開する葉の量，すなわち純成長量を正確に評価することはかなり難しい．スイレンハムシ *Pyrrhalta nymphaeae* によるスイレンの一種 *Nuphar luteum* へのグレイジングの影響の詳しい調査から，スイレンは急激な食害で葉を失っても，

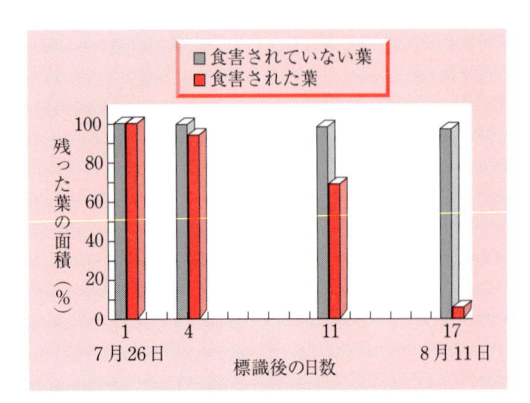

図9.4 スイレンハムシに食べられたスイレンの葉の生残率は，食べられていないものよりずっと低い．各調査日での「スナップ写真」からの推定では17日間に植食された葉の消失率は約13%であったが，標識による追跡調査の結果では，その期間の終わりには植食された葉のすべてが事実上消失していた．（Wallace & O'Hop, 1985より．）

すぐに新しい葉を再生産できることが明らかとなった．食害を受けているスイレンの標識で識別した葉の90%以上が17日以内に消失したが，食害を受けなかった植物体の葉は17日後でもすべて残っていた（図9.4）．しかし，単純に食害を受けた植物体と受けていない植物体の葉の数を比較すると，ハムシによる葉の損失はわずか13%に過ぎなかった．これは，食害を受けた植物体で食害後に新しい葉が作られたためである．

イネ科草本はグレイジングに特に耐性がある

グレイジング，特に脊椎動物によるグレイジングに対する耐性が最も強い植物はイネ科の草本だろう．多くの種で，分裂組織のほとんどが地表近くの葉鞘の基部に存在するため，この成長点（と再成長点）の大部分がグレイザーの攻撃から守られている．葉が食害されても，貯蔵されていた炭水化物，あるいは生き残った葉による光合成産物によって新しい葉が作られるし，新しい分げつ枝が作られることも多い．

イネ科草本がグレイザーから直接的な利益を受け取ることはない．しかし，イネ科草本が（グレイザーからさらに強い影響を受けている）他の植物種との競争関係において，グレイザーから助けられているということはありそうで，これによって，脊椎動物による強い食害を被るような自然の生育場所の大部分でイネ科草本が優占している現象が説明できる．これは，グレイジングが，それに耐性を持たない植物種に対して見かけよりもはるかに大きな影響を及ぼしながら，あまねく広がっている理由のひとつである（この植物間の競争と植食との相互作用でどんなことが生じているかについては，Pacala & Crawley, 1992 が論じている．また Hendon & Briske, 2002 も参照のこと）．また，植食者が植物の病原体（細菌，菌類，そしてとりわけウィルス）の媒介の役割を果たす場合，消費ではないが深刻な影響を植物に与えうるという点も重要である．すなわち，植食者が植物から何を持ち去るかよりも，植物に何を持ち込むかの方がはるかに重要なのである．例えば，ニレの木の成長している小枝を摂食するキクイムシ科の甲虫は，ニレ立枯れ病（オランダ病）を引き起こす菌類の媒介動物でもある．この病気で1960年代にアメリカ合衆国北東部の膨大な数のニレの木が失われ，1970年代と1980年代初頭には，イギリス南部のニレの林がほとんど壊滅した．

9.2.4　植食と植物の生存

一般に，植食者は植物を即座に殺すのではなく，死亡させやすくすることの方が多い．例えば，カミナリハムシ属の一種 *Altica sublicata* は，サキュウヤナギ *Salix cordata* の成長速度を1990年と1991年に低下させたが（図9.5），このヤナギの死亡率の有意な変化は干ばつによるストレスの結果として1991年だけに現れた．しかしながら，それはヤナギが植食者の影響によって死にやすくなっていたためであった．すなわち，植食者を高密度にした処理区（ヤナギ1株当りハムシ8匹）では80%のヤナギが死亡し，ハムシ4匹の処理区では40%が死亡し，ハムシが1匹もいない対照区では死亡

死亡率 ―― 他の要因との相互作用の結果か？

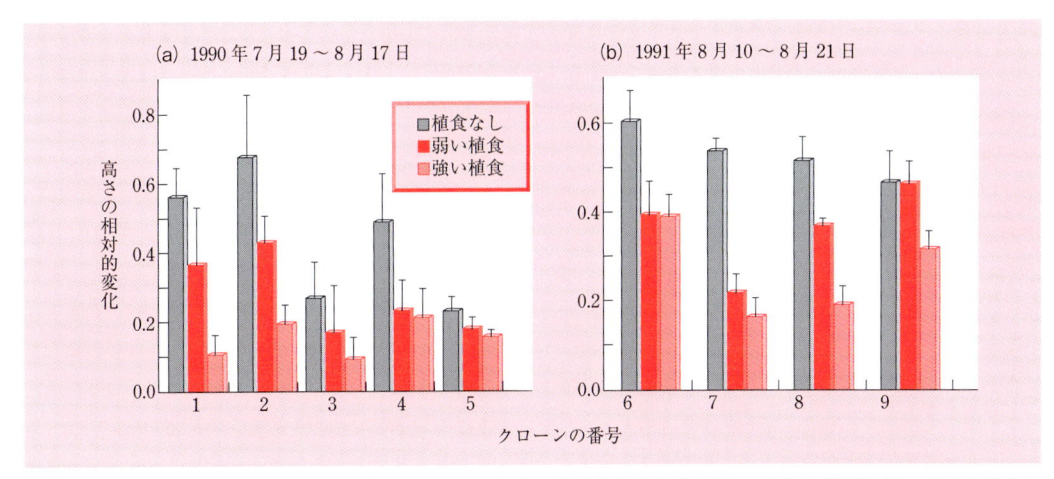

図9.5 サキュウヤナギ *Salix cordata* の異なるクローン個体の相対的成長速度（高さの変化と標準誤差）．植食性昆虫からの被害をまったく受けなかったもの，少し被害を受けたもの（植物当り4匹のカミナリハムシ），大きく被害を受けたもの（植物当り8匹）の間の比較．(a) 1990年，(b) 1991年．(Bach, 1994より．)

したヤナギ株はまったくなかった (Bach, 1994).
繰り返される葉の食害は特に大きな影響をもたらすことがある．マイマイガ *Lymantria dispar* によるナラの木の1回の大規模な食害は，わずか5％の木を死亡させただけであるが，激しい食害が3回続いた場合，その死亡率は80％にまで上昇した (Stephens, 1971). しかしながら，十分に生育した植物の場合，その死亡が必ずしも大規模な食害と関連しているとは限らない．植物のわずかな部分の除去がそれとは不釣り合いに大きな影響をもたらす極端な例のひとつは，リスやヤマアラシなどによって木の皮が輪状にはがされる**環状剥皮**（ring-barking）である．形成層組織と師部が木部から引き剥がされ，葉と根を結ぶ炭水化物の供給経路が破壊される．こうして，これらの害獣はきわめてわずかな組織を奪うだけで植林地の若木を死亡させることがある．また植物の表面をかじるナメクジも，新たに生育したイネ科草本の個体群に対して，その消費量から予想されるよりもはるかに大きな損害を与えることがある (Harper, 1977). ナメクジは地表面すれすれにあるシュートをかじる．しかも，地表に倒れた葉は食べずに，再成長が起こる

> 食害の繰り返しや環状剥皮は植物を殺すことがある

シュートの基部にある分裂組織だけを食べる．そのため植物を効果的に死亡させるのである．

種子の捕食は，当然ながら直接的に見て取れる悪影響を植物個体（すなわち種子自体）に与える．例えば，Davidson *et al.* (1985) は，アメリカ合衆国南西部の砂漠において，種子食性のアリと齧歯類が一年生植物の種子バンクの構成と植物群集の構成に劇的な影響を与えることを示している．

9.2.5 植食と植物の種子生産量

植食が種子の生産性へ与える影響は，植物の成長に対する影響をかなり反映している．つまり，植物が小さいほど作られる種子の量は少な

> 植食者は種子の生産量を減少させることによって，間接的に植物の成長に影響を与え...

い．しかしながら，成長が完全に補償される時でさえ，繁殖用の資源をシュートと根へ回すため，種子生産量は減少するだろう．これは，図9.3に示されている．つまり，植食による損傷を受けた植物では，成長の補償は21日後には完了したが，種子の生産量は有意に低かった．さらに植食者は，葉面積の減少という間接的な影響，あるいは繁殖器官の食害という直接的な

影響を通して，花の特性（花冠の直径，花管の長さ，花の数）に影響し，受粉と種子形成の双方に悪影響をおよぼす場合もある（Mothershead & Marquis, 2000）．その研究では，実験的に「食害」されたマツヨイグサ属の一種 *Oenothera macrocarpa* の花の数は30％少なくなり，種子の数は33％少なくなった．

> ...また繁殖器官を取り除くことで直接的に成長に影響を与える

植物は，花やつぼみや種子を取り除かれたり破壊されることで，さらに直接的な影響を被る．シジミチョウ科のゴマシジミ属の一種 *Maculinea rebeli* の幼虫は，稀少なリンドウ属の一種 *Gentiana cruciata* の花と果実を常食とする．リンドウにこのスペシャリストが発生すると，果実当りの種子の数が120個から70個に減少する（Kery et al., 2001）．種子捕食者を人為的に排除したり除去する操作を行った研究の多くで，分散前の種子の捕食が被食される植物の密度と新規加入に強く影響することが示されている．例えば，カリフォルニア州で沿岸部から山間部への斜面に沿ってキク科の低木ハプロパップス属の一種 *Haplopappus squarrosus* の存在量が増加する要因として，種子捕食が重要であった．沿岸部では，散布前の種子の捕食が山間部と比べて高かったのである（Louda, 1982）．また，ロッキー山脈におけるアブラナ科植物 *Cardamine cordifolia* の分布が日陰の環境に制限されているのは，日陰でない場所での散布前の種子への捕食が強いためであった（Louda & Rodman, 1996）．

> 花粉食と果実食は植物に大きな利益を与える

しかし，繁殖器官への「植食」は，実際には相利的，つまり植食者と植物の双方に利益となる場合が多いことを理解することが重要である（第13章を参照）．花粉と蜜を「消費」する動物は，その過程で意図せずに植物から植物へと花粉を運搬する．また果実を食べる動物の多くも親植物と果実の中の種子の両方に利益を与える．特に果実食の脊椎動物は，果肉だけを食べて種子を捨てるか，または糞と一緒に排出する．これによって種子自体はほとんど無傷で散布され，しかも発芽の可能性が高められることも多い．

一方，果実や発育中の果実を攻撃する昆虫は，植物に有益な効果を与えることはまずない．昆虫が種子の分散効果を高めることはなく，果実の味を落とすことで脊椎動物が食べられなくしてしまうことさえある．しかし，普通は種子を殺してしまうような大きな動物でも，種子の分散に一役買うことで，部分的には利益をもたらすことがある．例えば，リス類のような堅果や漿果をいろいろな場所に埋めて貯蔵する「分散貯蔵」種や，カヤネズミやハタネズミ類のように散らばった種子を数ヶ所の隠し場に集める「種子集積」種がいる．どちらの場合も，種子の多くは食べられるとしても，種子は分散し他の種子捕食者から隠され，そして貯蔵者すらその隠し場所を忘れてしまうこともある（Crawley, 1983）．

植食者による種子生産量への影響の例は他にもある．植食者の攻撃に対する最も一般的な反応のひとつは，開花の遅延である．例えば，寿命の長い一回繁殖の植物種では，植食によって1年あるいはそれ以上開花が遅れることがある．ただし，このタイプの植物では，一度きりの繁殖の後に死亡が起きるため（第4章を参照），開花の遅延は寿命を延ばすことになる．芝地のスズメノカタビラ *Poa annua* は，1週間ごとの芝刈りによっていつまでも生き続けることになるが，開花が起こる自然の生育場所では，その学名の意味する通り一年生である．

一般に，葉がいつ失われるかは，植物の種子生産量に大きな影響を与える．

> 植食のタイミングが重要

もし花序が形成される前に葉が失われるなら，種子生産量の減少の程度は，植物の補償能力の程度に明瞭に依存するだろう．葉が連続的に生産される植物では，早い時期に葉が失われても，種子生産への影響はほとんど無視できるだろう．しか

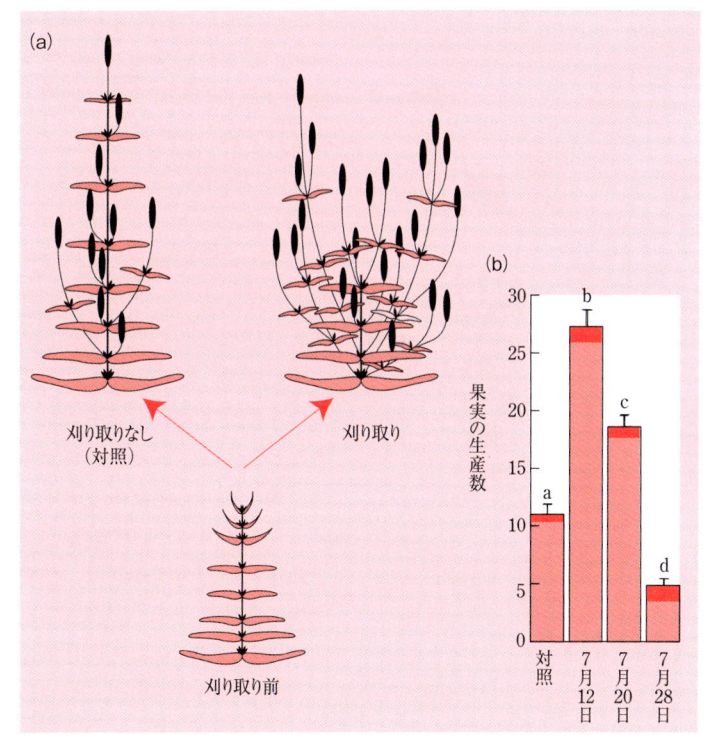

図 9.6 (a) 植食の影響による植物の構造と花の生産数の変化を見るための，野生のリンドウの刈り取り実験．(b) 異なった時期に刈り取りを行ったリンドウ（1992 年の 7 月 12 日から 28 日）の成熟果実の生産数（■）と未成熟果実の生産数（■）．平均値と標準誤差を示す．すべての平均値は互いに有意差があった（$P < 0.05$）．7 月 12 日と 20 日に刈り取りを行った個体は，刈り取りしなかった対照個体よりも，有意に多くの果実をつけた．7 月 28 日に刈り取った個体の果実数は，対照個体よりも有意に少なかった．（Lennartsson *et al.*, 1998 より．）

し，もっと遅い時期に葉が失われる場合や，葉の生産が一斉に起きる植物の場合では，花の咲く割合が減少するか，完全に抑制されてしまうだろう．もし花序が形成された後に葉が失われるなら，種子の形成不全が増えたり，種子が小さくなることが普通である．

タイミングの重要性を示す事例が，野生のリンドウ（*Gentianella campestris*）で得られている．この二年生の植物の生物体量の半分を刈り取るという「植食」を模した実験を行った結果（図 9.6a），その後の生長が刈り取りのタイミングに依存するという結果が得られた（図 9.6b）．果実の生産量は，対照区と比較して，刈り取り時期が 7 月 12 日と 7 月 20 日の間のときに増加し，これよりも遅いと減少した．この植物が補償する期間は，植食者による食害の時期と一致している．

9.2.6 追記—動物における化学物質による対捕食者への防御

化学物質による対捕食者への防御は植物だけに限られるわけではない．動物の化学防御の多様性については，植食者が餌植物から獲得する植物の防御化学物質を含め，第 3 章（第 7.4 節を参照）で述べた．化学防御は，捕食者から逃げる能力を持たない海綿のようなモジュー

> 動物も自分を護る

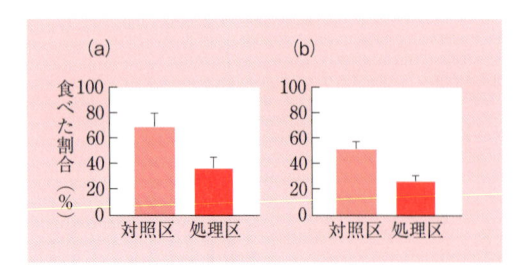

図 9.7 バハマ諸島の岩礁域の魚類に，海綿 *Ectyoplasia ferox* から抽出した化合物を与え，その対捕食者効果を評価した野外実験．海綿抽出物を含む人工餌料が食べられた割合を，対照と比較して，平均値と標準誤差で示す．(a) 海綿の粗抽出物を含む餌を与えた処理区（t-test, $P=0.036$）と，(b) 海綿から精製したトリテルペン配糖体を含む餌を与えた処理区（$P=0.011$）の結果を示す．(Kubanek et al., 2002 より．)

ル型動物で特に重要である．その高い栄養価と，物理的な防御機構の欠如にもかかわらず，海産の海綿の大部分は捕食者からほとんど影響を受けていないようである（Kubanek et al., 2002）．最近，カリブ海産の *Ectyoplasia ferox* などの海綿から何種類かのトリテルペン配糖体（triterpene glycoside）が抽出されている．バハマの岩礁域の魚類群集に，この海綿の粗抽出物および精製したトリテルペン配糖体を人工飼料に加えて与えるという野外実験が行われた．対照として他の物質を与えた場合との比較から，この配糖体に強力な対捕食者効果が見いだされた（図 9.7）．面白いことに，この配糖体はその海綿の競争者，それには海綿の上に付着して覆ってしまう細菌，無脊椎動物，海藻などと，他の海綿が含まれるが，そうした競争者に対しても効果があった（従ってこれはアレロパシーの例でもある．第 8 章 3.2 節を参照）．これらの敵や競争者は，水流による運搬の効果ではなく，その化学物質を含む海綿の体表面に触れることを忌避しているようである（Kubanek et al., 2002）．

9.3 捕食による餌生物個体群への影響

さて，一般的な捕食者に話を戻そう．捕食者が餌生物個体に与える影響は有害なので，捕食がその時点の餌生物の個体群へ与える影響もやはり有害と思えるかもしれない．しかし，その影響は，次の 2 つの重要な理由の両方，あるいは片方の理由により必ずしも予想通りになるとは限らない．第 1 に，殺された（あるいは傷ついた）個体は個体群全体からランダムに選ばれたものとは限らず，それは個体群の将来に貢献する可能性が一番低い個体かもしれない．第 2 に，生き残った餌生物たちの成長，生残，あるいは繁殖が補償的に変化することもあり得る．すなわち，限られた量の資源をめぐる競争が軽減されたり，もっと多くの子を産んだり，あるいは他の捕食者からの攻撃が減ったりするかもしれない．言い換えれば，捕食は食べられた餌生物の個体にとって害があるが，それを免れた個体にとっては有益となり得るのである．さらに，餌生物の生活環のうち，個体群の存在量に関してそれほど重要ではない時期に捕食が起こるなら，捕食は餌生物の動態に対して結局ほとんど影響しないだろう．

この 2 番目の問題をまず先に扱うと，例えば，もし植物での新規加入が種子の生産数によって制限されていなけれ

> 捕食は個体群統計学的に重要でない時期に起こるかもしれない

ば，種子生産を減らす昆虫も植物の個体群動態に大きな影響を与えることはないだろう（Crawley, 1989）．実例をあげると，フランス南部では，ゾウムシの一種 *Rhinocyllus conicus* はヒレアザミ属の一種 *Carduus nutans* の種子を 90% 以上消失させるが，その新規加入を減らすことはない．実際，1 m^2 当り 1000 個のアザミの種子を播いても，アザミのロゼットの数は増えない．このため，新規加入は種子生産数には制限されていないと思われる．ただし，新規加入に対する制限が生産後の種子や実生に対する捕食によるのか，あるいは発芽場所の面積によって制限されているのかは明らかではない（Crawley, 1989）．（しかしながら，すでに見たように（第 9 章 2.5 節を参照），分散前の種子の捕食が，

第9章 捕　食

種子の新規加入，地域個体群の動態，そして環境勾配や微生息場所による相対的な存在量の違いに深く影響する状況もあり得る）．

生き残った個体の補償反応　捕食は種内競争も軽減する．そして捕食を免れた個体がその恩恵を受けるために，捕食の影響が不明瞭になることも多い．多数のモリバト Columba palumbus を狩猟で取り除くという古典的な実験において，その間の冬期の死亡率全体は上昇せず，またこの狩猟を中止した後でもハトの個体数は増加しなかった（Murton et al., 1974）．これは，ハトの生残個体数を決めていたのは究極的には狩猟ではなく餌量であったからであり，狩猟が密度を低下させた時，種内競争と自然死亡率が補償的に軽減されたからである．また，未利用の餌を求めて入ってくるという鳥の密度依存的移入も影響したと考えられる．

競争の緩和によって改善される影響　種内競争が起きるほど密度が高い場合，捕食は，種内競争の緩和という影響を個体群にもたらす．従って，捕食の影響は，餌が相対的にどれだけ利用できるかによって異なるだろう．餌の量が多い，もしくは質が高い場合，餌が制限されないために，ある程度の強さの捕食が生じていても，それに対する補償的な反応は現れないかもしれない．この仮説は，Oedekoven & Joern（2000）によって検証された．彼らは，バッタの一種 Ageneotettix deorum を草地に設置したケージに入れ，各ケージの条件として，餌の質を高めるための施肥の有無と，捕食者であるコモリグモ科のクモ Schizocoza spp. の有無による4通りの条件のどれかを割り振り，その後のバッタの生残を追跡した．周囲の環境と同等の餌の質の条件（施肥なし，黒丸）では，クモによる捕食と餌の制限は補償的であった．すなわち31日間の実験の終わりには，バッタの数はほぼ同じになっていた（図9.8）．しかし，餌の質の高い条件（窒素施肥，赤丸）では，クモによる捕食が，クモのいない対照区よりも，バッタの生残数を減らす効果をもたらした．つまり，この場合，補償は生じていない．すなわち，通常の餌条件の場合，クモによる捕食によって種内競争が低下した結果，生き残ったバッタは，1匹当りたくさんの餌に出会えて，そのぶん長く生きた．一方，餌の質が高い場合，すでに餌による制限がない状況であったため，捕食後に生き残ったバッタは，1匹当りの餌量

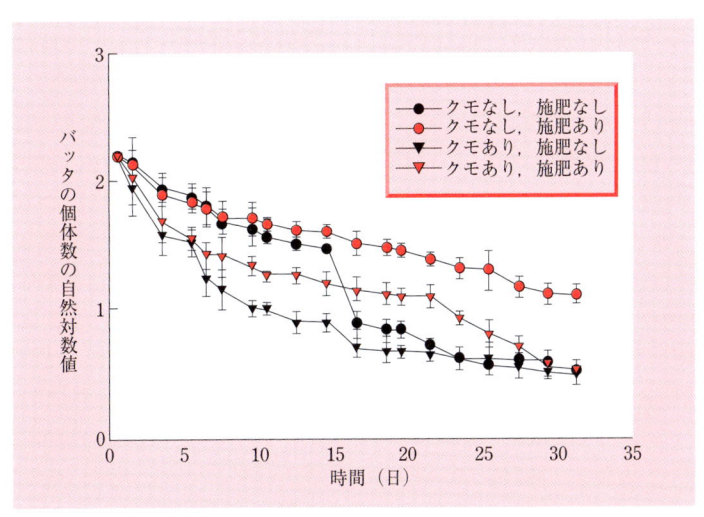

図9.8　アメリカ合衆国ネブラスカ州アラパホー草原での施肥と捕食者の有無を組み合わせたケージ実験におけるバッタの生残曲線の変化．（Oedekoven & Joern, 2000 より．）

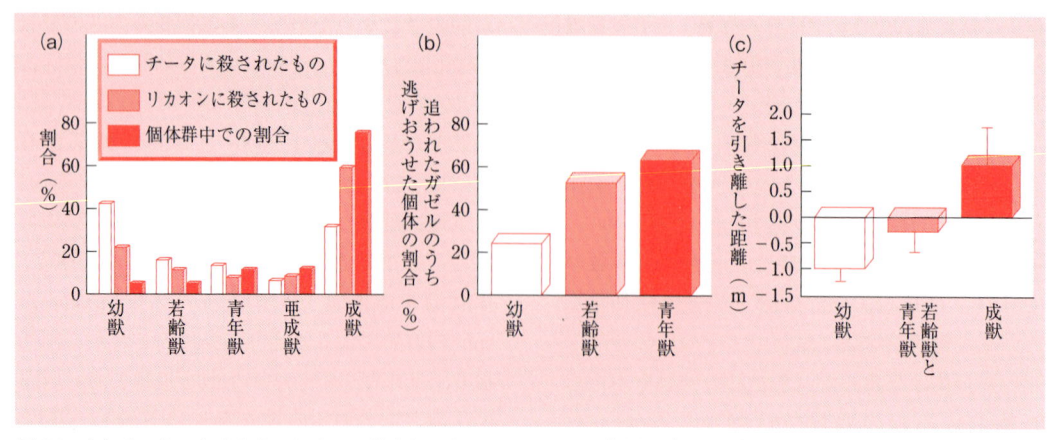

図9.9 (a) チーターとリカオンによって殺されるトムソンガゼルの年齢群（歯の磨耗から判定）の割合は，個体群全体の年齢構成と大きく異なる．(b) トムソンガゼルがチーターの追跡から逃げおおせる確率は年齢群で異なる．(c) チーターから逃れるためにトムソンガゼルはジグザグに向きを変えて走るが，方向を変えることでチーターを引き離した距離の平均値は年齢群ごとに異なる．(FitzGibbon & Fanshawe, 1989; FitzGibbon, 1990 より．)

が増えても，もはや生残を促進する効果は生じなかったのである (Oedekoven & Joern, 2000)．

捕食者の攻撃は餌生物の一番弱い個体に向けられやすい

次に，先の最初の問題，つまり，捕食者の関心は餌生物個体群のすべての個体へ等分に注がれているのではないという点を考えてみよう．例えば，大型肉食動物による捕食の多くは，老齢（そして衰弱した）個体，若齢（そして経験の浅い）個体，病気の個体に向けられる．具体例として，アフリカのセレンゲティ平原での研究では，チーターとリカオンは，トムソンガゼルの若齢個体を相対的に多く捕食していた（図9.9a）．その理由は，(i) それら若い個体は比較的容易に捕獲でき（図9.9b），(ii) そうした若い個体は持久力も走る速さも劣っており，(iii) 捕食者の裏をかくことに長けておらず（図9.9c），(iv) 捕食者を認知できないことすらあるからである (FitzGibbon & Fanshawe, 1989; FitzGibbon, 1990)．しかしながら，これらの若いガゼルはまだ繁殖による個体群への貢献はしていないので，その段階での捕食による餌生物個体群への影響は，他の捕食の場合と比べて小さいだろう．

同様のことは植物個体群にも見られる．オーストラリアの成熟したユーカリ属 *Eucalyptus* の木の死亡は，ハバチの一種 *Paropsis atomaria* による植食が原因となっているが，その死亡の大部分は条件の悪い場所の弱った木，根に損傷を負った木，耕作に伴い水環境を変えられた木に限られている (Carne, 1969)．

このように，餌生物個体が捕食者から被害を受けるということは当然としても，餌生物の存在量も悪影響を受けていることを実証するのは容易ではない．殺虫剤を用いて植物群集から植食性昆虫を実験的に除去した28の研究のうち，50%ほどが個体群レベルでの植物への何らかの影響の証拠を提示していた (Crawley, 1989)．しかし，Crawleyも指摘しているように，この割合は慎重に検討しなければならない．否定的な結果（個体群への影響なし）は報告する価値がないと判断されて，報告されないままになる傾向が避けられないからである．さらに，植食者の除去実験で植物への影響を示すには，しばしば7年あるいはそれ以上の期間を要することがあるので，否定的な結果を報告した研究の多くは単に早々と実験に見切りをつけただけかもしれない．最近の多くの研究から，植物の存在量に対する種子捕食の影響が明確に示されてきている（例えば，Kelly & Dyer, 2002; Maron *et*

餌生物個体群への影響を実証することの困難さ

al., 2002).

9.4 消費者への消費の影響

消費者は消費の閾値を超える必要がある

食物が捕食者個体にもたらす有益な効果は容易に想像できる．一般的に食物消費量が増えると，成長・発育・出生の速度は増大し，死亡率は低下する．これは消費者間の種内競争を考える際にはいつも暗黙裏に想定されている（第5章を参照）．つまり，高密度下では1個体当りの食物が少なくなり，低い成長速度や高い死亡率などがもたらされる．同様に，前に論議したように，移住の影響の多くは，利用できる食物の分布に対する消費者個体の反応を反映している（第6章を参照）．しかし，消費速度と消費者の利益の間の関係は，普通に考えられるよりもさらに多様で複雑である．まず，全ての動物は生命維持のためにある量の食物を必要とする．もしその閾値を超えることができなければ動物は成長や繁殖ができず，従って次世代への貢献もできなくなる．言い換えれば，低い消費速度は，その消費者にもたらされる利益が小さいということではなく，単にその消費者が飢えて死ぬ可能性を高めるのである．

消費者は飽食状態になりうる

その反対に，消費者個体の出産速度・成長速度・生存率は，利用できる食物の量が増えたからといって，無制限に増大するとは考えられない．そうではなく消費者は飽食状態になる．消費速度はいずれ頭打ちとなり，その速度は利用できる食物の量とは無関係であり，消費者への利益もまた頭打ちとなる．このように，特定の消費者個体群が消費できる量には限界があり，その時点での餌生物個体群に与える被害の量にも限界があり，そして消費者個体群がどこまで増加できるかにも限界がある．この点については第10章4節でさらに詳しく議論する．

消費者の個体群全体が同時に飽食状態になるという驚くべき事例は，**大量結実** (masting) をする多くの植物種で見られる．何年かに1度，広大な地域にわたって生育する同種の木のほとんどが大量の種子を同時に実らせるが，その間の年には種子はほとんどできない（Herrera *et al.*, 1998; Koening & Knops, 1998; Kelly *et al.*, 2000）．特に，この大量結実は，全般的に強い種子捕食を被る木でよく見られる（Silvertown, 1980）．従って，種子が捕食を回避できる割合は，大量結実の年が他の年よりも有意に高くなるという点に意義がある．大量結実は，ニュージーランドの植物相で特によく見られる（Kelly, 1994）．そこでは，タソック (tussock) という一般名で呼ばれている特産のイネ科草本 *Chionochloa* spp. の数種でも大量結実が報告されている（図9.10）．大量結実の年には種子捕食者の各個体は飽食するが，種子捕食者個体群の密度はこの過剰供給に追いつくほど急激に増大することはない．図9.11に示すように，昆虫に攻撃された *Chionochloa pallens* の小筒花の割合は，大量結実の年には20％以下に留まっているが，大量結実ではない年には80％以上にまで上昇する．*C. pallens* と同属の他の4種の大量結実が強く同調しているという事実は，それぞれの種が大量結実の年には種子の捕食を回避するという利益を得ていることを示している．

大量結実の年と種子食者の飽食

一方，植物にとって大量結実は相当な量の体内の資源を必要とする．トウヒでは大量結実の年には，年間の成長速度が他の年よりも平均38％低下し，また，大量結実した森林では年輪の増分も，ガの幼虫の大発生による被害を受けた時と同程度に小さくなるようである．従って，種子を実らせない年は基本的には植物の回復期なのである．

この大量結実の事例は，捕食者の飽食という問題が潜在的に重要であることを示すとともに，時間軸に関係する別

消費者の数の反応はその世代時間によって制限される…

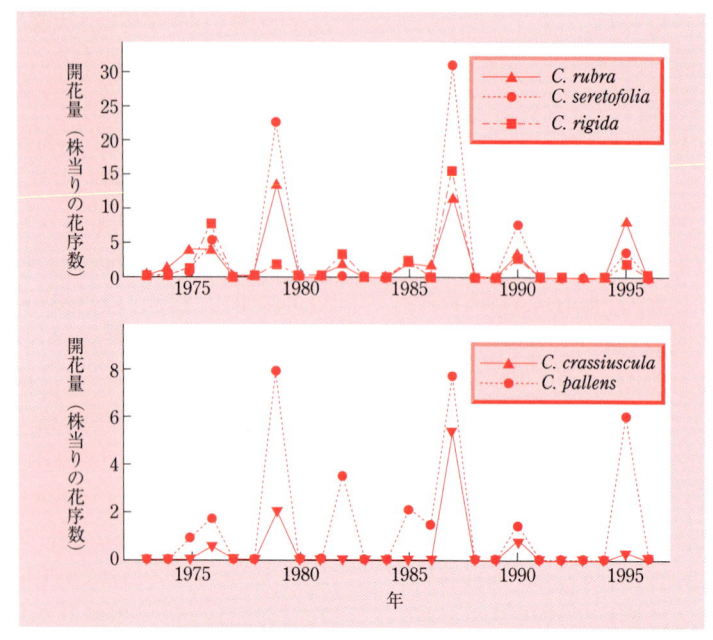

図9.10 ニュージーランドのフィヨルドランド国立公園における密な株を作る植物 *Chionochloa* 5種の1973年から1996年までの開花率. 5種の大量結実の年は極めてよく同調する. これには, 開花が誘導される前年の高い気温が影響しているようである. (Mckone *et al.*, 1998 より.)

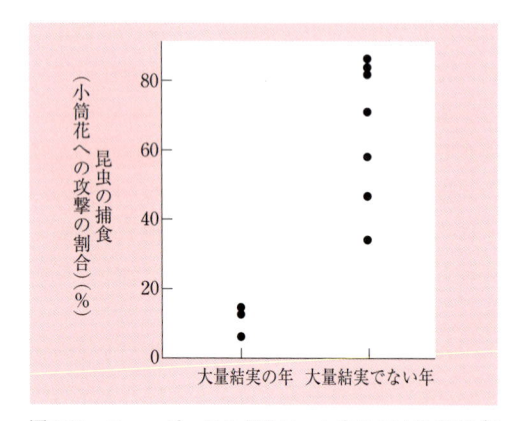

図9.11 ニュージーランドのフット山における1988年から1997年までの大量結実の年 ($n=3$) とそうでない年 ($n=7$) の *Chionochloa pallens* の小筒花への昆虫による捕食. 前年よりも株当りの小筒花の数が10倍を超える場合, 大量結実の年と定義している. 大量結実時の有意に低い捕食は, 大量結実は種子捕食者を飽食させる機能を持つという仮説を支持する. (Mckone *et al.*, 1998 より.)

の問題も明らかにする. 種子捕食者は, その世代時間が長いため, 大量結実した植物から最大限の利益を引き出す (あるいは最大限の被害を与える) ことができない. 特定の季節内で複数の世代が交代する仮想的な種子捕食者の個体群なら, 大量の実や種子を糧に指数関数的あるいは爆発的に増加し, そしてその資源を利用し尽くすだろう. 一般的に, 世代時間が相対的に短い消費者は, 餌生物の量, または存在量の変動に追いつける傾向がある. 一方, 世代時間の長い消費者は, 餌生物の存在量の増加への反応にも時間がかかり, 低密度からの回復にも時間がかかるのである.

同じ現象は, 砂漠の群集においても見ることができる. そこでは降雨量の年変異が大 …それは砂漠での相互作用でも見られる

きく, かつ雨の時期も予測できないため, 多くの砂漠の植物の生産性も大きく変動する. 稀に植物が高い生産性を示す年でも, 植食性動物は通常少ない個体数のままである. それは1年以

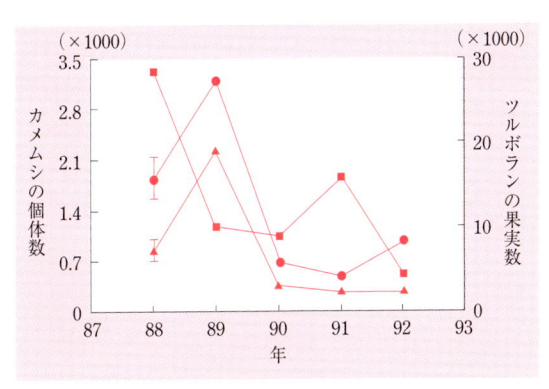

図9.12 イスラエルのネゲフ砂漠におけるツルボラン *Asphodelus* の果実生産（■），およびその植食者であるモンキメクラカメムシ *Capsodes* の若虫数（●）と成虫数（▲）の年変動．（Ayal, 1994 より．）

上続く植物の低い生産性のためである．そのような生産性の高い年には植食性動物はすぐに飽食状態になるため，植物個体群は捕食を免れた分を，生産性の低い時期に備えて，埋土種子の補充や地中の貯蔵組織の貯蔵に回すことができる（Ayal, 1994）．イスラエルのネゲフ砂漠におけるラン科のツルボラン *Asphodelus ramosus* の果実生産の例を図9.12に示す．モンキメクラカメムシ属の一種 *Capsodes infuscatus* は，ツルボランの特に発育中の花と若い果実を好んで吸汁する．そのため，このカメムシはツルボランの果実生産へ大きな被害を与える潜在的な力を持っている．しかし，このカメムシは1年に1世代しか交代しないため，その個体数はツルボランの個体数の増減とはまったく同調しない（図9.12）．1988年と1991年は，果実の生産量は多いが，カメムシの個体数は比較的少なかった．このためカメムシの繁殖率は高かったが（それぞれ1成虫当り若虫3.7と3.5個体），被害を受けた果実の割合は比較的低かった（0.78と0.66）．一方，1989年と1992年には，果実生産はかなり低い水準に下がり，被害を受けた果実の割合が高くなった（0.98と0.87）が，カメムシの繁殖率は低かった（1989年は1成虫当り若虫0.30, 1992年は不明）．これらの結果が示唆しているのは，植食性昆虫が砂漠の植物個体群の動態に与える影響は限られているが，植食性昆虫の個体群の動態の方は餌植物から大きな影響を受ける可能性は高いという点である（Ayal, 1994）．

第3章で，消費される餌生物の量よりもその質の方が重要であると指摘した．実際には，餌の質には栄養素の濃度のような正の側面と，毒素の濃度のような負の側面がある．このため餌の質はそれを食べた動物への影響に基づいて評価しなければならない．植食性動物については特にそうである．例えば，図9.8で見たように，捕食者であるクモのいるいないにかかわらず，バッタの生存率は餌の質が良くなれば高くなっていた．同様の例として，Sinclair (1975) は，タンザニアのセレンゲティ平原におけるオグロヌーの生存に対するイネ科植物の質（タンパク質含有量）の効果について検討した．オグロヌーはタンパク質を多く含む植物の種と部位を選んで食べているにもかかわらず（図9.13a），乾季の食物にはヌー個体の生命維持に必要な水準を大きく下回るタンパク質しか含まれていなかった（5〜6％の粗タンパク質）．死亡した雄の体には脂肪の蓄積がほとんどないことから（図9.13b），それが死亡の主な原因と判断された．さらに，この点は妊娠後期と授乳中の

> 食物の量より質がきわめて重要となりうる

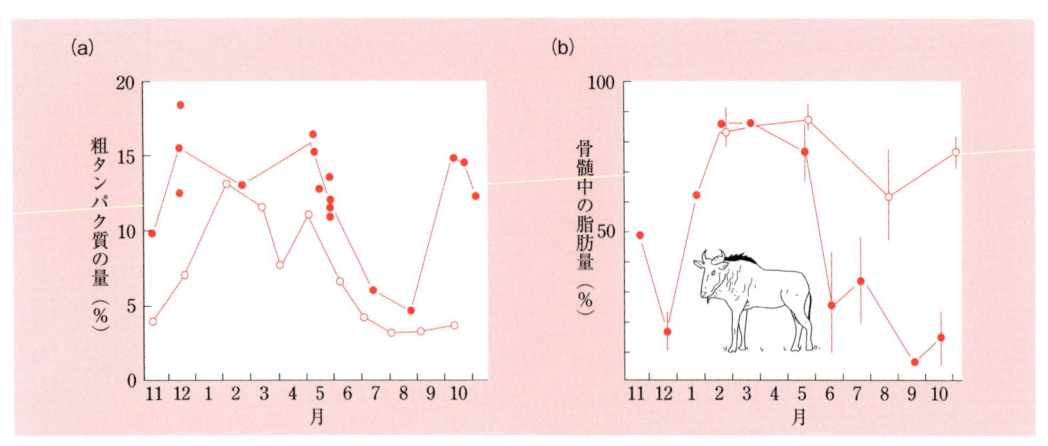

図9.13 (a) 1971年のセレンゲティ平原におけるオグロヌーの食物の質．利用可能な植物（○）と実際に食べた植物部分（●）中の粗タンパク質の割合．オグロヌーはタンパク質含有量の高い餌を選んでいる（「食べたもの」＞「利用可能なもの」）にもかかわらず，餌の質は乾季に，窒素収支の維持に必要な水準以下に落ちている（5～6％のタンパク質）．(b) 生存している雄の個体群での骨髄中の脂肪蓄積量（○）と，自然死した個体の脂肪蓄積量（●）．縦棒は95％信頼限界を示す．(Sinclair, 1975より.)

雌（12月～5月）のタンパク質要求が通常の3～4倍となるので，大きな問題となる．栄養価の高い食物の不足（食物自体の不足ではない）が，消費者の成長，生残，産卵（仔）数に多大な影響を及ぼすことは明らかである．特に植食性動物の場合，見かけ上は食物に囲まれながらも，食物が不足するといった事態もあり得る．例えば，我々にとって完璧にバランスのとれた食物が，大きな水泳プールの中に溶け込んだ状態で提供された状況を想像して欲しい．そのプールには必要とするもの全てが含まれており，目の前にそれがあることは判かっている．しかし，生命維持に必要な栄養を摂取するために，それを充分に含む量の水を飲んでいたのでは我々は飢死してしまうだろう．同様に，植食性動物は利用できる窒素のプールと向き合っているが，それがあまりに薄められており，必要な窒素を摂取するために充分な量の食物をとることが難しい状態なのである．従って，植食性昆虫の大発生は，餌植物の側に稀に起こる利用可能な窒素の濃度の増大と関連している（第3章7.1を参照）．そしてその濃度の増大自体は，おそらく異常な干ばつ，あるいは逆に洪水のような非日常的な事態と関連しているのだろう（White, 1993）．消費者が資源を獲得しなければならないことは明らかである．しかし，その資源から充分な利益を得るためには，消費者はその資源を適切な量，そして適切な形で摂取しなければならない．これを実現するために進化した行動上の戦略が，次の2つの節の主なテーマである．

9.5 餌の幅と構成

消費者は，さらに次のカテゴリーに区分できる．すなわち，単食性（monophagous；1種類の餌しか食べないもの），狭食性（oligophagous；数種類の餌しか食べないもの，少食性とも呼ぶ），広食性（polyphagous；多種類の餌を食べるもの，多食性とも呼ぶ）のいずれかである．同じように有用な区分として，スペシャリスト（単食性と狭食性に対応する）とゼネラリスト（広食性に対応する）が使われることもある．植食者，捕食寄生者，狭義の捕食者のいずれにおいても，単食性，狭食性，そして広食性の例となる種を示すことができる．しかし，餌

餌の種類の幅による分類

の種類が多いか少ないかは，どのような消費者であるかによって変わる．特定の餌だけを食べる狭義の捕食者もいるにはいるが（例えば，タニシトビ Rostrahamus sociabilis はもっぱらタニシの一属 Pomacea の巻貝を食べる），狭義の捕食者の大部分は比較的多種類の餌を食べる．一方，捕食寄生者はスペシャリストの典型といってよく，単食性のものも多い．植食者には，それぞれのカテゴリーの典型といえるものがいる．グレイザーとして捕食的な摂食をする植食者は，典型的な広食者であり，一方，寄生的な摂食をする植食者は，極端なスペシャリストになっている場合が多い．例えば，Janzen (1980) はコスタリカで，双子葉植物の種子の内部を摂食して幼虫期を過ごす（すなわち，寄生的な摂食をする）110 種の甲虫について調べた．その結果，その地域の 975 種の植物のうち特定の 1 種だけに依存する甲虫は 83 種おり，2 種の植物を利用するものは 2 種，6 種の植物を利用するものは 1 種，8 種の植物を利用するものは 1 種であった．

9.5.1 食物の好み

（*食物の好みは，全食物の「利用可能性」と比較して定義される*）

広食性の種と狭食性の種が，餌として受け入れるものなら何でも区別なく食べているわけではない．それどころか，ある程度の好みはほとんどいつも認められる．ある動物が特定の食物を好むといえるのは，食べた食物全体に占めるその食物の割合が，生息環境中に見られる割合よりも高い場合である．従って，野外で食物の好みを調べるには，その動物の食物を調べる（通常，消化管内容物の分析による）だけではなく，他の食物の「利用可能性」も評価しなくてはならない．理想をいえば，こうした評価は観察者の目を通してではなく（すなわち，生息環境からの単なるサンプリングではなく），その動物自身の目を通してなされるべきである．

食物に対する好みといっても，どういう理由でその食物が好まれるかには 2 通りある．ひとつは，利用可能なものの中で最も価値の高い品目に対する好みである．もうひとつは，いろいろな食物を摂取しながらも栄養のバランスをとる上で必須となる品目に対する好みである．この 2 つは，それぞれランク付けの好みとバランス維持の好みと呼べるだろう．資源について分類して議論した第 3 章 8 節での用語を使えば，「完全に代用できる資源」での識別では各個体はランク付けの好みを示し，「相補的な資源」での識別ではバランス維持の好みを示すということになる．

ランク付けの好みは，肉食者においてはっきり示されることが多い．例えば，図 9.14 に示した 2 つの例では，肉食者は獲物の処理時間当りに得（*餌品目が単一の基準で区別できる時は，ランク付けの好みが強く現れる …*）られるエネルギーが最も高くなるような餌品目を積極的に選択することを示している．こうした結果は，肉食者の餌というのは，どの餌を摂取しても成分としてはそれほど違いはないが（第 3 章 7.1 節を参照），サイズや近づきやすさについては餌ごとの違いが大きくなりうるという点を反映している．従って，そうした各餌品目の特徴を明確にする単一の測定値（例えば，単位処理時間当りのエネルギー）を使うことができ，それによって，餌品目の価値をランク付けすることができる．図 9.14 は，消費者が高いランクの食物を積極的に好むことを示している．

しかしながら，多くの消費者，特に植食者と雑食者には，単純なランク付けは適していない．そうした動物では，栄養上の要求に合致する餌品目（*… しかし，消費者の多くはランク付けとバランス維持を組み合わせた好みを示す*）がまず手に入らないからである．従って，その要求を満たすには，大量の食物を食べ，限られた栄養素の必要量を確保して，他の大部分を排出するか（例えば，アブラムシやカイガラムシは

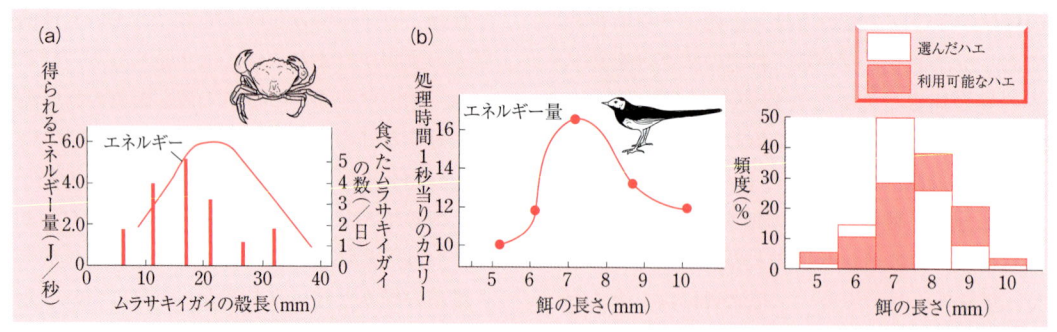

図9.14 「収量の高い」餌を食べる捕食者，すなわち，全餌品目の中でエネルギー収量が最も大きい品目を圧倒的に多く摂取する捕食者．(a) ワタリガニ科のミドリガニ *Carcinus maenas* に6段階の大きさのムラサキイガイ *Mytilus edulis* を同数ずつ与えた時，カニはエネルギーが最も多く得られる（単位処理時間当たりのエネルギー収量が最も大きい）品目を好む傾向があった．(Elner & Hughes, 1978 より．) (b) ハクセキレイ *Motacilla alba yarrellii* は，利用可能なフンバエの中から，単位処理時間当たりに得られるエネルギー量が最も大きいものを選ぶ傾向があった．(Davies, 1977; Krebs, 1978 より．)

植物の樹液から充分な量の窒素を得るために膨大な量の炭素を甘露として排出する），あるいは，要求に合致するような複数の餌品目を組み合わせて食べるか，のどちらかである．実際には，その両方の反応を示す動物が多い．そうした動物は，一般に質の良い食物を選ぶ（従って，排出する割合を最小化する）．しかし，また，特定の要求に合うように餌品目を選択したりもする．例えば，ヒツジとウシは質の良い食物に好みを示す．これらの動物は，茎よりも葉を選ぶ．また，乾燥したり古くなったものよりも青々としたものを好む．そして，利用できる餌全体と比較して，選んだものでは窒素・リン・糖の含有量と総エネルギー量が高く，繊維質が少ない．実際，餌として植物を自由に選ばせる実験をすると，ゼネラリストの植食者は皆，食べる割合についてランク付けの好みを示すことが分かっている（Crawley, 1983）．

複数の食物を食べることには，さまざまな理由がある

一方，バランス維持の好みもまた，きわめて一般的である．例えば，あるカサガイ（ユキノカサ属の一種 *Acmaea scutum*）に小型石灰藻類を何種か与えたところ，カサガイは与えた割合とはほぼ無関係に，いつも餌として，ある石灰藻を60％，別の石灰藻を40％の割合で選んだ（Kitting, 1980）．また，

トナカイは，冬の間は地衣類を食べて生きぬくが，ナトリウム不足をきたす．春になれば海水を飲むことでナトリウム不足は解消できるが，それがかなわぬ冬の間は，尿の混ざった雪を食べたり，抜け落ちた枝角を囓ったりしている（Staaland *et al.*, 1980）．我々自身のことを考えれば納得できると思われるが，たとえ「最良の」食物であっても，そればかりを食べるよりは，複数の食物を食べた方がはるかに効率がよい．

複数の食物が好まれる重要な理由が，他にも2つある．まず，低品質の品目に遭遇したとき，それらを無視して探索を続けるよりは収益が少なくても食べた方がましであるというだけの理由で，消費者はその品目を受け入れるのかもしれない．この点については，本章第5.3節で詳しく議論する．次に，タイプの違う食物は，それぞれが別の望ましくない有害物質を含むため，消費者はタイプの違う食物を少しずつ食べることで利益を得るのかもしれない．つまり，混合食はこれらの化学物質の濃度をいずれも受容限度内に抑えておく効果があるかもしれない．確かに，食物の好みに毒素が重要な意味を持つ場合がある．例えば，ユーカリ *Eucalyptus* の木の葉を常食しているオーストラリアの有袋類ハイイロリングテイル（*Pseudocheirus peregrinus*）による乾燥物摂取量は，ユーカリの葉に

第9章 捕　食

含まれる毒素であるシデロキシロナールの濃度と強い負の相関を示した．しかし，窒素やセルロースといった栄養素の指標とは関連がなかった (Lawler *et al.*, 2000)．

しかし，総合的にみると，こうした事例をもとに，動物が示すすべての好みをひとつか2つの要因で説明できるという印象を抱くのは間違いであろう．例えば，Thompson (1988) はその総説で，植食性昆虫について産卵時の食草の選択性と，その食草上での子供の行動，生存率，繁殖率との関係をまとめた．それによると，何らかの利益を伴う関連を示す研究もあった（すなわち，雌は子にとって最も好ましい植物に産卵する）が，その関連は薄いとする研究もたくさんあった．関連が見いだせない場合，その不適切に見える雌の行動について何らかの説明はなされてはいるものの，そうした説明は今のところ単なる仮説の域にとどまっており，まだ検証されたものではない．

9.5.2　スイッチング（好みの切り替え）

> スイッチングは，量が多い食物タイプを好むことと関連する

消費者の好みは固定している場合が多い．すなわち，代わりとなりうる食物タイプの利用しやすさとは関わりなく好みが維持される．しかし，好みを切り替える消費者もたくさんおり，利用できる餌品目のうち量が多い品目をその存在比率以上の割合でたくさん食べたり，稀な餌品目をその存在比率ほどには食べなかったりする．図9.15は，好みについてのこの2つのタイプを対比している．図9.15aは，ある海産の食肉性巻貝に，餌となる2種のイガイをさまざまな割合で与えた場合で，この巻貝の好みが固定していることを示している．図9.15aの曲線は，この巻貝が餌種をどのような割合で与えられても同程度の好みを示すと仮定した場合のものである．明らかに仮定は支持されている．すなわち，この肉食性巻貝は，どれだけ利用できるかに関わりなく，殻が薄くて防衛の弱い，従って効率よく利用できるムラサキイガイにいつもはっきりとした好みを示した．対照的に，図9.15bは，グッピーに餌としてショウジョウバエとイトミミズを与えた場合，どんなことが起きたかを示している．グッピーは明らかに好みを切り替え（スイッチング），量が多いタイプの餌の方を，その存在比率以上の割合で捕食した．

スイッチングが生じる状況はいくつも考えられる．たぶん最も普通に考えられるのは，

> スイッチングが生じるときとは？

タイプの異なる餌がそれぞれ別の微生息場所に見いだされ，消費者が最も利益の多い微生息場所に集中する状況である．これによく当てはまるのが，図9.15bのグッピーの場合である．ショウジョウバエは水面に浮かんでいるが，イトミミズの方は水底で見つかるからである．これ以外にもスイッチングは次のような状況で起こりうる (Bergelson, 1985)．

1　量が多い餌タイプに対して定位する確率が高まる場合．つまり，消費者が，豊富にある食物に対して**探索像** (search image) を発達させ (Tinbergen, 1960)，探索像に合致する餌に集中する場合，探索像に合致しない餌は相対的に除外するようになる．
2　量が多い餌タイプを追跡する確率が高まる場合．
3　量が多い餌タイプを捕獲する確率が高まる場合．
4　量が多い餌タイプを処理する効率が高まる場合．

いずれの状況でも，量が多い餌は，捕食者の興味および成功率をますます高め，そのため，消費速度をますます高めるのである．例えば，ウミトゲウオ *Spinachia spinachia* に，2種の甲殻類，ヨコエビ *Gammarus* とブラインシュリンプ *Artemia* のどちらか一方を餌として選ばせたとき，スイッチングが観察された（図9.15d）．

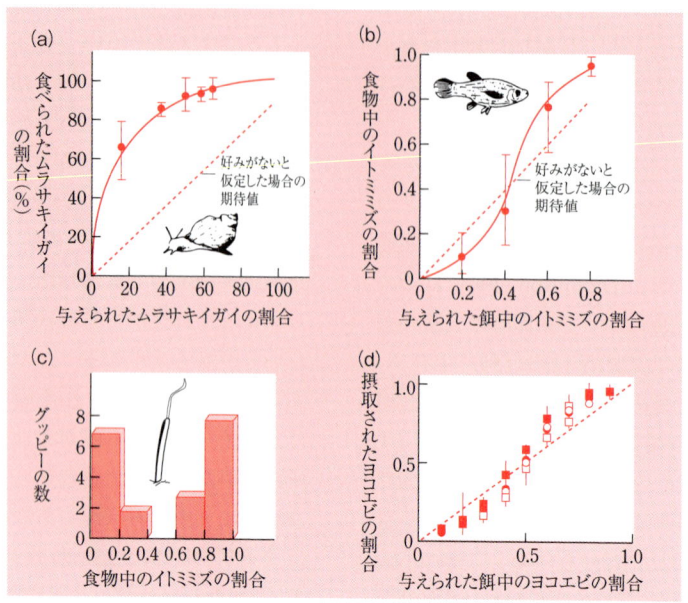

図9.15 餌のスイッチング．(a) スイッチングが見られない場合．食肉性巻貝は，餌となる2種のイガイ（ムラサキイガイ *Mytilus edulis* とカリフォルニアイガイ *M. californianus*）の相対的な量とは関係なく，一貫した好みを示す（データは平均値と標準偏差を示す）．(Murdoch & Stewart-Oaten, 1976 より．) (b) イトミミズとショウジョウバエを餌として与えた場合のグッピーのスイッチング．グッピーは，得やすい方の餌種をその存在比率以上の割合で捕食した（データは，平均値と観察値の範囲を示す）．(Murdoch *et al.*, 1975 より．) (c) 図bのグッピーが2種類の餌を同量与えられた時に示した選択性を個体ごとに示したもの．ほとんどの個体は，どちらかの餌に対するスペシャリストであった．(d) ヨコエビ *Gammarus* とブラインシュリンプ *Artemia* を与えた場合にトゲウオが示したスイッチング．全体として見れば，トゲウオは，得やすい方の餌種をその存在比率以上の割合で捕食した．しかしながら，最初の実験操作の，ヨコエビが得にくくなる過程（赤塗り印）では，初日（■）の方が3日目（●）よりもたくさん捕食していた．一方，ヨコエビが得やすくなる過程（白抜き印）では，初日（□）の方が3日目（○）よりも捕食率は低い傾向にあった．すなわち，学習の効果は明らかである．(Hughes & Croy, 1993 より．)

これは主にヨコエビに対する捕獲と処理の能力が，学習によって向上した結果である．トゲウオには7日間，ヨコエビを餌として与えた．それから餌の10%ずつをブラインシュリンプに変え，この操作をブラインシュリンプが100%となるまで続けた．この餌条件をその後さらに7日間維持し，次にその逆の操作をヨコエビが100%になるまで行った．「各割合の餌条件」は3日間維持し，毎日トゲウオの餌選択をテストした．図9.15dから学習の効果は明らかである．

初日の被験魚の方が，3日目の被験魚よりも，直前の餌中での甲殻類2種の比率に影響される傾向が認められたからである．

興味深いことに，ある個体群で見られるスイッチングは，消費者個体それぞれが好みを次第に変えるためではなく，特定の品目を好むスペシャリストの割合が変わるためであることが多いようである．図9.15cは，この点についてグッピーの例をしている．2つの餌タイプの量が等しい時，各々のグッピーはゼネラリストで

第9章 捕　食

はなかった．むしろ，ほぼ同数のショウジョウバエへのスペシャリストとイトミミズへのスペシャリストがいたのである．

「スイッチングする」植物

植物がスイッチングに似た行動を示すというと，驚くかもしれない．北アメリカの北部に見られる囊状葉植物（食虫植物）のムラサキヘイシソウ Sarracenia purpurea は，栄養分の乏しい湿地や沼地に生育している．そのような場所は，植物の肉食が有利になると考えられる環境である．囊状葉植物のような食虫植物は，余剰の炭素（光合成産物として取り込まれたもの）を無脊椎動物を餌として捕らえることに特殊化した器官（効果的に窒素を取り込む構造）に投資している．図9.16は，アメリカ合衆国バーモント州のモリー沼の調査区で行われた窒素添加に対する囊状葉（壺）の竜骨部の大きさの変化を相対値で示している．窒素分が多くなると，竜骨部は相対的に大きくなる．これは，捕食とは関係のない竜骨部の増大と捕食に関係する筒状部の縮小を意味する．このように，窒素分の増加に伴い，肉食の能力は下がり，その一方で，最大光合成速度は増大する．環境中に利用可能な窒素が多いとき，その植物は，事実上，窒素捕獲から炭素捕獲へスイッチングしたのである．

9.5.3　食物の幅についての最適採餌の観点

食物の幅と進化

捕食者と被食者が互いの進化に影響を及ぼし合ってきたことに疑いの余地はないだろう．多くの植物が味の悪い葉や毒のある葉を持つこと，ハリネズミが針をもつこと，被食者となる昆虫の多くが隠蔽的な色彩を持つこと，あるいは，キバチの頑丈な産卵管，ウシの分室化した胃，フクロウの羽音を殺した接近方法と感覚の鋭さ，こうしたものを見れば捕食者と被食者の進化における相互作用は明らかである．もっとも，こうした特殊化からは次の点も明らかである．すなわち，どのような捕食者も全てのタイプの被食者を餌とすることは決してできない．単に体の構造上の制約があるために，トガリネズミがフクロウを捕食することはできないし（いくら，トガリネズミが肉食動物であっても），またハチドリが種子を食べることもできない．

しかしながら，それらの制約の範囲内であっても，ほとんどの動物は形態的には消費可能な食物タイプの範囲よりもずっと狭い範囲のものを消費している．餌となり得る食物の幅の中で，消費者の現実の餌を決めているのは何かを理解しようとして，多くの生態学者は**最適採餌理論**（optimal foraging theory）に目を向けてきた．最適採餌理論のねらいは，特定の条件下でどんな採餌戦略が発達するかを予測することである．通常，そうした予測は次のような仮定の下になされる．

最適採餌理論に含まれるいくつかの仮定

1　動物が現在示す採餌行動は，過去の自然淘汰によって形づくられてきたものであるが，現在の動物の適応度を最も高める行動でもある．
2　高い適応度は，純エネルギー摂取率（総エネ

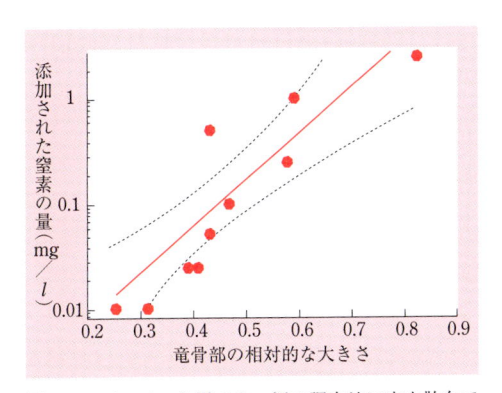

図9.16　バーモント州モリー沼の調査地に空中散布で添加された窒素分と囊状葉植物サラセニア・プルプレア Sarracenia purpurea の壺の竜骨部の相対的大きさとの関係．点線は，95%信頼区間を示す．竜骨部の相対的な大きさが大きいほど，餌を捕まえる器官への投資は減少する．（Ellison & Gotelli, 2002 より．）

ルギー摂取量からそのエネルギーを得るために費やされたエネルギー量を差し引いた量）を高めることで達成される．
3. 対象動物はその本来の採餌行動に適した環境の中で観察されている．すなわち，それが自然環境なら動物が進化してきた場所とよく似た場所であり，あるいは，それが実験室の観察装置の中なら，基本的な点について自然環境と似た条件で観察されている．

これらの仮定は，いつも満たされるとは限らないだろう．第一に，その動物の行動の他の面が最適採餌よりも適応度に影響するかもしれない．例えば，捕食者を避けるという付帯条件が付けば，動物は捕食者からの危険が低い場所と時刻に餌を採るかもしれず，その結果，理論的に可能な効率よりも低い効率でしか食物は集められないかもしれない（本章第5.4節を参照）．第二に，同じく重要な論点であるが，多くの消費者（特に植食者と雑食者）にとって，エネルギーを効率よく集めるという問題は，食物中の他の成分（例えば，窒素）の摂取に比べて，それほど重大な要件ではないかもしれない．あるいは，採餌している動物にとって，栄養分のバランス維持のために多種類の餌を採ることが最も重要なのかもしれない．そうした場合，現在の最適採餌理論はうまく適用できない．しかしながら，エネルギーを最大にするという前提条件が適用できる状況下では，捕食者が下す採餌「決定」の仕方について，最適採餌理論は強力な見通しを提供する（この問題についての総説としては次を参照．Stephens & Krebs, 1986; Krebs & Kacelnik, 1991; Sih & Christensen, 2001）．

理論家は全知の数学者であるが，採餌者は必ずしもそうではない

典型的な最適採餌理論は，理論生態学者たちが組み立てた数理モデルに基づいて，採餌行動についての予測を行うものである．理論生態学者は，そのモデルの枠組に関する限り「全てを知っている」，すなわち，全知である．そうなると，次のような疑問が湧いてくる．当の採餌者自身も，状況に応じて最適な戦略をとらねばならない場合には，同じく全知で数学的であることが必要なのだろうか？　答えは，「ノー」である．この理論は単に次のことを述べているにすぎない．もしも，何らかのやり方で（それがどんなやり方であっても）状況に応じて適切に行動しえた採餌者がいるとすれば，その採餌者は自然淘汰によって選抜されるであろう．そして，もし，その能力が遺伝するものであれば，それは進化的な時間の中で，個体群全体に広がるであろう．

最適採餌理論は，採餌者がどのように正しい決断を下すのかを正確に示すものではない．また，採餌者が，モデルを作った人と同じ計算を行うと期待しているわけでもない．後で取り上げるが，このモデルとは別に，一群の「メカニズム」モデルもある（本章第6.2節を参照）．そうしたモデルの目的は，採餌者が全知ではないとしても，「経験」と照らし合わせることで，環境からの限られた情報に対処し得ること，従って，自然淘汰が選抜する戦略を持ちうることを論証することである．しかし，自然淘汰によって選抜されるべき戦略がどのようなものかを予測するのは最適採餌理論なのである．

最適採餌理論に関する最初の論文（MacArthur & Pianka, 1966）は，生息場所内での食物の「幅」（ある動物が食べる食物タイプの範囲）を決める要因を理解しようと試みたものである．その後そのモデルは，主にCharnov（1976a）によってさらに厳密な数式の形へと発展している．MacArthur & Piankaは次のように主張した．どんな捕食者も，食物を得るためには時間とエネルギーを消費しなければならない．まず餌を探し，次にそれを処理する（すなわち，餌を追いかけ，捕まえ，食べる）．探索中に，捕食者はさまざまな餌品目に遭遇するだろう．そこで，MacArthur & Piankaは考えた．食物の幅は餌に遭遇した後の捕食者の反応に依存するだろう．ゼネラリストなら，遭遇した餌の大部分を

第9章 捕　食

追いかけ，捕まえて食べるだろう．スペシャリストなら，特に好ましいタイプの餌に遭遇した時以外は探索を続けるだろう．

追うべきか？追わざるべきか？ どのような採餌者にとっても，「問題」は次のようなものである．もし，スペシャリストなら，収益の多い餌品目だけを追いかけるだろう．しかし，それを探し出すために多大な時間とエネルギーを費やすかもしれない．一方，ゼネラリストなら，探索に費やす時間は比較的少ないだろうが，収益の多い餌タイプと少ない餌タイプのどちらも追いかけるだろう．最適な採餌者なら，マイナス要因とプラス要因を勘案して，摂取する総エネルギー効率を最大化すべきである．そこで，MacArthur & Pianka は問題を次のように定式化した．捕食者が，すでに収益の高い品目をいくつか食物として取り込んでいたとするならば，それらに次いで収益の高い品目に出会った時，それを取り込むことで食物の幅を広げる（それによって探索時間を少なくする）べきだろうか．

ここで，この「次に収益の高い品目」を i 番目の品目と呼ぼう．すると，その時その品目の収益性は E_i/h_i で表せる．ここで E_i はその品目のエネルギー含有量を，h_i は必要な処理時間を示す．さらに，$\overline{E}/\overline{h}$ を「現時点での」食物構成（すなわち，i よりも収益の多い餌タイプすべてを含むが，餌タイプ i そのものは含まない）の平均の収益性とし，$\bar{s}$ を平均探索時間としよう．すると，もし，捕食者がタイプ i の餌品目を追いかけるなら，現時点の食物構成での，そのエネルギー摂取効率の期待値は E_i/h_i である．しかし，もし，この餌品目を無視してもっと収益の多い餌品目だけを追うならば，エネルギー摂取効率の期待値は $\overline{E}/\overline{h}$ のままで，さらに $\bar{s}$ だけ余分な探索時間が必要となる．この場合，費やされる総時間は $\bar{s} + \overline{h}$ となり，エネルギー摂取効率の包括的な期待値は $\overline{E}/(\bar{s} + \overline{h})$ となる．従って，捕食者にとって，最も収益が高く最適な戦略とは，次の式が満たされる場合にだけ i 番目の品目も追いかけることだろう．

$$E_i/h_i \geq \overline{E}/(\bar{s} + \overline{h}) \tag{9.1}$$

言い換えれば，捕食者は式9.1 が満たされる限り（すなわち，摂取エネルギーの包括的効率が増大する限り），それほど収益の高くない品目でも食物として取り入れ続けていくべきであろう．そうすれば，摂取エネルギーの包括的な効率 $\overline{E}/(\bar{s} + \overline{h})$ を最大化できる．

この最適餌モデルから，以下の各予測が導かれる．

1. 処理時間が探索時間に比べ明らかに短い捕食者は，ゼネラリストのはずである．探索に時間のかかる捕食者はゼネラリストなぜならば，処理時間が短ければ一旦見つけた餌品目を処理しても，次の餌品目の探索開始がそれほど遅れるわけではないからである（式9.1 の項でいえば，餌タイプが幅広いものにとっては h_i が小さいため E_i/h_i は大きく，$\overline{E}/(\bar{s} + \overline{h})$ は餌タイプの幅が広くても $\bar{s}$ が大きいため小さいのである）．この予測を支持するものとして，木立や灌木の中で採餌する食虫性の鳥の多くが広い餌タイプの幅を持つことが挙げられるだろう．その探索では，いつもある程度の時間を消費する．しかし，小さな昆虫を処理する時間は，無視できるほど短い時間であり，ほとんどいつも成功する．従って，鳥は一旦見つけた品目をそのつど取り込んでも実質的に失うものは何もなく，何がしかのものを得ることになる．つまり，幅広い食性によって包括的な収益は最大化されるのである．

2. 対照的に，処理時間が探索時間と比較して長い捕食者は，スペシャリスト処理に時間のかかる捕食者はスペシャリストになるはずである．すなわち，もし $\bar{s}$ がいつも小さいなら，$\overline{E}/(\bar{s} + \overline{h})$ は $\overline{E}/\overline{h}$ に近い値となるのである．従って，$\overline{E}/(\bar{s} + \overline{h})$ を最大化することは E/h を最大化することと

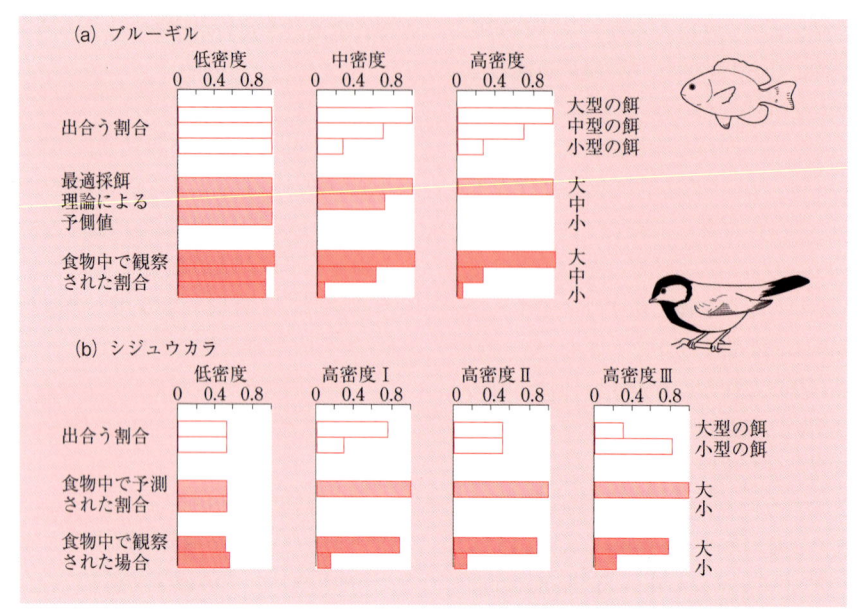

図9.17 最適な餌選択を調べた2つの研究．どちらの結果もCharnov (1976a) の最適採餌モデルからの予測に，限定つきではあるが，よく一致する．餌生物の密度が高い場合には，専食が強くなる．しかし，収益性の低い品目も，理論が予測するよりも多く食べられている．(a) さまざまな大きさのミジンコ *Daphnia* を与えた場合のブルーギルの捕食．各棒グラフは，3段階の密度条件，3段階の餌サイズのもとで，ブルーギルーが餌であるミジンコに遭遇する率と，理論からの予測値，食物として取り込んだ比率を示す．(Werner & Hall, 1974 より．) (b) 大型と小型のミールワームの断片を与えた場合のシジュウカラの捕食．(Krebs et al., 1977 より．) 各棒グラフは，2タイプの餌の割合を示す．(Krebs, 1978 より．)

ほぼ等しくなり，この状況を達成するには，収益の多い品目だけを食物として取り込めばよいことは明らかである．例えば，ライオンは，たいていの時間を獲物の見える所で過ごしている．従って，探索時間は無視できる．一方，処理時間，とりわけ追跡時間が長い（そして，エネルギーをきわめて多く消費する）．その結果，ライオンが相手にするのはもっぱら未成熟個体，足が不自由な個体，年老いた個体であり，追跡の効率を最大化できる個体である．

3 他の条件が同じなら，捕食者の餌の幅が広くなるのは，餌が豊富にある環境（そこでは餌品目が比較的多く，$\bar{s}$は比較的小さい）よりも，不毛な環境（そこでは$\bar{s}$は大きい）のはずである．この予測を明瞭に支持しているのは，図9.17に示した2つの事例である．ブルーギル *Lepomis macrochirus* でもシジュウカラ *Parus major* でも，実験条件下で餌の密度を高めると，

> 餌が豊富にある環境下では，専食傾向が強くなるはずである

餌を専食する傾向が強くなった．同様の結果が，アラスカのブリストル湾でサケ類を捕食するヒグマ *Ursos arctos* とアメリカクロクマ *U. americanus* の自然条件下での捕食からも報告されている．サケが豊富にいるときには，クマは，エネルギー豊富な個体（まだ放精放卵していないサケ）か体の一部分（雌の卵，雄の脳）をねらい，捕らえた魚の一部だけを消費した．つまり，クマの食事は，餌が豊富にあるときには，いっそう特殊化したのである（Gende et al., 2001）．

4 式9.1は，i番目の品目の収益性（E_i/h_i）に依存し，また，すでに食物として受け入れ

第9章 捕　食

> 収益性の低い餌タイプが豊富にあっても関係はない

ている品目の収益性 ($\overline{E/h}$) に依存し，さらに，すでに食物として受け入れている品目の探索時間 ($\bar{s}$)，従って，それらの豊富さに依存する．しかし，i番目の品目の探索時間 (s_i) には依存しない．言い換えれば，捕食者は餌の収益性が規準に達しない食物タイプは，それがどれほど豊富に存在しようとも無視すべきである．図9.17の例を見直せば分かるように，どちらの事例も，最適モデルでは収益性の一番低い品目は完全に無視されると予測される状況である．実際の採餌行動は，その予測によく合致してはいるものの，どちらの例でも，動物たちは一貫して収益の少ない食物品目を期待値よりもわずかながら多く採っていた．実は，こうした不一致は，何度も見いだされている．そして，それが生じる理由もいくつか明らかにされている．それらを大雑把にまとめていえば，動物は全知ではないということに尽きる．しかしながら，最適採餌モデルが予想するのは，観察と期待値の間の完全な一致ではなく，どんな戦略が自然淘汰によって選抜されるかであり，その戦略に一番近い動物が最も選択されやすいということである．この観点からすれば，図9.17に見られるデータと理論の間の一致は，充分に満足のいくものであろう．Sih & Christensen (2001) はその総説において，餌品目を正確に予測するにはどんな要因が重要かに注目しながら，最適採餌理論に関する134の研究を検討した．当初の予測とは逆に，無脊椎動物，変温脊椎動物，恒温脊椎動物といった採餌方法の異なるグループの間に，すでに確認されている理論の当てはまりの良さに関する違いはなかった．その主な結論としては，最適採餌理論は，動かない餌や動きの少ない餌（葉，種子，ミールワーム，魚の餌としての動物プランクトン）を食べる動物について

は，一般的に良くあてはまるが，活発に動く動物（小型哺乳類，魚，水生昆虫の餌としての動物プランクトン）を食べる動物についてはあてはまりが悪い場合が多い．その理由は，動く餌では，捕食者の餌品目が決まるうえで，餌の捕まえやすさ（出会う確率と捕獲成功）についてのばらつきが，捕食者が積極的に餌品目を選ぶ際のばらつきよりも，重要となる場合が多いからである（Sih & Christensen, 2001）．

5　式9.1は，餌と緊密な関係を持つ捕食者の，狭い特殊化についてどう理解すればよいかについても教えてくれる．特に，餌生物と個体ごとに結びついて生活する捕食者についてである（例えば，多くの捕食寄生者と寄生的な植食動物，そして多くの寄生者．第12章を参照）．こうした動物は，その生活様式と生活環全体をその餌（もしくは寄主）の生活様式・生活環と見事に同調させているので，処理時間 ($\overline{h}$) は小さくなる．しかし，そのことによって，他の生物を餌とすることは，処理時間がとても大きくなるために難しくなる．従って，式9.1は，スペシャリストが対象とする餌の幅の中では当てはまるが，本来の餌以外の品目に対しては当てはまらないだろう．

一方，広食性には，はっきりした利益がある．食物は見つけやすく，探索コスト ($\bar{s}$) は概して低い．そして，1種類の食物の量が変動しても飢餓状態に陥らずにすむだろう．こうした利益に加えて，広食性の消費者は，当然ながらバランスのとれた食物の組合せをとることが可能であり，状況の変化に合わせて好みを変えることで，このバランスを維持することも可能である．その結果，餌タイプのどれかひとつがある毒素を生産していても，それを多量に摂取しなくてすむ．こうした点は，式9.1では考慮されていない．

結局，進化によって，食物の幅は広げられる

> 共進化 ── 捕食者-被食者の軍拡競走か？

か，逆に狭く限定されるかのどちらかであろう．餌生物が，その消費者側に，何か特別な形態学的または生理学的反応を引き起こすような進化的圧力を加える場合には，食物の幅は極端に限定されることが多い．しかし，消費者が，個々には捕らえにくい，予測しにくい，特定の栄養素を欠いているといった品目を食べる場合には，食物の幅は広く維持されていることが多い．なお，まだ決着のついていない論点がひとつある．それは，ある特定の捕食者と餌種の組み合わせは，それぞれが独立に進化した結果ではなく，共進化の産物であるという主張をめぐる論争である．言い換えれば，進化上の軍拡競走（arms race）が生じているか否かについての論議である．軍拡競走とは，捕食者に捕食技術の向上が生じると，それに続いて，餌種の側に捕食者を避けたり抵抗する能力の改良が引き起こされ，それがさらに捕食者の能力の改良を導くといったことのくり返しを指す．そしてこの過程自体が，長い時間，つまり進化的時間における種分化の過程を伴っているだろう．その結果，例えば，近縁なチョウの種群は，近縁な植物の種群を食草としている．具体例としては，ホソチョウ科のチョウの食草は，いずれもトケイソウ科の植物である（Ehrlich & Raven, 1964; Futuyma & May, 1992）．共進化が生じるとすれば，食物の幅を限定する方向に淘汰圧が働くことは確かであろう．しかしながら，これまで検討された多くの事例において，捕食者と餌生物，もしくは植物と植食動物の共進化を示す確実な証拠はほとんどない（Futuyma & Slatkin, 1983; Futuyma & May, 1992）．

最適採餌モデルからの予測とスイッチング・モデルからの予測とは，一見，矛盾するように見える．スイッチング・モデルでは，餌の相対的な密度が変化すると，消費者はある餌タイプから別の餌タイプへスイッチングする．ところが，最適採餌モデルでは，餌自体の密度や他の利用可能な餌種の密度に関わりなく，消費者はいつも収益の多い餌タイプを取り込むと予測するのである．しかしながら，スイッチングは，最適採餌モデルが厳密にはあてはまらない状況のもとで生じると考えられる．特に，スイッチングは，異なる餌タイプが別々の微生息場所に見いだせる場合に生じることが多い．一方，最適採餌モデルの方は，特定の微生息場所内の行動を予測する．さらに，この状況以外でスイッチングが生じる事例としては，餌品目の密度が変化すると，餌となる品目の収益性も変化している場合が圧倒的に多い．一方，最適採餌モデルでは，これらは一定で変化しないと仮定されている．実際，スイッチング・モデルでは，豊富にある餌タイプほど収益が多くなるが，その場合には最適採餌モデルは収益性の高い方の餌を専食するようになると予測する．すなわち，どちらの餌タイプの収益が高いかに応じて（つまり，どちらの餌タイプがたくさんあるかに応じて），スイッチングが生じると予測するのである．

9.5.4　より広い観点からみた採餌

ここで強調しておきたいのは，採餌戦略とは，単に採食効率だけを最大化する戦略ではないという点である．逆の言い方をすれば，自然淘汰は，自らの最終的な利益を最大化しようとする採餌者に有利に働くだろう．従って，採餌者は，個体として満たさねばならない採餌以外の，そして，相反する必要性のために，戦略の修正を余儀なくさせられる場合が多いに違いない．特に，捕食者を避ける必要性は，動物の採餌行動に頻繁に影響を及ぼすだろう．

> マツモムシは，準最適ではあるが被食を免れるように採餌する…

この点を示した研究として，水生半翅目昆虫の捕食者，マツモムシの一種 *Notonecta hoffmanni* の幼虫の採餌に関する研究がある（Sih, 1982）．マツモムシの幼虫は5齢を経過する（Ⅰ齢が一番若くて小さく，Ⅴ齢が最も老熟した

幼虫である）．実験室内では，ⅠからⅢ齢までの幼虫は同種の成虫から捕食される傾向があり，その捕食の相対的な危険度は，次のような順序であった．

　　　Ⅰ＞Ⅱ＞Ⅲ＞Ⅳ＝Ⅴ≅危険なし．

そして，この危険性の程度が幼虫の行動を変化させるようである．すなわち，実験室内でも野外でも，幼虫は，成虫の密度が一番高い水塊の中央部を避ける傾向を変化させた．実際，齢ごとの相対的な回避の度合いは，成虫による捕食の相対的な危険度と同じ順序であった．すなわち，

　　　Ⅰ＞Ⅱ＞Ⅲ＞Ⅳ＝Ⅴ≅回避せず

しかしながら，水塊の中央部には幼虫の餌となる品目の密度が一番高い場所も含まれている．従って，成虫の存在下では，捕食の危険を避ける結果，Ⅰ齢やⅡ齢の幼虫の採餌効率は低下した（しかし，Ⅲ齢の幼虫の採餌効率は低下しなかった）．この捕食回避の結果として，若齢幼虫の採餌効率は最大値よりは低くなったが，生存率は高くなった．

…それは魚でも見られる

　　捕食者の存在が採餌行動を変化させる効果をもつことは，Werner *et al.*（1983b）のブルーギルを使った研究でも示されている．彼らは，まず，対照的な3つの生息場所（ひらけた水塊中，水草の間，何も生えていない底質の上）を実験室内に設け，それぞれの場所での採餌から得られる純利益を推定した．次に，自然の湖の中の，その3つに対応する生息場所で，餌密度が一年を通じてどのように変化するかを調査した．これによって，ブルーギルがエネルギー的な純利益の総量を最大にするには，湖内の異なる生息場所の利用をいつ切り替えるべきかを予測できた．捕食者のいない場合には，体の大きさによって3通りに分けたブルーギルのいずれもが予測通りに行動した（図9.18）．ところが，さらに野外実験を行ったところ，捕食者のオオクチバスがいる場合には，小さなブルーギルは水草が生育している生息場所だけで採餌した（図9.19）（Werner *et al.*, 1983a）．その生息場所では，ブルーギルは他の生息場所と比べて捕食から逃れることができたが，エネルギー摂取速度は最大値からかけ離れて低い値であった．対照的に，大きいブルーギルはオオクチバスからの捕食をある程度は免れており，また，最適採餌の予測に合致する採餌を続けていた．同様に，藻類食のカゲロウのいくつかの種の若虫は，ブラウントラウトのいる小川では，主として暗い時間帯に採餌を限定している．そうすることによって採餌効率は低下するが，捕食される危険性も低下する（Townsend, 2003）．ネズミ，ヤマアラシ，ノウサギのような夜間に採餌する哺乳類の場合には，捕食の危険性が高くなる明るい月夜には，採餌に費やす時間が短くなるようである（Kie, 1999）．

　採餌戦略は動物の全行動様式を構成する必須要素のうちのひとつである．捕食と実現ニッチ戦略は，採餌効率を最大化させるように働く淘汰圧に強く影響されるが，その一方で，他の，おそらくは採餌効率とは相容れない生活上の要求にも影響されるだろう．もうひとつ，指摘しておくべき点がある．それは，動物が生息している場所，密度の高い場所，採餌する場所の3つは，どれもその動物の実現ニッチの主要な要素だという点である．第8章で見たように，実現ニッチは競争者から強い制約を受ける．一方，ここでの検討から，それは捕食者からも強い制約を受けることが分かる．この点を示したもうひとつの事例として，メンフクロウ *Tyto alba* の捕食が，3種のポケットマウス，アリゾナポケットマウス *Perognathus amplus*，ベイリーポケットマウス *P. baileyi*，メリアムカンガルーネズミ *Dipodomys merriami* の採餌行動に与える影響を調べた研究がある（Brown *et al.*, 1988）．フクロウがいると，3種とも微生息場所を変えた．そこは，フクロウからの捕食のリスクは低いが，

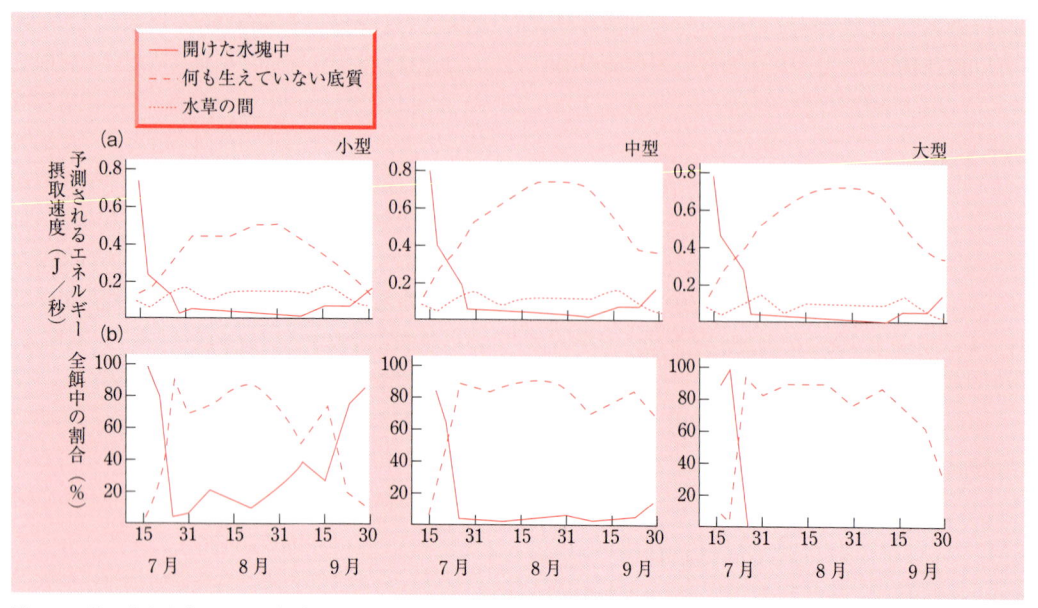

図9.18 体の大きさを3つの階級（小型，中型，大型）に分けたブルーギル Lepomis macrochirus において予測される，(a) 生息場所の収益性の季節変動（エネルギー摂取の割合）と，(b) 各々の生息場所での実際の餌の割合の季節変動．この環境には，魚食者はいなかった（簡単にするために(b)では「水草の間」は省いた．どの階級の魚でも，この生息場所から得ていた餌は，わずか8〜13％だけであった）．(a) と (b) の変化のパターンはよく一致する．(Werner et al., 1983b より．)

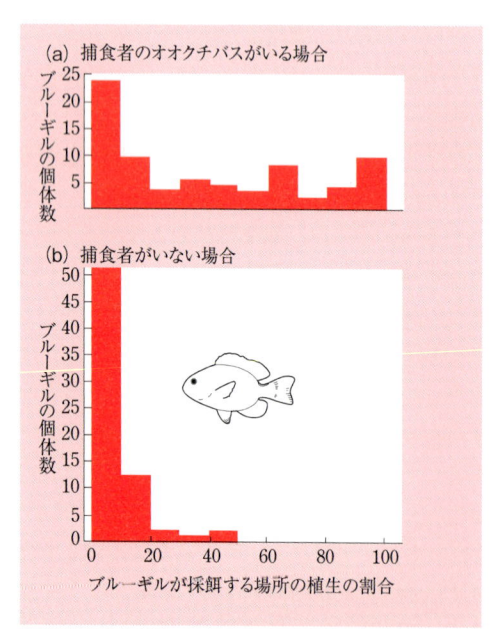

図9.19 オオクチバス（小さなブルーギルを食べる）がいる時 (a) には，いない時 (b) とは対照的に，多くのブルーギルが植生の割合の高い場所で摂餌し，そこでは相対的に被食を免れていた．この結果は，図9.18とも対照的である．(Werner et al., 1983a より．)

自分の採食行動は制限される場所である．しかし，3種の微生息場所を変える程度はさまざまで，その結果，3種の間で微生息場所がどう分割されるかは，フクロウがいるか否かによってまったく変わってしまったのである．

9.6 パッチ環境での採餌

あらゆる消費者にとって，食物はパッチ状に分布する．パッチが，実際に存在する不連続な物理的実体という場合もある．たくさんの実がなっている藪ひとつは，果実食の鳥にとってパッチである．アブラムシに覆われた1枚の葉は捕食性テントウムシにとってパッチである．しかし，パッチが，外見上一様な環境を任意に区切った範囲としてだけ存在する場合もあり得るだろう．砂浜で採食する渉禽類の鳥にとって，任意に区切った10 m²ごとの範囲は餌

餌はパッチ状に分布する

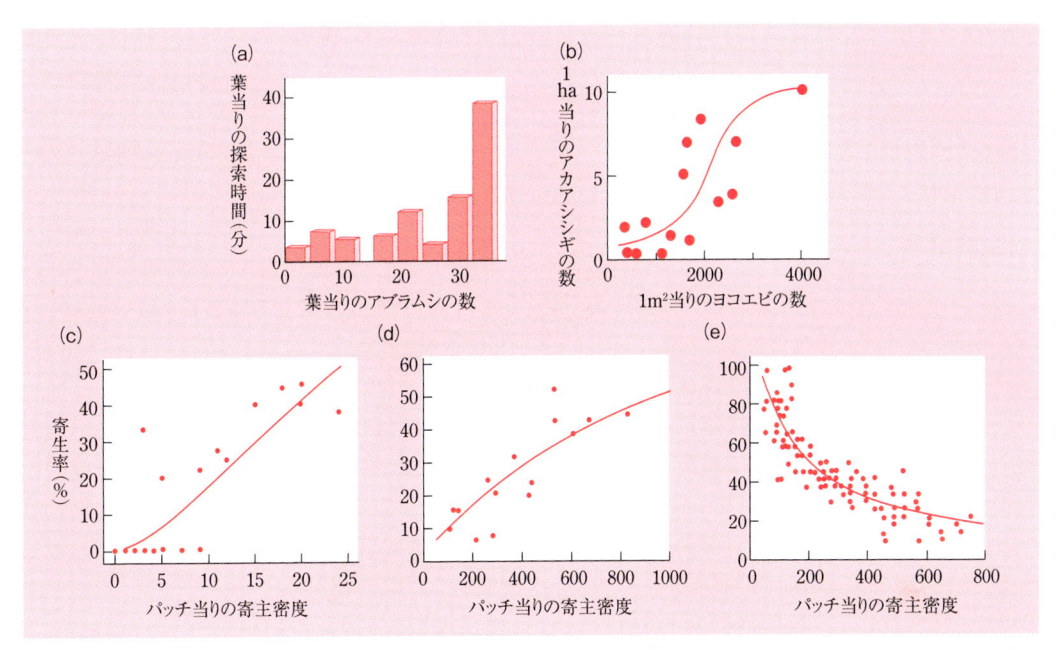

図 9.20 集中反応：(a) ナナホシテントウ *Coccinella septempunctata* は，餌のアブラナアブラムシ *Brevicoryne brassicae* の密度が高い葉で長い時間を過ごす．(Hassell & May, 1974 より．) (b) アカアシシギ *Tringa totanus* は，餌のヨコエビの一種 *Corophium volutator* の密度が高いパッチに集まる．(Goss-Custard, 1970 より．) (c) 捕食寄生者であるツヤヤドリタマバチ科の一種 *Delia radicum* がハナバエ属の一種 *Trybliographa rapae* を攻撃する時の正の密度依存的反応．(d) 捕食寄生者であるハネケナガツヤコバチ *Aspidiotiphagus citrinus* が，ツガコノハカイガラムシ *Fiorinia externa* を攻撃する時の正の密度依存的反応．(e) しかし，常に正の密度依存的反応というわけではない．捕食寄生者であるクワナタマゴトビコバチ *Ooencyrtus kuwanai* が，マイマイガ *Lymantria dispar* を攻撃する時の密度逆依存的反応．((c)～(e) は Pacala & Hassell, 1991 より．)

のゴカイの密度が異なる別々のパッチとして考えることができるだろう．しかし，どの場合でも，パッチは問題とする消費者の特性に応じて明確に定めるべきである．木の葉1枚はテントウムシにとって確かにパッチとなるが，もっと大きくて活発な食虫性の鳥にとっては，$1\,m^2$ の樹冠，あるいは樹木1本の方がパッチとして適切であろう．

生態学者が，これまで関心を払ってきたのは，パッチ内の食物または餌品目の密度がばらつく状況で示される消費者のパッチに対する好みについてである．捕食者が餌密度の高いパッチで多くの時間を過ごす（なぜなら，そこが一番収益性の高いパッチだから）という**集中反応** (aggregative response) を示す例がたくさんある（図 9.20a-d）．しかし，このような正の密度依存が常に示されるというわけではない（図 9.20e）．集中反応については次の第10章で詳しく扱う．そこでは，個体群動態にとっての重要性に焦点をあてる．特に，捕食者―被食者の動態を安定させる可能性について注目する．本章の残りの部分では，捕食者の集中を引き起こす行動（第6.1節），パッチ利用に関する最適採餌理論のアプローチ（第6.2節），採餌における集中と相互干渉という捕食者の相反する傾向をいっしょに考慮する場合に生じる分布パターン（第6.3節）について見ていこう．

9.6.1 集中分布を引き起こす行動

消費者がある場所に集中する反応はさまざまなタイプの行動によって引き起こされるが，大きく2つのカテゴリーに分類することができる．それは，

パッチの選定

収益の高いパッチの選定に関わるものと，パッチ内に入ってからの消費者の反応によるものである．最初のカテゴリーには，消費者が遠くから餌の分布の不均質さに気づくような例がすべて含まれる．

範囲限定探索　2番目のカテゴリー，すなわちパッチ内での消費者の反応には，行動について2つの側面が認められる．ひとつは，餌生物と出会った後，それに反応して消費者が探索パターンを変化させることである．特に，食物を摂取するやいなや，移動の速度を落としたり，頻繁に方向を転換するなどの変化が見られる場合が多い．どちらの行動も，直前に餌を採った場所の近くに消費者を留まらせる（**範囲限定探索** area-restricted search）．もうひとつの側面として，あるいは最初の側面に加えて，消費者は，単に収益の少ないパッチを収益の高いパッチよりも早く見限るという場合もあり得る．両方の行動を示すものとして，実験室に設けた流水の中で，肉食性で造網性のイワトビケラの一種 *Plectrocnemia conspersa* の幼虫が，ユスリカの幼虫を食べる場合があげられる．

この実験では，まず，網をかまえたトビケラ幼虫にユスリカ幼虫を1匹ずつ与え，その後3つのグループに分け，それぞれに0，1，3匹ずつ餌を与えた．網を放棄する割合が一番低いのは，餌を多く与えたグループであった（Townsend & Hildrew, 1980）．イワトビケラの行動は，餌パッチについての範囲限定探索の側面も持っている．ある場所に網を張るかどうかは，そこでたまたま餌と遭遇するかどうかにかかっている（幼虫は網なしでも捕食できる）（図9.21a）．従って，結局は餌の多いパッチでは網が張られやすく，また放棄されにくくなる．この2種類の行動によって，自然の流水環境ではほぼ通年にわたって観察される正の密度依存的な集中反応も説明できる（図9.21b）．

収益の高いパッチと低いパッチの間で，放棄率に差が生じる原因はいくつもあり得る パッチ放棄を決める採餌効率の閾値と時間 が，特に考えやすいものは次の2つである．まず，消費者は採餌効率がある閾値を下回った時，パッチを放棄しているのかもしれない．あるいは，見限るまでの時間が決まっており，ある一

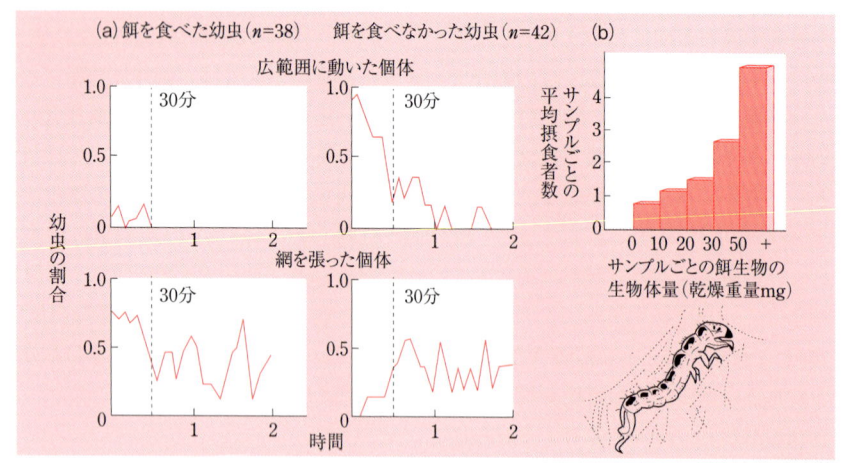

図9.21　(a) イワトビケラの一種 *Plectrocnemia conspersa* の5齢幼虫では，パッチに到着後の早い段階で餌のユスリカ幼虫に出会い捕食した個体は，すぐにうろつくことを止めて，網を張り始める．餌に出会えなかった個体は，到着からの30分間に，河床をうろつきまわることが多く，パッチの外へ出ることも有意に多い．(b) 自然環境下でイワトビケラ幼虫が示す正の密度依存的集中反応．河床 0.0625 m² 当りのサンプル（$n=40$）中の餌となるユスリカとカワゲラ幼虫の総生物体量に対する平均捕食者数を示す．(Hildrew & Townsend, 1980; Townsend & Hildrew, 1980 より．)

定時間餌が採れない時，パッチを放棄しているのかもしれない．どちらのメカニズムが働いていようと，あるいは，実際には消費者はただ単に範囲限定探索をしているだけだとしても，結果は同じになるだろう．すなわち，消費者の各個体は，収益の高いパッチで長い時間を過ごすだろう．そして，そのパッチには消費者が集中することになるだろう．

9.6.2 パッチ利用についての最適採餌理論

収益の高いパッチに長く留まる消費者が有利であることは理解しやすい．しかし，異なるパッチを時間的にどのように正確に使い分けるかは，微妙な問題である．なぜなら，それは，収益性についての正確な差，その環境全体の平均の収益性，パッチ間の距離などに依存するからである．この問題は，最適採餌理論の中で注目され続けてきた．特に，採餌者自身がパッチの資源を枯渇させてしまうこと，つまり，時間とともにそのパッチの収益性が低下するというごく普通の状況に，強い関心が注がれてきた．こうした消費者の研究例としては，1枚の葉の表面から餌生物を取り除く昆虫食の昆虫や，花から花蜜を吸うハナバチ類についてのものが多い．

Charnov（1976b）と Parker & Stuart（1976）は，そのような状況での最適採餌行動を予測する，互いによく似たモデルを作った．それによると，あるパッチでの最適な滞在時間は，パッチを放棄する時点で採餌者が経験するエネルギー獲得率という量（パッチの「限界値」）で決めることができる．Charnovは，これを**限界値理論**（marginal value theorem）と名づけた．モデルは数式化されているが，その主だった特性は，図9.22のグラフに示されている．

このモデルの最も重要な前提は，最適採餌者は，採餌1回当りの資源（ほとんどの場合，エネルギー量）の総摂取量が最大になるように振る舞うというものである．実際には，食物はパッチ状に分布しているので，エネルギーは何度かに区切られてではあるが，そのつど一気に摂取されるとする．採餌者は時々パッチ間を移動するだろうが，その間の入手エネルギーは0である．しかし，一旦あるパッチに入れば，図9.22aの曲線で示される形でエネルギーを取り込むだろう．その最初の取り込み率は高いだろう．しかし，時間が経過し，資源が残り少なくなるにつれ，取り込み量は次第に少なくなる．もちろん，取り込み速度自体は，そのパッチが初めに保有していた量，採餌者の効率，食欲に依存するだろう（図9.22a）．

さて，ここでの採餌者にとっての問題は，採餌者はどの時点でパッチを放棄すべきなのかということである．も

採餌者は枯渇してゆくパッチをいつ放棄すべきか？

し，どのパッチでも，到達後すぐに見限るとすれば，パッチ間の移動に大部分の時間を費やすことになり，結局，総摂取量は小さくなるだろう．もし，どのパッチにも相当長い時間留まるとしても，移動の時間は少なくできるが，枯渇したパッチで長時間過ごすことになり，結局，総摂取量は小さくなるだろう．従って，中程度の滞在時間が最適となるだろう．さらに，最適滞在時間は，収益の低いパッチよりも収益の高いパッチで明らかに長くなるに違いない．また，その時間の長さは，全体としての環境の収益性にも依存するはずである．

特に，図9.22bの採餌について考えてみる．食物がパッチ状に分布し，パッチ間で収益に差がある環境での採餌である．パッチ間の平均移動時間は t_t である．つまり，これは採餌者があるパッチを離れ，次のパッチを見つけるまでにかかると予想される平均の時間である．図9.22bで，採餌者は特定の環境中の平均的なパッチに到達し，従って，平均的な曲線を描いてエネルギーを取り込んでいる．最適な採餌をするためには，単にそのパッチでの時間ではなく，直前のパッチを離れてからの全時間に対して，エネルギー取り込み速度を最大にすべきである

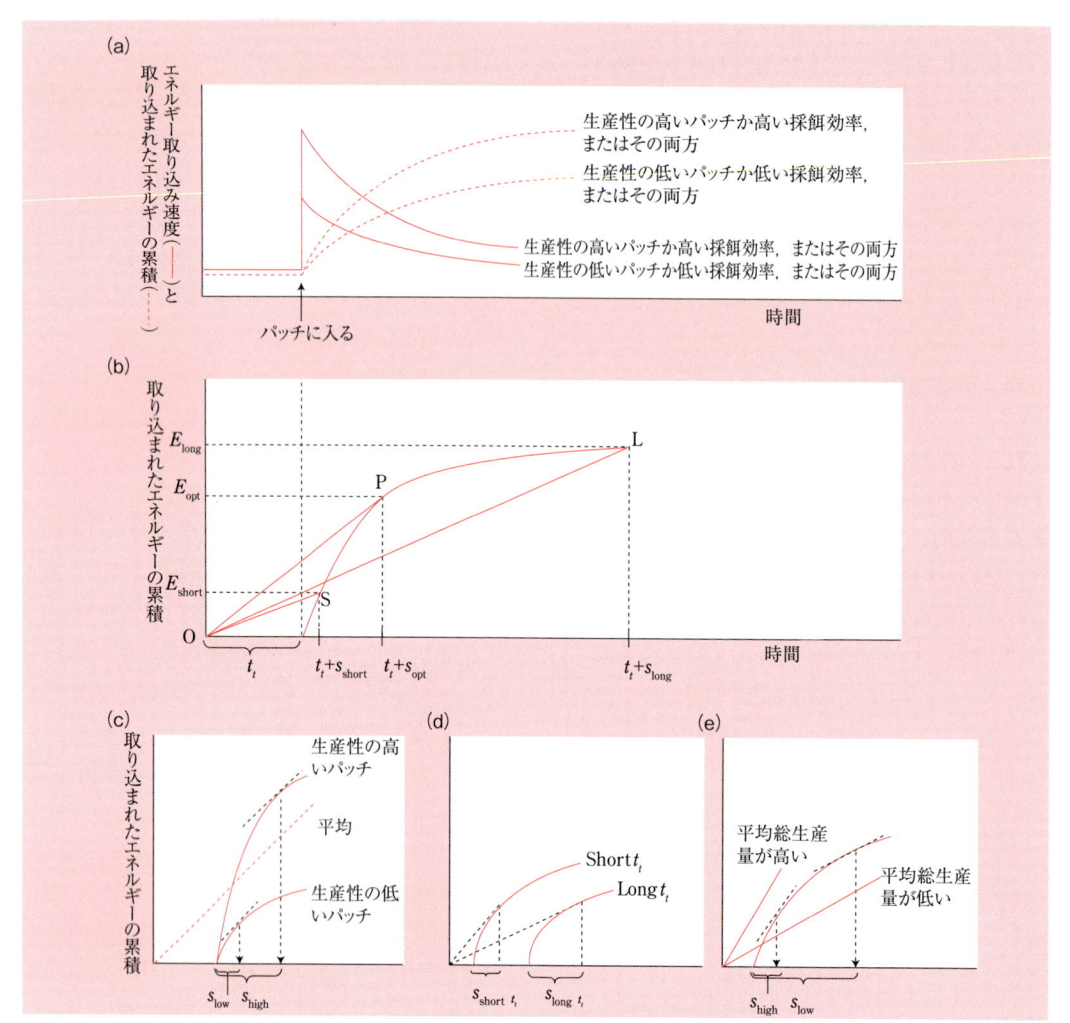

図 9.22 限界値理論.(a) 採餌者がパッチに入った直後は,エネルギー取り込み速度は高い(特に,生産性の高いパッチや,採餌者の採餌効率が高い場合)が,パッチの資源が枯渇するにつれ低下する.取り込んだエネルギーの累積は,漸近線に近づいていく.(b) 採餌者にとっての選択肢.曲線は平均的なパッチから取り込まれる累積エネルギー量,t_t はパッチ間の平均移動時間.エネルギー取り込み速度(最大化されるべきもの)は,取り込みエネルギーを総時間で割ったもの,すなわち,原点から曲線へと引いた直線の傾きである.パッチでの滞在時間が短い場合(傾き $= E_{short}/(t_t + s_{short})$),長い場合(傾き $= E_{long}/(t_t + s_{long})$)のいずれも,曲線に引いた接線の接点での滞在時間(s_{opt})の場合と比べ,エネルギー取り込み速度は低い.従って,s_{opt} は最適滞在時間であり,取り込みエネルギーの総量を最大化する時間である.全てのパッチは,エネルギー取り込み速度(直線 OP の傾き)が同じになる時に放棄されるべきである.(c) 生産性の低いパッチは,生産性の高いパッチよりも,短時間の滞在の後に放棄されるべきである.(d) 移動時間が長い時よりも短い時の方が,パッチは早く放棄されるべきである.(e) 平均総生産が低い時よりも高い時の方が,パッチは早く放棄されるべきである.

(すなわち，時間 $t_t + s$ での効率．s はそのパッチでの滞在時間).

もし，パッチをすぐに去るとすれば，その時間は短くできるだろう（図9.22bでは $t_t + s_{short}$）．しかし，同じく，エネルギーもほとんど取り込めないままに終わるだろう（E_{short}）．取り込み速度は期間 $t_t + s$ 全体での直線OSの傾き（すなわち，$E_{short}/(t_t + s_{short})$）で与えられる．一方，もし採餌者がそこに長時間留まるならば（s_{long}），エネルギーはずっと多く取り込めるだろう（E_{long}）．しかし，結局，取り込み速度（直線OLの傾き）はほとんど変化しないだろう．全時間 t_t+s を通じてのエネルギー取り込み率を最大化するには，Oから取り込み曲線までの直線の傾きを最大化する必要がある．それは，単にその直線を曲線への接線とすることで達成できる（図9.22bのOP）．Oから曲線までの直線でこれ以上急勾配となるものはなく，従って，それに対応する滞在時間が最適となる（s_{opt}）．

エネルギーの総取り込み量を最大にするには？

従って，図9.22bでの採餌者の最適解は，取り込み速度が直線OPの傾きに等しくなる（接線となる）時にパッチを離れることである．すなわち，点Pで離れるべきである．実際，CharnovとParker & Stuartが見いだした採餌者にとっての最適解は，各々のパッチの収益性とは無関係に，どのパッチでも取り込み速度が同じになった時に離れる（すなわち，同じ「限界値」で離れる）ということであった．この取り込み速度は，平均の取り込み曲線へ引いた接線の傾きによって与えられ（例えば，図9.22b），従って，その環境全体での取り込み速度の総平均の最大値となる．

限界値理論に基づく予測は…

従って，このモデルから次のことが言える．収益の高いパッチ内での最適滞在時間は，収益の高くないパッチ内のものよりも長くなるはずである（図9.22c）．さらに，ほとんど収益のないパッチ（そこでは，取り込み速度は決して直線OPほど高くならない）では，滞在時間はゼロになるはずである．モデルは，また，次のことを予測する．すなわち，最終的な取り込み速度がどのパッチでも同じになるように（すなわち，各パッチの「限界値」が同じになるように），取り込みが行われるだろう．これによって，さらに次のことが予測される．パッチ間の移動時間が長い環境では，滞在時間が長くなるだろう（図9.22d）．また，全体として収益性の低い環境でも，滞在時間が長くなるだろう（図9.22e）．

心強いことに，限界値理論を支持する証拠となる実例がいくつかある． …実験によって支持される 限界値理論を調べた初期のもののひとつであるCowie（1977）の研究は，図9.22dで述べた予測を定量的に検証した．すなわち，採餌者は移動時間が長い時，各々のパッチでの滞在時間を長くすべきであるという予測に対する検証である．彼は，室内の大きなケージで飼育しているシジュウカラを使った．餌としては，おがくずで満たしたプラスチックカップにミールワームを小さく切ったものを隠して与えた．そのカップがすなわち「パッチ」に相当する．どの場合にも，全てのパッチに同数の餌を入れた．しかし，カップにさまざまなきつさで厚紙の蓋をし，蓋を開けるのに要する時間をばらつかせることで，移動時間を操作した．全部で6羽のシジュウカラを使い，各々の鳥には単独で採餌させ，またそれぞれを2つの生息場所で採餌させた．一方の生息場所は，いつも他方よりも長い移動時間を必要とした（きつい蓋をかぶせてあった）．各々の鳥について両方の生息場所で，平均移動時間を測定し，各パッチでの累積餌取り込み曲線を求めた．それから，限界値理論を使って異なる移動時間を必要とする生息場所内での最適滞在時間を予測した．そして，この予測値を実際の観察値と比較した．図9.23が示すように，両者はよく一致した．実際には鳥たちがパッチ間を移動する時にエネルギーの損失があるという点を考慮すると，両者の一致はさらに良くなった．

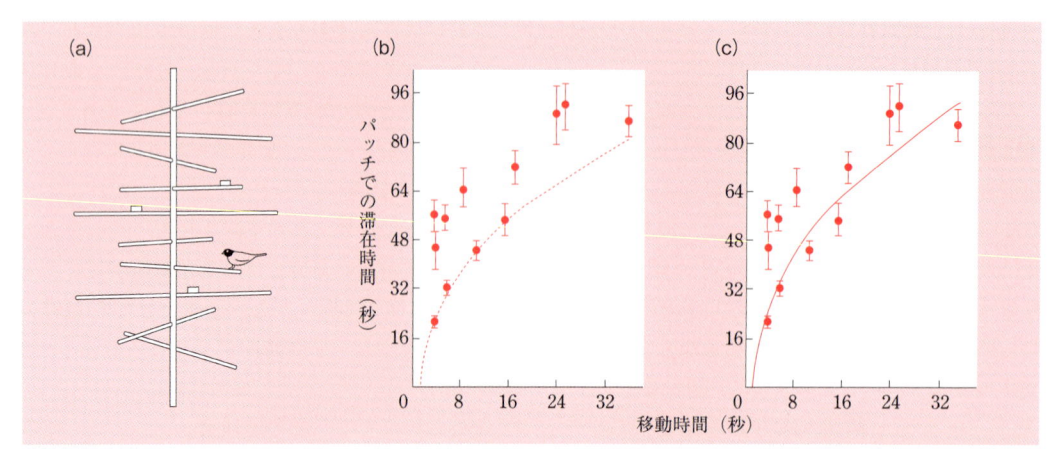

図9.23 (a) シジュウカラ用の3つのパッチを持つ実験「樹」. (b) 移動時間に対して予測されるパッチでの最適滞在時間 (……). 観察された平均値 (±標準誤差) を6羽分いっしょに示す. 各個体につき2種類の環境で観察を行った. (c) 図bと同じデータを, パッチ間の移動にかかるエネルギーコストを考慮した時に予測される滞在時間とともに示す. (Cowie, 1977 より; Krebs, 1978 から転載.)

　限界値理論からの予測は, ニンジンゾウムシ *Listronotus oregonensis* を襲う卵寄生蜂 *Anaphes victus* の行動についても実験室内で検証されている (Boivin *et al.*, 2004). この実験では, 実験開始時に, すでに寄生されている寄主の割合をさまざまに変えることで, 複数のパッチの質が異なるように設定された. その結果, 限界値理論と良く一致し, 寄生者は収益の高いパッチほど長く滞在した (図9.24a). しかしながら, 理論によるそれ以上の予測 (パッチの質とは無関係に, 全てのパッチは, 放棄される直前には同じ収益性のレベルまで下がっているという予測) に反して, 得られる適応度の限界値 (パッチを離れる直前の10分間における産卵速度) は, 最初の収益の高いパッチほど高かった (図9.24b).

　最適な餌品目の理論と同様に, 捕食のリスクがある場合, 最適パッチの予測も変わるはずである. この問題について, Morris & Davidson (2000) は, 森林中の生息場所 (捕食のリスクは低い) と林縁の生息場所 (捕食のリスクが高い) で, シロアシマウス (*Peromyscus leucopus*) が穀物粒を取り出すことをあきらめる程度を比較した. 彼らは, 2つのタイプの生息場所に設けた11ヶ所の餌場に4gの穀物粒を入れた容器 (パッチ) を設置した. どちらのタイプの生息場所にも, それぞれに比較的開けた場所と藪の下となる場所があった. 彼らは, 別々の日の2日分, パッチ利用があきらめられた時点で残されている穀物粒をチェックした. その結果 (図9.25), シロアシマウスは安全な森林の生息場所よりも攻撃を受けやすい林縁の生息場所, 特に開けた環境 (捕食の危険性は最大) では, パッチの利用程度が低いままで採餌をあきらめるべきであるという予測が支持された.

　限界値理論に対する検証についての幅広い総説としては, 例えば, Krebs & Kacelnik (1991) がある. この総説によれば, 検証結果は全体として限界値理論を支持してはいるが, 完全に合致しているわけではない. その点はここで見てきた結果と同様である. 完全に合致しない主な理由は, 動物がモデル作成者とは異なり, 全知ではないからである. また, シロアシマウスの例で明らかなように, 採餌者たちは採餌以外のこと (例えば, 捕食者回避) にも時間を費やす必要がある. さらに, 採餌者には環境について学び試してみる時間も必要であろう. それでもなお, 例えば寄主の分布に関

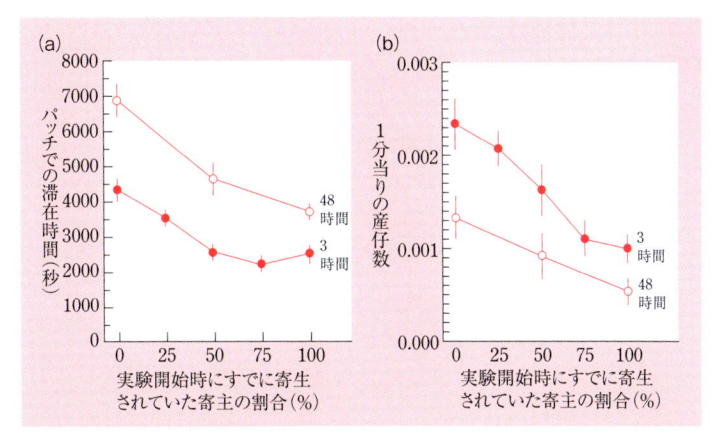

図9.24 (a) ニンジンゾウムシ Listronotus oregonensis を襲う卵寄生蜂 Anaphes victus における，16個体の寄主を含み寄生されている寄主の割合が異なるパッチでの行動．この場合，寄生蜂は，収益の高いパッチ，すなわち，すでに寄生されている寄主の割合が低いパッチほど長い時間留まった．〔訳注：寄生蜂は羽化後3時間後（●）と48時間後（○）の個体を各15個体ずつ用いた．3時間後の個体は，寄生された寄主の割合が0，50%，100%の3通りのパッチ，48時間後の個体は5通りのパッチを用いた．〕(b) しかしながら，得られる適応度の限界値（パッチを去る直前10分間の1分当りの産卵数で示す）は，最初の収益が最も高いパッチで最大であった．縦線は標準誤差を示す．(Boivin et al., 2004より．)

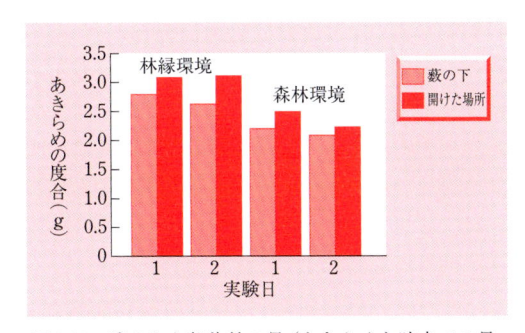

図9.25 残された穀物粒の量（あきらめた時点での量，g）は，藪の下に設置されたパッチ（比較的安全）よりも開けた場所のパッチ（比較的危険）で多かった．また，森林環境（捕食の危険性が低い）よりも林縁環境（捕食の危険性が高い）にある生息場所で多かった．(Morris & Davidson, 2000より．)

しては不十分な情報のまま採餌を続行しなければならないだろう．図9.24の寄生蜂の場合，Bovin et al. (2004) によれば，各ハチは，最初に訪れたパッチの質に基づいて，生息場所全体の質を評価するらしい．すなわち，この寄生蜂は「学習する」が，学習後の評価も，なお間違っているかもしれないのである．それでも，この戦略は次の状況では適応的であろう．すなわち，世代を越える時間間隔ではパッチの質について相当の変異があるが（従って各世代は，改めて学ばなければならない場合），同一の世代内ではパッチ間に質の差がほとんどないような場合（従って，最初に訪れたパッチが全体の質のおおよその指標になる場合）である．

とはいえ，その限られた情報にもかかわらず，動物の行動は，予測される戦略にきわめて近い場合が多い．Ollason (1980) は，この点を説明するためのメカニズムモデルを，Cowieが行ったシジュウカラの研究に基づいて作成した．それは，動物の記憶についてのモデルで，動物が「過去の食事の記憶」を持つと想定している．Ollasonは，それを栓を抜いた風呂桶の水に喩えている．動物が餌を食べる時には，いつでも新鮮な記憶が流れ込む．しかし，記憶は，また，絶え間なく流れ去っていく．その流入速度は，動物の採餌効率と現在の採餌場所での生産

力に依存する．流出速度は，動物の記憶する能力と記憶すべき量に依存する．例えば，記憶すべき量が大きかったり（水位が高くなる），記憶する能力が乏しいと（深さはあるが，幅の狭い風呂桶），記憶は早く流出する．Ollason のモデルの意味するところは単純である．動物は，記憶が増えつづける限り，そのパッチ内に留まるべきである．逆に言えば，採餌による記憶の流入速度が減少速度よりも小さくなった時，動物はそのパッチを去るべきである．

最適採餌のメカニズムモデル Ollason のモデルに沿って採餌をする動物は，限界値理論によって予測されるものと，とてもよく似た振る舞いをする．図 9.26 に Cowie が研究したシジュウカラについての実例を示す．Ollason も強調しているように，パッチ環境においてほぼ最適に近い方法で採餌するために，動物は全知である必要はない．ちょっと試すという評価も必要ではなく，多くの変数から成る関数の最大値を見つけるといった定量的分析も必要ではない．ほぼ最適に振る舞うのに必要なことは，記憶しておくことと，記憶している速度で採餌できなくなった時，パッチを去るということだけである．Krebs & Davies (1993) が指摘したように，この能力自体は驚くに値しない．鳥は空気力学の正確な知識なしに飛ぶことができるのだから．

メカニズムモデルは，図 9.24 のように卵寄生蜂の攻撃パターンの幅を調べる研究においても発展してきた (Vos *et al.*, 1998; Boivin *et al.*, 2004 を参照)．これらの研究は，「経験則」(rule of thumb) に基づく行動と学習行動の区別をはっきりさせている．経験則に基づく行動では，動物は，生来の決まりきった行動規則に従う．一方，学習行動では，行動規則は採餌者の直近の経験と照らし合わせて修正されると仮定されている．多くの証拠から，学習が，採餌者の意思決定において少なくとも何らかの役割を果たしている場合が多いことが示唆されている．また，「増進的行動」(incremental behavior) と「減衰的

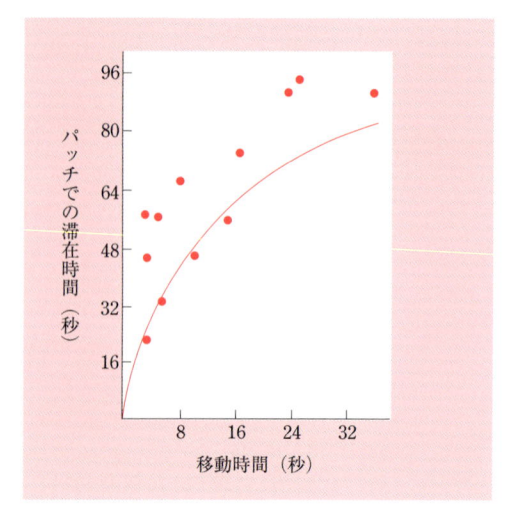

図 9.26 Cowie (1977) が行ったシジュウカラの実験（図 9.23 を参照）と Ollason (1980) の機械論的記憶モデルによる予測との比較．

行動」(decremental behavior) の間の違いも重要である．増進的行動では，あるパッチ内で寄主への攻撃が成功する度に，採餌者がその場所へ留まる可能性が高まる．これは，パッチ間で質に顕著な違いがある場合には，適応的となるだろう．採餌者は質の良いパッチほど長く滞在するようになるからである．減衰的行動では，あるパッチ内で寄主への攻撃が成功する度に，採餌者がその場所へ留まる可能性が低下する．これは，すべてのパッチの質がほぼ同じ場合に，適応的となるだろう．採餌者は，資源が少なくなったパッチを去るようになるからである．

このようなわけで，シジュウカラについての Ollason のモデルでは，経験則に基づく行動と増進的行動の両方が組み込まれている．一方，Boivin *et al.* の研究は，卵寄生蜂が，学習行動と減衰的行動の両方を示すことを確認した．すなわち，例えば，健康な寄主を攻撃した卵寄生蜂は，その後，1.43 倍ほどパッチを去りやすくなった．一方，すでに寄生されている寄主を拒否した卵寄生蜂では，その後，1.11 倍ほどパッチを去りやすくなっただけであった．対照的に，Vos *et al.* (1998) は，卵寄生蜂 *Cotesia glomerata* が，寄主となるオオモンシロチョウ *Pieris*

第9章 捕　食

brassicae の幼虫を攻撃するとき，増進的行動を示すことを発見した．すなわち，攻撃が成功する度に，そのパッチへ留まる傾向が強くなった．従って，シジュウカラと卵寄生蜂の両方の事例について，最適採餌理論とメカニズムモデルは，捕食者がその観察される採餌パターンをどのように遂行しているのか，なぜそのパターンは自然選択によって残されてきたのかを説明する上で，互いに矛盾するところはなく，補完的であるように見える．

最後に，最適採餌の原理は，栄養塩に対する植物の採餌戦略の研究にも適用されている（Hutchings & de Kroon, 1994 による総説がある）．植物にとって，パッチからパッチへとすばやく移動する長い匍匐茎を作ることは，どのような状況で有利となるのか．使える養分に限りがある条件のもとで，あるパッチから栄養塩をほぼ全部吸い取るまで，養分を根の成長につぎ込むことは植物にとって有利となるのか．こうした分類群の違いを越えた研究手法の交流が役立つことは明らかである．

（※欄外：植物への最適採餌理論の適用）

9.6.3　理想自由分布および関連する分布—集中と干渉

以上で，消費者は収益の高いパッチに集まる傾向があり，そのようなパッチでは食物消費速度が最高になると予測されることを理解した．しかし一方で，消費者は互いに競争し干渉する傾向があり（第10章でさらに議論を深める），それによって個体当りの消費速度が下がるということも見てきた．このことから次の予測が引き出せる．最初に収益が高いパッチも，多くの消費者を引きつけるために，すぐに収益の低いパッチになってしまい，その結果，消費者は再び分布を変えるだろう．従って，捕食者の餌パッチ間の分布パターンとしてさまざまなものが観察されたとしても，それ自体はおそらく驚くに値しないだろう．しかし，そうしたパターンの多様性を理解できるだろうか？

（※欄外：理想自由分布とは…）

これを理解しようとして，最初に提案されたのは次のような仮説である．もし，消費者が最適に採餌するなら，消費者の分布は変化し続け，最終的にどのパッチの収益性も等しくなるだろう（Fretwell & Lucas, 1970; Parker, 1970）．その理由は，収益性に違いがある限り，消費者は収益の低いパッチを去り，収益の高いパッチに引きつけられると予想されるからである．Fretwell & Lucas は，その結果生じる分布を**理想自由分布**（ideal free distribution）と呼んだ．消費者は収益性の判断に関して「理想的」であり，パッチからパッチへの移動について「自由」である．また，消費者は，すべて同等と仮定された．この理想自由分布のもとでは，パッチの収益性はすべて等しくなるので，どの消費者の消費速度もすべて同じになる．消費者の分布が単にパッチごとの収益性の差に比例するというだけなら，理想自由分布と一致するように見える事例もある（例えば，図9.27a）．しかし，そうした事例でも，予想の基になっている仮定は，必ずしも満たされてはいないらしい（図9.27b．消費者が皆等しいわけではない）．

（※欄外：…引きつける力と忌避させる力の釣り合い）

理想自由分布の考え方は，その後，例えば競争者間の異質性を考慮に入れるなどの大きな修正が加えられてきた（総説として Milinski & Parker, 1991; Tregenza, 1995 を参照）．特に，Sutherland（1983）によって，理想自由分布は生態学的に納得しやすいものとなった．彼は，捕食者の処理時間と捕食者間の相互干渉を明快に合体させたのである．彼は，以下の方程式によって，次の予測が成り立つことを明らかにした．すなわち，場所 i での捕食者の割合 p_i が，場所 i での餌（または寄主）の割合 h_i と関連するように捕食者は分布するだろう．

（※欄外：一連の干渉係数を組み入れる）

$$p_i = \mathrm{k}\,(h_i^{1/m}). \tag{9.2}$$

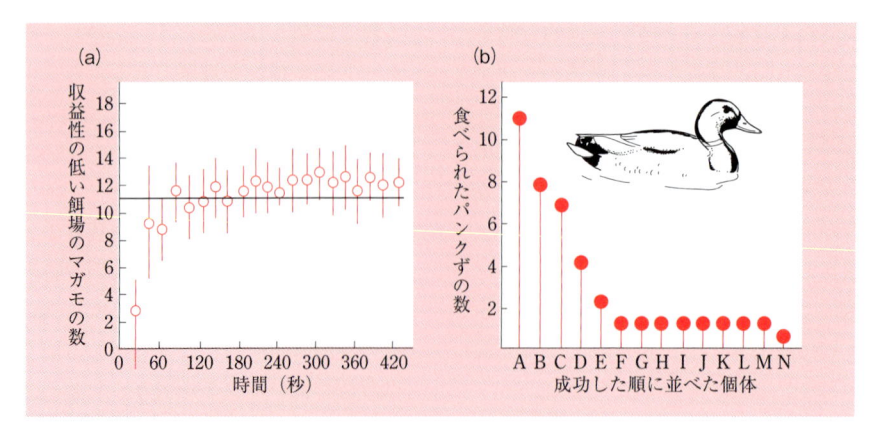

図9.27 (a) 33羽のマガモに，池の周りに設置した2ヶ所の餌場でパンのかけらを与えた場合（収益性の比は2：1），収益性の低い方の餌場のマガモの数は，図に示されている通り，すぐさま全体の1/3になった．これは一見，理想自由分布の予測と一致する．(b) しかしながら，単純な理論の前提および他の予測とは異なり，マガモたちは必ずしも全て同等ではなかった．(Harper, 1982 より；Milinski & Parker, 1991 から転載．)

ここで，m は干渉係数，k は捕食者の割合 p_i の合計が1となるようにする「標準化定数」である．この定式化によって，本来収益の高いパッチを選択することと干渉が合わさると，捕食者のパッチ間分布はどのようになるかを理解することが可能となる．

　もし，捕食者間に干渉がないのなら，$m=0$ となる．この場合，すべての個体が，餌密度の高いパッチだけを利用し，餌密度の低いパッチはまったく利用されないままになるだろう（図9.28）．

　もし，干渉が小さかったり適度の範囲（すなわち，$m>0$ であるが $m<1$．これは，生物学的に最も妥当な範囲である）であれば，餌密度の高いパッチは，なおも捕食者をその存在比率以上の割合で引きつけるだろう（図9.28）．言い換えれば，捕食者の集中反応が生じるはずであり，その反応は，正の密度依存性を持つだけでなく，実際にはパッチ内の餌密度の増加に伴って促進されるだろう．このように，餌生物の捕食される危険性は，それ自体が正の密度依存性を持つと予想され，捕食の危険性が最も高いのは餌生物の密度が一番高いパッチなのである（図9.20c, d の例を参照）．

　もう少し干渉の強い場合（すなわち，m が1に

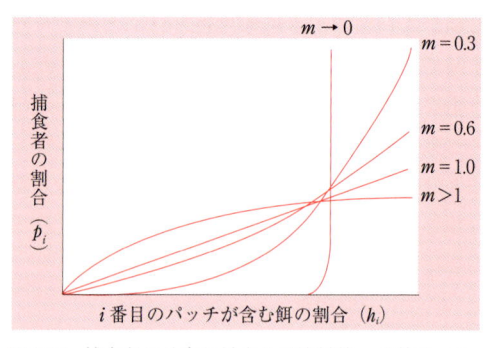

図9.28 捕食者の分布に対する干渉係数 m の効果．パッチ間での捕食者の分布は，パッチごとの餌の比率（餌個体群中での割合，すなわち，それぞれの収益性の高さ）に対応した予測である．(Sutherland, 1983 より．)

近い時）には，パッチ内の捕食者個体群の割合は，なおも餌の割合の増加に伴い増加する．しかし，そうなると右上がりの曲線よりもむしろ多少直線的になるはずで，「捕食者」対「餌生物」の比は，すべてのパッチでおおまかには同じ値になるだろう（図9.28．そして，例えば図9.20a）．従って，ここでは，捕食の危険性はすべてのパッチで同じであると予想され，そのため，餌密度とは無関係になるだろう．

　最後に，干渉が非常に大きい場合（すなわち $m>1$ の時）には，餌密度の高いパッチでは，「捕

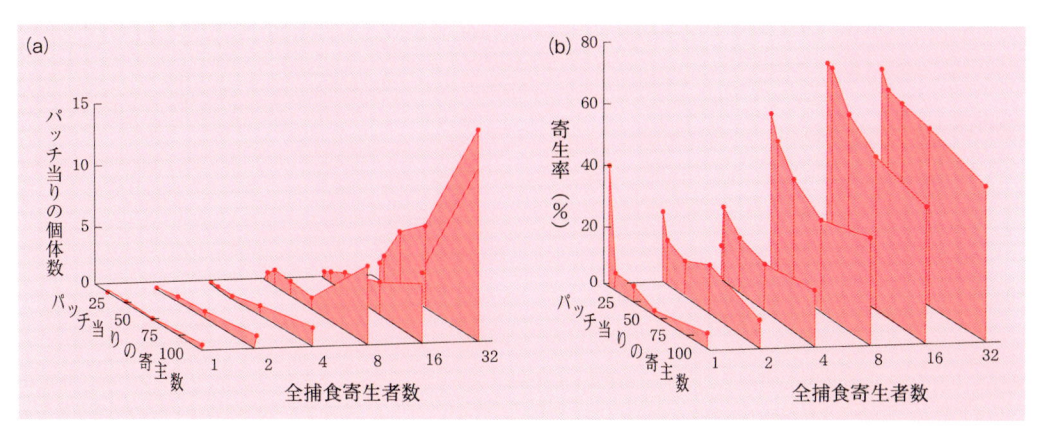

図9.29 (a) 卵捕食寄生者であるタマゴヤドリコバチ属の一種 *Trichogramma pretiosum* の集中反応．このハチは，寄主であるノシメマダラメイガ *Plodia interpunctella* が高密度にいるパッチに集まる．(b) 負の効果が働いた結果生じる分布．高密度のパッチにいる寄主は，寄生される率が一番低くなる傾向を示す．(Hassell, 1982 より．)

食者」対「餌生物」の比が小さくなる（図9.28）．従って，捕食の危険性は，餌生物の密度が最も低いパッチで最高になると予想され，そのため，密度逆依存的になると予想される（図9.20eのデータのように）．

以上から明らかなように，図9.20に見られるパターンは，誘引する力と反発する力の釣り合いの変化を表している．捕食者は，収益の高いパッチに引きつけられる．しかし，同じように引きつけられる他の捕食者の存在によってそこから排斥される．

擬似干渉　しかしながら，このモデルの記述，つまり捕食者の分布と捕食の危険性の分布との関係についての記述は，「そうかもしれないが，推測の域を出ない」という批判を浴びてきた．なぜなら，この関係に影響するものとしては，まだ考慮に入れるべき要因がたくさんあるからである．例えば，図9.29が示す事例では，捕食寄生者であるタマゴヤドリコバチ属の一種 *Trichogramma pretiosum* は，寄主となるガが高密度で存在するパッチに集まっているが，ガの寄生リスクは寄主密度の低いパッチで最も高くなっている．これは，おそらく，寄主密度が高いパッチでは，捕食寄生者はすでに寄生されている寄主の処理で無駄な時間を費やすからであろう．すでに寄生されている寄主でも，（食べられて無くなる餌とは異なり）その体はパッチから取り除かれるわけではないので，寄生されていてもなお他の捕食寄生者を引きつけるのである（Morrison & Strong, 1981; Hassell, 1982）．従って，パッチに早く到達した捕食寄生者は，後から来た個体へ間接的に干渉するだろう．つまり，パッチに先着した捕食寄生者は，後からやってきた個体の，未寄生の寄主を攻撃する効率を下げるだろう．この効果は，擬似干渉と呼ばれている（Free *et al.*, 1977）．この効果が個体群動態にどの程度重要であるかについては，第10章で論じる．

さらに，もし捕食者による**学習と移動**学習やパッチ間の移動のコストを組み入れるなら，予測されるパターンはさらに変化しうる（Bernstein *et al.*, 1988, 1991）．mの現実的な値（= 0.3）のもとでは，捕食者の学習反応が強く，従ってパッチを空にしてゆくことで生じる密度の変化を十分探知できるならば，捕食者の集中反応は（予想通り）正の密度依存性を示す．しかし，もし，その学習反応が弱ければ，捕食者はパッチを空にしてゆくことで生じる餌密度の変化を探知できないだろう．その時，捕食者の分布は，餌密度とは独立なものになっていくだろう．

同様に，移動のコストが低い時には，捕食者

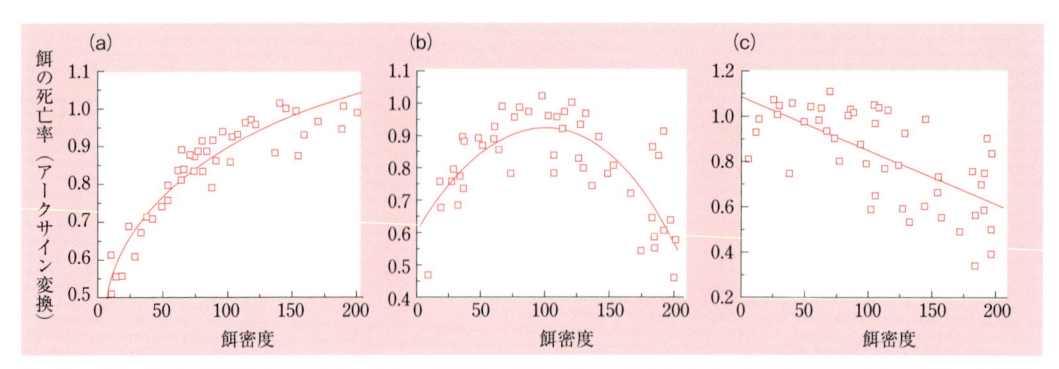

図9.30 さまざまな餌密度のパッチにおける，捕食者の移動コストの効果をシミュレーション・モデルで調べた結果．干渉係数 m は0.3で，移動コストのない時には正の密度依存性を示す．(a) 移動コストが低い時．正の密度依存性が維持される．(b) 移動コストが中程度の時．「ドーム型」の関係となる．(c) 移動コストが高い時．密度逆依存性が生じる．(Bernstein et al., 1991 より．)

の集中反応は正の密度依存性を保ち続ける（$m = 0.3$ のもとで，図9.30a）．しかしながら，移動のコストが増加すると，貧弱なパッチから移動する場合には捕食者はなお利益を得ることができるが，他のパッチでは移動のコストは移動することで得られる利益を上回ってしまう．このような理由のために，餌パッチ間での分布はランダムとなる．この結果，中程度のパッチと良いパッチでの死亡率は，密度逆依存性を示し，結局「ドーム型」の関係になる（図9.30b）．移動のコストがとても高い場合，今いるパッチがどんなものであろうと，捕食者にとって移動は決して利益にはならない．死亡率は，パッチ全体を通じて密度逆依存性を示す（図9.30c）．

明らかに，パッチ全体を通じての捕食者の分布と死亡率のさまざまなタイプを生じさせる要因はたくさんある（図9.20と9.29を参照）．そうした要因が個体群動態に関してどれだけ重要かは，次章で検討する問題のひとつである．そこでは，行動生態学と個体群生態学を結びつけることの重要性に注目する．

まとめ

捕食とは，ある生物が他の生物を消費する現象である．捕食では，捕食者が最初に攻撃するときには，餌は生きている．捕食者の分類には，主に2通りの方法がある．「分類学的」方法と「機能的」方法である．分類学的な方法では，肉食動物が動物を消費し，植食動物が植物を消費するなどとなる．機能的な方法では，真の捕食者，グレイザー，捕食寄生者，寄生者が区別される．

植物に対する植食の効果は，どんな植食者が，植物のどの部位を食べるのか，植物の発育のどの時期に攻撃されるのか，に依存する．葉の噛みとり，樹液を吸うこと，穿孔，花や果実の食害，根の噛みきりといった違いも，植物へ異なる効果を与えると予想される．また，植物はたいていの場合，しばらくは生き続けるので，植食への効果は植物の反応に大きく依存する．植食者によってもたらされる進化的な選択圧が，植物に植食に抵抗するためのさまざまな物理的・化学防御を身につけさせてきた．これらは，いつでも存在して，連続的に効果を発揮するもの（構造的な防御）もあれば，攻撃を受けることで，生産量の増加が引き起こされるもの（誘導性の防御）もある．想定される防御の数々が，実際に，植食者に測定できるほどの負の効果を与え，植物には正の影響をもたらすかどうかは，簡単には決められない．特に，反応に必要なコストまで考慮するとそうである．本章では，そのような効果を明らかにすることの難しさに

ついて議論し，植食と植物の生存と繁殖力の間の関係について検討した．

もっと一般的に言えば，捕食者が餌生物個体群に及ぼす即時的な効果は，いつも予想通り有害なわけではない．その理由は，殺される個体がいつもランダムに抽出されたものとはかぎらないこと（そして個体群の将来に対する貢献の可能性は非常に低い個体かもしれない），また，生き残った餌生物の生育，生存，繁殖に代償的な変化が生じる（特に，限られた資源を巡る競争が緩和されることを通じて）からである．捕食者の視点からすると，消費される食物量の増加は，成長速度，発達速度，出生率，死亡率を低下させると予想される．しかしながら，この消費速度と消費者の利益の間の単純な関係を複雑にする要因も多い．

消費者は，単食性（ただひとつのタイプの餌を食べる）から広食性（多くのタイプの餌を食べる）までの連続体上に分類される．多くの消費者の好みは固定的である．他の食物タイプがどれだけ利用可能であるかとは無関係に，好みは維持されるのである．しかし，好みを切り替える（スイッチングする）ものも多く，ある餌品目が多いとき，それをその存在比率以上に多く食べる．いくつかの食物タイプを混ぜて食べることは，まず第一に，各食物タイプが，それぞれ別の望ましくない毒性の化学物質を含むため，有利と

なるだろう．もっと一般的には，ゼネラリスト戦略は，質の低い品目であっても，いったん出会えば，それらを無視して探索を続けるよりも，取り込むことで，エネルギーの損失を上回る利益を得ることができるならば，有利となるだろう．これについては，最適採餌理論という枠組で扱った．この理論のねらいは，特定の状況のもとで予測される動物の採餌戦略を予測することである．

食物は，普通，パッチ状に分布する．生態学者は，パッチに含まれる餌の密度や餌品目にばらつきがある場合の，消費者のパッチに対する好みに特別な興味を寄せてきた．本章では，消費者の集中分布につながる行動と，それによって生じた分布様式の特性について論じた．消費者が，高い収益のあるパッチほど長い時間を過ごすことの有利さは，理解しやすい．しかしながら，異なるパッチ間での詳細な時間配分は，微妙な問題を含む．それは，収益性の正確な差や，環境全体としての平均的な収益性，パッチ間の距離などに依存するのである．これら最適パッチ利用の理論が扱う問題を議論した．消費者にとって，捕食される危険性が同時に存在する場合，最適採餌理論と最適パッチ利用の理論のどちらの予測も，修正されなければならない．

第10章

捕食と個体群動態

10.1　はじめに —— 個体数変動のパターンとその説明の必要性

　ここで，捕食が，捕食者と被食者の個体群動態に及ぼす影響に話を移そう．これまでのデータを概観するだけでも，その影響にはさまざまなパターンがあることが分かる．捕食が餌の個体群動態に決定的な影響を与える場合がある．例えば，カリフォルニアの柑橘類産業にとって大きな脅威であった害虫，イセリアカイガラムシ（*Icerya purchasi*）は，ベダリアテントウ（*Rodolia cardinalis*）によって1880年代の終わりに事実上根絶された（第15章2.5節を参照）．一方，捕食者や植食者が餌生物の個体群動態や個体数に，はっきりとした影響を及ぼさない場合も多い．例えば，ハリエニシダ（*Ulex europaeus*）の繁茂を抑えるために，ホソクチゾウムシ（*Apion ulicis*）が世界各地に導入され，多くの場合うまく定着している．しかし，チリにおける状況はかなり典型的なもので，ゾウムシは生産された種子の半分以上，ときには94％も摂食するものの，ハリエニシダの侵入には何の効力も及ぼしていないのである（Norambuena & Piper, 2000）．

　捕食者と被食者の個体群が連係し，個体数が共振動しているような例もある（図10.1）．しかし，捕食者と被食者の個体数が，明らかに独立に変動している例の方がもっと多い．

　生態学の主な課題のひとつは，捕食者-被食者の個体数の変動様式についての理解を深め，それぞれの変動様式の違いを説明することである．しかし，どの捕食者と被食者も，それらだけの系として孤立しているわけでなく，多種から成り立つ系の一部であり，また，これら全ての種が環境条件からの影響を受けていることも明白である．こうしたさらに大きな枠組みでの問題は，第14章で扱うが，科学における複雑な過程が皆そうであるように，はっきりと区別でき概念的にも独立した要素をまず合理的に理解できなければ，全体の複雑さを理解することは不可能である．この場合は捕食者と被食者の個体群がそうした要素である．この章では，捕食者と被食者の相互作用がそれらの個体群動態にもたらす結果を扱うことにする．

　ここでは，相互作用する各構成要素からもたらされる効果を推定するために，まず単純なモデルを使う．そうして，要素が組み合わさった時の効果を理解する前に，各要素の単独の効果を洗い出す．次に，個々の場合について，その推論が支持されるかどうかを，野外や実験のデータを使って検討する．実は，予測が実際のデータで支持されない時，単純なモデルほど役に立つ．食い違いの原因を見い出しやすいからである．モデルの予測がデータと合致した場合は，その推論の正しさが確認されるが，データと食い違っていた場合には，別の説明を提出することによって理解が深まるのである．

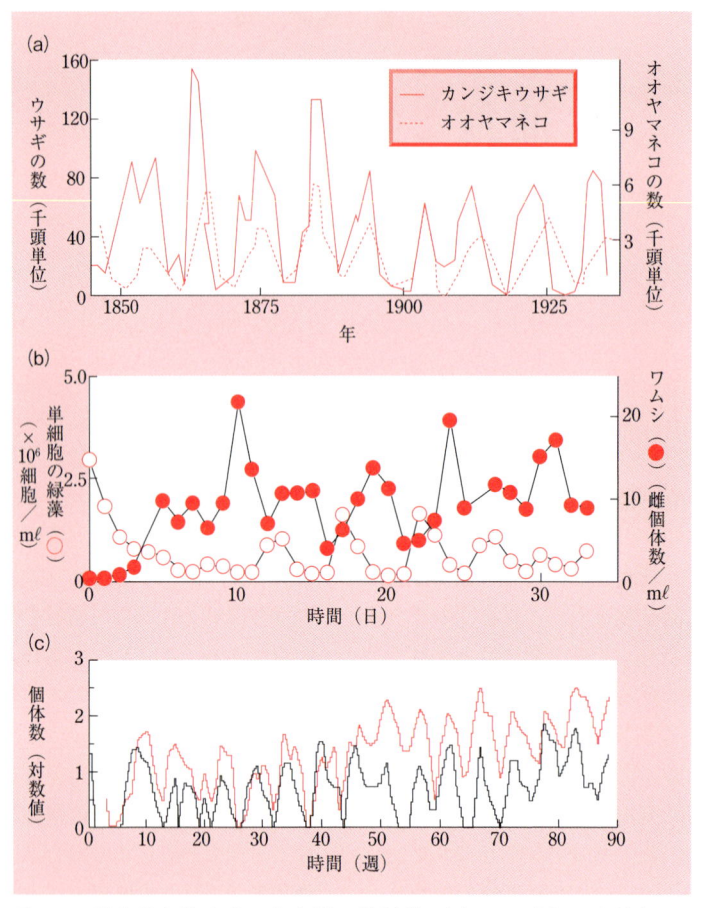

図10.1 捕食者と被食者の存在量の共振動.(a) カンジキウサギ (*Lepus americanus*) とカナダオオヤマネコ (*Lynx Canadensis*).ハドソン湾会社に持ち込まれた毛皮の数で示したもの.(MacLulick, 1937 より.)(b) 実験室内の培養系での単為生殖の雌のワムシ *Bracionus calyciflorus* (捕食者,●) と単細胞の緑藻 *Chlorella vulgaris* (被食者,○).(Yoshida *et al.*, 2003 より.)(c) 実験室内の捕食寄生者 *Venturia canescens* (—) と寄主のガ *Plodia interpunctella* ·(—).(Bjørnstad *et al.*, 2001 より.)

10.2 捕食者–被食者および植物–植食者の基本的な動態 —— 周期性の傾向

捕食者–被食者の動態を理解するために,これまで主に2つの系列のモデルが発展してきた.ここではそのどちらも検討しよう.最初のモデル(第2.1節を参照)は微分方程式に基づく(従って,連続的に増殖する個体群に適用しやすい)が,単純なグラフモデルに強く依拠している(Rosenzweig & MacArthur, 1963).もうひとつのモデル(第2.3節を参照)は,差分方程式を用いて離散世代から成る寄主–捕食寄生者の相互作用をモデル化している.後者のモデルは適用できる分類群に制約があるものの,厳密な数理的解析が行われてきたという利点があり,また,前に述べたように,捕食寄生者には重要な種も多い.この2つの系列のモデルは別々に説明されるが,捕食者–被食者の動態についての理解を深めるという共通の目的を持つものであることはもちろんのこと,離散系から連続系という,数理的アプローチの両極端としてとらえる

10.2.1 ロトカ-ヴォルテラ・モデル

最も単純な微分方程式モデルは，種間競争のモデルと同じく，その考案者の名にちなんで，**ロトカ-ヴォルテラ・モデル**（Lotka-Volterra model）と呼ばれている（Volterra, 1926; Lotka, 1932）．このモデルは出発点として有用である．それは2つの構成要素でできている．Pは捕食者（または消費者）の個体数であり，Nは被食者の動物か植物の個体数または現存量である．

消費者がいない場合，被食者個体群は指数関数的に増加すると仮定できる（第5.9節を参照）．つまり，

$$dN/dt = rN \tag{10.1}$$

しかし，被食者個体は捕食者によって取り除かれ，その速度は捕食者と被食者の遭遇頻度に依存する．遭遇は，捕食者の個体数（P）が増えるほど，また被食者個体数（N）が増えるほど増加するだろう．しかし，実際に遭遇し捕食される数は，捕食者の餌探索と攻撃の効率に依存すると考えられる．そこで，aを「探索効率」または「攻撃率」とすると（第9章を参照），餌の消費率（捕食に至った捕食者と被食者の遭遇頻度）は aPN となる．これを組み込むと，被食者個体群の変化は次式で表せる．

（ロトカ・ヴォルテラの被食者方程式）

$$dN/dt = rN - aPN \tag{10.2}$$

餌がなければ，捕食者の個体数は飢餓によって指数関数的に減少すると仮定する．

$$dP/dt = -qP \tag{10.3}$$

ここで，qは捕食者の死亡率である．捕食者には死亡とともに出生も生じるが，出生率は餌の消費率 aPN と，捕食者が餌を子に変換する効率 f に依存する．従って捕食者の出生率

（ロトカ・ヴォルテラの捕食者方程式）

は，$faPN$ となり，これを組み込んだ捕食者個体数の変化は次式で表せる．

$$dP/dt = faPN - qP \tag{10.4}$$

式10.2と10.4がロトカ-ヴォルテラ・モデルを構成する．

このモデルの特性は，**ゼロ成長線**（ゼロ等値線 zero isocline）を使って明らかにすることができる．第8章4.1節の2種間の競争モデルで述べたように，ゼロ成長線上では，個体数は定常状態にあり増加も減少もしない．ここでは，捕食者と被食者のそれぞれのゼロ成長線があり，被食者密度（x軸）と捕食者密度（y軸）のグラフ上に描くことができる．それぞれのゼロ成長線は，被食者が変化しない場合（$dN/dt = 0$；被食者ゼロ成長線），あるいは捕食者密度が変化しない場合（$dP/dt = 0$；捕食者ゼロ成長線）の，捕食者と被食者密度の組合せを表す直線である．例えば，被食者のゼロ成長線を描くと，この線の片側は被食者が減少するような組み合わせを，もう一方の側は増加するような組み合わせを示している．被食者と捕食者のゼロ成長線を同じ図上に描けば，両者を合わせた個体群動態のパターンを知ることができる．

被食者の場合（式10.2）については，$dN/dt = 0$ の時，

$$rN = aPN \tag{10.5}$$

または，

$$P = r/a \tag{10.6}$$

である．

r と a は定数であるから，被食者のゼロ成長線は P 自体が定数となる直線である

（ゼロ成長線が示す性質）

（図10.2a）．その線の下では捕食者の数は少なく，被食者は増加する．上では捕食者の数は多く，被食者は減少する．

同様に，捕食者については式10.4で，$dP/dt = 0$ の時，

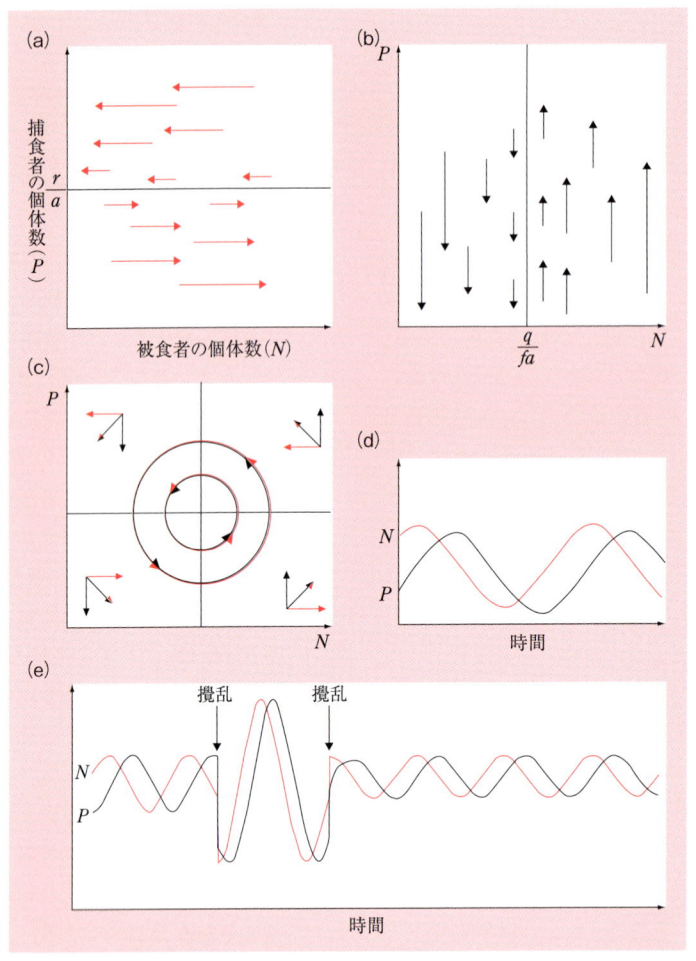

図10.2 ロトカ–ヴォルテラの捕食者–被食者モデル．(a) 被食者のゼロ成長線．捕食者密度 (P) が低いとき，被食者数 (N) は増加（左から右への矢印），高いとき，減少する．(b) 捕食者のゼロ成長線．捕食者数は，被食者密度が高いとき増加し（上向きの矢印），低いとき減少する．(c) ゼロ成長線を組み合わせ，矢印を組み合わせると，組み合わさった矢印は反時計回りに輪を描く．つまり，個体数の組み合わせは時間とともに，捕食者低密度 / 被食者低密度（c の左下）から，捕食者低密度 / 被食者高密度（右下），捕食者高密度 / 被食者高密度，捕食者高密度 / 被食者低密度を経て，再び捕食者低密度 / 被食者低密度に戻る．ただし，被食者が最も低密度となるのは（時計の 9 時），捕食者が最も低密度となる時（反時計回りで時計の 6 時）の，4 分の 1 周期分前である．この捕食者–被食者個体数の共振動は，(d) に時間と個体数の関係で表したように，いつまでも続く．しかし，(e) に示したように，この周期変動は中立安定性を示す．つまり，攪乱がなければ，振動が無限に続くが，攪乱があるたびに新たな個体数レベルに移って，平均値は同じだが振幅が異なる中立安定な周期変動を始める．

$$faPN = qP \tag{10.7}$$

または，

$$N = q/fa \tag{10.8}$$

である．このように捕食者のゼロ成長線では N が一定となる（図10.2b）．その線の左側では被食者の数が少なく捕食者は減少する．右では被食者の数が多く，捕食者は増加する．

2つのゼロ成長線を合わせると，この2つの個体群の挙動を示すことができる（図10.2c）．被食者の個体数が多いときには捕食者個体数は増加するが，それによって被食者に対する捕食圧が増加し，やがて被食者の個体数は減少する．すると，捕食者は餌不足となり，個体数が減少する．その結果，捕食圧は減少し，被食者の個体数が増加して，やがて捕食者の個体数が再び増加する（図10.2d）．こうして捕食者と被食者の個体群は個体数の「共振動」を永久に繰り返す．

このように，捕食者−被食者の相互作用が，被食者個体群の変動を追いかけるような捕食者個体群の変動（共振動）を生じさせる性質を基本的に持つことを示す上で，ロトカ−ヴォルテラ・モデルは有効である．しかし，このモデルの挙動の詳細については，あまり厳密に受け取るべきではない．このモデルは**中立安定性**（neutral stability）を示しており，構造的に不安定だからである．つまり，個体群はいつまでも正確に同じ周期的変動を続けそうに見えるが，外部からの攪乱があると，個体数は新たな軌道に移って，またいつまでも周期的変動を続けるだろう（図10.2e）．もちろん，現実には環境は常に変化しており，個体群はいわば「新しい軌道へと絶え間なく移行している」．従って，ロトカ−ヴォルテラ・モデルに従う個体群でも，繰り返し起こる攪乱のために不規則に変動して，規則的な周期的変動は示さないであろう．ひとつの周期が始まったかと思うとすぐに別の周期に移ってしまうのである．

共振動へ向かう傾向は構造的に不安定

ある個体群が，識別できる規則的な周期的変動を示すためには，周期そのものが安定でなければならない．安定であるためには，外部からの攪乱によって個体数レベルが変化した時，元の周期に戻そうとするような傾向がなければならない．実際には，これから見ていくように，捕食者−被食者モデルは（ロトカ−ヴォルテラ・モデルのきわめて限定された仮定から抜け出すことによって），現実の個体群調査によって見いだすことのできる安定点平衡，複数世代周期，1世代周期，カオスといったさまざまな個体数変動パターンを作り出すことができる．ここで課題となるのは，モデルが現実の個体群の挙動について，どのような洞察を与えることができるのかを見定めることである．

10.2.2　時間遅れのある密度依存性

共振動を生じさせる基本的なメカニズムは，一連の時間的遅れをともなう**個体数の反応**（numerical response），つまり一方の種の個体数に応答した他方の種の個体数の変化である．最初は「餌が多い状態」から「捕食者が多い状態」への遅れである．時間的な遅れは，捕食者個体数が被食者個体数に瞬時に反応できないために起こる．時間的な遅れは，「捕食者が多い状態」から「餌が少ない状態」の間にも存在し，また，「餌が少ない状態」から「捕食者が少ない状態」の間にも存在するだろう．したがって，実際に共振動が存在する場合でも，その振動の形は，異なる個体数の反応のさまざまな遅れと強度を反映しているだろう．確かに現実の個体群の見かけ上の共振動の形はさまざまであり，ロトカ−ヴォルテラ・モデルの振動のように対称形のものばかりではない（図10.1参照）．

これらの反応は密度依存的である（第5章2節を参照）．つまり，相対的に大きな個体群では個体数が減少し，小さい個体群では増加する．

個体数の反応

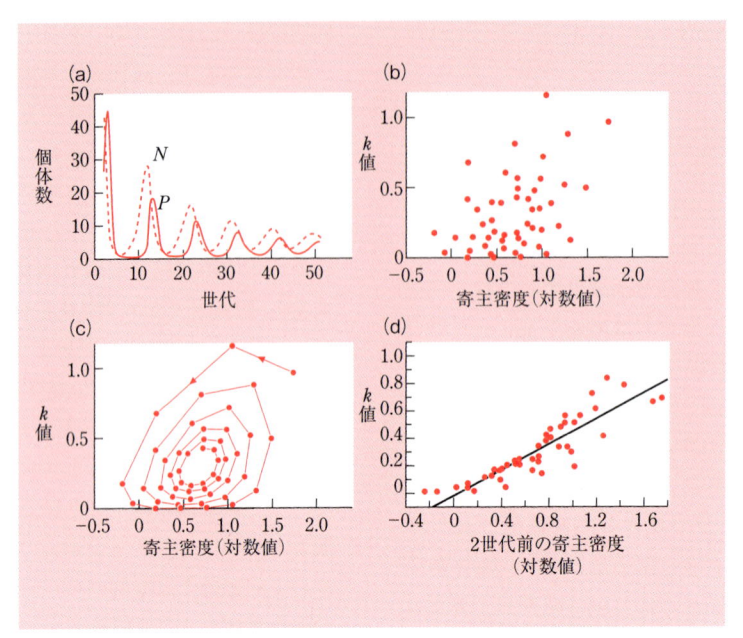

図10.3　時間的に遅れのある密度依存性．(a) 50世代にわたる捕食寄生者-寄主の変動モデル．振動はあるが，捕食寄生者は寄主個体群を調節する効果を持っている．(b) 同じモデルで世代ごと死亡率の k 値を寄主密度の対数に対してプロットしたが，密度依存的関係は現れていない．(c) (b)の点を世代から世代へと順につないだところ，反時計回りの螺旋が描かれた．これは時間遅れのある密度依存性の特徴である（Hassell, 1985による）．(d) 世代ごとの死亡率の k 値を2世代前の寄主密度の対数に対してプロットした．これも時間遅れのある密度依存性を明瞭に示している．

> 時間遅れの密度依存性の調節傾向を示すのは比較的難しい

Varley (1947) は，そうした反応を記述するために，**時間遅れのある密度依存性** (delayed density dependence) という用語を考案した．時間遅れのある密度依存的効果は，過去のある時点（遅れの分だけ遡った時点）の個体数に関係するもので，現在の個体数に関係するものではない（後者ならば直接的な密度依存性である）．直接的な密度依存性に比べ，時間遅れのある密度依存性の調節効果を示すのは難しい．このことを理解するために，図10.3aに示した捕食寄生者-寄主モデル (Hassell, 1985) の共振動を見てみよう．モデルの詳細を理解する必要はないが，モデルの個体群が減衰振動を示しており，振動がしだいに小さくなって安定平衡に向かっていることに注意しよう．このように，時間遅れの密度依存性にさらされる被食者の個体数は，捕食者によって調節されるのである．しかし，第5章6節で示した密度依存性を検出する方法を用いて，被食者のある世代における捕食による死亡率の k 値を，その世代の被食者密度の対数に対しプロットしても，明瞭な関係はみられない（図10.3b）．一方，それらの点をある世代から次の世代へと順に結んでいくと，反時計回りの渦巻きが描ける（図10.3c）．この渦巻きは時間遅れの密度依存性の特徴である．減衰振動であるため，渦は内側に向かって巻いている．さらに，2世代前の被食者密度の対数に対して捕食による被食者の死亡率の k 値をプロットすると，一般的な密度依存性の特徴である正の関係という形で，時間遅れの密度依存性を明瞭に示すことができる（図10.3d）．2世代分の遅れが，それより短い，あるいは長い遅れよりも明瞭な関係を示すということは，2

世代がこの場合にはもっとも正確な時間遅れの推定値であることの証拠である．

図 10.3 のモデル個体群では，時間遅れの密度依存性による調節効果の検出は比較的容易である．というのは，モデル個体群は自然環境の変動にさらされておらず，他の捕食者の密度依存的攻撃もなく，測定誤差による不確かさにも影響されないからである．しかしこのような質のよいデータは，自然個体群はもちろん，実験個体群についてもほとんど存在しない．第 14 章では，時間遅れのある密度依存的効果をいかに見い出し，それを個体数の決定要因という包括的な説明にいかに組み込むかという問題に立ち返る．しかし今のところは，捕食者−被食者相互作用における「調節」と「安定性」の関係に焦点をあてて検討しよう．自然の捕食者と被食者の個体群は，単純なモデルが示すほどの激しく規則的な変動は示していない．本章の残りの大部分は，こうしたパターンについての説明と，事例ごとの動態パターンの違いの説明に当てている．個体数がおおむね一定に保たれている個体群から，調節と安定をもたらす力の効果を証明することができる．捕食者−被食者の相互作用において，時間遅れのある密度依存性は「調節」効果を持つが，それは個体数が多いときには強く作用して個体数を減らすが，個体数が少ない個体群にはごく弱く作用するだけである．しかし，すでに見てきたように，このような調節は，通常，捕食者と被食者のどちらの個体数も安定化することはない．本章の残りの部分では，捕食者−被食者の相互作用に内在し，時間遅れのある調節の力を補足して安定性をもたらすような力を探すことにする．

10.2.3 ニコルソン–ベイリー・モデル

次に捕食寄生者について検討しよう．この基本モデル (Nicholson & Bailey, 1935) も，考え方は合理的だが，それほど現実的なものではない．H_t を世代 t の寄主の数，P_t を捕食寄生者の数，r を寄主の内的自然増加率とする（第 4 章 7 節を参照）．H_a を世代 t において捕食寄生者から攻撃される寄主の数とし，種内競争はなく，1 個体の寄主から捕食寄生者が 1 個体だけ育ち得る（実際にもこの形が多い）と仮定すると，

$$H_{t+1} = e^r (H_t - H_a) \quad (10.9)$$
$$P_{t+1} = H_a \quad (10.10)$$

これらの式は，寄生されなかった寄主が繁殖し，寄生を受けた寄主は捕食寄生者を生産する，ということを表している．

H_a の簡単な式を導くために，E_t を世代 t における寄主と捕食寄生者の遭遇回数とする．A を捕食寄生者の探索効率とすると，

$$E_t = A H_t P_t \quad (10.11)$$

すなわち，

$$E_t / H_t = A P_t \quad (10.12)$$

ここで，上式が式 10.2 と類似していることに注意して欲しい．ここでは捕食寄生者を扱っているので，一匹の寄主は何回も捕食寄生者と出会うことがあるが，最初の遭遇だけが寄生につながる（つまり 1 匹の捕食寄生者だけ発育する）．対照的に，捕食者は餌を除去してしまうので，捕食者が同じ餌と再び遭遇することはない．従って，式 10.2 は個体数でなく瞬間速度を扱っているのである．

もし遭遇がランダムに起こると仮定すると，捕食寄生者との遭遇回数が 0 回，1 回，機会的遭遇のモデル
2 回あるいはそれ以上の寄主の割合は，ポアソン分布の各項により与えられる（基礎的な統計学の教科書を参照のこと）．一度も遭遇しない割合 p_0 は e^{-E_t/H_t} となり，少なくとも 1 回遭遇する確率は $1 - e^{-E_t/H_t}$ となる．こうして，遭遇（攻撃）の数は次式で与えられる．

$$H_a = H_t (1 - e^{-E_t/H_t}) \quad (10.13)$$

この式と式 10.12 を式 10.9 と式 10.10 へ代入す

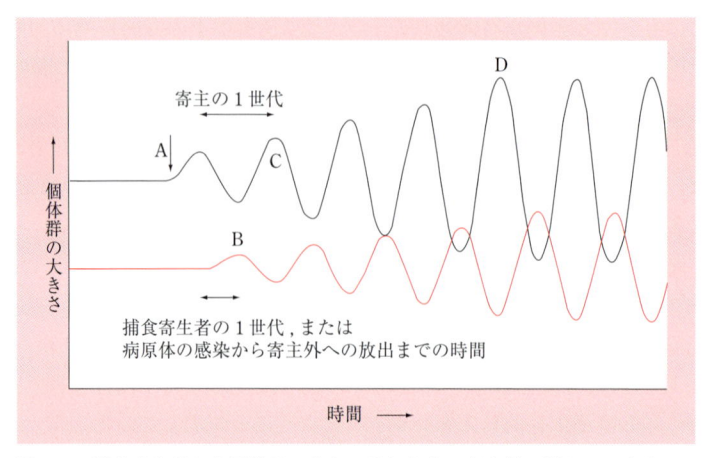

図10.4 捕食寄生者や病原体が，寄主やそれ自身の存在量に関して，寄主の1世代分の長さの周期変動をいかに引き起こすか，を示した模式図．このことが起こるには，捕食寄生者もしくは病原体は，寄主の世代の長さの約半分の長さの世代を持っていなければならない．機会的に寄主の存在量が増加すると（A），捕食寄生者の1世代後の存在量が押し上げられ（B），さらに寄主の1世代後の存在量も押し上げられる（C）．しかし捕食寄生者のピークBは，同じ時の寄主の谷間をもたらし，その寄主の谷間はCにおける捕食寄生者の谷間を深くし，その時の寄主のピークを高める．こうした相互的な強化は，Dのような時点で，永続的な寄主1世代分の周期の変動が成立するまで続く．(Knell, 1998による．Godfray & Hassell, 1989に基づく．)

るとそれぞれ次のようになる．

$$H_{t+1} = H_t e^{(r-AP_t)} \quad (10.14)$$
$$P_{t+1} = H_t(1-e^{(-AP_t)}) \quad (10.15)$$

これが寄主-捕食寄生者の相互作用についての基本的なニコルソン-ベイリー・モデルである．このモデルの挙動はロトカ-ヴォルテラのモデルと似ている．2つの個体群が平衡に達する場合もあるが，攪乱によって平衡からわずかにずれただけで，双方の個体群は共役した振動を始め，平衡点から離れてしまう．

10.2.4 一世代周期振動

基本的なロトカ-ヴォルテラとニコルソン-ベイリーのモデルから導かれる共役振動は，複数の世代にわたる周期である．すなわち，連続する2つのピーク（あるいは谷）の間に数世代が経過する．しかし，他の寄主-捕食寄生者（それに寄主-病原体）のモデルでは，ちょうど寄主1世代の長さを周期とする共役振動が得られる場合がある（Knell, 1998．例えば図10.1cを参照）．一方，そのような「世代周期振動」は捕食者-被食者相互作用以外の理由，とくに個体群内の齢群間の競争の結果としても起こりうる（Knell, 1998）．

捕食者-被食者の世代周期振動は，捕食寄生者の世代の長さが寄主の半分の時に必ず起こるが，実際にもそのような場合が多い．寄主個体数のどんな小さなピークも，1世代後の寄主に個体数のピークをもたらす傾向がある．しかし，これに付随した捕食寄生者個体数のピークは，寄主の1/2世代後に現れ，寄主の2つのピークの間には谷ができる．この寄主の谷はさらに次の寄主の谷を1世代後に生じさせるが，捕食寄生者の谷は寄主の次のピークと一致する．このように，捕食寄生者は「飽食」と「飢饉」を交互に経験するが，それによって寄主個体数のピークと谷が強調され，1世代の周期性が促進されるのである（図10.4）．

10.2.5　自然界での捕食者・被食者周期振動 —— それは実在するのか

　捕食者と被食者の相互作用が双方の個体数の振動をもたらす性質を内在していることから，かつては，そのような振動が実際の個体群で起るものと予想されていた．しかし，捕食者と被食者には，これまでのモデルでは考慮されていない重要な生態的側面が数多くある．これから述べるように，そうした側面によって予想は大幅に変わってしまう．仮にある個体群が規則的な振動を示すとしても，それがロトカ-ヴォルテラやニコルソン-ベイリー・モデルなどの単純なモデルを支持する根拠になるとは限らない．第5章8節では，種内競争によってもたらされる周期変動を学んだが，この後の章では，周期変動をもたらす他の過程も学ぶことになる (Kendall *et al.*, 1999 も参照)．しかしここでは，簡潔に，捕食者か被食者が規則的な個体数の周期変動を示したとしても，それが捕食者-被食者の周期変動であることを示すのは決して容易ではない，ということを押えておくことが重要である．

　ウサギとオオヤマネコ —— 見かけほど単純な捕食者と被食者ではない　図 10.1a に示したカンジキウサギとカナダオオヤマネコの個体数の規則的な振動は，捕食者-被食者の周期変動の典型的な例とされてきた．しかし，近年の研究で，この一見明解な例ですら，見かけほど単純なものではないことが示されている．野外でどのような作用が通常働いているのかを知るには，実験操作が有効な手段である．いずれかの作用を除去したり強めたりして，周期性が消失するか，強化されるかを見るのである．一連の野外実験で得られた結論は，周期性を示すウサギは，オオヤマネコ(およびその群集内の他の捕食者)の単なる餌ではなく，かつ，餌である植物資源の単なる捕食者でもない．従って，周期変動は餌・捕食者としてのウサギの相互作用を両方考慮して始めて理解できるのである (Krebs *et al.*, 2001)．さらに，最新の統計解析で個体数の時系列を調べた結果，ウサギの時系列はかなり複雑な特徴 (signature) を含み，その捕食者と餌の両方から影響を受けているが，一方のオオヤマネコの時系列は単純な特徴を含み，その餌 (ウサギ) の影響だけを受けていることが示唆されている (Stenseth *et al.*, 1997；第 14 章 5.2 節も参照せよ)．捕食者-被食者の周期変動として報告されている例の多くは，捕食者と被食者を兼ねる種と，その種を餌とする捕食者についてのもののようである．

　図 10.1c には，寄主のノシメマダラメイガ ガと2種の天敵 *Plodia interpunctella* と捕食寄生者コクガヤドリチビアメバチ *Venturia canescens* の見かけ上共役した1世代周期変動が示されている．この例は，すぐに捕食者-被食者の周期性だと結論してしまいそうになるが，それは危険である．というのは，寄主を天敵なしで単独で飼育したり，別の天敵である顆粒ウイルスと一緒に飼育しても，やはり世代の長さに対応した周期性を示すのである (図 10.5)．しかし，ウサギ-オオヤマネコの時系列に適用した方法と類似したものを用いて，図 10.1c の周期変動が実際に共役した振動であることを確かめることは可能であった (Bjørnstad *et al.*, 2001)．寄主単独の周期変動は単純に種内競争だけの特徴を含み，ウイルスはこのパターンを調整するが，基本構造を変えることはない (つまり図 10.5 のパターンは捕食者-被食者の周期性ではない)．ところが，図 10.1c の寄主・捕食寄生者の周期変動は，双方とも，同じ複雑な特徴を持ち，密接に関連した捕食者-被食者相互作用があることを示している (第 12 章 7.1 節も参照せよ)．

　周期変動，とりわけ上で論議した周期変動のいくつかに関する疑問については，さまざまな生物的・物理的要因がいかに個体群の個体数のレベルとパターンを決定しているかに関するさらに一般的な探究の一部として，再度扱う．

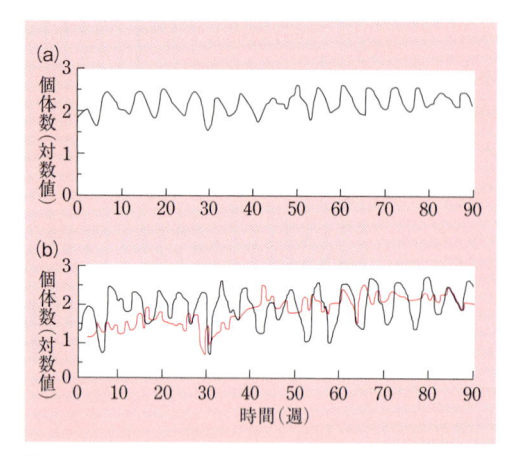

図10.5 ノシメマダラメイガ（*Plodia interpunctella*）（実線）が，(a) 単独でいる場合と，(b) 顆粒ウィルス（色付の線）の感染があるときの，寄主1世代の長さの周期変動。図10.1cの動態と比較せよ。見かけ上はパターンが似ているものの，(a) のパターンは種内競争に起因し，(b) のパターンは単に (a) のパターンが変調されたもので，捕食者-被食者の周期変動ではないことが，分析の結果分かっている。しかし，図10.1cは捕食者-被食者の周期変動である。(Bjørnstad et al., 2001 より。)

10.3 混み合い効果

これまでにモデルで扱ってきた捕食者-被食者相互作用において明らかに欠落しているものは，被食者の個体数が他の被食者によって制限され，また捕食者の個体数が他の捕食者によって制限されることに関する認識である。被食者は個体数が増えると種内競争に影響されるようになり，捕食者でも高密度になると，例えば休息場所の不足や，自らの安全な退避場所の不足など，最も明白な資源である被食者との相互作用とはかけはなれた要因によって個体数が制限される。

相互干渉 これまでに論じてきたモデルでは，一般的に，捕食者は被食者の個体数だけに依存する速度で被食者を消費すると仮定されている（例えば，式10.2では捕食者1個体当りの消費速度は単純に aN である）。実際には，消費速度は捕食者自身の個体数にも依存することが多いだろう。餌の不足，つまり捕食者当りの被食者の個体数の不足は，捕食者密度が増加するにつれ，個体当りの消費速度の減少をもたらすことは明らかである。しかし，食物が制限されていなくても，相互干渉（Hassell, 1978）と総称される多くの過程によって，消費速度は低下しうる。例えば，多くの消費者は行動的に個体群中の他個体と関係し，その結果，摂食の時間が減少して全体的な摂食速度が低下する。一例として，ハチドリは豊富な蜜源を，活発かつ攻撃的に防衛する。また，消費者密度が増加すると，移出率が増加したり，（カモメがするように）他個体から餌を盗む消費者の割合が増加したり，被食者自身が消費者の存在に反応して捕まえられにくくなるかもしれない。こうしたメカニズムのどれによっても，捕食者密度の増加とともに消費速度は低下してしまう。例えば，図 10.6a では，カニ *Carcinus aestuarii* がイガイ *Musculista senhousia* を食べるさいに，密度が低いときでも，個体数とともに消費速度が減少することが示されている。図10.6b では，合衆国ミシガン州ロイヤル島国立公園でオオカミ *Canis lupus* がヘラジカ *Alces alces* を狩る速度は，オオカミの個体数が最大のときに最小となることが示されている。

10.3.1 ロトカーヴォルテラ・モデルでの混み合い

種内競争の効果，そして捕食者の密度増加にともなう消費速度の減少の効果は，ロトカーヴォルテラ・モデルにおける捕食者-被食者のゼロ成長線を修正して調べることができる。種内競争を被食者のゼロ成長線に組み込む方法は Begon et al. (1990) に詳しく述べてあるが，それをここで詳しく説明しなくても，図10.7a に示した最終的な結果は理解できる。被食者密度が低い時には種内競争はなく，被食者のゼロ成長線はロトカーヴォルテラ・モデルの場合と同じく水平である。しかし，密度が上昇すると，

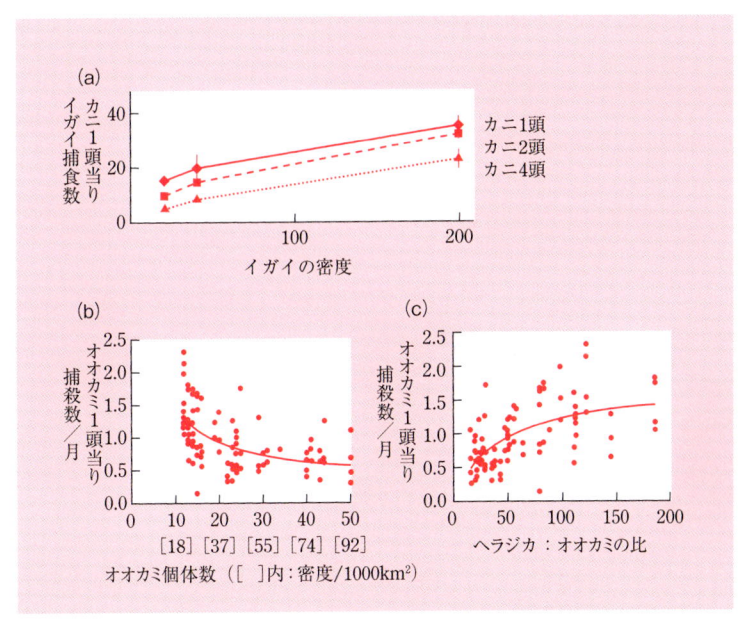

図 10.6 (a) イガイ *Musculista senhousia* を食べるカニ *Carcinus aestuarii* の相互干渉. ◆カニ 1 頭. ■2 頭. ▲4 頭. カニの個体数が多いほど，1 頭当りの消費速度は低下する．(Mistri, 2003.) (b) ヘラジカ *Alces alces* を狩るオオカミ *Canis lupus* の間の相互干渉．(c) 同じデータで，オオカミの捕殺速度をヘラジカ：オオカミ比に対してプロットした．曲線は，捕殺速度がこの比に依存するが，ヘラジカ密度が高いとオオカミは「満腹する」ことを仮定して当てはめたものである（第 4.2 節を参照）．この当てはめ曲線は，捕殺速度が捕食者密度だけ（(b) のように）や，被食者密度だけに依存する場合よりも適合している．((b) と (c) は Vucetich *et al.*, 2002 より.)

種内競争の効果によって，ゼロ成長線より下だった被食者密度（被食者増加）がゼロ成長線の上（被食者減少）に押し上げられる状況が増加していく．こうして，ゼロ成長線は環境収容力（K_N）のところまで徐々に下がり，被食者の軸に達する．密度 K_N の時，被食者は，捕食者がいなくてもその個体数に留まるだけである．

（混み合いとロトカ-ヴォルテラ式のゼロ成長線）

すでに見てきたように，ロトカーヴォルテラ・モデルの捕食者ゼロ成長線は垂直である．これ自体は，捕食者個体群の個体数が増加する能力は，捕食者の個体数とは無関係に，被食者の個体数そのものによって決まるという仮定を反映している．しかし，捕食者間の相互干渉が増加すると，個体の消費速度は捕食者個体数とともに減少するので，捕食者個体群を同じ大きさに保つには，他の被食者が必要になるだろう．そこで，捕食者のゼロ成長線は垂直から離れていくだろう（図 10.7b）．さらに，高密度では，他の資源をめぐる競争によって，被食者個体数とは無関係に，捕食者個体群の上限（水平のゼロ成長線）が設けられるだろう（図 10.7b）．

別の修正方法は，消費速度が利用できる被食者の個体数だけに依存するという仮定を （比に依存した捕食）
止めて，替わりに比に依存した捕食を仮定することである（Arditi & Ginzburg, 1989）．ただし，この代替法には批判もある（Abrams, 1997; Vucetich *et al.*, 2002 を参照）．この場合，消費速度は捕食者に対する被食者の比に依存し，捕食者の個体数が増加するのは，この比がある一定値を超えた場合である．この比は，原点を通る

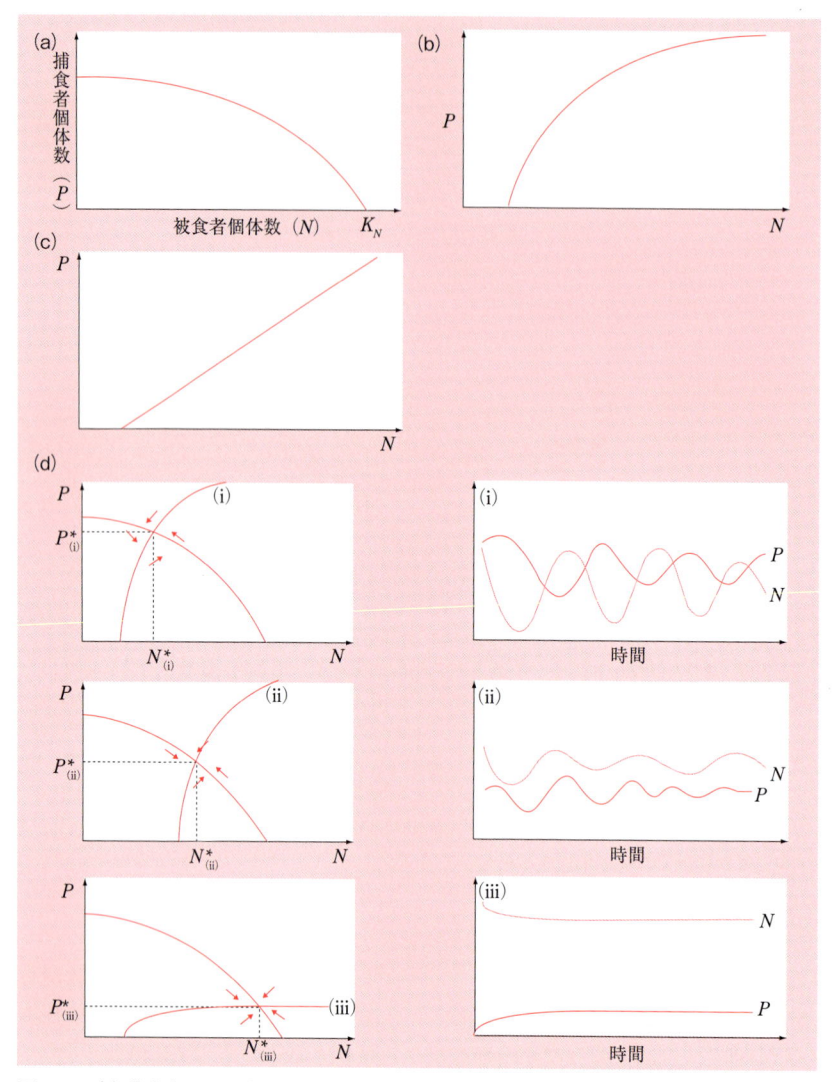

図10.7 (a) 被食者のゼロ成長線に及ぼす混み合いの影響. 被食者密度が低い場合はロトカ・ヴォルテラ・モデルと同じだが, 密度が環境収容力 (K_N) に達すると, 捕食者が全くいなくてもその密度に保たれる. (b) 捕食者のゼロ成長線に及ぼす混み合いの影響 (本文参照). (c) 被食者：捕食者比に依存する捕食がある場合の, 捕食者のゼロ成長線. (d) 被食者と捕食者のゼロ成長線を組み合わせ, 異なるレベル ((i), (ii), (iii)) の混み合いとの関係を見た図. P^* は捕食者の平衡個体数, N^* は被食者の平衡個体数. 組み合わせ (i) は最も安定性が低く (最も振動が長く続く), 最も捕食者が多く, 被食者が少ない. 捕食者は相対的に効率が高い. (ii) のように捕食者の効率が悪いと, 捕食者の個体数は減り, 被食者の個体数は増加して, 振動は長く続かない. (iii) では, 捕食者の強い自己制御で振動は全く起こらないが, P^* は小さく, N^* は K_N に近い.

対角線のゼロ成長線で表される（図10.7c）．比に依存した捕食の証拠としては，例えば，図10.6cに示したオオカミとヘラジカの例がある．

ここで，捕食者と被食者のゼロ成長線を合わせることによって，いずれかの個体群の混み合い効果が及ぼす影響を推論することができる（図10.7d）．ここでも，振動は長期にわたって明瞭に現れるが，もはや中立安定性を示さない．振動は次第に弱まり，個体数は安定平衡に収束する．従って，捕食者−被食者の相互作用において，どちらか片方，または両方の個体群が混み合いによる制限を受けている場合には，個体数は比較的安定に保たれ，変動幅も小さいと考えられる．

混み合いは動態を安定化する

特に，捕食者の効率が相対的に悪く，その個体群維持に多くの被食者が必要な時（図10.7dの曲線(ii)），振動は急速に減衰するが，被食者の個体数の平衡値（N^*）は，捕食者がいない時の平衡値（K_N）より著しく小さくなることはない．逆に捕食者の効率がよい場合（曲線(i)），N^*はずっと小さくなり，捕食者の平衡密度P^*は高くなる．しかし，両者の相互作用はそれほど安定ではなく，振動が比較的長く持続する．さらに，捕食者が強く自己調節されている時，個体数振動はまったく起こらないだろう（曲線(iii)）．この時，P^*は小さくなるが，N^*がK_Nよりずっと小さくなることはない．このように，混み合い効果のある相互作用では，対照的な2つのパターンが存在するようである．つまり，捕食者密度が低くなり，被食者の個体数がそれほど影響を受けず，両者の個体数が安定に保たれるパターンと，捕食者密度が高くなり，餌の個体数が著しく抑えられているが，個体数がそれほど安定しないパターンである．（図10.7dは比に依存した捕食を用いていないが，ここで必要になる比に依存したモデルでの急な傾きの捕食者ゼロ成長線（もっと効率的な捕食）は，図の原点に近い所から始まるゼロ成長線で表される．つまり曲線(ii)よりも曲線(i)の方に近い．）

ニコルソン−ベイリー・モデルを修正して，単純なロジスティック式による寄主間の混み合い効果を組み込んだり，あるいは捕食者間の相互干渉を組み込んだ場合にも，基本的にはよく似た結論が得られる（Hassell, 1978）．

捕食者−被食者動態における自己制御（self-limitation）の安定化効果を実証するデータを示すのは難しい．それは単純に，そうした自己制御を持つ個体群と，持たない個体群のセットの動態を比較することが不可能だからである．一方で，ここで論議した自己制御の安定化の力がふつうに見られるのと同じく，比較的安定な個体群動態を示す，捕食者と被食者の個体群は多く存在する．例として，北極圏に広く分布する主に植食性の齧歯類の2つのグループ，ハタネズミ類（タビネズミ，ハタネズミ）とジリスを取り上げよう．ハタネズミ類は個体数の劇的な周期変動で有名である（第14章を参照）．一方，ジリスの個体群は，とくに開けた草地やツンドラの生息場所では，個体数が毎年ほぼ一定である．そうした生息場所では，ジリスの個体群は，利用できる餌の量，穴掘りに好適な場所，そして自らの間おき行動によって強く自己制御されているようである（Karels & Boonstra, 2000）．

しかしながら，Umbanhowar et al.(2003)による寄主のヒメシロモンドクガ属の一 相互干渉は実際にどれほど重要か
種 *Orgyia vetusta* を攻撃する寄生蜂 *Tachinomyia similis* についての野外研究で，相互干渉の証拠を見つけられなかったことには注意しなければならない．相互干渉の強さは捕食者を人工的な飼育容器で採餌させると誇張されてしまうのかもしれない．このことは，一般論として，モデルや室内実験で威力を発揮する生態学的作用は，自然個体群では取るに足らぬものであることも多いということを認識させてくれる．それでも，多様な形の自己制御がしばしば捕食者−被食者動態のあり方を決めることに主要な役割を果たしていることは，疑う余地がない．

10.4 機能の反応

ここまでで捕食者の消費速度と捕食者自身の個体数の関係を検討したが，ここでは被食者の個体数が捕食者の消費速度に及ぼす影響，いわゆる**機能の反応**（functional response）（Solomon, 1949）に話を移そう．以下には，機能の反応の3つの主要な型（Holling, 1959）を紹介し，その後で，それらがどのように捕食者-被食者動態を変更するかを取り扱う．

10.4.1 タイプ1の機能の反応

最も基本的な**タイプ1**の機能の反応は，ロトカ-ボルテラ式で仮定しているのと同じで，消費速度は餌密度とともに直線的に増加する（式10.2では定数 a で表されている）．一例を図10.8に示す．オオミジンコ *Daphnia magna* が酵母菌を消費する速度は，細胞密度を変化させると直線的に増大する．これは，ミジンコが濾過器官を通して一定量の水から酵母菌を濾しとるので，取り込む量が餌の濃度に応じて増加するからである．しかし，1 mℓ 当り10万細胞以上の濃度では，ミジンコはどんなに多くの細胞を濾過しても，濾過したすべてを飲み込むことができない．従って，濃度に関係なく，最大（上限）速度で餌を摂取したのである．

10.4.2 タイプ2の機能の反応

最も頻繁に見られる機能の反応は**タイプ2**で，消費速度は餌密度とともに上昇するが，上限に近づくほど上昇率は減少し，上限では餌密度に関係なく消費速度は一定である（すでに示したように，タイプ1の反応にも上限が存在する．違いは，タイプ2での漸減的な上昇と，タイプ1の直線的な上昇の間にある）．図10.9では，タイプ2の反応を，肉食者，植食者，捕食寄生者について示してある．

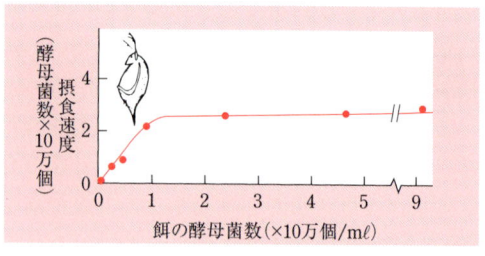

図10.8 オオミジンコ *Daphnia magna* における，異なる密度の酵母菌 *Saccharomyces cerevisiae* に対するタイプ1の機能の反応．（Rigler, 1961より．）

タイプ2の機能の反応は，捕食者が消費する餌のそれぞれを処理するのに一定の時間（つまり，餌を追い，倒し，食べて，次の探索の準備を整えるための時間）を割かなければならないという事実に留意すれば理解できる．餌の密度が高いほど，餌を見つけるのは容易になる．しかし，1つの餌を処理するには，やはり同じ時間がかかる．従って餌全てを処理する時間は捕食者が持つ時間のますます多くの割合を占めることになる．やがて，高い餌密度で，捕食者は持っている時間の実質すべてを餌の処理に使うことになる．それゆえに，消費速度は，利用できる総時間の中で処理に割り当てることのできる最大回数によって規定される最大値（上限値）に近づき，到達する．

> タイプ2の反応と処理時間

探索時間 T_s の間に捕食者が食べることのできる餌の数 P_e と，餌の密度 N の関係は，次のように導くことができる（Holling, 1959）．P_e は，探索に使える時間とともに増加し，また，餌密度とともに増加し，さらに捕食者の探索効率もしくは攻撃速度 a とともに増加する．従って，

$$P_e = aT_s N \qquad (10.16)$$

> ホリングのタイプ2の反応式

しかし，探索に使える時間は，餌の処理に時間を割く必要があるので，総時間 T よりも少ないだろう．T_h を各餌の処理時間とすると，餌の処理に使う時間の合計は $T_h P_e$ となり，

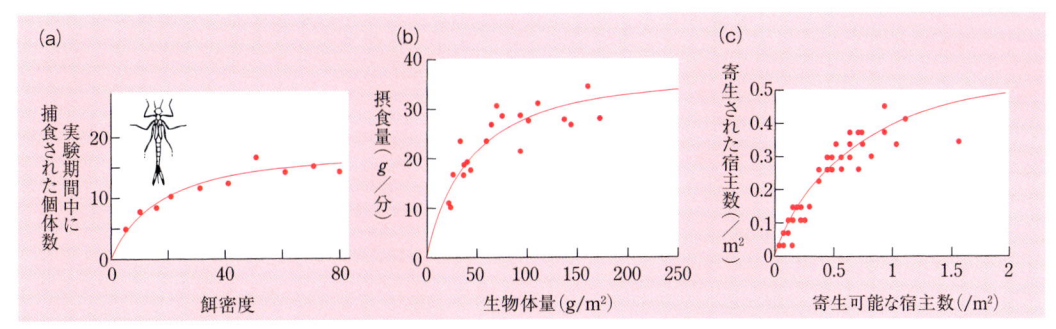

図 10.9 タイプ 2 の機能の反応．(a) ほぼ一定の大きさのミジンコ *Daphnia* を食べるイトトンボの 1 種 (*Ishnura elegans*) の 10 齢幼虫．(Thompson, 1975 より．) (b) スゲ *Carex atherodes* を食べるアメリカバイソン (*Bison bison*)．一連のスゲの生物量の密度に対して示した．(Bergman *et al*., 2000 より．) (c) タバコガ *Heliothis virescens* を攻撃する捕食寄生者 *Microplitis croceipes*．(Tillman, 1996 より．)

$$T_s = T - T_h P_e \qquad (10.17)$$

となる．これを式 10.16 に代入すると，

$$P_e = a\,(T - T_h P_e)\,N \qquad (10.18)$$

が得られる．さらに，変形すると，

$$P_e = aNT/(1 + aT_h N) \qquad (10.19)$$

となる．

この式は特定の時間間隔 T の間に摂食される量を表す式で，この時間間隔の間，餌密度 N は一定であると仮定されていることに留意しよう．実験においては，食べられた餌の分を補充すればこのことは保証されるのだが，実際に餌密度が捕食者によって減少してしまう場合には，もっと洗練されたモデルが必要になる．そうしたモデルは Hassell (1978) が記載しており，また，データから攻撃速度と処理時間を推定する方法を論じている (Trexler *et al*., 1988 はデータに機能の反応曲線を当てはめる際の一般的な問題を論じている)．

タイプ 2 の反応を導く他の場合　すべてのタイプ 2 の機能の反応が処理時間の存在で説明できると考えるのは間違いである．例えば，餌がさまざまな質のものを含む場合，高密度に餌があると，質の良い餌を少数食べる傾向があるかもしれない (Krebs *et al*., 1983)．あるいは，高密度では捕食者は混乱して，効率が下がるかもしれない．

10.4.3　タイプ 3 の機能の反応

タイプ 3 の機能の反応は図 10.10a-c に示されている．餌密度が高いときには，タイプ 2 の反応に類似しており，その理由は同じである．餌密度が低いときには，タイプ 3 の反応では，消費速度が餌密度の上昇とともに直線的増加ではなく加速的な増加を示す．従って，タイプ 3 の反応は，全体としては「S 字型」もしくは「シグモイド型」の形をとる．

タイプ 3 の反応をもたらす過程で重要なもののひとつは，捕食者が**スイッチング**を示す場合である (第 9 章 5.2 節を参照)．図 9.15 と図 10.10 の類似性は明白である．違いがあるのは，スイッチングの議論は餌の種類の相対的な密度に注目しているのに対し，機能の反応では 1 種類の餌の絶対的密度を基にしているという点である．しかし，実際には，絶対的密度と相対的密度は密接に相関している場合が多いので，しばしばスイッチングがタイプ 3 の機能の反応をもたらす場合も多いと考えられる．

もっと一般的には，餌密度の増加が消費者の**探索効率 a の上昇**をもたらすか，あるいは**処理時間 T_h の減少**をもたらす場合には，タ

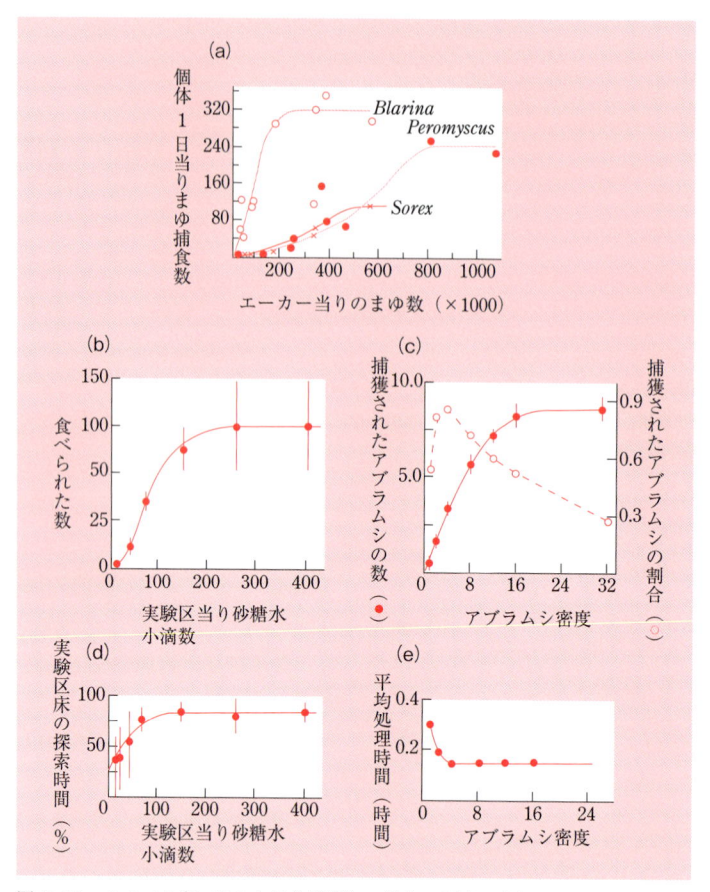

図 10.10 タイプ3（シグモイド曲線型）の機能の反応．(a) カナダのオンタリオ州での，マツノキハバチ Neodiprion sertifer の野外の密度変異に対するトガリネズミ類（Sorex, Blarina）とシロアシマウス Peromyscus の反応．(Holling, 1959 より．) (b) 砂糖水の粒を摂取するミヤマクロバエ Calliphora vomitoria．(Murdie & Hassell, 1973 より．) (c) プラタナスアブラムシ Drepano-siphum platanoidis を攻撃するツヤコバチの一種 Aphelinus thomsoni．低い餌密度では密度依存的に餌の死亡率が上昇し（---），反応曲線を押し上げる（—）．(Collins et al., 1981 より．) (d) 図 (b) の反応が起こる仕組み．ミヤマクロバエの探索効率は「餌」（砂糖水の粒）密度の増加とともに高くなる．(Murdie & Hassell, 1973 より．) (e) 図 (b) の反応が起こる仕組み．ツヤコバチの処理時間はアブラムシ密度の上昇とともに短くなる．(Collins et al., 1981 より．)

イプ3の機能の反応は必ず生じるだろう．こうした状況では，その2つの変数が消費速度を決めるからである（式 10.19）．図 10.10a の小型哺乳類はハバチの繭が豊富になるほど探索像を発達させるようである（つまり効率がよくなる）．ミヤマクロバエ Calliphora vomitoria は餌密度が高いほど，「餌」を探索するのに割く時間を増やし（図 10.10d），効率も上げている．一方，ツヤコバチの一種 Aphelinus thomsoni（図 10.10c）は餌のプラタナスアブラムシの密度が増すにつれ平均処理時間が減少する（図 10.10e）．各々の場合，結果的にタイプ3の機能の反応がもたらされている．

10.4.4 機能の反応の個体群動態への帰結とアリー効果

タイプ3の反応は安定化の効果を持つが，実際には重要でないかもしれない

異なるタイプの機能の反応は，個体群動態に対してそれぞれ異なった効果を持つ．タイプ3の反応では，低い餌密度で捕食速度が小さい．このことは，被食者は低密度のとき，実質的に捕食者密度にかかわらず個体数が増加しうることを意味し，被食者のゼロ成長線は被食者が低密度のとき垂直に立ち上がる（図10.11a）．これによって相互作用はかなり安定化しうるが（図10.11a，曲線(i)），そうなるためには，捕食者は低い餌密度でも効率がよくなければならないだろう（つまり，うまく生き延びることが可能でなければならない）．これはタイプ3の反応のそもそもの概念（低密度では餌を無視する）に矛盾する．従って，図10.11aの曲線(ii)の方が実際にはありそうで，タイプ3の反応の安定化効果は，実質的にほとんど重要ではないかもしれない．

一方，1種の捕食者が複数の被食者の種（餌種）の中で捕食対象を切り換えることで，個々の餌種に対してタイプ3の機能の反応を示す場合，捕食者の個体群動態は個々の餌種の量とは独立であり，ゼロ成長線の位置は各餌種の密度にかかわらず一定となる．図10.11bが示すように，これによって潜在的には捕食者が餌種を安定的に低密度に調節することが可能となる．

スイッチング，安定化，スカンジナビア半島とフィンランドのハタネズミ類

この実例と考えられるのが，ヨーロッパにおけるハタネズミの周期性である(Hanski *et al.*, 1991；第14章6.4節も参照)．亜寒帯に位置するフィンランドのラップランドでは，ハタネズミの個体数は，最大・最低密度の比が100倍を越える，4～5年周期の規則的な変動を示す．しかし，スウェーデン南部では，小型齧歯類の個体群は規則的な複数年の周期的変動を示さない．この2つの地域の間では，北から南に向かって変動の規則性・振幅・周期は次第に減少していく．Hanskiらは，この勾配はゼネラリストの捕食者（特にアカギツネ，アナグマ，イエネコ，ノスリ，モリフクロウ，カラス）とスペシャリストの捕食鳥（特に他のフクロウ，チョウゲンボウ）の密度の増加と対応していると考えている．ゼネラリストは相対密度の変化に合わせて餌種を切り替える．スペシャリストは移動能力が高く，被食者密度の変化に応じて採餌域を切り替える．どの場合でも，捕食者の動態は実質的にハタネズミ類の個体数には依存せず，図10.11bに示したようにシステムを安定化するだろう．実際，Hanskiらはスペシャリストの捕食者（エゾイタチとイタチ）とゼネラリスト（餌種を切り替える）の捕食者の双方と相互作用を持つ餌種（ハタネズミ）の簡単なモデルを作り，彼らの主張が成り立つことを示すことができた．ゼネラリストが増えるほど，ハタネズミとイタチの個体数の振動（それはハタネズミの周期的変動の本質かどうか不明）の周期と振幅は小さくなり，切り替えをするゼネラリストの密度が十分高ければ周期的変動は完全に安定化されたのである．

タイプ2の反応とアリー効果は不安定化の効果を持つが，必ずしも重要ではない

タイプ2の反応に戻って，捕食者が，比較的低い(K_Nより十分低い)餌密度で上限に達するような反応を持っている場合，被食者のゼロ成長線は山型となる．これは，中間的な餌密度において，捕食者が餌密度の増加に対して効率的に反応できず，一方で被食者間の競争の効果が強くないからである．ゼロ成長線の山は被食者がアリー効果を受ける場合にも見られる．アリー効果は，個体群密度が低い時，その個体群への加入率が極端に低くなる場合に起こる．これは配偶者を見つけるのが困難であったり，資源を有効利用するには「最低限必要な個体数」を越えなければならないために生じる．つまり，個体

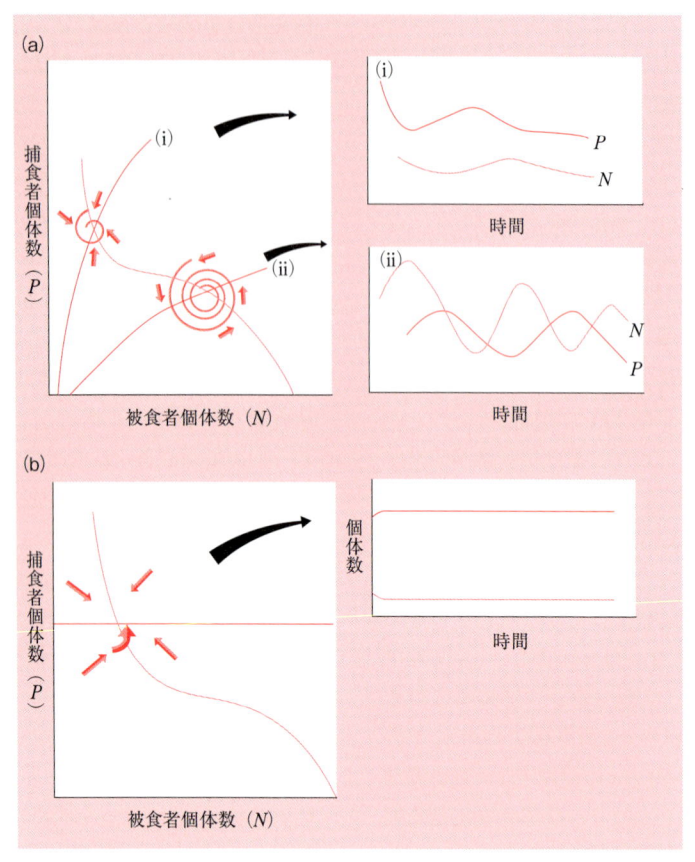

図10.11 (a) この被食者ゼロ成長線は，タイプ3の機能の反応や，集中反応（および部分的な隠れ場所），実際の隠れ場所，あるいは食べられない植物の貯蔵器官などが存在するために，被食者密度が低く，消費速度が特に遅くなる場合に妥当なモデルを表す．相対的に効率の悪い捕食者では，(ii) の捕食者のゼロ成長線があてはまり，その結果は図10.7のものと異ならない．しかし，効率のよい捕食者でも，低い密度で存続することができるだろう．従って，(i) の捕食者のゼロ成長線は妥当なもので，被食者の密度が環境収容力よりはるかに低く，捕食者密度が比較的高い安定な個体数のパターンを導く．(b) 捕食者のスイッチング行動によってタイプ3の機能の反応が生じるときには，捕食者の個体数はどの餌タイプの密度とも無関係になり（左の図），捕食者のゼロ成長線は水平の線となるだろう（被食者密度によって変わらない）．この場合，被食者密度が環境収容力よりはるかに低い密度で維持される，安定なパターンが生じる（右の図）．

群密度が低い時に，密度逆依存性がある場合である（Courchamp *et al.*, 1999）．もし捕食者のゼロ成長線が山の右を通ると，相互作用の動態はほとんど影響を受けない．しかしそのゼロ成長線が左を通ると，収束する減衰振動ではなく永続的な振動が起こる．つまり，相互作用は不安定になる（図10.12）．

しかし，タイプ2の反応にこの効果を持たせるには，被食者自身が競争の影響を強く受ける被食者密度よりもはるかに低い被食者密度において，捕食者が消費速度の大幅な減少を経験する必要があるだろう．これはありそうにないことである．従って，タイプ2の反応の潜在的な不安定化効果は，実際にはあまり重要ではない

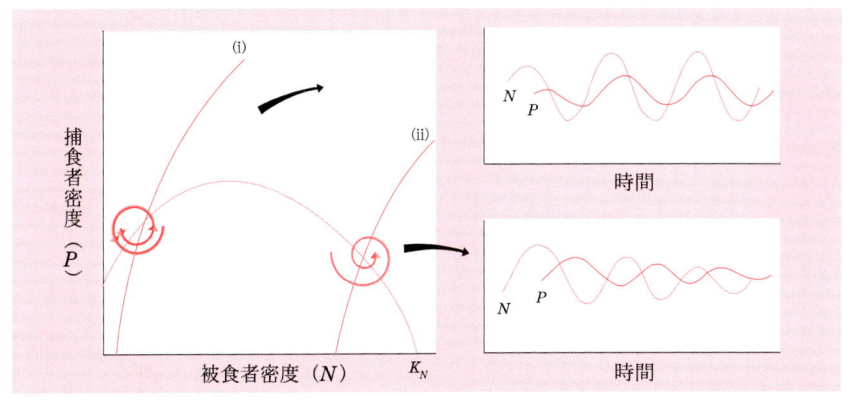

図10.12 タイプ2の機能の反応もしくはアリー効果によってもたらされる「山型」の被食者のゼロ成長線と，想定されるその効果．(i) 捕食者の効率が高く，捕食者のゼロ成長線は山の左で交叉する場合，山の存在によって不安定化が起こり，リミットサイクルでの振動が続く（右上図）．(ii) 一方，捕食者の効率が悪く，ゼロ成長線が山の右で交叉する場合，山の存在は動態にはほとんど影響しない．振動は収束する（右下図）．

だろう．

アリー効果による不安定化は，「自然界の」捕食者-被食者相互作用では確認されていない．一方，我々人間自身が捕食者である場合について考えると（例えば漁獲される魚の個体群に対して），人間は低い餌密度でも効率的な捕食を維持する能力（技術）を持っている場合が多い．被食者個体群がアリー効果も示すとき，これと永続的な捕食の組み合わせで，個体群は簡単に絶滅に追いやられるだろう（Stephens & Sutherland, 1999；第15章3.5節も参照）．つまり，人間のゼロ成長線は被食者のゼロ成長線の山のかなり左で交差するのである．

10.5 不均質性，集中，空間的変異

本章ではここまで，環境の不均質性と，その不均質性に対する捕食者と被食者の反応の変異性を無視してきた．しかし，前章で見たように，それはごくありふれたことであり，もはや無視することはできない．

10.5.1 餌密度に対する集中反応

被食者の密度が異なるパッチに関する捕食者の好みは，潜在的に個体群動態に影響を及ぼすので，生態学者はとくに関心を寄せてきた（第9章6節を参照）．パッチの好みに関する議論が登場すると，次のようなことが広く信じられた．(i) 一般的に捕食者は，餌密度の高いパッチでほとんどの時間を過ごす（そうしたパッチが最も好ましいため）．(ii) 従って，ほとんどの捕食者は餌密度の高いパッチで見られる．(iii) また，高密度パッチの被食者が最も捕食にさらされている一方で，密度の低いパッチでは，被食者は比較的安全で，生存する可能性が高い．こうした仮説のうち，初めの2点を支持する例は確かに存在し（図9.20a～d），直接的な密度依存性を示す捕食者の「集中反応」が示されている（捕食者は餌の密度が高いパッチでほとんどの時間を過ごし，餌と捕食者の密度には正の相関がある）．しかし，これは常に生じるとは限らない．さらに，3番目の仮説に反し，寄主-捕食寄生者相互作用についての総説（Pacala & Hassell, 1991など）では，高密度パッチにいる餌

（捕食者は餌密度が高いパッチに集中するか）

(寄主)が最も攻撃されやすい（直接的密度依存性）とは限らないことが示されている．寄生の割合は，パッチ間で密度逆依存を示すことも，密度に依存しないこともあるだろう（図9.20eを参照）．実際，総説で検討された研究例の50％で密度依存性の証拠が得られていたが，そのうちの50％程度だけが，密度逆依存でなく，直接的な密度依存性の証拠を示していたにすぎない．しかし，このようにパターンの変異はあるものの，捕食の危険性はパッチ間でしばしば大きく変異し，同時に被食者個体間でも変異することは間違いない．

> 植物は植食者の集中反応によって守られているかもしれない

多くの植食者は集中する傾向を顕著に示すので，多くの植物で，食害される危険性には著しい変異が存在する．ダイコンアブラムシ (*Brevicoryne brassicae*) は2つのレベルで集合を形成する (Way & Cammell, 1970)．幼虫は他個体から引き離されると一枚の葉の表面に迅速に大きな群れを形成し，また1本の植物上の個体群は特定の葉の上に集まる傾向がある．アブラムシの幼虫が，4枚の葉を持つキャベツの1枚の葉だけを食害するならば（通常そうするのだが），残りの3枚の葉は生き残る．しかし同数のアブラムシが4枚の葉に散らばるなら，全ての葉が枯死する (Way & Cammell, 1970)．植食者の集合行動は，結果的に植物の防衛を可能にしている．しかしそのような不均質性は，捕食者–被食者相互作用の動態にどのような影響を及ぼすのだろうか．

10.5.2　グラフモデルにおける不均質性

> 隠れ場所，不完全な隠れ場所，垂直なゼロ成長線

ロトカ–ヴォルテラ・モデルのゼロ成長線に比較的単純な不均質性を組み込むことから始めよう．例えば，鳥からの捕食を逃れるために海岸の岩の細い割れ目に密集している巻貝や，食われないように地表や地下部分に貯蔵器官を持つ植物のように，餌個体群の一部が隠れ場所に存在する場合を考えてみよう．そのような場合，被食者のゼロ成長線は，低い密度において垂直方向に立ち上がる（もう一度，図10.11を参照）．なぜなら，低い密度では，被食者は隠れ場所に潜んでいるため，捕食者の密度にかかわらず個体数を増やすことができるからである．

集中反応についての例（第9章6項を参照）で見たように，捕食者が単純に，密度が低いパッチの被食者を無視する傾向にある場合も，捕食者が餌を捕食しない（できないのではなく）という意味では，被食者が隠れ場所に潜んでいる状況に近い．そのため，被食者は「不完全な隠れ場所」を持っているといってもよい．この場合，被食者のゼロ成長線は低密度でほぼ垂直に立ち上がると予想される．

先に検討したタイプ3の機能の反応では，そのようなゼロ成長線は相互作用を安定化させる傾向があった．つまり，空間的不均質性とそれに対する捕食者と被食者の反応は，特に被食者が低密度の場合には，捕食者–被食者の動態を安定化させる場合が多い (Beddington *et al.*, 1978)．ロトカ–ヴォルテラやニコルソン–ベイリーの系についての初期の分析（および本書の第1・2版）では，この結論を支持していた．しかし，次に紹介するように，分析をさらに進めていくと，不均質性の効果は，従来考えられていたよりもっと複雑であることが分かってきた．すなわち，不均質性の効果は捕食者のタイプや不均質性のタイプなどによって変化するのである．

10.5.3　ニコルソン–ベイリー・モデルにおける不均質性

不均質性の効果の探究は，主に寄主–捕食寄生者系を用いて行われてきた．出発点としては，May (1978) のモデルが適している．

> 負の二項分布に従う遭遇は…

彼は，細部を無視して，寄主と捕食寄生者の遭遇は，ランダム分布ではなく，集中分布になると単純に考えた．そして，その分布が負の二項分布という統計モデルで記述できると仮定した．この場合，本章第2.3節の式とは異なり，捕食寄生者に遭遇しなかった寄主の割合は次の式で与えられる．

$$p_0 = \left[1 + \frac{AP_t}{k}\right]^{-k} \quad (10.20)$$

ここでkは集中の程度を表しており，$k=0$の時，最大の集中度を示す．ニコルソン-ベイリー・モデルと同じランダム分布の時は，$k=\infty$である．これをニコルソン-ベイリー・モデル（式10.14と10.15）に組み込むと，次の2つの式が得られる．

$$H_{t+1} = H_t e^r \left[1 + \frac{AP_t}{k}\right]^{-k} \quad (10.21)$$

$$P_{t+1} = H_t \left\{1 - \left[1 + \frac{AP_t}{k}\right]^{-k}\right\} \quad (10.22)$$

…動態を安定化させる

図10.13には，密度依存的な寄主の個体数増加率も含めたこのモデルの挙動が描かれている．この図から，有意な集中（$k \leq 1$）によって安定性が顕著に高まることが分かる．特に重要なのは，H^*/Kの値が低い場合に安定した系が存在することである．つまり，寄主個体数はもともとの環境収容力（K）よりもはるかに低いレベルで安定するが，それは集中によってもたらされる．これは，図10.11から導かれる結論と一致する．

10.5.4 リスクの集中と空間的密度依存性

疑似干渉

どのようにして集中が安定性をもたらすのだろうか．その答えは，いわゆる「疑似干渉」(pseudo-interference)（Free *et al*. 1977）にある．真の相互干渉では，捕食者密度の増加に伴い，捕食者は互いの干渉に多くの時間を費やすようになり，捕食速度は低下する．疑似干渉の場合も，捕食寄生者の密度が上昇すると寄生速度が低下するが，それはすでに寄生された寄主との無駄な遭遇が増加する結果である．重要な点は，寄主間で「リスクの集中」が起こると，疑似干渉の量が増えることである．捕食寄生者の密度が低い場合は，集中の結果として寄生速度が下がることはありそうにない．しかし高密度下では，集中した捕食寄生者（ほとんどの個体がこれに含まれる）は，ほとんど全ての寄主がすでに寄生されてしまったパッチに遭遇する場合が多くなるだろう．従って，捕食寄生者の密度が上昇するにつれ，実質的な寄生速度（さらには結果的に出生率）は急速に低下する．すなわちこれは，直接的な密度依存効果である．この効果は，捕食寄生者密度の元来の振動を抑えるとともに，捕食寄生者の寄主死亡率への効果も弱める．

要約すると，リスクの集中は，既存の直接的な（遅れのない）密度依存性を強化すること リスクの集中は直接的な（時間的）密度依存性を強める によって寄主-捕食寄生者の相互作用を安定化させる（Taylor, 1993）．従って，リスクの集中という空間的現象の安定化の力は，空間的な密度依存性によってもたらされるのではなく，リスクの集中が直接的な時間的密度依存性に転換されることによってもたらされるのである．

しかし，捕食寄生者の集中反応は，実際にはどのようにリスクの集中を引き起こすのだろうか．また，集中反応とリスクの集中は必ず安定性を高めるのだろうか．これらの疑問には，図10.14を検討すれば答えられる．その際，第9章6節で学んだように，集中している捕食者は，必ずしも寄主密度が高いパッチでの採餌にほとんどの時間を費やす（つまり空間的密度依存性を示す）わけではない，ということを考慮する必要がある．また，採餌時間は寄主密度と負の相関を持つこともあり，また，寄主密度とは無関係な場合もあり得る．図10.14aから見てみよう．寄主のパッチ上における捕食寄生者の

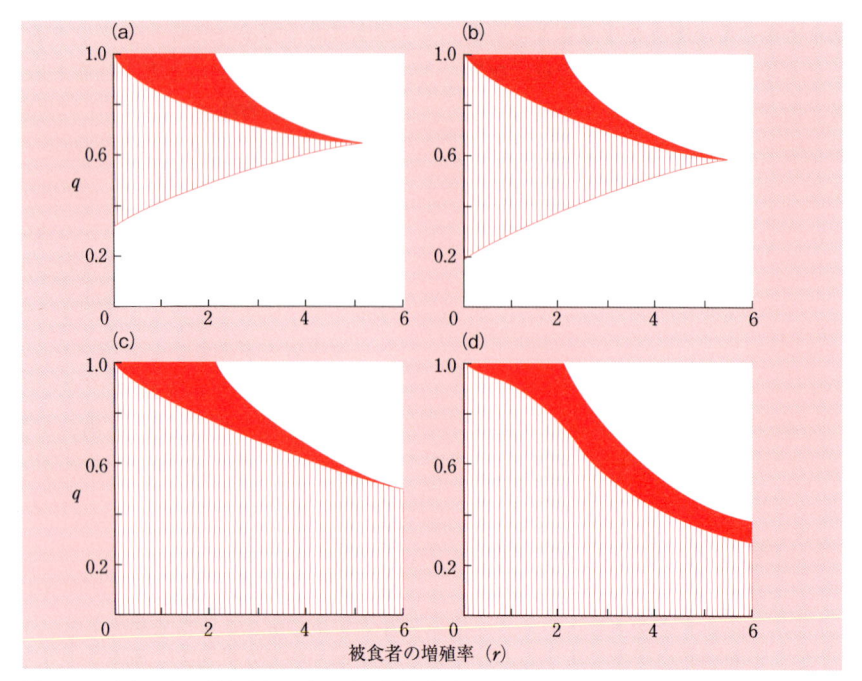

図10.13 寄主の自己制御を組み込んだ，寄主-捕食寄生者の集中についてのMay (1978) のモデル．集中が安定性を強化し，$q = H^*/K$ の低い値での安定性がもたらされることを示している．赤で塗りつぶした部分では，指数的に平衡に近づく．縦線の部分では減衰振動によって平衡に近づく．他の部分では不安定（振動は発散するか持続する）．4つの図は，モデルの負の二項分布の指数 k の値を変えたもの．(a) $k = \infty$．集中なし．安定性が最も低い．(b) $k = 2$．(c) $k = 1$．(d) $k = 0.1$．最も集中．(Hassell, 1978 より．)

分布は，完全に直線的な密度依存的関係にある．しかし，寄主対捕食寄生者の比はそれぞれの寄主パッチで同じなので，リスクも各パッチで同じということになる．従って，正の空間的密度依存性は，必ずしもリスクの集中をもたらさず，また，必ずしも安定性を高めない．一方，密度とともに強まる直接的密度依存性（図10.14b）の場合，実際にリスクの集中が生じ，これが安定性を十分に高める可能性がある（Hassell & May, 1973）．しかし，そうなるかどうかは捕食寄生者の機能の反応に依存することが分かっている（Ives, 1992a）．多くの解析が仮定しているタイプ1の機能の反応では，安定性は高まる．しかし，もっと現実的なタイプ2の反応では，集中なしの状態から密度依存的な集中が始まる初期の段階には，実際にはリスクの集中は低下し，不安定化が起こる．強い密度依存的集中だけが，安定化の効果を持つ．

さらに，図10.14c と d から明らかなように，空間的密度逆依存性がある場合や，いかなる空間的密度依存性もない場合にも，かなり強いリスクの集中が起こり得る．このリスクの集中はタイプ2の機能の反応によって打ち消されることはないだろう．従って，先ほどの2つの疑問に対する答えの一部は，空間的に密度依存的な集中反応がリスクの集中に結びつく可能性はほとんどなく，安定性を高めることはなさそうだ，ということである．

もちろん，第9章の図9.20のような実際のデータでは，リスクの集中が空間的な密度依存的反応（直接的，あるいは密度逆依存的）と密度非依存的な反応の組み合わせとして生じている場合が多いだろう（Chesson & Murdoch, 1986;

集中反応とリスクの集中

第 10 章 捕食と個体群動態

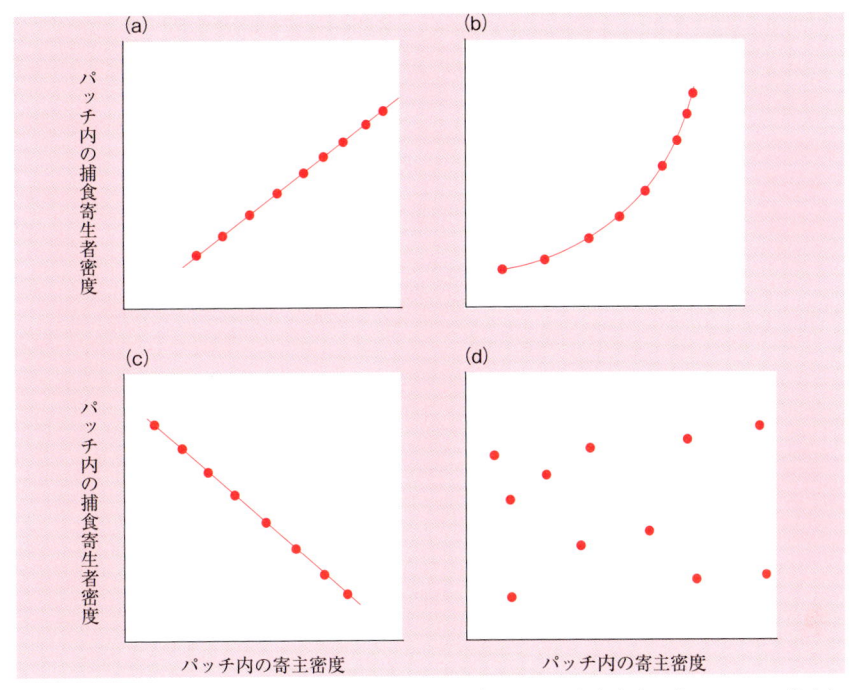

図10.14 捕食者の集中反応とリスクの集中．(a) 捕食寄生者が寄主密度の高いパッチに集中しているが，捕食寄生者対寄主の比がどのパッチでも等しい場合（完全な直線関係），寄主にとってのリスクはどのパッチでも同じ．(b) 寄主密度の増加とともに，寄主密度の高いパッチへ捕食寄生者が集中し，高密度パッチにいる寄主ほど寄生されるリスクが高くなって，リスクの集中がある場合．(c) 完全な密度逆依存性（つまり捕食寄生者の，寄主密度の低いパッチへの集中）があるとき，低密度パッチの寄主ほど寄生されるリスクが高く，リスクの集中がある．(d) 集中反応がないとき（密度非依存的）でも，いくつかのパッチでは他のパッチよりも寄生されるリスクが高い（捕食寄生者対寄主の比が高いため）．この場合にもリスクの集中がある．

Pacala & Hassell, 1991)．Pacala, Hassell とその共同研究者たちは，前者を「寄主密度依存的」（HDD）要素と呼び，後者を「寄主密度非依存的」（HDI）要素と呼んだ．そして図9.20のような実際のデータについて，リスクの集中をHDDとHDIの要素に分離するための方法を述べた．面白いことに，26組の異なる寄主-捕食寄生者の組み合わせについての65例のデータセットを解析したところ（Pacala & Hassell, 1991），18例では相互作用を安定化させるのに十分なリスクの集中がみられたが，この18例のうち14例で，リスクの変異全体に最も貢献していたのはHDI的（寄主密度非依存的）変異であった．これは，空間的密度依存性と安定性のつながりについての想定をさらに弱める結果である．

10.5.5 連続時間モデルにおける不均質性

これまでの捕食寄生者と寄主についての検討では，系の構造特性のいくつかは変化させないで議論してきた．しかし，ここではそれを再検討してみよう．中でも重要なのは，捕食寄生者が世代（あるいは時間間隔 $t \sim t+1$）の始めに寄主のパッチに配置され，次の世代の始めまでは，その配置の結果に拘束されると仮定している点である．しかし，多くの捕食寄生者については，他の多くの捕食者と同様に，連続時間モデルの方が適切である．そして連続時間で考えるなら，集中も連続的な時間の中で起こるものと

考えるべきである．捕食者は，餌がいなくなったパッチや，減りつつあるパッチを出て，別のパッチへと移動するだろう（第9章6.2節を参照）．そうなると，疑似干渉とそれによる安定化の基盤であった，捕食（寄生）者の密度が高い場所での無駄な攻撃，という前提がまるごと失われてしまう．

捕食者と被食者の連続的な分布変化　Murdoch & Stewart-Oaten (1989)は，これまで検討してきたモデルとは対極的なモデルで解析を行っている．彼らは連続時間モデルを作成し，被食者と捕食者のふるまいを次のように仮定した．すなわち，被食者は消費されてしまった他の被食者個体に置き替るように瞬間的にパッチを移動し，捕食者の方は，被食者の減少には影響されずに，捕食者-被食者の空間上での共分散パターンを一定に保つように瞬間的に移動する．この仮定は，もともと中立安定なロトカ-ヴォルテラ・モデルに従ったそのモデルに，これまで検討してきたものとはまったく異なる効果をもたらした．まず，局所的な被食者の密度に依存しない捕食者の集中は，安定性にも被食者密度にもまったく効果を及ぼさない．しかし，局所的な被食者密度に直接依存した捕食者の集中は，捕食効率が高まるため常に被食者密度を低下させるものの，密度依存性の強さに応じて安定性に与える効果は異なった．集中の密度依存性が比較的弱いと（Murdoch & Stewart-Oatenはこれが現実的だとしている），安定性は低下する．密度依存性が自然界の典型的な事例よりも強い場合にのみ，安定性は高まる．

それほど「極端でない」別の連続時間モデル（Ives, 1992b）や，世代内での個体の分布変化を離散世代に組み込んだモデル（Rohani et al., 1994a）では，「ニコルソン-ベイリー的な系」と「マードック・スチュワート-オートン的な系」の中間の結果が得られている．しかし，従来は，世代内の個体の動きを考慮しないモデルを前提としていたために，寄主-捕食寄生者相互作用の安定化に対する，寄主密度の高いパッチへの捕食寄生者の集中の効果を，過大評価してしまったことは確かなようである．

10.5.6　メタ個体群的観点からの検討

連続時間モデルと離散時間モデルのアプローチは明確に異なるが，共通点も備えている．それは，固有の変動特性を持つ単一個体群で起こる捕食者と被食者の相互作用を見るという点である．別のアプローチとして，メタ個体群的な見方がある（第6章9節を参照）．メタ個体群では，環境のパッチごとに独自の動態を持つサブ個体群が存在し，サブ個体群同士は，パッチ間の個体の移動によって結ばれている．

捕食者-被食者のメタ個体群モデルについての研究は多いが，それらは通常，不安定なパッチ内の動態を示す．数学的に難しいため，2つのパッチから成るモデルに解析が限定していることが多いが，そのようなモデルでは，その2つのパッチが等質で，分散が一様に起こる場合，安定性は影響を受けない．パッチ性とパッチ間の分散自体は何の効果も持たないのである（Murdoch et al., 1992; Holt & Hassell, 1993）．

しかし，パッチ間に違いがあると相互作用は安定化する傾向がある (Ives, 1992b; Murdoch et al., 1992; Holt & Hassell, 1993)．パッチの違いは非同調性を通して安定性をもたらす　その理由は，パッチの特性値の間に違いがあれば，パッチごとの変動の同調性が失われるからである．このため，変動サイクルのピークにある個体群では，分散による消失が加入を上回り，個体数が落ち込んでいる個体群では消失より加入が多い，といったことが必然的に起こる．パッチ間の分散と非同調性が一緒になって，全体の移動率に，安定化効果を持つ時間的密度依存性をもたらすのである．

被食者や捕食者の集中行動を取り入れると，状況ははるかに複雑になる．なぜなら，分散速度自体が，被食者と捕食者双方の密度の複雑な

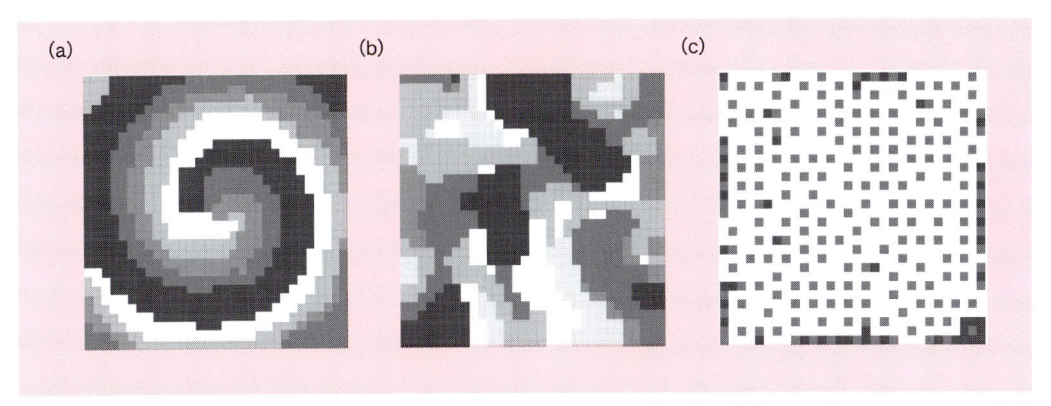

図 10.15 ニコルソン–ベイリー型の局所的動態を取り入れた Comins et al. (1992) の分散モデルをシミュレーションした場合の個体群密度の瞬間的状態．濃淡の違いは寄主と捕食寄生者の密度の違いを示す．黒四角は空のパッチ，陰影が薄くなるほど寄主密度が高い．明るい陰影から白は，寄主がいて捕食寄生者が増加しつつあるパッチを示す．(a) らせん状．$\mu_N = 1$, $\mu_P = 0.89$. (b) 空間的カオス．$\mu_N = 0.2$, $\mu_P = 0.89$ (c)「結晶格子」．$\mu_N = 0.05$, $\mu_P = 1$. (Comins et al., 1992 より．)

関数となるからである．集中は 2 つの相反する効果を持つようである (Murdoch et al., 1992)．集中は，捕食者個体数の変動の非同調性を増大させて，安定性を高める傾向がある．一方，被食者の変動の非同調性を減少させ，安定性を低下させる傾向もある．これらの力のバランスは，集中の度合によって変わるようだが，モデルに組み込まれた仮定に対しては，おそらくもっと敏感に反応する (Ives, 1992b; Godfray & Pacala, 1992; Murdoch et al., 1992)．集中は安定性をもたらすこともあれば，不安定性をもたらすこともあるだろう．これまでの解析結果とは対照的に，集中性は被食者の密度に対しては明瞭な効果を示さないが，これはその安定化作用が捕食効率とは関連していないからである．

不均質空間における捕食者–被食者の相互作用を，メタ個体群動態の問題として扱ったのが，Comins et al. (1992) である．彼らは，四角形を組み合わせたパッチワークで構成される環境をコンピューターモデルで構築し，視覚的に認識できるようにした (図 10.15)．各世代では，2 つの過程が順番に進行する．まず，捕食者のうち μ_P と被食者のうち μ_N が，それぞれのパッチから隣接したパッチへ分散する．同時に，周囲の 8 つのパッチからそのパッチへ捕食者と被食者が移入する．こうして，世代 $t+1$ におけるパッチ i の被食者密度 $N_{i,t+1}$ の動態は，

$$N_{i,t+1} = N_{i,t}(1 - \mu_N) + \mu_N \overline{N}_{i,t} \qquad (10.23)$$

または，

$$N_{i,t+1} = N_{i,t} + \mu_N(\overline{N}_{i,t} - N_{i,t}) \qquad (10.24)$$

となる．ここで，$\overline{N}_{i,t}$ は世代 t におけるパッチ i に隣接した 8 つのパッチでの被食者の平均密度である．次の段階では，1 世代分の標準的な捕食者–被食者の動態を，ニコルソン–ベイリー式かロトカ–ヴォルテラ式の離散世代型を使って計算する (May, 1973)．シミュレーションはひとつのパッチだけにランダムな数の被食者と捕食者を入れ，他は全て空の状態から開始した．

隔離されたひとつの四角形パッチの中だけでは，動態が不安定であることは分かっている．しかし，四角形が組み合わされたパッチワーク全体では，安定もしくは少なくとも長期間にわたって持続するパターンが容易に出現する (図 10.15)．この結果から，すでに見てきたことと同様の結論が得られる．すなわち，個々のパッチが非同調的に変動しているメタ個体群内部での分散は，安定性をもたらすのである．特にこ

の場合，ひとつのパッチの密度が隣接したパッチの平均密度より低い時には，そのパッチには移入による純増が生じ (10.24 式)，逆の場合には実質的減少が生じる．つまり，ある種の密度依存性が存在するということに注意すべきである．また，このモデルでは，基本的に全てのパッチは同じだが，個体群が最初のひとつのパッチから拡散していくために非同調性が生じており，また，その非同調性は，個体の分散が隣接パッチのみに限られているために維持されている，という点にも注意すべきである．

創発的空間パターン　さらに，このモデルは空間的側面が明示されているので，文字通りもうひとつの次元が結果に加わっている．分散率と寄主の繁殖率を変化させることで，まったく異なる（ただし互いに関連した）空間構造がたくさん作り出される（図 10.13a-c）．複雑にからみあった波の前線ができてはすぐに消えるような，「空間的カオス」も生じる．また，変数値を変えて，特に捕食者と被食者の動きを大きくすると，パターンはさらに構造化されてカオス的ではなくなり，ほとんど不動の中心点のまわりを回転する「らせん形の波」が形成される．このように，個体群全体としての存続は，必ずしも個体群全体の均一性や，各部分での安定性を意味しない，ということをこのモデルはグラフによって明確に示している．また，捕食者はよく動くが被食者は定着的であるような限定された条件下では，静的な「結晶格子」さえも出現する．これは，本来均一な環境の中であっても，個体群内にパターンが生じる可能性がある，ということを強く示唆している．

こうした理論の中から，何らかの一般論を引き出すことは可能だろうか．明らかなことは，「集中は捕食者-被食者の相互作用に何々をもたらす」とは言明できないという点である．むしろ，集中はさまざまな効果を持ちうるので，そうした効果のうちどれが実際のものかを知るには，問題とする相互作用に関与している捕食者と被食者の生物学的特性についての詳細な知識が必要になるだろう．特に，これまで見てきたように，集中の効果は，捕食者の機能の反応や寄主の自己制御の程度など，今まで個別に検討してきた特性に依存する．本章のはじめに指摘しておいたように，複雑な過程を理解しようとするならば，さまざまな構成要素をまず概念的に分離する必要がある．しかし，究極的にはそれらの要素を再統合することも必要なのである．

10.5.7　現実の集中・不均質性・空間的変異

さて，実際の不均質性の役割はどのようなものだろうか．すでに一昔前に，Huffaker (1958; Huffaker et al., 1963) のハダニの研究が示したように，不均質性は安定化効果を持つ．彼は，トレイの中のゴムボールの間に置かれたオレンジを餌とする植食性のダニを，捕食性のダニが攻撃する系を研究した．捕食者がいない場合，被食者は個体数変動を示しながら存続した（図 10.16a）．しかし，被食者の個体群成長の初期に捕食者を導入すると，捕食者個体群は急速に増加し，被食者を食い尽くし，自らも絶滅した（図 10.16b）．しかし，Huffaker がこの微小生態系（マイクロコズム（microcosm））を「パッチ状」にすると，相互作用は変化した（当時は用語がなかったものの，事実上，メタ個体群を作り出したのである）．彼はオレンジをもっと離ればなれにして，トレイの中にダニが渡れないようなワセリンの障壁を複雑にめぐらすことによって，個々のオレンジを半ば隔離した．しかし，被食者の分散を容易にするために，多数の棒を立てておき，そこから糸を吐いて空気の流れに乗って飛び立てるようにした．従って，パッチ間の分散は，捕食者よりも被食者の方がずっと容易だった．捕食者と被食者が同居したパッチでは，捕食者が被食者を食い尽くし，自らも絶滅するか，成功率は低いながらも新しいパッチへ分散した．しかし被食者だけが住み着いた

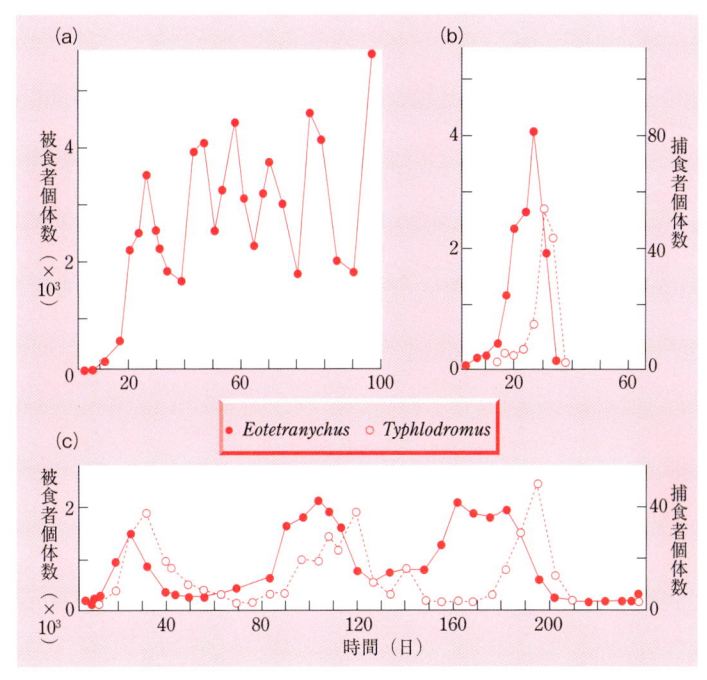

図 10.16 隠れんぼ：コウノシロハダニ *Eotetranychus sexmaculatus* と捕食性のカブリダニの一種 *Typhlodromus occidentalis* の捕食者-被食者相互作用．(a) 捕食者がいない状態でのハダニの個体数変動．(b) 単純な系での捕食者と被食者の1回だけの振動．(c) より複雑な系での振動の維持．(Huffaker, 1958 より．)

パッチでは，個体群は急速に増加し，続いて新しいパッチへの分散が成功した．捕食者だけが住み着いたパッチでは，たいてい餌がやってくる前に捕食者は死んでしまった．このように，それぞれのパッチでは，最終的に捕食者，被食者とも絶滅する運命にあったのだが，全体としては，何もいないパッチ，絶滅へ向かう被食者・捕食者同居のパッチ，被食者が繁栄しているパッチがいつもモザイク状に存在していたのである．このモザイクによって，捕食者と被食者双方の個体群が存続できたのである（図10.16c）．

ダニ，甲虫，繊毛虫のメタ個体群効果

これに続いて他の研究でも，メタ個体群構造が，個々のサブ個体群の動態が不安定であっても，捕食者と被食者の個体群をともに維持するのに効果的であることが示された．例えば，図 10.17b は，繊毛虫（原生動物）の捕食者と被食者についての類似した結果を示している．この研究では，メタ個体群構造の役割を支持する結果として，個々のサブ個体群の動態の非同調性と，高頻度の局所的な被食者の絶滅と再定着も示されている（Holyoak & Lawler, 1996）．

図 10.18 には，物理的な隠れ場所がもたらす安定化効果 ガの隠れ場所 を支持する結果を報告した研究が示されている．この研究では，図 10.1c と同じ，メイガと寄生蜂の系が使われている．餌の培地の中に深く潜っている寄主は，産卵しようとする捕食寄生者にとって手の届かない存在である．餌の培地が薄くて，隠れ場所がない時には，寄主単独でならうまく存続できるものの（図 10.18d），この寄主-寄生蜂の相互作用は存続できない（図10.18c）．しかし，餌の培地が厚くて隠れ場所がある時には，寄主と捕食寄生者はいつまでも存

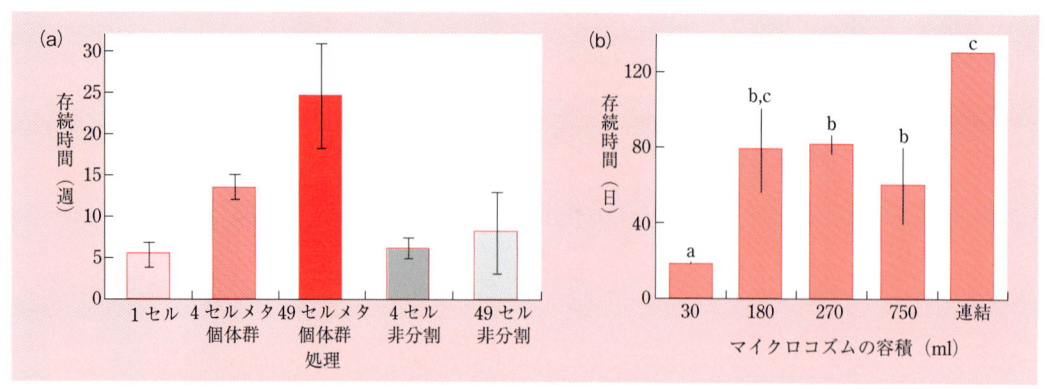

図10.17 メタ個体群構造が捕食者-被食者相互作用の持続性を増す例．(a) 豆を餌にするアズキマメゾウムシ *Callosobruchus chinensis* と寄生蜂 *Anisopteromalus calandrae* の系において，豆が小さい単一の「セル」に入っている場合（左，存続時間が短い），豆が入った4個または49個のセルの組があり，セルの間の移動が自由で実質的にひとつの個体群を形成している場合（右，存続時間が有意には増加していない）と，移動が制限されており（稀），孤立したサブ個体群からなるメタ個体群が形成されている場合（中央，存続時間が増加）の違いを示す．誤差線は標準誤差 (Bonsall *et al.*, 2002)．(b) 捕食性の繊毛虫 *Didinium nasutum* が，さまざまな容量の瓶の中で細菌食の繊毛虫 *Colpidium striatum* を補食する系．存続時間が短い最小の個体群（30 mℓ）と，存続時間が著しく長い 30 mℓ 瓶が9個もしくは25個連結されたメタ個体群（全ての個体群が130日間の実験終了時まで存続）を除くと，存続時間の変異は小さい．誤差線は標準誤差を表し，誤差線の上の文字は互いに有意に異なる処理区を表す．(Holyoak & Lawler, 1996 より．)

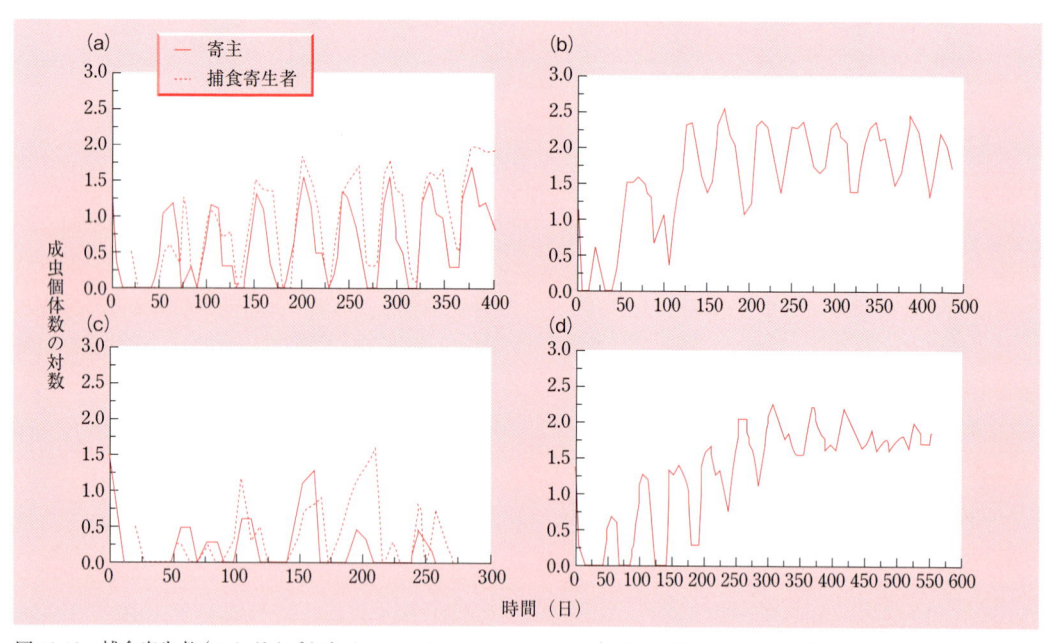

図10.18 捕食寄生者（コクガチビヤドリアメバチ *Venturia canescens*）がいる場合といない場合の，実験室ケージ内の寄主（ノシメマダラメイガ *Plodia interpunctella*）の長期個体群動態．(a) 培地が深い場合，寄主と寄生蜂の個体数は，寄主の1世代分の周期の振動を示す．(b) 深い培地で寄主だけを飼育すると同様な周期的変動が起こる．(c) 培地が浅い場合，寄主と寄生蜂の個体群は存続できない．(d) 寄主単独であれば，浅い培地で存続できる．深い培地は寄主個体群の一部が捕食寄生から逃れる隠れ場所を提供するが，浅い培地では隠れ場所が存在しない（本章第5.2節を参照）．これらのデータは同じパターンを示した複数の反復実験から抜粋したものである．(Begon *et al.*, 1995 より．)

第 10 章　捕食と個体群動態

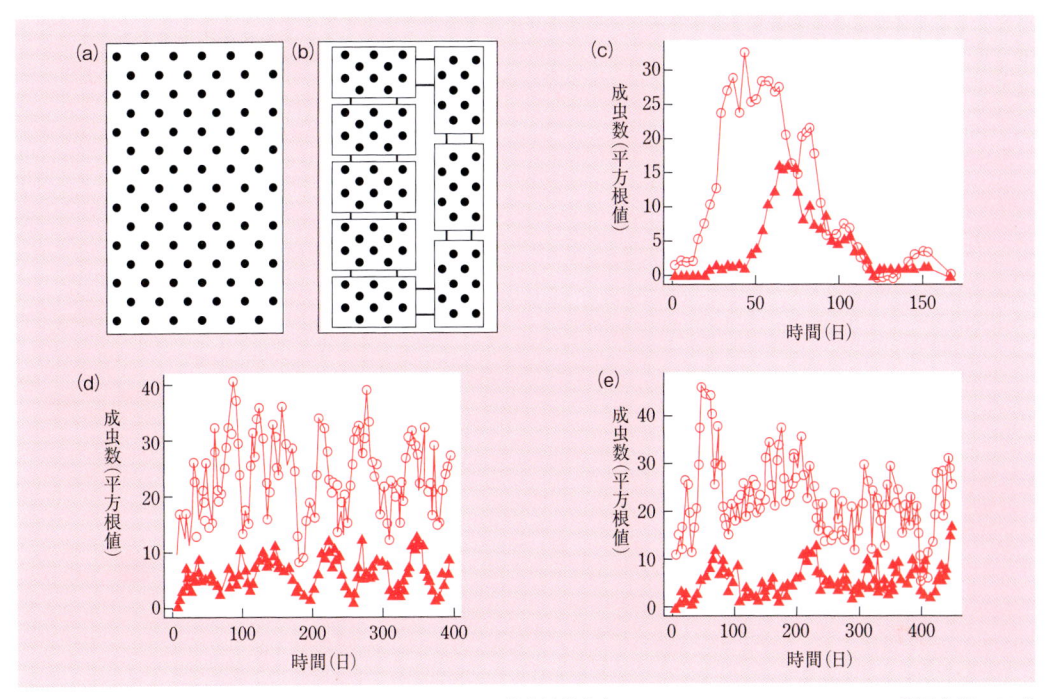

図 10.19　捕食性チリカブリダニ *Phytoseiulus persimilis* と植食性被食者ナミハダニ *Tetranychus urticae* の相互作用．90 本のマメ科植物からなる単一の生息場所 (a) での動態を (c) に示す（▲，捕食者．○，被食者）．また，それぞれ 10 本のマメ科植物からなる 8 つの島で構成されたメタ個体群 (b) での動態の 2 つの反復例を，(d) と (e) に示す．メタ個体群では，存続性（安定性）が明らかに強化されている．(Ellner et al., 2001 より．)

続できるようである（図 10.18a）．

しかし実際は，現実の系におけるさまざまな種類の空間的異質性の区別は，数理モデルの中でのように明解でないだろう．例えば Ellner et al. (2001) は，捕食性のチリカブリダニ *Phytoseiulus persimilis* とその被食者でマメ科植物 *Phaseolus lunatus* を食べるナミハダニ *Tetranychus urticae* の系を検討した．個々の植物上と，90 本の植物からなる「本土」上では（図 10.19a），その系はけっして長続きしなかった（図 10.19c）．しかし，植物を支えている発砲スチロールのシートを 10 本の植物ごとに 8 つに分割し，ダニの分散力を制限する橋でつないでやると（図 10.19b），系はいつまでも存続した（図 10.19d, e）．ここで，8 つの島からなるメタ個体群構造によって安定性が増したという結論に飛びつくのは簡単であっただろう．しかし，

（赤字：さらにダニについて ―― メタ個体群か隠れ場所か）

Ellner らはその系の数理モデルを使って，少しずつ違った配置のさまざまな側面を検討した結果，そうした構造には何ら有意な効果を認めることができなかった．代りに彼らは，捕食者が個々の植物上での被食者の大発生を検知し，反応する能力の低下が，安定性の強化をもたらしていると示唆した．つまり，これは明確な空間構造のない，被食者の「隠れ家」効果だったのである．

リスクの集中が持つ安定化の役割について判断する際に大きな問題となるのは，これまで見てきたように，攻撃の空間分布についての多岐にわたるデータがあるにもかかわらず，そうしたデータが，わずか 1 世代といった，きわめて短期間の研究に基づいていることが多いという点である．従って，観察された空間パターンがその相互作用において典型的なものか

（赤字：実際のデータから自然の系の複雑さを確認する）

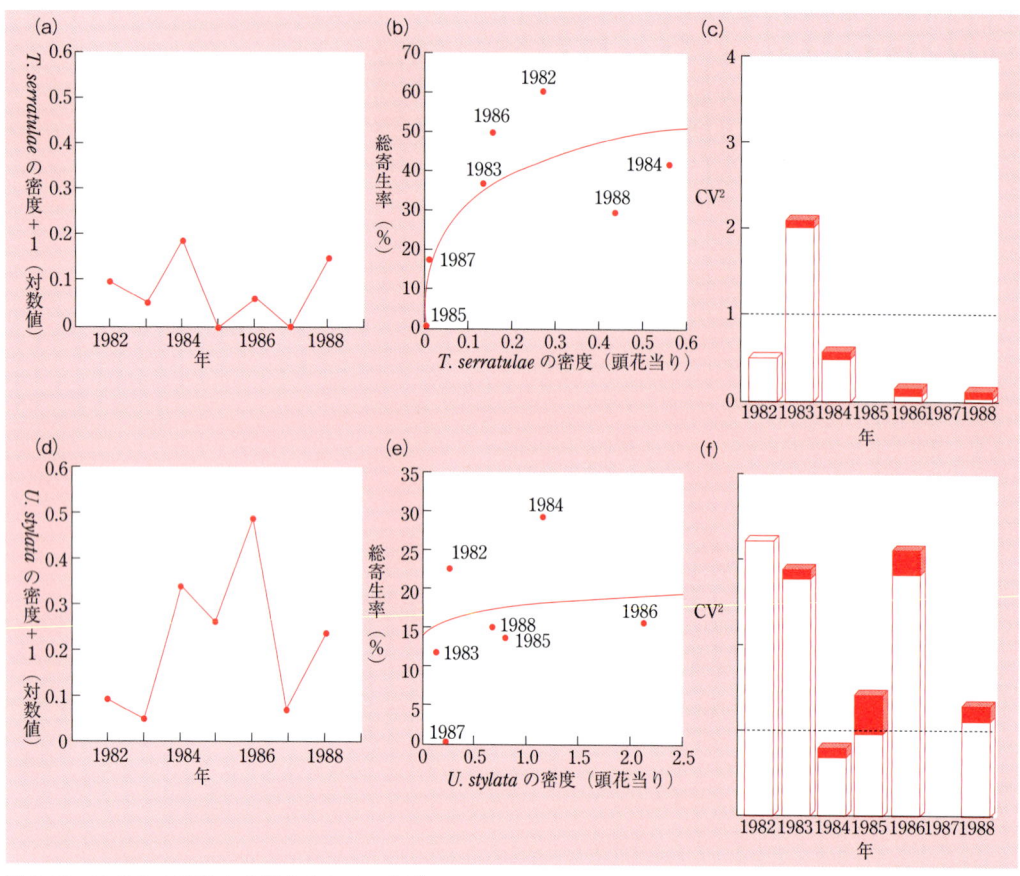

図10.20 アザミの頭花を食害するミバエ類（*Terellia serratulae*, *Urophora stylata*）に対する捕食寄生者の攻撃．*T. serratulae* の個体群動態を (a) に，*U. stylata* の個体群動態を (d) に示す．(b) *T. serratulae* に対する寄生蜂の攻撃の時間的な密度依存性は有意である（$r^2=0.75$；$P<0.05$）．(e) しかし，*U. stylata* に対しては有意ではない（$r^2=0.44$；$P>0.05$）．適合曲線はいずれも $y=a+b\log_{10}x$ である．*T. serratulae* に対しては，各年の寄生蜂の攻撃におけるリスクの集中（$CV^2>1$ で集中）がほとんどないが (c)，*U. stylata* に対しては多くの場合にリスクの集中があり (f)，集中は HDD（塗りつぶし部分）よりも，殆どの場合，HDI（塗りつぶしなし）に由来している．（Redfern *et al.*, 1992 より．）

どうか分からないし，個体群動態がその空間パターンから予測される安定性を示すかどうかも分からない．数世代にわたって個体群動態と空間分布を検証した研究としては，Redfern *et al.*（1992）によるアザミの頭花を食害する2種のミバエ（寄主）とその捕食寄生蜂のギルドについての7年間（7世代）の研究がある．寄主の1種，*Terellia serratulae*（図10.20a）では全体的な寄生率に年次的な密度依存性の証拠が得られた（図10.20b）．しかし，世代内に有意な集中があるという強い証拠は，寄生蜂全体（図10.20c）あるいは個々の寄生蜂の種についても得られな

かった．もう1種の *Urophora stylata*（図10.20d）では，時間的な密度依存性は明らかではなかったがリスクの集中については確かな証拠が得られ（図10.20e, f），これまでに見てきたように，不均質性は主として寄主密度非依存的（HDI）要素によってもたらされていた．しかし，この研究で見られたパターンが，これまで紹介してきた理論に，全体的にうまく当てはまるとは言い難い．まず，いずれの寄主も，ほとんどのモデルが仮定しているような1種類の捕食寄生蜂ではなく，複数種の捕食寄生蜂に寄生されている．次に，集中のレベル（それに HDI 要素と寄

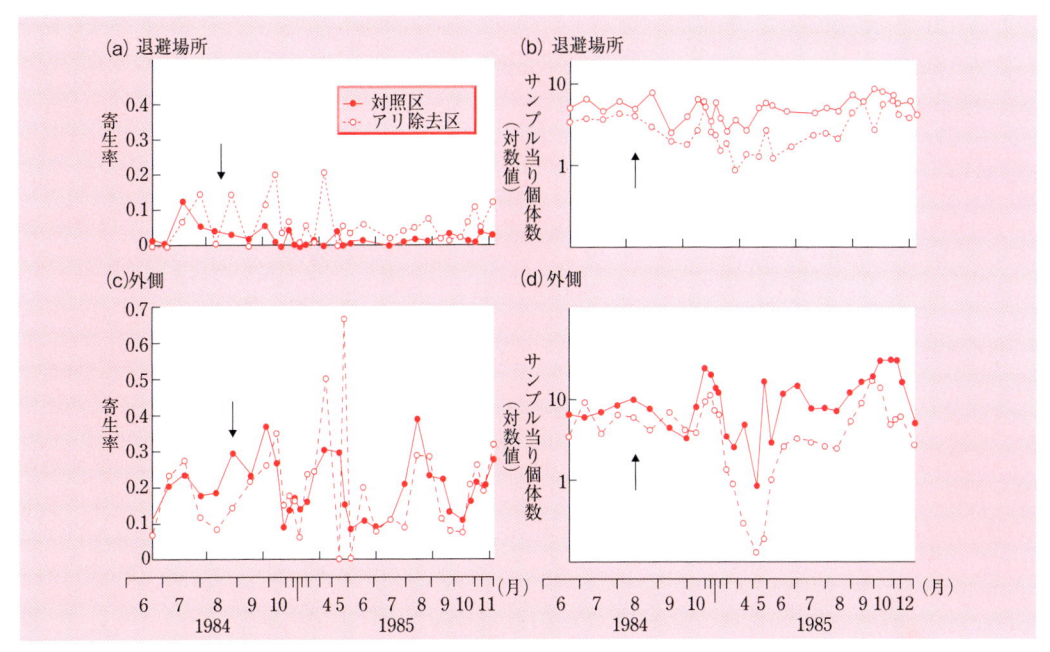

図10.21 アリが寄生蜂と相互作用を持つ柑橘樹の内部に寄生から部分的に逃れられる隠れ場所があるために，アカマルカイガラムシ *Aonidiella aurantii* の個体数が，捕食寄生者 *Aphytis mellitus* によって安定な低いレベルに維持されている，という仮説を検証するための野外実験の結果．アリを柑橘樹の区画から除去すると（除去の時間は矢印で示した），隠れ場所での寄生割合はより高く（a），そこでのカイガラムシの個体数は少なくなる傾向がある（b）．しかし，隠れ場所の外（「外部」）では，寄生割合はわずかに変異性が高いだけで（c），カイガラムシの個体数は比較的短期間のみ大きい変動を示し，対照区の樹に比べ少ない傾向を示す（d）．（Murdoch *et al.*, 1995 より．）

主密度依存的（HDD）要素の貢献度も）は大きな年次変動を示し，またそれはランダムであるように見える（図10.20c, f）．典型的（あるいは情報に富む）と言えるような年は存在せず，またどの時間断面も相互作用をとらえることができたとは言い難いのである．また最後に，*Terellia* の比較的安定な動態は，比較的簡単に示せる寄生の直接的密度依存性を反映しているかもしれないが，これはリスクの集中の何らかの差とは全く無関係であるように見える．

空間的不均一性と最も効果的な生物的防除手段　空間的不均一性が捕食者−被食者動態の安定性に及ぼす効果は，単に理論的観点からだけ関心をもたれているわけではない．生物学的防除手段として，害虫の防除のために新たな地域へ導入されたり，増殖を促進される天敵（第15章2.5節を参照）の特質・性質を考える上でも，そうした効果は活発な議論の的となっている（Hawkins & Cornell, 1999）．優れた生物的防除手段に要求されるのは，被食者（害虫）の存在量を，通常よりはるかに低い，安定した無害な水準にまで減らすことであるが，これは，これまでの理論的検討で見てきたように，まさに集中反応が産み出す結果である．例えばMurdoch *et al.* (1995) は，世界各地で柑橘類の害虫となっているアカマルカイガラムシ *Aonidiella aurantii* が，南カリフォルニアでは防除のために導入された寄生蜂 *Aphytis mellitus* によって，著しく安定した低密度に保たれていることに注目した．それがどのように達成されたかについての有力な仮説は，カイガラムシにとって寄生から逃れられる隠れ家が一部に存在することであった．柑橘類の木立の中の樹皮上では，寄生率は非常に低くカイガラムシの密度が高いが，これは探索している寄生蜂とアリが干渉し合う結果のようである．Murdoch らは

この仮説を検証するために，野外で多数の木からアリを除去する実験を行った．その結果，隠れ家での実際の寄生率は増加し，カイガラムシの存在量は減少した（図10.21）．また，個体群全体の寄生率とカイガラムシの存在量はさらに大きい変異を示した．しかし，こうした効果は微々たるもので，明らかに短期的であり，隠れ家効果の除去でカイガラムシの全体的な存在量が増加するという証拠は，全く得られなかった．

さらに，これより前に Murdoch et al. (1985) は，一般的に，防除が成功した後の害虫個体群では，集中反応の結果として存続が可能になっているのではなく，移入による確率的な寄主のパッチ形成と，天敵に発見されて絶滅することの繰り返しで存続していると論じている．つまりこれは本質的にメタ個体群的な効果である．しかし，Waage & Greathead (1988) は，集中反応とメタ個体群効果の両方を取り入れた，さらに包括的な見解を提唱した．それによれば，カイガラムシや他の同翅亜目昆虫および Huffaker が研究したようなハダニの仲間は，ひとつのパッチ内で何世代も繰り返すので，複数のパッチ間の非同調的な動態によって安定化されることが多いが，鱗翅目や膜翅目ではひとつの世代の一時期だけをパッチで過ごすので，集中反応によって安定化されることが多いという．実際には，生物的防除においては，一般的な捕食者-被食者動態の場合と同じく，自然個体群の安定性パターンと，特定の安定化機構もしくは複数の機構の組み合わせとを明確に関連づけることは困難で，この点は今後の課題となっている．

10.6 多重平衡状態 ── 大発生の説明となるか？

捕食者と被食者が相互作用を持つとき，どちらか，あるいは双方の個体数が急激に変化することがある．つまり，大発生や激減が起こることがある．もちろん，これが環境の激変を反映したものである場合もあるだろう．しかし，さまざまな分野の生態学者が，捕食者と被食者の個体数の組み合わせの平衡値（もしくは振動の中心となる平衡値）が必ずしもひとつではないことに気づいている．すなわち，**多重平衡** (multiple equilibria) あるいは「代替的安定状態」が存在することもあり得る．

図10.22は多重平衡を示すモデルである．被食者のゼロ成長線は低密度での垂直に近い部分と凸状の部分を持つ．これは，長い処理時間を持つ捕食者のタイプ3の機能の反応を反映したものか，おそらくは被食者の集中反応とアリー効果が組み合わさった状態を反映しているかであろう．その結果，捕食者のゼロ成長線は被食者のゼロ成長線と3回交差する．図10.22a の矢印の大きさと方向は，2つの交点（XとZ）がかなり安定な平衡点であることを示している（平衡点の回りの若干の振動は予想される）．しかしもうひとつの交点 (Y) は不安定である．この近傍では，個体数は点Xか点Zのどちらかに向かって移動する．さらに，点Xの近くには，矢印が点Zの近傍に向いている個体数領域があり，また逆に点Zの近傍には矢印が点Xに向いている領域がある．どんなに小さな環境攪乱でも，点Xの近傍にある個体群を点Zに向かわせるし，その逆も起こり得るのである．

図10.22b の捕食者-被食者の個体数変動の図は，図10.22a の矢印に沿って変動する仮想的な個体群の挙動を示している．また，図10.22c は，その捕食者と被食者の個体数を時間的な変化として示したものである．特に，被食者個体群は，個体数の「爆発」を現しており，低密度の平衡点から高密度の平衡点へ移行したのちに，元に戻っている．この大発生は，決して大きな環境変動を反映したものではない．それどころか，これは相互作用そのもの（それとわずかな環境の「ノイズ」）によって生みだされた個

多重平衡のモデル

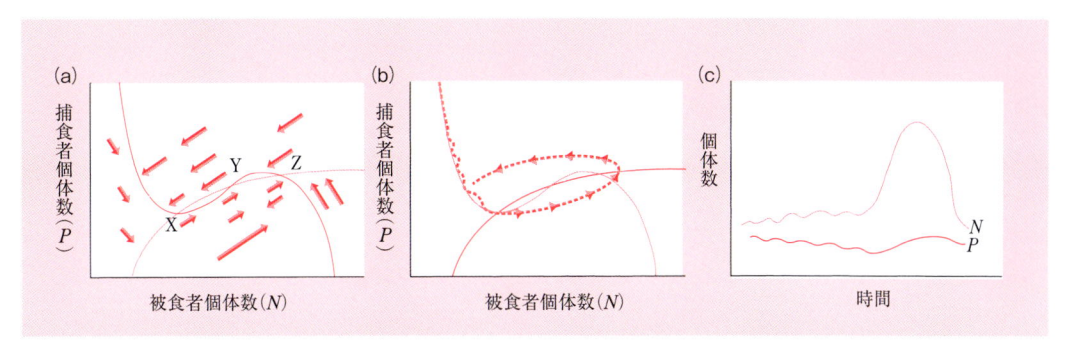

図10.22 複数の平衡点をもつ捕食者-被食者のゼロ成長線モデル．(a) 被食者のゼロ成長線は低密度での垂直な部分と山の部分をもつので，捕食者のゼロ成長線はそれと3回交叉し得る．交点X，Zは安定平衡点であるが，Yは不安定な「分断点」で，2種の個体数は交点X，Zのいずれかに向かって変化する．(b) (a) で示した作用力によって2種の個体数がたどる軌跡の例．(c) 同じ個体数変化を時間軸に対して表したもの．時間的に変化しない特性の相互作用によって，明らかな「大発生」が起こることを示す．

体数変動のパターンであり，特に複数の平衡状態の存在を反映しているのである．自然界における個体数変動の複雑なパターンについても，同じように説明できる場合もあるだろう．

確かに自然界には，通常の一見安定で低い個体数レベルから大発生を起こす個体群が存在している（図10.23a）．また，2つの安定な密度の間を推移する個体群も存在する（図10.23b）．しかし，これらの例は，必ずしも多重平衡点を持つ相互作用であるとは言えない．

個体数の急激な変化 —— 多重平衡か環境の急変か

いくつかの事例については，多重平衡の可能性を肯定的に議論することができる．たとえば，オーストラリアの同翅類昆虫ユーカリキジラミ（*Cardiaspina albitextura*）についてのClark (1964) の研究がそうである（図10.23a）．この昆虫は天敵（特に鳥）によって維持される低密度の平衡状態と，種内競争（寄主樹木の葉への食害が産卵数と生存率の低下を招く）を反映したそれほど安定ではない高密度の平衡状態を示す．キジラミの成虫の密度増加に対する捕食者の反応がわずかに遅れただけで，低密度から高密度への大発生が起こるのである．同様に，ビバーナムキコナジラミ *Aleurorachelus jelinekii* の2つの平衡個体数が観察されているが，数理モデルによって同じパターンが予測され，多重平衡の存在が支持されている

(Southwood *et al.*, 1989).

2つの安定状態が存在することは，いくつかの植物-植食者相互作用で示唆されている．それらではたいていの場合，植食者の摂食圧が増すと植生が生物体量の大きい状態から小さい状態へと「崩壊」し，その状態はたとえ摂食圧が減少しても生物体量の大きい状態へは戻らず，安定である（van de Koppel *et al.*, 1997）．家畜に食べられるアフリカのサヘル地域の草地や，カナダのハドソン湾岸沿いの，ガンに食べられる北極圏の植物は，いずれもその例である．従来の説明（Noy-Meir, 1975）は，まさに図10.22に示したものである．小さい生物体量に追いやられたとき，植物の地上部にはごく僅かな物質しか残されておらず，直ちに再成長する力は残されていない．これは古典的な「アリー効果」であり，被食者の存在量はあまりにも小さく，ゼロ成長線の顕著な凸部へ導かれる．小さい生物体量での植物にとっての問題は，例えば浸食による土壌の劣化によっても引き起こされ，系の中にさらなる正のフィードバックが加わる．すなわち，強い草食圧で植物の生物体量が減り，それによって生育状態が悪くなり，それがさらに植物の生物体量を小さくし，生育状態がもっと悪くなる，といった具合である（van de Koppel *et al.*, 1997）．

一方，個体数の急激な変化が，環境あるいは

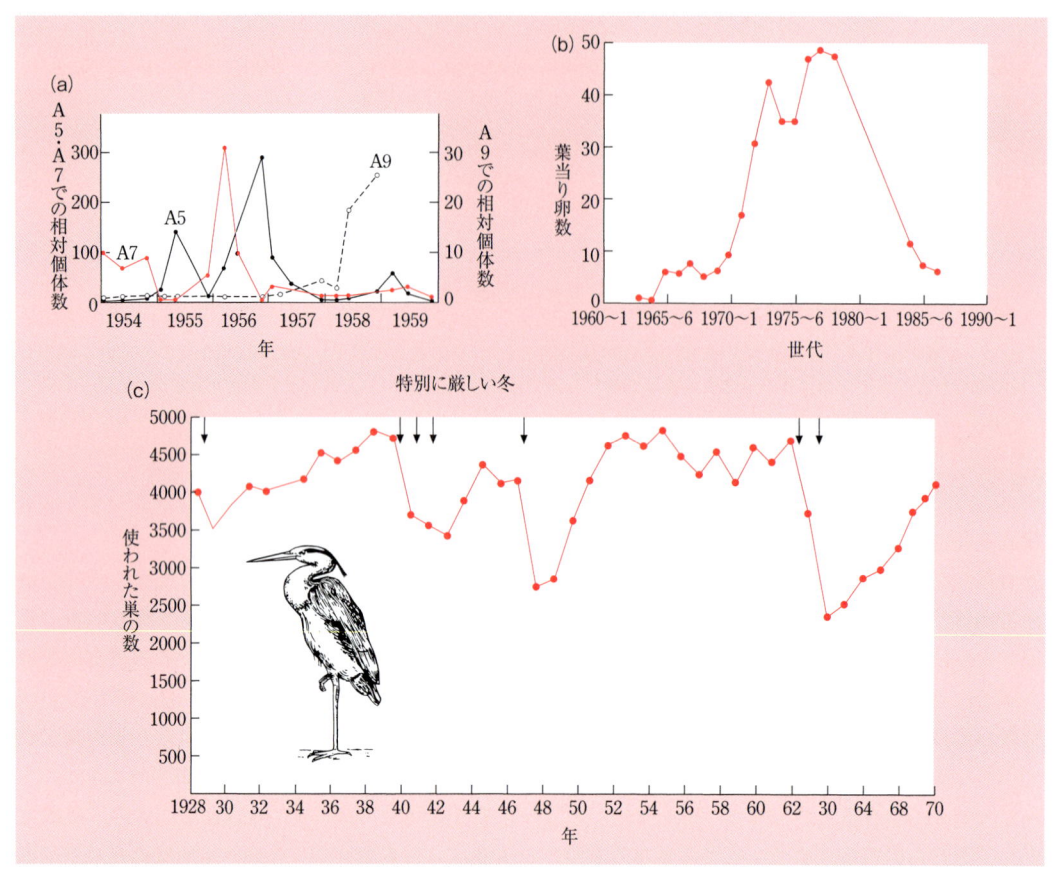

図 10.23 大発生と多平衡と考えられる例．(a) オーストラリアの 3 つの調査地（A5, A7, A9）におけるユーカリキジラミ *Cardiaspina albitextura* の相対的個体数の平均推定値（Clark, 1962）．(b) イギリス・バークシャー州シルウッドパークのガマズミの低木林でのガマズミコナジラミ *Aleurotrachelus jelinekii* の葉当り平均卵数．1978〜1979 年，1984〜1985 年の間はデータがない（Southwood *et al*., 1989）．(c) イングランドとウェールズにおけるアオサギ *Ardea cinerea* の個体数変化（使用された巣の数で表す）は，環境条件の変化（とくに厳しい冬）で十分説明できる．（Stafford, 1971 より．）

餌資源の急激な変化をかなり正確に反映している場合も多い．例えば，イングランドとウェールズで営巣するアオサギのつがい数は，通常 4000〜4500 程度で変動している．しかし，特に厳しい冬の後では，個体数が激減する（図 10.23c）．この魚食性の鳥は内陸の水域が長期間凍ると十分な餌を採ることができない．しかし，低い個体数レベル（2000〜3000 つがい）がもうひとつの平衡点であるとは考えられていない．個体群の崩壊は単に密度非依存的な死亡率の結果であって，アオサギはすぐに回復するのである．

10.7 結論 —— 捕食者-被食者系を越えて

最も単純な捕食者-被食者モデルでは，両者はきわめて不安定な共振動を示す．しかしモデルにさまざまな現実的要素を加えると，実際の捕食者-被食者関係の安定化に寄与していると思われる特性を明らかにすることができる．2 つ以上の安定状態が存在するような捕食者-被食者系のモデルを検討すると，さらに深い洞察が得られるだろう．これまで，野外と実験室における捕食者と被食者の個体数のさまざまなパ

ターンが，モデルから導かれる結論と一致することを見てきた．しかし残念ながら，モデルが妥当かどうかを検証するための実験や観察はめったに行われていないので，個々のデータセットに関して，特定の解釈を適用できる場合もほとんどない．単純なモデルと直接比較されている自然の個体群は，実際は，捕食者や被食者からだけでなく，状況を複雑にする他の多くの環境要因からの影響も受けているのである．

さらに，数理モデル研究者も実証的研究者も（中には両方を兼ねる人もいる），1種系や2種系よりも，3種系に関心を持つようになってきている．例えば，病原体が捕食者を攻撃し，捕食者が被食者を捕食する場合や，捕食寄生者と病原体が同じ被食者なり寄主を攻撃する，といった場合である．興味深いことに，こうした系のいくつかでは，構成要素の2種系の相互作用の組み合わせからは推測できなかった，動態についての予想外の特性が見いだされている（Begon *et al.*, 1996; Holt, 1997）．個体数の多さ（アバンダンス）の問題については，第14章で，もう少し広い視点から再び取り上げることにする．

まとめ

捕食者と被食者の個体群は多様な動態のパターンを示す．生態学の使命はさまざまな事例の間の相違を説明することである．

いくつかの数理モデルで，捕食者と被食者の個体群には共役した振動（サイクル）が生じる傾向があることが示されている．この章では，最も単純な微分方程式の捕食者－被食者モデルあるロトカ-ヴォルテラのモデルを説明し，ゼロ成長線を使って共役した振動が構造的に不安定であることを示した．このモデルでは，時間的な遅れのある密度依存的な個体数の反応がサイクルを産み出していることも説明した．また，同じく不安定な振動を示すニコルソン-ベイリーの寄主－捕食寄生者モデルも紹介した．

どちらのモデルでも，変動周期は被食者（寄主）の数世代分の長さであるが，寄主－捕食寄生者（そして寄主－病原体）系のモデルでは，ちょうど寄主1世代分の長さの共役した振動を産み出すこともできる．

自然界で，捕食者－被食者の周期的変動に関する確固たる証拠があるかどうかについて，とくにカンジキウサギ－オオヤマネコの系と，2種の天敵に攻撃されるガに焦点をあてて検討した．捕食者あるいは被食者が規則的な個体数の周期変動を示すときでも，それが捕食者－被食者の周期変動であることを示すのは決して容易ではない．

最も単純なモデルに欠けている要因が動態に及ぼす効果を検討するために，まず，混み合いから検討した．捕食者に関しては，最も重要な混み合い効果は，相互干渉からもたらされるものである．比に依存した捕食を含め，ロトカ-ヴォルテラ・モデルにおける混み合いの効果を検討した．混み合いは動態を安定化するが，この効果は捕食者の効率が非常に悪いときに最も強くなる．本質的に同じ結論が，ニコルソン-ベイリー・モデルを改変することによって得られる．しかし，これらの効果に関しては，自然界における直接的な証拠がない．

捕食者の消費速度に及ぼす被食者の存在量の効果を記述するのが，機能の反応である．3つのタイプの機能の反応を説明し，また，タイプ2の反応をもたらす処理時間の効果や，タイプ3の反応をもたらす処理時間や探索効率の効果についても説明した．さらに，異なるタイプの機能の反応と，「アリー効果」（低密度時の加入の減少）が捕食者－被食者動態にもたらす結果を説明した．タイプ2の反応は不安定化を生みやすく，タイプ3の反応は安定化を生みやすいが，実際にはこうした効果は必ずしも大きなものではない．

捕食者はしばしば（いつもではないが），集中反応を示す．ロトカ-ヴォルテラ・モデルにお

いて，隠れ家と部分的な隠れ家の効果を検討すると，空間的な不均一性とそれに対する反応が，被食者密度が低いときでも，捕食者-被食者動態を安定化することが示唆された．しかし，その後の寄主-捕食寄生者系とニコルソン-ベイリー・モデルを用いた検討では，不均一性の効果は複雑であることが示された．安定性は，すでに存在していた直接的な密度依存性を強化する「リスクの集中」を通して生じる．しかし，空間的に密度依存的である集中反応がリスクの集中につながり，さらに安定性を強化することはそれほどありそうにないのである．世代の中での移動を組み込んだモデルでは，寄主-捕食寄生者の安定化における集中反応の意義が，さらに疑問視された．メタ個体群的な見方では，パッチ間の差異が非同調性をもたらすことによって安定化効果を持ち，捕食者-被食者相互作用が時間的ならびに空間的パターンを産み出す可能性が強調されている．

メタ個体群構造と隠れ家が持つ安定化効果は実際に示されており，生物的防除手段を選択する上で，空間的不均一性に対する反応がどれだけ重要であるかについては，今でも活発に議論されている．

最後に，被食者（あるいは捕食者）の大発生の原因と想定される，捕食者と被食者の個体数の組み合わせにひとつ以上の平衡値をもつ捕食者-被食者系を検討した．

第11章

分解者とデトリタス食者

11.1 はじめに

腐生生物 ―― デトリタス食者と分解者

植物や動物が死ぬと，その死体は他の生物にとって資源となる．もちろん，ある意味では，ほとんどの消費者は死んだものを食べて生きている．肉食動物は餌となる生物を捕まえ殺す．植食動物に食べられた生葉も，消化が始まる時には死んでいる．この章で扱う生物が，植食動物，肉食動物，寄生生物と決定的に異なる点は，これらの生物がどれも利用する資源の増殖率に直接影響を与えることである．ガゼルを食うライオンにしろ，草を食うガゼルにしろ，草に寄生するサビ病菌にしろ，資源を利用することがその資源の再生産（つまりガゼルや草の葉の増加）を妨げる．こうした生物群とは対照的に，**腐生生物**（saprotroph：死んだ生物組織を利用する生物）は，自分が利用している資源の供給や再生産の速度を制御することはない．つまり，これらの生物は，他の要因（老化，病気，闘争，落葉）によって食物資源が作り出される速度に制約されて暮らしている．例外は**死物栄養寄生者**（necrotrophic parasite）（第12章を参照）にみられる．死物栄養寄生者は寄主を殺し，その後も死体から資源を抽出し続ける．例えば，灰色カビ病菌 *Botrytis cinerea* は生きた豆の葉を冒すだけでなく，寄主の死後も葉を利用し続ける．同様に，オーストラリアヒツジキンバエ *Lucilia cuprina* のウジも寄主に寄生した後，寄主を殺し，そのまま死体を食べ続けることがある．このような場合には，腐生生物も自分の食物資源の供給を制御することができるといえるだろう．

腐生生物は，**分解者**（decomposer：細菌類と菌類）と**デトリタス食者**（detritivore：死物を消費する動物）の2つのグループに分かれる．Pimm (1982) は，分解者やデトリタス食者とその食物との間にみられる一般的な関係を**ドナー制御**（donor controlled）と呼んだ．これは供給する側（餌：死んだ生物組織）は受け手側（捕食者：分解者やデトリタス食者）の密度を制御しているが，その逆はない，という意味である．ドナー制御は，相互に作用を及ぼしあう捕食者―被食者相互作用とは，本質的に異なっている（第10章を参照）．しかし，分解者やデトリタス食者と利用される死物との間に，一般的には直接的なフィードバックは見られない（それゆえドナー制御の表現があてはまる）ものの，間接的な「相利的」作用は認めることができる．例えば，落葉落枝（リター）の分解によって遊離する栄養塩は，最終的には樹木が新たに落葉落枝を生産する速度に影響するだろう．実際，分解者とデトリタス食者の最も本質的な役割は，栄養塩の再循環である（第19章を参照）．もちろん，一般的には，分解に関係する食物網は，生きた植物を基盤とする食物網と似通っている．そこにはたくさんの栄養段階があり，分解者の捕食者

ドナー制御では一般に消費者が利用する資源の供給を調節しない

（微生物食者（microbivore））や，デトリタス食者の捕食者，そしてこれらの捕食者を捕食する生物が含まれ，ドナー制御だけにとどまらない，さまざまな形の栄養段階間の相互作用（trophic interaction）が展開されている．

分解の定義　固定（immobilization）は，無機の栄養塩が有機態の化合物に取り込まれるときに起き，主に緑色植物が成長する間にみられる．逆に，分解はエネルギーの放出と合成された栄養塩の無機化（mineralization）である．無機化とは元素が有機態から無機態へと変換されることである．分解は，死んだ生物組織が徐々に崩壊することと定義され，それは，物理的作用と生物的作用の両方によって進行する．分解は，複雑でエネルギーに富んだ分子が，その消費者（分解者とデトリタス食者）により二酸化炭素，水，無機栄養塩にまで分解されて終わる．化学成分の一部は，一時的に分解者の体の一部として固定され，有機物中のエネルギーは生命活動に使われて，やがて熱として失われる．結局，光合成による太陽エネルギーの取り込みと，生物体量への無機栄養塩の固定は，有機物が無機化される際の熱エネルギーおよび有機の栄養塩の消失とつり合っている．つまり，栄養塩の循環がくり返されるなかで，個々の栄養塩分子は次々と固定され，無機化される．群集レベルにおけるエネルギーと栄養塩の流れの中で分解者とデトリタス食者が果たす全体的な役割については第17章と第18章で議論する．この章では，分解者とデトリタス食者となる生物を紹介し，それら生物の資源の利用の仕方について詳しく見ていく．

死体の分解　分解者やデトリタス食者に資源として利用されるのは，動物の死体や植物の枯死体だけではない．死んだ生物組織は，動植物が生きている間たえず生産されているが，それは重要な資源となりうる．単体型生物は，死んだ部分を脱落させながら，発育・成長する．節足動物の脱皮殻，ヘビの脱皮殻，その他の脊椎動物の皮膚，毛，羽，角などがその例である．こうした脱落した資源を利用する専食者も多い．菌類の中には，羽毛や角専門の分解者がいるし，脱皮後の皮膚を専食する節足動物もいる．ヒトの皮膚は，イエダニにとっての資源である．イエダニは，ハウスダストがあればどこでもみられ，アレルギー疾患をもつ人に問題を引き起こす．

死んだ部分の絶え間ない剥落は，モジュラー生物においてもっと特徴的なものである．生物から脱落した組織の分解　群体を形成するヒドロ虫類やサンゴ虫類のポリプは死ぬと分解される．その一方で同じジェネット（genet）〔栄養生殖により作られた同一の遺伝子型を持つ個体（ラメット ramet）の集団〕の他の部分は新しいポリプを再生産し続ける．植物では，古い葉を落として新しい葉を展開させるのが普通である．林床に季節的に供給される落葉落枝は，分解者やデトリタス食者にとって最も重要な資源であるが，その生産者は資源供給の過程で死ぬわけではない．高等植物では根冠からの継続的な細胞の剥落がみられ，根の皮層の細胞は根が土壌中で成長するのに伴って死ぬ．こうした有機物の供給によって，きわめて資源の豊富な根圏（rhizosphere）が形成される．植物組織は一般的に水を通しやすく，可溶性の糖や窒素を含む化合物が葉の表面にも滲出して，葉圏（phyllosphere）での細菌類や菌類の生育を可能にしている．

最後に取り上げるべきものは，動物の糞である．糞の分解　デトリタス食者であれ，微生物食者，植食者，肉食者，寄生者であれ，どの動物が排泄しようと，糞は分解者とデトリタス食者が利用する資源となる．糞は死んだ生物組織で構成されており，その化学組成は糞をする動物が何を食べていたかに依存する．

本章は2つの部分から成る．第2節では，腐生食を「演じる役者たち」について述べる．そして，細菌類と菌類の役割を比較するととも

に，デトリタス食者の役割を検討する．次に，第3節では，植物のデトリタス，動物の糞，死肉を消費するデトリタス食者について，彼らが直面する問題と消費過程を順番に検討していく．

11.2 生物

11.2.1 分解者：細菌類と菌類

　腐肉食者（scavenger）が死体をすぐに片づけてしまわないかぎり（例えば，ハイエナがシマウマの死体を食いつくすように），通常の分解過程は細菌類と菌類の移住から始まる．それと同時に他にもさまざまな変化が起きる．死体の組織中の酵素による自己分解が始まり，炭水化物やタンパク質は単純な可溶性物質に分解される．死体は雨ざらしになり，あるいは水中で洗われ，その中にあった栄養塩や可溶性の有機物が失われていく．

　細菌類と菌類は新しい死体への初期移住者　細菌類と菌類の胞子は大気中や水中に普遍的に存在し，生物が死ぬ前からその体表に（そして，多くの場合，体内にも）胞子が存在するのがふつうである．こうした微生物は，最初に資源に到達する生物である．このような初期の移住者たちは，主にアミノ酸や糖類といった，自由に拡散する可溶性の物質を利用する傾向にある．彼らは，セルロース，リグニン，キチン，ケラチンといった構造支持物質の消化に必要な酵素群を持っていない．土壌中のアオカビ属 *Penicillium*，ケカビ属 *Mucor*，クモノスカビ属 *Rhizopus* の多くの種は，糖菌類（sugar fungi）と呼ばれ，分解の初期に急速に成長する．これらは，同様に日和見的な生理的機能を持つ細菌類とともに，新しい死体上で爆発的に増殖することが多い．利用可能な遊離した資源が消費されると，このような生物の個体群は崩壊し，多量の休眠状態の個体を残す．別の新たな死体の資源が利用できるようになったときには，この休眠個体から再び爆発的な個体群成長が起こるだろう．こうした細菌類や菌類は，分解者の中でも日和見的な r 淘汰された種（r-selected species）と考えられる（第4章12節を参照）．別の例をあげると，花の蜜への初期移住者としては，酵母（単糖菌類）が優占している．酵母は熟した果実中に広がり，果汁の中の糖に作用してアルコールを生産する（ワインやビールの醸造過程と同様である）．

　家庭と産業に見られる分解　ワインやザウアークラウト（塩漬けキャベツ）などの製造過程と同じく，自然界でも，初期の移住者の活動では糖代謝が優占しているが，それは酸素条件に強く影響される．酸素供給が十分な場合，微生物の生育によって糖は二酸化炭素にまで分解される．嫌気的条件下では，発酵による不完全な糖の分解でアルコールや有機酸といった次の移住者にとっての環境の性質を変える副産物が作り出される．特に，酸の生産による pH の低下は，菌類には好ましい効果をもたらすが，細菌類の活動には有害に働く．

　自然界での好気的・嫌気的分解　無酸素的な生息場所は，水浸しの土壌や，特に海洋や湖沼の堆積層に特徴的である．水底の堆積層には，その上に広がる水塊から，死んだ生物組織が継続的に供給されている．しかし，そこでは利用可能な酸素は（主に細菌類による）好気的な分解によって，急速に使い果たされる．なぜなら，酸素は，堆積層表面からの拡散によってのみ供給されるからである．このため，主に有機物の堆積量に依存して，表面から数センチメートルの間のある深さから，堆積物は完全に無酸素状態となる．その深さから下にはさまざまな嫌気呼吸を行う細菌類が見いだされる．これらの細菌類は呼吸の代謝系の最終段階で，酸素以外のさまざまな無機的電子受容体を利用している．細菌類は，最上部に脱窒素細菌，次に硫黄還元細菌，そして最深部にメ

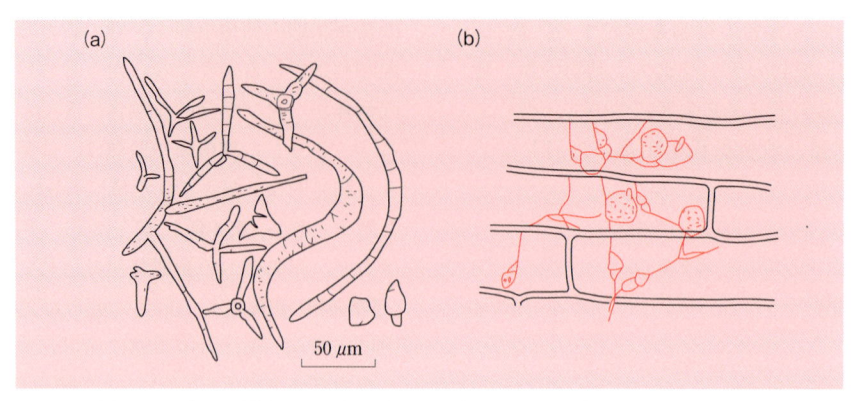

図 11.1 (a) 河川の泡から採集された水生糸状不完全菌類の胞子（分生子）．(b) 水生植物の表皮中のエダツボカビ属の一種 *Cladochytrium replicatum* の仮根状菌糸体．円形の菌体は遊走子嚢．（Webster, 1970 より．）

タン細菌というように，一定の順序で出現する．硫酸塩は，海水中に比較的豊富にあるので，海洋の堆積物層では硫黄還元細菌の層が特に厚い（Fenchel, 1987b）．それに対して，湖沼では硫酸塩の濃度は低く，メタン細菌が同様に大きな役割を果たしている（Holmer & Storkholm, 2001）．

どの種が最初に新たな死体に移住するかは，偶然的要素に強く左右される．しかし，環境によっては，いち早く移住できる性質を持つスペシャリストが存在している．川や池沼に落ちた落葉落枝には，水生菌類（糸状不完全菌類 Hyphomycetes など）が移住する．こうした菌類は粘着性の突起を持つ胞子を作る（図 11.1a）．さらに奇妙な形態のものもあり，それは水流で運ばれて落葉落枝に付着する機会を最大化しているようである．落葉落枝にたどり着いた胞子は，その植物組織内で細胞から細胞へと広がることができる（図 11.1b）．

分解されにくい組織はゆっくりと分解される　陸上の落葉落枝については，「糖」菌類や細菌類が利用した後，また雨や水にさらされた後も同じだろうが，その中に残っている資源は拡散しにくく利用がもっと困難なものである．陸上では死んだ生物組織の主な構成成分は，概ね，糖＜デンプン＜ヘミセルロース，ペクチン，タンパク質＜セルロース＜リグニン＜スベリン＜キチンの順に分解に対する耐性が高くなる．従って，最初に糖が急速に分解された後は，分解はゆっくり進行する．これにかかわる微生物は，セルロースやリグニンを利用できたり，さらに複雑なタンパク質，スベリン（コルク），クチクラなどを分解できるスペシャリストである．これらの物質は構造支持化合物であり，分解者はしっかり密着していないと分解，代謝することができない（大部分のセルラーゼは表面酵素で，それが働くためには分解者と資源が実際に接触している必要がある）．この分解の進行は，菌類の菌糸が細胞から細胞へと木化した細胞壁を貫通する速度に影響される．菌類（主に真正担子菌類 homobasidiomycetes）による木材の分解においては，2 種類の主要な分解のスペシャリストが認められる．そのひとつ，赤腐れ病菌は，セルロースを分解し，リグニンを主成分とする褐色部分を残す．白腐れ病菌は主にリグニンを分解し，白色のセルロースを含む部分を残す（Worrall *et al.*, 1997）．湖沼や海洋の植物プランクトン群集で，珪藻類が死んだあとに残るケイ素に富んだ堅い殻は，陸上群集における木材と似通ったところがある．ケイ素の再生は，新たに珪藻類が成長するために重要だが，珪藻類の殻は専門の細菌類によって分解されている（Bidle & Azam, 2001）．

陸上の落葉落枝に含まれる，分解が徐々に難

分解に関わる微生物の遷移

しくなっていく化合物を利用する生物は，自然に遷移していく．それは単糖菌類（主に藻菌類と不完全菌類）に始まり，通常，有隔壁菌類（担子菌類と放線菌類）や子囊菌類といった，成長が遅く，胞子をあまり産生せず，基質に密着して特異な代謝をする菌類が続く．落葉を分解する菌類の多様性はしだいに減少し，少数の極めて特殊化した種が，最後に残った最も分解されにくい部分を利用する．

分解されつつある資源の性質の変化を，日本の冷温帯の落葉樹林の林床のブナの落葉を例にとって図 11.2a に示す．ポリフェノールや可溶性炭水化物は，急速に消失する．しかし，耐性構造のあるホロセルロースやリグニンは，極めてゆっくりと分解される．落葉の分解を担っている菌類は，資源の性質の変化にともなって遷移する．糸状不完全菌類の一種 *Arthrinium* sp.（図 11.2b）のような遷移の初期種の出現頻度は，ホロセルロースと可溶性炭水化物の濃度の減少と相関しているが，Osono & Takeda (2001) は，これらの成分に依存してその菌は成長していると推測している．クサレケカビの一種 *Mortierella ramanniana* のように遷移の後期に現れる種の多くは，リグニンを分解できる他の菌類が遊離させる糖に依存しているようである．

微生物の分解者の大部分は特定の基質を利用する

微生物分解者のそれぞれの種は，生化学的にみるとあまり融通がきかず，大部分はごく限られた基質しか利用できない．分解に関わる種が多様であることで，植物や動物の死体に含まれる構造的にも化学的にも複雑な組織を分解することができる．組織中にさまざまな細菌類と菌類が存在することによって，植物や動物の死体が完全に分解される．実際にはそうした微生物が単独で作用することはごく希で，もしある微生物が単独で作用したときには，分解過程は遅く，不完全に終わるだろう．残っている有機物の分解を遅らせる

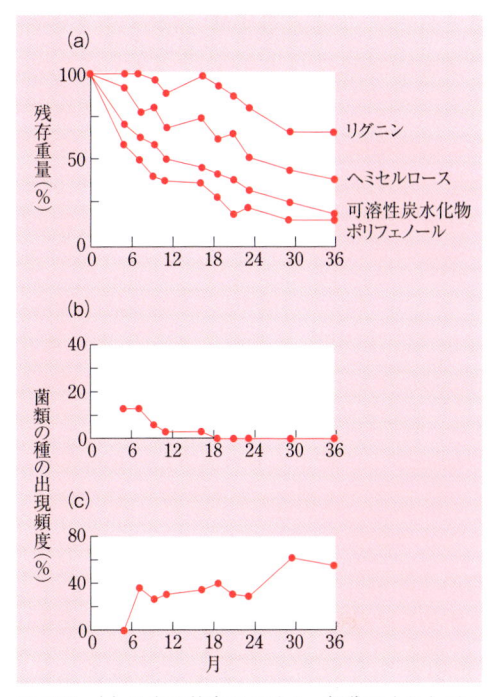

図 11.2 (a) 日本の林床における，網袋に入れたブナ（*Fagus crenata*）落葉の 3 年間の組成変化．残存量を初期重量の百分率で示した．(b, c) 菌類の種の出現頻度の変化．初期に移住する種（*Arthrinium* sp.）を (b) に，後期に移住する種（*Mortierella ramanniana*）を (c) に示す．（Osono & Takeda, 2001 より．）

主な要因は，植物の細胞壁が分解に対して耐性をもつためである．動物の死体では，分解者がそうした障壁に出会うことは少ない．植物の分解過程は，組織をすりつぶしたり断片化することによって飛躍的に高まる．例えば，デトリタス食者による咀嚼は細胞を破壊し，その内容物や細胞壁の表面を分解者が利用できるようにする．

11.2.2 デトリタス食者と微生物専食者

微生物食者（microbivore）は，デトリタス食者とともに活動している動物の一群で，デトリタス食者との区別は困難である．微生物食者という名称は，もっぱら菌類・細菌類を食べ，それらを消化して，デトリタスを排出する

微生物食者 ── 微生物の専食者

ことができる微細な動物群にあてられている．細菌類と菌類とでは生育形態が基本的に異なるので，それらを消費するにはまったく違った摂食方法が必要となる．細菌（そして酵母）は，単細胞の分裂によるコロニー成長を示すが，これは通常，微小な粒子表面でみられる．細菌専食の消費者は，必然的にとても小さい．例えば，アメーバのような土壌中にも水中にも存在し，自由生活をする原生動物や，陸生の線虫 *Pelodera* のように，堆積物の粒子ごと消費するのではなく，粒子間で喫食（グレイジング（grazing））し，粒子表面の細菌だけを消費するものなどがいる．細菌類の大多数とは対照的に，大部分の菌類は，繊維状で，著しく枝分かれした菌糸を形成する．多くの菌類の菌糸は死んだ生物体を貫通することができる．菌類専食者には，菌糸にさし込み，吸汁するための吻針をもつもの（例，クキセンチュウ属 *Ditylenchus* の線虫）もいるが，大部分の菌類食の動物は菌糸を喫食して全体を消費する．菌食の甲虫，アリ，シロアリと，ある種の菌類との間には，密接な相利関係みられる場合がある．このような相利関係については第13章で扱う．

微生物食者は，生きた資源を利用するので，ドナー制御の動態を示さない可能性があることに注意しよう（Laakso *et al.*, 2000）．Jurgens & Sala（2000）は実験室内の微小生態系において，湖沼性の水草と植物プランクトンの分解を研究し，細菌類を喫食する原生生物 *Spumella* sp. と *Bodo saltans* がいる場合といない場合で，細菌類（分解者）の増減を比較した．微生物食者がいると，細菌類の生物体量は50–90％減少し，細菌類群集は，喫食されにくい大型の糸状細菌などが優占した．

大きな動物ほど，食物としての微生物と，微生物が生育している植物や動物のデトリタスとを区別できなくなる．実際，死んだ生物組織の分解にかかわる大多数のデトリタス食の動物は消費者としてはゼネラリストであり，デトリタス自体と，それに取りついている微生物の個体群の両方を利用している．

動植物の死体の分解に関わっている原生生物と無脊椎動物は，多様な分類群からなる．陸上環境では，それらの動物は，一般に体の大きさによって分類されている．これは恣意的な基準ではない．なぜなら，落葉落枝や土壌の隙間や割れ目に潜り込み，這いずり回って資源に到達する生物にとって，大きさは重要な特徴だからである．微小土壌動物（microfauna）（微生物専食者を含む）は，原生動物，線形動物，輪形動物からなる（図11.3）．中型土壌動物（mesofauna）（体幅が100μmから2mmの動物）の主な分類群は，ササラダニ（ダニ目），トビムシ（トビムシ目），ヒメミミズ（ヒメミミズ科）である．大型土壌動物（macrofauna）（体幅2〜20mm）と，一番大きな巨大土壌動物（megafauna）（20mmを超える）は，ワラジムシ（ワラジムシ目），ヤスデ（ヤスデ綱），ミミズ（大型ミミズ類），カタツムリとナメクジ（軟体動物），ハエ類の幼虫（ハエ目），甲虫の幼虫（コウチュウ目）からなる．これらの動物は，主に，植物遺体の最初の破砕に関わっている．これらの動物はその活動によって，デトリタスの分布を大規模に変化させ，従って，直接，土壌構造を発達させることになる．微小土壌動物は，世代時間が短く，細菌と同じスケールで活動し，細菌類の個体群動態に追従する動態を示すことさえある．一方，中型土壌動物やその餌となる菌類は，どちらもより長命である．対照的に，デトリタス食者の中でも最大の大きさで，最も長命な動物は，餌を細かく選択することは難しいが，分解者の活性が高いパッチを選択している（J. M. Andreson 私信）．

かつて，かのチャールズ・ダーウィン（1888）は，家の近くの牧草地でミミズによって形成された土壌層が30年間で18cmの厚さに達し，1年当り50t/haがミミズによって表面に掘りだされたと推定した．その後，ミミズが掘り起こす量はこの桁の数値であることが多くの研究例

> 陸上環境における大きさによる分解者の分類

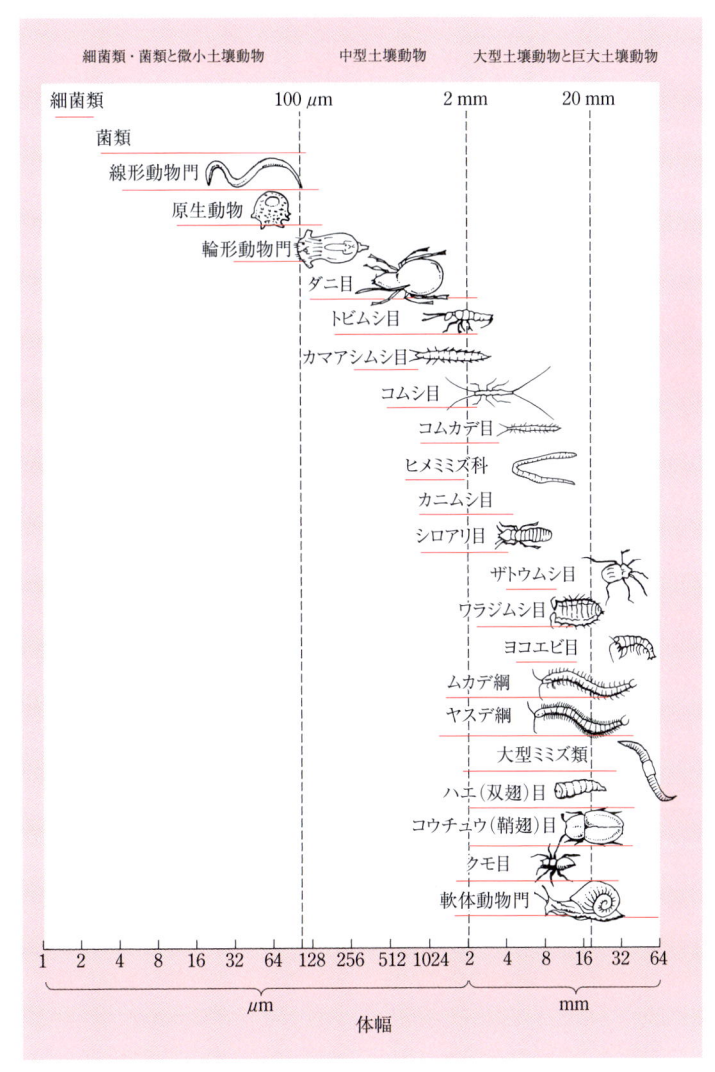

図11.3 陸上の分解者の食物網に見られる，生物の体幅による大きさ別分類．ザトウムシ目，ムカデ綱，クモ目は完全に肉食である．(Swift *et al*, 1979 より．)

で裏付けられている．さらに，全ての種のミミズが地表に糞を出すわけではないので，ミミズが動かした土壌や有機物の総量はこれよりもはるかに多いだろう．ミミズがたくさんいる場所では，ミミズは落葉を埋め，土壌と混ぜ（これが落葉を他の分解者やデトリタス食者にさらすことになる），穴を作り（土壌の通気と排水を良くする），有機物に富んだ糞を排泄する．農業生態学者が，ミミズの個体群を減少させるような耕作法に危惧を抱くようになったのも当然だろう．

デトリタス食者は，あらゆるタイプの陸上の生息場所に出現し，しばしば驚くほど種が豊富で個体数が多い．例えば，温帯の森林の土壌 $1m^2$ には1000種もの動物が含まれ，個体数は，線虫と原生動物が1000万を超え，トビムシ類と土壌性のダニ類が約10万，その他の無脊椎動物が約5万匹もいる (Anderson, 1978)．陸上

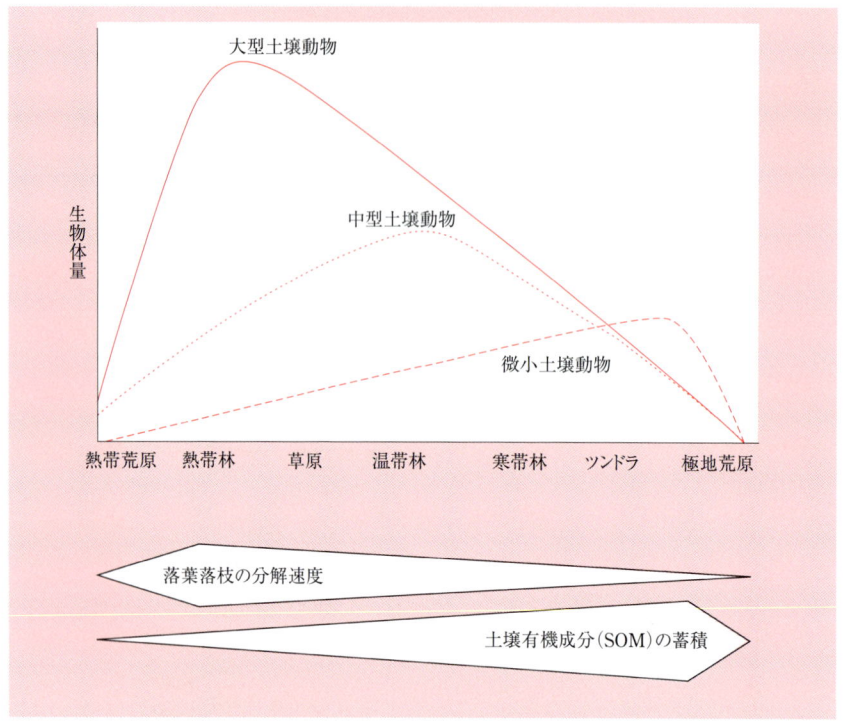

図11.4 陸上生態系における,大型,中型,微小土壌動物の分解への寄与の緯度変異パターン.落葉落枝の分解速度と逆相関する土壌有機成分(SOM, soil organic matter)の蓄積は,微生物活性が低下する低温・湛水条件で促進される.(Swift *et al.*, 1979 より.)

の群集における,微小,中型,大型の土壌動物の相対的重要性は緯度に沿って変化する(図11.4).北方の森林,ツンドラ,極地の荒地の有機質に富む土壌では,他と比べて微小土壌動物が重要である.ここでは,豊富な有機物が土壌中の水分の状態を安定化させ,原生動物,線虫,輪虫のような間隙水に生活する生物に好適な微小生息場所をもたらす.熱帯の熱く乾燥した鉱物質に富む土壌には,これらの生物はほとんどみられない.温帯の森林の厚い有機質の土壌は中間的な性質を示す.そこでは,ササラダニ,トビムシ,ヒメミミズなどの中型土壌動物の個体数が最も多い.その他の土壌動物群の大部分は乾燥した熱帯に近づくにつれ減少し,その分シロアリが増加する.熱帯地域で中型土壌動物の多様性が下がるのは,シロアリによる分解・消費により落葉落枝が欠乏していることと関連していると考えられ,資源量と利用できる微小生息場所の両方の少なさを反映しているのだろう(J. M. Anderson 私信).

もっと局所的な規模でみても,分解者群集の性質と活性は,それら生物が生活している状況によってさまざまである.温度は,分解速度の決定に基本的な役割を果たす.さらに,分解されている物質をおおう水の膜の厚さによって,移動性の微小生物(原生動物,線虫,輪虫,生活環の中で可動性の発育段階を持つ菌類)の行動可能な範囲が決まってしまう.乾燥した土壌では,そうした生物はほとんどいない.乾燥した状態から水浸しの状態をへて完全な水中環境にいたる環境の連続体を認めることができる.乾燥した土壌では,水の量と水の膜の厚さが最も重要である.しかし,水の量が多くなるにつれ,開けた水域の底質に見られる群集の状況と似てくる.そこでは,水の量よりも酸素の不足が問題となり,それが生物の生活を左右するだ

第 11 章　分解者とデトリタス食者

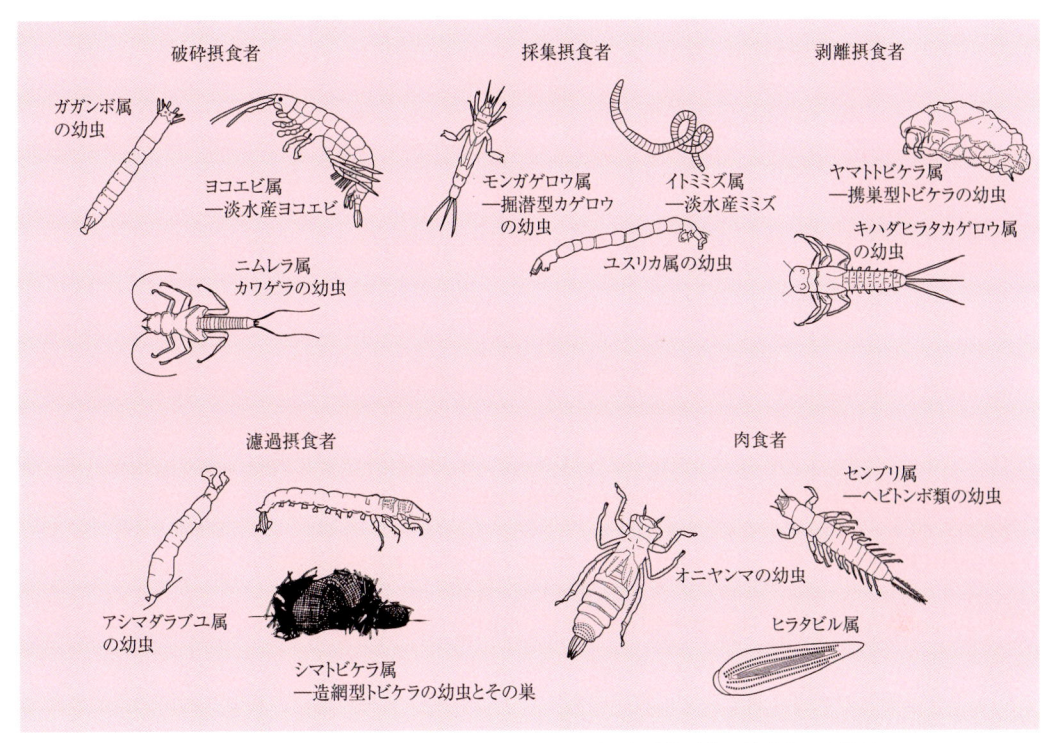

図 11.5　淡水環境中のさまざまなカテゴリーに属する無脊椎動物の消費者の具体例.

> 水中では摂食様式で分けられる

ろう．

　淡水の生態学でのデトリタス食者の研究では，生物の大きさよりも，摂食方法が注目されてきた．Cummins (1974) は，河川の無脊椎動物の消費者を 4 つの主なカテゴリーに区分できると考えた．**破砕摂食者** (shredder) は，デトリタス食者で荒い粒子状の有機物 (2mm より大きな断片) を食べ，その摂食によって有機物をさらに断片化する．河川では，携巣性トビケラ（エリグロトビケラ科の一属 *Stenophylax* spp.) の幼虫，淡水産ヨコエビ（ヨコエビ属 *Gammarus* spp.)，ワラジムシ目（ミズムシ属 *Asellus* spp. など）などのような破砕摂食者が，落下した木の葉を食べていることが多い．**収集摂食者** (collector) は，細かい粒子状の有機物 (2mm 未満) を食べる．収集摂食者は，さらに 2 種類に細分される．採集摂食者 (collector-gatherer) は，河床の沈殿物や堆積物から有機物の粒子を得るのに対し，濾過摂食者 (collector-filterer) は，流水中の微細な粒子を濾し取る．いくつかの例を図 11.5 に示す．**剥離摂食者** (grazer-scraper) は，岩や石に付着している有機物の層を引きはがして食べるのに適した口器を持つ．この有機物の層は，付着藻類，細菌類，菌類，基質表面に吸着された死んだ生物組織などで構成されている．残る無脊椎動物のカテゴリーは，**肉食者** (carnivore) である．図 11.6 に，これらの摂餌様式の異なる無脊椎動物のグループと 3 種類の有機物の関係を示す．この図式は，河川の群集についてまとめたものであるが，他の水生生態系だけでなく，陸上生態系とも明らかな類似性がある (Anderson, 1987)．土壌中で重要な破砕摂食者はミミズであり，海底で同じ役割を果たしているのはさまざまな甲殻類である．一方，濾過摂食は海洋生物では普通にみられるが，陸上生物には見られない．

　水生無脊椎動物の糞や死体は，他の供給源からの死んだ生物組織と一緒に，破砕摂食者と収集摂食者によって処理されるのが一般的であ

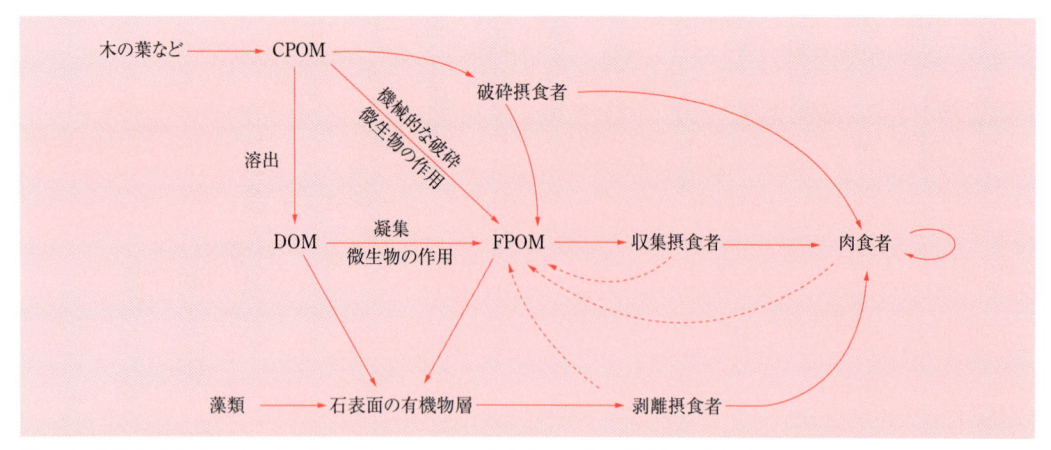

図11.6 河川におけるエネルギー流の一般モデル．溶脱作用により，粗粒状有機物（CPOM, coarse particulate organic matter）は，急速に溶存態有機物（DOM, dissolved organic matter）分画へ移行する．残りは3つの過程により細粒有機物（FPOM, fine particulate organic matter）へと変換される．(i) 打ちつけられることによる機械的な破砕，(ii) 微生物の作用による漸進的分解，(iii) 破砕摂食者による断片化．すべての動物群が糞をすることで，FPOM 形成に貢献していることにも注意（破線）．DOM は，物理的な過程である凝集や，微生物による摂取によっても FPOM へと変換される．河床の石に付着している有機物層は藻類由来で，DOM と FPOM は有機物層に吸着される．

る．水生脊椎動物の大きな糞でさえも特定の動物相を持たないが，これはおそらく，水流によって糞が断片化し四散してしまうためだろう．水界では死体にも専門化した動物相はみられない．多くの水生の無脊椎動物は雑食性で，たいていは植物のデトリタスや糞を付着している微生物ごと食べているが，無脊椎動物や魚の死体の破片があればいつでもそれを利用できる．これは陸上環境でみられる状況とは対照的である．陸上では糞と死体には，それぞれ専門のデトリタス食の動物相が見られるのである（第3.3節と第3.5節を参照）．

デトリタス食者が優占する群集

動物群集には，デトリタス食者とその捕食者だけで構成されているものもある．こうした群集は，林床だけでなく，日の当たらない河川，大洋や湖沼の深部に存在し，洞窟内の定住者にも当てはまる．つまり，十分な光合成を行うには光が不足しているが，有機物が近くの植物群集から供給されている場所に存在する群集である．林床や日の当たらない河川では，大部分の有機物は樹木から供給される落葉である．海洋や湖沼の底では，上層から絶え間なくデトリタスが供給される．洞窟で供給される有機物としては，土壌や岩石の隙間からしみだす溶解した有機物や粒子状の有機物のほか，風で飛ばされてくる物質や洞窟に入りこんだ動物の遺骸もある．

11.2.3　分解者とデトリタス食者の役割の比較

死んだ生物組織を分解するときに分解者とデトリタス食者が果たす役割は，さまざまな尺度で比較することができる．個体数で見ると細菌が優占している．これは個々の細胞を数えるためである．しかし，生物体量を比べると，まったく違った結果になる．図11.7に，林床の落葉落枝の分解に関わる生物の生物体量（相対的な窒素含有量）を分類群ごとに示した．1年の大半で，分解者（微生物）の生物体量はデトリタス食者の5〜10倍にのぼる．デトリタス食者は季節の変化に影響されにくいので，その生物体量は1年を通してあまり変化しない．事実，冬期にはデトリタス食者が優占する．

分解者とデトリタス食者の重要性を検討する

残念ながら，さまざまな分類群の分解者の生

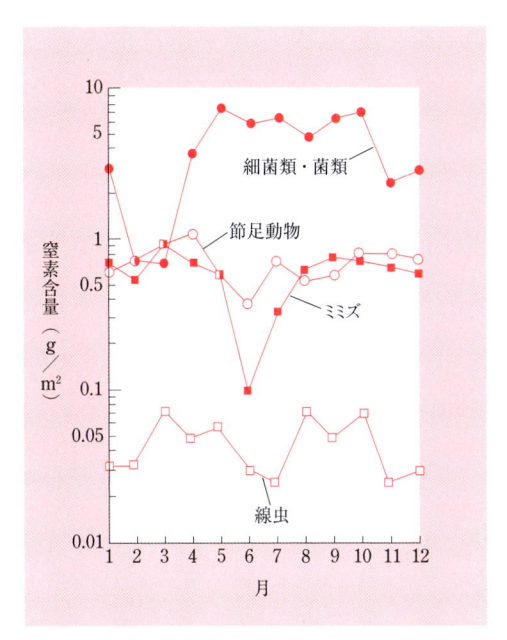

図 11.7　森林の落葉落枝の分解における，細菌類・菌類，節足動物，ミミズ，線虫の相対的な重要性の比較．生物体量の尺度となる窒素の相対的含有量で表した．微生物活性はデトリタス食者の活性よりはるかに大きいが，後者は一年を通じて安定している．(Ausmus *et al*, 1976 より．)

（図 11.8a）．葉の炭素，窒素，リン成分の無機化について個別に分析したところ，同様に，ほとんどが細菌類によって無機化されていたものの，炭素と窒素については，微小土壌動物と特に大型土壌動物によって，無機化率が強化されていた（図 11.8b）．

死んだ生物組織の分解は，微生物の働きとデトリタス食者の働きの単純な足し合わせによるものではなく，大半が両者の相互作用の結果である．Lillebo *et al.* (1999) の実験で使われた巻貝 *Hydrobia ulvae* のようなデトリタス食者の破砕活動によって，落葉落枝は細かく砕かれ，単位体積当りの表面積が大きくなる．そのため微生物が増殖できる基質の表面が増加する．加えて，競争している菌糸の網目が喫食によって壊されることで，菌類の活動が促進されるだろう．さらに尿や糞に含まれる無機栄養塩が加わることで，菌類と細菌類の活動が活発になるだろう (Lussenhop, 1992)．

分解者とデトリタス食者との相互作用を調べる方法 陸上の場合
のひとつは，葉の断片が分解される過程を，個々の細胞の細胞壁の部分に注目して追跡することである．最初，葉が地面に落ちたときには，細胞壁は植物組織中にあり，微生物の攻撃を免れている．やがて葉は，例えば，ワラジムシに噛み砕かれ，断片となって消化管へ入る．葉は消化管内で新たな細菌類・菌類と出会い，ワラジムシの消化酵素の作用を受ける．ワラジムシから排泄される断片は消化管を通過することで変化している．ワラジムシの糞の一部となった葉は，断片となって部分的に消化されているために，一段と微生物に分解されやすくなっている．微生物がとりついている間に，葉の断片は糞食のトビムシに食べられ，トビムシの消化管という新たな環境を通過するだろう．トビムシの糞の中には，未消化の断片が残っているだろうが，それは微生物にとってさらに利用しやすいものとなっているだろう．葉の断片はいくつもの消化管を通過しながら，死んだ組

生物体量そのものは，分解の過程における重要性を比較するには適切な尺度ではない．大きく，長命で，動作の緩慢な生物（例えば，ナメクジ）は，生物体量では大きな割合を占めているが，短命で活動性の高い生物の個体群のほうが，群集の活動性により大きく寄与しているかもしれない．

塩性湿地植物の分解の場合　Lillebo *et al.* (1999) は，実験室内の微小生態系で，細菌類，微小土壌動物（鞭毛虫類など），大型土壌動物（巻貝の一種 *Hydrobia ulvae* など）からなる人工的な群集を作り，塩性湿地植物スパルティナ属の一種 *Spartina maritima* の分解における相対的な役割を調べた．細菌類による分解では，99 日間の実験の最終日には，スパルティナの葉の生物体量の 32% が残されていた．ところが，微小土壌動物や大型土壌動物もいた場合は，わずか 8% しか残らなかった

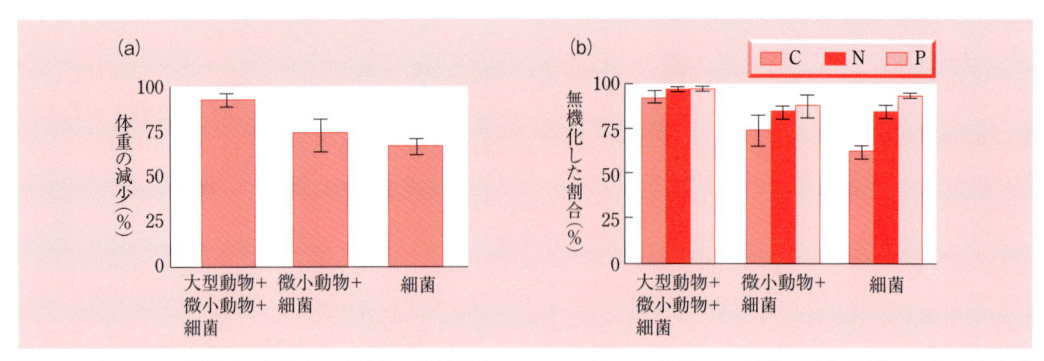

図11.8 (a) 3つの条件下における，イネ科の多年草 Spartina maritima の葉重の99日間の減少（平均±SD）．(i) 大型動物＋微小動物＋細菌が存在．(ii) 微小動物＋細菌が存在．(iii) 細菌のみ存在．(b) 3つの条件下で，初期に含まれていた炭素，窒素，リンが，99日間に無機化された割合．(Lillebo et al., 1999 より．)

織の一断片から二酸化炭素と無機物へと避けがたい変化を遂げる．

淡水環境の場合 維管束植物のデトリタスの細胞壁は頑丈なため，デトリタス食者による断片化は陸上環境では重要な役割を果たしている．このことは，利用できるデトリタスの大部分が陸上からの落葉落枝に由来する多くの淡水環境にも当てはまる．対照的に，海洋環境では最も低い栄養段階のデトリタスは，植物プランクトンの細胞と海藻に由来する．植物プランクトンは表面積が大きく，物理的に破壊する必要がない．海藻は維管束植物の細胞壁のような構造性のポリマーがないので，物理的要因で断片化されやすい．海洋のデトリタスは急速に分解されるが，それはおそらく無脊椎動物による破砕にあまり依存していない．陸上環境や淡水環境に比べ，海洋環境では破砕摂食者は稀である (Plante et al., 1990)．

枯れた材の場合 枯れた木材は，パッチ状に分布し，外形が頑丈なため，微生物の移住には困難がともなう．昆虫類は，菌類をその「目的地」へと運んだり，外皮に師部や木部へ通じる穴を開け，空中に散布された胞子の到達を助けることによって，菌類の枯れた木材への移住を促進している．Muller et al. (2002) は，フィンランドで，大きさをそろえたオウシュウトウヒ (Picea abies) の木片を林床に置いた．2年半後，昆虫の残した「印」（穿孔や食痕）を数えたところ，その数は材の乾燥重量の減少と相関していた（図11.9a）．この相関は，昆虫類の消費に起因するだけでなく，どの程度かわからないものの，昆虫類の活動によって促進された菌類の作用にも起因している．キクイムシの一種 Tripodendron lineatum の痕跡が400以上ある材では菌類の感染率が常に高い（図11.9b）．この種は，辺材に深く穴を掘り，直径1mm程の回廊を作る．そこに生育する菌類の一部（例えば，Ceratocystis piceae）はこの甲虫によって運ばれているようだ．また，空中散布によって分散する菌類の侵入は，甲虫が残した回廊によって促進されているようだ．

小型ほ乳類の死体の場合 デトリタス食者の働きによって微生物の呼吸が高まることは，小型哺乳類の死体の分解でも報告されている．秋にイギリスの草地で，ネズミの死体25gを2組，昆虫が取りつけないようにして放置する実験を行った．1組は，死体をそのまま放置した．もう1組は，クロバエの幼虫の活動を模倣して，解剖針を死体にくり返し突き刺して穴だらけにしておいた．この実験の結果は，先述の材の分解に関する研究と同様で，穴を開けたことで，死体の通気がよくなり，内部まで微生物が侵入して，微生物の活性が高まることが示された（図11.10）．

第11章　分解者とデトリタス食者

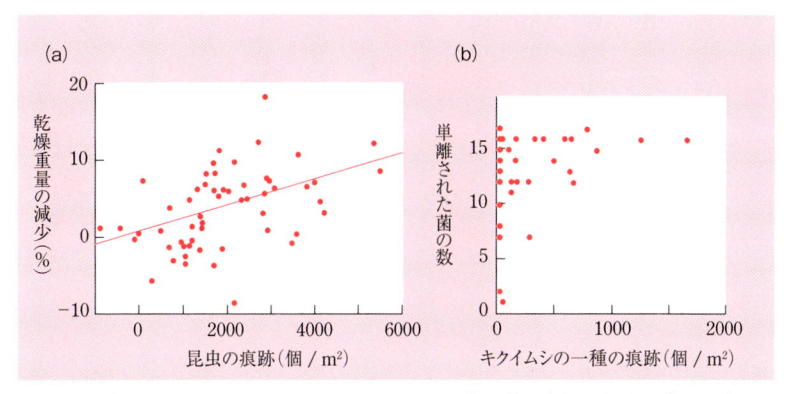

図11.9　(a) 大きさをそろえたオウシュウトウヒの枯死材の腐朽と昆虫の穿孔・食痕数の関係．フィンランドでの2年半にわたる実験の結果．(b) 菌類の感染率（材から単離された菌類の数）とキクイムシの一種 *Tripodendron lineatum* の痕跡．(a) に示した乾燥重量の減少と昆虫の痕跡数は，網をかけたケージに入れた材の値から，それと対にした昆虫が侵入可能なケージにおいた材の値を引いた値．材の乾燥重量の減少が網かけした場合より小さく，負の値をとった場合もあった．昆虫が訪れた数だけで，材の乾燥重量の減少の変異のすべてを説明できるわけではない．（Muller *et al.*, 2002 より．）

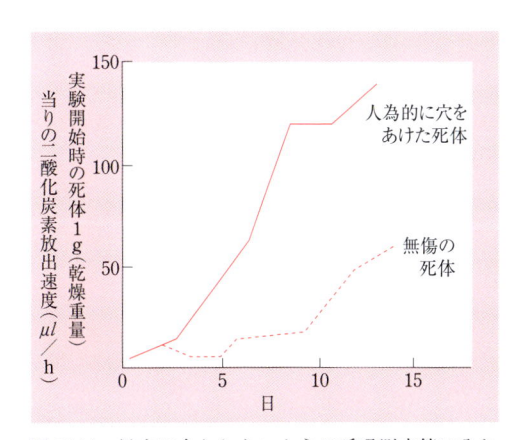

図11.10　昆虫に食われないように呼吸測定管に入れた小型哺乳類の死体から放出される二酸化炭素（CO_2）を，微生物の活性の尺度として測定した．無傷なままの死体と，クロバエの幼虫がトンネルを掘った状態を再現するため，解剖針で何度も突き刺した死体を比較した．（Putman, 1978a より．）

11.2.4　生態化学量論と分解者，デトリタス食者，そしてそれらが利用する資源の化学的組成

生態化学量論（ecological stoichiology）は，Elser & Urabe（1999）によって，生態学的相互作用における複数の化学物質の量的釣り合い（特に，窒素に対する炭素の比とリンに対する炭素の比）に関する制約と帰結についての分析と定義されている．生態化学量論は，資源と消費者の関係の解明に利用できる手法である．植物と植食者の関係に注目して多くの研究がなされてきたが（Hessen, 1997），この手法は，分解者，デトリタス食者，そしてそれらが利用する資源を扱うときにも重要である．

死んだ植物組織と，それを消費，分解する従属栄養生物とでは，化学的組成が大きく違っている．植物組織，特に細胞壁の主要な組成は，構造性の多糖類である．しかしこの物質は，微生物やデトリタス食者の体にはわずかしか含まれていない．構造性の化学物質は，貯蔵性の炭水化物やタンパク質に比べると消化が困難なので，デトリタス食者の糞の主要な成分となっている．デトリタス食者の糞と植物組織は，化学的に共通点が多い．それに対してデトリタス食者や微生物のタンパク質や脂質の含有量は，植物や糞よりも著しく多い．

死んだ生物組織が分解される速度は，その生化学的組成によって大きく変わる．その理由は，微生物の組織は非常に多くの窒素とリ

生態化学量論と資源と消費者の関係

分解速度は生化学的組成に依存する

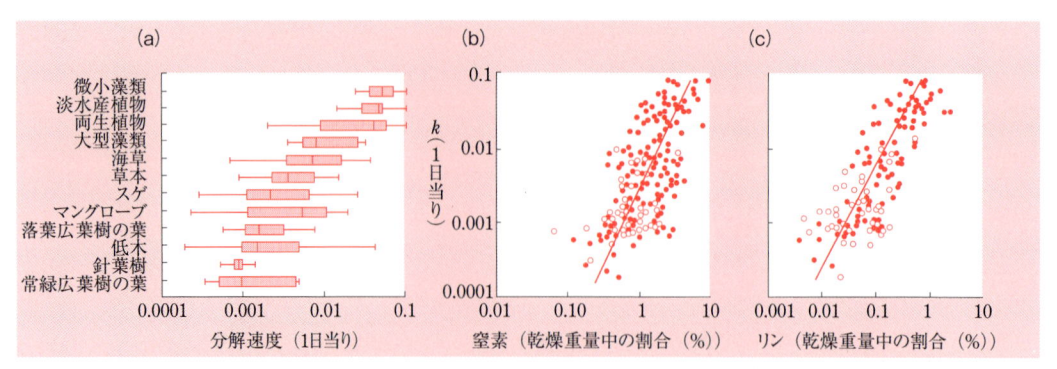

図 11.11 (a) さまざまな植物由来のデトリタスの分解速度を示す箱ひげ図. 分解速度は k（1日当りの対数値）で表され, $W_t = W_0 e^{-kt}$ から求めた. これは, 測定開始時からの植物の乾燥重量 (W) の時間 (t) に伴う減少を表す. 箱で囲われた範囲は, 文献から得られた各タイプの植物の全データのうち, 小さい値から25％と75％の間である. 箱の中の縦線は中央値を, 横線は95％信頼限界を示す. 分解速度と組織中の初期の濃度（乾燥重量の百分率）の関係を, (b) 窒素と (c) リンについて示す. 陸上でのデトリタス分解を○, 水中でのデトリタス分解を●で示した. 実線は回帰直線. (Enriquez *et al*., 1993 より.)

ンを含んでいるからで, これは微生物がこれらの栄養素に対する要求性が高いことを意味している. 分解者では, 化学量論的比率が, おおよそ炭素：窒素（C：N）が10：1, 炭素：リン（C：P）が100：1である（例えば, Goldman *et al*., 1987). 言い換えれば, 111gの微生物個体群は, 10gの窒素と1gのリンが利用できるときにだけ増殖できる. 陸生の植物体では, これらの比はもっと高く, C：N比は19〜315：1, C：P比は700〜7000：1である (Enriquez *et al*., 1993). 従って, 陸生植物体では, 限られた生物体量の分解者しか養うことはできず, 分解過程全体の速度自体も, 利用できる栄養塩の量によって制限されている. 海洋と淡水の植物と藻類は, もっと分解者に近い比になっており (Duarte, 1992), これに対応して分解速度は, 陸上よりも速い（図11.11a). 図11.11b, cが示すように, 陸上・淡水・海洋の多様な植物種のデトリタスについて見ると, 植物組織中の最初の窒素・リンの濃度とデトリタスの分解速度との間には強い相関が認められる.

環境中の無機栄養塩 死んだ生物組織が分解される速度は, 環境中の利用可能な無機栄養塩, 特に窒素（アンモニウム塩や硝酸塩）にも影響される. 生物遺体以外から窒素を吸収できるならば, より多くの微生物が養われ分解過程は速くなる. 例えば, ニュージーランドの草地を流れる川の中での草本の落葉分解についてみると, 牧草地へと土地改良した草地を流れる川（硝酸塩に富んだ水が流れている）のほうが, 土地改良を受けていない場所の川よりも, 分解が速い (Young *et al*., 1994).

分解者と生きた植物の複雑な関係 分解者が無機栄養塩を利用する性質を反映した現象のひとつとして, 植物性物質が土壌に加えられた後, 微生物に取り込まれるのにともない, 土壌窒素の濃度が急速に下降する傾向が見られる. この効果は, 農業では良く知られた事実で, 作物の収穫後を耕すと, 次に栽培する作物に窒素欠乏が起こることがある. 言い換えると, 分解者と植物は, 無機態の窒素をめぐって競争関係にある. これは, 重要で, かつ幾分逆説的な問題を引き起こす. すでに学んだように, 植物と分解者は, 栄養塩の再利用を通して間接的な相利関係で結ばれている. つまり, 植物は, エネルギーと栄養塩を有機態で分解者に供給し, 分解者は有機物を無機化して無機態に戻し, 再び植物が利用できるようにする. しかし, 炭素と窒素における化学量論的制

第 11 章　分解者とデトリタス食者

約は，植物と分解者の競争も引き起こしてしまう（通常，陸上の群集では窒素を，淡水の群集ではリンを，海洋の群集では窒素とリンの両方をめぐる競争となる）．

競争と相利関係　Daufresne & Loreau (2001) は，相利関係と競争関係を両方組み込んだモデルを作り，「どのような条件で，植物と分解者が共存できるのか，また，生態系が全体として存続するのか？」という問題を検討した．彼らのモデルによれば，一般的に植物—分解者の系が存続するのは（植物と分解者の双方の群集が，安定した定常状態に達するのは），分解者の成長がデトリタス中の利用可能な炭素量に制限されている場合に限られる．この状況が達成されるのは，限定的な栄養塩（例えば窒素）をめぐる競争において，分解者の競争力が，植物と比べて十分高く，分解者自身は炭素が制約となる状況で維持される場合に限られる．分解者の競争能力が不十分であるならば，分解者は栄養塩の制限を受け，この系はやがて崩壊する．Daufresne & Loreau (2001) によれば，これまで行われてきた少数の実験的研究では，細菌類は実際に，無機栄養塩をめぐる競争で植物に打ち勝つことができることが示されている．

陸上植物とは対照的に，動物の体の栄養素の比は微生物の体の栄養素比と同程度のレベルにある．そのため，動物の死体の分解は栄養素には制限されず，植物体よりも速く分解される傾向がある．

死んだ生物やその一部が土壌中や地表で分解されると，そのC：N比は分解者のC：N比に近づいていく．概して，窒素含量が 1.2〜1.3％を下回る物質が土壌に加えられた場合，利用可能なアンモニウムイオンはすべて吸収されてしまうが，付加物質の窒素含量が 1.8％を上回る場合は，アンモニウムイオンは放出される．このため，土壌のC：N比は 10 付近で一定となる傾向があり，分解者の系は，一般に顕著な恒常性を示すといえる．しかし，土壌が強い酸性を示したり，水浸しであるような極端な状況では，この比は 17 にまで上昇することがある（分解が遅いことを示す数値）．

死んだ生物体を分解する微生物の活動は，呼吸によって炭素を放出し，残りを無機化するだけであると考えるべきではない．微生物の増殖の主要な結果として，微生物の活動の副産物，特に菌類のセルロースと微生物性の多糖類の蓄積がみられる．これらの副産物は分解されにくく，土壌構造を維持するのに貢献している．

11.3　デトリタス食者と資源の相互作用

11.3.1　植物性デトリタスの消費

枯れた葉や木の主要な有機成分は，セルロースとリグニンである．消費者の動物にとって，これらを消化できるかどうかは大きな問題である．ほとんどの動物は，これらの物質を分解する酵素群を合成できない．セルロースの分解 (cellulolysis) には，セルラーゼ酵素群が必要である．この酵素群なしには，デトリタス食者はデトリタス中のセルロース成分を消化できず，生命活動のためのエネルギーや，組織の合成に使う単純な化学物質を取り出すことができない．動物が合成しているセルラーゼは，ゴキブリの一種，高等シロアリと呼ばれるテングシロアリ亜科 Nasutitermitinae の数種 (Martin, 1991)，海産二枚貝で船体に穴をあけるフナクイムシの一種 (*Teledo navalis*) など，ごく僅かの種で確認されているに過ぎない．これらの動物ではなんの問題もなくセルロースを分解できる．

大部分のデトリタス食者は，自前のセルラーゼを持たず，係わりをもつ分解者，場合によっては原生動物の生産するセルラーゼを利用してい 大部分のデトリタス食者はセルラーゼを合成できず，微生物のセルラーゼに依存している

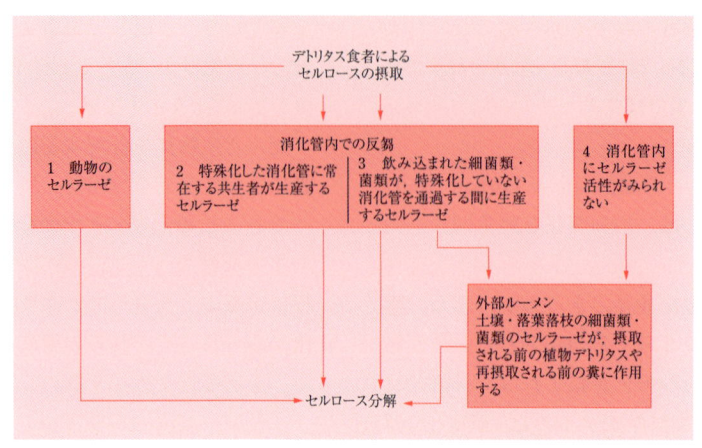

図11.12 デトリタス食者によるセルロースの消化（セルロース分解, cellulolysis）にみられるさまざまな機構．（Swift *et al.*, 1979 より．）

る．このような相互作用には，次の3つがある．まず，デトリタス食者と，その消化管内に特異的に常在する微生物間にみられる絶対的相利関係（obligate mutualism）．次に，動物がデトリタスと共に微生物を摂取し，その微生物が生産するセルラーゼを特殊化していない消化管の中で利用する条件的相利関係（facultative mutualism）．最後に，植物の残渣や糞の分解に関与している，外部のセルロース合成能を持つ微生物の代謝産物を利用する動物である（図11.12）．

ワラジムシは，摂取した細菌類・菌類に依存している

さまざまなデトリタス食者が，セルロース消化を体外由来の微生物に依存しているようである．無脊椎動物は，部分的に消化された植物デトリタスを，それに付着している細菌類や菌類といっしょに消費する．そして必要なエネルギーや栄養のかなりの部分は，微生物そのものを消化することで得ている．トゲトビムシ属 *Tomocerus* の様な，こうしたデトリタス食性の動物は，消化できない植物残渣から同化できる資源を得ているので，「外部ルーメン」（external rumen）を利用していると言える．この過程は，アンブロシア甲虫や，特別に掘って作られた菌園で菌類を栽培するある種のアリやシロアリにおいて，特殊化の頂点に達している（第13章を参照）．

絶対的相利関係は，ある種のゴキブリやシロアリで見られる．これらの昆虫は，共生している細菌や原生動物に，

ゴキブリとシロアリは，細菌と原生動物に依存している

植物の構造支持物質の多糖類を消化してもらっている．Nalepa *et al.*（2001）は，網翅目 Dictyoptera（ゴキブリとシロアリが含まれる）における，消化共生の進化について述べている．消化共生は，上部石炭紀のゴキブリの祖先における，腐植食性と外部ルーメンの利用に始まる．次の段階では，植物デトリタスに付着する微生物相が，体内に取りこまれる．これは最初はさまざななデトリタス食者の糞を無差別に食う糞食（coprophagy）に依存していたが，集合性および社会行動が高度化するにつれ，新しく生まれた幼虫に腸内の微生物相が確実に接種されるようになった．肛門栄養交換（proctodeal trophallaxis；後腸の内容物を親の直腸嚢から新生の幼虫の口に直接与える行動）が，一部のゴキブリや原始的なシロアリに進化したとき，ある種の微生物が捕捉されて，生態的に寄主に依存するようになった．このような特殊化によって，体内ルーメンの直接的な受け渡し，特に，外部環境にさらされると劣化する成分の受け渡しが確実になった．下等シロアリとよばれるユーテ

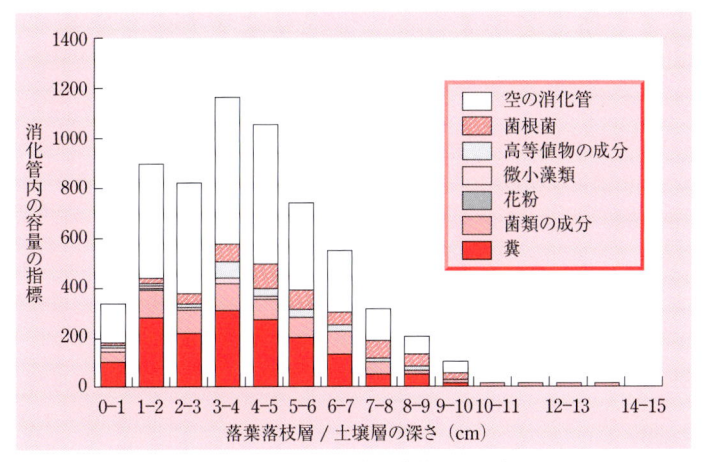

図11.13 ベルギーのブナ林における，落葉落枝層／土壌層の深さごとのトビムシの消化管内容物の各成分の分布（$n=6255$ 個体．トビムシ目 Collembola の全種をまとめた）．（Ponge, 2000 より．）

ルメス属 *Eutermes* などのシロアリでは，その体重の60％以上を共生原生動物が占めている．原生動物はシロアリの後腸に棲んでいるが，そこは広がって直腸囊を形成している．原生動物は木材の細かい粒子を摂取し，セルロースを強力に分解する．ただし，これには細菌も関係している．食材性のシロアリは，セルロースを効率的に消化するが，リグニンを消化することはできない．例外として，ヤマトシロアリ属 *Reticulitermes* の一種は，食物中のリグニンの80％以上を消化することが知られている．

なぜ動物にはセルラーゼがないのか？ 進化過程が万能にみえることを考えると，植物を消費するほとんどの生物が，自分自身ではセルラーゼ酵素群を生産できないということは驚きである．Janzen (1981) は，「人間が，シロアリの多い地域ではコンクリート製の家を建てるのと同じ理由」で，セルロースは植物の優れた構造的素材であると述べている．高等生物は独力ではセルロースを分解できないことから，セルロースの利用は攻撃に対する防御との主張である．また，別の見方から，多くの生物がセルロースを分解する能力を持たないのは，単に，セルロース分解能を持つことが動物たちにあまり有益ではない形質だからである，とい

う考え方もある（Martin, 1991）．そう考えられる理由のひとつは，多様な細菌群集が後腸にごく普通に存在するが，この群集が共生者介在のセルロース分解の進化を促進した可能性がある，ということである．もうひとつの理由は，植食者の食物では，一般的にセルロース分解によるエネルギーの供給よりも，窒素やリンといった重要な栄養素の不足のほうが問題となるということである．このため，植食者は，わずかな量の物質から，効果的にエネルギーを取り出すことよりも，大量の資源を処理して必要な量の栄養素を取りだすことが必要になる．

微生物，植物デトリタス，そして動物の糞は，たいてい密接に絡みあっているので，多くのゼネラリスト消費者 **通常，デトリタスと微生物はいっしょに消費されている** は，これらの資源をいっしょに飲みこんでしまう．このことは，大部分の動物が，ただ個々の食べ物を分けて摂取することができないだけなのだと見ることもできる．図11.13には，ベルギーのブナ林で，さまざまな深さの落葉落枝層と土壌層から採集した45種類のトビムシの消化管内容物組成（全種を合わせた）が示されている．上層2cm以内にみられる種は，ブナの落葉からなる生息場所に棲んでいる．ブナの落葉

は，微生物によってさまざまな段階にまで分解されており，そこには微小藻類，ナメクジやワラジムシの糞，花粉粒も多い．トビムシの食餌には，その場のすべての餌が含まれていたが，豊富にあるブナの落葉の割合は非常に少なかった．中間の深さ（2〜4cm）では，トビムシは，主に菌類の胞子や菌糸を，無脊椎動物の糞（特にヒメミミズ類の新鮮な糞）と一緒に食べていた．一番深いところでは，トビムシの食物は，主に菌根の成分（トビムシは，菌と植物の根からなる部分を食べる）と高等植物のデトリタス（主に植物の根に由来する）であった．生息深度の分布とそれぞれの餌の相対的な重要性には明確な種間差が見られ，一部の種では，専食化がすすんでいた（例えば，*Isotomiella minor* は糞のみを食うのに対し，*Willemia aspinata* は菌糸のみを食べる）．しかし，ほとんどのトビムシは複数の餌を食べており，多くのトビムシが明らかにゼネラリストであった（例えば，*Protaphorura eichhorni* や *Mesaphorura yosii*）（Ponge, 2000）．

11.3.2 落果の消費

ショウジョウバエと腐った果実

もちろん，全ての植物デトリタスが，デトリタス食者にとって消化困難なわけではない．例えば，落下した果実は，昆虫・鳥・哺乳類を含むさまざまな種類の日和見的消費者が利用する．しかし，他の全てのデトリタスと同じように，腐った果実には微生物が取りついおり，たいていは酵母が優占している．ショウジョウバエ類（*Drosophila* spp.）は，酵母やその副産物の専食者である．例えば，オーストラリアでは，果実を多く含んだ家庭ゴミの堆肥の山には，5種のショウジョウバエが見られ，それぞれが特定の，異なる種類の腐った果実や野菜に対する好みを示した（Oakeshott *et al.*, 1982）．オナジショウジョウバエ *Drosophila simulans* は広くさまざまな果実を好むが，*D. hydei* と，オオショウジョウバエ *D. immigrans* はメロンを好み，*D. busckii* は，腐った野菜の専食者であった．また，もっとも普通に見られるキイロショウジョウバエ *D. melanogaster* は，腐ったブドウと洋ナシを好む．ここで腐った果実はアルコールを多く含む場合があることに注目しよう．酵母は一般に初期移住者で，果実の糖を発酵させてアルコールに変える．アルコールは，生物一般に毒性があり，最終的には酵母自身に対しても毒性がある．キイロショウジョウバエは，そのような高濃度のアルコールに耐性を持つ．なぜなら，大量のアルコール脱水素酵素（ADH）を生産し，この酵素によってエタノールを無害な代謝産物へと分解するからである．野菜は腐っても，ほとんどアルコールを生じない．そして腐った野菜を利用するショウジョウバエの一種 *D. busckii* は，ほとんど ADH を生産しない．ある程度のアルコールを含むメロンを好む種は，中程度の ADH 生産がみられる．酒飲みのキイロショウジョウバエは，ワイン醸造所の絞り滓にもたかる！

11.3.3 無脊椎動物の糞を食う

土壌と水中の沈殿物に含まれる死んだ生物組織には，無脊椎動物の糞が多く含まれており，それはしばしばゼネラリストのデトリタス食者にとっての餌となる．糞の一部は，喫食（grazing）する昆虫のものである．

ワラジムシが自分の糞を食べると分解の速度は最高となる

実験室で調べたところ，ブナの一種（*Fagus sylvatica*）の葉を喫食するフユナミシャク属の一種 *Operophthera fagata* の幼虫の糞を水に浸して微生物に分解させると，落葉そのものよりも速く分解される．しかし，分解速度は，デトリタス食者のワラジムシ（*Porcellio scabar* と *Oniscus asellus*）がその糞を食べるとさらに速くなる（図11.14）．つまり，喫食者の糞の分解速度と栄養塩の土壌中への溶出速度は，糞食のデトリタス食者の摂食活動をとおして増大しうる．

第 11 章　分解者とデトリタス食者

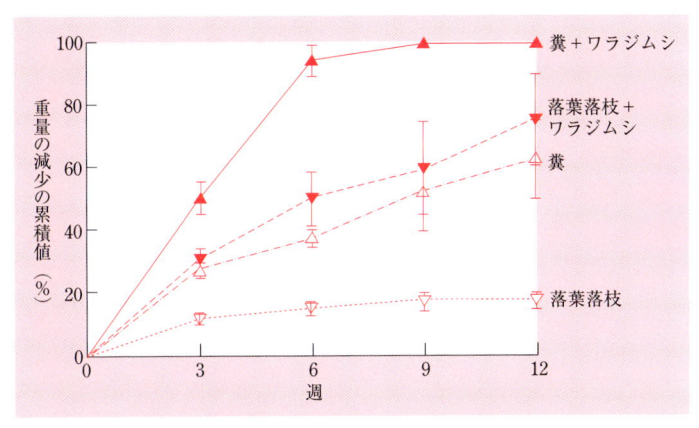

図 11.14　ワラジムシの摂食がある場合とない場合の，ブナの落葉と喫食するガの幼虫（*Operophthera fagata*）の糞の累積減少量．縦棒は標準誤差を示す．（Zimmer & Topp, 2002 より．）

「糞食」はデトリタスの質が低いときに効果的

デトリタス食者の糞は，さまざまな環境にみられる．場合によっては，糞を繰り返し食べる事は，必須栄養分や同化効率の高い資源が得られるため，きわめて重要となる．しかし多くの場合，糞食には，糞の元となったデトリタスを食べることと比べたら，それほど栄養上の利点はないだろう．ワラジムシ（*Porcellio scabar*）が，ハンノキの一種（*Alnus glutinosa*）の落葉を直接食う場合と比べ，たとえ実験的に微生物を接種したとしても，自分の糞を食うことによって得る利益はない（Kautz et al., 2002）．一方，栄養分の少ないヨーロッパナラ（*Quercus robur*）の葉を与えた場合には，微生物を接種した糞は，もとの葉に比べ，わずかではあるが，ワラジムシの成長率を有意に増加させた．糞食の価値が高くなるのは，デトリタスの質が極めて低いときなのだろう．

ユスリカの幼虫とミジンコは，お互いの糞を食い合う

糞食について，北東イングランドのいくつかの小さな池沼で面白い現象が解明されている（MacLachlan et al., 1979）．ここの濁った水の中には，周囲のミズゴケの泥炭から腐植質の物質が溶出しているため，わずかしか日光が透過しない．こういった池沼は，一般に，植物に必要な栄養塩が乏しく，一次生産量は非常に少ない．供給される有機物の大部分は，岸辺が波によって浸食されて生じる質の悪い泥炭粒子である．浮遊した泥炭が沈降するまでに主に細菌たちが取りつくので，その結果，カロリーが 23%，タンパク質含量が 200% 増加する．この微細な粒子は，デトリタス食性のユスリカ *Chironomus lugubris* の幼虫が消費する．ユスリカの幼虫が出す糞にはたくさんの菌類が取りつくので，微生物活性が高まり，上質な食物資源と思える．しかし，ユスリカ幼虫が，この糞を再び摂取することはない．なぜなら，糞は大きく丈夫なので，ユスリカ幼虫の口器では処理できないのである．ところが，この池沼にたくさんいる小型甲殻類のマルミジンコ *Chydorus sphaericus* にとっては，ユスリカ幼虫の糞はとても魅力的なものである．マルミジンコは，いつも糞に取りついているようで，おそらくこの糞を主な食物にしているのだろう．マルミジンコは，ユスリカ幼虫の糞の粒を甲殻の腹側に抱きかかえ，回しながら表面を喫食するため，糞はゆっくりと粉砕される．室内実験から，マルミジンコがいると，ユスリカ幼虫の大きな糞が小さな粒子に粉砕される速度が劇的に早まることが明らかとなっている．この一連のできごとの中で，最も興味深い結末は，断片化されたユスリカ幼虫の糞（おそらくマルミジンコ

の糞も混ざっているだろう）が，再びユスリカ幼虫が利用可能なほど小さくなっていることである．マルミジンコがいると糞資源が好適な食料として利用可能になるので，ユスリカ幼虫は早く成長するだろう．この相互作用は双方に利益をもたらしているのである．

11.3.4　脊椎動物の糞を食う

肉食動物の糞は，主に細菌と菌類によって利用される

肉食の脊椎動物の糞は，相対的に資源としての質は低い．肉食動物は，きわめて効率よく食物を同化する（通常80％以上が消化される）ので，その糞にはきわめて消化しにくい成分しか残っていない．加えて，肉食動物は当然ながら，植食動物よりも数が少ない．従って，その糞は，おそらく専食のデトリタス食動物を養えるほど十分には存在しないのだろう．これまで行われたごくわずかな研究から判断すると，肉食動物の糞はほとんど細菌類と菌類によって分解されていると考えられる（Putman, 1983）．

植食性哺乳類の「自糞食」

対照的に，植食者の糞は，まだ有機物を豊富に含んでいる．自糞食（autocoprophagy；自分自身の糞を再び食うこと）は，小型から中型の哺乳類に，ごく普通に見られ，アナウサギ，ノウサギ，ネズミ類，有袋類，サルで報告されている（Hirakawa, 2001）．これらの動物では，柔らかい糞と固い糞をする種が多く，通常，再び食べられるのは柔らかい糞である（肛門から直接）．この糞は，ビタミンと微生物由来のタンパク質に富む．糞の再摂食を妨げると，栄養不良の兆候がみられたり，成長が遅くなったりする．

植食者の糞は，固有のデトリタス食者を養う

植食者の糞は，極めて多量に環境中に散布され，特徴的な動物相を養っている．その動物相には，たまたま訪れる動物の他に，専門の糞食者もいる．糞の利用は，季節と場所によってさまざまである．熱帯地域や暖温帯地域では，夏の雨季に最も活発になる．一方，地中海性気候では，冬の雨が降った後の春先と，気温の高い真夏に活発になる（Davis, 1996）．糞は，また，日陰のない状況でも，極めてすばやく片付けられる．固くて締まった粘土質の土壌においてよりも，砂地での方が速い（Davis, 1996）．糞を利用するのはミミズ，シロアリなどさまざまな分類群の動物で，特に，甲虫類が多い．

甲虫が重要な働きをする好例として，ゾウの糞があげられるだろう．その分解には，雨季と乾季に対応した2つの異なるパターンを見ることができる．雨季には，ゾウが糞をすると2～3分もしないうちに，その辺り一帯は甲虫でにぎわう．糞虫〔食糞性のコガネムシ科甲虫を指す〕の成虫は糞を食べるだけでなく，幼虫の食物となる糞を大量に埋めて卵を産む．例えば，アフリカのオオダイコクコガネの一種 *Heliocopris dilloni* は，新鮮な糞塊からひと塊を切り出し，転がしていって数メートル離れた所に埋める．それぞれの糞虫個体は数個の卵を産み込むのに十分な糞を埋める．地中では，まず少量の糞で杯状の構造物が作られ，内側に土が塗りつけられる．この中に卵がひとつ産みつけられると，周りに糞が付け加えられて球状の団子が作られる．この糞団子は薄い土の層でほぼ全体が塗り固められるが，頂端の卵のある場所の近くには，土が塗られていない小さな部分がある．これはガス交換のためだろう．孵化後，幼虫は糞団子の中で回転しながら，穴を掘り進むようにして，自分の糞ともどもゾウの糞を食べていく（図11.15）．両親が与えてくれた食物を食べ尽くすと，幼虫は中空の糞団子の内側を自分の糞のペーストで塗り固めて蛹になる．

熱帯産のコガネムシ科（Scarabeidae）の糞虫は，体長 糞虫の多様性 2～3mmのものから6cmのオオダイコクコガネ属 *Heliocopris* まで，さまざまな種がいる．全ての種が糞を持ち去り，糞塊から離れたところに埋めるわけではない．糞塊の真下に巣を掘

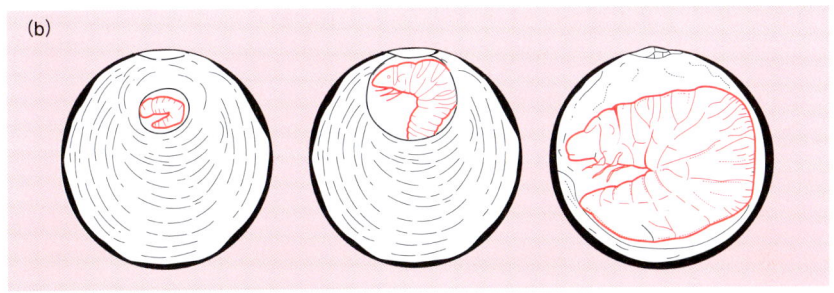

図11.15 （a）アフリカ産の糞虫が糞団子を転がしているところ．（Heather Angel の厚意による．）
（b）ナンバンダイコクコガネ属 Heliocopris の幼虫が，糞団子の中を食べるにつれて部屋を広げていく様子．（Kingston & Coe, 1977 より．）

る種もおり，しかもその深さは種によってさまざまである．糞塊の中に巣室を造る種もいる．他の科の甲虫は，巣室を造らず単に糞に卵を産むだけである．その幼虫は糞塊の中で糞を食べて育ち，発育し終えると蛹になるために土の中に移動する．雨季にゾウの糞に集まる糞虫は糞塊をほぼ100％処理してしまう．残りが出たとしても，ハエやシロアリのようなデトリタス食者や，分解者によって処理されてしまう．

乾季に排泄された糞には，糞虫はほとんど来ない（成虫は雨季にだけ出現する）．確かに，ある種の微生物の活動が高まるが，それも糞が乾燥するとすぐに低下する．雨季になって再び湿った状態になると微生物の活性は促されるが，糞虫は古い糞を利用しない．実際，乾季に排泄された糞塊は2年たっても残っていることがあり，これは24時間以内に消費されてしまう雨季とは対照的である．

オーストラリアでは，ウシの糞が驚くべき，そして経済的にきわめて大きな問題をひき起こしてきた．この2世紀の間に，ウシの個体数は，1788年に最初のイギリス人の入植者が持ち込んだわずか7頭か

> オーストラリアではウシの糞が問題になっている

ら，3000万頭以上にまで増えた．このウシたちは，1日にざっと3億個もの糞をする．1年当り6百万エーカー〔約2.4万km^2〕もの土地を糞で覆うことになる．ウシが糞をすることは，ウシが数百万年もの間存在し，糞資源を利用する動物と共に暮らしてきたような地域では特に問題とはならない．しかし，ヨーロッパ人が入植する前は，オーストラリアにすむ最大の植食動物はカンガルーなどの有袋類だった．オーストラリアにもともといるデトリタス食者は，有袋類の乾燥した繊維質の糞を利用しており，ウシの糞を処理することができない．そのため，ウシの糞に覆われて牧草が枯れることが，オーストラリアの農業にとって経済的に大きな問題となっていたのである．そこで1963年に，牛糞を始末できるようなアフリカ産の糞虫を，ウシが最も多く飼育され，経済的にも重要な，地域であるオーストラリアへの定着を想定して導入することが決まった (Waterhouse, 1974)．その結果，これまでに20種以上の糞虫が導入されている (Doube et al., 1991)．

この問題に加えて，オーストラリアでは，ウシの糞塊に卵を産む，在来のイエバエの一種 *Musca vetustissima* とノサシバエ *Haematobia irritans exigua* の大発生に悩まされていた．その幼虫は，糞虫に糞を埋められてしまうと死んでしまうので，糞虫がいると効果的にハエの個体数を減少させることがわかっている (Tyndale-Biscoe & Vogt, 1996)．ハエを駆除するには，6日以内に糞を埋めることが必要である．この日数は，（新鮮な糞に産みつけられた）ハエの卵が孵化して，蛹になるまでの期間である．Edwards & Aschenborn (1987) は，南アフリカでダイコクコガネの一属 *Onitis* の糞虫12種の営巣行動を調査し，ハエの個体数を抑制するためにオーストラリアに導入する種としては，*O. uncinatus* が最も適していると結論づけた．この種は，糞塊に到来した日の夜の間に，相当量の糞を土中に埋める．最も不適当な種は *O. viridualus* で，埋め込むためのトンネルを掘るのに数日かかり，6〜9日たたないと糞を埋めはじめなかった．

11.3.5 死肉の消費

死体の分解を考えるときには，死体を利用する生物を3種類に分けるとよい．デトリタスや糞と同様，分解者と無脊椎動物のデトリタス食者はどちらも重要な役割を果たしている．例えば，ゴミムシダマシ科甲虫の *Argoporis apicalis* と *Cryptadius tarsalis* は，海鳥の巣の大きなコロニーがあるカリフォルニア湾の島々に，きわめて豊富に生息している．これらの甲虫はここで鳥の死骸だけでなく，鳥のコロニーにある食べ残した魚の破片も食べている (Sanchez-Pinero & Polis, 2000)．しかし死体の消費という点からは，腐肉食の脊椎動物もかなり重要な役割を果たしている場合が多い．このような腐肉食のデトリタス食者が1頭でもいれば，1回で食べてしまえる大きさの死体なら，たいていは死後すぐに完全に片付けられてしまい，細菌類，菌類，無脊椎動物にはおこぼれが残らない．このような役割を担っている動物は，例えば，北極地方ではホッキョクギツネやスカンク，温帯ではカラス，クズリ，アナグマ，熱帯ではトビ，ジャッカル，ハイエナのようなさまざまな鳥類と哺乳類である．

死肉食者 (carrion-feeder) の食物の化学組成は他のデトリタス食者の食物とは大きく異なっており，それは死肉食者の酵素の構成にも反映されている．炭酸脱水素酵素活性はないか，あっても弱いが，タンパク質分解酵素やリパーゼの活性は高い．死肉食性のデトリタス食者は基本的に肉食動物と同じ酵素群を持つが，これは両者の食物が化学的に同一であることの反映である．実際，ライオン (*Panthera leo*) など肉食動物の多くの種は，日和見的な死肉食者でもある (DeVault & Rhodes, 2002)．その一方で，典型的な死肉食者

> 多くの肉食動物は，日和見的な死肉食者でもある…

> …その逆も言え

第11章 分解者とデトリタス食者

であるハイエナ（*Crocuta crocuta*）などは，時には肉食者にもなる．

ホッキョクギツネ ── 条件的死肉食者

ホッキョクギツネ（*Alopex lagopus*）は，利用できる餌生物によって日和見的な死肉食者の餌内容がどのように変化するのかを示す好例である．レミング（*Dicrostonyx* spp. と *Lemmus* spp.）は，その活動範囲ではいつでもホッキョクギツネの格好の生きた餌である（Elmhagen *et al.*, 2000）．しかし，レミングの個体群は，劇的な個体群動態を示す（第14章を参照）．このため，ホッキョクギツネは渡り鳥やその卵といった代わりの餌への切り替えを強いられる（Samelius & Alisauskas, 2000）．冬には，ホッキョクギツネは海氷上に出て，海産物を利用でき，またホッキョクグマが食べ残したアザラシの死肉も漁る．Roth（2002）は，ホッキョクギツネが冬の間，死肉食にどの程度切り替えるのかを調べるため，餌の候補とホッキョクギツネの毛の炭素の同位体比（$^{13}C:^{12}C$）を比較した（捕食者の組織の炭素の同位体比の値は，餌の同位体比を反映するため）．餌については，一般に，海産の生物は，陸上の生物よりも同位体比が高い．図11.16に示されるように，4年の調査のうち3年で，アザラシの死肉が主な餌である場合に予測されるように，ホッキョクギツネの毛の同位体比は冬にめざましく高まった．1994年の冬には，同位体比の変化は明瞭ではなかったが，面白いことに，この年はレミングの個体密度が高かったのである．ホッキョクギツネがアザラシの死肉に餌を代えることができるのは海氷が形成された場合であるが，餌の切り替えは代わりの餌が利用できない場合だけに起きるようである．

無脊椎動物と微生物の活性の季節的変化

分解者，無脊椎動物，脊椎動物の相対的な役割は，死体が腐肉食者に発見される速さと，微生物と無脊椎動物の働きで死体が消失する速さとの関係で決まる．このことを示す例として，オックスフォードシャーの田園地帯で，小型ネズミ類の死体が消失したのか，あるいは

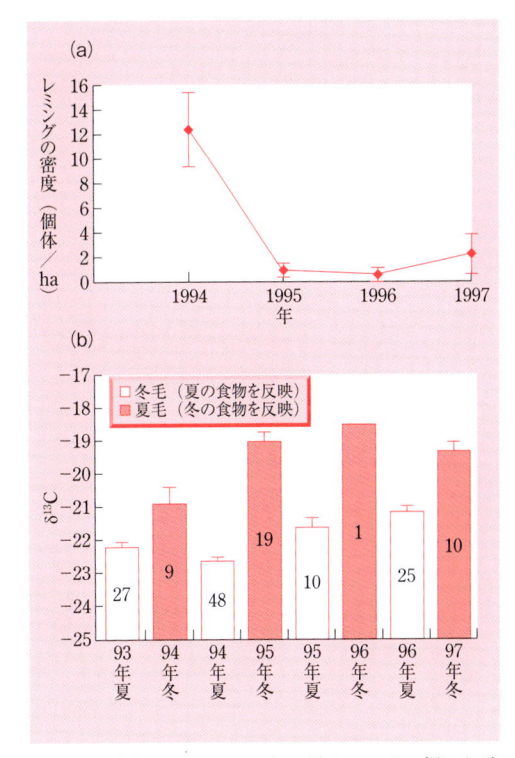

図11.16 （a）カナダ・マニトバ州チャーチル岬における，夏のレミングの個体数密度の年次変化．（b）ホッキョクギツネの毛に含まれる炭素の同位体比（平均±SE）．冬の値は夏の食物を反映し，夏の値は冬の食物を反映している．棒グラフに示した数値はサンプル数．（Roth, 2002 より．）

分解されたのかを，夏から秋と冬から春の両期間に観察した結果がある（図11.17）．これには注目すべき点が2つある．まず，死体が消失する速度は，夏から秋に速く，この季節の腐肉食者の活動性の高さを反映している（おそらく，腐肉食者の密度が高いか，摂餌活動が活発か，あるいはその両方のせいであろうが，この研究ではそれは調べられていない）．次に，冬から春は，時間はかかるがネズミ類の死体が持ち去られる割合が高い．この時期，微生物による腐敗の速度は遅くなり，死体はどれも長期間残るため，いずれ腐肉食者に見つかってしまう．夏から秋には分解が速く，7〜8日たっても腐肉食者に発見されなかった死体は，細菌類，無脊椎動物のデトリタス食者によって，大部分が分解され

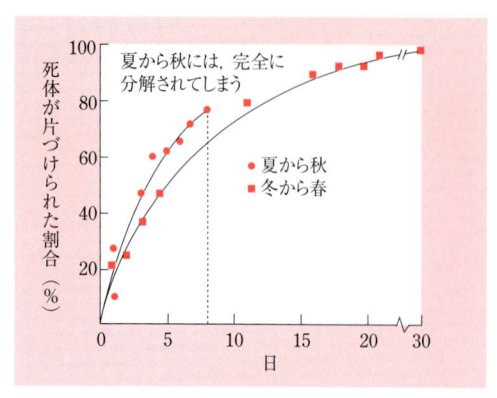

図11.17 イギリス，オックスフォードシャーの郊外で，夏から秋，冬から春のそれぞれの期間に，小型哺乳類の死体が除去される割合の時間的変化．(Putman, 1983 より．)

て片付けられてしまう．

骨，毛，羽毛の専食者　動物の死体の一部の成分は，分解が難しく最後まで残る．しかし，消費者の中には，これらを処理する酵素を持つものもいる．例えば，キンバエ属 *Lucilia* の幼虫はコラゲナーゼを生産し，腱や軟骨のコラーゲンやエラスチンを消化できる．毛や羽毛の主成分であるケラチンは，死体の分解の最終段階に特徴的な種，特にヒロズコガ科の蛾とカツオブシムシ科の甲虫の食物の主成分である．これらの昆虫の中腸では，ケラチンのペプチド鎖の強固な共有結合を切断する強い還元剤が分泌され，その後に加水分解酵素によって残渣が処理される．ホネタケ科 (Onygenaceae) の菌類は，角や羽毛に特殊化した消費者である．一般的に，資源の種類が最も豊富なのは，大型動物の死体であり，そのため多様な死肉消費者を引きつける (Doube, 1987)．それとは対照的に，死んだ巻き貝やナメクジの死体に取りつく群集を構成するのは，少数のニクバエ科 (Sarcophagidae) やクロバエ科 (Calliphoridae) のハエである (Kneidel, 1984)．

注目すべきモンシデムシ類　死肉食性の無脊椎動物には，特に注目すべき一群がいる．それはモンシデムシ類 (*Nicrophorus* spp.) である (Scott, 1998)．モンシデムシ類は，その特異な生活史のほとんどの期間を死体の上で暮らす．成虫は，鋭敏な化学受容器を使い，小型の哺乳類や鳥の死体の上に死後1〜2時間以内に現れ，死体から肉を引きちぎって食べる．もし死体の分解が進行しすぎている場合には，死体にたかっているキンバエの幼虫の方を食べる．しかし，死後間もない死体にたどり着いたときには，シデムシは死体をその場所に埋め始めるか，あるいはその死体（自分の体重の何倍もある）を数メートル離れたところまで引きずっていって穴を掘りはじめる．シデムシは，小さな哺乳類が完全に地中に埋没するまで，死体の下で少しずつ丹念に穴を掘り，死体を引き込む（図11.18）．モンシデムシ類には多様な種がいて，体サイズ（利用できる死体の大きさ），繁殖期（活動する季節），日周活動性（昼行性，薄明薄暮性，夜行性の種がいる），そして利用する生息場所（針葉樹林，広葉樹林，草原，湿地，または生息場所に関してはゼネラリスト）がさまざまに異なっている (Scott, 1998)．ツノグロモンシデムシ *N. vespilloides* のように単に死体に土をかぶせるだけの種もいれば，*N. germanicus* などのように深さ20 cmのところに死体を埋める種もいる．シデムシが穴を掘っている最中に，同種または異種の他個体がやってくることもある．競争関係にある2個体は激しく争い，時には一方が死ぬこともある．しかし，配偶者となる個体なら受け入れられ，雌雄は一緒になって働く．

　埋められた死体は，地表にある死体と比べて，他の無脊椎動物には利用されにくい．ある状況では，モンシデムシ類とダニの一種 *Poecilochirus necrophori* との相利関係の効果によって，死体の防護はさらに強化される．このダニは，いつもシデムシの成虫に取りついていて，好適な死体資源にたどり着くべく便乗している．死体を埋めるとき，シデムシは丹念に毛を抜きとる．この操作で死体からほぼすべてのニクバエの卵を取り除くことができる．しかし，もし死体が浅く埋められていたら，ハエが新たに卵を産み

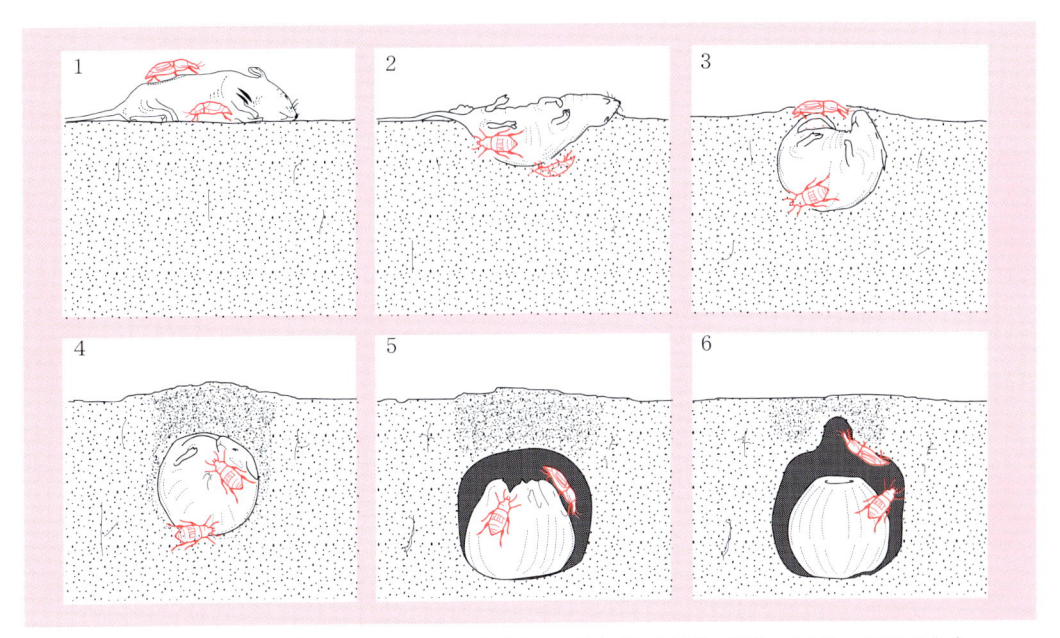

図 11.18 モンシデムシ類 *Nicrophorus* のペアによるハツカネズミの埋葬. (Milne & Milne, 1976 より.)

つけることがあり，ウジがシデムシの幼虫と競争することになる．ここで，ダニの存在が効果を発揮する．ダニはハエの卵に穴を開けて中身を食べ，死体からモンシデムシの競争相手を排除するので，モンシデムシの育児成功率は劇的に高まる (Wilson, 1986)．モンシデムシは両方の親，もしくはメス親だけが部屋に残り，子育てをする．円錐状のくぼみが肉団子の頂上に作られていて，そこに部分的に消化された肉が吐き戻される．老熟幼虫は自分で餌を摂ることができるが，成虫が地中から出て飛び去るのは子供の蛹化の準備ができてからである．

海底の死肉食者 すでに述べたように，淡水環境では，死肉に専門化した動物相は見られない．しかし，大洋の深海底には専門の死肉食者が見られる．深海の水中をデトリタスが沈降していく場合，有機物の粒子は，非常に大きなものでないかぎり，海底にたどり着く前に完全に分解されてしまう．一方，時々出現する魚・哺乳類・大型無脊椎動物の死体は，海底に到達する．深海底には密度が低いものの，きわめて多様性に富んだ腐肉食者が見られ，これらの生物は，食物が時間的にも空間的にもまばらに存在する状況下での生活に適した，いくつかの特徴を備えている．例えば，Dahl (1979) は，深海のヨコエビ類を数属記載したが，それらは，浅海や淡水のヨコエビとは異なり，食物感知用の化学感覚毛の束を密に生やし，死体から大きな破片を嚙み取ることのできる鋭い顎を備えている．また，一般のヨコエビ類と比べ，食い溜めをする能力も遙かに優れている．例えば，*Paralicella* というヨコエビは，体の内壁が柔らかく，大きな物を食べたときには体の大きさを普段の 2〜3 倍まで膨らますことができる．また，*Hirondella* というヨコエビは，ほぼ完全に腹腔を満たすほどに拡張できる中腸を持ち，その中に食べた物を蓄えることができる．

11.4 結論

分解者の群集は，その種構成と働きにおいて，生態学者が普通に研究対象とする生物群集と同等かそれ以上の多様性に富んでいる．分解者の群集を一般化するのはたいへん難しい．その理

由は，分解者が生活する環境がきわめて変化に富んでいるからである．他のすべての自然の群集と同様，このような環境に生息している生物も資源や条件に対して特殊化した要求を持つとともに，その活動によって他の生物が利用する資源や条件を変化させる．こういった事象の大部分は，観察しにくい土壌や落葉落枝（リター）の間隙，あるいは深い水中などで起こっている．

このような困難さはあるものの，次の諸点は一般論として広く当てはまるだろう．

1 分解者とデトリタス食者の活性は，温度が低いとき，通気が悪いとき，土壌水分が不足しているとき，環境が酸性のときには，低下する傾向にある．
2 環境（土壌や落葉落枝）の構造と間隙の量は，きわめて重要である．というのも，これは1に挙げた要因に影響するからであるが，それだけでなく分解に関わるほとんどの生物は，泳ぐ，はう，成長する，掘り進むなどして，彼らの資源が分散している基質中を移動する必要があるためである．
3 分解者とデトリタス食者の活動は，密接に連動していて，相乗的に行われることもある．このため，分解過程における分解者とデトリタス食者の相対的な重要性を明らかにすることはきわめて困難である．
4 分解者とデトリタス食者の多くがスペシャリストである．死んだ生物組織の分解は，体の構造，形，食性の大きく異なる生物の活動が組み合わさった結果である．
5 有機物は，複雑な高次構造を持つ状態から，最終的な分解産物である二酸化炭素や無機栄養塩に向かう分解の過程で，異なる生物の消化管や糞の内外の微小生息場所を何度も循環する．
6 分解者の活動は，死んだ生物組織中に固定されているリンや窒素などの無機栄養塩類を遊離させる．その分解の速度は，これらの資源が成長中の植物へと取り込まれる（もしくは自由に拡散する状態となって，その生態系から失われる）速度を決める．この問題については第18章で取り上げて議論する．
7 死んだ生物という資源の多くは空間的にも時間的にもパッチ状に分布する．分解者の移住過程には偶発的な要因が作用している．ある資源に最初に到達した分解者は良質な資源を利用できるが，どの種が最初に到達できるかは，糞塊ごと，死体ごとに違ってくるだろう．この様なパッチ状資源を利用する生物間での競争の動態を理解するには，そのための特別な数理モデルが必要である（第8章を参照）．デトリタスという生息場所は，それとは異質な生息場所の海に浮かぶ「島」と同じであることが多いので，その研究は，第21章の島の生物学で議論されている内容と概念的に似ている（第21章5節を参照）．
8 最後に，分解者とデトリタス食者が資源をうまく利用できていない状況に目を向けておくことも有意義だろう．結局，生物が木材を速やかに分解できないからこそ，森林が存在しているのである．さらには，堆積した泥炭，石炭，石油は，分解者がそうした資源を分解できなかったことの証である．

まとめ

死んだ生物組織を消費する生物（腐生生物）は，分解者（細菌類と菌類）とデトリタス食者（死物を消費する動物）の2つのグループに分かれる．これらの生物は，利用する資源の供給や再生産の速度を制御することはなく，他の要因（老化，病気，闘争，落葉）によって食物資源が作り出される速度に依存して生活している．つまり，腐生生物はドナー制御されている．にもかかわらず，落葉落枝（リター）の分解によって栄養塩が放出され，それが樹木の落葉落枝を

生産する速度に影響するので，間接的な「相利的」効果が存在すると見なすこともできる．

固定（immobilization）は，無機の栄養塩が有機態の化合物に取り込まれるときに起き，主に緑色植物が成長する間にみられる．逆に，分解はエネルギーの放出と合成された栄養塩の**無機化**（mineralization）である．無機化とは元素が有機態から無機態へと変換されることである．分解は，死んだ生物組織が徐々に崩壊することと定義され，それは，物理的作用と生物的作用の両方によって進行する．分解は，通常，一連の決まった分解者が次々と訪れて，複雑でエネルギーに富んだ分子を，二酸化炭素，水，無機栄養塩にまで分解して終了する．

微生物の分解者の大部分は，著しく専門化している．細菌類や菌類を食う小型の消費者（微生物食者）も同様である．しかし，デトリタス食者は，普通はゼネラリストの消費者である．デトリタス食者が大型になるにつれ，餌資源としての微生物と微生物が生育しているデトリタスの区別は困難になっていく．陸上，淡水，海洋環境における，分解者とデトリタス食者の，分解における相対的な役割についても議論した．

死んだ生物組織が分解される速度は，その生化学的組成と環境中の無機栄養塩の量に大きく左右される．枯葉や木材を構成する有機物の二大成分は，セルロースとリグニンである．これらの成分は，消化が困難であるために，それを消費する動物たちにとって難題となる．ほとんどの動物は，それらの成分を分解する酵素群を合成できない．デトリタス食者の大部分は，微生物にセルロースの消化を頼っており，両者の関係は緊密なものとなっている．これに比べれば，腐った果実をデトリタス食者が利用するのは，極めて簡単なことである．

糞と死肉は，死んだ有機物資源に富んでおり，あらゆる環境にある．ここでもまた，微生物とデトリタス食者の両者が重要な働きをする．糞を食べるデトリタス食者は多く，植食動物（肉食動物では異なる）の糞には，固有の動物が集まる．同様に，肉食動物の多くは，状況に応じて死肉を食うが，死肉を専門に食う動物もいる．

分解者の群集は，その構成と活動において，生態学者たちが普通に研究対象とするどんな群集にもひけをとらない多様性に満ちている．

第12章

寄生と病気

12.1 はじめに —— 寄生，病原菌，感染，病気

　寄生者とは，第9章での定義によれば，1個体ないしはごく少数の個体の寄主から栄養を得て，通常は寄主に害を与えるものの，直ちに死に至らしめることはない生物のことである．ここではその定義に従うが，さらに関連するいくつかの用語を定義しておこう．それらは誤用されていることが多く，注意が必要である．

　寄生者が寄主に寄生したとき，寄主は**感染**（infection）したと呼ばれる．感染によって寄主に明瞭な弊害の症状が生じた場合，寄主は**病気**（disease）になったと言われる．寄生者の多くが寄主に害をなしていると推測されるが，特異的な症状が同定されていないものが多く，それゆえ，病気とは呼べないことになる．**病原体**（pathogen）は，病気を生じさせる（すなわち病原性の）すべての寄生者に用いられる用語である．それゆえ，はしかや結核は感染症（感染から生じる症状の組み合わせ）である．はしかは，ハシカウイルスの感染の結果生じる．結核は，結核菌 Mycobacterium tuberculosis による感染の結果である．ハシカウイルスと結核菌は病原体である．しかし，はしか自体は病原体ではなく，また結核という症状が感染するわけでもない．

　寄生者が重要な生物群であることは言うまでもない．毎年，何百万もの人々がさまざまな感染症のために死亡し，さらにたくさんの人々が衰弱したり体が不自由になったりしている（現在，象皮病の症例は2億5000万件，住血吸虫症は2億件以上など，枚挙にいとまがない）．これに家畜や農作物への寄生者の影響を加えると，ヒトの精神的苦痛や経済的損失は計り知れない．もちろん，ヒトは個体群として高密度の集合状態で生活しており，また家畜や農作物も同様に高密なため，寄生者にとって都合の良い状態になっているという面はある．本章で扱う重要な問いのひとつは「一般に，寄生と病気は，動物と植物の個体群にどの程度影響を与えているのか」である．

　寄生者は数の上でも重要である．自然環境下において，数種の寄生者に寄生されていない生き物はまずいない．さらに，寄生者や病原体の多くは，寄主特異的であるか，少なくともある限られた種だけに寄生する．これらのことから，地球上の50％を越える生物種と，50％をはるかに越える生物個体が寄生者であると考えざるを得ない．

12.2 寄生者の多様性

　植物病理学者と動物寄生学者が用いる専門用語は大きく異なっている．また動物と植物では，寄生者にとっての生息場所としては大きく異なるし，さらに感染に対する反応も大きく違うことは確かである．しかし，生態学者にとっては，

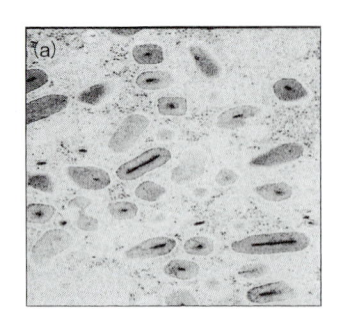

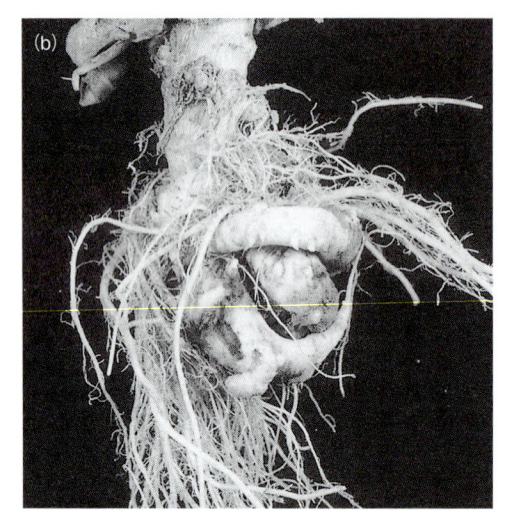

図12.1　植物と動物の微小寄生者と大型寄生者．(a) 動物の微小寄生者：ノシメマダラメイガ *Plodia interpunctella* の細胞内に見られる顆粒ウイルスの粒子（タンパク質の被覆に包まれている）．(b) 植物の微小寄生者：ネコブカビの一種 *Plasmodiophora brassicae* の増殖によって引き起こされたアブラナ科の植物の根こぶ病．(c) 動物の大型寄生者：条虫．(d) 植物の大型寄生者：ウドンコ病による病変．(a) Dr. Caroline Griffiths，(b) Holt Studios/Nigel Cattlin，(c) Andrew Syred/Science Photo Library，(d) Geoff Kidd/Science Photo Library の各氏の許可を得て転載．

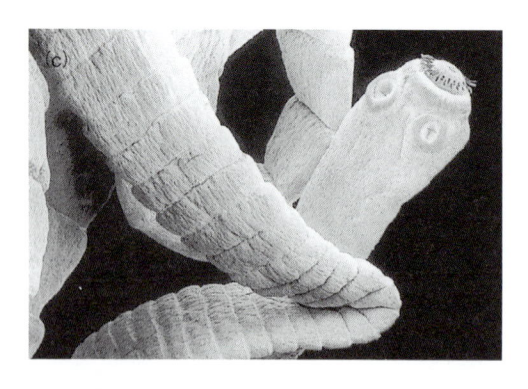

そうした違いよりも類似性の方が目立っている．従って，ここでは両者を一緒に検討しよう．むしろ有用な区別は，微小寄生者と大型寄生者との違いである（図12.1）(May & Anderson, 1979)．

微小寄生者と大型寄生者

微小寄生者（microparasites）は小さく，細胞内に入り込むものも多い．そして寄主の体内で増殖し，しばしば極端に数が多くなる．そのため，寄主体内の微小寄生者数を正確に見積もることはかなり困難で，その意味も薄い．従って，寄生者数ではなく感染した寄主の数を対象として調査することが普通である．例えば，流行性麻疹（はしか）の研究では，ハシカウイルスの数ではなく症例数を用いる．

大型寄生者（macroparasites）の生物学的特性はこれとはまったく異なる．大型寄生者は寄主の体内で成長はするが，そこでは増殖しない．大型寄生者は新たな寄主へ感染するための特殊な感染用の生育段階（微小寄生者にはない）を産

み，放出する．動物に寄生する大型寄生者のほとんどは，寄主の細胞内ではなく体表上か体腔（例えば腸）で生活する．植物に寄生する大型寄生者は，一般に細胞間隙に入り込む．寄主の体表でも体内でも大型寄生者の個体数を数えること，あるいは少なくとも推定することは通常可能である（例えば，腸内の寄生虫数や葉の病斑数）．疫学研究では，感染した寄主の数とともに寄生者の数も使われている．

直接的な生活環と間接的な生活環 ── 媒介者　微小寄生者と大型寄生者の区分を横断する別の区分として，寄主から寄主へと直接伝播する寄生者と，媒介者や中間宿主を必要とする間接的な生活環を持つ寄生者がいる．**媒介者**（vector）という用語は，寄主から寄主へと寄生者を運ぶ動物を意味する．運搬者としての役割しか果たさない媒介者もいるが，多くの媒介者は，寄生者を成長，もしくは増殖させる中間宿主になる．確かに，間接的な生活環を持つ寄生者は，微小寄生者と大型寄生者という単純な区分では捉えきれない．例えば，住血吸虫は，その生活史の一部を巻貝の体内，そして脊椎動物（ヒトの場合もある）の体内で過ごす．巻貝の中で寄生者は増殖し，微小寄生者のように振る舞う．しかし，ヒトに感染すると，ヒトの体内で成長し卵を生む．しかし，そこでは増殖せず，大型寄生者のように振る舞う．

12.2.1 微小寄生者

微小寄生者として一番はっきりしているのは，動物や植物に感染する細菌およびウイルスであろう（例えば，動物ではハシカウイルスや腸チフス菌，植物ではビートやトマトにつく黄色網状ウイルス，細菌性クラウンゴール根頭癌腫など）．原生動物も，動物に感染する微小寄生者の大きなグループである（例えば，眠り病を起こす鞭毛虫綱のトリパノソーマ，マラリアを引き起こすマラリア原虫 *Plasmodium*）．植物が寄主となる場合では，単純な菌類にも微小寄生者として振る舞うものがある．

微小寄生者の寄主間の伝播が，瞬時に完結する寄生者がいる．例えば，性病とか，咳やくしゃみの飛沫で運ばれる短命な感染体など（インフルエンザやはしかのウイルスなど）がそうである．また，新しい寄主に出会うまで長い休止期間を過ごしながら待機する寄生者もいる．その例としては，汚染された食物や水の摂取によって感染しアメーバ赤痢を引き起こす原生動物赤痢アメーバ *Entamoeba histolytica* や，アブラナの根瘤病を引き起こすネコブカビ *Plasmodiophora brassicae* などがいる．

さらに別のタイプとして，その分散に媒介者を必要とする微小寄生者もいる．媒介動物によって伝播する原生動物の寄生者のうち，経済学的に最も影響の大きなグループは次の2つである．まずは，ヒトに眠り病を，家畜と野生哺乳類にナガナ病を引き起こすトリパノソーマ類で，ツェツェバエ *Glossina* spp. を含む様々な媒介者によって伝播される．次に，マラリアを引き起こすマラリア原虫 *Plasmodium* spp. の数種で，ハマダラカ亜科のカによって伝播される．どちらの場合も，昆虫は媒介者としてだけではなく，中間宿主（中間寄主）としての働きもしている．すなわち，これらの寄生者は昆虫の中でも増殖するのである．

多くの植物ウイルスはアブラムシによって伝播される．「非永続型」（non-persistent）種（例えば，カリフラワーモザイクウイルス）では，ウイルスは媒介者の中でのみ約1時間ほど生存可能であり，アブラムシの口器にいる場合にのみ伝播される．他の「循環型」（circulative）種（例えば，レタス壊死黄斑ウイルス）では，ウイルスはアブラムシの腸壁を通り抜けた後に循環器系に入り，やがて唾液腺へと移動する．その後，媒介者が伝染性を持つ前には潜伏期があるが，長期間伝染性を維持する．また，アブラムシの体内で増殖する「増殖性」（propagative）種（例えばジャガイモ葉巻病ウイルス）もいる．線虫もさまざまな植物ウイルスの媒介者となる．

12.2.2　大型寄生者

　寄生性の蠕虫類は，動物にとって主要な大型寄生者である．例えば，ヒトの腸内に寄生する線虫は全て直接的に伝播するが，感染者の数と健康を損なう可能性からいって，おそらくヒトに一番大きな影響を及ぼす腸内寄生者である．これ以外にも，医学的に重要で，間接的な生活環をもち動物に感染する大型寄生者には多くのタイプがある．例えば，条虫類は成虫として腸に寄生し，寄主の体壁から栄養を直接吸収する．膨大な数の卵は，寄主の排泄物とともに外界へと放出される．最終的な寄主（終寄主；この場合，ヒト）に再感染するまでに，幼生期として1種または2種の中間寄主を経由する．住血吸虫は，すでに見たように，巻貝とヒトの双方に感染する．住血吸虫（ビルハルツ住血吸虫）は，その卵で腸壁を覆ったり，肝臓や肺の血管をつまらせたりすることで，人体に悪影響を及ぼす．フィラリア線虫も，ヒトにつく長命な寄生者のひとつで，その全てが吸血性の昆虫の体内で発育する幼生期を持つ．そのうちの一種，バンクロフトフィラリア症を引き起こすバンクロフト糸状虫 *Wucheria bancrofti* は，リンパ系の中に成虫が集積することにより負担を与える（古くは，ごく稀に象皮症を引き起こすこともあった）．幼体（マイクロフィラリア）は血液中に放出され，蚊によって血液ごと摂取されて，蚊の体内で感染可能な幼体にまで成長し，再び寄主体内へと媒介される．河川盲目症を起こすオンコセルカ属糸状虫の一種 *Onchocerca volvulus* は，ブユが媒介する（ブユの幼虫は川に住み，病名はそれに由来する）．この糸状虫による一番の被害は，ブユによって皮膚組織から侵入したマイクロフィラリアが眼に到達した場合に引き起こされる．

　動物への大型寄生者としては，これ以外にも，シラミ，ノミ，ダニ，数種の菌類がいる．シラミはその生活史の全ての段階を寄主（哺乳類か鳥類）の体表上で過ごし，その伝播は，通常，寄主の個体同士が接触する際になされ，母親から子供への伝播も多い．これとは対照的に，ノミは卵を寄主（やはり哺乳類か鳥類）の巣に産みつけ，幼虫期もそこで過ごす．新成虫は，飛び跳ねたりすることでかなりの距離を移動し，積極的に新たな寄主へと移動する．

　植物への大型寄生者としては，ウドンコ病菌，サビ病菌，黒穂病菌などの真の菌類のほか，虫癭を作ったり植物体に潜り込んだりする昆虫類，さらに他の植物に寄生する顕花植物もいる．

　植物の大型寄生者である菌類では直接的な伝播が普通である．例えば，コムギにウドンコ病を引き起こす菌類では，まず胞子（通常は風で分散する）が葉の表面に接触することで感染し，その後，菌が寄主の細胞内や細胞間隙へ入り込んで，そこで成長を始め，遂には，感染した寄主の組織に病斑が現れる．この侵入とコロニー形成の後に，病巣が進行し胞子生産が始まり，次の感染へと進む．

　植物への大型寄生者で，中間寄主を経由する間接的な伝播は，サビ病菌に広く見られる．例えば，クロサビ病では，一年生草本の寄主（特にコムギのような栽培穀類）から，多年生の低木のセイヨウメギ *Berberis vulgaris* に感染し，再びコムギへと戻る．穀類への感染は多輪廻 (polycyclic) である．つまり，成長に適した時期（夏）の間に，胞子が感染して葉や茎に病斑を形成し，そこから放出される胞子が分散し，再び他の穀類に感染する．この再感染は，寄生者の無性生殖によって繰り返され，その結果，病気が大流行する．一方，メギは長寿の低木であり，サビ病菌はその内部で存続する．このために，感染したメギは，それより短命な一年生の穀類作物へのサビ病の蔓延の最大の供給源となりうる．

　顕花植物の多くの科で，他の顕花植物への寄生者として特殊化したものがいる．それ

全寄生植物と半寄生植物

らには大きく2つのタイプがある．ひとつは，**全寄生者**（holoparasites）で，ネナシカズラ類 *Cuscuta* spp. のように，クロロフィル（葉緑素）を欠き，水分，栄養塩類，固定炭素の供給を寄主植物に完全に依存する．もうひとつは，**半寄生者**（hemiparasites）で，ヤドリギ類 *Phoraradendron* spp. のように，光合成は行うが，その根が十分に発達していないか，完全に欠いている．半寄生植物は寄主の根や茎に連結し，寄主から無機塩類と水分の全て，あるいはその必要量の大部分を摂取している．

12.2.3 托卵と社会寄生

ここでカッコウについての1節を設けることは，一見この章の主旨から外れているように思えるかもしれない．ほとんどの寄主とその寄生者は，互いにきわめて異なった分類学的なグループに属している（哺乳類と細菌，魚類と条虫，植物とウイルス）．これらとは対照的に，**托卵**（brood parasitism）は，きわめて近縁の種の間，そして時には同種の個体間にさえ見られる．しかしながら，その現象は明らかに寄生の定義に当てはまる（托卵も「1個体か少数の寄主から栄養を獲得し，そして通常，寄主に害は与えるもののすぐには死亡させない」）．托卵は社会性昆虫でよく発達している（従って，しばしば社会寄生（social parasitism）と呼ばれる）．そうした社会性昆虫では，寄生者は他種（通常は近縁種）のワーカーを利用して子供を育てる（Choudhary *et al.*, 1994）．しかし，托卵という現象が一番よく知られているのは鳥類である．

鳥類の托卵では，寄生者は他種の巣に卵を産み落とし，抱卵とヒナの世話をさせる（図12.2）．この托卵によって，普通，その巣での寄主（仮親）の繁殖成功は低下する．カモ類では，種内托卵が広く見られるようである．とはいえ，ほとんどの托卵は種間で見られる．鳥類では約1％の種が托卵者である．カッコウを含むホトトギス科の約50％の種，2属のフィンチ，5種のコウウチョウ，1種のカモが知られている（Payne, 1977）．これらの鳥の雌は寄主の巣に卵を1個だけ産み落とし，寄主の卵1個を持ち去ることで，巣内の卵の数合わせをする．孵化した寄生者は，仮親の卵やヒナを巣から追い落とし，また仮親の世話をひとり占めにして，本来のヒナの生存を損なう．従って，托卵は寄主種の個体群動態へ大きな影響を与える可能性を持っている．しかし，托卵される巣の頻度はきわめて低いことが普通である（3％に満たない）．一昔前の Lack (1963) の結論によると，「イ

図12.2 巣のなかのカッコウ．FLPA/Martin B. Withers 氏の許可により転載．

ングランドで繁殖している鳥類では，カッコウによる卵やヒナの死亡はほとんど無視できる」．しかし，托卵の潜在的な大きな影響が，ヨーロッパのカササギ *Pica pica* の個体群において確認されている．すなわち，オニカッコウ *Clamator glandarius* が共存するカササギの個体群では，托卵が見られない個体群よりも，有意にたくさんの卵を生むという繁殖投資の差違が明らかとなっている（Soler *et al.*, 2001）．しかし，それらの卵数は，数の保障としては少なすぎる．これは，そうしたカササギ個体群の，カッコウにより被る損失への進化的な反応であると推測されている．この推測は，托卵されているが，一腹卵数の大きなカササギが自身の子供を育て上げる確率を実際に高めていたことから支持される．

宿主特異的な多型 ── 家系　托卵では，寄主特異性の高い，多型の関係が進化している．例えば，カッコウ *Cuculus canorum* は，多くの異なった種に寄生するが，カッコウの種内には異なった系統（家系（gentes））が存在する．特定の系統の雌個体は，特定の鳥の種を寄主とし，その寄主の卵の色や模様にそっくりな卵を産む．そして，カッコウの雌の系統間では，ミトコンドリア DNA の分化が見られる．ミトコンドリア DNA は，雌から雌へのみ引き継がれる．一方，系統に制約されずに配偶する雄由来のものの形質を含んでいる．核 DNA のマイクロサテライトの分析では，系統間の相違は見いだせない（Gibbs *et al.*, 2000）．こうした違いは，雌にのみ引き継がれる W 染色体上（鳥類においては，哺乳類とは異なり，雌が異型性である）にある遺伝子が卵の模様を支配するため可能であると長く考えられてきた（Punnet, 1933）．これは，托卵種ではないがシジュウカラ *Parus major* において確認されている（Gosler *et al.*, 2000）．雌は，（W 染色体を受け継いだ）母と母方の祖母のものに似た卵を生み，それは父方の祖母の卵とは似ていない．もちろん，雌のカッコウが育ててもらった里親の

種の卵に似た卵を産むのなら，その種の巣に確実に産卵する，または少なくとも優先的に産卵しなければならない．これには巣内での初期の刷り込み（すなわち学習された好み）が関与している可能性が大きい（Teuschl *et al.*, 1998）．

12.3　生息場所としての寄主

　寄生者と自由生活者の生態の本質的な違いは，寄生者の生息場所はそれ自体が生きているという点にある．生きている生息場所は（その数と大きさが）成長する．また，反応する力を秘めている．すなわち，寄生者の存在に対し性質を変えたり，寄生者に対する免疫を発達させたり，寄生者を消化したり，寄生者を孤立させたり封じ込めたりするなど積極的に反応する．さらには，この生きている生息場所は進化し得る存在でもある．動物寄生者の場合，その寄主の多くは移動することができ，その移動の様式は，寄生者の分散（伝播）のあり方に大きく影響する．

12.3.1　活物栄養寄生者と死物栄養寄生者

　寄生者への寄主の反応のうち最たるものは，寄主自体の死である．寄主を殺し，死んだ寄主の上で生き続ける死物栄養寄生者（necrotrophic parasites）と，寄主を生き続けさせる活物栄養寄生者（biotrophic parasites）とは明確に区別する必要がある．死物栄養寄生者は，寄生者，捕食者，腐生生物の定義を曖昧にする（第 11 章 1 節を参照）．寄主の死が確実で，かなり早く死に至る場合には，死物栄養寄生者は，実質的には捕食者であり，寄主の死亡後は腐生生物（saprotroph）といえる．しかし，寄主が生きている間は，死物栄養寄生者は他のタイプの寄生者と同様の特徴を示す．

　活物栄養寄生者にとって，寄主の死亡は，自身の生存の終りを意味する．ほとんどの寄生者

は，活物栄養寄生者である．しかし，オーストラリアヒツジキンバエ *Lucilia cuprina* は，動物を寄主とする死物栄養寄生者である．このハエは，生きている寄主に卵を産みつけ，幼虫（ウジ）は寄主の体内で肉を食い，やがて寄主を殺す．ウジは寄主の死後も，その死体を食物として利用し続けるが，その時はもはや寄生者や捕食者というよりもデトリタス食者（腐食性生物，detritivore）である．植物の死物栄養寄生者には，傷つきやすい実生の時期に攻撃し萎れさせるものが多く，実生の立ち枯れ病（damping-off）として知られている．キノカクキン科の一種 *Botrytis fabi* は典型的な植物の死物栄養寄生者である．それはソラマメ *Vicia faba* の葉の中で成長し，葉の細胞を殺しながら広がってゆく．葉や鞘に死んだ組織から成る斑点としみが形成される．さらに菌は成長を続け，分解者として死んだ組織を基に胞子を形成し分散させる．しかし寄主組織が生存している間は，胞子形成は行わない．

> 死物栄養寄生者 ── 腐食のさきがけ

従って，死物栄養寄生者の大部分は，腐食（saprotroph）のさきがけと考えることができる．それらは寄主（あるいはその一部）を殺し，死体の資源をいち早く利用できるため，腐食者間の競争に一歩先んじることができる．死物栄養寄生者に対する寄主の反応は，決して小さなものでない．植物寄主の間によく見られる反応としては，感染した葉の落葉，あるいは感染部分を隔離する特別な障壁の形成である．例えば，ジャガイモでは塊茎の表面にコルクのようなかさぶたを形成し，菌類 *Actinomyces scabies* に感染した部分を隔離する．

12.3.2 寄主の特異性 ── 寄主の範囲と人獣共通感染症

捕食者と餌生物の関係の章で見たように，特定の捕食者種は特定の餌生物に対して高度に特殊化している（単食性を示す）場合が多い．なかでも寄生者が1種または少数の種の寄主に対して特殊化していることは，ごく普通にみられる．どのような寄生者でも（条虫，ウイルス，原生動物，菌類のどれであれ），その寄主として利用できるのは，関わり得る植物や動物のうちのほんの一部にすぎない．圧倒的な大多数の生物は，寄主としてはまったく利用できないのである．そして，その明確な理由はたいていの場合，分かっていない．

これらの特殊化にはいくつかのパターンがある．例えば，特定の寄主個体との結びつきが深くなる寄生者ほど，特定の種の寄主だけに寄生する傾向がある．例えば，鳥類のシラミのほとんどの種は，死ぬまでに一個体の寄主の上で生活し，たった一種の寄主しか利用しない．一方，シラミバエは，ある個体から他の個体へと積極的に移動し，複数種の寄主を利用することができる（表 12.1）．

> 本来の寄主と偶発的な寄主

しかしながら，寄主の範囲を明確にすることは，それほど簡単なことではない．寄主の範囲からはずれる種は比較的簡単に判断できる．その種の個体に感染を起こすことができないという特徴から探ればよいのである．しかし，範囲内の寄主については，深刻な病状と生命の危機に陥る種もあれば，明瞭な症状のない種まで，その感染には大きな変異があるだろう．さらに，寄生者とともに共進化しているいわば本来の寄主の場合，全く症状の出ない場合も多い．致命的な病変が生じるのは，感染が「偶発的」な寄主に起きた場合に多い．（ここでは，「偶発的」という言葉は，将来性のない寄主という意味で妥当である．感染をつないでゆくには急すぎる寄主の死は，病原菌にとっては適応することができず，進化もできないのである）．

> 疫病 ── 偶発的な寄主としてヒトに感染する人獣共通感染症

こうした点は，人獣共通感染症の場合，寄生虫学だけでなく，医学的にも重要である．つまり本来の寄主として，一種もしくは複数種の野生動物種の中で共進化し

表12.1 哺乳類と鳥類に寄生する外部寄生虫の特殊化．（Price, 1980 より．）

学　名	一般名と生活様式	種数	寄生する寄主の種数の割合		
			1種	2 or 3種	3種以上
チョウカクハジラミ科	鳥シラミ（1個体の寄主上で一生を過ごす）	122	87	11	2
コウモリバエ科	ヒナに吸い付くハエ（コウモリに寄生）	135	56	35	9
ヒツジバエ科	ウマバエ（雌は寄主間を飛翔で移動する）	53	49	26	25
ケブカノミ科	ノミ（寄主間を跳躍で移動する）	172	37	29	34
シラミバエ科	シラミバエ（移動能力は高い）	46	17	24	59

てきた寄生者が，ヒトに感染した場合に大きな病理学的な影響をもたらす場合である．その好例は，ペスト菌 *Yersinia pestis* によって引き起こされるヒトの病気，腺ペスト（bubonic）と肺ペスト（pneumonic）である．ペスト菌は本来，何種かの野生の齧歯類の個体群の中で循環している．例えば，中央アジアの砂漠に生息するオオアレチネズミ *Rhombomys opimus* と，おそらくアメリカ合衆国南西部の似たような砂漠に生息するカンガルーネズミ *Dipodomys* spp. の個体群などがこれに当たる（注目すべきは，どこにでも常在するということと潜在的な危険性にもかかわらず，アメリカ合衆国でのペスト菌の生態については，ほとんど分かっていないという点である（Biggins & Kosoy, 2001 を参照））．これらの種では，感染してもほとんど，あるいは全く症状が現れない．ところが，ペスト菌が他の種に感染した場合，壊滅的な被害を被るが，そのうちの何種かは本来の寄主と分類学的にきわめて近縁である．アメリカ合衆国では，やはり齧歯類のプレーリードッグ類 *Cynomys* spp. の個体群が，この感染症によって定期的に絶滅させられている．このため，この感染症は保全上重要な問題である．また，これら本来の寄主とは分類学的に大きく離れている寄主でも，この無警戒な感染症が急速に広がりかつ致命的となる場合も多い．その中にはヒトも含まれる．なぜ，そのように毒性の異なる感染がしばしば起こるのだろうか．共進化した寄主での低い毒性，分類学的な類縁の遠い寄主での高い毒性，さらに感染すらできない他の動物種の存在は，寄主と病原体の生物学における重要で未解決の問題である．寄主の病原体の共進化の問題は，本章第8節で再び取り上げる．

12.3.3 寄主体内における生息場所の特異性

寄生者のほとんどは，寄主の特定の部位で生活するよう特殊化している．マラリア原虫は，脊椎動物の赤血球に巣くう．ウシ，ヒツジ，ヤギへ寄生する原生動物，テイレリア属 *Theileria* 〔訳注：アフリカ東海岸で家畜に深刻な被害をもたらしている〕は，これら哺乳類のリンパ球にとりつき，それから上皮細胞に移り，さらに後に病気の媒介者であるダニの唾液腺に移るという生活を循環している．

実験的に寄主の体のある部分から他の部分へ寄生者を移植することで，寄生者が目的とする生息場所へ戻ることが

寄生者は寄主体内で生息場所を探索しているだろう

確認できる．ネズミ類の消化管内に寄生する線虫の一種 *Nippostrongylus brasiliensis* を，ネズミの空腸から小腸の前部と後部へ移植すると，線虫は移動して本来の生息場所に戻った（Alphey, 1970）．これ以外に，生息場所の探索という点では移動というよりむしろ成長によって達成されるものもある．例えば，クロボ菌属の一種 *Ustilago tritici* は，コムギの花の柱頭に感染し，そこで成長しながら若い胚の中へ糸状構造を伸張させて感染する．コムギの種子が発芽し，実生に成長すると菌糸も成長を開始し，コムギのシュートの成長に歩調を合わせて伸張する．最終的に菌糸は成長中の花の中で急速に成長し，寄主の花を胞子の塊に変えてしまう．

12.3.4 反応する環境としての寄主 —— 抵抗，回復，免疫

無脊椎動物 他者の存在に対する生物の反応は，「自己」と「非自己」の違いの認識に依存する．無脊椎動物では，体内への侵入者（非生物的粒子を含む）への寄主の反応の大部分は一群の食細胞が担っている．昆虫では，血球（血リンパ中の細胞）が，さまざまな方法によって感染性の物質を隔離する．特に封入（encapsulation）という反応が重要である．これは体液中に可溶性の物質（主にタンパク質）を生産することで生じる反応である．その可溶性物質は非自己の物質を認識し周囲を覆うように結びついて無力化する．また，その可溶性物質のいくつかは，血球の届かない，中腸バリアと呼ばれる部位でも作動することが知られている（Siva-Jothy *et al.*, 2001）．

脊椎動物 —— 免疫反応 脊椎動物では，非自己物質への食作用の反応もあるが，さらに精巧な過程，つまり免疫反応によって，その防衛手段はさらに多様となる（図12.3）．寄生者の生活にとって，免疫反応には2つの死活に関わる特性がある．それは，（ⅰ）寄主を感染から回復させること，（ⅱ）一度感染したという記憶をもたらし，それはその寄主が同じ寄生者から再び攻撃を受けた場合に，寄主側の反応を変化させる（つまり寄主が再感染への免疫を持つ）．哺乳類では，免疫グロ

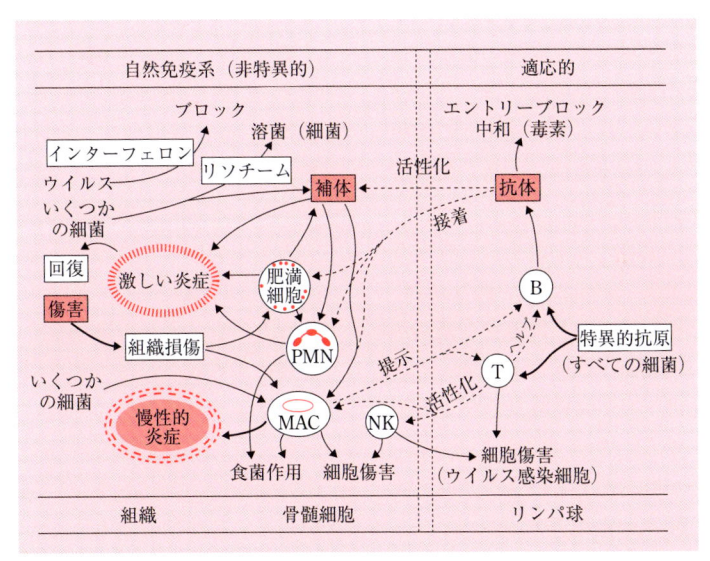

図12.3 免疫反応．感染への抵抗を制御するメカニズムは，「自然免疫系」もしくは，「非特異的」（左）と「適応的」（右）に区別できる．それぞれが細胞成分（下半分）と体液成分（すなわち，上半分の血清か体液中）で構成されている．適応的な反応は，抗原がマクロファージ（MAC）に補足され，処理されることで免疫システムが刺激されることにより始まる．抗原は，寄生者の体表面にある分子などである．処理された抗原は，Tリンパ球とBリンパ球に提示される．Tリンパ球は，さまざまなクローン細胞を刺激する．刺激されるものとしては，細胞障害性T細胞（NK，ナチュラルキラー細胞），およびBリンパ球があり，T細胞は寄主にとっては異物と認識される細胞（感染した細胞など）を破壊し，Bリンパ球は抗体を生産する．このように，抗原をもたらす寄生者は，様々な方法で攻撃される．PMNは白血球のうち複雑に分裂した核を持つ多形核球の好中球．（Playfair, 1996より．）

表12.2 さまざまな脊椎動物に対して，それぞれ免疫反応を引き起こす「負荷」をかけた場合の，エネルギーコストの推定値（対照と比較した安静時の代謝率の増加で測定）．（Lochmiller & Derenberg, 2000 より．）

種	免疫反応への負荷	コスト（%）
ヒト	敗血症	30
	敗血症と損傷	57
	腸チフスのワクチン接種	16
ラット	インターロイキンの注入	18
	炎症	28
マウス	スカシガイ（カサガイの一種）のヘモシアニンの注射	30
ヒツジ	内毒素（エンドトキシン）	10–49

ブリンを子供に引き渡すことによって，防御を次世代にまで延長できる場合もある．

脊椎動物に対するウイルスと細菌の感染では，ほとんどの場合，寄主にとりついている時間は寄主の生活史の中で短期間で一過性の出来事にすぎない．その一過性の寄生者は寄主体内で増殖し，強い免疫反応を引き起こす．これとは対照的に，大型寄生者と原生動物の微小寄生者によって引き起こされる免疫反応は，それほど強くない場合が多い．従って，感染そのものが持続する傾向にあり，また同一の寄主個体が再感染を繰り返すことになる．

微小寄生者と大型寄生者への対照的な反応 実際，微小寄生者と腸内寄生虫（helminths）への反応は，免疫系で使われる主な経路が異なるようである（MacDonald et al., 2002）．また，それらの経路は，互いの免疫反応を下方制御（down-regulate）することができる．従って，腸内寄生虫の感染が微小寄生者の感染の可能性を高める場合があり，またその逆もおこる（Behnke et al., 2001）．例えば，HIV にも感染している患者の蠕虫の感染を取り除くことで，患者の HIV ウイルス量を有意に低下させるのに成功した症例がある（Wolday et al., 2002）．

植物 植物では，そのモジュール構造，細胞壁の存在，真の循環系（血液やリンパのような）の欠如といった特性のため，免疫反応という形をとる効果的な防御は難しい．また植物には，異物の侵入に対して動員される食細胞といったものもないので，そうした形の対処もできない．ところが最近になって，高等植物では，寄生者に対する複雑な防御システムが備わっていることが分かってきた．高等植物の防御は，「構造に組み込まれたもの」と「誘導的なもの」に分けられる．前者は，侵入生物に対して物理的あるいは生物学的な防壁となるもので，病原体の有無とは関係なく備えられている．後者は，病原体の攻撃に反応して生じる防壁である（Ryan & Jagendorf, 1995; Ryan et al., 1995）．ある植物が病原体の攻撃から生き延びた場合，その植物はその後の攻撃に対して，いわゆる「体系的に獲得される抵抗力」を発揮することがある．例えば，タバコでは 1 枚の葉がタバコモザイクウイルスに感染すると，ウイルスの感染をそこだけに止める局部病斑が形成される．さらにその後，タバコは同じウイルスのみならず他の病原体への新たな感染に対しても耐性を持つようになる．この反応の過程で「エリシチン」（elicitins）という物質を生産する植物もいる．この物質は精製されており，寄主に強い防御反応を誘導することが示されている（Yu, 1995）．

寄生者に対する寄主のすべての防御反応を理解するうえでなによりも大切な観点は，**寄主の防衛にかかるコスト** 寄主の反応にはコストがかかるということである．寄主は，エネルギーと資源を他の重要な身体上の機能からはずして，寄生者に対する反応に振り向けねばならない．すなわち，生活史における他の側面と寄生者に対する反応との間

で，ある一方に投資を行えば，他への投資は減少するというトレードオフの関係にある．脊椎動物におけるこのトレードオフの証拠は，Lochmiller & Derenberg (2000) によって紹介されている (表12.2)．その総説では，例えば，何種かの脊椎動物についてその免疫反応が高まると，どれだけエネルギーの代価 (安静時の代謝の増大) が支払われるかが示されている．

12.3.5　宿主の反応の帰結 — S–I–R

さまざまな生物が感染と戦うときに用いる機構の違いは，寄生虫学者，医者，獣医にとって，興味を引く重要な課題であることは明らかである．その違いは，寄主対寄生者という，生物学全体の理解を必要とする特殊な系を研究している生態学者にとっても重要である．しかし，生態学全体から見た場合，そうした寄主がどのような反応をするかが，個体の観点と個体群の観点の双方において，さらに重要である．まず，寄生者に対する寄主の反応は，それぞれの個体が「いとも簡単に感染する個体」から「まったく感染しない個体」までの広がりのどの辺に位置するかを決める．そしてもし感染した場合，感染によって死んでしまう個体から病状の出ない個体までの広がりのどの辺に位置するかが決まる．次に，脊椎動物の場合には，寄主の反応によって，その個体が依然として次の機会にも感染しやすいのか，感染に対する免疫を獲得するかが決まってくる．

このような個体の状態の違いから，同一の個体群のなかにそれぞれが別の集団をなし，それらが相互に変化するという観点から個体群の構成を捉えることができる．寄主と病原体の動態に関する数学的なモデルの多くは，個体群内における感染可能個体 (susceptible individuals)，感染個体 (infectious i.)，回復 (そして免疫のある) 個体 (recoverd i.) の各個体数の変化に基づいており，S–I–Rモデルと呼ばれる．従って，この個体群レベルでの違いは，生態学の中心課題，つまりその生物の分布と個体数をモデル化するときにも必ず考慮しなければならない特性である．この感染の流行に関する問題は，本章第4.2節以降で再び検討しよう．

12.3.6　寄生がもたらす成長と行動の変化

寄生者には，寄生した寄主の成長過程に「プログラムされた」変化を誘導するものがいる．その典型的な例は，高等植物に虫こぶ (gall) を作るハモグリバエ科とタマバエ科のハエや，タマバチ科のハチである．これらの昆虫は寄主の体組織の中に産卵するが，寄主の体組織はそれに反応して成長様式を変える．それによって形成される虫瘤 (むしこぶ) は，植物が通常の成長でつくり出す構造とはまったく異なる形態形成の産物である．寄生者の卵が一時的に存在するだけで，寄主の組織は一連の形態形成を開始し，それは例え発育中の寄主の幼生を除去しても継続する．コナラ属 *Quercus* spp. の樹木に寄生し虫瘤を作らせる何種かの昆虫は，それぞれ特有の形態形成反応を誘導する (虫瘤の形が寄生者の種ごとに異なる) (図12.4)．

菌類や線虫類といった植物への寄生者もまた，巨大な肥大細胞や節くれ，あるいは他の奇形的な形態形成反応を引き起こす．アグロバクテリア属の細菌 *Agrobacterium tumefaciens* による感染では，植物組織にこぶが形成される．感染後に寄生者がいなくなった組織は修復を始めるが，そこにはすでに以前とは異なる形態形成のパターンが設定されていて，植物組織は瘤を作り続ける．この場合，寄生者は寄主細胞の遺伝子発現の切り替えを誘導しているのである．ある寄生性の菌類は，その寄主植物の繁殖さえ支配する．つまり寄主植物を去勢もしくは不妊化させるのである．草本に寄生する菌類，ガマノホビョウキン *Epichloe typhina* は，開花と種子形成を阻害する．感染した草本は生育し続け，寄生者の子は生み出されるが，自分の子は残すことができ

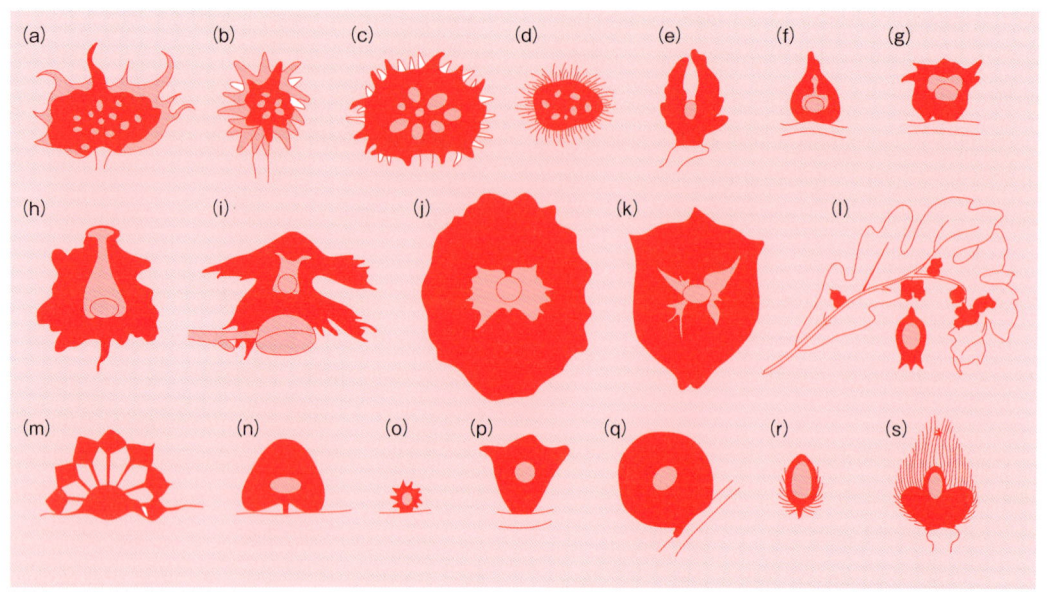

図 12.4 コナラ属（フユナラ *Quercus petraea*，ヨーロッパナラ *Q. robur*，ホワイトオーク *Q. pubescens*，トルコオーク *Q. cerris*）に見られるタマバチ科の一属 *Andricus* のハチによって形成された虫瘤．この属のそれぞれの種のタマバチによって誘導された虫瘤の断面を示す．暗色部は虫瘤の組織を示し，中央の明るい部分はハチの幼虫がいる空洞を示す．(Stone & Cook, 1998 より．)

ない．

（時には劇的な）寄主の行動の変化

寄生者（あるいは環境からの他の刺激）に対するモジュール型生物の反応の多くは，成長と形態の変化として現れる．一方，単体型生物では，感染に対する反応が行動の変化として現れる場合が多い．そしてそれは，寄生者の伝播の機会を増やすことが多い．回虫に感染した寄主は肛門にむずがゆさを感じるようになり，それは掻く行動を誘発させ，それにより回虫の卵が指や爪から口に運ばれる．時に，感染した寄主の行動は，寄生者が二次的寄主や媒介者へ到達する機会を最大にしているようにも見える．カマキリでは，川の縁を歩き，「身投げ」する行動が観察される．水に入って1分以内にカスリハリガネムシの仲間 *Gordius* がカマキリの排泄口から現れ出る．このハリガネムシは，陸上昆虫の寄生者であるが，その生活史の一部を水生の寄主に依存している．あたかも寄生者が水域の生息場所に到達できるように，感染した陸上の寄主に「親水性」をもたらしているかのようである．この自殺衝動に駆られているカマキリをすぐに救助して川岸に戻しても，再び身投げしようとするのである．

12.3.7 寄主の中での競争

寄生者にとって寄主は，パッチ状に分布する生息場所であるため，寄主の中の寄生者間で，一般の生物種が見せるような生息場所をめぐる種内・種間競争が生じたとしても，驚くには値しない．寄主内の寄生者の量全体が増加すると個々の寄生者の適応度が低下するという報告は多い（図 12.5a）．また，ある寄主内の寄生者全体の生産物が，ある飽和曲線を描くとする報告も多い（図 12.5b）．これは，多くの植物で単一種栽培をした場合に見られる，種内競争による「最終収量一定の法則」を思い起こさせる（第5章5.1節を参照）．

最終収量一定の法則？

しかしながら，少なくとも脊椎動物において，そうした

競争か免疫反応か？

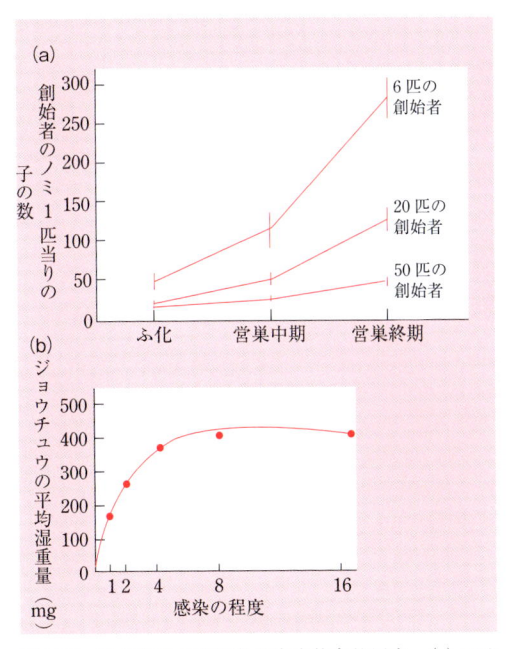

図12.5 寄主内での寄生者の密度依存的反応．(a) アオガラの巣に加えられたノミ *Ceratophyllus gallinae* の数（「創始者」の数）とノミ1匹当りの子の数の関係（平均値±標準誤差）．創始者の数が多いほど，ノミの繁殖率は低くなる．それは，アオガラの卵が孵化したときの最初の付加から営巣期間の終わりにまでの増加傾向も異なっている．(Tripet & Richner, 1999 より．)
(b) 異なる数のコガタジョウチュウ *Hymenolepis microstoma* を感染させられた後，ネズミ1匹当りの条虫の平均総重量は，「最終収量一定」となる．(Moss, 1971 より．)

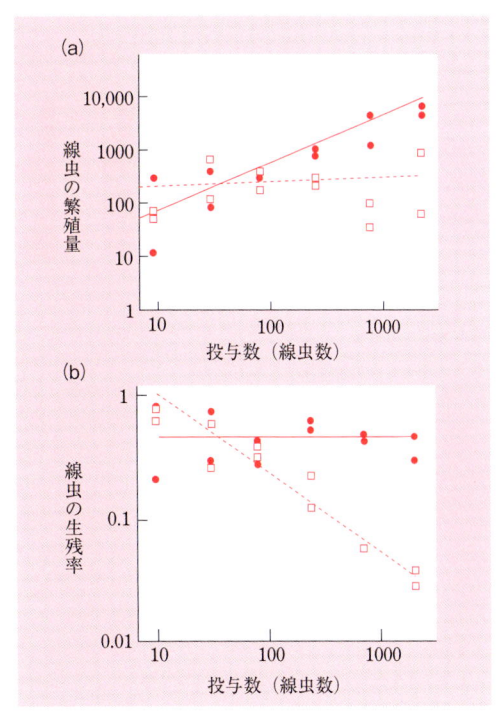

図12.6 寄主の免疫反応は，ラットに感染する線虫 *Strongyloides ratti* の密度依存性に欠かせない．(a) 免疫反応を示さない突然変異体のラット（●）では，投与した線虫の数に応じて，線虫の繁殖量は増大する（直線の傾きは1と比べて有意差はなかった）．しかし，免疫反応を示すラットの場合（□）は，最初の投与とはおおむね無関係であった．すなわち，これは調節されていることを意味している（傾きは 0.15 で，1 と比べて有意に低い．P＜0.001）．(b) 免疫反応を示さない突然変異体のラット（●）への投与数と，線虫の生残率は無関係であった（直線の傾きは0と比べて有意差はなかった）．一方，免疫反応を示すラットの場合（□），生残率は低下した（傾きは −0.62 で，0 と比べて有意に低い．P＜0.001）．(Paterson & Viney, 2002 より．)

結果を限られた資源をめぐる種内競争の結果と単純に解釈するには，少し注意が必要である．というのは，寄主自身からの免疫反応の強さは，間違いなく寄生者の多さに依存するからである．この2つの要因の効果を区別する試みは稀であるが，それでも免疫反応を欠く突然変異のネズミを使ってなされた有効な研究がある (Paterson & Viney, 2002)．この突然変異のネズミと野生型（対照区）のネズミに，ネズミフンセンチュウ *Strongyloides ratti* の数を変えて投与することで実験的に感染させた．野生型ネズミでの線虫の適応度の低下は，種間競争と，投与量に応じて増える免疫反応の両方が（あるいはどちらか一方が）原因となるだろう．しかし，

明らかに突然変異ネズミでは種内競争だけが原因となる．実際，突然変異ネズミにはどんな反応も認められなかった（図12.6）．このことは，この程度の投与量では（自然状態で見られる線虫の量と同じであるが），種内競争が生じる証拠はなく，野生型ネズミで観察された結果は全て密度依存的な免疫反応の結果であることを示している．もちろん，これは，寄生者間での種間競争がまったくないことを意味しているのではな

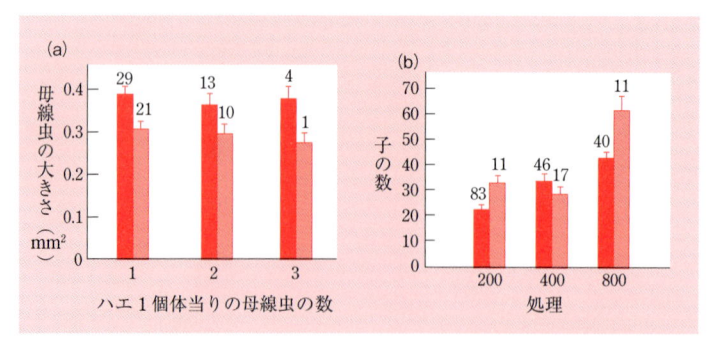

図12.7 (a) ショウジョウバエ Drosophila recens に一週間，単独感染か混合感染させた時の線虫 Howardula aoronymphium について，母線虫の平均の体の大きさ（mm^2，体の縦断面の面積で示す）±標準誤差．H. aoronymphium では，体の大きさは繁殖力についてのよい指標である．寄主は，H. aoronymphium 単独（濃い棒グラフ）か，H. aoronymphium と Parasitylenchus nearcticus を混合（明るい棒グラフ）させて含む餌によって飼育され，それぞれ1，2，3個体の H. aoronymphium の母中に寄生されているハエについて集計している．その母線虫の体の大きさ（繁殖力）は，混合感染の場合の方が一貫して小さかった．(b) 単独（濃い棒グラフ）と混合（明るい棒グラフ）感染の場合の P. nearcticus の子の数（すなわち，繁殖量）±標準誤差．棒グラフ上の数値はハエの標本数．処理についての数は，餌に加えた線虫の数を示す．繁殖量は，混合感染の場合でも低下しなかった．(Perlman & Jaenike, 2001 より．)

い．この研究が注目したのは，あくまである生物体の生息場所がその生物に反応する寄主である時に生じる複雑さについてである．

第8章で見たように，競争者の共存を理解する上で重要な点は，種間のニッチ分化と，とりわけ潜在的な競争種よりも同種の他個体に影響を与える場合である．寄生者が寄主内の特定の場所や組織に特殊化していることはすでに見てきた．このことは，ニッチ分化が十分起こりえることを示唆している．そして，少なくとも脊椎動物では，免疫反応の特異性によって各寄生者が自分自身の個体群に大きな影響を及ぼしうることを意味している．その一方で，多くの寄生者が寄主の組織や資源を共有している．ある寄生種が存在すると，その寄主は次の寄生種から攻撃されにくくなったり（例えば，植物での誘導反応の結果として），あるいは攻撃されやすくなったりもする（単に寄主が弱ってくるために）．結局，寄主内での寄生者間の競争については，まだ答えのでていない問題が多いのである．

とは言え，寄生者の種間競争の証拠が，ショウジョウバエの一種 Drosophila recens に感染する，2種の線虫 Howardula aoronymphium と Parasitylenchus nearcticus の研究で示されている (Perlman & Jaenike, 2001)．P. nearcticus は D. recens だけに見られるスペシャリストであり，H. aoronymphium は他の何種かのショウジョウバエにも寄生できるゼネラリストである．さらに，P. nearcticus は寄主に甚大な影響を与え，通常，雌を不妊化する．一方，H. aoronymphium は，雌の産卵数を25%減らすだけである（もっとも，それは寄主の適応度を大きく低下させることを意味するが）．2種を同一の寄主個体に実験的に感染させて共存させると，H. aoronymphium は，P. nearcticus から甚大な影響を受けるが（図12.7a），その逆の影響は生じないことも明らかになった（図12.7b）．すなわち，この2種間の競争はきわめて非対称である（種間競争の多くがそうであるように．第8章3.3節を参照）．つまり P. nearcticus の方が，寄主に対して強力な搾取者であり（繁殖力に影響を与え，密度を低くさ

寄生者の種間競争

せる），干渉型の種間競争においても強い．この2種の共存が可能な理由は，おそらく *P. nearcticus* にとっては，この寄主のショウジョウバエは基本ニッチと実現ニッチの両方となるが，*H. aoronymphium* にとっては，実現ニッチの一部にすぎないからであろう．

12.4 寄主への寄生者の移動と分散

12.4.1 伝播

島としての寄主 Janzen (1968) の指摘によれば，寄主を寄生者が移住する島と考えることが役に立つ．同じ用語を用いることで，寄主—寄生者の関係の研究をMacArthur & Wilson (1967) による島の生物地理学の研究と同じ枠組みで扱うことが可能となった（第21章5節を参照）．マラリア原虫に感染したヒトは，ある意味で移住が起きた島，もしくはパッチである．媒介者である蚊が，ある寄主から他の寄主に寄生虫を運ぶ機会は，異なる島間の距離と対応する．従って，寄生者個体群は，以前の寄生者個体が死滅したパッチ（寄主）に新たに移住したり，感染に対して免疫を獲得しているパッチに再び移住するなどの，絶え間のない移住によって維持される．すなわち，寄生者個体群全体は，各寄主がそれぞれのサブ個体群を支えているメタ個体群である（第6章9節を参照）．

直接的と間接的な伝播，短命と長命の媒介者 もちろん，寄生者の種が異なれば寄主間の伝播の方法も異なる．最も基本的には，寄主から寄主へと直接伝播できる寄生者と，伝播のための中間宿主もしくは媒介者を必要とする寄生者に区別される．前者ではさらに，寄主間の身体接触や，非常に短命な感染用の媒体（例えば，せきとくしゃみでの飛沫）によって感染する寄生者と，寄主が長命な感染用の媒体（例えば，休止状態で感染力の持続する胞子）によって感染する寄生者かを区別するべきである．

これらの区別は，動物への病原については経験的にも馴染み深いが，基本的には植物に対しても適用できる．例えば，寄主植物のある個体から別の個体へと感染する土壌を介した菌類による病気は，根の接触や，菌類自体が土壌中で成長することで広がる．後者の場合，菌類にとって，ある植物個体は別の植物個体を攻撃する時の資源の供給源となる．例えば，ナラタケ *Armillaria mellea* では，靴紐のような「菌糸束」（rhizomorph）が土壌中に広がり，出会った寄主（通常，樹木や灌木）に感染する．自然状態で多様性が高い森林では，おそらくこの病気の広がりは非常に遅いが，植物が途切れることなく接触している「大陸」のような状態では，感染の機会がきわめて高くなる．風によって広がる病気では，感染の中心部が病気の発生源から遠く離れていることがある．しかしそれでも，病気の流行の局所的な進行の速度は，個体間の距離に強く依存する．風で拡散する散布体（胞子など．花粉や種子も同様の特性を示す）は，拡散後の分布がきわめて「急尖的」（leptokurtic）になる特徴を持つ．つまり，散布体の一部はかなり長距離を移動するが，大部分は発生源の近くに降下する．

12.4.2 伝播の動態

伝播動態は，文字通り，病原体の個体群動態全般に強く影響する駆動力である．しかし，その様相についてわずかなデータしかない場合が多い（例えば，寄生者の繁殖力や感染した寄主の死亡率と比較するときわめて乏しい）．それでも，伝播動態の基本原理についてある程度の見取り図を描くことはできる (Begon *et al.* 2002)．

伝播の結果としての個体群中の新たな感染の発生率は，1個体当りの伝播率（感染可能な（感受性のある）標的の寄主当りの伝播率）と感染可能な寄主の数（ここでは，S と呼ぶ）に依存する．

1個体当りの伝播率は，まず，感染可能な寄主と感染を媒介するものとの接触率kに比例すると考えられる．また，その接触が実際に感染を生じさせるかどうかは確率pで決まると考えられる．明らかに，この確率は，寄生者の伝染力と寄主の感染しやすさなどに依存する．これらの3つの構成要素をひとつに表現すると次式となる．

$$\text{新しい感染の発生率} = k \cdot p \cdot S \quad (12.1)$$

接触率　接触率kがどのようなものになるかは，伝播のタイプによって次のように異なる．

・寄主から寄主へ直接伝播する寄生者の場合は，感染した寄主と感染可能な（まだ感染していない）寄主の間の接触率を考える．
・寄主から隔離されて長期間存続する感染用の媒体によって寄主が感染する場合は，この媒体と感染可能な寄主の間の接触率を考える．
・媒介者によって伝染する寄生者の場合は，寄主と媒介者の間の接触率を考える（寄主への「吸血率」）．そしてこれは，2つの鍵となる伝播率を決定することになる．すなわち，感染した寄主から感染可能な媒介者への伝播率と，感染した媒介者から感染可能な寄主への伝播率である．

しかし，感染可能な個体とすでに感染している個体との接触率は何が決めるのだろうか．長期間存続する媒体の接触率は，基本的にはその媒体の密度によって決まると考えられる．しかし，直接的な伝播や，媒介者を介した伝播の接触率は，さらに2つの構成要素に分ける必要がある．まず，感染可能な個体と他のすべての寄主（直接的な伝染の場合），もしくは，他のすべての媒介者との（狭義の）接触率（cと呼ぶ）．次には，媒介者もしくは，寄主のうち，感染しているものの割合で，これはI/Nで表される．ここでIは感染個体数，Nは寄主（媒介者）の総数である．これらを取り入れて拡張した方程式は，以下のようになる．

$$\text{新しい感染の発生率} = c \cdot p \cdot S \cdot (I/N) \quad (12.2)$$

以下では順に，cとI/Nについて検討してみよう．

12.4.3　接触率：密度依存と頻度依存の伝播

ほとんどの感染では，接触率cは個体群の密度N/Aに比例して増加すると仮定される場合が多い．ここで，Aはその個体群によって占有されている面積である．すなわち，密度の高い個体群ほど，寄主同士が接触する機会（もしくは，媒介者が寄主に接触する機会）が多くなると考える．簡単にするためにAを一定と仮定すると，方程式の分母と分子のNが通分され，他のすべての定数をひとつの定数値「伝播係数β」にまとめると，方程式は以下のようになる． 密度依存的な伝播

$$\text{新しい感染の発生速度} = \beta \cdot S \cdot I \quad (12.3)$$

当然ながら，これは密度依存的な伝播として知られている式である．

一方，性を介して伝播する感染症については，接触率は一定であると従来からずっと考えられている．すなわち，性的接触の頻度は，個体群密度から独立した値と考えられるのである．この場合の方程式は次のようになる． 頻度依存的な伝播

$$\text{新しい感染の発生速度} = \beta' \cdot S \cdot (I/N) \quad (12.4)$$

この式でも他のすべての定数をまとめた伝播係数が使われるが，定数の組み合わせがわずかに異なっているので，「ダッシュつきの伝播係数β'」とされる．この式は，頻度依存的な伝播として知られている．

しかしながら，性的感染が頻度依存性で説明でき，他のすべての感染が密度依存性で説明できると考えるのは間違いであることが分かってきた．例えば，ハタネズミ *Clethrionomys*

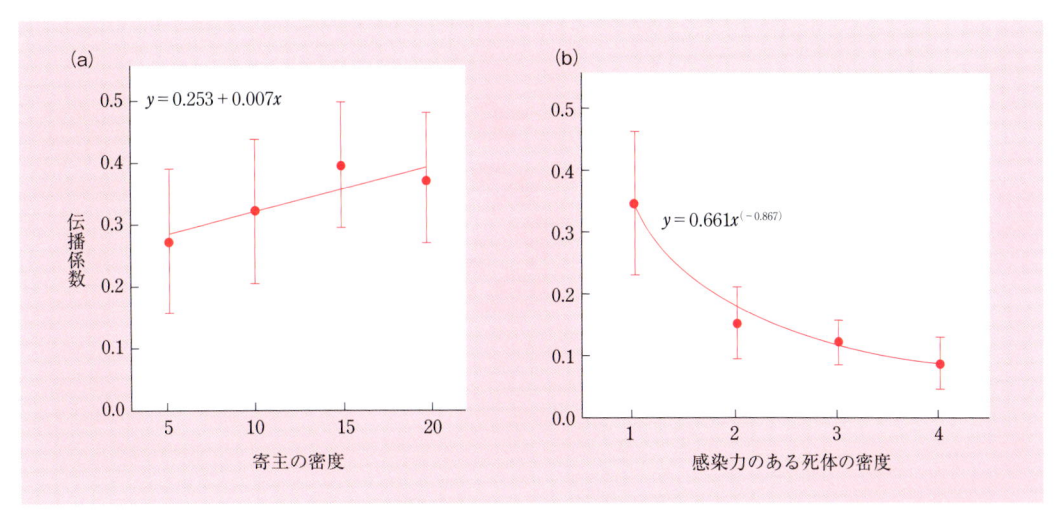

図 12.8 顆粒ウイルスがノシメマダラメイガ *Plodia interpunctella* に感染する時の，(a) 感染可能な寄主の密度と (b) 感染力のある死体の密度の違いに対する伝播係数の推定値．伝染係数は前者で上昇し，後者で低下する．これは，密度依存的な伝播からの予想（両方ともおよそ一定の係数となる）とは異なる．(Knell *et al*., 1998 より．)

glareolus の自然個体群に見られる牛痘ウイルスは，性的に感染するものではないが，密度依存と頻度依存のどちらが伝染動態を説明できるかを比較すると，頻度依存の方が合致するように見える（Begon *et al*., 1998）．また，昆虫のいくつかの性的ではない感染症でも，密度依存より頻度依存の方がうまく説明できるように見える（Fenton *et al*., 2002）．このような場合の説明としては，個体群密度が変化しても接触率がほとんど変らない行動は性的な接触だけではないということである．すなわち，例えば，多くの社会的な接触，縄張り防衛なども同じ範疇に入るだろう．

極端な場合 さらに，しだいに分かってきたこととして（例えば，McCallum *et al*., 2001），$\beta \cdot S \cdot I$ と $\beta' \cdot S \cdot (I/N)$ 自体も，伝播動態を正確に説明する因子というより，せいぜい実際の伝播が計測できたと思われる場合をもとにした指標，もしくは実際の伝播についてのパラメータの両極端のようなものかもしれない．例えば，ノシメマダラメイガ *Plodia interpunctella* の幼虫に感染する顆粒ウイルスの伝播動態に合う $\beta S^x I^y$ を求めると，「純粋」な密度依存的な伝播を表す βSI ではなく，$\beta' S^{1.12} I^{0.14}$ が適合する（図 12.8）．言い換えれば，感染可能な寄主が高密度の時は，伝播速度は予想よりも高くなる（べき乗の指数は 1 よりも大きくなる）．その理由はおそらく高密度時の寄主は食べ物が不足し，そのぶん多く移動し，そして病原菌のついた物を多く食べるからである．しかし，伝播速度は感染している寄主の死体が高密度で存在する時は，予想よりも低くなる（べき乗の指数は 1 よりも小さくなる）．その理由はおそらく，寄主ごとに感染しやすさの程度が大きく異なるためである．つまり最も感染しやすい寄主個体は死体の密度が低いときにも感染するが，最も感染しにくい個体は死体の密度が高くなっても感染せずにいるなどである．

接触率 c から，I/N に目を転じよう．この N は単純に，**局所的ホットスポット** 個体群全体の個体数だと仮定されることが多い．しかしながら，実際には，典型的な伝播は近くにいる個体の間で局所的に生じる．言い換えると，ある個体群のすべての個体が自由に混じり合うことで互いに接触を持つか，もしくは，もう少し現実的には，個体が個体群全体にわたってほぼ均等に分布しているというような状況を仮定しているのである．そ

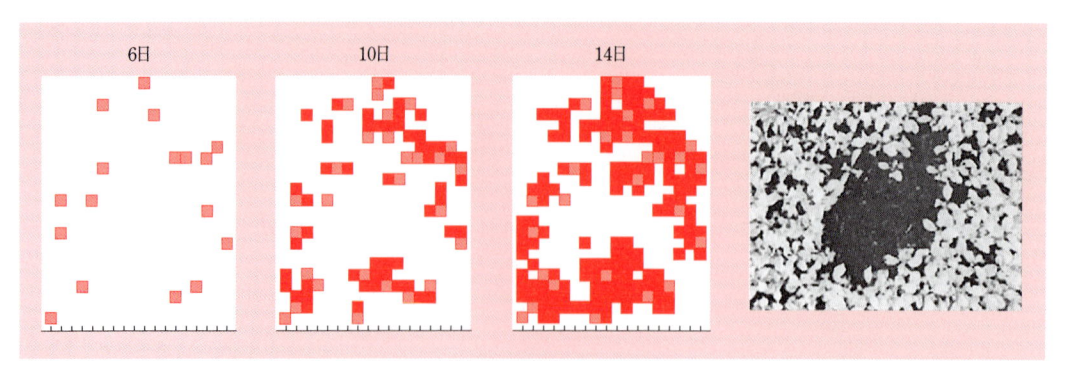

図 12.9 菌類 *Rhizoctonia solani* がもたらすダイコン *Raphanus sativus* の個体群における立ち枯れ病の空間的な広がり方．この病気は孤立したダイコンで始まり（明るい四角），急速に隣接のダイコンに感染（濃い四角）しながら流行する．その結果，立ち枯れ病のパッチとなる（右の写真）．（ケンブリッジ大学，W. Otten と C. A. Gilligan の厚意による．）

こでは個体群の中のすべての感染可能な個体は，すでに感染している個体とほぼ均等の確率 I/N で接触するということになる．しかしながら，もっと現実味があるのは，個体群中に I/N が高い感染のホットスポットと，それと対応して確率の低いクールゾーンが存在するという状況である．従って，伝播とは，βSI のような包括的な伝播の項が示唆する単純な全体的な感染の上昇ではなく，局所的に発生した感染が空間的な波として広がる場合が多いのである（図12.9）．この点は，モデルを構築する場合のきわめて基本的な問題を浮き彫りにしている．すなわち，複雑な過程が簡単な項で要約される場合（例えば，βSI のように），現実さが失われることを覚悟しなければならないということである．とは言え，これから見ていくように，そしてこれまでにも他の文脈で見たように，そうした単純化の助けなしには，複雑な過程を理解していくことはできないだろう．

12.4.4 寄主の多様性と病気の空間的な広がり

寄主個体が互いに隔離された状態になればなるほど，寄生者が伝播する機会は減る．従って，驚くほどのことではないだろうが，植物の主要な流行病は農作物，それも他の植物の大海に浮かんだ島のような状態ではなく，いわば「大陸」の状態である作物で知られている．そうした作物は，広大な面積が単一種（しかも多くはその種の単一品種の場合が多い）の個体だけで占められているのである．逆に，抵抗力がある種（または品種）と感染しやすい種とを混合栽培することで，感染の空間的な速度を遅らせたり，流行を止めたりすることさえできる（図12.10）．よく似た効果が，アメリカ合衆国のライム病の例について，第22章3.1.1節で紹介されている．そのスピロヘータ病原体はさまざまな寄主に感染するが，伝播しにくい寄主種の個体が混じることで，伝播しやすい寄主種の個体間の伝播が起きにくい状態となっている．

農業の現場において，農作物の抵抗性品種への改良は，進化し続ける寄生者に対する挑戦である．抵抗性をもつ品種を襲うことができる寄生者の突然変異体は，たちまち適応度を上げることができる．そこでまた，この新たな病気への抵抗性をもつ作物の品種が開発され，広く栽培されるようになる．しかし，それらも別の系統の病原体によって，しかも突然に打ち負かされることになる．そこで，再び新たな抵抗性をもつ作物の品種が開発され，また新たな系統の病原体が現れる．いわば「好景気」と「不景気」の周期が，いつまでも繰り返される．こうして病原体の絶え間ない進化と，栽培植物の品種改良への収まることのない需要が続くのである．この循環から逃れる方法のひとつは，作物

第12章 寄生と病気

のさまざまな品種を意識的に混在させ，悪性の病原体が流行しやすい作物品種だけ，または感受性の高い品種だけの栽培にならないようにすることである．

自然条件下では，多年生植物において，近くで成長している同種の実生へ病気が広がる危険性が特に大きいかも知れない．もしこれが普通に起きているなら，それは単一種から成る植生の発達を妨げることになり，群集の種の豊富さを高めている可能性がある．これはヤンセン-コンネル効果と呼ばれる．この効果についての徹底的な検証は，Packer & Clay (2000) によるインディアナ州の森に生育するブラックチェリー Prunus serotina についての研究で示されている．それによると，まず，同種の実生は，実際に親個体の近くでは生残しにくい傾向にあった（図12.11a）．次に，その実生の生残を低下させるのは，親個体の近くの土壌中の何かである（図12.11b）．もっとも，この効果は実生密度が高い場合にだけ見られた．そしてその効果は，土を殺菌することで除去することができた．このことは，親個体の近くに生育する高密度の実生が，病原菌を増殖させ，他の実生に伝播させることを示唆する．実際，枯れかかった実生から，根腐れの兆候が観察された．そして，根腐れ病菌（フハイカビ属の一種）Pythium sp. が枯れた実生から確認され，それが実生の生残を大きく低下させることも判明した（図12.11c）．

ヤンセン-コンネル効果

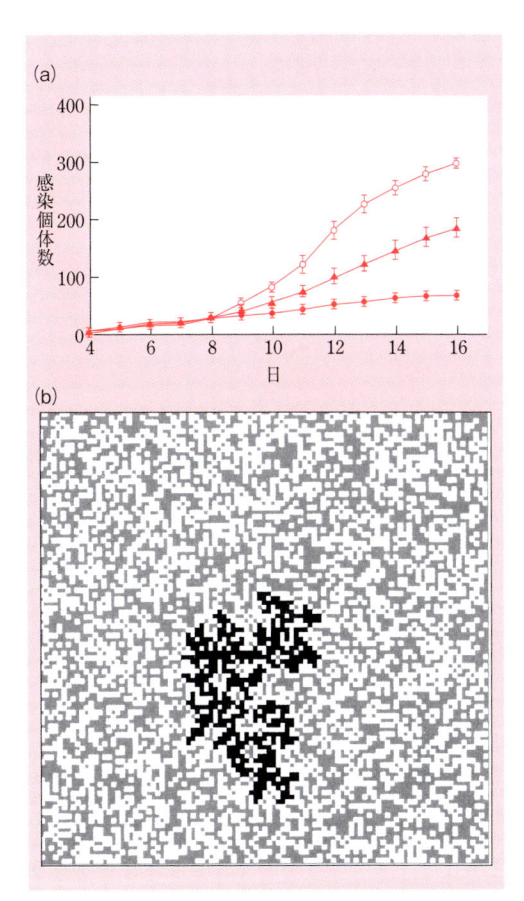

図12.10 菌類 Rhizoctonia solani がもたらす立ち枯れ病の伝播を，抵抗性の高いタイプの寄主個体が遅らせる効果．(a) R. solani を3通りの個体群，すなわち，感受性の高い個体群（ダイコン Raphanus sativus : ○），部分的に感受性が高い個体群（カラシナ Sinapsis alba : ●），この2種を50対50に混合した個体群（▲）のそれぞれに導入してからの立ち枯れ病の経過．(b) 個体群内の40%の植物個体が抵抗性をもつ場合，立ち枯れ病の伝播が妨げられることを示すシミュレーションの結果．白い四角は抵抗性を持つ個体，黒い四角は感染した個体，灰色の四角は感染可能な個体を示す．感染は隣接している（側面を共有している）個体間でだけ起きている．ここでは，病気はこれ以上は拡大しない．（ケンブリッジ大学の W. Otten, J. Ludlam, C. A. Gilligan 各氏の厚意による．）

12.4.5 寄主個体群の中での寄生者の分布 — 集中分布

病気が伝播する過程で，寄主の個体群内における寄生者の分散の状態は絶えず変化することとなる．もし我々が，ある瞬間を固定できるならば（もっと正確に言えば，ある時点での個体群の断面図を観察できる）ならば，寄主個体群中の寄生者の分布を描写することができるだろう．そのような分布が，ランダムであることは稀で

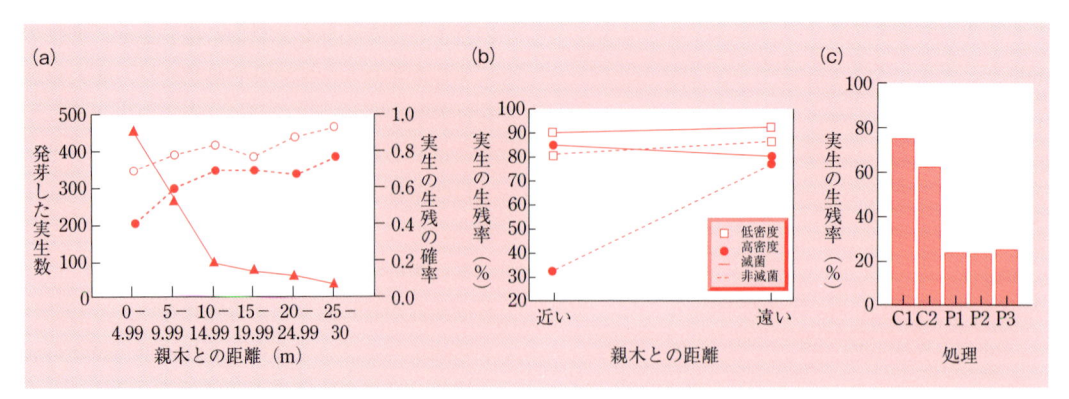

図12.11 (a) 親木との距離に対する最初の実生の発芽数（▲）とある時間経過後の実生の生残率の関係（破線；○は4ヶ月後，●は16ヶ月後）．（n = 974．これらの実生は，6本の親木の下のもの）．(b) 親木の近く，および離れた場所から採取した土を用いて育てた実生の生存率に対する，親木からの距離，実生の密度，土の滅菌と非滅菌の効果．実生が高密度の時，親木に近い土では，生残率は滅菌後の方が有意に高くなった（$P<0.0001$）．(c) 病原菌を接種した実験区と対照区での実生の生残（処理ごとに n = 40）．対照区1（C1）は，鉢植え用の土を混ぜ合わせたもののみ．対照区2（C2）は，栄養塩が豊富で菌類が育っていた土を滅菌し，その5mℓを鉢植え用の土と混ぜ合わせたもの．処理 P1, P2, P3 は，病原菌を接種した土5mℓを鉢植え用の土と混ぜ合わせた3つの反復．19日後には，対照区と比較して，病原菌を接種した処理区の19日後の生残率は有意に低かった（$X^2 = 13.8$, d. f. = 4, $P<0.05$）．(Packer & Clay, 2000 より．)

ある．どんな寄生者も通常は大部分の寄主にはほとんど，またはまったく見いださず，少数の寄主にだけ多数の寄生者が取りついている．すなわち，その分布は集中分布，あるいは塊状分布である（図12.12）．

感染の流行度，強度，平均強度

そのような個体群では，寄生者の平均密度（寄主当りの平均寄生者数）にはほとんど意味はない．ヒトの個体群でひとりが炭疽病に罹っている場合，炭疽菌 *Bacillus anthracis* の平均密度には情報としての価値はまったくない．それに対して，有用な統計量，特に微小寄生者の統計量として広く使われているものは，感染の流行度（prevalence）で，それは，感染した寄主個体の，寄主個体群中での割合または百分率である．一方，感染による症状の激しさは個体間で異なり，それは寄主個体中の寄生者の数とも明瞭な関係を持つことが多い．特定の寄主個体の体内あるいは体表にいる寄生者の数は，感染強度（intensity）と呼ばれる．そして，感染の平均強度としては，ある寄主個体群（寄生されていない寄主を含む）の感染寄主当りの平均寄生者数（mean intensity）を用いる．

寄主内での寄生者の集中分布は，寄主の感染の可能性（遺伝的要因，行動的要因，または，環境要因）の個体変異が原因となって生じる場合もあれば，寄生者と接触する度合いの個体差のために生じる場合もあるだろう（Wilson *et al.*, 2002）．感染というものが本来局所的な性質を帯びることを考えると，また，特に寄主が比較的動かないときには，後者が原因となりやすそうである．感染は，少なくともその初期には，最初の感染源近くに集中し，そしてまだ感染が到達していない場所や，以前に感染があっても寄主が回復した場所では見られないという傾向がある．例え寄主の中の寄生者の分布についての確実なデータがない場合でさえ，これは明らかである．例えば，図12.9に示した寄生者では，どの時点のいずれの場所においても，感染が波のように進む最前線の周辺では高い強度で集中するが，そのさらに前方と感染の波が過ぎた後方には，感染の集中は見られない．

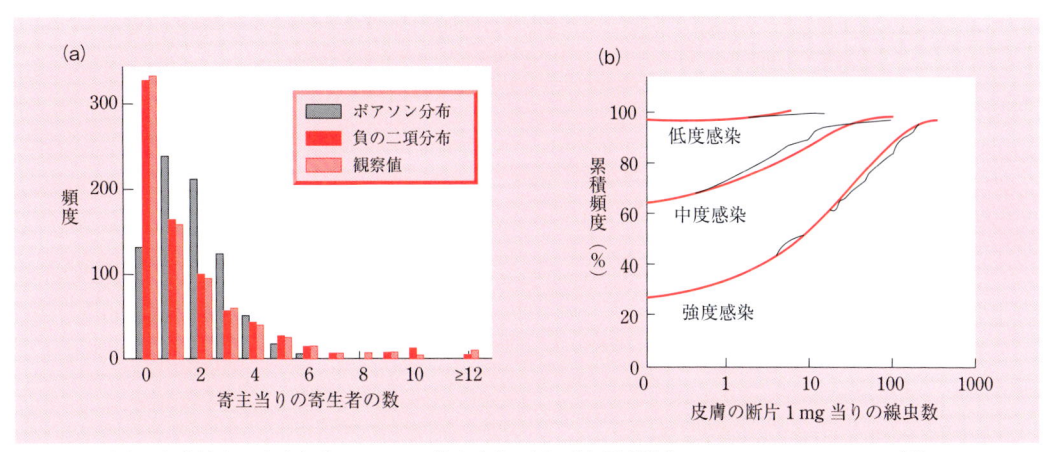

図12.12 寄主1個体当りの寄生者数についての集中分布の例．(a) 扁形動物 Paragonimus kellicotti が感染したザリガニの一種 Orconectes rusticus．その分布は，ポアソン（ランダム）分布と有意に異なる（$X^2=723$, $P<0.001$）が，集中分布を記述する負の二項分布とはよく一致する．（$X^2=12$, $P \approx 0.4$）．（Stromberg et al., 1978; Shaw & Dobson, 1995 より．）(b) 南ベネズエラのヤノマミ族の各集落におけるオンコセルカ症（河川盲目症）の原因となる線虫の一種 Onchocerca vulvulus の分布．ここでの累積頻度の分布（黒い線）は，感染強度が弱い（低度感染）か，中程度か（中度感染）か，強い（強度感染）かにかかわらず負の二項分布（色線）とよく一致する．（Vivas-Martinez et al., 2000 より．）

12.5 寄主の生存，成長，繁殖力に対する寄生者の影響

厳密な定義によると，寄生は寄主へ害を与えるものである．しかし，その害の実証は必ずしも容易でない．被害の確認ができるのは，寄主の生活史のうち，感受性のある特定の時期または特別な環境下においてのみ見られる場合がある（Toft & Karter, 1990）．実際，いくつかの例では，寄主を食べはするが寄主に害を与えているようには見えない寄生者の事例もある．例えば，オーストラリアのマツカサトカゲ Tiliqua rugosa の自然個体群では，トカゲの寿命は体表に寄生する2種のダニ（Aponomma hydrosauri と Amblyomma limbatum）の量と無相関のことも，あるいは正の相関関係を示すこともある．このダニが寄主の適応度を下げているという証拠はない（Bull & Burzacott, 1993）．

しかしながら，寄生者が寄主の適応度に有害な影響をおよぼしている事例は，もちろん実証されつつある．例えば，表12.3 は，動物に寄生者を実験的に付加させる操作によって，寄生による寄主の産卵（仔）数，もしくは生残率のいずれかに影響があることを示した研究をまとめたものである（産卵数への影響は，死ぬことと比べれば厳しいことではないように思われるかもしれないが，多数の子が潜在的に死ぬと考えれば，軽視できないはずである）．

一方で，寄生者の影響は単なる生残率の低下や産卵数の減少にとどまらず，もっととらえにくいことが多い．例えば，マダラヒタキ Ficedula hypoleuca は，繁殖のために熱帯の西アフリカからフィンランドへ渡りをする．早く到着した雄は雌をうまく獲得する．トリパノソーマ（住血鞭毛虫）に感染した雄は，尾が短く，翼も短い傾向があり，フィンランドへの到来が遅れる．このため，おそらくは雌を獲得しにくい（図12.13）．他の例をあげると，鳥類の羽を食べるハジラミは，一般に寄主の適応度にはほとんど，またはまったく影響を与えない寄生者（benign parasites）と考えられている．ところが，カワラバト Columba livia についたハジラミの影響について長期にわたり比較したところ，ハジラミが羽の保温効率を下げていることが明ら

影響は，しばしば微妙な形をとり…

表 12.3 寄生者負荷の実験操作で示された野生動物の産卵数と生存率に対するさまざまな寄生者の影響 (Tompkins & Begon, 1999 より. 引用文献の原著も示されている).

寄　主	寄生者	インパクト
アンダーソンアレチネズミ (*Gerbillus andersoni*)	*Synoternus cleopatrae* (ノミ)	生存率の低下
ツバメ (*Hirundo rustica*)	*Ornithonyssus bursa* (ダニ)	産卵数の減少
サンショクツバメ (*Hirundo pyrrhonota*)	*Oeciacus vicarius* (サシガメ)	産卵数の減少
ヨーロッパムクドリ (*Sturnus vulgaris*)	*Dermanyssus gallinae* (ダニ)	産卵数の減少
	Ornithonyssus sylvarium (ダニ)	産卵数の減少
シジュウカラ (*Parus major*)	*Ceratophyllus gallinae* (ノミ)	産卵数の減少
イワツバメ (*Delichon urbica*)	*Oeciacus hirundinis* (サシガメ)	産卵数の減少
パールアイツグミモドキ (*Margarops fuscatus*)	*Philinus deceptivus* (ハエ)	産卵数の減少
ムラサキツバメ (*Progne subis*)	*Dermanyssus prognephilus* (ダニ)	産卵数の減少
ヌマライチョウ (*Lagopus lagopus*)	*Trichostrongylus tenuis* (線虫)	産卵数の減少
カンジキウサギ (*Lepus americanus*)	*Obeliscoides cuniculi* (線虫)	生存率の低下
ヒツジ (*Ovis aries*)	*Teladorsagia circumcincta* (線虫)	生存率の低下

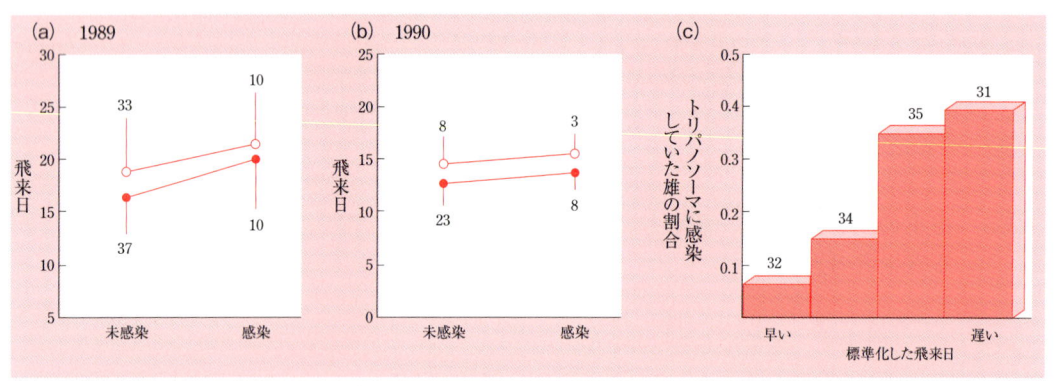

図 12.13 住血鞭毛虫トリパノソーマに感染した雄と感染してない雄のマダラヒタキ *Fidecula hypoleuca* のフィンランドへの平均飛来日 (5月1日を1とする). ●, 成雄; ○, 1歳雄. (a) 1989. (b) 1990. 標本数は標準偏差の縦線の上か下に示す. (c) フィンランドに渡ってきた集団での, 飛来時期別に見たトリパノソーマに感染している雄の割合. (Rätti *et al.*, 1993 より.)

かとなった. その結果, ひどく寄生された個体は, 体温維持のために代謝率を高くするコスト (Booth *et al.*, 1993) や, ハジラミを減らすための羽づくろいのコストを被っていた.

これらとよく似た理屈で, 感染が寄主を捕食されやすくすることもあるだろう. 例えば, アカライチョウ *Lagopus lagopus scoticus* を検死して調べた研究によると, 捕食者に殺されたものは, 銃を用いた猟によりおそらく無作為に捕殺されたものと比べて寄生性の線虫 *T. tenuis* の量が有意に多かった (Hudson *et al.*, 1992a). これとは別の視点として, 寄生の影響は, 攻撃的な競争種を弱体化させ, 劣位の種の個体群を存続させることがある. 例えば, カリブ海のサンマルタン島に生息するアノールトカゲ属 *Anolis* の2種についての研究でそれが示されている. *A. gingivinus* は優位な競争種であり, 島のほとんどの場所から劣位の *A. wattsi* を駆逐しているように見える. しかし, マラリア原虫 *Plasmodium azurophilum* は, *A. gingivinus* にごく普通に寄生するが, *A. wattsi* にはほとんど寄生しない. そして, この寄生者が *A. gingivinus* に感染した場所ではどこでも *A. wattsi* が生息し, 寄生者が存在しない場所では, *A. gingivinus* だけが生息していた (Schall, 1992). 同様に, 全寄生植物であるネナシカズラ

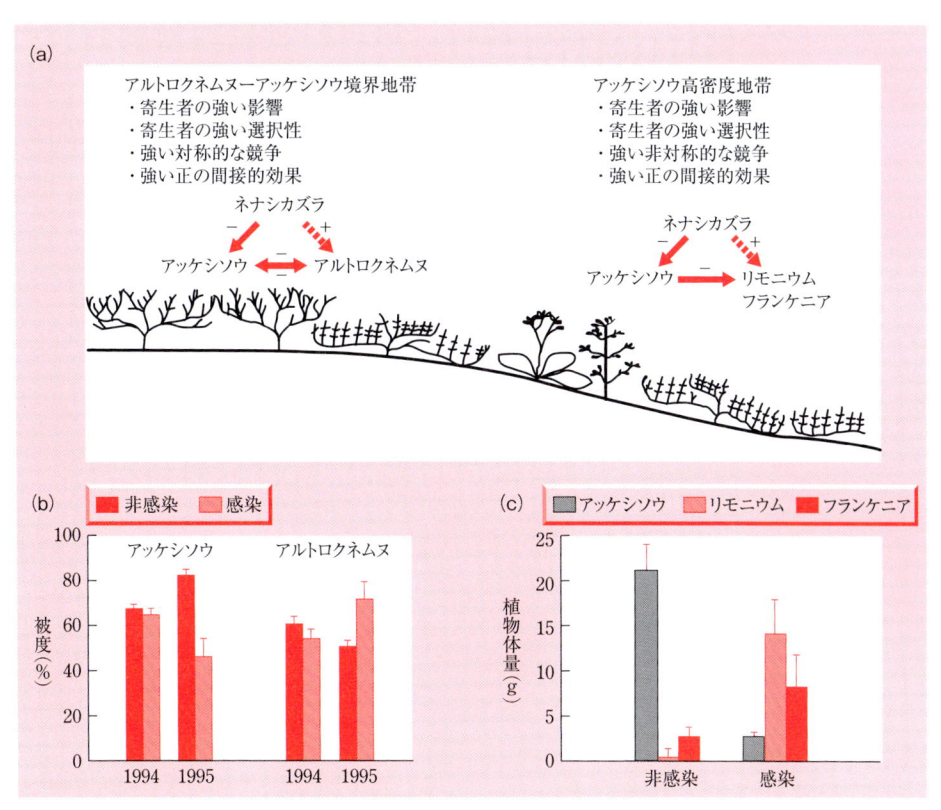

図 12.14 南カルフォルニアの塩性湿原でのアカザ科アッケシソウ属 *Salicornia* と他の植物の競争におけるネナシカズラ *Cuscuta salina* の影響．(a) 塩性湿原の上部と中間帯の群集の主な植物とその相互作用を示した概念図（太線は直接的な影響；破線は間接的な影響）．アッケシソウ（図中の比較的背丈の低い植物）は，ネナシカズラ（図には示されていない）によって一番強く攻撃され，一番強く影響を受ける．ネナシカズラに感染していないとき，アッケシソウは，アカザ科の多肉植物アルトロクネムヌ属（*Arthrocnemum*）と，両者の分布の境界地帯（塩性湿原の上部）で強く，対称的な競争をする．塩性湿原の中間帯（アッケシソウの高密度地帯）では，アッケシソウはイソマツ科の植物リモニウム属 *Limonium* とフランケニア科の植物フランケニア属 *Frankenia* に対して優位な競争者となる．しかしながら，ネナシカズラはその競争的優劣関係を有意に変更する．(b) ネナシカズラに感染された場所では，時間が経つにつれてアッケシソウは減少し，アルトロクネムヌは増加する．(c) ネナシカズラの大きなパッチがアッケシソウを抑制し，リモニウムとフランケニアに有利に働く．(Pennings & Callaway, 2002 より．)

Cuscuta salina は，南カリフォルニアの塩性湿原に生息するアッケシソウ属 *Salicornia* に対して強い選択性を示し，湿原のいくつかのゾーンにおいて，アッケシソウと他の植物の競争の結果に大きく影響している（図 12.14）．

これらの例のうち後ろの3つは重要な論点を示している．寄生者は隔離された状態で寄主に影響を与えるのではなく，他のさまざまな要因との相互作用を通じて寄主に影響を与える場合が少なくない．すなわち，感染は寄主の競争や捕食において不利となる状況をもたらし，また逆に，競争もしくは食料の不足が寄主を感染しやすい状態に，また感染を拡大しやすくしている可能性がある．しかしながら，これは寄生者が脇役的な役割しか持たないということではない．相互に影響している種のどちら側に対しても寄生者が寄主への全体的な影響の強さだけでなくどの寄主個体が影響をうけるのかも決めるのである．

...相互作用に影響する

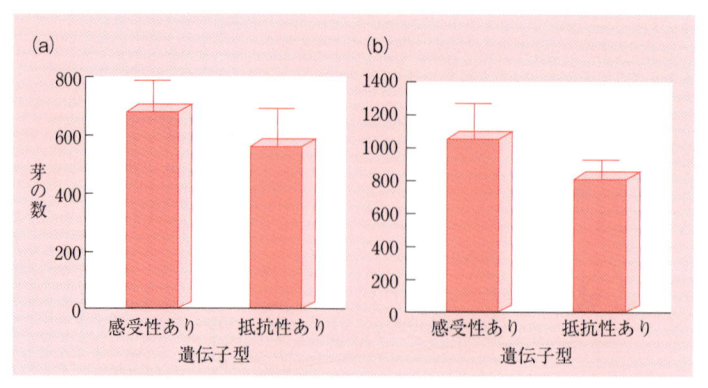

図 12.15 レタスの2品種における，抵抗性のある遺伝子型と，感受性のある遺伝子型のそれぞれにできる腋芽の数．(a) AS 品種，(b) AA 品種．誤差線は ± 2 標準誤差を示す．（Bergelson, 1994 より．）

寄生者に対して抵抗性を持つ生物なら，寄生からのコストは避けることができる．しかし，他の敵に対する抵抗力と同様，抵抗性自体にもコストはかかる．この点が，レタス Lactuca sativa の品種で検証されている．レタスの品種には，2つの強く連鎖した遺伝子によって，ドロタマワタムシ属のアブラムシの一種 Pemphigus bursarius とラッパツユカビ属ベト病菌 Bremia lactucae の両方に抵抗性を持つものと持たないものがある．殺虫剤と殺菌剤を毎週散布することで寄生者を制御したところ，抵抗性型のレタスは，感受性型のものよりも腋芽が少なかった（図 12.15）．そしてこの抵抗性のコストは，栄養塩の不足によって植物がほとんど成長できない場合ほど顕著に現れた．自然界では，寄主は常に感染のコストと，抵抗性を持つことのコストの間で板挟み状態にあるに違いない．

寄主の個体群統計学上の重要な特性に対して，寄生者の有害な影響を明確にすることは，寄生者による寄主の個体群動態と群集動態への影響を把握する上で欠くことのできない最初の一歩となる．しかし，それは本当に最初の一歩に過ぎない．寄生者1個体は，寄主がどこにどれくらい存在できるかには影響することなく，寄主の死亡率を直接的もしくは間接的に高めたり，寄主の産卵数を減少させたりするかもしれ

ない．これらの影響は，個体群レベルでは単に小さすぎて測定できないかもしれないし，他の要因なり過程なりが補償的に働くかもしれない．例えば，寄生者がいなくなれば，生活史の後半での密度依存的な死亡は弱まるかもしれない．めったにはない，壊滅的な被害をもたらす流行病なら，ヒトであろうと他の動物であろうと，もしくは植物であろうと，簡単に見てとれる．しかし，ごく普通の，風土病の寄生者と病原菌については，寄主の個体レベルから寄主の個体群レベルへと視点を移すには，大きな努力が必要である．

12.6 感染の個体群動態

第 10 章で扱った捕食者と被食者，および植食者と植物の相互作用についての結論を，寄生者と寄主の関係に当てはめることは，基本的には可能である．寄生者は寄主個体に害を与えながら，資源として利用する．これが双方の個体群に及ぼす影響は，それぞれの密度や相互作用の詳細によってさまざまに異なる．特に，感染寄主と感染していない寄主は相補的に反応でき，それが寄主個体群全体への影響を大幅に低下させることがある．理論的には，そうした影響のいくつかはある程度予測できる．それは，

第12章 寄生と病気

寄主個体群の密度が減少する程度，寄生の流行が変化する程度，相方の個体数の変動の程度などである．

しかしながら，寄生者に関しては，いくつかの特有の問題が存在する．そのひとつは，寄生者が寄主をすぐには殺さず，その「健康状態」の低下，もしくはある「罹患率」を示すだけという場合が多いことである．このため，寄生者と相互作用する他の要因から寄生者の影響だけを分離することが難しい場合が多い（本章第5節を参照）．もうひとつの問題は，寄生者が寄主を殺す場合でも，詳しい検査をしなければその死因を特定しにくいということである（特に微小寄生者の場合は難しい）．さらに，寄生虫学を専門とする一昔前の生物学者は，特定の寄生者について研究するだけで，寄主個体群全体への影響についてはそれほど考慮しない傾向があり，また生態学者の方は，寄生者を無視する傾向があった．一方，植物病理学者，医学，獣医学での寄生の研究者は，高密度で集合生活する寄主の個体群に対して深刻な影響を与える寄生者を研究する傾向が強かった．そして，もっと普通の野生の寄主個体群を攻撃する寄生者に対してはほとんど関心を払ってこなかった．寄主個体群の動態における寄生者の役割を明らかにすることは，現在の生態学が取り組まねばならない課題のひとつに違いない．

（注：健康状態もしくは罹患率への影響）

ここではまず，寄主の個体群密度自体への影響は考えずに，寄主個体群中の感染の動態を見てみよう．このような「疫学的」手法（Anderson, 1991）は，特にヒトの病気の研究でよく用いられている．ヒトでは，全体の個体数は，さまざまにからみあった要因の総体として決まり，ある感染の流行とは実質的に独立に決まると考えられている．そして，ある感染は，寄生個体群における，感受性のある（まだ感染していない）個体，感染した個体，その他の個体の3者の割合に影響するだけと考える．こうした手法を理解した後で，もう少し「生態学的な」手法を検討しよう．つまり，通常の捕食者—被食者の動態についての解析方法を使って，寄主の個体群密度への寄生者の影響を考えてみよう．

12.6.1 基礎増殖率と感染閾値

寄生者の個体群動態や感染の伝播に関する研究では，とりわけ鍵となる概念がいくつかある．まず，**基礎増殖率**（basic reproductive rate）R_0 である．微小寄生者の場合は，感染した寄主数が研究を進める上での単位となるため，この値，基礎増殖率は，ある未感染の寄主個体群において，進入した感染寄主1個体からの伝播による新たな感染数の平均値として定義される．大型寄生者の場合は，成熟した寄生者1個体が一生の間に産んだ子のうち，未感染の寄主個体群の中で成熟段階まで成長できた子の数の平均値となる．

（注：基礎増殖率 R_0）

次に，感染が伝播するために越えなければならない**伝播の閾値**（transmission threshold）という概念があり，それは $R_0 = 1$ で与えられる．伝播は，$R_0 < 1$ で終息し（現在の感染個体または寄生者が，今後，感染個体なり寄生者を1個体以下しか残さない状態），$R_0 > 1$ の時に広がってゆく．

（注：伝播の閾値）

感染の動態は，基礎増殖率に影響するさまざまな要因を考えることでさらに深く検討できる．以下では，まず直接的に伝播する微小寄生者について，かなり詳しく検討する．それから，間接的に伝播する微小寄生者と，直接および間接的に伝播する大型寄生者についても簡単に検討する．

12.6.2 直接伝播する微小寄生者 ── R_0 と個体数の臨界値

密度依存的に直接伝播する微小寄生者は（本章第4.3節を参照），次の条件の時，R_0 が高くなる．(i) 感染した寄主が感染力を持ち続ける平均時間 L の増大，(ii) 寄主個体群における未感

染個体数 S の増大．なぜなら，この数が多いほど寄生者の伝播の機会が増すからである．(iii) 伝播率 β の増大（本章第4.3節を参照）．従って，以下の関係式が導ける．

$$R_0 = S\beta L \qquad (12.5)$$

この式から，感染し得る寄主数の増加に伴い，感染の基礎増殖率は高くなる (Anderson, 1982)．

さてここで，伝播閾値 $R_0 = 1$ となる「個体数の臨界値」(critical population size) S_T を考えると，上の式は次のように表せる．

$$S_T = 1/(\beta L) \qquad (12.6)$$

個体群の臨界値は…

この値よりも未感染個体数が少ない個体群では，病気は終息していく ($R_0 < 1$)．逆に未感染個体数がこれよりも多ければ，病気は広がっていく ($R_0 > 1$)．(S_T はよくヒトの集団 (community) に適用されてきたために，critical community size と呼ばれることも多い．しかし，この用語を広く生態学分野で使うとなると混乱をもたらす恐れがあるので避けるべきであろう．）これらの単純な考察は，感染動態のきわめて基礎的な様式を理解する助けとなる (Anderson, 1982; Anderson & May, 1991)．

…寄生者のタイプごとに異なる

まず，感染のしかたが異なると予想される個体群の種類を考えてみよう．もし微小寄生者が高い伝播率を持っていたり（大きな β_s 値），長い感染可能期間を持っていたりする場合（大きな L_s 値），たとえ小さな個体群であっても，相対的に高い R_0 値となり，その流行は持続する（小さな S_T 値）．対照的に，寄生者の伝播率が低いか，あるいは感染可能期間が短いならば，R_0 値は相対的に小さくなり，大きな個体群の中にしか存続できないことになる．原生動物による脊椎動物の病気の多くや，ヘルペスなど一部のウイルスは，免疫反応が効果をもたないか，その効果が短期的であるために，寄主個体の中で長く持続する傾向がある（大きな L 値）．根こぶ病のような植物の病気の多くも，とても長い感染可能期間を持つ．どちらの場合も，伝播についての個体数の臨界値は小さく，従って，小さな寄主個体群の中でも風土病的に生き残ることができる．

一方，ヒトでのウイルス性の病気や細菌性の病気の多くは，それに対する免疫反応が強く，そのため寄生者は個々の寄主内には短期間しか留まらず（小さい L 値），しばしば持続性のある免疫を生じさせる．例えば，はしかのような病気では，伝播についての個体群の臨界値は30万個体前後で，ヒトの歴史の中ではつい最近まで重要な病気ではなかったようである．しかし，18世紀と19世紀の産業革命を経て大きくなった都市や，20世紀の発展途上国の人口の密集した都市では，主要な流行病となった．発展途上国でのはしかによる死亡は，毎年90万人にものぼると推定されている (Walsh, 1983)．

12.6.3 直接伝播する微小寄生者 ── 流行曲線

R_0 の値は，それ自体，感染の流行曲線 (epidemic curve) の特性と関係する．流行曲線とは，寄主個体群の中に寄生者が侵入した後の新たな病例数の時系列変化のことである．侵入する寄生者にとって，感受性のある寄主が充分に存在する状況（すなわち，伝播の個体群臨界値 S_T を超えている）ならば，流行の最初の頃の成長は，寄生者が感受性のある寄主個体群を一掃しかねないほど迅速なものになるだろう．しかし，そのような感受性のある寄主は，死んでしまったり，免疫力を獲得したりするため，その数 S は減少し，R_0 の値もまた減少するだろう（式12.5）．従って，新しい症例の出現速度は低下し始めるだろう．そしてもし，寄主の個体数 S が個体群の臨界値 S_T よりも低くなり，そのままの値で留まっているならば，感染は消失し，流行は終息を迎えることとなる．スペインの在郷軍人病とイギリスの口蹄疫病の流行曲線の2

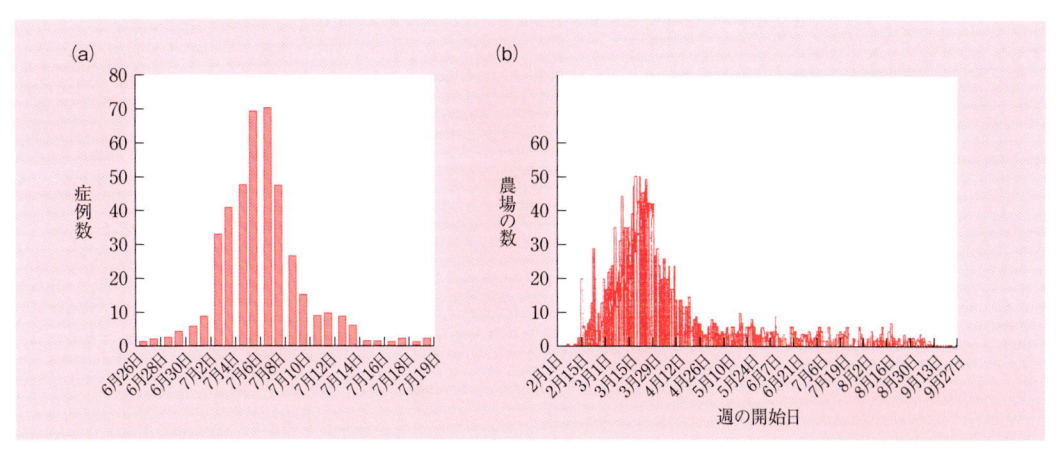

図12.16 (a) 2001年にスペイン南東部の地方自治体ムルシアで大発生した在郷軍人病の流行曲線．(b) 2001年にイギリスで大発生した口蹄疫病（ほとんどが牛と羊で発症）の流行曲線．感染は農場から農場へと広がり，いったん感染した農場ではすべての家畜を処分するので，感染した農場の数で示す．(Gibbens & Wilesmith, 2002より．)

つの事例を図12.16に示す．

当然ながら，最初のR_0の値が高いほど，流行曲線の上昇は急勾配となる．しかし，それは，個体群からの感受性のある寄主を急速に取り除くことを意味し，従ってそのぶん伝播の終息を早めることになる．すなわち，R_0の値が高いほど，流行曲線は短く急峻になる傾向がある．また，感染がまったく消滅した（すなわち，流行が簡単に終息した）かどうかは，感受性のある寄主が移入してくる，または新たに生まれてくる度合いに大きく依存する．なぜなら，その度合いこそがS_Tを下回る状況がどのくらい長く続くかを決めるからである．もし，この度合いが十分に低い場合，流行は簡単に終息する．しかし，感受性のある寄主が新たに十分な数で加入してくる場合，流行は長引くか，あるいは最初の流行が過ぎた後の個体群内に，風土病としてその感染症の定着を許すことになる．

12.6.4 直接的に伝播する微小寄生者 ── 感染周期

寄生者のタイプごとに異なる動態のパターン　ここで，さまざまな風土病的感染症の感染動態に見られる，もっと長い時間的スケールでのパターンを検討してみよう．すでに述べたように，細菌やウイルスの多くでは，感染により生じる免疫が，Sを減少させ，それによってR_0が減少し，それがその病気の発症自体を低下させることになる．しかし，その途中で，その感染症が個体群からまったく姿を消す前に，感受性のある個体が新たに個体群に流入し，それによってSとR_0が再び増加する可能性もある．従って，そのような感染症では，高い未感染個体の割合（高いR_0）から発症率が高くなり，それが未感染個体の減少（低いR_0）と低い発症率をもたらし，そして再び未感染個体が増加するといった，捕食者-被食者の周期的関係と似た一連の結果が生じる傾向が強い．その実例は多くのヒトの病気でも周期的な流行として見られるが，病気ごとの特徴を反映して周期の長さはさまざまである．例えば，はしかは1〜2年（図12.17a），百日咳は3〜4年（図12.17b），ジフテリアは4〜6年ごとに流行するなどである（Anderson & May, 1991）．

対照的に，効果的な免疫反応を生じさせない感染の場合，その感染は寄主個体の中で長く持続する傾向があり，また上述のSとR_0の周期変動も生じにくい．例えば，原生動物による病気は，流行の度合いに大きな変動を示さない

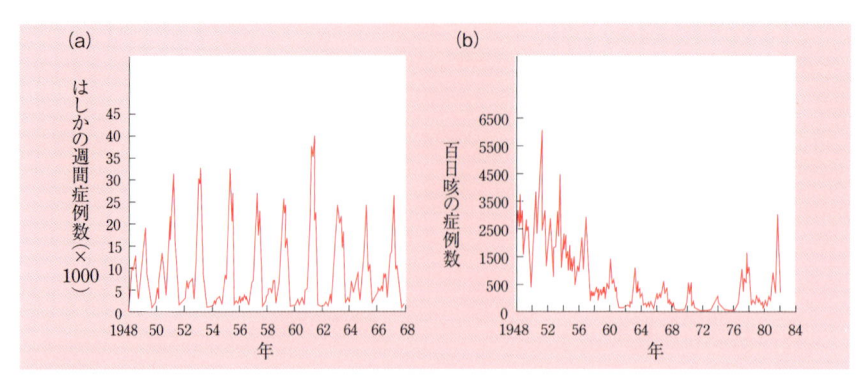

図12.17 (a) 集団ワクチン接種が始まる前の1948年から1968年の間に,イングランドとウェールズで報告されたはしかの症例数.(b) 1948年から1982年までにイングランドとウェールズで報告された百日咳の症例数.集団ワクチン接種は1956年に導入された.(Anderson & May, 1991より.)

(それほど周期的でない)傾向が強い.

12.6.5 直接伝播する微小寄生者 —— 集団接種

伝播における個体数の臨界値の重要性が分かれば,免疫の集団接種の重要性はよく理解できる.集団接種によって感受性のある個体が,活性をもたないか弱められた病原体に感染し,病気を発症することなく(接種による症状は出るが)感受性を失う.その効果は明らかで,免疫を持った個体は病気から守られる.しかし,感受性のある個体の数が減少することで,そうした集団接種には,間接的に R_0 を減少させる効果がある.実は,集団接種の主な役割は,感受性のある個体の数を S_T より下回るように維持することで,R_0 を1より小さくすることにある.これを**集団免疫**(herd immunity)の付与と呼ぶ.

実際に,式12.5に簡単な変形を加えるだけで,ある個体群が集団免疫を獲得する(R_0 を1よりも小さくする)ために必要な,免疫個体の比率の臨界値 P_c についての式を導くことができる.ここで,集団接種前の,免疫をもたず確実に感受性のある個体の数を S_0 と定義しよう.そして,S_T は $R_0 = 1$ にするための集団接種が施行された後も感受性のある(免疫のない)個体の数であることに注意しよう.その時の免疫をもつ個体の割合は次のように表せる.

$$P_c = 1 - (S_T/S_0) \tag{12.7}$$

S_T は式12.6より与えられ,一方,S_0 は式12.5から単純に $R_0/\beta L$ となる.ここで R_0 は,集団接種が実施される前のその病気の基礎増殖率である.そこで次のように書き換えることができる.

$$P_c = 1 - (1/R_0) \tag{12.8}$$

この式が示していることは,やはり,病気を根絶するには,個体群全体に免疫をもたせる必要はなく,R_0 を1よりも小さくするだけでよいという点である.また(免疫が獲得される前の)自然状態での病気の基礎増殖率が大きいほど,この割合は高くなることも示している.この R_0 に対する P_c の一般的な関係を,いくつかのヒトの病気での推定値とともに,図12.18に示す.天然痘は,集団接種事業によって根絶に成功した唯一の事例であるが,その R_0 と P_c の値が特に低いことに注目して欲しい.

12.6.6 直接伝播する微小寄生者 —— 頻度依存的な伝播

しかしながら,伝播が,多くの場合そうであるように,頻度依存的であると仮定するならば

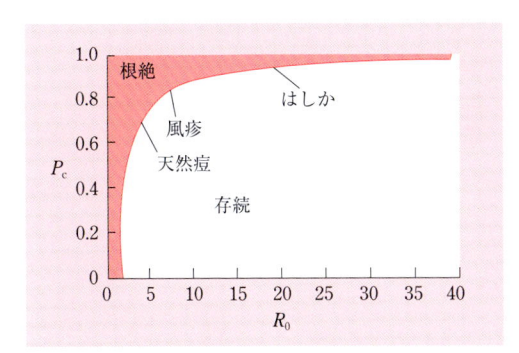

図12.18 感染を食い止めるために必要な，ワクチン接種の普及率の臨界値 p_c の，基礎増殖率 R_0 への依存関係．いくつかのヒトの病気での値も示す．（Anderson & May, 1991 より．）

（本章第4.3節を参照），例えば，性的に伝播する病気の場合は，感染個体が感受性のある個体を「見つけた」（あるいは見つけられた）後に伝播が起こるだろう．つまり，もはや感受性のある個体数に依存する項は不要となり，基礎増殖率は単に次のように表されることになる．

$$R_0 = \beta' L \tag{12.9}$$

この状況では，伝播についての個体数の臨界値はもはや存在せず，そのような感染は極端に小さい寄主個体群でも（第一近似として，感染個体にとって，性的接触の機会は大きな個体群と同程度に維持されていると仮定して）存続できる．

12.6.7 農作物の病原体 ── 微小寄生者と見なせる大型寄生者

植物病理学の課題の多くは，農作物における病気の動態，つまり単一世代内での病気の広がり方に関してである．そして，広く研究されている植物への病原体は，我々の定義では大型寄生者であるが，感染した個体の割合（すなわち罹患率）といった病気の深刻さの基本的な測定においては，微小寄生者のように取り扱われている．ここで，y_t は t 時点での病斑が出た個体の割合であり，従って，$(1-y_t)$ は，未感染，すなわち感受性のある個体の割合となる．植物の病原体では，病斑が出始める時から感染力をもち始める（胞子形成）までの潜伏期間の長さ p をきちんと測定する必要がある．感染力は期間 i の間維持される．従って，ある時点 t において感染力のある罹患個体の割合は $(y_{t-p} - y_{t-p-i})$ となる．病斑が出た植物個体の割合の増加率（Vanderplank, 1963; Zadoks & Schein, 1979; Gilligan, 1990）は次のように表される．

$$dy_t/dt = D(1-y_t)(y_{t-p} - y_{t-p-i}) \tag{12.10}$$

この式は，基本的には βSI と同じ式である．ただし，伝播係数は植物病理学での同等の項である D が使われている．この式は，病気の進行につれて S 字状の曲線を描くが，それは多くの農作物──病原体の系から得られるデータとよく一致する（図12.19）．

植物病理学者は，そうした感染の進行に関して，次の3つの位相を識別している．

1 指数期（exponential phase）には，病変はほとんど検出されないが，寄生が最も急速に進行する時期である．従って，薬剤による化学的制御が最も有効な時期ではあるが，実際には次の第2期に実施されるのが普通である．この指数期は，便宜的に $y=0.05$ までとされる．これは専門家でなくとも病気が流行し始めたことに気づく感染の水準（感知の閾値（perception threshold））である．
2 第2期は，$y=0.5$ まで続く（曲線全体がロジスティック的であるにもかかわらず，この時期はしばしば「ロジスティック期」と紛らわしい呼ばれ方をする）．
3 そして終末期（terminal phase）は，y が 1.0 に近づくまで続く．この時期は，もはや薬剤による処置は無効である．農作物に最大の被害が現れるのもこの時期である．

一方，農作物の病気の中には，ある寄主から他の寄主への拡散が受動的ではないものもある．例えば，ナデシコ科のヒロハノマンテマ

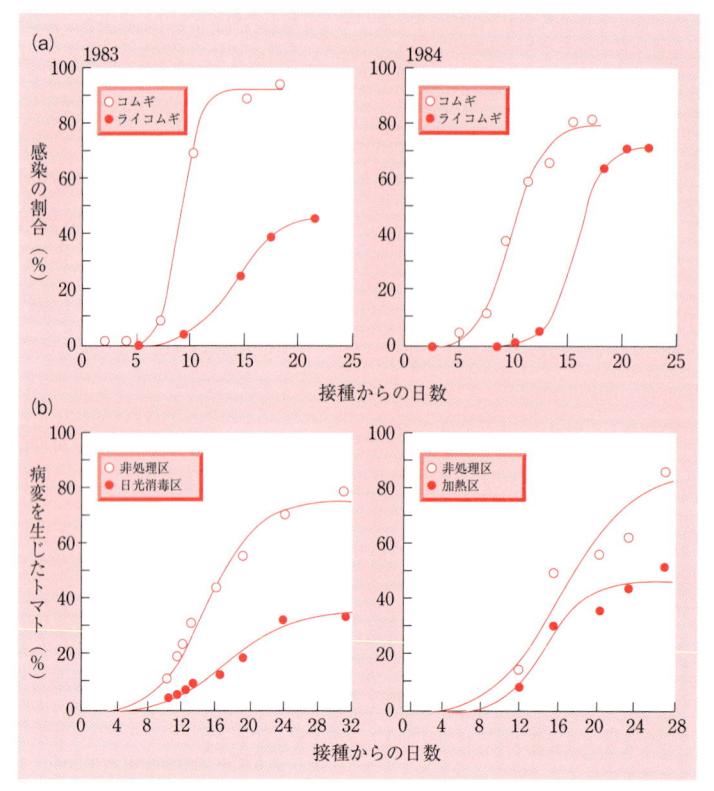

図12.19 農作物の病気の進行における感染個体数が描く，接種からある割合に漸近線で近づくまでのS字状曲線．(a) 1983年と1984年のアカサビ病菌 *Puccinia recondita* による，コムギ（モロッコ品種）とライコムギ（コムギとライ麦の交雑種）への寄生．(b) フザリウム属の一種 *Fusarium oxysporum* によるトマトへの寄生の広がり方．実験条件下で，それぞれ非処理と殺菌消毒の土（左図），非処理と人工加熱の土（右図）を比較．(Gilligan, 1990より．この文献には元となったデータと曲線のあてはめ方が説明されている．)

Silene alba を寄主とするクロボ菌属の一種 *Ustilago violacea* は，送粉昆虫を介して広がるが，送粉昆虫は植物密度の変化に応じて飛行距離を調整するので，寄主密度とは独立に効果的な伝播率を維持している（図12.20a）．しかし，この伝播率は感受性のある個体の割合の上昇とともに有意に減少する（図12.20b）．これは，すでに見たように，伝播が頻度に依存するためである．そして，それは密度の低い個体群においても病気が存続するように作用する．もちろん，その送粉という性的な交渉が間接的である点を除けば，これも性的に伝播する病気における頻度依存型の伝播の一例である．

12.6.8 その他の種類の寄生者

媒介者を通して寄主間を伝播する一般的な微小寄生者では（こうした媒介者は上述の例とは異なり，寄主の密度の変化を補償することはない），寄主と媒介者の双方の生活史特性が R_0 の計算に関係してくる．特に，伝播の閾値（$R_0 = 1$）は，媒介者と寄主の数の比率に依存する．病気が維持され広がるには，その比率がある臨界値を越えなければならない．従って，病気を制御する手段としては，通常，媒介者の数

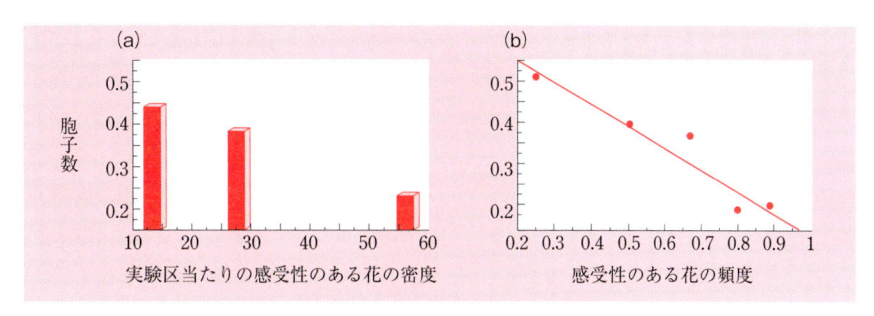

図12.20 性的に伝播する病気における伝播の頻度依存性．送粉昆虫によって運ばれ，ヒロハノマンテマ *Silene alba* の花に到達したクロボ菌属の一種 *Ustilago violacea* の胞子の，花当りの数（$\log_{10}(x+1)$ に変換）．(a) その数は，各実験区の感受性のある（健康な）花の密度とは無関係である（$P>0.05$）（むしろ，おそらく送粉者の数が制限要因となって，増加ではなく減少傾向がみられる）．(b) しかし，その数は，感受性をもつ花の頻度の増大に対して有意に減少傾向を示す（$P=0.015$）．(Antonovics & Alexander, 1992 より．)

を直接減らすことで，寄生者の数を間接的に減らすように考案されている．多くの農作物のウイルス性の病気と，媒介者を通じて伝播するヒトと家畜の病気（マラリア，オンコセルカ症など）では，寄生者に直接作用する薬剤ではなく，殺虫剤を用いることで制御される．従って，これらの制御の成否は，当然ながら媒介者の生態を十分に理解しているかどうかにかかっている．

直接伝播する大型寄生者 直接伝播する（そして中間寄主を持たない）大型寄生者の**有効増殖率**（effective reproductive rate）は，寄主内におけるその増殖期間の長さ（L）と，その増殖率（感染可能な時期における増殖率）とに直接関係している．これらの変数は，寄生者間の競争や，もっと普通には寄主の免疫反応（本章第3.8節を参照）によって生じる密度依存的な制約を受けやすい．またそれらの変数は，寄生者個体群の寄主間の分布によって変動する．そして，すでに見てきたように，寄生者の分布としては集中分布が一般的である．これは，寄生者の大部分が高密度という厳しい制約のもとに生活していることを意味する．この強く作用する密度依存的制約こそ，蠕虫類（鉤虫や回虫など）による多くの感染症が，気候変化やヒトの介入にもかかわらず，安定して流行し続けている理由に違いない（Anderson, 1982）．

直接に伝播するタイプの蠕虫類の多くは，膨大な増殖能力を持つ．例えば，ヒトに寄生する鉤虫 *Necator* の雌1個体は1日に約1万5000卵を，回虫 *Ascaris* は20万卵以上を産む．そのため，これらの寄生虫の伝播についての密度の臨界値はとても低く，狩猟採集社会のような低密度のヒト個体群で風土病的に存続する．

間接的に伝播する大型寄生者 寄主内での密度依存性も，住血吸虫のような間接的に伝播する大型寄生者に対する疫学においては重要な役目を果たす．この場合は，調節的な制約はいずれかあるいは双方の寄主に見られる．つまり，寄生者成虫の生存率と卵生産は寄主個体（ヒト）内での密度に依存して変化するだけでなく，巻貝（中間宿主）での感染ステージの生産についても，巻貝に食い入る別の感染ステージの数とはほとんど無関係である．従って，住血吸虫の流行の程度は安定しており，外界からの影響に対して抵抗力がある．

その感染が広がるための閾値は，ヒトと巻貝の双方の存在量に直接に依存する（両者の積に依存する．媒介者により伝播する微小寄生者で用いた両者の比とは異なる）．これは，ヒトおよび巻貝への伝播が，どちらも自由生活段階の寄生者によって行われるためである．そこで，住血吸虫の R_0（伝播の閾値）を1よりも小さくするには，ヒトの数を減らすことはできないので，

軟体動物用の駆除剤で巻貝の数を減少させる方法が用いられることが多い．しかし，この防除法の困難さは，巻貝がきわめて大きな増殖能力を持つため，駆除剤の使用を止めるとすぐにその水域で増え始める点にある．さらに，巻貝の数を少なくできたとしても，この寄生者のヒトの体内での生活期間がきわめて長いために（L が大きい），その効果は限られている．すなわち，巻貝の数が大きく変動しても，この病気は風土病として残りやすいのである．

12.6.9 メタ個体群における寄生者 —— はしか

生態学の他の分野と同様に，寄主-寄生者の動態についても，個体群を同質のものと考えたり，孤立したものと見なすのは不適切な場合が多いことが徐々にはっきりとしてきた．むしろ，寄主は通常，一連のサブ個体群として分布している．それらは個体の分散によって互いに結びつけられており，ひとつのメタ個体群を構成する（第6章9節を参照）．このように，それぞれの寄主個体が寄生者のサブ個体群を支えており，寄主個体群が寄生者のメタ個体群を支えているという点はすでに論じた（第12章4.1節を参照）．このように考えると，寄主-寄生者システムは，メタ個体群の中でも典型的なメタ個体群である．

そのような視点は，ある寄生者の個体群を持続的に支えるには，その寄主個体群には何が必要かという観点を大きく転換させるものである．このことは，1944年から1994年までのイングランドとウェールズの60の市町村におけるはしかの動態を分析した事例から明らかである．すなわち，60のサブ個体群すべてがひとつのメタ個体群を構成していたのである（図12.21）(Grenfell & Harwood, 1997)．全体として見ると，そのメタ個体群では，はしかの発症数が規則的な周期で増減し，また少なくとも大々的な予防接種が実施される前まで（1968年以前），はしかはいつも存在していたことが明ら

かとなった（図12.21a）．しかし，個々のサブ個体群では頻繁な「確率的な自然消滅」(stochastic fade-out) が，特に周期の谷間の時期に生じており（少数残っている感染力のある個体が，他の個体への感染に失敗した時点で病気は消滅する），それを免れているのは最も大きなサブ個体群だけであった．すなわち，約300,000〜500,000という，伝播についての個体数の臨界値についての予想は十分に支持された（図12.21b）．そして，ひとつのメタ個体群という全体的な視点からみれば，動態のパターンは明白で，その持続性も予想できるだろう．しかし，個々のサブ個体群において，特にもしその個体群が小さい場合，動態のパターンと持続性は不明瞭となりやすい．このはしかのデータは，メタ個体群と個々のサブ個体群の双方の情報が存在するという非常に稀な事例である．他の多くの場合では，基本的には同様の傾向が認められるものの，メタ個体群だけのデータ（もっと細かな部分で感染が自然消滅する数は把握されない）か，もしくは，ひとつのサブ個体群だけのデータ（大きなメタ個体群内における他のサブ個体群との繋がりは正しく理解されない）というのが実情である．

12.7 寄主の個体群動態と寄生者

個体群生態学における鍵であり，まだ大部分が未解決の問いは，寄生者や病原体が，寄主の動態に対して（もしあるのなら）どのような役割を担っているかという問いである．寄生者が寄主の個体群統計学的特性（出生率と死亡率）に影響を与えている可能性を示すデータは存在する（本章第5節を参照）．しかし，そのようなデータは，それほど多くはない．また，数理モデルによる解析でも，寄生者が寄主の動態に大きな影響を与える可能性が示されている．しかし，実際に寄主の動態が寄生者によって影響を受けているということを立証するにはまだ大きなス

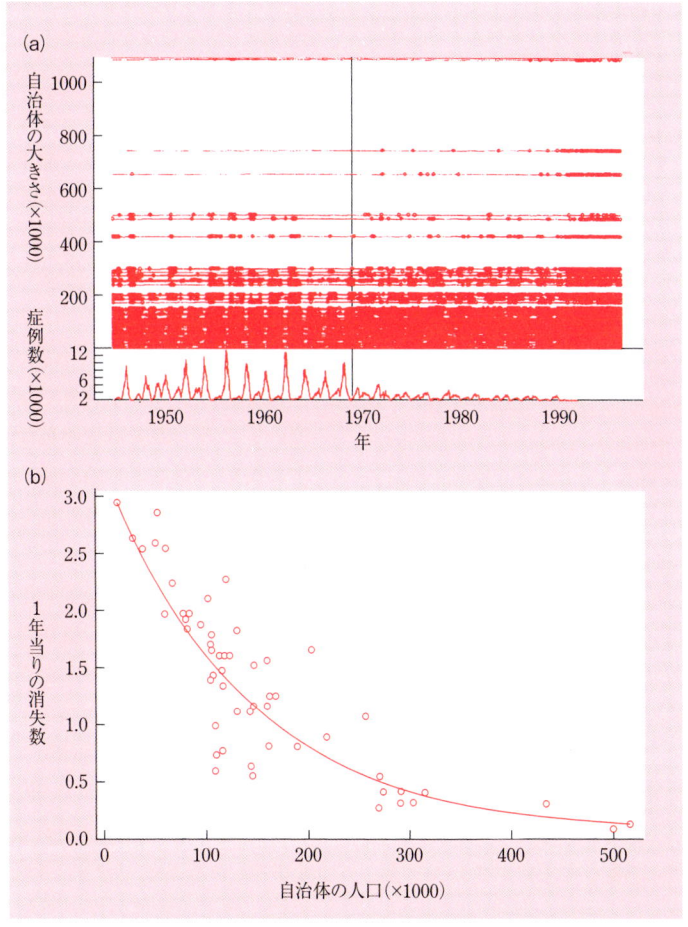

図 12.21 (a) 1944 年から 94 年までのイングランドとウェールズの 60 の自治体（都市と町）における 1 週間ごとのはしかの症例数（届け出数）を下の部分に示す．縦線は，1968 年前後の集団予防接種の開始を示す．はしかの届け出が 1 週間なかった個々の自治体（その人口規模は，縦軸で示す）を図の上の部分に各点として示す．(b) 予防接種事業以前（1947–67 年）での，各自治体の人口との関連で見たはしかの持続性．持続性は，1 年間の消失数の逆数で測定した．消失数は，ここでは，過少評価を考慮して 3 週間以上，感染の届け出がない自治体の数と定義した．(Grenfell & Harwood, 1997 より．)

テップが必要であるという点も指摘されている．寄生者や病原体が，寄主の個体群の大きさを減少させているように見える事例があるのは確かである．薬剤噴霧，注射，投薬による農学的および獣医学的対策が広く推し進められていること自体，そうした対策がなければ生じる損失の大きさを物語っている．実験室の管理された条件下で得られるデータからも，寄生者の影響によって寄主の個体数が何年にもわたって低く抑えられることが確認されている（図 12.22）．しかしながら，自然の個体群ではそのような証拠はきわめて少ない．ある個体群に 1 種の寄生者がおり，別の個体群にはその寄生者がいないという状況があったとしても，寄生者のいない個体群が寄生者のいる個体群とはそもそも異なる環境下に存在することはまず間違いない．またその個体群は，寄生者のいる個体群には存在しないか取るに足りないほど少ない別の寄生者

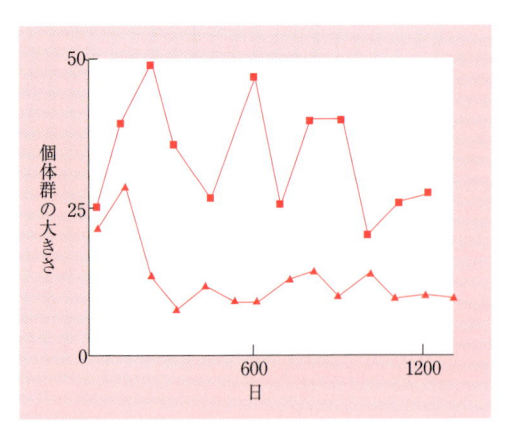

図 12.22　原生動物の寄生者 *Adelina triboli* に感染したコクヌストモドキ *Tribolium castaneum* の個体群の大きさの低下．（■）非感染，（▲）感染．(Park, 1948 より．)

に感染しているのかもしれないのである．しかし，次に見るように，寄生者が寄主の動態の細かい部分に深く関わっていることを示す野外データも存在する．それは野外での巧妙な操作実験によるものか，もしくは，個々の寄主個体に対する寄生の影響についてのデータをパラメータとして取り込むことで野外データと比較しうる数理モデルによるもののいずれかである．

12.7.1　寄主の動態は，連動（相互作用）したり，変更されたりするか？

たとえ寄主の動態への寄生者の影響が示されたとしても，何よりも重要なのは次の問いである．すなわち，寄主と寄生者の動態が「捕食者-被食者の周期変動」のように互いに連動していると言えるほど寄主と寄生者は相互作用をしているのか，あるいは寄生者が寄主の動態に変更を加えているだけで，この二者の間には検出できるほどのフィードバックはなく，従って二者の間に真の相互作用と呼べる関係は存在しないのか．この問いは，貯穀害虫のノシメマダラメイガ *Plodia interpunctella* とそれに寄生する顆粒ウイルス（PiGV）（第 10 章 2.5 節で簡単に紹介

した）についての研究で検討されている（図12.23）．ウイルスに感染している寄主と感染していない寄主の動態は，微妙に異なっており（図12.23a, c），その違いを理解するには詳しい統計解析が必要である．簡単に述べると，もし感染された寄主の個体群の動態が，メイガとウイルス間の相互作用によって駆動されているならば，それらの動態の次元的な大きさ（dimensionality）（これを本格的に説明するには複雑な統計モデルが必要となる）は，感染していない個体群のものより大きくなるはずである．実際のところ，寄主の産卵数は減少し，そして寄主の発育もウイルスのために遅れ，寄主の存在量は大きく変動したのだが，寄主の動態の次元的大きさは変わらなかった（図12.23d）．すなわち，ウイルスは寄主の産卵数や発育速度を変化させるものの，寄主と相互関係することも，寄主の動態の基本的な特性までを変えることもなかったのである (Bjørnstad *et al.*, 2001)．対照的に，このメイガが別の天敵，寄生性のコクガヤドリチビアメバチ属の一種 *Venturia canescens* に寄生される場合は，世代交代（第10章2.5節を参照）の基本的パターンは何ら変化しないものの，寄主の動態の次元的な大きさは有意に増加した（次元3から5となる）．すなわち，寄主と寄生者は相互作用をしていたのである．

12.7.2　カラフトライチョウと線虫

次に，カラフトライチョウの事例を見てみよう．この鳥は狩猟の対象であり，それはイギリスの私有地での狩猟権の価格を左右するほど重要で，また，いつでもというわけではないが，個体数の周期的な変動を見せることが多い点でも注目されている（図12.24a）．その周期的変動を引き起こす原因についても，さまざまに議論されてきた (Hudson *et al.*, 1998; Lambin *et al.*, 1999; Mougeot *et al.*, 2003)．その中で強く支持されている機構のひとつは，ウサギモウヨウセンチュウ属の一種 *Trichostrongylus tenuis* の感染

である．この線虫はライチョウの盲腸に寄生し，個体の生存率と繁殖力を低下させる（図12.24b, c）．

このような寄主と大型寄生者の相互作用のモデルを図12.25に示す．このモデルから，寄主個体群の大きさと寄主当りの平均寄生者数の周期的な変動は，次の条件の時に生じることが示唆される．

$$\delta > \alpha k \tag{12.11}$$

ここでδは，寄生者が低下させる寄主の産卵数（時間的なずれを伴った密度依存性を見せ，不安定化を引き起こす），αは寄生者がもたらす寄主の死亡率である（比較的，直接的な密度依存性を見せ，安定化をもたらす）．kは，寄主間における寄生者の負の二項分布（に従うと仮定した場合）の「集中度」を表す係数である．周期的変動は次の場合に生じる．すなわち，低下した繁殖力による不安定化の影響が，死亡率と寄生者の集中（寄主にとっての「部分的避難所」を提供）の両方の増大による安定化の影響を上回った時である（第10章を参照）．イングランド北部で周期的変動を示すある調査個体群のデータでは，この条件が満たされていることが示された．一方，周期的変動をまったく示さないか，ごく稀にしか示さないライチョウ個体群では，線虫はうまく存続できない（ただし，S_Tは寄主の通常の密度を超える）(Dobson & Hudson, 1992; Hudson et al., 1992b)．

このようなモデルによる結果は，ライチョウの周期における寄生者の役割を支持するが，こうした研究は，対照区をもうけた実験がもたらすような「証拠」を欠いている．しかしながら，図12.25で示したモデルに単純な修正を加えることで，もし個体群中の十分な割合（20%）の個体に駆虫剤を飲ませれば，その周期は消滅するだろうと予測できた．この予測は，寄生者の役割を確かめるために設計された野外規模の操作実験に道を開いた(Hudson et al., 1998)．2つのライチョウの個体群において，2年続けて個

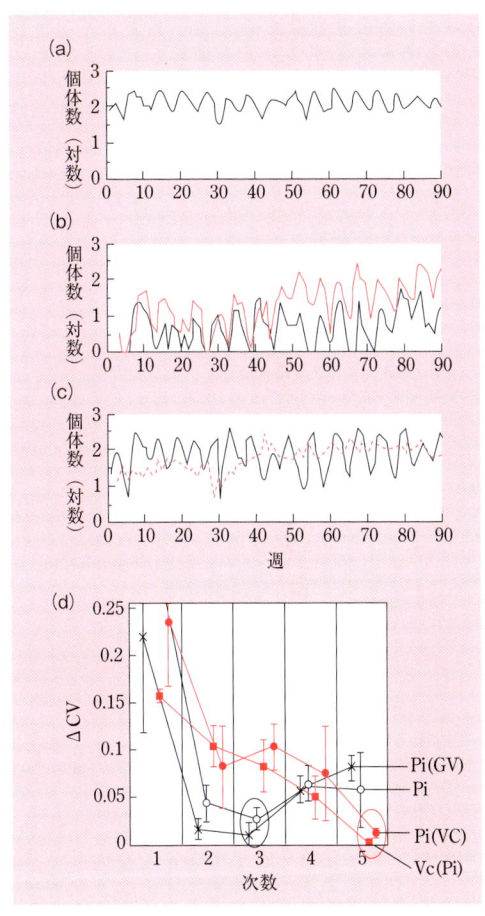

図12.23 寄主であるノシメマダラメイガ *Plodia interpunctella* の動態．(a) 寄生のみのとき（—），(b) 捕食寄生者のコクガヤドリチビアメバチ属の一種 *Venturia canescens*（—）が存在するとき，(c) 寄生者のノシメマダラメイガ顆粒ウイルスが存在するとき（----）．それぞれ，実験開始後の90日間における各処理（反復数は3以上）での代表的な結果のものを示した．(d) 各処理（すべての反復）での動態の密度依存性の次元，または「次数」の推定．この値は，システム内で関係する要素の数の増加とともに増加すると予測されている．ΔCV（変動係数の増加分）の値が低いほどよく「適合」している．誤差線は標準誤差1を表す．最も適合する次数（丸で囲んである）は，寄主だけの処理区（Pi）と，顆粒ウイルスを持つ寄主（Pi (GV)）での次数3である．しかし，捕食寄生者が存在するときの寄主（Pi (Vc)）の次数5，およびそれに顆粒ウイルスが加わった（Vc (Pi)）の次数5も，同様に最も適合する次数となっている．(Bjørnstad et al., 2001 より．)

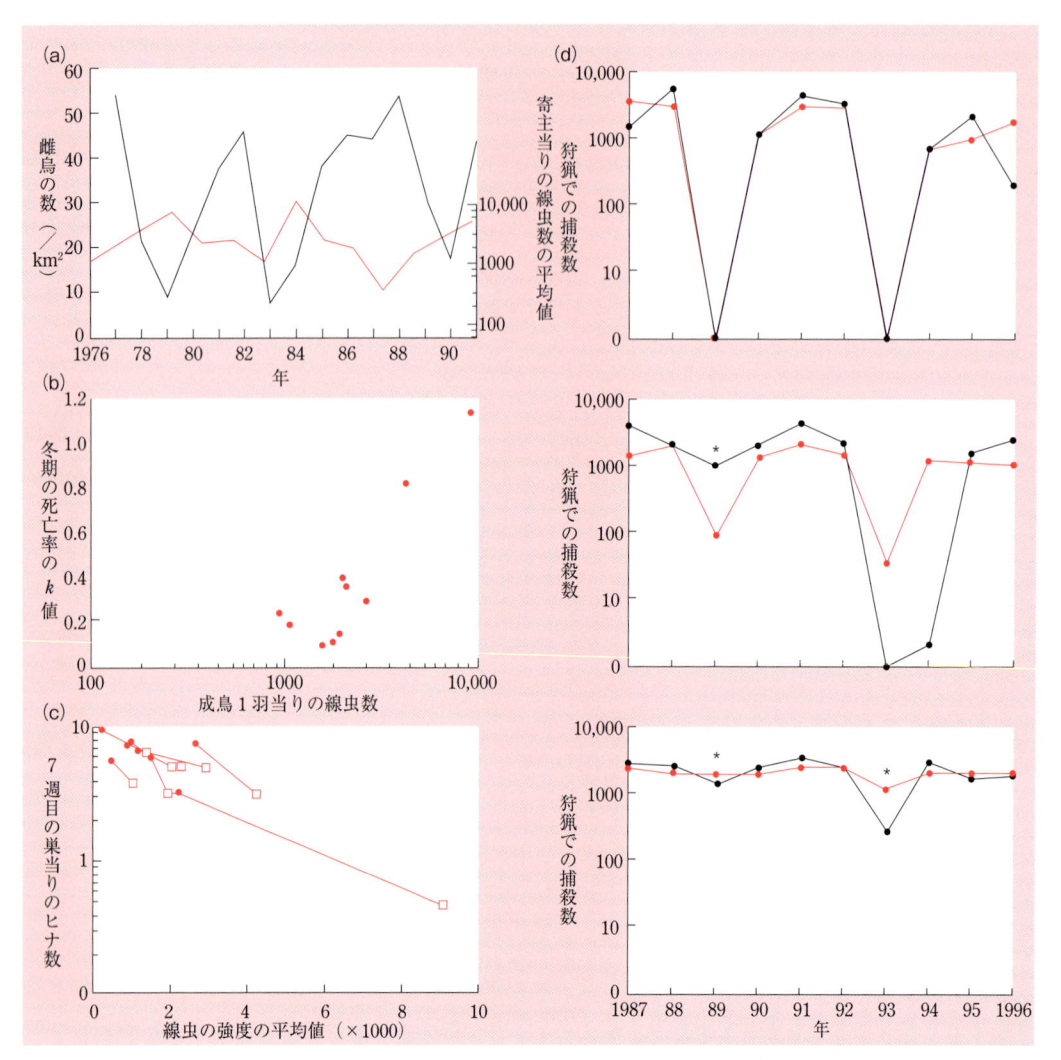

図 12.24 (a) イギリスのガナーズサイドにおけるカラフトライチョウの存在量（1km² 当りの繁殖した雌鳥の数）（—）と寄主当りの線虫 *Trichostrongylus tenuis* の平均数（—）の規則的な周期的変動．(b) 線虫 *T. tenuis* は，カラフトライチョウの生存率を低下させる．すなわち，10 年（1980-1989）にわたって，カラフトライチョウの成体当りの線虫の平均数の増加にともない冬季の死亡率（k 値により計測）が有意に上昇した（$P<0.05$）．(c) 線虫 *T. tenuis* はカラフトライチョウの産卵数を減少させる．すなわち，8 年間の各年で，駆虫剤を投与した雌（●：平均値で表現）は，投与しなかった雌（□）よりも線虫が少なく，巣当りのヒナ数（生後 7 週間）が増えた．((a-c) は，Dobson & Hudson, 1992, Hudson et al., 1992 より）．(d) カラフトライチョウの個体数変動．狩猟の捕殺数で示す．処理をしない対照区の 2 つの個体群（上段の図），駆虫剤を 1 回投与した 2 つの個体群（中段の図），各 2 回投与した 2 つの個体群（下段の図）．星印はカラフトライチョウの成体に駆虫剤を投与して線虫の負荷を低下させた年を示す．（Hudson et al., 1998 より.）

体群が壊滅的になると予想された年のそれぞれで，駆虫剤を与えた．別の 2 個体群では，個体群が壊滅的な状態になると予想された年に，一回だけ駆虫剤を与えた．さらに別の 2 個体群は，まったく処置を施さない対照区とした．ライチョウの個体数は狩猟により記録された数をもとに計測した．この実験において駆虫剤投与に明らかな効果が認められた（図 12.24d）．従って，寄生者が通常，寄主の動態に影響を与えていることが明らかとなった．しかし，そうした影響

第12章 寄生と病気

図中ラベル:
- a（寄主の出生率）
- δ（寄生者による寄主の繁殖力の低下）
- H（寄主個体群）
- P（寄生者成虫）
- $b+qH$（自然死亡率）
- α（寄生がもたらす死亡率）
- m（寄生者の死亡率）
- β（寄生者の感染率）
- W（自由生活段階の寄生者）
- λ（寄生者の出生率）
- γ（死亡率）

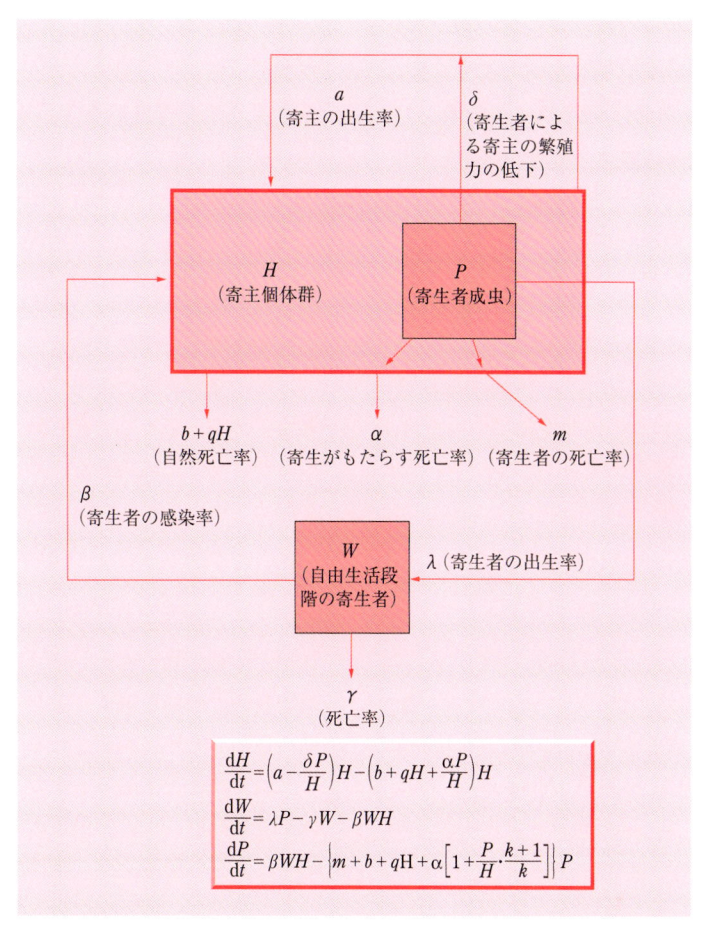

$$\frac{dH}{dt} = \left(a - \frac{\delta P}{H}\right)H - \left(b + qH + \frac{\alpha P}{H}\right)H$$

$$\frac{dW}{dt} = \lambda P - \gamma W - \beta W H$$

$$\frac{dP}{dt} = \beta W H - \left\{m + b + qH + \alpha\left[1 + \frac{P}{H}\cdot\frac{k+1}{k}\right]\right\}P$$

図12.25 カラフトライチョウに寄生する線虫 *Trichostrongylus tenuis* のような、病原体が自由生活をして感染する発育段階を持つ大型寄生者の感染動態を表す流れ図（上段）、およびその動態を記述するモデルの数式（下段）。各数式の意味するところは、上から順に、(i) 寄主 (H) は、（密度独立的な）出生によって増加し（ただし、出生は寄主当りの寄生者の平均個体数 P/H, に依存する率で減少する）、（密度依存的な）自然死亡および寄生者がもたらす死亡（やはり P/H に依存する）によって減少する。(ii) 自由生活段階の寄生者 (W) は、感染寄主体内で生産されることで増加し、死亡と寄主に入り込むことで減少する。(iii) 寄主内の寄生者 (P) は、寄主に入り込むことで増加し、寄主体内での死亡と、寄主の自然死亡とその病気による寄主の死亡によって減少する。この数式の最後の項は、寄生者の寄主間での分布に影響される。ここでは負の二項分布の k 値（かぎ括弧の項で表される）に従うと仮定する。(Anderson & May, 1978; Dobson & Hudson, 1992 より.)

の明確な本性についての論争には未だ決着がついていない。Hudson と共同研究者たち自身は、この実験によって、寄生者が寄主の動態周期を生み出す必要十分条件であることは実証されたと主張した。しかし、まだ完全な実証にはほど遠いと考える研究者もいる。例えば、上述のような周期が消滅したのではなく変動の幅が小さくなっただけではないだろうか。特に、ひとつの谷間で観察される個体数は通常極めて低い値となっているが（対数目盛の0は1個体に相当）、

生息数の少ない状況で狩猟が行われなかったことが原因で生じた現象に過ぎない可能性もある (Lambin *et al.*, 1999; Tompkins & Begon, 1999). 一方, こうした論争は, 寄主個体群の動態における寄生者の役割や他の要因の役割を調べようとする野外実験の重要性を損なうものでは決してない. 例えば, その後の野外操作実験は, ライチョウの周期変動が, 雄のなわばり行動と攻撃性の密度依存的な変化の結果であるという, さらに別の仮説を支持している (Mougeot *et al.*, 2003). このライチョウの周期変動については, 第14章6.2節で, 周期的変化についての一般的な議論のなかで再び検討する.

12.7.3 スヴァールバルトナカイと線虫

次に, 線虫と哺乳類, すなわち, ノルウェー北部のスヴァールバル島 (スピッツベルゲン島) のスヴァールバルトナカイ *Rangifer tarandus plathyrynchus* と線虫の関係 (Albon *et al.*, 2002) について検討しよう. この系は, その単純さが魅力である (影響は, 視覚的に捉えることができ, また, 複雑な要因によって乱されていない). すなわち, (i) 餌をめぐってスヴァールバルトナカイと競争する草食哺乳類が他に存在しないこと, (ii) 哺乳類の捕食者が存在しないこと, (iii) スヴァールバルトナカイの寄生者群集自体とても単純で, 寄生者は2種の線虫が消化管で優占し, それらはいずれも代替寄主を持たず, そのうちの1種, *Ostertagia gruehneri* だけが寄主に外見から分かるほどの病変をもたらすのである.

6年間, それぞれ春 (4月) にトナカイに駆虫剤を投与し, 1年後の妊娠率と産子数への影響を調べた. 線虫の感染は, 生残率には影響を与えなかったが, 子の数を考慮に入れた年々の変化をみると, 駆虫をしなかった (すなわち線虫に感染している) 雌の妊娠率は有意に低かった ($X_1^2 = 4.92$, $P = 0.03$; 図12.26a). この影響は, 産仔数のデータにも現れていた. この影響は, 前年の秋の時点の線虫の存在量が増加すると, 有意に強くなった ($F_{1,4} = 52.9$, $P = 0.002$; 図12.26b). さらに, 線虫の存在量自体は, 2年前のトナカイの密度に有意に正の相関を示した (図12.26c). 従って, 寄主の存在量の増大は, 寄生者の存在量の増大を (少し遅れて) 導くと言える. そして, 寄生者の存在量の増大は (さらに遅れて) 寄主の産仔数の減少を導く. そして, 寄主の産仔数の減少は, 明らかに寄主の存在量の減少を導く可能性がある.

この循環が実際に生じているかどうか, つまり寄生者がトナカイの存在量を本当に制御しているかどうかを確かめるために, これらの関係を記述するトナカイ—線虫の相互作用のモデルにさまざまなパラメーターを与えて検討した. その結果を図12.26dに示す. 3つの結果がありうることが分かる. すなわち, トナカイの個体群が絶滅する, もしくは, 制約を受けずに指数関数的な増加を示す, もしくは, 図で示す範囲の個体群密度に調節される. 勇気づけられることに, 幼獣と老齢のトナカイで観察される生残率の範囲内で, このモデルが予測した密度の値は, 実際に観察された密度 (約1-3個体/km^2) にとても近い. 幼獣の産出に線虫の影響がない場合, このモデルは個体群が制約を受けずに増加することを予想する. 従って, 野外実験と野外観察, そして数理モデルはともに, スバールバルトナカイの動態に線虫が大きな役割を担っているという見解を強く支持している.

12.7.4 アカギツネと恐水病

最後に恐水病 (狂犬病) について検討しよう. 恐水病はヒトを含めた脊椎動物に直接伝播するウイルス性の病気であり, いったん感染すると中枢神経系が侵され, 不快な症状と高い死亡率によりとても恐れられている. ヨーロッパでは最近, 恐水病とアカギツネ *Vulpes vulpes* の相互作用が注目されている. キツネでの恐水病の流行は1940年代から, ポーランドとロシアの国境から西方と南方へと拡大し, ヒトへの直接

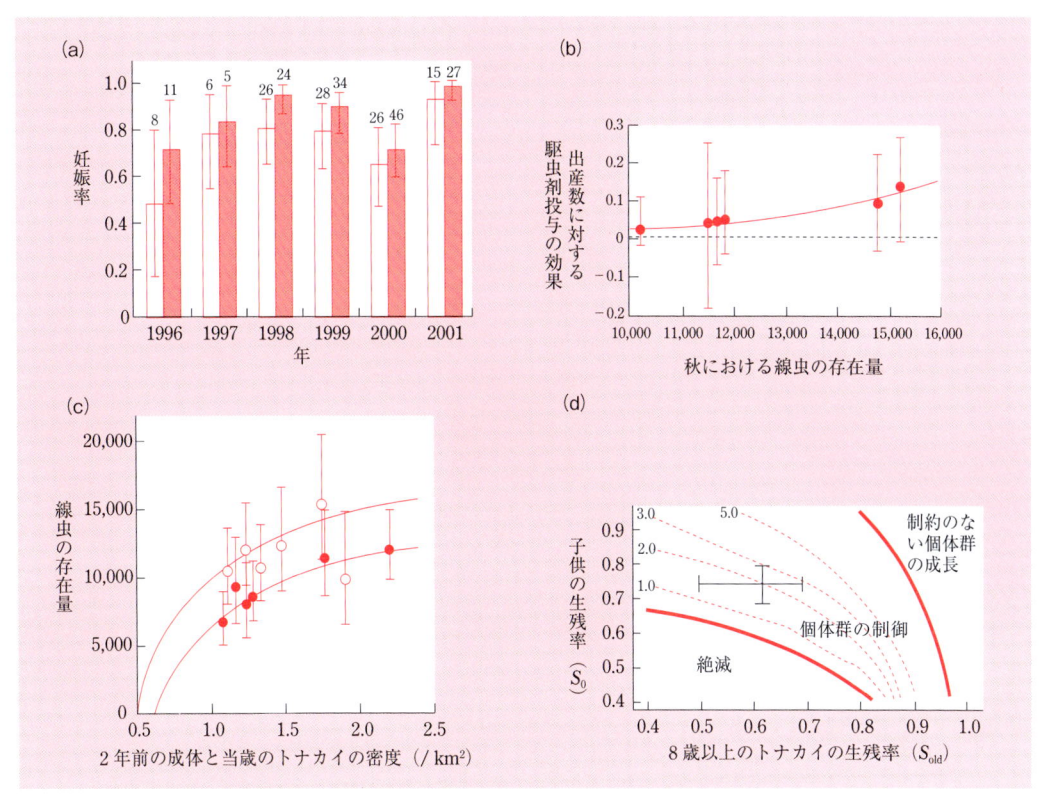

図12.26 (a) 12ヶ月前に駆虫剤を投与したトナカイ(赤色の棒グラフ)と対照区(白ぬきの棒グラフ)の4月から5月における推定妊娠率.棒グラフの上の数値は,妊娠したかどうかを確認した標本数を示す.(b) 前年の4月から5月にかけて駆虫剤を投与したトナカイと対照区のトナカイについて,10月(秋)の線虫 *Ostertagia gruehneri* の推定存在量と対応させた産仔数の違い.(c) 2ヶ所の調査地,コールスダーレン(●)とサッセンダーレン(○)における2年前の夏の成体と当歳のトナカイの個体群密度との関係(曲線回帰)で見た,線虫 *O. gruehneri* の10月における推定存在量.(a-c)の推定値の誤差線は,95%信頼限界.(d) スバールバルトナカイの個体群動態モデルからの要約.幼獣と8歳以上の年齢の個体の年間生残率について,あり得る範囲の値を用いた.太線は,寄主個体群が,絶滅する,あるいは制御される,あるいは制約なく成長する変数空間の境界を示す.点線は,成体と当歳のトナカイが1 km² 当り各1, 2, 3, 5頭の個体群密度にあるときの個体群制御の領域での変数値の組み合わせを示す.十文字の線は,各推定値の範囲を示す.(Albon *et al.*, 2002 より.)

的な脅威がほとんどない間にキツネからウシや羊へと感染が広がり,大きな経済問題になった.イギリスの当局は,恐水病がやがてヨーロッパ本土からイギリス海峡を越えて渡ってくるのではないかと強い懸念を抱いている.また,ヨーロッパの本土からも恐水病の根絶を望む声が強い(Pastoret & Brochier, 1999).この問題について,まず野外で観察された寄主と病原体の個体群動態を,モデルによりうまく捉えることができるか(モデルが信頼できるかどうか)を見てみよう.その上で,それらの動態を効果的に操作しうるかどうか考えてみよう.すなわち,どうすればこの病気のさらなる拡大を防ぐことができ,また,すでに存在している病気を排除できるだろうか.

図12.27に,キツネと恐水病の動態についての単純なモデル(Anderson *et al.*, 1981)を示す.これは,野外データから得られたさまざまな生物学的変数を用いて,その相互作用の本質をうまくとらえている.このモデルは,キツネの個体数と恐水病の流行度が約4年周期の規則的変動をすると予想している.これは,恐水病が発

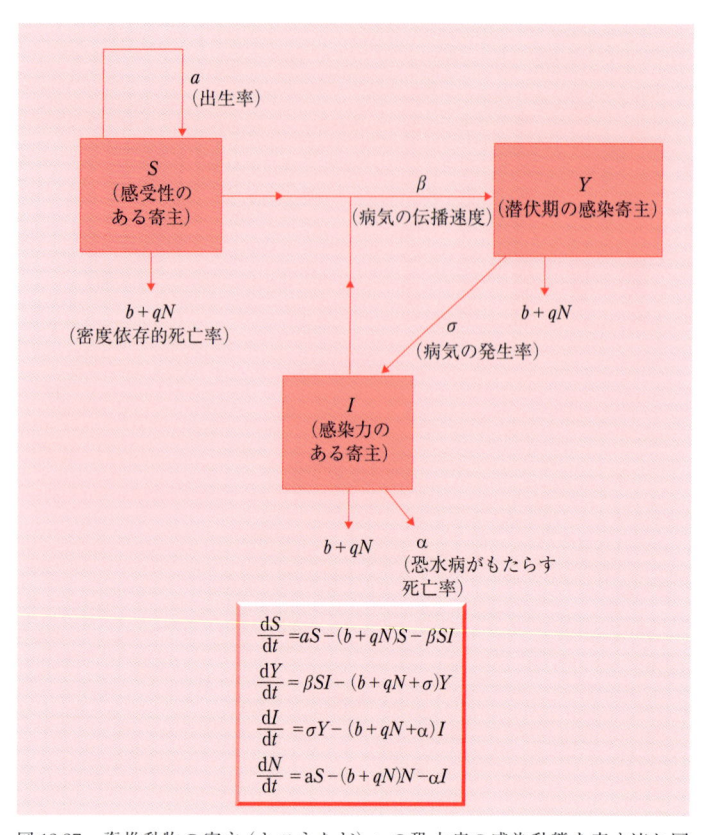

図12.27 脊椎動物の寄主(キツネなど)への恐水病の感染動態を表す流れ図(上).それらの動態を記述するモデルの数式(下).各数式の意味するところは,上から順に,(i)感受性のある寄主(S)は,感受性のある個体からの(密度独立的な)出生によって増加し,(密度依存的な)自然死亡と,感染した寄主との接触による感染の両方によって減少する,(ii)潜伏期の感染寄主(感染力なし)(Y)は,感受性をもつ個体が感染することで増加し,(密度依存的な)自然死亡と,(恐水病が発症して)感染力のある寄主へと変化することの両方で減少する,(iii)感染力のある寄主(I)は,潜伏期の感染寄主の病気が進行することで増加し,自然死亡と病気による死亡の両方によって減少する.最後の寄主個体群全体($N=S+Y+I$)についての式は,SとYとIについての式を足し合わせることで得られる.(Anderson *et al.*, 1981 より.)

$$\frac{dS}{dt} = aS - (b+qN)S - \beta SI$$
$$\frac{dY}{dt} = \beta SI - (b+qN+\sigma)Y$$
$$\frac{dI}{dt} = \sigma Y - (b+qN+\alpha)I$$
$$\frac{dN}{dt} = aS - (b+qN)N - \alpha I$$

生しているいくつかの地域で確認されたデータと一致している.

　キツネの恐水病を制御する現実的な方法は2つある.そのひとつは,継続的に多くのキツネを殺し,その個体数が恐水病の伝播閾値を下回るように維持する方法である.モデルによると,その密度は1 km^{2}当り1頭前後と示唆されている.モデルは観察された動態をうまく再現できているので,この値には信頼性がある.第15章で(収穫量との関連で)十分議論するが,このような間引きを繰り返す制御法に伴う問題は,密度の減少に伴い種内競争からの圧力が軽減され,それによって出生率が増大し,自然死亡率が低下してしまうことである.通常の密度と,目標とする密度(この場合は1/km^2)の差が大きいほど,この間引きによって生じる問題は大きくなる.このため,間引きは自然の密度が2/km^{2}前後であれば適用可能であるが,例えばグ

レートブリテン島での平均密度は5/km^{2}であり，特に都市部では50/km^{2}にも達することもあり，このような場所では充分な除去は不可能である．従って，間引きによる制御方法は適用できそうもない．

もうひとつの制御法は，ワクチン接種である．この場合，キツネの好む餌に経口ワクチンを仕込んでおく．この方法は，ひとつのキツネ個体群のうちほほ80％の個体を対象にできる．果たしてそれで十分であろうか．その答えはすでに式12.7に示されている．それによるとワクチン接種は，キツネの密度が5/km^{2}までなら成功すると予想される．従って，ワクチン接種は，グレートブリテン島の大部分で成果をあげると考えられるが，都市部では制御できる可能性は低いだろう．実際には，図12.27のモデルの発表から20年が経ったが，恐水病は未だグレートブリテン島までは広がっていない．そして，絶えず改良されている経口ワクチンを使用することで，ヨーロッパで恐水病の拡大が食い止められている．なかでも，ベルギー，ルクセンブルク，そしてフランスの大部分では，恐水病が排除された（Pastoret & Brochier, 1999）．

12.8 寄生者と寄主の共進化

粘液腫症　個体群中の寄生者が，もっと抵抗力のある寄主を進化させるよう淘汰圧をかけ，さらにはそのことが，さらに感染力のある寄生者を生み出すような淘汰圧となる．これが典型的な共進化的軍拡競走（coevolutionary arms race）である．寄主と寄生者が相手の進化に影響を与えるという例は確かにあるが，実際には，その過程はそれほど簡単なものではない．最も劇的な事例はアナウサギと粘液腫症をもたらすウイルスの関係である．このウイルスは，元来南アメリカのモリウサギ*Sylvilagus brasiliensis*にみられ，そこではめったに寄主を殺すことのない穏やかな病気であった．しかし，それがヨーロッパのアナウサギ*Oryctolagus cuniculus*に感染した場合，致命的なものになる．これは有害動物の生物的制御の有名な事例のひとつであるが，粘液腫ウイルスは牧草地の害獣となっていたヨーロッパ原産のアナウサギを制御するために，1950年代にオーストラリアに導入された．病気は1950～1951年に急速に広がり，アナウサギの個体群は著しく減少し，地域によっては90％以上の個体が消失した．同時に，このウイルスはイギリスとフランスにも入り，アナウサギ個体群を著しく減少させた．その後，オーストラリアで起こった進化的な変化は，Fennerとその共同研究者によって詳しく記録された（Fenner & Ratcliffe, 1965; Fenner, 1983）．彼らは，アナウサギとウイルスの双方の最初の遺伝的系統を保存するという先見の明を持っていた．彼らはそれらの系統を用いて，その後に野外で展開されたウイルスの毒性と寄主の抵抗性の変化を測定した．

この病気が最初にオーストラリアに導入された時，感染したアナウサギの99％が死亡した．この感染の死亡率は1年以内に90％に下がり，その後さらに下がり続けた（Fenner & Ratcliffe, 1965）．野外のウイルスで人為的に感染させたウサギの生存時間と死亡率を対照と比較することで，その毒性の度合いが区分された．最初の毒性の高いウイルス（1950～1951）はⅠ級とされ，実験室で感染させられたウサギの99％が死亡する程の毒性を示した．ところが，すでに1952年には，野外のウイルスの多くは，Ⅱ級からⅢ級まで毒性が下がっていた．同時に，アナウサギの野外個体群は，抵抗性を持つことで増加していた．Ⅲ級とされる系統のウイルスを注射した場合，1950～1951年には野外からのアナウサギの90％近くの個体が死亡したが，わずか8年後には，30％以下の個体しか死亡しなかった（Marshall & Douglas, 1961）（図12.28）．

このアナウサギにおける抵抗性の進化は，簡単に理解できる．すなわち，抵抗性を持つウサギが，粘液腫症ウイルスの存在下で自然淘汰に

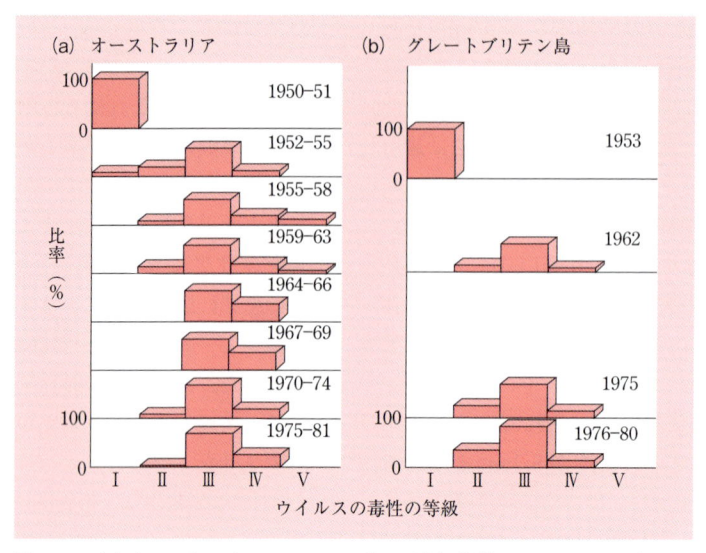

図12.28 (a) オーストラリアのアナウサギの野生個体群において，1951年から1981年の間に見いだされた，5段階の等級の毒性を示す粘液腫ウイルスの比率．毒性をⅠ〜Ⅴ級に分け，すべての野外標本での百分率で示す．Ⅰ級は最も毒性が高く，一方Ⅴ級は最も低い．（Fenner, 1983より．）(b) 1953年から1980年までのグレートブリテン島のアナウサギの野生個体群についての同様の資料．（May & Anderson, 1983；Fenner, 1983より．）

よって選ばれたことは明らかである．しかしながら，ウイルスの方はやや微妙である．ヨーロッパのアナウサギを寄主とする場合の粘液腫症ウイルスの毒性と，共進化した南アメリカのモリウサギに対する毒性の欠如という対照的な違いは，ウイルス導入後のオーストラリアとヨーロッパのウイルス毒性の減衰と対応する．そしてそれは，一般的に支持される見方，すなわち，寄生者が寄主を完全に消滅させて，その結果，自らの生息場所を消滅させてしまうことを防ぐために，寄生者は寄主にとって穏やかとなる方向に進化するという見方に合致するかのように見える．しかしながら，この見方はまったく間違っている．自然淘汰によって選ばれる寄生者はもっとも大きな適応度を持つ（おおまかに言えば，最大の繁殖率を有する）個体である．毒性を弱めることで適応度の増大が達成されることもあれば，達成されないこともある．粘液腫症ウイルスにおいては，最初の毒性の減衰は確かに適応度を増大させるものであったが，さらなる弱毒化はそうではなかった．

粘液腫症ウイルスは，血液を介して感染するので，吸血性の昆虫媒介者によって寄主から寄主へと伝播する．このウイルスがオーストラリアに導入されてから最初の20年間は，その主要な媒介者は生きた寄主だけを利用するカ（特にハマダラカ属の一種 *Anopheles annulipes*）であった．Ⅰ級とⅡ級のウイルスが存続できなかった理由は，そうした毒性の強いウイルスが寄主をすぐに殺してしまい，媒介者であるカがウイルスを伝播させる時間を十分とれなかったからである．寄主密度が非常に高い時には効果的な伝播が可能となるが，密度が低下してしまうとたちまち効果的ではなくなる．そのため，自然淘汰によってⅠ級とⅡ級のウイルスが排除され，それほど有毒でない等級のウイルスが有利となり，寄主が長い期間感染力をもつようになった．逆に毒性の最も弱いウイルスが多い状況では，カはⅤ級のウイルスを伝播させなかったようである．その理由は，Ⅴ級のウイルスが，カの吸

血時にその口器で吸い取られる感染力のある粒子を，寄主の皮膚内でほとんど作らないことによる．この状況は，別の媒介者であるウサギノミ *Spilopsyllus cuniculi*（イギリスでの主要な媒介者）がオーストラリアに移入された1960年代後半からさらに複雑化した．ノミが主な媒介者になってから，毒性の強い系統のウイルスが勢いを盛り返してきているという証拠がいくつか存在するのである（Dwyer *et al.*, 1990 の考察を参照）．

総合的に見れば，アナウサギ-粘液腫症の系で淘汰されたのは，毒性の低下でなく，伝播能力の増大であった（それによって適応度が上昇した）．結果的には，この系では，中程度の毒性が最大化されるということが生じた．昆虫の寄生者の多くは，寄主を殺すことによって効果的な伝播が成立している．こうした寄生者では，きわめて高い毒性は有利となる．しかし，寄生者がとても低い毒性を持つように自然淘汰が働く場合もある．例えば，ヒトの単純ヘルペスウイルスは，寄主にきわめてわずかな害しか与えないが，それによって，一生の間，感染可能な状態を保持できている．これらの違いは，それぞれの寄主-寄生者間の生態の違いを反映している．しかし，いずれの例においても共通する点は，寄生者の適応度が上昇する方向に進化しているということである．

細菌とバクテリオファージ 共進化が，明確に相容れない（相互に対立する）状況を作り出す場合もある．すなわち，寄主の抵抗性が増大し，寄生者の感染力も増大する場合である．その古典的な例としては，農作物とその病原菌の関係がある（Burdon, 1987）．ただし，この場合，抵抗性をもつ寄主は人の手により導入されることが多い．そこでは遺伝子と遺伝子が対応した状況が見られるといってもよい．つまり，寄生者におけるある特定の有毒性をコードする遺伝子は，寄主の抵抗性に関する対立遺伝子に淘汰圧をかけることとなる．そしてその植物の対立遺伝子が病原体のもともとの対立遺伝子に淘汰圧をかける，といった相互への影響が続くこととなる．さらに，この関係は，寄主と寄生者の双方に多型を生じさせることにもなりうる．それは異なるサブ個体群において異なった対立遺伝子から生じることもある．また，個体群内にいくつかの対立遺伝子が同時に存在し，個体群内での比率が稀な場合に有利となるなら，それらは流動的な状態で共存する．実際のところ，そのような過程を詳しく観察することは難しいとされるが，緑膿菌属の一種 *Pseudomonas fluorescens* とそのウイルス性の寄生者であるバクテリオファージ（もしくはファージ）SBW25Φ2 からなる系において，それが観察されている（Buckling & Rainey, 2002）．

この細菌（緑膿菌）とファージからなる12の反復個体群の培養を植え継ぐことで，進化的時間の中での寄生者と寄主の双方の変化が継続観察されている．それによると，一般的に，ファージが細菌に対して高い感染性を持つとき，細菌がファージに対してさらに抵抗性を強めることは明らかである（図12.29）．すなわち，それぞれが軍拡競走による方向性淘汰によってもたらされていた．しかし，これはある緑膿菌の系統（12の反復のひとつ）を，12のファージの系統に対してテストし，また，ファージの系統を同様にテストすることで初めて明らかにできたのである．実験の終わりに（表12.4），それぞれの緑膿菌の系統を，それぞれのファージの系統に対して示す抵抗性が順番にテストされた．その結果，緑膿菌は，共進化したファージの系統に対して最も高い抵抗性（多くの場合，完全な抵抗性）を持つことが明らかになった．従って，系統もしくはサブ個体群の間に大きな進化的変異が存在し，全体としてのメタ個体群の中に大規模な多型が生み出されているのである．

本章を終えるにあたって，つぎの点に注意を促しておきたい．寄生者は，昔は生態学者から比較的無視される存在であったが，今や，その寄主の生態的および進化的動態の双方に大きな

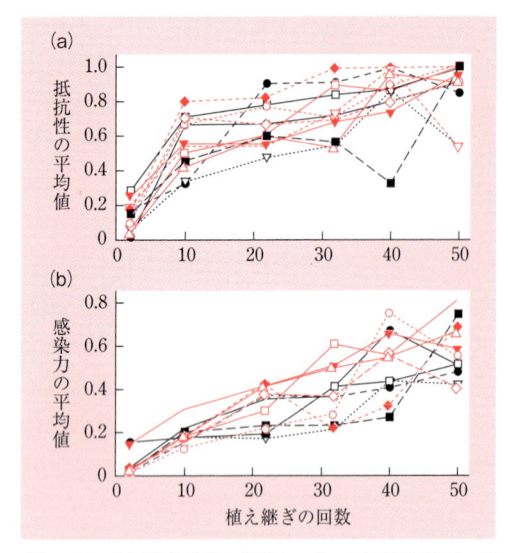

図12.29 (a) 進化時間の経過につれて（1植え継ぎ ≈ 細菌の8世代），細菌のファージへの抵抗性が細菌の12の反復それぞれで増大した．抵抗性の「平均値」は，それぞれの時点で12の反復から単離したファージについて計算した平均値である．(b) 同様に，細菌の12の反復でのファージの平均の感染力も増大した．(Buckling & Rainey, 2002より．)

まとめ

まず最初に，寄生者，感染，病原体と病気を定義した．そして，動物と植物の寄生者の多様性について，微小寄生者と大型寄生者の区別，また直接的，もしくは間接的な（媒介動物を介する）伝播の生活史を持つかという区別に基づいて，それぞれの概要を解説した．特別な例として，社会寄生，托卵（例えばカッコウ）にも触れた．

活物栄養寄生者と死物栄養寄生者（腐食連鎖の先駆者として）の違いを説明し，また寄主の特異性という性向を説明するために，人獣共通感染症（野生動物の感染が人間に伝播する）についても議論した．

寄主は，反応する環境である．すなわち，寄主は抵抗するだろうし，回復し，あるいは（脊椎動物においては）免疫を獲得するかもしれない．脊椎動物における微小寄生者と大型寄生者に対する対照的な反応について説明し，次に植物における感染への反応とも比較した．寄生者の攻撃に対する寄主の防御反応のコストに注意を向けた．寄生者が，寄主の成長と行動にきわ

影響を与える存在であることが次第に認識されてきている．

表12.4 12の細菌（緑膿菌）の反復培養（B1–B12）とそれぞれのファージの反復培養（Φ1–Φ12）．表中の数値は，共進化期間終了時のファージに対する緑膿菌の抵抗性の割合（50回の植え継ぎ ≈ 細菌の約400世代）．共進化の組は左上から右下への対角線上に太字で示す．緑膿菌の血統は共進化したファージに対して高い抵抗性をしめすことに注意．(Buckling & Rainey, 2002より．)

ファージの反復培養	細菌の反復培養											
	B1	B2	B3	B4	B5	B6	B7	B8	B9	B10	B11	B12
Φ1	**0.8**	0.9	1	1	1	1	1	1	0.85	0.85	0.75	0.65
Φ2	0.1	**1**	0.3	1	0.85	0.25	1	1	0.85	0.9	0.8	0.65
Φ3	0.75	0.75	**1**	1	1	0.9	1	1	0.85	0.9	0.9	0.65
Φ4	0.15	0.9	0.8	**1**	0.85	0.6	0.6	1	0.85	1	0.85	0.35
Φ5	0.25	0.9	1	1	**1**	0.9	1	0.8	0.85	1	0.8	0.65
Φ6	0.2	1	0.85	0.8	0.75	**0.8**	0.85	0.9	0.85	0.75	0.45	0.25
Φ7	0.2	0.75	0.6	1	0.4	0.45	**1**	0.9	0.85	1	0.75	0.35
Φ8	0	0.95	0.55	0.95	0.35	0.25	0.8	**1**	0.85	1	0.7	0.25
Φ9	0	0.7	0.55	0.45	0.7	0.35	1	1	**0.85**	1	0.5	0.1
Φ10	0	0.7	0.9	0.7	0.55	0.9	1	1	0.7	**1**	0.5	0.4
Φ11	0	0.5	0.9	0.75	0.7	1	1	0.95	0.75	1	**1**	0.35
Φ12	0	0.15	0	0.1	0.65	0.35	1	1	0.7	0.8	0.85	**0.4**

めて大きな変化をもたらしうることを述べた.

また,寄生者の種内競争による影響を寄生者の密度に依存する寄主の免疫反応から区別することが,なぜ難しいのかを説明した.そして,他の生物で見られるものと同様の種間競争に関連するパターンが,寄生者間でも観察できることを説明した.

寄生者の伝播をタイプ分けし,その違いを概説した.そして一連の伝播の動態の数式モデルを展開した.その際,接触率という指標を用いて密度依存的な伝播と頻度依存的な伝播を区別した.ただし,この2つのあり方は現象の連なりの両極端に過ぎないだろうことも考察した.また,感染が拡大する速度についても空間的な変異は大きいだろう.これは,感染源の分布パターンによるか,あるいは感受性がある種と抵抗力がある種または品種が空間的に混じり合っていることが原因となってもたらされるのだろう.

寄主の個体群の中での寄生者の分布は集中する場合が多い.そのため,病気の流行度と感染強度,感染寄主当りの平均寄生者数という要素の違いを理解することが特に重要となる.

寄主の生存率,成長率,そして産卵数に対する寄生者の影響を議論した.これらの影響は,例えば,寄主と他種間の相互作用などにもおよび,捉えにくい場合が多い.

さらに,寄主個体群内における感染動態も検討した.そこで鍵となる概念は,基礎繁殖率R_0,伝染の閾値($R_0 = 1$),個体数の臨界値である.これらは,直接に伝播される微小寄生者について次のことを理解する枠組みを提供する.すなわち,感染の動態が異なると予想される個体群の種類の解明,感染の流行曲線の特性,寄生者の違いに応じた動態のパターン,「集団免疫」の原則に基づく予防接種の計画などである.

また,農作物を攻撃する病原体,媒介者を介した感染と大型寄生者,寄主のメタ個体群に感染する寄生者の動態についても概説した.

さらに,寄主の動態における寄生者と病原体の役割を分析した.まず,寄主と寄生者の動態が結びついているか,あるいはどんなフィードバックもなしに,単に寄生者が寄主の本来の動態に修正を加えているだけかという疑問に焦点を当てた.そしていくつかの事例研究の検討から,寄主の動態に対する寄生者の役割については支持するデータが少なく,もう一方の解釈が成り立つ場合が多いことを論じた.

最後に,寄生者と寄主の共進化について検討し,寄生者と寄主の双方において,安逸な住み込みということではなく,個体の適応度を最大化する淘汰圧が働いていることを力説した.

第13章

共生と相利

13.1 はじめに ── 共生者，相利者，片利共生者，構築者

　単独で生きている種はいない．むしろ他種との結びつきが緊密である場合が多く，また，他種の個体を生息場所にしている生物も多い．例えば，寄生者は寄主の体腔内，さらには細胞内にまでも生息している．窒素固定細菌はマメ科植物の根にある根粒の内部に生息している．**共生** (symbiosis．「一緒に暮らす」の意) は，このような種間の緊密な物理的結びつきを指すために作られた用語であり，これには「共生者」(symbiont) が「寄主」(host) から提供された生息場所を占有する場合も含まれる．

　実際には，寄生者は共生者のカテゴリーには含めないのが普通である．共生者は，少なくとも**相利関係** (mutualism) が示唆される相互作用に限定されている．相利関係は，簡単に言えば，異なる生物種が互いの利益のために相互作用を持つことである．それは，通常，直接的な物やサービス (例えば，食物，防衛，輸送) の交換を伴い，典型的な結果として，少なくとも一方のパートナーが新しい能力を獲得する (Herre *et al*., 1999)．それゆえ，相利は緊密な物理的接触を伴うとは限らない．つまり，相利者は共生者とは限らない．例えば，植物の多くは，鳥類や哺乳類に食べられる多肉質の果実を報酬として提供することによって，種子を散布してもらう．また，植物の多くは花を訪れる昆虫に，花の中にある蜜という資源を提供することによって，効率的な受粉を確保している．これらは相利的な相互作用だが，関係する生物は共生者ではない．

　しかし，相利的相互作用が対立のない関係で，パートナー双方に良い事だけをもたらすと単純に考えるのは間違いだろう．むしろ，最近の進化的観点では，相利関係は，パートナーの双方が実質的な受益者であるにもかかわらず，相互搾取の例とみなされている (Herre & West, 1997)．

相利関係は相互の搾取で，心地よい協力関係ではない

　ある種が他の種に生息場所を提供する相互作用は，必ずしも相利的 (「＋＋」，つまり両種とも利益を得る) もしくは，寄生的 (「＋－」，つまり片方が利益を得て，片方が損をする) とは限らない．そもそも，関係するそれぞれの種が利益を得ているのか損をしているのか，厳密なデータで示すことは簡単ではないだろう．加えて，一方が他方に生息場所を提供している2種の間には多くの「相互作用」があるが，前者が生息場所を提供した結果として，何らかの尺度において利益を得ているか損をしているかを実際に検出できるとは限らない．例えば，樹木は多くの鳥類，コウモリ類，登ったり這い回ったりする動物に生息場所を提供しており，それらの動物たちは樹木のない環境にはいない．地衣類やコケ類は樹幹表面に成長し，ツタやブドウやイチジクのような絡みつく植物は，地面に根を張ってはいるが，樹木の幹を支えとして利用して葉

を林冠の中へ伸ばしている．従って，樹木は「生態学的構築者」(ecological engineer) あるいは「生態系構築者」(ecosystem engineer) (Jones et al., 1994) と呼ばれてきたものの良い例である．樹木は樹木として存在するだけで，他の種にとっての生息場所を作り出し，改変し，維持しているのである．水界の群集において，大きな生物の固い表面は生物多様性にいっそう重要な貢献をしている．海藻類やコンブ類は通常，岩があって固着できる場所にしか生育しない．しかし，次にはそれらの葉状体には，糸状藻類，ウズマキゴカイ属 (Spirorbis)，そして固着場所と海水中の資源を摂取する場所を海藻類に依存しているヒドラやコケムシなどのモジュール型動物が定着する．

もっと一般的には，これらの多くはおそらく片利的「相互作用」である（「＋0」，つまり一方が利益を得て，他方には損失も利益もない）．実際，「寄生者」が寄主に及ぼす害や「相利者」に与える利益が確認できない場合は，片利関係，もしくは「主人と客」の関係として分類すべきである．すなわち，場違いな「客」と同様に，主人が病気のときや困難な状態のときには歓迎されない場合もあるということである．片利者についての研究は，寄生者や相利者に比べてきわめて少ない．しかし，多くの片利者の生活はかなり特殊化しており，魅力的である．

相利関係も，これまでは他の相互作用に比べると無視されることが多かった．ところが，相利者は世界の生物体量のほとんどを占めているのである．草原，ヒース，森林に優占するほとんど全ての植物の根は，菌類と密接な相利関係にある．ほとんどのサンゴ類はその細胞内の単細胞の藻類に依存しており，多くの顕花植物は花粉媒介昆虫を必要としており，大多数の動物は効率的な消化に必要な微生物の群集を，その消化管内に抱えている．

このあと本章では，相利関係を順序立てて見ていく．まず始めに，密接な共生を伴わない相利関係を扱う．その結びつきはおおむね行動によるものである．つまり，2種はそれぞれ相手に純益をもたらすように行動する．本章第5節ではもっと緊密なつながり（片方の種がもう一方の種の体内に住む）場合を見ることにし，動物とその消化管内の微生物相の相利について議論する．そして第6～10節では，さらに緊密な共生として，片方の種がもう一方の種の細胞間や細胞内に入り込んでいる場合を検討する．第11節では話の流れを一時中断して，相利関係の数理モデルを見てみる．そして最後に第12節では，厳密には「生態学的」と言えない論題ではあるが，相利関係の議論を完結させるために，さまざまな細胞小器官は多くの寄主の細胞内に緊密な共生者として入り込み，もはや独立の生物とは見なせなくなってしまっている，という見方について検討しよう．

13.2 相利的防御者

13.2.1 掃除魚と顧客の魚

「掃除魚」は少なくとも45種が知られており，「顧客」の魚の体表の外部寄生虫，細菌，死んだ組織を食物としている．実際に掃除魚はしばしば「クリーニング・ステーション」を備えたなわばりを保持し，顧客はそこを訪れる．顧客は体表についている寄生虫が多いほど，頻繁にクリーニング・ステーションを訪れる．掃除魚は食物を得て，顧客は感染から防護される．顧客の利益がいつも容易に証明できるとは限らないが，Grutter (1999) はオーストラリアのグレートバリアリーフにあるリザード島沖での実験で，掃除魚ホンソメワケベラ *Labroides dimidiatus* について，顧客の利益を実証することができた．ホンソメワケベラは顧客であるタレクチベラ *Hemigymnus melapterus* に寄生している等脚目ウミクワガタ科の寄生虫を食べる．顧客をケージで囲い込んで，そこから掃除魚を

第 13 章　共生と相利

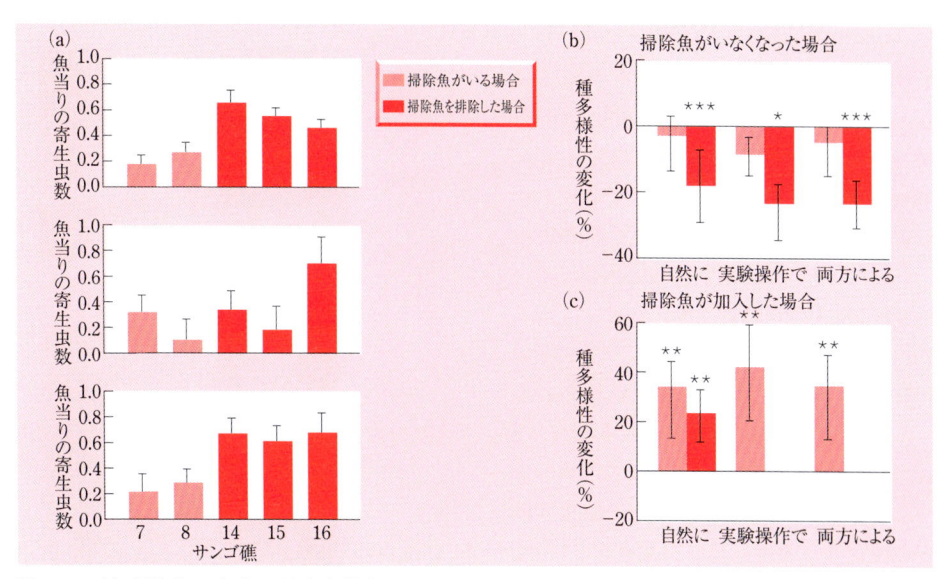

図 13.1　(a) 掃除魚は本当に顧客を清潔にしている．5 つのサンゴ礁における，顧客（タレクチベラ *Hemigymnus melapterus*）当りの寄生虫（ウミクワガタ）の平均個体数．このうち 3 ヶ所のサンゴ礁（14, 15, 16）からは掃除魚（ホンソメワケベラ *Labroides dimidiatus*）を実験的に排除した．長期間の実験では，掃除魚がいないサンゴ礁の顧客には 12 日後にはより多くの寄生虫がついていた（上図：$F = 17.6$, $P = 0.02$）．短期間の実験では，掃除魚を排除したサンゴ礁の顧客についていた寄生虫は，排除 12 時間後の明け方には有意に多くはなかった（中図：$F = 1.8$, $P = 0.21$）．これはおそらく，掃除魚が夜間に摂食しないためだろう．しかし，昼間を挟んだそれから 12 時間後には有意に多くなっていた（下図：$F = 11.6$, $P = 0.04$）．縦線は標準誤差を示す．(Grutter, 1999 より．) (b) 掃除魚はサンゴ礁魚類の多様性を高める．サンゴ礁のパッチから自然に，または実験的にもしくは両方による場合の，掃除魚のホンソメワケベラ *L. dimidiatus* がいなくなった場合，短期間（2〜4 週間，明色の棒グラフ）と長期間（4〜20 ヶ月，暗色の棒グラフ）での魚類種数の変化の割合（%）．(c) サンゴ礁のパッチに自然に，または実験的にもしくは両方によって，掃除魚ホンソメワケベラ *L. dimidiatus* が加入した場合，短期間（2〜4 週間，明色の棒グラフ）と長期間（4〜20 ヶ月，暗色の棒グラフ）での魚類種数の変化の割合（%）．棒グラフは中央値，縦線は四分位数を示す．*, $P < 0.05$；**, $P < 0.01$；***, $P < 0.001$．(Bshary, 2003 より．)

排除すると，12 日後には，顧客は有意に多く（3.8 倍）のウミクワガタに寄生されていた（図 13.1a 上）．1 日以内の短い間の排除の場合でも，掃除魚は昼間しか摂餌しないので，排除 12 時間後の明け方にチェックした時点では排除の効果はなかったが（図 13.1a 中），さらに半日の摂餌時間の後には，有意に多く（4.5 倍）のウミクワガタが寄生していた．

群集レベルでの効果もある

さらに同じ掃除魚を対象としたエジプトの紅海のサンゴ礁での実験では，群集全体の中での掃除魚―顧客の相互作用の重要性が示された（Bshary, 2003）．掃除魚が自然にサンゴ礁パッチから離れた（つまりそのパッチには掃除魚がいない）場合でも，掃除魚が実験的に除去された場合でも，サンゴ礁魚類の局所的な多様性（種数）は劇的に落ち込んだ．しかし，有意差が出たのは 2〜4 週間後ではなく，4〜20 ヶ月後だけであった（図 13.1b）．ところが，掃除魚がいないパッチに自然に掃除魚が入り込んだ場合，または実験的に導入された場合には，多様性はわずか 2〜3 週間内に有意に増大した（図 13.1c）．おもしろいことに，これらの効果は顧客の種だけでなく，顧客でない種にもおよんだ．

熱帯のサンゴ礁に生息する種間には，これ以

外にもいくつかの行動的な相利関係が見つかっている（サンゴ自身も相利者である．本章第7.1節を参照）．例えば，クマノミ属 *Amphiprion* の魚は，特定のイソギンチャク類（例えば *Physobranchia* 属やシライトイソギンチャク属 *Radianthus*）のすぐ近くで生活し，危険が迫るとイソギンチャクの触手の中に逃げ込む．イソギンチャクの触手の中にいる間，クマノミはイソギンチャクから粘液の覆いを得て，イソギンチャクの刺胞に刺されることから免れている（本来，イソギンチャクの粘液は隣り合った触手が接触したとき，刺胞が発射されるのを防ぐ働きがある）．この関係によってクマノミは保護されるが，イソギンチャクも同様に利益を得ている．というのも，クマノミは近づいてくる他の魚を攻撃するが，その中には普段イソギンチャクを食べている魚種も含まれているからである．

13.2.2 アリと植物の相利関係

植物とアリの間に相利的な関係があるという考えをを最初に示したのは，Belt (1874) である．彼は中央アメリカで，膨らんだとげを持つアカシア属 *Acacia* の植物の上での攻撃的なアリの行動を観察し，この関係に気づいた．この関係は，のちに Janzen (1967) が，ツノアカシア *A. cornigera* とコアカシアアリ *Pseudomyrmex ferruginea* について詳しく記載した．ツノアカシアには中空のとげが生えており，アリはそれを巣場所として利用する．また，この植物は葉の先端に，タンパク質に富む**ベルト氏体**（Beltian body）をつけ（図13.2），アリはこれを集めて食物としている．さらにこの植物は，葉などの栄養器官に糖分を分泌する蜜腺を持ち，アリを引きつける．一方，アリは他種の植物のシュートを積極的に切り落とすことで，この小さな木を競争者から守っている．また，植食者からも守っている．大きい植食者（脊椎動物）の摂食でさえも阻止することがある．

実際，アリと植物の共生は何度も（同じ科の植物でも繰り返して）進化してきたようである．栄養器官に蜜腺を持つ植物は少なくとも

図13.2 相利者のアリを引きつけるツノアカシア *Acacia cornigera* の構造物．(a) 小葉の先端にあるタンパク質に富むベルト氏体（Beltian body）(© Oxford Scientific Films/Michael Fogden)．(b) 巣場所としてアリに利用される中空のとげ（© Visuals Unlimited/C. P. Hickman）．

> 植物は本当に利益を得ているか？

39科で知られており，そのような植物は世界中の群集でみられる．花の上や中にある蜜腺が花粉媒介者を誘引するためのものであることは，すぐに理解できる．しかし，栄養器官上の**花外蜜腺**（extrafloral nectary）の役割を確認することは簡単ではない．花外蜜腺は明らかにアリを引きつけており，時にはおびただしい数を誘引する．しかし，植物自体が利益を得ていることを示すには，周到に計画された操作実験が必要である．そのような研究として，例えば，アマゾンのマメ科の喬木 *Tachigali myrmecophila*

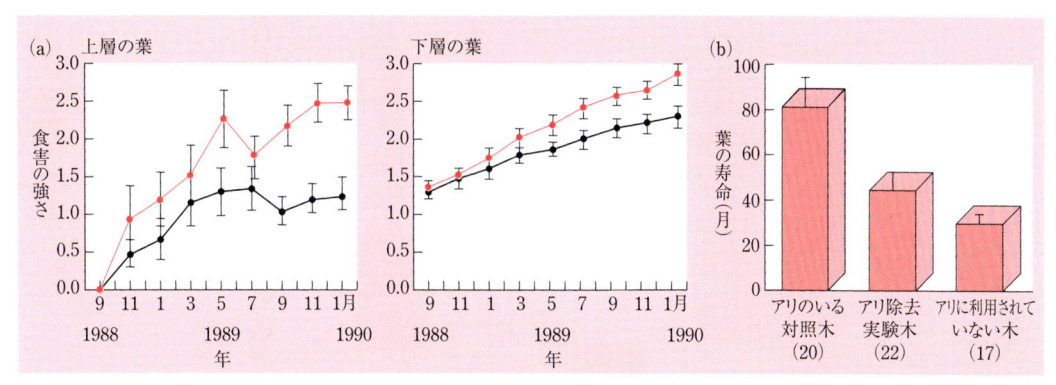

図13.3 (a) アマゾン川流域のマメ科の喬木 Tachigali myrmecophila の葉に対する食害の強さ. 自然状態でクシフタフシアリ属の一種 Pseudomyrmex concolor に利用されている木 (●, n = 22) と実験的にアリを取り除いた木 (●, n = 23). 下層の葉は実験を始めたときからあったが, 上層の葉は実験を始めてから展開したもの. (b) T. myrmecoplila の木の葉の寿命. アリが住んでいる木 (対照), 実験的にアリを取り除いた木, 自然状態でアリがいない木の比較. 縦線は±標準誤差. (Fonseca, 1994 より.)

についての研究がある. この植物はクシフタフシアリ属の一種 Pseudomyrmex concolor に巣場所として特別な空洞を提供している (図 13.3). 何本かの木を選んでアリを取り除くと, その木には対照の木と比べて4.3倍の植食性昆虫が集まり, ひどく食害された. アリが住んでいる木の葉の寿命は, アリのいない木の2倍で, アリを人為的に除去した木の1.8倍も長かった.

相利関係にあるアリの間に見られる競争

しかし, この場合の個々のアリ種と植物種との間に見られる相利関係は, 孤立したものと見なすべきではない. これはこの章で繰り返し登場するテーマである. 例えば, Palmer et al. (2000) は, ケニアのライキピアにおいてアカシアの一種 Acacia drepanolobium と相利関係を持つ4種のアリの種間競争を研究した. アリは, アカシアの膨らんだ刺の内部に巣を作り, 葉の根元にある蜜腺から蜜を得ている. 闘争実験と自然条件での木の乗っ取りの観察の結果は, これらアリの種間に優劣の順位があることを示していた. Crematogaster sjostedti が最も優位で, C. mimosae, C. nigriceps, Tetraponera penzigi と続いた. 住み着いているアリがどの種であろうと, アリが住み着いている木は住み着いていない木に比べて速く成長する傾向が

あった (図 13.4a). これはその相互作用が概して相利的であることを示している. しかし, 細かく見ると, 住み着くアリが優劣の順位の高い種に入れ替わった場合 (つまり優位な種が乗っ取った場合) には, 植物は平均より速く成長した. 一方, 優劣の順位の低いアリに入れ替わった場合には, 植物の成長は平均より遅くなった (図 13.4b).

従って, これらの結果は, 詳細については推論の域を出ていないにしても, 乗っ取りの起こり方は, 速く成長する木か遅く成長する木かによってかなり異なることを示している. 例えば, 一番速く成長する木は, おそらくアリへの「報酬」も最も速い速度で生産し, そのために優位なアリ種によって積極的に選ばれるだろう. 一方, ゆっくり成長する木は, 大きい資源要求を持つ優位なアリ種からは見捨てられることが多いだろう. 別の見方では, 競争に優位なアリ種の方が, 成長の速い木を発見し, 優先的にコロニーを作ることができるのかもしれない. 明らかなことは, これらの相利的相互作用は, 網の目のように絡み合った相互作用から分離できるような, 対になる種の心地よい関係ではないということである. それぞれ関係者に生じるコストと利益は時空的に変化し, 競争するアリの種

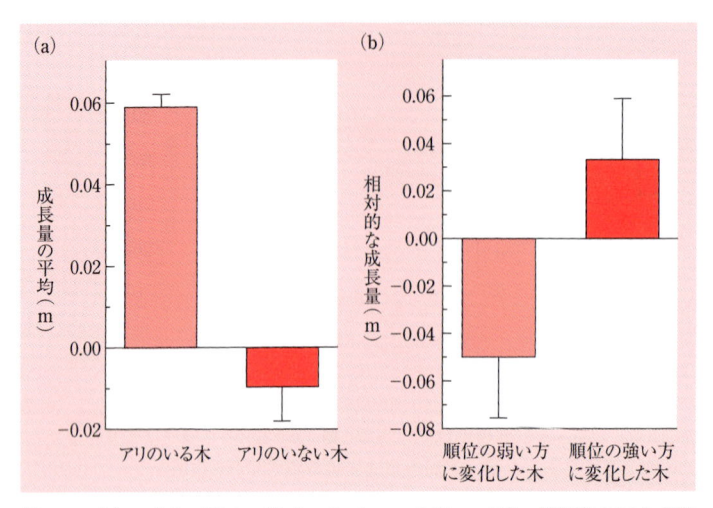

図13.4 (a) アカシア属の一種 *Acacia drepanolobium* では，継続的にアリが住んでいる木 ($n=651$) の方が，アリがいない木 ($n=126$) より成長量の平均値が有意に大きかった ($P<0.0001$)．継続的にアリが住んでいた木とは，最初の調査と6ヶ月後の調査の両方の時点で，アリのコロニーがあった木であり，アリがいない木とは，両方の調査時にアリのコロニーがなかった木である．(b) 居住するアリの種が，アリ間の競争順位の高い種に入れ替わった木 ($n=85$) では，順位の低い種に入れ替わった木 ($n=48$) より相対的な成長量は有意に大きかった ($P<0.05$)．成長量は，アリの入れ替わりがなく同じアリに利用されていた木と比較した場合の相対成長量．縦線は標準誤差を示す．(Palmer *et al.*, 2000 より．)

間に複雑な動態をもたらし，それがアカシアにとっての最終的な収支を決めるのである．

アリと植物の相互作用については Heil & McKey (2003) が総説をまとめている．

13.3 栽培や牧畜

13.3.1 ヒトの農業

少なくとも地理的な広がりという点で，最も大がかりな生態的相利関係はヒトの農業である．コムギ，オオムギ，オートムギ，トウモロコシ，イネの個体数と生育面積は，それらが栽培されていなかった場合の個体数や生育面積をはるかに上回っているであろう．そして狩猟・採集時代以降のヒト *Homo sapiens* の人口増加は，ヒトへの互恵的な利益を物語っている．ヒトの絶滅が世界のイネの個体群に与える影響や，イネの絶滅がヒトの個体群に与える影響は，実験をするまでもなく，容易に想像できる．ウシやヒツジやその他哺乳類の家畜化についても同様のことが言える．

似たような「農業」を伴う相利がシロアリと特にアリの社会で発達している．そこでは「農民」は自分たちが利用する生物を競争者や捕食者から防衛するばかりか，運んだり世話をしている．

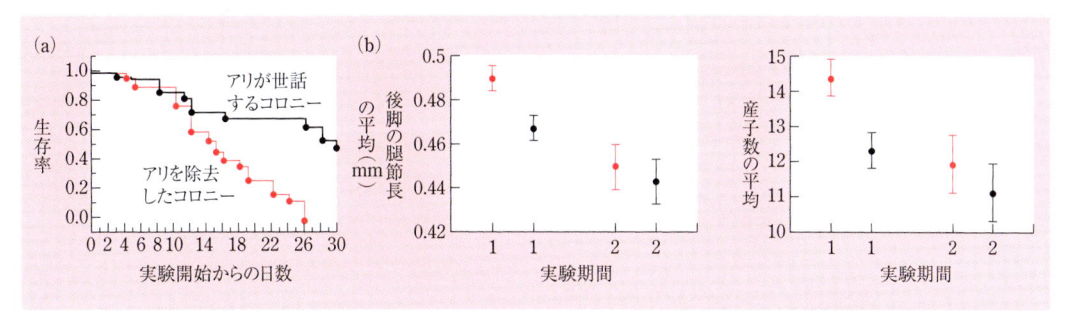

図 13.5 (a) アリを排除したアブラムシの一種 *Tuberculatus quercicola* のコロニーは，アリが随伴しているコロニーより消滅しやすかった（$X^2 = 15.9$，$P < 0.0001$）．(b) しかし，捕食者がいない状況では，アリを排除したコロニーは，アリが世話をしているコロニーよりも大きく成長した．図は捕食者のいない環境における 2 つの実験期間（1998 年 7 月 23 日～8 月 11 日 (1) と 1998 年 8 月 12 日～8 月 31 日 (2)）での，アブラムシの平均体長（後脚の腿節長；$F = 6.75$, $P = 0.013$）と産子数（卵胎生の胚の数）（$F = 7.25$, $P = 0.010$）± 標準誤差．●はアリ除去区；●はアリ随伴区．（Yao *et al.*, 2000 より．）

13.3.2 アリによる昆虫の牧畜

牧畜されるアブラムシ——アブラムシは対価を支払っているのか？

アリはアブラムシ科（同翅目）の多くの種から糖分の多い分泌物である甘露をもらう見返りに，牧畜をしている．アブラムシの「群れ」は，捕食者による死亡率の低下という利益を得て，摂食速度，排泄速度が増加し，大きなコロニーを形成する．しかし，従来考えられていたように，この関係は双方に利益だけをもたらす心地よい相互作用であるとみなすのは間違いだろう．アブラムシは操縦されており，収支決算として利益に見合う支払いもしているはずである（Stadller & Dixon, 1998）．この疑問に答えるために，北日本の北海道にいるエゾアカヤマアリ *Formica yessensis* に世話をされるカシワホシマダラアブラムシ *Tuberculatus quercicola* のコロニーが調査された（Yao *et al.* 2000）．予想通り，捕食者がいる状況では，アブラムシのコロニーはアリに随伴されている方が，アブラムシのいるブナの根元にアリの嫌う薬剤を塗ってアリを排除したときより，有意に長く生き残った（図 13.5a）．しかし，アブラムシ側にもコストがあった．捕食者を排除した環境で，同じ方法でアリを排除してアブラムシへのアリの随伴の効果を分離して測ったところ，アリが随伴しているアブラムシは，捕食者とアリの両方を排除したアブラムシに比べて，成長が悪く，産子数も少なかった（図 13.5b）．

もうひとつの古典的な牧畜という形をとる相互関係は，アリと多くのシジミチョウ科

アリとシジミチョウ

のチョウの間に見られる．多くの場合，シジミチョウの若い幼虫は，通常は 3 齢または 4 齢幼虫までは，その好みの食草を餌とする．その後，餌を探している働きアリに姿をさらして拾ってもらい，巣まで運んでもらう．アリが幼虫を「養子」にするのである．巣では，アリは幼虫の特殊な分泌腺から出る糖分を含んだ分泌物を「搾乳」し，見返りとして，残りの幼虫期と蛹期の間，捕食者や寄生者から守る．一方，別のシジミチョウとアリの相互作用では，進化のバランスはかなり異なっている．幼虫はアリが生産する化学信号物質に擬態した化学物質を生産する．それによって，アリは幼虫を巣に連れて帰り，巣の中に滞在することを許す．巣の中では，幼虫は社会的寄生者（「カッコウ」，第 12 章 2.3 節を参照）として振る舞い，アリに餌をもらう（例えば，シベリアシジミ *Maculinea rebeli* はリンドウ科の一種 *Gentiana cruciata* を食草とし，その幼虫はクシケアリ属の一種 *Myrmica schenkii* の幼虫に擬態している）か，ま

たは，幼虫は単純にアリの幼虫を餌として食べる（例えばタチジャコウソウ Thymus serpyllum を食草としているアリオンシジミ M. arion）（Elmes et al., 2002）．

13.3.3 甲虫とアリによる菌類の栽培

動物の多くは，木質を含む植物の組織の大部分を食物として直接には利用できない．その理由は，彼らがセルロースやリグニンを消化する酵素を持っていないからである（第3章7.2節と第11章3.1節を参照）．ところが，菌類の多くはそうした酵素を持つので，その菌類を食べることのできる動物は，そのエネルギーに富んだ食物を間接的に利用できることになる．このような理由で，動物と分解者である菌類との間に，いくつかのきわめて特殊化した相利関係が発達している．キクイムシ科の甲虫は，枯れた木や枯れかかっている木に深い坑道を掘る．そしてキクイムシのそれぞれの種に特有な菌類が坑道内で成長し，それが甲虫の幼虫の餌となる．この「アンブロシア」（ambrosia—神々の食物）食のキクイムシは，消化管内の菌類の接種原を持ち運ぶことができるが，中には頭部に胞子を運ぶための特殊な毛のブラシを持っている種もいる．菌類は食物として甲虫に利用されるが，その代わりに甲虫に依存して新しい坑道へ分散している．

菌類を栽培するアリは新世界だけで見つかっている．そして，今までに記載された210種は共通の祖先種から進化してきたようである．つまり，この特性はただ1回だけ進化したのである．比較的「原始的」な種は，通常，枯死した植物質と，昆虫の糞や死骸を利用して，その菌園を成熟させる．フタフシアリ亜科のアレハダキノコアリ属 Trachymyrmex とキヌゲキノコアリ属 Sericomyrmex は，通常，死んだ植物体を利用するが，最も派生的な（進化的に「進んだ」）2つの属，トガリハキリアリ属 Acromyrmex とハキリアリ属 Atta は，いわゆる「葉切りアリ」で，たいていは新鮮な葉や花を利用する（Currie, 2001）．ハキリアリは菌類を栽培するアリの中でも最も注目すべきものである．ハキリアリは土の中に2〜3ℓの空洞を作り，その中で，周囲の植物から切り取ってきた葉を使って担子菌類を栽培する（図13.6）．このアリのコロニーは，幼虫の栄養源を完全に菌類に依存しているようである．働きアリは菌類のコロニーをなめ，膨れた特殊な菌糸を切り取る．この膨れた菌糸は集合して，一咬みサイズの「ブドウのふさ」状になっている．これが食物として幼虫に与えられる．また菌類は「収穫」されることで成長を促されるようである．菌類もアリとの関係から利益を得ている．つまり，菌類はハキリアリによって栽培され，分散する．そしてこの菌類はアリの巣の外ではまったく見つからない．ハキリアリの繁殖メスは，新しいコロニーを作るために巣を離れる時，最後の食物を培養株として持って出るのである．

植食性昆虫の多くはきわめて少数の植物種しか食べない．実際，植食性昆虫の大多数は厳密に単食性である（第9章5節を参照）．ハキリアリは植食性昆虫の中でも際だった多食性を示す．ハキリアリ属の一種 Atta cephalotes は，巣の周囲にある植物種の50〜77％を利用する．ハキリアリは，一般的に，熱帯雨林の葉の全生産量の17％を利用しており，群集内で生態的に優勢な植食性昆虫である．この際立った地位をもたらした理由はその多食性にある．この A. cephalotes の成虫とは対照的に，その幼虫は極端な専食者のようである．幼虫は，成虫が栽培している葉片を分解する菌類 Attamyces bromatificus が作る栄養体（gongylidia と呼ばれる）だけを食物としているからである（Cherrett et al., 1989）．

さらに，ヒトの農家が雑草に悩まされているのとまったく同じように，菌類を栽培するアリはその作物を荒らす他

ハキリアリ — 顕著な多食性

アリと栽培される菌類，放線菌類 — 3者間の相利関係

図 13.6 (a) パラグアイのチャコでのハキリアリ属の一種 Atta vollenweideri の巣. 地面を掘削して巣を側面から調査している. アリによって地上に掘り出された土の堆積は, 写真の掘削面からさらに 1 メートル以上の深さにまで達している. (b) 実験室で作らせた巣の中で, まだ若い菌類の培地にいる, ハキリアリ属の一種 A. cephalotes の女王アリ (腹部の上に働きアリが乗っている). 培地には葉の小片とそれをつなぐ菌糸からなる小室構造がみられる. (J. M. Cherrett 氏の厚意による.)

種の菌類と戦わなければならない. 病原性の菌類 Escovopsis は特殊化しており (アリの菌類培地以外では見つかっていない), 非常に有害である. ある実験では, ハキリアリの一種 Atta colombica において, Escovopsis の胞子を高濃度で接種した 16 コロニーのうちの 9 コロニーが, 処理から 3 週間以内に培地を失った (Currie, 2001). しかし, アリは助けとなるもうひとつの相利的な関係を持っている. アリの表面に付着している糸状放線菌は, 結婚飛行する新女王によって新しい培地に分散し, アリはその放線菌の成長を促す化学物質まで生産する. その放

線菌類は，Escovopsis に特殊化した，強い抑制効果を持つ抗生物質を生産する．その抗生物質はアリ自体を病原体から守るとともに，栽培している菌類の成長を促進しているようである（Currie, 2001）．従って，Escovopsis が相手にしているのはアリと栽培される菌類の 2 種の相利関係ではなく，放線菌類を加えた 3 種間の相利関係なのである．

13.4 種子と花粉の散布

13.4.1 種子散布での相利関係

きわめて多くの植物種が，種子散布や送粉に動物を利用している．顕花植物のうち約 10％の種の種子や果実には，鉤，のぎ，粘着性などがあり，植物に接触してくるさまざまな動物の毛，剛毛，羽毛などに付着する．付着した種子や果実は動物に不快感を与えることが多く，動物は身繕いをして可能な限り取り除くのだが，その時にはすでに種子や果実をいくらかの距離運んでしまっている．こうした場合，植物（付着させる仕組みに資源を投資している）には利益があるが，動物には何の報酬もない．

果実　まったく異なっているのは，高等植物とその多肉質の果実を食べて種子を散布する鳥類や他の動物との間に見られる真の相利関係である．もちろん，相利的な関係であるためには，動物が多肉質の果実だけを消化し，種子は消化しないことがきわめて重要で，種子は吐き出されたり，排泄された時にまだ生きている必要がある．植物の胚を守る厚く強い防御の壁は，果実食の動物に散布してもらうために，植物が支払う代償の一部なのである．植物界において，多肉質の果実の進化には目を見張るほど多様な形態変異が生じている（図 13.7）．

動物が多肉質の果実を食べて種子を散布する相利関係においては，関与する動物種は特定の種に限らない場合が多い．その理由のひとつは，これらの相利関係には，普通，寿命の長い鳥類や哺乳類が関与しているのだが，熱帯地方でさえ，1 年中果実をつけて，特定のスペシャリストに確実に食物資源を供給する植物はほとんどないからである．しかし，次節で送粉相利関係について考えるときに明らかになるように，もっと排他的な相利関係が成り立つためには，植物の報酬が他種の動物には使えないように保護されている必要がある．これは，果実に関してよりも花の蜜に関してずっと容易なことである．どんな場合でも，動物が特殊化することは，送粉において重要である．なぜなら，果実や種子は親の植物から離れたところに散布されればよいのに対して，異なる種の間での花粉の運搬は損失となるからである．

13.4.2 送粉相利関係

動物によって送粉される花の大多数は，訪れる動物への報酬として蜜や花粉，あるいはその両方を提供している．花の蜜は，植物にとって動物たちを引きつける以外には何の価値もないように見え，植物にとってコストである．なぜなら，蜜の炭水化物は成長やその他の活動に使うこともできたはずだからである．

おそらく，特殊化した花の進化と送粉者の動物との結びつきが進化上有利だったのは，動物が異なる花を識別でき，同じ種の違う花の間で花粉を運ぶが，他種の花へは運ばないという行動がとれるからであろう．受動的な花粉運搬，例えば，風や水による花粉運搬では，そうした区別はできず，とても無駄が多い．実際，多くのランで見られるように，花粉媒介者と花が著しく特殊化している場合には，たとえ送粉者が他種の花を訪れても，花粉が無駄になることはほとんどない．

しかし，花の授粉において動物と相利関係を持つことから生じるコストもある．例えば，花

第13章 共生と相利

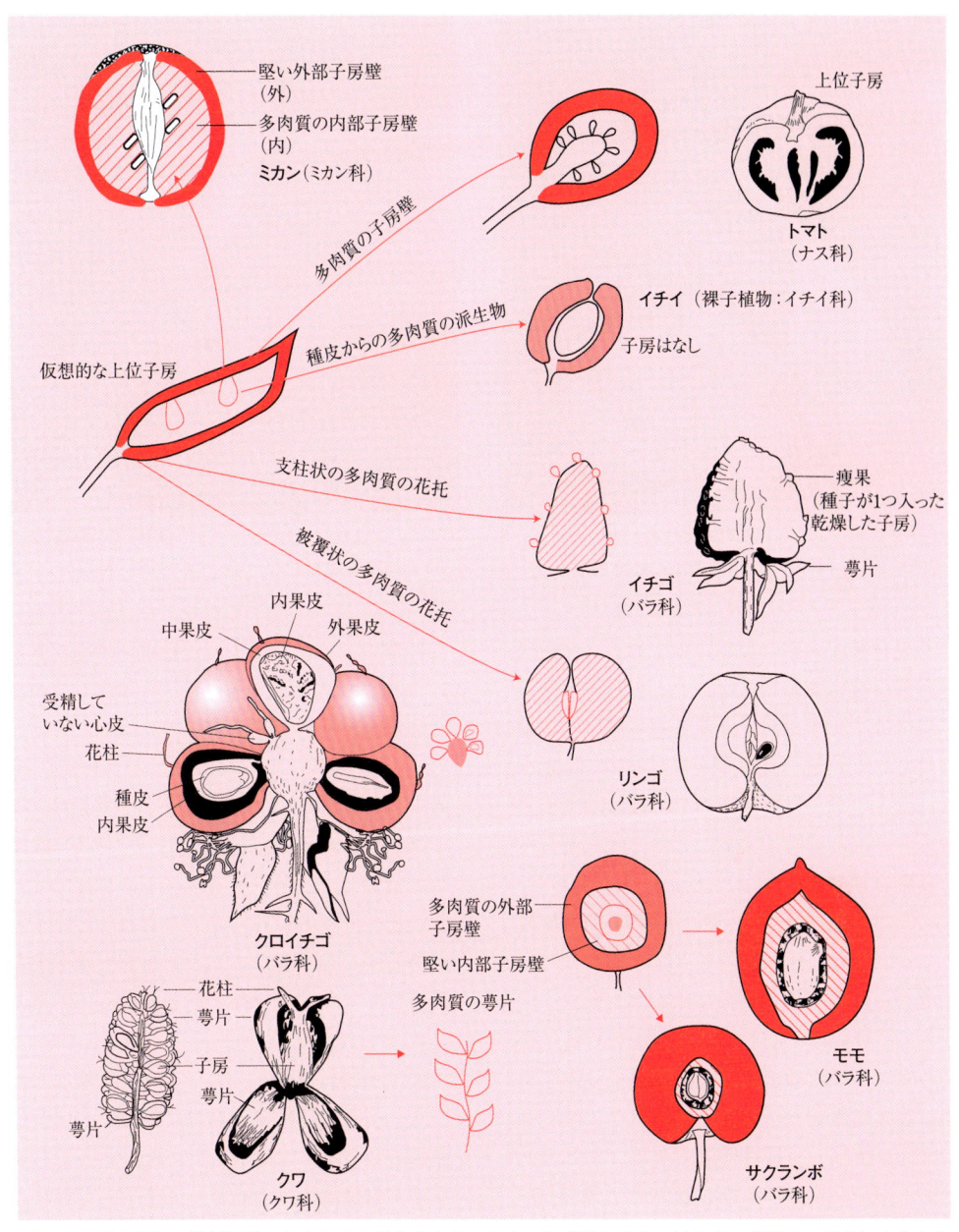

図13.7 種子散布の相利関係に含まれる多様な多肉質の果実．相利者を引きつける多肉質構造の進化にかかわる形態上の特殊化を示す．

粉を運ぶ動物は性的な病気を運ぶ原因ともなりうる（Shykoff & Bucheli, 1995）．例えば，病原性の担子菌 *Microbotryun violaceum* は，ナデシコ科の一種，ヒロハノマンテマ（*Silene alba*）の花を訪れる送粉者によって運ばれる．そして，感染した植物の葯はこの菌の胞子でいっぱいになる．

ハチドリ類，コウモリ類，そして小さなげっ歯類や有袋類にいたるさまざまな種類の動物が，顕花植物の送粉に携わっている（図13.8）．しかしながら，最も優秀

昆虫の送粉者——ゼネラリストから超スペシャリストまで

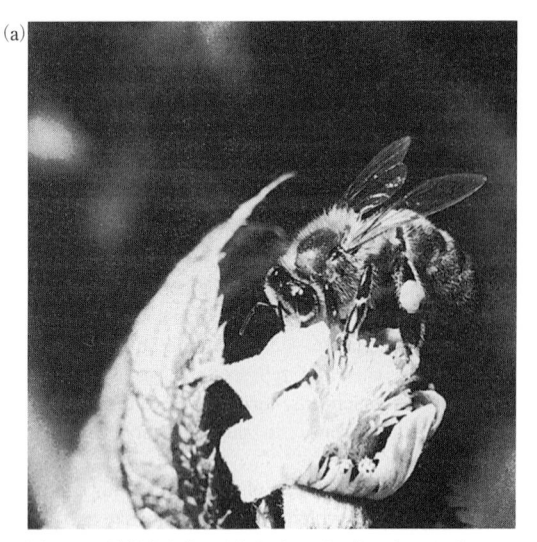

図13.8　送粉者たち．(a) キイチゴの花の上のセイヨウミツバチ *Apis mellifera*．(b) ヤマモガシ科の一種 *Protea eximia* で摂食しているオナガミツスイ *Promerops cafer*．（Heather Angel氏の厚意による．）

な花粉媒介者は間違いなく昆虫である．花粉は栄養豊富な食物資源である．そして最も単純な虫媒花では，花粉はあらゆる動物に向けて多量に提供されている．植物が送粉について昆虫を頼りにするのは，昆虫が花粉を完璧に効率よく消費するとはとても言えず，そのこぼれ落ちやすい食物を植物から植物へと運ぶからである．さらに複雑な花では，蜜（糖の水溶液）が追加報酬もしくは花粉に代わる報酬として作られている．それらの中で最も単純な花では，蜜腺は保護されていない．しかし，特殊化が進むと，蜜腺はわずかな種だけに訪問者を制限するような構造に包まれるようになる．キンポウゲ科ではこのような蜜腺の多様性が見られる．キンポウゲ属の一種 *Ranunculus ficaria* の花は単純で，蜜腺は全ての訪問者にさらされているが，*R. bulbosus* の花はもっと特殊化しており，蜜腺を垂れ蓋が覆っている．そして，オダマキ属 *Aquilegia* では蜜腺は長い管の中にあり，長い吻（舌）を持った訪問者だけが蜜にありつける．近縁のトリカブト属 *Aconitum* では，花全体が特定の形と大きさの昆虫にしか密腺を利用できないような構造をしており，昆虫は否応なしに葯に体をすりつけ花粉を体につける．保護され

ていない蜜腺はたやすく送粉者に供給できるという利点があるが，送粉者が特殊化していないために，多くの花粉を別種の花に運んでしまう（もっとも実際には，ゼネラリストの多くは「逐次的スペシャリスト」であり，何時間または何日かの間，同じ種類の植物を選んで訪れる）．保護された蜜腺では，スペシャリストによって同種の他の花へ効率的に花粉が運搬されるという利点があるが，そうしたスペシャリストが十分な数存在していることを当てにしている．

チャールズ・ダーウィン（Darwin, 1859）は，オダマキ属に見られるような長い蜜腺は，蜜腺の入り口で，送粉する昆虫に花粉をしっかりと触れさせることに気づいていた．そうであるならば，自然淘汰において，より長い蜜腺が有利になるだろう．そして，進化的な反応として，送粉者の舌は長くなるように選択されるだろう．これは，特殊化が相互にエスカレートしてゆく過程である．Nilsson (1988) は，長い花管に蜜腺を持つツレサギソウ属 *Platanthera* のランで，花管を実験的に短くした．すると，そうした花では生産される種子がずっと少なくなった．おそらく送粉者は受粉効率を最大にする姿勢をとれなくなったのだろう．

大多数の植物では，開花は季節的な出来事である．この
季節性
ことが，送粉者が絶対的 (obligate) なスペシャリストとなることを強く制約している．送粉者は，その生活環がある特定の植物の開花時期とぴったり合っている時にだけ，餌資源をその植物に完全に依存できる．これは，チョウやガなど，多くの短命な昆虫では可能である．しかし，長生きするコウモリやげっ歯類といった送粉者や，長命なコロニーを持つミツバチはゼネラリストになる傾向がある．こうした動物は，季節を通してあまり特殊化していない花を次から次へと利用するか，蜜を利用できない時期にはまったく別の食物を利用する．

13.4.3 産卵場所での送粉 —— イチジクとユッカ

イチジクとイチジクコバチは...
昆虫によって受粉される植物が皆，送粉者に持ち帰り用の食物だけを提供しているわけではない．昆虫の幼虫が発育する場所と十分な食物を提供している植物も多い (Proctor *et al.*, 1996)．その中で，もっとも良く研究されているのは，イチジク類 (*Ficus*) とイチジクコバチの間の複雑でほとんどが種特異的な相互作用である（図 13.9）(Wiebes, 1979; Bronstein, 1988)．イチジクは壺状の膨らみ（花托）の中にたくさんの小さな花をつけるが，その花托は細い穴だけで外につながっている．花托は後に多肉質の果実になる．一番よく知られている種は食用となるイチジク *Ficus carica* である．栽培品種のイチジクの中には，雌木しかなく，果実の成長に受粉を必要としないものもある．しかし，野生の *F. carica* では，3 つのタイプの花托が，別々の季節に生じる（他の種はこれほど複雑ではないが，生活環は似ている）．冬に生じる花托の花は大部分が中性（不稔の雌花）で，開口部近くにごく少数の雄花がある．小さなイチジクコバチ *Blastophaga psenes* のメスは，花托の中に侵入し，その中性花の中に卵を産んで死ぬ．ハチの

図 13.9 発達中のイチジクの花托の上のイチジクコバチ．Gregory Dimijian 氏（Science Photo Library）の許可を得て転載．

幼虫はひとつの花の子房の中で発育を完了するが，オスが先に羽化して，メスが入っている子房を咬んで開け，メスと交尾する．初夏になると，メスたちは開口部近くにある開花したばかりの雄花から花粉を受け取って外へ出る．

交尾したメスは花粉を携えて，中性花と雌花を擁する 2 番目のタイプの花托へ行き，卵を産む．結実しない中性花の花柱は短く，ハチの産卵管はその子房に届くので，卵は子房の中に産み込まれ，そこで幼虫が育つ．しかし，雌花は長い花柱を持つため，ハチの産卵管は子房まで届かず，卵を産んでも幼虫は発育できない．しかし，この産卵をするときに，ハチは花に授粉し，その花は結実する．このように，これらの花托の組み合わせから，生存力のある種子（イチジクの利益）とイチジクコバチの成虫（明らかにイチジクコバチの利益だが，彼らはイチジクの送粉者なのでイチジクの利益でもある）の両方が産み出される．この世代のハチが成長して，交尾を終えた雌が秋に外へ出てくる．そして，さまざまな他の動物がイチジクの果実を食べ，種子を散布する．この秋に外に出てきたハチは中性花ばかりからなる 3 番目のタイプの花托に卵を産む．この花托からは冬にハチが外に出てきて，再びその生活環が始まる．

この 2 種間の関係は，その興味深い自然史的側面はさておいて，2 種の利害が一致し
... 対立があっても相利関係であることを示す

ていないようにすら見える相利関係の良い例である．特に，イチジクとハチのそれぞれにとっての，イチジクの種子に発育する花と内部でイチジクコバチを発育させる花の最適な割合は異なり，この2つの割合の間には負の相関が生じると予測できる．つまり種子はハチを犠牲にして作られ，ハチは種子を犠牲にして作られる（Herre & West, 1997）．ところが実際には，このような負の相互作用を検出し，利害の対立を実証することは，進化生態学の研究でよく出くわす理由によってうまくいかない．この2つの変数は正の相関関係を示す傾向があるが，それは果実全体のサイズと果実中のハチが訪問する花の割合という2つの交絡している変数とともに増加する傾向があるからである．しかしながら，Herre & West（1997）は，南北アメリカ大陸の9種のイチジクから得たデータを解析する上で，こうした状況に一般的に適用できる方法を用いて，この問題を克服することができた．彼らは交絡する要因の変動を統計学的に制御し（具体的には，一定の大きさの果実内で一定の数の花が訪問された場合の種子数とハチの個体数の関係を問題にした），そこに負の相関があることを明らかにしたのである．相利関係にあるイチジクとイチジクコバチは，確かに，現在進行中の進化的な闘争に巻き込まれているように見えるのである．

ユッカとユッカガ 同じように詳しく研究されている類似した関係は，北米と中米に生育する35～50種のユッカ属 *Yucca* 植物（リュウゼツラン科）とその送粉者である17種のユッカガの間の相利関係である．17種のユッカガのうち13種は1999年以降に新たに記載されている（Pellmyr & Leebens-Mack, 2000）．メスのガは特殊化した「触手」を使って，ひとつの花の中にあるいくつかの葯から同時に花粉を集め，異系交配を促進するように別の花序の花へと運び，そこで子房の中に卵を産み，再び触手を使って花粉を丁寧にこすりつける．ガの幼虫の発育には受粉の成功が必要である．なぜなら，受粉していない花はすぐに死ぬからである．幼虫はすぐ近くの種子は食べてしまうが，他の多くの種子はうまく成長する．発育を完了した幼虫は地表に落ちて蛹になり，1年以上後に，ユッカが花をつける季節に羽化する．そのため，イチジクとイチジクコバチの関係と同様に，ユッカガの雌成虫1個体の繁殖成功は，1個体のユッカの繁殖成功と関連がない．

種子散布と送粉における相利関係についての総説が Thompson（1995）によってまとめられており，そうした相利関係の進化を導いたと考えられる過程が詳しく説明されている．

13.5　消化管内の微生物を含む相利関係

これまでに扱った相利関係のほとんどは，行動様式に依存しており，どの種も相手の体の中に完全に入り込んで生活している訳ではなかった．他の多くの相利では，相利関係者の片方は単細胞の真核生物か細菌で，その相利関係の相手である多細胞生物の体腔内か，場合によっては細胞内に，多かれ少なかれ永続的に組み込まれている．様々な動物の消化管内の微生物相は，最も良く知られた細胞外の共生者である．

13.5.1　脊椎動物の消化管

植食性の脊椎動物によるセルロースの消化において，微生物が重要な役割を果たしていることは以前から知られていた．しかし今では，あらゆる脊椎動物の胃と腸の中に相利的な微生物相が住みついていることが明らかとなっている（総説としては Stevens & Hume, 1998）．原生動物と菌類も普通に見られるが，その「発酵」の過程に主に貢献しているのは細菌である．細菌の多様性が一番高いのは，消化管内でも pH が比較的中性に近く，食物の滞留時間が比較的長い

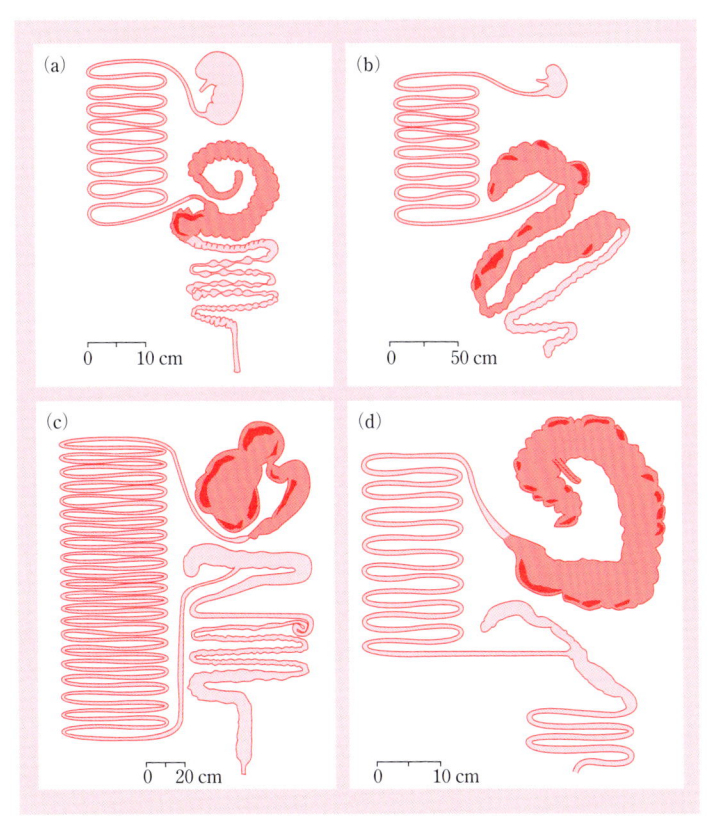

図13.10 哺乳類の消化管は，豊かな動物相，植物相，もしくは微生物相を擁する発酵室に形を変えている場合が多い．(a) ウサギ．拡張した盲腸に発酵室がある．(b) シマウマ．盲腸と結腸の両方に発酵室がある．(c) ヒツジ．消化管前部で発酵．胃の一部が大きくなったルーメン（第一胃）と第二胃に発酵室がある．(d) カンガルー．胃の底が長く伸びて発酵室となっている．(Stevens & Hume, 1998 より．)

場所である．小型の哺乳類（例えば，ネズミ，ウサギ，アナウサギ）では，盲腸が主な発酵室になっている．これに対して，反芻動物以外の，馬のような大型の哺乳類では，主に結腸で発酵が行われている．ウサギと同じく自らの糞を食べる食糞習性があるゾウでも同様である（図13.10）．ウシやヒツジのような反芻動物と，カンガルーや他の有袋類では，発酵は特殊化した胃の中で起こる．

この相利関係の基盤は単純である．微生物は，食べられ，噛み砕かれ，ある程度すりつぶされた食物の形で，成長のための基質の安定した供給を受ける．また，微生物は，pHが調節され，そして内温動物では温度も調節された，嫌気的条件の部屋に住んでいる．寄主の脊椎動物，特に草食動物は，自分自身では消化できない食物から栄養を得ている．細菌は，寄主の食物中のセルロースとデンプン，そして寄主の粘液や死んだ腸の粘膜上皮細胞自体に含まれる炭水化物を発酵することにより，短鎖脂肪酸（short-chain fatty acids, SCFAs）を作り出す．SCFAsは寄主にとって主なエネルギー源となっている場合が多い．例えば，ウシではSCFAsが生活に必要なエネルギーのうちの60％以上，ヒツジでは29〜79％を提供している（Stevens & Hume, 1998）．微生物はさらに，窒素化合物（中腸で吸収されなかったアミノ酸，寄主によって排出されるはずの尿素，粘液や死んだ細胞）を窒素と水を維持し

表13.1 ルーメンの細菌の多様な機能と，生産する多様な産物．(Allison, 1984; Stevens & Hume, 1998 より．)

種	機能	産物
B. amylophilus	A, P, PR	F, A, S
B. ruminicola	A, X, P, PR	F, A, P, S
Succinimonas amylolytica	A, D	A, S
Selenomonas ruminantium	A, SS, GU, LU, PR	A, L, P, H, C
Lachnospira multiparus	P, PR, A	F, A, E, L, H, C
Succinivibrio dextrinosolvens	P, D	F, A, L, S
Methanobrevibacter ruminantium	M, HU	M
Methanosarcina barkeri	M, HU	M, C
Spirochete species	P, SS	F, A, L, S, E
Megasphaera elsdenii	SS, LU	A, P, B, V, CP, H, C
Lactobacillus sp.	SS	L
Anaerovibrio lipolytica	L, GU	A, P, S
Eubacterium ruminantium	SS	F, A, B, C

機能：A，デンプンの分解；C，セルロースの分解；D，デキストリンの分解；GU，グリセリンの利用；HU，水素の利用；L，脂肪の分解；LU，乳酸塩の利用；M，メタンの生成；P，ペクチンの分解；PR，タンパク質の分解；SS，主要な可溶性糖の発酵；X，キシランの分解．

産物：A，酢酸塩；B，酪酸塩；C，二酸化炭素；CP，カプロン酸塩；E，エチルアルコール；F，蟻酸塩；H，水素；L，乳酸塩；M，メタン；P，プロピオン酸塩；S，琥珀酸塩；V，吉草酸塩．

たまま，アンモニアと微生物のタンパク質に変換する．そしてビタミンB群を合成する．微生物のタンパク質は，消化することができるなら，寄主にとって有用である．この消化は，前腸で発酵をおこなう動物と，後腸内で発酵をおこない糞食をする動物の腸内で行われる．しかし，アンモニアは通常有用ではなく，寄主にとって有毒でさえある．

13.5.2 反芻動物の消化管

反芻動物の胃は前胃の3つの部分，すなわち第一胃（ルーメン，rumen），第二胃（網胃，reticulum），第三胃（葉胃，omasum）と，その後ろの酵素を分泌する第四胃（皺胃，abomasum）からなり，第四胃は，他の大部分の脊椎動物の胃に相当する．ルーメンと第二胃は主に発酵をおこない，第三胃は主に消化物を第四胃に送る働きをする．約5 μl 以下まで小さくなった食物片だけが，第二胃から第三胃に送られる．大きな食物片は口まで吐き戻され，再び噛み砕かれる（この一連の過程が反芻）．ルーメンには，高密度で細菌（10^{10}〜10^{11}/ml）と原生動物（10^5〜10^6/ml だが細菌に匹敵する容積を占める）が存在する．ルーメンの細菌群集は，ほぼ絶対嫌気性生物（obligate anaerobe）だけからなり，その多くは酸素にさらされるとすぐに死ぬ．しかし，これらの細菌は，それぞれが異なる基質に依存しているので，多様な機能を果たし，多様な産物を作り出す（表13.1）．反芻動物の食物の重要な成分は，セルロースやその他の繊維質である．しかし，反芻動物はこれらの繊維質を消化する酵素を持っていない．そのため，ルーメンの微生物相のセルロースを加水分解する働きが必要不可欠となる．ただし，すべての細菌がセルロースを加水分解できるわけではない．多くはルーメン内の他の細菌が作り出す基質（乳酸塩や水素）に依存して生活している．

反芻動物のルーメン内の原生動物も，さまざまなスペシャリストが混じり合っている．そのほとんどは繊毛虫門の棘毛目とエントディニウム目である．そのうちの何種かはセルロースを消化できる．セルロース分解能を持つ繊毛虫類は独自のセルラーゼを持っているが，他の原生動物は共生細菌を利用していると考え

相利者の複雑な群集

られている．細菌を摂取する種もいる．それらの種がいなければ，細菌の個体数は増加する．エントディニウム目の原生動物の中には他の原生動物を捕食する種もいる．このように，競争，捕食，相利関係という多様な過程，そして陸上や水中の自然群集を特徴づける食物連鎖もが，すべてルーメンという微小生態系に存在するのである．

13.5.3 自糞食

糞を食べることはヒトではタブーとされている．おそらく，病原性の微生物によって生じる健康被害に対する，生物学的，文化的進化の複合的な結果だろう．病原性微生物は後腸では比較的害が少ないが，後腸より前の部分では病原性を発揮するものが多い．しかし，多くの脊椎動物にとっては，栄養を効率よく吸収できる場所よりも後にある後腸に共生している微生物は，無駄にするには惜しい資源である．そのため，糞食性（coprophagy：糞を食べること）や自糞食（autocoprophagy：自分の糞を食べること）は小型の植食性脊椎動物においてはよく見られる性質である．ウサギ類では職人芸の域に達しており，結腸分離機構（colonic separation mechanism）なるものを持ち，それによって栄養分の少ない乾いた糞の粒と，栄養豊富で柔らかい粒を作り分け，柔らかい糞を選択的に食べている．柔らかい糞には，高濃度のSCFAs，微生物のタンパク質，ビタミンB群が含まれており，ウサギが必要とする窒素の30％と，必要以上のビタミンB群をまかなうことができる（Björnhag, 1994; Stevens & Hume, 1998）．

13.5.4 シロアリの消化管

等翅目のシロアリは，コロニーを形成する社会性昆虫で，その多くが食物として取り込む木材の消化を共生者に頼っている．下等なシロアリは，木材を直接の食物とし，その中の大部分のセルロース，ヘミセルロース，そしておそらくリグニンを消化管内の共生者が消化する（図13.11）．消化管内には反芻動物のルーメンにあたる袋状器官（paunch；分節化した後腸）があり，微生物の発酵室になっている．しかし，高等なシロアリ（シロアリ全体の75％の種）では，シロアリ自身がセルラーゼを作っている（Hogan et al., 1988）．一方，三番目のグループ（キノコシロアリ亜科）のシロアリは，木材を消化する菌類を栽培し，その菌類を木材と一緒に食べることで，菌類のセルラーゼに消化を助けてもらっている．

シロアリは食糞する．そのため，食物は少なくとも2回は消化管を通る．1回目の通過時に繁殖した微生物は，2回目に消化されるようである．下等なシロアリの袋状器官にいる主な微生物は，嫌気性鞭毛虫類の原生動物である．細菌も存在するが，セルロースは分解できない．その原生動物は木材の小片を細胞内に取り込み，セルロースを発酵させ，二酸化炭素と水素を放出する．主な発酵産物で，寄主のシロアリが吸収するのは，脊椎動物の場合と同様にSCFAsであるが，シロアリではそれは主に酢酸である．

シロアリの消化管にいる細菌の個体群は，反芻動物のルーメンにいる細菌と比べると目立たないが，独特な2つの相利関係に関わっていると考えられる．

1. スピロヘータは鞭毛虫類の表面に集まる傾向がある．スピロヘータはおそらく鞭毛虫類から栄養を受け取っており，鞭毛虫類はスピロヘータの運動によって移動することができる．つまり，これら2種の相利関係にある生物が，さらに第三の生物種の体内に相利的に生活しているのである．

2. シロアリの消化管には気体の窒素を固定できる細菌もいる．これは昆虫の体内で窒素固定することが確認されている共生者としては唯一の事例だろう（Douglas, 1992）．シロアリに抗細菌性の抗生物質を食べさせ

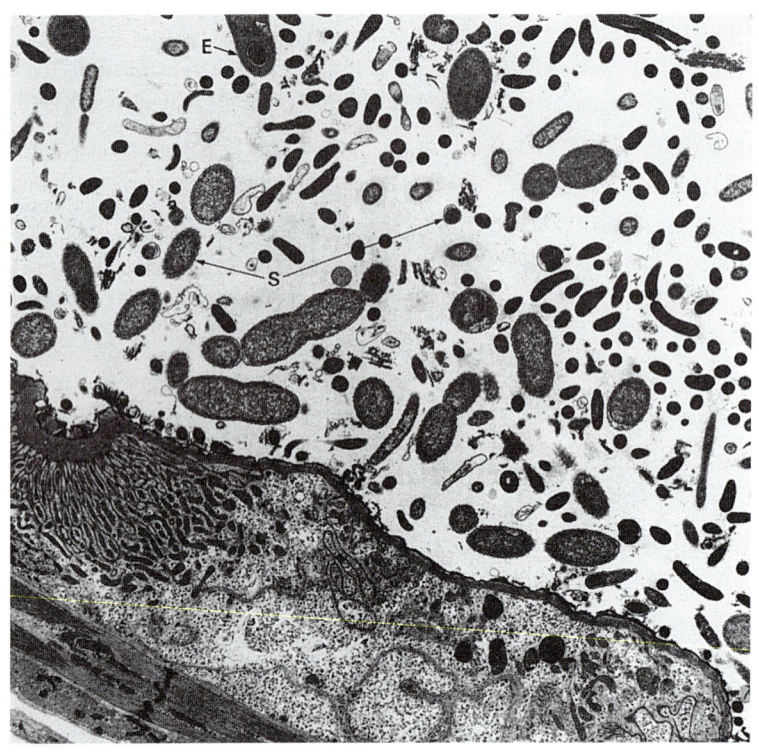

図 13.11 シロアリの一種 *Reticulitermes flavipes* における袋状器官の切片の電子顕微鏡写真．その生物相の大部分は細菌の集合体である．内生胞子を作る細菌（E），スピロヘータ（S），原生動物などが見られる．（Breznak, 1975 より．）

ると，窒素固定は行われなくなる（Breznak, 1975）．また，食物に含まれる窒素の量が増えると，窒素固定の速度は急激に低下する．

13.6 動物の細胞内での相利関係 —— 昆虫の菌細胞共生

微生物と昆虫の**菌細胞共生**（mycetocyte symbiosis）では，母親から継承した微生物が，特殊化した細胞である菌細胞の細胞質内に見いだされる．この相互作用は明らかに相利的である．昆虫は微生物がもたらす栄養的な利益，すなわち必須アミノ酸や脂質やビタミンのためにこの相互作用を必要としており，一方，微生物はまさに存在し続けるためにこの相互作用を必要としている（Douglas, 1998）．この共生はさまざまなタイプの昆虫に見つかっており，ゴキブリ科，同翅亜目，トコジラミ科，シラミ目，ツェツェバエ属，ヒラタキクイムシ科の甲虫，オオアリ属のアリなどのすべての種，またはほぼすべての種に見られる．これらの相互作用は異なる分類群の微生物とそのパートナーである昆虫において独立に進化してきた．しかし，ほぼすべての事例において，それらの昆虫は栄養的に乏しいか，偏った食物に依存して生活している．例えば，師管液，脊椎動物の血液，木材などである．共生者の殆どはさまざまな細菌であるが，中には酵母を共生者としている昆虫もいる．

これらの共生関係の中で，とりわけよく知られているのはアブラムシとブフネラ属 *Buchnera* の細菌の相互作用である（Douglas, 1998）．菌細胞はアブラムシの血体腔の内部にあり，菌細胞の細胞質の 60% 前後を細菌が占

める．この細菌は実験室で培養することができず，アブラムシの菌細胞以外から見つかったことはない．しかし，この細菌がアブラムシにもたらす利益の大きさと性質は，アブラムシを抗生物質で処理してブフネラを除去することで調べることができる．そのような「共生者を欠いた」アブラムシの成長はきわめて遅く，成体になっても子をほとんど，あるいはまったく残さない．細菌が果たす基本的な機能は，師管液には含まれていない必須アミノ酸を，例えばグルタミン酸のような他のアミノ酸から合成することであり，この合成をアブラムシ単独ではできないことが抗生物質処理によって確かめられている．さらに，ブフネラは別の利益も与えているようである．なぜなら，共生者を欠いたアブラムシにすべての必須アミノ酸を与えた場合と比べても，共生者を擁しているアブラムシの成長が優れていたからである．しかし，さらにどんな栄養的な機能が存在するのかはまだ分かっていない．

このアブラムシとブフネラの相互作用は，相利者の間に見られる緊密なつながりが，生態学的レベルと進化的レベルの両方においてどのようにして形成されたのかを見せてくれるすばらしい例でもある．ブフネラは経卵感染する．つまり，ブフネラは母親によってその子供へ，卵を通じて伝えられる．従って，あるアブラムシの系統は，対応するひとつの系統のブフネラだけを持っている．これがアブラムシとブフネラの種の系統進化が厳密に一致している，すなわちアブラムシのそれぞれの種が独自のブフネラの種を持っている（例えば，図13.12を参照）理由に違いない．さらに，ブフネラの系統関係を再構築した分子生物学的研究では，アブラムシはその進化史の中で，1億6000万年前から2億8000万年前の間にブフネラをただ1回獲得したが，それはアブラムシの主系統から，菌細胞共生を持たない2つの科，ネアブラムシ科とカサアブラムシ科が分岐した後だったことも示唆されている（Moran *et al.*, 1993）．最後に意外な展開がある．その2つの科以外でブフネラを持たないもう唯一のアブラムシ類（Hormaphididae に属す）はその進化の過程で二次的にブフネラを失ったようだが，そのかわりに，このアブラムシは共生的な酵母を宿している（Douglas, 1998）．この場合，まず細菌が失われ，次に酵母を獲得したと考えるより，酵母が競争によって細菌と置き換わったと考える方が合理的であろう．

最後に，Douglas（1998）は次のことも指摘している．栄養的に不完全な師管液を食物とする同翅亜目は，上述のアブラムシを含めてすべて菌細胞共生者を持っているが，その進化の過程で二次的に，植物細胞を丸ごと食べるように変化した同翅亜目の昆虫は共生者を失っている．このことは，これほど明らかに相利的であるこのような共生であっても，その利益は差し引きの利益であるという，比較進化学的な見方の例証となる．食物の変化によって，ひとたび昆虫の要求が低くなれば，共生者を持つことのコストと利益のバランスも変化する．この例では，食物の変化によって明らかにコストが利益を上回ったため，共生者を失った方が，自然選択の上で有利になったのである．

13.7 水生無脊椎動物が保持する光合成共生者

さまざまな動物，特に刺胞動物門の動物の組織内から藻類が見いだされる．淡水での共生では，藻類の共生者は通常クロレラ属 *Chlorella* である．例えば，ヒドラの一種 *Hydra viridis* では，内胚葉の消化細胞にクロレラ属の細胞が多数見られる（ヒドロポリプ当り150万個）．光が当たる状態では，ヒドラは藻類から，光合成産物と必要な酸素の50〜100％を受け取る．ヒドラは有機物を食物とすることもできる．ヒドラを暗い所で飼育し，毎日，有機物を食物

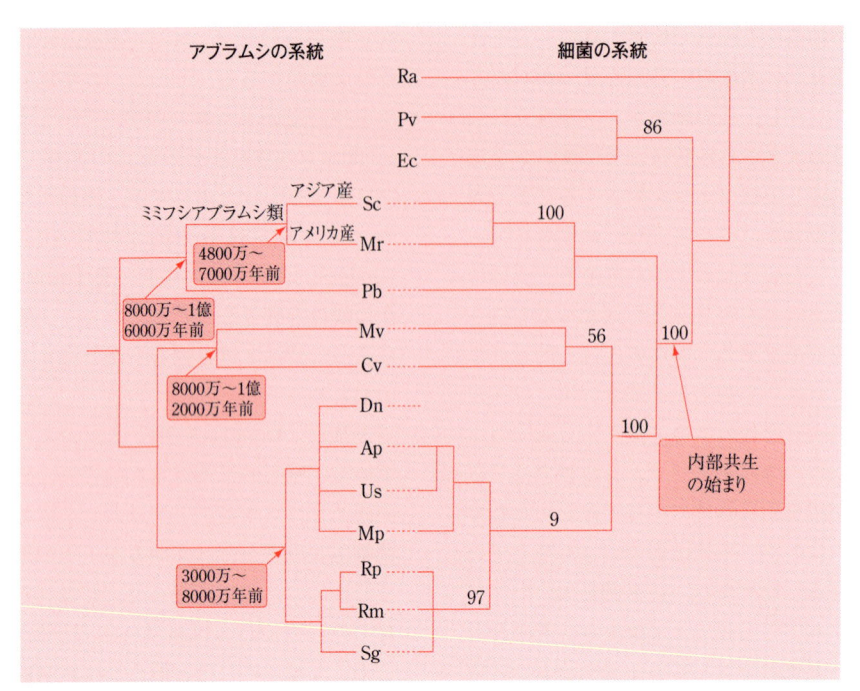

図13.12 いくつかのアブラムシとそれぞれに対応する主な内部共生者の系統関係．他の細菌は比較のために示した．アブラムシの系統樹（Heie, 1987 より）は左側に，細菌の系統樹は右側に示す．破線はアブラムシとそれに共生する細菌を結んでいる．内部共生者ではない次の3種の細菌も系統樹の中に示されている：Ec, 大腸菌 *Esherichia coli*; Pv, *Proteus vulgaris*（通性嫌気性桿菌）; Ra, *Ruminobacter amylophilus*（ルーメンの共生者）．枝の長さは大まかに時間に比例している．（Moran *et al.*, 1993 より）．アブラムシの種は以下の通り．Ap, *Acyrthosiphon pisum*; Cv, *Chaitophorus viminalis*; Dn, *Diuraphis noxia*; Mp, *Myzus persicae*; Mr, *Melaphis rhois*; Mv, *Mindarus victoriae*; Pb, *Pemphigus betae*; Rm, *Rhopalosiphum maidis*; Rp, *Rhodalosiphon padi*; Sc, *Schlectendalia chinensis*; Sg, *Schizaphis graminum*; Us, *Uroleucon sonchi*.

として与えた場合でも，共生藻類個体群は，縮小はするものの少なくとも6ヶ月は維持され，光にさらすと2日以内に通常の状態に戻る（Muscatine & Pool, 1979）．このようにヒドラは，共生者を擁することで，局所的な条件や資源に応じて，独立栄養生物としても，従属栄養生物としても振る舞うことができる．そして，このような共生のすべてに存在するはずの，内部共生者と寄主の成長を調和させる調節過程があるに違いない（Douglas & Smith, 1984）．もしそのような調節過程がなければ，共生者は増殖しすぎて，寄主を殺してしまうか，逆に寄主の増殖に追いつけず，密度が薄まっていくだろう．

海洋プランクトンの藻類と原生動物の緊密な結びつきはたくさん報告されている．例えば，繊毛虫綱の一種 *Mesodinium rubrum* の体内には，共生藻のものと考えられる葉緑体がみられる．原生生物と藻類の相利的共同体は，二酸化炭素を固定することができ，無機栄養塩を吸収する．そして，「赤潮」として知られる高密度の個体群をしばしば形成する（例えば Crawford *et al.*, 1997）．そのような個体群からは，並外れて高い生産速度（炭素 $2\,g/m^3/$ 時間を超える）が記録されており，それは水生微生物の個体群でこれまでに記録された中で，おそらく最も高い水準の一次生産力である．

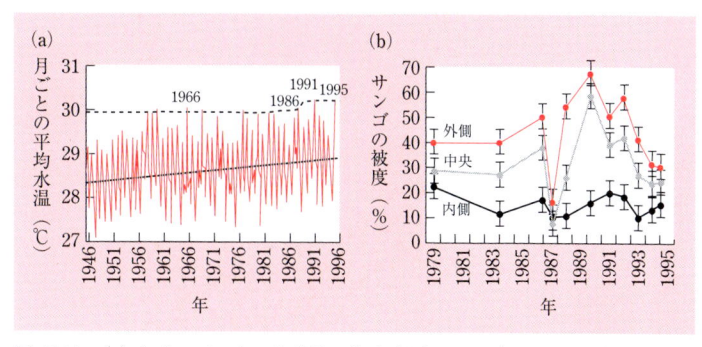

図13.13 (a) タイ，プーケット島沖の海水表面の1945年から1995年までの月ごとの平均水温．実線はすべての点の回帰直線を示す（$P<0.001$）．破線は，白化が生じる温度の閾値（暫定的に30.11℃とした）を越えた年を結んであり，越えた年は数字で示されている．白化現象は1991年と1995年に観察されたが，それ以前の年には調査がなされていなかった．(b) 1979年から1995年までのタイ，プーケットのサンゴ礁の内側（●），中央（◐），外側（●）での，サンゴの被度（%）の平均値（±標準誤差）．(Brown, 1997より．)

13.7.1 造礁サンゴとサンゴの白化

生物体量の点では，相利者が世界中の環境で優占していることはすでに述べた．サンゴ礁はその主要な例である．サンゴ礁を形成するサンゴは，自生的な生態系の構築者としても見事な例であるが（本章第1節を参照），実際は，従属栄養生物である刺胞動物と光合成生物であるシンビオディニウム属 *Symbiodinium* の渦鞭毛藻類が相利的に結びついたものである．サンゴ礁はまた，構築された生息場所としては最も優勢に見えるとしても，潜在的に傷つきやすい性質を持っていることの実例でもある．サンゴの白化（coral bleaching）は，1984年の最初の記載以降，繰り返し報告されてきた．この白化はサンゴが内部共生者やその光合成色素を失うことによって起こる（Brown, 1997）．白化は強い太陽放射や病気に対する反応としても生じるが，主に，異常な水温上昇に対する反応として生じる（タイのプーケット島の調査地で見られたように．図13.13a）．従って，白化現象は，地球全体の温度上昇に従って，しだいに頻度が増してきているようである（図13.13a．第2章8.2節を参照）．

この点は特に注目されている．なぜなら白化現象に続いて，サンゴの大量死滅が起きることがあるからである．これはプーケット島でも見られており，例えば，1991年と1995年の白化現象に続いてサンゴ礁の大量死が起こった（図13.13b）．（ただし，もっと壊滅的な喪失は1987年に生じている．これは白化ではなく，底引き網漁の結果である．1990年代初めのサンゴ礁の衰退は，白化と地元住民によるさまざまな攪乱との相互作用の結果と考えられる．）

私たちは地球温暖化のサンゴ礁への影響について無頓着でいることはできない．また，白化をもたらす影響と関係しうる人間による攪乱も常に存在するだろう．しかし，サンゴ礁のサンゴが白化を引き起こすほどの条件の変化に対して順応することができ，白化から回復できることもまた明らかである．サンゴの順応性はプーケット島での別の研究によって示されている．1995年の白化現象の間に，あるサンゴ *Goniastrea aspera* での白化が，東向きの表面の方が西向きの表面よりも顕著であることが観察された．しかし，通常，西向きの表面の方が強い太陽放射にさらされるため白化しやすい．つまり，この観察結果は西向きのサンゴで

白化と地球温暖化

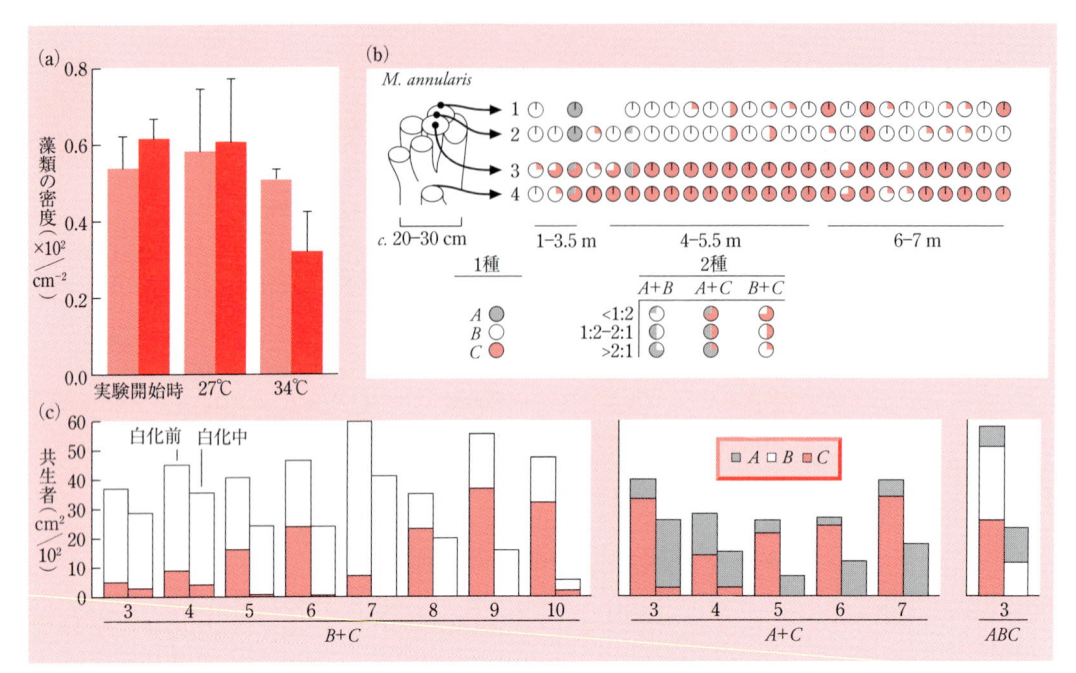

図13.14 サンゴの白化におけるサンゴの順応と回復．(a) サンゴの一種 *Goniastrea aspera* における，コロニーの西側（明色で示す）と東側（暗色で示す）から得たサンプル中の藻類の密度．68時間の高水温（34℃）と，通常水温（27℃）にさらされる前と後の平均値で比較．バーは標準偏差（$n=5$）．(Brown et al., 2000 より．) (b) パナマ沖で，1995年1月に採集された別のサンゴ *Montastraea annularis* での共生者群集．それぞれの記号はシンビオディニウム属 *Symbiodinium* の藻類 A, B, C 種のいずれか，または混合割合を下に示した記号で表している．図中縦の列は個々のサンゴ群体を示し（深度は左から右へ深くなる），横軸の行は，左に示した模式図で定義したように，群体での光量の強い部分（行1と行2），弱い部分（行3と行4）を示す．(Rowan et al., 1997 より．) (c) サンゴの白化が起きる前（1995年1月）と起きている最中（1995年10月）の，白化が生じた場所近くのシンビオディニウム属 C 種の共生者群集の変化．$B+C$ 群集（3-10），$A+C$ 群集（3-7），ABC 群集と表示したサンプルにおける，白化の前と最中（それぞれの左の柱が白化前，右の柱が白化の最中）の A（グレー），B（白），C（赤）の密度．(Rowan et al., 1997 より．)

白化への耐性が形成されたことを示唆している．そうした耐性の違いは実験によって立証されている（図13.14）．順応した西向きの表面は，高水温下でもほとんど，あるいはまったく白化しなかったのである．

2種を越えて広がるもうひとつの相利関係　ところで，サンゴの白化についての別の研究から，見たところ単純な2種の相利関係が，想像されていたよりももっと複雑で巧妙かもしれないということが分かってきた．生態学的に優位種であるカリブ海のサンゴ *Montastraea annularis* と *M. faveolata* の両種は，3つのはっきりと異なる「種」または「系統型」（phylotype）の共生藻シンビオディニウム属の寄主となっている（3つを A, B, C と表すが，遺伝的手法でしか区別することができない）．異なる水深から採取した群体の比較と，同じ群体の異なる水深からのサンプルの比較から分かるように，系統型 A と B は浅く，光量の多い生息場所に普通に見られ，C は深く，光量の少ない場所で優占する（図13.14b）．1995年秋，パナマ沖やその他のサンゴ礁では，夏の最高水温が平均値より高い期間が長引いた後に，*M. annularis* と *M. faveolata* で白化が起きた．しかし，白化は一番浅い場所や一番深い場所の群体では稀で，日陰でより浅い場所の群体と，より日向でより深い場所の群体で顕著に生じた．その理由は隣接したサンプルの白化前と白化後

を比較することで説明できる（図13.14c）．白化は系統型Cのシンビオディニウム属を選択的に失った結果として生じていた．また，白化は，Cと残りの2種のうち1種または両方がいる場所で，Cが白化しない照度限界に近い状況で生じたようである．深くて日陰となる場所では，Cが優占しているが，1995年の高水温でも，Cが白化する条件には至らなかった．一番浅い場所はAとBが占めているが，両系統型はその水温では白化しない．しかし，白化はもともとCが存在していて，水温の上昇によってCの耐性限界を越えた場所で起きたのである．これらの場所では，Cの喪失はほぼ100%，Bは約14%まで減っていたが，Aは5例中3例で2倍以上に増えていた．

従って，まず第一に，サンゴとシンビオディニウム属の相利関係は，サンゴが幅広い生息場所条件で成長するのを可能にする一群の内部共生者を含んでいると見なされる．次に，藻類の側からこの相利を見ると，内部共生者は，場所と時間によって優劣が変わる，絶え間ない競争に巻き込まれていると見なせる（第8章5節を参照）．最後に，白化（とそれに続く回復）と，上述した系統型の「適応」も，おそらくこの競争の結果を表しているのだろう．単純な2種の連合の崩壊と再結合ではなく，複雑な共生的共同体の変遷なのである．

13.8　高等植物と菌類の相利関係

高等植物と菌類の間にはさまざまな共生関係が形成されている．麦角菌科 Clavicipitaceae の子嚢菌類は，注目すべき分類群である．この菌類は，多くのイネ科植物と数種のカヤツリグサ科植物の組織内で成長する．この科には，明らかに寄生者と分かる種も含まれている（例えば，麦角菌 Claviceps やイネ科のガマの穂の病原菌 Epichloe）．また，明らかに相利的な菌類もいるが，多くの菌類についてはコストや利益がはっきりしていない．菌類の菌糸体は，通常，まばらに枝分かれし，葉や茎の軸に沿って細胞間隙をぬって伸びるが，根には見出されない．多くの共生菌類は強い毒性のあるアルカロイドを作っており，それは植食者からの食害をいくらかは防いでいる（証拠は Clay, 1990 がまとめている）．しかし，おそらくもっと重要な役割は，種子食者を防ぐことだろう（Knoch *et al.*, 1993）．

菌類と高等植物の根の間には，まったく異なる相利関係が生じている．ほとんどの高等植物は根ではなく，**菌根**（mycorrhiza）を持っているが，これは，菌類と根の組織が緊密な相利関係を結んだものである．例外はアブラナ科などほんの2〜3の科の植物だけである．大まかに言えば，菌根内部にある菌類のネットワークは土壌からの栄養塩類を捉え，それを植物へ送り，代わりに炭素源を得る．多くの植物は菌根の菌類がいなくても，栄養塩類や水が制限されていない土壌では生きてゆける．しかし，自然の植物群集がおかれている厳しい環境条件の下では，その共生関係は，厳密には絶対的ではないとしても，「生態的には絶対的」と言える．つまり，各個体が自然条件下で生き延びるためには共生者が必要なのである（Buscot *et al.*, 2000）．化石の示すところでは，初期の陸上植物にも菌類は大量に感染していた．そうした植物種には根毛がなく，中には根さえない種もあり，初期の陸上進出においては，植物が必要とする基質との緊密な接触を菌類の存在に依存していたのかもしれない．

一般的に，菌根には大きく3つのタイプがある．**アーバスキュラー（樹枝状体）菌根**（arbuscular mycorrhiza）は全植物の3分の2以上に見られ，それには木本ではない植物の大部分や熱帯の樹木が含まれる．**外生菌根**（ectomycorrhiza）の菌類が共生関係を結んでいるのは，寒帯と温帯，一部の熱帯雨林で優占している多くの樹木および灌木である．最後に，**エリコイド菌根**（ericoid mycorrhiza）はヒースに

図13.15 ヨーロッパアカマツ Pinus sylvestris の菌根．膨れて，いくつも枝分かれした構造物は支根が変化したもので，菌類の組織の太い鞘に包まれている (J. Whiting 氏の厚意による．写真は S. Barber 氏による．)

優占する植物に見られる．例えば，北半球のヒースとギョリュウモドキ（ツツジ科 Ericaceae），オーストラリアのヒース（エパクリス科 Epacridaceae）などである．

13.8.1 外生菌根

担子菌類 Basidiomycete と子嚢菌類 Ascomycete に属する約 5000～6000 種の菌類は，樹木の根の表面に外生菌根（ECM）を形成する（Buscot et al., 2000）．菌類に感染した根は土壌の落葉落枝層に集中している．菌類はさまざまな厚さの鞘または被覆物を根の周りに形成する．そこから，菌糸が放射状に落葉落枝層へ伸び，栄養塩類と水を吸収し，また，大きな子実体（キノコ）を形成して，莫大な数の胞子を風に乗せて放つ．さらに，菌糸体は鞘から内部へ伸び，根の皮層部の細胞間に入り込んで寄主の細胞と細胞同士で密着し，土壌水分と栄養塩類を寄主植物の光合成産物と交換するための広い接触面を確立する．通常，菌類は寄主の根に形態形成上の変化を誘導するため，根の先端の成長は止まって太く短いままになる（図13.15）．

寄主の根のうち，深くて有機物の乏しい土壌にまで達したものは伸長を続ける．

ECM 菌類（Buscot et al., 2000 の総説を参照）は，林床の落葉落枝層中に薄くパッチ状に散在するリンと，特に窒素を効率よく抽出する．ECM 菌類の種多様性の高さは，おそらくそうした環境での関係するニッチの多様性を反映したものだろう（ただし，そのニッチの多様性はほとんど実証されていない）．炭素は，植物から菌類へ，大部分，単純な六炭糖，ブドウ糖と果糖の形で流れる．菌類によるこれら糖類の消費は，植物の光合成による純生産量の30％以上になるだろう．一方で，植物は窒素不足に陥ることが多い．というのも，森林の落葉落枝層では，窒素の無機化速度（有機体から無機体への変換率）は低く，無機体の窒素の多くはアンモニアとして存在しているからである．このため，ECM 菌類が酵素による分解によって有機体窒素を直接摂取できること，アンモニウムイオンを好適な無機体の窒素源として利用できること，そして広く菌糸を伸ばすことでアンモニウムイオンの枯渇した場所を避けられることは，森林の樹木にとって極めて重要である．それに

もかかわらず，菌類とその寄主植物の間にあるこの相互作用が，居心地のよい関係というよりも「相互搾取」の関係であるという捉え方が，状況が変化したときにその関係性がどういう反応を見せるかに基づいて主張されてきた．ECM菌類の成長は植物からの六炭糖の流入速度に直接関係している．しかし，植物が硝酸塩を十分利用できるとき，それが自然条件下であれ人為的に付加した場合であれ，植物の代謝は六炭糖の生産（と輸送）を弱めてアミノ酸合成へと向かう．結果として，ECM菌類は衰退する．つまり，植物は必要と思われる分だけECM菌類を支援しているようである．

13.8.2 アーバスキュラー菌根

アーバスキュラー菌根（AM）は鞘を作らず，寄主の根の細胞内に入りこむが，寄主の根の形態を変えることはない．根への感染は土壌中の菌糸体からか，無性世代の胞子から伸びた発芽管による．その胞子は非常に大きく，少数しか作られない．この点はECM菌類と大きく異なる．AM菌類は最初のうちは寄主の細胞間で成長するが，やがて細胞内へ入り，細胞内に細かく枝分かれした「樹枝状体」（arbuscule）を形成する．この菌類は独自の門，グロムス門 Glomeromycota を構成する（Schüβler et al., 2001）．当初はわずか150種ほどに分類されており，寄主特異性を欠いていると考えられていた（寄主の種数の方がはるかに多かったため）．しかし，最近の遺伝学的手法によって，AM菌類はきわめて多様であることが明らかとなり，また，AM菌類のニッチ分化の証拠も増えている．例えば，ある野外実験においてひとつの区画に生えている3種のイネ科植物の根から89のサンプルを取り，T-RFLP法（末端制限酵素断片長分析）と呼ばれる遺伝学的手法を使ってそのAM菌類を分析したところ，AM菌類の系統は寄主間で明確に異なっていた（図13.16）．

植物がAM菌類との共生関係から得る主な

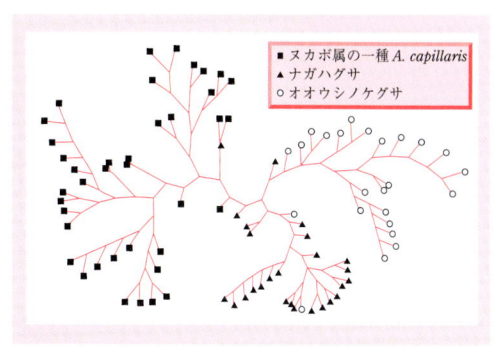

図13.16　同所的に生育する3種のイネ科植物，ヌカボ属の一種 Agrostis capillaris，ナガハグサ Poa pratensis，オオウシノケグサ Festuca rubra から採取した89のアーバスキュラー菌根（AM）の菌類のT-RFLP法で調べた類似性．無根系統樹のそれぞれの末端は各サンプルを示し，菌が得られた寄主植物が区別されている．類似度の高いサンプルは系統樹上で近くに位置する．寄主植物が同じAM菌類の類似性と，寄主植物を異にするAM菌類の分化が明瞭に示されている．(Vandenkoornhuyse et al., 2003 より．)

利益として，リンの取り込みの促進が強調される傾向に〔多様な利益？〕あった（リンは土壌中できわめて移動しにくい元素であり，植物の成長を制限する場合が多い）．しかし，事実はもっと複雑なようである．共生からの利益は，さらに窒素の取り込み，病原体や植食者に対する防御，有毒な金属への抵抗性についても実証された（Newsham et al., 1995）．確かに，リンの流入量がAM菌類の定着率と強く関係している事例がある．例えば，ユリ科ヒアシンス属のブルーベル Hyacinthoides non-scripta では，8月から2月までの地中の球根の成長期から，その後の地上での光合成期を通して，AM菌類の定着率に応じて根へのリンの流入が生じていることが示されている（図13.17a）．実際，AM菌類なしで栽培したブルーベルは，ほとんど分枝のないその根系からリンを取り込むことはできない（Merryweather & Fitter, 1995）．

この点とは別に，イギリス東部の，菌根菌の感染の程度に大きな差のある複数の場所で，一年生イネ科ナギナタガヤ属の Vulpia ciliata ssp.

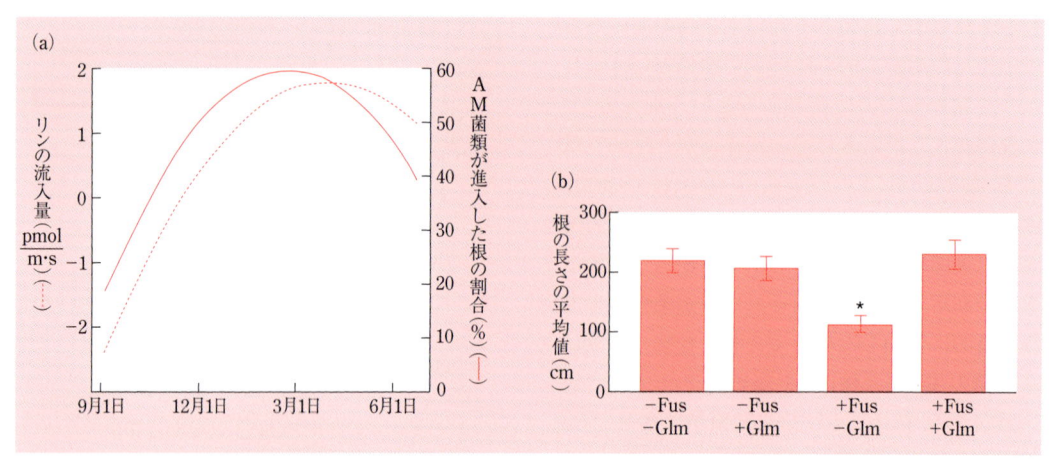

図13.17 (a) ブルーベル *Hyacinthoides non-scripta*（ユリ科ヒアシンス属）での1成長期のリンの流入速度（---，左の縦軸）とアーバスキュラー菌根（AM）菌類の根への定着速度（—，右の縦軸）を表す曲線．（Merryweather & Fitter, 1995; Newsham *et al*., 1995 より．）(b) 病原性の菌類ボタンタケ科の一種 *Fusarium oxysporum*（Fus）と AM 菌類 *Glomus sp*.（Glm）を実験的に組み合わせたときのナギナタガヤ属の一種 *Vulpia* の成長（根の長さ）への影響．値は条件ごとに 16 反復の平均値である．縦線は標準誤差を示し，* は Fisher の対比較法での $P<0.05$ での有意差を示す．（Newsham *et al*., 1994, 1995 より．）

ambigua の成長に，2つの要因が及ぼす効果を調べる実験が行われた（West *et al*., 1993）．ひとつの処理では土壌にリン酸塩を加え，もうひとつでは菌類の感染を抑えるために殺菌剤のベノミールをまいた．ところが，どちらの処理もナギナタガヤの結実量にはほとんど影響しなかった．この結果は，その次に行われた実験で説明された．ナギナタガヤの実生を，AM 菌 *Glomus sp.* が存在する条件，病原菌 *Fusarium oxysporum* が存在する条件，両者が存在する条件，両者が存在しない条件で育てた（図13.17b）．ナギナタガヤの成長は，*Glomus* 単独では促進されなかったが，*Glomus* が不在の条件で *Fusarium* によって阻害された．両方がいる場合には，成長は通常のレベルまで戻った．明らかに，菌根菌はナギナタガヤのリンの利用には貢献していないが，病原菌の有害な影響から守っていたのである．（最初の実験では，おそらくベノミールが菌根菌と病原菌の両方を抑えてしまったため，ナギナタガヤの繁殖量に差がでなかったのだろう）．

ナギナタガヤがブルーベルと決定的に異なっている点は，高度に分枝した根系にある．

Newsham *et al*.（1995）は，根の構造と関連させて，ナギナタガヤとブルーベルを両極端 利益は種ごとに異なる とする AM の機能の連続性を提唱している．細かく分枝した根をもつ植物は，付加的なリンの獲得をほとんど必要としないが，こうした根の構造を発達させると，病原菌の入り口を多数持つことになる．このような場合，AM 共生は，おそらく植物の防御を強化するように進化してきただろう．対照的に，ほとんど分枝せずに，尖端の分裂組織が活発に成長する根の場合，病原菌の攻撃には比較的耐性がある．しかし，このような根では，リンを摂取する能力が劣っている．この場合は，おそらく，AM 共生はリンの獲得を強めるように進化してきたのだろう．もちろん，AM 菌根の機能についてのこの一段と進んだ見方も，まだ全容を明らかにしてはいないだろう．植食者や有毒な金属に対する防御などの AM 菌根の生態に関する他の側面は，根の構造とは関係のないさまざまなやり方で成り立っているのだろう．

13.8.3 エリコイド菌根

ヒース植生は，植物が利用可能な土壌中の栄養塩のレベルが特に低い環境に存在する植生である．栄養塩レベルの低さは，定期的な野火の結果として生じることが多く，例えば，野火が起きると前回の野火以降に蓄積された窒素の80％以上が失われる．そのため，ヒース植生に，エリコイド菌根菌との関係を進化させてきた多くの植物が優占していることは，驚くに値しない (Read, 1996)．この菌根菌との関係によって，植物は土壌表層にある植物由来のデトリタスから窒素やリンを抽出することができるのである．実際問題として，窒素の流入と野火の制御によって，やせた土地には生育できないはずのイネ科草本が侵入し優占するようになり，自然のヒース植生を保全することが難しくなっている．

エリコイド菌根自体は，他の菌根に比べて解剖学的に単純で，維管束と皮層組織が縮小し，根毛がなく，菌根菌で満たされ膨れた表皮細胞が存在するのが特徴である．その結果，個々の根はしばしば「毛根」(hair-root) と呼ばれる繊細な構造を持つ．毛根は全体として，密な繊維状の根系を作り，その大部分は土壌の表面近くに集中している (Pate, 1994)．植物だけでは不可能だが，菌類は土壌中の他の分解者によって可動化される硝酸塩，アンモニウムイオン，リン酸イオンを効率よく吸収する (第11章を参照)．しかし，菌類は基本的には腐食性でもある．したがって，菌類はヒースの生態系では大部分が有機物残渣の中に閉じ込められている窒素とリンの遊離と吸収をめぐって，他の分解者と直接的に競争しうる．(Read, 1996)．このように，ここでも相利関係が大きな相互作用の網の目の中に組み込まれていることが分かる．すなわち，共生者は稀少な無機的資源を効率的に独占することで寄主に貢献し，一方で寄主からもたらされる生理的な援助によって，自身の競争能力を高めているのだろう．

13.9 藻類をともなった菌類 —— 地衣類

7万種ほど知られている菌類のうち，およそ20％が「地衣類化」している (Palmqvist, 2000)．**地衣類** (lichen) は栄養摂取において特殊化した共生菌 (ミコビオント (mycobiont) と呼ばれる) であり，標準的な生活からはずれて，光合成生物 (フォトビオント (photobiont)) との相利的な関係に生きている．地衣類の約90％の種では，フォトビオントは藻類であり，光合成をおこなって炭素化合物をミコビオントに提供する．フォトビオントがシアノバクテリア (藍藻) の場合もあり，シアノバクテリアは固定した窒素も提供するようである．比較的少ない「三者からなる」地衣類 (約500種) では，藻類とシアノバクテリアの両方が関与している．地衣類化した菌類は多様な分類群に属し，その共生藻も27の異なる属に含まれる．おそらく地衣類という生活様式は何度も進化してきたのだろう．

ミコビオントとフォトビオント

フォトビオントは，菌類の細胞間にあって菌糸の表面近くの薄い層の間に存在する．この二者は，一緒になって，統合された「葉状体」を作るが，フォトビオントはその重量の約3～10％を占めるにすぎない．フォトビオントにとっての利益は，まだ明確に立証されていない．例えば，地衣類化した藻類のすべての種は，そのミコビオントとの連合から離れて自由生活をすることもできる．こうした点からすれば，藻類は菌類に「捕捉」されているのであり，なんの報酬もなしに利用されているのかもしれない．しかし，何種かの藻類 (例えばプレウラストルム藻綱の一属 *Trebouxia*) は，地衣類ではありふれているのに，自由生活をしているものは稀である．こうした点からすれば，ミコビオントには，この藻類に必要な特別な何かがあると考

えられる．さらに，窒素も含めたミネラルの大部分は，雨水や木の枝から直接地衣類の上に落ちる水滴から「捕捉」され，また，地衣類の表面と生物体量のほとんどは菌類なので，これらのミネラルの獲得の大部分は菌類の貢献によるものといえよう．

高等植物との類似点　従って，地衣類での相利的なペア（および三者の組）と高等植物には驚くべき類似点が2つある．まず構造上の類似点である．光合成をする葉緑体（本章12節も参照）が，同じように，高等植物では光があたる表面近くに集まっている．機能的な類似点もある．高等植物の経済は，大部分が，葉で生産される炭素化合物と，主に根から吸収される窒素に依存している．炭素が相対的に不足すると根を犠牲にして葉の成長を促進し，窒素が不足すると葉を犠牲にして根の成長を促す．同様に，地衣類では，ミコビオント内で窒素が相対的に不足すると，炭素を固定するフォトビオントの細胞の増殖が抑えられるが，炭素化合物の供給が制限されると，フォトビオントの細胞の増殖が促進される (Palmqvist, 2000)．

つまり，地衣類化は，ミコビオントとフォトビオントの二者間に，高等植物と同等の機能的役割をもたらしたが，それによって，パートナー双方にとっての生態的な範囲が，高等植物がほとんど生育していない生育基質（岩の表面，木の幹）と生育地域（乾燥地，極地，高山）に拡がった．地衣類は，その存在量でも，種多様性でも，陸上生物群集の8%を占めていると言われている．しかし，地衣類はどれもゆっくり成長する．岩の表面に着生した地衣類は，1年にせいぜい1～5 mmしか広がらない．とはいえ，地衣類は，その上に落ちた雨やしずくから，効率よく栄養塩の陽イオンを取りこむ．そのため，地衣類は重金属やフッ化物による環境汚染に特に敏感で，環境汚染のもっとも鋭敏な指標のひとつとなっている．湿度の高い地域では，地衣類が墓石や樹幹の表面に生育しているかどうかで，環境の「質」についてかなり正確に判断できる．

図13.18　樹幹上の多様な地衣類．Vaughan Fleming/Science Photo Library の許可を得て転載．

菌類の形態における際立った反応　地衣類化した菌類の生活における際立った特徴は，通常，その成長様式が藻類の存在によって大きく変わることである．菌類は，藻類を分離して培養すると，近縁な自由生活性の菌類と同様に，小型のコロニーを作ってゆっくり成長する．しかし，共生藻類がいる場合，菌類は，それぞれの藻類と菌類の組み合わせに特徴的な形態をとる（図13.18）．実際，藻類は菌類を刺激し，地衣類をその形態をもとに別々の種として分類できるほど正確な形態的応答を引き出す．そして，例えば，あるシアノバクテリアと藻類の種は，同じ菌類にまったく違った形態をとらせるのである．

13.10 相利関係にある植物における空中窒素固定

多くの生息場所において窒素の供給は限られているにもかかわらず，大部分の植物と動物に大気中の窒素を固定する能力がないのは，進化の過程における大きな謎のひとつである．しかし，窒素固定（nitrogen fixiation）の能力は真正細菌（eubacteria）と古細菌（archaebacteria）の中に広く，不規則にみられる．その多くが，真核生物の中の系統的に異なる分類群との強い相利関係に巻き込まれている．おそらくこうした共生は，何度も独立に進化したと考えられる．窒素は必要となることが多く，窒素固定能を持つ細菌は生態的にきわめて重要である（Sprent & Sprent, 1990）．

窒素固定細菌の多様性

共生関係（必ずしも相利関係ではない）に見られる窒素固定細菌は次の分類群の細菌である．

1. **根粒菌**（Rhizobia）．ほとんどのマメ科植物と，マメ科以外では唯一，ニレ科のパラスポニア属 *Parasponia* の根粒で窒素を固定する．少なくとも3つの属，リゾビウム属 *Rhizobium*，ブラディリゾビウム属 *Bradirhizobium*，アゾリゾビウム属 *Azorhizobium* が知られており，1万種以上が含まれている．この3属は互いにかなり異なり，それぞれ別の科に分類されるべきだろう（Sprent & Sprent, 1990）．

2. 放線菌類のフランキア属 *Frankia*．この属の細菌は，ハンノキ（ハンノキ属 *Alnus*）やヤチヤナギ（ヤマモモ属 *Myrica*）のような，マメ科以外のいくつかの木本植物の根粒（actinorhiza）で窒素固定をする．

3. アゾトバクター科 Azotobacteraceae．好気的条件下で窒素固定を行うことができる．葉や根の表面に広くみられる．

4. バチルス科 Bacillaceae．例えば，クロストリディウム属 *Clostridium* の細菌は反芻動物の糞にみられる．デスルフォトマキュルム属 *Desulfotomaculum* は哺乳類の消化管内で窒素固定を行っている．

5. 腸内細菌科 Enterobacteriaceae．例えば，エンテロバクター属 *Enterobacter* とキトロバクター属 *Citrobacter* の細菌は，通常，シロアリなどの消化管内の微生物相にみられるが，植物の葉の表面や根粒上にみられる場合もある．

6. スピリルム科 Spirillaceae．例えば，*Spirillum lipoferum* は単子葉草本の根にみられる偏性好気性細菌（obligate aerobe）である．

7. ネンジュモ科 Nostocaceae のシアノバクテリア．きわめて多様な（種数は限られるが）顕花植物や隠花植物と共生している（本章10.3節を参照）．これらは，前節で地衣類の中のフォトビオントとして紹介した．

これらのうち，マメ科植物と根粒菌の共生は，豆類が農作物としてとても重要なので最も詳しく研究されている．

13.10.1 根粒菌とマメ科植物の相利

マメ科植物と根粒菌の密着は，一連の相互作用段階を連合までの段階へて完成する．この細菌は土壌中に自由生活状態で存在している．そして植物の根からの滲出液と，根の成長に伴って剥離する細胞に刺激されて増殖する．この滲出液には，根粒菌の一連の遺伝子（*nod* 遺伝子群）を発現させる働きもある．この遺伝子群は寄主の根に根粒形成を誘導する過程を制御する．典型的な場合，根粒菌のコロニーが根毛上で発達すると，根毛がねじれ始め，そこに根粒菌が進入する．それに対して，寄主植物は進入した根粒菌を囲む障壁を築き，「感染糸」と呼ばれるものを形成する．根粒菌は感染糸内の細胞間で増殖する．感染糸は

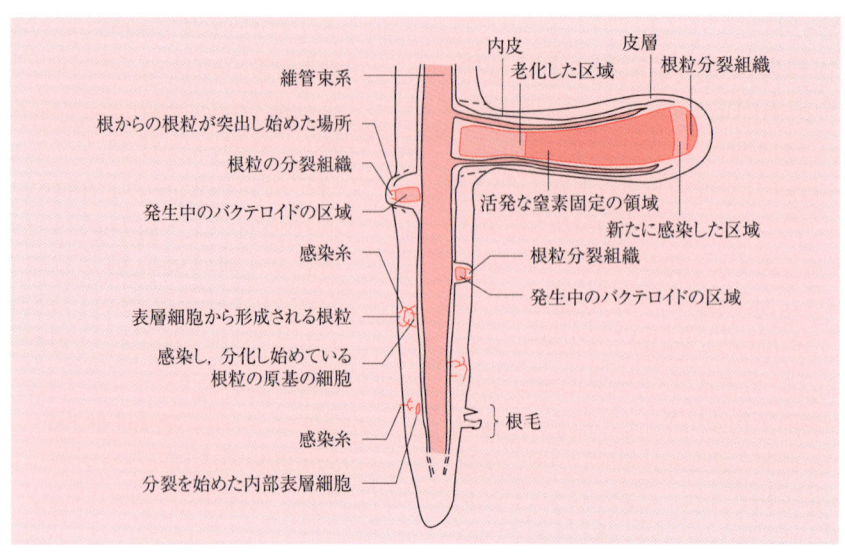

図13.19 マメ科植物の根における，リゾビウム属 *Rhizobium* の感染の進行に伴う根粒構造の発達．（Sprent, 1979 より．）

寄主の皮層内で大きくなってゆくが，それに先立って寄主の細胞が分裂して根粒を形成しはじめる．感染糸内の根粒菌は窒素を固定できないが，根粒の分裂組織内に放たれるものがあり，そこでは根粒菌は，寄主由来の膜によって取り囲まれ，窒素を固定できる「バクテロイド」へと変化する．エンドウ *Pisum sativum* などに見られる，「無限成長」を行う根粒菌のいくつかの種では，バクテロイド自身はもはや増殖できない．これらの種では，分化していない根粒菌だけが再び土中に放出され，元の根が老化したときには他の根と新たな連合を形成する．対照的に，ダイズ *Glycine max* の根粒菌のような有限成長を行う種では，バクテロイドは根の老化後も生き続け，他の根に侵入できる（Kiers et al., 2003）．

寄主の内部には特殊な維管束系が発達し，根粒組織に光合成産物を供給し，窒素固定産物（主にアミノ酸のアスパラギン）を植物の他の部分へ運ぶ（図13.19）．窒素固定酵素のニトロゲナーゼは根粒中のタンパク質の40%を占めるが，酸素分圧がきわめて低い条件で活性を示す．根粒の境界をなす密に集まった細胞層が，酸素の拡散による進入を防いでいる．根粒内にはヘモグロビン（レグヘモグロビン）が形成されるので，活動中の根粒はピンク色に見える．このヘモグロビンは酸素との結合能力が高く，そのため根粒内の事実上嫌気的な環境でも共生細菌は好気的な呼吸ができる．実際，窒素固定共生が生じている所では，少なくとも一方の共生者は，嫌気性の酵素ニトロゲナーゼを酸素から守るための構造的特性を備えている（普通は生化学的な特性も備えている）．それでも，その周囲では通常の好気的呼吸が行われている．

13.10.2 根粒菌の相利関係におけるコストと利益

この相利関係のコストと利益は注意深く検討する必要がある．植物側では，植物が固定窒素の供給を得る2通りの過程について，エネルギー上のコストを比較する必要がある．大多数の植物は，硝酸塩またはアンモニウムイオンとして，土壌から直接的に窒素を得ている．アンモニウムイオンを使う経路の方が代謝のコストは小さい．しかし，土壌中のアンモニウムイオンのほとんどは，微生物の作用（硝化作用）によって，すぐに硝酸塩に変化する．土中からの

硝酸塩を還元してアンモニアにする時に必要なエネルギー上のコストは，アンモニア1モルにつき，約12モルのアデノシン三リン酸（ATP）である．もう一方の相利的な経路（バクテロイドを維持するコストも含む）は，植物にとってエネルギー的に少し高価で，約13.5モルのATPが必要である．しかし，窒素固定のコストには，根粒を形成し，維持するコストも加えなくてはならない．そのコストは植物の光合成による総生産量のおよそ12％を占めると言われている．このために，窒素固定のエネルギー的な効率は悪いと言える．しかしながら，緑色植物にとって，エネルギーは窒素よりもずっと容易に利用できる．希少で価値のある必需品（固定された窒素）を安い通貨（エネルギー）で買うという取引は悪くないだろう．一方で，根粒をもっているマメ科植物に硝酸塩を与えると（つまり硝酸塩が希少な必需品ではない状態にすると），窒素固定は急速に減退する．

進化的観点からみた根粒菌にとっての利益は分かりにくい．特に無限成長を行う根粒菌では，バクテロイドとなった根粒菌は，窒素を固定できるが，増殖できなくなる．つまり，その根粒菌は共生から利益を得られない．なぜなら，究極的に「利益」は増殖率（適応度）の増加となって現れるものだからである．感染糸内の根粒菌は繁殖できる（そしてそのため利益を得ることができる）．しかし窒素を固定できず，そのため相利的な相互作用に参加することはない．しかしながら，根粒菌はクローンなので，感染糸内の細胞とバクテロイドは，遺伝的には同一である．そのため，バクテロイドが植物を援助し，光合成産物の流れを産み出すことによって，感染糸内の根粒菌の細胞に利益をもたらす．こうしてクローン全体の利益が得られる．これは，鳥の翼にある細胞が卵を作る細胞に利益をもたらすことが，ひいては鳥全体に利益をもたらすというのとまったく同じである．

それでも，ひとつ謎が残る．特定の植物とつながりのある根粒菌が典型的には複数のクローンからなるならば，なぜそれぞれのクローンは植物をだますこと（cheating）をしないのだろうか．つまり，植物の方は窒素固定という費用のかかる事業に深くかかわることなく，根粒菌から利益を得ているのに，なぜ根粒菌は植物から利益を引き出さないのだろうか．確かに，相利関係は本質的に相互の搾取であることをひとたび認めると，「だまし」についての疑問は多くの相利関係に当てはめることができる．搾取されることなく搾取することは進化的に有利なはずである．おそらく，この場合のもっとも明白な答えは，植物が根粒菌の働きを監視しており，もし根粒菌が詐取したら「制裁」を加えるということである．こうすれば，相互作用からはずれた詐取を防ぐことによって，相利関係が進化的に安定するのは明らかである．そして，そのような制裁の証拠はマメ科植物と根粒菌の相利関係において見つかっている（Kiers et al., 2003）．普通は相利的な根粒菌の系統を使い，寄主のダイズを通常の空気（80％の窒素と20％酸素）の代わりに，約80％のアルゴンと20％の酸素とわずか0.03％前後の窒素からなる空気中で育てることで，窒素固定速度を通常レベルの1％前後まで下げ，窒素固定での協力を妨げる実験がおこなわれた．つまり，根粒菌の系統に詐取を強要したのである．植物全体，根の一部分，個々の根粒のそれぞれのレベルの実験で，協力しない根粒菌の繁殖成功度は，50％前後まで低下した（図13.20）．植物を生きたまま観察することによって，植物が，根粒菌への酸素供給を抑えることによって制裁を加えていることが示された．だまし取りは割に合わなかったのである．

> なぜ詐取しないのか？

13.10.3 マメ科以外の植物での窒素固定を介した相利関係

マメ科以外の高等植物では，窒素固定共生者の分布はパッチ状である．放線菌のフランキア

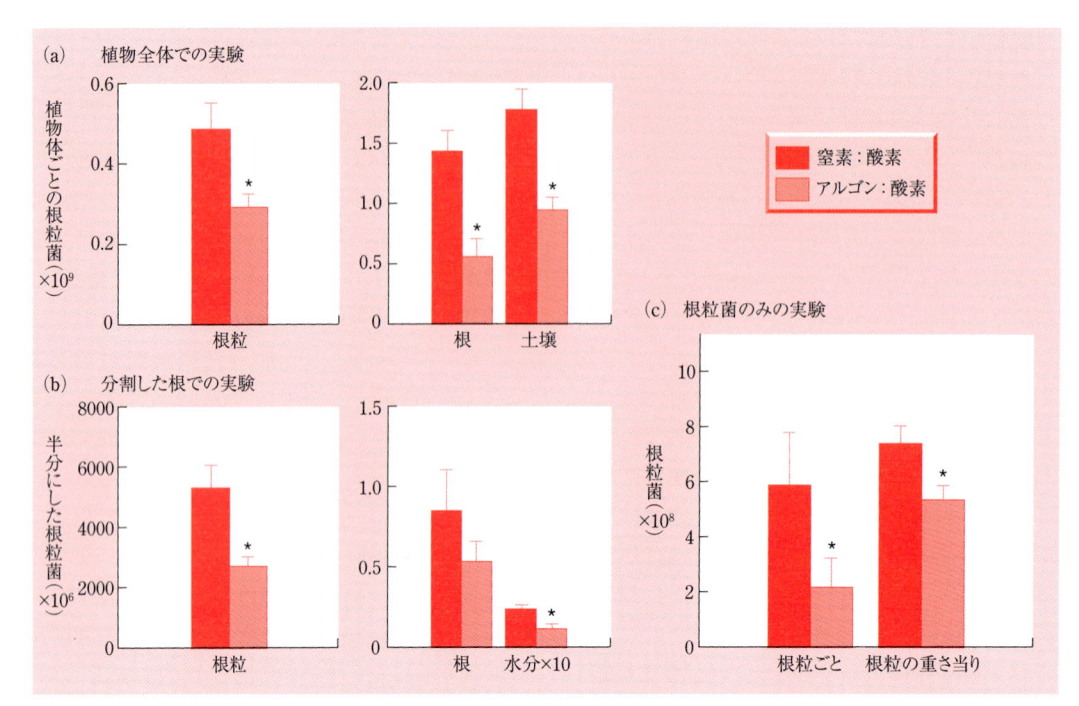

図13.20 空気組成を操作し（アルゴンと酸素にして）窒素固定ができないようにした場合より，通常の空気（窒素と酸素）中で窒素固定が行われる場合の方が多くの根粒菌が育つ．(a) 植物全体を異なる条件で育てたとき，根粒内（左図；$P<0.005$），根の表面（右図；両方とも $P<0.01$），周辺の砂中（$P<0.01$）でも有意に多くの根粒菌が見られた．$n=11$（組数）．縦線は標準誤差．(b) 同じ根系の異なる部分を異なる条件で育てたとき，根粒内（左図；$P<0.001$）と周囲の水分中（右図；$P<0.01$）で有意に多くの根粒菌が見られたが，根の表面では有意差はなかった．$n=12$（植物数）．縦線は標準誤差．(c) 同じ根系から採取した根粒を異なる条件で育てたとき，根粒ごとに比較した場合（$P<0.05$）にも，根粒の重さ当りで比較した場合（$P<0.01$）にも有意に多くの根粒菌が見られた．$n=6$（実験例数）．縦線は標準誤差．(Keirs *et al*., 2003.)

属 *Frankia* は，少なくとも8科の低木か高木の顕花植物と共生し，放線菌根粒（actinorhiza）を形成している．その根粒は硬く，木質のことが多い．とりわけよく知られている寄主は，ハンノキ（ハンノキ属 *Alnus*），グミ（グミ科ヒッポファエ属 *Hippophaë*），ヤチヤナギ（ヤマモモ属 *Myrica*），モクマオウ（モクマオウ属 *Casuarina*），極地性・高山性の低木，ウラシマツツジ属 *Arctostaphylos* とチョウノスケソウ属 *Dryas* である．カリフォルニア州のチャパラルに群生するクロウメモドキ属 *Ceonothus* にもフランキア属の細菌が根粒を作る．根粒細菌と違って，フランキア属の放線菌は糸状で，特殊な小嚢と胞子を放出する胞子嚢を作る．根粒細菌では，寄主植物がニトロゲナーゼを酸素から守っているのに対して，フランキア属は，50層の脂質からなる十分に厚い小嚢の壁を自ら作って守っている．

シアノバクテリアが共生しているのは，苔類の3属（ツノゴケ属 *Anthoceros*，ウスバゼニゴケ属 *Blasia*，シャクシゴケ属 *Cavicularia*），シダ類の一属（浮遊性のアカウキクサ属 *Azolla*），多くのソテツ科植物（例えば，オニソテツ属 *Encephalartos*），顕花植物ではグンネラ属 *Gunnera* の全40種で，他の顕花植物とは共生していない．苔綱では，ネンジュモ属 *Nostoc* のシアノバクテリアが粘液質の空洞に住んでおり，コケはシアノバクテリアの存在に反応して細い糸状の構造を伸ばし，接触面を広くしている．ネンジュモ属は，グンネラ属では葉の付け根に，多くのソテツ科

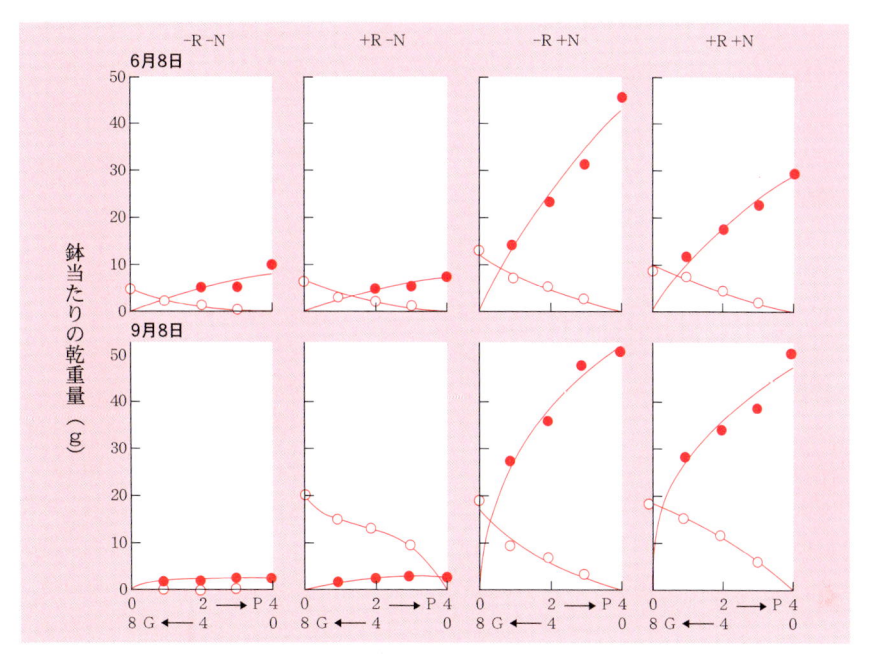

図 13.21 ダイズ（*Glycine soja*, G, ○）とスズメノヒエ属の一種（*Paspalum*, P, ●）の成長．1種だけ植えた場合と混植した場合について，窒素肥料を与えた場合と与えない場合，さらに窒素固定細菌のリゾビウム属 *Rhizobium* を接種した場合としない場合を示す．植木鉢あたりスズメノヒエは0から4個体，ダイズは0から8個体を生育させた．それぞれの図の水平軸は，各鉢の中の2種の数を示している．－R－Nは根粒菌を接種せず，肥料も与えない．＋R－Nは根粒菌を接種し，肥料は与えない．－R＋Nは根粒菌は接種せず，窒素肥料は与えた．＋R＋Nは根粒菌を接種し，肥料も与えた．（de Wit *et al.*, 1966 より．）

植物では側根に，アカウキクサ属では葉の袋の中にみられる．

13.10.4 種間競争

根粒菌とマメ科植物の相利関係（そして他の窒素固定の相利関係）を，細菌と植物の孤立した相互作用とみるべきではない．自然環境では，マメ科植物は，通常マメ科以外の植物とともに群落を形成している．マメ科以外の植物は，マメ科植物と固定窒素（土壌中の硝酸塩とアンモニウムイオン）をめぐって争う潜在的な競争者である．根粒を持つマメ科植物は，その独自の窒素資源の入手方法によって，この競争から免れている．窒素固定を介した相利関係が有利になるのは，このような生態的状況においてである．しかし，窒素が豊富な場所では，窒素固定のエネルギー的なコストのために，そうしたマメ科植物が競争に不利になる場合も多い．

例えば，図 13.21 は，マメ科のツルマメ（*Glycine soja*）を 〔古典的な置き換え実験〕 イネ科のスズメノヒエ属 *Paspalum* と一緒に生育させた古典的な実験の結果を示している．これら2種の植物に，無機窒素塩の投与か，リゾビウム属 *Rhizobium* の根粒菌の接種のいずれか，またはその両方を施した．実験はこの2種の植物の「置き換え実験」（第8章7.2節を参照）としてデザインされているので，イネ科植物とマメ科植物が一緒に生育する場合と，それぞれ単独で生育する場合の成長を比較することができる．ツルマメ単独の場合で，根粒菌を接種した場合にも窒素肥料を与えた場合にも，またその両方を施した場合にも収量は大幅に増加した．ツルマメはどちらの窒

素源も代替的に利用できるのである．しかし，スズメノヒエは窒素肥料にだけ反応した．そのため，根粒菌だけが存在する条件で両種を生育させると，ツルマメはスズメノヒエよりはるかに多く，全体的な収量に貢献した．何世代も経過すれば，ツルマメはスズメノヒエを駆逐しただろう．しかし，窒素肥料を加えた土壌で2種が競争すると，根粒菌が存在してもしなくても，収量に主に貢献したのはスズメノヒエだった．長い時間が経過すれば，スズメノヒエがツルマメを駆逐しただろう．

このことから，窒素が不足している環境では，根粒をもつマメ科植物が他種よりはるかに有利であることは明らかである．しかし，マメ科植物が生育すると環境中の固定窒素の濃度が高まる．枯死後，分解されるにつれ，6〜12ヶ月遅れで，局所的に土壌中の窒素濃度が高い状態になる．このため，窒素固定の有利さは失われる．つまり，根粒をもつマメ科植物は競争者にとっての環境を改善してしまうのである．そして，一緒に出現するイネ科草本の生育は，このような局所的なパッチで促進される．このように，大気中の窒素を固定できる生物は，局所的には自滅的な側面をもっていると考えられる．これが，農業において，窒素が豊富な環境に侵入してくるイネ科の雑草に対抗しながら，マメ科の作物だけを繰り返し栽培することを難しくしている理由のひとつである．また，通常，自然界でマメ科の草本や木本が優占種になれないのも，このためであろう．

一方，草食動物がイネ科植物の葉を除去し続けると，イネ科のパッチの窒素濃度は再び低下し，マメ科植物が競争上再び有利になる．シロツメクサのように，匍匐枝を伸ばすマメ科植物は，いつも草地を「さまよって」おり，あとには局所的にイネ科植物が優占するパッチを残すが，一方で，窒素濃度が低下しているパッチへ新たに侵入して窒素濃度を高める．根粒菌と共生しているマメ科植物は，このような群集内で窒素をめぐる経済を動かしているだけではなく，パッチ動態の周期の一部も引き起こしているのである（Cain et al., 1995）．

13.10.5 窒素固定植物と遷移

生態学的な遷移（第17章でさらに詳しく扱う．）は，ひとつの場所に生育する種が方向性をもって入れ替わって行くことである．一般に，固定窒素が不足していると，その土地への植物の最初の定着が妨げられる．これは，空き地での遷移の最初の段階である．固定窒素は雷のあとの雨にも含まれている．また，植生の発達した別の場所から風で飛ばされて来ることもある．しかし，そうした場所に定着する先駆者として重要なのは，細菌，シアノバクテリア，地衣類のように自ら窒素固定をおこなう生物である．一方で，窒素固定共生者をもつ高等植物が先駆者となることはほとんどいない．なぜなら，空き地に最初に移入してくるのは，通常，軽くて分散しやすい種子を作る植物だからである．マメ科植物の実生の成長は，根粒を形成して自ら窒素固定を始めるまでは，種子の中の蓄えと土中の固定窒素に依存している．マメ科植物の中でも大きな種子をつくる種だけが，定着段階まで成長するのに十分な量の固定窒素を蓄えているだろうが，そのような大きな種子をつくる種は，先駆植物に必要な分散能力をもっていないだろう（Grubb, 1986. Sprent & Sprent, 1990 も参照）．

最後に注目しておきたい点がある．共生による窒素固定にはエネルギーが必要であり，窒素固定共生者を擁している高等植物のほとんどが，遷移の後期に特徴的な日陰では生育できないことも意外ではない．つまり，窒素固定共生者をもつ高等植物は，遷移の初期には稀であるが，最後まで居続けることもほとんどない．

13.11 相利関係の数理モデル

生物間の相互作用を扱ったいくつかの章の中

では，数理モデルについての節も含まれていた．なぜそうなのかをここで考えてみるのも意味があるだろう．それは，数理モデルが，細部から本質を切り出し，実例の羅列からは得られない洞察を導き出すことができるからである．役に立つモデルを作るには，何が「本質」であるかを正確に認識しなければならない．では相利関係の「本質」とは何であろうか．まず思いつくのは，パートナー双方が互いに相手の適応度に正の影響を与えるという点であろう．そこで少し考えた所では，相利的な相互作用を表すには，2種間の競争のモデル（第8章を参照）の中の，相手への負の影響を単に正の影響に置き換えるのが妥当と思えるかもしれない．しかし，このモデルからは，両方の個体群が爆発的に際限なく大きくなるという不合理な解が導かれる（May, 1981）．どちらの環境収容力にも何ら制限が設定されていないため，それぞれ無限に増え続けてしまうのである．実際には，たとえ相利相手の個体群が過剰に存在していても，最終的には限られた資源をめぐる種内競争が，相利者それぞれの個体群の最大環境収容力を決める（Dean, 1983）．すなわち，固定窒素の不足によって成長が制限されている植物は，窒素固定生物との相利関係によって成長を速めることはできるが，その速まった成長にもすぐに何らかの他の限られた資源（例えば，水，リン酸塩，放射エネルギー）の不足によって，新たな制約がかかる．

こうした点を考慮すると，この章の最初に示した，相利関係の本質は「互いに利益がある」ことではないという点に戻る．相利者双方を，無条件に相手へ利益を与えるものとして考えるのではなく，むしろ，相利者双方が，利益を得るとともにコストも支払って，相手を利用していると考える方がよい．そして，その利益とコストのバランスも，環境条件や資源量の変化，相利相手の存在量，他の種の存在もしくは存在量によって，変わると考えた方がよい．従って，もっとも単純なモデルでさえ，何らかの「正の貢献」を示す項ではなく，モデル群集の他の部分の状態によって正にも負にもなる項を持つことになるだろう．こうしたモデルは，これまでの章で述べてきた有用なモデルと比べると少しも単純ではない．

ある意味で，モデルに目を向けること自体がここでは意義がある．捕食者-被食者のモデルと，競争する2種のモデルは，単独でそれぞれの相互作用の本質を捉えていた．相利者2種だけを取り出して考えるモデルではそれができないという事実から，本質的に相利という関係が，個体群動態の点からみて，さらに大きい生物群集の中でのもっと広い関係性の中で検討すべき相互作用であることが強く示唆される．この論点は，この章の最初の方でも登場している．例えば，アブラムシの捕食者がいる場合といない場合のアリとアブラムシ，サンゴの内部で共存するシンビオディニウム属の渦鞭毛藻類，マメ科植物とリゾビウム属の根粒菌の相利関係などの場合である．最後の例では，土壌中の限られた窒素をめぐって他の植物（例えば，イネ科植物）と競争しているときには，マメ科植物に大きな利益がもたらされていた．

> 2種間の相利関係のモデルは関連事項を広く知ることの重要性を指摘する

この論点が，ハナバチと植物の2種間の送粉相利についての数理モデルで取り上げられている（図13.22a）．モデルでは，群集中の別のもう1種の植物と，ハナバチを捕食する鳥類1種も含めて検討している（図13.22b）（Ringel et al., 1996）．ハナバチは植物から蜜も花粉も得ることができるが，送粉に失敗する場合（捕食-被食関係）と，うまく送粉できる場合（相利関係）がある．単純な2種の相利関係のモデルは（図13.22a），先にも述べたように，もともと不安定である．2種は，種内競争の強さが相利の強さを上回ったときにだけ存在し続けた．つまり，相互作用が相利的になるほど不安定になった．この結果をそのまま受け取れば，相利関係が存

> 鳥，ハナバチ，2種の植物

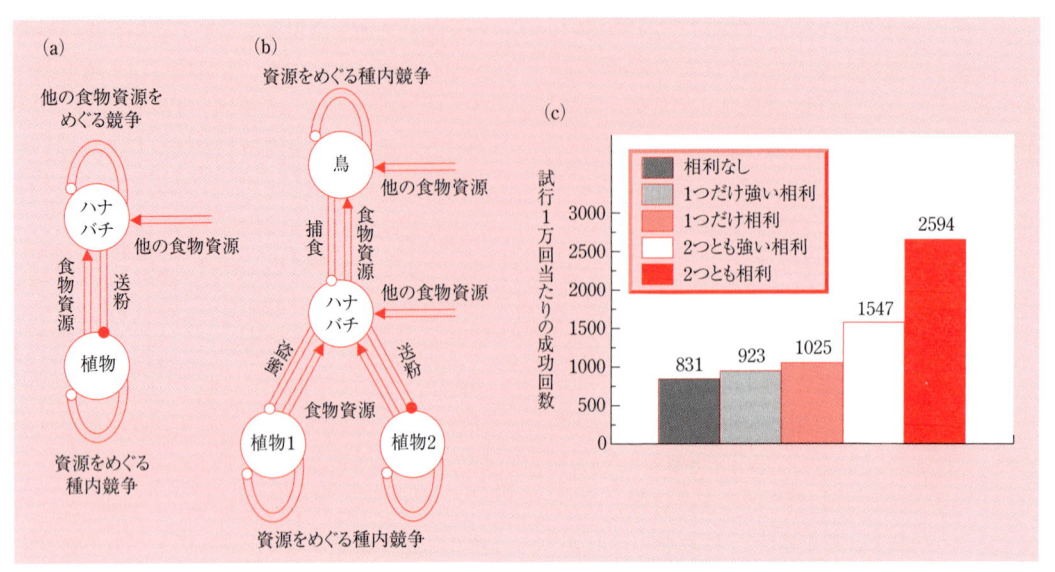

図 13.22 (a) ハナバチと植物の 2 種間の相利関係についてのモデル．両種は種内競争の影響も受ける．先端を塗りつぶした矢印は，正の相互作用を示し，資源→消費者（矢印の先端が三角），または，送粉（先端が円）の相互作用の両方を示す．先端が白抜きの矢印は負の相互作用を示し，消費者→資源，または，種内競争を示す．(b) このハナバチと植物を，別の植物 1 種とハナバチを捕食する鳥 1 種を含む生物群集に組み込んだモデル．植物の種内競争はあるが，種間競争はない．鳥の種内競争はあるが，ハナバチには種内競争はない．ハナバチは花粉と蜜を両方の植物から得るが，送粉に失敗する場合（捕食者—被食者的）と，送粉に成功する場合（相利的）がある．図中では，植物 1 との相互作用は捕食者—被食者的，植物 2 との相互作用は相利的となっているが，両方が相利的でない場合，片方が相利的な場合，両方が相利的な場合の 3 通りが検討された．(c) (b) で考えた生物種集団の持続性の比較．生物種集団の持続とは，すべての種が正の個体群密度で維持されている状態である．柱の高さは，それぞれの状態の生物種集団の個体群動態を 10,000 回シミュレーションしたとき，持続した回数を示す．それぞれの相互作用の強さは，予め定めた範囲内からランダムに選んだ値を使った．「強い相利関係」の強さは，最大で「相利関係」の 2 倍となるようにした．相利関係は持続可能性を大いに高める．すなわち，「相利関係なし」と比較して，1 つの相利関係がある場合（$t=4.52$, $P<0.001$），1 つの強い相利関係がある場合（$t=2.21$, $P<0.05$），2 つの相利関係がある場合（$t=30.46$, $P<0.001$），2 つの強い相利関係がある場合（$t=14.78$, $P<0.001$）のいずれも持続性は有意に高かった．(Ringel et al., 1996 より．)

在する条件は限られているので，相利関係は稀なはずである（しかしすでに見たように，決して稀ではない）．

しかし，2 種をもっと大きな生物種の集まりの中で考えると，まるで異なった図式が現れる（図 13.22b）．相利関係は生物種の集まりが持続する可能性を高める傾向があることが，多様な尺度を用いて明らかになった．その 1 例を図 13.22c に示して説明した．明らかに，自然界に相利的な相互作用が広くみられることと，こうしたモデル内で相利関係が生物種の集まりに及ぼす影響の間には必然的な矛盾はない．しかし，モデルの生物種の集まりは単純（例えば，わずか 5 種）にならざるを得ないが，自然界での相利的な相互作用の影響も，単純すぎれば（例えば，2 種間の相利関係だけならば），容易に間違った評価をされてしまうことも確かである．

13.12 共生から進化した細胞内構造

この章では，共生と見なされる関係が，きわめて多様であることをみてきた．その多くは明らかに相利関係である．共生関係は，2 種のきわめて異なる生物がある時期には別れて生活をしながらも行動の連鎖によって共生しているも

第13章 共生と相利

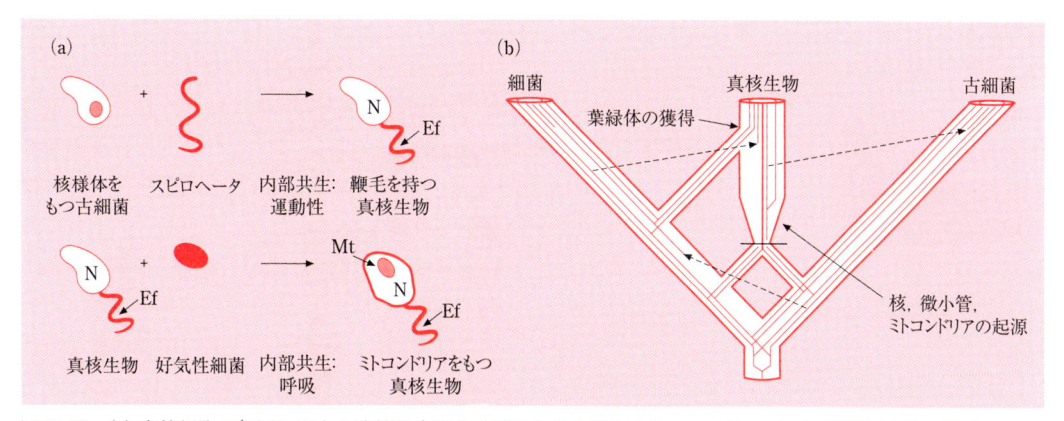

図13.23 (a) 真核細胞の起源に関する連続的内部共生説における最初の2つのステップ．Efは真核生物の鞭毛，Mtはミトコンドリア，Nは核．(b) 古細菌と細菌の系統の間の共生による真核生物の起源を示すモデル．真核生物に見られる核，微小管，ミトコンドリアの同時起源の可能性を示す．太線は系統の境界，細線は遺伝子系統樹，破線の矢印は，想定される個々の遺伝子の水平伝播を示す．(Katz, 1998より．)

のから，脊椎動物の消化管内（厳密には体組織の外側）の微生物群集，高等植物の根の細胞間の外生菌根や地衣類，そしてサンゴの細胞内の渦鞭毛藻類や昆虫の菌細胞内の細菌にまで及んでいた．本章の最後の節では，相利関係という生態的な相互作用が，進化における最も長い時間的スケールの中で働いてきた生物の存在様式の核心部分に存在している可能性について検討してみよう．

連続的内部共生説　現在では，多様な真核生物の起源は，少なくとも一部では，共生関係にある原始的な祖先生物同士の込み入った合体によって進行したと考えられている．この考えは特にMargulis (1975, 1996)による「連続的内部共生説」(serial endosymbiosis theory) で強く主張された（図13.23a）．この説の目指すところは，生物の3つの「ドメイン」(domain) 間の関連を理解することである．3つのドメインとは，古細菌 (Archaea，その多くは極限環境微生物 (extremophile) であり，高温条件や低pH条件などに生息する)，真正細菌 (Eubacteria)，真核生物である(Katz, 1998)．この説では，最初の段階（約20億年前に生じたと推定される）で，古細菌と細菌（スピロヘータ）の細胞が，嫌気的な共生として合体した．古細菌は核細胞質を提供し，細菌は遊泳能力を提供した．これによってもっとも原始的な真核生物のタンパク質と遺伝物質の構成要素についてのキメラ的な状態（古細菌と細菌の特徴の混合）が説明できる．次に，このキメラ状の生物の中に，ミトコンドリアの先駆体である好気性細菌を取り込んで，好気性の真核生物になったものがいた．その生物から他のすべての真核生物が進化した．さらに，葉緑体の先駆体である光合成をおこなうシアノバクテリアを取り込んだものがいて，これが祖先となり藻類や高等植物が進化した．

実のところ，連続的内部共生説は，3つのドメインをつなげるための，そして真核生物の起源を再現するための試案のひとつにすぎない(Katz, 1998)．例えば，原始的な真核生物の大部分がミトコンドリアを持ったことがないのではなく，ミトコンドリアを失ったのだという示唆もあり，そうであれば，真核生物の起源が全体として連続的なものかどうかについて疑問が生じる．また，進化の過程で，個々の遺伝子の水平伝播 (lateral transfer：ある進化系統から他の系統へ遺伝子が移入すること) が，これまで考えられていた以上に起きていた可能性もある．そうであれば，生物の系統樹は，実際には，もっと

複雑に絡み合う網目状になっているのかもしれない（図13.23b）. おそらく, もっと証拠が集まれば, これらの競合する理論は, それぞれが発展するとともに, アイディアの水平伝播を通してさらに進化することだろう. しかし, これらの理論に共通する考えは, 相利共生が, その生態的な重要性はもとより, 生物の進化史上, もっとも根源的な諸段階の中心にあったという点である.

まとめ

まず, 相利関係, 共生, 片利共生を区別するところから始めて, 相利関係が, 居心地のよい協力関係ではなく, 相互に搾取しあう関係とみなすのが最も適切であることを強調した.

相利関係について順番に検討した. 行動的なつながりによるものから, 一方の相利者が他方の細胞間や細胞内に入り込んでいる緊密な共生を経て, 細胞内小器官とその寄主である細胞の, もはや別個の生物とはみなせないほど緊密な共生までを扱った.

掃除魚は, 顧客の魚の体表の外部寄生者, 細菌, 死んだ組織を食物としている. 掃除魚は食物を得て, 顧客は感染から守られている. 多くのアリの種が植物を捕食者や競争者から守っているが, それらのアリは植物の特別な部位を食べているので, 植物自身が利益を得ていることを示すには綿密な実験が必要である.

ヒトを含む多くの種が栽培や牧畜をして, 食物を得ている. アリは多種のアブラムシ科から糖分が豊富に含まれた分泌物をもらう見返りに, 世話をしている. もっとも, アブラムシの方にもコストと利益の両方がありうることが実験で示されている. 多くのアリや甲虫が菌類を栽培しており, それによって, 自分では消化できない植物質を利用している. またその相利関係に放線菌類が加わり, 菌類を病原菌から守るという3者間の相利関係が確立されている例もある.

きわめて多くの植物が, 種子や花粉を分散させるために動物を利用している. 昆虫の送粉者の重要性とともに, ゼネラリストから極端なスペシャリストまでを産み出す共進化の圧力の重要性を強調した. また, イチジクとユッカにおけるイチジクコバチとユッカガによる産卵場所への送粉についても議論した. イチジクコバチとユッカガは, 送粉した果実の中で幼虫が発育する.

多くの動物は, その消化管内に相利的な微生物群を養っている. それらは特にセルロースの分解において重要である. また, さまざまな脊椎動物とシロアリの消化管内にいる相利者の複雑な群集と, その活動が盛んな部位の多様性について概説した. 特に, 反芻動物に焦点を当て, また多くの糞食の事例の重要性に触れた. さらに, 昆虫の菌細胞共生について, とくにアブラムシとブフネラ属 *Buchnera* の細菌を取り上げ, 細菌を主とする微生物が特殊化した細胞内に生息し, 寄主の昆虫に栄養的な利益を与えていることを紹介した.

多くの水生無脊椎動物は光合成藻類との相利的な関係をもっている. その中で最も重要なのは, サンゴ礁を作るサンゴだろう. 特に, 内部共生者を失いサンゴが白くなる「白化現象」と, それが地球温暖化とどのように関係しているかに注目した. そして, この相利関係を含め多くの相利関係には, 2種ではなく複数の種が関与していることを強調した.

高等植物と菌類の間には, きわめて多様な共生関係が形成されている. 多くの植物が保持している菌根という, 菌類と根の組織の間の緊密な相利関係に着目した. 外生菌根とアーバスキュラー菌根とエリコイド菌根について, それらがもたらすさまざまな利益に触れながら紹介した.

地衣類の生物学について, その構成員であるミコビオント菌類とフォトビオント（その大部分は藻類）の間の緊密な関係を考察しながら概

説した．特に高等植物との類似性について強調した．

　植物と窒素固定細菌の間にみられる相利関係はきわめて重要である．これらの細菌の多様性も概説しつつ，主に根粒菌とマメ科植物の相利関係に焦点を当て，特に，密着が確立されるまでの各段階，双方のコストと利益，マメ科植物と他の植物の間の競争に及ぼす相利関係の役割を議論した．そして，窒素固定をする植物が生態学的な遷移において果たす役割についても考察した．

　相利関係についてのいくつかの数理モデルを簡単に検討した．ここでも，焦点となる2種に限らず，さらに広い関係性を扱うことの重要性を強調した．

　最後に，多様な真核生物の起源について，少なくともその一部は，相利的な共生関係にあった原始的な祖先たちの切り離せない合体を通して生じた可能性があることを議論した．

第14章

個体数 — 生物の存在量

14.1 はじめに

なぜある生物種は稀で，別の種は多数生息するのか？ なぜある種の個体群密度は，ある場所では低いのに，別の場所では高いのか？ どんな要因がそれぞれの種の個体数または存在量（abundance）の違いを引き起こすのか．これらはとても難しい問題である．ある場所の，ひとつの種についてさえ，完璧な答えを出すためには，物理化学的条件，利用可能な資源の量，その生物の生活史，競争者，捕食者，寄生者などの影響について熟知しておく必要がある．そしてこれらすべての要因が，出生率，死亡率，移動率への効果を通して，どのように個体数に影響するのかを理解する必要がある．これまでの章では，これらの問題を個別に扱ってきた．ここでは，特定の事例について，これらの要因を同時に扱うことで，個体数を決める重要な要因を実際にどのように見つけ出せるのかを検討しよう．

数えるだけでは十分でない

通常，個体数を研究するために使われる生の資料は，個体数の推定値である．加工していない最初のデータは，単純に数えた値である．しかしそれでは，重要な情報が隠されてしまう．例えば，同じ人数で構成されている3つのヒトの個体群を思い浮かべてみよう．一番目は老人の居住地区の個体群，二番目は小さな子供の個体群，三番目は年齢も性別もさまざまな個体群である．移入によって維持されない限り一番目は消滅する運命にあり，2番目はしばらくすると急速に成長し，そして三番目は安定した成長を続ける．この違いは外部のどんな要因とも関連づけられないだろう．このため，もっと詳しい調査では，個体の年齢や性別，その割合を調べるし，場合によっては遺伝的変異さえも区別する．

生態学者は通常，個体数の不完全な見積もりを扱わざるを得ない．まず，サンプリ 推定値はいつも不完全である
ングの際に十分な空間的，時間的広がりがないと，個体数調査は誤った結論を導きかねない．そして十分なサンプリングを実現するには長い時間と巨額の資金が必要となる．研究生活はそう長いものではなく，論文作成を急がねばならないこと，また与えられた調査期間はたいてい短い，などの理由で，研究者は長期の個体数調査を始めることすら躊躇してしまう．さらに，個体数に関する知識が増えるに従い，興味を引く特性の数は増え，また変化する（どんな研究も始めたとたんに時代遅れになってしまう危険性を孕んでいる）．特に，個体群中の個々の個体をその一生を通して追跡することは，通常とてつもなく難しい課題である．生活環の中の重要なステージが見えにくい場合も多い．例えば，巣穴の中にいる赤ちゃんウサギや，土中の種子などである．足環で鳥を標識したり，徘徊性の肉食獣に無線発信器をつけたり，種子を放射性同位元素で標識したりすることはできる．しか

し，そうした方法を用いて研究できる生物種と個体数は，きわめて限られている．

個体群理論の大部分は，調査にかかるさまざまなコストの問題がともなわない，比較的少数の例外的事例に依拠している (Taylor, 1987)．実際，ほとんどの長期の，あるいは地理的に広い範囲で行われた個体数に関する研究は，毛皮を取る動物，狩猟対象である鳥や害虫など経済的に重要な生物，あるいは毛皮や羽の美しい，アマチュアナチュラリストが好むような種について行われてきた．一般化を行うには，最大の注意をもって取り扱わなければならない．

（欄外注：研究対象種が典型的なものではない）

14.1.1 相関，原因，そして実験

個体数のデータは外部要因（例えば，気候）との相関，あるいは個体数データそれ同士（例えば，春の個体数と秋の個体数）の相関を検出するために使われたりするだろう．相関は未来を予測するのに用いられるだろう．例えば，ジャガイモの地上部に被害を与える「葉枯れ病」の大発生は，通常，最低気温が10℃以上でかつ相対湿度が75％以上の日が2日以上連続すると，その後15日から22日で発生する．このような相関関係は，生産者に防除のための薬剤散布を促すことになるだろう．

相関関係はまた，立証はしないが，因果関係を示唆するかもしれない．例えば，個体群の大きさとその成長率との間の相関関係が明らかになるかもしれない．その相関関係は個体群の大きさそのものが，その成長率を変化させる要因であることを示唆するかもしれない．しかし，それを「原因」と決めるには，最終的には機構（メカニズム）を明らかにしなくてはならない．おそらくそれは，個体群が大きいと，飢えて死ぬ個体，あるいは繁殖に失敗する個体が増えたりすること，あるいは攻撃的になり，弱い個体を追い出すようになる，というようなことかもしれない．

すでに述べたように，本章や他の章で論じる研究の多くは，「密度依存過程」を見出すことに関連している．そこでは密度自身が，個体群の中で出生率や死亡率の変化を引き起こす要因であるかのように論じる．しかし，このような例は，もしあったとしてもきわめて稀であろう．生物が，自らが属する個体群の密度を検出したり，それに反応することはない．生物は通常，隣人によって引き起こされる資源の欠乏や個体の集中に対して反応する．私達はどの個体が他を害していたのかを特定することは出来ないかもしれないが，それでも「密度」とは，現実に生きる生物がどのような一生を送ってきたのかを覆い隠すことの多い抽象概念であることを覚えておかなければならない．

（欄外注：密度は抽象概念である）

個体に何が起きているのかを直接観察することによっても，何が全体の個体数の変化を引き起こすのかについてのもっと強い示唆が得られるだろう．個体についての観察結果を，数学モデルに組み込んで，モデル個体群が実際の個体群と同様のふるまいをするならば，特定の仮説を強く支持することになろう．しかし，多くの場合，厳密な検討が可能となるのは，野外実験や操作ができる段階になってからである．捕食者や競争者が個体群の大きさを決めていると考えられる場合は，それを取り除いたときに何が起きるのかと問えばよい．資源の量が個体群サイズを決めると考えられるなら，それを追加してみればよい．そのような実験の結果は，仮説の正当性を導くだけでなく，病原体や雑草を抑えたり，絶滅危惧種を増やしたりというように，我々自身が個体群の大きさを決定できるということを示している．未来を予測できる時，生態学は計画立案のできる科学となり，将来を決めることができる時，生態学は管理のできる科学となる．

14.2 変動しているか安定しているか

ギルバート・ホワイトのアマツバメ

おそらく，最も長期にわたる個体数調査は，南イングランドのセルボーン村で行われたアマツバメ（*Micropus apus*）についてのものだろう（Lawton & May, 1984）．その村に住んでいたギルバート・ホワイト（Gilbert White）は，1788 年，生態学に関する最も初期の出版物のひとつの中で，そのアマツバメについて次のように述べている．

> 今や私は，毎年同じ数のつがいが来ていると確信した．少なくとも私の今までの長い調査の結果では，つがいの数は 8 組でまったく変化せず，そのうちの約半分は教会の塔に巣をかけ，残りは，何軒かのみすぼらしい茅葺きの小屋に巣をかけている．いま 8 組のつがいが毎年 8 組以上の雌雄を生むとしたら，事故などによって差し引かれるとしても，その増加分は毎年どうなっているのだろうか？

Lawton と May は，1983 年にその村を訪れて，ホワイトの記述から 200 年間の間に村の様子は大きく変わっていることを知った．アマツバメはここ 50 年間，教会には巣をかけていないようであった．茅葺きの小屋はなくなっているか茅を保護するための金網で覆われるようになっていた．にもかかわらず，村で毎年見られるアマツバメのつがい数は，12 組であった．その間の 2 世紀の間に起こったさまざまな変化からすれば，この数字は White によっていつも観察されていた 8 つがいという数にきわめて近いといえる．

成熟個体の年次変動が比較的小さい個体群のもうひとつの例は，ポーランドの砂丘性の小さな一年生植物であるトチナイソウ属の一種 *Androsace septentrionalis*（サクラソウ科）についての 8 年間の研究で，この種の場合，毎年個体群への新規加入に大きな年変動が見られた（図 14.1a）．1 m^2 当り 150 から 1000 の新しい実生が出現した．しかし，続いて起こる死亡によりその個体数は 30 から 70％に減った．ところが，個体数はある一定の範囲内に保たれていた．少なくとも 50 個体は常に生き残って結実し，次の季節に種子を生産した．

第 10 章の図 10.23c で紹介したイギリス諸島で営巣するアオサギの長期研究でも，個体数は長期にわたって驚くほど一定に保たれていることが明らかにされた．しかしそこでは個体数推定が定期的に行われていたので，厳しい気象によって個体数が急激に減少してその後回復する年があったことが明らかになった．対照的に，図 14.1b のネズミの例では，個体数は長い期間にわたって比較的低く保たれているのだが，時々激増する場合があることが示されている．

14.2.1 個体数の決定と調節

これらの研究や多くの類似の研究を見ると，個体群の大きさの表面上の安定性を強調した研究者もいれば，変動性を主張する研究者もいた．安定性を強調する者は，個体群がなぜ際限なく増加したり，減少して絶滅してしまったりしないのかを説明するために，個体群の中に安定性をもたらす力を探し出す必要性を説く．変動性を主張する者は，変動を説明するための気象条件などの外的要因に注目する．両陣営の対立は実に 20 世紀半ばの生態学を特徴づけるものであった．それらの論争の一部を見ることで，現代における共通理解の詳細を理解しやすくなるだろう（Turchin, 2003 も参照のこと）．

しかし，まず何よりも大切なことは，個体数がどのように**決定**（determine）されるか 個体数の決定と調節との区別 という問いと，どのように**調節**（regulate）されるかという問いとの違いを明確に理解しておくことである．調節とは，個体群の大きさがある一定の水準を超えたときにそれが減少し，その

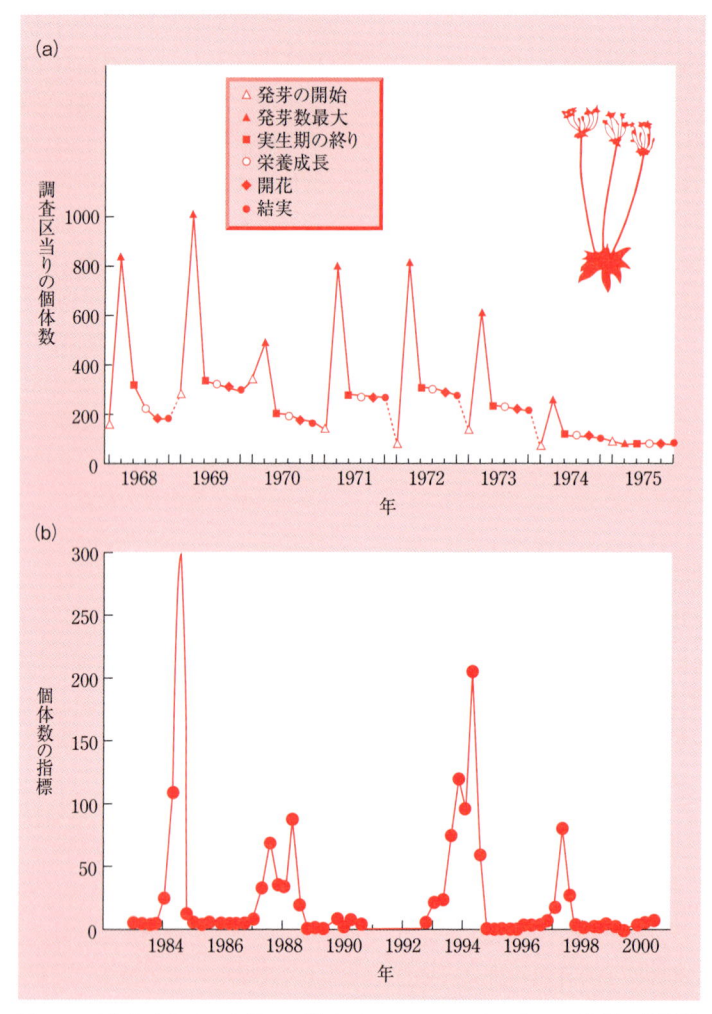

図 14.1 (a) トチナイソウ属の一種 *Androsace septentrionalis* の 8 年間の個体群動態. (Symonides, 1979 より. データのさらに詳しい解析については Silvertown, 1982 を参照.) (b) オーストラリア, ビクトリア州の農業地帯でのイエネズミ (*Mus domesicus*) の不規則な大発生. ここではイエネズミは害獣とし農業にて深刻な被害をもたらす. 個体数の指標は 100 罠・日当りの捕獲数. 1984 年の秋, この指標は 300 を超えた (Singleton *et al.*, 2001 より.)

水準を下回ったときには増加する傾向である. 言い換えれば, 個体群の調節は, 定義上, 出生率, 死亡率, 移動率のいずれかに働く, ひとつまたは複数の密度依存的過程の結果としてだけ生じる. すでに, 競争, 移動, 捕食, 寄生についての各章で, さまざまな過程が密度依存的に働きうることを議論した. 従って, どのようにして個体数がある一定の上限と下限との間にとどまる傾向を示すのかを理解するには, 調節に注目しなければならない.

一方, 個体数そのものは, 個体群に作用するすべての過程, それらが密度依存性であろうと非密度依存性であろうと, それらが複合的に働いて決定される. 図 14.2 には, それを単純化して図示した. ここでは, 出生率は密度依存的であり, 死亡率は 3 つの異なる場所の物理条件に依存していて密度に対しては独立している. ここには 3 つの平衡状態にある個体群があり

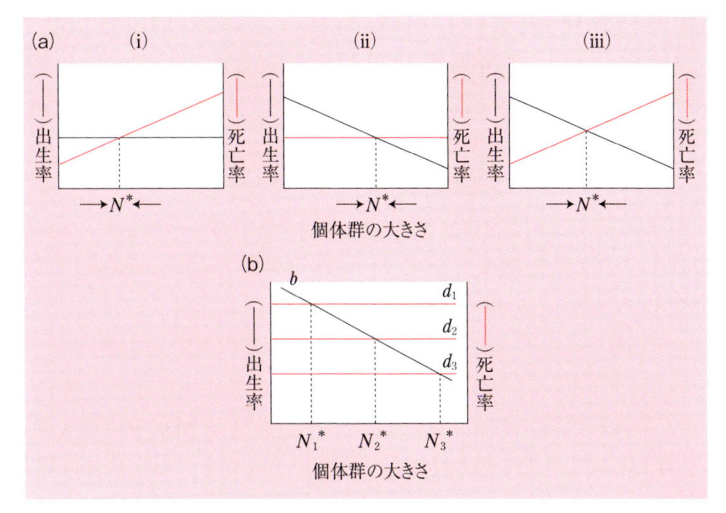

図14.2 （a）個体群調節の模式図．（i）は密度独立的出生と密度依存的死亡による個体群調節．（ii）は密度依存的出生と密度独立的死亡による調節．（iii）はどちらも密度依存的な出生と死亡による調節を示す．個体群の大きさは出生率が死亡率を上回るときに増大し，死亡率が出生率を上回ると減少する．従って，N^*は安定平衡状態の個体群の大きさを示す．実際の平衡個体群の大きさは，密度独立的な変化率の大きさと，密度依存的変化率の大きさと傾きの両方によって決まることが見てとれる．（b）密度依存的出生率bと密度独立的死亡率dによる個体数の調節．死亡率d_1, d_2, d_3は3つの場所の物理的状況の違いを反映して異なり，その結果，平衡個体群の大きさもN_1^*, N_2^*, N_3^*と変化する．

(N_1, N_2, N_3)，それぞれ3通りの死亡率，すなわち3つの環境での物理的条件に対応した死亡率を被っている．このような非密度依存性な死亡率の差が，例えば，イギリスの北ウェールズの砂丘環境において，砂丘の部位ごとに一年生草本のウシノケグサ属の一種 *Vulpia fasciculata* の存在量の違いを決めている．繁殖は密度依存的で調節的だが，砂丘の部位間の差はわずかであった．一方，物理的条件は死亡率に対して密度独立的に強く作用していた（Watkinson & Harper, 1978）．従って，ある特定の個体群がある時に他でもなくその個体数であることを理解するには，個体数の決定という点に目を向けなくてはならない．

14.2.2　個体数についての理論

安定性（stability）の視点を最初に生態学に持ち込んだのはA. J. Nicholsonとするのが定説である．彼はオーストラリアの理論と室内実験に精通した動物生態学者であり（例えば，Nicholson, 1954），生物同士の密度依存的な相互作用が，ある環境下における個体群の大きさを決定し，個体群を均衡のとれた状態に保つと信じていた．もちろん彼も「密度に影響されない要因が，密度に対して重大な効果を与えうる」ことは認識していた（図14.2を参照）．しかし，彼は，密度依存性は時間と共に緩んだり強くなったりはするものの，環境の好適さと対応しながら個体群密度を調節する力を保持すると考えていた．

もう一方の視点は，同じくオーストラリアの2人の生態学者，AndrewarthaとBirch（Andrewartha & Birch, 1954）にさかのぼる．彼

らの研究は主に野外の害虫の制御に関するものであった．そのため，彼らの視点は，個体数を予測すること，特に害虫の爆発的増加の程度とタイミングの予測の必要に迫られていたことに影響されているように見える．彼らは自然の個体群において，その増加率が正の値の場合には，生物の数を限定するのに最も重要な要素は，時間の不足だと信じていた．言い換えると，個体群は，減少と回復を繰り返すものと見なせるということである．この見方は，不適な環境に敏感に反応するが，急速に回復できる多くの害虫によくあてはめることができる．彼らはまた，環境をNicholsonのいう密度依存性と密度独立性の「要因」に細分することを拒否し，個体群を生態的な網目（ecological web）の中心に位置するものと考え，そこでは，さまざまな要素と過程が相互に影響しながら個体群に作用すると考えたのである．

学派間の対立は必要ない

後知恵として，今はっきり言えることは，最初のグループが，個体群の大きさを調節する要因に心を奪われており，もう一方のグループは個体群の大きさを決める要因に目が向いていたということである．どちらも価値ある問いである．対立は，両陣営が持つある感覚に起因しているように思える．最初の陣営では，どんな個体数の調節もまた決定要因となり得ると感じ，もう一方の陣営では，実用的には個体数の決定が全てであると感じていた．しかし，調節を全く受けることのない個体群は存在しない．長期にわたり制約を受けずに増加し続けた個体群は知られていないし，絶滅するまで減り続ける個体群も稀である．さらに，密度依存過程は稀な現象で，一般的に重要性が低い，という意見は正しくないだろう．多くの研究がさまざまな動物，特に昆虫に対して行われてきた．密度依存性はいつも検出されるとは限らないが，何世代にもわたる長い研究の場合には普通に見いだされていた．例えば，10年以上続いた昆虫に関する研究のうち，80％以上で密度依存性が検出されている（Hassel et al., 1989; Woiwod & Hanski, 1992）．

一方，AndrewarthaとBirchが焦点を当てていたタイプの研究では，気象は個体数決定の典型的な主要因であり，他の要因の重要性は相対的に低かった．例えば，害虫のリンゴノハナアザミウマ Thrips imaginis, に関する古典ともいえる有名な研究において，気象はこのアザミウマ個体数の変動の78％を説明した（Davidson & Andrewartha, 1948）．アザミウマの個体数を予測するために，気象の情報はなによりも重要なのである．すなわち，個体群の大きさを調節する要因が必ずしも個体群の大きさを決めるわけではない．そして，調節あるいは密度依存性の方が重要というのもまた正しくないであろう．調節は頻繁には生じないし間欠的なものである．そして調節が生じ個体群がある水準に導かれたとしても，その水準自体は資源量の水準の変化に反応して変化するのである．おそらく自然の個体群が真の平衡に達したことはいまだかつてないだろう．具体的には，自然界において，ある個体群はほとんどいつも直近のダメージから回復している途上であったり（図14.3a），またあるものはいつも豊富な資源（図14.3b）または乏しい資源（図14.3c）によって制限され，またあるものは突発的な移出によって激減しつつある（図14.3d）と見るのが妥当だろう．

個体群の調節と決定に関する研究では，データは昆虫に大きく偏っており，なかでも特に多いのが害虫に関するものである．他の生物に関する研究からもたらされる限られた情報の示すところでは，陸上の哺乳類の個体群は，節足動物のそれに比較して明らかに変動が少なく，鳥の個体群はそれよりさらに安定している．陸上の大型哺乳類は，餌の供給量から調節される場合が多く，一方，小型の哺乳類は密度依存的に調節されており，若い個体が繁殖から排除されることが，単独で働く，そして最大の調節要因である（Sinclair, 1989）．鳥では，餌の不足，およびなわばりや営巣場所をめぐる争いがもっと

第 14 章 個体数

14.2.3 個体数調査の手法

Sibly & Hone (2002) は，個体数の決定と調節に関する問いで使用されてきた手法を，大きく 3 つに区分した．彼らは個体群の成長率を中心に考えたが，その理由は，誕生，死，そして移動が個体数におよぼす複合的効果が成長率だからである．**個体群統計学的手法**（次の第 3 節）は，個体群全体の成長率の変動を，生活環のさまざまな段階の生残，誕生，そして移動という項目へ分割しようとする．その目的は，最も重要な段階を見出すことである．しかしながら，これから見ていくように，この場合「何にとって最も重要なのか？」という問が関わってくる．**機械論的手法**（第 4 節）は成長率の変動を，食物，気温など成長率に影響を与えそうな要素に直接関連づけようとする．この手法には相関関係の検出から，野外実験にまでおよぶ広い範囲の取りくみが関わってくる．最後に，**密度による手法**（第 5 節）は成長率の変異を密度の変異に関連づけようとする．これは今まで行われてきた多くの研究を広く検証するのに便利な枠組みである．しかし，Sibly & Hone による検討が明らかにしたように，多くの研究では 2 つ，ときには 3 つの手法が組み合わされて使われている．もっとも以下の検討では，紙面の都合で，組み合わせのすべての例を見ることはできない．

> 個体群統計学的手法，機械論的手法，そして密度による手法

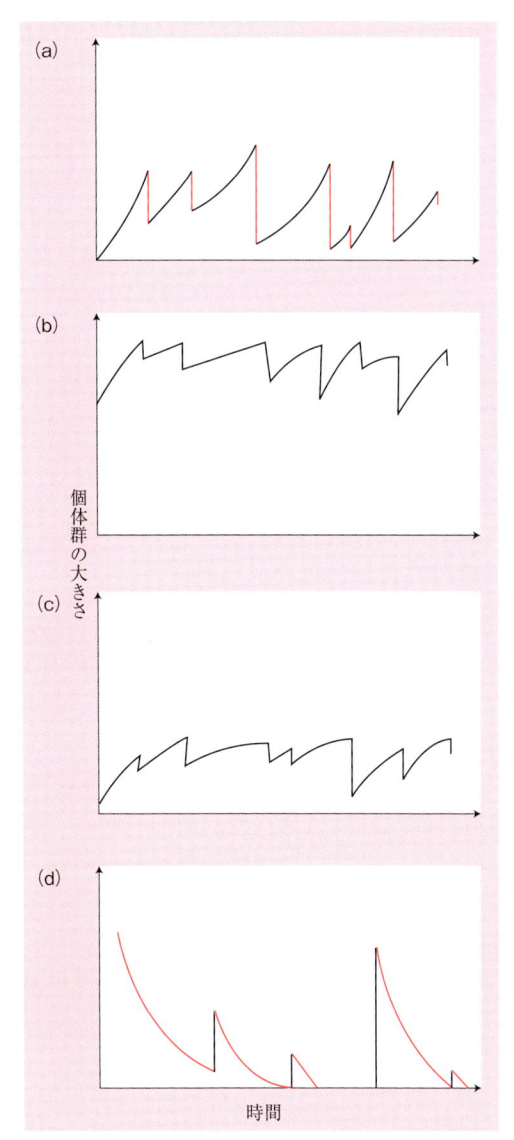

図 14.3 個体群動態の模式図．(a) 急激な個体数の激減と回復が卓越する動態．(b) 環境収容力による制限が卓越する動態で，収容力が高い場合．(c) 同じく環境収容力による制限が卓越する動態で，収容力が低い場合．(d) 生息可能域に多少とも急激な移住による加入のあとに個体群が激減するような変動が卓越する動態．

も重要な要因のようである．しかし，こうした一般化も，研究対象種が選ばれる際の偏りが反映されているし，捕食者や寄生者の潜在的な効果を無視していることも反映されているだろう．

14.3 個体群統計学的手法

14.3.1 変動主要因分析

長い間，個体群統計学的手法は**変動主要因分析**（key-factor analysis）と呼ばれる手

> 主要因？ あるいは主「発育段階」？

表 14.1 コロラドハムシについて作成された典型的な生命表の例. Harcourt (1971) がカナダ,メリベイルで 1961 年から 1962 年に集めたデータから作成.

発育段階	ジャガイモの盛土 96 個当りのハムシの個体数 (N)	死亡数	死亡要因	$\log_{10}N$	k 値
卵	11,799	2,531	産卵失敗	4.072	0.105 (k_{1a})
	9,268	445	未熟	3.967	0.021 (k_{1b})
	8,823	408	雨	3.946	0.021 (k_{1c})
	8,415	1,147	共食い	3.925	0.064 (k_{1d})
	7,268	376	捕食者	3.861	0.024 (k_{1e})
初期の幼虫	6,892	0	雨	3.838	0　　(k_2)
後期の幼虫	6,892	3,722	飢餓	3.838	0.337 (k_3)
蛹	3,170	16	$D.\,doryphorae$	3.501	0.002 (k_4)
夏の成虫	3,154	126	性比 (雌 52%)	3.499	0.017 (k_5)
雌×2	3,280	3,264	移出	3.516	2.312 (k_6)
越冬成虫	16	2	霜	1.204	0.058 (k_7)
春の成虫	14			1.146	
					2.926 (k_{total})

法で代表されてきた．後でみるように，この分析法には技術的欠点があり，有用な改良法も提案されている．しかし，重要な一般則を説明するために，また歴史的な流れを正しくたどるために，変動主要因分析から話を始めよう．実際，この手法は，対象生物の一生における（主要因というより）鍵となる発育段階を特定するものとして始まったので，変動主要因という名称はあまり適切ではない．

コロラドハムシ　変動主要因分析のためには，対象となる個体群を同齢個体ごとに分けた生命表（第 4 章 5 節を参照）のデータが求められる．そのため，この手法の発展の初期（Morris, 1959; Varley & Gradwell, 1968）に主に用いられた生物種は，世代が不連続であるか，同齢個体が簡単に区別できるものであった．特に，k 値（第 4 章 5.1 節と 5.6 節を参照）を用いる手法ではそうであった．例えば，カナダにおけるジャガイモの害虫，コロラドハムシ（$Leptinotarsa\ decemlineata$）の個体群の例を表 14.1 に示す（Harcourt, 1971）．この種は，ちょうどジャガイモが芽吹く 6 月頃に「春の成虫」が冬眠から覚める．3〜4 日すると産卵が始まる．産卵は 1 ヵ月ほど続き，その最盛期は 7 月初めである．卵は卵塊（約 34 卵）として下方の葉の表面に産みつけられ，孵化した幼虫は植物体の先端にまではい上がり，発育期間中そこで葉を食べ続け，全部で 4 齢を経過する．幼虫は老熟すると地面に落ち，地中に蛹室をつくる．「夏の成虫」は 8 月初めに羽化し，摂食し，9 月初めに越冬のために再び地中にはいり，次の年の「春の成虫」となる．

生活環の 7 つの段階で，それぞれ個体数の推定値が得られるように調査計画が立てられた．その 7 段階とは，卵，初期の幼虫，後期の幼虫，蛹，夏の成虫，越冬成虫，春の成虫である．さらにもうひとつの項目，「雌×2」が加えられた．これは夏の成虫の不均等な性比を考慮に入れたことによる．表 14.1 は，ある 1 世代の個体数の推定値を示したもので，生活環の各段階での主な死亡要因と考えられるものも記入されている．そうすることで，基本的には（各発育段階を扱う）個体群統計学的な手法が，（各発育段階を想定される要因と関連づけることで）機械論的手法の装いをまとうことになる．

ひとつの個体群の 10 世代の k 値の平均が，表 14.2 の 3 番目の列に示してある．この平均値は，死亡率に関与する各要因が，各世代の中で相対的にどの程度の強さを持つのかを示 k の平均値 ── 要因の強さの表象

表 14.2 コロラドハムシ個体群の生命表分析のまとめ．b は死亡要因が作用する前の個体数の対数値に対して k 値を直線回帰した時の傾き．r^2 は決定係数．詳しくは本文を参照．(Harcourt, 1971 より．)

死亡要因	k	k 値の平均	k_{total} への回帰係数	b	r^2
産卵失敗	k_{1a}	0.095	−0.020	−0.05	0.27
未受精	k_{1b}	0.026	−0.005	−0.01	0.86
卵−雨	k_{1c}	0.006	0.000	0.00	0.00
卵−共食い	k_{1d}	0.090	−0.002	−0.01	0.02
卵−捕食者	k_{1e}	0.036	−0.011	−0.03	0.41
幼虫 1−雨	k_2	0.091	0.010	0.03	0.05
幼虫 2−飢餓	k_3	0.185	0.136	0.37	0.66
蛹−$D.$ $doryphorae$	k_4	0.033	−0.029	−0.11	0.83
性比の偏り（雌52%）	k_5	−0.012	0.004	0.01	0.04
移出	k_6	1.543	0.906	2.65	0.89
霜	k_7	0.170	0.010	0.002	0.02
	k_{total}	2.263			

している．これを見ると，夏の成虫の移出が飛び抜けて大きな効果 ($k_6 = 1.543$) を持っていることが分かる．それとともに，老熟幼虫の餓死，越冬成虫の霜による死亡，「産卵されなかった卵」，雨の影響による若齢幼虫の死亡，そして共食いによる卵期の死亡も無視できない．

しかし，表 14.2 の k の数値からは，年による死亡率の変動に対して，それぞれの死亡要因が相対的にどの程度重要なのかを知ることはできない．例えば，個体群中の多数の個体が死ぬような要因であっても，その効果が常に一定ならば，特定の年の死亡率（そして特定の個体群の大きさ）を説明するのにはほとんど役に立たないことは容易に想像できる．しかし，それは表 14.2 の k の次の列の数値から評価することができる．この列には，1 世代を通じての k 値，すなわち k_{total} に対する各死亡要因の k 値の回帰係数を示してある．

k_{total} を k で回帰する —— 主要因

個体数の変化を決めるのに重要な死亡要因は，1 に近い回帰係数を持つはずである．なぜなら，その死亡要因について求めた k 値は，k_{total} の変化に対して，大きさおよび方向が一致して変化すると予想できるからである (Podoler & Rogers, 1975)．一方，k_{total} に対して k 値がランダムに変動するような死亡要因は，0 に近い回帰係数値を持つはずである．さらに，全ての回帰係数の合計は常に 1 となる．このため，回帰係数の値は，各要因と死亡率の変化の間の連関の強さを示していることになる．最も大きな回帰係数は，個体数変動をもたらす変動主要因 (key factor) と結びついているといえる．

この例では，夏の成虫の移出が最も高い回帰係数 0.906 を示し，変動主要因であることが明らかである．これ以外の要因は，k 値の平均値がある程度高い値を示しているにしても，世代全体の死亡率の変動に対しては，無視できるほどの影響しか与えていない（幼虫期の飢餓は必ずしもそう言い切れないが）．同じ結論は，k 値の時系列変化をグラフにしてみるだけでも導くことができる（図 14.4a）．

このように，k 値の平均は，さまざまな死亡要因が 1 世代を通しての死亡率の中で果たす平均的な強さを示している．これに対して，変動主要因分析は世代内死亡率の年変動に対する，それぞれの要因の相対的な貢献度を示すもので，個体群の大きさの決定要因としての重要性を測るものといえる．

しかし，個体群の調節とは一体何だろう？ この問題を考えるには，それぞれの要因

調節要因としての役割は？

が作用する前の個体数の常用対数値に対して，k 値をプロットすればよい（第 5 章 6 節を参照）．表 14.2 の最後の 2 つの列に，それぞれの初期

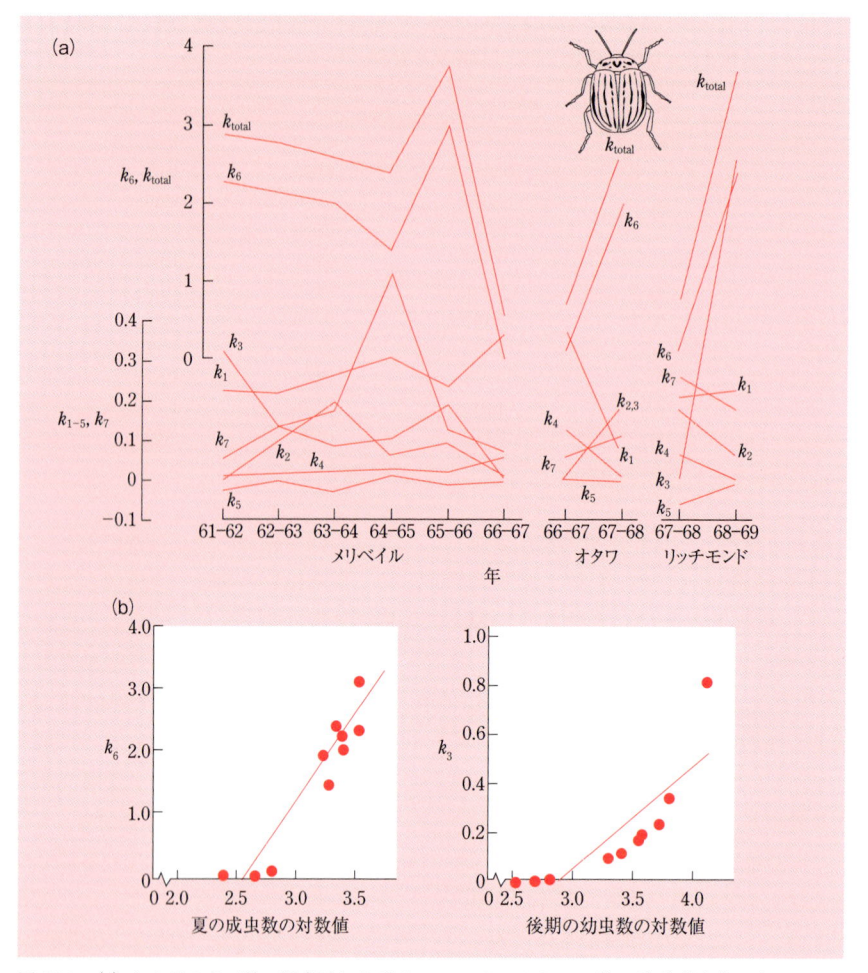

図14.4 (a) カナダの3ヶ所の調査地におけるコロラドハムシの k 値の時系列変化．(Harcourt, 1971 より．) (b) コロラドハムシの夏の成虫の密度依存性の移出 (左図，傾き 2.65) と幼虫の密度依存性の飢餓による死亡 (右図，傾き 0.37)．(Harcourt, 1971 より．)

密度の対数値に対する k 値の回帰直線の傾き (b) と決定係数 (r^2) を示してある．特に注意して検討する必要がありそうな要因が3つある．まず，変動主要因である夏の成虫の移出は，回帰直線の傾き 2.65 が 1 よりもはるかに大きく，過大補償型の密度依存性を示している (図 14.4b も参照)．従って，この変動主要因は，密度依存的ではあるが，個体数を十分に調節しているとはいえず，過大補償のために，個体数の激しい変動をもたらしてしまう．実際，コロラドハムシとジャガイモの系は，ジャガイモが継続して繰り返し植栽されなければ消滅してしまうだろう (Harcourt, 1971)．

また，幼虫の飢餓による死亡は，(統計的には有意ではないが) 過小補償型の密度依存性を示した．しかし，図 14.4b に示したように，この関係は直線よりも曲線の方が回帰の当てはまりは良い．もしその曲線を当てはめるなら，決定係数は 0.66 から 0.97 に跳ね上がり，密度が高い部分での傾き (b 値) は 30.59 にも達する (もちろん，観察された密度の範囲では，この値よりもはるかに小さい値を示す場合が多い)．このため，幼虫の飢餓による死亡は，蛹への寄生や成虫の移出のような不安定化要因が働く前に，個

表14.3 アメリカ合衆国の3つの地域でのアメリカアカガエル個体群についての変動主要因（ここでは主発育段階）分析の結果．3つの地域は，メリーランド州（2つの池での1977年から1982年の変動），バージニア州（7つの池での1976年から1982年の変動），ミシガン州（ひとつの池での1980年から1993年の変動）．それぞれの地域で，最も高い平均 k を示す発育段階と，主発育段階，密度依存性を示した発育段階をすべて太字で示す．（Berven, 1995より．）

発育段階	k 値の平均	k_{total} に対する回帰係数	個体数の対数値に対する回帰係数
メリーランド州			
幼生	1.94	**0.85**	池1：**1.03** ($P=0.04$)
			池2：0.39 ($P=0.50$)
亜成体（1歳まで）	0.49	0.05	0.12 ($P=0.50$)
成体（1–3歳）	**2.35**	0.10	0.11 ($P=0.46$)
計	4.78		
ヴァージニア州			
幼虫	**2.35**	**0.73**	0.58 ($P=0.09$)
亜成体（1歳まで）	1.1	0.05	-0.20 ($P=0.46$)
成体（1–3歳）	1.14	0.22	**0.26** ($P=0.05$)
計	4.59		
ミシガン州			
幼虫期	1.12	**1.40**	1.18 ($P=0.33$)
亜成体（1歳まで）	0.64	1.02	0.01 ($P=0.96$)
成体（1–3歳）	**3.45**	-1.42	**0.18** ($P=0.005$)
計	5.21		

体数を調節する重要な役割を果たしている可能性が高い．

アメリカアカガエルと一年生植物　変動主要因分析は，実に多くの昆虫個体群に適用されてきたが，脊椎動物と植物にはほんのわずかしか適用されてこなかった．そうした例が表14.3と図14.5に示されている．アメリカ合衆国の3つの場所のアメリカアカガエル（*Rana sylvatica*）の個体群では（表14.3），幼生期がどの場所でも個体数を決定する主発育段階で（データ列の2列目），これは主に幼生期における降雨量の年次変動のためである．降雨の少ない年には，生息場所の池が乾き，時には感染症のために幼生の生存が壊滅的な水準にまで低下することもある．そのような死亡率は，幼生個体群の大きさとは一貫性のある相関関係を示さず（メリーランド州のひとつの池では有意差があり，そしてバージニア州では有意差ありに近かったに過ぎない），個体群の大きさの調節に果たす役割も偶発的なものであった．2つの場所では，成体の時期の死亡率が明らかに密度依存的となり，どちらかといえばこちらのほうが個体群を調節する力を持っていた．これは，明らかに食物をめぐる競争の結果である．実際，その2つの場所での死亡率（最初のデータ列）は成体の時期に最も高かった．

ポーランドの砂丘に生育する一年生植物のトチナイソウ属の一種 *Androsace septentrionalis*（図14.5，そして図14.1aも参照）では，個体数を決定する主発育段階は，土中での種子の時期であることがわかっている．しかし，ここでも，死亡率は密度依存的には働かず，その一方で主発育段階ではない実生期の死亡率に密度依存性が見られた．季節の初めにまっさきに発芽する実生は生存する可能性が高いのである．

従って，全般的には，変動主要因分析（その誤解を招きやすい名称はともかく）は研究対象である生物の一生における重要な発育段階を特定するのには有効である．またこの手法は，各発育段階の重要性をさまざまな角度から判別する

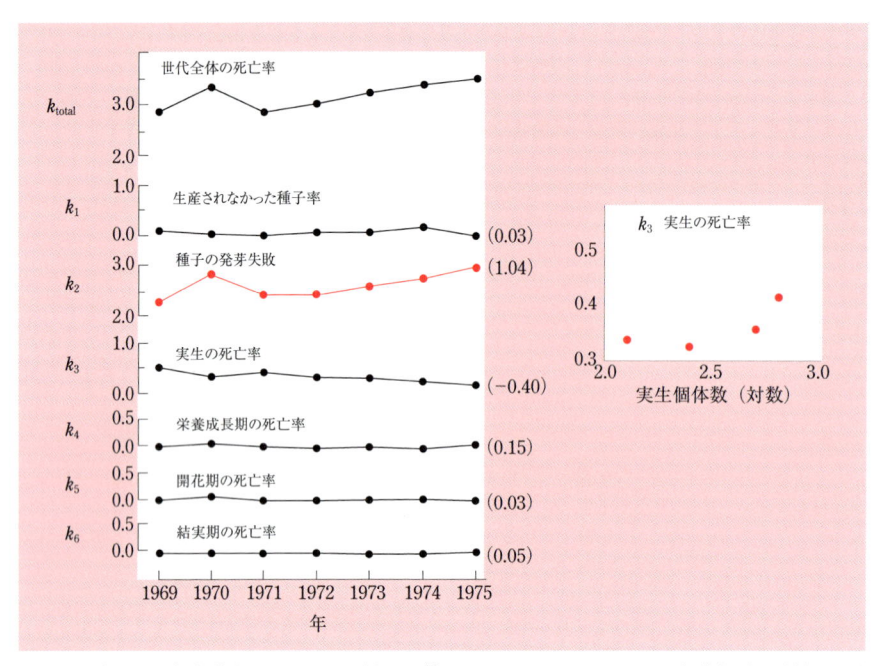

図14.5 砂丘の一年生草本トチナイソウ属の一種 *Androsase septentrionalis* の変動主要因分析．世代全体の死亡率（k_{total}）とさまざまな k 要因が図示されている．括弧内の数値は，k_{total} に対してそれぞれの k 値を回帰した場合の係数で，最も大きな回帰係数を示す要因が変動主要因であり，図では色づけしてある．右側の図は，密度依存的に変化する要因のひとつを示す．（Symonides, 1979 より．解析は Silvertown, 1982 による．）

のにも有効である．例えば，死亡率の総計に対する各要因の貢献度，死亡率の変動に対する貢献度，従って個体数決定における貢献度，そして死亡率の密度依存性による個体数調節への貢献度を判別できる．

14.3.2 感度分析，弾力性分析と λ 貢献度分析

変動主要因分析の問題点の克服　変動主要因分析は有用で広く用いられてきたが，いくつかの技術的（つまり統計学的）な問題点と概念的問題点については，根拠のある批判を浴び続けてきた（Sibly & Smith, 1998）．それらの批判の中で重要なのは次の2つである．(i) 産子数を k 値で取り扱うやり方がかなり不適切で，とりうる最大の出生数と比較した場合の「失われた」出生数として計算されること，そして (ii)「重要度」がそれぞれの発育段階ごとに適切には割り振られていないこと，つまり生活史の各発育段階ごとに個体数に与える効果は違うはずなのに，すべての発育段階に同じ重みが与えられていることである．これは，世代が重なっている個体群に特有の問題である．なぜなら，生活環の後のほうで生じる死亡率（そして産子数）は，前のほうで生じる死亡率よりも個体群全体の成長率に対して小さな影響しか及ぼさないからである．実のところ，変動主要因分析は世代がはっきり分かれる生物のために設計されたものだが，世代が重なる生物に対しても用いられてしまったのである．前者に使用を限定するとしても，それは実用性の限界を示すことになる．

変動主要因分析に代わる Sibly & Smith（1998）による方法，つまり λ 貢献度分析（λ-contribution analysis）は，それらの問題を解決してくれる．λ は，例えば第4章で R という記号で表した個体群の成長率（e^r）と同じものであるが，ここでは Sibly & Smith の表記に従う．彼らの方

法は，それ自体，感度分析（sensitivity analysis）と弾力性分析（elasticity analysis）という手法から得られる生活環の各発育段階の重みづけを利用している（De Kroon *et al*., 1986, Benton & Grant, 1999; Caswell, 2001; 統合的予測モデル（integral projection model）も参照のこと．例えば，Childs *et al*.（2003））．こうした手法そのものも個体数の研究における個体群統計学的な手法として重要な観点である．そこで，λ貢献度分析を検討する前に，まず感度分析と弾力性分析を手短にとりあげよう．

個体群射影行列の再考 感度分析と弾力性分析の計算の詳細に立ち入ることはしないが，その原理については，第4章7.3節で紹介した個体群射影行列に立ち返れば良く理解できるだろう．個体群の出生と生残の過程は，下に示したような行列の形にまとめられることを思い出して欲しい．

$$\begin{bmatrix} p_0 & m_1 & m_2 & m_3 \\ g_0 & p_1 & 0 & 0 \\ 0 & g_1 & p_2 & 0 \\ 0 & 0 & g_2 & p_3 \end{bmatrix}$$

ここで，それぞれの時間のステップごとに，m_x はステージ x における出生率であり最初のステージへと加わる個体数を反映し，g_x はステージ x から次のステージまでの生残と成長の率を，そして p_x はステージ x に留まる率を示す．λはこのマトリックスから直接計算できるということも思い出そう．明らかに，λの全体の値はこのマトリックス内の様々な要素の値を反映しているが，それらのλへの貢献度は同じではない．そして，それぞれの要素（例えば，それぞれの生物学的過程）の感度とは，行列の要素の絶対値の変化に対するλの変化量を示している．このように，感度はλに最も大きな影響力をもつ過程において最大となる．

感度と弾力性 しかし，生残率の要素（ここでは gs と ps）が0から1までの値という制約を受けるのに対して，産子数はそうではない．このためλは，同等の変化であっても産子数の変化の絶対値に対してよりも，生残率の変化の絶対値に対して敏感になる傾向がある．さらに，λは，たとえ行列内のある要素が0の値をとったとしても，その値に対して敏感になり得る（なぜなら感受性とは，その値の絶対値が変化したら何が起こるかを測定するものだからである）．しかし，こうした欠点は，各要素のλへの貢献度を決定する際に，弾力性を用いることで克服できる．なぜなら，弾力性とはその要素における相対的な変化によって引き起こされるλの相対的な変化を測るものだからである．都合のいいことに，この行列の形式では，弾力性の合計は1になる．

弾力性分析と個体数の管理 弾力性分析は個体数の管理計画に直結する手法である．もし絶滅危惧種の個体数を増大させたければ（λを可能な限り高く保つ），あるいは有害生物の個体数を減少させたければ（λを可能な限り低く保つ），生活環のどの発育段階に注目すべきだろうか．それは，弾力性が最も高い発育段階に対してである．例えば，合衆国南部沿岸の絶滅危惧種であるケンプヒメウミガメ（*Lepidochelys kempi*）についての弾力性分析から，産卵数や孵化個体の生残率よりも，もっと成長した，特に亜成体の生残が個体数の維持に重要であることが示された（図14.6a）．卵をどこかよその場所（この場合はメキシコ）で育てて輸入するといった，初期の減耗を防ぐ「ヘッドスタート」プログラムは，1980年代には主要な保護方法であったが，成果の少ない管理方法として失敗する運命にある（Heppell *et al*., 1996）．心配なのは，この方法は他のウミガメ類にも広く用いられているが，それらのウミガメにもこの弾力性分析の結論が同じく当てはまりそうなのである．

弾力性分析は，ニュージーランドに侵入した有毒なキク科草本のジャコウアザミ（*Carduus nutans*）の個体群にも適用された．個体群全体の成長率について若い植物体の生残と繁殖は，

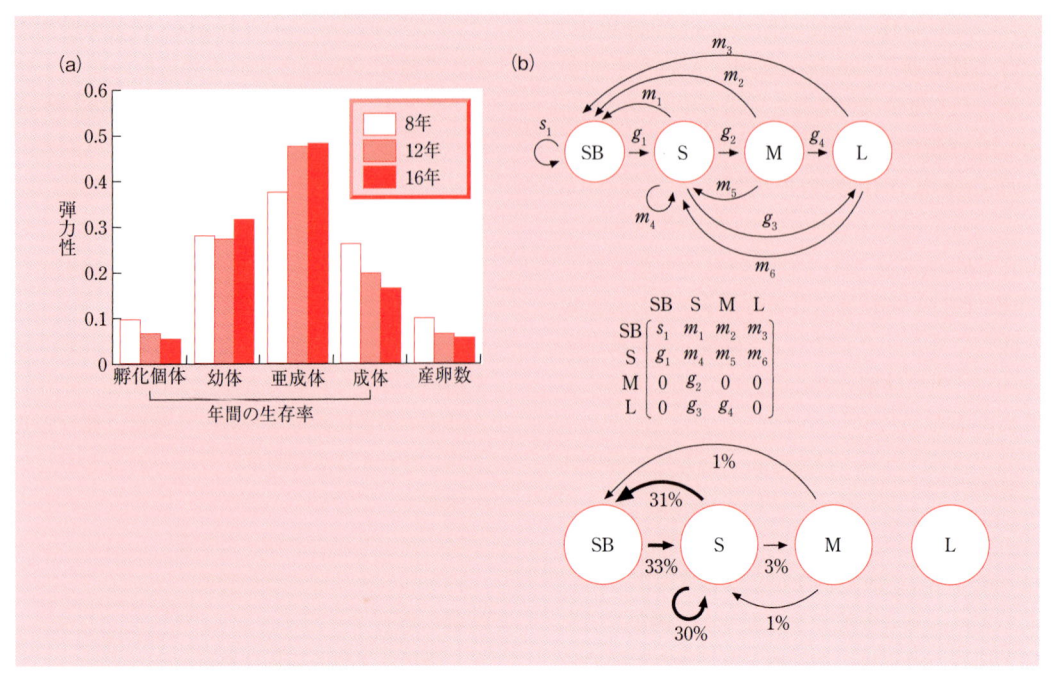

図14.6 (a) ケンプヒメウミガメ (*Lepidochelys kempi*) についての弾力性分析の結果．成熟に要する年数を3通り (8, 12, 16年) に仮定して，発育段階ごとの年間生残率と産仔数の比例的な変化にともない，λ が比例的に変化することを示す．(Heppell *et al.*, 1996より．) (b) 上段の図はニュージーランドのヒレアザミの一種 *Carduus nutans* の生活環の構造を示す模式図で，SB は種子バンク，S，M，L はそれぞれ小型，中型，大型の植物体の段階を示し，s は種子休眠，g は成長による次の段階への推移，m は繁殖による種子バンクへの貢献，あるいは発芽による小型植物体への貢献を示す．中段の図はこの構造をまとめた個体群射影行列．下段の図はある個体群について実施した弾力性分析の結果．s，g，r の変化率に対する λ の変化率を生活環の模式図の中に示す．最も重要な推移は太い矢印で示し，弾力性1%以下の推移は省略してある．(Shea & Kelly, 1998より．)

年数を経た植物体のそれよりも，はるかに重要であった (図14.6b)．ニュージーランドでの制御計画では，このアザミの種子を食べるゾウムシ，*Rhinocyllus conicus* を導入することで，そうした発育段階に正確にねらいをつけたのだが，残念なことに，観察された種子被食量の最大値 (49%) は，λ を1以下にするのに必要な値 (69%) よりも小さかった (Shea & Kelly, 1998)．そして予想どおり，この制御計画の成果は限られたものであった．

このように，弾力性分析は，個体数を決める重要な発育段階と過程を特定するという点で有用があるが，この手法は典型的または平均的な値に焦点を当てていて，その意味で個体群の典型的な大きさを説明

弾力性は個体数の変異についてはほとんど何も説明しない…

することを目指している．しかし，実際には，それらの過程 (死亡率あるいは産子数) に時間や場所による変動が少ない場合には，高い弾力性を示す過程であっても個体数の場所間変動や年次変動にはほとんど関与しないことになる．大型草食哺乳類の場合でも，弾力性の高い過程 (例えば成熟メスの産子数) が時間的にほとんど変動せず，一方で弾力性の低い過程 (例えば子供の生残率) は大きく変動するという証拠も得られている (Gaillard *et al.*, 2000)．ある過程が実際に個体数の変異にどう影響するかは，その過程の弾力性と変異幅の両方に依存するだろう．Gaillard *et al.* はさらに，「重要な」過程における変異が相対的に少ないことは，環境によるキャナリゼーションの一例だと示唆している．つまり，適応度に対して最も重要な発育段階に

おいては，環境の変化に直面しても恒常性を維持する能力が進化した例だというのである．

弾力性分析とは対照的に，変動主要因分析は特に個体数の時間的そして場所的な変異を理解することを目指している．ここで紹介するSibly & Smithのλ貢献度分析も同じことを目指している．最初に注意すべきは，この手法が，変動主要因分析の

> …しかしλ貢献度分析は個体数の変異を説明しようとする

ように全体のk値への貢献度を重視するのではなく，個体数に対して明らかに重要な決定要因となるλに対する各発育段階の貢献度を扱うものだということである．ここでもk値は死亡率を定量化するのに用いられるが，産子数を「まだ生まれていない子の死亡」に変換するなどということはせず，そのまま用いる．そして重要な点は，全ての死亡率と出生率の貢献度は，それらの感度として適切に測定できることである．このため世代が重なっている場合，後の方の発育段階が主要因と認定される確率は，λ貢献度分析の方が変動主要因分析よりも低くなる．これはきわめて適切な取り扱いである．結果として，λ貢献度分析は世代が重なっている場合にも確実に使える．そしてそれに引き続く密度依存過程の研究においても，変動主要因分析とまったく同じように，λ貢献度分析を進めることができる．

表14.4では，スコットランドのラム島で1971年から1983年まで調査されたアカシカ*Cervus elaphus*の生命表に適用された，2つの分析法の結果を比較している（Clutton-Brock *et al.*, 1985）．19年を超えるシカの一生での生存率と出生率を，0歳，1〜2歳，3〜4歳，5〜7歳，8〜12歳，13〜19歳の5つの年齢群ごとに推定した．そのため表のk_xとm_xの値は同じ数値が続いている．しかし，それらの値に対するλの感度は，もちろん年齢ごとに違う．λへの影響は早い時期の方が強い．例外は，最初の繁殖の前の死亡率に対するλの感度が，各年齢とも等しい点だけで，これはどれも同じ「繁殖前の死亡」だからである．このような感度の違いの帰結は，表の最後の2列を見ると明らかである．この2列は各年齢群におけるk_{total}とλ_{total}の値に対する回帰係数を示す形で，2つの分析法の結果がまとめられている．変動主要因分析では，最後の年齢群の繁殖が主要因として，その前の年齢群の繁殖が2番目に重要な時期として特定されている．これとはまったく反対に，λ貢献度分析では，出生に対するλの感度は後の方の年齢群で低いので，後半の時期は主要因からは外される（特に最後の年齢群）．逆に，感度が最大となる一番若い年齢群での生残が主要因となり，それに続くのは産子数自体が最大となる「中年」の産子数という要因である．このように，λ貢献度分析は，主変動要因分析と弾力性分析の長所を結びつけたものである．すなわち，各発育段階の成長率への感度（つまりは個体数への感度）を考慮しながら，そして個体数の調節と決定とを区別しながら，鍵となる発育段階や主要因を特定しようとする．

14.4 機械論的手法

前節では生活史の発育段階に対する分析法を扱ったが，それらの手法では，特定の発育段階で生じる現象の原因を，その発育段階で働くことが分かっている何らかの要因や過程（例えば食物，捕食など）に求めるのが一般的なやり方である．これとは別の手法として，個体群の決定において特定の要因が果たす役割を直接に研究するやり方がある．その要因の水準や存在，例えば食物の量や捕食者の数などを，個体数そのものや個体数の直接の決定要因である個体群の成長率と関連づける方法である．この機械論的な手法は特定の要因にはっきりと焦点を当てることができるという点では有利だが，そのためにかえってその要因の他の要因に対する相対的重要性を見誤るということも生じやすい．

表 14.4 アカシカ Cervus elaphus の生命表データを用いた 2 つの分析法（変動主要因分析と λ 貢献度分析）の比較．生命表のデータ（1番目から4番目の欄）はスコットランドのラム島におけるアカシカの雌個体群についてのもので，1971年から1983年の期間の研究による（Clutton-Brock *et al.*, 1985）．x は年齢，l_x は各年齢の開始時まで生存していた個体の割合，k_x は死亡圧（killing power）（自然対数を使って計算），m_x は産子数（産まれた雌の子供の数）．これらの値はある調査期間の平均値を示し，生データは出生から個体識別して得た追跡データと，老齢個体の死亡データの両方から得られた．次の2つの欄は，各齢級における個体群増加率 λ の k_x と m_x に対する感度を示す．最後の2つの欄は，表中に示したように年齢群をまとめた場合の貢献度を示すが，変動主要因分析の結果と λ 貢献度分析で対照的な結果が示されている．つまり，m_x と k_{total} とに対する k_x の回帰係数の値と，m_x と λ_{total} に対する k_x の回帰係数の値が逆の傾向を示すのである．なお λ_{total} は，長期間の λ 平均値からの各年の偏差を表す．（Sibly & Smith, 1998 より．計算方法の詳細も同論文を参照のこと．）

階級 x スタート時の年齢（歳）	l_x	k_x	m_x	k_x に対する λ の感受性	m_x に対する λ の感受性	k_{total} への k_x（左側）と m_x（右側）の回帰係数		λ_{total} への k_x（左側）と m_x（右側）の回帰係数	
0	1.00	0.45	0.00	−0.14	0.16	0.01,	−	0.32,	−
1	0.64	0.08	0.00	−0.14	0.09	0.01,	−	0.01,	−
2	0.59	0.08	0.00	−0.14	0.08				
3	0.54	0.03	0.22	−0.13	0.07	0.00,	0.05	0.03,	0.04
4	0.53	0.03	0.22	−0.11	0.06				
5	0.51	0.04	0.35	−0.10	0.05				
6	0.49	0.04	0.35	−0.08	0.05	−0.00,	0.03	0.08,	0.16
7	0.47	0.04	0.35	−0.07	0.04				
8	0.45	0.06	0.37	−0.05	0.04				
9	0.42	0.06	0.37	−0.04	0.03				
10	0.40	0.06	0.37	−0.03	0.03	0.01,	0.15	0.09,	0.12
11	0.38	0.06	0.37	−0.02	0.02				
12	0.35	0.06	0.37	−0.02	0.02				
13	0.33	0.30	0.30	−0.01	0.02				
14	0.25	0.30	0.30	−0.006	0.01				
15	0.18	0.30	0.30	−0.004	0.008				
16	0.14	0.30	0.30	−0.002	0.005	−0.05,	0.80	0.01,	−0.00
17	0.10	0.30	0.30	−0.001	0.004				
18	0.07	0.30	0.30	−0.001	0.002				
19	0.06	0.30	0.30	−0.000	0.002				

14.4.1 個体数をその決定要因と関連づける

例えば図14.7は，個体群の成長率が利用可能な食物の量の増加にともなって増加する4つの事例を示している．この図はまた，食物が増加しても，通常，他の要因が上限を規定するようになり，増加率はやがて頭打ちになることも示している．

14.4.2 個体群を実験的に撹乱する

本章の初めに示したように，相関関係は何らかの関係を示唆する．しかしある特定の要因の重要性を調べるもっと強力な方法は，その要因を操作して個体群の反応を見ることである．捕食者，競争者，あるいは食物は，増やしたり減らしたりすることができる．そしてもしそれらが個体数の決定に関して重要な要因であるならば，それは対照個体群と操作した個体群とを比較することで明らかとなるだろう．これから検討する事例は，個体数の周期的変動を示すいくつかの生物種について，何がそれを駆動しているかを調べたものである．その際，先ず注意しておかねばならない点は，フィールドでの実験は莫大な時間と労力（そして資金）を要し，そして対照区と実験処理区との比較は，実験室なり温室で行う場合と比べて必然的に困難なも

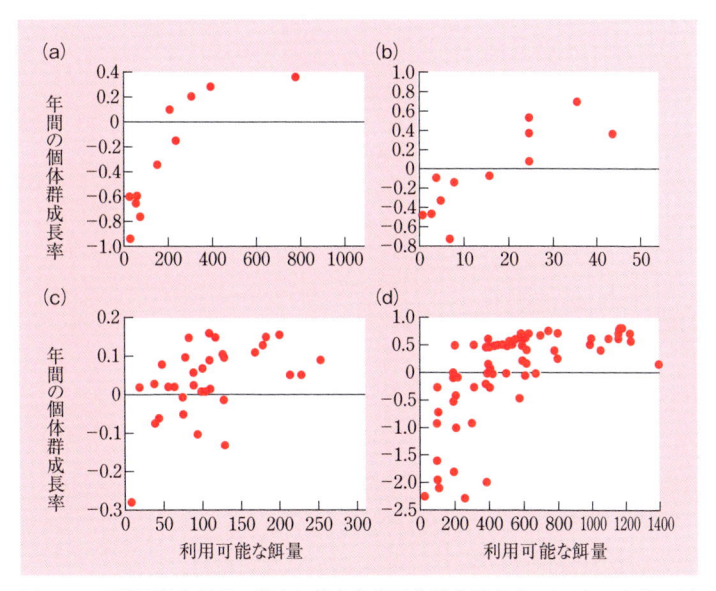

図14.7 利用可能な餌量の増大に伴う年間個体群成長率（$r = \ln \lambda$）の上昇．(a) アカカンガルーでの牧草の生物体量（kg/ha）（Bayliss, 1987 より）．(b) メンフクロウでの餌のハタネズミの個体数（Taylor, 1994）．(c) オグロヌーでの1頭当りの牧草の生物体量バイオマス（Krebs et al., 1999）．(d) 野生化したブタでの餌植物の生物体量（kg/ha）．（Choquenot, 1998）．（Sibly & Hone, 2002 より．）

のになることである．

生物的防除 — 実験的な攪乱

問題とする個体群に捕食者が加えられるという状況のひとつは，生物的防除を担う生物種，すなわち有害生物の天敵など（第15章2.5節を参照）がその有害生物の駆除を目的に放される場合である．しかし，動機が理論的興味というより実用上のものなので，完璧な実験計画が優先されるケースは少ない．例えば，新しい生育場所に導入された水生植物が爆発的に増加し，航行用の運河や灌漑ポンプをふさいだり漁業のさまたげとなって，深刻な経済的問題を引き起こす例は多い．そうした植物の爆発的な個体群成長は，クローン繁殖した植物体が断片化して分散することによって生じる．例えば水生シダのオオサンショウモ *Salvinia molesta* は，ブラジル南東部原産で，1930年ごろから世界中の熱帯と亜熱帯の各地に出現した．オーストラリアでは1952年に最初に記録され，その分布域は急速に拡大した．この植物は最適条件下では2.5日で倍加し，有効な植食者や寄生者は存在しないようであった．1978年，クイーンズランド州北部のムーンダラ湖では湿重量で5万トンのサンショウモが400 haの面積を覆っていた（図14.8）．

原産地のブラジルで，サンショウモから採集された潜在的な天敵のうち，ゾウムシの一種 *Cyrtobagous* sp. がサンショウモだけを食べることが分かった．1980年6月3日，このゾウムシの成熟個体1,500匹が，湖に流入する河川の河口に置かれたカゴの中に放され，さらに1981年1月20日にも再度放された．このゾウムシの密度を低下させるような寄生者や捕食者は存在せず，1981年4月までには，湖のサンショウモ全体が暗褐色になるほど増加した．枯れかかっているサンショウモのサンプルからは，1 m^{2}当り70匹のゾウムシが確認され，湖全体の個体数は10億匹と推定された．1981年8月までには，この湖に残っているサンショウモは1トン以下と推定された（Room *et al.*,

(a)

(b)

図14.8 オーストラリア，クイーンズランド州北部のムーンダラ湖．(a) 水生シダのサンショウモ *Salvinia molesta* にびっしりと覆われた湖面．(b) ゾウムシの一属 *Cyrtobagous* を導入した後の湖面．(P. M. Room 氏の厚意による．)

1981).この事例は，一種類の生物の導入による生物的防除の試みとしては，最も短期間で成功したものであり，また，導入後のオーストラリアでも原産地でも，オオサンショウモの個体群密度を持続的に低く抑えるゾウムシの重要性を立証したものである．この場合，他の湖ではオオサンショウモの大発生が続いていたことが対照実験となっている．

カラフトライチョウの回虫を駆除する

フィールド実験の有効性と問題点の両方を示す例としては，すでに第 12 章 7.2 節で議論した，捕食者（このケースでは寄生者）を加えるのではなく取り除くケースである．Hudson et al. (1998) がカラフトライチョウ *Lagopus lagopus* の周期的に変動する個体群において，寄生性線虫の一種，*Trichostrongylus tenuis*（毛様線虫科）に対する治療を行うと，ライチョウの数の「落ち込み」は大幅に弱まった．この操作は，通常の状態では線虫がライチョウの個体数を減少させるのにに重要な役割を果たしていることを実証し，このような処置の正当性をも示した．しかしすでに論じたように，このような努力にもかかわらず，線虫が周期変動の原因であるのか（この場合，依然として残ったライチョウ個体数の小さな落ち込みは，減衰しつつある振動の余韻ということになる），あるいは，実験は線虫が周期変動の振幅を決めているということを証明するのみで，周期性そのものに対する役割は不明のままであるとするのか，についての論争が続いている．実験は相関関係を見るだけよりも優れているが，しかしそれが野外の生態系でなされる場合，あいまいさを完全に取り除くことはできない．

14.5　密度を中心においた手法

密度との相関は，すでに検討した手法に全く含まれていなかったわけではない．実際，密度依存性は，これまでの章では個体数の決定（出生，死，そして移動）を考える上で中心的な役割を果たしていた．それでも，密度依存性そのものに，明確な焦点を当てて行われた研究もある．特に，そうした研究の多くは，直接的な密度依存と，「遅れのある密度依存性」(delayed density dependence)（第 10 章 2.2 節を参照）の証拠の両方を検出できるように考案されている．伝統的な生命表分析では，遅れの密度依存はまず検出できないという問題を抱えていたが，それは単にそのように作られてはいないからである (Turchin, 1990)．個体群が経時的に追跡されている森林性の昆虫 14 種について分析したところ，直接的な密度依存性がはっきり検出されたのは 5 種だけであったが，残りの 9 種のうち 7 種については遅れのある密度依存性を示すことが明らかにされた (Turchin, 1990)．これは，通常の生命表分析で密度依存性がないと判断された個体群のうちの同じくらいの割合が，実際には天敵の遅効性密度依存性に影響されていることもあり得るということだろう．

14.5.1　時系列解析 ── 密度依存を詳しく調べる

個体数の時系列データの統計的解析からある個体群の動態における密度依存性の「構造」を詳しく調べるための手法がいくつか考案されている．

時間的遅れを組み込んだ方程式で表現される個体数の決定

時間上のある時点の個体数は，過去のさまざまな時点の個体数の反映とみることができる．過去の個体数は現在の個体数に直接影響するという意味からすると，直近の個体数が現在の個体数に反映する．もし過去の個体数が捕食者の個体数の増加を引き起こし，それが現在の個体数に影響するとすれば，もっと前の個体数が反映されることもあるだろう．これが遅れの密度依存性である．技術的な詳細は省くが，ある時点 t における個体数の対数値，X_t はおおよそ次のように表される．

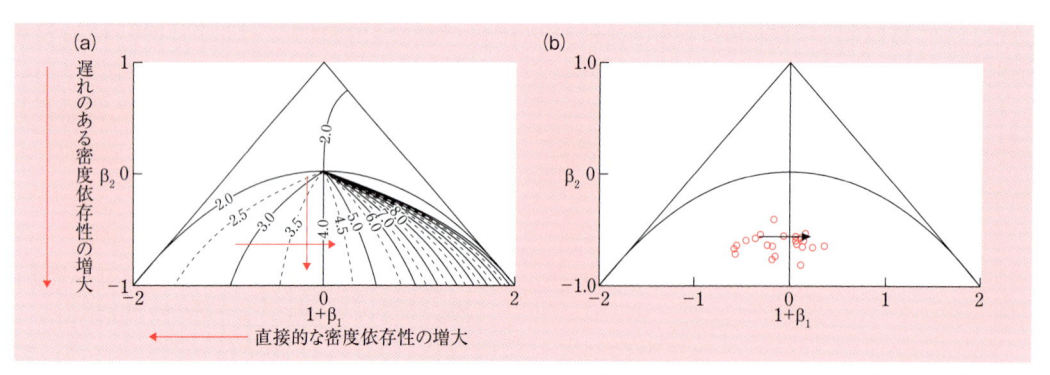

図 14.9 (a) 直接的密度依存性 β_1 と遅れのある密度依存 β_2 を組み込んだ自己回帰モデル（式 14.1 を参照）から導き出される個体群動態のタイプ．三角形の外側のパラメータの組み合わせでは個体群は絶滅する．三角形の内側では，個体群は安定するかあるいは周期的な変動をし，半円の内側では常に周期的変動をする．その場合の周期を等値線で示してある．すなわち，矢印で示した方向で，β_2 が減少すると遅れのある密度依存性が増加し，特に β_1 が増大すると直接的密度依存性は弱くなり，周期は長くなる．(b) フェノスカンディアで観察されたハタネズミ類の 19 のデータセットから推定された β_1 と β_2 の組み合わせ．矢印は緯度の上昇に伴う変化を示し，緯度が上昇するにつれて周期が 3 年から 5 年へと長くなるのは，直接的な密度依存性が弱くなってゆく結果であることを示唆している．(Bjørnstad et al., 1995 より．)

$$X_t = m + (1 + \beta_1)X_{t-1} + \beta_2 X_{t-2} + \cdots\cdots \beta_d X_{t-d} + u_t$$

（式 14.1）

この方程式は，現在の個体数は過去の個体数によって決まるという考えを特殊な関数の形で表現したものである（Royama, 1992; Bjørnstad et al., 1995; Turchin & Berryman, 2000 も参照のこと）．つまり，m は時間と共に変動する個体数の平均値を表し，β_1 は直接的な密度依存性の強さを表し，他の β は，d を最大値とするさまざまな時間的遅れを経て現れる密度依存性の強さを表す．最後の項，u_t は，ある時点から次の時点までの，個体群の外からもたらされた非密度依存性の力による変動を表す．この方程式が一番理解しやすいのは，X_t が長期間にわたる平均値からの偏差を表すときで，このとき m との差し引きは 0 となる（長期間の平均からの偏差は当然 0 となる）．このとき，いかなる密度依存性も存在しない場合（全ての β が 0），時間 t における個体数は単純に時間 $t-1$ の個体数と何か外からの「変動」u_t との和になる．一方，何らかの調節的な傾向がある場合，β は 0 より小さくなるだろう．

この手法を個体数の時系列データ（すなわち X_t の値の推移）に適用する場合，通常最初のステップは，この X_t を従属変数とした統計モデルの最適な数の時間的遅れの項を決めることである．それは，X_t の変異を十分に説明し，しかも時間的遅れの項を多くとり過ぎないという 2 つの条件の間に折り合いを見つけ出すことである．基本的には，時間的遅れの項の数は，それによって個体数の変動がさらに有意に説明できる限りにおいて増やされる．そして時間的遅れの項の数を最適にした場合の β の値は，その個体群の個体数が調節され決定される過程をうまく説明するだろう．そのひとつの例が図 14.9 に示されている．そこにはフェノスカンディア（フィンランド，スウェーデン，ノルウェー）のさまざまな緯度における，ハタネズミ類（レミングとハタネズミ）についての年 1 回のサンプリングによる個体数データ 19 セットの時系列解析の結果がまとめられている（Bjørnstad et al., 1995）．ほとんど全てのセットで，最適な時間的遅れの項の数は 2 で，従って解析は (i) 直接の密度依存性；そして (ii) 1 年

フェノスカンディアのハタネズミ類

遅れの密度依存性という2つの項に基づいて進められた．

図14.9aでは，それら2つの密度依存性によって制御されているとした場合の，個体群動態の一般的な予測について説明している（Royama, 1992）．思い出して欲しいのだが，遅れのある密度依存性は β_2 の値が0以下になることに反映されるが，直接の密度依存性は $(1+\beta_1)$ の値が1以下になることに反映される．このように，遅れのある密度依存性を受けない個体群は周期性を示さない傾向があり（図14.9a），反対に0以下の β_2 の値は周期的変化を生み出し，その周期は，遅れのある密度依存性が強くなったとき（縦軸を下方向へ）と，特に直接的な密度依存性が弱くなったとき（横軸を左から右へ）の両方で長くなる傾向がある．

スペシャリスト捕食仮説の支持

Bjørnstad *et al.* の解析の結果は図14.9bに示されている．19のデータセットの時系列解析から導かれた β_2 の推定値は，緯度の上昇に対して，どのような傾向も示さなかったが，β_1 の推定値は有意に大きくなった．各データセットの β_1 と β_2 の値が図中に示されており，それらが緯度の増大とともに増大する傾向が矢印で示されている．この解析に先立ってそれらの時系列データそのものから次のことがすでに分かっていた．つまりフェノスカンディアではそれらのげっ歯類の個体数には周期性があり，その周期は緯度が高くなるに従って長くなるのである．図14.9bはまさしくそのパターンを正確に示している．それに加えて，この図は，そのパターンの原因が密度依存性の構造にあることを示唆している．すなわち，一方で，スペシャリストの捕食者の行動などに起因すると考えられる，地域全体に見られる強い，遅れの密度依存性，そしてもう一方で，急速な食物不足やジェネラリストの捕食者に起因すると考えられる，直接的な密度依存性が緯度の上昇に伴って明らかに低下することである（図10.11bを参照）．本章第6.4節で見たように（第10章4.4節も参照），これはハタネズミ類の個体数の周期性における「スペシャリスト捕食」仮説を支持するものである．しかし，ここでの議論にとって重要なのは，個体数そのものに焦点を当てたこの解析が有用であり，根底に横たわるメカニズムをも示唆しているということである．

14.5.2 時系列解析 —— 個体数を知り時間的遅れを見極める

これから紹介する事例においては，最適な統計モデルを導き出すことに重点を移そう．なぜなら，モデル中での時間的遅れの項の数は，どのように個体数が決定されるのかについての手がかりとなるからである．それは，Takensの定理（第5章8.5節を参照）が示したように，例えば3つの時間的遅れの項で表される系は3つの機能的に相互作用する要素を3つ含み，2つの時間的遅れの項で表される系は2つの要素しか含まない，という理由からである．

この手法の一例（第12章7.1節には別の例があげられている）は，既に第10章2.5節で

カンジキウサギとオオヤマネコは…

簡単に紹介したStenseth *et al.* (1997) によるカナダにおけるウサギ—オオヤマネコ系の研究である．思い出して欲しいのだが，そこでのウサギの時系列の最適モデルでは時間的遅れの項の数は3であったのに対して，オオヤマネコのそれは2であった．これらの時間的遅れにおける密度依存性を図14.10aに示す．ウサギでは，直接的な密度依存性はわずかに負の値（その傾きは $1+\beta_1$ を示されることを思い出そう）で，1年遅れの密度依存性は無視できる程度であったが，2年遅れの密度依存性はかなり強かった．オオヤマネコでは，直接的な密度依存性は事実上存在しなかったが，一年遅れの密度依存性は強かった．

Stenseth *et al.* (1997) は，この結果をウサギとオオヤマネコが含まれる生物群集全体についての詳しい知見（図14.10b, c）と結びつけて，

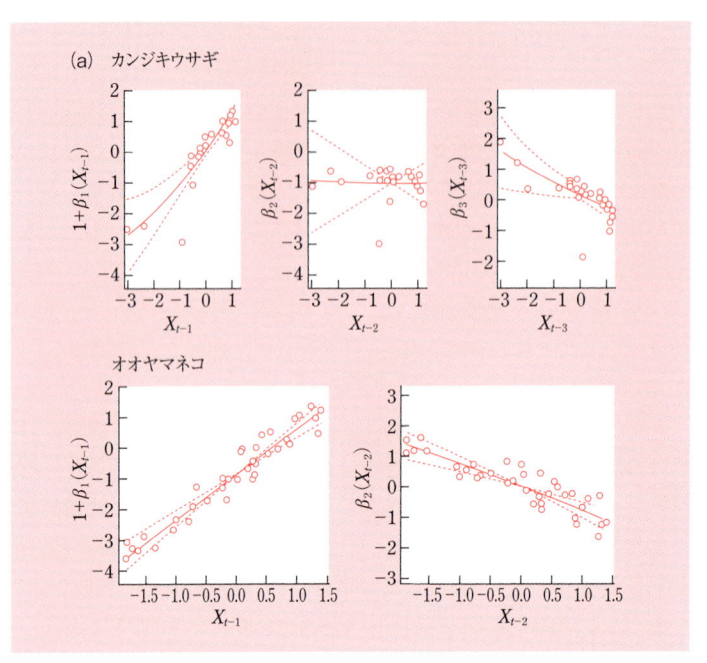

図14.10 (a) 上段の図3つはカンジキウサギの自己回帰式（式14.1を参照）の反応で，直接，1年遅れ，2年遅れの密度依存性を示し，下段の図2つはオオヤマネコについての直接，1年の遅れの密度依存性を示す．それぞれの場合で，傾きは密度依存性の強さを反映し，それぞれ $1+\beta_1$，β_2，β_3 の推定値となる．95％信頼限界も破線で示す．

…それぞれ3次元と2次元の密度依存性を示す

ウサギについては3方程式モデル，オオヤマネコについては2方程式モデルを構築した．オオヤマネコのモデルはオオヤマネコ自身とウサギしか含んでいないが，それはオオヤマネコにとってウサギが何よりも重要な獲物であったからである（図14.10b）．一方，ウサギのモデルはウサギ自身，「植生」，そして多くの「捕食者」で構成されている（図14.10c）．これは，ウサギが比較的無差別にさまざまな種類の植物を食べることと，さまざまな種類の捕食者がウサギを捕食し，ウサギがいない時は他のものを捕食していて，これが捕食者ギルド全体にとって強い自己調節の要素となっているためである．

そして最終的に，Stenseth et al. はオオヤマネコとウサギの2あるいは3方程式モデルを，式14.1の一般的な時間的遅れのある方程式の形に書き換えることができた（ここでは数理モデルの詳細には立ち入らない）．それによって，方程式中の時間的遅れを意味する β の値を，ウサギとオオヤマネコそれぞれ，そして相互作用の強さを適切に組み合わせたものに書き換えることにも成功した．この手法が有望なことは，その組み合わせたものが図14.10aのグラフの傾き（すなわち β の値）と完全に一致することに現れている．このように，まずウサギとオオヤマネコの個体数を決定する要素が3あるいは2というように数えられ，それからそれらの要素の振る舞いが定式化された．つまり，この手法の成果は，密度の統計的な時系列解析と，（関連する生物種を結びつけている相互作用についての知見を数理モデルに組み込むという）機械論的手法との強力な結合である．

最後に，時系列解析の方法は，第5章8.5節で紹介した，生態系の中のカオスを探す場合にも用いられてきたことに注意して欲しい．これら2つの探究の動機は，もちろん，かなり違っ

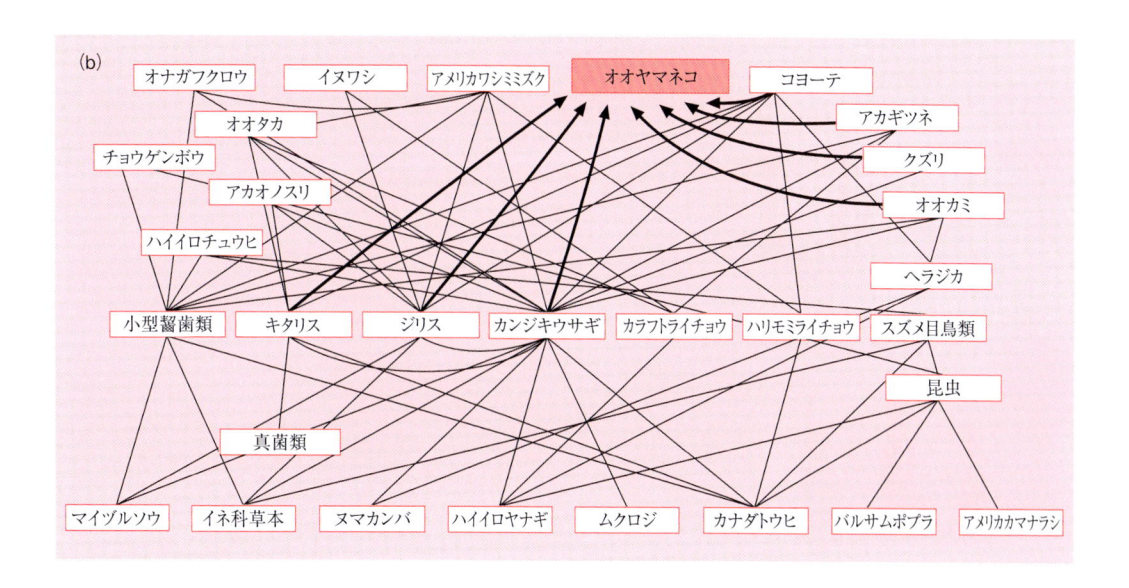

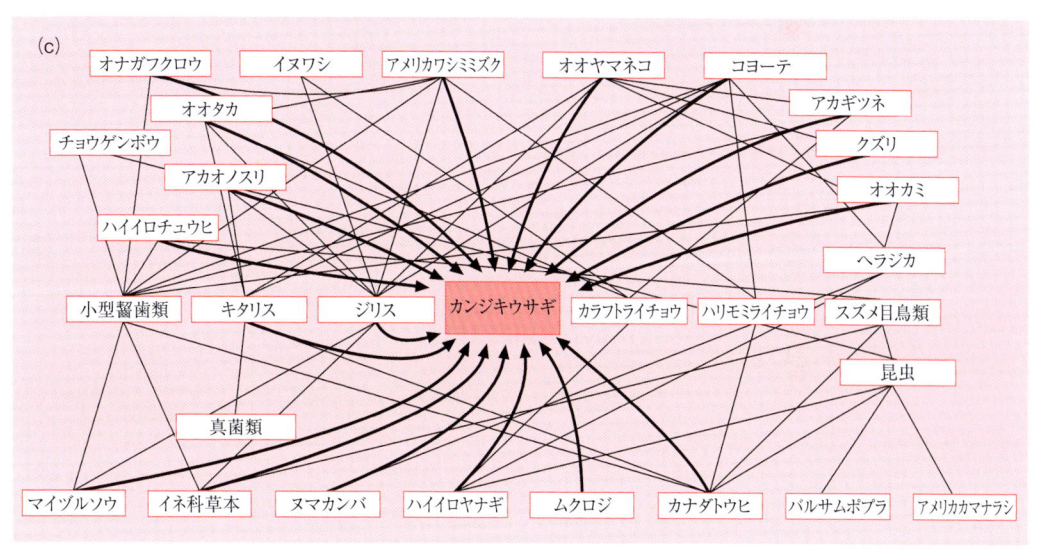

図14.10 (b) 北アメリカの北方林群集の主要種と種のグループ．それらの栄養上の相互作用（食う食われるの関係）が種をつなぐ細い線で示してあるが，オオヤマネコに影響をおよぼす相互作用を太線で示す．(c) 同じ群集で，カンジキウサギに影響をおよぼす相互作用を太線で示す．(Stenseth *et al.*, 1997 より．)

ている．それでも，カオスの探索とはある意味で，一見そうとは見えないものを，調節されている個体群であると見極める試みであるともいえるのである．

14.5.3 密度依存性と密度独立性の結合 —— 気象と生物間相互作用

しかし，直接的そして遅れのある密度依存性の相対的貢献度を分析することは，それ自体が非密度依存性よりも密度依存性の過程に重きを置きすぎている可能性がある．このため，

タンザニアのチチャワゲネズミ

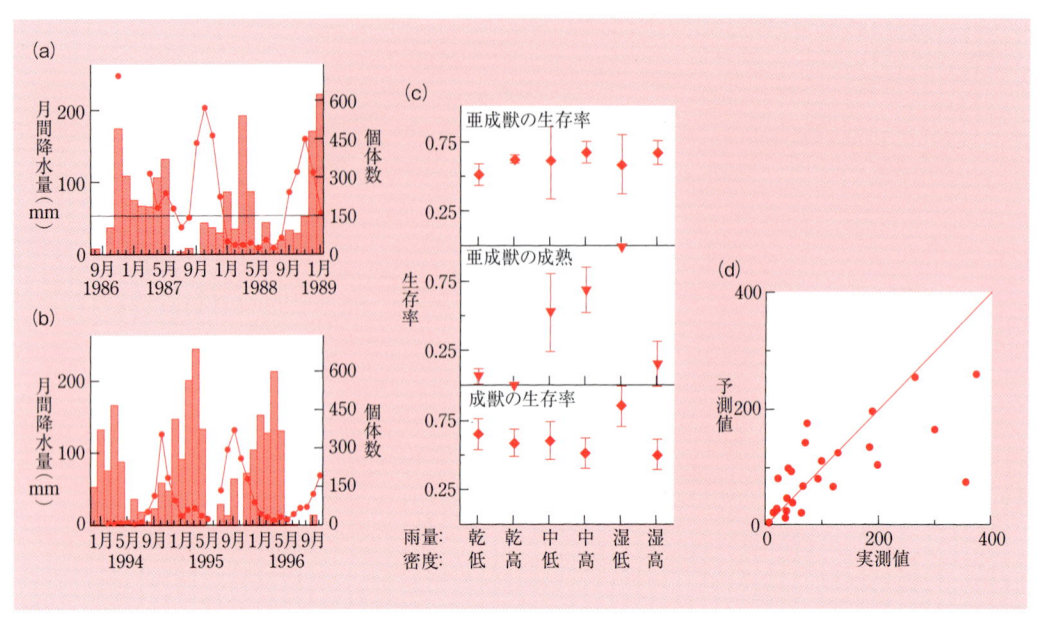

図 14.11 (a) 統計モデルを導くために使用されたタンザニアでのチチヤワゲネズミの個体数（折線）と降水量（棒グラフ）の時系列データ．横線は高密度と低密度を分ける基準線．(b) このモデルを検証するために使用されたその後の時系列データ．(c) 個体群密度と降水量が個体数に与える影響を見るためのモデルで推定された生存率の推定値と標準誤差．(d) 検証に用いた個体数データの実測値と予測値．予測値＝実測値の線も示す．(Leirs et al., 1997 より．)

ある特定の個体数のパターンが生じるにあたって，密度依存性と密度独立性の要因がどのように結びついているという問題意識からの詳しい時系列解析も行われている．例えば，Leirs et al. (1997) は，タンザニアにおいてチチヤワゲネズミ Mastomys natalensis の動態を検証した．データの一部は予測モデル（図 14.11a）を構築するのに用いられ，別の一部はそのモデルの妥当性を検証するために用いられた（図 14.11b）．すぐに分かったことは，生存率と成熟速度の変動を説明するには，密度と直前の降水量の両方の要因を用いてモデルを組み立てる方が，それぞれを単独で用いるよりはるかに有効であるという点であった．特に，亜成獣の生存確率は降水量のいずれに対しても明瞭な傾向を示さなかった（高密度ほど高くなる傾向はあったけれども）のに対して，亜成獣の成熟速度は降水量の増大に伴って明らかに高まり（続く湿潤な季節では高密度下で最低になった），一方，成獣の生存率は高密度下では一貫して低かった（図 14.11c）．

統計モデルから得られる個体群統計学上のパラメータ（生存率，成熟速度）は，本章第 3.2 節で紹介したタイプの行列モデルの構築に用いられた．次にその行列モデルは別のデータセットの個体数を予測することに用いられた（図 14.11b）．降水量と密度のデータを用いて 1ヶ月先を予測したのである．観察値と予測値との一致は完璧ではなかったが，示唆に富むものだった（図 14.11d）．従ってこの例では，密度，機械論的（降水量）手法，そして個体群統計学的手法が，このネズミの個体数の決定においてどのように結びつくのかを見ることができる．さらにこの例は，個体数のパターンを正しく理解するには密度依存的かつ決定論的な生物学的な効果と，非密度依存的でたいていは確率論的な気象の効果の両方を取り入れる必要があることを思い起こさせてくれる．

もちろん，すべての気象の効果が全体として確率論的なものであるとしても，それら

ネズミとチリの ENSO

がまったく予測不可能ということではない．明瞭な季節変動のことは別としても，例えば第2章4.1節で見たように，広範囲に起こり少なくとも時間的な規則性をもった数多くの気象のパターン，とりわけ顕著なものではエルニーニョ—南方振動（ENSO）と北大西洋振動（NAO）などが存在する．Lima *et al.* (1999) はチリで別のネズミ，ダーウィンオオミミマウス *Phyllotis darwini* の個体群動態を研究し，Lerisとその共同研究者達と同じ道筋をたどり，ENSO由来の降雨の変動と遅れのある密度依存性とを結びつけて個体数のパターンの観察結果を説明した．

14.6 個体数の周期的変動とその解析

動物の個体数の規則的な周期性が最初に見つかったのは，毛皮会社と猟場管理人たちの長期的な記録の中からである．周期性はまたハタネズミやレミング，ある森林性の鱗翅目 (Myers, 1988) に関する多くの研究によっても報告されてきた．個体群生態学者たちは少なくともエルトン (Elton, 1924) がこの問題に注意を促して以来ずっとこの周期性に魅せられてきた．その理由のひとつは，とにかく説明をつけなければならない特異な現象だったからであるが，その情熱には健全な科学としての理由もあった．まず，周期性をもって変動する個体群は，必然的に時間的にさまざまな密度で存在する．そのため，密度依存的効果がある場合にはそれを統計的に検出しやすく，さらに，個体数の全体的な解析の中で密度独立的効果と統合するにも便利である．さらに，規則的な周期性は，ほとんどの場合「ノイズ」として現れる全く不規則な変動と比較して，相対的に高い割合で「信号」(signal) を含む．どのような個体数の分析もそうした信号についての生態学的説明を求め，ノイズを確率論的な撹乱によるものと考えているので，規則的な周期性は，どれが信号でどれがノイズで

あるかの区別に役立つことは明らかである．

周期性に関する説明は，それが外的要因によるか内的要因によるかに重点をおいて分類されることが多い．前者は，個体群の外から力が働くものであり，食物，捕食者また寄生者，あるいは環境自体の周期的な変動などである．内的要因は生物自身の表現型の変化（それは結局遺伝子型の変化を反映しているだろう）で，攻撃性，分散の傾向，繁殖量などの変化である．以下では，既に本章で取り上げた3つの生態系における個体数変動の周期性に関する研究を検証する．カラフトライチョウ（第6.2節），カンジキウサギとオオヤマネコ（第6.3節），ハタネズミ類（第6.4節）の3つである．それぞれの事例で，現れた結果から原因を探究するという問題意識を心に留めておくことが大切であろう．つまり，密度を変化させる要因を，単に密度とともに変化する要因から区別することである．同様に，周期的変動を示す個体群において，密度に影響する要因と，実際に周期的パターンを生み出す要因とを区別することも重要である (Berryman, 2002; Turchin, 2003 も参照)．

14.6.1 周期性の検出

個体数変動の周期性あるいは振動を特徴づけるものは規則性である．つまり，x年ごとに現れるピークあるいは谷の存在である．（もちろん，xの数はさまざまで，またある程度の変動は避けられない．例えば，3年周期であっても時には2年や4年ということもあり得る）．周期性があることを主張する根拠として時系列解析に用いられる統計学的手法には，自己相関関数を用いるものが多い (Royama, 1992; Turchin & Hanski, 2001)．これは，ある時点と次の時点の個体数，ある時点と次の次の時点の個体数，というような時間間隔ごとの1対の個体数の間の相関を算出する手法である（図14.12a）．連続する2つの時点の間の個体数の相関は高くなる場合が多い

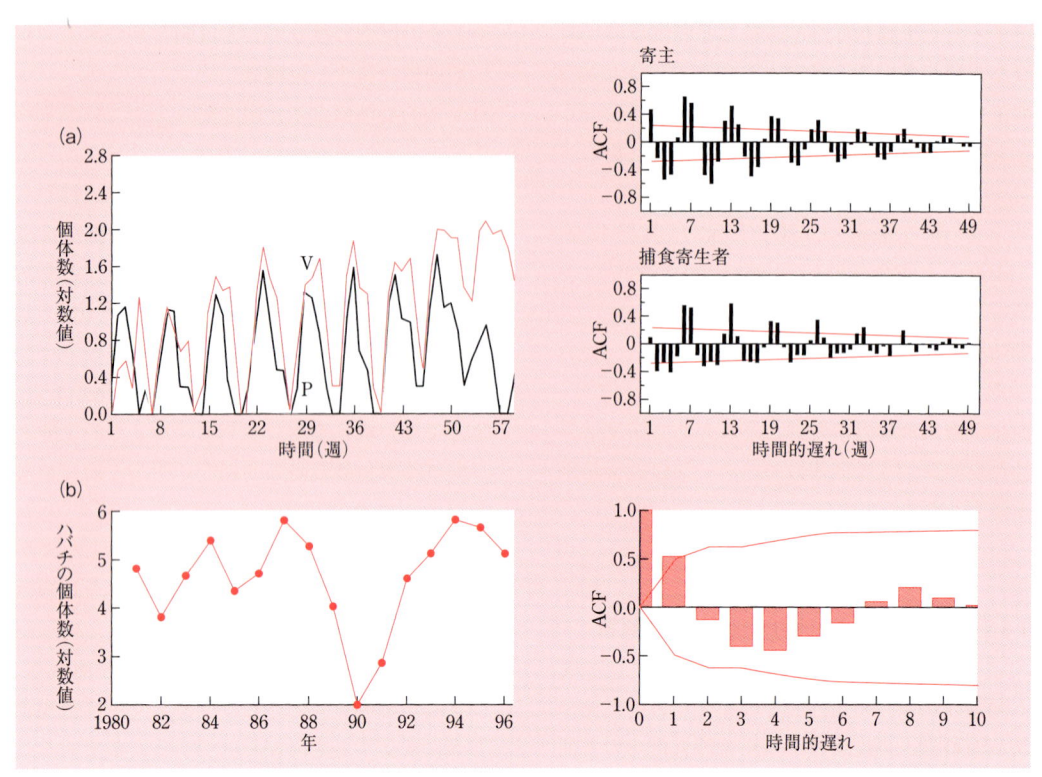

図14.12 (a) ノシメマダラメイガ *Plodia interpunctella*（図中のP）とその捕食寄生者コクガヤドリチビアメバチ属の一種 *Venturia canescens*（図中のV）の個体数の連動する振動（左図）と，自己相関関数（ACF）分析の結果（右図：上が寄主で，下が捕食寄生者）．右図中の傾いた線は有意性の限界線で，ACF分析の値がこの線を越えると統計的に優位差がある（$P<0.05$）．周期（l）は6から7週で，有意な正の相関が l, $2l$ などで認められ，負の有意な相関が $0.5l$, $1.5l$ などで認められる．(Begon *et al*., 1996より．) (b) ハバチ *Euura lasiolepis* の個体数の時系列データ（左図）とACF分析の結果（右図）．8年の周期性を示唆する，8年の時間的遅れで正の相関，4年の時間的遅れで負の相関が認められるが，統計的には有意ではなかった（有意性の限界線を越えなかった）．(Hunter & Price, 1998に基づいた Turchin & Berryman, 2000より．)

が，それは単にある時点の個体数はその次の時点の個体数を直接規定するからである．それより長い時点間で高い相関が示される場合，例えば，4年離れた時点間で高い相関が示された場合，4年ごとという周期性を示しているだろう．そしてさらに2年離れた時点間で高い負の相関が示された場合には，その周期的変化がそれだけ対称的であることを示しているだろう．ピークと谷がそれぞれ4年ごとに，そしてピークから谷は2年間隔というように．

自己相関関数分析

しかし，大切なことは自己相関関数でのパターンだけではなくそれが統計的に有意であることである．たとえ比較的短い時系列での明瞭な1回の増減が，周期性を示唆したとしても（図14.12b），そのパターンがもっと長い時系列の中で繰り返されなければ自己相関は有意にはならない．そして有意差が示せて初めて周期性が認められたと主張できる（そして，次にはその説明が求められる）．従って，当然ながら自然の個体群で周期性を研究するには，とても長い時間と大きな労力が必要となる．そうした努力がなされたとしても，結果として出てきた「生態学的」時系列は，例えば物理学で一般に得られる時系列よりも短く，さらにこうした分析方法を考案した統計学者たちが想定する時系

列よりもおそらく短い．従って，生態学者がこうした結果を解釈する際には，いつも注意が必要である．

14.6.2　アカライチョウ

イギリスにおけるアカライチョウ（*Lagopus lagopus scoticus*）の個体群動態の周期性をどう説明するかは，何十年も論争が続いている．ある研究者は外的要因として病原性の線虫 *Trichostrongylus tenuis* を重視した（Dobson & Hudoson, 1992）．別の研究者は，密度の増加によって血縁個体以外のオス間の相互作用が高まり，そのため攻撃的な相互作用がもたらされるという内的過程を重視した．その過程は結局なわばりを広くするように作用し，それは翌年まで維持されるため，時間的遅れをもって新規加入個体を減少させる（Watson & Moss, 1980; Moss & Watson, 2001）．両者が重視する道筋は大きく異なるが，結局どちらも時間的遅れのある密度依存性が周期的変動を作り出す原因だと主張している（第10章2.2節を参照）．

寄生者が重要か…

既に第12章7.4節と本章第4.2節で見たように，野外の実験においても，線虫の役割は確実には特定できなかった．線虫が密度を低下させるという点については疑いの余地もないように思え，そして実験結果もそれが周期性を生み出しているという考えと整合していた．しかし一方で，その結果は，線虫の寄生は周期の振幅さえ決めてはいるが，周期性を産み出している大元の原因ではないと考えても矛盾はなかった．

…近縁関係，なわばり，攻撃性が重要か

別の野外実験では，もう一方の視点，つまり「近縁関係」あるいは「なわばり行動」仮説が検討された（Mougeot *et al.*, 2003）．処理区では，なわばり争いが起こる秋の初めに，成熟したオスの身体にテストステロンが埋め込まれた．これにより，通常ではそのような争いが起こらない密度なのに彼らの攻撃性が高められ，なわばりの大きさも拡大した．秋の終わりまでに，対照区に比べて，老年のオスの攻撃性が高くなり，それが若いオスの加入を妨げていることが明らかになった．テストステロン処理はオスの密度を有意に低下させ，特に老年のオスに対する若い（新しく参入する）オスの比率を有意に低下させたのである．一方，メスの密度には一貫した効果は認められなかった（図14.13a）．

さらに，その次の年，テストステロンの直接的な効果は無くなったにもかかわらず，若いオスは戻らなかった（図14.13a）．また，若い近縁の個体は追い出されたので，近縁の度合いは実験区において対照区域よりも低下すると考えられた．従って，近縁関係仮説によれば，実験区での翌年の新規加入と密度は低く保たれることが予想される．つまり，低い近縁関係が攻撃性を高め，それがなわばりを大きくし，それが新規加入を少なくし，密度が低くなる，ということである．一連の予想は裏づけられた（図14.13b）．

このように，これらの結果は，少なくとも，内的な過程が新規加入に対して（遅れのある）密度依存的効果をもたらし，そしてそれがライチョウの周期性を引き起こしうることを示した．これと関連する論文のひとつで，Matthiopoulos *et al.*（2003）は攻撃性の変化がどのようにして個体数変動の周期性を引き起こすのかを立証している．しかし，Mouget *et al.*（2003）で述べられているように，寄生者となわばり行動の両方が，観察された周期性の原因となっている可能性は残っている．実際，その2つの過程は相互作用するかもしれない．例えば，寄生者が，なわばり行動を低下させる（Fox & Hudson, 2001）などである．確かに，どちらかの説明が他方をいつか完全に打ち負かすことになるとはとても言えないだろう．

教科書的事例とされてはいるものの，Stenseth et al. (1997) の時系列解析（本章第5.2節を参照）によれば，実はウサギの個体数振動は，その餌生物および捕食者（どちらも単一種というよりも複数種からなるギルドと考えられる）との相互作用によって産み出されていることが分かっている．一方，オオヤマネコの個体数の周期的変動は，確かにカンジキウサギとの相互作用により産み出されていることが明らかになっている．

このことは，Krebs et al. (2001) が総説でまとめた，もっと直接的で実験的な手法によって得られた他の結果も支持している．ウサギの個体数の振動に存在する個体群統計学的パターンは比較的はっきりとしたものである．つまり，産子数と生残率は，密度がピークに達するかなり前に低下しはじめ，また密度が低下しはじめてからおよそ2年後に最小値に達している（図14.14）．

まず最初に，ウサギとその餌との相互作用はその個体群変動のパターンにどのような影響を与えているかを検討しよう．ある一連の実験，すなわち人為的な餌を与える，自然の餌を補給する，あるいは（施肥，良質の小枝を利用できるように木を伐採するなどによって）餌の質を変化させる，などの処理を行った野外実験の結果は，全て同じ傾向を示した．餌の補給は個体の状況を良くし，そして高密度を導く場合もあるが，餌それ自体は周期的変動のパターンにはっきりとした影響は及ぼさないようである (Krebs et al., 2001)．

一方，捕食者を取り除く実験，あるいは捕食者を取り除くとともに餌も補給した実験では，さらに劇的な効果が得られた．カナダのユーコン準州，クルエーン湖で行われたKrebs et al. (1995) の研究では（図14.15a），この2つの処理の組み合わせは1988年から1996年にかけての周期的変動における生存率の低下の傾向をほとんど消し去り，その中では捕食が非常に大きな役割を果たしていた．

（欄外）野外での餌および捕食者の操作

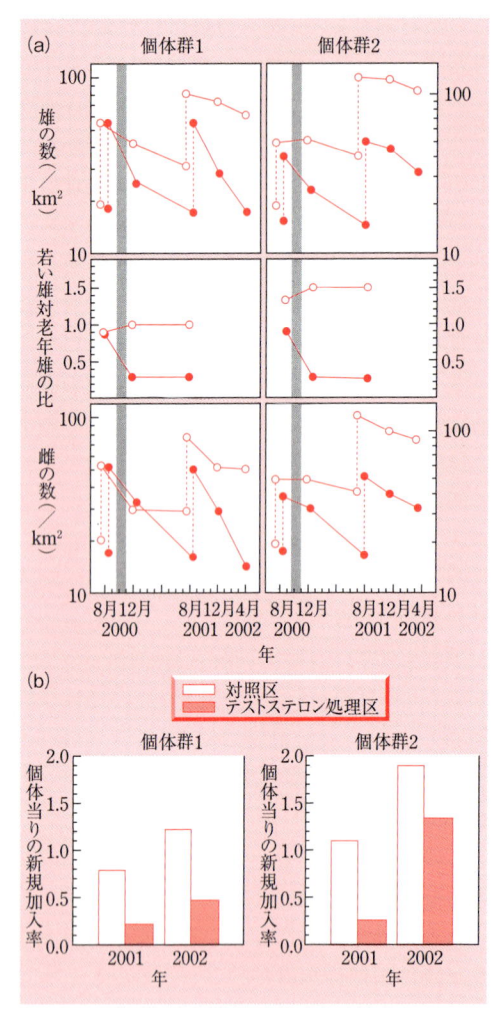

図14.13　(a) ライチョウ個体数の変動．雄，若い雄と老年の雄の比，雌についての個体数の変動を，対照区（○）とテストステロン処理区（●）の2つの個体群について示す．灰色の帯は雄に対して処理を行った期間を示す．(b) 2つの個体群における個体当りの新規加入数．処理直後と処理から1年度のどちらも，対照区の方が処理区に比べて高い新規加入数を示す．(Mougeot et al., 2003より．)

14.6.3　カンジキウサギ

カンジキウサギとオオヤマネコの「10年の周期的変動」についても，すでに前の章および本章の前の節で検討した．例えば，この2種の変動は食うものと食われるものの個体数振動の

第 14 章　個 体 数

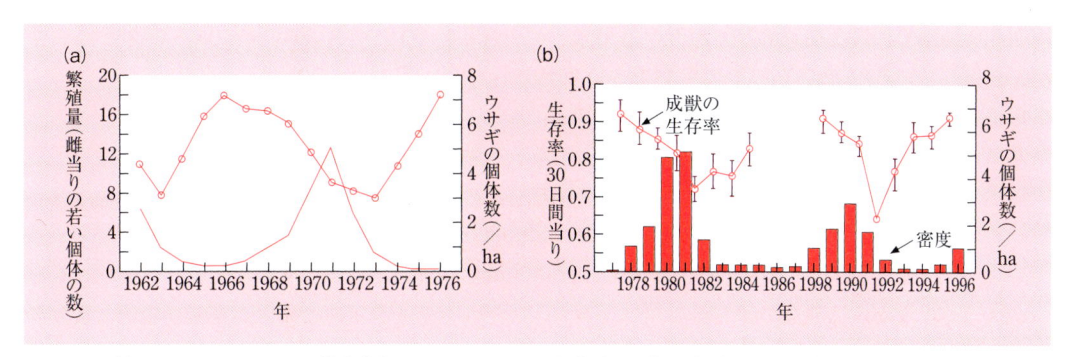

図 14.14　(a) カナダ，アルバータ州中央部のカンジキウサギ個体群の周期的変動における年間繁殖数の変化（丸付き折れ線）と個体群密度の変化（折線）．(b) カナダ，ユーコン準州，クルエーン湖周辺におけるカンジキウサギ個体群の周期的変動での2周期を通じた生存率の変動．1985 年から 1987 年の間は，生存率を推定するのに十分な数の個体が捕獲できなかった．(Krebs *et al*., 2001 より；(a) は Cary & Keith, 1979 に基づく．)

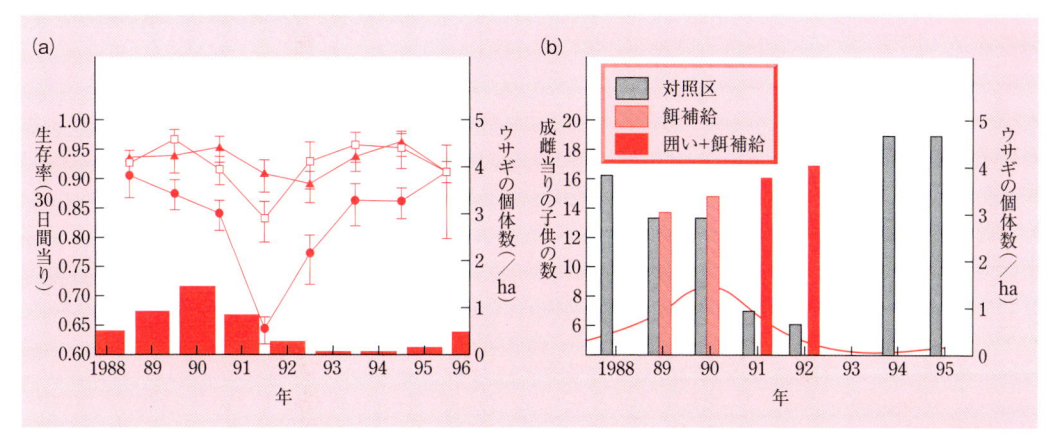

図 14.15　(a) カナダ，ユーコン準州クルエーン湖周辺における 1988 年から 1996 年の個体群の周期的変動を通じた発信器をつけたウサギの生存率と 90％信頼限界．棒グラフは個体群密度，折線は対照区の生存率（●），哺乳類捕食者排除区（□），哺乳類捕食者排除および餌補給区（▲）(b) クルエーン湖周辺における 1988 年から 1995 年のウサギ個体群の周期的変動の 1 周期を通した繁殖数（折線）．この対照区での数値を，1989 年から 1990 年の餌補給 1 処理の結果や，1991 年と 1992 年の餌補給および哺乳類捕食者排除の処理の結果と比較することができる．(Krebs *et al*., 2001 年より；(a) は Krebs *et al*, 1995 に基づく．)

さらに，餌の補給は，密度がピークに達するのに先立って起こる初期の産子数の減少をわずかながら緩和した（図14.15b）．しかし，餌の補給と捕食者の除去とが結びつくと，密度がピークに達したあと，産子数は，通常なら最低になるはずの位相でも，ほぼ最高の水準にまで増加した．この実験では，残念ながら，餌だけを補給する処理区では産子数のデータを取ることができなかった（大規模な野外実験では往々にして起こりうるデータの欠落の例ではあるが）ので，餌と捕食者の効果を明瞭には分けることができ

なかった．もちろん餌の不足が産子数に与える効果は理解しやすい．しかしながら，捕食者との相互作用が増えると，それがウサギに何らかの生理的効果（例えば，エネルギーの減少あるいはストレスに伴うホルモンのレベル上昇など）を生じさせ，それが産子数を減らすということもあり得る．

このように，野外実験と時系列解析から苦労して得た結果は基本的には次のことを示唆している．つまり，カンジキウサギ個体数の

太陽黒点の周期的変動？

周期的変動はその餌と捕食者との両方の相互作用に起因しているが，後者の役割の方が大きい．さらに，注意したい点として，少なくともある期間においては，ウサギ個体数の周期的変動と太陽黒点活動の10年の周期的変動（これは広範囲の気象のパターンに影響を及ぼすことが知られている）との間の高い相関関係（Sinclair & Gosline, 1997）がある．研究のはじめの頃は，個体数の周期的変動の生起に主要な役割を果たす要因としては，このタイプの外的で非生物的な要因が有力な候補であった（Elton, 1924）．しかしその後，そうした要因を支持する研究者はほとんどいなくなった．その理由としては，まず，個体数の周期的変動の多くはその周期が10年ではなく，またその周期も変動する（例えば，次節のハタネズミ類を参照）．次に，個体数の周期的変動は，それを「引き起こす」とされる外的要因の周期性よりもはるかに明瞭である場合が多い．さらに，この事例のようにたとえ高い相関が認められたとしても，その2つの周期的変動を結びつけているものは何か，という次の問いが生まれる過ぎない．気候は，すでに考えてきた捕食者，食物，個体群自体の内的性質などの要因に影響を与えているかもしれないが，それを結びつけるメカニズムはいまだかつて確認されていない．

　全体を通してみると，このカンジキウサギについての研究は，ある周期的変動のパターンを説明するには，さまざまな方法論が動員できるということが示されている．加えて，この例が提示している重要な注意点は，そうした説明が整備され受け入れられるためには，理論上そして実践上の困難（つまり長い時系列データを収集し，大規模な野外実験を実行しなければならないというような）を克服するための真摯な努力が必要であるということである．

14.6.4　ハタネズミ類 ── レミングとハタネズミ

　個体数の周期的変動についての研究では，ハタネズミ類（ハタネズミとレミング）が他の生物種に比べて多くの努力 ハタネズミ類では周期的変動を示すものも示さないものもいる をつぎ込まれてきたことは間違いない．変動の周期の長さは典型的なものでは3年あるいは4年，数は少ないが2年または5年，またはそれ以上長いものもある．これらの周期的変動の動態は，さまざまな群集において高い精度で確認されている．すなわち，フェノスカンディア（フィンランド，ノルウェー，スウェーデン）のハタネズミ類（ハタネズミ属 *Microtus* とヤチネズミ属 *Clethrionomys*），フェノスカンディアの山地以外の生息場所のレミング（*Lemmus lemmus*），北アメリカとグリーンランドとシベリアのツンドラのレミング類（*Lemmus* spp. と *Dicrostonyx* spp.），日本の北海道のエゾヤチネズミ（*Clethrionomys rufocanus*），中央ヨーロッパのユーラシアハタネズミ（*Microtus arvalis*），そして北イングランドのキタハタネズミ（*Microtus agrestis*）などである．一方で，複数年の周期性をもつという証拠が得られていないハタネズミ類も多い．すなわち，フェノスカンディア南部，イングランド南部，ヨーロッパの他の地域，そして北アメリカの多くの地域に生息するハタネズミ類などである（Turchin & Hanski, 2001）．きわめて特異なパターンとして注意しておかねばならないのは，フィンランドのラップランド地方の少数のレミング個体群だけに見られる不規則かつ劇的な個体数の激増と大規模な移動である．この個体群の自殺的なふるまいは，ある映画会社による（控えめに言っても）誇張と思い入れたっぷりの映像で広められたために，他のレミング類もすべてそのような習性を持つと多くの人々に誤解を与えてしまった（Henttonen & Kaikusalo, 1993）．

第 14 章　個 体 数

周期性の傾向

何十年ものあいだ，ハタネズミ類の個体数変動の周期性を説明すべく，一般的な個体数の周期変動に対して提案されたものと同じだけの内的要因と外的要因とが提案されてきた．対象となる種と生息場所の多様さを考えると，全ての周期的変動に当てはまるただひとつの説明があるとはとても考えられない．それでもやはり，なんらかの説明，あるいは複数の説の組み合せで説明できそうな，周期性の特徴はいくつかある．まず，単純な観察事象として，ある個体群は周期性を示すのに，別の個体群は示さない．また，生態の明らかに違う数種が共存している場合，特にフェノスカンディアでは，全ての種の周期変動が同調することがある．さらにある場合には，周期の長さに明確な傾向がある．特に単一の説明が徹底的に追究されたフェノスカンディアにおいては，北上すると周期が長くなる（本章第5.1節を参照）．一方，日本の北海道では，周期は大まかに南西から北東に向かうほど長くなり (Stenseth et al., 1996)，中央ヨーロッパでは，周期は北から南へ向かうほど長くなった (Tkadlec & Stenseth, 2001)．

周期性は二元的な過程が原因

検討を深めるために有効な見通しとしては，すでに見てきたように（本章第5.1を参照），げっ歯類の周期的変動は「二元的」 (second-order) な過程で生じることを認識すればよい (Bjørnstad et al., 1995; Turchin & Hanski, 2001 を参照)．つまりそれらの周期的変動は，直接的な密度依存的過程と遅れの密度依存的過程とが組み合わされた結果を反映していた．これからすぐに気づくこととしては，少なくとも原理的には，直接的な過程と遅れのある過程は，どの個体群においても同じように生じる必要はないということである．重要な点は，そのような2つの過程が連携して生じるということである．

まず，「内的な」要因についての理論を検討しよう．ハタネズミとレミングはきわめて高い潜在的な個体群成長率を持つので，過密の状態に陥りやすいことは容易に想像できる．またさらに，過密が生理学的変化や行動における変化をもたらすことも想像にかたくない．個体間の攻撃性が高まり（闘争も多くなるだろう），各個体に生理学的変化，とりわけホルモンバランスの変化などが生じるだろう．以前と異なった環境の下では個体は大きく成長したり，成熟が遅くなったりするだろう．ある個体にとってはなわばりを守る圧力が，また別の個体にとっては逃避への圧力が高まるかもしれない．混みあっている時には，血縁か血縁でないかによって相手に対する行動が変わるかもしれない．ある特定の遺伝子型（例えば攻撃的な性質や逃避傾向）が有利となるような強い局所的な自然淘汰の力も生じるかもしれない．これらは混み合った人間社会において容易に認識できる反応であり，生態学者は同じ現象をげっ歯類の個体群の振る舞いを説明しようとする際に探し求めたのである．そしていずれの効果もげっ歯類の研究者たちによって発見され，報告されてきた（例えば，Lidicker, 1975; Krebs, 1978; Gaines et al., 1979; Christian, 1980）．しかし，自然界におけるネズミ個体群のふるまいを説明する際に，それらの効果のうちのいずれかが決定的な役割を果たすのかどうかについては，未だに議論が尽きない．

すでに第6章の6節と7節で，こうした問題を扱う最初の段階として，ネズミ類における密度，分散，血縁度と最終的な生存率と繁殖成功率との間の関係の複雑さを見てきた．

分散，血縁度，そして攻撃性は重要か

つけ加えれば，これらの研究の中には，周期的変動を示す種について行われたものはひとつもない．従って，何らかの普遍的な規則性を支持するようなものはほとんどないが，それでも次のような傾向は認められる．つまり，分散はほぼ生まれてすぐに生じ，オスはメスよりも分散し，効果的な分散（単に運にまかせての放浪ではなく，どこかへの定着）は低い密度の方が生じやすく，隣接個体との血縁度が高いほど適応度も

高い．このため，この分野のある研究者は「評決はまだ下されていない（結論はまだでていない）」(Krebs, 2003) と言い，別の者はそもそもそれらの過程がネズミ個体群の調節になんらかの役割を果たしているという点を疑っており，特に，密度逆依存性が頻繁に生じているという点を問題視している (Wolff, 2003)．確かに，周期的変動の位相に応じて構成員の性質が異なることもあるかもしれないが，だからと言ってそれが周期的変動を動かしているとは到底言えない．もし，周期的変動のある位相の個体が，分散しやすい，あるいは体が大きいとしたら，それはおそらく現在または過去の利用できる餌の量や空間の大きさに対する反応，あるいは捕食圧や感染強度に対する反応だろう．これが意味していることは，内的変異は反応の詳細な性質を説明するのに有効であり，外的変異は反応の原因を説明するのに有効であるということである．

母性効果は重要か

こうした状況ではあるが，少なくとも次の研究は，ある内的要因が遅れの密度依存性を持ち周期的変動の原因となっていると主張している．Inchausti & Ginzburg (1998) は，「母性効果」(maternal effect) を用いたモデルを構築した．そのモデルでは，春から秋あるいは秋から翌春に，母親は自分の身体の状態を表現型的に娘に伝達し，それが娘たちの一匹当りの増殖率を決めると仮定された．すなわち，この場合，ある個体の内的な質は，確かに過去の密度に対する応答，それゆえ過去の資源利用性に対する応答であり，遅れの密度依存性を説明できる．さらに，フェノスカンディアでの状況から妥当と思われる個体群増殖率と母性効果の値（どちらも緯度が高くなると小さくなる）をモデルに代入することで，3から5年の個体数変動の振動を再現することができた（図14.16）．Turchin & Hanski (2001) は，このパラメータの推定値，特に増殖率の推定値を批判し，母性効果モデルが実際に予想する周期は2年となるはずで，こ

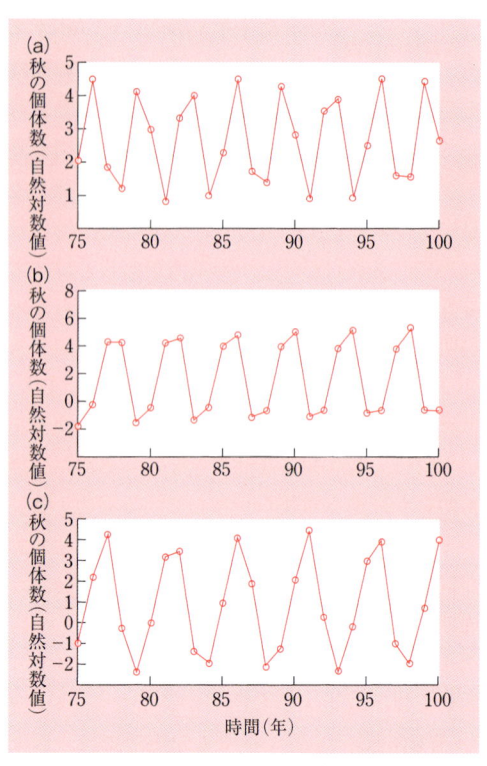

図14.16 Inchausti & Ginzburg (1998) の母性効果モデルで，最大年間繁殖率 R と母性効果 M を変化させた場合の個体数変動．ある繁殖期（春または秋）の母親の質によって次の繁殖期（秋または翌年の春）の娘の質が影響を受ける．このこのシミュレーションでは規則的なパターンを示すまでに75年を要した．(a) $R=7.3$, $M=15$．(b) $R=4.4$, $M=10$．(c) $R=3.5$, $M=5$．(Inchausti & Ginzburg, 1998 より．)

れは観察された周期とは異なると論評した．また，Ergon et al. (2001) の研究では，キタハタネズミ (*Microtus agrestis*) の周期的変動を示す個体群を，互いに対照的な調査区に移すと，移された個体群はまたたく間に古い調査区から新しい調査区に対応した性質（もちろんそれは母親の代にはなかった特徴）を身につけることが示された．このような問題点の指摘はあるものの，Inchausti & Ginzburg の母性効果を取り入れた研究の結果は，スペシャリストの捕食仮説（本章第5.1節および次節を参照）が説明するパターン（ここでは，緯度の勾配）がまったく別の過程によっても生じうることを示している．またその結果は，ハタネズミの周期的変動の説明を探

第 14 章　個　体　数　　　　　　　　　　　　　　　　　　　　　　　　　　　　　　　　　　　　571

究する上で，対象動物の内的な（生物学的な）機構に関する理論が，まだ必要とされていることも示している．

スペシャリストの捕食仮説

さて，外的な要因の方に目を向けると，有力な候補が2つある．捕食者と食物である．（寄生者と病原体については，エルトンは1924年の最初の論文を出したすぐ後に注目したが，技術の進歩によって具体的な研究が可能になったつい最近まで，ほとんど無視されてきた．それらがはどんな役割（あるとすればだが）を果たすのかは未だに明確にはなっていない．）捕食者の役割についてはすでに第10章4.4節と本章第5.1節において検討した．ハタネズミの周期的変動について捕食者を重視する考え方は，「スペシャリストの捕食仮説」(specialist predation hypothesis) と呼ばれ，1990年代以降，一連の数学的モデルから野外実験に至るまで，特にフェノスカンディアでの個体群の周期的変動に焦点を当てた研究者たちから相当な支持を受けている．この仮説を端的に表現すれば次のようになる．すなわち，スペシャリストの捕食者が遅れの密度依存性を起こす要因であり，一方，緯度とともに重要度が変わるジェネラリストの捕食者は直接的な密度依存性の主要な要因である．

実験結果は支持するか

捕食者を除去した（フェノスカンディアと他の地域での）初期の野外実験では，ハタネズミの密度は普通2～3倍に増加するのだが，その実験方法はいろいろな点で批判された．つまり，実験期間が短すぎる，規模が小さすぎる，影響した捕食者が多すぎる，あるいは少なすぎる，捕食者を排除するために作られた防護柵は，被食者（ハタネズミ）の移動にも影響したであろうといった批判である (Hanski *et al.*, 2001)．決定的な実験が必要なのではあろうが，これはそれほど簡単なことではない．最近の実験も同じような問題点を抱えている．Klemola *et al.* (2000) は，防護柵で囲った（上面も網で覆った）1 haの実験区4つを設け，全ての捕食者を排

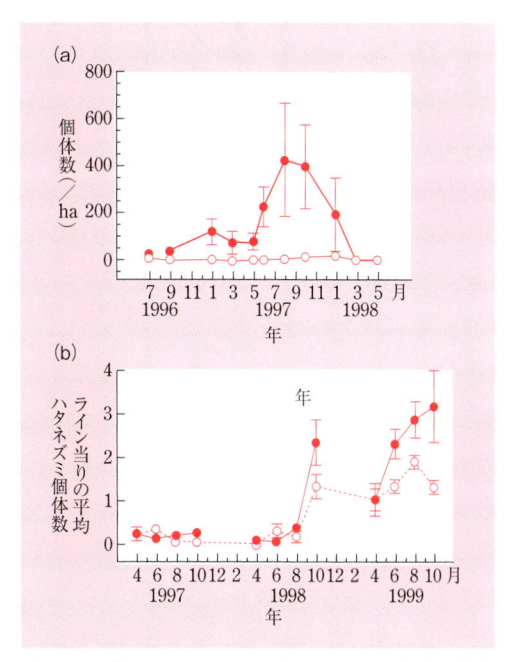

図 14.17　(a) フィンランド西部の4つの小規模な捕食者排除区（●）と対照区（○）におけるハタネズミの平均個体数（±標準誤差）．(Klemola *et al.*, 2000 より.)
(b) フィンランド西部の4つの大規模な捕食者低減区（●）と4つの対照区（○）におけるハタネズミの個体群密度．罠かけライン当りの捕獲された平均個体数（±標準誤差）を4月，6月，8月，10月について示す．捕食者の個体数は夏の間だけ減らされ，ハタネズミの個体数は冬の間に対照区と同程度にまで戻る傾向があった．(Korpimaki *et al.*, 2002 より.)

除する実験を2年間，フィンランド西部で行った．囲いの中のハタネズミの個体数は，対照区と比較して20倍以上に増加し，それは餌不足によって個体群が崩壊するまで続いた（図14.17）．しかし，このような実験方法では，当然ながらスペシャリストとジェネラリストの捕食者の効果は合わさってしまう．そしてこのような実験方法においては，捕食者がハタネズミの生存と個体数に対して重要な役割を果たすという結果は示されるが，（単にハタネズミを増加させるということではなく）周期性を引き起こす原因であることを証明するものではない．Korpimaki *et al.* (2002) は，同じ地域でさらに広い (2.5 から 3 km^2)，しかし柵で囲わない実験区4つを使って，3年間，捕食者の個体数を夏

の間だけ減少させ，冬は自然にまかすという方法を用いた．つまり，イタチ科の動物（オコジョとイタチ）は罠で捕獲し，鳥類捕食者は自然と人工の営巣場所を取り除くことによって排除したのである．最初の年には（ハタネズミの個体群密度の低い年であったが）捕食者の減少はハタネズミの密度を4倍に高めた．密度の上昇は2年目にはさらに進んだが，実験区の密度は対照と比較して2倍であった．そして3年目には密度のピークの年であったが，実験区の秋の密度は対照と比較して2倍であった（図14.17b）．しかしこの研究でも，スペシャリストとジェネラリストの捕食者は区別できず，個体数の時間的なパターンそのものは実験操作によって変更されたわけではなかった．

スペシャリスト捕食仮説は一連の研究によって洗練されてきたが（洗練の過程は Hanski *et al.*, 2001 が辿っている），基本的に次の特徴を持っている．(i) 被食者であるハタネズミ個体群は，餌不足による直接的な密度依存的効果を反映したロジスティック成長によって，スペシャリストの捕食者が「追いつく」前に，個体数が増えすぎることを阻止している．(ii) スペシャリストの捕食者（イタチ）の個体群成長率は，被食者に対する捕食者の割合が増大するにしたがって低下する．(iii) それぞれの繁殖期はハタネズミが夏，イタチが冬と異なっている．そして (iv) ジェネラリストの捕食者，この場合は餌をスイッチングするジェネラリストの哺乳類，あるいは広い範囲を遊動するスペシャリストの鳥類は，ハタネズミの密度変化に対して素早く反応することにより直接的な密度依存的効果を及ぼす．従って，注意すべきは，このモデルが一番研究されてきた2つの外的要因，捕食者と餌の両方を含んでいる点である．餌は個体群動態の基底となる直接的な密度依存性をもたらす．スペシャリストの捕食者は遅れの密度依存的効果をもたらす．ジェネラリストの捕食者は直接的な密度依存的効果のさらにもうひとつの要因となるが，よく知られるようにその個体数が高緯度に行くに従って減少するのに合わせて，その効果も減少する．

このモデルのパラメータをフェノスカンディアの野外データから決めることで，実際に観察される動態のかなりの数の特徴が再現できる．つまり，周期的変動はおおよそ正確な振幅と周期を示し，そして，野外で観察されたように緯度が増してジェネラリストの捕食者が減少するのに伴ってその周期は長くなり振幅は増大する（図14.18）．同様のモデルで，1種類のスペシャリスト捕食者（オコジョ *Mustela ermine*）と3種類のジェネラリスト捕食者によって捕食されるアメリカクビワレミング *Dicrostonyx groenlandicus* についてのモデル (Gilg *et al.*, 2003) でも，野外データからパラメータを決めると，グリーンランドで観察された周期性を再現することができた．

※ モデルからの予測は支持されるか

一方で，全ての研究の結果がスペシャリスト捕食仮説の予測に合うわけではない．Lambin *et al.* (2000) はキタハタネズミの規則的な変動について報告している．それによると北イングランド（55°N）の Kielder の森では，その変動の周期は3～4年で，ピークと最低値の密度の差はおよそ10倍（図14.18に示したように対数では幅1）となる．しかしながら，その調査地でのジェネラリストの捕食圧の推定値を用いてパラメータ決めたスペシャリスト捕食モデルは，まったく周期性を示さないのである．本来，この緯度では周期性は現れないはずなのである．さらに，その調査地で，柵で囲わない実験区で，スペシャリストの捕食者であるイタチの個体数を減らす厳密な操作を施したところ（対照区の約60%まで減少させた），ハタネズミ成体の生存率は25%増大した．しかし，周期的変動に対しては何の効果も認められなかった (Graham & Lambin, 2002)．

これらの結果から，Lambin とその共同研究者たちは次のように結論した．すなわち，ジェネラリストの捕食者は結局のところフェノスカ

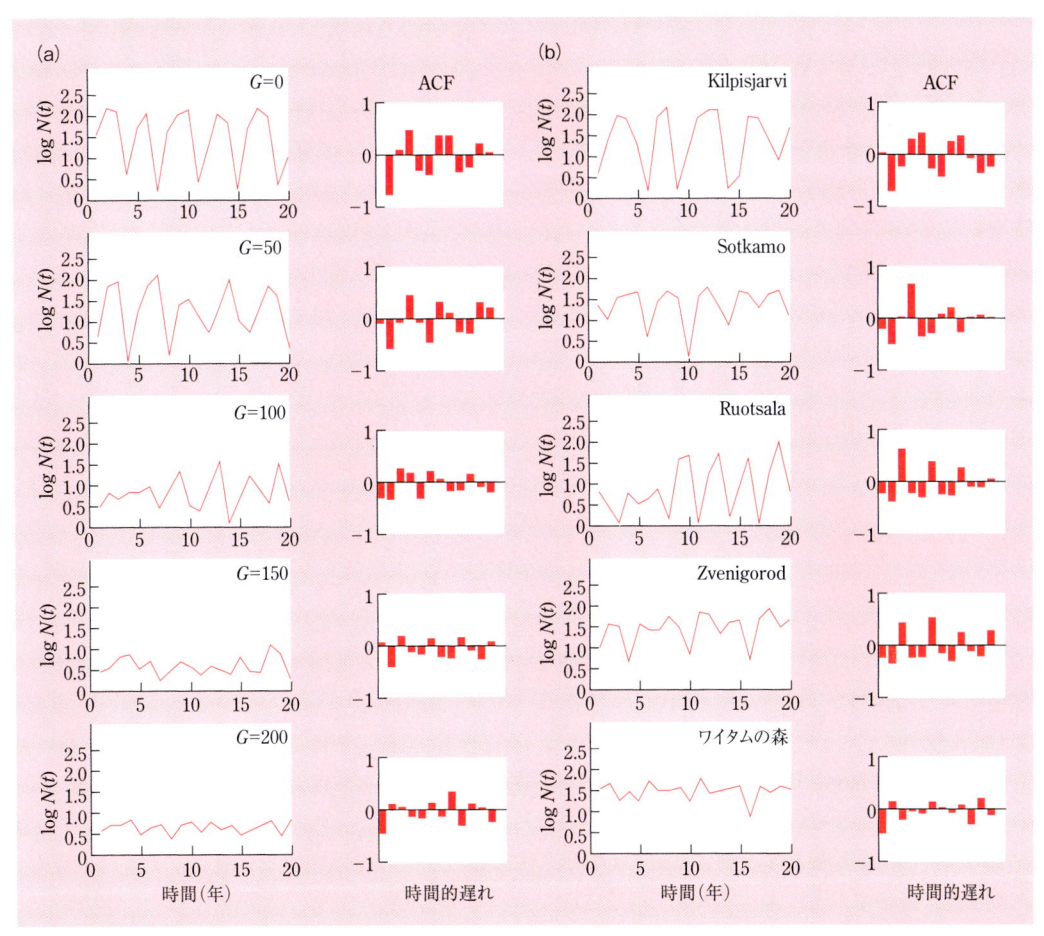

図 14.18 (a) ジェネラリスト捕食者の個体数 G をさまざまに変化させた場合の，スペシャリスト捕食モデルで作られたサンプルデータと，対応する自己相関関数 (ACF)．G が増大すると，周期は長くなり振幅は小さくなる．G が十分大きくなると個体数変動は安定化し周期的変動はほぼ消失する．(b) 対応する 5 つの野外研究サイトでの時系列データ．Kilpisjarvi（北緯 69°；周期 5 年），Sotkamo（北緯 64°；周期 4 年），Ruotsala（北緯 63°；周期 3 年），Zvenigorod（北緯 57°；周期 3 年），ワイタムの森（北緯 51°；有意な周期性なし）．(Turchin & Hanski, 1997 より．)

ンディアで見られる周期の緯度的勾配に対しては影響を及ぼしていないだろうし，（Kielder での結果が示しているように）ハタネズミの個体数変動の周期性はスペシャリスト（すなわちイタチ）の捕食の影響の結果である必然性はない．ここでもう一度思い出して欲しいのだが，時系列解析（本章第 5.1 を参照）とフェノスカンディアでの捕食者除去実験の結果は，スペシャリスト捕食仮説と整合はしているが，それを証明しているわけではない．ところが，これらの結果に対してスペシャリスト捕食仮説の支持者（例えば Korpimaki et al., 2003）は，Kielder での周期的変動がフェノスカンディアでのそれとは異なると主張した（つまり，Kielder では振幅が小さく，最低密度が高く，地域的同調性が低く，一種のハタネズミしか含まれていないと）．すなわち，彼らは Kielder での結果はフェノスカンディアの周期的変動についてほとんど何も語ってくれないと主張しているのである．厳密な研究を心がけても，そして間違った解釈をしないように努力しているはずではあるが，異なった解釈へ突き進んでしまうこともある．

最後に餌へ目を向けてみよう．野外観察と野外実験の両方が示唆しているように，ハタネズ

餌はどんな影響をおよぼすのか

ミとレミングに同じ力が働いていると見なすのは間違いかもしれない (Turchin & Batzli, 2001). まず, ハタネズミは通常, イネ科型草本 (イネ科とスゲ科) を含むさまざまな維管束植物を食べるのに対して, レミングはコケとイネ科型草本だけを食べる. ハタネズミは, 利用可能な植物の数パーセント以上を消費することはめったにない (もちろん, 利用可能な餌の質の方が量よりも大切ではあろうが. 例えば Batzil, 1983 を参照). そして餌の補給によってハタネズミの個体数を増加させる試みはたいてい失敗に終わっている. (これは「食料庫効果」と呼ばれる効果, つまり捕食者が高密度のハタネズミに引きつけられ, 餌補給の効果が相殺されることで, 実験が失敗したせいかもしれない). 一方レミングは, 密度がピークに達したときには, 利用可能な植生の 50％以上, 時には 90 から 100％を消費してしまう.

さらに, Turchin & Batzli (2001) は, いくつかのモデルを分析することで, 植生がハタネズミ類の周期的変動に果たす役割は, 植生それ自体の性質, 特に植食者によって大量に消費された後に生じる植生の動態に依存することを明らかにした. もしその動態がロジスチック的変化 (すなわちＳ字状の変化) であるとすると, それはハタネズミ類の「二元的な周期性」を産み出すのに必要な, 遅れの密度依存性をもたらすだろう. しかしもし, その回復が「再生型」(すなわち初期に素早く反応して, 個体数が飽和に近づくにつれ減速してゆく変化) である場合には, 遅れの密度依存性ではなく直接的な密度依存性を示すだろう. この場合, ハタネズミ類と餌の相互作用は周期的変動の中で重要な役割を演じる (例えば, スペシャリスト捕食仮説の中でのように) が, それは二元的な周期性を引き起こす力とはなりえない. 重要なことは, ハタネズミに消費される植物体の大部分は地下にあるので, 消費されない部分が大きく, 素早い回復が可能ということである. 対照的に, コケは, その形態により, 植物体の大部分を捕食者に消費されてしまう. さらに, レミングはイネ科型草本の地下茎を食べるために地面を掘り起こし破壊することによって植生を荒廃させることが多い. 従ってレミングが多い地域の植生は, ロジスチック的な動態を示すことが多い. つまりゆっくりとした初期成長の後で急速に成長する.

このことに基づいて, Turchin & Batzli は, ハタネズミ類とロジスチック成長する餌供給のモデルを作り, アラスカのバロー岬のカナダレミング (*Lemmus sibiricus*) とそこの植生についてのデータ (Batzli, 1993) を用いて, このモデルのパラメータを決定した. その結果は観察されたパターンを完全には再現できなかったものの, 希望の持てるものではあった. すなわち, 実際の周期的変動の振幅 600 倍は 400 倍と低くなり, 実際の周期 4 年は 6 年と長くなった. 一方, いくつかのパラメータの推定は不確実で, 一部は単純に無視されていた. そういうモデルで観察された動態を再現するには「微調整」が必要である. それらの微調整が合理的なものかどうかは, 野外でのさらなる骨の折れる努力, とりわけ雪の下での冬季のパラメータの推定値を手に入れるという, レミングの生態と照らし合わせる努力が必要である.

ハタネズミ類の周期的変動は, 他のどんな生物種よりも長期間, 膨大な努力が投入されて研究され, それを説明するための多くの理論を生み出し, また対立する陣営間の論争を引き起こしてきた. 現時点で形を取りつつある共通認識は, 観察されたパターンを説明するために必要なのは, 直接的な密度依存性と遅れの密度依存性との結合という観点である. また, 餌の不足とジェネラリストの捕食者は直接的な密度依存性をもたらすのに対し, スペシャリストの捕食者が遅効性の密度依存性をもたらすという点についても大部分の研究者が支持している. しかしながら, どんな科学的な「結論」も暫定的なもので, 他の全てのことと同様, 科学においても流行は変わる. ここで紹介した, 現時点では

流行している説明が，どれほど頑健で，普遍的であるかは，いまだ結論はでていないのである．

結論として　私たちは本章を一連の一般的な疑問から始めた．なぜある種は稀で，別の種は普通に見られるのか．なぜある種の個体群密度は，ある場所では低く，別の場所では高いのか．どんな要因がそれぞれの種の個体数の変動を引き起こすのか．この章の終わりに来て，これらの疑問のどれにも単純な答えはないことが明らかになったに違いない．ここで見てきたのは，特定の事例について，なぜある種が稀なのか，あるいはなぜ個体数が場所ごとに違うのかについてである．しかし，全ての種について同じ答えを期待してはいけない．あまりにも増えすぎたり（有害生物），あるいは減っている（保全の対象種）がゆえに注意を引く種について，新たな研究を始める場合には特にそうである．にもかかわらず大切なことは，どんな答えがありうるか，その答えを得るにはどうすればよいのかについて，明確な考えを持つことである．本章の目的は，それぞれの答えの可能性を検討し，どう区別するかということであった．次章では，害虫，あるいは人類が利用する自然界の生物資源のような，その個体数を制御する有効な方法を見出すために，厳密に理解することが必要な注目すべき個体群の事例へ，話題を転じることにする．

まとめ

本章では個体数の違いを説明するために，先立ついくつかの章で検討した話題を集めた．

生態学者には個体数の安定性を強調する人たちもいれば，変動性を主張する人たちもいる．この対立を解消するには，個体数を決定する要因と調節する要因とを明確に区別する必要がある．そのために，Nicholson および Andrewartha & Birch の見解を擁護する2つの陣営の間で行われた歴史的な論争を見直した．そして，個体数を研究するための手法として，個体群統計学的手法，機械論的手法，密度を重視する手法を概説した．

最初の個体群統計学的手法では，変動主要因分析とその利用方法，そしてその欠点を説明した．λ 貢献度分析も説明し，この手法が変動主要因分析のいくつかの問題点を解決することを学んだ．その説明を発展させて弾力性分析についても説明した．

機械論的な手法は，餌の量，捕食者の存在といった要因の程度またはその有無を個体数そのものまたは個体群成長率と関連づける．この手法には，単に相関をとるだけでなく，個体群を実験的に攪乱するなどの操作も含まれる．生物防除に用いる生物種の導入が，この手法の特殊な例であることにも触れた．

これらの手法においても，密度との関連を問題にしないわけではない．しかし3番目の密度を重視する手法では，この手法本来の拠り所となる密度依存性に焦点を当てる．ここでは，時系列解析がいかに密度依存性を切り分けるかを説明した．特に，ある時点の個体数が，さまざまな時間的遅れ（タイムラグ）を伴って作用する過去のそれぞれの時点の個体数を反映したものであるとして，いかにそれらを区別し，また直接的な密度依存性と遅れの密度依存性の相対的な強さをどのように区別するかを説明した．さらに，最適な時系列の記述を探して，遅れの密度依存性を示す項の数を決め，それぞれを特徴づける上で，関連する分析がいかに有効であるかを見た．それはまた密度依存そして密度独立の過程，とりわけ個体数決定における気候の果たす役割を評価するときにも役立つことを示した．

複数の世代にわたる個体数の規則的な周期的変動は，長い間いろいろな面で，生態学者達の，自然界で個体数が決まる過程を理解する能力についての試金石であった．ここでは，時系列の中に周期性を検出する方法を説明し，3つ

の事例を詳しく検討した.

アカライチョウの周期的変動では，寄生虫による説明と血縁度となわばり行動による説明のどちらかを二者択一的に選ぶことが困難であった．それぞれを支持する証拠が存在するのである．

カンジキウサギの周期的変動に関する研究では，詳しい時系列解析と，もっと直接的な実験的手法で得られた結果が互いを補強することが示された．しかし同時に，この事例では，説明を確立するには，克服しなければならない理論上，および実践上の困難が存在するという，きわめて厳しい現実も示された．

ハタネズミ類（ハタネズミとレミング）の個体群についての研究には，他とは較べようもないほどの労力が費やされてきた．ハタネズミ類では個体数変動の周期性に地理的な傾斜があり，それについての説明が必要である．そしていかなる説明も，周期性が二元的な過程，つまり直接的な密度依存的過程と遅れの密度依存的過程が組み合わさったものにならざるを得ないはずである．そこで，遅れの密度依存性の原因が異なる3つの説明を順番に検討した．つまり，(i) 母性効果を含む内因説，(ii) スペシャリスト捕食仮説（数学モデルと野外実験の両方からの支持があるが，どちらも批判と反証にさらされてきた），(iii) 餌に焦点を当てた説（数々の問題を含んでいる），の3つである．

結論的に言えば，本章の最初に提示したどの疑問についても，単純な答えはないというのが答えである．

第15章

個体群間相互作用に生態学を応用する
── 有害生物防除と収穫管理

15.1 はじめに

　人間はほとんど全ての生態系で，その構成員の一部である．われわれ人間は，さまざまなことを欲する．ある生物が有害であると分かれば，それを絶滅させようとする．また，食糧や繊維として利用している種では，その個体群を確実に存続させながらも一部の個体は殺さなければならない．さらに，危機に瀕していると我々が信ずる種では，その絶滅を防ぎたいと考える．我々が求めていることは，これら有害生物防除，収穫管理，保全生態学の分野ごとに大きく異なるが，いずれも個体群動態の理論に基づいた管理戦略が必要という点では同じである．絶滅危惧種を管理するために開発された方策の多くは，個々の個体群の動態に基づいているので，種の保全については，生物個体と単一種の個体群の生態学について考えた本書第一部の最後の章（第7章）で扱った．一方，**有害生物防除** (pest management) と**収穫管理** (harvest man-agement) は，ほとんどの場合，明確に複数種の間の相互作用を取り扱わなければならないし，この第二部（第8–14章）で扱われている個体群の相互作用に関した理論からの情報を利用しなければならない．そこで，有害生物防除と収穫管理を，本章で取り上げる．

　有害生物防除と収穫管理の重要性は，人口の増大とともに指数的に高まり（第7.1節を参照），両者は**持続可能性** (sustainability) の異なる側面に係わっている．ある活動が持続可能と呼ばれるには，それが予見しうる将来にわたって継続されたり，繰り返されるということである．ここで懸念が生じる．なぜなら，人間活動の多くが明らかに非持続可能だからである．もし抵抗性を獲得する有害生物が増えてくれば，同じ農薬を使い続けることはできない．もし将来も魚が食べたいのなら，漁獲で除去された分を残っている魚が埋め合わせる速度よりも速く，海から魚を除去し続けることはできない．

　従って，持続可能性は，地球とそこを占有する生態系の運命に関して，かつてなかったほど膨らんできた懸念の中で，中心的な，おそらく最も重要な概念となっている．持続可能性を定義する際に「予見しうる将来」という用語を用いた．この用語を用いたのは，ある活動が持続可能だと言われる時には，その時点で知られていることに基づいてそう言われるにすぎない．しかし多くの要因は，未知あるいは予測不可能である．物事は悪い方に変わるかもしれないし（乱獲によってすでに危機に瀕している漁業が，海洋条件の異変によってさらに痛めつけられる時のように），予測もしなかった問題がさらに加わるかもしれない（以前にはよく効いた農薬に，抵抗性が生じるかもしれない）．一方で，技術的進歩によって，これまで非持続可能に見えた活動が持続可能になるかもしれない（有害生物に的を絞り，近くにいる無害な種を巻き込まない新し

> 持続可能性 ── 有害生物防除・収穫管理の両者が目指すもの

いタイプの農薬が発見されるかもしれない）．しかしながら，一番危険なことは，過去になされた技術的・科学的進歩を見て，現在の問題もいつかは必ず技術的に改善されるという思い込みに基づいて行動することである．将来の進歩によりいずれは持続可能になると思い込んで，非持続可能な活動を受け容れることはできない．

応用生態学における統一的概念として，持続可能性が重要であるとの認識は徐々に広がってきた．その中でも，1991年が，持続可能性の概念が真に成熟した年であるという主張がある．このことについて触れておこう．この年にアメリカ生態学会は「持続可能な生物圏への先導：生態学的研究の行動計画」を出版した．これは，著者として16人が名を連ねた生態学者への召集令状だった (Lubchenko et al., 1991)．同じ年に，国際自然保護連合 (IUCN と World Conservation Union の名称を併用)，国連環境計画 (United Nations Environment Programme)，世界自然保護基金 (World Wide Fund for Nature) が共同で，「地球への気づかい．持続可能な生活のための戦略」(IUCN/UNEP/WWF, 1991) を出版した．その詳しい内容や提案内容よりも，そうした文章が発表されたということのほうが重要である．これらの発表が示しているのは，科学者，圧力団体，政府の間で一貫して，持続可能性が大きな関心事となってきたということと，我々の活動の多くは持続可能ではないという認識が高まってきたことである．さらに近年，純粋に生態学的な視点よりも，持続可能性に影響する社会的および経済学的要因を組み込んだ視点が，強調されるようになってきている (Milner-Gulland & Mace, 1998)．三つの要因からなるこの視点は，持続可能性の**トリプルボトムライン**(triple bottomline) と呼ばれることもある．

本章では個体群の理論を，まず有害生物防除（第2節）へ，次に収穫（第3節）へ応用する．個体群の空間構造の細かな違いが，その動態にどんな影響を与えうるかについてはすでに検討した（第6章と第14章を参照）．このことを念頭に，本章第4節では，メタ個体群の視点を有害生物防除と収穫の管理に応用する例を紹介する．

第7章では，予期される地球の気候変動が，種の分布様式にどんな影響を与えると予想されるかについて論じた．そこでの結論の根拠は，地球規模の温度と降水量の新たなパターンの上に，種の基本ニッチを重ね合わせることから得られていた．本章ではこの現象については繰り返さないが，気候変動は，出生率・死亡率・繁殖時期といった個体群パラメーターにも強い影響を与える（例えば，Walther et al., 2002; Corn, 2003）ことは心に留めておくべきである．それは，有害生物と収穫対象の（あるいは絶滅に瀕する）種の個体群動態にも関わってくるからである．

15.2　有害生物の管理

有害生物 (pest) とは，人間が好ましくないと考える種である．この定義には，さまざま 有害生物とは何か？ なやっかいものが合致する．カは，病気を運んだり，刺されたところをかゆくするので有害生物である．ネギ属の草は，コムギといっしょに収穫されると，パンの風味をタマネギ臭くしてしまうので有害生物である．ネズミは，貯蔵されている食糧を食べ荒らす有害生物である．イタチ類は，ニュージーランドでは，在来の鳥や昆虫を捕食する歓迎されない侵入種なので，有害生物である．庭の雑草は，審美的な理由から有害生物である．人々はこうした生物をどれも取り除きたいと思っている．

15.2.1　経済的被害許容水準と要防除水準

経済学と持続可能性は密接に結びついている．市場の力が働くと，非経済的な操業は確実に持続可能でなくなる．防除の目的は，いつも有害生物の完全な根絶だと思うかもしれない．

第 15 章　個体群間相互作用に生態学を応用する

経済的被害許容水準によって，現実の有害生物も潜在的な有害生物も定義できる

しかしそれは一般的な規準ではない．むしろ防除の目的は，それ以上の防除が経済的に見合わない水準，**経済的被害許容水準**（economic injury level: EIL）まで，有害生物の個体数を減らすことである．ここでの議論は，種の平均的な存在量とその変動を決める要因の組み合わせを取り扱った第 14 章の理論を特に参考にする．仮想的な有害生物についての経済的被害許容水準を，図 15.1 に示す．図 15.1a では，経済的被害許容水準は 0 より大きい（根絶は得にならない）が，この種の典型的で平均的な存在量よりは低い．もしその種の密度が，図 15.1b のように経済的被害許容水準より低く自然に自己制御されているなら，防除を行うことは経済的に全く意味がないし，定義からしてその種が有害生物と考えられることはない．一方で，図 15.1c のように，経済的被害許容水準よりも高い環境収容力を持っていながら，通常の存在量は天敵によって経済的被害許容水準よりも低く抑えられている種もある．こうした種は潜在的な有害生物である．そして天敵が取り除かれると，現実の有害生物になりうる．

要防除水準 ── 有害生物に先手を打つ

一般的に，有害生物の個体群が経済的被害を引き起こす密度に到達した時では，防除を始めるのは遅すぎる．そこで，経済的被害許容水準よりさらに重要なのが，**要防除水準**（economic threshold）［訳注：control action threshold も同じ意味］である．要防除水準とは，有害生物の密度が経済的被害許容水準に達するのを防ぐための措置が必要な密度である．要防除水準は，**費用便益分析**（cost-benefit analysis,（Ramirez & Saunders, 1999））と有害生物の大発生に関する詳細な研究，場合によっては単に気候記録との相関に基づいて予測される．有害生物そのものだけでなく，その天敵の数を考慮する場合もある．ひとつの例として，カリフォルニア州で干し草用のアルファルファを加害する

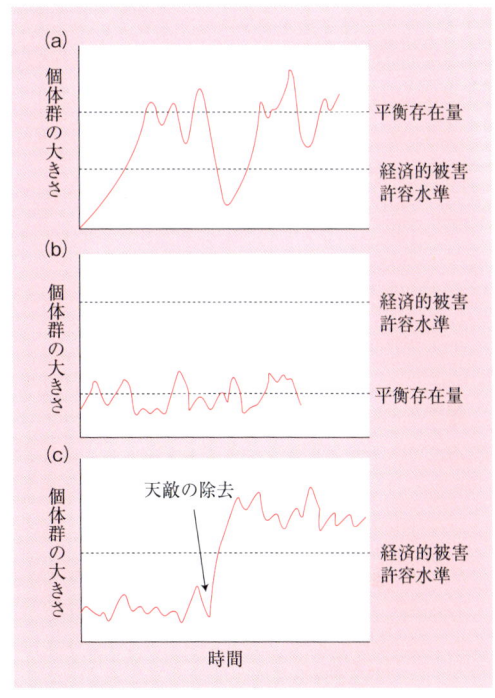

図 15.1　(a) 仮想的な有害生物の個体数変動．存在量は，有害生物とその餌や捕食者などとの相互作用によって決まる「平衡存在量」のまわりで変動している．防除することに経済的意義が生じるのは，存在量が経済的被害許容水準を超えた場合である．有害生物になる種の存在量は，経済的被害許容水準をたいていは上回っている（防除されていないと仮定して）．(b) 対照的に，有害生物とはなり得ない種の存在量は，常に経済的被害許容水準より低い．(c)「潜在的な」有害生物の存在量はふつう経済的被害許容水準の下で変動しているのだが，1 種ないしそれ以上の天敵がいなくなると，経済的被害許容水準を上回る．

ウマゴヤシマダラアブラムシ（*Therioaphis trifolii*）を防除するには，以下のような状況が生じた時に対策を講じねばならない（Flint & van den Bosch, 1981）．

1　春，アブラムシの個体数が茎当り 40 匹に達した時点．
2　夏と秋，アブラムシが茎当り 20 匹に達した時点．ただし，アブラムシに対するテントウムシ（アブラムシの天敵）の比率が，干し草となって積まれているものに 5〜10 匹のアブラムシに対してテントウムシ成虫 1 匹

がついているか，50匹のアブラムシに対してテントウムシ幼虫1匹がついている場合，あるいは刈り株に50匹のアブラムシに対して幼虫1匹がついている場合には，3回目の刈り取りまで防除を行わない．

3　冬，アブラムシが茎当り50〜70匹．

15.2.2　化学農薬，標的有害生物の再発，二次的有害生物

農薬（pesticide）は，有害生物防除に不可欠の武器だが，その使用には注意を要する．個体群の理論によれば（特に第14章を参照），農薬散布に対する好ましくない反応が予測されるからである．以下ではまず化学農薬と除草剤の範疇に入るものについて論じ，次にそれらの使用により生じる好ましくない結果について考えよう．

15.2.2.1　殺虫剤

殺虫剤とその作用

「無機殺虫剤」の使用は，有害生物防除の歴史の幕開けまで遡ることができる．そして19世紀と20世紀初頭に害虫防除が盛んになる中で，次に述べる植物性物質とともに，害虫に対する化学兵器として用いられた．無機殺虫剤は通常，金属化合物または銅・硫黄・ヒ素・鉛の塩で，基本的には経口性の毒である（接触による毒性は弱い）．そのため，咀しゃく型の口器を持つ昆虫にしか効果がない．この問題と，広範囲に有毒な金属残留物が後々まで残るという問題があいまって，無機殺虫剤は今日では事実上使われていない（Horn, 1988）．

「植物性殺虫剤」，つまりタバコのニコチンや除虫菊のピレスリンなどの自然界に存在する殺虫性の植物生産物は，無機殺虫剤と似た道を歩んできた．そして，主に光や空気にさらされると変質しやすいという性質のために，今ではほとんど使われなくなった．しかしながら，ペルメシュリンやデルタメシュリンのような，ずっと安定性の高い「合成ピレスロイド類」は，天敵などの有用な種よりも害虫に対して相対的に選択性が高いため（Pickett, 1988），他の有機殺虫剤（以下に示す）に取って代わっている．

「有機塩素系殺虫剤」（塩素化炭化水素類）」は接触性の毒物で，神経伝達系に作用する．これらは，水には溶けず脂肪との親和性が高いため，動物の脂肪組織に濃縮されやすい．最も悪名高いのはDDTである．この物質が再発見されたことに対しては1948年にノーベル賞が授与されている．しかし，アメリカ合衆国では1973年以降，緊急時を除き，使用されていない（ただし貧しい国々では今でも使われている）．現在使われている有機塩素系殺虫剤には他に，トキサフェン，アルドリン，ディルドリン，リンデン，メトキシクロル，クロルデンがある．

「有機リン系殺虫剤」（有機リン酸塩）も神経毒である．これらは有機塩素系殺虫剤よりもはるかに毒性が強い（昆虫と哺乳類のどちらに対しても）が，環境内での残留性は一般に低い．有機リン系殺虫剤には，マラソン（マラチオン），パラチオン，ダイアジノンなどがある．

「カーバメート系殺虫剤」（カルバミン酸塩）は，有機リン系殺虫剤と同じような薬理作用を示すが，哺乳類に対する毒性はずっと弱いものもある．しかし，大部分はミツバチ類（送粉に必要）や寄生蜂（害虫の天敵であることが多い）に対する毒性がきわめて強い．一番よく知られているカーバメート系殺虫剤はカルバリルである．

「昆虫成長抑制剤」は，昆虫が本来持っているホルモンや酵素に類似しているために，正常な成長と発達を妨げるさまざまな種類の化学物質である．従って，これらは一般的に脊椎動物や植物には無害である．ただし，害虫自体と同様，天敵の昆虫にも効果を発揮しうる．今日までに使われてきた昆虫成長抑制剤には，主に2つの種類がある．(1) 昆虫が脱皮する際の適切な外骨格形成を阻害する，ジフルベンズロンのようなキチン質の合成抑制物質．(2) 害虫が脱皮して成虫になるのを妨げることで次世代の個

体数を減らす，メトプレンのような幼若ホルモンの類似物質．

「化学信号物質」は毒物ではないが，有害生物の行動の変化を引き起こす（文字通り「化学的信号」）．これらは全て天然の物質に由来している．ただし，化学信号物質そのもの，あるいはその類似体を合成することは可能である場合も多い．化学信号物質のうち，フェロモン（pheromone）は同種の個体に作用し，他感作用物質（アレロケミカル）は他種の個体に作用する．性誘引フェロモンは，害虫となる蛾の交尾を妨げることによって，防除しようとするもので，すでに商品化されている（Reece, 1985）．一方，アブラムシの警報フェロモンが，イギリスで温室害虫のアブラムシに対する病原性菌類による防除の効果を高めるために使われている．この物質は，アブラムシの活動を高めて，菌類の胞子に接触する機会を増やすのである（Hockland et al., 1986）．これらの化学信号物質は昆虫成長抑制剤とともに，無機ならびに有機農薬に続く「第3世代の」殺虫剤と呼ばれることがある．その開発は比較的最近のことである（Forrester, 1993）．

15.2.2.2　除草剤

除草剤も，かつては「無機除草剤」が重要だったが，残留性と非特異性のために，今ではほとんど他に取って代わられている．しかしながら，まさにその性質のために，例えばホウ酸塩のように植物の根から吸収されて地上部に転流される除草剤は，どんな植物も生えて欲しくない場所を半永久的に不毛のままにするために，今でも使われることがある．無機除草剤には他に，一群のヒ素化合物，スルファミンアンモニウム，塩素酸ナトリウムなどがある（Ware, 1983）．

有機ヒ素化合物，例えばメチルアルソン酸二ナトリウム（または DSMA）などは，もっと広く用いられている．これらは非選択的なので，普通，標的植物の生えている地点だけに用いられる．こうした薬剤は，地下部の維管束や根茎に転流され，その部位の成長を阻害する．

これとは対照的に，とてもよく使われている「フェノキシ系除草剤」，あるいは「ホルモン型除草剤」などの植物体全体に転流される薬剤は，選択性がはるかに高い傾向がある．例えば，2,4-D は双子葉の雑草に対する選択性が非常に高い薬剤であり，2,4,5-トリクロロフェノキシ酢酸（2,4,5-T）は主に木本性の多年生植物の駆除に使われている．こうした薬剤は，植物の成長の調整に必要な酵素の生産を阻害することで，最終的に植物を死に至らしめる効力を持つことが分かっている．

「酢アミド系除草剤」は，さまざまな生物学的特性を持っている．例えば，ジフェナミドは，成長した植物よりも実生に対して大きな効果がある．そのため，すでに定着した植物のまわりの土壌に撒いて，引き続き発生してくる雑草を防ぐ「出現前除草剤」（pre-emergence herbicides）として使われる．一方，プロパニルは出現後の選択的な除草剤として水田で広く用いられている．

「ジニトロアニリン系除草剤」（ニトロアニリン類，例えばトリフルラリン）は，土壌に散布される別の種類の出現前除草剤で，きわめて広く用いられている．これらは根とシュートの両方の成長を選択的に阻害する．

「尿素系除草剤」の多く（例えばモニュロン）は，おおむね非選択的な出現前除草剤である．ただし出現後に用いられるものもある．これらは電子伝達系を阻害することで作用する．

カルバミン酸塩は前節で殺虫剤として紹介したが，除草剤（「カーバメート系除草剤」）になるものもある．細胞分裂と植物組織の成長を阻害することによって，植物を殺す．これらは主として選択的な出現前除草剤である．ひとつ例を挙げると，アシュラムは主に穀物の雑草防除に使われるほか，森林再生やクリスマスツリーの植林の際にも効果を発揮する．

「チオカーバメート系除草剤」（例えば S-エチ

ルジプロピルチオカーバメート）は，土壌に散布される別の種類の出現前除草剤で，雑草の種子から発生する根や茎の成長を選択的に阻害する．

含窒素複素環化合物除草剤の中で，おそらく一番重要なものは「トリアジン系除草剤」（例えばメトリブジン）である．これらは電子伝達系の効果的な阻害剤で，主に出現後に用いられる．

「フェノール系除草剤」，特に2-メチル-4,6-ジニトロフェノールのようなニトロフェノール類は，植物だけでなく真菌類・昆虫・哺乳類にも作用する，広範性（broad-spectrum）の接触性化学物質である．これらは酸化的リン酸化による結合を解くことで作用する．

「ビピーリジリウム系除草剤」には，2種類の重要な除草剤がある．ジクワットとパラコートである．これらは，強力できわめて速く効き，広範な生物に対して毒性がある接触性化学物質で，細胞膜を破壊する作用を持つ．

最後に紹介に値する除草剤として，グリホサートが挙げられる．これは「アミノリン酸系除草剤」のひとつで，選択性も残留性もない，葉に散布されて転流される化学物質である．どの成長段階の植物にも，どの季節にも効果があるので，人気がある．

15.2.2.3　標的有害生物の再発

> 天敵が死ぬことによる，有害生物の揺り戻し

ある農薬が標的とする種以外の種も殺してしまう場合には，そして実際にそうである場合が多いのだが，その農薬の評判は悪くなる．しかし，農業の持続性の観点からしても，農薬が天敵を殺してしまい，農薬が本来しなければならないことを帳消しにしてしまう場合には，とりわけ農薬の評価が下がるのは当然である．多くの有害生物が，農薬使用後しばらくしてから急速に増加することがある．これは**標的有害生物の再発**（target pest resurgence）として知られており，農薬が多数の有害生物と多数の天敵の両方を殺してしまう時に起きる（図15.2に例を示す）．農薬散布の中で生き残ったか，あるいは後からその地域に移住してきた有害生物個体にとっては，食糧資源は豊富にあり，天敵の方はいたとしてもわずかである．従って，有害生物個体群は爆発的に増加しうる．天敵個体群もおそらく再び定着するではあろうが，その時期は，農薬の標的と非標的への相対的な毒性と環境内残留性の両方に依存する．そしてこれらの特性は，農薬の種類によって劇的に変わる（表15.1）．

15.2.2.4　二次的有害生物

農薬の事後効果には，もっと微妙な反応も含まれる．農薬が使用された後に再発するのは，標的有害生物だけではないかもしれないのである．

> 天敵と競争者が殺されると，有害生物でなかったものが有害生物になる

天敵によって抑制されていた多数の潜在的な有害生物も標的と一緒にいる可能性がある（図15.1cを参照）．もし農薬がその天敵を殺すなら，潜在的な有害生物が現実の有害生物となる．これは**二次的有害生物**（secondary pests）と呼ばれる．その劇的な事例は，アメリカ合衆国南部で発生する綿花の害虫である．1950年に有機殺虫剤の大量散布が始まった時には，主に2種の害虫がいた．ワタの葉を食害するヤガ科の一種（*Alabama argillacea*）とメキシコからの侵入種であるメキシコワタミゾウムシ（*Anthonomous grandis*）である（Smith, 1988）．有機塩素系殺虫剤と有機リン系殺虫剤（本章2.2.1節を参照）の散布は年5回未満であったが，はじめのうちは驚異的な効果があり，綿花生産量は飛躍的に増加した．しかし，1955年までに二次的害虫が3種現れた．ワタノミヤガ（*Heliothis zea*）幼虫，ワタアブラムシ（*Aphis gossypii*），ワタキロバガ（*Sacadodes pyralis*）幼虫である．散布回数は年8～10回に増えた．するとワタアブラムシとワタキロバガの害は減ったが，今度は新たに5種の二次的害虫が現れた．1960年代までに，最

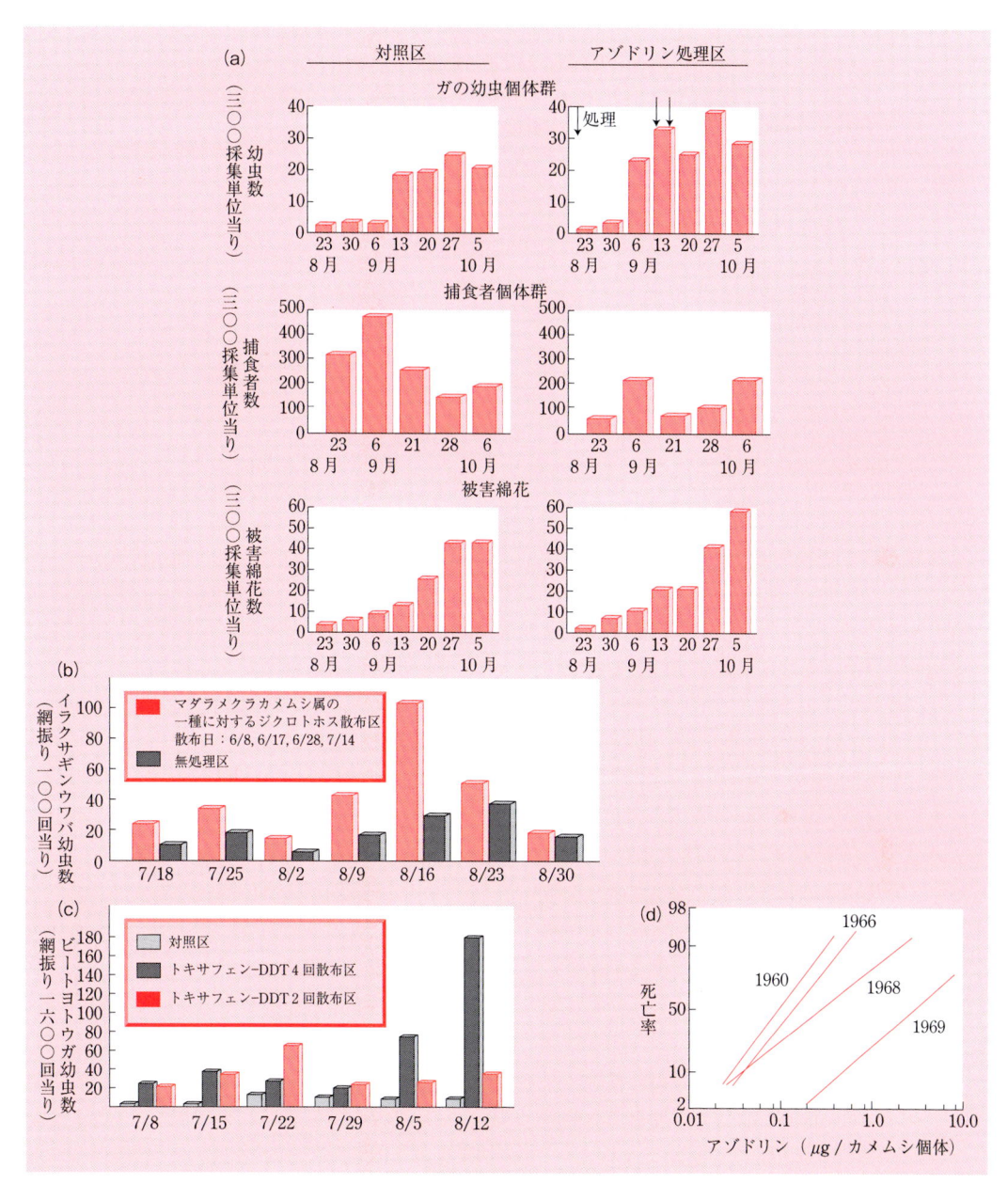

図15.2 カルフォニア州サンファンキン・バレーの綿花害虫に用いた殺虫剤による問題．(a) 標的害虫の再発：天敵の捕食者の存在量が減ったため，ワタノミヤガ (*Heliothis zea*) が再発した．殺虫剤散布区の方が，被害綿花数が増えている．マダラカメムシ属の一種に対して殺虫剤が散布されると，(b) イラクサギンウワバ (*Trichoplusia ni*) と (c) ビートヨトウガ (*Spodoptera exugya*) が増加した．ともに二次的害虫が大発生した例である．(d) マダラメクラカメムシ属の一種が示すアゾドリン®抵抗性の増加．(van den Bosch *et al*., 1971 より．)

表15.1 代表的な殺虫剤の残留性と標的外生物への毒性．一番低い1（毒性が0の場合も含む）から最も高い5までの点数で評価した．殺虫剤による被害の大部分は，残留性と標的外生物への強い毒性が組み合わさっている時に起きる．表中の上から6番目までの標的の広い殺虫剤には，このような特徴が多少とも明瞭である．（Metcalf, 1982; Horn, 1988より．）

	毒 性				
	ラット	魚	鳥	ミツバチ	残留性
ペルメシュリン（ピレスロイド）	2	4	2	5	2
DDT（有機塩化物）	3	4	2	2	5
リンデン（有機塩化物）	3	3	2	4	4
エチルパラチオン（有機リン酸塩）	5	2	5	5	2
マラチオン（有機リン酸塩）	2	2	1	4	1
カーバリル（カルバミン酸塩）	2	1	1	4	1
ジフルベンズロン（キチン質合成阻害剤）	1	1	1	1	4
メソプレン（若齢ホルモン類似物質）	1	1	1	2	2
Bacillus thuringiensis（バチルス属の細菌）	1	1	1	1	1

初は2種だった害虫が8種になった．そして，平均して年28回もの非持続可能な殺虫剤散布が行われるようになったのである．カリフォルニア州サンファンキン・バレーでのある研究によって，標的害虫の再発（この事例の標的はワタノミヤガ，図15.2a）と二次的害虫の大発生（マダラメクラカメムシ属の一種に農薬が散布された後にイラクサギンウワバとビートヨトウガが増加した，図15.2b, c）が起きていることが明らかになった．有害生物の管理を改善するには，有害生物と非有害生物との相互作用を徹底して理解することと，利用可能な農薬がさまざまな種にどう作用するかを，実地検証を通じて詳しく知ることが必要である．

農薬の予期せぬ効果は，標的有害生物の再発や二次的有害生物の発生に留まらない．

非標的生物一般の死亡

別の効果が，はっきりした形で現れたこともある．化学農薬が秘めている破壊力の凄まじさが如実に示されたのは，イリノイ州の広大な農地で，日本から侵入した草地の害虫であるマメコガネ（*Popillia japonica*）を「根絶」するために，1954年から1958年にかけてジエルドリンが大量かつ連続的に散布された時である．この農地では，ウシやヒツジが中毒に陥り，ネコの90％と相当多くのイヌが死んだ．被害は野生動物にも及び，哺乳類12種と鳥類19種が姿を消した（Luckmann & Decker, 1960）．有害生物の管理では，このような事態を予防する手段を講じる必要が常にあるだろう．農薬の毒性と残留性に対する知識をもっと確かにし，特異性が高く残留性が低い農薬を開発することで，同じような惨事を二度と起してはならない．

15.2.3 除草剤，雑草，農地の鳥類

除草剤は世界中で大量に使われている．除草剤は雑草には効果があるが，通常の使用量では動物に対する影響はほ

除草剤抵抗性を遺伝的に組み込んだ作物の予期せぬ効果

とんどないようである．除草剤による環境汚染は最近まで，殺虫剤が人々に与えてきたような嫌悪感とは無縁だった．しかし，環境保全に携わる人々は現在，雑草の消失を心配している．雑草は，チョウの幼虫やその他の昆虫の寄主食物になり，その種子は多くの鳥の主要な餌となる．近年，非特異的な除草剤であるグリホサート（本章2.2.2節を参照）に対する抵抗性を，テンサイなどの作物に遺伝的に組み込む技術が開発された．これによって，テンサイには悪影響を与えることなしに，それとふだん競争している雑草を，この除草剤を使って効率よく防除で

きるようになった．

シロザ（*Chenopodium album*）は世界中でみられる雑草で，**遺伝子組み換え作物**（GM: genetically modified crops）の栽培によって悪影響を受けると予想される．しかし，シロザの種子はヒバリ（*Alauda arvensis*）などの農地の鳥にとって冬季の重要な餌である．Watkinson *et al.*（2000）は，シロザとヒバリがどちらも個体群生態学的によく研究されていることを利用し，それら個体群に遺伝子組み換えテンサイが与えている影響を調べるモデルを構築した．ヒバリは雑草の多い農地で好んで採餌し，雑草種子の存在量に応じて局地的に集まる．従って，ヒバリが遺伝子組み換えテンサイから受ける影響は，雑草の高密度パッチがどのくらい影響を受けるかに，はっきりと依存する．Watkinson *et al.* は，雑草の種子密度が農業に与えうる影響もモデルに組み込んだ．モデルは次の仮定を置いている．(1) 遺伝子組み換え技術の導入以前，雑草の種子密度はほとんどの農地で相対的に低く，少数の農地で非常に高い（図15.3aの実線）．(2) 農家が遺伝子組み換えテンサイを採用する確率は，種子バンク密度と関係しており，この関係はパラメーター ρ によって決まる．ρ が正の値のとき，種子バンク密度が現在高く，雑草によってテンサイの生産量が減少させられる可能性の高い場所ほど，遺伝子組み換え作物が採用されやすいことを意味する．それによって，雑草の種子密度が低い農地が増える（図15.3aの点線）．ρ が負の値のとき，種子密度が現在低い場所ほど，遺伝子組み換え作物が採用されやすくなる．こういう傾向はおそらく，新技術を進んで採用する気質と現在までの雑草防除の効率が相関している場合に生じる．ρ が負の場合，種子密度の低い農地の頻度が減る（図15.3aの破線）．注意すべきは，ρ が生態学的なパラメーターではないことである．このパラメーターは，むしろ新技術の導入に対する社会経済学的な反応を反映している．農家がどう反応するかは自明ではなく，そのため変数としてモデルに含まなくてはならない．モデルによって分かったことは，現在の雑草の存在量と新技術の採用との関係（ρ）が，遺伝子組み換え技術が雑草の存在量に与える直接的な影響と同様に，ヒバリの個体群密度にとって重要だということである（図15.3b）．この事例が強調するのは，生態学的・社会学的・経済学的な次元を持つ「トリプル・ボトムライン」について考えることは，資源管理者にとって必要ということである．

15.2.4　農薬抵抗性の進化

もし有害生物が**抵抗性**（resistance）を進化させたなら，化学農薬は，持続可能な農業における役割を終える．農薬抵抗性は，端的に言えば，現在進行中の自然選択である．遺伝的変異のある個体群で，莫大な数の個体が農薬によって体系的な方法で殺されれば，抵抗性の進化はほぼ確実に起きる．その中には，並はずれた抵抗性（たぶん農薬を解毒できる酵素による）を持つ者も1個体かそこらはいるだろう．農薬が繰り返し使われれば，有害生物が世代交代するたびに，抵抗性をもつ個体の割合が増える．典型的な有害生物は高い繁殖速度を有しており，最初の数個体が次世代には数百，数千に増えることさえあり，抵抗性はまたたくまに個体群中に広まっていく．

この問題は，かつては見過ごされることが多かった．DDTに対する抵抗性がはじめて報告されたのは（イエバエ *Musca domestica* のスウェーデンでの事例），1946年という早い段階だったにもかかわらずである．この問題の規模は図15.4から分かる．図のように，農薬抵抗性を持つ昆虫・雑草・植物病原体は指数的に増加している．先に触れた綿花の有害生物の事例でも，農薬抵抗性が進化した証拠が見られる（図15.2dを参照）．ネズミ類やアナウサギ（*Oryctolagus cuniculus*）ですら，いくつかの農薬に対する抵抗性を進化させている（Twigg *et al.*, 2002）．

> 抵抗性の進化 ── 広範にわたる問題

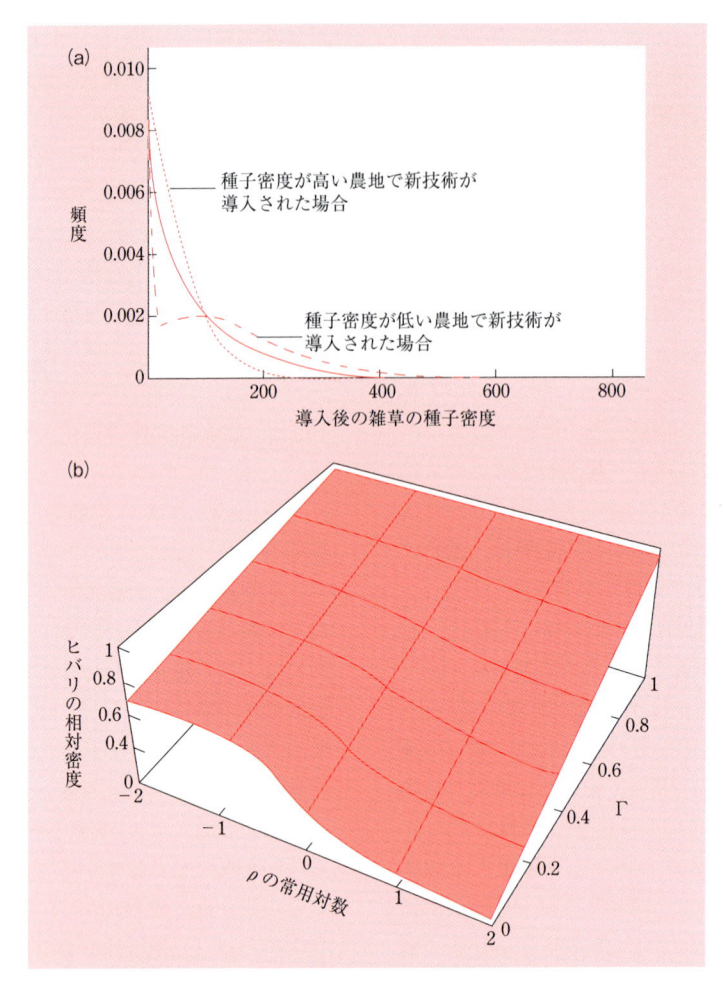

図15.3 (a) 個々の農地の平均種子密度の頻度分布．遺伝子組換えテンサイの導入以前（実線），およびこの新技術の導入後の2種類の状況，つまり新技術が雑草密度が現在高いところで好んで導入される場合（点線）と現在低いところで好んで導入される場合（破線）とを示す．(b) 冬季の農場のヒバリの相対密度（垂直軸，新技術の導入以前の値を1とする）と，ρ（水平軸，雑草の種子密度が現在高いところで農家が新技術を導入する場合が正，種子密度が現在低いところで導入する場合が負）と，新技術の導入による雑草の種子密度の減少の近似値（Γ，第三軸，0.1以下の値が現実的，［訳注：値が低いほど減少幅が大きい］）．現実の系で見られると予測されるパラメーター空間は，この図の一番手前の断面であることに注意して欲しい．この領域では，ρの小さな正負の変化がヒバリの密度をかなり大きく変える．(Watkinson *et al.*, 2000 より．)

抵抗性を管理する

ただし，農薬抵抗性の進化を遅らせることはできる．それには，抵抗性が出現する時間を与えないように，ある農薬から別の農薬への順番の切り替えを，素早く繰り返すのである（Roush & McKenzie, 1987）．かつては猛威をふるっていたが，これまでにアフリカの大部分で効果的に根絶された糸状虫によるオンコセルカ症は，幼虫が川に棲むブユ（*Simulium damnosum*）に人が刺されることで媒介される．

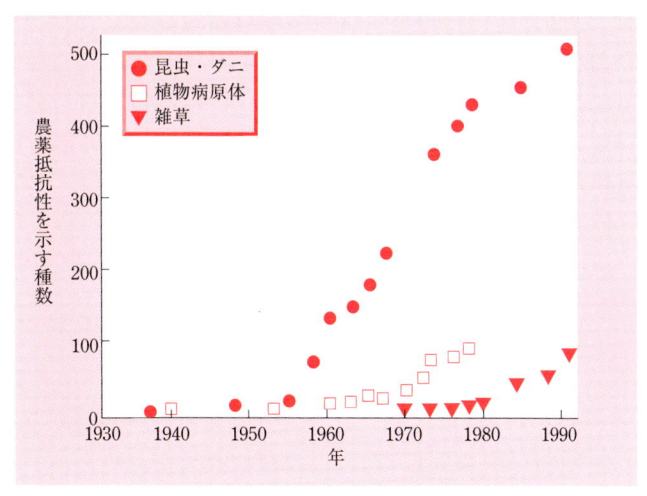

図15.4 少なくとも1種類の農薬に対する抵抗性が報告された節足動物（昆虫とダニ）・植物病原体・雑草の種数の増加．（Gould, 1991 より．）

表15.2 オンコセルカ症を媒介するアフリカのブユの水生幼虫に対する殺虫剤使用の履歴．初期にテメホスとクロルホキシムが集中的に使用され，それに対する抵抗性が生じてしまった．その後，抵抗性の進化を防ぐために，いくつかの農薬が交代で使用された（Davies, 1994 より．）

殺虫剤名	種類	使用履歴
テメホス	有機リン系	1975年から現在
クロルホキシム	有機リン系	1980–1990年
Bacillus thuringiensis H14	バチルス属の細菌	1980年から現在
ペルメシュリン	ピレスロイド	1985年から現在
カルボスルファン	カーバメート系	1985年から現在
ピラクロホス	有機リン系	1991年から現在
ホキシム	有機リン系	1991年から現在
エトフェンプロックス	ピレスロイド	1994年から現在

アフリカの何ヵ国かで，ヘリコプターによる殺虫剤大量散布（1999年までに毎週50000 kmの川に殺虫剤が撒かれた（Yameogo *et al.*, 2001））が開始された時，はじめに使われたのはテメホス（有機リン系殺虫剤）だった．しかし，5年以内に抵抗性が現われた（表15.2）．そこで別の有機リン系殺虫剤であるクロルホキシムが代わりに使われたが，またしてもすぐに抵抗性が進化した．そこでいくつかの殺虫剤を交代で使う戦略が採られると，それ以上の抵抗性の進化は起こらなくなり，1994年までにはテメホス抵抗性を依然として持っている個体群はほとんどなくなった（Davies, 1994）．

しかし，もしも化学農薬が問題を持ち込むだけならば，そしてもし化学農薬の使用がそもそも本質的かつ深刻に持続可能でないならば，今のように広く使われることは決してなかったはずである．むしろ，農薬生産速度は急速に増加してきた．個々の農家にとっての費用と利益の比は，依然として農薬使用を促すものになっている．さらに，貧しい国々の多くでは，差し迫った大量飢餓や流行病の見通しを人々が恐れるあまり，農薬使用の社会学的・健康上の犠牲は無視すべきものとなる．一般的に農薬の使用は「人命救助」，「食糧生産の経済効率」，「総食糧生産」のような，客観的な指標によって正当化

される。このように極めて基本的な要請のもとでは，農薬の使用は持続可能と表現されるかもしれない。実際問題としては，農薬の使用が持続可能であるかどうかは，有害生物の少なくとも一歩先を行き続ける新農薬の絶え間ない開発に依存している。残留性が低く，生物分解可能で，有害生物をもっと正確に標的にする新農薬に依存しているのである。

15.2.5 生物的防除

> 生物的防除 ── さまざまな方法による天敵利用

有害生物の大発生は繰り返し起きるので，農薬も繰り返し必要になる。しかし生物学を活用することで，化学物質に代えて同じ仕事を果たす別の方法，それもはるかに安あがりになることが多い方法がある。それは**生物的防除**（biological control，有害生物の天敵の操作）と呼ばれる方法である。生物的防除は，種とその**天敵**（natural enemy）の相互作用に関する理論（第10，12，14章を参照）を応用し，特定の有害生物の密度を抑える。生物的防除には次のようなさまざまな種類がある。

まず，別の地域からの天敵の「導入」（introduction）が挙げられる。その天敵はしばしば，有害生物の原産地，つまりその生物が有害生物という地位を確立する前にいた地域から選ばれる。天敵個体群を存続させて，有害生物を長期間にわたって経済的な被害許容水準以下に維持することが目的である。あえて**外来種**（exotic species）を望んで侵入させること，と言うこともできる。「古典的生物的防除」または「輸入」（importation）と呼ばれることも多い。

対照的に，「保護的生物的防除」（conservation biological control）は，有害生物が現在いる地域に一般的な，在来の天敵の個体群密度や存続性が高まるように操作する（Barbosa, 1998）。

「接種放飼」（inoculation）は導入と似ているが，天敵個体群が年間を通して存続できない状況において，天敵を定期的に放すことが必要な場合を指す。1世代ないし，おそらくは数世代の間の防除を目的としている。この変形版が「増強」（augmentation）で，在来の天敵を繰り返し放し，すでに存在している天敵個体群を補強する。「増強」の主な目的は，有害生物個体群がとりわけ急速に増殖する時期にその増殖を阻害することである。

最後に，「大量放飼」（inundation）は，その時点で存在する有害生物を殺すために天敵を大量に放飼することである。しかし，天敵個体群が増加・存続して長期にわたり防除効果をもつことは期待しない。化学物質の使用と似ているため，この方法で用いられる天敵は「生物農薬」（biological pesticide）と呼ばれる。

これまでに生物的防除で主に使われてきた天敵は，害虫に対しても（捕食寄生者の利便性が特に高かった），雑草に対しても昆虫である。表15.3には，これまで生物的防除に，昆虫がどれだけ広く利用されてきたかの概要と，実質的な成功例（天敵の定着によって他の防除手段の必要性が大幅に減ったか，なくなった事例）の割合がまとめられている（Waage & Greathead, 1988）。

表15.3 害虫と雑草に対する生物的防除の担い手として昆虫を利用した記録．（Waage & Greathead, 1988より．）

	害虫	雑草
防除の担い手として用いた種数	563	126
有害生物の種数	292	70
国の数	168	55
担い手が定着した事例数	1063	367
実質的な成功数	421	113
成功率（定着に対する百分率）	40	31

「標準的な生物的防除」のおそらく一番の好例は，古典的な成功の例としても知られている。その成功によって，近代的な生物的防除の幕が開いたのである。イセリアカイガラムシ（*Icerya purchasi*）は，カリフォルニア州の柑橘類果樹の害虫として1868年に初めて発見された。そして，なんと1886

> イセリアカイガラムシ ── この「輸入」の古典的事例には…

年までに，柑橘類産業はこの害虫によって崩壊寸前にまで追い込まれたのである．そこで生態学者達は，この害虫の原産地と本来の天敵を発見するため，世界中へ照会を始めた．結局，オーストラリアからヤドリバエ科 *Crypto-chaetum* 属の一種（捕食寄生性の双翅目昆虫）合計1万2000匹と，ニュージーランドからベダリアテントウ（*Rodolia cardinalis*）500匹が，カリフォルニア州に輸入された．当初，捕食寄生者（ヤドリバエ）はすぐに姿を消したかに見えた．一方，捕食性テントウムシは爆発的な個体群増殖を見せ，1890年の終わりまでにカリフォルニア州におけるこのカイガラムシの蔓延は終息した．この大成功は，ほぼ完全にこのテントウムシのおかげだと普通は信じられている．しかし長期的に見ると，このカイガラムシを内陸部で制御する上で役に立ってきたのはベダリアテントウだが，沿岸部での防除に活躍したのは主にヤドリバエであった（Flint & van den Bosch, 1981）．

（…いくつかの普遍的な論点が含まれている）

この事例には，いくつかの普遍的で重要な論点を見ることができる．多くの場合，ある生物が有害生物になるのは，単に新しい地域に移住することで天敵の制御から解き放たれるからである（天敵解放仮説，Keane & Crawley, 2002）．従って，「輸入」による生物的防除の重要な意味は，固有の捕食者—被食者相互作用が存在する元の状態を復元することである（本来の生息地で繰り広げられている生態学的な全体的様相とは間違いなく異なるであろうが）．生物的防除に必要となるのは，分類学者が伝統的な技術により有害生物を原産地で発見し，さらに何よりも天敵を選り分けて同定することである．これは難しい仕事となることが多い．特に，天敵に求めてられている効果が，有害生物を低い環境収容力に抑え続けることである場合はなおさらである．なぜならその場合，有害生物と天敵は本来の生息地では希少種のはずだからである．それでも，この手法では，投資に対する収益の比がとても高くなりうる．イセリアカイガラムシの事例では，その生物的防除の技術がその後他の50ヶ国に移転され，莫大な費用が節約された．この事例に示されているもうひとつの論点は，有害生物を抑制する見込みのある天敵を何種か，できれば補完的な働きをするものを選んで定着させることの重要性である．最後に，こうした古典的な生物的防除は，自然界に備わっている制御機構と同様に，化学農薬によって不安定化する可能性がある．アメリカ合衆国カリフォルニア州の柑橘類果樹園で，カンキツカタカイガラムシ（*Coccus pseudomagnoliarum*）の防除のために，1946〜1947年にはじめてDDTが使われると，その時にはもう稀にしか見られなくなっていたイセリアカイガラムシが大発生した．DDTはベダリアテントウをほとんど死滅させてしまったのである．DDTの使用はすぐに中止された．

多くの有害生物のすぐそばに，すでに多様な天敵がいる．例えば，コムギの害虫であるアブラムシ（例えば *Sitobion avenae* や *Rhopalasiphum* spp.）は，テントウムシ科やその他の甲虫，カメムシ類，クサカゲロウ類，ハナアブ幼虫，クモなどの攻撃を受ける．これらは，専らアブラムシを餌とするスペシャリストとアブラムシも餌にするゼネラリストたちからなる大きなグループの一員である（Brewer & Elliott, 2004）．これら天敵の多くは，コムギ畑の端の，周りの草むらとの境界付近で越冬する．天敵はここから広がって，コムギ畑の境界周辺のアブラムシ個体群を抑える．コムギ畑の中に帯状の草むらを作れば，天敵個体群が増強され，害虫アブラムシへの影響の規模も強まる．これは，実際に行われている「保全生物学的防除」の例である（Barbosa, 1998）．

（コムギにつくアブラムシの保全生物学的防除）

生物的防除の手段としての「接種放飼」は，温室で節足動物の害虫を防除するために，広く実施されている．この場合，成長を終

（温室害虫に対する「接種」）

えた作物は，害虫や天敵といっしょに温室から持ち去られる（van Lenteren & Woets, 1988）．この手法で使われる特に重要な天敵は，キュウリや他の野菜の害虫であるナミハダニ属の一種（*Tetranychus urticae*）を捕食するチリカブリダニ（*Phytoseiulus persimilis*）と，トマトとキュウリの害虫として特に問題になるアシブトコバチ科のオンシツコナジラミ（*Trialeurodes vaporariorum*）の捕食寄生者である，オンシツツヤコバチ（*Encarsia formosa*）である．西ヨーロッパでは1985年まで毎年，これら2種の天敵がそれぞれ約5億個体生産されていた．

微生物の「大量放飼」による害虫の防除　「大量放飼」では，害虫への防除に昆虫の病原体が用いられることが多い（Payne, 1988）．これまで最も広く用いられている重要な病原体は，真性細菌目バチルス属の一種（*Bacillus thuringiensis*）である．この細菌は人工培地で簡単に培養できる．この細菌が昆虫の幼虫に摂取されると，昆虫の消化管内に強力な毒素が分泌され，30分から3日ほどで昆虫を死に至らしめる．重要な点は，この細菌にはさまざまな株（または「病原型」（pathotype））が存在することである．それらの株には，鱗翅目（多くの農業害虫），双翅目，特にカとブユ（マラリアとオンコセルカを媒介する），鞘翅目（多くの農業害虫や貯穀害虫）に対して特殊化しているものがある．この細菌は微生物殺虫剤として大量散布される．この細菌の利点は，標的害虫に対して強力な毒性があることと，特定のグループ以外の生物（我々人類や，害虫の天敵の大部分）には毒性がないことである．ワタ（*Gossypium hirsutum*）などの植物が，この細菌の毒性（殺虫性の結晶タンパク質Cry1Ac）を発現するように遺伝子組換えされている．遺伝子組換えされた綿花上では，通常の綿花と比べて，ワタの実を食害するガの幼虫（*Pectinophora gossypiella*）の生存率が46–100％下がる（Lui *et al*., 2001）．この細菌の遺伝子を組み込むことが，商業的な遺伝子組換え作物で大々的に行われることに対して

は，懸念も浮上している．なぜなら，現在利用できるもっとも有効な「天然の」殺虫剤のひとつに対し，抵抗性が獲得される機会が増えるからである．

生物的防除は，特に環境に優しい有害生物防除の取り組みのように見えるかもしれない．生物的防除がいつも環境に優しいとは限らないしかし，注意深く選ばれ成功しているように見える導入天敵においても，非標的生物に影響を与えていることが次々と知られるようになった．例えば，外来のヒレアザミ属の植物（*Carduus* spp.）を防除するために北アメリカに導入された種子食のゾウムシの一種（*Rhinocyllus conicus*）は，90種以上いる在来アザミの30％以上を攻撃し，アザミの密度を減らしている（アザミの一種である *Cirsuim canescens* においては90％以上減少した）．その結果，アザミの種子を食べる在来のミバエの一種（*Paracantha culta*）の個体群に悪影響が出ている（Louda *et al*., 2003a）．Louda *et al*. (2003b) は，非標的生物のモニタリングという，普通は行われないが価値のある調査が含まれている10件の生物的防除プロジェクトについて再検討し，標的生物の近縁種が攻撃される可能性が最も高く，また稀な在来種が特に被害に遭いやすいと結論づけている．彼らが勧めているのは，ゼネラリストの天敵の使用を避けること，寄主特異性の調査を充実させること，利用できるかもしれない天敵を評価する際には，もっと多くの生態情報を集めることである．

15.2.6　総合防除

前節では，害虫の個体群動態についての我々の理解を，実際の防除に役立てるための総合防除 ── 化学よりも生態学に基づいた哲学さまざまな観点を見てきた．しかし重要なことは，もっと広い視野から，有害生物防除に使える持ち駒全てをどのように配備すれば，害虫密度を減らして経済的利益を最大化し，同時に環

第 15 章　個体群間相互作用に生態学を応用する

境や健康への悪影響を最小化できるかについて考えることである．これこそ**総合防除**（IPM: integrated pest management，総合有害生物防除とも訳される．単に IPM と呼ばれることもある）が，達成しようとする目標である．総合防除では，**物理的防除**（physical control，例えば，単に有害生物が侵入してこないようにしたり，作物に近づかせないようにしたり，作物上で発見したものを手で取り除いたりする），**耕種的防除**（cultural control，例えば輪作によって有害生物の数が何年かかけて増えていくことを防ぐ），生物的防除，化学的防除，抵抗性品種の使用を組み合わせる．総合防除は，1940 年代と 1950 年代の無思慮な化学農薬の使用に対する反発の流れを汲んで発達した．

　総合防除は生態学的な基盤に立ち，天候や天敵といった自然の死亡要因を重視し，天敵への妨害が最小になるように努める．その目標は有害生物を経済的被害許容水準以下に抑えることであり，必要なことは有害生物とその天敵の存在量を追跡調査することと，全体計画の中で補完的な役割を持つさまざまな防除法を用いることである．化学農薬は，完全に除外されるわけではないが，特に広範性のものをごく控えめにしか使わない．どうしても化学農薬を用いる場合には，防除の経費と薬剤の使用量を最小限に抑えるようにする．総合防除の手法の本質は，生じている問題に即した防除方法を用いることにある．そして，有害生物の問題にはひとつとして同じものはない．たとえ隣接する畑同士であっても．そこで総合防除では，農家が有害生物の問題を診断するのを助け，データベースをもとに適切な対処法を導くコンピューターシステムの開発が行われることが多い（Mahaman et al., 2003）．

ジャガイモガの総合防除　ジャガイモガ（*Phthorimaea operculella*）はニュージーランドでふつうに見られ，その幼虫はジャガイモの総収量を大きく損なっている．この害虫は温暖な亜熱帯の国から入ってき

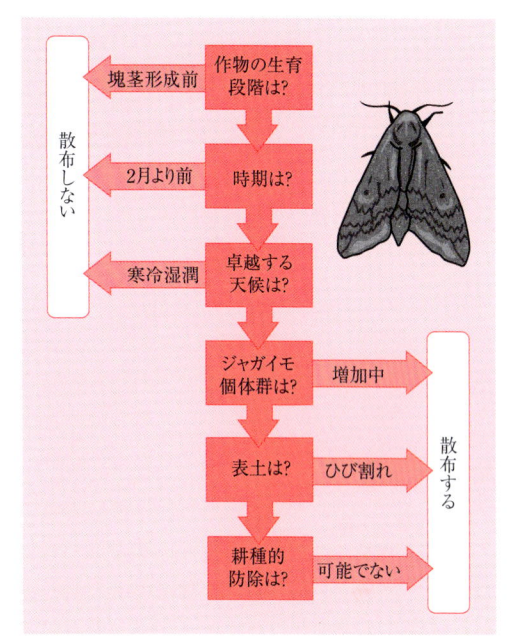

図 15.5　ニュージーランドで行われているジャガイモガの総合防除計画での，措置決定のためのフローチャート．横長の箱に質問事項（例，作物はどの生育段階にあるか？），矢印に農家の回答（例，塊茎が形成される前の段階），縦長の箱に推奨される措置（例，作物に農薬散布しない）が示されている．2 月はニュージーランドの晩夏にあたることに注意．（Herman, 2000 より．）写真 © 国際ジャガイモセンター．

た侵入生物なので，暖かく乾燥した条件では（環境条件が最適ニッチ要件に近い場合には—第 3 章を参照）壊滅的な被害をもたらす．年に世代を 6-8 回も更新することができ，世代ごとに葉・茎・塊茎のうちのどれに潜って食害するかが変わる．この幼虫は，塊茎に潜っている時には天敵（捕食寄生者）からも殺虫剤からも防護されるので，防除は葉に潜る世代に対して行わなければならない．ジャガイモガの総合防除（Herman, 2000）の戦略は次の項目からなる．(1) 追跡監視（雌フェロモンを用いたトラップを，真夏から毎週掛けて雄を採集して数える），(2) 耕種的な方法（土壌のひび割れを防ぐために耕起し，うねに一回以上腐植土をかぶせて土壌水分を保つ），(3) 絶対に必要な場合のみ殺虫剤を使用（最も一般的なのは有機リン系殺虫剤のメタミドホス）．農家は，図 15.5 に示した流れに沿って防

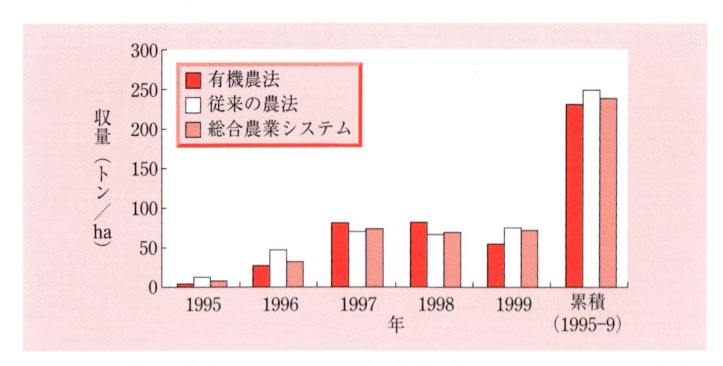

図15.6 3種類の農法によるリンゴ果実の収量.（Reganold *et al.*, 2001 より.）

総合防除と，持続可能な農業システムの統合

　総合防除という哲学の中に暗に含まれているのは，有害生物防除は食糧生産の他の側面とは切り離せるものではないという考えである．特に，土壌肥沃度を維持・改良するための方法とは結びつけて考える必要がある．そうした広い意味での持続可能な農業システムである，アメリカ合衆国の IFS（integrated farming systems：総合農業システム）やヨーロッパの LIFE（lower input farming and environment：低投入農業と環境）（International Organization for Biological Control, 1989; National Research Council, 1990）などには，環境への危険性が少ないという利点がある．そうだとしても，経済的にも健全なものでなければ，これらのシステムが広く採用されていくとは考えられない．この点に関して，アメリカ合衆国ワシントン州の1992年から1994年までの有機農法，従来の農法，総合農業システムによるリンゴの収量を比較したのが図15.6である（Reganold *et al.*, 2001）．**有機農法**（organic management）は，従来使われている合成殺虫剤・除草剤や化学肥料を使わないやり方で，**総合農業システム**（integrated farming system）は，従来の農法と有機農法を統合して化学物質の使用量を少なくするやり方である．3つの農法のリンゴ収量はどれも似ているが，有機農法と総合農業システムでは土壌の質が高く，環境への負荷も潜在的に小さい．従来の農法および総合農業システムと比べると，有機農法のリンゴの方が甘く，採算性とエネルギー効率が高い．しかし，広く信じられている点とは異なり，有機農法は環境への悪影響と無縁ではないことに注意が必要である．例えば，有機農法で認可されている農薬の中には化学農薬と同程度に有害なものがあるし，動物堆肥は化学肥料と同様に好ましくない水準の窒素流出を起こしうる（Trewavas, 2001）．さまざまな種類の農業経営が，環境にどのような影響をどのような水準で起こすのかについて，比較する研究が必要である．

15.2.7　侵入生物への初期防除の重要性

　有害生物は，外来性の侵入者である場合が多い．潜在的な侵入生物の問題に対処する最良の方法は，それらの生物が移入する可能性がどのくらいあるか（第7章4.2節を参照）を把握し，入国の港なり貿易路のどこかで注意深い生物検疫の手順を踏むことで，それらの生物の到着を防ぐことである（Wittenberg & Cock, 2001）．しかし，侵入生物となりうる生物の数は大変多いので，現実的にはそれらの生物の到着を全て防げるとは期待できない．しかも，到着した生物の多くは定着しないだろうし，定着したとしても，定着時には劇的な生態学的結果をもたらさない生物も多い．侵入生物の管理に

新しい有害生物が侵入した時には…

は，本当に問題になる事例に焦点を絞ることが必要である．従って，侵入生物防除戦略の次なる処置は，到着しうる（あるいは最近到着した）生物に，定着，個体群拡大，新地域への蔓延，深刻な問題発生などの起こりやすさに応じて，優先順位をつけることである．これは簡単なことではないが，特定の生活史の特性（第7章3.2節で扱った）の理解がこの判断の助けになる．第22章で扱うように，群集なり生態系といった生態学的に高次な水準に害を与える可能性を評価することも，特に注意を要する侵入生物の優先順位をつけることに役立つ（第22章3.1節を参照）．

深刻な**侵入種**（invasive species）になる可能性が高い外来種が入ってきたとき，緊急の対処が取られるべきである．なぜなら，この時期であれば外来種を根絶することは可能であり，かつ経済的観点からもそうするべきだからである．その対応の多くは，個体群生態学の基本的な情報に基づいてなされている．一例としては，合衆国カリフォルニア州のアワビ養殖場の排水口付近に定着した，アワビや他の腹足類に寄生する南アフリカ産のケヤリムシ科の寄生性多毛類（Terebrasabella heterouncinata）の根絶がある（Culver & Kuris, 2000）．この寄生虫の個体群生物学的特性はよく把握されている．すなわち，これらは腹足類に特異的であり，この地域ではニシキウズガイ科のクボガイ属巻貝 *Tegula* の2種が主な寄主になっていること，中でも大型の個体が最も寄生を受けやすいことが分かっていた．そこでボランティアが160万匹のクボガイの大型個体を除去したところ，寄生を受けやすい寄主の密度が寄生者の伝播に必要な密度（第12章を参照）以下に下がったため，この寄生虫は絶滅した．

しかし，入ったばかりの侵入種に素早く対処しようとすると，Simberloff（2003）の言葉を借りれば，「目標を定めた狙撃というよりは，旧式のラッパ銃による大雑把な攻撃に近いものになる」場合が多い．彼の指摘によれば，例えばニュージーランド沖合の島における，イネ科のパンパスグラス（シロガネヨシとも呼ばれる，*Cortaderia selloana*），ヤコブボロギク（*Senecio jacobaea*）などの雑草の小個体群を根絶させた一連の成功例（Timmins & Braithwaite, 2002）は，力任せの方法を用いた早期の対処である．同じように，ニュージーランドのオークランド郊外で見つかったドクガの一種（*Orygyia thyellina*）は，バチルス科の真正細菌（*Bacillus thuringiensis*）の散布によって（500万米ドルの費用をかけて）根絶された（Clearwater, 2001）．そのときに知られていた個体群生物学的な情報は，雌が雄をフェロモンで誘因することだけだった．この知見によって雄を誘引するトラップが作られ，殺虫剤の再散布が必要な地域が決められた．他の場所で侵入種になったことが分かっている種が定着したときには，個体群の新しい研究が行われるのを待って対処していては間に合わないし，待つべきではない．

侵入種がひとたび定着して新しい地域に広がり有害生物になってしまった場合は，有害生物防除の対象としては別の種として対処すべきである．

15.3 収穫管理

人間がある生物の個体群を収穫するということは，明らかに捕食者―被食者相互作用の範疇に入る．そのため収穫管理は，捕食者―被食者動態の理論に依拠する（第10章と14章を参照）．ある自然個体群が間引きや収穫にさらされている場合を考えよう．海でクジラや魚を捕る場合でも，アフリカのサバンナで野生動物を狩猟する場合でも，森で伐採する場合でもよい．こうした場合，何を達成したいのかを明確にするよりも何を避けたいのかを述べる方がずっと易し

い．つまり，まずは過剰な収奪である**乱獲**(overexploitation)を避けたい．乱獲とは個体を多く取りすぎることで，個体群を生物学的に危険な状態や，経済学的に無価値な状態や，場合によっては絶滅にすら追い込んでしまう．しかし，収穫管理においては，過少な収奪も避けたい．過少な収奪とは，個体群が耐えうるよりもずっと少ない個体しか取り除かないことで，例えば食糧の収穫が必要とされるよりも少なくなったり，潜在的な消費者の健康と収穫作業に携わる全ての人々の暮らしの両方を脅かしてしまう．しかしながら，これから見るように，これらの両極端の間のどこが一番良いのかを決めることは容易ではない．なぜなら，生物学的な面（利用する個体群の健全性）や経済学的な観点（収穫作業から得られる利益）だけでなく，社会学的な観点（地元の雇用や伝統的な生活様式と人間社会の維持）も合わせて考慮する必要があるからである (Hilborn & Walters, 1992; Milner-Gulland & Mace, 1998)．とはいえ，まずは生物学的観点から見ていこう．

15.3.1 最大持続収穫量

最大持続収穫量——純加入曲線の頂点

収穫理論において，最初に把握すべき点は，高い収量が得られるのは，個体群が環境収容力よりも低く，それもしばしばかなり低く抑えられている場合だということである．この基本的な図式は，図 15.7 のモデル個体群で示されている．ここでは，この個体群の自然の純加入（または純生産）が上に凸な曲線で描かれている（第 5 章 4.2 節を参照）．加入速度は，個体数が少ない時は低く，強い種内競争がある時にも低い．個体群密度が環境収容力 (K) に達すると，加入速度は 0 になる．純加入速度が最大となる密度は，種内競争の形に厳密に依存する．ロジスティック方程式（第 5 章 9 節を参照）のもとでは，その密度は $K/2$ である．しかし，例えば大型哺乳類では，K よりほんの少し低い密度となる場合が多い（図 5.10d を参照）．いずれにしても，純加入速度が最大になるのは常に K よりも低い「中間の」密度である．

図 15.7 は，ありうる 3 つの収穫「戦略」も表している．ただしここでは，それぞれの戦略の収穫「速度」は固定されている．すなわち，ある一定の期間内に一定の個体数が取り除かれることになる．これを，**固定収穫枠** (fixed quota) ともいう．収穫直線と加入曲線が交われば，収穫速度と加入速度は等しく，互いに逆の向きに働く．言い換えれば，単位時間当りに収穫者によって取り除かれる個体数は，単位時間当りに個体群に加入する個体数と等しくなる．特に興味深いのは収穫速度 h_m で，この線は加入曲線が極大となる所で交わる（実際には接するだけ）．それは，個体群が加入個体数によって収穫分を埋め合わせることのできる最大の収穫速度であり，**最大持続収穫（獲）量** (MSY: maximum sustainable yield，最大持続生産量と訳されることも多い）として知られている．それは，その名前が示す通り，ある個体群から定期的に繰り返し（事実上無限に）収穫する場合の，最大の収穫量である．それは加入速度の最大値に等しく，その個体群の密度を加入速度が極大値をとる所まで減少させることによって達成される．

最大持続収穫量の概念は，収穫に関する多くの理論と実践の中核をなす．そのため，最大持続収穫量には深刻な欠点がある…この概念が持つ次のような欠点を認識しておくことが必要となる．

1. よく似た個体の集まり，あるいは個体の区別さえしない「生物体量」として個体群を扱うため，体の大きさあるいは齢階級などの個体群構造とそれらの間の成長速度，生存率，繁殖速度の差を無視することになる．個体群構造を組み込んだ別の選択肢については，後で考える．
2. ひとつの加入曲線に基づくため，環境は変

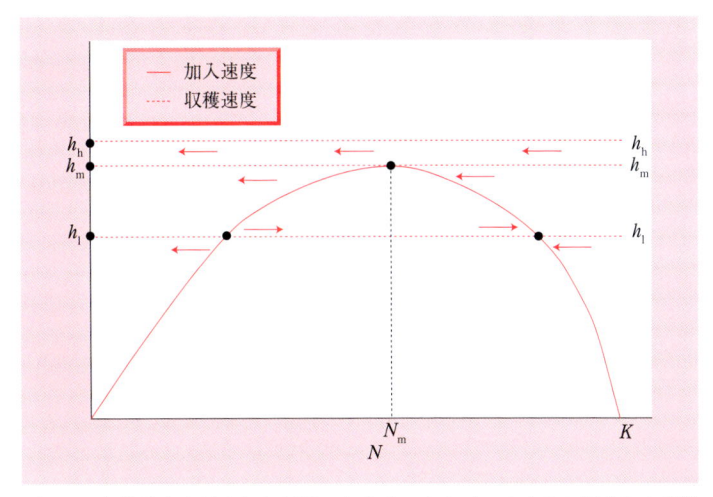

図15.7 収穫速度を固定した収穫．大（h_h）・中（h_m）・小（h_l）に固定した収穫速度を表す3本の直線（破線）と1本の加入曲線（実線）を示す．図中の矢印は，その矢印付近の収穫速度のもとで期待される，存在量の変化方向を表している．● = 平衡点．h_h のもとでは，個体群が絶滅に追いやられた場合が唯一の平衡点となる．h_l のもとでは，比較的高密度の時に安定平衡点が存在し，比較的低密度の時に不安定な区切り点が存在する．最大持続収穫量は h_m の時に得られる．これは，h_m が加入曲線のちょうど頂点で（密度 N_m の時に）接するためである．N_m よりも密度が大きい場合には，密度は N_m まで低下させられる．しかし，N_m よりも密度が小さくなると，個体群は絶滅に追いやられる．

化しないものとして取り扱っていることになる．

3 実際には，信頼に足る最大持続収穫量の推定値を得ることは，まず不可能と思われる．

4 最大持続収穫量を達成することは，決して収穫作業の管理の成功を判定するための唯一の基準でもなければ最良の基準とも限らない（例えば，本章3.9節を参照）．

これらの問題点にもかかわらず，この概念は何年もの間，漁業，林業，野生動物の利用における資源管理の中心的位置を占めてきた．1980年以前は，最大持続収穫量を資源管理の基礎とすることを設立時の目標として定めていた海洋漁業管理の機関が39もあった（Clark, 1981）．他の多くの分野でも，この概念は今なお守るべき原理となっている．さらに，最大持続収穫量が目指すべき目標でかつ達成可能な目標だと仮定することで，収穫に関する一群の基礎的原理が説明しやすくなる．従ってここではまず，最大持続収穫量に基礎を置く分析から，どんなことを知ることができるのかを探ってみよう．しかしその次に，さまざまな問題点を詳しく調べて，利用する個体群の管理戦略をさらに深く検討してみよう．

...しかし頻繁に用いられてきた

15.3.2 単純な最大持続収穫量モデル —— 固定収穫枠

最大持続収穫量を取り出せる密度（N_m）は平衡点（増分＝減少分）である．しかし，収穫が図15.7に示されているように，固定収穫枠に基づいて行われると，N_m はきわめて不安定な平衡点となる．もし密度がこの平衡密度を上回れば，h_m が加入速度を上回り，個体群は N_m に向かって減少してい

固定収穫枠に基づく収穫は，危険性がきわめて高いだろう...

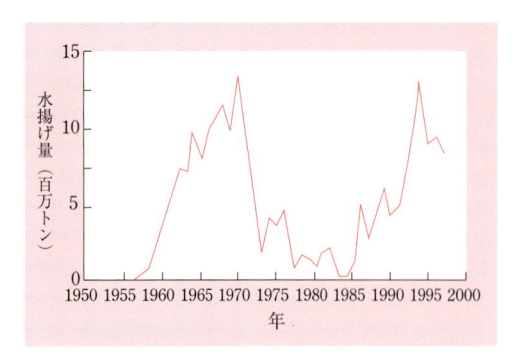

図15.8 1950年以降のペルー産アンチョビーの水揚げ量.（Jennings *et al*., 2001 より；データは FAO, 1995, 1998 による.）

く．このこと自体は申し分ない．しかし，もし何かのはずみで密度がほんの少しでも N_m より小さくなると，h_m はまたもや加入速度を上回る．そのため密度はさらに減少し，もしも最大持続収穫量を得るための固定収穫枠が維持されれば，個体群は絶滅に至るまで減少し続ける．さらに，最大持続収穫量がほんの少しでも過大推定されれば，収穫速度（図15.7 の h_h）は常に加入速度を上回ってしまう．この場合，個体群は初期密度にかかわらず絶滅してしまう．つまり，我々が完全な知識を持っていて完全に予測可能な世界では，最大持続収穫量に合わせて収穫量を固定することは望ましく，しかも妥当である．しかし，環境が変動するデータも完全ではない現実の世界では，収穫量を固定することは，災いを自ら招き入れる行為に等しい．

…その危険性はペルー産アンチョビーの事例で現実のものとなった

にもかかわらず，収穫枠を固定する戦略は頻繁に使われてきた．毎年特定の日に漁（または狩猟）が解禁され，捕獲量の積算値が記録される．そして固定収穫枠（推定された最大持続収穫量）が達成されると，その年の残りの期間の漁は差し控えられる．このような固定収穫枠の例として，ペルー産アンチョビー（カタクチイワシの一種 *Engraulis ringe-ns*）の漁があげられる（図15.8）．1960年〜1972年の間，この漁は1種を対象としたものとしては世界最大の規模であ

り，ペルー経済の中で主要な位置を占めていた．漁業の専門家は，最大持続収穫量は1年当り約1000万トンだと助言し，漁獲量はこれに基づいて制限された．しかし，船隊での漁獲能力が拡大してゆき，1972年に漁獲量は激減した．乱獲が，この資源崩壊の少なくとも主要な要因であったようである．ただし，乱獲に著しい環境変動が組み合わさって影響を及ぼしていた．漁を一時的に停止することが生態学的には賢明な手段だったかもしれないが，これは政治的には実行不能だった．2万人もの従業員がアンチョビー産業に依存していたのである．資源量の回復には，その後20年を要した（図15.8）．

15.3.3 より安全な代替策 ── 固定収穫努力（fixed harvesting effort）

収穫枠を固定することによる危険性は，生産量の代わりに収穫努力を規制すれば減らすことができる．収穫量（H）は，単純化して考えれば次の3つの要素に依存している：

$$H = qEN \qquad (15.1)$$

収穫量 H は，収穫対象となる個体群の大きさ N，収穫努力の水準 E（例えば，トロール漁をする日数とか，銃を用い

収穫努力の規制は危険が少ない ── だが収穫量の変動を招く

て狩猟する日数とか），収穫効率 q とともに増加する．収穫効率を一定と仮定すると，図15.9a に示されているように，収穫戦略としては3通りの収穫努力がありうる．図15.9b には，このような単純な場合に期待される収穫努力と平均収穫量の全体的な関係が示されている．これによると収穫量を最大持続収穫量まで高めるための最適な収穫努力 E_m が明らかに存在し，収穫努力がこれより高くても低くても収穫量は減少する．

E_m を導入することは最大持続収穫量を固定収穫枠にするよりもずっと安全な戦略である．ここでは，図15.7 とは対照的に，密度が N_m 以

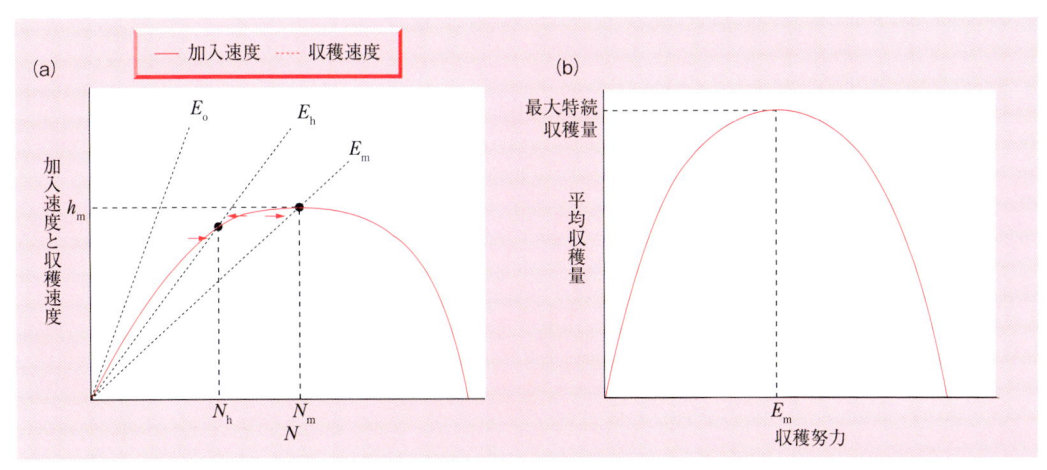

図15.9 収穫努力を固定した収穫．(a) 曲線・矢印・点の意味は図15.7と同じ．最大持続収穫量は収穫努力が E_m の時に得られ，密度が N_m，収穫量が h_m となる安定平衡点を導く．収穫努力を少し大きくすると (E_h)，平衡点の密度と収穫量はどちらも E_m の時よりも低くなるが，平衡点はなお安定である．収穫努力をもっとずっと大きくしてしまった時 (E_o) だけ，個体群は絶滅に追いやられる．(b) 固定収穫努力と平均収穫量の全体的な関係．

下に落ち込むと（図15.9a），加入速度が収穫速度を上回り個体群は回復する．実際，E_m を相当過大（図15.9aの E_o）に推定しなければ，個体群の絶滅は起きない．しかしながら，収穫努力を固定してしまうために，個体群の大きさによって収穫量は変化する．特に，個体群の大きさが自然変動の結果として N_m 以下になれば，収穫量はいつも最大持続収穫量よりも小さくなる．これに対する適切な対処は，個体群が回復に向かう間，収穫努力をわずかに小さくするか少なくとも一定に保つことだろう．しかし，ありがちなのは，収穫量の減少を補うために収穫努力を上げようとすることだろう．これは誤りである．そんなことをすれば，個体群の大きさはさらに小さくなってしまうだろう（図15.9aの E_h）．減少し続ける収穫量を補おうとして収穫努力を少しずつでも増やしていけば，個体群を絶滅に追いやることは容易に想像できる．

法律によって収穫努力を規制し，収穫を管理している事例は多い．収穫努力を正確に査定したり統制したりすることは，通常きわめて難しいにもかかわらず，これらの規制は行われている．また，例えば，猟銃の許可証を発給しすぎて，猟銃所持者の数を適切に管理できなくなってしまったり，漁船の船隊の構成と大きさを規制するだけであとはほったらかしにするといった問題もある．このような問題はあるものの，アメリカ合衆国コロラド州ではミュールジカ，プロングホーン，ヘラジカの狩猟はどれも狩猟許可証によって統制されている．その狩猟許可証の発給数には制限があり，かつ状況に応じて発給数が変えられているのである (Pojar, 1981)．重要な生物資源である太平洋産オヒョウの場合には，季節的な禁漁期と保護区と設けて，漁獲努力を規制することで資源量を管理している．ただし，そのためには漁獲監視船を配置するための巨額な投資が必要である (Pitcher & Hart, 1982)．

15.3.4 最大持続収穫量を目指す他の手法 —— 収穫割合の固定と，一定量の取り残し

さらに2つの管理戦略が余剰生産量を利用するという単純な考えに基づいている．そのひとつは，個体群の一定の割合を収穫することである（これは狩猟における捕殺率を固定することに等しく，収穫努力を一定

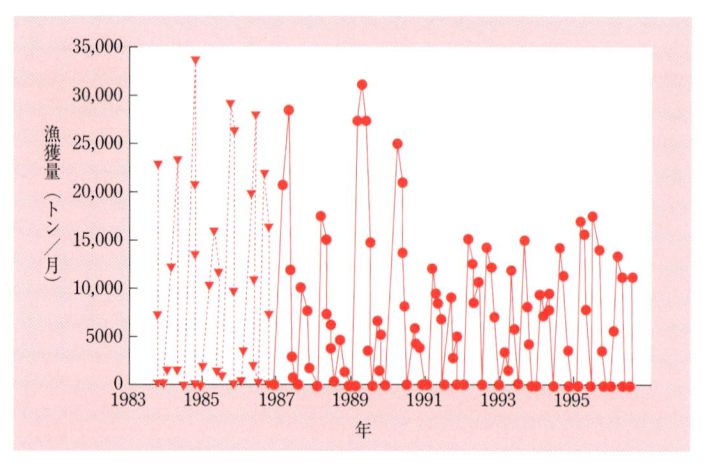

図 15.10 フォークランド諸島の認可を受けた漁船によるヤリイカ属 *Loligo* の一種の月ごとの漁獲量．一定量の取り残しを保証する管理戦略が用いられている．漁期が年に2回 (2-5月と8-10月) あることに注意．点線 (1984-1986年) は，実際の漁獲量ではなく推定量を示している．(des Clers, 1998 より．)

にすることと同じ効果があるはずである) (Milner-Gulland & Mace, 1998)．例えば，カナダの北西準州では，カリブーとジャコウウシの個体群から3-5%の個体を狩猟しても良いことになっている (Gunn, 1998)．この戦略では，収穫すべき個体数を計算するために，収穫の前に個体数を調査する経費が必要となる．

もうひとつの戦略は，狩猟期の終わりに一定量の繁殖個体を残すようにすることである (一定量の取り残し)．この管理戦略では，狩猟期を通じて継続的な追跡調査という，さらに多額の経費がかかる．一定量の取り残しを保証することは，きわめて安全性の高い選択肢である．なぜなら，繁殖が始まる前に誤って繁殖個体を全て取り除いてしまう可能性を排除できるからである．この戦略は，寿命が1年の種にとりわけ有効である．なぜならこれらの種は，寿命が長い種の未成熟個体のような緩衝材を持たないからである (Milner-Gulland & Mace, 1998)．フォークランド諸島行政府は，1世代1年のヤリイカ属 (*Loligo*) のイカの収穫管理のために，この戦略を用いている．資源量は漁期の中盤から毎週評価され，現存し

ているイカと既に収穫されたイカの比が 0.3-0.4 まで下がると，その漁期の漁は終了となる．この管理体制の下で 10 年が経過したが，このイカ漁は持続可能なかたちで進行しているようである (図 15.10)．

Stephens *et al.* (2002) は，アルプスマーモット (*Marmota marmota*) に対して3つの戦略，つまり固定収穫枠，固定収穫努力，収穫閾値をそれぞれ設定して狩猟した場合の結果を，シミュレーションモデルで比較した．収穫閾値の設定では，個体群の大きさがある決められた閾値を上回った年にだけ，そして個体群の大きさがその閾値に下がるまで狩猟が行われた (本質的には，一定量の取り残しを保証する手法と同じである)．この社会性哺乳類が狩猟されているのはヨーロッパの一部だけだが，シミュレーションには，狩猟されていない個体群で取られていた詳しいデータが用いられた．シミュレーションの結果，平均収量が一番高くなるのは，収穫閾値を設定した戦略で，絶滅リスクも許容できるほど低いことが分かった．しかし，個体数調査の間隔を，1年から3年に伸ば

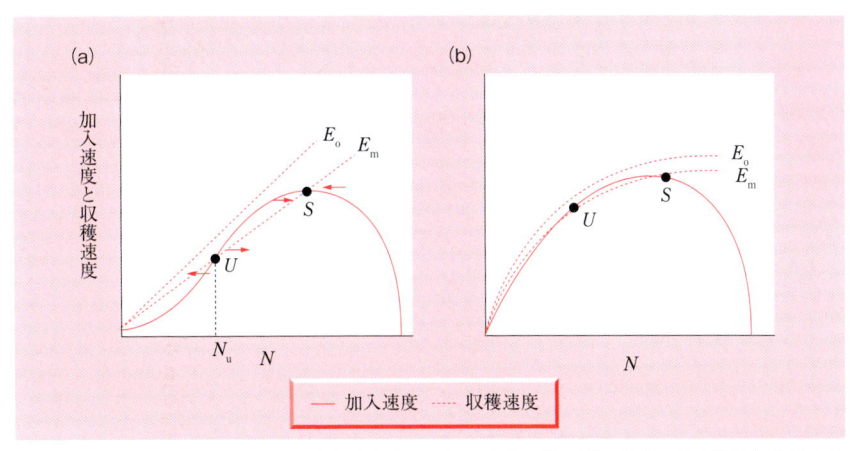

第15章　個体群間相互作用に生態学を応用する

図15.11　収穫における多重平衡．(a) 低密度時の加入速度が特に低い場合，最大持続収穫量をもたらす収穫努力 (E_m) に対しては，安定な平衡点 (S) だけでなく不安定な区切り点 (U) が存在する．密度がこの区切り点より小さくなると，個体群は絶滅に向かって減少していく．収穫努力 (E_o) が E_m よりさほど大きくない時にも，個体群は絶滅に追い込まれる．(b) 高密度時に収穫効率が低下する場合にも (a) と同様の説明が当てはまる．

して推定誤差を大きくすると，収量の変動は大きくなり，絶滅確率もずっと高くなった (Stephens *et al.*, 2002)．この結果は，一定の取り残しを保証する戦略が成功するには，頻繁に個体数調査を行うことが重要であることを示している．

15.3.5　収穫個体群の不安定性 —— 多重平衡

「逆補償」の問題

たとえ収穫努力を規制したとしても，最大持続収穫量に近い水準の収穫を行うことは，やはり資源崩壊などの災難のもとにはなりやすいだろう．個体数が非常に少なくなると，加入速度が特に低くなる場合がありうる（**逆補償**（depensation）として知られる．図15.11a）．例えばサケの場合，低密度時には大きな魚による捕食圧が強いために若齢個体の加入が少ない．クジラの場合，低密度だと単に雄と雌が出会って交配する機会が減るために，若齢個体の加入が少なくなるだろう．しかし逆補償は，明らかにかなり稀である．Myers *et al.* (1995) は，128種の漁業資源についての15年以上の解析可能なデータの中で，逆補償の事例を3例しか見つ

けられなかった．一方で，収穫効率は小さな個体群でおそらく高まる（図15.11b）．例えば，ニシン科魚類（イワシ，カタクチイワシ，ニシン）の多くは，低密度時に特に捕獲されやすい．なぜなら，これらの魚は少数の大きな群れをつくり，移動の際に決まった経路を通るため，トロール船に捕捉されやすいのである．逆補償が生じたり，低密度時に収穫効率が高まったりする状況では，E_m を少しでも過大評価すると，乱獲や，絶滅すら招きかねない．

しかしながら，さらに重要な点は，このような相互作用はかなりきわどい「多重平衡点」（第10章6節を参照）を持

多重平衡を持つ収穫操業は，不可逆的な崩壊に曝されやすい

つことである．図15.11aの，収穫曲線と加入曲線が交差する2つの点に注意して欲しい．点 S は安定平衡点だが，点 U は不安定な「区切り点」（breakpoint）である．個体群が，最大持続収穫量をもたらす密度をわずかに下回ったり，区切り点の密度 (N_u) のすぐそばまで下がったりしても，個体群は元の安定な密度に戻る（図15.11a）．しかし，収穫努力がほんの少し増えるなどして，密度がもう少し下がって N_u をわずかでも下回ると，収穫速度が加入速度よりも大

きくなる．そうなると個体群は絶滅への道を歩むしかない．さらに，個体群が一度でもこの滑りやすい下り坂に乗ると，収穫努力を少々減らしてもこの過程を逆戻りさせることは難しい．これが，多重平衡点が持つ現実的かつ重大な問題である．つまり，系が導かれる点が安定な平衡点から別の点に移るため，きわめてわずかな挙動の変化によって，まったく思いもかけない結果がもたらされることになる．生物資源の存在量は，収穫戦略のわずかな変更や小さな環境変化によって，劇的に変化しうるのである．

15.3.6 収穫個体群の不安定性 — 環境変動

漁業の崩壊の全てを，単純に乱獲と人間の欲望のせいにしてしまいがちである．しかしそれは，問題の理解に役立たない，行き過ぎた単純化だろう．確かに漁獲圧は，消失速度を補う加入速度の水準を持つ自然個体群の能力を損なうことが多い．しかし，ある年に起きた崩壊の直接の原因は，なによりもその年の不適な環境条件の発生であることが多い．このような場合は（いったん環境が好適な状態に戻れば），乱獲だけが原因で崩壊が生じた時よりも個体群は回復しやすいだろう．

アンチョビーとエル・ニーニョ　ペルー産アンチョビーの漁獲量（図15.8を参照）は，1972年から1973年にかけて大きく減少したが，増加傾向にあった1960年代中期にも，エル・ニーニョ現象（El Niño event）の影響で，ちょっとした下降を示したことがあった．エル・ニーニョ現象とは，南から来た冷たいペルー海流に北の熱帯から来た温かい海水が侵入し，栄養塩に富む深海水の湧昇流が抑えられて，生産力が低下する現象である（第2章4.1節を参照）．しかしながら，1973年には漁獲圧が非常に大きく高まっていたため，その後に起きたエル・ニーニョ現象の影響は，ずっと深刻になった．さらに，漁獲圧はそれほど衰えていないにもかかわらず，1972年〜1982年の間，漁獲はわずかに回復の兆しを見せた．しかし，1983年に生じた次のエル・ニーニョ現象に連動してまた漁獲は激減した．明らかに，アンチョビーが収奪されていなかったら，あるいはごく小規模に収獲されていただけだったなら，海流の通常パターンが自然に乱れたくらいで，これほど深刻な結果に至ることはなかっただろう．一方で，ペルー産アンチョビー漁の歴史は，単に漁業活動を自然現象と対立するものとして考えるだけでは，正確に理解できないこともまた明らかである．

ニシンと冷水塊　ノルウェーとアイスランドの3つのニシン回遊群に対する漁も，1970年代初めに崩壊した．その崩壊に先駆けて，確かに漁獲圧は増していた．しかし，ここでもまた，海域の異常がからんでいた（Beverton, 1993）．1960年代中頃，北極海盆から来た塩分濃度の低い冷たい海水が，アイスランドの北で冷水塊を形成した．この冷水塊は南に移動してゆき，数年後にメキシコ湾流に引きずられて東に移ったのち再び北に向かった．この冷水塊は最終的に，1982年にノルウェー沖で姿を消した（図15.12a）．基本的に出生率とみなせる「産卵群当りの加入数」のデータを図15.12bに示す．この図は，春に産卵するノルウェー沿岸のニシン群と春および夏に産卵するアイスランド沿岸のニシン群について，1947年〜1990年の毎年の値が，その年と全期間の平均値との差の形で表されている．また，この値と対応させて，この期間のノルウェー海の年間水温と平均値との差も示してあり（図15.12c），異常な冷水塊が南方向と北方向へ通過した時に水温が下がっていることが分かる．1960年代終わりのノルウェーおよびアイスランド沿岸のニシン群と1979〜1981年のノルウェー沿岸のニシン群において，加入の減少と低水温がよく対応している．なお，1979〜1981年には，アイスランド沿岸のニシン群は絶滅していたか，あるいははるか西方へ去っていた．異常な冷水によって加入が激減したことが，こ

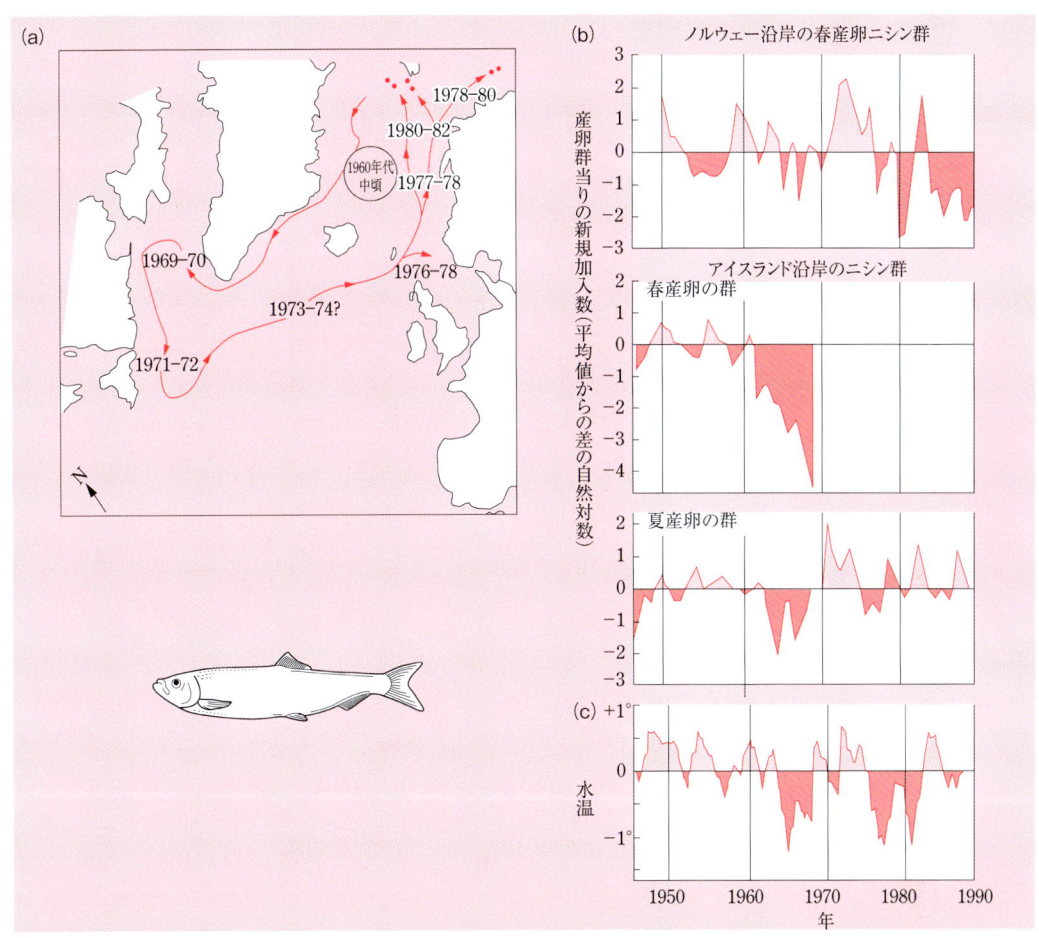

図15.12 (a) 北大西洋で1960年代から1970年代にかけて出現した塩分濃度の低い大きな冷水塊の軌跡．1960年代中頃と1977-1982年には，ノルウェー海にこの冷水塊があった．(b) ノルウェー海の3つのニシン海遊群の産卵群当り加入数の自然対数の，毎年の値と全体平均の差．(c) ノルウェー海の毎年の水温と全体平均の差．アイスランド沿岸の春産卵のニシン資源は，1970年代初めに崩壊し，二度と回復しなかったが，その前の1960年代には加入が少なくなっていた．(Beverton, 1993 より．)

れらのニシン漁の崩壊を強く後押ししたようである．

しかし，この解釈だけでは，図15.12bに示されている詳細の全ては説明できない．特に，ノルウェー沿岸のニシン群の加入が，1980年代に連続して低くなっている点の説明は難しい．これを理解するためには，他の魚種との関係や，おそらく代替安定状態 (alternative stable state) をも考慮にいれた，もっと複雑な説明が必要だろう (Beverton, 1993)．それでもなお，依然として明らかな点は，乱獲の危険性は否定できないものの，危険性が予測できないことが多い著しい自然変動とともに考えなければならないことである．環境条件が収穫個体群の加入速度に影響を与えている可能性が高いことを考えると，加入速度を一定とするモデルを信頼することは，これまで指摘してきた以上に危険である．Engen et al. (1997) は，大きく変動する個体群に対する最良の収穫戦略は，一定量の取り残しを保証する戦略であると論じている (第15章3.4節を参照)．

15.3.7 収穫個体群の構造を認識する —— 成長生残モデル

> 「成長生残」モデルは個体群構造を認識する

これまで述べてきた単純な収穫のモデルは，**余剰収穫量**（surplus yield）モデルとして知られている．これらのモデルは，いくつかの基本的な原則（最大持続収穫のような）を確立する手段としては便利だし，違った種類の収穫戦略がどのような結果をもたらしうるのかを調べるには良い手段である．しかし，これらのモデルは個体群構造を無視しており，それは2つの理由から，かなり大きな欠点である．1つ目の理由は，「加入」は実際には成熟個体の生存，成熟個体の繁殖力，若齢個体の生存，若齢個体の成長などが組み合わさった複雑な過程であり，このどれもが密度や収穫戦略に対して，おそらく異なった反応を示すということである．2つ目の理由は，実際の収穫では，多くの場合，収穫個体群のほんの一部（例えば，商品として十分大きな樹木や魚）にしか本来興味がないということである．このような複雑な問題をも取り込んで考えようとするのが，**成長生残**（dynamic pool）モデルと呼ばれるものである．

成長生残モデルの一般的な構造を，図15.13に示す．下位モデル（加入速度，成長速度，自然死亡率，漁獲速度）が合わさって，生物資源のうち利用可能な生物体量と，それを漁業団体にとっての漁獲量に換算する方法が決まる．余剰収穫量モデルとは対照的に，生物体量に基づくこの漁獲量は，捕獲される個体数だけでなく個体サイズ（過去の成長）にも依存する．さらに，利用可能（つまり漁獲可能）な生物体量は，単純に「純加入」に依存するのではなく，自然死亡率・漁獲による死亡率・個体の成長・漁獲可能な年級群への加入という要素間の，何らかの明確な組み合わせに依存するのである．

この基本的な図式から，多数の派生モデルを作ることができる．（例えば，下位モデルは年級群ごとに別々に扱うこともできるし，情報の多寡や必要性に応じて下位モデルに入れる情報量も変えられる．）しかしどんな場合でも，基本的な手法は同じである．利用できる情報（理論的なものと経験的なものの両方）を，構造化された個体群の動態を反映する枠組みに組み込む．それによって，異なる収穫戦略に対する個体群の反応と収穫量が推定できる．次にそこから，その生物資源の管理者に対する勧告を導き出せるだろう．重要なのは，成長生残モデルに基づく収穫戦略では，収穫強度だけでなく，収穫努力をさまざまな年級群にどうやって割り振るかも決められるという点である．

> 成長生残モデルは有益な勧告を出せる…

成長生残モデルを適用した古典的な例として，北極圏ノルウェーのタラ漁がある（Garrod & Jones, 1974）．これは大西洋では最も北で漁獲されるタラ資源である．1960年代終盤の齢構造データを用いて，トロール漁の漁獲強度と網目の大きさを変えると収穫量がどう変わるかについての中期予測が立てられた．その結果のいくつかを図15.14に示す．5年ほど後の一時的なピークは，1969年生まれの非常に大きな年級群が，この個体群全体に影響力を持ち続けたためである．しかし全般的に見れば，長期的な展望が最も良くなるのは，漁獲圧を低くし，網目を大きくした場合であることは明らかである．この2つのやり方はどちらも，捕獲される前の魚の成長（と繁殖）を良くする．漁獲量が単に個体数ではなく生物体量で量られるがゆえに，この点は重要である．漁獲強度を上げることと，網目を130mmにすることは，資源の乱獲につながると予測された．

> …しかし勧告はまだ無視される場合が多い

残念ながら，Garrod & Jonesの明快な勧告は，収穫戦略を決める権限を持つ人達から無視された．網目の大きさの規制は1979年までそのままで，その後も120mmから125mmに広げられただけである．漁獲強度も45％を下回ることはなく，1970年代の終わり

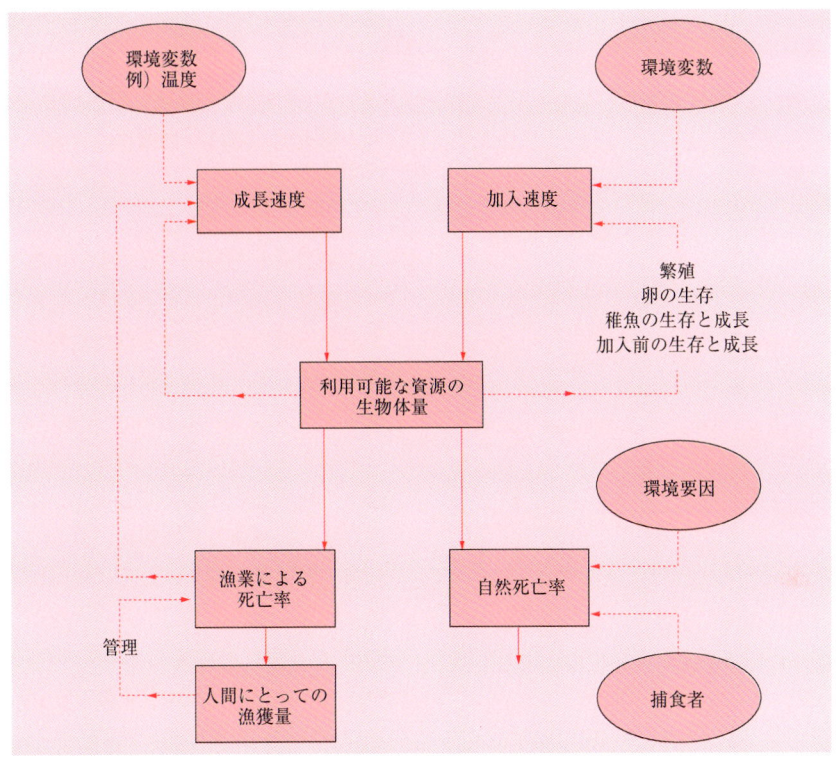

図15.13 漁獲と管理の成長生残モデルを示す流れ図．次の4つの主な「下位モデル」がある．個体の成長速度，個体群への加入速度（利用可能な生物体量に加わる），自然死亡率，漁業による死亡率（収穫可能な生物体量を減耗させる）である．実線矢印は，下位モデルの影響による生物体量の変化を示している．破線矢印は，その下位モデル，またはその下位モデルの生物体量が別の下位モデルに与える影響，あるいは環境要因が下位モデルに与える影響のいずれかを示している．それぞれの下位モデルをさらにいくつかに分けて，もっと現実的で複雑な系にすることもできる．漁獲量の推定値は，下位モデルに実際に組み込む値によってさまざまに変わってくる．これらの値は，理論的に出されることもあるし（この場合，これらの値は「仮定」である），野外のデータから得られることもある．（Pitcher & Hart, 1982 より．）

には90万トンも捕獲された．1980年末の調査によって，これらの北極のタラ資源と他の北大西洋のタラ資源が乱獲によって深刻なまでに枯渇していることが示されたが，これは驚くことではないだろう．北海のタラは4歳ほどで性的成熟を迎えるが，この種はあまりにも大量に収奪され，1歳魚の何割かと2歳魚のほぼ全てが収穫されてしまったために，1歳魚のうち4歳まで生き残れたのはわずか4％だけだった（Cook *et al.*, 1997）．

ラタン（東南アジアのトゲがあるつる性のヤシで，つるが織物や家具作りに使われる）は，同じように乱伐によって危機に瀕している．あまりにも若い段階でつるを切られるため，再び芽を出すことが難しくなったのである（MacKinnon, 1998）．

15.3.8 収穫可能資源の管理目標

Garrod & Jones の場合を典型的な事例だと受け止めれば，生物学者がいくら提言しても決めるのは管理者なのだと結論してしまうかもしれない．そこでこの機会に，収穫の管理計画が目標とするものだけでなく，その管理が成功し

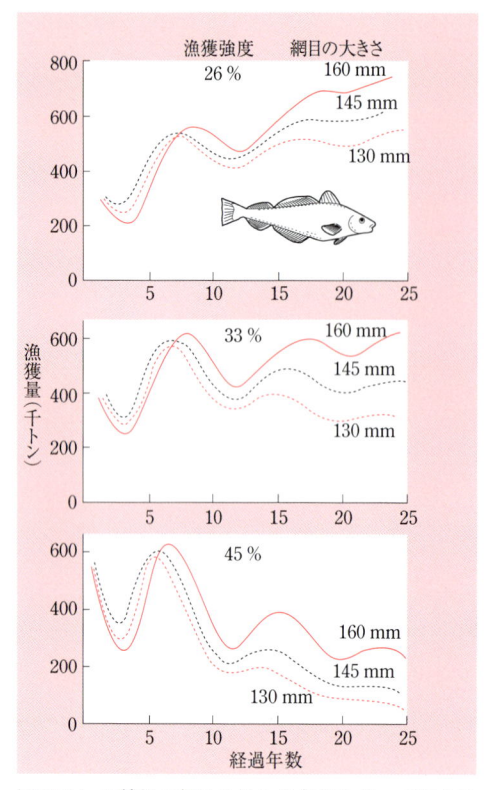

図15.14 3種類の網目の異なる魚網を使って異なる漁獲強度にさらされた場合の，北極のタラ資源についての Garrod & Jones (1974) による予測．(Pitcher & Hart, 1982 より．)

ているかどうかをどんな基準で判定するのか，そして管理計画全体の中での生態学者の役割は何かを再検討してみよう．Hilborn & Walters (1992) が指摘したように，生態学者が取りうる姿勢には以下の3つがある．いずれの姿勢もよく見られるが，賢明と言えるのはひとつだけである．実に，生態学者の姿勢を問うことは，漁業管理だけでなく，生態学者が社会的な議論に参加する全ての場において，ますます重要になっている．

実際の場での管理者に対する生態学者の3つの姿勢…

一番目の姿勢は，生態学的な相互作用はあまりに複雑でそれを理解するにはデータが乏しすぎると主張し，(間違いを恐れるあまり)，いかなる判断も避けようとする姿勢である．この態度の問題点は，生態学者が困難な問題に対して敏感になりすぎて沈黙すれば，たぶんあまり適格でない他の「専門家」がいつも待ってましたとばかりに現れて，的が外れていそうな問題提起に対して，口からでまかせとは言わないまでも，安易に答えを出してしまうことである．

生態学者がとりがちな二番目の姿勢は，もっぱら生態学だけに目を向けて，純粋に生態学的な基準を満たすべく練られた提案を作り上げようとすることである．管理者や政治家がこの提案を少しでも変更したりすると，それを無知，礼儀知らず，政治腐敗，あるいは他の罪悪，人格上の短所などと考えてしまう．この態度の問題点は，あらゆる人間活動において，社会的・経済的要因を無視することは絶対に現実的でないということである．

では三番目の姿勢とは何か．それは，可能な限り正確かつ現実的に生態学的な評価を行いながらも，管理上の決定にはさらに多くの要因が組み込まれることも念頭に置くという姿勢である．さらに言えば，その生態学的な評価自体が，対象とする生態系には相互作用する種として人間も含まれており，人間は社会的・経済学的な力に左右されるという事実を踏まえなければならない．最後に言えば，生態学的・経済学的・社会的な基準は並列的に扱われるだろうし，「最良」と思える選択肢も，決定に携わる人々によって選ばれるひとつの意見であり，そこには提案者の価値観が影響する．従って，実際にはたったひとつの案を示すよりも，いくつかの可能な計画をそれぞれの場合の予想される結果とともに提案するほうが，その後の議論にははるかに役に立つ．

…しかし賢明と言えるのは，そのうちのひとつだけである

そこでここでは，この三番目の姿勢を発展させて考えて見よう．まず，単なる最大持続収穫量ではなく，リスク・経済学・社会的結果などの要因を組み込んだ基準 (Hilborn & Waters, 1992) を見ていこう．次に，自然個体群の重要なパラメーターと変数を推定する方法について

15.3.9　経済学的・社会的要因

経済的最適収穫量—通常，最大持続収穫量より小さい

純粋な生態学的取組みの最も明らかな欠点は，生物資源の開発はふつう商業的事業であり，そこでは収穫物の価格はその収穫を得るための費用に対して設定されるという認識が，欠けてしまうことだろう．たとえ，「利益」にばかり目が向く態度を脇においたとしても，別の食糧生産で資金をもっと有効に使えるような場合に，最大持続収穫量を得ようとして，最後の数トンのために奮闘することはまったく意味がない．この基本的な考え方を図15.15に示した．ここでは，総収穫量ではなく純益を最大化しようとしている．純益は，収穫による総利益から固定費用（船や工場への投資の利子，保険，その他）と収穫努力とともに，変化する流動費用（燃料，乗組員の賃金，その他）を差し引いた値である．この図からすぐに分かるように，**経済的最適収穫量**（EOY: economically optimum yield）は最大持続収穫量より低く，もっと小さな収穫努力や収穫量で達成される．しかしながら，ほとんどの費用が固定的な事業の場合（「合計費用」の線が実質的に水平になる）には，経済的最適収穫量と最大持続収穫量の差は小さくなる．これは特に，大きな投資や高度な技術を必要とする深海漁業のような事業にあてはまる．これらの事業では，経済的に最高になるように管理した場合にも，乱獲が起きる危険がきわめて高い．

減価—資源を精算することと成長させることではどちらが良いか？

経済学的に考える場合，次に大切なのは，**減価**（discounting）である．減価とは経済学の用語で，現時点の手中の鳥（あるいは船倉の魚）は，将来における同数の鳥や魚よりも価値があることを

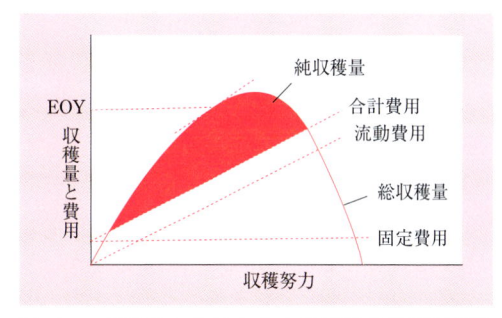

図15.15　「利益」を最大化する経済的最適収穫量（EOY: economically optimum yield）は，収穫努力に対する収穫量曲線の頂点よりも左の，総収穫量と合計費用（固定費用と流動費用の和）の差が最大になるところで得られる．そこでは，総収穫量と合計費用の線は同じ傾きを持つ．（Hilborn & Walters, 1992より．）

意味している．その基本的な理由は，現時点で得られる収穫物の価値は，売って銀行に預ければ利息を生んで増加するからである．実際に，一般に用いられる生物資源に対する減価率は1年当り10％（今の魚90匹の価値は1年後の魚100匹と同じ）とされる．銀行の利率とインフレ率との差は，ふつう2〜5％にすぎないにもかかわらずである．経済学者がこのような減価率を妥当と考えるのは，「リスク」を考慮しているからである．船倉に入れた魚はもう捕まっているが，まだ水中にいる魚は捕まえることができないかもしれない．正に手中の鳥1羽は，藪の中の2羽の価値があるのである．

その一方で，捕まえた魚は死ぬのに対し，まだ水の中にいる魚は成長し繁殖しうる（死ぬということもあるが）．従ってきわめて現実的な意味で，捕まっていない魚1匹は，時間が経てば「1匹」以上の価値を持つだろう．特に，水中に残された生物資源が減価率よりも速く成長するという，ありふれた状況においては，銀行に魚を預けるほうが海に魚を預けるよりも有望な投資方法だとは言えない．にもかかわらず，このような場合においてすら，減価ばかりが考慮されて，生物資源からの収穫を本来望ましい量よりも大きくすることが，経済学的だとされて

しまう．

　さらには，生物資源の生産性が減価率よりも低い，多くのクジラやいくつかの長寿命の魚種では，純粋に経済学的な立場から考えると，その生物資源を乱獲するだけでなく全ての魚を実際に取り尽くして，資源を「精算」(liquidate)してしまうことも理にかなっている．そうしない理由は，部分的には倫理的なものである．生態学的には明らかに近視眼的だし，お腹を空かせた人々を将来どのように養うかという問題を，一顧だにしない独善的なやり方だからである．しかしそれ以外に，実際上の理由もある．すでに漁業に就労している人々の職を新たに見つけなくてはならない（さもなくば彼らの家族を養わねばならない）からとか，別の食糧源を探さなければならないからなどである．これらから明らかなことは，まず魚や船のような売り買いできる物だけでなく，クジラや他の「象徴種」(flagship species) (Hughey et al., 2002) の存続といった，もっと抽象的な存在にも価値を割り振る，「新しい経済学」を打ち立てねばならないということである．もうひとつ重要な点は，あまりにも視野の狭い経済学的な見方は危険だということである．漁業の収益性だけを個別に論じて，漁業管理がもっと広い範囲の中で様々な関わり合いを持っていることを無視するのは，分別ある態度とは言えない．

　社会的な反動　「社会的」要因は，かなり異なった2つの面で生物資源の管理計画と関わっている．一番目に，実際の政策においては，例えば雇用の方法が他にない地域では，効率の悪い小さな船を多数維持することが，指令されるかもしれない．二番目に，もっと広い局面で重要となる問題として，漁師や収穫者が情況の変化にどう対応するか，を十分に計算に入れる必要がある．彼らが単に生態学的・経済学的に最適になるように行動する，と仮定するわけにはゆかない．収穫には，捕食者―被食者相互作用という側面がある．被食者の動態だけに基づいて，捕食者（我々人間）の動態を無視して計画を立てることは無意味なのである．

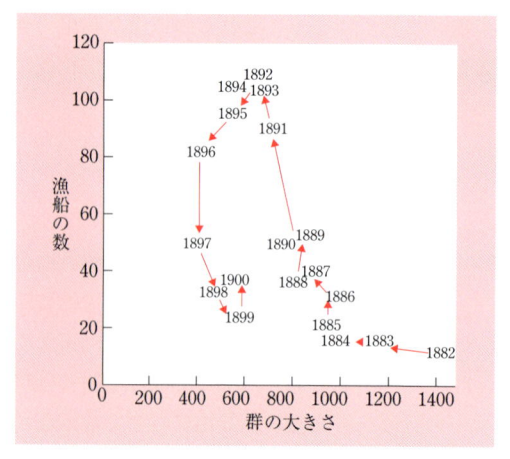

図15.16　1882年から1900年までに北太平洋でオットセイ漁に従事した漁船（捕食者）の数は，オットセイ（被食者）の群れの大きさに反応して，反時計回りの渦巻きの関係を示す．(Hilborn & Walters, 1992より改変．Wilen, 1976の未発表観察データに基づく．)

　捕食者としての収穫者――人間の行動　収穫者が捕食者であるという見方を，如実に示しているのが図15.16である．この図には，19世紀の最後の十数年に行われた北太平洋のオットセイ漁において，捕食者―被食者関係が典型的な左回りの渦巻き（第10章を参照）になることが描かれている．これは，資源が豊富な時には新たな漁船が加わり，資源が乏しいときには漁船が減るというように，捕食者が数の反応 (numerical response) を示すということである．しかし同時に，この反応には必然的に時間的遅れが伴うことも，図示されている．このように，理論家や管理者がどう計画しようとも，資源量と収穫努力が完全に釣り合って，何らかの平衡点に達することはありそうもない．さらに，この図では，オットセイ漁の漁師達は，漁への参入も漁からの撤退も同じくらい素早く行っているが，これは決して一般則ではない．この漁師達は漁の対象をオットセイからオヒョウに切り換えることができたが，漁の対象を切り換えることは，それほど容易ではない場合が

多い．大きな設備投資がなされていた場合や，長く続いてきた伝統的な漁の場合は，特に難しい．Hilborn & Walters（1992）は，こう表現している．「原則：漁業管理の中で一番難しいのは漁獲圧を減らすことである」．

対象の**切り替え**（または**スイッチング**，switching）は，収穫者の捕食行動の一側面であり，**機能の反応**（functional response，第10章を参照）のひとつである．収穫者は，一般に「学習」を行う．技術革新は，避けられない傾向だからである．たとえ技術革新がなくても，その生物資源について知れば知るほど収穫効率が高くなるのが普通である．これも，単純なモデルが扱っている固定収穫努力という仮定に反する，収穫者側の反応である．

15.3.10 データからの推定：管理を実行する

収穫努力と収穫量の追跡調査──「曲線の頂点」を見いだす難しさ

生物資源を管理する際の生態学者の役割は，**資源評価**（stock assessment）である．つまり，考えられる複数の管理計画に対する生物個体群の反応を定量的に予測し，ある漁獲圧によって生物資源の量が減少するか，またある大きさの目合いの漁網を使った時に資源回復に必要な加入速度が得られるか，といった問いに取り組むことである．かつては慎重な追跡調査を行いさえすれば，これらは可能だと考えることが多かった．例えば，収穫努力と収穫量が増えている漁業拡大時にこの2つの量を測定して，この2者の関係をグラフに描き，図15.17のような曲線の頂点に達したか，あるいはちょうど頂点を通過したところまで示して，最大持続収穫量を特定しようとしたのである．しかしながら，この方法は図15.17を見れば分かるように，重大な欠陥を抱えている．大西洋マグロ類保存国際委員会（ICCAT: International Commission for the Conservation of Atlantic Tunas）は1975年に，その時点で利用可能だった1964～1973年のデータを使って，東大西洋のキハダマグロ（*Thunnus albacares*）の収穫努力と収穫量の関係を作図した．委員会はその図から，曲線が頂点に達したと考えた．この頂点における持続可能収穫量は約5万トン，最適収穫努力は約6万漁業日である．しかしながら，ICCATは，収穫努力（と収穫量）がそれ以上増加することを防げなかった．その後すぐに，曲線はまだ頂点には達していなかったことが明らかになった．1983年までのデータを使って再分析した結果，持続可能収穫量は約11万トン，最適収穫努力は約24万漁業日と考えられた．

この事態からは，Hilborn & Walters（1992）が述べたもうひとつの原則，「漁業資源の潜在的な収穫量を乱獲せずに求めることはできない」が見て取れる．こうした事態が生じる理由の少なくともひとつは，すでに述べたように，最大持続収穫量に近づくにつれて収穫量が変動しやすくなることである．さらに，すでに述べたように漁獲圧を減らすことがいかに難しいかを思い出せば，現実の資源管理では，推定の困難さ，生態学的な関係（ここでは，収穫量と予測可能性との関係），社会経済学的な要因（ここでは，収穫努力の規制や削減に関するもの）が組み合わさった課題に，立ち向かわなければならないことは明らかである．ここまでくると，我々の議論は本章第3.3節で扱った単純な固定収穫努力モデルから，もはやずいぶんと進んだ．

実際のパラメーター推定が難しいことは，図15.18でさらに詳しく説明されている．この図は，1969年から1982年までの大西洋全域のキハダマグロ漁について，時系列に沿った年間総漁獲量，漁獲努力，**単位努力当り捕獲量**（CPUE: catch per unit effort）の変化を示している．収穫努力が増えるにつれてCPUEは減少する．これはおそらく，魚資源の減少を反映している．一方でこの間，漁獲量は増え続けているので，たぶんまだ乱獲は起きていない（つまり，まだ最大持続収穫量には達していない）．結局，このような形の，時系列上で一方向しかない，いわ

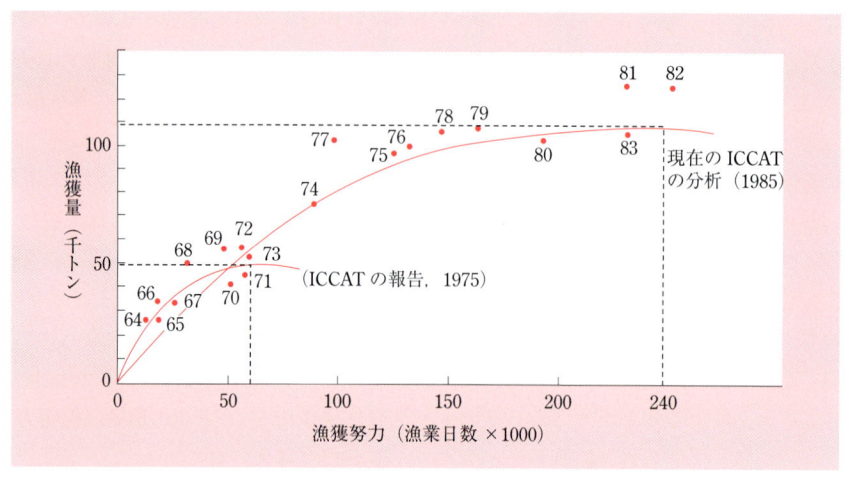

図 15.17 東大西洋のキハダマグロ（*Thunnus albacares*）について推定された漁獲量と漁獲努力の関係．1964 年から 1973 年までのデータ（ICCAT, 1975）と 1964 年から 1983 年までのデータ（ICCAT, 1985）に基づく．（Hunter *et al.*, 1986; Hilborn & Walters, 1992 より．）

ゆる「片道」のデータが一番手に入りやすい．しかし，この種のデータによって最大持続収穫量が分かるだろうか．最大持続収穫量を達成するための収穫努力が分かるだろうか．確かに，こうした計算を行う方法はある．しかしこれらの方法では，対象個体群の動態についていくつかの仮定を置く必要がある．

収穫努力と収穫量データからの推定 ── Schaefer モデルの適用

一番よく使われている仮定では，生物資源量 B の動態は次の式で表される（Schaefer, 1954）．

$$\frac{dB}{dt} = rB\left(1 - \frac{K}{B}\right) - H \quad (15.2)$$

これは単に，第 5 章で扱ったロジスティック方程式（r は内的増加率，K は環境収容力）に，収穫速度を加えただけである．収穫速度は，式 15.1（第 15 章 3.3 節）にならって，$H = qEB$ で与えられる．q は収穫効率，E は収穫努力である．定義より単位努力当り捕獲量（CPUE）は，

$$\text{CPUE} = H/E = qB \quad (15.3)$$

従って，

$$B = \text{CPUE}/q \quad (15.4)$$

となり，式 15.2 は，H か E のどちらかを変数

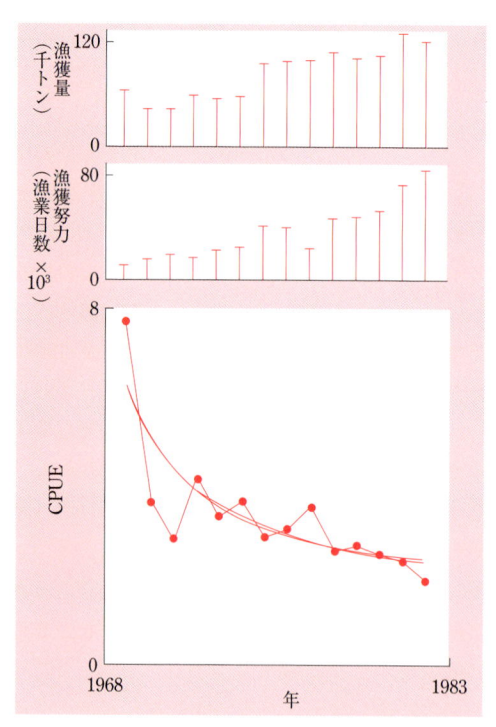

図 15.18 大西洋のキハダマグロ（*Thunnus albacares*）の 1969 年から 1982 年までの年間総漁獲量，漁獲努力，単位努力当り捕獲量（CPUE）の変化．CPUE の時系列データに対して当てはめられた 3 つの異なる曲線も示してある．その方法の概略は本文中に，それぞれのパラメーターは表 15.4 に示してある．（Hilborn & Walters, 1992 より．）

表15.4 キハダマグロの単位努力当り捕獲量（CPUE）の時系列データ（図15.18）に3通りの曲線を当てはめて得られたパラメーター推定値．rは内的自然増加率，Kは環境収容力（漁獲がない状態で平衡に達したときの存在量），qは漁獲効率を表す．漁獲努力は操業日数で数え，Kと最大持続可能漁獲量（MSY）はトンで示す．（Hilborn & Walters, 1992より．）

曲線番号	r	K (×1000)	q (×10^{-7})	MSY (×1000)	MSY時の漁獲努力 (×1000)	平方和
1	0.18	2103	9.8	98	92	3.8
2	0.15	4000	4.5	148	167	3.8
3	0.13	8000	2.1	261	310	3.8

として含み，r, q, Kをパラメーターとして持つCPUEの関数に書き直すことができる．このモデルでは，最大持続収穫量は$rK/4$で与えられ，これを達成するために必要な収穫努力は$r/2q$で与えられる．

　野外のデータからこれらのパラメーター推定値を得る方法はたくさんあり，その中で最も優れているのはたぶん，時系列データに曲線をあてはめる方法だろう（Hilborn & Walters, 1992）．しかしながら，すでに述べたように，時系列データは「片道」の場合が多く，そんな場合には最適なパラメーター値の組み合わせはただひとつには定まらない．例えば表15.4には，図15.18のデータに当てはめられた3通りの曲線のパラメーターが示されている．これらの曲線は，どれも同じくらい良くあてはまっている（偏差平方和が等しい）が，パラメーター値は大きく異なる．要するに，図15.18のデータを同じ程度にうまく説明するパラメーターの組み合わせが，実際にはたくさん存在するのである．例えば，この個体群の環境収容力は低いが，内的自然増加率は高いので効率よく収穫できるという説明もありうるし，環境収容力は高いが，増殖率が低いので収穫効率も低くなるという説明もありうる．最初の説明が当てはまる場合には，最大持続収穫量はおそらく1980年にはすでに達成されており，2番目の説明が当てはまる場合には，おそらく大きな問題なく収穫量を2倍にできる．さらに言えば，これらのいずれの場合も，個体群が式15.2に従ってふるまうと仮定しているが，その仮定自体が見当はずれかもしれないのである．

　ここまでの，かなり恣意的に選ばれた限られた事例を見るだけでも，利用できるデータとその分析方法が不十分なままでは，資源評価と管理計画策定にはきわめて大きな限界があることは明らかである．だからと言って，こうした取組みが絶望的ということにはならない．管理計画はなんとしても決めなければならないし，それは最善の資源量評価に基づかなければならない．もちろん，計画策定に必要な基礎はそれだけではないが，知らないことがたくさんあることは残念ではあるが，かと言って，知っているふりをすれば問題はもっとややこしくなるだろう．さらに言えば，生態学的，経済学的，人間行動学的分析は，その他の分析もそうであるように，何を「知らない」かを知ることが重要である．それを知ることで，一番役に立つ情報の収集に取り組むことができる．実際にこのようなやり方は，**順応的管理**（adaptive management）として確立されている．その政策には，一方では真相究明のために情報収集を行う（管理自体を，目的を定めた実験とみなす）こと，もう一方では短期的な収穫減少と長期的な乱獲に対して警戒していくことが必要であり，この2つの釣り合いをうまくとるような「積極的順応」戦略を探していく（Hilborn & Walters, 1992）．実は，デー

タと理論が不十分だからこそ，生態学者の参画がなによりも一層必要なのだという議論がある．生態学者以外に，不確実性を正しく認識し，適切な理解に基づいて評価できる者がいるだろうか．

> 推定値が得られない場合――「データなしの管理」とは？

しかし現実的には，海洋のほとんどの漁業では，最適な漁獲量の達成はきわめて難しい．なによりも研究者が少なすぎる．研究者が全くいない地域も，世界にたくさんある．このような状況で乱獲予防に主眼をおいて漁業管理を行うには，沿岸やサンゴ礁の生物群集の一部を囲い込んで海洋保護区を作ることが考えられる (Hall, 1998)．「データなしの管理」という用語は，地方の村々が単純な処方箋に従って持続性を確保しようとする場合などに使われてきた．例えば，太平洋のヴァヌアツ諸島では，ニシキウズガイ科の巻貝サラサバテイラ (*Tectus niloticus*，ボタンなどに使われる) の漁が行われているが，3年に1回だけ漁を行って後の年は禁漁期とする単純な原則が地元民に示され，良い結果が得られているようである (Johannes, 1998)．

15.4　収穫管理におけるメタ個体群の視点

これまでの章でも繰り返し見てきたように，個体群の相互作用が繰り広げられている空間は，パッチ状の構造をとる場合が多い．収穫管理のために何かを決定する時に，相互作用はそのような異質性に富んだ景観構造から引き起こされることを，理解しておく必要がある．複雑な景観の中での個体群への理解を深める手法には，さまざまなものがある．そのうちの2つを以下で考えていこう．まず，問題とする個体群のスケールに応じて，生息場所の消失や断片化の程度が異なる景観を人工的に作ることで，これらの種の行動を注意深く計画された実験において，評価してゆく方法を考えよう (次の第4.1節で，有害生物の生物防除と関連させて)．次に，単純な決定論的モデルが，生息場所のパッチ構造の中で個体群を管理する時に，どんな要因を考慮するべきかを検討するヒントを与えてくれることを見よう (その次の第4.2章で，漁業管理のための保護区設置と関連させて)．確率論的シミュレーションモデルもまた，いくつかのサブ個体群がメタ個体群として存在しているときに，複数の管理計画の概要を比較するのに役立つことは，すでに見てきた (絶滅危惧種の保護区のパッチ構造について，第7章5.6節を参照)．

15.4.1　断片化された景観における生物防除

空間的異質性が捕食者―被食者相互作用を安定化しうることはすでに見た (例えば第10章)．しかし，生物防除の担い手の探索が妨害されるような空間的スケールで生息場所が変化すると，生物防除の担い手の動態の不安定化を招き，ひいてはそれが有害生物の大発生さえ招くだろう (Kareiva, 1990)．

> 天敵利用が成功するかどうかは，パッチ状の生息場所における捕食効率に依存するだろう

With *et al.* (2002) は，ムラサキツメクサ (*Trifolium pratense*) の優占度を変えて (10, 20, 40, 50, 60, 80%)，16×16 m の景観 (プロット) の反復を作った．その目的は，景観構造の何らかの閾値が，害虫であるエンドウヒゲナガアブラムシ (*Acyrthosiphon pisum*) 分布に同様の閾値をもたらすかどうかを調べることと，景観構造がアブラムシの捕食者であるテントウムシ2種 (生物防除のために導入されたナミテントウ *Harmonia axyridis*と，在来種の*Coleomegilla maculata*) の探索行動に，どのように影響するのかを見いだすことであった．プロットは屋外にあり，アブラムシとテントウムシのプロット間の移動は自然に任せた．

空隙性 (lacunarity) はフラクタル幾何学の集合の指数で，空隙サイズ (各景観における，ムラサキツメクサのパッチ間距離) の分布のばらつき

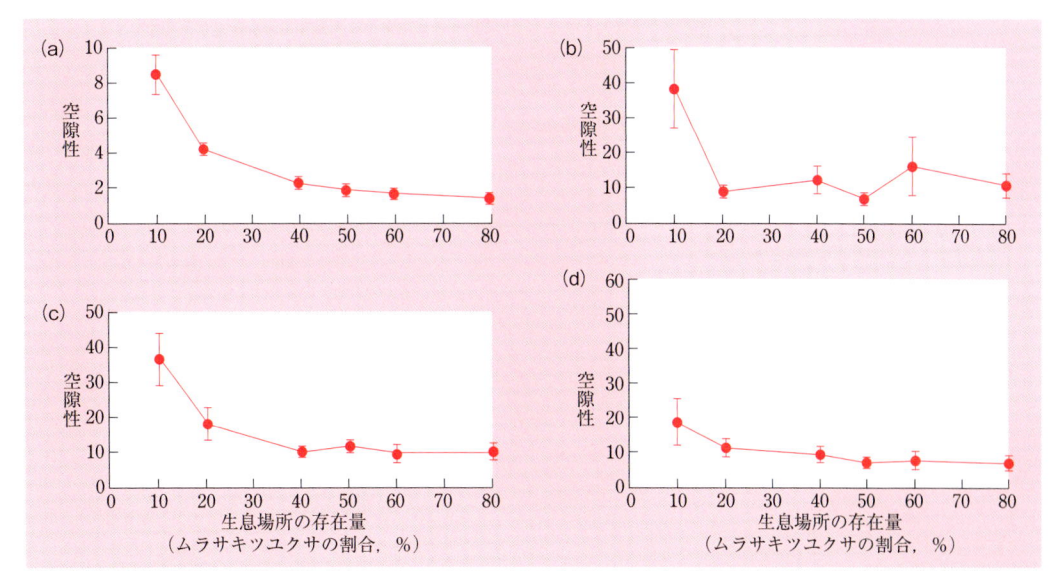

図 15.19 (a)（生息場所としての）ムラサキツメクサ，(b) 害虫のアブラムシ，(c) 生物防除のために導入されたナミテントウムシ（*Harmonia axyridis*），(d) 在来のテントウムシ（*Coleomegilla maculata*）の分布様式（集合の指標である空隙性指数で示す）．これらの実験でムラサキツメクサは，各景観の中ではいくつかの塊となり，塊同士は離れていた．誤差線は± 1 標準誤差．(With *et al*., 2002 より．)

を定量的に示す．この実験景観におけるムラサキツメクサの分布のばらつきを見ると，優占度 20％のところに閾値があり，この閾値以下では空隙サイズが大きくなり，ばらつきも大きくなった（図 15.19a）．これに対応した閾値がアブラムシでも見られた（図 15.19b）．外来のテントウムシの分布もそれに強く引きずられたが，在来のテントウムシではそのようなパターンは見られなかった（図 15.19c, d）．

在来のテントウムシは，ムラサキツメクサの格子（1m²）内の茎間ではよく動き回って採餌するのだが，一般的に移動性が低く，ムラサキツメクサの格子間では，高い飛翔傾向を示す外来のテントウムシに比べて，移動が少なかった（表 15.5）．外来のテントウムシは移動性が高く，アブラムシのパッチ占有率の低い場合にも効率よく追跡した．これは，生物防除が成功するための必要条件である（Murdoch & Briggs, 1996）．

こうした発見は，効率的な生物防除の担い手を見つけたり，農業システムを立案しるときにも参考になる．そうした場合，生息場所同士の

連結性が保たれるようにして，天敵や生物防除の担い手の効率を高めるように工夫することが必要であろう（Barbosa, 1998）．

15.4.2 漁業管理のための保護区ネットワークの設計

この 10 年ほどの間，漁業管理のひとつの方法として，沿岸の保護区（reserve）や完全禁漁区（no-take zone）が推進されてきた（例えば Holland & Brazee, 1996）．これは，管理戦略の立案に際して，景観構造とメタ個体群の動態への理解を必要とする，もうひとつの例である．保護区を設計する上で最も基本となる問いは，おそらく沿岸線のうちどのくらいの割合を確保するべきか，そして対象種の分散能力との関連でどれくらいの大きさ（そして数）の保護区が必要かである．Hastings & Botsford (2003) は，これらの問いに答えるべく，仮想的な種についての簡単な決定論的モデルを開発した．この仮

※禁漁区を用いた漁業管理──メタ個体群の考慮

表15.5 ムラサキツメクサ実験景観の異なる空間スケールにおける，外来と在来のテントウムシの探索行動．値は平均±1標準誤差．各16×16 mプロットには256の格子（各1 m²）がある．ムラサキツメクサの格子とは，ムラサキツメクサが存在していた格子を指す．プロット全域レベルの移動は，格子間の移動を少なくとも5回行ったテントウムシを対象に，移動経路の平均長と移動率によって定量化した．移動率は，移動直線距離を移動経路の全長で割ったものである．（With et al., 2002 より．）

空間スケールと行動の測定値	外来のテントウムシ *Harmonia axyridis*	在来のテントウムシ *Coleomegilla maculata*
ムラサキツメクサの格子内		
1分当りの訪問茎数	0.80 ± 0.05	1.20 ± 0.07
ムラサキツメクサの格子間		
1分当りの訪問格子数	0.22 ± 0.07	0.10 ± 0.04
主な移動方法	飛翔	歩行
プロット全域レベルの移動		
移動経路の平均長 (m)	1.90 ± 0.21	1.10 ± 0.04
移動率	0.49 ± 0.05	0.19 ± 0.03

想種には，禁漁区が役に立つ可能性が最も高い性質，すなわち親は固着性で幼生が分散するという性質を持たせた．このモデルの肝心な点は，保護区の間隔や幅を変化させることで，保護区に留まる幼生と移出する幼生の割合が変化するという考えである（図15.20）．もちろん，保護区の外の地域での持続的収穫を可能にするのは，保護区からの幼生の移出である．

このモデルにおいては，どうすれば最大持続収穫量が得られるかという問題は，「保護区内に留まる幼生（F）を一定の水準にしてその種を維持し，保護区の外に定着する幼生の数（後で収穫できる）が最大になるように，保護区に含まれる沿岸線の割合（c）を調節する」，と言い換えることができる．Fは一定の値（モデルで選ばれた何らかの仮定値）なので，cを変えることは保護区の幅を変えることを意味する点に注意して欲しい．この種を維持するのに必要なFの値が0.35だと仮定しよう．図15.20bの実線が示しているのは，Fを0.35に保つにはcと保護区の幅をどう考えればよいかである．モデルの数学的な詳細には立ち入らないが，このモデルから以下のことが分かる．収穫量が一番大きくなるのは，幼生の漁業地域への移出が最大となるように保護区を可能な限り小さくする場合である（図15.20bの矢印）．しかし，保護区の幅

をこの最適状態から大きくしていっても収穫量はわずかしか減らない．そこで，Hastings & Botsford (2003) はこう論じている．収穫量を顕著に減らしてしまうほど（図15.20bの曲線の「肩」を越えたところまで）保護区の幅を広げすぎない限りは，実施できる限りの大きな保護区を設置するといった実際的な判断が，保護区を設計する上で許されるだろう．

このモデルは現実の大幅な単純化であり，特に，不確実性，時間的異質性，空間的異質性という現実的な側面は無視されている．しかし，このモデルはいくつかの一般的かつ重要な検討事項への注意を喚起する上で有用であり，保護区のネットワークが漁業管理に役立つかどうかに答えるための，もっと洗練された，そして魚種を定めたモデルの出発点となる．

この章の各節では，比較的単純な概念を基に，徐々に現実的な要素を加えてきた．しかし，ここで見てきた最も複雑な例もなお，対象種を包含する種間相互作用網が考慮されていないという点で，現実的でないことは忘れてはならない．実際，収穫管理の多くの問題を解決するには，多種からなる群集や生態系全体といった，生態学的な組織の上位の階層に焦点を当てなければならない．群集や生態系の生態学については第16-21章で扱い，これらの階層における生

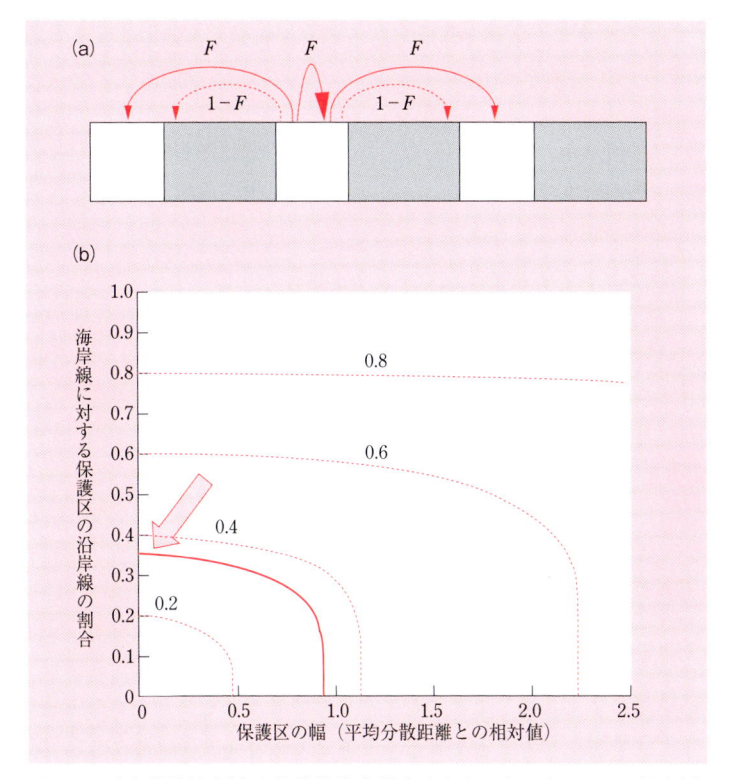

図15.20 (a) 保護区（白）と漁業地域（灰色）からなるネットワークの概念図．保護区で生産されて保護区に留まる幼生の割合を F，保護区で生産されて保護区外に移出する幼生を $1-F$ とする．保護区の海岸線の割合（白と灰色を合わせた枠全体の長さに対する白枠の長さの割合）を c とする．(b) 保護区に留まる幼生の割合（F）の値が 0.35 を維持する，保護区の海岸線の割合（c）と保護区の平均幅（平均分散距離との比を1とする単位）との組み合わせ（実線）．他の F の値の場合（点線）も示す．保護区の外で最大漁獲が得られる配置が，矢印で示されている．（Hastings & Botsford, 2003 より．）

態学の応用については，その次の第22章で検討する．

まとめ

地球とそこに成立する生物群集が，今後どうなってゆくかについての懸念がますます深まる中で，持続可能性はその核心となる概念である．本章では，生態学的管理の鍵となる2つの側面を扱った．それは有害生物の防除と，野生の個体群の収穫管理である．どちらも，個体群の相互作用（これは第8～14章で議論した）を理解する必要があり，持続可能性をなによりも大事な目標としている．

有害生物防除の目標は，完全な根絶だと想像する人もいるかもしれないが，そうした目標は一般的には，ある地域に新しい有害生物が侵入し，それを完全に排除するために迅速な対応が取られる場合に限られる．通常は，有害生物防除の目標は，有害生物個体群を，それ以上の防除が見合わない水準（経済的被害許容水準，EIL）まで引き下げることである．このように，経済と持続可能性は互いに密接に結びついていることが分かる．しかしながら一般的には，有害生物個体群の密度が経済的被害を引き起こす水準

に達した時はもう，防除を開始するには遅すぎる．そこで，要防除水準（ET）の方が重要となる．これは，有害生物が経済的被害許容水準に達するのを防ぐために，何らかの方策を取らなければならない有害生物の密度である．

どんな化学農薬と除草剤が利用できるかについても説明した．これらは，有害生物防除のための武器庫の中核をなすが，その使用には注意が必要である．なぜなら，「標的有害生物の再発生」（有害生物自体よりも天敵の方が薬剤散布の効果を強く受ける場合）や「二次的有害生物の大発生」（「潜在的な」有害生物の天敵の方が薬剤散布の影響を強く受けて，潜在的な有害生物が現実の有害生物になる場合）が起きるかもしれないからである．有害生物はまた，巧みに農薬抵抗性を進化させる．

化学農薬の代替策のひとつは，有害生物の天敵を生物学的に操作することである．この生物的防除には，次のような種類がある．(i) 地理的に別の地域（その有害生物の出身地である場合が多い）から，天敵を長期間存続することを期待して，「導入」(introduction)，(ii) すでに存在している自然の天敵を操作する「保護的生物的防除」(conservational biological control)，(iii) 通年では存続できないが1〜数世代の有害生物の防除は担える天敵を定期的に放す「接種放飼」(inoculation)，(iv) 存続はできない天敵を大量に放し，その時点で存在している有害生物だけを除去する「大量放飼」(inundation)（比喩的に生物農薬と呼ばれることもある）．生物防除は，必ずしもいつも環境に優しいわけではない．注意深く選ばれた導入も，成功しているかに見える天敵の場合でさえ，その標的生物に関係する非標的種に影響したり，食物網の中でその非標的種と相互作用する別の種に影響したりすることで，非標的種に大きな打撃を与える事例が明らかとなってきている．

総合防除（IPM）は有害生物管理の実用的な哲学であり，生態学に基づきながらも，適切であれば化学防除を含むあらゆる防除法を用いる．そして，天気や天敵などの自然の死亡要因を大きな頼みとする．

自然個体群が収穫に晒されている時はいつでも，乱獲の危険がある．しかし，収穫管理においては，潜在的な消費者が満たされず，収穫従事者の雇用が不足するといった資源利用が少なすぎる状態も避けたい．従って，応用生態学の多くの領域と同じように，経済学的，社会政治学的な視点を考慮に入れることが重要である．

最大持続収穫量（MSY）の概念は，収穫管理の道筋を示す原理であった．本章では最大持続収穫量を得るためのさまざまな方法を説明した．それは固定収穫枠を設ける方法，収穫努力を規制する方法，一定の割合を収穫する方法，一定量の取り残しを許容する方法などで，それらの弱点も指摘した．持続可能な収穫を行うためのもっとも信頼できる方法についても議論した．そうした方法として，（収穫個体群の個体は全て同等とは限らないことを認識した上で，個体群モデルに個体群構造を組み込んだ）成長生残モデル，そして（最大持続収穫量ではなく経済的最適収穫量（EOY）を扱う）経済学的要素を明示的に組み込んだ方法を紹介した．さらに，何のデータも取られていない漁業が，発展途上地域を筆頭に，世界中にたくさんあることにも注意を払った．これらの地域では，生態学者ができる最良の提案は，単純な「データなしの」管理原則であろう．

最後に，有害生物や収穫対象種も含めて個体群というものは，空間的な異質性の高い環境の中で，時にメタ個体群という形をとりながら存在している場合が多い．そのような可能性を熟知することが，収穫管理には必要となる．例えば，ある農業景観の中で生物防除のためにどの天敵を用いるかを決める場合や，漁業管理戦略の一環として禁漁区のネットワークを設計する場合などである．

第3部　群集と生態系

はじめに

　野外のある面積の土地や，ある容積の水塊には，必ず何種かの生物が集団で含まれている．各々の種は異なった割合で存在し，また何をしているかも異なる．これが生物群集である．群集が示す特性は，各生物種の特性と種間の相互作用の総和である．つまり，群集が個々の構成種の単なる総和以上の性質を持つのは，この相互作用の存在による．生理学で，生物個体の挙動を説明しようとする場合には，まず種類の違う細胞や組織の振舞いを調べ，次にその相互作用について分かっていることを総動員して考えるだろう．生態学も，群集全体の挙動や構造を説明するために，生物同士の相互作用について分かっていることを総動員して考える．つまり，群集生態学は，複数種から成る生物集団の構造と挙動についての規則性を研究する分野である．一方，生態系生態学は，同じくこの系の構造と挙動を問題にするが，エネルギーと物質の流れに焦点を当てる．

　まず最初は，群集の性質について検討しよう．群集生態学の関心は，生物種の集まりがどのように分布するか，そしてその集まりが非生物的環境要因と生物的環境要因からどのような影響を受けるかにある．第16章では，まず群集の構造はどのように測定され記述されるかを説明しよう．次に群集構造の空間的，時間的な様式について検討した後，もっと複雑で，その分現実的な時空間の枠組みの中での群集構造の様式を検討しよう．

　群集は，他の全ての生物的実体と同様に，それが成り立つための物質と活動するためのエネルギーを必要とする．食べる者とその餌という組み合わせが，どのように群集中の生物を，相互作用する要素の網の目の中に結びつけてゆくかを，エネルギーの流れ（第17章）と，物質の流れ（第18章）の観点から，それぞれ検討しよう．この生態系研究で扱うのは，一次生産者，分解者，デトリタス食者，死んだ有機物，植食者，肉食者，寄生者，さらには生活条件を提供するとともに，エネルギーと物質の供給と吸収を行う物理化学的環境である．第17章では，まず一次生産力の大局的なパターンを調べ，次に生産力を制限する要因とその変化を，陸域と水域のそれぞれで見てみよう．第18章では，生物が生態系の各要素の間でどのように物質を蓄え，変化させ，移動させるかを検討しよう．

　第19章では，本書の前半で扱った個体群間の重要な相互作用に立ち返り，競争，捕食，寄生がいかに群集を形づくるかを考えよう．そして第20章では，特定の競争者，餌種，寄主の個体群との関係を超えて，食物網全体に影響を及ぼす特別な種について見てみよう．食物網の研究は，群集生態学と生態系生態学の境界面に位置しており，そこでは群集中で相互作用を持つ複数種の個体群動態と，生産力や栄養塩の流れなどの生態系の過程がもたらす影響の両方に注目することになる．

　第21章では，種の豊富さを規定する，非生物的および生物的な要因全体をまとめてみよう．なぜ種の数は場所ごとに，そして時間的に変化するのかという問いはそれ自身興味深い問いであり，また応用分野においても重要な問いである．種の豊富さのパターンを十分に理解するには，本書のこれまでの章で扱った生態学の問題すべての理解を総動員しなくてはならないと分かるだろう．

　第22章は，生態学理論の応用を扱う3つの章の最後にあたる．この章では，遷移，食物網の生態学，

生態系の機能，生物多様性に関する生態学理論の応用について考えよう．結論的には，生態学理論を現実の問題に応用しようとしても，それだけでは決してうまくいかないことに気づくだろう．天然資源の持続可能な利用には，経済学と社会的・政治的な観点を組み込まねばならないのである．

　最初の頃に使った比喩をもう一度使わせてもらえば，群集と生態系レベルの生態学は，さまざまな時計を調べることに似ている．いろいろな種類の時計を集め，その部品を分類することはできる．どう組み立てられているか，どんな動き方をするかといった，共通に持っている性質を認めることもできる．しかし，時計というものがどのように働くかを知るには，分解して個々の部品を調べたうえで，再び組み立ててみる必要がある．これと同じように，しばしば不用意に崩壊させてしまった自然の群集を，どうすれば再生させられるかを知るまでは，群集の性質を本当に理解したことにはならないだろう．

第16章

群集の本質 ── 空間と時間

16.1 はじめに

生理学者および行動学者は主に生物の個体を取り扱う．同じ場所で生活している同種の個体たちは密度，性比，齢構成，出生率と移住率，死亡率と移出率という個体群としての特性を持つ．従って，個体群の特性は構成員である複数の個体の行動によって説明される．そして，個体群レベルの活動のその上のレベル，すなわち**群集**（community）の諸現象を引き起こす．群集とは，時間と場所を共有するさまざまな種の個体群の集まりである．群集生態学は，種の集合にどのような規則性があるのか，そしてこれらの種の集合が環境の物理的力によってどのような影響を受けるのか（本書の第1部）および種間の相互作用によってどのような影響を受けるのか（本書の第2部）を探求し理解を目指す．これらの多くの影響から生じる傾向を見分け説明するのが群集生態学者の任務のひとつである．

一般的に言って，どの種が群集を構成するのかは (i) 分散の制約，(ii) 環境の制約，そして (iii) 内的な動態（図 16.1）によって決定

> 群集の集合の規則性を探す

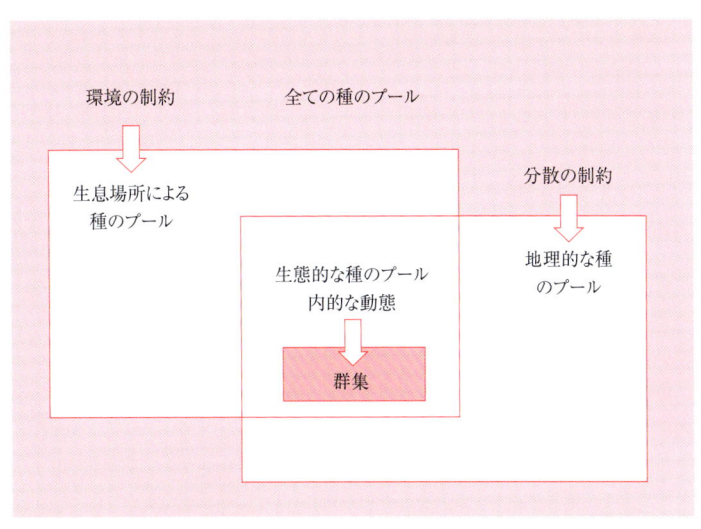

図 16.1　5つのタイプの種のプールとその相互関係：ある区域に分布する全ての種のプール，地理的なプール（ある区域に到達できる種群），生息場所のプール（ある区域の非生物的環境で生息できる種群），生態的なプール（ある区域に到達し，かつ生息できる種群），群集（生物的な相互作用のもとでも生き残る種群）．（Belyea & Lancaster, 1999による；Booth & Swanton, 2002から採用．）

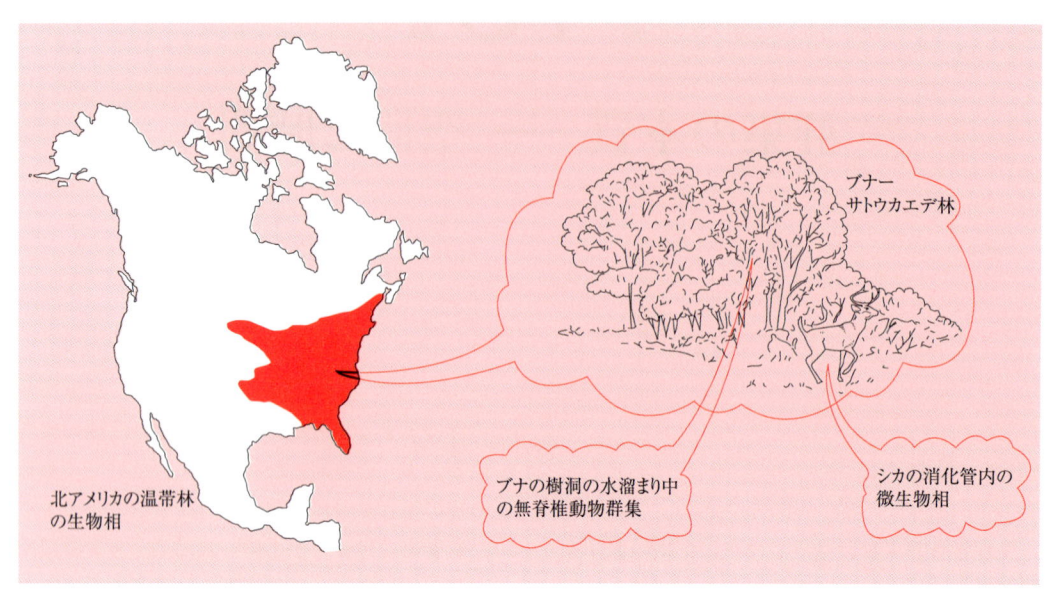

図16.2 入れ子状をなす生息場所の階層構造の例．北アメリカの温帯林の生物相；ニュージャージー州のブナ−カエデ林；樹洞中の水溜まり；哺乳類の消化管の微生物層．どの段階でも群集研究の対象として取り扱うことができる．

される（Belyea & Lancaster, 1999）．生態学者は群集の集合についての規則性を探す．そして，本書ではこの章と他の章（特に第19〜21章）でその規則性について議論する．

群集は全体としての特性と…

群集は個体と個体群によって構成されている．そしてその**全体としての特性**（collective properties），例えば，種の多様性，群集の生物体量，生産量などをそのまま認めることができるし，研究することもできる．しかし，すでに見たように，相利，寄生，捕食，競争という過程で，生物は同種または異種間で相互作用をしている．群集の性質が，それを構成する種の性質を寄せ集めたものでないことは明らかである．

…群集を構成する個々の個体群にはない創発的特性を持つ

群集は種の集まりとそれらの間の相互作用である．従って，群集に焦点を合わせた場合，**創発的特性**（emergent properties），すなわち，そのレベルではじめて出現する特性を認めることができる．例えば，ケーキには個々の材料を調べた場合には判らない創発的特性としての味や香りがある．生物群集の場合，競争種の類似限界（第19章を参照）や撹乱に対する食物網の安定性（第20章を参照）などが，創発的特性の例である．

群集レベルでの研究は，取り扱うデータがきわめて厖大で複雑なため，不屈の気力が必要である．最初の段階では，群集の構造と構成についての何らかのパターンを探すのが普通である．パターンとは繰り返して生じる一貫性である．例えば，異なる場所で同じ種構成が何度も見られること，もしくは異なる環境勾配に沿って繰り返し起きる種多様性の傾向である．パターンが認識できれば，次にそのパターンの原因について仮説を考えることになる．そして，その仮説を観察や実験によって検証することになるだろう．

階層構造をなす生息場所のどこにおいても，またどんなスケールにおいても，そこに成立する生物群集というものを認めることができる．極端に大きな例では，広い地域に広がる群集タイプを地球規模での分布パターンとして認識できる．例えば，群集タイプのひとつ，温帯林生物相は，北アメリカでは図16.2のような広がりを示す．このスケールでは，植生タイプの限

第 16 章　群集の本質

界を最も強く規定する要因として生態学者が認めるのは，通常，気候である．もっと小さなスケールでみれば，ニュージャージー州の温帯林生物相は，2種類の樹種，ブナとサトウカエデが優占する群集で代表されるが，それは目立たない他の多くの植物，動物，微生物から構成されている．群集の研究とは，このレベルでの研究を指すことが多いだろう．さらに細かい規模としては，ブナの樹洞に溜まった水の中に生息する無脊椎動物の群集，あるいは，森林に住むシカの消化管中の微生物の群集に目を向けることもできる．このように群集の研究にはさまざまなレベルがあるが，どれが一番適切ということはない．研究するレベルは何を問題とするかによって決まる．

> 群集はさまざまなレベルで認識できる――どのレベルも同様に重要

ある場所に存在する全ての生物を対象として研究しようとする群集生態学者もいるにはいる．しかし，それは何人もの分類学者といっしょに大きなチームを組まねばならないので，めったに実現しない．大多数の研究者は，群集中のある分類群（例えば，鳥，昆虫，樹木），または特定の機能グループ（例えば，植食者，デトリタス食者）に的を絞る．そして，そうした生物集団を，例えば森林の鳥類群集とか河川のデトリタス食者群集といった呼び方をする．

本章の残りの部分は 6 つの節からなる．まず，群集の構造はどのように測定でき，記述できるのかを説明する（第 2 節）．次に，群集構造のパターンに注目し，その空間的側面（第 3 節）と時間的側面（第 4 節～6 節），そして最後に，空間と時間が組み合わさったときの時空的側面（第 7 節）を検討する．

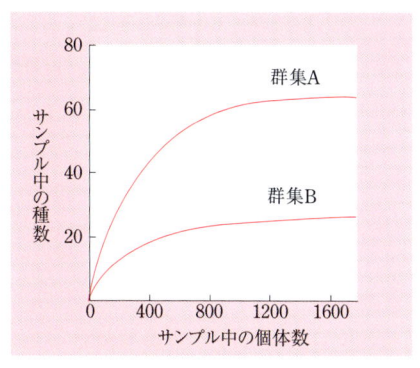

図 16.3　対照的な 2 つの仮想的群集から得られる種数と個体数との関係．群集 A は群集 B に比べ，種数がかなり多い．

を一覧表にまとめることである．これは，群集の種の豊富さを記述し，比較するための直截な方法に見えるだろう．しかし，実際には，この方法は驚くほど難しい場合が多い．それは，分類学的な問題とともに，数えることができるのは通常そこに存在する生物の一部分でしかないためである．この場合記録される種は，サンプル数，または調査された生息場所の広さに依存することになる．最初の数サンプルを占めるのは一番普通の種であろう．そして，サンプルがたくさん集まるにつれて，珍しい種も見いだされるようになる．では，どの時点でそれ以上サンプルを取るのを止めるべきだろうか．理想的には，種数の増加が頭打ちになるまでサンプルを取り続けるべきである（図 16.3）．少なくとも，別々の群集の種多様性を比較するためには，同じ大きさのサンプル（生息場所の面積，サンプル採取に費やした時間などを同じにする．しかし，最も良いのはサンプル中の個体数またはモジュールを同じにすることである）を用意しなければならない．そうした対照的な状況での種の豊富さは主に第 21 章で論じる．

16.2　群集の構成の記述

群集の特徴を把握するひとつの方法は，単にそこに存在する種の数を数える，あるいは種名

16.2.1　多様性の指標

群集の構成を種数だけで表すなら，群集構造についての重要な量的側面が完全に抜け落ちて

しまう．ある種は珍しく，別の種は普通に見られるという情報が失われるのである．直観的に言って，個体数が等しい種が10種いる群集の方が，10種のうち一番普通の種が個体数で50％以上を占め，残り9種の個体数がそれぞれ5％以下という群集より多様性は高いだろう．しかし，この2つの群集の種の豊富さは同じなのである．

問題とする群集が狭く定義されている場合（例えばムシクイ類群集）には，それぞれの種の個体数を数えることで目的の大部分は達成されるだろう．しかし，森林内の全ての動物を問題とする場合，原生動物，ワラジムシ，鳥，シカの個体数を数えてもほとんど意味がない．大きさがきわめて異なる種の間で個体数を比較することは間違いのもととなる．植物（およびその他のモジュール型生物）の個体数を数えることにも問題がある．シュート，葉，茎，ラミート，ジェネットのどれを用いて数えるべきなのだろうか．この問題を処理するひとつの方法は，面積当り種当りの生物体量（または生物の生産速度）で群集を記述することである．

種の豊富さとそれぞれの種の個体数の多さ（アバンダンス），あるいは生物体量の配分の様子を考慮した最も簡単な群集の指標はSimpsonの多様性指数である．これは，サンプル全体について，それぞれの種の個体数もしくは生物体量の占める割合を知れば計算できる．すなわち，i番目の種の割合をP_iとすれば，Simpsonの多様性指数は，

（Simpsonの多様性指数）

$$D = \frac{1}{\sum_{i=1}^{S} P_i^2} \qquad (16.1)$$

である．Sは群集内の種数（つまり，種の豊富さである．この指標の値は，望みどおり，種の豊富さとそれぞれの個体数がどれだけ均等であるかの度合い（均衡度 (equitability)）の両方に依存する．従って，種数が同じであれば均衡度の大きい群集ほどDは大きい．逆に，同等の均衡度であ

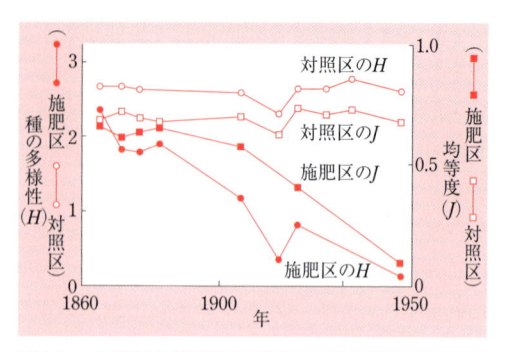

図16.4 対照区と施肥した区画での種多様性（H）と均衡度（J）．イギリスのローザムステッドの牧草地での野外実験による．（Tilman, 1982 より．）

れば，種数が多いほどDも大きくなる．

均衡度自体も，Simpsonの多様性指数を使って数値化できる．つまり，Dが最大となる最も均質な場合との比として表せばよいのである．実際には，$D_{max} = S$なので，均衡度Eは次式で表せる．

（均衡度または均等度）

$$E = \frac{D}{D_{max}} = \frac{1}{\sum_{i=1}^{S} P_i^2} \times \frac{1}{S} \qquad (16.2)$$

この均衡度は0～1の間の値をとるはずである．

もうひとつのよく用いられる指標はShannonの多様性指数である．この指標もP_i値の配列に依存する．Shannonの多様性指数Hは次の式で表せる．

（Shannonの多様性指数）

$$H = -\sum_{i=1}^{S} P_i \ln P_i \qquad (16.3)$$

そして，この場合の均衡度Jは次の式で表せる．

$$J = \frac{H}{H_{max}} = \frac{-\sum_{i=1}^{S} P_i \ln P_i}{\ln S} \qquad (16.4)$$

このような指数を用いた分析の例を紹介しよう．イギリスのローザムステッドの牧草地で1856年から行われている長期研究である．実験区には年一度，肥料を施したが，対照区には施さなかった．図16.4は1856年から1949年

までの草本の種の多様性（H）と均衡度（J）の変化を示す．施肥しなかった区画では目立った変化はなかったが，施肥した区域では多様性と均衡度の両方とも次第に低下した．この現象はおそらく次のように説明できるであろう．栄養塩が増加することで，効率のよい成長が可能となり，そのことが生産効率の最も高い種に有利に働き，その種が他種を競争排除した．

16.2.2　アバンダンス順位図

複雑な群集構造を，種数，多様性，均衡度などのただひとつの特性値で記述することは，群集の多くの重要な情報を取りこぼすというもっともな理由で批判される．群集のそれぞれの種の存在量（アバンダンス）の頻度分布をもっと正確に把握するには，P_i を大きいものから順番に座標上に落とすことによって達成できる．まず最も多い種の値をグラフ上にプロットし，次に2番目に多い種の値をプロットするという作業を続け，最後に一番稀な種の値をプロットする．このアバンダンス順位図を描くためのデータは，個体数でも，各固着生物に被われた地面の面積でも，構成種それぞれの生物体量でもよい．

> アバンダンス順位図は統計学を基盤とするものと，生物学的意味に根拠を求めるものとがある

アバンダンス順位図が取りうるさまざまな形を図16.5に示す．このうちの2つは統計学に基盤をおいている（対数級数（log series）モデルと対数正規（log-normal）モデル）．しかし，統計学的な整合性に目を奪われて生物学的な裏づけを忘れることのないよう注意しなければならない．他のモデルでは，条件や資源と種間のアバンダンスのパターンの関係を考慮に入れており（ニッチ主導要因モデル群（niche oriented models）），背後にある群集構成のメカニズムを考えやすい（Tokeshi, 1993）．このアプローチにもさまざまなものがある．ここではTokeshiが考えた3種類のニッチ主導要因モデルの根拠を見てみよう（詳しくはTokeshi, 1993を参照）．優占先取りモデル（dominance-preemption model）は，種間のアバンダンスの均衡度が一番小さいモデルであるが，優占種がいつも残りの空きニッチのうち高い割合（50％以上）を占めると仮定されている．つまり，最も優占的な種が全ニッチの半分以上を占め，次に優占的な種が残りの半分以上を占めるのである．このモデルよりいくぶん大きな均衡度を与えるのは，2番目のランダム分割モデル（random-fraction model）である．このモデルでは新しい種が加わる度に，そこにいるどれかの種のニッチから任意の割合を奪い取ると仮定されている．3番目の，優占崩壊モデル（dominance-decay model）は，優占先取りとちょうど逆の関係にある．一番大きなニッチがいつも次の分割にさらされると仮定されている．つまり，このモデルでは，次に侵入する種は，その時点で一番広いニッチを持つ種のニッチに侵入すると仮定されているので，他のモデルと比べてアバンダンスの均衡度は大きくなる．

種の豊富さ，多様性，均衡度の指標と同様，アバンダンス順位図も，きわめて複雑な構造を持つ群集のひとつの抽

> 群集の指数は抽象化したものであり，群集間の比較に役立つ

象化であり，群集間の比較に役立つものとして捉えるべきである．このアプローチは，これまでそれほど発展していない．それは解釈するときの難しさと，モデルとデータの一致の程度を検証することの難しさによる（Tokeshi, 1993）．しかし，等比級数モデルが適用できるとの仮定のもとで，優占または均質性の度合いが環境の変化に対応して変化することを示した研究もある．図16.5cは，先述のローザムステッド農業試験場の牧草地に対する長期の実験で，優占の度合いが高まるにつれ，種の豊富さが低下する様子を示している．図16.5dは構造的に複雑で比較的多くのニッチを提供する水生植物のチトセバイカモ *Ranunculus yezoensis* は単純な構造のエゾミクリ *Sparan-ganium emersum* よりも無脊椎動物の種の豊富さと均衡度の両方が高いことを示している．両種におけるアバンダンス

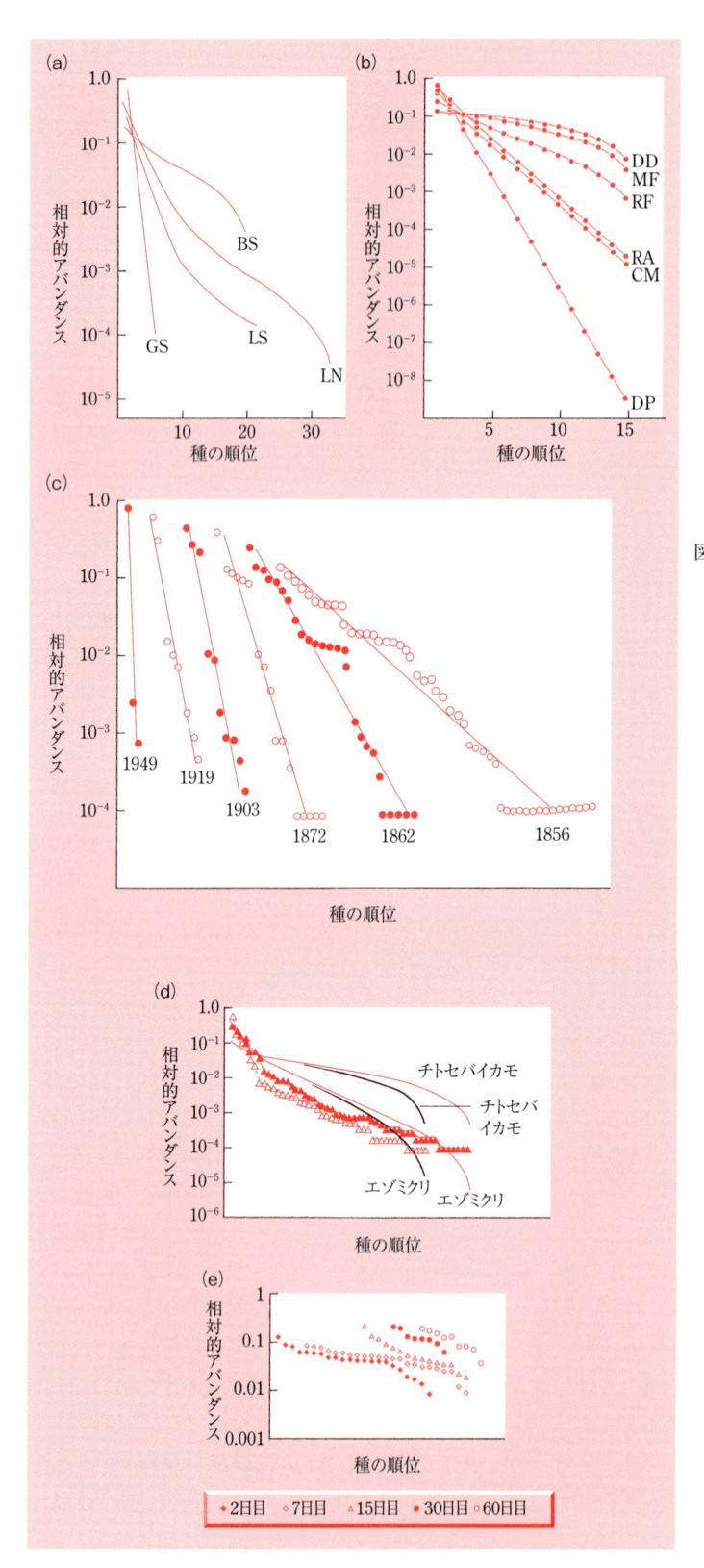

図16.5 (a, b) さまざまなモデルによる，アバンダンス順位図．このうち2つは統計学的根拠に基づき (LS および LN)，それ以外はニッチ概念に基づく．(a) BS，折れ棒モデル；GS，等比級数則；LN，対数正規則；LS，対数級数則．(b) CM，複合モデル；DD，優占崩壊モデル；DP，優占先取りモデル；MF，マッカーサーの分割モデル；RA，ランダム集合モデル；RF，ランダム分割モデル．(c) 1856年から1993年にかけて行われた，草地への連続施肥の野外実験におけるアバンダンス順位図の相対的な変遷（等比級数則を適用した）．(Tokeshi, 1993 より．) (d) 構造的に複雑な渓流性の植物，チトセバイカモ *Ranunculus yezoensis* (▲) と単純な構造の植物，エゾミクリ *Sparganium emersum* (△) 上に生息する無脊椎動物群集の存在量順位図の比較；マッカーサーの分割モデル（赤実線，上の線はチトセバイカモ，下の線はエゾミクリ）または，ランダム分割モデル（黒実線，上の線はチトセバイカモ，下の線はエゾミクリ）に対してあてはめられた線 (Taniguchi *et al.*, 2003 より．) (e) 湖の年齢の異なる生物膜内に生息するバクテリア群集に対する存在量順位図（生物量に基づいて作成）（左から順に，2, 7, 15, 30, 60日齢の生物膜）．(Jackson *et al.*, 2001 より．)

順位図は，マッカーサーの分割モデルよりもランダム分割モデルの方が近い．最後の図 16.5e は，湖で湖底においたスライドグラス上に膜状に付着する細菌集団（biofilm）の構成が，時間の変化と共に対数正規モデルから幾何モデルへと変化する様子を示している．

エネルギー流の観点からの方法 ── 分類群に依拠しない記述の方法

分類群の構成と種の多様性は，群集を記述するたくさんの方法のうちの 2 つにすぎない．群集を記述するもうひとつの方法（もっとよい方法というわけでなく，まったく異なる方法）は，植物の現存量と生物体量の生産速度，そして従属栄養の微生物と動物によるその利用とエネルギー変換の観点から，群集や生態系を記述することである．この方法に基づく研究は，まず食物網を記述することから始まる．次に，それぞれの栄養段階の生物体量と，物理的環境から生物を経て，また物理的環境に戻ってゆくエネルギーと物質の流れを把握する．この方法を用いれば，分類群がまったく異なる群集や生態系を比較して，何らかのパターンを検出することが可能となる．この群集記述の方法については，第 17 章と 18 章で論じよう．

近年，種の豊富さと生態系の機能（生産性，分解，栄養塩動態）との関係を理解するための研究が増えている．そうした生態系の機能が進行する過程において，種の豊富さがどのような役割を果たすのかについて理解することは，我々が生物多様性の喪失にどう対処すべきかという問いに大きく関連する．この重要なトピックは第 21 章 7 節で詳しくとりあげる．

16.3　群集構造の空間的問題

16.3.1　環境傾度分析

図 16.6 は，古典的研究の例として，アメリカ合衆国グレートスモーキー山脈（テネシー州）の植生の分布図をいくつかの手法で示している．ここでは樹種の違いによって植生が区別されている．図 16.6a は，山の斜面の群集を優占樹種の群落で区別したもので，あたかも群集は明瞭な境界線で分かれているかのように描かれている．特定の斜面といえども，植物の成長に影響を与える環境要因はさまざまに変化しているはずである．そのうちの標高と湿度の 2 つは，植物の分布に特に重要であると考えられる．図 16.6b は，優占する樹種の分布をこの 2 つの環境要因に対応させて示している．そして，図 16.6c は，個々の樹種の存在量（全ての樹木の本数に対する百分率で表示）を湿度という環境傾度に対応させて示している．

図 16.6a は，特定の地域の植生が他とはっきり異なることを示そうとした主観的な分析である．これは，群集間に明瞭な境界があるという意味 環境傾度に沿った種の分布は，画然とではなく，ゆるやかに消えていく にとられかねない．図 16.6b もこれと同様の印象を与える．図 16.6a と 16.6b はどちらも植生の記述に依拠していること注意しよう．しかし，図 16.6c は，個々の種の分布の様式に注目している．この図を見れば，植物種の分布は互いに大きく重なっていることが明らかになる．つまり，はっきりとした分布の境界線など存在しないのである．今では，それぞれの樹種は環境傾度に応じて分布し，その分布の末端は他種と重なり合っていることが明らかになっている．このような環境傾度分析（gradient analysis）の結果が示すのは，種の分布の限界というものは画然としたものではなく，ゆるやかに消えていくような不明瞭なものであるということである．環境傾度についての他の多くの研究でも，同様の結果が得られている．

群集のパターンを予測する方法としての環境傾度分析に対する主な批判は，その環境傾度が主観的に選ばれていることであろう．研 環境傾度の選択はたいてい主観的である

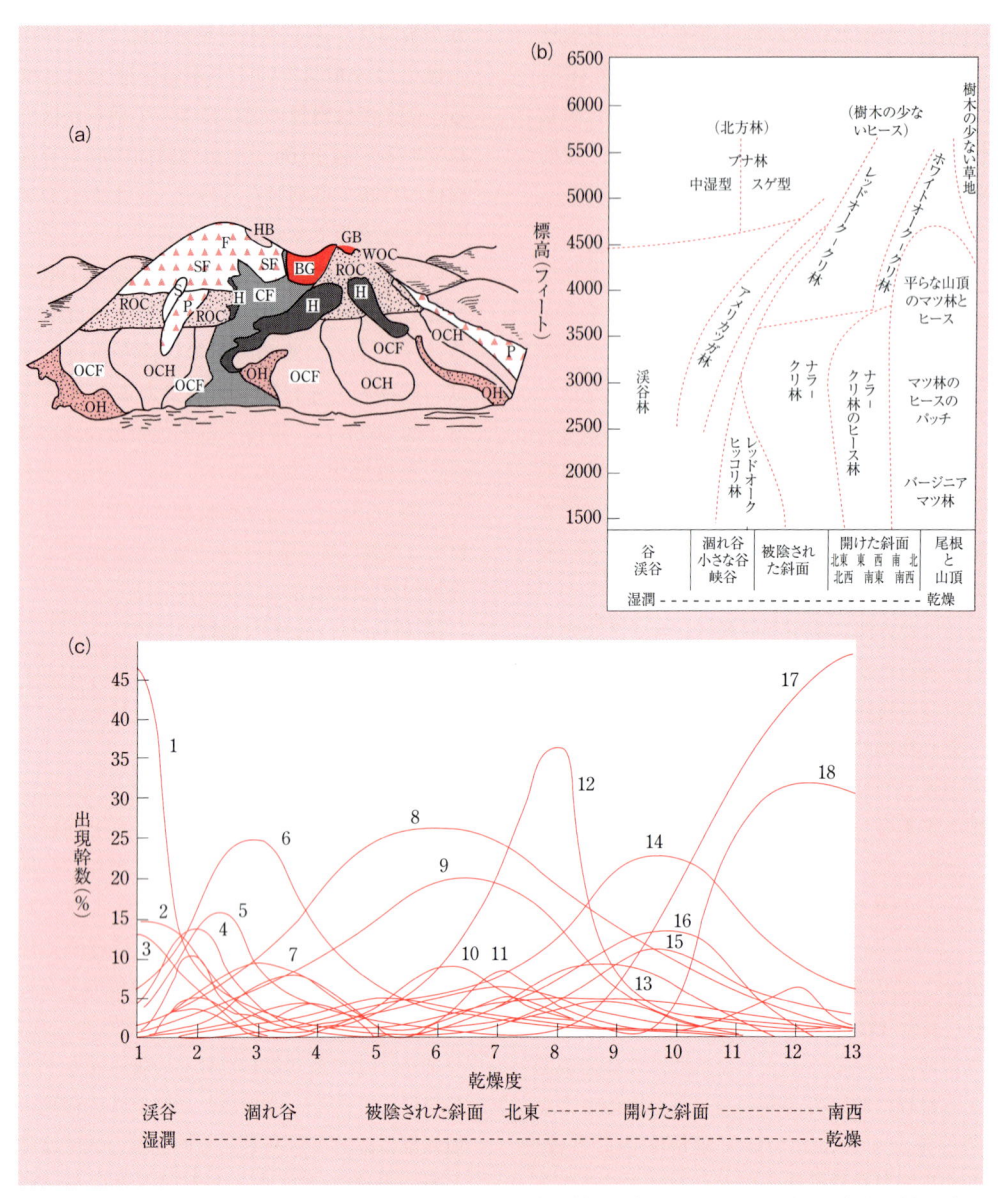

図16.6 テネシー州グレートスモーキー山脈を特徴づける優占樹種の分布を示す3通りの対照的方法. (a) 西向き斜面と谷の概念的な地形図上に示した植生タイプの分布. (b) 標高と景観についてグラフ化した植生タイプの分布の概念図. (c) 乾燥度の環境傾度に沿った各樹種の分布(存在する本数の割合). (a)の植生タイプ：BG, ブナギャップ；CF, 渓谷林；F, フレイザーモミ；GB, イネ科荒原；H, アメリカツガ林；HB, 樹木の少ないヒース；OCF, ナラ-クリ林；OCH, ナラ-クリ林のヒース林；OH, ナラ-ヒッコリー林；P, マツ林とヒース；ROC, レッドオーク-クリ林；S, トウヒ林；SF, トウヒ-モミ林；WOC, ホワイトオーク-クリ林. (c)の樹種：1, アメリカアサガラ属の一種 *Halesia monticola*；2, トチノキ属の一種 *Aesculus octandra*；3, シナノキ属の一種 *Tilia heterophylla*；4, キハダカンバ *Betula alleghaniensis*；5, ユリノキ *Liriodendron tulipifera*；6, アメリカツガ *Tsuga canadensis*；7, カバノキ属の一種 *B. lenta*；8, アメリカハナノキ *Acer rubrum*；9, アメリカヤマボウシ *Cornus florida*；10, ヒッコリー *Carya alba*；11, アメリカマンサク *Hamamelis virginiana*；12, コナラ属の一種 *Quercuc montana*；13, ホワイトオーク *Q. alba*；14, ツツジ科の一種 *Oxydendrum arbareum*；15, ストローブマツ *Pinus strobus*；16, コナラ属の一種 *Q. coccinea*；17, マツ属の一種 *P. virginiana*；18, リギダマツ；*P. rigida*. (Whittaker, 1956 より.)

究者はその生物に影響を与えるように見える環境要因に着目し，その要因の大小によってデータを整理する．その時，最も適切な要因が選ばれるとは限らない．ある要因の勾配に沿って群集中の種がすべてある配置をとったとしても，その要因が一番重要であると証明されたわけでもない．それは単に，その種が生きていく上で重要な何かとある程度の相関があることを示唆しているにすぎない．環境傾度分析は客観的に群集を記述するための最初の一歩なのである．

16.3.2 群集の分類と序列

群集の記述から主観を排除するための統計学の手法も定式化されている．そうした手法を用いれば，どの種とどの種がいっしょに出現する傾向があるのか，あるいは種の分布と一番相関の強い環境変数は何かについて，何ら先入観を持つことなく，群集を機械的に仕分けることができる．この手法のひとつは，分類（classification）である．

> 分類は群集の類似度によってグループ分けする

分類という手法は，群集がなんらかの不連続なまとまりによって構成されているとまず仮定する．そして概念的には系統分類学と同様な手続きによって，関係の強い群集同士で構成されるグループに分けてゆく．系統分類学ではよく似た個体は同種として，よく似た種は同属としてまとめられる．群集分類法では，同じような種構成をもつ群集同士がひとつのグループにまとめられ，必要とあればよく似たグループ同士をさらに一段上のグループとしてまとめる（詳しい手順については Ter Braak & Prentice, 1988 を参照）．

Duggan *et al.*, (2002) は，群集分類法のひとつであるクラスター分析（cluster analysis）と呼ばれる手法を用いて，ニュージーランド北島にある複数の湖のワムシ群集を調べた（図 16.7a）．その結果，種の分布とその存在量のデータだけに基づいて，ワムシ群集は 8 つのグループに分けられた（図 16.7b）．それぞれのグループには一貫した空間的なまとまりは乏しく，島全体に散らばって分布していることに注意してほしい（図 16.7a）．これは，群集分類法の強みである．環境傾度分析とは異なって，この方法は，重要と考えられる環境要因を前もって選別しておかなくても，一連の群集間のつながりを示せるのである．

序列化（ordination）は，群集の類似性をグラフ化するための数学的な手法のことである．この方法では，種構成と相対的な存在量の両方が最も

> 序列化では，類似した種構成をもつ群集はグラフ上の近い位置に表示される

類似している群集ほど近くに位置し，同じような種構成でも相対的な存在量が異なるほど，また種構成が大きく異なるほど遠くに位置するように表示する．図 16.7c では，正準対応分析（canonical correspondence analysis, CCA）と呼ばれる序列法を上述のワムシ群集に適用した例である（Ter Braak & Smilauer, 1998）．正準対応分析を用いれば，群集の類似度を環境変数に関連づけて調べることができる．この手法がうまくいくかどうかは，適切な環境要因を取り込めたかどうかにかかっている．これは，この方法の一番の難しいところである．というのも，最も関連の深い環境要因を計測していないこともあり得るからである．図 16.7c は，ワムシ群集の構成といくつかの物理化学的要因の間の関係を示している．分類と序列化とが関連することは，群集分類法で分けられた A〜H のグループが，序列法（正準対応分析）のグラフ上でもはっきりと分かれていることから見てとれる．

クラスター A と B の群集は，透明度（セッキー盤深度）が高いことと関係する傾向にあるが，G と H はリンや葉緑素濃度の高いことと関連す

> …そこで序列法の図で問題となるのは，軸が何を意味しているのかである

る．他のクラスターの群集はこれらの変数に対して中間的な位置にある．肥料や汚水の流入のレベルが高い湖は**富栄養**（eutrophic）と呼ばれ

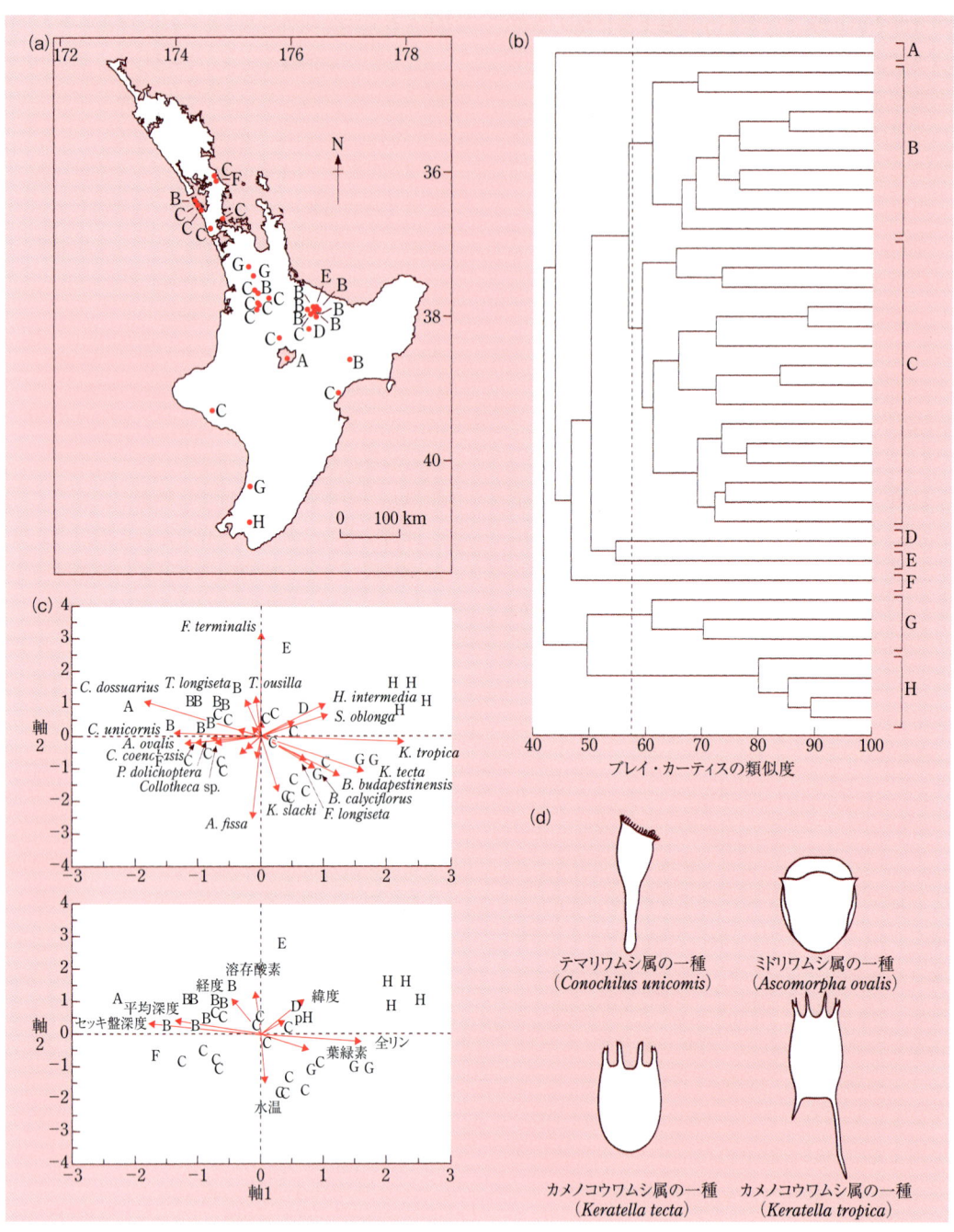

図16.7　(a) ワムシ群集（全71種）の調査が行われたニュージーランド北島にある31の湖．(b) これらの湖の種構成データをブレイ・カーティス（Bray-Curtis）の類似度に基づいたクラスター分析（分類）にかけた結果．類似度の高い群集はクラスターを構成し，8つのクラスター（A～H）が識別できた．(c) 正準対応分析（序列化）の結果．序列化で得られた平面上に展開した湖（群集分類法で分けられたA～Hで表示）と，種（上図のオレンジ色の矢印）と，環境要因（下図のオレンジ色の矢印）の位置．(d) ワムシ4種の形態（Duggan *et al.*, 2002 より）．

ている．つまり，そのような湖では，リン濃度が高い傾向にあり，その結果，葉緑素濃度が高く，そして透明度が低くなる（植物プランクトンの存在量が大きい）．明らかに，ワムシ群集は湖の富栄養化の程度に強く影響されている．特に富栄養化が進んでいる湖にいるワムシ，例えば，カメノコウワムシ属の一種 *Keratella tecta* や同属の *K. tropica*（図16.7d）はクラスターGやHの群集に多く，比較的清冽な湖にいるワムシ，例えば，テマリワムシ属の一種 *Conochilus unicornis* やミドリワムシ属の一種 *Ascomorpha ovalis* はクラスターAやBの群集に多い．

しかし，富栄養化の程度がワムシ群集の構成を説明する唯一の要因ではない．例えば，クラスターCの群集ではリン濃度は中間的であるが，溶存酸素濃度と水温に対応する軸2に沿って他と分岐している（酸素の溶解度は温度の上昇とともに低下するので，この2つの変数同士は負の相関関係にある）．

序列法は検証可能な仮説を生みだす

こうした結果は何を意味するのだろうか．まず，具体的な論点として，この分析から得られる環境要因との相関は，群集の構成とその環境要因との間に特定の関係があるという仮説を提供する（相関は必ずしも因果関係を意味しないことに注意しよう．例えば，溶存酸素と群集の構成は，別の環境要因に対して同じように反応しているだけかもしれない．直接的な因果関係を証明するには操作実験を行うしかない）．

次に，もっと一般的な論点は，群集の本質に関係している．こうした序列法の結果が強調しているのは，環境条件のある特定の組み合わせが分かれば，そこでの種構成が予測できるという点である．すなわち，群集生態学者が対象にしている種の集合は，なんの規則性もない無限定なものではないということを意味する．

16.3.3 群集生態学における境界の問題

2つの群集が混じり合わずに，きわめて明瞭な境界線によって隣接している場合もあるかもしれない．しかし，それは例外的な場合である．陸上と水界の群集の境界ははっきりしているように見えるが，生態学的にそうでないことは，それを行き来するカワウソやカエル，幼虫期を水中で過ごし成虫を陸上か空中で過ごす多くの昆虫のことを考えればすぐに分かる．陸上についていえば，酸性とアルカリ性の溶岩の露頭が出会う場所や，蛇紋岩とそれ以外の岩から成る地帯が接する場所では，植生間にはっきりした境界線が認められる．しかし，そのような場所でさえ栄養塩は境界線を超え，群集の境界線を曖昧にしてしまう．群集の境界線について言えることがあるとすれば，境界線というものはないが，その端が比較的明瞭な群集もあるということであろう．生態学者は，地図上に引かれるような境界線を探すのではなく，群集がどのようなグラデーションで移行するかを読みとる目を養うべきなのである．

群集は明瞭な境界線を持つ不連続な実態か？

20世紀の最初の四半世紀には，群集の性質についての激しい論争があった．Clements（1916）は群集を**超有機体**（superorganism）として捉え，その群集の構成種は，現時点でも歴史的な進化の過程でも，きわめて強い結びつきを持っていると考えた．従って，個体と個体群と群集は，それぞれ細胞と器官と生物個体の間の関係に似た関係にあるとされた．

群集は超有機体と呼べるようなものではなく...

これとは対照的に，Gleason（1926）たちが考え出した個別概念（individualistic concept）では，共存する種の間の関係は，単にそれぞれの要求や耐性が類似している（一部は偶然の作用にもよる）からにすぎない．この概念では，群集の境界線が明瞭である必然性はなく，種間の結びつきについての予測は，超有機体的な概念と比べてはるかに難しいものとなる．

現在の考え方は個別概念の方に近い．直接的環境傾度分析，序列化，分類による研究はいずれも，ある場所での種構成は，主に物理的環境

に基づいて予測できることを示している．しかし，ある環境である種といつも共存している種が，異なった環境条件では別の種とともに出現することもよくある．

次に，環境パッチと境界の問題について考えなければならない．群集の分布における空間的な異質性の影響は，一連の入れ子構造と見ることができる．例えば，図16.8は，土壌生物の群集における，ヘクタール単位の縮尺から平方ミリ程度の縮尺まで様々な規模で作用する空間的な異質性のあり方を示す (Ettema & Wardle, 2002)．大きな規模では，土壌生物群集は，地形とそれぞれの植物群集とに関連した環境要因のあり方を反映する．しかし，小さな縮尺で見た場合，土壌生物群集は個々の植物の根の位置や局所的な土壌構造を反映している．このようなさまざまな縮尺での群集様式の境界もまた不明瞭であろう．

...むしろ，どの程度組織化されているかが問題

群集が多少とも明瞭な境界線を持つかどうかは，重要ではあるが，本質的な問題というわけではない．群集生態学は，空間的・時間的に限定できる単位についての研究ではなく，群集レベルでの生物同士の関係を研究する分野である．それは，通常，ある場所，ある時点での，多種の集合体としての構造とふるまいを追究する．群集生態学の研究にとって群集間の明瞭な境界は必ずしも必要ではない．

16.4 時間軸での群集パターン

種の相対的重要度が空間的に異なることと同様に，それぞれの種の存在量が示すパターンは時間的にも変化する．空間と時間のどちらが変化するにせよ，種が存続するには，次の3つの条件が満たされなくてはならない．すなわち，(i) その場所に到達できること，(ii) 適切な条件と資源がそこに存在すること，(iii) 競争者，捕食者，寄生者がその種を排除しないこと，で

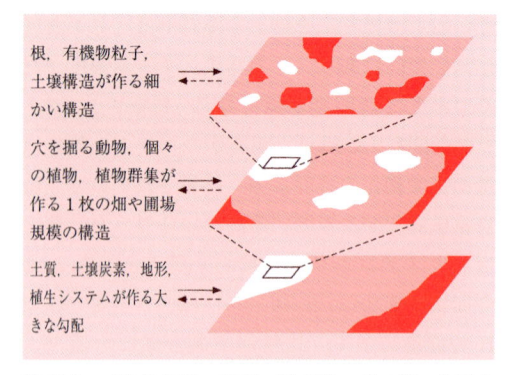

図16.8 バクテリア，菌類，線虫類，ダニ類，トビムシ類などから成る土壌生物群集の空間の異質性の決定要素．(Ettema & Wardle, 2002 より．)

ある．従って，ある種がある時間存続または消滅する，といった時間的変化には，それぞれの条件，資源，天敵・競争者の影響のいずれか，またはその全ての時間的な変化が伴っているはずである．

生物の多く，特に短命なものは，1年の季節変化に応じて活動性を変える生活環を示すので，季節によって群集の中での相対的な重要度が異なる．群集構成は，外的要因によってもたらされる物理的な変化によって変化することもある（例えば，シルトの堆積による塩性湿地から森林への変化）．また，カギとなる資源（例えば，糞塊や生物遺体を利用する従属栄養生物，図11.2を参照）が時間的に変化すれば，群集構成はその影響を受けて変化する．このような時間的パターンは相対的に理解しやすいので，ここでは特に取り上げない．同じく，個々の個体群がその繁殖と生存に影響する諸々の要因に反応することで起きる存在量の年変化についても，この章では議論しない（第5章6節と8-14節で議論した）．

ここでは，攪乱（生物を排除する不連続な出来事 (Townsend & Hildrew, 1994)）あるいは，空間や餌資源の利用可能性の影響や物理環境の変化による群集の崩壊 (Pickett & White, 1985) の後に生じる群集変化のパターンに焦点を当てる．そのような攪乱はどんな群集でも普遍的に起き

ている．森林では，強風，光，地震，ゾウ，森林伐採や単に病気や老化による木々の枯死が攪乱を引き起こしうる．草地では，霜，穴を掘る動物，草食動物の歯，足，糞や死体などによって攪乱が生じうる．岩礁海岸やサンゴ礁では，台風による激しい波，高潮，係留された船や不注意なスキューバダイバーの足ヒレによる破壊などが，攪乱を引き起こす．

16.4.1　創始者制御の群集と優占種制御の群集

> 創始者制御 ──
> 多くの種は移住の能力が等しい

攪乱に対する群集の反応としては，**創始者制御**（founder-controlled）と**優占種制御**（dominance-controlled）という，構成種の競争関係の型に応じて，基本的に異なる2種類の反応を考えることができる（Yodzis, 1986）．創始者制御の群集は，もし多くの種が攪乱によって空いた場所へ移住する能力，非生物環境に対する順応する能力においてほぼ等しく，死ぬまでそこへ居着くことができるならば成立しうる．この場合，攪乱の結果は，基本的には予測できない．つまり，勝者は，偶然，攪乱が生じた場所に最初に定着した種である．この創始者制御の群集のダイナミクスは，本章第7.4節で詳しく扱う．

> 優占種制御 ──
> 競争力のある移住者が何種かいる

優占種制御の群集とは，何種かが競争能力において他よりも優れており，そのため，攪乱後，最初に移住した種が必ずしもそこで定着するわけではない群集のことである．この場合，攪乱の結果は予測できる．なぜなら，種ごとに資源利用の戦術が異なるからである（早く移住する種は成長が早いが，遅れてやってくる種は資源の枯渇に耐えることができ，すでに他の種がいても成熟することができ，さらにはそのような種に打ち勝つこともできる）．このような状況は，一般的には**生態遷移**（ecological succession；ある地域のある生物群集における，非周期的で，方向性があり，連続的な移住や絶滅のパターンのこと）という名で知られる現象である．

16.4.2　一次遷移と二次遷移

> 一次遷移 ──
> 生物群集の影響をまだ一度も受けていない裸地

ここでは，新たに露出した裸地で起こる遷移に注目する．その裸地が生物群集の影響をまだ一度も受けていない場合，その一連の種の変遷を特に**一次遷移**（primary succession）と呼ぶ．その例として，火山の爆発によってできた溶岩流や軽石の平原（本章第4.3節を参照），隕石の衝突によって作られたクレーター（Corkell & Lee, 2002），氷河の後退によって出現する裸地（Crocker & Major, 1955），できたばかりの砂丘（本章第4.4節を参照）などが挙げられる．一方，植生が部分的に，または完全に取り除かれながらも，土壌中には種子や胞子が残っている場合，そこで生じる一連の種の変遷を**二次遷移**（secondary succession）と呼ぶ．病気，強風，野火による局地的な樹木の消失や倒木が二次遷移を引き起こす．また，耕作地として開墾された場所が放棄された後にも生じうる（いわゆる耕作放棄地での遷移．本章第4.5節を参照）．

> 二次遷移 ──
> 以前の群集の痕跡が残っている

新たに露出した裸地での遷移は，その一連の変化が完了するまでに数百年を要する．しかし，それとよく似た過程は，表面が剥き出しになった潮下帯岩礁上に生息する動物と海藻類でも見られ，ここでの遷移には10年ほどしか要しない（Hill et al., 2002）．一人の生態学者の研究生活の長さは，この潮下帯の遷移を追跡することはできるが，氷河の後退に伴う遷移を追跡できるほどには長くない．しかし，長期間にわたって蓄積された情報が運よく手に入ることもある．遷移の各段階は，しばしば群集の空間的傾斜となって現れる．年代別の地図，炭素同位体による年代推定法，その他の技術を使えば，裸地から始まる群集の年齢を推定すること

ができる．現在存在する一連の群集は，それぞれ遷移が始まってからの年数が異なり，それがその地域の遷移を反映していると考えることができる．しかし，この空間的に広がった多様な群集が，実際にさまざまな遷移の段階を表しているかどうかの判断には注意が必要である．例えば，北半球の温帯域の植生では，いまだに最終氷期からの気候変化に対応した種の再定着が進行中であることを心に留めておかなければならない（第1章を参照）．

16.4.3 溶岩流上の一次遷移

三宅島の玄武岩質の溶岩流において，時間系列（chrono-sequence）から一次遷移のパターンが推定された（4つの溶岩流は，それぞれ16，37，125，800年前に形成された．図16.9a）．16年前の溶岩流は，土壌がとても少なく，窒素がなく，小さなオオバヤシャブシ（*Alnus sieboldiana*）のみが生育していた．これより古い溶岩流からは，シダ類，多年生草本植物，つる性植物，木本を含む113の分類群が記録された．三宅島の一次遷移でもっとも重要なことは，（i）遷移初期に窒素固定をするハンノキが溶岩流上へうまく移住したこと，（ii）窒素利用の可能性が改良されたことによって，遷移中期のオオシマザク

促進 ── 溶岩流上の遷移段階初期の種は，後に続く種のための道を開く

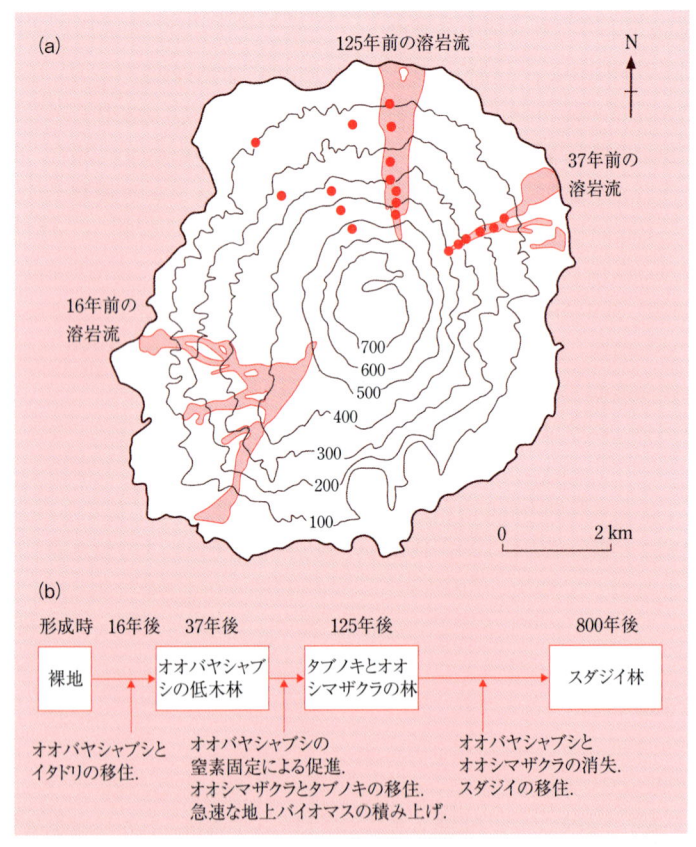

図16.9 （a）三宅島における，成立年代の異なる溶岩流上の植生．16年前にできた溶岩流の解析は量的ではなく，調査地点は図示されていない．他の溶岩流上の調査地点は●で示される．溶岩流外の採集地点は，少なくとも成立から800年は経過している．（b）溶岩流の年齢に関係した一次遷移の主な特徴．(Kamijo *et al.*, 2002 より．)

ラ（*Prunus speciosa*）の移住と，遷移後期のタブノキ（*Machilus thunbergii*）の移住が促進されたこと，(iii) オオバヤシャブシとオオシマザクラを覆うほどの混交林が形成されたこと，(iv) タブノキから長寿命のスダジイ（*Castanopsis sieboldii*）への置き換わりが起こったこと（図16.9b），であった．

16.4.4 海岸砂丘の一次遷移

> 砂丘での遷移では，促進よりもむしろ種子利用可能性が重要

アメリカ合衆国のミシガン湖岸の砂丘で覆われた浜堤において，大規模な時系列が形成されてきた．年代の分かっている13の浜堤（形成から30-440年経過）は，森林へと遷移する明瞭な一次遷移のパターンを示した（Lichther, 2000）．最も新しく形成され，いまだ移動している浜堤では，オオハマガヤ（*Ammophila breviligulata*）が優占し，他にもニワウメ亜属の一種（*Prunus pumila*）やヤナギ属の数種（*Salix* spp.）も存在する．100年も経つと，これらの植物はセイヨウネズ（*Juniperus communis*）のような常緑性の低木やイネ科の一種（*Schizachrium scoparium*）に置き換わる．150年後には，マツ属の数種（*Pinus* spp.），アメリカカラマツ（*Larix laricina*），ストローブマツ（*Picea strobus*），ニオイヒバ（*Thuja occidentalis*）のような針葉樹が浜堤に移住し始める．そして，225-400年後には，浜堤はストローブマツやレジノーサマツ（*P. resinosa*）の混交林で覆われる．レッドオーク（*Quercus rubra*）のような落葉樹や，アメリカハナノキ（*Acer rubrum*）は，形成から440年たった浜堤でも，その林の重要な構成種とはならない．

これまで，遷移初期の砂丘に移住する種は火山性一次遷移と同じように，有機物を土壌に加え，土壌湿度と窒素の利用可能性を増やすことによって，後からの種の移住を促進すると考えられていた．しかし，実験的な種子の追加と幼植物体の移植は，後からやってくる種であっても，若い砂丘で発芽できることを示した（図16.10a）．形成から時間の経った浜堤の肥沃な土壌は，後に移住してくる種のパフォーマンスを高める一方で，新しい浜堤への移住は，主に齧歯類の種子捕食と種子の分散の制限によって抑制される（図16.10b）．オオハマガヤは，一般的に，横方向の栄養成長を介して，若い浜堤に移住する．森林に遷移する前の開けた浜堤に優占するイネ科の一種 *S. scoparium* は，マツ属 *Pinus* spp. よりも発芽率や幼植物体形成率は低いが，種子が捕食されることはない．また，この種は成熟が早いという有利性も持つので，種子生産率が高い．これらの遷移初期に移住する種は，最終的には木本類が定着し成長するに従って排除される．Litcher (2000) は，この浜堤の遷移は，遷移初期に移住する種による促進の結果というよりは，むしろ一時的な滞在者の入れ替わりや，競争的な置き換わりに関連づけて記述されるべきだと考えた．

16.4.5 放棄された耕作地での二次遷移

放棄された耕作地での遷移は，主にアメリカ合衆国の東部で研究されてきた．

> 耕作放棄地――北アメリカの森林への遷移…

アメリカ東部では，19世紀に西部開拓に向かう人の移出によって多くの農地が放棄された（Tilman, 1987, 1988）．開拓前にあった針葉樹-広葉樹の混成林の多くは破壊されていたが，そうした放棄地ではそれがすぐに再生してきた．放棄された時期が記録に残っている場所が多く，放棄された年代の異なる場所が研究用に入手できたのである．そこでの典型的な優占植生の変遷は，一年生草本，多年生草本，灌木，遷移初期の樹木種，遷移後期の樹木種の順であった．

耕作放棄地での遷移は，中国の肥沃な黄土高原でも調べられた．ここは，数千年間人

> …しかし中国では草地に遷移

間の活動の影響を受け続けたために，自然の植生はほとんど残っていない．中国政府は，影響

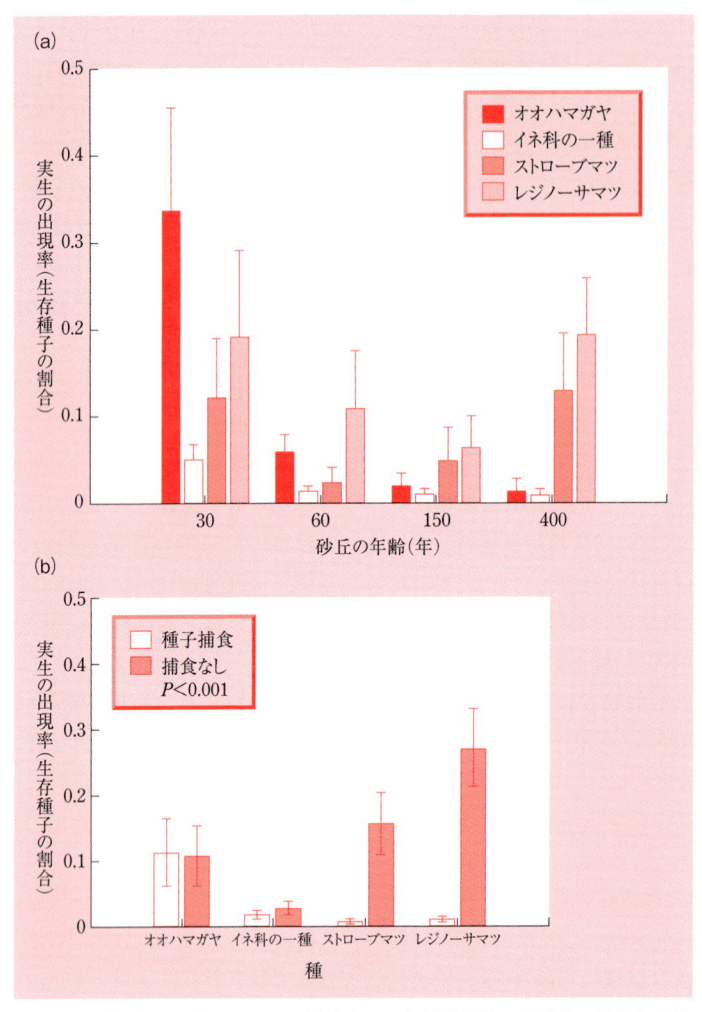

図16.10 (a) 年代の異なる4つの浜堤上で，各遷移段階で典型的に見られる植物の種子を播種した場合の実生発生率（平均±SE）．(b) 種子捕食者であるげっ歯類の影響の有無による4種の実生発生率の変化．(Lichter, 2000より．)

を受けた生態系の再生に向けた保全プロジェクトを立ち上げた．ここでの大きな疑問は，黄土高原の極相植生は草原なのか森林なのかということである．Wang (2002) は，農民によって放棄された年代が分かっている4つの地点 (3, 26, 46, 149年) において植生を調べた．彼は，変わった方法でいくつかの地点の年代を調べた．中国の墓地は神聖であり，近辺での開発は禁止されている．そして，どれぐらい前にそこが放棄されたかは墓石の記録から分かる．（相対的な量と被覆度に基づいて）識別された40種の植物のうちのいくつかが各ステージの優占種であると考えられた．3年前に放棄された耕作地では，ハマヨモギ (*Artemesia scopari*) やエノコログサ (*Seraria viridis*) が優占し，26年前に放棄された耕作地ではオオバメドハギ (*Lespedeza davurica*) やエノコログサが，46年前に放棄された耕作地ではホクシハネガヤ (*Stipa bungeana*)，カモノハシガヤ (*Bothriochloa ischaemun*)，イワヨモギやオオバメドハギが最も重要であったが，149年前に放棄された耕作地ではカモノハシガヤやイワヨモギ (*A.

第 16 章 群集の本質

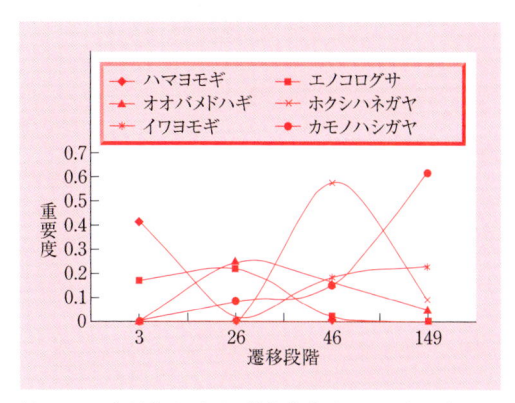

図 16.11 中国黄土平原の耕作放棄地での遷移過程における 6 種の植物の相対的な重要度の変化.（Wang, 2002 より.）

gmelinii）が優占した（図 16.11）．遷移初期に見られる種は，種子生産力の高い一年生あるいは二年生植物であった．放棄から 26 年も経つと，栄養繁殖によって横への広がりに優れた能力を持ち，よく発達した根系を持つ多年生植物，オオバメドハギがハマヨモギに代わって優占するようになった．46 年後の植生は，最も種が豊富であり，そして様々な生活史戦略（多年生植物が優占する）を持つ種に覆われるようになる．149 年後の植生で優占するカモノハシガヤは，多年生であり，クローン的に分散し，高い競争力を持つ．Tilman（1987, 1988）による北アメリカでの研究と同じように，土壌窒素濃度が遷移中に増加し，それがいくつかの種の移住を促進するのだろう．Wang は，この黄土高原では，カモノハシガヤが極相種であり，それゆえ植生は森林よりもむしろステップ草原に向かって遷移すると考えられると結論づけた．

16.5 遷移中の種の置き換わりの可能性

...森林の遷移は樹木同士の置き換わりモデルで表現できる...

Horn（1975, 1981）が発展させた遷移モデルは，遷移過程の解明に光を投じた．Horn によれば，仮想的な森林群集の種構成の変化を予測するには，次の 2 つが分ればよい．ひとつは，ある一定の期間内に，ある樹木個体が同種または他種の個体と置き換わる確率である．もうひとつは初期の種構成である．

Horn は，ある成木の下に生えているさまざまな種類の幼樹が，その種に取って代わるそれぞれの種の確率を表すと考えた．この情報を用いて，現在ある種が占めている地点が，50 年後に別の種に置き換わっている確率，およびまだ同じ種によって占められている確率を求めた（表 16.1）．例えば，カバノキが占有している地点が，50 年後にカバノキで占められている確率は 5% であり，ヌマミズキと置き換わる確率は 36%，アメリカハナノキとは 50%，ブナとは 9% である．

Horn はこのモデルを使い，初期値として成立から 25 年経っていることが判かっているアメリカ合衆国ニュージャージー州のある森林で，現在，林冠を構成する樹種を用いて，数世紀間の種構成の変化を示した．その変遷の概略を表 16.2 に示す（実際にはもっと多くの種が存在するが 4 種だけを示す）．この仮想的遷移の過程から，いくつかの予測ができる．まずアメリカハナノキが急速に優占してゆき，その一方でカバノキが姿を消すだろう．ブナはゆっくりと増え続け，最終的には優占種となり，ヌマミズキとアメリカハナノキは低密度で存続するだろう．この予測は実際に生じた遷移と合致している（最後列）．

Horn のモデル（いわゆるマルコフ連鎖モデル）の最も興味深い点は，充分な時間さえあれば，初期の森林の種構成とは無関係に，ある一定の安

...それは安定した種構成とそこに到達するまでにかかる時間を予測すること

定した種構成に収束するということである．それに向かっての変化は必然的で，たとえ最初の種構成がカバノキ 100% や，またはブナ 100% でも，あるいはヌマミズキ 50% とアメリカハナノキ 50% 混交林や，他のどんな組み合わせであっても（隣接した地域から初期に存在しな

表16.1 Horn (1981) による50年経過後の樹木の置き換わり行列．表の数値はある樹種の個体が50年経過後に同種または他の樹種の個体に置き換わる確率を示す．

現在の占有種	50年後の占有種			
	カバノキ	ヌマミズキ	アメリカハナノキ	ブナ
カバノキ	0.05	0.36	0.50	0.09
ヌマミズキ	0.01	0.57	0.25	0.17
アメリカハナノキ	0.0	0.14	0.55	0.31
ブナ	0.0	0.01	0.03	0.96

表16.2 カバノキが100%占有する森林を初期値とした森林での種構成の変化の予測値 (%)．(Horn, 1981より．)

種	森林の年齢						古い森林のデータ
	0	50	100	150	200	∞	
カバノキ	100	5	1	0	0	0	0
ヌマミズキ	0	36	29	23	18	5	3
アメリカハナノキ	0	50	39	30	24	9	9
ブナ	0	9	31	47	58	86	93

かった樹種の種子が供給される限り），置き換わりの確率行列だけに依存する形で，必ず達成されるのである．Korotkov et al. (2001) は，同じようなマルコフ連鎖モデルを用い，ロシア中央部の針葉・広葉混交樹林内の耕作放棄地で，ある遷移ステージから極相に到達するまでにかかる時間を予測した．その結果，放棄から極相までに480-540年，トウヒの下生えのあるカバノキ林の遷移中期のステージから極相までには320-370年かかると予測された．

このマルコフ連鎖モデルの予測はかなり正確なので，森林管理計画の策定の有効な道具となり得るかもしれない．しかし，このモデルは単純すぎ，その前提，すなわち置き換わりの確率が時間的にも空間的にも変化しない点と，最初の生物的条件や種の到来の順序などの歴史的な要素に影響を受けないとした点は，成り立たない場合が多いようである (Facelli & Pickett, 1990)．Hill et al. (2002) は，カイメン，イソギンチャク，多毛類，固着性藻類などから成る潮下帯群集の遷移において，種の置き換わりの確率が時間的，空間的にどう変異するのかという問題に取り組んだ．置き換わりの確率に平均化したものを用いても，確率に実際の時間的ある

いは空間的変異を与えても予測された遷移と終着点は類似したものになった．そして，3つのモデルの結果は，観察結果とよく一致した（図16.12)．

16.6 遷移の原因となる生物学的メカニズム

単純なマルコフモデルの利点にもかかわらず，遷移の理論は予測することだけではなく説明することもできなければならない．そのためには，このモデルの置き換わり値に対する生物学的な根拠を考えなければならない．その場合，このモデルに代わるアプローチを考えなければならない．

16.6.1 競争-移住のトレードオフと遷移的ニッチ機構

Rees et al. (2001) は，植生の動態を一般化するために，実験，比較，理論という異な

るアプローチを結びつけた．遷移初期の種は，資源が豊富なときには繁殖力が高く，効率的に分散し，成長が速いが，資源が枯渇しているときには成長は遅く，生存率も低いという一連の相関した形質を持つ．遷移後期の種は，おおむねそれとは反対の形質，すなわち資源が枯渇していても成長し，生存し，そして競争する能力を持つ．攪乱がなければ，遷移後期の種は，遷移初期の種が必要とするレベル以下にまで資源量を減らすので，やがては遷移初期の種に打ち勝つようになる．遷移初期の種は，次のいずれかの場合には生き残ることができる．(i)（分散能力や高い繁殖力のおかげで）近年攪乱が生じた場所に，遷移後期の種が移住してくるより前に移住し定着できる場合．あるいは，(ii) 資源が豊富であるために早く成長でき，その結果，たとえ遷移後期の種が同時にやってきたとしても，一時的にそれらの種に打ち勝つことができる場合．Reesと彼の共同研究者は，前者の機構を**競争-移住のトレードオフ**（competition-colonization trade-off），後者を**遷移的ニッチ**（successional niche；初期の条件は，遷移初期の種のニッチ要求とよく合う）と呼んだ．競争-移住のトレードオフは，物理的必然性によっても強められる．植物種間では，種子生産力の大きな違いは，種子サイズの大きな変異と逆相関する．すなわち，小さな種子を生産する植物は，大きな種子を作る種よりもたくさんの種子を生産する（第4章8.5節を参照）．それゆえ，Rees et al. (2001) は，小さな種子を生産する種は移住に適しているが（散布体が多い），競争には弱く（種子貯蔵が少ない），大きな種子を生産する種はその逆であると指摘した．

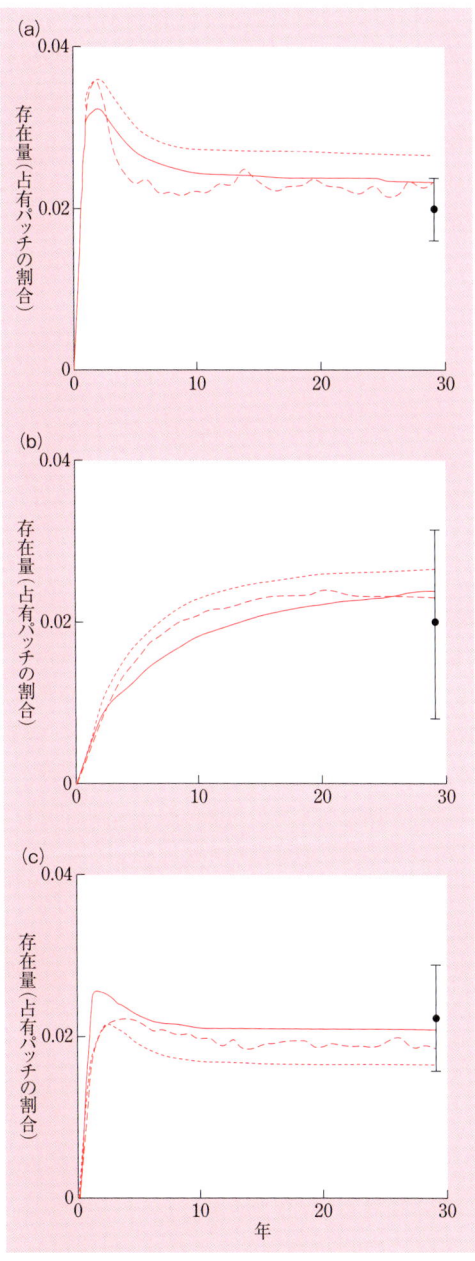

図16.12 マルコフ連鎖モデルによってシミュレーションされた完全な裸地状態の潮下帯群集の回復過程．置換確率の空間的変動を組み込んだ場合（実線），時間的な変動を組み込んだ場合（破線），均一な場合（点線）の3通りを示してある．(a) コケムシの一種 *Crisia eburnea*, (b) ヒダベリイソギンチャク *Metridium senile*, (c) 石灰沈着性のサンゴモ類．各グラフの端の点（±95％信頼区間）は，アメリカ合衆国メイン湾のある地点で実際に観察された値．(Hill *et al*., 2002 より．)

16.6.2 促進

競争-移住のトレードオフや遷移的ニッチに合致する事例は，これまでに見てきた遷移を含めて，ほとんどあらゆ

促進の重要性—しかしいつも重要というわけではない

る遷移において卓越している．さらにすでに見てきたように，遷移初期の種は遷移後期の種が定着・成長しやすいように物理環境を変化させるかもしれない（例えば，土壌の窒素濃度を上げる）．それゆえ，促進は遷移をもたらす現象のひとつとして取り上げられるべきである．現時点ではこのような状態がどれくらい普遍的なものなのかには答えられないが，逆方向への変化が決して稀ではないとだけは言える．多くの植物が自種に不利となる方向ではなく有利となる方向へと環境を変化させる（Wilson & Agnew, 1992）．例えば，木本植生は霧や霜から水を得ることで，自分自身の成長条件を改善する．一方，イネ科の多い草原では地表を流れる水が遮断されて，それによって生じた湿気を多く含んだ土で，自分自身の成長が良くなる．

16.6.3 敵との相互作用

種子捕食の重要な役割

Rees et al.(2001)は，競争−移住のトレードオフからみて，種子の到着率が競争力のある植物の加入に大きく影響すると指摘した．これは，種子生産を減らす植食者が，競争力のない植物よりも，競争力のある植物の密度を減らしそうであることを意味する．本章第4.4節で示された浜堤における研究で起こったことは，まさにこのことを示している．似たような例では，Carson & Root (1999) の研究がある．彼らは，耕作放棄地では約5年後に姿を見せ始めるセイタカアワダチソウ（*Solidago altissima*）が，種子捕食者である昆虫を除去すると，たった3年でそこを優占することを示した．これは，セイタカアワダチソウが種子捕食から解放されることによって，遷移初期に移住してきた種を早い段階で駆逐することができたために起こった．

それゆえ，もし植物の遷移をさらに深く理解しようとするなら，競争−移住のトレードオフ，遷移的ニッチや促進だけでなく，第4のメカニズム，すなわち敵との相互作用についても考慮しなくてはならない．種子捕食者の役割を理解するために行われた実験は，土壌食物網の特性（Gange & Brown, 2002），落葉落枝の存在と攪乱（Ganade & Brown, 2002），植生を消費する哺乳類の存在（Cadenasso et al., 2002）が遷移の結果に重要な役割を持つ場合もあることを示している．

16.6.4 資源比率仮説

Tilman の資源比率仮説では，競争力の変化を重視する

種の置き換わりに関与する遷移的ニッチについてのもうひとつの例は注目に値する．アメリカヤマナラシ（*Populus tremuloides*）は，北アメリカでは，アカガシワ（*Quercus rubra*）やサトウカエデ（*Acer saccharum*）よりも初期の遷移相で見られる樹木である．Kaelke et al. (2001)は，低木層（自然光の2.6％の光が当たる条件）から小さな空き地（同69％）までの範囲で光条件の勾配に沿って植えられたこの3種の苗木の成長を比較した．アメリカヤマナラシは，光が5％以上届く環境で他種よりも大きく成長した．しかし，光がほとんど届かないような条件では，遷移後期の種であるアカガシワやサトウカエデがアメリカヤマナラシよりも成長し，生存も高かった（図16.13）．遷移についてのTilman (1988)の**資源比率仮説**（resource-ratio hypothesis）では，条件が時間とともにゆっくりと変化することによって，植物種間の相対的な競争力が変化することを重視している．Tilmanの仮説によれば，陸生植物の遷移の各時点でどの種が優占するかは，制限要因となる2つの資源，すなわち（Kaelke et al., 2001で示されたように），光がどれだけ利用できるかだけでなく，土壌中の栄養塩（窒素量の場合が多い）にも強く影響される．遷移の初期段階では，実生にとっての生育場所は，栄養塩は少ないが光は豊富な環境である．落葉落枝が供給されることと分解者の働きによって，時間が

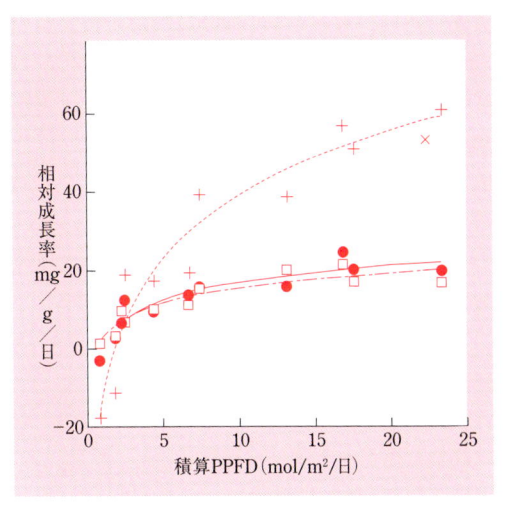

図 16.13　光合成光量子束密度（PPFD）に関するアメリカヤマナラシ（＋），アカガシワ（●），サトウカエデ（□）の相対的な成長率．（Kaelke *et al.*, 2001 より．）

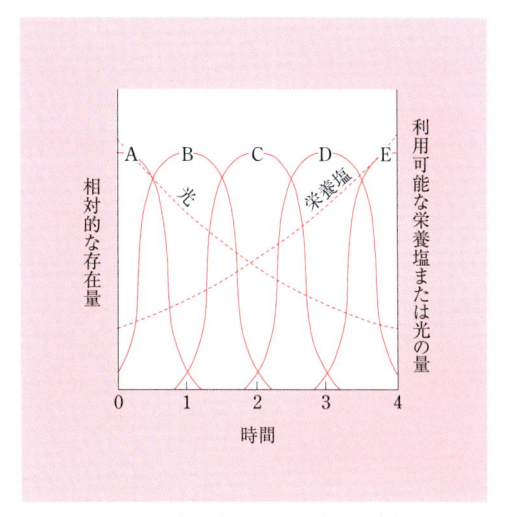

図 16.14　Tilman（1988）の遷移の資源比率仮説．土壌の栄養塩と光についての要求量が異なる仮想的な 5 種の植物を示す．遷移の間，この生育場所は栄養塩が乏しく光が豊富な状態から，次第に栄養塩は豊富であるが地表への光が少ない状態へと変化する．この条件の変化によって植物間の相対的な競争能力も変化し，優占種はAからEへと変遷する．

経つにつれて利用可能な栄養塩の量も増えてゆく．このことは，非常に貧弱な土壌（もしくは土壌がまったくない場合）から始まる一次遷移で際立つと予想される．しかし，植物の生物体量の総量もまた時間とともに増加し，その結果，地表へ届く光量は減少する．図 16.14 に Tilman の仮説を仮想的な 5 種について示す．A 種は栄養塩についての要求量は一番低いが，光量は一番多く必要とする．背丈は低く匍匐性である．一方，E 種は，高い濃度の栄養塩と低い光量の生育場所で優占する種で，地表での光量については一番低くてもよいが，栄養塩を一番多く必要とする．背高は高く，直立する．B，C，D 種の要求は中間に位置し，土壌中の栄養塩の量と，光量についての傾斜に沿って，それぞれ異なる位置を占める．この Tilman の仮説を検証するためのさらなる野外実験が望まれる．

16.6.5　生活力特性

競争力を越えたもの ― Noble & Slatyer の生活力特性

Noble & Slatyer（1981）は，遷移過程での種の位置を決める性質を特定しようと試みた．彼らはそれを**生活力特性**（vital attributes）と呼んだ．それに関係する重要なものは 2 つあり，それは (i) 撹乱を受けた後，それから回復する方法（4 種類のカテゴリーに分けられる：成長による植物体の拡張（V）；埋土種子からの一斉発芽（S）；周囲からの多量の散布による種子の一斉発芽（D）；特別なメカニズムを持たず，少量の埋土種子だけによる穏やかな分散（N）），および (ii) 競争条件下での個体の繁殖能力である（2 つのカテゴリーに分けられる．競争に強い耐性がある種は T（tolerance），その反対は I（intolerance））．こうして，例えば，撹乱後に埋土種子から一斉発芽して，競争への耐性がない種（成長した同種もしくは他種個体の存在下では発芽もしくは成長できない）は，SI というカテゴリーに分類される．このような種の実生は，撹乱直後の競争相手の少ない時期にしか成長できないだろう．このようなパイオニア植物の生存には，種子からの一斉発芽が適している．このような種の例としては，すでに耕作放棄地での遷移の節で紹介した一年生草本のブタクサ（*Ambrosia artemisiifolia*）がある．対照的に，

アメリカブナ（*Fagus grandifolia*）はVT（根株からの再生が可能であり，もっと背の高い同種もしくは他種個体との競争下で成長し繁殖できる），もしくはNT（根株が残らなかった場合は，種子の分散によりゆっくりと侵入する）に属するだろう．いずれの場合でも，アメリカブナは最終的には他種を排除して極相林の一部を形成する．Noble & Slatyerの主張によれば，ある地域の全ての種は，2つの生活力特性（平均寿命も3番目の特性として考えられる）を用いて分類できる．こうした情報があれば，遷移の順序がきわめて正確に予測できるだろう．

　落雷によって生じる野火は，乾燥地の生態系でよく見られる自然攪乱である．Noble & Slatyerによって特定された攪乱から回復する2つの方法と同様に，野火からの回復にも2つの方法がある．萌芽再生者（Resprouters）は大きくて深い根系を持ち個体として野火を生き抜く．ところが種子再生者（reseeders）は野火で全滅するが，熱によって促される発芽と実生の成長によって再定着することができる（Bell, 2001）．オーストラリア南西部（地中海性気候）の森林や灌木林では，萌芽再生者と分類された種の割合が内陸の乾燥地と比べて高い．ここでは，オーストラリアの群集は他の場所よりも頻繁な野火にさらされており（平均で20年以内に一度の割合で起こる），萌芽再生者は成功しやすい．一方で，野火の間隔が長くなると，燃料の蓄積が増えて野火はより強大なものとなり，萌芽再生者を全滅させ，種子再生者が有利な戦略となる．

*r*種と*K*種，そして遷移　この生活力特性を進化的観点から考察すると，こうした特性のいくつかは，偶然にではなく相伴って生じたと考えられる．遷移の過程で生物の適応度を上げるには2つのやり方があると考えられる（Harper, 1977）．すなわち，(i) 競争による淘汰圧に対抗して遷移過程でできるだけ長期間存続できるような特性を発達させる（*K*戦略に対応する），もしくは(ii) 進行する遷移から逃れ，もっと早い段階にあるどこか別の場所を見つけて定着する特性を発達させる（*r*戦略に対応），のどちらかである（第4章12節を参照）．このため，進化的な視点で見れば，分散が得意な種は一般に競争力が弱いだろうし，またその逆もしかりである．このことは，遷移の早い段階と遅い段階に出現する植物の生理的特性を比べた表16.3を見れば明らかである．

16.6.6　遷移における動物の役割

　群集の構造と遷移は，植物だけの問題として扱われることが普通である．これにはそれなりの理由がある．普通，植物が群集の生物体量のほとんどを占め，物理的構造も決める．また，植物は逃げも隠れもしないので，種の一覧表を作成したり，個体数とその変化を比較的調べやすい．群集の特徴についての植物の量的貢献は，一次生産者であるということだけではない．植物体の腐朽の遅さも関係している．植物は群集の生物体量だけではなく，死物体量（necromass）のほとんども占めている．微生物やデトリタス食者の活動が活発でない限り，死んだ植物の体は落葉落枝層やピート（泥炭）として蓄積する．死物体量と樹木の遷移後期における役割 さらに，多くの群集で樹木が優占できるのは，死んだ組織を蓄積できるからである．樹木の幹と枝のほとんどの部分は死んでいる．多くの環境において草本植生から灌木や高木へと遷移していく傾向があるのは，樹木が大部分が死んだ支持組織（心材）でできた骨組みを伸ばして，その先に葉を茂らせた樹冠を作る（根についても同様）ことができるからである．

　動物は植物に比べ速く分解する．しかし，植物と同様に死んだ部分が残り，群集の構造と遷移を決める状況もある．これは動物の遺骸が腐敗しない場合に起きる．その例としては，サンゴ動物は遷移に影響されることが多いが，遷移に影響を与えることもある

表 16.3 遷移の初期と後期に出現する植物相の生理的特性. (Bazzaz, 1979 より.)

特性	遷移初期の植物種	遷移後期の植物種
時間当りの種子散布	高い散布量	低い散布量
種子の発芽は：		
以下の要因で促進される		
光	○	×
温度変化	○	×
高濃度の NO_3^-	○	×
以下の要因で阻害される		
遠赤外線	○	×
高濃度の CO_2	○	×？
光の飽和点	高い	低い
光の補償点	高い	低い
少ない光量での光合成効率	低い	高い
光合成速度	高い	低い
呼吸速度	高い	低い
蒸散速度	高い	低い
気孔, 葉肉の拡散抵抗	低い	高い
水輸送の抵抗	低い	高い
資源不足からの回復	速い	遅い
資源吸収効率	速い	遅い？

の成長に伴い生じる石灰化した骨格の蓄積である．サンゴ礁は，サンゴの遺骸の蓄積によって森林や泥炭湿原と同様の構造を持ち，遷移を引き起こす．サンゴ礁を形成するサンゴは，森林の樹木と同様に，死んだ部分の上へ同化部分を保持し，その遺骸を次々と蓄積することによって，群集内での優占率を高めてゆくのである．どちらの場合も，そのような生物は非生物的環境に多大な影響を与え，それによって他の生物の生活を拘束する．サンゴ礁群集（動物とその共生藻がつくるサンゴで構成される）は熱帯雨林と同じくらい複雑かつ多様で，特有の動態を示す．

群集の構造やその遷移は主に植物たちによって特徴づけられるが，動物たちがいつも一方的に植物に支配されているわけではない．確かに，植物たちは全ての食物連鎖の出発点であり，動物の住む物理的環境の性質を決めてしまうため，群集の特徴が決まることに重要な役割を果たしている．しかし，時には動物たちが植物たちに影響を与える場合もある．例えば，先に見たように，種子食の昆虫や齧歯類は，遷移後期にやってくる種の種子死亡率を高めるために，耕作放棄地や浜堤での遷移を遅くする．ケニアのンダラという熱帯サバンナ地域は，大きな規模での動物の役割をみることのできる際立った事例である．サバンナの植生は草食動物の喫食によって維持されている場合が多い．そのサバンナのある地区からゾウを実験的に排除すると，10年間で樹木の量が3倍にも増えた（Oweyegha-Afundaduulaによる研究で，Deshmukh, 1986が報告している）．

しかしながら，遷移において，動物は植物に受動的に追随する方が多いことは確かである．耕作放棄地の遷移過程でみられるスズメ目の鳥の変遷はその例といえるだろう（図16.15）．VA菌根（第13章8.2節を参照）にも，耕作放棄地の遷移での土壌の変遷に伴ってはっきりとした種の交替が見られるので（Johnson et al., 1991），植物遷移に追随しているといえるであろう．しかし，こうした現象が見られるからといって，種子を食べる鳥，もしくは植物の成長と生存に影響を与える菌類が遷移の過程に影響を与えないというわけではなく，必ず影響しているはずである．

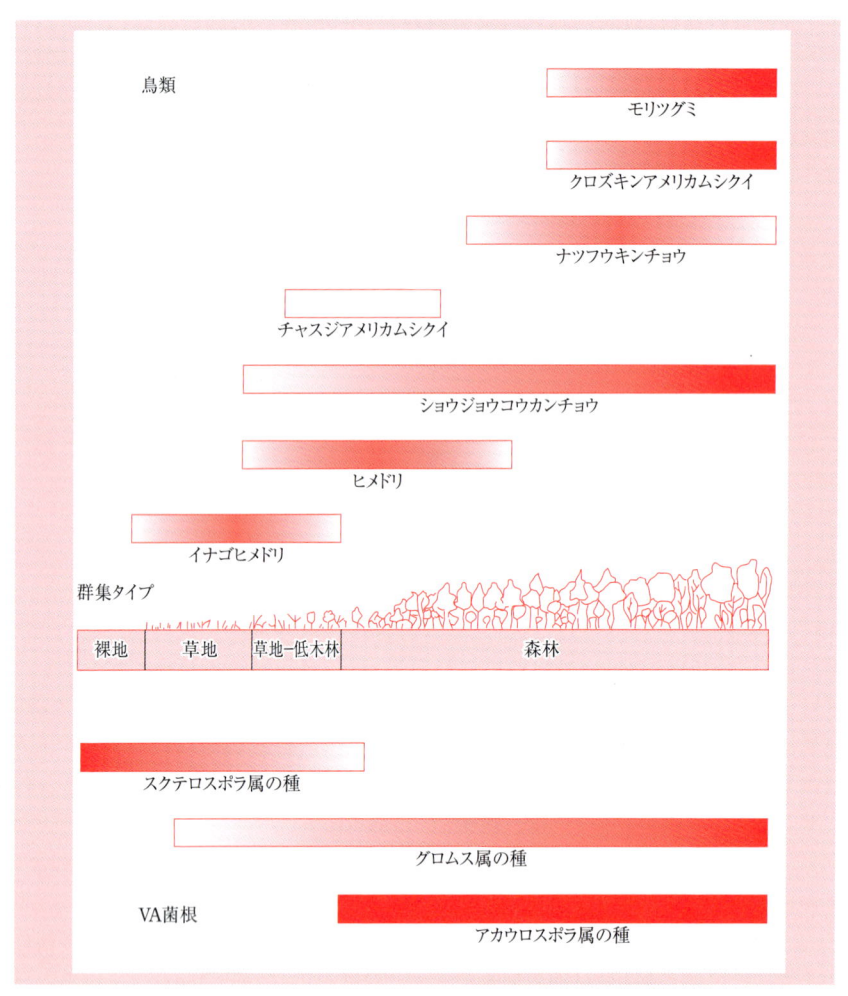

図16.15 上:アメリカ合衆国,ジョージア州ピーモント地域における植物の遷移系列に沿った鳥類の分布.明暗の違いは鳥類の相対的な密度を示す(Johnson & Odum, 1956による;Gathreaux, 1978から引用).下:アメリカ合衆国,ミネソタ州の耕作放棄の遷移における土壌内のVA菌根の分布.明暗の違いはそれぞれの属または種の胞子の相対的な密度を示す.(Johnson et al., 1991より.)

16.6.7 極相の概念

遷移に最終段階はあるのだろうか.もし,仮にある個体が死んでも同種の若い個体と1対1で置き換わるとしたら,何らかの安定した平衡状態に達することは明らかである.もう少し複雑な状況ではあるが,マルコフの数理モデル(本章第5節を参照)によれば,種の置き換わる確率(同種もしくは別の数種のうちどれかと)が時間を経ても一定であれば理論的には平衡状態になる.

極相の概念については長い歴史がある.遷移についての最も初期の研究者の一人であるFrederic Clements (1916) は,それぞれの気候帯には,全ての遷移の最終段階として,たったひとつの極相が存在すると考えた.遷移の出発点がたとえ砂丘であれ,耕作放棄地であれ,あるいは土砂の流入で埋まり陸性の極相へと向かっている沼沢であってもである.この単一極

相（monoclimax）の考えには，多くの生態学者が異を唱えたが，その代表といえるのはTansley（1939）である．彼の学派による多極相（polyclimax）の考えでは，各地域の極相は，気候，土壌条件，地形，野火などの要因のひとつまたはその組合わせによって決まるので，ひとつの気候帯でもその中にはさまざまな形の極相が存在する．さらにその後，Whittaker（1953）が極相パターン（climax-pattern）説を提唱した．この仮説では，極相は環境傾度に沿って変化してゆく連続体であり，独立した極相として分離することはできない（これは本章第3.1節で取り上げたWhittakerによる植生の環境傾度分析の考え方を拡張したものである）．

> 極相——速やかに到達するものもあれば，めったに成立しないものもある

実際，野外で安定した極相群集を確認することはきわめて難しい．通常，野外研究で示すことができるのは，遷移の変化速度が小さくなり，ついには感知できなくなる状態だけである．その意味では，図16.12で取り上げた潮下帯岩礁の遷移は，極相に達するまでの時間がたった数年という特異な例である．耕作放棄地の遷移では，極相に達するのに100〜500年が必要と考えられている．しかし，その期間に野火や嵐に見舞われる確率はきわめて高いので，遷移が最後まで進むことはまずないだろう．また，北半球の温帯，そして，おそらく熱帯でも，森林群集は最後の氷河期からの回復途上にある（第1章を参照）ことを考えれば，典型的な極相群落が自然界で頻繁に成立しているとは考えにくい．

16.7 時空間的な文脈における群集——パッチ動態という視点

> 遷移的モザイクという考え

ヘクタールの単位で考えた場合，安定した群集構造を持っていると考えられる森林あるいは放牧地は，小規模の遷移を寄せ集めたもの（モザイク）とみなせるだろう．木が倒れ，草原が枯れるということは，すなわち新しい遷移が始まるきっかけとなる．生態学研究の歴史上，最も影響力の大きい論文のひとつは「植物群集のパターンとプロセス」（Watt, 1947）である．群集のパターンの一部は，死亡，置き換わり，そして微小遷移（microsuccession）の動的な過程によって引き起こされる．それゆえ，群集構成のパターンを考える上で，これまで別々に考えてきた空間的な影響（本章第3節）と時間的な影響（本章第4節）を同時に考えることがきわめて重要となる．

すでに見てきたように，ギャップを形成する攪乱はあらゆる群集においてよく見られる．

> 攪乱，ギャップ，分散，新規加入

ギャップ形成は，開けた場所が必要な固着性の種，あるいは定着性の高い種にとってきわめて重要であるが，移動性の種（例えば，河川床に生息する無脊椎動物）にも重要である（Matthaei & Townsend, 2000）．群集のパッチ動態の概念は，生息場所を，さまざまな種の個体が攪乱を受けては消滅し，そして再移住する多数のパッチからなるととらえる（Pickett & White, 1985）．移住のないひとつのパッチは，定義からすれば閉鎖系（closed system）であり，一度絶滅が起きればその種がパッチに復帰することはない．しかし，開放系（open system）では，他のパッチからの侵入が可能なために，絶滅が起きても，そのパッチに絶滅した種が再び現れる可能性がある．

パッチ動態の観点では，生息パッチ間の移住の重要性を認識することはきわめて重要なことである．これには，成熟個体の移住も含まれるだろうが，最も重要な過程は，通常，未成熟な散布体（propagule：種子，胞子，幼生など）の分散と多数の生息パッチにおける新規加入である．個々の種の生息パッチへの到着の順番や，相対的な新規加入の程度は，群集内部での個体群間の相互作用の特性や結果を左右するだろう（Booth & Brosnan, 1995）．

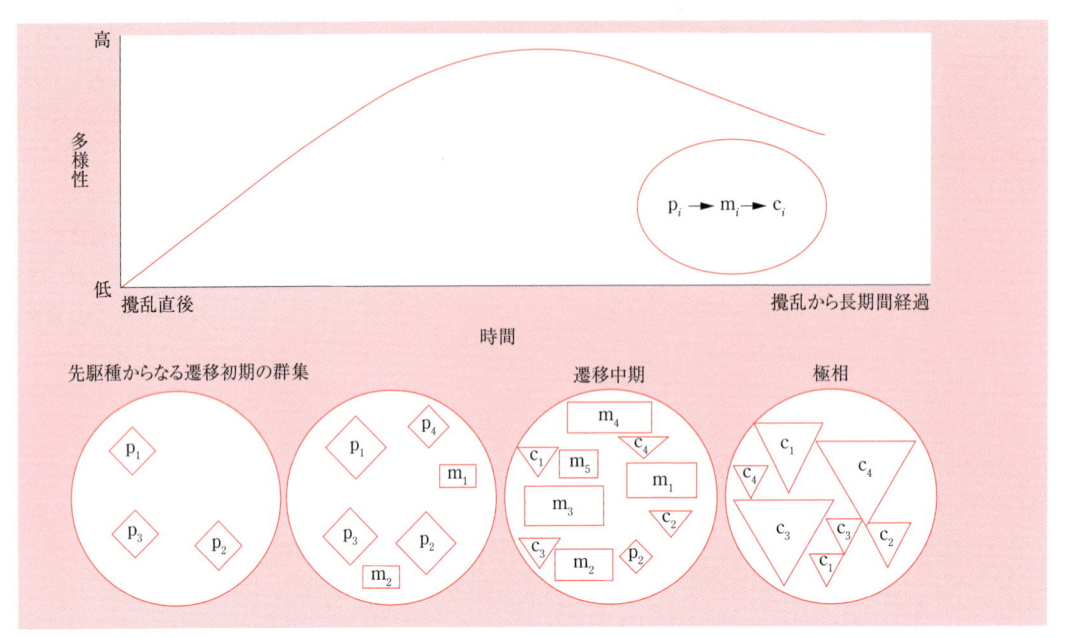

図16.16 仮想的なギャップにおける小規模遷移．ギャップを占有する種は合理的に予測できる．多様性は，数種の先駆種（P_i）が移入する初期段階で低く，遷移中記種（m_i）と極相種（c_i）が入り混じる遷移中期に最大に達し，極相種による競争排除のために再び低下する．

本章第4.1節で見たように，群集内には2つの基本的に異なる状況がある．そのひとつは，群集内に競争に優れた種が存在する状況で，これを優占種制御（dominance controlled，これは遷移を意味する．）と呼ぶ．もうひとつは，すべての種が同じような競争力を持っている状況で，これを創始者制御（founder controlled）と呼ぶ．どちらであるかによって，群集の動態はまったく違ったものとなる．以下では，これらを順番に検討しよう．

16.7.1 優占種制御の群集

優占種制御の群集と遷移　競争に有利な種がいるパッチ動態モデルでは，攪乱の効果とは，群集を遷移の初期段階に強制的に戻すことである（図16.16）．攪乱によってできた空間には，何種かの日和見的な遷移初期の種（図16.16におけるp_1，p_2など）が移住してくる．時間が経つとともに，そこに移住してくる種は増えるが，そのような種の分散能力は比較的低い．これらの種はやがて成熟し，遷移中期には優占種となり（m_1，m_2など），そして，多くの，ときには全ての先駆種は駆逐される．さらに時間が経つと，最も競争に有利な種（c_1，c_2など）が周囲の種を追い払い，群集は再び極相段階に達する．この一連の移り変わりの中で，多様性はまず低い水準で始まり，遷移中期に高まり，極相に達すると再び低下する．ギャップができると，そこでは基本的には小規模な遷移が生じる．

攪乱の規模と同調　攪乱は，広範囲にわたって同調して起きるものもあれば，時期を違えて起きるものもある．森林火災は，極相群集の大部分を破壊しうる．そうすると，その地域全体で多少とも同調した遷移が起こる．その時，多様性は，初期の移住期に高くなり，極相に近づくにつれ競争排除によって再び低下する．これよりはずっと規模の小さい攪乱もあり，それらはパッチワーク状の生息場所を作り出す．攪乱が同調していないならば，その結果できる群集は，異な

る遷移段階にあるパッチのモザイクによって構成される．同調しない攪乱によって生じる，極相を含むモザイク内の種数は，きわめて長い期間攪乱を受けずに1種または数種の極相種だけが優占する広い地域よりもはるかに多くなる．Towne（2000）は，大型の有蹄類（主にバイソン *Bos bison*）の死体が散在する乾燥草原に定着する植物を観察した．腐肉食動物は，死体の体組織の大部分を取り除くが，大量の体液や分解生成物は土壌に染み込む．そこに生えていた植生の喪失と相まった栄養塩類の大量流入は，資源がきわめて豊富で競争者のいない地点（パッチ）を作り出す．このようなパッチは，耕起後に放棄された農地やアナグマによって掘り起こされた土地とは異なり，土壌は攪乱されていないので例外的なパッチだとも言える．つまり，このようなパッチに移住してくる植物は，その場所の種子バンク由来ではない．このパッチの例外的な特性のために，これらの先駆種の多くがプレーリー全体からみればいずれも稀少な種であり，死体のあった場所が何年にもわたって種多様性や群集の異質性を維持することに貢献する．

16.7.2 ギャップ形成の頻度

攪乱が群集に及ぼす影響は，ギャップが形成される頻度と強く相関している．これに関連した仮説として，**中規模攪乱説**（intermediate disturbance hypothesis）（Connell, 1978；またそれに先立つ Horn, 1975 の論考も参照）がある．この仮説は，中規模水準の攪乱下で最も高い多様性が維持される，と主張する．激しい攪乱の直後には，いくつかの先駆種が空いた空間に到達する．その後も攪乱が頻繁に起これば，図 16.16 で示してたように，ギャップが先駆段階より先に進むことはないだろう．そして群集全体としての多様性は低いままとなる．攪乱と攪乱の間隔が広がれば，その間にもっとた

（欄外：Connell の中規模攪乱仮説）

くさんの種が侵入できるようになるため，多様性もまた高まっていく．これが中程度の規模の攪乱下で起こる状況である．攪乱の頻度が極端に少ないと，ほとんどの群集が極相に到達したまま長い間維持されるので，競争排除が起きて多様性は低下する．図 16.17 はこのことを図示したものであり，パッチ間で同調しないギャップをそれぞれ，高頻度，中頻度，低頻度で形成させたときに期待される，個々のギャップ内及び群集全体における種の豊富さの変化のパターンを示している．

ギャップ形成の頻度の影響は，Sousa（1979a, 1979b）によってカリフォルニア州南部の潮間帯に生息する，さまざまな大きさの丸石に付着する藻類群集において研究されている．小さな石は，大きな石よりも頻繁に波の作用によって攪乱される．その経過を追った写真を用いて，Sousa は，ある大きさの石が 1 ヵ月の間に攪乱される確率を推定した．主に小さい石から成る一番下の階級の石（49 ニュートン（N）以下の力で動く）は，1 ヶ月当りに動く確率が 42％であった．中ぐらいの大きさの石（50〜249 N で動く）の動く確率はずっと低く，9％であった．そして，主に大きな石から成る一番上の階級の石（249 N 以上必要）の動く確率は，わずか 0.1％であった．丸石の攪乱される確率は，単純にその石の上面の面積からではなく，その石を動かすのに必要な力によって評価しなければならない．なぜなら，見かけは小さな石でも，実は埋まっている大きな石の一部として安定していることもあるし，大きな石でも，いびつな形をしていれば相対的に小さな力でも動くことがあるからである．この 3 つの階級の丸石（動かすのに要する力が，49 N 以下，50〜249 N，249 N 以上）は，攪乱にさらされる頻度の異なるパッチと見ることができる．この場合の攪乱とは，冬の嵐の起こす波によってこれらの石がひっくり返されることである．

（欄外：岩礁域潮間帯での丸石の攪乱されやすさに関する研究は…）

遷移の初期段階では，先駆種であるアオサ属

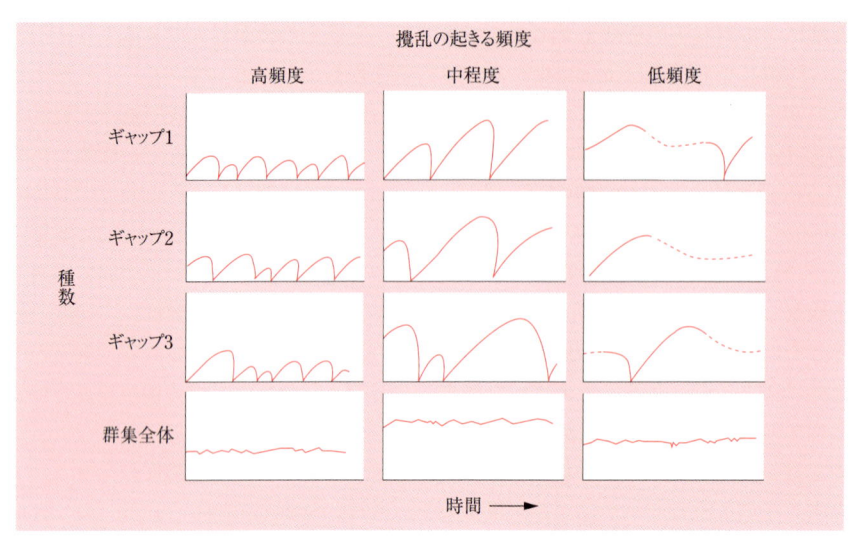

図 16.17　3通りの頻度で攪乱を受ける3つのギャップおよび群集全体での，種数の時間的変化を図式化したもの．攪乱はギャップ間で同調していない．破線の部分は極相に近づくにつれて生じる競争排除を示している．

表 16.4　動かすのに必要な力の大きさ（ニュートン）によって3つの階級に分けられた丸石の裸出部分の面積と，その表面に育成した藻類の種数の季節変化．（Sousa, 1979b より）．

調査時期	丸石の階級 (N)	裸出部分の割合（%）	種数		
			平均	標準誤差	範囲
1975年11月	<49	78.0	1.7	0.18	1–4
	50–294	26.5	3.7	0.28	2–7
	>294	11.4	2.5	0.25	1–6
1976年5月	<49	66.5	1.9	0.19	1–5
	50–294	35.9	4.3	0.34	2–6
	>294	4.7	3.5	0.26	1–6
1976年10月	<49	67.7	1.9	0.14	1–4
	50–294	32.2	3.4	0.40	2–7
	>294	14.5	2.3	0.18	1–6
1977年5月	<49	49.9	1.4	0.16	1–4
	50–294	34.2	3.6	0.20	2–5
	>294	6.1	3.2	0.21	1–5

Ulva spp. や他の藻類の移住によって種数は増加した．しかし，極相になると多年生紅藻類であるスギノリ属の一種 *Gigartina canaliculata* による競争排除のために，種数は再び減少した．注意すべきは，人為的に固定しておいた小さな丸石の上でも同じような遷移が起きたことである．つまり，丸石の大きさによって表面に生じる藻類群集に違いが現れるのは，単に丸石の大きさが変わるためではなく，丸石の大きさによって攪乱の頻度が変わるためである．

操作を加えずに放置された丸石は，その大きさ，つまり攪乱される確率によって上述の3つの階級に分けられ，その上の藻類の構成が4回にわたって調べられた．表 16.4 に示すように，裸出した岩肌の面積の割合は丸石が大きくなるほど減少している．これは，大きな丸石の方が攪乱頻度が低いことを意味する．平均種数は，頻繁に攪乱される小さな丸石上で最も低かった．これらの小さな丸石で優占するのは，たいていアオサ属の藻類とイワフジツボの一種

Chthamalus fissus であった．種数が一番多いのはいつも中ぐらいの大きさの丸石であった．中ぐらいの石には，表面のほとんどの部分に3～5種の藻類が高密度で混じり合って生育しており，そうした種はさまざまな遷移段階を代表するものであった．一番大きな階級の丸石の平均種数が，中ぐらいの大きさの丸石よりも低かった．それでも，1種だけに独占された丸石はほんの数個であった．そうした石の表面の大部分を覆っていたのは，スギノリ属の一種 *G. canaliculata* であった．

…中規模攪乱仮説を強く支持する　この結果は，ギャップ形成の頻度に関しては，中規模攪乱仮説を強く支持している．しかし，見落とさないように注意して欲しいことは，これはきわめて確率論的な過程であるという点である．小さな丸石の中にも，調査期間中にたまたま反転しなかったものもある．これらの小さな丸石上では，極相種であるスギノリ属の一種が優占した．しかし，平均的に見れば，種数と種構成は予測されるパターンに従っていたのである．

この研究の巧みな点は，短い期間，中ぐらいの期間，長い期間で，（波が起こす反転によって）ギャップとなる，（丸石という）識別しやすいパッチだけで構成される群集を対象としていることである．ギャップへの移住は，主にこの群集内の他のパッチに由来する散布体が行う．このようなさまざまな大きさの丸石が入り混じった群集は，さまざまな頻度で起こる攪乱のために，大きな丸石だけから成る群集よりも多様になるだろう．

小さな河川の研究もこの仮説を支持する　小さな河川では，攪乱は増水時に起きる河床移動という形をとることが多い．氾濫の起こり方と河床の基質が違うために，ある河川群集は他の群集よりも頻繁かつ広範囲に攪乱される．こうした違いが，ニュージーランド，タイエリ川の54地点で調べられている（Townsend *et al.*, 1997）．その調査では，40%以上（この水準

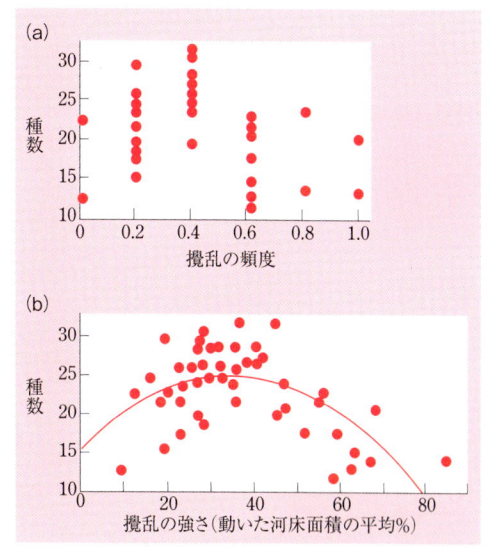

図16.18　ニュージーランドのタイエリ川の54地点で評価した，無脊椎動物の種数と (a) 攪乱の頻度（1年間に40%以上の河床が動いた回数で評価）との関係（分散分析で $P<0.0001$ で有意），および (b) 攪乱の強さ（移動した河床の割合の平均）との関係（多項回帰が当てはめられ，その関係は $P<0.001$ で有意）．この2つの傾向は本質的には同じである．つまり，攪乱の頻度と強さは強く相関している．（Townsend *et al.*, 1997による．）

は任意に設定された）の河床が動く頻度と，動いた河床の割合の平均値（個々の地点を代表する大きさの石に色を塗り，1年に5回観察して評価した）が記録された．これらの地点で記録された昆虫の種数のパターンは，中規模攪乱仮説に合致していた（図16.18）．強い攪乱が高頻度で起こる場合の種数の低下は，そのような状況では存続できない種が多いことを反映しているのだろう．弱い攪乱が低頻度で起きる場合の種数の低下が，中規模攪乱仮説の示唆する競争排除によるものなのかどうかは，今後検証すべき課題として残されている．

16.7.3　ギャップ形成と修復

ギャップの大きさは，群集構造に異なる影響を与えることがある．なぜなら，大きなものと

表16.5 ブラジル南西部の潮間帯で行われた2つの実験で作られたギャップの面積，周囲長，周囲長対面積の比の値．（Tanaka & Magalhaes, 2000より．）

	面積 (cm^2)	周囲長 (cm)	周囲長対面積の比
パッチのサイズの効果			
四角形	25	20	0.8
四角形	100	40	0.2
四角形	400	80	0.2
パッチの形状の効果			
四角形	100.0	40.0	0.4
円形	78.5	31.4	0.4
長方形	112.5	45.0	0.4
扇形	190.1	78.6	0.4

ギャップの大きさの影響と…

小さなものでは移住の機構が大きく異なるからである．大きなギャップの中央に移住してくる可能性が最も高いのは，相対的に遠くまで運ばれる散布体を産する種である．しかし，小さなギャップでは，移住する散布体のほとんどは，近隣の定着個体から生じるので，散布体の移動能力はあまり重要ではない．さらに，もっと小さなギャップは，単に周囲の個体が横方向へ伸長することによって埋められてしまうだろう．

潮間帯のイガイ床は，ギャップ形成と修復の過程を調べるのに最適な群集である．攪乱がなければ，この場所にはおそらくきわめて単調なイガイ床だけが広がるだろう．しかし多くの場合，波の作用によってイガイ床にギャップができ，そこに多くの種が入り込むので，イガイ床は絶えず変化するモザイクとなっている．ギャップは実際どこにでも出現しうるし，イガイ床という海の中にある島として何年も存続することもある．これらのギャップの形成時の大きさには，1個の貝ほどの大きさから，数百m^2ほどの大きさまでの幅がある．一般的に，個々のイガイ，あるいはイガイ床は，病気，捕食，老齢，そしてもっと頻繁には，嵐のときに波や丸太がぶつかることによって，弱ったり傷ついたりする．ギャップはできると同時に埋まり始める．

Tanaka & Magalhaes (2002) は，遷移の動態に対するパッチサイズとパッチ周囲長対面積の比率の影響を調べるために，ブラジルのアラスジヒバリガイ属の *Brachiodontes solisianus* と *B. darwinius* で形成されるイガイ床において実験を行った．彼らは，中程度に波の作用を受ける海岸線のイガイ床に大きさの異なる四角いギャップを作った（ギャップは，各々同じ形状をしているために，面積が大きくなるほど周囲長対面積の比が小さくなる）（表16.5）．彼らはまた，物理的によく似たすぐ近くの海岸のイガイ床で，4つの異なる形状をしたギャップを作り，各形状から周囲長対面積の比が等しいものを選んだ（図16.19a）．円形のギャップは，他のどの形状のギャップよりも単位面積当りの周囲長が短いことに注意してほしい．彼らは，自然条件下で観察されるギャップの面積を超えないようにギャップを作った（図16.19b）また，観察されたギャップの大きさは，海岸線の間で差はなかった．

…ギャップの形の影響

…イガイ床でのギャップへの移住

ギャップを作ってから6ヵ月もすれば，小さなギャップは藻類食のユキノカサガイ科の一種 *Collisella subrugosa* が高密度で分布するようになる（図16.19c）．また，小さなギャップでは，中ぐらいの大きさのギャップや大きなギャップと違って，*B. darwinius* が優占するものの，2種のイガイの移住が速やかに始まった．大きなギャップでは，6ヵ月後には，イワ

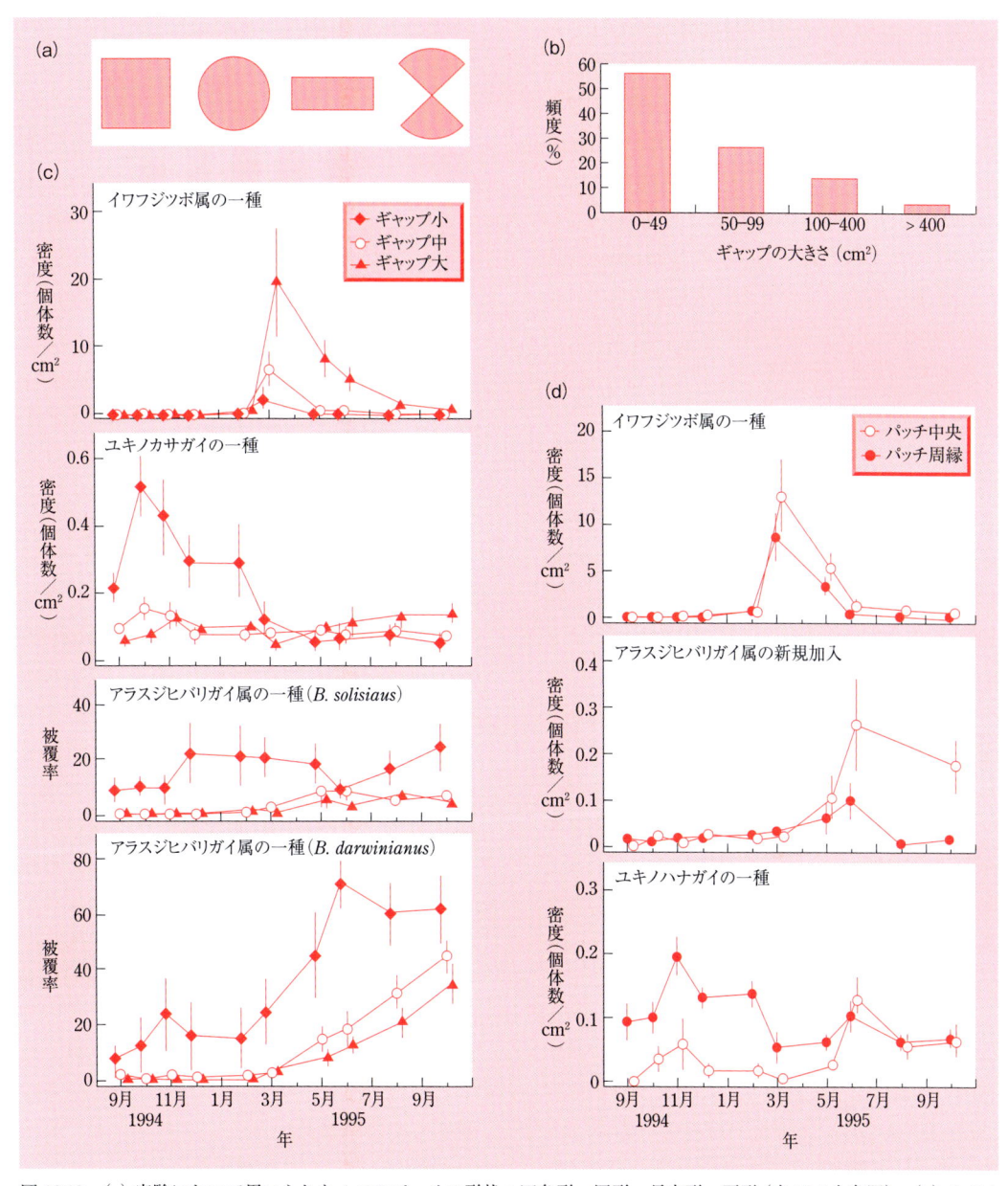

図16.19 (a) 実験において用いられた4つのパッチの形状：四角形，円形，長方形，扇形（表16.5も参照）．(b) イガイ床に自然に生じたギャップのサイズ分布．(c) 小さな四角形，中型の四角形，あるいは大きな四角形のギャップに移入してきた4種の平均存在量（±SE）．(d) 400 m²の四角形のギャップの周縁（ギャップの縁から5 cm以内），あるいは中心における3種の加入．(Tanaka & Magalhaes, 2002より．)

フジツボ科の一種 *Chthamalus bisinuatus* が高密度で分布し，カサガイは周縁部に追いやられた．一方で，中心部は幼生の定着によるアラスジヒバリガイ属が多くみられた（図16.19d）．同じ周囲長対面積の比を持つギャップは，面積が違っても同じような移住パターンを示した．すなわち，移住の動態を決めるものは主に隣接する移住者の供給元からの距離である．

カサガイがギャップの周縁に定着するのは，そこが視覚で餌を探す捕食者からの攻撃を受け

にくいからだろう．カサガイが増えればイワフジツボが減るという両者の分布の負の関係は，カサガイがイワフジツボを基質から押しのけることから生じるのだろう．Tanaka & Magalhaes は，攪乱が生じたパッチへの移住者としては *B. darwinius* の方が *B. solisianus* よりも優れていると考えた．彼らはさらに，*B. solisianus* が偶然に大量に移住してくることでもない限り，*B. darwinius* がやがて海岸線全体を優占するようになるだろうと予想する．

...草原では...　イガイ床で見られるギャップへの移住パターンは草地においても認められ，両者は細かいところまでとてもよく似ている．草地のギャップは，穴を掘る動物の活動によってできたり，尿によって植物がパッチ状に枯死することで形成される．最初にまず，ギャップ周辺の植物の葉がギャップの中央に向かって寄りかかっていく．それから，ギャップの端から中に向かってクローンの拡大が起こる．きわめて小さなギャップは，速やかに埋まるだろう．大きなギャップでは，ギャップ外からの種子散布や，土壌中の種子バンクからの発芽によって，新しい個体が入ってくる．2〜3年も経つと，その場所の植生はギャップ形成以前に持っていた性質を示し始める．

...マングローブ林では...　森林では，大小さまざまなギャップが形成される．例えば，ドミニカのマングローブ林内の落雷によって形成されたギャップの大きさは，200 m² から 1600 m² あるいはそれ以上の幅がある（図16.20）．落雷によって，直径10-15 m 内にあるすべての木は数年間立ち枯れし

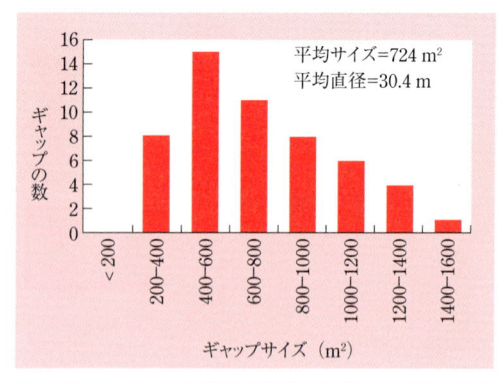

図16.20　ドミニカ共和国の熱帯マングローブ林における落雷によって生じたギャップの面積の頻度分布．(Sherman *et al.*, 2000 より．)

たまま，そこに残る．Sherman *et al.* (2000) は，アメリカヒルギ *Rhizophora mangle* やホワイトマングローブ *Laguncularia racemosa* が優占し，ブラックマングローブ *Avicennia germinans* も見られる林内で，落雷によって形成された林冠ギャップ内で，各樹種の成長率と死亡率がどれだけ異なるかを比較した．これら3種の稚樹の密度はギャップ内外で違いはなかったものの，成長率はギャップ内の方がはるかに高かった（表16.6）．しかし，修復されたギャップではアメリカヒルギが優占した．これは，この種のギャップ内での死亡率が他の種よりも低かったからである．Sherman *et al.* (2000) は，林床の泥炭層が落雷によって破壊され，その結果，滞水の水位が上昇したことに注目した．彼らは，アメリカヒルギは滞水への耐性が高いからこのギャップで成功したのではないかと推察した．

植物以外の生物も，ギャップ内にきわめて多

表16.6　落雷によって生じたギャップと無傷の林冠の下の林床におけるマングローブ3種の稚樹の初期のサイズと，1年後の成長，死亡率．(Sherman *et al.*, 2000 より．)

	初期の稚樹の直径 (cm ± SE)		成長率 (直径の増加量, cm ± SE)		死亡率 (%)	
	落雷のギャップ	無傷の林床	落雷のギャップ	無傷の林床	落雷のギャップ	無傷の林床
アメリカヒルギ	1.9 ± 0.06	2.3 ± 0.06	0.58 ± 0.03	0.09 ± 0.01	9	16
ホワイトマングローブ	1.7 ± 0.11	1.8 ± 0.84	0.46 ± 0.04	0.11 ± 0.06	32	40
ブラックマングローブ	1.3 ± 0.25	1.7 ± 0.45	0.51 ± 0.04	−	56	88

く出現する可能性がある．Levey（1988）は，コスタリカの熱帯雨林の研究で，花蜜食と果実食の鳥類の密度が，倒木で生じたギャップ内で著しく高いことを見出した．これは，ギャップ内では，閉じた林冠の下と比較して下層木が長い期間にわたって多くの果実をつけるためである．

16.7.4　創始者制御の群集

創始者制御の群集 ── 予測できる遷移ではなく，くじ引き競争

本章第7.1節で議論した優占種制御の群集においては，構成種はよく知られたr淘汰とK淘汰の種の2つに区別され，それらの種の移住能力と競争における能力の順位とは逆の関係にあった．一方創始者制御の群集では，すべての種は優れた移住能力を持つと同時に，基本的には競争力に違いはない．そのため，攪乱によってパッチが形成されても，そこでは遷移が生じるのではなく，**競争的くじ引き**（competitive lottery）が起きると予想される．ギャップに侵入する能力や非生物的環境への耐性が多くの種でほぼ等しく，いったん定着すれば後から来るすべての侵入者を抑え，ギャップを占有したまま寿命を全うすることができるとしよう．この条件下で，ギャップが間断なくかつランダムに現れる環境では，競争排除が生じる可能性は極めて低くなるだろう．これが，競争的くじ引きと呼ばれる状態である．もうひとつ，共存のための条件がある．それは，親の個体群が多数の子を生産するとしても，ギャップに侵入してくる若い個体が，いつも特定の種に偏ることがないという条件である．さもなければ，継続的に攪乱される環境であっても，最も繁殖力大きい種が空間を独占してしまうだろう．

サンゴ礁における魚類の共存

もしこれらの条件がそろったなら，ギャップの占有が時間的にどのように変化するのかを予測することができる（図16.21）．生物が

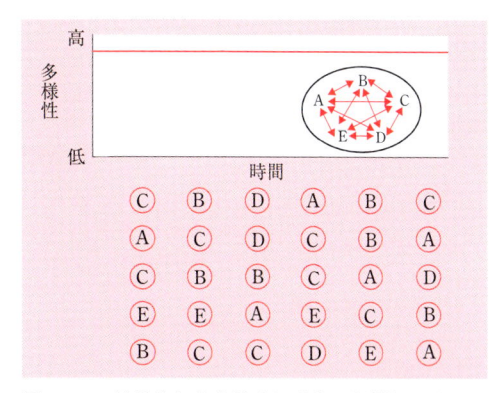

図16.21　仮想的な競争的くじ引き．週期的に利用できるようになるギャップの占有を示す．種Aから種Eのそれぞれは，前にどの種がそこを占めていたかに関わりなく，等しい確率でギャップを埋める．種数は，高くかつ相対的に一定の水準で維持される．

死んで（あるいは殺されて）ギャップが形成されると，そこへ侵入が始まる．どの種がどの種に置換されるかは決まっておらず，種数は高い水準に保たれる．実際に熱帯サンゴ礁の魚類群集のいくつかは，このモデルに当てはまりそうである（Sale, 1977, 1979）．これらの群集は非常に多様である．例えば，グレートバリアリーフの魚類は南部で900種，北部では1500種にもなり，直径3mのサンゴのパッチひとつに50種以上の定住種が記録されることもある．食物と空間の資源分割だけでは，とてもこの多様性を説明できそうにない．実際，多くの共存種は非常によく似た食物を採っている．この群集では，空いた生活空間がきわめて重要な制限要因になっていると考えられる．そして，空いた空間は占有者が死んだり殺されたりして生じるが，それがいつ生じるのかは時間的にも空間的にも予測できない．そこに生息する種の生活様式はこの状況にうまく合致している．すなわち，魚たちは頻繁に繁殖し（あるものは一年中繁殖する），おびただしい数の分散可能な卵や稚魚を生産している．この状況は，これらの種が生活空間をめぐってくじ引き競争をしている，と解釈することができる．くじ札はその幼生である．そして，最初にたどりついた個体がその場所を

表 16.7 空いた場所を占めた 3 種のスズメダイの個体数．直前の調査時に，どれかの種の個体によって占められていた場所（またはその一部）が，その定着個体の消失によって空になり，そこを別の個体が占有する事例についての観察結果．120 の定着個体が消失して空いた場所が，新たな 131 個体に占有された．どの種が占有するかは，前にどの種が定着していたかとは無関係である．

消失した占有者	新しい占有者		
	クロソラスズメダイ属の一種	ルリホシスズメダイ	ソラスズメダイ属の一種
クロソラスズメダイ属の一種	9	3	19
ルリホシスズメダイ	12	5	9
ソラスズメダイ属の一種	27	18	29

勝ちとり，速やかに成熟し，生涯にわたってその空間を占有するのである．

東オーストラリア沖のグレートバリアリーフの一角を占めるヘロン島のサンゴ礁の斜面上部には，3 種の藻類食のスズメダイが共存している．礫底のパッチの中で，クロソラスズメダイ属の一種 *Eupomacentrus apicalis*，ルリホシスズメダイ *Plactroglyhidodon lacrymathus*，ソラスズメダイ属の一種 *Pomacentrus wardi* の各個体が，通常は互いに重ならない 2 m² ほどのなわばりを作って，利用できる空間を隙間なく占有する．これらの個体は，幼魚から成熟までの一生の間，そのなわばりを保持し，同種を含む主に藻類食のさまざまな種からなわばりを守る．ある個体によって保持されていたなわばりが，その個体の死後に同じ種の個体に引き継がれるという傾向は特にないようである．また，空間の所有権が特定の順序で移り変わるという傾向もない（表 16.7）．ソラスズメダイの個体の加入と消失は，どちらも他の 2 種よりも高い割合で生じていた．しかし，3 種とも消失率に見合う十分な加入があり，繁殖可能な定着個体数を維持していた．

このように，サンゴ礁で高い密度が維持されるためには，予測できない形で生活空間が供給されることが多少とも必要である．そして，すべての種がいつもどこかの場所を勝ちとっている限りは，すべての種が稚魚をプランクトンの形で放出し続けることができる．つまりは，新しい場所をめぐるくじ引きに参加し続けていることになる．これに似た状況は，グレートブリテン島の石灰岩地に成立するきわめて多様な草地（Grubb, 1977）や温帯や熱帯林内のギャップ内の木本（Busing & Brokaw, 2002）でも生じていると考えられている．小さなギャップは，出現するやいなやすぐさま埋められてしまう．ギャップを埋めるのは，草原では種子，森林ではほとんどが実生である．この場合，くじ引きのくじ札に当たるのは稚樹あるいは種子である．これらは，散布によってもたらされることもあれば，土壌中の永続的な種子バンクに由来することもある．どの種子，あるいは稚樹が定着し生育するか，そしてどの種がギャップを占有するかは，きわめて偶然性の高い要因に支配されている．なぜなら，種子発芽の要件が多くの種で同じだからである．他個体の背丈がまだ低いうちにうまく根を張った実生は，上述のサンゴ礁の魚類と同じように，一生そのパッチに居続ける．

16.8 結論 — 景観という視点の必要性

くじ引き仮説や創始者制御の群集の概念は，群集がどれぐらいの範囲で変動するのかを理解するのに重要である．しかしこれらの考えは，群集が支配される絶対的なルールというよりは，優占種制御から創始者制御に至る連続性の両極端とみなされるべきである．現実の群集は，この連続性のどちらか一方の端に近いの

（欄外注: 草原あるいは森林での植物）
（欄外注: 連続体としての創始者制御と優占種制御）

かもしれないが，構成種あるいは構成パッチは，同じ群集内でありながらも優占種制御であったり，創始者制御であったりもするだろう．例えば，Syms & Jones (2000) は，グレートバリアリーフのパッチ構造の研究において，各パッチの魚類の種構成についてのパッチ間の変異の半分以上は説明できない，従って，（例えば，くじ引き仮説のような）確率的な要因によって決まっていることを認めている．しかしそのような変異のかなりの部分が，種特有の生息場所の好みによって説明かもしれないのである．

変化に乏しい群集はあるかもしれないが，ロトカ-ヴォルテラの単純な数式の記述や，実験室のミクロコスムスがそのまま当てはまったりするような，本当の意味で均一で時間的変動のない群集は存在しない．ひとつのパッチからなる閉鎖系では，種の絶滅が次のような理由によって起こりうる．(i) 競争排除，過剰な搾取，その他の非常に不安定な種間相互作用に起因する生物的な不安定性，あるいは (ii) 予測できない撹乱や環境の変化に起因する環境の不安定性である．このいずれかの不安定性を持つパッチが，互いに位相のずれた多くのパッチから構成されるもっと大きな景観内で統合された開放系になると，多数の種を含む持続性の高い群集が成立しうる (DeAngelis & Waterhouse, 1987)．これが，パッチ動態という観点が提供する基本的な主張であり，対象とするスケールを大きく拡張したものが景観生態学 (landscape ecology) である (Wiens et al., 1993)．この視点は群集を見る際の空間的なスケールと，ほとんどの群集が持っている開放系としての性質の重要性を強調している．群集の形成におけるパッチ動態的視点と，個体群動態に対する個体群の分断化の影響を扱うメタ個体群理論には強いつながりがあることに注目したい（第6章9節を参照）．Amarasekare & Pssongham (2001) は，絶滅-移住の動態（メタ個体群的アプローチ）と，パッチ遷移の動態とを組み合わせたモデルを

（景観生態学という視点の重要性）

使って，特定の景観における種の存続性は，(i) 種の移動能力に対して最適なパッチが生じる速度と，(ii) 撹乱頻度に対する休眠期（例えば，種子バンク）での寿命の長さに依存することを示した．

パッチ動態をさらに発展させるには，複数の異なる撹乱の帰結を考慮することである．このアイデアの糸口を開いたのは Steinauer & Collins (2001) で，彼らはバイソン (*Bos bison*) による摂食活動と排尿による尿素の沈着によって引き起こされる撹乱が互いに作用し合うことを示した．イネ科の普通種4種の量とその合計の量は，摂食されていないプレーリー草原では尿素の沈着したパッチ上で増加した．しかし，摂食された草原では尿素沈着パッチ上では，ウシクサ属の一種 *Andropogon gerardii* と4種の合計量は減少した．この異なる動態は，バイソンが尿素沈着パッチ上での摂食を好んだ結果である．さらに，尿素沈着パッチ上の摂食活動範囲は，尿の沈着した範囲を超えてさらに広がる傾向にあり，それによって，摂食による撹乱の大きさや規模を増大させる結果をもたらした．

（撹乱の複数の段階は…）

撹乱後に移住してくる種の出現順序に応じて，群集動態がどれほど変化するかを見ることができたように，異なる種類の撹乱の順序に応じて群集動態がどのように変異するのかということも同じく問題となるだろう．Fukami (2001) は，原生生物と小型の後生動物で構成される竹の切り株にできた水溜りの生態系を実験室で再現し，この問題に取り組んだ．彼は，この実験室の微小生態系に2種類の撹乱（干ばつと捕食者であるボウフラの付加）をさまざまな順序で導入した．この撹乱の順序が異なると，この微小生態系の遷移パターンも異なり，それは多くの場合，種数と構成種の相対的な存在量で比較した最終の群集構成を変化させた．これは，図16.22の序列化した図（本

（…相互作用することで群集のパターンを決めるだろう）

章第3.2節を参照）に示されている．この図は，さまざまな順序で攪乱を与えたときの群集の一連の変動を同じ序列化した空間上に示したものである．将来起こりうる攪乱（例えば地球温暖化）に対する群集の反応を予測するためには，攪乱の歴史に関する知識が必要になる場合が多いだろう．

まとめ

　群集とは，時間的，空間的に共存している種個体群の集合である．群集生態学は，自然条件下でどのように種の配置が決まるのか，そしてその配置がいかに非生物的環境や種間相互作用の影響を受けるのかを探究する学問である．

　まず，種構成，種数，多様性，均衡度（均等度），アバンダンス順位図をみながら，どのように群集構成が計測，記載されるのかを説明した．

　空間的な群集パターンの研究は，主観的な環境傾度分析から始まって，群集構成と非生物環境間の関係を体系的に調べることが可能な客観的な数学的手法（群集分類や序列化）へと発展した．注意すべき点はほとんどの群集は，ある種が唐突に他の種に置き換わるような明瞭な境界によって区切られているわけではないことである．さらに，ある予測可能な集合内で生じる種は，別の場所では他の種といっしょにいるということも頻繁に生じうる．

　種の相対的な重要性が空間的に変わるのと同様に，存在量（アバンダンス）のパターンも時間とともに変異するかもしれない．ある種がある場所にいるのは，そこに到達する能力があるとき，適切な条件と資源が存在するとき，競争者や捕食者や寄生者がその種を排除しないときである．従って，種の出現や消失の時間的な変異は，条件，資源，または敵の影響，あるいはその全部が時間的に変異するときに生じる．特に，攪乱の後に起こる群集の変化のパターンに

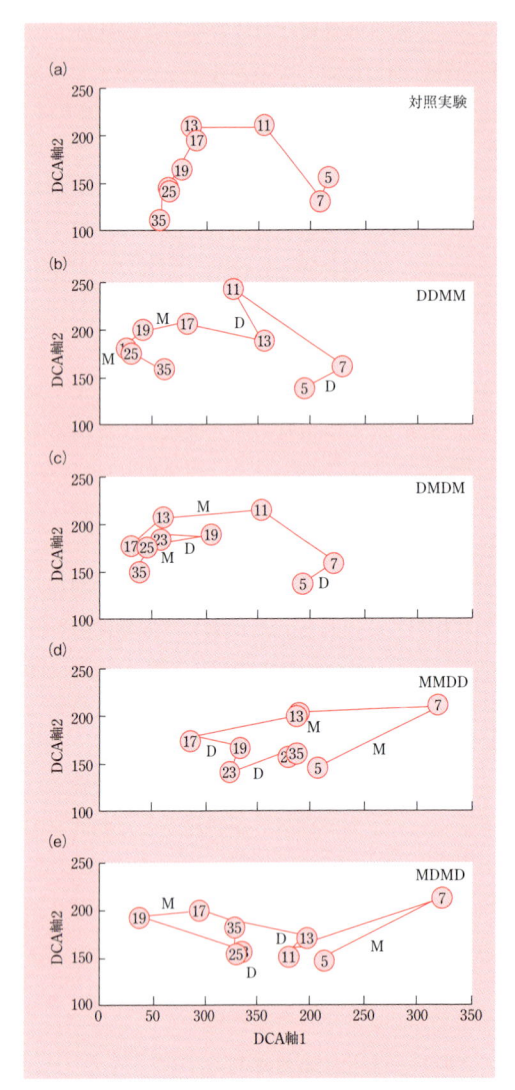

図16.22　原生生物と後生生物を特定の割合で混合させて作った微小生態系内の種構成と相対的な存在量の時間的変化．変化は，除歪対応分析（DCA）と呼ばれる手法に基づいた序列化プロットで表される．（序列化は，群集をグラフ上での体系化することのできる数学的処理であり，種構成や相対的な存在量に関して類似している群集ほど近くに位置づけられるのに対して，同じような種構成でも相対的な存在量が異なるほど，あるいは種構成が大きく異なるほど，遠くに位置づけられることを思い出そう．）経過日数（5〜35日）ごとに序列化スコアの平均値を求めて図に示してある．Dは干ばつ攪乱が導入された期間を意味し，Mはボウフラが付加された時期を表す．(a-e) 対照区および異なる順序で2回ずつのDとMの攪乱を導入した実験区の結果．（Fukami, 2001より．）

重点を置いて説明した．このパターンは予測できる場合もあるが（遷移；優占種制御），確率的であり予測できない場合もある（創始者制御）．

群集の構成については，空間的または時間的パターンとして理解されたり説明されることが多いが，空間と時間を同時に考慮することが意味を持つ場合も多いだろう．群集のパッチ動態の概念では，景観を，さまざまな種の個体が攪乱を受けて消滅し，再移住する多数のパッチで構成されたものとしてとらえる．この見方が提示するのは，生息パッチを初期化するメカニズムとしての攪乱の重要性と，生息パッチ間の移動の重要な役割である．パッチ状の景観での群集動態は，対象となる種の移住能力や競争能力と関連しながら，ギャップ形成の頻度とギャップの大きさと形から強い影響を受ける．

第17章

群集内のエネルギーの流れ

17.1 はじめに

　全ての生物にとって，体を作り上げるための物質と活動のためのエネルギーは必須である．これは個体に関してだけでなく，個体によって構成されている個体群や群集についても当てはまる．本章と次章では，それぞれエネルギーと物質の流れを扱うが，これらが本質的に重要であるのは，群集過程（community process）が特に非生物的環境と強く関連しているからである．生物群集と，それを取り巻く非生物的環境を合わせたものを**生態系**（ecosystem）という．通常，生態系は，一次生産者，分解者，デトリタス食者，生物遺骸，植食者，肉食者，寄生者を含み，さらに生活条件を提供し，エネルギーと物質の供給源・吸収源として働く物理化学的環境を加えたものである．従って，本書の第3部の全ての章に共通することとして，ここでの論考には，生物個体と環境条件および資源との関係（第1部）についての知識，ならびに個体群間の多様な相互作用（第2部）についての知識が必要になる．

リンデマンは生態学的エネルギー論の基礎を築いた

　生態学的にエネルギー論を扱う科学の基礎を築いたのは，Lindemann（1942）の古典的論文である．彼は，栄養段階間，すなわち群集に降り注ぐ太陽放射が緑色植物の光合成によって捕捉され，植食者，肉食者，分解者へと引き続き利用される各段階での変換効率を考慮することによって，食物連鎖と食物網の概念を定量化しようとした．この論文は，国際生物学事業計画（IBP）の推進を促す主要な触媒作用を果した．IBPの課題は，人類にとっての福祉の観点から，陸上，淡水，海洋域における生産性に関する生物学的な基礎を理解することを目的としていた（Worthington, 1975）．IBPは，世界中の生物学者が，共通の目的に取り組む最初の機会となった．最近では，もっと切迫した問題に対して，再び生態学者は動き始めようとしてる．森林伐採，化石燃料の燃焼，その他の広範な人間の影響が，地球の気候と大気組成に劇的な変化をもたらし，生産力のパターンに地球規模で影響を与えると予想されている．現在，生産力に関する研究の多くは，気候，大気組成，土地利用の変化が，陸上と水生の生態系に及ぼす影響を予測することである（これについては第22章で取り上げる）．

　リンデマンの古典的研究に続く数十年の間，生産力を推定する技術は徐々に改良され

生産力を測定する技術の改良

てきた．陸上生態系での初期の推計方法は，植物の生物量（通常，地上部のみ）の連続測定と，栄養段階間のエネルギー移送効率の推定に基づいていた．水生生態系では，生産力の推定は，実験的な封入瓶の中での，酸素もしくは二酸化炭素の濃度の変化に基づいていた．やがて生きた植物のクロロフィル濃度および光合成に関連する気体の濃度を測定する方法が進歩し，また衛星リモートセンシングの技術の発達ととも

に，いまや局所的な結果を地球全体に外挿することも可能になった（Field *et al*., 1998）．すなわち，衛星探査によって，陸上の植生被覆と海洋のクロロフィル濃度を測定し，その測定値から光の吸収速度を計算し，光合成に関する知識を用いて，光吸収速度を生産力に変換するのである（Geider *et al*., 2001）．

いくつかの定義——現存量，生物体量…

先に進む前に，いくつかの新しい用語を定義しておこう．**現存量**（standing crop）という用語は，単位面積当りに生きている生物の体の，**生物体量**（biomass）を表す．生物体量は，陸地の単位面積当り（あるいは水域の面積もしくは容積当り）の生物の量を意味し，通常，エネルギー（例えば，J/m^2），有機物の乾燥重量（例えば，トン/ha），または炭素量（例えば，gC/m^2）の単位で表される．群集の生物体量の大半は，通常，植物によって形成される．植物は光合成によって炭素を固定するという「ほぼ独自の」能力によって，生物体量の主要な生産者となっている（ここで「ほぼ独自の」と言わねばならないのは，細菌による光合成と化学合成も生物体量の生産に貢献している場合があるからである）．生物体量には生物体の全体が含まれ，その中には部分的には死んだ状態のものも含まれる．このことは，生物体量のかなりの部分が死んだ心材や樹皮である疎林や森林の群集を考える場合，特に留意しておかなければならない．生物体量のうち生きている部分は，新たな成長という形で利子をかせぐことのできる，運用資本に相当するものであるが，枯死部分は新たな成長はできない．実際には，生物体量とするものには，生きている生物に付属している全ての部分が，生死に関わらず含まれている．生物体のこれらの部分は，脱落して，落葉落枝，腐植，泥炭となった時に生物体量から除かれる．

…一次・二次生産力，独立栄養呼吸量…

群集の**一次生産力**（primary productivity）とは，一次生産者である植物が生物体量を単位面積当りに生産する速度である．これはエネルギー（例えば，$J/m^2/$日），有機物の乾燥重量（例えば，$kg/ha/$年），もしくは炭素量（例えば，$gC/m^2/$年）を単位として表すことができる．光合成によるエネルギー固定の総量は，**総一次生産力**（gross primary productivity, GPP）と呼ばれる．このうち一部は植物（独立栄養生物）自身の呼吸に使われ，呼吸熱（RA，**独立栄養生物の呼吸量**（autotrophic respiration））として群集から失われる．GPPとRAの差は，**純一次生産力**（net primary productivity, NPP）と呼ばれ，従属栄養生物（細菌，菌類，動物）が消費し利用できる新しい生物体量の真の生産速度を表す．従属栄養生物による生物体量の生産速度は**二次生産力**（secondary productivity）と呼ばれる．

…生態系純生産力，従属栄養生物と生態系の呼吸量

生態系のエネルギー流を調べるもうひとつの方法は，**純生態系生産力**（net ecosystem productivity（NEP），GPP，NPPと同じ単位を用いる）という概念を持ちこむことである．この概念によって，GPPで固定された炭素が，独立栄養生物の呼吸（RA）もしくは，従属栄養生物の消費の後に，細菌・菌類・動物からなる**従属栄養生物の呼吸量**（heterotrophic respiration（RH））を通して，無機炭素（通常，二酸化炭素）として放出されることを認識できる．**生態系の総呼吸量**（total ecosystem respiration（RE））は，RAとRHの合計である．従って，NEPはGPPとREの差に等しい．GPPがREより大きいとき，生態系の炭素固定速度は放出速度を上回り，炭素の吸収源となる．REがGPPを超えると，炭素放出速度が固定速度を上回り，生態系は実質，炭素供給源となる．生態系の呼吸速度がGPPを上回りうるとは，逆説的に聞こえる．しかし，生態系は，自らの光合成以外の供給源から有機物を受け取ることがある，という点に注意しなければならない．つまり，他の場所で生産された死んだ有機物の流入である．生態系の境界内で光合成によって生産された有機物は，**自生性**（autochthonous）とされ，他の場所から運ばれ

第17章 群集内のエネルギーの流れ

てきたものは**他生性**（allochthonous）と呼ばれる．

次の節からは，まず，大きいスケールでの一次生産力のパターンを扱い（第2節），その後，陸上（第3節）および水中（第4節）で生産力を制限する要因を考える．そして，一次生産の行方に話を転じ，生食系と分解系の相対的な重要性にとくに留意しながら，食物網を通してのエネルギー流を考える（第5節．なお，食物網とその中での個体群相互作用の詳細は第20章で扱う）．最後に，生態系の中でのエネルギー流の季節的変化と長期的な変化に目を向ける．

17.2 一次生産力のパターン

地球上における年間の純一次生産力は，炭素量で 105 Pg（ペタグラム）（$1\,\text{Pg} = 10^{15}\,\text{g}$）と推定される（Geider *et al.*, 2001）．このうち，年間 56.4 Pg の炭素が陸上生態系で生産され，水域生態系では年間 48.3 Pg の炭素が生産される（表17.1）．海洋は地球表面の約 2/3 を占めるにもかかわらず，生産量では半分以下を占めるにすぎない．一方，熱帯雨林とサバンナは，それらのバイオームが占める広大な面積と高い生産力を反映し，陸上

> 一次生産力は太陽放射に依存するが，それだけが決定要因ではない

の NPP の約 60％ を生産している．全ての生命活動は究極的には受け取った太陽放射に依存するが，太陽放射だけが一次生産力を決めているのではない．一般的には，太陽光が効率良く捕捉されるのは，植物の成長にとって水と養分が十分で，温度も好適な範囲にある場合に限られるので，太陽照射と生産力は，完全には対応しない．多くの土地では，豊富な放射を受けながらも十分な水がなく，また海洋域の大部分では栄養塩が欠乏している．

17.2.1 緯度に沿った生産力の変異

世界の森林帯には，一般的に北方から温帯，熱帯へと向かうにつれ生産性が増大するという緯度に沿った勾配がある（表17.2）．しかし，水の供給量や，局地的な地形と関連した微気候の差異によって，生産力に大きな変異があるのも事実である．同様の緯度に沿った勾配（および局地的変異）は，草地群集の地上部の生産力にも見られる（図17.1）．さまざまな草地バイオームの間には，地上部と地下部の生産力に関して大きな差異が存在することに注意する必要がある．地下部の生産力の推定は技術的に難しく，NPP についての初期の報告は，しばしばそれを無視するか，真の値よ

> 森林，草地，湖沼の生産力の緯度に沿ったパターン

表17.1 主要なバイオームと地球全体の年間の純一次生産力（NPP．炭素量でペタグラム単位）．（Geider *et al.*, 2001 より．）

海 洋	NPP	陸 上	NPP
熱帯・亜熱帯の海洋	13.0	熱帯雨林	17.8
温帯の海洋	16.3	落葉広葉樹林	1.5
極付近の海洋	6.4	広葉・針葉混交樹林	3.1
沿岸域	10.7	常緑針葉樹林	3.1
塩性湿地・河口域・海草	1.2	落葉針葉樹林	1.4
珊瑚礁	0.7	サバンナ	16.8
		多年生草本	2.4
		広葉低木疎林	1.0
		ツンドラ	0.8
		砂漠	0.5
		耕作地	8.0
総　計	48.3	総　計	56.4

表17.2 ヨーロッパ，北米，南米のいろいろな緯度での総一次生産力（GPP）．生態系純生産力と生態系呼吸量の総和として推定したもの（林冠のCO_2流量から計算されている．熱帯林については一つの推定値しか採録されていない）．（Falge *et al.*, 2002 に収録されたデータより．）

森林タイプ	GPP推定値の範囲 (gC / m² / 年)	推定値の平均 (gC / m² / 年)
熱帯雨林	3249	3249
温帯落葉樹林	1122–1507	1327
温帯針葉樹林	992–1924	1499
冷温帯落葉樹林	903–1165	1034
北方針葉樹林	723–1691	1019

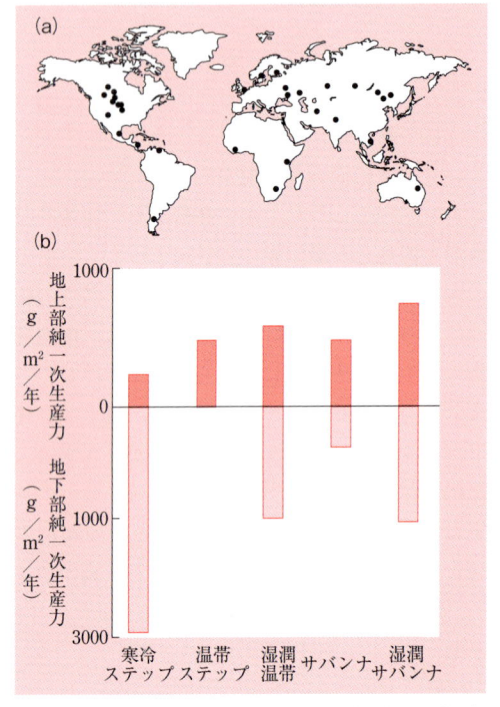

図17.1 (a) 分析に含まれている31ヶ所の草地の場所．(b) 5つのカテゴリーの草地バイオームにおける地上部純一次生産力（ANPP）と地下部純一次生産力（BNPP．温帯ステップでは測定されていない）．個々の値は4〜8の草地研究の平均．研究期間中（平均6年間）に測定された，生きている植物の生物体量および枯死部とリター（落葉落枝）の現存量の増加量を合計して推定したもの．（Scurlock *et al.*, 2002 より．）

り低く見積もっていた．水生群集に関しては，緯度に沿った勾配は，湖沼では明瞭であるが（Brylinski & Mann, 1973），海洋ではそうではない．海洋では栄養塩類の不足が生産力を制限している場合が多い．海洋の群集で生産力がきわめて高い場所は，栄養塩類の豊富な海水が湧昇してくる所で，それは高緯度の低温域にも存在する．緯度に関する全体的な勾配としては，太陽放射（資源）と温度（条件）が群集の生産力を制限している場合が多い．しかし，他の要因が，もっと狭い範囲ではあるが，生産力を制約している場合もしばしば見られる．

17.2.2 一次生産力の季節変動と年次変動

表17.2に見られる生産力の大きい変異幅と，図17.1の信頼限界の幅広さ〔訳注：図には示されていない〕は，ひとつのタイプの生態系でも，かなりの変異が存在することを物語っている．また，生産性はひとつの場所でも年次変動を示すことに注意しなければならない（Knapp & Smith, 2001）．これは，図17.2の温帯の穀物畑，熱帯の草地，熱帯のサバンナの例で示されている．こうした年次変動が，曇りの日数，温度，降雨量の年次変動を反映していることは疑う余地がない．もっと短期的には，生産力は，生育季節の長さを決める温度条件などの季節的変異に左右される．例えば，日当りGPPが高い期間は，亜寒帯よりも温帯で長く続く（図17.3）．さらに，常緑針葉樹林では，対応する落葉樹林より，生育季節は長いが，季節変化の幅は小さい．落葉樹林では，秋の落葉によって生育季節は短縮されてしまう．

> 生産性は大きな時間的変異を示す

17.2.3 自生性生産と他生性生産

全ての生物群集はエネルギー供給に依存して活動している．陸上の系では，通常，

> 自生性生産と他生性生産は...

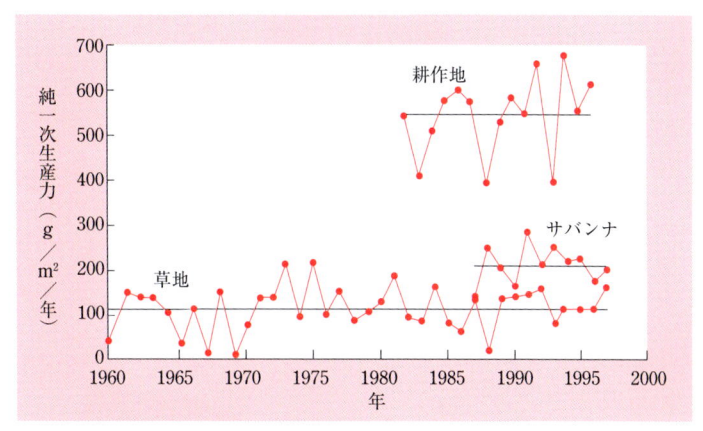

第 17 章 群集内のエネルギーの流れ

図 17.2 純一次生産力 (NPP) の年次変動．オーストラリア・クイーンズランド州の草地 (地上部 NPP)，合衆国アイオワ州の耕作地 (地上部と地下部のNPP の合計)，セネガルの熱帯サバンナ (地上部 NPP) の例．水平直線は全調査期間の平均 NPP を示す．(Zheng *et al*., 2003 より．)

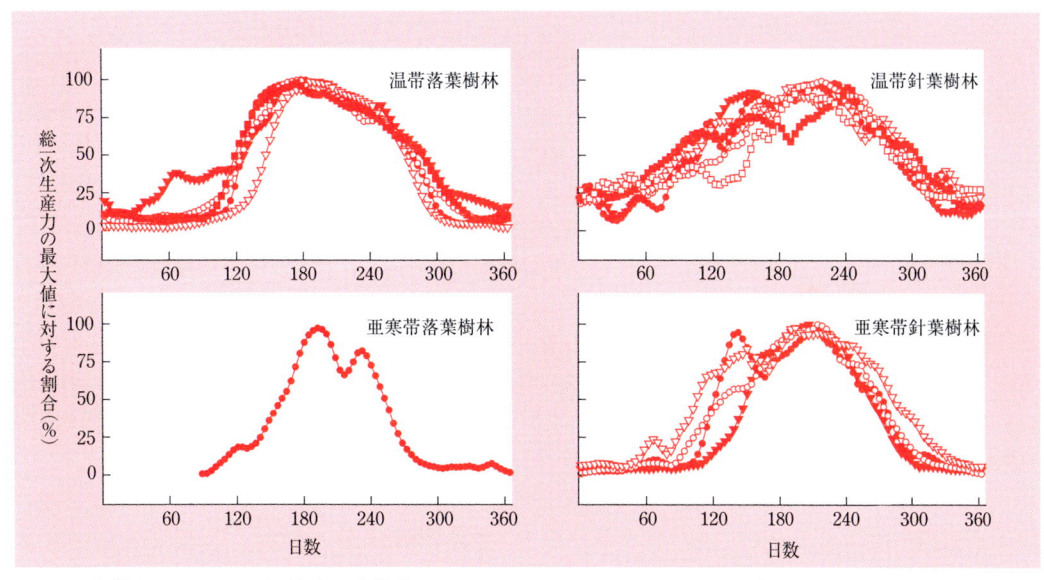

図 17.3 温帯 (ヨーロッパ，北米) と亜寒帯 (カナダ，スカンジナビア，アイスランド) の落葉樹林と針葉樹林における日当り総一次生産力 (GPP) の季節的変化．各図の異なる記号は異なる森林を表している．日当り GPP は，1 年 365 日間の最大値に対するパーセントで表されている．(Falge *et al*. 2002 より．)

エネルギー供給はその場所に生育する緑色植物の光合成でまかなわれている．これは，自生性 (autochthonous) の生産である．しかし，例外もある．とくに，コロニーを形成する動物が離れた場所で摂食してコロニーで排泄するような場合 (例えば，洞穴内のコウモリや海岸の海鳥のコロニー) のグアノ (guano) は他生性 (allochthonous) の死んだ有機物 (つまりその生態系の外部で生成された有機物) の例である．

水生群集では，自生性の供給は浅い水域での大型植物と付着藻類の光合成と，開水面での微小な植物プランクトンの光合成による．しかし，水生群集における有機物のかなりの部

... 湖沼，河川，河口域で体系的に変化する

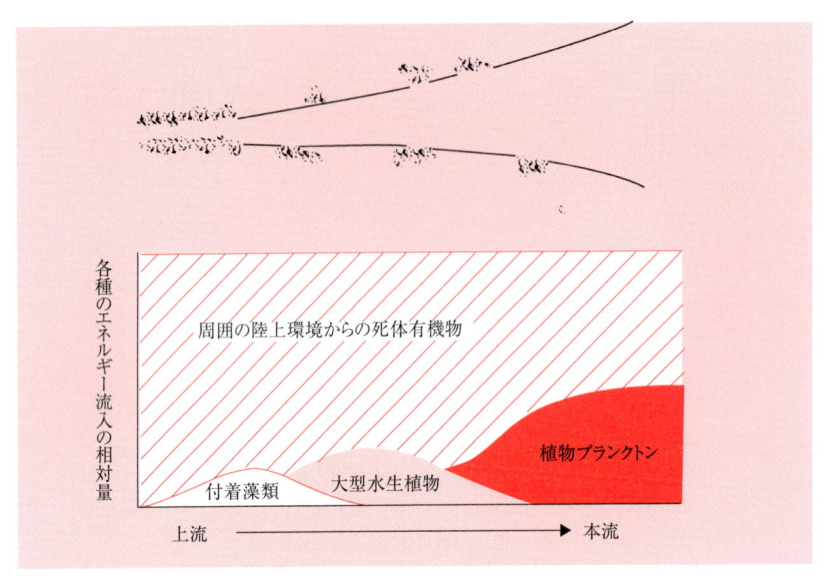

図 17.4 渓流の群集におけるエネルギー基盤の流路に沿う変化.

分は，他生性の物質に由来しており，流水によって運ばれたり，風に飛ばされたりする．水系における有機物の2つの自生性供給源（沿岸とプランクトン）と他生性供給源の相対的な重要度は，水体の大きさと，その水系に有機物をもたらす陸上群集のタイプに依存する．

林に覆われた集水域の小河川では，入ってくるエネルギーのほとんどは周囲の植生から落ち込んでくる落葉落枝から引きだされている（図17.4）．樹木による被陰によって浮游藻類や付着藻類，水生高等植物の成長は妨げられる．下流へ向かうにつれ川幅が拡大し，樹木からの被陰は河辺に限られてくるので，自生性の一次生産が増加する．さらに下流では，水深は深くなり，濁りも強くなるため，根を持つ高等植物の貢献は小さくなり，微小プランクトンの役割が重要になる．氾濫原とそれに付随する三日月湖，沼，湿地によって特徴づけられる大きな河川では，他生性の溶存有機物・粒子状有機物が洪水の際に河川へと流れ込む（Junk *et al.*, 1989; Townsend, 1996）．

小さく浅い湖から大きく深い湖への系列においても，これまで議論してきた河川の連続的な変化と共通の性質がみられる（図17.5）．小さい湖は，面積の割に周囲の長さが相対的に長いので，エネルギーの大部分を周辺の陸地から得ているものと思われる．また小さい湖は通常浅いので，植物プランクトンによる生産よりも湖の沿岸部での生産の方が重要である．対照的に，面積が大きく，深い湖では，外部から得られる有機物は限られている（湖の表面積に比べ周囲の長さが短いため）．また，浅い岸辺に限られる沿岸部での生産も小さいであろう．群集への有機物の入力は，ほとんど完全に植物プランクトンの光合成によるものであろう．

河口域は，河川から他生性の物質と栄養塩の豊富な供給を受けるため，生産性の高い系であることが多い．河口域での主要な自生性のエネルギー基盤は多様である．大きな河口域で，外洋との物質の交換が少なく，河口域に比べて周辺の湿地域が小さい場合，植物プランクトンが優占する傾向がある．対照的に，海と広い範囲で接した開放的な河口域では，海草が優占する．一方，大陸棚群集は，エネルギーの一部を陸上から（特に河口域を通して）得ており，また水深が浅いために沿岸の海草群集の生産も大きい場合が多い．実際，藻場と岩礁は，すべての生態系の中で最も生産性の高い系のうちの2つ

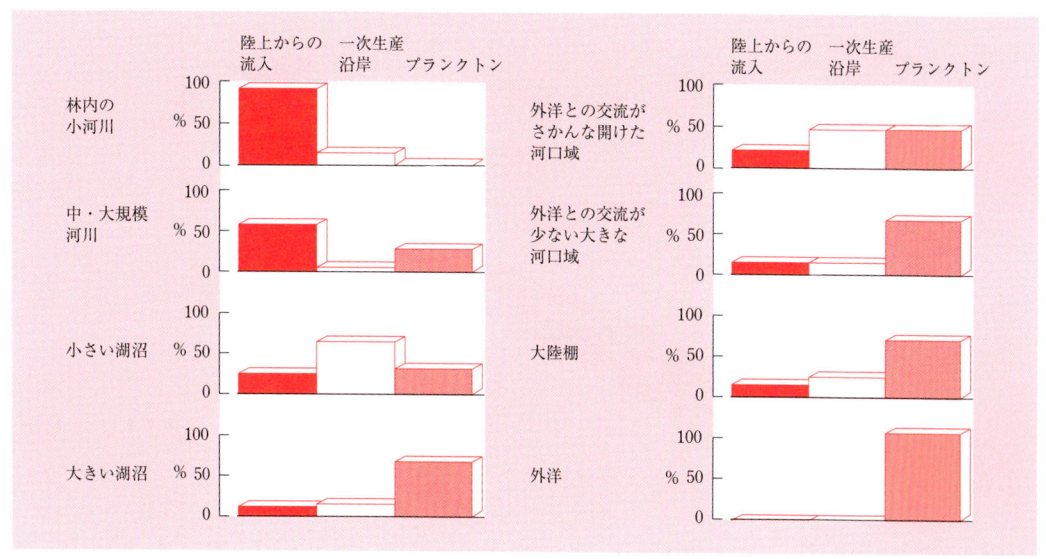

図17.5 対照的な水生群集における，陸上からの有機物の流入，沿岸の一次生産，植物プランクトンの一次生産の重要性の変異．

である．

最後に，ある意味では，外洋は最も大きく，最も深い「湖」と見なすことができよう．陸上群集からの有機物の流入は無視でき，その深さのために，海底の闇の中での光合成は不可能である．このため，植物プランクトンは一次生産者として一番重要である．

17.2.4 生物体量と生産力の関係における変異

> NPP：B 比 は森林ではきわめて低く，水生群集ではきわめて高い

群集の生産力は，生産を行っている現存生物体量と関連づけることができる（これは資本と利率の関係に相当する）．一方，現存量を，生産力によって保持されている生物体量（収益によって維持されている資本資産）と考えることもできる．陸上の総生物体量（800 Pg）は，海洋（2 Pg）や淡水（<0.1 Pg）に比べ，飛躍的な差がある（Geider *et al.*, 2001）．面積当りでは，陸上の生物体量は 0.2〜200 kg/m^2 であるが，海洋では 0.001 kg/m^2 以下から 6 kg/m^2，淡水では通常 0.1 kg/m^2 以下である（Geider *et al.*, 2001）．図17.6 には，さまざまなタイプの群集の純一次生産量（NPP）と現存生物体量（B）の平均値をプロットしている．森林と比較すると，森林以外の陸上の系は，小さい生物体量で同じ NPP を生み出している．また水域の系を見ると，同じ NPP を生み出す生物体量はもっと小さい．NPP：B 比（つまり現存量 1 kg 当りの年間生産乾重量 kg）は，森林で平均 0.042，その他の陸上の系で 0.29，水生群集では 17 である．その主な理由として確実なことは，森林の生物体量の大部分が枯死した（かつ長期間その状態にある）組織であり，また生きている支持組織の大部分が光合成には関与していないからである．草原や低木林では，生きていて光合成に関与する生物体量の割合はもっと大きいが，それでも生物体量の 50%以上は根であろう．水生群集では，特に生産力が植物プランクトンに依存する場合，支持組織はなく，水や養分を吸収するための根も必要なく，死んだ細胞が蓄積せず（通常死ぬ前に食べられる），結果的に生物体量 1 kg 当りの光合成産物の比がきわめて高い．植物プランクトン群集での NPP：B 比の高さに係わるもうひとつの要因は，生物体量の回転

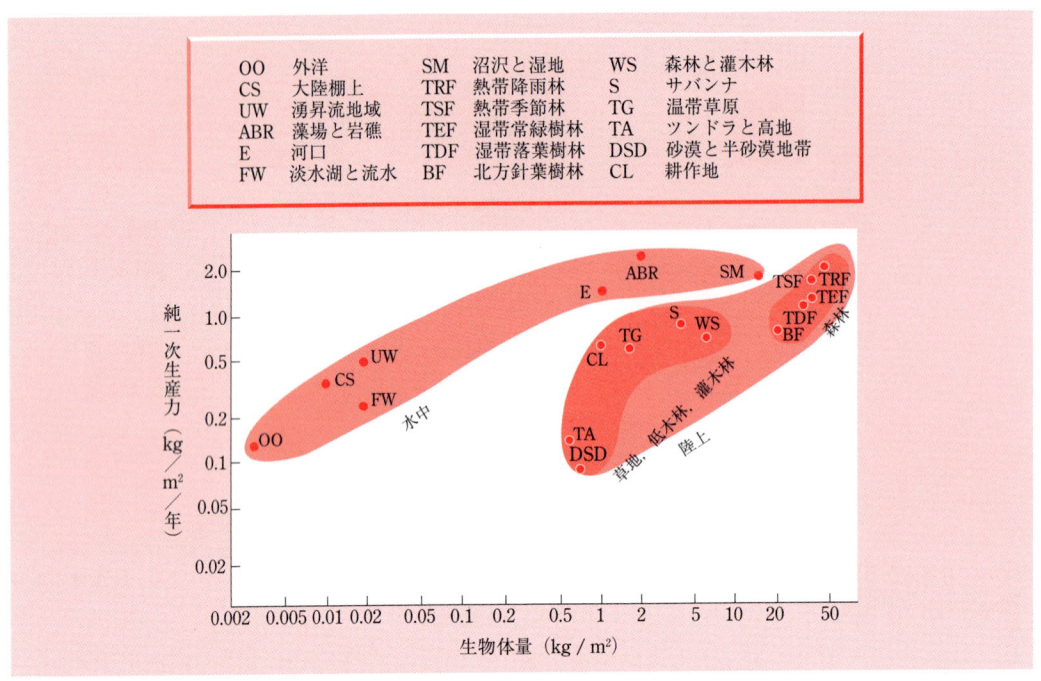

OO	外洋	SM	沼沢と湿地	WS	森林と灌木林
CS	大陸棚上	TRF	熱帯降雨林	S	サバンナ
UW	湧昇流地域	TSF	熱帯季節林	TG	温帯草原
ABR	藻場と岩礁	TEF	湿帯常緑樹林	TA	ツンドラと高地
E	河口	TDF	湿帯落葉樹林	DSD	砂漠と半砂漠地帯
FW	淡水湖と流水	BF	北方針葉樹林	CL	耕作地

図17.6 さまざまな生態系における，平均純一次生産力と平均現存生物体量の関係．(Whittaker, 1975 より．)

速度が速いことである（陸上の生物体量の回転率が1〜20年であるのに対し，海洋や淡水での回転率は0.02〜0.06年である）．図に示された年間のNPPは，実際には連続的に重複した世代を持つ植物プランクトンによって生産されているが，生物体量の方は個々の時点に存在する量の平均値にすぎない．

NPP：B 比 は遷移の間に減少する

生物体量に対するNPPの比は，遷移の過程で減少する傾向がある．これは，遷移初期の先駆者が，急速に成長し支持組織をほとんど持たない草本であるためである（第16章6節を参照）．従って，遷移初期にはNPP：B比が高い．しかし，後になって優占する種は，一般的に，成長は遅いが最終的には大きなサイズに達して空間と光を独占する．そうした種では，構造上，非光合成組織と枯死した支持組織への投資が相当大きく，結果的にNPP：B比が低い．

樹木に注目すると，地上部のNPPは遷移の初期にピークに達し，その後徐々に減少するのが一般的だが，その減少率は平均34％，最大76％にもなる（表17.3）．この減少が部分的には光合成組織から呼吸組織への転換のためであることは間違いない．加えて，栄養塩の制限が遷移後期に強まったり，あるいは樹齢の古い樹木の長い枝や高い幹では蒸散流の流れが悪くなり，光合成の制約となるだろう (Gower et al., 1996)．遷移段階が異なる樹木は，林分の年齢によるNPPの変化パターンも異なる．例えば亜高山針葉樹林では，アメリカシロゴヨウマツ *Pinus albicaulis* の地上部NPPは約250年でピークに達し，その後減少する．一方，遷移後期の陰樹である亜高山性のミヤマバルサムモミ *Abies lasiocarpa* のNPPは400年以上にわたり増加を続ける（図17.7）．遷移後期の種は，遷移初期の種に比べほぼ2倍の生物体量を葉に分配しており，ずっと高齢まで，高い光合成：呼吸比を維持しているのである (Callaway et al., 2000)．

第 17 章　群集内のエネルギーの流れ

表 17.3　対照的なバイオームにおける森林の年齢ごとの地上部純一次生産力 (ANPP)．(Gower *et al.*, 1996 より．)

バイオーム / 種	場　所	林分の年齢範囲 (林分数)	ANPP (乾重・トン / ha / 年)		
			最盛期	最老齢林	% 変化率
北方林					
グイマツ *Larix gmelinii*	ロシア，シベリア，ヤクーツク	50-380 (30)	4.9	2.4	−51
オウシュウトウヒ *Picea abies*	同	22-136 (10)	6.2	2.6	−58
冷温帯林					
バルサムモミ *Abies balsamea*	米，ニューヨーク	0-60 (6)	3.2	1.1	−66
ロッジポールマツ *Pinus contorta*	米，コロラド	40-245 (3)	2.1	0.5	−76
アカマツ *Pinus densiflora*	日本，みの山	16-390 (7)	16.1	7.4	−54
アメリカヤマナラシ *Populus tremuloides*	米，ウイスコンシン	8-83 (5)	11.1	10.7	−4
オオバヤマナラシ *Populus grandidentata*	米，ミシガン	10-70	4.6	3.5	−24
ダグラスモミ *Pseudotsuga menziesii*	米，ワシントン	22-73 (4)	9.9	5.1	−45
暖温帯林					
スラッシュマツ *Pinus elliottii*	米，フロリダ	2-34 (6)	13.2	8.7	−34
ラジアータマツ *Pinus radiata*	ニュージーランド，プルキ (タヒ)	2-6 (5)	28.5	28.5	0
	同 (ルエ)	2-7 (6)	29.2	23.5	−20
	同 (トルー)	2-8 (7)	31.1	31.1	0
熱帯林					
カリビアマツ *Pinus caribaea*	ナイジェリア，アファカ	5-15 (4)	19.2	18.5	−4
カシヤマツ *Pinus kesiya*	インド，メガラヤ	1-22 (9)	30.1	20.1	−33
熱帯雨林	アマゾン	1-200 (8)	13.2	7.2	−45

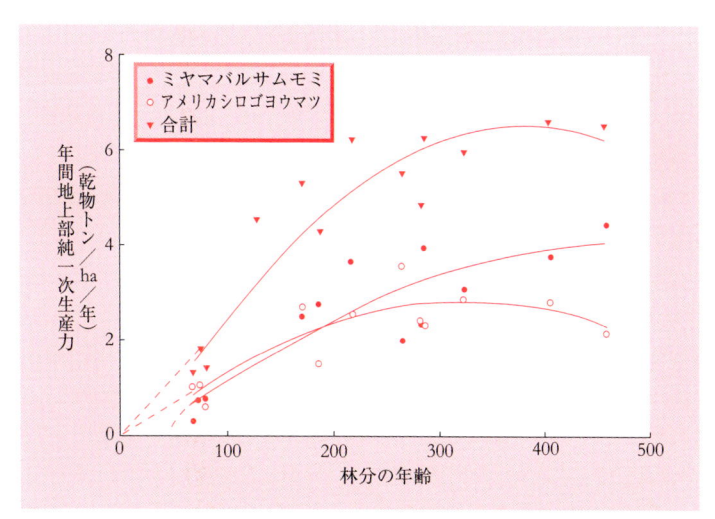

図 17.7　合衆国モンタナ州の亜高山針葉樹林における，年齢の異なる林分の年間地上部純一次生産力 (ANPP)(乾物 Mg/ha/ 年)．遷移初期のアメリカシロゴヨウマツ，遷移後期のミヤマバルサムモミ，総 ANPP を示す．(Callaway *et al.*, 2000 より)．

17.3 陸上群集の一次生産力を制限する要因

　太陽光，二酸化炭素（CO_2），水，土壌栄養塩類は，陸上での一次生産に必要な資源であり，気温は光合成速度に強い影響を及ぼす条件である．大気中のCO_2濃度は通常0.03％程度である．CO_2濃度は，葉のごく近傍を除けば，空気の流れと拡散によって均一化されており，CO_2濃度が群集間の生産力に違いをもたらす要因となることはおそらくない（ただし，地球規模の濃度の増大は大きな影響を及ぼすことが予測される．例えば，DeLucia *et al.*, 1999）．一方で，光の質と量，水と栄養塩類の量，気温は場所によって大きく変化するので，いずれも制限要因となる可能性がある．これらのうち，どれが実際に一次生産力を制限しているのだろうか．

17.3.1 不十分な太陽エネルギーの利用

> 陸上群集は放射エネルギーを効率的に利用していない

　地球表面に到達する太陽エネルギーは場所によって異なるが，1 m^2 当り毎分0〜5 J の範囲にある．もし，この全てが光合成によって植物の生物体量に変換されるなら（つまり光合成効率が100％の場合），記録されている値よりも1〜2桁大きい膨大な植物質が生産されるだろう．実際には，その太陽エネルギーの大部分は，植物が利用できない．特に，短波長の放射のうち光合成に好適な波長のものは約44％にすぎない．しかし，それを考慮に入れたとしても，生産力は可能な最大値をはるかに下回っている．光合成効率には，光が葉によって捕捉される効率と，捕捉された光が光合成によって新しい生物体量に変換される効率，という2つの構成要素がある（Stenberg *et al.*, 2001）．図17.8に純光合成効率（地上部の純一次生産（NPP）に取り込まれる光合成有効放射（PAR）の割合）を対数目盛で示す．このデータ

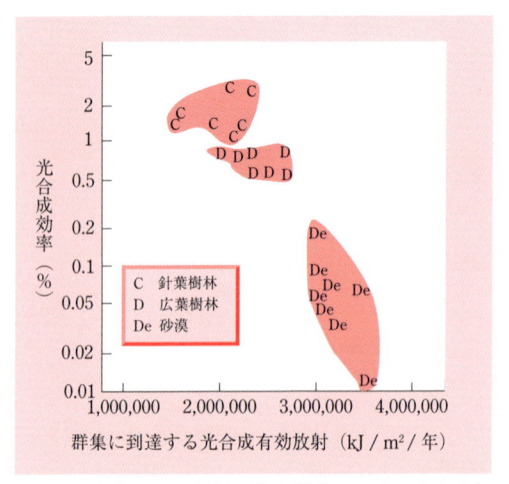

図17.8　合衆国の3種類の陸上群集における光合成効率（光合成有効放射のうち地上部純一次生産に変換されたパーセント）．（Webb *et al.*, 1983 より．）

は，国際生物学事業計画（IBP）の一環として，アメリカ合衆国の7つの針葉樹林，7つの落葉樹林，8つの砂漠の群集から集められた．針葉樹の群集は最も高い効率を示すが，それでも1〜3％にすぎない．同程度の入射量のもとで，落葉樹林の光合成効率は0.5〜1％であり，砂漠ではエネルギー入射量は大きいが，PARのわずか0.01〜0.2％が生物体量に変換されるにすぎない．

　しかしながら，放射が効率的に利用されていないからといって，それが群集の生産力の制限要因ではないということにはならない．それを確か

> それでも生産力はPARの不足によって制限されているかもしれない

めるためには，放射を強くした時に生産力が増加するかどうかを検証する必要がある．第3章で示したいくつかの証拠から，日中の光の強さが林冠の光合成の最適強度以下となる時間帯が存在する．さらに，光強度のピーク時にも，ほとんどの林冠では，下部の葉は相対的に薄暗い状態にあり，もし光強度が高くなれば，光合成速度が高まることは確実である．C_4植物では，放射強度が飽和することはないようである．つまり，最も明るい自然放射のもとでさえ，PARの不足によって生産力が実際に制限されている

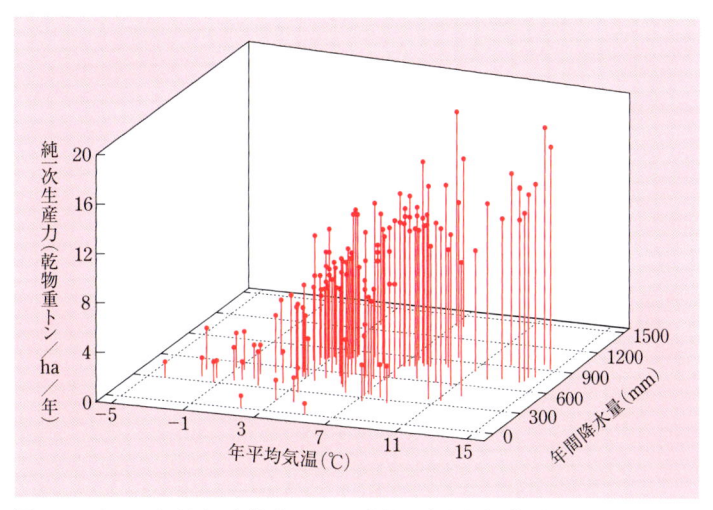

図17.9　チベット高原の生態系における総純一次生産力（乾物 Mg / ha / 年）と年間降水量と気温の関係．森林，疎林，灌木林，草地，砂漠の生態系を含む．（Luo *et al*., 2002 より．）

と言えるだろう．

しかし，もし他の資源が十分に供給されたなら，利用できる放射はもっと効率的に利用されるに違いない．農業生態系できわめて高い群集生産力が達成されているという事実は，このことを裏付けている．

17.3.2　制限要因としての水と温度

図17.9は，チベット高原における多様な生態系のNPPと，降水量・気温の関係を示している．水は，細胞成分としてのみならず，光合成に必須な資源である．水は蒸散によって大量に失われる．その大きな原因は，CO_2 の取り込みのために気孔を長時間開けておく必要があるためである．ある地域の雨量が，生産力と緊密な関係にあったとしても驚くべきことではない．乾燥地域では，降水量の増加に伴って生産力がほぼ直線的に増加するが，もっと湿潤な森林気候では，生産力が上がり続けることはなく，上限が存在する．ここで注意すべきことは，降水量が多いことと，植物が利用できる水量が多いこととが，必ずしも一致しない

> 水の不足は制限要因であろう

点である．その場所の保水許容量を越える水は，普通は流れ去ってしまうからである．図17.9では，生産力と年間平均気温の正の関係も見られる．しかし，そのパターンは複雑であると予想される．なぜなら，例えば，高温は蒸発散による急速な水の不足に結びつくので，水の不足はさらに危急の制限要因となるだろう．

生産力，降水量，気温の関係を理解するには，ひとつの生態系に注目した方が分かりやすい．アルゼンチンのパンパスにおける2つの西から東への降雨量勾配に沿った多数の草地について，地上部のNPPが調べられている．勾配のひとつは山岳地帯にあり，もうひとつは低地にある．図17.10は地上部NPP（ANPP）の指数と降水量・気温の関係を2組の調査地について示している．ANPPと降水量には強い正の関係があるが，回帰の傾きは2つの環境勾配の間で異なっている（図17.10a）．

> 気温と降水量の相互作用

図17.10bで，ANPPと温度の関係は，別の2つの環境勾配（いずれも南北の高度勾配）で，どちらも類似した山型のパターンを表している．これはおそらく，温度上昇が成長季節の長さに及ぼす正の効果と，高温における蒸散の増加に

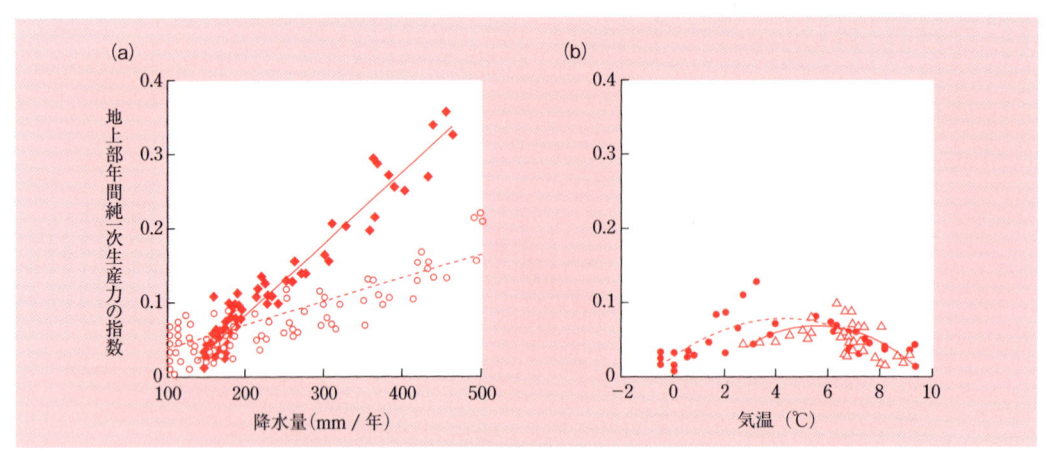

図17.10 アルゼンチンのパンパスにおける2つの降水量勾配に沿った草地の年間地上部純一次生産力（ANPP）。NPPは、植物の林冠に吸収された光合成有効放射との既知の関係に基づく指数によって示されている。(a) NPPと年間降水量の関係。(b) NPPと年平均気温との関係。○と◆はそれぞれ山地と低地における降水量の勾配に沿った場所を表す。●と△は2つの高度勾配に沿った場所を表している。（Jobbagy *et al.*, 2002より。）

よる負の効果，という2つの効果の重なりの結果であろう．環境勾配の上で寒冷な場所では，気温の高い場所へ移るにつれ，NPPの増加が観測される．しかし，気温がある一定の値を超えると，成長季節がさらに長くなることはなく，温度上昇が主に蒸散量の増大をもたらし，利用できる水分量が減少してNPPが減ってしまう（Epstein *et al.*, 1997）．

生産力と林冠の構造　水の欠乏は植物の成長に直接影響を及ぼすだけではなく，植生の密度も低く抑える．まばらな植生は光を受け止める量が少なく，光の大部分は裸地に到達する．多くの乾燥地で生産力が低いのは，こうした太陽放射の浪費に原因があり，乾燥にさらされて植物の光合成速度が低下するためではない．この点は，図17.8に示した研究について，土地の単位面積当りの生産力ではなく，葉の単位生物体量当りの生産力を比較してみればはっきりする．年間に葉1g当りが生産する乾重量は針葉樹林で1.64g，落葉樹林で2.22g，草原で1.21g，砂漠で2.33gとなる．

17.3.3　排水と土壌のきめの細かさによって，利用できる水の量が変わり生産力が変わる

図17.10の山地と低地における降水量に対するNPPのグラフの傾きには顕著な差がある．山地では傾きが低いが，これは土地の傾斜が急なため，水の流出速度が速く，降水の利用効率が低くなるためであろう（Jobbagy *et al.*, 2002）．

それに関連した事象として，水はけのよい砂地と，細かい粒子からなる土壌での森 **土壌のきめの細かさが生産力に影響する** 林の生産を比較した結果がある．森林の生物体量の経時的な蓄積に関するデータが，自然攪乱か人為的皆伐によって全ての樹木がいったん除去された多数の場所で得られている．Johnson *et al.* (2000) は，世界中の森林について，地上部生物体量蓄積量（ANPPの大まかな指標）と成長季節の累積度日数（林分の年齢×成長季節の温度×1年のうちの成長季節の割合）の関係を報告している．実質的に，「成長季節の度日数」は，その林分が生物体量を蓄積してきた時間と，問題にしている場所の平均気温とを組み合わせて

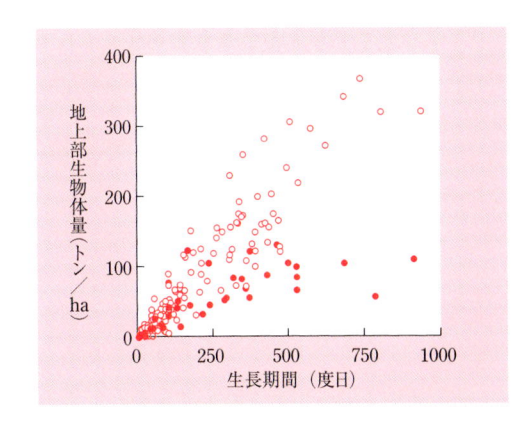

図 17.11 砂質と砂質以外の土壌で生育する広葉樹林の林分における，地上部の生物量の蓄積（NPP の大まかな指数）．ヘクタール当たりメガグラム（= 10^6 g）の値を成長季節の累積度日数に対して示す．○，砂質でない土壌．●，砂質の土壌．（Johnson et al., 2000 より．）

いる．図 17.11 に示すように，広葉樹林の生産力は，成長季節の度日数の同じ値で比較すると，一般的に砂質の土壌の上に成立している森林の方が低い．そうした土壌は，土壌水分保持能力が低く，このことがその森林の生産力が低いことの原因の一部となっている．しかしそれに加えて，粗い土壌では栄養塩の保持も低いであろうから，きめの細かい土壌に較べ，さらに生産力を減少させるだろう．このことは Reich et al.(1997) により確認されている．彼らは北米の森林 50ヶ所のデータを集め，利用できる土壌の窒素量（年間の純窒素無機化速度として推定）が，実際に砂質の土壌ほど低く，さらに砂質条件で利用できる単位窒素量当りの ANPP も低いことを発見した．

17.3.4 成長季節の長さ

群集の生産力が維持されるのは，一年のうち，植物が光合成活性のある葉をつけている期間だけである．落葉樹は自律的に一年のうちで葉をつける期間を限っている．一般的に，落葉樹の葉は光合成速度が速いが，早く枯死する．一方，常緑樹の葉では光合成速度は遅いが，長期間光合成を行う（Eamus, 1999）．常緑樹は，年間を通じて葉をつけているが，まったく光合成を行っていない期間や，光合成速度より呼吸速度が速い期間もある．常緑針葉樹は栄養塩が乏しくて寒冷な条件下で優占する傾向があるが，これは，他の条件では，常緑針葉樹の実生が，急速に成長する落葉樹との競争に負けてしまうからであろう．

これまでに見てきた森林の生産力の緯度変化（表 17.2 を参照）は，大部分，活発な光合成が行われる日数の違いによるものである．これに関して Black et al.(2000) はカナダの亜寒帯落葉樹林で純生態系生産力（NEP）を 4 年間測定した．4, 5 月の気温が一番高かった 1998 年（9.89℃）には，葉の展開はかなり早く始まったが，4, 5 月の気温が一番低かった 1996 年（4.24℃）には，それより 1ヶ月遅れで始まった（図 17.12a, b）．1994 年と 1997 年の 4, 5 月の気温は 6.67℃ と 5.93℃ であった．4 年の研究期間の成長季節の長さの差は，累積 NEP のパターンから推測することができる（図 17.12c）．冬から初春にかけては，生態系の呼吸が総生態系生産力を上回るため，NEP は負となっている．NEP は暖かい年ほど早く正になるが，1994, 1996, 1997, 1998 年の各年において，生態系が 1 年間に取り込んだ総炭素量はそれぞれ 144, 80, 116, 290 gC / m^2 であった．

アルゼンチンのパンパスでの研究（図 17.10 を参照）について述べた際に，純一次生産力（NPP）の大きさは，降水量と温度だけでなく，成長季節の長さによっても影響されることを指摘した．上記の亜寒帯林の研究と同様に，成長季節の開始は年平均気温と正の関係があった（図 17.13）．一方，成長季節の終了は気温だけでなく降水量によっても決まっており，温度が高く降水量が少ないときには早く終了した．ここでも，利用できる水の量と温度の相互作用が複雑であることが示されている．

> 成長季節の長さ — 生産力への大きな影響

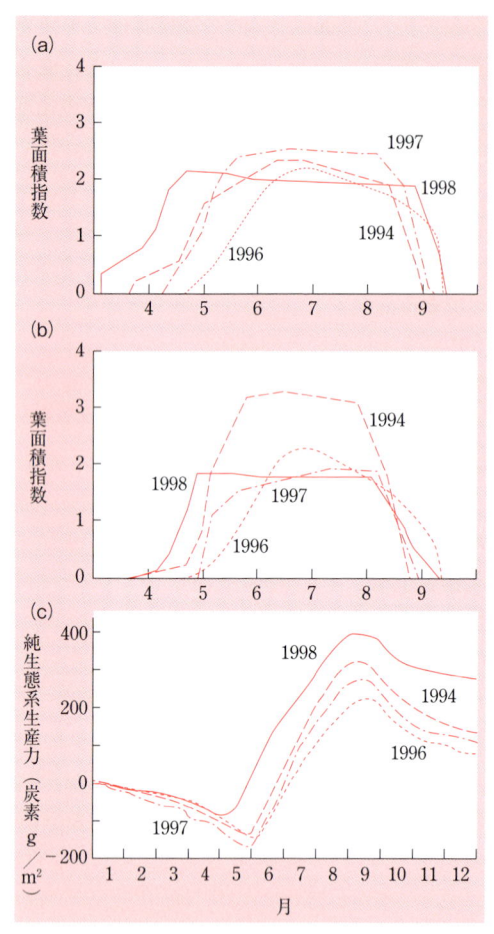

図 17.12 葉面積指数（葉面積を葉の茂みの下の地面の面積で割ったもの）．春の温度が大きく異なる4年間の研究期間における亜寒帯落葉樹林の，(a) 高層のアメリカヤマナラシ（*Populus tremuloides*）と (b) 下層のハシバミ（*Corylus cornuta*）．(c) 累積純生態系生産力（NEP）．（Black *et al.*, 2000 より．）

17.3.5　栄養塩が欠乏していると生産力は小さい

決定的に重要なのは利用可能な栄養塩量

陸上群集では，いくら太陽放射が強く，降雨が頻繁で，温度が好適であったとしても，土壌がない，あるいは土壌中の必須栄養塩が欠乏していれば，生産力は低いに違いない．斜面の傾斜と方位を決めているような地質学的条件は，土壌が形成されるか否かも決めており，

土壌の栄養塩の構成にも大きな影響を及ぼしている．このため，一定の気候条件のもとでも，群集の生産力はモザイク状に異なる．全ての無機栄養塩類の中でも，群集の生産力に最も重要な影響を及ぼすのは，固定された窒素である（その一部または大部分は，岩石からではなく，常に生物の活動，つまり微生物による窒素固定に由来する）．おそらく，どのような農地でも窒素の添加によって一次生産力は増加するであろうし，自然植生においてもそうなるだろう．窒素肥料が森林土壌に添加されると，森林の成長はほとんどの場合，促進されるのである．

他の要素の欠乏によっても，群集の生産力は理論的に可能なレベルよりはるかに低く抑えられてしまう．古典的な例として，南オーストラリアにおけるリンと亜鉛の欠乏がある．そこではラジアータマツ（*Pinus radiata*）の林が産業として成り立つためには，これらの栄養塩類を人の手で供給することが必要となっている．また，多くの熱帯生態系ではリンが主な制限要因となっている．

17.3.6　陸上の生産力を制限している要因のまとめ

群集の生産力の限界は，究極的には群集が受ける太陽放射の量で決まっている．太陽放射がなければ光合成はあり得ないからである．

しかし，どの群集も太陽放射を効率よく利用してはいない．この効率の低さは，次のような要因によることが分かっている．(i) 水の不足による光合成速度の制約．(ii) 必須栄養塩の不足による光合成組織の生産速度の低下および光合成の効率の低下．(iii) 致死的温度や成長にとって低すぎる温度．(iv) 浅い土壌．(v) 太陽放射の大部分が葉でなく地表に到達してしまうような，不完全な林冠被覆（これは葉の生産と落葉の季節性，あるいは草食動物・害虫・病気による葉の減少による）．(vi) 葉の光合成の効率の低さ．理想的な条件でも，光合成有効放射（PAR）

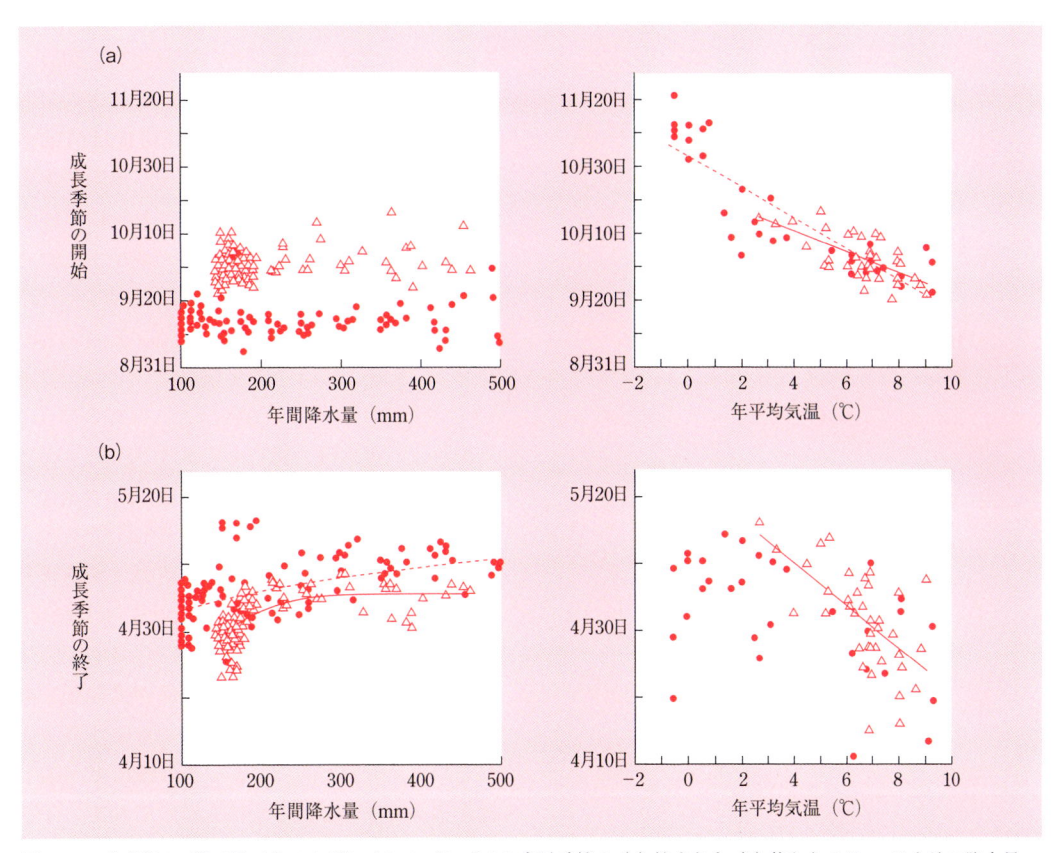

図17.13 本章第3.2節で述べたアルゼンチンのパンパスの成長季節の (a) 始まりと (b) 終わりの日. ●は山地の降水量・温度勾配に沿った場所. △は低地での勾配に沿った場所. (Jobbagy *et al.*, 2002 より.)

の10％以上の効率を達成することは，最も生産的な農業生態系でも困難である．しかし，世界の植生の一次生産力の変異のほとんどは (i) から (v) が原因となっており，葉の光合成効率の種間差によって説明できる部分は相対的に小さい．

一年の季節変化の間にも，群集の生産力を制限する (i) から (v) の要因がつぎつぎに入れ代わっている可能性がある（おそらく通常はそうなっているであろう）．例えば，草原群集では一次生産力は理論的最大値をはるかに下回るであろうが，これは冬には低温と光強度が弱いことが，夏には乾燥や窒素の流通速度が遅すぎることが原因であり，場合によっては，照射光が直接裸地にあたるほど草食動物が現存量を減らしてしまうことが原因となる．

17.4 水生群集の一次生産力を制限する要因

水域環境で一次生産力を制限する要因のうち，最も普遍的なものは利用可能な光と栄養塩の量である．栄養塩類のうち最も欠乏しやすいものは窒素（通常，硝酸塩）とリン（リン酸塩）であるが，外洋では鉄が重要な場合もある．

17.4.1 小河川における光と栄養塩による制限

落葉樹林内を流れる小河川では，初春の光が十分な条件から，川面を覆う樹木の葉の展開による光が乏しい条件へ

森林の小河川では光と栄養塩によって生産力が決まる

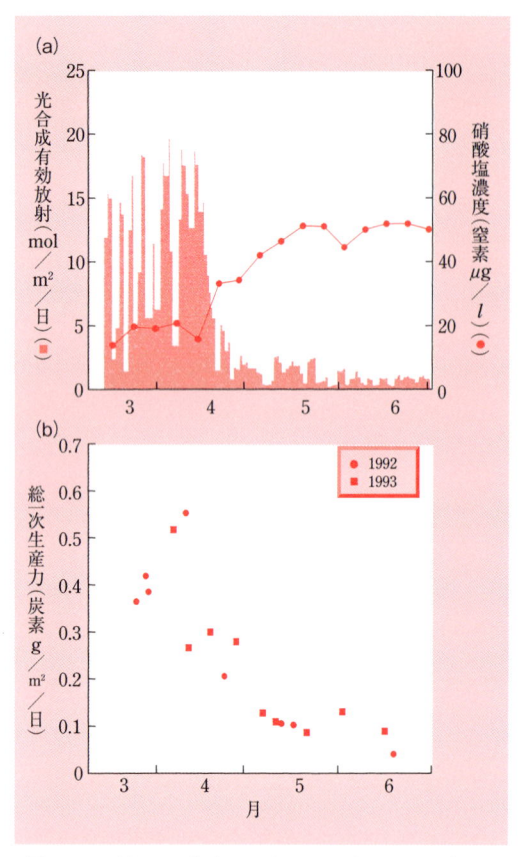

図17.14 (a) 1992年春にテネシーの小河川の川床に到達した光合成有効放射(PAR)(ヒストグラム)と流水中の硝酸塩濃度(丸)(1993年のパターンもほぼ同じ). (b) 1992年, 1993年における河川の総一次生産力(河川全体の酸素濃度の日周変化を基に計算している). (Hill *et al.*, 2001 より.)

の変化にともなって,川床の藻類による一次生産に顕著な変遷が見られる.テネシー州のある小河川では,葉が茂ると川床に届くPARが1000 m mol/m²/秒以上から30 m mol/m²/秒まで低下した(Hill *et al.*, 2001). PARの低下と平行して,小河川の総一次生産力(GPP)も同じように劇的に減少した(図17.14).このことは,光合成効率が0.3%以下から2%まで上昇するにもかかわらず起こる.光合成効率が上昇するのは,そこに生育する藻類が低い放射量に生理的に順化し,かつ季節後期にはもっと効率の高い分類群が優占するからである.興味深いことに,PARが低下すると,硝酸塩(図17.14a)

とリン酸塩の濃度がともに増加する. PARが十分な初春には,栄養塩が一次生産力を制限しているようであるが,藻類による取り込みによってこの時期の水中の栄養塩濃度は低下する.しかし光が制限要因になると,藻類の生産力の低下によって,流水に供給され利用可能な栄養塩のうち,取り除かれる量が減少するのである.

17.4.2 湖沼における栄養塩

湖沼は,集水域の岩石や土壌の風化,降雨,人間活動(肥料や下水の流入)に由来する栄養塩類を受け取っている.湖沼の栄養塩類量にはかなりの変異がある.カナダにおける12の湖沼についての研究では,総一次生産力(GPP)とリン酸濃度に明瞭な関係が見られ,湖沼の生産力制限に対する栄養塩の重要性が示されている(図17.15).ほとんどの湖沼で,GPPは生態系の呼吸をはるかに上回っており,自生性生産が圧倒的に重要であることに注意する必要がある(図17.15).図17.15bで右上隅のはずれ値は,下水の流入がある例外的な調査地のもので,そこでは他生性の有機物の流入によって湖沼の有機炭素生産を超える消費が行われている.

> 湖沼の生産力では…栄養塩の役割が大きく…

注目すべきは,利用可能な主要栄養塩の量に対する放射エネルギーのバランスが,一次生産を行う組織のストイキオメトリー(stoichiometry;化学量論),すなわちC:N:P比にも影響しうることである.これに関しては,リン酸塩が欠乏したカナダの湖沼において,総リン酸量に対する利用可能なPAR (PAR:TP)が,藻類群集における炭素固定とリン酸摂取のバランスに影響し,藻類細胞と藻類のデトリタスの中のC:P比の変異をもたらしていることを,Sterner *et al.* (1997b) が見いだしている.

> …利用可能な栄養塩の量と,放射エネルギーとのバランスが藻類のストイキオメトリーに影響する

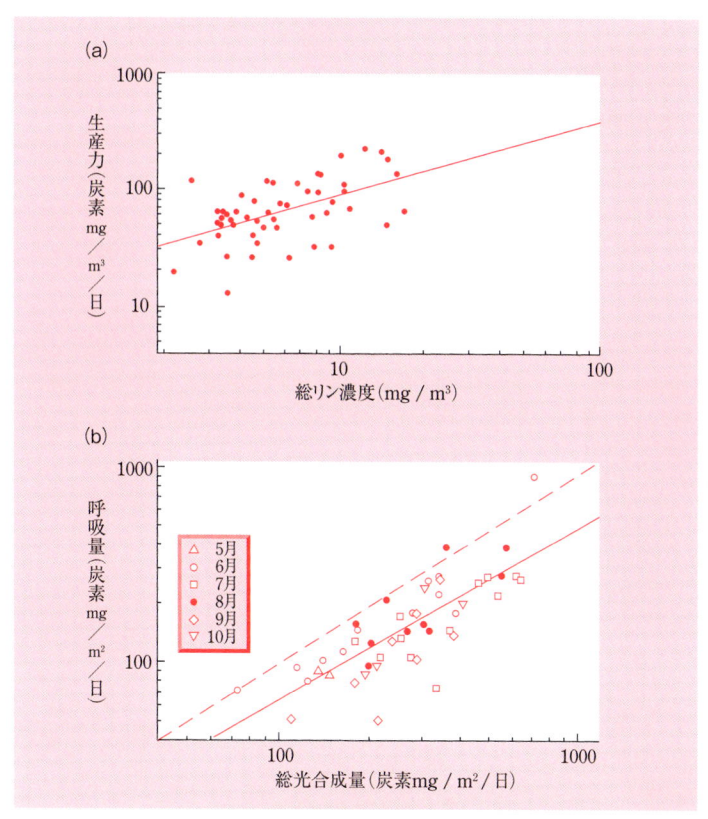

図17.15 (a) カナダのいくつかの湖沼の沖帯における植物プランクトン（顕微鏡的植物）の総一次生産力とリン酸塩濃度の関係．(b) 調査した湖沼における，さまざまな日に測定した生態系呼吸と総光合成量の関係．破線は呼吸とGPPが等しい線を表す．実線は回帰直線．代謝速度は，野外で採取したした水のサンプルを用いて水温の平均値を算出し，実験室内の瓶中でその平均温度で測定した．(Carignan *et al.*, 2000 より．)

生きている藻類を消費する動物プランクトンと藻類のデトリタスに依存する分解者・デトリタス食者は，それぞれ特異的な栄養要求を持ち，しかもその要求は藻類中の栄養塩比と大きく異なっている．従って，Sternerらが注目した藻類のストイキオメトリーの変化は，従属栄養生物の代謝と生産力に影響を与えている．こうした植物組織と消費者のストイキオメトリーの不均衡が食物網相互作用，分解，物質循環にどのような影響を及ぼすかについては，別の場所で検討している（第11章2.4節，第17章5.4節，第18章2.5節を参照）．

17.4.3　海洋における栄養塩と湧昇の重要性

海洋では，2つの栄養塩供給源によって，一次生産力が局所的に高くなっている．ひとつは河口から大陸棚への連続的な栄養塩の流入であり，図17.16にその例を示している．大陸棚の内側で生産力が特に高いのは，栄養塩濃度が高く，比較的透明度が高いために，純光合成量が正となる**真光層**（euphotic zone）の深度がかなり深いからである．陸地に近くなるにつれ，海水中の栄養塩濃度は高くなるが，濁りも増し，生産力は低下す

> 海洋環境での豊富な栄養塩の供給は...河口域から...

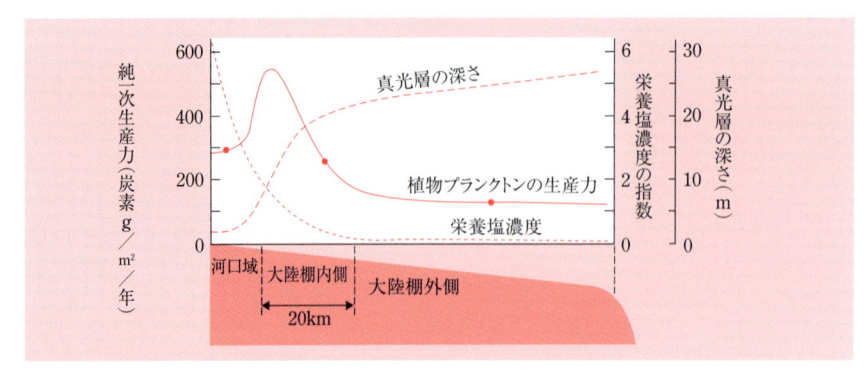

図17.16 合衆国ジョージア州沿岸から大陸棚の端にかけての植物プランクトンの純一次生産力，栄養塩濃度，真光層深度の変化．(Haines, 1979より．)

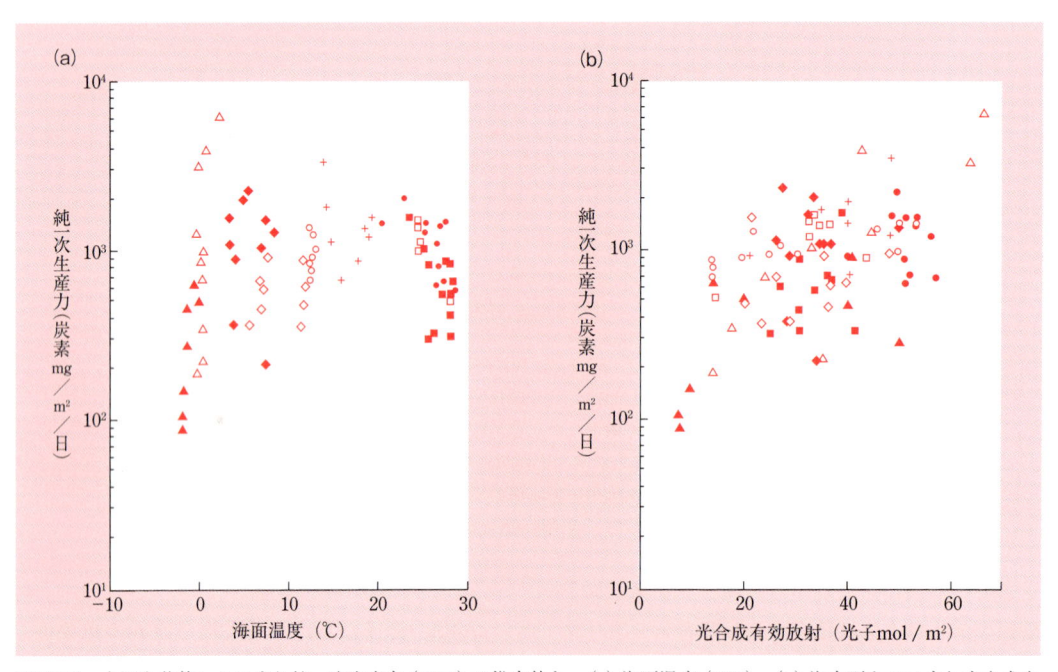

図17.17 水深を積算した日当り純一次生産力 (NPP) の推定値と，(a) 海面温度 (SST)，(b) 海水面上の日当り光合成有効放射 (PAR) との関係．異なる記号はさまざまな海域のデータを表す．(Campbell et al., 2002より．)

る．最も生産力の低い水域は大陸棚の外側（それに外洋）で，そこは透明度が高く，真光層が深いので，一次生産力は高いと期待される場所である．しかし，実際には栄養塩濃度が著しく低いために生産力は低くなっている．

...そして湧昇流から

栄養塩類のもうひとつの供給源は，海洋の**湧昇流**（upwelling）である．湧昇流は，風が海岸線に対して平行ないしはやや角度を持って吹き続ける大陸棚で発生する．結果的に海水は岸から離れていき，海底から湧昇してくる冷たい海水によって置き替えられる．その湧昇流は，沈降によって蓄積した栄養塩を豊富に含んでいる．強い湧昇流は海底嶺に近い海域や，海流がきわめて強い場所でも発生する．湧昇流が海面まで到達する場所では，栄養豊富な海水が植物プランクトンの発生を促進する．従属栄養生物の食物連鎖はこの豊富な食物の恩恵

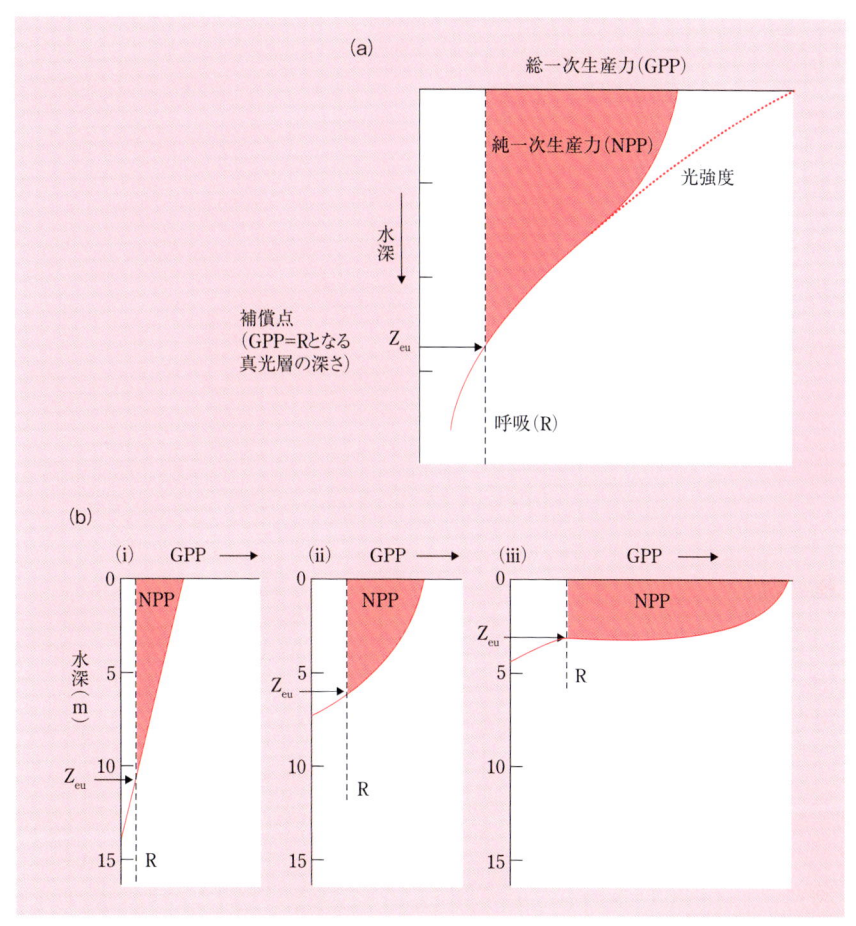

図17.18 (a) 水体における水深と総一次生産力(GPP),呼吸による熱損失(R),純一次生産力(NPP)の関係.補償点(あるいは真光層の深さ,Eu)はGPPとRが釣り合い,NPPがゼロとなる水深(Z_{eu})にある.(b) 総NPPは水中の栄養塩濃度とともに増加する(湖沼iii > ii > i).栄養塩濃度の増加は植物プランクトンの生物体量を増やし,その結果,真光層の水深が浅くなる.

を受けるので,世界的に重要な漁場はこうした生産力の高い海域に存在している.

海洋での制限要因としての鉄

近年,外洋の約3分の1において,鉄が潜在的に制限要因となる栄養塩であることが認識されるようになった(Geider *et al.*, 2001).鉄はきわめて海水に溶けにくく,究極的に風に運ばれる粒子によって供給されているが,その量は海洋の大部分の地域で不十分である.海洋域に鉄を実験的に投入すると,植物プランクトンの大発生が見られる(Coale *et al.*, 1996).そうした大発生は,大きな嵐によって陸上から海洋へ鉄分が供給された場合にも起こりうる.

栄養塩は局所的な海洋の生産力に最も影響を及ぼすが,温度とPARはさらに広い地域に影響を及ぼしている(図17.17).このことは海洋の一次生産力を推定する上で重要となる.それは,衛星探査によって,海洋表面の温度と光合成有効放射(PAR)(それと純一次生産力(NPP)と相関する表面のクロロフィル濃度)を測定することができるからである.

温度とPARも生産力に影響する

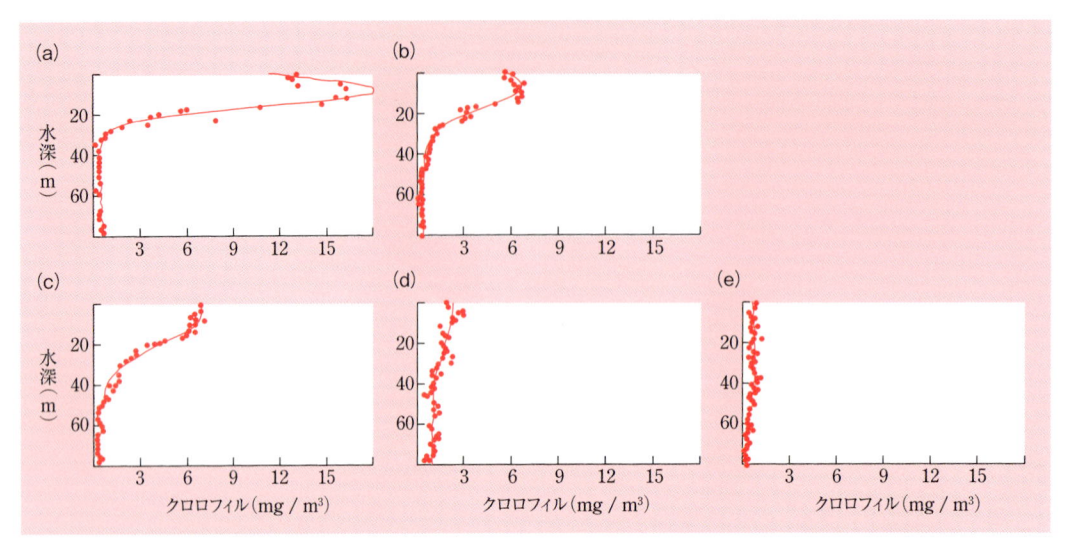

図17.19 ナミビア海岸沖で記録されたクロロフィルの垂直分布の例．(a) は海洋の湧昇がある場所で典型的に見られる例．冷たい湧昇水が暖められると，海面で植物プランクトンが大発生し，深い水深への光の透過を遮りそこでの生産力を低下させる．(b) は湧昇域海面での大発生によって栄養塩濃度の減少が起こるにつれ，存在量のピークが移動することを示す例．(c) では，海面の植物プランクトンの大発生は (a) の場合ほど劇的ではない（おそらく湧昇水の栄養塩濃度が低いため）．その結果，クロロフィル濃度はより深い水深まで比較的高い．(d)，(e) の場所では栄養塩濃度はさらに低い．(Silulwane *et al.*, 2001 より.)

17.4.4 水生群集の生産力は水深とともに変化する

> 植物プランクトンの生産力は水深によって変化する

水生群集の生産力は，地域的に比較すれば，制限要因となる栄養塩類の濃度によって決まっているのが普通であるが，水体の光の強度は水深とともに弱まるため，生産力は水深によっても大きく変化する．図17.18a は総一次生産力（GPP）が水深とともに低下する様子を示している．GPP が植物プランクトンの呼吸量（R）とつり合う水深を補償点と呼び，これよりも浅い所では NPP が正の値をとる．光は水分子および溶質や粒子に吸収され，深さとともに指数関数的に弱まっていく．水面近くでは，光は過剰にあるが，深い所では光の供給は制限されている．そして結局は，光の強度が真光層の範囲を決めている．水面にきわめて近い所では，特に晴れた日には光合成の光阻害さえ起こり得る．これは，光合成色素が通常の光合成回路で利用できないような速度で放射を吸収し，破壊的な光酸化反応が引き起こされることが原因と考えられる．

栄養塩類が豊富な水体ほど，真光層の水深が浅くなる傾向がある（図17.18b）．これはそれほど逆説的なものではない．栄養塩類の濃度が高い水体は，通常，植物プランクトンの生物体量が大きいので，そのぶん光が吸収されるため，光は深い水深まで届かない（これは森林における林冠の被覆効果とまったく同じである．林冠の被覆により，林床植生に到達する前，あるいは川床に到達する前に，98% もの放射エネルギーが除去されてしまうこともある）．きわめて浅い湖でも，富栄養な場合には，植物プランクトンの被覆効果によって湖底に水草が存在しない場合もある．図17.18a，b に示した関係は湖沼で得られているが，そのパターンは定性的には海洋環境でのパターン（図17.19）と類似している．

17.5 生態系でのエネルギーの行方

二次生産力は，従属栄養生物による新たな生物体量の生産速度と定義されている．植物と違って，従属栄養の細菌・菌類・動物は，自分たちが必要とする，複雑でエネルギーに富んだ化合物を単純な分子から作りだすことができない．こうした生物は植物質を直接摂取するか，あるいは他の従属栄養生物を食べることによって，間接的に植物から物質とエネルギーを獲得している．一次生産者である植物は，群集の栄養段階の最初の段階を構成している．一次消費者は2番目の栄養段階に位置し，二次消費者（肉食者）は3番目，といった順となる．

17.5.1 一次生産力と二次生産力の関係

一次生産力と二次生産力の間には一般的に正の関係がある

二次生産力は一次生産力に依存するので，群集におけるこの2つの変数の間には正の関係が期待される．本章第4.1節で取りあげた小河川の研究をもう一度振り返り，渓流上の樹木の葉の林冠が太陽放射のほとんどを遮ってしまう夏の間，一次生産力が著しく減少することを思い出して欲しい．藻類を主に食べるのは，カワニナ科の巻貝 *Elimia clavaeformis* である．図17.20aは，渓流における巻貝個体の成長速度が夏に最低になり，巻貝の成長と川床の月間のPARの間に有意な正の関係があることを示している (Hill *et al*., 2001)．図17.20b～dは一次生産力と二次生産力の一般的な関係を，水中と陸上の例で示している．主に植物プランクトン細胞を食べる動物プランクトンによる二次生産力は，世界各地のさまざまな湖沼において，植物プランクトンの生産力と正の関係を持っている（図17.20b）．湖沼と海洋の従属栄養細菌の生産力も，植物プランクトンの生産力に比例している（図17.20c）．従属栄養細菌は，生きた植物プランクトンの細胞からの放出や，捕食者の「食い散らかし」で産み出される溶存有機物を代謝している．図17.20dは，ガラパゴス諸島のある島で，ガラパゴスフィンチ *Geospiza fortis* の生産力（平均ヒナ数）が，一次生産力の指標である年間降水量に比例していることを示している．

一次生産のほとんどは生食連鎖を通過しない

水生群集か陸上群集かにかかわらず，植食者の二次生産力は，それが依存している一次生産力よりおよそ1桁小さい．このことは全ての生食系 (grazer system) における一貫した特徴である．ここで，生食系とは，生きている植物の生物体量の消費に依拠している群集の栄養構造の部分を指す（この生態系についての話では，第9章での定義とは異なる意味でグレイザー (grazer) という語を用いている）．この結果，植物の生産力が広い土台を提供し，その上に小さな一次消費者の生産力が，そしてその上にさらに小さな二次消費者の生産力が積み重なるピラミッド構造が成立する．栄養段階は，密度や生物体量で表現した時にもピラミッド構造を持つだろう（こうした群集構造の基本的な特性は Elton (1927) によって最初に認識され，のちに Lindemann (1942) によって定式化された）．しかし，これには多くの例外がある．樹木に基盤を持つ食物連鎖では，明らかに単位面積当りの植食者の個体数が植物より多い（ただし生物体量はそうではない）．一方で，植物プランクトンの生産に依存する食物連鎖では，生物体量の逆ピラミッドが形成されることがある．生産力がきわめて高いが短命で生物体量の小さな藻類細胞が，長命の動物プランクトンの大きい生物体量を支え得るのである．

植食者の生産力は，彼らが食べる植物の生産力より必ず小さい．ではエネルギーはどこで失われるのであろうか．まず，植物が生産した生物体量の全てが，生きた状態で植食者に消費されるわけではない．その多くは生食されることなく死に，分解者群集（細菌，菌類，デトリタス食動物）を支えている．次に，植食者に食われ

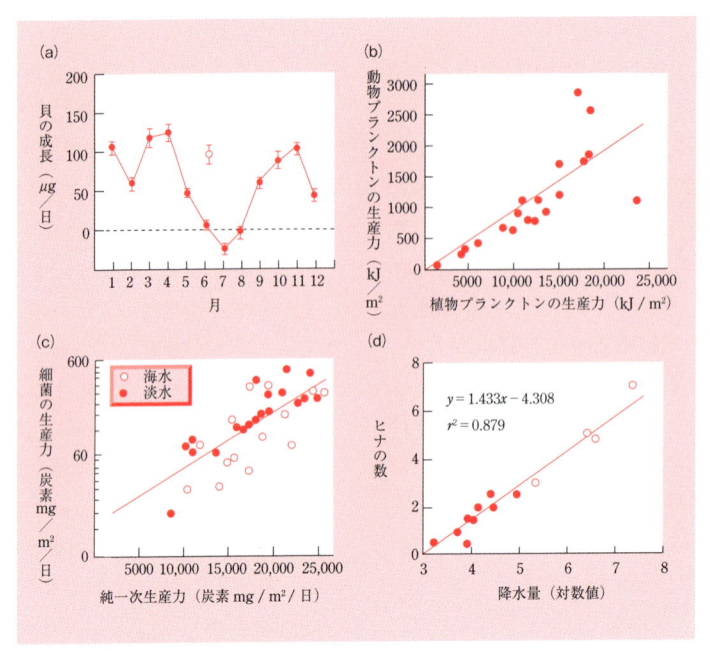

図17.20 (a) 巻貝の成長の季節的パターン（川床で個体マークした貝の1ヶ月間の平均重量増加±標準誤差）. 白丸は，隣接した日陰のない渓流における6月の成長. （Hill *et al*., 2001 より.）(b) 湖沼の植物プランクトンの一次生産力と動物プランクトンの二次生産力の関係.（Brylinsky & Mann, 1973 より.）(c) 淡水域と海水域における細菌の生産力と純一次生産力の関係.（Cole *et al*., 1988.）(d) ガラパゴスフィンチ *Geospiza fortis* の平均クラッチサイズ（巣当りヒナ数）と年間降水量（一次生産力と正の関係を持つ）との関係. 白丸はエルニーニョによる気象現象のため，特に雨の多かった年.（Grant *et al*., 2000 より.）

た植物の生物体量（あるいは肉食者に食われた植食者の生物体量）の全てが同化されて，消費者の生物体量に組み込まれるわけではない．その一部は排泄物として失われ，それも分解者群集の方へ回る．最後に，同化されたエネルギーの全てが生物体量に変換されるわけではない．一部は呼吸熱として失われる．これは，エネルギー変換効率は決して100%にならない（熱力学の第2法則により，一部は利用できないランダムな熱として失われてしまう）ことと，動物がエネルギーを必要とする運動を行うので，熱として放出されることに起因する．図17.21に示したこれら3つのエネルギーの経路は，全ての栄養段階に共通して存在する．

17.5.2 食物網を介したエネルギー流の道筋

図17.22は，群集の栄養構造の全体を記述したもので，生食者系に関する生産力のピラミッドで構成されているが，2つの現実的要素が加わっている．その中でまず重要なものは分解者系であり，これは必ず群集内の生食者系と組み合わさっている．次に，それぞれの系の各栄養段階に，互いに異なったやり方で働く二次的構成要素を区別している．すなわち，同じ栄養段階で死物の有機物を利用する微生物とデトリタス食者，その微生物の消費者（微生物食者）とデトリタス食者の消費者とがそれぞれ区分されているのである．そして図17.22には，

群集内を通過するエネルギーの代替的な道筋

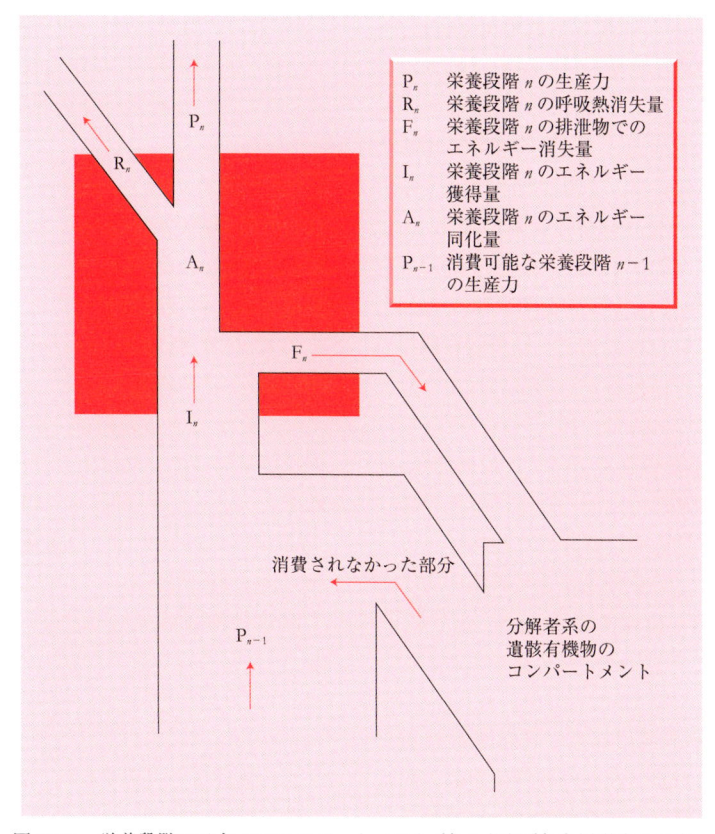

第17章 群集内のエネルギーの流れ 677

図 17.21 栄養段階のひとつのコンパートメント（色ぬり部分）を通過するエネルギー流．

凡例：
- P_n 栄養段階 n の生産力
- R_n 栄養段階 n の呼吸熱消失量
- F_n 栄養段階 n の排泄物でのエネルギー消失量
- I_n 栄養段階 n のエネルギー獲得量
- A_n 栄養段階 n のエネルギー同化量
- P_{n-1} 消費可能な栄養段階 $n-1$ の生産力

消費されなかった部分
分解者系の遺骸有機物のコンパートメント

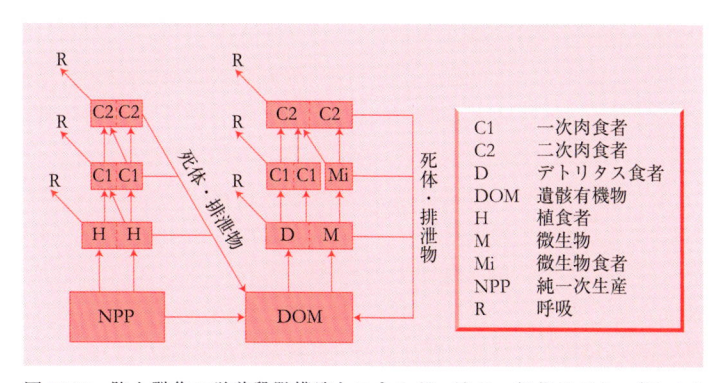

図 17.22 陸上群集の栄養段階構造とエネルギー流の一般化モデル．(Heal & MacLean, 1975 より．)

凡例：
- C1 一次肉食者
- C2 二次肉食者
- D デトリタス食者
- DOM 遺骸有機物
- H 植食者
- M 微生物
- Mi 微生物食者
- NPP 純一次生産
- R 呼吸

　純一次生産において固定された1Jのエネルギーが，群集内部を通過し散逸していく道筋が描かれている．1Jのエネルギーは，無脊椎動物の植食者によって消費され，同化され，その一部は活動に利用され，また呼吸熱として失われるであろう．また，一部は脊椎動物の植食者に消費され，後に肉食者に同化され，その肉食者は死んで遺骸有機物となる．1Jのうち，遺骸有機物として残ったものは菌糸によって同化され，それが土壌中のダニに消費され，その活

動に利用される．さらに残ったエネルギーは，熱として散逸していくであろう．それぞれの消費段階において残ったエネルギーは，同化されることなく排泄物を通過して遺骸有機物に至るかもしれない．あるいは，それは同化されて呼吸に使われるか，同化されて体組織の成長（あるいは，図17.20dの鳥のヒナ数の場合のように，子の生産）に使われるだろう．あるいはその体は死んで，残っていたエネルギーは遺骸有機物のコンパートメントに入るか，あるいは生きたまま次の栄養段階の消費者に捕えられ，そこで再び枝分かれの経路を進んでいく．最終的に，エネルギーは食物連鎖の道筋のひとつ以上の経路で呼吸熱として散逸し，群集外に出ていってしまうことになる．分子やイオンは群集の食物連鎖の中を繰り返し循環することが可能だが，エネルギーはただ一度だけ群集を通過するのである．

　生食者系と分解者系に存在し得る分岐経路は，ほぼ同じものだが，ひとつだけ決定的に異なる点がある．それは，生食者系では排泄物と遺骸はその系から失われ，分解者系に入ってしまうが，分解者の系では分解者の排泄物と遺骸は，その系の基盤である遺骸有機物のコンパートメントの中に戻るだけ，という点である．この点はきわめて重要な意味を持つ．遺骸有機物として利用可能なエネルギーは，最終的には完全に代謝され，たとえ分解者系の中で何回かの循環が必要だったとしても，すべて呼吸熱として失われるであろう．これに対する例外的な状況として，(i) 渓流から押し流されたデトリタスのように，物質が局所的環境から外部へ運びだされ，他の場所で代謝される場合がある．また，(ii) 局所的物理的条件が分解過程にとってきわめて不適で，高エネルギー物質が不完全に代謝された塊として残る場合がある．それらは石油，石炭，泥炭として知られている．

17.5.3　エネルギーの分岐経路のパターンにおける変換効率の重要性

　純一次生産のうち，それぞれの分岐経路に流れるエネルギーの割合は，エネルギーが利用され，栄養段階間を通過する際の**変換効率**(transfer efficiency) に依存している．エネルギー流のパターンを予測するのには，3つばかりの変換効率の値を知っていれば十分である．それは**消費効率** (consumption efficiency, CE)，**同化効率** (assimilation efficiency, AE)，**生産効率** (production efficiency, PE) である．

エネルギー分岐経路の相対的重要性は3つの変換効率に依存する...

　消費効率は次式で表される．

...消費効率...

$$CE = I_n/P_{n-1} \times 100.$$

　これを言葉で表現すれば，消費効率とは，ある栄養段階で利用できる総生産量(P_{n-1})のうち，実際にひとつ上の栄養段階によって消費（摂取）される部分(I_n)の割合である．生食者系における一次消費者の消費効率は，単位時間当りに純一次生産として生産されたもののうち，植食者の消化管の中に入るエネルギー (J) の百分率である．二次消費者の場合は，植食者の生産力のうち肉食者に食べられる部分の百分率である．残りは食べられることなく死亡し，分解者の連鎖に入る．

　図17.23には，植食者の消費効率のさまざまな推定値が示されている．大部分の推定値はかなり低い値であるが，これは通常，植物質の大部分が，構造支持組織の割合が高いため利用できないことを反映している．また，植食者の密度が，天敵の働きによって一般的に低く抑えられている結果である場合もあるだろう．顕微鏡的な植物（付着性の微小な藻類や自由生活の植物プランクトン）を利用する消費者は，高密度を達成することができ，処理しなければならない

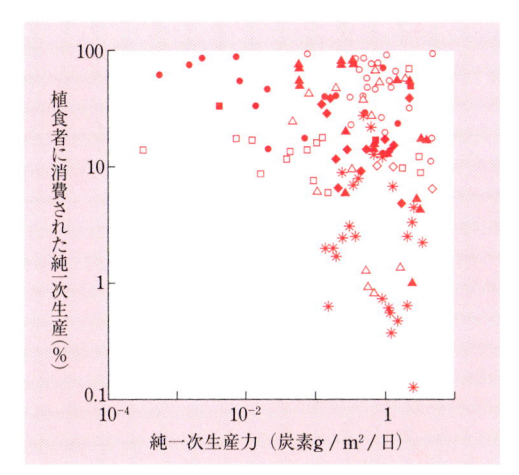

第17章　群集内のエネルギーの流れ

図17.23　純一次生産力に対する植食者の純一次生産物消費率（パーセント）の関係．○，植物プランクトン．●，底性微小藻類．□，大型藻類床．◆，淡水水生植物群落．■，海草群落．▲，湿地．△，草地．✳，マングローブ．✱，森林．（多数のデータをCebrian, 1999がまとめたもの．）

構造支持組織が少ないので，一次生産のかなりの部分を消費することができる．消費効率の中央値は，森林でほぼ5％，草原で25％，植物プランクトンが優占する群集では50％である．餌動物を捕食する肉食者の消費効率はそれほど分かっておらず，得られている推定値も不確かである．脊椎動物の捕食者は，脊椎動物の餌動物の生産量の50～100％を消費するが，無脊椎動物の餌動物の生産量からはおそらく5％しか消費していないだろう．無脊椎動物の捕食者は，利用可能な無脊椎動物の餌動物の生産量のうち，おそらく25％を消費していると考えられる．

...同化効率...

同化効率は次式で表される．

$$AE = A_n/I_n \times 100.$$

同化効率は，ある栄養段階において，消費者の消化管に取り込まれた餌のエネルギー（I_n）のうち，腸壁を通して同化され，成長や活動に使われるエネルギー（A_n）の百分率である．その残りは排泄され，分解者の系の基盤に組み込まれ

る．「同化効率」を微生物について求めることは容易ではない．微生物では，高等生物の消化管のような体を貫く外界からの陥入部分に餌が入るわけではなく，また排泄物もつくられない．細菌や菌類は体外で消化した遺骸有機物を吸収して，実質的に100％同化していると見なすこともできるので，しばしば「100％の同化効率」を持つと言われる．

同化効率は，植食者，デトリタス食者，微生物食者では低く（20～50％），肉食者では高い（80％）．動物は一般に，遺骸有機物（主に植物質）と生きた植物を処理するのが苦手である．その一因は，植物に物理的・化学的防御が普遍的に存在するためであるが，最も主な要因は，植物の組成がセルロースやリグニンのような複雑な構造の化学物質を高い割合で含むためである．しかし，第11章で述べたように，セルラーゼを生産し，植物質の有機物の同化を助ける腸内共生微生物を持つ動物も多い．ある意味で，こうした動物は自分のための分解者の系を体内に宿しているといえる．植物の生産物は根，材，葉，種子，果実へ配分されるが，どこに配分されるかによって，植食者にとっての有用性は変化する（第3章，図3.12bを参照）．種子と果実は60～70％もの高い効率で同化されるが，葉は50％，材の同化効率は15％ほどでしかない．肉食者，そしてハゲタカのように動物の死肉を食べるデトリタス食者にとっては，動物質の餌の消化と同化の問題は大きくない．

生産効率は次式で表される．

...と生産効率...

$$PE = P_n/A_n \times 100.$$

生産効率は，新たに生物体量に組み込まれたエネルギー（P_n）の同化エネルギー（A_n）に対する百分率である．同化エネルギーの残りは，呼吸熱として群集から完全に失われる（代謝過程に関与する高エネルギーの分泌物や排泄物は生産物P_nと見なすとができ，死体と同様に分解者に利用され得る）．

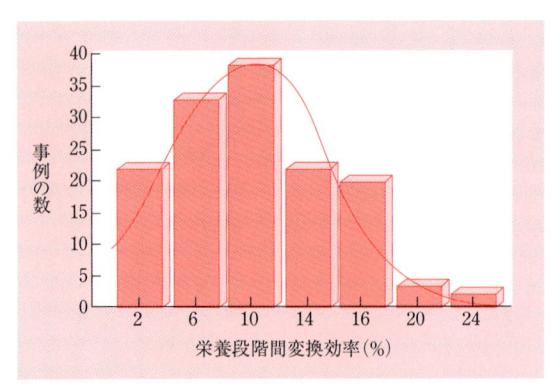

図17.24 水生群集についての48の研究で得られた栄養段階間変換効率の頻度分布．その値は，研究ごとに，また問題とした栄養段階によっても大きく異なる．平均は10.13%（標準誤差0.49%）．（Pauly & Christensen, 1995より．）

生産効率は，主として生物の分類群によって異なる．無脊椎動物は一般に効率がよく（30〜40%），呼吸熱として失うエネルギーが比較的少なく，多くの同化産物を生産物に変換している．脊椎動物の中では，体温が環境の温度によって変化する外温性動物は中間的な生産効率を持つが（10%前後），内温性動物は，体温保持のためのエネルギー消費が大きく，同化産物のわずか1〜2%を生産物に変換しているにすぎない．小型の内温性動物は生産効率が低く，中でも小さな食虫類（例えばトガリネズミ）は最も低い．一方，原生動物を含む微生物は，きわめて高い生産効率を持つ傾向がある．原生動物は寿命が短く，体が小さく，個体群の回転が速い．残念ながら，現在利用できる方法では，特に土壌中の微生物に対応する時間的空間的なスケールでの個体数変化を，精密に測定することはできない．一般的に，内温性動物では生産効率が体サイズとともに増加するが，外温性動物では逆で，きわめて顕著に低下する．

栄養段階間変換効率（Trophic level transfer efficiency (TLTE)）は，次式で表される．

…が組み合わさって栄養段階間変換効率を決める

$$TLTE = P_n/P_{n-1} \times 100.$$

ある栄養段階から次の栄養段階への，総体としてのエネルギー変換効率は，単純に，CE（消費効率）×AE（同化効率）×PE（生産効率）となる．Lindemann (1942) の先駆的研究のあと，栄養段階間変換効率は一般に10%程度であると見なされていた．実際，10%を「法則」と呼んだ生態学者もいた．しかし，ひとつの栄養段階から次の栄養段階に入るエネルギーが，正確に1/10となるような自然界の法則は存在しない．例えば，淡水・海洋環境における栄養段階の研究を広範に集めた最近の研究によると，栄養段階間変換効率は，平均こそ10.13%であるが，2%から24%の変異を示している（図17.24）．

17.5.4 対照的な群集におけるエネルギー流のパターン

図17.22に示したモデルに，生態系の純一次生産力（NPP）と，さまざまな栄養グループのCE，AE，PEの正確な値を入れると，エネルギーの分岐経路ごとの相対的重要性を予測し，理解することができるはずである．とは言え，生態系の全ての構成要素と，すべての構成種の変換効率を対象にした研

対照的な群集における生食者系と分解者系の役割

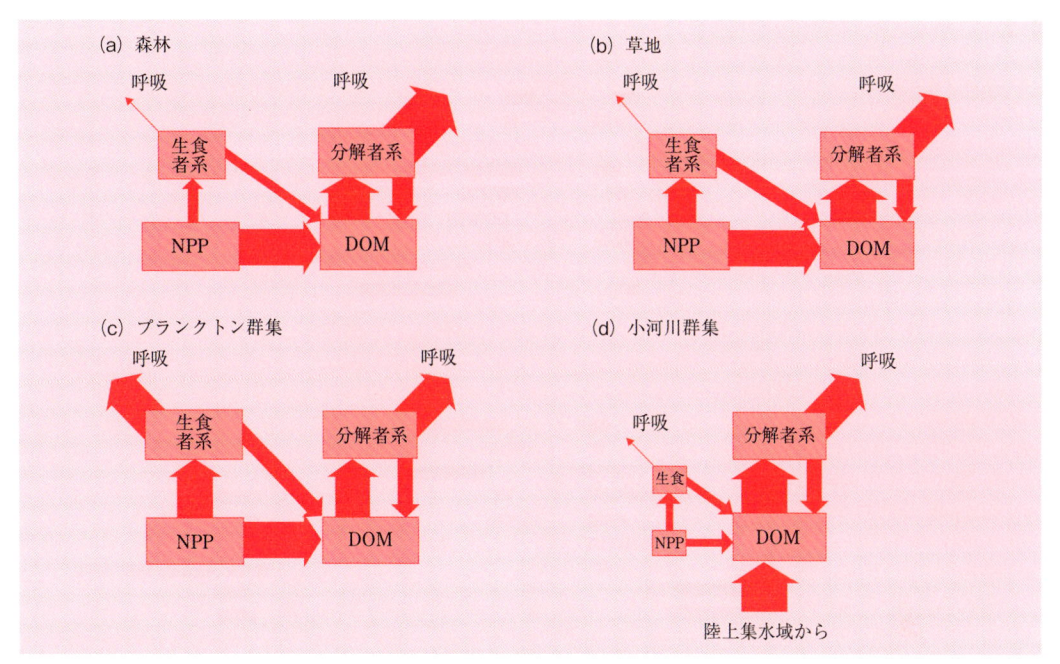

第17章 群集内のエネルギーの流れ

図17.25 エネルギー流の一般的パターン．(a) 森林．(b) 草原．(c) 海洋のプランクトン群集．(d) 小河川または小さな池の群集．箱と矢印の大きさはコンパートメントと流量の相対的大きさに比例する．DOM, 遺骸有機物．NPP, 純一次生産力．

究が存在しないのは無理からぬことである．しかしながら，対照的な生態系の大まかな特徴を比較すれば，ある程度の一般化は可能であろう（図17.25）．おそらく世界中のどの群集でも，分解者系は，二次生産と呼吸による熱消失の大部分を担っているだろう．生食系が最も主要な役割を果たしているのはプランクトン群集であり，そこではNPPの大部分は生きたまま消費され，高い効率で同化される．しかし最近明らかになってきたのは，プランクトン群集においても，きわめて高密度の従属栄養細菌が，植物プランクトンの細胞から排出される溶存有機分子に依存しており，おそらく一次生産力の50％以上をこのような「死んだ」有機物として消費していることである (Fenchel, 1987a)．陸上群集においては，植食者の消費効率と同化効率が低く，植食者の系はほとんど影響力がない．また小規模な河川や池の多くでは，一次生産力がきわめて低いため，生食者系はほとんど存在しない．渓流や池の群集はそのエネルギー基盤を，陸上で生産され，水中に落下・流入したり，風で運搬されてくる遺骸有機物に依存している．深海の底生群集の栄養構造は，小河川や池の群集とよく似ており，全て従属栄養群集と見なせるだろう．そこでは，光合成はほんのわずかしか行われないか，あるいはまったく行われておらず，そのエネルギー基盤は，上部の真光層に存在する独立栄養の群集から沈降してくる植物プランクトン，細菌，動物などの遺骸，あるいは排泄物に由来する．別の見方をすれば，海洋底は，光を通さない林冠の下に存在する林床に相当するとも言える．

上記のような比較的大まかな一般化から，図17.26に示すようにさらに多様な陸上と水生の生態系の考察へと進むことができる（データは Cebrian, 1999 が200以上の文献からまとめたもの）．まず図17.26aは，多様な陸上・水生生態系における純一次生産力 (NPP) の値の範囲を

> 生食者の消費効率は，植物が低いC：N比とC：P比を持つとき最高になる

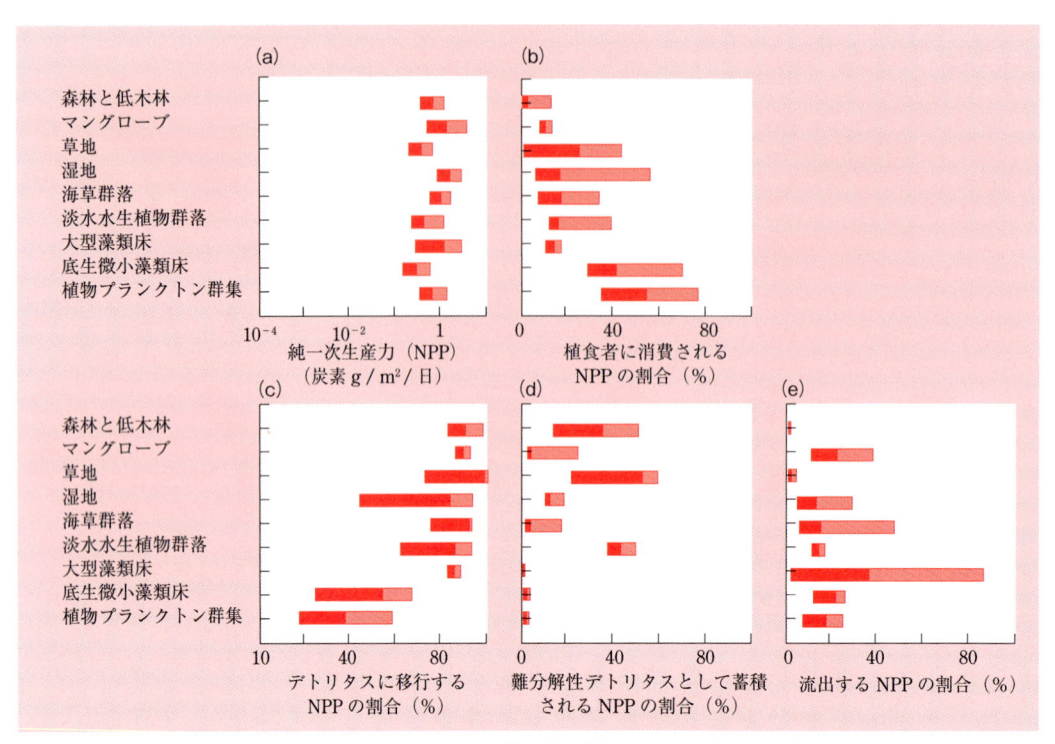

図17.26 さまざまな生態系について，(a) 純一次生産力（NPP），(b) デトリタス食者に消費されたNPPのパーセント，(c) デトリタスに移行したNPPのパーセント，(d) 不応デトリタスとして蓄積されたNPPのパーセント，(e) 系外へ移送されたNPPのパーセントを示した箱グラフ．それぞれの箱は，多数の研究で得られた推定値の，25%値と75%値の範囲および中央値（箱の中の線）を示す．(Cebrian, 1999より．)

示している．図17.26bは，植物の生物体量のうち支持組織が占める割合が大きく，窒素とリンの量が少ない生態系（すなわち森林，灌木林，マングローブ）では，生食者の消費効率がいかに低いかを強調している．植食者に消費されなかった植物の生物体量はデトリタスとなって，はるかに大きい割合が図17.25の遺体有機物（DOM）のコンパートメントに入っていく．純一次生産のうち，デトリタスとなる割合は，森林で最も高く，植物プランクトンと底生微小藻類の群集で最も低いが（図17.26c），これは驚くべきことではない．陸上群集に由来する植物の生物体量は，植食者が食べられないだけでなく，分解者やデトリタス食者にとっても扱いにくい．図17.26dは一次生産の大部分が，難分解性のデトリタス（1年以上保持される）として，森林，灌木林，草地，淡水水生植物群落に蓄積

されていることを示している．最後の図17.26eは，生態系の外部に移送される純一次生産の割合を示している．その値は総じて低く（中央値が20%以下）で，ほとんどの場合，生態系の生物体量の大部分がその場所で消費され，分解されることを示している．最も明らかな例外は，マングローブや，とりわけ大型藻類床（しばしば沿岸の岩礁域にある）に見られるが，そこでは植物の生物体量のうち，比較的大きな割合が嵐や潮汐の作用ではぎ取られ，運び去られる．

一般的に，ストイキオメトリー（化学量論）において高い栄養塩類の状態を示す植物（窒素・リン酸濃度が高く，従って，C：N比とC：P比が低い）で構成される群集ほど，植食者に消費される割合が高く，デトリタスの生産量が小さく，分解速度が速く，結果的に難分解性のデトリタスの蓄積が少なく，遺体有機炭素の貯蔵

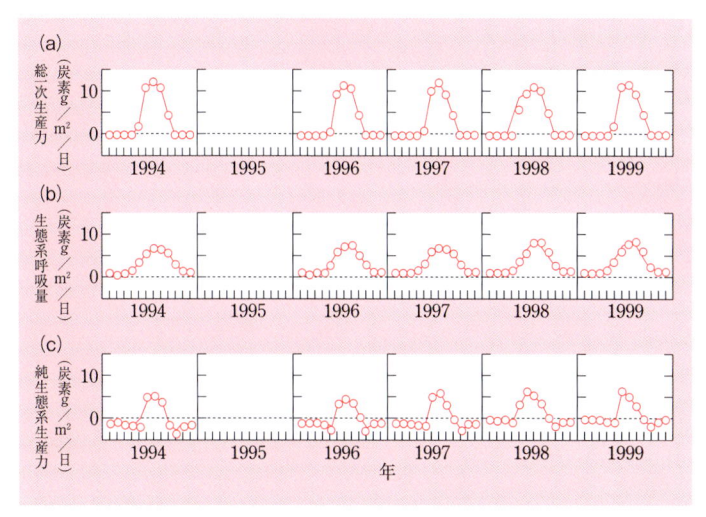

図17.27 カナダのアメリカヤマナラシの森林における (a) 総一次生産力 (GPP), (b) 生態系呼吸量 (RE), (c) 純生態系生産力 (NEP) の月平均値. (Arain *et al*., 2002 より.)

量が少ない (Cebrian, 1999).

有機物の生産と消費のバランスについての時間的パターン

図17.26に示された情報は, 地球上の生態系におけるエネルギーの移動の空間的パターンを強調している. しかし, 有機物の生産と消費のバランスに関する時間的パターンを無視してはならない. 図17.27は, カナダの亜寒帯のアメリカヤマナラシ (*Populus tremuloides*) の林における5年間の研究で分かった. GPP, RE (独立栄養生物と従属栄養生物の呼吸量の総計), 純生態系生産力 (NEP) の季節変化を示している. 年間総 GPP (図 17.27a の GPP 曲線の下の面積) は, 温度が最も高かった 1998 年 (おそらくエルニーニョ現象の結果. 下を見よ) に最も大きく, 温度が特別低かった 1996 年に最小となっている. 暖かい春では呼吸速度の増加より, 光合成速度の増加が著しいので, GPP の年間変動 (例えば 1998 年は 1419 gC / m^2, 1996 年は 1187 gC / m^2) は, RE の変異 (それぞれ 1132 gC / m^2, 1106 gC / m^2) と比べ, 大きい. このため, 暖かい年ほど, 全般的に NEP の値が高い (1998 年は 290 gC / m^2, 1996 年は 80 gC / m^2). GPP が一貫して RE を上回る夏の月を除くと, NEP は負となっている (RE が GPP を上回り,

群集は貯蔵していた炭素を消費している) ことに注意しよう. この調査地では, NEP の年間累積値は常に正であったが, このことは, 毎年, 呼吸で失われるよりも固定される炭素の方が多く, その森林が炭素の吸収源となっていることを示している. しかし, このようなことは, 毎年すべての生態系で起こっているわけではない (Falge *et al*., 2002).

生態系エネルギー循環に対するENSOの影響

上述のアメリカヤマナラシ林は, エルニーニョ南方振動 (ENSO) (第2章 4.1 節も参照) のような気候変動によるエネルギー流の年次変動が起こる, 唯一の生態系では決してない. ENSO 現象は散発的に, ふつうはほぼ3〜6年ごとに起きる. ENSO 現象の間, 温度が統計的に高い場所と低い場所が存在し, 降水量もまた, 統計的に有意に, 4〜10倍増加する地域が存在する (Holmgren *et al*., 2001). エルニーニョは, 水界生態系の劇的な変化と結びついている (漁業の崩壊さえもたらした. Jordan, 1991). 最近では, エルニーニョが陸上でも大きな変化を引き起こすことが次第に明らかになってきた. 図 17.28 はガラパゴス諸島において 1977 年以降, 一定の方法で調査された鱗翅

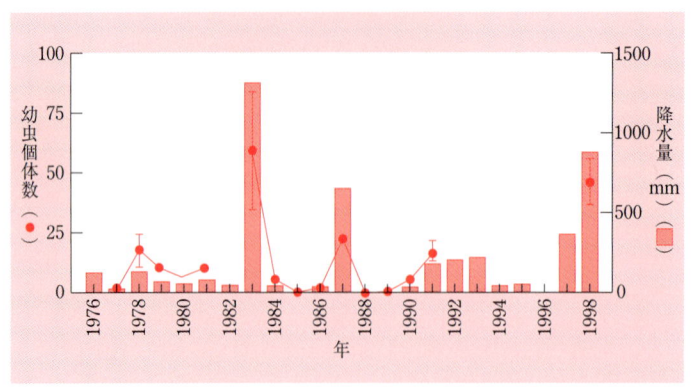

図17.28 ガラパゴス諸島ダフネメジャー島における年間降水量（ヒストグラム）と一定の方法で調査したガの幼虫の平均個体数の年次変動．(Grant *et al.*, 2000 より．)

目幼虫の個体数の年次変動と年間降水量の年次変動を示している．鱗翅目幼虫数と降水量の間に強い相関があるのは，幼虫数が一次生産力に依存しており，一次生産力は雨の多い年ほど大きいためである．図17.20dには，ガラパゴスフィンチ *Geospiza fortis* の営巣数が，4回のENSOの年（図の白丸）にとくに多かったことが示されていた〔訳注：図17.20dで示されたのは巣当りのヒナ数の方〕．これは，非常に雨の多い年には，彼らが餌とする種子，果実，鱗翅目幼虫の生産量が多いことを反映している．実際，フィンチの営巣数が増えるだけでなく，クラッチサイズ（巣当りヒナ数）と，巣立ちまでヒナが育つ確率も増加する．

ENSO現象が生態系内のエネルギー流に及ぼす影響に関する知見は増大している．それによると，人間が引き起こす地球規模の気候変化の結果として予想される極端な気象現象の増加は，世界各地で生態系の諸過程を著しく変えてしまうだろうと示唆されている．これについては，第22章でもう一度取り上げる．

しかしその前に，次の第18章では，生態系における物質の流れに注目し，資源が供給され，独立栄養生物・従属栄養生物に利用される速度は，基本的に栄養塩の供給に依存することを理解する．それに続いて，生態系の生産力によって，競争や捕食者-被食者相互作用が群集の構成（第19章），食物網（第20章），種の豊富さ（第21章）にもたらす結果がどのように変わるかを検討しよう．

まとめ

生態系という用語は，生物群集（一次生産者，分解者，デトリタス食者，植食者など）と，それが存在する非生物的な環境を合わせたものを指すのに使われる．リンデマンは，太陽放射が光合成を行う緑色植物に捕捉されて群集に取り込まれてから，従属栄養生物に使われる間の，栄養段階間の移送効率を検討することで，生態学的エネルギー論という科学の礎を築いた．これが本章の主題である．

単位面積当りの生きている生物体が，生物体量の現存量を構成している．一次生産力は，植物が単位面積当りに生物体量を生産する速度である．光合成によるエネルギーの総固定量を総一次生産力（GPP）といい，その一部は独立栄養生物呼吸（RA）として植物の呼吸に使われる．GPPとRAの差を純一次生産力（NPP）といい，従属栄養生物が消費できる新たな生物体量の，実際の生産速度を表す．従属栄養生物による生物体量の生産速度を二次生産力といい，彼らの呼吸を従属栄養生物呼吸（HE）という．

GPPから総呼吸量（RA＋RH）を引いたものが純生態系生産力（NEP）である．

本章では，地球表面における一次生産力の多様なパターンを，条件の季節的変動，年次変動に関連して論じ，また，生物体量に対する一次生産力の比は陸上群集より水生群集の方が高いことを述べた．陸上の一次生産力を制限している要因は，太陽エネルギー（そして，とくに植物による不十分なその利用），水と温度（そして，それらの複雑な相互作用），土壌のきめ細かさと排水，利用可能な無機栄養塩の量，である．成長できる季節の長さはとりわけ影響力を持つ．水生環境では，一次生産力は特に利用できる太陽放射（水深に密接に関係したパターンを示す）と栄養塩（とくに重要なのは湖沼への人為的流入，河口域からの海洋への流入，海洋の湧昇流域）に依存している．

植物と異なり，従属栄養の細菌，菌類，動物は，単純な分子から，自分たちが必要とする，複雑でエネルギーを多量に含む化合物を作ることができない．そうした生物は，そうした物質を直接，植物質を食べることによって得るか，他の従属栄養生物を食べることによって間接的に植物から得るかのいずれかである．生態系においては，一次生産力と二次生産力の間に一般的な正の関係が存在するが，一次生産のほとんどは，生きた状態で生食系を通過するのでなく，遺体としてデトリタス食系を通過する．群集内でエネルギーが辿る経路は，3つのエネルギー変換効率（消費，同化，生産効率）によって決定される．生食者の消費効率は，植物が構造支持組織をほとんど持たず，$C:N$，$C:P$比が小さいときに最も高い．一次生産力と従属栄養生物によるその消費のバランスの時間的パターンについて論じ，広範囲にわたる気候パターン（エルニーニョなど）が生態系のエネルギー循環に大きな影響を及ぼし得ることを論じた．

第18章

生物群集における物質の流れ

18.1 はじめに

生物の活動には，さまざまな元素と化合物が不可欠である．生物は環境から化学物質を抽出するためにエネルギーを消費し，吸収した物質を一定期間保持して利用し，再びそれらを放出する．こうして，生物の活動は生物圏における化学物質の流れに，大きな影響を与えることになる．生理生態学者は，個々の生物が，必要な化学物質をいかに獲得して利用しているかに注目している（第3章を参照）．しかし，この章では前の章と同様に，ある一定の面積の土地またはある一定の体積の水の中の生物相（biota）が，物質を蓄積し変換しながら，生態系内部の各構成区分（コンパートメント）の間で物質を移動させる様子に主眼をおいて検討しよう．ここで対象にする地域は，地球全体，ひとつの大陸，あるいはひとつの集水域の場合もあれば，単に$1m^2$の区画の場合もある．

18.1.1 エネルギーの流れと栄養塩循環

どんな群集においても，生物体の大きな部分を水が占めている．残りの大部分（95%かそれ以上）は炭素化合物が占め，エネルギーはこの炭素化合物の形で蓄積され貯蔵されている．最終的にこのエネルギーは，生物の体組織の代謝活動，あるいはその生物を分解する分解者の代謝活動によって，炭素化合物が二酸化炭素（CO_2）へと酸化されると同時に失われてしまう．エネルギーと炭素の流れ（フラックス）については他の章で検討してきたが，エネルギーと炭素は，生物学的な系の中で互いに密接に結びついている．

炭素は，CO_2という単純な分子が光合成に取り込まれることによって，生物群集の栄養構造の中に入り込む．炭素が純一次生産力の中に組み込まれると，炭素は糖，脂質，タンパク質，または多くの場合，セルロース分子の一部として使われる．炭素はエネルギーとまったく同じ道筋をたどりながら，つぎつぎに消費され，排泄され，同化されながら，栄養段階のいずれかのコンパートメントの中で，二次生産力の中に取り込まれるだろう．高いエネルギー価を持つ炭素を含んだ分子が，最終的に生物の活動のためのエネルギーの供給に使われると，エネルギーは熱として失われる（これについては第17章ですでに議論した）．一方，炭素はCO_2として再び大気中に放出される．ここでエネルギーと炭素の強い結びつきは終わりとなる．

いったん熱に転換されたエネルギーは，二度と生物の活動や生物体の合成に使われることはなく，唯一，一時的に高い体温を維持する助けとして使われるにすぎない．熱はやがて大気中へと失われ，再び循環することはない．一方，CO_2中の炭素は再び光合成に利用され得る．炭素と他の全ての栄養元素（例えば，窒素やリンなど）は，大気中の単純

> エネルギーは循環・再利用されないが，物質は可能

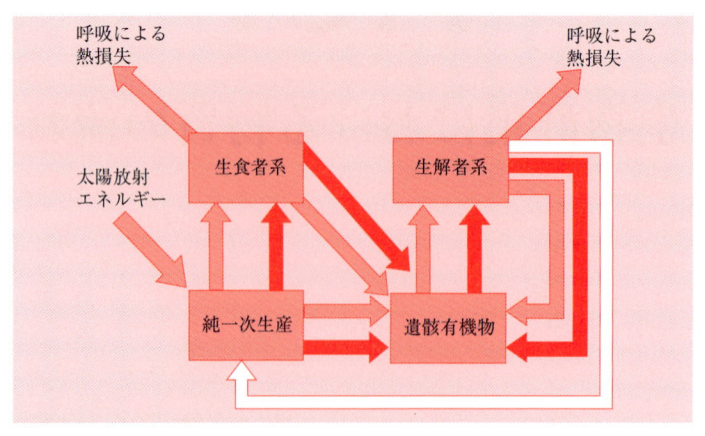

図18.1 エネルギーの流れ（うすい矢印）と栄養塩の循環の関係を示す図．有機物中に固定されている栄養塩の流れ（濃い矢印）と，自由な無機態の栄養塩の流れ（白い矢印）が区別されている．

な無機物（CO_2）やイオン，あるいは水中の溶存態イオン（硝酸，リン酸，カリウムイオンなど）の形で植物が利用できる状態となっている．それらの物質は，生物体内の複雑な有機炭素化合物の中に組み込まれる．しかし炭素化合物が最終的にはCO_2へと代謝されるとともに，無機栄養塩は単純な無機化合物の形で放出される．放出された栄養塩は，他の植物によって吸収される．こうして栄養塩元素のひとつの原子は，食物連鎖を次から次へと繰り返し通過する．図18.1には，エネルギーの流れと栄養塩の循環の関係を示した．

本質的に，1ジュールのエネルギーは一度利用されればそれで消失する．一方，生物体を構成する素材である化学栄養塩は，それが含まれる分子の形態を簡単に変えてしまう．例えば，窒素は硝酸態窒素からタンパク態窒素へと変化し，それはまた硝酸態窒素へと変化する．これら栄養塩は，再度利用することが可能で，何度でも循環する．太陽放射のエネルギーとは異なり，栄養塩はいつも供給されているものではなく，一部の栄養塩が生物体に封じ込められると群集内の残りの部分への供給量は減少してしまう．もし植物と，植物を消費する生物がまったく分解されなくなると，栄養塩の供給は止まり，地球上の生物は死に絶えてしまうだろう．従っ

て，従属栄養生物の活動は，栄養塩の供給と生産力の維持にとって不可欠である．図18.1では，単純な無機物として放出される栄養塩は，分解者の系からしか生じないとしているが，実際には多少は植食者系からも放出されてはいる．しかしながら，栄養塩の循環の中では分解者系が圧倒的に重要な役割を果たしている．

図18.1に示した図では，ある重要な点が単純化されすぎている．分解過程で放出される全ての栄養塩が，再び植物によって回収されるとは限らない．栄養塩の再循環は決して完全ではなく，一部は陸上から川へと流出し，最終的には海へ到達する．窒素やイオウのように気体としても存在するものは，大気中へと消えていく．さらに群集は，分解したばかりの栄養塩以外にも，例えば，雨に溶けている栄養塩や，風化された岩石から生じた栄養塩の付加的な供給を受けている．

（しかし，栄養塩の循環は完全ではない）

18.1.2 生物地球化学と生物地球化学的循環

ここでコンパートメントとして存在する化学元素のプールを想定しよう．CO_2中の炭素，ガス態の窒素などのような元素は，**大気圏**

（「生物」地球化学）

(atmosphere) のコンパートメントをなす．また，炭酸カルシウム中のカルシウムや長石中のカリウムのように，**岩石圏** (lithoshere) の岩石中に存在するコンパートメントもある．さらに，溶存態の硝酸の中の窒素，リン酸中のリン，炭酸 (H_2CO_3) 中の炭素などのコンパートメントは，土壌水，河川，湖，海洋といった**水圏** (hydrosphere) に存在する．これら全ての場合に，栄養塩は無機態で存在する．これとは対照的に，生物相（バイオータ）と分解過程にある生物遺骸は，栄養塩を有機物の形で含むコンパートメントと見なせる．セルロースや脂質中の炭素，タンパク中の窒素，アデノシン三リン酸 (ATP) 中のリンなどがこれに相当する．これらの各コンパートメント内部での化学的な過程，ならびにコンパートメント間の栄養塩の流れ（フラックス）を研究するのが，**生物地球化学** (biogeochemistry) という科学である．

もし，海水面より上の全ての地質学的な形成作用が，浸食作用と河床低下だけであるという理由だけからしても，多くの地球化学的な物質の流れは生物がいなくても生じる．生物の存在にかかわらず，火山はイオウを大気中に放出する．しかし生物は，このような基本的な地球化学的な元素の流れから，特定の化学物質を抽出したり，それらの物質を再循環させることによって，この流れの速度を変化させたり経路を変化させている（Waring & Schlesinger, 1985）．生物地球化学という語はその意味で適切な用語である．

生物地球化学はさまざまなスケールで研究される

物質の流れはさまざまな空間スケールと時間スケールで研究することができる．小さな池や 1 ha の草原での栄養塩の獲得と利用と損失を問題にする場合には，化学物質の局所的なプールに注目することになる．その場合，栄養塩の収支に対して火山が与える影響や，陸上から溶脱された栄養塩が海洋底へ堆積する過程などに関心を払う必要はない．スケールを大きくとると，川の化学的な特性は，その川に流れ込む水を供給する地域（集水域，本章第 2.4 項も参照）の生物相の影響を強く受けると同時に，その川が流れ込む湖，河口域，さらには海の化学的な特性と生物相にも影響を及ぼしていることに気がつく．陸上から水界生態系にいたる栄養塩類の流れの詳細については，本章第 2 節と第 3 節で扱う．さらに，地球規模のスケールが問題となる場合もある．その場合は，巨大な絵筆を取って，大気全体あるいは海洋全体というような，想定し得る最も大きい区分の中身と流れの様子を描く必要がある．このような，地球規模の生物地球化学については本章第 4 節で扱う．

18.1.3　栄養塩収支

群集は，さまざまな経路で栄養塩を獲得したり失ったりする（図 18.2）．栄養塩の収支を表す等式の収入と支出の項目をすべて見極めて正しく測定すれば，栄養塩の収支表を作ることができる．ある群集のある栄養塩についての収支は，多少なりとも釣り合っているかもしれない．

しかしある場合には，流入が流出を上回り，栄養塩は生物体と生物遺骸のコンパートメントに蓄積する．これは，群集の遷移（第 17 章 4 節を参照）の間に，とくに明らかである．

流入と流出は常につりあうとは限らない

さらに，火災，トビバッタの大発生などで生じる大量落葉，人間による大規模な森林破壊，あるいは作物の収穫などによって生物相が攪乱された場合には，流出量が流入量を上回る．陸上生態系における消失は，無機栄養塩の系外への移動（例えば，酸性降下物による陽イオン塩基の溶脱）が，風化によって補充される量を上回る時にも生じる．

次に栄養塩収支の中身について議論しよう．

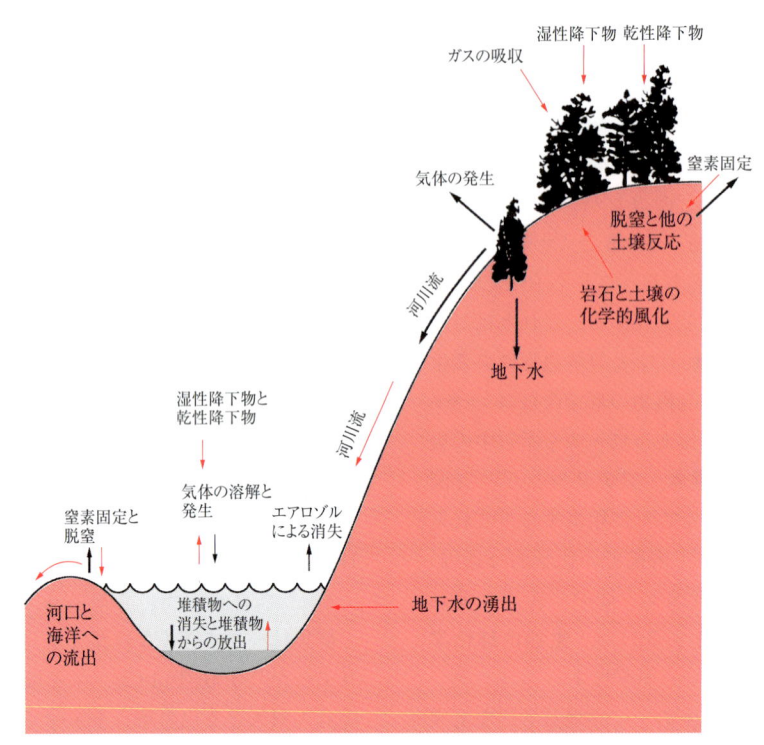

図18.2 陸上と水中の系における栄養塩収支の構成要素．2つの群集を結びつけている河川流に注意．河川流は，陸上の系からの主要な流出経路であるとともに，水中の系にとっての主要な流入経路である．流入は赤で，流出は黒で示してある．

18.2 陸上群集における栄養塩の収支

18.2.1 陸上群集への流入

母岩と土壌の風化が栄養塩を供給

カルシウム，鉄，マグネシウム，リン，カリウムのような栄養塩は，主に母岩の風化によって供給され，それらの栄養塩は植物の根を介して吸収される．機械的な風化は，水の凍結や植物の根が岩の割れ目に伸長していくことによって起こる．しかし，植物の利用する栄養塩が母岩から遊離する過程として，もっと重要なのは化学的風化である．特に，炭酸 (H_2CO_3) が鉱物と反応して，カルシウムイオンやカリウムイオンなどを遊離させる**炭酸化作用** (carbonation) が重要である．単に鉱物が水に溶解することによっても，岩や土壌から栄養塩が遊離して利用可能になる．また，植物の外生菌根（第13章8.1項を参照）から放出される有機酸の存在下で起こる加水分解反応によっても，栄養塩は利用可能になる（図18.3）．

大気中の CO_2 は，陸上群集にとって炭素の供給源である．同じく大気中のガス態の窒素は，群集内の窒素のほとんどを供給している．一部の細菌と緑色藻類はニトロゲナーゼを持っており，窒素を可溶性のアンモニウムイオン (NH_4^+) に変換し，そのアンモニウムイオンは植物の根から吸収され利用される．全ての陸上群集は，自由生活性の細菌類による窒素固定によって，利用する窒素の一部を獲得している．しかし，マメ科やハンノキ属 (*Alnus* spp.) の植物は，共生窒素

大気から

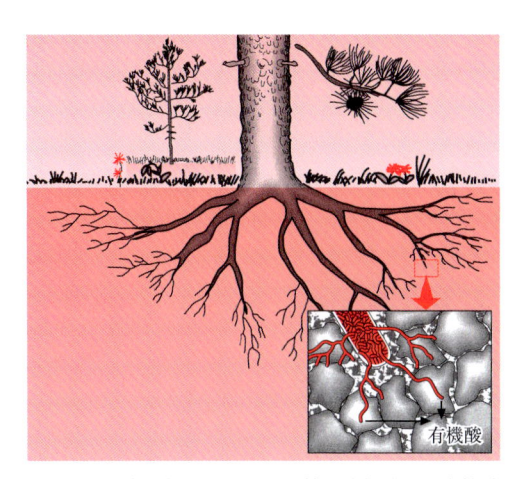

図18.3 樹木の根に結びついた外生菌根菌は，有機酸を分泌してリン，カリウム，カルシウム，マグネシウムを固体の鉱物基質から遊離させる．これらの栄養塩は菌糸体を経由して移動し，宿主の植物が利用できるようになる．(Laundeweert et al., 2001より．)

固定細菌を含む根粒（第13章10節を参照）を根に持っていて，これらの植物を構成種とする群集では，利用する窒素のほとんどが根粒の窒素固定によって獲得されていると思われる．例えば，ハンノキ林では，80 kg/ha/年以上の窒素が生物的窒素固定によって供給されているのに対し，雨から供給される窒素は1〜2 kg/ha/年しかない (Bormann & Gordon, 1984)．マメ科の窒素固定はもっと劇的で，100〜300 kg/ha/年に達することも稀ではない．

大気中の他の栄養塩は**湿性降下物** (wetfall; 雨，雪，霧とともに降下) もしくは**乾性降下物** (dryfall; 降水時以外の粒子状の栄養塩の降下) として降り注ぎ，群集が利用できるようになる．雨は純粋な水ではなく，さまざまな由来を持つ化学物質を含んでいる．雨に含まれるのは，(i) イオウと窒素の酸化物などの微量のガス，(ii) エアロゾル（海洋上で生成される微小な水滴から，水分が蒸発した後に残されるナトリウム，マグネシウム，塩化物，硫酸塩に富む粒子），そして，(iii) 火災，火山活動，強風が産み出す，カルシウム，ナトリウム，硫酸塩を多く含むチリの粒子である．雨の成分のうち，雨滴形成の核となるものはレインアウト (rainout; 雲内洗浄) 成分とよばれ，他の粒子状あるいはガス状の成分は，雨が降る時に大気から洗い流されるウォッシュアウト (washout; 雲下洗浄) 成分とよばれる (Waring & Schlesinger, 1985)．栄養塩の濃度は雨の降り始めに最も高く，大気が洗浄されるにつれて低下する (Schlesinger et al., 1982)．雪は雨ほど大気を洗浄する効果はないが，細かい霧の水滴は非常に高いイオン濃度を持っている．降水中に含まれている栄養塩の多くは，土壌に到達して植物の根によって吸収され利用される．しかし，葉から直接吸収されるものもある．

長い乾季を伴う群集では，乾性降下が栄養塩の収支にとって重要な過程である．例えば，スペインの降水量の異なる場所の4つのカシ (Quercus pyrenaica) の林での調査では，マグネシウム，マンガン，鉄，リン，カリウム，亜鉛，銅の大気から林冠への流入量の半分以上が乾性降下に由来していた（図18.4）．ほとんどの元素について，乾燥した環境の森林ほど乾性降下物が重要である．しかし，湿潤地域の森林で乾性降下が重要でない訳ではない．図18.4には森林の年間の栄養塩要求量（バイオマスの増加量×バイオマス中の無機塩類濃度）も示してある．多くの元素（例えば，Cl, S, Na, Zn）において，湿性と乾性を含めた年間の降下量は，要求量よりもはるかに大きい．しかし，他の元素では，特に乾燥地の森林では，年間の大気からの流入量は，ほぼ要求量と等しくなっている（例えばP, K, Mn, Mg）か，あるいは十分ではない（N, Ca）．もちろん地下部の根の生産量を考慮すると元素の不足はもっと大きくなるし，いくつかの元素については，他の栄養塩供給源のほうがもっと重要に違いない．

真上から降下する湿性と乾性降下物とは別に，森林に流入する栄養塩の一部は，水平方向に移動する大気を森林がさえぎることによっても流入する．Weathers et al. (2001) は，ニューヨーク州の混交落葉林で，イオウ，窒素，カル

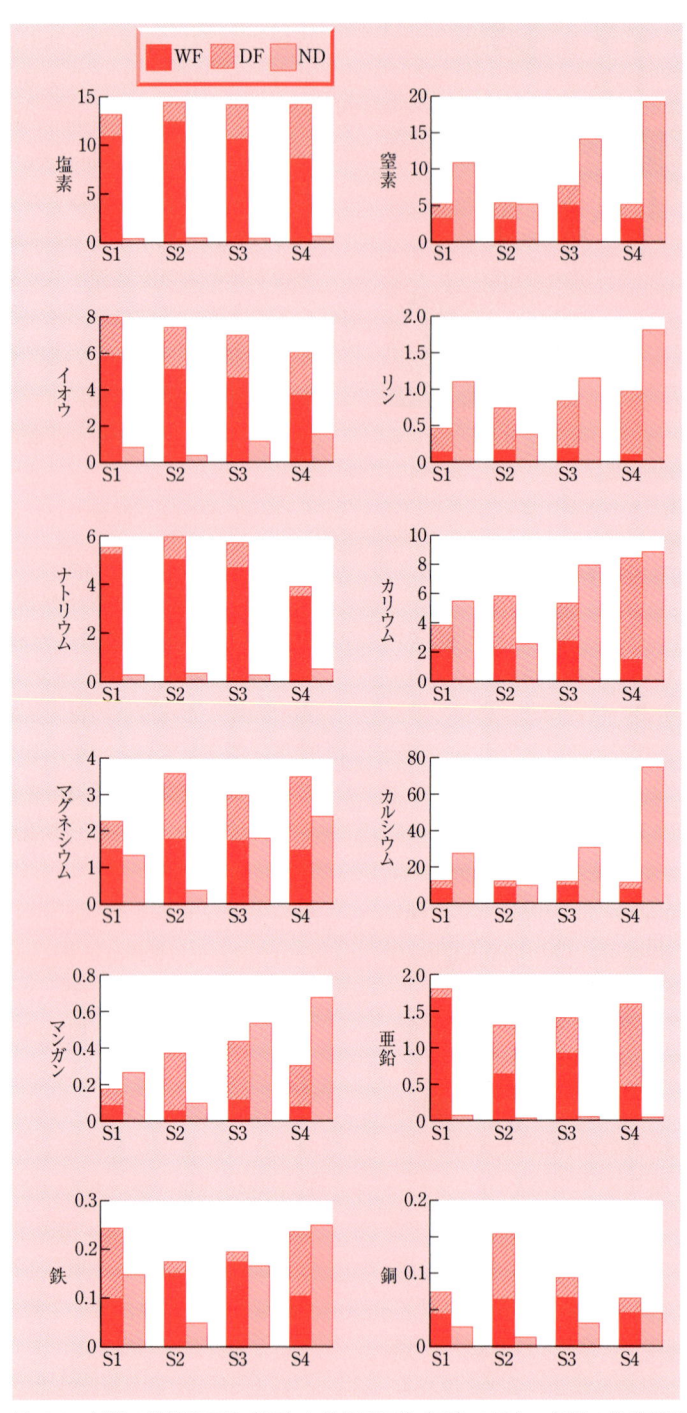

図18.4 年間の湿性降下物（WF）と乾性降下物（DF）の量と，年間の栄養塩要求量（ND；地上部の樹木の成長に必要な量）との比較．単位はすべて kg/ha/年．スペインにおいて，最も降水量の多い S1 から最も少ない S4 までの4ヶ所のカシ林で測定した値．（Marcos & Lancho, 2002 より．）

シウムの林縁での流入量は，森林内部での流入量よりも17％から56％大きいことを示した．人間活動によって森林の断片化はいたるところで進行している．森林が断片化するほど林縁の比率は大きくなるので，森林の栄養塩収支に予期せぬ影響をもたらすと思われる．

水文学的な流入から　陸上群集から栄養塩が流出する過程では，河川水が主要な役目を果たしている（第18章2節を参照）．しかしごく稀に，河川水が氾濫原に土砂を堆積することによって，陸上群集にかなりの量の栄養塩の流入をもたらすことがある．

そして人間活動から　最後になるが，人間活動に由来する栄養塩の流入量も量的に決して少なくない．むしろ多くの群集で，かなりの割合を占めている．例えば，化石燃料の燃焼によって，大気中CO_2，窒素酸化物，イオウ酸化物の濃度は上昇してきた．そして河川水の硝酸塩とリン酸塩の濃度は，農耕活動と下水のために上昇してきた．後で述べるように，これらの変化はさまざまな波及効果をもたらしている．

18.2.2　陸上群集からの流出

栄養塩は失われる　ある植物に吸収された栄養塩のひとつの原子は，その植物が植食動物に食べられ，さらにその植食動物が死んで分解されることで，再び土壌中に放出される．さらにその原子は，再び他の植物の根を通じて吸収される．このようにして，栄養塩は群集内を何年にもわたって循環する．また別の原子は，生物相とは何の関係も持たずに，この系の中をほんの数分で通りすぎてしまうかもしれない．いずれにしても，原子は群集から栄養塩を消失させるさまざまな経路のひとつを通って，最終的にはその系から失われてしまうだろう（図18.2を参照）．この過程は，栄養塩の収支を表す方程式の中で支出の項として表されている．

大気へ　大気への放出は，栄養塩が失われる経路のひとつである．多くの群集では，炭素の年間の収支はほぼ釣り合っている．つまり，光合成を行う植物によって固定される炭素の量と，植物・微生物・動物の呼吸によってCO_2として大気に放出される炭素の量は釣り合っている．また炭素は，嫌気性細菌の活動によって，他の気体としても放出されている．例えば，メタンは湿原，湿地，氾濫原の土壌から発生する生成物としてよく知られていて，湿地土壌の水浸しで嫌気的な層の中で細菌によって作られる．しかし，水で飽和していない土壌の表層に生活している好気性細菌によって，生成されるメタンのうち最大で90％近くまでが大気に到達する前に消費されてしまう（Bubier & Moore, 1994）．このため，実際に大気中へと放出される量は，メタンの生成速度と消費速度との関係で決まる．メタンは，乾燥した場所でもある程度重要である．メタンは草食動物の嫌気的な胃の中で行われる発酵によって生じるし，高台の森林でも雨の多い時期には土壌の有機物層の微小な空間の中に，時々嫌気的な環境ができてメタンが発生する（Sexstone *et al.*, 1985）．このような場所では，シュードモナス属（*Pseudomonas*）などの細菌が，硝酸を窒素ガスか窒素酸化物へと脱窒して硝酸濃度を下げる．植物自体も，直接気体や粒子を放出することがある．例えば，森林の林冠はテルペン類のような揮発性の炭化水素を生産し，熱帯林の樹木はリン，カリウム，硫酸塩を含んだエアロゾルを放出しているらしい（Waring & Schlesinger, 1985）．さらに，脊椎動物の排泄物の分解過程では，アンモニアガス（NH_3）が放出されていて，多くの生態系の栄養塩収支の中で，この過程が重要な要素であることが示されている（Sutton *et al.*, 1993）．

他の流出経路が重要な場合もある．例えば，火災は群集に蓄積されている炭素のうち，かなりの割合を短時間でCO_2に戻してしまう．揮

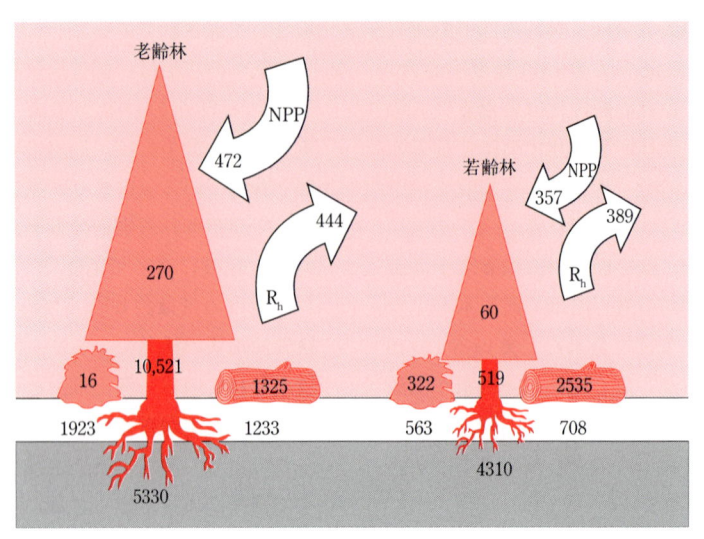

図18.5 ポンデローサマツの老齢林と若齢林の年間炭素収支．貯留量は炭素量 g/m^2 で示す．純一次生産量（NPP）と従属栄養生物による呼吸（R_h）は矢印で示され，その単位は炭素量 $g/m^2/$年である．地上部の数字は，地上部の樹木の葉とそれ以外の枝と幹の生物体量，下層植物，林床の枯死材それぞれの量を示す．地表直下の数字は樹木の根（左）と落葉落枝（リター）量（右）を，一番下の数字は土壌炭素量を示す．（Law *et al.*, 2001 より．）

発性ガスとしての窒素の損失は，同じくらい劇的なものとなる場合がある．かつて，合衆国の針葉樹林で発生した大規模な山火事のために，855 kg/ha の窒素が失われたが，これはこの系が蓄積していた有機態窒素の 39% に相当する（Grier, 1975）．林業家が木を集材し，農家が農作物を収穫して持ち去ることによっても，大量の栄養塩が失われる．

多くの元素にとって，最も主要な流出経路は河川である．陸上群集の土壌から排水されて河川へと流れ出る水は，溶存態または懸濁態の栄養塩を運んでいる．土壌中では移動しにくい鉄とリンを除けば，植物の栄養塩の損失のほとんどはこのような水に溶けた状態で起こる．河川水中の懸濁物は，生物遺骸（主に木の葉）と無機的な粒子として存在している．雨の後や雪解けの後に川へ流れ出る水は，乾季に流れ出る水よりも薄まっているのが普通で，これは，乾季に流出する水が，栄養塩の濃度の高い土壌溶液に由来する割合が高いためである．しかし，湿潤な時期の豊富な降水量は，栄養塩類の濃度が低いことを補って余りある．そのため，栄養塩の総流出量は，降雨量が多くて川の流量の多い年に多くなる．基盤岩が透水性の場所では，流出は河川水を経由するだけではなく，地下水への水の浸透によっても起こる．地下水へ浸透した水は，かなり時間が経ってから，その群集から離れた場所に湧出して川や湖へと排出される．

（朱書き：地下水と河川へ）

18.2.3 炭素の流入と流出は林齢によって変化する

Law *et al.* (2001) は，合衆国オレゴン州のポンデローサマツ（*Pinus ponderosa*）の若齢林（皆伐後22年）と老齢林（過去伐採を経験していない樹齢50年から250年の樹木で構成）で炭素の貯留量と流量（フラックス）を比較した．その結果を図18.5 に要約してある．

老齢林では生態系（植生，遺体（デトリタス），土壌）中の炭素量が若齢林の約2倍あっ

（朱書き：老齢林は炭素の吸収源（流入＞流出））

た．炭素の貯留部分も大きく異なり，生きている生物体量（バイオマス）中の炭素比率は老齢林では61％，若齢林では15％，林床の枯死材中の炭素比率は老齢林で6％，若齢林で26％であった．これらの違いは，若齢林では過去の伐採以前のものに由来する土壌有機物と木質遺体の量が多いことを反映している．生きている生物体量に限れば，老齢林の炭素量は若齢林の10倍にも達し，特に樹木の材部分の生物体量の差が最も大きかった．

地下部の一次生産力は二つの林であまり違いがなかったが，若齢林での地上部の純一次生産量（ANPP）がたいへん小さいために，純一次生産量（NPP）は老齢林で25％高かった．若齢林では低木がANPPの27％を占めていたが，老齢林ではわずか10％であった．従属栄養生物（分解者，遺体食者と他の動物）の呼吸量は老齢林ではNPPよりもやや低く，この林が炭素吸収源となっていることを示していた．一方，若齢林において従属栄養生物呼吸量はNPPよりも大きく，二酸化炭素の大気中への発生源となっていた．二つの林で，土壌群集の呼吸は従属栄養生物呼吸量の77％を占めていた．

（若齢林は炭素の発生源である（流出＞流入））

これらの結果は森林の炭素の経路，貯留，流量をよく描写しているとともに，生態系での栄養塩の流入と流出が必ずしも釣り合っているわけではないことを示している．

18.2.4　栄養塩の流入と流出における循環の重要性

（水の動きは陸上群集と水界群集を結ぶ）

陸上群集から失われる栄養塩の多くは，流水中を通過するので，流出する河川水の化学成分と陸上群集にもたらされる降水の化学成分を比較すれば，陸上の生物相による化学元素の吸収と循環の特性をかなり知ることができる．系の栄養塩の処理能力と比較して，栄養塩循環はどの程度重要なのだろうか．また，外部からの供給量や外部へと消失する量に比較して，1年間の栄養塩の循環量は大きいのだろうか，小さいのだろうか．このような問題についての最も詳しい研究は，Likens と彼の協力者によって，合衆国ニューハンプシャー州ホワイトマウンテンの，小河川によって排水される温帯林地帯にある，ハバードブルック実験林で実施された．特定のひとつの河川によって排水される陸域環境の広がりは集水域と呼ばれる．集水域は，栄養塩の排出の役割を担うので，研究上の単位となる．6つの小さな集水域が設定され，そこでの流量が継続的に測定された．また，雨量計の観測網によって，その地域に降る雨，みぞれ，雪の量が記録された．表18.1に示すように，降水と河川水の化学分析によって，この系に流入し，この系から流出するさまざまな栄養塩の量が明らかとなった．毎年同じパターンが見られたが，ほとんどの場合，栄養塩の河川からの流出量は，雨，みぞれ，雪による流入量よりも大きい．この余分の化学物質は，母岩の風化と土壌の溶脱に由来し，その量は年間約 $70\,g/m^2$ となる．

ほとんど全ての栄養塩において，生物体に含まれる量や系の内部で循環している量と比較して，流入量や流出量は小さい．例えば，窒素は，降雨によって年間 $6.5\,kg/ha$ この系に加わるとともに，微生物による空中窒素固定によっても年間 $14\,kg/ha$ この系に加わっている．（他の微生物による脱窒で大気中に放出される窒素も存在するはずだが，これについては測定されていない．）河川への流出量がわずか年間 $4\,kg/ha$ にすぎないということは，窒素がいかにしっかりと森林の生物体中に保持され，循環しているのかを示している．河川を経由して流出する量は，森林の生物体と遺骸中の全有機態窒素現存量のわずか0.1％に相当するにすぎない．窒素は，河川経由の純流出量が，降雨による流入量よりも小さい点で，他の元素と異なっている．これは流

（ハバードブルック ── 林の流入と流出は内部循環量にくらべ小さい）

表 18.1 ハバードブルックの森林に覆われた集水域の１年間の栄養塩収支（kg/ha/年）．流入量は降水中に溶けた状態または乾性降下物として森林に流入する．流出量は河川中の溶存物と懸濁物として森林から流出するものの合計（Likens et al., 1971）．

	NH_4^+	NO_3^-	K^+	Ca^{2+}	Mg^{2+}	Na^+
流入	2.7	16.3	1.1	2.6	0.7	1.5
流出	0.4	8.7	1.7	11.8	2.9	6.9
正味の変化量*	＋2.3	＋7.6	−0.6	−9.2	−2.2	−5.4

*正味の変化量は，集水域が栄養塩を獲得するとき正の値を，失うとき負の値をとる．

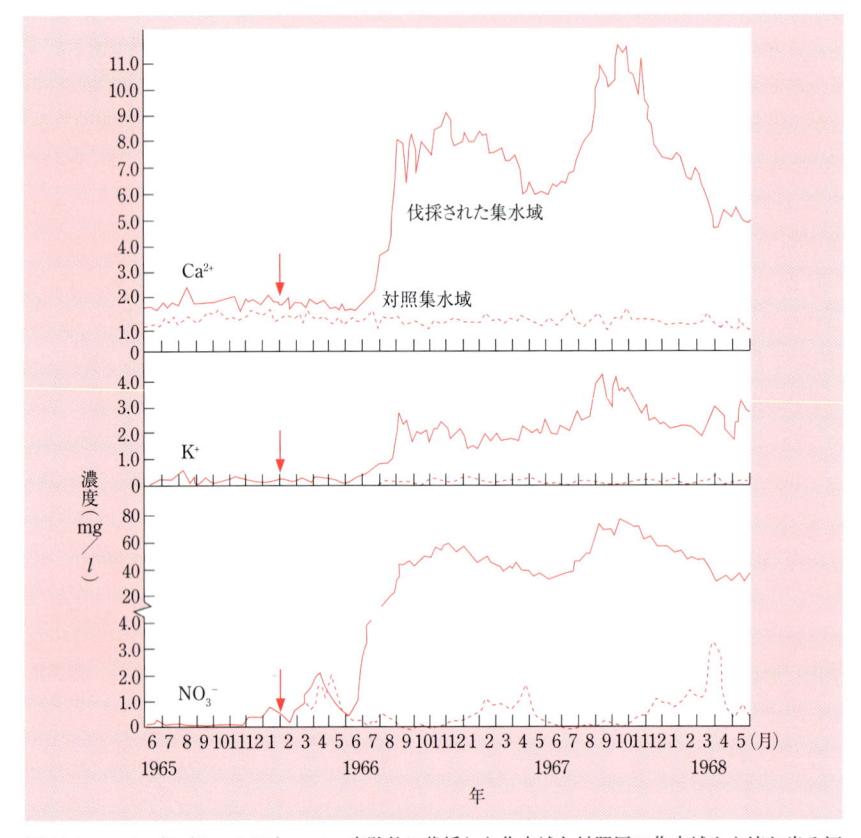

図 18.6 ハバードブルックにおいて，実験的に伐採した集水域と対照区の集水域から流れ出る河川水中の各種イオンの濃度．伐採の時期は矢印で示す．硝酸塩についてのグラフの縦軸は，途中で途切れていることに注意．（Likens & Bormann, 1975 より．）

入と流出過程の複雑さと，循環の効率が高いことを反映している．しかし，正味では森林から消失している他の栄養塩でも，その消失量は生物体中に捕捉されている量に比べれば小さい．栄養塩は効率よく再循環しているのが普通なのである．

ハバードブルックの集水域のひとつで行われた大規模実験では，樹木が伐採され，再生を阻止するために除草剤が使用された．攪乱された集水域からの無機態栄養塩の流出速度は，通常の 13 倍に跳ね上がった（図 18.6）．これには 2 つの現象が関与している．まず，蒸散を行う葉面積が大きく減少し，降雨量のうち地

森林破壊は循環を断ち切り栄養塩の消失を招く

下水を経て最終的に川に流れ出る量が40％増加した．この流出量の増加のために，化学物質の溶脱と岩と土壌の風化速度が上昇した．次に，もっと重要なことには，森林の破壊によって分解過程と植物の吸収過程が切り離され，系内部での栄養塩循環が崩壊してしまった．本来なら落葉樹が生産を開始する春になっても，栄養塩の吸収が行われないため，分解者の活動によって放出された無機態の栄養塩が，排水の中に溶け出してしまったのである．

森林破壊は，硝酸態窒素に大きな影響を与え，硝酸の流出量は攪乱後に60倍に増加した．このことは，正常な場合に無機態窒素がたどっている循環が，いかに効率的であるかを教えてくれる．生物学的に重要な他のイオンも，栄養塩循環の機構が切り離されてしまったために，急速に溶脱されてしまい，流出量はカリウムで14倍に，カルシウムでは7倍に，マグネシウムでは5倍に増加した．しかし，生物学的にはそれほど重要ではないナトリウムの流出速度は，伐採後に2.5倍に増加しただけで，変化はそれほど劇的ではなかった．おそらくナトリウムの森林内での循環はそれほど効率的ではなく，分解と吸収が切り離されたことの影響が小さかったのだろう．

18.2.5 陸上生態系の栄養塩類収支についての重要な事項

栄養塩の流入と流出様式の多様性　　ここまでは，生態系での栄養塩の流入量と流出量が一般的に釣り合わない例について考察してきた．しかし，ハバードブルックの例で見たように，多くの場合窒素のような元素の循環は緊密で，貯留量に比べると流入量，流出量は小さい．炭素についても，貯留量と比較して流動量は小さい．しかしこの場合緊密な循環という表現はあてはまらない．吸収された二酸化炭素は巨大なプールをつくっているので，呼吸で放出される二酸化炭素の炭素分子は，光合成によって吸収された炭素分子と同じものであることは，滅多にない．

また，ひとつのカテゴリーの生態系においても，栄養塩収支が内的要因（本章第2.3節のマツ林の林齢による違い）や，外的要因（図18.4のカシ林の気候の乾燥度合い）によって極端に違うことを見てきた．同じように，コロラド州の半乾燥草原（短茎ステップ）では，活発に成長する草原の植物の根にとって利用可能な窒素の量は，降雨量が多い月ほど大きくなっていた（図18.7）．

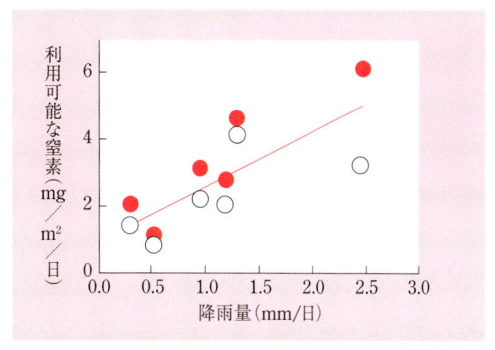

図18.7　短茎ステップで，活発に成長するメダカソウ（*Bouteloua gracilis*）が利用可能な窒素の量と，調査期間中の降雨量との関係．8ヶ所の反復区画の平均値を6つの調査期間について示す．●と○はそれぞれ同一斜面上の下部と上部に設置した区画で最大11 m離れている．（Hook & Burke, 2000 より．）

ほかにも多くの要因が，栄養塩の流動速度と貯留量に影響を与える．例えば，葉中の元素の化学量論的な特徴は，分解と栄養塩の流動は…化学量論の影響を受ける…葉が枯れた後の遺体の分解速度と元素の流動に影響を与え得る（第11章2.4節を参照）．生物遺体中のC：N比には，30：1という理論的な臨界値があり，これ以上ではバクテリアと菌類は窒素制限を受けて，外部のアンモニウムと硝酸イオンを土壌中から吸収して，植物とこれらの資源を取り合うことになる（Daufresne & Loreau, 2001）．C：N比が30：1よりも小さいときには，微生物は炭素制限を受け，分解によって土壌中の無機窒素は増加し，植物の窒素吸収は増加す

る (Kaye & Hart, 1997). 一般的に, 植物は頻繁に窒素制限を受けているが, 微生物は炭素制限を受けている. 多くの場合, 微生物は窒素の循環に重要な役割を果たすが, 植物は微生物の活動を制御する炭素の流入量を支配している (Knops *et al.* 2002).

...植物の防御物質によっても影響を受ける

これとはまったく異なる葉の化学的な特徴が, 同じように劇的な効果を持つこともある. ポリフェノールは二次代謝産物として多くの植物に含まれていて, 攻撃に対する防御機能を提供しており, 進化的には植食者に対する防御物質として説明されている. しかし, 遺体中のポリフェノールは土壌栄養塩の流動にも影響を与える (Hattenschwiler & Vitousek, 2000). いくつかのフェノール類は, 菌類の胞子の発芽と菌糸の成長に影響を与えることが分かっている. そうしたフェノール類は, 硝化細菌の活動を阻害し, また, 共生窒素固定菌の活動を抑制したり, 場合によっては促進したりすることが明らかとなっている. こうして, ポリフェノールは土壌中のデトリタス食者の活動や存在量を制限するだろう. 全般的にみて, ポリフェノールは植食者の採食速度を低下させることによって, 分解速度を低下させ, 栄養塩流動に重要な影響を与える傾向があるだろう. しかし, この問題については, さらなる研究が必要である (Hattenschwiler & Vitousek, 2000).

18.3　水生群集における栄養塩収支

陸上群集から水生群集に目を転じる際には, いくつかの重要な違いを認識しなければならない. 特に重要なのは, 水域の生態系では流入する河川から大量の栄養塩類を受け取っている点である (図 19.2). 河川の群集や, 流出する河川を持つ湖の群集では, 栄養塩が移出する主要な経路は, 流出する河川水を通したものである. 一方, 流出河川のない湖, または容積に比べて流出する河川の流量が小さい湖と海洋では, 栄養塩が永続的な堆積物の中に蓄積されていくが, これが主要な移出の経路となっている.

18.3.1　河川

すでにハバードブルックの研究例でみたように, 森林内を循環している栄養塩の量

河川での栄養塩の螺旋状過程

は, 移入と移出を通じて交換される栄養塩の量と比較すれば大きい. これとは対照的に, 河川の群集では, 利用可能な栄養塩のうち, 生物学的な相互作用に関与する割合は小さい (Winterbourn & Townsend, 1991). その大部分は, 水中の懸濁物や溶解物として湖や海へ排出されてしまう. それでも, ある程度の栄養塩は, 河川水の中の無機態から生物体の中の有機態へと変化し, 再び河川水中の無機態へと戻っていく. しかし, 水は常に下流へと移動するため, 栄養塩の置き換わりは渦巻状の進行過程として表現するのが最も適切だろう (Elwood *et al.*, 1983). 下流に向かって栄養塩が移動するにつれ, 無機態の栄養塩が急速に移動する時期と, 生物体中に固定されている時期とが交互に訪れる (図 18.8). この渦巻状過程の生物的段階では, 主に河床の基質の上に生育する細菌類, 菌類, 微小藻類が, 河川水から無機態栄養塩を取り込む働きを担っている. 有機態の栄養塩は, 微生物を囓ってかき取る無脊椎動物 (剥離摂食者 (grazer-scraper); 第 11 章, 図 11.5 を参照) を経て, 食物網の中を移動していく. 最終的には, 生物の分解によって無機態の栄養塩分子が遊離し, 渦巻状過程が進行する. この栄養塩の渦巻状過程の概念は, 川岸の水溜り, 沼地, 扇状地に成立する森林など, 河川の氾濫原に存在する「湿地」全般にも当てはめることができる. しかし, そのような場所では, 水の流れが遅いので, 渦巻はきわめて密になっていると予想できる (Prior & Johnes, 2002).

濾過摂食者であるブユの幼虫 (図 11.5 を参照)

第 18 章　生物群集における物質の流れ

が，特殊な口器を使って，ほうっておけば流れ去ってしまう微粒の有機物を漉しとり消費するのは，渦巻状過程の際立った例である．時には 1 m² 当り 600,000 匹にも達する高密度のブユために，大量の懸濁態有機物は糞塊となり，その量は例えばスウェーデンの河川では 1 日のうちに乾燥重で 429 トンにも達すると推定されている（Malmqvist et al., 2001）．糞塊は幼虫の餌となっている微粒の食物よりもはるかに大きく，特に川の流れの緩やかなところでは川床に沈着しやすい（図 18.9）．こうしてブユは他の多くのデトリタス食生物種のための餌となる有機物を供給している．

18.3.2　湖

湖において栄養塩循環の鍵となっているのは植物プランクトンとその消費者である動物プランクトンである．しかし，多くの湖は川で相互につながっているので，栄養塩の現存量は湖の中の過程だけで決まるわけではない．その湖が，景観において他の水体とどのような位置関係を持つかによって

湖の栄養塩循環ではプランクトンと湖の位置が重要

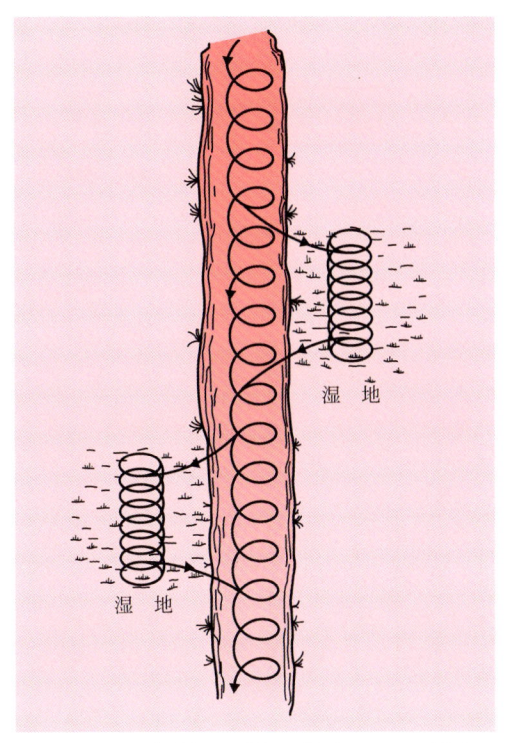

図 18.8　河川の水路とその周囲の湿地における栄養塩の渦巻状過程．（Ward, 1988 より．）

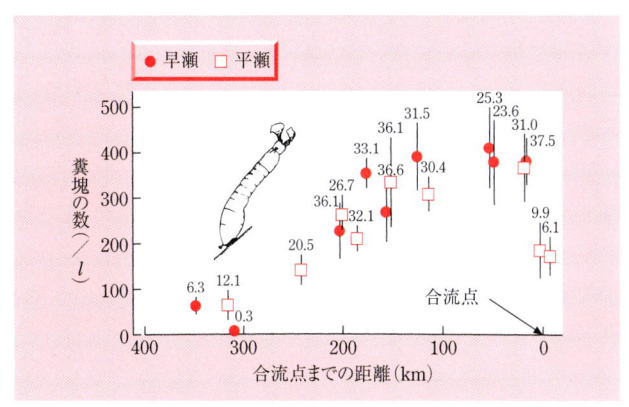

図 18.9　スウェーデンの Vindel 川におけるブユ科の幼虫の糞塊の濃度（1 ℓ 当り個数±標準誤差）の下流方向への変化．横軸は本流の Ume 川との合流点までの距離．早瀬よりも平瀬で低い値をとるのは，糞塊が河床に溜まる確率が高いことを反映している．誤差線の上の数字は，流水中の全有機物（懸濁粒子）中に占める糞塊の割合．（Malmqvist et al., 2001.）

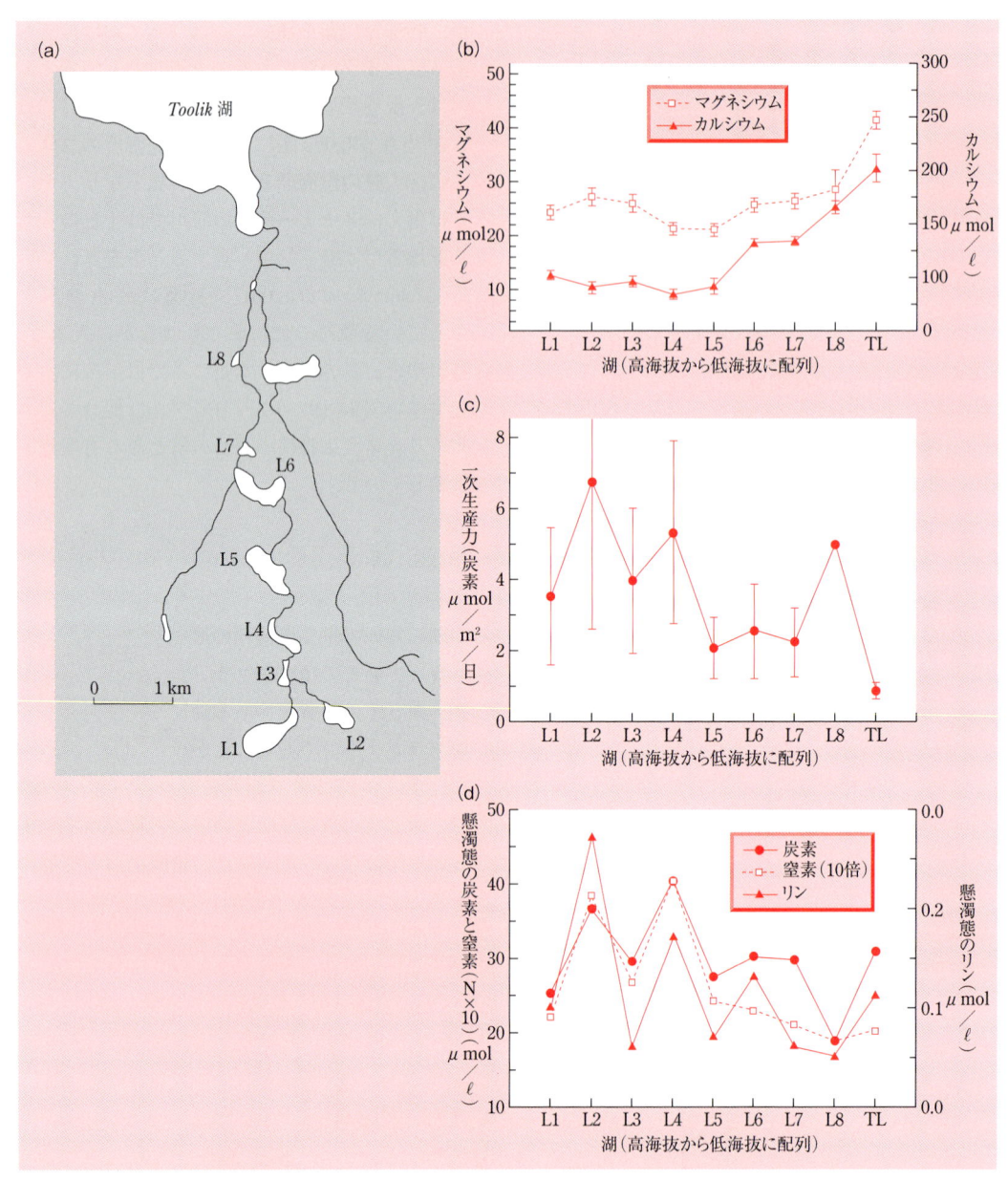

図18.10 (a) アラスカ北極圏のトゥーリック湖（TL）に流れ込む1本の川でつながった8つの小さな湖沼（L1〜L8）の空間配置．(b) 1991年から1997年の各湖沼でのマグネシウムとカルシウムの測定値の平均値と標準誤差．(c) 一連の湖沼における一次生産速度の変化．(d) 特定の形の炭素と窒素とリンの濃度の平均値．窒素濃度は10倍して表示．(Kling et al., 2000 より．)

も，栄養状態は顕著な影響を受ける．北極圏アラスカのトゥーリク湖に流れ込む1本の川でつながった一連の湖についての研究は，この点を的確に示している（図18.10a）．下流の湖でのマグネシウムとカルシウムの増加の主な原因は，風化由来の栄養塩の増大であった（図18.10b）．これは下流の湖になるほど，長い間母岩と緊密に接触していた水の流入が多くなるからである．別の言い方をすれば，下流の湖に水を注ぐ集水域面積が広いほど，栄養塩の濃度は高くな

る．カルシウムとマグネシウムのこのようなパターンは，部分的には，水が水系のなかで長い時間滞留している間に，蒸発による濃縮が進行していくことや，水が下流へ流れるにしたがって，河川と湖の中の生物相によって物質が転化されていくことを反映しているのかもしれない．湖の生産力を強く制限する栄養塩である窒素とリンについては，濃度が低くて測定の信頼性は低い．しかし，下流での生産力が落ちてくるという観察事実（図 18.10c）は，利用可能な栄養塩が各々の湖のプランクトンによって消費され，下流部にいくとその消費によって利用可能な栄養塩量の減少が十分説明できることを示唆している．下流での懸濁物質中の窒素，リン，炭素の減少（図 18.10d）は，単純に下流部での一次生産力の低下を反映しているに過ぎない．下流部で生産力が低下するのは通常のことではないということに留意してほしい．汚濁のある状態では，生産力は下流に向かって増加していく（例えば，Kratz et al., 1997）．これは下流ほど集水域が大きくて栄養塩が付加されることにもよるが，それよりも下流ほど肥料や汚水を通して人為的な栄養塩の流入量が増えるからである．

> 塩湖は蒸発だけで水を失い，高い栄養塩濃度をもつ

乾燥地域の多くの湖は流出河川を持たず，水は蒸発によってのみ失われる．このような内部流域型（endorheic）の湖の水は，淡水湖に比べると栄養塩濃度が高く，特にナトリウムを豊富に含む（30000 mg/ℓ かそれ以上の濃度）とともに，リンなども豊富である（7000 μg/ℓ かそれ以上）．塩水湖は，決して珍しいものではない．地球規模でみると，塩水湖は数においても容積においても淡水湖にひけをとらない（Williams, 1988）．塩水湖はきわめて富栄養で，高密度の藍藻植物（例えば，*Spirulina platensis*）の個体群を有している．ケニヤのナクール湖のように，プランクトンを濾過して食べるフラミンゴ（*Phoeniconaias minor*）の大集団を支えている塩水湖もある．高いリン濃度が，蒸発による濃縮によってもたらされることは疑いない．さらにナクール湖のような湖では，きわめて緊密な栄養塩循環が存在する．すなわち，フラミンゴの採餌活動と排泄物の堆積物中への供給が続くため，堆積物中からリンが連続的に供給されやすくなり，そのリンを植物プランクトンが再度吸収することになる（Moss, 1989）．

18.3.3 河口域

> 河口域の栄養塩流動 ── プランクトンと底生生物の役割…

河口域では，プランクトン（湖でのように）と底生生物（川でのように）の両方が栄養塩の流動において重要である．Hughes et al. (2000) は，微量の窒素の稀少同位体（硝酸態 ^{15}N）を合衆国のマサチューセッツ州の河口域に導入して，集水域から集まった窒素が河口域の食物網のなかでどのように利用されるのかを研究した．彼らは上部河口域の低塩分の部分に焦点を絞った．そこは集水域から流れ込んだ水が最初に海水に出会う場所である．プランクトン性の中心目珪藻 *Actinocyclus normanii* が，数種の底生生物（大型甲殻類）と特に遠海生の生物（プランクトン性橈脚類と若い魚類）へ窒素を渡す主要な媒介者であることが明らかとなった．特定の底泥中の生物相は，利用する窒素の一部を中心珪藻類から摂取していた（10〜30％．例えば，羽状型珪藻，ソコミジンコ類，貧毛類，マミチョグ（*Fundulus heteroclitus*）のような海底で採餌する魚類とエビジャコ類）．しかし，その他の多くの動物は，ほとんどすべての窒素を植物遺体を基礎とする経路を通じて受け取っていた．この河口域を通過する窒素の流れを図 18.11 に示した．グレーザー系と分解者系を通過する栄養塩流動の相対的な重要度はおそらく河口ごとに異なっているだろう．

> …人間活動

河口域（そして沿岸域）の海水の化学的性質は，川が流れてきた集水域の特性によって強い影響をうける．なかでも人間活動は，川に供給される水の

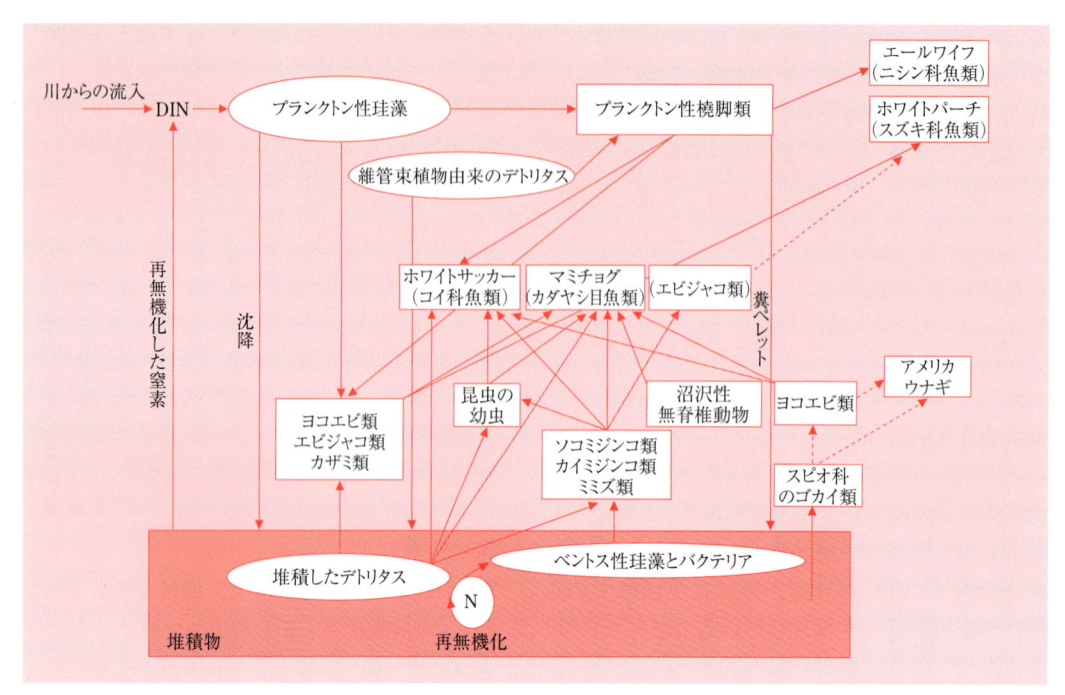

図 18.11 合衆国マサチューセッツ州のパーカー川上部河口域における食物網中の窒素（N）流動の概念モデル．破線の矢印は推測される経路．DIN は溶存無機窒素．(Hughes *et al.*, 2000 より．)

性質を決める主要な要因である．van Breeman (2002) は，啓発的な比較研究の中で，北アメリカと南アメリカの河口の水中の窒素の形態について記載している．北アメリカでは，河川は大部分が森林に覆われた地域を流れているが，そうした地域は肥料の流入，伐採，酸性雨などのかなり強い人間活動の影響を受けている．そこでは河口域と海に運ばれる窒素のほとんどは無機態であり，有機態窒素は 2% に過ぎない．これに対して，人間の影響が少なく汚染も少ない南アメリカでは，河口へと流れ込む窒素の 70% は有機態である．同じようにオーストラリアの河川でも，汚染されていない森林に覆われた集水域から流れ込む窒素とリンは少量で，窒素のほとんどは有機態である．しかしながら，農業廃水や汚水の増加を伴う人口密度の増加や，栄養塩の保持を困難にする森林の皆伐が進むにつれ，窒素とリンの河口への流出は増加し，窒素の主要な形態は無機態へと変化する（図 18.12）．

18.3.4 海洋の大陸棚

海洋の沿岸域の栄養塩収支は，河口域の場合と同じように，川を通じて海に流れ込む水を供給する集水域の特性によって強い影響を受ける．窒素とリンの濃度は，他の水体の場合と同じように沿岸域の生産力を制限するが，河川水の化学特性に対する人間活動の影響は，海洋のプランクトン群集にとって特に重要である．今では世界の河川の 25% 以上において，水力発電，灌漑，水供給のためのダムがつくられているか，改変が加えられている．ダム建設と関連して，上流での湛水による土壌と植生の消失，河岸の侵食による土壌の消失，そして地下水路を通じた水の流下などが起こる．これらは，いずれも植生をともなう土壌と水との接触を減らし，風化作用を減少させてしまう．図 18.13 は，プランクトン性珪藻類の細胞の必須

> 海洋沿岸域は，陸上の集水域の影響をうける…

成分である溶存態珪酸塩の流出の様子を，スウェーデンにおける，ダムのある河川と自然状態の河川について図示したものである．珪酸塩の外部流出はダムのある河川で劇的に少なくなる．珪酸塩の減少によってもたらされる栄養塩流動と生産力への潜在的な生態学的影響は，主要河川にダムが次々と建設されている東アジアでは特に重要だろう．

沿岸域の富栄養化をもたらすもうひとつの重要な機構は，局所的な湧昇である．湧昇は高濃度の栄養塩が深海から表層へと湧き上がる現象で，一次生産力を高め，しばしば植物性プランクトンの大発生を誘発する．オーストラリアの東岸沖では，三つの湧昇流が記録され研究されてきた：(i) 季節的な北風と北東風によってもたらされる風由来のもの，(ii) 東オーストラリア海流（EAC）が大陸棚を洗うことによって引き起こされるもの，そして (iii) EAC が岸から離れることで引き起こされるものである．図 18.14 には，それぞれの場合の硝酸の濃度分布の例が示してある．風由来の湧昇（おそらく地球規模でこれが最も主要な発生機構と思われている）は持続的でもなく，規模も小さい．最も高い硝酸濃度は海流の侵食による湧昇で，一方，離岸流による湧昇はニューサウスウェールズ州の海岸で広く見られる現象である．

…局所的な湧昇

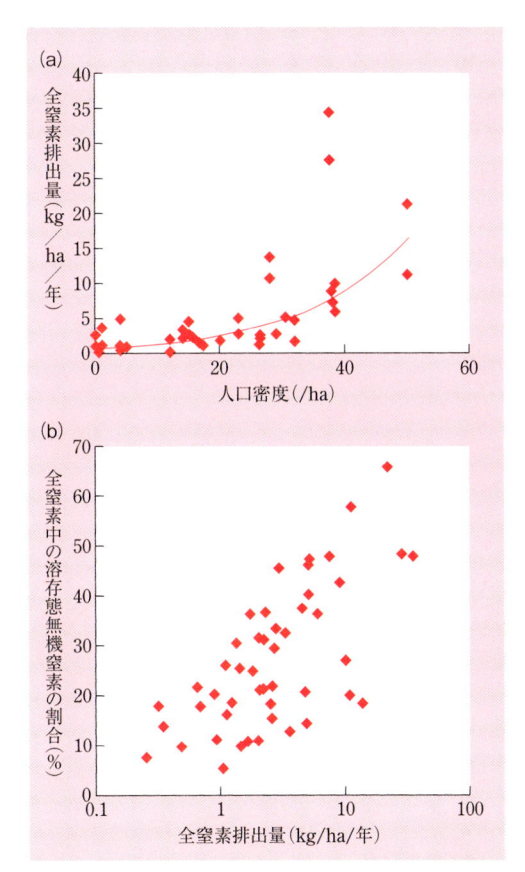

図 18.12 （a）オーストラリア，シドニー近くの 24 の集水域での人口密度と全窒素排出量の関係．(b) 無機態窒素の割合は全窒素排出量とともに増加し，窒素排出量の低い川ほど，有機態窒素の比率が高い．(Harris, 2001 より．)

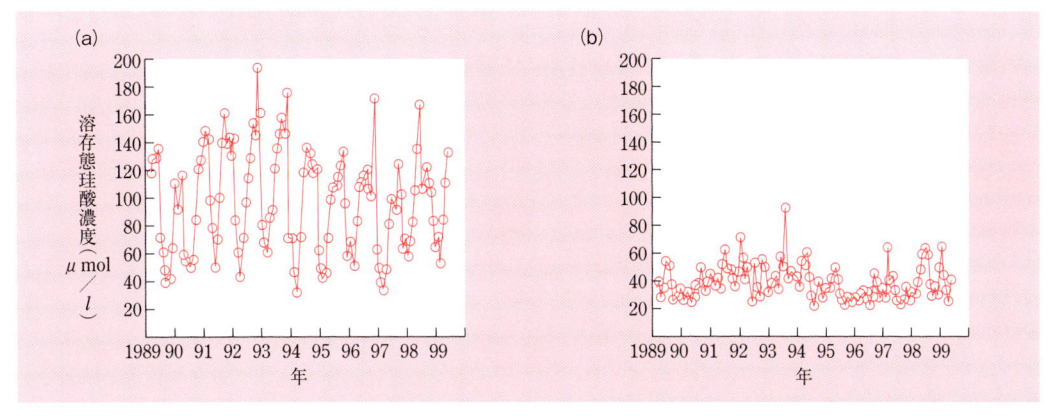

図 18.13 ダムのない Kalicalven 川 (a) とダムのある Lulealven 川 (b) の河口における溶存態珪酸濃度．(Humborg et al., 2002.)

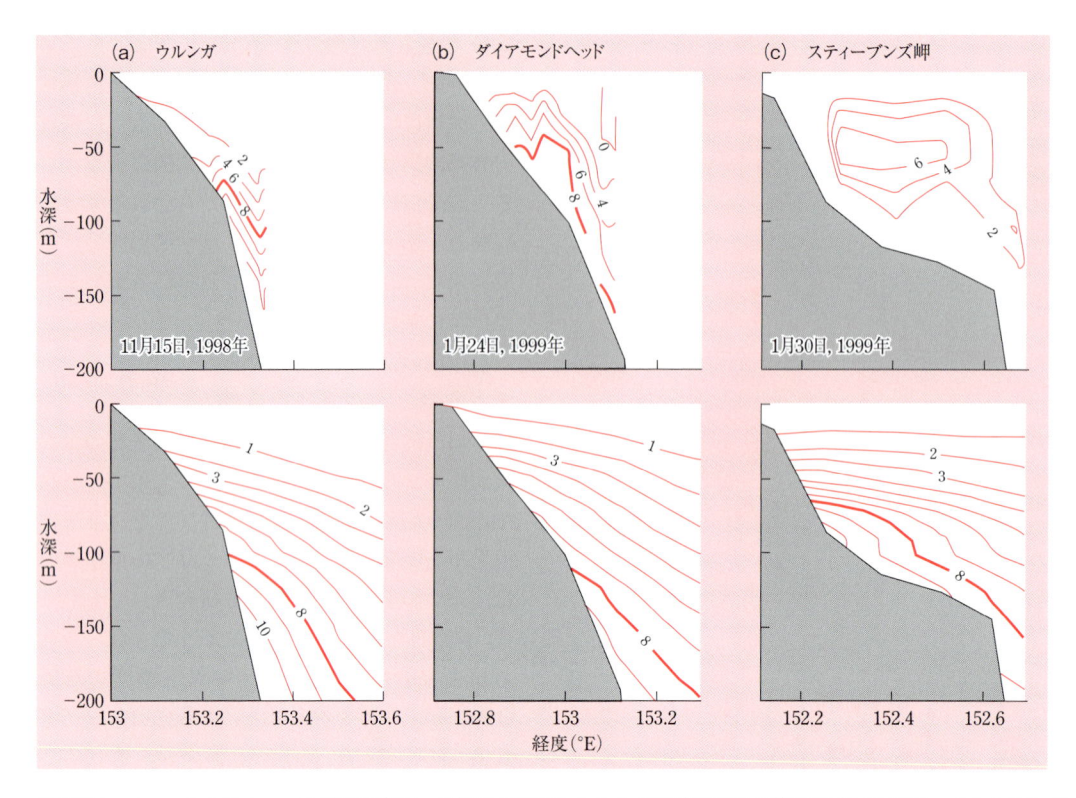

図18.14 ニューサウスウェールズ州沿岸で，湧昇流が発生したときの硝酸塩濃度の等値線（上列の図）．(a) ウルンガ（風由来の湧昇）．(b) ダイアモンドヘッド（海流の侵食による湧昇）．(c) スティーブンズ岬（離岸海流による湧昇）．下列の図は，湧昇流が発生していない場合の，各場所に固有な平均硝酸塩濃度の分布を示す．最大濃度は10 μmol/ℓ．等値線の間隔は，1または2 μmol/ℓ で，太い赤の線は8 μmol/ℓ を示す．(Roughan & Middleton, 2002より．)

18.3.5 外洋域

外洋は，最も巨大な内部流域型の「湖」と見なすことができる．大洋は世界中の河川によって水を供給され，蒸発によってのみ水を失う巨大な水盤である．雨と河川からの流入量に比べて海洋の容積は巨大なため，海洋の化学組成はきわめて安定している．

外洋──プランクトンの重要な役割

本章第2.3項では，陸上生態系における生物が介在する炭素の変換過程について検討した．図18.15は同じことを外洋について図示したものである．可溶性の無機態炭素（主にCO_2）の主要な変換者は，有光層のCO_2の再循環を担う小型の植物プランクトンと，懸濁態・溶存態の有機態炭素の海洋深海底への流動を産み出す大型の植物プランクトンである．図18.16は，表層で固定された炭素のごく一部分だけが海洋底へと移動することを示している．海洋底に達した炭素は深海生物に消費され，一部は分解者によって溶存有機態となり，またごく一部分は堆積物のなかに埋まっていく．

深海においても，陸上生態系で見られたような栄養塩の流動と利用可能量に関する季 …季節的に変化する 節変化と年次変動が検出できる．図18.17aに示すように，北大西洋のある場所では，春に植物プランクトンが大発生する際に，優占種の交代を反映して，クロロフィルa濃度が変化する．最初に大型の珪藻が発生し，利用できる珪酸のほとんどすべてのを消費してしまう（図

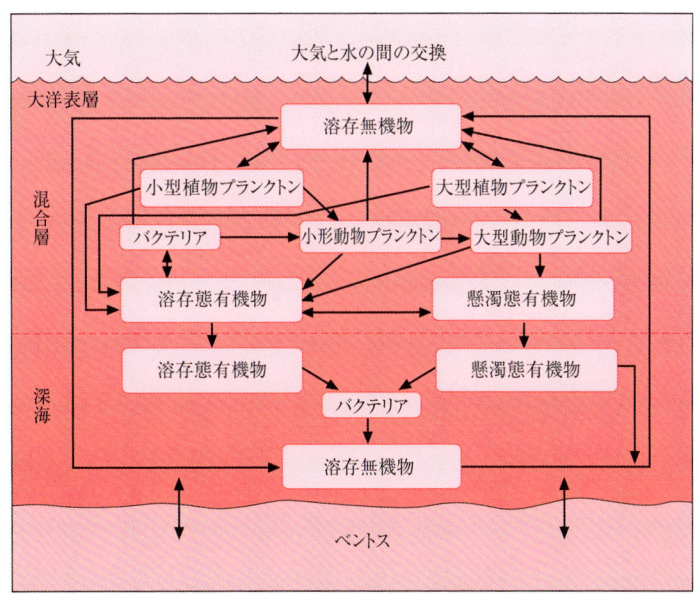

第 18 章　生物群集における物質の流れ

図 18.15　外洋における生物が介在する炭素の変換過程．（Fasham et al., 2001 より．）

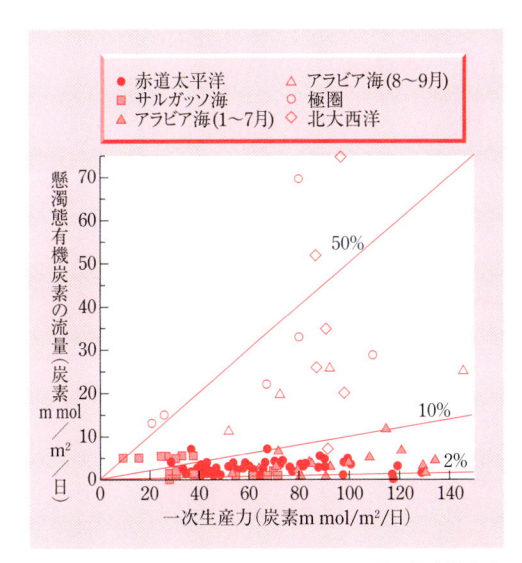

図 18.16　世界の海洋における深海への懸濁態有機炭素の移送量（水深 100 m で測定）と海洋の一次生産力との関係．（Buesseler, 1998 より．）

18.17b）．次に小型の鞭毛藻類が発生して残っている硝酸を使い果たす．もっと長い時間スケールでは，有機態窒素とリンの相対的な量が大きく変動することが北太平洋で観察されている．従来，海洋は窒素制限を受けているとみなされてきたが，窒素が極端に制限されると，糸状のシアノバクテリアの Trichodesmium のような窒素固定を行う種が広がって，海洋中に無尽蔵に溶けている N_2 を利用するようになる．こうして，懸濁粒子態の有機物の N：P 比は 10 年ほどの時間かけて変動する（図 18.17c）．このような状況では，リン，鉄や他のいくつかの栄養塩が生産力を制限することになるだろう．

　世界の海洋の約 30％は，硝酸塩濃度が高いのに，生産力が低いことが知られている．このパラドックスは鉄が制限されているために生じているという仮説が，赤道直下の東太平洋と南氷洋という，まったく異なる海域で検証された（Boyed, 2002）．大量の溶存態の鉄の投入によって，一次生産力は劇的に増加し，硝酸と珪酸は藻類の増殖によって吸収されるため減少した（図 18.18．結果は硝酸塩の消失で表されている）．どちらの場合も，細菌の生産力は数日間で 3 倍となった．また，微小グレーザー（鞭毛虫と繊毛虫類）による植物プランクトンの摂食速度も増加したが，南氷洋ではグレーザーに

鉄は海洋の一次生産力を制限している？

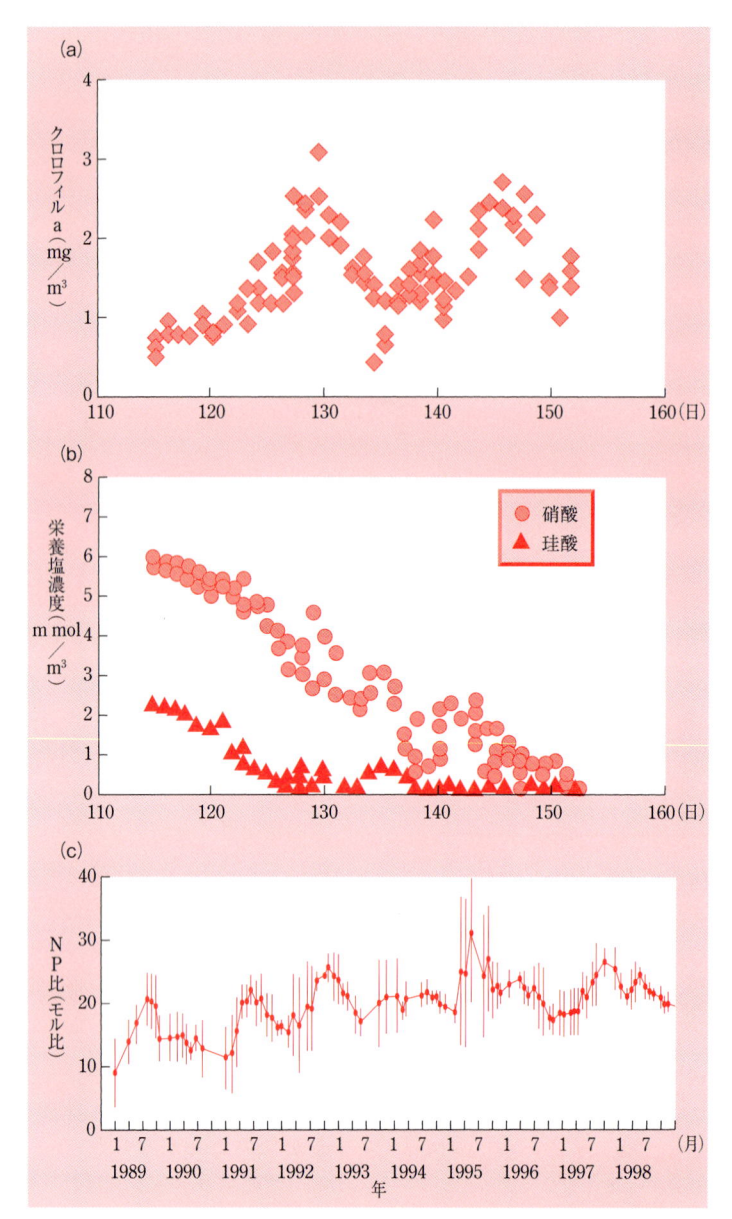

図18.17 北大西洋における春のプランクトン大発生時の (a) クロロフィル a および (b) 珪酸と硝酸塩濃度の変化. 日数は1月1日からの日数. (Fasham et al., 2001より.) (c) 北太平洋還流の懸濁物中のN:P比の変動. (Karl, 1999より.)

耐性のある珪化した珪藻類が優占するため,その増加は顕著ではなかった. 橈脚類が優占する後生動物群集は,どちらにおいてもあまり変化しなかった.

赤道直下の東太平洋や南氷洋のような場所では,陸上起源の鉄に富む粒子が,風に乗って長距離移動してきて生産力が増加することがあるという考えは興味深い. スケールが異なるとはいえ,これは,高い生産力は河川から流れ込む栄養塩に富む陸上起源の水と関係しているという現象と同様なことであろう.

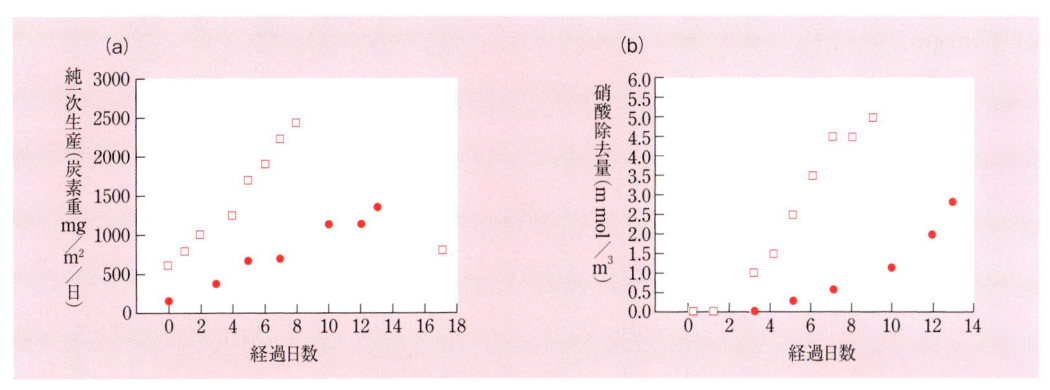

図 18.18 (a) 東太平洋赤道域（□）と南氷洋（●）における，鉄の添加後の鉛直方向に積算した純一次生産速度（NPP）の変化．(b) 同じ実験で実験期間中に除去された硝酸塩の量．珪酸も同様のパターンを示す．（Boyd, 2002 より．）

18.4 地球規模の生物地球化学的循環

栄養塩類は，大気中に風に乗って遠方まで移動するし，河川や海流によっても移動する．その移動は，自然なものであれ，人為的なものであれ，どんな境界によっても遮られることはない．従って，本章の締めくくりとしては，さらに大きな空間的スケールでの循環，すなわち，地球規模での生物地球化学的循環について検討するのがふさわしいだろう．

18.4.1 水文学的循環

水文学的循環に含まれる各要素を測定するのは決して容易ではないが，その全容を理解するのは容易である（図 18.19）．主要な水の供給源は海洋である．太陽放射エネルギーは海水の大気中への蒸発を促し，風がその水蒸気を地球の表面全体のすみずみに運び，やがて水分は雨となって地球上に降り注ぐ（これによって大気中の水分は海洋上から大陸へも移動する）．地表に達した水は，一時的に土壌や湖や氷原に蓄えられる．陸上の水は，蒸発や蒸散，あるいは河川や地下滞水層を通って液体として流下することによって消失し，最終的には海へと戻っていく．水の主要な貯蔵場所は海洋で，そこには生物圏の水の 97.3 % が蓄えられている（Berner & Berner, 1987）．残りは，極の氷冠と氷河（2.06 %），深部の地下水（0.67 %），そして川と湖（0.01 %）に存在する．移動状態にある水の比率は常にごくわずかで，土壌中や川を流下している水や，雲や大気中の蒸気として存在している水は全体の 0.08 % にすぎない．しかし，このわずかな比率の水が，生物の生存を可能にし，群集の生産力を維持するという重要な役目を担っている．また実に多量の栄養塩が水とともに運ばれている．

水文学的な循環は生物の存否にかかわらず進行する．しかし陸上の植生の存在によって，水文学的な流れはかなり

> 植物は，2つの相反する水の流れの間で生活する

変化する．植物は2つの逆方向の水の流れの中で生活している（McCune & Boyce, 1992）．ひとつの流れは，土壌から植物の根・幹を通り，葉から蒸散して出ていく水の流れである．もうひとつは，降雨として林冠に降りそそぐ水の流れで，水はそこから蒸発するか，あるいは葉から水滴として落下するか，幹を伝って土壌へと移動する．植生がない場合には，水の一部は土壌の表面から蒸発し，残りは表面流または地下水流として河川流に合流するだろう．水のたどるこの旅路の途中で，植生は水が河川流に到達するのを遮り，次の2つの経路で大気中に戻してしまう．ひとつは葉で水を捕捉し，そこから水を蒸発させるという経路，もうひとつは，土壌

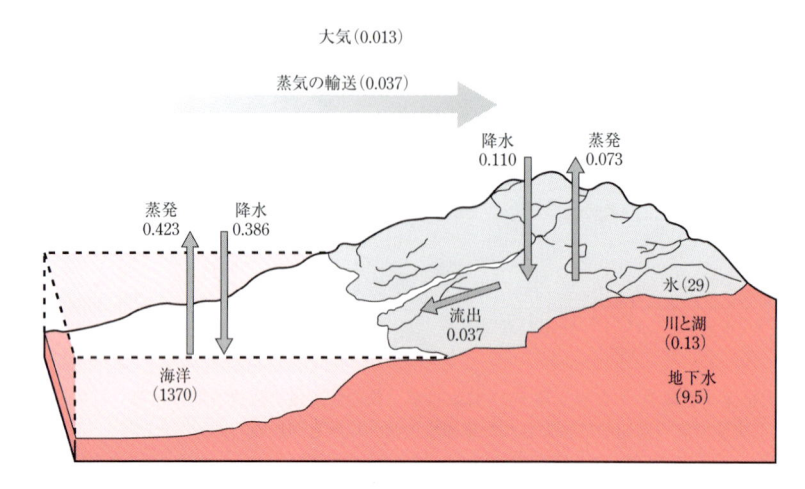

図18.19 水の循環．年間の流量と貯蔵量（×10⁶ km³）を示してある．かっこ内の数値が貯蔵量．(Berner & Berner, 1987 より．)

からの水の排出を遮り，その水を根から吸収して蒸散流に導く経路である．

ハバードブルックの集水域という小さなスケールですでに検討したように，森林の伐採によって，河川へ流出する水と水中の溶存態・懸濁態の物質の量は増加する．農地を作り出すための地球規模の森林破壊が，表層土の流出や栄養塩類の消失を招き，大きな洪水の頻度を増すとしても，それほど不思議なことではない．

水文学的な循環に対するもうひとつの大規模な攪乱は，人間活動に由来する地球規模の気候変動だろう（本章第4.6節を参照）．予測される気温上昇と，それに付随して生じる風と気象パターンの変化は，極冠と氷河の氷を溶かして降雨パターンを変化させ，蒸発，蒸散，河川流の細部にさまざまな影響を与えることで，水文学的な循環を変化させるだろう．

18.4.2 地球規模の栄養塩流動の一般モデル

地球規模の生物地球化学的循環における主要な栄養塩コンパートメントと流動

世界の非生物的な栄養塩の主要な貯留場所を図18.20に示す．陸域ならびに水域の生物相は，一部の栄養塩元素については，その大部分を岩石の風化から得ている．例えば，リンがこれに相当する．一方，生物は炭素と窒素を大気から得ている．炭素は大気中の二酸化炭素に由来する．窒素はガス態の窒素に由来し，それを土壌と水中の微生物が固定している．イオウは，大気と岩石圏の両方に由来する．これ以降の節では，生物にとって重要な元素であるリン，窒素，イオウ，炭素を順番に検討し，地球規模の生物地球化学的な循環が，人間活動によっていかに乱されているのかを見てみよう．

18.4.3 リン循環

リンは主に，土壌，河川，湖沼，海洋の水の中と，岩石と海洋の堆積物の中に存在す リンは主に岩石の風化に由来

る．無機態リンは陸地から海洋へと一方的に運搬される傾向がある．そのため，リンの循環は「開放的」循環と言えるだろう．無機態リンは主に川を通って，一部は地下水，一部は火山活動を経て大気から降下し，一部は海岸の削剥によって，海へと運ばれる．最終的にリンは海洋の堆積物中へと入っていくので，「堆積型循環」とも呼ばれる（図18.21a）．陸上の集水域に端を発するおもしろい物語を読み解くことができ

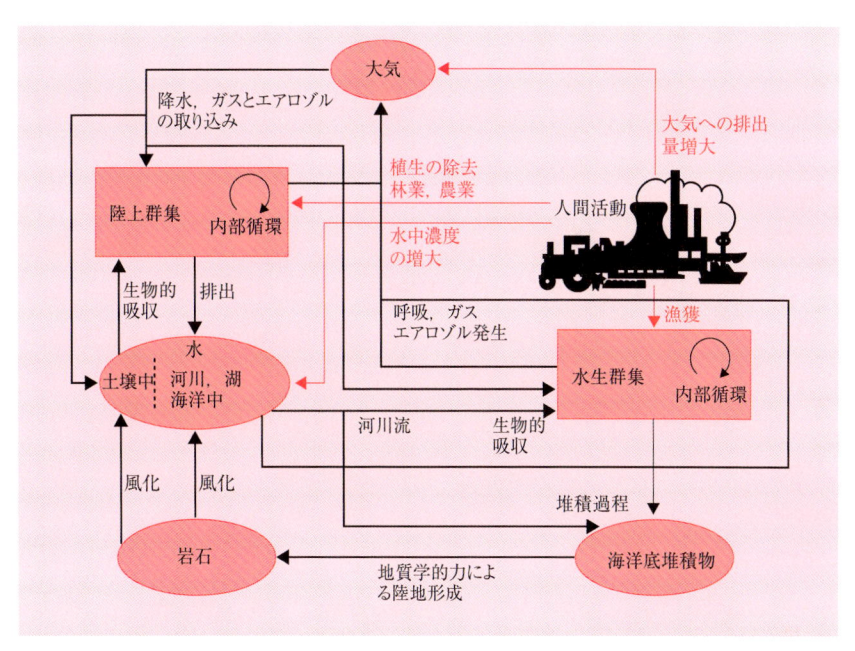

図18.20 地球規模の栄養塩循環の主要な経路．非生物的な貯留場所は大気，水（水圏），岩石と堆積物（岩石圏）から成り，生物的な貯留場所は陸上群集・水生群集から成る．人間活動（図中の赤の矢印）は，大気と水に余分の栄養塩を放出し生物地球化学的循環に影響を与えることによって，陸上群集と水生群集を通過する栄養塩の流れに直接・間接的な影響を与えている．

る．典型的なリンの原子は，岩石から化学的な風化によって遊離し，陸上群集の内部で数年から数十年，もしくは数百年の間循環したあと，地下水を経由して河川へと運ばれ，河川では第3.1節に示した栄養塩の渦巻状過程に組み込まれる．河川に入ってから短期間（数週間，数ヶ月あるいは数年）のうちに，リン原子は海洋に運ばれる．そこで，リン原子は表層水と深層水の間を平均で100回ほど往復するが，その1回の往復にはおそらく1000年ほどかかるだろう．その往復のたびにリン原子は，表層に住む生物によって吸収され，やがてまた海底に沈降する．平均で100回目の移動の後，すなわち海洋に達してから10万年後に，リン原子は可溶性リンとして遊離することなく，何らかの形で海洋底の堆積物中に組み込まれる．その後おそらく1億年ほどたつと海洋底は地質活動によって隆起し，陸地となるだろう．このようにして，リン原子は再び川を経由して海に至る道筋をたどる．その先には生物的な吸収と分解の循環があり，その循環は海水の表層-深層水間の混合の循環に包含され，それはさらに大陸の隆起と浸食の循環に包含されている．

人間活動はいくつかの形でリンの循環に影響を与える．海洋での漁業は，毎年50 Tg（1テラグラム = 10^{12}g）のリンを海洋から陸上に輸送している．海洋中のリンは120 Pg（1ペタグラム = 10^{15}g）前後なので，海洋から陸上への輸送は海洋側にとってはほとんど無視できる程度のものである．しかし，漁獲物中のリンは最終的に河川を通って海に戻っていくので，漁業は陸水中のリンの濃度を間接的に引き上げることになる．年間13 Tg以上のリンが農地に肥料（その一部は海産魚からつくられている）として散布され，さらに2〜3 Tgが家庭用の洗剤の添加剤の形で排出されている．肥料は農業排水として水系に流れ込み，洗剤は家庭排水に流れ込

人間活動は陸水中のリンを増やし…

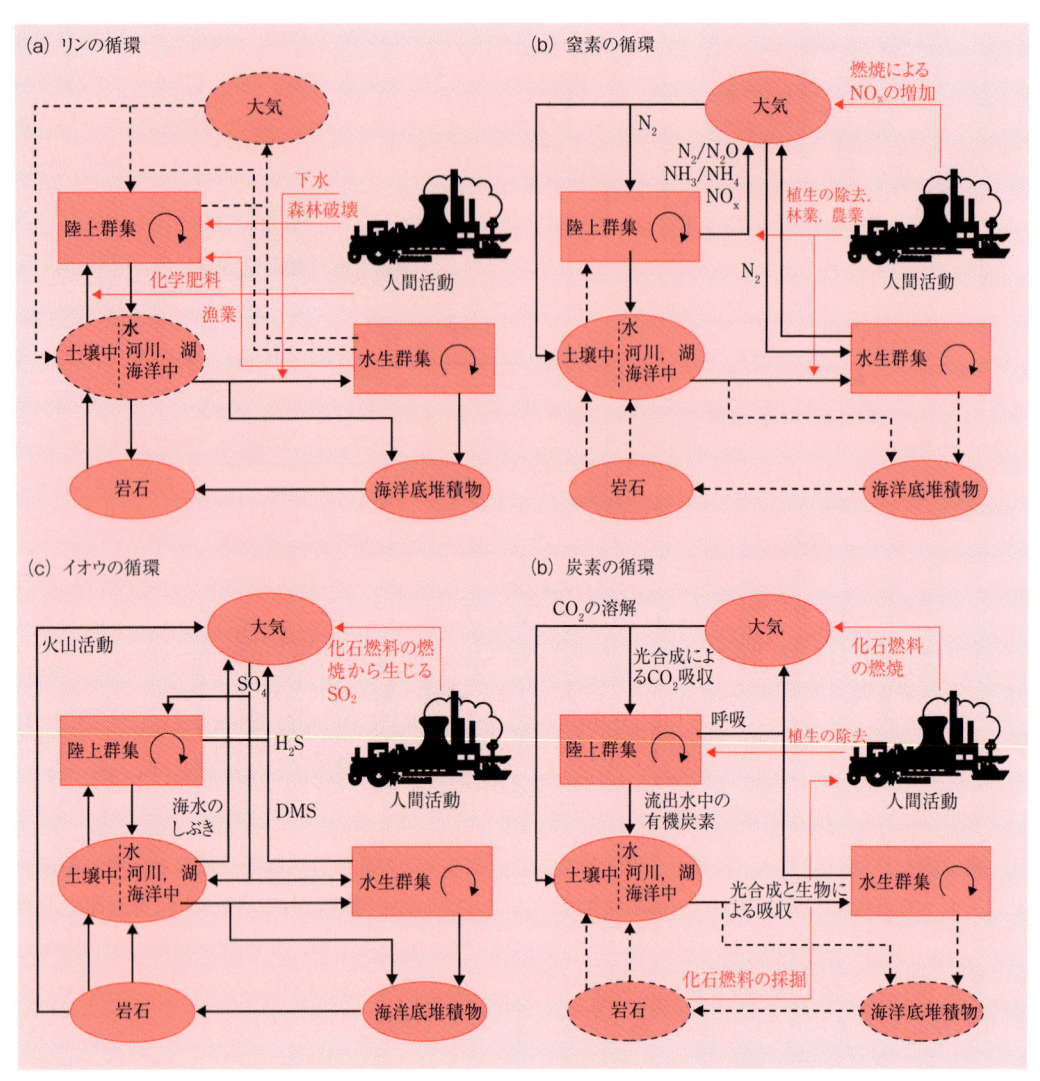

図 18.21 4つの重要な栄養塩の主要な流れ（黒）と人間活動による攪乱（赤の矢印）．(a) リン，(b) 窒素，(c) イオウ（DMS は硫化ジメチル），(d) 炭素．重要でないコンパートメントと流れは破線で示した（図 18.20 に示したモデルに基づく．詳しくは同図を参照）．

む．さらに，森林破壊とさまざまな農耕活動によって集水域の浸食が進行し，排水中のリンの量が増加することになる．全体としては，人間活動は海洋に流れ込むリンの量を自然の流入量の 2 倍に引き上げている（Savenko, 2001）．海洋へ流入するリンのこの程度の増加ならば，生産力はある程度増加するだけである．しかし，通常，リンの供給量が水生植物の成長を制限しているため，リン濃度の高い水が

…富栄養化をもたらす

川や河口や，特に湖に入ることの影響は大きいだろう．世界中の多くの湖で，農業排水や下水から多量に流入するリンと，主に農業排水から流入する窒素が，植物プランクトンが高い生産力を達成するのに理想的な条件をつくり出している．このような人為的な富栄養化によって，湖水は高密度の植物プランクトン（通常は藍藻類）で濁り，大型の水生植物は競争に負けてそれに付随する無脊椎動物の個体群とともに消滅してしまう．さらに，大量の植物プランクトン

細胞が分解されるために，酸素濃度が低下し，魚類や無脊椎動物が死滅してしまう．その結果，生産性の高い群集が成立するものの，生物多様性は低くなり，美的でもなくなってしまう．これに対する対処法は，栄養塩の流入量を減らすことである．例えば農耕の方法を変えたり，下水の流路を変えたり，排出前にリンを除去してしまうことである．リン酸の流入量を低くすることに成功した北アメリカのワシントン湖のような深い湖では，上で述べたのと逆の変化が数年の間に実現するだろう（Edmonson, 1970）．しかし，浅い湖では堆積物中のリンが継続的に遊離するので，堆積物の一部を物理的に除去することが必要であろう（Moss et al., 1988）．

農業排水と下水からの影響は，問題となっている集水域から排出される水だけが影響を受けているという意味では局地的といえる．しかし，この問題は普遍的で，世界各地に広がっている．

18.4.4 窒素循環

窒素循環できわめて重要な大気 地球規模の窒素循環では，大気に存在する窒素が量的に最も卓越していて，微生物による窒素固定と脱窒が非常に重要である（図18.21b）．大気中の窒素は，嵐のときの雷の放電によっても固定され，それは雨水中に硝酸として溶けて地表に到達する．しかし，その量は固定される全窒素のわずかに3～4％を占めるにすぎない．有機態の窒素は大気中にも広く存在する．その一部は汚染された空気の中での炭化水素と窒素酸化物の反応で作られる．さらに，アミンと尿素は，陸上あるいは水界生態系からエアロゾルやガスとして自然に大気中に放出される．他にも大気中の細菌と花粉も窒素の供給源となる（Neff et al., 2002）．大気中の窒素からの生態系への流入が特に重要ではあるが，地質的な起源をもつ窒素が，生産力を局所的に引き上げているという証拠も見つかっている

（Holloway et al., 1998; Thompson et al., 2001）．陸上から河川中の水生群集へと流れる窒素の量は相対的に小さい．しかし，窒素はリンとともに植物の成長を最も頻繁に制限する要因であるため，水域の生態系にとっては決して取るに足らないものではない．海洋中の堆積物へと移行し失われる窒素もあるが，その年間量はわずかである．

生物圏の陸上部分のモデルの中で，窒素固定は窒素重量で年間211 Tgに達する．これが窒素の供給源としては最も主要なもので，陸上の植生と土壌中に蓄えられている総量296 Pg（そのうち280 Pgは土壌中に，うち90％は有機態）と比べてもかなりの量に昇る（Lin et al., 2000）．

窒素循環に対する人間活動のさまざまな影響 人間活動は，窒素循環にさまざまな波及効果をもたらす．森林破壊と地表面の植生の除去は，河川中の硝酸塩の流量を増加させ，亜酸化窒素として大気中へ放出される量を増加させる（本章第2.2節を参照）．さらに，内燃機関からの副産物として，また工業的な肥料生産によっても窒素が固定される．マメ科作物を栽培すると，根に窒素固定細菌を含む根粒を持っているために，窒素固定はさらに促進される．実際，このような人間活動によって固定された窒素の量は，自然界で固定される窒素の量と同じ桁数に達する（Rosswall, 1983）．窒素肥料の生産（年間50 Tg以上）は，投与された肥料のうちかなりの部分が河川や湖へと流れ込むので，特に深刻である．人間活動によって高められた窒素濃度は，湖沼の富栄養化を引き起こしている．

人間活動は，大気中の窒素循環にも問題を引き起こしている．例えば，農耕地の土壌へ施肥すると，排水中の窒素が上昇するとともに，脱窒量も増加する（Bremner & Blackmer, 1978）．また，集約的な畜産地域での厩肥づくりとその散布によって，相当量のアンモニアが大気中に放出されている（Berden et al., 1987）．大気中のアンモニア（NH_3）は，畜産地域の風下に降下し

て主要な汚染物質のひとつとなっている（Sutton *et al.*, 1993）．植物群集の多くは，低い栄養塩濃度に適応しているために，窒素の流入量の増加によって，群集の種組成が変化することが予想される．低地のヒース荒原は，窒素の増加に対して特に敏感である（これは湖での富栄養化に対応する．本章第4.3節を参照）．例えば，オランダでは，ヒース荒原の35％以上がすでに草原に置き換わってしまった（Bobbink *et al.*, 1992）．さらに感受性の高い群集としては，石灰岩地帯の草原と高地の草本・コケ群集が挙げられる．このような場所でも，種数の減少が報告されている（Sutton *et al.*, 1993）．陸上の他の植生は，窒素が制限されていない状態に達することもあるので，窒素の増加に対してそれほど敏感ではない．例えば，森林における窒素の量の増加は，最初は森林の成長量の増加をもたらすが，ある時点で系は「窒素飽和」の状態となると予想される（Aber, 1992）．さらに，それ以上窒素の蓄積が進むと，窒素は排水中へと流出し始め，河川中の窒素濃度が上昇し下流の湖沼が富栄養化する．

窒素と酸性雨　過去数十年の間にNH_3の排出量は明らかに増加している．現在では，ヨーロッパの生態系（少なくとも畜産が行われている地域の周辺）へ流入する人間活動に由来する窒素の60％から80％が，排出されるアンモニアによると推定されている（Sutton *et al.*, 1993）．残り，20％から40％は，発電所における石油と石炭の燃焼と，さまざまな工業的な生産過程と交通機関から発生する窒素酸化物（NO_x）に由来する．大気中のNO_xは数日のうちに硝酸に変化し，NH_3とともに，工業地帯とその風下地域での酸性雨の原因となっている．もうひとつの酸性雨の犯人は硫酸である．酸性雨のもたらす影響については，次節で地球規模のイオウ循環について見た後で，論じることにする．

18.4.5　イオウ循環

すでに見たように，地球規模のリン循環では岩石圏の相が卓越しており（図18.21a），窒素循環では大気圏の相が圧倒的に重要である（図18.21b）．イオウはこれらとは異なり，大気圏と岩石圏に同程度の量が存在している（図18.21c）．

イオウは，3つの生物地球化学的な過程を経て，大気中に放出される．それは，(i)揮発性化合物である硫化ジメチル（DMS）の生成（植物プランクトン中に大量に含まれる化合物，ジメチルスルホニオプロプリオネートの酵素分解によって作られる），(ii)硫酸還元菌の嫌気性呼吸，そして，(iii)火山活動である．生物活動による大気への硫黄の放出は年間22 TgSと推定され，このうち90％以上がDMSの形で放出される．残りのほとんどは，イオウ細菌によって作られるイオウ化合物を還元したもので，特に湛水した湿原や湿地あるいは干潟からH_2Sとして放出される．さらに火山から年間7 Tgのイオウが大気に加わる（Simo, 2001）．大気からの逆方向の流れは，イオウ化合物の酸化によって作られる硫酸塩で，湿性あるいは乾性降下物として地上に帰ってくる．

イオウ循環では大気圏と岩石圏が同程度に重要

陸上から河川や湖へ流れ出るイオウの半分は，岩石の風化によって供給され，残りは大気中のイオウに由来する．海洋へ流出する過程で，利用可能なイオウ（主に溶存態の硫酸塩）の一部は植物に吸収され，食物連鎖の経路に沿って分解され，再度植物に利用可能な形態になる．しかし，陸上群集と水生群集の内部で再循環するイオウの割合は，リンや窒素に比べて少ない．海洋中のイオウは最終的には，主に非生物的な反応，例えば，硫化水素が鉄と反応して硫化鉄になるような過程を経て，少しずつ海洋の堆積物に取り込まれていく（海底堆積物が黒いのは硫化鉄による）．

第18章 生物群集における物質の流れ

イオウと酸性雨　地球規模のイオウ循環に対する最大の人為的撹乱は，化石燃料の燃焼である（石炭は1〜5％，石油は2〜3％のイオウを含んでいる）．大気中に放出された二酸化硫黄（SO_2）は，酸化されて通常 1 μm 以下の大きさの硫酸エアロゾルとなる．人間活動によるイオウの放出量と自然のイオウ放出量はほぼ等しく，合わせて 70 Tg である（Simo, 2001）．しかし，自然のイオウの大気への流入が地球全体にほぼまんべんなく広がっているのに対して，人間活動による放出の90％までが，ヨーロッパと北アメリカの工業地帯とその周辺に集中している（Fry & Cooke, 1984）．濃度は発生源から風下に離れるにつれて低下するが，数百 km 離れてもまだ高い．このように SO_2 は，国境を越えて他の国へと輸出されることになる．この問題を解決するためには国家間の政治的協力が必要である．

大気中で CO_2 に関して平衡状態にある水は，pH5.6 程度の炭酸水を形成する．しかし，酸性の降水（雨または雪）は，平均値で簡単に pH5.0 以下になり得るし，イギリスでは 2.4，スカンジナビアでは 2.8，合衆国では 2.1 という低い値も記録されている．酸性雨の問題の30〜50％は NO_x と NH_3 が関与しているものの，一番主な原因は SO_2 の発生である（Mooney et al., 1987; Sutton et al., 1993）．

すでに第2章2.8節で，低い pH が河川や湖沼の生物相にどれほど劇的な影響を及ぼすのかについて検討した．酸性雨は多くの湖沼，特にスカンジナビアの湖沼の魚類の絶滅の原因となってきた．さらに，森林や他の陸上群集に対しても，さまざまな問題を引き起こすことがある．酸性雨は植物に，葉の脂質を破壊し膜を傷つけるといった直接的な影響を与えるほか，土壌からの特定の栄養塩の溶脱を加速したり，栄養塩を植物が吸収できないような形態に変化させたりして，間接的な影響も与える（第2章2.6節を参照）．生物地球化学的循環への撹乱が，「叩き出し」効果によって間接的に他の生物地球化学的な構成要素にも影響を及ぼす点にも注意を払うことが重要である．例えば，イオウの流れの変化自体は陸上や水中の群集に損害を与えるとは限らないが，硫酸塩が生物にとって有害な金属（例えば，アルミニウム）を遊離させることで，群集組成を変化させることはありうる．（また別の効果として，湖では硫酸塩が鉄に作用してリンと結合する力を弱め，そのためにリンが遊離し，植物プランクトンの生産力を増大させることもある（Caraco, 1993）．）

石炭や石油からイオウを除去するといったすでに実用化されている技術を利用して，SO_2 と NOx の発生を削減する政策を政府が打ち出すなら，酸性雨の問題は制御できるはずである．実際，世界各地でイオウの発生量の減少が起こっている．

18.4.6　炭素循環

光合成と呼吸という相反する2つの過程が，地球規模の炭素循環を動かしている．相反する光合成と呼吸の作用が地球規模の炭素循環を駆動する　炭素循環は主として気体での循環であり，炭素は主に CO_2 の形で，大気圏，水圏そして生物圏の間を移動している．歴史的に見ても，岩石圏の果たしてきた役割は小さく，数世紀前に人間が手をつけるまで化石燃料は眠れる炭素の貯蔵庫であった（図 18.21d）．

陸上植物は大気中の CO_2 を光合成のための炭素源として利用する．一方，水生植物は水に溶けている炭酸塩，すなわち水圏中の炭素を利用している．陸上と水中における2つの炭素循環は，次のような大気と海洋の間の CO_2 の交換によって結びついている．

$$\text{大気中の } CO_2 \Leftrightarrow \text{水中に溶けた } CO_2$$
$$CO_2 + H_2O \Leftrightarrow H_2CO_3 \text{（炭酸）}$$

さらに炭素は，石灰岩やチョークのようなカルシウムに富んだ岩石が風化（炭酸化）されて生じる重炭酸塩として，陸水と海洋の中に溶け込

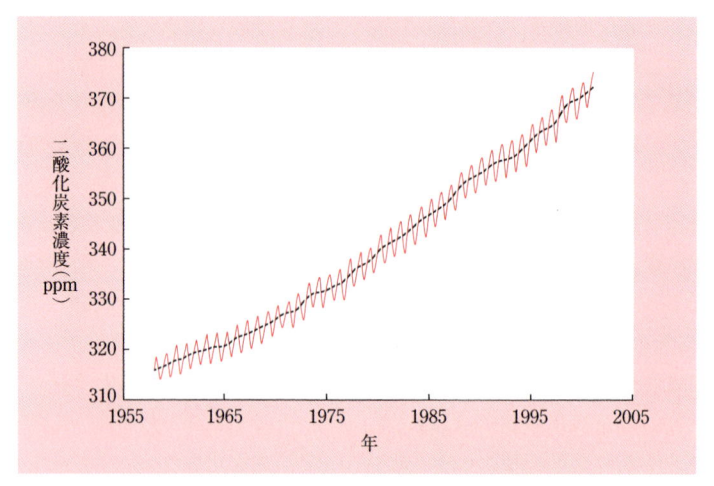

図18.22 ハワイのマウナロワ観測所での大気中二酸化炭素濃度の変化．光合成速度の季節的変化のために生じる周期的な変動と，主に化石燃料の利用に起因する長期的な増加が読み取れる．（合衆国立大洋大気局気候監視診断研究所提供）．

んでいく．

$$CO_2 + H_2O + CaCO_3 \Leftrightarrow CaH_2(CO_3)_2$$

植物，動物，微生物の呼吸は，光合成産物の中に固定された炭素を解放し，大気中または水界中の炭素のコンパートメントに戻す働きをする．

大気中のCO_2は顕著に上昇してきたが，その原因は…

大気中のCO_2の濃度は，1750年には約280 ppmであったが，現在は370 ppm以上に上昇してきた．その上昇は今も続いている．上昇の様子は，図18.22に示すように，ハワイのマウナロア観測所で1958年から記録されてきた．（北半球では夏の間の光合成が活発なため，周期的にCO_2濃度が低下する．これは，ほとんどの陸地が赤道より北にあることを反映している．）

化石燃料の燃焼…

第2章9.1節と9.2節で大気中CO_2の増加とそれに伴う温室効果について見てきたが，もっと包括的な炭素収支の認識にもとづいて再度この問題を考えてみよう．大気中CO_2濃度の上昇の主な原因は化石燃料の燃焼であり，わずかではあるがセメントを作るための石灰岩の焙焼も原因となっている（後者による炭素放出は化石燃料燃焼による発生量の2%以下である）．1980年から1995年の間の大気への炭素放出量の純増加，年間平均5.7（±0.5）Pgは，これらの過程に起因する（Houghton, 2000）．

さらに土地利用の変化によって，毎年1.9（±0.2）Pgの炭素が大気中に放出されてき **…熱帯林の伐採による** た．熱帯林の伐採もCO_2発生の大きな原因ではあるが，森林伐採の目的が恒常的な農地の造成か，移動耕作（焼畑）か，木材生産かによって，その効果は異なる．森林伐採の後に頻繁に行われる火入れによって植生の一部はすぐにCO_2に変換され，残った植物体は長期間に渡って分解されCO_2を放出し続ける．もし，森林が恒常的な農地の造成のために伐採されたのであれば，土壌中の炭素含有率は，有機物の分解や，土壌侵食，またときには作業機械による表層土の除去によって低下する．移動耕作のための伐採も同じような影響を及ぼすが，休閑期の草原と二次林の再生によって，失われた炭素の一部分は取り戻される．移動耕作と木材搬出などの活動は，森林を一時的に除去するだけで，恒久的な農地造成や放牧地造成のための除去に比べ

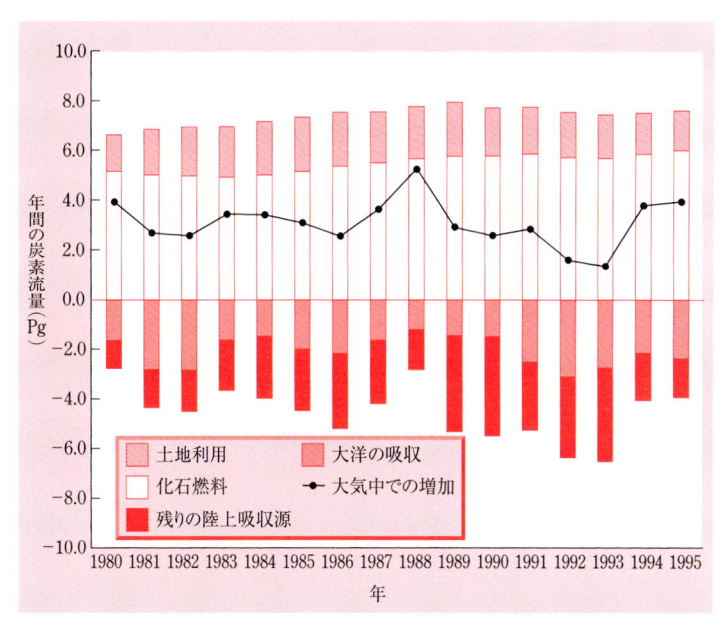

第18章 生物群集における物質の流れ

図18.23 地球規模の炭素循環の中での，大気中の二酸化炭素の増加量（●と黒線），炭素発生量（基軸から上向きのヒストグラム）と吸収量（基軸から下向きのヒストグラム）の1980年〜1995年における年次変動．（Houghton, 2000より．）

れば，単位面積当りの正味の CO_2 の放出ははるかに少ない．熱帯地域以外の陸上群集から大気中への正味の CO_2 放出量は，ほとんど無視できるだろう．

余剰の CO_2 の一部は海洋に溶け…あるいは陸上の植物に吸収される

年間7.6 Pgに達する人間活動による大気中への炭素の放出（第2章9.1節を参照）は，世界中の生物の呼吸による自然界の炭素の放出量100〜120 Pgと比較しうる量となっている（Houghton, 2000）．この人為的な超過分の CO_2 はどこへ行くのだろうか．このうちの3.2（±1.0）Pg（人間活動由来の炭素の42％）は，観察されている大気中 CO_2 濃度の増加に相当する．残りの大半の2.1（±0.6）Pgは海洋に溶け込む．さらに残った2.3 Pgは，ほかの陸上の吸収源が引き受けていると考えられるが，吸収源の規模や場所や原因は特定されていない．しかし，北半球中緯度地域の陸上生産量の増加（例えば，CO_2 増加が陸上群集に肥料としてはたらき，余分のバイオマスを固定している）や森林が破壊された後の回復による吸収分が含まれると信じられている（Houghton, 2000）．

CO_2 発生量や吸収量，大気中濃度の上昇の推定値にはかなりの年次変動がある（図18.23）．これまでの記述の中で，平均値に標準偏差をつけた理由はその変動にある．1981年から1982年の CO_2 増加速度の減少は，原油価格の劇的な値上げのあとに起きている．一方1992年から1993年の減少は，ソビエト連邦の経済的な崩壊のあとに起きている．図には示していないが，1997年から1998年（図18.23には示されていない）には一部地域の火災によって大気中 CO_2 濃度上昇は2倍に加速された．インドネシアの大規模な森林火災では，わずか数週間の間に約1 Pgの炭素が放出された．火災現場には広大な泥炭地があり，火災の間に泥炭の厚さは25 cmから85 cm低下した．放出された炭素のほとんどは燃えた木材からではなく，この泥炭からのものであった．このインドネシアでの火災は，1997年か

正確な将来の炭素発生量の変化の予測は緊急課題

ら1998年にかけてのエルニーニョによる乾燥，厚い泥炭層の存在，そして植生と土壌を乾燥させてしまった特殊な伐採作業の3つが重なったために，特に深刻なものになった (Schimel & Baker, 2002)．将来の炭素発生量の変化についての正確な予測は緊急課題だが，気候，政治，社会などの多くの要因が炭素の収支に関与するので，それは容易なことではない．人類が直面しているさまざまな生態学的問題については，本書の最後にもう一度検討する（第22章5.3節）．

まとめ

生物は環境から化学物質を抽出するためにエネルギーを消費し，吸収した物質を一定期間保持しながら利用し，再びそれらを放出する．この章では，ある一定の面積の土地またはある一定の体積の水の中の生物相 (biota) が，物質を蓄積し変換しながら，生態系内部のコンパートメントの間で物質を移動させる様子に主眼をおいて検討してきた．非生物的なコンパートメントの一部は大気圏（二酸化炭素の炭素やガス態の窒素中の窒素が含まれる）であり，また一部は岩石圏であり（カルシウムやカリウム），残りは土壌水や河川や湖や大洋のような水圏（可溶性硝酸中の窒素やリン酸中のリン）である．栄養塩元素は単純な無機分子やイオンとして植物に提供され，バイオマス中の複雑な有機態の炭素化合物の中に組み込まれる．しかし，最終的に炭素化合物が物質代謝によって二酸化炭素になってしまうときに，栄養塩類はもう一度単純な無機態となって放出される．その栄養塩は他の植物によって再度吸収され，それが繰り返されて，1個の栄養塩の原子は食物連鎖の中を次々と通過していくだろう．根源的な性質として，高エネルギー化合物中の1ジュールのエネルギーは1度しか利用できないのに対して，化学栄養塩は再利用可能で，循環自体は完全とは言えないが，何度も再循環する．

この章では生態系の中での栄養塩の獲得と消失を論じ，一種類の栄養塩の流入と流出が釣り合う可能性に注目した．しかし，生態系がその栄養塩の発生源あるいは吸収源になっている場合には釣り合いが生じるとは限らない．森林，河川，湖沼，河口，大洋において，栄養塩収支の構成要素と流入と流出を左右する要因を検討した．

栄養塩は大気中を風によって遠くまで運ばれ，あるいは川や海流中を水とともに移動してはるか遠くまで運ばれるので，この章の終わりには地球規模での生物地球化学的な循環についてまとめた．水文学的な循環の根本的な源は大洋である．水は太陽放射によって大気へと蒸発し，地球表層を風によって運ばれ，降水となって地上へ到達する．リンは主に岩（岩石圏）の風化によってもたらされる．その循環は堆積循環とも言えるが，それは一般的にリンが陸上から大洋へと一方的に運ばれて，最終的に堆積物中にとりこまれるからである．イオウの循環は大気圏と岩石圏の双方の相が同じ程度に重要である．それに対して，炭素と窒素の循環では大気の相が圧倒的に重要である．光合成と呼吸は二つの相対する過程で，地球上の炭素循環を駆動している．窒素循環では，微生物による窒素固定と脱窒が特に重要である．人間活動は生態系にかなりの栄養塩流入をもたらし，局所的あるいは地球規模での生物地球化学的循環を攪乱している．

第19章

群集構造への種間相互作用の影響

19.1 はじめに

> 種間競争は共存できる種や種数を決めるだろう

個々の種はさまざまな方法で群集全体の構成に影響しうる．どの種も皆，その捕食者や寄生者に対し資源を供給するのだが，樹木種のように多数の消費者に対し幅広い資源を提供する種もある（第3章で議論した）．カシ類はドングリ，葉，幹，根をそれぞれ専門の植食者に提供することにより，また，さまざまな枯死した生体物質をデトリタス食者や分解者に手渡すことにより，自分たちもその一員である群集の構成と多様性の決定に大きく影響しうる（第11章を参照）．種は周囲の環境条件に影響することによっても，群集の組成や多様性の決定に影響し得る（第2章を参照）．例えば，大型植物は多くの小型植物や動物のニッチ要求を満たす微小生息場所を形成するし，大型動物はさまざまな寄生者に利用される一連の環境条件を体の内外に作り出す（第12章を参照）．遷移の過程で，初期移住者の中には，環境を後期移住者が好む環境に改変することで，後期移住者の定着を促進する種もいることを見てきた（第16章を参照）．しかし，これらの過程については，これ以上は触れないでおこう．

本章では，特に競争，捕食，寄生が群集の構造に影響することに注目する．ここで述べる考え方は，過去40年にわたり生態学の中心的な論争点であった．以下に説明するように，種間競争によってどの種が，そして何種が共存しうるのかが決まるため，群集構造の生成に種間競争が重要であると考えるのには，妥当かつ理論的な根拠が存在する．実際，1970年代には，生態学者の多くは競争が極めて重要であると考えていた（MacArthur, 1972; Cody, 1975）．その後，生態学の主要な考え方は，この一枚岩的な見方から，物理的な攪乱や環境条件の非定常性といった非平衡や確率論的な要因（第16章を参照），そして捕食や寄生の役割の重要さに重きを置く見方（例えば，Diamond & Case, 1986; Gee & Giller, 1987; Hudson & Greenman, 1998）へと移っていった．ここではまず，理論と実際における種間競争の役割について考える．次いで，群集において，あるいは特定の生物に対して競争の効果をなくしてしまうような他の種間関係へと目を向けよう．

19.2 競争が群集構造に及ぼす影響

種間競争が群集の構造を形づくる上で中心的かつ強力な役割を演ずるという考えは，はじめは競争排除則（第8章を参照）をもとに展開された．これは2種以上の種が限られた資源を巡り競争する場合，1種を残し他のすべての種が消滅に追いやられるという原則である．この原則からさらに洗練された形として出された概念，すなわち類似性の限界，最適類似性，ニッチの詰め込みの概念は（第8章を参照），競争種の類

似性の限界，すなわちニッチが埋め尽くされる前の群集に入り込める種数の上限を示唆してきた．これらの理論的な枠組みにおいて，種間競争は明らかに重要である．と言うのは，種間競争が群集から特定の種を排除することがあり，どの種とどの種が共存するのかを正確に決定するからである．しかしながら難しい問題は，「そのような理論上の効果は，現実の世界においてどれほど重要なのか？」ということである．

19.2.1 群集における現在の競争の一般性

競争がいつも一番重要とは限らない

競争が群集構造に影響することがあるのか，という問いには議論の余地はないし，誰もそのことを疑わない．同様に，競争が全ての場合にいつも決定的に重要である，とは誰も主張しない．複数の種が常時互いに競争している群集や，環境が均一な群集では，競争は群集構造に大きな影響力をもつと考えられる．けれども，他の要因が密度を低く抑えたり，競争上の優位さが周期的に逆転したりして，競争が競争排除にまで進む事態が妨げられるということを仮定してみよう．この状況でHutchinson（1961）は，植物プランクトン群集で，資源分割の機会が限られているにもかかわらず高い多様性がいかに保たれるのかに注目した（Hutchinsonの「プランクトンのパラドックス」と呼ばれている）．彼は，環境（例えば温度）あるいは資源（光あるいは栄養塩類）における短期間の変動が競争排除を阻止し，高い多様性を可能にすると示唆した．この仮説を検証するために，Floder et al.（2002）は，マイクロコスムを用いた植物プランクトンの培養において1，3，6，12日ごとに強い光量（100 μmol photons/m/s）と弱い光量（20 μmol photons/m/s）を周期的に切り替える実験を行い，光レベルの多様性が高い時，植物プランクトンの多様性が高くなるかどうかを観察した．Hutchinsonの予想通り，植物プランクトンの多様性は光が変動する条件下のほうが高くなり，そこでは種間競争が競争排除にまで至らなかったようである（図19.1）．

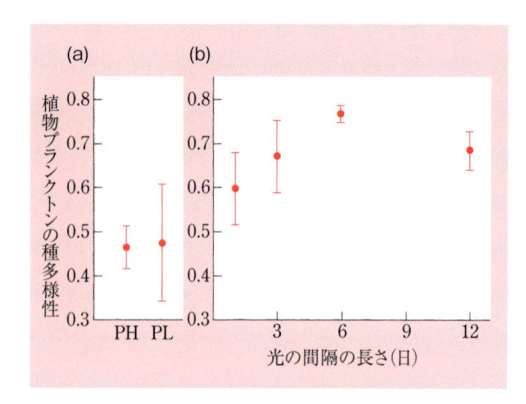

図19.1 49日間の実験の終了時における植物プランクトンの平均種多様度（シャノン多様性指数±SE）．(a) 一定の光条件下，(b) 光強度を変動させる光条件下．PH，常時強い光強度；PL，常時弱い光強度．（Floder et al., 2002 より．）

実際に競争の重要性を明らかにするもっとも直接的な方法は野外操作実験であろう．群集からある種を取り除いたり付け加えたりという操作を行い，他種の反応を追跡調査するのである．種間競争に関する野外実験についての重要な総説が，1983年に2編発表された．Schoener（1983）は，彼が見いだした延べ164の研究のすべての実験の結果を検討した．およそ同数の研究が陸上植物，陸上動物，海洋生物を対象としていたが，淡水生物の研究はその約半分であった．しかし，陸上生物の研究では，そのほとんどは温帯域かつ「本土」の個体群に関するもので，植食（植物食）性昆虫はあまり対象とはされていなかった．このため，どんな結論にせよ，それは生態学者が選んだこうした研究対象に制約されている．とは言えSchoenerは，約90％の研究で種間競争の存在が立証されており，その数値が陸上，淡水，海洋生物の順に89％，91％，94％であることを見いだした．さらに，何種もの種を集団で扱ったような研究を除外して，単一種か少数の種だけを扱った研究（390集団）に注目する

文献の総説は，競争が至る所で起っていると示唆している…

と，そのうちの76％では少なくとも時々，57％では検討された全ての条件において競争の影響が見られた．この場合も，陸上，淡水，海洋生物は非常に似かよった値を示した．Connell (1983) の総説は，Schoener のものほど大規模ではなかった．彼は6つの主要な学術雑誌の72の研究から，のべ215種についての527の異なる実験を検討した．種間競争はほとんどの研究，半数以上の種の組み合わせ，そして約40％の実験において立証されていた．Schoener とは対照的に，Connell は種間競争が陸上生物よりも海洋生物で際立っており，同様に小型よりも大型生物で多く見られることを見いだした．

これらを合わせて考えると，Schoener と Connell の総説は，現在進行中の種間競争が広範囲に見られることを確かに示しているようである．種間の組み合わせでカウントした場合の競争の割合は，研究数でカウントした場合よりも低かった．しかし，このことは予想されることである．というのも，例えば，もし4種が1つのニッチ軸上に配列され全ての隣接種が互いに競争する場合，6つの可能な2種ずつの組合せのうち，種間競争が生じるのは3つだけ（すなわち50％）だろう．

...しかし，資料が偏っている？

しかし，Connell は，一組の種だけでの研究では種間競争はほとんど常に生じているが，多くの種を扱っている場合にはこの比率が大きく減少すること（90％超から50％未満へ）も同様に見いだした．このことは上述の議論である程度説明できるが，同様に研究された種の組合せや実際に報告された（あるいは雑誌編集者により受理された）研究の偏りを示しているかもしれない．種の組合せの多くは，それが「面白い」（それらの間での競争が予想された）から選ばれたというのは，かなりありそうなことであり，もし何も見いだされなければ単に報告されないだけだろう．そのような研究から競争の優勢さを判断することは，むしろ「低俗な新聞」から，堕落した牧師の多さを判断するようなものである．研究での選択の偏りは現実の問題である．そのような偏りが部分的にでも軽減されるのは，多数の種を伴う研究で多くの「否定的な結果」が1つもしくは少数の「肯定的な結果」とともに実直に報告される場合だけである．従って，Schoener や Connell がまとめたような研究の総説は，その程度は明らかではないが，競争の頻度を過大評価していると言える．

先に述べたように Schoener の資料には植食性昆虫の例は少ないが，植食性昆虫の総説によると，植食性昆虫全体 (Strong et al., 1984)，あるいは例えば葉食性 (leaf-biter) のような少なくともあるタイプの植食性昆虫では，競争は比較的稀であることが示唆されている (Denno et al., 1995)．植食性昆虫にとっての「空きニッチ」の例も存在する．すなわち，広域分布する植物において，ある地域で見られる昆虫に利用される摂餌部位と摂餌様式が，昆虫相の異なる別の地域では見られないのである（図19.2）．このニッチ空間が埋められていないことも，種間競争の役割は強大だとする考えへの反論となる．もっと一般的な反論としては，「全体として」植食者の餌資源が制限を受けることはめったになく，そのため植食者の間には普通の資源を巡る競争はありそうにないと言われている (Hairston et al., 1960; Slobodkin et al., 1967; 第20章 2.5節を参照)．この示唆は，緑色植物は通常豊富に存在し，大部分は無傷であり，食い尽くされることはめったになく，そしてほとんどの草食者はたいてい数が少ないという観察に基づいている．Schoener は，種間競争を示す植食者の割合は，植物同士，肉食者同士，分解者同士での割合よりも低いことを見いだした．

競争の強さは群集ごとに異なるようだ

このように全体としては，「現在の」種間競争は広範囲の生物で報告されており，例えば，混み合った状況での固着性生物のようないくつかの生物群では，その存在はきわめて明瞭であ

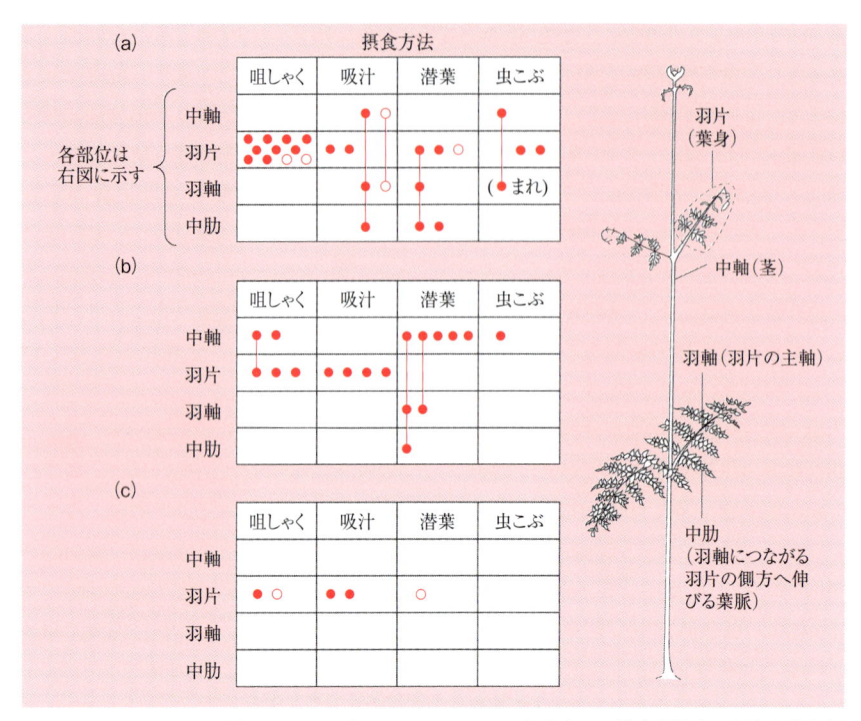

図 19.2 3つの大陸で比較したワラビ (*Pteridium aquilinum*) を食べる植食性昆虫の摂食部位と摂食様式．(a) イギリス北部のスキップウイズ共有地．森林と草原の両方からの資料．(b) パプアニューギニアのサバンナ中の森林，ホンブロムブラフ．(c) アメリカ合衆国ニューメキシコ州とアリゾナ州のサクラメント山脈のシエラブランカ．図 a と同様，森林と草原の両方からの資料．それぞれの昆虫は独特の方法でワラビの葉を食べる．咀しゃく者は，ワラビの外側で生活し大きな塊をかじり取る．吸汁者は個々の細胞や維管束に口吻を刺し込む．潜葉者は組織の中に住み込む．虫こぶ形成者は虫こぶを作りその内部に住み込む．摂食部位はワラビの葉の図の上に示されている．摂食部位が2つ以上に及ぶ種については線で結んである．● は開けた場所と森林を，○ は開けた場所だけを示す．(Lawton, 1984 より．)

る．しかし，他の生物群では，種間競争の影響はほとんどあるいはまったくない．一般的に植食者では種間競争は相対的に稀であり，あるタイプの植食性昆虫間では特に少ない．

19.2.2 群集構造の形成における競争の力

Atkinson & Shorrock のシミュレーション　競争が潜在的に強い場合でも，関与している種が共存することがある．このような例は，パッチ的かつ短命な資源を巡る種間競争や，それぞれの種が他種とは独立に集中分布をすると仮定したモデル群集を使った理論的研究において注目されてきた（例えば，Atkinson & Shorrocks, 1981; Shorrocks & Rosewell, 1987; 第8章を参照）．これらの種は，（Schoener と Connell の検討と同様に）一種を除去すると他種の個体数が増加するという「現在の競争」を示した．しかし，均一な環境では競争排除を導くに十分なほど競争係数の値が高いという事実にもかかわらず，環境のパッチ的性質と各種の個体の集合行動があれば，いかなるニッチ分化がなくても共存が可能であった．つまり，種間競争が個体群の大きさに影響するとしても，競争が群集の種組成を常に決定しているわけではない．Wertheim *et al.* (2000) は，パッチ状に分布する 66 種類のキノコを利用する 60 種類の昆虫（双翅目と膜翅目）を対象とした野外研究において，

これら昆虫の共存が上に述べたような種内の集中分布で説明できることを見いだしたが，資源分割は種の多様性には本質的に貢献していないと判定された．

その一方で，種間競争がない，あるいは見いだすのが困難な時でさえ，群集構造が形成されるうえで競争が重要でないことを必ずしも意味しない．過去の自然淘汰が競争の回避をもたらしたため，現在は種間の競争は起こらない，つまりニッチ分化が生じているのかも知れない（Connellの「過去の亡霊」，第8章を参照）．あるいは，競争に負けた種はすでに絶滅へと追いやられたのかも知れない．あるいはまた，現在観察される種は，単に他種とほとんどあるいはまったく競争しないために，存在できているのかも知れない．さらに，種はたまにしか競争しないのかもしれないし（おそらく個体群の大発生時），特別な高密度の地域パッチにおいてしか競争しないのかもしれない．そのような競争の効果は，ある地域においてそれらの種が存在し続けるためには重要なのかも知れない．これら全ての場合において，種間競争は，共存する種や共存種の性質に確実に影響しており，群集構造に対し強い影響力を持つと見なさなければならない．しかしながら，この影響は現在の競争の強さには反映されないであろう．現在の競争の強さが群集構造に対する競争の構成力とはごく弱くしか関連していない場合もあることは，明らかである．

この弱い結びつきのため，多くの群集生態学者は現在の競争の存在に頼らない競争の研究に進んだ．この手法では，はじめに種間競争が群集を形作るあるいは過去に形作ったとすれば，どんな姿の群集になるかを予想し，次いで現実の群集がこれらの予想に合うかどうかを検討した．

これらの予想そのものは，伝統的な競争理論から簡単に導き出せる（第8章を参照）．

予想1　ある群集で共存する潜在的な競争者は，少なくともニッチ分化を示すだろう（第2.3節（次節）を参照）．

予想2　このニッチ分化は，しばしば形態的差異として現れるだろう（第2.4節を参照）．

予想3　どのような群集においても，あまりあるいはほとんどニッチ分化していない潜在的な競争者は共存しないだろう．それゆえ，彼らの空間分布には負の連関が見られるだろう．つまり，それぞれの種は他種がいない場所に出現する傾向にあるだろう（第2.5節を参照）．

以下それぞれの節で，これら群集構造が形成される際に競争が果たした役割の証拠を示した研究について議論していく．

19.2.3　群集の様式からの証拠 —— ニッチ分化

動物および植物におけるニッチ分化の多様なあり方のあらましについては第8章で見てきた．一方で，資源も異なった形で利用されるだろう．このことはひとつの生息場所の中で直接現れるだろうし，もし資源が空間的・時間的に分割されているのなら，微生息場所，地理的分布，時間的出現の差異として現れるだろう．あるいは，それぞれの種，そしてその競争能力は環境条件への応答において異なるかも知れない．このこともまた，環境条件それ自体の変化の仕方に依存して，微生息場所や地理的または時間的な差異として現れ得る．

19.2.3.1　ニッチの相補性

ニッチ分化と共存に関する研究として，何種かのクマノミがパプアニューギニアのマダン近くで調べられた（Elliott & Mariscal, 2001）．この海域でのクマノミ（9種）と寄主のイソギンチャク（10種）の種数は，既

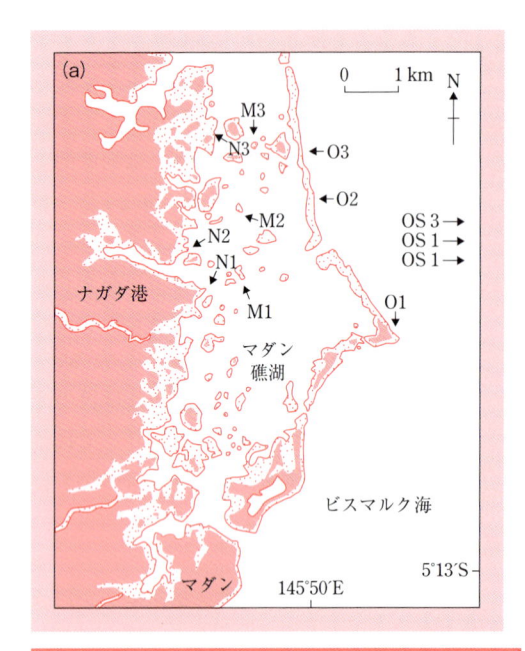

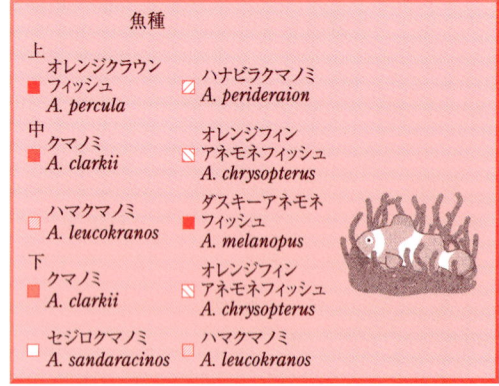

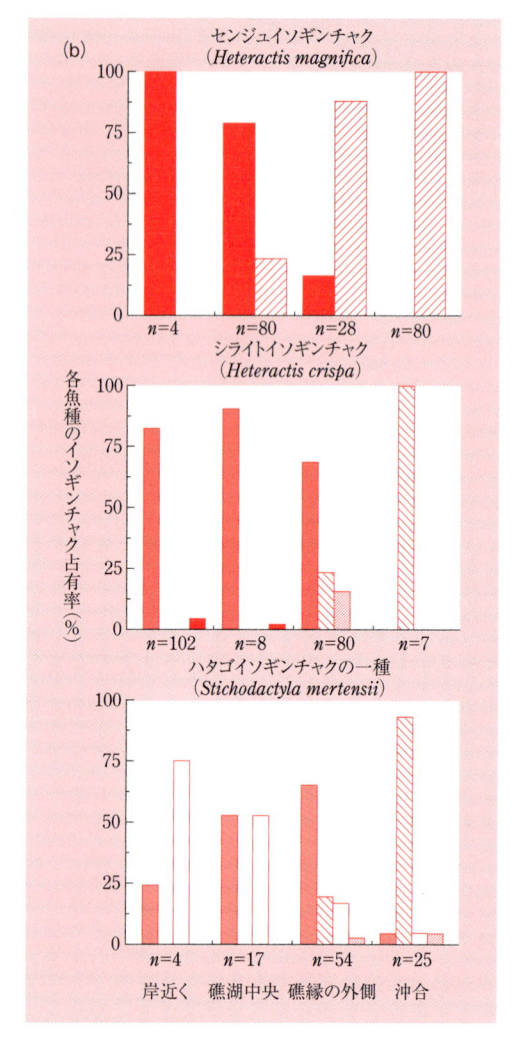

図 19.3 (a) マダング礁湖内外の 4 つの区域 (N, 岸近く; M, 礁湖中央; O, 堡礁の外側; OS, 沖合の礁) それぞれに設けた 3 つの反復実験区画の位置を示す地図. (b) イソギンチャクの普通種 3 種が, 4 区域それぞれで異なるクマノミ属 Amphiprion の種 (和名と学名は左側の凡例に示す) により占められる百分率. それぞれの区域で調べられたイソギンチャクの数は n で示されている. (Elliott & Mariscal, 2001 より.)

存の報告の中では最も多い. 通常はイソギンチャクの各個体はある一種のクマノミの個体によって占められている. それは占有者が侵入者を攻撃して追い払うからである (もっとも, 体の大きさが大きく異なるクマノミ間では攻撃的相互作用はそれほど頻繁には見られないが). イソギンチャクはクマノミにとって限られた資源であると考えられる. なぜならほぼ全てのイソギンチャクが占有されており, また新たにイソギンチャクを移植すると, たちまちクマノミがそれを占有して, 全体の成魚の数も増えるからである. 4 つの区域 (岸近く, 礁湖, 礁縁の外側, 沖合. 図 19.3a) における 3 つの反復実験から, クマノミの各種は特定の種のイソギンチャクと強く結びついており, また各種は特定の区域を好むことが明らかになった (図 19.3b). 同じイソギンチャクに暮らすクマノミの異なった種は, それぞれ別の区域で暮らしているのが普通である. 例えば, 岸近くではオレンジクラウンフィッシュ (Amphiprion percula) がセンジュイ

ソギンチャク（*Heteractis magnifica*）を占有するが，沖合の区域ではハナビラクマノミ（*A. periderion*）がセンジュイソギンチャクを占有する．Elliott & Mariscal は，限られたイソギンチャク資源のもとでの9種のクマノミの共存はニッチ分化によって，小型のクマノミ種（セジロクマノミ（*A. sandaracinos*）とクマノミの一種（*A. leucokranos*））が大型種と共存できるのは，大型種によって同じイソギンチャクから追い払われずに暮らせる能力によって可能になっていると結論づけた．この共存様式は，競争によって形作られる群集での予想（とりわけ上の予想1と予想3）と一致している．

このクマノミの研究では，さらに強調すべき点が2つある．第一に，これらクマノミの種はギルド，すなわち同じ種類の環境資源をよく似た方法で利用している複数種の集団（Root, 1967）を構成していると考えられる．もし種間競争が生じているなら，あるいは過去に生じていたならば，それはギルド内で生じやすい，あるいは生じやすかっただろう．しかし，このことはギルドの構成員が必ず競争しているか，競争していたことを意味する訳ではない．ギルドの構成員が競争しているかどうかは，そのつど立証されるべき課題である．

クマノミの研究が強調する2つめの点は，クマノミ類がニッチの相補性を明示していることにある．すなわち，全体としてのギルド内でのニッチ分化はいくつかのニッチ次元を含んでおり，ひとつの次元（用いられたイソギンチャク種）に沿って同じような地位を占める種は，他の次元（優占する区域）では異なった地位を占める傾向にある．いくつかの次元に沿った相補的な分化は，トカゲ類（Shoener, 1974），マルハナバチ類（Pyke, 1982），コウモリ類（McKenzie & Rolfe, 1986），降雨林の肉食類（Ray & Sunquist, 2001），そして次に紹介する熱帯の樹木（Davies *et al.*, 1998）のように多様なギルドでも報告されている．

19.2.3.2 空間におけるニッチ分化

光，水，栄養塩類といった資源を利用する樹木の能力には変異がある．ボルネオでのオオバギ属（*Macaranga*）11種の研究から，*M. gigantea* のような極めて高い光要求性を示す種から *M. kingii* のような陰樹まで光要求に著しい変異があることが分かってきた（図19.4a）．これら樹種の樹冠が受ける平均的な光の照度は，樹木が大きくなるにつれ増加する傾向にあったが，種の順番は変わらなかった．何種かの大型で，大きな森林ギャップのパイオニア植物である高い光要求種（例えば *M. gigantea*）とは対照的に，陰樹は小型で（図19.4b），日陰者に徹しており，攪乱された微生息場所にはめったに出てこない（例えば，*M. kingii*）．その他の種は中間的な光の照度を要求しており，小さなギャップ専門のパイオニア植物と考えることができる（例えば，*M. trachyphylla*）．これらオオバギ属の樹種は，第二のニッチ勾配に沿っても分化が生じている．つまり，いくつかの種は粘土質の土壌に，その他の種は砂質の土壌に多く見られる（図19.4b）．この分割は，栄養塩類の利用可能性（一般に粘土質の土壌で高い），あるいは土壌水分の利用可能性（根系と腐植土層が薄いため，粘土質の土壌においておそらく低い），またはその両方に基づいている．クマノミの場合のように，オオバギ属樹種の間でもニッチの相補性の証拠がある．つまり似た光要求の樹種の間では，特に陰樹の場合，好みの土壌の性質が異なっていた．

オオバギ属の樹種による明瞭なニッチ分化は，部分的には資源の水平方向での異質性（ギャップの大きさに関連した光レベルや土壌型の分布）に，また一部は垂直方向での異質性（到達する高さ，根系の深さ）に関連している．

これと同様に，外生菌根菌もマツ林（*Pinus resinosa*）の林床における垂直面で，異なる資源利用を示す．最近までそれぞれの外生菌根菌の菌糸が土壌中にどう分布しているかの調査は不

…ボルネオの樹木で…

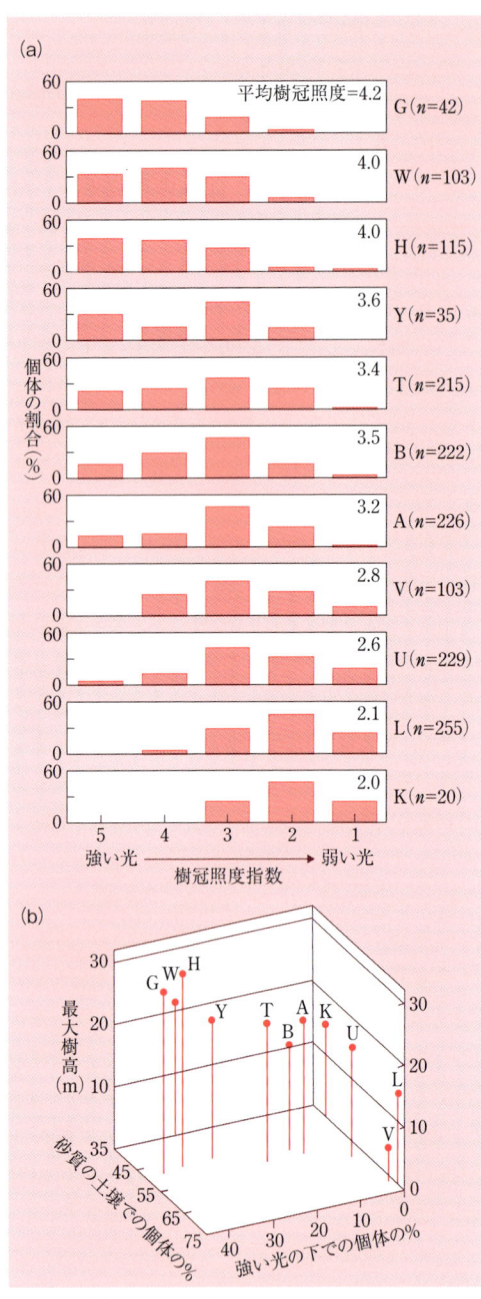

図 19.4　(a) オオバギ属 *Macaranga* の 11 種における樹冠の照度を 5 つのクラスに分けた場合の個体の割合（標本数は括弧内）．(b) 最大樹高，強光下（(a) におけるクラス 5）に存在する個体の割合，砂質の土壌に存在する個体の割合，の 3 つの次元で見た 11 種の分布．オオバギ属の各種は種小名の 1 文字で示されている：G, *gigantean*; W, *winkleri*; H, *hosei*; Y, *hypoleuca*; T, *triloba*; B, *beccariana*; A, *trachyphylla*; K, *kingie*; U, *hullettii*; V, *havilandii*; L, *lamellate*. (Davies *et al*., 1998 より.)

可能であったが，今は DNA 分析により想定される種（たとえ種名がない場合でも）の同定ができるし，それらの分布の比較も可能である．森林土壌は発酵層（F 層）と薄い腐植土層（H 層）の上によく発達した落葉落枝層を持っており，その下にはミネラル土壌（B 水平層）が存在する．DNA 分析により分けられた 26 種のうち，いくつかは落葉落枝層に強く限定されていたが（図 19.5 でのグループ A），他は F 層（グループ D），H 層（グループ E），あるいは B 層（グループ F）に限られていた．残りの種はもっと広範な分布をしていた（グループ B と C）．

19.2.3.3　時間でのニッチ分化

激しい競争も，理論上は上の例のように資源を空間的に水平あるいは垂直方向に分割する，あるいは，季節的に生活環をずらすなどの，資源を時間的に分割することによって回避しうる (Kronfeld-Schor & Dayan, 2003)．カマキリは世界の多くの場所で捕食者として目立った存在であるが，そのうちの 2 種が，アジアと北アメリカの両地域で普通に共存していることは注目される．オオカマキリ属の一種（*Tenodera sinensis*）とウスバカマキリ（*Mantis religiosa*）は 2〜3 週間ずれた生活環をもっている．この生活環のずれが種間競争を軽減させる効果を持つとの仮説を検証するために，野外ケージで実験的に卵のふ化時期を同調させた (Hurd & Eisenberg, 1990)．普段は早くふ化するオオカマキリは，ウスバカマキリから影響を受けなかった．対照的にウスバカマキリは，オオカマキリの存在下で生存率が低下し体長は小さくなった．これらのカマキリはともに資源を分け合う競争者かつ互いの捕食者なので，この実験結果はおそらく 2 つの過程の間の複雑な相互作用を反映しているだろう．

植物においても，資源は時間で分割されているだろう．窒素が制限された条件で生育

...北アメリカのカマキリ...

...そしてアラスカのツンドラの植物で

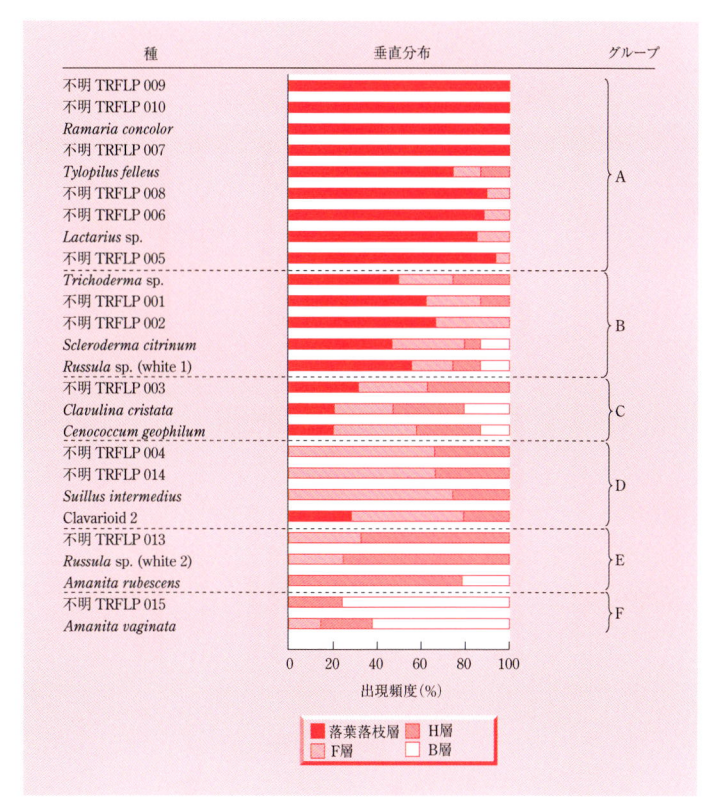

図 19.5　DNA 分析により決定されたマツの林床での 26 種の外生菌根菌類の垂直分布．ほとんどはまだ命名されておらず，コード（TRFLP, terminal restriction fragment length polymorphism）で示されている．垂直分布を示す棒グラフは落葉落枝層，F 層，H 層，B 層における各種の出現割合を示す．（Dickie *et al.*, 2002 より．）

するアラスカのツンドラの植物では，窒素を吸収する土壌の深さや利用する窒素の化合物の違いとともに，吸収のタイミングが異なっていた．ツンドラ植物が窒素資源の吸収の点でいかに異なっているのかを追跡するために，McKane *et al.* (2002) は，3×2×2 通りの条件の組合せ実験を行った．つまり，2 回の時期（6 月 24 日と 8 月 7 日）に 2 通りの土壌の深さ（3 cm と 8 cm）に ^{15}N 同位体で標識した 3 通りの化合物（非有機態アンモニウム塩，硝酸塩，アミノ酸のグリシン）を注入した．そして，^{15}N のトレーサーの濃度を，5 種の一般的なツンドラ植物のそれぞれにおいて注入から 7 日後に 3〜6 の反復を用いて測定した．その結果 5 種の植物は，その窒素資源の利用において十分に異なっていることが実証された（図 19.6）．カヤツリグサ科のワタスゲ（*Eiophorum vaginatum*）とツツジ科のコケモモ（*Vaccinium vitis-idaea*）は，ともにグリシンとアンモニウム塩に依存しているが，コケモモはこれらの物質をワタスゲよりも生育時期の初期に，そして浅い土壌から多く吸収する．常緑のツツジ科のイソツツジ（*Ledum palustre*）とカバノキ科のヒメカンバ（*Betula nana*）は主にアンモニウム塩を吸収するが，イソツツジはこの化合物を季節の初期に多く吸収し，ヒメカンバはもっと後になってから吸収する．最後に，カヤツリグサ科のオハグロスゲ（*Carex bigelowii*）は，主として硝酸塩を吸収する唯一の種であった．ここではニッチの相補性をニッチの 3 つの次元に渡って見ることができるし，吸収の時期

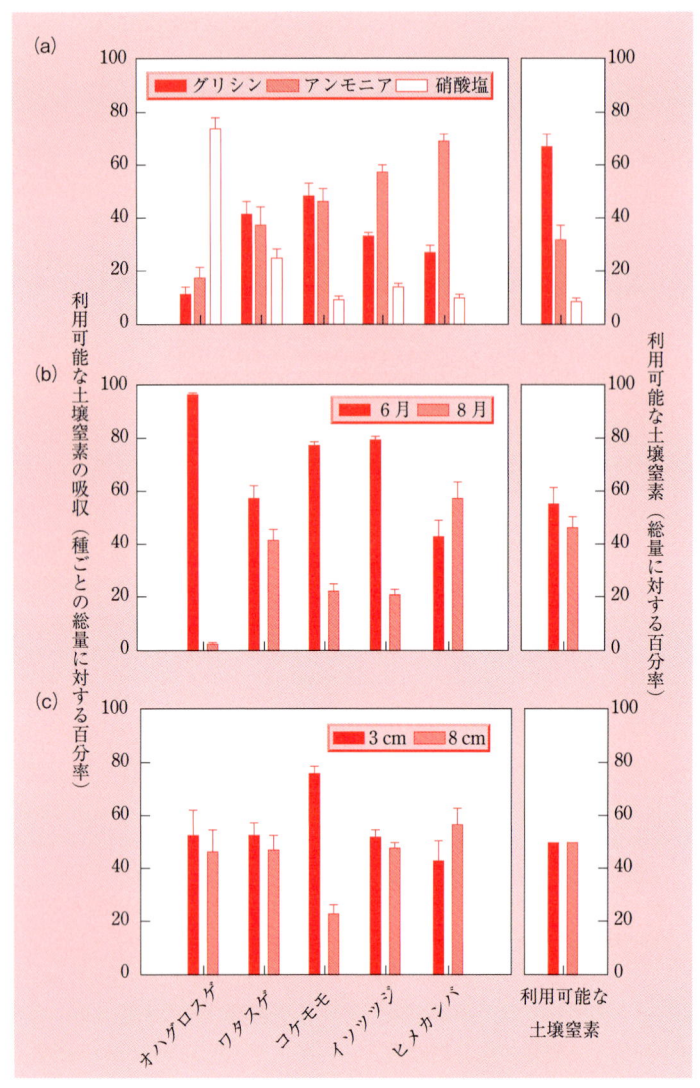

図 19.6 アラスカのツンドラの植物群落での普通種 5 種による利用可能な土壌窒素の平均吸収量 (±SE). (a) 化合物による差, (b) 時期による差, (c) 深さによる差. データはそれぞれの種の総吸収量に対する割合 (左側の図) として, および土壌中の利用可能な窒素の総量に対する割合 (右側の図) として表現されている. (McKane *et al.*, 2002 より.)

の違いが, 限られた資源に依存しているこれらの種の共存の説明を容易にするだろう.

19.2.3.4 ニッチ分化 —— 見かけ上のものか, 現実のものか? 帰無モデル

資源分割が明らかな例は数多く報告されている. しかしそうした分化を見つけ損ねた研究が, 公表されずに終わることもあったと思われる. もちろん, 日の目を見なかった研究はもともと不備があり, そのために完遂できなかったということもあり得るし, 問題とするニッチ次元がうまく整理できなかったという場合もあっただろう. それでも, 特定の動物群では資源分割が重要ではない可能性があるとの主張に対する批判には, 十分に耐

（パターンが単に偶然では作られないことを示すために）

える数の研究がある．Strong (1982) は，ヘリコニア属 *Heliconia* の植物の巻いた葉の中に成虫が一緒に生活しているトゲハムシ類（ハムシ科）の一連の種を研究した．これらの熱帯産の甲虫は成虫の寿命が長く，互いに近縁であり同じ餌を食べ同じ生息場所を占有している．これらは資源分割を実証するにはうってつけの共存種の群集と思われた．ところが Strong は，対象とした13種のうち，他の多くの種と少し分化している1種を別として，残りの種については資源分割の証拠はまったく見つけることができなかった．このハムシ類は種内および種間の攻撃行動がまったく見られない．その寄主特異性は，競争者と思われる他種が一緒にいても変わらない．また，このハムシ類への寄生圧と捕食圧はとても高く，餌資源と生息場所であるヘリコニアの葉の量は，どの種においても個体数の制限因とはなっていない．従って，このハムシ類では，種間競争を伴う資源分割によって群集が構造化されているようには見えないのである．この点は，すでに見たように，植食性昆虫の群集の多くについても言えそうである．植物でも同様に，植物プランクトン（図19.1）から樹木 (Brokaw & Busing, 2000) までの多様な分類群の研究で，共存の促進と種の多様性に対してニッチ分化の役割が大きいとの証拠を見つけることに失敗している。ニッチ分化の仮説と合致する様式はかなり広く見られるが，決して普遍的なものではない．

さらに，何人かの研究者，中でも Simberloff と Strong は，「単なる差違」を種間競争の重要さを立証するものとして解釈する傾向が見てとれると批判してきた．そのような差違についての報告は，その差違が問題とする種群のランダムな種の組合せから予測される差違より十分大きいのか，または十分規則的な差違なのかを問うことを求められる．この問題は「帰無モデル分析」として知られる手法を発展させた (Gotelli, 2001)．帰無モデルは，対象とする実際の群集の一定の特性は保持しつつ，特に生物間の相互作用の結果を排除して，その群集の成分をランダムに組合せたモデルである．実はこうした分析は，もっと一般的な科学的研究手法，つまり帰無仮説の構築と検証に従う試みである．この考え（多くの読者は統計学でなじみがあるだろう）は，探求している現象（この場合は種間相互作用であり，特に種間競争）がもし存在しなければ，そのデータがとるであろう形（帰無モデル）にデータを再編成するという考えである．そして，もし実際のデータが帰無仮説とは統計的に有意に異なるのであれば，この帰無仮説は否定され探究対象である現象の作用があると強く結論される．ある効果の欠如を否定する（または反証する）ことの方が，効果の存在を立証することよりも優れていると見なされている．というのも，物事が有意に違っているのかどうかを検証する（反証を可能にする）統計学的方法は確立されているが，物事が「有意に似ている」のかどうかの検証方法はないからである．

Lawlor (1980) は，4〜9種から成る北アメリカの10のトカゲ類群集を調べた．彼は各群集における個々の種が消費する20品目の餌それぞれの分量の推定値を持っていた (Pianka, 1973 からの資料)．これらの群集についていくつかの帰無モデルを作り（以下を参照），資源利用における2種ずつの重複の仕方を現実の群集での資料と比較した．もし競争が現在あるいは過去において群集構造の決定に大きな力を発揮する（した）なら，ニッチは一定の間隔を置くはずだし，現実の群集における資源利用の重複は群集の帰無モデルの群集から予想されるものより小さくなるはずである．

Lawlor の分析は，消費者の「選択度」に基づいていた．種 i の餌資源 k の選択度は，種 i の餌内容に占める資源 k の割合として定義される．従って，選択度は0から1までの値をとる．

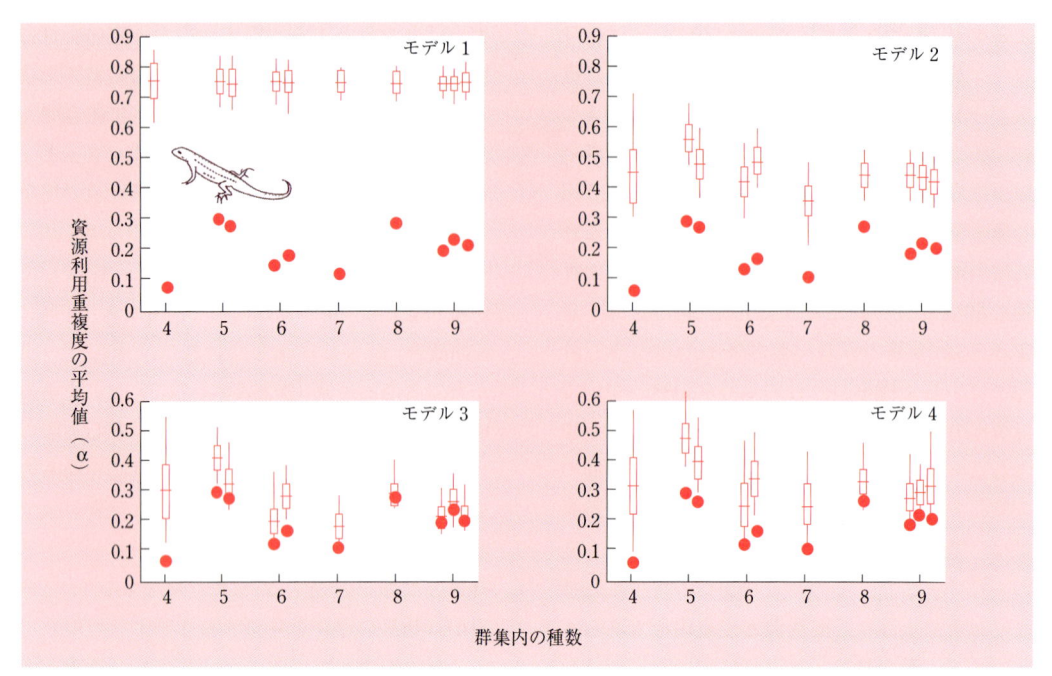

図19.7 Pianka (1973) が北アメリカで調査した10のトカゲ群集それぞれについての種間の資源利用重複度の平均値（丸印）．これらの値は，ランダムに構成された100のモデル群集での平均値（横の線分），標準偏差（長方形の縦の長さ），範囲（縦の線分）と比較することができる．この分析は本文で述べている4種類の再編成のアルゴリズム（モデル）について行われた．（Lawlor, 1980 より．）

次に，この選択度を用いて，各群集内のすべての2種の組合せについて，資源の重複度を算出した．この重複度も0（重複なし）から1（完全に重複）まで変化する指数である．最後にこの重複度を使って，各群集を特徴づけるひとつの値，すなわち，群集内の2種の組合せ全てについての平均資源重複度を算出した．

中立モデルとしては，以下に述べる4つの「再編成のアルゴリズム」を用いて，4種類を作り出した（モデル1〜モデル4．図19.7）．それぞれのモデルは元の群集構造のそれぞれ別の特性を保持しているが，資源利用に関する他の特性はランダムに組み直されている．

…4つの「再編成のアルゴリズム」に基づいて

モデル1は元の群集構造を最小限にしか保有していない．すなわち，元の群集構造の特性のうち2つ，元の種数と元の餌品目の数しか保持していない．そして，観察された選択度（0も含め）を，それぞれ0から1までのランダムな値で置き換えた．これは，それぞれの種で選択度0となる品目が元の群集中よりもはるかに少なくなることを意味する．従って，それぞれの種のニッチ幅は広がった．

モデル2は，0以外の各餌品目の選択度を全て「0以外」の1までのランダムな値で置き換えた．これによって，個々の種の餌資源についての特殊化の質的な度合い（範囲）は保持された（つまり，どんな程度であれ個々の種が消費する餌資源の品目数は，元の群集中と同じ）．

モデル3は，元の特殊化の質的度合い（範囲）だけでなく，元のニッチ幅も保持した．ランダムに作り出された選択度は用いなかった．ただし，元の選択度の数値セットを再編成した．言い換えると，個々のトカゲについて，全ての選択度の値を，それが0であろうがなかろうが，全ての餌品目にランダムに割り当て直した．

モデル4は，0でない選択度だけをランダムに割り当て直した．4つのモデルのうち，この

モデルが，元の群集構造の特性を一番多く保持したことになる．

この4つのアルゴリズムを個別に，それぞれ10の群集に適用してみた．そして延べ40の場合のそれぞれについて，100の「中立モデル」群集を発生させ，それに対応する100の資源重複の平均値を計算した．もし現実の群集で競争が重要であるならば，これらの平均重複度は，実際の群集での値を超えているはずである．従って，もし100回のシミュレーションで求めた100の平均重複度のうち，実際の値より小さいものが5以下なら，実際の群集は，中立モデルより「有意に」($P<0.05$) 小さい平均重複度を持つと言える．

その結果を図19.7に示す．全てのトカゲのニッチ幅を増加させると（モデル1），平均重複度は一番大きくなった（実際の群集より有意に大きい）．観察されたゼロでない選択度の再編成（モデル2とモデル4）から得られる平均重複度も，実際観察された重複度よりいつも有意に大きかった．一方，全ての選択度を再編成したモデル3の場合，実際の値との間にいつも有意差があるとは限らなかった．しかしながら，どの群集でも，モデルの平均値は観察された平均値より大きかった．従って，これらトカゲ群集においては，観察された資源利用の重複度の低さは，ニッチが分化していること，そして種間競争が群集構造に重要な役割を果たしていることを示唆する．

（トカゲは試験をパスしたようだ…）

図19.7と同様の研究が，オクラホマ州の草原のアリ群集における空間的および時間的ニッチ分割について行なわれた (Albrecht & Gotelli, 2001)．この研究の場合，季節に基づいたニッチ分割の証拠はほとんど得られなかった．しかし，設置したそれぞれの餌場という小さな空間尺度では，偶然から期待される場合よりも空間ニッチの重複は小さかった．帰無モデルの手法からの一般的な結論としては，時には

（…しかし草地のアリはそうではない）

競争に対する役割が認められるが時にはそうではないというものであった．

19.2.4　形態上のパターンからの証拠

ニッチ分化が形態的分化として現れる場合，あるギルドに属する種の間のニッチの間置きは，形態的差異の度合いにも何らかの規則性をもたらすと予想される．特に，動物のギルドで，単一の資源軸上での個々の種の位置が著しく分離している場合の一般的特徴として，隣接する種同士の体の大きさ，または摂食器官の大きさの違いには規則性が認められると主張されている．これは最初に Hutchinson (1959) が，一連の潜在的競争者について隣り合う種同士の体重比の平均が約 2.0，または体長比で約 1.3（2.0 の3乗根）となっている多くの事例を脊椎動物と無脊椎動物の両方からリストアップした．この「規則」は，さまざまなギルドにもおおむね当てはまるように思われる．つまり，共存しているオナガバト属（隣り合う種同士の平均体重比は 1.9. Diamond, 1975），マルハナバチ類（働き蜂の平均口吻長比は 1.32. Pyke, 1982），共存するイタチ類（犬歯の平均直径比は 1.23 から 1.50. Dayan et al. 1989），そして，腕足類の化石（腕足類の摂食器官の大きさの指標となる，体輪郭の長さに対し 1.48〜1.57 の間．Hermoyian et al., 2002）さえにも見られる．競争のモデルからは，広い範囲にわたる生物や環境に適用されるサイズ比に対して特定の値を予想できないので，規則的に見えるものが偶然の産物なのかどうか，決着をつけねばならない問題として残っている．しかし，腕足動物門（シャミセンガイ類）の群集の場合において（図 19.8），Hermoyian et al. (2002) は腕足類のストロフォメナ目の全ての化石相（74 分類群）からランダムに4種を選んだ帰無モデルを 100,000 作り，隣接種の間でのサイズ比を計算した．その結果から，観察比はランダムに選ば

（シャミセンガイに当てはめられた共存種のサイズ比率に関するハッチンソン則）

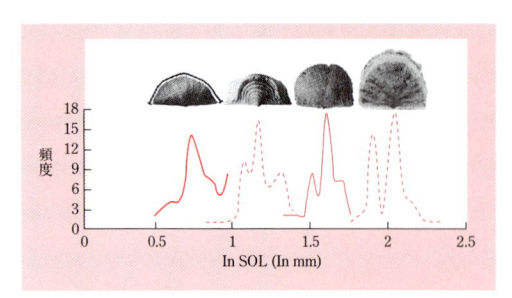

図19.8 アメリカ合衆国インディアナ州の後期オルドビス紀(4億4800万年前〜4億3800万年前)の海洋堆積層から得られた,共存していた4種のストロフォメナ目腕足類についての体の輪郭長(SOL)の頻度分布(自然対数値).種名は左から順に *Eochonetes clarksvillensis*, *Leptaena richmondensis*, *Strophomena planumbona*, *Rafinesquina alternata*.(Hermoyian et al., 2002 より.)

れたものから生じるとする帰無仮説は棄却され($P<0.03$),類似性の限界仮説が支持された.

よく似た競争者ほど絶滅は起こりやすいか?

もし種間競争が本当に群集を形づくるのなら,それは選択的な絶滅という過程を伴うことが多いはずである.似すぎている種は共存に失敗するだろう.鳥類研究者による1860年から1980年までのハワイ諸島の主な6つの島での鳥類相の変遷についての詳しい記録から,Moulton & Pimm(1986)は,スズメ目の種がいつ持ち込まれ,それは絶滅したのか,したのならいつ絶滅したのかを少なくとも10年刻みで推定することができた.記録全体を見ると,18組の同属2種が同じ島に同時に存在した.そのうち2種とも生息し続けたのは6組で,片方が絶滅したのは9組,2種とも絶滅したのは3組であった(2種とも絶滅した事例は,2種間の競争排除の検討にはそぐわないので分析からは外された).そして,2種の形態的差異は,片方の種が絶滅した場合の組合せの方が,両種が存続した組合せよりも小さかった.すなわち,嘴(くちばし)の長さの違いの平均は,それぞれ9%と22%であった.これは統計学的に有意差のある結果であり,競争仮説と合致する.

Moulton & Pimmのアプローチから教えられる所は大きい.それは,歴史的な資料を活用することで,「過去の競争の亡霊」という捉え所のない作用に一条の光を当てたからである.歴史的な見方も群集生態学においては重要である.なぜなら,群集の構成員間の進化的な相互作用は,群集様式について決定的な役割を果たしてきたと予想できるからである.最近の**分岐分析**(cladistic analysis)の発展によって,DNA分子や形態(または生物学的に意味のある他の)形質についての種間の類似と差異に基づき,系統進化(系統樹)を再構築することができるようになり,進化的な視点を組み込んで考えることが,かつてなかったほど明確にできるようになった.

島でのトカゲの分岐進化からの証拠

プエルトリコでのアノールトカゲ属(*Anolis*)についての研究結果(図19.9a)は,体サイズについての**分岐進化**(divergent evolution)仮説と一致する(Losos, 1992).2種しかいない進化の段階(図19.9aの一番左下の分岐)では,その頭胴長(snout-vent length (SVL):吻から肛門までの長さ.トカゲの大きさの標準的な指標)に著しい違いがあった.すなわち,*A. occultus* と残り全ての種の祖先種は,それぞれ約38 mmと64 mmであった.そして3種となった段階(次の分岐)では,38,64,127 mmであった.一方,ジャマイカでは,そのようなパターンは見いだせない(図19.9b).つまり,2種と3種の段階はどちらも,大きさの似た種で構成されていた(2種の段階では61と73 mm,3種の段階では,57, 61, 73 mm SVL).しかし,**生態型**(ecomorph)つまり,形態・生態・行動について,互いに明瞭に区別できる個々の型の組合せという点から見れば,この2つの島の系統進化はきわめてよく似たパターンを示している.どちらの島でも2つの型しかない段階では,一方は足が短く小枝上で活動するという生態型で,それは樹木の縁の細い足場をゆっくりと這い回るタイプであり,もう一方はゼネラリスト型の祖先種である.生態型が3つとなった段階でも,その構成

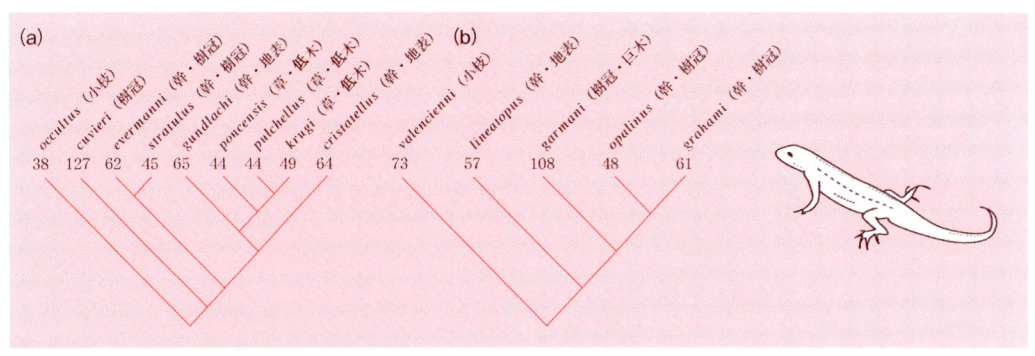

図19.9 アノールトカゲ属 *Anolis* の系統進化．(a) プエルトリコ，(b) ジャマイカ．それぞれの種の体長（吻-肛門の長さ，mm）と生態型も示す．(Losos, 1992 より．)

はこの2つの島で同じである．つまり，小枝型1種，樹冠での摂食に特殊化した生態型1種，そして跳んだり走ったりできる頑丈で長い足を持ち，地表での摂食が得意な樹幹・地表型1種である．4つの生態型の段階でも構成は同じで，それぞれその3種に樹幹・樹冠型1種が加わっていた．5つの生態型の段階に至ってやっと違いが見られた．プエルトリコでは5番目に草地・低木林で摂食する生態型が現れたが，これはジャマイカでは出現しなかった（図19.10）．それぞれの島で，ひとつの生態型は通常アノールトカゲ属のどれか1種だけから成り立っているが，プエルトリコでは樹幹・地表型と草地・低木林型にそれぞれ2種と3種が含まれている点に注意して欲しい．この系統進化についての分析結果は，この2つの島の動物相の成立過程についての従来の仮説，すなわち，プエルトリコとジャマイカ双方の動物相は，おそらく微生息場所利用の違いと関連した形態的差異を伴いながら，微生息場所を次々と分割してゆくことで成立したとの仮説を支持している．Losos *et al.* (1998) は，この研究を他の島にも広げ，似たような環境での適応放散は極めてよく似た進化的結果をもたらし得ることを立証した．

19.2.5 負の連関を示す分布からの証拠

種間競争の重要さを示す証拠として，分布様式を用いた研究は多い．その中でもまず挙げるべき研究は，Diamond (1975) が調査

「チェッカー盤」分布からの証拠 ...諸島の鳥類...

したニューギニア沖合のビスマーク諸島に生息する陸鳥の分布であろう．中でも一番際だった証拠はDiamondが「チェッカー盤紋様」と呼んだ分布，すなわち白と黒が互い違いに並ぶ市松紋様のような分布である．2種またはそれ以上の生態的に似た種（すなわち同じギルドの構成員）は互いに排他的であり，1つの島にはそのうち1種しか生息せず（またはどちらも生息せず），しかもそれぞれの種が生息する島は互い違いに並んでいる．その一例として，図19.11に，生態的によく似た小型のオナガバトの2種，メラネシアオナガバト（*Macropygia mackinlayi*）とハシグロオナガバト（*M. nigrostris*）の分布を示す．

分布の違いの分析に対する帰無モデルのアプローチは，一群の地域について，実際に2種が一緒に出現する地域の現れ方を，それが偶然によると予想される地域の現れ方と比較する．実際に一緒に出現する地域が期待値より少なければ，群集構造における競争の役割を支持することになる．

ニュージーランドの南島のマナポウリ湖の中には，23の小さな島がある．その島々の在来植物と外来（持ち込ま

...そして湖の中の島における在来および外来植物

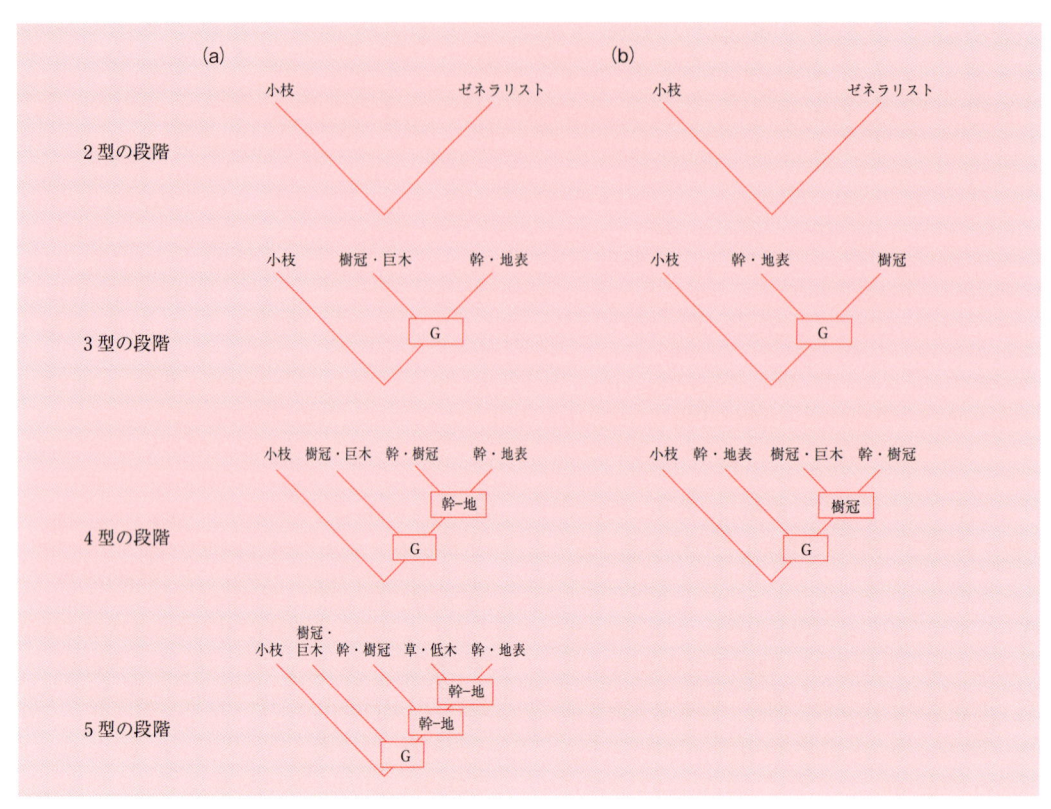

図 19.10 アノールトカゲ属 *Anolis* の群集における生態型の進化．(a) プエルトリコ，(b) ジャマイカ．現在，ジャマイカには 4 つ，プエルトリコには 5 つの生態型が認められる．各分岐図中の結節点の枠内には推定される祖先種の生態型を示す．G はゼネラリスト．(Losos, 1992 より．)

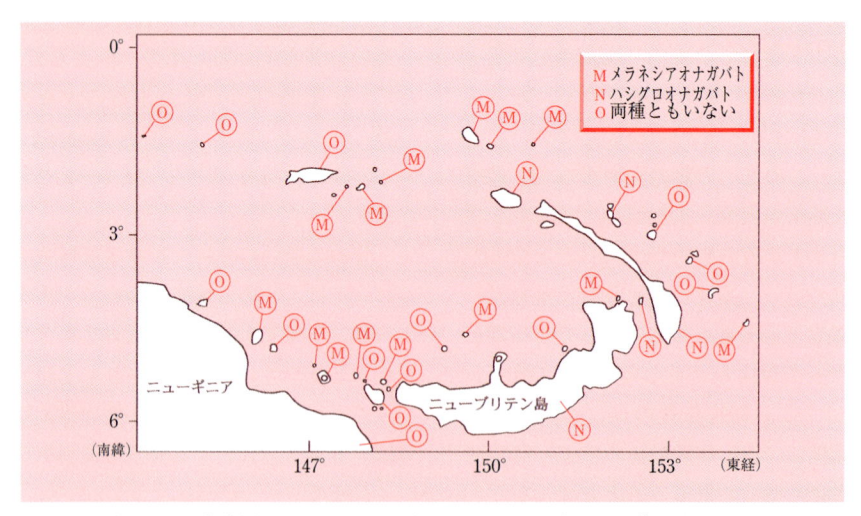

図 19.11 ビスマーク諸島周辺でのオナガバト属 *Macropygia* の小型の 2 種に見られるチェッカー盤模様の分布．生息するハトの種類が判っている島について，メラネシアオナガバト *M. mackinlayi* がいる島を M，ハシグロオナガバト *M. nigrostris* がいる島を N，どちらの種もいない島を O で示す．ほとんどの島にはこの 2 種のどちらか 1 種しか分布せず，一部の島では 2 種とも分布しないこと，そして 2 種いる島はないことに注意．(Diamond, 1975 より．)

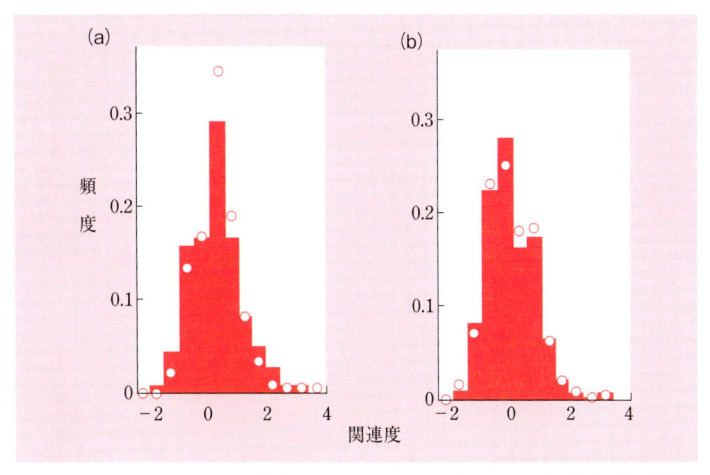

図19.12 ニュージーランド南島のマナポウリ湖の島々での固有植物 (a) と外来植物 (b) における，2種間の出現の相関を示す指数（連関度）の，実際の数値（柱状の頻度分布図）と中立モデルから予想される値（○）の比較．(Wilson, 1988b より．)

れた）植物の精密な分布調査が実施され，そのデータを基に，特定の2種が同じ島に生育している度合いを示す標準化した指数（連関度）として，次式の値がそれぞれの種の組合せについて計算された (Wilson, 1988b)．

$$d_{ik} = (O_{ik} - E_{ik})/SD_{ik}. \quad (19.1)$$

式中の d_{ik} は，種 i と種 k がともに生育する島の数についての観察値 (O_{ik}) と期待値 (E_{ik}) との差であり，期待値の標準偏差 SD_{ik} で基準化されている．

図19.12に，固有種と外来種それぞれについて，実際の群集での各組合せの連関度の値をランク分けしその頻度分布を示す．これを中立モデルによる群集と比較した．このモデルでは，各島の種数とそれぞれの種の出現頻度は実際の観察値を使って固定したが，各島にどの種が出現するかはランダムに割り振った (Wilson, 1987)．1000回のランダム抽出を行い，それぞれの連関度 d_{ik} の段階ごとの平均頻度を算出した（図19.12の白丸）．在来植物では，中立モデルと比較して負の連関（0以下の4つの階級では統計的に極めて有意）と，正の連関（上位5階級で極めて有意）を示すものが多く，そのぶん0

近くの頻度は低かった．これに対し，外来種では，中立モデルとの差は有意ではなかった．

在来種に負の連関を示すものが多いことは競争排除が作用したという予測と一致しており，これは特に木本の種で当てはまりそうである．しかしながら，特定の2種の組合せが少ないのは，単にそれら2種が同じ島には一緒には存在しないような異なる生育場所を好むためである，という説明も否定はできない (Wilson, 1988b)．在来種の間で正の連関を示す組合せが多いことは，同じ生息場所を好む種の組合せが多いということで十分説明できる．外来種が帰無モデルと合致するのは，それらが一般に雑草であり，その移住能力の高さを反映しているのかもしれないし，あるいは外来種の分布がまだ平衡に達していないことを示しているのかもしれない (Wilson, 1988b)．

ある群集においてチェッカー盤模様を示す種のペア数は，決して共存することのない特異なペアの数を数えることで簡単に計算できる．「決して共存しない種のペアがある」というDiamondの集合規則そのものではないが，それに近いものはStone & Roberts (1990) のCスコアを使えば算出できる．この指数は2種が完

全な排他的分布ではなく共存もしている場合の度合いも計算する．Cスコアは $(R_i-S)(R_j-S)$ として，それぞれの種のペアに対し計算される．ここで，R_i と R_j は種 i と種 j が出現する場所の数であり，S は両種がともに出現する場所の数である．そして，この値は全ての可能な種の組合せの行列について平均化される．競争的相互作用により形作られる群集においては，チェッカー盤模様を示す数のペア数は多くなるが，Cスコアも偶然から期待されるよりも大きな値となる．

分類群の比較　Gotelli & McCabe (2002) は，さまざまな分類群について複数地点での種の集合 (species assemblage) の分布パターンを調べた96のデータセットを用い，メタ分析 (meta-analysis: 特定の観点から実際の生物を調べたオリジナルな論文を多数集め，結果の傾向などを分析する手法) を行い，負の連関を示す分布（群集構造に対する競争の役割を支持する）の一般性について調べた．個々の実際のデータセットに対し，1000のランダム化されたデータセットを作り，連関度指数 d_{ik} を計算した（Wilson, 1988b の場合のように）．Gotelli & McCabe はこの指数を標準化効果量 (standardized effect size (SES)) と呼んだ．96のデータセット全てについての分析の結果から，Cスコアとチェッカー盤模様をなすペア数は偶然から期待されるよりも大きいとの予想が支持された（図19.13a, b）．それぞれの場合の帰無仮説は，平均SESはゼロであり（現実の群集とシミュレーションの群集は差がない），その値の95％が-2.0と+2.0の間に収まるというものである．この帰無仮説は両方とも棄却できる．図19.13cは，植物と恒温脊椎動物はCスコアとして高いSESを持つ傾向にあり，それらの生物がアリ類を除く変温動物（無脊椎動物，魚類，は虫類）よりも負の連関が強いことを示している．

Gotelli & McCabe (2002) は，競争の役割についての厳密な検証をしたとまでは言っておらず，いくつかの種は重複しない生息場所に対す

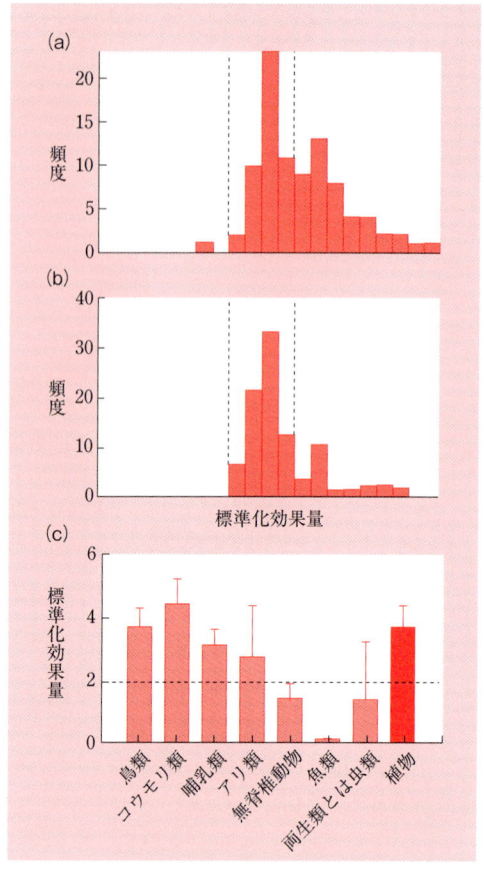

図19.13　文献から得られた96の在・不在の表から計算された標準化効果量の頻度分布図．(a) Cスコア．(b) 完全なチェッカー盤紋様分布をする種のペア数．(c) 異なる分類群における Cスコアの標準化効果量．破線は効果量2.0を示しており，およそ5％の有意水準に相当する．(Gotelli & McCabe, 2002 より．)

る強い好みがあるために「生息場所のチェッカー盤模様」を見せるかもしれないと述べている．他の種では，異所的種分化（すなわち異なる場所で種分化した）をした後の分布が制限されたために，両種が一緒に出現する頻度が低いという「歴史的なチェッカー盤模様」も見いだされるかもしれない．しかしこれらの結果は，群集を構造化する上での競争の役割の一般性をさらに支持するものである．

19.2.6 競争の役割についての評価

さて，この節で検討した競争の証拠について，いくつかの結論を下すことができる．

1 種間競争は，多くの群集の構成についてのさまざまな側面を説明する十分に妥当な要因のひとつではある．しかしそれは証明されていない場合が多い．
2 その主な理由のひとつは，実際に研究が行なわれて競争が検出された群集がわずかしかないからである．さまざまな群集で競争が現実にどれほど広く作用しているかどうかは，上で論じた諸々の結果と考察から判断するしかない．
3 現実に検出できる競争の代わりに，現在の群集の様式を説明するものとしていつも持ち出されるのは，過去の競争の亡霊である．しかし，過去の競争は直接観察することは不可能で反証も困難であるがゆえに，安易に持ち出される傾向がある．
4 研究対象に選ばれた群集は，典型的なものではないかもしれない．そうした研究を選んだ群集生態学者は競争に強い興味を持っている場合が多く，従って「興味を引く」群集をうまく選んできたのかもしれない．ニッチ分化を示せなかった研究は，「うまくいかなかった研究」と見なされ発表されずに終わることも多かったであろう．
5 明らかにされた群集の様式は，競争仮説を支持するように見える場合でさえ，競争以外の仮説でも説明できることが多い．例えば，分布が負の連関を示す2種は，最近異所的に種分化し，現在は互いに相手の分布域へと広がりつつあるのかもしれない．
6 競争以外に，群集の様式の原因として繰り返し持ち出される説明は，単なる偶然により生じたとするものである．ニッチ分化は，さまざまな種が独立に特殊化する方向に進化し，それらの種の特殊化したニッチがたまたま異なるということでも生じるであろう．ひとつの資源軸に沿って，ランダムに配置されたニッチでさえ，互いに少しは異なるはずである．同様に，それぞれの種が他種とは無関係に移住し定着する生息場所が，利用可能な生息場所のうちのほんの一部である場合にも，それぞれの種の分布は異なってくるだろう．もし青いボールと赤いボールを10個ずつ100個の箱にランダムに投げ入れたら，2種類のボールの分布は違ったものになるに違いない．従って，単なる「違い」だけから競争が存在するとは主張できないのである．では，どんな種類の違いであれば，競争の働きがあると結論できるだろうか？これは帰無モデルの手法の領域である．
7 帰無モデルを使った手法のねらいは，それがニッチ分化，形態のあり方，分布様式での負の連関性のいずれに用いられようと，疑いなく価値がある．単に競争を探しているがゆえに，群集内に競争を見い出そうとする誘惑に負けてはならない．一方で，競争が予想される集団（通常はギルド）に適用されるのでないなら，この手法の使用は限られたものになるだろう．帰無モデルの手法は，研究者があまりにも容易に結論を下さないよう注意を促すことには向いている．しかし，結局のところ帰無モデルは，問題とされる種の野外での生態を詳しく理解することや，種の個体数を増減させて競争の存在を明らかにする操作実験にとって変わるものでは決してない（Law & Watkinson, 1989）．帰無モデルの手法は，群集生態学者にとっての武器のひとつに過ぎないのである．
8 種間競争の重要さは群集ごとに異なるはずで，そこには，唯一の一般的な規則性はない．例えば，脊椎動物の群集，なかでも種数が多く安定した環境でのものや，植物やサンゴといった固着性の生物が優占する群

集においては，種間競争が重要である場合が多い．一方，例えば植食性昆虫の群集では，種間競争はそれほど重要ではない場合もある．今後解明しなければならないのは，なぜあるギルドは，サイズの比率の規則性のような競争の役割の証拠を見せ，他の群集はそうではないのかを理解することである（Hopf *et al.*, 1993）．

9 最後に，野外研究における群集の構成は，ほぼ間違いなく複数の種間相互作用により影響を受けているという見方を忘れるべきではない．例えば，クマノミ類（本章第 2.3.1 節を参照）や外生菌根菌の場合（本章第 2.3.2 節を参照），どちらも競争とともに共生関係を含んでいる．また，本章第 2.3.3 節のカマキリは競争者であるとともにギルド内の捕食者である．捕食と競争の相互作用では，本章第 4 節で見るように，その影響は特に大きなものとなりうる．

19.3　群集の構成の平衡と非平衡観

とても広い範囲の環境条件下で極めてうまく生活できる植物（あるいは植食者）一種だけが占めている世界を想像することはできる．この筋書きでは，最も競争的に優れた種（限られた資源を最も効果的に子孫にまわす種）が，競争に劣る全ての種を絶滅させたことが予想されるだろう．我々が目撃する現実の群集での種の多さは，そのような究極の種を生み出す進化がなかったことを明白に立証している．この競争の議論を拡大すると，前節で詳しく議論したように，要求が完全には重ならない競争種の間での資源分割を通して，多様性が説明されることを意味する．しかしこの議論はいつも成り立つとは限らない 2 つの仮定に依存している．

そのひとつは，生物は実際に競争している，逆に言えば資源は限られているという仮定である．しかし，例えば岩礁域での嵐や頻繁な野火といった物理的攪乱が個体群密度を下げてしまい，そのため資源が制限されず，個体が資源を巡り競争しないという状況も多く存在する．物理的攪乱の役割と，それに関連する群集のパッチ動態の観点は第 16 章で議論した．この物理的攪乱と全く同様に，捕食や寄生の働きが，競争関係での「普通」の経過にとって攪乱となる．すなわち，捕食や寄生による死亡が作りだしたギャップが，岩礁に打ちつける波が作り出すギャップ，あるいはハリケーンが森林で作り出すギャップと，時には区別がつかないことがある．

2 つ目は，競争が働いておりかつ資源の供給が限られている時，ある種が必ず他種を排除するという仮定である．しかし現実の世界では，どんな年も他の年とは全く同じではないし，地表のどの $1\,\text{cm}^2$ も隣の $1\,\text{cm}^2$ とは決して同じではないので，競争排除の経緯は単調な結末にはならないだろう．その経緯の方向を絶えず変化させる力はどんなものであれ，何らかの平衡なり決まりきった結末に至るのを阻害するか，少なくとも遅らせるだろう．競争排除の過程を妨害する力は，どんなものでもそれだけで種の絶滅を防ぎ，種の豊富さを高めるだろう．

従って，基本的に**平衡**（equilibrium）と**非平衡**（nonequilibrium）の理論を区別することができる．ニッチ分化に関する理論のように，平衡理論は平衡点における系の特性に注意を向けるのに役立つ．そこでは時間と変動は主な関心事ではない．一方，非平衡理論は，平衡点から離れた系の一時的な振舞いを問題としており，特に時間と変動に対し注意を向ける．もちろん，現実のどんな群集であれ，正確に定義のできる平衡点をもっていると考えるのは単純すぎるし，平衡理論に携わる研究者が皆そう考えている訳でもない．実のところ，平衡点に関心を持っている研究者も心の中では，平衡点はそこへ誘引される傾向はあるものの，多少ともそれを中心に変動する系の状態にすぎない，と

平衡理論と非平衡理論

思っている．このため，ある意味では平衡と非平衡理論の対比は程度の問題であるといえる．しかし，その違いに焦点を当てることは群集における時間的な異質性の役割の大切さを解明する上で有益である．

捕食と寄生は，物理的攪乱と同様，競争排除の過程を中断させ，競争の結果に対し大きな影響を及ぼすことができ，それによって群集の構成に大きく関わる．捕食と寄生は「見かけの競争」の過程を通しても群集構造に影響し得る（第8章6節を参照）．それは，ある被捕食者または寄主によって維持されている捕食者や寄生者が，別の一種以上の被食者や寄主に有害な影響を及ぼす過程である．次の2つの節では捕食と寄生に目を向けよう．

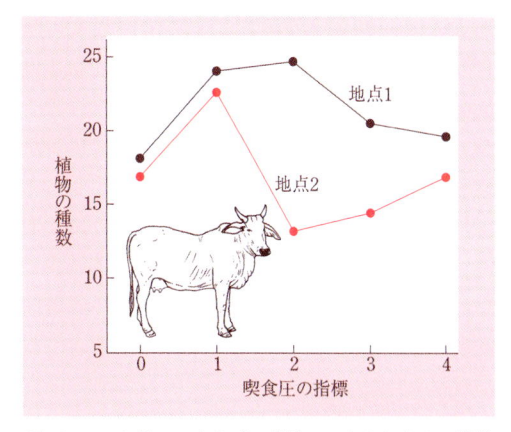

図 19.14 10月のエチオピア高地で，ウシによる4段階の喫食圧に曝された放牧地2地点での植生の平均の種の豊富さ．0，喫食なし；1，軽い喫食；2，中程度の喫食；3，強い喫食；4，とても強い喫食（ウシの放牧の度合いから推定）．(Mwendera *et al*., 1997 より．)

19.4　群集構造への捕食の影響

19.4.1　グレイザーの影響

芝刈り機は，密に刈り込まれた芝生という植生を維持することができる，比較的選択性の低い捕食者である．芝を刈り込むと，そうしない場合と比べて種の豊富さを高く維持できることに最初に気づいたのは Darwin (1859) であった．彼はこう記している．

> 長年刈り込まれてきた芝生（それは四足動物によって頻繁に食み取られた芝と同じ状態であるが）の刈り込みをやめて放っておけば，一番よく育つ植物が，十分生長してもあまり大きくならない植物をしだいに駆逐する．この過程により，刈り込まれていたある小区画（3×4フィート）の芝生で20種の植物が生えていたのに，刈り込みを止めてかってに生長させると，そのうちの9種が他種のせいで消滅した．

グレイジング（喫食）をする動物は，芝刈り機とは違って餌の選択性を示すことが普通である．これをはっきりと立証する事例は，ウサギ (*Oryctolagus cuniculus*) の巣穴近くにはウサギが物理的または化学的理由で餌にしない植物（致死毒をもつイヌホウズキ *Atropa belladonna* や棘針のあるイラクサ *Urtica dioica* を含む）が生育することである．とは言うものの，グレイザー（喫食者）の多くは芝刈り機に似た一般的な影響を及ぼすようである．例えばある実験では，家畜のウシ (*Bos taurus*) とコブウシ (*Bos taurus indicus*) を用いて，エチオピア高原の自然の牧草地の2ヶ所で，喫食のない対照区と喫食の程度を4段階に分けた区画（それぞれ複数の反復実験を伴う）が設定された．図19.14は，植物の生産性が最も高い10月に，植物の平均種数が区画ごとにどう変わったかを示している (Mwendera *et al*., 1997)．中程度の喫食を受ける場所では，喫食がない，あるいは強い区画に比べ，有意に多くの種が出現した ($P < 0.05$)．喫食のない区画では，イネ科のスウィートピッティドグラス (*Bothriochloa insculpta*) を含め何種かの競争力の高い植物が

> 喫食は植物種の多様性を増やす（捕食者を介した共存）…

地表の75〜90％を覆った．一方，中程度の喫食の区画では，牛が攻撃的かつ競争力のある優位な草を押さえ込み，もっと多くの種を存続させていた．しかし喫食が最も強い場所では，ウシがよく食べる好みの植物種を食べ尽くし，あまり好まない種も食べざるを得ないようになるにつれ，何種かの植物が消滅し，種数は減少した．喫食圧が特に高い区画では，喫食への耐性のある *Cynodon dactylon* のような種が優占するようになった．

…しかし，いつもそうとは限らない　異なった喫食の状況下で植物群集の構成がどうなるかは，明らかに種の特性に応じて変化する．なによりもまず，喫食がなければ，競争力の勝る種が優位に立つと予想される．とりわけ明瞭な事例が，Paine（2002）により報告されている．北アメリカの岩礁潮間帯で大型植食者（ウニ類，ヒザラガイ類，カサガイ類）を除去すると，複数種のケルプ群落が崩壊し，実質的にはクシロワカメ（*Alaria marginata*）だけが生育する状態になった．その生産力はもとの10倍も高かった（86 kg 対 8.6 kg 湿重量/m²/年）．次に，喫食を強く受ける場所ほど，グレイザーを妨げる物理的および化学的特性を有す植物種が目立つようになることはすでに見た．しかし Bullock *et al.*（2001）によると，優勢なイネ科草本も羊の喫食があると目立たなくなる一方で，ほとんどの双子葉植物の現存量は，少なくとも1年の間のある時期には増加した．さらに，夏場の喫食はギャップへの移住が最も得意な植物種を増加させた．

捕食者介在の共存は栄養塩の豊富な状況で生じやすい　捕食がなければ競争排除が起きていたであろう種同士が，捕食によって共存する状況（数種ないし全ての種の密度が，種間競争が重要とならない水準まで下げられるため）は，一般に**捕食者介在の共存**（exploiter-mediated coexistence）として知られている．図19.14に示すように，この現象については多くの事例が報告されているが，捕食者介在の共存が一般的であると言うにはほど遠い．Proulx & Mazumder（1998）は，湖，河川，海洋，草原，森林生態系での植物の種の多さに対する喫食の影響を扱った44の報告についてメタ分析（meta-analysis）を行った．彼等は，これらの研究の結論はその研究が行われた場所の栄養塩の豊富さと強く関連すると結論づけた．施肥されていないあるいは栄養塩が乏しい生態系での19の全ての研究では，種多様性は低い喫食よりも高い喫食下で有意に低くなった（図19.15a〜c）．対照的に，施肥されているあるいは栄養塩が豊富な生態系からの25の比較研究のうち，14では高い喫食下で有意に高い種多様性が見られた（捕食者介在の共存であることを示している）（図19.15d〜g）．残り11の栄養塩が豊富な場所での研究のうち，9つは喫食の度合いに応じた違いは見られず，2つでは種の豊富さは低下した．生産性の低い状況においてグレイザーの介在した共存が見られなくなるのは，栄養塩の豊富な環境なら喫食を通じた競争的序列から逃れることのできる劣位種も，ここではそのもともとの生長率の低さが現れるからなのだろう．

Osem *et al.*（2002）は，喫食と生産力の相互作用効果に焦点を当て，イスラエルの地中喫食への群集の応答は生産力に依存する…海性気候の半乾燥地域における一年生草本の植物群落を研究した．隣接する4つの地形，つまり南向き斜面，北向き斜面，丘の上，ワジ（涸れ谷）の川岸部分，におけるヒツジの喫食に対する防衛としての群落の応答を記録した（図19.16）．それぞれの場所で，柵で囲んで喫食を防いだ区画4つにおいて，生産力の高い季節に，地上部の年間の一次生産力を4年間測定した結果，ワジの川岸（700 g 乾燥重量/m² にまで達する）を除けば，一次生産力は半乾燥生態系の典型（10〜200 g 乾燥重量/m²）であることが分かった．この測定値は，柵外の喫食を受ける区画での「潜在的」生産力とみなされた．喫食によって最も生産力の高い場所（ワジ）での植物

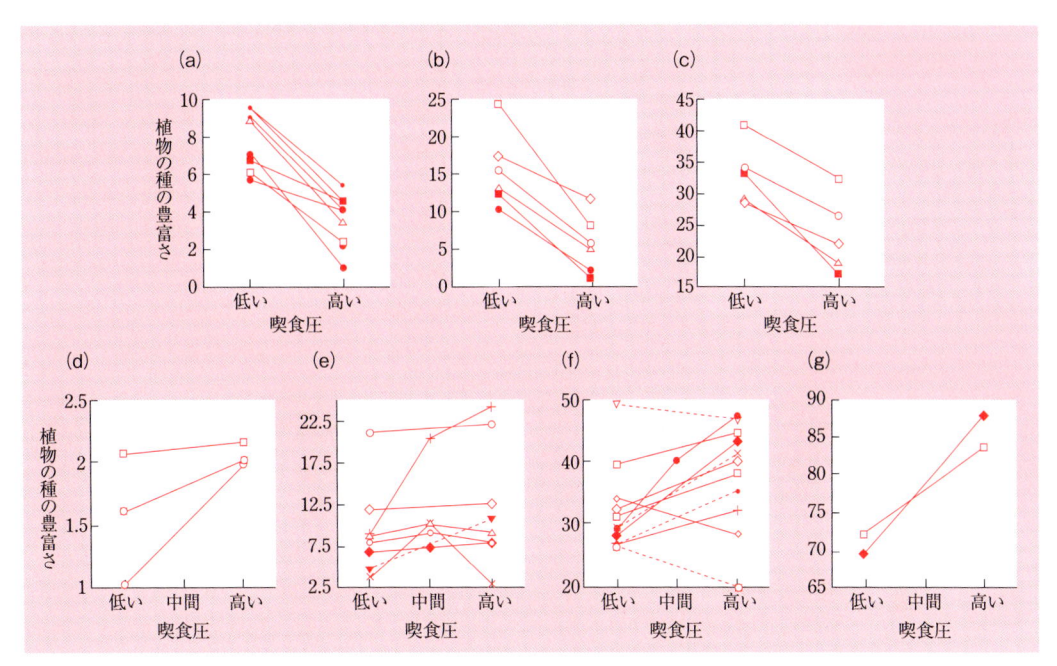

第 19 章　群集構造への種間相互作用の影響

図 19.15　(a～c) 施肥されていない，あるいは栄養塩の乏しい生態系における対照的な喫食圧 (低いと高い) のもとでの種の豊富さ．異なる線は異なる水系または陸上での研究の結果であり，単に見やすくするために3つの図で表している．(d～g) 施肥された，あるいは栄養塩の豊富な生態系における対照的な喫食圧 (低い，中程度の，高い) のもとでの種の豊富さ．(Proulx & Mazumder, 1998 より．)

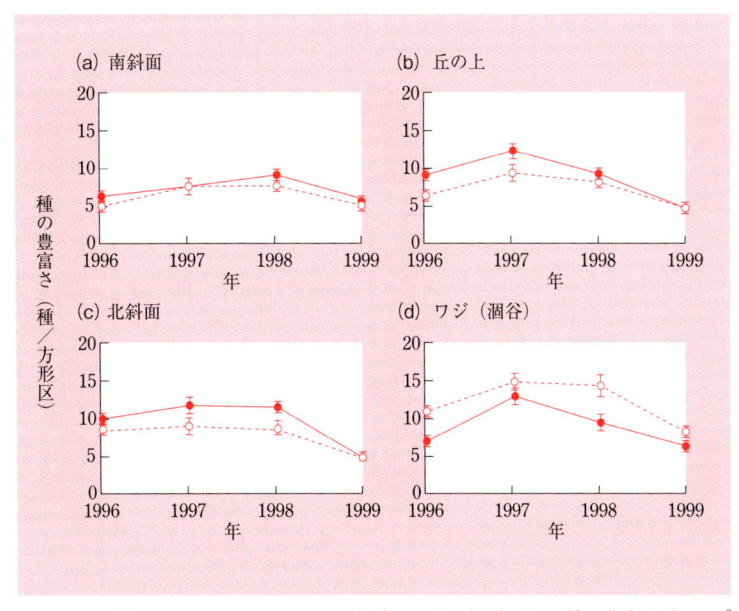

図 19.16　4月のイスラエルでの4つの地形における場所ごとの種の豊富さ (20 cm^2 当り)．(a) 南斜面，(b) 丘の上，(c) 北斜面，(d) ワジ (涸れ谷)．●，喫食されていない区画；○，喫食を受けている区画．(Osem et al., 2002 より．)

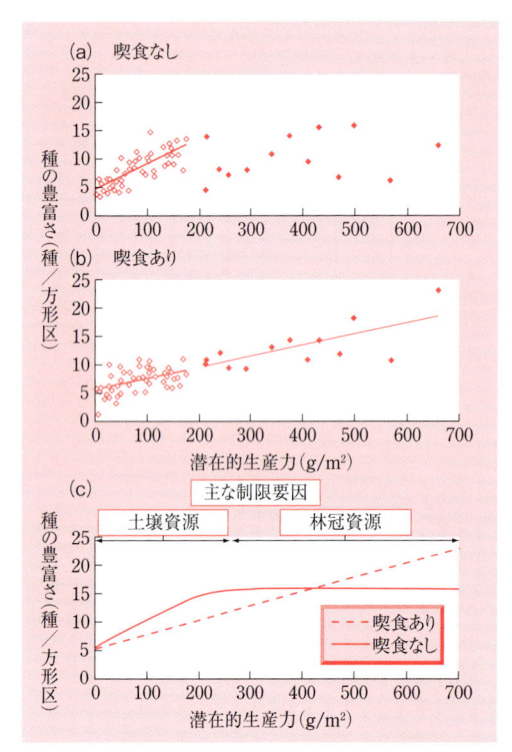

図19.17 喫食を受けなかった区画(a)と喫食を受けた区画(b)における，地上部の年間生産力(喫食を受けなかった区画からの推定)と種の豊富さの関係．白抜きの記号は生産力の低い区画を表す（<200 g 乾燥重量/m^2；全ての年の丘の上，北斜面，南斜面，および1999年の乾季のワジ）．塗りつぶした記号は生産力の高い区画を表す（<200 g 乾燥重量/m^2：1999年以外のワジ）．(c) 半乾燥性の地中海性気候下での，喫食を受ける場合と受けない場合の生産力と種の豊富さに関する概念的モデル．(Osem et al., 2002 より．)

種の豊富さだけが増加した（図19.16d）．その他の生産力の低い場所では，種の豊富さは喫食の影響を受けないかあるいは減少した．これらの結果は，Proulx & Mazumder (1998) が報告した結果と一致しており，資源の豊富な生態系と資源の乏しい生態系で，喫食は多様性を逆の方向に変化させるという Huston (1979) の昔からの主張を支持するものである．

図19.17a, bは，喫食を受けた場所と受けなかった場所それぞれについて，潜在的生産力に対する種の豊富さを，全ての区画と全ての年ごとに（降水量と生産性は空間的にも時間的にも変化したので）プロットしている．喫食がある場合，種の豊富さは測定された全範囲で生産力と正の連関があった．しかし喫食がない場合，正の連関は生産力の低い場所だけに見られた．Osem et al. (2002) は，生産力の低い場所では植物の成長と多様力は水や栄養塩といった土壌資源からの制限を受けるのに対し，生産力の高い場所では（その大きな生物量を伴い），競争はなによりも光という樹冠での資源をめぐって生じるとの仮説を立てた．つまり，生産力の低い場所では種の豊富さは喫食からの影響を受けないか，あるいは喫食で除去されるかグレイザーに踏みつぶされることにより低下したのだろう．一方，生産力の高いワジでは，おそらくグレイザーにとっておいしい大型種が除去され，光をめぐる競争が減少したことによって，種の豊富さは喫食とともに増加を続けたのであろう．

全てを考え合わせると，喫食に対する種の豊富さの応答は，問題にされている生態系

…そして，植物の特性にも依存する

の一次生産力に依存するとともに，喫食の程度にも，さらには植物群集の進化史にも，そしてそこの代表的な植物種の特性にも依存すると言える．グレイザーが競争上優位な種を好んで食べるなら，種の豊富さは喫食に応答して増大すると予測できる．この予測は，エチオピアでの牛の喫食や（上を見よ），岩礁域のタイドプールで藻類を食べるヨーロッパタマキビ（Littorina littorea）(Lubchenco, 1978) などさまざまな状況で支持されてきた．逆に，Lubchenco が研究した干出した岩礁の藻類を食べるタマキビの場合のように，もし好んで食べられる植物が競争上劣った種であるならば，種の豊富さを低下させると予測できる．

19.4.2 肉食者の影響

岩礁域潮間帯は，最上位の肉食者が群集構造に及ぼす影響について Paine (1966) の先駆的研

究が行われた場所でもある．ヒトデの一種（*Pisaster ochraceus*）は，固着性で濾過食者のフジツボ，イガイ，摘み取り食者（ブラウザー）のカサガイ，ヒザラガイ，小型の肉食性の巻貝を捕食する．これらの種とカイメン1種と大型藻類4種は，ともに北アメリカの太平洋岸の岩礁域潮間帯ならどこででも見られる．Paineは典型的な海岸の一ヶ所で，長さ8 m水深2 mまでの区画からこのヒトデを全て数年にわたって除去し続けた．そしてこの実験区および隣接する対照区の無脊椎動物の密度と底生の藻類の被度について，さまざまな時間間隔で調べた．調査期間中，対照区では何の変化も認められなかった．一方，ヒトデの除去は劇的な変化をもたらした．2〜3ヶ月もしないうちに，フジツボの一種（*Balanus glandula*）の定着が増えた．その後，フジツボはカリフォルニアイガイ（*Mytilus californianus*）によって押しのけられ，ついにそこはこのイガイに優占された．藻類は1種を除く全てが，明らかに空間の不足によって姿を消した．そして，摘み取り食者は，空間が制限され，また好適な餌が不足してきたために，実験区の外へ出て行くものが多かった．結局，ヒトデの除去によって種数は15種から8種に減ったのである．このヒトデの主要な影響として明らかになったのは，競争力の劣る種が利用できる空間を作り出すことである．ヒトデはフジツボ，そしてさらに重要なことには優占種であるカリフォルニアイガイを一掃し，帯状の裸地を残す．もしヒトデがいなければ，カリフォルニアイガイとフジツボが他の無脊椎動物や藻類と空間をめぐって競争し，それらを排除してしまうのである．ここでも，捕食者介在の共存が存在する．ただし，注意しなければならないのは，ここでの議論は，カリフォルニアイガイ，フジツボ，大型藻類といった主たる空間の占有者にだけ適用できる点である．対照的に，生きているカリフォルニアイガイの殻や死んだ殻に取りついて生活する目立たない種の数

> 岩礁域での捕食者介在の共存 ...

は，ヒトデの除去後に発達するイガイ床（マット状のイガイの塊）の中で増加すると予想される（Suchanek, 1992によると300種以上の動物や植物がイガイ床に出現する）．

Paineの実験に似た実験が，東部熱帯太平洋の水深2500 mの熱水噴出孔という興味深い環境で行われた（Micheli *et al.*, 2002）．新規定着用の基質（10 cmの玄武岩の立方体）への移住について，3ヶ所の噴出孔で，各噴出孔からの距離が離れるにつれ捕食者（魚類とカニ類）がいる場合といない場合（カゴを被せて閉め出す）でどうなるかが5ヶ月間調べられた．被食者の存在量の減少（特に噴出孔に固有の2種の腹足類，つまりカサガイの一種 *Lepetodrilus elevatus* と巻貝の一種 *Cyathermia naticoides*）という点から捕食の効果を測ると，生産性と無脊椎動物の全生物体量が一番大きい噴出孔のそばがもっとも強く捕食された．種の豊富さは，噴出孔からの距離とともに低下するのが普通であったが，捕食者がいる場合にもそれは変わらず，種数は捕食者がいない場合よりも通常低かった（しかし，統計的に有意差があったのはウォームホールサイトだけである．図19.18）．捕食者介在の共存が見られない理由は不明である．

> ... しかし，熱水噴出孔群集ではそうではない

陸上生態系に目を向けてみよう．スズメフクロウ（*Glaucidium passerinum*）はスカンジナビアの9つの島のうちの4つの島だけに生息しているが，その分布はシジュウカラ属（*Parus*）3種の鳥の出現様式と際立った関係を示す（表19.1）．この捕食者のフクロウがいない5つの島には，ヒガラ（*Parus ater*）1種だけが生息している．しかしこのフクロウがいる島では，ヒガラは大型の2種のカラ類，つまりコガラ（*P. montanus*）とカンムリガラ（*P. cristatus*）といつも一緒にいる．Kullber & Ekman（2000）は，ヒガラは小型だが餌の取り合い型競争では勝っているとしている．しかし大型種2種は，捕食者からは安全な木の幹の近くでの採食をめぐる干渉

> スズメ目鳥類での捕食者介在の共存 ...

型競争では優位である．言い換えると，大型種はフクロウからの捕食にヒガラほどは影響を受けないのである．つまりフクロウは，フクロウがいない時に見られるヒガラの採食の優位性を低下させることにより，捕食者介在の共存をもたらしているようである．

しかし，捕食を介して種の豊富さが高まることは，陸上生態系で決して普遍的ではない．Spiller & Schoener (1998) は，バッタ類を食べる小鳥類，オサムシ類を食べるげっ歯類，造網性クモ類を食べるトカゲ類などに関する一群の研究を検討し，普通これらの捕食者は被食者の種数を減少させるか，あるいは影響を与えないと結論した．彼等自身の研究として，バハマ諸島において，トカゲがいる区画といない区画（3回の反復実験）を設け，クモの個体数の調査を2ヵ月毎に2年半続けた．植生が高いあるいは中間の水準の区画では，トカゲ（主にアノールトカゲの一種（*Anolis sagrei*））を排除することにより，クモ類の種の豊富さは劇的に増加した（図19.19a）．トカゲは個体数の少ないクモを好んで捕食しており（図19.19b），このことがすでに個体数の多いクモ（*Metapeira datona*）の優位さをさらに高めていた．このクモが捕食されにくいのは，おそらくその小ささと，（多くの種がやっているような）網の中央ではなく吊り下げる形の隠れ家を持つ習性のためである．

ブラウザーの場合と同様に，捕食者に対して餌生物の種の豊富さがどう反応するかは，捕食の強さ，生態系の生産性，餌生物の特性にそれぞれ依存していることは間違いない．この場合も，肉食者が競争上優位な餌を好んで食べる状況では（イガイを食べるヒトデ，ヒガラを食べるスズメフクロウ），餌生物の種の豊富さが増加することを，逆に競争上劣位な餌生物を好む状況では（クモ類を食べるトカゲ），それが減少することを見た．

…しかし，昆虫やクモ類の群集ではそうではない

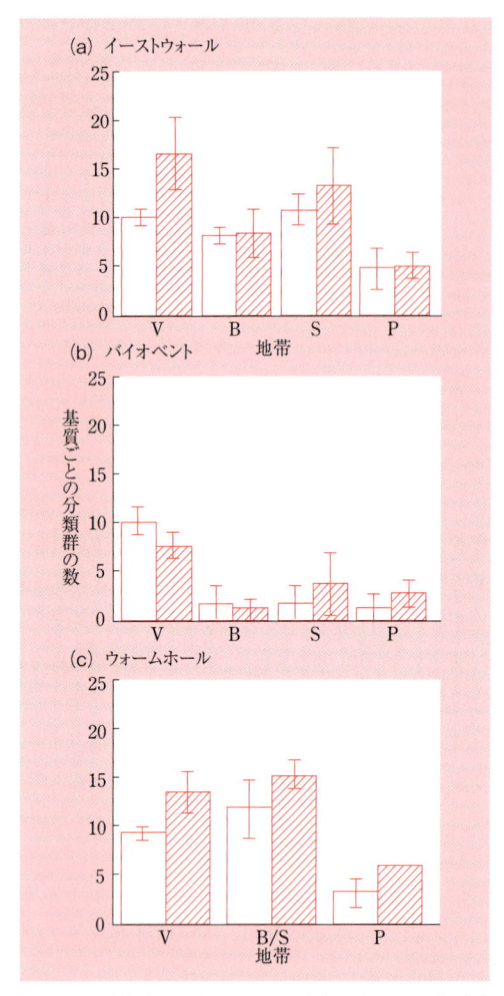

捕食者の餌の好みが結果を変えるかもしれない

図19.18 (a) イーストウォール，(b) バイオベント，(c) ウォームホールの3ヶ所の熱水噴出孔での設置5ヶ月後の新規定着用ブロック毎の無脊椎動物の種の豊富さ（ハオリムシ目（有鬚動物綱）の成体，多毛綱，腹足類，二枚貝，甲殻類の成体）の変化．各地点で2回の実験が実施された．結果は水温と優占する底生性無脊椎動物に基づいて分けられた4つの区域（熱水噴出孔から順に，ハオリムシ帯 (V)，二枚貝帯 (B)，懸濁物食者帯 (S)，周辺帯 (P)）で示されている．ウォームホール地点では中間の2つの地帯は1つにまとめられた．斜線つきの柱は魚類やカニなどの移動性捕食者を閉め出すためにカゴを被せた場合，白抜きの柱はカゴを被せなかった場合．(Micheli *et al*., 2002より．)

表19.1 スカンジナビア半島の9つの島の面積，本土からの距離，各島でのスズメフクロウの生息と3種のカラ類の繁殖つがいの出現．（Kullberg & Ekman, 2000 より．）

島	面積（km^2）	本土からの距離（km）	スズメフクロウ	ヒガラ	コガラ	カンムリガラ
Åland	970	50	+	+	+	+
Ösel	3000	15	+	+	+	+
Dagö	989	10	+	+	+	+
Karlö	200	7	+	+	+	+
Gotland	3140	85		+		
Öland	1345	4		+		
Bornholm	587	35		+		
Hanö	2.2	4		+		
Visingsö	30	6		+		

頻度依存淘汰が多様性を高めることがある

消費者が下位の栄養段階にこうした対照的な影響を及ぼすもうひとつの理由は，消費者の餌選択の行動と関連している．消費者は，ある群集から利用可能な餌生物を1種ずつ順番に食べて，それを絶滅させてから次の餌生物へ移るという単純なことをしている訳ではない．餌の選択性は，好みの餌への探索に費やす時間やエネルギーによって加減されており（第9章を参照），多種の餌を採っている種が多い．しかしながら，消費者としてあるタイプの餌から別のタイプの餌へとはっきりとしたスイッチング（切り替え）を見せ，一番よく出会うタイプの餌をその存在比率以上に多く採っている種もいる．理論的には，そのような行動は比較的稀な種の多種共存をもたらしうる（頻度依存形式の消費者介在の共存）．この理論に合致する証拠がいくつかある．熱帯での樹木の種子への捕食は，種子の密度が高い場合（種子を生産する親木の根元とその近傍）ほど，強くなることが多い（Connell, 1979）．アオジャコウアゲハ（*Battus philenor*）は2種類ある幼虫用の寄主植物を探す際，葉の形に対し探索像を作り，どちらか多い方に集中して産卵する（Rausher, 1978）．動物プランクトン食の淡水魚のローチ（*Rutilus rutilus*）は，好みの餌であるプランクトン性の大型ミジンコの密度が40匹/ℓ以下に下がると，底生性の小型ミジンコに餌をスイッチングする（Townsend *et al.*, 1986）．珊瑚礁の魚食魚（ヤミハタ（*Cephalopholis boenak*）とセダカニセスズメ（*Pseudochromis fuscus*））は，テンジクダイ（主にマトイイシモチ（*Apogon fragilis*））がいる時はこれらを集中的に捕食し，比較的少ない他の多くの種の新規加入はあまり阻害しない（Webster & Almany, 2002）．しかし，こうした頻度依存淘汰はそれほど一般的ではない．その理由のひとつは，特定のものに強く特殊化しすぎて，スイッチングという選択枝がない種も多いことである．ジャイアントパンダはタケの新葉を専門に食べ，その餌への特殊化は多くの植食性昆虫と同様に極端である．さらに別の理由として，捕食者が1種類の餌によって個体群を維持しながら，他の餌生物を消滅させる場合もあり得る．これは，太平洋の小さな島，グアム島にニューギニアから持ち込まれたミナミオオガシラヘビ（*Boiga irregularis*）に当てはまると言われている．1950年代初めの侵入とその後の島中への分布拡大と軌を一にして，固有の鳥類18種のほとんどが劇的に減少し，7種はすでに絶滅してしまった．Savidge（1987）によると，ミナミオオガシラヘビは豊富な小型のトカゲを餌の一部とすることで高い密度を維持し，それよりも脆弱な鳥類を絶滅に追いやったのである．

19.5 群集構造への寄生の影響

他の種類の捕食者と同様に，寄生者の存在

が，その地域に寄主となる種が存在できるかどうかを決める場合がある．例えば，ハワイ諸島では固有の鳥類の50%近くが絶滅したが，その原因の一部は鳥マラリアや痘瘡などの病原菌が持ち込まれたためだとされている（van Riper *et al.*, 1986）．また北アメリカのヘラジカ（*Alces alces*）が，近年その分布域を変化させていることも寄生性の線虫（*Pneumostrongylus tenuis*）と関連している（Anderson, 1981）．一種類の寄生者によって群集構造に引き起こされた変化として一番大きな事例は，北アメリカの森林で起きたアメリカグリ（*Castanea dentate*）の壊滅だろう．アメリカグリは，病原性の角菌類の一種（*Endothia parasitica*）がおそらく中国から持ち込まれるまで，北アメリカの森林で広い面積に渡って優占していたのである．

> 寄生者は脆弱な種を絶滅に追いやるかもしれない

ブラウザーや肉食者と同様に，寄生者の及ぼす影響がもっと捉えにくい場合もある．アメリカ合衆国のミシガン州の多くの河川では，植食性のトビケラの一種（*Glossosoma nigrior*）の幼虫が群集における中心的な役わりを担っている．というのも，彼等の摂食が付着藻類を低いレベルに押し留め，それによって河川の他の藻食者に対し負の影響をもたらすからである（Kohler, 1992）．このトビケラは寄主特異性の強い微胞子虫類の一種（*Cougourdella*）による病気の突発的な大流行に見舞われる．この病原虫の大発生は，河川全体のトビケラの密度を数年にわたって劇的に減少させてしまう．例えば，セブンマイルクリークでは1990年にこの病原虫が大発生する前の10世代のトビケラの平均密度は $6285/m^2$ であったが，その後の10世代では $164/m^2$ であった（図19.20）．トビケラの減少はその餌資源の存在量を増加させた（図19.21a）．結果として，寄生が原因で生じたトビケラの減少の後，その河川の何種かの藻食者（図19.21b〜d）は，以前はいな

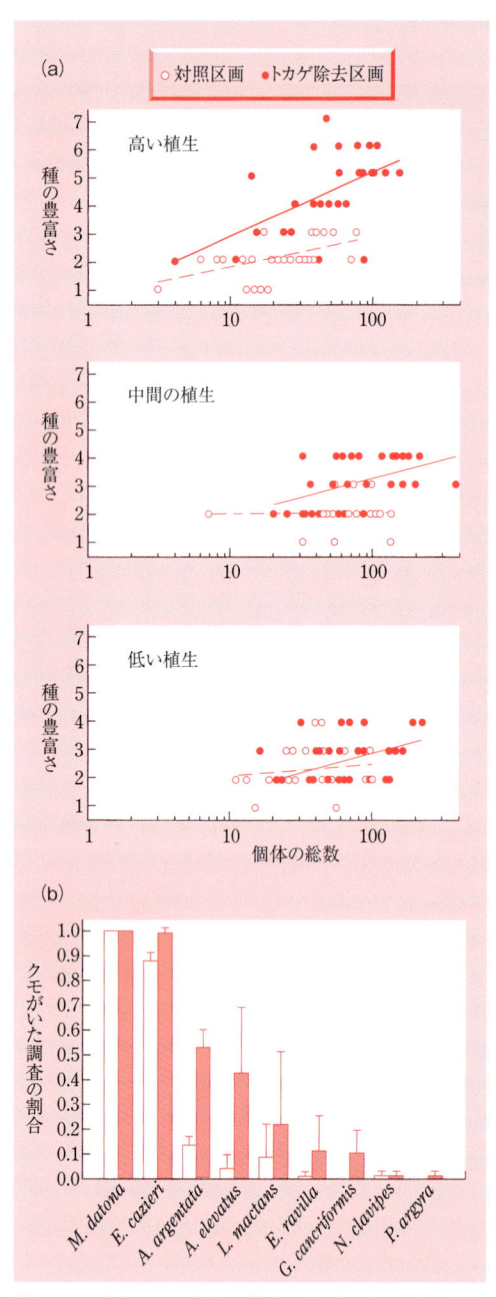

> 河川群集で小型寄生者がもたらす捉えにくい直接・間接効果

図19.19　(a) 3つの高さの植生におけるトカゲの有無で区別した，クモの全個体数に対するクモの種の豊富さ（各点は各回の調査結果）．トカゲ除去区画（●）のクモの種数は，トカゲのいる区画（○）での種数より多い．ただし低い植生の場合を除く．(b) トカゲのいる（□），いない（■）区画で造網性のクモの各種が記録された調査の平均割合．誤差線は標準偏差．(Spiller & Schoener, 1998 より．)

第19章 群集構造への種間相互作用の影響

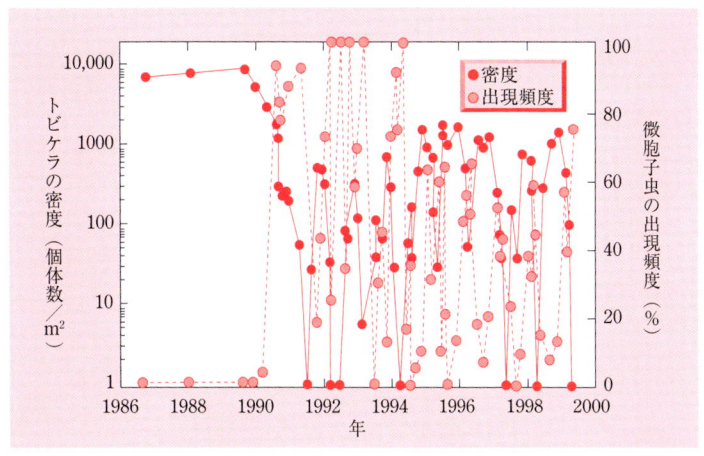

図19.20 ミシガン州のセブンマイルクリークでのトビケラの一種 *Glossosoma nigrior* の密度と微胞子虫類の一種 *Cougourdella* に感染した個体群の割合．(Kohler, 1992 より．)

かったか極端に稀であった種も含め（図19.21e），その存在量を増加させた．このように寄生者は，競争上優位な藻食者の存在量を減らすことによって，藻食者の公平度（equitability：種多様性の一側面）を増大させ，これが種の豊富さの増大の原因となったのであろう．従って，この事例は寄生者介在の共存を実証していることになる．この寄生者はさらなる影響の原因ともなる．つまり増えた藻類の存在量は，死んだ有機物の微粒子（藻類の細胞壁からはがれ落ちて）をもたらすようであり，これが濾過食者の密度を増大させた（図19.21f）．また，捕食されやすい植食者の存在量が増えると（トビケラ *G. nigrior* は比較的捕食されにくい），それが捕食性のトビケラの一種（*Rhyacophila manistee*）やカワゲラの一種（*Paragnetina media*）の密度を増大させた（図19.21g）．

カリブ海地域のトカゲ類での寄生者介在の共存…

陸上生態系においても，寄生者介在の共存の明らかな事例は存在する．例えば，マラリア原虫（*Plasmodium azurophilum*）は，カリブ海のサンマルタン島の2種のアノールトカゲに感染する．競争上優位と考えられる方の種は島中に生息しているのに対し，もう一種は限られた場所にしかいない．Schall（1992）によると，優位な種はこの寄生者にとても感染しやすいようであり，面白いことに2種はこの寄生者がいるところでのみ共存する．しかし，この場合もまた，その現象が普遍的というにはほど遠い．例えば，イギリスに侵入したハイイロリス（*Sciurus carolensis*）は，広い範囲で在来のキタリス（*S. vulgaris*）にとって代わりつつある．その理由の少なくとも一部は，侵入者がパラポックスウイルスを持ち込んだことにありそうだ．このウイルスは，ハイイロリスにはほとんど影響しないが，在来のキタリスの健康を甚だしく損なうのである（Tompkins *et al.*, 2003）．

コウウチョウ（*Molothrus ater*）のような繁殖寄生者（托卵鳥）（第12章.2.3節を参照）も，群 …しかし鳴禽類ではそうではない

集の構成や種の豊富さに影響すると予想される．De Groot & Smith（2001）は，ミシガン州でのマツの一種（*Pinus banksiana*）の林におけるコウウチョウ削減計画（コウウチョウの寄主の一種で，絶滅に瀕しているカートランドアメリカムシクイ（*Dendroica kirtlandii*）の保護のために計画された）を利用して，鳴禽類の群集が全体として繁殖寄生者の密度の低下から影響を受けるかどうかを調べた．その結果は，寄生者介在の共存を支持しなかったし，また群集構成も変化し

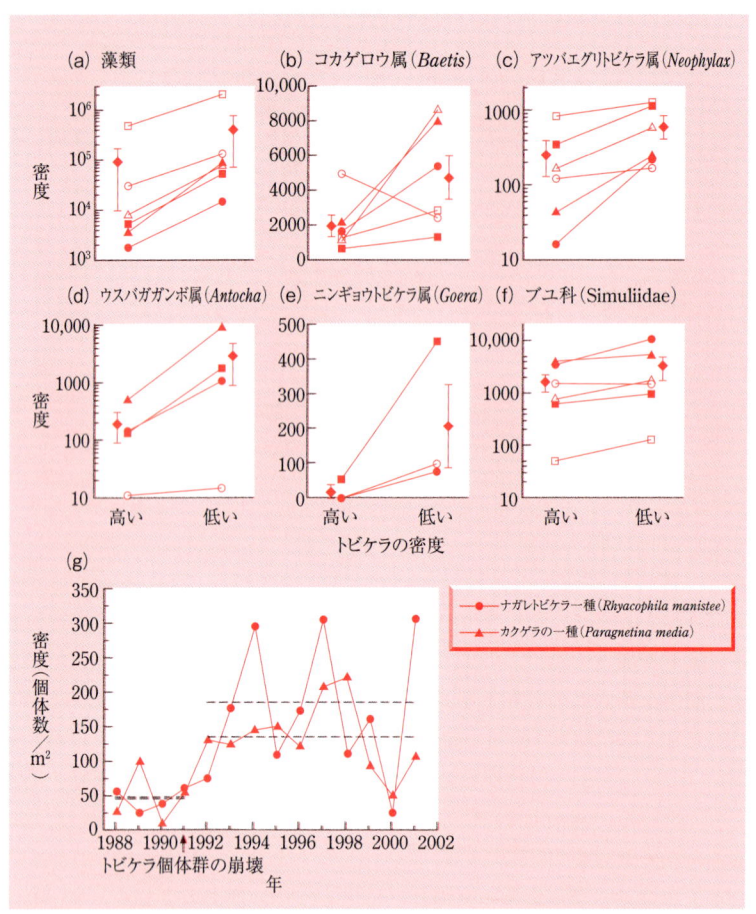

図 19.21 6つの河川でのトビケラの一種 *Glossosoma nigrior* の密度が高い場合（寄生者の大発生前）と低い場合（寄生者の大発生の最中）の各水生生物の平均密度．(a) 付着藻類（細胞数/cm^2），(b〜e) 植食性昆虫（個体数/m^2）．線分は6つの河川それぞれの調査地点での値を結んでいる．誤差線（±1 SE）をつけた点は全体の平均を示す．(g) シルバークリークでの寄生者が誘導したトビケラの減少の前後の捕食性トビケラの密度（2種類の破線は個体群の崩壊の前と後の平均密度を示す）．(Kohler & Wiley, 1997 より．)

なかった．また，コウウチョウの寄主には向かないことが知られている種の増加もなかった．

群集に強い作用をおよぼす種に影響する寄生者　寄生者が，競争関係の結果を変えることによるのではなく，**生態系の工作者**（ecosystem engineer）（Jones *et al.*, 1994, 1997 による）として群集に重要な意味を持つ構成員に対する影響を通して，群集構成に影響を与えることがある．吸虫の一種（*Curtuteria australis*）の幼虫は，ザルガイの一種（*Austrovenus stutchburyi*）の足の中で被嚢し，貝の穴掘り能力を損なう．このため，ひどく感染したザルガイは砂泥の表面に取り残され，この吸虫の最終寄主であるミヤコドリに食べられやすくなってしまう（Thomas & Poulin, 1998; Mouritsen, 2002）．このザルガイは，ニュージーランドの柔らかな砂泥の潮間帯域で優占しており，普通は砂泥の表面から2〜3 cm下に潜っている．しかし，ひどく感染している場所では，砂泥から突き出ているか表面に横たわっているものが多く，それが砂泥表面の異質

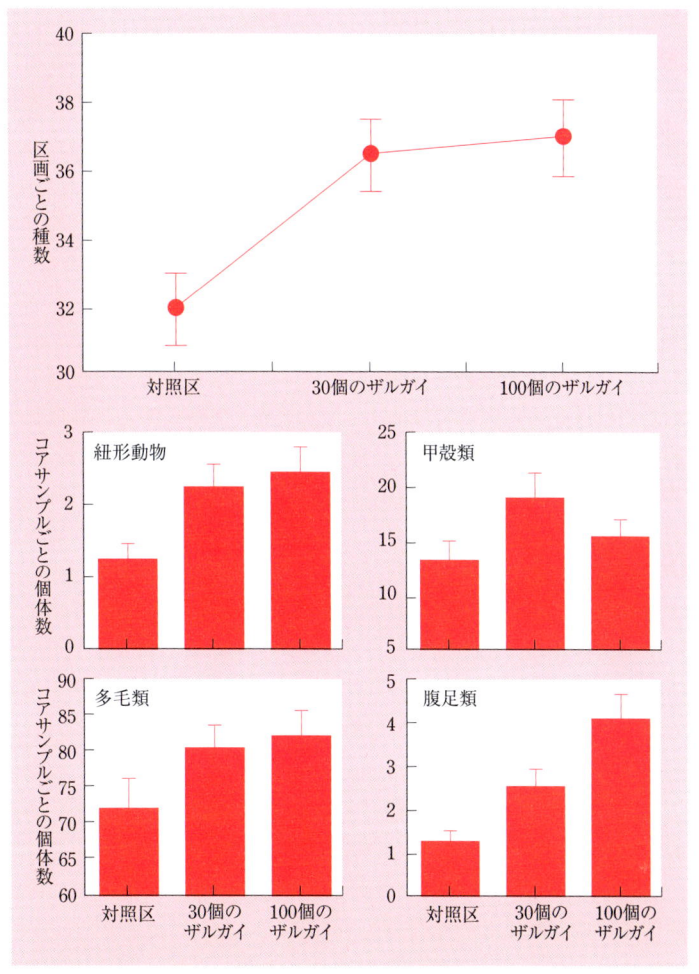

図 19.22 吸虫の一種 *Curtuteria australis* の感染程度の違いを模した，砂泥表面のザルガイの密度の操作と，潮間帯群集に対するその影響．地点ごとの大型無脊椎動物の種の豊富さの平均（±1 SE）と3つの実験操作（1 m^2 ごとの調査区画ごとに，0，30，100個体のザルガイを加えた）におけるいくつかの無脊椎動物の分類群の平均密度．各平均は，実験操作ごとに設定された7区画ごとに採取された5つの砂泥コアサンプルから得られている．(Mouritsen & Poulin, 2005 より．)

性を増やし水の流れや砂泥の堆積の仕方を変える．Mouritsen & Poulin (2005) は，砂泥表面に30または100個のザルガイを付け加えた区画を作ることで砂泥表面のザルガイの密度を操作し，表面にザルガイがほとんどいない自然な区画（対照区）と比較した．6ヶ月後，表面にザルガイを加えた操作区では，大型無脊椎動物（多毛類，軟体動物，甲殻類など）の種数が有意に多くなり，これらの様々な分類群の密度も高くなった（図 19.22）．

19.6 捕食者と寄生者の影響の評価

1 もし好みの餌が競争上優位でかつ群集の生産性が高い状況であれば，餌に選択性を示す捕食者は，群集における種の豊富さを高めるように働くだろう．一般的に，被食者

の成長率の高さと食べられやすさは，相関すると考えられている．もし化学的・物理的防御が，成長や繁殖に使える資源を犠牲にしなければならないとすれば，捕食者がいない時に競争において優位な種は防御よりも競争に資源を振り向けている種なので，捕食者がいる時には捕食の被害を強く受けると予想される．従って，餌に選択性を示す捕食者が多様性を高めている場合は多いだろう．もし捕食者が頻度依存的に振舞うならば，その効力はさらに大きくなるはずである．ゼネラリストの捕食者でさえ，捕食者介在の共存を通して群集の種多様性を増やすことがありうる．というのも，もし被食者が単にその密度に応じて捕食されるなら，そのような種こそもっとも速やかに資源を使って生物体量なり子供を増やしているのであり（競争上の優位者），このためもっとも強く捕食されることになるからである．しかしながら，捕食者が種の豊富さを減少させる場合もあれば，なんら影響しない場合もあることは注意しなくてはならない．

2 被食者の種の豊富さに最も関連しそうなのは，中程度の強さの捕食である．捕食が弱すぎる場合は，競争上劣位の被食者種が競争排除されることを止められないし，捕食が強すぎる場合は，捕食者が好む被食者の種を絶滅させるだろう（しかしながら，「中程度」を定義することは困難である）．

3 物理的な条件が厳しく，変化しやすく，予測しにくい群集においては，群集構造を形作る上での捕食者と寄生者の役割は，重要でない場合が多い (Connell, 1975)．波の当たらない海岸では，捕食は群集構造を形成する主要な力となりうる (Paine, 1966)．しかし，波浪に直に曝された岩礁潮間帯域の群集では，捕食者は少なく，群集構造に与える影響はとるに足らないと考えられている (Menge & Sutherland, 1976; Menge et al., 1986)．こうした一般論に対しての例外は，深海の熱水噴出孔である．おそらくそれは，噴出孔付近の物理的に極端な環境が，極めて高い生産性をもたらしているからであろう．

4 動物が群集に及ぼす影響には，餌生物を食べること以外にも実に様々なものがある．穴を掘る動物（ミミズ，ウサギ，ヤマアラシなど）や塚を作る動物（アリやシロアリ），さらには寄生を受け砂泥表面に表れたザルガイ，これらはどれも攪乱を起こし，（環境の物理的構造を改変することにより）生態系の工作者として働く (Wilby et al, 2001)．これらの動物の活動は，新規移入者が定着できる場所や微小遷移が生じる場所を含め，局所的な異質性を作り出す．大型の喫食動物は，脱糞や排尿によって栄養塩の豊富なパッチ状のモザイクを作り出す．このパッチでは，生物種間のバランスが他と大きく違ってくる．湿った牧場における一頭の牛の踏み跡さえ，ある生物がそこへ入れるように微生息環境を改変している．もしこの踏み跡という攪乱がなければ，その進入者はいないのである (Harper, 1977)．捕食者は，群集の平衡を阻害する多くの作用因のひとつに過ぎない．

5 複数の栄養段階の餌を捕食する肉食者（雑食者）は，群集に広大な影響を及ぼすと考えられる．例えば，雑食性の淡水性ザリガニは，植物，動物，そして枯死した植物や動物の遺体までも食べる究極の雑食性なので，植物（彼等が消費する），植食者や肉食者（彼等が消費ないしは競争する），デトリタス食者の構成にさえも影響を与えうる (Usio & Townsend, 2002, 2004)．さらに，ザリガニは移動したり水底に穴を掘るなどで，他の動物を追い払ったりデトリタスを取り除くことにより，生態系の工作者としても作用しうる (Statzner et al., 2000)．

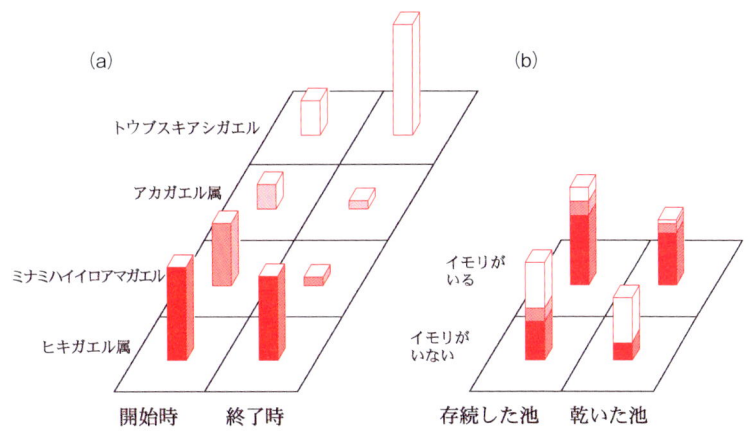

図 19.23 (a) 高密度で池に導入されたオタマジャクシ 4 種それぞれの個体数の相対値 (開始時) と，実験終了時に変態を完了した個体数の相対値 (終了時)．(b) 捕食性のイモリが存在する場合としない場合，そして実験期間を通して水があった池 (存続した池) と実験中に 100 日間干上がった池 (乾いた池) における 4 種の変態完了個体の数．(Wilbur, 1987; Townsend, 1991a より．)

19.7 群集生態学における多元的視点

群集は単一の生物的過程によって形作られているわけではない

群集組織に対するひとつの一枚岩のような見方 (競争とニッチ分化が何よりも重要である) を脱しても，別の単一の見方 (競争の影響をずっと小さなものにしてしまう捕食と攪乱の力の方が重要である) に乗り替えるだけなら，それは正しくないだろう．確かに，競争によって群集構造が作られるというのは一般的ではないが，いつもたったひとつの要因が群集構造を決めるわけでもない．おそらく，ほとんどの群集は競争，捕食，攪乱，加入といった力が混じりあって組織化されている．ただし，加入の水準が高い群集 (Menge & Sutherland, 1987) や攪乱の少ない環境 (Menge & Sutherland, 1976: Townsend, 1991) では競争と捕食が比較的卓越するというように，それら 4 つの力の相対的な重要さは一貫性を持って変化するだろう．

Wilbur (1987) は，一連の見事な実験によって，北アメリカの池に現れる 4 種のカエルに影響を及ぼしている競争，捕食，攪乱の相互作用を調べた．捕食者がいない時にはトウブスキアシガエル (Scaphiopus holbrooki) が競争上の優占種となり，一方ミナミハイイロアマガエル (Hyla chrysoscelis) の競争上の地位はとても低かった (図 19.23a)．捕食性のブチイモリ (Notophthalmus viridescens) が存在する場合，変態まで達したオタマジャクシの総数は変わらなかったが，競争上の優占種であるトウブスキアシガエルが選択的に食べられるために，各種の相対的な個体数は異なった (図 19.23b)．最後に Wilbur は，捕食者が存在する時としない時の両方の場合で，このオタマジャクシ群集の池から水を抜く操作を加え，自然に起きる乾燥 (攪乱) を再現した．競争は，成長を遅くし変態の時期を遅らせるように影響し，その結果オタマジャクシが乾燥に曝される危険を高めた．幼生期間が一番短いトウブスキアシガエルは乾燥処理下で変態に達する割合が高かった．捕食者が存在すると競争の影響が抑えられ，生き残った何種かのオタマジャクシが急速に成長して池が干上がる前に変態することができた．

物理的条件が捕食者や寄生者の影響を緩和しうる

寄生による帰結も，物理的条件に左右される

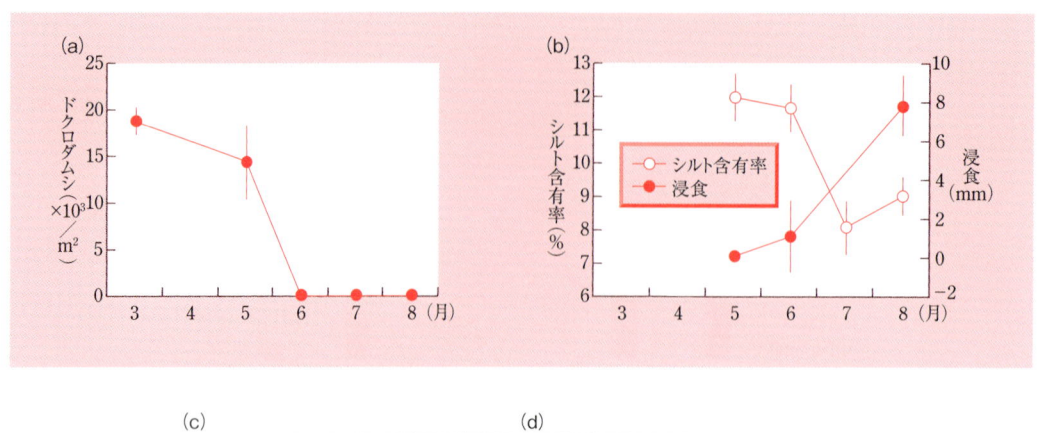

図 19.24 ミクロファル科の吸虫による潮間帯のヨコエビの一種，ドロクダムシ（端脚類）の密な個体群の崩壊と，それによる干潟の砂泥の性状と地形に生じる変化．(a) ドロクダムシ属の一種 *Corophium volutator* の平均密度（±SE）．(b) シルト（粒子径 < 63 μm）の平均含有率と基質の浸食．(c) 寄生者による個体群の崩壊以前のドロクダムシが作り出す干潟の地形．(d) ドロクダムシ消失後数ヶ月を経た干潟の地形．(Mouritsen & Poulin, 2002; Mouritsen *et al.*, 1998 より．K. Mouritsen の許可を得て再録．)

ことがある．オランダのワッデン海における潮間帯の干潟の大型底生動物群集では，ミズツボ科の巻貝の一種（*Hydrobia ulvae*）と端脚類のドロクダムシ属の一種（*Corophium volutator*）が優占している．この2種はミクロファル科の吸虫類のそれぞれ第一中間寄主と第二中間寄主になり，その終寄主はシギ類（*Calidris*）である．吸虫の卵は鳥の糞とともに放出され，デトリタス食の巻貝が偶発的にそれを食べる．寄生者の幼生は貝の中で孵化して繁殖し，莫大な数のセルカリア（有尾幼虫）を毎日水中に放出する．そのセルカリアは泳ぎ回ってドロクダムシを探す．巻貝からのセルカリアの放出が水温依存性であるため，寄生者は寄主のドロクダムシに寄生強度に応じた死亡をもたらし，その死亡率は水温の上昇にともない急激に高まる（Mouritsen & Jensen, 1997）．このドロクダムシは普通，春と夏の間は急速に個体数を増やし初秋には 80,000 匹/m^2 以上の密度に達する（Mouritsen, *et al.*, 1997）．このドロクダムシは基質を安定させる永続的な U 字型の巣孔を作り，その巣孔がパッチ状に分布するため，ドロクダムシが優占する泥の表面は，盛り上がった高まり（高密度に巣孔のあるパッチ）と堆積物が溜まるくぼ地（低密度のパッチ）からなるモザイクという特徴的な地形をなす（Mouritsen *et al.*, 1998）．この状態ではドロクダムシの多い場所は，強風で大波が押し寄せる時でさえきわめて安定している．

しかし，1990年の春は，水温が例年になく高かったため，巻貝に吸虫感染が流行し，巻貝から莫大な数のセルカリアが放出されたので，ドロクダムシの個体群は5週間足らずで壊滅した（図19.24a）（Jensen & Mouritsen, 1992）．堆積物を安定化させていたドロクダムシがいなくなったため，盛り上がっていた泥の部分は見るまに浸食された．そして結局，この干潟の特徴的な地形（約80 ha）は消滅し（図19.26c, d），紐型動物，多毛類，腹足類，二枚貝類，甲殻類からなる干潟の他の多くの大型無脊椎動物にも劇的な結末をもたらした．

本章では，単一の種が群集や生態系に与えうる影響の多様なあり方を紹介することから始めた．競争・捕食・寄生が群集組織を決める何よりも重要な種間関係であるとの印象を残したままでこの章を終わるのは誤りだろう．促進〔訳注：群集遷移で，初期の種が生息場所の状況を変え後期の種の定着を促す作用．第16章を参照〕にも大きな意義がある．ただし，その重要性はやはり物理的条件に応じて変化する．一例として，合衆国東北部のメイン湾では，潮間帯上部の境界付近にヒバマタ科の海藻（*Ascophyllum nodosum*）の葉状体が大量に存在することで，日中の岩の温度が最大5～10度下がり，蒸散による水分消失も一桁ほど低下する．このことがさまざまな底生生物の新規加入・成長・生残に正の結果をもたらしている（Bertness *et al.*, 1999）．実際，この地帯で記録された種間相互作用の半分近くが負（競争的あるいは捕食的）ではなく正（促進）である．一方，この海藻群落の下部の境界では，葉状体の繁茂は物理的環境を改善するというより（潮間帯の深場では物理環境はそれほど厳しくない），むしろ植食者と肉食者に好適な環境条件をもたらしており，そこでは消費圧が厳しくなっている．

陸上植物についても，多くの群集で正の相互作用が立証されている（Wilson & Agnew, 1992; Jones *et al.*, 1994）．ある植物が，植食者に食われる可能性を減らすことを通して，隣接する植物に利益をもたらすことがある．例えば，Callaway *et al.* (2000) は，競争上優位でかつ植食者に食べられにくい2種の植物，すなわち物理的防衛に優れたアザミの一種（*Cirsium obvalatum*）と化学的防衛に優れたバイケイソウの一種（*Veratrum lobelianum*）が牧草地で果たす役割について検討した．両種ともに，グルジア共和国の中央コーカサス地方の放牧地への侵入者である．調査された全植物種のうちの44%（15/34）は，開けた草地では稀（1.0%の被度）であったが，そのアザミとバイケイソウの下（このどちらかの種を含む60 cm四方の区画内で）では有意に高い被度で出現した．また8種はどちらかの種の下でだけ見られ，開けた場所に比べこの2種を伴う群集は花または果実をつける種を78～128%も多く維持していた．味の良い植物も，植食者が食べようとしない植物の近くで生育するなら，被食をされずに生長し繁殖できると考えられる．

さらに本章では，捕食者や寄生者は，被食者や寄主だけに，さらに捕食者やその被食者の競争者だけに影響するのではないことも見てきた．時にはその影響は，問題とする，あるいは隣接する栄養段階を越えて食物網全体に広がることもある．その例となるのが，ヒトデ（本章第4.2節を参照），寄生されたトビケラの幼虫（第5節），雑食性のザリガニ（第6節）であった．次章では食物網全体の複雑な働きについて見てみよう．

まとめ

それぞれの種はさまざまな方法で群集全体の構成に影響しうる．本章では，特に競争・捕食・寄生が群集を形作る様式に注目してきた．

種間競争が群集を形作る上で中心的かつ強力な役割を果たすとの見方は，まず競争排除則を

[欄外注: 正の影響を及ぼす生物的相互作用もあることを忘れてはならない]

もとに展開された．この原則は，競争種の類似性に限界があること，それゆえニッチ空間が完全に満たされる前の群集に詰め込むことのできる種数にも限界があることを意味している．しかし，競争が群集構造に影響するかどうか，いつも決定的な役割を果たすのかどうかは問題としていない．つまり，競争以外の要因が密度を抑さえたり，周期的に競争上の優位性を逆転させたりすることで，競争排除が避けられているかもしれないのである．さらに競争が強く働いているときでさえ，もし各種が他種とは独立に集中分布をしているなら，それらの種は共存することができる．

重要な資源に対する空間的，時間的なニッチ分化についての群集研究から得られる証拠は，群集構成が決まる上で競争が重要であるとする見方と一致する．しかしながら，単なる種間の相違を示すだけでは不十分である．有効な手法は，現実の群集のいくつかの特性（餌品目，摂食器官の形態，あるいは共存種の分布）を保持したままで，競争の結果を取り除くべく，特性の組合せをランダムに再編成した帰無モデルの群集を作ることである．帰無モデルと現実の群集との比較は競争の役割の重要性を支持することもあるが，決して全ての場合がそうではない．

喫食をする動物（グレイザー）は，植物の競争排除の過程を妨げることで，植物の種の豊富さを高めることがある（捕食者介在の共存）．つまり，彼らの好みによって群集構造が影響を受ける．グレイザーによる植物の共存が助長されやすいのは，栄養塩が豊富で，かつ好んで食べられる植物が，好まれない種よりも競争上は優れている場合のようである．

同様に，肉食性動物も被食者の種の豊富さを高めることがある．これは岩礁の無脊椎動物や森林の鳥類群集で報告されているが，深海の噴出孔の群集や陸上の昆虫とクモ類の群集研究ではそうではない．捕食がもたらす種の豊富さもまた，いくつかの要因に依存しており，その要因には餌の好みや餌生物の相対的な競争上の優劣が含まれる．

他のタイプの捕食者と同様，寄生者の出現頻度は，ある区域に寄主が生息するかどうかを決める．寄生者は，陸上・淡水・海洋の群集における強力な相互作用を及ぼす種や生態系の工作者（エンジニア）に影響することにより，さらに捉えにくい効果をもたらすこともあり得る．寄生者も捕食者介在の共存をもたらすことがある．

群集は必ずしも単一の生物的過程によって構造化されているわけではなく，群集構造を形作る上での消費者の役割は非生物的条件に応じて変化すると思われる．物理的条件が厳しく，変わりやすく，予想しにくい場所では，群集に対する生物的な効果はとても弱い場合が多い．

第20章

食物網

20.1 はじめに

 前章からは，個体群間の相互作用によっていかに群集が形成されるかを考えてきた．注目したのは，同じ栄養段階を占める種間の相互作用（種間競争）や，上下に隣接した栄養段階の構成種間の相互作用である．しかし，直接的な種間の相互作用を見るだけでは群集の構造は理解できない．競争する種が生物資源を利用する場合，競争種間の相互作用には，必然的に他の生物種，すなわち，消費される側の生物種が関係する．例えば，捕食が繰り返されることによって，餌種間の競争上の優位性が変わり，捕食者がいない場合には競争的に排除されるはずの種の存続が可能になる（捕食者介在型の共存）．

 実際，ある生物種が他に及ぼす影響は，もっとさまざまな方面に及んでいる．植食動物を餌とする肉食動物の影響は，その植食動物が食べている植物個体群だけでなく，その植食動物のほかの捕食者や寄生者にまで及んでいるかもしれない．さらに，肉食動物の影響は，その植物の他の消費者や，その植食動物と植物の競争者，そして食物網上の遠く隔たった位置にいる無数の種にまで及んでいるかもしれないのである．この章では，食物網を扱うが，ここでの要点は，少なくとも3つの栄養段階と「多くの」種（少なくとも2種よりも多い）から構成されるシステムに焦点を移すという点である．

 食物網の研究は，群集生態学と生態系生態学の界面に位置している．従って，ここでは，群集内で相互作用をしている種の個体群動態（構成種，食物網中での種間関係，相互作用の強さ）と，種間相互作用が生産性，栄養塩の流れといった生態系過程に及ぼす影響の両方に注目する．

 まず始めに，ある種が他種の個体数に影響を与える場合に付随的に生じる影響，すなわち，食物網内での波及効果について考える（第2節）．そこでは，間接的な「予想外の」効果全般について検証し（第2.1節），続いて，**栄養カスケード**（trophic cascades）の影響を調べる（第2.3節，第2.4節）．この検討から，食物網はいつ，どのような場合に**上からの制御**（top-down）（栄養カスケードのように，ある栄養段階の個体数，生物体量，多様性がその消費者からの影響に依存する状況），あるいは**下からの制御**（bottom-up）（群集の構造が，栄養塩の濃度や利用できる餌の量といった，下位の栄養段階からの要因に依存する状況）を受けるのかという問題が自然と導かれる（第2.5節）．さらに，**キーストーン種**（keystone species），すなわち，食物網を通じてとりわけ顕著な波及効果を及ぼす種の特性と効果について，特別に注意を払うことにする（第2.6節）．

 次に，食物網構造と安定性の相互関係について考える（第3節と第4節）．生態学者は，2つの理由から群集の安定性に興味を持っている．ひとつは，現実的かつ緊急の要請からである．群集の安定性は，攪乱に対する感受性の指標となる．自然群集や農業群集は，かつてない勢い

で攪乱を受けている．群集がそのような攪乱にどのように反応し，将来，どのように変化してゆくのかを知ることは，きわめて重要である．もうひとつの理由は，現実的というよりは，もっと基礎的な問題に関わっている．今日，我々が実際に目にしている群集は，当然ながら，持続してきたものである．持続してきた群集は，安定性を生み出す特性を持つ群集のはずである．従って，群集生態学における最も基礎的な問いは，「なぜ群集は現在のような形で存在するのか」であるが，その答えの一部は，「群集が，安定性を生み出す何らかの性質を持っているからである」となるであろう．

20.2　食物網の中の間接効果

20.2.1　「予想外の」効果

ある生物種を取り除くことは，それが実験や管理上の操作であろうと，自然の事象であろうと，食物網の働きを解明する強力な手段となり得る．もし，群集から捕食者1種を取り除けば，その餌となっている生物の密度は高まると予想される．もし，ある種にとっての競争種を取り除けば，その種の個体数は増加すると予想される．実際，そのような予想通りの結果を得た研究例は多い．

しかしながら，場合によっては，1種を取り除くと，その競争者の個体数が減少したり，捕食者の除去が餌種の個体群の減少を引き起こすこともあり得る．そのような予想外の効果は，直接の効果が，間接的な経路を通じて生じる効果よりも小さい時に起きる．例えば，ある種を除去すると，競争関係にあった種のうちの1種の密度が高くなり，それによって別の競争種の密度が低下するかもしれない．また，ある捕食者を除去すると，餌種のうちの競争力の優れた1種の密度が高まり，競争力の劣る餌種の密度が低下するかもしれない．捕食に関する100以上の実験的研究を検討したところ，その90％以上が，統計的に有意な結果を得ていた．そして，その約3分の1がこうした予想外の効果を示していた（Sih *et al.*, 1985）．

これらの間接的な効果は，除去が，有害生物の生物的防除（Cory & Myers, 2000）や外来侵入種の根絶（Zavaleta *et al.*, 2001）といった，管理上の理由から行われる場合に特に注目されるものとなる．それは，除去の目的が，予想外のさらなる問題を産み出すことにあるのではなく，問題の解決にあるからである．

例えば，多くの島では，飼いネコが野生化し，現地の餌となる動物，特に鳥類を絶滅の危機に追いやっている．この問題に対する「常識的な」対処は，ネコの除去（そして，島に生息する餌動物の保護）である．しかし，Courchamp *et al.* (1999) が提示した単純なモデルによって，そうした計画では必ずしも期待される効果が得られない可能性が示されている．特に，よくあることだがその島にクマネズミも定着しているような場合には，期待される効果は得られない（図20.1）．クマネズミ（**中間捕食者**（mesopredators））は，決まって鳥類の競争種であり捕食者でもある．ネコ（**最上位捕食者**（superpredators））は通常，鳥類はもちろんクマネズミをも捕食するが，ネコを除去することは，中間捕食者に対する捕食圧を取り除くことになるため，鳥類に対する脅威を減らすどころか増大させてしまうだろう．ニュージーランドのスチュアート島に移入されたネコは，飛べないオウムであるカカポ *Strigops habroptilus* を捕食した（Karl & Best, 1982）．しかし，ここでネコだけを駆除するのは危険であっただろう．なぜならば，ネコが好む餌は3種の移入種のクマネズミであり，確認されてはいないが，それらのクマネズミもまた，カカポにとって多大な脅威であったからである．実際には，スチュアート島のカカポの個体群は，クマネズミのような捕食者となる外来

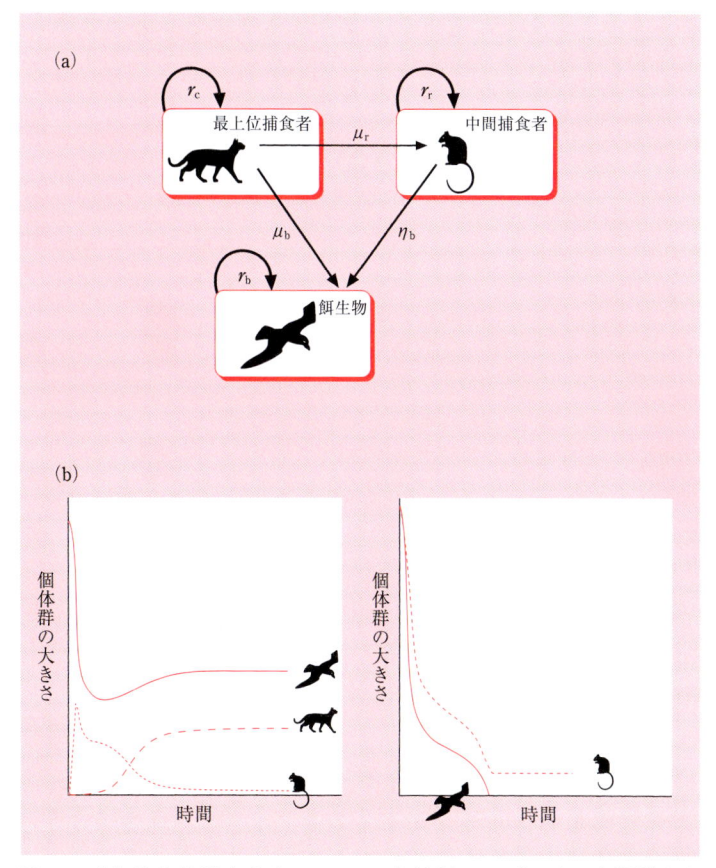

図20.1　(a) **最上位捕食者**(superpredator)（例としてネコ），**中間捕食者**(mesopredator)（ネコが好むクマネズミ），餌動物（鳥類）の相互作用モデル．最上位捕食者は中間捕食者と餌動物を1頭当り μ_r，μ_b の速度で捕食し，一方で，中間捕食者も1頭当り η_b の速度で餌動物を捕食する．それぞれの種の個体群には，1頭当り r_c，r_r，r_b の速度で加入が起こる．(b) 現実的なパラメーター値を当てはめたモデルの計算結果．3種のすべてがいる場合，最上位捕食者が中間捕食者を抑え，3種すべてが共存する（左図）．しかし，最上位捕食者がいない場合，中間捕食者が餌動物を絶滅にまで追い込む（右図）．(Courtchamp et al., 1999より．)

の哺乳類（種）は生息しないか，撲滅されている沖合の小さい島々に移されたのである．

真に「予想外」とは言えないが，他の間接的な効果の例として，アメリカ合衆国で行われた，外来のヒレアザミ *Carduus* spp. の生物防除のための，ゾウムシ *Rhinocyllus conicus* の放逐の例があげられる（Louda *et al.*, 1997）．導入されたゾウムシは，在来のアザミ属の植物 *Cirstium* をも加害し，アザミの種子を餌とするミバエ科の在来種 *Paracantha culta* の個体数を減少させた．ゾウムシは，間接的に，意図された標的ではない種にも害を与えたのである．

20.2.2　栄養カスケード

食物網中の間接効果のうち，最も注目されるのは，**栄養カスケード**（trophic cascade）と呼ばれるものであろう（Paine, 1980; Polis *et al.*, 2000）．栄養カスケードは，捕食者が餌動物の個体数を減少させたときに，その餌動物の餌資源（通常，

植物）の存在量が増大する，といったように，捕食の影響がさらに下位の栄養段階に及ぶときに生じる効果である．もちろん，栄養カスケードはそこで終わるとは限らない．4つのリンクを持つ食物連鎖では，最上位の捕食者が中間に位置する捕食者の存在量を減少させた場合，植食動物の個体数が増加し，その結果，植物の存在量が減少する可能性がある．

アメリカ合衆国ユタ州にある塩水湖，グレートソルトレークは，栄養カスケードの存在を示す自然の実験を見せてくれる．そこでは，降水量が多く塩分濃度が低下する年には，本来の2つの栄養段階（動物プランクトン—植物プランクトン）から成る系に，第3の栄養段階（捕食性半翅目ミズムシ科の一種 *Trichocorixa verticalis*）が加わる（Wurtsbaugh, 1992）．通常，ブラインシュリンプ *Artemia franciscana* を主とする動物プランクトンは，植物プランクトンの生物体量を低く抑えることができ，その結果，水は透明に保たれている．しかし，1985年に，塩分濃度が100 g/ℓ以上の状態から50 g/ℓにまで低下したとき，*Trichocorixa* が侵入し，ブラインシュリンプの生物体量は720 mg/m³から2 mg/m³にまで減少した．その結果，植物プランクトンが大量に増殖し，クロロフィル *a*（葉緑素 *a*）の濃度は20倍にも上昇し，水の透明度は4分の1にまで低下した（図20.2）．

複雑な間接効果を含む栄養カスケードの例として，アメリカ合衆国北西海岸の潮間帯の群集で2年間行われた，鳥の捕食圧を操作した実験がある（Wootton, 1992）．この実験は，鳥の捕食がカサガイ3種（餌動物）とその餌となる藻類にどのような影響を与えているかを見るためのものであった．カサガイの多い岩礁域の広い範囲（各々10 m²）を金網で覆い，ワシカモメ（*Largus glaucescens*）とクロミヤコドリ（*Haematopus bachmani*）を排除した．全体的にみると，カサガイの生物体量が鳥によってきわめて低く抑えられるために，多肉質藻類への摂食圧が減少し，その結果，鳥の捕食の影響は植物の栄養段階に

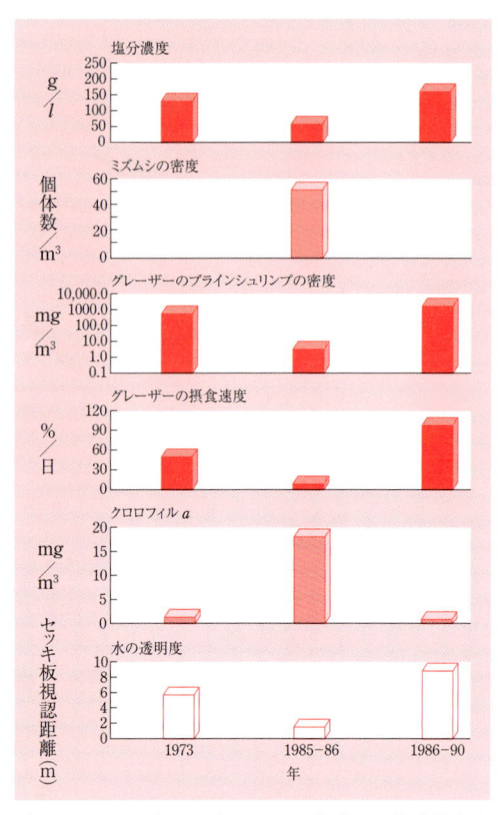

図20.2 グレートソルトレークにおける，塩分濃度が異なった3つの期間の沖帯生態系での各要因の変動．（Wurtsbaugh, 1992より．）

まで達していた．加えて，鳥は，カメノテの除去を通して，藻類が定着するための空間を新たに生み出していたのである（図20.3）．

しかし，予想していなかったことも明らかになった．鳥の捕食は，予想通りナスビカサガイ属の一種 *Lottia digitalis* の存在量を低下させたが，第2の種 *L. strigatella* については，その存在量を増大させ，第3の種 *L. pelta* には何ら影響を与えていなかった．この理由は込み入っており，カサガイの捕食という直接的な効果をはるかに超えるものであった．*L. digitalis* は明るい色のカサガイで，明るい色のカメノテ属の一種 *Pollicipes polymerus* の上にいる傾向がある．一方，*L. pelta* は暗い色のカサガイで，暗色のカリフォルニアイガイ *Mytilus californianus* の上にいることが多い．両種ともそれぞれが目立

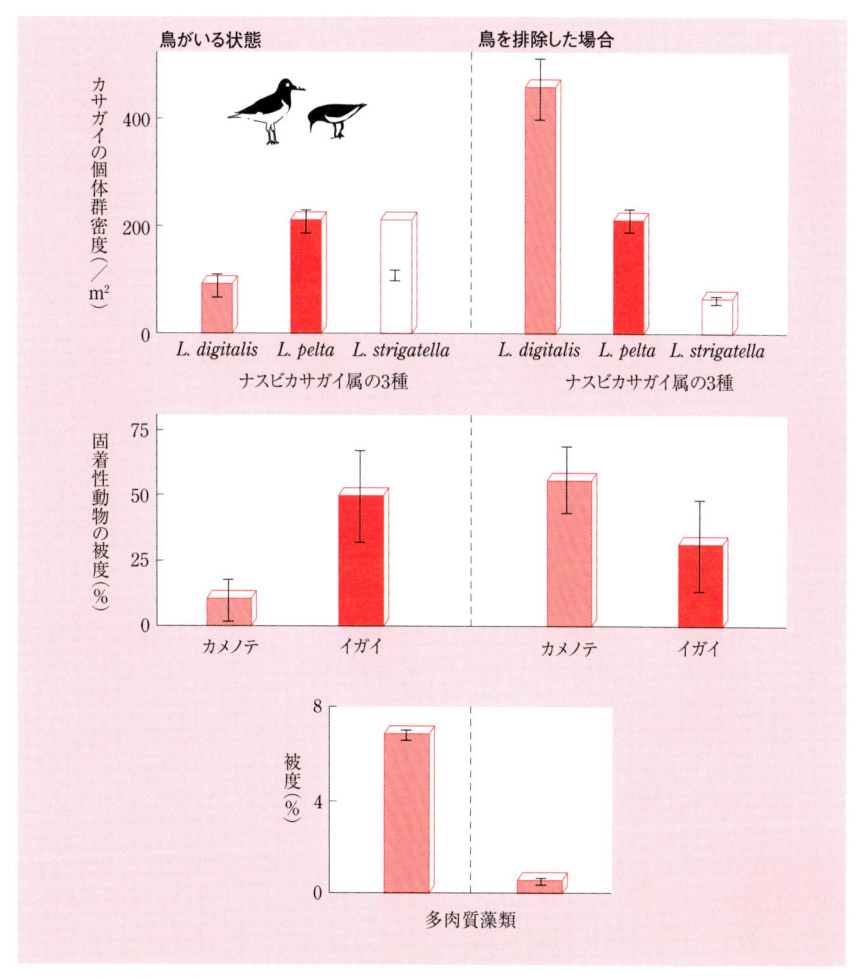

図20.3 潮間帯の群集から鳥を排除した場合，カメノテの存在量は増大し，イガイの存在量は減少した．また，ナスビカサガイ属の3種は顕著な密度変化を示した．これは，直接的な捕食の軽減とともに，身を隠すのに適した場所の多さと競争的相互作用の変化を反映している．藻類の被度は，潮間帯の動物に対する鳥の影響がなくなると大きく減少する．存在量，被度は，平均値±標準誤差で示されている．(Wootton, 1992 より．)

ちにくい場所への強い選択性を示す．カモメの捕食によって，カメノテが覆っていた面積が減り(L. digitalis に不利益となる)，定着場所をめぐる競争から解放されたカリフォルニアイガイが覆う面積が増加した(L. pelta に利益をもたらした)．第3のカサガイ L. strigatella は，競争では他のカサガイよりも劣位であるが，競争からの解放によって密度を増大させていたのである．

20.2.3 4つの栄養段階から成る場合

4つの栄養段階より成る系では，栄養カスケードが作用する場合，頂点に立つ肉食動物と植食動物の存在量は，一次の肉食者と植物の存在量の場合と同様に，正の相関を示すと予想される．これは，まさに，カリフォルニア州北部のイール川での食物網の実験的研究で見いだされたことである(図20.4a)(Power, 1990)．大型魚(コイ科の一種 *Hesperoleucas symmetricus*，とニ

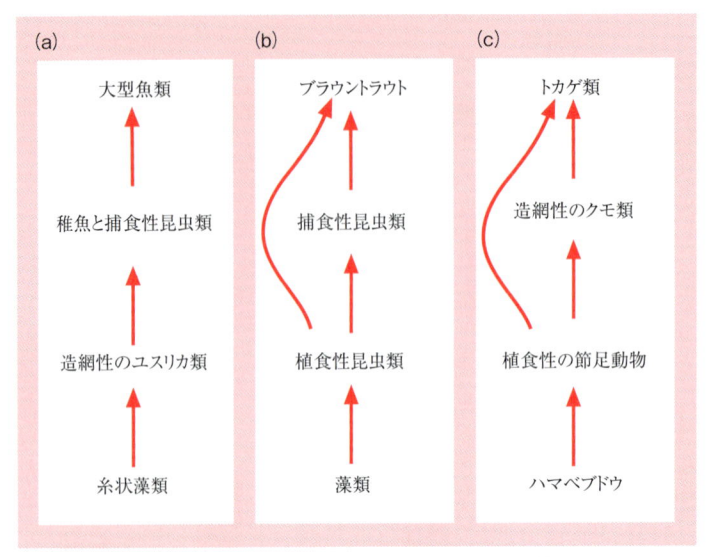

図20.4 4つの栄養段階から構成される食物網の3つの例．(a) 北アメリカの河川の群集は，2つ以上の栄養段階で摂食する雑食者がいないため，4つの栄養段階から成る系として機能している．一方，ニュージーランドの河川の群集での食物網 (b) と，バハマの陸上群集での食物網 (c) は，どちらも3つの栄養段階から成る食物網として機能している．これは，頂点に立つ雑食性捕食者が植食者に対して直接的で強い効果を持つ一方で，中間の捕食者には弱い効果しか持たないためである．(それぞれ Power, 1990; Flecker & Townsend, 1994; Spiller & Schoener, 1994 より．)

ジマス *Oncorhynchus mykiss*）は，稚魚と捕食性無脊椎動物の存在量を減少させた．その結果，それらの餌である造網性のニセユスリカ属の一種（*Pseudochironomus richardsoni*）が高密度になり，糸状藻類のシオグサ属（*Cladophora*）に対して強い摂食圧がかかり，その生物体量は低く抑えられた．

予想されるパターンを支持する例がコスタリカの熱帯低地林からも報告されている．肉食性の甲虫カッコウムシ *Tarsobaenus* は，オオズアリ属 *Pheidole* のアリを食べる．オオズアリは，アリ植物 *Piper cenocladum* を攻撃するさまざまな植食動物を餌としている（しかし，栄養段階間の相互作用の詳細は，さらに少し複雑である―図20.5a）．何ヶ所かで記載された研究は，まさに，4つの段階から成る栄養カスケードにおいて予想される存在量の交代を示していた．すなわち，植物とアリの存在量が比較的多い3つの調査地（サイト2〜4）では，植食の程度と甲虫の存在量が低く，植物とアリの存在量が少ない1ヶ所の調査地（サイト1）では，植食の程度と甲虫の存在量が高かった（図20.5b）．さらに，甲虫の存在量を実験的に操作したひとつの調査地では，甲虫の除去により，アリと植物の存在量は有意に高くなり，植食の水準は低下した（図20.5c）．

一方，4つの栄養段階（ブラウントラウト（*Salmo trutta*），捕食性無脊椎動物，植食性無脊椎動物，藻類）から成るニュージーランドの河川群集では，頂点の捕食者が存在しても，藻類の生物体量は減少していなかった．これは，魚が捕食性無脊椎動物に影響を及ぼすだけでなく，もう一段階下の栄養段階にある植食動物の活動にまで直接影響を及ぼしていたからである（図20.4b）（Flecker & Townsend, 1994）．魚は，直接植食者を捕食するだけでなく，生残者の採餌行動を抑制していた（Mclntosh & Townsend, 1994）．同様の状況は，トカゲ類，造

> 4つの段階から成る群集が，3つの段階のように機能しうる

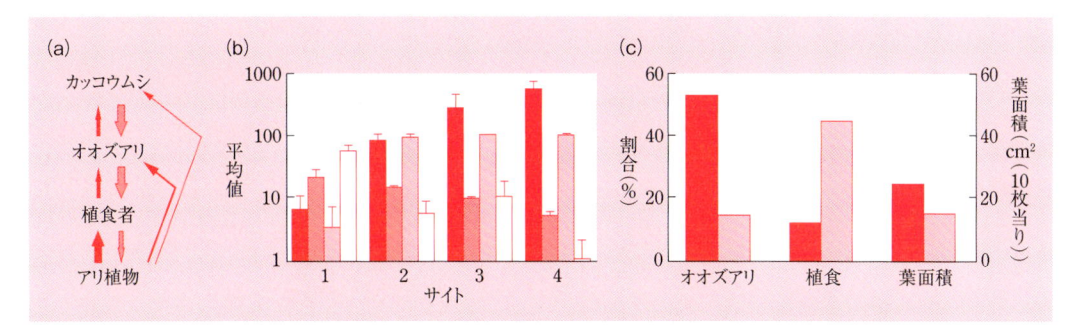

図20.5 (a) コスタリカの4つの栄養段階から構成される食物連鎖の概念図．薄い色の矢印は死亡を示し，濃い色の矢印は消費者の生物体量への寄与を示す．矢印の幅は，相対的な重要度を示す．(b) と (c) は両方とも，カッコウムシに始まる栄養カスケードの証拠を示している．すなわち，カッコウムシと植食動物との正の相関，オオズアリと植物との正の相関を示している．(b) 4つのサイトでのアリ植物の存在量 (■)，カッコウムの存在量 (■)，オオズアリの存在量 (■)，植食の程度 (□) の相対的な値の平均と標準誤差を示す．測定単位はそれぞれ異なるので，原典を参照のこと．(c) サイト4での囲い込み実験の結果．カッコウムシを排除した実験区 (■) とカッコウムシを排除しなかった実験区 (■) を比較した．単位は，オオズアリについては占有された葉柄の割合 (%)，植食については食べられた葉面積の割合 (%)，葉面積は10枚の葉当りの cm^2 で示す．(Letourneau & Dyer, 1998a, 1998b; Pace *et al.*, 1999 より．)

網性のクモ類，植食性の節足動物，ハマベブドウ (*Coccoloba uvifera*) の4つの栄養段階から成るバハマ諸島の陸上群集についても報告されている (図20.4c) (Spiller & Schoener, 1994)．操作実験によって，頂点に立つ捕食者 (トカゲ) と植食動物の間には強い相互作用が検出されたが，クモに対するトカゲの影響は弱かった．その結果，最上位の捕食者から植物が受ける正味の効果は正で，トカゲがいる時には葉の食害は少なかった．これらの4つの栄養段階から成る群集には栄養カスケードが存在しているが，それは群集があたかも3つの栄養段階しかない場合のような働きを示していたのである．

20.2.4　すべての生息場所でカスケード？ 群集レベルか，種間レベルか？

栄養カスケードはすべて水域のものなのか？　栄養カスケードに関する議論の多くは，その原典となる研究も含めて，水域の例 (海洋，淡水域のどちらも) に基づいている．そのため，「栄養カスケードはすべて水域のものなのか？」が真剣に問題とされてきた (Strong, 1992)．しかし，Polis *et al.* (2000) が指摘するように，この疑問に答えるためには，群集レベルのカスケードと種間レベルのカスケードの違い (Polis, 1999) を認識する必要がある．群集レベルのカスケードでは，群集内の捕食者は，全体として，植食動物の存在量を制御し，植物は，全体として，植食動物による制御から解放される．しかし，種間レベルのカスケードでは，特定の捕食者の増加は，群集全体に影響を及ぼすことなく，特定の植食動物の減少と特定の植物の増加を引き起こす．Schmitz *et al.* (2000) は，「すべての栄養カスケードは水域のものである」という主張に対する反証となるような，陸上生息場所における栄養カスケードの存在を示した41の研究例を挙げた．しかし，Polis *et al.* (2000) は，そうした研究例は，群集の一部分のみを扱っているにすぎず，本質的に，種間レベルのカスケードを示したものである，と指摘した．さらに，それらの研究における植物の生育状況の測定は，概して短期間のもので，小規模な反応 (例えば，先に挙げたトカゲ―クモ―植食動物―ハマベブドウの例における「葉の損傷度」) に基づいており，植物の存在量や生産量といった，群集全体に重要な影響を及ぼす大規模な反応を測定していなかったのである．

その上で，Polis et al. (2000) は，群集レベルのカスケードは，次のような特徴を持つ系で生じると主張した．（i）生息場所の境界が比較的明瞭で，内部が均質である．（ii）餌生物の個体群動態（第一次生産者の個体群動態を含む）は，その消費者の個体群動態に比べて一様に速い速度で進行する．（iii）共通の餌生物が，均等に食べられる傾向がある．（iv）栄養段階間の境界が明瞭で，種間の相互作用が強く，いくつかの独立した栄養段階間の連鎖が卓越する系になっている場合．

もしこの主張が正しければ，群集レベルのカスケードは，湖沼の沖帯の群集，河川の底生群集，岩礁域（すべて「水域」），そして，農耕地群集において存在する可能性が高い．これらの群集では，成長の速い単一分類群（植物プランクトン，コンブ，農業作物）の植物が優占するため，群集の境界が明瞭で，群集が比較的単純である．しかしこのことは，もっと拡散的で，多数の種が存在する系では，カスケードの力が存在しないということではない (Schmitz et al. (2000) の総説で確認された通りである)．むしろ，消費のパターンが多様であるために，全体的に効果が和らげられる，ということなのである．群集全体の観点からすれば，そのような効果は，（滝をイメージさせる）栄養カスケードというよりは，（したたり落ちるという意味の）栄養トリクルと表現すべきかもしれない．

確かに，これまで蓄積されてきた証拠によって，単純な群集，特に水域の群集では，明白な群集レベルのカスケードが存在し，もっと多様な群集，特に陸域群集では，広い食物網の中に埋め込まれた比較的限定的なカスケードが存在する，というパターンが支持されるようである．しかしながら，このことが実情を示しているのか，それとも単に生息場所ごとのカスケードの操作・研究の実際的な難しさの違いに基づくものなのかは，これから検討する必要がある．水域の食物網と陸域の食物網の間に，実際に違いがあるかどうかを判断しようとしたある試みでは，それを支持あるいは論駁するための経験的，理論的証拠がほとんどない，と結論せざるを得なかった (Chase, 2000)．

20.2.5 食物網は上下どちらから制御されているのか？

これまで見てきたように，通常，栄養カスケードは「頂点から」見たもので，最上位の栄養段階から始まるものである．そこで，3つの栄養段階から成る群集では，捕食者がグレイザーの存在量を制御している場合は，グレイザーは，**上からの制御** (top-down control) を受けていると言える．逆に，捕食者は，下からの制御を受けている（存在量は資源によって制御されている）と言えるが，これは標準的な捕食者—餌動物の相互作用関係である．さらに，植物も，グレイザーにかかる捕食者の効果で上からの制御からは解放され，下からの制御を受けることになる．このように，一つの栄養カスケードの中で，上からの制御と下からの制御は，ある栄養段階から次の栄養段階へと移るたびに交互に現れるのである．

しかし，代わりに，食物連鎖の逆の末端から見はじめて，植物が資源をめぐる競争によって下から制御されていると仮定するとどうなるだろうか．その場合でも，植食動物が植物（彼らの資源）をめぐる競争によって制限されており，捕食者が植食動物をめぐる競争によって制限されている状況は起こりうる．このシナリオでは，すべての栄養段階が，**下からの制御** (bottom-up control)（**供給者制御** (donor control) とも言う）を受けていることになる．なぜならば，資源は消費者の存在量を制御するが，消費者は資源の存在量を制御しないからである．そこで，次のような疑問が湧く．「食物網，あるいは特定の型の食物網は，上下どちらからの制御にも支配されるのか？」．（しかしながら，ここでもう一度注意したいのは，上からの制御が「卓越」している場合でさえ，上からの制御と下からの制御

は，栄養段階ごとに交互に出現すると予想されることである）．

上からの制御と下からの制御，そして，カスケード

この疑問は，まさにこの章で扱ってきた問題と関連している．群集レベルの強力な栄養カスケードを伴う系では，上からの制御が支配しているだろう．しかし，栄養カスケードが存在しているとはいえ，種間レベルのものに限定されている系であれば，群集全体としては，上からの制御か下からの制御のどちらかによって支配されているだろう．また，消費者が，自らの食物資源の供給にほとんど影響を与えないために，必然的に下からの制御が卓越している群集もあるだろう．これが最も見事に当てはまる生物群は，デトリタス食者である（第11章を参照）．しかし，花蜜食や種子食のものもまたこの範疇に含まれるだろう（Odum & Biever, 1984）．また，稀少植物を餌とする多くの昆虫は，寄主植物の存在量に影響を与えることはほとんどないだろう（Lawton, 1989）．

なぜ世界は緑なのか？…

栄養カスケードの概念につながる，上からの制御の普遍的重要性は，Hairston *et al.* (1960)による「なぜ世界は緑なのか？」を問題にした有名な論文で最初に唱えられたものである．彼らの答えは，要するに，上からの制御が卓越しているために世界は緑なのだ，というものである．すなわち，捕食者が植食動物を抑え続けているから，緑色植物の生物体量は蓄積され続けているのである．その後，この主張は栄養段階が3つより少ない系や多い系にも拡張された（Fretwell, 1977; Oksanen *et al.*, 1981）．

…それとも，棘だらけでまずいのか？

こうした考え方に対して，とりわけMurdoch (1966)が異議を唱えた．彼の主張は，Pimm (1991)の表現によれば「世界は刺だらけでまずい味」ということになる．彼は，たとえ世界が緑である（そう仮定して）としても，植食動物が捕食者によって制限されている，すなわち，上から制御されているために，植物の利用に失敗しているとは限らない，ということを強調した．多くの植物は，植食動物の生活を困難にするような物理的または化学的防御策を進化させている（第3章を参照）．そのため，植食動物は，限られた量しか存在しない食べられる無防備な植物資源をめぐって激しく競争しているかもしれない．また，捕食者も，数少ない植食動物をめぐって競争しているかもしれない．このようにして下からの制御を受けている世界もまた，緑となるだろう．

さらにOksanen (1988)は，世界がいつも緑であるとは限らないと主張している．もし観察者が砂漠の真ん中とかグリーンランドの北の海岸で観察するなら，当然だろう．Oksanenの主張は，以下の通りである（Oksanen *et al.*, 1981も参照）．（ⅰ）生産性がきわめて低い，「白い」生態系では，植食者の個体群を維持させるのに十分な食料がなく，植物への食害は軽微だろう．そこでは，植物と植食者の両方が下からの制御を受けているだろう．（ⅱ）植物生産がもっとも高い，「緑の」生態系でも，また，植物への食害は軽微であろう．この場合は，捕食者による，上からの制限が働くためである（この点はHairston *et al.* (1960)の主張と同じ）．（ⅲ）しかし，これら両極の間では，生態系は「黄色」であるだろう．そこでは，捕食者の個体群を支えるのに十分な植食者がいないために，植物はグレーザーによる上からの制限を受けるからである．以上のことから，生産性によって，食物連鎖の長さが変わり，それによって下からの制御と上からの制御の割合が変わることが示唆される．この仮説は，まだ本格的には検討されていない．

一次生産力の影響？

また，上からの制御と下からの制御のどちらが優勢になるかを決める他の過程として，一次生産の高さが影響しているという主張もある．Chase (2003)は，捕食者となるコオイムシ科の昆虫（*Belostoma flumineum*），その餌と

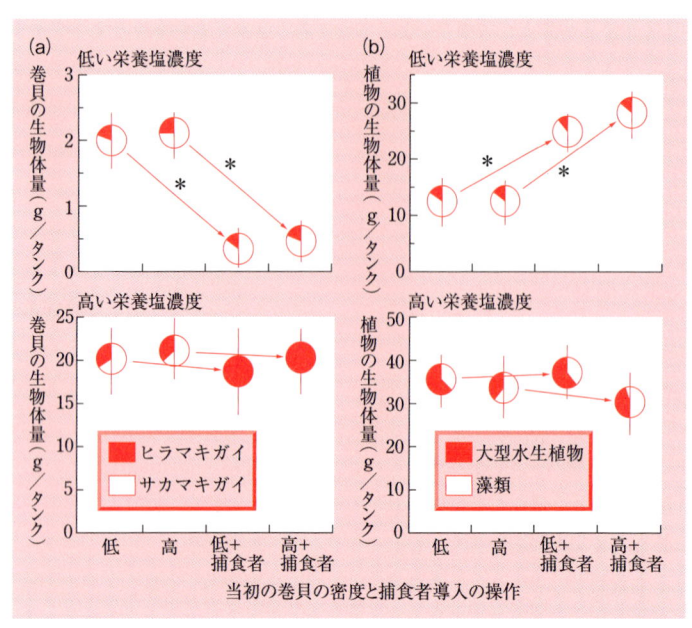

図20.6 上からの制御でも生産性が低い例．栄養塩濃度を操作した実験池での巻貝の生物体量(a)と植物の生物体量(b)(縦線は標準誤差)．低い栄養塩濃度では，巻貝群集はサカマキガイ *Physella*(捕食されやすい種)が優占していた．そこへ捕食者を導入すると，巻貝の生物体量は有意に減少し(＊で示す)，引き続いて植物(藻類が優占)の生物体量が増大した．しかし，高い栄養塩濃度下では，ヒラマキガイ *Helisoma*(捕食されにくい巻貝)が相対的な存在量を増加させ，捕食者を導入しても，巻貝の生物体量の減少や植物(大型水生植物が優占)の生物体量は増大しなかった．(Chase, 2003 より)．

なる植物食巻貝2種(サカマキガイの一種 *Physella girina* とアメリカヒラマキガイ *Helisoma trivolvis*)，またその餌となる水生植物と藻類を含む淡水の食物網に与える栄養塩濃度の影響を調べた．なお，そこの食物網はさらに動物プランクトンと植物プランクトンを含んでいる．栄養塩濃度が最も低いときには，巻貝は小型種のサカマキガイが優占していた．サカマキガイは捕食者に攻撃されやすく，捕食者は第一次生産者にまでおよぶ栄養カスケードを生じさせていた．しかし，栄養塩の濃度が最も高いときには，巻貝は，比較的捕食者に攻撃されにくい大型種のアメリカヒラマキガイに優占され，栄養カスケードは現れなかった(図20.6)．従って，この研究もまた，Murdoch の主張「世界はまずい味」(world tastes bad)を支持している．攻撃されにくい植食動物の存在によって，食物網は，相対的に下からの制御に強く支配されていたのである．しかしここでも分かるように，全体としては，上からの制御と下からの制御のどちらが支配的かを分ける明確なパターンについては，まだ解明できていない．

20.2.6 強い相互作用とキーストーン種

食物網という織物の中に，他の種よりも深く強く織り込まれている種がいる．その種を取り除くと，少なくとも他の1種に大きな影響(絶滅や劇的な密度変化など)が現れるような種は，強い相互作用を持つ種と考えられる．相互作用の強い種の中には，それを除去すると食物網全体に大きな変化がもたらされるような種がいる．そのような種を**キーストーン種**(keystone species)と呼んでいる．

キーストーン（要石）とは，石橋などの建築物のアーチの最上部にはめ込まれた楔形の石のことで，他の石をまとめ，保定する役割を担っている．この語が食物網構造に関して最初に使われたのは，岩礁にいるヒトデ *Pisaster* のように（Paine（1966）と第19章4.2節を参照），最上位の捕食者の中で，優位な競争者の個体数を減少させることで，劣位の競争者が有利となる効果を間接的に与えるような種を指すためであった．キーストーン種である捕食者を除去することは，アーチの要石の除去と同様に，構造の崩壊をもたらす．すなわち，その除去は，いくつかの種の消滅あるいは個体数の大きな変化をもたらし，まったく異なる外観を呈するような，種構成が大きく異なる群集を生じさせるのである．

キーストーン種とは何か？

キーストーン種が他の栄養段階にも存在し得ることは，今では普通に受け入れられている（Hunter & Price, 1992）．キーストーン種という用語の語義は，当初より拡張されつつあるのは確かで，中にはこの用語が本当に意味のあるものなのか疑問を持つ研究者もいる（Piraino *et al.*, 2002）．「その存在量に比較して不釣合いに大きな影響力を持つ種」（Power *et al.*, 1996）というように，もっと限定した定義をする人もいる．この定義では，低い栄養段階の**生態的優占種**（ecological dominants）のような，あまり意味のない例をキーストーン種から除外できるという利点がある．例えば，サンゴ礁やカシ林の中のカシの樹など，他の多くの種全部が依存する資源を供給する1種などは，ある栄養段階の優占種ではあるが，キーストーン種からは外れるということである．不釣合いに大きな影響を持つ種を見つけることはわくわくすることでもあり，有用なことでもある．

定義上の問題はともかく，重要な点は，群集内のすべての種が群集構造に何らかの影響を及ぼしているという当然の事実の中で，他の種よりもはるかに大きな影響力を持つ種がいると認識することである．実際，さまざまな指数が，こうした影響力を測るために提案されている（Piraino *et al.*, 2002）．例えば，どれか特定の種の「群集における重要度」（community importance）を，その種を取り除いたときに，群集から消失する他種の割合で示す（Mills *et al.*, 1993）などである．また，キーストーン種の概念を理解し，そうした種を見つけ出すことは，実用的な観点からも重要である．なぜなら，キーストーン種は，保全において重要な役割を担う可能性があるからである．つまり，定義からして，キーストーン種の存在量の変化は，他の種全体にきわめて大きな波及効果を及ぼすからである．しかしながら，キーストーン種とその他の種を，いつも明確に区別できるとは限らない．

原理的には，キーストーン種は食物網のどこからでも見出されうる．Jones *et al.*（1997）の指摘によれば，キーストーン種を重要たらしめるのは，栄養段階中でのその役割である必要はなく，むしろ**生態的構築者**（ecological engineers；第13章1節を参照）として機能することが必要なのである．例えば，ビーバーは，樹を切り倒し，ダムを造り，多くの種が利用する生息場所を作り出す．キーストーン種となる相利共生生物たち（Mills *et al.*, 1993）も，また，その存在量とは不釣り合いに大きな影響力を持つだろう．その例としては，生態的な優占種である植物が依存している送粉昆虫や，マメ科植物を支える窒素固定細菌が挙げられる．彼らは，その植物群集とそれに依存する動物たち全体の構造を支えているといえる．当然ながら，キーストーン種は，最上位の捕食者や，餌動物間の共存を左右する消費者動物に限定されるものではない．例えば，ハクガン *Chen caerulescens caerulescens* は植食動物であり，カナダではハドソン湾の西岸に沿った汽水や淡水の沼沢で大きなコロニーをつくって繁殖する．春，その営巣地では，植物が地上部での成長を始める前に，親鳥が乾燥した場所のイ

キーストーン種は食物網のどこからでも見出されうる

ネ科植物の根や根茎を掘り起こしたり，湿った場所でカヤツリグサの膨らんだシュートの基部を食べる．それによって，ピートや堆積物が露出したパッチ（$1～5\,m^2$）ができる．このパッチに定着できる先駆植物がほとんどいないため，植生の回復は非常に遅い．さらに，掘り返されなかった汽水湿地の植生でも，夏にハクガンが高密度で盛んに摂食することによって，スゲ属 *Carex* やチシマドジョウツナギ属 *Puccinellia* が繁茂する「餌場」が維持されるのである（Kerbes *et al.*, 1990）．このハクガンをキーストーン種とみなすのは，妥当であろう．

20.3　食物網の構造，生産力，安定性

どんな生態的群集でも，その構造（種数，食物網内の相互作用の強さ，食物連鎖の平均的長さなど），量的な性質（とくに生物体量，**生産力**（productivity）に要約される生物体量の生産速度），そして群集の時間的な安定性によって特徴づけることができる（Worm & Duffy, 2003）．この章ではこれ以降，これら3つの性質の相互関係について考えよう．この分野における最近の主な関心事の多くは，生物多様性（鍵となる構造要素）ののっぴきならない低下が，生物群集の安定性と生産性にどう影響するかを知りたい，というもっともな要請から生じている．

そこで，以下では特に，食物網構造が，構造自体の安定性と群集生産力の安定性に及ぼす影響を見ていこう（本節では食物網の複雑さ，そして次の第4節では食物連鎖長その他の特性について取り上げる）．しかしながら，最初に強調しておかねばならないのは，食物網についての理解の進展は，自然群集から集められたデータの質に決定的に依存しているということである．最近，数名の研究者が，特に初期の研究について，その質に疑問を呈している．彼らの指摘では，そうした研究での生物の分類群の扱いはきわめて不均一であり，時にはとても粗いものであった．

例えば，同じ食物網の中でも，分類群によって，界（植物），目（双翅目），種（ホッキョクグマ）といった異なるレベルで分類されるようなこともあった．なお，きわめて精密に記載されたいくつかの食物網を用いて，食物網の構成要素を段階的に粗い分類群へとまとめていき，不均一な分類上の解像度がどう影響するかを検討した研究　がある（Martinez, 1991; Hall & Raffaelli, 1993; Thompson & Townsend, 2000）．これらの研究から明らかになった点は，食物網の特性の大部分が，その研究で達成された分類学的な解像度のレベルに依存するらしいことである．こうした限界は，以下の節で食物網パターンについてその証拠を明確にする際に，頭に入れておくべきことである．

しかしまず最初に，「安定性」を定義すること，あるいは安定性のさまざまなタイプを理解することが必要である．

20.3.1　「安定性」が意味するものは？

群集（あるいは何か他のシステム）の安定性のさまざまな側面のうち，最初に区別できるのは，復元力と抵抗力である．**復元力**（resilience）とは，ある群集が撹乱を受けて変化した後，元の状態に戻る速さを意味する．**抵抗力**（resistance）とは，元の状態からの変化自体を防止する群集の能力を意味している（図20.7はこうした安定性の諸側面を例示している）．

復元力と抵抗力

次に区別できるのは，局所的な安定性と大局的な安定性である．**局所的安定性**（local stability）は，群集が小さな撹乱を受けた後に元の状態（あるいはそれに近い状態）に戻る傾向を意味している．**大局的安定性**（global stability）は，群集が大きな撹乱を受けた後に元の状態に戻る傾向を意味している．

局所的安定性と大局的安定性

3つめの区別は，局所性と大局性の区別に関連するが，もっと群集の環境に焦点を当てたも

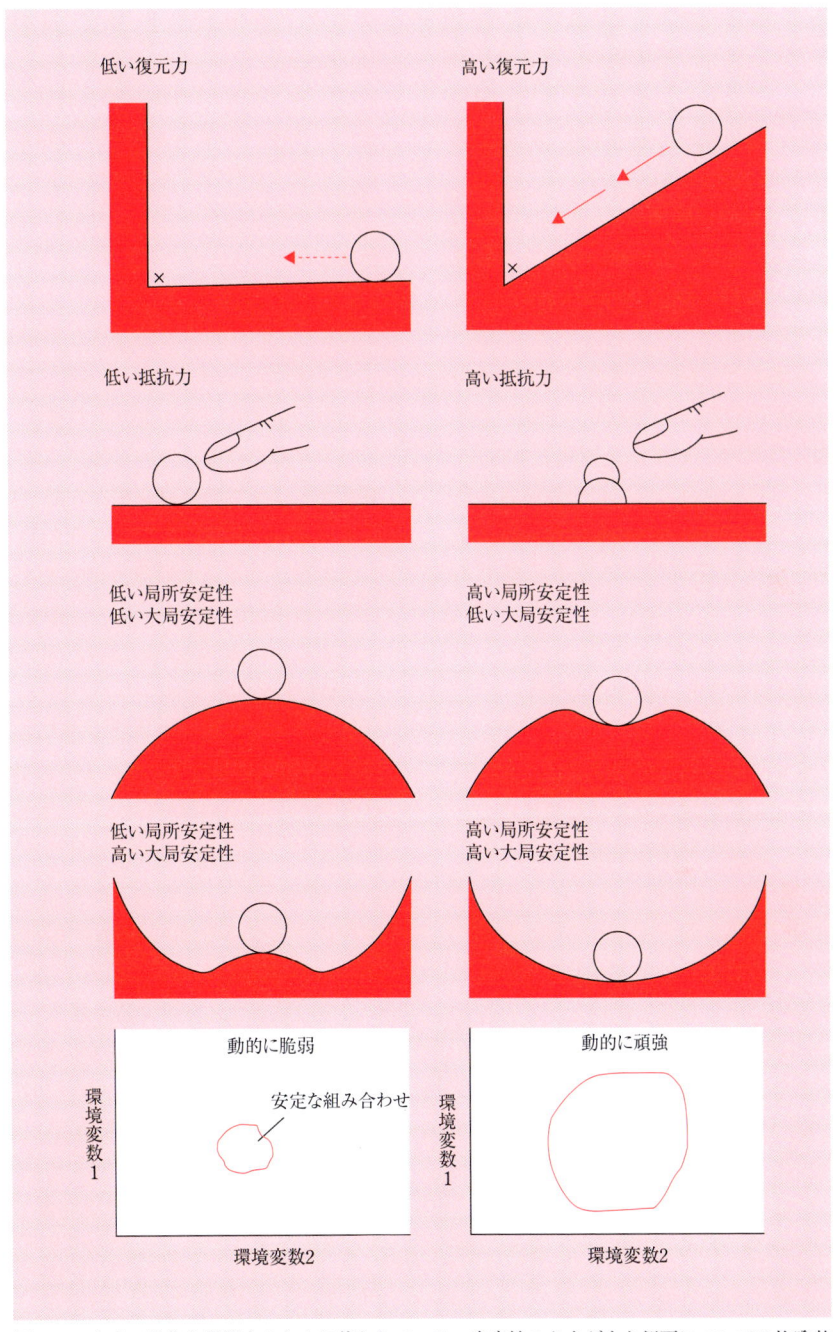

図20.7 本章で群集を説明するために使われている，安定性のさまざまな側面についての比喩的な図解．復元力の図の×印は，撹乱によって変化した群集の元の状態を表す．

のである．どんな群集の安定性も，構成種の密度と特性とともに，それをとりまく環境に左右される．狭い範囲の環境条件でのみ，あるいは非常に狭い範囲の種の特性でのみ安定している群集は，**動的に脆弱**（dynamically fragile）であると言える．逆に，広い範囲の条件や特性で安定な群集は**動的に頑強**（dynamically robust）であると言える．

動的な脆弱さと頑強さ

最後に，群集のどの側面に焦点を当てるのかは，我々自身が決めることである．生態学者はしばしば個体群統計学的手法を採用してきた．また，群集の構造に焦点を当てた生態学者も多い．しかし，生態系プロセスの安定性，特に生産性（productivity）に注目することも可能である．

20.3.2 群集の複雑さと「標準的見解」

少なくとも半世紀の間，生態学者は，食物網構造と食物網安定性の間にみられる関係に心を奪われてきた．当初の**標準的見解**では，群集の複雑さが増大すれば安定性も増すとされていた．すなわち，複雑な群集ほど，一種，あるいはそれ以上の種の消失というような撹乱に直面しても，構造的に同じ状態を維持しやすいとされていた．当時も現在と同様，複雑さの増大は，さまざまな意味合いを含んでいた．すなわち，たくさんの種がいること，種間の相互作用が多いこと，相互作用の強さの平均値が大きいこと，あるいはそれらのいくつかが組み合わさることなどである．Elton (1958) は，複雑な群集ほど安定であるという見解を支持するさまざまな経験的事実と理論的検討を集積した（単純な数学モデルは本質的に不安定であることや，種数の少ない島嶼の群集は外来種の侵入を受けやすいことなど）．しかしながら，現在では，彼の主張の大部分は正しくないか，あるいは別のもっと妥当な解釈で置き換えうることが明らかである（実際，Elton自身もさらに深い分析が必要であると指摘していた）．ほぼ同じ頃，MacArthur (1955) も，その標準的見解に沿う形で，さらに理論的な議論を展開した．彼は，群集中を流れるエネルギーの経路が多いほど，ある1種の異常な密度上昇や低下に反応して他の構成種の密度が変化する可能性が低くなると指摘した．

20.3.3 モデル群集の複雑さと安定性：個体群

しかしながら，その標準的見解が，常に支持されてきたわけではない．特に，数学モデルの解析からは反対の意見が相次いだ．転機となる研究が May (1972) によって行われた．彼は，一群の種から成る食物網モデルを組み立てて，各種の個体数がその平衡値の近傍でどのように変化するかを調べた（すなわち，各々の個体群の局所的安定性を調べた）．各々の種は，他の全ての種との相互作用から影響を受けると仮定し，i 種の増加率に及ぼす j 種の密度の効果を，β_{ij} で表した．食物網は，「ランダムに組み立てられた」が，その中で，自己制御的な項（β_{ii}, β_{jj} など）は全て -1，他の全ての β は，一定数の 0 を含むランダムな値にした．そうした食物網は，3つの変数によって記述できた．それらは，種の数 S，食物網の**結合度**（connectance）C（全ての種の組み合わせのうち直接的に相互作用する種の組み合わせの割合．すなわち 0 でない β_{ij} の割合），そして平均**相互作用強度** β（すなわち，符号を無視した 0 でない β 値の平均値）の3つである．May は，このような食物網が，次のような条件でのみ安定である（すなわち，小さな撹乱の後，どの個体群も平衡状態に向かう）ことを明らかにした．

$$\beta (SC)^{1/2} < 1 \qquad (20.1)$$

この関係が成り立たない場合には，個体群は不安定である．

言い換えれば，種数，結合度，相互作用強度のどれが増加しても，不安定性は増大する（上

の不等式の左辺の値が大きくなるため）．これらの変数の値の増大は，複雑さの増大を表すものである．つまり，このモデルは，他のモデルと並んで，複雑さが「不安定性」を導くことを示唆しており，複雑さと安定性が結びつく必然的かつ絶対的な関係は存在しないことを明確に示している．

多くのモデルが標準的見解を拒む　しかしながら，他の研究では，このような複雑さと不安定性の関係は，分析されたモデル群集の特定の性質，あるいは分析方法に起因する人為的結果である可能性が指摘されている．まず，でたらめに構成された食物網は，しばしば生物学的に不合理な要素を含む（例えば，種Aが種Bを食い，種Bが種Cを食い，種Cが種Aを食うというループ状の関係）．合理的につくられた食物網の解析（Lawlor, 1978; Pimm, 1979）では，複雑さが増すと，安定性はやはり低下したが，（式20.1の不等式のような）安定から不安定への急激な移行はみられなかった．次に，「下からの制御」を受けている系（すなわち，$\beta_{ij}>0$, $\beta_{ji}=0$）では，安定性は複雑さに影響されないか，あるいは実際に複雑さとともに安定性が増大した（DeAngelis, 1975）．モデル中での複雑さと安定性の関係は，安定である群集の復元速度に焦点を当てるとさらに込みいったものになる．複雑さの増大に伴って安定な群集の割合は減少するかもしれないが，その安定な群集について見れば，復元速度（安定性の重要な側面）が増大すると予測される（Pimm, 1979）．

しかしながら，種の豊富さと個体群の変動性の関係は，きわめて一般的な様式で，各個体群の存在量の平均値（m）と分散（s^2）の関係に影響されるらしい（Tilman, 1999）．この関係は，次のように表すことができる．

$$s^2 = cm^z \tag{20.2}$$

ここで，cは定数，zはいわゆるスケーリング係数である．zは1から2の間の値をとると期待され（Murdoch & Stewart-Oaten, 1989），実際に観察された値はそうなっている（Cottingham et al., 2001）．この範囲では，個体群の変動性は種数に伴って増加する（図20.8）．これは先のMayのモデルで見られたような，複雑さと個体群の不安定性の関係を表している．

結局，ほとんどのモデルで，群集の安定性が複雑さの増大に伴って低下する傾向にあることが示されているのである．これは，1970年以前の標準的見解の土台を揺るがすのに十分である．しかし，モデルによる検討結果に相反するものがあるということは，少なくとも，全ての群集にあてはまる一義的関係というものはないことを示唆している．ひとつの大雑把な一般論を，別の大雑把な一般論で置き換えようとすることは間違いなのであろう．

20.3.4　モデル群集における複雑さと安定性 ── 群集全体

複雑さ，特に種の豊富さが，生物体量や生産性のような群集全体の集約的特性の安定性に及ぼす影響は，少なくとも理論的には，明解なものであるようだ（Cottingham et al., 2001）．おおまかに言って，豊かな群集ほど，集約的特性の動態は安定している．まず，異なる個体群の変動が完全に相関していない限り，すべての個体群を総計した場合には，ある個体群は増加し，ある個体群は減少するなどして，必然的に「統計的な平均化」効果が生じる．そして，この効果は，豊かさ（個体群の数）が増大するにつれて強まる傾向がある．

この効果は，式20.2の平均値と分散の関係にも関連している．豊かさが増大すると，豊かな群集ほど集約的特性が安定である平均的存在量は減少する傾向があるが，これに伴ってどれくらい存在量の分散が変化するかは，式20.2のz値によって決まる．明らかに，z値が大きいほど，分散の減少率は大きく，豊かさの増大にともなう安定性の増加率も大きくなる（図20.8）．ただし，稀な状況で恐らく非現

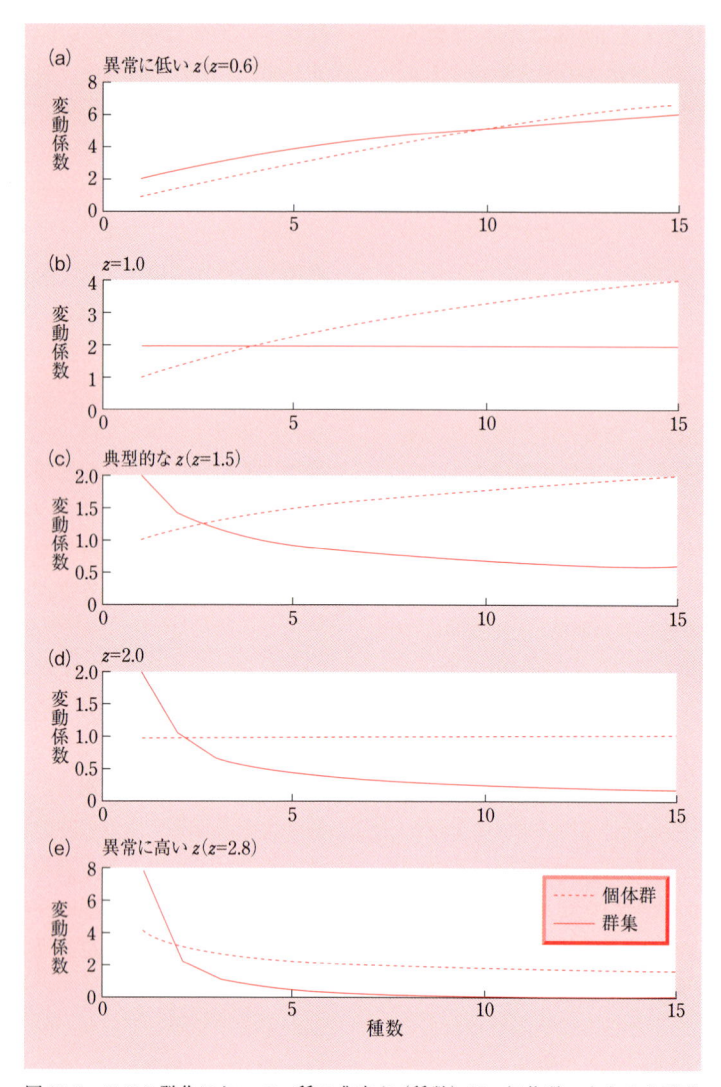

図20.8 モデル群集において，種の豊富さ（種数）が，個体群の大きさと群集の存在量の時間的変動性（変動係数 CV で示す）に及ぼす影響．存在量の平均値と分散の関係（式20.2）におけるスケーリング係数 z の4通りの値について示してある．このモデルでは，群集内の全ての種が等しい存在量と同じ CV 値を持っている．(a) $z=0.6$，異常に低い z 値．(b) $z=1.0$，典型的な値の下限値．(c) $z=1.5$，典型的な値．(d) $z=2.0$，典型的な値の上限値．(e) $z=2.8$，異常に高い値．(Cottingham et al., 2001 より．)

実的であるが，z が1以下である場合（平均存在量の減少に比例して分散が増加する場合）には，統計的平均化の効果は存在しない．

豊かさと生産性の関係に関連した問題は，豊かさと生産性の「安定性」の関係とは異なるので，種の豊富さに注目した次章において取り上げる（第21章7節を参照）．

20.3.5 現実の群集における複雑さと安定性 —— 個体群

たとえモデルの中では複雑さと個体群の不安

第20章 食物網

自然界では何が起こっているか？

定さが関連しているとしても，実際の群集において同様の関係がみられるとは限らない．その理由のひとつとして，環境条件の変化の範囲と予測可能性が，場所により異なることがあげられる．安定で予測可能な環境では，動的に脆弱な群集も存続できるだろう．しかし，環境条件の変化が大きく，予測不可能な場所では，動的に頑強な群集だけが存続できるだろう．そこで，次のような傾向が期待できるだろう．すなわち，(ⅰ) 安定で予測可能な環境には複雑で脆弱な群集が存在し，変化が大きく予測しにくい環境では単純で頑強な群集が存在する．しかし，(ⅱ) 記録される安定性（個体数変動などに関して）は，環境の変異性に結びついた群集固有の安定性に依存するため，どの群集でもほぼ同じ程度となる．また，人為的攪乱は，攪乱を滅多に経験しない安定な環境の，動的に脆弱な群集に対して最も深刻な影響を及ぼすが，変動の大きな環境の，これまで自然の攪乱を受けてきた単純で頑強な群集には，それほど影響を及ぼさないと予測される．

r と K の関係

もうひとつ注意すべき点は，群集の特性と群集を構成している個体群の特性の間には，重要な対応関係があるということである．安定した環境に存在する個体群は相対的に K 淘汰を受けやすく（第4章12節を参照），変動する環境では相対的に r 淘汰を受けやすい．K 淘汰を受けてきた個体群（競争力は高く，生存率は元来高いが，繁殖への投資は小さい）は攪乱に対して抵抗力を持つが，一旦攪乱を受けた後，元の状態へ戻る能力はほとんどない（復元力が弱い）．対照的に，r 淘汰を受けてきた個体群は，ほとんど抵抗力を持っていないが，高い復元力を持っているだろう．従って，個体群に働く力は，それらの個体群によって構成される群集の特性を補強するだろう．すなわち，安定環境では脆弱な（復元力の弱い）群集が，変動環境では頑強な群集が，形成されるのである．

実際の群集から得られた証拠は？

式20.1で要約される予測に沿って，実際の群集における S，C，β 間の関係を調べた研究がいくつかある．そうした研究は，次のような論法をとっている．観察される群集は安定なはずである．さもなければ，われわれはその群集を観察することはできないからである．もし，$\beta(SC)^{1/2} < 1$ のとき（少なくとも不等式の左辺の値が小さいとき）だけ群集が安定なら，S が増加した場合，補償的に C か β あるいはその両方が減少しない限り，安定性は低下するだろう．根拠はないが，通常 β は一定であると仮定されている（ただし，相互作用の強さを定量化しようとしている研究者もいる．例えば，Benke et al., 2001 など）．そこで，種数の多い群集が安定であるためには，種数の増加とともに結合度 C の平均が小さくなっていなければならない．従って，S と C の間には，負の関係が存在するはずである．Briand (1983) は，陸上，淡水，海洋での食物網を40例ほど文献から集めた．各々の群集について，理論上可能な全ての種の組み合わせの総数に対する検出された種間の関係の数の割合として，結合度を計算した．図20.9a には，種数 (S) に対する結合度の関係が示されているが，予想通り，種数の増加とともに結合度は低下している．

結合度は種数の増加に伴って低下する――そうではない場合もある

しかしながら，Briand が分析した文献は，食物網の性質を定量的に研究するために集められたものではなかった．しかも，分類学的な詳しさのレベルに相当のばらつきがあった．もっと正確に調べられている食物網に基づいた最近の研究では，C が予想通り S の増加に伴って低下する場合（図20.9b）もあれば，S と無関係な場合（図20.9c）もあり，さらに S の増加に伴って増大する場合（図20.9d）さえある．このように，複雑さと安定性の関係については，食物網の解析からは一貫した結果は得られていない．

他の仮説の方が，観察される結合度パターン

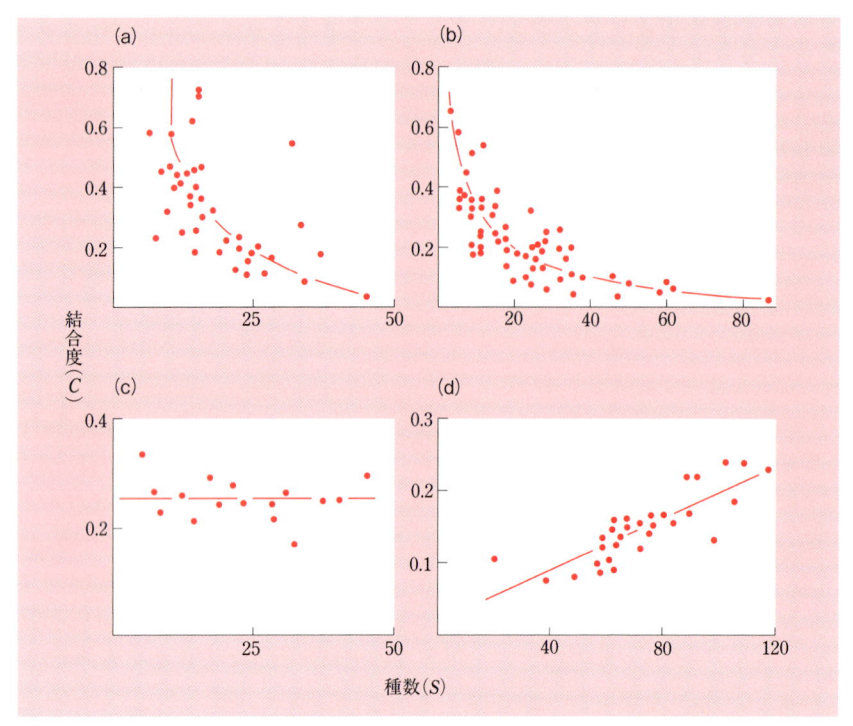

図20.9 結合度（C）と種数（S）の関係．(a) 文献からまとめた陸上，淡水，海洋からの40の食物網における関係．（Briand, 1983より．）(b) さまざまな生息場所での昆虫を主体とした95の食物網における関係．（Schoenly et al., 1991より．）(c) イングランド北部の大きな池で，種数が12種から32種まで季節的に変化する食物網における関係．（Warren, 1989より．）(d) コスタリカとベネズエラの沼沢と河川での食物網における関係．（Winemiller, 1990より．）((a)～(d)はHall & Raffaelli, 1993による．)

をもっと上手く説明できるのだろうか？ 消費者が利用できる餌は，形態的，生理的，行動的な特性によって制限を受ける．もし，各々の種が，一定数の他種を餌とするように適応しているなら，SCは一定となり（Warren, 1994），CはSの増加に伴って小さくなるだろう．しかし，もし各々の種が，それぞれの適応範囲のなかにいる餌を何でも食べるような場合には，全体の種数が増加すれば，餌として利用できる種の数も増えることになるだろう．このような現実に近い条件の場合には，結合度はおおむね一定になるだろう．さらに，もし，食物網がスペシャリストで構成されているならば，全体としての結合度は小さくなるだろうし，ゼネラリストから成る食物網では，結合度は大きくなるだろう．スペシャリストの割合は，種の豊富さに伴って

変化するだろう．従って，これらのパターンに見られる不一致は，単に，食物網に働く力の多様性を反映しているだけなのかもしれない．

　種数の多い群集に属する個体群ほど撹乱に弱いという予測は，実験的にも調べることができる．例えば，ある古典的な研究では，2つの草地群集で抵抗力を測定した（McNaughton, 1978）．まず合衆国ニューヨーク州の実験群集では，土壌に栄養塩を添加するという操作が行われた．またタンザニアのセレンゲティの実験群集では，植食者の摂食活動が操作された．どちらの実験群においても，実験操作は，種数の多い植物群集と種数の少ない植物群集の両方について行われた．その結果，撹乱は種数の多い植物群集の多様性を低下させたが，種数の少ない群集ではそうはならなかった（表20.1）．この

表20.1 栄養塩の添加が，種数の異なる2つの農地で種数，均衡度（$H/\ln S$），多様度（Shannonの指数，H）に与える影響，およびアフリカスイギュウのグレージングが種数の異なる2つの地域で植生の種多様度に与える影響．（McNaughton, 1977より．）

	対照区	実験区	検定結果
栄養塩添加			
$0.5 m^2$区画の種数			
種数が少ない区画	20.8	22.5	NS
種数が多い区画	31.0	30.8	NS
均衡度			
種数が少ない区画	0.660	0.615	NS
種数が多い区画	0.793	0.740	$P<0.05$
多様度			
種数が少ない区画	2.001	1.915	NS
種数が多い区画	2.722	2.532	$P<0.05$
グレージング			
種多様度			
種数が少ない区画	1.069	1.357	NS
種数が多い区画	1.783	1.302	$P<0.005$

NSは，統計学的有意差がないことを示す．

結果は，予測に一致するものであったが，操作の効果は，有意ではあったものの比較的軽微であった．

同様に，Tilman (1996) は，合衆国ミネソタ州のシーダークリーク自然史地域において，207の草地区画から39種の普通種植物のデータを11年にわたって集めた．その結果，各々の種の生物体量の変異の大きさは，きわめてわずかではあるが，区画内の種数の増加とともに有意に増加していた（図20.10a）．

最後に，自然個体群において「確認できる安定性」（存在量の年次変動）が，群集の種の豊富さや複雑さによって変わるかどうかを検討したいくつかの研究がある．Leigh (1975) は植食性脊椎動物，Bigger (1976) は作物害虫，Wolda (1978) は昆虫に関して研究を行ったが，いずれにおいても，その証拠は得られなかった．

一貫した解答はない 結局，理論的研究と同様，経験的研究でも，複雑な群集ほど個体群の安定性が低い（変異性が大きい）ことが示唆されているが，そうした効果は弱く，一貫性がないように思われる．

20.3.6 現実の群集における複雑さと安定性：群集全体

集合体，すなわち群集全体のレベルについてみると，群集の種数が増加すると安定性が増す（変動性が低下する）という予測を概ね支持する証拠がある．もっとも，一貫した関係を見いだせなかった研究も多い（Cottingham et al., 2001; Worm & Duffy, 2003）．

まず，米国とセレンゲティの草原で行われたMcNaughtonの研究 (1978) を振り返ってみよう．（個体群の観点とは対照的に）生態系の観点から見ると，攪乱の影響は全く異なっていた．ニューヨーク州の種数が少ない囲場では，肥料を追加すると，第一次生産力が有意に増加した（+53％）．しかし，種数が多い囲場では，生産性の変化はごくわずかで，有意ではなかった（+16％）．セレンゲティの種数が少ない草地では，グレージングによってそこに生育している現存量が有意に減少していた（-69％）．しかし，種数が多い草地では，減少率はわずかであった（-11％）．同様に，

データがモデルを支持する――種数が豊かな群集ほど安定である

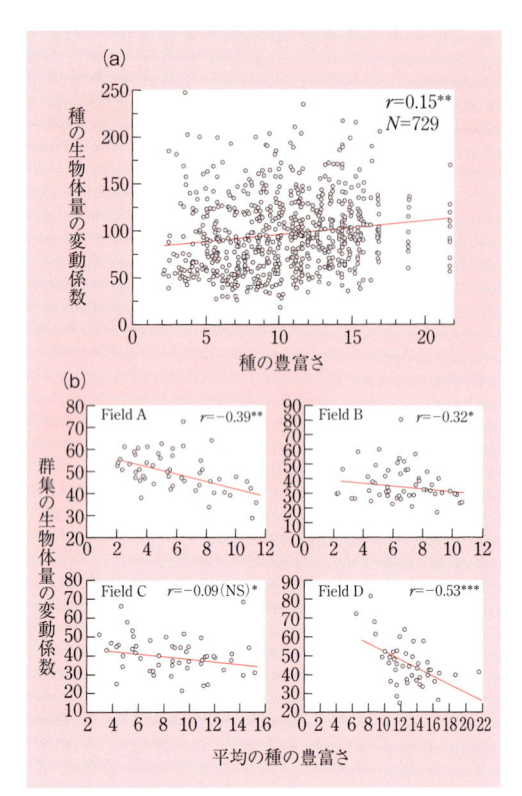

図20.10 (a) 11年間(1984-1994)にわたってミネソタ州の4つの調査地の区画で調査した植物39種の個体群の生物体量の変動係数と,その地点での種の豊富さとの関係.変異性は,種数とともに増加しているが,その傾きはきわめて緩やかである.(b) 各区画における群集の生物体量の変動係数と種の豊富さとの関係を,4つの調査地の各々について示した.変異性は種数とともに一貫して減少している.どの図においても,回帰直線と相関係数が示されている. $*P<0.05$; $**P<0.01$; $***P<0.001$. (Tilman 1996より.)

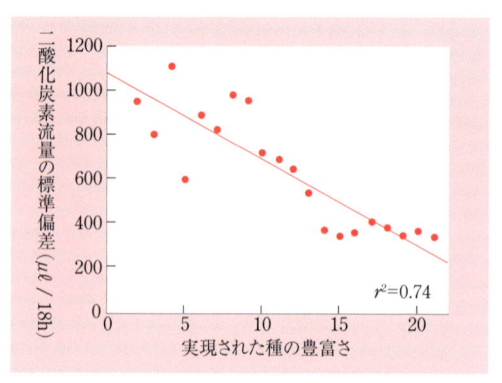

図20.11 微生物群集における生産性の変動性(つまり不安定.二酸化炭素流量の標準偏差で表す)は,6週間の観察では,群集の種数とともに低下した.種の豊富さは,実験開始時の種数にかかわらず,観察時に存在した種数で示されているため,「実現された」種の豊富さとして表されている.(McGrady-Steed et al., 1997より.)

Tilmanがミネソタ州の草地で行った研究(1996)では,個体群レベルでは弱い負の効果が認められたが,群集の生物体量の安定性に対しては強い正の効果が認められた(図20.10b).

McGrady-Steed et al. (1997)は,水生微生物群集(生産者,植食者,細菌食者,捕食者)の種数を操作した.その結果,生態系の別の尺度である,二酸化炭素流量(群集の呼吸量の尺度)もまた,種が豊富になるにつれ減少することを見いだした(図20.11).一方,実験的に乾燥条件にした小さな草地の群集の研究で,Wardle et al. (2000)は,詳細な群集の構成種を見る方が,全体の種数よりも,安定性の予測にははるかに適していることを見いだした.

撹乱に対する群集の反応の研究(McNaughton, 1978)や環境の年次変化に対応した群集の変異の研究(Tilman, 1996)は,変化に対する群集の抵抗力に注目したものである.これとは全く異なる視点の研究では,群集内のエネルギーレベルや栄養塩レベルといった生態系特性の変動に対する,群集の復元力が調べられている.例えば,O'Neill (1976)は,群集を,生きている植物組織(P),従属栄養生物(H),死んだ有機物(D)の3つの区分から成る系として考えた.これらの区分の現存量の変化率は,それらの間のエネルギー流動に依存する(図20.12a).O'Neillは,ツンドラ,熱帯林,温帯落葉樹林,塩性湿地,淡水の泉,池という,6つの群集の実際のデータを組み込んだ群集のモデルに,一定の撹乱を与えてみた.その撹乱は,生きている植物組織の現存量の初期値を10%減少させるというものであった.この撹乱のもとで,平衡点に戻る速さを調べ,それを生きている植物組織の現存量当りのエネルギー流入量の関数として図示した(図20.12b).

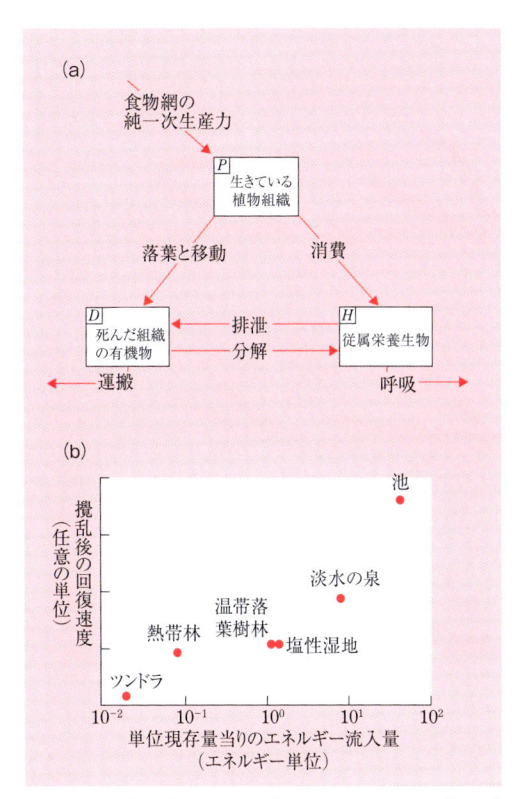

図20.12 (a) 単純化した群集のモデル．3つの箱は系の各要素を表し，矢印は要素間のエネルギーの流動を表す．(b) 対照的な6つの群集のモデルにおける，攪乱（単位現存量当りのエネルギー流入量で表す）を受けた後の回復速度（復元力の指数）．池の群集は，攪乱に対する復元力が最も強く，ツンドラは最も弱かった．（O'Neill, 1976より．）

群集の性質の重要性 —— 種数だけではない

池の系は，現存量が比較的小さく，生物体量の回転率が速いが，最も大きな復元力を示した．池の植物個体群の多くは，短命で個体群増殖速度が大きい．塩性湿地と森林は中間の値を示し，一方，ツンドラは最も低い復元力を示した．復元力と現存量当りのエネルギー流入量との間には明瞭な関係があった．これは，部分的には，系の中での従属栄養生物の相対的な重要度に依存するようである．最も復元力の大きい系である池では，独立栄養生物の5.4倍に相当する従属栄養生物の生物体量が保持されている（それは，この系の優占植物である植物プランクトンの短命さと高い回転率を反映している）．

一方，最も復元力の弱いツンドラでは，独立栄養生物に対する従属栄養生物の比は，わずか0.004である．このように，系の中のエネルギーの流れは，復元力に重要な影響を与える．この流れが速いほど，攪乱の影響もその系から速やかに流れ去ってしまうだろう．DeAngelis (1980) も，まさにこれとよく似た結論に達しているが，それはエネルギー流ではなく栄養塩の循環についてであった．こうした場合でも，安定性は，全体の種の豊富さというような単純な尺度より，群集を構成する種の性質に左右されているようである．

20.3.7 種の数かそれとも種の性質か？ キーストーン種再び

確かに，キーストーン種の概念全体（第2.6節を参照）は，それ自体，構造や機能に対する攪乱の影響は与えられる攪乱の実質的な性質，すなわちどの種が失われるか，によるところが大きいという事実を認識させてくれる．この考え方は，Dunne et al. (2002) によるシミュレーションの研究で補強された．Dunne et al. は，論文として出版されている16の食物網を対象として，次に挙げる4つの基準のどれかひとつに基づく一連の種の除去を行った．(i) 最も結合数の多い種を最初に除去する．(ii) ランダムに種を除去する．(iii) 最下部の種（捕食者となる種は持つが餌種はもたない）を別として，最も結合数の多い種を最初に除去する．(iv) 最も結合数の少ない種を最初に除去する．食物網の安定性の判定には，除去シミュレーションの結果生じた二次的な絶滅の数を用いた．そのような絶滅は，種が餌生物なしに残されてしまったときに起きた（したがって最下部の種は，除去対象としての絶滅はあったが，二次的な絶滅はない）．シミュレーションの結果，まず第一に，種の消失に直面した群集構成の頑強さは，群集の結合度とともに増加した．すなわちこれは，複雑さとともに群集の安定性が増大することを

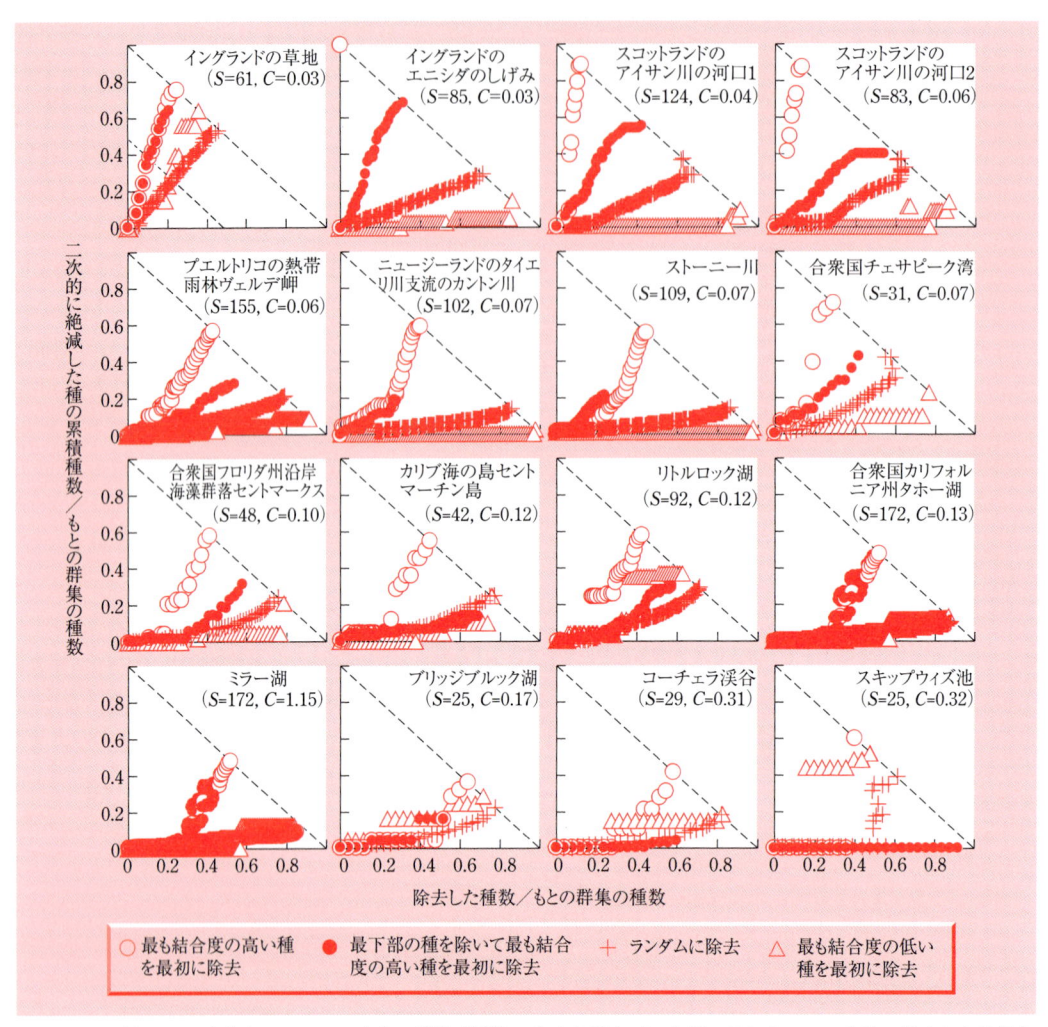

図20.13 既報の16の食物網において，もとの群集（種数，S）から種を下の凡例に示した4つの方法で除去した結果生じる，「二次的な」種の絶滅の数．食物網の頑強さ（二次的な絶滅の起こりにくさ）は，食物網の結合度（C）が増すにつれて増加する（除去方法ごとの回帰係数は，-0.62（NS），1.16（$P<0.001$），1.01（$P<0.001$），0.47（$P<0.005$））．ただし，全体的に，最も強く結合している種が最初に除去されたときに頑強さは最も低く，結合の弱い種が最初に除去されたときには頑強さは最も強かった．食物網の出典はDunne *et al.* (2002) に記されている．(Dunne *et al.*, 2002 より．)

さらに支持する結果である．しかしながら，全体的にみると，最も結合数の多い種が除去されたときに最もすばやく二次的な絶滅が起こり，最も結合数の少ない種が除去されたときには最も遅く二次的な絶滅が起こり，ランダムな除去ではその中間の結果になることも明白であった（図20.13）．さらにその上，いくつかの興味深い例外も見られた．例えば，最も結合数の少ない種の除去が二次的な絶滅の急速なカスケードを引き起こした例があった．除去された種は，ある捕食者1種の餌となる最下部の種であったが，捕食者の方は多数の種の餌となっている種であったからである．このことは，この節の終わりにあたって，個々の食物網の特異性というものは，たとえ納得できる「ルール」であったとしても，そのルールの一般性をいつでも覆す可能性を持っている，ということを思い出させてくれる．

20.4 食物網の経験的パターン —— 栄養段階の数

前節では，種の豊富さ，複雑さなど，食物網構造のきわめて一般的な側面を検討し，それらを食物網の安定性と関係づけた．この節では，構造のもう少し細かな側面について検討し，まず，自然界において繰り返し認められるパターンがあるかどうか，次に，それらを説明できるかどうかを問うことにする．まず最初に，栄養段階の数についてできるだけ詳しく検討する．その後，雑食性と食物網の区画化の程度について話を進める．

食物連鎖の長さ　食物網の基本的な特性のひとつは，最下部の種から頂点の捕食者までの経路に存在する，栄養リンク (trophic link) の数である．リンクの数にみられる変異は，通常，**食物連鎖** (food chains) を調べることによって研究されてきた．食物連鎖は，最下部の種から，それを食べる種，またその種を食べる種，さらにそれを食べる種というふうにたどって，頂点の捕食者（他種から食べられない種）まで続く種の連鎖として定義される．これは，群集が（拡散的な網目状でなく）直線的な連鎖として形成されているという見方を意味しているわけではない．個々の連鎖は，純粋に，リンクの数を定量化する手段として区別されるのである．食物連鎖長は，さまざまな方法で定義されてきた (Post, 2002)．特に，連鎖中の種の数を数えたり，（ここで示すように）リンクの数を数えることもある．例えば，図 20.14 の最下部の種 1 に注目すれば，種 4 を介して頂点の捕食者に到達するには，1—4—11—12，1—4—11—13，1—4—12，1—4—13 の 4 つの栄養経路がある．この場合，食物連鎖長はそれぞれ 3, 3, 2, 2 である．図 20.14 には，他の 21 の連鎖を含め，最下部の種 1, 2, 3 から始まる合計 25 の連鎖が示されている．図中の表に示されているすべての可能な食物連鎖長の平均は 2.32

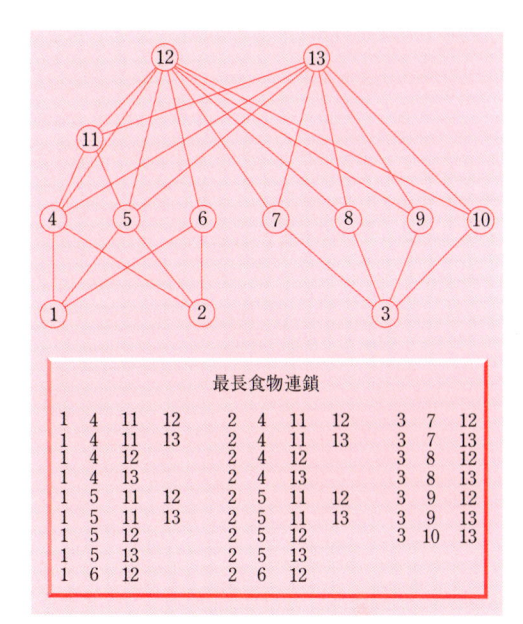

図 20.14　アメリカ合衆国ワシントン州の外洋に面した潮間帯岩礁域における群集の食物連鎖．存在し得る最長食物連鎖を全て表示してある．1, デトリタス；2, プランクトン；3, 底生藻類；4, フジツボ類；5, ムラサキイガイ *Mytilius edulis*；6, カメノテ属 *Policipes*；7, ヒザラガイ類；8, カサガイ類；9, エンスイクボガイ属 *Tegula*；10, タマキビ属 *Littorina*；11, イボニシ属 *Thais*；12, ピサスター属 *Pisaster* のヒトデ；13, コヒトデ属 *Leptasterias*．(Briand, 1983 より.)

である．この値に 1 を加えたものが，食物網の栄養段階の数を示すことになる．報告されているほとんど全ての群集が，2 から 5 までの栄養段階で構成されており，中でも 3 か 4 の栄養段階を持つものが圧倒的に多い．では，食物連鎖長を制限しているものは何なのか．また，群集間の食物連鎖長の違いはどのように説明できるのだろうか．

これらの問題を検討する際には，食物連鎖長の研究に広範にみられる偏り，すなわち，寄生者は通常，無視されている捕食者はもれなく数えられるが寄生者は無視するような偏りに注意しなければならない．例えば，4 つの栄養段階から成る食物連鎖を記載する場合，典型的な例では，栄養段階は，植物，植食動物，植食動物を食べる中間捕食者，中間

捕食者を食べる最上位捕食者からなるだろう．今，最上位の捕食者がワシであると仮定しよう．データを集めるまでもなく，ワシに寄生者（おそらくノミ）がいることはほぼ確実で，さらにその寄生者自身も病原体に攻撃されているだろう．しかし，このような場合でも，4つの栄養段階からなるものとして，その食物連鎖を記述するのが普通であろう．確かに，食物網の記載では，一般的に寄生者にはあまり注意が払われていない．このような寄生者の軽視が，いずれ修正されるべきものであることは間違いない（Thompson et al., 2005）．

20.4.1 生産性？　生産的空間？　それとも単に空間か？

ある環境が支えうる栄養段階の数は，エネルギー上の制約で決まっているという主張は昔からあった．地球に届く放射エネルギーのほんの一部分だけが光合成によって固定され，植食動物にとっての生きた餌として，デトリタス食者にとっての死んだ餌として利用される．実のところ，これら消費者に利用されるエネルギー量は，植物によって固定された量よりもはるかに少ない．その理由は，植物の活動（成長や代謝）と，全てのエネルギー変換過程の効率の悪さによって，エネルギーが失われるからである（第17章を参照）．その後の従属栄養生物間の各栄養関係でも同じことで，ある栄養段階に取り込まれたエネルギーのうち，次の栄養段階に食物として利用されるのは，多くて50%，時にはわずか1%であり，一般的には10%程度である．現実に栄養段階が3つか4つから成るパターンが観察される理由は，単純に，そこで利用できるエネルギー量では，それ以上の数の栄養段階に属する生存可能な捕食者個体群を維持できないためであろう．

この仮説に基づく最も明確で検証可能な予測は2つある．1つめは，一次生産力の高い系（例えば，低緯度地域の系）は，多くの栄養段階を支えることができるだろうというものであり，2つめはエネルギー変換効率が良い系（例えば，脊椎動物よりも昆虫によって形成されている系）の方が，多くの栄養段階を持つだろうというものである．しかし，これらの予測は，自然界の生態系データからはほとんど支持されていない．例えば，砂漠，森林，北極圏の湖，熱帯の海域といったさまざまな生息場所の32の食物網を解析した研究では，低生産力（年間炭素生産量 $100\,g/m^2$ 以下）の生息場所からの22の食物網と，高生産力（年間炭素生産量 $1000\,g/m^2$ 以上）の生息場所からの10の食物網との間に，食物連鎖長の違いはなく，どちらの場合も食物連鎖長の中央値は2.0であった（Briand & Cohen, 1987）．さらに，昆虫が優占する95の食物網を対象として行われた解析では，熱帯の食物網の連鎖長は，熱帯よりも（おそらく）生産性が低い温帯や砂漠の食物網と比べて長いわけではなく，また，昆虫によって構成される食物連鎖が，脊椎動物を含む食物連鎖よりも長いわけでもないことが示された（Schoenly et al., 1991）．

一方，もっと小さいスケールでの研究（例えば，渓流の群集．Townsend et al., 1998）や利用できる資源量を実験的に操作した研究では，生産力が低下するにつれて，特に，年間炭素生産量約 $10\,g/m^2$ を下回るとき，食物連鎖長が減少することが示されている（Post, 2002）．例えば，自然の樹洞に似せた水を満たした容器を用いた実験では，入力エネルギー（落ち葉）量を「自然状態」の水準と比較して，10分の1あるいは100分の1にすると，最長食物連鎖長がひとつ短くなった．その理由は，カ，その他の双翅目昆虫，甲虫，ダニから成るこの単純な群集では，主な捕食者であるヌマユスリカ属の一種 *Anatopynia pennipes* が，生産性の低い生息場所には通常出現しなかったからである（Jenkins et al., 1992）．このことは，単純な生産力仮説は，生産力が最も乏しい環境（最も生産量の低い砂漠

大きい一次生産力は，多くの栄養段階を支えうるか？…

第 20 章　食 物 網

や洞穴の奥底）には実際に適用できるかもしれないということを示唆している．しかしながら，生産力仮説を実証するのは難しいだろう．なぜなら，そのような環境に最上位捕食者が存在しない理由は，他にもあるからである（環境の大きさや隔離など．Post, 2002）．

…それとも利用可能な総エネルギー量が支えるのか？

　実際には，単純な生産量をめぐる議論の方向性が，そもそも間違っていたのかも知れない．生態群集において問題なのは，単位面積当りの利用可能なエネルギーではなくて，利用可能なエネルギーの総量（すなわち，単位面積当りの生産量に，その生態系が占有する空間（あるいは体積）を掛け合わしたもの）である．これが「生産空間」仮説である（Schoener, 1989）．例えば，きわめて小さく隔離された生息場所は，局所的にはいかに生産的であっても，さらに高次の栄養段階に位置する個体群を維持するのに十分なエネルギーは供給できないだろう．生産的空間仮説を支持するような研究もいくつかあり，その中では，栄養段階の数は，利用可能な総エネルギー量と正の相関を示している．その一例を図 20.15a に示す．その一方で，生態系の大きさと局所的な生産性の寄与を区別しようとした数少ない試みでは，大きさの効果は検出できたが，生産性の効果は検出できなかった（例えば，図 20.15b）．

　これらの結果は，総エネルギー量は確かに重要ではあるが，それ自体は単位面積当りの生産性よりも，生態系の大きさにもっと強く依存していることを示しているのかもしれない．あるいは，これらの結果が意味するのは，生態系の大きさはなんらかの別の道筋で食物連鎖長に影響を与えており，利用できるエネルギー量はなんら検出できる効果を持たないということかもしれない（Post, 2002）．ひとつの可能性として，生態系の大きさが種数の多さに影響し（事実その通りである．第 21 章を参照），種数の多い食物網が長い食物連鎖を支える傾向があるのかもしれない．当然のことながら，種の豊富さと食物

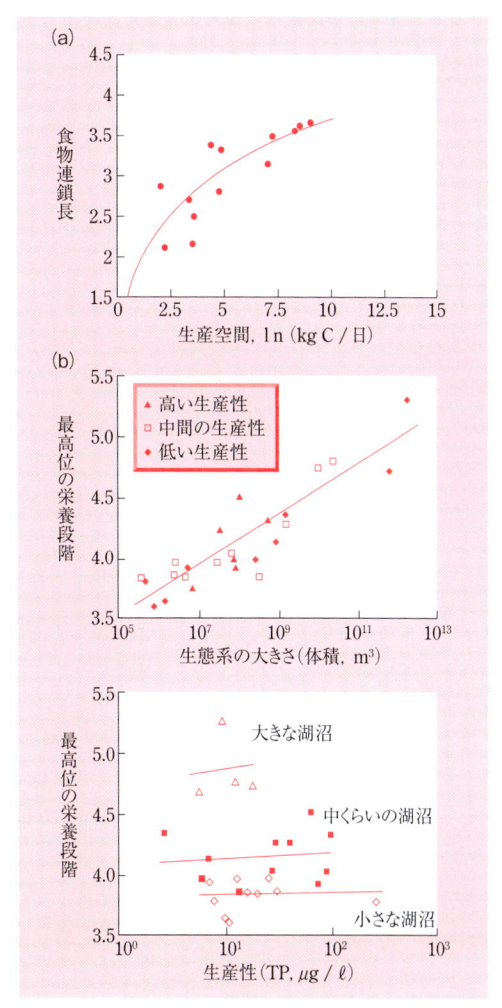

図 20.15　(a) カナダのオンタリオ州とケベック州にある 14 の湖沼の食物網では，食物連鎖長 (FCL) は，生産空間の大きさとともに増加していた．生産空間 (PS) = 生産性×湖の面積．FCL = 2.94PS$^{0.21}$, r^2 = 0.48 (Vander Zanden et al., 1999 より)．(b) 北アメリカ北東部の 25 の湖沼における，最高位の栄養段階と生態系サイズとの関係（上），最高位の栄養段階と生産性の関係（下）．最高位の栄養段階は，生産性が低いか（総リン濃度 (TP), 2～11 μg /ℓ), 中くらいか (11～30 μg /ℓ) 高いか (30～250 μg /ℓ) にかかわらず，生態系サイズとともに増加した．しかし，小さい湖沼 (3×10^5 から 3×10^7 m^3)，中くらいの湖沼 (3×10^7 から 3×10^9 m^3)，大きい湖沼 (3×10^9 から 3×10^{12} m^3) と分けて調べたところ，最高位の栄養段階には，生産性に伴う変化はなかった．最高位の栄養段階は，それぞれの湖沼の食物網中で栄養段階の位置の平均が最高であった種の栄養段階 (FCL+1) である．(Post et al., 2000 より.)

連鎖長は関連する傾向がある．相関から因果関係を解き明かすことは，大切な試みである．

もし，利用できるエネルギー量が，結局は食物連鎖長に影響を与えていないことが分かった場合，次のことを考慮すべきなのだろう．つまり，種数は，通常，生産力が大きい地域で有意に多いが（第21章を参照），低い栄養段階では，それぞれの消費者はおそらく限られた範囲の種のみを餌としている．そのため，生産力の高い地域（エネルギー総量は多いが多数のサブシステムに分割されている）のひとつの食物連鎖を流れるエネルギー量は，生産の低い地域（サブシステムの数は少ない）のひとつの食物連鎖を流れるエネルギー量とそれほど変わらないのであろう．

20.4.2 食物網モデルでの動的な脆弱さ

もうひとつの一般的な考え方は，食物連鎖が長いほど安定性（特に復元力）が低下するために，食物連鎖の長さが制限されているというものである．そうであれば，最も安定した食物連鎖のみが存続できる撹乱の大きい環境では，食物連鎖は短くなるだろうと予測される．特に，Pimm & Lawton (1977) は，4種から成るさまざまな形のロトカ−ヴォルテラ・モデルを調べたが（図20.16a），多くの栄養段階を持つ食物網は，栄養段階の少ない食物網よりも撹乱の後に元の状態に戻るまでの時間が長かった．そこで，復元力の小さなシステムは，変動環境では存続しにくいので，自然界では栄養段階が少ない食物網だけが通常見られるだろうと主張されている．しかしながら，これらのモデルでは，最も下位の栄養段階だけに自己制御（種内競争）を仮定しており，食物連鎖の長さと自己制御種の割合の効果は分離されていない（図20.16a）．自己制御を体系的に配置したもっと広い範囲の食物網を検討した結果（図20.16b-e）(Sterner et al., 1997a)，種数と自己制御を有する種数を一定にした場合，長い食物連鎖において，弱いな

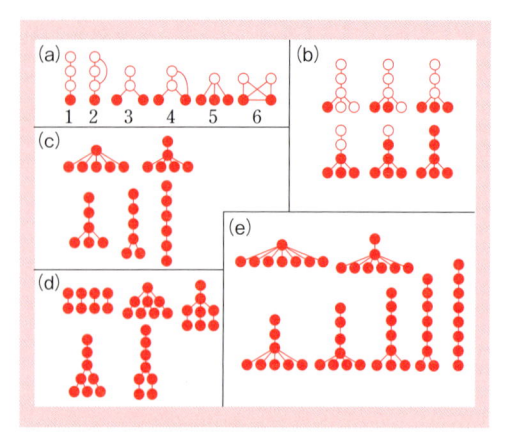

図 20.16 安定性に対する食物連鎖長の効果を検証するための一連の食物網モデル．種の数や自己制御のある種（●）の数の違いが考慮されている．(a) Pimm and Lawton (1997) が最初に検討した食物網のセット．(b) 6種，4つの栄耀段階から成る食物網．自己制御のある種の数に違いがある．(c) 自己制御のある6種から成る食物網．栄耀段階の数と，基底段階の種数に違いがある．(d) 自己制御のある8種から成る食物網．栄耀段階の数と，中間の栄耀段階における種数に違いがある．(e) 自己制御のある8種から成る食物網．栄耀段階の数と，基底段階の種数に違いがある．(Sterner et al., 1997a より．)

がらも有意な安定性の「増大」が認められた．全体的に見て，食物連鎖の長さに有意な影響を与えるような動的な脆弱さが，明確に示された例はない．

20.4.3 捕食者の身体と行動に関する制約

捕食者の解剖学的構造や行動に関する進化的制約も，食物連鎖の長さを制限しているだろう．捕食者は，その栄養段階で餌を捕獲できるように十分大きく，機敏で，強くなければならない．一般に，捕食者は餌生物よりも大きい（ただし植食性の昆虫や寄生者はこの限りではない）．そして，体の大きさは，栄養段階が高くなるほど大きく（個体群密度は小さく）なる傾向がある (Cohen et al., 2003)．そのため，体のつくりの制約から食物連鎖がそれ以上長くはなれないような上限が存在するだろう．ワシを捕らえて殺すほど素速く，大きく，強い捕食者を作

りだすことは不可能だろうということである．

さらに，ある群集に新たな肉食動物がやって来た場合を考えてみよう．その肉食動物は，そこにいる植食動物と肉食動物のどちらを食べるべきだろうか．植食者の方が数が多く，防御が甘いだろう．食物連鎖の低い段階を摂食することの利点はすぐに理解できる．もちろん，もしもすべての種がそのように振る舞うならば，競争が厳しくなる．その場合，食物連鎖の上位の段階を摂食することによって競争は緩和できる．しかし，最上位の捕食者が，すぐ下の栄養段階の動物だけを専食するという状況は考えにくい．すぐ下の栄養段階の餌種は，もっと低い栄養段階の餌種よりも，大型で強く個体数が少ない餌動物である場合が多いのである．全般的にみて，理論的研究 (Hastings & Conrad, 1979) は，進化的に安定な食物連鎖の長さ (捕食者の適応度を最大にする長さ) が 2 前後 (3 つの栄養段階) であることを示唆している．しかしながら，そのような議論は，群集間の食物連鎖長の違いを説明するにはあまり役に立っていない．

このように，本節の最初に示した疑問のいずれについても完全な答えはない．捕食者にかかる制約は，食物連鎖の長さについて，何らかの一般的な上限を決めている場合が多いようである．生産力が低い環境では，食物連鎖はとても短いようである．食物連鎖の長さは生産的空間が増えると長くなるようであるが，このことが生態系における利用可能な総エネルギー量と関連するものなのか，生態系の大きさとだけ関連するものなのかは不明である．後者の場合であっても，正確にどのように生態系の大きさが食物連鎖長を決めるのかは明らかでない．最も古くからある 2 つの仮説である，単位面積当りのエネルギー量と動的な脆弱さに関する仮説は，もはやほとんど支持されていない．

最後に，食物連鎖の長さの推定は，結合度の場合と同様，分類群の解像度に左右される

（単にデータが不十分なのか？）

ことに注意すべきである．このことは，最近報告されている食物網の多くが，平均の食物連鎖長 5〜7 よりも長い理由であるかもしれない (Hall & Raffaelli, 1993)．この点をさらにはっきり示すのは，詳細な分類がなされた大きな食物網について，いくつかの分類群をひとまとめにして，(初期の研究に似るように) 次第に単純化してゆくと，食物連鎖の長さの推定値は短くなることである (Martinez, 1993)．何らかの一般化された概念に到達するまでには，もっと多くの食物網についてさらに精密な研究が必要であることは明らかである．

20.4.4 雑食性

雑食動物とは，生態学的に定義すれば，複数の栄養段階から餌を摂る動物のことである．初期の食物網の記載を総括した研究では，通常，雑食性は多くないことが示された．この結果は，雑食性が群集の不安定化の要因になるという，単純なモデル群集からの予測に合致するものと受け取られた (Pimm, 1982)．雑食性の場合，食物連鎖の中間に位置する種は，最上位の捕食者と競争するとともに餌として摂食もされるので，結果的に存続しにくいと考えられる．もっと複雑で現実的なモデルでは，カエルの幼生が植食者で成体が肉食者であるように，ひとつの種の異なる生活史段階が異なる栄養段階を摂食する，「生活史上の雑食性」を組み込んでいる (Pimm & Rice, 1987)．こうした生活史上の雑食性も，安定性を低下させるが，その効果は，生活史段階がひとつの場合の雑食性の効果よりはるかに小さい．面白いことに，ドナー制御モデルでは，雑食性は不安定化をもたらさず，ドナー制御の動態があてはまる分解者の食物網では，雑食性が普通にみられる (Walter, 1987; Usio & Townsend, 2001; Woodward & Hildrew, 2002)．

実際には，研究の数が増えてくると，雑食性は決して稀ではないことがわかってきて，雑食性が稀だとした初期の研究では食物網の記述が

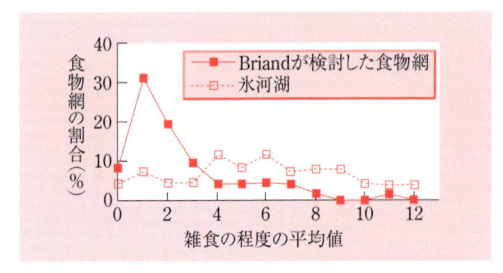

図20.17 北アメリカ北東部の氷河湖では雑食性が多く見られ(Sprules & Bowerman, 1988),その割合はBriandが検討した一連の食物網の場合よりもずっと高い(図20.9aを参照).食物網の雑食の程度は,閉じた雑食性連鎖の数を最上位の捕食者の数で割ることで定量化される.閉じた雑食性連鎖とは,摂食経路が2つ以上飛び離れた栄養段階の餌動物に及び,そこから中間の栄養段階を占める,少なくとも1つの他の餌動物を介して捕食者に収束する連鎖を指す.

不十分であったことが示唆されている(Polis & Strong, 1996; Winemiller, 1996).例えば,Sprules & Bower-man (1988) は,動物プランクトンを全て種まで同定して信頼性の高い食物網を報告し,北アメリカの氷河湖におけるプランクトンの食物網では雑食性が普通であることを示した(図20.17).Polis (1991) も,砂漠群集の詳細な研究の中で,同様の結果に到達している.さらに,その後のモデル研究では,雑食性が本質的に群集を不安定にするという見解自体が疑問視されるようになった.Dunne et al. (2002) のシミュレーション研究では,雑食性のレベルと種の除去に対する食物網の安定性の間には何の関係も見出されなかった.また一方では,雑食性が,実際には食物網を安定化させるとするモデルもある(McCann & Hastings, 1997).理論的研究と経験的研究が,二度も歩調をそろえて,全く逆の論調へ急展開した事実を,我々ははっきりと認識しておく必要がある.それは,どちらの研究においても,それらが無意識のうちに依存してきた仮定はそれなりに合理的であったということである.

20.4.5　区分化

もし,ある食物網で,サブユニット内の相互作用は強いが,サブユニット間の相互作用が弱いようであれば,その食物網は区分化(コンパートメント化)されているといえる(完全に区分化された群集は直線的な食物連鎖だけを含むものである).食物網は区分化されていることが多いのだろうか.

生息場所の違いが明瞭な場合は,当然ながら生息場所の区分に対応した食物網の区分化が認められることが多い.例えば,図20.18に示したのは,北極海のベアー島における,相互に関連した3つの生息場所における,生息場所内と生息場所間の主要な相互作用を示した古典的研究の結果である(Summerhayes & Elton, 1923).この例では,生息場所間の相互作用の数は,偶然に生じると期待される数よりも,有意に少ない(Pimm & Lawton, 1980).

一方,生息場所の違いがもっと微妙なときには,生息場所の区分化の証拠は乏しくなり,生息場所内部の区分の明らかな証拠(あるいはそれを否定する証拠)を得ることは,もっと難しくなるだろう.確かに,初期の解析では,生息場所内の食物網の区分化は,せいぜい偶然から期待できる程度のものであった(Pimm & Lawton, 1980; Pimm, 1982).しかし,最近では,方法論の進歩によって,特に,食物網中の分類群の分析が詳細で種間の相互作用の強さの重みづけができる場合には,大きな食物網内の区分を検出できるようである(Krause et al., 2002).面白いことに,その手法は,幅広い社会の中で社会的派閥を特定することを目的とした,社会学のアイデアを踏襲したものである.一例を図20.19に示す.また,別の視点では,異なる生息場所の異なる食物網として記述されてきたものが,しばしば**空間的補完**(spatial subsidies)のための必須的な重要なエネルギーと物質の流れ(Polis et al., 1997)によって結びついている可能

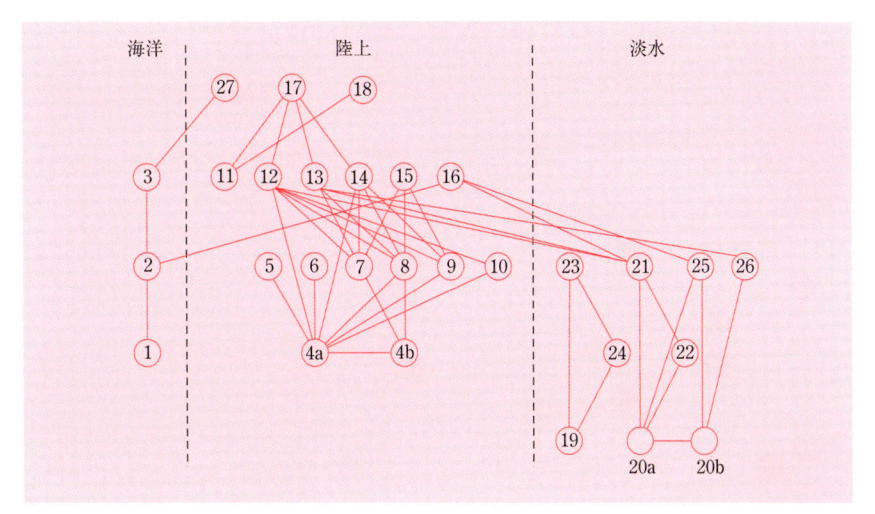

図 20.18 北極海ベアー島における，相互に関連する3つの生息場所内あるいは生息場所間の主な相互作用．1，プランクトン；2，海産動物；3，アザラシ類；4a，植物；4b，植物の枯死部；5，蠕虫類；6，ガン；7，トビムシ目；8，双翅目；9，ダニ；10，膜翅目；11，海鳥；12，ユキホオジロ；13，チシマシギ；14，ライチョウ；15，クモ；16，カモ類（潜水性カモも含む）；17，ホッキョクギツネ；18，オオトウゾクカモメとシロカモメ；19，プランクトン藻類；20a，ベントス藻類；20b，腐食物；21，原生動物 a；22，原生動物 b；23，無脊椎動物 a；24，双翅目；25，無脊椎動物 b；26，微小甲殻類；27，ホッキョクグマ．（Pimm & Lawton, 1980 より．）

性があるということが強調されてきた．例えば，沖帯（開水域）の食物網で，通常，他の魚を餌としている湖の魚が，好む餌が乏しいときには，水底の食物網中の全く異なる餌へと切り替えるような場合である（Schindler & Scheuerell, 2002）．すなわち，別々の食物網のように見えるものが，実際には大きな食物網の中の区画なのである．

食物網の区分化が偶然から期待されるよりも頻繁にみられるかどうかについては，明確な結論がないので，区分化された食物網が存続しているという理由だけで，区分化が「有利に働く」と議論するのは不適当であろう．それでもなお，初期の理論的研究（May, 1972）以降，群集が区分化されると安定性が高まる，ということに関しては合意が形成されてきている．なぜそうなのかを理解することは容易である．そもそも，区分化された食物網に対する攪乱は，攪乱された区画内に封じ込められる傾向があり，食物網の広い範囲への影響は制限される．さらにその一方で，区画間の空間的補完が，個々の区画内の過剰な攪乱を緩和する働きをする．例えば，上述した魚食性の魚の例では，好む餌が稀な場合，ベントス食に移行して，好む餌種の個体群を絶滅に追い込むことはないだろう．区分化が安定化要素であることに関するこれら2つの説明の間には一見矛盾がある．しかし，初めのものは，見かけ上はひとつの食物網だが，実際には半ば分離した区画の集まりである場合に関係し，二番目のものは，見かけ上は分離した食物網だが，実際には密接な関連にある場合に関係していることに思い至るならば，矛盾を解決することができる．従って，中間の程度の区分化が最も安定であるのかもしれない．

本章は，全般に示唆的ではあるものの不確実な論調で終わらざるをえない．さらなる進展が必要不可欠である．

> 答えはまだ不確実―だが，答えを見つけることが重要である

「その生物種を失うと，何が問題なのでしょうか？」という専門外の人の疑問に対する生態学者の標準的な答えは，「その消失の影響の深さを考えなければならないのです．その種を失う

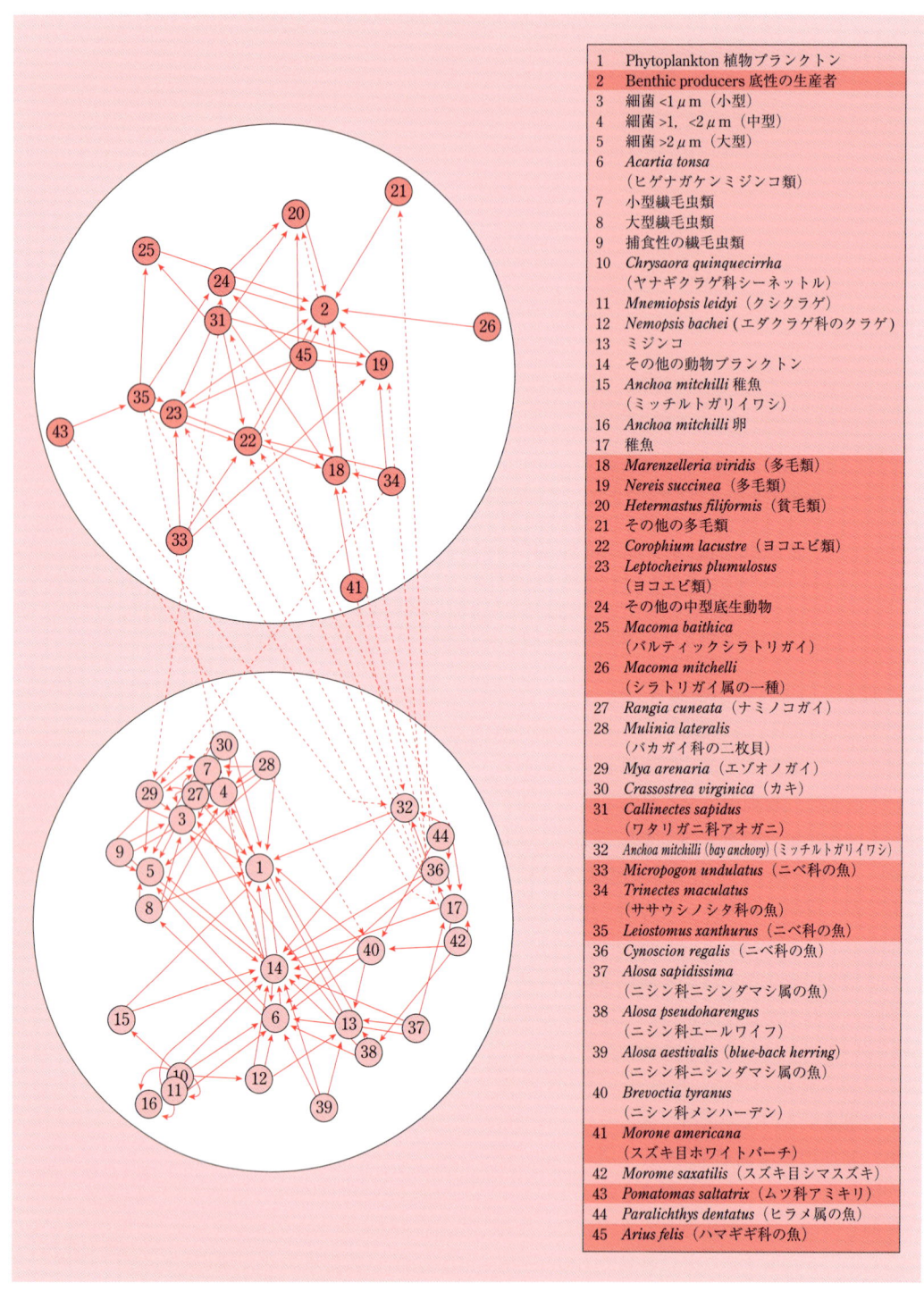

1	Phytoplankton 植物プランクトン
2	Benthic producers 底性の生産者
3	細菌 <1μm（小型）
4	細菌 >1, <2μm（中型）
5	細菌 >2μm（大型）
6	*Acartia tonsa*（ヒゲナガケンミジンコ類）
7	小型繊毛虫類
8	大型繊毛虫類
9	捕食性の繊毛虫類
10	*Chrysaora quinquecirrha*（ヤナギクラゲ科シーネットル）
11	*Mnemiopsis leidyi*（クシクラゲ）
12	*Nemopsis bachei*（エダクラゲ科のクラゲ）
13	ミジンコ
14	その他の動物プランクトン
15	*Anchoa mitchilli* 稚魚（ミッチルトガリイワシ）
16	*Anchoa mitchilli* 卵
17	稚魚
18	*Marenzelleria viridis*（多毛類）
19	*Nereis succinea*（多毛類）
20	*Hetermastus filiformis*（貧毛類）
21	その他の多毛類
22	*Corophium lacustre*（ヨコエビ類）
23	*Leptocheirus plumulosus*（ヨコエビ類）
24	その他の中型底生動物
25	*Macoma baithica*（バルティックシラトリガイ）
26	*Macoma mitchelli*（シラトリガイ属の一種）
27	*Rangia cuneata*（ナミノコガイ）
28	*Mulinia lateralis*（バカガイ科の二枚貝）
29	*Mya arenaria*（エゾオノガイ）
30	*Crassostrea virginica*（カキ）
31	*Callinectes sapidus*（ワタリガニ科アオガニ）
32	*Anchoa mitchilli* (*bay anchovy*)（ミッチルトガリイワシ）
33	*Micropogon undulatus*（ニベ科の魚）
34	*Trinectes maculatus*（ササウシノシタ科の魚）
35	*Leiostomus xanthurus*（ニベ科の魚）
36	*Cynoscion regalis*（ニベ科の魚）
37	*Alosa sapidissima*（ニシン科ニシンダマシ属の魚）
38	*Alosa pseudoharengus*（ニシン科エールワイフ）
39	*Alosa aestivalis* (*blue-back herring*)（ニシン科ニシンダマシ属の魚）
40	*Brevoctia tyranus*（ニシン科メンハーデン）
41	*Morone americana*（スズキ目ホワイトパーチ）
42	*Morome saxatilis*（スズキ目シマスズキ）
43	*Pomatomas saltatrix*（ムツ科アミキリ）
44	*Paralichthys dentatus*（ヒラメ属の魚）
45	*Arius felis*（ハマギギ科の魚）

図 20.19　チェサピーク湾における食物網の解析結果の図解（図 20.13 も参照）．45 分類群間の相互作用を定量化し，区画内結合度と区画間結合度の差が最大になるように，分類群を区画に割り振った（区画数は前もって決まっていない）．区画内結合度（この場合 0.0099）と区画間結合度（この場合 0.000087 で，2 桁以上低い）の差が十分に大きければ，食物網は区分化されていると考えられる．矢印は，相互作用を表し，捕食者から餌動物へと向けられている．実線が区画内の，点線が区画間の相互作用を示している．（Krause *et al.*, 2002 より．）

ことは，その種が含まれていた食物網全体に影響を及ぼすかもしれないのです」であり，正確で正直な答えである．そのような幅の広い影響に関する深い理解が最も必要とされているのである．

まとめ

本章では，少なくとも3つの栄養段階と通常「多くの」種から構成される系へと焦点を移した．

食物網中に生じる「予想外の」効果，例えば，捕食者の除去が餌種の存在量を減少させる場合について述べた．

食物網中に生じる間接効果のうち，最も注目すべきものは栄養カスケードである．3つあるいは4つの栄養段階から構成される系のカスケードを取り上げて，カスケードがどのタイプの生息場所にも同じようにみられるかどうかを検討し，群集レベルのカスケードと種間レベルのカスケードを区別する必要性を論じた．また，上からの制御（栄養カスケード）もしくは下からの制御のいずれかが，食物網一般，あるいは特定のタイプの食物網を支配しているのかを検討した．そして，キーストーン種を定義して，その重要性を検討した．

どの生態学的群集も，その構造，生産性，時間的な安定性によって特徴づけられる．「安定性」の多様な意味について概説し，復元力と抵抗力，局所的安定性と大局的安定性，動的な脆弱性と頑強さの区別を説明した．

長年にわたって，「標準的見解」は，複雑な群集ほど安定であるというものであった．ここでは，最初にこの見解を覆した単純な数学モデルについて述べた．一般に，モデル系での食物網の複雑さが個体群の安定性に及ぼす効果がいかに不確かなものであるかを示すとともに，一方で，モデル群集全体の総合的な要素である生物体量や生産性に関しては，複雑さ（特に種数）が一貫して安定性を高める傾向があることを示した．

現実の群集においても，種数と結合度の関係を調べた研究や，実験的に種数を操作した研究を含め，個体群レベルの証拠は不確かなものである．しかしここでも，集約的な，群集全体のレベルでは，種数が増加すると安定性も増加する（変異性が低下する）という予測を概ね支持する証拠が存在する．しかしながら，これらの関係においては，キーストーン種の重要性へと立ち戻って，単に種数だけではなく，群集の性質が重要であることを理解する必要がある．

食物連鎖長の制限とパターンについても議論した．食物連鎖長が，生産性，「生産的空間」（群集の広がりを考慮した生産性），あるいは単に「空間」によって制限されているかどうかに関する証拠を検討した．しかし，確かな結論は得られなかった．また，食物連鎖長が，動的な脆弱性（決定的ではなかったが），あるいは，捕食者の体の造りや行動にかかる制約によって制限されるという見解についても検討した．納得できる一般論を得るには，さらに多くの食物網の厳密な研究が必要である．

雑食性の多さと食物網の安定性への影響を関連づける研究を検討した．初期の研究では，雑食性は稀であり不安定をもたらすとされたが，その後の研究では，雑食性は普通に存在し，安定性に対してはなんら一貫した影響は見いだせないことが分かった．

最後に，食物網は，偶然から期待されるよりも区分化されているかどうかを検討した．生息場所の分化が微妙である場合，区分化の証拠は一般的には乏しくなる．ましてや生息場所内で，区分があることを（あるいはないことを）証明することはさらに困難である．しかし，理論的研究では，群集の区分化が安定性を高めるという予測に関しては，支持する意見が圧倒的に多い．

第21章

種の豊富さのパターン

21.1 はじめに

種の豊富さのホットスポット

なぜ，生物の種数は場所によって，そして時間とともに変化するのだろうか．この問いは生態学者だけでなく，自然を観察してそれについて考える全ての人にとっての問いである．またこの問いは，それ自身興味深い設問というだけでなく，応用上も重要でもある．なんと，世界の植物種の44％，そして脊椎動物種（魚類以外）の35％が，地球表面のほんの一部である25ヶ所の「ホットスポット」に固有の種類なのである (Myers *et al*., 2000)．大規模な（地球規模での）保全活動や，地域的で小規模な（国家レベルでの）保全活動の優先順位を決めるために，種の豊富さの空間分布についての知識が必要とされている．この保全計画についての考え方は第22章4節で論じる．

生物多様性と種の豊富さ

種の豊富さ (species richness)（特定の地理的区分の中に存在する種の数．第16章2節を参照）と**生物多様性** (biodiversity) を区別することは重要である．生物多様性という用語は，マスメディアと科学文献のどちらにも頻繁に登場するが，それらは多くの場合，明確な定義なしに使われている．単純な場合には，生物多様性は種の豊富さと同義といえる．しかし，生物多様性は種よりも小さい，あるいは大きな尺度で捉えることのできる用語でもある．例えば，遺伝学的に異なった分集団や亜種を保全することの重要性を認識して，生物多様性の中に遺伝的多様性を含めて考えても良い．また種よりも上のレベルでは，近縁種がいない種に対しては特別に保護するようにして，世界の生物相の全体的な進化の多様性をできる限り確保したいと考えるかもしれない．これよりもさらに大きなスケールでは，ある地域に存在する群集タイプの多様さ（湖沼，砂漠，森林の遷移の初期や後期の段階などさまざまなものを含む）を生物多様性に含めてもよい．このように，「生物多様性」という用語自体，当然のことではあるが，多様な意味を持っている．それでも，この用語を実際に使う際には，そのときの意味を明確にしておかねばならない．

本章では，種の豊富さ（特定の地域の種数）に絞って議論する．それは，種の豊富さそのものが生物多様性の基本要素のひとつであるという理由にもよるのだが，何よりも種の豊富さのデータは，生物多様性についての他のどんなデータよりもたくさん利用できるからである．そして次のいくつかの疑問に注意を向けたいと思う．なぜある群集は他の群集よりも種が多いのか？　種の豊富さにはパターンや傾向はあるのか？　あるとすれば，そのパターンを作り出す原因は何か？　これらの疑問に対して，合理的で納得しやすい答えもいくつかあるが，確実といえる答えはまだ得られていない．だからといって，それは失望することではなく，むしろこれからの生態学研究者が挑むべき課題と考え

るべきであろう．生態学では，問題自体ははっきりと見えているにもかかわらず，それに対する解答は明確ではない場合が多い．これこそ生態学の大きな魅力である．種の豊富さのパターンを完全に理解するには，少なくとも本書で扱う生態学的なテーマの全てにわたる知識が必要だと理解できるだろう．

<!-- 欄外注: スケールに関する問いかけ——マクロ生態学 -->

　種の豊富さの議論において，もっとも重要な概念は，生態学での他の領域と同様に，スケールである．つまり，パターンの説明には通常小さいスケールと大きいスケールの両方が含まれている．川の中の岩に生息する多くの種は，岩の表面，割れ目，あるいは岩の下といった局所的な微生息場所の影響や，競争，捕食，寄生といった種間相互作用の結果を反映しているだろうが，もっと大きな空間と時間の働きが及ぼす影響もまた重要である．その岩の多様性が高いのは，地域的な生物のプール，例えばその川全体あるいはさらに大きなスケールの地理的な区域全体の生物相が大きいせいかもしれない．あるいは，その岩が最後に洪水でひっくり返ってからの時間が長いからかもしれないし，あるいは最後の氷河期からの経過時間が長いせいかもしれない．生態学では，相対的にみると大きな地域についての問いかけよりも局所的な場所についての問いかけのほうが強調されてきたが，これに対して Brown & Maurer (1989) は，生態学のひとつの分科としてマクロ生態学という分野を提唱した．マクロ生態学は，大きな空間スケールと時間スケールにおける生物の分布と量を問題とし，主な関心事は，種の多様性の地理的なパターンである（例えば，Gaston & Blackburn, 2000; Blackburn & Gaston, 2003）．

21.1.1　種の豊富さに影響する要因の4つのタイプ

　ある群集の種の豊富さに影響を与えうる要因はたくさんあり，いくつかのタイプに分けられる．まず，大まかに「地理的」と呼べるような要因がある．特に重要なものは緯度，標高，そして水域では水深である．これらの要因は，後で述べるように，種の豊富さと相関する場合が多いが，これらの要因が種の豊富さを直接決めるとは考えにくい．もし種の豊富さが緯度に沿って変化しているならば，緯度に沿って変化し，群集に直接影響を及ぼすような，他の要因があるに違いない． <!-- 欄外注: 地理的要因 -->

　2番目のタイプの要因は，確かに緯度あるいは標高や水深などとともに変化していく傾向があるが，完全には相関していない要因である．それらの要因は，緯度との相関の程度に応じて，緯度に沿った種の豊富さの変化を部分的には説明するかもしれない．しかし，緯度と完全には相関していないため，それらの要因と種の豊富さとの関係もやはり曖昧である．このタイプの要因としては，気候の変動性，エネルギーの流入量，環境の生産力があり，また環境の「年齢」や「厳しさ」もこのタイプに含めることができる． <!-- 欄外注: 緯度と関連する要因 -->

　3番目のタイプの要因は，地理的には変化するが，緯度（あるいは標高，島の位置，あるいは水深）とは全く独立に変化するものである．そのため種の豊富さと他の要因との関係を曖昧にしたり，それを打ち消したりすることが多い．これにあてはまる要因としては，生息場所が受ける物理的攪乱の程度や，生息場所の孤立性，生息場所の物理的・化学的な不均質性の程度がある． <!-- 欄外注: 緯度とは独立した要因 -->

　最後の要因として，群集の生物学的な性質があげられる．ある群集が持つ生物学的性質は，自らの群集の構造にも重要な影響を及ぼしている．このタイプの要因の中で重要なものとしては，群集内の捕食や寄生関係の強さ，競争の程度，生物 <!-- 欄外注: 生物的要因 -->

自身によってもたらされる空間的または構造的な不均質性，群集の遷移の段階，である．これらは「二次的な」要因と考えるべきである．なぜなら，これら自身も，群集外部からの影響の結果だからである．それにもかかわらず，これらの要因は，最終的に群集の構造が決まる上で重要な役割を果たす可能性がある．

これらの要因のいくつかについてはこれまでの章（第16章での撹乱と遷移の段階，第19章での競争，捕食，寄生）で検討した．本章では，まず，種の豊富さと，それに対してそれぞれ独自の影響を及ぼすと考えられるいくつかの要因との関係をさらに検討する．まず，主に空間的に変動する要因について検討し（生産力，空間の不均質性，環境の厳しさ：第3節），次に時間的に変動する要因について検討する（気候の変動性，環境の年齢：第4節）．次に，生息場所の面積と遠隔度に関係する種の豊富さにみられるパターンを検討し（島的性質：第5節），その後で緯度，標高，水深，遷移の段階，さらには化石記録の中で種の豊富さがどのように変化したかを検討しよう（第6節）．その次の第7節においては，これらとは違った視点で，種の豊富さそのものは生態系の機能（例えば，生産力，分解速度，栄養循環）に影響を及ぼすのか，という問題を検討してみよう．しかしながら，以下ではまず，種の豊富さの変化を理解する上で役に立つ，単純な理論的モデルを MacArthur（1972）に従って組み立てておこう（MacArthur こそ最も偉大なマクロ生態学者と呼べるはずである．彼自身はマクロ生態学という用語を使ったことはないが）．

21.2 種の豊富さの単純なモデル

種の豊富さを決める要因を理解するには，単純なモデルから始めるのがよい．そこで，話を簡単にするために，群集が利用できる資源を長さ R の一次元の連続体で表せると仮定しよう（図21.1）．それぞれの種は，この資源の連続体の一部だけを利用する．それぞれの種が利用する各部分をニッチ幅 n と定義する．従って，群集内の平均ニッチ幅は $\bar{n}$ で表せる．これらのニッチのうち一部は互いに重複しているので，隣接する種間の重複を o という値で測定できるとする．従って，群集内でのニッチの重複の平均は $\bar{o}$ で表せる．

まず，$\bar{n}$ と $\bar{o}$ が一定の場合，R が大きいほど，すなわち資源の幅が大きいほど，群集は多くの種を含むことになる（図21.1a）．これがあてはまるのは，群集内での競争が強く，種が互いに資源を分割している場合である（第19章2節を参照）．しかし，競争がそれほど重要でない場合も，おそらくこれがあてはまるだろう．種間相互作用の有無にかかわらず，資源幅が広いほど，多くの種に資源が提供されると考えられるからである．

次に，資源の範囲 R が一定の場合，$\bar{n}$ が小さいほど，すなわち，それぞれの種が利用する資源が特殊化しているほど，多くの種が存在できる（図21.1b）．

あるいは，$\bar{o}$ が大きいほど，すなわちそれぞれの種の利用する資源の重複が大きいほど，同じ資源の連続体の中に共存できる種数は多くなる（図21.1c）．

最後に，群集が飽和してゆくに従って多くの種が存在することになるだろう．逆に言えば，未利用の資源が増えれば，そこに存在する種の数も少なくなっているだろう（図21.1d）．

21.2.1　局所的な種の豊富さと，地域的な種の豊富さの関係

群集がどのくらいの種で満たされているかを知るためのひとつの方法は，局所的な種の豊富さ（すべての種がお互いに群集の中で遭遇する程度の空

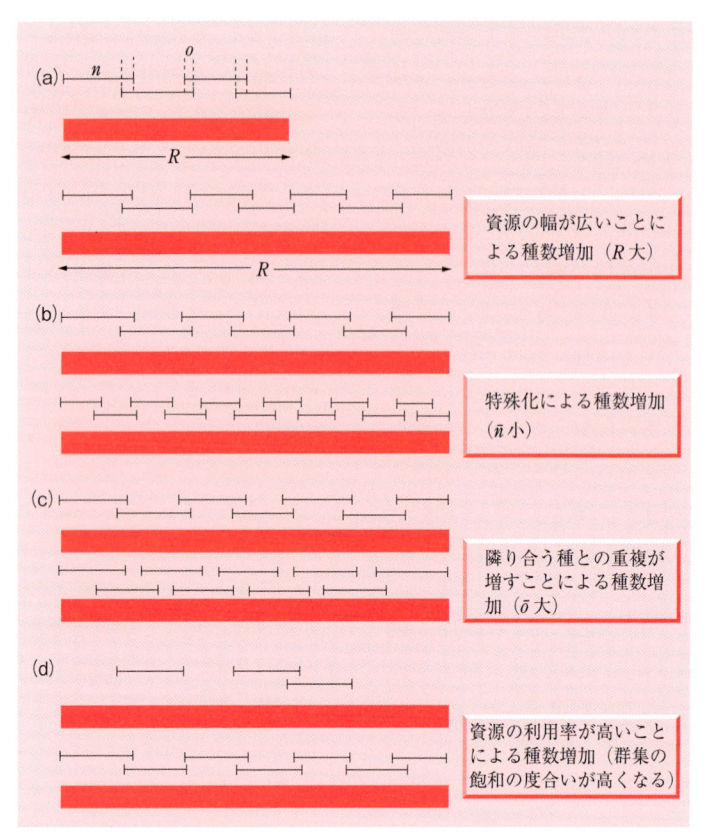

図 21.1 種の豊富さに関する単純化したモデル．各種は利用可能な資源 R の一部分 n を利用していて，隣の種とはそれぞれ o だけ重複している．次の場合に，ひとつの群集の中に存在できる種は多くなるだろう．(a) 資源の幅が大きい場合（大きな R）．(b) それぞれの種が特殊化している場合（小さな n）．(c) 隣り合う種との重複が大きい場合（大きな o）．(d) 資源の利用率が高い場合．（MacArthur, 1972 より．）

間スケールで調べられた種数）と地域的な種の豊富さ（その群集に理論上侵入可能な範囲の種のプールとしての種数）の関係を調べることである．局所的な種の豊富さはしばしば α の豊富さ（α 多様性）と呼ばれ，そして地域的な種の豊富さは γ の豊富さ（γ 多様性）と呼ばれることがある．群集が種で満たされている，言い換えれば，ニッチ空間がすべて利用しつくされているとすると，局所的な種の豊富さは，地域的な種の豊富さに対して漸近線を描く（図 21.2a）．この現象は Soares *et al.* (2001) による，ブラジルの地表で活動するアリの群集に関する研究に見ることができる（図 21.2b）．これとよく似たパターンが，水中と陸上植物，魚類，哺乳類，そして寄生生物で記録されてきたが，群集が種で満たされていない場合のパターンも同様にさまざまな分類，すなわち魚類（図 21.2c），昆虫類，鳥類，哺乳類，爬虫類，貝類，サンゴ類で記録されている（Srivastava, 1999 の総説まとめられている）．局所と地域での種の豊富さをプロットするこの方法は，群集の飽和度を調べるための有効な手法であるが，注意しなければならない点もある．例えば，Loreau (2000) が指摘しているように，この局所と地域の関係性の本質は，豊富さの合計（γ）が群集内の豊富さ（α）と群集間の豊富さ（β）にどのように配分され

第 21 章　種の豊富さのパターン

るかによるし，それは群集間の違いがどのスケールで区分されているのかという問題である．言い換えれば，研究者はひとつの群集の中に，間違えて別の生息場所のものを含めてしまったり，局所的な群集を不当に小さなスケールで扱ってしまうかもしれない（例えば，Soares et al.（2001）の地表で活動するアリの研究において，$1\,m^2$ の方形区内のものを「局所的」な群集としたが，そのスケールは小さすぎるだろう）．

21.2.2　種間相互作用と種の豊富さの単純なモデル

　図 21.1 で示したモデルに従って，前章までで論じた 2 つの重要な種間相互作用，つまり種間競争と捕食（特に第 19 章を参照）について考えることもできる．ある群集で種間競争が支配的な場合には，資源はおそらく完全に利用されているだろう．その場合，種数は，個々の種が利用できる資源の幅，すなわち種の特殊化の程度とニッチの重複の程度（図 21.1a–c）に依存するだろう．　　　　　　　　　　　　　　　　　　　　　　　　　　　　　　　競争の役割

　他方，捕食は対照的な効果を及ぼすことができる．その理由としては，まず第一に，捕食者は特定の被食者を排除することができる．つまりそうした被食者がいなくなった群集は，（被食者の）利用可能な資源が利用されないという意味で，完全に飽和した状態ではないといえる（図 21.1d）．このように，捕食は種の豊富さを低下させうる．次に，一方で，捕食は被食種をその場の環境収容力以下に長期間抑えこむ場合が多い．そのような状態では資源をめぐる直接的な種間競争の強さや重要性が低下する．そうした状態では，被食者同士が競争に支配されている群集よりもニッチの重なりが増し，種数は多くなるだろう（図 21.1c）．最後に，被食種が「天敵のいない空間」(enemy-free space) をめぐって競争している場合，捕食は競争が作り出すのと同様の群集構造のパターンを作りだすことができる　　　　　　　　　　　　　　捕食の役割

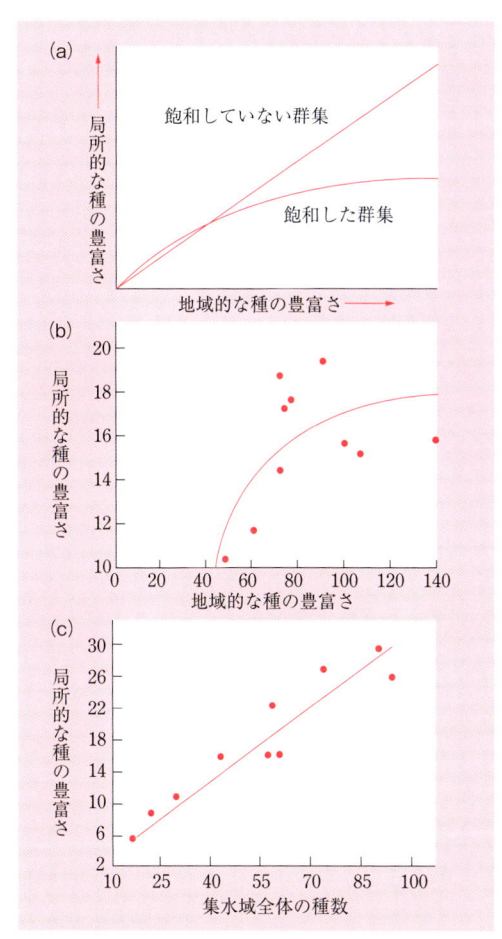

図 21.2　(a) 飽和した群集では，地域的な種の豊富さが極めて低い場合には，局所的な種の豊富さは地域的な種の豊富さの増大にともない増大すると予測されるが，すぐに頭打ちとなるだろう．一方，飽和していない群集では，局所的な種の豊富さは地域的な種の豊富さに対して一定の比率で増大する．(Srivastava, 1999 より．) (b) ブラジルの 10 ヶ所の残存林に設置した $1\,m^2$ の方形区における落葉落枝層中のアリ群集にみられた，局所的な種の豊富さが地域的な種の豊富さ（残存林の総種数と考えられる）に対して漸近線を描く関係．(Soares et al., 2001.) (c) 局所的な種の豊富さ（同一面積の川床から記録される種数）と地域的な種の豊富さ（サンプリングを行った集水域全体に存在する種数）の漸近しない関係．(Rosenzweig & Ziv, 1999 より．)

(第8章を参照)．このような「見かけの競争」(apparent competition)が意味するところは，外部から侵入できる，あるいは他種と安定して共存できる被食者は，すでにそこに存在する被食種と十分に異なった被食者であるということだろう．言い換えると，共存している競争者の間に類似度の限界が予想されるように，共存できる被食者の類似度にも何らかの限界があるだろう．

21.3 種の豊富さに影響する空間的に変化する要因

21.3.1 生産力と資源の豊富さ

生産力の差 　植物にとって，ある環境での生産力は，成長を制限している栄養塩と環境条件のどちらに依存するだろう（第17章で詳しく論じた）．一般的に言えば，動物にとっての環境の生産力も，食物連鎖の底辺での資源量の水準の変化や，温度のようなきわめて重要な条件の変化によって，植物と同じ傾向で変化する．

もし高い生産力が，利用できる資源の幅が広がることと結びつけば，種数は増大すると予想される（図21.1a）．しかし，生産力の高い環境では，資源の供給量が多いだけで，資源の種類は変わらないかもしれない．この場合は，種数が増えるのではなく，1種当りの個体数が増えるだけだろう．あるいは，資源全体の多様性は影響を受けないにしても，生産力の高い環境では，稀少な資源であっても十分な量に達し，その資源に対して特殊化した種がそこに収容できるようになるために，その分の種数は増えるかもしれない（図21.1b）．

従って，一般的に，種の豊富さは生産力の増大に伴って上昇すると期待できる．この主張は，利用可能な環境中の粗エネルギー量の指標である潜在蒸発散量（PET）と，北米での樹木種の豊富さの関係の研究によって確かめられている．PETとは水分が飽和した植物表面から蒸発または蒸散する水の量の総和である（図21.3a）．しかし，エネルギー（温度と光）は樹木の生命活動に必要不可欠である一方で，植物は実際の水分の利用可能性に強く

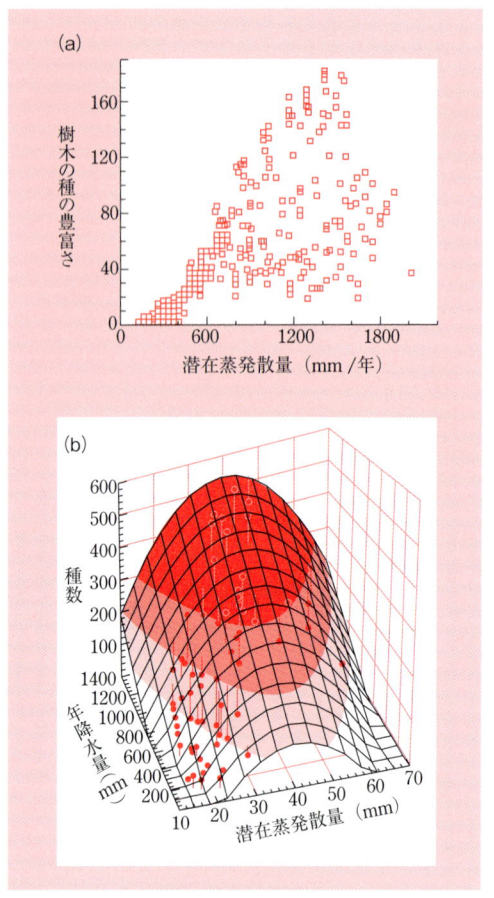

図21.3　(a) メキシコ国境以北の北アメリカ大陸における樹木の種の豊富さと潜在蒸発散量（PET）の関係．その範囲を緯度と経度によって336の方形区に分割して示してある．(Currie & Paquin, 1987; Currie, 1991より．) (b) 年降水量およびPETとの関数としての南アフリカの樹木の種の豊富さ（25,000 km^{2}の区画当り）．グラフ上の面は，種数と降水量，PET間の回帰モデルを表し，縦の棒は各データ点における余剰分散を示す．(Whittaker et al., 2003より；データはO'Brien, 1993による．)

生産力の増加とともに…種の豊富さは増大する場合があり…

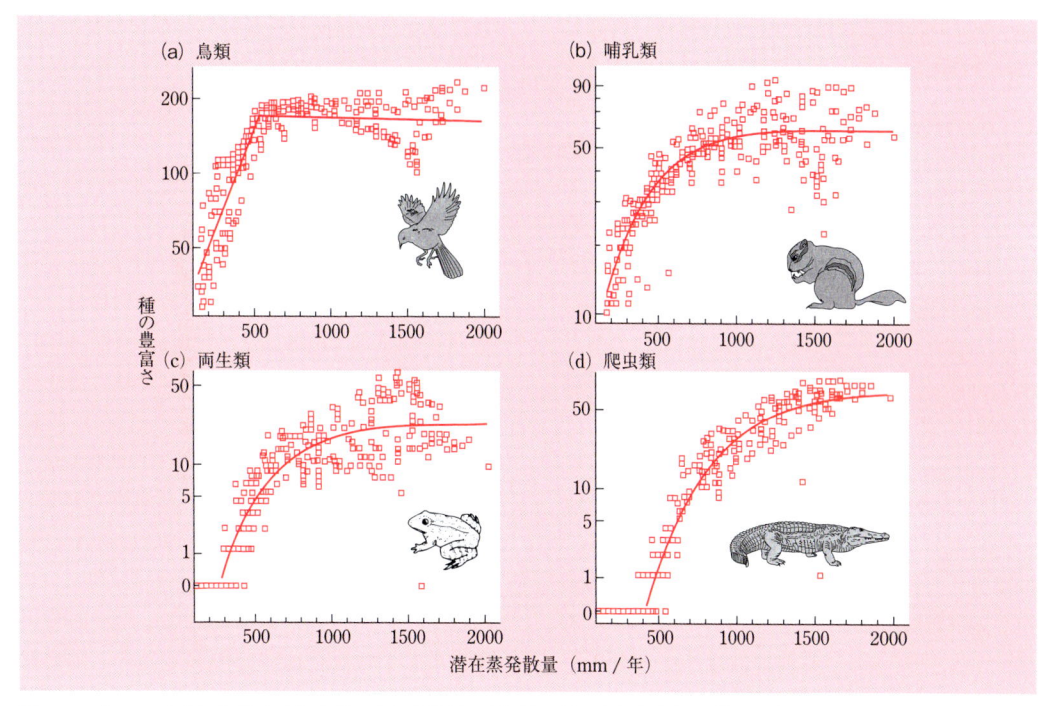

図 21.4 北アメリカにおける (a) 鳥類，(b) 哺乳類，(c) 両生類，(d) 爬虫類の種の豊富さと潜在蒸発散量との関係．(Currie, 1991 より．)

依存している．つまり必然的にエネルギーと水分の利用可能性は相互に影響しあう．エネルギーの供給が多くなればなるほど，蒸発散量が多くなり，そしてその分，多くの水分を必要とするようになる (Whittaker *et al*., 2003)．アフリカ南部の樹木の研究によると，種の豊富さは，水の利用可能量（年間降水量）の上昇とともに上昇したが，利用可能なエネルギー (PET) との関係では，最初は上昇したが，その後低下した（図 21.3b）．この山形の関係についてはこの節の後の方でさらに詳しく議論する．

この北米での研究（図 21.3a）を，脊椎動物の 4 つのグループについても行ってみたところ，少なくとも脊椎動物相の貧弱な地域では，樹木の種数自体とある程度相関を持っていることが明らかになった．しかし，種数と最も相関が高かったのはどのグループでも PET であった（図 21.4）．なぜ動物の種の豊富さが環境の粗エネルギーに対して正の相関を示すのであろうか．確かな答えはないが，爬虫類のような外温動物にとって，外部環境の温度の上昇は食物資源の摂取や利用を向上させるだろう．一方，鳥のような内温動物では，温度の上昇は体温を維持するのに必要な資源の出費を少なくすることができ，その資源を成長と繁殖に使えるだろう．このようにいずれの場合も環境のエネルギーの増大は，個体と個体数の成長を速めて，個体群の増大をもたらす．暖かい環境ほどニッチ幅の狭い種も存続しやすくなり，全体として多くの種が維持されるだろう（図 21.1b を参照）(Turner *et al*., 1996)．

動物の種の豊富さと植物の生産力の間に直接的な関係があるように見える場合もある．その例として，例えば，南アフリカにおける鳥類の種の豊富さと平均年間総一次生産量との間の関係がある (van Rensburg *et al*., 2002)．Brown & Davidson (1977) の研究では，アメリカ南西部の砂漠において，種子食性のげっ歯類と種子食性のアリの種数が降水量と強い相関を示す．よく知られているように，このような乾燥地帯で

は，年平均降水量は一次生産力と密接に関連しているために，利用できる種子の量とも関連するのである．特に注目すべき点として，アリの種数が多い場所では，大型のアリ（大きな種子を消費する）の種数も多いし，きわめて小さなアリ（小さな種子を消費する）の種数も多い（Davidson, 1977）．生産力の大きな環境ほど種子サイズの幅が大きいか（図21.1aを参照），あるいは，狭いニッチを占める余分の消費者の種を支えるのに十分な量の種子があるか（図21.1bを参照）のどちらかであろう．

...種の豊富さは低下する場合もあり...

しかし，生産力が高まるにつれて多様性も増大するという傾向は，必ずしも普遍的ではない．この点を明瞭に示す研究として，1856年から現在に至るまで，イギリスのローザムステッドで行われている独創的な「パークグラス」実験がある（第16章2.1節を参照）．3.2ha（8エーカー）の牧草地が20の区画に分割され，うち2つは対照区として残され，残りの区画には年1回，施肥処理がなされた．施肥処理を受けなかった区画では目立った変化はなかったが，施肥処理がなされた区画では，種の豊富さ（と多様性）が徐々に低下した．

このような現象は昔から知られていて，Rosenzweig（1971）はこのような多様性の低下を「富栄養化のパラドックス」と呼んだ．このパラドックスに対する説明のひとつは，高い生産力は個体群の成長速度を高め，潜在化していた競争排除の決着がすぐについてしまい，そこにいた種のいくつかが絶滅してしまうというものである．生産力が低い場合は，競争排除が達成される前に環境の方が変化してしまうであろう．高い生産力と低い種の豊富さの関係性については，他の植物群集でもいくつか報告されている（Cornwell & Grubb, 2003の総説）．

...あるいは上昇してその後低下（山形の関係）する場合もある

そこで，生産力の増大とともに，種の豊富さの上昇と低下の両方を示す研究が存在したとしても，驚くことではないだろう．中程度の生産力のところで種の豊富さがもっとも高くなるかもしれないからである．生産力が低いところでは，資源が不足するため種の豊富さは低くなる．一方で，競争排除が直ちに実現してしまうほど生産力の高いところでも，種の豊富さは低くなる．例えば，イスラエルの砂漠における，降水量（すなわち生産力の指標）に対する齧歯類の種数の関係は，山形の曲線となる（Abramsky & Rosenzweig, 1983），また，中央ヨーロッパにおける，土壌栄養塩類に対する植物の種の豊富さの関係も同様（Cornwell & Grubb, 2003）で，さらに北米の湖における，総一次生産量に対する開水域での様々な分類群の種の豊富さの関係（図21.5a）も同様である．さらに，同じタイプの群集（例えば北米のプレーリー）で生産力が異なる場所間を比較した広範な分析（図21.5b）によると，動物種では正の相関を示す場合が多く（山形と負の相関もそこそこ多い），一方，植物種では山形の関係が一番多く，正の相関と負の相関は少なかった（説明できないU字形の関係もあった）．Venterink *et al.* (2003)は，ヨーロッパの湿地帯で，植物の生産量を制限する栄養塩類（窒素，リン，カリウム）の水準が異なる150の場所で，植物種の豊富さと植物の生産量の関係を調査した．その結果，生産量に対する種の豊富さは，窒素とリンが乏しい場所では山形の関係を示し，カリウムが乏しい場所では単調に低下した．このように，生産力の増大が種の豊富さの上昇あるいは低下を導く（あるいはどちらも）ことは明らかである．

生産力はしばしば，というよりおそらく常に，他の要因と組み合わさって種の豊富さに対して影響を及ぼす．すでに見たように，グレーザーの

生産力は他の要因と組み合わさって種の豊富さに影響するだろう

介在で引き起こされる共存は，栄養塩類の水準が高く生産力も高い状況で最も生じやすく，一方，生産力の低い状況では植物多様性も低くなる（第19章4節を参照）．さらに，攪乱（第16章

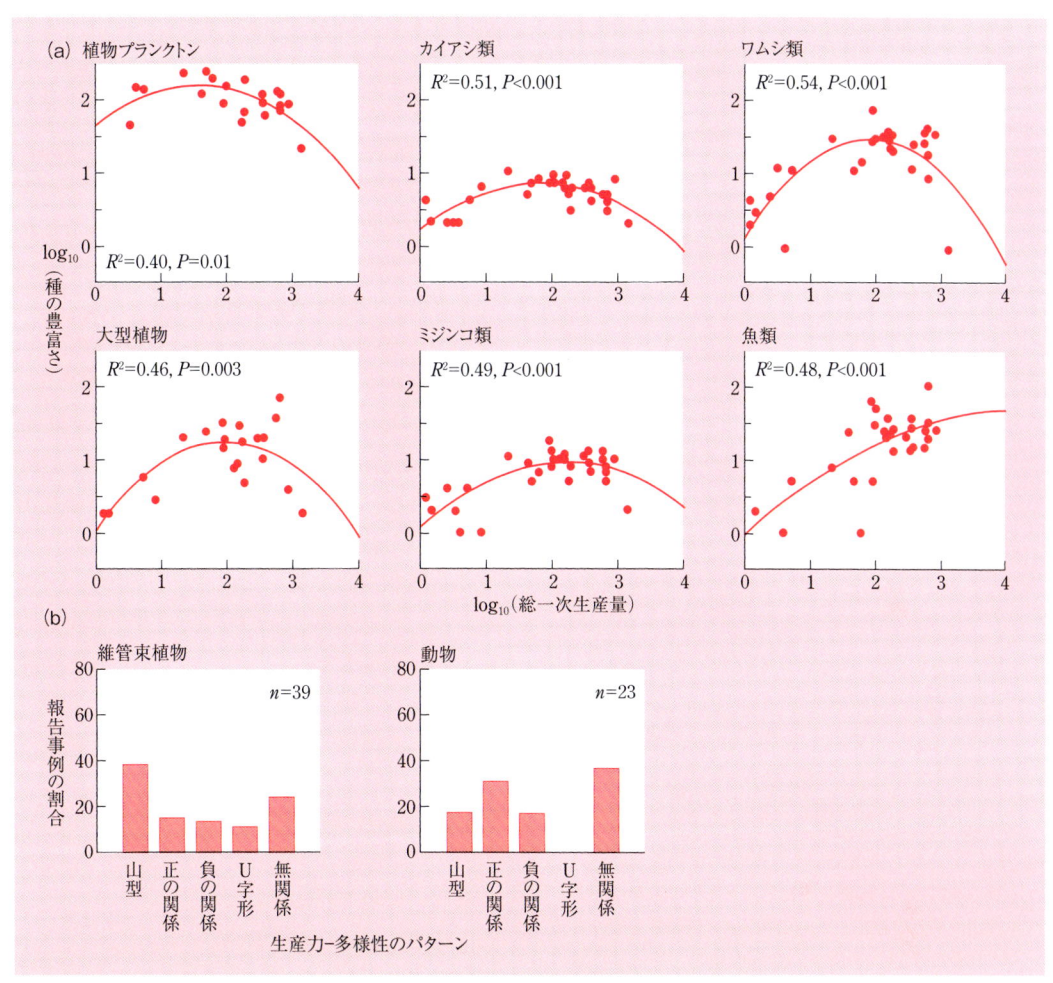

図 21.5 (a) 二次回帰線で近似した北アメリカの湖におけるさまざまな分類群の種の豊富さと総一次生産量（PPR）との関係（すべて P＜0.01 で有意）．(Dodson *et al*., 2000 より．) (b) 植物および動物に関して発表された研究事例に占める種の豊富さと生産力の関係のさまざまなパターンの割合．(Mittelbach *et al*., 2001 より．)

で扱った) も栄養塩類の供給 (生産力) に影響を与え，種の豊富さのパターンを決定することがある．Wilson & Tilman (2002) は，30 年前に放棄された農地で 8 年間にわたり，4 段階の異なる攪乱強度 (年間耕起量を変化させて作った) と窒素の供給量を組み合わせた完備要因計画 (complete factorial design) による実験を組んで，種の豊富さについて調べた．それによると，種の豊富さは，窒素の付加量がゼロの場合と一番低く抑えた場合に，攪乱に対して山形の関係を示した．その理由は，攪乱が中程度の場合には，多年生植物に占められていた場所に一年生植物が侵入してきたからである．しかし，窒素の付加を高く維持した場合には，種の豊富さと攪乱との間には関係が認められず，攪乱された場合でも明らかに競争的に優位な種が優占していた (図 21.6)．おそらく高い水準の栄養塩は競争上優位な種がすばやく成長するのを可能にして，競争上劣位な種がある攪乱と次の攪乱の間に競争排除されてしまうのであろう．

21.3.2　空間的な不均質性

すでに見たように，環境のパッチ性は，生物

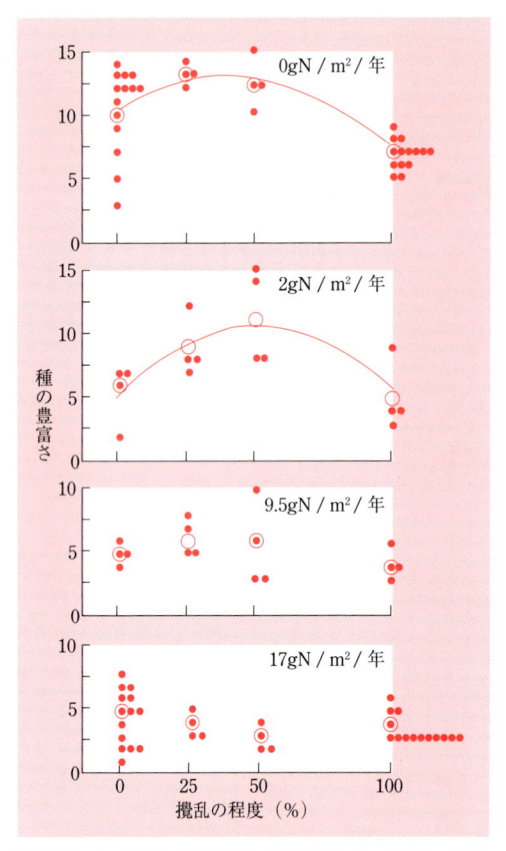

図21.6 アメリカ合衆国ミネソタ州の古い農地における種の豊富さ．4段階の攪乱程度（毎年の耕起で生じる裸地の割合で測定）と4段階の窒素供給量を組み合わせた条件下に8年間おいた後の結果．各点は反復の調査区（1 m²）から得られた値を示し，白抜きの円は各処理の平均値を示す．回帰線は有意（$P<0.05$）であったものだけについて示す．（Wilson & Tilman, 2002より．）

の集合行動と合わさって，競争関係にある複数の種の共存を可能にする（第8章5.5節を参照）．これに加えて，空間的に不均質な環境ほど，多くの種を収容できると期待される．なぜなら，不均質な環境ほど，さまざまな微小生息場所が存在し，微気候条件の幅が広く，また，捕食者から身を隠すためのさまざまな場所も存在するからである．要するに，資源の連続体の幅が実質的に拡がるのである（図21.1aを参照）．

状況によっては，種の豊富さと，非生物的環境の空間的不均質性を関連づけることができる場合もある．例えば，カナダのフード川に沿った51の調査区に生育する植物種について の研究によると，数ある要因の中でも基質，傾斜，排水性，土壌pHに基づく不均質さの指標と種の豊富さの間には正の相関があることが示された（図21.7a）．

> 種の豊富さと非生物的環境の不均質さ

しかし，空間の不均質性についての研究のほとんどは，動物の種数を，環境中に存在する植物の構造的な多様性と関連づけたものである（図21.7b〜d）．図21.7bに示したクモの研究のように，植物を操作実験するという研究手法を用いた結果もあるが，ほとんどのものは異なる自然状態の群集を比較したものである（図21.7c, d）．空間の不均質性は，それが非生物的環境から直接もたらされたものであろうと，群集内の他の生物的な構成要素から生じたものであろうと，種数の増大を促す力を持っている．

> 植物の空間的不均質性に関係する動物の豊富さ

21.3.3 環境の厳しさ

厳しい環境と呼ばれるような，極端に偏った非生物的要因によって支配されている環境を認識することは，実はそれほど簡単ではない．人間中心の視点からは，きわめて寒かったり暑かったりする場所，異常にアルカリ性の強い湖や，ひどく汚染された川などは極端なものとして捉えられるだろう．しかし，こうした環境に生息する種もたくさん進化している．我々にとって極端に寒い環境も，南極のペンギンにとっては穏やかでごく普通の環境に違いない．

> 厳しさとは？

この環境の厳しさを定義するという問題は「生物に決めさせる」ことによって，うまく乗り越えられるかもしれない．もし生物が生息できなかったら，その環境は「極端」なものとして分類してもよいというように．しかし，極端な環境では種数が減少すると主張してしまうと（これはよく見かける主張である），この定義は循

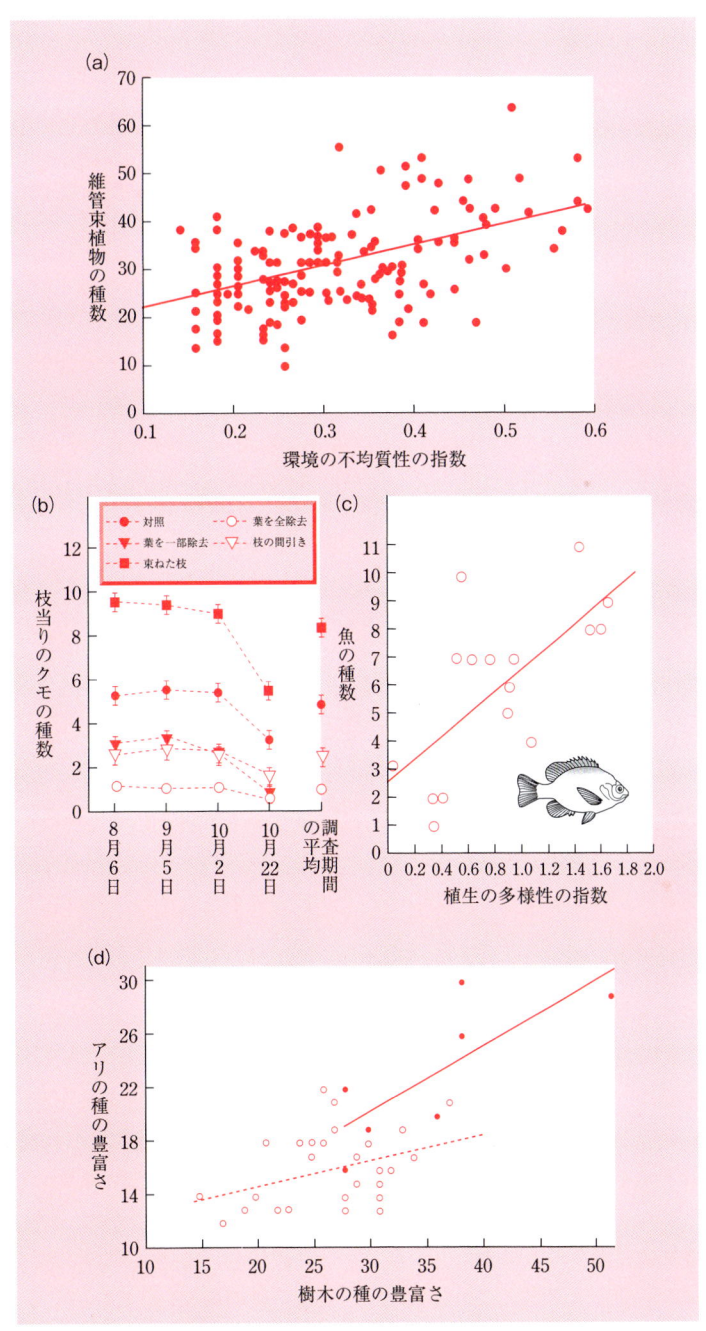

図 21.7 （a）カナダのノースウェスト準州のフード川沿いでの，300 m^2 の調査区ごとの地形と土壌に関連する非生物要因の空間的不均質性の指数（0から1の範囲の値をとる）に対する植物の種数の間の関係．（Gould & Walker, 1997 より．）（b）ある実験的研究では，ダグラスファーの枝上に生息するクモの種数は，枝の構造が多様になるほど増大した．「葉を完全除去」，「葉を部分的に除去」「枝の間引き」をした枝では，クモの多様性は，「対照」である通常の枝より低くなった．また，小枝が互いにからみ合う「束ねた」枝では，クモの多様性は高くなった．（Halaj et al., 2000 より．）（c）合衆国ウィスコンシン州の18ヶ所の湖での，植生の多様性を表す指数に対する淡水魚の種の豊富さの関係．（Tonn & Magnuson, 1982 より．）（d）ブラジルのサバンナの2つの地区での樹種の豊富さ（空間的不均質性の代用）に対する樹上性のアリの種の豊富さの関係．○，連邦区；●パラオペバ地区．（Ribas et al., 2003 より．）

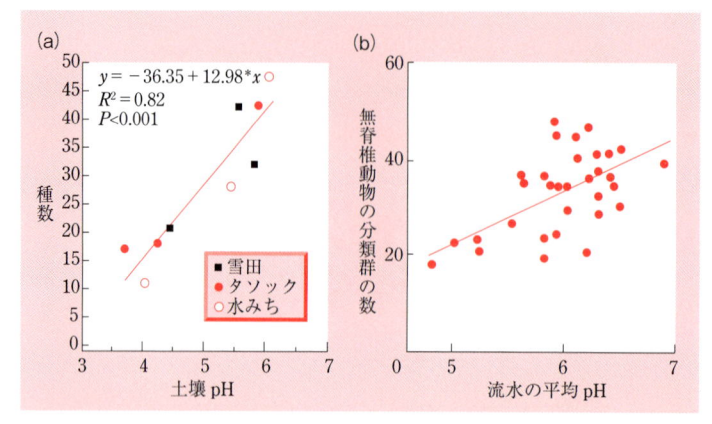

図21.8 (a) アラスカの極地のツンドラにおける 72 m^2 の調査区画当りの植物の種数は pH とともに増大した．(Gough et al., 2000 より．) (b) イギリス南部アシュダウンの森の渓流における無脊椎動物の分類群の数は，渓流水の pH とともに増大した．(Townsend et al., 1983 より．)

環論に陥ってしまう．つまりこの定義自体が，まさに検証したい主張をすでに表明してしまっているのである．

おそらく，極端な条件についての最も合理的な定義は，そこに生活する生物の側に，その条件に耐え得るためにほとんどの近縁種には見られないような形態的構造や生化学的機構が必要となるような環境条件と言えるだろう．このような構造や機能を獲得するためには，エネルギー的に大きなコストがかかったり，別の形の大きな代償が必要となる．例えば，強酸性（低い pH）の土壌に生育する植物は，水素イオンによって直接損傷を受け，また，リン，マグネシウム，カルシウムといった重要な資源の利用可能量と吸収量が低下するという間接的な影響も受ける．さらに，アルミニウム，マンガン，そして重金属の溶解度は有毒な水準にまで上がるだろうし，菌根菌の活動と窒素固定は損なわれてしまうだろう．このような効果を避けたり打ち消したりする特殊な構造や機能を持つ場合にのみ，植物は低い pH に耐えることができる．

厳しい環境は種の豊富さを下げる？

このように低い pH にさらされる環境は，厳しいと考えられる．実際にアラスカの北極ツンドラでの研究によると，抽出した単位面積当りの平均植物種数は pH の低い土壌で最も少ないという結果になった（図21.8a）．同様に，アッシュダウンの森（イギリス南部）の渓流の底生無脊椎動物の種類は，明らかに酸性の流水ほど少なかった（図21.8b）．極端な環境で種数が減少する事例としては，さらに温泉，洞穴，そして死海のような塩分濃度の高い環境などがあげられる．しかし，これらの事例で問題となるのは，そうした環境が，低い生産力や低い空間的不均質性のような種数の少なさに関与する他の特徴も備えているという点である．さらに，そうした環境は，ごく小さな面積を占めるだけであったり（洞穴や温泉など），少なくとも他のタイプの生息環境に比べれば，稀にしか存在しない（イギリス南部の渓流でも酸性のものはごく一部である）．このため，「極端な」環境は，多くの場合，小さく孤立して島状に分布している．後の第5.1節でも論じるが，このような特徴もまた種の豊富さを下げるのに関係していることが多い．確かに，非生物的要因が極端な環境では，それが原因となって少数の種しか維持されないという主張はきわめて合理的に思われるが，その実証はたいへん困難な作業なのである．

21.4 種の豊富さに影響する時間的に変動する要因

環境条件と資源の時間的な変化は，予測できるものとできないものがあり，秒単位のものもあれば数百～数千年かけて作用するものもあるだろう．これらすべては，種の豊富さに対して強い影響を及ぼす．

21.4.1 気候の変化

> 季節的に変化する環境における時間的なニッチ分化

気候の変化が種の豊富さに及ぼす効果は，（その生物にとって意味のある時間スケールの中で）変化が予測可能かどうかによって違ってくる．環境条件の季節的な変化のような予測可能な場合には，各季節ごとの環境条件にそれぞれ異なった種が適応しているだろう．そのため，完全に一定な環境よりも，季節性のある環境の方が，たくさんの種が共存できると考えられる（図21.1aを参照）．例えば，温帯域の一年生植物は，種ごとに異なった季節に発芽，成長，開花，種子生産を行う．また，温帯の大きな湖の植物プランクトンと動物プランクトンでは，季節的な環境条件と資源量の変化に沿って，各時期に適した種が次々と交代しながら優占することで，季節的な遷移が見られる．

> 季節性のない環境における特殊化

一方，季節性のない環境では，別の特殊化の機会が存在する．それは季節性のある環境では存在し得ないようなものである．例えば，一年のうちのほんの限られた時期にしか果実が得られないような季節性のある環境では，寿命の長い果実専食者は生活できないだろう．しかし，そうした特殊化は，季節性がなく，さまざまな果実が次々と利用できる熱帯では，さまざまな動物群に見いだされる．

予測できない気候の変動はさまざまな形で種の豊富さに影響を及ぼす．まず，(i) 環境条件や資源量が劇的に変動する場所では生き残ることができない特殊化した種も，安定した環境では存

> 気候的な不安定さは種数を増加させるかもしれないし，減少させるかもしれない...

続できる可能性が高い（図21.1bを参照）．また，(ii) 安定した環境ほど，多くの種で飽和する可能性が高い（図21.1d参照）．そして，(iii) 理論的な検討によると，安定した環境下ほど，ニッチの重複が大きくなることが示唆されている（図21.1cを参照）．これらの過程はいずれも種の豊富さを高めるだろう．逆に，(i) 安定した環境では，個体群の大きさが，そこでの環境収容力一杯まで増大する傾向を持つ．そして，(ii) 群集は競争によって支配されがちである．そのため，(iii) そのため，競争によって排除される種が増える（ōが小さくなる．図21.1cを参照）．

いくつかの研究では，気候の変化が小さくなるほど，種の豊富さは増大するという主

> ...しかしどちらもしっかりとした証拠はない

張が支持されているように見える．例えば，北米西海岸（南はパナマ，北はアラスカまで）に生息する鳥類，哺乳類，腹足類では，種の豊富さと月平均気温の変動幅との間には，有意な負の相関がある（図21.9）．しかし，パナマからアラスカにかけては他のさまざまな要因も変化しているので，この相関関係は因果関係を立証しているわけではない．気候の変化と種の豊富さの間には明確な関係は見出されていないのである．

21.4.2 環境の年齢 ── 進化の時間

きわめて長い時間間隔でしか攪乱を受けないような群集でも，生態的あるいは進化的

> 過去の攪乱からの回復の程度の違い

な平衡状態に達していないために，いまだに種数が回復していない場合があることも，たびたび示唆されている．つまり，群集が平衡状態に近づいて飽和しつつあるのかどうかによって

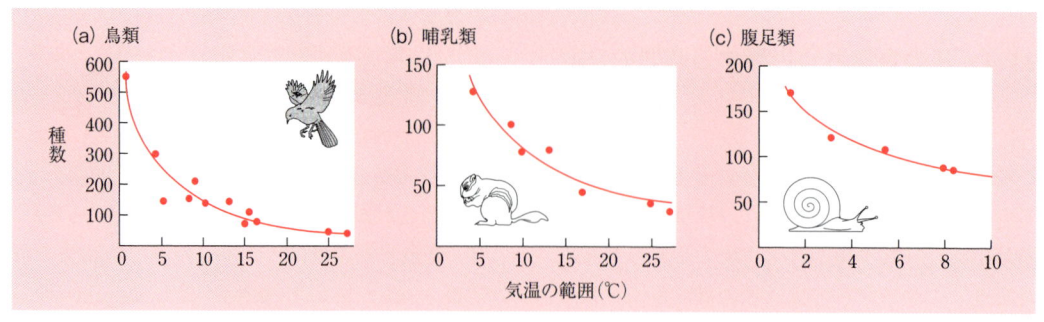

図 21.9 北アメリカの西海岸における3種類の動物の種の豊富さと月平均気温の変動幅との関係．(a) 鳥類，(b) 哺乳類，(c) 腹足類．(MacArthur, 1975 より．)

も，種の豊富さに違いが生じる可能性がある（図 21.1d を参照）．

変化の無い熱帯と回復しつつある温帯

例えば，熱帯は温帯と比べて，種が豊富であるとする意見が多い．その理由の少なくとも一端は，熱帯は長期にわたる進化的な時間の経過の中で途切れずに存在してきたが，温帯地域は更新世の氷河期の影響からいまだに回復していないからだと考えられている．しかし，熱帯の長期間にわたる安定性は，これまで生態学者によって誇張されすぎていたと思われる．氷河期に，温帯の気候帯と生物帯が赤道に向かって移動している間に，熱帯の森林は草原に囲まれた少数の小規模なレフュージア（避難場所）に縮小していたらしい．従って，変化していない熱帯と攪乱されて回復途上にある温帯域という単純化した対比は，支持できないのである．

北極と南極との対比はもっと示唆的かもしれない．北極と南極の海の環境はどちらも寒く，季節的に強く氷に影響されるが，その歴史は大きく異なる．北極盆地では，最終氷期に分厚い永続的な氷に覆われてその動物相を失い，現在は再侵入が進行している．一方，南極の周りでは古生代中期以降，浅海性の動物相が存在していた（Clarke & Crame, 2003）．現在，両極の動物相は著しく異なっている．北極の動物相は貧弱で，南極では豊かであるが，それは歴史の重要性を反映していると考えられる．

21.5 生息場所の面積と遠隔度 —— 島の生物地理学

島に生息する種の数は，島の面積が小さいほど減少することはよく知られている．そのような **種数-面積関係**

大きな島は多くの種を含んでいる —— 比較による説明

(species-area relationship) を，スウェーデンのストックホルム群島での陸上性維管束植物を例として図 21.10a に示す．

ここで扱う「島」は，海の中の本物の島である必要はない．湖は陸という海に浮かぶ島であり，山頂は海抜の低い土地という海から頭を出した島であり，森林で木が倒れてできる林冠のギャップは森という海の中の島であり，特殊なタイプの地質，土壌，植生も，それとは別の地質，土壌，植生に囲まれていれば島である．種数-面積関係は，このようなタイプの島にも同じように認められる（図 21.10b~d）．

種の豊富さと生息場所の面積の関係は，生態学的パターンの中でも最も一貫性のある関係である．しかしここで，次のような疑問が生じる．島の種数は，本土のほぼ同じ条件と面積の区域よりも貧弱と予想されるだろうか．言い換えれば，島を特徴づける隔離が，島の種数の貧弱さに影響するのだろうか．この疑問は，群集構造を理解する上で重要である．なぜなら，本物の島だけでなく，湖，山頂，草原に囲まれた森

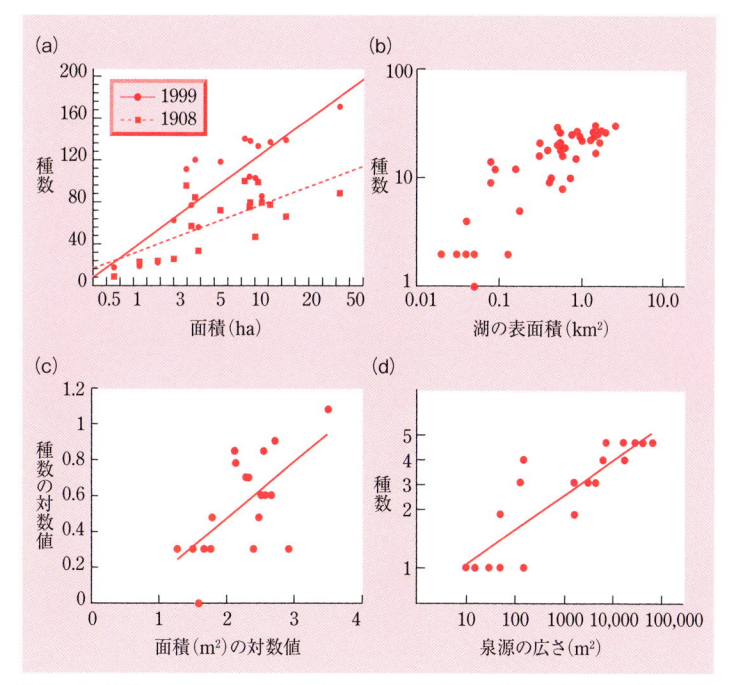

図21.10 種数—面積関係．(a) スウェーデンのストックホルム東部の群島の植物：●，放牧と乾草作りをやめた後，1999年になされた調査；■，農業が盛んに行われていた1908年になされた調査．(Lofgren & Jerling, 2002より．) (b) 合衆国フロリダ州の湖に生息する鳥類．(Hoyer & Canfield, 1994より．) (c) メキシコのさまざまな大きさの洞穴に生息するコウモリ類．(Brunet & Medellin, 2001より．) (d) オーストラリアの砂漠の中のさまざまな大きさの泉源を持つ泉に生息する魚類．(Kodric-Brown & Brown, 1993より．)

林，孤立した木など島状の生息場所は数多く存在するからである．

21.5.1 MacArthurとWilsonの「平衡」理論

大きな区域ほど多くの種が棲んでいる理由のうち，一番確かなことは，おそらく大きな区域ほどさまざまなタイプの生息場所を含んでいるからだろう．しかし，MacArthur & Wilson (1967)は，この説明は単純すぎると確信していた．彼らの「島の生物地理学の平衡理論」(equilibrium theory of iland biogeography)によると，(ⅰ)島の大きさと隔離そのものが重要な役割を果たす．つまり，ある島での種数は移入と絶滅とのバランスで決められる．そして，(ⅱ)このバランスは，そこに生息する種の絶え間ない絶滅と，移入を通しての同種または他種による置き換えとの間に成り立つ動的なものである．(ⅲ)移入と絶滅の速度は島の大きさと隔離の程度によって異なる．

まず，生物がまったくいない島へ生物が移入する時のことを考えよう．この場合，どのような移入個体もその島へ新たに到達した種を代表することになるので，種の移入率は高いだろう．しかし，生息種数が増えるにつれて，今までにない新しい種が移入する確率は低下する．「供給源」，すなわち大陸や近くの島から，全ての種が問題となっている島に侵入し終われば，移入率はゼロになる(図21.11a)．

この移入のグラフは曲線となる．島に生息する種が少なく，分散力の高い種の多くがまだ到

> MacArthur & Wilsonの移入曲線…

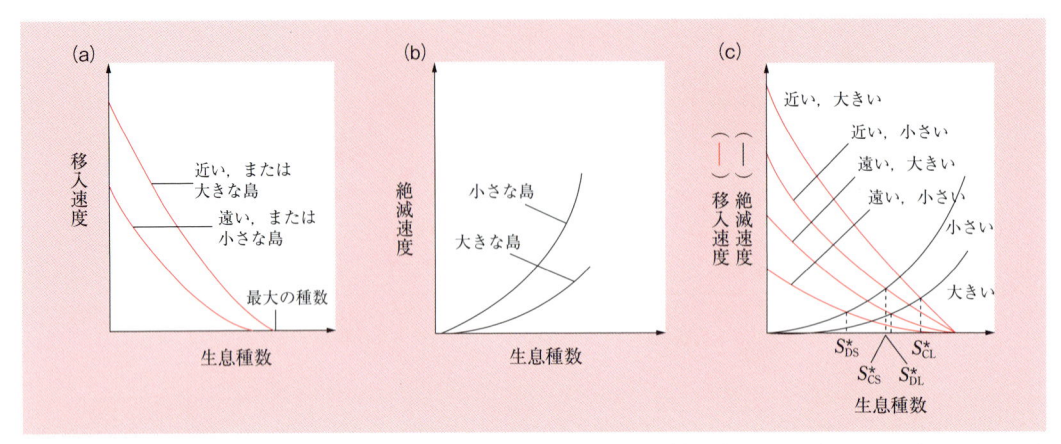

図 21.11 MacArthur & Wilson (1976) による島の生物地理学の平衡理論．(a) 面積の大きな島と小さな島，あるいは本土に近い島と遠く離れた島に関して，島への種の移入速度を島に生息する種数に対してプロットした図．(b) 面積の大きな島と小さな島に関して，島における種の絶滅速度を島に生息する種数に対してプロットした図．(c) 面積の大きな島と小さな島，本土に近い島と遠く離れた島での移入と絶滅のバランス．どちらの場合でも，S^* は平衡状態の種の豊富さを示し，添字の C は近接した島，D は遠く離れた島，L は面積の大きな島，S は小さな島を指す．

達していない時には，移入率が特に高いからである．実際にはこの曲線は，一本の線というよりもむしろ幅を持った帯となる．というのは，実際の曲線は現実の種の到来の順番に依存して変動し，それは偶然によって左右されるからである．この意味で，移入曲線は「最もありそうな」曲線と考えられる．

その移入曲線は，潜在的に侵入可能な種の供給源から島までの遠隔の程度に依存するだろう（図 21.11a）．曲線は常に同じ点（供給源の構成種の全てが島の住人となった時点）でゼロになるだろう．しかし，移入率は供給源から離れた島よりも近い島の方が一般に高い値を示すだろう．というのは，供給源に近い島ほど移入者が到達する機会も多いからである．移入率は，小さな島より大きな島の方が一般に高いだろう．これは，大きな島ほど移住者にとって大きな「標的」になりやすいからである（図 21.11a）．

...と絶滅曲線

島での種の絶滅率（図 21.11b）は，そこに種がいない時のゼロから始まり，種数がまだ少ない時には一般に低い値を示すだろう．しかし，生息種数が増えるにつれ，絶滅率は，おそらく種数の増大の割合以上に増大すると予測される．その理由は，種数が増すにつれ競争排除が起こりやすくなり，それぞれの種の個体群の平均的大きさが小さくなって絶滅しやすくなると考えられるからである．同様の理由で，大きな島より小さな島の方が，絶滅率は高いだろう．小さな島ほど個体群の大きさもおそらく小さいからである（図 21.11b）．移入の場合と同様に，絶滅曲線は「最もありそうな」曲線と考えられる．

移入と絶滅との差し引きの効果を見るためには，その 2 種類の曲線を重ね合わせれば

移入と絶滅のバランス

よい（図 21.11c）．曲線が交差する点（S^*）の種数は動的な平衡点であり，この点が，問題とする島ごとに決まる種の豊富さを表す．S^* よりも下の種数の時には，移入率が絶滅率を上回るので種数は増加する方向にあり，S^* よりも上の種数の時には絶滅が移入を上回るので種数は減少する方向にある．そこで，この理論から次のような予測を立てることができる．

1　時間がたてば，島の種数は最終的にはほぼ一定になるだろう．

2　これは，一部の種の絶滅と別の種の移入によって生じる連続的な種の「置き換わり」の結果だろう．

3 大きな島の方が小さな島よりも種数が多いだろう．
4 島の遠隔の程度が大きいほど，種数は少ないだろう．

> 予測される現象は平衡理論だけから予測されるわけではない

注意すべき点は，これらの予測のいくつかは，平衡理論を持ち出さなくても成り立つことである．種の豊富さが島のタイプだけで決まっているとしても，島の種数はほぼ一定に保たれると予測できるだろう．同様に，大きな島には，その分，多種類の生息場所が存在するために，大きな島ほど種の豊富さが高いとも予測できる．そこで，平衡理論を検証するひとつの方法は，種数が面積の増大につれて，生息場所の多様性だけで説明されるよりも大きな率で増大するかどうかを調べることであろう（本章第5.2節を参照）．

島の遠隔度の効果も，平衡理論とはまったく切り離して考えることができる．多くの種はその分散能力が限られているために，まだ全ての島には移住していないと仮定しても，供給源から遠く離れた島ほど移入の可能性のある種で満たされている度合いは低いと予測される（本章第5.3節を参照）．しかし，平衡理論が予測する，置き換わりの結果としての最終的な定常性という考え方は，まさに平衡理論だけの特徴である（本章第5.4節を参照）．

21.5.2 生息場所の多様性か，面積そのものの効果か？

> 生息場所の多様性が明らかに重要な例

島の生物学における最も基本的な疑問は，そのような「島の効果」が本当にあるのか，それとも単に狭い島にはわずかな種類の生息場所しかないために少数の種しか維持できないのか，である．種数は生息場所の多様性だけで説明できるよりもより大きな率で，面積の増大とともに増大するのだろうか？ 島の種数-面積関係に見られる変化を，生息場所の異質性で完全に説明できる部分と，それでは説明のつかない島の面積自体によって説明すべき部分とに分離しようと試みた研究がいくつかある．カナリア諸島の甲虫類の種数の場合，植物の種数（甲虫にとっての生息場所の多様性の重要な構成要素）との相関は，島の面積との相関よりずっと強い．これは植食性甲虫で顕著であるが，それはおそらくそれぞれの種が特定の食草を必要とするからだろう（図21.12a）．

> 生息場所の多様性と島の面積そのものの効果とを分離する

一方，西インド諸島中の小アンティル諸島でのさまざまな動物のグループについての研究では，種の豊富さの島々の間での違いが，島の面積だけで説明できる部分，生息場所の多様性だけで説明できる部分，（どちらか一方だけではなく）両者の相互作用で説明される部分，いずれでも説明できない部分の4通りに統計的に分離された（図21.12b）．爬虫類や両生類では，カナリア諸島の甲虫類の場合と同様に，生息場所の多様性が，面積に比べてきわめて重要であった．しかし，コウモリではそれが逆となり，そして鳥類と蝶類では，面積と生息場所の多様性の両方が重要な役割を果たしていた．

> マングローブの島の面積を実験的に小さくする

生息場所の多様性と面積の効果を分離しようと試みた実験が，フロリダ湾の中のマングローブからなる小さな島々で行われた（Simberloff, 1976）．これらの島々は，マングローブの一種アメリカヒルギ *Rhizophora mangle* で構成される純林で，そこには昆虫類，クモ類，サソリ類，等脚類から成る群集が成立している．予備的な動物相の調査の後，いくつかの島を携帯電動ノコで面積が小さくなるように切り分けた．生息場所の多様性には手をつけなかったわけであるが，3つの島での節足動物の種数は，2年間減少し続けた（図21.13）．面積を変えなかった対照区の島では，同じ期間に種数がわずかならが増大したが，これはおそらく偶然の結果であろう．

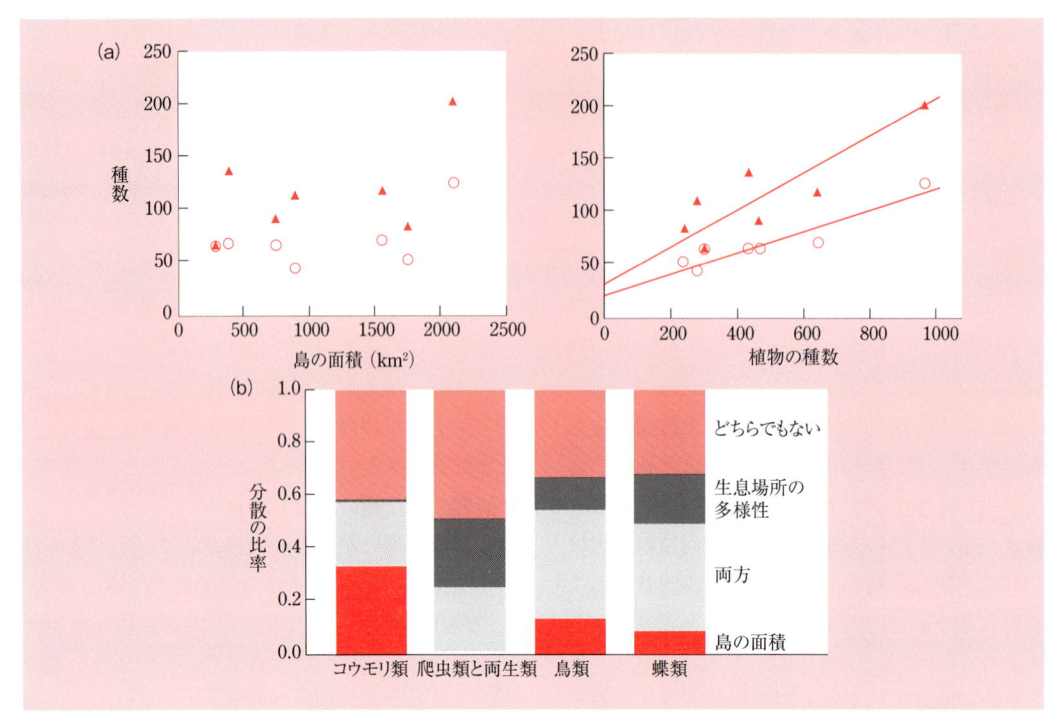

図 21.12 (a) カナリア諸島における植食性 (○) と肉食性 (▲) の甲虫類の種の豊富さと，島の面積および島の植物の種の豊富さとの関係．(Becker, 1992 より．) (b) 小アンティル諸島における 4 つの動物群の種の豊富さに関する島間で分散成分の比率．島の面積だけ，生息場所の多様性だけ，ならびに面積と生息場所の多様性の間の相互作用で説明できる部分と，いずれでも説明できない分散成分に分けてある．(Ricklefs & Lovette, 1999 より．)

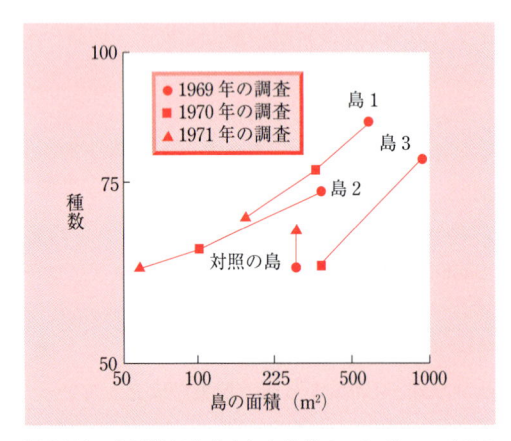

図 21.13 人工的に小さくした島状のマングローブでの節足動物の種数への影響．島 1 と 2 は 1969 年と 1970 年のセンサスの後にそれぞれ小さくされた．島 3 は 1969 年のセンサスの後でだけ小さくされた．対照区の島の大きさは変えられていないので，そこでの種数の変化は，ランダムな変動によると考えられる．(Simberloff, 1976 より．)

島および比較対照の本土における種数–面積曲線

島の面積の効果だけを見分けるためのもうひとつの方法は，島での種数–面積関係を，比較対照できる本土で任意に区切って作った区域と較べることである．こうした本土の区域間の種数–面積関係は，ほとんど完全に生息場所の多様性だけで決まるだろう（大面積では稀少種が含まれる確率が上昇するという標本サイズの効果は含まれるが）．全ての種はそのような区域間でうまく「分散」することができるだろうし，任意に設定した境界を越えて個体が絶えず流入すれば，地域的な絶滅は覆い隠されてしまうだろう（すなわち，島では絶滅となることが，本土の区域間では個体の置き換わりによってすぐに埋め合わされてしまう）．従って，本土での任意に区切られた区域は，他の条件が同じ島よりも種数は多いはずである．このことは種数–面積関係の曲線の傾きが本土よりも島

表 21.1 大陸の任意に区切った区域，海洋島，および島状の生息場所で調べられた種数-面積曲線の傾き z の値（$\log S = \log C + z \log A$．$S$ は種数，A は面積，C は定数であり，A の値が 1 のとき C は種数と一致する）．(Preston, 1962; May, 1975b; Gorman, 1979; Browne, 1981; Matter et al., 2002; Barrett et al., 2003; Storch et al., 2003 より．)

分類群	場　所	z
大　陸		
鳥類	ヨーロッパ中部	0.09
顕花植物	インクランド地方	0.10
鳥類	新北区	0.12
サバンナ植生	ブラジル	0.14
陸上植物	イギリス	0.16
鳥類	新熱帯区	0.16
海洋島		
鳥類	ニュージーランドの島嶼	0.18
トカゲ	米国カリフォルニア州の島嶼	0.20
鳥類	西インド諸島	0.24
鳥類	マレー諸島	0.28
鳥類	太平洋東中央部	0.30
アリ	メラネシア諸島	0.30
陸上植物	ガラパゴス諸島	0.31
甲虫	西インド諸島	0.34
哺乳類	スカンジナビア半島の島嶼	0.35
島状の生息場所		
動物プランクトン（湖）	米国ニューヨーク州	0.17
巻貝（湖）	米国ニューヨーク州	0.23
魚類（湖）	米国ニューヨーク州	0.24
鳥類（パラモ植生[注]）	アンデス山脈	0.29
哺乳類（高山地帯）	米国グレートベースン	0.43
陸上無脊椎動物（洞窟）	米国ヴァージニア州西部	0.72

＊注）南米大陸の北部・西部の高山地帯で樹木のないイネ科植物の草原

で急になることを意味すると一般的には考えられる（島の隔離の効果は，絶滅が起こりやすい小さな島で最も顕著になるはずだから）．この本土と島の曲線の違いは，それ自体，島の効果に起因するものと考えることができるだろう．表 21.1 に示すように，かなりのばらつきはあるものの，島についての曲線の勾配は確かに急である．

注意すべきは，島で減少する単位面積当りの種数は，種数-面積関係の種数軸上での切片も低い値にしてしまうことである．図 21.14a には，太平洋の孤島でのアリの種数についての種数-面積関係が，大きな傾きと小さな切片を持つことを示してある．きわめて大きな島であるニューギニアの内部で，調査区域面積を次第に小さくしていった場合の直線と比較するとこれは明白である．図 21.14b は，同様の関係を南オーストラリア沖合いの島々での爬虫類について示している．

結論的に言えば，これら一連の研究は，面積と生息場所の多様性との間の単純な関係 島の面積と植物の絶滅率・移入率との関係 とは異なる面積の効果の存在を示唆している．つまり，大きな島は，大きな標的であり，またそこでの絶滅の確率は低いということを示唆している．Lofgren & Jerling (2002) は，先に紹介したストックホルム群島（図 21.10a を参照）の大きさの異なる島で，1884 年〜1908 年に J. W. Hamner が行った調査データと 1996 年〜1999 年の彼ら自身の調査データとを比較して，植物の絶滅率と移入率の定量化を行った．前回の調

相関を示し，移入率は正の相関を示した．

21.5.3　遠隔度

以上の議論から，島の効果と島での種の貧弱さは，隔離された島ほど大きいと考えられる（実際，本土の区域と島の比較は，遠隔度を異にする島の比較の極端な例にすぎない．本土のある特定の区域は，遠隔度が最小の島と見なせるからである）．しかし，遠隔度には2つの意味がある．そのひとつは，単に物理的な隔離の度合いである．もうひとつは，同じ島でも対象とする生物種によって遠隔度が変わることである．例えば，同じ島でも陸生の哺乳類からすれば本土から離れているが，鳥類にとってはそうではないだろう．

遠隔の効果を示すには，遠隔度そのものに対して種数をプロットしてもいいし，遠隔度が異なる島々の間で（または移入能力の異なる生物のグループの間で），種数‐面積関係を比較することでも可能である．いずれの場合も，2つの島々の間の違いをもたらす他の全ての要因から，遠隔の効果だけを区別するのはかなり困難である．それでも遠隔の直接の効果を図21.15のように示すことができる．この図は南西太平洋の熱帯の島々における（海鳥以外の）低地性鳥類について，それぞれの島での種数を供給源であるニューギニア本島近くの島々の種数に対する百分率で表したもので，ニューギニア本島から離れるにつれて減少する．種の豊富さは距離に対し指数関数的に低下し，およそ2600 kmごとに半減する．同様に図21.16aも，遠隔の島では本土近くのほぼ同じ大きさの島に比べ種数が少ないことを示している．さらに，図21.16bは，2つの地域での2つのグループの生物（鳥類とシダ類）の種数‐面積関係を対比させている．2つの地域とは，比較的離れたアゾレス諸島（ポルトガルからはるか沖の大西洋上）とチャネル諸島（フランスの北部

> 島における鳥の豊富さは遠隔度とともに低下する

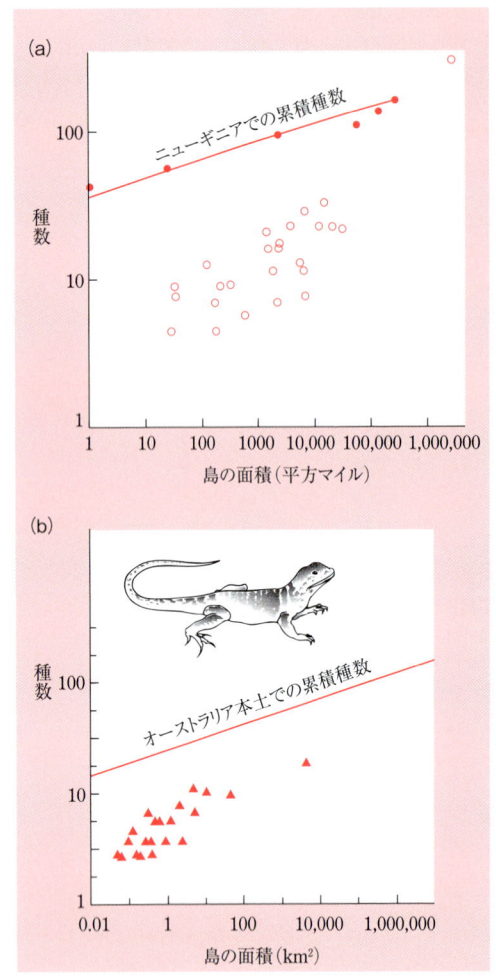

図21.14　(a) モルッカ海とメラネシアのさまざまな島のハリアリ亜科のアリについての種数‐面積関係．比較のために，非常に大きな島であるニューギニア本島の中で面積をさまざまに変えた区域で調べた結果も示す．(Wilson, 1961より．) (b) オーストラリア南部沿岸の島々での爬虫類についての種数‐面積関係．本土での種数‐面積関係と比較してある．この島々は過去1万年以内に海面上昇の結果形成された．(Richman *et al.*, 1988より．)

査から今回の調査までの間に，93種の新しい種が現れ，20種が群島から消えていた．新来の種の多くが樹木，低木，耐陰性低木であって，それらは，1960年代の牛の放牧と乾草作りが停止してからの遷移を反映していた．また，この遷移の効果とは区別できないものの，予想されたように，絶滅率は島の大きさに対して負の

第21章　種の豊富さのパターン

海岸近く) である．鳥類からすれば，アゾレス諸島はチャネル諸島よりずっと遠くにあるのに対し，シダ類にとっては，この2つの諸島の遠隔度はほとんど同じに見える．その理由は，シダが軽くて風に運ばれやすい胞子を利用するきわめて優れた分散者だからである．このように，これら全ての事例が基本的に示していることは，島の隔離の程度が増すほど，種数はさらに低下していくということである．注目すべき点としては，Lofgren & Jerling による，ストックホルム群島のデータベース (図21.10を参照) を重回帰分析したところ，島の面積が種の豊富さの最も重要な因子 (分散の73%を説明する) となったが，最も近い島との距離もまた有意な因子 (17%を説明する) となったことである．

さらに島の種の貧弱さをもたらす，小さいけれど重要な理由は，時間が充分に経過していないために，多くの島で潜在的に生息可能な種が欠落しているという点である．ひとつの例は，1963年に火山の噴火でできたスルツェイ島で，アイスランドの南西40 kmにあるこの新島には，噴火後6ヶ月以内に細菌，菌類，何種かの海鳥，1種のハエ，何種かの海浜性植物の種子が到達した (Fridriksson, 1975)．維管束植物の生育は1965年に，蘚苔類の群落は1967年にはじめて記録された．1973年までには，13種の維管束植物と66種を超える蘚苔類が生育していた (図21.17)．移入はまだ続いているのである．この事例の一般性としての重要性は，多くの島の群集は，単に生息場所の好適さとその島に固有の種の豊富さの平衡状態といった観点だけでは理解できないという点にある．この事例が強調していることは，むしろ多くの島の群集

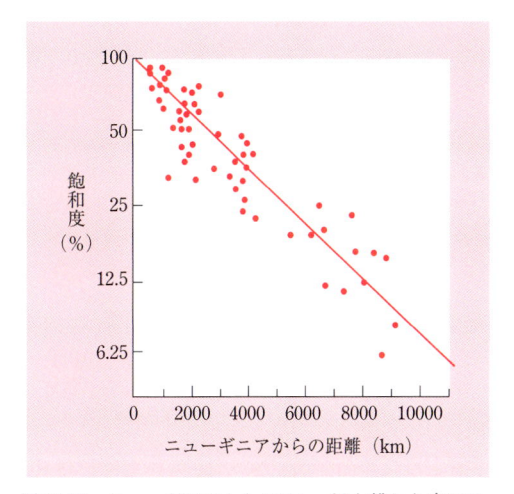

図21.15　ニューギニアから500 km以上離れた島での，低地に定住する非海洋性鳥類の種数とニューギニアからの距離との関係．種数は，ニューギニア近くの同じ大きさの島での種数に対する割合 (飽和度) で示している．(Diamond, 1972 より．)

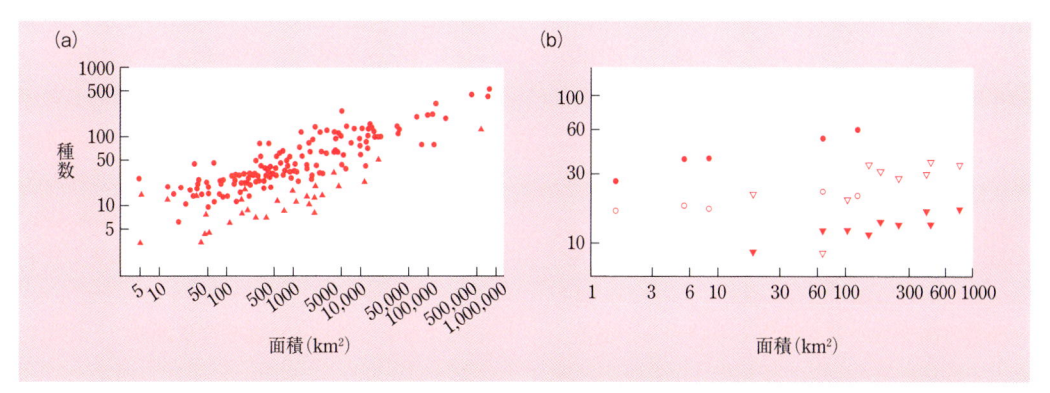

図21.16　遠隔度は，島の種数を貧弱にする．(a) 熱帯および亜熱帯の大洋島での陸鳥についての種数-面積関係．▲：最寄りの最も大きな陸塊から300 km以上離れた島，またはきわめて孤立しているハワイ諸島とガラパゴス諸島．●：陸塊から300 km未満の島．(b) アゾレス諸島とチャネル諸島で繁殖している陸鳥と淡水で生活する水鳥 (▼はアゾレス；●はチャネル) と自生のシダ類 (○はアゾレス；▽はチャネル) の種数-面積関係．アゾレス諸島は鳥にとっては遠く離れているが，シダ類にとってはそうではない．(Williamson, 1981 より．)

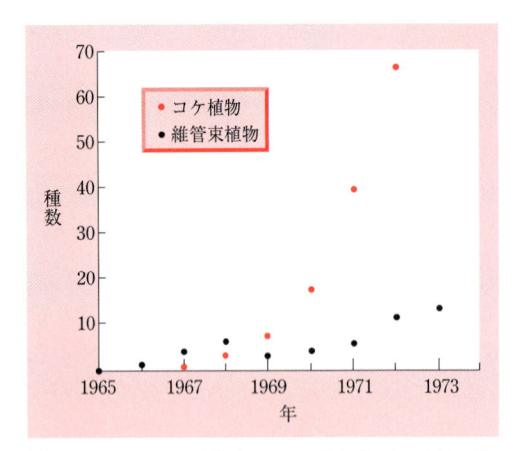

図 21.17 スルツェイ新島で 1965 年から 1973 年までに記録されたコケ植物と維管束植物の種数 (Fridriksson, 1975 より).

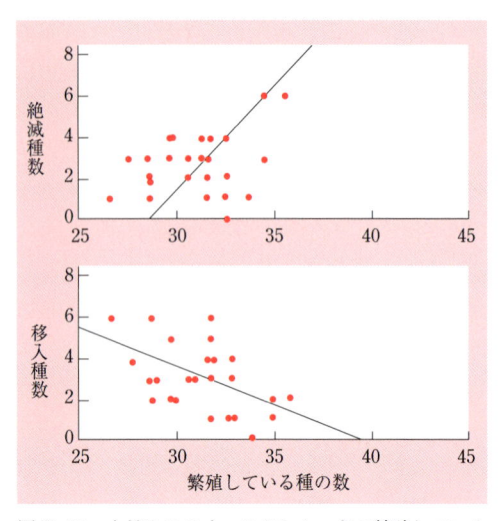

図 21.18 イギリスのイースタンウッドで繁殖している鳥類の移入と絶滅. 絶滅の図の直線は傾き 45 度である. 移入の図の直線は, 傾きが -0.38 の回帰直線である. (Beven, 1976 より. Williamson, 1981 から引用.)

が平衡には達しておらず, おそらく完全には「種で満たされていない」という点である.

21.5.4 どの種が生息するのか？—— 置き換わり

種の置き換わりは...

MacArthur & Wilson の平衡理論は, 島における種の豊富さを予測するだけでなく, 種の置き換わり, すなわち新たな種が連続的に移入してくるとともに種が絶滅することも予測している. このことは, どの種もそれぞれの時点で何がしかの確率のもとにそこに存在することを意味している. しかし, 置き換わり自体の研究は非常に少ない. それは群集をある期間に渡って調査し続けねばならない（ふつう困難であり, 経費もかかる）からである. そして, 置き換わりについての優れた研究はさらに少ない. と言うのは「にせの移入」や「にせの絶滅」を見分けるためには, 全ての種についてできる限り頻繁に調査しなければならないからである. どんな観察結果も実際の置き換わりよりも過小評価されることに注意すべきである. なぜなら, 観察者はいつでもどこでも調査できるわけではないからである.

注目すべき研究として, イギリス南部の小さなナラの森 (イースタン・ウッド) で, 1949 年から 1975 年にかけて繁殖した鳥類の調査がある. この期間に延べ 44 種の鳥が繁殖し, そのうち 16 種は毎年繁殖していた. 年ごとの繁殖種数は, 27 から 36 の間で変化し, 平均は 32 種であった. その移入・絶滅「曲線」を, 図 21.18 に示す. 最もはっきりした特徴は, MacArthur-Wilson のモデルで仮定された単純さに比べ, 点の散らばりが大きいことである. それにもかかわらず, 絶滅率の正の相関は統計的に有意ではないものの, 移入の図での負の相関は高く有意であった. 2 つの直線は毎年 3 種の新しい移入と 3 種の絶滅があることを示しており, 実際に約 32 種で交差するように見える. このように種の置き換わりは明らかに生じており, その結果, ほぼ一定の種数を保ちながらも, イースタン・ウッドの鳥類群集は年ごとに変動している.

置き換わり率は, 温帯林の鳥類では比較的高い...

対照的に, 熱帯のグアナ島の主要な鳥類 15 種の群集の長期間に及ぶ研究 (1954 年, 1976 年, そして 1984 年から 1990 年までは毎年)

...しかし, 熱帯の島の鳥類ではそうではない

では，そのような置き換りは見いだせなかった．つまり新しい種の移入はなく，生息場所の崩壊の結果として1種が消えただけであった（Mayer & Chipley, 1992）．グアナ島は小さな多数の島々から成る群島の中にあるため，もし鳥たちが島から島へ絶え間なく分散しているのなら，ここでは地域的な絶滅は起こりにくいのかもしれない．一方，熱帯の鳥類の置き換り率が実際に低いとも考えられる．というのは，これらの鳥はかなり定住的で，成鳥の死亡率は低いし，渡り鳥に比べほとんど移住しないからである（Mayer & Chipley, 1992）．

置き換りと不確定性についての証拠を実験的に示したのは Simberloff & Wilson（1969）の研究である．彼らは合衆国のフロリダ・キーズ列島でマングローブが覆う一連の小さな島々で無脊椎動物を一掃した後に，再移入を追跡調査した．200日以内に種数は一掃する前の水準付近で安定したが，種構成は大きく違っていた．その後，これらの島での種の置き換わり率は，絶滅と移入とも年当り1.5種であったと推定されている（Simberloff, 1976）．

このように，種の置き換わりがそれぞれの島の種の豊富さを特定の平衡点に保つ一方で，どの種が存在するかという点では不確定性をもつという考えは，少なくとも大まかには正しいと言えそうである．

21.5.5 どの種が生息するのか？── 不調和

島の生物相の主な特徴のひとつとして以前から知られていたことは，「不調和」（disharmony）である（例えば，Hooker, 1866 により議論されている）．この不調和とは，島でのそれぞれの分類群の相対的比率が本土のそれと同じではないという意味である．すでに図21.16での種数−面積関係で見たように，分散力に秀でた生物グループ（シダや，程度は劣るが鳥など）は，分散力の劣るグループ（ほとんどの哺乳類）

ある分類群は島に到達しやすく残りやすい …

よりも遠隔の島に移住しやすい．

しかし，分散能力の違いだけが不調和をもたらす要因ではない．絶滅の危険性も種によって異なる．すなわち，もともと単位面積当りの生息密度が低い種は，島では小さな個体群にならざるを得ず，小さな個体群は偶発的な変動のために絶滅してしまう可能性がきわめて高い．捕食性の脊椎動物の個体群は比較的小さいのが普通だが，それらがいない島が多いことはよく知られている．例えば，大西洋のトリスタン・デ・クーニャ島では，人が持ちこんだ種以外には，鳥を捕食する鳥や哺乳類，爬虫類などの脊椎動物はいない．特殊化した捕食者は，たとえ移入できたとしても餌となる種が先に到達していた場合にしか定着できないため，島では生息していないことが多い．同様の議論は，寄生者，相利共生者などにも当てはまる．言い換えれば，多くの種にとっては他種がいる時にのみ島は適切な生息場所となり，あるタイプの生物は他のものよりも他種に「依存」している程度が高いために不調和が生じるのである．

… 絶滅の危険性も分類群によって異なる

Diamond（1975）がビスマーク群島の鳥類に基づいて発展させた**出現率関数**（insidence function）や**組み合わせの規則**（assembly rule）は，分散と絶滅の差し引きと，到着の順序と生息場所の好適さとを結びつけて，島の群集を全体的に理解しようとした，おそらく最も整った試みである．Diamond はそのような出現率関数（図21.19）を導入することで，「超放浪種」（supertramp species）（高い分散率を持つが，種数の多い群集では生息し続ける能力に乏しい種）と，「高 S 種」（high-S species）（種数の多い大きな島にだけ生存できる種）とを対比させ，さらに他の種をこれら両者の中間的な種として比較することにも成功した．こうした研究が明らかにしていることは，ある島の群集を特徴づけるには，現存する種の数を数え上げるだけでは不十分だという点である．島の群集は単に貧弱なだけで

出現率関数と組み合わせの規則

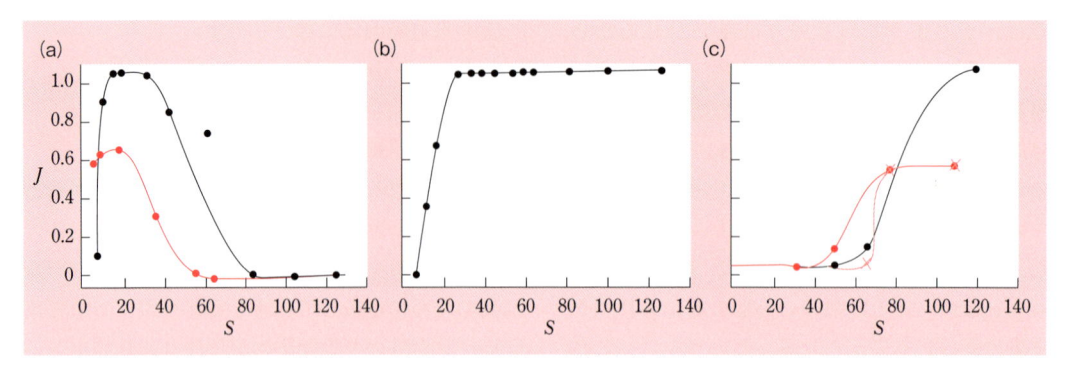

図 21.19 ビスマーク諸島におけるさまざまな鳥の種の出現率関数．「大きさ」S の島（実際には生息する鳥の種数）に対して注目する種が生息する島の割合（J）で示す．(a) 2 種の超放浪種，ハイイロカササギヒタキ *Monarcha cinerascens* (●) とコクタンミツスイ *Myzomela pammelaena* (●) の出現率関数．(b)，優れた開拓者であり，競争においても優れているように見えるチャイロキンバト *Chalcophaps stephani* の出現率関数．(c) 大きな島に限って生息する 3 種，オナガハチクマ *Henicopernis longicauda* (●)，ミナミオオクイナ *Rallina tricolor* (●)，ササゴイ *Butorides striatus* (×) の出現率関数．(Diamond, 1975 より．)

はない．その貧弱さは，特定のタイプの生物に特に偏って目立つのである．

21.5.6 どの種が生息するのか？—— 進化

島における進化速度は移住速度より速いかも

生態学のどんな側面も，進化的時間軸の中で生じる進化の過程を考慮することなしには，完全に理解することはできない．島の群集を理解しようとする場合には特にそうである．隔絶された島で新種の進化が起きる速度は，新たな移入者が到来する速度に匹敵するか，あるいはそれより速いかもしれない．明らかに，多くの島の群集は，生態学的な過程だけを見ていただけでは理解できないだろう．

固有性 —— 遠隔な島（そして分散しにくい生物）で生じやすい…

広く見られる進化の影響の実例としては，とりわけ「大洋島」で固有種（すなわち他のどこにも見られない種）が，きわめて普遍的に出現することが挙げられる．例えば，ハワイ産ショウジョウバエ（第 1 章 4.1 節を参照）は（汎世界的に分布し，ハワイの都会にもいるものを別にすれば）全種は固有種であり，また上述のトリスタン・デ・クーニヤ島の陸鳥もそうである．移入と固有種の進化とがさらに釣

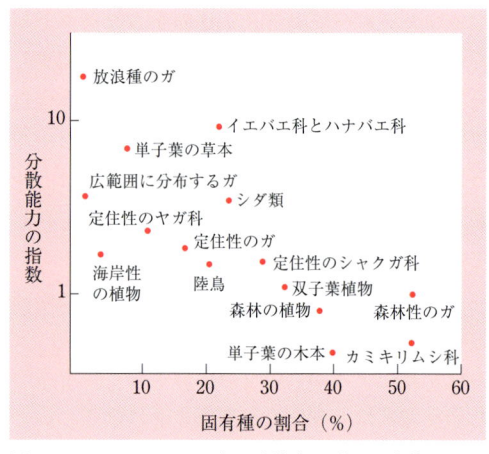

図 21.20 ノーフォーク島の分散力の乏しい生物グループでは，固有種の割合が高い．このグループは，遠くのオーストラリアよりも，近くのニューカレドニアかニュージーランドから到来したものが多い．分散力の優れた生物グループについては，逆のことが言える．(Holloway, 1977 より．)

り合った状態を良く示しているのは，ノーフォーク島の動植物である（図 21.20）．この小さな島（約 70 km²）は，ニューカレドニアとニュージーランドから約 700 km 離れ，オーストラリアからは 1200 km 離れている．このため各生物グループにおけるオーストラリア原産の種に対するニュージーランドとニューカレドニア原産の種の比率は，その生物グループの分

散能力の指標として使える．この図に見られるように，ノーフォーク島での固有種の割合は，分散力の低い生物グループで一番高く，分散力の優れた生物グループで一番低い．

…そしてもっと古い生態系でも生じやすい

同じように，アフリカ大地溝帯の湖の中でも古くて深いタンガニイカ湖には，214 種のカワスズメ科（シクリッド）魚類が生息し，その多くは採餌の様式と採餌場所について精妙な特殊化を遂げている．これら 214 種のうち 80％は固有種である〔訳注：この数字は不正確．この湖のカワスズメ科は 165 種（1991 年時点）で，そのうち固有種は 97％．ただし，全ての科の魚類（287 種）での固有率は 80％弱である（Coulter (ed.), 1991）〕．900〜1200 万年というこの湖の推定年齢と，さまざまな固有グループが 350〜500 万年前に分化したという証拠を考え合わせると，この特異に分化した固有の魚類相は単一の祖先系統から湖内で進化したと思われる（Meyer, 1993）〔訳注：現在では少なくとも 7 つの祖先系統に由来すると考えられている（Nishida, 1997）〕．対照的に，ルドルフ湖は，ナイル河水系との連絡が閉ざされてから 5000 年間隔離されてきたが，この湖に生息する 37 種のシクリッドのうち固有種はわずか 16％である（Fryer & Iles, 1972）．

21.6 種の豊富さの傾斜

本章第 3 節から第 5 節では，種の豊富さの変化を説明し検証することがいかに難しいかということを示した．しかし種の豊富さのパターン，特に変化の傾向については簡単に述べることができる．それについては以下で議論するが，そのパターンなり傾向なりの説明となると，やはり不確かな点は多い．

21.6.1 緯度による変化

種の豊富さに関して最も広く認められるパターンのひとつは，極から熱帯にかけての増大である．このパターンは，さまざまな生物グループで見られる．例えば，樹木，海産無脊椎動物，哺乳類，そして蝶類（図 21.21）などである．さらにこのパターンは，陸上でも，海洋でも，そして淡水の生息場所でも認められる．

緯度に伴い種の豊富さは低下

本章第 3 節と第 4 節の議論で用いられたいくつかの説は，種の豊富さの緯度に沿った傾向を説明するためにも使われてきたが，いずれの説にも問題がある．まず最初の説としては，熱帯の群集の種の豊富さは，捕食圧が高く捕食者がスペシャリストになっていることが原因だとされてきた（Janzen, 1970; Connell, 1971; Clark & Clark, 1984）．捕食圧が高いほど競争の重要性は低下し，そのぶんニッチの重複が大きくなり得るので，種の豊富さも増大することになる（図 21.1c）．しかしながら，熱帯で捕食圧が高いということが仮に真実だとしても（これ自体，とても確実とは言えないのだが），それが熱帯での種数の多さを引き起こす根本的な原因だとはすぐには言えない．なぜなら，捕食者そのものの豊富さを引き起こすものは何かという疑問が出てくるからである．

さまざまな説：捕食…

二番目の説としては，種数の増大は，極から熱帯に沿って増大する生産力に関係しているという主張である．極から熱帯に向かうにつれて生物が成長できる季節の期間は長くなり，平均的には熱帯に近い地域の方が熱と光が多く存在することは確かである．このことが本章第 3.1 節で議論したように，熱帯での高い種の豊富さと関連している可能性は高い．もっとも，種数の低下と関係している事例もいくつかあるにはあるのだが．

…生産力…

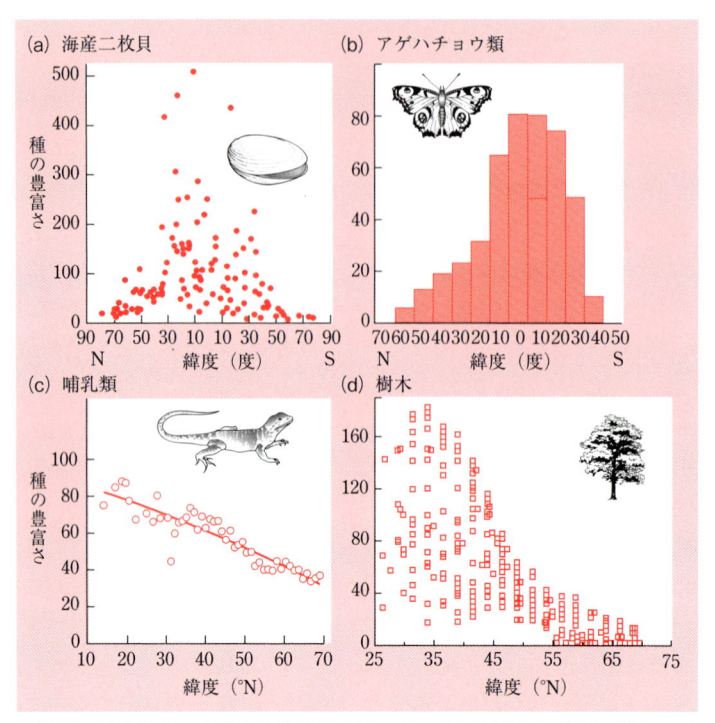

図21.21 緯度に沿った種の豊富さのパターン．(a) 海産の二枚貝．(Flessa & Jablonski, 1995 より．) (b) アゲハチョウ類．(Sutton & Collins, 1991 より．) (c) 北アメリカの哺乳類（コウモリ類を除く）．(Rosenzweig & Sandlin, 1997 より．) (d) 北アメリカの樹木．(Currie & Paquin, 1987 より．)

...栄養塩の供給...

光と熱だけが植物の生産力を決定づけるものではない．熱帯の土壌は温帯の土壌と比べて植物に必要な栄養塩類の濃度が低い場合が多い．従って，種が豊富な熱帯は，その生産力の「低さ」を反映しているのかもしれない．熱帯での土壌中の栄養塩類が乏しいことは，実は栄養塩類のほとんどが大きな生物体量の中に固定されているためである．従って，「生産性」の議論は次のように進めなくてはならないだろう．熱帯で利用できる光，温度，そして水の多さは，大きな生物体量からなる群集の形成をもたらすが，必ずしも多様性を高めるわけではない．大きな生物体量からなる群集の形成は栄養塩類に乏しい土壌と，おそらく林床から林冠までの多様な光環境をもたらす．こうしたことが，植物の種の豊富さを導き，さらにそれが動物の種の豊富さを導く．緯度に伴う種の豊富さの変化について，単純な「生産力による説明」が適用できないことは明らかである．

一部の生態学者は，低緯度に特有の気候が，種の豊富さの原因だと主張する．確かに，熱帯地方では，温帯に比べて季節変化が小さく，それにより種は特殊化している（言い換えれば，狭いニッチをもつ．図21.1b を参照）かもしれない．熱帯において種が豊富であるのは，その進化的な「年齢」が古いからだという主張もある（Flenley, 1993）．さらに別の視点からの議論として，熱帯の種の豊富さの大部分は，熱帯林というリフュージア（避難場所）の分断と合体の繰り返しによって，遺伝的な分化と種分化が促進された結果なのだと示唆されている（Connor, 1986）．こうした考えももっともらしいが，まったく立

...気候...

第 21 章　種の豊富さのパターン

証されてはいない.

　　　　　最後の説として，Terborgh (1973) の「面積仮説」(the area hypothesis) は注目するに値する．熱帯地域の面積は他の緯度に比べて大変大きい．Rosenzweig (2003) は広ければ広いほど多くの種がいてしかるべきだと主張した．ここで留意すべきなのは，そうした広大な地理的空間においては，本章第 5.1 節で考えた「島」のような移入と絶滅の間のバランスではなく，種分化と絶滅の間のバランスに主眼をおかねばならないという点である．その広い領域に生息する種（熱帯の種）は，結果的に地理的に広い範囲を占めることになる．Rosenzweig (2003) の主張では，広い範囲を占める種（結果的に大きな個体群となる）は，それだけ絶滅しにくくなる（第 7 章 5 節を参照）し，（障壁の存在によって分断化しやすく）異所的な種分化を起こしやすい．もし空間が広いほど絶滅率は低くなり，また種分化の率は高くなることが本当なら，そのような場所では種の豊富さが高く保たれているに違いない．しかし，その土台となる仮定についての証拠は乏しい．

　従って，全般的に見て緯度に沿って種の豊富さの傾向は明確には説明できていない．これは驚くには値しない．なぜなら説明の構成要素，つまり広さ，生産力，気候の安定性などに伴う傾向そのものが，不完全で初歩的な形でしか理解されていないし，緯度はこれらの構成要素のそれぞれと結びつくとともに，複数のしばしば反対方向に作用する要素とも結びついているのだから．

21.6.2　標高と深度による変化

　　　　　陸上の環境における標高に伴う種の豊富さの低下は，緯度に沿った低下と似ていて，頻繁に報告されている（例えば，図 21.22a, b）．その一方で，標高と種の豊

...面積

標高にともなう種の豊富さの低下，上昇，山形の反応

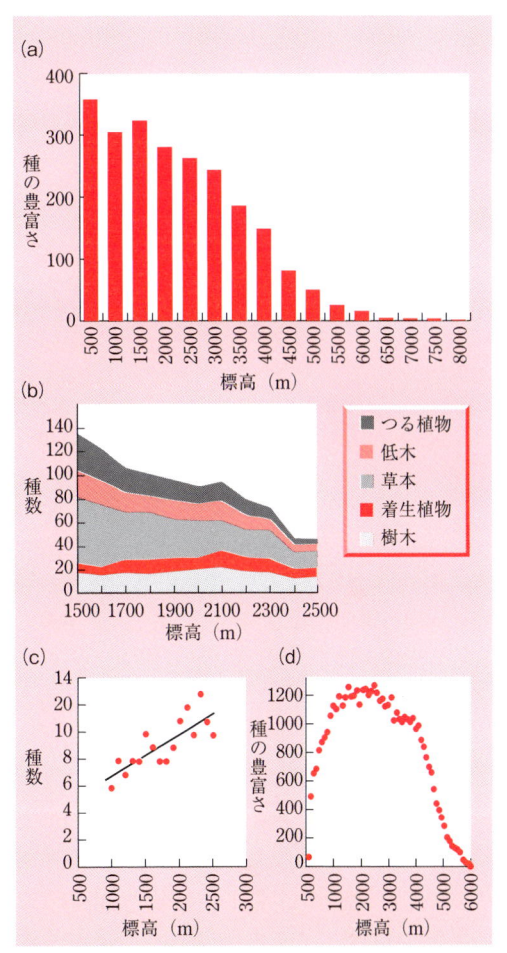

図 21.22　種の豊富さと標高の関係．(a) ネパールのヒマラヤ山脈で繁殖している鳥類．（Hunter & Yonzon, 1992 より．）(b) メキシコのマナントラン山脈の植物．（Vázquez & Givnish, 1998 より．）(c) アメリカ合衆国ネバダ州スプリングマウンテンのリーキャニオンのアリ類．（Sanders *et al.*, 2003 より．）(d) ネパールのヒマラヤ山脈の顕花植物．（Grytnes & Vetaas, 2002 より．）

富さとの関係を調べた研究では，標高に伴う単調な増大（例えば，図 21.22c）を示す研究もあり，さらに約半数の研究では山形のパターンも示されている（例えば，図 21.22d）（Rahbek, 1995）．

　緯度に沿った種の豊富さの傾向をもたらす要因のうちの，少なくともいくつかは，標高に沿った傾向を説明する上でも重要である（緯度での傾向の説明で問題だった点は，標高の説

またもや，たくさんの説がある

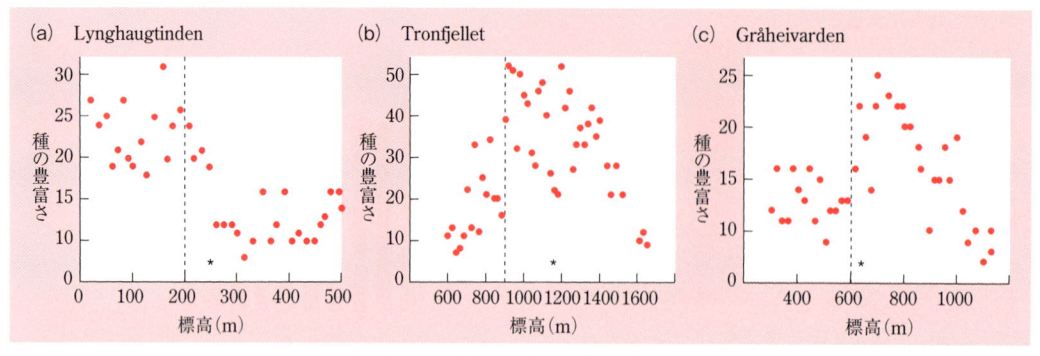

図 21.23 ノルウェーの3つのトランセクトにおける標高に対する種の豊富さの散布図．どの図でも，樹木限界線を破線で表し，トランセクトの中央を星印で示してある．(a) Lynghaugtinden のトランセクトでは，標高の上昇にともない種の豊富さは単調に低下した．(b) Tronfjellet のトランセクトでは，山型のパターンを示し，そのピークはトランセクトの中央付近にあった．(c) Gråheivarden のトランセクトでは，樹木限界線の上部で種の豊富さの上昇がみられ，その後山頂に向かうにつれて低下した．(Grytnes, 2003 より.)

明においても当てはまる）．標高の高い場所の群集は，同じ緯度の低地の群集に比べ，まず確実に占有面積が狭く，また類似した群集からも隔離されているのが普通である．従って，このような面積と隔離の効果が，観察された標高に伴う種の豊富さの低下に影響を与えていることは確かである．これに加えて，種の豊富さの低下傾向は，標高に伴う気温の低下および生育期間の減少による生産力の低下，あるいは山頂近くの気象の極端さによる生理的ストレスの観点から説明されることが多い．実のところ，これとは逆に図 21.22c ではアリ類の多様性と標高の関係が正の相関を示しているが，その理由は，この事例では標高が増すにつれて降水量が多くなることで，生産が高まり，また生理的な環境の厳しさが弱まっているためである．

厳しき境界と山型の関係　「厳しき境界」(hard boundaries) という概念は，山形を示す関係について説明するためのある仮説の基礎をなしている (Colwell & Hurtt, 1994)．この帰無仮説的な考えでは，上部にある「厳しき境界」（山頂）と下部にある「厳しき境界」（谷底）との間で種がランダムにばらまかれると仮定し，種の豊富さは（両方の境界に近づくほど低下し）中程度の環境で高まるような左右対称の山形となると予測する．Grytnes &

Vetaas (2002) はヒマラヤの顕花植物の種の豊富さについての標高のパターンのモデルを作ったが，現実の分布図（図 21.22d）にもっともよく当てはまるのは，厳しき境界のモデルと標高に伴う単調な低下を組み合わせたモデルであった．

これと関連して示唆に富む研究として Grytnes (2003) がある．彼はノルウェーで複数のトランセクト（帯状の調査区）を設置して，標高に沿う維管束植物の種の豊富さを調べ，さまざまなパターンを報告している．最も北に位置する Lynghaugtinden のトランセクトでは，種の豊富さは，標高の上昇に伴う面積の減少で説明できるような，単調な低下を示し（図 21.23a），一方，Tronfjellet では，そのパターンはおおむね厳しき境界仮説に一致し，中間的標高で最大の値を示し，境界付近では急な低下を示した（図 21.23b）．最も南側の Gråheivarden では，「量的効果仮説」(mass effect hypothesis) を支持するようなパターンが現れた．この仮説では，個体群が自立的に維持できないような場所で，隣接する生物帯からいくつもの分類群がしみ出るように入ってきて，個体群を維持していると考える．Gråheivarden での種の豊富さのパターンは，森林と高山帯の群集が接する樹木限界付近で上昇していて，量的効果仮説を支

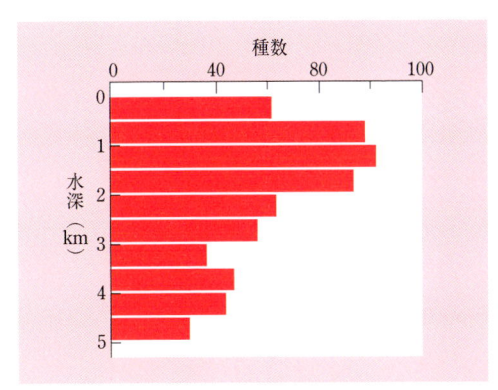

図21.24 アイルランド南西の海洋における大型ベントス（魚類，十脚類，ナマコ類，ヒトデ類）の，水深に対する種の豊富さの勾配．（Angel, 1994より．）

持している（図21.23c）．

水域での深度にともなうパターン

水域での水深に伴う種の豊富さの変化は，陸上における標高に伴う変化ととてもよく似ている．大きな湖では，冷たく暗く低酸素の深層部は，浅い表層と比べて種数が少ない．同様に海洋の生息場所では，有光層が30m以深に達することはめったになく，植物の分布も光合成ができるこの範囲に制限されている．そのため，外洋では水深に伴って種の豊富さは急激に低下する．唯一の例外は，大洋底に生息する奇妙な動物たちである．しかし，面白いことに，底生無脊椎動物の種の豊富さに及ぼす水深の影響は単純ではなく，種の豊富さのピークは水深1000m付近にある（図21.24）．おそらく，そこでの環境の予測可能性が高いことを反映しているのだろう．大陸棚斜面より先のさらに深い部分では，種の豊富さは再び低下する．おそらく，深海域では食物資源がきわめて不足しているからであろう．

21.6.3 群集の遷移における傾斜

遷移過程での山形の種の豊富さの関係は…

すでに述べたように（例えば，第16章7.1節を参照），遷移が最初から最後まで進行したとすると，種数は遷移の初期段階では新たな定着によって増大し，最後には競争によって減少していく．これは，植物でははっきりと確認されているが，動物についての研究は極めて少ない．しかし，いくつかの研究によると，少なくとも遷移の初期段階では植物の種数と並行して動物の種の豊富さは上昇した．図21.25に示すのは，インド東北部の熱帯多雨林で行われた移動焼畑の跡地での鳥類の調査と，耕作放棄地での昆虫の調査結果である．

遷移における種数の傾斜は，ある程度は周囲の遷移段階が進んだ群集から種が徐々に侵入し定着するので，必然的に生じる現象である．すなわち，遷移の進んだ群集ほど多くの種によって満たされる（図21.1dを参照）．しかし，これは現象の一面にすぎない．なぜなら，遷移の過程では単に新しい種が加わるだけではなく，種の入れ替りも生じるからである．

事実，遷移における種の豊富さの傾斜では，他の種の豊富さの傾斜と同様に，カス

…カスケード効果によって生じる

ケード効果も存在する．つまり種の豊富さを上昇させる最初のプロセスが，二番目のプロセスを開始させ，さらにそれが三番目のプロセスを開始させるということである．まず最初に出現する種は，定着能力が最も高く，また裸地をめぐる競争に最も強い．そうした種は，すぐにそこになかった資源を作り出す（そして今までになかった不均質さをもたらす）．例えば，最も初期に出現する植物は，土壌中の資源が枯渇した区域を作り出し，植物のための栄養塩類に関して空間的な不均質性を必然的に増大させる．植物体自身は，多様な微小生息場所を新たに提供し，植物を餌にする動物に対してはそれまでより多様な食物資源を供給する（図21.1aを参照）．植食者と捕食者の増加は，種の豊富さのさらなる上昇を促進し（捕食者が介在する共存：図21.1cを参照），その種の豊富さの上昇によってさらに資源と不均質性がもたらされる．その上，遷移初期段階の裸地に近い状態に比べると，林内では遷移が進むにつれて温度，湿度，風速の変

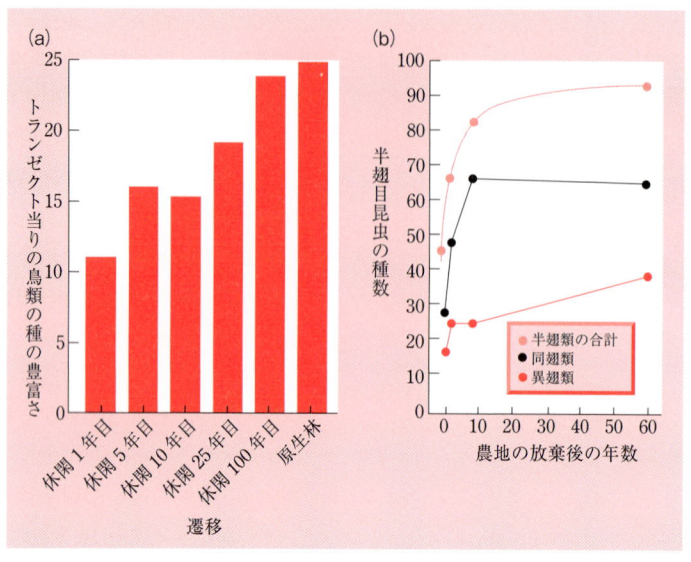

図 21.25 遷移における種の豊富さの上昇．(a) インド北東部の熱帯雨林での焼畑跡地の鳥類．(Shankar Raman *et al.*, 1998 より．) (b) 放棄された畑での遷移における半翅目昆虫．(Brown & Southwood, 1983 より．)

化が少なくなる．そして，環境の定常さが高まると環境条件と資源がさらに安定し，特殊化した種が十分な個体数を増やして，存続し続けるようになるだろう（図 21.1b を参照）．他の種の豊富さの傾斜と同じく，多くの要因が相互に作用し合っているので，原因と結果を分けることは難しくなる．むしろ，原因と結果が網の目のようにからみあった状態こそ，遷移に伴う種の豊富さの傾斜の本質であるように思える．

21.6.4 化石記録にみる分類群の豊富さのパターン

本節の最後にあたって，ひとつの試みとして，現在の種の豊富さの傾斜を作り出すことに貢献していると信じられているプロセスを，もっと長い地史的時間スケールでみられる傾斜の説明に適用してみよう．化石記録の不完全さは，進化古生物学の妨げとなっている．それにもかかわらず，いくつかの一般的なパターンは見い出されている．図 21.26 に，6 つの主要な生物群に関するこれまでの知見をまとめた．

約 6 億年前まで，地球はほぼ細菌と藻類だけで占められていた．しかし，海産無脊椎動物のほとんど全ての門が，その後わずか数百万年分の地層中に出現する（図 21.26a）．もし上位の栄養段階の生物が出現することによって下位の栄養段階の種の豊富さが上昇するのであれば，一番最初に出現した植食性で単細胞の原生生物がおそらくカンブリア紀の種の豊富さの「爆発」に関係していると言えるであろう．この生物の摂食によって，藻類だけが生育していた場所に空所が生じ，それ以前に進化していた真核細胞が活動できるようになったことが相伴って，地球の歴史の中で最大の爆発的な進化，多様化が引き起こされたのであろう．その後，分類群の豊富さは，5 回のいわゆる大規模絶滅と多くの小規模な絶滅によって乱されたために順調ではないものの，着実に上昇していった（図 21.26a）．絶滅のピークに続く「回復」のピークのパターンの分析によると，回復に要する平均的な時間は 1000 万年であった（Kirchner & Weil, 2000）．

> カンブリア紀の爆発 ── 搾取者介在の共存か？

第21章　種の豊富さのパターン

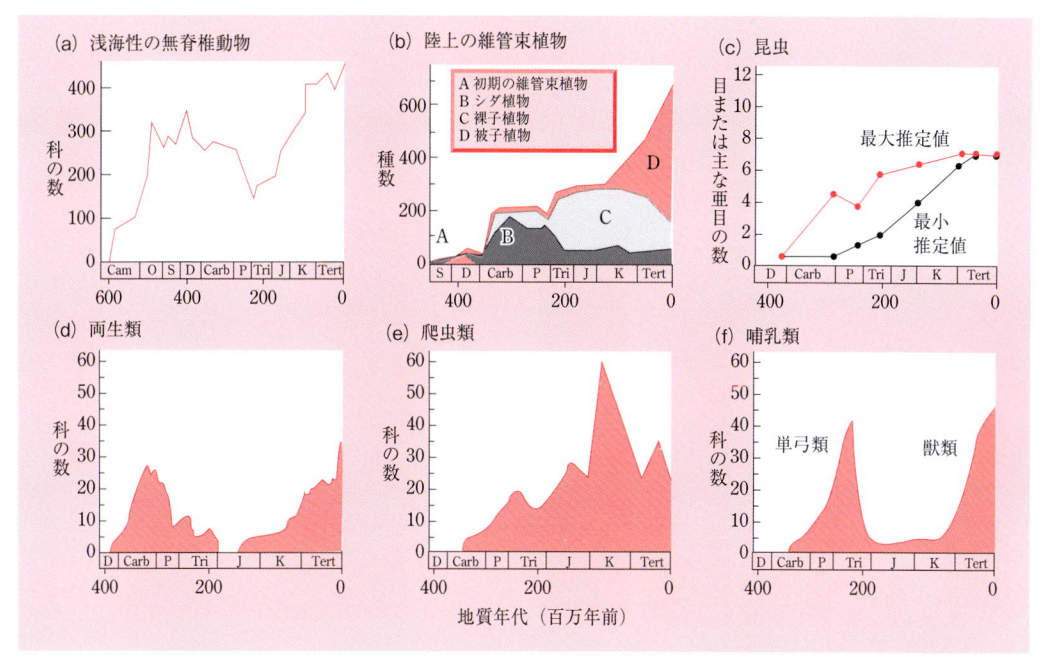

図21.26 化石の記録を基にした分類群の豊富さの変遷を示す曲線．(a) 浅海性の無脊椎動物の科の数．(Valentine, 1970より．) (b) 陸上の維管束植物の4つのグループ (初期の維管束植物，シダ植物，裸子植物，被子植物)．(Niklas et al., 1983より．) (c) 昆虫の主な目と亜目．最小推定値は確実な化石記録から推定した値で，最大推定値は可能性の高い記録をも含めたもの．(Strong et al., 1984より．) (d-f) 脊椎動物の科の数．それぞれ両生類，爬虫類，哺乳類．(Webb, 1987より．) 地質年代の記号：Cam, カンブリア紀；O, オルドビス紀；S, シルル紀；D, デボン紀；Carb, 石炭紀；P, 二畳紀；Tri, 三畳紀；J, ジュラ紀；K, 白亜紀；Tert, 第三紀．

二畳紀の多様性の低下 ── 種数-面積関係の問題か？

二畳紀の終わりには，浅い海に棲む無脊椎動物の科の数が劇的に減少したが，これは地球上の各大陸が合体して，単一の超大陸であるパンゲアが形成された結果だろう (図21.26a)．この大陸の合体によって，大陸の周囲に広がる浅い海の面積は著しく減少したので，浅い海に棲む無脊椎動物にとっての生息場所も大きく減少した．それとともに，当時は地球規模の寒冷化が続いていて，膨大な量の水が極冠の氷や氷河に固定され，暖かくて浅い海という環境が減少していった．従って，この時期の浅海性の動物相の激減は，種数-面積関係で説明できるだろう．これに関連するが，Rosenzweigh (2003) によると，北半球の様々な年代の植物化石の種数をその期間の陸地面積に対してプロットすると，有意な正の相関を示した (11の期間と，その期間ごとの重複のない化石種のリストを用いている)．

陸上維管束植物の化石の解析 (図21.26b) によって，次の4つの明瞭な進化の段階が明らかになっている．(i) シルル紀からデボン紀中期にかけての，初期維管束植物の繁栄，(ii) デボン紀終りから石炭紀にかけてのシダ様植物の系統の放散，(iii) デボン紀後期の種子植物の出現と，裸子植物の優占へと向かう適応放散，(iv) 白亜紀と第三紀の顕花植物の出現と増加．植物の陸上への進出は根の出現によって可能になったが，その後の各植物群の多様化は，その前に優占していた植物群の種数の減少と軌を一にして起きているようである．そうした置き換わりのうちの2つ (初期の植物から裸子植物への置き換わりと，裸子植物から被子植物への置き換わりのパターン) は，古くて特殊化していない分類群が，新しくおそらく特殊化した分類

主要な植物のグループの競争的置き換えか？

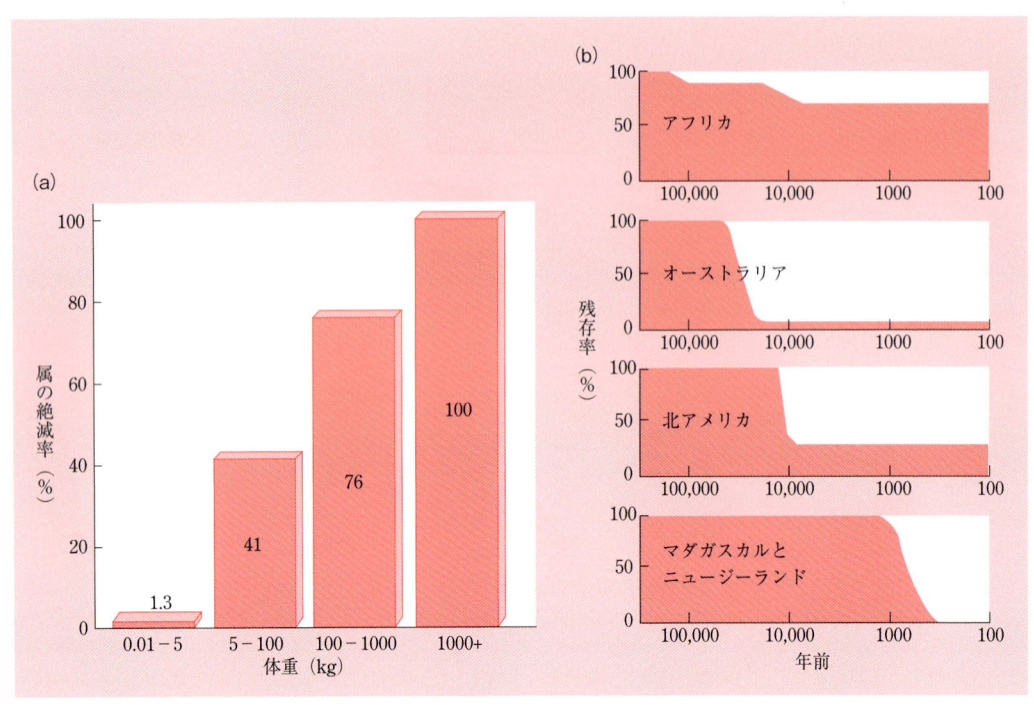

図 21.27 (a) 過去 13 万年間に絶滅した大型の植食性哺乳類の属の割合は，体の大きさに強く依存している．南北アメリカ，ヨーロッパ，オーストラリアのデータの合計．(Owen-Smith, 1987 より．) (b) 3 つの大陸と 2 つの大きな島 (ニュージーランドとマダガスカル) で，各時点で生き残っていた大型動物の比率．(Martin, 1984 より．)

群に置き換えられるという競争的置換を反映しているのだろう．

種の豊富さの上昇の原動力としての共進化か？

植食性であることが確実な最初の昆虫は，石炭紀から知られている．その後，現在見られる昆虫の目が次々と出現し (図 21.26c)，最後に被子植物の増加と時を同じくして，鱗翅目 (チョウ類とガ類) が現れた．植物と植食性昆虫との相互進化 (reciprocal evolution) および対抗進化 (counter evolution) は，陸上植物と昆虫の進化史のほとんどの時期で認められるが，現在でも種の豊富さの上昇に対して主要な役割を果たしているだろう．

大型動物の絶滅 ── 有史以前の乱獲か？

最終氷期が終わるまでは，各大陸には現在よりももっと多くの大型動物が生息していた．例えば，オーストラリアには，多くの巨大な有袋類が生息し，北アメリカにはマンモス，地上性のオオナマケモノの他に 70 属以上の大型の哺乳動物が生息していた．さらに，ニュージーランドとマダガスカルには，地上性の巨鳥，モア (モア科 Dinorthidae) とエピオルニス (*Aepyornis*) がそれぞれ生息していた．しかし，過去約 5 万年近くの間に，地球上の各地でこの生物多様性の多くが失われていった．絶滅は特に陸上の大型動物で著しい (図 21.27a)．この絶滅は地球上の一部の地域で顕著で，著しい絶滅が起きた時期は場所によって異なっていた (図 21.27b)．この絶滅のパターンは，人間の移住の過程を反映している．アボリジニの祖先がオーストラリアに到達したのは，4 万年前あるいはそれ以前で，北アメリカで石製の槍穂が広まったのは 1 万 1500 年前，またマダガスカルとニュージーランドに人間が住むようになってから 1000 年ほどの歴史しかない．優秀なハンターである人間がやって来て，標的にしやすく見返りの大きな大型獣を食物として，瞬く間に乱獲してしまったように見える．一方で，人類

の起源の地，アフリカでは，このような多様性消失の証拠は少ない．その理由はおそらく，初期の人類と大型動物とが共進化する時間が十分にあり，大型動物が有効な防御手段を発達させることができたからだろう（Owen-Smith, 1987）．

　更新世の絶滅は現在の地球上でのできごとの先駆けであった．現在，人間活動が自然群集に与える影響は劇的に増大している（第 7, 15, 22 章を参照）．

21.7　種の豊富さと生態系の機能

> 焦点を変えて — 種の豊富さは生態系の機能にどう影響するか？

　本章の最後から二番目の本節では，種の豊富さに見られるパターンの理解と説明ではなく，種の豊富さが生態系の機能に及ぼす効果に視点を移したい．具体的には，生産性，分解，水と栄養塩類の流れ（第 11, 17, 18 章で詳しく議論した）に対する効果である．生態系のさまざまなプロセスの中で多様性が果たす役割を理解することは，基礎的な面でも実用的な面でも重要である．なぜなら，そこには多様性の喪失に人間がどう対応すべきかのヒントが含まれているからである．種の豊富さが生態系機能の安定性に果たす役割についてはすでに議論した（第 20 章 3.6 節を参照）．ここでは，種の豊富さと生態系のプロセスの関係そのものを明らかにするような，さまざまなタイプの生態系研究の例を示すことにする．そしてその後で，そうした関係を説明する仮説をいくつか検討しよう．

21.7.1　種の豊富さと生態系機能との間の正の相関

> 種の豊富さが高まると…生産力は高まり…

　国際的な共同研究としてヨーロッパの 8 つの畑地で，手法を統一して，種の豊富さの低下が一次生産力（地上の生物体量の合計で測定）にどのように影響するかが調べられた．この実験では異なった種数のイネ科草本，窒素固定を行うマメ科草本，その他の双子葉草本で構成される草地群集が人工的に作られた．細かな結果は調査地ごとに異なっていたが，全般的には種数の減少に対する平均生産力の関係は対数線形の関係であった（図 21.28a）．種の豊富さが同じ場合には，機能グループ（イネ科，マメ科，双子葉）の数の減少に伴って生産力は低下した（図 21.28b）．

　Jonsson & Mlmqvist (2000) は，川に落下する葉を餌とする 3 種のカワゲラについて種

> …分解は加速し…

の豊富さが分解に与える影響を調べた．その実験では 12 匹のカワゲラ幼虫を用いた 3 通りの組み合わせが用意された（すなわち，1 種のカワゲラだけで 12 匹，2 種のカワゲラで各 6 匹，3 種のカワゲラで各 4 匹という形で組み合わせ，各組み合わせについて 10 回の反復を用意した）．メソコスムを用いた 46 日間の実験では，葉の量の消失速度が種の豊富さに対して正の相関を持つことが示された（図 21.28c）．

　微生物が土壌の有機物を分解するとアンモニウムイオンが放出される（窒素の無機

> …栄養塩類の損失は減る

化）．Zak *et al.* (2003) によると，米国のミネソタ州の草地での植物の種の豊富さを操作した実験では，開始から 7 年後の土壌サンプルでの無機化の速度が，種の豊富さに対して正の相関を示した（図 21.28d）．さらに，湿地の群集を模したメソコスムにおいて，栄養塩の流れが沈水性の大型植物の種の豊富さに関係していることも見い出されている．大型植物の種数が多いほど，表面で生育する藻類のリン吸収量が増大し，メソコスムからのリンの総喪失量が減少した（図 21.28e）．

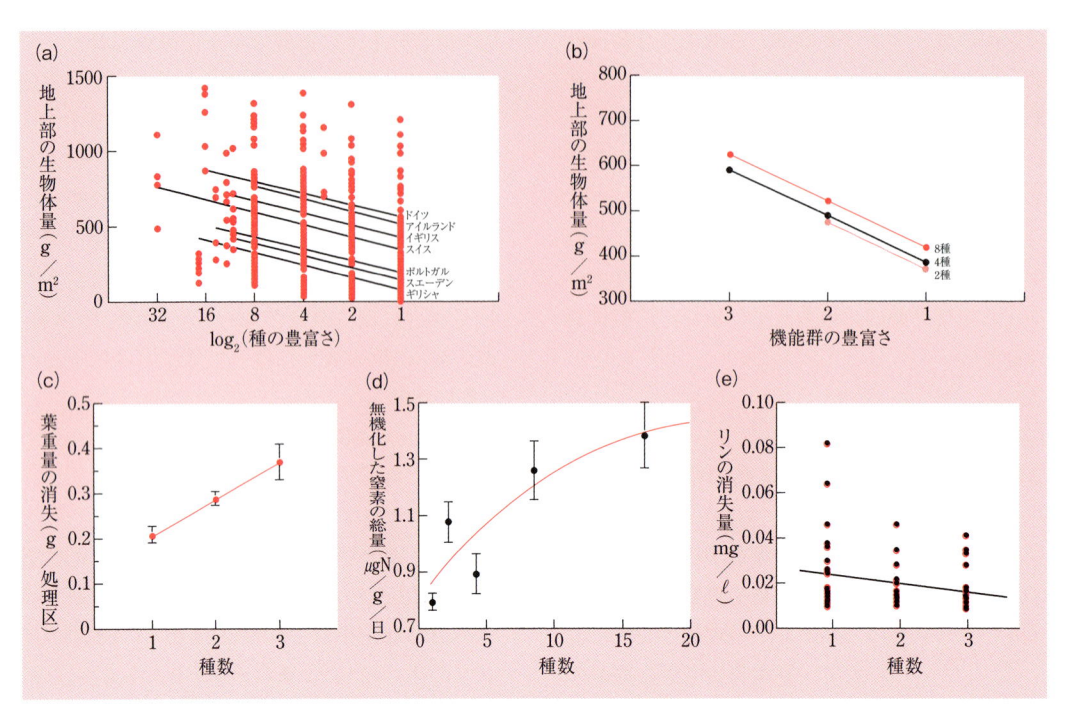

図 21.28 (a) シミュレーションで作製したヨーロッパ各国の多数の草地における一次生産力（2 年間の地上部生物体量の蓄積量で測定）と種の豊富さ（高い方から順に並べてある）の関係（回帰直線を国ごとに示す）．(Hector *et al*., 1999 より．) (b) そのヨーロッパの草地における一次生産力と機能群の豊富さ（高い方から順に並べてある）の関係（各国のものを種の豊富さごとにまとめた）．(Hector *et al*., 1999 より．) (c) 分解速度（葉重量の消失）と渓流性の咀嚼口式のカワゲラ類の種数（Jonsson & Malmqvist, 2000 より）．(d) 草地での 7 年間の操作実験における無機化した窒素の総量（土壌 1 g 当り）と植物の種の豊富さの関係．(Zak *et al*., 2003 より．) (e) 1 種から 3 種の大型沈水性植物種が生育するメソコスムからのリンの消失速度．(Engelhardt & Ritchie, 2002 より．)

21.7.2 種の豊富さと生態系プロセスの関係についての対照的な説明

対照的な仮説　激しい論争，ときには辛らつな批判の応酬（Kaiser, 2000; Loreau *et al*., 2001）を経て，種の豊富さと生態系機能との正の相関関係について提案された主な仮説は次の 3 つである．

相補性と…　最初の仮説は，それぞれの種がニッチ分化（第 8 章を参照）をしているならば，それだけ資源を相補的に使い，利用できる資源をそれだけ有効に利用し，それによって生態系の生産力（あるいは分解や栄養塩循環の速度）の上昇に貢献しているであろう（図 21.1d を参照）という考えで，**相補性仮説**（complementarity hypothesis）と呼ばれる．

2 つめは，**促進仮説**（facilitation hypothesis）と呼ばれ，**…促進は…** 種が豊富な生態系では，他の種が生態系の中で果たしている役割を後押しするような影響を与える種も存在するだろうという考えである．例えば，湿地の沈水性大型植物のうち何種かは，他のどの植物よりも，藻類の定着を促進する（図 21.28d）（Engelhardt & Ritchie, 2002）．

相補性仮説と促進仮説のどちらも，「収量の上昇」（over yield）を予測する．つまり，少ない種よりも，多くの種で構成される群集の方が少ない種の群集よりも，生産力と分解速度が速くなるという予測である．これら 2 つの仮説のどちらかを適用する限 **…収量の上昇を予測し，生物多様性保全の意義を強調する…**

り，生態系の機能を維持するためには，多様性を保全することが求められるだろう．

一方で，豊富さと機能との正の関係は，実験で組み合わされた種による偶然の効果なものかもしれない．いわゆる，**サンプリング効果仮説**(sampling effect hypothesis) は，群集の中に多くの種が存在すればするほど，たまたま，競争力が強く，生産力の大きな種が存在する可能性が高くなることを示唆している．つまり，種が豊富な群集は生産力が特別に大きな種を多く含むために，平均して生産力が大きくなるのかもしれない．この場合には，収量の上昇は見られないであろう（生産性の高い種の単一栽培の生産力はその種を含む複数種の群集の生産力よりけっして低くはならないだろう），また生態系の機能を維持するために，多様性そのものを保全する必要はないであろう．

> ... しかし，サンプリング効果仮説はそれを否定する

Hector et al. (1999) によるヨーロッパ 8 カ国で行われた研究では，相補性仮説に合致する結果が出ている．それによると，草地の生産力は，機能的な植物タイプが複数存在する場合に高くなった．これはニッチ分化を反映しているかのような結果である．しかし，この研究は，収量の上昇についての検証が適切ではなかった点と，観察されたパターンのうち少なくとも一部は窒素固定するマメ科植物のムラサキツメクサ Trifolium pratense が偶然に混ざっていたことによるという理由で批判された (Kaiser, 2000)．Mikola et al. (2002) はもっと小さい規模の温室実験で，2 通りの実験デザインを用いた．最初のものは，Hector et al. (2002) と同様に，一定の植物群からランダムに種を選び出してさまざまな種の豊富さを作り出した（豊富さのデザイン）．2 番目のものでは，意識的に単一種，2 種，3 種そして 6 種で構成される群集を作成した（豊富さの構成比のデザイン）．どちらにおいても，種の豊富さと生産力（総地上部重量）は正の関係を示した．しかし，豊富さのデザインで生産力の 34％ が説明できたのに対して，豊富さの構成比のデザインでは，16％ しか説明できなかった．Mikola et al. (2002) の研究では収量の上昇の証拠は見いだせず，さらに 2 番目の実験デザインでは，別の窒素固定植物，タチオランダゲンゲ Trifolium hybridum が含まれているかどうかによって大きな影響を受けることが分かった．

> 収量の上昇を見いだせない研究もある ...

一方，別の野外実験では，生産性の高い種の単一栽培と，その種を含む複数種の群集を比較できるようにデザインされた (Tilman et al., 2001)．この実験では収量の上昇の証拠が見いだされた．生産力が一番高い種の単一栽培よりも，豊富さの高いプロットのほうが生産力が高い場合が多かったのである．さらに先に紹介した Jonsson & Malmqvist の実験では，カワゲラの種が多いほど渓流での分解速度が明らかに高いという「収量の上昇」が見いだされている（図 21.28c を参照）．

> ... 収量の上昇を認めた研究もある

種の豊富さを実験的に操作した度合いによって，3 つの仮説を検証できる程度も異なることは明らかである．さらに，それらの仮説は決して相互に排他的ではないことにも注意しよう．もっと研究が進めば，一般化できることもさらに広がることだろう．例えば，ニッチ分化が明らかな状況ほど相補性が最も卓越しているとかが示されるかもしれない．

上で議論した研究は，単一の栄養段階（植物あるいはデトリタス食者）での種の豊富さの操作実験だった．これとは対照的に，Downing & Leibold (2002) は，複数の栄養段階にわたる種の豊富さの変化が生態系過程に与える影響を調べた．この実験では，池の生態系を模した野外のメソコスムを作り出すために，大型植物，底生の植食者，無脊椎動物の捕食者の 3 つのグループからそれぞれ 1 種，3 種，あるいは 5 種を選んで組み合わせた．そ

> 3 つの栄養段階を取り入れた実験は収量の上昇を示した

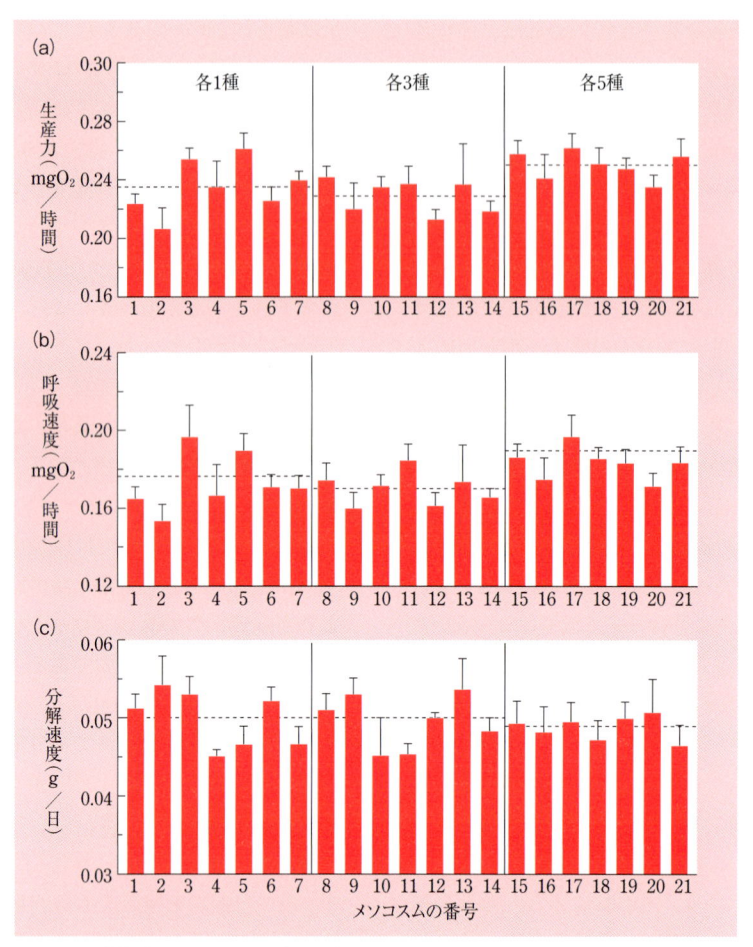

図 21.29 種構成に対する生態系の (a) 生産力, (b) 呼吸速度, (c) 分解速度の応答. 種構成は種の豊富さに関して入れ子構造になっていてメソコスムの1番から7番は, 大型底生植物, 底生植食動物, 無脊椎動物の捕食者の各群から1種ずつ組み合わせて互いに異なる種構成を持つ. メソコスムの8番から14番は各群から3種, 15番から21番は各群から5種ずつ組み合わせた種構成. 生産力の平均は種の豊富さの高いメソコスムで有意に高かった(破線は種の豊富さの3つのレベルそれぞれの平均を示す)が, 呼吸速度と分解速度には有意な効果は認められなかった. 各レベルの中での変動が大きいことから, 生態系過程全体に及ぼす種の組み合わせの効果が大きいことが明らかとなった. (Downing & Leibold, 2002 より.)

して, 種の豊富さの影響を種構成による影響(サンプリング効果)から分離するために, それぞれの豊富さのレベルの中に, 7通りの種の組み合わせを作り, それぞれに反復実験を用意した. 各栄養段階に5種ずつ組み合わせた場合の結果は, 他の2つの豊富さの劣るレベルと比べて, 生態系の生産力(主に植物表面の付着生物, 植物プランクトン, 微生物)が高くなった. 生態系の呼吸量も同様であったが, 有意ではなかった. その一方で, 分解速度(堆積落葉の減少速度)は豊富さとは関係していなかった. 種の構成が生態系のプロセスに与える影響は, 種の豊富さが与える影響と統計的には同じ程度に有意であった(図 21.29)(Downing & Leibold, 2002).

総合的に判断すると, 現在進行している生物多様性の喪失の結果は複雑で, その組成の変化

実際の生物多様性の低下（または上乗せ？）の重要性

が考慮されない限り予測は困難である．この点は食物網全体という観点からは特にそう言えるだろう．逆説的ではあるが，生物多様性が地球全体で一般に減少しつつある一方で，局所的な生物多様性は，侵入者が来ることにより通常増大している（Sax & Gaines, 2003）．つまり，多くの場合，増大した局所的生物多様性の生態系過程への影響を見極めることが，今後，さらに意味のあることとなるだろう．

21.8　種の豊富さに見られるパターンの評価

種の豊富さのパターン――一般化と例外

群集の種の豊富さに対して一般化できることはたくさんある．本章では，環境中の利用可能なエネルギーや攪乱の頻度が中程度のとき，種の豊富さが最高となること，また島の面積が小さくなるにつれて，あるいは島の隔離度が大きくなるにつれて，種の豊富さが低くなることを見てきた．さらに，種の豊富さは緯度が上がるにつれて低下し，標高あるいは海洋の水深が増すほど，低下あるいは山形の関係を示すことも明らかにした．また，種の豊富さは，空間の不均質さが大きくなると高まるが，時間的な不均質さが大きくなる（気候変動が増大する）と低下するだろう．遷移の過程の少なくとも初期段階には，そしてまた進化的時間の経過とともに，豊富さは高くなる．しかし，これら多くの一般化に反する重要な例外もあり，また現時点での説明が完全というわけでもない．

種の豊富さと生態系の間に見られる正逆二通りの関係

種の豊富さについての記載的研究結果と実験的な研究果は一見食い違っているように見える．例えば，多くの実験では，種数が増大すると生産力は高まる（本章第7節を参照）．一方，本章第3.1節で見たよ うに，生産力の高い環境には，生産力の低い環境と比較して，種数が多い場合も小さい場合もあり得る．このように二者の関係が正逆どちらの場合もありうることを理解しておくことは大切である．さらに状況を複雑にしているのは，生物多様性の変化は，生産力の変化の原因でもあるかもしれないし，結果かもしれないということである（Worm & Duffy, 2003）．

種の豊富さのパターンの解明は現代生態学における最も困難で挑戦し甲斐のある分野のひとつである．単一の機構によって，特定のパターンが

生物多様性，およびとその重要性を理解することの差し迫った必要性

適切に説明できるわけではなく，局所的なパターンが，局所的なスケールと地域的なスケールで作用するプロセスの両方に影響される可能性がある．明快であいまいさのない予測と，その予測の検証方法を考え出すのはきわめて困難な場合が多く，次の世代の生態学者の卓越した創意と工夫が必要となるだろう．それでも，地球上の生物多様性を理解し，それを保全することは喫緊の課題であり，私たちがこれら種の豊富さのパターンを完全に理解することこそ，決定的に重大である．次の第22章では，人間活動の悪影響と，どうすればその影響を軽減できるかについて検討しよう．

まとめ

なぜ，ある群集は他の群集と比べて多数の種で構成されるのだろうか．種の豊富さには一定のパターンや傾向はあるのだろうか．もしあるのならば，それらのパターンは何の結果なのだろうか．妥当と思われる答えはあるのだが，それらは決定的なものと呼ぶにはほど遠い．

簡単に言うと，群集内に詰め込むことのできる種の数は，利用可能な資源の範囲と関連しながら，実現ニッチの大きさと，そのニッチ同士の重なりの程度によって決定される．また競争

と捕食がその結果を予測可能な形で変化させることがある．さらに，群集は飽和の度合いに応じて，含まれる種の数も多くなる．これは，局所的な多様性と，地域的な多様性（理論的に定着可能な種数）をプロットすることによって分かる現象である．

　種の豊富さに与える影響として，空間的に変動する要因（生産力，空間の不均質さ，環境の厳しさなど），時間的に変動する要因（気候の変化，環境の年齢，生息場所の広さなど）を記載し，これらの要因に対して種の豊富さが増大，減少，あるいは山形のパターンで反応することを示した．また，要因間での相互作用（例えば，生産力に及ぼす植食や撹乱の影響）がパターンの決定に関わっている場合も多い．特に，島の生物地理学の理論に焦点を当てて，島の大きさと遠隔度と関連しながら，移入率と絶滅率の相互作用が種の豊富さを決めていることを論じた．

　次に，種の豊富さが緯度，標高，水深，遷移，進化史に対して示す変化のパターンを例を示しながら検討した．これらのパターンに対する説明には，すでに議論したすべての要因が必要であった．

　最後の節では，種の豊富さについてのパターンを区別して説明することから離れて，種の豊富さの違いが生態系の機能に及ぼす影響に焦点を当てて，生産力，分解，水と栄養塩の流れを順番に議論した．生態系過程における生物多様性の役割を理解することは，実用的にも重要である．なぜならそれは生物多様性の喪失に対して人間がどう対処すべきかについて多くの示唆を与えてくれるからである．

第22章

群集と生態系についての生態学の応用
—— 遷移,食物網,生態系機能,生物多様性の理論に基づく管理

22.1 はじめに

　この章は,生態学理論の応用面を扱う3つの章のうちの最後の章である.最初の第7章では,生物の個体と単一の個体群に対する理解,つまり,ニッチ,生活史,分散行動や種内競争に関する理論が,応用面での多くの問題に対し,どのような解決策を提供するかについて考えた.2番目の第15章では,相互作用する個体群間の動態についての理論を用いて,有害な生物を管理する方法や野生の個体群から持続的に収穫を行う方法の導き方をみた.この最後の章では,個体と個体群は,エネルギーと栄養塩類の流れのネットワークに埋め込まれた種間相互作用網の中に存在することを確認し,遷移に関する理論(第16章),食物連鎖と生態系機能に関する理論(第17〜20章),そして生物多様性に関する理論(第21章)の応用を扱う.

群集と生態系理論の応用　群集内の種構成が定常状態にあり続けることはめったにない.第16章で見たように,時間的パターンの中にはかなり予測できるものもある.一方で,管理上の目標として求められるのは,多くの場合,定常状態である.例えば,農作物の年間収穫量,特定の種の組み合わせの回復,あるいは絶滅危惧種の長期の存続などである.これらの状況においては,内在する遷移の過程(本章第2節を参照)を考慮しなければ管理がうまくいかない場合もある.

　食物網と生態系機能の理論の応用に関しては,本章第3節で扱う.管理者が扱うどんな種も,その競争者,相利関係にある種,捕食者,寄生者との関わりを持っているが,管理施策を導くには,そうした複雑な関係を理解することが必要となる場合が多い.農家は灌漑や施肥によって生態系を操作し,それによって経済的収益を高めようとする.しかし,耕作地からの栄養塩の流出は,処理または未処理の下水とともに,水域生態系の機能を人為的な富栄養化(栄養塩の付加)によって撹乱し,生産力を増大させ,非生物的条件を変化させ,そして種の構成まで変えてしまう.湖沼の生態系機能を理解することで,人間活動の有害な効果を逆転させる「食物網の生物的操作」の指針を示すことができる(第3.2節を参照).また,陸上生態系機能の知識は,農家が最小限の栄養塩付加で作物生産を行うことができるような,最適な農法を決定する上で役に立つ(第3.3節を参照).さらに,生態系復元の目標設定(そして,目標が達成されたかどうかを評価する)には,「生態系の健康度」を測る方法が必要となる.これについては第3.4節で論じる.

　この地球上の土地のきわめて多くの部分が人間の生活,産業,採鉱,食料生産や収穫などの場として使われ,好ましくない影響を受けているので,保護された土地のネットワーク構築を計画して,保全することが急務となっている.現存する保護区の拡張は,生物多様性に関する目標が最低限の費用で達成できるよう,計画的

に行われなければならない（資金はいつも限られているため）．第4節では，種の多様性のパターンに関する知識（第21章を参照）が，保護だけが目的である場合（第4.1節）でも，収穫，観光，保護を含めた多目的な場合（第4.2節）でも，保護区のネットワークの設計にいかに役立つかを論じる．

生態学の応用は経済的，社会政治的な配慮を必要とする

　最後の第5節では，応用生態学者が避けては通れない現実の問題を扱う．生態学理論の応用を他と切り離して進めることはできない．まず，必然的に経済的な問題を考慮に入れなければならない．例えば，農家の経費と生態系に与える悪影響をできる限り少なくしながら，その生産性を増やすにはどうしたらいいか．どうすれば，生物多様性や生態系の機能の経済的価値を決めて，林業や鉱業の利益と並べて評価できるか．保全のための限られた予算の中で，最大の効果を得るにはどうしたらよいのか．これらの問題は第5.1節で考える．次に，こうした問題にはほとんどいつも社会政治的な配慮が必要となる（第5.2節）．農林水産業者，観光業者，自然保護活動家等のさまざまな利害関係者の要求をどのように調停するか．持続的な管理は法規として整えられるべきか，それとも教育によって推進されるべきか．さらには住民の要求や意見をどのように取り入れることができるのか．これらの問題は，生態学的，経済的，社会政治的な視点で構成されるいわゆる持続可能性のトリプル・ボトムライン〔訳注：経済学での新しい用語で，企業活動を，経済的な側面だけでなく，環境と社会政治という側面からも評価しようという考え方．「ボトムライン」とは，利益や損失などの最終結果を表す財務諸表の最後の行の意味〕の中で同時に生じる問題なのである（第5.3節を参照）．

22.2　遷移と管理

22.2.1　農業生態系での遷移の管理

　農家と庭師が投入する労力の多くは，望ましい種を育て招かれざる競争者を排除するという，遷移との戦いに向け 農家は遷移過程に対抗しなければならない場合が多い られる．耕作する農家は，自然の遷移の初期状態を維持し，生産性の高い一年生草本を育てるために，多年生草本への遷移（そしてさらに低木から高木へと続く遷移．第16章4.5節を参照）に対抗しなければならない．Menalled *et al.* (2001) はアメリカ合衆国ミシガン州の草本群集について4種類の異なる農地管理の方法を6年間かけて比較した（トウモロコシ，ダイズ，コムギの順の輪作を2回繰り返した）．地上の草本の生物体量と種多様性が最も低かったのは，従来型の農法（大量の化学合成肥料や除草剤等の化学物質を投与し耕す農法）で，不耕起農法（多量の化学物質を投与するが耕さない農法）が中間，低化学物質農法（化学物質の量を減らし耕す農法）と有機農法（化学物質を投与しないで耕す農法）が最高を示した（図22.1）．従来型農法では多様な組み合わせの単子葉類と双子葉類の混合状態となり，不耕起農法においても一年生イネ科草本がさまざまな組み合わせで優占した．一方，低化学物質農法と有機農法の雑草群集はもっと安定していた．この2種類の農法での優占種は，1種類の一年生双子葉類（シロザ *Chenopodium album*）と2種類の多年生雑草（ムラサキツメクサ *Trifolium pratense* とシバムギ *Agropyron repens*）であった．Menalled *et al.* (2001) は，雑草群集の予測が可能な管理方法の方が潜在的な収益性は高いと指摘している．なぜなら関係する種だけに防除策を講じればよいからである．

　遷移を阻害するという意味では，問題の少な

第22章　群集と生態系についての生態学の応用

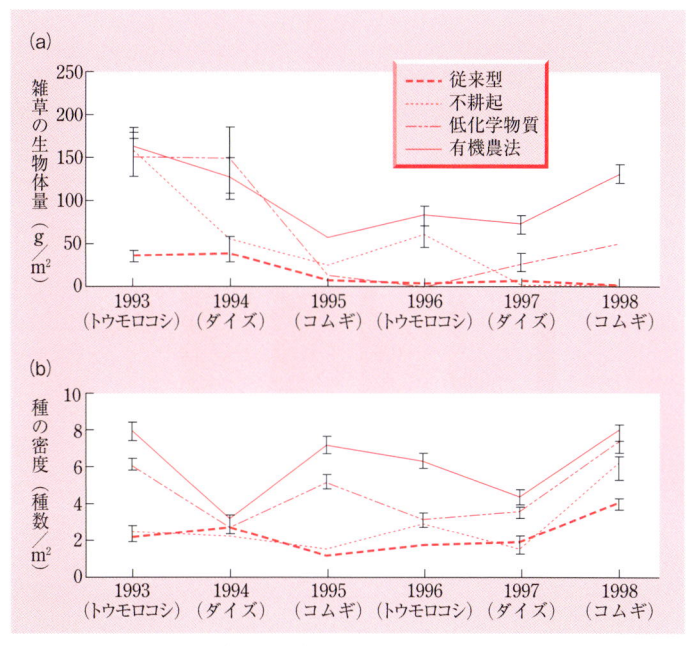

図22.1　トウモロコシ（*Zea mays*），ダイズ（*Glycine max*），コムギ（*Triticum aestivum*）の順の輪作2回分，6年間の，4つの異なる農地管理法における，(a)雑草の生物体量と，(b)雑草の種の豊富さ．凡例に示した農地管理法の各々について，1 haの圃場を6ヶ所設置した．（Menalled *et al.*, 2001より．）

スマトラの安息香の農園――森林へのすみやかな復帰

い農園の管理法もある．安息香は芳香性の樹脂で，香料や香味料，さらには医薬品を作るのに用いられており，数百年もの間，熱帯のエゴノキ属（*Styrax*）の樹皮に傷をつけ，樹液を採取することによって集められてきた．現代でもスマトラでは，多くの村人が山地の広葉樹林の下層を0.5～3.0 ha切り払い，農園にしてスマトラアンソクコウノキ（*S. paralleloneurum*）を栽培しており，安息香は多くの収益をもたらしている．下層を切り開いて二年後，苗木に光が届くように残っている大木を間伐し（間伐された大木は林内に残される），樹液の採取は8年後から行われる．30年経つと樹液の採取量は落ちるが，採取は60年間続けられる．その後，農園は放棄され，森林に戻る．Garcia-Fernandez（2003）らは，安息香農園の管理方を3つのカテゴリーに分類した．グレード1（G1）はプランテーションの方法に近いやり方で，徹底的に間伐を行いアンソクコウノキを高密度で植える．グレード3（G3）は元の森林に近い状態である．樹木の種多様性は，一次林（農園以前）と二次林（農園が放棄されてから30～40年が経過した場所）で高いが，徹底的に間伐され種多様性が有意に低いグレード1の農園（図22.2a）以外の他の農園でも高い値を示した（ただしグレード1の農園でも平均26種の樹木が生育していた）．遷移理論（第16章4節を参照）から予測されるように，成熟した林を特徴づける極相の種は一次林で最も普通に見られ，二次林および自然状態に最も近い管理の農園（グレード3）では，先駆植物の種と遷移中期にみられる種がもっと均等に混じり合っていた（図22.2b）．しかし，中程度もしくは高度に管理された農園では遷移中期に見られる種が優占した（その主な理由はアンソクコウノキが遷移中期に出現する種だからである）．地元の住民が森林の植物の利用法を幅広く知っていることは珍しいことではない．図22.2cは農園と森林の樹木を次の4つのカテゴリーに分けて示している．それ

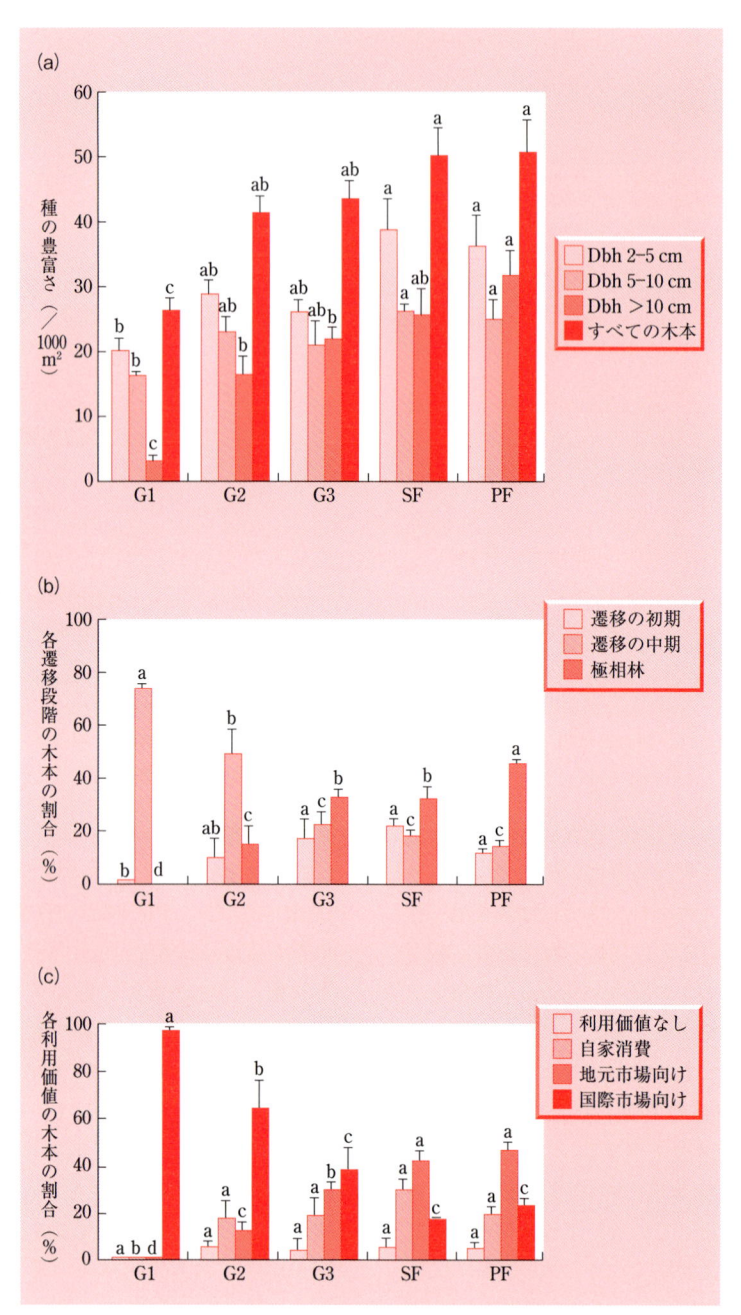

図22.2 スマトラにおける3カテゴリーの安息香農園（管理頻度：G1，最も集約的；G2，中間的；G3，疎放的），二次林（SF：農園放棄後30〜40年），一次林（PF）における，(a) サイズ（Dbh：胸高直径）別の木本の種の豊富さ，(b) 3つの遷移段階の木本類が占める割合，(c) 生育する木本の用途ごとの割合．各データは3ヶ所の1 haの林分に基づいている．棒グラフの上の異なる文字は統計的に有意差があることを示す．（Grarcia-Fernandez *et al*., 2003 より．）

は，利用法が知られていないもの (12%)，生活に利用されるもの（食料，繊維，または薬，42%），地元市場に出されるもの (23%)，そして国際市場に出されるもの (25%)，の4つである．国際市場向け（安息香と安息香製品）は高度に管理された農園に多いが，生活に利用されるものや地元市場向けは，あまり管理されていない農園や一次林と二次林に多い．この安息香農園の管理方式は，競争種を間伐するという管理を必要とするが，最も集約的に管理された農園でもかなり高い種多様性が保たれている．この伝統的な森林の農園は，多様性の高い群集を保持し，その構造も樹液の採取の終了後には森林のすみやかな回復を可能にしており，開発と保全の絶妙なバランスを表している．

アボリジニの野焼きの伝統は資源を産み出し，生物相を維持する

オーストラリアのアーネムランド北東部のデュカラジャーラン地域に暮らすアボリジニの一族にとって，原野への火入れ（野焼き）は資源管理のための重要な手段である（図 22.3a）．野焼きによって狩猟の獲物をおびき寄せる草地を作ることができるが，この野焼きは管理者（アボリジニの中で土地管理に特別な責任をもっている者）によって計画される．まず，高地の乾燥した草地を焼き，季節の移り変わりと共に乾燥する低地へ火入れする場所を徐々に移す．野焼きは小規模に少しずつ行うので，焼けた土地と焼け残った土地がモザイク状に生じ，遷移過程の異なる多様な生息場所が出現する（第16章7.1節を参照）．乾季も終わりに近づくと，気温は高く乾燥して燃えやすい状態となるので，前に焼いたことのある場所など，火の管理が可能な場所を除いて野焼きは行われない．現地の人々と生態学者が協力して，野焼きが動植物相に及ぼす影響を評価するための実験的な火入れが行われた (Yibarbuk *et al.*, 2001)．その結果，野焼きをした場所は大型のカンガルーやその他の猟鳥獣を引き寄せ，またヤムイモなどの重要な食用植物も豊富に残ることが分かった（この結果は現地の人々にとって特には驚くことでなかっただろう）（図 22.3b）．他の地域では少なくなっている山火事に弱い植生，例えば *Callitris intropica* の森やフトモモ科やヤマモガシ科の潅木が生える砂岩の荒地は，この調査地の代表的な植生として残っていた．これに加えて，このデュカラジャーランの調査地は，植物と脊椎動物が多様なことで有名なカカドゥ国立公園と比較できるほどの場所で，数種の珍しい種と管理がなされていない地域で減少した多数の生物

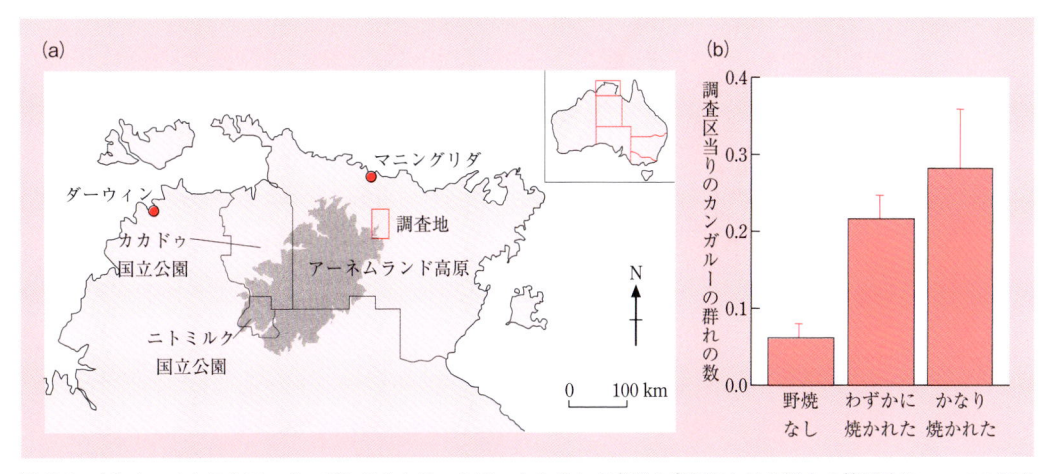

図 22.3 (a) オーストラリア，ノーザンテリトリーのアーネムランド高原北東部における野火の管理法についての調査地の位置．2つの国立公園の位置も示している．(b) 最近の野焼きの履歴が異なる調査区（各 0.25 km^2）についてヘリコプターから目視されたカンガルーの群れの数の平均値（+2×標準誤差）．(Yibarbuk *et al.*, 2001 より．)

種を産し,さらに外来の植物や移入動物の数が極めて少ない.頻繁に小規模な火災を起こす伝統的な野焼きのパターンは,近年多く見られる乾季の終わりの管理されていない大規模な山火事のパターンとは対照的である.そうした火災はアーネムランドの西側と中央で広大な地域(時には100万 ha 以上)を焼き尽くす.この地域には人は住んでおらず土地は管理されていない.山火事は決まってアーネムランドの西端に向かい,カカドゥ国立公園やニトミルク国立公園にまで到達する(図22.3a).調査地では,アボリジニの長年の居住と伝統的な野焼きが燃料(炎を大きくする草本や落葉層)の蓄積を抑え,火に弱い植生タイプを一掃するような広大な山火事が起きる可能性を低くしているようである.このような土地では,原住民の野焼きのやり方に戻すことによって,絶滅危惧種の回復と保護が約束されるだろう(Marsden-Smedley & Kirkpatrick, 2000).これは他の国々の山火事が頻発する地域の土地管理法にも重要な指針となる.

22.2.2 復元のための遷移の管理

復元生態学(restoration ecology)の最終目標は安定な遷移段階(Prach et al., 2001)であり,理想的には極相の回復であることが多い.いったん望ましくない土地利用が終われば,土地管理者は自然な流れに任せる準備をした後は特に干渉する必要はない.韓国の中央山地の放棄された水田の場合,一年生草本のスズメノテッポウ(*Alopecurus aequalis*)の段階から,多年生草本のイボクサ(*Aneilema keisak*),イグサ(*Juncus effuses*),ヤナギ(*Juncus effusus*)を経て,10〜50年で種多様性が高く安定なハンノキ(*Alnus japonica*)の群集に至る(図22.4)(Lee et al., 2002).遷移がいつも生息場所の復元を促進

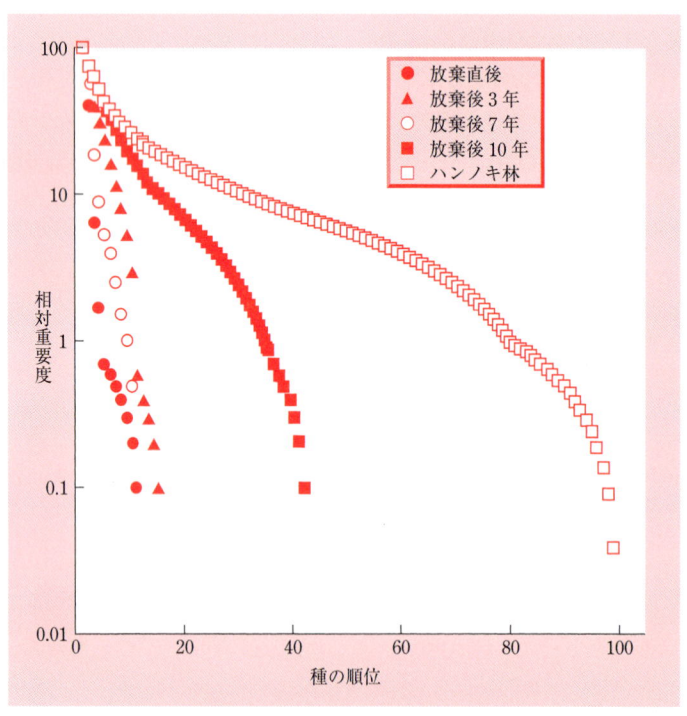

> 復元はときに人の介入を必要としない…

図22.4 調査地の年代別(水田が放棄されてからの年数別)にまとめた植物種の順位─存在量の関係.相対重要度の値は植物種の相対的な被度.ハンノキ林は樹齢50年.(Lee et al., 2002 より.)

するとは限らず，特に自然の種子供給源が小さくて離れているときにはそうである．しかし，この水田の放棄地の場合はこれには当てはまらない．実際，遷移を早めるために人間が干渉できると考えられる唯一の手段は，水田の畦を取り壊し，遷移の初期段階を数年分早めることだけである．

> ...しかし，種の導入によって早まることがある

人工肥料，除草剤，過度の放牧などの集中的な農業活動にさらされた牧草地では，「伝統的」な土地管理が行われてきた草地に比べて植物種数は劇的に減る．このような土地の生物多様性の回復には，10年以上を要する二次遷移が必要である．二次遷移による復元は施肥を止め，干草のため7月中旬に刈入れをし，秋に放牧するという伝統的農法に戻すことで達成される (Smith et al., 2003)．しかし，上に述べた韓国の山地の水田の場合と異なり，イギリス低地の牧草地群集では，種子の分散と埋土種子による群集の回復は遅く，あてにならない (Pywell et al., 2002)．幸いその土地に適した，望ましい多様な植物の種子を人が播くことによって回復を早めることができる．種子を播かない調査区（穀物畑からの自然再生）と25種以上の種子を播いた調査区の植物種数を4年間にわたって比較した研究では，種子を播いた調査区は，1年目と2年目には種子を播かない調査地の2倍の種の豊富さを示した（播種区の平均は26.4種と22.0種，非播種区の平均は10.4種と11.3種）．4年目になると種の豊富さの違いはほとんどなくなった (22.0種対18.7種)．しかし，種子を播いた調査区の草地群集の種構成は，草地での遷移の後期に出現する種を含んでおり，集約的な農業が行われていない草地の種構成に近かった (Pywell et al., 2002)．

> 塩性湿地の動物群集復元の時間経過

復元の目標には植生だけではなく，そこに生息する動物群集も含まれる．塩性湿地は昔と比べて，排水路，潮門，暗渠，堤防などの建設によって非常に少なくなった．アメリカ合衆国，コネティカット州ロングアイランドのサウンド海岸における潮の満ち干の回復事業（潮門の撤去などによる）では，塩性湿地，河口，そしてさらに広い沿岸域を繋げることで，イネ科草本の *Spartina alterniflora*, *S. patens*, *Distichlis spicata* を含む塩性湿地の植生の回復に成功した．回復は潮の冠水が頻繁に起きる場所，つまり標高が低く，地下水面の高い場所では比較的早く（1年当りの面積増加率は全体の5％），それ以外の場所では遅かった（1年当りの面積増加率0.5％）．回復の早い場所でも，塩性湿地特有の植物が全体の50％を占めるまでには10～20年を要した．塩性湿地特有の動物も同様な時間経過をたどった．つまりバーン島において，回復経過年数が分かっており，比較できる塩性湿地が近くにある5つの塩性湿地では，湿地の比較的高い場所にいる巻貝のメリケンハマイシノミ *Melampus bidentatus* の密度が昔からの塩性湿地とほぼ同じになるまでに20年を要した（図22.5a）．鳥類群集も昔からの塩性湿地と同様の群集構成になるまでに10年～20年かかった．塩性湿地回復の初期段階では，塩性湿地と高台の両方で繁殖することのできるゼネラリストのウタヒメドリ *Melospiza melodia* とハゴロモガラス *Agelaius phoenceus* が優占していたが，その後，湿地のスペシャリストのハシナガミソサザイ，アメリカコサギ，アメリカイソシギに置き換わった（図22.5b）．塩性湿地の水路に特有の魚群群集はもっと急速に，5年以内に回復した．自然の潮の満ち干を復活させることで，10年～20年は要するものの，塩性湿地の生態的機能全体を回復軌道に乗せることができるようである．おそらく，この過程は塩性湿地の植物を植えることで早めることができるだろう．

22.2.3 保護のための遷移の管理

絶滅危惧種の動物の中には特定の遷移段階と強く結びついているものがあり，その保

> 稀少昆虫の保護には遷移の理解が不可欠

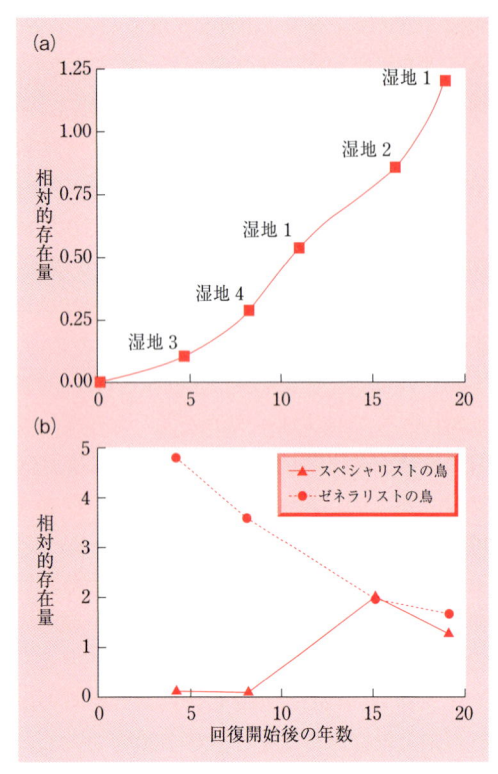

図 22.5 (a) コネティカット州バーン島における，自然の潮の干満が復元されてからの年数が異なる塩性湿地 4 ヶ所 5 地点での，巻貝（*Melampus bidetatus*）の相対的存在量（復元湿地での平均密度を対照となる近くの自然の塩性湿地での密度で割った値）．相対的存在量の値が 1.0 のとき，この巻貝種の完全な回復を意味する．(b) バーン島の塩性湿地におけるスペシャリストの鳥（▲）とゼネラリストの鳥（●）の相対的存在量（回復中 / 対照）を塩性湿地の復元開始後の年数に沿って示す．ここでも相対的存在量の 1.0 という値は，スペシャリストおよびゼネラリストのギルドの完全な回復を意味する．(Warren *et al.*, 2002 より.)

護には遷移過程の理解が不可欠である．そうした種の生息場所を適切な遷移段階に維持するためには人間の介入が必要となるかもしれない．これに関して興味深い事例はニュージーランドの巨大なカマドウマ，ジャイアントウェタ（*Deinacrida mahoenuiensis*, 直翅目 Anostomatidae 科）である．この種は，かつては森林に広く分布していたが，既に絶滅したと考えられていた．ところが 1970 年代になって，孤立したハリエニシダ（*Ulex europaeus*）のパッチで生存が確認された．皮肉なことにニュージーランドのハリエニシダは，農家が時間と労力をかけてなんとか取り除こうとするような外来の雑草だった．ハリエニシダの棘だらけの藪が，他の移入害獣，特にネズミ，そしてハリネズミ，オコジョ，オポッサムなど，本来の森林でジャイアントウェタをたやすく捕まえてしまう動物からの避難所を提供していたのである．ニュージーランドの野生生物保護局はこの貴重なハリエニシダの群落を地主から買い上げたが，地主たちは，保護区の中での冬季の牛の放牧の権利を主張した．保護を主張する側は，当初はこの牛の放牧に反対であったが，次第に牛の放牧がこのカマドウマの救済手段の一部であることが分かってきた．牛がハリエニシダの群落の中を歩いて通り道を作ることで，ハリエニシダの芽を食べる野生化したヤギが群落の中に入ることを可能にする．そのヤギの摂食がハリエニシダを密な棘のある生垣状にし，ウェタにとって不都合な次の遷移段階への移行を阻んでいるのである．この事例には，絶滅危惧種の昆虫と一組の有害な移入種（ハリエニシダ，ネズミ，ヤギなど）と移入された家畜が関わっている．人間が入ってくるまでのニュージーランドでは陸生の哺乳類はコウモリだけであり，そのためその固有の動物相は，人間と共に移入してきた哺乳類に対しては他に例を見ないほど抵抗力がなかった．しかし，ヤギの摂食はハリエニシダの遷移を初期段階に留め，このジャイアントウェタがネズミや他の捕食者から避難できる生息場所を提供しているのである．

22.3 食物網，生態系機能と管理

22.3.1 食物連鎖理論から導かれる管理法

食物網内の複雑な相互作用を解き明かそうとする研究（第 20 章）は，人間の病気の危険性を

最小限にすることや，海洋の保護区についての目標を設定すること，生態系機能を破壊する可能性の高い侵入種を予測することなど，多様な問題に取り組む上で鍵となる情報をもたらす．

管理のために食物網を理解する…

22.3.1.1 ライム病

…病気に関する問題…

ライム病は適切な処置をしないと心臓や神経に損傷を与え関節炎を引き起こす．毎年，世界中で何万人もの感染者が出ている．この病気は，マダニ属 *Ixodes* のダニによって媒介されるスピロヘータ（*Borrelia burgdorferi*）が原因である．マダニは2年かけて4つの発育段階を経過するが，その間に脊椎動物の寄主を換えてゆく．マダニの卵は春に産み落とされる．これから生まれる未感染のマダニの幼虫は寄主（普通，小型哺乳類か鳥類）から1回吸血し，その後，寄主から離れ，脱皮して越冬する若虫となる．その寄主がスピロヘータに感染していると，スピロヘータはマダニ幼虫の体内に入り，一生涯（脱皮して若虫になり，その後成虫になっても），スピロヘータを感染させる能力を維持する．翌年の春から初夏にかけて，マダニの若虫は次の吸血のための寄主を探す．この時期こそ，人間への感染の危険性が最も高まる時期である．若虫は小さくて気づかれにくく，人間がリクリエーションのために森や公園に入る時期とも重なるからである．ヨーロッパと合衆国では1〜40％の若虫がスピロヘータを保有する（Ostfeld & Keesing, 2000）．若虫は寄主から離れ落ち，脱皮して成虫になると，第3の寄主（しばしばシカのような大型哺乳類）から最後の吸血をし，繁殖する．

合衆国東部で，最も普通にみられ，かつスピロヘータの伝播寄主として適している小型哺乳類はシロアシネズミ（*Peromyscus leucopus*）である．Jones *et al.*（1998）は，カシの森の森床に，ドングリの豊作年を模倣して，シロアシネズミの食料となるドングリを追加した．すると，翌年，ネズミの個体数は増加し，さらにドングリの追加2年後にスピロヘータを保有したクロアシマダニ（*Ixodes scapularis*）の若虫が増加した．スピロヘータを含む群集の食物網は複雑であるが，ドングリの生産量を毎年観測することによって，人間への感染の危険性が高い年を前もって予測することはできそうである．森林管理の観点から興味深いもうひとつの点は，森を丸裸にする蛾の幼虫の大量発生は，ドングリの実が少なかった年の翌年，つまり，蛾のサナギを食べるネズミが少ない年に起きやすいことが示唆されたことである（Jones *et al.*, 1998）．

さらにもうひとつ，病気の伝染に関して注目すべき点がある．ダニの潜在的寄主である哺乳類，鳥類，爬虫類からダニへのスピロヘータの伝播効率は，寄主の間で大きく異なる．Ostfeld & Keesing（2000）は，寄主となる種が豊富であればあるほど，感染の鍵となるシロアシネズミのような種の高い伝播効率の効果が他の寄主の存在によって薄まり，人間へのスピロヘータの感染は減るという仮説を立てた（重要な点は伝播効率の高い種の個体数が伝播効率の低い種の個体数に圧倒されることである．つまり，種の豊富さとともに相対的な個体数が重要になる）．Ostfeld & Keesing は，合衆国の10地点での小型哺乳類の寄主種の豊富さとこの病気の症例数に負の相関関係があるという，彼らの仮説を支持する証拠を得ている．しかし，ライム病の症例は種の豊富さが低い北部の州に集中しており，病気の症例数も哺乳類の種の豊富さも緯度に従ったパターンを示していた．従って，この2つの要因に因果関係があるのか，それとも偶発的な相関を示しているのかはまだ明らかではない．しかし，この問題はきわめて重要である．なぜなら，寄主生物の多様性とそれらが媒介する病気（アメリカトリパノソーマ病，ペスト，コンゴ出血熱などを含む）の伝播に負の相関関係があるのなら，生物多様性を維持する理由がさらにひとつ増えることになるからである．

22.3.1.2 アワビ漁のための管理

> …収穫される貝とカリスマ的最上位捕食者の双方の管理

ときには，ある管理目的を達成するには生物多様性が高すぎる場合もある．商業的目的やリクリエーションとしてのアワビ（ミミガイ科の腹足類）の漁は乱獲によって崩壊しやすい．アワビの成体は遠くへ移動することはないが，沿岸の生息地の保護区の繁殖個体群は，プランクトン幼生を送り出し，保護区の外の漁区の個体群を増やす可能性が高い（第15章4.2節を参照）．しかし，海洋保護区の最も一般的な機能は生物多様性の保全である．そこで，保護区は漁業管理と生物多様性の保全という2つの目的を同時に達成できるのかという問いが持ち上がる．カルフォルニア州を含む北アメリカの太平洋沿岸に生息するキーストーン種はラッコ（*Enphydra lutris*）で，18～19世紀に狩猟により絶滅しかけたが，保護対象となったために現在はその分布域を広げている．ラッコはアワビを食べる．価値の高い資源であるアカアワビ（*Holiotus refescens*）の漁は，ラッコの数が少なかったときに発展したが，今では，ラッコの存在のためにこの漁が維持できなくなるのではないかと心配されている．Fanshawe *et al.* (2003)はカルフォルニア州沿岸で，漁獲圧の強さとラッコの生息状況が異なる場所のアワビ個体群を比較した．調査地のうち，2ヶ所はラッコが生息しておらず，20年以上アワビの採取が禁止されている．3ヶ所はラッコは生息していないがリクリエーション目的の採取は認められいる．4ヶ所はアワビの採取は禁止されラッコが生息する場所である．この研究の目的は，食物網の全てのリンクが復元されたとき海洋保護区はアワビ漁を維持するのに役立つかどうかを知ることであった．ラッコとリクリエーション目的の漁は，アカアワビの個体群に同じように影響を及ぼしたが，ラッコの影響の方がかなり強かった．アカアワビの保護区での個体群密度（20 m^{2}当り15～20個体）は，ラッコが生息する場所（20 m^{2}当り4個体以下）よりかなり高く，漁が行われている場所は中間の密度を示した．さらに保護区のアカアワビで法的な採取限度サイズ（178 mm）より大きい個体は63～83％もいたが，採取されている場所では18～26％，ラッコの生息場所では1％以下だった．さらに，ラッコの生息場所ではアカアワビは岩の裂け目など捕食から逃れることのできる場所に生息していた．多目的保護区は，人気のある最上位捕食者が漁獲対象となっている餌種に強い捕食圧をかけている場合には成り立ちにくい．Fanshawe *et al.* (2003)は，目的をひとつに絞った保護区を別々に設定することを推奨しているが，長い目で見れば，これもうまく機能しないかもしれない．ラッコがその分布域を広げている現在の状況を維持するなら，政治的には受け入れがたいとしても，いつの日かラッコを間引く必要に迫られるだろう．

22.3.1.3 河川と湖へのサケ科魚類の侵入

> 侵入した魚類の食物連鎖と生態系への影響

ラッコがその餌のアワビの行動を変化させたように，ニュージーランドに導入されたブラウントラウト（*Salmo trutta*）は，侵入した河川の川底で藻類を食べる植食性の無脊椎動物（カゲロウの一属*Deleatidium*の幼虫を含む）の行動を変化させている．つまり，ブラウントラウトがいることで無脊椎動物の日中の活動が有意に低下したのである（Townsend, 2003）．ブラウントラウトは主に視覚によって餌を捕えるが，ブラウントラウトに駆逐された在来のガラクシアス属の魚類（*Galaxias* spp.）は餌の機械的な動きを感知して餌をとっていた．アワビにとっての岩の裂け目と同様に，カゲロウの幼生にとっては暗闇がブラウントラウトからの避難場所を提供するのである．ブラウントラウトのような外来の捕食者がガラクシアス属魚類の分布やカゲロウ幼虫の行動を変えることはそれ程驚くに値しないかもしれないが，その影響は植

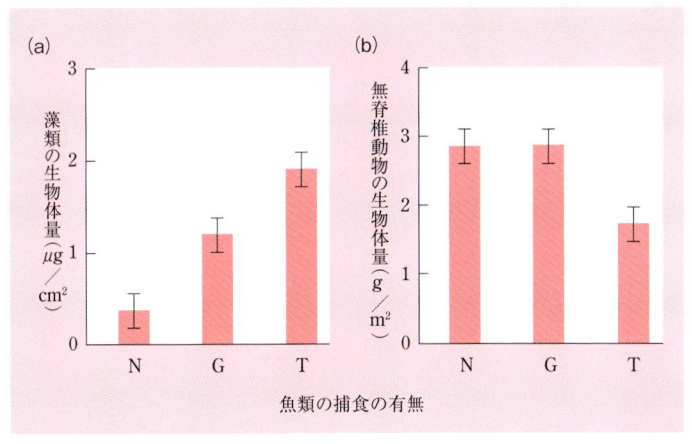

第22章　群集と生態系についての生態学の応用

図22.6　ニュージーランドの小川で夏に行われた実験における，(a) 藻類の生物体量（±標準誤差）（クロロフィル a で測定），(b) 無脊椎動物の生物体量（±標準誤差）．G，在来魚の *Galaxias* がいる場合；N，魚がいない場合；T，ブラウントラウトがいる場合．(Flecker & Townsend, 1994 より．)

物の栄養レベルにまで及んでいる．実際の川の中に人工の水路を作り，魚なし，ガラクシアス属の魚を自然状態の密度で放流，ブラウントラウトを自然状態の密度で放流，という3つの処理を施した実験が行われた．12日後，藻類の生物体量はブラウントラウトがいる水路で最大となった（図22.6a）．その理由の一部は，植食性昆虫の生物体量の低下（図22.6b）であるが，生き残った昆虫による摂食圧の低下にもよる（夜にだけ藻類を食べるため）．この栄養カスケードによって，藻類が放射エネルギーを捕捉する速度も変化した（年間の一次生産量はブラウントラウトのいる水路ではガラクシアス属の魚がいる水路と比べて6倍になった（Huryn, 1998）.），その結果，これらの川で不足していた栄養塩の窒素が効率的に循環するようになった（Simon *et al.*, 2004）．すなわち，ブラウントラウトの侵入によって，生態系機能の重要な要素であるエネルギーの流れ（第17章を参照）と栄養塩の循環（第18章を参照）が変化したのである．

管理者は，侵入生物による生態系の要素間の新たな結合にも注意すべき

他にもニジマス（*Oncorhyncus mykiss*）などのサケ科魚類が北アメリカの魚のいなかった湖の多くに侵入しており，そこでは同様な植物プランクトンの生物体量の増加が記録されている．これら肉食性魚類による底性および浮遊性の植食者の減少も植物プランクトン増加の原因の一部ではある．しかし，Schindler *et al.* (2001) の主張によれば，一次生産量の増加の最も大きな原因は，サケ科魚類が底性および沿岸性の無脊椎動物を食べ，その排泄物を通してリン（本来は限られた栄養塩）が開水域の植物性プランクトンの生息場所に放出されることである．これらのサケ科の魚および他の淡水域侵入種が群集や生態系の機能に及ぼす影響をまとめたSimon & Townsend (2003) は，生物安全保障のための管理では，新奇な資源獲得の方法を持つ侵入種，あるいは，広いニッチを持ち生態系の要素間に新たな結合をもたらす侵入種に対して，特別な注意を払う必要があると結論している．

22.3.1.4　侵入についての対立する仮説

生物種の侵入については，個体群と食物網の相互作用（第19章と20章を参照）および種の豊富さ（第21章を参照）に関連して，次のような仮説が広く引合いに出されている．すなわち，「種の豊富さが高い群集は低い群集よ

侵入種は食物網のどこにはまり込むのか？

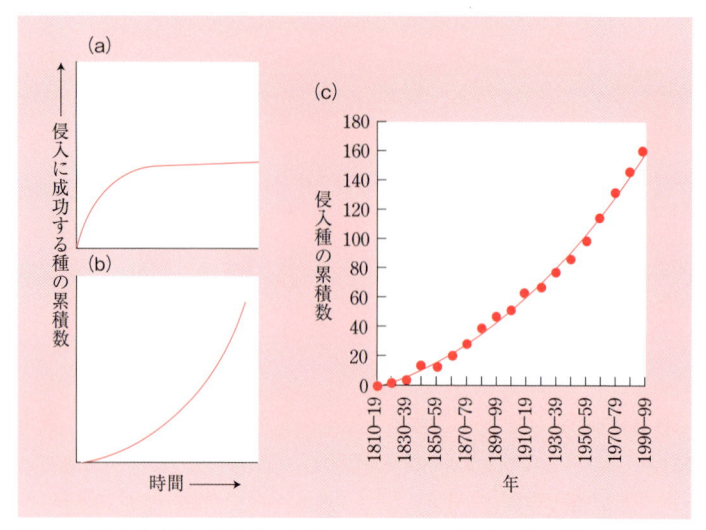

図22.7 侵入成功種の累積数の傾向についての予測と実測値．(a) 生物的抵抗仮説が予測する傾向．(b) 侵入による溶融仮説が予測する傾向．(c) 北アメリカ五大湖における侵入種の累積数．その傾向は溶融仮説に合致した．(Ricciardi, 2001 より．)

りも侵入種に対して抵抗力がある」．その理由は，種が豊富であれば資源はその分すみずみまで利用されており，また潜在的な侵入種を排除しうる競争者と捕食者がいる可能性も高いからである (Elton, 1958)．この仮説のもとでは，ある生態系の中に侵入種が多く加わるほど，新たな侵入種が定着する速度は低下するはずである (図22.7a)．しかし，その逆の仮説，すなわち「侵入による溶融仮説」も提唱されている (図22.7b) (Simberloff & Von Holle, 1999)．この仮説は，侵入の速度は時間とともに増大すると主張する．その理由の一部は，在来種の崩壊が新たな種の侵入を可能にするからであり，また一部には，侵入種によっては次の侵入種の定着に対し負の効果よりむしろ促進効果を持つからである．Ricciardi (2001) がまとめた北アメリカの五大湖の生物種の侵入に関する総説によると，侵入の傾向は融解仮説にきわめて良く合致した (図22.7c)．侵入種間の相互作用としては，通常，競争 (−/−) と捕食 (+/−) の関係が卓越している．しかし Ricciardi の総説は，相利 (+/+)，片利 (+/0)，片害 (−/0) の関係も扱った点で特異である．全部で 101 対の相互作用が

あったが，そのうち3対が相利，14対が片利，4対が片害，73対が捕食 (植食，肉食，寄生)，7対が競争の関係であった．そして，これまで報告された侵入種同士の関係の中で，ある侵入種が直接的であれ間接的であれ次の種の侵入を促進していた例が17%あったのである．直接的な促進の例としては，先に侵入したカワホトトギス科の貝が餌資源としての糞を提供し，また生息場所の異質性を産み出して，ヨコエビの一種 *Echinogammarus ischnus* などの侵入を招いたことがあげられる (Stewart et al., 1998)．間接的な促進の例としては，1950年～1960年代にかけて淡水性の寄生性魚類であるヤツメウナギ *Petromyzon marinus* の侵入が，在来の肉食性のサケ科魚類の数を抑え，そのことが他の魚，例えばニシン科のエールワイフ *Alosa pseudoharengus* の侵入を促進したことである (Ricciardi, 2001)．さらに Ricciardi が分析した捕食の事例の1/3で，新たに入った侵入種は既に定着していた侵入種から利益を得ており，「促進」作用があったと結論された．この侵入の溶融仮説がさまざまな生態系に当てはまるかどうかは分かっていない．しかし，五大湖の歴史

22.3.2 湖の食物連鎖を操作して富栄養化を管理する

> 富栄養化を逆転できる湖はどれか？

下水や農地からの表面流出によって過剰の栄養塩（特にリン（Schindler, 1977））が流入することで，「健康」で貧栄養の湖（低い栄養塩濃度，低い植物生産，豊富な大型植物と透明な水を特徴とする）の多くが富栄養な状態へと変わってしまった．そうした湖では栄養塩の流入が植物プランクトンの一次生産を高め（ときには「水の華」を形成する有毒種が優占する），水が濁り，最悪の場合には無酸素状態になって魚類が死ぬ（第18章4.3節を参照）．場合によってはリンの流入を減らすという単純な管理（例えば下水の流入の遮断）によって，急速に，そして完全に貧栄養の状態へと逆転することもある．ワシントン湖はこうした逆転が成功した例であるが（Edmondson, 1991），逆転可能なタイプの湖は深く，冷たく，水の入れ替わりが早く，また人間活動による富栄養化には短期間しかさらされていない（Carpenter et al., 1999）．その対極のタイプの湖では，達成できるリンの流入量の最小値，もしくは湖底堆積物に蓄積しているリンの再循環量が貧栄養へは戻れないほど高いため，富栄養化の逆転は不可能である．このことは，元々リン濃度の高い地域（例えば，土壌の化学的性状に因る）に存在する湖と，高濃度のリンが長い期間流入し続けた湖に特に当てはまる．Carpenter et al. (1999) が履歴現象的湖（hysteretic lake）と呼ぶ中間のタイプの湖では，リンの流入の抑制と何らかの介入，例えば化学処理でリンを不溶化して堆積物の中に固定したり，生物的操作の名で知られる生物学的介入を組み合わせることによって富栄養化を逆転することができる．このタイプの湖を管理して目指す生態系に導くには，食物網の中の相互作用（第20章を参照），つまり食魚性の魚類，プランクトン食の魚類，植食性の動物プランクトン，植物プランクトンの間の相互作用を理解しなければならない（Mehner et al., 2002）．そこで，特にこの最後のタイプの湖に焦点を当てて考えてみよう．

> 食物網の生物的操作

生物的操作の一番の目的は，植物プランクトンの密度を低下させて透明度を上昇させ，水質を向上させることである．その方法は，動物プランクトン食の魚類の生物体量を減らし（その魚類を漁獲するか，食魚魚を増やすことで），動物プランクトンによる植物プランクトンの摂食を増やすことである．この方法は，浅くて，栄養塩濃度がそれほど高くない湖では大きな成功を収めた（Meijer et al., 1999）．Lathrop et al. (2002) による，アメリカ合衆国ウィスコンシン州のメンドタ湖という，大きく深い富栄養化した湖での生物的操作の試みは，他に類をみない遠大な試みだった．彼らの採用した管理法は，水質の改良とともに，魚食魚のウォールアイ（*Stizostedion vitereum*）とノーザンパイク（*Esox lucius*）をリクリエーション目的で養殖することの振興であった．1987年の初めにこの2種の幼魚が200万匹以上放流された．これによって魚食魚の生物体量は増加し，4〜6 kg/ha で安定した．それにともなって動物プランクトン食の魚類の生物体量は，予想どおり生物的操作前の300〜600 kg/ha から操作後には20〜40 kg/ha まで減少した（図22.8a）．動物プランクトンへの被食圧の低下（図22.8b）は，小型の動物プランクトンのメンドタカブトミジンコ（*Daphnia galeata mendotae*）から大型で効率的な捕食者の動物プランクトンのオオビワミジンコ（*D. pulicaria*）への交代を引き起こした．オオビワミジンコの優占が何年も続くと，その摂食によって植物プランクトンの密度が低下し，水の透明度が高まった（図22.8c）．もしこの生物的操作期間中の農地と都市からの排水

の流入によるリンの増加がなかったならば，結果はさらに際立ったものになっていただろう．Lathrop et al. (2002) の結論によれば，植物プランクトンへの摂食圧を高めた適切な生物的操作は，リンの流入を減少させる新たな管理法が功を奏するにつれ，さらに改善すると考えられる．

この人間活動による富栄養化は，河川，河口，海洋の生態系にも多大な影響を与えている．沿岸域の富栄養化は大きな問題となってきている．国連環境計画 (UNEP) の報告によれば，世界中の150の海域で，特に農地から流出する肥料と大都市の下水に含まれる窒素の増加によって，藻類の大発生が起き，そのため酸素欠乏の状態が生じている (UNEP, 2003).

22.3.3 農業の中での生態系過程を管理する

過度の土地利用はリンの汚染を伴うが，それだけではない．地下水に浸透してそこから川や湖に流入する硝酸塩の量も増加し，食物連鎖と生態系機能に大きな影響を与える (第18章4.4節を参照)．過剰な硝酸塩を含んだ水が飲料水として使われると，発癌性物質のニトロソアミンを形成する可能性があり，また幼い子供の血液の酸素運搬能力を損なうといった健康被害をもたらす．アメリカ合衆国の環境保護局は，飲料水の硝酸塩濃度の許容値として 10 mg/l を推奨している．

養豚，牛の肥育，養鶏は工業化された畜産における3大窒素排出源である．工場方式の養鶏場から出る窒素含有量の高いニワトリの排泄物は，簡単に乾燥させることができ，運搬可能で害にならず，作物や園芸用の価値の高い肥料となる．対照的に，牛とブタの排泄物の90％は水分で，悪臭を放つ．10,000頭のブタを肥育する営利目的の工場は，18,000人が住む町と同量の汚物を作り出す．農業からの汚濁物を水路に流さないように法律で規制する国は増え

陸上での栄養塩負荷に関わる問題点

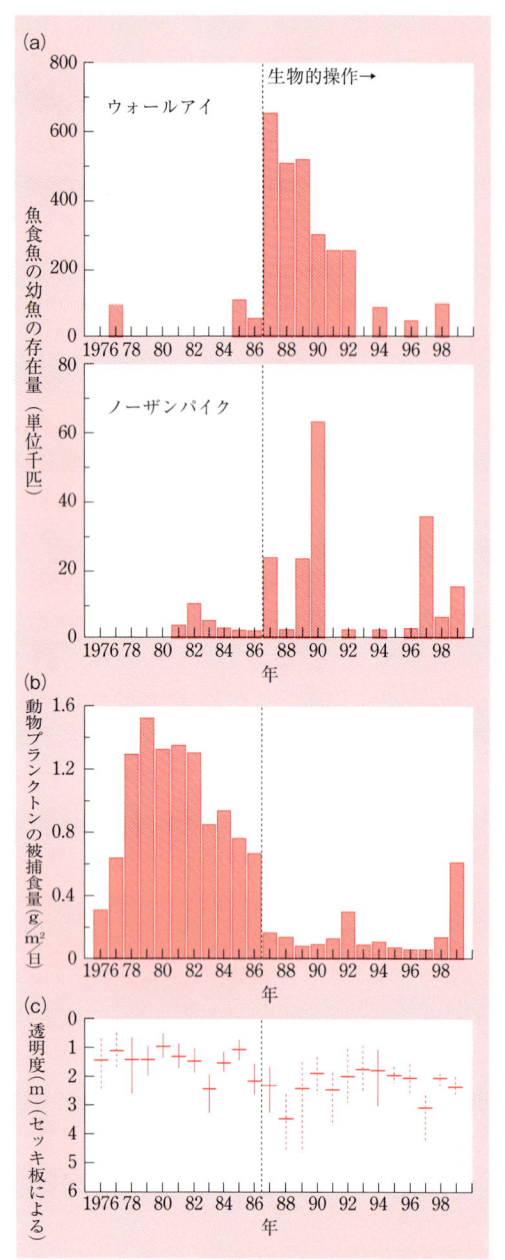

図 22.8 (右) (a) メンドタ湖における魚食魚2種の幼魚の存在量．本格的な生物的操作は1987年に開始された．(b) 1日1m²当り動物プランクトン食魚類に捕食される動物プランクトンの生物体量 (g) の推定値．主な動物プランクトン食魚は *Coregonus artedi*, *Perca flavescens*, *Morone chrysops* の3種．(c) セッキ板で測定した夏期の透明度の平均と範囲．範囲を示す縦線を点線で示した時期が，大型で効率的な植食性プランクトンのオオビワミジンコ (*Daphnia pulicaria*) が優占していた．(Lathrop et al., 2002 より．)

ている．流さないようにする最も簡単な方法は，排泄物を半固体の肥料として用いるか，もしくは汚濁物を撒いて，その土地に戻すことである．こうすることによって，環境中の窒素濃度は昔ながらの持続可能なやり方の農業での水準にまで薄められ，汚物は肥料へと変換される．しかし，もし硝酸イオンが植物に再吸収されなかったら，硝酸イオンは雨水によって地下水へ運ばれる．実際に，畜産と作物栽培がそれぞれ専門化し，両方を行う農家が減ったことが，水路での硝酸塩汚染を招いた主な原因である．例えば，アメリカ合衆国で畜産が集中し発展した場所の多くは，農作物生産量の少ない地域である（Moiser et al., 2002）．そのため，例えば1990年にアメリカ合衆国で家畜の排泄物として排出された11万トンの窒素のうち，わずか34％しか耕作地に戻されていない．残りの大部分は，結局水路へ流れてしまったのである．

　自然の群集内に固定された窒素のほとんどは，植物体の一部か土壌中の有機物として存在する．生物が死ぬと，その体は土壌中の有機物となる．この有機物は分解が進むにつれて二酸化炭素を放出するので炭素対窒素の比は低下してゆく．この比が10：1に近づくと，窒素はアンモニアイオンの形で土壌有機物から流出する．好気的状条の土壌では，アンモニアは酸化され亜硝酸塩となり，さらに硝酸イオンとなり，雨水で溶脱されて地層を下ってゆく．有機物の分解と硝酸塩の形成はどちらも，自然界では植物の成長が一番早い夏に最も早くなることが普通である．硝酸塩は形成されるやいなや成長中の植物に取り込まれる．つまり硝酸塩は，土壌中に長く留まってその大半が土壌中の植物の根圏から外に溶脱し群集から消失するというプロセスに入る前に，植物に取り込まれるのである．このように自然の植生は，「窒素が堅持された」生態系である場合が多い．

　対照的に，農耕地や造林地では，自然の植生と比べて硝酸塩が簡単に溶脱する．それは以下のような理由による．

1　農耕地には，1年のうち，硝酸塩を吸収する植物がほとんど，あるいは全くない時期がある（また造林地の生物体量は何年もの間，その最大値よりも小さい）．
2　農耕地や造林地は単一植生であることが多く，硝酸塩はその植物の根系でしか吸収されない．一方，自然の植生ではさまざまな種類と深さの根系が発達していることが多い．
3　畑の藁や造林地のそだなどが燃やされると，有機物中の窒素は硝酸塩となって土壌に戻る．
4　農耕地が放牧地として利用されると，草食動物の代謝によって呼吸による炭素の放出が促進され，C：Nの比が低下し，硝酸塩の形成と溶脱が促進される．
5　耕作地での肥料中の窒素は，自然植生の場合のように植生の発達の間に徐々に供給されるのではなく，年に一回か二回まとめて与えられる．そのため簡単に溶脱して，排水中に流出する．

　農耕地と造林地では窒素が効率的に再循環しないので，連続して作物をつくるとその 問題はさらに悪化している
生態系から窒素が失われ作物の生産性は低下する．作物の生産量を維持するには，窒素肥料を補充しなければならない．窒素肥料の一部は，チリやペルーで採掘される硝酸カリウムから作られているが，大部分は工場で大量のエネルギーを投入して窒素固定を行う方法で作られている．つまり，窒素と水素を高圧下で触媒を使って化合させ，アンモニア，さらに硝酸塩を合成するのである．窒素肥料は硝酸塩，尿素，もしくはアンモニウム化合物（酸化すれば硝酸塩となる）として農業に使われる．しかしながら，窒素汚染を招くのは人工的な窒素肥料だけと考えるのは間違いである．マメ科の植物，例えば，アルファルファ，クローバー，エンドウ，ソラ

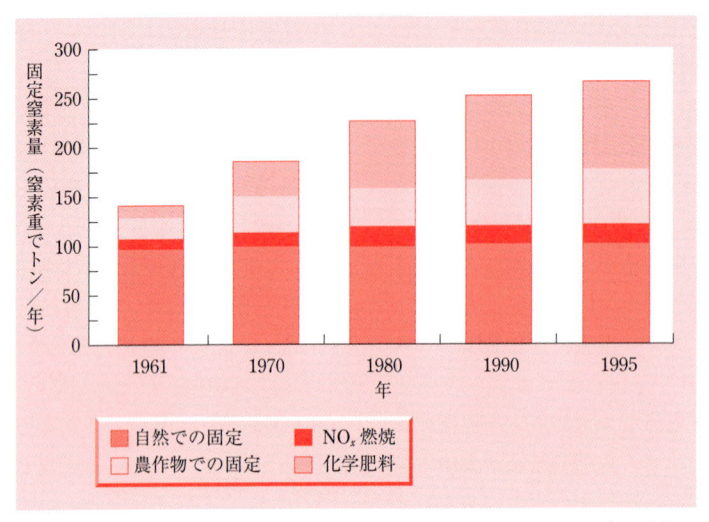

図22.9 1961年以降の代表的な年における，4つのカテゴリー別の地球規模での窒素固定量の推計値．自然に生じる窒素固定はほぼ一定であったが，農作物による窒素固定と化学肥料生産に由来する窒素固定は飛躍的に増えた．NO$_x$燃焼とは，化石燃料の燃焼による空気中の窒素の酸化を意味する．形成されたNO$_x$は風下の生態系に降下する．（Galloway et al., 1995 より．）

マメによって固定される窒素も，同じく排水中に溶脱する硝酸塩のもとになる．図22.9 は，過去50年間に化学肥料と窒素固定植物の生産による窒素の固定がどれほど増加したかを示している．この窒素の固定の急激な増加は，次の半世紀にも，特に発展途上国で，続くと予想されている（Tilman et al., 2001）．

栄養塩による土地の富栄養化の管理

飲料水中の硝酸塩と富栄養化の問題に対する対策として，さまざまな方法が用いられている．例えば，土地を一年中植物で覆うこと，単一栽培をやめて複数の作物を混作すること，畜産と農耕を統合して広範に有機物を土壌に戻すこと，窒素の貯蔵量を少なくすること，作物の要求に見合った窒素供給をすること，窒素を徐々に放出する進歩した肥料を用いることなどである（Moisier et al. 2002）．窒素固定共生者（アーバスキュラー菌根菌と根粒菌）の役割は特に注目されている．根の共生者がいつも作物の生産性を上げるとは限らない．むしろ，種によって，あるいは同じ種でも土壌の条件の違いによって，寄生者的に振舞う場合（植物の資源を一方的に吸い取る場合）も，相利共生者的に振舞う場合（植物の成長と繁殖を有意に助長する場合）もある．Kiers et al. (2002) は，施肥，耕起，輪作を含めた農地管理の方法が，窒素固定の系にどのような短期的な影響を与え，またやや長期的には系の進化にどう影響するのかを調べる必要があると述べている．このような知識は，寄生的ではなく相利共生的な関係を促進する管理の方法を見つけることに役立つだろう．

22.3.4 生態系の健康とその評価法

世界中の生態系の多くは人間活動によって劣化している．人の健康状態を評価するのと同様に，群集構造（種多様性，種の構成，食物網の構造．第16，20，21章を参照）または生態系の機能（生産力，栄養塩の動態，分解．第17，18章を参照）が人為的な圧力によって根本的に異常をきたしている場合，管理者は「不健康」と診断する．生態系の健康のいくつかの側面は，直接，人の健康にも関係す

劣化した生態系の状態を把握する——人の健康との類比

る（地下水や飲料水の窒素含有量，湖や海の有毒な藻類，カシ林で人の病気を伝播する宿主動物の種の豊富さ）．そればかりか，生態系の健康は，洪水の防止，野生の食料の供給（狩猟，キノコ狩り，山菜摘みなど），リクリエーションの場の提供など，人にとって価値のある自然の過程（生態系サービス）にとっても重要である．管理を成功させるための戦略としてよく使われる枠組みは，圧力（人間活動）と状態（影響を受けた群集構造と生態系機能），そして管理上の対処，の3者間の関係である（図22.10）（Fairweather, 1999）．医者が人の健康状態を診るときにいくつかの指標（体温，血圧など）を用いるように，生態系を管理する場合にも，人間の介入策の優先順位を見極め，その介入がどれだけ成功したかを評価するために，その健康を測る指標が必要となる．

森林生態系の健康　アメリカ合衆国西部のポンデローサマツ（*Pinus ponderosa*）の森林は，圧力，状態，対処の関係を示す格好の事例である（Rapport *et al.*, 1998）．ポンデローサマツにはさまざまな人間活動が影響を与えているが，Yazvenko & Rapport（1997）は山火事の防止が最も重要な圧力であると考えた（第22章2.1節で紹介したオーストラリアの生態系と同様に，ポンデローサマツの森林は周期的に山火事が起きる土地で進化した）．山火事の発生を防止することで，森林の状態は，生産性の低下，樹木の死亡率の上昇，栄養塩の循環様式の変化，樹木の病害虫の大発生の頻度と規模の増大へと向かった．こうした特性の変化は生態系の健康を測る指標となり，そして，もしこれらの指標が逆の傾向を示した場合は，対処が成功し，回復した証となる．

河川生態系の健康　河川の健康はいくつもの方法で測られてきた．圧力に関する非生物的証拠の査定（栄養塩濃度や沈殿物負荷量など）から，群集構成の比較，生態系機能の測定（例えば河川に被さっている植生から自然落下した葉の分解速度（Gessner & Chauvet, 2002））まで，さまざまである．ときには複数の指数を用いる健康指標もあれば，ひとつの測定値によるものもある．例えば，ニュージーランドの河川管理者は，大型無脊椎動物の群集指標（MCI）用いている（Stark, 1993）．この指標は，汚染度に対する耐性が異なる無脊椎動物のタイプごとの生息の有無が判断の基準となる．耐性のない種が多く生息する健康な川は高

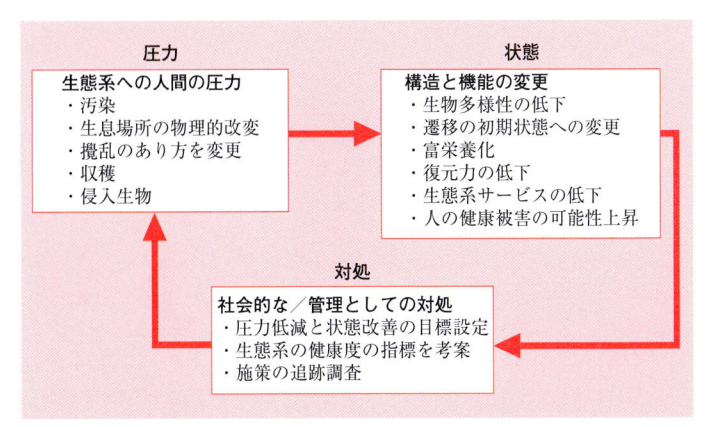

図22.10　人間活動が引き起こす「圧力」，群集の構成と生態系過程の「状態」，管理上の「対処」の相互関係．生態系への悪影響は人間にとって具体的に価値がある過程に及ぶことがある．そのような生態系サービスの劣化には，リクエーション機会の減少，水質の悪化，自然の治水機能の低下，捕獲可能な野生生物や生物多様性一般への負の影響などが含まれる．

いMCI値（120以上）を示すが，不健康な川は80以下の値を示す．図22.11aは，ニュージーランドの南島の東部を流れるカカウヌイ川における，各支流のMCI値と牧場や市街地として開発された集水域面積の割合の関係を示す（この川では土地開発が圧力となっている）．

社会概念としての生態系の健康　忘れないで欲しい点は，生態系の健康という概念は，一般に，社会的な概念であるということである．健康な生態系とは，そこに暮らす人々が健康だと信じる生態系の状態であり，社会集団が異なれば，その意見も異なる（例えば，釣り人ならばお気に入りの魚の大型個体が多数生息していれば健康な川だと考える．子育て中の親ならば子供達が泳いでも病気にならない川を，そして保護活動家なら在来種が豊富な川を健康と考えるだろう）．カカウヌイ川はマオリ族の一集団の土地を流れていたが，彼らは，自分たちが考える河川の健康の概念を，河川管理者が考慮することを望んでいた．河川管理者が考案した文化的河川健康指標（Cultural Stream Health Measure（CSHM））には，集水域，流域，川岸，および川床がどれほど人間活動により影響を受けているように見えるかという要素が盛り込まれていた．この指数には，無脊椎動物に関する要素は何も含まれていないなかったが，上記のMCI（大型無脊椎動物の群集指標）と強い相関を示した（図22.11b）．

22.4　生物多様性とその管理

22.4.1　保護区の場所を選ぶ

個別の種の保全計画を作成することは，深刻な状況におかれ，かつ特別な重要性を持管理計画 ─ 1種か多種かつ種については最善であろう（例えば，キーストーン種，進化的に特異な種，注目度が高く公衆の理解を得やすい大型動物）．しかし，全ての絶滅危惧種を一斉に保全することは不可能であろう．例えば，アメリカ合衆国の魚類野生動物局の試算によると，アメリカ合衆国の絶滅危惧種として認定されている種を完全に回復させようとするならば，10年以上にわたって約46億ドルの経費が必要となる（US Department of the Interior, 1990）．しかしながら，1993年の保全に

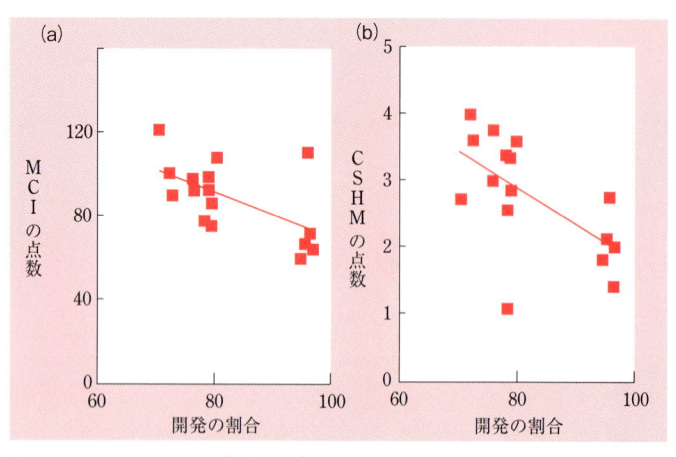

図22.11　カカウヌイ川の集水域の各地点における開発の割合（牧場と市街地としての利用）と，(a)ニュージーランドの河川管理で一般的に用いられている大型無脊椎動物群集指標（MCI），および(b)マオリ族の文化的河川健康指数（CSHM）との関係．(Townsend et al., 2004より．)

関する年間予算は6千万ドルであった（Losos, 1993）．こうした予算不足という現実のために，1種だけを保護するのではなく，多種を同時に保護する施策が主流となりつつある．しかし，この施策では絶滅危惧種ごとの特別な要求についての注意が疎かになる危険性も高い．アメリカ合衆国で実施された多種保全計画について分析したところ，個体群が減少傾向を示す場合が有意に多いことが判明した（Boersma et al., 2001）．この理由から，Clark & Harry（2002）は直面する脅威に応じて種をグループ分けして保全することを主張した．しかしながら，こうした問題点はあるにしても，一般的には，群集全体を保護区として保全することで最大の生物多様性を維持できると考えられる．

保護区拡大の限界

さまざまな保護区（国立公園，自然保護区，多目的管理地域など）は20世紀を通じて数も面積も増え続けた．特に1970年以降の増加は著しい．しかしながら，1989年の時点で存在する4500の保護区の面積を合計しても，まだ世界の陸上面積の3.2%にしかならない．政治的な動向を踏まえると，最大限に見積もっても，保護区となる陸上面積は最終的におそらく6%ほどで，残りは人間の個体群に必要な自然資源を得るために不可欠であろうと考えられている（Primack, 1993）．保護区は人間が必要としない場所に設けられることが多い（図22.12）．これは当然のこととはいえ，気がかりである．種の豊富さが高い場所や，絶滅危惧の動植物種の分布は，人口が集中する地域と重なることが多い（図22.13）．荒野の保護は価値があり，比較的容易であるが，種多様性を最大限守るには，人間にとって価値のある土地にもっと注目する必要がある．

海洋の保護は陸上の保護に比べると遅れており，今日，緊急の課題となりつつある．

海洋保護区の優先順位

分類学の観点から見れば，地球上の生物相の大部分は海に存在する（動物界の門の33のうち32は海生のものを含み，そのうち15は海洋だけに産する）．そして海洋の群集は，乱獲，生息場所破壊，陸上での人間活動に由来する汚染など，さまざまな潜在的悪影響にさらされている．海洋保護区を設けるときには陸上生態系との根本的な違いを考慮しなければならない．最も重要な特徴は，海洋の「開放性」の高さであるが，これには栄養塩類，有機物，無機物，プランクトン性生物，そして底生生物の幼生や稚魚の長距離分散が関係している（Carr et al., 2003．第15

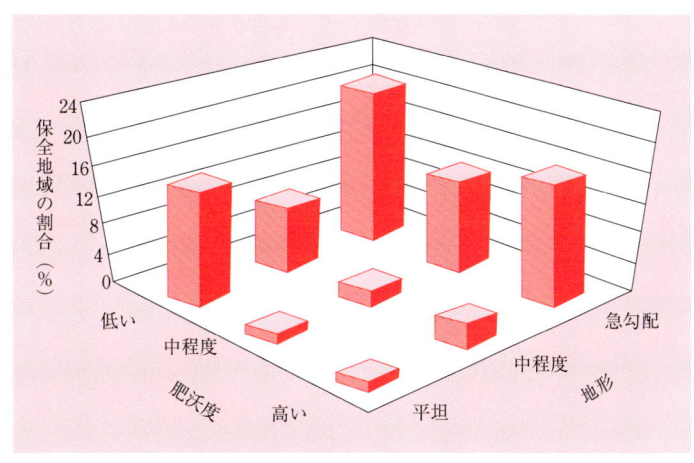

図22.12 オーストラリア南西部の保護区のほとんどは急斜面か生産性の低い場所で，農業や都市開発には不向きな地域である．（Pressey, 1995 および Bibby, 1998 より．）

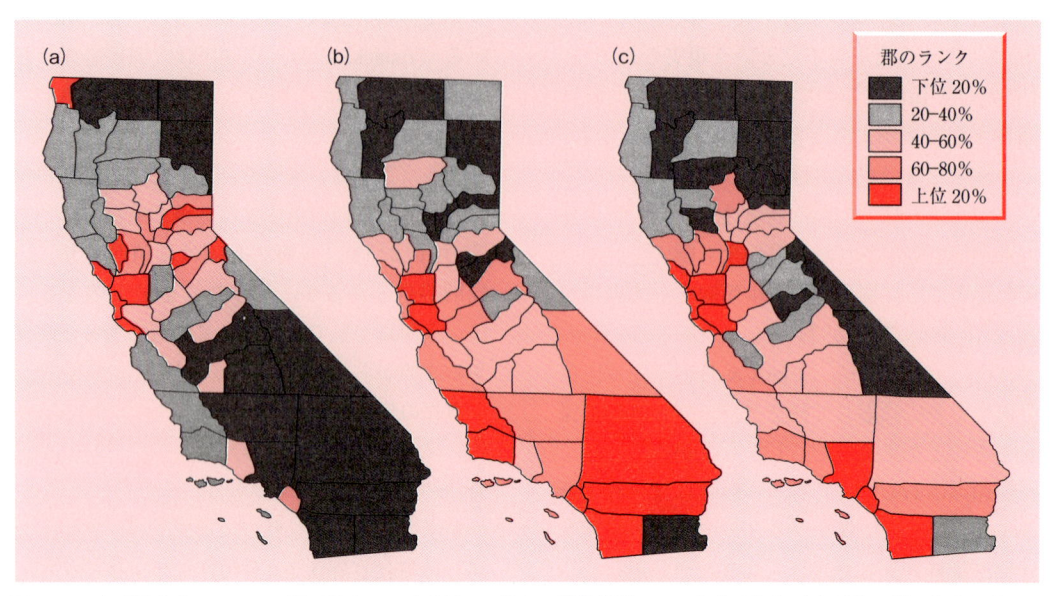

図22.13 合衆国カリフォルニア州の郡（county）を次の3通りの環境指標でランク分けした．(a) 植物の種の豊富さ（2.59 km^2 の調査地域当りの種数），(b) 植物の危急種および絶滅危惧種の割合，(c) 人口密度．（Dobson *et al.*, 2001 より．）

章 4.2 節も参照）．

保護計画の体系的な立案　海洋であれ陸上であれ，保護区を設ける本来の目標は，保護区の生物多様性を，それを脅かす要因から切り離し，各地域を代表する生物相を残すことにある．Margules & Pressy (2000) は保護計画を体系的に立案するために以下のような手順を勧めている．

1. 保護区予定地の生物多様性と絶滅が危惧される稀少種の分布のデータを収集する．
2. 保護の目標を決め，具体的な保全対象となる種及び群集タイプを設定する．同時に，保護区に最小限必要な広さと連結度について，数値目標を設定する．
3. 既存の保護区について，数値目標がどの程度達成されているか，また，十分保護されていない種や群集に差し迫っている脅威は何かを検討する．
4. 保護目標が最大限達成されるように，既存の保護区に追加する地域を選定する（後で詳しく論じる）．
5. 各地域の管理において，最も適切と考えられた保護施策を実行に移す．全ての施策を同時に実行する予算がない場合は，実施時期の予定表を作成して実行する．
6. 保護区に求められている質を維持し，管理の達成度をいくつかの主要な指標によって監視し，必要に応じて管理方法を修正する．

多様性，固有性，絶滅および有用性の中心地　場所が異なれば，その場所の生物相における種の豊富さ（多様性の中心地．第22章1節を参照），生物相の独自性の程度（固有性の中心地），そして生物相が絶滅の危機にさらされている程度（絶滅の危険地帯．例えば生息場所破壊が差し迫っている場所）も異なる．これらの基準は，ひとつでも複数でも，保護区の候補地の優先順位を決めるために使えるだろう（図22.14）．さらに，もし種の「存在価値」（全ての種は等価値）に重きを置かず，将来的に利益をもたらしそうな種の潜在的価値（例えば，食料，家畜・栽培植物，医療品の原料として）に重きをおくなら，役立ちそうな種が多く生息する地域（有用性の

第22章　群集と生態系についての生態学の応用

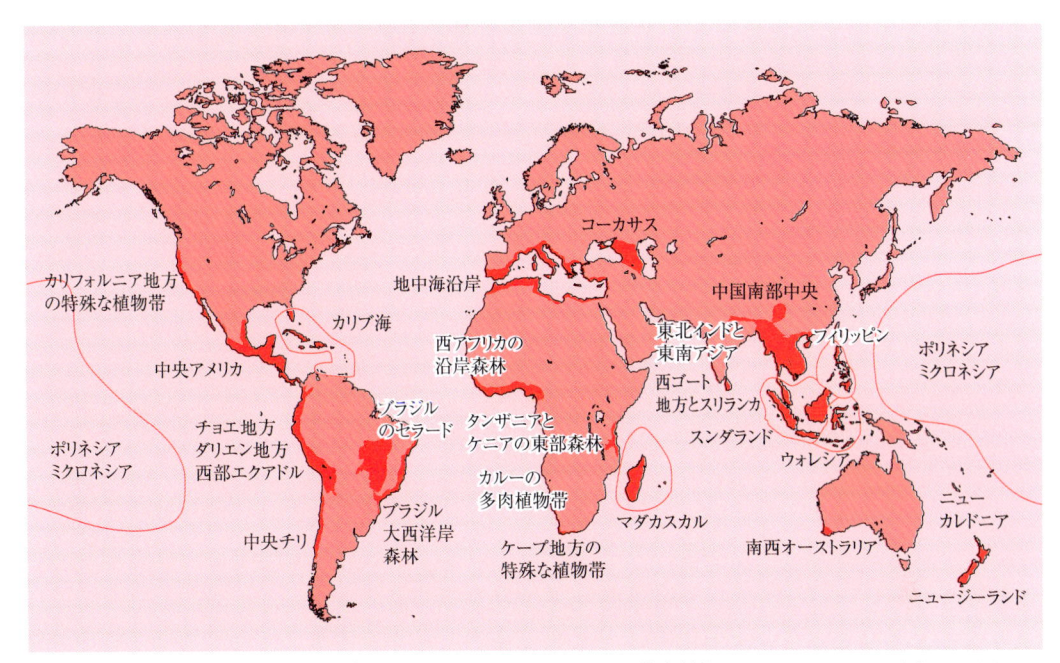

図22.14　固有性がきわめて高く，生息場所の消失が深刻化している生物多様性のホットスポットの分布．陸地表面の1.4%を占めるにすぎない25ヶ所のホットスポットに，地球上の維管束植物の44%と脊椎動物の35%が集中している．（Myers *et al.*, 2000より．）

中心地）の保護に高い優先順位を与えることになるだろう．

相補性と置換不能性――2つの重要な概念

しかし，生物多様性の中身は単に種の豊富さだけではない．新たな保護区の選定にあたっては，群集と生態系の代表となりえるものをできるだけ多く確保するよう努力すべきである．この場合，鍵となる原則は2つ，すなわち，**相補性**（complementarity）と，**置換不能性**（irreplaceability）である（Pressey *et al.*, 1993）．

限られた資金の下での理想的な戦略は，候補地の生物相を調査し，段階的に絞りこむ方法である．すなわち，各選抜段階で，他地域と比較して，最も相補的な要素が多い地域を選択する方法である．今日では，このような手順を効率的に行う手順がいくつも考案されている．例えば，ある手順では，群集または土地形態の独自性に重点を置き，他の手法では，各地に存在する土地形態の平均的な稀少性に重点を置いて相補的な地域を選定する（図22.15a）．

これと関連するが微妙に異なる別の方法では，各場所の保全価値に関する基礎的な尺度として置換不能性（かけがえのなさ）が使われる．置換不能性とは，ある場所が設定した保全目標の達成のためにどれだけ貢献しうるか，そしてその場所が失われた場合，保全の選択肢がどれだけ減るかについての指標である（図22.15b）．相補性と置換不能性の概念は，いずれも種の豊富さを最大化するための施策に十分利用できる．ただし，種の豊富さについての相補性アルゴリズムを用いる場合は注意が必要である．それは，稀少な種は生息範囲の周縁部よりも中心部の方でうまく生き残れるはずだが，相補性アルゴリズムでは，機会的に抽出するよりも生息範囲の周縁部を選ぶ傾向があるからである（Araujo & Williams, 2001）．

やや意外ではあるが，島の生物地理学理論（第21章5節を参照）は自然保護にも適用されている．これは保全地域

自然保護区の設計――生物地理学理論からの手がかり

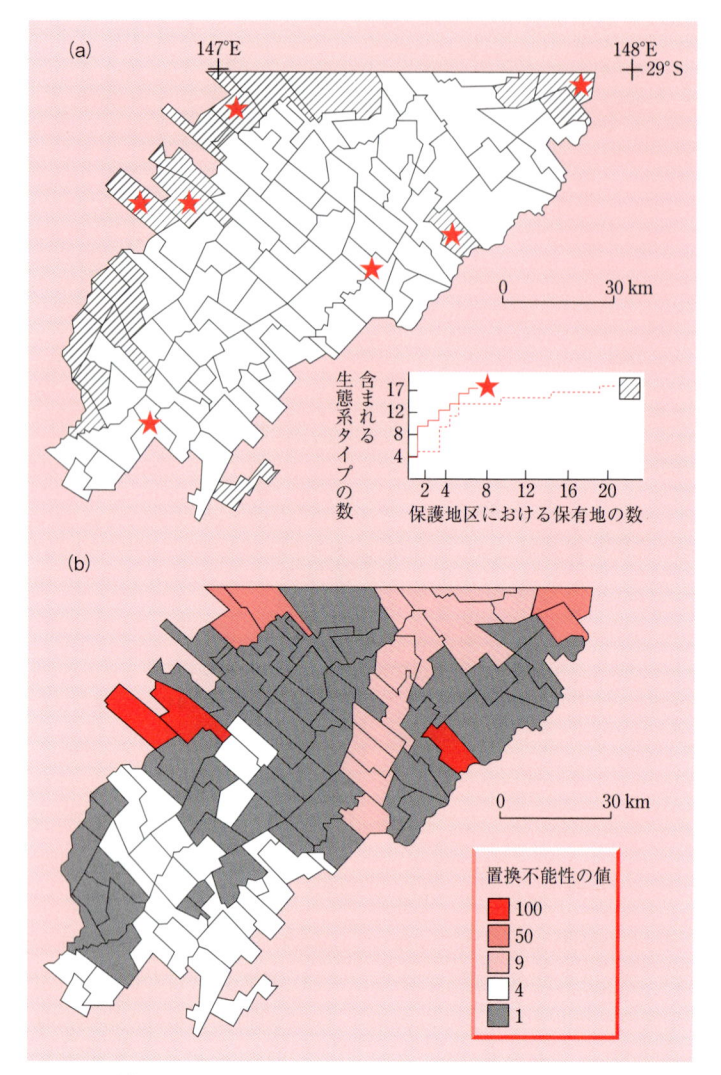

図 22.15 (a) オーストラリアのニューサウスウェールズ州における 95 の放牧地の区画の地図. 17 種類の生態系タイプを少なくとも 1 回含めるのに必要な, 2 組の放牧地のセットを示す. 星印は, まず独自の生態系タイプを持つ場所を選択し, 順次最も稀少でその時点ではまだ選択されていない生態系タイプの場所を選択する相補的アルゴリズムによって選ばれた放牧地の最少セットを示す. 斜線の放牧地は, すべての放牧地をそこの生態系タイプの稀少さの平均値を基に採点し選択した場合に, 必要とされる放牧地のセットを示す. (b) 置換不能性の予測値を基準にした保全価値の見取り図. (Pressey et al., 1993 より.)

や自然保護区の多くが, 人間の活動によって生息に適さない場所からなる「海」で囲まれてしまっているという状況のためである. 島の研究が自然保護区の計画一般に利用できる「設計原理」を提供してくれるのであろうか. 答えは条件付きながら,「イエス」である (Soule, 1986). その主な論点を以下にまとめる.

1 保護区の設置でよく問題となるのが, 同じ面積を保護するとして, 1 つの大きな保護区

を設定すべきか，それともいくつかの小さい保護区に分けるべきか，という問題である（ときにSLOSS（single large or several small）論争として取り上げられる）．もし小さい保護区がどれも同じ種構成を持つならば，ひとつの大きい保護区を設定した方が多くの種を保全できると期待される（この勧告は第21章5.1節で検討した種数－面積関係から導かれる）．

2 一方，その地域が全体として多様な環境から構成されているのであれば，小さい保護区はそれぞれ他と異なる種を産することになり，全体としてひとつの大きな保護区よりも多くの種を保持できるだろう．実際，小さい島の集合の方が，同じ面積からなる1つか2つの大きな島よりも多くの種を保持する傾向がある．このような傾向は島状に分布する生息場所でも同様で，国立公園についてはとりわけ顕著である．例えば，東アフリカの鳥類と哺乳類，オーストラリアの保全地域における哺乳類と爬虫類，アメリカ合衆国の国立公園における大型哺乳類に関する研究では，数ヶ所の小さな国立公園を合わせると，同じ面積のひとつの大きい国立公園よりも多くの種を擁していた（Quinn & Harrison, 1988）．生息場所の異質性は，種の豊富さを決めるかなり重要な一般的特性であると考えられる．

3 特に重要なこととして，局所的絶滅はごく普通の現象であり（第7章5節を参照），断片化された生息場所への再移住は，断片化された個体群の存続にとって必要不可欠である．従って，**分散回廊**（dispersal corridor）の形成など，断片化された生息場所間の空間的関係に特に注意を払う必要がある．分散回廊には，例えば火事や病気の破滅的影響を，断片化された地域間で連動させてしまうといった潜在的な問題点もあるが，肯定的な意見には説得力がある．確かに，高い再移住率（保全管理者の手によるものであっても）は，絶滅の危険のあるメタ個体群にとっては必要不可欠であろう（第15章5.3節を参照）．人間の手による景観の断片化は，サブ個体群をますます孤立化させ，分散率がもともと低い個体群に大きな影響を及ぼしてきたと考えられる．例えば，世界中で起きている両生類の減少の原因の少なくとも一部は，その分散能力の低さによると考えられる（Blaustein et al., 1994）．

22.4.2　多目的保護管理地域の設計

新たに設定される海洋保護区の多くは，さまざまな利用者（環境保護活動家，養殖業者，商業的漁業従事者，旅行業者など）の要求を満たすため，多目的保護管理地域として設計されている（Airame et al., 2003）．そして，多くの場合，環境保護と持続可能な土地利用（林業，農業）は，計画の科学的基盤と合意された目標が明確である場合には，同時に進め得ることも明らかである（Margules & Pressy, 2000）．

［欄外：保全を含めた多目的管理］

多目的利用の好例として，Villa et al.（2002）による計画をあげることができる．彼らは，イタリアで最初の海洋保護区のひとつを設計するに当たって，体系的な決定法を用いた．まず異なる利用目的（漁業，リクリエーション，保全）の関係者を全て参加させて優先順位を決定し，次にGIS（地理情報システム）を用いて，異なる利用法と保全の度合いによって海域を区分けする地図を作製した．イタリアの法律では，保護区を次の3レベルに分けて承認する．つまり，「完全保護区」（研究目的でのみ利用できる），「一般保護区」，規制の緩やかな「部分的保護区」である．Villa et al. は，まず一般保護区と部分的保護区の区分を認めつつも，完全保護区をさらに2つに分けた．立入・採集禁止区（非破壊的研究のみ許可）と，採集は許されないが訪問者が保護区の自然を満喫できる一般立入可・採取禁止区である．許可される4つのカテゴリーの人間活動を表22.1に示す．

次の段階は，1つ以上の利用目的に重要な27の変数について地図を作ることであった．地図

表22.1 イタリアの国立アシナラ島海洋保護区の保全計画において，4つの保全レベルごとに許可された人間活動（保全レベルは左から右へ順にレベルが下がる）．(Villa *et al*., 2002 より．)

カテゴリー	活動の種類	採集禁止・立入禁止区	立入可・採集禁止区	一般保護区	部分的保護区
調査	非破壊的調査	Aa	Aa	A	A
海上の立入り	ヨット	P	L	A	A
	モーターボート	P	P	L	L
	水泳	P	P	A	A
滞在	投錨して停泊	P	P	L	L
	一時停泊	P	L	Aa	A
リクリエーション	潜水	P	L	Aa	A
	ガイド付きツアー	P	L	Aa	A
	リクリエーションの釣り	P	P	L	A
採集	伝統的漁	P	P	L	L
	スポーツフィッシング	P	P	P	L
	スクーバ潜水での漁	P	P	P	P
	商業的漁	P	P	P	P

A，可能；Aa，許可制；L，特定の条件付で可能；P，禁止．

には，魚類の多様性，幼魚の生育場所，鍵となる種（例えばカサガイ，海生哺乳類，海鳥など）が各生活史段階で利用する場所，考古学的価値，さまざまな漁業に適した場所（例えば伝統的漁業と大型機械を使った操業），さまざまなリクリエーションに適した場所（例えばスノーケリング，クジラウォッチング），観光客用施設，汚染状況などの地図が含まれていた．それぞれ利用目的の関係者との計画検討会では，変数ごとの重みづけや相対的重要性を算定した．この結果を考慮に入れて，5枚の統合的な地図を作成した（経済分析と都市計画のために開発された多基準分析（multiple criteria analysis）を用いた）．5枚の地図は，それぞれ (i) 海洋環境の自然的価値（NVM—生物多様性，稀少度，幼魚の成育地など重要な場所に関して集約した価値），(ii) 海岸環境の自然的価値（NVC—海鳥を含む固有の海岸生物種，ウミガメとアザラシの再導入に適した生息場所に関して集約した価値），(iii) リクリエーション的価値（RAV—全てのリクリエーション活動について集約した価値），(iv) 商業資源的価値（CRV—伝統的漁業の場所と他の目的に適した地域を集約），(v) アクセスしやすさの価値（EAV—航路と港湾を集約）をまとめたものである．このうち，最初の3つの地図を図22.16a-cに示す．

計画立案の最終段階は区分け計画の作成である．研究者達は，管理施工を難しくする複雑なゾーン化は避けながら，異なる利用関係者の利害の衝突を最小限に抑えることに特別に配慮した．最終案（図22.16d）では，立入・採取禁止区（生物学的重要性と相対的に遠隔地であることによる）が1ヶ所，絶滅危惧種等の特別な価値を保全するための，立入可・採取禁止区（生物学的価値の高さとアクセスのしやすさを反映）が4ヶ所，一般保全区（許可された人間活動からは大きな影響を受けない海草群落等の繊細な底生生物群集を保護するため，表22.1を参照）が2ヶ所，他の保護区と隣接して緩衝的役割をはたす部分的保護区（伝統的漁業と保全が両立できる場所）が1ヶ所設けられた．この区分け案には，環境に与える影響を最小に抑えて船舶のアクセスを最大化することのできる3本の水路も規定されている．

22.5 持続可能性についてのトリプル・ボトムライン

本章ではここまで，生態学理論が環境問題の解決をどう助け，また長期にわたる持続的管理

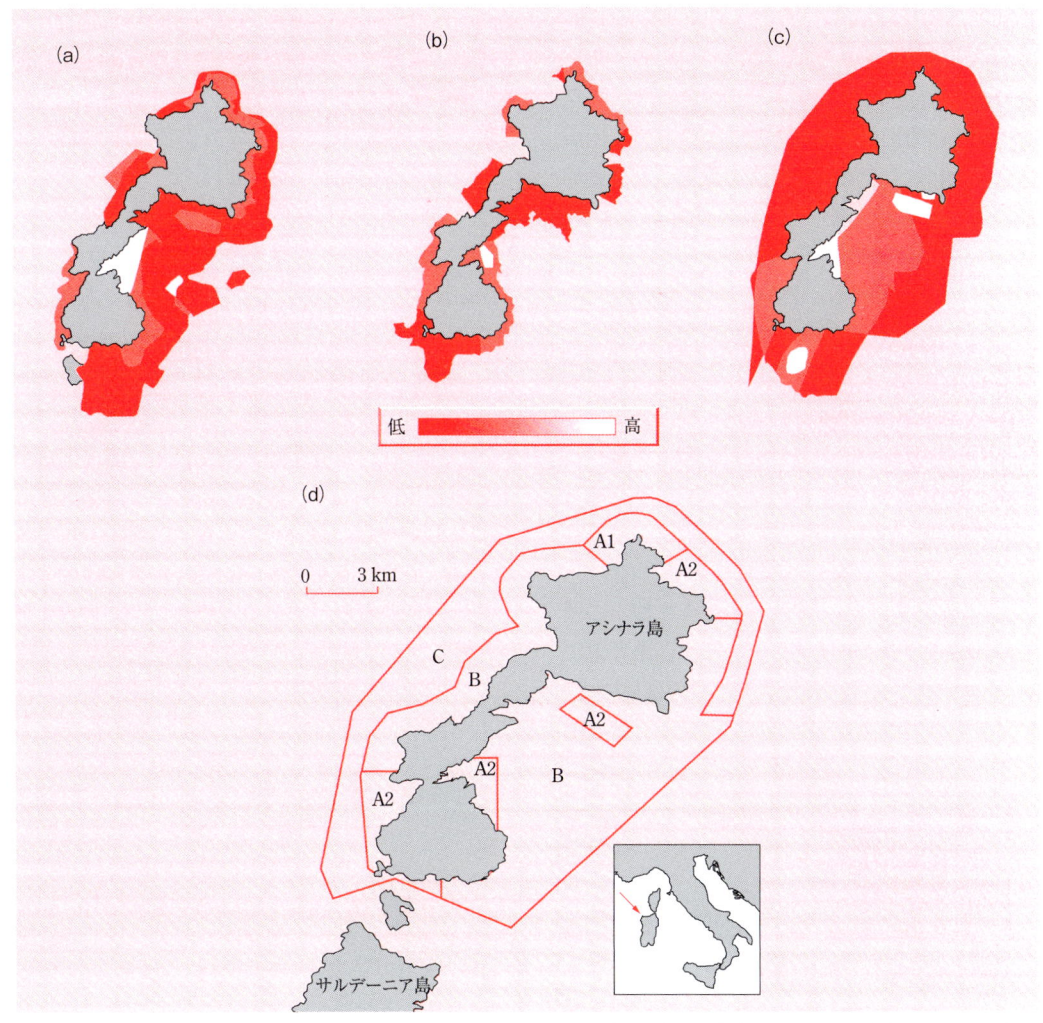

図 22.16　イタリアのアシナラ島（中央の灰色部分）の周囲でのさまざまな自然の価値を示す地図．(a) 海洋環境の自然的価値（NVM），(b) 海岸環境の自然的価値（NVC），(c) リクリエーション的価値（RAV）．明るい色ほど高い価値を示す．(d) アシナラ島国立海洋保護区のゾーン化計画の最終案．A1，立入・採集禁止；A2，立入可・採集禁止；B，一般保護区；C，部分的保護区．挿入地図はイタリアでのこの保護区の位置を示す．（Villa *et al.*, 2002 より．）

の方法をどう導くかに注目した．しかし，そのさまざまな事例において，持続性に関する生態学的側面は，経済的側面（例えば，保全施策のための資金の制約）と社会的側面（例えば，病気の危険性や資源管理における住民を含めた多様な利害関係者の参加の重要性）と分離できないことが分かってきた．同様な事例は，応用生態学を扱った先の2つの章の中にも見られた（例えば，第7章の2.3節，5.5.2節，5.6節，第15章の2.1節，2.3節，3.9節）．ここでは環境の持続性に関わる経済的側面と社会政治的側面をさらに詳しく検討しよう．

22.5.1　経済的観点

資源管理における経済の重要性は，漁獲管理（第15章3節を参照）や農業管理（病害虫管理も含む．第15章2節，第22章2.1節を参照）を行う場合や，乏しい資金で保全管理や保護区

> 経済的観点の重要性

を設ける場合（第7章5節，第22章4節を参照）においては明白である．一方で特定の種，生物多様性，生態系を保全するとき，それらの保全対象の経済的価値を算定することは非常に困難である．しかし，農業，樹木の伐採，野生動物の狩猟，鉱物の採掘，化石燃料の燃焼，灌漑，ゴミの排出のような，保全の必要性をもたらす活動は，人間が必要とするものであるだけに，こうした経済的価値の算定は必要である．実際のところ，いまや保全への反対意見はほとんどないが，保全の問題は費用と得られる便益という枠組みで考えるのが最も有効であると考えられる．これは，行政が保全に使うお金と有権者が認めた優先順位に基づいて政策を決めるからである．

種の経済的価値をどう算定するか　まず，どのように個々の種の価値を測れるのかを考えてみよう．個々の種の価値には，主に次の3つの要素がある．(i) 収穫なり捕獲をすることで得られる生産物の直接的な価値，(ii) 資源の消費なしに生物多様性がもたらす経済的利益による間接的な価値，そして，(iii) 倫理的な価値，である．

多くの種が生きている資源として実際に直接的利益という価値を持つと見なされており，また，まだ利用されていないとしても潜在的な価値をもつ生物は多いと考えられる (Miller, 1988)．世界には，野生動物の肉と野生植物が不可欠な資源として利用されている地域もまだ多いが，世界の食料のほとんどは，もともと熱帯または半乾燥地帯で野生植物から栽培化された植物から得られている．将来，こうした栽培植物種の野生系統の遺伝的多様性が，収量の増加，病害虫への抵抗性，干ばつへの耐性などの品種改良のために必要となるかもしれない．さらに，思わぬ動物や植物が家畜化あるいは栽培化に適していることが判明するかもしれない．すでに第15章2節で，天敵を病害虫の生物的防除に利用した場合の潜在的な利点について学んだ．しかし，大多数の病害虫の天敵の多くはまだ研究されておらず，その存在さえ気づかれていないものも多い．さらには，世界中の病院で用いられている処方薬や薬屋で買える医薬品の約40％は，その有効成分が植物と動物から抽出されたものである．例えば，アスピリンは世界中で最も広く利用されている医薬品であるが，もともと熱帯産のセイヨウシロヤナギ (*Salix alba*) の葉から抽出されたものである．またココノオビアルマジロ (*Dasypus novemcinctus*) は，ハンセン病の研究とワクチンを作るために用いられてきたし，絶滅危惧の哺乳類，フロリダマナティー (*Trichechus manatus*) は，血友病の解明に役立っている．このような事例は決して珍しいことではなく，現在，医学に利用できる新しい生物を発見するために，世界中で大規模な探索が行われている．それでも，世界中の動植物のほとんどはまだ手つかずで残されている．絶滅する生物のそうした潜在的価値は，決して知られることはないだろう．種を保全することによって，将来的に利益をもたらすかもしれない潜在的な価値を確保しておけるのである．

消費をともなわない，間接的な経済価値は比較的簡単に計算できる場合もある．例えば，膨大な種類の昆虫が農作物の授粉を行っているが，この送粉者の価値を評価するには，昆虫たちが農作物の価値をどれだけ高めるかについて計算するか，あるいは，その授粉作業を，ミツバチの巣箱を借りて賄うとした場合の費用から算出することもできるだろう (Primack, 1993)．同様の考え方で評価できるものとして，リクリエーションやエコツーリズムの金銭上の価値がある．これは**快適さの価値** (amenity value) と呼ばれることが多いが，その価値はますます増大している．また，もう少し小さい規模では，自然を扱った映像，書籍，教材などのさまざまな商品が，毎年，その基になる野生生物を害することなく「消費」されている．

最後の価値基準は，倫理的価値である．保全には倫理上の根拠があると信じる人も多い．彼

らは，どの種もそれ自体の価値を持っており，人間がその価値を理解しなかったり利用しなかったとしても，その価値は等しいものだろうと主張する．この観点からすれば，経済的価値が全く認められない種であっても，保全の対象となる．

ここで述べた生物多様性を保全する3つの理由のうち，最初の2つ，直接的および間接的な経済価値には正に客観的な根拠がある．一方，3番目の倫理的価値は，主観的であり，主観的な理由は必然的に，保護活動に関わっていない人からは重要視されないという問題に直面する．

生態系機能の価値を算定する──生態系サービス　種の経済的価値を算定することが必ずしも一筋縄ではいかないことは明らかである．しかし，さらに創意工夫が必要となるのは，自然生態系全体から人々が受けている恩恵，つまり**生態系サービス**（ecosystem services）の価値を算定する場合である．生態系サービスとは，例えば食料，繊維，薬となる野生生物の生産，天然水の水質維持，洪水や干ばつに対する緩衝作用，病害虫の侵入の抑止，土壌の保護と保持，局所的・地球規模での気候の調節，有機および無機の排出物の分解，リクリエーションの場の提供などである．地球全体での全生態系サービスの経済的価値は年間33兆米ドルと推定されている（Costanza, *et al*., 1997）．この額は2000年には38兆ドルに更新されたが，それは世界経済における各国の国民総生産（GNP）の総額にほぼ等しい（Balmford *et al*., 2002）．

このような大雑把な推計には多くの問題点が含まれており，批判も多い．その問題点のひとつは，需要と価値が世界のどの地域でも同じであるかのように，限られた地域についての知見から全世界の総計を求めることができると仮定している点にある．Balmford *et al*.（2002）は，比較的荒らされていない状態の生息場所を維持することの経済的価値を決めるには，その生態系の比較的人手の入っていない状態の価値と，開発された状態の価値の差を求めるのが最良であると論じている．さらに，開発者にとっての私的な利益の算出に留まらず，生態系サービスのさまざまな公共の利益をドルの価値に換算することを提唱している．図22.17には3つの研究事例が示されている．いずれにおいても，私的利益と生態系サービスの推定値は30〜50年の期間について求められている．

最初の事例はカメルーンの熱帯林に関するもので，伐採を抑制した林業（低インパクト伐採），小規模な農業への 自然資源の価値算定に生態系サービスを含める 転換，アブラヤシとゴムの農園への転換を比較している．全ての生態系サービスを合わせた価値は，持続可能な林業でもっとも高かった．そこでの生態系サービスは，堆積作用の制御，洪水の防止，植生による炭素の封鎖作用（大気中の二酸化炭素減少に貢献し地球温暖化を緩和する），一連の生物種の持つ価値（第7章5節を参照）からなる．32年間の全体としての経済的価値（私的利益と生態系サービスの価値を合わせた純現在価値（net present value（NPV））の比較では，伐採を抑制した林業は小規模農業よりも18％高くなった．一方，プランテーションでは私的な利益と生態系サービスの両方を考慮するとNPVはマイナスの値になった．

タイのマングローブ林についての分析では，エビの養殖による私的な利益は，自然生態系が提供する木材や木材以外の生産物，木炭，近海漁業，防風効果などの生態系サービスの消失を経済的評価に組み入れると，ほとんどゼロにまで減少した（図22.17b）．手つかずのマングローブ林の総合的価値は，エビの養殖場を70％上まわった．

最後に，淡水湿原の排水は私的な利益を生み出す場合が多い（理由のひとつは，このカナダの事例のように，排水事業が政府からの補助金によることがあるため）．しかし，自然状態の湿地には狩猟，罠猟，釣りなどを含めた生態系サービスがある．そうしたサービスの金銭的価値を考

慮して経済的な価値を評価すると，排水した土地よりも元の湿地のほうが約60％高かった（図22.17c）．

これらの分析に基づいて，Balmford et al.（2002）は，世界規模の保護区のネットワークを拡大するのに必要な経費（年間450億ドル）は，生態系サービスが提供しているとされる年間38兆ドルと比較すれば「きわめて安い投資」であると指摘している．

22.5.2 社会的観点

漁業の歴史を分析したPitcher（2001）は，一連の技術革新が，いかに漁獲における存在量，多様性，価値の高い魚種の割合の減少を引き起こしてきたかを指摘している（図22.18）．彼は資源枯渇の過程を次の3つの段階に区分した．第一段階は生態学的過程で，魚の減少と地域的絶滅からなる．第二段階は経済学的過程で，設備の減価償却の必要性によって引き起こされる漁獲能力の上昇と魚の減少の間の正のフィードバックからなる．第三段階は社会的過程で，許容できる，あるいは本来の資源の存在量と多様性に対する各世代の人々の見方の変化からなる．持続可能な漁業を考案することはどの段階でも可能であるが，実際にはほとんどなされていない．現時点では，単に持続的な管理方法を考案すればよいのか，それとも漁業の再構築を試みるべきなのかが問われている段階である．Pitcherは，「未来を戻す」（back to the future）方策を試し，過去の生態系のモデル（その地域の伝統的な環境についての知見から再構築）を，現在の生態系および別の生態系と経済的な観点から比較することを，地域社会に求めている．彼は，広い禁漁区の設定と価値の高い魚種の再導入が，過去の生態系を取り戻すことを大いに助けると指摘している．

多様な価値観を持ったグループが参加している地域の保全管理計画を立案する場合，

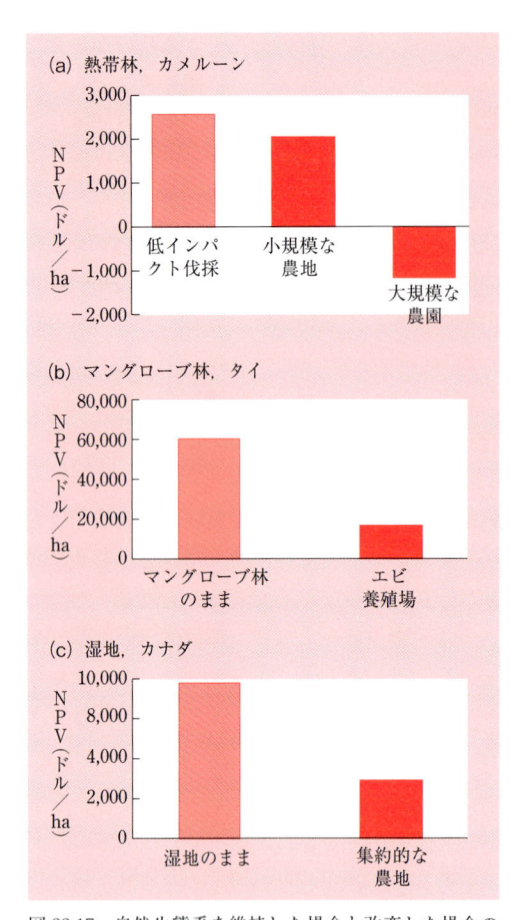

> 地域社会の活動と…先住民の役割

図22.17　自然生態系を維持した場合と改変した場合の限界価値（marginal value）を純現在価値（net present value（NPV））で示す（2000年現在のUSドルに換算）．(a) カメルーンの熱帯林．32年間の3種類の土地利用法での推定値．10％の割引率で計算．割引率とは，経済学において，今手元にある木（もしくは魚や鳥）の持つ経済的価値が，同等の木や魚や鳥が将来のある時点でもつ価値よりも高いような場合を考慮したものである（第15章3.8節を参照）．割引率の値は当該研究者が採用したもの．(b) タイのマングローブ林．人手の入っていないマングローブ林とエビ養殖場に改変した場合の30年間の推定値．割引率は6％．(c) カナダの湿地．人手の入っていない湿地と集約的な農地として利用した場合の50年間の推定値．割引率は4％．（Balmford et al., 2002より．基になる研究はそれぞれG. Yaron, S. Sathirathai, W. van Vuuren & P. Royによる．）

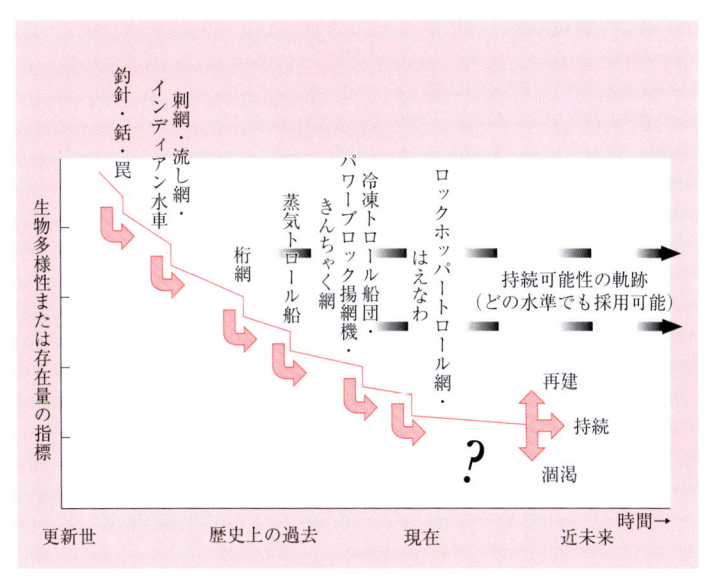

図22.18　先史時代からの漁の方法と，漁獲される魚類の存在量と多様性の低下．下方への階段は，新たな漁法の発明によって引き起こされた減少を示す．水平の灰色の矢印は持続的な管理を表し，理論的にはどの段階でも実行できる．将来の選択肢を3方向の矢印で示してある．（Pitcher, 2001 より．）

Balmford *et al*.(2002)の経済学的な取り組みとVilla *et al*.(2002)の社会学的な取り組みとを併用することは有効であろう．先住民はその居住地の持続可能な発展について中心的な役割を担うことができる．それは彼らがその地域の現在および歴史的な状況について幅広い知識を持っているからだけではない．すでに本章では，地元住民から学べることと，資源管理に彼らが参加することの重要性について繰り返し言及してきた（スマトラでの安息香農園，オーストラリアでのアボリジニによる野火の管理，マリオ族が考案した川の健康度の指標）．マオリ族はさらに，職業的漁師，遊漁者，観光ガイド，環境保護活動家とともに，「フィヨルドランドの漁業と海洋環境を守る会（GOFF）」の一員として活動している．GOFF は3年以上かけてニュージーランド南島西岸のフィヨルドランド海域の利用区分計画を作成した（Teirney, 2003）．この活動は，政府や非政府組織の上からの指示によるものではなく，完全に地域住民の積み上げによるもので，当初からさまざまな立場のグループが顔をつきあわせて作業を行った．熟練した推進役が参加して，協議を行う間に，この取り組みはグループ間の利害対立を最小化し，互いに学びあうことを触発し，持続可能な生態系の利用目標を設定する際のモデルケースとなった．これは上からの指示では決して達成できなかったものである．ニュージーランド政府は GOFF の案を採用した．

22.5.3　総合して考える

生態系サービスは，かつてはそれが失われて初めてその重要性が認識された．しかし，生態学的理解が進み，今ではその経済的価値が認知されるようになり，さまざまな社会的政治的な変化も目立つようになった．例えばコスタリカでは，政府が1997年から土地所有者に，炭素の貯留，集水域，生物多様性，景観美の保全などの生態系サービスに対する対価を支払っている（主に化石燃料関係の税金からヘク

トリプル・ボトムラインの考え方を適用する…

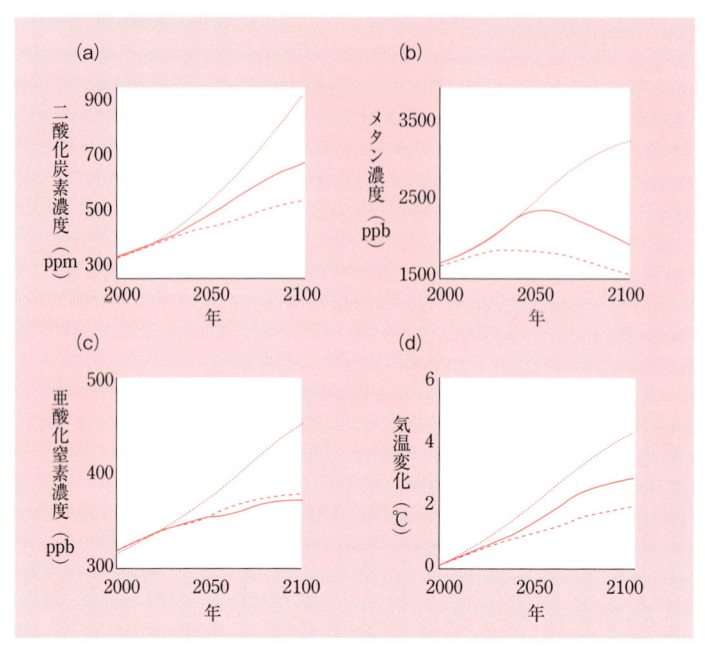

図22.19 3通りのシナリオに基づいて予測された西暦2100年までの(a)二酸化炭素,(b)メタン,(c)亜酸化窒素の大気中濃度と,(d)気温の変化.実線は,世界経済が急速に発展し,21世紀中頃に世界人口のピークがあり,今より効率的な技術が急速に発展し,人間がひとつの資源に過剰に依存しない場合.点線は,実線と基本的に同じ設定であるが,化石燃料を今までと同じように集中的に利用する場合.破線は,もっと楽観的かつ持続可能な設定で,人口増加パターンは同じだが,サービス業と情報中心の経済に速やかに移行し,原材料の利用が減るとともに,今よりもクリーンで効率的な技術が普及する場合.(IPCC, 2001より.)

タール当り約50ドルを支出)(Daily et al., 2000).民間企業も動き始めた.オーストラリアのEarth Sanctuary Ltdという会社は,世界で初めて株式市場に上場した環境保全の会社で,土地を購入して生態系を修復し,観光と野生生物関連商品で利益を得ている.会社はロビー活動によって,稀少な野生生物を会社の資産にできるよう,オーストラリアの商法を改正することに成功した(Daily et al., 2000).広範な政策の変更を伴うこのような取り組みは,自然の生態系に値札をつけることを必要としている.

…地球規模の気候変化に対して…

将来の気候変化の問題に取り組む場合も,生態学的知識の適用が重要となる他の切迫した問題と同じく,持続的な未来に向けて,生態学的,経済学的,社会学的観点のトリプル・ボトムラインを総合することが必要となる.将来の温室効果ガス排出量,その大気中の濃度,その結果生じる地球の気温の変化についての予測はまちまちである.図22.19には,今後の人口増加,さまざまなエネルギー資源の利用の変化,科学技術の進歩に関するいくつかのシナリオに基づいて予測される,温室効果ガス濃度と気温の上昇と減少のパターンが示されている.

予測される地球規模でのもうひとつの変化は,世界的な規模で発展する農業が生態系に及ぼす影響である.想定される人口増加と,それに伴う土地の侵食の増加,水の供給の不安定化,塩類集積と砂漠化,過剰な肥料成分の水

…農業の発展に対して

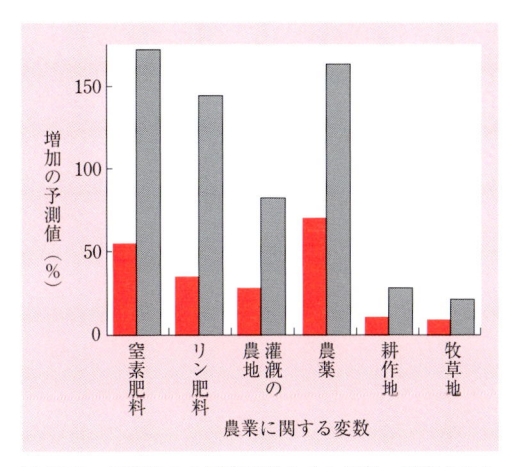

図 22.20 予測される窒素肥料とリン肥料，灌漑された土地，農薬，耕作地の面積，牧草地の面積の増加．赤は 2020 年の値，灰色は 2050 年の予測値を表す．（Laurance, 2001 より．データは Tilman *et al.*, 2001 による．）

路への流出，化学殺虫剤による弊害の影響は全て，今後 50 年間に農地や牧草地がさらに増加するとともに増大するであろう．農業の発展が環境に及ぼす影響を抑制するためには，科学技術の発展とともに効果的な政策の実施が必要である．この場合にも，持続性可能性には 3 つの側面，すなわち生態学，経済学，社会政治学が必要なのである．

人類がこの新たな千年紀の幕開けで直面している問題は空前のものであり，その大部分は広い意味で生態学的問題である．哲学者たちは何世代もかけて「この世界での人間の地位」を探究してきた．しかし，その問いはここにきて新たな，そしてさらに実践的な意味合いを持つに至った．「いったいそれにはどんな意味があるのか」という奢った問いは，「我々は何をなすべきか」という切迫した問いに置き換えられたのである．本書の締めくくりとなる本節で明確にしたことは，生態学研究者だけではこの問題に対処できない，またそうしようとしても誰も認めてはくれないということである．しかし同時に，この問題は科学的な生態学の深い知識がなければ解決できないことも確かである．これからの生態学者は，2 つの差し迫った問題に取り組むことになる．それは生態学を発展させることと，生態学を地域，国，そして地球規模での政策に十分に反映させることである．我々はその挑戦が成し遂げられるものと信じなければならない．疑えば無力な者になるだけである．

まとめ

本書の第 7 章，第 15 章，そしてこの第 22 章は，応用的側面を扱った三部作となっている．三部作の最後となる本章では遷移，食物網，生態系機能と生物多様性に関連した理論の応用的問題を取り上げた．

生態系を管理する場合，群集の構成は決して静的ではないことに注意しなければならない．定常状態を必要とするような目標，例えば穀物の年間生産量，ある特定の種構成の復元，絶滅危惧種の長期的存続などの目標は，遷移を考慮しなければ失敗に終わる可能性が高い．

保全の対象となる種のそれぞれには，競争者，相利者，捕食者，寄生者がいる．そのような複雑な生態系の相互作用を認識しておくことが，人間の病気，保全，収穫，生物安全保障といったさまざまな分野で，管理施策を実行する際には必要となる．

農地からの栄養塩の流出は，処理または未処理の下水とともに，富栄養化，生産力の増加，非生物的条件の変化，種構成の変化というプロセスを通じて水系の生態系機能を好ましくない状態にする．ひとつの可能な対処法は，栄養塩増加の悪影響のいくつかを逆転させるための，湖沼の食物網の生物的操作である．さらには，陸上生態系機能の知見は，穀物生産を最小限の栄養塩投入で行う最適な耕作法を決めるのに役立つ．生態系復元の目標を設定するには（そして目標が達成されたか否かを追跡調査するには），陸上と水域の環境の「生態系の健康度」の測定方法の開発が必要である．

この惑星の表面の多くは，人間の居住，工業，

採鉱，食料生産と収穫のために使われており，あるいはそれらから強い影響を受けている．そのため，生物多様性の分布に関する知識を用いて，陸上と水域の保全地域のネットワークを構築する必要に迫られている．そうした保全地域には，保全だけを目的としたものも，収穫や観光と保全を組み合わせた多目的のものも含まれる．

最後に応用生態学が決して無視できない現実を強調しておこう．生態学理論はそれだけでは実践できない．まず，最初に経済学的な考慮が必ず必要となる．生態的な悪影響を最小限にして農業生産を最大化するにはどうしたらよいのか．林業や鉱業の利益とともに，生物多様性と生態系機能の価値をどのように評価すればよいのか．限られた保全のための財源で最大の効果を得るにはどうしたらよいのか．次に，たいていの場合，社会政治学的な考慮も必要となる．異なった利益集団の間の妥協点を見出すにはどうすればよいのか．持続可能な管理は法律で定めるべきか，それとも教育によって奨励すべきか．現地の住民の意見や要望をどのように取り入れるか．こうした課題は，持続可能性のためのいわゆるトリプル・ボトムライン，すなわち生態学，経済学，社会政治学の観点を統合して扱われる．

引用文献

Aber, J.D. (1992) Nitrogen cycling and nitrogen saturation in temperate forest ecosystems. *Trends in Ecology and Evolution*, 7, 220–224.

Aber, J.D. & Federer, C.A. (1992) A generalised, lumped-parameter model of photosynthesis, evapotranspiration and net primary production in temperate and boreal forest ecosystems. *Oecologia*, 92, 463–474.

Abrahamson, W.G. (1975) Reproductive strategies in dewberries. *Ecology*, 56, 721–726.

Abrams, P. (1976) Limiting similarity and the form of the competition coefficient. *Theoretical Population Biology*, 8, 356–375.

Abrams, P. (1983) The theory of limiting similarity. *Annual Review of Ecology and Systematics*, 14, 359–376.

Abrams, P.A. (1990) Ecological vs evolutionary consequences of competition. *Oikos*, 57, 147–151.

Abrams, P. (1997) Anomalous predictions of ratio-dependent models of predation. *Oikos*, 80, 163–171.

Abramsky, Z. & Rosenzweig, M.L. (1983) Tilman's predicted productivity-diversity relationship shown by desert rodents. *Nature*, 309, 150–151.

Abramsky, Z. & Sellah, C. (1982) Competition and the role of habitat selection in *Gerbillus allenbyi* and *Meriones tristrami*: a removal experiment. *Ecology*, 63, 1242–1247.

Adams, E.S. (2001) Approaches to the study of territory size and shape. *Annual Review of Ecology and Systematics*, 32, 277–303.

Agrawal, A.A. (1998) Induced responses to herbivory and increased plant performance. *Science*, 279, 1201–1202.

Airame, S., Dugan, J.E., Lafferty, K.D., Leslie, H., McArdle, D.A. & Warner, R.R. (2003) Applying ecological criteria to marine reserve design: a case study from the California Channel Islands. *Ecological Applications*, 13 (Suppl.), S170–S184.

Akçakaya, H.R. (1992) Population viability analysis and risk assessment. In: *Proceedings of Wildlife 2001: Populations* (D.R. McCullough, ed.), pp. 148–158. Elsevier, Amsterdam.

Albertson, F.W. (1937) Ecology of mixed prairie in west central Kansas. *Ecological Monographs*, 7, 481–547.

Albon, S.D., Stien, A., Irvine, R.I., Langvatn, R., Ropstad, E. & Halvorsen, O. (2002) The role of parasites in the dynamics of a reindeer population. *Proceedings of the Royal Society of London, Series B*, 269, 1625–1632.

Albrecht, M. & Gotelli, N.J. (2001) Spatial and temporal niche partitioning in grassland ants. *Oecologia*, 126, 134–141.

Alexander, R. McN. (1991) Optimization of gut structure and diet for higher vertebrate herbivores. In: *The Evolutionary Interaction of Animals and Plants* (J.L. Harper & J.H. Lawton, eds), pp. 73–79. The Royal Society, London; also in *Philosophical Transactions of the Royal Society of London, Series B*, 333, 249–255.

Allen, K.R. (1972) Further notes on the assessment of Antarctic fin whale stocks. *Report of the International Whaling Commission*, 22, 43–53.

Allison, M.J. (1984) Microbiology of the rumen and small and large intestines. In: *Dukes' Physiology of Domestic Animals*, 10th edn (M.J. Swenson, ed.), pp. 340–350. Cornell University Press, Ithaca, NY.

Alonso, A., Dallmeier, F., Granek, E. & Raven, P. (2001) *Connecting with the Tapestry of Life*. Smithsonian Institution/Monitoring and Assessment of Biodiversity Program and President's Committee of Advisors on Science and Technology, Washington, DC.

Alphey, T.W. (1970) Studies on the distribution and site location of *Nippostrongylus brasiliensis* within the small intestine of laboratory rats. *Parasitology*, 61, 449–460.

Amarasekare, P. & Possingham, H. (2001) Patch dynamics and metapopulation theory: the case of successional species. *Journal of Theoretical Biology*, 209, 333–344.

Anderson, J.M. (1978) Inter-and intrahabitat relationships between woodland Cryptostigmata species diversity and diversity of soil and litter micro-habitats. *Oecologia*, 32, 341–348.

Anderson, J.M. (1987) Forest soils as short, dry rivers: effects of invertebrates on transport processes. *Verhandlungen der Gesellschaft fur Okologie*, 17, 33–45.

Anderson, R.M. (1981) Population ecology of infectious disease agents. In: *Theoretical Ecology: principles and applications*, 2nd edn (R.M. May, ed.), pp. 318–355. Blackwell Scientific Publications, Oxford.

Anderson, R.M. (1982) Epidemiology. In: *Modern Parasitology* (F.E.G. Cox, ed.), pp. 205–251. Blackwell Scientific Publications, Oxford.

Anderson, R.M. (1991) Populations and infectious diseases: ecology or epidemiology? *Journal of Animal Ecology*, 60, 1–50.

Anderson, R.M. & May, R.M. (1978) Regulation and stability of hostparasite population interactions. I. Regulatory processes. *Journal of Animal Ecology*, 47, 219–249.

Anderson, R.M. & May, R.M. (1991) *Infectious Diseases of Humans: dynamics and control*. Oxford University Press, Oxford.

Anderson, R.M., Jackson, H.C., May, R.M. & Smith, A.D.M. (1981) Population dynamics of fox rabies in Europe. *Nature*, 289, 765–771.

Andrewartha, H.G. & Birch, L.C. (1954) *The Distribution and Abundance of Animals*. University of Chicago Press, Chicago.

Andrews, P., Lorde, J.M. & Nesbit Evans, E.M. (1979) Patterns of ecological diversity in fossil and mammalian faunas. *Biological Journal of the Linnean Society*, 11, 177–205.

Angel, M.V. (1994) Spatial distribution of marine organisms: pattens and processes. In: *Large Scale Ecology and Conservation Biology* (P.J. Edwards, R.M. May & N.R. Webb, eds), pp. 59–109. Blackwell, Oxford.

Amgermeier, P.L. (1995) Ecological attributes of extinction-prone species: loss of freshwater fishes of Virginia. *Conservation Biology*, 9, 143–158.

Antonovics, J. & Alexander, H.M. (1992) Epidemiology of anthersmut infection of *Silene alba* (= *Silene latifolia*) caused by *Ustilago violacea*: patterns of spore deposition in experimental populations. *Proceedings of the Royal Society of London, Series B*, 250, 157–163.

Antonovics, J. & Bradshaw, A.D. (1970) Evolution in closely adjacent plant populations. VIII. Clinical patterns at a mine boundary. *Heredity*, 25, 349–362.

ANZECC (Australia and New Zealand Environment and Conservation Council) (1998) *National Koala Conservation Strategy*. Environment Australia, Canberra.

Arain, M.A., Black, T.A., Barr, A.G. *et al.* (2002) Effects of seasonal and interannual climate variability on net ecosystem productivity of boreal deciduous and conifer forests. *Canadian Journal of Forestry Research*, 32, 878–891.

Araujo, M.B. & Williams, P.H. (2001) The bias of complementarity hotspots toward marginal populations. *Conservation Biology*, 15, 1710–1720.

Arditi, R. & Ginzburg, L.R. (1989) Coupling in predator-prey dynamics: ratio dependence. *Journal of Theoretical Biology*, 139, 311–326.

Armbruster, P. & Lande, R. (1992) A population viability analysis for African elephant (*Loxodonta africana*): how big should reserves be? *Conservation Biology*, 7, 602–610.

Ashmole, N.P. (1971) Sea bird ecology and the marine environment. In: *Avian Biology*, Vo1.1 (D.S. Farner & J.R. King, eds), pp. 224–286. Academic Press, New York.

Aston, J.L & Bradshaw, A.D. (1966) Evolution in closely adjacent plant populations. II. *Agrostis stolonifera* in maritime habitats. *Heredity*, 21, 649–664.

Atkinson, D., Ciotti, B.J. & Montagnes, D.J.S. (2003) Protists decrease in size 1inearly with temperature: *ca*. 2.5% ℃$^{-1}$ *Proceedings of the Royal Society of London, Series B*, 270, 2605–2611.

Atkinson, W.D. & Shorrocks, B. (1981) Competition on a divided and ephemeral resource: a simulation model. *Journal of Animal Ecology*, 50, 461–471.

Audesirk, T. & Audesirk, G. (1996) *Biology: life on earth*. Prentice Hall, Upper Saddle River, NJ.

Ausmus, B.S., Edwards, N.T. & Witkamp, M. (1976) Microbial immobilisation of carbon, nitrogen, phosphorus and potassium: implications for forest ecosystem processes. In: *The Role of Terrestrial and Aquatic Organisms in Decomposition Processes* (J.M. Anderson & A. MacFadyen, eds), pp. 397–416. Blackwell Scientific Publications, Oxford.

Ayal, Y. (1994) Time-lags in insect response to plant productivity: significance for plant-insect interactions in deserts. *Ecological Entomology*, 19, 207–214.

Ayala, F.J. (1969) Evolution of fitness. IV. Genetic evolution of interspecific competitive ability in

Drosohila. Genetics, 61, 737–47.

Bach, C.E. (1994) Effects of herbivory and genotype on growth and survivorship of sand-dune willow (*Salix cordata*). *Ecological Entomology*, 19, 303–309.

Badger, M.R., Andrews, T.J., Whitney, S.M. et al. (1997) The diversity and coevolution of Rubisco, plastids, pyrenoids, and chloroplastbased CO_2-concentrating mechanisms in algae. *Canadian Journal of Botany*, 76, 1052–1071.

Baker, A.J.M. (2002) The use of tolerant plants and hyperaccumulators. In: *The Restoration and Management of Derelict Land: modern approaches* (M.H. Wong & A.D. Bradshaw, eds), pp. 138–148. World Scientific Publishing, Singapore.

Bakker, K. (1961) An analysis of factors which determine success in competition for food among larvae of *Drosophila melanogaster*. *Archieves Néerlandaises de Zoologie*, 14, 200–281.

Baldwin, I.T. (1998) Jasmonate-induced responses are costly but benefit plants under attack in native populations. *Proceedings of the National Academy of Science of the USA*, 95, 8113–8118.

Balmford, A., Bruner, A., Cooper, P. et al. (2002) Economic reasons for conserving wild nature. *Science*, 297, 950–953.

Balmford, A., Green, R.E. & Jenkins, M. (2003) Measuring the changing state of nature. *Trends in Ecology and Evolution*, 18, 326–330.

Baltensweiler, W., Benz, G., Bovey, P. & Delucchi, V. (1977) Dynamics of larch budmoth populations. *Annual Review of Ecology and Systematics*, 22, 79–100.

Barbosa, P. (ed.) (1998) *Conservation Biological Control*. Academic Press, San Diego.

Baross, J.A, & Deming, J.W. (1995) Growth at high temperatures: isolation and taxonomy, physiology, ecology. In: *Microbiology of Deep-Sea Hydrothermal Vent Habitats* (D.M. Karl, ed.), pp. 169–218. CRC Press, New York.

Barrett, K., Wait, D. & Anderson, W.B. (2003) Small island biogeography in the Gulf of California: lizards, the subsidized island biogeography hypothesis, and the small island effect. *Journal of Biogeography*, 30, 1575–1581.

Bascompte, J. & Sole, R.V. (1996) Habitat fragmentation and extinction thresholds in spatially explicit models. *Journal of Animal Ecology*, 65, 465–473.

Batzli, G.O. (1983) Responses of arctic rodent populations to nutritional factors. *Oikos*, 40, 396–406.

Batzli, G.O. (1993) Food selection in lemmings. In: *The Biology of Lemmings* (N.C. Stenseth & R.A. Ims, eds), pp. 281–302. Academic Press, London.

Bayliss, P. (1987) Kangaroo dynamics. In: *Kangaroos, their Ecology and Management in the Sheep Rangelands of Australia* (G. Caughley, N. Shepherd & J. Short, eds), pp. 119–134. Cambridge University Press, Cambridge, UK.

Bazzaz, F.A. (1979) The physiological ecology of plant succession. *Annual Review of Ecology and Systematics*, 10, 351–371.

Bazzaz, F.A. (1990) The response of natural ecosystems to the rising global CO2 levels. *Annual Review of Ecology and Systematics*, 2l, 67–196.

Bazzaz, F.A. & Williams, W.E. (1991) Atmospheric CO2 concentrations within a mixed forest: implications for seedling growth. *Ecology*, 72, 12–16.

Bazzaz, F.A., Miao, S.L. & Wayne, P.M. (1993) CO2-induced growth enhancements of co-occurring tree species decline at different rates. *Oecologia*, 96, 478–482.

Beaumont, L.J. & Hughes, L. (2002) Potential changes in the distributions of latitudinally restricted Australian butterfly species in response to climate change. *Global Change Biology*, 8, 954–971.

Becker, P. (1992) Colonization of islands by carnivorous and herbivorous Heteroptera and Coleoptera: effects of island area, plant species richness, and 'extinction' rates. *Journal of Biogeography*, 19, 163–171.

Becker, P. (2000) Competition in the regeneration niche between conifers and angiosperms: Bond's slow seedling hypothesis. *Functional Ecology*, 14, 401–412.

Beddington, J.R., Free, C.A. & Lawton, J.H. (1978) Modelling biological control: on the characteristics of successful natural enemies. *Nature*, 273, 513–519.

Beebee, T.J.C. (1991) Purification of an agent causing growth inhibition in anuran larvae and its identification as a unicellular unpigmented alga. *Canadian Journal of Zoology*, 69, 2146–2153.

Begon, M. (1976) Temporal variations in the reproductive condition of *Drosophila obscura* Fallén and *D. subobscura* Collin. *Oecologia*, 23, 31–47.

Begon, M. & Bowers, R.G. (1995) Beyond host-pathogen dynamics. In: *Ecology of Infectious Diseases in Natural Populations* (B.T. Grenfell &

A.P. Dobson, eds), pp. 478–509. Cambridge University Press, Cambridge, UK.

Begon, M. & Wall, R. (1987) Individual variation and competitor coexistence: a model. *Functional Ecology*, 1, 237–241.

Begon, M., Bennett, M., Bowers, R.G., French, N.P., Hazel, S.M. & Turner, J. (2002) A clarification of transmission terms in hostmicroparasite models: numbers, densities and areas. *Epidemiology and Infection*, 129, 147–153.

Begon, M., Feore, S.M., Bown, K., Chantrey, J., Jones, T. & Bennett, M. (1998) Population and transmission dynamics of cowpox virus in bank voles: testing fundamental assumptions. *Ecology Letters*, 1, 82–86.

Begon, M., Firbank, L. & Wall, R. (1986) Is there a self-thinning rule for animal populations? *Oikos*, 46, 122–124.

Begon, M., Harper, J.L. & Townsend, C.R. (1990) *Ecology*: individuals, populations and communities, 2nd edn. Blackwell Scientific Publications, Oxford.

Begon, M., Sait, S.M. & Thompson, D.J. (1995) Persistence of a predator-prey system: refuges and generation cycles? *Proceedings of the Royal Society of London, Series B*, 260, 131–137.

Begon, M., Sait, S.M. & Thompson, D.J. (1996) Predator-prey cycles with period shifts between two-and three-species systems. *Nature*, 381, 311–315.

Behnke, J.M., Bayer, A., Sinski, E. & Wakelin, D. (2001) Interactions involving intestinal nematodes of rodents: experimental and field studies. *Parasitology*, 122, S39–S49.

Bell, D.T. (2001) Ecological response syndromes in the flora of southwestern Western Australia: fire resprouters versus reseeders. *The Botanical Review*, 67, 417–441.

Bell, G. & Koufopanou, V. (1986) The cost of reproduction. *Oxford Surveys in Evolutionary Biology*, 3, 83–131.

Bellows, T.S. Jr. (1981) The descriptive properties of some models for density dependence. *Journal of Animal Ecology*, 50, 139–156.

Belt, T. (1874) *The Naturalist in Nicaragua*. J.M. Dent, London.

Belyea, L.R. & Lancaster, J. (1999) Assembly rules within a contingent ecology. *Oikos*, 86, 402–416.

Benke, A.C., Wallace, J.B., Harrison, J.W. & Koebel, J.W. (2001) Food web quantification using secondary production analysis: predaceous invertebrates of the snag habitat in a subtropical river. *Freshwater Biology*, 46, 329–346.

Bennet, K.D. (1986) The rate of spread and population increase of forest trees during the postglacial. *Philosophical Transactions of the Royal Society of London, Series B*, 314, 523–531; and in *Quantitative Aspects of the Ecology of Biological Invasions* (H. Kornberg & M.H. Williamson, eds), pp. 21–27. The Royal Society, London.

Benson, J.F. (1973a) The biology of Lepidoptera infesting stored products, with special reference to population dynamics. *Biological Reviews*, 48, 1–26.

Benson, J.F. (1973b) Population dynamics of cabbage root fly in Canada and England. *Journal of Applied Ecology*, 10, 437–446.

Benton, T.G. & Grant, A. (1999) Elasticity analysis as an important tool in evolutionary and population ecology. *Trends in Ecology and Evolution*, 14, 467–471.

Bergelson, J.M. (1985) A mechanistic interpretation of prey selection by *Anax junius* larvae (Odonata: Aeschnidae). *Ecology*, 66, 1699–1705.

Bergelson, J. (1994) The effects of genotype and the environment on costs of resistance in lettuce. *American Naturalist*, 143, 349–359.

Berger, J. (1990) Persistence of different-sized populations: an empirical assessment of rapid extinctions in bighorn sheep. *Conservation Biology*, 4, 91–98.

Bergman, C.M., Fryxell, J.M. & Gates, C.C. (2000) The effect of tissue complexity and sward height on the functional response of wood bison. *Functional Ecology*, 14, 61–69.

Berner, E.K. & Berner, R.A. (1987) *The Global Water Cycle: geochemistry and environment*. Prentice-Hall, Englewood Cliffs, NJ.

Bernstein, C., Kacelnik, A. & Krebs, J.R. (1988) Individual decisions and the distribution of predators in a patchy environment. *Journal of Animal Ecology*, 57, 1007–1026.

Bernstein, C., Kacelnik, A. & Krebs, J.R. (1991) Individual decisions and the distribution of predators in a patchy environment. II. The influence of travel costs and structure of the environment. *Journal of Animal Ecology*, 60, 205–225.

Berry, J.A. & Björkman, O. (1980) Photosynthetic response and adaptation to temperature in higher plants. *Annual Review of Plant Physiology*, 31, 491–543.

Berryman, A.A. (ed.) (2002) *Population Cycles: the case for trophic interactions*. Oxford University Press, Oxford.

Bertness, M.D., Leonard, G.H., Levin, J.M., Schmidt, P.R. & Ingraham, A.O. (1999) Testing the relative contribution of positive and negative interactions in rocky intertidal communities. *Ecology*, 80, 2711–2726.

Berven, K.A. (1995) Population regulation in the wood frog, *Rana sylvatica*, from three diverse geographic localities. *Australian Journal of Ecology*, 20, 385–392.

Beven, G. (1976) Changes in breeding bird populations of an oak-wood on Bookham Common, Surrey, over twenty-seven years. *London Naturalist*, 55, 23–42.

Beverton, R.J.H. (1993) The Rio Convention and rational harvesting of natural fish resources: the Barents Sea experience in context. In: *Norway/UNEP Expert Conference on Biodiversity* (O.T. Sandlund & P.J. Schei, eds), pp. 44–63. DN/NINA, Trondheim.

Bibby, C.J. (1998) Selecting areas for conservation. In: *Conservation Science and Action* (W.J. Sutherland, ed.), pp. 176–201. Blackwell Science, Oxford.

Bidle, K.D. & Azam, F. (2001) Bacterial control of silicon regeneration from diatom detritus: significance of bacterial ectohydrolases and species identity. *Limnology and Oceanography*, 46, 1606–1623.

Bigger, M. (1976) Oscillations of tropical insect populations. *Nature*, 259, 207–209.

Biggins, D.E. & Kosoy, M.Y. (2001) Influences of introduced plague on North American mammals: implications from ecology of plague in Asia. *Journal of Mammalogy*, 82, 906–916.

Bignell, D.E. (1989) Relative assimilations of carbon-14-1abeled microbial tissues and carbon-14-labeled plant fiber ingested with leaf litter by the millipede *Glomeris marginata* under experimental conditions. *Soil Biology and Biochemistry*, 21, 819–828.

Björnhag, G. (1994) Adaptations in the large intestine allowing small animals to eat fibrous food. In: *The Digestive System in Mammals. Food, Form and Function* (D.J. Chivers & P. Langer, eds), pp. 287–312. Cambridge University Press, Cambridge, UK.

Bjørnstad, O.N. & Grenfell, B.T. (2001) Noisy clockwork: time series analysis of population fluctuations in animals. *Science*, 293, 638–643.

Bjømstad, O.N., Falck, W. & Stenseth, N.C. (1995) A geographic gradient in small rodent density fluctuations: a statistical modelling approach. *Proceedings of the Royal Society of London, Series B*, 262, 127–133.

Bjørnstad, O.N., Sait, S.M., Stenseth, N.C., Thompson, D.J. & Begon, M. (2001) The impact of specialized enemies on the dimensionality of host dynamics. *Nature*, 409, 3001–1006.

Black, J.N. (1963) The interrelationship of solar radiation and leaf area index in determining the rate of dry matter production of swards of subterranean clover (*Trifolium subterraneum*). *Australian Journal of Agricultural Research*, 14, 20–38.

Black, T.A., Chen, W.J., Barr, A.G. *et al.* (2000) Increased carbon sequestration by a boreal deciduous forest in years with a warm spring. *Geophysical Research Letters*, 27, 1271–1274.

Blackburn, T.M. & Gaston, K.J. (eds) (2003) *Macroecology: concepts and consequences*. Blackwell Publishing, Oxford.

Blackford, J.C., Allen, J.I. & Gilbert, F.J. (2004) Ecosystem dynamics at six contrasting sites: a generic modelling study. *Journal of Marine Systems*, 52, 191–215.

Blaustein, A.R., Wake, D.B. & Sousa, W.P. (1994) Amphibian declines: judging stability, persistence, and susceptibility of populations to local and global extinctions. *Conservation Biology*, 8, 60–71.

Blueweiss, L., Fox, H., Kudzma, V., Nakashima, D., Peters, R. & Sams, S. (1978) Relationships between body size and some life history parameters. *Oecologia*, 37, 257–272.

Bobbink, R., Boxman, D., Fremstad, E., Heil, G., Houdijk, A. & Roelofs, J. (1992) Critical loads for nitrogen eutrophication of terrestrial and wetland ecosystems based upon changes in vegetation and fauna. In: *Critical Loads for Nitrogen* (P. Grennfelt & E. Thornelof, eds), pp. 111–160. Nordic Council of Ministers, Copenhagen.

Boden, T.A., Kanciruk, P. & Fartell, M.P, (1990) *Trends '90. A Compendium of Data on Global Change*. Carbon Dioxide Analysis Center, Oak Ridge National Laboratory, Oak Ridge, TN.

Boersma, P.D., Kareiva, P., Pagan, W.F., Clark, J.A. & Hoekstra, J.M. (2001) How good are endangered

species recovery plans? *BioScience*, 51, 643–650.
Boivin, G., Fauvergue, X. & Wajnberg, E. (2004) Optimal patch residence time in egg parasitoids: innate versus learned estimate of patch quality. *Oecologia*, 138, 640–647.
Bojorquez-Tapia, L.A., Brower, L.P., Castilleja, G. *et al.* (2003) Mapping expert knowledge: redesigning the monarch butterfly biosphere reserve. *Conservation Biology*, 17, 367–379.
Bolker, B.M., Pacala, S.W. & Neuhauser, C. (2003) Spatial dynamics in model plant communities: what do we really know. *American Naturalist*, 162, 135–148.
Bonnet, X., Lourdais, O., Shine, R. & Naulleau, G. (2002) Reproduction in a typical capital breeder: costs, currencies and complications in the aspic viper. *Ecology*, 83, 2124–2135.
Bonsall, M.B. & Hassell, M.P. (1997) Apparent competition structures ecological assemblages. *Nature*, 388, 371–372.
Bonsall, M.B., French, D.R. & Hassell, M.P. (2002) Metapopulation structure affects persistence of predator-prey interactions. *Journal of Animal Ecology*, 71, 1075–1084.
Booth, B.D. & Swanton, C.J. (2002) Assembly theory applied to weed communities. *Weed Science*, 50, 2–13.
Booth, D.J. & Brosnan, D.M. (1995) The role of recruitment dynamics in rocky shore and coral reef fish commmities. *Advances in Ecological Research*, 26, 309–385.
Booth, D.T., Clayton, D.H. & Block, B.A. (1993) Experimental demonsration of the energetic cost of parasitism in free-ranging hosts. *Proceedings of the Royal Society of London, Series B*, 253, 125–129.
Boots, M. & Begon, M. (1993) Trade-offs with resistance to a granulosis virus in the Indian meal moth, examined by a laboratory evolution experiment. *Functional Ecology*, 7, 528–534.
Bormann, B.T. & Gordon, J.C. (1984) Stand density effects in young red alder plantations: productivity, photosynthate partitioning and nitrogen fixation. *Ecology*, 65, 394–402.
Bossenbroek, J.M., Kraft, C.E. & Nekola, J.C. (2001) Prediction of long-distance dispersal using gravity models: zebra mussel invasion in inland lakes. *Ecological Applications*, 11, 1778–1788.
Boyce, M.S. (1984) Restitution of *r*-and *K*-selection as a model of density-dependent natural selection. *Annual Review of Ecology and Systematics*, 15, 427–447.
Boyd, P.W. (2002) The role of iron in the biogeochemistry of the Southern Ocean and equatorial Pacific: a comparison of *in situ* iron enrichments. *Deep-Sea Research II*, 49, 1803–1821.
Bradshaw, A.D. (1987) The reclamation of derelict land and the ecology of ecosystems. In: *Restoration Ecology* (W.R. Jordan III, M.E. Gilpin & J.D. Aber, eds), pp. 53–74. Cambridge University Press, Cambridge, UK.
Bradshaw, A.D. (2002) Introduction-an ecological perspective. In: *The Restoration and Management of Derelict Land: modern approaches* (M.H. Wong & A.D. Bradshaw, eds), pp. 1–6. World Scientific Publishing, Singapore.
Branch, G.M. (1975) Intraspecific competition in *Patella cochlear Born. Journal of Animal Ecology*, 44, 263–281.
Brewer, M.J. & Elliott, N.C. (2004) Biological control of cereal aphids in North America and mediating effects of host plant and habitat manipulations. *Annual Review of Entomology*, 49, 219–242.
Breznak, J.A. (1975) Symbiotic relationships between termites and their intestinal biota. In: *Symbiosis* (D.H. Jennings & D.L. Lee, eds), pp. 559–580. Symposium 29, Society for Experimental Biology, Cambridge University Press, Cambridge, UK.
Briand, F. (1983) Environmental control of food web structure. *Ecology*, 64, 253–263.
Briand, F. & Cohen, J.E. (1987) Environmental correlates of food chain length. *Science*, 238, 956–960.
Brittain, J.E. & Eikeland, T.I. (1988) Invertebrate drift-a review. *Hydrobiologia*, 166, 77–93.
Brokaw, N. & Busing, R.T. (2000) Niche versus chance and tree diversity in forest gaps. *Trends in Ecology and Evolution*, 15, 183–188.
Bronstein, J.L. (1988) Mutualism, antagonism and the fig-pollinator interaction. *Ecology*, 69, 1298–1302.
Brook, B.W., O'Grady, J.J., Chapman, A.P., Burgman, M.A., Akcakaya, H.R. & Frankham, R. (2000) Predictive accuracy of population viability analysis in conservation biology. *Nature*, 404, 385–387.
Brookes, M. (1998) The species enigma. *New Scientist*, June 13, 1998.
Brooks, R.R. (ed.) (1998) *Plants that Hyperaccumulate Heavy Metals*. CAB International, Wallingford, UK.
Brower, J.E., Zar, J.H. & van Ender, C.N. (1998) *Field*

and Laboratory Methods for General Ecology, 4th edn. McGraw-Hill, Boston.
Brower, L.P. & Corvinó, J.M. (1967) Plant poisons in a terrestrial food chain. *Proceedings of the National Academy of Science of the USA*, 57, 893–898.
Brown, B.E. (1997) Coral bleaching: causes and consequences. *Coral Reefs*, 16, S129–S138.
Brown, E., Dunne, R.P., Goodson, M.S. & Douglas, A.E. (2000) Bleaching patterns in reef corals. *Nature*, 404, 142–143.
Brown, H.T. & Escombe, F. (1990) Static diffusion of gases and liquids in relation to the assimilation of carbon and translocation in plants. *Philosophical Transactions of the Royal Society of London, Series B*, 193, 223–291.
Brown, J.H. & Davidson, D.W. (1977) Competition between seedeating rodents and ants in desert ecosystems. *Science*, 196, 880–882.
Brown, J.H. & Kodric-Brown, A. (1977) Turnover rates in insular biogeography: effect of immigration and extinction. *Ecology*, 58, 445–449.
Brown, J.H. & Maurer, B.A. (1989) Macroecology: the division of food and space among species on continents. *Science*, 243, 1145–1150.
Brown, J.S., Kotler, B.P., Smith, R.J. & Wirtz, W.O. III (1988) The effects of owl predation on the foraging behaviour of heteromyid rodents. *Oecologia*, 76, 408–415.
Brown, K.M. (1982) Resource overlap and competition in pond snails: an experimental analysis. *Ecology*, 63, 412–422.
Brown, V.K. & Southwood, T.R.E. (1983) Trophic diversity, niche breadth, and generation times of exopterygote insects in a secondary succession. *Oecologia*, 56, 220–225.
Browne, R.A. (1981) Lakes as islands: biogeographic distribution, turnover rates, and species composition in the lakes of central New York. *Journal of Biogeography*, 8, 75–83.
Brunet, A.K. & Medellín, R.A. (2001) The species-area relationship in bat assemblages of tropical caves. *Journal of Mammalogy*, 82, 1114–1122.
Brylinski, M. & Mann, K.H. (1973) An analysis of factors governing productivity in lakes and reservoirs. *Limnology and Oceanography*, 18, 1–14.
Bshary, R. (2003) The cleaner wrasse, *Labroides dimidiatus*, is a key organism for reef fish diversity at Ras Mohammed National Park, Egypt. *Journal of Animal Ecology*, 72, 169–176.

Bubier, J.L. & Moore, T.R. (1994) An ecological perspective on methane emissions from northern wetlands. *Trends in Ecology and Evolution*, 9, 460–464.
Buchanan, G.A., Crowley, R.H., Street, J.E. & McGuire, J.A. (1980) Competition of sicklepod (Cassia obtusifolia) and redroot pigweed (*Amaranthus retroflexus*) with cotton (*Gossypium hirsutum*). *Weed Science*, 28, 258–262.
Buckling, A. & Rainey, P.B. (2002) Antagonistic coevolution between a bacterium and a bacteriophage. *Proceedings of the Royal Society of London, Series B*, 269, 931–936.
Buesseler, K.O. (1998) The decoupling of production and particulate export in the surface ocean. *Global Biogeochemical Cycles*, 12, 297–310.
Bull, C.M. & Burzacott, D. (1993) The impact of tick load on the fitness of their lizard hosts. *Oecologia*, 96, 415–419.
Bullock, J.M., Franklin, J., Stevenson, M.J. et al. (2001) A plant trait analysis of responses to grazing in a long-term experiment. *Journal of Applied Ecology*, 38, 253–267.
Bullock, J.M., Mortimer, A.M. & Begon, M. (1994a) Physiological integration among tillers of Holcus lanatus: age-dependence and responses to clipping and competition. *New Phytologist*, 128, 737–747.
Bullock, J.M., Mortimer, A.M. & Begon, M. (1994b) The effect of clipping on interclonal competition in the grass *Holcus lanatus*-a response surface analysis. *Journal of Ecology*, 82, 259–270.
Bullock, J.M., Moy, I.L., Pywell, R.F., Coulson, S.J., Nolan, A.M. & Caswell, H. (2002) Plant dispersal and colonization processes at local and landscape scales. In: *Dispersal Ecology* (J.M. Bullock, R.E. Kenward & R.S. Hails, eds), pp. 279–302. Blackwell Science, Oxford.
Burdon, J.J. (1987) *Diseases and Plant Population Biology*. Cambridge University Press, Cambridge, UK.
Buscot, F., Munch, J.C., Charcosset, J.Y., Gardes, M., Nehls, U. & Hampp, R. (2000) Recent advances in exploring physiology and biodiversity of ectomycorrhizas highlight the functioning of these symbioses in ecosystems. *FEMS Microbiology Reviews*, 24, 601–614.
Busing, R.T. & Brokaw, N. (2002) Tree species diversity in temperate and tropical forest gaps: the role of lottery recruitment. *Folia Geobotanica*, 37, 33–43.

Buss, L.W. (1979) Byrozoan overgrowth interactions- the interdependence of competition for food and space. *Nature*, 281, 475–477.

Cadenasso, M.L., Pickett, S.T.A. & Morin, P.J. (2002) Experimental test of the role of mammalian herbivores on old field succession: community structure and seedling survival. *Journal of the Torrey Botanical Society*, 129, 228–237.

Cain, M.L., Pacala, S.W., Silander, J.A. & Fortin, M.J. (1995) Neighbourhood models of clonal growth in the white clover *Trifolium repens*. *American Naturalist*, 145, 888–917.

Caldwell, M.M. & Richards, J.H. (1986) Competing root systems: morphology and models of absorption. In: *On the Economy of Plant Form and Function* (T.J. Givnish, ed.), pp. 251–273. Cambridge University Press, Cambridge, UK.

Callaghan, T.V. (1976) Strategies of growth and population dynamics of plants: 3. Growth and population dynamics of *Carex bigelowii* in an alpine environment. *Oikos*, 27, 402–413.

Callaway, R.M., Kikvidze, Z. & Kikodze, D. (2000) Facilitation by unpalatable weeds may conserve plant diversity in overgrazed meadows in the Caucasus mountains. *Oikos*, 89, 275–282.

Cammell, M.E., Tatchell, G.M. & Woiwod, I.P. (1989) Spatial pattern of abundance of the black bean aphid, *Aphis fabae*, in Britain. *Journal of Applied Ecology*, 26, 463–472.

Campbell, J., Antoine, D., Armstrong, R. et al. (2002) Comparison of algorithms for estimating ocean primary productivity from surface chlorophyll, temperature, and irradiance. *Global Biogeochemical Cycles*, 16, 91–96.

Caraco, N.F. (1993) Disturbance of the phosphorus cycle: a case of indirect effects of human activity. *Trends in Ecology and Evolution*, 8, 51–54.

Caraco, T. & Kelly, C.K. (1991) On the adaptive value of physiological integration of clonal plants. *Ecology*, 72, 81–93.

Cardillo, M. & Bromham, L. (2001) Body size and risk of extinction in Australian mammals. *Conservation Biology*, 15, 1435–1440.

Carignan, R., Planas, D. & Vis, C. (2000) Planktonic production and respiration in oligotrophic Shield lakes. *Limnology and Oceanography*, 45, 189–199.

Carne, P.B. (1969) On the population dynamics of the eucalyptdefoliating chrysomelid *Paropsis atomaria* OI. *Australian Journal of Zoology*, 14, 647–672.

Carpenter, S.R., Ludwig, D. & Brock, W.A. (1999) Management of eutrophication for lakes subject to potentially irreversible change. *Ecological Applications*, 9, 751–771.

Carr, M.H., Neigel, J.E., Estes, J.A., Andelman, S., Warner, R.R. & Largier, J.L. (2003) Comparing marine and terrestrial ecosystems: implications for the design of coastal marine reserves. *Ecological Applications*, 13 (Suppl.), S90–S107.

Carson, H.L. & Kaneshiro, K.Y. (1976) *Drosophila* of Hawaii: systematics and ecological genetics. *Annual Review of Ecology and Systematics*, 7, 311–345.

Carson, W.P. & Root, R.B (1999) Top-down effects of insect herbivores during early succession: influence on biomass and plant dominance. *Oecologia*, 121, 260–272.

Cary, J.R. & Keith, L.B. (1979) Reproductive change in the 10-year cycle of snowshoe hares. *Canadian Journal of Zoology*, 57, 375–390.

Caswell, H. (2001) *Matrix Population Models*, 2nd edn. Sinauer, Sunderland, MA.

Caughley, G. (1994) Directions in conservation biology. *Journal of Animal Ecology*, 63, 215–244.

Cebrian, J. (1999) Patterns in the fate of production in plant communities. *American Naturalist*, 154, 449–468.

Charlesworth, D. & Charlesworth, B. (1987) Inbreeding depression and its evolutionary consequences. *Annual Review of Ecology and Systematics*, 18, 237–268.

Charnov, E.L. (1976a) Optimal foraging: attack strategy of a mantid. *American Naturalist*, 110, 141–151.

Charnov, E.L. (1976b) Optimal foraging: the marginal value theorem. *Theoretical Population Biology*, 9, 129–136.

Charnov, E.L. & Krebs, J.R. (1974) On clutch size and fitness. *Ibis*, 116, 217–219.

Chase, J.M. (2000) Are there real differences among aquatic and terrestrial food webs? *Trends in Ecology and Evolution*, 15, 408–412.

Chase, J.M. (2003) Experimental evidence for alternative stable equilibria in a benthic pond food web. *Ecology Letters*, 6, 733–741.

Cherrett, J.M., Powell, R.J. & Stradling, D.J. (1989) The mutualism between leaf-cutting ants and their fungus. In: *Insect/Fungus Interactions* (N. Wilding, N.M. Collins, P.M. Hammond & J.F. Webber, eds), pp. 93–120. Royal Entomological Society

Symposium No. 14. Academic Press, London.

Chesson, P. & Murdoch, W.W. (1986) Aggregation of risk: relationships among host-parasitoid models. *American Naturalist*, 127, 696–715.

Childs, D.Z., Rees, M., Rose, K.E., Grubb, P.J. & Elner, S.P. (2003) Evolution of complex flowering strategies: an age-and size-structured integral projection model. *Proceedings of the Royal Society of London, Series B*, 270, 1829–1838.

Choquenot, D. (1998) Testing the relative influence of intrinsic and extrinsic variation in food availability on feral pig populations in Australia's rangelands. *Journal of Animal Ecology*, 67, 887–907.

Choudhary, M., Strassman, J.E., Queller, D.C., Turilazzi, S. & Cervo, R. (1994) Social parasites in polistine wasps are monophyletic: implications for sympatric speciation. *Proceedings of the Royal Society of London, Series B*, 257, 31–35.

Christian, J.J. (1980) Endocrine factors in population regulation. In: *Biosocial Mechanisms of Population Regulation* (M.N. Cohen, R.S. Malpass & H.G. Klein, eds), pp. 55–115. Yale University Press, New Haven, CT.

Clapham, W.B. (1973) *Natural Ecosystems*. Collier-Macmillan, New York.

Clark, C.W. (1981) Bioeconomics. In: *Theoretical Ecology: principles and applications*, 2nd edn. (R.M. May, ed.), pp. 387–418. Blackwell Scientific Publications, Oxford.

Clark, C.W. & Mangel, M. (2000) *Dynamic State Variable Models in Ecology*. Oxford University Press, New York.

Clark, D.A. & Clark, D.B. (1984) Spacing dynamics of a tropical rain forest tree: evaluation of the Janzen-Connell model. *American Naturalist*, 124, 769–788.

Clark, J.A. & Harvey, E. (2002) Assessing multi-species recovery plans under the endangered species act. *Ecological Applications*, 12, 655–662.

Clark, L.R. (1962) The general biology of *Cardiaspina albitextura* (Psyllidae) and its abundance in relation to weather and parasitism. *Australian Journal of Zoology*, 10, 537–586.

Clark, L.R. (1964) The population dynamics of *Cardiaspina albitextura* (Psyllidae). *Australian Journal of Zoology*, 12, 362–380.

Clarke, A. (2004) Is there a universal temperature dependence of metabolism? *Functional Ecology*, 18, 252–256.

Clarke, A. & Crame, J.A, (2003) The importance of historical processes in global patterns of diversity. In: *Macroecology: concepts and consequences* (T.M. Blackburn & K.J. Gaston, eds), pp. 130–151. Blackwell Publishing, Oxford.

Clarke, B.C. & Partridge, L. (eds) (1988) Frequency dependent selection. *Philosophical Transactions of the Royal Society of London, Series B*, 319, 457–645.

Clay, K. (1990) Fungal endophytes of grasses. *Annual Review of Ecology and Systematics*, 21, 275–297.

Clearwater, J.R. (2001) Tackling tussock moths: strategies, timelines and outcomes of two programs for eradicating tussock moths from Auckland suburbs. In: *Eradication of Island Invasives: practical actions and results achieved* (M. Clout & D. Veitch, eds). Conference of the Invasive Species Specialist Group of the World Conservation Union (IUCN) Species Survival Commission. UICN, Auckland, New Zealand.

Clements, F.E. (1916) *Plant Succession: analysis of the development of vegetation*. Carnegie Institute of Washington Publication No. 242. Washington, DC.

Clinchy, M., Haydon, D.T. & Smith, A.T. (2002) Pattern does not equal process: what does patch occupancy really tell us about metapopulation dynamics? *American Naturalist*, 159, 351–362.

Clobert, J., Wolff, J.O., Nichols, J.D., Danchin, E. & Dhondt, A.A. (2001) Introduction. In: *Dispersal* (J. Clobert, E. Danchin, A.A. Dhondt & J.D. Nichols, eds), pp. xvii–xxi. Oxford University Press, Oxford.

Clutton-Brock, T.H. & Harvey, P.H. (1979) Comparison and adaptation. *Proceedings of the Royal Society of London, Series B*, 205, 547–565.

Clutton-Brock, T.H., Major, M., Albon, S.D. & Guinness, F.E. (1987) Early development and population dynamics in red deer. I. Density-dependent effects on juvenile survival. *Journal of Animal Ecology*, 56, 53–67.

Clutton-Brock, T.H., Major, M. & Guinness, F.E. (1985) Population regulation in male and female red deer. *Journal of Animal Ecology*, 54, 831–836.

Coale, K.H., Johnson, K.S., Fitzwater, S.E. et al. (1996) A massive phytoplankton bloom induced by an ecosystem-scale iron fertilization experiment in the Equatorial Pacific Ocean. *Nature*, 383, 495–501.

Cockell, C.S. & Lee, P. (2002) The biology of impact craters-a review. *Biological Reviews*, 77, 279–310.

Cody, M.L. (1975) Towards a theory of continental species diversities. In: *Ecology and Evolution of Communities* (M.L. Cody & J.M. Diamond, eds),

pp. 214-257. Belknap, Cambridge, MA.
Cohen, J.E., Jonsson, T. & Carpenter, S.R. (2003) Ecological community description using food web, species abundance, and body-size. *Proceedings of the National Academy of Science of the USA*, 100, 1781-1786.
Cole, J.J., Findlay, S. & Pace, M.L. (1988) Bacterial production in fresh and salt water ecosystems: a cross-system overview. *Marine Ecology Progress Series*, 4, 1-10.
Collado-Vides, L. (2001) Clonal architecture in marine macroalgae: ecological and evolutionary perspectives. *Evolutionary Ecology*, 15, 531-545.
Collins, M.D., Ward, S.A. & Dixon, A.F.G. (1981) Handling time and the functional response of *Aphelinus thomsoni*, a predator and parasite of the aphid, *Drepanosiphum platanoidis*. *Journal of Animal Ecology*, 50, 479-487.
Colwell, R.K & Hurtt, G.C. (1994) Non-biological gradients in species richness and a spurious Rapoport effect. *American Naturalist*, 144, 570-595.
Comins, H.N., Hassell, M.P. & May, R.M. (1992) The spatial dynamics of host-parasitoid systems. *Journal of Animal Ecology*, 61, 735-748.
Compton, S.G. (2001) sailing with the wind: dispersal by small flying insects. In: *Dispersal Ecology* (J.M. Bullock, R.E. Kenward & R.S. Hails, eds), pp. 113-133. Blackwell Science, Oxford.
Connell, J.H. (1961) The influence of interspecific competition and other factors on the distribution of the barnacle *Chthamalus stellatus*. *Ecology*, 42, 710-723.
Connell, J.H. (1970) A predator-prey system in the marine intertidal region. I. *Balanus glandula* and several predatory species of *Thais*. *Ecological Monographs*, 40, 49-78.
Connell, J.H. (1971) On the role of natural enemies in preventing competitive exclusion in some marine animals and in rain forest trees. In: *Dynamics of Populations* (P.J. den Boer & G.R. Gradwell, eds), pp. 298-310. Proceedings of the Advanced Study Institute in Dynamics of Numbers in Populations, Oosterbeck. Centre for Agricultural Publishing and Documentation, Wageningen.
Connell, JH. (1975) Some mechanisms producing structure in natural communities: a model and evidence from field experiments. In: *Ecology and Evolution of Communities* (M.L. Cody & J.M. Diamond, eds), pp. 460-490. Belknap, Cambridge, MA.
Connell, J.H. (1978) Diversity in tropical rainforests and coral reefs. *Science*, 199, 1302-1310.
Connell, J.H. (1979) Tropical rain forests and coral reefs as open nonequilibrium systems. In: *Population Dynamics* (R.M. Anderson, B.D. Tuner & L.R. Taylor, eds), pp. 141-163. Blackwell Scientific Publications, Oxford.
Connell, J.H. (1980) Diversity and the coevolution of competitors, or the ghost of competition past, *Oikos*, 35, 131-138.
Connell, J.H. (1983) On the prevalence and relative importance of interspecific competition: evidence from field experiments. *American Naturalist*, 122, 661-696.
Connell, J.H. (1990) Apparent versus 'real' competition in plants. In: *Perspectives on Plant Competition* (J.B. Grace & D. Tilman, eds), pp. 9-26. Academic Press, New York.
Connor, E.F. (1986) The role of Pleistocene forest refugia in the evolution and biogeography of tropical biotas. *Trends in Ecology and Evolution*, 1, 165-169.
Cook, L.M., Dennis, R.L.H. & Mani, G.S. (1999) Melanic morph frequency in the peppered moth in the Manchester area. *Proceedings of the Royal Society of London, Series B*, 266, 293-297.
Cook, R.M., Sinclair, A. & Stefansson, G. (1997) Potential collapse of North Sea cod stocks. *Nature*, 385, 521-522.
Coomes, D.A., Rees, M., Turnbull, L. & Ratcliffe, S. (2002) On the mechanisms of coexistence among annual-plant species, using neighbourhood techniques and simulation models. *Plant Ecology*, 163, 23-38.
Corn, P.S. (2003) Amphibian breeding and climate change: importance of snow in the mountains. *Conservation Biology*, 17, 622-625.
Cornell, H.V. & Hawkins, B.A. (2003) Herbivore responses to plant secondary compounds: a test of phytochemical coevolution theory. *American Naturalist*, 161, 507-522.
Cornwell, W.K. & Grubb, P.J, (2003) Regional and local patterns in plant species richness with respect to resource availability. *Oikos*, 100, 417-428.
Cortes, E. (2002) Incorporating uncertainty into demographic modeling: application to shark populations and their conservation. *Conservation*

Biology, 16, 1048–1062.

Cory, J.S. & Myers, J.H. (2000) Direct and indirect ecological effects of biological control. *Trends in Ecology and Evolution*, 15, 137–139.

Costantino, R.F., Desharnais, R.A., Cushing, J.M. & Dennis, B. (1997) Chaotic dynamics in an insect population. *Science*, 275, 389–391.

Costanza, R., D'Arge, R., de Groot, R. *et al.* (1997) The value of the world's ecosystem services and natural capital. *Nature* 387, 253–260.

Cotrufo, M.F. Ineson, P., Scott, A. *et al.* (1998) Elevated CO_2 reduces the nitrogen concentration of plant tissues. *Global Change Biology*, 4, 43–54.

Cottingham, K.L., Brown, B.L. & Lennon, J.T. (2001) Biodiversity may regulate the temporal variability of ecological systems. *Ecology Letters*, 4, 72–85.

Courchamp, F., Clutton-Brock, T. & Grenfell, B. (1999) Inverse density dependence and the Allee effect. *Trends in Ecology and Evolution*, 14, 405–410.

Courchamp, F., Langlais, M. & Sugihara, G. (1999) Cats protecting birds: modeling the mesopredator release effect. *Journal of Animal Ecology*, 68, 282–292.

Cowie, R.J. (1977) Optimal foraging in great tits *Parus major*. *Nature*, 268, 137–139.

Cox, C.B., Healey, I.N. & Moore, P.D. (1976) *Biogeography*, 2nd edn. Blackwell Scientific Publications, Oxford.

Crawford, D.W., Purdie, D.A., Lockwood, A.P.M. & Weissman, P. (1997) Recurrent red-tides in the Southampton Water estuary caused by the phototrophic ciliate *Mesodinium rubrum*. *Estuarine, Coastal and Shelf Science*, 45, 799–812.

Crawley, M.J. (1983) *Herbivory: the dynamics of animal-plant interactions*. Blackwell Scientific Publications, Oxford.

Crawley, M.J. (1986) The structure of plant communities. In: *Plant Ecology* (M.J. Crawley, ed.), pp. 1–50. Blackwell Scientific Publications, Oxford.

Crawley, M.J. (1989) Insect herbivores and plant population dynamics. *Annual Review of Entomology*, 34, 531–564.

Crawley, M.J. & May, R.M. (1987) Population dynamics and plant community structure: competition between annuals and perennials. *Journal of Theoretical Biology*, 125, 475–489.

Crocker, R.L. & Major, J. (1955) Soil development in relation to vegetation and surface age at Glacier Bay, Alaska. *Journal of Ecology*, 43, 427–448.

Cronk, Q.C.B. & Fuller, J.L. (1995) *Plant Invaders*. Chapman & Hall, London.

Culver, C.S. & Kuris, A.M. (2000) The apparent eradication of a locally established introduced marine pest. *Biological Invasions*, 2, 245–253.

Cummins, K.W. (1974) Structure and function of stream ecosystems. *Bioscience*, 24, 631–641.

Currie, C.R. (2001) A community of ants, fungi, and bacteria: a multilateral approach to studying symbiosis. *Annual Review of Microbiology*, 55, 357–380.

Currie, D.J. (1991) Energy and large-scale patterns of animal and plant species richness. *American Naturalist*, 137, 27–49.

Currie, D.J. & Paquin, V. (1987) Large-scale biogeographical patterns of species richness in trees. *Nature*, 39, 326–327.

Daan, S., Dijkstra, C. & Tinbergen, J.M. (1990) Family planning in the kestrel (*Falco tinnunculus*): the ultimate control of covariation of laying date and clutch size, *Behavior*, 114, 83–116.

Dahl, E. (1979) Deep-sea carrion feeding amphipods: evolutionary patterns in niche adaptation. *Oikos*, 33, 167–175.

Daily, G.C., Soderqvist, T., Aniyar, S. *et al.* (2000) The value of nature and the nature of value. *Science*, 289, 395–396.

Darwin, C. (1859) *The Origin of Species by Means of Natural Selection*, 1st edn. John Murray, London.

Darwin, C. (1888) *The Formnation of Vegetable Mould Through the Action of Worms*. John Murray, London.

Daufresne, T. & Loreau, M. (2001) Ecological stoichiometry, primary producer-decomposer interactions, and ecosystem persistence. *Ecology*, 82, 3069–3082.

Davidson, D.W. (1977) Species diversity and community organization in desert seed-eating ants. *Ecology*, 58, 711–724.

Davidson, D.W., Samson, D.A. & Inouye, R.S. (1985) Granivory in the Chihuahuan Desert: interactions within and between trophic levels. *Ecology*, 66, 486–502.

Davidson, J. & Andrewartha, H.G. (1948) The influence of rainfall, evaporation and atmospheric temperature on fluctuations in the size of a natural population of *Thrips imaginis* (Thysanoptera). *Journal of Animal Ecology*, 17, 200–222.

Davies, J.B. (1994) Sixty years of onchocerciasis vector

control-a chronological summary with comments on eradication, reinvasion, and insecticide resistance. *Annual Review of Entomology*, 39, 23–45.

Davies, K.F., Margules, C.R. & Lawrence, J.F. (2000) Which traits of species predict population declines in experimental forest fragments. *Ecology*, 81, 1450–1461.

Davies, N.B. (1977) Prey selection and social behaviour in wagtails (Aves: Motacillidae). *Journal of Animal Ecology*, 46, 37–57.

Davies, N.B. & Houston, A.I. (1984) Territory economics. In: *Behavioural Ecology: an evolutionary approach, 2nd edn* (J.R. Krebs & N.B. Davies, eds), pp. 148–169. Blackwell Scientific Publications, Oxford.

Davies, S.J., Palmiotto, P.A., Ashton, P.S., Lee, H.S. & Lafrankie, J.V. (1998) Comparative ecology of 11 sympatric species of *Macaranga* in Borneo: tree distribution in relation to horizontal and vertical resource heterogeneity. *Journal of Ecology*, 86, 662–673.

Davis, A.L.V. (1996) Seasonal dung beetle activity and dung dispersal in selected South African habitats: implications for pasture improvement in Australia. *Agriculture, Ecosystems and Environment*, 58, 157–169.

Davis, M.B. (1976) Pleistocene biogeography of temperate deciduous forests. *Geoscience and Man*, 13, 13–26.

Davis, M.B. & Shaw, R.G. (2001) Range shifts and adaptive responses to quarternary climate change. *Science*, 292, 673–679.

Davis, M.B., Brubaker, L.B. & Webb, T. III (1973) Calibration of absolute pollen inflex. In: *Ouaternary Plant Ecology* (H.J.B. Birks & R.G. West, eds), pp. 9–25. Blackwell Scientific Publications, Oxford.

Dayan, T., Simberloff, E., Tchernov, E. & Yom-Tov, Y. (1989) Inter-and intraspecific character displacement in mustelids. *Ecology*, 70, 1526–1539.

De Groot, K.L. & Smith, J.N.M. (2001) Community-wide impacts of a generalist brood parasite, the brown-headed cowbird (*Molothrus ater*). *Ecology*, 82, 868–881.

de Jong, G. (1994) The fitness of fitness concepts and the description of natural selection. *Quarterly Review of Biology*, 69, 3–29.

De Kroon, H., Plaisier, A., Van Groenendael, J. & Caswell, H. (1986) Elasticity: the relative contribution of demographic parameters to population growth rate. *Ecology*, 67, 1427–1431.

de Wet, N., Ye, W., Hales, S., Warrick, R., Woodward, A. & Weinstein, P. (2001) Use of a computer model to identify potential hotspots for dengue fever in New Zealand. *New Zealand Medical Journal*, 114, 420–422.

de Wit, C.T. (1960) On competition. *Verslagen van landbouwkundige Onderzoekingen*, 660, 1–82.

de Wit, C.T. (1965) Photosynthesis of leaf canopies. *Verslagen van Landbouwkundige Onderzoekingen*, 663, 1–57.

de Wit, C.T., Tow, P.G. & Ennik, G.C. (1966) Competition between legumes and grasses. *Verslagen van landbouwkundige Onderzoekingen*, 112, 1017–1045.

Dean, A.M. (1983) A simple model of mutualism. *American Naturalist*, 121, 409–417.

DeAngelis, D.L. (1975) Stability and connectance in food web models. *Ecology*, 56, 238–243.

DeAngelis, D.L. (1980) Energy flow, nutrient cycling and ecosystem resilience. *Ecology*, 61, 764–771.

DeAngelis, D.L & Waterhouse, J.C. (1987) Equilibrium and nonequilibrium concepts in ecological models. *Ecological Monographs*, 57, 1–21.

Deevey, E.S. (1947) Life tables for natural populations of animals. *Quarterly Review of Biology*, 22, 283–314.

DeLucia, E.H., Hamilton, J.G., Naidu, S.L. *et al.* (1999) Net primary production of a forest ecosystem under experimental CO2 enrichment. *Science*, 284, 1177–1179.

Delworth, T.L. Stouffer, R.J., Dixon, K.W. *et al.* (2002) Review of simulations of climate variability and change with the GFDL R30 coupled climate model. *Climate Dynamics*, 19, 555–574.

Denno, R.F., McClure, M.S. & Ott, J.R. (1995) Interspecific interactions in phytophagous insects: competition reexamined and resurrected. *Annual Review of Entomology*, 40, 297–331.

des Clers, S. (1998) Sustainability of the Falkland Islands Loligo squid fishery. In: *Conservation of Biological Resources* (E.J. Milner-Gulland & R. Mace, eds), pp. 225–241. Blackwell Science, Oxford.

Deshmukh, I. (1986) *Ecology and Tropical Biology*. Blackwell Scientific Publications, Oxford.

DeVault, T.L. & Rhodes, O.E. (2002) Identification of vertebrate scavengers of small mammal carcasses

in a forested landscape. *Acta Theriologica*, 47, 185–192.
Dezfuli, B.S., Volponi, S., Beltrami, I. & Poulin, R. (2002) Intra-and interspecific density-dependent effects on growth in helminth parasites of the cormorant *Phalacrocorax carbo sinensis*. *Parasitology*, 124, 537–544.
Diamond, J.M. (1972) Biogeographic kinetics: estimation of relaxation times for avifaunas of South-West Pacific islands. *Proceedings of the National Academy of Science of the USA*, 69, 3199–3203.
Diamond, J.M. (1975) Assembly of species communities. In: *Ecology and Evolution of Communities* (M.L. Cody & J.M. Diamond, eds), pp. 342–444. Belknap, Cambridge, MA.
Diamond, J.M. (1983) Taxonomy by nucleotides. *Nature*, 305, 17–18.
Diamond, J.M. (1984) 'Normal' extinctions of isolated populations. In: *Extinctions* (M.H. Nitecki, ed.), pp. 191–245. University of Chicago Press, Chicago.
Diamond, J. & Case, T.J. (eds) (1986) *Community Ecology*. Harper & Row, New York.
Dickie, I.A., Xu, B. & Koide, R.T. (2002) Vertical niche differentiation of ectomycorrhizal hyphae in soil as shown by T-RFLP analysis. *New Phytologist*, 156, 527–535.
Dieckmann, U., Law, R. & Metz, J.A.J. (2000) *The Geometry of Ecological Interactions: simplifying spatial complexity*. Cambridge University Press, Cambridge, UK.
Dixon, A.F.G. (1998) *Aphid Ecology*. Chapman & Hall, London.
Dobson, A.P. & Hudson, P.J. (1992) Regulation and stability of a free-living host-parasite system: *Trichostrongylus tenuis* in red grouse. II. Population models. *Journal of Animal Ecology*, 61, 487–498.
Dobson, A.P., Rodriguez, J.P. & Roberts, W.M. (2001) Synoptic tinkering: integrating strategies for large-scale conservation. *Ecological Applications*, 11, 1019–1026.
Dodson, S.I., Arnott, S.E. & Cottingham, K.L. (2000) The relationship in lake communities between primary productivity and species richness. *Ecology*, 81, 2662–2679.
Doube, B.M. (1987) Spatial and temporal organization in communities associated with dung pads and carcasses. In: *Organization of Communities: past and present* (J.H.R. Gee & P.S. Giller, eds), pp. 255–280. Blackwell Scientific Publications, Oxford.
Doube, B.M., Macqueen, A., Ridsdill-Smith, T.J. & Weir, T.A. (1991) Native and introduced dung beetles in Australia. In: *Dung Beetle Ecology* (I. Hanski & Y. Cambefort, eds), pp. 255–278. Princeton University Press, Princeton, NJ.
Douglas, A. & Smith, D.C. (1984) The green hydra symbiosis. VIII. Mechanisms in symbiont regulation. *Proceedings of the Royal Society of London, Series B*, 221, 291–319.
Douglas, A.E. (1992) Microbial brokers of insect-plant interactions. In: *Proceedings of the 8th Symposium on Insect-Plant Relationships* (S.B.J. Menken, J.H. Visser & P. Harrewijn, eds), pp. 329–336. Kluwer Academic Publishing, Dordrecht.
Douglas, E. (1998) Nutritional interactions in insect-microbial symbioses: aphids and their symbiotic bacteria *Buchnera*. *Annual Review of Entomology*, 43, 17–37.
Downing, A.L. & Leibold, M.A. (2002) Ecosystem consequences of species richness and composition in pond food webs. *Nature*, 416, 837–840.
Drès, M. & Mallet, J. (2001) Host races in plant-feeding insects and their importance in sympatric speciation. *Philosophical Transactions of the Royal Society of London, Series B*, 357, 471–492.
Duarte, C.M. (1992) Nutrient concentration of aquatic plants: patterns across species. *Limnology and Oceanography*, 37, 882–889.
Ducrey, M. & Labbé, P. (1985) Étude de la régénération naturale contrÕlée en fŏret tropicale humide de Guadeloupe. I. Revue bibliographique, milieu naturel et élaboration d'un protocole expérimental. *Annales Scientfiques Forestière*, 42, 297–322.
Ducrey, M. & Labbé, P. (1986) Étude de la régénération naturale contrŏlée en fŏret tropicale humide de Guadeloupe, II. Installation et croissance des semis après les coupes d'ensemencement. *Annales Scientfiques Forestière*, 43, 299–326.
Duggan, I.C., Green, J.D. & Shiel, R.J. (2002) Distribution of rotifer assemblages in North Island, New Zealand, lakes: relationshipsto environmental and historical factors. *Freshwater Biology*, 47, 195–206.
Dulvy, N.K. & Reynolds, J.D. (2003) Predicting extinction vulnerability in skates. *Conservation Biology*, 16, 440–450.
Dunne, J.A., Williams, R.J. & Martinez, N.J. (2002) Network structure and biodiversity loss in food

webs: robustness increases with connectance. *Ecology Letters*, 5, 558–567.

Dwyer, G., Levin, S.A. & Buttel, L. (1990) A simulation model of the population dynamics and evolution of myxomatosis. *Ecological Monographs*, 60, 423–447.

Dytham, C. (1994) Habitat destruction and competitive coexistence: a cellular model. *Journal of Animal Ecology*, 63, 490–491.

Eamus, D. (1999) Ecophysiological traits of deciduous and evergreen woody species in the seasonally dry tropics. *Trends in Ecology and Evolution*, 14, 11–16.

Ebert, D., Zschokke-Rohringer, C.D. & Carius, H.J. (2000) Dose effects and density-dependent regulation in two microparasites of *Daphnia magna*. *Oecologia*, 122, 200–209.

Edmonson, W.T. (1970) Phosphorus, nitrogen and algae in Lake Washington after diversion of sewage. *Science*, 169, 690–691.

Edmonson, W.T. (1991) *The Uses of Ecology: Lake Washington and beyond*. University of Washington Press, Seattle, WA.

Edwards, P.B. & Aschenborn, H.H. (1987) Patterns of nesting and dung burial in *Onitis* dung beetles: implications for pasture productivity and fly control. *Journal of Applied Ecology*, 24, 837–851.

Ehleringer, J.R. & Monson, R.K. (1993) Evolutionary and ecological aspects of photosynthetic pathway variation. *Annual Review of Ecobgy and Systematics*, 24, 411–439.

Ehleringer, J.R., Sage, R.F., Flanagan, L.B. & Pearcy, R.W. (1991) Climate change and the evolution of C_4 photosynthesis. *Trends in Ecology and Evolution*, 6, 95–99.

Ehrlich, P. & Raven, P.H. (1964) Butterflies and plants: a study in coevolution. *Evolution*, 18, 586–608.

Eis, S., Garman, E.H. & Ebel, L.F. (1965) Relation between cone production and diameter increment of douglas fir (Pseudotsuga menziesii (Mirb). Franco), grand fir (Abies grandis Dougl.) and western white pine (Pinus monticola Dougl.). *Canadian Journal of Botany*, 43, 1553–1559.

Elliott, J.K. & Mariscal, R.N. (2001) Coexistence of nine anenomefish species: differential host and habitat utilization, size and recruitment. *Marine Biology*, 138, 23–36.

Elliott, J.M. (1984) Numerical changes and population regulation in young migratory trout Salmo trutta in a Lake District stream 1966-83. *Journal of Animal Ecology*, 53, 327–350.

Elliott, J.M. (1993) The self-thinning rule applied to juvenile sea-trout, *Salmo trutta*. *Journal of Animal Ecology*, 62, 371–379.

Elliott, J.M. (1994) *Quantitative Ecology and the Brown Trout*. Oxford University Press, Oxford.

Ellison, A.M. & Gotelli, N.J. (2002) Nitrogen availability alters the expression of carnivory in the northern pitcher plant, Sarracenia purpurea. *Proceedings of the National Academy of Sciences of the USA*, 99, 4409–4412.

Ellner, S.P., McCauley, E., Kendall, B.E. et al. (2001) Habitat structure and population persistence in an experimental community. *Nature*, 412, 538–543.

Elmes, G.W., Akino, T., Thomas, J.A., Clarke, R.T. & Knapp, J.J. (2002) Interspecific differences in cuticular hydrocarbon profiles of *Myrmica* ants are sufficiently consistent to explain host specificity by *Maculinea* (large blue) butterflies. *Oecologia*, 130, 525–535.

Elmhagen, B., Tannerfeldt, M., Verucci, P. & Angerbjorn, A. (2000) The arctic fox (*Alopex lagopu*s): an opportunistic specialist. *Journal of Zoology*, 251, 139–149.

Elner, R.W. & Hughes, R.N. (1978) Energy maximisation in the diet of the shore crab *Carcinus maenas* (L.). *Journal of Animal Ecology*, 47, 103–116.

Elser, J.J. & Urabe, J. (1999) The stoichiometry of consumer-driven nutrient recycling: theory, observations, and consequences. *Ecology*, 80, 735–751.

Elton, C.S. (1924) Periodic fluctuations in the number of animals: their causes and effects. *British Journal of Experimental Biology*, 2, 119–163.

Elton, C. (1927) *Animal Ecology*. Sidgwick & Jackson, London.

Elton, C. (1933) *The Ecology of Animals*. Methuen, London.

Elton, C.S. (1958) *The Ecology of Invasions by Animals and Plants*. Methuen, London.

Elwood, J.W., Newbold, J.D., O'Neill, R.V. & van Winkle, W. (1983) Resource spiralling: an operational paradigm for analyzing lotic ecosystems. In: *Dynamics of Lotic Ecosystems* (T.D. Fontaine & S.M. Bartell, eds), pp. 3–28. Ann Arbor Science Publishers, Ann Arbor, MI.

Emiliani, C. (1966) Isotopic palaeotemperatures. *Science*, 154, 851–857.

Engelhardt, K.A.M. & Ritchie, M.E. (2002) The effect

of aquatic plant species richness on wetland ecosystem processes. *Ecology*, 83, 2911–2924.

Engen, S., Lande, R. & Saether, B.E. (1997) Harvesting strategies for fluctuating populations based on uncertain population estimates, *Journal of Theoretical Ecology*, 186, 201–212.

Enquist, B.J., Brown, J.H. & West, G.B. (1998) Allometric scaling of plant energetics and population density. *Nature*, 395, 163–165.

Enriquez, S., Duarte, C.M. & Sand-Jensen, K. (1993) Patterns in decomposition rates among photosynthetic organisms: the importance of detritus C: N: P content. *Oecologia*, 94, 457–471.

Ens, B.J., Kersten, M., Brenninkmeijer, A, & Hulscher, J.B. (1992) Territory quality, parental effort and reproductive success of oystercatchers (Haematopus ostralegus). *Journal of Animal Ecology*, 61, 703–715.

Epstein, H.E., Lauenroth, W.K. & Burke, I.C. (1997) Effects of temperature and soil texture on ANPP in US Great Plains. *Ecology*, 78, 2628–2631.

Ergon, T., Lambin, X. & Stenseth, N.C. (2001) Life history traits of voles in a fluctuating population respond to the immediate environment. *Nature*, 411, 1041–1043.

Ericsson, G., Wallin, K., Ball, J.P. & Broberg, M. (2001) Age-related reproductive effort and senescence in free-ranging moose, *Alces alces. Ecology*, 82, 1613–1620.

Erwin, T.L. (1982) Tropical forests: their richness in Coleoptera and other arthropod species. *Coleopterists Bulletin*, 36, 74–75.

Ettema, C.H. & Wardle, D.A. (2002) Spatial soil ecology. *Trends in Ecology and Evolution*, 17, 177–183.

Facelli, J.M. & Pickett, S.T.A. (1990) Markovian chains and the role of history in succession. *Trends in Ecology and Evolution*, 5, 27–30.

Fahrig, L. & Merriam, G. (1994) Conservation of fragmented populations. *Conservation Biology*, 8, 50–59.

Fairweather, P.G. (1999) State of environment indicators of 'river health': exploring the metaphor. *Freshwater Biology*, 41, 211–220.

Fajer, E.D. (1989) The effects of enriched CO_2 atmospheres on plant-insect-herbivore interactions: growth responses of larvae of the specialist butterfly, *Junonia coenia* (Lepidoptera: Nymphalidae). *Oecologia*, 81, 514–520.

Falge, E., Baldocchi, D., Tenhunen, J. *et al.* (2002) Seasonality of ecosystem respiration and gross primary production as derived from FLUXNET measurements. *Agricultural and Forest Meteorology*, 113, 53–74.

Fanshawe, S., Vanblaricom, G.R. & Shelly, A.A. (2003) Restored top carnivores as detriments to the performance of marine protected areas intended for fishery sustainability: a case study. *Conservation Biology*, 17, 273–283.

FAO (1995) *World Fishery Production 1950–93*. Food and Agriculture Organization, Rome.

FAO (1999) *The State of World Fisheries and Aquaculture* 1998. Food and Agriculture Organization, Rome.

Fasham, M.J.R., Balino, B.M. & Bowles, M.C. (2001) A new vision of ocean biogeochemistry after a decade of the Joint Global Ocean Flux Study (JGOFS). *Ambio Special Report*, 10, 4–31.

Feeny, P. (1976) Plant apparency and chemical defence. *Recent Advances in Phytochemistry*, 10, 1–40.

Fenchel, T. (1987a) Ecology-Potentials and Limitations. Ecology Institute, Federal Republic of Germany.

Fenchel, T. (1987b) Patterns in microbial aquatic communities. In: *Organization of Communities: Past and present* (J.H.R. Gee & P.S. Giller, eds), pp. 281–294. Blackwell Scientific Publications, Oxford.

Fenner, F. (1983) Biological control, as exemplified by smallpox eradication and myxomatosis. *Proceedings of the Royal Society of London, Series B*, 218, 259–285.

Fenner, F. & Ratcliffe, R.N. (1965) *Myxomatosis*. Cambridge University Press, London.

Fenton, A., Fairbairn, J.P., Norman, R. & Hudson, P.J. (2002) Parasite transmission: reconciling theory and reality. *Journal of Animal Ecology*, 71, 893–905.

Field, C.B., Behrerdeld, M.J., Randerson, J.T. & Falkowski, P.G. (1998) Primary production of the biosphere: integrating terrestrial and oceanic components. *Science*, 281, 237–240.

Fieldler, P.L. (1987) Life history and population dynamics of rare and common Mariposa lilies (*Calochortus* Pursh: Liliaceae). *Journal of Ecology*, 75, 977–995.

Firbank, L.G. & Watkinson, A.R. (1985) On the analysis of competition within two-species mixtures of plants. *Journal of Applied Ecology*, 22, 503–517.

Firbank, L.G. & Watkinson, A.R. (1990) On the effects of competition: from monocultures to mixtures. In: *Perspectives on Plant Competition* (J.B. Grace & D.

Tilman, eds), pp. 165–192. Academic Press, New York.

Fischer, M. & Matthies, D. (1998) Effects of population size on performance in the rare plant *Gentianella germanica*. *Journal of Ecology*, 86, 195–204.

Fisher, R.A. (1930) *The Genetical Theory of Natural Selection*. Clarendon Press, Oxford.

FitzGibbon, C.D. (1990) Anti-predator strategies of immature Thomson's gazelles: hiding and the prone response. *Animal Behaviour*, 40, 846–855.

FitzGibbon, C.D. & Fanshawe, J. (1989) The condition and age of Thomson's gazelles killed by cheetahs and wild dogs. *Journal of Zoology*, 218, 99–107.

Flashpohler, D.J., Bub, B.R. & Kaplin, B.A. (2000) Application of conservation biology research to management. *Conservation Biology*, 14, 1898–1902.

Flecker, A.S. & Townsend, C.R. (1994) Community-wide consequences of trout introduction in New Zealand streams. *Ecological Applications*, 4, 798–807.

Flenley, J. (1993) The origins of diversity in tropical rain forests. *Trends in Ecology and Evolution*, 8, 119–120.

Flessa, K.W. & Jablonski, D. (1995) Biogeography of recent marine bivalve mollusks and its implications of paleobiogeography and the geography of extinction: a progress report. *Historical Biology*, 10, 25–47.

Flint, M.L. & van den Bosch, R. (1981) *Introduction to Integrated Pest Management*. Plenum Press, New York.

Floder, S., Urabe, J. & Kawabata, Z. (2002) The influence of fluctuating light intensities on species composition and diversity of natural phytoplankton communities. *Oecologia*, 133, 395–401.

Flower, R.J., Rippey, B., Rose, N.L., Appleby, P.G. & Battarbee, R.W. (1994) Palaeolimnological evidence for the acidification and contamination of lakes by atmospheric pollution in western Ireland. *Journal of Ecology*, 82, 581–596.

Fonseca, C.R. (1994) Herbivory and the long-lived leaves of an Amazonian ant-tree. *Journal of Ecology*, 82, 833–842.

Fonseca, D.M. & Hart, D.D. (1996) Density-dependent dispersal of black fly neonates is mediated by flow, *Oikos*, 75, 49–58.

Ford, E.B. (1940) Polymorphism and taxonomy. In: *The New Systematics* (J. Huxley, ed.), pp. 493–513. Clarendon Press, Oxford.

Ford, EB. (1975) *Ecological Genetics*, 4th edn. Chapman & Hall, London.

Forrester, N.W. (1993) Well known and some not so well known insecticides: their biochemical targets and role in IPM and IRM programmes. In: *Pest Control and Sustainabte Agriculture* (S. Corey, D. Dall & W. Milne, eds), pp. 28–34. CSIRO, East Melbourne.

Foster, B.L. & Tilman, D. (2003) Seed limitation and the regulation of community structure in oak savanna grassland. *Journal of Ecology*, 91, 999–1007.

Fowler, S.V. & Lawton, J.H. (1985) Rapidly induced defenses and talking trees: the devil's advocate position. *American Naturalist*, 126, 181–195.

Fox, A. & Hudson, P.J. (2001) Parasites reduce territorial behaviour in red grouse (*Lagopus lagopus scoticus*). *Ecology Letters*, 4, 139–143.

Fox, C.J. (2001) Recent trends in stock-recruitment of Blackwater herring (*Clupea harengus* L.) in relation to larval production. *ICES Journal of Marine Science*, 58, 750–762.

Foy, C.L. & Inderjit (2001) Understanding the role of allelopathy in weed interference and declining plant diversity. *Weed Technology*, 15, 873–878.

Franklin, I.A. (1980) Evolutionary change in small populations. In: *Conservation Biology, an Evolutionary-Ecological Perspective* (M.E. Soulé & B.A. Wilcox, eds), pp. 135–149. Sinauer Associates, Sunderland, MA.

Franklin, I.R. & Frankham, R. (1998) How large must populations be to retain evolutionary potential. *Animal Consevation*, 1, 69–73.

Franks, F., Mathias, S.F. & Hatley, R.H.M. (1990) Water, temperature and life. *Philosophical Transactions of the Royal Society of London, Series B*, 326, 517–533; also in *Life at Low Temperatures* (R.M. Laws & F. Franks, eds), pp. 97–117. The Royal Society, London.

Freckleton, R.P. & Watkinson, A.R. (2001) Nonmanipulative determination of plant community dynamics. Trends in Ecology and Evolution, 16, 301–307.

Free, C.A., Beddington, J.R. & Lawton, J.H. (1977) On the inadequacy of simple models of mutual interference for parasitism and predation. *Journal of Animal Ecology*, 46, 543–554.

Fretwell, S.D. (1977) The regulation of plant communities by food chains exploiting them. *Perspectives in Biology and Medicine*, 20, 169–185.

Fretwell, S.D. & Lucas, H.L. (1970) On territorial behaviour and other factors influencing habitat distribution in birds. *Acta Biotheoretica*, 19, 16–36.

Fridriksson, S. (1975) *Surtsey: evolution of life on a volcanic island*. Butterworths, London.

Fry, G.L.A. & Cooke, A.S. (1984) Acid deposition and its implications for nature conservation in Britain. *Focus on Nature Conservation*, No. 7. Nature Conservancy Council, Attingham Park, Shrewsbury, UK.

Fryer, G. & Iles, T.D. (1972) *The Cichlid Fishes of the Great Lakes of Africa*. Oliver & Boyd, Edinburgh.

Fukami, T. (2001) Sequence effects of disturbance on community structure. *Oikos*, 92, 215–224.

Fussmann, G.F. & Heber, G. (2002) Food web complexity and chaotic population dynamics. *Ecology Letters*, 5, 394–401.

Futuyma, D.I. (1983) Evolutionary interactions among herbivorous insects and plants. In: *Coevolution* (D.J. Futuyma & M. Slatkin, eds), pp. 207–231. Sinauer Associates, Sunderland, MA.

Futuyma, D.J. & May, R.M. (1992) The coevolution of plant-insect and host-parasite relationships. In: *Genes in Ecology* (R.J. Berry, T.J. Crawford & G.M. Hewitt, eds), pp. 139–166. Blackwell Scientific Publications, Oxford.

Futuyma, D.J. & Slatkin, M. (eds) (1983) *Coevolution*. Sinauer, Sunderland, MA.

Gaillard, J.-M., Festa-Bianchet, M., Yoccoz, N.G., Loison, A. & Toïgo, C. (2000) Temporal variation in fitness components and population dynamics of large herbivores. *Annual Review of Ecology and Systematics*, 31, 367–393.

Gaines, M.S., Vivas, A.M. & Baker, C.L. (1979) An experimental analysis of dispersal in fluctuating vole populations: demographic parameters. *Ecology*, 60, 814–828.

Galloway, J.N., Schlesinger, W.H., Levy, H., Michaels, A. & Schnoor, J.L. (1995) Nitrogen fixation: anthropogenic enhancement-environmental response. *Global Biogeochemical Cycles*, 9, 235–252.

Galloway, L.F. & Fenster, C.B. (2000) Population differentiation in an annual legume: local adaptation. *Evolution*, 54, 1173–1181.

Ganade, G. & Brown, V.K. (2002) Succession in old pastures of central Amazonia: role of soil fertility and plant litter. *Ecology*, 83, 743–754.

Gandon, S. & Michalakis, Y. (2001) Multiple causes of the evolution of dispersal. In: *Dispersal* (J. Clobert, E. Danchin, A.A. Dhondt & J.D. Nichols, eds), pp. 155–167. Oxford University Press, Oxford.

Gange, A.C. & Brown, V.K. (2002) Soil food web components affect plant community structure during early succession. *Ecological Research*, 17, 217–227.

Garcia-Fernandez, C., Casado, M.A. & Perez, M.R. (2003) Benzoin gardens in North Sumatra, Indonesia: effects of management on tree diversity. *Conservation Biology*, 17, 829–836.

García-Fulgueiras, A., Navarro, C., Fenoll, D. *et. al* (2003) Legionnaires' disease outbreak in Murcia, Spain. *Emerging Infectious Diseases*, 9, 915–921.

Garrod, D.J. & Jones, B.W. (1974) Stock and recruitment relationships in the N.E. Atlantic cod stock and the implications for management of the stock. *Journal Conseil International pour l' Exploration de la Mer*, 173, 128–144.

Gaston, K.J. & Blackburn, T.M. (2000) *Pattern and Process in Macro-ecology*. Blackwell Science, Oxford.

Gathreaux, S.A. (1978) The structure and organization of avian communities in forests. In: *Proceedings of the Workshop on Management of Southern Forests for Nongame Birds* (R.M. DeGraaf, ed.), pp. 17–37. Southem Forest Station, Asheville, NC.

Gause, G.F. (1934) *The Struggle for Existence*. Williams & Wilkins, Baltimore (reprinted 1964 by Hafner, New York).

Gause, G.F. (1935) Experimental demonstration of Volterra's periodic oscillation in the numbers of animals. *Journal of Experimental Biology*, 12, 44–48.

Gavloski, J.E. & Lamb, R.J. (2000a) Specific impacts of herbivores: comparing diverse insect species on young plants. *Environmental Entomology*, 29, 1–7.

Gavloski, J.E. & Lamb, R.J. (2000b) Compensation for herbivory in cruciferous plants: specific responses in three defoliating insects. *Environmental Entomology*, 29, 1258–1267.

Gee, J.H.R. & Giller, P.S. (eds) (1987) *Organization of Communities: past and present*. Blackwell Scientific Publications, Oxford.

Geider, R.J., Delucia, E.H., Falkowski, P.G. et al. (2001) Primary productivity of planet earth: biological determinants and physical constraints in terrestrial and aquatic habitats. *Global Change Biology*, 7, 849–882.

Geiger, R. (1955) *The Climate Near the Ground*. Harvard University Press, Cambridge, MA.

Gende, S.M., Quinn, T.P. & Willson, M.F. (2001) Consumption choice by bears feeding on salmon. *Oecologia*, 127, 372–382.

Gessner, M.O. & Chauvet, E. (2002) A case for using litter breakdown to assess functional stream integrity. *Ecological Applications*, 12, 498–510.

Gianoli, E. & Neimeyer, H.M. (1997) Lack of costs of herbivory-induced defenses in a wild wheat: integration of physiological and ecological approaches. *Oikos*, 80, 269–275.

Gibbens, J.C. & Wilesmith, J.W. (2002) Temporal and geographical distribution of cases of foot-and-mouth disease during the early weeks of the 2001 epidemic in Great Britain. *Veterinary Record*, 151, 407–412.

Gibbs, H.L., Sorenson, M.D., Marchetti, K., Brooke, M. de L., Davies, N.B. & Nakamura, H. (2000) Genetic evidence for female hostspecific races of the common cuckoo. *Nature*, 407, 183–186.

Gilg, O., Hanski, I. & Sittler, B. (2003) Cyclic dynamics in a simple vertebrate predator-prey community. *Science*, 302, 866–868.

Gillespie, J.H. (1977) Natural selection for variances in offspring numbers: a new evolutionary principle. *American Naturalist*, 111, 1010–1014.

Gilligan, C.A. (1990) Comparison of disease progress curves. *New Phytologist*, 115, 223–242.

Gillooly, J.F., Brown, J.H., West, G.B., Savage, V.M. & Charnov, E.L. (2001) Effects of size and temperature on metabolic rate. *Science*, 293, 2248–2251.

Gillooly, J.F., Charnov, E.L., West, G.B., Savage, V.M. & Brown, J.H. (2002) Effects of size and temperature on developmental time. *Nature*, 417, 70–73.

Gilman, M.P. & Crawley, M.J. (1990) The cost of sexual reproduction in ragwort (*Senecio jacobaea* L.). *Functional Ecology*, 4, 585–589.

Glawe, G.A., Zavala, J.A., Kessler, A., Van Dam, N.M. & Baldwin, I.T. (2003) Ecological costs and benefits correlated with trypsin proteinase inhibitor production in *Nicotinia attenuate*. *Ecology*, 84, 79–90.

Gleason, H.A. (1926) The individualistic concept of the plant association. *Torrey Botanical Club Bulletin*, 53, 7–26.

Godfray, H.C.J. (1987) The evolution of clutch size in invertebrates. *Oxford Surveys in Evolutionary Biology*, 4, 117–154.

Godfray, H.C.J. (1994) *Parasitoids: behavioral and evolutionary ecology*. Princeton University Press, Princeton, NJ.

Godfray, H.C.J. & Crawley, M.J. (1998) Introduction. In: *Conservtion Science and Action* (W.J. Sutherland, ed.), pp. 39–65. Blackwell Science, Oxford.

Godfray, H.C.J. & Hassell, M.P. (1989) Discrete and continuous insect populations in tropical environments. *Journal of Animal Ecology*, 58, 153–174.

Godfray, H.C.J. & Pacala, S.W. (1992) Aggregation and the population dynamics of parasitoids and predators. *American Naturalist*, 140, 30–40.

Goldman, J.C., Caron, D.A. & Dennett, M.R. (1987) Regulation of gross growth efficiency and ammonium regeneration in bacteria by substrate C: N ratio. *Limnology and Oceanography*, 32, 1239–1252.

Gomez, J.M. & Gonzalez-Megias, A. (2002) Asymmetrical interactions between ungulates and phytophagous insects: being different matters. *Ecology*, 83, 203–211.

Gorman, M.L. (1979) *Island Ecology*. Chapman & Hall, London.

Gosler, A.G., Barnett, P.R. & Reynolds, S.J. (2000) Inheritance and variation in eggshell patterning in the great tit *Parus major*. *Proceedings of the Royal Society of London, Series B*, 267, 2469–2473.

Goss-Custard, J.D. (1970) Feeding dispersion in some over-wintering wading birds. In: *Social Behaviour in Birds and Mammals* (J.H. Crook, ed.), pp. 3–34. Academic Press, New York.

Gotelli, N.J. (2001) Research frontiers in null model analysis. *Global Ecology and Biogeography*, 10, 337–343.

Gotelli, N.J. & McCabe, D.J. (2002) Species co-occurrence: a meta-analysis of J.M. Diamond's assembly rules model. *Ecology*, 83, 2091–2096.

Gough, L. Shaver, G.R., Carroll, J., Royer, D.L. & Laundre, J.A. (2000) Vascular plant species richness in Alaskan arctic tundra: the importance of soil pH. *Journal of Ecology*, 88, 54–66.

Gould, F. (1991) The evolutionary potential of crop pests. *American Scientist*, 79, 496–507.

Gould, S.J. (1966) Allometry and size in ontogeny and phylogeny. *Biological Reviews*, 41, 587–640.

Gould, W.A. & Walker, M.D. (1997) Landscape-scale patterns in plant species richness along an arctic river. *Canadian Journal of Botany*, 75, 1748–1765.

Gower, S.T., McMurtrie, R.E. & Murty, D. (1996)

Aboveground net primary production declines with stand age: potential causes. *Trends in Ecology and Evolution*, 11, 378–382.

Grace, J.B. & Wetzel, R.G. (1998) Long-term dynamics of *Typha* populations. *Aquatic Botany*, 61, 137–146.

Graham, I. & Lambin, X. (2002) The impact of weasel predation on cyclic field-vole survival: the specialist predator hypothesis contradicted. *Journal of Animal Ecology*, 71, 946–956.

Grant, P.R., Grant, R., Keller, L.F. & Petren, K. (2000) Effects of El Nino events on Darwin's finch productivity. *Ecology*, 81, 2442–2457.

Gray, S.M. & Robinson, B.W. (2001) Experimental evidence that competition between stickleback species favours adaptive character divergence. *Ecology Letters*, 5, 264–272.

Greene, D.F. & Calogeropoulos, C. (2001) Measuring and modelling seed dispersal of terrestrial plants. In: *Dispersal Ecology* (J.M. Bullock, R.E. Kenward & R.S. Hails, eds), pp. 3–23. Blackwell Science, Oxford.

Greenwood, P.J. (1980) Mating systems, philopatry and dispersal in birds and mammals. *Animal Behaviour*, 28, 1140–1162.

Greenwood, P.J., Harvey, P.H. & Perrins, C.M. (1978) Inbreeding and dispersal in the great tit. *Nature*, 271, 52–54.

Grenfell, B. & Harwood, J. (1997) (Meta) population dynamics of infectious diseases. *Trends in Ecology and Evolution*, 12, 395–399.

Grier, C.C. (1975) Wildfire effects on nutrient distribution and leaching in a coniferous forest ecosystem. *Canadian Journal of Forest Research*, 5, 599–607.

Griffith, D.M. & Poulson, T.M. (1993) Mechanisms and consequences of intraspecific competition in a carabid cave beetle. *Ecology*, 74, 1373–1383.

Griffiths, R.A., Denton, J. & Wong, A.L.-C. (1993) The effect of food level on competition in tadpoles: interference mediated by protothecan algae? *Journal of Animal Ecology*, 62, 274–279.

Grime, J.P., Hodgson, J.G. & Hunt, R. (1988) *Comparative Plant Ecology: a functional approach to common British species*. Unwin-Hyman, London.

Grubb, P. (1977) The maintenance of species richness in plant communities: the importance of the regeneration niche. *Biological Reviews*, 52, 107–145.

Grubb, P.J. (1986) The ecology of establishment. In: *Ecology and Design in Landscape* (A.D. Bradshaw, D.A. Goode & E. Thorpe, eds), pp. 83–97. Symposia of the British Ecological Society, No. 24. Blackwell Scientific Publications, Oxford.

Grutter, A.S. (1999) Cleaner fish really do clean. *Nature*, 398, 672–673.

Grytnes, J.A. (2003) Species-richness patterns of vascular plants along seven altitudinal transects in Norway. *Ecography*, 26, 291–300.

Grytnes, J.A. & Vetaas, O.R. (2002) Species richness and altitude: a comparison between null models and interpolated plant species richness along the Himalayan altitudinal gradient, Nepal. *American Naturalist*, 159, 294–304.

Guinez, R. & Castilla, J.C. (2001) An allometric tridimensional model of self-thinning for a gregarious tunicate. *Ecology*, 82, 2331–2341.

Gunn, A. (1998) Caribou and muskox harvesting in the Northwest Territories. In: *Conservation of Biological Resources* (E.J. Milner-Gulland & R. Mace, eds), pp. 314–330. Blackwell Science, Oxford.

Haefner, P.A. (1970) The effect of low dissolved oxygen concentrations on temperature-salinity tolerance of the sand shrimp, *Crangon septemspinosa*. *Physiological Zoology*, 43, 30–37.

Haines, E. (1979) Interaction between Georgia salt marshes and coastal waters: a changing paradigm. In: *Ecological Processes in Coastal and Marine Systems* (R.J. Livingston, ed.). Plenum Press, New York.

Hainsworth, F.R. (1981) *Animal Physiology*. Addison-Wesley, Reading, MA.

Hairston, N.G., Smith, F.E. & Slobodkin, L.B. (1960) Community structure, population control, and competition. *American Naturalist*, 44, 421–425.

Halaj, J., Ross, D.W. & Moldenke, A.R. (2000) Importance of habitat structure to the arthropod food-web in Douglas-fir canopies. *Oikos*, 90, 139–152.

Haldane, J.B.S. (1949) Disease and evolution. *La Ricerca Scienza*, 19 (Suppl.), 3–11.

Hall, S.J. (1998) Closed areas for fisheries management-the case consolidates. *Trends in Ecology and Evolution*, 13, 297–298.

Hall, S.J. & Raffaelli, D.G. (1993) Food webs: theory and reality, *Advances in Ecological Research*, 24, 187–239.

Hamilton, W.D. (1971) Geometry for the selfish herd.

Journal of Theoretical Biology, 31, 295–311.
Hamilton, W.D. & May, R.M. (1977) Dispersal in stable habitats. *Nature*, 269, 578–581.
Hansen, J., Ruedy, R., Glasgoe, J. & Sato, M. (1999) GISS analysis of surface temperature change. *Journal of Geophysical Researh*, 104, 30997–31022.
Hanski, I. (1991) Single-species metapopulation dynamics: concepts, models and observations. In: *Metapopuhtion Dynamics* (M.E. Gilpin & I. Hanski, eds), pp. 17–38. Academic Press, London.
Hanski, I. (1994) A practical model of metapopulation dynamics. *Journal of Animal Ecology*, 63, 151–162.
Hanski, I. (1996) Metapopulation ecology. In: *Population dynamics in ecological space and time* (O.E. Rhodes Jr., R.K. Chesser & M.H. Smith, eds), pp. 13–43. University of Chicago Press, Chicago.
Hanski, I. (1999) *Metapopulation Ecology*. Oxford University Press, Oxford.
Hanski, I. & Gyllenberg, M. (1993) Two general metapopulation models and the core-satellite hypothesis. *American Naturalist*, 142, 17–41.
Hanski, I. & Simberloff, D. (1997) The metapopulation approach, its history, conceptual domain, and application to conservation. In: *Metapopulation Biology* (I.A. Hanski & M.E. Gilpin, eds), pp. 5–26. Academic Press, San Diego, CA.
Hanski, I., Hansson, L. & Henttonen, H. (1991) Specialist predators, generalist predators, and the microtine rodent cycle. *Journal of Animal Ecology*, 60, 353–367.
Hanski, I., Henttonen, H., Korpimaki, E., Oksanen, L. & Turchin, P. (2001) Small-rodent dynamics and predation. *Ecology*, 82, 1505–1520.
Hanski, I., Pakkala, T., Kuussaari, M. & Lei, G. (1995) Metapopulation persistence of an endangered butterfly in a fragmented landscape. *Oikos*, 72, 21–28.
Harcourt, D.G. (1971) Population dynamics of *Leptinotarsa decemlineata* (Say) in eastern Ontario. III. Major population processes. *Canadian Entomologist*, 103, 1049–1061.
Harper, D.G.C. (1982) Competitive foraging in mallards: 'ideal free ducks'. *Animal Behaviour*, 30, 575–584.
Harper, J.L. (1955) The influence of the environment on seed and seedling mortality. VI. The effects of the interaction of soil moisture content and temperature on the mortality of maize grains. *Annals of Applied Biology*, 43, 696–708.
Harper, J.L. (1961) Approaches to the study of plant competition. In: *Mechanisms in Biological Competition* (F.L. Milthorpe, ed.), pp. 1–39. Symposium No. 15, Society for Experimental Biology. Cambridge University Press, Cambridge, UK.
Harper, J.L. (1977) *The Population Biology of Plants*. Academic Press, London.
Harper, J.L. & White, J. (1974) The demography of plants. *Annual Review of Ecology and Systematics*, 5, 419–463.
Harper, J.L., Jones, M. & Sackville Hamilton, N.R. (1991) The evolution of roots and the problems of analysing their behaviour. In: *Plant Root Growth: an ecological perspective* (D. Atkinson, ed.), pp. 3–22. Special Publication of the British Ecological Society, No. 10. Blackwell Scientific Publications, Oxford.
Harper, J.L., Rosen, R.B. & White, J. (eds) (1986) The growth and form of modular organisms. *Philosophical Transactions of the Royal Society of London, Series B*, 313, 1–250.
Harris, G.P. (2001) Biogeochemistry of nitrogen and phosphorus in Australian catchments, rivers and estuaries: effects of land use and flow regulation and comparisons with global patterns. *Marine and Freshwater Research*, 52, 139–149.
Harrison, S. & Taylor, A.D. (1997) Empirical evidence for meta-populations. In: *Metapopulation Biology* (I.A. Hanski & M.E. Gilpin, eds), pp. 27–42. Academic Press, San Diego, CA.
Hart, A.J., Bale, J.S., Tullett, A.G., Worland, M.R. & Walters, K.F.A. (2002) Effects of temperature on the establishment potential of the predatory mite *Amblyseius Californicus* McGregor (Acari: Phytoseiidae) in the UK. *Journal of Insect Physiology*, 48, 593–599.
Harvey, P.H. (1996) Phylogenies for ecologists. *Journal of Animal Ecology*, 65, 255–263.
Harvey, P.H. & Pagel, M.D. (1991) *The Comparative Method in Evolutionary Biology*. Oxford University Press, Oxford.
Harvey, P.H. & Zammuto, R.M. (1985) Patterns of mortality and age at first reproduction in natural populations of mammals. *Nature*, 315, 319–320.
Hassell, M.P. (1978) *The Dynamics of Arthropod Predator-Prey Systems*. Princeton University Press, Princeton, NJ.
Hassell, M.P. (1982) Patterns of parasitism by insect parasitoids in patchy environments. *Ecological*

Entomology, 7, 365–377.
Hassell, M.P. (1985) Insect natural enemies as regulating factors. *Journal of Animal Ecology*, 54, 323–334.
Hassell, M.P. & May, R.M. (1973) Stability in insect host-parasite models. *Journal of Animal Ecology*, 43, 567–594.
Hassell, M.P. & May, R.M. (1974) Aggregation of predators and insect parasites and its effect on stability. *Journal of Animal Ecology*, 43, 567–594.
Hassell, M.P., Latto, J. & May, R.M. (1989) Seeing the wood for the trees: detecting density dependence from existing life-table studies. *Journal of Animal Ecology*, 58, 883–892.
Hastings, A. & Botsford, L.W. (2003) Comparing designs of marine reserves for fisheries and for biodiversity. *Ecological Applications*, 13 (Suppl.), S65–S70.
Hastings, A., Hom, C.L., Ellner, S., Turchin, P. & Godfray, H.C.J. (1993) Chaos in ecology: is mother nature a strange attractor? *Annual Review of Ecology and Systematics*, 24, 1–33.
Hastings, H.M. & Conrad, M. (1979) Length and evolutionary stability of food chains. *Nature*, 282, 838–839.
Hattenschwiler, S. & Vitousek, P.M. (2000) The role of polyphenols in terrestrial ecosystem nutrient cycling. *Trends in Ecology and Evolution*, 15, 238–243.
Hawkins, B.A. & Cornell, H.V. (eds) (1999) *Theoretical Approaches to Biological Control*. Cambridge University Press, Cambridge, UK.
Heal, O.W. & MacLean, S.F. (1975) Comparative productivity in ecosystems-secondary productivity. In: *Unifying Concepts in Ecology* (W.H. van Dobben & R.H. Lowe-McConnell, eds), pp. 89–108. Junk, The Hague.
Heal, O.W., Menault, J.C. & Steffen, W.L. (1993) *Towards a Global Terrestrial Observing System (GTOS): detecting and monitoring change in terrestrial ecosystems*. MAB Digest 14 and IGBP Global Change Report 26, UNESCO, Paris and IGBP, Stockholm.
Hearnden, M., Skelly, C. & Weinstein, P. (1999) Improving the surveillance of mosquitoes with disease-vector potential in New Zealand. *New Zealand Public Health Report*, 6, 25–28.
Hector, A., Shmid, B., Beierkuhnlein, C. *et al.* (1999) Plant diversity and productivity experiments in European grasslands. *Science*, 286, 1123–1127.
Heed, W.B. (1968) Ecology of Hawaiian Drosophiladae. *University of Texas Publications*, 6861, 387–419.
Heie, O.E. (1987) Palaeontology and phylogeny. In: *Aphids: their biology, natural enemies and control. World Crop Pests*, Vol. 2A (A.K. Minks & P. Harrewijn, eds), pp, 367–391. Elsevier, Amsterdam.
Heil, M. & McKey, D. (2003) Protective ant-plant interactions as model systems in ecological and evolutionary research. *Annual Review of Ecology, Evolution and Systematics*, 34, 425–453.
Hendon, B.C. & Briske, D.D. (2002) Relative herbivory tolerance and competitive ability in two dominant: subordinate pairs of perennial grasses in a native grassland. *Plant Ecology*, 160, 43–51.
Hengeveld, R. (1990) *Dymamic Biogeography*. Cambridge University Press, Cambridge, UK.
Henttonen, H. & Kaikusalo, A. (1993) Lemming movements. In: *The Biology of Lemmings* (N.C. Stenseth & R.A. Ims, eds), pp. 157–186. Academic Press, London.
Heppell, S.S., Crowder, L.B. & Crouse, D.T. (1996) Models to evaluate headstarting as a management tool for long-lived turtles. *Ecological Applications*, 6, 556–565.
Herman, T.J.B. (2000) Developing IPM for potato tuber moth. *Commercial Grower*, 55, 26–28.
Hermoyian, C.S., Leighton, L.R. & Kaplan, P. (2002) Testing the role of competition in fossil communities using limiting similarity. *Geology*, 30, 15–18.
Herre, E.A. & West, S.A. (1997) Conflict of interest in a mutualism: documenting the elusive fig wasp-seed trade-off. *Proceedings of the Royal Society of London, Series B*, 264, 1501–1507.
Herre, E.A., Knowlton, N., Mueller, U.G. & Rehner, S.A. (1999) The evolution of mutualisms: exploring the paths between conflict and cooperation. *Trends in Ecology and Evolution*, 14, 49–53.
Herrera, C.M., Jordano, P., Guitian, J. & Traveset, A. (1998) Annual variability in seed production by woody plants and the masting concept: reassessment of principles and relationship to pollination and seed dispersal. *American Naturalist*, 152, 576–594.
Hessen, D.O. (1997) Stoichiometry in food webs. Lotka revisited. *Oikos*, 79, 195–200.
Hestbeck, J.B. (1982) Population regulation of cyclic mammals: the social fence hypothesis. *Oikos*, 39,

157–163.

Hilborn, R. & Walters, C.J. (1992) *Quantitative Fisheries Stock Assessment.* Chapman & Hall, New York.

Hildrew, A.G. & Townsend, C.R. (1980) Aggregation, interference and the foraging by larvae of *Plectrocnemia conspersa* (Trichoptera: Polycentropodidae). *Animal Behaviour*, 28, 553–560.

Hildrew, A.G., Townsend, C.R., Francis, J. & Finch, K. (1984) Cellulolytic decomposition in streams of contrasting pH and its relationship with invertebrate community structure. *Freshwater Biology*, 14, 323–328.

Hill, M.F., Witman, J.D. & Caswell, H. (2002) Spatio-temporal variation in Markov chain models of subtidal community succession. *Ecology Letters*, 5, 665–675.

Hill, W.R., Mulholland, P.J. & Marzolf, E.R. (2001) Stream ecosystem responses to forest leaf emergence in spring. *Ecology*, 82, 2306–2319.

Hirakawa, H. (2001) Coprophagy in leporids and other mammalian herbivores. *Mammal Review*, 31, 61–80.

Hockland, S.H., Dawson, G.W., Griffiths, D.C., Maples, B., Pickett, J.A. & Woodcock, C.M. (1986) The use of aphid alarm pheremone (E-B-farnesene) to increase effectiveness of the entomophilic fungus *Verticillium lecanii* in controlling aphids on chrysanthemums under glass. In: *Fundamental and Applied Aspects of Invertebrate pathology* (R.A. Sampson, J.M. Vlak & D. Peters, eds), p. 252. Foundation of the Fourth International Colloquium of Invertebrate Pathology, Wageningen.

Hodgkinson, K.C. (1992) Water relations and growth of shrubs before and after fire in a semi-arid woodland. *Oecologia*, 90, 467–473.

Hogan, M.E., Veivers, P.C., Slaytor, M. & Czolij, R.T. (1988) The site of cellulose breakdown in higher termites (*Nasutitermes walkeri* and *Nasutitermes exitosus*). *Journal of Insect Physiology*, 34, 891–899.

Holland, D.S. & Brazee, R.J. (1996) Marine reserves for fishery management. *Marine Resource Economics*, 11, 157–171.

Holling, C.S. (1959) Some characteristics of simple types of predation and parasitism. *Canadian Entomologist*, 91, 385–398.

Holmer, M. & Storkholm, P. (2001) Sulphate reduction and sulphur cycling in lake sediments: a review. *Freshwater Biology*, 46, 431–451.

Holmgren, M., Scheffer, M., Ezcurra, E., Gutierrez, J.R. & Mohren, M.J. (2001) El Nino effects on the dynamics of terrestrial ecosystems. *Trends in Ecology and Evolution*, 16, 89–94.

Holloway, J.D. (1977) *The Lepidoptera of Norfolk Island, their Biogeography and Ecology.* Junk, The Hague.

Holloway, J.M., Dahlgren, R.A., Hansen, B. & Casey, W.H. (1998) Contribution of bedrock nitrogen to high nitrate concentrations in stream water. *Nature*, 395, 785–788.

Holt, R.D. (1977) Predation, apparent competition and the structure of prey communities. *Theoretical Population Biology*, 12, 197–229.

Holt, R.D. (1984) Spatial heterogeneity, indirect interactions, and the coexistence of prey species. *American Naturalist*, 124, 377–406.

Holt, R,D. (1997) Community modules. In: *Multitrophic Interactions in Terrestrial Ecosystems* (A.C. Gange & V.K. Brown, eds), pp. 333–349. Blackwell Science, Oxford.

Holt, R.D. & Hassell, M.P. (1993) Environmental heterogeneity and the stability of host-parasitoid interactions. *Journal of Animal Ecology*, 62, 89–100.

Holway, D.A. & Suarez, A.V. (1999) Animal behaviour: an essential component of invasion biology. *Trends in Ecology and Evolution*, 14, 328–330.

Holyoak, M. & Lawler, S.P. (1996) Persistence of an extinction-prone predator-prey interaction through metapopulation dynamics. *Ecology*, 77, 1867–1879.

Hook, P.B. & Burke, I.C. (2000) Biogeochemistry in a shortgrass landscape: control by topography, soil texture, and microclimate. *Ecology*, 81, 2686–2703.

Hopf, F.A., Valone, T.J. & Brown, J.H. (1993) Competition theory and the structure of ecological communities. *Evolutionary Ecology*, 7, 142–154.

Horn, D.S. (1988) *Ecological Approach to Pest Management.* Elsevier, London.

Horn, H.S. (1975) Markovian processes of forest succession. In: *Ecology and Evolution of Communities* (M.L. Cody & J.M. Diamond, eds), pp. 196–213. Belknap, Cambridge, MA.

Horn, H.S. (1981) Succession. In: *Theoretical Ecology: principles and applications* (R.M. May, ed.), pp. 253–271. Blackwell Scientific Publications, Oxford.

Houghton, R.A. (2000) Interannual variability in the global carbon cycle. *Journal of Geophysical Research*, 105, 20121–20130.

Hoyer, M.V. & Canfield, D.E. (1994) Bird abundance and species richness on Florida lakes: influence of trophic status, lake morphology and aquatic macrophytes. *Hydrobiologia*, 297, 107–119.

Hu, S., Firestone, M.K. & Chapin, F.S. III (1999) Soil microbial feedbacks to atmospheric CO_2 enrichment. *Trends in Ecology and Evolution*, 14, 433–437.

Hudson, P. & Greenman, J. (1998) Competition mediated by parasites: biological and theoretical progress. *Trends in Ecology and Evolution*, 13, 387–390.

Hudson, P.J., Dobson, A.P. & Newborn, D. (1992a) Do parasites make prey vulnerable to predation? Red grouse and parasites. *Journal of Animal Ecology*, 61, 681–692.

Hudson, P.J., Newborn, D. & Dobson, A.P. (1992b) Regulation and stability of a free-living host-parasite system: *Trichostrongylus tenuis* in red grouse. I. Monitoring and parasite reduction experiments. *Journal of Animal Ecology*, 61, 477–486.

Hudson, P.J., Dobson, A.P. & Newborn, D. (1998) Prevention of population cycles by parasite removal, *Science*, 282, 2256–2258.

Huffaker, C.B. (1958) Experimental studies on predation: dispersion factors and predator-prey oscillations. *Hilgardia*, 27, 343–383.

Huffaker, C.B., Shea, K.P. & Herman, S.G. (1963) Experimental studies on predation. *Hilgardia*, 34, 305–330.

Hughes, J.E., Deegan, L.A., Peterson, B.J., Holmes, R.M. & Fry, B. (2000) Nitrogen flow through the food web in the oligohaline zone of a New England estuary. *Ecology*, 81, 433–452.

Hughes, L. (2000) Biological consequences of global warming: is the signal already apparent. *Trends in Ecology and Evolution*, 15, 56–61.

Hughes, R.N. (1989) *A Functional Biology of Clonal Animals*. Chapman & Hall, London.

Hughes, R.N. & Croy, M.I. (1993) An experimental analysis of frequency-dependent predation (switching) in the 15-spined stickle-back, *Spinachia spinachia*. *Journal of Animal Ecology*, 62, 341–352.

Hughes, R.N. & Griffiths, C.L. (1988) Self-thinning in barnacles and mussels: the geometry of packing. *American Naturalist*, 132, 484–491.

Hughes, T.P. & Connell, J.H. (1987) Population dynamics based on size or age? A reef-coral analysis. *American Naturalist*, 129, 818–829.

Hughes, T.P., Ayre, D. & Connell, J.H. (1992) The evolutionary ecology of corals. *Trends in Ecology and Evolution*, 7, 292–295.

Hughey, K.F.D., Cullen, R. & Moran, E. (2002) Integrating economics into priority setting and evaluation in conservation management. *Conservation Biology*, 17, 93–103.

Huisman, J. (1999) Population dynamics of light-limited phytoplankton: microcosm experiments. *Ecology*, 80, 202–210.

Humborg, C., Blomqvist, S., Avsan, E., Bergensund, Y. & Smedberg, E. (2002) Hydrological alterations with river damming in northern Sweden: implications for weathering and river biogeochemistry. *Global Biogeochemical Cycles*, 16, 1–13.

Hunter, J.R., Argue, A.W., Bayliff, W.H. *et al.* (1986) *The Dynamics of Tuna Movemmt: an evaluation of past and future research*. FAO Fisheries Technical Paper No. 277. Food and Agriculture Organization of the United Nations, Rome.

Hunter, M.D. & Price, P.W. (1992) Playing chutes and ladders: heterogeneity and the relative roles of bottom-up and top-down forces in natural communities. *Ecology*, 73, 724–732.

Hunter, M.D. & Price, P.W. (1998) Cycles in insect populations: delayed density dependence or exogenous driving variables? *Ecological Entomology*, 23, 216–222.

Hunter, M.L. & Yonzon, P. (1992) Altitudinal distributions of birds, mammals, people, forests, and parks in Nepal. *Conservation Biology*, 7, 420–423.

Hurd, L.E. & Eisenberg, R.M. (1990) Experimentally synchronized phenology and interspecific competition in mantids. *American Midland Naturalist*, 124, 390–394.

Huryn, A.D. (1998) Ecosystem level evidence for top-down and bottom-up control of production in a grassland stream system. *Oecologia*, 115, 173–183.

Husband, B.C. & Barrett, S.C.H. (1996) A metapopulation perspective in plant population biology. *Journal of Ecology*, 84, 461–469.

Huston, M. (1979) A general hypothesis of species diversity. *American Naturalist*, 113, 81–102.

Hutchings, M.J. (1983) Ecology's law in search of a theory. *New Scientist*, 98, 765–767.

Hutchings, M.J. & de Kroon, H. (1994) Foraging in plants: the role of morphological plasticity in resource acquisition. *Advances in Ecological*

Research, 25, 159–238.

Hutchinson, G.E. (1957) Concluding remarks. *Cold Spring Harbour Symposium on Quantitative Biology*, 22, 415–427.

Hutchinson, G.E. (1959) Homage to Santa Rosalia, or why are there so many kinds of animals? *American Naturalist*, 93, 145–159.

Hutchinson, G.E. (1961) The paradox of the plankton. *American Naturalist*, 95, 137–145.

IGBP (International Geosphere-Biosphere Programme) (1990) Global Change. Report No. 12. The Initial Core Projects. *The International Geosphere-Biosphere Programme: a study of global change of the International Council of Scientific Unions (ICSU)*. IGBP, Stockholm, Sweden.

lms, R. & Yoccoz, N. (1997) Studying transfer processes in meta-populations: emigration, migration and colonization. In: *Meta-population Biology* (I. Hanski & M. Gilpin, eds), pp. 247–265. Academic Press, San Diego, CA.

Inchausti, P. & Ginzburg, L.R. (1998) Small mammal cycles in northern Europe: patterns and evidence for a maternal effect hypothesis. *Journal of Animal Ecology*, 67, 180–194.

Inghe, O. (1989) Genet and ramet survivorship under different mortality regimes: a cellular automata model. *Journal of Theoretical Biology*, 138, 257–270.

Inglesfield, C. & Begon, M. (1983) The ontogeny and cost of migration of *Drosophila subobscura* Collin. *Biological Journal of the Linnean Society*, 19, 9–15.

Interlandi, S.J. & Kilham, S.S. (2001) Limiting resources and the regulation of diversity in phytoplankton communities. *Ecology*, 82, 1270–1282.

International Organisation for Biological Control (1989) *Current Status of Integrated Farming Systems Research in Western Europe* (P. Vereijken & D.J. Royle, eds). IOBC WPRS Bulletin 12(5).

IPCC (2001) *Third Assessment Report of the Intergovernmental Panel on Climate Change*. Working Group 1, Intergovernmental Panel on Climate Change, Geneva.

IUCN/UNEP/WWF (1991) *Caring for the Earth. A Strategy for Sustainable Living*. Gland, Switzerland.

Ives, A.R. (1992a) Density-dependent and density-independent parasitoid aggregation in model host-parasitoid systems. *American Naturalist*, 140, 912–937.

Ives, A.R. (1992b) Continuous-time models of host-parasitoid interactions. *American Naturalist*, 140, 1–29.

Jackson, C.R., Churchill, P.F. & Roden, E.E. (2001) Successional changes in bacterial assemblage structure during epilithic biofilm development. *Ecology*, 82, 555–566.

Jackson, S.T. & Weng, C. (1999) Late Quaternary extinction of a tree species in eastern North America. *Proceedings of the National Academy of Sciences of the USA*, 96, 13847–13852.

Jamieson, I.G. & Ryan, C.J. (2001) Island takahe: closure of the debate over the merits of introducing Fiordland takahe to predator-free islands. In: *The Takahe: fifty years of conservation management and research* (W.G. Lee & I.G. Jamieson, eds), pp. 96–113. University of Otago Press, Dunedin, New Zealand.

Janis, C.M. (1993) Tertiary mammal evolution in the context of changing climates, vegetation and tectonic events. *Annual Review of Ecology and Systematics*, 24, 467–100.

Jannasch, H.W. & Mottl, M.J. (1985) Geomicrobiology of deep-sea hydrothermal vents. *Science*, 229, 717–725.

Janzen, D.H. (1967) Interaction of the bull's-horn acacia (Acacia cornigera L.) with an ant inhabitant (*Pseudomyrnex ferruginea* F. Smith) in eastern Mexico. *University of Kansas Science Bulletin*, 47, 315–558.

Janzen, D.H. (1968) Host plants in evolutionary and contemporary time. *American Naturalist*, 102, 592–595.

Janzen, D.H. (1970) Herbivores and the number of tree species in tropical forests. *American Naturalist*, 104, 501–528.

Janzen, D.H. (1980) Specificity of seed-eating beetles in a Costa Rican deciduous forest. *Journal of Ecology*, 68, 929–952.

Janzen, D.H. (1981) Evolutionary physiology of personal defence. In: *Physiological Ecology: an evolutionary approach to resource use* (C.R. Townsend & P. Calow, eds), pp. 145–164. Blackwell Scientific Publications, Oxford.

Janzen, D.H., Juster, H.B. & Bell, E.A. (1977) Toxicity of secondary compounds to the seed-eating larvae of the bruchid beetle *Callosobruchus maculatus*. *Phytochemistry*, 16, 223–227.

Jeffries, M.J. & Lawton, J.H. (1984) Enemy-free space and the structure of ecological communities. *Biological Journal of the Linnean Society*, 23, 269–

286.

Jeffries, M.J. & Lawton, J.H. (1985) Predator-prey ratios in communities of freshwater invertebrates: the role of enemy free space. *Freshwater Biology*, 15, 105–112.

Jenkins, B., Kitching, R.L. & Pimm, S.L. (1992) Productivity, disturbance and food web structure at a local spatical scale in experimental container habitats. *Oikos*, 65, 249–255.

Jermings, S., Kaiser, M.J. & Reynolds, J.D. (2001) *Marine Fisheties Ecology*. Blackwell Science, Oxford.

Jensen, K.T. & Mouritsen, K.M. (1992) Mass mortality in two common soft-bottom invertebrates, *Hydrobia ulvae and Corophium volutator*-the possible role of trematodes. *Helgoländer Meeresuntersuchungen*, 46, 329–339.

Jobbagy, E.G., Sala, O.E. & Paruelo, J.M. (2002) Patterns and controls of primary production in the Patagonian steppe: a remote sensing approach, *Ecology*, 83, 307–319.

Johannes, R.E. (1998) Government-supported village-based management of marine resources in Vanuatu. *Ocean Coastal Management*, 40, 165–186.

Johnson, C.G. (1967) International dispersal of insects and insect-borne viruses. *Netherlands Journal of Plant Pathology*, 73 (Suppl. 1), 21–43.

Johnson, C.M., Zarin, D.J. & Johnson, A.H. (2000) Post-disturbance aboveground biomass accumulation in global secondary forests. *Ecology*, 81, 1395–1401.

Johnson, N.C., Zak, D.R., Tilman, D. & Pfleger, F.L. (1991) Dynamics of vesicular-arbuscular mycorrhizae during old field succession. *Oecologia*, 86, 349–358.

Johnston, D.W. & Odum, E.P. (1956) Breeding bird populations in relation to plant succession on the piedmont of Georgia. *Ecology*, 37, 50–62.

Jones, C.G., Lawton, J.H. & Shachak, M. (1994) Organisms as ecosystem engineers. *Oikos*, 69, 373–386.

Jones, C.G., Lawton, J.H. & Schachak, M. (1997) Positive and negative effects of organisms as physical ecosystem engineers. *Ecology*, 78, 1946–1957.

Jones, C.G., Ostfeld, R.S., Richard, M.P., Schauber, E.M. & Wolff, J.O. (1998) Chain reactions linking acorns to gypsy moth outbreaks and Lyme disease risk. *Science*, 279, 1023–1026.

Jones, M. & Harper, J.L. (1987) The influence of neighbours on the growth of trees. I. The demography of buds in *Betula pendula*. *Proceedings of the Royal Society of London, Series B*, 232, 1–18.

Jones, M., Mandelik, Y. & Dayan, T. (2001) Coexistence of temporally partitioned spiny mice: roles of habitat structure and foraging behaviour. *Ecology*, 82, 2164–2176.

Jones, W.T. (1988) Density-related changes in survival of philopatric and dispersing kangaroo rats. *Ecology*, 69, 1474–1478.

Jones, W.T., Waser, P.M., Elliott, L.F., Link, N.E. & Bush, B.B. (1988) Philopatry, dispersal, and habitat saturation in the banner-tailed kangaroo rat, *Dipodomys spectabilis*. *Ecology*, 69, 1466–1473.

Jonsson, M. & Malmqvist, B. (2000) Ecosystem process rate increases with animal species richness: evidence from leaf-eating, aquatic insects. *Oikos*, 89, 519–523.

Jordan, R.S. (1991) Impact of ENSO events on the southeastem Pacific region with special reference to the interaction of fishing and climatic variability. In: *ENSO Teleconnections Linking Worldwide Climate Anomalies: scientific basis and societal impacts* (M. Glantz, ed.), pp. 401–430, Cambridge University Press, Cambridge, UK.

Jowett, I.G. (1997) Instream flow methods: a comparison of approaches. *Regulated Rivers: Research and Management*, 13, 115–127.

Juniper, S.K., Tunnicliffe, V. & Southward, E.C. (1992) Hydrothermal vents in turbidite sediments on a Northeast Pacific spreading centre: organisms and substratum at an ocean drilling site. *Canadian Journal of Zoology*, 70, 1792–1809.

Junk, W.J., Bayley, P.B. & Sparks, R.E. (1989) The flood-pulse concept in river-floodplain systems. *Canadian Special Publications in Fisheries and Aquatic Sciences*, 106, 110–127.

Jurgens, K. & Sala, M.M. (2000) Predation-mediated shifts in size distribution of microbial biomass and activity during detritus decomposition. *Oikos*, 91, 29–40.

Jutila, H.M. (2003) Germination in Baltic coastal wetland meadows: similarities and differences between vegetation and seed bank. *Plant Ecology*, 166, 275–293.

Kaelke, C.M., Kruger, E.L. & Reich, P.B. (2001) Trade-offs in seedling survival, growth, and physiology among hardwood species of contrasting successional status along a light availability gradient. *Canadian Journal of Frestry Research*, 31, 1602-1616.

Kaiser, J. (2000) Rift over biodiversity divides ecologists. *Science*, 289, 1282-1283.

Kamijo, T., Kitayama, K., Sugawara, A., Urushimichi, S. & Sasai, K. (2002) Primary succession of the warm-temperate broad-leaved forest on a volcanic island, Miyake-jima, Japan. *Folia Geobotanica*, 37, 71-91.

Kaplan, R.H. & Salthe, S.N. (1979) The allometry of reproduction: an empirical view in salamanders. *American Naturalist*, 113, 671-689.

Karban, R. & Baldwin, I.T. (1997) *Induced Responses to Herbivory*. University of Chicago Press, Chicago.

Karban, R., Agrawal, A.A., Thaler, J.S. & Adler, L.S. (1999) Induced plant responses and information content about risk of herbivory. *Trends in Ecology and Evolution*, 14, 443-447.

Kareiva, P. (1990) Population dynamics in spatially complex environments: theory and data. *Philosophical Trasactions of the Royal Society of London, Series B*, 330, 175-190.

Karels, T.J. & Boonstra, R. (2000) Concurrent density dependence and independence in populations of arctic ground squirrels, *Nature*, 408, 460-463.

Karl, B.J. & Best, H.A. (1982) Feral cats on Stewart Island: their foods, and their effects on kakapo. *New Zealand Journal of Zoology*, 9, 287-294.

Karl, D. (1999) A sea of change: biogeochemical variability in the North Pacific subtropical gyre. *Ecosystems*, 2, 181-214.

Katz, L.A. (1998) Changing perspectives on the origin of eukaryotes. *Trends in Ecology and Evolution*, 13, 493-498.

Kautz, G., Zimmer, M. & Topp, W. (2002) Does *Porcellio scabar* (Isopoda: Oniscidea) gain from coprophagy? *Soil Biology and Biochemistry*, 34, 1253-1259.

Kawano, K (2002) Character displacement in giant rhinoceros beetles. *American Naturalist*, 159, 255-271.

Kaye, J.P. & Hart, S.C. (1997) Competition for nitrogen between plants and soil microorganisms. *Trends in Ecology and Evolution*, 12, 139-142.

Kays, S. & Harper, J.L. (1974) The regulation of plant and tiller density in a grass sward. *Journal of Ecology*, 62, 97-105.

Keane, R.M. & Crawley, M.J. (2002) Exotic plant invasions and the enemy release hypothesis. *Trends in Ecology and Evolution*, 17, 164-170.

Keddy, P.A. (1982) Experimental demography of the sand-dune annual, *Cakile edentula*, growing along an environmental gradient in Nova Scotia. *Journal of Ecology*, 69, 615-630.

Keddy, P.A. & Shipley, B. (1989) Competitive heirarchies in herbaceous plant communities. *Oikos*, 54, 234-241.

Keeling, M. (1999) Spatial models of interacting populations. In: *Advanced Ecological Theory* (J. McGlade, ed.), pp. 64-99. Blackwell Science, Oxford.

Kelly, C.A. & Dyer, R.J. (2002) Demographic consequences of inflorescence-feeding insects for *Liatris cylindrica*, an iteroparous perennial. *Oecologia*, 132, 350-360.

Kelly, D. (1994) The evolutionary ecology of mast seeding. *Trends in Ecology and Evolution*, 9, 465-470.

Kelly, D., Harrison, A.L., Lee, W.G., Payton, I.J., Wilson, P.R. & Schauber, E.M. (2000) Predator satiation and extreme mast seeding in 11 species of *Chionochloa* (Poaceae). *Oikos*, 90, 477-488.

Kendall, B.E., Briggs, C.J., Murdoch, W.W. *et al.* (1999) Why do populations cycle? A synthesis of statistical and mechanistic modeling approaches. *Ecology*, 80, 1789-1805.

Kerbes, R.H., Kotanen, P.M. & Jefferies, R.L. (1990) Destruction of wetland habitats by lesser snow geese: a keystone species on the west coast of Hudson Bay. *Journal of Applied Ecology*, 27, 242-258.

Kery, M., Matthies, D. & Fischer, M. (2001) The effect of plant population size on the interactions between the rare Plant *Gentiana cruciata* and its specialized herbivore *Maculinea rebeli*. *Journal of Ecology*, 89, 418-427.

Kessler, A. & Baldwin, I.T. (2004) Herbivore-induced plant vaccination. Part I. The orchestration of plant defences in nature and their fitness consequences in the wild tobacco. *Plant Journal*, 38, 639-649.

Kettlewell, H.B.D. (1955) Selection experiments on industrial melanism in the Lepidoptera. *Heredity*, 9, 323-342.

Khalil, M.A.K. (1999) Non-CO_2 greenhouse gases in the atmosphere. *Annual Review of Energy and the Environment*, 24, 645-661.

Kicklighter, D.W., Bruno, M., Donges, S. *et al.* (1999) A first-order analysis of the potential role of CO_2 fertilization to affect the global carbon budget: a

comparison of four terrestrial biosphere models. *Tellus*, 51B, 343–366.
Kie, J.G. (1999) Optimal foraging and risk of predation: effects on behaviour and social structure in ungulates. *Journal of Mammalogy*, 80, 1114–1129.
Kiers, E.T., Rousseau, R.A., West, S.A. & Denison, R.F. (2003) Host sanctions and the legume-rhizobium mutualism. *Nature*, 425, 78–81.
Kiers, E.T., West, S.A. & Denison, R.F. (2002) Mediating mutualisms: farm management practices and evolutionary changes in symbiont co-operation. *Journal of Applied Ecology*, 39, 745–754.
Kimura, M. & Weiss, G.H. (1964) The stepping stone model of population structure and the decrease of genetic correlation with distance. *Genetics*, 49, 561–576.
Kingsland, S.E. (1985) *Modeling Nature*. University of Chicago Press, Chicago.
Kingston, T.J. & Coe, M.J. (1977) The biology of a giant dung-beetle (*Heliocorpis dilloni*) (Coleoptera: Scarabaeidae). *Journal of Zoology*, 181, 243–263.
Kinnaird, M.F. & O'Brien, T.G. (1991) Viable populations for an endangered forest primate, the Tana River crested mangabey (*Cerocebus galeritus galeritus*). *Conservation Biology*, 5, 203–213.
Kira, T., Ogawa, H. & Shinozaki, K. (1953) Intraspecific competition among higher plants. I. Competition-density-yield inter-relationships in regularly dispersed populations. *Journal of the Polytechnic Institute, Osaka City University*, 4(4), 1–16.
Kirchner, J.W. & Weil, A. (2000) Delayed biological recovery from extinctions throughout the fossil record. *Nature*, 404, 177–180.
Kirk, J.T.O. (1994) *Light and Photosynthesis in Aquatic Ecosystems*. Cambridge University Press, Cambridge, UK.
Kitting, C.L. (1980) Herbivore-plant interactions of individual limpets maintaining a mixed diet of intertidal marine algae. *Ecological Monographs*, 50, 527–550.
Klemola, T., Koivula, M., Korpimaki, E. & Norrdahl, K. (2000) Experimental tests of predation and food hypotheses for population cycles of voles. *Proceedings of the Royal Society of London, Series B*, 267, 352–356.
Klemow, K.M. & Raynal, D.J. (1981) Population ecology of *Melilotusalba* in a limestone quarry. *Journal of Ecology*, 69, 33–44.
Kling, G.W., Kipphut, G.W., Miller, M.M. & O'Brien, W.J. (2000) Integration of lakes and streams in a landscape perspective: the importance of material processing on spatial parterns and temporal coherence. *Freshwater Biology*, 43, 477–497.
Knapp, A.K. & Smith, M.D. (2001) Variation among biomes in temporal dynamics of aboveground primary production. *Science*, 291, 481–484.
Kneidel, K.A. (1984) Competition and disturbance in communities of carrion breeding Diptera. *Journal of Animal Ecology*, 53, 849–865.
Knell, R.J. (1998) Generation cycles. *Trends in Ecology and Evolution*, 13, 186–190.
Knell, R.J., Begon, M. & Thompson, D.J. (1998) Transmission of *Plodia interpunctella* granulosis virus does not conform to the mass action model. *Journal of Animal Ecology*, 67, 592–599.
Knoch, T.R., Faeth, S.H. & Arnott, D.L. (1993) Endophytic fungi alter foraging and dispersal by desert seed-harvesting ants. *Oecologia*, 95, 470–473.
Knops, J.M.H., Bradley, K.L. & Wedin, D.A. (2002) Mechanisms of plant species impacts on ecosystem nitrogen cycling. *Ecology Letters*, 5, 454–466.
Kodric-Brown, A. & Brown, J.M. (1993) Highly structured fish communities in Australian desert springs. *Ecology*, 74, 1847–1855.
Koenig, W.D. & Knops, J.M.H. (1998) Scale of mast-seeding and treering growth. *Nature*, 396, 225–226.
Kohler, S.L. (1992) Competition and the structure of a benthic stream community. *Ecological Monographs*, 62, 165–188.
Kohler, S.L. & Wiley, M.J. (1997) Pathogen outbreaks reveal large-scale effects of competition in stream communities. *Ecology*, 78, 2164–2176.
Koller, D. & Roth, N, (1964) Studies on the ecological and physiological significance of amphicarpy in *Gymnarrhena micrantha* (Compositae). *American Journal of Botany*, 51, 26–35.
Korotkov, V.N., Logofet, D.O. & Loreau, M. (2001) Succession in mixed boreal forest in Russia: Markov models and non-Markov effects. *Ecological Modelling*, 142, 25–38.
Korpimaki, E., Klemola, T., Norrdahl, K. *et al.* (2003) Vole cycles and predation. *Trends in Ecology and Evolution*, 18, 494–495.
Korpimaki, E., Norrdahl, K., Klemola, T., Pettersen, T. & Stenseth, N.C. (2002) Dynamic effects of predators on cyclic voles: field experimentation and model extrapolation. *Proceedings of the Royal*

Society of London, Series B, 269, 991–997.

Kosola, K.R., Dickmann, D.I. & Parry, D. (2002) Carbohydrates in individual poplar fine roots: effects of root age and defoliation. *Tree Physiology*, 22, 741–746.

Kozlowski, J. (1993) Measuring fitness in life-history studies. *Trends in Ecology and Evolution*, 7, 155–174.

Kraft, C.E. & Johnson, L.E. (2000) Regional differences in rates and patterns of North American inland lake invasions by zebra mussels *(Dreissena polymorpha)*. *Canadian Journal of Fisheries and Aquatic Sciences*, 57, 993–1001.

Kratz, T.K., Webster, K.E., Bowser, C.J., Magnuson, J.J. & Benson, B.J. (1997) The influence of landscape position on lakes in northern Wisconsin. *Freshwater Biology*, 37, 209–217.

Krause, A.E., Frank, K.A., Mason, D.M., Ulanowicz, R.E. & Taylor, W.W. (2002) Compartments revealed in food-web structure. *Nature*, 426, 282–285.

Krebs, C.J. (1972) *Ecology*. Harper & Row, New York.

Krebs, C.J. (1999) *Ecological Methodology*, 2nd edn. Addison-Welsey Educational, Menlo Park, CA.

Krebs, C.J. (2003) How does rodent behaviour impact on population dynamics? In: *Rats, Mice and People: rodent biology and management* (G.R. Singleton, L.A. Hynds, C.J. Krebs & D.J. Spratt, eds), pp. 117–123. Australian Centre for International Agricultural Research, Canberra.

Krebs, C.J., Boonstra, R., Boutin, S. & Sinclair, A.R.E. (2001) What drives the 10-year cycle of snowshoe hares? *Bioscience*, 51, 25–35.

Krebs, C.J., Boutin, S., Boonstra, R. *et al.* (1995) Impact of food and predation on the snowshoe hare cycle. *Science*, 269, 1112–1115.

Krebs, C.J., Sinclair, A.R.E., Boonstra, R., Boutin, S., Martin, K. & Smith, J.N.M. (1999) Community dynamics of vertebrate herbivores: how can we untangle the web? In: *Herbivores: between plants and predators* (H. Olff, V.K. Brown & R.H. Drent, eds), pp. 447–473. Blackwell Science, Oxford.

Krebs, J.R. (1971) Territory and breeding density in the great tit, *Parus major* L. *Ecology*, 52, 2–22.

Krebs, J.R. (1978) Optimal foraging: decision rules for predators. In: *Behavioural Ecology: an evolutionary approach* (J.R. Krebs & N.B. Davies, eds), pp. 23–63. Blackwell Scientific Publications, Oxford.

Krebs, J.R. & Davies, N.B. (1993) *An Introduaion to Behavioural Ecology*, 3rd edn. Blackwell Scientific Publications, Oxford.

Krebs, J.R. & Kacelnik, A. (1991) Decision-making. In: *Behavioural Ecology: an evolutionary approach*, 3rd edn (J.R. Krebs & N.B. Davies, eds), pp. 105–136. Blackwell Scientific Publications, Oxford.

Krebs, J.R., Erichsen, J.T., Webber, M.I. & Charnov, E.L. (1977) Optimal prey selection in the great tit (*Parus major*). *Animal Behaviour*, 25, 30–38.

Krebs, J.R., Stephens, D.W. & Sutherland, W.J. (1983) Perspectives in optimal foraging. In: *Perspectives in Ornithology* (A.H. Brush & G.A. Clarke, Jr., eds), pp. 165–216. Cambridge University Press, New York.

Kreitman, M., Shorrocks, B. & Dytham, C. (1992) Genes and ecology: two alternative perspectives using *Drosophila*. In: *Genes in Ecology* (R.J. Berry, T.J. Crawford & G.M. Hewitt, eds), pp. 281–312. Blackwell Scientific Publications, Oxford.

Kriticos, D.J., Sutherst, R.W., Brown, J.R., Adkins, S.W. & Maywald, G.F. (2003) Climate change and the potential distribution of an invasive alien plant: *Acacia nilotica* spp. *indica* in Australia. *Journal of Applied Ecology*, 40, 111–124.

Kronfeld-Schor, N. & Dayan, T. (2003) Partitioning of time as an ecological resource. *Annual Review of Ecology, Evolution and Systematics*, 34, 153–181.

Kubanek, J., Whalen, K.E., Engel, S. *et al.* (2002) Multiple defensive roles for triterpene glycosides from two Caribbean sponges. *Oecologia*, 131, 125–136.

Kullberg, C. & Ekman, J. (2000) Does predation maintain tit community diversity? *Oikos*, 89, 41–45.

Kunert, G. & Weisser, W.W. (2003) The interplay between density-and trait-mediated effects in predator-prey interactions: a case study in aphid wing polymorphism. *Oecologia*, 135, 304–312.

Kunin, W.E. & Gaston, K.J. (1993) The biology of rarity: patterns, causes and consequences. *Trends in Ecology and Evolution*, 8, 298–301.

Kuno, E. (1991) Some strange properties of the logistic equation defined with r and K: inherent defects or artifacts? *Researches on Population Ecology*, 33, 33–39.

Laakso, J., Setala, H. & Palojarvi, A. (2000) Influence of decomposer food web structure and nitrogen availabiliity on plant growth. *Plant and Soil*, 225, 153–165.

Labbé, P. (1994) Régénération après passage du cyclone

Hugo en forĕt dense humide de Guadeloupe. *Acta Ecologica*, 15, 301–315.
Lack, D. (1947) The significance of clutch size. *Ibis*, 89, 302–352.
Lack, D. (1963) Cuckoo hosts in England. (With an appendix on the cuckoo hosts in Japan, by T. Royama.) *Bird Study*, 10, 185–203.
Lacy, R.C. (1993) VORTEX: a computer simulation for use in population viability analysis. *Wildlife Research*, 20, 45–65.
Lambin, X. & Krebs, C.J. (1993) Influence of female relatedness on the demography of Townsend's vole populations in spring. *Journal of Animal Ecology*, 62, 536–550.
Lambin, X. & Yoccoz, N.G. (1998) The impact of population kinstructure on nestling survival in Townsend's voles, *Microtus townsendii*. *Journal of Animal Ecology*, 67, 1–16.
Lambin, X., Aars, J. & Piertney, S.B. (2001) Dispersal, intraspecific competition, kin competition and kin facilitation: a review of the empirical evidence. In: *Dispersal* (J. Clobert, E. Danchin, A.A. Dhondt & J.D. Nichols, eds), pp. 110–122. Oxford University Press, Oxford.
Lambin, X., Krebs, C.J., Moss, R., Stenseth, N.C. & Yoccoz, N.G. (1999) Population cycles and parasitism. *Science* (technical comment), 286, 2425a.
Lambin, X., Petty, S.J. & MacKinnon, J.L (2000) Cyclic dynamics in field vole populations and generalist predation. *Journal of Animal Ecology*, 69, 106–118.
Lande, R. (1993) Risks of population extinction from demographic and environmental stochasticity, and random catastrophes. *American Naturalist*, 142, 911–927.
Lande, R. & Barrowclough, G.F. (1987) Effective population size, genetic variation, and their use in population management. In: *Viable Populations for Conservation* (M.E. Soulé, ed.), pp. 87–123. Cambridge University Press, Cambridge, UK.
Landeweert, R., Hoffland, E., Finlay, R.D., Kuyper, T.W. & van Breemen, N. (2001) Linking plants to rocks: ectomycorrhizal fungi mobilize nutrients from minerals. *Trends in Ecology and Evolution*, 16, 248–254.
Larcher, W. (1980) *Physiological Plant Ecology*, 2nd edn. Springer-Verlag, Berlin.
Lathrop, R.C., Johnson, B.M., Johnson, T.B. et al. (2002) Stocking piscivores to improve fishing and water clarity: a synthesis of the Lake Mendota biomanipulation project. *Freshwater Biology*, 47, 2410–2424.
Laurance, W.F. (2001) Future shock: forecasting a grim fate for the Earth. *Trends in Ecology and Evolution*, 16, 531–533.
Law, B.E., Thornton, P.E., Irvine, J., Anthoni, P.M. & van Tuyl, S. (2001) Carbon storage and fluxes in ponderosa pine forests at different developmental stages. *Global Climate Change*, 7, 755–777.
Law, R. & Watkinson, A.R. (1987) Response-surface analysis of two-species competition: an experiment on *Phleum arenarium* and *Vulpia fasciculata*. *Journal of Ecology*, 75, 871–886.
Law, R. & Watkinson, A.R. (1989) Competition. In: *Ecological Concepts* (J.M. Cherrett, ed.), pp. 243–284. Blackwell Scientific Publications, Oxford.
Lawler, I.R., Foley, W.J. & Eschler, B.M. (2000) Foliar concentration of a single toxin creates habitat patchiness for a marsupial folivore. *Ecology*, 81, 1327–1338.
Lawler, S.P. Morin, P.J. (1993) Temporal overlap, competition, and priority effects in larval anurans. *Ecology*, 74, 174–182.
Lawlor, L.R. (1978) A comment on randomly constructed ecosystem models. *American Naturalist*, 112, 445–447.
Lawlor, L.R. (1980) Structure and stability in natural and randomly constructed competitive communities. *American Naturalist*, 116, 394–408.
Lawton, J.H. (1984) Non-competitive populations, non-convergent communities, and vacant niches: the herbivores of bracken. In: *Ecological Communities Conceptual Issues and the Evidence* (D.R. Strong, D. Simberloff, L.G. Abele & A.B. Thistle, eds), pp. 67–100. Princeton University Press, Princeton, NJ.
Lawton, J.H. (1989) Food webs. In: *Ecological Concepts* (J.M. Cherrett, ed.), pp. 43–78. Blackwell Scientific Publications, Oxford.
Lawton, J.H. & May, R.M. (1984) The birds of Selborne. *Nature*, 306, 732–733.
Lawton, J.H. & Woodroffe, G.L. (1991) Habitat and the distribution of water voles: why are there gaps in a species' range? *Journal of Animal Ecology*, 60, 79–91.
Le Cren, E.D. (1973) Some examples of the mechanisms that control the population dynamics of salmonid fish. In: *The Mathematical Theory of the Dynamics of Biological Populations* (M.S.

Bartlett & R.W. Hiorns, eds), pp. 125–135. Academic Press, London.

Lee, C.-S., You, Y.-H. & Robinson, G.R. (2002) Secondary succession and natural habitat restoration in abandoned rice fields of central Korea. *Restoration Ecology*, 10, 306–314.

Lee, W.G. & Jamieson, I.G. (eds) (2001) *The Takahe: fifty years of conservation management and research*. University of Otago Press, Dunedin, New Zealand.

Leigh, E. (1975) Population fluctuations and community structure. In: *Unifying Concepts in Ecology* (W.H. van Dobben & R.H. Lowe-McConnell, eds), pp. 67–88. Junk, The Hague.

Leirs, H., Stenseth, N.C., Nichols, J.D., Hines, J.E., Verhagen, R. & Verheyen, W. (1997) Stochastic seasonality and non-linear density dependent factors regulate population size in an African rodent. *Nature*, 389, 176–180.

Lekve, K., Ottersen, G., Stenseth, N.C. & Gjøsæter, J. (2002) Length dynamics in juvenile coastal Skagerrak cod: effects of biotic and abiotic processes. *Ecology*, 86, 1676–1688.

Lennartsson, T., Nilsson, P. & Tuomi, J. (1998) Induction of over-compensation in the field gentian, *Gentianella campestris*. *Ecology*, 79, 1061–1072.

Lessells, C.M. (1991) The evolution of life histories. In: *Behavioural Ecology*, 3rd edn (J.R. Krebs & N.B. Davies, eds), pp. 32–68. Blackwell Scientific Publications, Oxford.

Letourneau, D.K & Dyer, L.A. (1998a) Density patterns of *Piper* ant-plants and associated arthropods: top-predator trophic cascades in a terrestrial system? *Biotropica*, 30, 162–169.

Letourneau, D.K. & Dyer, L.A. (1998b) Experimental test in a low-land tropical forest shows top-down effects through four trophic levels. *Ecology*, 79, 1678–1687.

Leverich W.J. & Levin, D.A. (1979) Age-specific survivorship and reproduction in *Phlox drummondii*. *American Naturalist*, 113, 881–903.

Levey, D.J. (1988) Tropical wet forest treefall gaps and distributions of understorey birds and plants. *Ecology*, 69, 1076–1089.

Levins, R. (1968) *Evolution in Changing Environments*. Princeton University Press, Princeton, NJ.

Levins, R. (1969) Some demographic and genetic consequences of environmental heterogeneity for biological control. *Bulletin of the Entomological Society of America*, 15, 237–240.

Levins, R. (1970) Extinction. In: *Lectures on Mathematical Analysis of Biological Phenomena*, pp. 123–138. Annals of the New York Academy of Sciences, Vol. 231.

Lewontin, R.C. & Levins, R. (1989) On the characterization of density and resource availability. *American Naturalist*, 134, 513–524.

Lichter, J. (2000) Colonization constraints during primary succession on coastal Lake Michigan sand dunes. *Journal of Ecology*, 88, 825–839.

Lidicker, W.Z. Jr. (1975) The role of dispersal in the demography of small mammal populations. In: *Small Mammals their productivity and population dynamics* (K. Petruscwicz, F.B. Golley & L. Ryszkowski, eds), pp. 103–128. Cambridge University Press, New York.

Likens, G.E. (1992) *The Ecosystem Approach: its use and abuse*. Excellence in Ecology, Book 3. Ecology Institute, Oldendorf-Luhe, Germany.

Likens, G.E. & Bormann, F.G. (1975) An experimental approach to New England landscapes. In: *Coupling of Land and Water Systems* (A.D. Hasler, ed.), pp. 7–30. Springer-Verlag, New York.

Likens, G.E. Bormann, F.H., Pierce, R.S. & Fisher, D.W. (1971) Nutrient-hydrologic cycle interaction in small forested watershed ecosystems. In: *Productivity of Forest Ecosystems* (P, Duvogneaud, ed.), pp. 553–563. UNESCO, Paris.

Lillebo, A.I., Flindt, M.R., Pardal, M.A. & Marques, J.C. (1999) The effect of macrofauna, meiofauna and microfauna on the degradation of *Spartina maritima* detritus from a salt marsh area. *Aacta Oecologica*, 20, 249–258.

Lima, M., Keymer, J.E. & Jaksic, F.M. (1999) El Niño-Southern Oscillation-driven rainfall variability and delayed density dependence cause rodent outbreaks in western South America: linking demography and population dynamics. *American Naturalist*, 153, 476–491.

Lin, B., Sakoda, A., Shibasaki, R., Goto, N. & Suzuki, M. (2000) Modelling a global biogeochemical nitrogen cycle in terrestrial ecosystems. *Ecological Modelling*, 135, 89–110.

Lindemann, R.L. (1942) The trophic-dynamic aspect of ecology. *Ecology*, 23, 399–418.

Lochmiller, R.L. & Derenberg, C. (2000) Trade-offs in evolutionary immunology: just what is the cost of immunity? *Oikos*, 88, 87–98.

Lofgren, A. & Jerling, L. (2002) Species richness,

extinction and immigration rates of vascular plants on islands in the Stockholm Archipelago, Sweden, during a century of ceasing management. *Folia Geobotanica*, 37, 297–308.

Loik, M.E. & Nobel, P.S. (1993) Freezing tolerance and water relations of *Opuntia fragilis* from Canada and the United States. *Ecology*, 74, 1722–1732.

Loladze, I. (2002) Rising atmospheric CO2 and human nutrition: toward globally imbalanced plant stoichiometry? *Trends in Ecology and Evolution*, 17, 457–461.

Long, S.P., Humphries, S. & Falkowski, P.G. (1994) Photoinhiibition of photosynthesis in nature. *Annual Review of Plant Physiology and Plant Molecular Biology*, 45, 633–662.

Lonsdale, W.M. (1990) The self-thinning rule: dead or alive? *Ecology*, 71, 1373–1388.

Lonsdale, W.M. & Watkinson, A.R. (1983) Light and self-thinning. *New Phytologist*, 90, 43 1–435.

Loreau, M. (2000) Are communities saturated? On the relationship between α, β and γ diversity. *Ecology Letters*, 3, 73–76.

Loreau, M., Naeem, S., Inchausti, P. et al. (2001) Biodiversity and ecosystem functioning: current knowledge and future challenges. *Science*, 294, 804–808.

Losos, E. (1993) The future of the US Endangered Species Act. *Trends in Ecology and Evolution*, 8, 332–336.

Losos, J.B. (1992) The evolution of convergent structure in Caribbean Anolis communities. *Systematic Biology*, 41, 403–420.

Losos, J.B., Jackman, T.R., Larson, A., de Queiroz, K. & Rodriguez-Schettino, L. (1998) Contingency and determinism in replicated adaptive radiations of island lizards. *Science*, 279, 2115–2118.

Lotka, A.J. (1932) The growth of mixed populations: two species competing for a common food supply. *Journal of the Washington Academy of Sciences*, 22, 461–469.

Loucks, C.J., Zhi, L., Dinerstein, E., Dajun, W., Dali, F. & Hao, W. (2003) The giant pandas of the Qinling Mountains, China: a case study in designing conservation landscapes for elevational migrants. *Conservation Biology*, 17, 558–565.

Louda, S.M. (1982) Distribution ecology: variation in plant recruitment over a gradient in relation to insect seed predation. *Ecological Monographs*, 52, 25–41.

Louda, S.M. & Rodman, J.E. (1996) Insect herbivory as a major factor in the shade distribution of a native crucifer (*Cardamine cordifolia* A. Gray, bittercress). *Journal of Ecology*, 84, 229–237.

Louda, S.M., Arnett, A.E., Rand, T.A. & Russell, F.L (2003a) Invasiveness of some biological control insects and adequacy of their ecological risk assessment and regulation. *Conservation Biology*, 17, 73–82.

Louda, S.M., Kendall, D., Connor, J. et al. (1997) Ecological effects of an insect introduced for the biological control of weeds. *Science*, 277, 1088–1990.

Louda, S.M., Pemberton, R.W., Johnson, M.T. & Follett, P.A. (2003b) Non-target effects-the Achilles' heel of biological control? Retrospective analyses to reduce risk associated with biocontrol introductions. *Annual Review of Entomology*, 48, 365–396.

Lovett Doust, J., Schmidt, M. & Lovett Doust, L. (1994) Biological assessment of aquatic pollution: a review, with emphasis on plants as biomonitors. *Biological Reviews*, 69, 147–186.

Lovett Doust, L. & Lovett Doust, J. (1982) The battle strategies of plants. *New Scientist*, 95, 81–84.

Lowe, V.P.W. (1969) Population dynamics of the red deer (*Cervus elaphus* L.) on Rhum. *Journal of Animal Ecology*, 38, 425–457.

Lubchenco, J. (1978) Plant species diversity in a marine intertidal community: importance of herbivore food preference and algal competitive abilities. *Amelican Naturalist*, 112, 23–39.

Lubchenco, J., Olson, A.M., Brubaker, L.B. et al. (1991) The sustainable biosphere initiative: an ecological research agenda. *Ecology*, 72, 371–412.

Luckmann, W.H. & Decker, G.C. (1960) A 5-year report on observations in the Japanese beetle control area of Sheldon, Illinois. *Journal of Economic Entomology*, 53, 821–827.

Lui, Y.B., Tabashnik, B.E., Dennehy, T.J. et al. (2001) Effects of Bt cotton and Cry1Ac toxin on survival and development of pink bollworm (Lepidoptera: Gelechiidae). *Journal of Economic Entomology*, 94, 1237–1242.

Lukens, R.J. & Mullany, R. (1972) The influence of shade and wet on southern corn blight. *Plant Disease Reporter*, 56, 203–206.

Luo, T., Li, W. & Zhu, H. (2002) Estimated biomass and productivity of natural vegetation on the Tibetan

Plateau. *Ecological Applications*, 12, 980–997.

Lussenhop, J. (1992) Mechanisms of microarthropod-microbial interactions in soil. *Advances in Ecological Research*, 23, 1–33.

MacArthur, J.W. (1975) Environmental fluctuations and species diversity. In: *Ecology and Evolution of Communities* (M.L. Cody & J.M. Diamond, eds), pp. 74–80. Belknap, Cambridge, MA.

MacArthur, R.H. (1955) Fluctuations of animal populations and a measure of community stability. *Ecology*, 36, 533–536.

MacArthur, R.H. (1962) Some generalized theorems of natural selection. *Proceedings of the National Academy of Science of the USA*, 48, 1893–1897.

MacArthur, R.H. (1972) *Geographical Ecology*. Harper & Row, New York.

MacArthur, R.H. & Levins, R. (1964) Competition, habitat selection and character displacement in a patchy environment. *Proceedings of the National Academy of Sciences*, 51, 1207–1210.

MacArthur, R.H. & Levins, R. (1967) The limiting simularity, convergence and divergence of coexisting species. *American Naturalist*, 101, 377–385.

MacArthur, R.H. & Pianka, E.R. (1966) On optimal use of a patchy environment. *American Naturalist*, 100, 603–609.

MacArthur, R.H. & Wilson, E.O. (1967) *The Theory Island Biogeography*. Princeton University Press, Princeton, NJ.

McCallum, H., Barlow, N. & Hone, J. (2001) How should pathogen transmission be modelled? *Trends in Ecology and Evolution*, 16, 295–300.

McCann, K. & Hastings, A. (1997) Re-evaluating the omnivory-stability relationship in food webs. *Proceedings of the Royal Society of London, Series B*, 264, 1249–1254.

McCune, D.C. & Boyce, R.L. (1992) Precipitation and the transfer of water, nutrients and pollutants in tree canopies. *Trends in Ecology and Evolution*, 7, 4–7.

MacDonald, A.S., Araujo, M.I. & Pearce, E.J. (2002) Immunology and parasitic helminth infections. *Infection and Immunity*, 70, 427–433.

Mace, G.M. (1994) An investigation into methods for categorizing the conservation status of species. In: *Large-Scale Ecology and Conservation Biology* (P.J. Edwards, R.M. May & N.R. Webb, eds), pp. 293–312. Blackwell Scientific Publications, Oxford.

Mace, G.M. & Lande, R. (1991) Assessing extinction threats: toward a reevaluation of IUCN threatened species categories. *Conservation Biology*, 5, 148–157.

McGrady-Steed, J., Harris, P.M. & Morin, P.J. (1997) Biodiversity regulates ecosystem predictability. *Nature*, 390, 162–165.

Mack, R.N., Simberloff, D., Lonsdale, W.M., Evans, H., Clout, M. & Bazzaz, F.A. (2000) Biotic invasions: causes, epidemiology, global consequences and control. *Ecological Applications*, 10, 689–710.

McIntosh, A.R. & Townsend, C.R. (1994) Interpopulation variation in mayfly anti-predator tactics: differential effects of contrasting fish predators. *Ecology*, 75, 2078–2090.

McKane, R.B., Johnson, L.C., Shaver, G.R. *et al.* (2002) Resource-based niches provide a basis for plant species diversity and dominance in arctic tundra. *Nature*, 415, 68–71.

McKay, J.K., Bishop, J.G., Lin, J.-Z., Richards, J.H., Sala, A. & Mitchell-Olds, T. (2001) Local adaptation across a climatic gradient despite small effective population size in the rare sapphire rockcress. *Proceedings of the Royal Society of London, Series B*, 268, 1715–1721.

McKenzie, N.L. & Rolfe, J.K. (1986) Structure of bat guilds in the Kimberley mangroves, Australia. *Journal of Animal Ecology*, 55, 401–420.

McKey, D. (1979) The distribution of secondary compounds within plants. In: *Herbivores: their interaction with secondary plant metabolites* (G.A. Rosenthal & D.H. Janzen, eds), pp. 56–134. Academic Press, New York.

MacKinnon, K. (1998) Sustainable use as a conservation tool in the forests of South-East Asia. In: *Conservation of Biological Resources* (E.J. Milner-Gulland & R. Mace, eds), pp. 174–192. Blackwell Science, Oxford.

McKone, M.J., Kelly, D. & Lee, W.G. (1998) Effect of climate change on mast-seeding species: frequency of mass flowering and escape from specialist insect seed predators. *Global Change Biology*, 4, 591–596.

MacLachlan, A.J., Pearce, L.J. & Smith, J.A, (1979) Feeding interactions and cycling of peat in a bog lake. *Journal of Animal Ecology*, 48, 851–861.

MacLulick, D.A. (1937) Fluctuations in numbers of the varying hare (*Lepus americanus*). *University of Toronto Studies, Biology Series*, 43, 1–136.

McMahon, T. (1973) Size and shape in biology. *Science*,

179, 1201-1204.

McNaughton, S.J. (1975) r-and k-selection in *Typha*. *American Naturalist*, 109, 251-261.

McNaughton, S.J. (1977) Diversity and stability of ecological communities: a comment on the role of empiricism in ecology. *American Naturalist*, 111, 515-525.

McNaughton, S.J. (1978) Stability and diversity of ecological communities. *Nature*, 274, 251-253.

Maguire, L.A., Seal, U.S. & Brussard, P.F. (1987) Managing critically endangered species: the Sumatran rhino as a case study. In: *Viable Populations for Conservation* (M.E. Soulé, ed.), pp. 141-158. Cambridge University Press, Cambridge, UK.

Mahaman, B.D., Passam, H.C., Sideridis, A.B. & Yialouris, C.P. (2003) DIARES-IPM: a diagnostic advisory rule-based expert system for integrated pest management in solanaceous crop systems. *Agricultural Systems*, 76, 1119-1135.

Malmqvist, B., Wotton, R.S. & Zhang, Y. (2001) Suspension feeders transform massive amounts of seston in large northern rivers. *Oikos*, 92, 35-43.

Marchetti, M.P. & Moyle, P.B. (2001) Effects of flow regime on fish assemblages in a regulated California stream. *Ecological Applications*, 11, 530-539.

Marcos, G.M., & Lancho, J.F.G. (2002) Atmospheric deposition in oligotrophic *Quercus pyrenaica* forests: implications for forest nutrition. *Forest Ecology and Management*, 171, 17-29.

Margules, C.R. & Pressey, R.L. (2000) Systematic conservation planning. *Nature*, 405, 243-253.

Margulis, L. (1975) Symbiotic theory of the origin of eukaryotic organelles. In: *Symbiosis* (D.H.Jennings & D.L. Lee, eds), pp. 21-38. Symposium 29, Society for Experimental Biology. Cambridge University Press, Cambridge, UK.

Margulis, L. (1996) Archaeal-eubacterial mergers in the origin of Eukarya: phylogenetic classification of life. *Proceedings of the National Academy of Sciences of the USA*, 93, 1071-1076.

Maron, J.L., Combs, J.K. & Louda, S.M. (2002) Convergent demographic effects of insect attack on related thistles in coastal vs continental dunes. *Ecology*, 83, 3382-3392.

Marsden-Smedley, J.B. & Kirkpatrick, J.B. (2000) Fire management in Tasmania's Wilderness World Heritage Area: ecosystem restoration using indigenous-style fire regimes. *Ecological Management and Restoration*, 1, 195-203.

Marshall, I.D. & Douglas, G.W. (1961) Studies in the epidemiology of infectious myxomatosis of rabbits. VIII. Further observations on changes in the innate resistance of Australian wild rabbits exposed to myxomatosis. *Journal of Hygiene*, 59, 117-122.

Martin, M.M. (1991) The evolution of cellulose digestion in insects. In: *The Evolutionary Interaction of Animals and Plant* (W.G. Chaloner, J.L. Harper & J.H. Lawton, eds), pp. 105-112. The Royal Society, London; also in *Philosophical Transactions of the Royal Society of London, Series B*, 333, 281-288.

Martin, P.R. & Martin, T.E. (2001) Ecological and fitness consequences of species coexistence: a removal experiment with wood warblers. *Ecology*, 82, 189-206.

Martin, P.S. (1984) Prehistoric overkill: the global model. In: *Quaternary Extinctions: a Prehistoric revolution* (P.S. Martin & R.G. Klein, eds), pp. 354-403. University of Arizona Press, Tuscon, AZ.

Martinez, N.D. (1991) Artefacts or attributes? Effects of resolution on the Little Rock Lake food web. *Ecological Monographs*, 61, 367-392.

Martinez, N.D. (1993) Effects of resolution on food web structure. *Oikos*, 66, 403-412.

Marzusch, K. (1952) Untersuchungen über di Temperaturabhäng igkeit von Lebensprozessen bei Insekten unter besonderer Berücksichtigung winter-schlantender Kartoffelkäfer. *Zeitschrift für vergleicherde Physiologie*, 34, 75-92.

Matter, S.F., Hanski, I. & Gyllenberg, M. (2002) A test of the meta-population model of the species-area relationship. *Journal of Biogeography*, 29, 977-983.

Matthaei, C.D. & Townsend, C.R. (2000) Long-term effects of local disturbance history on mobile stream invertebrates. *Oecologia*, 125, 119-126.

Matthaei, C.D., Peacock, K.A. & Townsend, C.R. (1999) Scour and fill patterns in a New Zealand stream and potential implications for invertebrate refugia. *Freshwater Biology*, 42, 41-58.

Matthiopoulos, J., Moss, R., Mougeot, F., Lambin, X. & Redpath, S.M. (2003) Territorial behaviour and population dynamics in red grouse *Lagopus lagopus scoticus*. II. Population models. *Journal of Animal Ecology*, 72, 1083-1096.

May, R.M. (1972) Will a large complex system be stable? *Nature*, 238, 413-414.

May, R.M. (1973) On relationships among various types of population models. *American Naturalist*, 107, 46–57.

May, R.M. (1975a) Biological populations obeying difference equations: stable points, stable cycles and chaos. *Journal of Theoretical Biology*, 49, 511–524.

May, R.M. (1975b) Patterns of species abundance and diversity. In: *Ecology and Evolution of Communities* (M.L. Cody & J.M. Diamond, eds), pp. 81–120. Belknap, Cambridge, MA.

May, R.M. (1976) Estimating r: a pedagogical note. *American Naturalist*, 110, 496–499.

May, R.M. (1978) Host-parasitoid systems in patchy environments: a phenomenological model. *Journal of Animal Ecology*, 47, 833–843.

May, R.M. (1981) Models for two interacting populations. In: *Theoretical Ecology: principles and applications*, 2nd edn (R.M. May, ed.), pp. 78–104. Blackwell Scientific Publications, Oxford.

May, R.M. (1990) How many species? *Philosophical Transactions of the Royal Society of London, Series B*, 330, 293–304.

May, R.M. & Anderson, R.M. (1979) Population biology of infectious diseases. *Nature*, 280, 455–461.

May, R.M. & Anderson, R.M. (1983) Epidemiology and genetics in the coevolution of parasites and hosts. *Proceedings of the Royal Society of London, Series B*, 219, 281–313.

Mayer, G.C. & Chipley, R.M. (1992) Trnover in the avifauna of Guana Island, British Virgin Islands. *Journal of Animal Ecology*, 61, 561–566.

Maynard Smith, J. (1972) *On Evolution*. Edinburgh University Press, Edinburgh.

Maynard Smith, J. & Slatkin, M. (1973) The stability of predator-prey systems. *Ecology*, 54, 384–391.

Mehner, T., Benndorf, J., Kasprzak, P. & Koschel, R. (2002) Biomanipulation of lake ecosystems: successful applications and expanding complexity in the underlying science. *Freshwater Biology*, 47, 2453–2465.

Meijer, M.-L., de Boois, I., Scheffer, M., Portielje, R. & Hosper, H. (1999) Biomanipulation in shallow lakes in the Netherlands: an evaluation of 18 case studies. *Hydrobiologia*, 408/9, 13–30.

Menalled, F.D., Gross, K.L. & Hammond, M. (2001) Weed above-ground and seedbank community responses to agricultural management systems. *Ecological Applications*, 11, 1586–1601.

Menge, B.A. & Sutherland, J.P. (1976) Species diversity gradients: synthesis of the roles of predation, competition, and temporal heterogeneity. *American Naturalist*, 110, 351–369.

Menge, B.A. & Sutherland, J.P. (1987) Commumity regulation: variation in disturbance, competition, and predation in relation to environmental stress and recruitment. *American Naturalist*, 130, 730–757.

Menge, B.A., Lubchenco, J., Gaines, S.D. & Ashkenas, L.R. (1986) A test of the Menge-Sutherland model of community organization in a tropical rocky intertidal food web. *Oecologia*, 71, 75–89.

Menges, E.S. (2000) Population viability analyses in plants: challenges and opportunities. *Trends in Ecology and Evolution*, 15, 51–56.

Menges, E.S. & Dolan, R.W. (1998) Demographic viability of populations of *Silene regia* in midwestern prairies: relationships with fire management, genetic variation, geographic location, population size and isolation. *Journal of Ecology*, 86, 63–78.

Merryweather, J.W. & Fitter, A.H. (1995) Phosphorus and carbon budgets: mycorrhizal contribution in *Hyacinthoides non-scripta* (L.) Chouard ex Rothm. under natural conditions. *New Phytologist*, 129, 619–627.

Metcalf, R.L. (1982) Insecticides in pest management. In: *Introduction to Insect Pest Management*, 2nd edn (R.L. Metcalf & W.L Lucknann, eds), pp. 217–277. Wiley, New York.

Meyer, A. (1993) Phylogenetic relationships and evolutionary processes in East African cichlid fishes. *Trends in Ecology and Evolution*, 8, 279–284.

Micheli, F., Peterson, C.H., Mullineaux, L.S. et al. (2002) Predation structures communities at deep-sea hydrothermal vents. *Ecological Monographts*, 72, 365–382.

Mikola, J., Salonen, V. & Setala, H. (2002) Studying the effects of plant species richness on ecosystem functionlng: does the choice of experimental design matter? *Oecologia*, 133, 594–598.

Milinski, M. & Parker, G.A. (1991) Competition for resources. In: *Behavioural Ecology: an evolutionary approach*, 3rd edn (J.R. Krebs & N.B. Davies, eds), pp. 137–168. Blackwell Scientific Publications, Oxford.

Miller, G.T. Jr. (1988) *Environmentall Science*, 2nd edn. Wadsworth, Belmont.

Milliman, J.D. (1997) Blessed dams or damned dams? *Nature*, 386, 325–326.

Mills, J.A., Lavers, R.B. & Lee, W.G. (1984) The takahe-a relict of the Pleistocene grassland avifauna of New Zealand. *New Zeatand journal of Ecology*, 7, 57–70.

Mills, L.S., Soule, M.E. & Doak, D.F. (1993) The keystone-species concept in ecology and conservation. *Bioscience*, 43, 219–224.

Milne, L.J. & Milne, M. (1976) The social behaviour of burying beetles. *Scientific American*, August, 84–89.

Milncr-Gulland, E.J. & Mace, R. (1998) *Conservation of Biological Resources*. Blackwell Science, Oxford.

Minorsky, P.V. (1985) An heuristic hypothesis of chilling injury in plants: a role for calcium as the primary physiological transducer of injury. *Plant Cell and Environment*, 8, 75–94.

Mistri, M. (2003) Foraging behaviour and mutual interference in the Mediterranean shore crab, *Carcinus aestuarii*, preying upon the immigrant mussel *Musculista senhousia*. *Estuarine, Coastal and Shelf Science*, 56, 155–159.

Mittelbach, G.G. Steiner, C.F., Scheiner, S.M. *et al.* (2001) What is the observed relationship between species richness and productivity? *Ecology*, 82, 2381–2396.

Moilanen, A., Smith, A.T. & Hanski, I. (1998) Long-term dynamics in a metapopulation of the American pika. *American Naturalist*, 152, 530–542.

Montagnes, D.J.S., Kimmance, S.A. & Atkinson, D. (2003) Using Q10, can growth rates increase linearly with temperature? *Aquatic Microbial Ecology*, 32, 307–313.

Montague, J.R., Mangan, R.L. & Starmer, W.T. (1981) Reproductive allocation in the Hawaiian Drosophilidae: egg size and number. *American Naturalist*, 118, 865–871.

Mooney, H.A. & Gulmon, S.L. (1979) Enironmental and evolutionary constraints on the photosynthetic pathways of higher plants. In: *Topics in Plant Population Biology* (O.T. Solbrig, S. Jain, G.B. Johnson & P.H. Raven, eds), pp. 316–337. Columbia University Press, New York.

Mooney, H.A., Vitousek, P.M. & Matson, P.A. (1987) Exchange of materials between terrestrial ecosystems and the atmosphere, *Science*, 238, 926–932.

Moran, N.A., Munson, M.A., Baumann, P. & Ishikawa, H. (1993) A molecular clock in endosymbiotic bacteria is calibrated using the insect hosts. *Proceedings of the Royal Society of London, Series B*, 253, 167–171.

Moreau, R.E. (1952) The place of Africa in the palaearctic migration system. *Jounal of Animal Ecology*, 21, 250–271.

Morris, C.E. (2002) Self-thinning lines differ with fertility level. *Ecological Research*, 17, 17–28.

Morris, D.W. & Davidson, D.L. (2000) Optimally foraging mice match patch use with habitat differences in fitness. *Fcology*, 81, 2061–2066.

Morris, R.F. (1959) Single-factor analysis in population dynamics. *Ecology*, 40, 580–588.

Morris, R.J., Lewis, O.T. & Godfray, C.J. (2004) Experimental evid ence for apparent competition in a tropical forest food web. *Nature*, 428, 310–313.

Morrison, G. & Strong, D.R. Jr. (1981) Spatial variations in egg density and the intensity of parasitism in a neotropical chrysomelid (*Cephaloleia consanguinea*). *Ecological Entomology*, 6, 55–61.

Morrow, P.A. & Olfelt, J.P. (2003) Phoenix clones: recovery after long-term defoliation-induced dormancy. *Ecology Letters*, 6, 119–125.

Mosier, A.R., Bleken, M.A., Chaiwanakupt, P. *et al.* (2002) Policy implications of human-accelerated nitrogen cycling. *Biogeochemistry*, 57/58, 477–516.

Moss, B. (1989) *Ecology of Fresh Waters*: man and medium, 2nd edn. Blackwell Scientific Publications, Oxford.

Moss, B., Balls, H., Booker, I., Manson, K. & Timms, M. (1988) Problems in the construction of a nutrient budget for the River Bure and its Broads (Norfolk) prior to its restoration from eutrophication. In: *Algae and the Aquatic Environment* (F.E. Round, ed.), pp. 326–352. Biopress, Bristol, UK.

Moss, G.D. (1971) The nature of the immune response of the mouse to the bile duct cestode, *Hymenolepis microstoma*. *Parasitology*, 62, 285–294.

Moss, R. & Watson, A. (2001) Population cycles in birds of the grouse family (Tetraonidae). *Advances in Ecological Research*, 32, 53–111.

Mothershead, K. & Marquis, R.J. (2000) Fitness impacts of herbivory through indirect effects on plant-pollinator interactions in *Oenothera macrocarpa*. *Ecology*, 81, 30–40.

Mougeot, F., Redpath, S.M., Leckie, F. & Hudson, P.J. (2003) The effect of aggressiveness on the population dynamics of a territorial bird. *Nature*,

421, 737-739.

Mougeot, F., Redpath, S.M., Moss, R., Matthiopoulos, J. & Hudson, P.J. (2003) Territorial behaviour and population dynamics in red grouse, *Lagopus lagopus scoticus*. I. Population experiments. *Jounal of Animal Ecology*, 72, 1073-1082.

Moulton, M.P. & Pimm, S.L. (1986) The extent of competition in shaping an introduced avifauna. In: *Community Ecology* (J. Diamond & T.J. Case, eds), pp. 80-97. Harper & Row, New York.

Mouritsen, K.N. (2002) The parasite-induced surfacing behaviour in the cockle *Austrovenus stutchburyi*: a test of an alternative hypothesis and identification of potential mechanisms. *Parasitology*, 124, 521-528.

Mouritsen, K.N. & Jensen, K.T. (1997) Parasite transmission between soft-bottom invertebrates: temperature mediated infection rates and mortality in *Corophium volutator*. *Marine Ecology Progress Series*, 151, 123-134.

Mouritsen, K.N. & Poulin, R. (2002) Parasitism, community structure and biodiversity in intertidal ecosystems. *Parasitology*, 124, S101-S117.

Mouritsen, K.N. & Poulin, R. (2005) Parasite boosts biodiversity and changes animal community structure by trait-mediated indirect effects. *Oikos*, 108, 344-350.

Mouritsen, K.N., Jensen, T. & Jensen K.T. (1997) Parasites on an intertidal *Corophium*-bed: factors determining the phenology of microphallid trematodes in the intermediate host population of the mud-snail *Hydrobia ulvae* and the amphipod *Corophium volutator*. *Hydrobiologia*, 355, 61-70.

Mouritsen, K.N., Mouritsen, L.T. & Jensen, K.T. (1998) Change of topography and sediment characteristics on an intertidal mud-flat following mass-mortality of the amphipod *Corophium volutator*. *Journal of Marine Biology Association of the United Kingdom*, 78, 1167-1180.

Müller, H.J. (1970) Food distribution, searching success and predator-prey models. In: *the Mathematical Theory of the Dynamics of Biological Populations* (R.W. Hiorns, ed.), pp. 87-101. Academic Press, London.

Muller, M.M., Varama, M., Heinonen, J. & Hallaksela, A. (2002) Influence of insects on the diversity of fungi in decaying spruce wood in managed and natural forests. *Forest Ecology and Managemmt*, 166, 165-181.

Murdie, G. & Hassell, M.P. (1973) Food distribution, searching success and predator-prey models. In: *The Mathematical Theory of the Dynamics of Biological Populations* (R.W. Hiorns, ed.), pp. 87-101. Academic Press, London.

Murdoch, W.W. (1966) Community structure, population control and competition-a critique. *American Naturalist*, 100, 219-226.

Murdoch, W.W. & Briggs, C.J. (1996) Theory for biological control: recent developments. *Ecology*, 77, 2001-2013.

Murdoch, W.W. & Stewart-Oaten, A. (1975) Predation and population stability. *Advances in Ecological Reseaerh*, 9, 1-131.

Murdoch, W.W. & Stewart-Oaten, A. (1989) Aggregation by parasitoids and predators: effects on equilibrium and stability. *American Naturalist*, 134, 288-310.

Murdoch, W.W., Avery, S. & Smith, M.E.B. (1975) Switching in predatory fish. Ecology, 56, 1094-1105.

Murdoch, W.W., Briggs, C.J., Nisbet, R.M., Gurney, W.S.C. & Stewart-Oaten, A. (1992) Aggregation and stability in meta-population models. *American Naturalist*, 140, 41-58.

Murdoch, W.W., Luck, R.F., Swarbrick, S.L., Walde, S., Yu, D.S. & Reeve, J.D. (1995) Regulation of an insect population under biological control. *Ecology*, 76, 206-217.

Murton, R.K., Isaacson, A.J. & Westwood, N.J. (1966) The relation-ships between wood pigeons and their clover food supply and the mechanism of population control. *Journal of Applied Ecology*, 3, 55-93.

Murton, R.K, Westwood, N.J. & Isaacson, A.J. (1974) A study of wood-pigeon shooting: the exploitation of a natural animal population. *Journl of Applied Ecology*, 11, 61-81.

Muscatine, L. & Pool, R.R. (1979) Regulation of numbers of intracellular algae. *Proceedings of the Royal Society of London, Series B*, 204, 115-139.

Mwendera, E.J., Saleem, M.A.M & Woldu, Z. (1997) Vegetation response to cattle grazing in the Ethiopian Highlands. *Agriculture, Ecosystems and Environment*, 64, 43-51.

Myers, J.H. (1988) Can a general hypothesis explain population cycles of forest Lepidoptera. *Advances in Ecological Research*, 18, 179-242.

Myers, J.H., Mittermeier, R.A., Mittermeier, C.G., da

Fonseca, G.A.B. & Kent, J. (2000) Biodiversity hotspots for conservation priorities. *Nature*, 403, 853–858.

Myers, R.A. (2001) Stock and recruitment: generalizations about maximum reproductive rate, density dependence, and variability using meta-analytic approaches. *ICES Journal of Marine Science*, 58, 937–951.

Myers, R.A., Barrowman, N.J., Hutchings, S.A. & Rosenberg, A.A. (1995) Population dynamics of exploited fish stocks at low population levels. *Science*, 269, 1106–1108.

Nalepa, C.A., Bignell, D.E. & Bandi, C. (2001) Detritivory, coprophagy, and the evolution of digestive mutualisms in Dicyoptera. *Insectes Sociaux*, 48, 194–201.

National Research Council (1990) *Alternative Agriculture*. National Academy of Sciences, Academy Press, Washington, DC.

Nedergaard, J. & Cannon, B. (1990) Mammalian hibernation. *Philosophical Transactions of the Royal Society of London, Series B*, 326, 669–686; also in *Life at Low Temperatures* (R.M. Laws & F. Franks, eds), pp. 153–170. The Royal Society, London.

Neff, J.C., Holland, E.A., Dentener, F.J., McDowell, W.H. & Russell, K.M. (2002) The origin, composition and rates of organic nitrogen deposition: a missing piece of the nitrogen cycle? *Biogeochemistry*, 57/58, 99–136.

NERC (1990) *Our Changing Environment*. Natural Environment Research Council, London. (NERC acknowledges the significant contribution of Fred Pearce to the document.)

Neubert, M.G. & Caswell, H. (2000) Demography and dispersal: calculation and sensitivity analysis of invasion speed for structured populations. *Ecology*, 81, 1613–1628.

Neumann, R.L. (1967) Metabolism in the Eastern chipmunk (*Tamias striatus*) and the Southern flying squirrel (*Glaucomys volans*) during the winter and summer. In: *Mammalian Hibernation III* (KC. Fisher, A.R. Dawe, C.P. Lyman, E. Schönbaum & F.E. South, eds), pp. 64–74. Oliver & Boyd, Edinburgh and London.

Newsham, K.K., Fitter, A.H. & Watkinson, A.R. (1994) Root pathogenic and arbuscular mycorrhizal mycorrhizal fungi determine fecundity of asymptomatic plants in the field. *Journal of Ecology*, 82, 805–814.

Newsham, K.K., Fitter, A.H. & Watkinson, A.R. (1995) Multi-functionality and biodiversity in arbuscular mycorrhizas. *Tends in Ecology and Evolution*, 10, 407–411.

Newton, I. & Rothery, P. (1997) Senescence and reproductive value in sparrowhawks. *Ecology*, 78, 1000–1008.

Nicholson, A.J. (1954) An outline of the dynamics of animal populatlions. *Australian Journal of Zoology*, 2, 9–65.

Nicholson, A.J. & Bailey, V.A. (1935) The balance of animal populations *Proceedings of the Zoological Society of London*, 3, 551–598.

Niklas, K.J., Tiffney, B.H. & knoll, A.H. (1983) Patterns in vascular land plant diversification. *Nature*, 303, 614–616.

Nilsson, L.A. (1988) The evolution of flowers with deep corolla tubes. *Nature*, 334, 147–149.

Noble, J.C. & Slatyer, R.O. (1981) Concepts and models of succession in vascular plant communities subject to recurrent fire. In: *Fire and the Australian Biota* (A.M. Gill, R.H. Graves & I.R. Noble, eds). Australian Academy of Science, Canberra.

Noble, J.C., Bell, A.D. & Harper, J.L. (1979) The population biology of plants with clonal growth. I. The morphology and structural demography of *Carex arenaria*. *Journal of Ecology*, 67, 983–1008.

Nolan, A.M., Atkinson, P.M. & Bullock, J.M. (1998) Modelling change in the lowland heathlands of Dorset, England. In: *Innovationsin GIS 5* (S. Carver, ed.), pp. 234–243. Taylor & Francis, London.

Normabuena, H. & Piper, G.L. (2000) Impact of *Apion ulicis* Forster on *Ulex europaeus* L. seed dispersal. *Biological Control*, 17, 267–271.

Norton, I.O. & Sclater, J.G. (1979) A model for the evolution of the Indian Ocean and the breakup of Gondwanaland. *Jounal of Geophysical Research*, 84, 6803–6830.

Noy-Meir, I. (1975) Stability of grazing systems: an application of predator-prey graphs. *Journal of Ecology*, 63, 459–483.

Nunes, S., Zugger, P.A., Engh, A.L., Reinhart, K.O. & Holekamp, K.E. (1997) Why do female Belding's ground squirrels disperse away from food resources. *Behavioural Ecology and* Sociobiology, 40, 199–207.

Nye, P.H. & Tinker, P.B. (1977) *Solute Movement in the Soil-Root System*. Blackwell Scientific Publications,

Oxford.

O'Brien, E.M. (1993) Climatic gradients in woody plant species richness: towards an explanation based on an analysis of southern Africa's woody flora. *Journal of Biogeography*, 20, 181-198.

O'Neill, R.V. (1976) Ecosystem persistence and heterotrophic regulation. *Ecology*, 57, 1244-1253.

Oakeshott, J.G., May, T.W., Gidson, J.B. & Willcocks, D.A. (1982) Resource partitioning in five domestic *Drosophila* species and its relationship to ethanol metabolism. *Australian Journal of Zoology*, 30, 547-556.

Obeid, M., Machin, D. & Harper, J.L. (1967) Influence of density on plant to plant variations in fiber flax, *Linum usitatissimum*. *Crop Science*, 7, 471-473.

Odum, E.P. & Biever, L.J. (1984) Resource quality, mutualism, and energy partitioning in food chains. *American Naturalist*, 124, 360-376.

Odum, S. (1965) Germination of ancient seeds; floristical observations and experiments with archaeologically dated soil samples. *Dansk Botanisk Arkiv*, 24, 1-70.

Oedekoven, M.A. & Joern, A. (2000) Plant quality and spider predation affects grasshoppers (Acrididae): food-quality-dependent compensatory mortality. *Ecology*, 81, 66-77.

Ogden, J. (1968) *Studies on Reproductive Strategy with Particular Reference to Selected Composites*. PhD thesis, University of Wales, UK.

Oinonen, E. (1967) The correlation between the size of Finnish bracken (*Pteridium aquilinum* (L.) Kuhn) clones and certain periods of site history. *Acta Forestalia Fennica*, 83, 3-96.

Oksanen, L. (1988) Ecosystem organisation: mutualism and cybernetics of plain Darwinian struggle for existence. *American Naturalist*, 131, 424-444.

Oksanen, L., Fretwell, S., Arruda, J. & Niemela, P. (1981) Exploitation ecosystems in gradients of primary productivity, *American Naturalist*, 118, 240-261.

Oksanen, T.A., Koskela, E. & Mappes, T. (2002) Hormonal manipulation of offspring number: maternal effort and reproductive costs. *Evolution*, 56, 1530-1537.

Ollason, J.G. (1980) Learning to forage-optimally? *Theoretical Population Biology*, 18, 44-56.

Ormerod, S.J. (2002) The uptake of applied ecology. *Journal of Applied Ecology*, 39, 1-7.

Ormerod, S.J. (2003) Restoration in applied ecology: editor's introduction *Journal of Applied Ecology*, 40, 44-50.

Orshan, G. (1963) Seasonal dimorphism of desert and Mediterranean chamaephytes and its significance as a factor in their water economy. In: *The Water Relations of Plants* (A.J. Rutter & F.W. Whitehead, eds), pp. 207-222. Blackwell Scientific Publications, Oxford.

Osawa, A. & Allen, R.B. (1993) Allometric theory explains self-thinning relationships of mountain beech and red pine. *Ecology*, 74, 1020-1032.

Osem, Y., Perevolotsky, A. & Kigel, J. (2002) Grazing effect on diversity of annual plant communities in a semi-arid rangeland: interactions with small-scale spatial and temporal variation in primary productivity. *Journal of Ecology*, 90, 936-946.

Osmundson, D.B., Ryel, R.J., Lamarra, V.L. & Pitlick, J. (2002) Flow-sediment-biota relations: implications for river regulation effects on native fish abundance. *Ecological Applications*, 12, 1719-1739.

Osono, T. & Takeda, H. (2001) Organic chemical and nutrient dynamics in decomposing beech leaf litter in relation to fungal ingrowth and succession during 3-year decomposition processes in a cool temperate deciduous forest in Japan. *Ecological Research*, 16, 649-670.

Ostfeld, R.S. & Keesing, F. (2000) Biodiversity and disease risk: the case of Lyme disease. *Conservation Biology*, 14, 722-728.

Ottersen, G., Planque, B., Belgrano, A., Post, E., Reid, P.C. & Stenseth, N.C. (2001) Ecological effects of the North Atlantic Oscillation. *Oecologia*, 128, 1-14.

Owen-Smith, N. (1987) Pleistocene extinctions: the pivotal role of megaherbivores. Paleobiology, 13, 351-362.

Pacala, S.W. (1997) Dynamics of plant communities. In: *Plant Ecology* (M.J. Crawley, ed.), pp. 532-555. Blackwell Science, Oxford.

Pacala, S.W. & Crawley, M.J. (1992) Herbivores and plant diversity. *American Naturalist*, 140, 243-260.

Pacala, S.W. & Hassell, M.P. (1991) The persistence of host-parasitoid associations in patchy environments. II. Evaluation of field data. *American Naturalist*, 138, 584-605.

Pace, M.L., Cole, J.J., Carpenter, S.R. & Kitchell, J.F. (1999) Trophic cascades revealed in diverse ecosystems. *Trends in Ecology and Evolution*, 14, 483-488.

Packer, A. & Clay, K. (2000) Soil pathogens and spatial

patterns of seedling mortality in a temperate tree. *Nature*, 404, 278–281.

Paine, R.T. (1966) Food web complexity and species diversity. *American Naturalist*, 100, 65–75.

Paine, R.T. (1979) Disaster, catastrophe and local persistence of the sea palm *Postelsia palmaeformis*. *Science*, 205, 685–687.

Paine, R.T. (1980) Food webs: linkage, interaction strength, and community infrastructure. *Journal of Animal Ecology*, 49, 667–685.

Paine, R.T. (1994) *Marine Rocky Shores and Community Ecology: an experimentalist's Perspective*. Ecology Institute, Oldendorf/Luhe, Germany.

Paine, R.T. (2002) Trophic control of production in a rocky intertidal community. *Science*, 296, 736–739.

Palmblad, I.G. (1968) Competition studies on experimental populations of weeds with emphasis on the regulation of population size. *Ecology*, 49, 26–34.

Palmer, T.M., Young, T.P., Stanton, M.L. & Wenk, E. (2000) Short-term dynamics of an acacia ant community in Laikipia, Kenya. *Oecologia*, 123, 425–435.

Palmqvist, K. (2000) Carbon economy in lichens. *New Phytologist*, 148, 11–36.

Park, T. (1948) Experimental studies of interspecific competition. I. Competition between populations of the flour beetle *Tribolium confusum* Duval and *Tribolium castaneum* Herbst. *Ecological Monographs*, 18, 267–307.

Park, T. (1954) Experimental studies of interspecific competiton. II. Temperature, humidity and competition in two species of *Tribolium*. *Physiological Zoology*, 27, 177–238.

Park, T. (1962) Beetles, competition and populations. *Science*, 138, 1369–1375.

Park, T., Mertz, D.B., Grodzinski, W. & Prus, T. (1965) Cannibalistic predation in populations of flour beetles. *Physiological Zoology*, 38, 289–321.

Parker, G.A. (1970) The reproductive behaviour and the nature of sexual selection in *Scatophaga stercoraria* L. (Diptera: Scatophagidae) II. The fertilization rate and the spatial and temporal relationships of each sex around the site of mating and oviposition. *Journal of Animal Ecology*, 39, 205–228.

Parker, G.A. (1984) Evolutionarily stable strategies. In: *Behavioral Ecology: an evolutionary approach*, 2nd edn (J.R. Krebs & N.B. Davies, eds), pp. 30–61. Blackwell Scientific Publications, Oxford.

Parker, G.A. & Stuart, R.A. (1976) Animal behaviour as a strategy optimizer: evolution of resource assessment strategies and optimal emigration thresholds. *American Naturalist*, 110, 1055–1076.

Parmesan, C. & Yohe, G. (2003) A globally coherent fingerprint of climate change impacts across natural systems. *Nature*, 421, 38–42.

Partridge, L. & Farquhar, M. (1981) Sexual activity reduces lifespan of male fruitflies. *Nature*, 294, 580–581.

Pastoret, P.P. & Brochier, B. (1999) Epidemiology and control of fox rabies in Europe. *Vaccine*, 17, 1750–1754.

Pate, J.S. (1994) The mycorrhizal association: just one of many nutrient acquiring specializations in natural ecosystems. *Plant and Soil*, 159, 1–10.

Paterson, S. & Viney, M.E. (2002) host immune responses are necessary for density dependence in nematode infections. *Parasitology*, 125, 283–292.

Pauly, D. & Christensen, V. (1995) Primary production required to sustain global fisheries. *Nature*, 374, 255–257.

Pavia, H. & Toth, G.B. (2000) Inducible chemical resistance to herbivory in the brown seaweed *Ascophyllum nodosum*. *Ecology*, 81, 3212–3225.

Payne, C.C. (1988) Pathogens for the control of insects: where next? *Philosophical Transacions of the Royal Society of London, Series B*, 318, 225–248.

Payne, R.B. (1977) The ecology of brood parasitism in birds. *Annual Review of Ecology and Systematics*, 8, 1–28.

Pearcy, R.W., Björkman, O., Caldwell, M.M., Keeley, J.E., Monson, R.K. & Strain, B.R. (1987) Carbon gain by plants in natural environments. *Bioscience*, 37, 21–29.

Pearl, R. (1928) *The Rate of Living*. Knhopf, New York.

Pellmyr, O. & Leebens-Mack, J. (1999) Reversal of mutualism as a mechanism for adaptive radiation in yucca moths. *American Naturalist*, 156, S62–S76.

Penn, A.M., Sherwin, W.B., Gordon, G., Lunney, D., Melzer, A. & Lacy, R.C. (2000) Demographic forecasting in koala conservation. *Conservation Biology*, 14, 629–638.

Pennings, S.C. & Callaway, R.M. (2002) Parasitic plants: parallels and contrasts with herbivores *Oecologia*, 131, 479–489.

Perlman, S.J. & Jaenike, J. (2001) Competitive interactions and persistence of two nematode species that parasitize *Drosophila recens*. *Ecology Letters*, 4, 577–584.

Perrins, C.M. (1965) Population fluctuations and clutch size in the great tit, *Parus major* L. *Journal of Animal Ecology*, 34, 601–647.

Perry, J.N., Smith, R.H., Woiwod, I.P. & Morse, D.R. (eds) (2000) *Chaos in Real Data*. Kluwer, Dordrecht.

Peters, R.H. (1983) *The Ecological Implications of Body Size*. Cambridge University Press, Cambridge, UK.

Petit, J.R., Jouzel, J., Raynaud, D. *et al*. (1999) Climate and atmospheric history of the past 420,000 years from the Vostok ice core, Antarctica. *Nature*, 399, 429–436.

Petranka, J.W. (1989) Chemical interference competition in tadpoles: does it occur outside laboratory aquaria? *Copeia*, 1989, 921–930.

Petren, K. & Case, T.J. (1996) An experimental demonstration of exploitation competition in an ongoing invasion *Ecology*, 77, 118–132.

Petren, K., Grant, B.R. & Grant, P.R. (1999) A phylogeny of Darwin's finches based on microsatellite DNA variation. *Proceedings of The Royal Society of London, Series B*, 266, 321–329.

Pettifor, R.A., Perrins, C.M. & McCleery, R.H. (2001) The individual optimization of fitness: variation in reproductive output, including clutch size, mean nestling mass and offspring recruitment, in manipulated broods of great tits *Parus major*. *Journal of Animal Ecology*, 70, 62–79.

Pianka, E.R. (1970) On *r*-and *k*-selection. *American Naturalist*, 104, 592–597.

Pianka, E.R. (1973) The structure of lizard communities. *Annual Review of Ecology and Systematics*, 4, 53–74.

Pickett, J.A. (1988) Integrating use of beneficial organisms with chemical crop protection. *Philosophical Trasactions of the Royal Society of London, Series B*, 318, 203–211.

Pickett, S.T.A. & White, P.S. (eds) (1985) *The Ecology of Natural Disturbance as Patch Dynamics*. Academic Press, New York.

Piersma, T. & Davidson, N.C. (1992) The migrations and annual cycles of five subspecies of knots in perspective. In: *The Migration of Knots, Wader Study Group Bulletin 64, Supplement, April 1992*, pp. 187–197. Joint Nature Conservation Committee, Publications Branch, Peterborough, UK.

Pimentel, D., Lach, L., Zuniga, R. & Morrison, D. (2000) Environmental and economic costs of nonindigenous species in the United States. *BioScience*, 50, 53–65.

Pimm, S.L. (1979) Complexitiy and stability: another look at MacArthur's original hypothesis. *Oikos*, 33, 351–357.

Pimm, S.L. (1982) *Food Webs*. Chapman & Hall, London.

Pimm, S.L. (1991) *The Balance of Nature: ecological issues in the conservation of species and communities*. University of Chicago Press, Chicago and London.

Pimm, S.L. & Lawton, J.H. (1977) The number of trophic levels in ecological communities. *Nature*, 275, 542–544.

Pimm, S.L. & Lawton, J.H. (1980) Are food webs divided into compartments? Journal of Animal Ecology, 49, 879–898.

Pimm, S.L. & Rice, J.C. (1987) The dynamics of multi-species, multi-life-stage models of aquatic food webs. *Theoretical Population Biology*, 32, 303–325.

Piraino, S., Fanelli, G. & Boero, F. (2002) Variability of species' roles in marine communities: change of paradigms for conservation priorities. *Marine Biology*, 140, 1067–1074.

Pisek, A., Larcher, W., Vegis, A. & Napp-Zin, K. (1973) The normal temperature range. In: *Temperature and Life* (H. Precht, J. Christopherson, H. Hense & W. Larcher, eds), pp. 102–194. Springer-Verlag, Berlin.

Pitcher, T.J. (2001) Fisheries managed to rebuild ecosystems? Reconstructing the past to salvage the future. *Ecological Applications*, 11, 601–617.

Pitcher, T.J. & Hart, P.J.B. (1982) *Fisheries Ecology*. Croom Helm, London.

Plante, C.J., Jumars, P.A. & Baross, J.A. (1990) Digestive associations between marine detritivores and bacteria. *Annual Review of Ecology and Systematics*, 21, 93–127.

Playfair, J.H.L. (1996) *Immunology at a Glance*, 6th edn. Blackwell Science, Oxford.

Podoler, H. & Rogers, D.J. (1975) A new method for the identification of key factors from life-table data. *Journal of Animal Ecology*, 44, 85–114.

Pojar, T.M. (1981) A management perspective of population modelling. In: *Dynamics of Large Mammal Populations* (D.W. Fowler & T.D. Smith, eds), pp. 241–261. Wiley-Interscience, New York.

Polis, G.A. (1991) Complex trophic interactions in

deserts: an empirical critique of food-web theory. *American Naturalist*, 138, 123–155.

Polis, G.A. (1999) Why are parts of the world green? Multiple factors control productivity and the distribution of biomass. *Oikos*, 86, 3–15.

Polis, G.A. & Strong, D. (1996) Food web complexity and community dynamics. *American Naturalist*, 147, 813–846.

Polis, G.A., Anderson, W.B. & Holt, R.D. (1997) Towards an integration of landscape and food web ecology: the dynamics of spatially subsidized food webs. *Annual Review of Ecology and Systematics*, 28, 289–316.

Polis, G.A., Sears, A.L.W., Huxel, G.R., Strong, D.R. & Maron, J. (2000) When is a trophic cascade a trophic cascade? *Trends in Ecology and Evolution*, 15, 473–475.

Ponge, J.-F. (2000) Vertical distribution of Collembola (Hexapoda) and their food resources in organic horizons of beech forests. *Biology and Fertility of Soils* 32, 508–522.

Pope, S.E., Fahrig, L. & Merriam, H.G. (2000) Landscape complementation and metapopulation effects on leopard frog populations. *Ecology*, 81, 2498–2508.

Possingham, H.P., Andelman, S.J., Burgman, M.A., Medellin, R.A., Master, L.L. & Keith, D.A. (2002) Limits to the use of threatened species lists. *Trends in Ecology and Evolution*, 17, 503–507.

Post, D.M., Pace, M.L. & Hairston, N.G. Jr. (2000) Ecosystem size determines food-chain length in lakes. *Nature*, 405, 1047–1049.

Post, R.M. (2002) The long and the short of food-chain length. *Trends in Ecology and Evolution*, 17, 269–277.

Poulson, M.E. & DeLucia, E.H. (1993) Photosynthetic and structural acclimation to light direction in vertical leaves of *Silphium terebinthaceum*. *Oecologia*, 95, 393–400.

Power, M.E. (1990) Effects of fish in river food webs. *Science*, 250, 411–415.

Power, M.E., Tilman, D., Estes, J.A. *et al.* (1996) Challenges in the quest for keystones. *Bioscience*, 46, 609–620.

Prach, K., Bartha, S., Joyce, C.A., Pysek, P., van Diggelen, R. & Wiegleb, G. (2001) The role of spontaneous vegetation succession in ecosystem restoration: a perspective. *Applied Vegetation Science*, 4, 111–114.

Prance, G.T. (1987) Biogeography of neotropical plants. In: *Biogeography and Quaternary History of Tropical America* (T.C. Whitmore & G.T. Prance, eds), pp. 46–65. Oxford Monographs on Biogeography, No. 3. Clarendon Press, Oxford.

Praw, J.C. & Grant, J.W.A. (1999) Optimal territory size in the convict cichlid. *Behaviour*, 136, 1347–1363.

Pressey, R.L. (1995) Conservation reserves in New South Wales: crown jewels or leftovers. *Search*, 26, 47–51.

Pressey, R.L., Humphries, C.J., Margules, C.R., Vane-Wright, R.I. & Williams, P.H. (1993) Beyond opportunism: key principles for systematic reserve selection. *Trends in Ecology and Evolution*, 8, 124–128.

Preston, F.W. (1962) The canonical distribution of commoness and rarity. *Ecology*, 43, 185–215, 410–432.

Preszler, R.W. & Price, P.W. (1993) The influence of *Salix* leaf abscission on leaf-miner survival and life-history. *Ecological Entomology*, 18, 150–154.

Price, P.W. (1980) *Evolutionary Biology of Parasites*. Princeton University Press, Princeton, NJ.

Primack, R.B. (1993) *Essentials of Conservation Biology*. Sinauer Associates, Sunderland, MA.

Prior, H. & Johnes, P.J. (2002) Regulation of surface water quality in a cretaceous chalk catchment, UK: an assessment of the relative importance of instream and wetland processes. *Science of the Total Environment*, 282/283, 159–174.

Proctor, M., Yeo, P. & Lack, A. (1996) *The Natural History of Pollination*, Harper Collins, London.

Proulx, M. & Mazumder, A. (1998) Reversal of grazing impact on plant species richness in nutrient-poor vs nutrient-rich ecosystems. *Ecology*, 79, 2581–2592.

Pulliam, H.R. (1988) Sources, sinks and population regulation. *American Naturalist*, 132, 652–661.

Pulliam, H.R. & Caraco, T. (1984) Living in groups: is there an optimal group size? In: *Behavioural Ecology: an evolutionary approach*, 2nd edn (J.R. Krebs & N.B. Davies, eds), pp. 122–147. Blackwell Scientific Publications, Oxford.

Punnett, R.C. (1933) Inheritance of egg-colour in the parasitic cuckoos. *Nature*, 132, 892.

Putman, R.J. (1978) Patterns of carbon dioxide evolution from decaying carrion. Decomposition of small carrion in temperate systems. *Oikos*, 31, 47–57.

Putman, R.J. (1983) *Carrion and Dung: the*

decomposition of animal wastes. Edward Arnold, London.

Pyke, G.H. (1982) Local geographic distributions of bumblebees near Crested Butte, Colorada: competition and commumity structure. *Ecology*, 63, 555–573.

Pywell, R.F., Bullock, J.M., Hopkins, A. *et al.* (2002) Restoration of species-rich grassland on arable land: assessing the limiting processes using a multi-site experiment. *Journal of Applied Ecology*, 39, 294–309.

Pywel, R.F., Bullock, J.M., Roy, D.B., Warman, L., Walker, K.J. & Rothery, P. (2003) Plant traits as predictors of performance in ecological restoration. *Journal of Applied Ecology*, 40, 65–77.

Quinn, J.F. & Harrison, S.P. (1988) Effects of habitat fragmentation and isolation on species richness-evidence from biogeographic patterns. *Oecologia*, 75, 132–140.

Raffaelli, D. & Hawkins, S. (1996) *Intertidal Ecology*. Kluwer, Dordrecht.

Rahbek, C. (1995) The elevational gradient of species richness: a uniform pattern? *Ecography*, 18, 200–205.

Rainey, P.B. & Trevisano, M. (1998) Adaptive radiation in a heterogeneous environment. *Nature*, 394, 69–72.

Ramirez, O.A. & Saunders, J.L. (1999) Estimating economic thresholds for pest control: an alternative procedure. *Journal of Economic Entomology*, 92, 391–401.

Randall, M.G.M. (1982) The dynamics of an insect population throughout its altitudinal distribution: *Coleophora alticolella* (Lepidoptera) in northern England. *Journal of Animal Ecology*, 51, 993–1016.

Ranta, E., Kaitala, V., Alaja, S. & Tesar, D. (2000) Nonlinear dynamics and the evolution of semelparous and iteroparous reproductive strategies. *American Naturalist*, 155, 294–300.

Rapport, D.J., Costanza, R. & McMichael, A.J. (1998) Assessing ecosystem health. *Trends in Ecology and Evolution*, 13, 397–402.

Rätti, O., Dufva, R. & Alatalo, R.V. (1993) Blood parasites and male fitness in the pied flycatcher. *Oecologia*, 96, 410–414.

Raunkiaer, C. (1934) *The Life Forms of Plants*. Oxford University Press, Oxford. (Translated from the original published in Danish, 1907.)

Raup, D.M. (1978) Cohort analysis of generic survivorship. *Paleobiology*, 4, 1–15.

Rausher, M.D. (1978) Search image for leaf shape in a butterfly, *Science*, 200, 1071–1073.

Rausher, M.D. (2001) Co-evolution and plant resistance to natural enemies. *Nature*, 411, 857–864.

Raushke, E., Haar, T.H. von der, Bardeer, W.R. & Paternak, M. (1973) The annual radiation of the earth-atmosphere system during 1969–70 from Nimbus measurements. *Journal of the Atmospheric Science*, 30, 341–346.

Ray, J.C. & Sunquist, M.E. (2001) Trophic relations in a community of African rainforest carnivores. *Oecologia*, 127, 395–408.

Read, A.F. & Harvey, P.H. (1989) Life history differences among the eutherian radiations. *Journal of Zoology*, 219, 329–353.

Read, D.J. (1996) The structure and function of the ericoid mycorrhizal root. *Annals of Botany*, 77, 365–374.

Redfern, M., Jones, T.H. & Hassell, M.P. (1992) Heterogeneity and density dependence in a field study of a tephritid-parasitoid interaction. *Ecological Entomology*, 17, 255–262.

Reece, C.H. (1985) The role of the chemical industry in improving the effectiveness of agriculture. *Philosophical Trasactions of the Royal Society of London, Series B*, 310, 201–213.

Reed, D.H., O'Grady, J.J., Brook, B.W., Ballou, J.D. & Frankham, R. (2003) Estimates of minimum viable population sizes for vertebrates and factors influencing those estimates. *Biological Conservation*, 113, 23–34.

Rees, M., Condit, R., Crawley, M., Pacala, S. & Tilman, D. (2001) Long-term studies of vegetation dynamics. *Science*, 293, 650–655.

Reeve, J.D., Rhodes, D.J. & Turchin, P. (1998) Scramble competition in the southem pine beetle, *Dendroctonus frontalis. Ecological Entomology*, 23, 433–443.

Reganold, J.P., Glover, J.D., Andrews, P.K. & Hinman, H.R. (2001) Sustainability of three apple production systems. *Nature*, 410, 926–929.

Reich, P.B., Grigal, D.F., Aber, J.D. & Cower, S.T. (1997) Nitrogen mineralization and productivity in 50 hardwood and conifer stands on diverse soils. *Ecology*, 78, 335–347.

Reid, W.V. & Miller, K.R. (1989) *Keeping Options Alive: the scientific basis for conserving biodiversity*. World Resources Insititute, Washington, DC.

Rejmanek, M. & Richardson, D.M. (1996) What attributes make some plant species more invasive? *Ecology*, 77, 1655–1660.

Reunanen, P., Monkkonen, M. & Nikula, A. (2000) Managing boreal forest landscapes for flying squirrels. *Conservation Biology*, 14, 218–227.

Reznick, D.N. (1982) The impact of predation on life history evolution in Trinidadian guppies: genetic basis of observed life history patterns. *Evolution*, 36, 1236–1250.

Reznick, D.N. (1985) Cost of reproduction: an evaluation of the empirical evidence. *Oikos*, 44, 257–267.

Reznick, D.N., Bryga, H. & Endler, J.A. (1990) Experimentally induced life history evolution in a natural population. *Nature*, 346, 357–359.

Rhoades, D.F. & Cates, R.G. (1976) Towards a general theory of plant antiherbivore chemistry. *Advances in Phytochemistry*, 110, 168–213.

Ribas, C.R., Schoereder, J.H., Pic, M. & Soares, S.M. (2003) Tree heterogeneity, resource availability, and larger scale processes regulating arboreal ant species richness. *Austral Ecology*, 28, 305–314.

Ribble, D.O. (1992) Dispersal in a monogamous rodent, *peromyscus californicus*. *Ecology*, 73, 859–866.

Ricciardi, A. (2001) Facilitative interactions among aquatic invaders: is an 'invasional meltdown' occurring in the Great Lakes? *Canadian Journa of Fisheries and Aquatic Science*, 58, 2513–2525.

Riccardi, A. & MacIsaac, H.J. (2000) Recent mass invasion of the North American Great Lakes by Ponto-Caspian species. *Trends in Ecology and Evolution*, 15, 62–65.

Richards, O.W. & Waloff, N. (1954) Studies on the biology and population dynamics of British grasshoppers. *Anti-Locust Bulletin*, 17, 1–182.

Richman, A.D., Case, T.J. & Schwaner, T.D. (1988) Natural and unnatural extinction rates of reptiles on islands. *American Naturalist*, 131, 611–630.

Rickards, J., Kelleher, M.J. & Storey, K.B. (1987) Strategies of freeze avoidance in larvae of the goldenrod gall moth *Epiblema scudderiana*: winter profiles of a natural population. *Journal of Insect Physiology*, 33, 581–586.

Ricklefs, R.E. & Lovette, I.J. (1999) The role of island area *per se* and habitat diversity in the species-area relationships of four Lesser Antillean faunal groups. *Journal of Animal Ecology*, 68, 1142–1160.

Ridley, M. (1993) *Evolution*. Blackwell Science, Boston.

Rigler, F.H. (1961) The relation between concentration of food and feeding rate of *Daphnia magna Straus*. *Canadian Journal of Zoology*, 39, 857–868.

Riis, T. & Sand-Jensen, K. (1997) Growth reconstruction and photosynthesis of aquatic mosses: influence of light, temperature and carbon dioxide at depth. *Journal of Ecology*, 85, 359–372.

Ringel, M.S., Hu, H.H. & Anderson, G. (1996) The stability and persistence of mutualisms embedded in community interactions. *Theoretical Population Biology*, 50, 28 1–297.

Robertson, J.H. (1947) Responses of range grasses to different intensities of competition with sagebrush (*Artemisia tridentata Nutt.*). *Ecology*, 28, 1–16.

Robinson, S.P., Downton, W.J.S. & Millhouse, J.A. (1983) Photosynthesis and ion content of leaves and isolated chloroplasts of salt-stressed spinach. *Plant Physiology*, 73, 238–242.

Rohani, P., Godfray, H.C.J. & Hassell, M.P. (1994) Aggregation and the dynamics of host-parasitoid systems: a discrete-generation model with within-generation redistribution. *American Naturalist*, 144, 491–509.

Rombough, P. (2003) Modelling developmental time and temperature. *Nature*, 424, 268–269.

Room, P.M., Harley, K.L.S., Forno, I.W. & Sands, D.P.A. (1981) Successful biological control of the floating weed *Salvinia*. *Nature*, 294, 78–80.

Room, P.M., Maillette, L. & Hanan, J.S. (1994) Module and metamer dynamics and virtual plants. *Advances in Ecological Research*, 25, 105–157.

Root, R. (1967) The niche exploitation pattern of the blue-grey gnatcatcher. *Ecological Monographs*, 37, 317–350.

Rose, M.R., Service, P.M. & Hutchinson, E.W. (1987) Three approaches to trade-offs in life-history evolution. In: *Genetic Constraints on Evolution* (V. Loeschke, ed.). Springer, Berlin.

Rosenthal, G.A., Dahlman, D.L. & Janzen, D.H. (1976) A novel means for dealing with L-canavanine, a toxic metabolite. *Science*, 192, 256–258.

Rosenzweig, M.L. (1971) Paradox of enrichment: destabilization of exploitation ecosystems in ecological time. *Science*, 171, 385–387.

Rosenzweig, M.L. (2003) How to reject the area hypothesis of latitudinal gradients. In: *Macroecology: conceps and consequences* (T.M. Blackburn & K.J. Gaston, eds), pp. 87–106. Blackwell Publishing, Oxford.

Rosenzweig, M.L. & MacArthur, R.H. (1963) Graphical representation and stability conditions of predator-prey interactions. *American Naturalist*, 97, 209–223.

Rosenzweig, M.L. & Sandlin, E.A. (1997) Species diversity and latitudes: listening to area's signal. *Oikos*, 80, 172–176.

Rosenzweig, M.L. & Ziv, Y. (1999) The echo pattern in species diversity: pattern and process. *Ecography*, 22, 614–628.

Ross, K, Cooper, N., Bidwell, J.R. & Elder, J. (2002) Genetic diversity and metal tolerance of two marine species: a comparison between populations from contaminated and reference sites. *Marine Poillution Bulletin*, 44, 671–679.

Roth, J.D. (2002) Temporal variability in arctic fox diet as reflected in stable-carbon isotopes: the importance of sea ice. *Oecologia*, 133, 70–77.

Roughan, M. & Middleton, J.H. (2002) A comparison of observed upwelling mechanisms off the east coast of Australia. *Continental Shelf Research*, 22, 2551–2572.

Roush, R.T. & McKenzie, J.A. (1987) Ecological genetics of insecticide and acaricide resistance. *Annual Review of Entomology*, 32, 361–380.

Rowan, R., Knowlton, N., Baker, A. & Jara, J. (1997) Landscape ecology of algal symbionts creates variation in episodes of coral bleaching. *Nature*, 388, 265–269.

Rowe, C.L. (2002) Differences in maintenance energy expenditure by two estuarine shrimp (*Palaemonetes Pugio and P. vulgaris*) that may permit partitioning of habitats by salinity. *Comparative Biochemistry and Physiology Part A*, 132, 341–351.

Royama, T. (1992) *Analytical Population Dynamics*. Chapman & Hall, London.

Ruiters, C. & McKenzie, B. (1994) Seasonal allocation and efficiency patterns of biomass and resources in the perennial geophyte *Sparaxis grandiflora* subspecies *fimbriata* (Iridaceae) in lowland coastal Fynbos, South Africa. *Annals of Botany*, 74, 633–646.

Rundle, H.D., Nagel, L., Boughman, J.W. & Schluter, D. (2000) Natural selection and parallel speciation in sympatric sticklebacks. *Science*, 287, 306–308.

Ryan, C.A. & Jagendorf, A. (1995) Self defense by plants. *Proceedings of the National Academy of Science of the USA*, 92, 4075.

Ryan, C.A., Lamb, C.J., Jagendorf, A.T. & Kolattukudy, P.E. (eds) (1995) Self-defense by plants: induction and signalling pathways. *Proceedings of the National Academy of Science of the USA*, 92, 4075–4205.

Sackville Hamilton, N.R., Matthew, C. & Lemaire, G. (1995) In defence of the -3/2 boundary line: a re-evaluation of self-thinning concepts and status. *Annals of Botany*, 76, 569–577.

Sackville Hamilton, N.R., Schmid, B. & Harper, J.L. (1987) Life history concepts and the population biology of clonal organisms. *Proceedings of the Royal Society of London, Series B*, 232, 35–57.

Sale, P.F. (1977) Maintenance of high diversity in coral reef fish communities. *American Naturalist*, 111, 337–359.

Sale, P.F. (1979) Recruitment, loss and coexistence in a guild of territorial coral reef fishes. *Oecologia*, 42, 159–177.

Salisbury, E.J. (1942) *The Reproductive Capacity of Plants*. Bell, London.

Salonen, K., Jones, R.I. & Arvola, L. (1984) Hypolimnetic retrieval by diel vertical migrations of lake phytoplankton. *Freshwater Biology*, 14, 431–438.

Saloniemi, I. (1993) An environmental explanation for the character displacement pattern in *Hydrobia* snails. *Oikos*, 67, 75–80.

Salt, D.E., Smith, R.D. & Raskin, I. (1998) Phytoremediation. *Annual Review of Plant Physiology and Plant Molecular Biology*, 49, 643–668.

Samelius, G. & Alisauskas, R.T. (2000) Foraging patterns of arctic foxes at a large arctic goose colony. *Arctic*, 53, 279–288.

Sanchez-Pinero, F. & Polis, G.A. (2000) Bottom-up dynamics of allochthonous input: direct and indirect effects of seabirds on islands. *Ecology*, 81, 3117–3132.

Sanders, N.J., Moss, J. & Wagner, D. (2003) Patterns of ant species richness along elevational gradients in an arid ecosystem. *Global Ecology and Biogeographly*, 12, 93–102.

Saunders, M.A. (1999) Earth's future climate. *Philosophical Transactions of the Royal Society of London, Series A*, 357, 3459–3480.

Savenko, V.S. (2001) Global hydrological cycle and geochemical balance of phosphorus in the ocean. *Oceanology*, 41, 360–366.

Savidge, J.A. (1987) Extinction of an island forest avifauna by an introduced snake. *Ecology*, 68, 660-668.

Sax, D.F. & Gaines, S.D. (2003) Species diversity: from global decreases to local increases. *Trends in Ecology and Evolution*, 18, 561-566.

Schaefer, M.B. (1954) Some aspects of the dynamics of populations important to the management of marine fisheries. *Bulletin of the Inter-American Tropical Tuna Commission*, 1, 27-56.

Schaffer, W.M. (1974) Optimal reproductive effort in fluctuating environments. *American Naturalist*, 108, 783-790.

Schaffer, W.M. & Kot, M. (1986) Chaos in ecological systems: the coals that Newcastle forgot. *Trends in Ecology and Evolution*, 1, 58-63.

Schall, J.J. (1992) Parasite-mediated competition in *Anolis* lizards. *Oecologia*, 92, 58-64.

Schimel, D. & Baker, D. (2002) The wildfire factor. *Nature*, 420, 29-30.

Schindler, D.E. (1977) Evolution of phosphorus limitation in lakes. *Science*, 195, 260-262.

Schindler, D.E. & Scheuerell, M.D. (2002) Habitat coupling in lake ecosystems. *Oikos*, 98, 177-189.

Schindler, D.E., Knapp, K.A. & Leavitt, P.R. (2001) Alteration of nutrient cycles and algal production resulting from fish introductions into mountain lakes. *Ecosystems*, 4, 308-321.

Schluter, D. (2001) Ecology and the origin of species. *Trends in Ecology and Evolution*, 16, 372-380.

Schluter, D. & McPhail, J.D. (1992) Ecological character displacement and speciation in sticklebacks. *American Naturalist*, 140, 85-108.

Schluter, D. & McPhail, J.D. (1993) Character displacement and replicate adaptive radiation. *Trends in Ecology and Evolution*, 8, 197-200.

Schlyter, F. & Anderbrant, O. (1993) Competition and niche separation between two bark beetles: existence and mechanisms. *Oikos*, 68, 437-447.

Schmidt-Nielsen, K. (1984) *Scaling: why is animal size so important?* Cambridge University Press, Cambridge, UK.

Schmitt, R.J. (1987) Indirect interactions between prey: apparent competition, predator aggregation, and habitat segregation. *Ecology*, 68, 1887-1897.

Schmitz, O.J., Hamback, P.A. & Beckerman, A.P. (2000) Trophic cascades in terrestrial systems: a review of the effects of carnivore removals on plants. *American Naturalist*, 155, 141-153.

Schoener, T.W. (1974) Resource partitioning in ecological communities. *Science*, 185, 27-39.

Schoener, T.W. (1983) Field experiments on interspecific competition. *American Naturalist*, 122, 240-285.

Schoener, T.W. (1989) Food webs from the small to the large. *Ecology*, 70, 1559-1589.

Schoenly, K., Beaver, R.A. & Heumier, T.A. (1991) On the trophic relations of insects: a food-web approach. *American Naturalist*, 137, 597-638.

Schultz, J.C. (1988) Plant responses induced by herbivory. *Trends in Ecology and Evolution*, 3, 45-49.

Schβler, A., Schwarzott, D. & Walker, C. (2001) A new fungal phylum, the *Glomeromycota*: phylogeny and evolution. *Mycological Research*, 105, 1413-1421.

Schwarz, C.J. & Seber, G.A.F. (1999) Estimating animal abundance: review III. *Statistical Science* 14, 427-456.

Scott, M.P. (1998) The ecology and behaviour of burying beetles. *Annual Review of Entomology*, 43, 595-618.

Scurlock, J.M.O., Johnson, K & Olson, R.J. (2002) Estimating net primary productivity from grassland biomass dynamic measurements. *Global Change Biology*, 8, 736-753.

Semere, T. & Froud-Williams, R.J. (2001) The effect of pea cultivar and water stress on root and shoot competition between vegetative plants of maize and pea. *Journal of Applied Ecology*, 38, 137-145.

Severini, M., Baumgärtner, J. & Limonta, L. (2003) Parameter estimation for distributed delay based population models from laboratory data: egg hatching of *Oulema duftschmidi*. *Ecological Modelling*, 167, 233-246.

Sexstone, A.Y., Parkin, T.B. & Tiedje, J.M. (1985) Temporal response of soil denitrification rates to rainfall and irrigation. *Soil Science Society of America Journal*, 49, 99-103.

Shankar Raman, T., Rawat, G.S. & Johnsingh, A.J.T, (1998) Recovery of tropical rainforest avifauna in relation to vegetation succession following shifting cultivation in Mizoram, north-east India. *Journal of Applied Ecology*, 35, 214-231.

Shaw, D.J. & Dobson, A.P. (1995) Patterns of macroparasite abundance and aggregation in wildlife populations: a quantitative review. *Parasitology*, 111, S111-S133.

Shea, K. & Chesson, P. (2002) Community ecology theory as a framework for biological invasions. *Trends in Ecology and Evolution*, 17, 170–177.

Shea, K. & Kelly, D. (1998) Estimating biocontrol agent impact with matrix models: *Carduus nutans* in New Zealand, *Ecological Applications*, 8, 824–832.

Sherman, R.E., Fahey, T.J. & Battles, J.J. (2000) Small-scale disturbance and regeneration dynamics in a neotropical mangrove forest. *Journal of Ecology*, 88, 165–178.

Sherratt, T.N. (2002) The coevolution of warning signals. *Proceedings of the Royal Society of London, Series B*, 269, 741–746.

Shirley, B.W. (1996) Flavonoid biosynthesis: 'new' functions for an old pathway. *Trends in Plant Science*, 1, 377–382.

Shorrocks, B. & Rosewell, J. (1987) Spatial patchiness and commumity structure: coexistence and guild size of drosophilids on ephemeral resources. In: *Organization of Communities: past and present* (J.H.R. Gee & P.S. Giller, eds), pp. 29–52. Blackwell Scientific Publications, Oxford.

Shorrocks, B., Rosewell, J. & Edwards, K. (1990) Competition on a divided and ephemeral resource: testing the assumptions. II. Association. *Journal of Animal Ecology*, 59, 1003–1017.

Shykoff, J.A. & Bucheli, E. (1995) Pollinator visitation patterns, floral rewards and the probability of transmission of *Micro-botryum violaceum*, a venereal disease of plants. *Journal of Ecology*, 83, 189–198.

Sibly, R.M. & Calow, P. (1983) An integrated approach to life-cycle evolution using selective landscapes. *Journal of Theoretical Biology*, 102, 527–547.

Sibly, R.M. & Hone, J. (2002) Population growth rate and its determinants: an overview. *Philosophical Transactions of the Royal Society of London, Series B*, 357, 1153–1170.

Sibly, R.M. & Smith, R.H. (1998) Identifying key factors using λ-contribution analysis. *Journal of Animal Ecology*, 67, 17–24.

Sih, A. (1982) Foraging strategies and the avoidance of predation by an aquatic insect, *Notonecta hoffmanni*. *Ecology*, 63, 786–796.

Sih, A. & Christensen, B. (2001) Optimal diet theory: when does it work, and when and why does it fail? *Animal Behaviour*, 61, 379–390.

Sih, A., Crowley, P., McPeek, M., Petranka, J. & Strohmeier, K. (1985) Predation, competition and prey communities: a review of field experiments. *Annual Review of Ecology and Systematics*, 16, 269–311.

Silulwane, N.F., Richardson, A.J., Shillington, F.A. & Mitchell-Innes, B.A. (2001) Identification and classification of vertical chlorophyll patterns in the Benguela upwelling system and Angola-Benguela front using an artificial neural network. *South African Journal of Marine Science*, 23, 37–51.

Silvertown, J.W. (1980) The evolutionary ecology of mast seeding in trees. *Biological Journal of the Linnean Society*, 14, 235–250.

Silvertown, J.W. (1982) *Introduction to Plant Population Ecology*. Longman, London.

Silvertown, J.W., Franco, M., Pisanty, I. & Mendoza, A. (1993) Comparative plant demography-relative importance of life-cycle components to the finite rate of increase in woody and herbaceous perennials. *Journal of Ecology*, 81, 465–476.

Silvertown, J.W., Holtier, S., Johnson, J. & Dale, P. (1992) Cellular automaton models of interspecific competition for space-the effect of pattern on process. *Journal of Ecology*, 80, 527–533.

Simberloff, D.S. (1976) Experimental zoogeography of islands: effects of island size. *Ecology*, 57, 629–648.

Simberloff, D. (1998) Small and declining populations. In: *Conservvation Science and Action* (W.J. Sutherland, ed.), pp. 116–134. Blackwell Science, Oxford.

Simberloff, D. (2003) How much information on population biology is needed to manage introduced species? *Conservation Biology*, 17, 83–92.

Simberloff, D. & Von Holle, B. (1999) Positive interactions of non-indigenous species: invasional meltdown? *Biological Invasions*, 1, 21–32.

Simberloff, D.S. & Wilson, E.O. (1969) Experimental zoogeography of islands: the colonization of empty islands. *Ecology*, 50, 278–296.

Simberloff, D., Dayan, T., Jones, C. & Ogura, G. (2000) Character displacement and release in the small Indian mongoose, *Herpestes javanicus*. *Ecology*, 81, 2086–2099.

Simo, R. (2001) Production of atmospheric sulfur by oceanic plankton: biogeochemical, ecological and evolutionary links. *Trends in Ecology and Evolution*, 16, 287–294.

Simon, K.S. & Townsend, C.R. (2003) The impacts of freshwater invaders at different levels of ecological organisation, with emphasis on ecosystem consequences. *Freshwater Biology*, 48, 982–994.

Simon, K.S., Townsend, C.R., Biggs, B.J.F., Bowden, W.B. & Frew, R.D. (2004) Habitat-specific nitrogen dynamics in New Zealand streams containing native or invasive fish. *Ecosystems*, 7, 1–16.

Simpson, G.G. (1952) How many species? *Evolution*, 6, 342.

Sinclair, A.R.E. (1975) The resource limitation of trophic levels in tropical grassland ecosystems. *Journal of Animal Ecology*, 44, 497–520.

Sinclair, A.R.E. (1989) The regulation of animal populations. In: *Ecological Conepts* (J. Cherrett, ed.), pp. 197–241. Blackwell Scientific Publications, Oxford.

Sinclair, A.R.E. & Gosline J.M. (1997) Solar activity and mammal cycles in the Northern Hemisphere. *American Naturalist*, 149, 776–784.

Sinclair, A.R.E. & Norton-Griffiths, M. (1982) Does competition or facilitation regulate migrant ungulate populations in the Serengeti? A test of hypothesis. *Oecologia*, 53, 354–369.

Sinervo, B. (1990) The evolution of maternal investment in lizards: an experimental and comparative analysis of egg size and its effects on offspring performance. *Evolution*, 44, 279–294.

Sinervo, B., Svensson, E. & Comendant, T. (2000) Density cycles and an offspring quantity and quality game driven by natural selection. *Nature*, 406, 985–988.

Singleton, G., Krebs, C.J., Davis, S., Chambers, L. & Brown, P. (2001) Reproductive changes in fluctuating house mouse populations in southeastern Australia. *Proceedings of the Royal Society of London, Series B*, 268, 1741–1748.

Siva-Jothy, M.T., Katsubaki, Y., Hooper, R.E. & Plaistow, S.J. (2001) Investment in immune function under chronic and acute immune challenge in an insect. *Physiological Entomology*, 26, 1–5

Skogland, T. (1983) The effects of dependent resource limitation on size of wild reindeer. *Oecologia*, 60, 156–168.

Slobodkin, L.B., Smith, F.E. & Hairston, N.G. (1967) Regulation in terrestrial ecosystems, and the implied balance of nature. *American Naturalist*, 101, 109–124.

Smith, F.D.M., May, R.M., Pellew, R., Johnson, T.H. & Walter, K.R. (1993) How much do we know about the current extinction rate? *Trends in Ecology and Evolution*, 8, 375–378.

Smith, J.W. (1998) Boll weevil eradication: area-wide pest management. *Annals of the Entomological Society of America*, 91, 239–247.

Smith, R.S., Shiel, R.S., Bardgett, R.D. *et al.* (2003) Soil microbial community, fertility, vegetation and diversity as targets in the restoration management of a meadow grassland. *Journal of Applied Ecology*, 40, 51–64.

Smith, S.D., Dinnen-Zopfy, B. & Nobel, P.S. (1984) High temperature responses of North American cacti. *Ecology*, 6, 643–651.

Snaydon, R.W. (1996) Above-ground and below-ground interactions in intercropping. In: *Dynamics and Nitrogen in Cropping Systems of the Semi-arid Tropics* (O. Ito, C. Johansen, J.J. Adu-Gyamfi, K.Katayama, J.V.D.K. Kumar Rao & T.J. Rego, eds), pp. 73–92. JIRCAS, Kasugai, Japan.

Snell, T.W. (1998) Chemical ecology of rotifers. *Hydrobiologia*, 388, 267–276.

Snyman, A. (1949) The influence of population densities on the development and oviposition of *Plodia interpunctella* Hubn. (Lepidoptera). *Journal of the Entomological Society of South Africa*, 12, 137–171.

Soares, S.M., Schoereder, J.H. & DeSouza, O. (2001) Processes involved in species saturation of ground-dwelling ant commumities (Hymenoptera, Formicidae). *Austral Ecology*, 26, 187–192.

Soderquist, T.R. (1994) The importance of hypothesis testing in reintroduction biology: examples from the reintroduction of the carnivorous marsupial *Phascogale tapoatafa*. In: *Reintroduction Biology of Australian and New Zealand Fauna* (M. Serena, ed.), pp. 156–164. Beaty & Sons, Chipping Norton, UK.

Sol, D. & Lefebvre, L. (2000) Behavioural frexibility predicts invasion success in birds introduced to New Zealand. *Oikos*, 90, 599–605.

Solbrig, O.T. & Simpson, B.B. (1974) Components of regulation of a population of dandelions in Michigan. *Journal of Ecology*, 62, 473–486.

Soler, J.J., Martinez, J.G., Soler, M. & Moller, A.P. (2001) Life history of magpie populations sympatric or allopatric with the brood parasitic great spotted cuckoo. *Ecology*, 82, 1621–1631.

Solomon, M.E. (1949) The natural control of animal populations. *Journal of Animal Ecology*, 18, 1–35.

Sommer, U. (1990) Phytoplankton nutrient competition-from laboratory to lake. In: *Perspectives on Plant Competition* (J.B. Grace & D. Tilman, eds), pp.

193-213. Academic Press, New York.
Sorrell, B.K., Hawes, I., Schwarz, A.-M. & Sutherland, D. (2001) Interspecfic differences in photosynthetic carbon uptake, photosynthate partitioning and extracellular organic carbon release by deepwater characean algae. *Freshwater Biology*, 46, 453–464.
Soulé, M.E. (1986) *Conservation Biology: the science of scarcity and diversity*. Sinauer Associates, Sunderland, MA.
Sousa, M.E. (1979a) Experimental investigation of disturbance and ecological succession in a rocky intertidal algal community. *Ecological Monographs*, 49, 227–254.
Sousa, M.E. (1979b) Disturbance in marine intertidal boulder fields: the nonequilibrium maintenance of species diversity. *Ecology*, 60, 1225–1239.
South, A.B., Rushton, S.P., Kenward, R.E. & Macdonald, D.W. (2002) Modelling vertebrate dispersal and demography in real landscapes: how does uncertainty regarding dispersal behaviour influence predictions of spatial population dynamics. In: *Dispersal Ecology* (J.M. Bullock, R.E. Kenward & R.S. Hails, eds), pp. 327–349. Blackwell Science, Oxford.
Southwood, T.R.E. & Henderson, P.H. (2000) *Ecological Methods*, 3rd edn. Blackwell Science, Oxford.
Southwood, T.R.E., Hassell, M.P., Reader, P.M. & Rogers, D.J. (1989) The population dynamics of the viburnum whitefly (*Aleurotrachelus jelinekii*). *Journal of Anilmal Ecology*, 58, 921–942.
Speed, M.P. (1999) Batesian, quasi-Batesian or Müllerian mimicry? Theory and data in mimicry research. *Evolutionary Ecology*, 13, 755–776.
Speed, M. & Ruxton, G.D. (2002) Animal behaviour: evolution of suicidal signals. *Nature*, 416, 375.
Spiller, D.A. & Schoener, T.W. (1994) Effects of a top and intermediate predators in a terrestrial food web. *Ecology*, 75, 182–196.
Spiller, D.A. & Schoener, T.W. (1998) Lizards reduce spider species richness by excluding rare species. *Ecology*, 79, 503–516.
Sprent, J.I. (1979) *The Biology of Nitrogen Fixing Organisms*. McGraw Hill, London.
Sprent, J.I. & Sprent, P. (1990) *Nitrogen Fixing Organisms: Pure and applied aspects*. Chapman & Hall, London.
Sprules, W.G. & Bowerman, J.E. (1988) Omnivory and food chain length in zooplankton food webs. *Ecology*, 69, 418–426.
Srivastava, D.S. (1999) Using local-regional richness plots to test for species saturation: pitfalls and potentials. *Journal of Animal Ecology*, 68, 1–16.
Staaland, H., White, RG., Luick, J.R. & Holleman, D.F. (1980) Dietary influences on sodium and potassium metabolism of reindeer. *Canadian Journal of Zoology*, 58, 1728–1734.
Stadler, B. & Dixon, A.F.G. (1998) Costs of ant attendance for aphids. *Journal of Animal Ecology*, 67, 454–459.
Stafford, J. (1971) Heron populations of England and Wales 1928–70. *Bird Study*, 18, 218–221.
Stark, J.D. (1993) Performance of the Macroinvertebrate Community Index: effects of sampling method, sample replication, water depth, current velocity, and substratum on index values. *New ZeaLand Journal of Marine and Freshwater Research*, 27, 463–478.
Statzner, B.E., Fievet, J.Y. Champagne, R., Morel, D. & Herouin, E. (2000) Crayfish as geomorphic agents and ecosystem engineers: biological behavior affects sand and gravel erosion in experimental streams. *Limnology and Oceanography*, 45, 1030–1040.
Stauffer, B. (2000) Long term climate records from polar ice. *Space Science Reviews*, 94, 321–336.
Stearns, S.C. (1977) The evolution of life history traits. *Annual Review of Ecology and Systematics*, 8, 145–171.
Stearns, S.C. (1983) The impact of size and phylogeny on patterns of covariation in the life history traits of mammals. *Oikos*, 41, 173–187.
Stearns, S.C. (1992) *The Evolution of Life Histories*. Oxford University Press, Oxford.
Stearns, S.C. (2000) Life history evolution: successes, limitations, and prospects. *Naturwissenchaften*, 87, 476–486.
Steinauer, E.M. & Collins, S.L. (2001) Feedback loops in ecological hierarchies following urine deposition in tallgrass prairie. *Ecology*, 82, 1319–1329.
Steingrimsson, S.O. & Grant, J.W.A. (1999) Allometry of territory-size and metabolic rate as predictors of self-thinning in young-of-the-year Atlantic salmon. *Journal of Animal Ecology*, 68, 17–26.
Stemberger, R.S. & Gilbert, J.J. (1984) Spine development in the rotifer *Keratella cochlearis*: induction by cyclopoid copepods and *Asplachna*. *Freshwater Biology*, 14, 639–648.

Stenberg, P., Palmroth, S., Bond, B.J., Sprugel, D.G. & Smolander, H. (2001) Shoot structure and photosynthetic efficiency along the light gradient in Scots pine canopy. *Tree Physiology*, 21, 805–814.

Stenseth, N.C., Bjørnstad, O.N. & Saihto, T. (1996) A gradient from stable to cyclic populations of *Clethrionomys rufocanus* in Hokkaido, Japan. *Proceedings of the Royal Society of London, Sertes B*, 263, 1117–1126.

Stenseth, N.C., Falck, W., Bjørnstad, O.N. & Krebs, C.J. (1997) Population regulation in snowshoe hare and Canadian lynx: asymmetric food web configurations between hare and lynx. *Proceedings of the National Academy of Sciences of the USA*, 94, 5147–5152.

Stenseth, N.C., Ottersen, G., Hurrell, J.W. et al. (2003) Studying climate effects on ecology through the use of climate indices: the North Atlantic Oscillation, El Nino Southern Oscillation and beyond. *Proceedings of the Royal Society of London, Series B*, 270, 2087–2096.

Stephens, D.W. & Krebs, J.R. (1986) *Foraging Theory*. Princeton University Press, Princeton, NJ.

Stephens, G.R. (1971) The relation of insect defoliation to mortality in Connecticut forests. *Connecticut Agricultural Experimental Station Bulletin*, 723, 1–16.

Stephens, P.A. & Sutherland, W.J. (1999) Consequences of the Allee effect for behaviour, ecology and conservation. *Trends in Ecology and Evolution*, 14, 401–405.

Stephens, P.A., Frey-Roos, F., Arnold, W. & Sutherland, W.J. (2002) Sustainable exploitation of social species: a test and comparison of models. *Journal of Applied Ecoloogy*, 39, 629–642.

Sterner, R.W., Bajpai, A. & Adams, T. (1997a) The enigma of food chain length: absence of theoretical evidence for dynamic constraints. *Ecology*, 78, 2258–2262.

Sterner, R.W., Elser, J.J., Fee, E.J., Guildford, S.J. & Chrzanowski, T.H. (1997b) The light: nutrient ratio in lakes: the balance of energy and materials affects ecosystem structure and processes. *American Naturalist*, 150, 663–684.

Stevens, C.E. & Hume, I.D. (1998) Contributions of microbes in vertebrate gastrointestinal tract to production and conservation of nutrients. *Physiological Reviews*, 78, 393–426.

Stewart, T.W., Miner, J.G. & Lowe, R.L. (1998) Macroinvertebrate communities on hard substrates in western Lake Erie: structuring effects of *Dreissena*. *Journal of Great Lakes Research*, 24, 868–879.

Stoll, P. & Prati, D. (2001) Intraspecific aggregation alters competitive interactions in experimental plant communities. *Ecology*, 82, 319–327.

Stoll, P., Weiner, J., Muller-Landau, H., Muller, E. & Hara, T. (2002) Size symmetry of competition alters biomass-density relationships. *Proceedings of the Royal Society of London, Series B*, 269, 2191–2195.

Stone, G.M. & Cook, J.M. (1998) The structure of cynipid oak galls: patterns in the evolution of an extended phenotype. *Proceedings of the Royal Society of London, Series B*, 265, 979–988.

Stone, L. & Roberts, A. (1990) The checkerboard score and species distributions. *Oecologia*, 85, 74–79.

Stolp, H. (1988) *Microbial Ecology*. Cambridge University Press, Cambridge, UK.

Storch, D., Sizling, A.L. & Gaston, K.J. (2003) Geometry of the species area reladornship in central European birds: testing the mechanism. *Journal of Animnal Ecology*, 72, 509–519.

Storey, K.B. (1990) Biochemical adaptation for cold hardiness in insects. *Philosophical Transactions of the Royal Society of London, Series B*, 326, 635–654; also in *Life at Low Temperatures* (R.M. Laws & F. Franks, eds), pp. 119–138. The Royal Society, London.

Stowe, L.G. & Teeri, J.A. (1978) The geographic distribution of C4 species of the Dicotyledonae in relation to climate. *American Naturalist*, 112, 609–623.

Strauss, S.Y. & Agrawal, A.A. (1999) The ecology and evolution of plant tolerance to herbivory. *Trends in Ecology and Evolution*, 14, 179–185.

Strauss, S.Y., Irwin, R.E. & Lambrix, V.M. (2004) Optimal defence theory and flower petal colour predict variation in the secondary chemistry of wild radish. *Journal of Ecology*, 92, 132–141.

Strauss, S.Y., Rudgers, J.A., Lau, J.A. & Irwin, R.E. (2002) Direct and ecological costs of resistance to herbivory. *Trends in Ecology and Evolution*, 17, 278–285.

Strobeck, C. (1973) N species competition. *Ecology*, 54, 650–654.

Stromberg, P.C., Toussant, M.J. & Dubey, J.P. (1978) Population biology of *Paragonimus kellicotti* metacercariae in central Ohio. *Parasitology*, 77, 13-18.

Strong, D.R. Jr. (1982) Harmonious coexistence of hispine bettles on *Heliconia* in experimental and natural communities. *Ecology*, 63, 1039-1049.

Strong, D.R. (1992) Are trophic cascades all wet? Differentiation and donor-control in speciose ecosystems. *Ecology*, 73, 747-754.

Strong, D.R. Jr., Lawton, J.H. & Southwood, T.R.E. (1984) *Insects on Plants: commnunity patterns and mechanisms*. Blackwell Scientific Publications, Oxford.

Suchanek, T.H. (1992) Extreme biodiversity in the marine environment: mussel bed communities of *Mytilus Californianus*. *Northwest Environmental Journal*, 8, 150.

Summerhayes, V.S. & Elton, C.S. (1923) Contributions to the ecology of Spitsbergen and Bear Island. *Journal of Ecology*, 11, 214-286.

Sunderland, K.D., Hassall, M. & Sutton, S.L (1976) The population dynamics of *Philoscia muscorum* (Crustacea, Oniscoidea) in a dune grassland ecosystem. *Journal of Animal Ecology*, 45, 487-506.

Susarla, S., Medina, V.F. & McCutcheon, S.C. (2002) Phytoremediation: an ecological solution to organic chemical contamination. *Ecological Engineering*, 18, 647-658.

Sutherland, W.J. (1983) Aggregation and the 'ideal free' distribution. *Journal of Animal Ecology*, 52, 821-828.

Sutherland, W.J. (1998) The importance of behavioural studies in conservation biology. *Animal Behaviour*, 56, 801-809.

Sutherland, W.J., Gill, J.A. & Norris, K. (2002) Density-dependent dispersal in animals: concepts, evidence, mechanisms and consequences. In: *Dispersal Ecology* (J.M. Bullock, R.E. Kenward & R.S. Hails, eds), pp. 134-151. Blackwell Science, Oxford.

Sutton, M.A., Pitcairn, C.E.R. & Fowler, D. (1993) The exchange of ammonia between the atmosphere and plant communities. *Advances in Ecological Research*, 24, 302-393.

Sutton, S.L. & Collins, N.M. (1991) Insects and tropical forest conservation. In: *The Conservation of Insects and their Habitats* (N.M. Collins & J.A. Thomas, eds), pp. 405-424. Academic Press, London.

Swift, M.J., Heal, O.W. & Anderson, J.M. (1979) *Decomposition in Terrestrial Ecosystems*. Blackwell Scientific Publications, Oxford.

Symonides, E. (1979) The structure and population dynamics of psammophytes on inland dunes.II. Loose-sod populations. *Ekologia Polska*, 27, 191-234.

Symonides, E. (1983) Population size regulation as a result of intra-population interactions. I. The effect of density on the survival and development of individuals of *Erophila verna* (L.). *Ecologia Polska*, 31, 839-881.

Syms, C. & Jones, G.P. (2000) Disturbance, habitat structure, and the dynamics of a coral-reef fish community. *Ecology*, 81, 2714-2729.

Szarek, S.R., Johnson, H.B. & Ting, I.P. (1973) Drought adaption in *Opuntia basilaris*. Significance of recycling carbon through Crassulacean acid metabolism. *Plant Physiology*, 52, 539-541.

Tamm, C.O. (1956) Further observations on the survival and flowering of some perennial herbs. *Oikos*, 7, 274-292.

Tanaka, M.O. & Magalhaes, C.A. (2002) Edge effects and succession dynamics in *Brachidontes* mussel beds. *Marine Ecology Progress Series*, 237, 151-158.

Taniguchi, H., Nakano, S. & Tokeshi, M. (2003) Habitat complexity, patch size and the abundance of ephphytic invertebrates on plants. *Freshwater Biology*, 00, 00-00.

Taniguchi, Y. & Nakano, S. (2000) Condition-specific competition: implications for the altitudinal distribution of stream fishes, *Ecology*, 81, 2027-2039.

Tansley, A.G. (1917) On competition between *Galium sylvestre* Poll. (*G. asperum* Schreb.) on different types of soil. *Journal of Ecology*, 5, 173-179.

Tansley, A.G. (1939) *The British Islands and their Vegetation*. Cambridge University Press, Cambridge, UK.

Taylor, A.D. (1993) Heterogeneity in host-parasitoid interactions: the CV2 rule. *Trends in Ecology and Evolution*, 8, 400-405.

Taylor, I. (1994) *Barn Owls. Predator-Prey Relationships and Conservation*. Cambridge University Press, Cambridge, UK.

Taylor, L.R. (1987) Objective and experiment in long-term research. In.. *Long-Term Studies in Ecology* (G.E. Likens, ed.), pp. 20-70. Springer-Verlag, New York.

Taylor, R.B., Sotka, E. & Hay, M.E. (2002) Tissue-specific induction of herbivore resistance: seaweed response to amphipod grazing. *Oecologia*, 132, 68-76.

Teeri, J.A. & Stowe, L.G. (1976) Climatic patterns and the distribution of C4 grasses in North America. *Oecologia*, 23, 112.

Teirney, L.D. (2003) *Fiordland Marine Conservation Strategy: Te Kaupapa Atawhai o Te Moana o Atawhenua*. Guardians of Fiordland's Fisheries and Marine Environment Inc., Te Anau, New Zealand.

Téllez-Valdés, o. & Dávila-Aranda, P. (2003) Protected areas and climate change: a case study of the cacti in the Tehuacán-Cuicatlán Biosphere Reserve, Mexico. *Conservation Biology*, 17, 846-853.

Ter Braak, C.J.F. & Prentice, I.C. (1988) A theory of gradient analysis. *Advances in Ecological Research*, 18, 272-3 17.

Ter Braak, C.J.F. & Smilauer, P. (1998) CANOCO for Windows version 4.02. Wageningen, the Netherlands.

Terborgh, J. (1973) On the notion of favorableness in plant ecology. *American Naturalist*, 107, 481-501.

Teuschl, Y., Taborsky, B. & Taborsky, M. (1998) How do cuckoos find their nests? The role of habitat imprinting. *Animal Behaviour*, 56, 1425-1433.

Thomas, C.D. (1990) What do real population dynamics tell us about minimum viable population sizes? *Conservation Biology*, 4, 324-327.

Thomas, C.D. & Harrison, S. (1992) Spatial dynamics of a patchily distributed butterfly species. *Journal of Applied Ecology*, 61, 437-446.

Thomas, C.D. & Jones, T.M. (1993) Partial recovery of a skipper butterfly (*Hesperia comma*) from population refuges: lessons for conservation in a fragmented landscape. *Journal of Animal Ecology*, 62, 472-481.

Thomas, C.D., Thomas, J.A. & Warren, M.S. (1992) Distributions of occupied and vacant butterfly habitats in fragmented landscapes. *Oecologia*, 92, 563-567.

Thomas, F. & Poulin, R. (1998) Manipulation of a mollusc by a trophically transmitted parasite: convergent evolution of phylogenetic inheritance? *Parasitology*, 116, 431-436.

Thomas, S.C. & Weiner, J. (1989) Growth, death and size distribution change in an *Impatiens pallida* population. *Journal of Ecology*, 77, 524-536.

Thompson, D.J. (1975) Towards a predator-prey model incorporating age-structure: the effects of predator and prey size on the predation of *Daphnia magna* by *Ischnura elegans*. *Journal of Animal Ecology*, 44, 907-916.

Thompson, D.J. (1989) Sexual size dimorphism in the damselfly *Coenagrion puella* (L.). *Advances in Ódonatology*, 4, 123-131.

Thompson, J.N. (1988) Evolutionary ecology of the relationship between oviposition preference and performance of offspring in phytophagous insects. *Entomologia Experimentia et Applicata*, 47, 3-14.

Thompson, J.N. (1995) *The Coevolutionary Process*. University of Chicago Press, Chicago.

Thompson, R.M. & Townsend, C.R. (2000) Is resolution the solution?: the effect of taxonomic resolution on the calculated properties of three stream food webs. *Freshwater Biology*, 44, 413-422.

Thompson, R.M., Mouritsen, K.N. & Poulin, R. (2005) Importance of parasites and their life cycle characteristics in determining the structure of a large marine food web. *Journal of Animal Ecology*, 74, 77-85.

Thompson, R.M., Townsend, C.R., Craw, D., Frew, R. & Riley, R. (2001) (Further) links from rocks to plants. *Trends in Ecology and Evolution*, 16, 543.

Thórhallsdóttir, T.E. (1990) The dynamics of five grasses and white clover in a simulated mosaic sward.*Journal of Ecology*, 78, 909-923.

Tillman, P.G. (1996) Functional response of *Microplitis croceipes* and *Cardiochiles nigriceps* (Hymenoptera: Braconidae) to variation in density of tobacco budworm (Lepidoptera: Noctuidae). *Environmental Entomology*, 25, 524-528.

Tilman, D. (1977) Resource competition between planktonic algae: an experimental and theoretical approach. *Ecology*, 58, 338-348.

Tilman, D. (1982) *Resource Competition and Community Structure*. Princeton University Press, Princeton, NJ.

Tilman, D. (1986) Resources, competition and the dynamics of plant communities. In: *Plant Ecology* (M.J. Crawley, ed.), pp. 51-74. Blackwell Scientific Publications, Oxford.

Tilman, D. (1987) Secondary succession and the pattern of plant dominance along experimental nitrogen gradients. *Ecological Monographs*, 57, 189-214.

Tilman, D. (1988) *Plant Strategies and the Dynamics and Structure of Plant Communities*. Princeton University Press, Princeton, NJ.

Tilman, D. (1990) Mechanisms of plant competition for

nutrients: the elements of a predictive theory of competition. In: *Perspectives on Plant Competition* (J.B. Grace & D. Tilman, eds), pp. 117–141. Academic Press, New York.

Tilman, D. (1996) Biodiversity: population versus ecosystem stability. *Ecology*, 77, 350–363.

Tilman, D. (1999) The ecological consequences of changes in biodiversity: a search for general principles. *Ecology*, 80, 1455–1474.

Tilman, D. & Wedin, D. (1991a) Plant traits and resource reduction for five grasses growing on a nitrogen gradient. *Ecology*, 72, 685–700.

Tilman, D. & Wedin, D. (1991b) Dynamics of nitrogen competition between successional grasses. *Ecology*, 72, 1038–1049.

Tilman, D., Fargione, J., Wolff, B. *et al.* (2001) Forecasting agriculturally driven global environmental change. *Science*, 292, 281–284.

Tilman, D., Mattson, M. & Langer, S. (1981) Competition and nutrient kinetics along a temperature gradient: an experimental test of a mechanistic approach to niche theory. *Limnology and Oceanography*, 26, 1020–1033.

Tilman, D., Reich, P.B., Knops, J., Wedin, D., Meilke, T. & Lehman, C. (2001) Diversity and productivity in a long-term grassland experiment. *Science*, 294, 843–845.

Timmermann, A., Oberhuber, J., Bacher, A., Esch, M., Latif, M. & Roeckner, E. (1999) Increased El Niño frequency in a climate model forced by future greenhouse warming. *Nature*, 398, 694–697.

Timmins, S.M. & Braithwaite, H. (2002) Early detection of new invasive weeds on islands. In: *Turning the Tide: eradication of invasive species* (D. Veitch & M. Clout, eds), pp. 311–318. Invasive Species Specialist Group of the World Conservation Union (IUCN), Auckland, New Zealand.

Tinbergen, L. (1960) The natural control of insects in pinewoods. 1: factors influencing the intensity of predation by songbirds. *Archives néerlandaises de Zoologie*, 13, 266–336.

Tjallingii, W.F. & Hogen Esch, Th. (1993) Fine structure of aphid stylet routes in plant tissues in correlation with EPG signals. *Physiological Entomology*, 18, 317–328.

Tkadlec, E. & Stenseth, N.C. (2001) A new geographical gradient in vole population dynamics. *Proceedings of the Royal Society of London, Series B*, 268, 1547–1552.

Toft, C.A. & Karter, A.J. (1990) Parasite-host coevolution. *Trends in Ecology and Evolution*, 5, 326–329.

Tokeshi, M. (1993) Species abundance patterns and community structure. *Advances in Ecologtcal Research*, 24, 112–186.

Tompkins, D.M. & Begon, M. (1999) Parasites can regulate wildlife populations. *Parasitology Today*, 15, 311–313.

Tompkins, D.M., White, A.R., Boots, M. (2003) Ecological replacement of native red squirrels by invasive greys driven by disease. *Ecology Letters*, 6, 189–196.

Tonn, W.M. & Magnuson, J.J. (1982) Patterns in the species composition and richness of fish assemblages in northern Wisconsin lakes. *Ecology*, 63, 137–154.

Towne, E.G. (2000) Prairie vegetation and soil nutrient responses to ungulate carcasses. *Oecologia*, 122, 232–239.

Townsend, C.R. (1991) Commumity organisation in marine and freshwater environments. In: *Fundamental of Aquatic Ecology* (R.S.K. Barnes & K.H. Mann, eds), pp. 125–144. Blackwell Scientific Publications, Oxford.

Townsend, C.R. (1996) Concepts in river ecology: pattern and process in the catchment hierarchy. *Archiv fur Hydrobiologie*, 113 (Suppl. 10), 3–21.

Townsend, C.R. (2003) Individual, population, community and ecosystem consequences of a fish invader in New Zealand streams. *Conservation Biology*, 17, 38–47.

Townsend, C.R. & Hildrew, A.G. (1980) Foraging in a patchy environment by a predatory net-spinning caddis larva: a test of optimal foraging theory. *Oecologia*, 47, 219–221.

Townsend, C.R. & Hildrew, A.G. (1994) Species traits in relation to a habitat templet for river systems. *Freshwater Biology*, 31, 265–275.

Townsend, C.R., Hildrew, A.G. & Francis, J.E. (1983) Community structure in some southern English streams: the influence of physiochemical factors. *Freshwater Biology*, 13, 521–544.

Townsend, C.R., Scarsbrook, M.R. & Dolédec, S. (1997) The intermediate disturbance hypothesis, refugia and bio-diversity in streams. *Limnology and Oceanography*, 42, 938–949.

Townsend, C.R., Thompson, R.M., Macintosh, A.R., Kilroy, C., Edwards, E. & Scarsbrook, M.R. (1998)

Disturbance, resource supply and food-web architecture in streams. *Ecology Letters*, 1, 200–209.

Townsend, C.R., Tipa, G., Teirney, L.D. & Niyogi, D.K. (2004) Development of a tool to facilitate participation of Maori in the management of stream and river health. *Ecology and Health*, 1, 184–195.

Townsend, C.R., Winfield, I.J., Peirson, G. & Cryer, M. (1986) The response of young roach *Rutilus rutilus* to seasonal changes in abundance of microcrustacean prey: a field demonstration of switching. *Oikos*, 46, 372–378.

Tracy, C.R. (1976) A model of the dynamic exchanges of water and energy between a terrestrial amphibian and its environment. *Ecological Monographs*, 46, 293–326.

Tregenza, T. (1995) Building on the ideal free distribution. *Advances in Ecological Research*, 26, 253–307.

Trewavas, A. (2001) Urban myths of organic farming: organic agriculture began as an idealogy, but can it meet today's needs? *Nature*, 410, 409–410.

Trewick, S.A. & Worthy, T.H. (2001) Origins and prehistoric ecology of takahe based on morphometric, molecular, and fossil data. In: *The Takahe: fifty years of conservation management and research* (W.G. Lee & I.G. Jamieson, eds), pp. 31–48. University of Otago Press, Dunedin, New Zealand.

Trexler, J.C., McCulloch, C.E. & Travis, J. (1988) How can the functional response best be determined? *Oecologia*, 76, 206–214.

Tripet, F. & Richner, H. (1999) Density dependent processes in the population dynamics of a bird ectoparasite *Ceratophyllus gallinae*. *Ecology*, 80, 1267–1277.

Turchin, P.D. (1990) Rarity of density dependence or population regulation with lags? *Nature*, 344, 660–663.

Turchin, P. (2003) *Complex Population Dynamics*. Princeton University Press, Princeton, NJ.

Turchin, P. & Batzli, G.O. (2001) Availability of food and the population dynamics of arvicoline rodents. *Ecology*, 82, 1521–1534.

Turchin, P. & Berryman, A.A. (2000) Detecting cycles and delayed density dependence: a comment on Hunter and Price (1998). *Ecological Entomology*, 25, 119–121.

Turchin, P. & Hanski, I. (1997) An empirically based model for latitudinal gradient in vole population dynamics. *American Naturalist*, 149, 842–874.

Turchin, P. & Hanski, I. (2001) Contrasting alternative hypotheses about rodent cycles by translating them into parameterized models. *Ecology Letters*, 4, 267–276.

Turesson, G. (1922a) The species and variety as ecological units. *Hereditas*, 3, 100–113.

Turesson, G. (1922b) The genotypical response of the plant species to the habitat. *Hereditas*, 3, 211–350.

Turkington, R. & Harper, J.L. (1979) The growth, distribution and neighbour relationships of *Trifolium repens* in a permanent pasture. IV. Fine scale biotic differentiation. *Journal of Ecology*, 67, 245–254.

Turkington, R. & Mehrhoff, L.A. (1990) The role of competition in structuring pasture communities. In: *Perspectives on Plant Competition* (J.B. Grace & D. Tilman, eds), pp. 307–340. Academic Press, New York.

Turner, J.R.G., Lennon, J.J. & Greenwood, J.J.D. (1996) Does climate cause the global biodiversity gradient? In: *Aspects of the Genesis and Maintenance of Biological Diversity* (M. Hochberg, J. Claubert & R. Barbault, eds), pp. 199–220. Oxford University Press, London and New York.

Twigg, L.E., Martin, G.R. & Lowe, T.J. (2002) Evidence of pesticide resistance in medium-sized mammalian pests: a case study with 1080 poison and Australian rabbits. *Journal of Applied Ecology*, 39, 549–560.

Tyndale-Biscoe, M. & Vogt, W.G. (1996) Population status of the bush fly, *Musca vetustissima* (Diptera: Muscidae), and native dung beetles (Coleoptera: Scarabaeninae) in south-eastern Australia in relation to establishment of exotic dung beetles. *Bulletin of Entomological Reserch*, 86, 183–192.

Uchmanski, J. (1985) Differentiation and frequency distributions of body weights in plants and animals. *Philosophical Transactions of the Royal Society of London, Series B*, 310, 1–75.

Umbanhowar, J., Maron, J. & Harrison, S. (2003) Density dependent foraging behaviors in a parasitoid lead to density dependent parasitism of its host. *Oecologia*, 137, 123–130.

UNEP (2003) *Global Environmental Outlook Year Book 2003*. United Nations Environmental Program, GEO Section, PO Box 30552, Nairobi, Kenya.

United Nations (1999) *The World at Six Billion*. United Nations Population Division, Department of

Economic and Social Affairs, United Nations Secretariat, New York.

US Department of the Interior (1990) *Audit Report: the Endangered Species Program*. US Fish and Wildlife Service Report 90–98.

Usio, N. & Townsend, C.R. (2001) The significance of the crayfish *Paranephrops zealandicus* as shredders in a New Zealand head-water stream. *Journal of Crustacean Biology*, 21, 354–359.

Usio, N. & Townsend, C.R. (2002) Functional significance of crayfish in stream food webs: roles of omnivory, substrate heterogeneity and sex. *Oikos*, 98, 512–522.

Usio, N. & Townsend, C.R. (2004) Roles of crayfish: consequences of predation and bioturbation for stream invertebrates. *Ecology*, 85, 807–822.

Valentine, J.W. (1970) How many marine invertebrate fossil species? A new approximation. *Journal of Paleontology*, 44, 410–415.

Valladares, V.F. & Pearcy, R.W. (1998) The functional ecology of shoot architecture in sun and shade plants of *Heteromeles arbutifolia* M. Roem., a Californian chaparral shrub. *Oecologia*, 114, 1–10.

Van Breeman, N. (2002) Natural organic tendency. *Nature*, 415, 381–382.

van de Koppel, J., Rietkerk, M. & Weissing, F.J. (1997) Catastrophic vegetation shifts and soil degradation in terrestrial grazing systems. *Trends in Ecology and Evolution*, 12, 352–356.

van den Bosch, R., Leigh, T.F., Falcon, L.A., Stern, V.M., Gonzales, D. & Hagen, K.S. (1971) The developing program of integrated control of cotton pests in California. In: *Biological Control* (C.B. Huffaker, ed.), pp. 377–394. Plenum Press, New York.

Van der Juegd, H.P. (1999) *Life history decisions in a changing environment: a long-term study of a temperate barnacle goose population*. PhD thesis, Uppsala University, Uppsala.

van Leneteren, J.C. & Woets, J. (1988) Biological and integrated pest control in greenhouses. *Annual Review of Entomology*, 33, 239–269.

van Rensburg, B.J., Chown, S.L. & Gaston, K.J. (2002) Species richness, environmental correlates, and spatial scale: a test using South African birds. *American Naturalist*, 159, 566–577.

van Riper, C., van Riper, S.G., Goff, M.L. & Laird, M. (1986) The epizootiology and ecological significance of malaria in Hawaiian land birds. *Ecological Monographs*, 56, 327–344.

Vandenkoornhuyse, P., Ridgway, K.P., Watson, I.J., Fitter, A.H. & Young, J.P.W. (2003) Co-existing grass species have distinctive arbuscular mycorrhizal communities. *Molecular Ecology*, 12, 3085–3095.

Vander Zanden, M.J., Shuter, B.J., Lester, L. & Rasmussen, J.B. (1999) Patterns of food chain length in lakes: a stable isotope study. *American Naturalist*, 154, 406–416.

Vandermeest, D.B., Van Leaf, D.H. & Clinton, B.D. (2002) American chestnut as an allelopath in the southern Appalachians. *Forest Ecology and Management*, 165, 173–181.

Vanderplank, J.E. (1963) *Plant Diseases: epidemics and control*. Academic Press, New York.

Varley, G.C. (1947) The natural control of population balance in the knapweed gall-fly (*Urophora jaceana*). *Journal of Animal Ecology*, 16, 139–187.

Varley, G.C. & Gradwell, G.R. (1968) Population models for the winter moth. *Symposium of the Royal Entomological Society of London*, 9, 132–142.

Varley, G.C. & Gradwell, G-R. (1970) Recent advances in insect population dynamics. *Annual Review of Entomology*, 15, 1–24.

Vaughan, N., Lucas, E.-A, Harris, S. & White, P.C.L. (2003) Habitat associations of European hares *Lepus europaeus* in England and Wales: implications for farmland management. *Journal of Applied Ecology*, 40, 163–175.

Vázquez, G.J.A. & Givnish, T.J. (1998) Altitudinal gradients in tropical forest composition, structure, and diversity in the Sierra de Manantlán. *Journal of Ecology*, 86, 999–1020.

Venterink, H.O., Wassen, M.J., Verkroost, A.W.M. & de Ruiter, P.C. (2003) Species richness-productivity patterns differ between N-, P-and K-limited wetlands. *Ecology*, 84, 2191–2199.

Verhulst, P.F. (1838) Notice sur la loi que la population suit dans son accroissement. *Correspondances Mathématiques et Physiques*, 10, 113–121.

Villa, F., Tunesi, L. & Agardy, T. (2002) Zoning marine protected areas through spatial multiple-criteria analysis: the case of the Asinara Island National Marine Reserve of Italy. *Conservation Biology*, 16, 515–526.

Vivas-Martinez, S., Basanez, M.G., Botto, C. *et al* (2000) Amazonian onchocerciasis: parasitological profiles by host-age, sex, and endemicity in southern Venezuela. *Parasitology*, 121, 513–525.

Volk, M., Niklaus, P.A. & Korner, C. (2000) Soil moisture effects determine CO2 responses of grassland species. *Oecologia*, 125, 380–388.

Volterra, V. (1926) Variations and fluctuations of the numbers of individuals in animal species living together. (Reprinted in 1931. In: R.N. Chapman, *Animal Ecology*. McGraw Hill, New York.)

Vos, M., Hemerik, L. & Vet, L.E.M. (1998) Patch exploitation by the parasitoids *Cotesia rubecula* and *Cotesia glomerata* in multi-patch environments with different host distributions. *Journal of Animal Ecology*, 67, 774–783.

Vucetich, J.A., Peterson, R.O. & Schaefer, C.L. (2002) The effect of prey and predator densities on wolf predation. *Ecology*, 83, 3003–3013.

Waage, J.K. & Greathead, D.J. (1988) Biological control: challenges and opportunities. *Philosophical Transactions of the Royal Society of London, Series B*, 318, 111–128.

Wallace, J.B. & O'Hop, J. (1985) Life on a fast pad: waterlily leaf beetle impact on water lilies. *Ecology*, 66, 1534–1544.

Wallis, G.P. (1994) Population genetics and conservation in New Zealand: a hierarchical synthesis and recommendations for the 1990s. *Journal of the Royal Society of New Zealand*, 24, 143–160.

Walsh, J.A. (1983) Selective primary health care: strategies for control of disease in the developing world. IV. Measles. *Reviews of Infectious Diseases*, 5, 330–340.

Walter, D.E. (1987) Trophic behaviour of 'mycophagous' microarthropods. *Ecology*, 68, 226–228.

Walther, G.-R., Post, E., Convey, P. et al. (2002) Ecological responses to recent climate change. *Nature*, 416, 389–395.

Wang, G.-H. (2002) Plant traits and soil chemical variables during a secondary vegetation succession in abandoned fields on the Loess Plateau. *Acta Botanica Sinica*, 44, 990–998.

Ward, J.V. (1988) Riverine-wetland interactions. In: *Freshwater Wetlands and Wildlife* (R.R. Sharitz & J.W. Gibbon, eds), pp. 385–400. Office of Science and Technology Information, US Department of Energy, Oak Ridge, TN.

Wardle, D.A., Bonner, K.I. & Barker, G.M. (2000) Stability of ecosystem properties in response to above-ground functional group richness and composition. *Oikos*, 89, 11–23.

Ware, G.W. (1983) *Pesticides Theory and Application*. W.H. Freeman, New York.

Waring, R.H. & Schlesinger, W.H. (1985) *Forest Ecosystems: concepts and management*. Academic Press, Orlando, FL.

Warren, P.H. (1989) Spatial and temporal variation in the structure of a freshwater food web. *Oikos*, 55, 299–311.

Warren, P.H. (1994) Making connecdons in food webs. *Trends in Ecology and Evolution*, 9, 136–141.

Warren, R.S., Fell, P.E., Rozsa, R. et al. (2002) Salt marsh restoration in Connecticut: 20 years of science and management. *Restoration Ecology*, 10, 497–513.

Waser, N.M. & Price, M.V. (1994) Crossing distance effects in *Delphinium nelsonii*: outbreeding and inbreeding depression in progeny fitness. *Evolution*, 48, 842–852.

Waterhouse, D.F. (1974) The biological control of dung. *Scienttific American*, 230, 100–108.

Watkinson, A.R. (1984) Yield-density relationships: the influence of resource availability on growth and self-thinning in populations of *Vulpia fasciculata*. *Annal of Botany*, 53, 469–482.

Watkinson, A.R. & Harper, J.L. (1978) The demography of a sand dune annual: *vulpia fasciculata*. I. The natural regulation of populations. *Journal of Ecology*, 66, 15–33.

Watkinson, A.R., Freckleton, R.P., Robinson, R.A. & Sutherland, W.J. (2000) Predictions of biodiversity response to genetically modified herbicide-tolerant crops. *Science*, 289, 1554–1557.

Watson, A. & Moss, R. (1980) Advances in our understanding of the population dynamics of red grouse from a recent fluctuation in numbers. *Areda*, 68, 103–111.

Watt, A.S. (1947) Pattern and process in the plant community. *Journal of Ecology*, 35, 1–22.

Way, M.J. & Cammell, M. (1970) Aggregation behaviour in relation to food utilization by aphids. In: *Animal Populations in Relation to their Food Resource* (A. Watson, ed.), pp. 229–247. Blackwell Scientific Publications, Oxford.

Weathers, K.C., Caldenasso, M.L. & Pickett, S.T.A. (2001) Forest edges as nutrient and pollutant concentrators: potential synergisms between fragmentation, forest canopies and the atmosphere. *Conservation Biology*, 15, 1506–1514.

Weaver, J.E. & Albertson, F.W. (1943) Resurvey of grasses forbs and underground plant parts at the end of the great drought. *Ecological Monographs*, 13, 63–117.

Webb, S.D. (1987) Community patterns in extinct terrestrial invertebrates. In: *Organization of Communities: Past and present* (J.H.R. Gee & P.S. Giller, eds), pp. 439–468. Blackwell Scientific Publications, Oxford.

Webb, W.L., Lauenroth, W.K., Szarek, S.R. & Kinerson, R.S. (1983) Primary production and abiotic controls in forests, grasslands and desert ecosystems in the United States. *Ecology*, 64, 134–151.

Webster, J. (1970) *Introduction to Fungi*. Cambridge University Press, Cambridge, UK.

Webster, M.S. & Almany, G.R. (2002) Positive indirect effects in a coral reef fish community. *Ecology Letters*, 5, 549–557.

Wegener, A. (1915) *Entstehung der Kontinenter und Ozeaner*. Samml. Viewig, Braunschweig. English translation (1924) *The Origins of Continents and Oceans*. Translated by J.G.A. Skerl. Metheun, London.

Weiner, J. (1986) How competition for light and nutrients affects size variabiliity in *Ipomoea tricolor* populations. *Ecology*, 67, 1425–1427.

Weiner, J. (1990) Asymmetric competition in plant populations. *Trends in Ecology and Evolution*, 5, 360–364.

Weiner, J. & Thomas, S.C. (1986) Size variability and competition in plant monocultures. *Oikos*, 47, 211–222.

Weller, D.E. (1987) A reevaluation of the -3/2 power rule of plant self-thinning. *Ecological Monographs*, 57, 23–43.

Weller, D.E. (1990) Will the real self-thinning rule please stand up? A reply to Osawa and Sugita. *Ecology*, 71, 1204–1207.

Werner, E.E., Gilliam, J.F., Hall, D.J. & Mittlebach, G.G. (1983a) An experimental test of the effects of predation risk on habitat use in fish. *Ecology*, 64, 1540–1550.

Werner, E.E., Mittlebach, G.G., Hall, D.J. & Gilliam, J.F. (1983b) Experimental tests of optimal habitat use in fish: the role of relative habitat profitability. *Ecology*, 64, 1525–1539.

Werner, H.H. & Hall, D.J. (1974) Optimal foraging and the size selection of prey by the bluegill sunfish *Lepomis macrohirus*. *Ecology*, 55, 1042–1052.

Werner, P.A. & Platt, W.J. (1976) Ecological relationships of co-occurring golden rods (*Solidago*: Compositae). *American Naturalist*, 110, 959–971.

Wertheim, B., Sevenster, J.G., Eijs, I.E.M & van Alphen, J.J.M. (2000) Species diversity in a mycophagous insect community: the case of spatial aggregation vs. resource pardtiorhg. *Journal of Animal Ecology*, 69, 335–351.

Wesson, G. & Wareing, P.F. (1969) The induction of light sensitivity in weed seeds by burial. *Journal of Experimental Biology*, 20, 413–425.

West, G.B., Brown, J.H. & Enquist, B.J. (1997) A general model for the origin of allometric scaling laws in biology. *Science*, 276, 122–126.

West, H.M., Fitter, A.H. & Watkinson, A.R. (1993) Response of *Vulpia ciliata* ssp. *ambigua* to removal of mycorrhizal infection and to phosphate application under natural conditions. *Journal of Ecology*, 81, 351–358.

Westphal, M.I., Pickett, M., Getz, W.M. & Possingham, H.P. (2003) The use of stochastic dynamic programming in optimal landscape reconstruction for metapopulations. *Ecological Appltcations*, 13, 543–555.

Wharton, D.A. (2002) *Life at the Limits: organisms in extreme environments*. Cambridge University Press, Cambridge, UK.

White, J. (1980) Demographic factors in populations of plants. In: *Demography and Evolution in Plant Populations* (O.T. Solbrig, ed.), pp. 21–48. Blackwell Scientific Publications, Oxford.

White, T.C.R. (1993) *The Inadequate Environment: nitrogen and the abundance of animals*. Springer, Berlin.

Whittaker, R.H. (1953) A consideration of climax theory: the climax as a population and pattern, *Ecological Monographs*, 23, 41–78

Whittaker, R.H. (1956) Vegetation of the Great Smoky Mountains. *Ecological Monographs*, 23, 41–78.

Whittaker, R.H. (1975) *Communities and Ecosystems*, 2nd edn. Macmillan, London.

Whittaker, R.J., Willis, K.J. & Field, R. (2003) Climatic-energetic explanations of diversity: a macroscopic perspective. In: *Macroecology: concepts and consequences* (T.M. Blackburn & K.J. Gaston, eds), pp. 107–129. Blackwell Publishing, Oxford.

Wiebes, J.T. (1979) Coevolution of figs and their insect

pollinators. *Annual Review of Ecology and Systematics*, 10, 1–12.
Wiens, J.A., Stenseth, N.C., Van Horne, B. & Ims, R.A. (1993) Ecological mechanisms and landscape ecology. *Oikos*, 66, 369–380.
Wilbur, H.M. (1987) Regulation of structure in complex systems: experimental temporary pond commumities. *Ecology*, 68, 1437–1452.
Wilby, A., Shachak, M. & Boeken, B. (2001) Integration of ecosystem engineering and trophic effects of herbivores. *Oikos*, 92, 436–444.
Williams, G.C. (1966) *Adaptation and Natural Selection*. Princeton University Press, Princetion, NJ.
Williams, K.S., Smith, K.G. & Stephen, F.M. (1993) Emergence of 13-year periodical cicadas (Cicacidae: *Magicicada*): phenology, mortality and predator satiation. *Ecology*, 74, 1143–1152.
Williams, W.D. (1988) Limnological imbalances: an antipodean viewpoint. *Freshwater Biology*, 20, 407–420.
Williamson, M.H. (1972) *The Analysis of Biolegtcal Populations*. Edward Arnold, London.
Williamson, M.H. (1981) *Island Populations*. Oxford University Press, Oxford.
Williamson, M. (1999) Invasions. *Ecography*, 22, 5–12.
Wilson, D.S. (1986) Adaptive indirect effects. In: *Community Ecology* (J. Diamond & T.J. Case, eds), pp. 437–444. Harper & Row, New York.
Wilson, E.O. (1961) The nature of the taxon cycle in the Melanesian ant fauna. *American Naturalist*, 95, 169–193.
Wilson, J.B. (1987) Methods for detecting non-randomness in species co-occurrences: a contribution. *Oecologia*, 73, 579–582.
Wilson, J.B. (1988a) Shoot competition and root competition. *Journal of Applied Ecology*, 25, 279–296.
Wilson, J.B. (1988b) Community structure in the flora of islands in Lake Manapouri, New Zealand. *Journal of Ecology*, 76, 1030–1042.
Wilson, J.B. (1999) Guilds, functional types and ecological groups. *Oikos*, 86, 507–522.
Wilson, J.B. & Agnew, A.D. (1992) Positive-feedback switches in plant communities. *Advances in Ecological Research*, 23, 263–333.
Wilson, K, Bjørnstad, O.N., Dobson, A.P. *et al.* (2002) Heterogeneities in macroparasite infections: patterns and processes. In: *The Ecology of Wildlife Diseases* (P.J. Hudson, A. Rizzoli, B.T. Grenfell, H. Heesterbeek & A.P. Dobson, eds), pp. 6–44. Oxford University Press, Oxford.
Wilson, S.D. & Tilman, D. (2002) Quadratic variation in old-field species richness along gradients of disturbance and nitrogen. *Ecology*, 83, 492–504.
Winemiller, K.O. (1990) Spatial and temporal variation in tropical fish trophic networks. *Ecological Monographs*, 60, 331–367.
Winemiller, K. (1996) Factors driving temporal and spatial variation in aquatic floodplain food webs. In: *Food Webs: integration of pattrns and dynamics* (G.A. Polis & K.O. Winemiller, eds), pp. 298–312. Chapman & Hall, New York.
Winterbourn, M.J. & Townsend, C.R. (1991) Streams and rivers: one-way flow systems. In: *Fundamentals of Aquatic Ecology* (R.S.K. Barnes & K.H. Mann, eds), pp. 230–244. Blackwell Scientific Publications, Oxford.
With, K.A., Pavuk, D.M., Worchuck, J.L., Oates, R.K. & Fisher, J.L. (2002) Threshold effects of landscape structure on biological control in agroecosystems. *Ecological Applications*, 12, 52–65.
Wittenberg, R. & Cock, M.J.W. (2001) *Invasive Alien Species: a toolkit of best prevention and management practices*. CAB International, Oxford.
Woiwod, I.P. & Hanski, I. (1992) Patterns of density dependence in moths and aphids. *Journal of Animal Ecology*, 61, 619–629.
Wolda, H. (1978) Fluctuations in abundance of tropical insects. *American Naturalist*, 112, 1017–1045.
Wolday, D., Mayaan, S., Mariam, Z.G. *et al.* (2002) Treatment of intestinal worms is associated with decreased HIV plasma viral load. *Journal of Acquired Immune Deficiency Syndromes*, 31, 56–62.
Wolff, J.O. (1997) Population regulation in mammals: an evolutionary perspective. *Journal of Animal Ecology*, 66, 1–13.
Wolff, J.O. (2003) Density-dependence and the socioecology of space use in rodents. In: *Rats, Mice and People: rodent biology and management* (G.R. Singleton, L.A. Hynds, C.J. Krebs & D.J. Spratt, eds), pp. 124–130. Australian Centre for International Agricultural Research, Canberra.
Wolff, J.O., Schauber, E.M. & Edge, W.D. (1997) Effects of habitat loss and fragmentation on the behavior and demography of gray-failed voles. *Conservation Biology*, 11, 945–956.
Woodward, F.I. (1987) *Climate and Plant Distribution*. Cambridge University Press, Cambridge, UK.

Woodward, F.I. (1990) The impact of low temperatures in controlling the geographical distribution of plants. *Philosophical Transactions of the Royal Society of London, Series B*, 326, 585–593; also in *Life at Low Temperatures* (R.M. Laws & F. Franks, eds), pp. 69–77. The Royal Society, London.

Woodward, F.I. (1994) Predictions and measurements of the maximum photosynthetic rate, Amax, at the global scale. In: *Ecophysiology: photosynthesis* (E.D. Schulze & M.M. Caldwell, eds), pp. 491–509, Springer-Verlag, Berlin.

Woodward, G. & Hildrew, A.G. (2002) Body-size determinants of niche overlap and intraguild predation within a complex food web. *Journal of Animal Ecology*, 71, 1063–1074.

Woodwell, G.M., Whittaker, R.H. & Houghton, R.A. (1975) Nutrient concentrations in plants in the Brookhaven oak pine forest. *Ecology*, 56, 318–322.

Wootton, J.T. (1992) Indirect effects, prey susceptibility, and habitat selection: impacts of birds on limpets and algae. *Ecology*, 73, 981–991.

Worland, M.R. & Convey, P. (2001) Rapid cold hardening in Antarctic microarthropods. *Functional Ecology*, 15, 515–524.

Worm, B. & Duffy, J.E. (2003) Biodiversity, productivity and stability in real food webs. *Trends in Ecology and Evolution*, 18, 628–632.

Worrall, J.W., Anagnost, S.E. & Zabel, R.A. (1997) Comparison of wood decay among diverse lignicolous fungi. *Mycologia*, 89, 199–219.

Worthen, W.B. & McGuire, T.R. (1988) A criticism of the aggregation model of coexistence: non-independent distribution of dipteran species on ephemeral resources. *American Naturalist*, 131, 453–458.

Worthington, E.B. (ed.) (1975) Evolution *of I.B.P.* Cambridge University Press, Cambridge, UK.

Wurtsbaugh, W.A. (1992) Food-web modification by an invertebrate predator in the Great Salt Lake (USA). *Oecologia*, 89, 168–175.

Wynne-Edwards, V.C. (1962) *Animal Dispersion in Relation to Social Behaviour.* Oliver & Boyd, Edinburgh.

Yako, L.A., Mather, M.E. & Juanes, F. (2002) Mechanisms for migration of anadromous herring: an ecological basis for effective conservation. *Ecological Applications*, 12, 521–534.

Yameogo, L., Crosa, G., Samman, J. *et al.* (2001) Long-term assessment of insecticide treatments in West Africa: aquatic entomofauna. *Chemosphere*, 44, 1759–1773.

Yao, I., Shibao, H. & Akimoto, S. (2000) Costs and benefits of ant attendance to the drepanosiphid aphid *Tuberculatus quercicola. Oikos*, 89, 3–10.

Yazvenko, S.B. & Rapport, D.J. (1997) The history of Ponderosa pine pathology: implications for management. *Journal of Forestry*, 95, 16–20.

Yibarbuk, D., Whitehead, P.J., Russell-Smith, J. *et al.* (2001) Fire ecology and aboriginal land management in central Arnhem Land, northern Australia: a tradition of ecosystem management. *Journal of Biogeography*, 28, 325–343.

Yoda, K., Kira, T., Ogawa, H. & Hozumi, K. (1963) Self thinning in overcrowded pure stands under cultivated and natural conditions. *Journal of Biology, Osaka City University*, 14, 107–129.

Yodzis, P. (1986) Competiton, mortality and community structure. In: *Community Ecology* (J. Diamond & T.J. Case, eds), pp. 480–491. Harper & Row, New York.

Yoshida, T., Jones, L.E., Ellner, S.P., Fussmann, G.F. & Hairston, N.G. Jr. (2003) Rapid evolution drives ecological dynamics in a predator-prey system. *Nature*, 424, 303–306.

Young, R.G., Huryn, A.D. & Townsend, C.R. (1994) Effects of agricultural development on processing of tussock leaf litter in high country New Zealand streams. *Freshwater Biology*, 32, 413–428.

Young, T.P. (1990) Evolution of semelparity in Mount Kenya lobelias. *Evolutionary Ecology*, 4, 157–172.

Young, T.P. & Augspurger, C.K. (1991) Ecology and evolution of long-lived semelparous plants. *Trends in Ecology and Evolution*, 6, 285–289.

Yu, L.M. (1995) Elicitins from *Phytophthora* and basic resistance in tobacco. *Proceedings of the National Academy of Science of the USA*, 92, 4088–4094.

Zadoks, J.S. & Schein, R.D. (1979) *Epidemiology and Disease Management.* Oxford University Press, Oxford.

Zahn, R. (1994) Fast flickers in the tropics. *Nature (London)*, 372, 621–622.

Zak, D.R., Holmes, W.E., White, D.C., Peacock, A.D. & Tilman, D. (2003) Plant diversity, soil microbial communities, and ecosystem function: are there any links? *Ecology*, 84, 2042–2050.

Zavala, J.A., Paankar, A.G., Gase, K. & Baldwin, I.T. (2004) Constitutive and inducible trypsin proteinase inhibitor production incurs large fitness costs in *Nicotinia attenuata*. *Proceedings of the National Academy of Sciences of the USA*, 101, 1607–1612.

Zavaleta, E.S., Hobbs, R.J. & Mooney, H.A. (2001) Viewing invasive species removal in a whole-ecosystem context. *Trends in Ecology and Evolution*, 16, 454–459.

Zeide, B. (1987) Analysis of the 3/2 power law of self-thinning. *Forest Science*, 33, 517–537.

Zheng, D., Prince, S. & Wright, R. (2003) Terrestrial net primary production estimates in 0.5 degree grid cells from field observations-a contribution to global biogeochemical modelling. *Global Change Biology*, 9, 46–64.

Zheng, D.W., Bengtsson, J. & Agren, G.I. (1997) Soil food webs and ecosystem processes: decomposition in donor-control and Lotka-Volterra systems. *American Naturalist*, 145, 125–148.

Ziemba, R.E. & Collins, J.P. (1999) Development of size structure in tiger salamanders: the role of intraspecific interference. *Oecologia*, 120, 524–529.

Zimmer, M. & Topp, W. (2002) The role of coprophagy in nutrient release from feces of phytophagous insects. *Soil Biology and Biochemistry*, 34, 1093–1099.

訳者あとがき

　本書は，M. Begon, J. L. Harper, C. R. Townsend 著 "Ecology—Individuals, populationsandcommunities" 第 3 版 (1996) の全訳である．初版は 1986 年に出版されたが，すぐに各国で高い評価を受け，1990 には第 2 版，そして 1996 年にこの第 3 版が出版され，いまや世界でもっとも有名な生態学の教科書である．第 2 版では，人間による収穫および物質循環に関する章が追加され，第 3 版では，さらに食物網と群集構造に関する内容が拡充され，また保全関係の章が追加されており，生物多様性，持続可能性や地球温暖化といった最近とみに注目されているテーマが盛り込まれた．初版は 876 ページであったが，第 2 版では 945 ページに，第 3 版では 1068 ページにまで増補されている．

　本書の特長は，なんといってもその視野の広さと平易さにある．その狙いと工夫は，「まえがき」と「本書のねらい」でうまく述べられており，それについては特につけ加えることはない．監訳者としては，これ以外に本書の構成の巧みさを挙げておきたい．視野の広さは各項目を網羅しただけでは生まれてはこない．本書では各章の配置がうまく工夫され，読みやすさと理解のしやすさについての工夫も随所にみられる．図表にも，すべて同じ形式で描き直すなどの配慮が見られる．これにより，現時点での生態学の到達点と未解決の問題点がわかりやすく体系立てて提示されている．しかし，それにもまして，本書の魅力はもっと根本的な要素から生まれていると思われる．すなわち，生態学の基盤は自然界における生物の営みの実体を把握することにあるとの信念と，各概念やカテゴリーの相対性といったバランス感覚，そしてともすれば単調になりがちな生態現象の説明を，具体例を示しながら体系的に深めてゆく巧みな論理構成，さらに，思わぬ深いつながりを絶妙のタイミングで開示してくれる新鮮な展開など，ついつい引き込まれしまうほど魅力に満ちた文章である．その構成の妙は，著者たちの文章力に加え，おそらく 3 人の得意分野，考え方，持ち味が互いに補い合いながらもうまく刺激し合うことによって生まれたと考えられる．監訳者の私見では，本書の秀逸さは，ハーパーが植物生態学において発展させた視点を，ベゴンが動物および微生物との相互作用に敷衍しながらも発展させ，タウンゼンドがさまざまな生態系間および栄養段階間の対比を持ち込んでひねりを利かせることで生まれた共同討議の賜である．

　ひと昔まえとは違って，現在では生態学の教科書と呼べるものはたくさん出版されている．しかしそのほとんどは動物生態学や進化生態学といった対象なり分野なりを限ったものが多く，生態学全般を扱った教科書は実はそれほど多くない．日本語で読

めるものはさらに僅かである．一方，対象や分野を限った教科書や解説書としては夥しい数の書籍が出版されており，そうした情報を得ることに関しては難しい時代ではなくなっている．そのこと自体は，生態学が個別の分野を掘り進めうる段階まで発展してきたという好ましい状況を示しているだろう．しかしその分，生態学全体を見渡せる本格的な教科書がますます必要になっている．初めてこの本を手にする学生はその分厚さにたじろぐかもしれないが，いま生態学を広く見渡すためには，この分量はやむを得ないと思われる．そうした展望が得られるのであるから，是非とも読み通して欲しい．

　教科書として本書が対象にしている主な読者は，生物系の学部生でこれから本格的に生態学を学ぼうとしている高学年の学生および大学院生とされている．しかし，日本では英語力の問題もあって大学院生であっても本書の原著を読み通すことはかなり難しいのではないだろうか．訳者の望みは，そうした若い方たちに，生態学の全体像を一度じっくり展望して欲しいというところにある．

　もちろん，すでに個別の研究を進めている生態学の研究者や，他の分野で研究している人たちにもこの本は大いに役立つだろう．生態学の特定の領域についての解説として利用できることはもちろんであるが，さまざまな領域での研究を概観することで私たちは自分の位置を確認できるし，また自分の研究に役立つ思わぬ関連も発見できるだろう．

　当然ながら，すべての教科書がそうであるように，本書が完成されたものというわけではないだろう．平易すぎる，あるいは数理的取り扱いが少なすぎるという批判はある．しかし，そうした点は，若い人向けに全体像を示すという目的から選ばれたスタイルであって，それは難点と言うよりは，むしろ特長であろう．監訳者としては，群集の取り扱いに，もうひとつ踏み込みが足りないという物足りなさを感じている．すなわち，種間相互作用の取り扱いがいくぶん紋切り型で，相互作用同士の関係がダイナミックには論じられていないという不満である．しかし，それ自体は生態学の現状そのものであり，現時点ではまだまとめられる状況にはないということかもしれない．そうであれば，本書は，「環境の世紀」とも呼ばれる21世紀の幕開けに向けた我々のベースラインを提示してくれていると言えるのではないだろうか．

　本書の訳出を思い立ったのは，その幅広さとテーマ間の結びつけ方，そして展開の巧みさに惹かれていたことが大きいが，私の研究室で担当している学部3回生向けのゼミナールで教科書として取り上げたことがきっかけである．平易と評される本書でも，学生の理解度は，その含蓄を余さず吸収することからはかなり遠い状態であった．この本を日本語で読めるようにすることは，これから生態学を学ぼうとしている若い人たちに，きっと役立つと考えたのである．さらには，個別の研究につい埋没しがちな我々教官自身が，一度幅広い視野から生態学の全体を見渡したいという望みがあった．この出版作業で一番勉強させてもらったのは実は私を含む教官たちではないかと感じている．

　訳出作業は，京都大学理学研究科動物学教室生態学研究室と大阪市立大学理学研究科の動物社会学研究室および植物生態学研究室の教官と出版の意図に賛同する院生（京都大学生態学研究センターの院生を含む）との共同作業で進めた．本書のねらいと構

成からして，動物と植物を対象とする研究者・学生が一緒になって取り組むことはぜひとも必要であった．訳出の作業は，まず教官も含めて各訳者がそれぞれ2章ずつ担当して草案を作り，それらをいずれかの教官が原文に当たりながら検討し，全体の草稿を作った．その草稿を院生と教官が再検討し，その結果をもとに教官全員が目を通して文章を練り直し，最後に監訳者が全体を検討するとともに用語や表現を統一した．従って訳出の間違いや不十分な点は監訳者たる私の責任である．読者から間違いなどの指摘を頂ければ幸いである．

　文章表現としては，原著と同様，できるだけ読みやすい平易な日本語を使うように心がけた．専門用語は基本的に岩波生物学辞典（第4版）に従ったが，日本語がないものについては，英語をそのままカタカナにするのではなく，できるかぎり適切な日本語をあてた．生物の名前は，和名のあるものは各章ごとの初出時に学名を併記し，その後は和名を使ったが，和名のつけられていない生物についてはその分類群ができるだけ分かるように，○○属の一種または○○科の一種等の記述にした．ただし，何度も出てくる生物については暫定的な和名を与えて本文中で使用し，生物名索引ではその旨を記した．生物名の索引は，原著では学名と英名を一緒にした生物名索引一本であるが，この訳本では日本語読者の便宜を考えて学名索引と和名索引の2つに分けた．用語索引も整っており，また主な専門用語の解説もついているので，訳注は最小限に抑えたが，特に補足しておくべきだと考えられる部分には，本文中に［　］を用いて短い説明を加えた．著者たちのおおらかさの反映であろうか，原著には少なからぬ小さなミス（図の書き直し上の間違い，道標の位置や学名の綴りの間違い，および数式の誤りなど）があったが，気づいたものはすべて，必要に応じて原論文にあたったり著者たちに問い合わせることで，訂正した．その点でも，読みやすくなったと考えている．

　原著の文章は平易で歯切れも良く，訳出にはそれほどの困難は感じなかった．それでも1000ページを越える分量である．出版までに予想外の時間がかかってしまった．訳出作業では多くの方にお世話になった．Begon博士とTownsend博士は編者からの問い合わせに親切に答えてくださり，またBegon博士は著者を代表して日本語版のための序文を書いてくださった．私の研究室の院生には最初の草稿を何章か通読してもらい，理解しにくい部分を指摘してもらった．奈良女子大学人間文化研究科の高橋智博士には数理モデルに関わる部分と数式を点検して誤りを指摘して頂いた．筑波大学農学系の臼井健二博士には正確な農薬名について，千葉県立中央博物館の須之部友基博士にはハゼ類の，京都大学理学研究科の疋田努博士にはトカゲの，森哲博士にはヘビの，久保田信博士には海産動物の和名について教えて頂いた．滋賀県立琵琶湖博物館のAndrewRossiter博士にはBegon博士を紹介して頂いた．東京都立大学理学研究科の可知直毅博士と鈴木準一郎博士にはHarper博士の業績や経歴について教えて頂いた．私の研究室の堀清子さんには編集上の雑務を，京都大学農学研究科の山下康氏には原稿の入力を手助けして頂いた．このほかにも，逐一名前をあげることができないが，訳者のこまごまとした問い合わせに快く応じてくださった多くの方がいる．これらすべての方々に対し，この場を借りて心からお礼を申し述べたい．本書は最初蒼樹書房から出版される予定であったが，訳出に手間取り過ぎたため，その計画は頓

挫してしまった．その後，京都大学学術出版会に引き継いで頂き，出版の運びとなったのであるが，編者らの怠慢のために蒼樹書房の仙波喜三社長にはたいへんなご迷惑をかけてしまった．深くお詫び申し上げる．京都大学学術出版会の鈴木哲也氏には長期におよぶ叱咤激励とともに多大な編集の労を執って頂いた．厚くお礼申しあげる．

2003年1月
訳者を代表して
堀　道雄

第四版　訳者あとがき

　本書は，M. Begon, J.L.Harper, C.R.Townsend 著 "Ecology—From individuals to ecosystems"（Blackwell社）第4版（2006）の全訳である．原書の初版は1986年に出版され，1990に第二版，1996年には第三版と矢継ぎ早に版を重ね，世界で最も多く読まれている生態学の教科書となった．第四版は10年ぶりの改訂版である．我々は2003年に第三版の日本語訳『生態学』を出版した．その経緯と原書の特色，そして我々なりの評価などは，その日本語版の「訳者あとがき」にやや詳しく紹介した．それを前ページに再録してあるので，そちらにも目を通して欲しい．

　本書第四版のねらいと工夫は「まえがき」と「本書のねらい」でうまく述べられており，特に付け加えることはない．「まえがき」によると，今回の改訂にはHarperは参加していないとのことであるが，本文の平易な記述，分かりやすい説明，論理展開の巧みさは改訂部分でも健在である．これらはBegonの力量と筆力であろう．また淡水域の群集およびオセアニアの研究についての紹介が増えているのは，ニュージーランドに移ったTounsentの研究活動を反映している．

　10年ぶりの改訂ともなれば，その間に登場した新しい手法や分野の紹介を期待する向きもあるだろう．そして実際，いくつかは簡単に紹介されてはいる．しかし，分子マーカーを駆使した集団遺伝学的研究の発展になどにはほとんど触れられていないなど，そうした分野の紹介を期待した読者はがっかりするかもしれない．第四版で書き直された部分は，主に第三版で今後の問題として残されたテーマである．主な改訂の努力は，第三版で未解決あるいは方向性の指摘にとどまった問題，いわば宿題についての現時点での答えを出すこと，つまり，そうしたテーマのその後の展開を丹念に追って，最新の状況を紹介することに向けられている．多くの章で後半の1/3が書き換えられ，第三版以降の発展が適切な図表の引用と共にきちんと解説されている．おそらく，著者たちは生態学の動向に絶えず気を配り，第三版で残した問題点の解決に意欲を持ち続けていたに違いない．流行にとらわれず，基本を押さえ，平易な説明と弛みない論理展開こそ教科書の使命という著者たちの矜持が感じ取れる．なお，保全や保護区設定などを扱った最後の第22章は引用文献ともども，ほぼ全面的に改定されている．それは大きく意匠を換えた表紙（「本書のねらい」を参照）や副題の変更（第三版までは "Individuals, population, and communities"）とともに，この第四版の改訂のもうひとつの意図が現れているが，それについては本文から直接読み取って頂きたい．

　今回の改訂では，引用文献は800編以上の入れ替えがなされているが，そのほとんどは第三版以降に発表された論文や書籍であり，その点でも著者たちの各テーマの発展についての弛みない注視が伺われる．なお，新たに引用された文献について，日本人研究者の論文が数多く含まれている点は注目に値する．また日本で行われた研究も目立って増えた．例えば，Taniguchi & Nakano (2002) のサケ類の種間競争に関する実験的研究が種間競争の実例の最初に取りあげられたり，溶岩流の年代推定を巧みに活用した三宅島での噴火後の遷移過程の研究 (Kamijyo et al., 2002) など，枚挙にいとまがない．こうした変化は，この間の日本人研究者の活躍が世界的に注目されはじめたことを反映しており，誇らしい気持ちにさせられる．

　先の日本語版も幸い好評をもって迎えられ，公表された書評も概ね好意的であった．

だが，いくつかの難点についてのご指摘もあり，また読者からの不満も聞こえてきた．そうしたご指摘の最たるものは「重すぎる」「持ち運べない」であった．そもそも原書自体が重さ2.2Kg，1000頁を越える大部である．翻訳が原書の頁数を上回るのは通常のこととは言え，日本語版はページ数も重さも原書を大きく越えてしまった．大部であることの難点は著者たちも反省したようで，第四版ではさまざまな工夫によって，300頁以上縮小された（但し重さは第三版とそれほど変わっていない）．特に大きな変化としては，同じ著者らによる生態学の入門書 "Essentials of Ecology" を別に出版することで，"Ecology" 第三版のかなりの内容と図表をそちらに移している．また，内容を整理することで旧版では25章あった構成を22章に再編している．さらに，本文の形式を変更し（一段組から2段組にして，「道標」を本文に埋め込んだ），用語解説を省いたこともあげられる．それでも，内容が特に圧縮された訳ではなく，改編された部分でもきっちりとした文章と論理展開が維持されている点はさすがである．この訳本も原書の工夫を採用するとともに，紙質や製本を見直すことで，軽量化を図った．印刷と製本の完了までは最終的な重さはまだ分からないが，せめて「重すぎる」から「原著と同じくらい」には改善されたのではと期待している．

　翻訳作業は，第三版の訳者がほぼ再結集する形で進めることができた．旧訳者のうち諸般の事情で参加できなかったのは1名で，また3名が途中で新人と交替した．作業の進め方も先のやり方を踏襲した．すなわち，まず各章の担当者が最初の原案を作り，それを私と3名の校閲責任者の一人が詳しく見直して原案担当者と一緒に原案を練り直した．次にその草稿をもう一人の校閲責任者が検討し，手直しを重ねることで原稿を完成させた．その原稿を基に初校と再校でそれぞれ別の校閲責任者が検討を加え，それに基づいた第3校を私が全体を通して再検討し，また用語や表記の統一を図った．従って，もし意味の取り違いや用語の不統一がまだ残っているならば，それは監訳者である私の責任である．読者の寛容を請うとともに，ご教示を頂ければ幸いである．

　前回と同じく，今回の翻訳作業でもたくさんの方々にお世話になった．疋田努博士には爬虫類全般の，両生類とヘビ類の名前などについては森哲博士に教えて頂いた．松田裕之博士には第15章での病害虫制御と資源管理の用語について，詳しくチェックして頂いた．いくつかの章は研究室の何人かの院生に読んでもらい，読みにくい部分，分かりにくい説明を改善する示唆をもらった．編集事務では研究室の山本俊江さんにお世話になった．このほかにも，我々訳者のこまごまとした問い合わせに快く応じてくださった方々がいる．これらすべての方々に対し，この場を借りて心からお礼を申しあげる．京都大学学術出版会の高垣重和氏には長期におよぶ叱咤激励とともに多大な編集の労を執って頂いた．厚くお礼申しあげる．

2013年1月
訳者を代表して
堀　道雄

生物名（学名）索引

ページ数を示す数字のうち，斜体（イタリック）で示したものは，当該頁の図版のみに現れることを示す．また太字（ゴシック）で示したものは，当該頁の表の中のみに現れることを示す．

[A]

Abies（モミ属）
    lasiocarpa（ミヤマバルサムモミ） 662
    religiosa（レリヒオーサモミ） 247
Acacia（アカシア属） 82, 213, 502
    cornigera（ツノアカシア（仮称）） *502*, 502
    drepanolobium（__の一種） 503
    drepanolobium（__の一種） *504*
    nilotic subsp. indica（トゲアカシア） 281
Accipiter（ハイタカ属）
    gentilils（オオタカ） 267
    nisus（ハイタカ） *142*
Acer（カエデ属）
    campestre（コブカエデ） 79
    rubrum（アメリカハナノキ） *624*, 631
    saccharum（サトウカエデ） 636
Achillea mellefolium（セイヨウノコギリソウ） 249
Acmaea scutum（ユキノカサ属の一種） 364
Acomys（トゲネズミ属）
    cahirinus（カイロトゲネズミ） 334
    russatus（キンイロトゲネズミ） 334
Aconitum（トリカブト属） 510
Acromyrmex（トガリハキリアリ属） 506
Actinocyclus normanii（珪藻の一種） 701
Actinomyces scabies（通性嫌気細菌群の一種） 459
Acyrthosiphon pisum（エンドウヒゲナガアブラムシ） 225, *226*, 518, 610
Adelina triboli（原生動物（*Tribolium* に寄生）） *486*
Aedes（ヤブカ属）
    aegypti（ネッタイシマカ） 281
    albopictus（ヒトスジシマカ） 281
Aepyornis（エピオルニス属） 816
Agelaius phoeniceus（ハゴロモガラス） 829
Ageneotettix deorum（バッタの一種） 357
Agrobacterium tumefaciens（アグロバクテリウム属の一種） 463
Agropyron repens（シバムギ） 336, *337*, 824
Agrostis（ヌカボ属（コヌカグサ属））
    capillaris（__の一種） *523*
    scabra（エゾヌカボ） 336, *337*
    stolonifera（__の一種） *9*, 9, 311
Ailuropoda melanoleuca（ジャイアントパンダ） 259
Aira praecox（ヌカススキ属の一種） 312, *314*
Alaria marginata（クシロワカメ） 738
Alauda arvensis（ヒバリ） 585
Alces alces（ヘラジカ） *131*, 131, 398, *399*, 744
Aleurotrachelus jelinekii（ガマズミコナジラミ（仮称）） 422
Alnus（ハンノキ属） 527, 530
    glutinosa（セイヨウヤマハンノキ） 443
    japonica（__の一種） 828
    sieboldiana（オオバヤシャブシ） 630

    spp.（__の数種） 690
Alopecurus aequalis（スズメノテッポウ） 828
Alosa（アロサ属（ニシンダマシ属））
    aestibalis（__の一種） 254
    pseudoharengus（エールワイフ） 254, 834
Altica sublicata（カミナリハムシ属の一種） 352
Alyssum bertolonii（ミヤマナズナ属の一種） 241
Amaranthus retroflexus（アオゲイトウ） 321
Amblyomma limbatum（ダニ（トカゲに外部寄生）） 473
Amblyseius californicus（ミヤコカブリダニ） 41
Ambrosia（ブタクサ属）
    artemisiifolia（ブタクサ） 637
    psilostachya（ブタクサモドキ） 94
Ambystoma（サンショウウオの一属）
    opacum（シロマダラサンショウウオ） *162*, 163
    tigrinum（トラフサンショウウオ） *162*, 163, 196
    tigrinum nebulosum（__の一種） 196
Ammophila breviligulata（オオハマガヤ） 631
Amphiprion（クマノミ属） 502
    leucokranos（__の一種） 722-723
    percula（オレンジクラウンフィッシュ） 722
    perideraion（ハナビラクマノミ） 722
    sandaracinos（セジロクマノミ） 722-723
Amphiprion（クマノミ属） 722
Anabaenopsis arnoldii（シアノバクテリアの一種） 58
Anaphes victus（卵寄生蜂の一種） 380, *381*
Anatopynia pennipes（ヌマユスリカ属の一種） 776
Andricus（タマバチ科の一属） *464*
Andropogon gerardii（ウシクサ属の一種） 336, *337*, 651
Androsace septentrionalis（トチナイソウ属の一種） *184*, 541, *542*, 549
Aneilema keisak（イボクサ） 828
Anemone hepatica（スハマソウ属の一種） 196, *198*
Anguilla（ウナギ属）
    anguilla（ヨーロッパウナギ） 218
    rostrata（アメリカウナギ） 219
Anisopteromalus calandrae（寄生蜂の一種） 416
Anolis（アノールトカゲ属） 474, *730*, *731*, *732*
    gingivinus（__の一種） 474
    occultus（__の一種） 730
    sagrei（__の一種） 742
    wattsi（__の一種） 474
Anopheles annulipes（ハマダラカ属の一種） 494
Anser erythropus（カリガネ） 258
Anthoceros（ツノゴケ属） 530
Anthonomus grandis（メキシコワタミゾウムシ） 582
Anthoxanthum odoratum（ハルガヤ） 241
Aonidiella aurantii（アカマルカイガラムシ） *419*, 419
Aphelinus thomsoni（ツヤコバチ科の一種） *404*, 404
Aphis fabae（マメクロアブラムシ） *211*
Aphytis mellitus（寄生蜂の一種） *419*, 419
Apion ulicis（ホソクチゾウムシ） 389

Apogon fragilis（テンジクダイの一種） 743
Aponomma hydrosauri（ダニの一種（トカゲに外部寄生）） 473
Aquilegia（オダマキ属） 510
Arabidopsis thaliana（シロイヌナズナ） 205, *206*
Arabis fecunda（サファイアハタザオ） 6
Archaea（古細菌の一属） 535
Archocentrus nigrofasciatus（コンビクトシクリッド） *199*, 199
Arctostaphylos（ウラシマツツジ属） 530
Ardea cinerea（アオサギ） 422
Argoporis apicalis（ゴミムシダマシ科の甲虫の一種） 446
Aristida purpurea（イネ科の一種） 94
Armillaria mellea（ナラタケ） 467
Artemia（アルテミア（ブラインシュリンプ）属） 365, *366*
  franciscana（ブラインシュリンプ） 756
Artemisia（ヨモギ属） 317
  gmelinii（イワヨモギ） 633
Arthrinium sp.（糸状不完全菌類の一種） *429*, 429
Arvicola terrestris（ミズハタネズミ） 231
Asclepias spp.（トウワタ亜属の数種） 105
Ascomorpha ovalis（ミドリワムシ属の一種） 627
Ascophyllum nodosum（褐藻類の一種） 348, 751
Ascophyllum nodosum（褐藻類の一種） 349
Aspergillus fumigatus（フミガツスコウジカビ） 49
Asphodelus ramosus（ツルボラン） 361
Asplanchna priodonta（フクロワムシ） 102
Asterionella formosa（ホシガタケイソウ） 295, *296*, 340, 340
Astraea undosa（ナミジワターバンガイ） 316
Atropa belladonna（ベラドンナ, オオカミナスビ（ナス科）） 737
Atta（ハキリアリ属） 506
  cephalotes（＿の一種） 506, *507*
  vollenweideri（＿の一種） *507*
Attamyces bromatificus（菌類（ハキリアリの栽培菌）） 506
Austrovenus stutchburyi（ザルガイの一種） 746
Avicennia germinans（ブラックマングローブ） 648
Azolla（アカウキクサ属） 530
Azorhizobium（アゾリゾビウム属） 527

[B]
Bacillus（バチルス属）
  anthracis（炭疽菌） 472
  thuringiensis（＿の一種） 590, 593
Balanus（フジツボ属）
  balanoides（＿の一種） 292, *293*
  glandula（＿の一種） *135*, 135, 741
Bashania fargesii（タケの一種） 259
Battus philenor（アオジャコウアゲハ） 743
Belostoma flumineum（コオイムシ科の昆虫の一種） 761
Berberis vulgaris（セイヨウメギ） 456
Betula（カバノキ属） 213
  nana（ヒメカンバ） 725
  pendula（シラカンバ） 175, *176*
  pubescens（ヨーロッパカンバ（仮称）） 50
Bison bison（アメリカバイソン） 403
Biston betularia（オオシモフリエダシャク） 10
Blarina（ブラリナトガリネズミ属） 404
Blasia（ウスバゼニゴケ属） 530
Blastophaga psenes（イチジクコバチ） 511
Bodo saltans（原生生物の一種） 430
Boiga irregularis（ミナミオオガシラヘビ） 743
Borrelia burgdorferi（スピロヘータ） 831
Bos（ウシ属）
  bison（バイソン） 643, 651
  taurus（家畜のウシ） 737
  taurus indicus（コブウシ） 737
Bothriochloa（モンツキガヤ属）
  insculpta（スウィートピッティドグラス） 737
  ischaemun（カモノハシガヤ） 633
Botrytis（キノカクキン科の一属（子嚢菌））
  cinerea（灰色カビ病菌） 425
  fabi（＿の一種） 459
Bouteloua gracilis（イネ科の一種） 94, 697
Brachidontes（アラスジヒバリガイ属）
  darwinius（＿の一種） 646-648
  solisianus（＿の一種） 646, 648
Brachysira vitrea（珪藻の一種） 64, *65*
Bracionus calyciflorus（ワムシ） 390
Bradyrhizobium（ブラディリゾビウム属） 527
Branta leucopsis（カオジロガン） *216*, 258
Brassica napus（セイヨウアブラナ） 350, *351*
Bremia lactucae（ラッパツユクサ属（ベト病菌）） 476
Brevicoryne brassicae（アブラナアブラムシ（仮称）） *375*, 408
Bromus（スズメノチャヒキ属）
  madritensis（＿の一種） *309*, 309
  rigidus（ヒゲナガスズメノチャヒキ） *309*, 309
Buchloe dactyloides（バッファローグラス） 94
Buchnera（ブフネラ属（細菌）） 516, 536
Bufo（ヒキガエル属）
  calamita（ナタージャックヒキガエル） 298
  woodhousii（ウッドハウスヒキガエル） 334
Butorides striatus（ササゴイ） 808

[C]
Cakile edentula（オニハマダイコン） 228, *230*
Calathea ovandensis（カラテア属の一種） 230
Calidris（オバシギ属） 750
  canutus（コオバシギ） *218*, 218
Calliphora vomitoria（ミヤマクロバエ） *404*, 404
Callitris intropica（カリトリス属の一種） 827
Callosobruchus（マメゾウムシ属）
  chinensis（アズキマメゾウムシ） *416*
  maculatus（ヨツモンマメゾウムシ） 144, *145*
Calochortus（ユリ科の一種） 263
Calycomyza sp.（ハモグリバエの一種） 317
Camarhynchus（ダーウィンフンチ属）
  psittacula（オオダーウィンフィンチ） 16
Canis lupus（オオカミ） 398, *399*
Capra pyrenaica（スペインアイベックス） 299
Capsella bursa-pastoris（ナズナ） *185*, 312, *313*
Capsodes infuscatus（モンキメクラカメムシ属の一種） 361
Carcharhinus leucas（オオメジロザメ） 254
Carcinus（ワタリガニ科の一属）
  aestuarii（＿の一種） 398, *399*
  maenas（ミドリガニ） *364*

Cardamine（アブラナ科の一属）
    cordifolia（＿の一種）　354
    hirsute（ミチタネツケバナ）　312, *313*
Cardiaspina albitextura（ユーカリキジラミ（仮称））　421, *422*
Carduus（ヒレアザミ属）
    nutans（ジャコウアザミ）　356, 551, *552*
    spp.（＿の数種）　590, 755
Carex（スゲ属）　764
    arenaria（スナスゲ（仮称））　*116*, 116, 220
    atherodes（＿の一種）　*403*
    bigelowii（オハグロスゲ）　131, *132*, 725
Carnegiea gigantea（ベンケイチュウ）　55
Caryedes brasiliensis（マメゾウムシの一種）　105
Cassia obtusifolia（カワラケツメイ属の一種）　321
Castanea dentata（アメリカグリ）　298
Castanopsis sieboldii（スダジイ）　631
Casuarina（モクマオウ属）　530
Ceanothus（クロウメモドキ科の一属）　530
Centaurea solstitialis（イガヤグルマギク）　245
Cephalopholis boenak（ヤミハタ）　743
Ceratocystis piceae（菌類の一種）　436
Ceratophyllus gallinae（ナガノミ属の一種）　465
Cercocebus galeritus（アジルマンガベイ）　273
Certhidea olivacea（ムシクイフィンチ）　14, 15
Cervus（シカ属）
    elaphus（アカシカ）　128, 217, 249, 553, *554*
Chalcophaps stephani（チャイロキンバト）　808
Chalcosoma（アトラスオオカブト属）
    atlas（アトラスオオカブト）　325, *327*
    caucasus（コーカサスオオカブト）　325
Chama arcana（キクザルガイ属の一種）　317
Chamaecrista fasciculata（カワラケツメイ）　6
Chamaecrista fasciculata（カワラケツメイ）　7
Chen caerulescens caerulescens（ハクガン）　763
Chenopodium album（シロザ）　221, 585, 824
Chionochloa（イネ科植物の一属）　249, 360
    pallens（＿の一種）　359, *360*
Chironomus lugubris（ユスリカ属の一種）　443
Chlorella（クロレラ属）　517
    pyrenoidos（＿の一種）　*78*
    vulgaris（＿の一種）　74
    vulgaris（＿の一種）　76, *390*
Chorthippus brunneus（ヒナバッタ）　178, *179*, 220
Chthamalus（イワフジツボ属）
    fissus（＿の一種）　645
    stellatus（＿の一種）　292
Chydorus sphaericus（マルミジンコ）　443
Cirsium（アザミ属）　755
    canescens（＿の一種）　590
    obvalatum（＿の一種）　751
Cladochytrium replicatum（エダツボカビ属の一種）　428
Cladophora（シオグサ属）　758
Claviceps（麦角菌属）　521
Clavicipitaceae（麦角菌科）　521
Clethrionomys（ヤチネズミ属）　568
    glareolus（ハタネズミ）　156, 469
    rufocanus（エゾヤチネズミ）　568
Clupea harengus（タイセイヨウニシン）　180

Coccinella septempunctata（ナナホシテントウ）　375
Coccoloba uvifera（ハマベブドウ）　759
Coccus pseudomagnoliarum（カンキツカタカイガラムシ）　589
Coenagrion puella（エゾイトトンボ属の一種）　140
Coffea（コーヒーノキ属）
    arabica（アラビカ種）　55
    robusta（ロブスタ種）　55
Coleophora alticolella（ツツミノガ属の一種）　56
Colias croceus（ダイダイモンキチョウ）　219
Collembola（トビムシ目）　*441*
Collisella subrugosa（ユキノカサガイ科の一種）　647
Columba（カワラバト属）
    livia（カワラバト）　473
    palumbus（モリバト）　215, 357
Conochilus unicornis（テマリワムシ属の一種）　627
Coregonus artedi（コレゴヌス属の一種（サケ科））　*836*
Corophium volutator（ドロクダムシ属の一種（ヨコエビ））　375, 750
Cortaderia selloana（パンパスグラス（シロガネヨシ））　593
Cotesia glomerata（卵寄生蜂の一種）　382
Cougourdella（微胞子虫類の一種）　744, *745*
Crangon septemspinosa（エビジャコの一種）　39
Crematogaster（シリアゲアリ属）
    mimosae（＿の一種）　503
    nigriceps（＿の一種）　503
    sjostedti（＿の一種）　503
Crenicichla alta（カワスズメ科の一種）　151
Crisia eburnea（コケムシの一種）　635
Crocuta crocuta（ハイエナ）　447
Cryphonectria parasitica（クリ胴枯れ病菌）　298
Cryptadius tarsalis（ゴミムシダマシ科の一種）　446
Cryptochaetum（ヤドリバエ科の一属）　589
Cryptopygus antarcticus（ナンキョクトビムシ）　48
Cuculus canorum（カッコウ）　458
Culaea inconstans（カワトゲウオ）　325
Cupressus（イトスギ属）　213
Curtuteria australis（吸虫の一種）　746, *747*
Cuscuta（ネナシカズラ属）
    salina（ネナシカズラ）　*475*, 475
    spp.（＿の数種）　457
Cyanocitta cristata（アオカケス）　105
Cyathermia naticoides（巻貝の一種）　741
Cyclotella meneghiniana（ヒメマルケイソウ属の一種）　*340*, 340
Cymbella perpusilla（珪藻の一種）　64, *65*
Cynodon dactylon（ギョウギシバ）　738
Cynomys spp.（プレーリードッグ類）　460
Cynosurus cristatus（クシガヤ（イネ科多年草））　311
Cyrtobagous sp.（ゾウムシの一種）　555

[D]

Danaus plexippus（オオカバマダラ）　105, 246
Daphnia（ミジンコ属）
    galeata mendotae（メンドタカブトミジンコ）　835
    magna（オオミジンコ）　*174, 402*, 402
    pulicaria（オオビワミジンコ）　835, *836*
Dasypus novemcinctus（ココノオビアルマジロ）　848

Daucus carrota（ニンジン） 181
Deinacrida mahoenuiensis（ジャイアントウェタ） 830
Deleatidium（カゲロウの一属） 832
Delia radicum（ハナバエ属の一種） 375
Delphinium nelsonii（オオヒエンソウ属の一種） 222, *223*
Dendroctonus frontalis（ミナミマツノキクイムシ） 174
Dendroica kirtlandii（カートランドアメリカムシクイ） 745
Dicerorhinus sumatrensis（スマトラサイ） 270
Dicrostonyx（クビワレミング属）
　　groenlandicus（アメリカクビワレミング） 572
　　spp.（＿の数種） 447, 568
Dictyoptera（網翅目） 440
Didelphis virginiana（オポッサム） 106
Dinorthidae（モア科） 816
Dioclea megacarpa（ジオクレア属の一種（マメ科）） 105
Dipodomys（カンガルーネズミ属）
　　merriami（メリアムカンガルーネズミ） 373
　　spectabilis（ハタオカンガルーネズミ） 224, *224*
　　spp.（＿の数種） 460
Dipsacus sylvestris（ナベナ属の一種（マツムシソウ科）） 230
Dipturus（ガンギエイ属）
　　laevis（＿の一種） 253
　　oxyrhinchus（ハナナガガンギエイ） *253*
Distichlis spicata（イネ科の一種） 829
Ditylenchus（クキセンチュウ属） 430
Dreissena polymorpha（カワホトトギスガイ） 245, 257
Drepanosiphum platanoidis（プラタナスアブラムシ） 404
Drosophila（ショウジョウバエ属） 16
　　adiastola（＿の一種） 17
　　busckii（＿の一種） 442
　　hydei（＿の一種） 442
　　immigrans（オオショウジョウバエ） 442
　　melanogaster（キイロショウジョウバエ） *143*, 153, 184, 442
　　nebulosa（＿の一種） *329*
　　obscura（ウスグロショウジョウバエ） 220
　　recens（＿の一種） *466*
　　serrata（＿の一種） *329*
　　setosimentum（＿の一種） 17
　　simulans（オナジショウジョウバエ） 442
　　spp.（＿の数種） 442
Dryas（チョウノスケソウ属） 530
　　octopetala（チョウノスケソウ） 55

[E]
Echinogammarus ischnus（ヨコエビの一種） 834
Ectyoplasia ferox（海綿） 356
Eichhornia（ホテイアオイ属） 114
　　paniculata（＿の一種） 234
　　paniculata（＿の一種） 235
Elimia clavaeformis（カワニナ科の巻貝） 675
Elodea canadensis（コカナダモ属の一種） 213
Encarsia formosa（オンシツツヤコバチ） 590
Endothia parasitica（角菌類の一種（子嚢菌門グノモニア科）） 744
Enhydra lutris（ラッコ） 832
Entamoeba histolytica（アメーバーの一種） 455

Enterobacteriaceae（腸内細菌科） 527
Eotetranychus sexmaculatus（ハダニの一種） 415
Epacridaceae（エパクリス科） 522
Ephestia（メイガ科マダラメイガ亜科の一属）
　　cautella（スジマダラメイガ） 184
　　kuehniella（スジコナマダラメイガ） 315
Epiblema scudderiana（ヒメハマキガ属の一種） 47
Epichloe（麦角菌科の一属（子嚢菌門角菌類）） 521
　　typhina（＿の一種（ガマノホビョウキン）） 463
Ericaceae（ツツジ科） 522
Eriophprum vaginatum（ワタスゲ） 725
Erithacus rubecula（ヨーロッパコマドリ） 218
Erodium cicutarium（オランダフウロ（フウロソウ科）） 312, *314*
Erophila verna（ヒメナズナ） 126, *127*
Escovopsis（菌類の一種） 507, 508
Esox lucius（ノーザンパイク（カワカマス科）） 835
Eubacteria（真性細菌） 535
Eucalyptus（ユーカリ属） 30, 222, 358, 364
Eupomacentrus apicalis（クロソラスズメダイ属の一種） 650
Eutermes（ユーテルメス属（下等シロアリの一属）） 441
Euura lasiolepis（ハバチ） 564

[F]
Fagus（ブナ属）
　　crenata（ブナ） *429*
　　grandifolia（アメリカブナ） 638
　　sylvatica（＿の一種） 442
Falco tinnunculus（チョウゲンボウ） 160
Fargesia spathacea（タケの一種） 259–260
Festuca rubra（オオウシノケグサ） 241, 249, *523*
　　cv 'Merlin'（オオウシノケグサの栽培品種） 241
Ficedula hypoleuca（マダラヒタキ） 473
Ficus（イチジク属） 121, 511
　　carica（＿の一種） 511
Fiorinia externa（ツガコノハカイガラムシ） 375
Formica yessensis（エゾアカヤマアリ） 505
Fragaria（オランダイチゴ属） *113*
Fragilaria virescens（オビケイソウ属の一種） 64, *65*
Frankia（フランキア属（放線菌類）） 527, 530
Frustulia rhomboides（珪藻の一種） 64, *65*
Fucus spiralis（ヒバマタ属（褐藻）の一種） 61
Fusarium oxysporum（フザリウム属の一種（糸状不完全菌）） 482, *524*, 524

[G]
Gadus morhua（タイセイヨウダラ） 51, *54*, 194, *196*
Galaxias spp.（ガラクシアス属の数種（魚類）） 832
Galium（ヤエムグラ属）
　　hercynicum（＿の一種） 294, 304
　　pumilum（＿の一種） 294, 304
Gammarus（ヨコエビ属） 365, *366*
Gasterosteus aculeatus（イトヨ） *325*, 325
Gentiana（リンドウ属）
　　cruciata（＿の一種） 354, 505
Gentianella（チシマリンドウ属）
　　campestris（＿の一種） 355
　　germanica（＿の一種） 265

germanica（＿の一種）　*266*
Geocoris pallens（カメムシ）　350
Geospiza（ガラパゴスフィンチ属）
    fortis（ガラパゴスフィンチ）　16, *675*, *676*, 684
    fuliginosa（コガラパゴスフィンチ）　16
    scandens（サボテンフィンチ）　16
Gerbillus allenbyi（アレンビアレチネズミ）　323
Gigartina canaliculata（スギノリ属の一種）　644, 645
Glaucidium passerinum（スズメフクロウ）　741
Glomeromycota（グロムス門）　523
Glomus（AM 菌の一属）　524
Glossina spp.（ツェツェバエ属の数種）　455
Glossosoma nigrior（ヤマトビケラ属の一種）　744–745, *745*, *746*
Glycine（ダイズ属）
    javanica（＿の一種）　*320*, 320
    max（ダイズ）　528, *825*
    soja（ツルマメ）　*531*, 531
Goniastrea aspera（サンゴの一属の一種）　519, *520*
Gordius（カスリハリガネムシ属）　464
Gossypium hirsutum（ワタ）　590
Grindelia lanceolata（キク科の二年生草本（北中米産））　121
Gunnera（グンネラ属（アリノトウグサ科））　530
Gymnarrhena micrantha（キク科の一年生草本）　225

[H]
Haematobia irritans exigua（ノサシバエ）　446
Haematopus（ミヤコドリ属）
    bachmani（クロミヤコドリ）　756
    ostralegus（ミヤコドリ）　200
    ostralegus（ミヤコドリ）　*201*
Haliotus refescens（アカアワビ）　832
Haplopappus squarrosus（ハプロパップス属の一種（キク科））　354
Harmonia axyridis（ナミテントウ）　610, *611*, 612
Heliconia（ヘリコニア属（バショウ科））　727
Heliconius（ドクチョウ属（ホリチョウ科））　109
Heliocopris dilloni（オオダイコクコガネの一種）　444
Heliothis zea（ワタノミヤガ（仮称））　582, *583*
Helminthosporium maydis（トウモロコシの斑点病菌）　*56*, 56
Hemidactylus frenatus（ホオグロヤモリ）　336
Hemigymnus melapterus（タレクチベラ）　500, *501*
Henicopernis longicauda（オナガハチクマ）　808
Herpestes（エジプトマングース属）
    edwardsii（インドマングース）　323, *324*
    javanicus（ジャワマングース）　323, 324
    smithii（アカマングース）　323, *324*
Hesperia comma（ウラギンモンオオセセリ）　237
Hesperoleucas symmetricus（コイ科の一種（北米河川産））　757
Heteractis（ハタゴイソギンチャク科の一属）
    crispa（シライトイソギンチャク）　722
    magnifica（センジュイソギンチャク）　722–723
Heteromeles arbutifolia（バラ科の低木）　*80*, 80, **81**
Hippophaë（ヒッポファエ属（グミ科））　530
Hirondella（ヨコエビの一属）　449
Histrio histrio（ハナオコゼ）　106

Holcus lanatus（シラゲガヤ）　*116*, 116, 311
Homo sapiens（ヒト）　504
Howardula aoronymphium（線虫の一種）　*466*, 466, 467
Hyacinthoides non-scripta（ブルーベル（ユリ科ヒアシンス属））　524
Hydra（ヒドラ属）　*113*, 517
    viridis（＿の一種）　517
Hydrobia（ミズツボ科の巻き貝の一属）
    ulvae（＿の一種）　325–326, *327*, 435, 750
    ventrosa（＿の一種）　325–326, *327*
Hydrurga leptonyx（ヒョウアザラシ）　35
Hyla（アマガエル属）　310, 334, 749
    chrysoscelis（ミナミハイイロアマガエル（コープハイイロアマガエル））　310, 749
    crucifer（トリゴエアマガエル）　334
Hyphomycetes（糸状不完全菌類）　428
Hypochrysops halyetus（ニシキシジミ属の一種）　283, 284

[I]
Icerya purchasi（イセリアカイガラムシ）　389, 588
Idotea granulosa（十脚類の一種）　348
Impatiens pallida（ツリフネソウ属の一種）　194, *197*
Ipomoea tricolor（アメリカソライロアサガオ）　195, *198*
Ips（キクイムシの一属）
    duplicatus（＿の一種）　334
    typographus（＿の一種）　334
Isotomiella minor（トビムシの一種）　442
Ixodes（マダニ属）　831
    scapularis（クロアシマダニ）　831

[J]
Juncus（イグサ属）
    effusus（イグサ）　828
    gerardi（＿の一種）　*181*
    squarrosus（ヒースイグサ）　56
Juniperus communis（セイヨウネズ）　631
Junonia coenia（アメリカタテハモドキ）　89
    Kelletia kelletii（ミガキボラ属の一種）　317

[K]
Keratella（カメノコウワムシ属）
    cochlearis（カメノコウワムシ）　102
    tecta（＿の一種）　627
    tropica（＿の一種）　627

[L]
Labroides dimidiatus（ホンソメワケベラ）　500, *501*
Lactobacillus sakei（乳酸菌の一種）　181
Lactuca sativa（レタス）　476
Lagopus（ライチョウ属）
    lagopus（カラフトライチョウ）　486, *488*, 488, *489*, 557, 563
    scoticus（アカライチョウ）　474, 565, 576
Laguncularia racemosa（ホワイトマングローブ）　648
Lantana camara（ランタナ）　251
Larix（カラマツ属）　26
    laricina（アメリカカラマツ）　631
Larus（カモメ属）
    argentatus（オオセグロカモメ）　13

fuscus（コヤグロカモメ） 13
glaucescens（ワシカモメ） 756
Lasiocampa quercus（カレハガの一種） 102
Ledum palustre（イソツツジ） 725
Lemmus（レミング属）
　　sibiricus（カナダレミング） 574
　　spp.（＿の数種） 447, 568
Lemna spp.（アオウキクサ属の数種） 213
Lepetodrilus elevatus（カサガイの一種） 741
Lepidaploa tortuosa（ショウジョウハグマ属の一種（キク科）） 317
Lepidochelys kempi（ケンプヒメウミガメ） 551, *552*
Lepidodactylus lugubris（オガサワラヤモリ） 336
Lepomis macrochirus（ブルーギル） *370*, 370, *374*
Leptasterias（コヒトデ属） 775
Leptinotarsa decemlineata（コロラドハムシ） 41, 229, 546
Leptonychotes weddellii（ウェッデルアザラシ） 35
Lepus（ノウサギ属）
　　americanus（カンジキウサギ） *390*
　　europaeus（ヨーロッパノウサギ） 242
Lespedeza davurica（オオバメドハギ） 633
Leucanthemum vulgare（フランスギク） 248
Limenitis archippus（カバイロイチモンジ） 106
Linum usitatissimum（アマ（亜麻）） 194, *195*
Listronotus oregonensis（ニンジンゾウムシ） 379-380, *381*
Littorina（タマキビ属） 775
　　littorea（ヨーロッパタマキビ） 740
　　obtusata（＿の一種） 348
　　obtusata（＿の一種） *349*
Lobelia（ミゾカクシ属（キキョウ科）） 153
　　keniensis（＿の一種） 153, *154*
　　telekii（＿の一種） 153, *154*
Lobodon carcinophagus（カニクイアザラシ） 35
Loligo（ヤリイカ属） *598*, 598
Lolium perenne（ホソムギ） *183*, 183, 200, *202*, 203, 311, 326, *328*
Lonicera japonica（スイカズラ） 113
Lottia（ナスビカサガイ属）
　　digitalis（＿の一種） 756-757
　　pelta（＿の一種） 756-757
　　strigatella（＿の一種） 756-757
Loxodonta africana（アフリカゾウ） 274
Lucilia（キンバエ属） 448
　　cuprina（オーストラリアヒツジキンバエ） 425, 459
Lymantria dispar（マイマイガ） 351, 353, *375*
Lymnaea elodes（モノアラガイ属の一種） 310

[M]
Macaranga（オオバギ属） 723
　　gigantea（＿の一種） 723
　　trachyphylla（＿の一種） 723
Macaranga（オオバギ属） 724
Machilus thunbergii（タブノキ） 631
Macropygia（オナガバト属） 732
　　mackinlayi（メラネシアオナガバト） 731
　　nigrirostris（ハシグロオナガバト） 731, *732*
Maculinea（ゴマシジミ属）
　　arion（アリオンシジミ） 506
　　rebeli（シベリアシジミ（仮称）） 354, 505

Malvastrum coccineum（エノキアオイ属の一種（アオイ科）） *94*
Mamestra configurata（アワヨトウ） 350
Manduca sexta（タバコスズメガ） 350
Mantis religiosa（ウスバカマキリ） 724
Marmota marmota（アルプスマーモット） 598
Mastomys natalensis（チチヤワゲネズミ） 562
Megadyptes antipodes（キンメペンギン） 266
Melampus bidentatus（メリケンハマイシノミ（巻貝）） 829
Melilotus alba（コゴメハギ） 121
Melitaea cinxia（グランヴィルヒョウモンモドキ） *233*, 233, 235, 236
Melospiza melodia（ウタヒメドリ） 829
Meriones tristrami（シナイスナネズミ） 323
Mesaphorura yosii（トビムシの一種） 442
Mesodinium rubrum（繊毛虫綱の一種） 518
Metapeira datona（クモの一種） 742
Metridium senile（ヒダベリイソギンチャク） 635
Microbotryum violaceum（担子菌門クロボキン科の一種） 509
Microplitis croceipes（寄生蜂の一種） 403
Micropus apus（アマツバメ） 541
Microtus（ハタネズミ属） 568
　　agrestis（キタハタネズミ） 568, 570
　　arvalis（ユーラシアハタネズミ） 568
　　canicaudus（ハイオハタネズミ） 226
　　townsendii（タウンゼンドハタネズミ） 224
Minuartia uniflora（タカネツメクサ属の一種） 334
Molothrus ater（コウウチョウ） 745
Monarcha cinerascens（ハイイロカササギヒタキ） 808
Montastraea（サンゴの一属）
　　annularis（＿の一種） *520*, 520
　　faveolata（＿の一種） 520
Mora（モラ属（マメ科）） 138
Morone chrysops（モロネ科の一種（スズキ目）） 836
Mortierella ramanniana（クサレケカビの一種） 429
Motacilla alba yarrellii（ハクセキレイ） 364
Mucor（ケカビ属（接合菌門ケカビ目）） 427
　　pusillus（＿の一種） 49
Musca（イエバエ属）
　　domestica（イエバエ） 585
　　vetustissima（＿の一種） 446
Musculista senhousia（ホトトギスガイ） 398, *399*
Mustela erminea（オコジョ） 249
Myrica（ヤマモモ属） 527, 530
Myrmica schenkii（クシケアリ属の一種） 505
Mytilus（イガイ属）
　　californianus（カリフォルニアイガイ） 308, 741, 756
　　edulis（ムラサキイガイ） *364, 366*, 775
Myzomela pammelaena（コクタンミツスイ） 808
Myzus persicae（モモアカアブラムシ） 349, *518*

[N]
Nasutitermitinae（テングシロアリ亜科） 439
Navicula minima（ハネケイソウの一属の一種） *79*
Neaphaenops tellkampfi（ゴミムシの一種（洞窟性甲虫）） 170, *171*
Necator（鉤虫類の一属） 483
Neodiprion sertifer（マツノキハバチ） 404

生物名（学名）索引

Nicotiana attenuata（タバコ属の一種） 350
Nicrophorus（モンシデムシ属）
　　　germanicus（__の一種） 448
　　　vespilloides（ツノグロモンシデムシ） 448
Nicrophorus（モンシデムシ属） 449
Nippostrongylus brasiliensis（線虫の一種） 460
Nostoc（ネンジュモ属） 530
Nostocaceae（ネンジュモ科） 527
Nothofagus solandri（ナンキョクブナ属の一種） 205
Notonecta hoffmanni（マツモムシ属の一種） 372
Notophthalmus viridescens（ブチイモリ） 749

[O]
Obelia（オベリアクラゲ属） 113
Ochotona princeps（アメリカナキウサギ） 236, *237*
Octopus bimaculatus（マダコ属の一種） 317
Odocoileus hemionus（ミュールジカ） 217
Omatophoca rossii（ロスアザラシ） 35
Onchocerca volvulus（オンコセルカ属（糸状虫）の一種） 456
Oncorhynchus mykiss（ニジマス） 758
Oncorhynchus nerka（ベニザケ） 121, 219
Oniscus asellus（ワラジムシの一種） 442
Onitis（アフリカのダイコクコガネの一属（糞虫）） 446
　　　uncinatus（__の一種） 446
　　　viridualus（__の一種） 446
Onygenaceae（ホネタケ科（菌類）） 448
Ooencyrtus kuwanai（クワナタマゴトビコバチ） 375
Operophtera（フユナミシャク属の一属） 442
　　　brumata（ナミスジフユナミシャク） 225
　　　fagata（__の一種） *443*
Opuntia（ウチワサボテン（トゲサボテン）属） 14
　　　basilaris（__の一種） 87
　　　fragilis（__の一種） 46
Orconectes rusticus（ザリガニの一種） 473
Orgyia vetusta（ヒメシロモンドクガ属の一種） 401
Ornithorhynchus anatinus（カモノハシ） 25
Oryctolagus cuniculus（アナウサギ） 493, 585, 737
Orygyia thyellina（ドクガの一種） 593
Ostertagia gruehneri（線虫の一種） 490, *491*
Oulema duftschmidi（ハムシ科の甲虫の一種） 41

[P]
Palaemonetes（テナガエビ科の一属）
　　　pugio（__の一種） 59, *59*
　　　vulgaris（__の一種） 59, *59*
Panicum maximum（ギニアキビ） *320*, 320
Panthera leo（ライオン） 446
Panulirus interruptus（ロブスターの一種） 317
Papaver（ケシ属）
　　　argemone（__の一種） 102
　　　dubium（ナガミヒナゲシ） 102
　　　hybridum（トゲミゲシ） 102
　　　rhoeas（ヒナゲシ） 102
　　　somniferum（ケシ） 102
Paracantha culta（ミバエの一種） 590, 755
Paragnetina media（カワゲラの一種） 745
Paragonimus kellicotti（扁形動物の一種） 473
Paralicella（ヨコエビの一属） 449

Paramecium（ゾウリムシ属）
　　　aurelia（ヒメゾウリムシ） *294*, 294, 304
　　　bursaria（ミドリゾウリムシ） *294*, 294, 304
　　　caudatum（ゾウリムシ） *294*, 294, 304
Parasitylenchus nearcticus（線虫の一種） *466*, 466
Parasponia（パラスポニア属（ニレ科）） 527
Paropsis atomaria（ハバチの一種） 358
Parus（シジュウカラ属） 741
　　　ater（ヒガラ） 295, 741
　　　caeruleus（アオガラ） 295
　　　cristatus（カンムリガラ） 741
　　　major（シジュウカラ） 131, 156, 197, 228, 295, 370, 458
　　　montanus（コガラ） 295, 741
　　　palustris（ハシブトガラ） 295
Paspalum（スズメノヒエ属（イネ科）） *531*, 531
Passiflora（トケイソウ属） 109
Pasteuria ramosa（出芽細菌の一種） 174
Patella cochlear（ツタノハガイ属の一種） *181*, 181, *185*
Pectinophora gossypiella（ギバガ科の一種） 590
Pelodera（線虫の一属） 430
Pemphigus bursarius（ドロタマワタムシ属の一種） 476
Penicillium（アオカビ属） 427
Perca flavescens（ペルカ属（スズキ目）の一種） *836*
Perognathus（ポケットマウス属）
　　　amplus（アリゾナポケットマウス） 373
　　　baileyi（ベイリーポケットマウス） 373
Peromyscus（シロアシマウス属）
　　　californicus（カリフォルニアシロアシマウス） 223
　　　leucopus（シロアシマウス（シロアシネズミ）） 380, 831
Peromyscus（シロアシマウス属） 404
Petromyzon marinus（ヤツメウナギ） 834
Phascogale tapoatafa（クロオフアスコガーレ（肉食性有袋類）） 259
Phascolarctos cinereus（コアラ） 274
Phaseolus lunatus（マメ科植物の一種） 417
Philodendron（ヒトデカズラ属） 43
Philoscia muscorum（ワラジムシの一種（陸生等脚類）） 127
Phleum arenarium（オオアワガエリ属の一種） 322
Phlox drummondii（キキョウナデシコ） 122, **123**, *125*, *142*
Phoeniconaias minor（コフラミンゴ） 701
Phthorimaea operculella（ジャガイモガ） 591
Phyllonorycter spp.（キンモンホソガ属（ホソガ科）の数種） 348
Phyllotis darwini（ダーウィンオオミミマウス） 563
Phyllotreta cruciferae（キジノミハムシ属の一種） 350
Physa gyrina（サカマキガイの一種） 310
Physella girina（サカマキガイの一種） 762
Physobranchia（イソギンチャクの一属） 502
Phytoseiulus persimilis（チリカブリダニ） *417*, 417, 590
Pica pica（カササギ） 458
Picea（トウヒ属） 26
　　　abies（オウシュウトウヒ） 436
　　　critchfeldii（__の一種（絶滅種）） 23
　　　resinosa（__の一種） 631
　　　strobus（__の一種） 631
Pieris（モンシロチョウ属）

927

brassicae（オオモンシロチョウ） 382
rapae（モンシロチョウ） 104, *105*, 349
Pinus（マツ属） 222
albicaulis（アメリカシロゴヨウマツ） 662
banksiana（＿の一種） 745
densiflora（アカマツ） 205, *206*
ponderosa（ポンデローサマツ） 694, 839
radiata（ラジアータマツ） 668
resinosa（レジノーサマツ） 723
spp.（＿の数種） 631
strobus（ストローブマツ） *624*
sylvestris（ヨーロッパアカマツ） *522*
Piper cenocladum（コショウ属の一種（アリ植物）） 758
Piranga olivacea（アカフウキンチョウ） 214
Pisaster（ピサスター属（ヒトデ）） *775*
ochraceus（＿の一種） 741
Pisum sativum（エンドウ） 299, 528
Plasmodiophora brassicae（ネコブカビ属の一種） *454*, 455
Plasmodium（プラスモディウム属（マラリア原虫）） 455, 474
Platanthera（ツレサギソウ属（ラン科）） 510
Platynympha longicaudata（コツブムシの一種） 63
Plebejus argus（ヒメシジミ） 231, 233, *234*
Plectonema nostocorum（シアノバクテリア（藍色細菌）の一種） 58
Plectrocnemia conspersa（イワトビケラ属の一種） *376*, 376
Plectroglyphidodon lacrymatus（ルリホシスズメダイ） 650
Plodia interpunctella（ノシメマダラメイガ） 144, *184*, 315, *316*, *385*, *390*, 398, 416, *454*, 469, 469, 486, *487*, 564
Plutella xylostella（コナガ） 350
Pneumostrongylus tenuis（線虫の一種） 744
Poa（イチゴツナギ属（イネ科））
annua（スズメノカタビラ） 312, *313*, 354
pratensis（ナガハグサ） 336, *523*
trivialis（オオスズメノカタビラ） 311
Poecilia reticulata（グッピー） 151, 152
Poecilochirus necrophori（ダニの一種） 448
Pollicipes（カメノテ属） 775
polymerus（＿の一種） 756
Pomacea（タニシの一属（タニシトビの餌）） 363
Pomacentrus wardi（ソラスズメダイ属の一種） 650
Populus（ヤマナラシ属） 26
canadensis（ポプラ） 351
deltoids x nigra（＿の一種） 242
tremuloides（アメリカヤマナラシ） 636, 683, *668*
Porcellio scabar（ワラジムシの一種） 442, 443
Porphyrio hochstetteri（タカヘ（大型のクイナ）） 247
Posidonia（ポドシニア属（海草）） 60
Postelsia palmaeformis（ウミヤシ（コンブ科）） 308
Prunus（サクラ属（バラ科））
pumila（＿のニワウメ亜属の一種） 631
serotina（ブラックチェリー） 471
speciosa（オオシマザクラ） 631
Pseudocheirus peregrinus（ハイイロリングテイル） 364
Pseudochironomus richardsoni（ニセユスリカ属の一種） 758
Pseudochromis fuscus（セダカニセスズメ） 743

Pseudomonas（シュードモナス属（緑膿菌属）） 693
fluorescens（＿の一種） 329, *330*, 495
Pseudomyrmex（クシフタフシアリ属）
concolor（＿の一種） *503*, 503
ferruginea（コアカシアアリ） 502
Pseudotsuga menziesii（アメリカトガサワラ） 142, *143*
Pteridium aquilinum（ワラビ） 104, 212, *720*
Pteromys volans（モモンガ） 255
Ptychocheilus lucius（コロラドパイクミノー） 243
Puccinellia（チシマドジョウツナギ属（イネ科）） 764
Puccinia recondita（アカサビ病菌） 482
Pungitius pungitius（イバラトミヨ） 325
Pythium（フハイカビ属） 471
Pyura praeputialis（カラスボヤ属の一種） 207

[Q]
Quercus（コナラ属（ナラ属）（ブナ科））
alba（ホワイトオーク） *93*, 624
petraea（フユナラ） *464*
pubescens（ホワイトオークの一種） *464*
pyrenaica（＿の一種） 691
robur（ヨーロッパナラ） *113*, 443, *464*
rubra（レッドオーク（アカガシワ）） 631, 636
spp.（＿の数種） 463

[R]
Radianthus（シライトイソギンチャク属） 502
Rallina tricolor（ミナミオオクイナ） 808
Rana（アカガエル属）
pipiens（ヒョウガエル） 118
sylvatica（アメリカアカガエル） 549
temporaria（＿の一種） 298
Rangifer（トナカイ属）
tarandus（トナカイ） 215, 218, 490
tarandus platyrhynchus（スヴァールバルトナカイ） 490
Ranunculus（キンポウゲ属）
bulbosus（＿の一種） 510
ficaria（＿の一種） 510
fluitans（＿の一種（ウマノアシガタの一種）） 61
yezoensis（チトセバイカモ） 621
Raphanus sativus（ハツカダイコン） 104, 349, *105*, *470*, 471
Rattus rattus（ドブネズミ） 250
Reticulitermes（ヤマトシロアリ属） 441, *516*
Rhinocyllus conicus（ゾウムシの一種） 356, 552, 590, 755
Rhizobium（リゾビウム属（根粒菌）） 527, *528*, *531*, 531
solani（菌類の一種） *470*, 471
Rhizophora mangle（アメリカヒルギ） 648, 801
Rhizopus（クモノスカビ属（ケカビ科）） 427
Rhododendron maximum（シャクナゲの一種） 298
Rhombomys opimus（オオアレチネズミ） 460
Rhopalosiphum padi（アブラムシ科の一属の一種） 347
Rhyacophila manistee（トビケラの一種） 745
Rivulus hartii（メダカ目リヴルス属の一種（カダヤシの仲間）） 151
Rodolia cardinalis（ベダリアテントウ） 389, 589
Rostrahamus sociabilis（タニシトビ） 363
Rostroraja alba（シロガンギエイ） 253

Rubia peregrina（セイヨウアカネ） 51, *55*
Rutilus rutilus（ローチ（コイ科）） 743

[S]

Salicornia（アツケシソウ属（アカザ科）） 60, *475*, 475
Salix（ヤナギ属（ヤナギ科））
    alba（セイヨウシロヤナギ） 848
    cordata（サキュウヤナギ（仮称）） 352, *353*
    lasiolepis（＿の一種） 348
    spp.（＿の数種） 631
Salmo（サケ属（大西洋産））
    salar（タイセイヨウサケ） 219
    trutta（ブラウントラウト） 178, *179*, *180*, *207*, 207, 245, 758, 832
Salvelinus（イワナ属）
    leucomaenis（イワナ） 56, 291, *292*
    malma（オショロコマ） 56, 291, *292*
Salvinia（サンショウモ属） 213
    molesta（オオサンショウモ） 555, *556*
Sargassum filipendula（ホンダワラ属の一種（褐藻類）） 105
Sarracenia purpurea（ムラサキヘイシソウ（サラセニア・プルプレア）） *367*, 367
Saxifraga bronchialis（ユキノシタ属の一種） 113
Scaphiopus holbrooki（トウブスキアシガエル） 310, 749
Scarabeidae（コガネムシ科） 444
Sceloporus occidentalis（カキネハリトカゲ） 146, *147*
Schizachyrium scoparium（イネ科の一種） 336, *337*, 631
Schizocoza spp.（コモリグモ科の数種） 357
Sciurus（リス属）
    carolensis（ハイイロリス） 745
    vulgaris（キタリス） 745
Sedum smallii（キリンソウ属（ベンケイソウ科）） 334, *335*
Senecio（キオン属（キク科）） 97
    jacobaea（ヤコブボロギク） 145, *146*, 593
    vulgaris（ノボロギク） 121
Sequoia sempervirens（セコイア（海浜性の）） 203
Seraria viridis（エノコログサ） 632
Sericomyrmex（キヌゲキノコアリ属） 506
Silene（マンテマ属）
    alba（ヒロハノマンテマ） 482, *483*, 509
    regia（サイリニ・レギア（ムシトリナデシコの一種）） 277, *278*
Simulium（ブユ属）
    damnosum（＿の一種） 586
    vittatum（＿の一種） *216*
Sinapsis alba（カラシナ） 471
Sitobion avenae（アブラムシの一種） 589
Solenopsis invicta（ヒアリ（アリ科）） 245, 258
Solidago（アキノキリンソウ属） 147
    altissima（セイタカアワダチソウ） 636
    missouriensis（ミズーリアキノキリンソウ） *147*, *221*, 221
    mollis（＿の一種） 94
Sorex（トガリネズミ属） *404*
Sparaxis grandiflora（スイセンアヤメ属の一種（アヤメ科）） *140*
Sparganium emersum（エゾミクリ） 622

Spartina（スパルティナ属（イネ科）） 86
    alterniflora（＿の一種） 829
    maritima（＿の一種） 435, *436*
    patens（＿の一種） 829
Spermophilus beldingi（ベルディングジリス） 224
Sphagnum subsecundum（ユガミミズゴケ） 84, *85*
Spilopsyllus cuniculi（ウサギノミ） 495
Spinachia spinachia（ウミトゲウオ） 365
Spirillaceae（スピリルム科） 527
Spirillum lipoferum（ラセン菌の一種） 527
Spirorbis（ウズマキゴカイ属） 500
Spirulina platensis（シアノバクテリア（藍色細菌）の一種） 58, 701
Spodoptera exigua（ビートヨトウガ（仮称）） 583
Stellaria media（ハコベの一種） 312, *313*
Stenophylax（エグリトビケラ科の一属） 433
Sterna paradisaea（キョクアジサシ） 217
Stizostedion vitreum（ウォールアイ） 835
Strigops habroptilus（カカポ） 754
Strombidinopsis multiauris（繊毛虫の一種） 41
Strongyloides ratti（ネズミフンセンチュウ） *465*, 465
Sturnus vulgaris（ホシムクドリ） 250
Styrax（エゴノキ属） 825
    paralleloneurum（スマトラアンソクコウノキ） 825
Sylvilagus brasiliensis（モリウサギ） 493
Symbiodinium（シンビオディニウム属（渦鞭毛藻類）） 519, *520*, 520, 521
Synechocystis sp.（シアノバクテリアの一種） 79
Synedra ulna（マルクビハリケイソウ） *296*, 296

[T]

Tachigali myrmecophila（マメ科の喬木） 502, *503*
Tachinomyia similis（寄生蜂の一種） 401
Tachyglossus aculeatus（ハリモグラ） 25
Taraxacum officinale（セイヨウタンポポ） 151, *152*
Tectus niloticus（サラサバテイラ（ニシキウズガイ科の巻貝）） 610
Tegula（エンスイクボガイ属（ニシキウズガイ科））
    aureotincta（＿の一種） 316
    eiseni（＿の一種） 316
Tegula（エンスイクボガイ属（ニシキウズガイ科）） 775
Teledo navalis（フナクイムシの一種） 439
Tenodera sinensis（オオカマキリ属の一種） 724
Terebrasabella heterouncinata（ケヤリムシ科の寄生性多毛類） 593
Terellia serratulae（ミバエの一種） *418*, 418
Tetranychus urticae（ナミハダニ属の一種） *417*, 417, 590
Teucrium polium（ニガクサ属の一種（シソ科）） 82
Thais（イボニシ属） 775
Theileria（テイレリア属（家畜のリンパ球に住む寄生虫）） 460
Therioaphis trifolii（ウマゴヤシマダラアブラムシ（仮称）） 579
Thermus aquaticus（細菌の一種） 49
Thiobacillus（細菌の一属）
    ferroxidans（＿の一種） 58
    thiooxidans（＿の一種） 58
Thlaspi caerulescens（グンバイナズナ属の一種） 242
Thuja occidentalis（ニオイヒバ） 631

Thunnus albacares（キハダマグロ） 607, *608*
Thymus serpyllum（タチジャコウソウ） 506
Tidestromia oblongifolia（ヒユ科の多年草） 49
Tilia cordata（フユボダイジュ） 55
Tiliqua rugosa（マツカサトカゲ） 473
Timarcha lugens（ハムシの一種） 299
Tomocerus（トゲトビムシ属） 440
Trachymyrmex（アレハダキノコアリ属（フタフシアリ亜科）） 506
Trebouxia（プレウラストルム藻綱の一属） 525
Trialeurodes vaporariorum（オンシツコナジラミ） 590
Tribolium（コクヌストモドキ属）
　　castaneum（コクヌストモドキ） 306, *306, 307*, 486
　　confusum（ヒラタコクヌストモドキ） 172, *173, 306, 306, 307*
Trichechus manatus（フロリダマナティー） 848
Trichocorixa verticalis（半翅目ミズムシ科の一種） 756
Trichogramma pretiosum（タマゴヤドリコバチ属の一種） *385*, 385
Trichoplusia ni（イラクサギンウワバ） 583
Trichostrongylus tenuis（ウサギモウヨウセンチュウ属の一種） 474, 486, *488, 489*, 557, 565
Trifolium（シャジクソウ属）
　　hybridum（タチオランダゲンゲ） 819
　　pratense（ムラサキツメクサ） 610, 819, 824
　　repens（シロツメクサ） 8, 103, 326, *328*
　　subterraneum（ジモグリツメクサ） *180*
Tringa totanus（アカアシシギ） 375
Tripodendron lineatum（キクイムシの一種） 436, *437*
Trirhabda canadensis（ハムシの一種） *221*, 221
Trisetum flavescens（カニツリグサ属の一種） 249
Triticum（コムギ属）
　　aestivum（コムギ） *825*
　　uniaristatum（＿の一種（野生のコムギ）） 347
Trybliographa rapae（ハナバエ属の一種） 375
Tuberculatus quercicola（カシワホシマダラアブラムシ） *505*, 505
Tubularia crocea（ヒドロ虫の一種） 113
Turbinaria reniformis（サンゴの一種） 113
Tympanychus cupido cupido（ニューイングランドソウゲンライチョウ） 267
Typha（ガマ属） 158
　　angustifolia（＿の一種） 158
　　domingensis（＿の一種） 158
Typha（ガマ属） *159*
Typhlodromus occidentalis（カブリダニ属の一種） 415
Tyto alba（メンフクロウ） 373

[U]
Ulex europaeus（ハリエニシダ） 389, 830
Ulva spp.（アオサ属の数種） 644
Umbilicus rupestris（ギョクハイ（ベンケイソウ科）） *48*, 48
Urophora stylata（オナガミバエ属の一種） *418*, 418
Ursos（クマ属）
　　americanus（アメリカクロクマ） 370
　　arctos（ヒグマ） 370
　　dioica（イラクサ） 737
Ustilago（クロボ菌属（担子菌門））
　　tritici（＿の一種） 460
　　violacea（＿の一種） 482, *483*

[V]
Vaccinium vitis-idaea（コケモモ（ツツジ科）） 725
Vallisneria spiralis（セキショウモ属の一種） 78
Vanessa（アカタテハ属（タテハチョウ科））
　　atalanta（ヨーロッパアカタテハ） 219
　　cardui（ヒメアカタテハ） 219
Venturia canescens（コクガヤドリチビアメバチ属の一種） 315, *316, 390*, 397, *416*, 486, *487*, 564
Veratrum lobelianum（バイケイソウの一種） 751
Vermivora（アメリカムシクイ科の一属）
　　celata（アカアメリカムシクイ） 295
　　virginiae（キムネズアカアメリカムシクイ） 295
Vibrio cholerae（コレラ菌） 256
Vicia faba（ソラマメ） 459
Vipera aspis（アスプクサリヘビ） 143, *144*
Vulpes vulpes（アカギツネ） 242, 490
Vulpia（ナギナタガヤ属）
　　ciliata ssp. *ambigua*（＿の一種） 523
　　fasciculata（＿の一種） 183
　　fasciculata（＿の一種） *174, 183, 322*

[W]
Willemia aspinata（トビムシの一種） 442
Wucheria bancrofti（バンクロフト糸状虫） 456

[Y]
Yersinia pestis（ペスト菌） 460
Yucca（ユッカ属（リュウゼツラン科）） 512

[Z]
Zea mays（トウモロコシ） 46, 299, *825*
Zeiraphera diniana（マツヒメハマキガ） 348
Zostera（アマモ属） 60

生物名（和名）索引

ページ数を示す数字のうち，斜体（イタリック）で示したものは，当該頁の図版のみに現れることを示す．また太字（ゴシック）で示したものは，当該頁の表の中のみに現れることを示す．

[あ行]

アオウキクサ属の数種（duckweed (*Lemna* spp.)） 213
アオカケス（blue jay (*Cyanocitta cristata*)） 105, 106
アオゲイトウ（redroot pigweed (*Amaranthus retroflexus*)） *321*, 321
アオサ属の数種（*Ulva* spp.） 644
アカアシシギ（redshank (*Tringa totanus*)） 375
アカアワビ（red abalone (*Haliotus refescens*)） 832
アカウキクサ属（*Azolla*） 530, 531
アカガエル属（*Rana*） 298
アカギツネ（red fox (*Vulpes vulpes*)） 242, 405, 490
アカシア属（*Acacia*） 82, 213, 502, *504*
　__の一種（__ *drepanolobium*） 503, *504*
　　ツノアカシア（仮称）（Bull's horn acacia (__ *cornigera*)） *502*, 502
　　トゲアカシア（spiny acacia (__ *nilotic* subsp. *indica*)） 281, 282, *283*
アカシカ（red deer (*Cervus elaphus*)） 128–129, *129*, **130**, 149, 170, *171*, 172, 217, 249, 553, **554**
アカフウキンチョウ（scarlet tanager (*Piranga olivacea*)） 214
アカマルカイガラムシ（California red scale (*Aonidiella aurantii*)） *419*, 419
アキノキリンソウ属（*Solidago*） 147
　__の一種（*Solidago mollis*） 94
　　セイタカアワダチソウ（meadow goldenrod (__ *altissima*)） 636
　　ミズーリアキノキリンソウ（Missouri goldenrod (__ *missouriensis*)） 147, *221*, 221
アザミ（thistle） 356, 418, 551–552, 590, 751, 755
　アザミ属（*Cirsium*） 755
　　__の一種（__ *obvatatum*） 751
　　__の一種（platte __ (__ *canescens*)） 590
　ヒレアザミ属（*Carduus*） 356, 590
　　__の数種（__ spp.） 590, 755
　　ジャコウアザミ（nodding __ (__ *nutans*)） 356, 551, *552*
アザミ（thistle） *418*, *552*
アザラシ（seal） 34, 35, *781*
　アザラシ（南極の）（Antarctic __） 34, 35
　　ウェッデルアザラシ（Weddell __ (*Leptonychotes weddellii*)） 34, 35
　　カニクイアザラシ（crab-eater __ (*Lobodon carcinophagus*)） 34, 35
　　ヒョウアザラシ（leopard __ (*Hydrurga leptonyx*)） 34, *35*
　　ロスアザラシ（Ross __ (*Omatophoca rossii*)） 34, 35
アジルマンガベイ（Tana River crested mangabey (*Cercocebus galeritus*)） 273
アスプクサリヘビ（aspic viper (*Vipera aspis*)） 143, *144*
アッケシソウ属（アカザ科）（*Salicornia*） 60, *475*, 475
アトラスオオカブト属（giant rhinoceros beetle (*Chalcosoma*)）
　アトラスオオカブト（__ *atlas*） 325, *327*
　コーカサスオオカブト（__ *caucasus*） 325, *327*
アナグマ（badger） 405, 446, 643
アブラナ科（Brassicaceae） 228, *230*, 350, *351*, 354, *454*, 521
　__の一属（*Cardamine*）
　　__の一種（__ *cordifolia*） 354
　　ミチタネツケバナ（__ *hirsute*） 312, *313*
アブラムシ（aphid） 97, *98*, 100, 117–118, 209, *211*, 211, 214, 225, *226*, 346–347, *349*, 363, 374, 404, 408, 455, 476, *505*, 505, 516–517, *518*, 533, 536, 579–581, 589, 610–611, *611*
　__の一種（*Rhopalosiphum padi*） 347
　__の一種（*Sitobion avenae*） 589
　アブラナアブラムシ（ダイコンアブラムシ）（仮称）（cabbage __ (*Brevicoryne brassicae*)） 375, 408
　ウマゴヤシマダラアブラムシ（仮称）（spotted alfalfa __ (*Therioaphis trifolii*)） 579
　エンドウヒゲナガアブラムシ（pea __ (*Acyrthosiphon pisum*)） 225, *226*, *518*, 610
　カシワホシマダラアブラムシ（*Tuberculatus quercicola*） *505*, 505
　プラタナスアブラムシ（sycamore __ (*Drepanosiphum platanoidis*)） *404*, 404
　マメクロアブラムシ（*Aphis fabae*） 211
　モモアカアブラムシ（green peach __ (*Myzus persicae*)） *349*, *518*
　ワタアブラムシ（cotton __） 582
アフリカのダイコクコガネの一属（糞虫）（*Onitis*） 446
　__の一種（__ *uncinatus*） 446
　__の一種（__ *viridualus*） 446
アマ（亜麻）（flax (*Linum usitatissimum*)） 194, *195*
アマツバメ（swift (*Micropus apus*)） 138, 541
アマモ属（*Zostera*） 60
アメーバ（amoeba） 430, 455
　__の一種（*Entamoeba histolytica*） 455
アメリカイソシギ（spotted sandpiper (*Actitis macularia*)） 829
アメリカグリ（American chestnut (*Castanea dentata*)） 298, 744
アメリカソライロアサガオ（morning glory (*Ipomoea tricolor*)） 195, *198*
アメリカツガ（hemlock (*Tsuga canadensis*)） 21, *624*
アメリカトガサワラ（Douglas fir (*Pseudotsuga menziesii*)） 142, *143*, 145
アメリカナキウサギ（American pika (*Ochotona princeps*)） 236, *237*
アメリカバイソン（wood bison (*Bison bison*)） *403*
アメリカヒラマキガイ（*helisoma trivolvis*） 762
アメリカムシクイ科の一属（*Vermivora*）
　キムネズアカアメリカムシクイ（virginia's warbler (__

virginiae)) 295, 295
サメズアカアメリカムシクイ (orange-crowned
warbler (_ celata)) 295, 295
アラスジヒバリガイ属 (Brachidontes)
__の一種 (_ darwinius) 646-648
__の一種 (_ solisianus) 646, 648
アリ (ant) 258, 277, 283-284, 345, 353, *419*, 419, 430, 432,
440-441, *502*, 502-508, *503*, *504*, *505*, *507*, 515,
533, 536, 729, 734, 758*759*, 788-789, 791-792,
795, 803, *804*, *811*, 812
アレハダキノコアリ属 (フタフシアリ亜科)
(Trachymyrmex) 506
エゾアカヤマアリ (red wood _ (Formica yessensis))
505
オオズアリ属 (pheidole) 758
キヌゲキノコアリ属 (Sericomyrmex) 506
クシケアリ属の一種 (Myrmica schenkii) 505
クシフタフシアリ属 (Pseudomyrmex)
__の一種 (_ concolor) 503, *503*
コアカシアアリ (_ ferruginea) 502
シリアゲアリ属 (Crematogaster)
__の一種 (_ mimosae) 503
__の一種 (_ nigriceps) 503
__の一種 (_ sjostedti) 503
ハキリアリ属 (Atta) 506
__の一種 (_ cephalotes) 506, *507*
__の一種 (_ vollenweideri) 507
ヒアリ (アリ科) (red fire _ (Solenopsis invicta))
245, 258
アルテミア (ブラインシュリンプ) 属 (Artemia) 365, *366*
ブラインシュリンプ (brine shrimp (_ franciscana))
210, *366*, 365-366, 756
アルプスマーモット (alpine marmot (Marmota marmota))
598
アルマジロ (armadillo) 106
アレチネズミ (gerbil) 323, 326
アレンビアレチネズミ (Gerbillus allenbyi) 323
オオアレチネズミ (great _ (Rhombomys opimus))
460
アワビ (abalones (Haliotidae)) 593, 832
イガイ (mussel) 245, 256
イガイ属 (Mytilus)
カリフォルニアイガイ (Californian _ (_
californianus)) 308, *366*, 741, 756-757
ムラサキイガイ (_ edulis) 364, 365, *366*, 775
イガヤグルマギク (yellow star thistle (Centaurea
solstitalis)) 245
イグサ属 (Juncus)
__の一種 (_ gerardi) 181
イグサ (_ effusus) 828
ヒースイグサ (rush (_ squarrosus)) 56
イヒリアカイガラムシ (cottony cushion-scale insect (Icerya
purchasi)) 389, 588-589
イソギンチャク (sea anemone) 502, 634, 721, 722, 722-
723
__の一属 (Physobranchia) 502
シライトイソギンチャク属 (Radianthus) 502
ハタゴイソギンチャクの一種 (Stichodactyla mertensii)
722

ハタゴイソギンチャク科の一属 (Heteractis)
シライトイソギンチャク (_ crispa) 722
センジュイソギンチャク (_ magnifica) 722,
723
ヒダベリイソギンチャク (Metridium senile) 635
イソツツジ (Ledum palustre) 725
イタチ類 (mustelid, weasele) 405, 571-572, 578-729
オコジョ (stoat (Mustela erminea)) 572, 830
イチゴツナギ属 (イネ科) (Poa)
オオスズメノカタビラ (_ trivialis) 311
スズメノカタビラ (_ annua) 312, *313*, 354
ナガハグサ (_ pratensis) 336, *523*
イチジク属 (fig (Ficus)) 121, 511
__の一種 (_ carica) 511
イトスギ属 (cypress (Cupressus)) 213
イトトンボ (damselfly) 403
エゾイトトンボ属の一種 (Coenagrion puella) 140
イトヨの一種 (three-spined stickleback (Gasterosteus
aculeatus)) 325, *325*
イネ科
__の一種 (Aristida purpurea) 94
__の一種 (Bouteloua gracilis) 94, *697*
__の一属 (Chionochloa) 249
__の一種 (tussock grass (_ pallens)) 359, *360*
__の一種 (Distichlis spicata) 829
__の一種 (prairie bunch grass (Schizachyrium
scoparium)) 336, *337*, 631
イネ (rice) 29, 65, 504
イバラトミヨ (ninespine stickleback (Pungitius pungitius))
325, *326*
イボイノシシ (warthog) 164
イボクサ (Aneilema keisak) 828
イボニシ属 (Thais) 775
イモリ (newt)
ブチイモリ (salamander (Notophthalmus viridescens))
749
イラクサ (stinging nettle (_ dioica)) 737
イラクサギンウワバ (cabbage looper (Trichoplusia ni))
583, 584
イルカ (dolphin) 96
イワシ (sardine) 599
イワナ属 (Salvelinus)
イワナ (white-spotted charr (_ leucomaenis)) 56, *57*,
291-292, *292*, 305
オショロコマ (Dolly Varden charr (_ malma)) 56-
57, *57*, 291-292, *292*, 305
イワフジツボ属 (Chthamalus)
__の一種 (_ fissus) 645
__の一種 (_ stellatus) 292
ウォールアイ (walleye (Stizostedion vitreum)) 835
ウサギ (rabbit)
アナウサギ (European _ (Oryctolagus cuniculus))
106, 118, 237, 444, 493-495, *494*, 513, 585, 737
モリウサギ (South American jungle _ (Sylvilagus
brasiliensis)) 493, 494
ウシ (cattle) 29, 345, 348, 367, 445-446, 460, 491, 504, 513,
584, *737*
ウシ属 (Bos)
ウシ (家畜) (_ taurus) 737

生物名（和名）索引

コブウシ (zebu cow (_ *taurus indicus*))　737
バイソン (bison (_ *bison*))　643, 651
ウシクサ属の一種 (*Andropogon gerardii*)　336, *337*, 651
ウスバゼニゴケ属 (*Blasia*)　530
ウズマキゴカイ属 (*Spirorbis*)　500
ウタヒメドリ (song sparrow (*Melospiza melodia*))　829
ウドンコ病菌　456
ウナギ属 (*Anguilla*)
　アメリカウナギ (American eel (_ *rostrata*))　219
　ヨーロッパウナギ (European eel (_ *anguilla*))　218
ウニ (sea urchin)　738
ウマ (horse)　101
ウミヤシ（コンブ科）(sea palm (*Postelsia palmaeformis*))　308, 309
ウラギンモンオオセセリ (silver-spotted skipper (*Hesperia comma*))　237
ウラシマツツジ属 (*Arctostaphylos*)　530
エイ (ray)　254
エゴノキ属 (*Styrax*)　825
　スマトラアンソクコウノキ (_ *paralleloneurum*)　825
エゾミクリ (*Sparganium emersum*)　622, *622*
エノキアオイ属の一種（アオイ科）(*Malvastrum coccineum*)　94
エノコログサ (*Seraria viridis*)　632
エパクリス科 (Epacridaceae)　522
エビ (shrimp)　449
　エビジャコの一種 (sand _ (*Crangon septempinosa*))　39
　テナガエビ科の一属 (*Palaemonetes*)
　　_ の一種 (_ *pugio*)　*59*, 59
　　_ の一種 (_ *vulgaris*)　*59*, 59
　ホウネンエビ (fairy _)　127
エピオルニス属 (elephant bird (*Aepyornis*))　816
エミュー (emu)　17
エミュームシクイ (southern emu-wren (*stipiturus malachurus*))　278, *279*, *280*
エンスイキボガイ属（ニシキウズガイ科）(*Tegula*)　316
　_ の一種 (_ *aureotincta*)　316
　_ の一種 (_ *eiseni*)　316
エンスイキボガイ属（ニシキウズガイ科）(*Tegula*)　775
黄色網状ウイルス (yellow net virus)　455
オオアワガエリ属の一種 (*Phleum arenarium*)　*322*
オオウシノケグサ
　_ の栽培品種 (*Festuca* cv 'Merlin')　241
　オオウシノケグサ (*Festuca rubra*)　241, 249, *523*
オオカミ (wolf (*Canis lupus*))　25, 398, *399*, 401
オオクチバス (largemouth bass)　373, *374*
オオダイコクコガネ属の一種 (African dung beetle (*Heliocopris dilloni*))　444
オオツノヒツジ (bighorn sheep)　269, *269*, 270
オオナマケモノ (giant ground sloth)　816
オオバギ属 (*Macaranga*)　723, *724*
　_ の一種 (_ *gigantea*)　723
　_ の一種 (_ *trachyphylla*)　723
オオハマガヤ (dune grass (*Ammophila breviligulata*))　631
オオバメドハギ (*Lespedeza davurica*)　632, 633
オオヒエンソウ属の一種 (larkspur (*Delphinium nelsonii*))　222, *223*

オオムギ (barley)　28, 242, 504
オダマキ属 (*Aquilegia*)　510
オナガハチクマ (hawk (*Henicopernis longicauda*))　808
オナガバト属 (cuckoo-dove (*Macropygia*))　729
　ハシグロオナガバト (_ *nigrirostris*)　731, *732*
　メラネシアオナガバト (_ *mackinlayi*)　731, *732*
オナガバト属 (cuckoo-dove (*Macropygia*))　*732*
オニカッコウ (great spotted cuckoo (*Clamator glandarius*))　458
オニソテツ属 (*Encephalartos*)　530
オニハマダイコン (*Cakile edentula*)　228–229, *230*
オバシギ属 (*Calidris*)　750
　コオバシギ (knot (_ *canutus*))　*218*, 218
オヒョウ (halibut)　597, 606
オベリアクラゲ属 (*Obelia*)　113
オポッサム (oppossum, possum (*Didelphis virginiana*))　106, 830
オランダイチゴ属 (strawberry (*Fragaria*))　113
オンコセルカ属（糸状虫）の一種 (*Onchocerca volvulus*)　456

[か行]

カ（蚊）(mosquito)　96, 127, 456, 467
　ハマダラカ属の一種 (*Anopheles annulipes*)　494
　ヤブカ属 (*Aedes*)
　　ネッタイシマカ (_ *aegypti*)　281, *282*
　　ヒトスジシマカ (_ *albopictus*)　281, *282*
ガ（蛾）(moth)　448, 581, 831
　アワヨトウ (*Mamestra configurata*)　350
　オオシモフリエダシャク (peppered _ (*Biston betularia*))　8, 10, *11*, 11, *12*
　カレハガの一種 (oak eggar _ (*Lasiocampa quercus*))　102
　ギバガ科の一種 (pink bollworm (*Pectinophora gossypiella*))　590
　キンモンホソガ属（ホソガ科）の数種 (*Phyllonorycter* spp.)　348
　ジャガイモガ (potato tuber _ (*Phthorimaea operculella*))　*591*, 591
　タバコスズメガ (*Manduca sexta*)　350
　ツツミノガ属の一種 (rush _ (*Coleophora alticolella*))　56
　ドクガの一種 (white-spotted tussock _ (*Orygyia thyellina*))　593
　ノシメマダラメイガ (Indian meal _ (*Plodia interpunctella*))　144, *184*, 315, *316*, 385, 390, 398, *416*, 454, 469, *469*, 486, *487*, 564
　ビートヨトウガ（仮称）(beet army worm (*Spodoptera exigua*))　*583*, 584
　ヒメシロモンドクガ属の一種 (*Orgyia vetusta*)　401
　ヒメハマキガ　47
　　アキノキリンソウヒメハマキガ (goldenrod gall _ (*Epiblema scudderiana*))　47
　　マツヒメハマキガ (larch budmoth (*Zeiraphera diniana*))　348
　ヒロズコガ (tineid _)　448
　フユナミシャク属 (*Operophtera*)　442
　　_ の一種 (_ *fagata*)　442, *443*
　　ナミスジフユナミシャク (winter _ (_

brumata）） 225
マイマイガ（gypsy __ (*Lymantria dispar*)） 351, 353, *375*
メイガ科マダラメイガ亜科の一属（*Ephestia*）
　スジコナマダラメイガ（__ *kuehniella*） 315, *316*
　スジマダラメイガ（almond __ (__ *cautella*)） 184
ヤガ科の一種（Alabama leafworm） 582
　ワタノミヤガ（仮称）（cotton bollworm (*Heliothis zea*)） 582, *583*, 584
カートランドアメリカムシクイ（Kirtland's warbler (*Dendroica kirtlandii*)） 745
海藻（seaweed） 6, 60-61, 106, *349*, 356, 436, 500, 629, 751
回虫（roundworm） 464, 483, 557
カイメン（海綿）（sponge） 6, 43, 114, 127, 210, 355, *356*, 356, 634, 741
　カイメン（海綿）の一種（*Ectyoplasia ferox*） 356
カエデ属（maple (*Acer*)）
　__の一種（__ *campestre*） 79
　アメリカハナノキ（red maple (__ *rubrum*)） *624*, 631, 633-634, **634**
　サトウカエデ（sugar __ (__ *saccharum*)） 619, 636, *637*
カエル（frog, anuran） *118*, 118, 217, 310, 334, 627, 749, 779
　アカガエル属（*Rana*）
　　__の一種（common frog (__ *temporaria*)） 298
　　アメリカアカガエル（wood frog (__ *sylvatica*)） **549**, 549
　　ヒョウガエル（leopard frog (__ *pipiens*)） *118*, 118
　アマガエル属（*Hyla*）
　　トリゴエアマガエル（__ *crucifer*） 334
　　ミナミハイイロアマガエル（コープハイイロアマガエル（__ *chrysoscelis*） 310, 749
　　トウブスキアシガエル（*Scaphiopus holbrooki*） 310, 749
カオジロガン（barnacle goose (*Branta leucopsis*)） 216, 258
カカポ（kakapo (*Strigops habroptilus*)） 754
カゲロウの一属（mayfly (*Deleatidium*)） 832
カサガイ（limpet） 61, 364, 647-648, 738, 741, 756-757, *757*, *775*, 846
　__の一種（*Lepetodrilus elevatus*） 741
　ナスビカサガイ属（*Lottia*）
　　__の一種（__ *digitalis*） 756-757
　　__の一種（__ *pelta*） 756-757
　　__の一種（__ *strigatella*） 756-757
カササギ（magpie (*Pica pica*)） 458
カスリハリガネムシ属（*Gordius*） 464
カタクチイワシ（anchovie） 599
　__の一種（Peruvian anchovy (*Engraulis ringens*)） 596
カツオブシムシ科の甲虫（dermestid beetle） 448
カッコウ（cuckoo (*Cuculus canorum*)） 457, 457-458, 496
カッコウムシ（甲虫）の一属（*Tarsobaenus*） 758
褐藻 61, *79*, 105, 308, 348, *349*
　__の一種（*Ascophyllum nodosum*） 348, 751
　ヒバマタ属の一種（*Fucus spiralis*） 61

ホンダワラ属の一種（*Sargassum filipendula*） 105
カナダオオヤマネコ（Canadian lynx (*Lynx canadensis*)） *390*
カニ（crab） 6, 150, 217, *364*, 398, *399*, 741, *742*
　ワタリガニ科の一属（*Carcinus*）
　　__の一種（__ *aestuarii*） 398, *399*
　　ミドリガニ（__ *maenas*） *364*
カニツリグサ属の一種（*Trisetum flavescens*） 249
カバノキ属（birch (*Betula*)） 26, 213, *624*
　シラカンバ（ヨーロッパシラカンバ）（silver __ (__ *pendula*)） 175, *176*
　ヒメカンバ（dwarf __ (__ *nana*)） 725
　ヨーロッパカンバ（仮称）（__ *pubescens*） 50
カマキリ（mantid, praying manti） 464, 724, 736
　ウスバカマキリ（*Mantis religiosa*） 724
　オオカマキリ属の一種（*Tenodera sinensis*） 724
ガマ属（cattail (*Typha*)） 158, **159**, 299
　__の一種（__ *domingensis*） 158
　ガマ（__ *latifolia*） 299
　ヒメガマ（__ *angustifolia*） 158, 299
カメ（turtle） 96
　ケンプヒメウミガメ（Kemp's ridley sea __ (*Lepidochelys kempi*)） 551, *552*
カメノテ属（*Pollicipes*） 756, *775*
　__の一種（goose barnacle (__ *polymerus*)） 756
カメムシ（heteropteran bug） 589
　カメムシの一種（*Geocoris pallens*） 350
　マダラメクラカメムシ属の一種（lygus bug (*Lygus hesperus*)） *583*, 584
　モンキメクラカメムシ属の一種（*Capsodes infuscatus*） 361
カモ（duck） 457, *781*
カモノハシ（duckbill platypus (*Ornithorhynchus anatinus*)） 25
カモメ属（*Larus*）
　オオセグロカモメ（herring gull (__ *argentatus*)） 13, *14*
　コセグロカモメ（lesser black-backed gull (__ *fuscus*)） 13, *14*
　ワシカモメ（glaucouse-winged gull (__ *glaucescens*)） 756
ガラクシアス属の数種（魚類）（*Galaxias* spp.） 832
カラシナ（mustard (*Sinapsis alba*)） 33, *95*, *471*
カラス（crow） 446
　ハゴロモガラス（red-winged blackbird (*Agelaius phoeniceus*)） 829
カラスボヤ属の一種（*Pyura praeputialis*） 207
カラスムギ（oats） 28
カラテア属の一種（*Calathea ovandensis*） 230
カラマツ属（larch (*Larix*)） 26
　アメリカカラマツ（__ *laricina*） 631
カリガネ（lesser white-fronted goose (*Anser erythropus*)） 258
カリトリス属の一種（*Callitris intropica*） 827
カリフラワーモザイクウイルス（cauliflower mosaic virus） 455
顆粒ウイルス（granulovirus） 397, *454*, *469*, 487
カワウソ（otter） 164, 627
カワゲラ（stonefile） *376*, 817, *818*, 819

生物名（和名）索引

　　　＿の一種（stonefly (*Paragnetina media*)）　745
カワスズメ（シクリッド）（cichlid）　151, *152*, 809
　　　＿の一種（*Crenicichla alta*）　151
カワホトトギスガイ（zebra mussel (*Dreissena polymorpha*)）　245, 257, *258*
カワラケツメイ属の一種（sicklepod (*Cassia obtusifolia*)）　321
カワラバト属（*Columba*）
　　　カワラバト（rock dove (*＿ livia*)）　473
　　　モリバト（woodpigeon (*＿ palumbus*)）　215, 357
カンガルー（kangaroo）　446, *513*, 513, 827
ガンギエイ（skate）　253, *253*, 254
　　　ガンギエイ属（*Dipturus*）
　　　　　＿の一種（barndoor ＿ (*＿ laevis*)）　253
　　　　　ガンギエイ（common ＿ (*＿ batis*)）　253
　　　　　ハナナガガンギエイ（long-nose ＿ (*＿ oxyrhinchus*)）　253
　　　　　シロガンギエイ（white ＿ (*Rostroraja alba*)）　253
カンキツカタカイガラムシ（citricola scale (*Coccus pseudomagnoliarum*)）　589
肝吸虫類（liver fluke）　346
キーウィ（kiwi）　*20*
キイチゴ（dewberry）　348, *510*
キオン属（キク科）（ragwort (*Senecio*)）　97, 145
　　　ノボロギク（groundsel (*＿ vulgaris*)）　119
　　　ヤコブボロギク（*＿ jacobaea*）　145, *146*, 593
キキョウナデシコ（*Phlox drummondii*）　122, *123*, 124–126, *125*
キクイムシ（アンブロシア甲虫）（ambrosia beetle）　98, 334, 436, *437*, 440, 506, 516
　　　キクイムシ科（Scolytidae）　174, 352, 506
　　　　　キクイムシの一種（*Tripodendron lineatum*）　436, *437*
　　　　　キクイムシの一属（*Ips*）
　　　　　　　＿の一種（*＿ duplicatus*）　334
　　　　　　　＿の一種（*＿ typographus*）　334
　　　　　ミナミマツノキクイムシ（southern pine beetle (*Dendroctonus frontalis*)）　*174*
キクザルガイ属の一種（*Chama arcana*）　317
キク科
　　　＿の一年生草本（*Gymnarrhena micrantha*）　225
　　　＿の二年生草本（北中米産）（*Grindelia lanceolata*）　121
キツネザル（lemur）　30
ギニアキビ（*Panicum maximum*）　*320*, 320
キハダマグロ（yellowfin tuna (*Thunnus albacares*)）　607, *608*, **609**
吸虫（扁形動物門二生亜綱）（trematode）　456, 483, 746, *747*, *750*, 751
　　　＿の一種（*Curtuteria australis*）　746, *747*
牛痘ウイルス（cowpox virus）　469
ギョウギシバ（*Cynodon dactylon*）　738
キョクアジサシ（arctic tern (*Sterna paradisaea*)）　217
ギョクハイ（ベンケイソウ科）（*Umbilicus rupestris*）　46, *48*
魚類（fish）　3, 6, 138, 151, 208, *243*, 244–245, 254, 256, 263, 291, 295, 304, *356*, 457, *501*, 649–651, 701, 711, 713, 734, 741–742, 785, 788, *799*, 809, *813*, 832–835, *836*, 840, 846, *851*
キリンソウ属（ベンケイソウ科）の一種（*Sedum smallii*）

334, *335*
キンポウゲ科（Ranunculaceae）　510
　　　キンポウゲ属（*Ranunculus*）
　　　　　＿の一種（*＿ bulbosus*）　510
　　　　　＿の一種（*＿ ficaria*）　510
　　　　　＿の一種（ウマノアシガタの一種）（water crowfoot (*＿ fluitans*)）　61
　　　チトセバイカモ（*＿ yezoensis*）　621, *622*
菌類（fungus）
　　　＿の一種（*Ceratocystis piceae*）　436
　　　＿の一種（*Rhizoctonia solani*）　*470*, 471
　　　＿の一種（ハキリアリの栽培菌）（*Attamyces bromatificus*）　506
　　　＿の一属（*Escovopsis*）　507, 508
　　　アオカビ属（*Penicillium*）　427
　　　アカサビ病菌（*Puccinia recondita*）　482
　　　エダツボカビ属の一種（*Cladochytrium replicatum*）　428
　　　キノカクキン科の一属（子嚢菌）（*Botrytis*）
　　　　　＿の一種（*＿ fabi*）　459
　　　　　灰色カビ病菌（*＿ cinerea*）　425
　　　クサレケカビの一種（*Mortierella ramanniana*）　429
　　　クモノスカビ属（ケカビ科）（*Rhizopus*）　427
　　　クリ胴枯れ病菌（chestnut blight (*Cryphonectria parasitica*)）　298
　　　クロボ菌類（黒穂病菌類）（smut）　460, 482, *483*
　　　クロボキン科（担子菌門）の一種（*Microbotryum violaceum*）　509
　　　クロボキン属（担子菌門）（*Ustilago*）
　　　　　＿の一種（anther ＿ fungus (*＿ violacea*)）　482, *483*
　　　　　＿の一種（loose ＿ (*＿ tritici*)）　460
　　　ケカビ属（接合菌門ケカビ目）（*Mucor*）　49, 427
　　　　　＿の一種（*＿ pusillus*）　49
　　　コレラ菌（cholera bacterium (*Vibrio cholerae*)）　256
　　　サビ病菌（rust）　346, 425, 456
　　　シュードモナス属（緑膿菌属）（*Pseudomonas*）
　　　　　＿の一種（*＿ fluorescens*）　329, *330*, 495
　　　トウモロコシの斑点病菌（southern corn leaf blight (*Helminthosporium maydis*)）　56
　　　ネコブカビ属の一種（*Plasmodiophora brassicae*）　*454*, 455
　　　フザリウム属の一種（糸状不完全菌）（*Fusarium oxysporum*）　482, *524*
　　　フハイカビ属（*Pythium*）　471
　　　フミガツスコウジカビ（*Aspergillus fumigatus*）　49
　　　ペスト菌（*Yersinia pestis*）　460
　　　ホネタケ科（Onygenaceae）　448
　　　角菌類の一種（子嚢菌門グノモニア科）（*Endothia parasitica*）　744
　　　酵母（yeast）　*147*, 154, 172, 294, 295, 304, 402, 427, 430, 442, 516–517
　　　子嚢菌（Ascomycetes）　429, 521–522
　　　糸状不完全菌（Hyphomycetes）　*428*, 429
　　　　　糸状不完全菌の一種（*Arthrinium* sp.）　429
　　　担子菌（Basidiomycete）　428–429, 506, 509, 522
　　　麦角菌科（Clavicipitaceae）　521
　　　　　＿の一属（子嚢菌門角菌類）（がまの穂の病原菌）（*Epichloe*）　521

＿の一種（ガマノホビョウキン）
（＿ typhina） 463
麦角菌属（Claviceps） 521
不完全菌類（Fungi Imperfecti） 429
クサカゲロウ 226, 589
クシガヤ（イネ科多年草）（Cynosurus cristatus） 311, 312
クジラ（whale） 44-45, 96, 178, *180*, 218, 287, 345, 593, 599, 606
クシロワカメ（Alaria marginata） 738
クズリ（glutton） 446
グッピー（guppy（Poecilia reticulata）） 151, **152**, 154, 365-366, *366*
クマノミ属（anemone fish, clown fish（Amphiprion）） 502
　＿の一種（＿ leucokranos） 723
　オレンジクラウンフィッシュ（＿ percula） 722, *722*
　セジロクマノミ（＿ sandaracinos） 722, 723
クマノミ属（anemone fish, clown fish（Amphiprion）） *722*
クマ属（Ursos）
　アメリカクロクマ（black bear（＿ americanus）） 370
　ヒグマ（brown bear（＿ arctos）） 370
クモ（spider） 210, 346, 357, 361, *431*, 589, 742, 744, 752, 759, 794, *795*, 801
　＿の一種（Metapeira datona） 742
　コモリグモ科の数種（Schizocoza spp.） 357
クロウメモドキ属（Ceanothus） 530
クロオファスコガーレ（肉食性有袋類）（Phascogale tapoatafa） 259
グロムス門（Glomeromycota） 523
クロレラ属（Chlorella） 517
　＿の一種（＿ pyrenoidos） 78
　＿の一種（＿ vulgaris） 74, *76*, 390
グンネラ属（アリノトウグサ科）（Gunnera） 530
珪藻（diatom） 63-64, *65*, 92, 295, *296*, 298, 304, *340*, 341, 428, 701-702, 704, 706
　＿の一種（Actinocyclus normanii） 701
　＿の一種（Brachysira vitrea） 64, *65*
　＿の一種（Cymbella perpusilla） 64, *65*
　＿の一種（Frustulia rhomboides） 64, *65*
　オビケイソウ属の一種（Fragilaria virescens） 64, *65*
　ハネケイソウの一属の一種（Navicula minima） 79
　ヒメマルケイソウ属の一種（Cyclotella meneghiniana） *340*
　ホシガタケイソウ（Asterionella formosa） 295, *296*, 304, *340*
ケシ（poppy） 102, 103
　ケシ属（Papaver）
　　＿の一種（＿ argemone） 102
　　ケシ（＿ omniferum） 102
　　ナガミヒナゲシ（＿ dubium） 102
　　ヒナゲシ（＿ rhoeas） 102
齧菌類（rodent） 45, 101, 255, 318, 323, 345, 353, 401, 405, 460, 509, 511, 559, 569, 631, *632*, 639, 742, 791-792
原生生物 42, 114, 430, 518, *652*, 814
　＿の一種（Bodo saltans） 430
原生動物（protozoan） 41, 294, 415, 430-432, 439-441, 455, 459-460, 462, 478-479, 486, 512, 514-515, *516*, 518, 620, 680, *781*
　原生動物（Tribolium に寄生）（Adelina triboli） 486

コアラ（koala（Phascolarctos cinereus）） 5, 274, **275**
コイ科の一種（北米河川産）（roach（Hesperoleucas symmetricus）） 757
コウウチョウ（cowbird） 457, 745, 746
甲殻類（crustacean） 96, 365-366, 433, 443, 701, *742*, 747, 751, *781*
甲虫（beetle） 16, 29, *41*, 98, 170, 172, *174*, 210, 228, 252, 260, 306, 352, 363, 415, 430, 436, 444-446, 506, 516, 536, 589, 727, 758, *759*, 776, 801, *802*
鉤虫（hookeorm） 483
　＿の一属（Necator） 483
コウモリ（bat） 511, 659, *799*, 830
広葉草本（forb） 249, **250**
コオイムシ科の昆虫の一種（Belostoma flumineum） 761
コーヒーノキ属（coffee（Coffea））
　アラビカ種（＿ arabica） 55
　ロブスタ種（＿ robusta） 55
コカナダモ属の一種（Canadian pondweed（Elodea canadensis）） 213
コガネムシ科（Scarabeidae） 444
ゴキブリ（cockroach） 121, 439, 440, 516
コクガヤドリチビアメバチ（Venturia canescens） 315, *316*, *390*, 397, *416*, 486, **487**, 564
コクタンミツスイ（honeyeater（Myzomela pammelaena）） 808
コクヌストモドキ属（Tribolium）
　コクヌストモドキ（＿ castaneum） 306, **306**, **307**, 486
　ヒラタコクヌストモドキ（＿ confusum） 172, *173*, 306, **306**, **307**
コケ（liverwort, moss） 499, 530, 574, 712, *806*
コケムシ（bryozoan） 114, 127, 171, 299, 500, *635*
　＿の一種（Crisia eburnea） *635*
コケモモ（ツツジ科）（cranberry（Vaccinium vitis-idaea）） 725
ココノオビアルマジロ（nine-banded armadillo（Dasypus novemcinctus）） 848
コゴメハギ（white sweet clover（Melilotus alba）） 121
古細菌（archaebacteria） 50, 58, 71, 527, *535*
　＿の一属（Archaea） 535
コショウ属の一種（アリ植物）（Piper cenocladum） 758, 759
コツブムシの一種（Platynympha longicaudata） 63
コナガ（Plutella xylostella） 350
コナラ属（ナラ属）（ブナ科）（oak（Quercus））
　＿の一種（Spanish ＿（＿ pyrenaica）） 691
　＿の数種（＿ spp.） 463
　トルコオーク（＿ cerris） 464
　フユナラ（＿ petraea） 464
　ホワイトオーク（white ＿（＿ alba）） 93, 624
　ホワイトオークの一種（＿ pubescens） 464
　ヨーロッパナラ（＿ robur） 113, 443, 464
　レッドオーク（アカガシワ）（red ＿（＿ rubra）） 624, 631, 636, *637*
ゴミムシダマシ（tenebrionid beetle） 446
　＿科の一種（Argoporis apicalis） 446
　＿科の一種（Cryptadius tarsalis） 446
ゴミムシの一種（洞窟性甲虫）（cave beetle（Neaphaenops tellkampfi）） 170, *171*
コムギ属（Triticum）

生物名（和名）索引

　　＿の一種（野生のコムギ）（wild wheat（＿ uniaristatum）） 347
　　コムギ（wheat（＿ aestivum）） 28, 456, 460, *482*, 504, 578, 589, 824, *825*
コロラドパイクミノー（Colorado pikeminnow（Ptychocheilus lucius）） *243*, 243
昆虫（insect） 260, 436, 456, 788, 801
コンビクトシクリッド（convict cichlid（Archocentrus nigrofasciatus）） *199*, 199
コンブ（kelp） 61, 500, 760

[さ行]
細菌
　　＿の一種（*Thermus aquaticus*） 49
　　アグロバクテリウム属の一種（*Agrobacterium tumefaciens*） 463
　　アゾリゾビウム属（*Azorhizobium*） 527
　　イオウ酸化細菌の一属（*Thiobacillus*）
　　　　＿の一種（＿ *ferroxidans*） 58
　　　　＿の一種（＿ *thiooxidans*） 58
　　クロストリディウム属（*Clostridium*） 527
　　スピリルム科の一種（偏性好気性細菌）（*Spirillum lipoferum*） 527
　　バチルス科の細菌（*Bacillus*）
　　　　＿の一種（＿ *thuringiensis*） 590, 593
　　　　炭疽菌（＿ *anthracis*） 472
　　ブフネラ属（細菌）（*Buchnera*） 516, 536
　　ブラディリゾビウム属（*Bradyrhizobium*） 527
　　フランキア属（放線菌類）（*Frankia*） 527, 530
　　リゾビウム属（根粒菌）（*Rhizobium*） 527, *528*, *531*, 533
　　結核菌類（tuberculosis bacterium） 346, 453
　　細菌類（bacteria） 34, 49-50, 58, 73, 96-97, 102, 109-110, 147, *174*, 215, 294-295, 298, 304, 329, 352, 356, *416*, 425-430, 433-434, *435*, *436*, 439-441, 443-444, 446-447, 450-451, 455, 457, 462-463, 478-479, 495, *496*, 499-500, 512-513, **514**, 515, *516*, 517, *518*, 527-528, 530, *531*, 532, *535*, 536-537, 590, 623, 656, 675, *676*, 679, 681, 685, 690-691, 693, 698, 705, 711-712, 763, 772, 805, 814
　　出芽細菌の一種（*Pasteuria ramosa*） 174
　　腸チフス菌（typhoid bacerium） 455
　　腸内細菌科（Enterobacteriaceae） 527
　　通性嫌気性細菌群の一種（*Actinomyces scabies*） 459
　　乳酸菌の一種（*Lactobacillus sakei*） 181
　　放線菌類（actinomycete） 49, 50, 429, 506-508, 527, 529-530, 536
サギ（heron）
　　アオサギ（*Ardea cinerea*） *422*, 422, 541
　　アメリカコサギ（snowy egret（*Egretta thula*）） 829
サクラ属（バラ科）（*Prunus*）
　　＿のニワウメ亜属の一種（＿ *pumila*） 631
　　オオシマザクラ（＿ *speciosa*） 631
　　ブラックチェリー（black cherry（＿ *serotina*）） 471
サケ（salmon） 56, *57*, 121, 154, 218-219, 291, 295, 304, 370, 599, 832-834
　　コレゴヌス属の一種（サケ科）（*Coregonus artedi*） 836
　　サケ属（大西洋産）（*Salmo*）
　　　　タイセイヨウサケ（Atlantic ＿（＿ *salar*）） 219
　　　　ベニザケ（Pacific ＿（*Oncorhynchus nerka*）） 121, 219
ササゴイ（*Butorides striatus*） 808
サソリ（scorpion） 801
サファイアハタザオ（sapphire rockcress（*Arabis fecunda*）） 6, 7
サボテン（cactus） 3, 16, 29, 40, 46, 49, 55, 283, **284**, 284
　　ウチワサボテン（トゲサボテン）属（prickly pear ＿（*Opuntia*）） 14, 87
　　　　＿の一種（＿ *basilaris*） 87
　　　　＿の一種（＿ *fragilis*） 46
　　ベンケイチュウ（saguaro ＿（*Carnegiea gigantea*）） 55
サメ（shark）
　　ウチワシュモクザメ（*sphyrna tiburo*） 254
　　オオメジロザメ（*Carcharhinus leucas*） 254
サメ（shark） 252, 254
ザリガニの一種（crayfish（*Orconectes rusticus*）） 473
ザルガイ（cockle） 317, 746-748
　　＿の一種（*Austrovenus stutchburyi*） 746
ザルガイ（cockle） *318*, *747*
サンゴ（coral） 113, 114-115, *115*, 128, 212, 500-502, *501*, 519, 519-521, *520*, 533, 535, 536, 610, 629, *635*, 639, 649-650, 735, 763, 788
　　＿の一種（*Turbinaria reniformis*） 113
　　＿の一属（*Montastraea*）
　　　　＿の一種（＿ *annularis*） *520*, 520
　　　　＿の一種（＿ *faveolata*） 520
　　サンゴの一属の一種（*Goniastrea aspera*） 519, *520*
サンショウウオ（salamander） 161, *162*, 163-164, 196
　　トラフサンショウウオ属（*Ambystoma*）
　　　　＿の一種（＿ *tigrinum nebulosum*） 196
　　　　シロマダラサンショウウオ（＿ *opacum*） *162*, 163
　　　　トラフサンショウウオ（＿ *tigrinum*） *162*, 163
サンショウモ属（water fern（*Salvinia*）） 213
　　オオサンショウモ（＿ *molesta*） 555, *556*, 557
シアノバクテリア（藍藻類，藍色細菌）（cyanobacteria, blue-green algae） 58, 525-527, 530, 532, 535, 701, 710
　　＿の一種（*Anabaenopsis arnoldii*） 58
　　＿の一種（*Plectonema nostocorum*） 58
　　＿の一種（*Spirulina platensis*） 58, 701
　　＿の一種（*Synechocystis* sp.） 79
　　＿の一種（*Trichodesmium*） 705
シオグサ属（*Cladophora*） 758
シギダチョウ（tinnamou） 17, *20*
シジュウカラ属（tit（*Parus*）） 295, 741
　　アオガラ（blue ＿（＿ *caeruleus*）） 295, 465
　　カンムリガラ（crested ＿（＿ *cristatus*）） 741, **743**
　　コガラ（willow ＿（＿ *montanus*）） 295, 741, **743**
　　シジュウカラ（great ＿（＿ *major*）） **131**, 131, *155*, 156, 197, 228, 295, *370*, 370, 379, *380*, 381-383, *382*, 458
　　ハシブトガラ（marsh ＿（＿ *palustris*）） 295
　　ヒガラ（coal ＿（＿ *ater*）） 295, 741, 742, **743**
シダ（fern） 24, 92, 213, 530, 555, *556*, 631, 804-805, *805*, *815*, 815
シバムギ（*Agropyron repens*） 336, *337*, 824

刺胞動物（Cnidaria）　113, 519
ジャイアントウェタ（weta（*Deinacrida mahoenuiensis*））　830
ジャイアントパンダ（giant panda（*Ailuropoda melanoleuca*））　259, 259, 266, 743
ジャガイモ葉巻病ウイルス（potato leaf roll virus）　455
シャクナゲの一種（rosebay rhododendron（*Rhododendron maximum*））　298
ジャコウウシ（muskoxen）　598
シャジクソウ属（*Trifolium*）
　　ジモグリツメクサ（subterranean clover（_ *subterraneum*））　180
　　シロツメクサ（white clover（_ *repens*））　8, 9, 103, 326–328, *328*, 532
　　タチオランダゲンゲ（_ *hybridum*）　819
　　ムラサキツメクサ（_ *pratense*）　610–611, *611*, **612**, 819, 824
周期ゼミ（periodic cicada）　215
住血吸虫（ヒトの）（schistosome）　455–456, 483
十脚類（decapod）　348, *813*
　　_の一種（*Idotea granulosa*）　348
ショウジョウハグマ属の一種（キク科）（*Lepidaploa tortuosa*）　317
条虫（tapeworm）　346, *454*, 456–457, 459, **465**
　　コガタジョウチュウ（*Hymenolepis microstoma*）　465
シラゲガヤ（*Holcus lanatus*）　116, 311–312
シラミ（louse）　456, 459, 516
　　オンシツコナジラミ（whitefly（*Trialeurodes vaporariorum*））　590
　　ガマズミコナジラミ（仮称）（viburnum whitefly（*Aleurotrachelus jelinekii*））　422
　　トコジラミ（bed bug）　516
　　ハジラミ（bird _）　473, 474
　　ユーカリキジラミ（仮称）（eucalyptus psyllid（*Cardiaspina albitextura*））　422
ジリス（ground squirrel）　401
　　アフリカジリス（African _）　106
　　ベルディングジリス（Belding's _（*Spermophilus beldingi*））　224
シロアリ（termite）　43, 430, 432, 439–441, 444–445, 504, 515, *516*, 527, 536, 748
　　キノコシロアリ亜科（Macrotermitinae）　515
　　テングシロアリ亜科（Nasutitermitinae）　439
　　ヤマトシロアリ属（*Reticulitermes*）　441
シロザ（fat hen（*Chenopodium album*））　114, 221, 585, 824
真正細菌（Eubacteria）　527, 535, 590, 593
シンビオディニウム属（渦鞭毛藻類）（*Symbiodinium*）　519–521, *520*, 533, 535
スイカズラ（*Lonicera japonica*）　113
スイセンアヤメ属の一種（アヤメ科）（*Sparaxis grandiflora*）　140
スイレンの一種（waterlily（*Nuphar luteum*））　351
スギノリ属の一種（*Gigartina canaliculata*）　644–645
スゲ属（sedge（*Carex*））　131, *132*, 764
　　の一種（ *atherodes*）　403
　　オハグロスゲ（_ *bigelowii*）　131, *132*, 725
　　スナスゲ（仮称）（sand sedge（_ *arenaria*））　116, 116, 220
スズメダイ科の魚類（pomacentrid fish）　**650**, 650

クロソラスズメダイ属の一種（*Eupomacentrus apicalis*）　650
ソラスズメダイ属の一種（*Pomacentrus wardi*）　650
ルリホシスズメダイ（*Plectroglyphidodon lacrymatus*）　650
スズメノチャヒキ属（*Bromus*）
　　の一種（ *madritensis*）　309, 309
　　ヒゲナガスズメノチャヒキ（_ *rigidus*）　309, 309
スズメノテッポウ（*Alopecurus aequalis*）　828
スズメノヒエ属（イネ科）（*Paspalum*）　531, 531
スズメフクロウ（pigmy owl（*Glaucidium passerinum*））　741–742, **743**
スダジイ（*Castanopsis sieboldii*）　631
スハマソウ属の一種（*Anemone hepatica*）　196, *198*
スパルティナ属（イネ科）（*Spartina*）　86, 435
　　の一種（ *alterniflora*）　829
　　の一種（ *maritima*）　435, *436*
　　の一種（ *patens*）　829
スピリルム科（Spirillaceae）　527
スピロヘータ（spirochete）　470, 515, *516*, 535, 831
　　スピロヘータの一種（*Borrelia burgdorferi*）　831
スペインアイベックス（Spanish ibex（*Capra pyrenaica*））　299
スマトラサイ（Sumatran rhinoderos（*Dicerorhinus sumatrensis*））　270, *271*, **273**
セイヨウアカネ（wild madder（*Rubia peregrina*））　51, *55*
セイヨウアブラナ（*Brassica napus*）　350, *351*
セイヨウタンポポ（dandelion（*Taraxacum officinale*））　151, *152*
セイヨウネズ（*Juniperus communis*）　631
セイヨウノコギリソウ（*Achillea mellefolium*）　249
セイヨウメギ（barberry（*Berberis vulgaris*））　456
セキショウモ属の一種（*Vallisneria spiralis*）　78
セコイア（海浜性の）（coastal redwood（*Sequoia sempervirens*））　203
セダカニセスズメ（*Pseudochromis fuscus*）　743
節足動物（arthropod）　46, 57, 260, 426, *435*, 545, 587, 589, 759, 801, *802*
線虫（nematode）　57, 127, 430–432, *435*, 455–456, 460, 463, 465, *466*, 473, 474, 486, 487, **488**, **489**, 490, *491*, 557, 565, *628*, 744
　　_の一種（*Howardula aoronymphium*）　466, 467
　　_の一種（*Nippostrongylus brasiliensis*）　460
　　_の一種（*Ostertagia gruehneri*）　490, *491*
　　_の一種（*Parasitylenchus nearcticus*）　466
　　_の一種（*Pelodera*）　430
　　_の一種（*Pneumostrongylus tenuis*）　744
　　ウサギウヨウセンチュウ属の一種（*Trichostrongylus tenuis*）　474, 486, **488**, **489**, 557, 565
　　クキセンチュウ属（*Ditylenchus*）　430
蠕虫（helminth worm）　456, 462, 483, *781*
繊毛虫（ciliate）　41, 415, *416*, 514, 518, 705
　　_の一種（*Mesodinium rubrum*）　518
　　_の一種（*Strombidinopsis multiauris*）　41
ゾウ（elephant）　101, 164, 274, *276*, 276, **277**, 444, 445, 513, 629
　　アフリカゾウ（African _（*Loxodonta africana*））　274, 276
双翅目（ハエ目）（Diptera）　311, 346, 430, 589–590, 720,

生物名（和名）索引

764, 776, *781*
走鳥類（ratite）　17
ゾウミジンコ属（*Bosmina*）　254, *255*
ゾウムシ（weevil）　108, 356, 389, 552, 555, *556*, 557, 590, 755
　　＿の一種（(*Rhinocyllus conicus*)）　356, 552, 590, 755
　　＿の一種（black long-snouted ＿（*Cyrtobagous* sp.））　555
　　ニンジンゾウムシ（*Listronotus oregonensis*）　379, *381*
　　ホソクチゾウムシ（*Apion ulicis*）　389
　　マメゾウムシの一種（*Caryedes brasiliensis*）　105
　　マメゾウムシ属（*Callosobruchus*）
　　　　アズキマメゾウムシ（＿ *chinensis*）　*416*
　　　　ヨツモンマメゾウムシ（＿ *maculatus*）　144-145, *145*
　　メキシコワタミゾウムシ（boll ＿（*Anthonomus grandis*））　582
ゾウリムシ属（*Paramecium*）
　　ゾウリムシ（＿ *caudatum*）　294, 294-295, 304
　　ヒメゾウリムシ（＿ *aurelia*）　294, 294, 304
　　ミドリゾウリムシ（＿ *bursaria*）　294, 294, 295, 304
藻類（algae）　59, 60-61, 74, 77, *78*, 79, 80, 92, 105, 217, *243*, 298, 310, 341, 364, 373, 428, 433, *434*, 438, 442, 500, 517-518, *520*, 521, 525-526, 535-537, 634, 643, **644**, 645, 647, 650, 659-660, 670-671, 675, 678, *679*, 682, 690, 698, 701, 705, 740-741, 744-745, *746*, 756, *757*, 758, *762*, 775, *781*, 814, 817-818, 832, *833*, 836, 839
ソテツ（cycad）　530

[た行]
タイセイヨウダラ（cod（*Gadus morhua*））　51, *54*, 194, *196*
タカネツメクサ属の一種（*Minuartia uniflora*）　334, *335*
タカヘ（大型のクイナ）（takahe（*Porphyrio hochstetteri*））　247, *248*, 249
タケ（竹）（bamboo）　121, 259-260, 652, 743
　　＿の一種（*Bashania fargesii*）　259
　　＿の一種（*Fargesia spathacea*）　259, 260
タコ（octopus）　317
　　マダコ属の一種（*Octopus bimaculatus*）　317
タチジャコウソウ（wild thyme（*Thymus serpyllum*））　506
ダチョウ（ostrich）　17, *20*
ダニ（mite, tick）
　　＿の一種（*Poecilochirus necrophori*）　448
　　＿の一種（トカゲに外部寄生）（*Amblyomma limbatum*）　473
　　＿の一種（トカゲに外部寄生）（*Aponomma hydrosauri*）　473
　　カブリダニ属の一種（*Typhlodromus occidentalis*）　*415*
　　ダニ目（Acari）　430
　　チリカブリダニ（*Phytoseiulus persimilis*）　*417*, 417, 590
　　ナミハダニ属の一種（spider mite（*Tetranychus urticae*））　*417*, 417, 590
　　ハダニの一種（*Eotetranychus sexmaculatus*）　415
　　マダニ属（*Ixodes*）　831
　　　　クロアシマダニ（black-legged tick（＿ *scapularis*））　831
　　　　ミヤコカブリダニ（*Amblyseius californicus*）　*41*, 41

多肉植物（succulent）　29, 46, *48*, 49, 87, *475*
タニシトビ（snail kite（*Rostrahamus sociabilis*））　363
タニシの一種（タニシトビの餌）（*Pomacea*）　363
タバコモザイクウイルス（tobacco mosaic virus）　346, 462
タバコ属の一種（wild tobacco（*Nicotiana attenuata*））　350
タブノキ（*Machilus thunbergii*）　631
多毛類（polychaete worm）　634, 747, 751
　　ケヤリムシ科の寄生性＿（*Terebrasabella heterouncinata*）　593
タレクチベラ（*Hemigymnus melapterus*）　500, *501*
単孔類（monotreme）　25
チーター（cheetah）　*358*, 358
地衣類（lichen）　10, 26, 60, 131, 364, 499, 525-527, 532, 535, 537
チシマドジョウツナギ（イネ科）（*Puccinellia*）　764
チシマリンドウ属（*Gentianella*）
　　＿の一種（＿ *germanica*）　265, *266*
　　＿の一種（field gentian（＿ *campestris*））　355
チャイロキンバト（pigeon（*Chalcophaps stephani*））　808
チョウ（蝶）（butterfly）　801, 809
　　アオジャコウアゲハ（*Battus philenor*）　743
　　アカタテハ属（タテハチョウ科）（*Vanessa*）
　　　　ヒメアカタテハ（painted lady（＿ *cardui*））　219
　　　　ヨーロッパアカタテハ（red admiral（＿ *atalanta*））　219
　　アメリカタテハモドキ（buckeye ＿（*Junonia coenia*））　*89*
　　オオカバマダラ（monarch ＿（*Danaus plexippus*））　105-106, 109, 246-247, *247*, *248*, 270
　　カバイロイチモンジ（viceroy ＿（*Limenitis archippus*））　106
　　グランヴィルヒョウモンモドキ（Glanville fritillary（*Melitaea cinxia*））　*233*, 233, 235-236, *236*
　　ゴマシジミ属（large blue ＿（*Maculinea*））
　　　　アリオンシジミ（＿ *arion*）　506
　　　　シベリアシジミ（仮称）（＿ *rebeli*）　354, 505
　　ダイダイモンキチョウ（clouded yellow（*Colias croceus*））　219
　　ドクチョウ属（ホリチョウ科）（*Heliconius*）　109
　　ニシキシジミ属の一種（*Hypochrysops halyetus*）　283-284
　　ヒメシジミ（silver-studded blue ＿（*Plebejus argus*））　231-233, *234*
　　モンシロチョウ属（*Pieris*）
　　　　オオモンシロチョウ（＿ *brassicae*）　382
　　　　モンシロチョウ（＿ *rapae*）　104, *105*, *349*, 349
チョウゲンボウ（kestrel（*Falco tinnunculus*））　156, *160*, 160, 405
チョウノスケソウ属（*Dryas*）　530
　　チョウノスケソウ（＿ *octopetala*）　55
鳥類（bird）　6, 10, 17, 26, 27, 43, 97, 105, 119, 121, 150, 155, 161, *162*, 217, 225-226, 245, 247, 250, 260-261, **262**, **269**, **270**, 295, 319, 446, 456-459, **460**, 473, 499, 508, 533, 571-572, 584, 619, *640*, 649, 730-731, 741-744, 752, 754, *755*, 788, *791*, 797, *798*, *799*, 801, 804-807, *811*, 813, *814*, 829, 831, 845
ツガコノハカイガラムシ（*Fiorinia externa*）　375
ツタノハガイ属の一種（limpet（*Patella cochlear*））　*181*, 181, *185*

ツツジ科（heathers (Ericaceae)）　522, *624*, 725
ツノゴケ属（*Anthoceros*）　530
ツリフネソウ属の一種（*Impatiens pallida*）　194, *197*
ツルボラン（*Asphodelus ramosus*）　*361*, 361
ツル植物（liana）　29, 213
ツレサギソウ属（ラン科）（*Platanthera*）　510
テイレリア属（家畜のリンパ球に住む寄生虫）（*Theileria*）　460
テンジクダイの一種（cardinal fish (*Apogon fragilis*)）　743
テントウムシ（coccinellid beetle）　345, 374–375, 579, 589, 610–611
　　＿＿（在来の）（*coleomegilla maculata*）　*611*, 611, **612**
　　ナナホシテントウ（*Coccinella septempunctata*）　375
　　ナミテントウ（*Harmonia axyridis*）　610, *611*, **612**
　　ベダリアテントウ（'vedalia' ladybird beetle (*Rodolia cardinalis*)）　389, 589
テントウムシ（coccinellid beetle）　*611*, **612**
等脚類（isopod）　57, *63*, 127, 801
等翅目（Isoptera）　515
同翅類（homopteran）　421
トウヒ属（spruce (*Picea*)）　23, 26
　　＿＿の一種（＿＿ *resinosa*）　631
　　＿＿の一種（＿＿ *strobus*）　631
　　＿＿の一種（絶滅種）（＿＿ *critchfeldii*）　23
　　オウシュウトウヒ（＿＿ *abies*）　334, 436, *437*
トウモロコシ（corn, maize (*Zea mays*)）　28, 46, *56*, 56, *73*, 77, 299–300, *300*, 504, 824, *825*
トウワタ亜属の数種（milkweed (*Asclepias* spp.)）　105
トカゲ（lizard）　43, 45, 147, 245, 473, 723, 727–730, *728*, 742–743, 744, 745, 758–759
　　アノールトカゲ属（*Anolis*）　474, 730–731, *731*, 732
　　　　＿＿の一種（＿＿ *gingivinus*）　474
　　　　＿＿の一種（＿＿ *occultus*）　730
　　　　＿＿の一種（＿＿ *sagrei*）　742
　　　　＿＿の一種（＿＿ *wattsi*）　474
　　カキネハリトカゲ（*Sceloporus occidentalis*）　146, *147*
　　マツカサトカゲ（sleepy lizard (*Tiliqua rugosa*)）　473
トガリネズミ（shrew）　367, *404*, 680
　　トガリネズミ属（*Sorex*）　*404*
　　ブラリナトガリネズミ属（*Blarina*）　*404*
トガリハキリアリ（*Acromyrmex*）　506
トケイソウ属（*Passiflora*）　109
トゲウオ（stickleback）　117, 325, *326*, 366, 366
　　ウミトゲウオ（fifteen-spined ＿＿ (*Spinachia spinachia*)）　365
　　カワトゲウオ（brook ＿＿ (*Culaea inconstans*)）　325, *326*
トゲトビムシ属（*Tomocerus*）　440
トチナイソウ属の一種（*Androsace septentrionalis*）　*184*, 541, *542*, 549, *550*
トナカイ属（*Rangifer*）
　　カリブー（caribou (＿＿ *tarandus*)）　598
　　スヴァールバルトナカイ（Svarlbard reindeer (＿＿ *tarandus platyrhynchus*)）　490, *491*
　　トナカイ（reindeer (＿＿ *tarandus*)）　181, 215, 218, 364
トビケラ（caddis fly）　376, *376*, 433, 744–745, *745*, 746, 751
　　＿＿の一種（*G. nigrior*）　745
　　＿＿の一種（*Glossosoma nigrior*）　744, *745*, 746

＿＿の一種（*Rhyacophila manistee*）　745
イワトビケラ属の一種（*Plectrocnemia conspersa*）　376, *376*
エグリトビケラ科の一属（*Stenophylax*）　433
トビムシ目（springtail (Collembola)）　441, 430, *781*
　　トビムシの一種（*Isotomiella minor*）　442
　　トビムシの一種（*Mesaphorura yosii*）　442
　　トビムシの一種（*Willemia aspinata*）　442
トムソンガゼル（Thomson's gazelle）　*358*, 358
トラ（tiger）　345
トリカブト属（*Aconitum*）　510
トリパノソーマ（住血鞭毛虫）（trypanosome (*Trypanosoma*)）　455, 473, *474*, 831
ドロタマワタムシ属の一種（leaf root aphid (*Pemphigus bursarius*)）　476

[な行]
ナギナタガヤ属（*Vulpia*）
　　＿＿の一種（＿＿ *ciliata* ssp. *ambigua*）　523
　　＿＿の一種（＿＿ *fasciculata*）　*174*, *183*, 183, 322
ナズナ　126, *185*, 312, 313
　　グンバイナズナ属の一種（*Thlaspi caerulescens*）　241
　　シロイヌナズナ（*Arabidopsis thaliana*）　205, *206*
　　ナズナ（shepherd's purse (*Capsella bursa-pastoris*)）　*185*, 312, 313
　　ヒメナズナ（*Erophila verna*）　126, *127*
　　ミヤマナズナ属の一種（*Alyssum bertolonii*）　241
ナス科（Solanaceae）　350
ナベナ属の一種（マツムシソウ科）（*Dipsacus sylvestris*）　230
ナマコ（holothurian）　813
ナメクジ（slug）　103, 353, 430, 435, 442, 448
ナラタケ（honey fungus (*Armillaria mellea*)）　467
ナンキョクトビムシ（*Cryptopygus antarcticus*）　46, *48*
ナンキョクブナ属の一種（mountain beech (*Nothofagus solandri*)）　205
軟体動物（mollusc）　57, 430, 484, 747
ニオイヒバ（*Thuja occidentalis*）　631
ニガクサ属の一種（シソ科）（*Teucrium polium*）　82
ニシン（clupeid, herring）　178, 254, *255*, 255, 599–601, *601*, 834
　　アロサ属（ニシンダマシ属）（*Alosa*）
　　　　＿＿の一種（＿＿ *aestibalis*）　254
　　　　エールワイフ（＿＿ *pseudoharengus*）　254, 834
　　タイセイヨウニシン（blackwater herring (*Clupea harengus*)）　*180*
二枚貝（bivalve）　150, 308, 316–317, *318*, 439, *742*, 751, *810*
ニューイングランドソウゲンライチョウ（heath hen (*Tympanychus cupido cupido*)）　267
ニレ科（Ulmaceae）　527
　　ニレ（elm）　352
ニンジン（carrot (*Daucus carrota*)）　181, *182*, 183
ヌカススキ属の一種（*Aira praecox*）　312, *314*
ヌカボ属（コヌカグサ属）（*Agrostis*）
　　＿＿の一種（＿＿ *capillaris*）　523
　　＿＿の一種（creeping bent grass (＿＿ *stolonifera*)）　*9*, 9, 311
　　エゾヌカボ（＿＿ *scabra*）　336, *337*

生物名（和名）索引

ヌマミズキ（blackgum） 633-634, **634**
ネギ属の数種（*Allium* spp.） 578
ネコ（cat） *25*, 267, 405, 584, 754, *755*
ネズミ（mouse, rat）
　　カンガルーネズミ属（kangaroo rat（*Dipodomys*））
　　　　＿の数種（＿ spp.） 460
　　　　ハタオカンガルーネズミ（＿ *spectabilis*） 224, 224
　　　　メリアムカンガルーネズミ（Merriam's ＿（＿ *merriami*）） 373
　　シナイスナネズミ（*Meriones tristrami*） 323
　　シロアシマウス属（*Peromyscus*） 404
　　　　カリフォルニアシロアシマウス（California mouse（＿ *californicus*）） 223
　　　　シロアシマウス（シロアシネズミ）（white-footed mouse（＿ *leucopus*）） 380, 831
　　ダーウィンオオミミマウス（leaf-eared mouse）（*Phyllotis darwini*）） 563
　　チチヤワゲネズミ（multimammate rat（*Mastomys natalensis*）） 561-562, *562*
　　トゲネズミ属（spiny mouse（*Acomys*））
　　　　カイロトゲネズミ（＿ *cahirinus*） 334
　　　　キンイロトゲネズミ（＿ *russatus*） 334
　　ドブネズミ（rat（*Rattus rattus*）） 245, 250
　　ハツカネズミ（house mouse（*Mus domesticus*）） 119, *449*
　　ポケットマウス属（pocket mouse（*Perognathus*））
　　　　アリゾナポケットマウス（Arizona ＿（＿ *amplus*）） 373
　　　　ベイリーポケットマウス（Bailey's ＿（＿ *baileyi*）） 373
ネズミカンガルー（potoroo） 252
ネズミフンセンチュウ（*Strongyloides ratti*） 465, 465
ネナシカズラ属（dodder（*Cuscuta*））
　　＿の数種（＿ spp.） 457
　　ネナシカズラ（＿ *salina*） 474, *475*
粘液腫ウイルス（myxoma virus） 493, *494*
ネンジュモ科（Nostocaceae） 527
　　ネンジュモ属（*Nostoc*） 530
ノウサギ（hare） **242**, 242, 373, 444
　　ノウサギ属（*Lepus*）
　　　　カンジキウサギ（sunowshoe ＿（＿ *americanus*）） *390*, 397, 423, 559, *560*, *561*, 563, 566-567, *567*, 576
ノーザンパイク（カワカマス科）（northern pike（*Esox lucius*）） 835
ノスリ（buzzard） 405
ノミ（flea） 456, *465*, 495, *722*, 776
　　ウサギノミ（rabbit ＿（*Spilopsyllus cuniculi*）） 495
　　ナガノミ属の一種（*Ceratophyllus gallinae*） 465

[は行]

ハイイロカササギヒタキ（flycatcher（*Monarcha cinerascens*）） 808
ハイイロリングテイル（ringtail possum（*Pseudocheirus peregrinus*）） 364
ハイエナ（hyena（*Crocuta crocuta*）） 427, 447
バイケイソウの一種（*Veratrum lobelianum*） 751
ハイタカ属（*Accipiter*）

オオタカ（goshawk（＿ *gentilils*）） 267
ハイタカ（sparrowhawk（＿ *nisus*）） *142*
ハエ（fly） 210, 317, 346, 430, 445-446, 448-449, 459, 463, *466*, 805
　　イエバエ属（*Musca*）
　　　　＿の一種（bush ＿（＿ *vetustissima*）） 446
　　　　イエバエ（house ＿（＿ *domestica*）） 585
　　オナガミバエ属の一種（*Urophora stylata*） *418*, 418
　　キンバエ属（blowfly（*Lucilia*）） 448
　　　　オーストラリアヒツジキンバエ（sheep ＿（＿ *cuprina*）） 425, 459
　　ショウジョウバエ属（*Drosophila*） 16, *147*, 328, *329*
　　　　＿の一種（＿ *adiastola*） 17
　　　　＿の一種（＿ *busckii*） 442
　　　　＿の一種（＿ *hydei*） 442
　　　　＿の一種（＿ *nebulosa*） 329
　　　　＿の一種（＿ *recens*） *466*, 466
　　　　＿の一種（＿ *serrata*） 329
　　　　＿の一種（＿ *setosimentum*） 17
　　　　＿の数種（＿ spp.） 442
　　　　ウスグロショウジョウバエ（＿ *obscura*） 220
　　　　オオショウジョウバエ（＿ *immigrans*） 442
　　　　オナジショウジョウバエ（＿ *simulans*） 442
　　　　キイロショウジョウバエ（＿ *melanogaster*） *143*, 153, *184*, 442
　　シラミバエ（lousey ＿） 459
　　ツェツェバエ属の数種（tsetse ＿（*Glossina* spp.）） 455
　　ニクバエ（sarcophagid ＿） 448
　　ノサシバエ（buffalo ＿（*Haematobia irritans exigua*）） 446
　　ハナバエ属の一種（*Delia radicum*） 375
　　ハナバエ属の一種（*Trybliographa rapae*） 375
　　ハモグリバエ（agromyzid fly） 317, 463
　　　　＿の一種（*Calycomyza* sp.） 317
　　ミバエの一種（picture-winged ＿（*Paracantha culta*）） 590, *755*
　　ミバエの一種（*Terellia serratulae*） *418*, 418
　　ミヤマクロバエ（bluebottl ＿（*Calliphora vomitoria*）） *404*, 404
　　ヤドリバエ科の一属（*Cryptochaetum*） 589
ハクガン（lesser snow goose（*Chen caerulescens caerulescens*）） 763, *764*
ハクセキレイ（pied wagtail（*Motacilla alba yarrellii*）） 364
バクテリア（bactera） →細菌
ハコベの一種（*Stellaria media*） 312, *313*
ハシカウイルス（measles virus） 453-455
ハシナガヌマミソサザイ（marsh wren（*Cistothorus palustris*）） 829
ハタネズミ（vole） 119, 209, 224, 231, 354, 401, 405, 468, *555*, *558*, 558-559, 563, 568-574, *571*, 576
　　ハタネズミ属（*Microtus*）） 568
　　　　キタハタネズミ（field ＿（＿ *agrestis*）） 568, 570, 572
　　　　タウンゼンドハタネズミ（Townsend's ＿（＿ *townsendii*）） 224
　　　　ハイオハタネズミ（gray-tailed ＿（＿ *canicaudus*）） 226
　　　　ユーラシアハタネズミ（common ＿（＿ *arvalis*）

568
ミズハタネズミ (water __ (*Arvicola terrestris*))　231
ヤチネズミ属 (*Clethrionomys*)　568
　エゾヤチネズミ (__ *rufocanus*)　568
　ヨーロッパヤチネズミ (bank __ (__ *glareolus*))　156, 469
ハチ (wasp)　106, 317, 346, *381*, 381-382, *385*, 415, *416*, 418-419, 463, *464*, 511-512, 729, 810
　イチジクコバチ (fig __ (*Blastophaga psenes*))　*511*, 511-512, 536
　タマバチ (oak gall __)　98, *375*, *464*
　　タマバチ科のハチ (cynipid wasp)　463
　　タマバチ科の一属 (*Andricus*)　464
　ツヤコバチ科の一種 (*Aphelinus thomsoni*)　*404*, 404
　寄生蜂　380, *381*, 382-383, 401, 415, *416*, 418, *419*, 580
　　__の一種 (*Anisopteromalus calandrae*)　416
　　__の一種 (*Aphytis mellitus*)　*419*, 419
　　__の一種 (*Microplitis croceipes*)　403
　　__の一種 (*Tachinomyia similis*)　401
　オンシツツヤコバチ (*Encarsia formosa*)　590
　クワナタマゴトビコバチ (*Ooencyrtus kuwanai*)　375
　タマゴヤドリコバチ属の一種 (*Trichogramma pretiosum*)　*385*, 385
　卵寄生蜂の一種 (*Anaphes victus*)　380, *381*
　卵寄生蜂の一種 (*Cotesia glomerata*)　382
ハチドリ (hummingbird)　367, 398, 509
爬虫類 (reptile)　263, 788, *791*, 801, 803, *804*, 807, 815, 831, 845
ハツカダイコン (wild radish (*Raphanus sativus*))　104, *105*, 349, 350, *470*, *471*
バッタ (grasshopper)　106, 169-170, 219, 220, *357*, 357, 361, 689, 742
　__の一種 (*Ageneotettix deorum*)　357
　ヒナバッタ (*Chorthippus brunneus*)　178, 220
　ヒナバッタ (*Chorthippus brunneus*)　179
バッファローグラス (*Buchloe dactyloides*)　94
ハナオコゼ (sargassum fish (*Histrio histrio*))　106
ハナバチ (bee)　43, 377, 533, *534*
　マルハナバチ (bumble __)　43, 723, 729
ハバチ (sawlfy)　358, 404, *564*
　__の一種 (*Paropsis atomaria*)　358
　ハバチ (*Euura lasiolepis*)　564
　マツノキハバチ (pine __ (*Neodiprion sertifer*))　404
ハプロパップス属の一種 (キク科) (*Haplopappus squarrosus*)　354
ハマベブドウ (seagrape (*Coccoloba uvifera*))　759
ハムシ (flea beetle)　221, 221, 299, 350, 352, 546, *548*, 727
　__の一種 (*Oulema duftschmidi*)　41
　__の一種 (*Timarcha lugens*)　299
　__の一種 (*Trirhabda canadeisis*)　221, 221
　カミナリハムシ属の一種 (flea beetle (*Altica sublicata*))　352, *353*
　キスジノミハムシ属の一種 (flea beetle (*Phyllotreta cruciferae*))　350
　コロラドハムシ (Colorado potato beetle (*Leptinotarsa decemlineata*))　41, 228, *229*, *546*, 546, **547**, *548*, 548
　スイレンハムシ (仮称) (waterlily leaf beetle (*Pyrrhalta nymphaeae*))　351, *352*
　ハムシ科 (Chrysomelidae)　727
　ハムシ科 (Chrysomelidae)　*41*
パラスポニア属 (ニレ科) (*Parasponia*)　527
パラポックスウイルス (parapox virus)　745
バラ科の低木 (*Heteromeles arbutifolia*)　80, 80, **81**
ハリエニシダ (gorse (*Ulex europaeus*))　389, 830
ハリモグラ (spiny anteater (*Tachyglossus aculeatus*))　25
ハルガヤ (sweet vernal grass (*Anthoxanthum odoratum*))　241
バンクロフト糸状虫 (*Wucheria bancrofti*)　456
反芻動物 (ruminant)　65, 101, 513-515, 527, 536
バンディクート (bandicoot)　254
ハンノキ属 (alder (*Alnus*))　527, 530, 690
　__の一種 (__ *glutinosa*)　443
　__の数種 (__ spp.)　690
　オオバヤシャブシ (__ *sieboldiana*)　630-631
　ハンノキ (__ *japonica*)　828
パンパスグラス (シロガネヨシ) (pampas grass (*Cortaderia selloana*))　593
ビーバー (beaver)　763
ヒキガエル (toad)　217, 310
　ヒキガエル属 (*Bufo*)
　　ウッドハウスヒキガエル (__ *woodhousii*)　334
　　ナタージャックヒキガエル (natterjack __ (__ *calamita*))　298
ヒクイドリ (cassowary)　17, *20*
ヒザラガイ (chiton)　738, 741, *775*
被子植物 (angiosperm)　*815*, 816
ヒッコリー (hickory)　214, *624*
ヒツジ (sheep)　29, *64*, 299, 345, 364, 460, 504, *513*, 513, 584, 738
ヒッポファエ属 (グミ科) (sea buckthorn (*Hippophaë*))　530
ヒト (*Homo sapiens*)　8, 112, 121, *126*, 126, 426, 453, 455, 456, 459, 460, 467, 472, 476-480, *481*, 483-484, 490-491, 495, 504, 506, 515, 536, 539
ヒトデ (asteroid)　209, 741, 742, 751, 763, *775*, 813
　コヒトデ属 (*Leptasterias*)　775
　ピサスター属 (starfish (*Pisaster*))　775
　__の一種 (__ *ochraceus*)　741
ヒトデカズラ属 (*Philodendron*)　43
ヒドラ属 (*Hydra*)　113, 517
　__の一種 (__ *viridis*)　517
ヒドロ虫 (hydroid)　113, 212, 426
　__の一種 (*Tubularia crocea*)　113
ヒバリ (skylark (*Alauda arvensis*))　585, *586*
微胞子虫 (microsporidia)
　__の一種 (*Cougourdella*)　744, *745*
ヒユ科の多年生植物 (desert honeysweet (*Tidestromia oblongifolia*))　49
貧毛類 (oligochate worm)　701
フィンチ (finch)　14, *15*, 16, 457, 675, *676*, 684
　ガラパゴスフィンチ属 (*Geospiza*)
　　ガラパゴスフィンチ (__ *fortis*)　*15*, 16, 675, *676*, 684
　　コガラパゴスフィンチ (__ *fuliginosa*)　16
　　サボテンフィンチ (__ *scandens*)　16
　ダーウィンフィンチ属 (*Camarhynchus*)

生物名（和名）索引

オオダーウィンフィンチ（__ *psittacula*）　16
キツツキフィンチ（woodpecker __（__ (*Cactospiza*) *pallida*））　16
ムシクイフィンチ（warbler __（*Certhidea olivacea*）） 14, *15*, 16
腹足類（gastropod）　105, 316, 593, 741, *742*, 751, 797, *798*, 832
フサオネズミカンガルー（bettong）　252
フジツボ（acorn barnacle, barnacle）　6, 61, **135**, 135, 170, 207, 292-293, *293*, 295-298, 305, 319, 645, 647, 648, 741, *775*
　　フジツボ属（*Balanus*）
　　　__の一種（__ *balanoides*） 292, *293*
　　　__の一種（__ *glandula*） **135**, 135, 741
ブタクサ属（*Ambrosia*）
　　ブタクサ（__ *artemisiifolia*）　637
　　ブタクサモドキ（__ *psilostachya*）　94
ブドウ（vine）　29, 68, 442, 499, 506
フナクイムシの一種（shipworm（*Teledo navalis*））　439
ブナ属（beech（*Fagus*）　*429*, 429, *441*, 441-442, *443*, 505, *618*, 619, *624*, 633-634, **634**, 638
　　__の一種（__ *sylvatica*）　442
　　アメリカブナ（American __（__ *grandifolia*）　638
　　ブナ（__ *crenata*）　429
フユボダイジュ（*Tilia cordata*）　55
ブユ科（Simuliidae）
　　ブユ属（blackfly（*Simulium*））
　　　__の一種（__ *damnosum*）　586
　　　__の一種（__ *vittatum*）　*216*
ブユ科（Simuliidae）　699
プラスモディウム属（マラリア原虫）（*Plasmodium*）　455, 474
　　__の一種（__ *azurophilum*）　474-745
フラミンゴの一種（flamingo（*Phoeniconaias minor*））　701
フランスギク（*Leucanthemum vulgare*）　248
ブルーギル（bluegill sunfish（*Lepomis macrochirus*））　*370*, 370, 373, *374*
ブルーベル（ユリ科ヒアシンス属）bluebell（*Hyacinthoides non-scripta*））　523-524, *524*
プレウラストルム藻綱の一属（*Trebouxia*）　525
プレーリードッグ（parairie dog（*Cynomys* spp.））　106, 460
フロリダマナティー（Florida manatee（*Trichechus manatus*））　848
プロングホーン（pronghorn antelope）　597
ヘラジカ（moose, elk（*Alces alces*））　*131*, 131, 398, *399*, 401, 597, 744
ベラドンナ，オオカミナスビ（ナス科）（deadly nightshade（*Atropa belladonna*））　737
ペルカ属（スズキ目）の一種（*Perca flavescens*）　836
ヘルペスウイルス（herpes virus）　495
ペンギン（penguin）　34, 40, 45, 794
　　キンメペンギン（yellow-eyed __（*Megadyptes antipodes*））　266
ベンケイソウ科（Crassulaceae）　46, *48*, 87
扁形動物の一種（flatworm（*Paragonimus kellicotti*））　*473*
鞭毛虫（鞭毛藻）（flagellate）　435, 455, 473, *474*, 515, 519, 705
ホクシハネガヤ（*stipa bungeana*）　633
ポシドニア属（海草）（*Posidonia*）　60

ホシムクドリ（starling（*Sturnus vulgaris*））　250
ホソムギ（perennial rye grass（*Lolium perenne*））　183, *183*, 200, *202*, 203, 311, 326328, *3288*
ホッキョクギツネ（arctic fox（*Alopex lagopus*））　446-447, *447*, 781
ホッキョクグマ（Polar bear）　447, 764, *781*
ホテイアオイ属（water hyacinth（*Eichhornia*））　114, 234
　　__の一種（__ *paniculata*）　234, *235*
ホトトギスガイ（*Musculista senhousia*）　398, *399*
哺乳類（mammal）　19, 24, *25*, 26, 30, *32*, 33, 42-44, 101, 105, 119, 138, 161, *164*, **165**, 225-226, 242, 249, 259-261, **262**, 263, 371, 373, 404, 436, *437*, 442, 444, 446, *448*, 449, 455-458, **460**, 461, 490, 499, 504, 508, 512, *513*, 527, 545, 552, *567*, 572, 580, 582, 584, 594, 598, *618*, 636, 755, 788, *791*, 797, *798*, 804, 807, 809, *810*, *815*, *816*, 830-831, 845-846, 848
　　有胎盤類（__ placental）　24, *25*, 33
　　有袋類（__ marsupial）　24, *25*, 30, 33, *252*, 259, 364, 444, 446, 509, 513, 816
ホヤ（ascidian）　114
ホンソメワケベラ（creaner fish（*Labroides dimidiatus*））　500, *501*

[ま行]
巻貝（snail）　256, 316-317, *318*, 319, 325-326, *327*, 348, *349*, 363, 365, *366*, 408, 435, 455-456, 483-484, 593, 610, 675, 741, 750-751, 761, *762*, 829, *830*
　　__の一種（*Cyathermia naticoides*）　741
　　__の一種（*Physa gyrina*）　310
　　__の一種（*Physella girina*）　762
　　カワニナ科の一種（*Elimia clavaeformis*）　675
　　サラサバテイラ（ニシキウズガイ科）（trochus（*Tectus niloticus*））　610
　　タマキビ属（*Littorina*）　*775*
　　　__の一種（__ *obtusata*）　348, *349*
　　　ヨーロッパタマキビ（periwinkle（__ *littorea*））　740
　　ナミジワターバンガイ（*Astraea undosa*）　316
　　ミガキボラ属の一種（*Kelletia kelletii*）　317
　　ミズツボ科（mudsnail（*Hydrobia*））
　　　__の一種（__ *ulvae*）　325-326, *327*, 435, 750
　　　__の一種（__ *ventrosa*）　325-326, *327*
　　メリケンハマイシノミ（*Melampus bidentatus*）　829
膜翅目（Hymenoptera）　346, 420, 720, *781*
マス（trout）　172, 178, 758
　　サケ属（大西洋産）（*Salmo*）
　　　ブラウントラウト（brown __（__ *trutta*））　178, *179*, *180*, *207*, 207, 245, 373, 758, 832-833
　　　ニジマス（rainbow __（steelhead __）（*Oncorhynchus mykiss*））　758, 833
マス（trout）　173
マダラヒタキ（pied flycatcher（*Ficedula hypoleuca*））　473, *474*
マツモムシ属の一種（backswimmer（*Notonecta hoffmanni*））　372
マツヨイグサ属の一種（*Oenothera macrocarpa*）　354
マツ属（pine（*Pinus*））　222, *624*, 631
　　__の一種（__ *banksiana*）　745

943

__の数種 (__ spp.) 631
アカマツ (red __ (__ densiflora)) 205, 206
アメリカシロゴヨウマツ (whitebark __ (__ albicaulis)) 662, 663
ストローブマツ (white __ (__ strobus)) 21, 624, 631
バンクスマツ (jack __) 21
ポンデローサマツ (ponderosa __ (__ ponderosa)) 694, 839
ヨーロッパアカマツ (__ sylvestris) 522
ラジアータマツ (Monterey __ (__ radiata)) 668
レジノーサマツ (__ resinosa) 631
マミチョグ (mummichog (Fundulus heteroclitus)) 701
マメ (legume) 6, 34, 105, 108, 138, 210, 281, 320, 417, 499, 527, 529, 531–533, 537, 690–691, 711, 763, 817, 819, 837
エンドウ (pea (Pisum sativum)) 299, 300, 300, 528, 837
ジオクレア属の一種（マメ科）(Dioclea megacarpa) 105
ソラマメ (Vicia faba) 459, 838
ダイズ属 (Glycine)
__の一種 (__ javanica) 320, 320
ダイズ (soybean (__ max)) 528, 825
ツルマメ (__ soja) 531, 531–532
マメ科植物の一種 (Chamaecrista fasciculata) 6, 7
マメ科植物の一種 (bean (Phaseolus lunatus)) 417
マメ科の喬木 (Tachigali myrmecophila) 502, 503
モラ属（マメ科）(Mora) 138
マメ (legume) 94, 417, 528
マルクビハリケイソウ (Synedra ulna) 295-296, 296, 304
マングース (mongoose) 323–324, 324
エジプトマングース属 (Herpestes)
アカマングース (__ smithii) 323, 324
インドマングース (__ edwardsii) 323, 324
ジャワマングース (__ javanicus) 323–324, 324
マングローブ (mangrove) 60, 220 648, 648, 679, 682, 801, 802, 807, 849, 850
アメリカヒルギ (red __ (Rhizophora mangle)) 648, 649, 801
ブラックマングローブ (black __ (Avicennia germinans)) 648
ホワイトマングローブ (white __ (Laguncularia racemosa)) 648
マンテマ属 (Silene)
サイリニ・レギア（ムシトリナデシコの一種）(royal catchfly (__ regia)) 277, 278
ヒロハノマンテマ (white campion (__ alba)) 481, 483, 509
マンモス (mammoth) 816
ミジンコ (cladoceran) 96, 254, 256, 402, 443, 701, 743, 835
マルミジンコ (Chydorus sphaericus) 443–444
ミジンコ属 (Daphnia)
オオビワミジンコ (__ pulicaria) 835, 836
オオミジンコ (__ magna) 174, 402, 402
メンドタカブトミジンコ (__ galeata mendotae) 835
ミジンコ (cladoceran) 370, 403
ミズナギドリ目 (Procellariiformes) 160
アホウドリ (albatross) 160–161

フルマカモメ (Fulmar) 160
ミズナギドリ (petrel) 160
ミズムシ科の一種 (Trichocorixa verticalis) 756
ミゾカクシ属（キキョウ科）(Lobelia) 153, 154
__の一種 (__ keniensis) 153, 154
__の一種 (__ telekii) 153, 154
ミナミオオガシラヘビ (Boiga irregularis) 743
ミナミオオクイナ (rail (Rallina tricolor)) 808
ミミガイ科 (Haliotidae) 832
ミミズ (earthworm) 57, 93, 119, 221, 365, 366, 367, 430–433, 435, 442, 444, 748
ヒメミミズ科 (pot worm (Enchytraeidae)) 430
ミミナガバンディクート (bilby) 254
ミヤコドリ属 (Haematopus)
クロミヤコドリ (__ bachmani) 756
ミヤコドリ (__ ostralegus) 200, 201, 746
ミュールジカ (mule deer (Odocoileus hemionus)) 597
ムラサキヘイシソウ（サラセニア・プルプレア）(northern pitcher plant (Sarracenia purpurea)) 367, 367
メダカ目リヴルス属の一種（カダヤシの仲間）(killifish (Rivulus hartii)) 151
メンフクロウ (barn owl (Tyto alba)) 373, 555
モア科 (moa (Dinorthidae)) 816
網翅目 (Dictyoptera) 440
モクマオウ属 (she-oak (Casuarina)) 530
モグラ (mole) 25, 106
モノアラガイ属の一種 (Lymnaea elodes) 310
モミ属 (Abies)
ミヤマバルサムモミ (subalpine fir (__ lasiocarpa)) 662, 663
レリヒオーサモミ (oyamel (__ religiosa)) 247
モモンガ (flying squirrel (Pteromys volans)) 255
モリフクロウ (tawny owl) 405
モロネ科の一種（スズキ目）(Morone chrysops)) 836
モンシデムシ属 (Nicrophorus)
__の一種 (__ germanicus) 448
ツノグロモンシデムシ (__ vespilloides) 448
モンシデムシ属 (Nicrophorus) 449
モンツキガヤ属 (Bothriochloa)
カモノハシガヤ (__ ischaemun) 633
スウィートピッティドグラス (__ insculpta) 737

[や行]
ヤエムグラ属 (Galium)
__の一種 (__ hercynicum) 294, 304
__の一種 (__ pumilum) 294, 304
__の数種 (__ spp.) 293
ヤギ (goat) 29, 460, 830
ヤスデ綱 (millipedes (Diplopoda)) 430
ヤツメウナギ (sea lamprey (Petromyzon marinus)) 834
ヤドリギの数種 (mistletoe (Phoraradendron spp.)) 457
ヤナギ属（ヤナギ科）(Salix)
__の一種 (__ lasiolepis) 348
__の数種 (willow (__ spp.)) 631
サキュウヤナギ（仮称）(sand-dune willow (__ cordata)) 352, 353
セイヨウシロヤナギ (willow (__ alba)) 848
ヤマアラシ (porcupine) 353, 373, 748
ハリネズミ（アメリカヤマアラシ）(hedgehog) 102,

生物名（和名）索引

106, 367, 830
ヤマナラシ属（aspen (*Populus*)）　26, 242
　　__の一種（poplar hybrid (__ *deltoids x nigra*)）　242
　　アメリカヤマナラシ（trembling __ (__ *tremuloides*)）　636, *637*, *668*, *683*, 683
　　ポプラ（poplar (__ *canadensis*)）　351
ヤマモモ属（sweet gale (*Myrica*)）　527, 530
ヤミハタ（*Cephalopholis boenak*）　743
ヤモリ（gecko）　336
　　オガサワラヤモリ（*Lepidodactylus lugubris*）　336
　　ホオグロヤモリ（*Hemidactylus frenatus*）　336
ヤリイカ属（*Loligo*）　598, *598*
ユーカリ属（gum tree (*Eucalyptus*)）　30, 222, 358, 364
有蹄類（ungulate）　299, 643
ユガミミズゴケ（*Sphagnum subsecundum*）　84, *85*
ユキノカサガイ科の一種（*Collisella subrugosa*）　646
ユキノカサ属の一種（plate limpet (*Acmaea scutum*)）　364
ユキノシタ属の一種（spotted saxifrage (*Saxifraga bronchialis*)）　*113*
ユスリカ（chironomid, midge）　96, 376, 443-444, 776
　　ニセユスリカ属の一種（*Pseudochironomus richardsoni*）　758
　　ヌマユスリカ属の一種（*Anatopynia pennipes*）　776
　　ユスリカ属の一種（*Chironomus lugubris*）　443
ユスリカ（chironomid, midge）　*376*
ユッカ属（リュウゼツラン科）（*Yucca*）　512
ユリ科の一属（*Calochortus*）　263
ヨーロッパコマドリ（robin (*Erithacus rubecula*)）　218
ヨコエビ（amphipod）　256, 365-366, *366*, *375*, 433, 449, 834
　　__の一種（*Echinogammarus ischnus*）　834
　　__の一種（*Hirondella*）　449
　　__の一種（*Paralicella*）　449
　　ドロクダムシの一種（*Corophium volutator*）　*375*, 750
　　ヨコエビ属（*Gammarus*）　365, *366*
ヨモギ属（*Artemisia*）　317
　　イワヨモギ（__ *gmelinii*）　633
　　ハマヨモギ（__ *scoparia*）　632, 633

［ら行］
ライオン（lion (*Panthera leo*)）　108, 336, 370, 425, 446
ライチョウ属（*Lagopus*）
　　アカライチョウ（red grouse (*Lagopus lagopus scoticus*)）　474, 565, 576
　　カラフトライチョウ（*Lagopus lagopus*）　486, *488*, 488, *489*, 557, 563
ラッコ（sea otter (*Enhydra lutris*)）　832
ランタナ（シチヘンゲ）（*Lantana camara*）　250, *251*
リカオン（wild dog）　358, *358*
リス（squirrel）　354
　　トウブシマリス（eastern chipmunk (*Tamiass triatus*)）　*44*
　　リス属（*Sciurus*）
　　　　キタリス（red __ (__ *vulgaris*)）　745
　　　　ハイイロリス（grey __ (__ *carolensis*)）　745
両生類（amphibian）　57, 217, 281, *791*, 801, *815*, 845
リンゴ（apple）　*592*, 592
リンゴノハナアザミウマ（仮称）（apple thrip (*Thrips imaginis*)）　544
鱗翅（チョウ）目（Lepidoptera）　346, 420, 563, 590, 684, 816
リンドウ属（*Gentiana*）
　　__の一種（crossleaved gentian (__ *cruciata*)）　354, 505
　　__の一種（field gentian (__ *campestris*)）　355
レア（rhea）　17, *20*
霊長類（primate）　121
レタス（lettuce (*Lactuca sativa*)）　476
レタス壊死黄斑ウイルス（lettuce necrotic yellow virus）　455
レミング（タビネズミ）（lemming）　401, *447*, 447, 558, 563, 568-569, 573, 574, 567
　　クビワレミング属（*Dicrostonyx*）
　　　　__の数種（__ spp.）　447, 568
　　　　アメリカクビワレミング（collared __ (__ *groenlandicus*)）　572
　　レミング属（*Lemmus*）
　　　　__の数種（__ spp.）　447, 568
　　　　カナダレミング（brown __ (__ *sibiricus*)）　574
ローチ（コイ科）（*Rutilus rutilus*）　743
ロブスター（lobster）　317
　　__の一種（*Panulirus interruptus*）　317

［わ行］
ワシ（eagle）　71, 776, 778
ワタ（cotton (*Gossypium hirsutum*)）　*321*, 321, 582, 590
ワタスゲ（cottongrass (*Eriophprum vaginatum*)）　725
ワムシ　102, *390*, 625, *626*, 627
　　カメノコウワムシ属（*Keratella*）
　　　　__の一種（__ *tecta*）　627
　　　　__の一種（__ *tropica*）　627
　　カメノコウワムシ（__ *cochlearis*）　102
　　テマリワムシ属の一種（*Conochilus unicornis*）　627
　　フクロワムシ（*Asplanchna priodonta*）　102
　　ミドリワムシ属の一種（*Ascomorpha ovalis*）　627
　　ワムシ（rotifer (*Bracionus calyciflorus*)）　*390*
ワラジムシ目（woodlice (Isopoda)）　430, 433
　　__の一種（*Oniscus asellus*）　442
　　__の一種（*Philoscia muscorum*）　127
　　__の一種（*Porcellio scabar*）　442, 443
ワラビ（bracken fern (*Pteridium aquilinum*)）　104, 212, *720*
腕足類（brachiopod）　729, *730*

事項索引

ページ数を示す数字のうち，斜体（イタリック）で示したものは，当該頁の図版のみに現れることを示す．また太字（ゴシック）で示したものは，当該頁の表の中のみに現れることを示す．

[A-Z]

C_3 回路（C_3 Pathway） 82, 85-86
 カルビン-ベンソン回路（Calvin-Benson cycle） 85
 水分利用効率（water-use efficiency） 82, 86
C_4 回路（C_4 pathway） 82, 85-86
 水分利用効率（water-use efficiency） 82, 86
 ハッチ-スラック回路（Hatch-Slack cycle） 86
DDT（農薬）（DDT） 580, 589
 耐性（resistance） 585
HIV（ヒト免疫不全ウイルス）（HIV） 245
K 種（K species） 232
 遷移（succession） 638
k 値（k values） 124, 125, *125*
 競争の定量化（competition quantiacation） 183-85, *184*, 185
 産卵数／成長への影響（effects on fecundity/growth） 185, 185
 ＿のモデル（models） 186, *187*
 変動主要因分析（key factor analysis） 545-550, **546**, **547**, *548*
K 淘汰（K selection） 156-158, 158, 159, 166-167, 769
pH（pH） 37-38
 土壌（soil） 57
 水（water） 57-58
 汚染と関係した酸性化（pollution-related acidification） 62-63, *63*
Q_{10}（Q_{10}） 40
R（基礎純増殖率）（R (fundamental net reproductive rate)） 133, 254
 競争のモデル（competition models） *187*, 187-190
 個体群成長（population growth） 133, 187
 個体群投影行列からの決定（determination from population projection matrices） *137*, 138
 →「ラムダ（λ）」も見よ
r（内的自然増加率）（r (intrinsic rate of natural increase)） 134, 193
R_0（基礎増殖率）（R_0. (basic reproductive rate)） 124, 133-138
 微小寄生者の個体群動態（microparasite population dynamics） 477
r 種（r species） 232
 遷移（succession） 638
 分解者（decomposers） 427
r 淘汰（r selection） 156-158, **159**, 165-167, 769
VORTEX（個体群統計学のソフト）（VORTEX） 274

[あ行]

アーバスキュラー（樹枝状体）菌根（arbuscular mycorrhizas） 521, 523-524, *524*, 838
耕作放棄地での遷移（old field succession） 639, *640*
亜鉛（zinc） 691
 汚染（contamination） 241
アカライチョウの個体数振動（red grouse population cycles） 557, 565, *566*
亜酸化窒素（nitrous oxide） 65
アシュラム（asulam） 581
アスピリン（aspirin） 848
穴を掘る動物（burrowers） 748
アバンダンス順位図（rank-abundance diagrams） 621, *622*, 623
アブラムシ（aphids）
 アリとの相利（ant 'farming' mutualism） *505*, 505
 筋細胞の共生者（mycetocyte symbionts） 516-517
 系統発生の分析（phylogenetic analysis） 517, *518*
 植物ウイルスの伝播（plant virus transmission） 455
 生物的防除（biological control）588-589, 610-611, *611*, 613
 ＿の口器（mouthparts） 97, *98*
 分散の二型（有翅／無翅）（dispersal dimorphism (winged/wingless morphs)） 255, *256*
 有害生物防除の指標（pest control measures） 581
雨 →「降雨」を見よ（
アメーバ赤痢（amebic dysentery） 455
アメリカトリパノソーマ病（Chagas' disease） 831
集団の有効な大きさ（Ne）（effective population size (Ne)） 264-265
アリ（ants）
 種子の捕食（seed predation） 353
 種の豊富さ（species richness） 702
 ハキリアリ（leaf-cutting） 506-507, *507*
アリー効果（Allee effect） 405, 407, 420-421
アリの相利（ant mutualisms） 283-284, 440
 アブラムシの牧畜（aphid 'farming'） *505*, 505
 菌類の栽培（fungal farming） 507-508
 シジミチョウと＿（blue butterflies） 505
 植物と＿（plants） 502-505, *503*, *504*
アルカリ性の環境（alkaline environments） 58
アルコール脱水素酵素（alcohol dehydrogenase） 442
アルコール発酵（alcoholic fermentation） 427
アルドリン（aldrin） 580
アルファー（α）多様性（alpha (α) diversity） 786
アルミニウム（aluminium） 713
アワビ漁の資源管理（abalone fishery management） 832
安息香の農場（benzoin gardens） 825, 826
安定化の効果（stabilizing effects）
 環境の（パッチ間の）異質性（environmental (patch) heterogeneity） 407, 408, 409, 411, 413, 414-415, 418
 集合行動（aggregative behavior） 408-411
安定個体群（stable populations） 401, 541
 タイプ 3 の機能の反応（type 3 functional responses） 405, *406*
アンモニア（ammonia） 693, 711-712
 アンモニア（ammonia） 711-712

事項索引

イースト，果実の分解（yeasts, fruit decomposition）　442
イオウ（sulfur）　691, 693
　　大気中の＿（atmospheric）　688-689
　　イオウ（sulfur）　712-713
イオウの循環（sulfur cycle）　708, 712-713
　　人間活動による攪乱（human activities perturbation）　710
イガイ床，ギャップ形成／移住（mussel beds, gaps formation/colonization）　646, 646, 647
異型交配（outbreeding）　222
　　弱勢（depression）　222, 223
意志決定分析（decision analysis）　270-272, 271
r/K 種（r/K species）　159, 232
移住（colonization）　40, 544, 545
　　新たにできたスルツェイ島（new island of Surtsey）　805, 806
　　ギャップへの（gaps）　646-649, 736
　　空間の先取り（space preemption）　309, 309
　　死物への分解者の＿（dead matter by decomposers）　427
　　島の種の豊富さ（island species richness）　804-805
　　種間競争と＿（interspecific competition）　307-308
　　遷移のメカニズム（succession mechanisms）　634-635
　　地域的植物個体群（local plant populations）　234
　　逃亡種（fugitive species）　308
　　パッチ状生息場所への個体群の＿（habitat patch populations）　231-233
　　メタ個体群（metapopulations）　235, 237
　　安定性（stability）　233
移出（emigration）　209, 227-228
　　進化的に安定な戦略（evolutionarily stable strategy）　223
　　密度依存性（density-dependence）　229
異所性の個体群（allopatric populations）　322, 323
　　形質置換の研究（character displacement studies）　323, 326, 327
　　実現ニッチ（realized niche）　323
異所的種分化（allopatric speciation）　12
イチジク-イチジクコバチの相利（fig-fig wasp mutualism）　511, 511-512
一次生産性（primary productivity）　656-663
　　緯度に沿った傾向（latitudinal trends）　657-658, 658
　　　　成長季節の長さ（growing season duration）　667, 668
　　季節的／年間の傾向（seasonal/annual trends）　658, 659
　　自生性／他生性＿（autochthonous/allochthonous）　658-659
　　純＿（net）　656
　　　　地球規模の＿（global levels）　657, 657
　　水界の群集（aquatic communities）　669-674
　　制限要因（limiting factors）　none
　　生物体量との関係（biomass relationship）　661-662, 662, 663
　　総＿（gross）　656
　　太陽放射との関係（solar radiation relationship, Sol）　657
　　炭素循環（carbon cycling）　687

　　二次生産力との関係（secondary productivity relationship）　675-656, 676
　　陸上の群集（terrestrial communities）　664-669
　　→「光合成」も見よ
一次生産力を制限する要因，陸上の（limiting factors, terrestorial primary productivity）　664-669
一時的な水溜まり（temporary ponds）　310
一・二年生（annual-biennials）　127
一年生植物（annual plants）　119, 120, 797
　　ギャップへの移住（gaps colonization）　308
　　種子（seeds）　221-222
　　種子バンク（埋土種子集団）（seed banks）　127, 128
　　繁殖の延期（postponed reproduction）　127
　　植食と関連した＿（herbivory-related）　354
一年生の種（annual species）　122-127
　　コホート生命表（cohort life tables）　122-123, 123
　　不連続世代（discrete generations）　122
一回繁殖（semelparity）　119-121, 120, 139, 153-154
　　進化（evolution）　153-156, 155
　　短命な種（エフェメラル）（ephemeral species）　127
　　齢と関連した分散（age-related disperal）　226
遺伝子組換え（GM）作物（genetically modified (GM) crops）　585, 586
遺伝的多型（genetic polymorphism）　8
　　托卵での＿（ジャンル）（brood parasites (genres)）　457-458
遺伝的浮動（genetic drift）　264
遺伝的変異（genetic variation）
　　汚染への耐性（pollution tolerance）　62-63
　　殺虫剤耐性（pesticides resistance）　585
　　自然淘汰の理論（theory of natural selection）　4-5
　　小個体群（small populations）　263-266
　　生活史でのトレードオフ（life history trade-offs）　143-144
　　低温耐性（cold tolerance）　46-48, 47, 48
移動（migration）　111, 239
　　片道の＿（one-way）　219
　　生息場所の復元（habitat restoration）　254-256, 257
　　長距離＿（long-distance）　217-219
　　移動のコスト，捕食者の（predator foraging costs）　385, 385
　　＿の定義（definition）　209
　　＿のパターン（patterns）　218-219
　　パッチ状の生息場所（habitat patches）　641
　　捕食者-被食者の個体群動態（predator-prey population dynamics）　412-413, 413
移動（transfer）　209
移動できる生物（mobile orgamims）　6
移動をする種（migratory species
　　保護地区（nature reserves）　259-260
　　保全（conservation）　258-260
緯度による傾斜（latitudinal gradients）
　　一次生産力，SOL（primary productivity, SOL）　657, 657, 658
　　温度（temperature）　50-51
　　種の豊富さ（species riclmess）　787, 810-811, 810
　　デトリタス食者（detritivores）　431, 431
移入（immigration）　209, 227, 228
隕石衝突（meteor strike）　629

インフルエンザ（influenza）　245
隠蔽色（crypsis）　106
ウイルス（viruses）
　　植物の防衛（plant defenses）　462
　　微小寄生者（microparasites）　455
　　免疫反応（immune response）　462, 478
魚（fishes）
　　移動（migration）　218-219, 254
　　塩性湿地群集の復元（salt marsh community restoration）　829
　　競争（competition）　56-57, *57*
　　食物網（food webs）　757-758
　　侵入種（invaders）　*244*, 244
　　絶滅（extinctions）　264
　　掃除魚―顧客の相利（cleaner/client mutualism）　500-501, *501*
　　ニッチ空間の表示（niche space display）　*244*, 244
　　人間活動の影響（human activities impact）　243-244, 254
　　富栄養化の生物的操作（eutrophication biomanipulation）　835-836, *836*
　　リスク評価（risk prediction）　251-253
ウォーレス，アルフレッド・ラッセル（Wallance, Alfred Russell）　3, *4*
ウドンコ病（mildews）　454
永久しおれ点（permanent wdting point）　90
永久凍土（permafrost〜）　25-26
栄養塩の湿性／乾性降下物（nutrient wetfall/dryfall）　691, *692*, 712
栄養塩元素の不動化（immobilization of nutrient elements）　426
栄養塩収支（nutrient budgets）　689, *690*
　　湿性／乾性降下物（wetfall/dryfall）　690, *691*
　　水界の群集（aquatic communities）　698-706
　　陸上の群集（terrestrial communities）　690-698
　　流入／流出（inputs/outputs）　690
　　エネルギー流との関係（energy flux relationship）　687-689, *688*
　　種の豊富さへの影響（species riclmess effects）　817, 818
栄養塩循環（nutrient cycling）　425, 687-716, 833-834
栄養塩の溶脱（leaching of nutrients）　427, 688
栄養カスケード（trophic cascades）　755-757, *756*, 757, 762, 833
　　群集レベル／種レベルの__（community-/species- level）　759-760
　　4段階の系（four-level systems）　757-759, *758*, *759*
栄養段階（trophic levels）　675, 676, *677*, 678, 775-776
　　エネルギー変換（energy transfer）　655
　　効率（efficiency）　678-680, *680*, 776
　　生態系の生産性（ecosystem productivity）　819-821
疫病（plague）　463, 832
餌生物（被食者）（prey）　345
　　アリー効果（Allee effect）　405, *407*
　　個体群への捕食の影響（population effects of predation）　356-359, *357*
　　　競争の低減（competition reduction）　357-358
　　　消費者の好み（consumer preferences）　363-365
　　　消費者の「探索像」（consumer 'search image'）　365

食物網の中の間接効果（food web indirect effects）　754, 755
スイッチング（switching）　365-397, 403, 405, 743
捕食のリスク　→「捕食のリスク」の項を見よ
見かけの競争（敵のいない空間をめぐる競争）（apparent competition (for enemy-free space)）　315-319, *315*, *316*, *318*, 789
類似限界（limits to similariq）　790
→「捕食者―被食者相互作用」も見よ
餌の幅（(diet width）　262-263
最適採餌理論（optimal foraging theory）　367-370, *370*
エネルギー流（energy flow）　655-685
　　栄養塩循環との関係（nutrient cycling relationship）　687-688, *688*
　　群集（communities）　623
　　　対照的な__（comparative aspects）　*681*, 680-685, *682*
　　食物網（food webs）　655, 657, 676-678, *677*
　　　栄養段階（trophic levels）　775
　　年間の変動（annual variations）　683, *684*
　　変換効率（transfer efhciencies）　678-680
エフェメラル（短命植物）（ephemerals）　127
エリコイド菌根（ericoid mycorrhizas）　521-525
エリシチン（elicitins）　462
エルニーニョー南方振動（ENSO）（El Niño-Southern oscillation (ENSO)）　51, *52*, 563, 606, 683-684, 716
遠隔度（remoteness）　804-805
塩水湖（brine lakes）　30
塩水湖（(saline lakes）　701
塩性湿地（salt pans）　30, 60
塩生植物（halophytes）58, 60
エンテロバクター科，窒素固定（Enterobacteriacea, nitrogen fixation）　527
塩分（salinity）　37-38, 50, 58-61, *59*
　　沿岸生態系への影響（pelagic ecosystem effects）　756
　　厳しい環境（harsh environments）　796
大型寄生者（macroparasites）　453, *454*
　　間接的に伝播する__（indirectly transmitted）　483
　　直接伝播する__（directly transmitted）　483-484
　　農作物病原菌の個体群動態（crop pathogen population dynamics）　481-482, *482*
　　免疫反応（immune response）　463
大型藻類床（macroalgal beds）　682
大型動物相，陸上の分解者としの（macro fauna, terrestrial decomposers）　431, 432, 435
大型土壌動物，陸上の分解者（megafauna, terrestrial decomposers）　430-431
大型無脊椎動物群集の指標（macroinvertebrate community index (MCI)）　839-840, *840*
置換え実験（substitutive experiments）　*320*, 320-321
置き換え実験（replacement series experiments）　532, *532*
遅れのある方程式（time-lag equation）　557-558
汚染（pollution）　37-38, 61, 239, 260
　　工業暗化（industrial melanism）　9-10, *11*, *12*
　　工業ガス（industrial gases）　64-65
　　大気__（atmospheric）　711-712
　　耐性（tolerance）　62

事項索引

農業での硝酸塩（agricultural nitrates）836
リン（phosphorus）836
落ち葉 →「落葉落枝」
帯状分布（zonation）
　潮間帯の＿（intertidal areas）*60*, 61
　　フジツボ類の競争（barnacle competition）292-293, *293*
　　ニッチ分化（niche differentiation）334, *335*
オプションセット（option sets）147-148, *148*
温室効果（greenhouse effect）64-66, *66*, 69, 714
温室効果ガス放出，増加の予想（greenhouse gas emissions, projected increases）67, *852*, 852
温泉（ot springs）49, 71, 796
温帯草原（temperate grassland）27-29
温帯林（temperate forest）27, *28*
　生物相（biome）*618*, 618-619
　氷河期後の分布（postglacial period distribution）21
　分解者（decomposers）431-432
温度（temperature）37, 38, 39, 40-50
　一次生産力との関係，海洋（prinlary productiviq relationship oceans）*672*, 673
　一次生産力との関係，陸上（terrestrial environments）664, 665-666, *666*, 668-669
　休眠後の発芽への刺激（germination stimulation following dormancy）221
　空間的変動（spatial variation）50-51
　高温（high）49-50
　珊瑚礁の白化（coral reef bleaching）519-521, *520*
　時間的変動（temporal variation）50-51
　種の分布との相関関係（species distribution correlations）50-51, 51-55, *55*
　成長への影響（growth effects）*41, 42*
　相対湿度との相互作用（relative humidity interaction）57
　体サイズ依存性（温度―サイズ関係）（body size dependence (temperature-size rule)）*42, 42*
　代謝への影響（metabolism effects）40
　低温（low）45-48
　日・度の概念（day-degree concept）41-42
　発育への影響（development effects）*41, 42*, 50
　「普遍的な」＿依存（'universal' dependence relationships）*42*
　→「地球規模での気候変動」も見よ

[か行]
カーバメート系（カルバミル酸）（carbamates）580-581
外温動物（ectotherms）42-43, 791
　生産効率（production efnciency）680
　熱交換の経路（heat exchange pathways）43
花の特性，植食の影響（flowering, herbivory impact）354
貝殻（shells）102, 106-107
外生菌根（ectomycorrhizas）521-523
　栄養塩の流動化（nutrient mobilization）690, *691*
　ニッチ分化（niche differentiation）723-724, *725*
外部寄生者（ectoparasites）456, 473
　特殊化（specialization）459, **460**
海綿，化学防衛（sponges, chemical defenses）356, *356*
海洋（ocean）30
　一次生産力（primary productivity）657, 661, 672

栄養塩の利用可能性（nutrient availability）671-673
　温度（temperature）671-672, *671*
　上昇流（upwellings）670-671, 538, *704*
　生物体量との関係（biomass relationship）661
　太陽放射（solar radiation）671-672, *671*
栄養塩収支（nutrient budgets）702-703, *705, 706*
酸素同位体，コアサンプルの分析（core oxygen isotope analysis）20, *21*
真光層（euphoric zone）681
水文学的循環（hydrological cycle）707
大陸棚部（corltinental Shelf region）702
底生生物群集（benthic communities）680-681
　デトリタス食者（detritivores）434
二酸化炭素吸収（carbon dioxide uptake）66, 715
リン（phosphorus）708-711
海洋の環境（marine environments）
　海底の腐肉食者（sea-bed carrion scavengers）449
　種間競争（interspecific competition）718
　植物質の分解（plant matter decomposition）437-438, *438*
　浸透圧調節（osmoregulation）58
　デトリタス食者／分解者（detritivores/decomposers）434
海洋の生物相（marine biomes）30
海洋の保護区（marine protected areas）840-842
外来種（exotic species）733
　根絶計画（erradication programs）754
　食物網への間接的影響（food web indirect effects）754-755, *755*
　生物的制御（biological control）588
　有害生物，初期の制御（pest species, early control）592-593
海流（currents）61
ガウゼの法則（競争排除則）（Gause's Principle (Competitive Exclusion Principle)）305, 331
カオス（chaos）191-193
　個体群動態（population dynamics）190-191
　生態学的系での検出（detection in ecological systems）192, 560
化学合成（chemosynthesis）71
化学信号物質（semiochemicals）581
化学農薬（chemical pesticides）580-584
　耐性（resistance）586-587, *587*
化学防衛（chemical defenses）103-105, *104*, 105, *108*, 348
　消化を阻害する化合物（digestion-reducing chemicals）103-104
　常備的＿（constitutive）104
　動物の＿（animals）105, 355-356
　毒素（toxins）103-104
　見つかりやすさ理論（apparency theory）103-104
　誘導的＿inducible）104
学習行動，餌探索での（learned behavior, foraging）382, 383, 385
隔年大量結果（マスティング）（mast seeding）143, 216, 359-360, *360*
撹乱（disturbance events）628, 641, 689, 736, 797
　回復する方法（recovery classes）637-638
　カタストロフィー／災害（catastrophic events/

disasters) 61, 544, *545*
　　群集構造への影響 (community structure influence) 749
　　　　ミクロコスムスでの実験 (microcosm experiments) *652*, 652
　　種の豊富さへの影響 (species richness effects) 787, 793, *794*
　　遷移過程 (successional processes) *642*, 642
　　中規模攪乱仮説 (intermediate disturbance hypothesis) 643
　　頻度 (frequency) 643, *644*
隔離 (isolation)
　　島の個体群 (island populations) 16
　　種の豊富さへの影響 (species riclmess influence) 807
　　種分化 (speciation) 14
確率論的消失 (stochastic fade-out) 484, *485*
隠れ場所 (refuges) *406*, 408, 415, 417, *419*
河口 (estuaries) 59
　　栄養塩収支 (nutrient budgets) 701-702
　　生産性 (productivity) 661
過酷な環境 (harsh environments) 794, *796*, 796
　　→「極端な条件」も見よ
火山活動 (volcanic activity) 689, 712
果実 (fruits) 48, 210 508, *509*
果実食者 (fmit-feeders) 272, 649, 679, 797
　　種子分散の相利 (seed dispersal mutualism) 508, *509*
　　デトリタス食者 (detritivores) 442
過少な収奪 (underexploitation) 594
風 (wind) 61
　　受動的分散 (passive dispersal) 210, *211*
夏生一年生植物 (therophytes) 32
化石記録 (fossil record)
　　分類群の豊富さ (taxon richness) 814-817, *815*
　　哺乳類植食者の絶滅 (mammalian herbivore extinctions) 814, *816*
化石燃料の燃焼 (fossil fuels combustion) 693, 713-714
河川／小川／流水 (rivers/streams)
　　栄養塩収支 (nutrient budgets) 698-699
　　　　陸上群集からの流出 (runoff from terrestrial communities) 688, 694
　　　　陸上群集への流入 (input to terrestrial communities) 693
　　栄養塩の螺旋状過程 (nutrient spiraling) 698, *699*
　　エネルギー流 (energy flow) 681
　　攪乱事象 (disturbance events) 61
　　　　大きな出水 (high discharge) 22
　　　　頻度 (frequency) 645, 645-646
　　　　群集構造, 微小寄生者の影響 (community structure, microparasite influences) 744-745, *745*
　　　　サケ科魚類の侵入 (salmonid invasions) 832-833, *833*
　　水文学的循環 (hydrological cycle) 707
　　水流の障害 (water flow hazards) 50
　　生産力 (productivity) 659-660
　　　　制限要因 (limiting factors) 669-670, *670*, 675
　　　　生息場所の復元 (habitat restoration) *243*, 243-244
　　　　　　移動する魚類 (migratory fish species) 254
　　　　　　洪水的な流水 (flushing discharges) 243-244
　　　　　　放水量 (discharge levels) 243-244

生態系の健康度の評価 (ecosystem health assessment) 839-840, *840*
人間活動に関連した侵入者 (human activity-related invaders) 244, 244-245
河川盲目症 (river blindness) 456, 586-587, *587*
カタストロフィー (catastrophic events) 61-62
カタツムリの植食, 防衛反応 (snail herbivory, defensive responses) 348, *349*
過渡的多型 (transient polymorphism) 8
花粉記録の分析 (pollen record analysis) 20-21, *21*
花粉食者 (pollen feeders) 510-511
鎌形赤血球貧血症 (sickle-cell anemia) 8
がまの穂病 (草本の) (choke disease of grasses) 521
花密 (nectar) 425, 502, 408, *510*
体の大きさ (body size) 111, 149-150
　　r/K 淘汰 (r/K selection) 157-158, 165
　　栄養段階との関係 (trophic level relationships) 778-779
　　競争の影響 (competition effects) 194-196, *195*
　　　　種間の非対称的な__ (asymmetric interspecific) 249
　　系統発生的制約 (phylogenetic constraints) 161, 163-164
　　子の大きさが意味を持つ／持たない生息場所 (offspring size-sensitive/-insensitive habitats) *150*, 150-151, 152
　　最適化の概念によるアプローチ (optimization approaches) 139, *140*
　　進化的多様化 (divergent evolution) 730-730, *731*
　　絶滅の危険性との関係 (extinction risk relationship) *252*, 252
　　相対成長的関係 (allometric relationships) 161, *162*, 163
　　体温の効果 (体温―大きさの規則) (temperature effects (temperature-size rule)) 40-42, *42*
　　体表面積／体積の比 (surface area: volume ratios) 161
　　__と生息場所の分類 (habitat classification) 150
　　__とニッチ分化 (niche differentiation) *728*, 728-730
　　繁殖齢との関係 (age at maturity relationship) 161, *162*, 163
　　分解者 (陸上の) (decomposers (terrestrial)) 430, *431*
カリウム (potassium) 108, 690, 691, 693
　　種の豊富さへの影響 (species richness effects) 792
カルシウム (calcium) 690, 700
カルビン-ベンソン回路 (Calvin-Benson cycle) 85
カロチノイド (carotenoids) 77, *78*
環境傾度分析 (gradient analysis) 623
環境収容力 (K) (carrying capacity (K)) 176-180, *178*
　　競争モデル (competition models) 187-188
　　K 淘汰 (K selection) 156-159
環境条件 (environmental conditions) 37-70
　　極端な__ (extreme) 40, 55-56
　　群集の構成 (communiqr composition) 26-33
　　　　ワムシ (rotifers) 625-627, *626*
　　　　最適な範囲 (optimal range) 37, *38*
　　　　　　反応曲線 (response Curves) 37, *38*
　　　　自然淘汰 (natural selection) 4-5

事項索引

　　種間競争への影響（interspecific competition impact）
　　　　309-310
　　地球規模の変化（global change）　64-69
　　ニッチ分化（niche differentiation）　334
　環境の異質性（不均質性）（environmental heterogeneity）
　　　33-34
　　寄生者―寄主相互作用（parasitoid-host interactions）
　　　　409-411, *410*
　　種間競争（interspecific competition）　307
　　共存の促進（coexistence enhancement）　314-315
　　種の豊富さに影響する要因（species riclmess
　　　　enhancement）　793-794, *795*
　　捕食者―被食者相互作用（predator-prey interactions）
　　　　407-408, 414-420, *416*, *417*
　　連続時間モデル（continuous-time models）　411-412
　　→「パッチ」「パッチ性」も見よ
　環境のきめ細かさ（environmental grain）　*214*, 214
　環境のきめの粗さ（grain of environment）　*214*, 214
　カンジキウサギ―オオヤマネコの個体数振動（snowshoe
　　hare-lynx population cycles）　*390*, 397, 560,
　　560, *561*, 566-568, *568*
　干渉（interference）　170-171, 298
　　縄張り制（territoriality）　196
　　捕食寄生者（疑似干渉）（parasitoids (pesudo-
　　　　interference)）　*385*, *384*
　　捕食者（predators）　*384*, 385
　岩礁域
　　イガイ床のパッチ動態（mussel bed patch dynamics）
　　　　646-648, *647*
　　大型藻類床（macroalgal beds）　682
　　攪乱事象（disturbance events）　629
　　ギャップ形成／種の豊富さ（gap formation/species
　　　　riclmess）　643-644, *644*
　　グレイジングの影響，群集構造への（grazing effects
　　　　on community structure）　737
　　食物連鎖（food chains）　*775*
　　遷移（succession）　629
　　捕食者の影響（predator effects）　740-741, 748
　　→「潮間帯」も見よ（
　乾性降下物（dryfall）　691, *692*, 712
　岩石圏（lithosphere）　689
　感染（infection）　453
　　寄主の感受性／抵抗性（host susceptibility/resistance
　　　　following (S-I-A models)）　461-2
　　寄生者への防御（parasite defenses）　462
　　個体群動態（population dynamics）　476-484
　　　＿の平均強度（mean intensity）　472
　　無脊椎動物の防御（invertebrate defenses）　462
　　免疫反応（immune response）　461, *461*, 462, *462*,
　　　　463-465, *465*
　　罹患率への効果（morbidity effects）　477
　　流行（prevalence）　472
　　→「病気」「微小寄生者」も見よ
　感染の流行（epidemic infection）　472
　　＿曲線（curve）　478-479, *479*
　乾燥（dessiccation）　49
　乾燥（drought）（
　　季節的に乾燥する熱帯林での戦略（strategies in
　　　　seasonally dry tropical forest）　*83*, 83

　　種の分布への影響（species distri)ution impact）　55
　　潮間帯の生物（intertidal organisms）　60-61
　　葉の適応（leaf adaptations）　83
　乾燥地，一次生産力（arid regions, primary productivity）
　　　665-666
　含窒素複素環化合物除草剤（heterocyclic nitrogen
　　　herbicides）　582
　ガンマ（γ）多様性（gamma (γ) richness）　788
　管理（management）　823-854
　　食物網の操作（food web manipulation）　830-840
　　生態系の健康度（ecosystem health）　838-840
　　生物多様性（biodiversity）　840-846
　　遷移の操作（succession manipulation）　824-829
　　　農業生態系（agroecosystems）　824-828
　　　復元（restoration）　828-830
　　　保全（conservation）　830
　　農業での生態系過程の＿（ecosystem processes in
　　　agriculture）　836-838
　　富栄養化の生物的操作（eutrophication
　　　biomanipulation）　835, *836*
　木　→「樹木」の項を見よ
　キーストーン種（keystone species）　762-764, 773-774
　器官脱離，植食に対する反応（abscission, herbivory
　　　response）　348
　危急種（vulnerable species）　262
　危険の集中（aggregation of risk）　409-411, *411*, 417
　　捕食寄生者と寄主の相互作用（parasitoid-host
　　　interactions）　409-411, *411*, 417, *418*, *419*
　気候（climate）
　　種の豊富さへの影響（species riclmess influence）
　　　786, *798*, 798
　　モデル構築（modeling）　66
　　→「地球規模の気候変動」も見よ
　気孔（stomata）
　　開閉（opening）　665
　　高温への適応（high temperature adaptations）　49
　　光合成（photosynthesis）　82, 83
　　水分喪失（water loss）　82, 83, 91-92
　　ベンケイソウ型有機酸代謝（crassulacean acid
　　　metabolism pathway）　86-88
　気候順化（acclimatization）　46
　疑似干渉（pesudo-interference）　385
　稀少種（rare species）　263
　　個体群動態（population dynamics）　263
　　絶滅の危険性（extinction risk）　263
　寄生者（parasites）　97, 301, 345, 453-497, 499, 736
　　大型寄生者（macroparasites）　453, *454*, 455-456
　　活物栄養寄生（biotrophic）　462
　　寄主との共進化（host coevolution）　458, 459, 493-
　　　496, *496*, **496**
　　寄主との相互作用（host interactions）　34, 285, 458-
　　　467
　　　個体群動態（population dynamics）　476-484,
　　　　485-493, *488*, 555
　　　見かけの競争（apparent competition）　315-316
　　寄主の生息場所の特異性（host habitat specificity）
　　　461
　　寄主の成長／行動の変更の誘導（host growth/
　　　behavior change induction）　463

951

寄主の抵抗性／免疫（host resistance/immunity） 461
　　S-I-R モデル（S-I-R models） 463-464
寄主の特異性（host specificity） 460, 460
寄主の免疫反応（host immune response） 478
寄主への悪影響（host detrimental effects） 473-477, 473
　競争（competition）
　　寄主内での＿（within hosts） 464-467, 466
　　　非対称的な種間＿（asymmetric interspecific）
　　　　298-299
　群集構造への影響（community structure influence）
　　717, 743-747, 747-748, 749
　死物栄養の＿（necrotrophic） 425, 463
　島の生物地理学（island biogeography） 807
　社会＿（social） 457
　集中分布（aggregated distribution） 471, 473
　種の豊富さへの影響（species richness influence）
　　786-787
　食物連鎖の長さ（food chain length） 775
　托卵寄生／繁殖寄生（brood） 457, 457
　多様性（diversity） 453-458
　中間寄主（intermediate hosts） 454-455, 467
　　制御の測定（control measures） 484
　伝播（transmission） 467-470
　　寄主の多様性への影響（host diversity effects）
　　　470-471, 471
　　接触率（contact rate） 467
　　地域的ホットスポット（local hot spots） 469-470, 469
　　＿の動態（dynamics） 467
　　頻度依存的＿（frequency-dependent） 467-470
　　密度依存的＿（density-dependent） 467-470, 469
　伝播係数（transmission coemcient） 467, 477
　媒介者（vectors） 454, 456, 467, 482
　微小寄生者（microparasites） 453, 454, 455
　本来の／偶発的ホスト（natural/accidental hosts）
　　463
　メタ個体群（metapopulations） 467, 484
寄生者介在の共存（parasite-mediated coexistence） 743-744, 745
寄生者感染への行動的反応（behavioral response to parasite infection） 464
季節性（seasonality） none
　一次生産力（primary productiviq） 658, 659
　温度の変動（temperature variation） 50-51
　海洋の栄養塩の流れ（ocean nutrient fluxes） 704-705, 706
　活動性（movements） 217
　花粉の利用可能性（pollen availability） 511
　種の豊富さへの影響（species riclmess effects） 797
　太陽放射（solar radiation） 72, 74
　多回繁殖（iteroparous breeding） 119-121
　＿的移動（migration） 219
規則分布（一様分散）（regular distribution (dispersion)）
　213, 214, 214
基礎純生産速度　→「R」を見よ
基礎繁殖率　→「R_0」を見よ
擬態（mimicry） 106
北大西洋振動（NAO）（North Atlantic Oscillation (NAO)）
　51, 53, 54, 563
キチン質合成阻害物質（chitin-synthesis inhibitors） 580
キツネ（foxes）
　狂犬病の伝播（rabies transmission） 490-493, 442
　日和見的な死体食（opportunistic carrion-feeding）
　　446, 447
機能の反応（functional responses）
　タイプ1の＿（type 1） 402, 402, 410
　タイプ2の＿（type 2） 402-403, 403, 405-406, 410
　タイプ3の＿（type 3） 403-404, 404, 406, 420
　捕食寄生者―寄主の関係（parasitoid-host relationships） 409-411
逆補償減少（depensation） 599
ギャップ（gaps） 641
　＿形成（formation） 645-649
　＿の頻度（frequency） 643-645, 644
　遷移過程（successional processes） 642, 642-643
　熱帯多雨林の林冠（tropical rain forest canopy） 29
　＿への移住（colonization） 62, 215, 308, 646-649, 648, 649, 736
　　共存の促進（coexistence promotion） 649-650, 650
　　空間の先取り（space Preemption） 309
休眠（広義の）（dormancy） 46, 82, 219-222
　強制＿（enforced） 221
　結果として起きる＿（consequential） 219
　種子＿（seeds） 127, 219-220
　生得＿（innate） 221
　＿の打破（breaking mechanisms） 50, 91
　誘導＿（induced） 221
　予測可能な＿（predictive） 219
休眠（diapause） 220
狂犬病（rabies） 490-493
共進化（coevolution） 34, 106, 372
　寄生者と寄主の＿（parasite-host） 457, 459, 493-496, 496, 496
　軍拡競走（'arms races'） 102-103, 372
共生者（symbiosis） 499-537
　＿定義（definition） 499
　r/K 淘汰（r/K selection） 158-160
競争（competition） 40, 71
　アリの相利（ant mutualisms） 502
　一方に偏った＿（one-sided） 171-172
　勝ち残り型（contest） 185, 197
　環境からの影響（environmental influences） 56-57, 57, 309
　干渉（interference） 170, 298, 383
　　相互＿，捕食者／被食者の（mutual predator/prey） 398, 399, 401
　寄主中の寄生者の＿（parasites within hosts） 464-467, 466
　寄生者の負荷の影響（parasite burden effects） 475-476
　近親者との競争回避（kin competition avoidance）
　　233-234
　個体群の大きさの調節（population size regulation）
　　176-180, 179, 195
　個体群密度（混み合い）（population density (crowding)） 173-175

事項索引

産卵数 / 成長への影響（effects on fecundity/growth） *185*, 185
自己間引き（self-thinning） 200–205
種間＿（interspecific） 387–388, 391–343
　　置換え実験（substitutive experiments） *320*, 320
　　競争からの解放（competitive release） 323, 325
　　競争排除（competitive exclusion） 393, 397, 300, 304–307
　　共存（coexistence） 295–297, 300, 304, 717, 73
　　群集における一般性（prevalence in communities） 718–720
　　群集の構造を作る力（community structuring power） 720–721
　　群集の組織化への影響（community organization influence） 717–736, 746, 750
　　形質置換（character displacement） 323–326, *324*
　　先取り（preemptive） 307, 309, *309*
　　資源の相互依存性（resource interdependence） 299–300
　　自然の実験（natural experiments） 326–328, *328*
　　集中分布（aggregated distributions） *309*, 309
　　種の豊富さの影響（species richness influence） 787, 789
　　進化的影響（evolutionary effects） 296, 322–326
　　生態的観点（ecological aspects） 296
　　絶滅（extinctions） 717
　　対称的 / 非対称的＿（symmetric/asymmetric） 298–299
　　他感作用（アレロパシー）（allelopathy） 298
　　付け加え実験（additive experiments） 319–322
　　敵対作用（mutual antagonism） 306–307
　　淘汰実験（selection experiments） 328–329
　　ニッチ分化（niche differentiation） 721–729
　　反応面分析（response surface analysis） 322–323, *323*
　　負の関連を示す分布（negatively associated distributions） 731–734, *732*
　　ロジスティック（ロトカ・ヴォルテラ・モデル）モデル（logistic ('Lotka-Volterra') model） 300–304, 306–307
種内＿（intraspecific） 169–208
　　捕食による低減（predation-related reduction） 357
　　消費（取り合い）（exploitation） 170, *171*, 297–298
　　　単一の資源（single resource） 335–336, *337*
　　　2 種類以上の資源（more than two resources） 341–342, *342*
　　　2 種類の資源（two resources） 337–341, *339*
　　食物網への影響（food web effects） 753–754
　　数学モデル（mathmatical models） 187–194
　　　個体群動態（population dynamics） 189–190, *191*
　　　時間遅れの組み込み（time lags incorporation） 189
　　　不連続な繁殖期（discrete breeding seasons） 187–193
　　　連続的繁殖（continuous breeding） 193–194
　　遷移のメカニズム（succession mechanisms） 634–636
　　窒素固定の相利（nitrogen-fixing mutualisms） *531*, 531–532
　　定義（definition） 169
　　定量化（quantification） *183*, 183–185, *184*, 185
　　共倒れ型＿（scramble） 185, 190
　　なわばり性（territoriality） 196–200, *199*
　　非対称的＿（asymmetric） 194–196, *197*
　　大きさの不等性（size inequalities） 194, *195*, *196*
　　資源の先取り（resource preemption） 194–196
　　歪んだ頻度分（skewed distributions） 194, *195*, *196*, 196
　　補償（compensation） 184–185, 189
　　見かけの（敵のいない空間をめぐる）＿（apparent (for enemy-flee space)） 315–319, *315*, *316*, 318
　　密度依存性死亡率 / 産卵数（density-dependence mortality/fecundity） 172–173, *173*
　　　個体群成長 population growth） 180–183
　　無機物をめぐる植物 / 分解者の＿（plants/decomposers for minerals） 94, 438–439
　　モジュール型生物（modular organisms） 212–213
競争からの解放（competitive release） 323, 325
競争係数（competition coefncient） 332
競争係数（α）（competition coefncient (α)） 301
競争的くじ引き（competitive lottery） *649*
競争排除（competitive exclusion） 293, 297, 323, 717, 736, 792
　　ギャップへの移住（gaps colonization） 309
　　ニッチ理論（niche theory） 304–306
競争排除則（Competitive Exclusion Principle (Gause's Principle)） 305, 331
共存（coexistence） 34–35, 293, 295, 297, 300, 304
　　環境の変動（environmental fluctuations） 309–310
　　寄生者介在の＿（parasite-mediated） *745*, 745
　　寄生者の＿（parasites） 466
　　空間先取り（space preemption） *309*, 309
　　資源の取り合い（exploitation）
　　　単一の資源（single resource） 335–336, *337*
　　　二種類以上の資源（more than two resources） 341–342, *342*
　　　二種類の資源（two resources） 336–341, *339*
　　資源利用曲線（resource-utilization curves） 331, 331–332
　　集中分布（aggregated distributions） 310–314, *313*
　　種間競争（interspecific competition） 717, 720, 735
　　消費者介在の＿（exploiter-mediated） *737*, 737
　　束の間のパッチ（in ephemeral patches） 310
　　逃亡種 / 多年生の種の＿（fugitive/perennial species） *308*, 308
　　　ギャップへの移住（gap colonization） 308, 646–649, *648*, *649*
　　ニッチ分化（miche differentiation） 304, 311, 313, 316, 329–334, 721, 726–727
　　捕食者介在の＿（predator-mediated） 741–742
　　類似の限界（limits to similarity） 331–333
漁業管理（fisheries management） 602–603, *604*, 607–608
　　アワビ漁（abalone fishery） 832
　　漁獲禁止区域（no-take zones） 611
　　最大持続収穫量（maximum sustainable yield） 594–595, *595*, 611
　　時系列分析（time series analysis） 609

資源量の推定（stock assessment） 607-610
持続可能性の目標（sustainability objectives） *850*, 850
データなしの＿（dateless） 610
努力―収穫量の関係（yield-effort relationships） 607, *608*
保護ネットワークの設計（reserve networks design） 611-613, *613*
「収穫管理」も見よ
漁業の崩壊（fisheries collapse） 596, *596*, 600
環境変動の影響（environmental fluctuation effects） 600-601
極砂漠（polar desert） 26
分解者（decomposers） 430-431
極相群集（climax community） 640-641, 828
極端な条件（extreme conditions） 40, 55-56, 61-62, 794-795
種の分布（species distribution） 55
極の種の豊富さ（polar species richness） 798
極の氷冠（polar ice caps） 707
ギルド（guilds） 723
形態的分化（morphological differentiation） 729
ニッチの相補性（niche complementarity） 723
均衡度／均等性，分布の（equitability/evenness of distribution） 620
菌根（mycorrhizas） 90, 521-525, *522*
エリコイド菌根（ericoid） 525
外生菌根（ectomycorrhizas） 522-523
樹枝状体＿（arbuscular） 522, 523-524, *523*, *639*, *640*, 838
菌食との相利（fungivorore mutualisms） 430
近親交配（inbreeding） 222
近交弱勢（depression） 222, *223*
小個体群（small populations） 265, 266
＿の回避（avoidance） 227
金属汚染（metal pollution） 50, 62-63
生息場所の復元（habitat restoration） 241-242
耐性（tolerance） 241, 242
菌類（fungi）
好熱性（thermophilic） 49
栽培，アリ／甲虫による（farming by ants/beetles） 506-508
植物の寄生者（plant parasites） 455, 460, 463, 467, 521
伝播（transmission） 509
農作物の病原体（crop pathogens） 481-482
植物の相利（plant mutualisms） 499-500, 521-525
植物の根の連合 →「菌根」をみよ
水生の＿（aquatic） 427, *428*
脊椎動物の消化管内の微生物相（vertebrate gut mutualistic microbiota） 512
専食者（specialist consumers） 430-431
地衣類のミコビオント（lichen mycobionts） 525-526
デトリタス食者の消費（detritivore consumption） 441-442
微小寄生者（microparasites） 455, 460, 463, 509, 744
分解者（decomposers） 425, 427-429
死体の＿（carrion） 446
木材の＿（wood） 436
胞子（spores） 427, *428*

グアノ（guano） 659
空間スケール（spatial scale） 214
空間分布（散らばり） →「分布」の項を見よ
空気（air）
断熱膨張（adiabatic expansion） 51
→「大気」も参照
空隙性（lacunarity） 610, *611*
クチクラの分解（cuticle decomposition） 428
組み合わせの規則（assembly rules） 807
クライン（連続変異）（cline） 13-14, *14*
クラスター分析（cluster analysis） *626*, 627
クラッチサイズ（一腹卵数）（clutchsize） 138, *147*, 147, 155, 155-156, *160*, 160
子の数と適応度とのトレードオフ（offspring number-fitness trade-off） *155*, 155-156
相対成長的な関係（allometric relationships） *162*, 163
グリセロールによる凍結回避（glycerol in freezing avoidance） 46, *47*
グリホサート（除草剤）（glyphosate） 582
グルコシノレート（glucosinolates） 103-105, *105*
グレイザー（喫食者）／グレイジング（喫食）（grazers/grazing） 27, 97, 345, 352, 639
エネルギー流（energy flow） 681
群集構造（community structure） 675, 678, *737*, 737-740, *739*, *740*
種の豊富さへの影響（species richness effects） *737*, 737-740, *739*, *740*, 792
消費効率（consumption emciency） 681
消費者介在の共存（exploitermediated coexistence） 737, 738
栄養カスケード（trophic cascades） 758
食物網（food webs） 760-761
取り合い型競争（exploitation competition） 229
微生物食者（microbivores） 430
2つの安定状態（alternative stable states） 420
クローン分散（clonal dispersal） 212-213
黒穂病（smuts） 456
クロルデン（殺虫剤）（chlordane） 580
クロルホキシム（農薬）（Chlorphoxim） **587**, 587
クロロフィル（chlorophyll） 73, 77, *78*
生産力の推定（productivity assessment） 655-656
クロロフルオロ炭素（chlorofluorocarbons） 65
軍事廃棄物の汚染地域の復元（munition dump restoration9 242
群集（communities） 26-33, 615, 617-653
安定性，数理モデル（stability, mathematical models） 764-767, *768*
栄養構造（trophic structure） 676-678, *679*, 763
エネルギー流（energy flow） 623
攪乱への反応（response to disturbance） 629
環境傾度分析（gradient analysis） 623
寄生の影響（parasitism influences） 743-748
競争の影響（competition effects） 717-736
競争の卓越（competition prevalence） 718-720
極相（climax） 640-641
空間的パターン（spatial pattems） 623-628
景観という観点（landscape perspective） 651-652
構成要素での特徴づけ（composition characterization） 619-623

事項索引

個体群相互作用（population interactions）717–752
　　促進（facilitation）751
　　物理的条件による変化（modulation by physical conditions）749–751
個別概念（individualistic concept）627
　　時間的パターン（temporal patterns）628–633
　　死物体量（necromass）638–639
　　集合規則／制約（assemblage rules/constraints）617, 617–618
　　種の豊富さ（species richness）619, 619
　　順位―アバンダンス図（rank-abundance diagrams）621–623, 622
　　序列法（ordination）625, 627
　　生活形スペクトル（life form spectra）32–33
　　生息場所のスケール（habitat scale）618
　　遷移 →「遷移」を見よ
　　全体としての特性（collective properties）618–619
　　創始者制御の__（founder-controlled）629, 649–650
　　創発的特性（emergent properties）618–619
　　組織化の程度（as level of organization）627
　　多様性指数（diversity indices）619–621
　　超有機体（superorganism concept）627
　　抵抗性（resistance）764, 769
　　動的に頑強／脆弱（dynamically robust/dynamically fragile）764–766
　　__の境界（boundaries）627
　　__の分類（classification）625–627
　　パッチ動態（patch dynamics）641–650
　　復元力（resilience）764, 769, 773, 773
　　複雑性（complexity）766–771
　　平衡／非平衡理論（equilibrium/nonequilibrium theories）736–737
　　捕食の影響（predation influences）737–743
　　優占種制御の__（dominance-controlled）629, 642–643
警告色（aposematism）106
経済学（economics）
　　減価（'discounting'）605
　　被害許容水準（injury levels）579, 579
　　要防除水準（thresholds）579
経済的最適収穫量（economically optimum yield）605, 605
珪酸塩（silicate）296, 703, 703, 706
　　種間競争（interspecific competition）340, 341
　　循環（cycling）428
形質置換（character displacement）323–326, 325, 326, 327
傾斜（gradients）33
　　厳しき境界（hard boundaries）812
　　種の豊富さ（species richness）809–813
　　多型の維持（polymorphisms maintenance）8, 10
珪藻（diatoms）
　　珪素をめぐる競争（competition for silicate）295–296, 296, 304
　　種間競争（interspecific competition）346
　　分解者（decomposers）428
形態的差違，ニッチ分化（morphological differences, niche differentiation）728–730
鶏痘（bird pox）744
系統解析，ニッチ分化での形態的差違（phylogenetic analysis, morphological differences in niche differentiation）730–731, 731
系統発生（phylogeny）5
　　生活史への影響（life history innuences）160, 164–167
下水処理（sewage disposal）693, 701, 702, 636–637
　　リンの処理（phosphorus dispersal）709–711
結核（tuberculosis）453
穴居性動物（hole dwellers）106
齧歯類（rodents）
　　疫病，毒性の強い（plague virulence）460
　　餌探索行動（foraging behavior）373–374
　　殺鼠剤抵抗性（pesticides resistance）585
　　砂漠の__（desert）792
　　種子捕食（seed predation）353
　　消化管内の相利的微生物相（gut mutualistic microbiota）512–513
　　送粉者（pollinators）509
結腸の発酵室（colon fermentation chamber）513, 513
ケラチンの分解（keratin decomposition）448
限界値定理（marginal value theorem）377–383, 378, 380, 381
嫌気的代謝，分解者の（anaerobic metabolism, decomposers）427–428
原生生物，温度依存的成長／発育（protists, temperature-dependent growth/development）42
原生動物（Protozoans）
　　疑似干渉（pseudo-interference）409, 412
　　継続する感染（persisitent infections）478, 479
　　種間競争（interspecific competition）294–295, 304
　　消化における相利（digestive mutualism）439–440
　　　　シロアリ（termites）515
　　　　脊椎動物（vertebrates）512–513
　　　　反芻動物（ruminants）514–515
　　セルラーゼ（cellulases）439–440
　　デトリタス食者（detritivores）430–432, 434
　　微小寄生者（microparasites）455
　　微生物食者（microbivores）426
現存量（standing crop）none
　　一次生産力との関係（primary productivity relationship）661–662, 662
　　__の定義（definition）656
口器（mouthparts）97
攻撃性（aggression）303, 565, 722
光合成（photosynthesis）71, 72, 656
　　C3回路（C_3 pathway）82, 85
　　C4回路（C_4 pathway）82, 86
　　気孔の開孔（stomatal opening）80–83
　　__効率（efficiency）664, 664, 668
　　正味の速度（net rate）77, 79, 80
　　水界の生息場所（aquatic habitats）77
　　水分要求（water requirement）80–83, 664
　　生産力の評価法（productivity assessment methods）655
　　粗一次生産力（gross primary productivity）657
　　藻類の共生者（algal symbionts）519–521
　　__速度（rate）87
炭素循環（carbon cycle）687, 713
二酸化炭素（carbon dioxide）83–89

波長帯（wavebands） 74
光阻害（photoinhibition） 71, 108
ベンケイソウ型有機酸代謝（crassulacean acid
　　　metabolism (CAM)） 82, 85, 86
放射利用効率（radiation utilization efnciency） 80
補償点（compensation point） 77, 86
→「一次生産力」も見よ
光合成色素（photosynthetic pigments） 77
　　吸光スペクトル（absorption spectra） 78
光合成能（photosynthetic capacity） 77, 80
光合成有効放射（PAR）（photosynthetically active radiation
　　　(PAR)） 74, 76, 80
耕作放棄地での遷移（old-field succession） 631, *633*, 638
交雑（hybridization） 5, 12
光周性（photoperiod） 50, 121
　　休止期につづく発芽の刺激（germination stimulation
　　　following dormancy） 220-221
　　休眠（predictive diapause） 220
更新世の氷河期の繰り返し（Pleistocene glacial cycles）
　　21, *21*
降水量（precipitation） 707
　　一次生産力との関係（primary productivity
　　　relationship） 665-666, *666*
　　　　年内の変異（annual variations） *683*, 683-684
　　ウォッシュアウト成分（washout component） 691
　　酸性雨（acid rain） 712
　　種の豊富さへの影響（species richness influence）
　　　790-792
　　存在量を決める__（abundance determinant） 561-
　　　562, *562*
　　無機栄養塩類の湿性降下物（mineral nutrient wetfall）
　　　691
　　レインアウト成分（rainout component） 691
構築者（生態的／生態系の）（engineers, ecological/
　　　ecosystem） 500, 748, 763
甲虫（beetles）
　　菌類栽培の相利（fungal farming mutualism） 506
　　死肉の消費（carrion consumption） 446
　　シデムシの活動（burying activities） 448-449, *449*
　　敵対作用（mutual antagonism） **306**, 306-307, **307**
　　糞虫の活動（dung removal activities） 444-445, *445*
口蹄疫病（foot-and-mouth disease） 478
好熱性原核生物（thermophilic prokaryotes） 49
コウモリの送粉者（bat pollinators） 509
肛門栄養交換（proctodeal trophallaxis） 440
ゴキブリの消化の相利（cockroach digestive mutualism）
　　439
呼吸（respiration） 72, 77-78
　　従属栄養生物の__（heterotrophic） 656
　　水中の環境（aquatic environments） 96
　　生態系（ecosystem） 656
　　炭素循環（carbon cycle） 713-715
　　独立栄養生物の__（autotrophic） 656
　　補償点（compensation point） 77, 86
呼吸系（respiratory systems） 96
国際生物学事業計画（IBP）（International Biological
　　　programme (IBP)） 655
個体（individuals） 111-117
　　計数法（couming methods） 117-119

工業暗化（industrial melanism） 10, *11*
変異（variation） 4
個体群（population） 117
　　限界線（boundary lines） 203
　　__平均存続時間（T）（persistence time (T)） 272-273
　　振動 →「個体数振動」を見よ（cycles See
　　　abundance cycles (none
　　増加率（increase rates） 132-138
　　多様化（divergence） 8
　　__の大きさ（個体数）の推定（size determination）
　　　117-118, 539-540
　　__崩壊（crashes） 421
個体群生態学的過程（demographic processes） 111
個体群存続可能性分析（PVA）（population viability analysis
　　　(PVA)） 268-279
　　意志決定分析（decision analysis） 270-271, *271*
　　限界（limitations） 278
　　シミュレーションモデル（simulation modeling） 274-
　　　278, *275*, 275, *276*, *277*
　　生物地理学的データ（biogeographical data） *269*,
　　　269-270
　　専門家による主観的評価（subjective expert
　　　assessment） 270-272
個体群投影行列（population projection matrices） 135-138
個体群動態（population dynamics (none
　　アリー効果（Allee effect） 405-407
　　寄主個体群への寄生者の影響（parasite impact on host
　　　populations） 484-493, *486*, *487*
　　寄生者の伝播（parasite transmission） 468
　　機能の反応（functional responses） 402-407
　　　タイプ1（type 1） 402, *402*
　　　タイプ2（type 2） 402-403, *403*, 405
　　　タイプ3（type 3） 403-404, *404*
　　小個体群（small populations） 266-268
　　数理モデル（mathematical models） 188-190, *191*
　　農作物の病原体（crop pathogens） 481-482, *482*
　　微小寄生者の感染（microparasite infection） 476-484
　　　流行（epidemics） 470
　　被食者個体群（prey populations） 356-359
　　分散の効果（dispersal effects） 227-230
　　捕食（predation） 389-424
　　捕食者―被食者相互作用 →「捕食者―被食者」の項
　　　を見よ
　　保全活動（conservatiorl activities） 240
　　稀少種（rare species） 263
　　メタ個体群（metapopulations） 235-238
　　→「存在量」も見よ
個体群の大きさ（population size）
　　推定（estimation） 117-118, 539-540
　　存続時間（T）との関係（persistence time (T)
　　　relationship） 272-274, *273*
　　モジュール型生物（modular organisms） 112
　　「存在量」も見よ（See aho abundance (none
　　r/K淘汰（r/K selection） 157
個体群の成長（population growth (none
　　餌の利用可能性との関係（food availability
　　　relationship） 554, *555*
　　競争のモデル（competition models） *187*, 187-190,
　　　189, *190*

事項索引　957

個体数振動（fluctuations）　189-190, *191*
　　時間遅れを組み込んだ__（time lags incorporation）　189
　　ロジスティック方程式（logistic equation）　193-194, *194*
　　個体当りの基礎純増殖率（R）（fundamental net per capita rate (R)）　133, 187
　　指数関数的__（exponential）　187, *187*, 193
　　内的自然増加率（r）（intrinsic rate of natural increase (r)）　134
　　人間の個体群（human populations）　239, *239*
　　密度依存的__（density-dependent）　180-183
個体群の臨界値（critical population size）　478, 480
個体群密度（population density）　117, 173-176, *175*
　　競争による制御（competition in regulation）　176-180, *179*, 194-196
　　収穫量との関係（yield relationship）
　　　　最終収量一定の法則（law of constant anal yield）　181-183, *182*, *183*
　　　　自己間引き（self-thinning）　200-202, 205
　　純加入数曲線（net recruitment curves）　178, *180*
　　成長曲線（growth curves）　178-180, *181*
　　__の定義（definitions）　174-175
個体数（存在量，アバンダンス）（abundance）　118, 539-576
　　因果関係（causal relationships）　540
　　機械論的手法（mechanistic approach）　545, 553-556
　　群集を特徴づける__（community characterization）　619-620
　　決定因（determinants）　540-541, *543*, 543-544
　　個体群統計学的手法（demographic approach）　545-553
　　混み合い効果（crowding effects）　398-401, *400*
　　時間的遅れを組み込んだ方程式（time-lag equation）　557
　　時系列分析（time series analysis）　557-560, *558*, 563, *564*
　　→「個体群動態」「個体群の大きさ」も見よ
　　実験的研究（experimental studies）　540, 554-555, 557
　　振動　→個体数の振動（oscillations see abundance cycles）
　　相関関係（correlations）　540, 554, *555*
　　多重平衡点（multiple equilibria）　420-422
　　弾力性分析（elasticity analysis）　550-552, *552*
　　__の安定性（stability）　401, 541, *542*
　　__の調査法（study methods）　539, 545
　　__の調節（regulation）　541-543, *543*, 544
　　パターン（patterns）　389
　　変動（fluctuations）　541, *542*, *544*, 545
　　変動主要因分析（key factor analysis）　545-550
　　捕食の影響（predation effects）　356-358
　　密度依存的過程（density-dependent processes）　542, *543*, 543-544, 557
　　密度独立的過程との相互作用（density-independent processes interaction）　*562*, 562-563
　　密度を用いる手法（density approach）　544, 557-562
　　ラムダ（λ）寄与分析（lambda (λ)-contribution analysis）　550, 553
　　理論的観点（theoretical aspects）　543-545

ロトカ-ヴォルテラ・モデル（Lotka-Volterra model）　391, *392*, 393
個体数の振動（周期的な変動）（abundance cycles）　389, *390*, *392*, 423, 563-575
　　1世代の循環（one-generation cycles）　*396*, 396
　　遅れのある密度依存性（delayed density dependence）　393-395, *394*
　　カラフトライチョウの__（red grouse）　557, 565-566, *566*
　　カンジキウサギとオオヤマネコの__（snowshoe hare-lynx system）　*390*, 397, 559-560, *560*, *561*, 566-568, *567*
　　自己相関関数分析（autocorrelation function (ACF) analysis）　563, *564*, 564
　　スペシャリストの捕食者仮説（specialist predator hypothesis）　571-573, *573*
　　Nicholson-Baileyのモデル（Nicholson-Bailey model）　395-396
　　__の外的要因（intrinsic factors）　563
　　__の検出（detection）　397, 563-565
　　__の内的要因（extrinsic factors）　563
　　ハタネズミ類の__（microtine rodents）　401, *558*, 558, 568-574
　　捕食者と被食者の共振動（predator-prey coupled oscillations）　*390*, 390
　　母性効果モデル（maternal effect model）　*570*, 570
固着（基質への藻類の）（adhesion/anchorage）　60, 61, 500
固着性生物（sessile organisms）
　　環境変動への適応（adaptation to environmental change）　6
　　干渉（interference）　170
　　競争（competition）　175
　　自己間引き（self-thiming）　207
　　生命表（life tables）　128-129
　　幼生の分散（larval disperal）　226
固定収穫枠（fixed quota harvesting）　595
固定比率収穫（fixed proportion harvesting）　597-599
コドラート（quadrat）　118
子の大きさと数のトレードオフ（offspring size/numbers trade-off）　146, *147*, 155
子の数（number of offspring）
　　適応度とのトレードオフ（fitness trade-off）　146, *147*, 155
　　一腹卵数（clutch size）　155-156
コホート生命表（cohort life tables）　135, **136**
　　一年生種の__（arulual species）　122-123, **123**
　　繰り返し繁殖する個体の__（repeatedly breeding individuals）　128, **129**, *129*, 132
　　内的自然増加率（intrinsic rate of natural increase (r) calculation）　134, 135
コホートの世代時間（cohort generation time）　134
混み合い（crowding）　175
　　競争（competition）　174-175, 188
　　捕食者―被食者の個体群動態（predator-prey population dynamics,）　398-401, *400*
固有種（endemic species）　16
　　島の個体群（island populations）　*808*, 808-809
コラーゲン分解酵素（collagenase）　448
根茎（rhizomes）　114, 131, 220

根圏（rhizosphere）426
コンゴ出血熱（Congo hemorrhagic fever）831
昆虫（insects）
　　化石記録での分類群の豊富さ（fossil record oftaxon riclmess）814, *815*
　　体の大きさの制約（body size constraints）161
　　休眠（diapause）219
　　菌細胞での共生（mycetocyte symbioses）516, 517
　　クラッチサイズ（一腹卵数）（clutch size）155
　　社会寄生（social parasitism）457
　　植食性（phytophagous）103, *104*, 104, 349, *349*, 362, *362*, 719-720, 744
　　植物／動物の大型寄生者（plant/animal macroparasites）454-455
　　植物の防衛（plant defenses）13, 922
　　生物的除去の担い手（biological control agents）588, 610
　　遷移に沿った種の豊富さの傾斜（successional species-riclmess gradients）*814*, 814
　　潜溶性の__（leaf-mining）346-348
　　送粉者（pollinators）509-510
　　体温調節（body temperature control）43
　　耐熱性（heat tolerance）49
　　虫癭（ゴール）形成（gall-forming）346
　　病気の媒介者（disease vectors）281
　　分散（dispersal）210, *211*, 211, 227
　　　　性による違い（sex-related differences）225
　　変態（metamorphosis）111
　　捕食寄生者 →「捕食寄生者」の項を見よ
　　密度依存性の個体群の大きさ（density-dependent population size）544-545
　　木材分解の活動（wood decomposing activities）436
　　有害生物（pests）555
　　卵（eggs）220
昆虫食（insectivores）33
昆虫の成長の制御（insect growth regulators）580
根粒（root nodules）527, *528*, 691
根粒菌（rhizobia）
　　根粒（root nodules）527, *528*
　　種間競争（interspeciRc compedtion）531-532
　　窒素固定（nitrogen fixation）527, 838
　　マメ科植物の相利（legume mutualisms）527-529, *528*, 530

[さ行]
細菌（bacteria）
　　極端な pH への耐性（pH extremes tolerance）57-58
　　光合成色素（photosynthetic pigments）73
　　好熱性（thermophilic）50
　　昆虫の菌細胞の共生者（insect mycetocyte symbionts）516
　　シロアリの消化管（termite gut）515
　　スペシャリストの消費者（微生物食者）（speciahst consumers (microbivores)）429-430
　　生物的除去の担い手（biological control agents）590
　　脊椎動物の消化管内の相利（vertebrate gut mutualisms）512-513
　　窒素固定（nitrogen fixation）529
　　二次生産力（secondary productivity）675, *676*

ニッチ分化の実験（niche differentiation experiments）329, *330*, 331
反芻動物の消化管（ruminant gut）514, 514
微小寄生者（microparasites）454
　　寄主との共進化（host coevolution）495, **496**, *496*
分解者（decomposers）425-427, 429-430, 433-435
ミトコンドリアの進化についての連続共生説（serial endosymbiosis theory of mitochondial evolution）535
免疫反応（immune response）461, 478
硫酸還元菌（sulfate-reducing）712
在郷軍人病（Legionnaires' disease）478, *479*
採鉱による被害（mining damage）239
　　生息場所の復元（habitat restoration）241-242
採餌行動（foraging）347, 372-374
　　学習行動（learned behavior）381-382
　　限界値理論（marginal value theorem）377, *378*, 379-380, *381*
　　最適採餌理論（optimal foraging theory）367-368
　　　　パッチ利用（patch use）377-383
　　処理時間（handling time）369-370
　　__戦略（strategy）372-373
　　探索時間（search time）369-370
　　動物の記憶モデル（animal memory models）381-382, *382*
　　パッチ状の環境（patchy environments）374-386
　　パッチ滞在時間（patch stay-time）377, 379
　　範囲限定の探索（area-restricted search）376-377
　　不適なパッチの放棄（abandonment of unprofitable patches）*376*, 376-377, 379
　　捕食者の集中反応（predator aggregative response）*375*, 375-377, *376*
　　捕食の危険性（predation risk）373
最終収量一定（constant final yield）*182*, 182-183, *183*, 464, 465
採集摂食者（collector-gatherers）*433*, 433
採集デトリタス食者（collector detritivores）433
最小存続可能個体数（minimum viable population (MVP)）268-269, 274
最大持続収穫量（maximum sustainable yield）594-596, *595*
最適化の概念によるアプローチ，生活史の進化（optimization approach, life history evolution）139
最適採餌理論（optimal foraging theory）367-372
　　パッチ利用（patch use）377-383
最適防御理論（optimal defense theory）104
最適類似性（optimal similarity）717
栽培相利（farming mutualisms）504-508
砂丘，一次遷移（sand dunes, primary succession）629, 631, *632*
酢アミド系除草剤（substituted amide herbicides）581
作物の病原体（crop pathogens）
　　寄生者―寄主の共進化（parasite/host coevolution）495
　　個体群動態（population dynamics）481-482, *482*
サケ科魚類（salmomids）
　　河川／湖への侵入（invasions in streams/lakes）832-

事項索引　959

835, *833*
種間競争（interspecific competition）　291-292, *292*, 304-305
サケ類の回遊（salmon migration）　218-219
雑食性／雑食者（omnivores/omnivory）　345, 779, *780*
殺虫剤（insecticides）　580
殺虫剤（pesticides）
　持続性（persistence）　582
　総合有害生物管理（integrated pest management）　590
　抵抗性（resistance）　585-587, *586*
　二次的有害生物の再発（secondary pest resurgence）　583-584
　非標的生物への毒性（toxicity to nontarget organisms）　582, 584
　→「除草剤」も見よ
砂漠（desert）　29
　食物の利用可能性の変動（food availability fluctuations）　360-361, *361*
サバンナ（savannas）　27, *28*, 82-83, 639
　純一次生産力（net primary productivity）　657
さび病（rusts）　456
サブ個体群　→「メタ個体群」を見よ（subpopulations see metapopulations）
サンゴ礁（coral reef）
　攪乱事象（disturbance events）　629
　魚類の共存（fish coexistence）　649-650, **650**
　群集構造／遷移（community structure/succession）　639
　光合成をする共生者（藻類）（photosynthetic (algal) symbionts）　500, 519-521
　行動による相利（behavioral mutualisms）　501-502
　掃除魚―顧客の相利（cleaner fish/client mutualism）　500-501, *501*
　白化現象（bleaching）　*519*, 519-521, *520*
　繁殖期（breeding seasons）　128
酸性雨（acid rain）　61, 713
酸性（低pH）環境（acidic (low pH) environments）　796
　原核生物の耐性（prokaryote tolerance）　58
　植物の栄養塩の利用可能性（plant nutrient availability）　57-58
　植物の耐性（plant tolerance）　58
酸素（oxygen）　96
　同位元素分析（isotope analysis）　20, *21*
山頂（mountain tops）　798
サンプリング効果（sampling effect）　819-820
サンプリングの手法（sampling methods）　118
産卵数／産子数（繁殖量／種子生産量）（fecundity）
　寄生者の影響（parasitism effects）　473-476, **474**
　植食の影響（plant herbivory effects）　353-355
　密度依存性（density-dependence）　178, 185, *185*
　　競争の影響（competition effects）　173, *174*
　齢別産子／卵数（age-specific）　124, **131**, *131*, 131
ジアジノン（農薬）（diazinon）　580
シアノバクテリア（cyanobacteria）
　窒素固定（nitrogen fixation）　526, 530
　連続的内部共生説，葉緑体の進化（serial endosymbiosis theory of chloroplast evolution）　535
飼育繁殖計画（captive breeding programs）　272

ジェネット（genets）　115
潮の干満（tidal rhythms）　60-61, 217
時間的ニッチ分化（temporal niche differentiation）　334
時間的密度依存性（temporal density-dependence）　409-410, 412
ジクワット（除草剤）（diquat）　582
時系列解析（time series analysis）　557-559, *558*
　漁獲量の管理（fishery harvest management）　607-608, **609**
　密度依存／密度独立要因（density-dependent/-independent factors）　561-563
資源（resources）　71-110
　拮抗的＿（antagonistic）　108
　競争（competition）　169
　　非対照的＿（asymetric）　194-196, *196*
　種の豊富さへの影響（species richness influence）　789
　消費者との関係（consumer relationships）　438
　制限（limitation）　544, *545*
　成長の等値線（growth isoclines）　107-108, *108*
　相補的＿（complementary）　108
　阻害（inhibition）　109
　代替可能な＿（substitutable）　*107*, 108
　ニッチの次元（niche dimensions）　109
　ニッチ分化（niche differentiation）　333
　ニッチ理論（niche theory）　241-249
　＿の分類（classification）　107-109
　＿配分（allocation）
　　自己間引き（self-thinning）　204-205
　　表現型可塑性（phenotypic plasticity）　159
　範囲（range）　787
　必須＿（essential）　108
資源枯渇帯（RDZ）（resource-depletion zones (RDZ)）　74, 170
　窒素（nitrates）　94
　土壌の無機物資源（soil mineral resources）　91, 95
　根による水分の吸上げ（plant root water uptake）　91
資源で重みづけした密度（resource-weighted density）　174
資源比率仮説（resource-ratio hypothesis）　636, *637*
資源利用曲線（resource-utilization curves）　331, *331*
資源量評価（stock assessment）　607-610
自己相関関数（ACF）分析（autocorrelation function (ACF) analysis）　653-654, *654*
自己分解（autolysis）　427
自己間引き（self-thinning）　200-208, *204*
　幾何学的根拠（geometric basis）　204-206, *206*
　資源配分からの根拠（resource-allocation basis）　206-207
　種／個体群の限界線（species/population boundary lines）　203
　動的間引き線（dynamic thinning lines）　200-202, *202*
　動物の個体群（animal populations）　207-208
　-3/2乗則（-3/2 power law）　202, 203, 205-207, 207-208
糸状虫症（onchocerciasis）　482-483
指数的成長（exponential growth）　*187*, 187
自然淘汰（natural selection）　3-4, 12
　生活史特性（life history traits）　138, 149, 160
　多型の維持（polymorphisms maintenance）　39668

自然の実験（natural experiments） 322-323
　　　種間競争（interspecific competition） 326-327, *328*
自然保護区　→「保護区」を見よ
持続可能性（sustainability） 577-578, 587, 846-853
　　経済的観点（economic perspective） 847-850
　　地元民の役割（role of indigenous people） 851
　　社会的観点（social perspective） 850-851
死体（carrion） 310
　　海底の清掃動物（sea-bed scavengers） 449
　　小型哺乳類の死体の分解（small mammal carcasses decomposition） 436, *437*, 448, *449*
　　シデムシの活動（burying beetle (*Nicrophorus*) activities） 448-449, *449*
　　死物栄養寄生（necrotrophic parasites） 459
　　消化に必要な酵素（enzymatic requirements for digestion） 446
　　死体のあった場所での遷移過程（carcass site successional processes） 643
　　日和見的死肉食者（facultative consumption） 446, *447*
　　分解者による消費（detritivore consumption） 449-449, *448*
　　骨/毛/羽毛の分解（bone/hair/feathers decomposition） 448
実現ニッチ（realized niche） 323
湿性降下物（wetfall） 691, *692*, 712
湿地（wetlands） 849-850, *850*
湿度（humidiqr） 37
　　温度との相互作用（temperature interaction） 57
　　種の分布（species distribution） 57
シデムシ（burying beetles） 448-449, *449*
　　ダニとの相利（mite mutualism） 449
ジフェナミド（diphenamid） 581
死物栄養寄生者（necrotrophic parasites） 425, 458-459
死物体量（necromass） 638-640
ジフテリア（diphtheria） 479
ジフルベンゾロン（diflubenzuron） 580
自糞食（autocoprophagy） 444, 515
死亡/死亡率（mortality/mortality rate） 111, 119
　　k 値（k values (killing power)） 124, 125
　　　　競争の影響の定量化（competition effects quantification） *182*, 183, 184
　　死亡の計数（counting deaths） 119
　　植食の影響（plant herbivory impact） 350-352, *352*
　　生存曲線（survivorship curves） 125, *125*
　　生命表の作成（life tables construction） 124
　　密度依存性（density-dependence） 172-174, *173*, 177, 178, 179
脂肪酸代謝、消化管共生細菌相（fatty acid metabolism, gut mutualistic microbiota） 513
島の個体群（island populations） 798-809
　　新たにできたスルツェイ島（new island of Surtsey） 805
　　遠隔度（remoteness） *805*, 805, 822
　　寄生者の伝播モデル（parasite transmission models） 467
　　固有種（endemic species） 808-809, *808*
　　種数-面積の関係（species-area relationships） 798-800, *799*

種の回転率（species turnover） 806, 807
種分化（speciation） 14, 17
進化的過程（evolutionary processes） 808-9
生息場所の多様性（habitat diversity） 801-802
絶滅（extinctions） 260, 269, 729
　　野良猫の根絶計画（feral cat erradication programs） 754, *755*
不調和（disharmony） 807
負の連関（チェッカー盤模様の分布）（negative associations ('checkerboard' distributions)） 732-733, *732*
平衡説（マッカーサーとウィルソンの）（'equilibrium' theory (MacArthur and Wilson)） 799-801, *800*
保全管理の実践（conservation management applications） 844
歴史的要因（historical factors） 16
島の種の豊富さ（island species richness） 800-801, 807
島の生物地理学での平衡理論（island biogeography 'equilibrium' theory） *799*, 799, *800*, 800
社会寄生（social parasitism） 457, 505
シャノンの多様性指数（Shannon's diversity index） 620
遮蔽（shading） 76, 178-179, 195
種（species） 11
　　種内変異（intraspecific variation） 5
　　種の境界線（boundary, lines） 203
　　生物学的__（生物種）（biological (biospecies)） 11, 13
　　相互作用（interactions） 34, 286-288
　　多様性　→「種の豊富さ」を見よ
　　__の定義（definition） 11
収穫（収獲）管理（harvest management） 577-578, 593-610
　　一定量の取り残し（constant escapement strategy） *598*, 598
　　環境変動の影響（environmental fluctuations impact） 600-601, *601*
　　経済学的減価（economic 'discounting'） 605
　　経済的最適収穫量（economically optimum yield） *605*, 605
　　固定収穫努力（fixed harvesting effort） 596-597, *597*
　　固定収穫枠（fixed quotas） 595-596
　　最大持続収穫量（maximum sustainable yield） 594-595, *595*
　　時系列分析（time series analysis） *609*, 609
　　資源評価（stock assessment） 607
　　社会的要因（social factors） 606
　　収穫量-努力の関係（yield-effort relationships） 607, *608*
　　成長生残モデル（dynamic pool models） 602-603, *603*
　　多重平衡点（multiple equilibria） *599*, 599-600
　　__の目標（objectives） 603-605
　　比率固定の収穫（fixed proportion harvesting） 597-599
　　捕食者-被食者の関係（predator-prey relationships） *606*, 606
　　余剰収穫量モデル（surplus yield models） 602
　　→「漁業管理」も見よ
収穫量/収獲量（yield）
　　自己間引き（self-thinning） 200-202, *206*

事項索引　961

密度依存的成長（density-dependent growth）　181-183, *182*, *183*, 200-202
ユッカ-ユッカガの相利（yucca-yucca moth mutualism）　512
住血吸虫症（ビルハルジア）（schistosomiasis (bilharzia)）　456, 483
重金属（heavy metals）
　　耐性（tolerance）　241
　　_蓄積（accumulators）　62-63
従属栄養生物　→「消費者」を見よ
集団社会の臨界値（critical community size）　478
集団接種（immunization programs）　480, *480*
集団免疫（herd immunity）　480
集中分布（aggregated distribution）　213, *214*, 214, 383, 384
　　疑似干渉（pseudo-interference）　409
　　寄生者（parasites）　473, *474*
　　共存の促進（coexistence facilitation）　721
　　空間的／時間的な決定要因（spatial/temporal determinants）　215
　　個体群の安定化機構（population stabilizing effects）　409-410
　　種間競争（interspeciac competition）　310-314, *311*
　　捕食寄生者と寄主の遭遇（parasitoid-host encounters）　409-411, *410*, *411*
　　捕食者の餌探索（predator foraging）　375, *375*, *376*
　　　　被食者密度に対する反応（response to prey density）　405-407
　　捕食者-被食者相互作用（predator-prey interactions）　412, 413, 414-420
　　密度依存的分散（density-dependent dispersal）　216
　　利己的な群れの原理（selfish herd principle）　215
シュートの競争（shoot competition）　299-300, *300*
収斂進化（convergent evolution）　23-25
種子（seeds）　97, 138
　　大きさ（size）　146-147
　　大きさ—数のトレードオフ（size/number trade-off）　146-147, *147*
　　休眠（dormancy）　127, 220-222
　　競争-移住のトレードオフ（competition-colonization trade-off）　636
　　遷移のメカニズム（succession mechanisms）　635-636, 637
　　二型（dimorphism）　225
　　物理的防御（physical defenses）　101-103
種子散布（seed dispersal）　227-229, 641-642
　　果実食（fruit herbivory）　354
　　種子の捕食（seed predation）　353, 356, 636, 679, 743, 761, 391-392
　　　　飽食（大量結実年）（satiation (mast years)）　359-360, *360*
　　種子の落下（seed rain）　210
　　種子集積／分散貯蔵（seed-caching/scatter-hoarding）　354
　　相利（mutualisms, l64-5）　210, 508-511, *509*
種子集積（seed-caching）　354
種子の分散貯蔵（seed scatter-hoarding）　354
　　種子バンク（seed banks）　127
種子バンク（seedbanks）　126-127, 234-235, 353, 637

種数-面積関係（species-area relationships）　798-801, *800*, **803**, *804*
　　島と本土の面積（islands versus mainland areas）　802-804, 803
出現関数（incidence functions）　809, *810*
出生／出生率（birth/birth rate）　111, 118-119, 133
　　推定法（assessment）　118-119
　　密度依存性（density-dependence）　173, 176, *177*
出生数（F_x）（reproductive output（F_x））　124
種の回転率（species turnover）　*806*, 806-807
　　相補性（complementarity）　818
　　促進（facilitation）　818
種の豊富さ（species richness）　33, 785-822
　　安息香農園の管理（benzoin gardens management）　825, *826*
　　緯度に沿った傾斜（latitudinal gradients）　809-811, *810*
　　栄養塩流の影響（nutrient flux effects）　817
　　化石記録（fossil record）　814-817, *815*
　　環境の厳しさ（environmental harslmess）　796, *796*
　　気候変動（climatic variation）　797, *798*
　　ギャップへの移住（gap colonization）　649-650
　　競争の影響（competition effects）　789
　　　　資源競争（resource competition）　341-342, *342*
　　局所的（α）多様性（local (α diversity)）　788
　　空間的異質性の影響（spatial heterogeneity effects）　793-794
　　グレイジングの効果（grazing effects）　737-740, *737*, *739*, *740*
　　群集を特徴づける＿（community characterization）　619, *619*
　　サンプリング効果（sampling effects）　819
　　時間的に変動する要因（temporally varying factors）　797-798
　　資源範囲の影響（resource range effects）　787, 790-793
　　島の生物地理学（island biogeography）　798-809
　　集中分布（aggregated distributions）　*312*
　　種の回転率（species tumover）　*806*, 806-807
　　食物網の結合度との関係（food web connectance relationships）　766, 769-771, *770*
　　進化的時間の影響（evolutionahime effects）　797-798
　　水深にそった傾斜（depth gradients）　813, *813*
　　生産性との関係（productivity relationship）　790-793, 817, *818*, 819-820, *820*
　　生息場所の多様性の影響（habitat diversity effects）　801-803, *802*
　　生息場所の面積との関係（habitat area relationship）　799-801, 803, 804
　　生態系の機能（ecosystem functioning）　623, 817-821
　　生物的要因（biotic factors）　786-787
　　遷移に沿った傾斜（successional gradients）　813-814, *814*
　　地域的（γ）多様性（regional (γ riclhness)）　788
　　地球規模での推定（global estimates）　260-261
　　中規摸攪乱仮説（intermediate disturbance hypothesis）　643-645, *645*
　　地理的要因（geographical factors）　786
ニッチ幅（niche breadth）　787

熱帯（tropics）　797
熱帯林（tropical forest）　22, *22*, 29
標高に沿った傾斜（altitude gradients）　*811*, 811-12, *812*
分解の影響（decomposition effects）　817
飽和／不飽和の群集（saturated versus unsaturated communities）　787-789, *789*
捕食への反応（predation response）　740-743, *744*, 747-748, 789-790
ホットスポット（hot spots）　22, 785
モデル（models）　787, *788*
種の保全計画（species protection plans）　840
種分化（speciation）　10-16
　異所的＿（allopatric）　12
　島の個体群（island populations）　14
　生態的＿（ecological）　12
　同所的＿（sympatric）　12
　＿の機構，接合前／後の（pre-/post-zygotic mechanisms）　12
　歴史的要因（historical factors）　16-25
寿命（lifespan）　138
　資源利用パターン（resource-use patterns）　96-97
　植物の化学物質による防衛（見つかりやすさ理論）（plant chemical defenses (apparency theory)）　103-104
　K 淘汰（K selection）　157-158, *158*
樹木／木（trees）
　アリとの相利（ant mutualisms）　505-506
　一次生産力（primary productivity）　661, 662, **663**, *663*, 667
　外生菌根（ectomycorrhizas）　522-523
　環状剥皮（ring-barking）　353
　季節的に乾燥する熱帯林（seasonally dry tropical forest）　82, *83*
　群集構造（community structure）　639
　種子の寿命（seed longevity）　222
　種の豊富さ（species richness）　810
　　安息香酸農園の管理（benzoin gardens management）　625-627, *626*
　　決定因（determinants）　790, 790-791
　　標高に沿った傾斜（altitude gradients）　*812*
　常緑樹（evergreen）　82-83, 667
　生育場所（生息場所）（habitats）　500
　成長型（growth forms）　213
　大量結実年（mast years）　359
　窒素固定の放線菌根（nitrogen-fixing actinorhiza）　531-532
　ニッチ分化（niche differentiation）　723, *724*
　繁殖期（breeding seasons）　128
　分布の決定因（distribution determinants）　623-625, *624*
　モジュール型生物（modular organization）　114-115
　落葉樹（deciduous）　82-83, 667
　老化（senescence）　115-116
純一次生産力（NPP）（net primary productivity (NPP)）　657
　現存量／生物体量との関係（standing crop biomass relationship (NPP: B ratios)）　661-662
順化（acclimation）　46, *48*

純新規加入曲線（net recruitment curves）　178, *180*
消化（digestion）
　脊椎動物の植食者（vertebrate herbivores）　101
　木材，シロアリの消化管内微生物（wood, termite gut microbiota）　515
　脊椎動物の＿（vertebrates）　512-513
消化管共生者（gut symbionts）　512-516
小個体群（small populations）
　遺伝的変異の喪失（loss of genetic variation）　264
　環境要因（environmental factors）　267
　近交弱勢（inbreeding depression）　264-265
　個体群動態（population dynamics）　263, 266-268
　サブ個体群の絶滅（subpopulation extinctions）　267-268, *268*
　有効集団サイズ（N_e）（effective population size (N_e)）　264, 265
　ランダムな個体群生態学的変異（random demographic variations）　266-268
蒸散（transpiration）　72, 89, 91, 665-666, 707-708
　→「蒸発散」も見よ
硝酸塩（nitrates）
　地下水の汚染（groundwater pollution）　836
　土壌中での生成（formation in soil）　836
　根による吸収（plant root foraging）　93
　溶脱（leaching）　836-837
少食性の種（oligophagous species）　332-334
蒸発（evaporation）　57-58, 72
　高温への適応（high temperature adaptations）
蒸発散（evapotranspiration）　665-666
　「潜在蒸発散量」も見よ
消費効率（CE）（consumption efficiency (CE)）　678, *679*, 682
消費者（従属栄養生物）（consumers (heterotrophs)）　71, 97, 345
　栄養段階（trophic levels）　675
　資源との関係（resources relationship）　437
　従属栄養生物の呼吸（heterotrophic respiration）　656
　消費への影響（effects of consumption）　359, 362
　食物の質（food quality）　361, *362*
　二次生産力（secondary productivity）　656
　飽食（satiation）　359, 361
　理想自由分布（ideal free distribution）　383-386, *384*
植食者／植食（herbivores/herbivory）　33, 345, 347-356
　餌の幅（diet width）　362-363
　果実　→「果実食」を見よ
　キーストーン種（keystone species）　763
　集合反応（aggregative behavior）　307
　種間競争（interspecific competition）　720
　消化管内の相利的微生物相（gut mutualistic microbiota）　101, 512-513
　消費効率（CE）（consumption efficiency (CE)）　679
　植物質の消化／同化（plant matter digestion/assimilation）　101
　植物の生存率（plant survival）　352-353
　植物の繁殖力への影響（plant fecundity impact）　353-355
　植物の病原菌の伝播（plant pathogen transmission）　352
　植物の防御（plant defenses）　347-350, *349*

アリと植物の相利（ant-plant mutualisms） 502–504
化学物質（chemical） 103-105, *104, 105*
構造性（constitutive） 347, 350
物理的（physical） 101-103
誘導（inducible） 347-350
植物の補償（plant compensation） 347
成長での反応（growth response） 350
タイミング（timing） 350, 354
葉の消失（defoliation） 350-351, *351*
食物の好み（food preferences） 363-365
食物の質（food quality） 97-98, *99*, 361
スペシャリストの__（specialist feeders） 98, *104*, 104
同化効率（AE）（assimilation efficiency (AE)） 679
__の脊椎動物の消化管の構造（vertebrate gut structure） 101
__の組織の割合（tissue composition） 98
糞食（coprophagy） 444-446
植食者-植物相互作用（herbivore-plant interactions）
アリー効果（Allee effect） 421
共振動（coupled oscillations） *390*
個体群動態のモデル化（population dynamics modeling） 390
代替安定状態（alternative stable states） 420-422
→「捕食者—被食者相互作用」を見よ
植生（vegetation）
群集構造（community structure） 639
蒸発散（evapotranspiration） 91
水文学的循環（hydrological cycle） 707-708
生活形スペクトル（life form spectra） 31, 32
遷移（succession）（none
海岸砂丘（coastal sand dunes） 629, 631, *632*
競争と移住のトレードオフ（competition-colonization trade-off） 635-636
耕作放棄地（abandoned old fields） 631-633, *633*
生活力特性（vital attributes） 637-638, **639**
溶岩流（volcanic lava flows） 6*30*, 630-631
太陽放射への暴露（solar radiation exposure） 74
ツンドラ（tundra） 26
二酸化炭素の吸収（carbon dioxide uptake） 66
微気候の変動（microclimate variation） 51
氷河期後の変化（postglacial period changes） 20-21
分布パターン（distribution patterns） 623-625, *624*
r/K 淘汰（r/K selection） 156
植物（plants）
アリとの相利（ant mutuahsms） 502, *503*
一年生__（annuals） 82, *120*, 121
ウイルスの伝播（virus transmission） 456
永久しおれ点（permanent wilting point） 90
栄養塩の吸収（nutrient foraging） 383
栄養素の組成（nutritional content） 97-98, *99*
消化／同化（digestion/assimilation） 101-102
大型寄生者（macroparasites） 456, 461, 463
温度調節（temperature regulation） 45
化学的防御（chemical defenses） 103-105, *104, 105*
化石記録による分類群の豊富さ（fossil record of taxon richness） 814
寄生者への防衛（parasite defenses） 463
形態形成的反応（morphogenetic response） 463

抵抗性品種（resistant cultivars） 470, *470*
ギャップへの移住（gaps colonization） 308-309
休眠（dormancy） 219-220
競争（competition） 178
実験的アプローチ（experimental approaches） 319-320
種間__（interspecific） 293-294, 298, 306, 319-320, 350
根とシュートの相互依存（root/shoot interdependence） 299-300, *300*
非対称な__（asymmetric） 298
共存（coexistence）
集中（aggregations） 310-311, *313, 314*
単一資源の取り合い（exploitation of single resource） 334-336, *335, 337*
菌類との相利（fungal mutualisms） 499-500, 521-525
菌類の寄生者（fungal parasites） 467, *469, 470*
空間／時間的なニッチ分化（spatial/temporal niche differentiation） 334-335, *335*
形成層の防御（meristem protection） 46, 97, 103
グレイジングへの耐性（grazing tolerance） 352
高温への適応（high temperature adaptations） 46
光合成（photosynthesis） 71, 72
光合成のニッチ（photosynthetic niche） 3*9*
交雑（hybridization） 6
個体群存続可能性分析（population viability analysis (PVA)） 274-278
根系（root systems） 91, 92, *93, 94*, 95-96
根圏（rhizosphere） 427
根粒菌（rhizobia） 527
最終収量一定（constant final yield） 181-182, *182, 183*
自己間引き（self-thinning） 200-208, 204
死物（dead matter） 434-435, *434, 435*
死物栄養寄生者（necrotrophic parasites） 458-459
重金属への耐性（heavy metals tolerance） 241-242
種／個体群の限界線（species/population boundary lines） 203
種子分散 →「種子分散」を見よ
種の豊富さ（species richness）
空間的異質性の影響（spatial heterogeneity effects） 793-794
島の大きさの影響（island size effects） 802
生産力との関係（productivity relationship） 790-791
遷移による傾斜（successional gradients） 813
標高による傾斜（altitude gradients） 812-813
植食の影響（herbivory impact）
生存率（survival） 352-353
繁殖力（fecundity） 353-355
植食への補償（耐性）（herbivory compensation (tolerance)） 347
落葉反応（defoliation responses） 350-351, *351, 352*
植食への防御（herbivory defenses） 14, 347-350
水分喪失，大気中への（water loss to atmosphere） 91
水分の移動（water movements） 708
水分の吸収（water uptake） 89-90
塩分条件（saline conditions） 58

生化学的組成の影響（biochemical composition influence） 437, *438*
生存曲線（survivorship curves） 125, *126*
全寄生/半寄生性__（holo/hemiparasitic） 457
送粉（pollination） 508-511
促進的相互作用（facilitative interactions） 751
大気への栄養塩の喪失（atmospheric nutrient losses） 693
大量結実年（mast years） 359-360, *360*
他感作用（アレロパシー）（allelopathy） 295-296
炭素：窒素比（carbon: nitrogen ratios） 97-98
地域的適応（local adaptation） 6, 7
窒素固定の相利（nitrogen-fixing mutualisms,. 40 I-6） 525-531
虫癭（ゴール）形成（gall formation） 464
潮間帯/亜潮間帯の群集（intertidal areas/submerged communities） 59
ツンドラ，資源分割（tundra, resource partitioning） 724, *729*
デトリタス食，吸収（detritus, consumption） 439-441, *440*
動的間引き線（dynamic thinning lines） 200-202
土壌/水分のpHの影響（soil/water pH effects） 57-58
登攀構造（climbing structures） 23, *23*
肉食の__（carnivorous） 345
人間活動に関連した侵入者（human activities-related invaders） 244-245, *246*
葉の変形（leaf modifications） 26
微小寄生者（microparasites） 455
微生息場所（microhabitats） 717
微量栄養素の組成（micronutrient composition） 88, *89*
物理的防御（physical defenses） 101-102
分解（decomposition） 427, *432*
分解者との相利（decomposer mutualism） 437-439
放射利用効率（radiation utilization efficiency） 80
見かけの競争（apparent competition） 316-317
無機栄養塩（mineral nutrients） 91-96
メタ個体群（metapopulations） 234
モジュールの組織化（modular organization） 111, 114, 182, *182*
葉圏（phyllosphere） 427
陽性植物/陰性植物（sun versus shade） 76-77, *80*, 80-82, **81**
ラウンケルの生活形スペクトル（Raunkiaer's life form spectra） 30-31, *31*
→「農作物」も見よ
植物性殺虫剤（botanical insecticides） 580
植物による回復（phytoremediation） 187-188
植物による吸着（phytoaccumulation） 241
植物による固定（phytostabilization） 187-188
植物の病原体（plant pathogens） 345
　植食者の媒介者（herbivore vectors） 352
　農作物（crop plants） 481
植物プランクトン（phytoplankton）
　一次生産力（primary productivity） 658-659
　　イオンによる制限（iron limitation） 704, *707*
　　海洋（oceans） 673, *672*

深度との関係（depth relationship） 674-675, *674*
栄養塩循環（nutrient cycling）
　海洋（ocean） 701, 704
　河口域（estuaries） 701
　湖（lakes） 699
栄養カスケード（trophic cascades） 755-756
エネルギー流（energy flow） 680-681, *681*
季節的遷移（seasonal succession） 797
吸光スペクトル（absorption spectra） 79
吸収効率（CE）（consumption eniciency (CE)） 678, *679*
群集構造（community structure） 718, *718*
珪素の循環（silicon cycling） 428
資源をめぐる競争（resource competition） 341-342, *342*
種間の共存（species coexistence） 310
透過光の減衰（light penetration attenuation） 73-74
動物プランクトンの生産力との関係（zooplankton productivity relationship） 675, *676*
日周移動（diurnal movements） 217
富栄養化（eutrophication） 711-712
　生物的操作（biomanlpulation） 835
分解（decomposition） 429-430, 436
食物（food）
　__の好み（preferences） 363-365, *364*
　　スイッチング（switching） 365-367, *366*, 372, 403, 405, 743
　__の質（quality） 361-364, *362*
　パッチ状の分布（patchy distribution） 374
　利用可能性（availability） 359-362
　　個体群の成長（population growth） 545-546
　　個体数の振動（population cycles） 574
　→「餌の幅」も見よ
食物ニッチ（food niches） 34
食物網（food webs） 192, 753-783
　安定性（stability） 764-774, *765*
　　__モデル（models） 766-768, *768*
　上からの制御（top-down control） 760-762, *762*
　栄養カスケード（trophic cascades） 755-762, 756
　栄養段階（trophic levels） 775-776
　エネルギー流（energy flow） 676-678, *677*
　　変換効率（transfer efBciency） 776
　間接効果（indirect effects） 754-764
　管理の実際（management applications） 830-840
　キーストーン種（keystone species） 762-764, 773-774
　供給者制御（bottom-up (donor) control） 760-762
　区分化（compartmentalizaion） 780-783, *781*, *782*
　群集の特性づけ（community characterization） 623, 763
　雑食者（omnivores） 779-780, *780*
　種の豊富さと結合度との関係（species riclmess-connectance） 767, *768*, 770-771, *772*
　生産力（productivity） 764, 776-778
　強い相互作用（strong interactors） 762-764
　4つの栄養段階の系（four-level trophic systems） 757-759, *758*
食物連鎖（food chains） 96
　エネルギー流（energy flux） 655

__の長さ（length） 761, 764, 775-777, *775*
　　環境の制約（evolutionary constraints） 779
　　生産力との関係（productivity relationship） 776-777, *777*
　　捕食者（predators） 775-776
除草剤（herbicides） 581-582
　　環境汚染（environmental pollution） 584
　　非標的種への影響（impact on nontarget species） 584-585
除虫菊（pyrethrum） 580
処理時間（handling time） 39-371, 402
　　機能の反応（functional responses） 402-403
序列法，ニッチの表示（ordination technique, niche display） 244
シロアリ（termites）
　　菌類栽培（fungus farms） 440, 504
　　消化管内の相利の微生物相（gut muralistic microbiota） 440-441, 515, *516*
　　窒素固定（nitrogen fixation） 527
人為淘汰（artificial selection） 46
深海の噴出孔 →「熱水孔」を見よ
深海底帯（abyssal zone） 813
真核生物，進化的観点（eukaryotes, evolutionary aspects） 535
進化的観点（evolutionary aspects） 3-36
　　遺伝的多様性（genetic diversity） 264
　　共生による細胞内構造（subcellular structures from symbioses） 534-536, *535*
　　島の個体群（island populations） 808-809
　　種間競争（interspecific competition） 296-297
　　食物連鎖の長さ（food chain length） 778-779
　　真核生物の起源（eukaryote origins） 535
　　生活史（life histories） 138-147
　　制約（constraints） 5
　　熱帯の種の豊富さ（tropical species richness） 809-810
進化的に安定な戦略（evolutionarily stable strategies, dispersal） 223
新規加入（recruitment）
　　__曲線（curves） *176*, 177
　　生息場所パッチへの__（habitat patches） 642
真光層（euphoric zone） 671, 813
　　水深（depth） *673*, 674
「死んだ真似」（'playing dead'） 106
死んだ有機物（dead organic matter）
　　生化学的構成（biochemical composition） 437
　　分解（decomposition） 425-426, 434, 437-439
　　　デトリタス食者/分解者の役割（detritivore/decomposer role comparison） 434-436
　　分解者系，エネルギー流（decomposer system energy flow） 678, 681-682
　　→「腐肉」も見よ
人畜共通伝染病の感染（zoonotic infection） 459-460
浸透圧調節（osmoregulation） 58
侵入（invasions） 833
　　カ，病気の媒介者（mosquito disease vectors） 279-281
　　気候変動の影響（climate change impact） 280-281
　　サケ科魚類，河川/湖への__（salmonids in streams/lakes） 832-833, *834*
　　生物的抵抗仮説（biotic resistance hypothesis） *834*, 834
　　動態（dynamics） 231
　　人間活動と関連した__（human activities-related） 241, 242, 262, 263
　　　拡散の予測（predicting spread） 256-258, *258*
　　　管理の戦略（management strategies） 246
　　　経済的な影響（economic impact） **245**, 245
　　　__経路（pathways） 256
　　　生物安全保障の優先順位（biosecurity priorities） 249-51, 257
　　　ニッチ機会（niche opportunity） 246-49
　　溶融仮説（meltdown hypothesis） *834*, 834
　　→「外来生物」も見よ
シンプソンの多様性指数（Simpson's diversity index） 341, *342*, 620
森林（forest）
　　一次生産力（primary productivity） **658**, *659*
　　　成長可能季節の長さ（growing season duration） 667, *668*
　　　生物体量との関係（NPP：B 比）（biomass relationship（NPP：B ratios）） 661-662, **663**, *663*
　　　土壌の立体構造（soil texture） 666-667, *667*
　　栄養塩循環（nutrient cycling） 695, **696**
　　エネルギー流（energy flow） *681*, *683*, 683
　　攪乱事象（disturbance events） 629
　　隠れ場所（避難場所）（refuges） 22
　　ギャップ（gaps） 798
　　　移住（colonization） 650
　　光合成効率（photosynthetic efficiency） 664
　　生態系の健康度の評価（ecosystem health assessment） 839
　　生物体量（biomass） 656
　　遷移（succession） 633-634, **634**
　　二酸化炭素濃度（carbon dioxide levels） *84*, 84
　　伐採（clearance） 714-715
　　　→「森林伐採」も見よ
　　分解者（decomposers） 431-432, 434
　　無機栄養塩の湿性/乾性降下物（mineral nutrient wetfal1/dryfall） 692, *692*
　　例と関係した炭素収支の変化（age-related carbon budget changes） **694**, 694-695
　　→「タイガ」「温帯林」「熱帯林」も見よ
森林伐採（deforestation） 655, 689, 714
　　栄養塩収支への影響（nutrient budget impact） 696-697
　　水文学的循環への攪乱（hydrological cycle perturbation） 708
　　生物地質学的循環への攪乱（biogeological cycles perturbation） **710**, 710
水界の環境（aquatic environments）
　　一次生産力（primary productivity） 657-658, 660-661, *661*
　　　深度との関係（depth relationship） **674**, 674
　　　制限要因（limiting factors） 669-674
　　　生物体量との関係（biomass relationship） 660
　　栄養塩の収支（nutrient budgets） 697-705

栄養カスケード（trophic cascades） 759–760
クローン分散（clonal dispersal） 212–213
光合成色素（photosynthetic pigments） 77
酸素濃度（oxygen levels） 96
真光層（euphoric zone） 671–672, *672*, *673*, 674
生産力の評価法（productivity assessment methods） 655–656
炭素の循環（carbon cycle） 713
二酸化炭素濃度（carbon dioxide levels） 83–85
放射の強度／質（radiation intensity/quality） 74, *75*, *76*
水界のバイオーム（aquatic biomes） 30
水酸化蓚酸ジアミド（hydroxamic acid） 347–348
水蒸気（water vapor） 64, 707
水深（depth）
 種の豊富さの傾斜（species richness gradients） 786, *813*, 813
 太陽放射の減衰（solar radiation attenuation） 74, *76*
スイッチングする餌の好み（switching food preferences） 365–367, *366*, 372, 403, 405, 743
水田からの復元（rice paddy field restoration） 828–829
水分（water） 89–92
 一次生産力との関係（primary productivity relationship） 664, 665–666, *666*, 668
 種の多様性への影響（species richness influence） 790
 __喪失（loss）
  温度の影響（temperature effects） 46, 56
  種の分布（species distribution） 57
  葉から大気への__（leaves to atmosphere） 91–82
 代謝水（metabolic） 73
  光合成（photosynthesis） 72, 82–83
  土壌の立体構造の影響（soil texture effects） 666–667
  根による吸上げ（plant root uptake） 89–91, 94
   塩分条件（saline conditions） 58–59
 __保持（conservation）
  気孔コンダクタンス（stomatal conductance） 83
  季節的に乾燥する熱帯林（seasonally dry tropical forest） 82–83, *83*
  発芽, 休眠後の刺激による（germination stimulation following dormancy） 221
  ベンケイソウ型有機酸代謝（crassulacean acid metabolism） 86–87
 →「水文学的循環」（See also hydrological cycle（none
水文学的循環（hydrological cycle） 707–708, *708*
数理モデルの構築（mathmatical modeling） 186
水圏（hydrosphere） 689
ステップ（steppes） 27
スペシャリスト（specialists） 97, 104, *104*, 251, 362–363, 743
 最適採餌理論（optimal foraging theory） 367–372
 デトリタス食者（detritivores） 426
 分解者（decomposers） 428
スペシャリスト捕食仮説（specialist predator hypothesis） 559, 571, 572–573, *573*
スベリン（コルク）（suberin） 428
スルツェイ島への移入（Surtsey, colonization） 805, *805*
生活環（life cycles） *125*, *126*
 一年生種（annual species） 122–128
 繰り返し繁殖する個体（repeatedly breeding individuals） 128–131
 __の段階（stages） 111
生活環グラフ（life cycle graphs） 136, *136*, 137
生活形スペクトル（life form spectra） 30–31, *31*
r/K 淘汰（r/K selection） 156–159, 166–167
生活史（life histories） *120*, 121
 オプションセット（option sets） 147–149, *150*
 系統発生的制約（phylogenetic constraints） 160–161, 164–166
 構成要素（components） 139
 生息場所との関係（habitat relationships） 138, 147–148
 相対成長の制約（allometric constraints） 160–164, *162*
 適応度等高線（fitness contours） 147–149, *148*
 トレードオフ（trade-offs） 142–145, *143*, 147, 153
  子供の数／適応度（number/fitness of offspring） 154–155, *155*
  繁殖コスト（RC）（cost of reproduction (CR)） 153, *154*
 __の進化（evolution） 139
 繁殖価（reproductive value） 140–141, *142*, *143*, 145
 繁殖への配分（繁殖努力）（reproductive allocation (reproductive effort)） 138, 151, *152*
 繁殖齢（age at maturity） 151, *152*
 表現型可塑性（phenotypic plasticity） 159–160, *160*
生活史形質（life history traits）
 応用生態学（applied ecology） 239, 249–255
 自然淘汰（natural selection） 138, 149, 159
 収穫管理の優先順位（harvest management priorities） 251–253
 生息場所復元の指標種（habitat restoration predictors） **250**, 250
 生物安全保障の優先順位, 侵入種（biosecurity priorities for invasive species） 249–254
 保全の指標種（conservation predictors） 250–252
生活力特性（vital attributes） 637–638
生産効率（PE）（production eBiciency (PE)） 678, 679
生産力（productivity） 656
 一次__→「一次生産力」の項を見よ（primary see primary productivity）
 種の豊富さ（species richness） 786, 790–793, 817–821, *818*, *820*
 純生態系__（net ecosystem） 656
 食物網（food webs） 776–778, *777*
 二次__（secondary） 656, 675
  一次生産量との関係（primary production relationship） 675–676, *676*
 熱帯降雨林（tropical rain forest） 29
 推定の技術（assessment methods） 656
成熟齢（age at maturity） 138, 151, *153*, 153, 254
 体サイズとの関係（body size relationship） 161, *162*
正準対応分析（canonical correspondence analysis） 625, *626*
r/K 淘汰（r/K selection） 156–159, *158*, **159**, 165–166
ニッチ表示（niche display） 244, *244*
生殖隔離（reproductive isolation） 12
生息場所（habitats） 38
 階層構造（hierarchy） 618

事項索引

子の大きさが意味を持つ／持たない（offspring size-sensitive/-insensitive） *150*, 150, **152**, 154
　　生活史との関係（life history relationships） 138, 147, 165
　断片化（fragmentation） 278
　　＿の破壊（destruction） 260, 263
　　　　メタ個体群の絶滅（metapopulation extinctions） 228, 228
　　＿の分類（classification） 149-151, *150*
　　繁殖の高い／低いコスト（high/low cost of reproduction (CR)） 149-151, *150*, 152
　面積（area）
　　　種の豊富さ（species richness） 798, 801, *802*
　　　絶滅の危険性（extinction risk） 268, *269*
生息場所復元（habitat restoration） 241-244, 281
　移動する種（migratory species） 254-256, *258*
　河川生態系（river ecosystems） *243*, 243-244
　鉱山での汚染（mining contamination） 241-242
　集約的農業（intensive agriculture） 242, 242
　生活史特性, 指標としての（life history traits as predictors） 249, **250**
生存（survivorship, l06） 133, 134
　寄生者の影響（parasitism effects） 473-476, **474**
　＿曲線（curves） 122, 125-126, *126*, 130
　　対数軸（logarithmic scales） 125-126
　　＿の分類（classification） *126*, 126
生存率（survival） 4-5
生態系（ecosystems） 615-616, 656
　栄養塩の循環（物質の流れ）（nutrient recyclmg (flux of matter)） 687-716
　エネルギー流（energy flux） 655-685
　＿過程, 種の豊富さとの関係（processes, species riclmess relationship） 671
　健康度の評価（health assessment） 838-840
　純生産量（NEP）（net productivity (NEP)） 656
　定義（definition） 656
　＿の呼吸（RE）（respiration (RE)） 656
生態系構築者（ecosystem engineers） 500, 748, 763
　寄生の影響（effects of parasitism） 746
生態系純生産力（NEP）（net ecosystem productivity (NEP)） 657
生態型（ecotype） 6, 8-9
生態的化学量論（ストイキオメトリ）（ecological stoichiometry） 437-439, 670-671
生態的種分化（ecological speciation） 12, *13*
成長（発育）（development） 112, 139
　温度の影響（temperature efects） 40-41, *41*, 50
　単体型生物（unitary organisms） 112
　モジュール型生物（modular organisms） 114
成長（growth） 119
　温度の影響（temperature effects） 40-42, *41*, *42*
　寄生者の影響（parasitism effects） 463-464, 473-476
　生活史の選択枝（life history options） 148
　密度依存性（density-dependence） 180-183, *181*, *185*, 185
　モジュール型生物（modular organisms） *112-113*, 114-115
成長生残モデル，収穫管理での（dynamic pool models, harvest management） 602-603

成長できる季節の長さ（growing season duration） 809
性で偏った分散（sex-biased dispersal） 225-226
性病（sexually transmitted disease） 468-469, 482, *483*, 509
生物（organisms） 1
生物安全保障（biosecurity, l87） 240
　侵入種への優先順位（priorities for invasive species） 250-253
生物学的種（biological species (biospecies)） 11, 13
生物体量（biomass）
　一次生産（primary production） 656, 661, *662*
　群集を特徴づける（community characterization） 623
　定義（definition） 656
　二次生産（secondary production） 656
生物多様性（biodiversity） 620, 620, 736, 785
　寄生者の＿（parasites） 453-458
　経済的観点（economic perspective） 847-850
　生態系での機能（ecosystem functioning） 817
　多様性指数（diversity indices） 619-620
　定義（definition） 785
　＿の管理（management） 840-845
　ホットスポット（hotspots） 8*43*
生物地球化学（biogeochemistry） 689
生物地球化学的循環（biogeochemical cycles） 689, 707-716, *709*
　人間活動による攪乱（human activities perturbation） 710
生物で重みづけした密度（organism-weighted density） 173-174
生物的防除（biological control） 389, 419-420, 555-557, *556*, 588-590
　古典的＿（移入）（classical (importation)） 588
　接種放飼（inoculation） 588-590
　大量放飼（inundation） 588, 590
　パッチ状生息場所（patchy habitats） 610-611, *611*, **612**
　非対種への影響（impact on nontarget species） 590
　糞虫（dung-removing beetles） 444, 446
　保全（conservation） 588-589
生物とっての尺度（scale） 33
生命表（life tables） 122, 123, 134
　繰り返し繁殖する個体（repeatedly breeding individuals） 128-129, *129*, *129*
　定常＿（static） 128-130, **130**, 133
　内的自然増加率（*r*）の計算（intrinsic rate of natural increase (r) calculation） 132-134
　年齢階級（age classes） 122-123, **123**
　＿の作成（construction） 122-123
　変動主要因分析（key factor analysis） 545-550, **546**, 547, 548, *549*, *550*
　モジュール型生物（modular organisms） 131-132, *132*
　ラムダ（λ），寄与分析（lambda (λ)-contritbution analysis） 550-551, 554
脊椎動物（ve rtebrate s）
　グレイジング（喫食）（grazing） 352
　植食者の消化管の構造（herbivore gut structure） 101
　免疫反応（immune response） **461**, 461-462, *462*, 464-466

世代（generations）
　重複する__（overlapping）　121, 128-129, 133-135
　不連続（離散的）な__（discrete）　122, 133-134
世代時間（generation time）　132-135, 254
　餌量への反応との関係（food abundance response relationships）　359-360
接合子（zygote）　112, 114-115, 118-119
接種放飼，生物的防御での（inoculation, biological control）　588, 589
接触率（contact rate）　468-470
絶滅（extinction）　240
　r/K 種（r/K species）　232
　化石記録（fossn record）　814, 817
　急激な気候変化（rapid climate change, l8）　22
　局所個体群（subpopulations）　227
　現在の／歴史的__率（modern/historical rates）　261, 261
　個体群存続時間モデル（population persistence time (T) models）　272-273, 273
　島の個体群（island populations）　268-269
　　種の豊富さ（species richness）　804, 807
　　平衡理論（'equilibrium' theory）　800, 800-801
　　種間競争（interspecific competition）　302-304
　　植物の地域個体群（local plant populations）　234
　　生息場所の破壊（habitat destruction）　228, 228
　　生息場所の面積（habitat area）　298, 299
　　人間活動に関係した__（human activities-related）　262-263
　　__の渦（vortex）　265, 265
　　パッチ状生息場所の個体群（habitat patch populations）　232, 234
　　病原体が関係した__（pathogen-related）　744
　　メタ個体群（metapopulations）　235-236, 267, 414-415, 416
　　　安定性（stabihty）　232-233
　　__リスク（risk）　263, 264
　　カテゴリー（categories）　262, 263
　　稀少種（rare species）　263
　　予測（prediction）　251, 253, 268-270
絶滅危惧種のリスト（threatened species lists）　262, 262
絶滅危惧種（endangered species）　260, 262
　移動する種（migratory species）　258-260
　遺伝的変異の喪失（loss of genetic variation）　264
　危急種（vulnerable species）　202
　基本ニッチ（fundamental miche）　247
　最小生存可能個体数（MVP）推定（minimum viable population (MVP) estimates）　270
　種の保全計画（species protection plans）　842
　小個体群の個体群動態（population dynamics of small populations）　260-279
　絶滅（extinction）
　　危機の要因（risk factors）　264
　　予測（prediction）　251
　絶滅寸前種（critically endangered）　262
　__の管理，地球規模の気候変動（management interventions, global climate change impact）　282-284
　保護活動　→「保全」を見よ
　保護区（protected areas）　841

ゼネラリスト（generalists）　97, 362
　最適採餌理論（optimal foraging theory）　369
施肥（fertilizer application）
　窒素／リンの溶脱（nitrate/phosphate runoff）
セルオートマトン（cellular automaton）　311
　デトリタス食者の消化の相利（detritivore digestive mutualism）　440
　動物起源の__（animal origin）　439-441
　分解者（decomposers）　439
セルラーゼ（cellulases）　101, 428, 439-440, 514 679
セルロース（cellulose）　97, 101-102, 506, 679
　消化（digestion）
　　シロアリの消化管内の微生物（termite gut microbiota）　515
　　脊椎動物の相利的微生物（vertebrate mutualistic microbiota）　513
　　分解者による（detritivores）　439-440, 440
　　分解者の代謝（decomposer metabolism）　428
セロティニー，種子発芽の（serotiny）　222
ゼロ等値線（zero isoclines）　107-108, 301, 301-302, 302
　r/K 淘汰（r/K selection）　638, 648-649
　アリー効果（Allee effect）　405-407
　混み合い効果（crowding effects）　398-401, 400
　種間競争（intraspecific competition）
　　__の組み込み（incorporation）　398
　　垂直の（vertical）　408
　　タイプ 3 の機能の反応（type 3 functional response）　405, 406
　　比率依存性の捕食（ratio-dependent predation）　399-401
　　2 つの資源による制限（limitation by two resources）　337-338, 339
　　捕食者―被食者モデル（predator-prey models）　420, 421
　　ロトカ-ヴォルテラのモデル（Lotka-Volterra model）　391-393, 392
遷移（succession）　629, 689, 717
　一次__（primary）　629-630
　一次生産力と生物体量の関係（primary productivity: biomass relationship (NPP: B ratios)）　662
　海岸砂丘（coastal sand dunes）　629, 631
　競争―移住のトレードオフ（competition-colonization trade-off）　635-636, 637, 638, 647-648
　極相（climax）　640-641, 828
　耕作放棄地（abandoned old fields）　631-633, 633, 639
　資源比率仮説（resource-ratio hypothesis）　636-637
　種の置換わりの確率（species replacement probabilities）　633-634
　種の豊富さの傾斜（species richness gradients）　813-814, 814
　種の豊富さへの影響（species riclmess influence）　787
　生活力特性（vital attributes）　637-638, 639
　生物的メカニズム（biological mechanisms）　634-641
　草本の窒素利用（grass nitrogen utilization）　336, 338
　促進（facilitation）　636
　窒素を固定する植物（nitrogen-fixing plants）　532
　敵との相互作用（interactions with enemies）　636
　動物の役割（animals' role）　638-639
　二次__（secondary）　629-630

事項索引

ニッチ機構（niche mechanisms） 635-636
農業生態系の管理（agroecosystems management） 824-828
＿の定義（definition） 629
パッチ動態（patch dynamics） 641-642
復元の管理（restoration management） 828-829
分解者（decomposers） 428
　落葉落枝の分解（leaf litter decomposition） 428-429, *429*
保全の管理（conservation management） 829-830
マルコフ連鎖モデル（Markov chain models） 633-634
ミクロコスムでの実験（microcosm experiments） 651-652, *652*
モザイクの観点（mosaic concept） 641
溶岩流（volcanic lava flows） 629, *630*, 630-631
潜在蒸発散量（PET）（potential evapotranspiration (PET)） 790
　種の豊富さへの影響（species richness influence） 790, *791*
先住民の野火管理（aboriginal fire management practices） 827, *827*
線虫（nematodes）
　植物の寄生者（plant parasites） 463
　ウイルス伝播（virus transmission） 455
　デトリタス食者（detritivores） 429-431
　動物の大型寄生者（animal macroparasites） 454, 461, 462, 466, 477, 481, 563-564, 744
　　カラフトライチョウ（red grouse） 486, *488*
　　寄主の個体群動態（host population dynamics） 486-490, *488, 489, 491*
　　スヴァールバル諸島のトナカイ（Svarlbard reindeer） 489-491, *491*
　微生物食者（microbivores. 329） 429
　蠕虫の寄生虫（helminth parasites） 456, 483
　免疫反応（immune response） 462
総一次生産力（GPP）（gross primary productivity (GPP)） 656
草原（grassland） 27
　一次生産力（primary productivity） 667, **818**, 819
　　緯度にそった傾向（latitudinal trends） 657
　　成長できる季節の長さ（growing season duration） 667, 669
　　水／気温との相互関係（water/temperature interrelationships） *665*, 665
　エネルギー流（energy flow） 681
　撹乱事象（disturbance events） 629
　ギャップへの移住（gaps colonization） 647, 651
　群集の安定性（community stability） *771*, 771-772, *772*
　種の豊富さ（species richness） 792, 817, **818**
　多様性（diversity） 620-621
　窒素の利用可能性（nitrogen availability） *697*, 697
　ニッチ分化（niche differentiation） 560
　復元（restoration） 249, *250*, 828
　相互移植実験（reciprocal transplant experiments） 6, 8
総合農業システム（IFS）（integrated farming systems (IFS)） 592, *592*
総合有害生物管理（integrated pest management） 591, *591*

相互作用（interactions） 34, 287-288
　相互敵対／干渉（mutual antagonism/interference） 306-307
　捕食者―被食者相互作用（predator-prey interactions） 398-399, *308, 401*
掃除魚-顧客の相利（cleaner fish/client mutualism） 500-501, *501*
創始者効果（founder effect） 16
創始者個体群（founder population） 16
創始者制御の群集（founder-controlled communities） 642, 649-650
相似的構造（analogous structures） 23, 23-24
相対成長（allometry） 161-164, *162*
相同構造（homologous structures） 23-24, *24*
象皮病（elephantiasis） 453
送粉（pollination）
　産卵場所での＿（brood site） *511*, 511
　植食と関連した＿（herbivory-related） 353-354
　数理モデル（mathematical models） 533-534, *534*
　＿相利（mutualisms） 508-512
送粉，産卵場所での（brood site pollination） *511*, 511-512
相補性（complementarity） 818-819
草本（grasses）
　グレイジングへの耐性（grazing tolerance） 352
　集中分布と共存（aggregations coexistence） 311-312
　窒素をめぐる競争（competition for nitrogen） 336, *337, 338*
相利（mutualism） 34, 287, 288, 425, 450, 499-573
　菌類食（fungivores） 430
　光合成をする共生者（photosynthetic symbionts） 517-518
　昆虫の菌細胞（insect mycetocytes） 516-517
　栽培（farming activities） 505
　細胞内構造の進化（subcellular structures evolution） 535-536, *535*
　種子分散（seed dispersal） 210
　消化管内の居住者（gut inhabitants） 512-516
　条件的＿（facultative） 440
　植物（plant）
　　菌類（fungi） 521-525
　　窒素固定（nitrogen fixation） 525-530
　　分解者（decomposers） 437
　　数理モデル（mathmatical models） 533-534
　絶対的＿（obligate） 439
　送粉（pollination） 508-511, 533-534, *534*
　＿の定義（definition） 488
　分解者のセルロース分解（detritivore cellulolysis） 439-440
　防護者（protectors） 500-504
藻類（algae）
　珊瑚礁の＿（coral reef） 500, 517-521
　水生無脊椎動物との共生（aquatic invertebrate symbionts） 517-521
　地衣類のフォトビオント（lichen phytobionts） 525-526
　潮間帯の＿（intertidal zone） 60-61
　＿の光合成色素（photosynthetic pigments） 77
　　吸光スペクトル（absorption spectra） *78-79*

4つの段階の食物網（four-level trophic food webs） 757-758
ソーダ湖（soda lakes） 58
阻害，過剰な資源による（inhibition） 109
促進（facilitation） 636, 751, 818, 834

[た行]
ダーウィン，チャールズ（Darwin, Charles） 3, 4, 430, 737
ダーウィンフィンチ（Darwin's finches） 14, *15*
ターケンの定理（Takens' theorem） 192
体温調節（body temperature regulation） 42-45, *44*
タイガ（taiga（northern coniferous forest）） 26, *28*
大気（圏）（atmosphere） 688
代謝（metabolism）
　温度の影響（temperature effects） 40-41, *41*
　休止期（dormanct stages） 46
　消化管内相利の微生物相（gut mutualistic microbiota） 512-515
　耐寒性（cold tolerance） 46
　内温性（endotherms） 43
　分解者（decomposers） 427-428
　緑色植物（green plants） 21
代謝水（metabolic water） 89
堆積物，細菌の分解者（sediments, bacterial decomposers） 427-428
大地からの栄養塩の流失（terrestrial nutrient losses） 693
耐熱性（heat tolerance） 49-50
　水分喪失（water loss） 49
大発生（存在量の）（outbreaks of abundance） 420-421, *422*
太陽黒点の活動（sunspot activity） 567-568
太陽放射（solar radiation） 72-73
　一次生産力との関係（primary productivity relationship） 657-658
　　水界（aquatic） 669-670, *670*, *672*, 673-674
　　陸上（terrestrial） 664-665, 668-669
　吸収（absorption） 72, 73
　休眠後の発芽の刺激（germination stimulation following dormancy） 221-222
　競争（competition） 195-196, *198*
　強度/質の変動（variation in intensity/quality） 74, *75*
　光合成（photosynthesis） 72
　　＿効率（efficiency） 664
　　波長帯（wavebands） 73
　資源枯渇域（RDZ）（resource-depletion zone (RDZ)） 74
　遮蔽の影響（shading effects） 74, 178-179, 195
　種/個体群の限界線（species/population boundary lines） 208
　水界での減衰（attenuation in aquatic environments） 74, *75*, *76*
　水文学的循環（hydrological cycle） 707
　ニッチ分化（niche differentiation） 723
　反射（R）（reflection (R)） 72, 74
大陸性，気温の影響（continentality, temperature effects） 50-51
大量放飼，生物的防除における（inundation biological control） 588-590

多価アルコール（polyols） 46, 59
多回繁殖（iteroparity） 119, 128
　生活環（life cycle） 119, *120*
　多年性植物（perennial plants） 128
　＿の進化（evolution, 121-2） 153, *154*, 154
　齢と関連する分散（age-related dispersal） 226
　齢/発育段階と関連する産卵数（age-/stage-related fecundity） 131, *131*, 131
他感作用（アレロパシー）（allelopathy） 298, 303, 356
托卵（brood parasites） 457, 457-458, 745
　種間の＿（interspecific） 457
　種内の＿（intraspecific） 457
　多型（家系）（polymorphisms (gentes)） 458
多型（polymorphism） 8
　工業暗化（industrial melanism） 9
　自然淘汰による維持（maintenance by natural selection） 8
　推移中の＿（transient） 8-9, 12
　分散の変異性（dispersal variability） 225
多食性の種（ゼネラリスト）（polyphagous species (generalists)） 97, 362, 364, 371
他生性一次生産（autochthonous primary production） 657, 658
他生性の一次生産（allochthonous primary production） 657, 659
脱窒（denitrification） 693, 711
脱窒素細菌（denitrifying bacteria） 428
ダニ，温度依存性（mites, temperature-dependent）
　成長/発育（growth/development） 41, *41*
多肉植物（succulents） 87
多平衡点，収穫管理における（multiple equilibria, harvest management） 597-598, *597*
ダム（dams） 702
多様性 →「生物多様性」を見よ（diversity see biodiversity）
多様性の指標（diversiq, indices） 619-621
タラ漁の管理（cod fishery management） 602-603, *603*
多量栄養素（植物）（macronutrients (plants）） 89-90, *90*
単一栽培，寄生者感染の伝播（monoculture, parasite infection transmission） 470
探索（search）
　あきらめ時間（giving-up time） 376
　摂餌効率の閾値（feeding-rate threshold） 376
　範囲限定の＿（area-restricted） 376
探索時間（search time） 369-371, 402-4
探索像（search image） 365
炭酸（carbonic acid） 84
炭酸塩（carbonates） 713
炭酸水素イオン（bicarbonate ions） 84
単食性の種（monophagous species） 87, *362*, 362-363
炭水化物（carbohydrates）
　外生菌根関与の流量（ectomycorrhiza-related flows） 522-523
　分解者の代謝（decomposer metabolism） 425
　落葉落枝の分解（leaf litter decomposition） 428-429
淡水の環境（freshwater environments）
　一次生産力―生物体量の関係（primary productivity-biomass relationship） 662
　種間競争（interspecific competition） 718

植物質の分解（plant matter decomposition） 438, 438-439
浸透圧調節（osmoregulation） 59
デトリタス食者（detritivores） 433, 433-434, 434
　　分解者の役割の比較（decomposer role comparison） 436
淡水の生物相（freshwater biomes） 30
炭素循環（Carbon cycle） 687-689, 693-694, 708, 713-716
　　海洋での_（ocean） 704, 705
　　森林の年齢に関する変化（forest age-related changes） 694, 694-695
　　人間活動による攪乱（human activities perturbation） 710
　　_の吸収源／供給源（sinks/sources） 656
炭素／リンの比（carbon: phosphorus ratios） 438, 670, 682
単体型生物（unitary organisms） 111-112
タンニン（tannins） 103, 104
断熱（insulation） 43
弾力性分析，個体数の（elasticity analysis, abundance） 551, 552
地衣類（lichens） 525-526, 526
　　フィトビオント（phytobiont component） 526
　　ミコビオント（mycobiont component） 526
チェッカー盤模様の分布（checkerboard distribution） 731-734, 732, 734
チェルノブイリ原発事故（Chernobyl nuclear accident） 64
チオカーバメート系除草剤（thiocarbamates） 581-582
地下水（groundwater） 707
　　汚染（pollution） 836-837
地球規模の気候変動（global climate change） 19-23, 21, 66-69, 67, 68, 240, 655, 852
　　管理の観点（management aspects） 279-284
　　サンゴ礁の白化現象（coral reef bleaching） 519
　　水文学循環の攪乱（hydrological cycle perturbation） 708
　　絶滅危惧種の保全（endangered species conservation） 282-284
地球規模の種の豊かさ（global species richness） 261-262
地球規模の純一次生産（global net primary production） 657, 657
地球規模の生物地球科学的循環（global biogeochemical cycles） 707-708, 709
　　主要な経路（ma). or pathways） 708, 709
地上植物（phanerophytes） 33
地中植物（cryptophytes） 32
地中植物（geophytes） 32
窒素（nitrogen） 107-108
　　一次生産量への制限（primary production limitation） 668-670
　　エリコイド菌根が関与する吸収（ericoid mycorrhiza-related availability） 525
　　外生菌根が関与する吸収（ectomycorrhiza-related availability） 522
　　海洋（ocean） 704-705
　　　　上昇流（upwellings） 704-705
　　　　大陸棚部（continental shelf region） 702
　　　　河口域（estuaries） 701

樹枝状体菌根が関与する吸収（arbuscular mycorrhiza-related availability） 528
　　種の豊富さへの影響（species richness effects） 793-794, 794
　　植食者の利用可能性（availability to herbivores） 361
　　植物─分解者の競争（plants/decomposers competition） 437-438
　　大気の_（atmospheric） 688-689
　　ツンドラの植物の吸上げ（tundra plant uptake） 724-725, 726
　　取り合い型競争（exploitive competition） 336-338, 337, 338
　　農業からの排出（agricultural discharges） 836-837
　　分解過程（decomposition processes） 437
　　湖（lakes） 699
　　窒素（nitrogen） 690-691, 711-712
窒素固定（nitrogen fixation） 527-532, 690, 696, 711
　　海洋（ocean） 705
　　共生細菌（bacterial symbionts） 527
　　硝酸塩の溶脱（nitrate leaching） 836-837
　　シロアリの消化管内の微生物相（termite gut microbiota） 515
　　地衣類のシアノバクテリアのフォトビオント（lichen cyanobacterium phytobiont） 525
　　地球規模での増大（global increases） 838, 838
　　マメ科以外の植物（nonleguminous plants） 529-530
　　マメ科植物，エネルギーコスト（leguminous plants, energy costs） 527-528
窒素固定細菌（nitrogen-fixing bacteria） 691
　　→「根粒菌での窒素固定」も見よ
窒素固定の相利（nitrogen-fixing mutualisms）
　　種間競争（interspecific competition,） 531-532, 531
　　生態遷移（ecological succession） 532
窒素酸化物（nitrogen oxides） 711-712
窒素循環（nitrogen cycle） 708, 711-712
　　人間活動による攪乱（human activities perturbation） 709, 711-712
地表植物（chamaephytes） 31, 32
着生植物（epiphytes） 29
チャパラル（chaparral） 29
中型土壌動物，陸上の分解者（mesofauna, terrestrial decomposers） 430-431, 431
中規模攪乱仮説（intermediate. disturbance hypothesis） 643-644
昼夜の変化（diumal variation）
　　太陽放射（solar radiation） 74
　　日周移動（movement） 217
　　葉層の下での二酸化炭素濃度（forest canopy carbon dioxide levels） 84, 85
潮下帯群集の遷移（subtidal community succession） 634, 635
潮間帯（intertidal areas） 59-60
　　→「岩礁域」も見よ
　　塩分濃度（salinity） 60-61
　　帯状分布（zonation） 60, 60-61
　　干出（exposure） 59-61
　　岩礁の生息場所（rocky habitats） 60
　　基質の影響（substrate effects） 59-61
　　_の生物（intertidal organisms） 6

チョウとアリの相利（butterfly-ant mutualisms）　505–506
鳥類（birds）
　移動（渡り）（migration）　217–218
　移入種の侵入（introduced species invasions）　250
　遠隔の島（remote islands）　804
　塩性湿地群集の修復（salt marsh community restoration）　829, *830*
　共存（coexistence）　295, 297, 305
　局地的絶滅（local subpopulation extinctions）　267–268
　組み合わせの規則（assembly rules）　807
　クラッチサイズ（clutch size）　138, 155, 160, *160*
　個体群の安定性（population stability）　544
　個体群の大きさ（存在量）の調節（population size (abundance) regulation）　544
　最小生存可能個体数（minimum viable population (MVP) estimates）　268–270, *270*
　島の生物地理学（island biogeography）　806–808
　種子散布（seeds dispersal）　210
　種子食者の＿（seed-eating）　130
　出現率関数（incidence functions）　807, *808*
　種の回転率（species turnover）　*806*, 807
　種の豊富さ（species richness）　797
　　＿の決定因（determinants）　791
　食虫性の＿（insectivorous）　639
　森林ギャップでの存在量（forest gap abundance）　649
　性に依存した分散（sex-biased dispersal）　226
　絶滅（extinctions）　261
　遷移による傾斜（successional gradients）　813, *814*
　体温調節（temperature regulation）　43–44
　体外寄生者の特殊化（ectoparasite specialization）　460
　体重（body weight）　161
　托卵（brood parasites）　*457*, 457–458
　飛べない鳥類（flightless）　17, *20*
　なわばり性（territoriality）　200, 226
　年齢に依存した分散（age-biased disperal）　226
　＿の捕食（predation）　373–374, 405
　　栄養カスケード（trophic cascades）　755–756, *757*
　　化学的防御（chemical defenses）　105
　　工業暗化（industrial melanism）　10
　繁殖期（breeding seasons）　128
　病原体（pathogens）　744
　腐肉食者の＿（scavenging detritivores）　446
　分布の傾斜（distribution gradients）　639, *640*
　捕食者介在の共存（predator-mediated coexistence）　741
束の間のパッチ（ephemeral patches）　310
ツンドラ（tundra）　26, *28*, 724–725, *726*
　分解者（decomposers）　432
低温障害（chilling injury）　45
低温耐性（cold tolerance）　46–48
　遺伝的側面（genetic aspects）　46, *48*
抵抗力（resistance）　764, 769
底生群集（benthic communities）　*613*, 613
　水流の障害（water flow hazards）　61
低投入農業と環境（lower input farming and environment (UFE)）　592
ディルドリン（dieldrin）　580

適応（adaptation）　3
　局所的（local populations,）　6, *7*, 9
適応度（fitness）　5, 37, 140
　異型接合体と同型接合体（heterozygotes versus homozygotes）　8
　外交弱勢（outbreeding depression）　222
　寄生者感染の影響（parasite infection effects）　473–474, **474**
　近交弱勢（inbreeding depression）　222
　子の数のトレードオフ（number of offspring trade-off）　146, *147*, 154
　最適採餌理論（optimal foraging theory）　367
　植食への反応（plant herbivory responses）　347–348, 350
　生活史特性（life history traits）　139
適応度等値線（fitness contours）　147–149, *150*
　生息場所の影響（habitat effects）　149
敵のいない空間（enemy-free space）　315–319, 789
鉄（iron）　690, 691
　海洋の生産力への制限（ocean productivity limitation）　669, 671
　付加実験（addition experiments）　705, *707*
デトリタス（detritus）
デトリタス食者（detritivores）　96, 101, 287–288, 342, 425–457, 638, 761
　緯度による傾斜（latitudinal gradients）　*432*, 432
　果実の消費（fruit consumption）　442
　群集の栄養構造（community trophic structure）　676
　死体の消費（carrion consumption）　446–449
　小動物の死体の分解（small mammal carcasses decomposition）　436, *437*, 448–449
　植物質の消費（plant matter consumption）　439–442
　スペシャリスト（specialists）　428
　生化学的組成（biochemical composition）　437
　セルロース分解（cellulolysis）　439–440, *440*
　淡水群集（freshwater communities）　*433*, 433–434, *434*, 436
　同化効率（AE）（assimilation emciency (AE)）　679
　土壌動物（soil populations）　430–432
　ドナー制御の栄養塩供給（donor-controlled nutrient supply）　425
　＿の資源（resources）　426
　　相互作用（interactions）　439–449
　＿の生物（organisms）　429–434
　分解者の役割の比較（decomposer role comparison）　434–436
　糞除去の活動（dung removal activities）　444–445, *445*
　無脊椎動物の糞の消費（invertebrate feces consumption）　442–444
　木材の消費（wood consumption）　436
テメホス（殺虫剤）（Temephos）　*587*, 587
デルタメシュリン（deltamethrin）　580
デング熱（dengue fever）　281, *282*
天候（weather）
　存在量の決定要因（abundance determinant）　545
　→「気候」も見よ
伝播係数（transmission coefficient）　467–468, 477
伝播の閾値（transmission threshold）　477
銅（copper）　691

環境汚染（environmental contamination） 241
同一圃場実験（common garden experiments） 6, 7, 9, 9
等温線（isotherms） 51, 52, 55
同化効率（AE）（assimilation efficiency (AE)） 678-680
洞窟（Caves） 796
　　分解者群集（detritivore communities） 434
凍結耐性戦略（freeze-tolerant strategy） 45-46
凍結防止戦略（freeze-avoiding strategy） 45-46, 47
凍傷（freezing injury） 45-46, 55
同所的個体群（sympatric populations） 322-323
　　形質置換（character displacement） 323-326, 325, 326, 327
同所的種分化（sympatric speciation） 12
同調（synchrony） 215-216, 216, 220
動的間引き線（dynamic thinning lines） 200-203, 201
　　傾き−1（slope of −1） 203
　　マイナス 3/2 乗則（-3/2 powerlaw） 202-205
ラタンの収穫（rattan harvesting） 603
動物（animals）
　　餌探索行動　→「餌探索」を見よ
　　餌量の変動（food availability fuctuations） 359-361
　　自己間引きする個体群（self-thinning populations） 207-208
　　分散（dispersal） 210-212
　　分散場所の探索（exploration） 211-212
　　防衛（defenses） 105, 355-356
動物の食物資源（animal food sources） 97-100
　　栄養素の構成（nutritional composition） 99
　　炭素対窒素の比率（carbon.. nitrogen ratios） 97
動物プランクトン（zooplankton）
　　栄養カスケード（trophic cascades） 756, 756
　　季節的遷移（seasonal succession） 797
　　藻類と原生動物の相利（algal-protozoan mutualisms） 518
　　二次生産性（secondary productivity） 675, 676
　　富栄養化に対する生物学的操作（eutrophication biomanipulation） 835-836, 836
　　湖の＿（lakes）
　　　　栄養塩の循環（nutrient cycling） 699-701
　　　　生産力（productivity） 670-671
逃亡種（fugitive species） 308
冬眠（hibernation） 43
トカゲの種の豊富さ（lizard species richness） 810
トキサフェン（殺虫剤）（toxaphene） 580
特殊化（specialization） 5
　　寄生者─宿主の特異性（parasite-host specificity） 459
　　種内の＿（within species） 6
独立栄養生物（autotrophs） 96
　　アゾトバクター，窒素固定（Azotobacteria, nitrogen fixation） 527
　　＿の呼吸（respiration） 656
棘（spines） 102, 348, 350
都市化（urbanization） 239
　　pH（pH） 57-58, 58
土壌（soil）
　　一次生産力との関係（primary productivity relationship）
　　栄養塩（nutrients） 664, 668
　　菌類の分解者（糖菌類）（fungal decomposers ('sugar fungi')） 427
　　群集の異質性（community heterogeneity） 628, 628
　　種の多様性（species riclmess） 817
　　水分の状態（water status） 90, 90-91
　　炭素：窒素の比（carbon: nitrogen ratios） 439
　　窒素の利用可能性（nitrogen availability） 438
　　分解者（detritivores） 430-432
　　圃場容水量（field capacity） 90, 91
　　無機的資源（mineral resources） 92-96, 95
　　有機物の分解（organic matter decomposition） 437-439
　　立体構造／水分の利用可能性（texture/water availability） 666-667, 667, 668-669
土壌の改善（reclamation of land） 241
　　植物による回復（phytoremediation） 241 242
　　→「生息場所の復元」も見よ
土地利用の変化（land-use change） 237
飛べない鳥（flightless birds） 16, 20
取り合い（exploitation） 170-171, 171
　　競争　→「競争」を見よ
　　ニッチ分化（niche differentiation） 333-342
トリアジン（triazines） 582
トリコーム（trichomes） 102
トリテルペン配糖体（triterpene glycosides） 356
トリフルライン（除草剤）（trifluralin） 582
トレードオフ（trade-offs）
　　遺伝的比較（genetic comparisons） 144
　　オプションセット（option sets） 147
　　子供の数／適応度（number/fitness of offspring） 146-147, 147
　　実験操作（experimental manipulations） 144-145
　　生活史（life histories） 142-145, 143, 144, 145, 146, 147
　　成熟齢（age at maturity） 153
　　遷移のメカニズム（succession mechanisms） 635-636
　　繁殖コスト（cost of reproduction） 145, 146

[な行]

内温性動物（endotherms） 42-45, 44, 161, 791
　　生産効率（production emciency） 680
　　熱的中性域（thermoneutral zone） 44, 44
内的自然増加率（r）（intrinsic rate of natural increase (r)） 134
鉛汚染（lead contamination） 241
波（waves） 61-62
ナメクジの植食（slug herbivory） 353
なわばり制（territoriality） 170, 196-200, 199, 226, 565
　　珊瑚礁の魚類（coral reef ashes） 649-650
肉食者（camivores） 33, 99, 252, 345
　　一番弱い被食者の選択（weakest prey selection） 358, 358, 370
　　餌の栄養組成（nutritional content of foods） 99
　　群集構造の影響（community structure influence） 740-743, 748
　　食物の好み（food preferences） 363
　　淡水のデトリタス食者（freshwater detritivores） 443, 443
　　同化効率（assimilation efficiency (AE)） 679

排泄物の分解（fecal matter decomposition）444
日和見的死肉食者（opportunistic carrionjeeders）446-447
肉食性の植物（carnivorous plants）367, 367
二型（dimorphism）226
ニコチン（nicotine）580
ニコルソン＝ヴェイレイ・モデル（Nicholson-Bailey model）395-396, 408-409, 412
　混み合い効果（crowding effects）398
二酸化イオウによる汚染（sulfur dioxide pollution）63
　二酸化炭素濃度（carbon dioxide）64, 83-84, 690, *714*, 714, *715*
二酸化炭素（carbon dioxide）107, 713-714
　海洋の吸収（absorption by oceans）66
　光合成（photosynthesis）72, 83-88
　水界の環境での__（aquatic environments）84
　増加の水準（increased levels）
　　植物の反応（plant responses）88, *89*, 100
　　地史的な時間スケール（geological timescales）88
　　人間活動の産物（human activities production）64-65, *65*, 88
　　分解者群集への影響（decomposer community impact）100
　大気中の__（atmosphere）690
　炭素循環での__（carbon cychng）687-688
　炭素／窒素の比（carbon: nitrogen ratios）97, 100, 438, 670, 681-682, 697
　土壌（soils）439
　年変動における増大（annual variation in increase）*715*, 715
　陸上での一次生産力（terrestrial primary productivity）664
　林冠下での流れ（flux beneath forest canopy）83, *84*
二次生産力（secondary productivity）656, 675
　一次生産量との関係（primary production relationship）675-676, *676*
二者択一的（代替的）な安定状態（alternative stable states）236, 420
日・度の概念（day-degree concept）41
日光浴（basking）43
　n次元超立方体（n-dimensional hypervolume）37, 109
ニッチ（niche）38, *38*
　基本的__（fundamental）37, 56, 304
　競争排除と共存（competitive exclusion versus coexistence）304-305
　資源管理の観点（resource management aspects）239, 241-246
　資源の次元（resource dimensions）109
　実現__（realized）38, 56, 304, 373-374
　　同所的／異所的個体群（sympatric/allopatric populations）323
　　捕食による制約（predation constraints）373-374
　種数-アバンダンスのモデル（species abundance models）621
　序列法，表示のための手法（ordination technique for display）244
　　正準対応分析（canonical correspondence analysis）244
　絶滅危惧種（endangered species）246
　相補的__（complementarity）533-534, 818
　ニッチ機会（opportunity）246-247
　__の拡張，競争からの解放（expansion, competitive release）322, 323
　__の次元（dimensions）38
　__の詰め込み（packing）717
　__の幅（breadth）787
　遷移の機構（succession mechanisms）634-635
ニッチ分化（niche differentiation）3, 326-327, 721-729
　環境条件（environmental conditions）333
　帰無仮説（null models）726-728
　競争排除則（Competitive Exclusion Principle）304
　共存（coexistence）310-314, 329-334, 341, 721, 726-727
　空間の分割（spatial partitioning）334, 723
　形態的差違（morphological differences）729
　時間的分離（temporal partitioning）334, 723-724
　資源分割（resource partitioning）334
　資源利用曲線（resource-utilization curves）329-333, *331*
　選抜実験（selection experiments）328-330, *330*
　取り合いのメカニズム（exploitation mechanisms）333-342
　ニッチの相補性（niche complementariqr）721-722, 818
　隣接種との大きさの比率（size ratios of adjacent species）729
ニトロアニリン（nitroanalines）581
ニトロゲナーゼ（nitrogenase）528, 690
ニトロソアミン（nitrosamines）836
ニトロフェノール除草剤（nitrophenol herbicides）582
二年生植物（biennial species）121
　種子（seeds）221
尿素系除草剤（substituted ureas）581
ニレ立枯れ病（Dutch elm disease）352
人間活動（human activities）239
　イオウ循環の攪乱（sulfur cycle perturbation）*710*, 713
　河口への栄養塩の流入（estuarine nutrient inputs）701-702, *702*
　化石記録（fossil record）816
　管理の戦略（management strategies, l86-7）239-240
　圧力／状態／反応（pressures/state/response）*839*, 839
　持続可能性（sustainability）577-578
　侵入種の管理（species invasions management）244-246
　水文学的循環への攪乱（hydrological cycle perturbation）708
　生息場所の復元（habitat restoration）241-244
　生態系の健康度への影響（ecosystem health impact）838-840
　炭素循環の攪乱（carbon cycle perturbation）*710*, 714
　窒素循環の攪乱（nitrogen cycle perturbation）*710*, 711
　湖の栄養塩収支（lake nutrient budgets）701
　陸上群集からの栄養塩の流入（terrestrial communities

nutrient input) 693
リン循環の攪乱 (phosphorus cycle perturbation) 709-710, *710*
人間の個体群 (human population)
　　生存曲線 (survivorship curves) *126*, 126
　　成長 (growth) *239*, 239
　　密度 (density) **175**, 175
人間の病気を起こす生物 (human disease organisms) 245
根 (roots) 114
　　栄養塩類の吸上げ (nutrient uptake) 690, *691*
　　競争 (competition) 195-196, *198*, 299-300
　　菌類との連合 → 「菌根」を見よ (fungal associations see mycorrhizas)
　　系の立体構造 (system architecture) 93-96, *94*
　　酸素要求 (oxygen requirements) 96
　　水分吸収 (water uptake) 89-92, *94*
　　無機栄養塩類の探索 (mineral nutrient foraging) 93-96
ロゼット (rosettes) 115
根瘤病 (club-root disease) *454*, 455
熱水噴出孔 (hydrothermal vents) 50, 72, 741, 748
熱帯草原 → 「サバンナ」の項を見よ
熱帯の種の豊富さ (tropical species richness) 797, 798, 809-811
熱帯林 (tropical forest) 22, *28*, 29
　　乾期のある__ (seasonally dry) 82-83
　　ギャップへの移住 (gaps colonization) 649
　　経済的観点 (economic aspects) 848, 849, *850*
　　種の分布 (species distribution) 22, *22*
　　種の豊富さ (species richness) 29
　　純一次生産性 (net primary productivity) 657-658
　　氷河期後の変化 (postglacial period changes) 22
　　分解者 (decomposers) 432
熱的中性域 (thermoneutral zone) 44
眠り病 (sleeping sickness) 455
粘液腫症 (myxomatosis, l85) 238, 493-495, *496*
年変動 (annual variations)
　　エネルギー流 (energy flow) 683
　　大気の二酸化炭素濃度 (atmospheric carbon dioxide) 714, *715*
農業 (agriculture) 239
　　生息場所の修復 (habitat restoration) **242**, 242
　　生態系過程の管理 (ecosystem processes management) 836-838
　　遷移の管理 (succession management) 824-827, *825*
　　炭素循環への影響 (carbon cycle impact) 714
　　地球的規模での拡大 (global expansion) *852*, 853
　　窒素／リンの溶脱 (nitrate/phosphate runoff) 691, 708-711, 837
　　抵抗性品種 (resistant cultivars) 470-471, *471*
　　農作物／家畜と人間の相利 (human crop plant/livestock mutualisms) 504
農作物 (crop plants)
　　遺伝的改変 (genetic modification) 585, *586*
　　収穫管理 → 「収穫管理」を見よ
　　遷移の管理 (succession management) 824-828, *825*
　　人間との相利 (human mutualism) 504
野火・野焼き (fire) 27, 29, 49, 62, 308, 525, 689
　　アボリジニーの伝統的土地管理 (aboriginal traditional land management) *827*, 827
　　種子発芽の刺激 (セロニティー) (seed germination stimulation (serotiny)) 222
　　植生回復の種類 (vegetation recovery classes) 638
　　植物の適応 (分裂組織の保護) (plant adaptations (protected meristems))
　　大気の二酸化炭素濃度の上昇 (atmospheric carbon dioxide elevation) 715
　　大気への栄養塩の喪失 (atmospheric nutrient losses) 693

[は行]
葉 (leaves) 114, 310
　　一日の動き (daily movements) 76
　　季節的な被陰 (seasonal shedding) 74, 82
　　最大光合成能力 (photosynthetic capacity) 78, 80
　　砂漠の植物 (desert plants) 43
　　死物の分解 (dead matter decomposition) 434-435
　　窒素含有量 (nitrogen content) 80
　　投影効率 (projection efficiency) 80
　　放射強度 (radiation exposure) 72, 73, 76
　　水の節約 (water conservation) 82
　　陽葉と陰葉 (sun versus shade) 76, *80*, 80
ハーレム (harems) 170
バイオーム (生物相) (biomes)
　　水界の__ (aquatic) 30
　　陸上の__ (terrestrial) 26-30, *27*
媒介者 (vectors)
　　感染 (infections) 455-456, 482-483, 831
　　寄生者 (parasites) 455, 467
　　接触率，伝播での (contact rate in transmission) 468
胚発生 (embryonic development) 112
バクテリアファージ／寄主との共進化 (bacteriophage/host coevolution) 495, **496**, *496*
バクテリオクロロフィル (bacteriochlorophyll) 73
剥離摂食 (喫食) 者のデトリタス食者 (grazer-scraper detritivores) *433*, 433, 698
破砕デトリタス食者 (shredder detritivores) *433*, 433-436
はしか (measles) 453, 478-479, *480*, 481, *481*
　　確率的な自然消滅 (stochastic fade-out) 484
ハタネズミの個体数の振動 (microtine rodent population cycles) 401, 558, *558*, 568-575, *573*
ハタネズミの個体数振動 (vole population cycles) 405
ハチ (wasps)
　　イチジクーイチジクコバチの相利 (fig-fig wasp mutualism) *511*, 511-512
　　虫瘤 (ゴール) 形成 (gall-forming) *463*, *464*
ハチドリ，送粉者 (hummingbird pollinators) 509
爬虫類 (reptiles)
　　化石記録での種の豊富さ (fossil record of taxon richness) 815
　　絶滅 (extinctions) 263
バチルス科の細菌，窒素固定 (Bacillaceae, nitrogen fixation) 527
発芽 (germination) 50, 91
　　休眠後の__ (following dormancy) 221-222
　　野火の後の__ (following fire (serotiny)) 222
麦角 (ergot) 521
発酵 (fermentation)

果実の分解（fruit decomposition） 442
消化管内の微生物相（gut mutualistic microbiota） 512
シロアリの袋状器官（termite paunch） 515
反芻動物の消化管（ruminant gut） *513*, 513-514
分解者（decomposers） 427
パッチ／パッチ性（patches/patchiness） 8, 214, 225
　餌探索（foraging） 375-386
　　限界値理論（marginal value theorem） 377-383, *378, 380, 381*
　　最適採餌理論（optimal foraging approach） 377-383
　　滞在時間（stay-time） 377, 379
　　地域限定の探索（area-restricted search） 375-376
　　パッチの選定（location） 376
　　不適なパッチの見限り（abandonment of unprofitable patches） 375-376, *376*
　　捕食者の移動コスト（predator migration cost） 385-386, *386*
　　捕食者の干渉型競争（predator interference competition） 383
　　捕食者の集中反応（predator aggregative response） 375, 376, *376*
　　捕食の危険性（predation risk） 379-380
　寄生者―寄主モデル（parasite-host models） 467
　吸収パッチ（sink（receiver）patches） 233, 237
　供給パッチ（source（donor）patches） 233, 237
　共存の促進（coexistence facilitation） 721
　群集（communities）
　　動態（dynamics） 641-650
　　分布（distribution） 225, 226, 636
　　サブ個体群の絶滅（subpopulation extinctions） 227, *268*, 268, 269
　　島モデル（islands models） 180
　　種間競争（interspecific competition） 307
　　集中分布（aggregated distributions） 309-314, *311*
　　食物の分布（food distribution） 375-376
　　生物的防除の戦略（biological control strategies） 610-611
　　絶滅危惧種での生息場所の断片化（endangered species habitat fragments） 267
　　束の間の__（ephemeral） 310
　　分散による移住（colonization through dispersal） 225, 226
　　捕食者―被食者相互作用（predator-prey interactions） 407, 412-413, 415
　　未占有のパッチ（uninhabited patches） 231
　　メタ個体群の概念（metapopulations concept） 180
　　→「環境の異質性」も見よ
ハッチースラック回路（Hatch-Slack cycle） 86
花の特性，植食の影響（floral traits, herbivory impact） 353-354
葉の消失（植食）（defoliation） 358
パラコート（paraquat） 582
パラチオン（parathion） 580
ハリケーンによる被害（cyclone damage） 62
ハワイ諸島のショウジョウバエ（Hawaiian Islands fruit-flies） 16-17, *18*

範囲限定探索（area-restricted search） 376
バンクロフト糸状虫症（Bancroftian filariasis） 456
繁殖（reproduction） 12, 111, 114, 119-122, 138-140
　季節的なリズム（seasonal activity） 121
　基礎__率　→「R_0」を見よ
　基礎純繁殖速度　→「R」を見よ
　自然淘汰理論（theory of natural selection） 3-5
　生活史のオプションセット（life history option sets） 147-149
　齢に依存した__（age-specific） 124, *131*, 131-132
　連続的な繁殖（continous breeding） 119
　→「産卵数／産子数」も見よ
繁殖価（reproductive value） 140-142, 145
繁殖期（breeding seasons） 128-132
繁殖コスト（CR）（cost of reproduction/reproductive cost(CR)） 145, *146*, 147
　最適クラッチサイズ（optimal clutch size） 156
　生息場所の分類（habitat classification） 14-151, *150, 152*, 153
　生息場所の分類（habitat classification） 149-150, *150*
繁殖スケジュール（fecundity schedules） 122, **123**, 124, 134
　個体群投影行列（population projection matrices） 135-138
　多回繁殖繁殖する個体（repeatedly breeding individuals） 131
　定常__（static） 131
　内的自然増殖率（r）の計算（intrinsic rate of natural increase（r）calculation） 134, **135**
繁殖における障壁（breeding barriers） 12
r/K淘汰（r/K selection） 157
繁殖への配分（繁殖努力）（reproductive allocation (reproductive effort)） 140、*140*, 146, 151, *152*, 153-154
　子の大きさ／数（offspring size/numbers） 154
反芻動物（ruminants）
　消化のシステム（digestive system） 101, *513*, 514-515
　メタン細菌（methane production） 65-66
ハンセン病（leprosy） 848
半地中植物（hemicryptophytes） 32
反応面分析（response surface analysis） 321-322, *322*
ヒース荒原（heathland） 712
　灌木と樹木の侵入（invasion by scrub and trees） 230, *231*
ピート湿原（peat bog lakes） 443
干潟（salt marshes） 60-61
　復元（restoration） 829, *830*
干潟の群集（mudflat communities） 750
光　→「太陽放射」を見よ
光呼吸（photorespiration）
　C_3回路（C_3 pathway） 85
　C_4回路（C_4 Pathway） 86
光阻害（photoinhibition） 71, 108
光変換（phytotransformation） 187-188
微気候（microclimates） 794
　相対湿度（relative humidity） 57
　二酸化炭素濃度（carbon dioxide levels） 83
　変異（variation） 50-51, 55

微小寄生者（microparasites） 453, *454*
　　感染の閾値（transmission threshold） 477
　　感染の個体群動態（population dynamics of infection） 676-684
　　基礎繁殖率（R_0）（basic reproductive rate（R_0）） 477
　　個体数の臨界値（critical population size） 477, 478
　　持続する感染（persistent infections） 478-479
　　直接伝播（direct transmission） 476-477
　　　　感染の循環（cycles of infection） 479-480, *480*
　　　　集団接種（immunization programs） 479-480, *481*
　　　　集団免疫（herd immunity） 479
　　　　頻度依存的伝播（frequency dependent transmission） 480-481
　　　　免疫反応（immune response） 262
　　　　流行曲線（epidemic curve） 478-479, *479*
　　媒介者を通しての感染（vector-borne infections） 482
　　罹患率の影響（morbidity effects） 481
　　→「病気」「感染」も見よ
微小生息場所（microhabitats） 717, 793
　　ニッチ分化（niche differentiation） 732
微小生態系（マイクロコスムス）での実験（microcosm experiments）
　　攪乱への群集の反応（community response to disturbance sequence） 652, *652*
　　死物の分解（dead matter decomposition） 434-435
　　植物プランクトン群集の構造（phytoplankton community structure） 718, *718*
微小土壌動物，陸上の分解者（micro fauna, terrestrial decomposers） 430, 431, *431*, 432, 434
微生物食者（microbivores） *429*, 429-430
　　群集の栄養構造（community trophic structure） 676
　　同化効率（assimilation eBiciency (AE)） 678
非生物的要因（abiotic factors） 37
　　極端な＿（過酷な環境）（extreme (harsh environments)） 40, 55, 794
　　個体群相互作用への影響（community population interactions modulation） 749, 751
一腹卵数　→「クラッチサイズ」を見よ
ビピーリジリウム系除草剤（bipyridyliums） 582
百日咳（whooping cough (pertussis)） 479, *480*
百日咳（pertussis (whooping cough)） 479-480
氷河（glaciers） 707
病害虫　→「有害生物」の項を見よ
　　経済的被害許容水準（economic injury level） 578, *579*
　　天敵（natural enemies） 582
　　二次的有害生物（secondary pests） 582
　　要防除水準（economic thresholds） 578
氷河期（ice ages） 798, 816
　　更新世の氷河期のサイクル（Pleistocene glacial cycles） 20-21
　　森林の隠れ場所（forest refuges） 22
　　氷河の後退（glacier retreat） 629
病気（disease） 453
　　環境の影響（environmental influences） 56
　　昆虫の媒介者（insect vectors） 281-282
　　地球的環境変動の影響（global climate change impact） 281-282

　　→「感染」「微小寄生者」も見よ
表現型可塑性（phenotypic plasticity） 159-160
病原体（pathogens） 453
標高（altitude）
　　移住（垂直的な移動）（migrations） 217
　　温度の変動（temperature variation） 51
　　種の豊富さの傾斜（species richness gradients） 786, *811*, 811-812, *812*
表面積：体積の比（surface area: volume ratios, l28） 161-162
日和見主義者，砂漠の生物相（opportunists, desert biomes） 29
微量元素（trace elements） 92
ビリンタンパク質（biliproteins） 77, *78*
ビルハジア住血吸虫症　→「住血吸虫症」を見よ
ピレトリン（pyrethroids） 580
頻度依存性（frequency dependence）
　　寄生者の伝播（parasite transmission） 468-470
　　直接伝播する微小寄生者（directly transmitted microparasites） 480-482, *483*
　　生活史特性（life history traits） 139
頻度依存淘汰（frequency-dependent selection）
　　消費者介在の共存（exploiter-mediated coexistence） 743
　　多型の維持（polymorphisms maintenance） 8
フィヨルドランドの漁業と海洋環境を守る会（GOFF）（Guardians of Fiordland's Fisheries and Marine Environment (GOFF)） 851
フィラリア線虫（filariasis） 456
フィロパトリー（philopatry） 224-225, *224*
風化（weathering） 700, 702, 708, 709, 712, 713
　　栄養塩の流動化（nutrient mobilization） 689
富栄養化（eutrophication）
　　沿岸の＿（coastal） 836
　　生物的操作（biomanipulation） 835-836, *836*
　　窒素（nitrogen） 711
　　リン（phosphorus） 710
　　ワムシ群集の構成（rotifer community composition） 627
フェノール誘導体の除草剤（phenol derivative herbicides） 582
フェノキシ系除草剤（phenoxy weed killers） 582
フェロモン殺虫剤（pheromone insecticides） 581
付加実験（additive experiments） *321*, 321
復元生態学（restoration ecology） 241-244
　　遷移の管理（succession management） 824-828
復元力（resilience） 764, 769, 772-773, *773*
フクロウの補食（owl predation） 373, 405
フジツボ（bamacles）
　　コホート生命表（cohort life tables） 134, *135*
　　種間競争（interspecific competition） 292-293, *293*, 296, 298, 305
腐生生物（saprotrophs） 96, 98, 425, 458
付着根（器）（holdfast） 60-61, 105
不調和（disharmony） 807
物理的防御（physical defenses） 101-102
腐肉（decaying matter） 310
　　→「死体」「死んだ有機物」も見よ
腐肉食の脊椎動物（scavenging vertebrates） 446

負の二項分布モデル（negative binomial model） 408-409
部分的隠れ場所（partial refuges） *406*, 408, 414, *417, 419*
震え（shivering） 43
プレーリー（prairies） 27
プロパニル（propanil） 581
フロロタンニン（phlorotannins） 347, *349*
糞（fecal matter）
　　__除去の活動（dung removal activities） 444-445, *445*
　　デトリタス食者による消費　→「糞食」を見よ
　　分解（decomposition） 426-427, 434-435
　　　　アンモニアの放出（ammonia release） 693
分解（decomposition）
　　栄養塩循環（nutrient cycling） 687-688
　　ケラチン（keratin） 448
　　材木（wood） 436, *437*
　　種の豊富さへの影響（species richness effects） 817
　　小動物の死体（small mammal carcasses） 436, *437*
　　生物的酸素要求量（biological oxygen demand） 96
　　二酸化炭素生成（carbon dioxide production） 83
　　熱生産（heat generation） 49
分解者（decomposers） 425-451
　　r 淘汰された種（r-selected species） 427
　　エネルギー流（energy now） 681, 684
　　大きさによる分類（size classification） 430-431, *431*
　　温度の影響（temperature effects） 432
　　群集の栄養構造（community trophic structure） 676, *677*
　　呼吸による熱消失（respiratory heat loss） 681
　　コラーゲン分解酵素（collagenases） 448
　　資源（resources） 101, 425-426
　　水分要求（water requirements） 433
　　スペシャリスト（specialists） 428
　　生化学的組成（biochemical composition） 437
　　セルラーゼ（cellulases） 439, 441
　　遷移（succession） 429, *429*
　　__とデトリタス食者の役割の比較（detritivore role comparison） 434-436
　　ドナー制御の栄養塩供給（donor-controlled nutrient supply） 425
　　__となる生物（organisms） 427-429
　　二次生産（secondary production） 681
　　__の定義（definitions） 426
文化的河川健康指標（CSHM）（Cultural stream Health Measure (CSHM)） *840*, 840
分散（dispersal） 209-213, 240
　　入れ替わり的な__（turnover） 215
　　回廊（コリドー）（corridors） 278
　　近親交配の回避（inbreeding avoidance） 222
　　クローン__（clonal） 227-229
　　血縁者間の競争の回避（kin competition avoidance） 223
　　個体群内の変異（variation within populations） 225-226
　　個体群生態学的意義（demographic significance） 227-229
　　個体群動態（population dynamics） 227-229
　　　　捕食者―被食者相互作用（predator-prey interactions） 412-414, *415*
　　島の生物相（island biotas） 16, 807
　　種子（seeds） *230*
　　　　果実食（fruit herbivory） 354
　　出生時の__（natal） 209, 226
　　受動的な__（passive） 210, *212*
　　　　相利的な媒介者による__（by mutualistic agent） 210
　　進化的に安定な戦略（evolutionarily stable strategy） 223
　　侵入（invasion） 215, 229-230
　　性による違い（sex-related differences） 225-226
　　多型（polymorphism） 225
　　定義（definition） 209
　　二型（dimorphism） 225, *226*
　　能動的な__（active） 210-212
　　パッチへの移住（patch colonization） 214, 227-228
　　繁殖（breeding） 209
　　密度依存的な__（density-dependent） *216*, 216, 222-225
　　メタ個体群統計学（metapopulation demography） 231-238
　　齢による違い（age-related differences） 226
糞除去の活動（dung removal activities） 444-446, *445*
糞食（coprophagy） 440, 513, 515
　　脊椎動物の糞（vertebrate feces） 444-446
　　デトリタス食（detritivores） 437, 441
　　無脊椎動物の糞（invertebrate feces） 442-444, *443*
分布（分布様式）（distribution (dispersion)） 213-217
　　塩分の影響（salinity influence） 58-61
　　温度との相関（temperature correlations） 51-57, *55*
　　　　極端な条件（extreme conditions） 55-56
　　　　相互作用する要因（interacting factors） 56-57
　　環境傾度分析（gradient analysis） 623, *624*
　　均衡度／均等性（equitability/evenness） 620
　　湿度の影響（humidity influence） 57
　　種間競争（interspecific competition） 291, 293-295
　　　　集中分布（aggregated distributions） 310-314
　　侵入の動態（invasion dynamics） 232
　　土壌／水分のpHの影響（soil/water pH influence） 57-58
　　ニッチ主導要因モデル（niche-orientated models） 621
　　ニッチ分化（niche differentiation） 333-334
　　負の連関（チェッカー盤模様）（negative associations ('checkerboard' distributions)） 731-735, *732*, 734
分布範囲，気候変動の影響（range, climate change impact） 281
　　自然保護区の設定（nature reserve location） 283-284
平行進化（parallel evolution） 23-24, *25*
ベーツ型擬態（Batesian mimicry） 106
「ヘッドスタート」プログラム（head-starting programs） 551
ベルト（アフリカ南部の草原）（veldt） 27
ペルメトリン（合成ピレトリン；殺虫剤）（permethrin） 584
変異（variation）
　　遺伝的__（genetic） 4, 5
　　　　多型（polymorphisms） 8
　　地理的__（生態型）（geographical (ecotypes)） 6

事項索引　　　　　　　　　　　　　　　　　　　　　　　　　　　　　　　　979

　　　種内＿（intraspecific）　5
　　　人為的な淘汰圧（manmade selection pressures）　10
片害（amensalism）　288
変換効率（transfer efficiencies）　678–680, *680*, 776
　　　消費効率（CE）（consumption efficiency (CE)）　678
　　　生産効率（PE）（production efficiency (PE)）　678, 679
　　　同化効率（AE）（assimilation efficiency (AE)）　678, 679
ベンケイソウ型有機酸代謝（CAM）（crassulacean acid metabolism (CAM)）　82, 85–86
k値（k values）　546–550, 547, *548*, *550*
変動主要因分析（key factor analysis）　545–550
　　　回帰係数（regression coefficients）　547
　　　生命表データ（life table data）　**546**, 546, **547**, 548, **549**, 554
　　　＿の限界（limitations）　550
　　　不連続な／連続する世代（discrete/overlapping generations）　547
　　　密度依存／密度制御過程（density-dependent/regulatory processes）　546–547, *547*
片利（commensalism）　499–500
胞子（spores）　427, 428, 467, 642
放射　→「太陽放射」を見よ（radiation see solar radiation）
放線菌，窒素固定（actinomycetes, nitrogen fixation）　527, 529–530
放線菌根粒（actinorhiza）　527
　　　窒素固定（nitrogen fixation）　530
捕獲－再捕獲法（capture-recapture method）　118
保護区（protected areas）　840, *841*
　　　経済的観点（economic perspective）　850
　　　相補性（complementarity）　843, *844*
　　　多目的の設計（multipurpose design）　845–846, **846**, *847*
　　　置換不能性（irreplaceability）　843
　　　優先順位付け（prioritization）　842
補償点（compensation point）　77–78, 86
圃場容水量（保水許容量）（field capacity）　90–91, 665
捕食（predation）　286–290, 342, 345–387, 736–737
　　　群集構造への影響（community structure influence）　717, 737–743, 749–750
　　　個体群動態（population dynamics）　389–424
　　　種の豊富さへの影響（species richness influence）　786–787, 789–790
　　　相互＿（reciprocal）　306, 306–307
　　　＿の定義（definition）　345
　　　被食者個体群への影響（prey population effects）　356–359
　　　比率依存の＿（ratio-dependent）　399–401
　　　物理的防衛（physical defenses）　101–103
捕食寄生者（parasitoids）　345–346, 362
　　　干渉（interference）　385, *385*
　　　限界値理論（marginal value theorem）　379–380, *381*
　　　探索（foraging）
　　　　　密度依存性（density dependence）　377
　　　　　メカニズム・モデル（mechanistic models）　383
捕食寄生者－寄主の相互作用（parasitoid-host interactions）
　　　環境の異質性の影響（environmental heterogeneity effects）　408–409, *410*, *411*

　　　危険の集中（aggregation of risk）　408–409, *411*, 411, 415–416, *418*, *419*
　　　機能の反応（functional responses）　410
　　　共振動（coupled oscillations）　390
　　　　　一世代の循環（one-generation cycles）　396, *396*
　　　　　応用上の証明（practical demonstration）　397, *396*
　　　個体群動態（population dynamics）
　　　　　遅れのある密度依存性（delayed density dependence）　393–394, *394*
　　　　　ニコルソン＝ベイリー・モデル（Nicholson-Bailey model）　395, 399
　　　集中分布（aggregated distribution）　408, 409–410, *410*, *411*, 412
捕食者（predators）　96, 345
　　　餌のスイッチング（prey switching）　403
　　　餌のパッチ状分布（patchy food distribution）　376
　　　餌の幅（diet width）　362–363
　　　学習（learning）　385–386
　　　干渉型競争（interference competition）　383–385
　　　最適採餌理論（optimal foraging theory）　369
　　　死物栄養の寄生者（necrotrophic parasites）　458
　　　島の生物地理学（island biogeography）　807
　　　集中分布（aggregated distribution）　375, 376, 383, 385
　　　消費の影響（effects of consumption）　359–362
　　　食物網（food webs）　760, 762, 763
　　　　　栄養カスケード（trophic cascades）　755–757, 759
　　　　　間接効果（indirect effects）　754, *755*
　　　　　キーストーン種（keystone species）　762–764
　　　食物連鎖の長さ（food chain length）　775, 778–779
　　　処理時間（handling time）　363, 402–404
　　　生物防除の担い手（biological control agents）　555–557, *556*
　　　探索時間（search time）　402–403, 405
　　　＿の分類（classification）　345
　　　飽食（satiation）　359, *360*, 361
　　　理想自由分布（ideal free distribution）　383–386
　　　＿を引き起こす行動（behavioral determinants）　375–376
　　　「捕食者－被食者相互作用」も見よ
捕食者介在の共存（predator-mediated coexistence）　740–742
捕食者－被食者相互作用（predator-prey interactions）　286–290
　　　遅れのある密度依存性（delayed density-dependence）　393–395, *394*
　　　環境の不均質性の影響（environmental heterogeneity effects）　407, 408, 414–420, *416*
　　　機能の反応（functional responses）　402–407
　　　　　タイプ1（type 1）　402, *403*
　　　　　タイプ2（type 2）　402–403, *403*, 405–407
　　　　　タイプ3（type 3）　403–407, *404*
　　　共振動（coupled oscillations）　390, *390*, 393, 421–422
　　　1世代周期振動（one-generation cycles）　396, *396*
　　　時間的遅れのある数の反応（time-delayed 'numerical responses'）　393–395, *394*
　　　自然界での＿（practical demonstration）　397
　　　野外実験（field experiments）　397
　　　個体群動態（population dynamics）　389
　　　　　自己制御による安定化（stabilizing effects of

self-limitation） 401
多重平衡点（multiple equilibria） 420-422, *422*
モデルでのアプローチ（modeling approaches）
 389
混合い効果（crowding effects） 398-401, *400*
収穫管理（harvest management） *605*, 605-607
集中反応（aggregative responses） 407-408, 412-413
相互干渉（mumal interference） 398, *399*, 401
比率依存的捕食（ratio-dependent predation） 399-401
頻度依存淘汰（frequency-dependent selection） 8
分散モデル（dispersal model） 412-414, *413*
捕食者でも被食者でもある種（species that are both predators and prey） 397
見かけの競争（敵のいない空間をめぐる競争）（apparent competition (for enemy-free space)） *315*, 315-319, *318*, 335
メタ個体群（metapopulations） 412-414, 414-417, *416*, 419-420
利己的な群れの原理（selfish herd principle） 215
連続時間モデル（continuous-time models） 411-412
ロトカ・ヴォルテラ・モデル（Lotka-Volterra model） 391-393, *392*, 398-401
捕食の危険性（predation risk） *406*, 408, 414-415, *421*
餌探索，パッチ利用（foraging, patch use） 379-380
寄生者の負荷との関係（parasite burden relationship） 473-475
密度依存性（density-dependence） 384-385, 405-407
母性効果モデル（matemal effect model） 570, *570*
保全（conservation） 240, 246-249
移動する種（migratory species） 258-260
管理での介入（management intervemions） 277
地球規模の環境変動の影響（global climate change impact） 283-284
景観の復元（landscape restoradon） *242*, 242
経済的観点（economic aspects） 848
最小生存個体群分析（population viability analysis (PVA)） 268-278
小個体群の個体群動態（population dynamics of small populations） 260-279
遷移の管理（succession management） 829-830
体系的な立案（systematic planning） 842
「ヘッドスタート」プログラム（head-startng programs） 551
メタ個体群（metapopulations） 278-279, *279*, *280*
優先順位（priorities） 263, 266
保全生物学的防除（conservation biological control） 588-590
保全のための保護区（conservation reserves） 246-247, *248*
位置選定（location） 281, 284, 840-845
移動をする種（migratory species） 259-260
面積に関するモデル化（area modcling） 274-276
連結ゾーン（linkage zones） 260
哺乳類（mammals）
運動／摂食習性（locomotory/feeding habits） 32, 33
外部寄生者の特殊化（ectoparasite specialization） **460**
化石記録での分類群の豊富さ（fossil record of taxon richness） 814, *815*

個体群の大きさ（存在量）制御（population size (abundance) regulation） 547
種の豊富さ（species riclmess） 797, 809
消化管内共生の微生物相（gut symbiont micro flora） 515
窒素固定（nitrogen fixation） 527
生活史特性（life history traits） 164-165, *164*, 165
絶滅（extinctions） 254, 817-818
体温調節（temperanre regulation） 42-43
体サイズの制約（body size constraints） 160
なわばり制（territorality） 226
腐肉食のデトリタス食者（scavenging detritivores） 446
分散における性差（sex-biased dispersal） 225-226
糞食／自糞食（coprophagy/ autocoprophagy） 440, 514
平行進化（parallel evolution） 22-25, *25*
免疫反応（immune response） 463
齢特異的な分散（age-biased disperal） 226
葡匐茎（stolons） 115
ポリフェノール（polyphenols） 698
ホリングのタイプ2の反応方程式（Holling's type 2 response equation） 402-403
ホワイト，ギルバート（White, Gilbert） 541

[ま行]
マイクロサテライトDNA分析（microsatellite DNA analysis） 14
マイヤー・ドブジャンスキーの基準（Mayr-Dobzhansky test） 11
マウンドを造る動物（mound-builders） *749*
マキー（地中海地方の低木林）（maquis） 29
マグネシウム（magnesium） 690-691, 700
マクロ生態学（macroecology） 786
マッカーサーの分割モデル（MacArthur's fraction model） 623
間引き（culling） 492
マメ科植物，窒素固定（legumes, nitrogen hation） 711
根粒菌の相利（rhizobia mutualism） 527
硝酸塩の溶脱（nitrate leaching） 836, 837
窒素固定細菌（nitrogen-fixing bacteria） 711
マラチオン（malathion） 580
マラリア（malaria） 8, 455, 460, 468, 744
マルコフ連鎖モデル，遷移（Markov models, succession） 633-634, *635*
カルバリル（carbaryl） 580
マンガン（manganese） 691
マングローブ（mangrove） 682
ギャップへの移住（gaps colonization） 646, *648*, 648
経済的観点（economic aspects） 847-850, *850*
島の群集（island communities） 801
種の回転率（species tumover） 806
見かけの競争（apparent competi(ion） 315-319, *315*, *316*, *318*, 335
湖（lakes） 798
イオウ（phosphorus） 712-713
一次生産力（primary productivity） 657-658
緯度による傾斜（latitudinal trends） 657-658
栄養塩の利用可能性（nutrient availabnity） 670-

671, *670*
栄養塩収支（nutrient budgets） 698-700, *700*
塩分（saline） 698
塩分濃度の影響（salinity effects） 756, *756*
固有種（endemic species） 808
サケ科魚類の侵入（salmonid invasions） 832-833
資源をめぐる競争（resource competition） 341-342, *340*
種の豊富さ（species richness）
　一次生産力との関係（primary productivity relationship） 793, *793*
　深度による傾斜（depth gradients） 813
水文学的循環（hydrological cycle） 707
成層（stratification） 84, *85*
底生デトリタス食者の群集（benthc detritivore communities） 434
富栄養化の生物的操作（eutrophication biomanipulation） 643
水の酸性化（water acidi8cation） 63, *65*
ワムシ群集（rotifer commumities） 625, *626*
見つかりやすさ理論（apparency theory） 103-104
密腺（nectaries） 508-510
密度依存性（density-dependence） 540
　移出（emigration） 129
　餌探索（foraging）
　　集中反応（aggregative response） *375*, 375-376, *376*, 385
　　捕食寄生者（parasitoids） *375*
　遅れのある＿（delayed） 557-559
　　存在量の共振動（coupled oscillations in abundance） 393-395, *394*
　寄生者の感染（parasite infection） 463-465, *465*
　　大型寄生者（macroparasites） 483
　　伝播（transmission） 468-470, *469*
　競争（competition） 172-173, *173*
　　種間＿（interspecific） 303
　　＿モデル（models） 188-189, 194
　個体群の大きさ（存在量）の調節（population size (abundance) regulation） 176, *177*, 541-542, *543*, 544, 557-558
　個体群の成長（population growth） 180-183
　時間的＿（temporal） 409, 412
　時系列分析（time series analysis） 557-561
　死亡率（mortality） 172-173, *173*, *177*, 178
　成長（growth） 180-183, *181*
　　＿の定量化（quantification） 183, *184*, *185*, 185
　繁殖率（fecundity） 173, 174, *177*, 179, *185*, 185
　被食者の捕食リスク（prey predation risk） 384-385
　分散（dispersal） *216*, 216, 222-225
　変動主要因分析（key factor analysis） 547-549
　補償（compensation） 172-173, 194-195
　捕食寄生者―寄主の遭遇（parasitoid-host encounters） 409
　捕食者の集中反応（predator aggregative responses to prey density） 405
　リスクの集中（aggregation of risk） 409-411
ミトコンドリアの進化（mitochondrial evolution） 535
ミミズ（earthworms）
　デトリタス食（detritivory） 430-433, *431*, *432*

土壌を動かす（earth-moving activities） 430
ミュラー型擬態（Mullerian mimicry） 106
無機栄養塩（mineral nutrients） 92
　一次生産力との関係（primary productivity relationship）
　　海洋（oceans） 671-673
　　湖（lakes） 670-671, *671*
　　陸上環境（terrestrial environments） 664-669, *664-669*
　　植物（plants） 71, 92-96, *93*
　　土壌のpHの影響（soil pH effects） 57, *57*
　→「栄養塩収支」「栄養塩循環」も見よ
無機化（mineralization） 425
　死死質の分解（dead matter decomposition） 435
無機殺虫剤（inorganic insecticides） 580
無機除草剤（inorganic herbicides） 581
虫瘤（ゴール）（galls） 463
虫瘤（ゴール）形成昆虫（gall-forming insects） 456, 463, *464*
無脊椎動物（invertebrates
　化石記録での分類群の豊富さ（fossil record of taxon richness） 814, *815*
　感染への反応（response to infection） 462
　光合成の共生者（photosynthetic symbionts） 517-521
　種の回転率（species turnover） 806, 807
　種の豊富さ（species richness） 809
　セルロース分解（cellulolysis） 439
　淡水の＿（freshwater） *433*, 433, 436, 699
　デトリタス食者（detritivores） *429*, *435*, 437-438
　糞の消費（feces consumption） 442-443, *443*, 699
　流水の底生動物，出水の撹乱への反応（stream benthos, discharge disturbance response） 22
無脊椎動物の流下（invertebrate drift） 211
群れ，利己的な群れの原理（groups, selfish herd principle） 215
メソプレン（methoprene） 581
メタ個体群（metapopulations） 226-228, 231-238
　安定性／持続性（stability/persistence） 232, *233*, 235-238
　　2重の安定平衡点（altemative stable equilibria） 236
　寄生者（parasites） 467, 484
　漁業保護地区ネットワークの設計（fishery reserve networks design） 278-279, *270*, *280*
　サブ個体群の移住（subpopulation colonizations） 232, 233
　サブ個体群の絶滅（subpopulation extinctions） 232, 233, 267-268, *268*
　　生息場所の崩壊（habitat destruction） 228, *228*
　サブ個体群の非同期性（subpopulation asynchrony, l8l） 233
　島としての生息場所パッチ（habitable patches as islands） 231
　植物（plants） 234
　生物的防除の戦略（biological control strategies） 610-611
　＿動態（dynamics） 235-238
　＿の概念（concept） 231
　＿の定義（definition） 233-235

捕食者―被食者相互作用（predator-prey interactions）412-414, *415*
保全（conservation）
　　理論の発展（development of theory）232-233
　　レビンのモデル（Levins' model）232-233
　　→「パッチ / パッチ性」も見よ
メタミドホス（農薬，殺虫剤）（methamidophos）591
メタン（methane）64, *65*, 65, *66*, 693
メタン生成細菌（methanogenic bacteria）428
メチルブジン（metribuzin）582
メトキシクロル（methoxychlor）581
免疫反応（immune response）461, *461*, 462, *462*, 463, 464, 465
盲腸の発酵室（cecum fermentation chamber）*513*, 513
木材（wood）114
　　菌類栽培の相利（fungal farming mutualisms）506-508
　　シロアリの消化管内微生物相による消化（termite gut microbiota digestion）515
　　分解（decomposition）436, *437*
モジュール型生物（modular organisms）111-114
　　化学防御（chemical defenses）386
　　寄生者への反応（response to parasites）463
　　競争（competition）*182*, 183, 212
　　クローン分散（clonal dispersal）212
　　ゲリラ型（guerilla forms）212
　　個体群の大きさ（population size）115
　　成長様式（growth forms）*113*, 114-115
　　生命表の作成（life table construction）129-130
　　密集隊形型（phalanx forms）212
　　モジュールの成長スケジュール（modular growth schedule）130
　　モジュールの統合（integration）116-117, *116*
　　老化（senescence）115-116, *115*
モニュロン（monuron）581

[や行]
ヤンセン―コンネルの効果（Janzen-Connel effect）471
有害生物の制御（pest control）577-594
　　化学殺虫剤（chemical pesticides）580-582
　　侵入種の早期防除（early control of invaders）590-591
　　生物的防除（biological control）588-590
　　総合病害虫管理（integrated management）590-591, 591
　　標的病害虫の再発（target pest resurgence）582, *583*
有害生物（病害虫）（pest species）578
有機塩素系殺虫剤（chlorinated hydrocarbons）580, 582
有機ヒ素化合物（organic arsenicals）582
有機リン化合物（organophosphates）580, 584, 591
　　抵抗性（resistance）588
優占先取りモデル（dominance-preemption model）621
優占種制御の群集（dominance-controlled communities）629, 642-643
優占崩壊モデル（dominance-decay model）621
有袋類（marsupials）24-25, *25*
　　送粉者（pollinators）510
優劣の順位，アリの相利での（dominance hierarchy, ant mutualisms）505

溶岩，一次遷移（volcanic lava, primary succession）629, *630*, 630-631
葉圏（phyllosphere）426
幼弱ホルモン類似体（juvenile hormone analogs）581
幼生の分散（larval dispersal）210, 641
葉面積指数（leaf area index）178, *180*
葉緑体（chloroplasts）80
　　進化（evolution）535

[ら行]
ライム病（Lyme disease）470, 831
ラウンケルの生活形スペクトル（Raunkiaer's life form spectra）31-32
　　植物の生存率（plant survival）353
　　植物の反応（plant responses）350-352, *351*, *352*
　　繁殖量への影響（fecundity impact）354
落葉性（deciduous habit）221
落葉落枝（litter）638-640, 656
　　デトリタス食者の消費（detritivore consumption）439-442, *440*, *441*
　　分解（decomposition）427-429, *429*, *434*, *435*
落雷（lightening strike）711
　　森林のギャップの生成（forest gaps creation）643, 648
ラセン細菌，窒素固定（Spirillaceae, nitrogen fixation）527
ラックのクラッチサイズ（Lack clutch size）155-156
ラニーニャ（La Niña）51, 52
ラムダ（λ），貢献度分析（lambda (λ)-contribution analysis）550, 552, 555
　　感受性（sensitivities）551, 554
ラミート（ramets）114
　　モジュールの統合（integration）116-117
卵（eggs）126
　　大きさ―数のトレードオフ（size/number trade-off）146, *147*
　　休眠（diapause）220
乱獲（overexploitation）263, 592
ランダム分割モデル（random fracdon model）621
ランダム分布（分散）（random distribution (dispersioln)）213, 214, *214*
陸塊の移動（land mass movements, l3）17, *19*
陸上環境（terrestrial environments（none
　　一次生産力（I primary productivity）657
　　栄養塩収支（nutrient budgets）690-698
　　　　流出（outputs）693-694
　　　　流入（inputs）690-693, *692*
　　寄生者介在の共存（parasite-mediated coexistence）745
　　光合成効率（photosynthetic efficiency）664-665
　　種間競争（interspecific competition）718-719
　　水分 / 温度の相互関係（water/temperature interrelationships）665-666, *666*, 668
　　制限要因（limiting factors）664-669
　　生産力の推定法（productivity assessment methods）655-656
　　成長期間（growing season duration）667, *668*
　　生物体量との関係（biomass relationship）661-662
　　脊椎動物個体群の安定性（vertebrate population

事項索引

stability） 544
太陽放射（solar radiation） *664*, 664–665, 668
炭素の吸収源（carbon sinks） 715
土壌の立体構造（soil texture） 666–667, *667*, 668
無機物資源（mineral resources） 668
陸上生物相（terrestrial biomes） 26–29, *27*
リグニン（lignin） 79, 101–102, 506, 679
　消化（digestion） 439–440, 506
　分解者（decomposers） 425–426
利己的な群れの原理（selfish herd principle） 215
理想自由分布（ideal free distribution） 383–386
リモートセンシング（remote-sensing techniques） 655
リャノ（南米の草原）（Llanos） 82
硫化ジメチル（DMS）（dimethylsulfide (DMS)） 712
硫化水素（hydrogen sulfide） 712
硫酸還元細菌（sulfate-reducing bacteria） 428
両生類の化石記録（amphibian fossil record） 815
両側回遊性（溯河性）の種（anadromous species） 254
リン（phosphorus） 690–693, *690*
　一次生産の制限（primary production limitation） 668–669
　エリコイド菌根が関わる利用可能性（ericoid mycorrhiza-related availability） 525
　外生菌根が関わる利用可能性（ectomycorrhiza-related availabdity） 522
　海洋（ocearl） 703–705
　　大陸棚部（continental shelf region） 703
　種間競争（interspecific competition） 341–342, *340*
　樹枝状体菌根が関わる利用可能性（arbuscular mycorrhiza-related availability） 523–524, *523*
　種の豊富さへの影響（species richness effects） 792
　植物／分解者の競争（plants/decomposers competition） 439
　土壌での利用可能性（soil availability） 95, 96
　富栄養化の管理（eutrophication management） 835
　湖（lakes） 701
林業（forestry） 239
　生息場所の喪失／断片化（habitat loss/fragmentation）

225
リンデン（殺虫剤・除草剤）（lindane） 628, 631, 635, 580
リンの循環（phosphorus cycle） 708–710
　人間活動による攪乱（human activities perturbation） 709–710, *710*
類似限界（limits to similarity） 717, 789–790
ルーメン，外部／体内（rumen, external/internal） 440
齢と関連した分散（age-related dispersal） 226
齢特異的繁殖（age-specific reproduction） 124, 131, *131*, 131
連続時間モデル（continuous-time models） 411–412
連続内部共生説（serial endosymbiosis theory） 5*35*, 535–536
老化（senescence） 111, 119
　モジュール型生物（modular organisms） *115*, 115–116
濾過摂食者（collector-filterers） *433*, 433, 698
ロジスティック方程式（logistic equation） 193–194, *194*, 232
　種間競争（interspeciac competition） 300
ロトカ−ヴォルテラ・モデル（Lotka-Volterra model） 300–303, 304, 305, 329, 391–392, 392, 402, 411–412
　混み合い効果（crowding effects） 398–401, *400*
　ゼロ等値線（zero isoclines） 301–302, *301*, *302*
　＿＿に環境の異質性を組み込む（environmental heterogeneity incorporation） 403
　比率依存性の捕食（ratio-dependent predation） 398

[わ行]
歪曲した分布（skewed distributions） 196
　非対称な競争（asymmetric competition） 194–196
ワクチン接種（vaccination）
　狂犬病の制御（rabies control） 493
　はしか（measles） 484
ワムシ群集の集団（rotifer community cluster）
　分析／正準対応分析（analysis/canonical correspondence analysis） 625–627, *626*

著者・訳者紹介

[著者について]

Michael Begon（マイケル・ベゴン）

　1975年にイギリスのリーズ大学で学位を取得．以後，リバプール大学で教鞭を執る．現在，同大学生物科学科の生態学教授．

　初期には昆虫の集団遺伝学を研究し，その後，個体群生態学，昆虫と病原体の相互作用などのテーマを経て，現在は小型哺乳類と病原体の相互作用を中心に研究している．特に，自然保護区などで野生動物から人に感染する病気の動態に注目している．たとえば，カザフスタンでのガービルと腺ペストの動態など．著書は，本書の他にPopulation Ecology (1981)など．趣味はテニスとフットボール．

John L. Harper（ジョン・ハーパー）

　イギリスで1950年代から活躍を続けている植物生態学の碩学．1950年オックスフォード大学で学位を取得．その後，同大学農学部で教鞭を執り，主に雑草を対象に研究．1960年から1982年の引退まで，ノースウエールズ大学の植物学教授．

　ダーウィニズムの視点から植物個体の生存や競争，それらの結果としての個体群の動態に着目して，植物の多様な生態現象を研究し，画期的かつ革新的な論文を多数発表した．現代の植物生態学が取り組む多くの課題はハーパーにより指摘されたとさえ言われている．彼のもとには世界中から多くの研究者が集まり，活発な研究グループを形成した．その影響はいまだに大きなものがある．1967年には英国生態学会会長に就任．1990年ダーウィン賞受賞．英国王立協会会員．著書にPopulation Biology of Plant (1977)など．趣味はガーデニング．パイプ煙草を愛好．

Colin R. Townsend（コリン・タウンゼンド）

　イギリスのサセックス大学で学位取得．オックスフォード大学，イースト・アングリア大学で教鞭を執る．1989年にニュージーランドのオタゴ大学に移り，現在，同大学動物学教室・「生態・保全・生物多様性研究グループ」代表．ニュージーランド王立協会会員．

　専門は水域，特に河川の生態学．個体から個体群，群集，生態系という階層間の機能の関連を重視してきた．また，河川生態系における攪乱，帰化動物，農業の影響にも注目してきた．最近は，保全活動家の妻といっしょに地域社会との連携にも力を注いでいる．たとえば，集水域資源管理についての地域社会と研究機関の協力関係の樹立，河川生態系保全についての先住民マオリ族の発言権拡大の支援など．Population Ecology (1981)の共著者でもある．趣味はゴルフと料理．地元のワインを愛好．

[訳者について]

■監訳者

堀　道雄（ほり　みちお）

1977年京都大学大学院理学研究科博士課程修了．理学博士．専門は動物生態学．現在，京都大学大学院理学研究科教授．最近の研究テーマは，ハンミョウ類の生態，タンガニイカ湖の魚類群集の構造，および水生動物の左右性の動態．著書『タンガニイカ湖の魚たち―多様性の謎を探る』（編著，平凡社），『群集生態学の現在』（分担執筆，京都大学学術出版会），訳書『野外実験生態学入門』（N. G. ハーストン著，共訳，蒼樹書房）など．

■校閲責任（五十音順）

神崎　護（かんざき　まもる）

　1985年大阪市立大学大学院理学研究科博士課程修了．理学博士．専門は森林生態学．現在，京都大学大学院農学研究科准教授．最近の研究テーマは，択伐施業下にある天然林の構造と動態，熱帯林の林冠部植物群集の多様性と動態 など．著書『地球圏・生命圏の潜在力―熱帯地域社会の生存基盤』（共編著，京都大学学術出版会）など．

幸田　正典（こうだ　まさのり）

　1985年京都大学大学院理学研究科博士課程修了．理学博士．専門は動物生態学・行動生態学．現在，大阪市立大学大学院理学研究科教授．最近のテーマは，サンゴ礁魚類・タンガニイカ湖のカワスズメ科魚類の(1)多種共存機構と(2)社会構造と社会進化及び(3)社会認知能力．著書『タンガニイカ湖の魚たち―多様性の謎を探る』（分担執筆，平凡社），『魚類の社会行動II』（分担執筆，海游舎），『魚類生態学の基礎』（分担執筆，恒星社厚生閣）など．

曽田　貞滋（そた　ていじ）
　1986年京都大学大学院農学研究科博士課程修了．農学博士．専門は生態学・進化学．現在，京都大学大学院理学研究科教授．研究テーマは，オサムシ類を中心とした昆虫の進化生態学・群集生態学．著書『オサムシの春夏秋冬—生活史の進化と種多様性』（京都大学学術出版会），『群集生態学の現在』（分担執筆，京都大学学術出版会），など．訳書『生態学—概念と理論の歴史』（R. P. マッキントッシュ著，共訳，思索社）．

■訳者（五十音順）
秋山　知伸（あきやま　とものぶ）
　2002年京都大学大学院理学研究科博士後期課程単位取得退学．理学修士．専門は，ハクビシンおよび同所的に生息する在来肉食目，キツネ，タヌキの生息場所選択．

井上　栄壮（いのうえ　えいそう）
　2005年広島大学大学院生物圏科学研究科博士後期課程修了．農学博士，学術博士．専門は動物生態学，陸水生物学．現在，滋賀県琵琶湖環境科学研究センター研究員．琵琶湖とその流域における生態系保全に関連する研究に従事．著書『Lake Biwa: Interactions between Nature and People』（分担執筆，Springer）など．

今村　彰生（いまむら　あきお）
2003年京都大学大学院人間・環境学研究科人間・環境学専攻博士課程修了．人間・環境学博士．菌類生態学，植物生態学．現在，大阪市立自然史博物館研究員．キノコのDNAバーコーディングや林床で菌類に寄生している無葉緑植物の繁殖生態の解明に取り組んでいる．

太田　和孝（おおた　かずたか）
2007年大阪市立大学大学院理学研究科博士課程修了．理学博士．専門は行動生態学．現在，京都大学理学部教務補佐員．現在の研究テーマは，魚類の代替繁殖戦術の適応と進化，多様性創出機構の解明．

大西　信弘（おおにし　のぶひろ）
　1998年大阪市立大学大学院理学研究科単位取得退学．理学博士．専門は地域研究，動物生態学．現在，京都学園大学バイオ環境学部准教授．アジアの水田地帯で，農村・農地が維持してきた生物群集を活用した農村開発実践に取り組んでいる．

岡内（水野）　由香（おかうち（みずの）　ゆか）
　大阪市立大学大学院理学研究科博士後期課程修了．専門は植物生態学．現在の研究テーマは，種子・果実の栄養特性．

川﨑　稔子（かわさき　としこ）
　1993年大阪市立大学大学院理学研究科博士前期課程修了．理学修士．現在，初芝富田林中学校高等学校教諭．研究のテーマは植物の繁殖生態．特に開花から結実までの過程や性表現に注目している．対象種は，カラスザンショウ，フタバガキ科ショレア属ムテカ節など．

清水　則雄（しみず　のりお）
　2006年3月広島大学大学院生物圏科学研究科博士後期課程修了．農学博士．専門は魚類生態学．現在，広島大学総合博物館助教．陸に上がった魚ヨダレカケ（イソギンポ科）の生活史，瀬戸内海の浅海魚類相等を研究中．

角（本田）　恵理（すみ（ほんだ）　えり）
2004年京都大学大学院理学研究科博士課程修了．博士（理学）．専門は，進化生態学，音響生物学．研究テーマは，コオロギ類を中心に動物の音声信号の果たす役割と進化．著書『昆虫の発音によるコミュニケーション』（分担執筆，北隆館），『鳴く虫セレクション』（分担執筆，東海大学出版会），『バッタ・コオロギ・キリギリス大図鑑』（分担執筆，北海道大学出版会）．

関　さと子（せき　さとこ）
　1998年大阪市立大学大学院理学研究科博士課程修了．理学博士．専門は魚類の行動生態学．現在，テンプスタッフ株式会社バイオ・メディカル事業部にて，理系大学院後のキャリア支援，博士・ポスドクの企業への就労支援に携わっている．

田中　健太（たなか　けんた）
　2002年京都大学大学院理学研究科博士課程修了．理学博士．専門は 植物生態学，集団生物学．現在，筑波大学生命環境系准教授，菅平高原実験センター勤務．変動環境の中で植物がどのように次世代を築き，適応進化しているかを，生態と遺伝子の両面から研究している．

著者・訳者紹介

平山　大輔（ひらやま　だいすけ）
　2005年大阪市立大学大学院理学研究科博士後期課程修了．理学博士．専門は植物生態学．現在，三重大学教育学部准教授．研究テーマは，シイ・カシ類（ブナ科）を中心とした樹木の生活史戦略．身近な自然を活用した小・中学校の理科授業など．

大和　俊貴（やまと　としたか）
　2000年大阪市立大学大学院理学研究科博士前期課程修了．理学修士．専門は植物生態学．主なテーマはヒサカキの個体群動態特性．現在，中島・松村国際特許事務所勤務．

	生態学 ── 個体から生態系へ［原著第四版］
	2013年3月5日　初版第一刷発行
著　者	マイケル・ベゴン ジョン・ハーパー コリン・タウンゼンド
監訳者	堀　　　道　雄
校閲責任	神　崎　　　護 幸　田　正　典 曽　田　貞　滋
発行者	檜　山　爲次郎
発行所	京都大学学術出版会 京都市左京区吉田近衛町69番地 京都大学吉田南構内（〒606-8315） 電話　（075）761-6182 FAX　（075）761-6190 URL　http://www.kyoto-up.or.jp 振替　01000-8-64677
	印刷・製本　㈱クイックス

ISBN978-4-87698-579-1　　© M. Hori et al.
Printed in Japan　　　　　　定価はカバーに表示してあります

本書のコピー，スキャン，デジタル化等の無断複製は著作権法上での例外を除き禁じられています。本書を代行業者等の第三者に依頼してスキャンやデジタル化することは，たとえ個人や家庭内での利用でも著作権法違反です。